现代
在线分析仪器
技术与应用

朱卫东　主　编
郜　武　顾潮春　杨　任　副主编

Technology and Application
of
Modern On-line Analytical Instruments

化学工业出版社
·北京·

内容简介

本书系统介绍了现代在线分析仪器技术与应用，深度总结了在线分析仪器近年来的新技术、新产品和新应用。仪器技术包括：在线光谱、色谱、质谱、电化学、热导、顺磁氧等气体分析仪器；各种电化学、光学与流动注射法等在线水质监测仪器；油品质量、煤质成分等专用分析仪器；在线分析系统、在线分析项目技术解决方案等。重点介绍了在线光谱分析技术，包括：中红外激光光谱、傅里叶变换红外光谱、拉曼光谱、光声光谱、近红外光谱、核磁共振、X 射线荧光光谱、β 射线能谱、等离子光谱、激光诱导击穿光谱、高光谱成像分析及太赫兹光谱等。应用技术包括：石化、煤化工、钢铁、水泥、精细化工与制药等流程工业的过程分析，大气、水、土壤环境污染与环境质量的监测，生态智慧环境监测方法，各类监测工作站与智慧监控平台技术等。特别介绍了环境监测中烟气超低排放 CEMS、垃圾焚烧烟气 CEMS、VOCs 与恶臭在线监测、园区网格化监测、移动监测、走航监测、光化学污染监测、无人机监测、区域“空-天-地”一体化监测等热点技术，探讨了在线分析仪器与物联网、大数据、云计算、区块链等融合应用，最新介绍了环境温室气体与碳排放监测技术。

本书融合了在线分析行业百余位专家多年的产品开发和技术应用经验，充分体现了现代在线分析仪器的技术进展，尤其是国产在线分析仪器的技术发展与应用。本书内容丰富，知识新颖，既有广度又有深度，具有实用性、前瞻性、可读性。本书可供化工、冶金、制药、食品、建材等流程工业以及环境监测等领域从事在线分析的科技人员和在线分析行业内从事产品研发、工程服务、第三方运维的科技人员参考使用，也可作为高校相关专业的现代仪器分析参考教材。

图书在版编目（CIP）数据

现代在线分析仪器技术与应用 / 朱卫东主编. —北京：
化学工业出版社，2021.11（2023.4 重印）
ISBN 978-7-122-39724-9

Ⅰ. ①现… Ⅱ. ①朱… Ⅲ. ①分析仪器 Ⅳ. ①TH83

中国版本图书馆 CIP 数据核字（2021）第 165184 号

责任编辑：傅聪智　　文字编辑：杨欣欣　曾照华
责任校对：边　涛　　装帧设计：王晓宇

出版发行：化学工业出版社（北京市东城区青年湖南街 13 号　邮政编码 100011）
印　　装：北京建宏印刷有限公司
787mm×1092mm　1/16　印张 63　彩插 2　字数 1622 千字　2023 年 4 月北京第 1 版第 3 次印刷

购书咨询：010-64518888　　售后服务：010-64518899
网　　址：http://www.cip.com.cn
凡购买本书，如有缺损质量问题，本社销售中心负责调换。

定　　价：398.00 元

#《现代在线分析仪器技术与应用》

编委会

《现代在线分析仪器技术与应用》

编写人员名单

主　　编： 朱卫东

副 主 编： 郜武　顾潮春　杨任

编写人员：（按姓名拼音排序）

陈波　陈亮　陈淼　陈生龙　陈行柱　陈亚平　陈云龙
程军　程立　戴连奎　邓峰　丁达江　丁瑞峰　董小鲁
方培基　符青灵　高松　高伟　高志强　郜武　龚俊波
顾潮春　关惠玉　韩丹丹　韩业明　郝琪　华道柱　黄勃
黄青　姜培刚　雷斌　黎路　李峰　李福芬　李建浩
李钧　李跃武　李志昂　林勇　刘春龙　刘立　刘明
罗海涛　罗武文　麦泽彬　梅义忠　潘义　彭永强　齐宇
邱梦春　邱彤宇　曲磊　曲庆　冉新宇　任军　沈毅
宋婷珊　谭国斌　唐德东　唐烜东　王建伟　王如宝　王世立
王维康　王伟　王雨池　魏文　巫雨翔　吴娟　吴曼曼
吴应发　席凯　肖立志　肖伟　谢耀　谢兆明　邢德立
熊春鹏　徐华江　徐亮　颜怀智　杨飞　杨任　俞大海
张斌　张观凤　张涵　张莉　张品莹　张倩暄　张思祥
张文富　张雯　张旭　赵红伟　赵建忠　郑彩虹　郑力文
周小红　周新奇　周鑫　朱玮郁　朱卫东

#《现代在线分析仪器技术与应用》

主要支持单位

北京雪迪龙科技股份有限公司
聚光科技（杭州）股份有限公司
北京凯隆分析仪器有限公司
南京霍普斯科技有限公司
常州磐诺仪器有限公司
哈希水质分析仪器（上海）有限公司
西克麦哈克（北京）仪器有限公司
北京北分麦哈克分析仪器有限公司
杭州泽天科技有限公司
加拿大 ASDevices 公司
大连大特气体有限公司
北京泰和联创科技有限公司
上海舜宇恒平科学仪器有限公司
上海昶艾电子科技有限公司
朗析仪器（上海）有限公司
广州禾信仪器股份有限公司
北京华科仪科技股份有限公司
北京杜克泰克科技有限公司
武汉华天通力科技有限公司
徐州旭海光电科技有限公司
深圳市唯锐科技有限公司
南京康测自动化设备有限公司
上海淳禧应用技术股份有限公司

其他参编单位

中国科学院合肥物质科学研究院、中国测试技术研究院化学研究所、浙江大学、中国石油大学、天津大学、清华大学、河北工业大学、天津职业技术师范大学、重庆科技学院、中国石油化工股份有限公司广州分公司、上海市环境监测中心、合肥先进产业研究院、邢台市环境保护技术开发中心、ABB（中国）有限公司、西门子（中国）有限公司、赛默飞世尔科技（中国）有限公司、英国仕富梅集团、上海埃目斯自动化技术有限公司、重庆昕晟环保科技有限公司、七星瓢虫环境科技（苏州）有限公司、无锡康宁防爆电器有限公司、南京大得科技有限公司

组织支持单位

中国仪器仪表学会分析仪器分会
北京中仪雄鹰国际会展有限公司

主编简介

朱卫东，原南京分析仪器厂副厂长、总工程师，教授级高级工程师；原机械工业部任命的部级科技专家（分析仪器），国务院授予的享受“国务院特殊津贴”（工程技术）专家；曾任中国仪器仪表学会第五届理事，分析仪器分会第五届理事；现任中国仪器仪表学会分析仪器分会在线分析仪器专家组委员，《分析仪器》杂志编委。

从事分析仪器产品开发五十余年，涉及热学、电化学、光学、色谱、质谱等分析仪器新产品技术开发，荣获原机械工业部科技成果二等奖 2 项。退休后曾在多家民营企业任职，现任南京霍普斯科技有限公司顾问。近十年来，研究重点为在线分析仪器系统与环境监测技术应用。先后发表论文 30 余篇，曾负责编写《在线分析系统工程技术》专著（化学工业出版社 2014 年出版，任第一副主编和统稿人），是在线分析行业的资深专家。

前 言

近十多年来，国家高度重视生态环境保护，发布了一系列环境保护政策和环境质量与环境监测的新标准，提出了“打赢污染防治攻坚战”和“减污降碳”等目标要求，极大促进了环境监测领域的在线分析仪器技术发展。另外，国家非常重视工业安全生产、优质高效和节能降耗，特别是最近提出实现“碳达峰、碳中和”的愿景目标，进一步推进了工业过程在线分析技术的应用与发展。在线分析仪器已参与实时优化与先进控制并发挥了重要作用。纵观近几年来在线分析仪器的发展，特别是环境监测在线分析技术的快速发展，与传统在线分析仪器相比，新一代在线分析仪器技术已实现模块化、数字化和智能化，并发展为包括在线分析仪器、在线分析系统、各类监测工作站、在线分析项目技术解决方案、区域智能化监测监控平台及“空-天-地”一体化在线监测的现代在线分析仪器技术。

本书简要介绍了现代在线分析仪器的基础知识与“系统工程”应用，重点介绍了现代在线分析仪器的检测技术与应用技术，展示了在线分析仪器行业近几年来的新技术与新应用成果。本书共 8 篇 20 章。前 5 篇共 14 章，介绍了现代在线分析仪器检测技术，包括：概论，在线气体分析仪器、在线水质分析仪器、其他在线分析仪器和在线分析系统。后 3 篇共 6 章介绍了现代在线分析仪器的应用技术和新热点检测技术，包括：在线分析仪器在流程工业与环境监测领域的应用，环境监测的有关技术方法与智慧生态环境监测技术的应用，着重介绍了环境监测热点的各种检测新技术。

本书全面介绍了现代在线气体、水质及其他分析仪器的检测技术。在线气体分析仪器介绍了在线光谱、色谱、质谱、电化学、热导、顺磁氧等检测技术，与部分关键部件及气体标准物质技术。在线水质分析仪器介绍了电化学法、光学法与流动注射法等检测技术及各类典型的在线水质分析产品。其他分析仪器介绍了油品质量、煤质成分等专用在线分析仪器技术。在线分析系统集成介绍了在线气体分析系统和在线水质分析系统技术，以及在线分析项目有关的技术解决方案。检测技术方面着重介绍了：中红外激光光谱、傅里叶变换红外光谱、拉曼光谱、光声光谱、近红外光谱、化学发光、紫外荧光光谱、X 射线荧光光谱、β 射线能谱、等离子光谱、激光诱导击穿光谱、核磁共振波谱、高光谱及太赫兹光谱等检测技术。

本书重点介绍了现代在线分析仪器及在线分析系统的应用技术。流程工业应用主要介绍了石化、钢铁、水泥、精细化工与制药等过程分析技术与典型案例。环境监测应用主要介绍了环境污染与环境质量的监测技术，如烟气超低排放 CEMS、垃圾焚烧烟气 CEMS、环境空气 VOCs 和恶臭在线监测，大气、水及土壤环境污染监测，各类环境质量监测工作站及区域智慧环境监测监控平台技术等应用。同时介绍了环境监测热点的新技术应用，如区域网格化监测、移动监测、走航监测、溯源监测、光化学污染监测、无人机监测等；介绍了智慧环境监测、环境监测的有关技术方法、区域智慧生态环境监测技术，以及“空-天-地”一体化监测等新技术应用，以及在线分析仪器与物联网、大数据、云计算及区块链等新技术的融合应用；特别介绍了环境温室气体及碳排放监测的技术应用与探讨。

本书是在中国仪器仪表学会分析仪器分会支持下组织编写的，由学会在线分析仪器专家学组的资深专家发起。本书的参编单位有 45 家，包括有关大学、科研院所、用户单位及业内知名企业；参编作者有 103 位，由行业内的知名专家学者和具有丰富实践经验的一线中青年科技人员组成。本书编写历时近两年，是众多参编作者集体智慧的结晶！本书有关章节中在线分析仪器技术的应用要点及案例，大多是作者实践经验的总结和创新，非常具有适用性！为此，本书编委会衷心感谢各参编单位、牵头专家和参编作者的大力支持！衷心感谢中国仪器仪表学会分析仪器分会的支持及中仪雄鹰国际会展公司的协助！

本书编委会特别邀请了在线分析技术行业内的资深专家黄步余（中石化工程建设公司）、刘长宽（分析仪器分会）、敖小强（北京雪迪龙）、顾海涛（聚光科技）为本书编委会顾问；邀请了业内知名专家学者程立、李钧、方培基、戴连奎、黄青、张文富、王世立等对本书各篇章分别进行了技术审核。本书组织编写及统稿由主编朱卫东总负责，副主编郜武（北京雪迪龙）、顾潮春（南京霍普斯）、杨任（常州磐诺）协助。本书编写中得到南京霍普斯公司刘春龙、谢兆明、熊春鹏、王瑞枝等协助，得到本书责任编辑的指导，在此一并致谢！

本书编写中，作者引用了大量参考文献和行业内最新产品样本等技术资料。为此，对本书引用的所有参考文献及技术资料的持有单位及作者表示感谢！

现代在线分析仪器技术是多学科交叉的技术，所涉及的知识面很广，限于本书篇幅，对有关技术用到的理论知识和公式推导、产品外形及其性能参数介绍等相应从简；有关技术应用的典型案例，因收集资料有限仅介绍了部分代表产品案例；在本书相关章节的技术与应用介绍中，也可能会有重复表述或疏漏之处，敬请读者见谅并指正！

本书是近几年来在线分析仪器行业内最新出版的专业科技图书，内容丰富、知识新颖，既有广度又有深度，涵盖了现代在线分析仪器的前沿技术与新热点应用，具有实用性、前瞻性、可读性！适用于流程工业及环境监测等领域内从事在线分析技术与应用的专业技术人员参考使用，非常适合在线分析仪器行业内年轻的科技人员学习参考，也可作为高校相关专业的现代科学仪器参考教材。

朱卫东

2021 年 9 月于南京

目　录

第 1 篇
现代在线分析仪器概论

第 2 篇
在线气体分析仪器

第3篇

在线水质分析仪器

第4篇 其他在线分析仪器

第5篇

在线分析系统

第6篇
在线分析仪器在流程工业中的应用

第 7 篇

在线分析仪器在环境监测中的应用

第 8 篇

区域环境监测及智慧环境监测的新技术应用

第1篇

现代在线分析仪器概论

第1章 基础知识

1.1 现代在线分析仪器技术概述

1.1.1 在线分析仪器的有关知识

1.1.1.1 在线分析仪器的技术概念

（1）在线分析仪器的有关定义

在线分析仪器（on-line analyzers），也称过程分析仪器（process analyzers）。早期是用于流程工业现场自动取样分析的成分量分析仪表，被称为工业自动分析仪、流程分析仪表或质量分析仪表等。在线分析仪器主要用于物质成分量的自动分析，也用于物质的物理和化学性质的自动检测。

国家有关行业标准对在线分析仪器的定义是：和源流体相连接，自动地长期连续给出输出信号的分析仪，其输出信号包括混合流体中一种或多种组分的含量，或流体中由组分所决定的物理和化学性质。也有的标准定义为：用于源流体现场，对物质的成分或物性参数进行自动连续或间隔测量的分析仪器。其中的“源流体”（source fluid）是指从中提取样品流并测定其组分或物性参数的流体（气体或液体）。

由在线分析仪器与样品取样处理系统的集成，发展出了成套在线分析系统技术（也简称在线分析系统）。国家有关标准对在线分析系统的定义是：由在线分析仪、样品处理系统及其他附属装置集成组合的系统；至少包括一台在线分析仪和一套样品处理系统，是一个完整的在线分析测量系统，能长期连续、稳定、准确、实时、少维护地测量样品流中特定组分浓度或物性。

国家标准 GB/T 34042—2017《在线分析仪器系统通用规范》对在线分析仪器系统的定义是：由样品处理系统、在线分析仪器、数据管理系统和辅助设施等（或部分）组成，实现从样品提取到输出分析结果全过程的系统。

（2）现代在线分析仪器技术的概念

现代在线分析仪器是多学科、多技术和多方法交叉融合的前沿科学与高新技术，涉及现代过程分析技术、环境监测技术、质量检测技术、系统集成和工程技术的应用。

现代在线分析仪器的技术发展是基于过程分析技术。过程分析技术（process analytical

technology，PAT）技术是从离线分析（off-line analysis）发展到现场分析（at-line analysis）、在线分析（on-line analysis）、原位分析（in-line analysis 或 in situ analysis），以及不接触样品分析（non-invasive analysis）。离线分析通常指从现场取样后送实验室分析，不能满足工业过程分析的实时检测要求，从而发展了在线分析仪器技术。在线分析与离线分析的不同之处是仪器要适应现场条件，能自动、连续、实时分析。由此可见，在线分析技术在广义上包括了：现场分析、在线分析、原位分析、非接触样品分析等，在线分析仪器包括了在现场应用的固定安装式分析仪、便携式分析仪，以及移动分析和遥测分析等设备。

现代在线分析仪器的检测技术，主要包括：在线光谱、色谱、质谱、电化学、热导、顺磁氧、核磁共振及各种能谱等。以在线光谱检测技术为例，包括：非分光红外光谱、近红外光谱、傅里叶变换红外光谱、激光光谱、紫外光谱、拉曼光谱、光声光谱、化学发光、核磁共振、X 射线荧光光谱、β 射线能谱、ICP 等离子光谱、激光诱导击穿光谱、高光谱成像分析及太赫兹光谱等。现代在线分析仪器检测技术的发展，源于微电子技术、计算机技术、化学计量学、各种算法软件等技术的发展、应用，以及与物联网、大数据、云计算等技术的融合发展。

现代在线分析仪器技术的发展，应用了“系统工程”理论及系统集成和工程技术，从在线分析仪器的单机应用，通过与样品处理技术的系统集成，发展为成套在线分析系统，进而发展为现场的在线分析小屋系统、各种现场监测工作站、各种移动分析、遥测遥感等技术设备。由于自动控制及在线分析安全防护设备技术的发展，仪器现场应用的环境得到改善，从而促进了实验室离线分析技术走向在线分析。例如原先用于实验室的精密分析仪和联用仪器等，开始走向在线分析，特别是用于现场复杂的多组分、微量及痕量分析。

1.1.1.2　在线分析仪器行业与技术的发展

（1）行业发展概况

我国在线分析仪器行业的发展始创于 20 世纪 50 年代末期。最早的气体分析仪器厂是南京分析仪器厂（南分）和北京分析仪器厂（北分），初创产品是以仿制苏联样机为主，主要生产热导、顺磁氧、电化学及红外等气体分析仪。pH 计等水质监测仪是由国内最早的分析仪器厂——上海雷磁分析仪器厂（上海二分）生产的。同期，北京化工研究院、兰州化工研究院等也专业从事化工自动化分析仪表及工业色谱仪等产品开发，当年的国产仪器主要用于化肥、化工及电力等过程分析。

20 世纪 60～70 年代，在原机械部国家仪器仪表局领导下，国内在线分析仪器行业初步形成产业布局，主要厂家有北京分析仪器厂、南京分析仪器厂、重庆川仪分析仪器厂（川分）、佛山分析仪器厂（佛分）、上海雷磁分析仪器厂、沈阳分析仪器厂及成都仪器厂等十多家企业。以自力更生为主，发展了较为完整的国产在线分析仪器产品，如非分光红外光谱、热导、顺磁氧、工业色谱、工业质谱及水质监测等在线分析仪器产品，初步形成了国内在线分析仪器行业的产业化。

20 世纪 80～90 年代，在线分析仪器行业进入引进技术、消化吸收和自主创新的综合发展阶段，开发了样品取样处理、成套分析系统等技术。在改革开放浪潮下，形成了国营、民营及中外合资企业等多种经营模式，同时，外资企业开始进入国内市场。在线分析仪器行业经历了国企改制和民营企业发展，通过引进技术国产化、产学研合作开发和自主创新等模式实现了在线分析仪器的更新换代，发展了在线分析系统集成及在线分析小屋等技术。

进入 21 世纪以来，随着国家改革开放的深入，在线分析仪器行业涌现了一批新兴的民营企业。经过多年的发展，在线分析仪器行业已经形成了以民营经济为主体的蓬勃发展新局面。一批快速成长的民营企业实现了规模化发展，如聚光科技（杭州）股份有限公司（简称聚光科技）、北京雪迪龙科技股份有限公司（简称北京雪迪龙）、江苏天瑞仪器股份有限公司（简称江苏天瑞）、河北先河环保科技股份有限公司（简称河北先河）等十多家民营企业已实现年营业收入过 10 亿元，有二十多家企业成为上市公司。

据中国环保产业协会近期发布的《2020 年中国环保产业分析报告》的统计数据，国内从事环境监测的企业有 4061 家，主要以中小企业为主。其中年营业收入过亿元的企业有 94 家，年营业收入在 5000 万～1 亿元的企业有 106 家，大多数中小企业以从事在线分析系统集成及关键部件产品的生产为主。报告预测环境监测产业 2021 年市场规模可达 900 亿元。环境监测仪器是在线分析仪器的组成部分，国内在线分析仪企业大多生产环境监测仪器。由此也可见在线分析仪器产业规模化发展的概貌。当今时代，国内在线分析仪器市场发展空间很大，发展前景很好。

（2）技术发展概况

20 世纪 70 年代左右，工业过程分析仪开始进入环境污染物排放的自动监测及其他过程产品质量实时检测等领域。80 年代起，国内外专家在制定标准及发表论文时，开始将工业过程分析、环境监测在线分析及过程产品质量检测等自动化的成分量分析仪器称为“在线分析仪器”。1997 年底，国内分析仪器行业在北京召开了“’97 过程分析仪器及应用技术研讨会”，我国分析仪器行业主要创始人及学术带头人朱良漪先生在大会上发表了题为《跨世纪在线分析仪器展望》的报告，提出了国内“在线分析仪器”技术发展的方向。

早期的工业流程分析仪器在现场应用的故障率很高，成分量检测信息长期不能进入工业自动化控制，只能作参考用。20 世纪 70 年代末，国内引进了国外大型成套技术装备，在引进技术消化过程中，国内用户及仪器商通过对国外成套设备的研究，不断改进提高国产仪器及取样处理技术，发展了国产样品取样处理系统，并开发了早期的成套在线分析系统产品，提高了在线分析仪器的可靠性，成分量在线分析仪器开始参与工业过程自动化控制。

进入 21 世纪以来，现代科学技术的发展，特别是现代光学、现代电子学、化学计量学及计算机技术、微机电技术的发展、应用，以及现代过程分析技术（PAT）、环境监测技术及其他过程检测技术的发展，促进了现代在线分析仪器技术的快速发展。在线分析仪器技术通过应用系统集成与工程技术，不断克服仪器在现场取样处理、分析的技术难题，实现了在线分析仪器的可靠、稳定分析。在线分析仪器通过数字化、模块化发展，成为新一代在线分析仪器及在线分析系统技术，并逐步发展至为用户在线分析项目提供完整的技术解决方案。在线分析技术的工程应用，已发展出提供第三方运维服务和在线分析设备的全生命周期管理的模式。

近 10 年来，在国家生态环境保护政策和市场推动下，在线分析仪器行业得到快速发展，特别是环境监测在线分析技术发展迅猛。在线分析仪器已经向小型化、模块化、数字化、智能化方向发展，开始与物联网、互联网、大数据等融合应用。现代在线分析仪器技术已经包括在线分析仪器技术、样品取样处理技术、数据处理技术、在线分析系统技术、数据管理系统和监测监控中心平台等，实现了固定监测、移动监测、遥测遥控等“空-天-地”的立体化监测，从而发展为现代在线分析仪器的技术体系。

1.1.1.3　现代在线分析仪器的技术体系

（1）技术体系的组成

现代在线分析仪器的技术发展应用了“系统工程”理论和系统集成与工程技术方法，是现代科学仪器技术的重要组成部分。现代在线分析仪器技术体系组成，主要包括如下技术。

① 在线分析仪器的核心技术 包括在线分析仪器的各类检测技术，检测器件与关键部件技术，仪器分析技术及联用技术，为用户在线分析项目提供全面解决方案的技术等。

② 在线分析仪器的关键技术 包括样品取样处理系统关键部件技术、分析流程控制及安全防护等辅助设备（包括分析小屋、工作站平台）技术、仪器标定的标准物质技术等。

③ 在线分析仪器的数据处理技术 包括计算机软硬件技术、数据采集处理技术、化学计量学应用技术，以及各种软件算法、数据库、谱图库及数据通信技术等。

④ 在线分析仪器的系统集成与工程技术 包括在线分析的系统集成设计、制造、可靠性技术、工程质量管理、设备调试与交付验收、设备运维及全生命周期管理技术等。

⑤ 在线分析仪器的智能化技术 包括在线分析仪器的数字化、智能化、网络化及智慧监测监控平台等技术，与物联网、大数据、云计算的融合应用技术等。

⑥ 在线分析仪器的应用研究技术 包括过程分析技术研究、环境监测技术研究、其他领域的产品质量实时监测及科学研究领域的在线分析技术研究等。

在线分析仪器的检测技术是现代在线分析仪器技术体系的核心，样品取样处理、数据处理、安全防护设施等是现代在线分析仪器技术体系的关键。现代在线分析仪器技术体系的发展方向是仪器实现模块化、小型化、数字化，在线分析技术实现智能化、网络化。

（2）主要性能特性

现代在线分析仪器的主要性能特性包括：适用性、安全性、可靠性、稳定性、准确性、易维护性、经济性、成套性等。其中最重要的性能特性是适用性、可靠性和稳定性。

在线分析仪器的适用性是指，由于使用范围的扩大，仪器大多长期在无人值守的过程分析及环境监测现场运行，仪器必须适应不同现场的环境及工况条件。现代在线分析仪器将采取相应的定制设计方案，以满足不同环境的气候防护、防尘、防水、防爆、防腐蚀、防雷电、防震动要求，和被测介质的高温、高压、高尘、高湿、高腐蚀、高黏附性等复杂工况条件要求。

在线分析仪器应用的基本要求是可靠、稳定、准确、实时。在线分析仪器常用的可靠性指标是平均故障间隔时间（MTBF)。在线分析仪器的主要技术指标有：分析对象（被分析组分)、测量范围、线性误差、检出限、灵敏度、重复性、零点和量程漂移、动态特性及各种附加的影响误差等。不同类仪器的技术指标要求不同，具体要求可参见国家、行业及地方发布的有关在线分析仪器技术标准、测试方法、检定规程，以及企业标准的规定。

在线分析系统的技术指标要求与在线分析仪器基本相同，在线分析系统的技术指标主要是由于样品取样处理系统及环境条件带来的影响误差。样品取样处理系统的影响误差主要有：样品取样、传输、处理、转换等过程的吸附、脱附、相变、转换效率、冷凝吸收等带来的影响误差。如在线分析系统响应时间应包括样品取样处理传输时间及分析仪响应时间。

近十多年来，现代在线分析仪器技术的发展，解决了复杂样品的取样处理及分析难题，通过数学模型、数据处理、各种算法软件等技术，可减小附加影响误差，提高在线分析仪器的稳定性、可靠性和准确性。现代在线分析仪器的开机率已大为提高。例如在石化乙烯装置生产过程中，主要在线分析仪开机率在部分先进企业已高达 95%。在线分析成套设备的全生命周期，在正常维护管理下可实现 8 年左右，在精心维护管理下可以实现 10～15 年。

目前，流程工业及环境监测应用的中低端在线分析仪器基本是国产化产品，但是，部分核心关键部件及高端在线分析仪器基本是国外知名品牌的市场。如石化行业应用的在线色谱、光谱、质谱仪等大型精密在线分析仪器基本是国外品牌。目前，在环境监测领域应用的在线分析仪器，大多已实现国产化应用，如固定污染源排放的烟气连续排放监测系统（continous emission monitoring system，CEMS）及挥发性有机化合物（volatile organic compounds，VOCs）

在线监测设备，大多是国产仪器，只有少量集成的核心与关键部件采用国外技术。

国产在线分析仪器设备与国外同类先进技术的最大差距是可靠性、准确性与检测灵敏度，关键是核心检测技术和关键部件的差距。国产在线分析仪器技术要努力实现核心技术突破，应加大科技投入，通过合作创新、自主创新，增强在线分析仪器技术创新能力，突破国产仪器在高端在线分析器的技术壁垒，实现国产仪器的技术进步和产业规模化发展。

1.1.2　在线分析仪器技术的分类

1.1.2.1　分类方法

在线分析仪器技术的分类方法很多，主要有：按照取样方式分类，按照检测原理分类和按照分析对象分类等。

按照取样方式分类，分为原位式和取样式。原位式在线分析仪器，直接安装在工艺流程管道上，无需取样处理，直接进行分析检测；取样式在线分析仪器，大多安装在有安全防护设施的现场，需提取被测样品进行处理后送至现场的在线分析仪器检测。

按照检测原理分类，主要有光谱分析（也称光学分析）、色谱分析、质谱分析、能谱分析、电化学分析、热导分析、顺磁氧分析等物理特性或化学特性的分析技术。

按照分析对象分类，可分为在线气体分析仪器、在线液体分析仪器以及其他专用分析仪器等。在线液体分析仪器主要指水质分析仪器。其他专用分析仪包括：物性参数分析仪、在线油品质量监测、在线硫分析仪、煤质分析仪及土壤中重金属等固体成分分析仪等。

在线分析系统是在线分析仪器的应用发展，在线分析系统技术是现代在线分析仪器技术的组成部分。在线分析系统的技术分类与在线分析仪器基本相同。

以下主要介绍在线气体分析仪器、在线水质分析仪器及在线分析系统的分类。

1.1.2.2　在线气体分析仪器分类

按照检测原理分类可分为在线光谱分析仪，在线色谱分析仪，在线质谱分析仪，在线电化学分析仪，在线热导、顺磁氧、氧化锆分析仪，在线核磁共振仪，在线能谱仪等。

（1）在线光谱分析仪

在线光谱分析仪，一般按照分析物质的吸收光谱及发射光谱分类。

常用的在线吸收光谱仪主要包括非分光红外吸收光谱仪、近红外吸收光谱仪、傅里叶红外吸收光谱仪、激光吸收光谱仪、紫外吸收光谱仪、紫外-可见吸收光谱仪、在线原子吸收光谱（如烟气汞原子吸收）等。

在线发射光谱仪主要包括化学发光分析仪、紫外荧光分析仪、原子发射光谱仪（如原子荧光在线分析仪）、等离子发射光谱仪、拉曼光谱仪、光声光谱仪、各种能谱分析仪等。

另外，在线电磁波谱分析仪包括：核磁共振波谱仪、太赫兹光谱仪、高光谱成像分析仪等。高光谱成像分析技术是一种全光谱分析与成像技术，可覆盖全波段，主要用于遥测分析。

（2）在线色谱分析仪

在线色谱分析仪一般分为在线气相色谱仪、在线液相色谱仪和专用在线色谱仪等。从应用分类主要分为工业过程在线色谱仪及环境监测在线色谱仪。

在线色谱仪在工业过程分析中应用非常广泛，应用技术也比较成熟。而环境监测在线色谱仪在近几年发展很快，如用于污染源废气 VOCs 监测及大气环境监测等。在线色谱仪应用已经向联用技术发展，如色谱-光谱联用、色谱-质谱联用，用于复杂、微量及痕量气体分析。

（3）在线质谱分析仪

在线质谱分析仪是在线分析仪器的高端技术产品，主要分为扇形磁场单聚焦质谱仪、双聚焦质谱仪、四极杆质谱仪及飞行时间质谱仪等。在线质谱仪与在线色谱仪相比具有分析速度快、效率高、物质本质定性等特点，可同时实现多通道、多组分快速分析。在工业过程分析的某些应用场所，一台在线质谱仪可替代十多台在线色谱仪分析。

在线质谱仪已经用于石化、冶金、医药、半导体等工业过程分析；在环境监测领域用于对气体中 VOCs 等的微量及痕量检测。在线色谱与质谱联用技术，可以分析复杂的微量及痕量组分，如采用高分辨率的色谱-质谱联用技术可检测环境污染废气中微量二噁英。

（4）在线电化学分析仪

在线电化学分析仪包括常用的各种电化学气体传感器及基于电位法、电流法、电导法等的各种电化学分析仪。电化学分析技术，特别是各种电化学气体检测传感器，具有检测灵敏度高、检测方便、快速等特点，广泛用于有毒有害气体安全检测、环境监测的微型空气站及便携式仪器等，用于测量有害有毒气体及监测环境空气质量等。

（5）在线热导、顺磁氧、氧化锆分析仪

热导式气体分析仪是在工业过程在线分析应用最早的分析仪，如用于化肥、合成氨的氢分析仪等。顺磁氧分析仪包括热磁式、磁压式、磁力机械式等，在工业过程分析中有广泛应用。氧化锆分析仪是固体电解质电化学分析仪，大多用于高温等恶劣工况下的烟气氧分析。

现代在线热导、顺磁氧及氧化锆分析技术已经发展为数字化、模块化在线分析技术，正在向智能化、微型化方向发展，如微型热导池技术、氧化锆离子流传感器技术等。

（6）在线核磁共振仪及能谱仪

包括核磁共振波谱仪、X 射线荧光光谱仪、β 射线光谱分析仪等。核磁共振及能谱分析是在线光谱分析技术分别向长波和短波方向的技术发展。

在线低场磁共振技术，目前主要用于石油化工、食品检测等领域。

（7）专用分析仪

专用分析仪主要用于气体中微量水分析与在线硫分析等，也包括锅炉烟气飞灰含碳量检测及在线煤质分析（属固体分析技术），如热重法煤质成分及中子活化核分析检测等。

1.1.2.3　在线水质分析仪器分类

在线液体分析仪器主要包括在线水质分析仪及其他液体在线分析仪。其他液体分析仪包括油品质量分析仪、硫酸浓度计、硝酸浓度计等液态物质的物性及浓度分析仪器。在线液体分析技术主要是指水质在线分析技术。以下简要介绍在线水质分析仪器的分类。

（1）按检测技术分类

① 光谱法（或光学法）水质分析仪　如应用吸收光谱法（包括紫外可见光谱、红外光谱、激光吸收光谱）、发射光谱法（分子荧光光谱、X 射线荧光光谱），以及散射光谱法（如拉曼光谱）等技术的水质分析仪器。

② 电化学法水质分析仪　如应用电位分析法、库仑分析法、伏安分析法（包括极谱法）、电导分析法等技术的水质分析仪。包括电化学传感器、快速分析仪、数采仪、电化学工作站。

另外，在线水质分析技术由于采用流动测量法，如流动注射分析技术（FIA），从而加快了水质在线分析速度。FIA 包括顺序注射分析技术等。FIA 为水质在线分析提供了微定量和快速分析平台，检测时间短，已广泛用于在线水质分析。

（2）按应用技术分类

主要分为监测型及过程型两大类：

① 监测型产品　主要用于环境水质（地表水、地下水等）和饮用水的在线监测等。

② 过程型产品　主要指水处理工艺过程监测与控制。如工业用水处理过程的水质分析检测，包括电站锅炉水及蒸汽质量监测，石化行业的新鲜水、软化水、凝结水及工业废水处理及回用等过程监测，也包括厂区雨水监测及排放管理等。

（3）按分析对象分类

主要有：

① 水质多参数分析仪（浊度、溶氧、pH、ORP、电导率等）；

② 水中有机污染物分析仪（COD、BOD、TOC、水中油及 VOCs）；

③ 水中营养盐在线监测仪（氨氮、硝态氮、总氮、总磷）；

④ 无机离子在线分析仪（水中重金属、硅、钠、磷等）；

⑤ 其他的水质新技术分析产品，如水质毒性分析技术产品等。

1.1.2.4　在线分析系统分类

（1）按照取样方式分类

① 取样式在线分析系统　按被测量组分流程的压力不同分为正压式及抽取式。

② 非取样式在线分析系统　按照测量方式不同分为直接测量式（原位式）、遥测式及参数监测式。

（2）按照应用领域分类

主要分为：流程工业在线分析系统、环境监测在线分析系统以及其他应用领域的连续在线分析系统等。环境监测领域的分析系统主要分为污染源在线监测系统、大气环境（或空气质量）在线监测系统、水环境在线监测系统等。

（3）按分析对象分类

主要分为在线气体分析系统、在线液体分析系统、在线固体分析系统等。在线气体分析系统大多是指固定式在线分析系统，也包括移动式分析系统等。在线液体分析系统主要指水质在线分析系统和其他液体分析系统（如炼油专用的油品在线检测系统等）。在线固体分析系统主要包括：颗粒物（如 $PM_{2.5}$、PM_{10} 以及烟尘）检测系统、飞灰测碳分析、在线煤质成分分析，以及气体中的重金属分析系统等。

在线分析系统很少按照分析仪测量原理分类。在线分析系统的分析机柜、分析小屋等大多可配置多种检测原理的分析仪。如一套分析小屋系统可以配置红外光谱仪、紫外光谱仪、色谱仪等多套分析仪。在线分析系统只有在采用单一品种分析仪时才可以按照测量原理称呼，如石化行业专用的在线色谱仪分析小屋系统，可称为在线色谱分析系统。

1.1.3　流程工业在线分析仪器的发展

1.1.3.1　概述

流程工业的在线分析仪器对企业生产的安全、高效、优质、环保等发挥的作用越来越重要，流程工业的现代化发展离不开现代在线分析仪器技术的发展。成分量是工艺过程控制最直接的参量，在线成分量分析信息是工业自动化过程控制的最重要信息。由于早期在线分析仪器的可靠性、稳定性较差，在线分析结果在很长时间内只是作为工业过程控制的参考数据。

现代在线分析仪器的可靠性、稳定性已经有很大提高，在线成分量监测信息与自动化技术的融合已经成为过程自动化控制和智能化的关键技术。例如现代石油化工企业大力推进的先进过程控制（APC）与实时优化（RTO）技术，其关键过程控制参量都必须有成分量。

现代在线分析仪器已经成为企业智能化发展不可缺少的重要设备，在线分析仪器的应用在工业过程自动化中发挥了重要作用。在线分析设备在现代化企业的安全生产、环境保护、产品质量控制、先进过程控制、卡边操作和节能降耗等方面发挥了重要作用。以典型的一套石化乙烯装置为例，配置的在线分析仪器设备有300多台（套），其中有工业色谱仪38套、质谱仪2套、氧分析仪23套、CEMS 11套、VOCs/TOC（总有机碳）监测设备20套、近红外/红外分析仪8套、可燃/有毒气体检测器163套、分析仪表系统集成20套，还包括水分仪、黏度计、pH计、电导仪等。

1.1.3.2 过程分析技术发展的重点

过程分析技术发展的重点是提高在线分析仪器的可靠性、稳定性，并向数字化、智能化技术方向发展。过程分析的核心技术是在线分析的检测技术，包括各类检测器、传感器技术，并向小型化、模块化方向发展。过程分析技术应用的关键技术是样品取样处理、数据采集处理等。样品取样处理技术要确保样品在取样、传输、处理过程中不失真；数据处理技术的关键是数学模型与算法软件。现代过程分析技术正在实现与物联网、大数据等新技术的融合应用，例如石化行业的大型企业已经实现在线分析仪器联网，实现数据共享和信息融合。

现阶段，国产过程分析仪器中传感器、检测器等关键部件技术与国外同类先进产品还存在较大差距。在线分析仪器的高端技术产品市场基本被国外产品占据，中低端产品以国产仪器为主，但部分关键器件有的仍需要采用国外技术。目前，常规的在线气体分析仪及水质分析仪大多已经采用国产化仪器；在线分析系统集成产品，大多也已经实现以国产设备为主，如取样处理部件、分析柜、分析小屋等设备基本是国产化产品。

流程工业过程分析仪器的发展趋势，主要是实现核心技术和关键部件的自主开发与国产化，特别是突破中高端在线分析仪器的发展瓶颈，进一步提高在线分析仪器的可靠性、稳定性、检测灵敏度。实现参与先进过程控制和实时优化，通过卡边操作及节能减排监测，提高企业技术经济效益及安全环保性，实现绿色经济发展。实现在线分析仪器与物联网、大数据、云计算的融合应用，为流程工业企业的智慧化建设提供可靠的感知层成分量信息，为现代化流程工业企业的智慧工厂建设发挥重要作用。

1.1.4 环境监测在线分析仪器的发展

1.1.4.1 概述

由于国家对生态环境保护的高度重视，随着各种环境监测新标准、新规范的实施，环境监测市场需求的驱动促进了环境监测在线分析仪器的发展。特别是国家提出“打赢污染防治攻坚战”，对大气环境、水环境、土壤环境质量的实时监测与污染精准治理的政策规定，以及工业园区、重点区域和产业集群的污染物治理与排放监测的巨大需求，大力推动了环境监测在线分析仪器技术的快速发展，促进了在线分析仪器技术在微量、痕量监测方面以及溯源监测等方面的发展。环境监测在线分析对精准和实时控制污染排放已经发挥了重要作用。

环境监测在线分析仪器技术正在向智慧环境管理、智能化环境监测技术方向发展。近几年来，环境监测在线分析新技术、新应用发展非常快，新的热点技术不断涌现，如对大气、水、土壤等环境要素的污染监测技术，对工业园区、重点污染企业及地区的环境质量、环境污染物排放监测，已经形成新的热点。区域生态环境监测已经实现：有组织排放监测、无组织排放监测、网格化监测、移动监测、走航监测、溯源监测，以及“空-天-地”一体化监测等。

近期，国家提出了全面加强生态环境保护和大气温室气体减排的要求，实现新的碳达峰、碳中和的愿景，落实“减污降碳”目标，进一步推动经济结构的绿色转型。因此，环境监测在线分析技术发展，要围绕开展新污染物监测评估和治理，高质量完成污染防治目标努力。例如推进细颗粒物（$PM_{2.5}$）和臭氧（O_3）的协同控制、重点地区部署 VOCs 监测、启动温室气体的二氧化碳排放达峰行动等。环境监测在线分析的热点技术将不断涌现。

1.1.4.2　环境监测技术发展的重点

环境监测技术发展的重点，主要是围绕大气、水环境质量监测及环境污染物排放监测，现阶段环境监测技术发展的重点举例如下。

① 污染源废气排放的无机污染物在线监测技术　燃煤发电机组锅炉烟气排放的 SO_2、NO_x 及颗粒物已实现超低排放监测，目前重点是钢铁、水泥、石化等非电行业的超低排放监测。电力行业的烟气超低排放已达到国际先进水平，正在向“深度减排”发展，在烟气脱硝逃逸氨监测、有色烟羽及烟气中可凝结颗粒物监测等方面还存在技术难点。

② 环境空气中的挥发性有机物（VOCs）在线监测技术　VOCs 组分是大气 O_3 的前体物，VOCs 在线监测是当前环境空气污染物监测的重点，国家及地方已经出台多项政策规定，如对工业园区和产业集群的 VOCs 监测，对 O_3 超标城市和一般地市的光化学污染监测等。在线 VOCs 监测技术，主要有气相色谱-氢火焰离子化检测器（GC-FID）、气相色谱-质谱（GC-MS）、傅里叶变换红外光谱（FTIR）、差分吸收光谱、离子迁移谱等。GC-FID 及催化氧化-FID 技术应用成熟，GC-FID 是 VOCs 监测中应用最广的监测技术；GC-MS 分析监测灵敏度高，选择性好。

③ 污染源废气的重金属在线监测技术　废气排放的重金属污染监测也是环境污染监测的重点之一。对于废气中汞在线监测主要有冷原子吸收光谱和荧光光谱监测技术。对于废气中多组分重金属监测，主要采用 X 射线荧光光谱法。X 射线荧光光谱法用于监测废气中的铅、汞、铬、镉、砷等重金属污染物的含量，具有灵敏度高、检测速度快、无损检测、系统稳定等优点。

④垃圾焚烧烟气的在线监测技术　垃圾焚烧处理是环境污染治理的重点措施，垃圾焚烧烟气的在线监测技术，主要是采用高温热湿法傅里叶变换红外光谱分析技术及高温型红外多组分分析技术。其中 FTIR 在中红外光谱区域能够连续监测 HF、SO_2、HCl、NO_x、CO_x、H_2O、VOCs 等多种有机及无机污染物成分。国内开发的垃圾焚烧烟气分析系统已经在垃圾焚烧行业烟气监测方面得到应用。目前垃圾焚烧烟气监测的难点是在线监测二噁英类物质。二噁英类物质监测可采用高分辨率在线色谱与飞行时间质谱联用技术实现。

⑤ 水环境在线监测技术　水质在线监测一直是环境监测的重点领域。水环境监测技术的发展热点主要是：水质环境监测系统由原来标准机柜式集成，发展成小型站（占地面积 $7m^2$ 左右）、微型站/户外小型站（占地面积小于 $2m^2$）、浮船监测站等集成方式。系统均配置完备的采样预处理单元、质控单元、试剂冷藏单元、电控单元，以及相应的空调系统。采用低电压和低功耗的设计，依靠太阳能供电方式进行连续监测。

⑥ 水质环境监测的新技术应用　目前，常规水质环境监测系统，一般监测五参数（水温、pH、溶解氧、电导率、浊度）、氨氮、高锰酸盐指数、总氮、总磷、叶绿素、蓝绿藻等

因子。以质谱（MS）检测器或者氢火焰离子化检测器（FID）为主的水中VOCs在线监测仪，以X射线荧光光谱（XRF）、电感耦合等离子体质谱（ICP-MS）为检测方法的水质重金属或水质溯源监测设备，逐渐在水质在线监测方面得到应用。

⑦ 遥感遥测及移动监测技术　对区域的大气环境监测已经开始采用开放式遥测技术及各种车载、机载等环境监测技术，如移动监测、走航监测、污染物溯源监测、激光雷达监测，以及采用无人机、无人船、水下机器人等载具系统，以及利用环境卫星遥感监测等技术，从而实现对大气、河流等的常规监测、应急监测和立体监测。

⑧ 物联网及大数据技术的应用　区域生态环境保护及智慧环境监测都应用到物联网、大数据技术，可用于大气环境质量及污染物溯源、大气雾霾的成因解析，以及对区域大气环境的气溶胶、臭氧等污染物监测的数据分析，大气光化学污染监测的数据分析等。通过建立大气生态环境质量的“空-天-地”一体化监测与大数据的应用，实现区域环境监测与安全应急监测的“一张图”技术，以及实现生态环境监测管理的“一张网”技术，为区域生态环境保护提供决策依据。

1.2　现代在线分析仪器的技术应用

1.2.1　现代在线分析仪器技术应用概述

流程工业在线分析仪器及其系统的应用，包含了为用户的在线分析项目提供完善技术解决方案设计与工程技术服务，实现为用户在线分析项目提供交钥匙工程及在线分析设备全生命周期服务。流程工业过程的自动化和智能化发展，已经离不开在线分析仪器。工业过程的在线分析对过程自动化、数字化、信息化具有重要作用。

环境监测在线分析主要用于环境质量监测及环境污染监测。如固定污染源废气、废水排放监测，大气环境、水环境质量监测，区域环境监测监控平台技术及智慧环保管理等，都离不开环境监测在线分析仪器。环境监测在线分析仪器是生态环境保护、治理及决策的重要监测设备，也是智慧环境建设的重要组成部分，国内环境监测设备市场有巨大的发展空间。

在线分析技术在过程产品质量监测中也发挥了重要作用。例如在线近红外光谱分析技术用于石化行业的各种油品、生产过程（调和、重整等）各组分的质量指标测量，以及化工、制药、食品、烟草等过程产品质量指标的监测等。国家重大工程项目及科学技术研究等领域也离不开大型精密在线分析仪器，移动监测、走航监测、遥测遥感等现代在线分析仪器。

现代在线分析仪器的技术应用已经开始实现与物联网、互联网的技术融合，并应用大数据、云计算等对复杂的工业过程控制、区域环境监测智能化及智慧工厂的建设发挥积极作用，对智慧环保、智慧工厂的前端感知技术和信息数据起到重要的支撑作用，对国家生态环境保护、国民经济的发展具有十分重要的意义。以下简要介绍各类在线分析技术的应用。

1.2.1.1　在线光谱分析的应用

光谱分析仪器已经广泛用于工业过程及环境监测分析。光谱分析一般分为吸收光谱和发射光谱分析，吸收光谱分析又分为原子吸收及分子吸收光谱分析等。吸收光谱分析技术可以实现从紫外光、可见光到红外光谱区域的分析。

在光谱区内有特征吸收光谱的气体组分都可以应用吸收光谱分析法检测。现代在线光谱分析技术包括紫外（200～400nm）、紫外-可见（200～800nm）、近红外（800nm～2.5μm）、中红外（2.5～25μm）等光谱分析技术。其中，以中红外光谱分析（2.5～25μm）技术最为成熟，应用最为广泛。光谱分析在短波方向拓展有电子能谱，如X射线光谱分析；在长波方向的拓展有太赫兹分析、微波分析、核磁共振分析等。

现代在线光谱分析常用的技术包括在线红外、紫外、激光、紫外荧光、化学发光等光谱分析技术，也包括拉曼光谱、光声光谱、原子光谱、等离子光谱等分析技术。在流程工业及环境监测在线分析中应用最广的有非分散红外光谱分析仪、紫外光谱分析仪、激光光谱分析仪、傅里叶变换红外光谱分析仪、近红外光谱分析仪、拉曼光谱分析仪等。

目前，国产在线光谱分析的核心关键部件，如激光器、精密光学分光器、长光程吸收池、光电检测器，以及数据谱图库、各种算法软件等，与国外先进产品技术还有较大差距。

1.2.1.2　在线气相色谱分析的应用

在线色谱仪一般包括样品处理与进样单元、色谱柱分离与检测器和控制器等单元，可用于多流路、多组分分析。在线色谱分离技术主要是色谱柱应用技术。色谱柱有填充柱和毛细管柱等，不同分析对象需要定制不同分析流程与专用色谱柱。被测样品是通过自动进样阀和分析流路控制，进入色谱柱分离后，由载气将被测组分先后送入检测器分析并输出信号。

在线色谱仪常用的检测器主要有：热导检测器（TCD）、氢火焰离子化检测器（FID）、火焰光度检测器（FPD）、光离子化检测器（PID）、电子捕获检测器（ECD）等。在线气相色谱仪使用的检测器，是根据被监测组分对检测器的选择性和灵敏度要求来确定的。在线色谱仪是根据分析要求定制的。因此，在线色谱仪的结构、功能比较单一，分析稳定可靠。

现代在线气相色谱仪按应用领域主要分为工业过程色谱仪和环境监测在线色谱仪。工业过程色谱仪的应用已经非常广泛，用于石化行业的过程色谱仪大多已参与工艺过程分析控制，包括参与工艺过程实时优化和先进过程控制。石化行业的过程色谱仪一般要求采用防爆在线色谱分析小屋。一个防爆色谱分析小屋可以安装多台在线色谱仪，多个色谱分析小屋可以联网，组成在线色谱分析管理监控系统。虽然国内在线色谱仪技术的发展很早，但国外过程色谱仪产品进入国内后，由于国产仪器在可靠性、稳定性等方面与国外仪器存在差距，而石化行业对在线分析可靠性要求又比较高，因此目前石化行业主要采用国外在线色谱仪。

环境监测在线色谱仪主要用于挥发性有机物（VOCs）及大气环境空气质量的在线监测等，通常是专业设计的取样处理和色谱分析流程，配套专用检测器如PID、FID、MS等。色谱柱分析流路及检测器是按照分析要求选定的，一般不参与过程控制，以提供环境监测分析数据为目的。目前，国内环境监测已大量使用国产在线气相色谱（GC）仪。

环境监测在线色谱仪最常用的是GC-FID检测技术。GC-FID在线色谱仪是根据不同分析对象要求设计的，通过六通阀（或十通阀）采用不同分析流路和色谱柱的柱切换技术，用于分析非甲烷总烃（NMHC）、苯、甲苯、二甲苯，以及其他特征因子。由于分析对象固定，一般做成专用在线色谱仪。在用于复杂组分分析时，可采取色谱-质谱联用（GC-MS）技术。

环境监测在线色谱仪与石化等行业的过程色谱仪要求不同，国内环境监测应用的专用在线色谱仪技术发展较快，国内已有十多家厂商开发出用于环境监测的VOCs在线色谱仪（也称VOCs在线分析仪），技术水平已经达到国外同类产品技术水平。

在线色谱仪的技术发展方向主要是：智能化、模块化、微型化，以及各种专用在线色谱仪和产品系列化，主要技术如色谱柱分离技术、各种检测器技术、辅助气净化技术、氢空一体机技术、色谱数据库技术、预警报警技术、安全防护技术、防爆分析小屋技术等。

1.2.1.3 在线质谱分析的应用

在线质谱仪是高端技术产品。常用的质量分析器有扇形磁场、四极杆、飞行时间等。扇形磁场质谱仪定量分析精度高、稳定性好；四极杆质谱仪体积小、综合性能好，是在线分析最常用的质谱仪；飞行时间质谱仪响应速度快，适用于快速反应的气体变化监测。在线质谱分析技术及色谱-质谱联用技术在工业过程分析及环境监测分析中已经有较多应用。

在线质谱仪由进样系统、真空系统、离子源、质量分析器、离子检测器和记录系统等组成，在线质谱仪用于流程工业中气体或蒸气的多组分定性定量的实时监测，可以对几十条气路，每个气路多达 8～40 种成分进行多流路、多组分快速分析，测量范围宽、分析速度快，分析范围为 100%～0.001%，仅用 1s 到几秒就可以对一路气体进行全面分析，在石化、钢铁、制药、高纯气体分析等方面发挥重要作用。

在线质谱分析与在线色谱分析相比，在快速分析、组分定性等方面具有独特的优势。在某些应用场所，一台在线质谱仪可以替代多台在线色谱分析仪；但在线色谱仪的技术应用已经很成熟，而在线质谱仪技术复杂、价格高、要求较高使用技术水平等，尚处于推广阶段。国外在线质谱仪已经在我国石化、钢铁等行业推广应用，并取得较好业绩。国内有多家企业已经开发出四极杆质谱仪及飞行时间质谱仪，在工业过程分析及环境监测分析中已有较好应用。

1.2.1.4 电化学及其他在线分析仪器的应用

电化学在线分析的技术应用，主要包括在线气体分析及水质分析技术。电化学在线气体分析主要包括各种电化学气体传感器，如电位型传感器、电流型传感器和电导型传感器等，用于电化学传感器检测的气体种类很多，结构简单，成本低，应用很广泛。电化学在线分析是水质在线分析应用的重要技术。电化学分析测量是借助一个由电解质溶液和电极构成的化学电池，通过测量电池的电位、电流、电导等物理量实现待测物质的分析。常用的检测技术包括：离子选择性电极法、电导法、极谱法、电位滴定法、伏安分析法等。

电化学气体传感器应用最广的是原电池氧传感器，包括碱性液体氧传感器、酸性液体氧传感器、固体燃料氧传感器及电解式氧分析仪等。定电位电解式气体检测技术常用于有毒有害气体检测，可检测的有毒、有害、有机化合物的传感器种类很多，如 CO、H_2S、NO_2、NO、Cl_2、NH_3、HCN、PH_3 等，常采用两电极、三电极、四电极等传感器，现在已经开发出阵列式的电化学多组分的气体检测技术，如用于化工园区路边空气质量微型检测站。

电化学传感器已广泛用于便携式检测仪及安全报警检测仪等，包括在流程工业过程的可燃有毒、有害气体监测及环境空气质量监测，国产电化学气体传感器及分析仪大多已实现自主开发，但在微量气体传感器技术与国外同类产品还存在较大差距。

其他常用的在线气体分析仪器，如：热导、顺磁氧等在线分析仪的技术发展与应用，主要是传感器的微型化、模块化，分析仪器的数字化、智能化等。热导及顺磁氧分析仪在工业过程气体分析中仍发挥重要的作用。在现代连续气体分析技术中，特别是模块化分析仪器，其检测模块大多包括：热导、顺磁氧、红外、激光、电化学等。

1.2.2 在线分析仪器在流程工业中的应用

1.2.2.1 概述

现代在线分析仪器在流程工业中的应用，主要是指用于石油、化工、冶金、建材、电力、制药等行业的过程中成分量分析。流程工业生产过程检测与工艺参数自动化控制，特别是高能耗、高污染企业的关键设备的控制，如高温高压反应设备、燃煤电站锅炉、各种燃煤工业窑炉、各种加热反应炉的过程燃烧优化、节能控制、设备安全生产，以及气体污染物排放检测，都需要采用在线分析仪。现代在线分析仪器，如在线色谱仪、红外光谱仪、热导、顺磁氧等，在炼油、石油化工、煤化工、冶金以及水泥窑和各种窑炉已经有广泛的应用。

在线分析仪在安全、高效、优质、节能、污染减排等起到其他参数检测仪不可替代的作用。在线分析能实时测定物料成分和特征参数；有效监控物料的反应率、转化率、吸收率、合成率、变换率及各种加热炉的燃烧效率等；有效防止催化剂中毒，延长使用寿命；有效降低物料成本，保护设备安全运行，判断设备腐蚀状态，提前预报事故发生；有效实现工艺操作的联锁报警，确保生产装置安全、高效运行。

在线分析仪表在石化等行业也被称为质量分析仪表；在线分析所提供的质量成分信息与常规仪表检测、自动化控制技术信息的完美结合，实现了对工艺过程操作的实时优化控制。成分量分析监测为过程设备的优质高效、安全生产、节能降耗提供了重要保证。

1.2.2.2　应用举例

（1）在线分析仪在安全、高效、优质、节能方面的应用

安全生产应用举例：水泥窑炉的电除尘设备对 CO 含量的控制，以及转炉煤气、焦炉煤气等煤气回收过程中对 CO/O_2 含量的控制，都直接关系到设备的安全，如果含量超标可能会引起设备的爆炸事故。在石化等工业生产过程及环境监测中，对有毒有害气体的在线监测和 CO、O_2、H_2 的安全监测也非常重要，超标或泄漏，都会引起重大设备人身事故。

节能优化应用举例：燃煤锅炉的节能优化燃烧，关键要控制锅炉煤燃烧过程的风煤比，实现低氧燃烧，其中 O_2 监测数据，已经进入分布式控制系统（DCS）参与控制。炼钢行业的转炉煤气回收的 O_2 及 CO 的实时监测，直接影响能源的利用，可实现负能炼钢。石化行业的在线色谱仪监测数据已经与先进过程控制（APC）相结合，用于实时优化控制，可节约物料和能源。

污染减排应用举例：工业过程的固定污染源污染物减排与在线监测，对石化、钢铁、水泥及各种窑炉排放烟气的 SO_2、NO_x、颗粒物等，实现超低排放监测；另外重点是化工园区及重点污染源企业排放的 VOCs 等废气及废水监测，实现污染减排。

（2）燃煤电厂在线分析仪器的技术应用

① 用于安全与节能控制　例如电厂用于监测磨煤机的 CO 监测系统、用于氢冷发电机组的 H_2 分析仪；用于燃煤锅炉节能控制、低氧燃烧烟气监测的 O_2、CO 在线分析仪，锅炉飞灰含碳量监测，在线煤质成分分析仪。对锅炉水的监测需要采用水中溶解氧监测仪、硅酸盐监测仪（硅表）、钠离子监测仪（钠表）等分析仪，电厂水资源节约利用，采用零排放及其水质监测等。

② 用于污染减排与环保监测　包括用于锅炉烟气脱硫、脱硝设备的入口及出口的烟气 CEMS，实时监测烟气超低排放的 SO_2、NO_x 及烟尘（颗粒物），用于脱硝出口的烟气微量逃逸氨监测等。实时监测排放的浓度及排放总量，实现了与电厂 DCS 及环保局联网。

（3）石化企业在线分析仪器的技术应用

① 石化炼油等过程的专用分析应用　石化过程专用分析仪主要有：对在线馏程、倾点、冰点、闪点、蒸气压、密度等的分析仪，适用于对常压、减压、催化等装置的馏出口进行在线监测，以保证石脑油、汽油、煤油和柴油等油品的质量和最大收率；对在线倾点、总硫、辛烷值等的分析仪，用于对柴油、汽油的调和系统进行在线监测，可获得最大经济效益。

② 石化企业的过程在线气体分析 石化行业广泛应用的在线气体分析设备主要有工业色谱仪及连续在线气体分析设备。其中，工业色谱仪在石化行业在线分析中应用最广泛，用于对乙烯、丙烯、液化气等生产过程的在线检测，提高了产品质量和经济收益。连续气体分析设备主要有红外分析仪、热导分析仪、顺磁氧分析仪、氧化锆氧分析仪、激光分析仪、水分仪、总硫分析仪等，对各个生产过程的气体含量及排放气体进行在线监测，保证了生产过程的安全生产、优质高效和节能减排。

③ 石化企业的水质在线监测应用 石化过程在线水质监测仪器，主要包括在线硅酸根分析仪、磷酸根分析仪、钠表、电导仪、浊度计、pH计、酸碱浓度计、溶氧仪、化学需氧量（COD）分析仪、pH计等水质分析仪器。在线COD分析仪、pH计等用于对石化过程的污水处理系统进行监控，以保证污水排放符合国家标准。在线水质分析仪器用于对石化企业的热电厂和脱盐水系统等进行水质监测，以保证石化企业热电厂和蒸汽系统的正常运行。

1.2.3 在线分析仪器在环境监测中的应用

1.2.3.1 概述

现代在线分析仪器在环境污染监测及环境质量监测方面已经有广泛的应用，已经确立了大气、水、固定污染源、固体废物、土壤、生物等要素的监测技术路线，建立了采样、传输、分析等多种监测技术的点、线、面、立体空间相结合的监测技术方法。监测网络已经从传统的“三废”监测发展为覆盖多领域、多要素的综合性监测网络。随着无人机、无人船、卫星遥感技术的发展，已能够实现“空-天-地”立体网格化监测。智能化运维监管技术也在快速发展，为智能监管、预警、精准调控提供了有力支持。

在固定污染源气体监测技术方面：电力行业的颗粒物、SO_2、NO_x的超低排放监测已经成为常态，开始进入“深度减排”；非电行业超低排放监测在大力推广，垃圾焚烧烟气污染物监测及固定污染源排放的VOCs在线监测已进入重点监测。在烟气CEMS技术中，逃逸氨在线监测尚存在检测不准问题，可凝结颗粒物及二噁英排放连续监测难点尚未解决。

大气污染在线监测的重点是大气环境质量监测，主要是监测雾霾，包括$PM_{2.5}$及其前体物。已经建立了各种环境空气质量监测站，包括固定站点监测、移动监测与走航监测等，初步形成监测网络。遥测遥感技术及对光化学污染的监测技术已经得到应用，对重点工业园区、产业集群建立大气环境质量指标监测点位，包括：空气中颗粒物组分（$PM_{2.5}$、PM_{10}、TSP）、VOCs、有毒有害污染物等。在支持区域大气复合污染物溯源研究、治理和综合防治，以及利用物联网、大数据、云计算等方面已有显著提升。

水质在线监测的重点是水环境监测及重点污染源排放的水污染物监测，切实保障饮用水安全，完善水质监测体系，做好各类水体环境质量监测及水质污染监测。在固定污染源水质监测方面，在常规污染因子COD、氨氮（NH_3-N）、pH值、流量等项目基础上，增加总磷（TP）、总氮（TN）、总金属、水中挥发性有机物（VOCs）等项目，已经实现自动监测。在水环境监测方面，监测系统由原来的标准柜式集成组合，发展到各类监测站及浮船监测站集成应用，水质自动监测项目在一般配置常规五参数（水温、pH值、溶解氧、电导率、浊度）、NH_3-N、COD、COD_{Mn}、TN、TP及叶绿素a、蓝绿藻等基础上，扩增了总有机碳（TOC）、硝态氮、重金属、氧化物等特征监测参数。生物综合毒性检测、水污染源溯源与预警、水中VOCs自动监测系统等新技术不断在水质环境监测中得到应用。

土壤监测的重点是各类有毒物、重金属等污染物对土壤的长期污染监测，目前主要采用实验室检测技术以及便携式现场监测技术。已经开始采用便携式气质联用的土壤 VOCs 检测设备，以及采用各种用于土壤中重金属的监测仪器设备等。

大气温室气体的在线监测也是生态环境保护目标之一。国家最近提出碳达峰、碳中和的减污降碳的目标愿景，特别要加强对工业企业的温室气体排放的监测，重点是燃煤电厂及石化、钢铁等行业温室气体减排的在线监测。已经有电厂试点安装大气温室气体排放监测系统。

环境监测在线分析仪器对有效控制污染物的实时排放、监测污染治理设备的运行，提供污染物实时排放数据、总量排放数据等有效统计数据，对污染物总量排放控制、污染物排放执法、污染物排放交易以及改善环境质量，提供了有力的技术支撑。

1.2.3.2　应用发展趋势

国家已经形成了较为完善的环境标准、检测技术和方法体系。环境监测在线分析仪器技术正在向小型化、自动化、数字化、智能化和网络化方向发展。监测领域将从空气、水向土壤倾斜，监测指标向组分监测、前体物监测等倾斜，监测技术向灵敏度高、选择性强的光谱、质谱、色谱分析及联用技术发展，向多监测参数实时、在线、自动化监测以及区域动态遥测方向发展，向环境多要素、大数据综合信息评价技术方向发展。5G、人工智能、物联网、云计算、大数据、区块链等新技术应用，将促进环境监测从单一的仪器设备监测，向集群化监控预警维护系统及管理平台方向发展。

目前，在大气复合污染形成过程监测中的大气氧化性现场监测、纳米级颗粒物在线测量、超低排放污染源监测、水土重金属在线检测，还存在检测极限低等问题，需进一步提高检测精度。随着工业发展，需要监测的污染物种类增加，组分更加复杂，常规检测项目已不能满足要求，急需发展对大气自由基、全组分有机物、重金属、生物气溶胶、二次有机气溶胶示踪物、水体细菌，以及土壤中残留农药和其他有机污染物的监测方法和设备。随着环境监测的“空-天-地”立体化监测发展，由单纯的地面环境监测发展为地面环境监测与遥感环境监测相结合、区域立体遥测与卫星遥感技术相结合，从而能准确呈现区域污染状况，为污染源实时监测和治理提供技术支撑。

生态环境监测需要智慧环保，目前网格化监测及微型站需求旺盛。应当发展多平台、智能化、网格化和具有特异选择性的环境监测仪器，获取环境多要素监测数据，通过对海量、分散变化数据的深度挖掘、模型分析，利用大数据分析区域、流域污染源和环境质量的相应关系，构建智能决策管理平台，使环境管理向精细化、精准化转变，实现主动预见、大数据科学决策，形成生态环境综合决策科学化、监管精准化和公共服务便民化的智慧环保体系。

1.2.4　在线分析仪器的技术进展与热点技术

1.2.4.1　概述

在线分析仪器技术已经从单组分分析，发展到多组分检测及微量、痕量检测技术。在线分析仪器核心及关键技术的发展，扩大了在线分析仪器的检测灵敏度和测量可靠性。在线分析仪器与物联网、大数据、云计算等技术的应用，为智能监测、智能环保、智慧工厂建设提供了可靠的前端感知技术，并将发挥更重要的作用。

现代在线分析仪技术应用的关键技术是样品取样处理系统技术。样品处理系统技术正在向专业化、微型化、少维护发展。专业化技术包括各种专用取样探头、高温传输管缆、过滤器、净化器、除湿器、取样泵、管阀件等技术。微型化技术主要是微机电系统（MEMS）技术的应用。如小型化专用色谱仪，已采用微型色谱柱无阀切换技术；色谱分离技术也已经实现微型化。

现代在线分析系统集成的核心技术是在线分析仪器技术。在线分析仪器技术的发展趋势，主要是分析仪器从离线分析走向在线分析、智能型分析、仪器间联用等。如利用样品取样、富集等前处理技术，色谱分离技术与检测技术相结合，发展了在线色谱-质谱、色谱-光谱等联用分析技术。

现代在线分析仪器的技术应用正在向在线分析监测监控平台技术发展，如自动化分析小屋、智能化分析小屋、移动实验室监测平台及区域智能化的安全环保一体化监测监控平台技术等。在线分析与自动化、信息化、互联网等技术融合，以及与其他检测设备相结合，将促进现代在线分析智能化（AI）技术的发展。

现代在线分析仪器技术应用“系统工程”的科学方法和系统集成与工程应用技术，解决了复杂工况条件下的在线分析项目难题，可以为用户在线分析项目提出完善的技术解决方案。在线分析项目的系统集成及工程应用技术是现代在分析仪器应用发展的共性技术。

现代在线分析仪器技术发展的方向是智能化、网络化，并实现与大数据、云计算的应用，直接参与工业过程智能化监控、智慧环境监测监控等。现代在线分析的成分量信息与物联网的融合应用将在生态环境保护和现代化科学发展中发挥十分重要的作用。

1.2.4.2 技术进展

进入 21 世纪以来，在线分析仪器应用的主要技术进展有：激光光谱气体分析技术，傅里叶红外光谱在线气体分析技术，化学计量学与近红外光谱分析技术，光声光谱、拉曼光谱、核磁共振（NMR）和各种能谱的在线分析技术，色谱-光谱、色谱-质谱等在线联用技术，以及移动监测、走航监测、遥测遥感技术、“空-天-地”立体监测技术和各种算法软件技术应用等。

现代在线分析仪器新技术，如采用量子级联激光器（QCL）、带间级联激光器（ICL）在中红外光谱的气体分析应用，近红外光谱分析技术在质量检测方面的在线应用，NMR 在石化等行业的在线应用等。

现代在线分析仪器技术发展的重要趋势，是离线分析走向在线分析，特别是大型精密分析仪器及联用技术已经在石化、环境监测的在线分析小屋及移动检测技术中得到应用。另外，现代在线分析仪器的模块化检测器、关键部件及标准物质技术的发展，也是在线分析技术发展的重要方面，关键部件技术如：微流控技术、微型传感器技术、微机电系统（MEMS）、各种新型光源技术、光电检测器技术、光纤传输技术、干涉仪及长光程测量池技术等。

1.2.4.3 热点技术

（1）流程工业的部分热点技术

① 微流型检测器的应用　流程工业的在线色谱常用的热导检测器（TCD），已经发展至采用微流型热导检测器，其体积只有传统热导检测器体积的十分之一，需要样品量极少，适用于微型色谱仪。微流型检测器也在红外光谱分析检测微量气体中得到应用。

② 微型光声检测器的应用　由于微机电系统（MEMS）及光纤技术的应用，微型光声检测器的研究与应用有新的进展。如微型麦克风检测器能检测微弱信号的有效传输，应用微型光声检测器的光声光谱分析技术已用于多组分在线测量。

③ 在线光谱分析技术的应用热点

a. 近红外光谱分析技术　主要是化学计量学及光纤传输技术的应用，使得近红外光谱技术在油品质量监测、精细化工、制药等过程分析领域得到重大推广应用。

b．傅里叶红外光谱技术　由于干涉仪技术的发展，已经实现在工业过程的多组分气体分析，如用于煤化工的乙二醇等多组分气体分析。在精细化工、制药等领域也得到推广应用。

c．在线拉曼光谱分析技术　已经在石化等行业的过程多组分分析中应用，并发挥重要作用。

d．中红外光谱激光分析技术　激光在中红外光谱的检测灵敏度比在近红外光谱高2个数量级。由于量子级联激光器（QCL）和带间级联激光器（ICL）的发展，激光可用于检测SO_2、SO_3及微量NH_3等。配套长光程测量池可用于痕量气体检测，是激光分析的最新热点技术。

④ 在线色谱及在线质谱技术的应用　在线色谱仪已经成熟用于过程分析，新技术热点主要是痕量检测技术及微型色谱仪等。在线质谱仪由于检测灵敏度高和快速检测的优势，已经在石化、冶金等行业的过程分析中应用，实现多点、多组分气体的快速检测。

⑤ 在线分析仪的数据管理系统　大型石化企业已经将上百台（套）的在线分析仪器联网，实现数据共享以及与大数据、云计算等新技术联用，并实现智能化数据管理系统。

（2）环境监测的部分热点技术与应用

① 大气环境监测的热点

a．大气环境污染的监测技术　重点是非电行业的烟气超低排放监测、固定源废气VOCs的在线监测、垃圾焚烧烟气的在线监测。非电行业的超低排放监测目前主要是钢铁、水泥等行业的监测，包括有组织排放与无组织排放监测技术。脱硝逃逸氨监测及可凝结颗粒物监测等存在技术难点。另外大气环境的温室气体排放监测将成为新的热点。

b．环境空气质量的在线监测技术　包括区域大气质量自动监测系统中心站、常规站及微型空气站检测技术等。环境空气质量监测，包括“空-天-地”一体化监测网络技术、卫星遥感监测与地面定点监测的集成技术。环境空气中的微量、痕量气体监测对在线分析技术提出更高要求。为防治雾霾，重点要监测大气中细颗粒物（$PM_{2.5}$）与臭氧（O_3）及其前体物。大气中微量VOCs、SO_x、NO_x等都需要采用检测灵敏度更高的在线分析技术。

c．区域环境及产业集群监测技术　主要包括大气、水、土壤等环境污染监测，重点是实施网格化监测、有组织排放和无组织排放监测，厂界/边界的开放式遥测、移动监测、走航监测、无人机监测，环境污染的源解析技术，以及安环应急监测监控技术等。

d．颗粒物传输通量的激光雷达监测技术　利用相干探测技术、多普勒原理和后向散射原理，同时获取风和颗粒物在大气中的垂直空间不同高度的分布，实时捕捉颗粒物的传输方向和传输量，追溯颗粒物传输来源，判定对区域颗粒物污染的影响。

e．逃逸氨及氨气分析技术　氨气是大气中唯一的高浓度碱性气体，逃逸到大气中的氨与NO_x或SO_x等酸性气体发生反应，形成硫酸盐、硝酸盐等二次颗粒物，是大气环境中气态污染物转变成固态污染物的重要推手。环境空气中的氨气浓度低、易溶于水、易吸附，监测有难度。常用监测方法有化学发光法，采用转化炉形式进行间接测量；或采用光腔衰荡光谱法直接测量；或采用量子级联激光光谱的开放光程测量设备进行原位式测量。

f．空气质量模型分析的定制化研究技术　空气质量模型分析的准确性受数据质量、数量的影响很大，在推动数据共享、监测手段多样化的前提下，现阶段的空气质量模型分析更趋向于根据项目实际情况，合理规划能够获取的各类监测数据，如地面监测数据、地基雷达观测数据、卫星遥感监测数据等，用于二次驱动模型，修正、佐证空气质量模型分析的结果，提高预测、评估精度。

② 水环境监测的热点

a．水质多参数一体化综合监测技术　主要采用电极法、分光光度法、全光谱法、分子荧光光谱法、原子荧光光谱法等分析方法，可实现水质多种参数（类别多于常规九参数）综合分析，适用于地表水/饮用水源的水质监测。水质环境监测的微型小型站、无人监测船、移动监测车及便携式监测仪等多种载体的结合，在常规监测、应急监测中将发挥更大作用。

b. 水质指纹快速识别与预警技术　通过对不同来源水样的水质荧光指纹进行分析和判别，建立不同来源污水的水质荧光指纹数据库。可以通过对水体水质指纹的比对，判断水体受到了何种污水的污染。水质预警溯源仪用于测定水体水质是否有异常，并自动判断水体中最可能混入污水的种类。目前，水质荧光指纹识别技术可识别印染、电子、石化、焦化、造纸和金属制造等 10 余种废水来源，还可以实现多尺度污染溯源。

c. 小型化水质多参数自动监测站技术　随着生态环境监测网络的发展和水质网格化监测的推广，水环境自动监测站需要进行更密集的布点，以满足污染溯源、水质预警、河长考核等大数据应用需求。小型化水质多参数自动监测系统与固定站房式水站相比具有占地面积小、无需征地、安装灵活、建设周期短、投资少、成本低等优势，将成为水质监测产品热点。另外，对黑臭水体监测也是水环境监测的热点。

d. 微型水质自动监测站技术　是将全光谱技术、光学传感器技术、离子选择性传感器技术等集成在小型户外机箱中，采取太阳能或市电供电，安装于水体周边的一种小型、方便搬移的高集成度的水质自动监测站。

e. 大型水质自动监测站技术　用于输水河道、水库、湖泊、景观水、管网水自动连续监测以及突发性污染事故的预警。包括水温、pH、溶解氧、电导率、浊度、化学需氧量（COD）、5 日生化需氧量（BOD_5）、总有机碳（TOC）、溶解性有机碳（DOC）、硝酸盐、亚硝酸盐、H_2S、总悬浮固体（TSS）、254nm 紫外吸光度（UV254）、亚硝态氮（NO_2-N）、苯-甲苯-二甲苯混合物（BTX）、色度、指纹图和光谱报警、氨氮、叶绿素 a、蓝绿藻、磷酸盐、盐度、氯化物、氟化物等指标的实时监测。

f. 水质综合毒性在线分析的技术应用　是以各种探测生物作为被测物，可为水质评价提供较为理想的数据和信息。目前水质综合毒性分析仪只能对慢性毒性物质产生响应，但是生物法监测已经逐渐成为饮用水源地水质预警系统中不可或缺的部分，还处在不断发展阶段。

③ 其他热点技术

a. 固定污染源的重金属监测技术　包括固定污染源废气及烟气排放的汞及其他重金属的在线监测，污染源排放的水中重金属及土壤中重金属污染的在线监测运用。主要监测技术包括原子吸收光谱、原子发射光谱及原子荧光光谱等。

b. 恶臭气体监测技术　化工园区及石化等行业对周围生态环境的最大污染是异味恶臭的排放。对于产生恶臭的有毒有害气体监测已成为环境监测的热点之一。国家标准已规定监测 8 种有毒有害气体，检测技术包括：电化学传感器、PID、激光、微流控等。

c. 土壤环境监测分析技术　土壤污染物主要为镉、汞、砷、铜、铅、铬、锌、镍、六六六、滴滴涕、多环芳烃等。土壤环境监测将逐渐由实验室样品检测，向原位、便携检测发展；加大 ICP-MS 法等痕量和超痕量分析技术及现场快速分析技术应用。

d. 生态环境的遥感监测技术　按照“遥感监测为主，地面校验为辅”的原则，结合模型算法，提高遥感监测精度。利用高空间分辨率、高时间分辨率的卫星监测：甄别污染高值区，指导地面走航监测；观测污染传输及区域面源的监测等；通过甲醛/NO_2、乙二醛/NO_2 指标对 O_3 控制区进行判断，辅助治理决策。

e. 海洋监测技术　包括海水的水环境污染监测及空气污染监测技术。海洋空气污染监测包括船舶设备的废气排放监测。海洋监测技术将现代信息技术与海洋装备、海洋活动深度结合。海洋定点、连续、多要素的同步测量是研究海洋环境变化和实现目标监测的重点。

f. 环境监测设备智能化和远程化维护技术　关键技术是环境监测仪器的智能化，与物联网、大数据技术的融合应用，实现环境监测管理的一体化；并结合5G技术，实现远程诊断、远程质控、远程维护等功能，同时又兼顾数据信息安全。

环境监测的重点是打好污染防治攻坚战，热点是区域生态环境及产业集群的环境污染监测，如上述的大气环境、水环境及其他监测。采用的在线分析技术主要有：在线色谱、质谱、色-质联用、非分散红外光谱、紫外差分光谱、傅里叶变换红外光谱、化学发光、激光诱导击穿光谱、电化学分析等。并应用开放式遥测、激光雷达、移动监测、走航监测、无人机/无人船监测等，实现“空-天-地”立体监测和“一张网”监管，为生态环境保护提供决策依据。

（本章编写：中国仪器仪表学会分析仪器分会在线分析仪器专家组　朱卫东）

第 2 章 系统集成与工程技术

2.1 在线分析项目的系统集成技术概述

2.1.1 在线分析项目的系统集成技术

2.1.1.1 “系统工程”技术

现代在线分析仪器技术的发展是基于“系统工程”理论和系统集成与工程技术方法的应用。流程工业过程分析与环境监测在线分析对被测组分的检测向微量、痕量方向发展，对污染组分监测要求更精准、实时。在线分析项目的复杂性，对在线分析仪器的技术要求越来越高，涉及的技术面也越来越广，因此，在线分析技术发展必须加强对系统工程技术的应用研究。

我国“系统工程”方法论的研究起步约在 20 世纪 70 年代，1978 年我国伟大的科学家钱学森院士等提出了利用系统思想把运筹学和管理科学统一起来的理念，这标志着我国“系统工程”思想的应用和推广进入了一个新的时期。我国系统工程思想和方法已经被广泛应用于工业、农业、军事、社会等多个领域，取得了很多重要的成果，其中最有代表性的就是系统工程思想和方法在载人航天、月球探测等重大航天项目中的应用。

钱学森院士提出了系统科学理论和综合集成的科学方法，并提出了“定性定量综合集成（meta synthesis）”的思想，将现代计算机信息技术、多媒体技术、人工智能技术、现代模拟仿真技术、虚拟现实技术引入到“系统工程”领域，采用“系统工程”技术解决了许多用传统方法难以解决的问题。他指出：“系统工程是组织管理系统的规划、研究、设计、制造、试验和使用的科学方法，是一种对所有系统都具有普遍意义的方法”；“系统工程在现代科学技术体系中，属于系统科学的应用技术，其技术科学层次包含运筹学、控制论和信息论，其基础理论为系统学”；“系统学是研究系统结构和功能（系统的演化、协同与控制）一般规律的科学，这就是系统科学的基础理论”。

我国分析仪器行业的主要创始人，著名科学家朱良漪先生对国内分析仪器的发展早就提出“必须积极开展系统工程学的研究”，在 2007 年“第二届在线分析仪器技术应用与发展国际论坛”期间，提出了“分析技术与自动化的系统集成是 21 世纪前沿技术”的著名论述，强调了现代在线分析技术的难点是“取样系统、可靠性、少维护和软件技术”，为我国在线分析仪器技术的发展指明了方向。

现代在线分析项目的技术符合“系统工程”的研究要求，例如大型精密在线分析仪器项目、大型石化企业的在线分析项目、大气环境监测中心站项目、工业园区智慧环境监测监控平台、重点区域生态环境保护监测项目等，完全符合系统学的“系统”特征。“系统”从广义上是指“相互作用的多元素的复合体”，大型在线分析项目也是由特定功能的、相互间有机联系的诸多元素所构成的整体，在线分析项目具有“系统”属性。

在线分析项目的系统集成，通常是指由在线分析仪器、样品取样处理系统、数据采集处理通信系统，水、电、气等公用工程，安全、防护等辅助附属装置优化组合，为用户某个特定的在线分析项目提出的系统工程技术方案。在线分析项目应用“系统工程”技术的目的，是实现在线分析工程项目的最优设计、最优控制和最优管理，最终为客户及社会创造效益。

在线分析项目的系统工程技术应用具有以下特点：

① 应用多学科交叉技术，具有专业性、综合性强和个性化定制的特点。

② 突出系统总体，强调整体优化，以用户目标为导向，以可靠稳定为根本。

③ 以分解-集成思想为基础，注重关键细节分解，确保项目整体的优化集成。

④ 采用系统集成设计、制造及质量控制，实施工程应用技术管理。

2.1.1.2 系统集成与工程应用

在线分析项目是指为用户项目提供的在线分析仪器、在线分析系统及技术解决方案的在线分析设备的总称，在线分析项目的系统工程技术，主要包括在线分析项目的系统集成和工程应用技术，为解决用户复杂工况条件下的在线分析项目难题，提供完善的技术解决方案，以及为在线分析设备提供全生命周期服务。

在线分析项目的系统集成技术，主要指项目的系统集成设计、制造、质量管理、现场服务等技术；工程应用技术主要指在线分析项目的使用、设备运行维护、管理直至设备停用等全生命周期的管理技术。

在线分析项目系统集成，是以系统集成供应商为主体的技术创新过程。按照在线分析项目系统集成要求，实施在线分析项目的设计、制造、质量检测及控制、安装调试及工程技术服务等，包括系统项目的启动、规划、研究、设计、制造、试验、检测和交付使用，实施项目系统集成全过程的工程技术管理。

在线分析项目系统集成主要包括：在线分析仪器、在线分析系统、在线分析技术应用平台等。在线分析项目的系统集成是根据客户需求分析，提出的全面的、完善的技术解决方案，包括在线分析仪器、样品取样处理系统、在线分析系统、区域在线分析的监测监控平台等设备的系统集成设计、制造、质量管理、工程技术服务等，以实现在线监测的准确、可靠、稳定要求，从而实现过程优化控制和调整，为客户取得预期的技术经济效益。

在线分析项目工程应用，是以用户为主体进行的。在线分析项目从立项招标，到项目设计、系统安装调试及验收、项目交付，是项目工程应用的初始阶段；用户对在线分析项目的工程应用与管理，是从系统交付后才真正开始的。工程应用技术的重点是实施在线分析系统项目的正常运行维护、质量控制与管理，直到在线分析系统的使用生命周期结束，完成系统工程应用技术管理的全过程。

客户及设计院负责在线分析项目立项招标，确定在线分析系统的技术要求，明确在线分析系统的基础数据及工况条件，在招投标时与供应商共同合理选择在线分析系统技术解决方案；通过性价比分析，优选最佳方案。低价竞争是不可取的！要重视供应商提供设备的质量、培训、服务与设备交付验收！设备投入运行后，重点是设备运维管理和运行质量管理，以确保在线分析数据的准确性和代表性，实现项目的预期目标。

在线分析项目系统工程技术应用，包括在线分析项目的系统集成设计、制造、质量及系统工程应用。涉及在线分析项目的客户、设计院所、系统集成供应商及第三方运营管理等，某些领域还涉及政府相关管理部门，如政府生态环境保护部门。在线分析项目系统工程技术应用，已经在流程工业、环境监测及其他科学技术领域的高效优质、安全节能、质量控制、控源减排等方面，发挥了重大的技术、经济及社会效益。

2.1.2 在线分析项目的系统集成设计技术

2.1.2.1 概述

近十年来，现代在线分析仪器的系统集成发展迅速，包括：在线分析仪器的系统集成设计技术、可靠性设计的应用、软件及算法技术的应用，以及在线分析仪器智能化监测监控平台、移动监测技术、遥测遥控技术和“空-天-地”一体化的检测技术应用等。在线分析的系统工程应用已经实现与物联网、互联网、大数据及云计算等技术的融合应用，并向智能化、智慧化的技术应用发展。

现代在线分析项目系统集成设计的核心是在线分析仪器技术，包括在线分析仪器设计开发及在线分析仪器的选型设计。涉及不同检测原理的在线分析仪器技术、化学计量学技术、分析谱图数据库、算法软件与数据处理软件等技术应用。系统集成设计的首要任务，是选择适用的分析系统及适用的分析仪主机，以满足不同的用户在线分析项目的检测要求。

在线分析仪器是由分析检测单元、电子控制器、计算机数据处理单元及各种分析流路的管阀件、压力流量调节等相关元素组成的系统，是为科研或市场需求的分析目标设计研制的。在线分析仪器的设计开发，应满足提出的在线分析要求，如被测对象、检测范围、干扰影响、性能指标及现场工况条件等。在线分析仪器选型的重点是其稳定性、可靠性、检测灵敏度、准确度、动态特性以及对使用环境及介质的适应性等，特别要重视被测组分中干扰物的影响。选择不同检测原理的在线分析仪的抗干扰能力不一样。

在线分析项目系统集成设计的关键是样品取样处理系统。取样式在线分析项目的样品取样处理系统包括样品提取、样品传输、样品处理、样品排放等基本功能，主要包括各种取样探头、样品传输管缆及样品处理部件等。样品处理部件主要包括除尘器、除湿器、有害物质过滤器，取样泵（必要时）、样品压力阀、流量调节阀、流量计，以及其他各种阀件、管道及连接件等。

复杂的样品取样处理系统技术的难点在于被测现场的工况条件恶劣，样品组分具有高温、高湿、高尘、高压、高腐蚀、高黏度等特点，应保证样品经过处理以后可以满足分析仪器的测量使用要求。在线分析成套设备中，复杂的样品取样处理系统的技术难度与售价，不亚于该设备配套的在线分析仪器的技术难度与售价。

2.1.2.2 数据处理与公用工程设计

在线分析系统是由多台在线分析仪器、相关参数检测仪器、样品取样处理系统与分析流程的管阀件等集成的，分析流程控制大多采用可编程逻辑控制器（PLC）控制。有些在线分析项目对所得数据需要处理计算，应配置数据采集系统（DAS）或数采仪，实现数据采集处理、显示打印、通信等功能。现在越来越多的在线分析项目需要配置DAS系统和在线分析仪器监控平台，实现分析数据采集、处理及通信，建立数学分析模型、算法软件及数据库等。

例如烟气连续排放监测系统（CEMS），HJ 76 标准规定 CEMS 的配置，应包括数据采集系统（DAS）或数采仪；水质在线分析系统及水质在线分析小屋平台系统大多配用专用数采仪；石化行业大型企业配置的在线分析仪器设备，已实现企业级的在线分析仪器管理与数据采集系统（AMDAS）；化工园区等区域的环境监测已实现环境在线监测监控网络平台等，通过互联网实现区域内所有在线分析仪器的数据通信和远程监控。

在线分析项目系统集成设计的公用工程，主要包括项目的水、电、气等公用工程设施。水、电、气供应是确保在线分析仪正常工作的条件。以气体供应为例，样品取样探头等需要提供反吹气；在线气体分析仪需要各种标准气、辅助气供应；某些辅助气需要提供气体制备或纯化处理；在线色谱仪 FID 检测器需要提供燃气、助燃气及载气等。反吹气通常采用仪表空气，标准气大多采用钢瓶气，辅助气也可采用钢瓶气，或配置氢/空一体化制备设备、载气纯化设备等。

在线分析项目系统集成设计的辅助工程，主要包括安全、防护等设施。安全设施主要指设备的防雷击、抗电磁干扰，以及分析小屋内的有毒有害物质预警、报警等；防护设施主要是指设备的防尘、防水、防爆等。在线分析项目的防护大多采用分析机柜、分析小屋、固定或移动的在线分析平台等。一套在线分析小屋成套系统，通常都集成了多台套的在线分析仪、检测报警仪及样品处理系统、数据采集处理系统等设备。在线分析小屋系统通常都具备通风及空调等设施，改善了在线分析仪工作环境，提高了在线分析可靠性。

2.1.2.3 系统集成设计的新技术

在线分析项目系统集成设计的新技术，主要包括在线分析仪器与物联网、互联网技术的融合、在线分析监测监控网络平台和在线分析设备的智能化应用等技术。在线分析设备的智能化应用，是通过在线分析仪器与自动化技术、物联网技术、互联网技术的信息融合，以及大数据分析、云计算的综合应用实现的。如石化等流程工业的大型企业已实现企业内几十台（套）的在线分析仪器联网管理，实现了分析数据共享和在线分析仪智能化管理。

现代在线分析仪器技术及其新型传感器、检测器的应用开发，为流程工业企业的“智慧工厂”建设，提供了最基础的智能化前端感知设备，以及可靠的信息数据源。环境监测领域应用在线分析项目的系统集成，监测监控网络平台技术，无人机在线监测、移动监测技术与“空-天-地”一体化监测等，已成为化工园区等区域“智慧环保”建设的重要组成部分。

2.1.3 在线分析项目的技术解决方案设计

2.1.3.1 设计依据

现代在线分析仪器的系统集成的目的是为用户在线分析项目提供完善的技术解决方案。在线分析项目技术解决方案的设计依据是在线分析项目的合同或技术协议，以及满足用户现场工艺条件要求，同时还应满足相关的国家、行业、地方的技术标准、规范和产品企业标准。

在线分析项目的技术解决方案，通常需要根据客户工艺现场的不同要求，进行需求分析，必要时应进行项目现场考察，并同步进行项目初步设计。初步设计包括：根据客户提供的在线分析项目的基础数据，提出在线分析仪与分析系统的设计选型、总体设计框图、分析流程图、关键部件的设计选型，以及项目供货范围、主要配置等。应通过客户需求分析，了解客户在线分析项目设备的应用场所（如工位号）、分析参数（被测组分、测量范围等）和现场工况条件等基础数据，提出选择适用检测原理的在线分析仪主机、在线分析系统的结构框图、分析流程图、主要性能指标要求等。

2.1.3.2 在线分析系统及分析仪选型

在线分析项目的技术解决方案，最重要的是在线分析系统及分析仪的选型设计。首要应确定选用的在线分析系统或仪器是采用原位式还是取样式。

在样品工况条件复杂、环境恶劣、烟尘及水分含量很高，存在易腐蚀性、易溶性气体，以及要求快速分析时，可尽量选用原位式分析系统或仪器。原位式仪器安装在工艺管道上，是利用管道作为测量室，无需样品取样、传输、处理，具有快速分析、测量的样品状态和实际工况状态一致、样品分析不失真等特点。但是，由于一般原位式分析仪大多采用光学分析仪，工艺管道尺寸及复杂的工艺介质（比如粉尘、雾滴、高压等）会影响光源强度以及带来分析干扰，从而影响被测组分测量。另外，对安装条件有较高要求，当存在安装管道有较大震动、热变形，或光窗玻璃易被烟尘污染结垢，或被测样品受干扰物质影响等问题时，仪器易产生分析误差，严重时不能使用。

取样式在线分析系统，由于通过取样传输、样品处理及防护设施，可以对样品进行处理以后再进入分析仪器里进行测量，使得在线分析仪器的工作条件大为改善。由于需要对样品进行取样、传输、除尘、除湿等处理，增加了设备的复杂性，同时也不可避免地带来样品的失真。特别是在取样处理过程中，怎样避免或减少被测成分失真是系统设计时要着重考虑的问题。当样品中烟尘及水分含量很高时，应采取多级除尘、除湿技术，样品传输过程应保温在样品露点之上。取样式在线分析技术解决了复杂样品的取样处理，满足了在线分析仪对样品分析的要求，保证了分析可靠、准确和易维护。相比原位式分析，取样式分析具有较大应用扩展性和适应性，在线分析项目大多采用取样式在线分析技术解决方案。

在线分析系统及仪器选型主要取决于在线分析项目的被测组分、测量范围、检测灵敏度、抗干扰能力及动态特性等要求，以确保在线分析的稳定可靠、准确实时要求。从事在线分析项目设计的技术人员，应熟悉不同检测原理的分析仪技术及其工程应用特点，包括检测范围是否适宜、干扰物影响及去除方式等。例如，微量气体分析技术采用红外光谱分析时，由于水分在红外吸收光谱范围较宽，与被测气体的特征吸收光谱存在交叉干扰。因此，应考虑消除样品中水分的交叉干扰，同时防止易溶于水的测量组分被冷凝水吸收等产生误差。又如，采用顺磁氧原理的氧分析仪，应考虑样品背景气是否存在其他顺磁性气体，如样品中也存在氮氧化物等顺磁性物质会对氧测量产生干扰。采用热导气体分析仪时，也应考虑到背景气体的热传导可能存在的干扰问题，并采取克服干扰的措施。

应确认在线分析仪的检测原理、检测对象及范围、抗干扰性、稳定性、灵敏度及动态特性等主要指标是否适用于用户在线分析项目提出的检测技术要求，是否符合相关技术标准要求。在选择分析仪测量量程时应注意：常用的分析测量示值或排放限值应选取在仪器测量满量程的1/3～2/3处比较适宜。

2.1.3.3 技术解决方案的要点

（1）客户需求分析

通过对项目招标文件消化、客户沟通及现场考察等，熟悉在线分析项目应用的现场要求、被测样品组成、测量组分、测量范围、工况条件、样品背景组分、可能存在影响因素等。

（2）在线分析仪选型

选型设计的关键是选用满足项目分析对象及测量范围要求的分析仪，应重点考虑干扰组分对分析测量的影响。在线分析仪的选型配置，应考虑分析原理、测量对象（测量组分）、测量范围、主要性能指标等。在线分析仪选型应满足在线分析项目的技术要求。分析仪测试技术涉及化学计量学及各种谱图库应用，包括光谱、色谱、质谱数据库和测试软件的技术应用。

（3）选取抽取式分析仪器或系统的关键

关键是选择适用的样品取样处理系统技术，包括取样探头的选择、取样式系统组成框图、分析流程图、关键部件及主要供货范围表等。样品取样处理技术的关键，是确保取样分析不失真，满足所选择的在线分析仪器对样品的要求。

（4）计算机数据采集处理系统的软硬件设计

根据客户需要提出的数据采集、处理、显示、打印及通信要求确定，包括分析仪标准信号输出及通信接口、数据采集处理系统显示的软件界面等。通信联网设计应符合有关标准规定。

（5）在线分析项目的安全防护设计

包括水、电、气供应，及分析机柜、分析小屋等公用工程设施的设计。应根据客户需要选择采用分析机柜、分析小屋或分析监测平台设计。对于有防爆要求的场所应符合防爆设计标准规定。

（6）区域环境监测项目的设计

需要根据客户要求，提出总体技术解决方案设计文件。例如，典型的化工园区智慧环保平台系统，包括环境感知、应急监测、信息传输、智慧决策等各个层面，并完成数据采集、分析、处理、决策。典型的化工园区智慧环保平台建设主要包括环境监控、智慧安监、能源管理及应急响应平台等。

2.1.4　系统集成的分析流程设计与输出文件

2.1.4.1　概述

系统集成的分析流程设计确定后，产品结构与配置也随之确定。系统集成的分析流程设计原则是保证在线分析项目的测量准确、稳定可靠、使用安全，分析流程决定了分析系统和分析仪的配置，是确定在线分析项目技术性能和性价比优劣的关键。

取样式在线分析项目的流程设计，主要分为正压式及抽取式两大类。正压式适用于中高压力管线取样，微正压及负压取样需要采用抽气泵抽取样品，以满足分析仪器检测要求。在线气体分析项目的取样式分析流程设计，按照样品气的取样及处理方式不同，又分为冷干法、热湿法、稀释法等。

分析系统分析流程是在线分析项目系统集成设计的依据。设计输出包括：总体组成框图、分析流程图，及相关的电气设计图、接线图、PLC 控制图等。

总体组成框图是由在线分析系统主要功能部件组成的系统框图，也可以分解为各子系统框图。取样式系统的总体组成框图，通常包括取样、传输、预处理系统、分析主机、控制单元、数据采集处理系统、通信单元等主要功能部件及各子系统的接口设计。

分析系统流程的详细设计主要包括取样探头（包括取样管、探头前过滤器及反吹系统等），样品传输（加热管线及温控、样品及标准气管等），除尘、除有害物部件（除尘过滤器、除雾器、除有害过滤器）、除湿部件（电子除湿、压缩机除湿等）、压力及流量调节部件（各种调节阀、电磁阀、流量计等）、分析流路、样品测量池进出口、旁路设计、样品排放与处理等功能部件的流程设计。还包括采用 PLC 等技术，实现分析流程控制及探头反吹等。

在详细设计阶段，应根据对用户需求的深入分析、对现场的全面调研、对客户接口的进一步细化，进一步完善分析流程设计。

2.1.4.2 设计输出文件

（1）企业标准或技术条件

在线分析项目设计除须满足国家及行业相关的标准及规范外，企业应制定在线分析仪器的企业标准或技术条件，规范企业在线分析仪器及系统设计与制造。

（2）技术图纸

在线分析仪器或系统设计图包含：总体结构设计框图、分析流程图、电气原理图、电气接线图、PLC 控制框图（含梯形图等）、分析机柜或分析小屋布置图、流路和电气接口图、现场探头及机柜安装图，以及各种零部件设计图纸。

（3）技术文件

主要有供货清单或配置清单（总采购明细表、加工件明细表等）；各包装箱装箱清单；产品及关键部件的装配、调试作业指导书；整机装配过程工艺卡、产品性能测试卡；产品使用说明书和/或维修手册、检验指导书、性能测试报告、产品合格文件等。

（4）其他设计输出文件

PLC 控制程序、数据采集处理软件、分析软件及各种谱图等。

2.2 在线分析项目的系统集成制造与工程技术

2.2.1 在线分析项目的系统集成制造技术

2.2.1.1 项目系统集成配套

在线分析项目的系统集成配套是指按照在线分析项目的设计图纸文件要求及系统配置清单完成采购、外协或自制件加工。按照项目计划书要求完成系统项目的零部件配套并分阶段提供给制造部门，项目包装图纸、技术文件以及系统软件、附件等也是系统集成配套设计的要求。

系统集成配套管理应按照项目管理计划执行，按计划要求的时间和装配先后顺序向工程制造部门提供零部件。按照计划及时提供重要的配套件、在线分析仪，以及配套的计算机硬件、软件等，确保系统总装及调试按期完成。最后提供包装及附件，完成项目的最终配套。

系统集成配套管理要进行技术经济分析，加强成本观念。自制加工与外部采购，应从性价比、质量、成本、进度等分析，确保系统的质量和成本的优化控制。通用的取样、处理部件应有合理库存量，包括常用进口分析仪及配件也应有合理库存，以满足部分客户提出的紧急订货要求。

2.2.1.2 项目结构与电气部件组装

项目结构组装包括各功能部件的组装，分析柜或分析小屋的组装，以及内部配管连接等；电气部件组装包括各种电路板的组装、电气部件的安装与电气接线等。系统硬件总装包括所有的功能部件，是项目产品的完整组合与集成，应符合装配工艺及作业指导书要求。

（1）各功能部件组装/调试

按照系统配置清单和各功能部件要求，首先完成产品部件的装配调试，外购产品检测或调试。系统集成商大多自制关键部件，如取样探头及各种样品处理部件；也向专业厂家采购功能部件及零部件，如除尘过滤器、冷却除湿器、取样泵、压力表、流量计及各种阀件、接头、管道等。

采购样品处理部件及其他功能部件，应按照外购件进货检验要求严格检验。凡涉及强制性技术要求及系统主要技术指标要求的功能部件及产品，应进行必须的性能检测。电气控制的除湿器、取样泵及电动控制阀件的可靠性、稳定性等，是系统可靠性、稳定性的关键。涉及安全产品的一定要进行安全检测，如安全泄放阀的泄放压力等。

在线分析仪主机应按照技术标准进行性能测试，如线性误差、稳定性、动态特性、干扰影响等检测。

（2）系统分析柜或分析小屋装配

系统分析柜或分析小屋由专业厂商按照设计要求组装。分析柜或分析小屋到位后，先进行内部结构件的组装，按照流程图进行样品处理部件的组装及配管连接，然后进行电气部件的结构件组装及配线连接，最后完成分析仪，以及其他配套仪表的组装。

（3）样品处理部件组装

样品处理单元包括前处理和样品处理单元。前处理单元安装在现场的专用仪表保护箱内，又称为前级工作站。样品处理单元多以仪表保护箱方式，安装在分析小屋外墙上。分析柜安装方式中，样品处理单元大多安装在分析柜内部。

（4）系统电气部件装配

在线分析仪器及系统的电气部件装配，主要包括：分析仪的电气控制箱的装配，以及分析柜或分析小屋的供电电源、电气控制箱、接线盒、开关、指示灯、报警灯、照明灯等供电系统装配；分析柜或分析小屋内各用电及电控部件的接线、布线，如分析仪供电及信号输出，样品处理部件的除湿器、泵、报警器、电动阀件等部件的供电与控制，以及PLC控制器等。

在线分析系统的其他检测仪表的供电及输出信号控制，如对温度、压力、流量、颗粒物等相关检测仪器仪表的电气装配。对分析小屋的辅助设施及公用工程的供电及控制线路装配，如空调、毒害气体检测器、报警器等。

对数据采集处理传输系统硬件的电气装配，应根据设计要求执行，如安装在分析小屋内应提出单独的设计要求，包括采用不间断电源供电等。

（5）系统电气接线

系统电气接线是按照系统设计的电气接线图进行的。系统电气接线的原则应注意供电动力线与控制线分开，特别对输出的模拟信号应加以屏蔽保护；注意分析系统的接地要求，应按照电气接线图的规定及有关标准执行。

分析柜的供电及控制线路的接线，通常采取由PLC控制器及其供电电源等部件为主体的电气安装板接线，通过接线槽布线，经由端子排与各用电部件连接。

对取样探头系统、前级处理工作站及电加热传输管线的供电与温度控制等，应有专业的电器装配要求，并按照设计要求完成各部件的内部接线，留下输入与输出接口，在总体装配调试时，进行联调测试，或在现场安装调试中连接调试。

2.2.1.3　项目总装与调试

（1）总装要求

在线分析系统的总装应根据设计的总体框图要求进行，在线分析系统项目的总装，是在各分系统组装基础上进行的。首先要检查系统的成套性，检查各个分系统总装的完整性、正确性，包括外观要求，同时应检查各个分系统之间接口的正确性。只有在各个分系统及其接口符合技术标准要求基础上进行，系统项目的总装完成后。才可以进入总体调试。

（2）子系统的检测调试

系统配套的在线分析仪及各子系统应按照作业指导书要求进行性能检测。样品处理子系统的部件应进行独立检测调试，分析机柜及分析小屋在组装前应按设计图纸进行检验。各子系统及零部件应按系统流程图、系统接线图要求正确连接。检查分析仪及各流路的安装、连接与接线是否正确。应按照作业指导书或工艺流程卡要求的顺序进行检测并做好记录。

各子系统要按照工作状态要求进行安全检查、功能测试与系统调试。检验测试顺序如下：目测检验、电气系统的连接检验及安全检测、气路系统的连接检验及泄漏测试、分析系统的功能部件调试与自动控制调试。所有独立的子系统都应单独检查测试，做好调试记录。

应检验系统所有电器的合格证，特别是防爆电器产品的防爆合格证。检查电器部件安装是否牢固，配线是否正确；按照系统电气接线图检查电气接线是否正确，接线端子是否紧固，检查电缆防护处理是否正确。在电气连接检查正确后，进行电气安全检测。

（3）系统管路泄漏测试

首先按照样品处理系统流程图检测系统管路连接是否正确，然后进行系统管路泄漏测试。检测由入口接管到样品处理系统所有管路、部件的气体贯通性和密封性能。正压式分析系统经过前级减压站减压后，进入样品处理系统的压力一般只有 0.1MPa；而微正压系统的样品压力最大只有 0.02MPa。分析系统管路密封一般是采用 0.1MPa 试验气体压力，要求无泄漏。

（4）样品处理系统的功能测试

检查样品处理系统的各功能部件性能，分别对取样探头系统、样品传输管线及样品调理系统进行功能检测。取样探头系统的检查，重点是检查探头的加热过滤功能，检查探头恒温调节是否符合要求，检查探头系统的反吹功能，以及检查前级处理柜的压力调节及反吹空气的预热等。样品传输管线的检查，重点是对气密性及电加热的温度控制、全程的保温效果进行检查。检查样品调理系统的各功能，检查取样泵、除湿器的工作是否正常，压力、流量是否调节在正常范围内，流路切换是否正常，标定回路是否正常等；如具有压力、流量、湿度等报警部件，应单独检查是否设定正确。检查样品处理的自动控制功能，各电气部件与 PLC 的连接是否正确。按照 PLC 自动控制程序要求，对系统的工作状态进行检查。

（5）系统的自动控制程序调试

按照分析系统的流程图及其程序控制要求进行分析系统的自动控制程序调试。大都采用 PLC 对分析系统进行自动控制；也可采用专用数据采集仪，进行系统自动控制及数据采集处理，如水质自动监测站配套的专用数据采集仪就具有多种功能。气体分析系统无论是分析柜还是分析小屋系统，大多采用 PLC 对分析系统进行自动控制。

按照 PLC 设定程序，系统开机后，经过系统预热，分步进入到系统的正常运行工作状态。一般系统工作状态设定为手动、自动、故障等状态。自动工作状态时，所有供电系统、用电部件、电动阀件及电控的样品处理部件、分析仪和系统的输出及控制等都处于正常运转状态；取样探头设置的反吹程序、系统的标定程序都进入工作状态。系统的标定及探头反吹也可设置手动状态。PLC 的输出信号通常接入 DCS 或数据采集处理传输系统。

（6）数据采集处理系统的软硬件调试

数据采集处理系统通常由硬件及专用软件组成。硬件一般包括工业计算机（简称工控机，IPC）、信号输入/输出模块、数据传输模块等。软件要根据客户对分析系统的数据采集及处理等不同的功能要求进行设计，通常采用组态软件设计。也可采用专业的数据采集仪，及其专用软件，完成指定设计功能。

（7）分析系统的输出信号通信及传输

分析仪输出信号已包括 4～20mA 标准信号输出，可直接与 DCS 连接。分析仪通常也具有 RS-232 或 RS-485 通信接口。分析系统还可以通过数据采集处理传输系统，将经过处理的有效数据与上位机通信，可采用有线通信及无线通信方式。有线通信通过双绞线或光纤等实现短距离通信；也可以采用网络传输或无线网络通信方式进行远距离传输。

2.2.1.4　系统总调试

系统总调试是在各部件、各分系统调试合格的基础上进行的。系统总调试的技术标准是根据系统项目技术协议书规定的技术要求编制的本项目系统调试指导文件。分析系统的总调试一般包括以下内容：

① 检查系统流程　按照系统流程图要求检查系统流程管路连接的正确性，并完成系统各流路的泄漏检测，从分析系统柜或分析小屋的入口到分析仪的进口密封应符合密封性要求。

② 检查系统电气连接　按照系统电气接线图检查系统电气接线的正确性，并进行电气系统的绝缘电阻及绝缘强度的检查，符合要求后按照程序分步供电，进入系统自动控制或手动控制，系统各部件应正常工作。

③ 检查系统公用工程条件　检查系统的公用工程的运转及成套性，包括压缩空气、辅助气体及标准气是否能满足运行要求。检查分析小屋的环境控制要求：如空调、通风等是否运转正常，废气废液的排放系统是否通畅。

④ 调试分析仪　分析仪进行通电调试，预热正常后接入标准气、辅助气等进行主要性能检测调试。分析仪的检测要求按照分析仪主要技术指标检测，包括线性误差、重复性、零点及量程漂移、响应时间等。

⑤ 调试数据采集处理系统　数据采集处理系统调试，在全性能检测前，按照设计接上数据采集处理传输系统，通过数据采集处理，实时显示并可打印分析系统的分析数据。

⑥ 分析系统全性能调试检测　将各台分析仪接入分析系统，对分析系统进行性能检测。从分析系统的入口通入标准气，进行分析系统的性能检测试验。

分析系统的总调试过程应按照调试作业指导书或系统总调试的过程工艺卡要求进行，并做好调试记录，特别是性能检测记录。

2.2.2　在线分析项目的工程技术质量管理

2.2.2.1　项目制造的质量管理

在线分析仪器产品制造的质量管理应按照 ISO 9001 的规定执行，产品制造应执行质量管理体系要求和工艺规范。产品制造过程质量管理主要包括实物质量和过程质量的控制管理。

产品要按图纸、按标准、按工艺进行生产。产品制造过程质量检查的要点主要包括：产品制造是否按照设计输出的文件图纸生产；文件图纸审核、批准是否规范；生产现场的图纸文件是否现行有效；产品制造工艺文件、关键部件作业指导书、检验指导文件等是否齐全；产品检测调试的计量测试设备仪器是否配备齐全，是否在检测有效期内等。产品实物检验通常采取自检、互检与专职检相结合，质量检测记录应齐全，重点是产品实物质量检验。产品实物质量检验主要包括：进货检验、过程检验和出厂检验。

进货检验主要是对采购的配套产品及零部件进行进货检验。分析仪器及分析系统集成的产品零部件大多是外购件，外购件质量直接关系到系统集成制造质量。外购件进货检验通常按照物资重要度分类进行，包括全数检验、抽样检验和目测检验等。重要类物资以及涉及安全等强制标准的配套件必须全数检测及进行性能检测。例如分析仪主机、取样泵、除湿器等关键部件、关键元器件，参照企业外购件检验文件进行检测，并做好检验测试记录。

过程检验主要包括自制的关键零部件检验、产品部件组装检验、产品及系统集成总装调试过程检验等。自制零部件及产品部件组装的检验，是按图纸、工艺规定的技术要求检验，检验合格才能入库。进入生产部门库房的外购件、自制部件及部件产品必须是合格件。分析仪器系统集成的零部件的质量，是确保产品总装调试实物质量的基本保证。过程检验的重点是生产设立关键工序控制点，特别是部件组装工序的功能测试、产品总装调试的性能测试，应重点关注分析仪器及分析系统出厂的技术性能检测，应按照规定的技术性能指标进行产品性能测试，提出性能调试报告，并提交专职检验员负责出厂检验。

出厂检验是最终产品实物质量的基本保证，由授权的质量检验人员负责产品出厂检验。产品出厂检验是在总装调试完成后进行，重点是对分析系统的气密性、控制功能、安全性、技术性能进行检测。

产品出厂性能检测合格及随机文件、图纸齐全，才可以由质量检验部门出具产品合格证或质量保证文件。检验及验收合格的产品包装，应按照包装图纸及文件要求执行。应检查系统项目的成套性，包括合同规定的随机备品备件、随机文件、图纸等。

2.2.2.2 系统工程技术的质量管理

在线分析系统工程技术的质量管理应参照有关行业的运行质量保证标准要求执行，主要分为质量保证（QA）与质量控制（QC）。

在线分析系统工程技术的质量特性，主要是有效性、完整性、准确度、重复性、溯源性和可靠性。分析设备的所有者或运营者应编制、执行质量保证计划。质量保证计划必须满足对质量保证的基本要求，保证满足对分析数据的准确度、重复性、溯源性、可靠性的要求。应对控制和评估分析数据的有效性做出规定，以便分析和控制分析系统数据的质量。

质量保证计划应当包括数据的有效性、完整性、代表性、准确度、重复性和可溯源的明确的数据质量目标。数据质量目标的简要描述和一般的要求如下：

有效性是指在符合规定的性能技术标准下运行的数据有效性，应按批准的申报质量保证计划开展合格的质量保证工作，按时上报获得的有质量保证的测量数据和评估结果。

完整性是指分析系统在一定的时间段内，在测量数据范围内收集有效数据的数量。例如：CEMS的数据完整性最低要求是每小时至少有45min的有效数据，每日至少有18h的有效数据，每月至少有22天的有效数据（见HJ 75和HJ 76标准）。

代表性是指分析系统的测量数据能够代表被测量组分的浓度。准确度是指分析系统测量结果与被测组分“实际浓度”的接近程度。重复性是重复测量同一标准响应的变异性或分散性。可溯源性是指分析系统的测量数据能够追溯参考标准，即参考物质，如标准气体等。

2.2.2.3 质量保证计划和质量控制措施制定

质量保证计划提出了实现质量保证的步骤，确定了质量控制活动的实施方法。质量控制活动是一套规范的运行程序，应体现在质量保证手册中或CEMS的操作说明书中。质量保证手册是一份文件化的指南。

质量控制措施的制定，包括：

① 运行检查　确定系统功能是否正常。进行日常检查。最常见的是对零点和量程漂移

校准。

② 观测检查　包括检查控制面板上指示灯、压力表、转子流量计、温度设置、流速等。检查结果与控制要求比较，如果发现故障或超过限值，则立即采取纠正措施。

③ 定期维护　是指对设备定期进行的点检保养工作。包括更换过滤器、泵膜片、试剂等，也包括检查电器系统和光学系统。更换系统器件的时间间隔可从 30 天到 1 年或更长时间，可由试验结果和误差的大小来确定。

④ 性能审核　是对系统运行进行的检查，通过检查指出存在的问题和需要改善的预防性维护保养的方法或需要进行的补偿性维护。

2.2.3　在线分析仪器的可靠性技术与可靠性管理

2.2.3.1　可靠性技术概述

（1）可靠性技术的有关概念

可靠性是产品在规定的条件下完成规定功能的能力，或者是在规定的时间能保持完成规定功能的能力，也可以理解为系统长期稳定运行的能力。可靠性的技术指标是与时间（t）有关的函数。表征产品可靠性的指标主要有以下几种：

① 可靠度 R　是指产品在规定条件和规定时间内，完成规定功能的概率。它是时间的函数，以 $R(t)$表示。

② 可利用度 A　是产品在任一随机时刻需要开始和执行任务时，处于可工作或可使用状态的程度。它反映了产品的有效性，又称为有效度。

③ 可维修度 M　是指使已经出现故障的系统恢复正常工作能力的量度。可维护性的指标包括有效性和平均维修时间。

④ 平均故障间隔时间 MTBF　表示可修复的两次故障间隔时间的平均值，也称为平均无故障工作时间。

⑤ 平均失效前时间 MTTF　表示不可修复产品从开始投入工作到失效前时间的平均值，也称为平均失效时间。

⑥ 故障率 λ　是指系统运行到某时间点上（或运行一段时间），在该时间的失效概率。故障率存在主要形式有递减型、递增型、常数型以及复合型（如浴盆曲线型）等。

⑦ 维修率 μ　是指故障发生后，在单位时间维修好的速率。故障率高表示系统由正常运行状态向失效状态转化的可能性高；而维修率高表示在单位时间内修得快，系统从失效状态向正常状态转化的可能性大。

在线分析仪器的可靠性技术指标中，最常用的是平均故障间隔时间 MTBF。

（2）在线分析的可靠性及可靠性系统

① 可靠性研究的内容　大致包括：可靠性工程、可靠性物理、可靠性数学和可靠性教育与管理等。其中，可靠性工程主要包括可靠性评价、可靠性设计、可靠性优化、可靠性试验等，是指导系统工程实际的可靠性活动，建立在概率统计理论基础上，以系统失效规律为基本研究内容。通过研究影响系统失效的原因，采取可靠性设计分析等方法，提高在线分析系统的可靠度，延长系统的生命周期。

② 可靠性系统的类型　可分为串联系统、并联系统，以及由各种类型子系统组成的复杂系统。复杂系统的可靠性分析可采用数学模型，或可靠性评估，根据总系统必须满足的可靠性指标，对各子系统进行可靠性分配。

③ 在线分析仪器设备的可靠性系统　在线分析设备的可靠性系统是由多个子系统组成的复杂系统。子系统包括取样、传输、样品处理、在线分析仪、数据采集处理传输以及辅助工程等，每个子系统又由许多组件和产品组成。在线分析仪器的可靠性系统以串联系统为主。系统工作时所有的子系统都必须工作，子系统出现故障将导致整个系统出现故障。

2.2.3.2　常用的可靠性技术

（1）可靠性建模、预计和分配

① 可靠性模型　就是建立可靠性功能框图或数学模型，通过模型定量、定性评估各环节的可靠性薄弱点和产品的系统设计结构。

在线分析设备的可靠性系统是复杂系统，通常根据客户的要求，定义产品和它的功能性运作，建立可靠性功能块状图来描述各子系统不同组件之间的联系，建立可靠性功能框图，必要时建立数学模型。

在线分析设备的可靠性数学模型的建立比较困难，但是当某些在线分析可靠性的关键是化学分析软件的数学模型时，应予以高度重视。

② 可靠性预计　是根据组成系统的元件、部件和各子系统的可靠性来推测系统的可靠性，这是一个由局部到整体、由小到大、自下而上的综合过程。可靠性预计作为设计手段，为设计决策提供依据，适用于对新系统的可靠性设计，可以发现子系统、单元、元器件的薄弱环节和易出故障的问题，以便采取预防措施，从而提高系统的可靠性。

在线分析设备的可靠性预计，通过可靠性功能块状图，以及可靠性的系统框图进行分析，找出各子系统中最薄弱的环节、最容易出现故障的组件，进行改进设计。

③ 可靠性分配　是根据规定的可靠性指标，分配给各子系统及各组件。这是一个由整体到局部、由大到小、自上而下的分解过程。可靠性分配常用的方法有：比例组合可靠性指标分配法、加权因子分配法等。在线分析系统的设计与配置具有个性化的特征，但也具有继承性或相似性。新的设计可以在原有成熟产品，或相似产品的基础上改进、改型。如果参考系统的可靠性是已知的，则可用比例组合法对所研制系统可靠性指标进行分配，重点放在提高新研制部件的可靠性上。

在线分析系统的可靠性分配比较复杂，常采用加权因子分配法，可以从各种影响因素中找出可靠性最薄弱的环节，提高它的可靠度。通过可靠度的分配，明确可靠性设计要求，在系统的设计、配置上加以改进，提高系统的可靠性。

（2）可靠性设计方法

可靠性设计的目标是在产品预期的生命周期内，不出或尽可能少出故障，即满足顾客关于寿命和平均无故障工作时间的要求，并降低全寿命周期费用。可靠性设计的定义是：在满足产品的功能、成本等要求的前提下，一切使产品可靠运行的设计皆可称可靠性设计。它包括了产品的固有可靠度设计、维修性设计、冗余设计、可靠度预测与使用可靠度设计等。

① 可靠性指标论证与确定　应根据系统的失效类型确定产品的寿命及平均无故障工作时间。产品的寿命并不是越长越好，应当根据顾客的需求来确定。在产品使用的寿命周期内，平均无故障工作时间（MTBF）应尽可能长。

② 经典的可靠性设计方法　主要包括：

a．简化设计　产品的结构越简单，零部件越少，可靠性越高。

b．降额设计　限制元器件、零部件的载荷（包括电流、电压、应力、温度、功耗等）水平，使其低于额定值的设计方法。

c．冗余设计　用多于一种途径来完成规定功能的设计方法。

d．耐环境设计　采用如热设计、减震、空调、防尘、防霉、防湿、隔噪声、避光等局部改善环境的设计方法。

e．电磁兼容设计　包括系统接地设计、电子设备静电放电（ESD）防护设计、电子设备雷击保护设计、电子设备浪涌保护设计等。

在线分析仪器设备的可靠性设计，主要是根据客户对可靠性寿命的期望值，确定系统在使用寿命周期内的MTBF预期值，并对各子系统采用适当的可靠性设计方法，以提高系统的可靠性。其中，简化设计的理念非常重要。只要是能满足在线分析仪要求的样品处理系统流程，设计结构越简化，可靠性就越高。

（3）可靠性分析方法

① 故障模式与影响分析（FMEA）　主要用于分析产品或过程的故障模式及其产生的影响或后果，并对可能出现的各种故障模式采取设计、工艺或操作方面的改进或补偿措施。又分为设计FMEA（DFMEA）和过程FMEA（PFMEA）。

② 故障树分析（FTA）　是通过对可能造成产品故障的硬件、软件、环境、人为因素进行分析，画出故障树，从而确定产品故障原因的各种可能组合方式和发生概率的一种分析技术。对在线分析系统而言，常用的故障分析方法是FTA。

FTA提供一种自上而下的分析方法，而FMEA是一种自下而上的分析方法。

③ 热分析　对系统受环境影响的各组成部件的温度及分布进行计算、测量、分析。

④ 容差分析　针对系统各组件及元器件的容差积累进行最坏情况分析或蒙特卡罗法分析。蒙特卡罗法是一种模拟数学模型，当使用数学模型比较困难时，可以采用此法模拟建模。

（4）可靠性试验和评价

产品的可靠性是设计、制造和管理的结果，必须有一个试验验证环节构成闭环。通过可靠性试验，可以发现产品在设计、材料和工艺方法上仍存在的各种缺陷，确认是否符合可靠性定量要求，为改善产品可靠性，减少维修保障费用提供信息。可靠性试验分为可靠性工程试验和可靠性统计试验两大类。

可靠性工程试验的目的在于暴露产品的薄弱环节和缺陷，并采取纠正措施加以排除。可靠性工程试验包括环境应力筛选、可靠性增长试验、可靠性研制试验等。可靠性统计试验的目的主要在于验证产品的可靠性定量指标。可靠性统计试验包括可靠性鉴定试验、可靠性验收试验、寿命试验等。

为了尽早暴露产品设计、生产中的缺陷，采取改进措施，提高在线分析产品可靠性，应加强可靠性工程试验，辅助开展可靠性统计试验。

通常在线分析系统的可靠性试验可以采取实验室验证试验及现场验证试验等方法。实验室验证试验是按照事先制定的可靠性试验方案，通过抽取一定数量的样机，在规定条件下，通过规定时间的连续运行检测，定期考核产品全性能，进行可靠性验证。

现场验证试验只能是某一套系统在某一现场进行的长时间连续运行考核，通过现场记录和定期校准的数据验证其可靠性。如CEMS适用性检测要求现场连续3个月运行检测。

2.2.3.3 可靠性管理的重点

（1）样品处理系统的可靠性

由于分析对象及工况条件、环境影响的不同，样品处理系统需要按照顾客的需求进行个性化和定制化设计。样品处理的技术复杂、难度高，要求处理后的样品必须满足分析仪的苛刻要求。因此，样品处理系统可靠性是在线分析可靠性系统中最薄弱的环节。

样品处理系统是串联型为主的复杂系统，具有取样、样品输送、样品处理（除尘、除湿、除干扰物等）、流路切换、压力调节、流量调节等功能模块。成熟的样品处理系统都选择可靠的部件产品，如取样探头、泵及各种阀件、除尘及除湿器、样品传输（伴热、保温）等均选取成熟部件。相对而言，样品流量压力调节及各种阀件、连接件的可靠度较高。

样品处理系统的可靠性研究，关键是样品处理分析流程的可靠性设计及部件的可靠度。应根据在线分析项目的技术要求及分析仪要求，进行样品处理系统流程的可靠性设计。可采取简化设计、降额设计、冗余设计等技术，以提高系统的可靠性。

特殊样品处理系统的可靠性设计，关键是确保高温、高尘、高湿、高黏度、高腐蚀的样品取样处理技术及特殊转换器、处理器等部件的可靠性。对这些关键部件的可靠性设计应尽量采用成熟的设计技术，并进行可靠性研究和验证试验。

（2）分析系统设计的可靠性

在线分析系统的可靠性技术研究，较多采用合理的比例组合进行可靠性指标分配法与可靠性评估法。例如，日本在新系统设计时建议，合理的比例组合一般采用70%左右的可靠成熟产品部件和30%的新设计或改进设计，系统研究重点放在新研制部件的可靠性上。

在线分析系统设计的可靠性，是各个子系统的可靠性的集成，重点要关注薄弱环节的可靠性。主要组成子系统的可靠性要高。在线分析仪的故障率通常比样品处理部件故障率低，因此，重点应关注样品处理系统组成的部件可靠性，如取样探头、除湿器及取样泵等，这些部件的故障率高，会直接影响在线分析系统运行的可靠性。必须重视样品处理的关键部件的可靠性技术研究，才能提高在线分析系统可靠性。

国内外在线分析仪大多缺少可靠性指标及实验验证数据，国外在线气体分析仪器有少数产品提出可靠性指标 MTBF 值可达 20000h。国内在线分析仪器产品的有关行业标准中，已提出产品可靠性要求，有的标准规定可靠性指标由厂家规定。在现实中，鲜有厂家提出产品可靠性指标的。20 世纪 80 年代，在原机械工业部组织下，国产在线分析产品曾大力推行过可靠性工作，如对氧化锆氧分析仪等产品可靠性提出 MTBF 值为 8000h。当今，国产在线分析仪器的主要差距正是可靠性，可靠性工作亟待重视。

目前，国家及行业对产品可靠性技术研究和试验已经高度重视。在行业标准 HJ 76—2017《固定污染源烟气（SO_2、NO_x、颗粒物）排放连续监测系统技术要求及检测方法》中对环境监测 CEMS 提出了适用性检测认证要求，规定认证产品必须通过在现场大于 90 天（2160h）连续无故障可靠运行检测，系统分析数据有效利用率不小于 90%的要求，才能通过环保产品取证。

2.2.4 在线分析仪器设备的安装调试与交付验收

2.2.4.1 现场安装

在线分析仪器设备的现场安装通常按照合同规定由系统供应商与客户或工程承包商等有关方面共同协作完成，现场安装调试应符合相关的国家和行业标准的规定。

（1）现场安装协调

复杂设备在现场安装前，应预先召开现场安装协调会，由供应商与客户方的有关人员协调安装的准备工作计划。供方项目经理应提出安装准备及安装工作初步计划，提出需要客户方提供的条件及需要配合的事项。客户方应配合项目的安装协调，提供现场安装服务支持。

（2）现场考察与安装准备

应现场考察项目的安装地点、工况条件及准备情况，例如，考察取样点开孔及安装法兰是否符合要求，分析小屋的安装地点是否符合要求；考察设备的供电、供气、管缆架设、安装平台和护栏建设等公用工程，是否已按照现场协调会提出的要求完成。

（3）安装实施

现场安装实施按合同规定执行，一般由系统集成商在现场指导安装或双方协调进行。

① 分析系统的主要设备现场安装到位　设备运到现场后，应由双方共同开箱检查，按照装箱清单检查完整性、成套性、随机文件图纸，并进行外观检查。客户对设备成套性进行验收。

② 辅助工程实施　完成设备到位及供电、供气、供水（必要时），分析仪取样探头安装，或原位式仪器的发射及接收部件的安装；完成分析系统其他配套检测设备的检测探头安装；完成样品取样管缆、取样点电源及信号通信电缆的布线等外部工程的实施。

③ 分析小屋及分析柜的输入输出　完成样气、辅助气输入连接，仪器排放输出连接；分析小屋及分析机柜的供电，信号输入、输出的正确连接；数据采集处理传输系统硬件安装等。确认废气及废液的排放连接正确无误。

2.2.4.2　现场调试

现场调试主要由系统集成商工程技术人员负责，维护人员参与。现场调试前应确认系统安装正确无误，做好调试准备，并按照现场调试作业指导书或工艺文件要求逐项进行。

（1）静态调试

先进行样品取样处理系统等的气路密封性检查，应符合对气路泄漏检测的要求。对分析仪及其他供电设备分别进行安全监测及通电检测，检测仪器各种运行状态是否正常。

（2）通标准气调试

按照使用说明书要求执行。确认系统正常运行后，仪器调试从仪器入口处通入标气，系统调式从取样探头入口处通标气。主要检测：线性误差、重复性、稳定性及其他指标。

（3）接通样品气调试

检查取样探头、样品传输等，确认工作正常后，接通样气开关阀，将样品气通入分析系统，调节压力流量，分析仪及分析系统正常工作后，样品气进入仪器分析测试，并正常运行。

（4）试运行

系统通入样品气，仪器实时显示样品气测试值，进入试运行阶段。试运行时间按合同规定，一般规定连续运行时间为72h或168h，运行中可穿插用标气进行性能校准。

2.2.4.3　设备验收交付

（1）工程项目设备的验收

设备验收检测应在工程项目设备安装调试、试运行（如168h）之后进行。依据是项目合同与技术协议书的规定，可参照国家及行业标准规定。设备验收后，应出具性能检测验收报告、设备性能检测验收报告、系统成套性验收报告及随机技术文件、图纸等交由用户归档。

（2）环境监测项目设备的验收

环境监测设备的验收应符合有关行业标准的要求。例如，CEMS的技术验收参见HJ 75标准的有关规定。在交付用户验收前，应先进行技术性能的调试，如需联网应进行联网调试。用户技术验收包括技术指标验收和联网验收。环境监测系统验收，一般需要提供：安装调试报告、出厂检验检测合格证、联网数据报告、比对监测报告等。

① 环境监测仪器适用性检测　由生态环境部环境监测仪器质量监督检验中心负责。例如，污染源废气连续自动监测系统由中国环境监测总站定期发布合格名录、通过适用性检测的合格产品名录，包括：认证单位、仪器名称型号、检测项目、报告编号等。

② 环保产品认证证书　由中国环境保护产业协会（北京）认证中心颁发，证书中注明了设备生产厂家名称、设备型号、监测参数及有效期，证书号可在中国环境保护产业协会网站进行查询。

③ 出厂检验检测合格证　应注明设备名称、规格型号、出厂编号以及相关出厂检测数据和结论等信息。合格证应有编号，应加盖设备生产厂家质量检验印章。

④ 安装调试报告　由安装调试单位出具。安装调试报告应体现出设备基本配置信息、安装情况和调试数据。安装调试报告中的安装调试人员应为实际安装调试人员。安装调试后的相关参数、系数等数据，应与现场设备参数、系数一致。安装调试报告应加盖印章。

⑤ 比对监测报告　由具有相关资质的第三方检测单位出具。监测报告应注明监测日期和时间，监测数据和监测结果，以及相关监测标准和工况信息。

⑥ 计量器具型式批准证书　为生产在线监测设备取得相关证件的基础，也是质量保证的基础，系统集成商应出示中国计量器具型式批准证书（CPA）。

（3）现场培训及第三方运营服务

通常在设备安装及调试阶段，维护人员应参与全过程设备安装调试，系统集成商的技术服务人员应进行及时指导；在分析系统设备验收阶段，应进行系统现场培训。在线分析项目正式移交客户之日起，系统进入正常运行阶段。产品投入正常运行后，根据有关标准及行业规范要求，应进行第三方的检测试验（必要时），供应商应予以配合。

分析系统的运营一般由客户的专业技术人员或第三方运营服务商负责。污染源企业的环境监测设备可委托第三方运营服务，污染源企业应对污染排放的监测数据负责，按规定应自主公示及上报环保部门。

（本章编写：朱卫东）

第2篇

在线气体分析仪器

第 3 章 在线光谱气体分析仪器

3.1 现代在线光谱分析技术概述

3.1.1 在线光谱分析技术的发展

3.1.1.1 光谱分析的技术发展

光谱分析技术是建立在物质对光的发射、吸收、散射、衍射、偏振等性质基础上的分析技术，是现代仪器分析应用最广泛的技术。应用光谱分析技术原理的在线分析仪器称为在线光谱分析仪器，也称为在线光学分析仪器。现代在线光谱分析仪器，已经在流程工业生产的过程分析、生态环境保护的环境监测以及科学研究领域发挥了重要的作用。

不同物质具有不同颜色，是由于物质对不同波长的光选择性吸收的结果。构成物质的分子、原子或离子具有确定的组成和结构，具有一系列不连续的量子化特征能级。当它们受到光照射时，如果某种光子的能量（$h\nu$）恰好等于某两个能级之差，物质就会吸收该光子，从能量较低的状态（通常为基态）跃迁至能量较高的状态（激发态）。激发态的物质不稳定，会很快释放吸收的能量回到基态。物质只能吸收能量等于其特征能级差的光，这就是物质对光的选择性吸收的本质。

1760 年，科学家朗伯（Lambert）提出当一束平行的单色光通过浓度一定的溶液时，溶液对光的吸收程度与溶液的厚度成正比，这就是朗伯定律。1852 年，科学家比尔（Beer）提出当一束平行的单色光通过厚度一定的有色溶液时，溶液的吸光度与溶液的浓度呈正比，这就是比尔定律。这两个定律的结合就是著名的朗伯-比尔定律，是光吸收的基本定律。它的表达是：当一束平行的单色光通过单一均匀的、非散射的吸光物质溶液时，溶液的吸光度与溶液的浓度和厚度的乘积成正比。

$$A = Kcl = \lg\left(\frac{1}{T}\right)$$

式中，A 为吸光度；K 为摩尔吸光系数；c 为吸光物质的浓度，mol/L；l 为吸收层厚度，cm；T 为透光率（透射比）。

朗伯-比尔定律不仅适用于溶液对光的吸收，也适用于气体或固体对光的吸收，是光学分析法定量的基本依据。

随着科学技术的发展，新技术、新材料、新器件不断涌现，推动了光学分析仪器的技术发展，光学分析研究领域由开始的可见光谱区分析，延伸到紫外光谱区及红外光谱区等。光谱分析技术也从基于吸收光谱的分析技术，拓展到基于发射、吸收和散射等光谱的分析技术；从原子光谱和分子光谱的分析研究，发展到原子内层电子的 X 射线光谱及其他电子能谱等光谱分析技术。

近几十年来，随着激光、微电子学、微机电、计算机及软件技术、现代物理学及化学计量学等新技术的发展和应用，光谱分析仪器技术与应用得到快速发展。特别是光谱分析从离线分析走向在线分析：原先只能用于实验室的光谱分析仪器，由于自动化、关键部件及在线分析应用技术的突破，已拓展用于工业过程分析、环境监测分析和其他需连续监测的领域。

3.1.1.2　现代在线光谱分析仪器的技术发展

在线光谱分析仪器技术大多是从离线分析向在线分析应用中发展起来的。实验室的光学分析仪器，如光电比色计、分光光度计、紫外-可见分光光度计、色散型红外光谱仪、傅里叶变换红外光谱仪、激光拉曼光谱仪、原子吸收光谱仪、原子发射光谱仪及核磁共振波谱仪等都是离线分析技术，被测样品取样后送实验室进行仪器分析。

随着工业生产过程控制的需要，需要在现场进行在线分析。在 20 世纪 50 年代末，光电比色计开始用于化肥生产过程中测定铜氨溶液的铜离子浓度；60～70 年代，非分散红外气体分析仪等光学仪器已经用于化肥等工业生产过程分析；80 年代，红外、紫外光谱分析仪及其他光学分析仪已经大量用于工业过程分析；90 年代，通过引进国外先进技术国产化和自主研究开发，形成了在线光谱分析仪器的系列化。进入 21 世纪以来，在线光谱分析仪器的新技术、新应用发展更快，从工业过程分析拓展到环境监测等领域。现代在线光谱分析技术已经成为现代在线分析仪器技术中应用最广的仪器分析技术。

现代在线光谱分析仪器的发展，除了光谱分析技术的新产品、新技术的应用外，最重要的是由于光谱仪器关键核心部件技术的突破产生的应用领域的拓展。例如，半导体激光器的技术突破，发展了可调谐二极管激光吸收光谱（TDLAS）分析技术，可用于对气体中的污染物进行定量分析；由于迈克尔逊干涉仪技术的突破，傅里叶变换红外光谱（FTIR）技术才能用于工业现场的在线气体分析；长光程多返测量池技术的突破，使得 FTIR、激光光谱仪、非分散红外气体分析仪等光学分析仪器实现了在线气体的微量及痕量分析；光纤技术及新型光电检测器的应用，实现了将光源发出的测量光传输到位于现场的测量气室，再将测量气室吸收的检测信号送到安装在分析柜或分析小屋的检测仪，从而将用于离线监测的红外光谱仪、紫外光谱仪、拉曼光谱仪等技术能用于现场在线分析等。

计算机及软件技术应用的发展也开拓了光谱分析技术的新应用。例如，计算机软硬件技术、软件算法、化学计量学及谱图库、数据库等技术的应用，使在线光谱分析仪器在过程分析、环境监测、生物医学等领域得到新的拓展应用。特别是近红外光谱分析应用化学计量学技术在石化等行业过程产品质量监测方面发挥了重要应用。在线光谱与色谱、质谱联用技术由于软件算法的融入进一步扩大了应用领域，如用于大气环境质量的微量、痕量分析。

在线光谱分析仪器的关键部件与应用技术的发展，如各种固体激光器、光导纤维、固态微电子器件、多反射测量池、干涉分光器、多通道固态检测器，以及光谱分析仪器与物联网、大数据和云计算的技术融合应用，使得在线光谱分析仪器在多组分监测、微量及痕量在线分析技术应用方面都有新的进展。在线光谱分析仪器正在向小型化、固态化、多功能化、联用技术及智能化的方向发展。在线光谱分析的另一个重要发展，是由在线光谱分析仪器的系统集成技术应用，从单机应用发展到在线光谱分析的系统成套技术应用。

近十多年来，现代在线光谱分析在大气及水环境监测的技术应用发展很快，已形成了环境光学监测应用技术系统。环境光学监测仪器除常见的非分散红外气体分析仪、激光光谱气体分析仪用于污染源气体监测外，开放式傅里叶红外光谱、紫外差分吸收光谱等技术，已经应用于地基、机载和星载平台上观测大气中的痕量气体，并已成功地应用在对流层和平流层污染气体的观测中。

在较小区域范围或有限局域的环境中，红外光谱遥测分析技术已成为一种高效的光谱探测技术，为环境监测提供了在线、实时、准确的光谱在线分析和宽带、高分辨成像技术。激光雷达及其在大气探测领域的应用也越来越广泛；拉曼光谱在过程分析及生态环境监测领域的应用也日益增多。在痕量检测方面，采用表面增强拉曼光谱（SERS）技术，具有很好的应用前景。另外，高光谱成像技术是一种全谱监测、高分辨率的“图谱”分析技术，已经用于机载、星载，对区域大气、水环境进行遥测、遥感分析。太赫兹技术是远红外区的光谱分析技术，也开始用于环境监测分析。由此可见，现代光谱分析技术的发展空间很广阔。

3.1.2　光谱分析技术的基本测量原理

3.1.2.1　光谱分析技术的基本特性

光谱分析技术建立在电磁辐射与物质的相互作用基础上。光谱分析的技术特性主要涉及电磁辐射及分子的电子能级跃迁。不同物质的原子或分子在获得能量（光、热或电等）激发时由基态跃迁到激发态，再由激发态跃迁到基态，并具有不同的特征光谱。在电磁辐射波谱的各个区域内，不同物质的特征光谱的吸收、发射、散射、衍射、偏振等，形成物质的吸收光谱、发射光谱或散射光谱。

（1）电磁辐射的特性

光是一种电磁辐射，电磁辐射是由同相振荡且互相垂直的电场与磁场在空间中以极快的速度移动形成的，其传播方向垂直于电场与磁场构成的平面，能够有效传递能量和动量。电磁辐射不需要依靠介质传播，且在真空中的速率固定（2.997925×10^8m/s，即光速）。

电磁辐射既具有波动性，又具有粒子性。按照频率分类，从低频率到高频率，电磁辐射波被分为：无线电波（radio waves）、微波（microwaves）、红外线（infrared）、可见光（visible）、紫外线（ultraviolet）、X 射线（X-rays）和伽马射线（γ-rays）等。按照电磁辐射波谱区域分类，从短波到长波，主要有电子能谱区、紫外光谱区、可见光谱区、红外光谱区及核磁共振波谱区等。红外光谱区又分为近红外、中红外及远红外光谱区等。

电磁辐射波谱图参见图 3-1-1。

电磁辐射通常以频率、波长、光子能量三个物理量之中的任意一个来描述。它们彼此之间的关系，以方程表达分别为：

$$v=c/\lambda \qquad v=E/h \qquad E=hc/\lambda$$

式中，v 为频率；λ 为波长；E 为光子能量；c 为真空中光速；h 为普朗克常数。

波长 λ 在不同范围对应于不同辐射，包括 γ 射线、X 射线、可见光、紫外光、红外光、微波、射频等。电磁辐射的特征也常用波数来描述。波数是指在单位长度中波的数量，用 n 表示，单位是 cm^{-1}，与波长的关系为 $n=1/\lambda$，计算时需将 λ 的值换算为以 cm 为单位的数值。

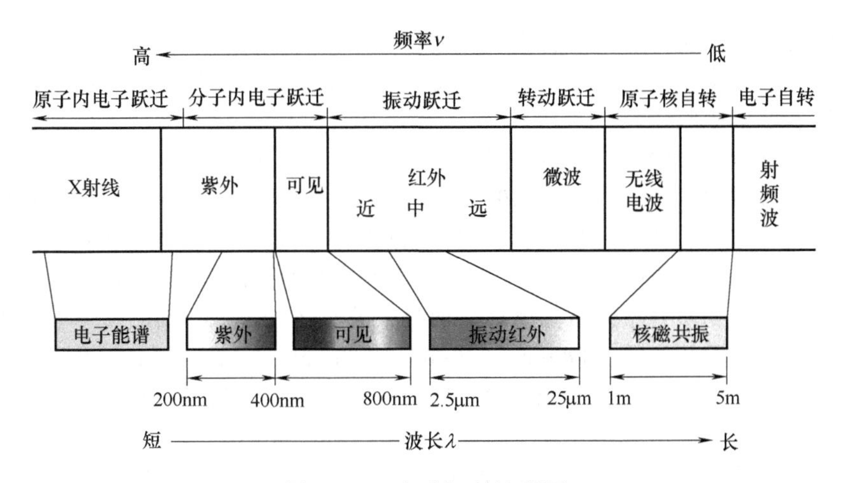

图 3-1-1 电磁辐射波谱图

波长与频率成反比，波长越长，频率越低；反之，频率越高，波长越短。波长与频率的乘积是一个常数，即光速。另外电磁辐射的能量与频率成正比，系数为普朗克常数。即频率越高，波长越短，能量越大。

（2）分子中电子能级跃迁分类

分子振动能级的基频位于中红外波段，近红外波段主要是各种基团振动的倍频和合频吸收。中红外吸收能力强，灵敏度高；近红外吸收弱，灵敏度低。分子电子能级跃迁分类如下：

① 转动光谱 分子吸收 25～10000μm 的电磁辐射能量，发生电子转动能级的跃迁，产生转动光谱。转动能级跃迁吸收的辐射能为 0.001～0.05eV。

② 振动光谱 分子吸收 800nm～25μm 的电磁波辐射能量，发生电子振动和转动能级的跃迁，产生振动转动光谱，也称为红外吸收光谱。分子内原子间的振动能级跃迁所吸收的辐射能为 0.05～1.0eV。

③ 电子光谱 分子吸收 200～800nm 的电磁辐射能量，发生电子能级的跃迁，产生电子光谱，又称为紫外-可见光谱。电子能级跃迁所吸收的辐射能为 1～20eV。

紫外线和可见光的能量与价电子跃迁吸收的能量相适应，所以紫外线和可见光主要引起分子中价电子的跃迁。分子中每个电子能级都附加有许多振动和转动能级，所以分子对紫外线和可见光的吸收光谱呈现具有较宽波长范围的吸收带。红外光的波长较长，能量较小，一般不能引起电子跃迁，只能导致转动能级和振动能级的跃迁，产生狭窄而紧靠的许多吸收峰。

3.1.2.2 吸收光谱的测量原理

吸收光谱法是基于物质对光的选择性吸收原理而建立的分析方法。所有的原子或分子均能吸收电磁波，且对吸收的波长有选择性，这种现象的产生主要是因为分子的能量具有量子化的特征。在正常状态下原子或分子处于一定能级（即基态），经光激发后，随激发光子能量的大小，原子或分子只吸收一定能量的光子，其发生简要原理如图 3-1-2 所示。

$$\underset{\text{基态}}{M} + \underset{\text{光子}}{h\nu} \xrightarrow{\text{吸收辐射能量}} \underset{\text{激发态}}{M^*} \longrightarrow \text{吸收光谱}$$

图 3-1-2 吸收光谱发生的原理

当以某一范围的光波连续照射分子或原子时，有某些波长的光被吸收，于是产生了由吸收谱线所组成的吸收光谱。吸收光谱法按原子吸收及分子吸收分类，主要分为原子吸收光谱法和分子吸收光谱法；按吸收光谱所在的波段分类，主要分为红外吸收光谱法、紫外吸收光谱法、紫外-可见光谱法等。吸收光谱常用于分子光谱探测。分子光谱远比原子光谱复杂，是一种带状光谱，其光谱吸收曲线不是简单的锐线，而是连续较宽的吸收带。

紫外-可见吸收光谱的本质，是物质分子的价电子（σ、π 及未成键的 n 电子）发生跃迁或转移，这一过程吸收紫外线（200～400nm）及可见光（400～800nm）范围的电磁波（注：紫外线及可见光光谱区域划分，也有的书籍分为200～380nm 及 380～780nm，本书采用 200～400nm 及 400～800nm），根据吸收波长及吸收强度从而建立起来的一种定性、定量的分析手段。

红外光谱是指由物质分子的振动或转动而吸收波长在 0.8～300μm 红外区域的电磁波所产生的光谱，又分为近红外区（800nm～2.5μm）、中红外区（2.5～25μm）及远红外区（25～300μm）。由于红外光谱谱线十分丰富，分析时必须考虑官能团的谱线移动，这受到分子内部结构和外界条件的影响。

近红外光谱主要由含氢基团 X—H（X=C、N、O）的倍频和合频振动主导。近红外光谱峰形较宽，特征性相对较差，一般很难直接通过特征峰来鉴别物质。中红外光谱主要是分子的基频振动吸收所产生的，属于官能团吸收区，可反映绝大多数有机、无机分子相对独立的结构特征信息，精确度和稳定性都非常好，在气态环境污染物的监测上应用最为广泛，尤其是针对多组分混合有机污染物的测定。远红外光谱主要由分子转动引起，能量较弱，是红外光谱中开发最少的光波段。

太赫兹波，指的是频率在 0.1～10THz（波长为 30μm～3mm）范围内的电磁波，属于远红外、亚毫米波范畴。

3.1.2.3　发射光谱的测量原理

发射光谱是指物体原子或分子在获得能量（光、热或电等）激发时，由基态跃迁到激发态，再由激发态跃迁到基态的过程中发射出的特征光谱。发射光谱发生的简要原理可用图 3-1-3 表示。为使原子或分子处于较高能级而给予它能量的过程叫激发，被激发的处于较高能级的原子、分子，向低能级跃迁放出光子。

$$\underset{\text{激发态}}{M^*} \xrightarrow{\text{发光，释放能量}} \underset{\text{基态 光子}}{M + h\nu} \longrightarrow \text{发射光谱}$$

图 3-1-3　发射光谱发生的原理

在原子光谱的研究中多采用发射光谱。原子发射光谱分析法是根据待测物质的气态原子或离子受激发后所发射的特征光谱的波长及其强度，来测定物质中元素组成（定性）和含量（定量）的分析方法。固体或液体及高压气体的发射光谱，是由波长连续分布的光组成的，这种光谱叫作连续光谱。稀薄气体发光是由不连续的亮线组成，这种发射光谱又叫作明线光谱。原子产生的明线光谱也叫作原子光谱。

荧光光谱是发射光谱的一种。电子跃迁发射荧光的能量传递过程参见图 3-1-4。当某些原子或分子受到外界电磁辐射激发，原子或电子从基态跃迁到能量更高的轨道，处于激发态。处于激发态的分子极不稳定，返回基态时，通过辐射跃迁和无辐射跃迁等方式失去能量。辐射跃迁会产生荧光或磷光；无辐射跃迁包括系间跨越、内转换、外转换和振动弛豫。从图 3-1-4 中可以看到，荧光光谱的产生需要经历几个过程：首先物质的原子或分子在辐射能作用下跃迁至激发态，紧接着先通过振动弛豫和内转换无辐射跃迁至第一激发态，再通过辐射跃迁回到基态，与此同时产生荧光光谱。根据物质荧光谱线的位置及强度可以进行物质的定性和定量分析。

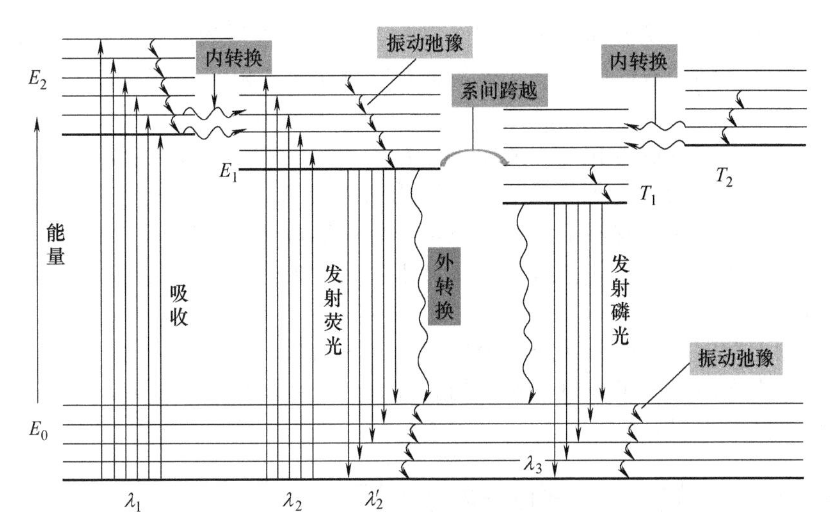

图 3-1-4　电子跃迁发射荧光和磷光的能量传递示意图

物质分子结构以及外部条件对其产生荧光均有影响。一般含有共轭体系的分子可产生荧光，共轭程度越大，则离域电子越容易被激发，越容易产生荧光。平面型且刚性大的分子荧光会较为强烈。芳环上取代基的种类和位置也不同程度地影响到荧光的产生：某些基团增强荧光，如—OH、$—NH_2$；有些取代基可减弱荧光，如—C═O、$—NO_2$、—Cl、—Br、—I 等；而有些影响不明显，如—F、—SH、$—SO_3H$；邻、对位取代荧光增强，间位取代荧光减弱。另外，分子所处的环境，如温度、pH 值、溶解氧、重原子和溶剂等都可能对分子结构或立体构象产生影响，从而影响荧光的发生。

在线紫外荧光分析应用分子发射光谱技术，常用于微量的 SO_2、NO_x 及总硫分析。在线化学发光光谱分析也是应用分子发射光谱技术，主要用于微量 NO_x 等气体在线分析。

激光诱导击穿光谱（laser induced breakdown spectroscopy，LIBS）是以激光产生等离子体作为原子的激发源的原子发射光谱法。LIBS 测量的基本原理就是用脉冲激光照射目标样品，通过烧蚀形成等离子体，并用透镜等光学元件收集等离子体发出的光，最后从光谱分析中获取元素成分或浓度信息，由发射线的位置与强度完成元素定性和定量分析。

LIBS 技术是一种受基体效应影响较大的分析技术。样品基体特性对光谱分析的影响主要就是通过样品的烧蚀量、等离子体的参数（温度、电子密度等）与特征谱线的发射效率变化来实现。根据激光等离子体发射机制，当等离子体是薄等离子体时，谱线强度与浓度成正比。对目标物质组分的识别和相对含量分析方法主要有常规校准法、内标法和自由定标法。

3.1.2.4　散射光谱的测量原理

光散射是指当一束光照射某物质时，光偏离原传播方向而射向四周的现象。在大气和水环境中，气体分子和气溶胶粒子、水滴、冰晶等悬浮颗粒物都会造成光的散射。从散射光能量上看，散射可分为弹性光散射（如瑞利散射）和非弹性光散射（如拉曼散射）。光散射能级跃迁如图 3-1-5 所示。

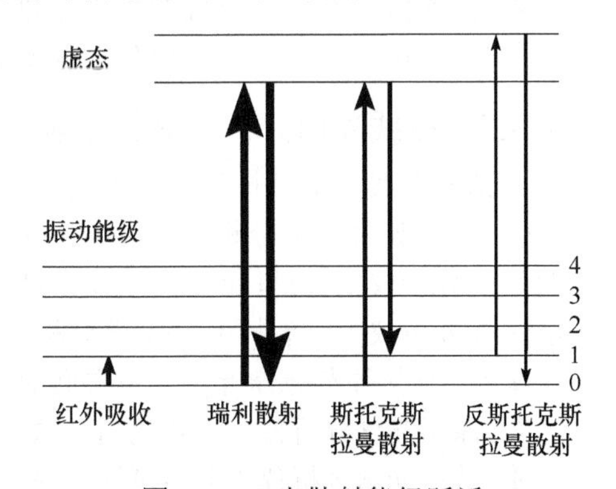

图 3-1-5　光散射能级跃迁

瑞利散射首先由英国物理学家瑞利（Rayleigh）

在1900年发现。他提出：入射光能量不变，散射光强度与入射光波长的四次方成反比，即波长愈短，散射愈强。瑞利散射的条件是微粒的直径远小于入射波的波长，大约是波长的十分之一。

拉曼散射是以它的发现者拉曼（Raman）的名字命名的一种光散射现象，是一种非弹性光散射，即发射光子的能量比入射光子低（斯托克斯散射）或高（反斯托克斯散射）。

基于光散射原理，人们发展了光散射技术，可以快速分析散射物质特性。它是通过测量散射光强的空间分布、偏振状态或频率变化，来实现对被测物质如气溶胶、悬浮液等特性的定性定量分析。

现在，一般光散射技术的入射光都使用激光。因为激光在辐射强度、单色性和准直性上所具有的优势，为光散射技术提供了优良的光源。随着激光技术的发展，光散射技术已成为广泛应用的分析技术手段。

3.1.3　在线光谱分析技术的分类与应用

3.1.3.1　在线光谱分析技术的分类

（1）按电磁辐射与物质相互作用原理分类

光谱分析法按电磁辐射与物质相互作用原理的不同，主要分为吸收光谱、发射光谱、散射光谱和衍射光谱等。

① 吸收光谱法　主要包括：比色法、分光光度法（X射线、紫外、可见、红外）、原子吸收光谱法、光声光谱法、电子自旋共振波谱法、核磁共振波谱法等。

② 发射光谱法　主要包括：火焰光度法、发射光谱法（X射线、紫外、可见）、荧光光谱法（X射线、紫外、可见）等。

③ 散射光谱法　主要包括：浊度法、拉曼光谱法等。

④ 衍射光谱法　有X射线衍射法等。

（2）按照电磁辐射各波谱区的光谱分析方法分类

光谱分析法按照电磁辐射谱区分类，主要有：

① 电子能谱区（γ射线、X射线）　主要包括：γ射线吸收光谱法、X射线荧光光谱法。

② 紫外可见光谱区　主要包括：紫外光谱法、紫外-可见光谱法、原子吸收光谱法、原子发射光谱法、原子荧光光谱法。

③ 红外光谱区　主要包括：红外吸收光谱法、红外发射光谱法、拉曼光谱法。

④ 微波区　有电子自旋共振波谱法。

⑤ 无线电波频率区　有核磁共振波谱法。

3.1.3.2　在线光谱分析仪器的分类

常见的在线光谱分析仪器主要有：

① 分子吸收光谱分析仪　主要包括：近红外光谱分析仪、中红外光谱分析仪（包括非分散红外分析仪）、傅里叶变换红外光谱分析仪、激光光谱分析仪、紫外光谱分析仪（包括非分散紫外分析仪）、紫外-可见光谱分析仪等。另外，光声光谱分析仪也是一种吸收光谱仪。

② 分子发射光谱分析仪　主要包括：化学发光法气体分析仪、紫外荧光光谱分析仪等。

③ 原子光谱分析仪　主要包括：原子吸收光谱仪、原子发射光谱仪、原子荧光光谱仪等。

④ 散射光谱分析仪　主要包括拉曼光谱分析仪等。散射光谱仪是对红外光谱分析的补充。

⑤ 其他光谱分析仪　主要包括：电子能谱分析仪、X 射线荧光光谱仪、核磁共振波谱分析仪、β 射线分析仪、ICP 等离子光谱分析仪等。

3.1.3.3　在线光谱分析技术的应用

在线光谱分析仪器是利用被测物质在各个光谱区域内的电磁辐射特性及其与物质相互作用性质进行分析的在线光学分析仪器，可实现从紫外、可见到红外光谱区域的定性与定量分析测试。在线光谱分析技术已经成功应用于紫外光谱（200～400nm）、紫外可见光谱（200～800nm）、近红外光谱（800nm～2.5μm）、中红外光谱（2.5～25μm）等光谱区域。

（1）红外光谱分析技术

主要用于研究物质的分子结构及对混合物进行定性、定量分析。对于气体、液体和固体样品都可用红外光谱分析法进行定量分析。只要在光谱区内有特征吸收光谱的物质组分，都可以应用在线光谱仪器分析检测。红外光谱分析技术主要以近红外光谱与中红外光谱分析技术应用，又以中红外光谱分析技术应用最为成熟。

非分散（非分光）红外（NDIR）气体分析仪常选择的特征波长范围是 1～15μm。各种气体的吸收光谱比较复杂，其中常见气体特征波长为：CO 4.72μm，CO_2 4.25μm，CH_4 3.45μm，NO 5.3μm，SO_2 7.3μm。非分散红外气体分析是中红外光谱分析中应用最广泛、最成熟的技术，已在工业过程及环境监测分析中被大量用于常量及微量气体分析，如用于在线监测 CO、CO_2、CH_4、SO_2、NO_x 等气体。非分散红外分析已实现多组分气体分析，如利用相关红外技术可以同时检测 6～8 种气体。

近红外光谱分析技术是在线分析技术与化学计量学相结合的应用典型，近红外光谱是介于可见光与中红外之间的一个光谱波段，波长范围为 800～2500nm，分为透射光谱和发射光谱。近红外光谱法主要用于液体分析，近红外漫反射光谱分析主要用于固体分析。

在线傅里叶变换红外光谱（FTIR）是一种广谱气体吸收光谱技术，主要用于中红外气体分析，利用高性能干涉仪产生广谱干涉光，对被测气体扫描，再用傅里叶变换法对分析谱图进行解谱，具有极高的信噪比和分辨率。一台 FTIR 仪器可同时分析 50 多个气体组分。例如用于垃圾焚烧烟气十多个气体组分检测；在石化行业用于煤化工乙二醇等的在线气体分析。

非分散红外光谱及傅里叶变换红外光谱气体分析技术主要应用中红外光谱分析。近红外光谱气体分析主要是激光气体分析。近红外光谱分析与化学计量学的结合主要用于液体分析，特别是在石化行业用于油品等产品质量的实时监测。

（2）紫外光谱分析技术

紫外光谱（UV）分析是应用紫外吸收光谱的分析技术。UV 具有发射强度大和干扰少等特点，特别是在紫外光谱区内无水分干扰。因此，在线紫外差分吸收光谱仪及非分散紫外气体分析仪，已广泛用于微量 SO_2、H_2S 及硫蒸气等在线分析监测。

（3）激光光谱分析技术

目前，激光光谱分析技术主要用于近红外吸收光谱，如可调谐二极管激光吸收光谱（TDLAS）技术，已广泛用于检测微量 NH_3、HF、HCl、NO_x、H_2O、O_2 等。TDLAS 利用了气体在近红外区的选择性特征吸收：除 O_2 的吸收波长为 760 nm 外，其他气体的单线吸收特征波长在 1300～1800nm，如 CO 为 1.55μm，CO_2 为 1.57μm， H_2 为 1.39μm，CH_4 为 1.65μm，HCl 为 1.75μm 等。

激光分析的最新技术研究是量子级联激光器（QCL）、带间级联激光器（ICL）在中红外光谱分析中的应用。激光分析在中红外谱区检测的气体比近红外多，检测灵敏度高。如 NH_3

在中红外区的检测灵敏度比近红外区的检测灵敏度高 1～2 个数量级。中红外区的激光分析适用于微量 SO_2、SO_3 等几十种气体的检测，更适用于气体的痕量分析。

（4）拉曼光谱分析技术

拉曼光谱分析技术是一种散射光谱分析技术，主要用于紫外及可见波段的在线分析，是一种非接触式光谱分析技术，适用于对物质成分和结构进行定性与定量分析。拉曼光谱技术的新应用是在石化、制药等行业实现对复杂的液相组分监测和过程气体的在线检测。

（5）光声光谱分析技术

光声光谱检测技术是红外光谱分析常用的一种技术，电容式薄膜微音器是红外气体分析应用的一种光声光谱检测器。光声光谱技术的新进展是应用 MEMS 技术的传声器等制作成高灵敏的检测元件，可实现高灵敏度分析和多组分气体检测。

（6）其他光谱分析技术

主要包括核磁共振及电子能谱分析等。在线低场核磁共振分析技术主要应用于石化及农业等领域；在线电子能谱分析的技术应用较广，如基于 X 射线荧光（XRF）分析和基于 β 射线能谱分析的在线检测技术与应用。光谱分析技术也拓展到高光谱成像分析的遥感监测技术，以及太赫兹技术的应用。

3.1.4　环境光学监测技术的发展与应用

3.1.4.1　环境光学监测技术的发展

环境光学监测技术是指采用现代光学及光谱分析方法监测环境参数，实现环境污染及环境质量中被测组分的微量及痕量分析技术。环境光学监测技术具有检测灵敏度高、实时、动态、快速、选择性好、非接触测量及多组分监测等特点，是环境监测分析的主要监测技术，广泛用于大气中微量、痕量气体监测，以及水质污染和土壤污染监测等。

环境光学监测技术是现代光谱分析技术在环境监测领域应用发展的专业技术，常用的光谱分析技术如下：

① 基于吸收光谱的监测技术，如傅里叶变换红外光谱（FTIR）技术、非分散红外（NDIR）技术、差分光学吸收光谱（DOAS）技术、可调谐二极管激光吸收光谱（TDLAS）技术等。

② 基于发射光谱的监测技术，如荧光光谱技术、激光诱导击穿光谱（LIBS）技术；

③ 基于散射光谱的监测技术，如米氏（Mie）散射光谱技术、激光雷达（LIDAR）技术、拉曼光谱技术、表面增强拉曼光谱（SERS）分析技术等。

现代环境光学监测技术已经发展为“空-天-地”立体化的环境质量及环境污染监测技术。如区域环境立体探测技术的发展，已经从垂直定向观测向三维扫描观测发展，从固定站点观测向移动观测发展，从颗粒物的空间观测到臭氧、VOCs 等气态污染物的空间观测，从单一污染要素观测到环境、污染物等多要素协同观测等。

在环境监测领域的光谱分析技术与应用，与其他领域的在线监测要求不完全相同，以下简介环境光学监测技术的主要应用。

3.1.4.2　吸收光谱的技术应用举例

（1）非分散红外吸收光谱的技术应用

非分散红外（NDIR）气体分析技术是在线分析仪器常用的分析技术。在环境监测领域，NDIR 气体分析技术已成熟用于大气质量及污染源排放的废气中的 CO、CO_2、CH_4、SO_2、

NO_2、NO等的检测，是环境监测气体分析应用最广的在线分析技术，另外在测定水环境，如淡水和咸水中油的污染程度及土壤污染成分分析等方面也有应用。

（2）激光吸收光谱的技术应用

TDLAS技术具有窄线光谱吸收的特点，抗干扰能力强，在环境污染监测中已广泛用于检测微量 NH_3、HF、HCl、NO_x、H_2O、O_2 等，主要是在近红外光谱区的检测应用，只能测单个组分。激光在近红外不能检测 SO_2。目前，已采用阵列式激光技术实现激光多组分分析，并发展了采用QCL等实现中红外气体微量、痕量气体检测。

（3）傅里叶变换红外光谱的技术应用

FTIR技术在环境监测中有广泛应用，如用于垃圾焚烧废气多组分监测和区域厂界开放式遥测分析等；在大气环境监测分析中也得到应用，如用于精确测定环境大气中的多种痕量组分，地表与大气痕量气体交换的微气象测量，生物燃烧气体、痕量气体的局地排放监测等。

（4）紫外吸收光谱的技术应用

紫外吸收光谱的技术包括紫外差分光学吸收光谱（DOAS）技术及非分散紫外分析技术。DOAS主要用于大气环境质量监测，是根据大气中痕量气体成分在紫外和可见光谱波段的特征吸收性质来反演其种类和浓度的。紫外光谱气体分析不受水分对监测的干扰影响。

（5）长光程DOAS系统检测技术与应用

由于长光程DOAS方法测量的是一段吸收光谱带，可以分开不同气体的不同吸收结构，也可以区别气体和气溶胶的散射。DOAS检测技术，关键是区分慢变化光谱（由于光源光谱和散射引起）、快变化光谱（污染物吸收光谱）及噪声（光电子噪声，和不感兴趣的窄带吸收特征）。DOAS在浓度反演之前，需要将测量到的信号光谱经过平移、压缩或拉伸、滤波、多项式拟合等一系列的处理，并使用最小二乘法数据拟合来进行浓度反演。

DOAS系统除了用于城市空气污染监测，对城区大范围的多种污染分子同时监测之外，也被广泛用于污染源监测，如化工厂、水泥厂生产过程和排放监测。DOAS系统对NO、NO_2、SO_2 和 O_3 的测量结果与点采样的干法测量结果具有很好的相关性。在200～230nm波段，NO和 NH_3 有特征吸收，但由于短波段的瑞利散射及 O_2、O_3 有强烈的吸收，所用的光程长度仅限于在数百米之内。

3.1.4.3 发射光谱的技术应用举例

（1）荧光光谱的技术应用

荧光光谱监测技术是利用物质的荧光谱线位置及其强度等参数信息，对物质进行定性和定量分析的方法。主要利用的分析参数包括荧光寿命、荧光量子产率和荧光强度。

测量荧光寿命的主要方法有时域法和频域法。时域法也叫作脉冲法，用超短光脉冲激发样品，测量样品在受到光脉冲激发后按指数衰减的荧光强度，根据测量得到的样品中各点的荧光强度衰减曲线进行拟合分析并计算荧光寿命值，参见图3-1-6（a）。频域法测量荧光寿命的技术是调制技术，其原理参见图3-1-6（b）。

典型应用案例：荧光光谱技术可以对水体污染物进行实时监测，一种典型的水体污染激光诱导荧光遥测系统工作原理图参见图3-1-7。

（2）激光诱导击穿光谱的技术应用

激光诱导击穿光谱（LIBS）技术具有极高的灵敏度，基于激光诱导击穿光谱技术的测量系统原理示意图参见图3-1-8。

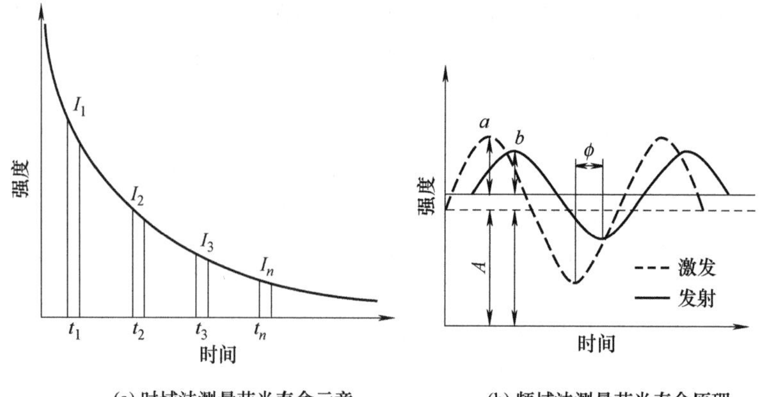

图 3-1-6　荧光寿命测量图

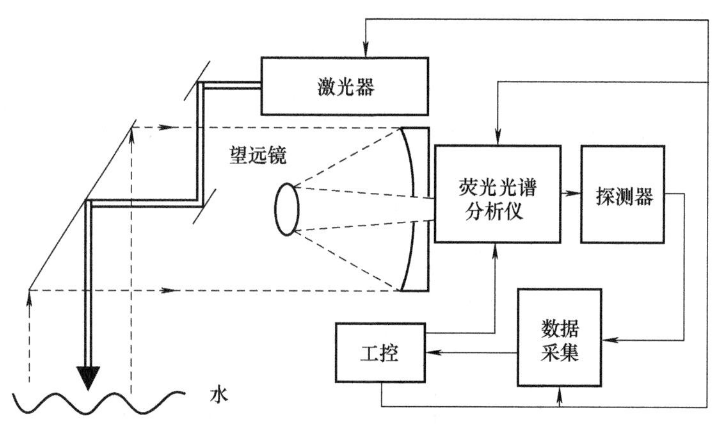

图 3-1-7　水体污染激光诱导荧光遥测系统工作原理图

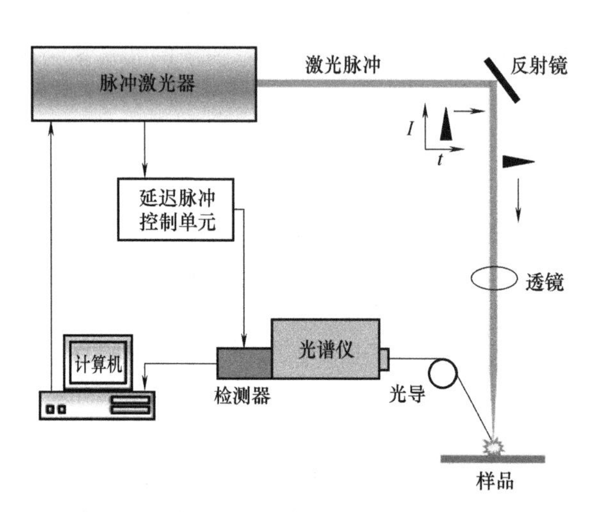

图 3-1-8　基于 LIBS 的测量系统原理示意图

LIBS 系统通常包括：脉冲激光器、激光发射系统、等离子体光谱光学接收系统、光谱探测系统（探测器、光谱仪）以及计算机控制系统等。

LIBS 技术主要用于土壤中重金属元素等污染物的检测。土壤中的重金属元素成分十分复杂，许多元素拥有几条甚至几十条以上的特征谱线，谱线结构复杂，需要鉴别和选取提供分析所用的特征谱线。应选择合适的无干扰分析谱线，这对于提高 LIBS 检测分析的精度是十分必要的。

由于水体中重金属元素含量一般较低，国内外学者研究了多种水体重金属富集结合 LIBS 技术的检测方法。富集方法主要有电化学富集、滤纸富集、膜富集和石墨富集等。LIBS 技术也用于水体藻类的在线监测。

3.1.4.4　散射光谱的技术应用举例

（1）散射光谱的技术应用

大气中主要的瑞利散射体来自大气中的粒子，当粒子直径约大于波长的十分之一时，需要用米氏（Mie）理论来解释。大气中的微小粒子大都是米氏散射体。对于弹性散射，利用瑞利散射可以测量大气温度和大气密度，还可以根据颗粒物消光系数的垂直分布来确定大气边界层的高度。大部分激光雷达（LIDAR）都是基于光散射理论和技术对目标物进行探测，探测方法按照探测原理不同可以分为利用米氏散射、瑞利散射、拉曼散射、布里渊散射等的激光雷达。激光雷达技术是散射光谱技术应用于大气环境监测中的典型技术手段。激光雷达是一种光学监测和遥感技术，常采用脉冲或连续波两种工作方式。

（2）拉曼光谱监测的技术应用

对于非弹性散射，一般应用拉曼光谱技术。因为拉曼光谱具有分子指纹特征，在环境监测中应用更加广泛。目前国内外研究机构广泛使用的拉曼光谱仪是光栅色散型拉曼光谱仪，有单光栅、双光栅、三光栅几种。

此外，傅里叶变换拉曼光谱仪也采用近红外激光光源激发，在很大程度上消除了荧光的干扰，同时结合化学计量学方法，可用于物质的鉴定与鉴别。如结合主成分分析方法，采用拉曼光谱和红外光谱可对有机污染物进行快速无损分析。采取对光滑银电极表面进行粗糙化处理后，检测吸附在银电极表面的吡啶分子的拉曼光谱法。在金银等贵金属粗糙表面的吡啶分子的拉曼信号，约为普通拉曼信号的 10^6 倍，故被称为表面增强拉曼光谱（SERS）。

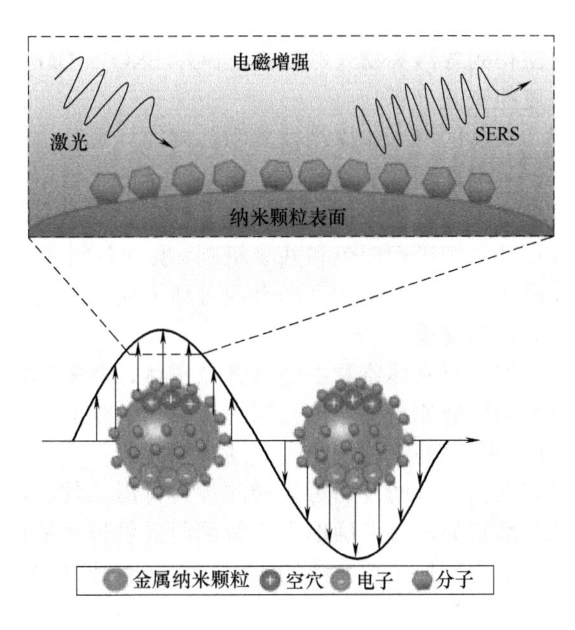

图 3-1-9　SERS 的电磁增强机制

一般认为 SERS 来自电磁增强和化学增强，图 3-1-9 是贵金属纳米颗粒之间的 SERS 的电磁增强机制示意图。电磁增强的原理是金属或类金属纳米材料中的传导电子可以被入射光相干地激发，在金属/电介质界面共同振荡，而电子的集体振荡模式被称为表面等离子体。

表面增强拉曼光谱的优势在于它灵敏性高，甚至可以检验到单分子水平，而且测量制样简单、所需样品少，检测方便迅速，可以对物质进行无损、原位检测，在许多领域都得到了广泛应用。

近年来，基于 SERS 的环境污染物在线快速检测技术发展很快，拉曼光谱仪正在向便携化、实用化发展，可定制小型激光器、光纤耦合探针及探测器，现场使用非常方便。

3.1.4.5　大气立体监测的技术应用

大气立体监测技术主要是以光与环境物质的相互作用为物理机制，是一种低层大气环境任意测程上的化学和物理性质的测量手段。从点式传感器转向时间、空间、距离分辨的遥测，通过建立污染物光谱特征数据库，进行污染物光谱定量解析计算，再结合光、机、电、算工程化技术，形成了以 DOAS 技术、LIDAR 技术、FTIR 技术以及 LIBS 技术等为主体的环境光学监测体系。实现了多空间尺度性、多时间尺度性、多参数遥测，为大气环境研究提供了全新的研究角度，克服了传统大气环境监测的局限性。大气立体监测技术已应用于环境污染、环境质量、环境安全等在线监测，包括地基平台、机载平台、球载平台以及星载平台监测等。

对于固定点位监测，不同高度污染物浓度数据主要依靠 LIDAR 探测、FTIR 与 DOAS 技术遥测获取；颗粒物质量浓度数据通过 LIDAR 探测获取；污染物密度 $\rho(SO_2)$、$\rho(NO_x)$、$\rho(NH_3)$ 可通过 DOAS 技术遥测获取；ρ（CO）和 ρ（VOCs）则可利用 FTIR 技术观测获取。

可对重点源的气态污染物排放实施定点遥感监测，对颗粒物及其前驱物的演变规律和输送方向进行定量核算等。目前，星载大气污染遥感已成为大气环境监测和大气质量预报的重要手段。

对于无组织源排放或应急监测，通常采用车载 FTIR 与车载 DOAS 技术，对典型布点区域污染物地面浓度分布、垂直柱浓度分布进行移动遥测，以提供更多的空间污染信息。如对化工、电子和涂装园区的 VOCs 进行常态化的车载监控，形成无组织排放大数据，可以对污染区的各个工厂进行预判预警，从而及时有针对性地进行精准监管。结合卫星遥感技术可以反演得到各污染物（颗粒物、SO_2、NO_2、CO 等）的区域宏观浓度变化趋势，以及各污染物浓度的空间分布。

在以区域立体探测技术为基础的环境监测网络中，通过环境监测获取污染状况及其变化规律，掌握环境质量和固定污染源排放；城市和区域模拟则为污染物排放与环境质量之间建立数值关系，进一步推进环境、气象、交通及科研监测数据的融合共享，通过实践建立多元数据获取的运行规范和共享机制，实现各级各类监测数据系统互联共享，提升监测预报预警、信息化能力和保障水平，为改善环境质量的污染排放控制和治理措施的效果评价提供技术支持和决策支撑。

固定点立体监测主要以激光雷达、多轴 DOAS、卫星遥感等空间立体观测手段为主，充分利用区域或典型城市大气中污染物总量的综合观测技术和方法。车载移动遥测不受地点、时间、季节的限制，在突发性环境污染事故发生时，监测车可迅速进入污染现场，应用监测仪器在第一时间查明污染物的种类、污染程度，同时结合车载气象系统确定污染范围以及污染扩散趋势，可准确地为决策部门提供技术依据。在区域大气污染立体监测中，通常使用车载走航太阳掩星通量-傅里叶变换红外光谱技术（SOF-FTIR）观测 VOCs、车载多轴 DOAS 观测 SO_2/NO_2 通量、车载激光雷达观测颗粒物通量和总量。

3.2 在线红外光谱气体分析仪器

3.2.1 在线红外光谱气体分析仪器概述

3.2.1.1 基本原理

朗伯-比尔（Lambert-Beer）定律是物质对光吸收的基本定律，它指出了吸收光强与吸光物质的浓度和厚度的关系，是吸收光谱分析的理论基础。在气体的红外吸收光谱中，极性气体化合物分子在中红外（2.5～25μm）波段存在分子振动能级的基频吸收谱线——特征吸收谱线。在线红外光谱气体分析仪（也称为红外气体分析仪）的基本原理就是基于这种被测气体对中红外线的特征吸收光谱。

当红外线波长与被测气体吸收谱线相吻合时，红外能量被吸收。红外线穿过被测气体后的光强衰减满足朗伯-比尔定律。将定律细化至单一频率光线时，气体吸收定律的表述如下式：

$$I_v = I_{v,0}T(v) = I_{v,0}\exp[-S(T)g(v-v_0)pcl]$$

式中，$I_{v,0}$表示频率为v的光线入射时的光强；I_v表示经过压力p、浓度c和光程l的待测气体后的红外线光强；$S(T)$表示气体吸收谱线的谱线强度；线性函数$g(v-v_0)$表征该吸收谱线的形状。

当气体吸收较小（吸收率低、浓度低或光程较短），可用下式近似表达气体吸收后光强I_v：

$$I_v \approx I_{v,0}[1-S(T)g(v-v_0)pcl]$$

上式表明气体浓度越大，光的衰减也越大。因此，可通过测量气体对红外线的吸收量来测量气体浓度。为保证读数呈线性关系，当待测组分浓度大时，测量气室较短，最短可达0.3mm；微量检测时，测量气室可长达1000mm以上，或采用多次反射测量气室。

3.2.1.2 在线红外吸收光谱分析仪的分类

红外吸收光谱是由分子中振动和转动能级的跃迁而产生的分子吸收光谱。红外吸收光谱主要用于物质的定性分析、结构分析和定量分析。在线红外吸收光谱分析主要分为：在线近红外光谱（NIR）分析、中红外光谱（MIR）分析及傅里叶变换红外光谱（FTIR）分析，也包括非分散红外（NDIR）气体分析。

在线近红外光谱分析技术在石油化工领域有较多应用，特别是与化学计量学技术应用相结合，在炼油及油品质量监测控制等领域有大量应用。在线中红外光谱分析技术是在线气体分析最常用技术，在工业过程分析和环境监测分析中应用已非常广泛。例如，利用NDIR和FTIR技术，已开发出分析CO_x、SO_x、NO_x等气体的分析仪及多组分气体分析仪。

在线红外光谱气体分析仪的分类方法很多，简介如下。

（1）按是否分光分类

按光源发出的光是否分光，分为分光型红外气体分析仪及非分光（非分散）型红外气体分析仪。

① 分光型　是指仪器采用一套光学系统分光，大多采用光栅分光以及干涉仪分光，通过分光系统产生待测组分的不同的特征吸收光谱进入测量池产生光的吸收。分光仪器的优点是选择性好，灵敏度较高，并适用于多组分分析。也可以采用多个窄带干涉滤光片的分光技术，可实现不同固定波长的红外多组分气体分析。

② 非分光型　也称不分光型，是指光源发出的连续光谱全部都投射到测量池的待测样品上，待测组分吸收其各个特征波长谱带（有一定波长宽度的辐射带）的红外线，其吸收具有积分性质。例如，CO_2在波长为2.6～2.9μm及4.1～4.5μm处都具有吸收段。

非分光型仪器由于工作光的能量比分光型仪器的工作光的能量损失小得多，因此具有高灵敏度、高信噪比和良好的稳定性。主要缺点是待测样品各组分间有重叠吸收峰时，会给测量带来干扰。但可在结构及配置上采取措施，去掉干扰影响。

（2）按照测量光路分类

按照测量光路系统分为双光路和单光路红外气体分析仪。

① 双光路红外气体分析仪　是指从两个相同的光源或者精确分配的一个光源，发出两路彼此平行的红外光束，一路为测量光路，一路为参比光路，分别经过测量气室和参比气室

后进入检测器。

② 单光路红外气体分析仪 从光源发出的单束红外光，只通过一个几何光路。但是对于检测器而言，还是接收两个不同波长的红外光束，只是在不同时间内到达检测器而已。它是利用调制盘的旋转（在调制盘上装有能通过不同波长的干涉滤光片），将光源发出的光调制成不同波长红外光，轮流通过分析气室送往检测器，实现时间上的双光路分析。

（3）按照检测器类型分类

红外分析仪的检测器，主要有薄膜电容检测器、微流量检测器、半导体检测器、热电检测器等四种。根据结构和工作原理上的差别，可以将上述四种检测器分成两大类，其中前两种检测器属于气动检测器，后两种检测器属于固体检测器。

① 气动检测器 靠检测器内的气动压力差工作，薄膜电容检测器中的薄膜振动由检测器前后吸收室的压力差驱动，微流量检测器中的流量波动也是由这种压力差引起的。

非分散红外（NDIR）源自气动检测器，气动检测器内密封的气体吸收波长和待测气体的特征吸收波长相同，所以光谱光源的连续辐射到达检测器后，它只对待测气体特征吸收波长的光谱有响应，不需要分光就能得到很好的选择性。

② 固体检测器 半导体检测器和热电检测器中没有可移动部件，检测元件均为固体器件，固体检测器直接对红外辐射能量有响应，与其配用的光学系统均为单光路结构，靠滤波轮的旋转形成时间上的双光路。它对被测气体特征吸收光谱的选择性是借助于窄带干涉滤光片实现的。因此，这种红外气体分析仪本质上是一种分光型仪器。

这两类检测器工作原理不同，光路系统结构不同；从是否需要分光的角度来看，二者也是不同的。因此，红外气体分析仪可以划分为：采用气动检测器的红外气体分析仪和采用固体检测器的红外气体分析仪。前者的检出限和灵敏度优于后者，是红外气体分析仪的传统产品；而后者结构简单、调整容易，耐受环境振动。这两类仪器在工作原理、光学系统结构、信号调制方式和检测应用等诸多方面均有显著差别。

（4）其他分类方式

① 按检测组分数量分类 可分为单组分红外气体分析仪和多组分红外气体分析仪。单组分指一台仪器只分析测量一种气体组分。多组分指一台仪器可以同时分析测量多种气体组分，如西门子的U23、U6，ABB的EL3020、AO2020等红外多组分气体分析仪，可以同时分析测量SO_2、NO、CO等气体，并附电化学O_2分析模块。

② 按照防爆与非防爆结构分类 可分为防爆式红外气体分析仪与非防爆式红外气体分析仪。防爆式红外气体分析仪主要分为螺纹隔爆型与平面隔爆型仪器。

③ 按照安装结构与方式不同分类 可分为嵌入式标准机箱结构、台式机箱结构、挂壁式机箱结构，分析柜式结构，以及携带式等红外气体分析仪。

3.2.1.3 技术特点

在线红外光谱气体分析仪的分析灵敏度高，既可以用于常量分析，又可以用于微量分析，具有选择性好、灵敏度高、稳定性好的特点，是在线气体分析中最常用的在线分析仪器。

在线红外气体分析仪大多具有如下技术特点：

① 能测量多种气体 除了单原子分子的惰性气体（Ar、Ne、He等）和具有对称结构无极性的双原子分子气体（如N_2、O_2、H_2）外，CO、CO_2、NO、NO_2、NH_3等无机气体，CH_4、C_2H_4等有机气体，都可用红外分析仪进行测量。

② 测量范围宽 可分析气体的上限达100%，下限可达10^{-6}。进行精细化处理后，可进

行痕量分析。

③ 灵敏度高 具有很高的监测灵敏度，气体浓度有微小变化都能分辨出来。

④ 测量精度高 一般都可达±2%，也有≤±1%的，分析精度较高、稳定性好。

⑤ 反应快 响应时间一般在10s以内，仅为其他分析手段响应时间的几分之一。

⑥ 有良好的选择性 红外气体分析仪有很高的选择性系数，只要仪器选择的特征谱线合适，则背景气体对测量分析基本没有影响，适合于对多组分混合气体中某一待测组分的测量。当混合气体中一种或几种组分的浓度发生变化时，并不影响对待测组分的测量。

3.2.2 非分散红外气体分析仪器的检测技术

非分散红外（NDIR）气体分析仪器是现代在线气体分析仪器中最常用的。NDIR气体分析仪是将红外辐射光源的连续红外线辐射到装有被测量气体的气室中，待测气体对其特征光谱的入射光有选择性吸收，采用相应的检测器接收气体吸收后的出射光的信号，从而实现对待测气体组分的定性或定量分析。

NDIR也采用滤光片或滤波气室方法，选取被测组分固定的特征光谱进行红外光谱测量。NDIR不同于采用色散型分光测量：色散法可选取不同被测组分特征光谱，而滤光片或滤波气室只能选取固定被测组分特征光谱。通常也将此类仪器归属于不分光红外分析仪。NDIR用于气体分析，具有很多优点：被气体组分多、测量范围宽、灵敏度高、测量精度高、反应快，对被测组分有良好的选择性，可靠性和稳定性好，并可实现多种气体同时在线连续测量分析等。

3.2.2.1 非分散红外气体分析仪的检测技术

（1）红外波段的气体特征吸收光谱

在近红外和中红外波段，红外辐射能量较小，不能引起分子中电子能级的跃迁，而只能被样品分子吸收，引起分子振动能级的跃迁，所以红外吸收光谱也称为分子振动光谱。当某一波长红外辐射的能量恰好等于某种分子振动能级的能量之差时，才会被该物质的分子吸收，并产生相应的振动能级跃迁，这一波长称为该物质分子的特征吸收光谱。特征吸收光谱是指吸收峰处的波长（中心吸收波长），部分红外波段的气体特征吸收谱线图参见图3-2-1。

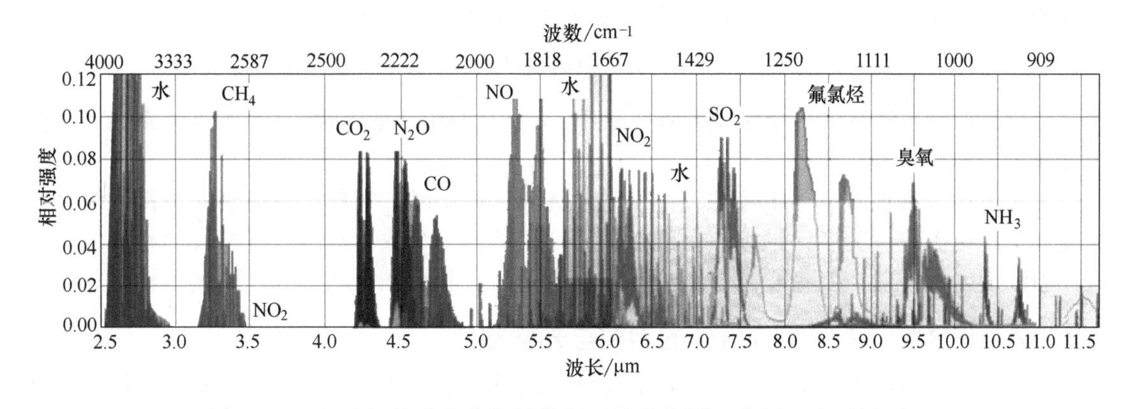

图3-2-1 部分红外波段的气体特征吸收谱线图（彩图见文后插页）

在特征吸收波长附近，有一段吸收较强的波长范围，这段波长范围可称为“特征吸收波带”。常见的几种气体分子的红外特征吸收波段范围见表3-2-1。

表 3-2-1　常见的几种气体分子的红外特征吸收波段范围

气体名称	分子式	红外特征吸收波段范围/μm	吸收率/%
一氧化碳	CO	4.5～4.7	88
二氧化碳	CO_2	2.75～2.8 4.26～4.3 14.25～14.5	90 97 88
甲烷	CH_4	3.25～3.4 7.4～7.9	75 80
二氧化硫	SO_2	4.0～4.17 7.25～7.5	92 98
氨	NH_3	7.4～7.7 13.0～14.5	96 100
乙炔	C_2H_2	3.0～3.1 7.35～7.7 13.0～14.0	98 98 99

注：表中仅列举了红外气体分析仪中常用到的吸收较强的波段范围。

非分散红外气体分析仪有良好的选择性，适合于对多组分混合气体中某一待分析组分的测量，分析仪只对待分析组分的浓度变化有反应，而对背景气体组分中的干扰组分变化很少有响应。由于红外光谱中水分的吸收光谱比较宽，可能会对被测组分存在干扰，必要时应采取措施减少水分影响。一般都要求红外分析仪检测的被测气体干燥、清洁和无腐蚀性。

（2）非分散红外气体分析仪应用的检测原理

NDIR 气体分析仪器是采用红外辐射光源发出红外线，其入射光强度为 I_0，入射光通过一定长度的测量气室被气室内的气体吸收后衰减，由检测器检测，检测器接收的测量光强度为 I，再通过测量放大控制器得到被测气体的浓度。滤波元件（滤波气室或滤光片）是为得到被测气体红外特征光谱的器件。

非分散红外气体分析仪应用的检测原理，符合朗伯-比尔吸收定律。待测组分是按照指数规律对红外辐射能量进行吸收的。当待测组分浓度很低时 $Kcl \ll 1$，经推导简化后，红外气体吸收所表示的指数吸收定律就可以用线性吸收定律来代替，如下式所示：

$$I = I_0(1 - Kcl)$$

式中，K 是被测气体组分对光的吸收系数；c 是被测组分的浓度，l 是指入射光通过被测组分吸收气室的长度，即吸收光程。

上式表明，当被测气体组分浓度 c 与吸收光程 l 很小时，辐射能量的衰减与待测组分的浓度 c 呈线性关系。为了保证读数呈线性关系，当待测组分浓度高时，分析仪的测量气室较短；当浓度低时，测量气室较长。入射光经被测气体吸收后剩余的光采用检测器检测。

3.2.2.2　非分散红外气体分析仪的组成与光学部件

NDIR 气体分析仪大多是由红外辐射光源、测量气室、滤波元件、检测器及测量控制器等组成。典型应用的光学系统的零部件技术，简要介绍如下。

（1）红外光源部件

① 红外辐射光源　按发光体的种类分，红外辐射光源有合金丝光源、陶瓷光源、半导体光源等。不同发光体的光源举例如下：

a．合金丝光源　大多采用镍铬丝，在胎具上绕制成螺旋形或锥形。螺旋形绕法的优点是比较近似点光源，但正面发射能量小。锥形绕法正面发射能量大，但绕制工艺比较复杂。目前使用的以螺旋形绕法居多。镍铬丝加热到 700℃左右，其辐射光谱的波长主要集中在 2～12μm 范围内，能满足绝大部分红外分析仪的要求。

b．陶瓷光源　两片陶瓷片之间夹有印刷在上面的黄金加热丝，黄金丝通电加热，陶瓷片受热后发射出红外线。为使最大辐射能量集中在待测组分特征吸收波段范围内，在白色陶瓷片上涂上黑色涂料。不同涂料最大发射波长也不同。这种光源的优点是寿命长，黄金物理性能特别稳定，不产生微量气体（镍铬丝能放出微量气体）。且此类光源是密封式安全隔爆的。

c．半导体光源　半导体光源包括红外发光二极管（IRLED）和半导体激光光源两类。半导体光源的优点是：可以工业化大批量制造，结构简单，价格便宜；其谱线宽度很窄，不需滤光片和滤波气室；发射的能量大，聚光性能好，可得到连续可调波长的激光，指向性好。

另外，按光路结构又分为单光源和双光源。单光源可用于单光路和双光路两种光学系统。在用于双光路时，是将光分成两束，其优点是避免了双光源性能不一致带来的误差，但要做到两束光的能量基本相等，在安装和调试上难度较大。双光源仅用于双光路系统，其特点恰好与单光源相反，安装、调试比较容易，但调整两路光的平衡难度较大。

② 反射体和切光（频率调制）装置　红外光源的反射体主要用于将红外光源发出的光能以平行光形式发出，减少因折射造成的能量损失。因此，对反射体的反射面要求很高，其表面应不易氧化且反射效率高。一般用黄铜镀金、铜镀铬或铝合金抛光等方法制成。反射体一般采用平面镜、抛物面镜。抛物面反射镜可以得到平行光，但是加工工艺较复杂。为了解决这个问题，有些产品使用特殊处理但易于加工的球面反射镜。

切光装置包括切光片和同步电机，切光片由同步电机（切光电机）带动，其作用是把光源发出的红外线变成断续的光，即对红外线进行频率调制。调制的目的是使检测器产生的信号成为交流信号，便于放大器放大，同时可以改善检测器的响应时间特性。

切光片的几何形状有多种，切光频率（调制频率）的选择与红外辐射能量、红外吸收能量及产生的信噪比有关。从灵敏度角度看，调制频率增高，灵敏度降低，超过一定程度后，灵敏度下降很快。因为频率增高时，在一个周期内测量气室接收到的辐射能减少，信号降低。另外气体的热量及压力传递跟不上辐射能的变化。根据经验，切光频率一般取在 5～15Hz 范围内，属于超低频范围。

（2）气室及滤波元件

① 气室　气室分为测量气室和参比气室，其结构基本相同，外形都是圆筒形，筒的两端用晶片密封。也有测量气室和参比气室各占一半的所谓“单筒隔半”型结构。测量气室连续地通过待测气体，参比气室完全密封并充有中性气体（多为 N_2）。

气室的主要技术参数有长度、直径和内壁粗糙度。

a．长度　测量气室的长度主要与被测组分的浓度有关，也与要求达到的线性度和灵敏度有关。测量高浓度组分时气室最短仅零点几毫米（当气室长度小于 3mm 时，一般采用在规定厚度的晶片上开槽的办法，制成开槽型气室，槽宽等于气室长度）；测量微量组分时，气室最长可达 1000mm 以上，也可配置长光程气体吸收测量池，实现超低量程检测。

b．直径　气室的内径取决于红外辐射能量、气体流速、检测器灵敏度要求等。一般取 20～30mm，也有使用 10mm 甚至更细的。太粗会使测量滞后增大，太细则削弱了光强，降低了仪表的灵敏度。

c．内壁粗糙度　气室要求内壁粗糙度小，不吸收红外线，不吸附气体，化学性能稳定（包括抗腐蚀）。气室的材料多采用黄铜镀金、玻璃镀金或铝合金（有的在内壁镀一层金）。金的化学性质极为稳定，使气室内壁不会被氧化，所以能保持很高的反射系数。

② 窗口材料（晶片）　窗口材料（晶片）通常安装在气室端头，要求必须保证整个气室的气密性，具有高透过率，同时也能起到部分滤波作用。因此，晶片应有高机械强度，对特定波长段有高“透明度”，还要耐腐蚀、潮湿，抗温度变化的影响等。窗口使用的晶片材料有多种，如 ZnS（硫化锌）、ZnSe（硒化锌）、BaF_2（氟化钡）、CaF_2（氟化钙，萤石）、LiF（氟化锂）、NaCl（氯化钠）、KCl（氯化钾）、SiO_2（熔凝石英）、蓝宝石等。其中氟化钙和熔融石英晶片使用较广。

晶片和窗口的结合多采用胶合法，测量气室由于可能受到污染，有的产品采用橡胶密封结构，以便拆开气室清除污物。但橡胶材料化学稳定性较差，难以保证长期密封，应注意维护和定期更换。晶片上沾染灰尘、污物、起毛等都会使仪表灵敏度下降，测量误差和零点漂移增大，必须保持晶片清洁，可用擦镜纸或绸布擦拭，注意不能用手指接触晶片表面。

③ 滤波元件（滤波气室和干涉滤光片）　光源发出的红外线通常是所谓广谱辐射，比气体吸收波段要宽得多。此外，被测组分的吸收波段与样气中某些组分的吸收波段往往会发生交叉甚至重叠，从而对测量带来干扰。因此必须对红外光线进行过滤处理，这种过滤处理称为滤光或滤波。

红外气体分析仪中常用的滤波元件有两种：一种是滤波气室，另一种是干涉滤光片。

a. 滤波气室　滤波气室的结构和参比气室一样，只是长度较短。滤波气室内部充有干扰组分气体，吸收其相对应波长的红外线以抵消（或减少）被测气体中干扰组分的影响。例如 CO 分析器的滤波气室内填充适当浓度的 CO_2 和 CH_4，将光源中对应于这两种气体的红外线吸收掉，使之不再含有这些波长的辐射，则会消除测量气室中 CO_2 和 CH_4 的干扰影响。

滤波气室的特点是：除干扰组分特征吸收中心波长能全吸收外，吸收峰附近的波长也能吸收一部分，其他波长全部通过，几乎不吸收。或者说它的通带较宽，因此检测器接收到光能较大，灵敏度高。其缺点是体积比干涉滤光片大，发生泄漏时会失去滤波功能。在深度干扰时，即干扰组分浓度高或与待测组分吸收波段交叉较多时，可采用滤波气室。如果两者吸收波段相互交叉较少时，其滤波效果就不理想。当干扰组分多时也不宜采用滤波气室。

b. 干涉滤光片　滤光片是一种形式最简单的波长选择器，是基于各种不同的光学现象（吸收、干涉、选择性反射、偏振等）而工作的。采用滤光片可以改变测量气室的辐射通量和光谱成分，消除或减少散射辐射和干扰组分吸收辐射的影响，仅使具有特征吸收波长的红外线通过。滤光片有多种类型：按滤光原理可分为吸收滤光片、干涉滤光片等；按滤光特点可分为截止滤光片、带通滤光片等。目前红外气体分析仪中使用的多为窄带干涉滤光片。

干涉滤光片的特点是：通带很窄，其通带 $\Delta\lambda$ 与特征吸收波长 λ_0 之比 $\Delta\lambda/\lambda_0 \leqslant 0.07$，所以滤波效果很好。它可以只让被测组分特征吸收波带的红外线通过，通带以外的红外线几乎全滤除掉。一般在干扰组分多时，可采用干涉滤光片。其缺点是由于通带窄，透过率不高，所以到达检测器的光能比采用滤波气室时小。

干涉滤光片是一种“正滤波”元件，它只允许特定波长的红外线通过，而不允许其他波长的红外线通过，其通道很窄，常用于固定分光式仪器中的分光。滤波气室是一种“负滤波”元件，它只阻挡特定波长的红外线，而不阻挡其他波长的红外线，其通道较宽，常用于不分光仪器的滤光。当用于固定分光式仪器中的分光时，滤波气室必须和干涉滤光片配合使用。从应用意义上看，窄带干涉滤光片是一种待测组分选择器，而滤波气室是一种干扰组分过滤器。

3.2.2.3 非分散红外气体分析仪常用的检测器

NDIR 气体分析仪常用的检测器主要有薄膜电容检测器、微流量检测器、半导体检测器、热电检测器等四种。

（1）薄膜电容检测器

薄膜电容检测器的结构如图 3-2-2 所示。薄膜电容检测器由薄膜微音器和前、后两个吸收室组成。薄膜微音器是以金属箔为动极，金属圆柱体为定极所构成的电容器。薄膜材料为特殊合金，其厚度通常为 5～8μm，近年来多采用的钛膜则更薄一些。定极与薄膜间的距离为 0.1～0.03mm，电容量为 40～100pF，二者之间的绝缘电阻＞10^5MΩ。前后两吸收室内充待测气体被长期封在其中。吸收室是发生光能量吸收的场所，两个辐射吸收室之间用电容器动极隔开。

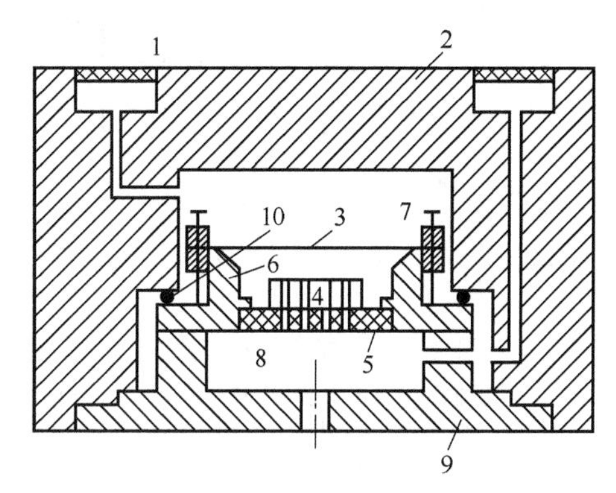

图 3-2-2 薄膜电容检测器结构

1—晶片和接收气室；2—壳体；3—薄膜；4—定片；5—绝缘体；6—支持体；7,8—薄膜两侧的空间；9—后盖；10—密封垫圈

前吸收室吸收谱带中心能量，而后吸收室吸收余下两侧的能量，如图 3-2-3 所示。当待检气体进入气室的分析边时，谱带中心的红外线在气室中首先被吸收，导致前吸收室的压力脉冲减弱，因此，压力平衡被破坏，所产生的脉冲加在差动式薄膜微音器上，再通过放大器把微音器上电荷量变化转换成与浓度成比例的信号输出。

薄膜电容检测器是红外气体分析长期使用的检测器。它的特点是温度变化影响小、选择性好、灵敏度高，但必须密封，按交流调制方式工作。其缺点是薄膜易受机械振动的影响，调制频率不能提高，放大器制作比较困难，体积较大等。

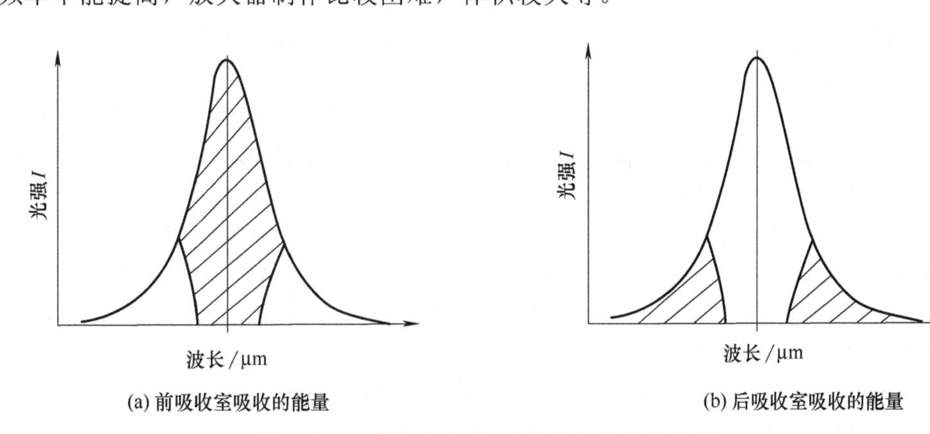

(a) 前吸收室吸收的能量　　(b) 后吸收室吸收的能量

图 3-2-3 薄膜电容前/后吸收室吸收的能量

（2）微流量检测器

微流量检测器是一种利用敏感元件的热敏特性测量微小气体流量的新型检测器件。其传感元件是两个微型热丝电阻，与另外两个辅助电阻组成惠斯通电桥。热丝电阻通电加热至一定温度，当有气体流过时，带走部分热量使热丝元件冷却，电阻变化，通过电桥转变成电压信号。微流量传感器中的热丝元件有两种：一种采用栅状镍丝电阻，简称镍格栅，是把很细的镍丝编织成栅栏状制成的，垂直装配于气路通道中，微气流从格栅中间穿过；另一种采用

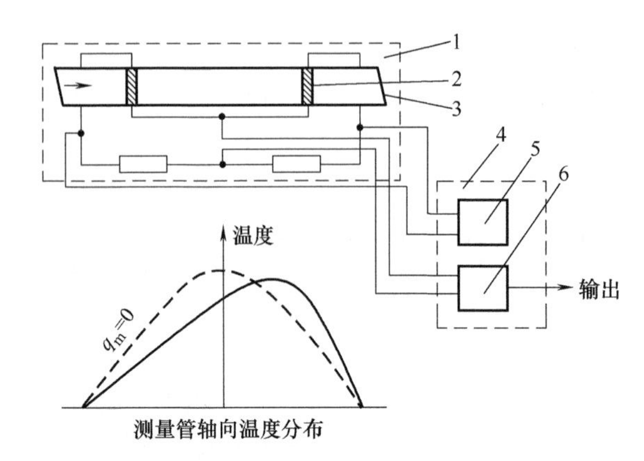

图 3-2-4　微流量检测器工作原理

1—微流量传感器；2—栅状镍丝电阻（镍格栅）；3—测量管（毛细管气流通道）；4—转换器；5—恒流电源；6—放大器

铂丝电阻，在云母片上用超微技术光刻上很细的铂丝制成，平行装配于气路通道中，微气流从其表面通过。

微流量检测器工作原理参见图 3-2-4。

图 3-2-4 中的测量管（毛细管气流通道）3 内，装有两个栅状镍丝电阻（镍格栅），与另外两个辅助电阻组成惠斯通电桥。镍丝电阻由恒流电源 5 供电加热至一定温度。当流量为零时，测量管内的温度分布如图 3-2-4 中温度分布图虚线所示，相对于测量管中心上下游是对称的，电桥处于平衡状态。当有气体流过时，气流将上游部分热量带给下游，导致温度分布变化如图 3-2-4 中温度分布图实线所示，由电桥测出两个镍丝电阻阻值变化，求得其温度差 ΔT，便可计算出质量流量 q_m，然后利用质量流量与气体含量的关系计算出被测气体的实际浓度。

$$q_m = K\frac{A}{c_p}\Delta T$$

式中，c_p 被测气体的定压比热容；A 为镍丝电阻与气流之间的热导率；K 仪表常数。

微流量检测器实际上是一种微型热式质量流量计，体积很小（光刻铂丝电阻的云母片只有 3mm×3mm，毛细管气流通道内径仅 0.2～0.5mm），灵敏度极高，精度优于±1%，价格也较便宜。采用微流量检测器替代薄膜电容检测器，可使红外气体分析仪光学系统的体积大为缩小，可靠性、耐震性等性能提高，因而在红外、氧分析仪等仪器中得到广泛应用。

（3）半导体检测器

半导体检测器是利用半导体光电效应的原理制成的。当红外线照射到半导体上时，半导体吸收光子能量后可使非导电性的价电子跃迁至高能量的导电带，从而降低了半导体的电阻，引起电导率的改变。所以半导体检测器又称为光电导检测器或光敏电阻。

半导体检测器具有很高的响应率和探测率，但对红外线具有选择性吸收的特性。一种光电检测器只能检测位于一定可检测波长范围的红外线，例如锑化铟检测器的检测波长范围为 2～7μm，因此能检测 CO 和 CO_2，但不能检测特征波长大于 7μm 的气体，如 NH_3 和 SO_2 等。

半导体检测器使用的材料主要有锑化铟（InSb）、硫化铅（PbS）、硒化铅（PbSe）、碲化汞镉（HgTe+CdTe）等。红外气体分析仪大多采用锑化铟检测器，也有采用硫化铅检测器的。锑化铟检测器在红外波长 2～7μm 范围内具有高响应率，在此范围内 CO、CO_2、CH_4、C_2H_2、NO 等气体均有吸收带，其响应时间仅 5×10^{-6}s。

碲化汞镉检测器（MCT 检测器）的检测元件由半导体碲化镉和碲化汞混合制成，改变混合物组成可得不同测量波段。其灵敏度高，响应速度快，适于快速扫描测量，大多用作傅里叶变换红外气体分析仪的检测器。

半导体检测器的结构简单、成本低、体积小、寿命长、响应迅速。与气动薄膜电容、微流量检测器相比，它可采用更高的调制频率（切光频率可高达几百赫兹），使放大器的制作更为容易，但高频工作时能量吸收会受到一定损失。它与窄带干涉滤光片配合使用，可以制成通用性强、快速响应的红外检测器，改变被测组分时，只需改换干涉滤光片的透过波长和仪器显示即可。其缺点是半导体元件的特性（特别是灵敏度）受温度变化影响大，一般需要在较低的温度（77～200K不等，与波长有关）下工作，因此必须采取制冷措施。但硫化铅检测器可在室温下工作。

（4）热电检测器

热电检测器是基于光辐射作用的热效应原理的一类检测器，包括利用温差电效应制成的测辐射热电偶或热电堆，利用物体电阻对温度的敏感性制成的测辐射热敏电阻检测器，以热电晶体的热释电效应为根据的热释电检测器等。这类检测器的共同特点是：无选择性检测（对所有波长辐射有大致相同的检测灵敏度），响应速度比光子检测器低，检测灵敏限也比光子检测器低1～2个数量级，多数工作在室温条件下。

热电堆检测器长期稳定性好，但其对温度非常敏感，温度影响系数较大，不适合作为精密仪器检测器使用，多用在红外型可燃气体检测器等对测量精度要求不高的仪器中。

热释电检测器具有波长响应范围广、检测精度较高、反应快的特点，以前主要用在傅里叶变换红外气体分析仪中。它的响应速度很快，可以跟踪干涉仪随时间的变化，实现高速扫描。现在也已推广应用在红外气体分析仪中。

热释电检测器中常用的晶体材料是硫酸三甘肽（triglycine sulfate，TGS）、氘化硫酸三甘肽（DTGS）和钽酸锂（$LiTaO_3$）。

3.2.3　非分散红外气体分析仪的典型产品

3.2.3.1　采用薄膜微音器的红外气体分析仪

采用薄膜微音器的红外光谱气体分析仪是在线气体分析应用最广的产品之一，其优点是稳定性好、高灵敏度和抗干扰能力强。适用于常量、微量分析，采用薄膜微音器红外分析仪的最低检测量程，CO_2为0～5μmol/mol，CO为0～10μmol/mol。

薄膜微音检测器气室结构，基本分为两种类型："单筒隔半"型结构及"双筒"型结构。这两种结构都采用双光路分析，设有分析及参比气室，采用串联式薄膜电容检测器。

国内外采用薄膜微音器的红外气体分析仪生产厂商很多：国内厂商主要有北京北分麦哈克分析仪器有限公司（简称北分麦哈克）、重庆川仪分析仪器有限公司（简称重庆川仪）、北京泰和联创科技公司、北京西比仪器公司等几十家企业；国外厂商主要有ABB（中国）有限公司（简称ABB）、横河（YOKOGAWA）电机（中国）有限公司（简称横河电机）、日本HORIBA公司（简称崛场）等。

国内北分麦哈克的QGS-08系列是采用"单筒隔半"、串联式薄膜电容检测器结构的双光路红外分析器的代表产品。重庆川仪的GXH-105型非分散红外分析仪是采用"双筒"型结构、双光路、串联式薄膜电容检测器的红外分析器代表产品。国产红外在线分析产品大多达到或接近国外同类产品技术水平，并在国内有广泛的应用。

国外采用薄膜电容检测器的多组分红外气体分析仪的产品，以ABB连续气体分析仪的非分散红外EL系列和AO系列仪器为代表，可测量多种气体。该系列仪器采用薄膜电容检测器，测量气室和参比气室采用"单筒隔半"型结构。

以北分麦哈克新研制的QGS-08CN/BM08 Ex为例，简介如下：

该产品采用"单筒隔半"结构、串联式薄膜微音检测器，是一款模块化、非分散红外的多组分气体分析仪，其检测原理参见图3-2-5。

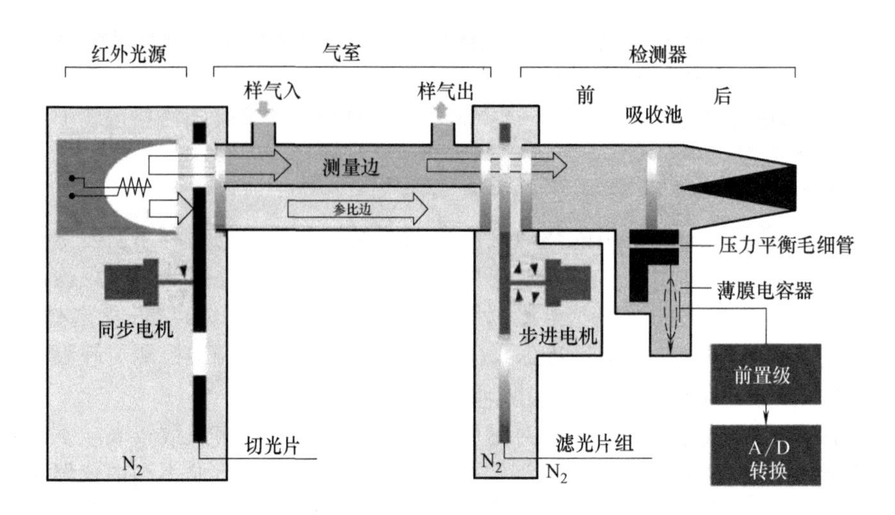

图 3-2-5　QGS-08CN/BM08 Ex 多组分分析仪检测原理

该产品基于气体对红外光谱具有选择性吸收的特点对气体进行定量分析，利用被吸收红外能量与参比红外能量差推动微音电容变化（光声气动-薄膜微音）的方法对特定气体浓度进行定量分析。

该产品采用切光片使得光源发出的光轮流进入测量气室及参比气室，实现单光源、时间分割的双光路；采用滤光片轮实现多种气体的红外吸收检测，根据监测不同的气体配置不同特征波长的滤光片，从而实现不同气体的在线分析。

该产品的检测器采用串联式薄膜微音检测器，主体部分由聚光腔（室）、前后两个吸收室以及薄膜微音电容器组件等组成。两个吸收室在光学上呈串联结构，在气动作用上相互“隔绝（气密）”，中间仅以毛细管相通，经过初始调节使其达到动态脉冲压力下的平衡。

红外线被按规定频率调制，首先进入气室，（经聚光室）再先后进入这前后两个吸收室。红外能量首先在分析气室边被吸收掉一部分。光程较短的前吸收室吸收谱带中心的能量，后吸收室因反射光锥的作用，使光程为无穷大，吸收余下两侧的能量。气室内的吸收导致前吸收室的压力脉冲减弱，原有压力平衡被破坏，所产生的压力脉冲加在差动式薄膜微音器的动极片上，致使电容量变化，然后被转换成电信号和浓度值。

压力平衡毛细管的作用使前后平均压力相等，即膜片在无光照时处于平衡位置。 由于分析气室的吸收很小（$Kcl \ll 1$），所以主要吸收光谱的中心部分，使前吸收室的能量减少，边带部分基本不吸收，使后吸收室的能量不变，产生的压力脉冲仅与气体特征吸收峰的中心谱线有关，所以具有良好的选择性。

该产品实现双光路多种气体的在线检测，包含自动校准模块，可减少仪器在使用过程中的维护量；可实现非零起点的量程测量。横向灵敏度补偿，可以补偿各个组分共同的测量干扰，通过补偿算法可以消除待测组分之间的交叉干扰。量程范围从 0～100%，稳定性优于 1%，线性误差优于 1%，采用触摸屏方便了仪器的操作。

3.2.3.2　采用微流量检测器的红外气体分析仪

采用微流量检测器的红外气体分析仪具有灵敏度高、稳定性好、检测器不怕振动、不受被分析气体腐蚀影响等特点，也是在线分析应用广泛的产品之一。

微流量红外气体分析仪分为单光路和双光路测量两种类型。采用微流量检测的红外气体分析仪，国内主要有北京雪迪龙科技股份有限公司（简称北京雪迪龙）的1080型等，国外主要有西门子（中国）有限公司［简称西门子（中国）］的U23及U6，日本富士电机（中国）有限公司（简称日本富士电机）的ZPG等。

西门子U23产品是单光路微流量检测器的红外多组分气体分析仪，一次能测量四种气体组分，最多可同时测量三种红外敏感气体，如CO、CO_2、NO、SO_2、CH_4等，还可以采用电化学氧传感器测量O_2。U6产品根据交替红外双光束原理，使用双层检测气室和光耦合器测量气体，是双光路的微流量多组分红外气体分析仪。U6产品的测量指标优于U23，是高精度、低量程的非分散红外气体分析仪。

日本富士电机的ZPG是低浓度测量的非分散红外气体分析仪，采用单光束、质量流量传感器测量，CO/CO_2最小测量范围为$0\sim5\times10^{-6}$。

雪迪龙Model 1080多组分红外分析仪基于不分光红外线吸收原理，采用微流量传感器检测技术，其测量原理参见图3-2-6。Model 1080是利用一定波长的红外线的吸收衰减来测量气体的浓度。图3-2-6中红外光束通过滤光片、样气室到达检测器，在样气室与红外光源之间有一个由同步电机带动的切光器，将红外光束变成交替的脉冲光源，如果样气室中有吸收，由微流量传感器产生脉冲电信号。检测部分是由前后两个吸收室组成。吸收带中心部分在前吸收室首先被吸收，而边缘部分则被后吸收室吸收。前后吸收室吸收的能量大致相同。前吸收室和后吸收室之间通过一个微流量传感器相连。Model 1080可测量多种组分气体，如SO_2、NO、CO、CO_2、CH_4、R22（氟里昂，$CHClF_2$），附带电化学原理传感器测量O_2。该仪器具有优良稳定性、选择性和高灵敏度，使用空气自标定，自动大气压修正，可清洗样气室，内置安全过滤器和凝液罐。仪器的测量单位可根据需求设定（mg/kg、mg/m^3、%）；具有自诊断、报警维护记录等功能。

3.2.3.3 采用气体滤波相关技术的红外气体分析仪

采用气体滤波相关技术的红外气体分析仪主要指采用干涉滤光片及气体滤波技术的相关红外气体分析仪，也归类为非分散型红外气体分析仪。普遍采用两种滤波技术，一种是干涉滤波相关（IFC）技术，一种是气体滤波相关（GFC）技术。滤波元件分别采用窄带干涉滤光片和气体滤波气室，也有同时采用干涉滤波相关技术及气体滤波相关技术的红外气体分析仪。

GFC红外气体分析仪具有对背景气体非常优秀的抗干扰能力，适用于低量程气体检测。滤波气室轮上配有参比气室，用于提供参比波长，采用时间分割的双光路测量技术。检测器可采用半导体检测器（如锑化铟）或热释电检测器（如钽酸锂）等。

IFC红外气体分析仪大多采用红外脉冲光源，检测器前用干涉滤光片分光，仪器结构简单、无可动部件，也称半导体红外分析仪，适合振动大的安装场所，大多用于常量气体分析。

（1）气体滤波相关（GFC）红外分析技术

典型的GFC红外气体分析仪原理参见图3-2-7。GFC技术是先使红外线透过气室轮上参比气室或分析气室，然后穿过测量气室进入检测器，对测得的红外线强度进行比较，得出被分析气体浓度。滤波气室轮2上装有两个滤波气室：其中一个是分析气室S，充入氮气；另外一个是参比气室R，充入高浓度的待测组分气体。两种滤波气室间隔设置，当滤波气室轮在电机驱动下旋转时，分析气室和参比气室轮流进入光路系统，形成时间分割的测量、参比双光路。检测器一般采用锑化铟检测元件。

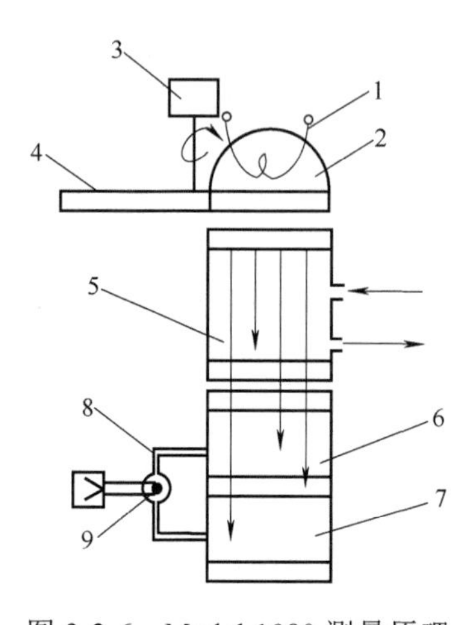

图 3-2-6 Model 1080 测量原理

1—红外光源；2—反射体；3—同步马达；4—切光器；5—样气室；6—前吸收室；7—后吸收室；8—毛细管；9—微流量传感器

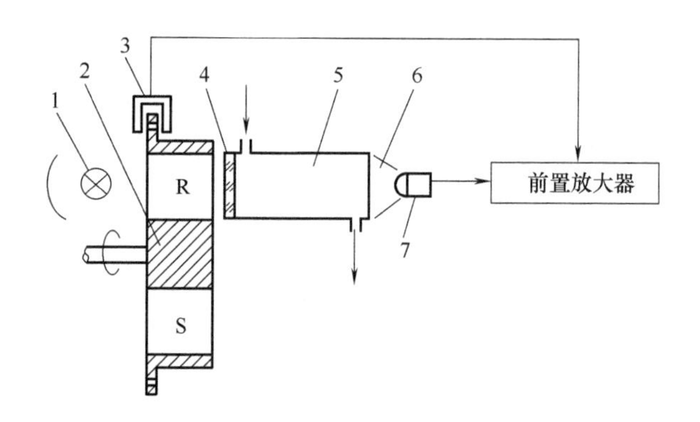

图 3-2-7 GFC 红外气体分析仪原理图

1—光源；2—滤波气室轮；3—同步信号发生器；4—干涉滤光片；5—测量气室；6—接收气室；7—锑化铟检测器

（2）干涉滤波相关（IFC）红外分析技术

IFC 红外气体分析仪原理参见图 3-2-8。通过安装在气室后的光电检测器检测。检测器分为参比检测器与测量检测器，分别选择不同波长的参比和测量干涉滤光片，接收不同的检测信号。

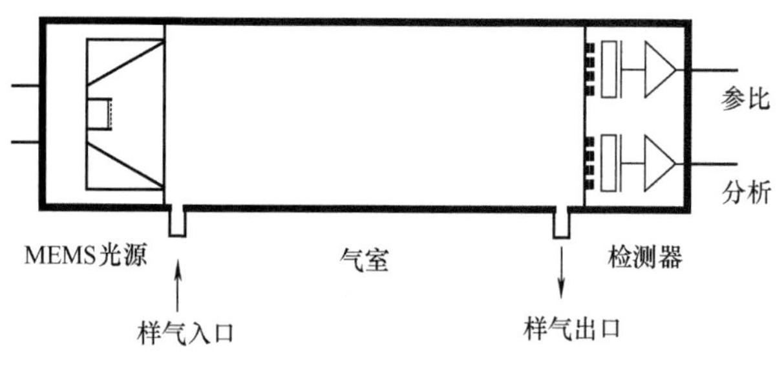

图 3-2-8 IFC 红外气体分析仪原理图

红外脉冲光源采用 MEMS 技术，发射特定频率的红外线，红外线通过气室被检测器接收。检测器两个通道分别为分析检测通道和参比检测通道，前面分别装有测量滤光片和参比滤光片。当气室通入 N_2 时，红外线在气室内不被吸收，分析检测通道输出信号最大。当气室通以待测组分时，红外线在气室内产生特征吸收，分析检测通道输出信号减小。分析检测通道输出信号随气室中待测组分对红外线的吸收而发生变化，于是产生一个与待测组分浓度成比例的输出信号。参比检测通道的输出信号不受被测气体及其浓度影响，用于反映和平衡光源光强的变化，以补偿分析检测通道输出信号的变化，从而有效提高仪器稳定性。

3.2.3.4 高温型多组分红外气体分析仪

红外气体分析仪大多为常温型。红外气体分析仪的检测器大多恒温在 50～60℃，主要用于 CO、CO_2、SO_2、NO 等气体的在线分析。而对高温高湿气体中 HCl、NH_3 等进行在线测量时，为确保被测气体组分不失真，取样分析过程需要在样品气原有的热湿工况条件下检测，如垃圾焚烧烟气温度达 180℃，湿度高达 20%以上。因此，需采用高温型红外气体分析仪。

高温型多组分红外气体分析仪，大多采取将红外检测器置于高温的恒温室内工作的方式，也有的采取将测量室置于高温的恒温室内工作的方式，采用光纤技术将入射光导入高温测量室，再用光纤将被测组分吸收后的出射光导出。分光及检测系统一般不在高温区。

西克麦哈克（北京）仪器有限公司（简称西克麦哈克）的MCS100E高温多组分红外气体分析仪是将光学系统与测量气室置于高温环境工作的，其测量原理示意图参见图3-2-9。

MCS100E采用单光路、双波长和气体滤波相关测量技术，光路上有一个光谱扫描系统。光谱扫描系统中有两组步进电机带动的滤波轮。一个滤波轮上安装了8块滤光片，一个滤波轮上安装了多个滤波气室和通孔。计算机编程驱动滤波轮依次进入光路，单光路光学部件在不同时刻形成具有不同光谱特性的光学测量通路。

MCS100E多组分红外气体分析仪采用了两种测量原理：双波长工作原理和气体滤波相关原理。检测器采用热释电检测器。MCS100E的光谱扫描系统将双波长原理和气体滤波相关原理结合在一起，对不同气体采用不同测量原理，可同时测量SO_2、NO、NO_2、HCl、CO、CO_2、H_2O、NH_3、CH_4、N_2O等中的任意8个组分。

另一种基于单光束双波长的红外气体分析仪参见图3-2-10。采用两个不同波长的滤光片分别通过光路，在不同时刻形成两个光路。一种滤光片的波长与被测气体的特征吸收波长相同，由它形成的光路称测量光路；被测气体对另一种滤光片的波长没有吸收，它进入光路后形成参比光路。当气室中存在被测气体时，参比光路的光能量没有变化；测量光路的光能量被气体吸收而减少。检测器接收两个光路的信号（时间不同）进行测量分析。经被测气体吸收后的红外辐射能，通过特定波长滤光片，作用于热释电检测器上，即转变为与被测气体浓度值对应的电信号。再将该电信号与一恒定不变的参比电信号进行比较，并将其差值放大、检波、光路平衡，零、终点调整，线性化校正等，从仪器显示仪表上即可读出被测气体的浓度。

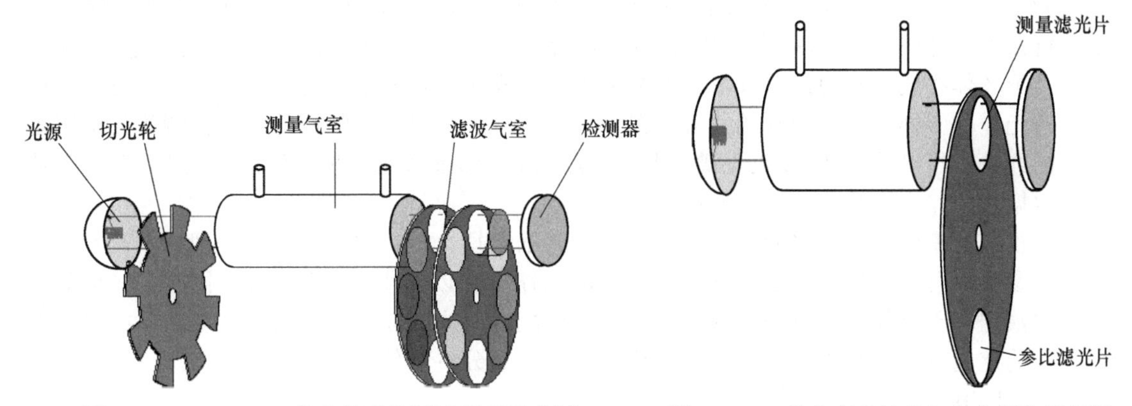

图3-2-9 MCS100E的光学系统测量原理示意图

图3-2-10 单光束双波长红外分析仪原理图

3.2.4 傅里叶变换红外气体分析仪器的检测技术

3.2.4.1 概述

傅里叶变换红外光谱（FTIR）应用于在线气体分析，是由于高性能、抗震动干涉仪的发明和气体光谱分析软件技术的发展，特别是角镜型的迈克尔逊干涉仪的研制成功，使得在线分析的现场环境具备了适应FTIR的条件。FTIR从离线走向在线气体分析，是现代在线分析仪器的重要技术进展。

FTIR 在线分析可分为近红外（FT-NIR）和中红外（FT-MIR），主要是应用中红外光谱区的吸收光谱进行分析。凡是在红外光谱区域有特征吸收光谱的气体组分都可以适用于 FTIR 气体分析。用于常量气体监测的测量池通常采用短光程的气体测量池；用于微量气体检测的测量池需要采用长光程的气体测量池，如多返气体测量池，其光程可长达几十米，适用于微量及痕量气体检测。

FTIR 在线气体分析仪主要是由红外光源、干涉仪、气体测量池、红外检测器、光学平台系统、检测控制器以及光谱测量软件等组成的精密光学在线分析仪器。FTIR 在线气体分析是通过干涉仪产生干涉光，对气体测量池的被测组分进行扫描检测，通过傅里叶变换技术对分析谱图进行解谱，从而达到对多组分气体的广谱分析目的。FTIR 分析技术具有信噪比高、精度高、分辨能力强、动态检测范围宽等优点，已经广泛用于工业过程的在线气体分析及环境监测的污染源气体排放监测。

3.2.4.2　FTIR 在线气体分析的检测技术、分析原理与测量过程

（1）FTIR 在线气体分析的检测技术

FTIR 分析仪通常采用连续波长的红外光源照射样品。样品室中的气体分子会吸收某些特征波长的红外线，未被吸收的红外线到达检测器，检测器检测的光电信号经过转换，再经过傅里叶变换即可得到样品单光束光谱。

FTIR 分析仪的红外光源发出的是连续的红外线，是由无数个无限窄的单色光组成的。当红外线通过迈克尔逊干涉仪时，每一种单色光都发生干涉，产生干涉光。红外光源的干涉图是由这些无数个无限窄的单色干涉光组成的，即红外干涉图是由多色光的干涉光组成的。单色光的干涉光是余弦波，对单色光的余弦波进行傅里叶变换是非常简单的操作。

为了测得一张红外光谱图，通常需要对红外干涉图进行两次傅里叶变换。红外光谱的定量分析依据也是朗伯-比尔定律，其吸光度测量是通过特征吸收峰的峰高或峰面积进行测量。

用于气体在线分析的傅里叶变换红外光谱仪，需要三种光谱信息：气样光谱、背景光谱和参考光谱。气样光谱是调制的红外线测量样品气中各种组分吸收后的光谱；背景光谱则是调制的红外线经过纯 N_2 的吸收光谱，也称零点光谱；而参考光谱是一种标准光谱，贮存在计算机数据库中作为定性和定量分析的依据。

傅里叶变换红外光谱仪的检测过程与测试方法选择、样品用量、样品处理技术，及选择的测试参数等有很大关系。应特别注意测量的红外光谱必须进行数据处理，同时，光谱测量的原始数据应予以保存；对被测量的不同对象应配合不同的红外光谱数据处理软件；对多组分体系的定量分析，必须借助于红外光谱多组分定量分析软件。

（2）FTIR 在线气体分析仪的分析原理

FTIR 在线气体分析仪主要由红外光源、干涉仪、高温气体室、检测器、计算机控制单元及光谱软件等组成。FTIR 分析原理参见图 3-2-11。FTIR 在线气体分析仪的核心部件是迈克尔逊干涉仪和各类改进型的干涉仪，并通过傅里叶数学变换，把时间域函数图变换为频率域函数图。

迈克尔逊干涉仪光学系统主要是由光源、固定反射镜（定镜）、移动反射镜（动镜）、分光束器及检测器等部件组成。传统的迈克尔逊干涉仪对光的调制是靠镜面的机械扫描运动来实现的。从光源发出的红外线，经过分光束器分为两束，分别经定镜和动镜反射后抵达检测器并产生干涉现象。若光源发出一单色光，其波长为 λ，频率为 ν，通过分光束器，可将该束

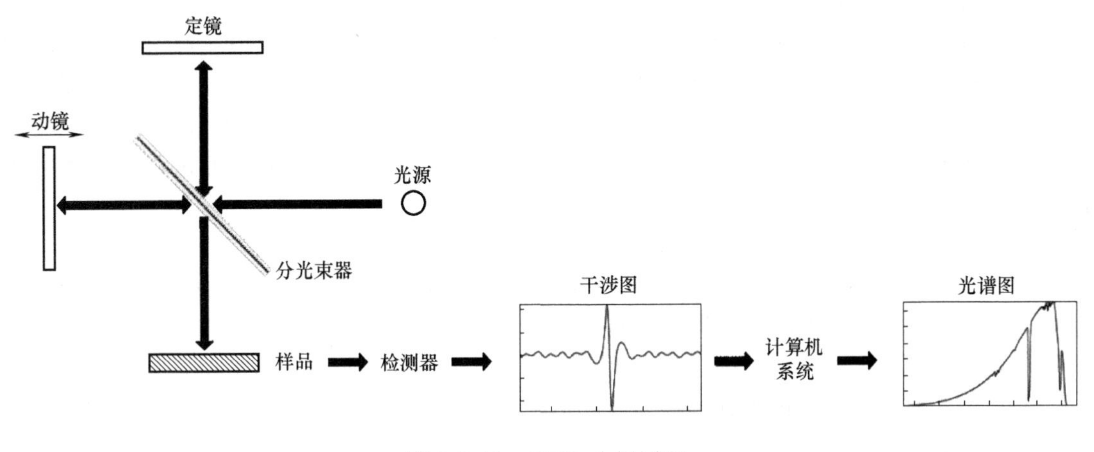

图 3-2-11 FTIR 分析原理

光一分为二，分别透过及反射到动镜和定镜上，随后两束反射光被检测器捕捉。当动镜、定镜反射光到达检测器的光程差为 $\lambda/2$ 的偶数倍时，相干光相互叠加，其强度为最大值；当动镜、定镜反射光到达检测器的光程差为 $\lambda/2$ 的奇数倍时，相干光抵消，其强度为最小值。当连续改变动镜的位置时，可在检测器得到一个干涉强度对光程差和红外光频率的函数图，多色光源的图谱就是相对应于每个频率的单色光源的干涉谱之和，即红外光源的干涉图，再通过傅里叶变换数学运算最终得到被测组分的光谱图。干涉图经傅里叶变换得到的红外光谱图见图 3-2-12。由于计算机只能对数字化的干涉图进行傅里叶变换，因此需要进行间隔取点采样。傅里叶变换红外光谱仪扫描速度快，波长精度高，分辨率好，短时间内即可进行多次扫描，使信号作累加处理，加之光能利用率高，输出能力大，仪器的信噪比和测定灵敏度较高，可对样品中的低含量成分进行分析。

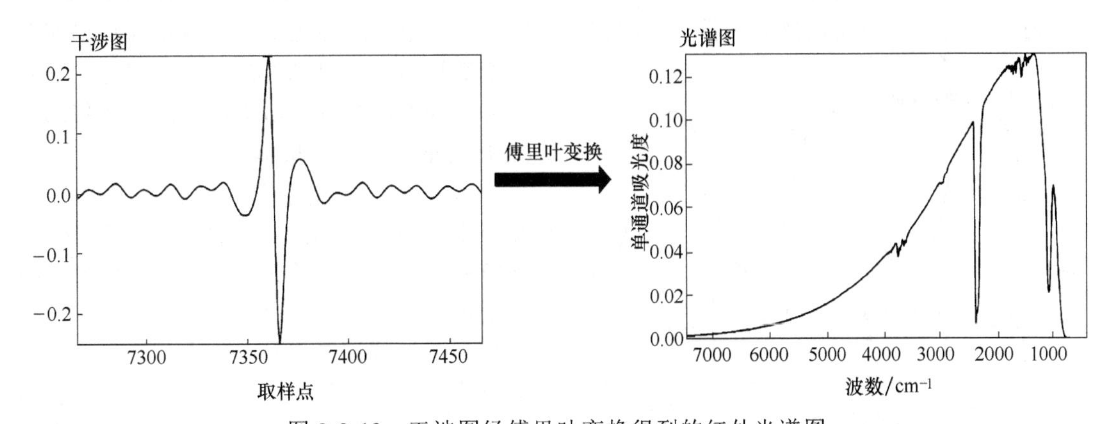

图 3-2-12 干涉图经傅里叶变换得到的红外光谱图

FTIR 光谱库是对已知浓度的各种化合物进行光谱分析而获得的。各种数学方法（如最小二乘法）被用于 FTIR 相关数据处理以检测灵敏度达到 10^{-6} 级。从理论上说，FTIR 技术能够测量任何一种化合物，这种化合物的吸收特征及其在排放源中的浓度范围应纳入光谱图库。设备制造商一般会存入一部分图谱作为初级数据库。实际使用中我们需要测量的往往是复合样本，即存在多种化合物组分。如果样品中各种化合物不吸收同一波段的红外光，不存在谱图重合，那么该技术可以得到很好的应用。

在线 FTIR 分析仪之间的主要区别在于光学平台的设计和移动反射镜产生干涉图的方法。移动反射镜设计的初衷是提高其现场环境应用的抗震性。其他区别在于从干涉图中获取样品浓度数据以及通过傅里叶变换产生光谱的数学方法和技巧。FTIR 技术仍在不断发展，结合了高温热湿法分析系统技术，已经广泛应用到垃圾焚烧炉和工业过程在线连续监测中。

（3）FTIR 在线气体分析仪的光谱测量过程

FTIR 分析仪在利用单色光时，检测器得到的信号（干涉图）是随动镜的运动时间而变化的一条余弦曲线；实际的红外光源为具有一定频谱（波数）宽度的连续分布的光源，因而检测器得到的信号是各单色光干涉图的叠加。

由于零光程差时各单色光强度都为极大值，其余部位则因干涉而相长或相消，它们加合的结果是形成一个中心极大并向两边迅速衰减的对称干涉图。可用下式表达：

$$I(\delta)=\int_{-\infty}^{+\infty}B(\gamma)\cos(2\pi\gamma\delta)\mathrm{d}\gamma$$

若要从干涉图得到光谱 $B(\gamma)$，需要对 $I(\delta)$进行傅里叶变换，即把时域信号变成频域信号，得到我们熟悉的透射随波数变化的红外光谱图。

直接由上式计算 $B(\gamma)$是有困难的。因为计算机进行傅里叶变换计算时，要求作数字化采样，同时采样间隔也不可能是无限小，需要在一个有限的间隔内采样，而且扫描光程差也是在有限的范围内进行。

在光谱测量过程中，数据的采集是用 He-Ne 激光器控制的。在干涉仪的动镜移动过程中，He-Ne 激光光束和红外光光束一起通过分束器，有一个独立的检测器（光电二极管）检测从分束器出来的激光干涉信号。He-Ne 激光的光谱带宽非常窄，有非常好的相干性。He-Ne 激光干涉图在动镜移动过程中是一个不断延伸的余弦波，波长为 0.6328μm（15802.7cm^{-1}）。干涉图数据信号的采集是用激光干涉信号触发的，每经过一个 He-Ne 激光干涉图的余弦波采集一个数据点，参见图 3-2-13。数据点间隔的光程差为 0.6328μm，即干涉仪的动镜每移动 0.3164μm 采集一个数据点。

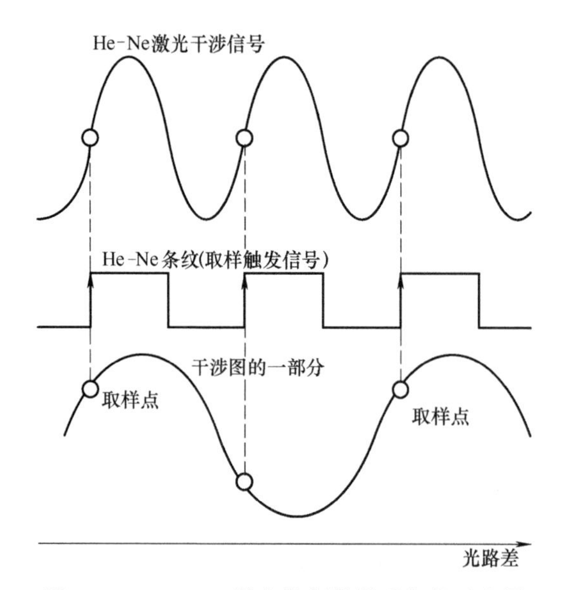

图 3-2-13　He-Ne 激光控制数据采集的示意图

激光干涉仪用于监测动镜的移动速度并决定动镜移动的距离。样品扫描测量中，动镜移动要平稳且需速度均匀，否则光谱噪声增加，谱图发生畸变。通常采用激光干涉仪和主干涉仪同轴设计，共用一个动镜。当动镜速度发生变化时，将会引起激光干涉图频率的改变，变化的信息即可传到驱动机构的伺服系统，控制器即会自动调整动镜速度，保证动镜平稳匀速运动。干涉仪动镜移动距离由激光干涉仪和一个二进制计数器来控制。扫描开始时，触发信号启动计数器工作，达到预定值，动镜返回，然后通过激光回扫相位差确定采样初始位置后，开始第二次扫描。

获取样品的傅里叶红外变换光谱的测量过程，首先要测定背景（不带样品）的干涉图和样品的干涉图，然后分别对其进行傅里叶变换得到单光束的光谱，计算单光束光谱之间的比率即可得到透射率光谱，对透射率光谱的倒数求对数便得到吸光度光谱。

3.2.4.3　FTIR在线气体分析仪器的组成

（1）仪器组成

FTIR在线气体分析仪主要是由红外光源、FTIR干涉仪、气体吸收池、检测器、计算机控制单元、FTIR分析软件等组成。

① 红外光源　红外光源是FTIR的关键部件之一，不同波段的红外光源是不同的，中红外线（2.5～25μm）主要采用碳硅棒光源、陶瓷光源或高压汞弧灯光源。

FTIR中最常用的红外光源是陶瓷SiC光源，温度1200℃，抗震、宽谱、寿命长。另采用单色激光器发出的固定激光，用于校正红外光源发出的红外线的波长。

② FTIR干涉仪　干涉仪是FTIR分析仪的关键核心部件，仪器的最高分辨率和其他性能指标主要取决于干涉仪。干涉仪常用的有迈克尔逊干涉仪和卡洛斯干涉仪等，干涉仪的种类很多，各有特点，但其内部结构主要包括动镜、定镜和分束器等。FTIR常用的干涉仪是迈克尔逊干涉仪，其结构紧凑，稳定性高，抗振动，不受环境温度和压力变化的影响，适合于检测微量浓度和宽频响应。

③ 气体吸收池　经过干涉仪调制的红外线进入气体样品室。气体样品室采用怀特腔结构，干涉仪调制的红外线在高反射率的反射镜作用下，经多次回返再射出，可增加气体室内的光程及目标气体的吸收率，降低检测下限。常见的气体样品室的多次反射光程从1cm～9.8m不等。气体样品吸收池通常采取加热保温恒温在180℃；加热样品池反射镜采用定曲率镀金镜面，耐腐蚀。气室窗口材料为BaF_2或ZnSe。

④ 检测器　检测器用于检测红外干涉光通过红外样品吸收后的能量，具有高灵敏度、低噪音、响应速度快和较宽测量范围的特点。不同波段FTIR光谱仪需使用不同类型检测器。带Peltier热电效应的冷却的碲化汞镉或热释电检测器，在室温下使用时对红外线很敏感，吸收红外辐射改变热电子运动，从而引起电阻的变化响应时间0.001～0.1s，宽带响应600～4200cm^{-1}，稳定性好。

⑤ 计算机控制单元　包括微处理器、前置放大器、主信号放大器、模数转换器、电子带通过滤器和供电单元。微处理器控制整个分析过程，进行傅里叶变换和利用数据库中标准谱图对信号进行分析、锁定。

⑥ 光谱软件　按用户被测组分要求，为用户提供定制的气体光谱数据库，即参考光谱。FTIR测量软件用于气体定量分析时，应参照待测样品组分浓度的测量要求，建立被测样品参考浓度的定量分析模型，建立光谱分析数据库，采用软件修正，克服干扰气体影响。被测组分的特征吸收光谱之间可能存在交叉干扰，在光谱分析计算时可通过软件修正及选择不同的测量条件减少干扰，如干涉仪选用不同分辨率及分别选取最大、次大和最小吸收波段，进行被分析组分的定量分析研究。

（2）核心部件——迈克尔逊干涉仪

FTIR分析仪的核心关键部件是迈克尔逊干涉仪。迈克尔逊干涉仪原理示意见图3-2-14；角镜型干涉仪结构示意见图3-2-15。

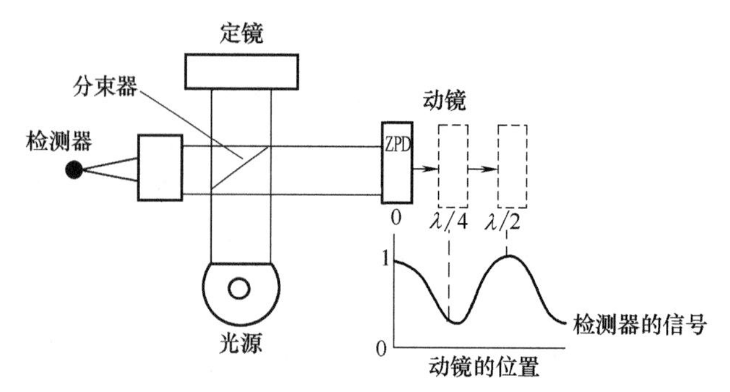

图 3-2-14　迈克尔逊干涉仪原理示意

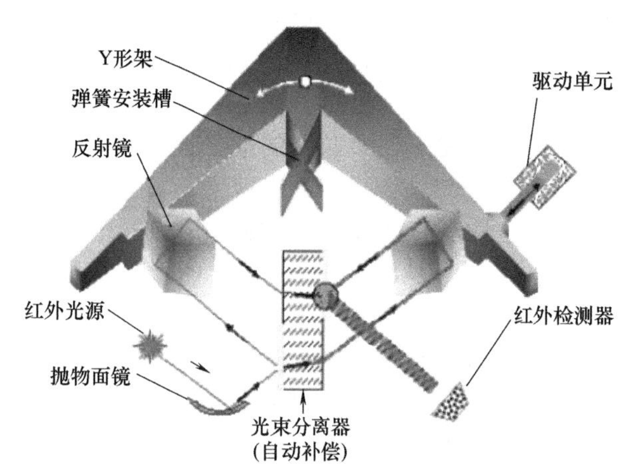

图 3-2-15　角镜型干涉仪结构示意

迈克尔逊干涉仪的结构主要由固定不动的反射镜（定镜）、可移动的反射镜（动镜）以及光分束器等组成。定镜与动镜，是互相垂直的平面反射镜，分束器以 45°角置于定镜和动镜。分束器是由 CaF_2、ZnSe、KBr 或 CsI 等透光基片上镀膜 Ge 或 Si 等材料形成的半透射半反射膜，它将来自光源的光束分成相等的两部分，一半透过，另一半被反射。透过的光束照射到定镜，被反射回来后再经过分束器反射，透过样品到达检测器；反射的光束照射到定镜上，反射回来后透过分束器，经过样品到达检测器。

这两束光因动镜移动而具有光程差，发生光的干涉作用。若进入干涉仪的为单色光，波长为 λ（频率为 γ），开始时，动镜和定镜的距离相等，故两束光到达检测器的相位相同，发生相长干涉，亮度最大。随着动镜移动，当光程差为半波长的偶数倍时，发生相长干涉，产生明线；当光程差为半波长的奇数倍时，则发生相消干涉，产生暗线。若光程差既不是半波长的偶数倍，也不是奇数倍，则相干光的强度介于相长和相消干涉之间。当动镜连续移动时，在检测器上记录的信号将呈余弦变化，每移动 1/4 波长的距离，信号则从明到暗周期性改变一次。经推导得出下式：

$$I(\delta) = B\cos(2\pi v\delta)$$

式中，$I(\delta)$ 为作用于检测器的信号强度，它是光程差的函数；B 代表与仪器参数有关的光源的强度，即代表光源的光谱；δ 为光程差，$\delta=vt$；v 为动镜运动的速度；t 为动镜运动的时间。干涉图的周期变化规律表示为下式：

$$f = \frac{v}{\lambda/2} = \frac{2v}{\lambda} = 2v\gamma$$

从上式可知，迈克尔逊干涉仪把高频振动的红外光（光度/波长≈10^{14}Hz）通过动镜不断移动调制成低频的音频频率 f（$2v\gamma$≈10^2Hz）。例如，动镜运动速度为 0.16cm/s 时，4000～400cm^{-1} 波段的调制频率约为 1280～128Hz 左右。由此可知，在红外光谱测量时，检测器上接收的实际是音频信号，这就是傅里叶变换红外光谱仪能抗杂散光干扰的根本原因之一。

3.2.5 傅里叶变换红外在线气体分析仪器的典型产品与应用

3.2.5.1 国外FTIR在线气体分析仪器典型产品

国外在线FTIR气体分析仪产品主要生产厂商有：布鲁克、ABB、GASMET、SICK等。以ABB的MBGAS-3000™型FTIR分析仪为例，其产品技术简介如下。

MBGAS-3000™ 分析仪是适用于在线气体分析的FTIR分析仪，具有高稳定性、高灵敏度和高光学精度。MBGAS-3000™ 气体分析仪适用于高温（或室温下）抽取式取样处理分析，可同时连续测量气体的浓度。分析仪外形及主要部件参见图3-2-16。

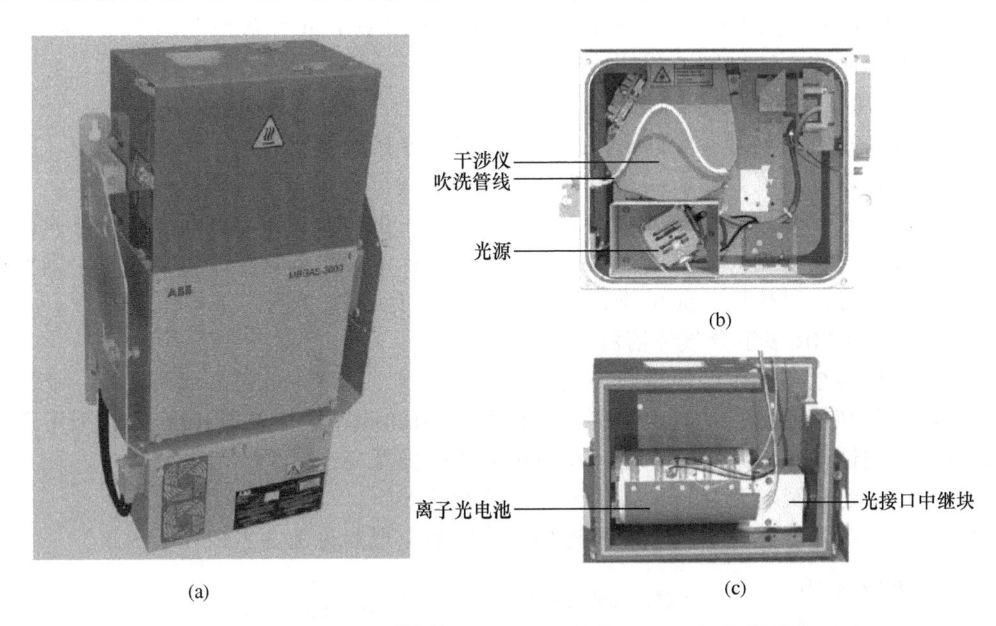

图3-2-16 MBGAS-3000™外形（a）、干涉仪（b）、气体测量池（c）

该分析仪的干涉仪，将红外光束劈成两束，并在两光束之间引入连续不断变化的光程差（OPD），然后重新组合成一束光。当光束重新组合时，光程差引起的干涉调制光束。光电检测器能产生表明样品透过率、吸光度和反射比如何随波长变化的光谱。分析仪可测量整个范围的吸收或波长的光谱图，且精确度高。

该分析仪可同时测量许多不同气体的浓度，可测量 SO_2、NO、NO_2、N_2O、CO、CO_2、NH_3、HCl、HF、H_2O、CH_4、H_2CO 和其他成分。在高温取样系统中，利用一个加热探头和样品管路将分析仪直接连接到排放源，在样品含水量高达40%时，也能正常工作。分析仪使用时，对吹扫气要求：干燥（无水）、无油的仪表风或氮气，CO_2 含量小于0.04%，露点最大温度−20℃，流速推荐容量10L/min。用吹扫气对分析仪机箱以4L/min的速度连续吹扫；吹扫气用于分析仪零点气调整时，速度应为5～10L/min。

该分析仪需要干空气发生器，可利用工厂压缩空气或自身压缩机工作的空气干燥器提供使用。分析仪的气体测量池加热温度稳定在180℃。分析仪包括一个直接提供浓度值的单片机，并在专用电脑上运行软件。客户定制的程序处理吸收信息，以提供所检测气体的实时浓度；分析仪通过以太网连接，发送浓度信息。

3.2.5.2　国产FTIR在线气体分析仪器典型产品

国内生产FTIR分析仪的企业主要有：国信聚远科技服务（北京）有限公司（简称国信聚远）、荧飒光学科技（上海）有限公司等。国信聚远的FTIR产品是中科院合肥物质科学研究院安徽光学精密机械研究所（简称安徽光机所）研究成果的商品化。以国信聚远FTIR系列产品为例，简介如下。

（1）抽取式FTIR多组分气体监测系统

系统采用FTIR技术及多反测量池，通过对大气污染气体的特征吸收光谱测量，实现多组分气体定性与定量分析。主要用于污染源排放、垃圾焚烧烟气监测及车载巡检检测等。

仪器被测气体组分包括VOCs、有毒有害气体、氮化物、硫化物等，检出限10^{-9}量级，多返池有6～32m等多光程可选，重复性≤5%，仪器分辨率$1cm^{-1}$，波段范围700～$5000cm^{-1}$，探测器采用热电制冷、液氮制冷或斯特林制冷等。

（2）FTIR用于开放光路面源排放VOCs监测系统

开放光路FTIR的测量参数同上，采用开放光路非接触测量技术，可测范围宽、监测光程长、能实现低浓度监测。该产品适用于开放光路面源排放VOCs监测。

产品安装方式：双站对射式或单站式，监测距离500～1000m，可网格化布点或针对面源进行空中立体扫描监测；内置气体标定池，可在线标定。可监测组分包括醛类、酮类、烷烃、烯烃、芳香烃、氯代烃、无机物、恶臭气体等，可实时、连续、自动长期运行。

（3）便携式FTIR多组分气体监测仪

仪器可实现多组分气体的便携式、灵活、快速监测，适用于危化品泄漏检测、空气应急监测、高温烟气在线监测、抽查巡检等。采样速度6L/min，采样泵≥30L/min。采用定量反演算法——非线性最小二乘拟合算法，反演精度和准确度高。

（4）傅里叶远距离监测目标的多组分气体遥测系统

傅里叶远距离目标红外多组分气体遥测系统监测原理参见图3-2-17。

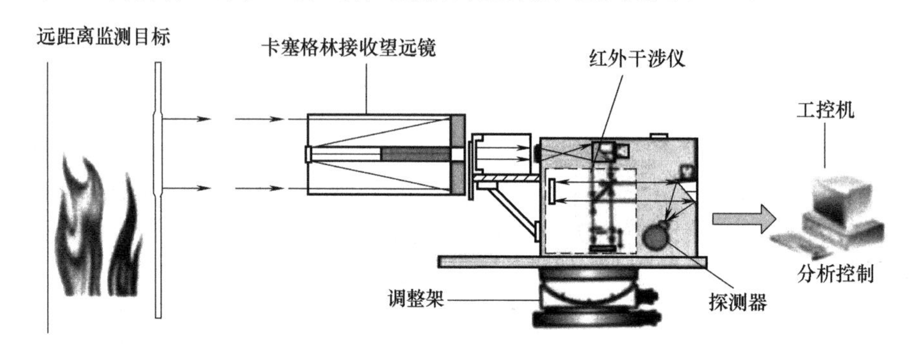

图3-2-17　傅里叶远距离目标红外多组分气体遥测系统监测原理

采用非接触式远距离遥测技术，可同时监测多种痕量气体，直观显示污染扩散形势，实时、连续自动长期分析。光谱分辨率$4cm^{-1}$，波段范围8～12μm，遥测距离100m～10km，测量范围0～10^{-6}。

3.2.5.3　FTIR在线气体分析技术的典型应用

（1）用于垃圾焚烧烟气排放气体在线监测

高温FTIR分析技术可用于监测垃圾焚烧烟气排放的HCl、SO_2、NO_x（NO、N_2O、NO_2）、CO、CO_2、CH_4、HF、HCN、NH_3及H_2O等十多个组分。由于FTIR具有检测灵敏度高、动

态范围宽、抗干扰能力强等特点，可以检测 10mg/m^3 左右的微量 HCl 等，也能检测常量 20% 左右的 CO_2。与其他技术方案需要多台仪器才能实现多组分气体监测相比，FTIR 性价比高、维护工作量少。

（2）用于固定污染源的废气 VOCs 气体分析

由于 FTIR 技术具有多组分、快速分析等特点，因此，也被广泛用于在线 VOCs 的多组分气体分析。FTIR 分析技术已被列为 VOCs 监测标准规定检测方法之一，常采用 GC-FTIR 联用技术，样气先通过色谱分离后，再用 FTIR 进行 VOCs 检测。

（3）用于烟气脱硝过程的在线气体分析

在选择性催化还原法（SCR）脱硝过程中，烟气中存在 NO_x（NO、NO_2、N_2O）、SO_2 以及微量 NH_3、SO_3 等气体。其中微量 NH_3、SO_3 和水化合生成硫酸氢氨，会降低催化效率、热效率及对下游设备产生腐蚀。目前，SCR 脱硝净烟气监测主要采用非分散红外监测 NO_x，用 TDLAS 监测微量 NH_3，但不能监测 SO_2、SO_3。采用 FTIR 就可以实现所有气体组分检测（包括微量 NH_3、SO_2、SO_3）。由于 FTIR 分析仪售价较贵，目前应用比较少。

（4）用于石化等过程的在线气体分析

采用 FTIR 过程光度计技术，对于复杂的、未知的气体组分，可以进行被测组分的定性和定量分析。FTIR 分析仪，采用光谱数据库等应用技术进行各种被测气体的过程光度测量。例如在煤制乙二醇过程分析中，采用 FTIR 技术可以在线分析亚硝酸甲酯（MN）、CO、NO 等气体。

（5）用于园区大气环境的开放式遥测分析

园区大气环境质量的在线监测，特别是厂界、园区边界的污染气体或大气质量的在线监测需要采用遥测技术。通常在园区主导风向的下风向等敏感目标一侧的园区边界，采用开放遥测式傅里叶红外多组分分析仪，对园区边界的区域大气挥发性有机物的所有特征因子进行监测。另外 GC-FTIR 联用分析技术也可用于移动监测车载设备，进行污染源溯源监测。

3.3　在线激光光谱气体分析仪器

3.3.1　激光光谱气体分析仪器概述

3.3.1.1　检测技术简介

20 世纪 90 年代，半导体（二极管）激光吸收光谱（diode laser absorption spectroscopy，DLAS）技术已经在环境监测和工业过程分析得到应用，是现代在线气体分析仪器技术的重要进展之一。

半导体激光器又称二极管激光器（diode laser，DL）或激光二极管（LD），是激光光谱气体分析应用的一种激光光源。用于近红外气体分析的半导体激光器，大多为可调谐二极管激光器（tunable diode laser，TDL）。应用 TDL 的激光吸收光谱的分析技术，被称为可调谐二极管激光吸收光谱（tunable diode laser absorption spectroscopy，TDLAS）技术。TDLAS 分析采用“单线吸收光谱”测量技术，可以克服背景气体交叉干扰，已成为一种高分辨率的激光光谱分析技术。

TDL 的波长范围是在近红外区的 700～2000nm，除了检测 O_2 是使用 763nm 的激光器外，检测其他气体基本上选用在 1300～1800nm 的激光器。主要是对小分子量无机气体的检测，如 HF、HCl、HCN、HBr、HI、H_2S、NH_3、CH_4、H_2O 等。这些气体在这个波长范围内有较强的吸收。仪器的检测下限也较低，可达到 10^{-6} 级。激光气体分析仪大多使用近红外的分布反馈（DFB）型、垂直腔面发射（VCSE）型半导体激光器。

在近红外区可被激光气体分析仪高灵敏检测的气体并不多，尤其对大分子量的有机气体基本上很难检测。量子级联激光器（QCL）和带间级联激光器（ICL）的技术发展，使得激光光谱在中红外区的检测技术应用得到快速发展。在中红外区可被激光气体分析仪检测出的气体组分比近红外区多，检测灵敏度也比近红外区高。例如，在中红外区检测氨要比在近红外区灵敏度高 2 个数量级。目前应用 QCL 与 ICL 在中红外的激光气体分析技术，已成为激光光谱分析在环境监测的多组分气体分析及痕量分析中应用的新热点技术，是在线气体分析的前沿技术之一。

除激光光源技术发展外，采用激光多次反射的气体测量池技术有效提高了激光光束在气体测量池的有效光程也提高了激光气体分析的检测灵敏度。如采用 Herriott 腔、White 腔测量池，使得激光发射光在测量池中发生多次反射，增加了有效光程。多次反射测量池的有效吸收光程根据用户检测要求设计，有效光程可达到 10m 以上，气体检测灵敏度要比单次光程测量池高几十倍。激光光谱气体分析应用高精细度腔吸收光谱（high finesse cavity absorption spectroscopy，HFCAS）技术，可获得更高的检测灵敏度。

激光吸收光谱气体分析检测技术主要有直接吸收光谱技术及调制光谱技术，调制光谱技术又分为波长调制光谱技术和频率调制光谱技术等。

3.3.1.2　直接吸收光谱技术

典型的直接吸收光谱技术原理参见图 3-3-1。通过控制激光器的工作温度和电流使激光器的频率稳定在气体吸收峰中心频率附近。改变输入激光器的调制电流大小，驱动单波长激光器对气体吸收谱线在频域上进行扫描，通过测量衰减后的激光强度与参考激光强度（基线）进行对比，从而确定吸收率光谱信号。因此，在已知被测气体压力、线强度、激光在气体介质中穿行距离等参数条件下，可测量被测气体浓度值。

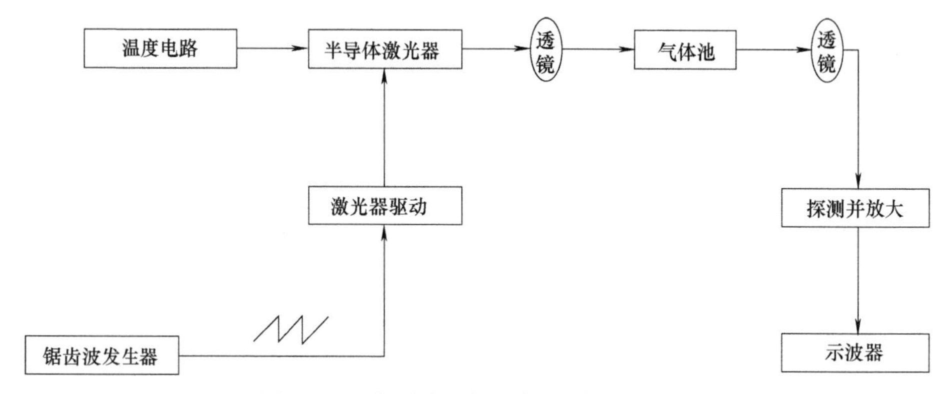

图 3-3-1　典型的直接吸收光谱技术原理

直接测量的吸收率光谱信号表明了气体对于激光强度吸收的强弱。从信号中可以分析判断谱线之间的干扰及各种噪声等，并直接计算浓度。

直接吸收光谱技术的发展，已经采用直接高频的电流信号产生高频扫描光谱，无需使用外部调制信号，就能在检测端直接获得信噪比好的信号，通过吸收光谱获得气体浓度值。直接吸收光谱技术没有外部频率调制和谐波分量相位的问题，结构更加简单，并可配合内部标准气体“锁峰”技术，实现长期测量而无需校正。也可采用峰面积积分检测法，即使吸收峰形状发生变化，其峰面积也不变，可减少其他气体干扰影响。

3.3.1.3 调制光谱技术

直接吸收测量技术的缺点是容易受到背景噪声的影响，从而影响到检测灵敏度的进一步提高。为了实现高灵敏度检测，广泛使用激光调制技术，在高频下检测信号将会有效地抑制背景噪声，从而使检测灵敏度得到极大的提高。二极管激光器具有可调谐特性，在驱动二极管激光器时采取所需频率的高频电流，就可实现对激光频率（或波长）的高频调制。

调制技术主要分为两种：波长调制光谱（WMS）技术和频率调制光谱（FMS）技术。WMS 技术使用调制频率远远小于线宽，一般在几千赫到几十千赫。搭建系统设备可以采用通用的商业化产品，如锁相放大器、探测器等。而 FMS 技术使用调制频率则等于甚至大于线宽，达到了上百兆赫，其对应的高频探测器等设备价格昂贵，但测量精度有显著提高。

调制光谱技术已经成为激光吸收光谱广泛采用的技术。激光器的输出波长随着激光器的温度和输入电流的改变而变化，所以通过温度和输入电流的调谐，可以产生以气体吸收线为中心的扫描光谱，并且也可以通过外加高频信号到激光器的输入电流以调制激光器输出高频扫描光谱，通过相敏检测技术检测吸收谱线的谐波分量来获得更高检测灵敏度。

典型的波长调制光谱技术原理参见图 3-3-2。它采用低频扫描吸收线并且附加了一个高频调制信号，最为典型的是低幅度的正弦波。已调制的光和吸收线相互作用，在相应于调制频率的不同谐波上产生信号。WMS 技术在 1970 年就被用于可调谐二极管光源，最早的 TDLAS 使用一个几千赫的调制频率，探测二次谐波信号，常见的采用 50～100kHz 的调制频率。一个给定的谐波可以用相位敏感探测来测量，其信号幅度正比于吸收率。

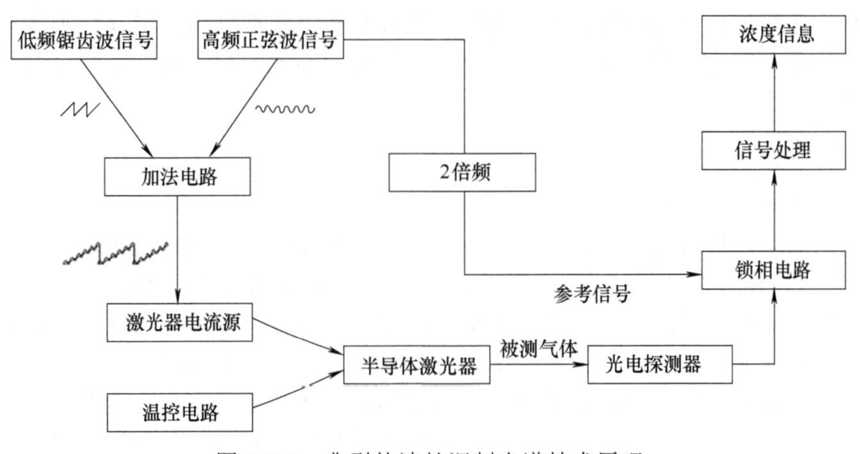

图 3-3-2 典型的波长调制光谱技术原理

在 WMS 技术中，奇数次的谐波信号在谱线中心位置为零，偶数次谐波信号在谱线中心位置为幅值最大值，并且大多数锁相放大器都有二次谐波探测的特性。因此，奇数次谐波信号常常用于对于谱线中心处的锁定，偶数次的谐波信号则用于对于气体吸收信号的测量。随着次数增加，偶数次谐波信号衰减十分迅速，因此在实际应用中，二次谐波常常用于进行气体检测。波长调制技术在一定程度上也存在不足：首先，其测量结果是浓度变化的相对值，需要经过标定才能得到绝对值；其次，测量环境的改变对于其结果的影响比较复杂，从得到

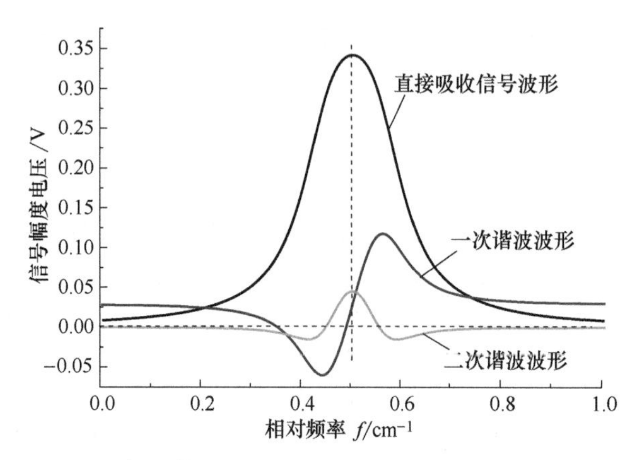

图 3-3-3　高分辨率气体“单线吸收光谱”信号波形示意

的谐波结果中很难对谱线干扰、噪声的来源等信息进行分析。

图 3-3-3 是高分辨率气体“单线吸收光谱”信号波形示意，图中可见二次谐波的半峰宽要比直接吸收波形的半峰宽窄得多。调制光谱技术是通过高频调制来显著降低激光器噪声（$1/f$ 噪声）对测量的影响，同时可以通过给位置灵敏探测器（又称位置敏感传感器，PSD）设置较大的时间常数来获得很窄带宽的带通滤波器，有效压缩噪声带宽。因此，调制光谱检测技术可以获得较好的检测灵敏度。

激光吸收光谱技术可实现近百种气体的定性或定量测量。激光吸收光谱检测技术已经在安全监测，工业流程优化控制，废气源排放监测，环境中的微量及痕量的有毒、有害、易燃、易爆成分气体检测等领域发挥了越来越重要的作用。

3.3.2　激光光谱气体分析仪器的测量原理与分类

3.3.2.1　测量原理

激光光谱气体分析技术是利用激光光源极窄的线宽，实现对气体的单线吸收光谱测量。在线二极管激光气体分析仪的检测技术符合朗伯-比尔定律（见 3.2.1.1 中公式），并按照不同气体的检测，选择不同气体的特征吸收谱线，通过分析激光被气体的选择性吸收程度来获得气体的浓度数据。气体浓度越高，对光的衰减也越大。因此，可通过测量气体对激光的衰减来测量气体的浓度。

3.3.2.2　仪器分类

（1）按照激光的传输方式分类

根据探测激光的传输方式，激光气体分析仪可分为光纤和非光纤两种。

① 光纤型激光气体分析仪　光纤型激光气体分析仪是采用光纤耦合技术将激光器发射激光经由光纤传输至现场测量。这类型分析仪将激光气体分析技术与光纤分光技术相结合，可将一束探测激光分为多束，具有对多个相同测量组分进行分布式测量的能力。同时，由于光纤型系统结构特点，该类型产品的发送和接收单元可实现本质安全、防爆。

② 非光纤型激光气体分析仪　非光纤型激光气体分析仪是将激光器直接安装在激光发射模块上，让发射出的激光经过光学透镜后穿过被测环境被传感模块接收。因不受光纤耦合和光纤分光技术制约，这类型分析仪具有可测量气体组分多、检测灵敏度高、模块化程度高、性价比高等优势，在工业过程分析领域得到了更为广泛的应用。

（2）按照取样方式分类

① 原位式激光气体分析仪　原位式激光气体分析仪是将激光发射模块和光电传感模块直接安装过程管道上，无需采样预处理系统，直接对管道内被测气体进行在线分析。该类型分析仪具有测量精度高、响应速度快、恶劣环境适应能力强、可靠性高等优势，已在安全控

制、工艺分析、烟气排放等领域得到了广泛应用。原位式分析仪在应用中存在易受管道震动及热变形影响，以及仪器在现场通标气校准比较困难等缺点。原位式单边安装的激光仪器，有的已实现现场校准。

② 取样式激光气体分析仪 取样式激光气体分析仪是将样气从过程管道中抽取气样传输至激光分析仪的测量气室，通过将探测激光射入测量气室后被光电传感模块接收，实现对被测气体的在线分析。如高温热湿法抽取式激光分析仪，其样品采样、传输、处理及测量全程加热保温，样品气无失真。激光测量系统在分析柜内，无烟尘影响，无震动变形，校准方便，提高了激光测量可靠性。取样式激光气体分析仪与红外、磁氧、电化学分析的气体分析仪相比，具有系统结构简单、响应速度快、测量精度高等优势。

③ 长光程开放式激光气体分析仪 激光的单色性非常好，通过调节焦距可以使平行光发射到很远的距离，光程可达 500～1000m，被测气体组分的检测下限可以做到 10^{-9} 级别，可以用于遥测区域内环境空气中的痕量气体，如 CO、NH_3、HCl、HF 等，尤其适合化工园区内的厂界和区域内环境空气质量监测。

3.3.2.3 技术特点

（1）抗干扰能力强

TDLAS 检测技术抗干扰能力强的特点是基于“单线吸收光谱”测量技术，参见图 3-3-4 所示。应用 TDLAS 测量，首先要选择被测气体的特征吸收谱线，通过调制激光器的工作电流使激光器发射的特征波长扫描该被测组分的特征吸收谱线，从而获得“单线吸收光谱”测量。在选择被测气体特征吸收谱线时，应保证在所选吸收谱线频率附近约 10 倍谱线宽度范围内无背景气体组分吸收谱线，从而避免这些背景气体组分对被测气体的交叉吸收干扰，以保证测量的准确性。例如位于 6408cm^{-1} 处的 CO 吸收谱线，附近无 H_2O 吸收谱线，因此在测量 CO 时，背景气体中的水分不会对 CO 的测量产生干扰。

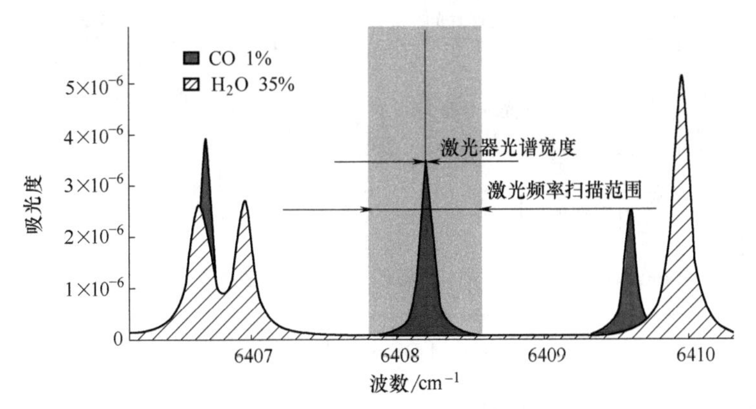

图 3-3-4 “单线吸收光谱”测量技术

（2）不受粉尘与视窗污染的影响

TDLAS 检测的气体浓度是由透射光强的二次谐波信号与直流信号的比值来表示的。当激光传输光路中的粉尘或视窗污染产生光强衰减时，两信号会等比例下降，从而保持比值不变。

在原位式激光光谱气体分析中，被测烟道中气体的粉尘和视窗污染对于仪器测量结果影响很小。实验结果表明，当粉尘和视窗污染导致激光透过率下降到 1%时，仪器示值误差仍不超过 3%。但是当激光光源的发射光强度被烟尘及视窗污染严重衰减时将影响测量结果。

（3）自动修正温度、压力对测量的影响

一些工业过程气体可能存在几百摄氏度的温度变化和几个大气压的压力变化。气体温度和压力变化会导致二次谐波信号波形的幅值与形状发生相应的变化，从而影响测量准确性。

为解决这个问题，在 TDLAS 技术中可增加温度、压力补偿算法，只要将外部传感器测得的气体温度、压力信号输入补偿算法中，TDLAS 分析技术就能自动修正温度、压力变化对气体浓度测量的影响，保证测量准确性。

3.3.3　激光光谱气体分析仪器的结构组成与关键部件

3.3.3.1　结构组成

激光气体分析仪的结构组成，一般是由激光发射单元（激光光源）、接收单元（光电探测器）、信号处理与分析控制功能等模块组成。

（1）光纤传输原位式

以西门子 LDS 6 光纤传输原位式激光气体分析仪为例，仪器组成包括一个中心单元、各种复合电缆和一个传感器（CD 6 或者 CD 3002Ex）。复合电缆包含光纤和一个低电压电气电缆（24V），并将不同类型的传感器连接到中心单元上。其基本结构参见图 3-3-5。

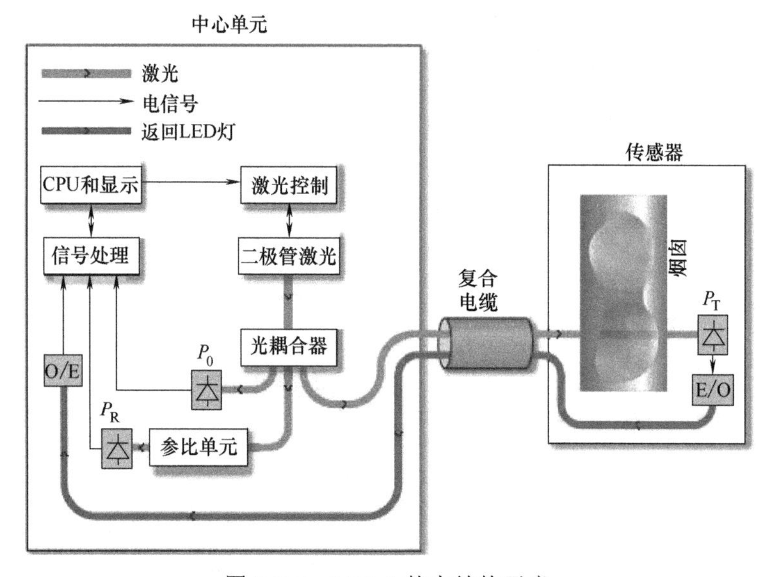

图 3-3-5　LDS 6 基本结构示意

中心单元包括一个带有显示屏的控制面板、内置的键盘、控制计算机、激光光源、参比单元、激光的控制电子器件以及三个接收器通道的插槽等。光源是一个激光二极管，并带有一个可以将波长调制在一个窄光谱范围内的调制器。一根光纤将光从中心单元传输到传感器的测量部分中。激光光束通过测量部分中的气体，并被部分地吸收。以这种方式衰减的光会被接收器检测到，并反馈到中心单元中。吸收线附近的激光强度的变化被测量到，被测气体的浓度通过使用检得信号的第二个谐波计算出。

从激光光源中发射出来的光被分割成 5 个光束。第一个光束通过一个参比池后被检测，考虑温度和压力在内，这个参比信号被用于系统的连续自动标定和零点测定。第二个光束被用来测量激光的强度，并向控制单元提供和激光状态相关的信息。第三个光束、第四个光束和/或第五个光束（由一共使用多少个通道决定）通过带有 E2000 连接器的光纤传输到传感器中，进行测量。LDS 6 的一个中心控制单元可同时带三个通道的激光探头。

在中心单元中，每个测量点都需要一个接收器和一个带有电缆的传感器。LDS 6 的中心单元需要一个 100～240V 交流电主电源。气体浓度和仪器状态会在图形化显示屏中显示。气体浓度以一个模拟量 4～20mA 电流输出形式来连续给出。也可以在外部获得几个不同的报警。中心单元也可以接收不同的输入、模拟量和二进制代码，例如过程温度和过程压力。

传感器接收未被吸收的激光进行检测，并且在信号处理之后转化成光信号，使用多模光纤（带有 SMA 连接器）返回到中心单元，被测气体的浓度从测量通道（PT）中的吸收光谱计算出。对于测量条件的任何更改，例如由于废气中出现更高含尘量或者光学组件受到污染，系统都会自动进行补偿。

（2）非光纤传输原位式

以聚光科技（杭州）股份有限公司（简称聚光科技）的 LGA-4100 激光气体分析仪为例，仪器的基本组成参见图 3-3-6。该仪器是一种非光纤型原位安装的激光气体分析仪。发射单元包括激光器模块、光学模块、分析控制模块、I/O 模块及人机界面，光学模块包括准直透镜和光学视窗组成，负责激光器的驱动、光谱数据分析、人机交互和 I/O 输出。接收单元包括：光电传感器、信号处理电路和光学模块（包括准直透镜和光学视窗组成）等处理激光信号。为实现高精度测量，发射单元的 I/O 模块支持测量气体温度、压力测量输出的 4～20mA 信号。激光气体分析仪通过实时获取被测气体的温度压力变化，可进行高精度测量。

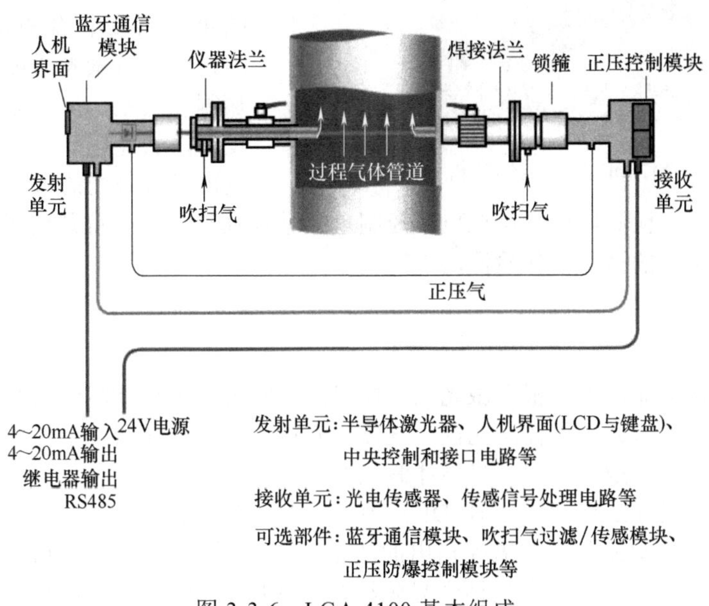

图 3-3-6 LGA-4100 基本组成

（3）原位式防爆型

以杭州泽天科技有限公司（简称杭州泽天科技）产品 LGT-100 型为例，其结构与外形参见图 3-3-7。

LGT-100 型激光气体分析仪由发射单元和接收单元构成。针对爆炸性危险区域场合的应用要求，LGT-100 激光气体分析仪采取隔爆设计，防爆等级为 Ex d Ⅱ CT6 Gb。

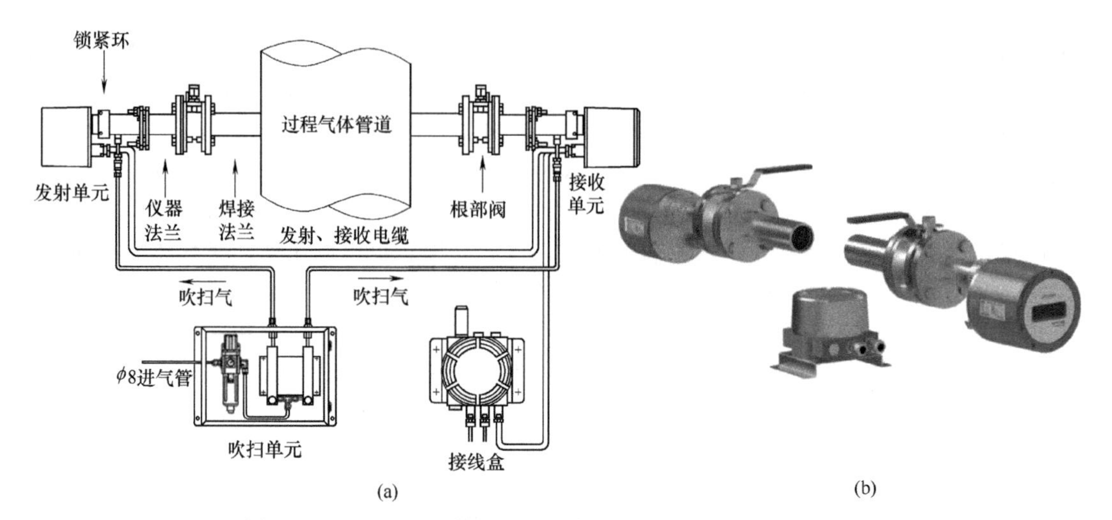

图 3-3-7　LGT-100 激光气体分析仪结构（a）与外形（b）

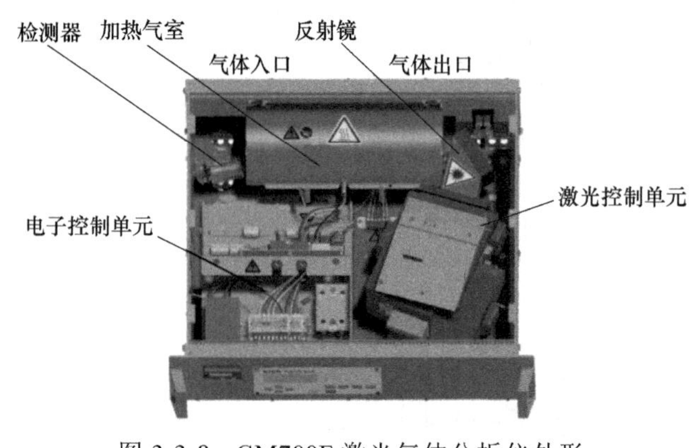

图 3-3-8　GM700E 激光气体分析仪外形

（4）嵌入式抽取式

以 SICK 公司生产的 GM700E 型激光气体分析仪为例。该仪器是一种嵌入式安装的抽取式激光气体分析仪，外形图参见图 3-3-8。全套系统安装在一个仪表机箱中，其中，激光控制单元内安装有测量光路和参比光路，激光测量光通过反射镜入射到加热测量气室，加热测量气室采用多次反射的长光程气室。被测气体在测量室内吸收激光的入射光，检测器接收测量气室的出射光，检测器信号送至电子控制单元进行处理，从而得到被测气体的浓度值。该仪器适用于热湿法的微量气体检测。

3.3.3.2　关键部件

（1）激光光源

激光光源的种类非常多，根据激光工作模式的不同可分为连续激光器和脉冲激光器；按工作介质的不同又可以分为固体激光器、气体激光器、液体激光器、半导体激光器、量子级联激光器等，最常用的激光光源是半导体激光器。

半导体激光器又称二极管激光器（DL），种类很多，常用的是可调谐二极管激光器（TDL）。半导体激光器包含结构简单、多纵模输出的法布里-珀罗半导体激光器（FP-DL），利用布拉格光栅进行“波长过滤”的分布反馈半导体激光器（DFB-DL）和分布布拉格反射器半导体激光器（DBR-DL），可实现单纵模激光输出。

半导体激光器各种封装形式中，最简单的就是晶体管外形（transistor out-line，TO）封装。SONY TO5 封装激光器，参见图 3-3-9。蝶形封装和双列直插封装（DIP）就是进一步将激光器芯片与热敏电阻、光敏二极管、半导体制冷器（又称热电制冷器，TEC）等装在一起，并且通常带尾纤输出，见图 3-3-10。

另外，用于中红外波段气体分析的在线激光光谱仪器激光光源，主要有量子级联激光器

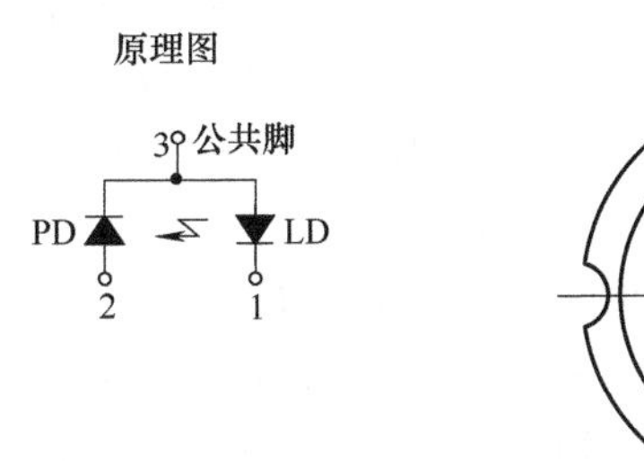

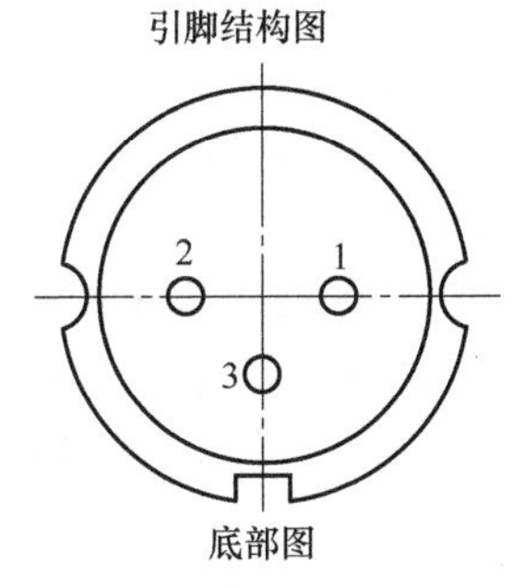

图 3-3-9 SONY TO5 封装激光器

1—LD 阴极；2—PD 阳极；3—公共脚

（PD 为光电二极管）

图 3-3-10 双列直插式封装外形图

（QCL）、带间级联激光器（ICL）等。不同的激光器的适用光谱分析范围不同：可调谐二极管激光器（TDL）主要用于近红外激光光谱在线气体分析；QCL 及 ICL 主要用于中红外激光光谱在线气体分析，在微量及痕量气体分析中有更好的应用。

（2）光电探测器

光电探测器是根据量子效应，将接收到的光信号转变成电信号的器件，最常用的是以 p-n 结为基本结构，基于光生伏特效应的 PIN 型光电二极管。这种器件的响应速度快、体积小、价格低，从而得到广泛应用。

光电探测器的光谱特性取决于半导体材料。由于半导体材料的不同，相应半导体光电探测器的光谱响应范围也不一样。如硅光电探测器的频率响应范围在 450～1100nm，InGaAs 光电探测器的频率响应范围为 900～1700nm。

图 3-3-11 是典型的硅光电探测器及其光谱响应曲线。

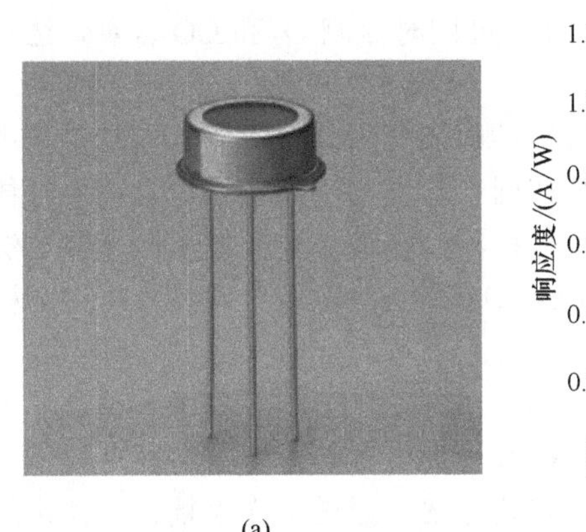

(a)

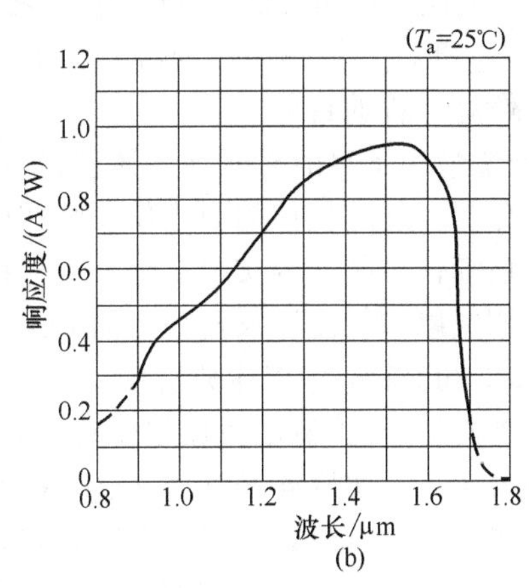

(b)

图 3-3-11 硅光电探测器（a）及其光谱响应曲线（b）

3.3.4 激光光谱气体分析仪器的技术应用及典型产品

3.3.4.1 技术应用

（1）可测量组分

激光气体分析仪大多只有一套激光发射/接收系统，只能检测一种气体；也有应用 TDLAS

技术能够同时检测两三种气体的，但必须是这几种气体的吸收线间隔非常近，灵敏度往往要比单独检测某一种气体要差。通常 TDL 的最大扫描宽度为 2nm，如果多种气体的吸收线在这个范围同时存在，那么就可能实现对这几种气体同时检测。可能同时检测的气体组合如 CO、CO_2、H_2S、NO、HCl 等。对于大多数的气体，H_2O 基本上都能够同时检测。

TDLAS 在近红外光谱区的可测量组分主要包括：HF，HCl，HCN，HBr，HI，H_2S，H_2O，NH_3，O_2，NO，N_2O，NO_2，CO，CO_2，CH_4，C_2H_2，C_2H_4，C_3H_6，CH_3I，CH_2O，CH_2CHCl（VCM），C_2H_4O（环氧乙烷，ETO），CH_2Cl_2（二氯甲烷，DCM）等。激光在中红外光谱区可分析的气体组分有近百种。中红外激光分析应用是当前的热点技术。

激光气体分析仪的可测量组分与应用技术，可参见各厂商提供的产品样本介绍。激光气体分析仪的线性范围比较宽，常见的 TDLAS 检测气体的检测下限（实际检测灵敏度取决于工况）参见表 3-3-1。

表 3-3-1 常见的 TDLAS 检测气体的检测下限

气体	检测下限 /($\times10^{-6}$/m)	气体	检测下限 /($\times10^{-6}$/m)	气体	检测下限 /($\times10^{-6}$/m)
CO	30	CO_2	30	CH_4	0.5
HCl	0.2	HF	0.03	H_2O	0.1
H_2S	5	NH_3	0.3	NO	15
NO_2	3	C_2H_4	8	C_2H_2	3
HCN	0.1	CH_2CHCl	5	O_2	100

（2）原位式多组分气体分析应用

在线监测应用场合有时需要同时进行多种气体监测。如转炉煤气监测，为了优化效率和保证系统安全，需同时测量 CO_2 和 O_2；催化裂化监测，为了反映催化剂烧焦再生程度，需同时监测 CO、CO_2 和 O_2；加热炉控制监测，需通过同时监测 O_2 和 CO 含量，达到控制过剩空气系数和优化燃烧过程的目的。

TDLAS 一般情况下只能对一种气体进行检测，在多组分检测场合通常要采用多台激光光谱气体分析仪分析，每种气体的激光仪安装在同一管道的不同位置，管道内气体均匀性差，限制了工艺的精细化控制。为实现多组分气体检测，多家企业开发了激光原位法的多组分气体分析仪，如挪威恩伊欧监测仪器公司的 LaserGas^{TM} iQ^2 多组分气体分析仪和杭州泽天科技有限公司的 LGT-300 多组分气体分析仪。

LaserGas^{TM} iQ^2 采用单侧法兰原位安装，基于成熟的 TDLAS 技术，通过多个激光合束发射和分束接收方案，可实现 4 种气体（O_2、CO、CH_4、H_2O）和温度的监测。

LGT-300 多组分分析仪采用原位对穿式安装方案，通过多光束耦合一体化的光路设计，信号控制和处理采用分频调制锁相原理，并结合偏最小二乘（PLS）算法分离被测气体交叉干扰信号，实现多组分无干扰同时测量。

3.3.4.2 典型产品

国内外生产激光气体分析仪产品的厂商很多。至少有十多家国外厂商已经进入国内市场；国内有二十多家在线分析仪器厂商。常见的国内外厂商的激光气体分析仪产品及特点参见表 3-3-2。

表 3-3-2 常见 TDLAS 气体分析仪产品及特点

品牌	型号，安装形式	特点
SIMENS 西门子	LDS6，对穿型；SITRANS SL，对穿式	二次谐波法、光纤传输，内置参比池，有单通道、双通道、三通道主机
SICK 西克	GMP700，探头型；GPP700，渗透探头型；GM700，对穿型；GM700E，抽取型	二次谐波法，内置参比池
UNISEARCH 优胜	R 系列，RB110、RB210、RM410、RM810，对穿型、抽取型、开放型	光纤传输，直接吸收光谱法，内置参比池，有单通道、双通道、八通道等主机
NEO 恩伊欧	LaserGas^{TM} Ⅱ SP，对穿型；LaserGas^{TM}iQ^2 多组分，原位单侧	激光器安装在现场发射端；多个激光合束发射和分束接收方案，可实现 4 种气体和温度的监测
YOKOGAWA 横河	TDLS200 TruePeak，对穿型	直接吸收、峰面积积分法，激光器安装在现场发射端，无参比池
FPI 聚光科技	LGA 系列，3500、4100、4500，对穿型、抽取型、防爆型	二次谐波法，激光器安装在现场发射端
LGT 杭州泽天科技	LGT-100，对穿型、防爆型；LGT-300 多组分，原位对穿	二次谐波法，激光器安装在现场发射端，多光束耦合一体化的光路设计

3.3.4.3 典型应用案例

在线半导体激光气体分析仪具有不受背景气体交叉干扰、不受粉尘和视窗污染的影响、自动修正温度、压力对测量的影响三个显著技术优势，为各类工业过程分析和环保排放监测提供了全新的解决方案，具有测量精度高、响应速度快、可靠性高等特点，已得到广泛应用。

（1）典型应用案例 1：催化裂化（FCC）再生烟气分析

为了对催化剂再生反应效率进行实时控制，优化再生工艺，需要对催化裂化再生烟气中的 O_2、CO 和 CO_2 含量进行在线分析。FCC 再生烟气的温度高达 650℃以上，压力约为 0.2～0.4MPa。烟气中含有许多易吸附的催化剂颗粒和腐蚀性物质。

基于半导体激光光谱吸收技术的再生烟气分析系统，无需采样预处理系统，直接安装在再生烟气管道进行原位分析，具有测量准确、响应速度快、可靠性高、无尾气排放等显著优势，为再生烟气分析提供了最佳解决方案。

根据用户对再生烟气的监控需求，可选择在再生烟气管道上安装一个或多个激光气体分析系统，分别对再生烟气中的一种或多种组分进行检测。为了适应再生烟气高温、多催化剂颗粒的测量环境，半导体激光再生气体分析系统需要配套相应的吹扫单元对测量装置的光学视窗进行连续吹扫，防止光学视窗的污染，确保系统能够长期、可靠地连续运行。

（2）典型应用案例 2：湿度分析

以聚光科技的 LGA-4500 型采样式激光湿度分析仪为例，其系统组成参见图 3-3-12。它由发射单元、发射探头、接收单元、接收探头和测量气室组成。其工作过程是：在发射单元驱动下，发射探头的激光器发射出探测激光，测量气室中的被测气体对激光光谱产生吸收，吸收后激光信号由接收探头的光电传感器接收，经光谱分析后传输到发射单元进行显示和控制。该产品已成功应用于氯气干燥塔后、VCM 反应器前后的物料湿度监测，1,2-二氯乙烷（EDC）、天然气中的微量水分检测，煤化工中的水碳比控制等。

（3）典型应用案例 3：钢铁行业过程气体分析

在钢铁冶炼过程中会伴随产生 O_2、CO、CO_2 和 H_2S 等气体，在线检测这些气体的含量对钢铁生产工艺优化、能源气回收和安全控制等具有重要意义。原位式激光气体分析仪的应用，大大提高气体实时分析的速度和效能。以转炉煤气回收气体分析为例，为了有效、安全地回收煤气，需要实时监测回收工艺中关键位置气体中的 CO 和 O_2 含量。其中，CO 检测是

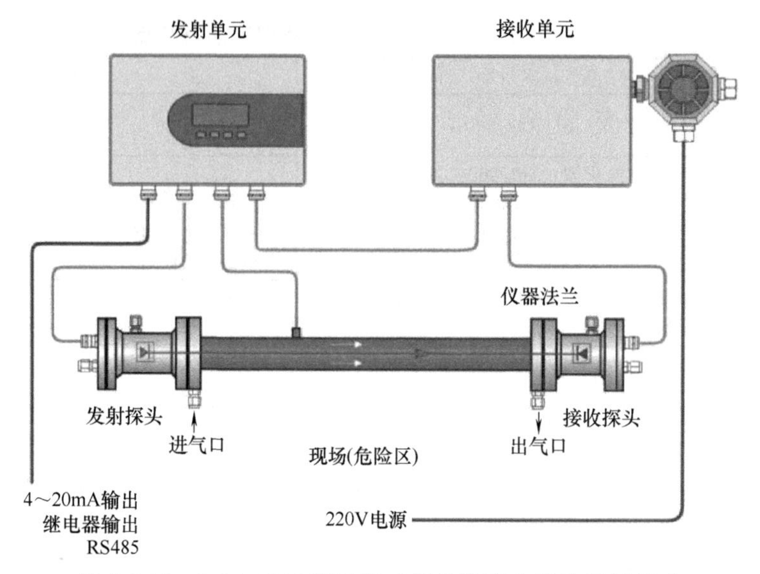

图 3-3-12 LGA-4500 型采样式激光湿度分析仪系统组成

保证回收到最有价值的煤气，O_2检测是避免煤气中的氧气含量过高导致安全事故。

例如，聚光科技的 LGA-4100 激光气体分析仪用于转炉煤气回收，其分析响应速度比带预处理的红外分析仪要快 15～25s，显著增加转炉煤气回收的有效时间，将煤气回收效率提高 3%～5%。显著提高了转炉煤气回收的经济效益。

（4）其他应用案例

① 在脱硝逃逸氨的监测中，可采用原位法或抽取法激光气体分析仪，实时监测微量氨。

② 在硫黄回收装置中，可采用激光气体分析仪实现硫黄比值监测，如采用 NEO 的一台 LaserGas™ Ⅱ SP H_2 激光硫化氢分析仪和一台 LaserGas™ Q SO_2 ICL 激光二氧化硫分析仪。

③ 在高温工艺（各种加热炉、炼钢、玻璃）的燃烧控制中，激光气体分析仪可实现在高达 1300℃的烟气温度下监测 O_2 和 CO，还同时监测 CH_4、H_2O 和温度，如 NEO 的 LaserGas™ iQ²。

④ 在高纯氢分析中，氢纯度要求高达 99.9999%，可采用激光抽取法测量高纯氢中痕量杂质 CO（$0\sim10^{-5}$），附加监测 CH_4（$0\sim2\times10^{-5}$）。

⑤ 在过程分析和安全生产应用中，激光可用于原位测量氢，如 NEO 新产品 LaserGas™ Ⅱ SP H_2 分析仪可用于湿氯气中的氢分析。对于高灵敏度、高精度测量氢的应用，激光分析仪可配置赫里奥特池（Herriott cell，长光程多反腔吸收池），应用于泄漏监测、过程控制，如 LaserGas™ Ⅱ MP。

⑥ 激光光谱分析技术也可用于开路测量（光路长达 200m）大气中微量 NH_3、HF、CO、CH_4 及 H_2O 等，如用于厂界的氟化氢等的监测。

3.3.5 量子级联激光器及其在中红外气体分析中的应用

3.3.5.1 概述

在中红外光谱区域内（2.5～25μm），几乎所有的气体分子都有很强的特征吸收峰，中红外光谱区域的部分可检测气体参见图 3-3-13。大部分气体分子特征谱线在中红外的吸收系数，一般要比近红外光谱分析高 2 个量级。

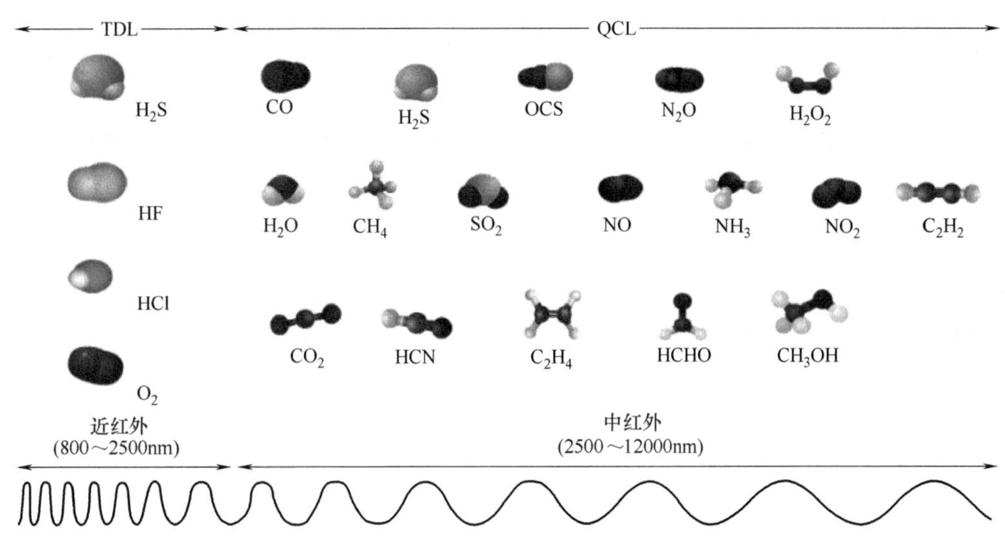

图 3-3-13　中红外光谱区域的部分可检测气体

气体分子在中红外光谱区的特征吸收谱线是分子光谱中最强的基本振转谱线，谱线重叠少，交叉干扰小。中红外光谱区域常见的气体分子吸收指纹光谱参见图 3-3-14。

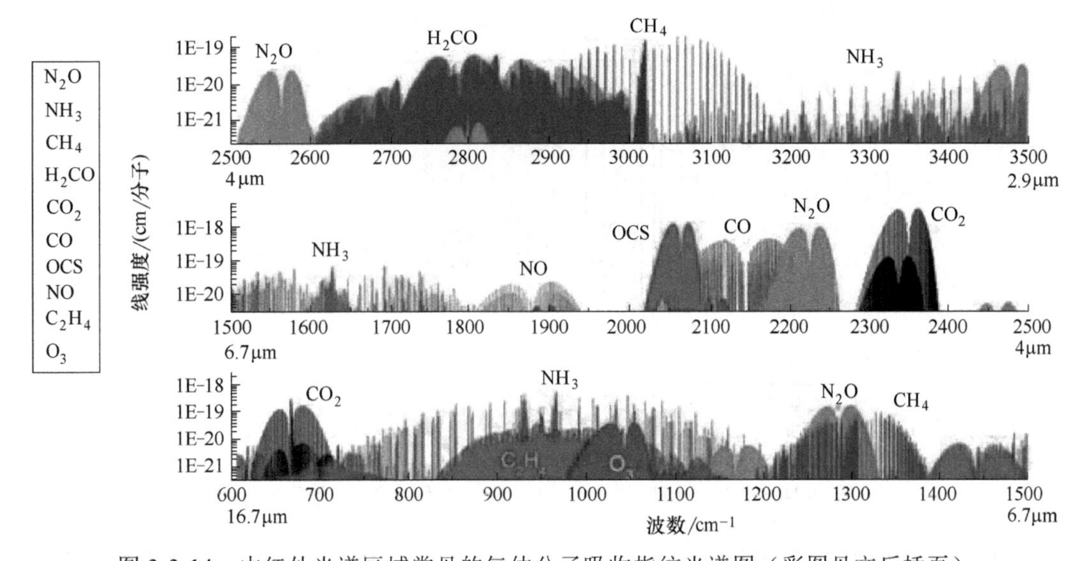

图 3-3-14　中红外光谱区域常见的气体分子吸收指纹光谱图（彩图见文后插页）

量子级联激光器（QCL）可在室温下工作，寿命长、可调谐、稳定性好，是一种新型的、实用的中红外激光光源，它具有单色性好、量子效率高、温度稳定性好、波长设计灵活、固有响应速度快等优点。QCL 可以提供超宽的光谱范围（从中红外至太赫兹）、极好的波长可调谐性、很高的输出功率。国外已研制出 3.5～24μm 的中红外 QCL，对其在中红外光谱在线气体分析方面的应用，已经进入到商业化阶段。国际上 QCL 制造商主要集中在美国和欧洲。国外企业已开发出多种 QCL 用于中红外激光在线分析仪的新产品，如艾默生 CT5000 系列多组分气体分析仪，挪威 NEO 的中红外烟气 SO_2 和燃烧优化与排放控制的 QCL 多组分气体分析仪，芬兰 GASERA 的 QCL 产品用于检测 N_2O、H_2CO、CO_2、CH_4、NH_3、CO 等大气中痕量气体，日本滨松开发的 QCL 激光器用于中红外光谱分析等。

国内基于 QCL 的气体吸收光谱的研究，以研究院所和高校为主，如中科院半导体所、中科院安徽光机所、哈尔滨工业大学、重庆大学等开展了 QCL 中红外气体分析的技术研究，并取得显著成果。国内企业也有从事 QCL 的应用开发。如筱晓（上海）光子技术公司可提供 DFP-QCL 及 FP-QCL 中红外量子级联激光器，宁波海尔欣光电科技公司、杭州泽天、南京霍普斯等已经在开发 QCL 中红外光谱在线气体分析技术与应用。

国外 QCL 中红外在线气体分析技术已经有较多应用，在污染源监测领域，可用于脱硝烟气的微量 NH_3 和 NO 监测（检测限可达 10^{-8}），还可用于烟气微量 SO_2、SO_3 检测等。QCL-TDLAS 技术可用于开放式光程的多组分气体监测，可用于工业园区监测环境大气中 SO_2、NO_2、SO_3、VOCs。

QCL 及其在中红外的在线激光气体分析技术，在环境污染和大气组分的微量与痕量气体检测方面具有非常好的应用前景。QCL 及其应用是国内外在线分析最新发展的前沿技术之一。

3.3.5.2　原理、分类、特点及典型产品

（1）工作原理

量子级联激光器的能带结构和工作原理参见图 3-3-15。

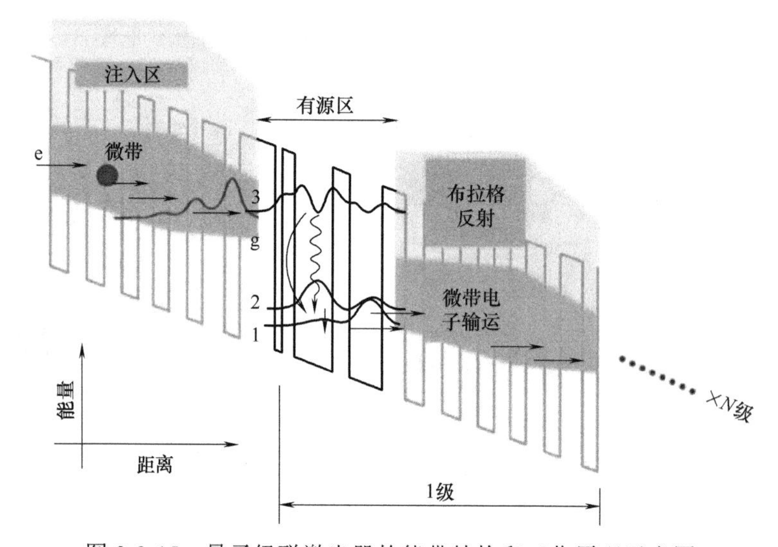

图 3-3-15　量子级联激光器的能带结构和工作原理示意图

QCL 的工作原理与半导体激光器（TDL）不同，打破了传统 p-n 结型半导体激光器的电子-空穴复合受激辐射机制，其发光波长由半导体能带隙来决定。QCL 受激辐射过程只有电子参与，其激射原理是利用在半导体异质结薄层内，由量子限制效应引起的分离电子态之间产生的粒子数反转，实现单电子注入多光子输出，并可以轻松地通过改变量子阱层的厚度来改变发光波长。QCL 与其他激光器相比优势在于它的级联过程，电子从高能级跳跃到低能级过程中，不但没有损失，还可以注入到下一个过程再次发光。

（2）分类

根据 QCL 的结构特点，可分为法布里-珀罗（Fabry-Perot）式 QCL（FP-QCL）、分布反

馈（distributed feedback）式 QCL（DFB-QCL）和外腔（external cavity）式 QCL（EC-QCL）等几种类型。

DFB-QCL 具有生长在半导体激光器有源区中的衍射光栅，参见图 3-3-16。这种光栅导致对有源区折射率的周期性调试，得到周期性变化的反馈信号，从而实现单模输出。相比其他类量子级联激光器，DFB-QCL 易形成单纵模振荡，谱线窄、方向性和稳定性好、输出线性度较高，因此，在气体检测中应用比较广泛。

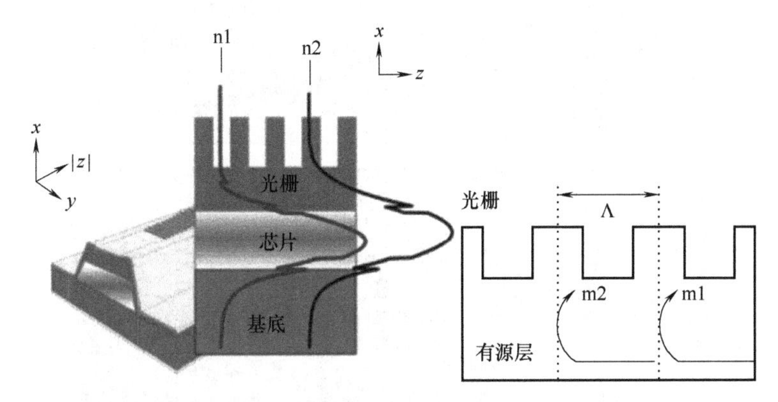

图 3-3-16 分布反馈式量子级联激光器（DFB-QCL）结构

FP-QCL 使用芯片的切割端面来形成激光腔的两个反射表面。由于所有波长均等反射在 FP- QCL 中，所以芯片增益分布中的所有波长都可用于激光发射。

EC-QCL 将量子级联增益介质集成到外部空腔中，并提供与波长相关的反馈，可用作精密固定波长或宽可调激光器，可以调整 QCL 芯片的整个增益曲线，允许可调谐范围为中心波长的 10%～25%。

按照 QCL 激光器的出光模式，又可将 QCL 分为脉冲式 QCL 和连续波（continuous wave）QCL（CW-QCL）。以 DFB-QCL 为例：脉冲式 DFB-QCL 的线宽相较于 CW-QCL 来说更宽，因此在特征峰（指纹峰）的选择上会受到限制，从而影响其探测下限；此外，由于整体脉冲上升时间较快，脉宽窄，需要连接高速中红外探测器进行信号采集处理，电路设计水平要求较高。

（3）典型产品

① 美国 Pranalytica 公司的宽谱 QCL 系列产品（图 3-3-17），其性能指标参见表 3-3-3。

美国 Pranalytica 公司商品化 QCL 的波长为 3.8～12μm，具有可调谐 QCL 系统、单波长及多波长高亮度系统，单个器件的最大功率可达 4W。

② 日本滨松的 QCL 产品外形参见图 3-3-18，其覆盖波段为 4～10μm。

3.3.5.3 中红外激光在线气体分析仪的检测技术

（1）检测原理与结构组成

QCL 中红外激光在线气体分析仪的检测原理框图如图 3-3-19 所示。

QCL 中红外激光在线气体仪主要是由 QCL 激光光源系统、光学系统、多次反射测量气室（简称多反腔）、快速红外探测器、信号处理及计算机等组成 。激光光源选用与被测气体特征波长光谱区对应的 QCL，输出光谱具有高功率、可调谐等特性。测量气室采用能够多次反射红外线、吸收光程长的赫里奥特（Herriott）吸收池或多程怀特池（multi-pass White cell），

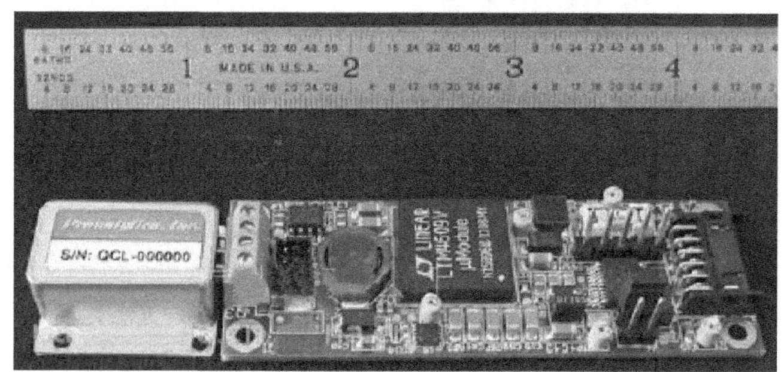

图 3-3-17　美国 Pranalytica 公司的宽谱 QCL 系列产品

表 3-3-3　美国 Pranalytica 公司宽谱 QCL 系列产品的性能指标

类型	型号	中心波长/μm	光谱宽度/nm	工作模式	输出功率/W
高功率桌面系统	1101-XX-CW-XXXX	3.8～12	150（4.6μm）	CW，1～100kHz TTL 调制	0.75～2
	1101-XX-QCW-YYYY	3.8～12		脉冲，可内置电源	2
	1101-XX-HP-XXXX	4.6，可高达 12	150（4.6μm）	脉冲，1MHz，50～500ns	1～4
OEM 器件	1101-XX-CW-YYY-BF	3.8～12	150（4.6μm）	CW，可工作于室温，无需额外制冷	0.5～3.5
	1101-XX-QCW-YYYY-UC-PF	3.8～12		脉冲	1（4μm），2（4.6μm）
多波长系统	MULTILUX^{TM}-20-40-46-CW-SYST	覆盖短波红外到中波红外	三波长独立可调	CW，三波长共线输出	3（2μm），2（4μm），1.4（4.6μm）

被测气体的吸收光程可达数米到几十米。半导体检测器常采用快速光伏探测器、热释电或热电堆功率计。QCL 光谱扫描范围一般可达 4～8cm^{-1}，激光输出波长可通过 F-P 标准器具进行标定；QCL 中红外激光在线气体分析仪大多具有多组分检测、灵敏度高、反应快速等特点，应用前景非常广阔。其关键部件介绍如下。

图 3-3-18 日本滨松的 QCL 产品

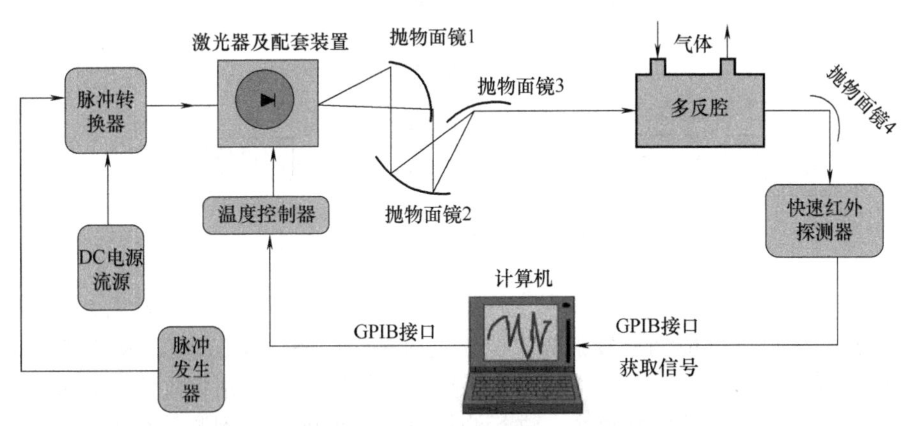

图 3-3-19 QCL 中红外激光在线气体分析仪检测原理框图

GPIB—通用接口总线（general-purpose interface bus）

① QCL 激光光源系统 QCL 光源系统包括脉冲电流控制和温度控制，用于发出被测气体有特征吸收的中红外光谱。QCL 的工作电流密度较大，而器件体积较小，造成了工作电流对激光器波导腔的自加热效应，该效应导致了腔体有效光程变化，从而引起输出纵向模式波长漂移，利用此漂移可实现光谱扫描。QCL 通常使用直流电源做偏置，使激光正好处于阈值附近（但低于阈值），采用温控维持工作背景温度稳定，并实现对扫描起始波长的控制。同时使用电流脉冲对激光波长进行调制，脉冲持续时间一般在 100 ns 左右，重复频率一般为几千赫兹，在脉冲持续时间内，脉冲电流对激光波导腔体持续加热，导致激光输出波长连续红移，实现其光谱扫描。

② QCL 的光学系统 QCL 发出的激光束通过红外光学系统进行准直缩束，光学系统是由一组抛物镜组成，实现对发射光的准直缩束。

③ 多反腔及检测系统 多反腔光程长度设计是根据被测气体检测灵敏度要求设定的。发射光进入多反腔，被测气体对发射光的吸收程度与被测气体的浓度相关。发射光在多反腔测量时的多次反射，增加气体吸收光程长度，从而提高被测气体的检测灵敏度。多反腔的出射光经反射镜由快速红外探测器检测，通过信号转换获得红外吸收光谱信号。计算机通过接口采集处理被测气体的光谱信号，进行转换及标定处理，将光脉冲内的强度-时间信号转变为强度-波长信号，通过对比有样品和无样品时的强度-波长信号，计算出相应被测组分的测量值。

在实际光谱测量中 QCL 发出的光常通过分束器分为参考光束和测量光束，在参考光路中加入标准具。采取双光束测量，可有效扣除背景光、杂散光和环境噪声对测量的影响，提高被测组分的检测灵敏度和准确度。

（2）差分吸收光谱法 QCL 分析技术

QCL 中红外激光在线气体分析仪，大多采用差分吸收光谱法。典型的 QCL 分析仪应用差分吸收光谱测量的原理参见图 3-3-20。

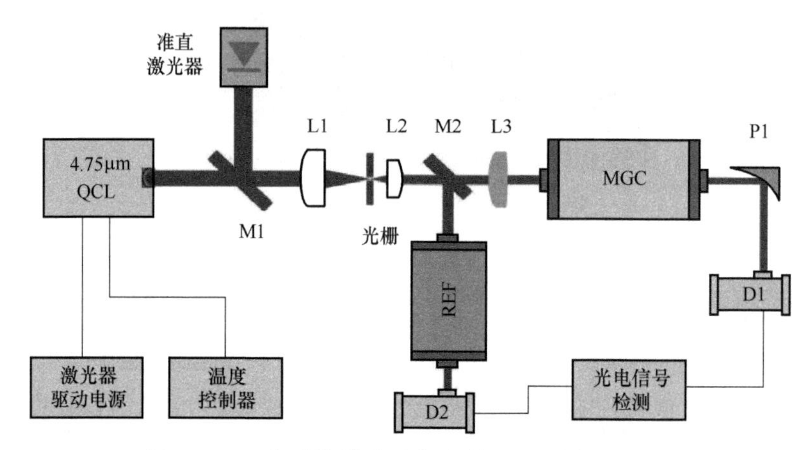

图 3-3-20 典型的差分吸收光谱 QCL 分析仪原理

QCL 光源系统通过脉冲电流控制和温度控制实现发射光的扫描。发射光束经光学反射镜聚焦，通过红外分束器分成两束发射光，分别通过测量气室（MGC）和参考气室（REF），发射光通过气室后经由红外探测器（如碲化汞镉红外检测器）分别接收测量和参比信号。两个检测器信号通过光电信号检测模块，进行测量信号数据处理得到测量结果。

3.3.5.4 典型产品

以艾默生的 CT5000 系列分析仪为例，该产品采用量子级联激光器（QCL）及快速高分辨率光谱技术，结合可调谐二极管激光器（TDL）技术。一台分析仪可同时实现近红外和中红外光谱分析，检测多种气体。

CT5000 系列分析仪，可提供最先进的工业气体检测、分析和排放监测解决方案，包括 CT5100、CT5400、CT5800 等型号。CT5100 可配备多达六个激光器模块，同步测量被测气体中的多种组分，可应用于工业过程气体分析、连续排放监测系统（CEMS）和氨逃逸监测等。CT5400 是设计用于实验室和气体过程应用的多组分 QCL/TDL 分析仪，同步测量气体多达 12 种组分。CT5400 适用于环境监测，可检测 NO_x、SO_x、CO、CO_2、CH_4 和 NH_3；还可检测 O_2、HF、HCl 和其他气体。CT5800 采取单元设计技术，可精确地测量气体中低浓度组分，该仪器配备多达六个量子级联激光器，一台气体分析仪可同步测量多种组分，非常适用于氨气和氢气纯度分析应用。CT5800 采用隔爆外壳适用于危险区域。

3.3.6 带间级联激光器及其在中红外气体分析中的应用

3.3.6.1 带间级联激光器

带间级联激光器（interband cascade lasers，ICL），是继近红外 DFB-DL、中红外 QCL 之后的新产品，尤其是在 3～6μm 波长领域填补了 DFB-DL 和 QCL 存在的不足。目前，德国 Nanoplus 公司是唯一能提供 3000～6000nm 之间任意中心波长 ICL 的厂家。在此波段内，大部分气体都有最强吸收线，吸收强度比其他区域高几个数量级，如 CH_4、HCl、CH_2O、HBr、

CO、CO_2、NO 和 H_2O 等。

（1）ICL 的特点

ICL 的参数特性与近红外 DFB-DL 参数非常相似，具有较低的阈值电流、常温工作温度、较高的输出功率和较低的散热。ICL 在 20℃的工作温度下，在输出功率典型值为 5mW 情况下，具有与普通近红外 DFB-DL 非常相似的参数特性，而且电路功耗阈值只有 150mW。以 5262.9nm ICL 为例，其特征波长及工作电流特性参见图 3-3-21。

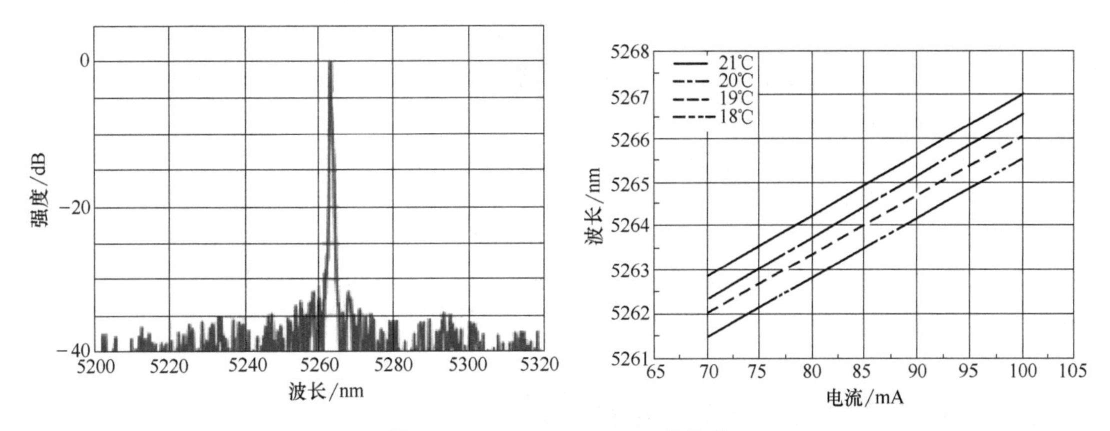

图 3-3-21 5262.9nm ICL 的特性

（2）ICL 与 DL、QCL 的辐射原理比较

① DL、ICL、QCL 由不同的物质辐射不同波长范围的光。不同的发射波长基于不同的物质辐射，如图 3-3-22 所示。

② DL、ICL、QCL 发射波长与阈值功率密度的关系。阈值功率密度是衡量激发激光需要消耗能量大小的指标。阈值功率密度越高，意味着同样的光输出功率需要输入越高的电流，消耗越高的能量，并产生越多的热量。通常，DL 在 3μm 以内具有较低阈值功率密度，ICL 在 3～6μm 具有较低的阈值功率密度；QCL 在各波段均具有较高的阈值功率密度。

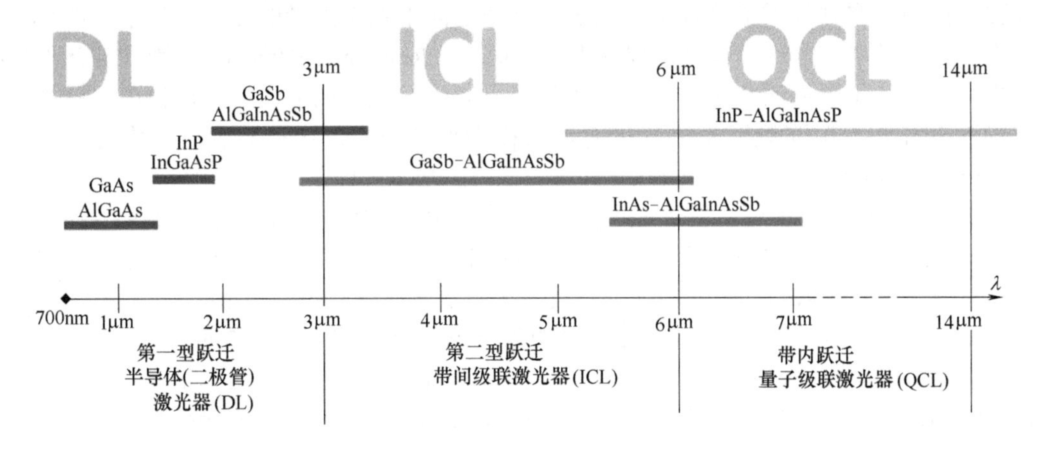

图 3-3-22 不同的发射波长基于不同的物质辐射示意图

（DL 指第一型跃迁半导体激光器，主要包括 DFB、VCSEL 型激光器，芯片材料包括 GaAs/AlGaAs、InP/InGaAsP、GaSb/AlGaInAsSb。ICL 指第二型跃迁带间级联激光器，芯片材料包括 GaSb-AlGaInAsSb、InAs-AlGaInAsSb。QCL 指带内跃迁量子级联激光器，芯片材料包括 InP-AlGaInAsP。）

3.3.6.2 中红外分析的典型应用

TDLAS 使用中红外 ICL 作为发射光源有非常多的优势：首先是可选择大量痕量气体的最强吸收线作为检测对象，有助于提高检测速度和检测下限，能降低整个系统的噪声；其次是可以通过减小光程使得设备便携和小型化。

（1）典型应用 1：ICL 用于机动车尾气遥测

水平固定式或者垂直固定式的全激光机动车尾气遥感监测系统，可用于监测机动车行驶中排放尾气中的 CO、CO_2、C_xH_y（特别是 C_3H_8）、NO、NO_2、N_2O 等成分，以及尾气不透光度，能有效自动识别尾气排放不达标的车辆和黑烟车，是监测机动车尾气污染状况的有效的手段，也为大气污染治理提供了重要的数据。

（2）典型应用 2：ICL 用于医疗呼气分析

医疗呼气分析要求检测器具有非常高灵敏度和非常低的检测下限。ICL 的出现解决了常规手段灵敏度不高的问题。常规呼出气体如 CO_2、CO、NO，在中红外区域具有最强的吸收线，ICL 可以准确地对其进行检测。通过检测呼出 $^{13}CO_2$ 含量可诊断病人体内是否有幽门螺杆菌，通过检测呼出气体 NO 可以诊断病人是否哮喘等。

3.4 在线拉曼光谱分析仪器

3.4.1 在线拉曼光谱分析技术概述

3.4.1.1 拉曼散射与拉曼光谱

拉曼光谱分析技术直接基于拉曼散射效应。拉曼散射效应是一种非弹性散射效应。当一束频率为 v_0 的单色激光照射到待测样品上时，大部分入射光透过该样品或被该样品所吸收，只有一小部分光被样品分子散射。入射光子和样品分子相碰撞时，可能发生弹性碰撞和非弹性碰撞。在弹性碰撞过程中，光子与分子之间不发生能量的交换，光子只改变运动方向而不改变频率 v_0，这种散射过程称为瑞利散射（Rayleigh scattering）。而在非弹性碰撞的过程中，光子不仅要改变运动方向，还与分子之间发生了能量交换。这种由非弹性碰撞引起的散射光与入射光频率发生变化的现象称为拉曼效应，这种散射过程称为拉曼散射（Raman scattering）。

拉曼散射光的强度很弱，大约只相当于瑞利散射光的 $1/10^5$～$1/10^3$。拉曼散射光中比入射光频率 v_0 低的散射线，称为斯托克斯线（Stokes lines），比入射光频率 v_0 高的散射线称为反斯托克斯线（anti-Stokes lines）。拉曼光谱是基于拉曼散射效应的分子光谱。以纯甲苯为例，原始拉曼散射光谱如图 3-4-1 所示。激发光源为 785nm 的激光器。图 3-4-1 左侧的最高峰反映了该样品的瑞利散射，是一个饱和峰。为便于后续描述与分析，拉曼光谱通常以拉曼位移（Raman shift）为横轴，拉曼散射光强度为纵轴。拉曼位移为拉曼散射光频率与入射光频率的差值Δv：

$$\Delta v=\frac{10^7}{\lambda_0}-\frac{10^7}{\lambda}$$

式中，$\Delta\nu$为拉曼位移（即波数），cm^{-1}；λ_0为激发光波长，nm；λ为拉曼散射光的波长，nm。

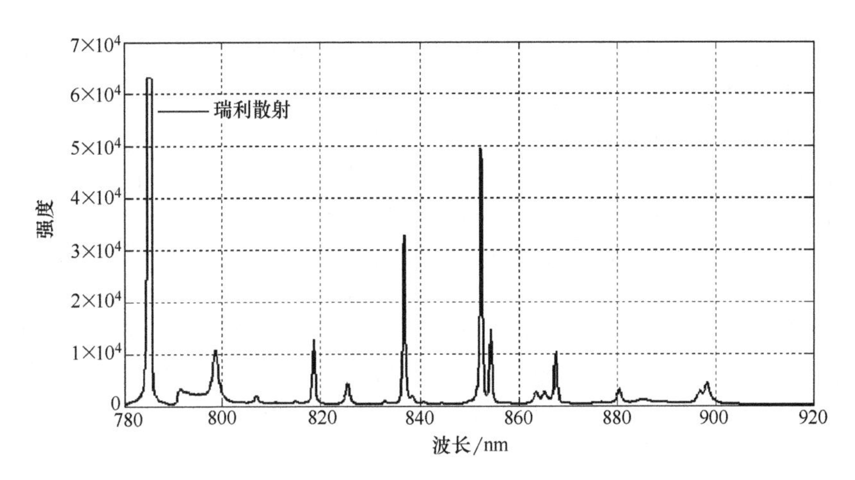

图 3-4-1 纯甲苯的原始拉曼光谱（以波长为横坐标）

对于某一待测样品，其拉曼位移仅与样品分子的振动能级相关，而与入射光的频率无关。经 X 轴变换后的甲苯原始拉曼光谱如图 3-4-2 所示。由此可见，某一分子的拉曼光谱由若干个拉曼谱峰组成，而这些谱峰反映了该分子内共有电子对（即共价键）的振动信息。

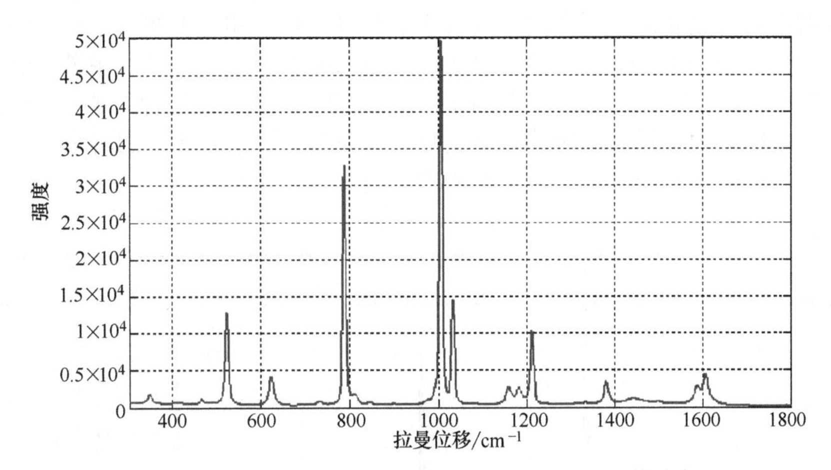

图 3-4-2 纯甲苯的原始拉曼光谱（以拉曼位移为横坐标）

3.4.1.2 拉曼光谱与红外光谱分析的比较

分子振动光谱的理论分析表明，分子振动模式在红外和拉曼光谱中出现的概率是受选律严格限制的。红外光谱起源于偶极矩变化，即分子振动过程中偶极矩有变化。拉曼光谱起源于极化率变化，即分子振动过程中极化率有改变，这种振动模式在拉曼光谱中出现谱带-拉曼活性。偶极矩和极化率的变化取决于分子的结构和振动的对称性。

一般说来，极性基团的振动和分子非对称振动使分子的偶极矩变化，所以是红外活性的。非极性基团的振动和分子的全对称振动使分子极化率变化，所以是拉曼活性的。由此可见，拉曼光谱最适用于研究同种原子的非极性键如 S—S、N═N、C═C、C≡C 等的振动。红外光谱适用于研究不同种原子的极性键如C═O、C—H、N—H、O—H等的振动。可见这两种光谱方法是互相补充的。对分子结构的鉴定，红外和拉曼是两种相互补充而不能相互代替的光谱方法。

拉曼光谱和红外光谱都反映了分子振动的信息，但其原理却有很大差别：红外光谱是吸收光谱，而拉曼光谱是散射光谱；红外光谱的信息是从分子对入射电磁波的吸收得到的，而拉曼光谱的信息是从入射光与散射光频率的差别得到的。拉曼光谱的突出优点是可以很容易地测量含水的样品，而且拉曼散射光可以在紫外和可见光波段进行测量。由于紫外光和可见光能量很强，因此其测量比红外波段要容易和优越得多。

通过拉曼光谱可以快速检测化工反应混合液的组成，因此常被用于各种间歇反应、半间歇反应和连续反应的过程监控。拉曼光谱技术还可以作为一种对工艺过程中间产物进行质量控制的辅助手段。此外，拉曼光谱技术还常被用作工业生产成品质量和属性的检测工具。在实际工业应用中，除了要完成拉曼光谱的检测之外，通常还需要结合信号处理技术、特征提取方法和化学计量学方法等，才能从复杂的拉曼光谱信号中扣除无效信号的干扰，分离得到待测物质的有效拉曼信号，然后建立准确可靠的定量分析模型，最终才能给出准确的分析结果。

3.4.2　在线拉曼光谱分析仪器的检测技术

3.4.2.1　测量原理

每一种物质的拉曼光谱各不相同，其谱峰的数目、位置和强度都与该物质的分子结构有关。C_8芳烃包含乙苯（EB）、对二甲苯（PX）、间二甲苯（MX）、邻二甲苯（OX），对应的拉曼光谱如图3-4-3与图3-4-4所示。这4种物质为同分异构体，均含有苯环；但由于分子结构的不同，拉曼谱峰的位置与相对强度差别显著。正是由于拉曼谱峰的特征性，拉曼光谱技术可用于物质的定性识别以及分子内部结构的研究。

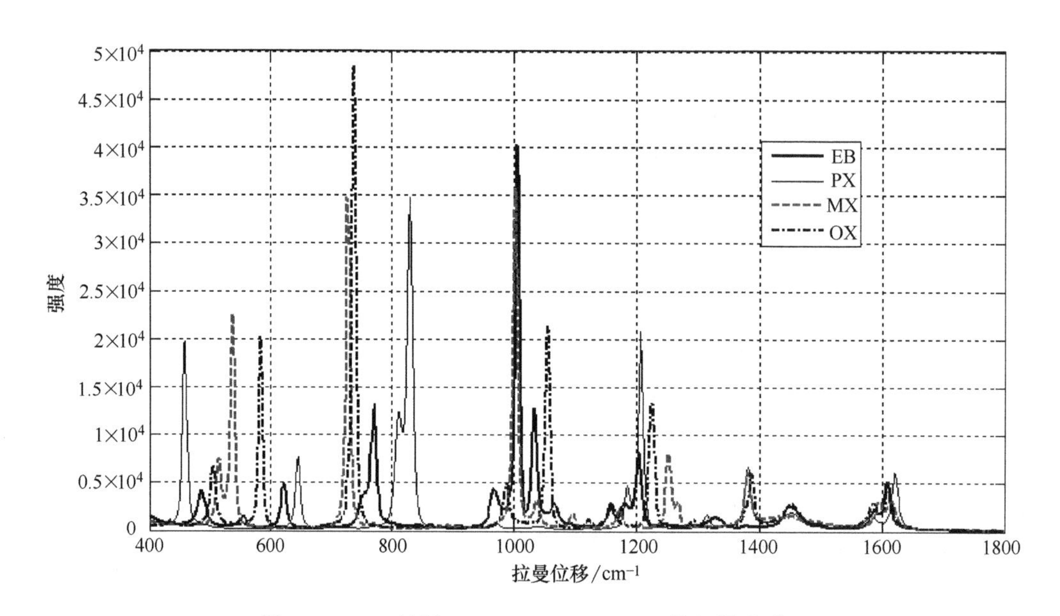

图3-4-3　C_8芳烃EB、PX、MX、OX的拉曼光谱

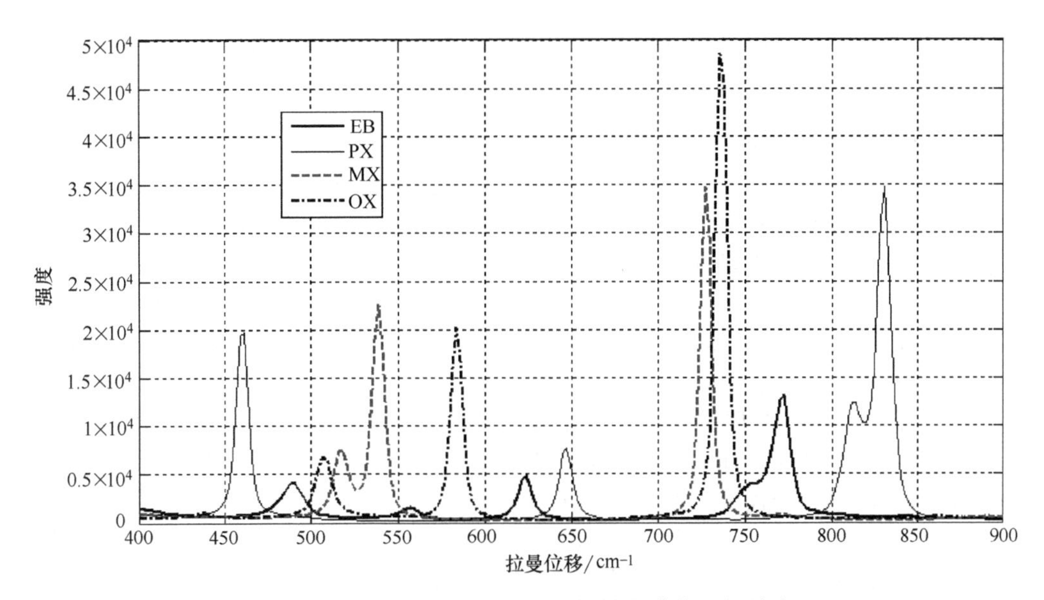

图 3-4-4 EB、PX、MX、OX 拉曼光谱的局部放大

另一方面，在入射光波长、强度和其他实验条件不变的前提下，拉曼谱峰的强度与物质分子浓度之间通常具有近似线性关系。对不同摩尔分数的 PX 与 MX 的混合液在相同的检测条件下获得的拉曼光谱如图 3-4-5 所示，关注的拉曼位移范围为 400～900cm^{-1}。由该图可知，组分 PX 对应谱峰的拉曼位移约为 460cm^{-1}、650cm^{-1}、810cm^{-1}、830cm^{-1}；而组分 MX 对应谱峰的拉曼位移约为 510cm^{-1}、540cm^{-1}、730cm^{-1}。

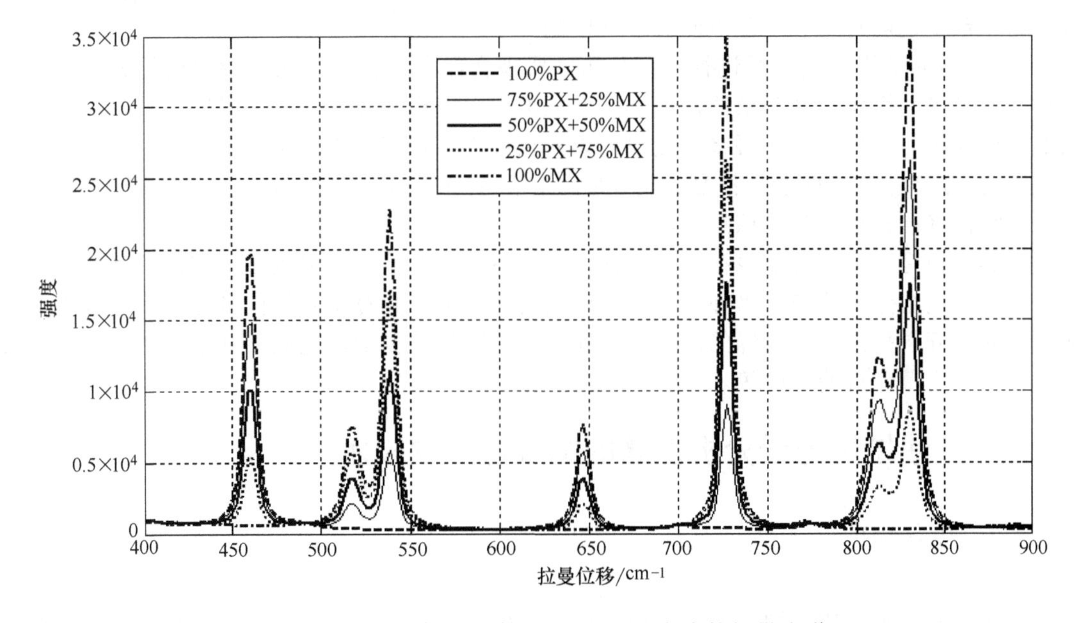

图 3-4-5 不同摩尔分数 PX 与 MX 混合液的拉曼光谱

对于含量不同的混合液，对应组分的谱峰位置保持不变，而谱峰的峰高随组分浓度的增大而增大，且具有较强的线性关系。反过来说，若已知各组分的拉曼光谱，则可由混合物的

拉曼光谱估计得到混合物中各组分的含量。基于上述原理，拉曼光谱技术可广泛应用于混合物中所含各组分含量的定量分析。

3.4.2.2　技术优势与特点

作为一种分子光谱，相对于在线色谱分析法，在线拉曼分析法具有下列优点：检测速度快、仪器所需维护量小、样品无需预处理、测量方式灵活。借助于光纤，可实现采样探头与分析仪主机的分离，这给现场应用带来了便利。

（1）技术优势

① 一条拉曼光谱通常由若干个拉曼谱峰构成，这些拉曼谱峰与待测物质分子中化学基团的基频振动相对应。拉曼谱峰尖锐，且具有较强的特征性，因此拉曼谱图的可解释性较强。

② 拉曼光谱对非极性和极性较弱的分子基团比较敏感，对极性较强的基团不敏感。例如，水的拉曼信号很微弱，而在红外光谱中水却具有很强的红外信号。因此拉曼光谱可以用于水溶液的直接测量，无需经过脱水等预处理环节。

③ 混合物拉曼光谱具有线性可加性，即混合物的拉曼光谱可由基本组分拉曼光谱的加权和来表示，而加权系数的大小直接反映了对应基本组分的含量。因此，在实际应用中不需要收集各种不同的样品，只需要保存相关纯组分（或相对纯组分）的拉曼光谱即可，日常使用时不需要更新定量分析模型。

④ 无论是拉曼激发光，还是待测样品所产生的拉曼散射光，都可以透过石英或蓝宝石等透明介质，因此，只需要在工艺管道或采样回路上安装有石英视窗即可，而拉曼检测探头无需直接接触待测样品。

（2）技术特点

① 分析速度快，分析时间≤1min。分析效率高，一次光谱测量可同时测定多个检测参数，而一台主机可对多个工艺点同时进行检测。

② 可借助常规石英光纤进行远程分析，实现在线分析仪主机与工业现场的分离。现场采样装置简单、操作技术要求低，现场接近免维护。当样品较为干净且温度不高时，无需专门的取样回路与采样装置，可将拉曼检测单元直接连接在工艺管道上。

③ 拉曼谱峰特征性强。拉曼光谱反映了样品中各种分子的振动信息，对于某一待测组分，其特征峰高直接反映了该组分的浓度。

当然，拉曼光谱分析法也存在局限性，如某些物质的拉曼散射效应较弱，在常规条件下难以实现微量组分的检测。另外，某些物质的荧光较强，其背景基线信号会掩盖部分强度较弱的拉曼谱峰，扭曲原有谱峰的形态；不同分子基团的拉曼谱峰之间相互重叠，增大了后续定性识别和定量分析的难度等。

3.4.3　在线拉曼光谱分析仪器的组成与关键技术

3.4.3.1　仪器组成

（1）结构组成

在线拉曼分析仪的结构组成，主要包括：采样管、拉曼探头、激光器、激发光纤、收集光纤、光纤光谱仪、拉曼光谱分析软件等。在线拉曼分析仪的组成参见图3-4-6。

激光器所发出的单色激光经专用激发光纤与拉曼探头照射采样管内待测样品，激发的拉曼散射光经光纤探头收集，由专用收集光纤传输到光纤光谱仪进行分光与模数转换，再由计

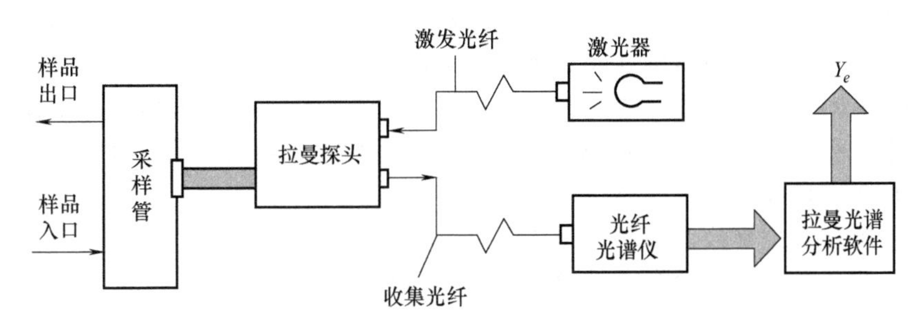

图 3-4-6 在线拉曼分析仪结构组成

算机对拉曼光谱进行处理、分析模型计算，以获得待测样品相应的组成含量与其他品质指标。

（2）关键部件

在线拉曼分析系统涉及的关键部件主要有：激光器、拉曼探头和光谱仪。

①激光器 为提高拉曼光谱的分辨率，激光器线宽要窄；激光的中心波长稳定性要好，基本不受环境温度的影响；同时要求激光器能提供较强的激光功率。目前常用的拉曼激光器为中心波长为 785nm 的半导体激光器与中心波长为 532nm 的半导体泵浦固体激光器。

②拉曼探头 是产生和收集拉曼散射光的重要器件之一，其内部结构如图 3-4-7 所示。

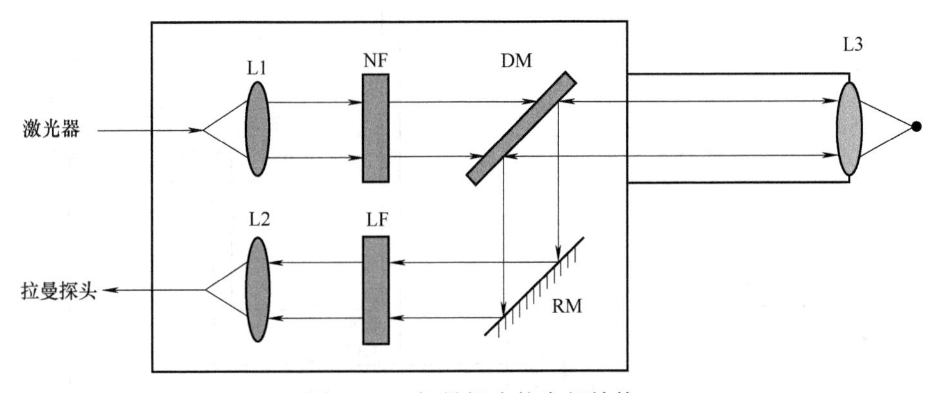

图 3-4-7 拉曼探头的内部结构

L1，L2—校正透镜；NF—带通滤光片；LF—长通滤光片；DM—半透膜镜；RM—反射镜片；L3—聚焦镜

拉曼探头的基本原理如下：激光经过 L1 变成平行光，再通过 NF 滤除激发光的干扰光；之后通过 DM 使特定波长的光穿过到达 L3，聚焦后与样品物质分子作用；物质的散射光再通过 L3 形成平行光，经过 DM 和 RM 反射达到 LF；LF 过滤掉与激发光同频率的瑞利散射光后，将有效的拉曼散射光通过 L2 聚焦进入收集光纤，传输到光谱仪进行后续分光与光谱检测。

③光谱仪 拉曼分析仪所涉及的光谱仪按其分光原理主要分为两种：傅里叶变换拉曼光谱仪和色散型拉曼光谱仪。

傅里叶变换型光谱仪通过测量干涉图的形式获得光谱，在测量过程中需要不断移动平面镜。光谱分辨率由平面镜移动的距离决定，因此傅里叶变换光谱仪体积较大，检测时间较长，噪声水平较高。

色散型光谱仪采用光栅分光，并采用 CCD（电荷耦合器件）检测器阵列对光谱信号进行检测。一次可测量全谱，检测速度快。带有半导体制冷器（热电制冷器，TEC）的高性能 CCD 检测器阵列具有更高的信噪比。此外，色散型拉曼仪没有移动部件，结构紧凑。因此，色散型拉曼光谱仪特别适合用于长周期连续在线检测。

对拉曼散射光进行分光后得到的光谱，通常称为样品的“亮光谱”。对于色散型光谱仪，为克服 CCD 检测器阵列基准电流的影响，需要关闭激光器，检测得到相同积分时间下的基准光谱，也称“暗光谱”。由亮光谱减去暗光谱，即可得到样品的原始拉曼光谱，再交由嵌入式计算机进行光谱预处理与定量模型分析计算等。

（3）多通道在线拉曼分析系统的组成

多通道在线拉曼分析系统通常是由 1 台用于工业现场的多通道在线拉曼分析仪主机与若干套现场采样装置组成的，如图 3-4-8 所示。

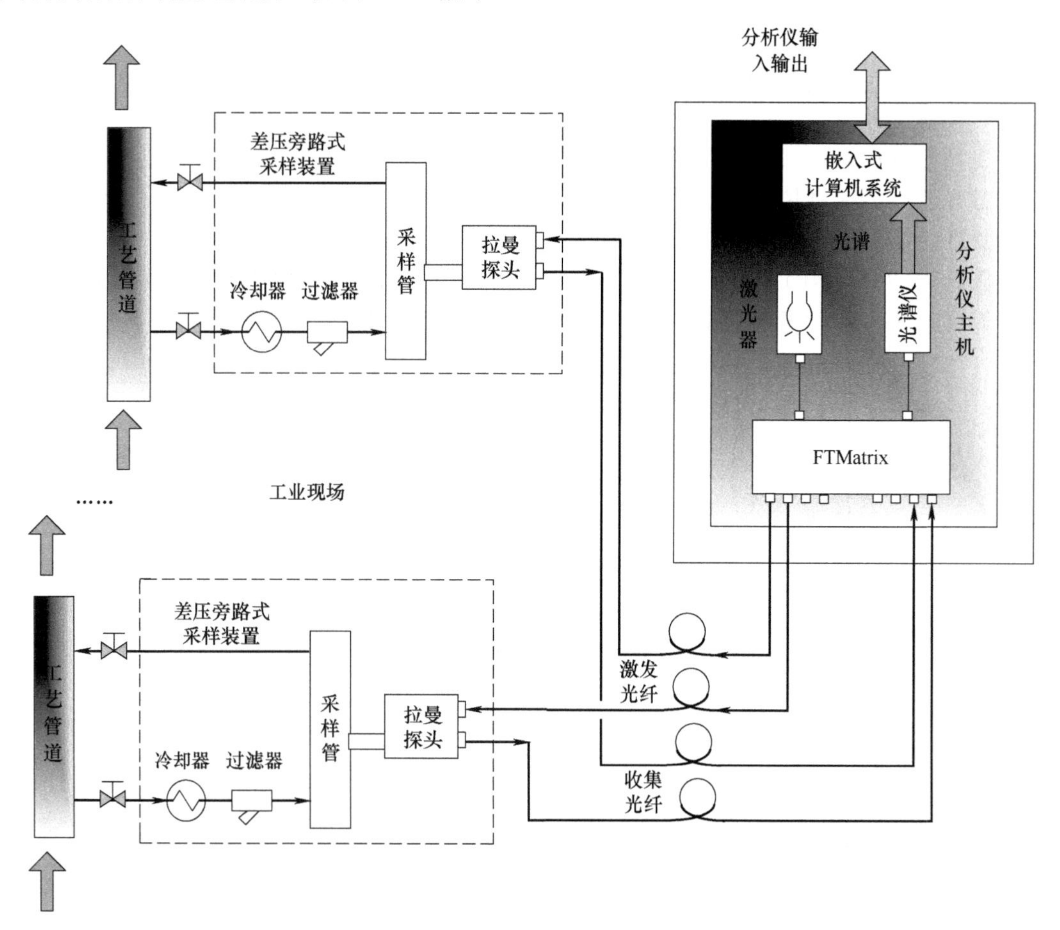

图 3-4-8　多通道在线拉曼分析系统的组成

多套现场采样装置和分析仪主机柜之间由光纤连接，距离不宜超过 200m。现场采样柜为无源本质安全结构，可直接放置在工艺管线旁。采用旁路式采样方式，由工艺管线的差压驱动。除采样管与拉曼探头外，现场采样装置还包括样品降温与过滤等辅助功能。

在线拉曼分析仪主机包括激光器、光谱仪、光路变换矩阵以及一套嵌入式计算机系统，主要完成光谱定时采样、光谱数据处理、分析模型计算等功能。分析结果输出，除标准的 ModBus 数字通信外，通常还包括 DDZ-Ⅲ型 4～20mA 电流输出。

在线拉曼分析仪主机分为正压防爆机柜和标准柜（非防爆）型两类。机柜选型根据现场安装的使用条件确定。若现场检测点距离常规分析间或操作室较近（≤200m），主机就可考虑选用非防爆的标准柜型，并放置在常规分析间或操作室内。如安装现场有防爆要求，则分析仪主机就应选用正压防爆型机柜。现场采样装置与待测样品、冷却水均采用法兰连接。为保护拉曼探头，可考虑引入少量的仪表风，以使采样柜处于微正压状态。与分析仪主机的连接包括1根多芯光缆（包含激发光纤、收集光纤等）与1根用于传送样品温度信号的电缆。当样品较为干净且温度≤250℃时，可直接采用原位式检测单元。原位式检测单元由流通池与拉曼光缆转接盒组成。流通池的材质为不锈钢SS304或SS316，其内径与工艺管线的内径相同，以法兰方式连接至被测样品的工艺管线上。拉曼光缆转接盒内置拉曼探头。除光缆接口外，转接盒的对外接口还包括一个仪表风接口。少量仪表风的引入，用于保护拉曼探头，并避免油气在转接盒内的积累。

3.4.3.2 基线校正技术

基线校正技术是在线拉曼分析仪的关键技术。尽管拉曼光谱分析法的技术优势突出，且越来越多地应用于各个领域，然而，由于样品中的荧光物质和样品形态等各种因素的影响，在实际测量过程中，拉曼光谱通常会受到背景基线信号的干扰。背景基线信号会降低拉曼谱图的信噪比，扭曲原有拉曼谱峰的形状，会给接下来的定性或定量分析带来很大的误差。因此，在对拉曼光谱数据进行定性或定量分析之前，必须扣除原始光谱中的背景基线，称为“基线校正”。多年来，国内外学者提出许多数学算法用于实现拉曼光谱的自动基线校正

在这些算法中，由于多项式拟合迭代方法简单、高效，且能自动扣除拉曼光谱中的背景基线，已成为目前应用最为广泛的算法。在该算法中，荧光背景信号可以在数学上描述为一个多项式函数。多项式阶次选取不同对应的最终收敛基线，如图3-4-9所示。

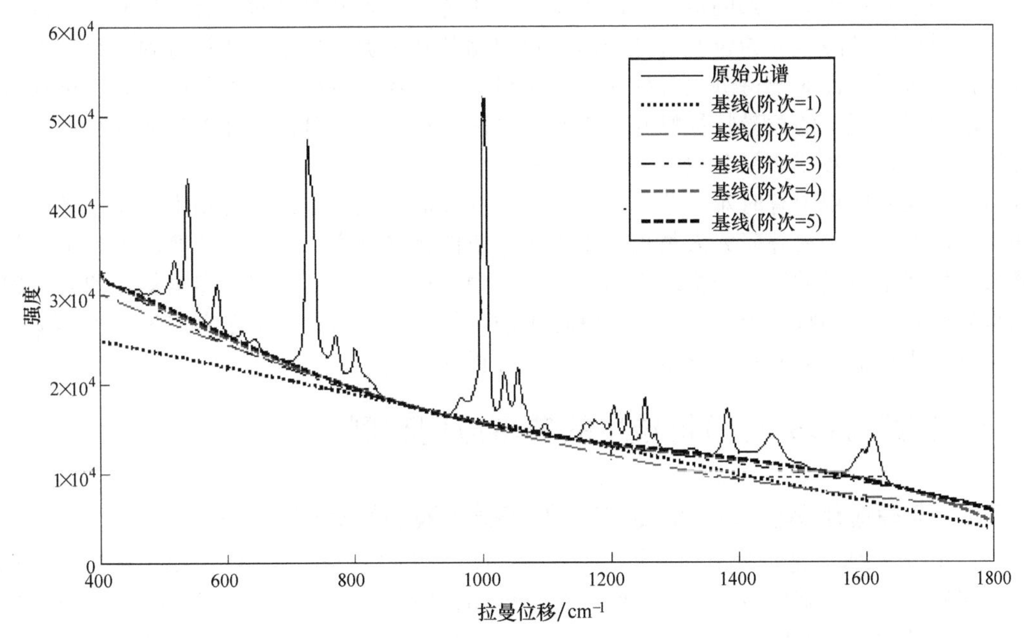

图3-4-9 多项式阶次对光谱拟合基线的影响

通过合理选择多项式阶次来表示荧光背景的轮廓，并减少拟合的荧光背景的干扰。针对不同的拉曼光谱，基线校正的效果与多项式阶次关系密切。对于图3-4-9所示的原始光谱，较为理想的基线可用5阶多项式来描述。对于某些工程实际的待测样品，尽管原始光谱荧光

背景较大，但仍能清晰地观察到尖锐的拉曼谱峰，采用基线校正算法，能够自动扣除荧光背景，并获得信噪比较高的拉曼光谱，用于后续光谱定性定量分析。

3.4.3.3　定量分析模型

拉曼光谱分析定量分析模型是一种基于拉曼谱峰分离混合物关键组分的定量分析方法。

经基线校正等处理后的拉曼光谱，能够反映混合物中各特征基团相对含量的高低；而实际应用中需要在线检测的工艺参数为混合物中某些关键组分的物质的量浓度或质量浓度。如何基于拉曼光谱建立关键组分含量的定量分析模型，是在线应用必须解决的工程问题。

光谱定量分析技术目前主要基于多元校正建模方法，其中部分最小二乘（partial least square，PLS）算法应用最为广泛。为建立混合物中关键组分的 PLS 定量分析模型，需要收集一定数量的训练样品；在检测训练样品光谱的同时，采用国标规定的测试方法对其含量进行检测，并由此建立训练样本数据库。

在工程应用中，对于某一待测样品，由其实测光谱并结合训练样本数据库对其含量进行估计。然而，这种建模方法的实际应用难度较大：一方面使用前需要收集足够的训练样本；另一方面，该模型仅限于与已知的训练样本相近的待测样本。一旦待测样本的组成超出已有训练样本的覆盖范围，其分析误差就会很大。

由于混合物拉曼谱图中包含了各关键组分的特征峰，从理论上讲，经拉曼因子校正后，可参照色谱法直接基于这些特征峰的峰面积或峰高，计算得到各组分的摩尔分数或质量分数。然而，拉曼特征峰不少情况下存在相互重叠，为此，提出了一种基于拉曼谱峰分离混合物关键组分的定量分析方法。

对于一类基本组分已知的混合物，可首先基于纯组分拉曼光谱对混合物拉曼光谱进行谱峰分离，以获得各纯组分的拉曼特征峰高；再根据某几个训练样本，计算得到各组分拉曼特征峰的校正因子。而对于待测混合样品，同样可基于纯组分拉曼光谱对其拉曼光谱进行谱峰分离，以获得各组分的拉曼特征峰高，再经拉曼因子校正后，直接按峰面积或峰高比计算得到各组分的摩尔分数或质量分数。

然而，实际应用中有时难以获得全部组分的纯样品，或者说，混合物中存在一种或多种未知组分。对此，国内外研究人员也已提出了相应的谱峰分离算法。这些算法用若干个数学峰函数（如洛伦兹函数等）来描述未知组分的拉曼特征峰；再基于训练样本集，搜索匹配与待测组分密切相关的特征峰，并结合训练样本的特征峰高和组分含量建立定量分析模型。这类方法可适用于需要对未知关键组分进行定量分析的情况。

3.4.4　在线拉曼光谱分析技术的典型应用案例

3.4.4.1　典型应用案例 1：PX 装置吸附塔循环液的快速在线分析

对二甲苯（PX）是一种重要的基本化工产品，是生产对苯二甲酸（PTA）的原料。PTA 是生产聚酯的原料，聚酯用于生产涤纶纤维、聚酯树脂等产品，用途广泛。随着我国 PTA、聚酯产业链的大规模发展，PX 的需求显著增大。PX 生产工艺主要由歧化、异构化、二甲苯分离和吸附分离等单元构成，而吸附分离为该工艺的核心操作单元。

吸附分离单元以混合二甲苯为原料，采用模拟移动床吸附分离技术分离得到 PX 产品。混合二甲苯是由 EB、PX、MX、OX 组成的混合物，各组分密度接近且沸点差较小，目前主流的分离方法为吸附分离工艺。该工艺通过转动旋转阀或开关程控阀组来改变物料进出装有吸附剂的吸附塔床层的位置，实现物料与吸附剂的逆向流动，即固定吸附剂床层的模拟移动。采用循环泵使吸附塔内物料自塔底循环至塔顶，构成吸附分离过程的连续循环。

为保证产品纯度和收率，PX 生产过程需要实时、准确地知道分离过程中各物料的成分组成，尤其是对吸附塔循环液物料成分的实时在线检测，为工艺操作提供帮助和指导。传统的气相色谱法虽然已应用于在线检测，但检测速度慢（一般大于 10min），难以同步检测吸附塔循环线物料成分的变化；而拉曼光谱检测法具有准确、快速、操作简便、现场免维护、清洁环保等优点，尤其适合用于芳烃同分异构体的快速准确分析。

国产在线拉曼分析仪于 2019 年 9 月在中国石化海南炼油化工有限公司（简称海南炼化）第二套 PX 装置上获得了成功应用。分别应用于吸附塔进料、吸附塔循环液与 PX 成品的在线检测，检测精度均达到预期要求。以吸附塔循环液在线拉曼分析仪为例，其硬件系统由样品预处理与采样单元（含拉曼探头）、分析仪主机、远程监控子系统及相应的连接光缆、电缆等组成。分析仪主机包括激光器、光谱仪等光学部件及一套完整的嵌入式计算机系统，用于实现拉曼光谱的获取与预处理、定量模型计算及计算结果的显示与输出。

循环液在线拉曼仪实测的原始拉曼光谱与经基线校正后的拉曼光谱分别如图 3-4-10、图 3-4-11 所示，其中光谱处理范围为 400～1200cm^{-1}，而迭代多项式阶次为 1。对于任一待测的吸附塔循环液，由其基线校正后的光谱，结合如图 3-4-12 所示的纯组分归一化光谱，经光谱分离后可得到该混合液中各组分的特征峰高，再将各组分的特征峰高通过计算得到混合液中各组分的摩尔分数。海南炼化第二套 PX 装置吸附分离塔的模拟床层共 24 个，床层切换周期约 75s，对于每个床层，在线分析仪共采集 8 条拉曼光谱，即分析仪采样周期约为 8～10s。吸附塔运行周期约为 30min，采集分析数据共 192 个。某运行周期混合液中主要组分浓度变化趋势如图 3-4-12 所示。按 MX、PX 浓度的不同，吸附塔可分为吸附段（MX 浓度较高）、解吸段（PX 浓度较高而其他 C_8 芳烃含量很低）、解吸剂提纯段（C_8 芳烃含量都很低）。

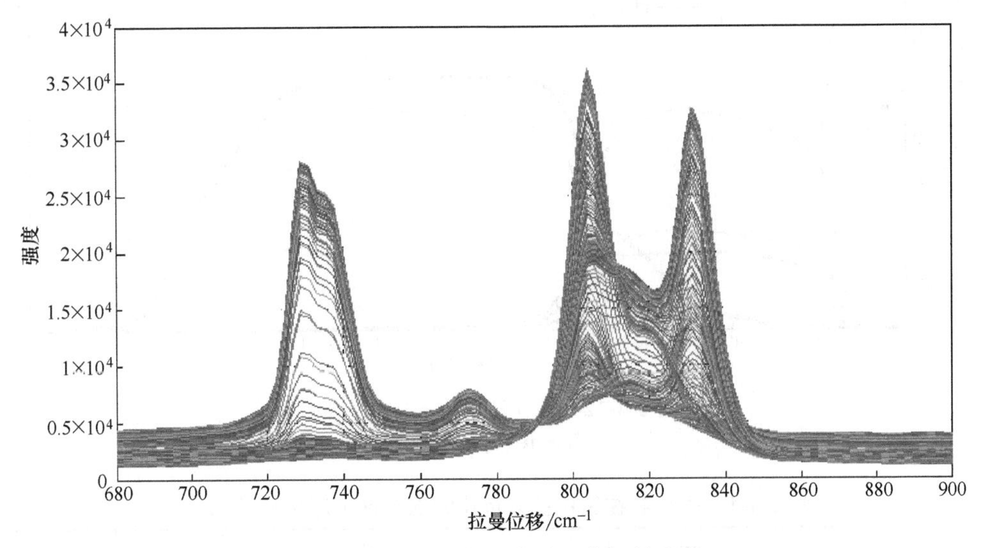

图 3-4-10 现场实测的循环液拉曼光谱

为检验在线拉曼仪的准确性，工艺车间专门采集了一组循环液现场样品共 24 个，分别对应于 24 个模拟床层；同时，由气相色谱分析法获得了这些混合液对应的摩尔分数。而对于上述 24 个现场样品的在线拉曼分析值与实验室色谱分析值的具体分析误差指标对照表，参见

表 3-4-1 所示。由此可见，该国产在线拉曼系统不仅分析速度快（采样分析周期仅为 9s）、现场采样装置免维护，而且分析模型无需日常标定与校正，分析精度高。

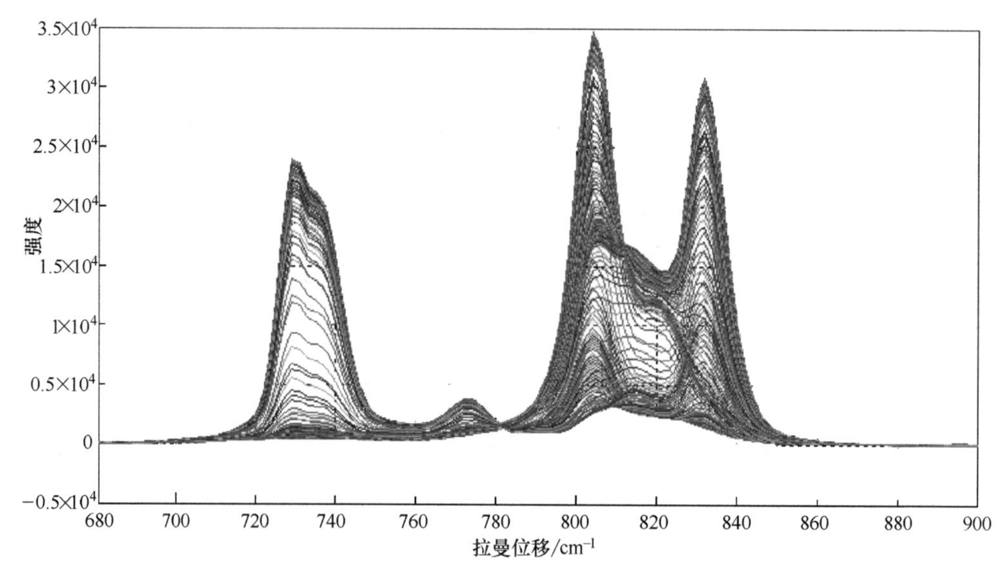

图 3-4-11　经基线校正后的循环液拉曼光谱

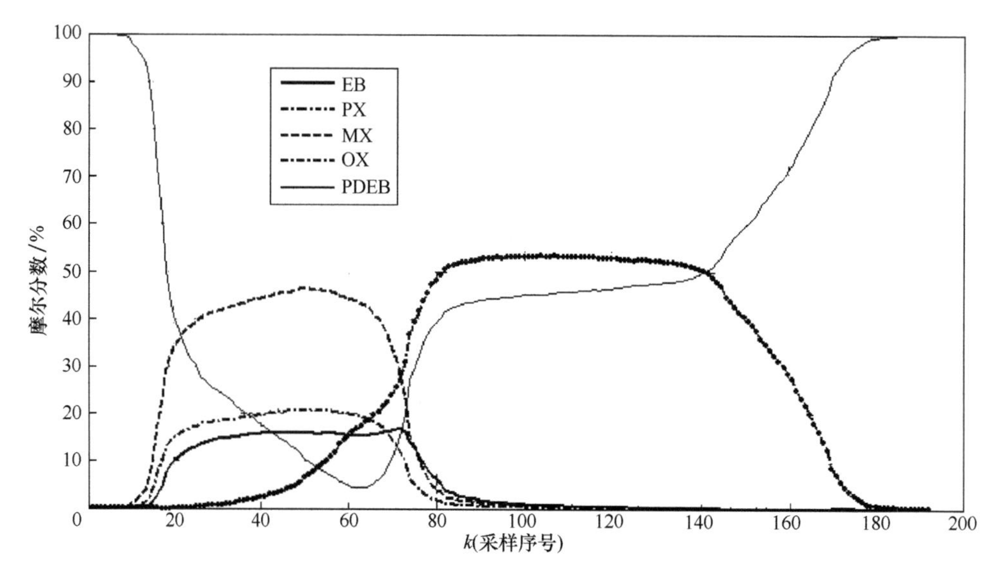

图 3-4-12　循环液组成的定量分析

PDEB—对二乙苯

表 3-4-1　循环液在线拉曼分析仪的准确性（摩尔分数/%）

项目	EB	PX	MX	OX	PDEB
含量变化范围	0～16.2	0.1～56.5	0～45.1	0～20.9	2.5～99.9
最大负偏差	−0.11	−0.47	−0.28	−0.23	−0.37
最大正偏差	0.18	0.42	0.56	0.23	0.77
均方误差	0.07	0.28	0.17	0.10	0.27

3.4.4.2 典型应用案例 2：PX 装置高纯度产品杂质的在线分析

PX 是重要的化工原料，国内外都对 PX 产品纯度作了严格规定：PX 优等品纯度应不小于 99.70%（质量分数）。目前，PX 纯度的标准测定方法为气相色谱法，规定在 95%置信水平条件下，重复性误差应不大于 0.04%（质量分数），再现性误差应不大于 0.09%（质量分数）。为确保产品质量，需要在 PX 生产过程中对 PX 成品液进行实时在线检测。传统的气相色谱法存在操作复杂、检测速度慢、维护量大、故障率高等缺陷，实际应用效果并不理想；而拉曼光谱检测方法具有现场免维护、准确快速、清洁环保等优点，适合工业过程中的在线检测。PX 成品在线拉曼分析仪已于 2019 年 9 月在海南炼化第二套 PX 装置上获得了成功应用。

对于实际生产过程某一异常操作波动，在线拉曼仪检测可以得到 PX 成品主要杂质组分对应的浓度变化趋势。该操作波动由解吸剂对二乙苯（PDEB）受 OX 污染引起，持续时间约 4h，相关的人工取样分析数据仅有 2 个，而在线拉曼光谱仪不仅分析及时，而且完整地反映了该操作波动的全过程。由此可见，对于高纯度 PX 产品的在线分析，拉曼光谱法已表现了其优越性。长周期现场连续运行结果表明：该国产在线拉曼仪不仅运行可靠稳定、重复性好、检测速度快（采样周期为 1min）；而且，对于杂质含量的检测精度接近 0.01%，与标准测定方法（气相色谱法）在同一水平上，完全能满足工艺操作的实际需要。

3.5 在线紫外光谱气体分析仪器

3.5.1 在线紫外光谱气体分析技术概述

3.5.1.1 技术简介

紫外光谱的波长范围为 10～400nm，它分为两个区段。波长在 10～200nm 被称为远紫外光谱区，波长在 200～400nm 被称为近紫外光谱区。常见的紫外光谱气体分析技术主要是指近紫外光谱区的分析应用。目前，紫外吸收光谱法是 NO、NO_2 和 SO_2 监测最为常用的分析方法之一，NO、NO_2 和 SO_2 等在紫外区吸收特性如图 3-5-1 所示。

远紫外区的波长能够被空气中的氮、氧、二氧化碳和水所吸收，因此，要研究该区的吸收只能在真空条件下操作，故远紫外光谱区又被称为真空紫外光谱区。应用真空紫外光谱分析的仪器，需要将从光源到检测器的整个光学系统都抽成真空状态。这类仪器复杂而昂贵，极少用于在线气体分析。紫外光谱也称为“电子光谱”，主要是由于物质分子内部的运动有转动、振动和电子运动，相应状态的能量（状态的本征值）是量子化的，因此分子具有转动能级、振动能级和电子能级。物质分子吸收紫外线后，产生的是分子中价电子的跃迁。电子能级跃迁时不可避免地要伴随振动能级和转动能级的跃迁，电子能级的跃迁不是产生一条谱线，而是产生一系列由波长间隔约为 0.025～0.05nm 的谱线构成的光谱吸收带，不同的谱带对应于分子中不同能级的电子跃迁，这就是利用紫外吸收谱带进行物质分析的依据。

3.5.1.2 技术分类

紫外光谱气体分析技术按照紫外线吸收和发射的原理不同，主要分为紫外吸收光谱法气体分析技术和紫外荧光光谱法气体分析技术两大类。

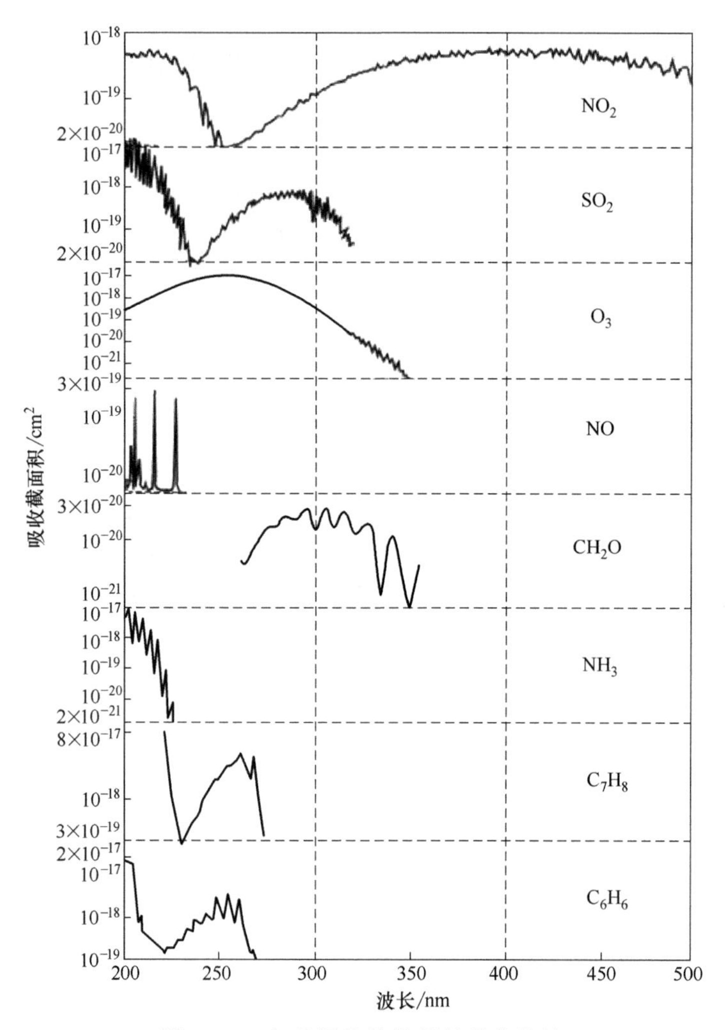

图 3-5-1　气体污染物的紫外吸收特性

（1）紫外吸收光谱气体分析技术

紫外吸收光谱气体分析是利用分子对紫外线的吸收进行分析和检测。

由于在紫外光谱区的气体特征光谱吸收具有峰强度大、干扰少、无水分干扰等特点，紫外吸收光谱气体分析仪已经广泛用于在线气体的监测分析。在线紫外吸收光谱气体分析仪器的检测技术参见 3.5.2 节介绍。

（2）紫外荧光气体分析技术

紫外荧光气体分析应用了分子发射光谱技术。在紫外光谱区，当某些物质被紫外线照射后，会吸收某些波长的光，然后再发出波长更长的光，当照射光停止时，发射光也随之消失，这种光致发射光被称为荧光。应用被测物质的紫外荧光特性和强度进行定量分析的技术称为紫外荧光气体分析技术。紫外荧光气体分析的典型应用是微量 SO_2 在线气体分析。紫外荧光检测 SO_2 的激发波长一般都选在 190～230nm 紫外光谱区。产生荧光的过程是激发态的 SO_2 分子（SO_2*）吸收能量 $h\nu_1$，吸收波长为 210nm；通过一定速率 K，释放能量 $h\nu_2$，发射荧光波长为 240～410nm。由于荧光测量时背景信号很小，荧光法测量样品浓度时要比光吸收法具有更高的灵敏度。在线紫外荧光气体分析仪器的检测技术参见 3.5.3.1 介绍。

3.5.2 在线紫外吸收光谱气体分析仪器的检测技术

在线紫外吸收光谱气体分析仪按工作原理分类，主要分为紫外差分吸收光谱气体分析仪、非分散紫外气体分析仪、光纤传输及阵列式紫外分光气体分析仪、高温快速傅里叶变换紫外光谱分析仪等。在线分析应用较多的是紫外差分吸收光谱气体分析仪。

3.5.2.1 紫外差分吸收光谱气体分析仪

（1）原理

紫外差分光学吸收光谱（differential optical absorption spectroscopy，DOAS）技术，是利用气体分子在紫外-可见光范围内，具有特征差分吸收结构的特点来鉴别气体种类，并根据吸收光谱强度反演待测气体浓度。DOAS 技术是基于被测痕量污染气体分子在不同波段的特征吸收结构，来实现对污染气体的定量检测。

DOAS 光谱测量基本原理是建立在朗伯-比尔定律基础上的。一些气体分子在紫外-可见波段内有吸收特性，属于频率较高的吸收，俗称窄带吸收；而大气或烟气中的颗粒物引起的瑞利散射和米氏散射为宽带吸收。DOAS 技术正是将吸收光谱中窄带部分和宽带部分分离，以消除大气中大分子散射的影响。

根据朗伯-比尔定律的推导，紫外光谱强度吸收的变化可分为散射效应引起的慢变与气体分子自身引起的快变两部分，在计算气体浓度时应当扣除慢变吸收造成的影响。DOAS 方法的一个关键是将测得的污染气体吸收光谱和标准气体吸收截面进行差分处理，得到差分光学吸收度和差分吸收截面。以紫外 SO_2 的差分吸收光谱计算为例，其紫外差分吸收光谱的计算示意参见图 3-5-2。

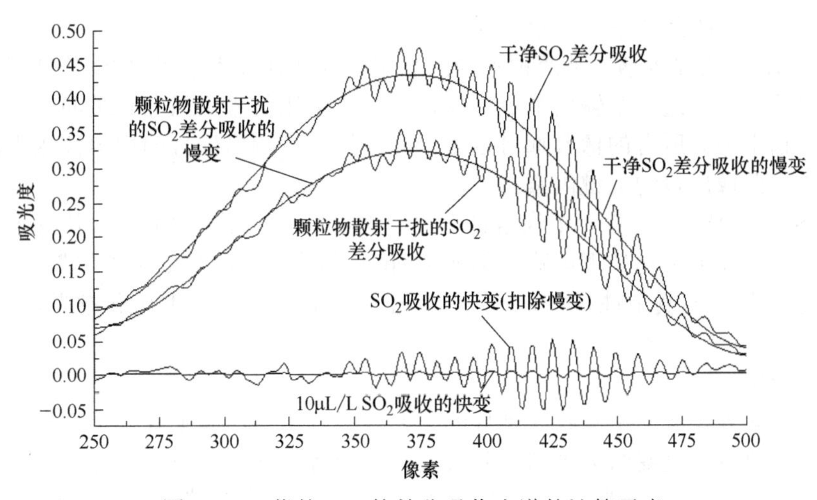

图 3-5-2 紫外 SO_2 的差分吸收光谱的计算示意

值得注意的是：污染气体的标准差分吸收截面除了与波长有关外，还与压力和温度有关，在对固定污染源污染气体进行实时在线测量时，不可能恰好有测量温度下的标准差分吸收截面可供选用，因此必须对温度的影响进行补偿。

（2）仪器组成及关键部件

在线紫外差分光谱分析仪一般是由紫外光源、单色器、检测器等关键部件组成。

主要关键部件简要介绍如下。

① 紫外光源　对紫外光源的基本要求是：应在所需的光谱范围内有足够的辐射强度和良好的稳定性。常见的用于在线紫外差分光谱气体分析仪的紫外灯主要有氙灯和氘灯两种。

a. 氙灯　光谱覆盖范围宽与日光接近，色温6000K；连续光谱部分的光谱分布几乎与灯输入功率变化无关，在寿命期内光谱能量分布也几乎不变；发光区域小，容易用来做准直光束；背反射镜设计结构可提升50%以上的光使用效率；紫外波段输出能量高，适合用来做激发光源；能用来模拟太阳光谱。氙灯种类包括长弧氙灯、短弧氙灯和脉冲氙灯。

b. 氘灯　氘灯泡壳内充有高纯度氘气。氘灯工作时，阴极产生电子发射，高速电子碰撞氘原子，激发氘原子产生连续紫外光谱（185～400nm）。氘灯的紫外线辐射强度高、稳定性好、寿命长，常用作各种紫外分光光度计的连续紫外光源。

② 单色器　单色器是指将光源发出的光分离成所需要的单色光的器件，一般分为棱镜单色器和光栅单色器两种。

a. 棱镜单色器　是利用不同波长的光在棱镜内折射率不同将复合光色散为单色光的。棱镜色散作用大小与棱镜制作材料及几何形状有关。常用棱镜是用玻璃或石英制成，紫外-可见分光光度计采用石英棱镜，它适用于紫外-可见整个光谱区。

b. 光栅单色器　光栅的色散原理是以光的衍射现象和干涉现象为基础的。常用的光栅单色器为反射光栅单色器，它又分为平面反射光栅和凹面反射光栅两种，其中最常用的是平面反射光栅。光栅单色器的分辨率比棱镜单色器分辨率高（可达±0.2nm），可用的波长范围也比棱镜单色器宽。所以现代生产的紫外-可见分光光度计大多采用光栅作为色散元件。

③ 检测器　常见的用于在线紫外差分光谱气体分析仪的检测器有互补性氧化金属半导体（CMOS）和电荷耦合器件（CCD）两种。

CCD和CMOS图像传感器是两种不同的数字影像捕捉技术。在CCD传感器中，每一个像素捕获的电荷一般通过一个输出节点转移，转换成电压信号后保存到缓冲区，再作为模拟信号从芯片传输出去。所有的像素都可以用于光子捕获，输出信号的均匀性相当高。而信号的均匀性是决定图像质量的关键因素。

对CMOS传感器而言，每一个像素都有自己的电荷到电压转换机制，传感器通常也包括放大器、噪声校正和数字化处理电路，因而CMOS芯片输出的是数字“位”。这些功能增加了CMOS传感器设计的复杂性，也减少了捕获光子的有效面积。CMOS传感器的总带宽较高，速度也更快。

（3）典型应用

国内外生产紫外差分光学吸收光谱仪的厂商很多，国内厂商主要有聚光科技、泽天科技等，国外公司主要有西克麦哈克公司、阿美泰克公司等。其典型应用简介如下。

① 用于污染源废气排放监测　紫外差分光学吸收光谱仪的典型应用时用于烟气CEMS监测气体污染物SO_2、NO_x。以聚光科技CEMS-2000产品为例。该产品采用紫外差分光学吸收光谱技术，用于测量烟气中的SO_2、NO_x含量。该系统运用热湿法紫外差分检测技术，可减少水分对测量的影响。

② 用于大气环境质量的在线监测　开放式的DOAS技术已经用于区域环境的大气污染气体在线监测，包括厂界的污染监测等。DOAS技术是利用大气污染气体在紫外光谱大气污染气体在紫外光谱紫外光谱、可见光谱段的吸收特性，有效规避了水气干扰，消除了颗粒物

等大分子散射的影响，可同时检测出多种污染气体，已经成为研究大气污染的一种有效而常见的方法。

3.5.2.2 非分散紫外气体分析仪

非分散紫外（non-dispersive ultraviolet，NDUV）又称非分光紫外，指用一个宽波段的紫外光源，根据待测气体的吸收特性，用窄带的滤光片进行波长选择。随着被测气体的浓度不同，吸收特定紫外线的能量就不同，从而可以通过测定能量的变化来对气体进行定量分析。非分散紫外气体分析仪具有检出限低、灵敏度高、抗干扰能力强等特点。

非分散紫外气体分析原理如图 3-5-3 所示，采用两个滤光片将光源发出的紫外线调制成处于待测气体特征吸收带和偏离吸收带的两束不同波长的光。在处于特征吸收带的紫外线通过的测量通道，待测气体具有强吸收。而在偏离吸收带的紫外线通过的参考通道，待测气体不存在任何吸收，同时该波段的选取也要避免其他气体在本波段的吸收，以降低交叉干扰。可以从参考和测量信号中提取出气体浓度的信息。

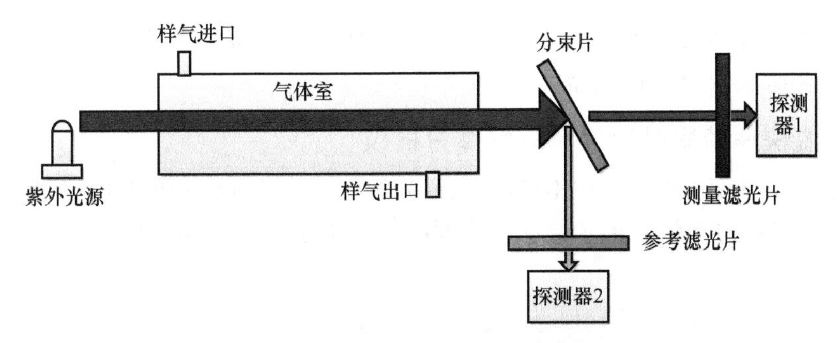

图 3-5-3 典型的非分散紫外气体分析原理

系统主要由紫外光源、气体室、分光模块（分束片和滤光片）及探测器等组成。

非分散紫外气体分析仪可用于分析紫外区有特征吸收波长的气体，典型案例是用于烟气中 SO_2、NO 等分析。由于紫外区无水分干扰，特别适用于在高湿、低浓度检测中应用，如用于超低排放烟气 SO_2 分析。应注意在紫外区检测烟气中 SO_2 时，要考虑烟气中 NO_2 的干扰。

烟气中 SO_2 气体吸收 185～315nm 区域紫外线，吸收带中心波长在 285nm，烟气中 NO_2 在 285nm 也有吸收。NO_2 在 285nm 与 578nm 有相等的吸收，为对 NO_2 干扰进行补偿，可在光路上设置一个中心波长 578nm 的带通滤光片，从而可抵消 NO_2 对 285nm 紫外吸收的影响。烟气中 NO_2 的浓度较低，在 285nm 吸收比 SO_2 弱很多，因此，NO_2 的干扰不大。

3.5.2.3 光纤传输与阵列式紫外分光气体分析仪

随着计算机、光纤传输以及阵列检测器等技术的发展，一种采用光纤传输技术及瞬间扫描全谱的紫外分光光谱仪已经应用到工业过程分析中，典型的仪器原理参见图 3-5-4。仪器光源采用氘灯或者脉冲式氙灯，发出的紫外-可见光区域很宽，由光纤传输射入到安装在现场的测量气室，从测量气室出来的光聚焦后，再由光纤传输到远离现场的光谱分析仪并照射到凹面光栅上，经光栅分光后被反射到光电二极管阵列（PDA）检测器或 CCD 线阵检测器，由检测器输出的信号经处理后可得到被测样品组成与浓度信息。该仪器适用于现场环境非常恶劣的条件下使用。

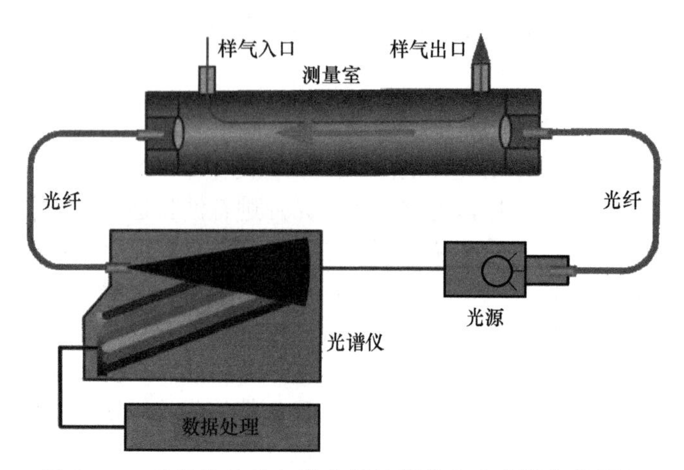

图 3-5-4　光纤传输及扫描全谱的紫外分光光谱仪的原理

另一种类型的阵列式紫外分光仪，不采用光纤传输，直接将紫外光源、测量室、光谱仪与阵列检测器灯组装成一体化仪器。

3.5.2.4　高温快速傅里叶变换紫外气体分析仪

高温快速傅里叶变换紫外（FFT-UV）光谱分析仪，是一种将紫外吸收光谱与快速傅里叶变换（FFT）相结合的紫外气体光谱仪。典型的仪器原理参见图 3-5-5。

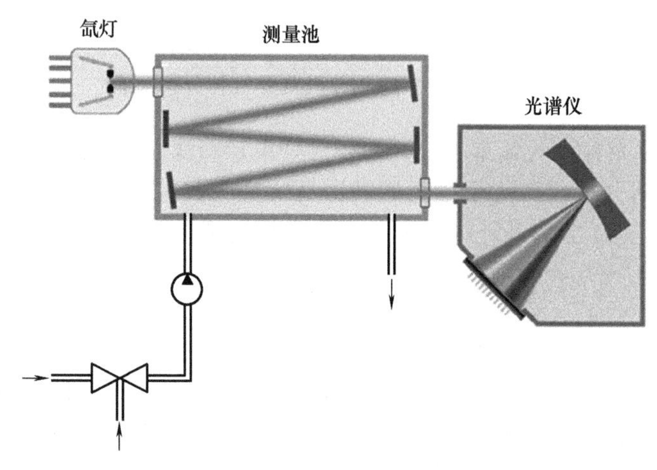

图 3-5-5　高温快速傅里叶变换紫外气体光谱仪原理示意

该仪器光源采用氙灯，光线射入测量气室，出射光经光谱仪的凹面光栅分光后，被反射到高灵敏度的 CCD 检测器（分辨率 0.1nm，像素 2048），得到的紫外吸收光谱，再进行 FFT 快速分析，从而实现多组分气体分析。FFT-UV 与其他 UV 气体分析仪的区别在于利用了不同波长和特殊的算法：对于紫外吸收光谱图随时间有一定周期性变化的组分，其光谱图经快速傅里叶变换（FFT）转换成频域图，从而计算被测样品的组成与浓度信息，如 NH_3、SO_2、CS_2 等组分；对于紫外吸收光谱图是非周期性变化的组分，通过双波长方式，计算被测样品的组成与浓度信息，如 H_2S、SO_2、NO、CS_2、甲醛和乙烯等组分。

3.5.3　在线紫外荧光气体分析仪器的检测技术与组成

3.5.3.1　检测技术

根据玻耳兹曼（Boltzmann）分布，分子在室温时基本上处于电子能级的基态。当吸收了紫外线后，基态分子中的电子只能跃迁到激发单重态的各个不同振动-转动能级。处于激发态的分子是不稳定的，通常以辐射跃迁和无辐射跃迁等方式释放多余的能量而返回至基态，从而产生紫外荧光。紫外荧光分析法常用于痕量 SO_2 在线分析。紫外荧光 SO_2 分析原理见图 3-5-6。

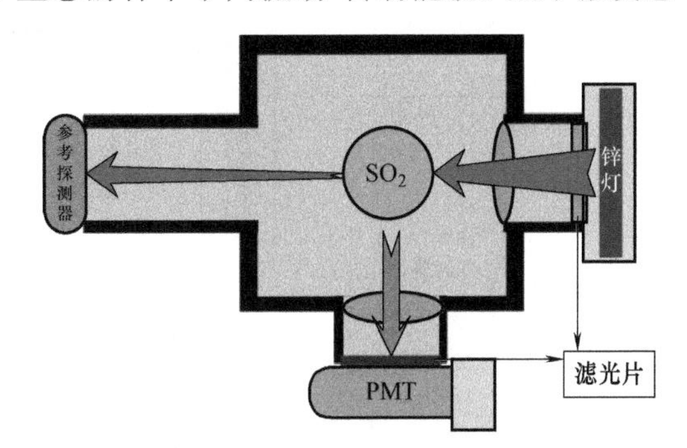

图 3-5-6　紫外荧光 SO_2 分析原理

PMT—光电倍增管

以紫外荧光法 SO_2 气体分析仪为例，紫外荧光法的检测技术简介如下：

SO_2 分子接收 190～230nm 紫外线能量成为激发态分子，在返回基态时，发出紫外特征荧光。该物理过程分为两个步骤：

①首先是 SO_2 分子吸收 190～230nm 波长的紫外线能级跃迁到激发态。通常紫外荧光 SO_2 测量技术中，SO_2 吸收 214nm 波长附近的紫外线。从基态跃迁到激发态的 SO_2 分子数取决于被 SO_2 分子吸收的紫外线强度 I_a，表示为：

$$I_a = I_0[1-\exp(-\alpha l X_{SO_2})]$$

式中，I_0 为 214nm 波长处初始光强；α 为 SO_2 对 214nm 波长紫外光的吸收系数；X_{SO_2} 为 SO_2 的浓度；l 为气体室的光程。

② 其次是处于激发态的 SO_2 分子再次回到基态，发出特征波长的紫外荧光。所发出荧光的光强 I 与激发态的 SO_2^* 分子数和 SO_2^* 转化为 SO_2 的转化率相关。转化率受温度影响，温度越高，SO_2^* 转化为 SO_2 越快，单位时间内转化为 SO_2 的越多。当初始光强 I_0、气体室的光程 l、气体温度 T 已知，转化率为常数，则荧光的光强与气体室中 SO_2 的浓度 X_{SO_2} 成正比。荧光室的温度通过温控恒温在一定的温度点，考虑 SO_2 浓度较低，导致总吸收较小，经过推导 SO_2 浓度 X_{SO_2} 可以近似为：

$$X_{SO_2} = KI \times \frac{T}{T_0} \times \frac{p_0}{p} - b_0$$

式中，K 为比例系数，可以通过标定得到；I 为荧光光强；T 为气体温度，K；T_0 为标准状况温度，K；p 为气体压力，psi（1psi=6894.76Pa）；p_0 为标准大气压，psi；b_0 为仪器零点。

3.5.3.2　仪器组成与关键部件

（1）仪器组成

以在线紫外荧光 SO_2 分析仪的结构组成为例介绍，主要分为光路、气路、电路三大部分。紫外荧光 SO_2 分析仪的组成参见图 3-5-7。紫外荧光气体分析仪大多采用带通滤光片（干涉滤光片、镀膜反射滤光片）来获得激发光。来自连续的或是脉冲紫外光源的光，经光源处理系统形成狭窄的光谱范围，中心波长在 210～220nm。样品反应气室的气体分子吸收紫外光被激发，然后发射荧光，在引导荧光垂直达到检测器前，用带通滤光片选择 320～330nm 区域的光，在该光谱区域 NO 发射的荧光强度低，SO_2/NO 的比值高，用光电倍增管或其他检测器测量荧光辐射强度。

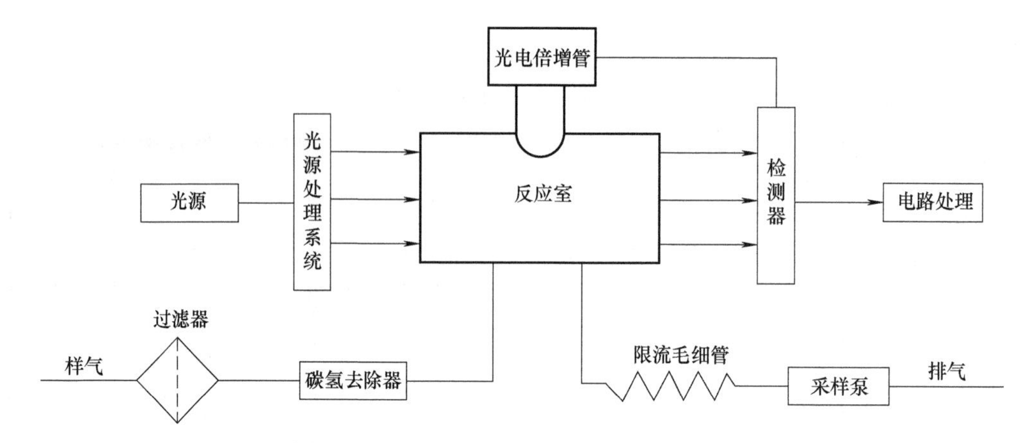

图 3-5-7　紫外荧光 SO_2 分析仪的结构组成

紫外荧光光谱技术是测量 SO_2 的非常灵敏的方法，广泛用于环境空气和排放源烟气中 SO_2 的检测。紫外荧光光谱技术应用于监测排放源排放 SO_2 时，应注意引起 SO_2 荧光猝灭的一些现象。猝灭过程是激发态 SO_2 分子（SO_2^*）在以光能释放激发能前把能量传输给其他猝灭组分的一种现象。猝灭导致 SO_2^*所发射的荧光强度降低。H_2O、CO_2、O_2、N_2、碳氢化合物或产生猝灭的其他分子，都能在不同程度上猝灭所发射的荧光辐射。

紫外荧光法测量二氧化硫分析仪的样气，在进入分析仪之前需要进行过滤、除烃类化合物处理，以保护反应室免受污染和避免烃类化合物引起的荧光猝灭，避免测量误差。为避免荧光强度受温度影响，反应室一般稳定在 50℃。采样系统包括限流器、压力测量装置、流量测量装置及采样泵，限流器主要用于稳定流量（0.5～1L/min）。

为了减少发生荧光的时间和猝灭的可能性，可以使用波长更低的 UV 灯；保持样品室在真空条件下以减少分子间的碰撞；在排放源应用中，用含有类似于排放源气体的背景气体的 SO_2 气体校准仪器。应用最为普遍和最好的方法是用清洁空气稀释样品气体，烟气经稀释后，背景气体组分的差别减至最小。由稀释探头采样系统与测量环境空气 SO_2 浓度的荧光分析仪器组成的 CEMS，已被广泛地应用于监测排放源排放的 SO_2。

国外生产紫外荧光气体分析仪的仪器厂家主要有：美国 Monitor Labs Inc.公司、TE（Thermo Environment Instruments Inc.）公司、美国 API、日本 HORIBA 等。国内厂家有聚光科技等公司生产紫外荧光法二氧化硫分析仪等产品。

（2）关键部件

紫外荧光气体分析仪的主要关键部件有：紫外光源系统、荧光测量气室、光电倍增管（PMT）及带通滤光片等。

① 紫外光源　对光源的基本要求是：应在所需的光谱范围内有足够的辐射强度和良好的稳定性。常见的用于在线紫外荧光光谱气体分析仪的紫外灯主要包括有氙灯和锌灯两种。氙灯介绍参见 3.5.2.1。锌灯是极短波长紫外辐射区的主要光源。锌灯具有优越的热稳定性、长寿命（3000～5000h）和突出的波长 214nm 能量峰值。除了 214nm 的特征波长外，锌灯其他能量损失很小，几乎不会发热。

② 荧光测量气室 荧光测量气室是 SO_2 分子吸收紫外线并产生荧光的部件，其结构和表面工艺对 PMT 型号有重要影响，是整个系统最核心部件。荧光测量气室的结构包括光源安装座、Shutter 安装座、滤光片安装座、光源透镜安装座、气室、消光角锥、PMT 滤光片和透镜安装座。

③ 光电倍增管（PMT）室 光电倍增管（PMT）室结构，包括：PMT、PMT 安装座、TEC、散热片、风扇、温度传感器、LED 光源、保温材料。PMT 的接收窗对准荧光室。通过温控保证 PMT 的工作温度稳定，PMT 工作温度是 5～9℃，温度稳定性为±0.1℃，这样有利于减低 PMT 的噪声。为了保证制冷效果，在 TEC 的热端安装散热片，并且使用风扇提高散热片的散热。同时为保证 PMT 的正常工作，在使用时加入自检功能：在 PMT 保护套中加入一参考的 LED，在开机时通过 LED 灯完成自检。PMT 模块中不仅集成了 PMT 裸管、分压电路和高压电源，还根据信号输出的不同需求集成了其他的功能组件。按照 PMT 模块的信号输出类型，PMT 可以分为电流输出模块、电压输出模块和光子计数探测器。

④ 带通滤光片 滤光片是用来选取所需辐射波段的光学器件，理想带通滤光片透射率随着波长的变化曲线如图 3-5-8 所示。λ_0 为通带的中心波长，$\Delta\lambda$ 为通带的宽度。在理想情况下，滤光片通带内的透射率为 100%。理想滤光片完全可以由透射区域的带宽和通带内中心波长来描述，λ_0 确定带通滤光片的通带位置，而 $\Delta\lambda$ 确定通带的宽度。

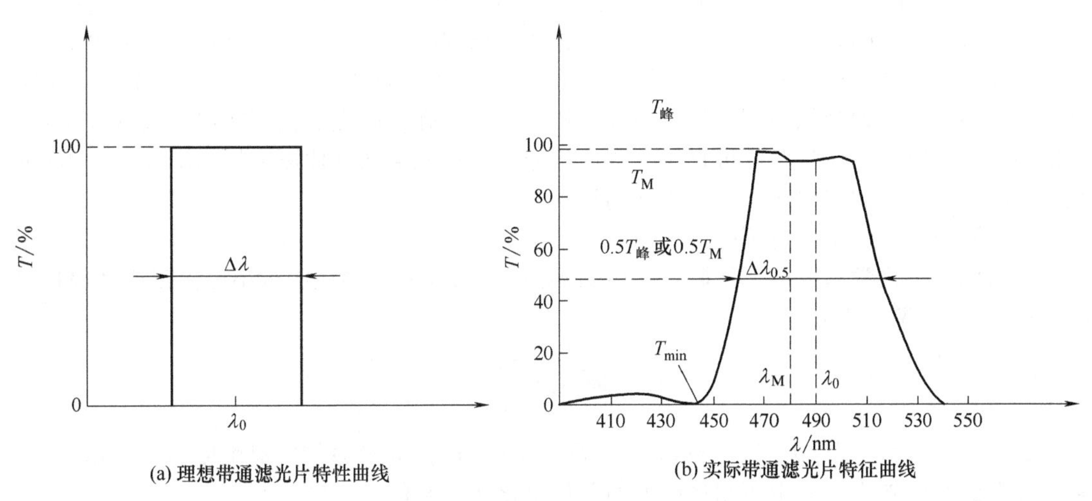

(a) 理想带通滤光片特性曲线　　(b) 实际带通滤光片特征曲线

图 3-5-8 带通滤光片特征曲线

3.5.3.3 典型产品

国外紫外荧光气体分析仪在光源及光源处理系统，主要有两条技术路线，一种是日本 HORIBA 公司采用氙灯为光源，通过镜片组反射获得所需的激发波长；另一种是以欧美 API、热电等公司为代表，采用锌灯为光源，采用滤光片让 214nm 的主共振线通过获得激发波长。日本 HORIBA 公司采用的氙灯为宽光谱的广角光源，波长覆盖 190～2000nm，实际激发 SO_2 发出的荧光是 220nm，需要通过光学镜片组的多次反射得到 220nm 的紫外线进入反应室；其优点是氙灯的寿命较长，达到 2 年以上。欧美公司采用的锌灯光源是线状光源，只产生 214nm 的单波长光，通过窄带滤光片满足激发波长的要求，其优点是光学系统简单，但锌灯光源寿命较短，不超过 1 年。

国内紫外荧光光谱气体分析仪也有多家生产厂，典型应用以聚光科技的 Sysmedia 子公司推出的 S-500 型紫外荧光二氧化硫分析仪为例。该仪器是基于紫外荧光技术测量 10^{-9}～10^{-6} 数量级 SO_2 的分析仪，并用于聚光科技的 CEMS-2000 D 型稀释法烟气连续监测系统。该仪器可用于检测和评价环境空气质量参数的 SO_2 浓度水平。其主要的性能参数：量程最小为 0～100nmol/mol，最大为 0～20μmol/mol；检测下限为 0.4nmol/mol；每 7 天零点漂移<1 nmol/mol，量程漂移<1%F.S.；线性度<1%F.S.；重复性<1%；响应时间<120s 至 90%。

3.6 在线光声光谱气体分析仪器

3.6.1 在线光声光谱气体分析技术概述

3.6.1.1 应用原理

光声光谱在线气体分析仪的检测原理是基于光声光热效应。

（1）光声光热效应原理

光声光热效应是由于物质吸收强度随时间变化的光（能）束或其他能量束而被时变加热（即加热随时间而变化）时所引起的一系列声效应和热效应。光声信号是由波长与被测量组分的吸收谱带相一致的调制光产生的。当入射光强度调制频率小于该弛豫过程的弛豫频率，光强调制就会在气体中产生相应的温度调制。根据查理定律，封闭的光声池内的气体温度调制，会产生频率与光强调制频率相同的周期性起伏。因此，强度时变的光束能够在气体试样内激发出相应的声压，用传声器就可直接检测声信号。光声光谱法气体浓度的测量过程是物质吸收光后产生热，再测定由热产生的声波的过程。

（2）光声信号与最小检测限

根据国际纯化学和应用化学联合会（IUPAC）的定义，光声系统的最小可探测浓度（MDC，mol/dm^3）的计算式如下：

$$\mathrm{MDC}=\frac{3\sigma}{m}$$

式中，σ 为背景信号标准差，mV，称为背景噪声；m 是光声系统的灵敏度，$mV\cdot dm^3/mol$，它是校准曲线的斜率，即由所测量浓度的单位变化所引起的光声信号变化。

光声光谱系统的灵敏度等于激励光功率、传声器（麦克风）灵敏度、光声池常数以及摩尔吸光系数的乘积。除了 MDC，最小可探测光吸收系数（MDOAC）也是衡量高质量光声系统的重要指标。在输出功率约 40mW 的近红外二极管激光为光源的光声系统中，MDOAC 大约为 $10^{-7}cm^{-1}$；而输出功率为几瓦的中红外（IR）气体激光器（CO 或 CO_2 激光器），MDOAC 可以低至 $10^{-10}cm^{-1}$。

光声系统的 MDC 在 10^{-6} 数量级，甚至在某些情况下低于 10^{-9} 量级。在激光器光源光声光谱检测中，低于 10^{-9} 级别检测限的情况也并不少见。光声信号与吸收组分浓度呈线性关系，光声光谱仪器动态检测范围通常为浓度的 4～5 个数量级。

3.6.1.2 应用分析

光声信号的产生机制表明，光声光谱法是对物质吸收光能后经过放热而回到初始状态的过程加以测定的光谱法。这项技术能够对光吸收进行直接测量，是一种无背景测量方法，即在光不被吸收时不产生信号。因此，光声光谱分析技术受反射光和散射光的影响较小，是一种比传统的光吸收光谱更精确、更灵敏的光谱技术。光声光谱中所产生的光声信号与吸收的光能成正比，可以据此计算光吸收组分的浓度。光声光谱与常规光谱技术的主要区别在于，光声光谱检测的光声信号强度的强弱直接取决于物质吸收光能的多少。它能够用来检测各种试样，透明的或不透明的固体、液体、气体、粉末、胶体、晶体或非晶态等物质的吸收，是唯一的检测试样剖面吸收光谱的方法。

光声信号是物质分子在吸收强度调制的外界入射能量后，由受激态通过非辐射过程跃迁到低能态时所产生的。它与物质受激后的辐射过程、光化学过程等是互补的。故光声效应又是一种研究物质荧光、光电和光化学现象的极其灵敏而又十分有效的方法。在光声检测中，试样本身既是被研究对象，又是吸收电磁辐射的检测器，因此，可以在一个很宽的光学和电磁学波长范围内进行研究，而不必改变检测系统。光声光谱的最低检测限主要取决于光源强度、检测器和接收放大器的灵敏度以及窗口材料的吸收。光声效应不仅像光谱方法那样可用来测定物质的吸收谱，而且还可以用来研究弛豫过程、辐射过程的量子效率，用来测定物质的热学性质、弹性性质、薄膜厚度，以及用于对不透明材料亚表面热波成像等各种非光谱现象进行研究等。

3.6.2 光声光谱气体分析仪器的技术分类与特点

3.6.2.1 技术分类

（1）按照光声光谱应用技术分类

按照光声光谱应用技术及光谱区域不同，主要分为：

① 紫外光声光谱在线气体分析仪　基于紫外区光源的光声光谱技术。

② 非分散红外（NDIR）光声光谱在线气体分析仪　基于非分散红外宽谱光源的光声光谱技术。

③ 激光光声光谱在线气体分析仪　基于激光光源的光声光谱技术。根据激光光源不同又分为分布反馈式二极管激光器（DFB-DL）、量子级联激光器光源（QCL）、外腔式量子级联激光器（EC-QCL）、光学参量振荡器（OPO）、带间级联激光器（ICL）光声光谱在线气体分析仪。

（2）按照光声池结构不同进行分类

按照光声池结构不同进行分类，主要分为谐振腔光声光谱气体分析仪、非谐振腔光声光谱气体分析仪。

（3）按照传声器（麦克风）的不同进行分类

光声光谱在线气体分析仪按照传声器（麦克风）的不同进行分类，主要分为：电动式、电容式、音叉式、悬臂梁式等。

3.6.2.2 检测技术特点

（1）分析精度高

光声光谱在线气体分析仪适合高精度测量应用，尤其是不同光源的分析仪可实现 10^{-6}、10^{-9}、10^{-12} 级气体浓度的测量。例如非分散红外（NDIR）光声光谱在线气体分析仪的测量精度在 10^{-7}～10^{-5}，采用分布反馈（DFB）激光器的分析仪测量精度在 10^{-9}～10^{-10}，采用量子级联激光器（QCL）的分析仪测量精度在 10^{-10}～10^{-9}，采用带间级联激光器（ICL）的分析

仪测量精度在 10^{-11}～10^{-10}，采用光学参量振荡器（OPO）的分析仪测量精度在 10^{-12}～10^{-11}。

（2）量程宽

一般的量程比为 1∶10 000，如最低测量值是 10^{-6}，最大测量值为 10%，这是由光声信号与吸收组分的浓度呈线性关系决定的。这种比例在极宽的浓度范围内有效，即光声光谱在线分析仪的动态范围通常为浓度的 4～6 个数量级。

（3）样品量少

由于光声池结构设计要求，根据设计原理不同和应用场景不同，光声池内部气量一般在 15～60mL，特别适合被测气体样品量比较少的工况，比如 100～500mL/min 的样品气体流量工况。当然大流量样品气体工况就更加适用。

（4）测量气体种类多

目前可测量的气体成分种类有 300 多种。可根据不同的测量精度要求和量程要求在 300 多种气体中进行选择和配置，有些厂家同时测量的气体成分是 3 种，有些厂家同时测量的气体成分是 6 种，有些厂家同时测量的气体成分高达 10 种。

3.6.2.3 气体检测系统的组成

光声光谱气体检测系统主要由经过调制的光源、用于产生信号的光声池、声光转换器及数据处理控制单元组成。

激励光的调制频率和波长，气体样品的压力、温度和组成，都将对光声系统的灵敏度产生影响。

3.6.3 在线光声光谱气体分析仪器的关键部件

3.6.3.1 光源

目前常用的光源包括：宽频带红外辐射源，即黑体辐射光源和发光二极管（LED），大多数情况下使用的是各类窄带激光光源［如 CO_2 激光器、CO 激光器、二极管激光器、量子级联激光器和 Nd:YAG（掺钕钇铝石榴石）激光器］。

（1）宽频带红外辐射光源

根据普朗克定律，当温度为 200～500℃时，热辐射光谱大致覆盖范围为整个中红外波段。宽频带红外辐射光源包括：黑体光源，通电碳化硅棒，红外白炽灯泡，涂覆钛、锆、铬、锰、铁、镍、硅、硼等氧化物的发热块，氙灯，以及 MEMS 红外光源（如微型热辐射器、光栅热辐射器、三维光子晶体热辐射器、等离子体 MEMS 红外光源）等。

目前光声光谱气体测量仪器常用的红外光源主要是碳化硅棒和 TO 封装的 MEMS 红外光源（也称作电子脉冲红外光源），波长范围大致为 2～25μm。

（2）发光二极管（LED）光源

发光二极管（LED）光源的低光功率（通常为几微瓦），具有较宽的发射波长范围。中红外发光二极管具有 3～7μm 波长范围，其输出功率可达 150μW，并且光源带宽（约 0.4μm）相当窄（无需额外添加滤波片就可满足选择性）。此外，LED 的电流调制可以使发射光的调制频率满足处于千赫兹范围内，并且不需要复杂的温度或电流控制器。基于中红外 LED 光源的新型光声系统，适用于测量二氧化碳和碳氢化合物。

（3）窄带激光光源

激光光源最重要的优点其是将窄谱带宽和高功率的光相结合，这使其选择性和灵敏度均比非激光光源高几个数量级，并且大多数激光器的光束形状对于光声测量是十分有利的（低发散角、低光束直径），是光声系统中较为常用的光源。以下介绍常用的几种激光光源。

① 气体激光器 如CO_2激光器和CO激光器。CO_2激光器是高功率光源，其输出光功率在1W以上。大多数CO_2激光器属于连续波光源，只能通过机械斩波器调制，其光声测量通常受到来自大气中二氧化碳和水蒸气的强烈光谱干扰。CO激光器能提供高功率光（约1W），并在中红外波长范围内（5～7.6μm）发射。CO激光器结构复杂，需要用液氮进行冷却，因此尚没有得到广泛使用。

② 分布反馈式（DFB）二极管激光器 DFB激光器属于连续光源，可在0.7～2μm的近红外波长范围内使用，光功率为20～40mW。其结构紧凑、坚固，工作寿命长达10年。以单模发射，通过改变激光温度或驱动电流均能使其发射波长在0～2nm范围内连续可调。可以用置于激光器外壳内的小型热电制冷器进行温度调谐。其电流可以在宽频率范围内调制（包括典型的光声测量频率范围），并且幅度和波长均可实现调制。更有利的是二极管激光器的光可以通过一个可附在光声池上的透镜直接射入光声池中，光纤耦合的存在形式简化了系统的光学布局，使系统的稳定性得以提高。

③ 量子级联激光器（QCL） 目前QCL的波长范围大致为3.4～17μm，具有比分布反馈式（DFB）激光器更宽的调谐范围。现有商品级量子级联激光器功率较小，为毫瓦量级，接近4μm附近可在常温下连续工作，在5～8μm波长下需以水冷或半导体制冷器等进行冷却，在此条件下可进行脉冲准连续工作。量子级联激光器具有中红外区大范围的输出波长，覆盖了大量气体分子振转能级的基频吸收，已用于痕量气体高灵敏度探测。

④ Nd:YAG激光器 此种激光器发射的波长固定不可调。联合非线性波长转换部件的Q开关脉冲Nd:YAG激光器，可同时产生多个波长（1.064μm、532nm、355nm和266nm）。532nm和266nm的辐射可分别用于二氧化氮和臭氧的高灵敏度测量。Nd:YAG激光器在光声光谱技术中应用的另一个例子是为获得连续可调节的高功率红外光源所构建的光学参量振荡器（OPO）系统。

⑤ 光学参量振荡器（OPO） 是一种非线性光学器件，它将泵浦激光器的波长转化为光学谐振器中的两个较长的波长，发射波长取决于非线性光学（NLO）晶体的结构，可达波长范围最终仅受NLO传输窗口的限制。这种非常宽的光谱选择性和调谐能力是OPO相对于其他中红外光源的优势。

OPO可以提供波长在2.8～3.6μm范围的高输出功率。在此范围内包含了如BTX、C_2H_2、CH_4、HCN、HCl和HF等气体的一些最强的基本分子跃迁。而量子级联激光器（QCL）不容易到达这个波长区域。在该区域内分布反馈二极管激光器和带间级联激光器的可用功率也要比OPO低几个数量级。与其他中红外技术相比，OPO具有的宽调频能力可以使其更好地利用普通信号处理和化学计量学对多个组分进行多气体检测。

3.6.3.2 光声池

光声池的尺寸是根据声波的波长来设计的，目前常用的光声池有：谐振腔式光声池和非谐振腔式光声池。谐振腔包括赫姆霍兹谐振腔、一维谐振腔、空腔谐振腔、离轴谐振腔（Herriott谐振腔）等；非谐振腔包括微机电（MEMS）光声池、空芯光子晶体光纤等。

（1）谐振腔式光声池

谐振腔的放大倍数受光声池壁的黏滞系数、热损耗及出射端的损耗等因素影响。为了与激光光束对称性匹配，最常用的光声池为圆柱形和球形。麦克风探测到的信号与其所处位置压力的振幅成正比，因此把麦克风放在声波的波腹位置。

① 赫姆霍兹谐振腔　基于赫姆霍兹谐振原理对光声效应激发的声波进行放大。赫姆霍兹光声池有一大一小两个体积不同的气室，气室间由一根较细的圆柱形管道连接。红外激光光束从体积较大的空腔射入，与待测气体发生作用，而传声器安装在体积较小的气室中，检测气体激发的光声信号。赫姆霍兹光声池可通过改变连接管道横截面积和管道长度等手段大幅度调节其工作的谐振频率，但对光声信号的增益有限。

② 一维谐振腔　如果腔的截面尺寸远小于声波波长，则被激发的声波信号只沿腔长方向变化，该腔体可被认为是一维谐振腔。一端开口一端闭口的腔室要求其长度是 1/4 声波波长的奇数倍，两端都开口或者封闭的腔室则要求是声波半波长的整数倍。

③ 空腔式谐振光声池　基于驻波放大原理，通过合理设计并优化光声池谐振腔的结构，利用声波的驻波对光声信号进行增益放大，能够有效地提高光声光谱检测灵敏度。由于空腔式谐振腔采用规则形状时，其内部驻波分布具有简单的形式，而圆柱形光声池能与轴对称的光束、轴对称的激发场很好的匹配，故空腔式谐振光声池大多采用圆柱形谐振腔。

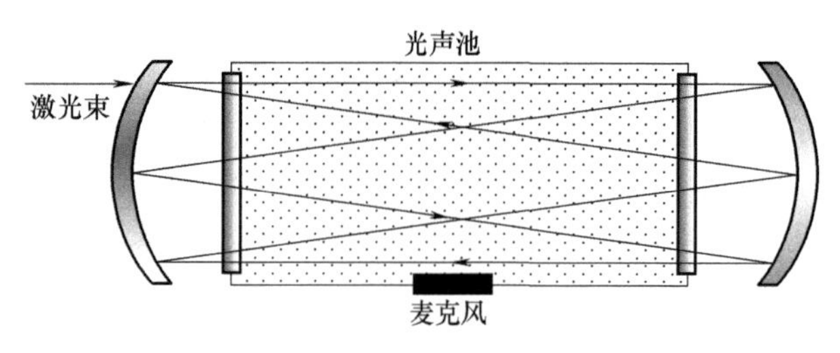

图 3-6-1　离轴谐振腔（Herriott 谐振腔）

④ 离轴谐振腔（Herriott 谐振腔）参见图 3-6-1，它的结构相对简单，体积较小。Herriott 谐振腔有两个球面镜放置在腔外，由于焦距和镜面距离的设置，形成多次反射的闭环。多通道光声谐振腔可以使整个系统的体积更小，但是不降低信噪比，这对机载和便携式的应用是很重要的。

（2）非谐振腔式光声池

非谐振式光声池虽然无法对光声信号进行增益放大，但通过适当地缩小光声池体积、降低调制频率，亦能产生较强光声信号，具有结构简单、成本低廉等优点。

微机电（MEMS）光声池参见图 3-6-2，由两个 10mm 长的开放截面谐振器组成，每个直径为 0.864mm。谐振器两侧有一个缓冲区（滤音器），用以抑制噪声。谐振器长度是缓冲区长度的两倍，缓冲区的直径至少是谐振器的三倍。为了进一步抑制气流噪声，该光声池设计复杂的分离样品进口/出口。光声池有两个锗窗，通过环氧树脂粘接在光声谐振器两侧的缓冲区上。聚乙烯管连接到缓冲区上，允许气体样品通过进口/出口流动。MEMS 光声池安装在两个印刷电路板之间，允许麦克风连接 5 号干电池和锁相放大器（通过卡扣连接器连接）。

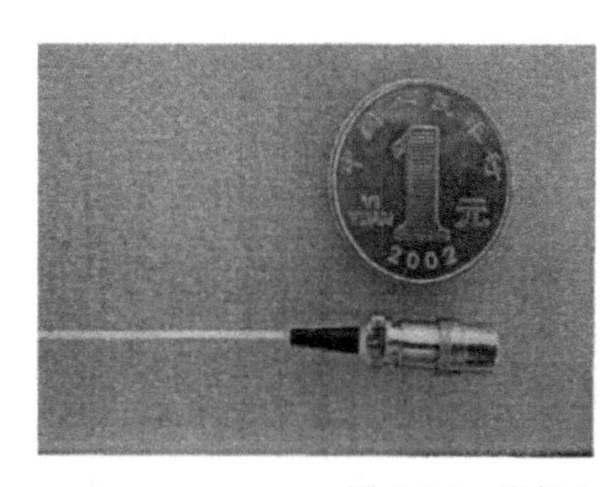

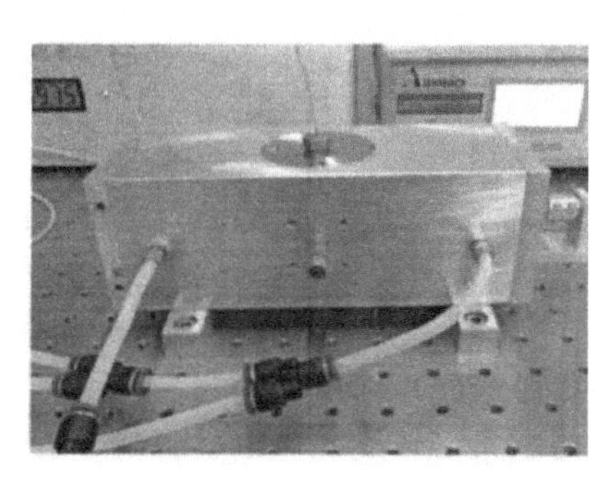

图 3-6-2　微机电（MEMS）光声池

3.6.3.3　声学传感器

在光声池中产生的声音信号通过声学传感器转换为电信号。常用的声学传感器包括传统的电动式传声器（麦克风）、压电式传声器、电容式传声器，还有随着技术发展进步出现的硅微传声器、石英音叉、悬臂传声器等新型声学传感器。

（1）电动式传声器

电动式传声器是利用受振器件切割磁力线，产生感应电动势，将声波振动转换为电信号。灵敏度低，容易产生噪声且频率响应范围较窄。

（2）压电式传声器

压电式传声器是利用声信号使压电换能器发生形变，导致换能器两极间电荷重新分布，从而引起输出电信号的变化。

（3）电容式传声器

电容式传声器的震动元件是导电的弹性薄膜，基于弹性金属涂覆的薄膜运动造成电容的改变，当声波作用在电容式传声器（麦克风）振膜上时，膜片振动使后极板之间距离改变，导致电容量的变化。以北京北分麦哈克分析仪器有限公司非分散红外气体分析仪中的电容式传声器为例，其低频声压灵敏度>500mV/Pa，参见图 3-6-3。

图 3-6-3　电容式传声器

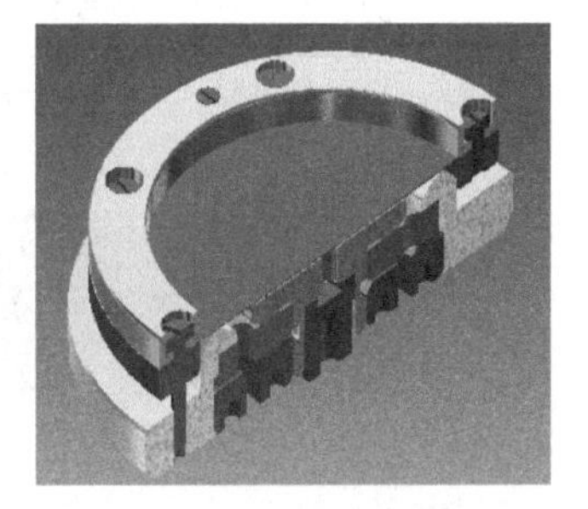

图 3-6-4　硅微传声器结构

（4）硅微传声器

硅微传声器是采用硅材料为基片，使用微电子工艺技术制造的传声器。它能够在芯片上集成一个模数转换器。硅微传声器的声压电平高，灵敏度高，频响范围宽并具有抗电磁干扰特性。其结构参见图 3-6-4。

（5）石英音叉

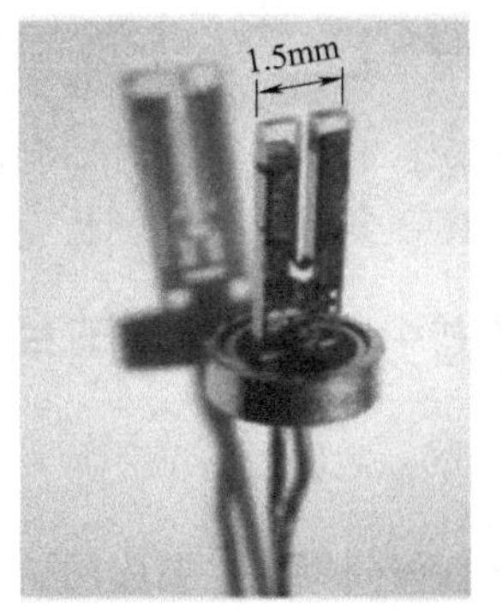

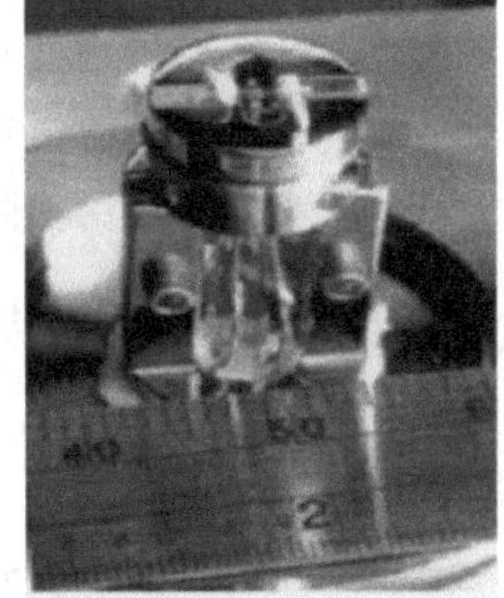

图 3-6-5　石英音叉

石英音义（QTF）参见图 3-6-5。声压波会激发石英音叉共振，通过压电效应产生电信号实现测量。石英音叉在大气压下的品质因数（Q）约为 8000，该值远高于任何类型谐振光声池的品质因数。石英音叉的谐振频率在 30kHz 以上，这确保了其对噪声的抗干扰能力，因为 10kHz 以上的环境噪声通常可忽略不计。

应用石英增强型光声光谱（QEPAS）技术的分析仪于 2018 年初问世，其检测精度达到 10^{-9} 量级，部分气体精度可达 10^{-12} 量级。QEPAS 系统需要很少量的样品气体，只有几立方厘米，对环境噪声耐受性强。石英音叉不需要大的声学共振腔来获得高灵敏度，因为音叉本身能收集声能量。音叉的品质因数（Q）在大气压下可以超过 10000，与谐振腔是一致的。

适宜用于光声光谱分析的 QTF 的频率为 32.76kHz。由于音叉两叉头间隔不超过 1mm，低频噪声导致音叉的两股叉向同方向振动，因此不会引入噪声信号。QTF 的优点是 Q 值高，具有广泛的可用性和高共振频率。

（6）悬臂传声器

悬臂传声器参见图 3-6-6。悬臂是由硅制成的。其工作原理是利用光束偏转或干涉测量法检测弹性薄膜或硅悬臂的运动。周围气体的压力变化会使极薄的悬臂（长 l=4mm，宽 w=2mm，厚 t=5μm）发生弯曲振动。硅悬臂周围的框架较厚（380μm），框架和悬臂之间有一个窄的间隙（Δ=30μm）。压力的变化只会导致悬臂的弯曲而不会导致它的拉伸。因此，在相同的压力下，悬臂自由端的位移比拉紧的薄膜中点的位移要大两个数量级。悬臂的位移范围相当大，且当悬臂尖端的位移小于 10μm 时，响应非线性。

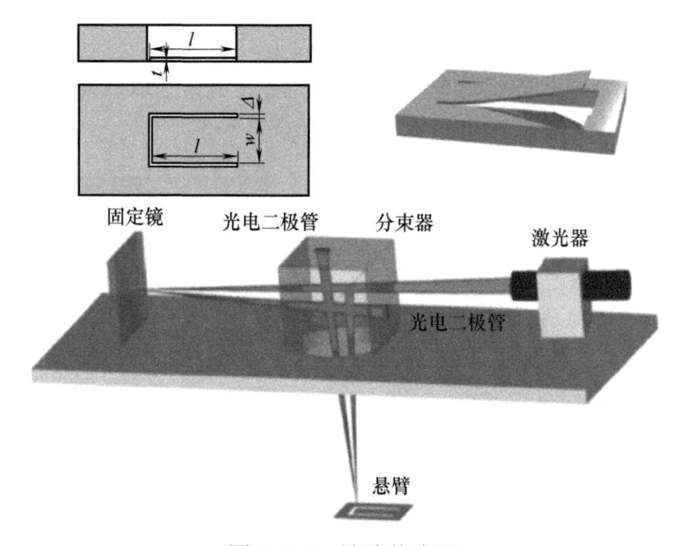

图 3-6-6　悬臂传声器

北京杜克泰克公司与芬兰干涉公司联合研制的 DK-MF10 光声光谱分析仪，采用了增强型悬臂传声器，适用于微量、多组分气体分析。

3.6.4　在线光声光谱分析仪的应用与典型产品

3.6.4.1　仪器应用

光声光谱在线多组分气体分析仪主要应用于污染物超低排放监测、化工行业过程优化、特种气体过程生产在线监测、出入境熏蒸气体在线监测、医疗过程微量气体监测、变压器油中气体在线监测、室内外空气质量在线连续监测、发动机尾气在线连续监测等。

光声光谱在线多组分气体分析仪目前可以测量的气体有 300 多种。主要包括：烃类、无机气体、挥发性有机物、腐蚀性气体、麻醉剂、熏蒸气体、臭氧（O_3）、氟里昂（CFCs）以及全氟化碳（PFCs）等。

光声光谱在环境监测和工业在线监测的应用很广，如基于红外光声光谱技术的在线多组分气体分析仪，可用于固定污染源废气挥发性有机物连续监测，也可以针对不同行业扩展不同无机气体（如 HCl、NH_3、H_2S、HF、HCN、CH_4 等）的监测，以及部分有机气体（如甲醛、乙醛、苯乙烯、丙酮、苯、甲苯、二甲苯、乙醚、乙醇等）的检测。实验证明利用脉冲 Nd:YAG 激光器研制的臭氧监测光声仪器，测量精度比紫外吸收光度计提高近 1 个数量级。

光声光谱在线多组分气体分析仪还可实现对农林业生态学痕量气体的检测，比如碳氮循环中的 CO、CO_2、CH_4、NH_3、N_2O、NO_2 等气体的检测；可以用来测量生物发酵气、观测温室气体通量等；还可以用于微生物学和医学上的无损呼吸分析等。光声光谱可以用于航空航天、潜载工具等的密封舱体中环境有害污染物的检测；还用来分辨和检测爆炸物的存在和监测杀伤性武器、化学武器等泄漏的微量气体。

光声光谱技术可实现对痕量气体的检测，但其对现场使用的环境条件要求很高，需要放置在环境噪声低、恒温、恒湿的分析小屋内。

3.6.4.2 典型产品

（1）典型产品 1：DK-MF10 光声光谱微量多气体分析仪

该产品是北京杜克泰克公司的产品。采用增强型悬臂传声器进行光声池内声音信号的采集。吸收的红外光辐射耗散造成的光热压力波会导致悬臂的移动，悬臂的位移会被精密的迈克尔逊干涉仪测量。通过 CCD 采集条纹的光信号，通过软件进行傅里叶变换，获得悬臂微位移量，从而计算被测气体的浓度。光谱每个峰的大小值直接正比于峰对应频率的悬臂位移。光谱中每个峰对应于单独的分析物成分。用这种方法可以得到至少 6 个数量级动态范围的线性浓度。DK-MF10 光声池原理参见图 3-6-7。

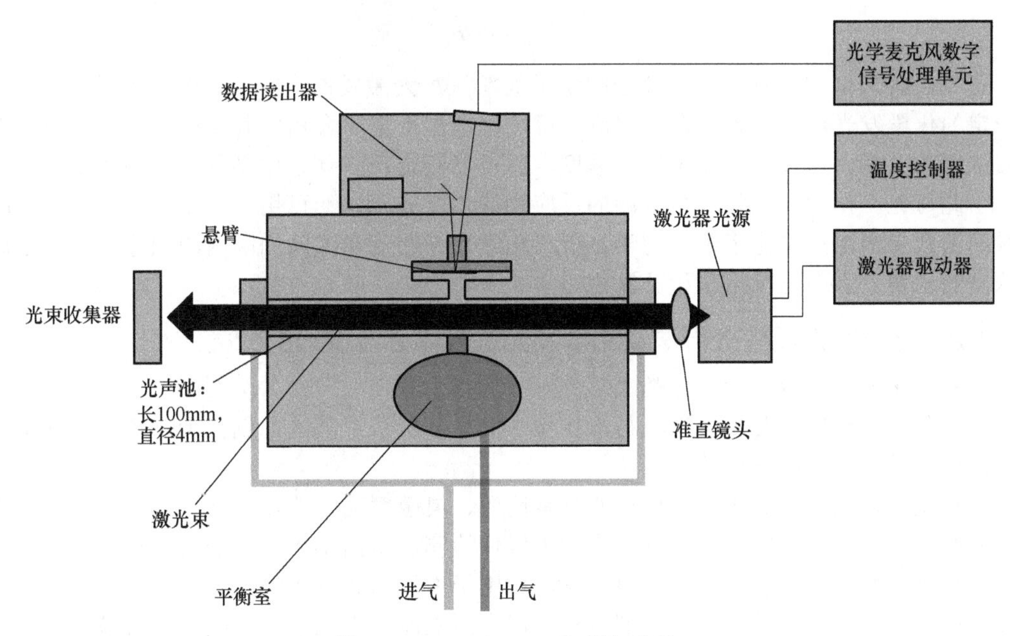

图 3-6-7 DK-MF10 光声池原理

（2）典型产品 2：SPTr-GAS 光声光谱气体分析仪

该产品是江苏舒茨测控设备有限公司的产品，采用了一种新型硅微传声器，可以实现多组分气体的微量与痕量分析。所采用硅微传声器的检测灵敏度（分辨率）可达 10^{-8}，检测精度可达 10^{-7}。

3.7 在线化学发光气体分析仪器

3.7.1 在线化学发光气体分析技术概述

3.7.1.1 化学发光分析法的基本原理

化学发光（chemiluminescence，CL）分析技术是分子发光分析法的一种。当物质分子吸收了由化学反应释放出的化学能而产生激发，回到基态时发出的光辐射被称为化学发光。根据化学发光强度进行分析的方法称为化学发光分析法。

物质发生化学发光所吸收的能量是由化学反应提供的。某些物质在进行化学反应时吸收了反应所产生的化学能，使反应产物分子激发至激发态，当返回基态时发出一定波长的光或者将能量转移给其他分子而发射光辐射。

最简单的化学发光反应，由激发和辐射两个关键步骤组成。化学发光分析法是通过测量化学发光强度来确定物质含量的方法。化学发光强度（I_{CL}）取决于反应速率（dC/dt）和化学发光量子效率（Φ_{CL}）。化学发光强度用方程式表示为：

$$I_{CL}(t)=\Phi_{CL}\mathrm{d}C/\mathrm{d}t$$

其中的 Φ_{CL} 可表示为：

$$\Phi_{CL}=\Phi_r\Phi_f$$

式中，Φ_r 为生成激发态产物分子的量子效率；Φ_f 为激发态产物分子的发光量子效率。对于一定的化学发光反应，Φ_{CL} 为一定值，可按质量作用定律表示出其反应速率与反应体系中物质浓度的关系。通过测定化学发光强度，就可以测定反应体系中某种物质的浓度。

由此可见，化学发光强度与被测的反应物的浓度成正比，可用于定量分析。发光强度作为时间函数来测定，也能用于动力学分析。化学发光在一定时间间隔内的积分强度也是反应物浓度的函数，因而也可用于积分测定。

3.7.1.2 化学发光反应分析法及化学发光法气体分析仪器的分类

（1）化学发光反应分析法分类

主要分为气相化学发光分析法与液相化学发光分析法，其区别就在于前者是在气相中进行，而后者是在液相中进行的。

气相化学发光分析法在线分析仪器具有简便、灵敏度高等特点，能满足大气污染物监测等方面的要求，特别适用于微量氮氧化物等气体检测，从而得到较快的发展与应用。

液相化学发光分析法的应用也很广泛，可用于天然水和废水中的金属离子测定。液相化学发光反应在样品池中进行，反应剂与样品混合后立即产生光信号，由光电倍增管接收光信号。现代水质的化学发光分析仪器大多采用流动注射法测量。

（2）化学发光气体分析仪器分类

化学发光法气体分析仪器按照测量对象分为两类：一类是用于对常温下呈气态的含氮化合物、含硫化合物、臭氧、乙烯等进行分析的化学发光气体分析仪；另一类是对在火焰中易生成气态原子的P、N、S、Te、Se等元素进行分析的化学发光法检测器。

化学发光法检测器中的火焰光度检测器（FPD）已应用于气相色谱仪等分析仪器中。另外还有用于气相色谱仪的氮化学发光检测器（NCD）、硫化学发光检测器（SCD）等。

化学发光法在线气体分析仪已经广泛用于环境空气及烟气排放的微量氮氧化物（NO_x）以及微量 NH_3 等的在线分析。

3.7.1.3 检测原理

（1）测定氮氧化物的原理

化学发光气体分析仪用于氮氧化物分析，能够监测 NO_x，其基本原理是利用臭氧和 NO 的气相反应所发光的光强大小，来衡量大气中 NO 的浓度。

NO 与 O_3 在常温下就能产生化学发光反应：

$$NO+O_3 \longrightarrow NO_2^*+O_2 \qquad NO_2^* \longrightarrow NO_2+h\nu\ (\lambda \geqslant 600nm)$$

反应生成的 NO_2^* 的外层电子处于激发态，它将立刻回到基态，同时释放出 600～2400nm 的光波，其峰值波长为 1200nm。反应室中使臭氧浓度过量，则通过测定其发光强度的变化，可连续监测 NO 的浓度。利用滤光片选择测量在 600～900nm 窄带范围内的化学发光辐射强度，光强大小是与 NO 的浓度成比例的，从而可测量 NO 浓度。

化学发光法测 NO 时，NO_2 没有响应，因此，为了测定与 NO 共存的 NO_2，可采用氮氧化物转换炉，将 NO_2 还原成 NO 后检测。化学发光气体分析仪已经广泛用于测量微量氮氧化物，可以满足空气质量监测及烟气排放氮氧化物的监测要求。化学发光分析仪还可通过氨转化炉，将微量氨转换为 NO 后检测，通过间接法测量微量氨。

化学发光气体分析仪大多采用常温下化学发光反应法测量，主要分为单通道及双通道两类。

① 单通道分析仪的测量原理　单通道化学发光法气体分析仪的原理示意参见图 3-7-1。单通道测量的化学发光分析仪，在测量系统中只有一个化学发光反应室。仪器需要通过自动控制切换阀实现两种方式的测量：一种方式是样品气直接进入化学发光反应室，样品中 NO_x 含量中只有 NO 与 O_3 发生化学发光反应，并测量 NO 浓度值；另一种方式是通过自动切换阀使样品气全部进入氮氧化物转换炉，将样品中的 NO_2 转化为 NO，然后，再进入化学发光反应室，此时测量的是样品气中的 $NO+NO_2$ 的总量。通过控制器按程序设定自动控制切换阀，轮流测量出样品中 NO 值，及 $NO+NO_2$ 总量值。这样也可通过计算测量样品中 NO_2 值（用测得的 $NO+NO_2$ 总量值减去 NO 的测量值）。

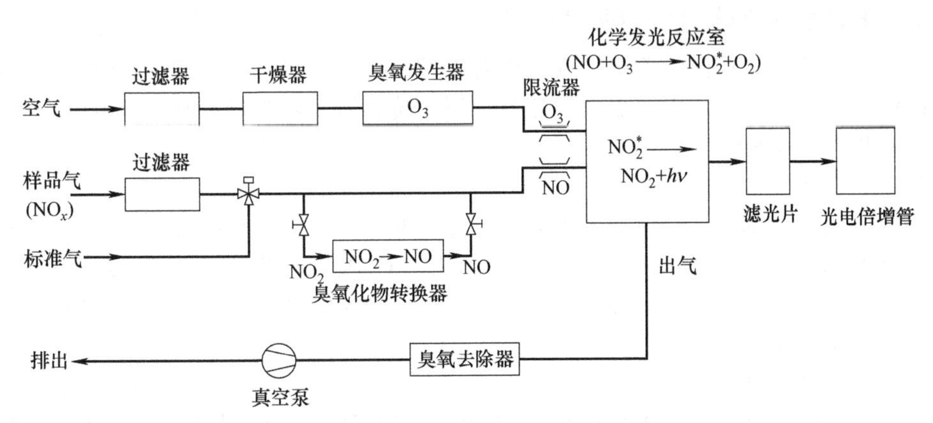

图 3-7-1　单通道化学发光法气体分析仪测量原理示意

② 双通道分析仪的测量原理 双通道化学发光分析仪与单通道化学发光法的区别是化学发光反应室有两个，测量分为两个通道，一个通道测量 $NO+NO_2$ 总量值；另一个通道测量 NO。空气经过干燥器脱湿后，通过臭氧发生器产生臭氧，同时进入两个反应室。样品气通过电磁阀后分成两路，一路先经过氮氧化物转换炉，将 NO_2 均转换成 NO，再进入反应室，测量的结果是 $NO+NO_2$ 的总量；另一路样气直接进入 NO 反应室，测量结果是 NO 的量。双通道化学发光分析的优点是可同时测出 $NO+NO_2$ 总量和 NO 的量。由于需要两个化学发光反应室，仪器复杂，成本增加，其应用受到限制。

（2）测定硫元素的原理

一般化合物在火焰温度下成为气态原子，气态原子所产生的化学发光反应被称为火焰化学发光。用于气相色谱法的火焰光度检测器（FPD）的原理示意参见图 3-7-2。

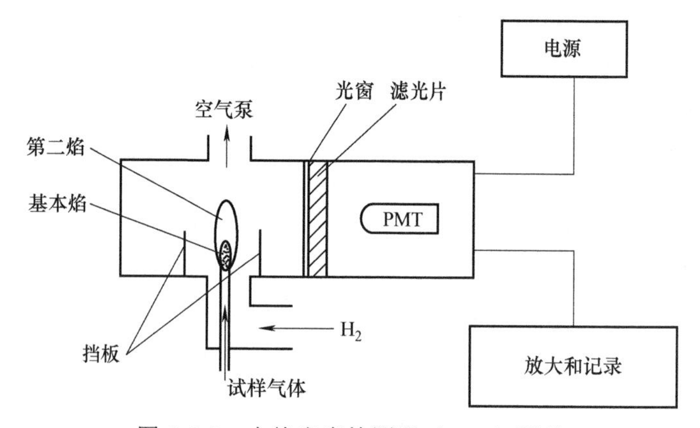

图 3-7-2 火焰光度检测器（FPD）原理

被测气体和燃烧气体进入反应室，在反应室里形成初始燃烧区和第二燃烧区。在初始燃烧区里，最初可燃的化合物热解，进行氧化反应。在第二燃烧区里，气化后的原子或自由基离子产生化学发光。硫元素化学发光反应最强发射带位于 330～460nm 内，选用 394nm 的干涉滤光片就可实现对含硫试样的检测，检测限约为 5×10^{-9}。

3.7.2 在线化学发光法气体分析仪器的关键部件

3.7.2.1 化学发光气体分析仪关键部件

化学发光法气体分析仪的关键部件主要有 O_3 发生器、氮氧化物转换炉、化学发光反应室。气路部件包括各种管阀件、干燥器、过滤器、压力传感器和控制器、真空泵等，检测部件有光电倍增管和电子控制器等。

（1）O_3 发生器

O_3 发生器有两种原理，一种是采用 UV 照射石英管中的氧气产生 O_3；另一种是采用干燥空气在高压（7000V）电弧放电作用下产生 O_3。用于 O_3 发生器的空气必须是经过干燥和过滤的空气。发生的 O_3 通过限流管后进入化学反应室，与被测样气中 NO 反应。反应室必须有过量的 O_3 与 NO 产生化学发光反应。

（2）氮氧化物转换炉

氮氧化物转换炉用于将 NO_2 催化还原成 NO。按照 HJ 76 标准规定，用于烟气 CEMS 测定氮氧化物的转换炉，其转换效率应≥95%。氮氧化物转换炉的催化剂一般采用钼、不锈钢、玻璃状碳等。不同的催化剂要求转化炉的工作温度不同，并适用于不同的工况条件。不锈钢转化炉的工作温度为 650℃，当烟气组分中含有 NH_3 时，不锈钢转化炉会将 NH_3 也转换成 NO，因此会干扰测定。采用钼转换炉时，工作温度较低，在 450℃左右，不会将 NH_3 转化成 NO，不会干扰测定。因此，氮氧化物转换炉大多采用钼转换炉。

转换炉也可以采用碳填充剂，在 400～600°C 时能得到 98%的转换率，应注意存在于碳材料中的不纯物质会影响测定，其化学反应如下：

$$NO_2 + C \longrightarrow NO + CO$$

也可以采用玻璃状碳作催化剂，在加热到 200℃时，转换率可达 95%～100%；或在碳表面沉积钼也可得到好的效果，能在较低的 350～475℃条件下，得到 98%的转换率。

（3）化学发光反应室

化学发光反应室中，NO 和过量 O_3 反应，产生激发态的 NO_2 并迅速返回基态，从而产生化学发光，利用带通滤光片使 600～900nm 范围内的化学发光通过光电倍增管，测量其化学发光的强度，计算后得到样品气中 NO 浓度值。

3.7.2.2　气相色谱仪的化学发光检测器

气相色谱仪应用的化学发光法检测器，除上述介绍的火焰光度检测（FPD）测量硫化物之外，还有氮化学发光检测器（NCD）及硫化学发光检测器（SCD）。简要介绍如下。

（1）氮化学发光检测器（NCD）

氮化学发光检测器（NCD）是氮选择性检测器，对氮化合物呈等物质的量线性响应。检测原理是：采用不锈钢燃烧器使含氮化合物在高温下燃烧生成氮氧化物（NO）。光电倍增管检测到由 NO 和臭氧发生连续化学发光反应而产生的光。因为反应的专属性，分析复杂样品基质也几乎没有干扰。

（2）硫化学发光检测器（SCD）

硫化学发光检测器使用双等离子体燃烧器使含硫化合物在高温下燃烧生成一氧化硫（SO）。光电倍增管可检测由 SO 和臭氧发生化学发光反应而产生的光，大部分样品基质都不会对其产生干扰。

硫化物燃烧形成一氧化硫（SO）的燃烧过程能达到超过 1800℃的高温，这在标准热裂解方法中难以达到。这一专利技术使 SCD 能够对任何含硫化合物进行超高灵敏度检测，这些化合物可以采用气相色谱（GC）或超临界流体色谱（SFC）进行分离。

3.7.3　在线化学发光分析仪器的典型产品与应用

3.7.3.1　典型产品

化学发光法主要用于大气中的微量或痕量氮氧化物气体分析。国内代表产品有聚光科技 AQMS-600 氮氧化物分析仪，钢研纳克检测技术有限公司的 AQMS-1000N 型氮氧化物分析仪。国外主要有美国热电公司的 NO_x 分析仪及 NO_y（广义的氮氧化物）分析仪等。

（1）典型产品 1：聚光科技 AQMS-600 氮氧化物分析仪

AQMS-600 氮氧化物分析仪的结构原理参见图 3-7-3。仪器用于测量 10^{-9}～10^{-6} 量级的 NO_x，为环境空气质量监测系统的分析仪之一。

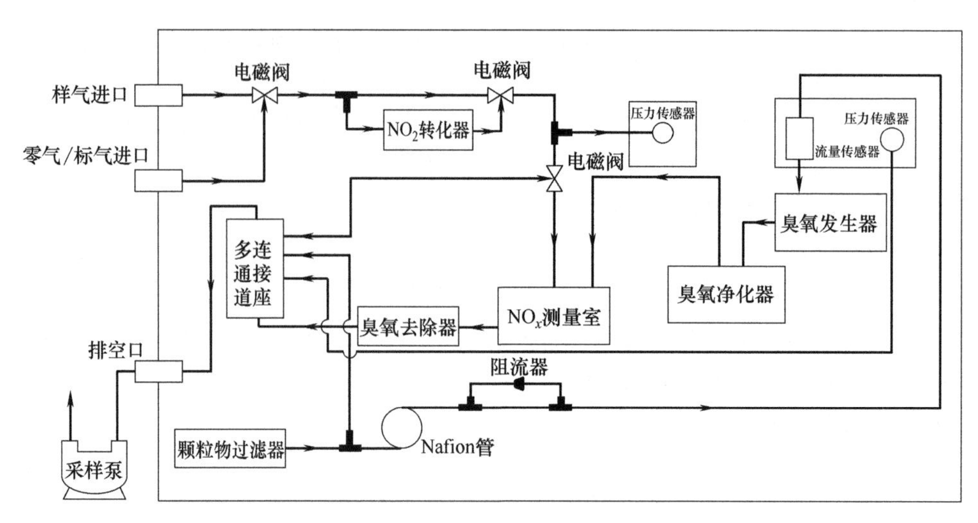

图 3-7-3　AQMS 结构原理示意

（2）典型产品 2：美国热电 42i 型 NO-NO_2-NO_x 分析仪和 Model 42i 型 NO_y 分析仪

氮氧化物是大气中主要污染物之一。一般在大气污染物监测中：NO_x 指 NO 和 NO_2 二者总和；NO_y 指广义的氮氧化物，包括 NO_x、HNO_2、HNO_3、HONO、NO_3、N_2O_5、过氧乙酰硝酸酯（PAN）、有机氮和颗粒态氮氧化物等；NO_z 定义为 NO_y 中除了 NO_x 之外的部分。

美国热电公司生产的 Model 42i-TL NO-NO_2-NO_x 分析仪采用化学发光法，用于测量源头排放的氮氧化物。其结构原理图参见图 3-7-4。

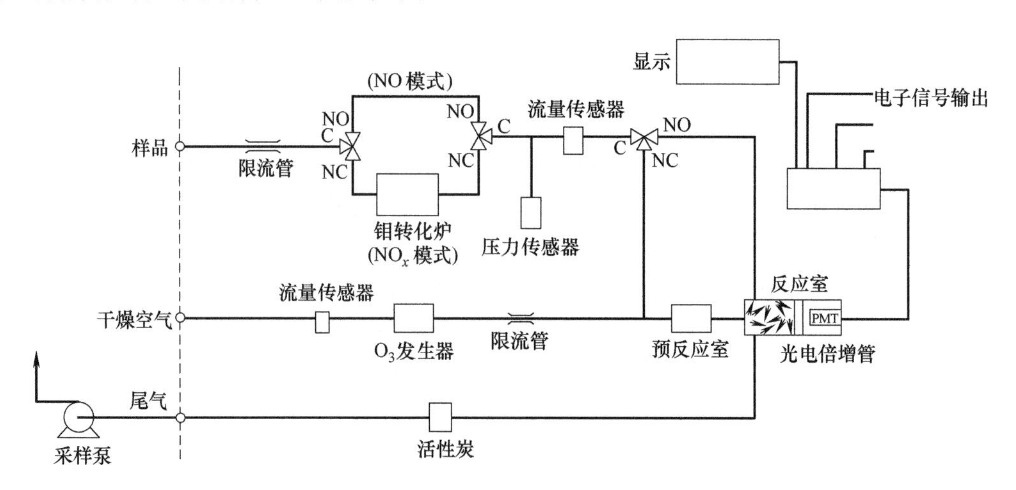

图 3-7-4　Model 42i-TL NO-NO_2-NO_x 分析仪结构原理示意

该仪器采用单反应室、单光电倍增管设计，通过电磁阀及钼转化炉完成 NO 模式和 NO_x 模式的切换，能同时输出 NO、NO_2、NO_x 浓度，测量范围可从 10^{-9} 到 10^{-4} 量级，并可以对各气体进行独立校准。仪器还可设定为双量程或自动量程工作模式。仪器可设定为 NO 或 NO_x 连续检测模式，响应时间小于 5s。仪器具备温度和压力修正功能。

美国热电公司生产的 NO_y 分析仪（Model 42i NO_y）的结构原理参见图 3-7-5。

其工作原理与 Model 42i TL 基本相同，不同之处在于 Model 42i NO_y 所测量的 NO_y 包含组分较多。为减少 NO_y 在测量前的损失，钼转换炉被置于机箱外部。此外，钼转换炉之后有一分流泵，作用是使得大气样品能够快速进入检测室，当电磁阀开启时，样品直接送到反应室（NO 模式），电磁阀关闭时经过转换器的样品送到反应室（NO_y 模式）。后续测定原理同 NO-NO_2-NO_x 分析仪。

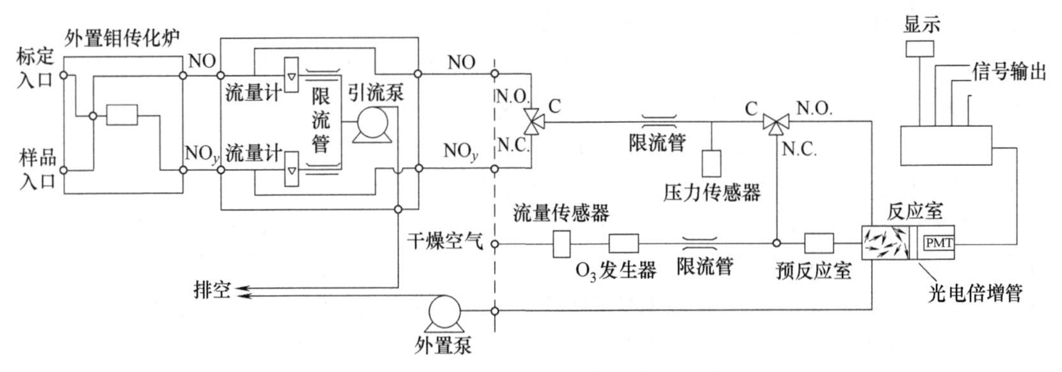

图 3-7-5 Model 42i NO_y 分析仪结构原理示意

3.7.3.2 大气中的 NO、NO_x和 NO_y的监测应用

化学发光法不能直接测量 NO_2 及 NO_z 等污染物，这些污染物需要通过钼转化炉首先转化为 NO 从而被间接测量。钼转化炉可以同时转化多种含氮化合物，包括 NO_2、NO_3、HNO_3、N_2O_5、PAN 等有机氮，及少量 HO_2NO_2、HONO、RO_2NO_2 及颗粒态含氮化合物。这些含氮化合物浓度较高时，会对化学发光法测量 NO_x 和 NO 产生干扰。

NO_x 和 NO_y 测量仪器的差异在于钼转化炉的位置：NO_y 钼转化炉的位置紧接进样口，认为所有 NO_y 全部转化；而 NO_x 在钼转化炉前端连接颗粒物过滤头和较长的采样管路，认为 NO_z 物质被去除，这也是 NO_x 测量误差的原因。根据对 NO、NO_x 和 NO_y 进行连续观测，对 NO_x 和 NO_y 测量准确性进行评估，以分析 NO_2 测量偏差的原因；并依据现有监测手段（HONO、HNO_3、颗粒态硝酸盐、PAN 等）对获得的 NO_2 测量结果作相应的校正处理。

美国热电公司的 Model 42i-TL 和 Model 42i NO_y 用于城市大气中的 NO、NO_x 和 NO_y 进行连续在线测量。大气监测 NO_x 和 NO_y 分析仪器的现场应用的布局参见图 3-7-6。

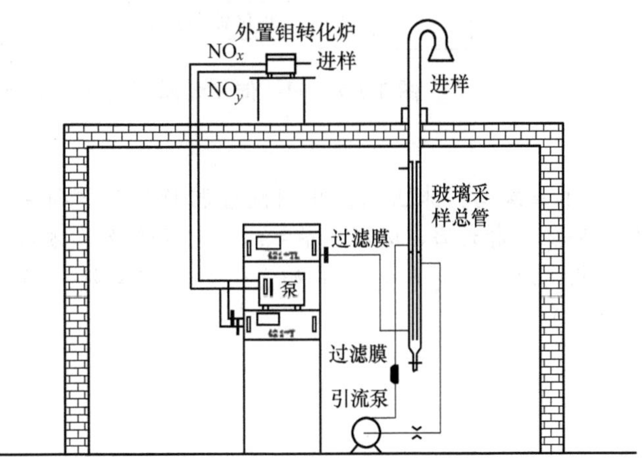

图 3-7-6 大气监测的 NO_x 和 NO_y 分析仪器现场应用布局

Model 42i-TL 的钼转化炉位于仪器机箱内部，通过聚四氟乙烯管连接全玻璃采样总管，二者之间的过滤膜用来阻挡颗粒物（Teflon 膜，其对于直径 0.3μm 以上的气溶胶颗粒物的截留率为 99.7%）。Model 42i NO_y 的钼转化炉位于机箱外部，并紧接采样口，这种设计使得大气中 NO_y 进入管路后立刻被转化炉还原为 NO，在管路的损失可以忽略，因此最终获得的是全部 NO_y 物种的浓度（包括颗粒物）。

目前使用的 NO_x 主流测量仪器——化学发光法测量 NO-NO_2-NO_x 分析仪，其 NO 测值可信；而 NO_2 和 NO_x 的测值均高于真实值，其测值实际反映的是 $NO_2(NO_x)$ 和气态 NO_z 的浓度水平之和。使用的 NO_y 主流测量仪器——化学发光法测量 Model 42i NO_y，所测 NO_y 的浓度水平实际是气态 NO_y 和颗粒态 NO_y 浓度的总和。

3.7.3.3　大气中微量氨分析仪的典型产品与应用

化学发光法也可用于大气中的微量及痕量氨的分析，代表产品主要有美国 API 公司的 Model T201 型 NH_3 分析仪，以及日本堀场的 ENDA-C2000 型产品。

（1）典型产品 1：美国 API Model T201 型化学发光法 NH_3 分析仪

Model T201 型 NH_3 分析仪采用化学发光法原理检测环境空气中的氨气，配备 API 设计的外置氨转化炉和采样系统，可选量程从 $0\sim5\times10^{-8}$ 到 $0\sim2\times10^{-6}$。Model T201 型氨气分析仪通过提高样气流量、减小气体接触面积，选用特殊材料解决氨气对材料的吸附影响。样品气首先通过 NH_3 转化炉，在高温下通过催化剂作用将 NH_3 转化成 NO，形成总氮化物（TN）。通过钼转化炉将氮氧化物（不包括 NH_3）转化成 NO，产生总氮氧化物（TNX）读数，其差值（总氮化物浓度–总氮氧化物浓度）即 NH_3 浓度。

（2）典型产品 2：日本堀场 ENDA-C2000 间接催化还原-化学发光法 NH_3 分析仪

ENDA-C2000 采用间接催化还原-化学发光法测量微量 NH_3 的原理，是在样品取样探头上设置催化剂通道及非催化剂通道，催化剂通道的反应器将样品中的 NH_3 定量还原，再通过化学发光法 NO_x 分析仪测定两个通道的 NO_x 浓度差值，即可计算出微量 NH_3 浓度值。

ENDA-C2000 测量原理参见图 3-7-7，采用化学发光法，利用非催化剂通道和催化剂通道的 NO_x 浓度差，通过交替流动调制方式，只使用一个化学发光分析仪检测，再通过计算获取 NH_3 浓度。其测量范围为 $0\sim10^{-5}$ NH_3/NO_x。

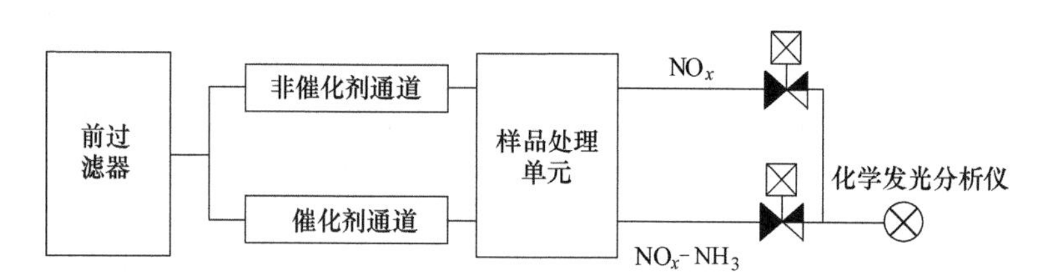

图 3-7-7　间接催化还原-化学发光法 NH_3 分析仪的测量原理

（本章编写：朱卫东；中科院合肥物质科学研究院　黄青、徐亮；浙江大学　戴连奎；聚光科技　俞大海、谢燿、齐宇；西克麦哈克　方培基；北分麦哈克　陈淼；杭州泽天科技　邱梦春；北京杜克泰克　王如宝；南京霍普斯　顾潮春、谢兆明、赵建忠；深圳唯锐科技　张观凤）

第4章 在线气相色谱分析仪器

4.1 在线气相色谱分析仪器检测技术

4.1.1 在线气相色谱分析仪器概述

4.1.1.1 定义与应用

在线气相色谱分析仪器，简称在线气相色谱仪（on-line gas chromatograph）或过程气相色谱仪、工业气相色谱仪，是指用于过程检测的自动连续或间断分析的气相色谱仪，一般具有自动取样、自动反吹、自动调零、快速数据处理和连续输出测量结果等功能。

在线气相色谱仪是采用色谱柱分离和检测器选择性检测的在线分析仪器，具有优异的选择性、较高的检测灵敏度和分析精度，适用范围广。在线色谱仪的分析组分是按照用户要求确定的，由于现场工况条件大多比较恶劣，在线色谱仪的系统配置是根据用户技术要求定制的非标产品。在线气相色谱仪根据用户提供的工艺过程现场检测要求、样品工况条件等，配置固定的检测器和色谱柱系统，仪器的配置和功能比较专一，具有针对性和唯一性。

在线气相色谱仪已经成熟应用于工业过程的多点取样、多组分的自动分析控制，是工业过程分析应用最广的在线分析仪器之一。在线气相色谱仪在工业过程分析应用中，对可靠性和稳定性要求很高，在有爆炸危险场所使用，必须采用防爆型在线气相色谱仪。在线气相色谱仪不仅用于工艺过程分析，同时要参与工艺过程自动化控制，以实现成分量参与工艺过程优化控制。例如在线气相色谱仪已用于石化企业的先进过程控制（APC）和实时优化（RTO）。

国内石化等行业应用的防爆在线气相色谱仪基本都是国外知名品牌，如ABB、西门子、横河等。目前，国产防爆气相色谱仪生产厂家有：天华化工机械及自动化研究院苏州研究所、四川眉山麦克在线设备公司、聚光科技（杭州）股份有限公司、上海华爱色谱分析技术有限公司（简称上海华爱色谱）、朗析仪器（上海）有限公司［简称朗析仪器（上海）］、江苏惠斯通机电科技有限公司等。国产在线色谱仪在石化行业应用很少，在天然气、高纯气、电子工业已有应用。

近十多年来，由于环境监测的市场需求，国内不少厂家参考了国外在线色谱仪及实验室色谱仪技术，采用自动化控制、专用检测器，取样处理及计算机技术，开发了用于环境监测的在线色谱仪，用于固定污染源废气在线分析。

环境监测在线气相色谱仪与工业过程在线色谱仪的要求有所不同，环境监测色谱分析的重点是要求数据准确、可靠，大多不参与过程控制。例如气相色谱-氢火焰离子化检测器（GC-FID）等检测技术，主要用于连续监测在线分析排放废气中的非甲烷总烃、三苯及苯系物特征因子等，提供污染源废气排放的监测信息，以及用于环境空气中的光化学评价监测站（PAMS）57 种 VOCs 的监测信息。环境监测在线气相色谱仪大多是非防爆产品，在石化等有防爆要求的场所通常采取正压通风的防爆色谱仪，或采用正压通风防爆分析柜和防爆分析小屋系统。

目前，国内至少有几十家企业集成国内外在线色谱仪，提供环境空气 VOCs 在线监测系统，根据中国环境监测总站公布的“环境空气挥发性有机物气相色谱连续监测系统认证检测合格产品名录（截至 2020 年 12 月 31 日）”，已有北京雪迪龙、武汉天虹、常州磐诺、青岛佳明、河北先河、广州禾信等 12 家企业的 14 个产品型号，检测项目为 PAMS 57 种 VOCs。国内有一批企业如聚光科技、上海华爱色谱、上海炫一智能科技有限公司、南京霍普斯科技有限公司（简称南京霍普斯）、苏州冷杉精密仪器有限公司、杭州谱育科技发展有限公司、杭州泽天科技、朗析仪器（上海）等，已自主开发国产在线色谱仪及 VOCs 在线监测系统。

4.1.1.2　测量原理与基本组成

（1）测量原理

气相色谱法（gas chromatography，GC）是目前使用最广泛的一种色谱分析方法。它是以高纯气体为流动相（也称为载气），将被测样品带入涂敷或填充固定相的气相色谱柱进行分离的分析方法。气相色谱法的分离过程参见图 4-1-1。

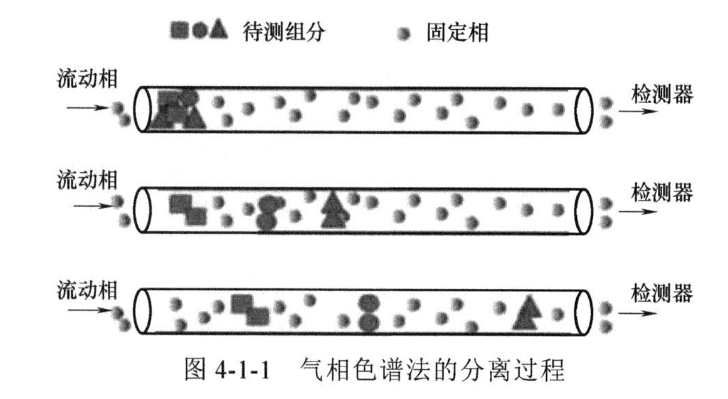

图 4-1-1　气相色谱法的分离过程

气相色谱法适用于可挥发且热稳定、沸点一般不超过 500℃的样品，样品形态包括气体、液体。气体试样可直接用气体定量管送入；液体试样可用注射器先注入汽化室里，汽化后再送入。气体试样的量一般为 0.5～5.5mL；液体试样的量一般为 2～20μL。送入的气体试样被具有一定流速的载气携带进入色谱柱，对载气的基本要求是不与试样及固定相起化学反应，也不被固定相吸附或溶解。

气相色谱分离技术，是利用混合物中各组分在流动相和固定相中的分配系数差异而实现的。分配系数是在一定温度下，溶质在互不相溶的两相之间的浓度比。色谱的分配系数是被分离组分在固定相和流动相之间的浓度比，以 K 表示：

$$K=\frac{\text{组分在固定相中的浓度}}{\text{组分在流动相中的浓度}}=\frac{C_\text{S}}{C_\text{M}}$$

显然，具有小的分配系数的组分，每次分配后在气相中的浓度较大，因此就较早地流出色谱柱。而分配系数大的组分，则由于每次分配后在气相中的浓度较小，因而流出色谱柱的时间较迟。当分配次数足够多时，就能将不同的组分分离开来。

气相色谱法主要用于定性和定量分析。定性分析，是利用保留时间定性。在固定的色谱仪及操作条件下，每一种物质都有一个确定的保留时间。测出各种已知物的保留时间，然后把被测组分的保留时间和已知物相比较，通常保留时间相同的就是相同的组分。定量分析是在定性分析的基础上，利用色谱图上色谱峰的峰高或峰面积进行定量分析。现代在线气相色谱仪的定性和定量分析，都是由色谱仪数据处理器的分析软件与计算机自动进行的。

（2）基本组成

在线气相色谱仪的基本组成主要包括载气、载气压力调节、样品阀、色谱柱、检测器等，其基本组成示意参见图 4-1-2。

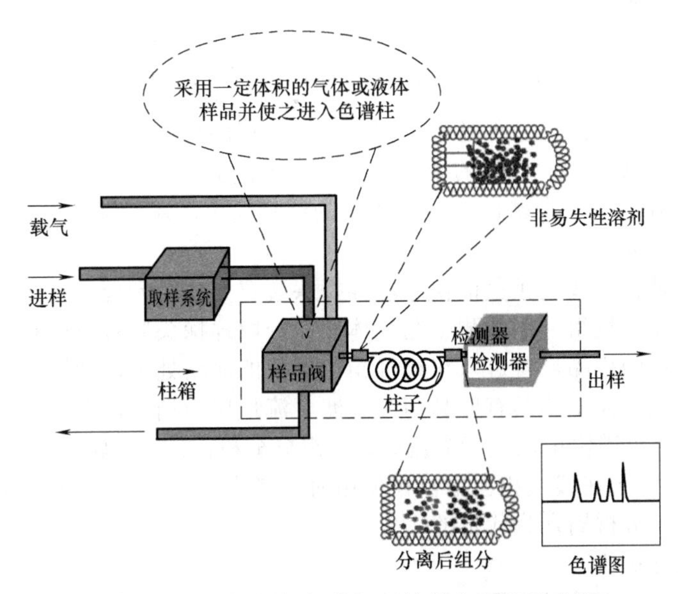

图 4-1-2　在线气相色谱仪器的基本组成示意图

各部件及其作用如下：载气，携带样品从进样阀经色谱柱到检测器；取样系统，用于分析仪的样品预处理；样品阀，采取一定量体积的气体或液体样品使之进入色谱柱；色谱柱，把样品混合物分离成单个组分；检测器，对分离后的组分分别进行检测；色谱图，记录检测器电信号的谱线图。

4.1.2　在线气相色谱仪的系统集成及其技术应用

4.1.2.1　系统集成

在线气相色谱仪的系统集成主要包括：取样处理单元、在线色谱仪单元、控制器单元，辅助单元，以及防护机柜、分析小屋等，以适应现场工况要求。工业过程色谱的多点取样分析，可采用一台在线色谱仪主机，配置多套取样处理单元，通过多阀切换实现多点轮流分析，或在分析小屋内安装多台在线气相色谱仪及多点取样处理单元，完成各点的实时分析。

在线气相色谱仪分析系统的基本组成如图 4-1-3 所示。

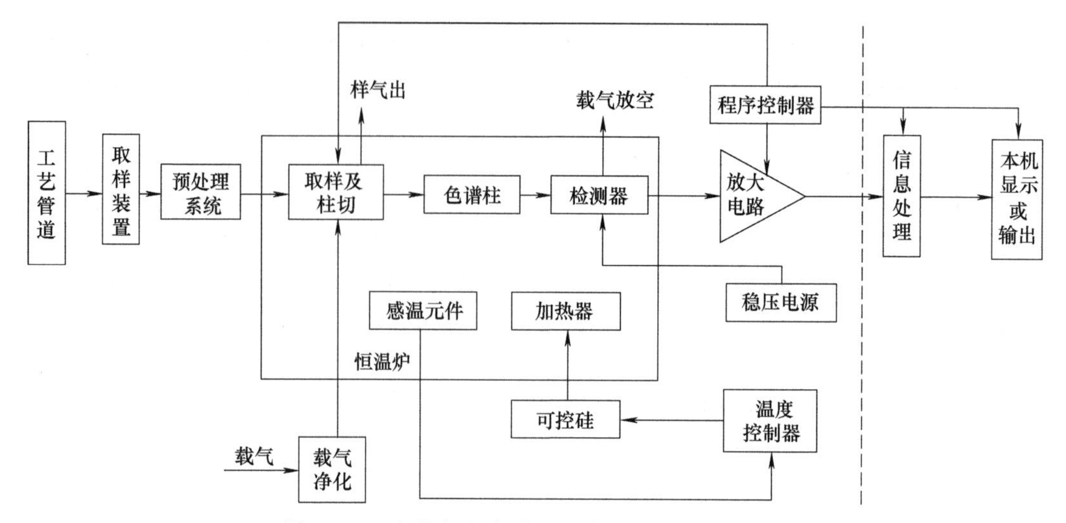

图 4-1-3　在线气相色谱仪分析系统的基本组成

在线气相色谱仪分析的全过程是由控制器按设定程序自动取样、处理、分析和分析数据的采集处理，并将在线气相色谱仪的成分量分析信息送到分散控制系统（distributed control system，DCS），对用于环境监测的在线色谱仪的信息输出，还包括将数据发送到环保部门。

（1）取样处理单元

取样处理单元是指在线气相色谱仪的取样探头装置、样品预处理系统和流路处理、切换单元。含尘、含水及干扰组分的被测工艺气体，先经取样探头装置取样和样品预处理系统处理，变成洁净、干燥的样品，再进入在线气相色谱仪的流路处理、切换单元。在线气相色谱仪的流路处理、切换单元主要具有样品精细过滤、流量压力调节、多流路切换和大气平衡部件等功能。在线气相色谱仪可以进行多流路、多组分分析，分析流路数最多可达 31 个（包括标定流路）。实际上一台在线气相色谱仪在使用时大多为 1～3 个流路或 4 个流路，因为多个流路的分析是以加长分析周期为代价的。

（2）在线色谱分析仪

分析仪单元主要由自动进样阀、色谱柱系统、检测器及恒温炉等部件组成。自动进样阀用于周期性向色谱柱送入定量样品；色谱柱系统将混合组分分离；检测器对分离后组分进行检测，获得相应的信号；恒温炉用于给检测器提供恒定的温度。

检测器主要有：热导检测器（TCD）、氢火焰离子化检测器（FID）、电子捕获检测器（ECD）、火焰光度检测器（FPD）、光离子化检测器（PID）及氮磷检测器（NPD）等。

在线气相色谱仪的恒温炉主要有：热丝加热的铸铝炉，最高炉温 130℃，可测物质最高沸点 150℃；空气浴加热炉，最高炉温 225℃，可测物质最高沸点 270℃；程序升温炉，最高炉温 320℃，可测物质最高沸点 450℃。

（3）控制器单元

控制器单元包括：炉温控制，进样、柱切换和流路切换的程序控制，检测器信号放大处理和数值运算，微型计算机数据处理、程序控制及本机显示和输出等。

微处理控制器按预先安排程序，控制系统中各部件自动、协调、周期性地工作。温度控制器用于色谱柱恒温箱的温度自动控制。检测器微弱的电信号经放大电路后进入数据处理部件，最后送入主机的液晶显示器显示，并以模拟或数字信号形式输出。

除上述主要部件外，还包括：气路控制显示部件，如显示进入仪器的载气、辅助气、标准气的稳压、稳流控制状态和压力、流量显示等；各种稳压供电电源及报警检测传感器等部件以及防爆部件，如各种隔爆、正压防爆、本安防爆部件及其报警联锁系统等。

4.1.2.2　技术应用

在线气相色谱的技术应用，主要包括流程工业生产的过程分析控制、环境监测领域的在线分析监测，以及其他过程的质量监测等。在线气相色谱仪的典型技术应用简介如下。

（1）在石化等流程工业的应用

在流程工业的生产过程分析中，在线气相色谱仪的应用非常广泛。以石化行业为例，从油田的勘探开发到石油炼制、石化产品生产过程分析控制及油品质量控制等，都离不开在线气相色谱分析技术。在线色谱分析已经参与到石化企业的工艺过程控制中，如先进过程控制（APC）、实时优化（RTO）等，大部分石化企业的在线色谱分析已实现联网控制。

在线气相色谱在石化分析中的应用主要涉及油气田勘探中的化学成分分析、原油分析、炼厂气分析、模拟蒸馏、油品分析、单质烃分析、硫和含氮化合物分析、汽油添加剂的分析、脂肪烃分析、芳烃分析和工艺过程的色谱分析等。

（2）在环境监测领域的应用

在线气相色谱仪在环境监测领域的在线分析应用，主要包括环境大气质量的分析监测、固定污染源的废气排放监测，以及水环境、土壤环境污染等气体分析监测等。

在大气环境污染的有害物质分析和大气环境质量监测过程中，在线气相色谱技术适用于环境监测工作站点的大气中的微量气体成分，以及污染源废气VOCs及恶臭等有毒有害气体的连续监测分析，包括对大气飘尘及气溶胶中所含有的气态污染物连续监测和分析。

在水环境和水质监测的过程中，应用在线气相色谱技术可以连续准确分析水质情况，主要是对水中含有的可溶性气体、卤代烃、酚类、胺类及金属有机化合物等进行检测。

在线气相色谱技术也应用于土壤或者固体废弃物中的各种有害物质的检测，包括对土壤或者固体废弃物中的各种有机氯农药、有机磷农药、多氯联苯、多环芳烃、邻苯二甲酸酯、多溴联苯醚等有害物的分析。

（3）在其他行业的应用

① 在工业安全生产中的应用　用于进入动火作业或进入受限空间作业前的气体安全分析，主要是测定场所内空气中的氧含量和可燃气体含量。采用一种带TCD检测器的便携式气相色谱仪，可一次性测定气体中的 O_2、H_2、CO、CH_4 和其他烃类。利用色谱图中各组分的保留时间对样品进行定性分析及定量分析，从而实现对现场的工业安全生产监测的要求。

② 在半导体工艺过程的监测应用　大规模集成电路对硅单晶的质量要求十分严格。在工艺流程中，为了控制碳的污染，对多晶硅制备还原用的电解净化氢气，可采用在线气相色谱法测定CO、CH_4、CO_2 等痕量含碳组分；对单晶硅制备所需的高纯氩气，采用浓缩色谱法可测 $<0.01\mu mol/mol$ 的CO、$<0.03\mu mol/mol$ 的 CH_4、$<0.08\mu mol/mol$ 的 CO_2。采用气相色谱技术可以实现对单晶硅生产工艺过程的 $SiHCl_3$ 中的痕量有机物碳测定；采用气相色谱法FPD检测器，可实现对半导体硅工艺中存在的 PH_3、PCl_3、$POCl_3$ 的检测。

③ 在职业卫生的监测应用　对空气中有毒物质，特别是各种有机化合物污染的连续监测，在线气相色谱法是重要的分析技术。采用在线气相色谱法GC及GC-MS联用技术，可以在现场进行连续定性分析及定量检测。GC-MS不仅具有气相色谱的高柱效、高分离度及定量功能，还具备质谱对未知样品的定性功能。随着当前职业病危害因素的种类增多，以及突发性职业病危害事故的发生，GC及GC-MS联用技术在职业卫生监测工作中，将发挥举足轻重的作用。

4.1.3 在线气相色谱仪的定性定量分析与标定技术

4.1.3.1 定性分析技术

色谱分析中定性分析的主要依据是物质的保留值，但其特征性不是很强，两个相同的物质在相同的色谱条件下应该有相同的保留值，但反之却不成立。因此，在线气相色谱仪大多是在被分析对象已知的情况下进行分析，但是也会碰到出现未知物质组分的情况，需要采用一些辅助技术。在线色谱仪的定性分析技术主要有以下几种。

（1）已知物对照法

在相同的色谱操作条件下，将已知物和待测物分别进样分析，然后对照比较进行定性，也称峰识别。参见图 4-1-4，可以推测待测物中峰 2 可能是甲烷，峰 3 可能是二氧化碳。

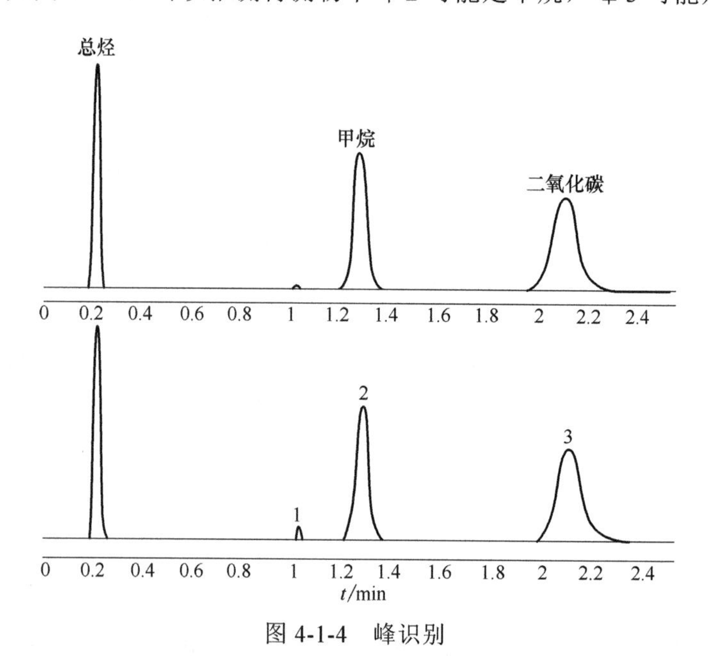

图 4-1-4 峰识别

更多的情况是需要对色谱图上出现的未知峰进行鉴定。首先充分利用对未知物了解的情况（如来源、性质等），估计出未知物可能是哪几种化合物。再从文献中找出这些化合物在某固定相上的保留值，与未知物在同一固定相上的保留值进行粗略比较，以排除一部分，同时保留少数可能的化合物。然后将未知物与每一种可能化合物的标准试样在相同的色谱条件下进行测定，比较两者的保留值是否相同。

（2）增高法

如果两者（未知物与标准试样）的保留值相同，但峰形不同，仍然不能认为是同一物质。在仪器操作条件稳定时，可将已知纯物质加入待测物中，然后进样。对照比较加纯物质前后两次进样的谱图，根据峰高或峰面积的增加情况进行定性：如果发现有新峰或在未知峰上有不规则的形状（例如峰略有分叉等）出现，则表示两者并非同一物质；如果混合后峰增高而半峰宽并不相应增加，则表示两者很可能是同一物质。

（3）双柱法

在一根色谱柱上用保留值鉴定组分有时不一定可靠，因为不同物质有可能在同一色谱柱上具有相同的保留值。所以应采用双柱或多柱法进行定性分析。即采用两根或多根性质（极性）不同的色谱柱进行分离，观察未知物和标准试样的保留值是否始终重合。

（4）利用保留指数定性

保留指数（retention index），又称科瓦茨指数（Kováts index），是一种重现性较其他保留数据都好的定性参数，可根据所用固定相和柱温直接与文献值对照而不需标准试样。

（5）与其他方法联用进行定性

较复杂的混合物经色谱柱分离为单组分，再利用质谱、红外光谱或核磁共振等仪器进行定性鉴定；或与化学方法配合进行定性分析。

4.1.3.2　定量分析技术

在线气相色谱仪用于被测组分的定量分析，是在定性分析的基础上利用色谱图上色谱峰的峰高或峰面积定量。定量分析依据是：进样量在柱负荷允许的范围内，峰面积 A 或峰高 h 与各对应组分的含量成正比，如下式：

$$m_i = f_i' A_i$$

或

$$m_i = f_i h_i$$

式中，m_i 为 i 组分的质量；A_i 为 i 组分的峰面积；h_i 为 i 组分的峰高；f_i 和 f_i' 为 i 组分的绝对定量校正因子。

在一定范围内色谱进样量和各组分峰面积（或峰高）呈线性关系，但是由于检测器对不同物质的响应值不同，含量相同的不同组分的峰面积不同，如果单纯用峰面积定量会产生很大的误差。因此需用一个系数来校正各峰面积，这个系数称为定量校正因子，也称修正系数。

在定量分析中，一般使用相对校正因子。常用的有相对质量校正因子 f_{m} 和相对摩尔校正因子 f_{M}，其定义如下：

$$m_i = f_i' A_i$$

$$m_{\mathrm{s}} = f_{\mathrm{s}}' A_{\mathrm{s}}$$

$$f_{\mathrm{m}} = \frac{f_i'}{f_{\mathrm{s}}'} = \frac{A_{\mathrm{s}} m_i}{A_i m_{\mathrm{s}}}$$

式中，A_i、m_i 分别为被测组分的峰面积和质量；A_{s}、m_{s}、f_{s}' 分别为标准物的峰面积、质量、绝对定量校正因子。

$$f_{\mathrm{M}} = f_{\mathrm{m}} \times \frac{M_{\mathrm{s}}}{M_i}$$

式中，M_i、M_{s} 分别为被测组分和标准物的摩尔质量。

相对校正因子是某物质与一标准物质的绝对校正因子的比值。常用的标准物质是苯（用于 TCD）和正十六烷（用于 FID）等。对于分离较好的色谱峰，一般采用峰面积测量法。现代在线色谱仪的定量分析都采用色谱分析软件计算，非常方便用户的使用。

4.1.3.3　标定技术

（1）标定方法

在线气相色谱仪的标定方法有外标法、归一化法、内标法，其中最常用的是外标法。

外标法适用于用标准气对仪器进行标定。外标法只对组分表中设定的组分进行计算。可用峰高或峰面积计算，标定系数（标定因子）可通过标定操作求得。

归一化法是指当试样中各组分都能流出色谱柱，并在色谱图上显示色谱峰时，可用此法进行定量计算。

内标法是指将一定量的纯物质作为内标物，加入准确称取的试样中。根据被测物和内标物的质量及其在色谱图上相应的峰面积比，求出某组分的含量。

有关色谱分析的标定方法及计算可参考色谱分析手册，现代在线色谱仪的色谱分析软件可以为用户选择适用的标定方法。

（2）标定操作

① 标定与校验　在线气相色谱仪的标定是现场建立待测组分响应因子的过程。使用标准物质（参考物质）进行标定，是常见的“外部标准化”，需要使用色谱仪的标定时序和标定流路。不同色谱仪的外部标定程序不尽相同。“内部标准化”又称内标法，在线气相色谱仪是将内标物的峰面积存储在微处理器中，标定时调出进行计算，调整各组分的标定系数。

在线气相色谱仪的校验是用于确认色谱仪在标定过程中产生的响应因子是正确的，也称为“确认”。校验需要对已知物质进行分析，已知物质通常是标准气；然后对参考物质进行分析，参考物质是未知的；最后比较分析结果和校验混合物的已知组分。校验可以证明结果的准确度。校验标准（参考物质）必须使用校验时序和校验流路进行。

② 自动标定和手动标定　自动标定按照色谱仪的流路时序（标定时序）进行，无需用户干预，流路时序完成后响应因子会被更新（被标定）到方法中，标定结束后将自动返回到之前的模式和时序。这种模式适用于运行分析仪中的一个已知标准，并更新方法，以产生与标准相等的输出值。自动标定可以手动激活或通过数据库确定时间。

选择流路并手动将分析仪设定为标定模式，即可开始手动标定。处于手动标定时，每个流路新的响应因子将会被暂时存储，可以手动查看或选择是否更新。停止标定将返回到正常的过程模式。

4.1.4　在线气相色谱仪的进样及电子流量控制技术

4.1.4.1　进样技术

在线气相色谱仪的进样技术主要为阀进样技术，其典型功能包括进样、柱切换及大气平衡等。进样阀通常安装在柱箱内部，以便温度控制。有气体进样阀和液体进样阀两种：气体样品由气体进样阀的定量管采集；液体样品由液体进样阀的注射杆采集，并在液体进样阀内加热汽化。

以平面转动阀（六通阀）进样为例，其外部接有定量环（或称定量管），其容积一般为0.1～0.5mL。六通转阀的进样如图4-1-5所示。六通阀由阀体、阀芯和阀盖等组成，在阀盖上有六个小孔与外气路相通，并与阀芯上三个弧形槽相对应。通过驱动阀芯转动，使得相邻小孔接通或断开，实现定量环冲洗和进样两个动作。常见的膜阀及转子阀如图4-1-6所示。

定量环冲洗位置：载气由5端进入阀，从4端流出进入色谱柱；样品由1端经阀流经定量环再从3端进入阀从2端流出，多余样品便从此口流出从而完成了定量环冲洗工作。

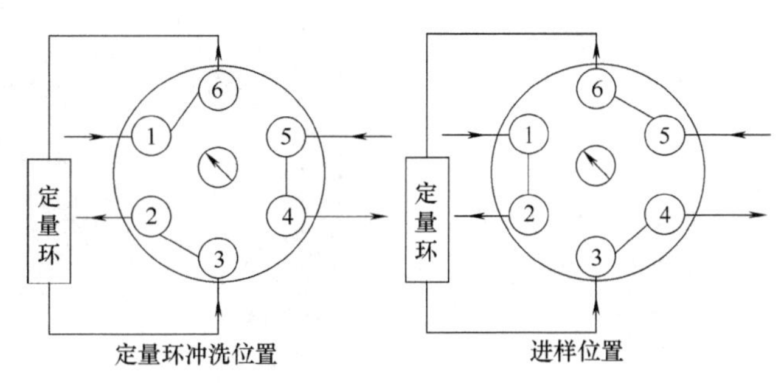

图 4-1-5 六通转阀的进样

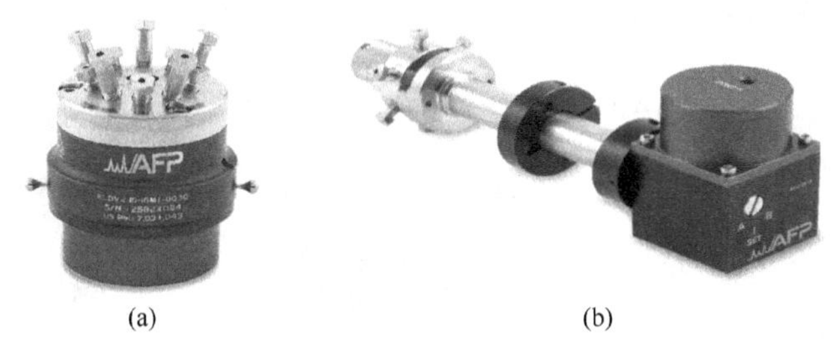

(a) (b)

图 4-1-6 常见的膜阀（a）及转子阀（b）

进样位置：阀芯转动 60°，定量环接入 4 端和 5 端的载气流路中，样品被载气带入色谱柱。进样完成后，阀返回到定量环冲洗位置，准备进行下一步分析运行。

4.1.4.2 电子流量控制技术

在线气相色谱仪采用电子压力控制（electronic pressure control，EPC）技术，对载气及各种辅助气体进行自动化流量设定和压力设定，避免了手动测定流量的烦琐工作，还可实现编程操作。

常见的 FID EPC 和 AUX（辅助）EPC 装置图 4-1-7 所示。

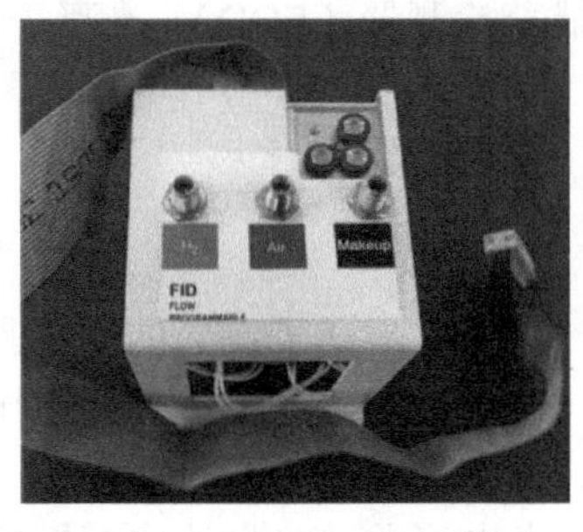

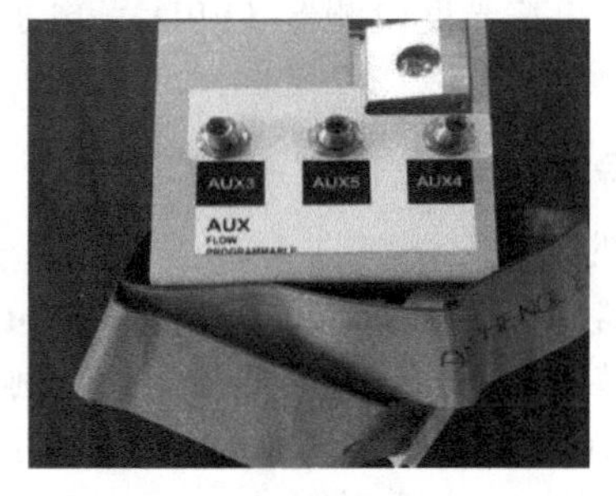

(a) FID EPC (b) AUX EPC

图 4-1-7 常见的 EPC 装置

EPC 装置一般包括气路部件、比例阀、压力传感器/流量传感器和辅助部件以及控制电路。其基本工作原理是通过比较传感器的实测值与仪器设定值来调节比例阀的开度大小，从而获得准确的流量。以单气路通道的结构为例，其结构图和实物图如图 4-1-8 所示。

气路部件一般为金属材质。在一个电子流量控制模块中，可只安装流量传感器或者压力传感器，也可两者同时安装。图 4-1-9 是比例阀、流量传感器和压力传感器的实物图。

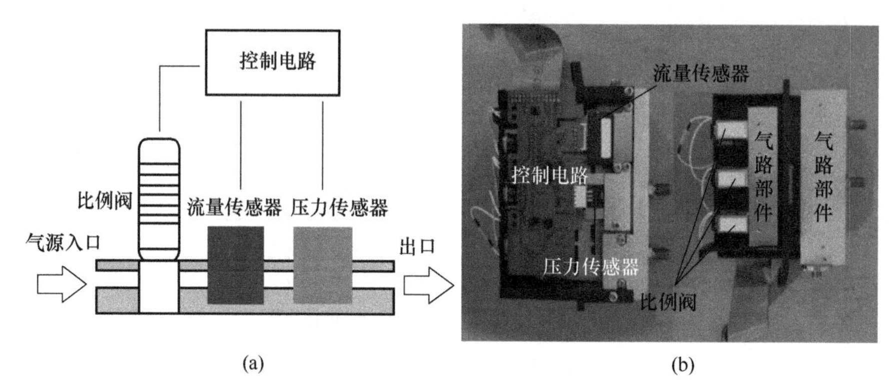

图 4-1-8　典型的 EPC 装置的结构图（a）和实物图（b）

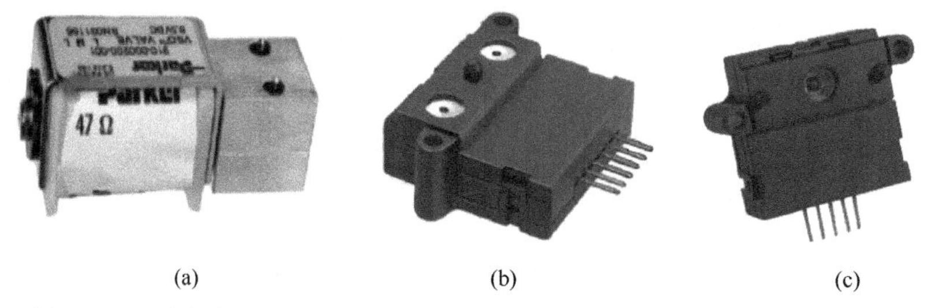

图 4-1-9　比例阀（a）、流量传感器（b）和压力传感器（c）的实物图

4.2　在线气相色谱仪的主要部件及热解析技术

4.2.1　在线气相色谱仪常用的检测器

在线气相色谱仪常用的检测器主要由以下几种类型：热导检测器（TCD）、氢火焰离子化检测器（FID）、火焰光度检测器（FPD）、电子捕获检测器（ECD）、光离子化检测器（PID）、质谱（MS）检测器等。

4.2.1.1　热导检测器

（1）TCD 的原理

热导检测器（thermal conductivity detector，TCD）是基于不同的物质具有不同的热导率设计的，利用被测气体与载气间热导率的差别，使测量电桥产生不平衡电压，从而测出组分浓度。典型的 TCD 的工作原理如图 4-2-1 所示。

由图 4-2-1 可知，电桥平衡时，$R_1R_4=R_2R_3$。当电流通过热导池中两臂的钨丝时，钨丝加热到一定温度，钨丝的电阻值也增加到一定值，两个池中电阻增加的程度相同。如果用氢气作载气，当载气经过参比池和测量池时，在载气流速恒定时，在两个池中的钨丝温度下降和电阻值的减小程度是相同的，即 $\Delta R_1=\Delta R_2$。当两个池都通过载气时，电桥处于平衡状态，能满足$(R_1+\Delta R_1)R_4=(R_2+\Delta R_2)R_3$。此时 C、D 两端的电位相等，$\Delta E=0$。

从进样器注入试样，经色谱柱分离后，由载气先后带入测量池。此时由被测组分与载气组成的混合气体的热导率与纯载气不同，使测量池中钨丝散热情况发生变化，导致测量池中钨丝温度和电阻值的改变与只通过纯载气的参比池之间有了差异，电桥就不平衡，即：

$$\Delta R_1 \neq \Delta R_2$$

$$(R_1+\Delta R_1)R_4 \neq (R_2+\Delta R_2)R_3$$

此时电桥 C、D 之间产生电位差，就有信号输出。载气中被测组分的浓度愈大，测量池钨丝的电阻值改变愈显著，因此检测器所产生的响应信号愈大。在一定条件下，响应信号与载气中组分的浓度存在定量关系。

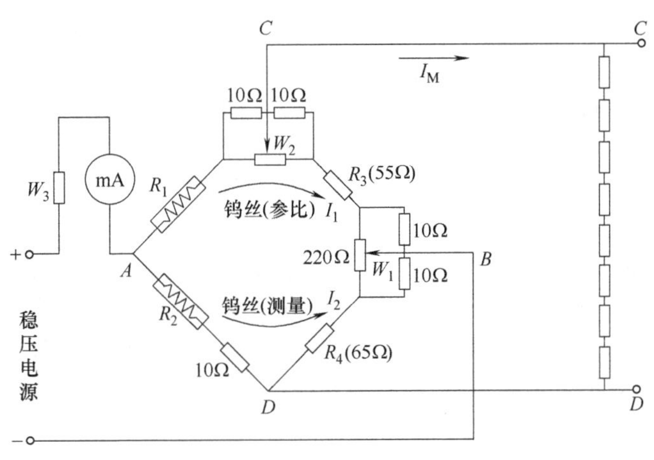

图 4-2-1　热导检测器工作原理

（2）TCD 的结构

典型的双丝热导检测器结构示意如图 4-2-2 所示，一般采用串并联双气路，4 个热敏热导检测器组件分别装在测量气路和参比气路中，测量气路通载气和样气，参比气路通纯载气。每一气路中的两个组件分别为电路中电桥的两个对边，组分通过测量气路时同时影响电桥的两臂，故灵敏度可增加 1 倍。

常用的热导检测器还有单丝设计，实物如图 4-2-3 所示。

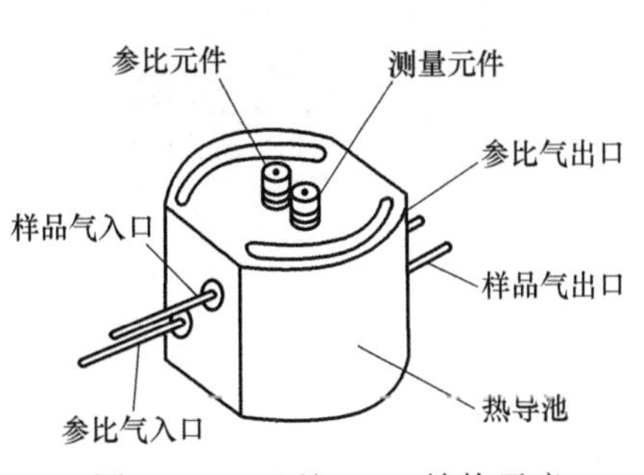

图 4-2-2　双丝 TCD 结构示意

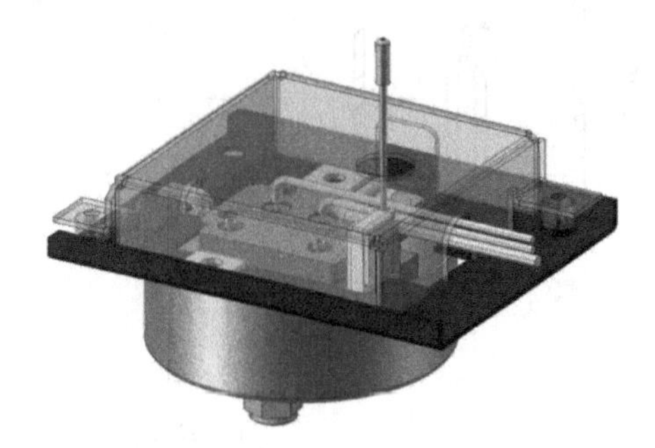

图 4-2-3　单丝 TCD 实物

单丝 TCD 仅有一个热敏组件装在测量气路中，测量气路及参比气路都通纯载气。样品在被载气带入检测器中时，会经过一个嘀嗒阀切换装置，样品被均匀送入测量臂及模拟参考臂。由于其热敏组件为单丝，可避免热敏组件长期使用造成的自身误差，稳定性好，整体检测器噪声小、灵敏度提升。

（3）TCD 的特点

TCD 是色谱仪常用的检测器，属于浓度型检测器。它结构简单、稳定可靠、比较便宜，不破坏被测组分，灵敏度适宜，测量范围广，从无机物到碳氢化合物，几乎可以测量所有非腐蚀性成分，是应用最广泛、最成熟的一种检测器。TCD最低检测限一般可达到10μmol/mol，高性能TCD检测限可达到1μmol/mol。

4.2.1.2 氢火焰离子化检测器

（1）FID的原理

在FID中收集极和极化极之间有一高压电场，火焰喷嘴喷出的可燃气体被点燃后会在一定范围产生很高的温度，从色谱柱流出的有机物样品会在高温的作用下离子化，在高压电场的作用下正离子向收集极一侧流动，而电子和负离子向极化极一侧流动，正负离子的定向移动产生了很小的电流。微小电流信号首先通过高内阻取出，再经放大器进行放大处理，最后把放大后的信号传到色谱工作站进行数据处理，显示色谱图。

氢气、氮气和空气均属于无机气体，不会被离子化，即如果色谱柱没有有机气体流出，检测器就不会检测到信号。FID的稳定性以及灵敏度一般体现在有机物的离子化效率与收集极的离子吸收效率。其中有机物在火焰中的离子化效率与氢火焰的形状、温度，喷嘴的孔径和材料，以及载气、氢气、空气三者的流量之比等因素有关。收集极对离子的吸收效率则取决于收集极的电极性、电极形状、极化电压以及收集极与发射极之间的距离。

（2）FID的结构

典型的氢火焰离子化检测器（flame ionization detector，FID）结构示意和实物如图4-2-4所示。外表是一个金属盒，在其顶端有两个电极（收集极和极化极），下面有一个进样口和喷嘴，主要部件是离子室。

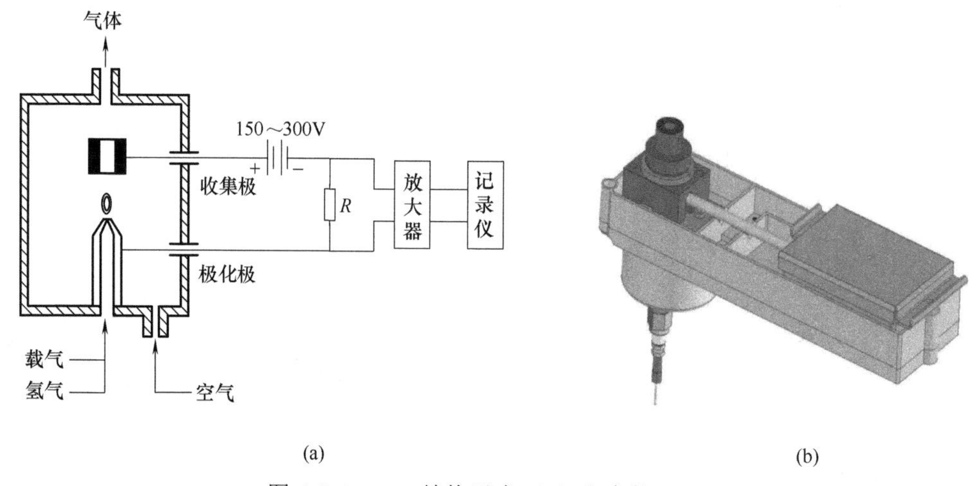

图4-2-4 FID结构示意（a）和实物（b）

在极化极与收集极之间加有150～300V直流电压（称为极化电压），形成电场。被测组分被载气携带，从色谱柱流出，与氢气混合后一起进入离子室，由喷嘴喷出。氢气在空气的助燃下经点火线圈引燃进行燃烧。燃烧产生的高温（约2100℃）火焰使被测有机物组分电离成正负离子。产生的离子在收集极和极化极的外电场作用下定向运动形成电流。电离的程度与被测组分的性质有关。一般碳氢化合物在氢火焰中电离效率很低，产生的电流很微弱，其大小与被测组分含量有关。含量越大，产生的微电流越大，两者之间存在定量关系。

为了使离子室在高温下不被样品腐蚀，金属零件都用不锈钢制成，电极都用纯铂丝绕成。

极化极兼作点火极，将氢焰点燃。为了把微弱的离子流完全收集下来，要控制收集极和喷嘴之间的距离。通常把收集极至于喷嘴上方，与喷嘴之间的距离不超过 10mm。也有的把两个电极装在喷嘴两旁，两极间距离约 6～8mm。

FID 输出的是 10^{-14}～10^{-9}A 的高内阻微电流信号，必须采用微电流放大器加以放大。微电流信号经过一个高电阻形成电压，并进行阻抗转换。经放大后的信号送到数据采集处理电路进行相应的处理，并计算出对应组分含量值。微电流信号的传送需采用高屏蔽同轴电缆。

FID 的主要指标是灵敏度、线性范围、固有噪声以及离子化效率。

（3）FID 的特点

FID 对含碳有机化合物有很高的灵敏度，一般比 TCD 的灵敏度高几个数量级，能检测 10^{-12}g/s 的痕量物质，适宜痕量有机物的分析。FID 结构简单、灵敏度高、响应快、稳定性好、死体积小、线性范围可达 10^6 以上，是一种较理想的检测器。FID 最低检出限一般为 1μmol/mol，有的产品可达到 0.1μmol/mol，甚至 10nmol/mol。

4.2.1.3 火焰光度检测器（FPD）

（1）FPD 的结构

典型的火焰光度检测器（flame photometric Detector，FPD）的结构示意和实物如图 4-2-5 所示，它由气路部分、发光部分和光电检测部分组成。

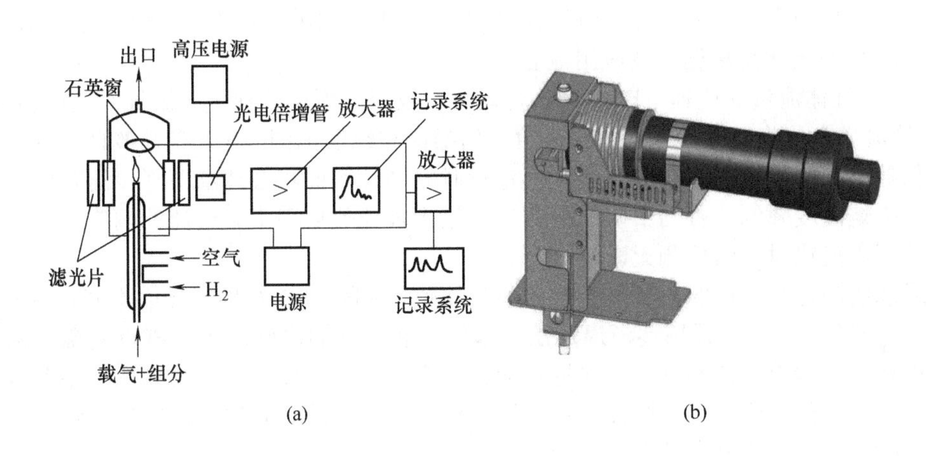

图 4-2-5 FPD 结构示意（a）和实物（b）

FPD 的气路部分与 FID 相同。发光部分由燃烧室、火焰喷嘴、遮光罩、石英管等组成。火焰喷嘴由不锈钢制成，内径比 FID 的喷嘴大，为 1.0～1.2mm。双火焰的下火焰喷嘴内径为 0.5～0.8mm，上火焰喷嘴内径为 1.5～2.0mm。遮光罩高 2～4mm，目的是挡住烃类火焰发光，降低本底噪声。遮光罩有固定式和可调式。也有的不用遮光罩，采取降低喷嘴位置的办法。石英管的作用主要是保证发光区在容易接收的中心位置，提高光强度，并具有保护滤光片的隔热作用，防止有害物质对 FPD 内腔及滤光片的腐蚀和污染。将石英管的一半镀上有反光作用的材料，可增强光信号。

光电检测部分由滤光片、光电倍增管组成。滤光片用于滤去非硫、磷发光信号。FPD 采用光电倍增管接受微弱的光信号，再通过放大器后输出测量信号到记录仪。

（2）FPD的原理

含有硫（或磷）化合物的试样进入氢焰离子室，在富氢-空气焰中燃烧时，有下述反应：

$$RS+空气+O_2 \longrightarrow SO_2+CO_2$$

$$2SO_2+8H \longrightarrow 2S+4H_2O$$

即有机硫化物中的S首先被氧化为SO_2，然后被氢还原成S原子。S原子在适当温度下生成激发态的S_2^*分子，当其跃迁回基态时，发射出350～430 nm的特征分子光谱，最大强度波长为394nm。

$$S+S \longrightarrow S_2^*$$

$$S_2^* \longrightarrow S_2+h\nu$$

含磷试样主要以HPO碎片的形式发射出480～600 nm波长的特征光谱，最大强度波长为526nm。这些发射光通过滤光片照射到光电倍增管上，将光转变为光电流，经放大后在记录系统上记录下硫化物或磷化物的色谱图。有机物碳骨架，在氢焰高温下进行电离而产生微电流，经收集极收集、放大后可同时记录下来。可见，火焰光度检测器可以同时测定硫、磷和有机物。

（3）FPD的特点

FPD属于专用型微分检测器，它对含硫、含磷的化合物有很高灵敏度和选择性，在石油化工、环境保护、食品卫生、生物化学等领域中有广泛的应用。FPD的最小检出限可达10^{-12}g/s(对P)或10^{-11}g/s（对S），对磷的线性范围为10^4～10^5，对硫的线性范围为10^2～10^3。

（4）FPD的气体流量选择及应用注意事项

① FPD气体流量的选择　FPD检测含硫化合物时，所用的载气（氮气）、氢气和助燃气（空气）的流量变化将直接影响检测灵敏度、信噪比和线性范围。检测硫化物时，表现出峰高与峰面积随氮气流量增加而增大，达到一定量时峰高、峰面积会逐渐下降。这是因为氮气增加时会使火焰温度降低，有利于硫的响应，当达到最佳值后则不利于硫的响应。而氮气流量在通常范围内变化对磷的检测无影响。

硫或磷的测定有各自的氢气与空气的最佳比值，并随FPD结构差异而不同，测磷比测硫需要更大的氢气流量。可采用逐渐逼近法调节氢气和空气的比例，直至FPD对硫和磷的灵敏度达到最佳值。调节时使氢气流量保持不变改变空气流量，或使空气流量保持不变改变氢气流量，用同一硫化物或磷化物标样进行对比。使用这种方法必须注意，空气流量变大而氢气流量太小时，会使火焰温度升高，灵敏度下降。

② 注意事项　FPD检测系统各部分对温度的要求不一样，在使用中应注意以下几点：

a. 色谱柱温度设置不宜太高，否则固定液流失加快，会使检测器基流或噪声增大。

b. 色谱柱出口至燃烧喷嘴之间的温度要高于柱温，以防止水蒸气在这里冷凝，返回到色谱柱中或进入燃烧室中。要避免色谱柱出口的高沸点物质凝结在燃烧室底座或喷嘴上，引起堵塞或产生假峰。

c. 燃烧温度需保持在150℃上下，以防止水蒸气冷凝，使水蒸气随载气顺利排出系统。

d. 光电倍增管使用时环境温度不得超过50℃，而且越低越好，以利减小暗流，同时降低热噪声。因此要求带有散热片，采用强制风冷或水冷措施。

e. FPD检测器对硫化物的响应为非线性，常规FPD的响应值与硫化物含量呈指数关系。在硫化物浓度低时，单位硫化物含量响应值低；硫化物浓度高时，单位硫化物含量响应值高。

4.2.1.4　光离子化检测器（PID）

（1）PID 的结构原理

光离子化检测器（photo ionization detector，PID）的结构示意如图 4-2-6 所示，它由紫外灯、电极和离子室三部分组成。

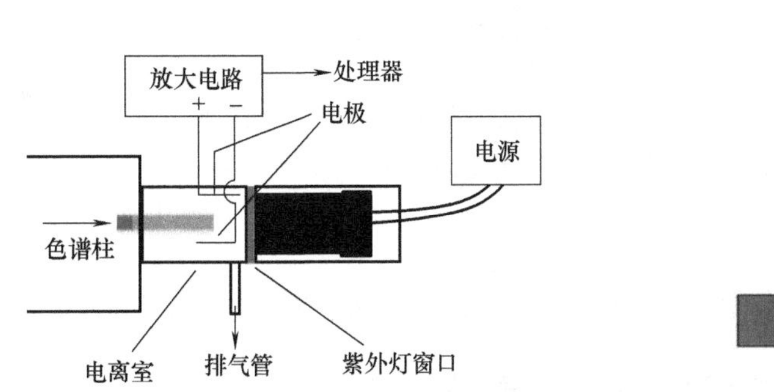

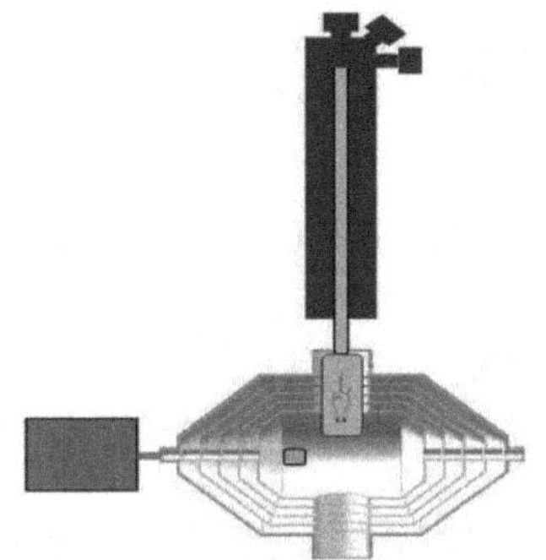

图 4-2-6　PID 结构示意

光离子化的过程是紫外灯对被检测气体进行照射时，光的辐射能将气体分子离子化，被测气体中的电子与离子分别被激发游离的过程。这个过程中发生分裂的每个元素都会带有相应的电荷成分。在这个过程中，能否对气体分子进行离子化，关键在于真空紫外灯的辐射能大小。辐射能越大，光离子化过程也就越充分。将待测气体注入到电离室后，将其完全暴露于紫外灯的辐射中，使辐射能充分的作用于气体分子，气体分子将会吸收光能发生电离。通过一个外加的高压电场使电离产生的电子与离子发生定向移动，并通过导电极板对电子与离子的电信号进行采集检测。

光离子化检测器一个最显著的优点就是气体进入检测器后，发生电离而生成带电的碎片，产生微电流经过检测后，碎片可重新组装成原来的成分，即 PID 是不具破坏性的检测器，不会对监测点附近的气体产生影响。由于可以检测极低浓度的挥发性有机化合物和其他有毒气体，PID 在环境保护、痕量检测和实时检测污染等方面有着不可替代的优越性。

光离子化技术就是利用光离子化检测器来电离和检测特定的易挥发有机化合物。PID 具有很高的灵敏度，可通过高能紫外光，使空气中大部分的有机物和部分无机物发生电离，故可以检测电离能比紫外光源辐射能量低的气体。PID 适用于电离能在 10.3eV 以下的化合物。假如用于检测电离能高于 11eV 的化合物，PID 很容易被损坏。在检测过程中，空气中的基本成分如氮气、氧气、二氧化碳等不被电离，这些物质的电离能大于 11eV，对检测结果没有干扰。由于光离子化技术环保且高效，同时符合检测器微型化的发展方向，近年来愈发受到研究者的青睐。

（2）PID 的特点

光离子化检测器对大多数有机物可产生响应信号，如对芳烃和烯烃具有选择性，可降低混合碳氢化合物中烷烃基体的信号，以简化色谱图。光离子化检测器不但具有较高的灵敏度，还可简便地对样品进行前处理。在分析脂肪烃时，其响应值可比火焰离子化检测器高 50 倍。光离子化检测器的最小检出量可达 10^{-12}g，线性范围约为 10^7，适合于配置毛细管柱色谱。它是一种非破坏性检测器，还可和质谱、红外等联用，以获取更多的信息。

光离子化检测器和火焰离子化检测器联用，可按结构区分芳烃、烯烃和烷烃，从而解决了极性相近化合物的分析；可与色谱-微波等离子体发射光谱相媲美，直观，方法简便。

（3）PID的应用

PID已经越来越多地应用在化学品污染调查上，在事故现场紧急泄露和溢出检测、有毒废物现场检测、短时和瞬时排放检测、地下储罐泄漏检测、石化炼油安全卫生检测、痕量有机有毒气体污染检测、健康安全检测、室内空气质量检测等方面有着不可替代的作用。光离子化检测器对几乎所有的挥发性有机化合物（volatile organic compounds，VOCs）和部分无机物有着很强的灵敏度。可广泛监测以下的污染物种类：

① 卤代烃类、硫代烃类、不饱和烃类（如烯烃）等。

② 芳香类：苯、甲苯、二甲苯（包括邻、间、对位二甲苯）、萘等。

③ 醇类：甲硫醇、丙烯醇、正丁醇、2-丁氧基乙醇等。

④ 酮类和醛类：乙醛、丙酮、丙烯醛等。

⑤ 胺类：二甲基胺、二甲基甲酰胺等。

⑥ 部分不含碳的无机气体：氨、半导体气体（如砷、硒、溴、碘等）。

4.2.2 在线气相色谱仪器的管阀件及气体纯化器

4.2.2.1 常用阀件

（1）转阀

转阀的典型用法是和毛细管柱综合在一起，用于体积小于1L的样品回路。图4-2-7显示的是一个6孔60°转阀应用示意。平面转动阀的种类比较多，如六通阀、八通阀、十通阀等。驱动方式有电驱动式和气驱动式两种。电驱动动作比较慢，适合于气体取样，气驱动动作较快，适用于液体取样。

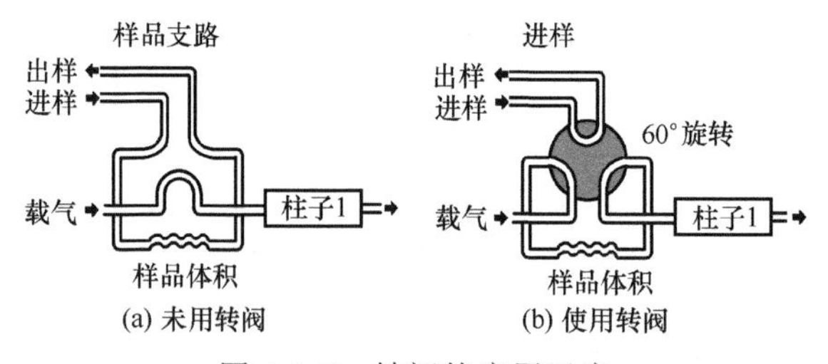

图4-2-7 转阀的应用示意

（2）滑块阀

滑块阀又称滑板阀，简称滑阀。通过使用一个称为滑块的移动部件将气体的一份计量体积传输到进样流路中，应用示意见图4-2-8。它是“推-拉”型的。如图4-2-9所示，十通滑块阀的基座由不锈钢制成，内部有上下两个气室（驱动气室和工作气室）、一个固定块和一个滑动块。驱动气室由一片橡胶膜片（俗称皮帽子）分隔成前后两个腔体，固定块与工作气室连成一体，滑动块通过一个活塞推杆与橡胶膜片相连。当0.3 MPa的压缩空气驱动橡胶膜片上下移动时，滑动块也随之移动。固定块上有10个小孔排成两列，每个小孔都连接外径为1/16 in（约1.6mm）的不锈钢管用于通气。滑块上面的阀芯是用聚四氟乙烯材料制成的，有优良的耐磨性能。阀芯上加工了6个供气体通过的小凹槽，当滑块动作时，阀芯上的小凹槽与固定块上的10个小孔的联通状态发生变化。十通滑块阀起一个六通进样阀和一个六通柱切阀的作用。

（3）膜片阀

十通膜片阀的外形参见图4-2-10。它采用在膜片上加压的方式控制10个端口的通断，无移动部件，其功能相当于一个六通进样阀和一个四通柱切阀。

（4）液体进样阀

典型的色谱仪液体进样阀外形如图4-2-11所示。液体进样阀无外部定量管，样品由阀的注射杆定量取样，进样量一般为1～5μL。采集的液体样品在阀内部加热汽化，再由载气带入色谱柱中。液体进样阀安装在恒温炉外。与恒温炉之间有隔热措施，可在较高温度下工作，使液体样品汽化完全、快速，以避免重组分的损失和进样迟滞，在分析沸点较高的液体样品时必须采用这种进样方式。

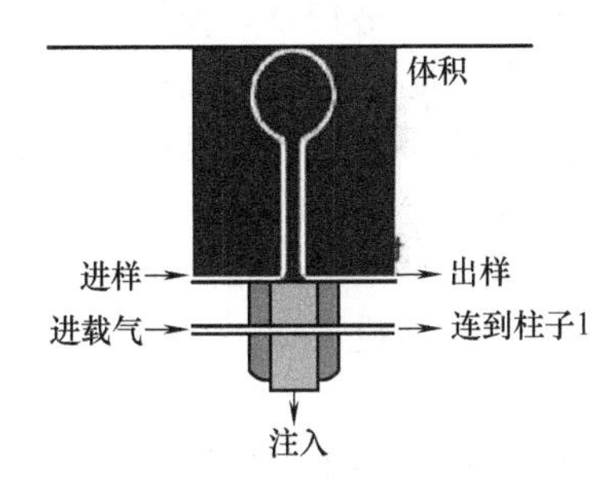

图 4-2-8　滑块阀应用示意

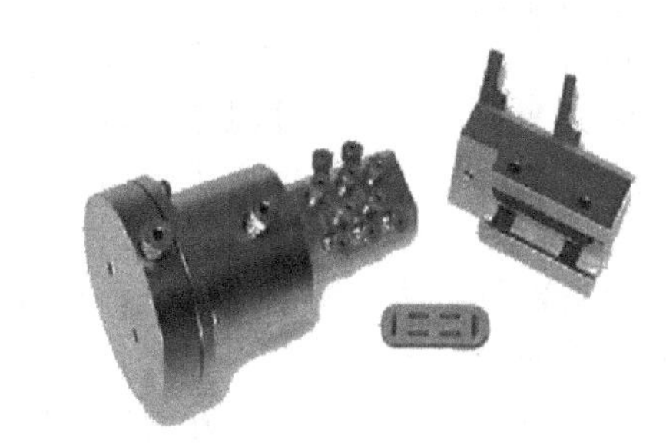

图 4-2-9　十通滑块阀

图 4-2-10　十通膜片阀

图 4-2-11　色谱仪液体进样阀

典型的在线色谱仪的液体进样阀，在结构上分为样品通道、载气通道、导流套筒、注射杆、驱动气缸和密封组件几部分。它的工作过程分为冲洗和进样两种状态。

冲洗状态：液体样品由入口进入后经样品导管和注射杆上的微截面环形槽流通，维持一定的流量值。注射杆是一根开有微小截面沟槽的金属杆，在弹簧力的作用下处于初始状态。

进样状态：当驱动气缸接收到进样指令时，气缸驱动注射杆推进，注射杆的微截面沟槽将微升数量级的液体样品带入样品导流套筒，并在套筒中汽化。载气导入后经嵌入的样品导流套筒，将汽化好的样品带出，进入色谱柱。这样的动作结束后，驱动气缸复位，带动注射杆移动到原来的位置，完成一次进样动作。

（5）大气平衡阀

在进样之前，大气平衡阀（ARV）保证气体样品与大气压力一致，这样可确保可重复性的样品体积。ARV 只用于气体样品，其应用流路参见图 4-2-12。

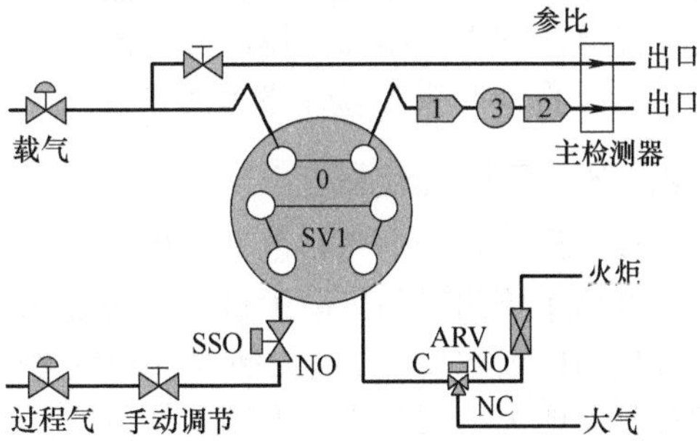

图 4-2-12　ARV 的应用流路

SSO—样品关断阀；ARV—大气平衡阀；
NO—常开；NC—常关

4.2.2.2　连接管路

（1）管路的选用和材质

管路对气相色谱分析结果有着不可忽视的影响，不仅需要长期稳定地传输气体，还需要足够的洁净度和良好的化学惰性，不产生额外的噪声。气相色谱中使用的管路材质一般有聚四氟乙烯（PTFE）、铜、不锈钢三种。三种材质均可用于主机外围的气路连接，仪器内部的连接管路一般为不锈钢材质。聚四氟乙烯管价格便宜，安装方便，但容易挤压变形和磨损，长期使用会伴随老化，导致氧气和水汽的渗透。如果聚四氟乙烯管路质量稍差，管路可能会释放气体杂质导致气源受到污染。铜管耐久性好，易弯曲，但价格较贵。使用氢气时候应当避免使用铜管：一方面氢气会去除管线上可能残留的污染物，造成本底升高；另一方面长期使用后铜管会变脆，产生气体泄露风险。使用氢气时建议使用不锈钢管路常用的不锈钢管类型为316不锈钢，惰性和强度均优于铜管，尤其对于微量组分分析，应选用不锈钢管路，以减少本底噪声。在一些特殊的气相色谱分析中，为了避免管路对某些成分的吸附（如硫化氢），还可能采用特殊材质的不锈钢（哈氏合金等）用以连接六通阀和进样口。

（2）管路的清洁要求

对于气相色谱分析而言，良好的气源纯度对分析极为重要，除了保证气源的质量之外，气源的传输管线则显得极为重要。传输管线应当光洁、干净和耐腐蚀。如果管路清洁程度不够，即使使用高纯度的气源，在气体流经管路的过程中，也会将管路表面的污染物带入仪器和色谱柱，导致基线噪声过大、毛刺和杂峰。若在制造金属管时对其进行不当加工（如锉刀打磨、剪钳切割等），会导致管路中存在微颗粒、管口有毛刺或变形等，影响气体纯净度及流动通路，从而对检测产生影响，甚至导致仪器损坏。应选配严格按要求进行精细加工的合格的金属管。

需要说明的是，如果使用ECD时，应当避免使用二氯甲烷或其他卤化溶剂清洁色谱柱与ECD之间的管路。若管路中残留这些物质，会导致基线提升，并使检测器产生噪声。

（3）管路的连接

① 聚四氟乙烯管连接　在安装和密封时候，应当在受力处装填不锈钢短管作为衬管以避免管路受到挤压而变形。

② 金属管路连接　需要使用螺帽、前后卡套来进行密封，根据实际使用要求直接连接或者选择两通、三通连接。不同外径的金属管路连接则需要使用变径两通或者三通。

③ 注意事项　在连接好管路之后，一定要选择合适的方式进行检漏，确保管路连接无误。

使用不锈钢管路时应使用同样不锈钢材质的前后卡套来密封，使用铜卡套可能会导致漏气。使用ECD和极性色谱柱时应当格外注意尽量避免使用聚四氟乙烯管件。另外，气相色谱仪在降温过程中，尾部会排出热气流，如果塑料管位于热废气或热废气组件的附近则可能会熔化，应将聚四氟乙烯管路远离热源。

4.2.2.3 气体纯化器

载气纯度是影响气相色谱分析仪分析灵敏度的一个重要因素，随着气相色谱分析仪的发展，氦离子检测器和氩离子检测器的最低检测浓度均已达到10^{-9}级（nmol/mol级）的标准，具有极高的灵敏度。在高灵敏度气相色谱检测中，即使有低于nmol/mol级的不纯气体也会影响检测器的灵敏度和损坏毛细管柱。现有气体生产厂家的高纯气体标准通常为99.999%（5N）。选取5N气体作为仪器的载气，会使得仪器的高灵敏度无法发挥，导致测量准确性降低。

因此，高灵敏度气相色谱仪需配置一套载气纯化器，提高载气纯度，可使得仪器灵敏度和准确性提高。使用气体纯化器对5N级别的载气进行纯化，是一种很方便且成本较低的可行性方法。

专门为气体分析仪器所设计的小流量载气纯化器，可用于纯化各类气相色谱仪的载气及其他气体分析仪器零点气。载气纯化器由纯化单元和电控单元两部分组成。纯化单元主要由吸气剂单元、气体管路和加热器组成。

气体纯化器，通常采用化学反应的方法在高温下将工艺气体中的 H_2O、O_2、CO、CO_2、CH_4、N_2 等杂质去除到 10×10^{-9} 以下，并且在 316L 不锈钢罐体中内置了过滤精度为 1μm 的颗粒过滤器。电控部分负责控制系纯化器的温度控制和安全报警等过程，确保纯化器能够持续安全稳定地运行。

新的载气纯化器内密封着高压的氮气或氩气，开始纯化前必须进行吹扫。首先按纯化器气体类型的要求用氮气或稀有气体对纯化器进气端之前的气体管道进行吹扫。在吹扫状态下，将进气端的堵头取下，以较快速度将纯化器进气端和进气管道接通，此过程不应超过 30s。同样地将出气端的堵头取下，将纯化器出气端和出气管道接通，此过程也不应超过 30s。

为保证气体的纯度，应使用全金属密封的 1/8in（1in=0.0254m）卡套式气体接头。用设置在纯化器上游或下游管道中的流量控制器，将气体流量设置为 500mL/min。在接通电源之前，必须用流量为 500mL/min（氢气纯化器除外）的工艺气体对纯化器吹扫 10min 以上。

加拿大 ASD 公司及美国 Agilent 公司的气体纯化器外形见图 4-2-13。

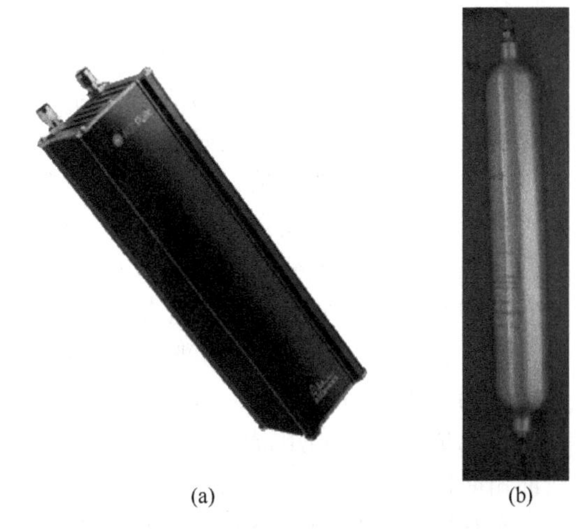
(a)　(b)

图 4-2-13　加拿大 ASD（a）及美国 Agilent（b）的气体纯化器外形图

4.2.3　在线气相色谱仪的色谱柱与色谱柱箱

4.2.3.1　色谱柱

（1）填充柱　填充柱内填充了固定相，内径一般为 0.5～4.5mm；填充柱大多采用不锈钢柱管，如图 4-2-14 所示。不锈钢材质的色谱柱管机械强度好，有一定惰性，分析烃类和无机气体时比较稳定。内径一般为 2～4.5mm，外径以 1/8in（3mm）的为主；微填充柱内径采用 0.5～1.0mm，外径以 1/16in（1.6mm）和 1mm 的为主，填充微型固定相颗粒。

（2）毛细管柱

毛细管柱大多采用石英玻璃管，如图 4-2-15 所示。毛细管柱有开管型、填充型之分，内径一般为 0.1～0.5mm。开管型毛细管柱又称空心柱，是指内壁上有固定相的开口毛细管柱。填充型毛细管柱是指将载体或吸附剂疏松地装入石英玻璃管中，然后拉制成内径为 0.25～0.5mm 的色谱柱。

毛细管柱的优点是：能在较低的柱温下分离沸点较高的样品；分离速度快、柱效高、进样量少，具有较好的分离度；载气消耗量小；在高温下使用稳定；吸附及催化性小。其缺点是：柱材料要求高、耐用性与持久性差，不易维护，不能用来分离轻组分，样品进样量不能太多，要求系统的死体积尽量小。应根据使用目的适当选择色谱柱

（3）气固色谱柱和气液色谱柱

按照色谱柱的固定相不同又分为气固色谱柱和气液色谱柱。

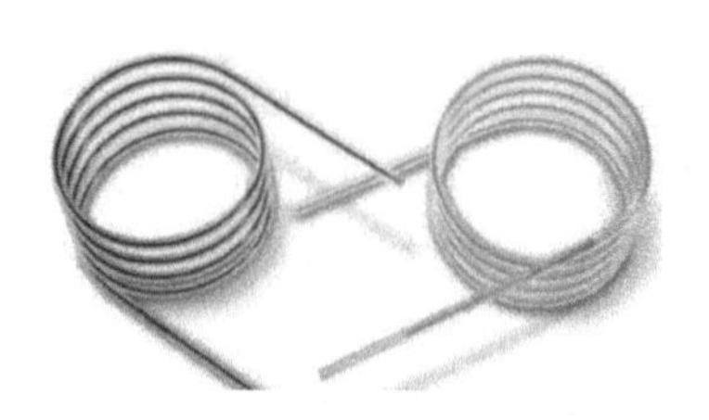

图 4-2-14　不锈钢填充柱

图 4-2-15　毛细管柱

① 气固色谱柱　气固色谱柱属吸附柱，是采用固体吸附剂作固定相的色谱柱，利用吸附剂对样品中各组分吸附能力的差异对其进行分离。气固色谱柱有以下特点：比表面积比气液柱固定相大，热稳定性较好，不存在固定液流失问题；价格低，许多吸附剂失效后可再生使用，柱寿命比气液柱长；高温下非线性较严重，在较高温度下使用会出现催化活性，若将吸附剂表面加以处理能得到部分克服。气固色谱柱主要用于永久性气体和低沸点化合物的分离，特别适合上述组分的高灵敏度痕量分析，但不适合用于高沸点化合物的分离。气固色谱柱常用的吸附剂主要有活性氧化铝、分子筛、高分子多孔小球等。

② 气液色谱柱　气液色谱柱属分配柱，是将固定液涂敷在载体上作为固定相的色谱柱。其固定相是把具有高沸点的有机化合物（固定液）涂覆在具有多孔结构的固体颗粒（载体）表面上构成的。它利用混合物中各组分在载气和固定液中具有不同的溶解度，造成在色谱柱内滞留时间上存在差别，从而使其得到分离。

选择固定液应根据不同的分析对象和分析要求进行。样品组分与固定相之间的相互作用力是样品各组分得以分离的根本要素。固定液一般可以按照“相似相溶”的规律选择，即按待分离组分的极性或化学结构与固定液相似的原则选择。其一般规律如下：

a．非极性样品：选非极性固定液，分子间作用力是色散力，组分按沸点从低到高流出。

b．极性样品：选极性固定液，分子间的作用力是静电力，组分按极性从小到大流出。

c．极性与非极性混合样品：选非极性固定液，极性组分先流出，非极性组分后流出；也可选极性固定液，非极性组分先流出，极性组分后流出。

d．氢键型样品：选氢键型固定液或极性固定液，组分按氢键力从小到大或极性从小到大流出。

e．复杂样品：选混合固定液或组成多色谱柱系统，将各组分分离。

4.2.3.2　色谱柱箱

色谱柱箱主要分为恒温色谱柱箱及程序升温色谱柱箱两种。

（1）　恒温色谱柱箱

温控精度是构成色谱仪的重要指标之一。因为保留时间、峰高等都与色谱柱的温度有关，直接影响色谱分析的定性与定量。恒温色谱柱箱（简称恒温炉）温控精度高，适用于沸点不高、沸程较窄的样品分析。

大多数恒温炉采用铸铝炉体或不锈钢炉体，内部埋有电热丝加热，温控精度一般为±0.1℃。早期铸铝炉的温度设定范围为50～120℃，由于受防爆温度组别T4（≤135℃）的限制，其最高炉温只能设定为120℃，分析对象限于沸点≤150℃的样品。不锈钢炉在原有铸铝炉的基础上加以改进，最高温度可达225℃，控制精度±0.03℃。

（2）程序升温色谱柱箱

程序升温色谱柱箱（简称程序升温炉）可在分析流程内按照设定的程序逐渐升高或降低

温度，使样品中的每个组分都能在最佳温度流出色谱柱，获得良好的峰形，并可缩短分析周期，适用于沸程较宽，特别是含有一些高沸点组分的样品分析。

程序升温型气相色谱仪在技术上涉及以下几方面：

① 进样阀、色谱柱、检测器的温度控制要分开进行，分析过程中仅对色谱柱进行程序升温，进样阀和检测器的温度不能变，以防止基线漂移和检测器响应变化。所以要设置程序升温和恒温两个炉体，色谱柱装在程序升温炉内，进样阀和检测器装在恒温炉内。如果进样阀和检测器的恒温温度不同，还需分开安装，并分别加以控温。

② 程序升温炉的升温速率可调、线性、多段。程序升温的重现性是色谱定性和定量分析的基础。

③ 程序升温炉的热容量要小，以便迅速加热和冷却色谱柱。尽量采用薄壁短柱（如毛细管柱），以便提高换热速率。炉内采用高速风扇强制循环升温和恒温。降温采用涡旋制冷管。一个分析周期结束后，炉温尽快冷至初始设定温度，以便进行下次分析。

④ 为克服高温下因固定液流失产生的基线漂移和噪声，往往采用双柱补偿法。

⑤ 必须设置性能良好的稳流阀。在程序升温过程中，温度的变化引起色谱柱阻力发生变化，导致流速变化，造成基线不稳，使检测器响应发生变化。在双色谱柱系统中应使用性能对称的稳流阀，使升温过程中流速同步变化，基线不发生漂移。

4.2.4　在线气相色谱仪的辅助气及气体发生器

4.2.4.1　常用的辅助气

（1）辅助气体种类

① 参比气大多采用高纯氮，例如热导检测器就需要参比气。

② 载气用于气相色谱仪，包括高纯氢气、氮气、氩气、氦气等，在某些微量分析中对载气的纯净度有特别要求。

③ 燃气和助燃气用于气相色谱仪的 FID、FPD。燃气为氢气，助燃气一般为仪表空气。

④ 稀释气用于稀释法取样探头。稀释用零空气采用仪表空气进行净化处理后使用。

⑤ 吹扫气用于对取样探头的吹扫及正压防爆吹扫。一般采用仪表空气，对仪器的样品管路及部件的吹扫采用氮气。

⑥ 伴热蒸汽采用低压蒸汽对管路及部件伴热。

（2）辅助气体的应用

辅助气体中的参比气、载气及燃气通常与标准气一样可以采用瓶装气体。瓶装气体具有种类齐全、压力稳定、使用方便、质量有保证等优点，使用比较普遍。氢气、氮气、氧气等也可以采用气体发生器获得。

4.2.4.2　氢气发生器

（1）工作原理

氢气发生器产出氢气有两种不同的原理。

一种是纯水电解制氢。把满足要求的纯水（电阻率大于 1 MΩ/cm，电子或分析行业用的去离子水或二次蒸馏水皆可）送入电解槽阳极室，通电后便立刻在阳极分解：

$$2H_2O = 4H^+ + 2O^{2-}$$

分解成的负氧离子（O^{2-}），随即在阳极放出电子，形成氧气（O_2），从阳极室排出，携带部分水进入水槽。水可循环使用。氧气从水槽上盖小孔放入大气。氢质子以水合离子的形式，在电场力的作用下，通过固体聚合物电解质（SPE）离子膜，到达阴极吸收电子形成氢气，从阴极室排出后，进入气水分离器，在此除去从电解槽携带出的大部分水分。含微量水分的氢气再经干燥器吸湿后，纯度便达到99.999%以上。利用SPE技术电解纯水（杜绝加碱）的高纯氢气发生器，是一类轻型、高效、节能、环保的高科技产品。

另一种是碱液电解制氢，是传统隔膜碱液电解法。电解槽内的导电介质为氢氧化钾水溶液，两极室的分隔物为航天电解设备用优质隔膜，与端板合为一体的耐蚀、传质良好的格栅电极等组成电解槽。向两极施加直流电后，水分子在电解槽的两极立刻发生电化学反应，在阳极产生氧气，在阴极产生氢气。反应式如下：

阳极　$$2OH^- - 2e^- \longrightarrow H_2O + \frac{1}{2}O_2\uparrow$$

阴极　$$2H_2O + 2e^- \longrightarrow 2OH^- + H_2\uparrow$$

总反应式　$$2H_2O \longrightarrow 2H_2\uparrow + O_2\uparrow$$

氢气发生器对压控、过压保护、流量显示、流量追踪等均实行自动控制；使输出氢气能在恒压下，根据气相色谱仪用氢气量，实现全自动调节（在产气量范围内）。

（2）功能特性

电解纯水制氢法无腐蚀、无污染、氢气纯度高；单元槽电压低，氢气纯度高，干燥剂更换周期长；电解电流小，产气量足，升压快（3～5min）；氢气稳压、稳流输出，并随负载用气量变化自动跟踪，稳压精度高；缺水、过压、防水冲等自动保护技术齐全、可靠；噪声小；电解效率高，耗电功率小。

4.2.4.3　零气发生器

（1）工作原理与特点

零气发生器由空气压缩机、催化剂转换炉、洗涤器及控制面板组成。工作原理是：将环境空气通过吸附、过滤、反应等方法，去除一氧化碳、一氧化氮、二氧化硫、硫化氢和臭氧等，转化为无污染空气，用于环境仪器校准或作为分析实验室内的空气供给源。

零气发生器是用于产生校正大气自动监测系统中各监测仪器零点的纯净气体和标准气、稀释气的一种辅助设备，具有气体输出流量大、输出压力稳定、气体湿度及杂质含量低、日常免维护等特点。

（2）功能特性

在线色谱仪所采用的零气发生器融合了自动稳压、过热、过压、除水、净化、排水等多种自动控制技术，大大提高了仪器的稳定性、安全性、可控性。

在气体净化单元采用进口高分子材料，变压吸附、旋风式除水、除烃装置及专利除湿系统等多模式组合，大大提高了输出气体的纯净度，同时有效解决了使用变色硅胶吸附剂所带来吸附剂频繁更换及被穿透的危险，并免除了日常的维护，是一种安全稳定的纯净气源仪器，是替代高压空气瓶及其他空气源的升级换代产品。

零气发生器采用纯无油摆动活塞式压缩机，有效降低了运行噪声；操作简单，只需打开电源开关即可产气；双级稳压，输出压力稳定度高；冷干与变压吸附除水，温度显示，全自动排水，全自动净化，日常免维护；采用高温催化氧化技术，以多种贵金属材料做催化剂，将烃类物质和CO完全氧化成二氧化碳和水，达到净化的目的；内置氮氧化物及无机硫等脱除装置；气路为金属一次性焊接，杜绝了漏气现象，减少了日常维护量；内置有颗粒过滤装置和专利除湿系统，使产品气的露点降至−70℃以下，颗粒直径小于 0.01μm。

4.2.5　热解析技术及在线色谱仪的热解析装置

热解析（thermal analysis）是一种提取、分析样品中挥发性和半挥发性组分的较为新颖的预处理方法，几乎任何含有挥发性有机物的样品都能使用该技术进行分析，大大拓展了气相色谱法的应用范围。应用热解析技术的装置也称热解析仪。

4.2.5.1　基本原理

热解析技术是使用惰性气体（高纯氮气或高纯氦气）作为载气，经过正在加热的样品或者吸附管，将样品或者吸附管内可被加热解吸出来的挥发性和半挥发性的有机物质送入气相色谱进样口进行分析测定的一种前处理技术。

根据样品初始状态有无变化，热解析技术一般分为：吸附热解析和直接热解析两种。

吸附热解析包括两个过程：吸附过程和热解析过程。吸附过程是用采样泵吸入样品气体使其通过填充特定吸附剂的采样管，被测定的某些挥发性物质就会被吸附剂选择性吸附，从而达到分离和富集气体样品中目标物的目的。热解析过程是将吸附了待检测物质的吸附管加热，使被吸附物质解吸附出来，由惰性载气（高纯氮气或高纯氢气）带入气相色谱仪进行分析的测定过程。

直接热解析是将液体样品直接放入热解析管，然后加热，使样品中挥发性和半挥发性物质解析出来，由惰性载气（如高纯氮气/氦气）带入气相色谱仪中进行分析测定。

从原理上说，热解析技术分成单级热解析和二级热解析两种。

单级热解析是指，在加热样品管的同时，利用惰性气体直接将样品中挥发性成分吹扫入气相色谱柱，会带来峰展宽、流量与气相色谱的毛细管柱不匹配等问题，因此应用较少。

二级热解析比一级热解析多了一个冷阱或毛细管低温富集装置，从样品管中吹出来的化合物经入口分流后，一部分进入冷阱进行再吸附，冷阱中装填有定量具有吸附性能的填料。在一级热解进行的同时，冷阱由于制冷系统的存在处于低温状态，一级热解出来的化合物会在冷阱中吸附。待一级热解完成之后，冷阱迅速闪蒸升温，一般在几秒钟后可以达到设定的高温，目标分析物快速解吸附，经出口分流后进入气相毛细管柱。这样，冷阱起到了富集和快速进样的作用，解决了峰展宽和流速不匹配的缺点，改善了色谱的分离效能。

4.2.5.2　热解析装置

热解析仪装置一般包含：加热区、热解析控制区、气体流量控制区、传输线等。热解析仪可以是一个独立的装置，通过传输线和气相色谱连接，也可以是进样口一个组成部分。

现代热解析装置，大多采用冷阱、闪蒸和多通阀技术的二级热解析。

通常使用的两种基本富集装置为：毛细管低温富集装置和冷阱。毛细管低温富集装置，能产生完美色谱图，但它会消耗大量的液体制冷剂。热解析是一个动态的过程，任何障碍或限制解吸气体的流量对热脱附过程的效率都会有显著的影响。现在大多用电子吸附冷聚焦冷阱，代替毛细管冷聚焦冷阱。二级热解析仪流程示意如图 4-2-16 所示。

热解析仪上的热解管和冷阱可以装填一种或者多种吸附剂，吸附剂的种类和数量取决于多种因素，包括采样装置、目标分析物的范围、分析物的浓度等。最常见的热解管是装填有聚[4-(2,6-二苯基)亚苯基氧化物]（Tenax）多孔聚合物作为吸附剂的热解析管。

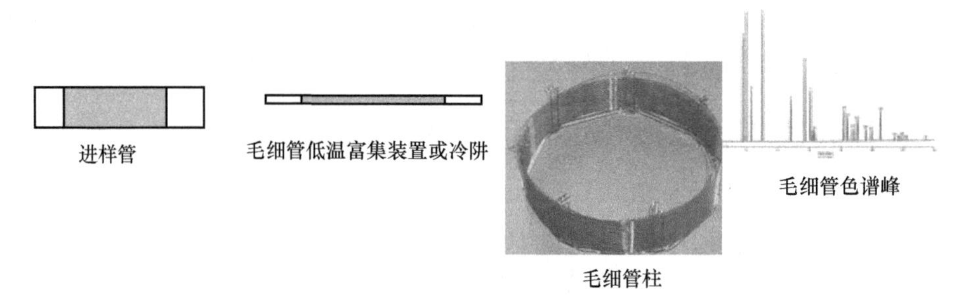

图 4-2-16　二级热解析仪流程示意

二级热解析技术，电子制冷可达到−100℃的低温，闪蒸升温速率快，利用电子控制多通阀实现同步切换，使样品无扩散进入色谱系统，可达到 10^{-9}g 的检测限。

4.2.5.3　热解析技术应用

热解析技术具有如下优点：

① 分析效率大于 99%，使测定的灵敏度大大提高。

② 无需对样品进行任何预处理，且没有由溶剂引入的分析干扰，很适合分析色谱保留时间短的样品组分。

③ 不使用有机溶剂，是一种对环境友好的分析方法。

④ 吸附管可重复使用，降低了分析测定的费用。

热解析装置与气相色谱或者质谱联用，应用范围比较广泛，可解决复杂类型样品的分析测定，包括环境材料、燃料资源、食品、制药、聚合物和其他各种商品。热解析的基础是使被测物质从吸附材料上全部脱附出来，即通过加热使样品中有机物挥发出来而不发生降解且不产生不想要的合成产物。由此，控制样品温度、加热速率和采样时间是很重要的。

4.2.6　在线气相色谱仪的电子控制系统与色谱工作站

4.2.6.1　电子控制系统

在线气相色谱仪电子控制器的电路主要包括检测器信号放大电路，数据处理电路，炉温控制电路，进样、柱切换和流路切换系统程控电路，显示及操作电路，模拟和接点信号输入/输出电路，数据通信电路，电源稳压和分配电路等。电子控制器内装的各种电路硬件已经实现模块化，其电子控制系统硬件设计总体架构如图 4-2-17 所示。

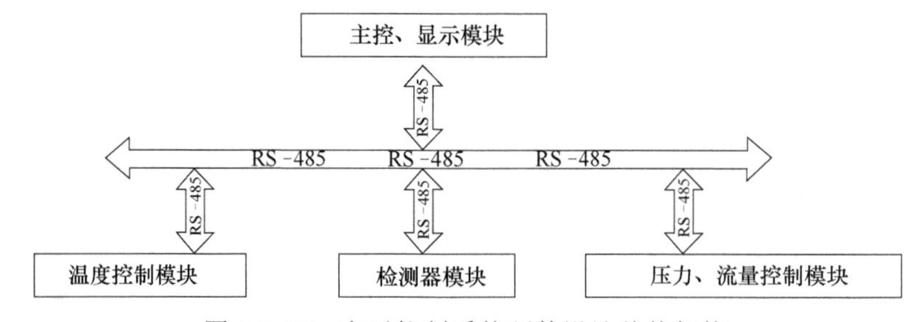

图 4-2-17　电子控制系统硬件设计总体架构

电子控制系统各模块功能主要有：

① 电源部分：将输入的220V交流输入转换为数字电源、模拟电源及通信隔离电源，为各个子模块供电。

② 主控模块部分：实现对各个子模块的信息采集和控制。

③ 温度控制模块：实现多路控温，提供气相色谱仪正常工作所需的温度条件。

④ 检测器模块：包括TCD、FID等各类检测器，可配置多个检测器模块。

⑤ 压力流量控制模块：控制气相色谱仪气路系统。

4.2.6.2　色谱工作站技术

（1）基本功能

① 系统分析：可对多个样品分析的高度、面积、浓度值、偏差、置信区间、回归分析进行统计。

② 数据采集和保存：原始采样数据和相关的信息，采用“一体化文件结构”方式，全部集中保存在一个文件中。文件结构包括：分析环境设定、仪器参数、色谱图、定量结果、数据处理参数、报告格式等。

③ 谱图评价：提供了谱峰对称性、统计要素、实际峰宽、容量率、拖尾因子、分离度、选择性、理论塔板数、死体积、死时间的测试。

④ 噪声测试：提供了平均噪声、峰-峰噪声、ASTM噪声、区段漂移和整体漂移的测试。

⑤ 质量评价：提供质量保证（QA）/质量控制（QC）功能，采用样品指纹特征的图纹。

⑥ 图像识别技术：在生产中协助管理者对产品质量进行监控。

（2）色谱工作站的技术优势

① 采用多线程技术，基本框架采用模块化设计思想，根据应用可自由搭载和组合成不同的专业型工作站软件，提高后期的软件升级和功能扩充的适用能力。

②系统稳定可靠，无死机、紊乱现象。

③ 丰富的手工处理谱峰功能并可自动实现数字文字的追踪记录。

4.3　在线气相色谱仪器的典型产品技术

4.3.1　在线气相色谱仪器的典型产品

4.3.1.1　国外典型产品

（1）SIEMENS-AAI Maxum Ⅱ在线气相色谱仪

SIEMENS -AAI Maxum Ⅱ在线气相色谱仪是西门子公司在线色谱仪的代表产品，实现了模块化设计，在很多测量中可以采用预设的应用程序模块，并提供多种检测器，如TCD、FID、FPD、PDD（pulsed discharge detector，脉冲放电检测器，可以在氦离子、光离子和电子捕获模式下运行）等。所有的检测器模块都适用于空气浴柱箱和电加热柱箱。该仪器柱箱分为两个独立加热的恒温柱箱：1个空气浴柱箱可以容纳多达3个检测器模块；1个电加热柱箱可以容纳1个检测器模块。Maxum Ⅱ在线气相色谱仪配有专业的色谱数据处理软件和色谱数据处理工作站，可对各种工艺过程的气体和液体的化学组成进行分析，应用范围十分广泛。已经用于国内石化等工业过程的连续在线气体分析；对环境污染物成分、环境大气质量监测等色谱连续自动分析、自动监测。该仪器可按照根据用户应用需要定制产品，被测组分测量范

围可从 10^{-9}g 到 100%浓度，适用用各种过程检测需要。

（2）ABB 公司 PGC5000 系列在线气相色谱仪

PGC5000 系列在线气相色谱仪是 ABB 公司过程气相色谱仪的主产品，在国内石化等工业过程分析和环境监测分析领域都有广泛的应用。该系列产品中具有新型图形化人机界面的 PGC5000A 主控制器，可提供功能全面的键盘和触摸板式输入。PGC5000A 主控制器，具有友好的中英文操作界面。PGC 5000 系列凭借分布式控制的多智能恒温箱功能，扩展了仪器的分析范围。两款柱箱 PGC5000B 和 PGC5000C 是专门针对该系列分析仪打造，可配置 sTCD、mTCD、FID 或 FPD 等检测器。PGC5000B 智能柱箱尺寸合适，适用于简单的配置，可最大限度提高可靠性，适用于在一个柱箱中对多个样品流实现“多路复用”分析，适用于复杂的应用测量。

（3）日本横河电机 GC8000 在线气相色谱仪

GC8000 在线气相色谱仪是日本横河电机公司过程气相色谱仪的主产品。该仪器内置 12in（1in=0.0254m）彩色触摸屏。只要轻触屏幕，所有的分析参数和测量结果便会以简单易懂的图形形式呈现在彩色显示屏上。GC8000 气相色谱仪由于采用了 GC 单元（GCM）概念，实现了并行分析的实用化。通过单台分析仪中设置的多个虚拟色谱，使所有色谱的设置、显示和数据完全独立，便于理解和维护。GC8000 提供在可靠性和操作性方面得到验证的硬件和电子技术的同时，通过多恒温炉分析能力使工业气相色谱的应用达到了更高的水平。

（4）Thermo Scientific 5900 系列在线气相色谱仪

5900 系列在线气相色谱仪是赛默飞世尔公司推出的用于环境空气 VOCs 监测的在线色谱仪产品。其中 5900-A 非甲烷总烃分析仪采用 GC-FID 技术对环境空气中的总烃、甲烷和非甲烷总烃进行连续定性和定量分析，检测限可达 nmol/mol 级；5900-B 苯系物在线分析仪采用样品预浓缩以及 GC-双 FID 技术，对环境空气中的 VOCs 组分进行分析，也可用于苏玛罐与气袋采样的分析，检测限可达 nmol/mol 级；5900-C 臭氧前躯体在线分析仪采用预浓缩以及 GC-双 FID 技术，对环境空气中的 VOCs 组分进行分析，也可用于苏玛罐与气袋采样的分析，检测限可达 nmol/mol 级。该系列仪器符合国家标准方法；具有高性能 FID 检测器，线性范围宽，具有自动点火和保护功能；具备全流路高精度电子压力/流量控制（EPC）。

4.3.1.2 国内典型产品

（1）天华院苏州研究所 HZ 3880 Ⅱ在线气相色谱仪

天华院苏州研究所 HZ 3880 Ⅱ在线气相色谱仪，用于工业过程分析，其外形如图 4-3-1。可分析各种气态物质或在 130℃以下可挥发为气体的液态物质的组成及含量，具有一体化的防爆结构 Ex pⅡCT3，采用了双通道分析技术、远程通信技术、快速微量分析技术，具有大屏幕液晶显示及软件汉化功能，已经在国内石化行业得到应用。

（2）四川眉山麦克公司的 MGC5000 过程气相色谱仪

MGC5000 过程气相色谱仪适用于各种工业过程分析，如煤化工、天然气化工、天然气传输、炼油、钢铁冶金、生物制药等，仪器外形参见图 4-3-2。该仪器可配置 TCD、FID、FPD 等检测器中任意两个组合。支持单通道多流路串行分析，最多 24 流路；也支持多流路多通道并行分析，最多 4 流路并行分析。仪器采用模块化设计和先进的控制系统，具有远程操控服务功能。色谱柱可采用填充柱或毛细管柱，恒温加热炉采取空气浴加热，温度范围 10～125℃，恒温精度±0.1℃。采样阀件为滑阀或膜片阀。色谱仪防爆等级为 Ex d ⅡB+H_2 T3/T4 Gc；使用载气为 H_2、N_2、He、Ar；分析周期最大为 99999s；重复性误差为±1%。

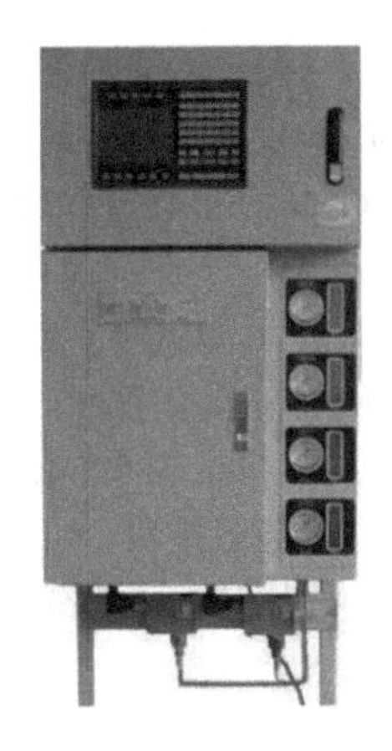

图 4-3-1　HZ 3880 Ⅱ在线气相色谱仪

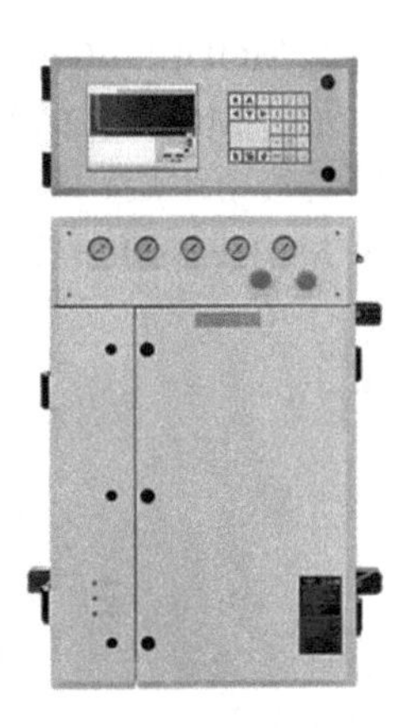

图 4-3-2　MGC5000 过程气相色谱仪

（3）常州磐诺 PGC-80/PGC-80Plus 系列在线气相色谱仪

磐诺 PGC-80 的外形如图 4-3-3 所示。采用专用色谱柱组合、中心切割加反吹技术和氢火焰离子化检测器（FID）技术，主要用于环境监测在线色谱分析。PGC-80 用于甲烷和非甲烷总烃的检测。PGC-80Plus 是在 PGC-80 的基础上，增加另外一路，用于检测苯系物、硫化物等其他非标的特征因子。

该仪器软件具有多谱图对比重复性分析、高效批处理、自动积分校正及输出报告等功能。数据采集控制系统软件用来获取和处理分析仪传输数据。控制系统包括两部分：可编程逻辑控制器、数据处理及控制子系统。具备实时性、稳定性及智能化的特点。

（4）南京霍普斯 HPGC-1000 系列在线气相色谱仪

HPGC-1000 系列在线气相色谱仪外形图参见图 4-3-4。该仪器采用气浴加热，GC-FID 技术，检出限低，可检测组分多，适用于工业园区固定污染源、厂界等挥发性有机物（VOCs）的非甲烷总烃、苯系物及其他 VOCs 特征因子的在线监测。HPGC-1000 型在线气相色谱仪可实现 3 个检测器并行检测，如双 FID 搭配 FPD，可实现非甲烷总烃、VOCs 特征因子及硫化物的在线检测。该仪器采用高精度柱温箱温控技术。柱温箱采用空气浴加热装置，具有加热均匀、温度稳定及正压保护等特点。具有自动控制色谱分析流路，在线监测 FID 火焰状态及熄火报警等智能化控制技术。自主开发色谱分析软件，具有自动峰面积计算、预警、报警、标定和建立色谱分析图库等功能。该系列有正压防爆型和非防爆型产品。

图 4-3-3　PGC-80 在线色谱仪

图 4-3-4　HPGC-1000 在线色谱仪

（5）雪迪龙 MODEL 6000 在线气相色谱仪系统

北京雪迪龙的 MODEL 6000 在线气相色谱仪采用引进比利时 Orthodyne 在线色谱技术，自动监测环境空气中甲烷、非甲烷总烃和苯系物浓度。雪迪龙 AQMS-900Ⅵ挥发性有机物监测系统集成了 MODEL 6000 型工业气相色谱仪，如图 4-3-5 所示。

图 4-3-5 AQMS-900Ⅵ系统

该产品特点主要有：采用反吹技术，减少记忆效应，提高富集重现性；火焰熄灭氢气电子阀自动关闭保护；智能化设计，具有自诊断功能，维护方便；8.4in（1in=0.0254m）彩色触摸屏，支持中英文菜单式操作；丰富的通信接口，可选模拟量、MODBUS、TCP 等；该产品可通过互联网连接 Chromdyne 软件进行远程诊断。

4.3.2 便携式气相色谱仪的基本组成与典型产品

便携式气相色谱仪主要用于现场在线监测及应急监测，可以携带到现场进行气体分析检测。采取不同的检测器技术，对现场的被测气体及有机物进行定性分析及定量检测。

便携式气相色谱仪应用主要有：区域环境空气中 VOCs 的检测、电力变压器绝缘油油中溶解气体分析、高压电气设备中六氟化硫分解产物分析、矿井中瓦斯气体分析、天然气的热值分析，以及其他特殊行业的现场分析等。

当区域现场发生环境污染排放事故时，便携式气相色谱可以根据对现场污染排放及危险气体的主要组分进行识别与分析；也常用于对区域的无组织排放代表点的随机监测及泄漏点检测。

4.3.2.1 基本组成

便携式气相色谱仪能够在现场和野外监测环境下，直接得到现场色谱分析检测数据，应用范围宽，尤其对易吸附和易变化的样品检测，能够避免样品保存和运输造成的风险。

便携式色谱仪由进样系统、色谱分离系统和检测器等部分组成。

（1）进样系统

便携式气相色谱仪的分析样品主要有两种：一种是本身就是气态样品；一种是液态样品。气态样品中，又分为压缩气体和常压气体。对于压缩气体的进样，需要采用采样管、减压阀和进样阀等取样和进样装置。常压气体样品的进样，通常利用便携式气相色谱仪内置的吸气泵，将样品吸进进样阀进样。对于液体样品的进样，通常采取直接注射进样器进样。直接进样技术可以调整进样量，不超出色谱的承载范围。

因不同现场的取样条件不同，应特别重视取样的代表性，以及在取样和进样过程中保持样品不失真。

（2）色谱分离系统

便携式气相色谱仪的色谱分离系统通常有两类设计。

① 第一类设计，主要追求快速分离效果，选择比台式气相色谱仪短很多的色谱柱，长度为 1m、5m、10m 不等，并常用填充柱，提高分离速度。但是由于色谱柱缩短，所以分离效果有限，只能针对固定的、范围比较窄的化合物进行分离。因此便携式色谱仪只针对特定组分进行检测。因此在购买便携式气相色谱仪时，就要确定测试组分，进行专业配置。

② 第二类设计，主要是充分保证分离效果，选择实验室通用的色谱柱，所适用检测的

化合物品种多，缺点是在现场分离时间跟实验室分离时间一样长，影响检测效率。由于在室外现场检测，不仅需用电，还需要载气、辅助气等气体供应，因此，便携式色谱仪的色谱柱分离系统重点要考虑检测效率。所以使用实验室通用色谱柱的便携式色谱不常见。

（3）便携式色谱仪的新检测器

便携式气相色谱仪常用的检测器相比实验室色谱仪，要求体积小、检测灵敏度高，耗电量及用气量少，操作要方便。常用的类型包括：TCD、FID、PID、脉冲放电氦离子化检测器（PDHID）、氩电离检测器（AID）、表面声波检测器（SAW）等，根据用户需求配置。

以下介绍主要介绍PDHID、AID、SAW的检测器技术。

① 脉冲放电氦离子化检测器　脉冲放电氦离子化检测器（PDHID）的工作原理是基于潘宁效应（Penning effect）理论，利用脉冲放电产生高能量电子，并在高压电场加速下使获得二次能量的电子与氦原子碰撞，产生高能态氦粒子，再与被测组分的原子或分子碰撞，使之电离。电离后的微离子流被收集后放大，产生电流信号，再记录测量。PDHID是非破坏性检测器，对无机和有机化合物均有响应，且均有高灵敏度的正响应，可以达到10 nmol/mol的检出限，因此常用来分析高纯气体中的微量杂质。目前，配置该检测器的便携式色谱仪，常用来分析高纯气体和电力气体等，尤其以电力设备中的六氟化硫分解产物的测试应用较多。

② 氩离子化检测器　氩离子化检测器（argon ionization detector，AID）原理与PID相似，但检测范围宽于PID，电离电位低于11.7eV以下的化合物都能够检测到，运行寿命也没有明显限制。采用氩作为载气更加安全。缺点是成本略高。

③ 表面声波检测器　表面声波检测器（surface acoustic wave，SAW）应用化合物的表面声波原理，相似于热导检测器，检测范围十分宽，属于广谱检测器。缺陷是选择性差，测定误差相对较大。

4.3.2.2 典型产品

（1）国产典型产品

① 应用于电网系统的六氟化硫和变压器油等绝缘介质分析的便携式色谱仪，有朗析仪器（上海）有限公司（简称朗析仪器）生产的LX-3100A、LX-3100E。该系列产品可配备FID+TCD及气瓶。另外，还有上海华爱色谱分析技术公司的GC-9760系列便携色谱仪。

② 应用于非甲烷总烃的现场分析，如常州磐诺仪器有限公司PGC-86便携式色谱仪，内置24VDC可充电电池，容量大，保证现场工作时间大于8h，气路控制完全采用EPC控制，能实现全自动化调节流量。

（2）国外典型产品　参见表4-3-1。

表4-3-1　国外便携式色谱仪的典型产品

色谱仪型号	厂家	应用领域
990 Micro GC	安捷伦科技（美国）	天然气
PGA-1020	美国华瑞	VOCs中苯
INFICON 3000 Micro GC	英福康有限公司（瑞士）	VOCs
DPS	美国DPS仪器公司	天然气、矿井气等
Model 3010	英国Signal 集团	VOCs
PF-300	意大利POLLUTION 集团	VOCs

4.3.3　在线气相色谱仪增强等离子体放电检测器技术

增强型等离子体放电检测器（EPD）是近年来发展的一种新型气相色谱检测器，它相对于通用型检测器 FID、TCD，以及选择型检测器 ECD、FPD、SCD 等，具有检测限更低（低至 100nmol/mol）和通用性、选择性好的特点，结合不同的色谱分析方法可以测量任何有机和无机分子。

4.3.3.1　测量原理

EPD 是基于介质阻挡放电（dielectric barrier discharge，DBD）等离子体的一款检测器。在检测器的池体周围加以高频、高强度的电磁场，在高频、高强电磁场的作用下，载气被电离为等离子体。当样品进入检测器的池体之后，被等离子体电离并发出不同波长的光，光信号经光电二极管转化为电信号，电信号强度的大小与样品的浓度成正比。

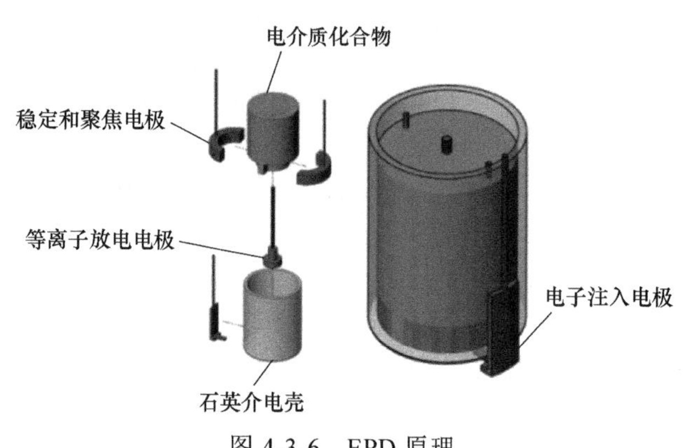

图 4-3-6　EPD 原理

根据不同组分发出不同波长的光，使用特定的滤光片过滤掉干扰信号，只保留特定波段的发射光谱，又由于 EPD 对大部分分子都有响应，它比传统的选择型检测器更有通用性，比传统的通用型检测器更有选择性。所以 EPD 是一种具有选择性的通用型检测器。该检测器的主要特点是解决了等离子体放电受等离子体不稳定影响的问题，达到噪声更少、灵敏度更高的效果。EPD 原理参见图 4-3-6。

气相色谱 EPD 是一个由增强等离子体发生器、复合电极、光学波长模块、色谱柱及色谱处理模块（CPM）组成的一个完整的系统。EPD 的操作压力、操作功率等参数可以由用户根据选项不同进行调整，以更好地应用。每个分析组分都有可用于测量的特定放射线，其中一些是强烈的，另一些则要弱得多。因此，根据选择的测量模式和波长，SePdd™（可扩展增强型等离子体放电检测器）允许对分析物的线性定量测量范围为从 nmol/mol 到 100%。

4.3.3.2　组成结构

EPD 是个具有多功能性和可扩展性的套件，以加拿大 ASD 的 EPD 检测器为例，典型的组成系统参见图 4-3-7。EPD 的工作示意参见图 4-3-8。

该架构设计允许一个 SePdd 系统控制和监控多个等离子体放电，这有利于提供更多优化色谱的方法，可实现同时监测多个平行色谱通道；可用于通过设计针对一个或几个分子或分子团进行优化的色谱通道，加速色谱分析。此外，它还可用于通过优化平行通道来提高检测限，这些通道旨在改善峰形和灵敏度。

4.3.3.3　典型应用

（1）半导体电子气超高纯永久气体的分析

可分析气体组分 H_2、O_2、N_2、CH_4、NMHC、Ar、He，检测限<1nmol/mol；载气为氦气或氩气。分析案例参见图 4-3-9。

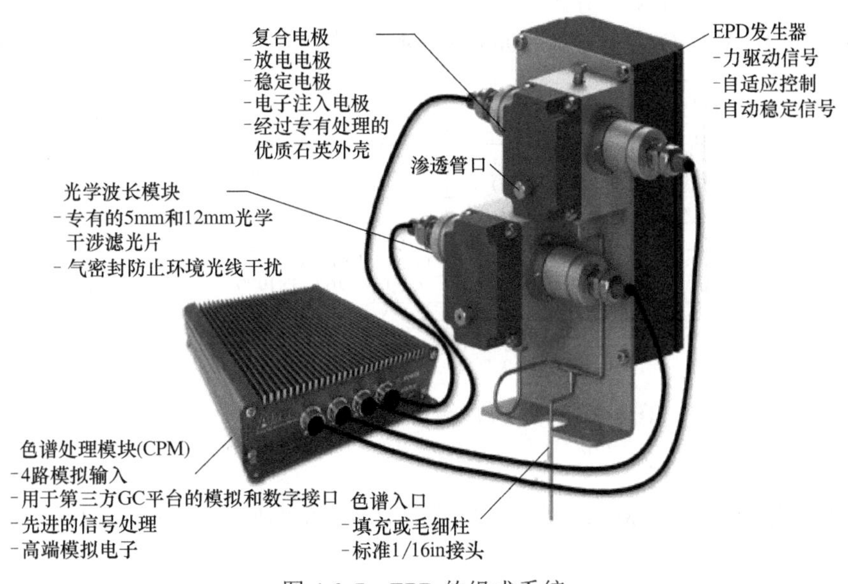

图 4-3-7　EPD 的组成系统

（1in=0.0254m）

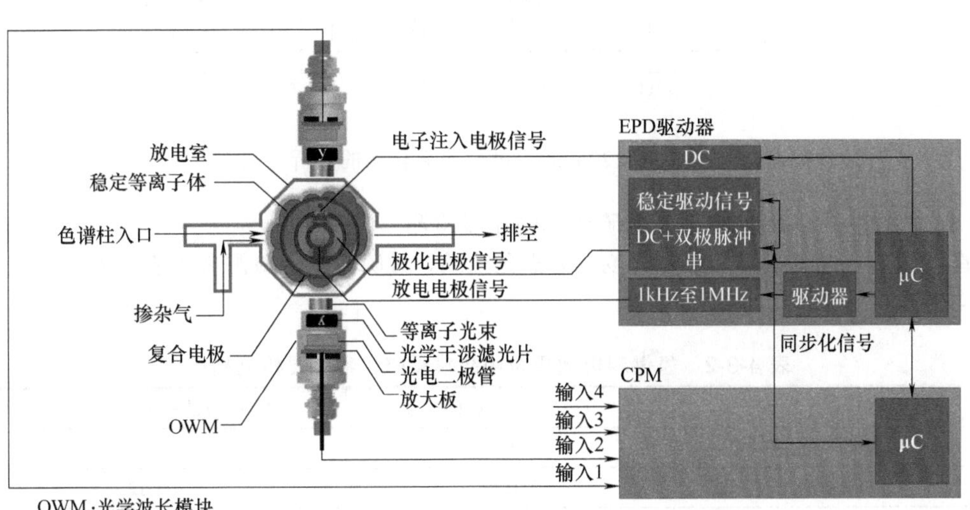

图 4-3-8　EPD 的工作示意

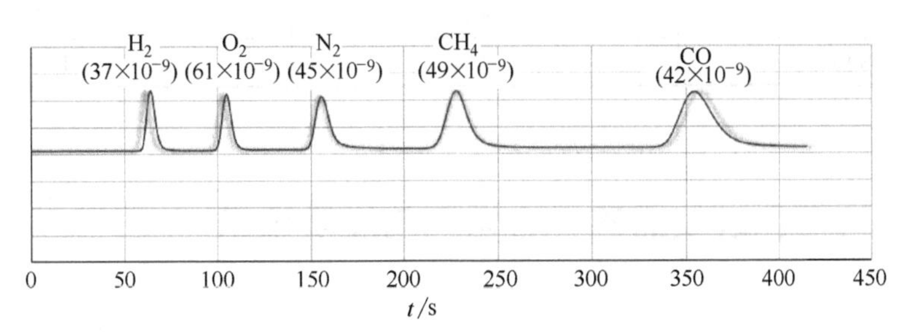

图 4-3-9　半导体电子气超高纯永久气体的分析谱图

（2）空分厂 C_1～C_4 和 N_2O 分析

测量组分 C_2H_2 和 N_2O，检测限<20nmol/mol；载气为氮气。案例参见图 4-3-10。

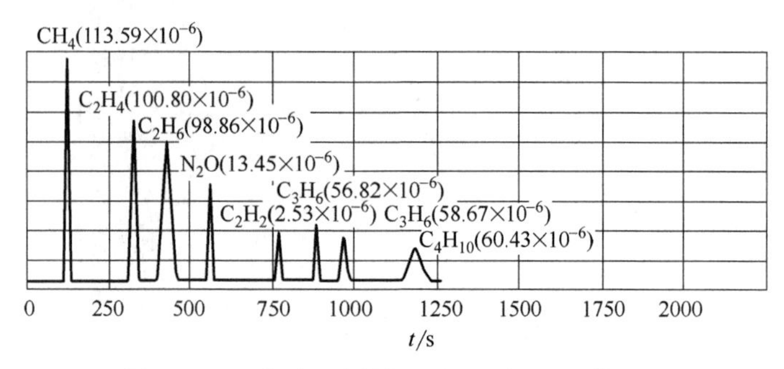

图 4-3-10 空分厂测量 C_1～C_4 和 N_2O 谱图

（3）氢中硫化物的分析

H_2S 的检测限<0.5 nmol/mol，无需样品预浓缩。分析案例参见图 4-3-11。

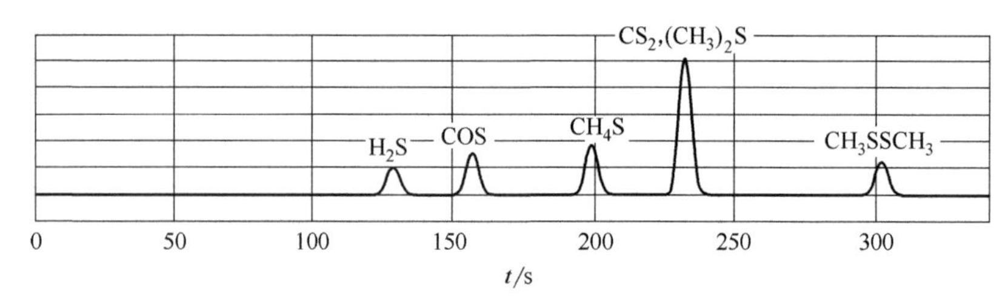

图 4-3-11 20nmol/mol 氢中硫化物的分析谱图

（4）氢燃料电池用氢中超痕量硫化物的在线检测

直接测量 5nmol/mol 氢中硫化物，无需预浓缩，对硫化物的检测参见表 4-3-2，分析案例见图 4-3-12。

表 4-3-2 氢燃料电池用氢中超痕量硫化物主要检测指标

5nmol/mol 标气	7 次重复性 RSD/%	MDL 方法检出限/(nmol/mol)
H_2S 硫化氢	2.97%	0.47
COS 羰基硫	7.13%	1.12
CH_4S 甲硫醇	11.78%	1.85
$C_2H_6S+CS_2$ 乙硫醇+二硫化碳	2.51%	0.4
C_3H_8S 异丙硫醇	8.50%	1.34
C_4H_4S 噻吩	7.60%	1.2

注：RSD 为相对标准偏差。

4.3.4 在线气相色谱仪器的中心切割与反吹技术

4.3.4.1 概述

采用多阀多柱的中心切割与反吹技术是在线色谱仪分析流路优化设计的常用技术。可在

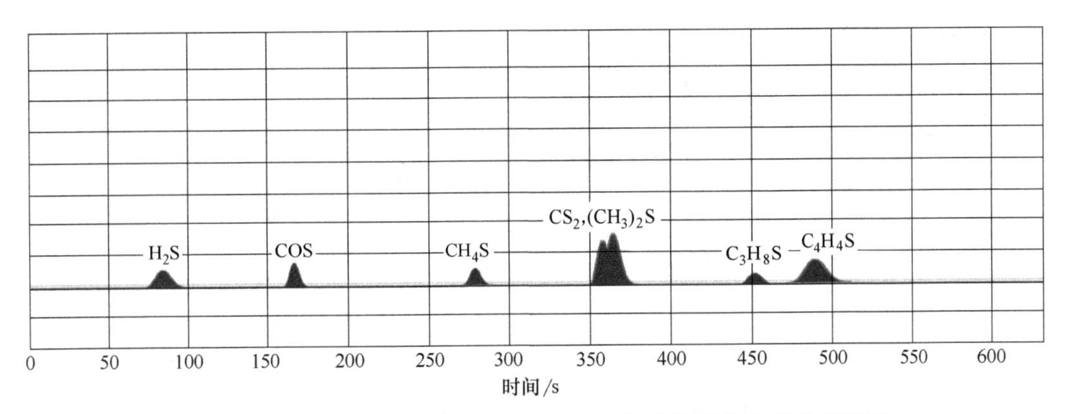

图 4-3-12　氢燃料电池用 5nmol/mol 氢中超痕量硫化物的分析谱图

分析时，把需要检测组分优先进行分离，不需要组分放空；当样品分析时间较长时，也可分成多个检测段同时进行分析检测，来减少分析时间。

中心切割技术是利用色谱柱的分离效果，并通过阀的切换来实现对待测组分的准确切割，使之形成明确的色谱峰。其优点是减少底气或高含量组分对待测组分的干扰，对气体的分析具有很好的分离效果。尤其是可以分离色谱载气以外的气体，显著减少底气信号对谱图的影响，提高分析速度及灵敏度。

需要注意的是，在使用中心切割时，需设置合适的阀切时间，确保待测物质完全分出。通常在实际操作中需设置多个时间组合，观察待测物质的峰面积的变化。如用于高纯气体中杂质的分析、车用汽油中的含氧化合物的含量测定等。

反吹技术是利用阀的切换来改变通入色谱柱中的载气通路，从而改变色谱柱中的样品流动方向，实现物质的分离。其优点是缩短分析时间，大大提高分离效率，还能避免高沸点物质对分析仪器系统造成的污染，延长仪器的使用寿命。

4.3.4.2　中心切割技术的应用

以采用中心切割技术方案检测高纯氩气（Ar）中的 H_2、N_2 为例。朗析仪器的 LX-3200 色谱仪采用中心切割技术检测高纯 Ar 中 H_2、N_2，取样状态流程图、分析状态流程图分别参见图 4-3-13、图 4-3-14 和图 4-3-15。图 4-3-13 中，取样时，样品由切换阀 1 的 1 号口进入，

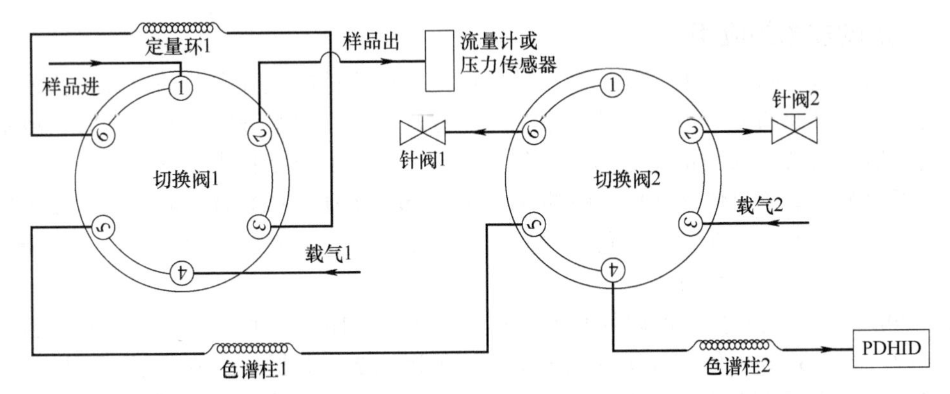

图 4-3-13　中心切割技术检测高纯 Ar 中 H_2、N_2 取样状态流程图

图中色谱柱 1 为预分析柱，色谱柱 2 为分析柱，Ar、H_2、N_2 在色谱柱 1 预分离，出峰顺序为 H_2、Ar、N_2。

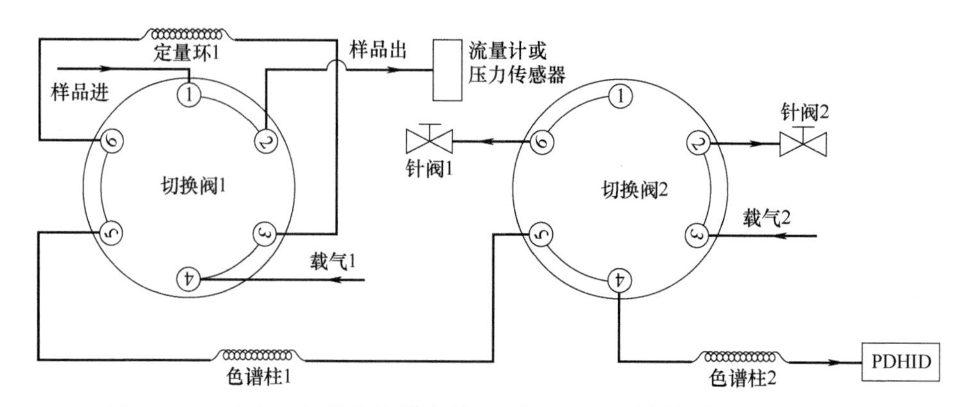

图 4-3-14　中心切割技术检测高纯 Ar 中 H_2、N_2 分析状态流程图（一）

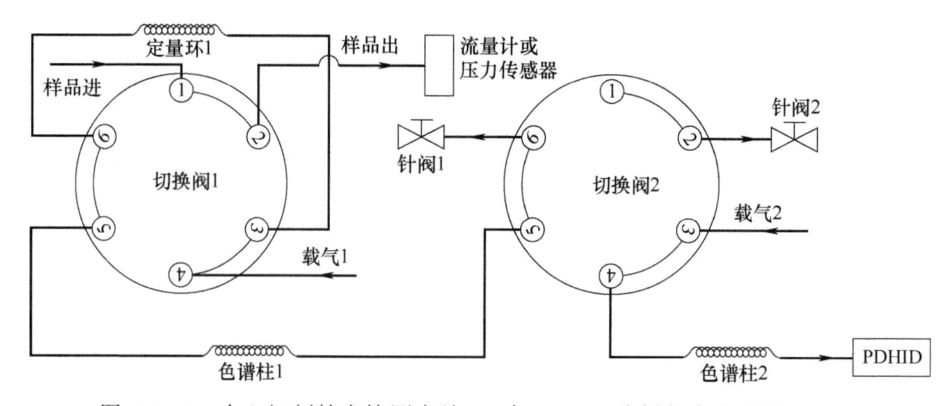

图 4-3-15　中心切割技术检测高纯 Ar 中 H_2、N_2 分析状态流程图（二）

经 6 号口到定量环 1 中，再经切换阀 1 的 3 号口由 2 号口放出，并在样品出口尾端安装有流量计或压力传感器。分析检测时，切换阀 1、切换阀 2 切换至图 4-3-14 状态，H_2 从色谱柱 1 分离完全后，进入到色谱柱 2 由 PDHID 分析检测。在 Ar 由色谱柱 1 分离完全后，切换阀 1、切换阀 2 切换至图 4-3-15 状态，Ar 由切换阀 2 连接的针阀 1 放出。在 Ar 完全从针阀 1 放出后，切换阀 1、切换阀 2 再次切换至图 4-3-14 状态，N_2 从色谱柱 1 分离完全后，进入到色谱柱 2 由 PDHID 分析检测。

4.3.4.3　反吹技术的应用

反吹技术通常有两种应用方式：第一种应用是需要测试的组分在前面出峰，快速放空重组分，实现分析时间的缩短；第二种应用是需要测试的是后面组分的合峰，这时候放空轻组分，反吹重组分测试。以朗析仪器的色谱仪为例，所采用的反吹技术如下。

在分析检测六氟丁二烯（C_4F_6）中的 H_2、O_2、N_2、CH_4、CO 时，应用反吹技术采用的是上面所述第一种方法。在空气中危险物质的分析中，需要分析氧气中的总烃，应用反吹技术采用的是上面所述第二种方法。

LX-3200 色谱仪反吹技术的取样状态流程参见图 4-3-16，反吹技术分析检测状态流程参见图 4-3-17。图 4-3-16 中色谱柱 1 为预分析柱，色谱柱 2 为分析柱，六氟丁二烯样品由切换阀 1 号口进入，经 10 号口到定量环 1 中，再经切换阀的 3 号口由 2 号口放出，并在样品出口尾端安装有流量计或压力传感器。

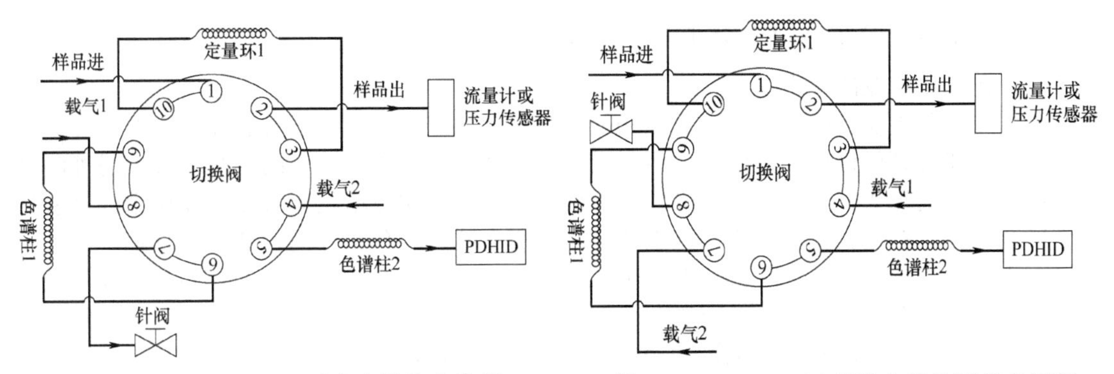

图 4-3-16 LX-3200 反吹取样状态流程　　图 4-3-17 LX-3200 反吹分析检测状态流程

在分析检测时，切换阀切换至图 4-3-17 状态，H_2、O_2、N_2、CH_4、CO 在色谱柱 1 完全分离后，进入到色谱柱 2，由 PDHID 分析检测。在 CO 由色谱柱 1 完全分离后，切换阀切换至图 4-3-16 状态，载气 1 反吹色谱柱 1 中六氟丁二烯样品，从针阀反吹放空。

LX-3000 反吹技术取样分析状态流程图参见图 4-3-18，反吹技术放空状态流程图参见图 4-3-19。图 4-3-18 中色谱柱 1 为预分析柱，色谱柱 2 为分析柱，样品由切换阀 1 号口进入，经 10 号口到定量环 1 中，再经切换阀的 3 号口由 2 号口放出，并在样品出口尾端安装有流量计或压力传感器。

图 4-3-19 样品中的轻组分由切换阀中的针阀放空，当轻组分完全放空后，切换阀切换至图 4-3-18 状态，空气成分中的总烃进入到色谱柱 2 中分离再由 FID 检测。

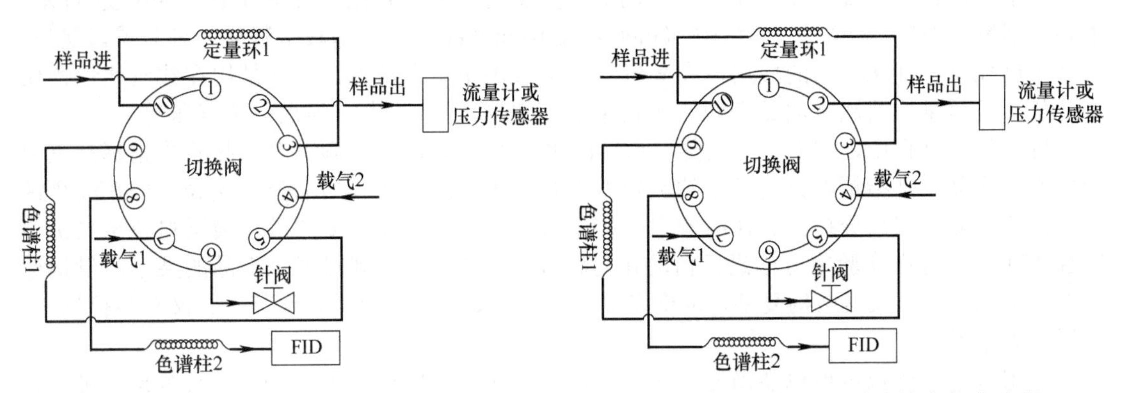

图 4-3-18 LX-3000 反吹取样分析状态流程　　图 4-3-19 LX-3000 反吹放空状态流程

4.4 在线气相色谱仪在过程分析与环境监测等领域的应用

4.4.1 在线气相色谱仪在工业过程分析中的应用

在线气相色谱技术的最大优点是具有优异的选择性，通过不同色谱柱的分离及不同检测器的应用技术，使得在线色谱分析仪器具有较高检测灵敏度和分析精度，并具有多点、多组分同时检测等特点，在流程工业的炼油、化工、冶金等领域都得到广泛应用。

4.4.1.1　在石化等工业过程分析中的应用

（1）在石化行业的应用

在线气相色谱仪已成为石化行业在线分析最重要的分析手段。随着石油化工的发展，以及先进控制和实时优化技术应用，在线色谱分析信息已成为不可缺少的控制参数。另外随着环境保护、安全优质、节能降耗及降低成本要求，在线气相色谱仪在石化工业应用的重要性也将日渐增强。石化企业同规模、同工艺装置使用在线气相色谱仪的台数也在增加。

石化行业使用在线气相色谱仪最多的是乙烯联合装置，单套装置在线气相色谱仪使用数量已接近百台。乙烯装置是石油化工的龙头装置，具有规模大、流程长、工艺控制复杂、可靠性安全要求高等特点，对在线色谱仪运行稳定性要求高，目前主要使用国外色谱仪产品。

在线气相色谱仪在乙烯工艺过程分析的仪器配置中占比最多且最重要，从轻烃原料的进给开始，到裂解炉馏出物、碱洗塔进出口、加氢反应器进出口、脱甲烷塔、脱乙烷塔、脱丙烷塔、脱丁烷塔、C_2分离塔、C_3分离塔、乙烯和丙烯产品的纯度分析等都设置有在线气相色谱仪测点，而且应用点还在增加。

例如由于介质阻挡放电离子化检测器（dielectric barrier discharge ionization detector，DBDID）的引入，用在线气相色谱仪可测量乙烯产品中微量氧、微量氨等组分。近年来，对乙烯装置蒸汽凝液中微量总烃（THC）含量的检测，采用在线气相色谱仪可直接进水样检测，更直接、快速、准确，不易带来误差，克服了以前使用TOC分析仪测量精度不高、需消耗试剂、日常维护困难且维护成本高、仪器开表率低等缺点。

（2）在炼油行业的应用

对于炼油行业来说，以前在线气相色谱仪主要用在催化裂化、气体分离、芳烃及BTX、重整、制氢、加氢、烷基化、MTBE（methyl tert-butyl ether，甲基叔丁基醚）等装置。现在，随着先进控制、优化控制的应用，在线气相色谱仪用量也在增加，特别是用在线气相色谱仪来替代油品质量仪器测量油品馏程（包括干点、初馏点）、冰点、闪点、蒸气压等。

炼油生产过程中，馏程、雷氏蒸气压（RVP）、闪点、冰点、倾点等油品质量指标是重要的生产及产品控制指标，目前常用的测定方法是采用专用的在线油品分析仪表，如在线全馏程分析仪、在线闪点分析仪、在线倾点分析仪等。这类分析仪大多通过对美国材料试验协会（ASTM）分析标准实验室方法进行自动化与在线化改造，来实现对某个产品的某个质量指标的在线测量。这类仪器结构复杂、价格昂贵、分析参数单一、使用条件苛刻、仪表维护量大、仪器开表率低。

应用气相色谱技术模拟蒸馏方法（ASTM D3710、ASTM D2887等），具有数据准确、分析速度快、使用样品量少、自动化程度高、符合环保要求等特点，能够为炼油工艺过程油品馏程切割、优化工艺操作、提高产品收率、控制油品质量提供准确及时的测量数据。利用在线气相色谱仪的谱图数据信息，还能够同时测量工艺过程的雷氏蒸汽压（RVP）、闪点、冰点、倾点等油品质量指标，可成为提升炼油工业自动化控制水平的一项重要技术。该技术在国外炼油装置中已得到广泛应用，而在国内的推广应用才刚起步。

（3）在化工工业的应用

在合成氨及氨加工工业过程中，采用在线气相色谱分析仪分析原料气、转化气、合成气的各组分含量，控制氢氮比、水碳比、氨碳比，已得到成熟应用。随着煤化工的快速发展，在线气相色谱在煤化工等化工过程的在线分析中也得到广泛应用。如煤基甲醇制烯烃（MTO）过程，在线气相色谱仪的使用量和重要性，已和石化工业的乙烯装置基本一致。煤制乙二醇过程，在气化、变换、净化、深冷分离、氢反应及加氢精馏各个过程，都有在线气相色谱分析仪的应用。

4.4.1.2 在线色谱分析小屋在石化行业的应用

（1）概述

在线气相色谱仪在石化等过程分析的应用大多是安装在现场分析小屋内，一套在线分析小屋可以安装多台套在线色谱仪及取样处理系统等附属装置。配置在线色谱仪为主的分析小屋，被称为在线色谱分析小屋。石化行业大量使用防爆型在线色谱分析小屋。

在线色谱分析小屋也称为在线色谱分析系统。它是在线色谱仪等在线分析仪器、样品采样处理等辅助系统以及其他公用工程的系统集成。在线色谱分析小屋系统一般是由供应商或第三方服务提供现场调试、运行服务。

在线分析小屋成套系统技术早已被国外石化工程广泛采用。国际电工委员会（IEC）于1999年发布了TR 61831《在线分析仪系统设计和安装指南》。国内也制定了有关标准，如GB/T 25844—2010《工业用现场分析小屋成套系统》、GB 29812—2013《工业过程控制 分析小屋的安全》等，对在线分析小屋的设计、制造都有明确的要求，包括用于有爆炸危险场所的安全防爆设计。由供应商规范设计制造的在线色谱分析小屋，是在线色谱分析仪正常投运、长期稳定运行的保证。

（2）系统集成

在线气相色谱分析小屋的系统集成要求，除按照标准规范设计制造外，需要提供完整的在线气相色谱分析技术解决方案，以在线色谱仪分析小屋形式提交用户，并完成分析小屋内配置的在线色谱仪等的预安装、预调试、预检验，以完整系统集成包形式交付现场。

在线色谱分析系统集成，应配有在线气相色谱仪正常工作所需的载气、标准气、仪表空气、供电配电及信号输出、可燃气及有毒气体检测等，包括分析小屋的安全联锁报警系统等公用工程，以及样品气处理及后处理系统。防爆或非防爆分析小屋均应有防震、防静电、防尘、屏蔽、抗干扰、可靠接地等措施，以增强在线色谱系统的可靠性、安全性，满足用户要求，为在线气相色谱分析仪提供良好的操作运行环境。

在线色谱分析系统集成，应提供为取得有代表性样品设计选择的单点或多点切换的取样探头系统；为减少样品传输滞后及可靠安全等而设计的过滤减压气化等前级处理系统、样品传输系统；为确保分析有效准确而合理针对性设计的样品处理系统；为满足环保和法规要求的样品气后处理系统。供应商应提供分析仪现场调试开车、培训和售后服务支持等。

（3）技术应用

20世纪80年代末，我国引进国外大型石化项目装备时，就引进了项目配置的在线气相色谱仪及分析小屋。原化工部兰州自动化所在引进技术消化基础上，率先开发了国产在线气相色谱仪及分析小屋，已为石化行业提供了上百台（套），如为扬子石化30万吨乙烯改造工程提供了多套在线气相色谱分析小屋。南京分析仪器厂也是国内在线色谱仪主要生产厂，20世纪80年代引进组装美国贝克曼6710、6750型防爆色谱仪并实现国产化，也为石化行业提供了近百套在线色谱仪。2000年左右，南分与西门子合作提供在线色谱仪并开发了6800型在线色谱仪（TCD+FID），并集成西门子在线色谱分析小屋。当年为扬子石化、扬子-巴斯夫集成的色谱在线分析小屋系统参见图4-4-1、图4-4-2。

目前，国内石化行业应用的在线色谱仪主要是国外公司（如西门子、ABB、横河等）的产品，在线色谱仪分析小屋系统集成大多是由国内外企业合作完成。在线色谱仪及分析系统在流程工业过程中的应用，可参见本书第15、16章有关介绍。

国内大型石化企业已将在工艺过程应用的上百台（套）的在线色谱仪及其他在线分析仪实现系统联网，组成以在线色谱仪为主的在线分析仪数据管理系统，并参与石化企业的先进

图 4-4-1 扬子石化 65 万吨乙烯改造项目冷区分析系统

图 4-4-2 扬子-巴斯夫环氧乙烷（EO）色谱分析小屋系统

控制与实时优化控制，发挥了重要的作用。以在线色谱分析为主的在线分析数据信息是石化企业智慧工厂建设的前端基础信息，在线色谱分析信息与物联网、大数据及云计算的应用将为石化企业发挥更大的技术经济效益。

国内外大型石化企业应用在线色谱分析小屋系统至少有十多套，典型的乙烯装置配置的在线色谱分析系统近 40 台（套），以在线色谱仪为主集成的在线色谱分析小屋系统实现了高度集成化、自动化。大型在线色谱分析小屋系统，如 ABB SIU 为中东某乙烯项目提供的 25m 长在线气相色谱分析小屋，其外形参见图 4-4-3。

图 4-4-3 ABB SIU 中东某乙烯项目 25m 在线气相色谱分析小屋外形图

4.4.2 在线气相色谱仪在环境监测领域中的应用

4.4.2.1 概述

为满足大气环境质量监测与污染源排放气态污染物实时监测的要求，在线气相色谱仪已在环境监测领域得到广泛应用。早期，大气环境污染物被测组分的微量与痕量分析，大多采用实验室色谱离线分析，随着对环境污染排放监测的要求越来越严，离线分析已不能满足实时分析要求，色谱仪从离线分析走向在线分析应用，从而发展了环境监测在线色谱仪。

环境监测在线色谱仪与工业过程在线色谱仪应用的不同之处，主要是环境监测用的在线色谱仪大多不参与过程控制，重点是分析数据要实时、准确。而工业过程用的在线色谱仪，大多要求参与工艺过程控制，要稳定、可靠。目前，国内石化行业用的工业过程色谱仪，主要采用国外知名品牌产品，而环境监测用的在线色谱仪则主要是国产在线色谱仪，也有少部分系统集成国外色谱仪。国产在线色谱仪及其分析系统具有高性价比和优质服务，已经广泛用于环境监测领域，如用于环境污染的VOCs等有害物质分析和大气环境质量监测。在线气相色谱仪分析系统已经广泛用于环境监测的排放点、中心站、超级站及移动监测等。

在线分析仪器的安全防护技术发展，改善了仪器现场工作条件，如现场分析小屋、移动分析室等基本具备实验室条件，使得在线色谱仪的现场工作环境大为改善，也同样促进了国产环境监测在线气相色谱仪及VOCs在线监测系统的广泛应用。

在线色谱仪分析系统用于在污染源废气排放的VOCs在线监测中，主要采用GC-FID检测技术；在大气微量、痕量气体成分监测，大气飘尘及气溶胶中所含有的气态污染物连续监测，以及污染源废气VOCs、恶臭等气体监测中，可采用GC-FID/PID/MS等检测技术。

在线色谱仪分析系统已用于水质污染物监测，如分析水中含有的可溶性气体、卤代烃、酚类、胺类及金属有机化合物等。在线色谱仪也用于土壤或者固体废弃物中的各种有害物质的检测，包括对土壤或者固体废弃物中的各种有机氯农药、有机磷农药、多氯联苯、多环芳烃、邻苯二甲酸酯、多溴联苯醚等有害物的监测。

4.4.2.2 在大气环境质量监测中的应用

（1）大气环境中的挥发性有机物污染分析要求

2017年9月，我国环境保护部（简称环保部）等六部委联合印发《"十三五"挥发性有机物污染防治工作方案》，全面加强挥发性有机物污染防治工作。同年12月，环保部印发了《2018年重点地区环境空气挥发性有机物监测方案》，要求于2018年4月开始在污染严重地区开展VOCs监测工作，其中大气环境空气中有机物污染监测117种物质（包括57种原PAMS物质、47种TO15物质及13种醛、酮类物质，参见表4-4-1），59个地级城市监测70种物质（57种原PAMS物质及13种醛、酮类物质）。

表4-4-1 大气环境空气中的117种VOCs组分

序号	名称	CAS号	类别
1	乙烷	74-84-0	非甲烷总烃（PAMS物质）
2	乙烯	74-85-1	非甲烷总烃（PAMS物质）
3	丙烷	74-98-6	非甲烷总烃（PAMS物质）
4	丙烯	115-07-1	非甲烷总烃（PAMS物质）
5	异丁烷	75-28-5	非甲烷总烃（PAMS物质）
6	正丁烷	106-97-8	非甲烷总烃（PAMS物质）
7	乙炔	74-86-2	非甲烷总烃（PAMS物质）
8	反-2-丁烯	624-64-6	非甲烷总烃（PAMS物质）
9	1-丁烯	106-98-9	非甲烷总烃（PAMS物质）
10	顺-2-丁烯	590-18-1	非甲烷总烃（PAMS物质）
11	环戊烷	287-92-3	非甲烷总烃（PAMS物质）
12	异戊烷	78-78-4	非甲烷总烃（PAMS物质）
13	正戊烷	109-66-0	非甲烷总烃（PAMS物质）
14	反-2-戊烯	646-04-8	非甲烷总烃（PAMS物质）
15	1-戊烯	109-67-1	非甲烷总烃（PAMS物质）
16	顺-2-戊烯	627-20-3	非甲烷总烃（PAMS物质）

续表

序号	名称	CAS 号	类别
17	2,2-二甲基丁烷	75-83-2	非甲烷总烃（PAMS 物质）
18	2,3-二甲基丁烷	79-29-8	非甲烷总烃（PAMS 物质）
19	2-甲基戊烷	107-83-5	非甲烷总烃（PAMS 物质）
20	3-甲基戊烷	96-14-0	非甲烷总烃（PAMS 物质）
21	异戊二烯	78-79-5	非甲烷总烃（PAMS 物质）
22	正己烷	110-54-3	非甲烷总烃（PAMS 物质）
23	1-己烯	592-41-6	非甲烷总烃（PAMS 物质）
24	甲基环戊烷	96-37-7	非甲烷总烃（PAMS 物质）
25	2,4-二甲基戊烷	108-08-7	非甲烷总烃（PAMS 物质）
26	苯	71-43-2	非甲烷总烃（PAMS 物质）
27	环己烷	110-82-7	非甲烷总烃（PAMS 物质）
28	2-甲基己烷	591-76-4	非甲烷总烃（PAMS 物质）
29	2,3-二甲基戊烷	565-59-3	非甲烷总烃（PAMS 物质）
30	3-甲基己烷	589-34-4	非甲烷总烃（PAMS 物质）
31	2,2,4-三甲基戊烷	540-84-1	非甲烷总烃（PAMS 物质）
32	正庚烷	142-82-5	非甲烷总烃（PAMS 物质）
33	甲基环己烷	108-87-2	非甲烷总烃（PAMS 物质）
34	2,3,4-三甲基戊烷	565-75-3	非甲烷总烃（PAMS 物质）
35	甲苯	108-88-3	非甲烷总烃（PAMS 物质）
36	2-甲基庚烷	592-27-8	非甲烷总烃（PAMS 物质）
37	3-甲基庚烷	589-81-1	非甲烷总烃（PAMS 物质）
38	正辛烷	111-65-9	非甲烷总烃（PAMS 物质）
39	乙苯	100-41-4	非甲烷总烃（PAMS 物质）
40	间二甲苯	108-38-3	非甲烷总烃（PAMS 物质）
41	对二甲苯	106-42-3	非甲烷总烃（PAMS 物质）
42	苯乙烯	100-42-5	非甲烷总烃（PAMS 物质）
43	邻二甲苯	95-47-6	非甲烷总烃（PAMS 物质）
44	正壬烷	111-84-2	非甲烷总烃（PAMS 物质）
45	异丙苯	98-82-8	非甲烷总烃（PAMS 物质）
46	正丙苯	103-65-1	非甲烷总烃（PAMS 物质）
47	间乙基甲苯	620-14-4	非甲烷总烃（PAMS 物质）
48	对乙基甲苯	622-96-8	非甲烷总烃（PAMS 物质）
49	1,3,5-三甲基苯	108-67-8	非甲烷总烃（PAMS 物质）
50	1,2,4-三甲基苯	95-63-6	非甲烷总烃（PAMS 物质）
51	1,2,3-三甲基苯	526-73-8	非甲烷总烃（PAMS 物质）
52	邻乙基甲苯	611-14-3	非甲烷总烃（PAMS 物质）
53	正癸烷	124-18-5	非甲烷总烃（PAMS 物质）
54	间二乙基苯	141-93-5	非甲烷总烃（PAMS 物质）
55	对二乙基苯	105-05-5	非甲烷总烃（PAMS 物质）
56	正十一烷	1120-21-4	非甲烷总烃（PAMS 物质）
57	正十二烷	112-40-3	非甲烷总烃（PAMS 物质）
58	甲醛	50-00-0	醛酮类含氧挥发性有机物
59	乙醛	75-07-0	醛酮类含氧挥发性有机物

续表

序号	名称	CAS号	类别
60	丙烯醛	107-02-8	醛酮类含氧挥发性有机物
61	丙酮	67-64-1	醛酮类含氧挥发性有机物
62	丙醛	123-38-6	醛酮类含氧挥发性有机物
63	反-2-丁烯醛	123-73-9	醛酮类含氧挥发性有机物
64	甲基丙烯醛	78-85-3	醛酮类含氧挥发性有机物
65	2-丁酮	78-93-3	醛酮类含氧挥发性有机物
66	正丁醛	123-72-8	醛酮类含氧挥发性有机物
67	苯甲醛	100-52-7	醛酮类含氧挥发性有机物
68	戊醛	110-62-3	醛酮类含氧挥发性有机物
69	间甲基苯甲醛	620-23-5	醛酮类含氧挥发性有机物
70	己醛	66-25-1	醛酮类含氧挥发性有机物
71	二氟二氯甲烷	75-71-8	卤代烃
72	一氯甲烷	74-87-3	卤代烃
73	1,1,2,2-四氟-1,2-二氯乙烷	76-14-2	卤代烃
74	氯乙烯	75-01-4	卤代烃
75	丁二烯	106-99-0	烃类
76	一溴甲烷	74-83-9	卤代烃
77	氯乙烷	75-00-3	卤代烃
78	一氟三氯甲烷	75-69-4	卤代烃
79	1,1-二氯乙烯	75-35-4	卤代烃
80	1,1,2-三氟-1,2,2-三氯乙烷	76-13-1	卤代烃
81	二硫化碳	75-15-0	硫化物
82	二氯甲烷	75-09-2	卤代烃
83	异丙醇	67-63-0	含氧化合物
84	顺-1,2-二氯乙烯	156-59-2	卤代烃
85	甲基叔丁基醚	1634-04-4	含氧化合物
86	1,1-二氯乙烷	75-34-3	卤代烃
87	乙酸乙烯酯	108-05-4	含氧化合物
88	反-1,2-二氯乙烯	156-60-5	卤代烃
89	乙酸乙酯	141-78-6	含氧化合物
90	三氯甲烷	67-66-3	卤代烃
91	四氢呋喃	109-99-9	含氧化合物
92	1,1,1-三氯乙烷	71-55-6	卤代烃
93	1,2-二氯乙烷	107-06-2	卤代烃
94	四氯化碳	56-23-5	卤代烃
95	三氯乙烯	79-01-6	卤代烃
96	1,2-二氯丙烷	78-87-5	卤代烃
97	甲基丙烯酸甲酯	80-62-6	含氧化合物
98	1,4-二噁烷	123-91-1	含氧化合物
99	一溴二氯甲烷	75-27-4	卤代烃
100	顺-1,3-二氯-1-丙烯	10061-01-5	卤代烃
101	4-甲基-2-戊酮	108-10-1	含氧化合物
102	反-1,3-二氯-1-丙烯	10061-02-6	卤代烃
103	1,1,2-三氯乙烷	79-00-5	卤代烃

续表

序号	名称	CAS 号	类别
104	2-己酮	591-78-6	含氧化合物
105	二溴一氯甲烷	124-48-1	卤代烃
106	四氯乙烯	127-18-4	卤代烃
107	1,2-二溴乙烷	106-93-4	卤代烃
108	氯苯	108-90-7	卤代烃
109	三溴甲烷	75-25-2	卤代烃
110	1,1,2,2-四氯乙烷	79-34-5	卤代烃
111	1,3-二氯苯	541-73-1	卤代烃
112	苄基氯	100-44-7	卤代烃
113	1,4-二氯苯	106-46-7	卤代烃
114	1,2-二氯苯	95-50-1	卤代烃
115	1,2,4-三氯苯	120-82-1	卤代烃
116	萘	91-20-3	烃类
117	1,1,2,3,4,4-六氯-1,3-丁二烯	87-68-3	卤代烃

（2）大气环境质量的色谱分析技术

监测环境大气环境质量的在线气相色谱技术设备，基本都依据《环境空气挥发性有机物气相色谱连续监测系统技术要求及检测方法》（HJ 1010—2018）规定执行。

环境空气挥发性有机物的在线气相色谱连续监测技术，大多是使大气环境空气或标准气体以恒定流速进入色谱仪的采样系统，经低温或捕集阱等方式对挥发性有机物进行富集，通过热解析等方式送气相色谱仪器分析。在线气相色谱仪的检测器主要采用氢火焰离子化检测器（FID）或质谱检测器（MSD）检测，以得到挥发性有机物各组分的浓度。

环境空气中挥发性有机物的理化性质差异大。例如非甲烷总烃类 57 种挥发性有机物（PAMS 物质），从沸点最低的乙烯（−104℃）到沸点最高的十二烷（217℃），沸点跨度超过 300℃，难于同时富集和分析；且乙烯、乙烷、乙炔和丙烷的沸点低、分子量小，增加了色谱柱分离的难度。针对这些挥发性有机物，一般采用多孔层开放管（PLOT）柱分离 C_2～C_5，DB-1 柱分离 C_6～C_{12}，色谱柱温箱需要程序升温。

在线气相色谱仪器系统主要采用两种技术方案：一是在线色谱仪的采样系统分别采集 C_2～C_5 组分和 C_6～C_{12} 组分，经两套 GC-FID 分析系统同时分析；二是在线色谱仪采用单柱或双柱中心切割技术，C_2～C_5 组分由 FID 分析，C_6 以上高碳组分由 FID 或 MSD 分析。

国内外在线色谱仪用于分析 PAMS 物质的各种技术方案参见表 4-4-2。

表 4-4-2　在线色谱仪器用于分析 PAMS 物质的技术方案

仪器型号	富集方式	分析系统
NUTECH 6000-5D	单级：低温富集	GC-单 FID
Thermofisher 5900	双极：低温富集+聚焦	GC-双 FID
AMA GC5000	双极：低温富集+聚焦	双 GC-FID
PN-PAMS	单级：双路低温富集	双 GC-FID
LS 7000	单级：低温富集	双柱中心切割，GC-MS / FID
TH300B	单级：双路超低温捕集	GC-MS / FID
AC-GCMS 1000	双级：深冷富集	GC-MS / FID
JMCV500	超低温浓缩捕集	GC-MS / FID 等
EXPEC 2000	单级：深冷富集	GC-MS / FID

采取低温富集+聚焦+双柱+阀切+双 FID 在线气相色谱仪分析 57 种 PAMS 物质，色谱分析流程参见图 4-4-4。采取双柱中心切割双 FID（或 MS/FID）在线气相色谱仪分析 57 种 PAMS 物质，色谱分析流程参见图 4-4-5。

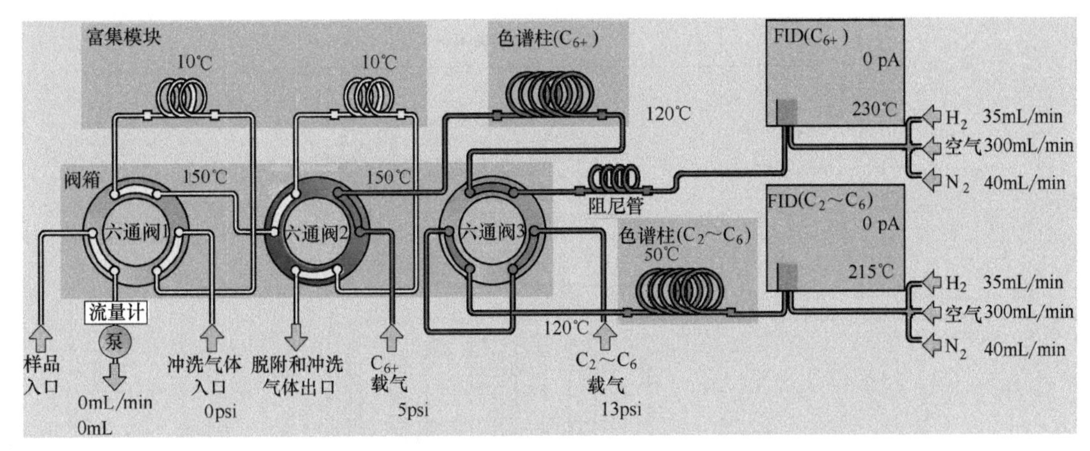

图 4-4-4　双柱阀切双 FID 在线气相色谱仪分析 57 种 PAMS 物质流程
（1psi=6894.76Pa）

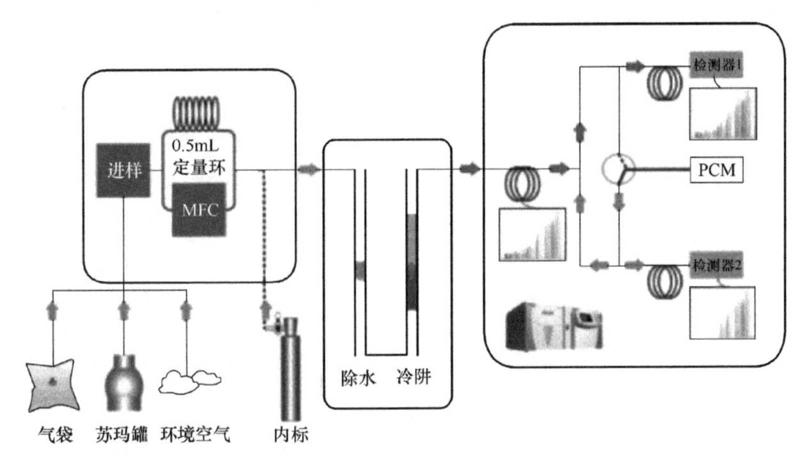

图 4-4-5　双柱中心切割双 FID（或 MS/FID）在线气相色谱仪分析 57 种 PAMS 物质流程

在线 VOCs 移动监测方案中，大多采用在线色谱-质谱联用技术，即采用全在线双冷阱大气预浓缩常规四级杆气质 VOCs 监测系统或飞行时间质谱 VOCs 监测系统，可同时用于环境空气中多种类型化合物如烷烃类，含氮有机物，含氧的醛、酮和酯类，卤代烃等定性定量分析。

采用双柱中心切割 GC-双 FID 分析 57 种 PAMS 物质的标准谱图参见图 4-4-6；采用单柱+预浓缩+GC-MS 分析 67 种 VOCs+内标物的总离子流色谱图参见图 4-4-7（可参考 HJ 759—2015）。

4.4.2.3　在固定污染源废气排放监测的应用

在线气相色谱仪在固定污染源废气排放监测中的应用，主要是用于化工、喷涂、医药、焦化、包装印刷等行业排放的非甲烷总烃（NMHC）、苯系物、恶臭类（三甲胺、硫化氢、甲硫醇、甲硫醚、二甲二硫、二硫化碳、苯乙烯等）、酯类、卤代烃等可挥发性有机污染物和无机有毒有害气体的排放。国家生态环境部针对固定污染源废气 NMHC 等在线监测，已发布

HJ 38—2017《固定污染源废气　总烃、甲烷和非甲烷总烃的测定　气相色谱法》和 HJ 1013—2018《固定污染源废气非甲烷总烃连续监测系统技术要求及检测方法》，2020 年 3 月发布了《固定污染源废气 非甲烷总烃连续监测技术规范》征求意见稿。

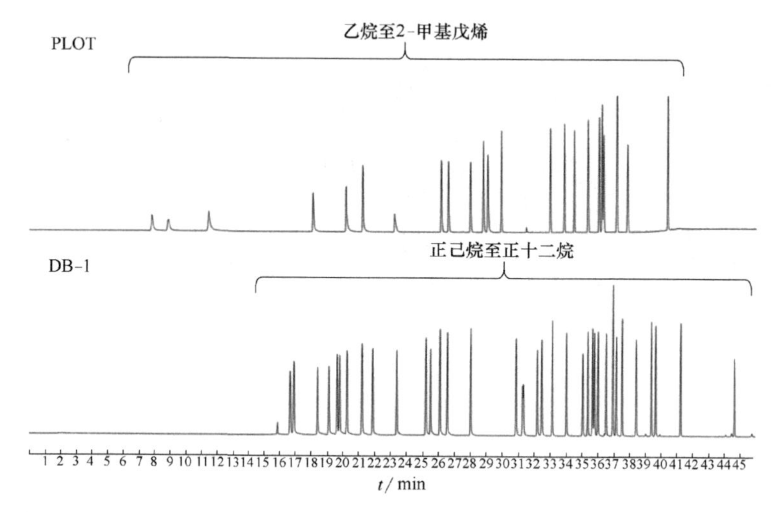

图 4-4-6　双柱中心切割 GC-双 FID 分析 57 种 PAMS 物质标准色谱图

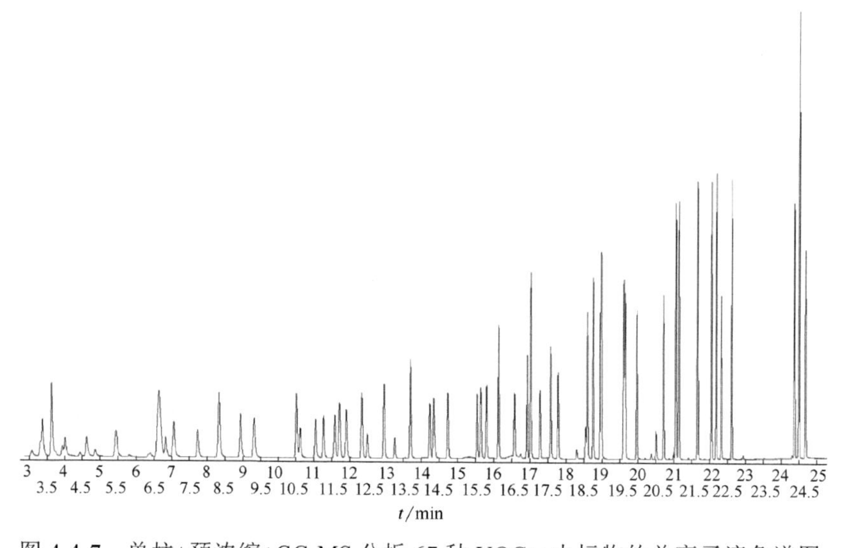

图 4-4-7　单柱+预浓缩+GC-MS 分析 67 种 VOCs+内标物的总离子流色谱图

非甲烷总烃在线气相色谱分析技术，一般采用阀进样双柱单 FID 在线气相色谱仪监测。其中，总烃流经总烃柱，进入 FID，测得总烃含量；甲烷流经甲烷柱后进入 FID，测得甲烷含量;其他非甲烷成分经反吹之后排除。总烃含量减去甲烷含量即可得到非甲烷总烃（NMHC）含量，NMHC 的检出限小于 0.05μL/L。用于污染源苯系物在线监测时，只需在 NMHC 在线监测中，增加相应的流路及检测器即可。对于恶臭类检测，既包含含硫有机化合物，也包含含硫无机化合物（硫化氢），因此需要使用火焰光度检测器（FPD）检测含硫化合物。在检测恶臭类同时，如需要监测非甲烷总烃和挥发性有机物特征因子（如苯系物），还需要一套 FID。有关污染源废气 VOCs 及恶臭类的在线监测技术应用可参见本书第 18 章介绍。

在线色谱仪用于固定污染源废气排放VOCs分析系统的典型应用示意参见图4-4-8。

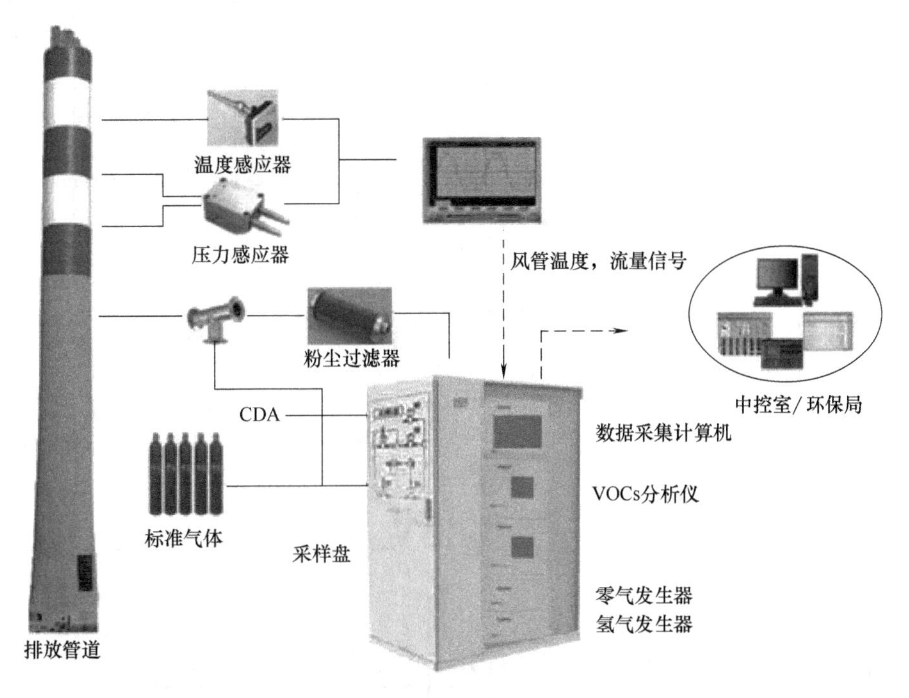

图4-4-8 典型的固定污染源废气VOCs的分析系统示意图

CDA—清洁干燥空气

该分析系统的主体是VOCs分析系统机柜，核心检测仪是VOCs分析仪。VOCs分析仪采用GC-FID，用于NMHC分析，也增加特征污染物（如苯系物）等的分析。系统机柜内，配置了氢气发生器、零气发生器及色谱分析数据处理系统。系统中包括采样探头及样气处理部件，配有样气温度、压力、流量检测设备，并有用于校准的标准气瓶。

4.4.2.4 在环境监测领域的其他应用

在线气相色谱分析技术可以用于水中VOCs在线监测，主要是用于对水中含有的可溶性气体、挥发性有机物、半挥发性有机物、卤代烃、酚类、胺类及金属有机化合物等进行检测。水中VOCs在线监测系统，集自动进样、在线吹扫、富集（或固相微萃取/薄膜萃取）、解吸、色谱分离、FID/ECD/MSD检测及数据处理于一体，可用于无人监守下，连续准确测量水中的VOCs，实现水体VOCs污染程度的监测与预警。部分水中VOCs在线监测系统的技术应用参见表4-4-3，典型的水中VOCs监测系统流路简图参见图4-4-9。

表4-4-3 部分水中VOCs在线监测系统的应用

型号	原理	适用范围
XHVOC-90	P&T-GC-FID	水源水、河水、雨水、海水和饮用水等
LFGC-2012	P&T/SPME-GC-FID/ECD/FPD	水中挥发性有机物和半挥发性有机物等
VOC-3000	P&T-GC-FID/MSD	污染源废水排放、河流交界断面、饮用水水源、自来水厂原水等
APK2950W	TFE/P&T-GC-FID（可选）	用于河流、湖泊等地表水及各种污染源水质中VOCs的在线监测
PN-8700	P&T-GC-FID/ECD	用于河流、湖泊、排口等地表水和地下水中VOCs的在线监测

注：P&T—吹扫捕集热脱附；SPME—固相微萃取；TFE—薄膜萃取。

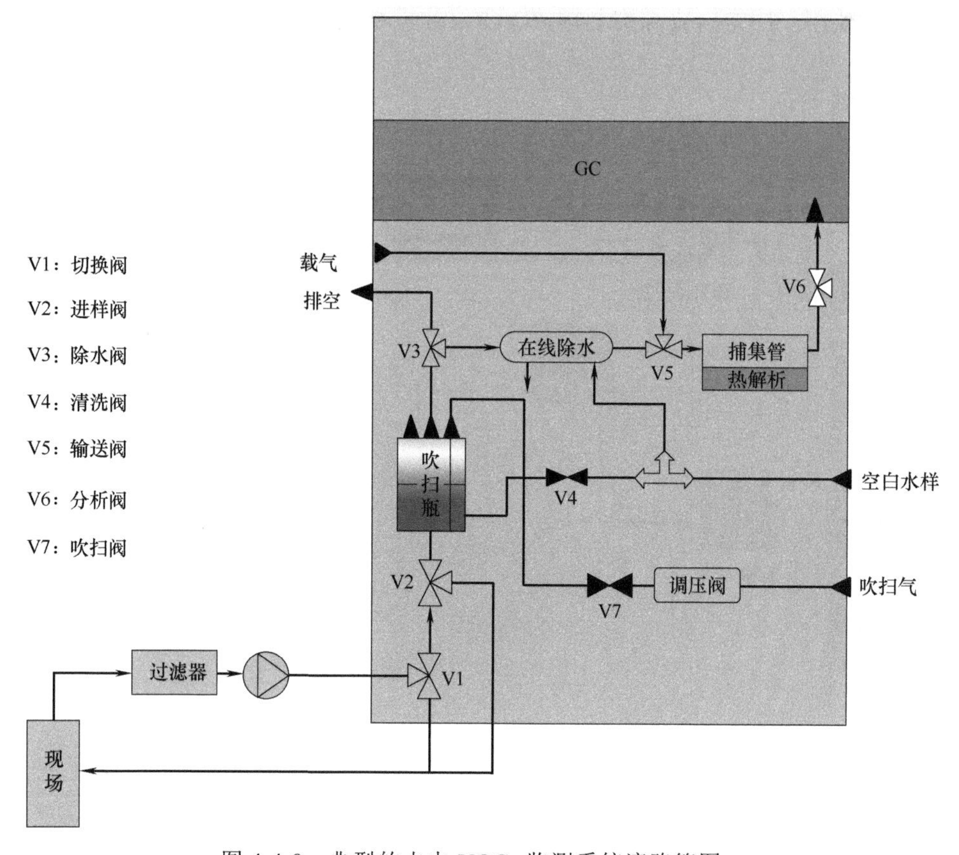

图 4-4-9　典型的水中 VOCs 监测系统流路简图

在线气相色谱仪用于水中 VOCs 在线监测，适用于国家环境保护标准 HJ 639—2012 中规定的海水、地下水、地表水、生活污水和工业废水中 57 种挥发性有机物的测定，目标化合物的检出限可达 0.1μg/L。在线色谱仪可用于连续监测水中痕量级挥发性有机物，针对地表水、饮用水源挥发性有机物在线监测需求，实现对被测组分的 10^{-9} 级测量，且不受水中颗粒物和盐分的影响。

在线气相色谱分析技术也应用于土壤或者固体废弃物中的各种有害物质的检测。目前，针对土壤中 VOCs 的分析，主要采用实验室色谱-质谱等仪器分析和现场便携式色谱-质谱仪器监测等方式。其基本原理是：样品中的挥发性有机物经过高纯氦气（或氮气）吹扫富集于捕集管中，将捕集管加热并以高纯氦气反吹，被热脱附出来的组分进入气相色谱，或采用顶空装置进样，进入气相色谱柱分离后，进入质谱检测器进行分析；通过与待测目标物标准质谱图相比较和保留时间定性，内标法定量分析被测气体的各个组分。

仪器的设计参照《土壤和沉积物　挥发性有机物的测定　吹扫捕集/气相色谱-质谱法》（HJ 605—2011）和《土壤和沉积物　挥发性有机物的测定　顶空/气相色谱-质谱法》（HJ 642—2013）等标准。采用便携式气相色谱-质谱仪，能在现场同时对多组分复杂有机物进行快速定性定量检测，前处理简便，最大限度地减少了样品在上机之前的处理步骤，对于快速准确测定土壤中 VOCs 的含量具有重要意义，在环境监测尤其是事故现场的应急检测中发挥着越来越重要的作用。土壤中 70 种挥发性有机物的标准总离子图参见图 4-4-10。

此外，在大气环境监测站房和大气环境移动监测车内，大多根据检测要求配置便携式、车

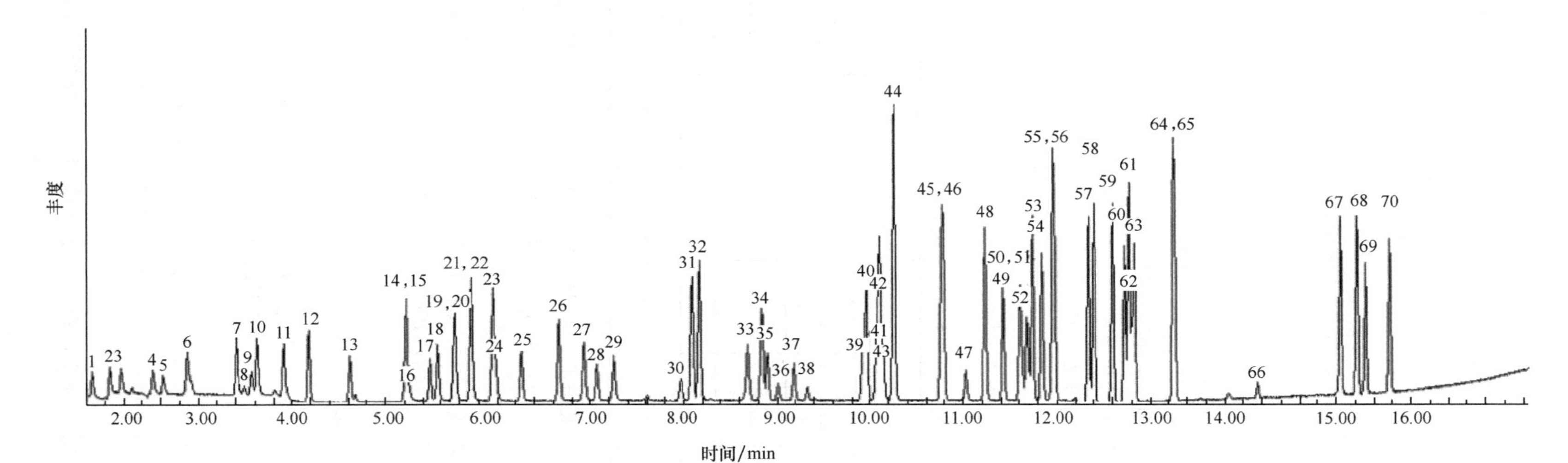

图 4-4-10 土壤中 70 种挥发性有机物的标准总离子图

1—二氯二氟甲烷；2—氯甲烷；3—氯乙烯；4—溴甲烷；5—氯乙烷；6—三氯氟甲烷；7—1,1-二氯乙烯；8—丙酮；9—碘甲烷；10—二硫化碳；11—二氯甲烷；12—反式-1,2-二氯乙烯；13—1,1-二氯乙烷；14—2,2-二氯丙烷；15—顺式-1,2-二氯乙烯；16—2-丁酮；17—溴氯甲烷；18—氯仿；19—二溴氟甲烷；20—1,1,1-三氯乙烷；21—四氯化碳；22—1,1-二氯丙烯；23—苯；24—1,2-二氯乙烷；25—氟苯；26—三氯乙烯；27—1,2-二氯丙烷；28—二溴甲烷；29—一溴氟二氯甲烷；30—4-甲基-2-戊酮；31—甲苯-D8；32—甲苯；33—1,1,2-三氯乙烷；34—四氯乙烯；35—1,3-二氯丙烷；36—2-已酮；37—二溴氯甲烷；38—1,2-二溴乙烷；39—氯苯-D5；40—氯苯；41—1,1,1,2-四氯乙烷；42—乙苯；43—1,1,2-三氯丙烷；44—间，对-二甲苯；45—邻二甲苯；46—苯乙烯；47—溴仿；48—异丙苯；49—4-溴氟苯；50—溴苯；51—1,1,2,2-四氯乙烷；52—1,2,3-三氯丙烷；53—正丙苯；54—2-氯甲苯；55—1,3,5-三甲基苯；56—4-氯甲苯；57—叔丁基苯；58—1,2,4-三甲基苯；59—仲丁基苯；60—1,3-二氯苯；61—4-异丙基甲苯；62—1,4-二氯苯-D4；63—1,4-二氯苯；64—正丁基苯；65—1,2-二氯苯；66—1,2-二溴-3-氯丙烷；67—1,2,4-三氯苯；68—六氯丁二烯；69—萘；70—1,2,3-三氯苯载气相色谱-质谱联用仪，并与气象五参数（大气温度、大气湿度、风速、风向、气压）、大气环境质量常规监测设备（监测 PM_{10}、$PM_{2.5}$、SO_2、NO_2、O_3、CO）一起用于污染源的移动监测、走航监测、污染物溯源监测，以及环境科学研究等。在线色谱仪及色谱-质谱联用仪在大气环境监测中心站、移动监测、走航监测及溯源监测的应用可参见本书第 20.2 节介绍。

4.4.3　在线气相色谱仪在超纯气体分析中的应用

4.4.3.1　概述

早期对“超纯气体”的定义是指气体纯度达 5 个“9”（99.999%）以上，总杂质为 10μL/L 以下的气体。现在对超纯气体已经重新定义：将 5 个“9”（99.999%）的纯度气体称为高纯气体，将 6 个“9”（99.9999%）以上的纯度气体称为超纯气体。

超纯气体、高纯气体的分析测试是痕量分析学科的一个分支，是研究气体纯度分析及其痕量杂质测定的专业学科。国内常见的超纯气体、高纯气体有：氦气（He）、氢气（H_2）、氩气（Ar）、氮气（N_2）、氧气（O_2）、二氧化碳（CO_2），此外，有不少电子气体也属于超纯气体，常用的超纯气体的种类与检测组分参见表 4-4-4。

表 4-4-4　超纯气体种类与检测组分

气体种类 \ 检测组分	H_2	Ar	O_2	N_2	CO_2	CO	备注
氦气（He）	√	√	√	√	√	√	Ar 与 O_2 合峰
氢气（H_2）	—	√	√	√	√	√	Ar 与 O_2 合峰
氩气（Ar）	√	—	—	√	√	√	
氧气（O_2）	√	√	—	√	√	√	
氮气（N_2）	√	√	√	—	√	√	Ar 与 O_2 合峰
二氧化碳（CO_2）	√	√	√	√	—	√	Ar 与 O_2 合峰
一氧化碳（CO）	√	√	√	√	√	—	Ar 与 O_2 合峰

国内对超纯气体、高纯气体制定的技术标准主要有：GB/T 4844—2011《纯氦、高纯氦和超纯氦》、GB/T 3634.2—2011《氢气　第 2 部分：纯氢、高纯氢和超纯氢》、GB/T 14599—2008《纯氧、高纯氧和超纯氧》、GB/T 4842—2017《氩》、GB/T 8979—2008《纯氮、高纯氮和超纯氮》、GB/T 23938—2009《高纯二氧化碳》等。每种超纯气体、高纯气体的检测组分与检测含量各不相同。在超纯气体的在线分析中，PDHID 和等离子发射检测器（PED）能满足超纯气体与高纯气体的分析检测要求。

4.4.3.2　在高纯气体杂质分析中的应用

高纯气体、超纯气体对杂质的要求严格，其中总杂质含量上限为 1μL/L，对单项杂质要求小于 0.1μL/L，要求在线色谱仪的检出限要小于 0.01μL/L；为了测试准确性，要求单项杂质的检出限为 0.001μL/L。

超纯气体对杂质的分析主要采用脉冲放电氦离子化检测器（PDHID）的在线色谱仪。在分析样品时，由于主组分本体超过检测器量程范围，因此在色谱分析流程中，要把样品主组分切除放空。

在超纯气体分析中，待测物含量极低，因此，在线色谱仪检测时对分析流路的切换阀必须用氦气吹扫。吹扫时，将阀体整体置放到氦气环境中，杜绝了空气反向渗透。

对超纯气体样品进行分析时，并不是要把所有杂质种类全部检测一遍，而是要分析对应用可能产生问题的杂质。采用氦气吹切换阀及中心切割技术，可有效保证样品测试的准确性。以朗析仪器 LX-3000 在超纯气体分析应用为例，其原理参见图 4-4-11。

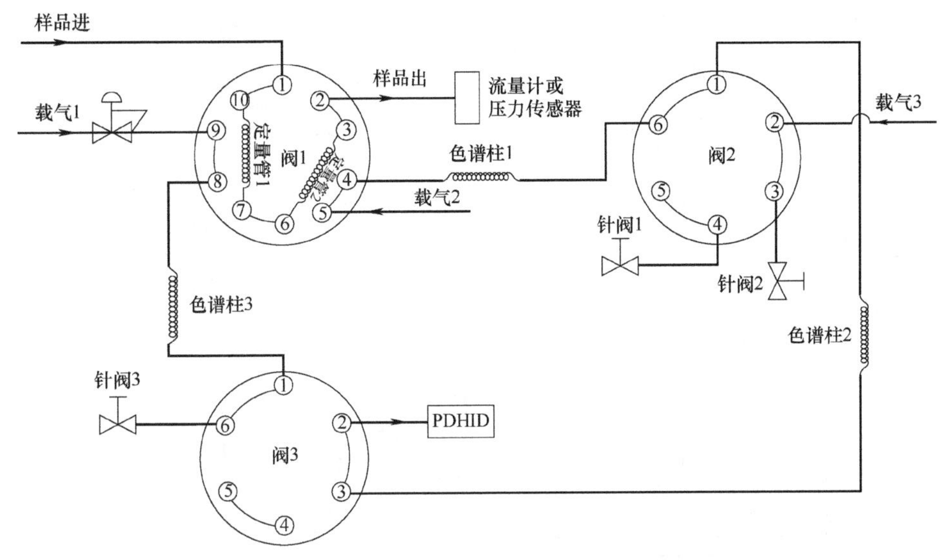

图 4-4-11　LX-3000 在线色谱仪流程图

常规的高纯气体在线气相色谱仪，可以分析氢气（H_2）、氩气（Ar）、氮气（N_2）、甲烷（CH_4）等高纯气体。色谱柱 1 与色谱柱 2 分析高纯气体中 H_2、O_2、Ar、N_2、CH_4、CO，柱 3 分析 CO_2。其中阀 1、阀 2、色谱柱 1、色谱柱 2 组成了中心切割系统，负责把主组分切割放空。在线分析要求分析时间短，检测精度高，稳定性好。但从接近 100%浓度的样品中分析 1nL/L 的杂质，浓度相差 10^9 倍，因此有效切割主组分是高纯气体在线分析的难点之一。

4.4.3.3　在超纯气体杂质中的应用

在线色谱仪用于超纯电子气分析的检测器主要是等离子体发射检测器（PED）和增强型等离子体检测器（EPD）。

在线超纯电子气体分析比较复杂，对于每种电子气体都需要不同的色谱切割流程，每种杂质需要不同的滤光片。用于电子气的专用在线色谱仪都是定制类产品。

国内电子芯片厂大多采用国外在线色谱仪器品牌。近几年来，国内厂家已经开发出用于超纯电子气的在线色谱仪，以朗析仪器公司研制的双等离子发射检测器的色谱分析仪用于电子级超纯氮气中 CO 和 H_2 的色谱分析为例，其分析流程图参见图 4-4-12 所示。

4.4.3.4　超纯气体在线分析的系统技术要点

在超纯气体分析应用中，载气的纯度对样品分析有直接影响，因此需要加装载气净化装置。在分析超纯气体时，样品气体纯度到达 99.9999%，其中的杂质含量更是低于 0.1μL/L，检测限甚至要求达到 0.001μL/L。载气纯度必须小于检出限的 1/10，因此载气中的各项杂质含量应低于 0.0001μL/L。但市面上最常见的气体纯度仅为 99.999%，必须纯化载气，因此，需给在线气相色谱仪配置纯化装置，甚至串联多个纯化器，进行多级纯化。纯化器是损耗型的配件，在经过一段时间后纯化效果将下降，需要定时更换。

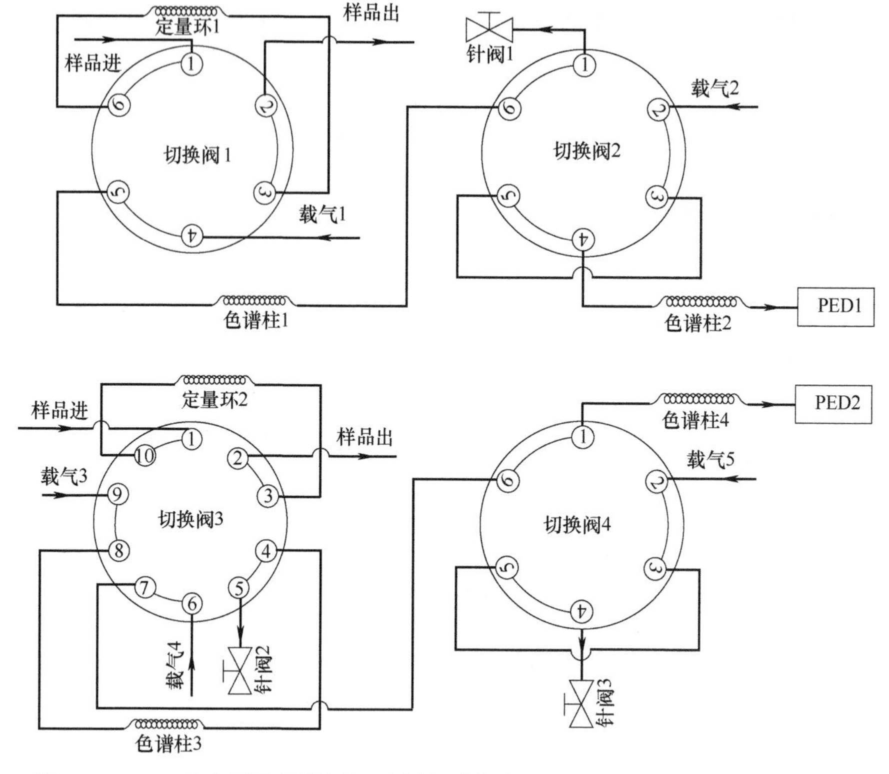

图 4-4-12　双等离子发射检测器分析超纯氮气中 CO 和 H_2 的色谱分析流程图

超纯气体分析在线气相色谱仪的预处理系统，与常规在线气相色谱的不同。为追求更好的密封性和更低的泄漏率：气路管需采用电抛光（EP）级 316L 以上不锈钢管材；管道之间采用焊接连接；预处理功能性部件如针阀、减压器等，都必须采用 VCR 接头（真空耦合径向密封接头）连接。超纯气体比较干净，一般不需过滤和除杂等功能性部件。另外预处理越简单越好，接头越少越好，这样可以减少泄漏点。一般做好预处理后需要检漏，可采用氦检仪进行检漏。

在线气相色谱仪在现场安装时分为防爆区域和非防爆区域。超纯气体分析区域一般为非防爆区域，常用机架式在线色谱仪。特殊超纯气体色谱仪用于防爆区域需要加防爆处理。

4.4.4　在线气相色谱仪在天然气能量计量中的应用

4.4.4.1　天然气能量计量技术与在线色谱应用

目前，国内天然气能量计量标准体系已逐渐完善，一些较大的计量站（A 级等）都配备了天然气热值分析仪或在线色谱分析仪器。采用在线色谱仪间接测定天然气热值，将成为天然气能量计量的主要方式之一。

天然气在线色谱分析系统可以实时、在线监控天然气能量数值变化。天然气能量计量气相色谱法技术标准有：GB/T 13610—2020《天然气的组成分析　气相色谱法》、GB/T 18603—2014《天然气计量系统技术要求》以及 GB/T 28766—2018《天然气　分析系统性能评价》等。

天然气能量计量分为直接法和间接法两种方式。直接能量测定法一般是利用测定能量流量的仪器直接测定天然气能量流量。或者也可通过测定发热量的仪器，配套其他辅助仪表测定体积流量或者质量流量，最后计算得到天然气的能量流量。即天然气能量 E_n 可以通过体积

或质量流量 Q 与发热量 H_{sn} 的乘积计算得到。计算公式如下：

$$E_n = QH_{sn}$$

式中，E_n 为标准参比条件下的天然气能量，J；Q 为标准参比条件下体积流量或质量流量，m^3 或 kg；H_{sn} 为标准参比条件下的发热量，J/m^3 或 J/kg。

间接能量测定法是指通过天然气在线气相色谱仪与流量计量器具配套使用，测定天然气的组分与流量，依据国家标准 GB/T 11062—2020《天然气　发热量、密度、相对密度和沃泊指数的计算方法》计算天然气的发热量，然后再按上式计算能量流量。其计量系统参见图4-4-13。如图所示，由色谱仪测定的天然气组分和由流量计测定的流量数据实时传送至数据管理系统。各个等级的计量站获取数据的方式为：特大型及 A 级计量站由现场配置的在线气相色谱仪的直接获取数据，计算时间为在线气相色谱仪的分析周期；B 级计量站由累积取样器获取现场获得的累积样品分析数据，发热量计算由具有相关资质的实验室进行，累积样品的取样周期为 1 个月或合同规定的周期；C 级计量站由赋值方法获得。

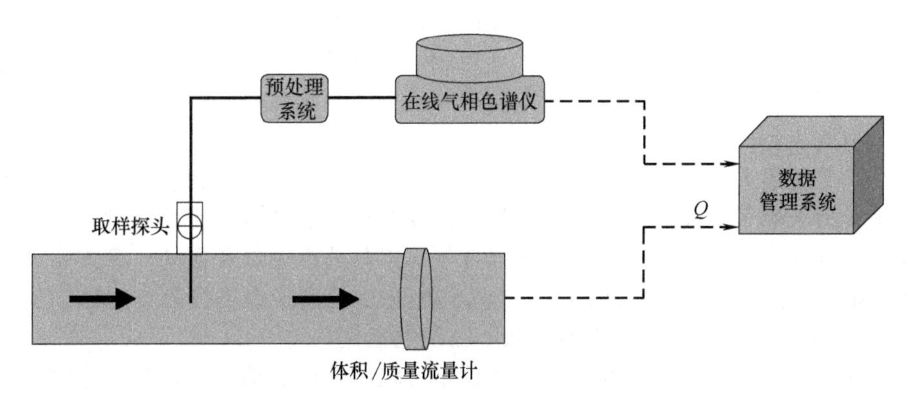

图 4-4-13　间接能量测定法计量系统

4.4.4.2　天然气在线色谱仪分析系统技术

（1）天然气在线色谱仪的分析要求

天然气在线色谱仪分析系统是基于气相色谱法，采用现场技术实现天然气的在线取样及分析。天然气在线色谱仪分析系统包括：取样系统、样品预处理系统、在线气相色谱仪（含测量和计算设备）、校准装置（气体标准物质）和数据的存储记录设备。

天然气在线色谱仪的选择，应该满足相关国家标准的技术要求。依据国家对贸易交接计量器具的要求，仪器需要按照 JJG 1055—2009《在线气相色谱仪》检定规程进行定期检定或校准，以保证仪器计量特性的有效性。除此之外，还应在仪器日常使用中对仪器进行实时校准。

针对天然气组分及发热量的测量，其量值的传递主要依靠气体标准物质进行。在选择标准物质时，应优先选择国家有证天然气气体标准物质。以天然气发热量作为交接方式，发热量的不确定度对交易双方产生较大影响，而发热量的测定不确定度很大程度上取决于气体标准物质的不确定度。因此，应选择不确定度小、质量有保障的气体标准物质产品。此外，还应该对标准物质进行验收核验以及使用中的期间核查。

天然气在线色谱的取样方法应满足 GB/T 13609—2017《天然气取样导则》中的技术要求。样品预处理系统需要对天然气样品中的液态水、颗粒物及气态水等干扰杂质进行去除，并通过压力流量控制器将样品压力调节至气相色谱仪进样所需压力范围，并保证样品不失真。在环境温度较低地区，在天然气样品取样处理时，需要对全程进行温度控制，以防止高沸点化合物如正己烷等出现冷凝或液化现象，从而影响测量结果。

（2）常规型在线气相色谱仪应用

天然气是一类以甲烷为主要成分的气体混合物，还含有少部分的氦气、氢气、氧气、氮气、二氧化碳等无机化合物，以及乙烷、丙烷等烃类化合物。这些化合物组分均可以在气相色谱仪上进行测定。在间接法测定发热量过程中，需要对天然气中的每个组分进行测定，因此，在线色谱仪应尽可能测定多种化合物组分，才能保证天然气发热量是由所含组分共同贡献的热量，减少组分数目差异引入的不确定度。

常规型气相色谱仪一般是指通用在线气相色谱仪，针对包括天然气在内的各种燃料气体以及各种工业流程气体进行在线分析，大多是国外产品。可以通过设计相关仪器配置对天然气组分进行分析。常规的工业过程气相色谱仪，为满足多种工况下的分析，往往总体尺寸较大，有多个通道和检测器、多个柱温箱，分析组分多、检测灵敏度高，但仪器售价高。

目前，常用于天然气组分分离的色谱柱大致可分为两种：一类是可将氮气、二氧化碳、甲烷和乙烷分开的，以无机吸附剂为固定相的色谱柱；另外一类是可以分离 C_3～C_{6+}烃类组分的色谱柱。检测器可以使用 FID、TCD、FPD 和 PDD 等。由于天然气中主要成分为烃类和无机组分，无需对其中的硫化物进行测定，故一般采用稳定性较好的 FID 和 TCD。

（3）微型气相色谱仪的技术应用

微型的、专用的天然气在线色谱仪已经在天然气在线分析中得到广泛应用。如西门子的 SITRANS CV 型天然气在线色谱仪是在微型色谱仪 MicroSAM 基础上，针对天然气样品在线分析开发的，具备测定天然气或者煤气等混合气体组分的组成以及自动计算热值等功能。埃尔斯特（Elster）公司和艾默生（Emerson）公司也分别推出了专用型的 ENCAL3000 和罗斯蒙特（Rosemount） Mode 565 型天然气微型在线色谱仪。

微型气相色谱仪与常规型在线气相色谱仪相比较，体积更加小巧，分析速度更快（一般 6min 以内可以完成所有组分分析），而且功能更加强大（可自动计算发热量）。

以西门子 SITRANS CV 微型天然气气相色谱仪为例，其可在一些极端环境如海边、野外得到应用，可直接安装在管道上，仪器重量只有 15kg。SITRANS CV 取得了相关认证，如防爆等级 Ex d IIB+H_2 T4，防护等级 IP65 或者 NEMA 4。仪器采用电加热恒温柱箱，柱箱温度范围 60～165℃。采用无阀进样和配置多功能膜片阀，热值和密度重复性<0.05%，热值和密度精度< 0.1%。该仪器是专用天然气热值分析仪，参见图 4-4-14，其分析基本单元见图 4-4-15。

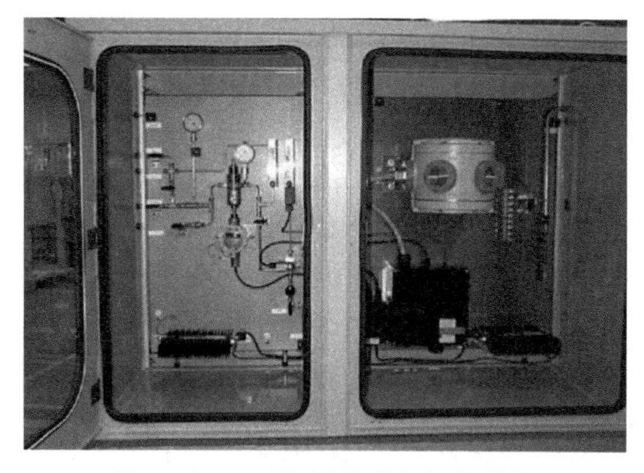

图 4-4-14　西门子微型气相色谱仪

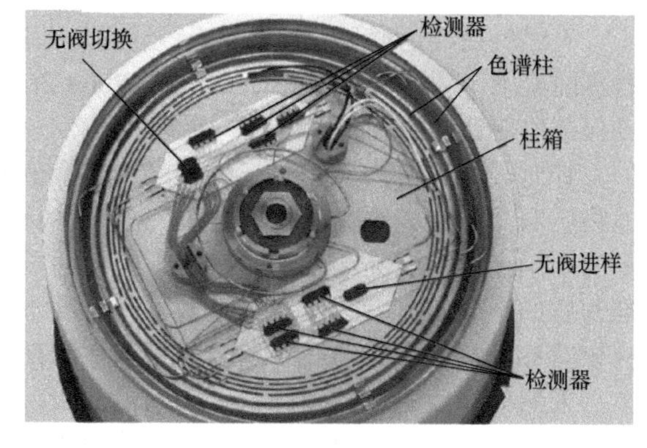

图 4-4-15　西门子 SITRANS CV 色谱分析基本单元

微型气相色谱仪的关键技术如下：

① 模块化技术　实现了分析系统的高度集成化，将进样器、柱箱、色谱柱以及检测器做成模块化部件，每个模块针对不同种类化合物实现测定。模块化设计不仅可以有效地提高利用效率及范围，实现了气相色谱仪的小型化，而且在仪器安装维护升级时更加方面，提高了维护运行的效率。

② 并行色谱技术　天然气组分范围较广，可将色谱柱采用并行方式安装以解决分析时间长的问题。通过阀门控制和流量控制系统，组分可以分别进入多根色谱柱，同时分离有机/无机组分、轻烃/重烃组分和测定。由串行色谱向并行色谱的转变，可实现色谱仪在最短3min内就可以完成一次天然气全组分分析。采用并行色谱技术不仅大大提高了分析效率，在单位时间内还可进行多次测定，使得测定结果更加可靠。

③ 柱切技术　柱切技术用来控制组分的流向以及出峰时间，传统的柱切方法主要有前吹、反吹、中心切割等。为分离含量小的组分，柱切技术可以将该组分切割出来，再进入分离柱继续进行分离。随着技术发展，西门子公司开发了无阀切换技术，有效解决阀门死体积较大、阀门磨损等问题，提高了分析的准确性，参见图4-4-16。

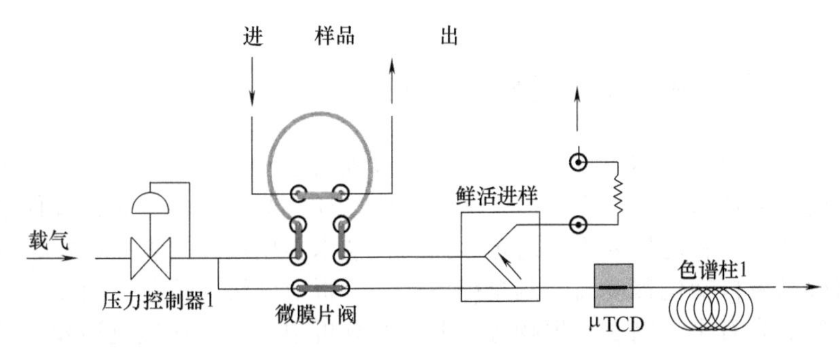

图4-4-16　西门子的无阀切换技术示意图

④ 微机电系统（MEMS）技术　MEMS技术是指尺寸在几毫米乃至更小的芯片上，融合了光刻、腐蚀、薄膜、硅微加工、非硅微加工和精密机械加工等技术制作的器件。微型色谱仪是在硅片上，采用MEMS技术制造的高质量、高精度微细进样系统和高灵敏度的微型热导检测器，配上毛细管色谱柱甚至微型色谱柱，构成了色谱仪最核心的部件，使得整个分析系统体积大大缩小。微型热导检测器（μTCD）参见图4-4-17。

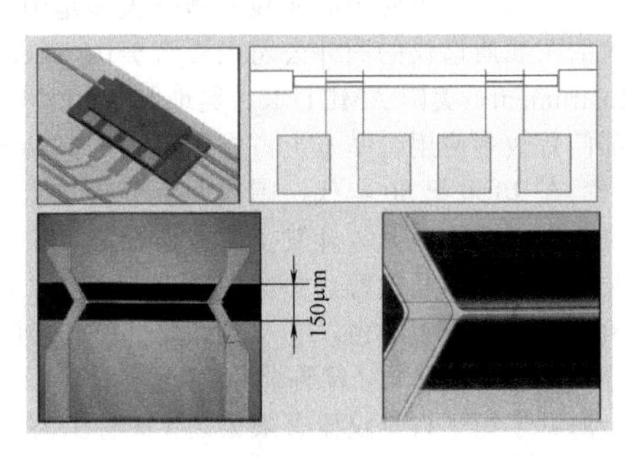

图4-4-17　微型热导检测器（μTCD）

目前，国产仪器厂家如聚光科技也采用MEMS技术，研发并推出了ProGC-2000天然气在线气相色谱仪。该仪器在输气管道处对天然气组分分析和计量方面得到了较好的应用。国产仪器与进口仪器在技术水平及性能上还存在一定差距。如微型热导检测器的体积，国外已实现最小200 nL的内部微流路体积，目前国内技术还暂时只能达到几十微升。

［本章编写：常州磐诺　杨任；中国测试技术研究院　潘义、李志昂；ABB（中国）　任军；朗析仪器（上海）　李建浩；加拿大ASD　朱玮郁；南京霍普斯　谢兆明；朱卫东］

第 5 章 在线质谱分析仪器

5.1 在线质谱分析仪器检测技术

5.1.1 在线质谱分析仪器概述

在线质谱分析仪器，简称在线质谱仪，又称过程质谱仪、工业质谱仪。在线质谱仪是在线分析仪器中的高端技术产品，主要用于流程工业、环境监测及科学研究过程中的气体等物质组分的自动连续定性和定量分析，通过多点切换技术实现现场的多点取样、多组分快速分析。在线质谱仪具有自动化程度高、测量范围广、分析速度快、检测灵敏度高、仪器稳定可靠等特点，已经成为石化、钢铁、生物等工业过程分析中，以及环境监测和科学研究的过程分析中非常重要的高端在线分析仪器。

目前，国内应用的在线质谱仪大多是国外进口产品。国外质谱仪生产厂商很多，进入国内的在线质谱仪的国外公司主要有美国 Thermo、美国 Extrel、英国 Hiden、德国 In-Process Instrument、美国 AMETEK、奥地利 V&F 等。进口的在线质谱仪在国内石化等行业及科研等部门有较多应用，基本上占据了国内的高端产品市场。

在 20 世纪 80 年代，国内北京分析仪器厂（简称北分）开发了工业磁质谱仪，南京分析仪器厂（简称南分）开发了工业四极质谱仪，中科院北京科学仪器厂等也开发出四极质谱仪及真空质谱探漏仪等，并在国家重点工程项目得到应用。国外质谱仪进入国内市场后，国产质谱仪受到很大冲击。进入 21 世纪以来，国内有了一批新兴的质谱仪生产厂商，如北京东西分析仪器有限公司（简称北京东西分析）、广州禾信仪器股份有限公司（简称广州禾信仪器）、上海舜宇恒平科学仪器有限公司（简称上海舜宇恒平）、聚光科技、江苏天瑞仪器股份有限公司（简称江苏天瑞）、北京钢研纳克检测技术股份有限公司（简称钢研纳克）等。

现阶段，国产在线质谱仪产品主要是四极质谱仪、飞行时间质谱仪、质子转移反应质谱仪、离子阱质谱仪及色谱-质谱联用仪等。国产质谱仪大多是与大学、研究院所合作开发的，也有的是与国外合作开发的。国产质谱仪应用已经从实验室走向在线分析，已在工业过程气体分析、环境监测污染物监测及生物过程气体质量检测等得到推广应用。

5.1.1.1 检测原理与基本组成

在线质谱仪的检测原理是基于质谱法原理。质谱法是利用带电粒子在磁场或电场中的运动规律，按其质荷比（m/z，质量和电荷的比）的不同，实现分离分析和测定离子质量及其强度分布的一种方法。质谱分析技术能给出化合物的分子量、元素组成、分子式及分子结构信息，在线质谱仪不同于实验室质谱仪，通常根据用户需求进行定制，系统配置包括取样处理、质谱仪、数据处理等系统。

在线质谱仪一般由检测系统、真空系统、电子控制系统和数据处理系统组成。检测系统包括进样系统、离子源、质量分析器和离子检测器。真空系统用于生成和保持系统的真空状态，以保证质量分析器正常工作。不同质量分析器对真空度要求不同，通常为 10^{-1}～10^{-9} Pa。电子控制系统为质谱仪提供电源和控制电路。数据处理系统承担仪器控制及质谱数据的记录和处理。

在线质谱仪的基本组成如图 5-1-1 所示。

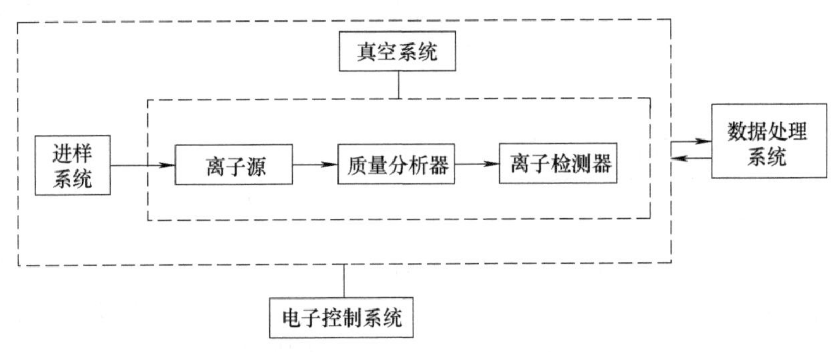

图 5-1-1　在线质谱仪基本组成

样品取样处理后，由进样系统导入离子源，在离子源中电离形成带电离子，经过质量分析器按照质荷比的大小进行分离，最后到达检测器获得质谱图，通过数据处理系统和质谱分析软件实现被测物质的多组分分析。

5.1.1.2　在线质谱仪的技术特性

（1）质谱法的特点

① 定性专属性强：质谱图和化合物结构具有相关性，根据其中的分子离子、同位素离子、碎片离子的质量和相对强度等丰富信息，可推导化合物的分子结构。

② 准确度高：以化合物特征离子的强度作为定量依据，具有高准确度。

③ 灵敏度高：一般检出限为 μg/g 级，仪器配置不同，可达 ng/g 甚至 pg/g 级的检出限。

④ 能与多种分析仪器联用：可与气相色谱仪、热分析仪等联用。

（2）在线质谱仪的主要技术特性

① 长期运行可靠性　在线质谱仪要求长期运行可靠稳定，并要求日常维护量小、可损件少，或具备冗余备份结构，具备预警报警功能。

② 快速响应与数据联网反馈　在线质谱仪的响应时间一般在毫秒级，可满足多取样点、多组分同时分析的要求；能与在线控制系统联网，参与在线调控。

③ 环境耐受性　在线质谱仪用于工业现场，对环境应有较高的耐受性。在不同取样压力、温度下具有连续检测稳定性，在易燃易爆气体组分检测时，应满足防爆等安全要求。

④ 应用场景适应性　应根据不同行业应用场景的在线分析要求，确定仪器配置，提供系统取样和气体预处理等定制化服务。在线分析数据应根据应用需求，通过计算机转化，并实时显示出浓度与时间或温度变化的相关性。

5.1.1.3　在线质谱仪的分类

在线质谱仪分类方式主要是按关键部件和应用领域，最常见方式是按关键部件分类。

（1）按关键部件类型分类

在线质谱仪的关键部件主要有进样系统、离子源、质量分析器或离子检测器。在线质谱仪有多种进样技术、不同的电离方式以及多种质量分析器和离子检测器技术，根据实际应用需要组成。在线质谱仪的关键部件不同，其功能及分类的类型也不同。典型的在线质谱仪关键部件、功能及类型参见表 5-1-1 所示。

表 5-1-1　在线质谱仪的关键部件、功能及类型

关键部件	功能	类型
进样系统	导入样品	直接进样、膜进样、气相色谱（GC）及液相色谱（LC）联用进样
离子源	将中性分子离子化	电子轰击（EI）、化学电离子（CI）、大气压电离（API）、电喷雾电离（ESI）、真空紫外光子电离（VUVPI）、质子转移反应（PTR）等离子源
质量分析器	按质荷比分离离子	四极杆、离子阱、飞行时间、磁扇式、傅里叶回旋式等
离子检测器	检测离子	法拉第杯、电子倍增器、光电子倍增器、微通道板

在线质谱仪按关键部件分类，大多是按照质量分析器的不同分类，可分为四极杆质谱仪、磁质谱仪、飞行时间质谱仪、离子阱质谱仪等。也有根据进样系统和离子源分类，如可分为膜进样质谱仪、常压分子束取样质谱仪、多路气体分析质谱仪等。

（2）按照应用领域分类

① 工业气体在线质谱仪　一般指应用在石化、钢铁等行业的工业现场的在线质谱仪。一般要求多点取样、多组分快速分析，输出稳定可靠，通信功能与 DCS 系统兼容等，如美国 Thermo 公司的 Prima Pro、上海舜宇恒平的 SHP8400PMS-Ⅰ、德国 In-Process Instrument 公司的 GAM 300 ATEX 等。

② 环境监测在线气体质谱仪　主要用于在线挥发性有机物监测，如 VOCs 的连续在线监测。一般多采用软电离型的离子源和高分辨质量分析器组合，实现对复杂 VOCs 的高灵敏检测。如广州禾信仪器的 SPIMS 2000、SPIMS3000 等。

③ 逸出气体在线质谱仪　用于热分析、催化反应等科学研究过程中气体变化的连续监测。对检测速度有较高要求，反应温度范围宽，需配置带保温功能的化学惰性毛细管接口，防止气体组分变化。如美国 Extrel 公司的 MAX300-EGA、英国 Hiden 公司的 HPR-20 EGA 等。

④ 生物过程气体质谱分析仪　生物过程的气体监测，通常气体湿度大，有液滴、颗粒、泡沫等。反应进程中气体温度和压力存在波动。在线质谱仪需配置多通道取样系统及气体预处理装置，如上海舜宇恒平的 SHP8400PMS、美国 Extrel 公司的 MAX300-BIO 等。

⑤ 其他专用质谱仪　如用于真空系统监测的残气分析仪及质谱检漏仪等。

5.1.2　四极杆质谱仪的检测技术与典型产品

5.1.2.1　检测技术

四极杆质谱仪（QMS）的质量分析器，由四根严格平行并与中心轴等间隔的电极组成，也称四极杆质量分析器，其测量原理图参见图 5-1-2。

理想的四极杆电极的截面是两组对称的双曲线，如图 5-1-2（a）所示。在实际应用中为了便于制造，多采用圆杆形电极替代，如图 5-1-2（b）所示。

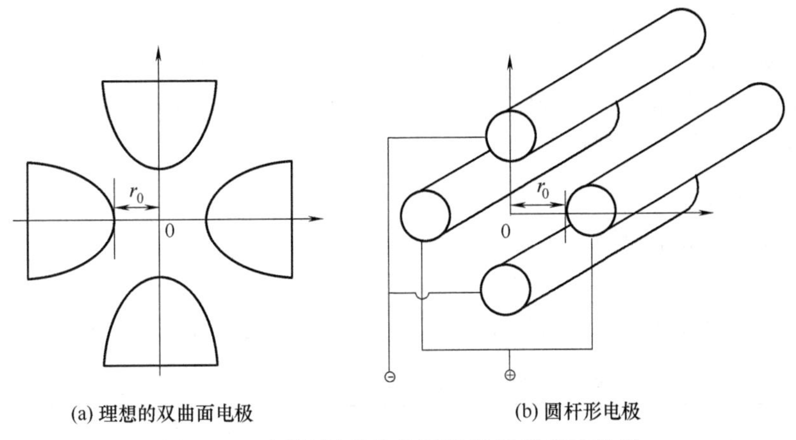

(a) 理想的双曲面电极　　(b) 圆杆形电极

图 5-1-2　四极杆质量分析器测量原理示意图

四极杆质量分析器工作时，在电极上施加直流电压 U 和射频电压（RF）$V\cos\omega t$，相对的两根极杆为一组，施加极性相反的电压形成四极电场，即一组电极上加电压为 $U+V\cos\omega t$，另一组上加电压为 $-(U+V\cos\omega t)$，产生一个动态四极电场。通过优化圆杆半径 r 与杆间距半径 r_0 的比值，可获得良好的近似四极场。有研究表明，当 r 在 $1.12r_0$～$1.13r_0$ 之间，四极杆的性能（分辨率和灵敏度）最佳。

离子在四极场中的运动轨迹由马修（Mathieu）方程解确定，凡满足方程稳定解的离子，即有稳定振荡的离子，均能通过四极场（参见图 5-1-3），到达检测器而被检测。这一稳定解同 U、V 和离子质量 m 相关，质量相同的离子对应的稳定解 U-V 取值构成一个稳定区，稳定区外的离子不能达到检测器。通过精确控制电压变化，可仅使对应质荷比（m/z）的离子通过四极场到达离子检测器，其他离子则撞到极杆上或飞出四极场区外被“过滤”掉，并被真空泵抽走。也就是说，在特定的 U-V 电压下，只有特定 m/z 的离子能够通过四极杆而到达检测器，因此四极杆质量分析器也被称为四极滤质器（QMF），U-V 的变化曲线称为扫描线。

理论上，在扫描线无限接近于稳定区顶点时，四极杆质谱的峰宽可无限小，分辨率可以是无穷大，但实际因受到场缺陷和离子在电场飞行时间等因素的限制，稳定区顶点附近的稳定性和重现性都不高，在线质谱仪器扫描线都选择从稳定区顶端通过，四极场稳定区示意图参见图 5-1-3。一般在线四极质谱检测质量精度为 0.1u（原子质量单位）。

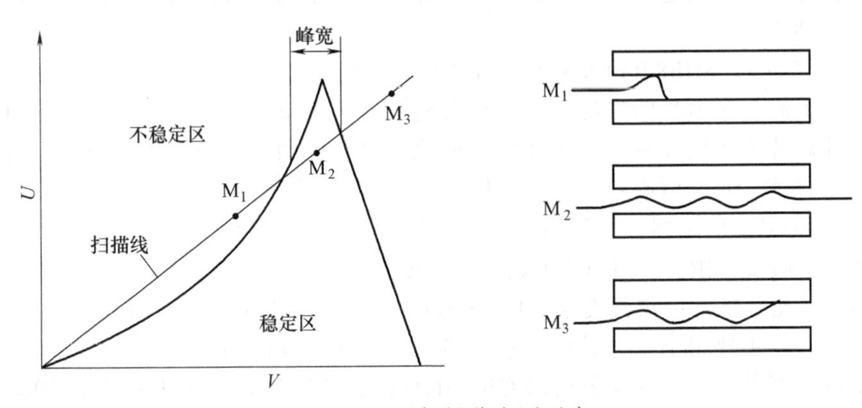

图 5-1-3　四极场稳定区示意

四极杆质谱属于动态质谱，仅利用纯电场工作，不涉及磁场，其结构简单，重量较轻，体积小，扫描速度快，对真空的要求不苛刻，因此，不仅可以作为工业现场和实验过程气体的在线监测设备，也非常易于作为便携式质谱仪，用于移动现场的在线检测，是目前在线质谱仪中应用最广泛的质量检测技术。

5.1.2.2 典型产品

配置四极杆质量分析器的在线质谱仪可应用于半导体工业、催化研究、生物过程、环境监测等多个领域，市场前景十分广阔。该类产品生产厂家大约有十几家，国外仪器厂商占大多数。国内外部分四极杆在线质谱仪器生产厂家和产品型号参见表 5-1-2。

表 5-1-2 国内外部分四极杆在线质谱仪器生产厂家和产品型号

厂家	主要产品及型号
上海舜宇恒平科学仪器有限公司	过程气体质谱分析仪 SHP8400 系列
聚光科技（杭州）股份有限公司	过程质谱仪 Mars-550
北京东西分析仪器有限公司	质子转移反应质谱仪 PTR-QMS3500
Hiden Analytical（英国）	气体分析质谱仪 QGA、DECRA、HPR-20、HPR-40、HPR-60、HPR-70、HPR-90、QIC BIOSTREAM
Extrel（美国）	气体分析系统 MAX300 系列、VeraSpec 系列、MAX100-BUT
Inficon（瑞士）	便携式气质联用仪 HAPSITE ER
Pfeiffer（德国）	气体质谱分析仪 OmniStar、ThermoStar
InProcess Instrument（德国）	在线气体分析仪 EDS 100、GAM 200、GAM 300、GAM 400、GAM 500、GIA 522、EDA407、GAM 3000
V&F（奥地利）	在线质谱仪 AirSense、ComiSense、CO2Sense、PETSense、MotoSense、LubeSense、FuelSense、TwinSense、EISense
EES（英国）	在线质谱仪 CatalySys、EcoCat、PharmaSys、GasTrace、EnviroSafe、FermenTorr、ThermaSys
Thermo Fisher（美国）	超高纯气体分析仪 APIMS δQ、 APIMS Quattro
Ionicon（奥地利）	质子转移反应质谱仪 PTR-QMS300、PTR-QMS500
AMETEK（美国）	过程质谱仪 StreamPro、ProMaxion、ProLine、FlarePro

通过将四极杆质量分析器与不同的离子源和进样装置进行配置，可形成一系列的在线质谱分析仪器产品。四极杆质量分析器本身也可以通过不同杆直径和杆长度，配合射频驱动电压的设计，获得更宽的质量范围和更高的质量分辨率。不同型号的仪器产品主要是根据应用需求进行针对性设计。

（1）典型产品 1：SHP8400PMS 过程气体质谱分析仪

该产品是上海舜宇恒平的过程气体质谱分析仪，采用单四极杆质量分析器，EI 离子源，开发了特征性碎片离子矩阵算法，可排除不同化合物存在的相同碎片离子干扰，得到准确的定量检测结果。标配 16 通道旋转阀进样系统，一台仪器可实现多点位的全气体组分连续分析。可配置法拉第杯-电子倍增器双检测器，检测灵敏度达到 ng/g 级。

性能指标：质量范围 1～200u（可选 1～300u）；检出限 10μg/g（法拉第检测器）、10ng/g（电子倍增器）；稳定性，可实现连续 30 天 RSD≤0.5%（基于 1%Ar）；进样通道 16 通道；EI 离子源，双灯丝。主要用于生物过程多点、多组分气体在线监测。

市场上同类产品还有 Hiden 公司的 QIC BIOSTREAM、Extrel 公司的 MAX300-BIO、EES 公司的 FermenTorr、聚光科技的 Mars-550 等。

（2）典型产品2：HPR-20 EGA 逸出气体在线分析质谱仪

该产品是英国 Hiden 公司的在线分析质谱仪，典型配置为惰性石英毛细管进样、独立旁路泵，有利于气体样品的快速更新，以捕捉快速反应时过程气体的瞬时变化情况。为防止气体传输过程中的变化，传输管路可加热至 200℃。标准配置为单四极杆质量分析器；对于同位素气体分析等一些需要更高分辨率和高灵敏度的应用需求，可选配三级四极杆质量分析器，即在四极杆前后增加了预四极杆和后四极杆。

性能指标：质量范围 1～200u（可选 1～300u、1～500u）；响应速度，300ms 内对气体浓度的变化做出反应；最小扫描步阶 0.01u；稳定性，24h 以上峰高变化<±0.5%；检出限 0.1～1μg/g（单四极杆）、5ng/g（三级四极杆）。该产品主要用于科学研究过程的在线气体分析。如催化反应、热分析等。

市场上同类产品还有 Extrel 的 MAX300-EGA，上海舜宇恒平的 SHP8400PMS-L，Pfeiffer 的 OmniStar、ThermoStar 等。

（3）典型产品3：APIMS δQ 超高纯气体质谱分析仪

该产品是美国 Thermo Fisher 公司产品，适用于检测高纯气体中的痕量污染物，检测灵敏度非常高。仪器采用 API 离子源。与其他在线质谱仪多用的 EI 电离方式相比，API 效率提高 1000 倍。配合三级四极杆质量分析器，检出限达到<10pg/g。

性能指标：质量范围 1～300u；检出限<10pg/g；每个组分典型分析时间<1s。该产品主要应用于对气体中不纯物质有严格控制要求的半导体和电子工业等领域，适用于分析超纯气体 H_2、N_2、Ar、He，监测杂质 H_2、CO、CO_2、H_2O、O_2、CH_4、Kr、Xe 等。

市场上同类产品还有 Extrel 的 VeraSpec Trace APIMS。

（4）典型产品4：GC-MS 6800 过程质谱仪

该产品是江苏天瑞开发的过程气体质谱仪产品，采用高温 EI 源、180mm 的四级杆质量分析器，15 级放大电子倍增器的质谱仪及专用软件，可用于环境保护及工业检测等领域，如环境空气中多环芳烃（PAHs）及 35 种挥发性有机物（VOCs）测定、环境水质氯苯类化合物及饮用水中 27 种 VOCs 测定、土壤及沉积物中多环芳烃（PAHs）及多氯联苯（PCBs）的测定，以及固体废物中 VOCs 的测定等。

5.1.3　磁扇式质谱仪的检测技术与典型产品

5.1.3.1　检测原理

磁扇式质谱仪的质量分析器，其主体是处在磁场中的扇形扁真空腔体，故称为磁扇式质量分析器。离子进入真空腔体后受磁场的作用，运动轨迹发生偏转。不同质荷比的离子具有不同的轨道半径，质荷比越大，其轨道半径也越大。磁扇式质量分析器的原理如图 5-1-4 所示。

实际上，在由离子源出口缝进入磁场的离子束中，离子不是完全平行的，而是有一定的发散角度，并且由于离子的初始能量差异以及在加速过程中所处位置不同等原因，进入质量分析器的速度并不完全一致。这时若仅采用单一磁场：一方面离子束按照质荷比的大小分离；另一方面，相同质荷比、不同发散角度的离子在达到检测器时又会重新会聚起来，这就称为方向（角度）聚焦。而质荷比相同但能量不同的离子不能实现聚焦，影响仪器的分辨率。

为了解决离子的能量分散问题，提高质谱仪的分辨本领，可采用双聚焦磁扇式质量分析器。双聚焦质量分析器是指质量分析器能同时实现能量聚集和方向聚焦。将一个扇形静电场分析器置于离子源和扇形磁场分析器之间，静电场分析器对不同能量的离子起到能量的色散作用，而对能量相同的离子实现能量聚集；然后再进入磁场分析器，不同能量分散开的 m/z 相同的离子通过磁场分析器后又会聚在一起进入检测器，从而实现能量和方向的双聚焦，提升了仪器的质量分辨率。双聚焦质量分析器的测量原理参见图 5-1-5 所示。

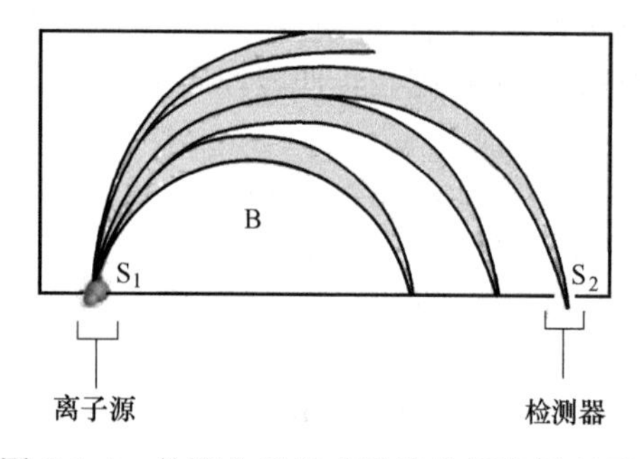

图 5-1-4　单聚焦磁扇式质量分析器原理示意

S_1—入口狭缝；S_2—出口狭缝；B—磁场

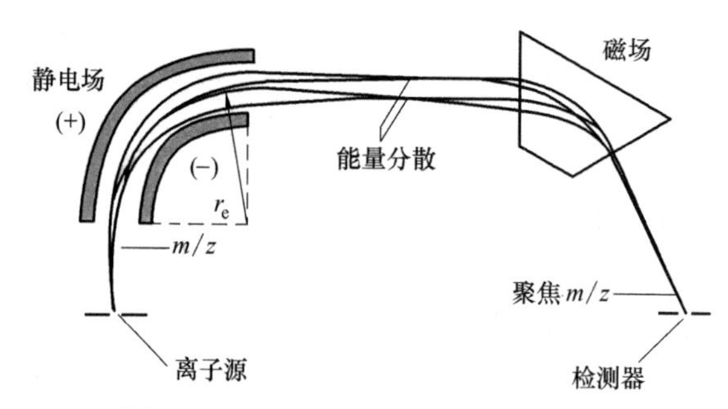

图 5-1-5　双聚焦质量分析器原理

磁扇式质谱仪通过增加磁场强度和磁场半径可提高质量检测范围，同时提高了仪器的分辨率，另外，为保证离子在磁场中的运动，仪器对真空要求也很高，因此磁扇式质谱仪的体积比较大，仪器重量也比较重。当磁扇式质谱仪的检测质量上限在 200～300u（满足气体分析的一般需求）时，仪器也重达 200～300kg。磁扇式质谱仪配置的灵活性和应用领域，与其他质谱仪相比要窄一些。其优势在于质谱峰型为平顶峰，峰位置相对漂移小，具有更好的长期稳定性，而且在抗污染能力方面也优于其他类型的质谱仪。在磁扇式质谱仪中，扫描型磁扇式质谱仪具有分辨率高、质量范围宽、质量歧视效应小，分析速度快、长期稳定性好和抗污染的特点，在石化、钢铁等工业现场的在线气体监测中已被广泛应用。

5.1.3.2　扫描磁扇式在线质谱仪的检测技术

以美国 Thermo Fisher 的扫描磁扇式在线质谱仪为例，其检测技术示意图参见图 5-1-6。

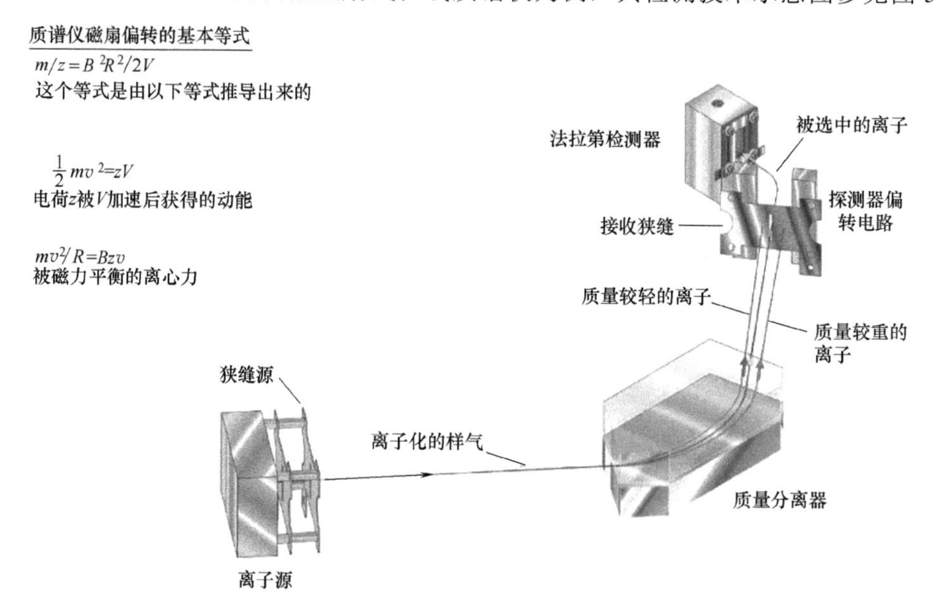

图 5-1-6　典型的扫描磁扇式在线质谱仪检测技术示意图

m—质量；z—电荷；B—磁场强度；V—离子源电压；v—速度

扫描磁扇式在线质谱仪能够快速、准确灵活地分析多个流路、多个组分、多种气体浓度。典型的扫描磁扇式质谱仪的基本组成主要包括取样系统、测量系统、真空系统等，参见图5-1-7。取样系统主要由多流路快速进样系统组成，包括进样系统、减压单元等；测量系统主要由离子源、质量分析器、检测器以及真空系统等关键部件组成。

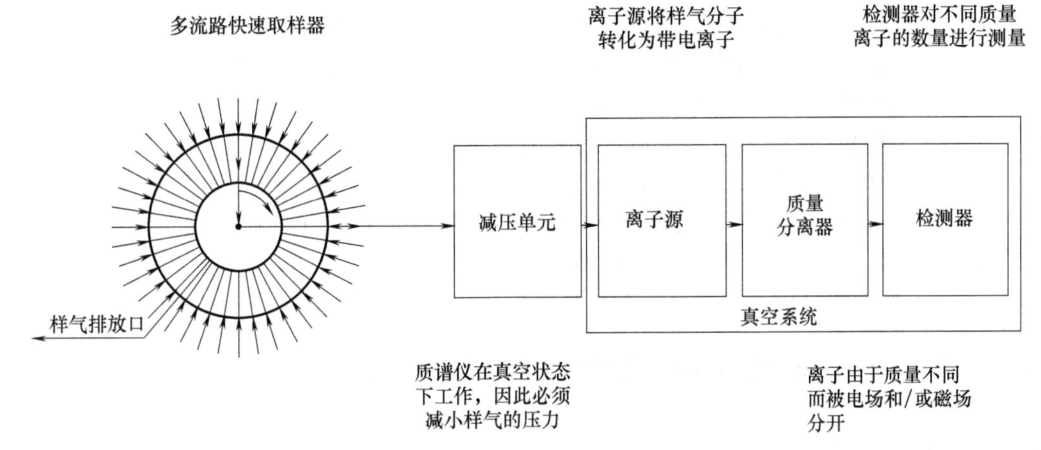

图5-1-7　扫描磁扇式质谱仪的基本结构组成图

典型的扫描磁扇式质谱仪的关键部件简介如下。

① 进样系统：进样系统为样品导入或流路选择单元，除处理样品的导入功能以外，还具备流路切换或选择功能。常用的进样器配置一般有16流路、32流路或64流路进样。为了防止较重气体分子的冷凝和吸附，通常它还带有自加热功能，可以加热到80～120℃。

② 减压单元：通过减压单元在进样器（100kPa至略高于大气压）和离子源（真空，约0.1Pa）完成样品压力的减压。一般使用分子级渗漏微毛细管+壳程旁路来实现进样，内置微孔板流量计，完成进样流量的动态测量，并提供样品低流量报警功能。

③ 离子源：通常用电子轰击源。在真空条件下，由灯丝发射的热电子经过电场加速后，与样气分子发生碰撞；中性气体分子失去一个或多个电子变成带电荷的离子或离子片段。同时，由于预设电场（扫描磁扇通常为750～1000eV），离子束将高速被反射（推斥）而离开离子腔；经过多级电子透镜反复聚焦和加速作用，将运动方向和速度不一致的离子束排列为方向、速度一致的“质点”进入质量分析器。

④ 质量分析器：质量分析器是质谱仪实现定性、定量分析的核心部件，采用层叠式电磁铁改变离子束运动轨迹，被选定的离子束在电脑高精度控制的磁场作用下，到达检测器。

⑤ 检测器：常用检测器有法拉第杯（桶）和微通道电子倍增器（或称二次电子倍增器）。它们分别适用于10^{-6}～10^{-2}常规浓度的样品和10^{-9}～10^{-6}级微量浓度样品的检测。

⑥ 真空系统：质谱仪核心部件必须工作在真空条件下，通常质谱仪的真空系统由两级真空泵外置机械泵、内置高级涡轮分子泵和真空计组成。

5.1.3.3　典型产品

国外在线磁扇式质谱仪生产厂商主要有两家公司，参见表5-1-3。国内北分曾在20世纪80年代与清华大学合作开发了工业磁扇式质谱仪。目前，国内尚无厂商生产在线磁扇式质谱仪。

表 5-1-3　在线磁扇式质谱仪器生产厂家和产品型号

厂家	主要产品及型号
美国 Thermo Fisher	过程质谱仪 Prima BT、Prima PRO、Sentinel PRO
美国 AIT	MGA iSCAN、MGA 1200CS

典型产品：以美国 Thermo Fisher 公司生产的 Prima PRO 过程质谱仪为例。该仪器是扫描型单聚焦磁扇式质谱仪。仪器采用多通道进样系统和 EI 离子源配置，可根据检测位点需求配置 1～32 路或 1～64 路的多通道进样系统，快速切换，每个取样点 1～20s；可设置自动标定间隔，简化维护程序，有利于提高稳定性，降低投入成本和维护费用。内置控制器使用一系列的工业标准协议，将气体浓度数据和其他诸如热值和碳平衡的计算数据直接传送到过程控制系统。

Prima PRO 过程质谱仪的主要性能指标如下：质量范围 1～200u；质量稳定性<0.013u（*m/z* 28）/24h；每个组分析时间 0.3～1.0s；检测限，典型值 20μg/g（法拉第检测器）、0.1 μg/g（单 SEM）、10ng/g（双 SEM）；精密度：24h 内优于 0.1%；稳定性 1 个月内优于 10%。

5.1.4　飞行时间质谱仪的检测技术与典型产品

5.1.4.1　检测技术

（1）飞行时间质谱仪的基本原理与结构

飞行时间质谱（TOF MS）的基本原理是在真空环境中，不同质荷比（*m/z*）的离子在相同电场的作用下进行飞行运动，质荷比大的离子获得的飞行速度小，质荷比小的离子获得的飞行速度大，经过相同的飞行距离后，不同质荷比的离子所用的时间不同，通过区分和记录不同飞行时间而实现不同质荷比离子的分离、检测。其基本结构原理如图 5-1-8 所示。

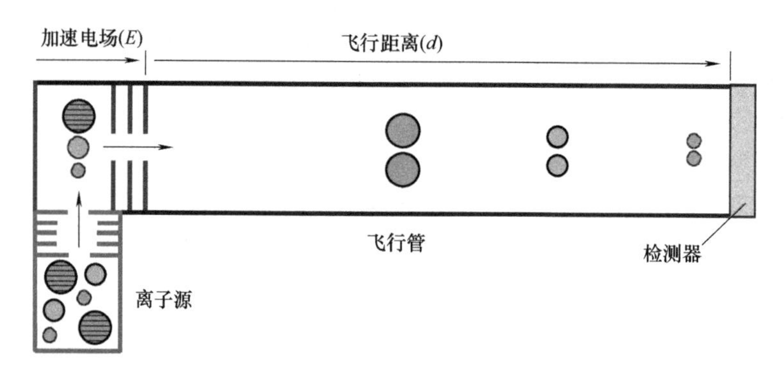

图 5-1-8　飞行时间质谱基本结构原理

TOF MS 的质量分析器由加速电场和飞行管（又称为漂移区）组成。样品在离子源中离子化后进入加速电场，被电场加速后，进入飞行管中。飞行管中是一个高真空无电场、无磁场的区域，离子通过该区域后到达检测器。离子通过飞行管的飞行时间与通过加速电场时获得的速度相关，加速获得的速度与 *m/z* 相关，*m/z* 较小的离子具有较高的速度，率先到达检测器，而较大的离子则相反，因此实现了不同 *m/z* 离子的分离。

质谱分辨率要求的提高，推动了飞行时间质谱技术的发展。经过了几十年的研究发展，目前有各种类型的飞行时间质谱。从原理上进行分类，主要包括直线式、反射式、垂直引入反射式以及多次反射式。

（2）直线式飞行时间质谱仪

采用双场加速直线式飞行时间质谱，有效减少了离子的起始位置空间、能量分散问题，分辨率明显得到了提高。直线式飞行时间质谱的质量分析器的基本结构主要包括离子加速区、无场飞行区，如图 5-1-9 所示。

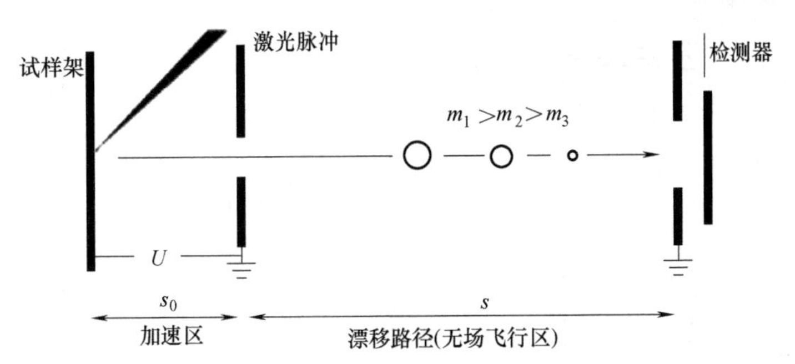

图 5-1-9　直线式飞行时间质谱仪的质量分析器的基本结构

（3）反射式及垂直引入反射式飞行时间质谱仪

反射式飞行时间质谱是在双场加速直线式飞行时间质谱的基础上增加一组反射透镜（反射区），组成反射式飞行时间质谱，其原理如图 5-1-10。

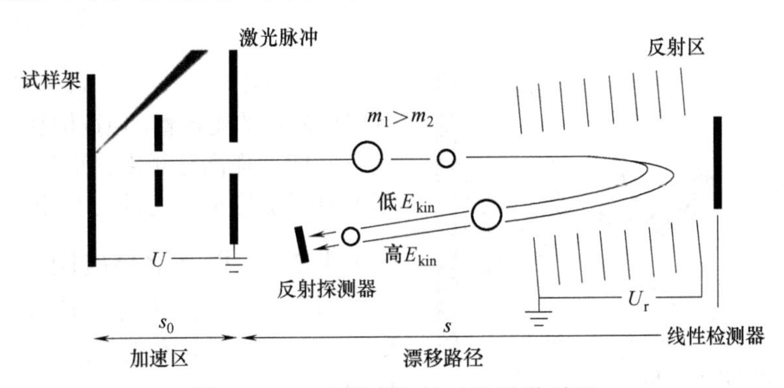

图 5-1-10　反射式飞行时间质谱原理

相对于直线式飞行时间质谱，反射式飞行时间质谱增加了离子飞行通道的距离和离子飞行的总时间，而反射区的使用使得离子经过反射区后能够较好地聚焦在无场飞行区。相对于双场加速的直线式飞行时间质谱的单次离子聚焦，反射式飞行时间质谱实现了离子的二阶聚焦。因此，相同长度的反射式飞行时间质谱相对于直线式飞行时间质谱具有更高的分辨率。

新型的垂直引入反射式飞行时间质谱仪的工作原理参见图 5-1-11。

离子垂直引入的技术更高效地解决了离子在起始位置的能量分散、空间分散等问题，使离子在进入无场飞行区时能获得更好的聚焦。垂直引入反射式飞行时间质谱仪的分辨率达到了 20000（半峰全宽），性能实现了巨大提升。垂直引入反射式飞行时间质谱仪的性能均衡，同时兼顾分辨率、灵敏度等而且结构简单，因此，垂直引入反射式飞行时间质谱仪是目前使用范围、应用领域最广的飞行时间质谱仪。

（4）多次反射式飞行时间质谱和环形电场飞行时间质谱

增加离子的飞行距离是提高飞行时间质谱分辨率的主要手段，可分为多次反射飞行时间质谱和环形电场飞行时间质谱两类，其飞行管参见图 5-1-12。

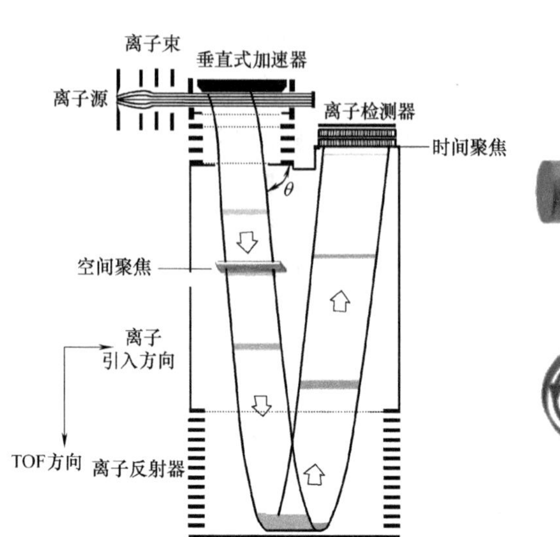

图 5-1-11　垂直引入反射式飞行时间质谱原理

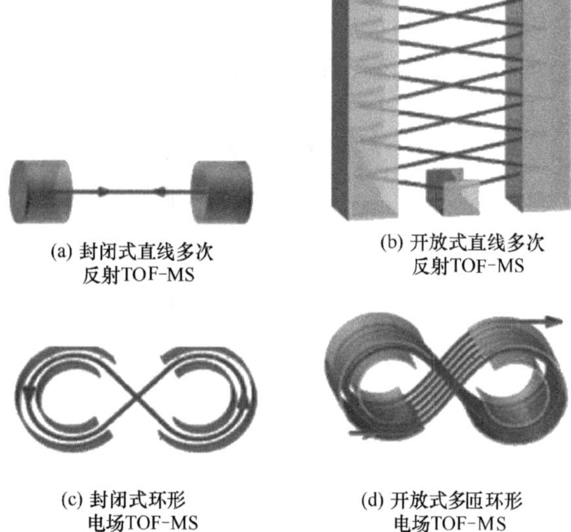

图 5-1-12　多次反射飞行时间质谱以及环形电场飞行时间质谱的飞行管

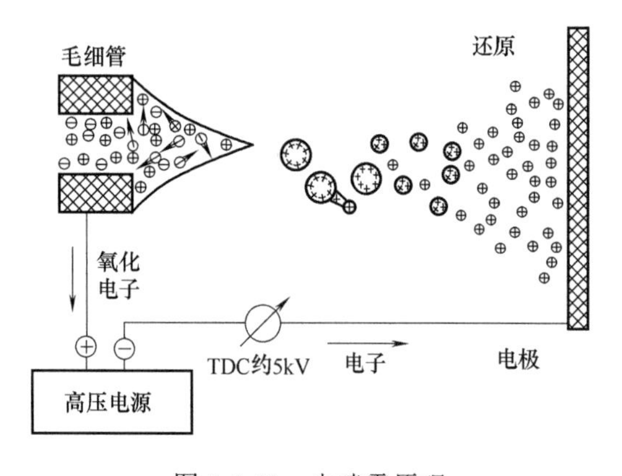

图 5-1-13　电喷雾原理

TDC—时间-数字转换器

图 5-1-12 中，（a）、（b）所示多次反射飞行时间质谱的飞行管，通过增加反射次数来延长飞行时间，提高分辨率；而图（c）、（d）所示则通过增加环形电场的飞行距离提高分辨率。

5.1.4.2　典型产品与应用

（1）电喷雾电离飞行时间质谱（ESI-TOF MS）和大气压电离飞行时间质谱（API-TOF MS）

电喷雾电离（ESI）离子源原理：样品溶液以低流速通过毛细管，在高压电场作用下，液体在毛细管尖端形成“泰勒锥”，当泰勒锥尖端溶液到达瑞利极限时，锥尖产生含有大量电荷的液滴。随着溶剂的挥发，当液滴表面电荷密度增大到一定程度时，液滴破裂形成较小液滴。然后溶剂再蒸发、液滴再破裂，在空间电荷效应的影响下，这些小液滴会产生强喷雾，如图 5-1-13 所示。电喷雾电离离子源与大气压电离（API）离子源属于一类，均属于软电离技术，能够产生多电荷离子，可用于大质量数的化合物，同时也适用于极性相对低、分子量小的样品。

大气压电离飞行时间质谱（API-TOF MS）仪的结构示意参见图 5-1-14。

一般采用毛细管或小孔作为真空接口，实现离子从大气压到真空的过渡。电喷雾离子源产生的离子，由真空接口聚焦后，经飞行时间质谱仪的离子调制区与传输区，引入飞行时间质量分析器。在质量分析器中，离子经双场加速区加速，无场漂移区飞行，双场反射区反射，由微通道板进行检测。

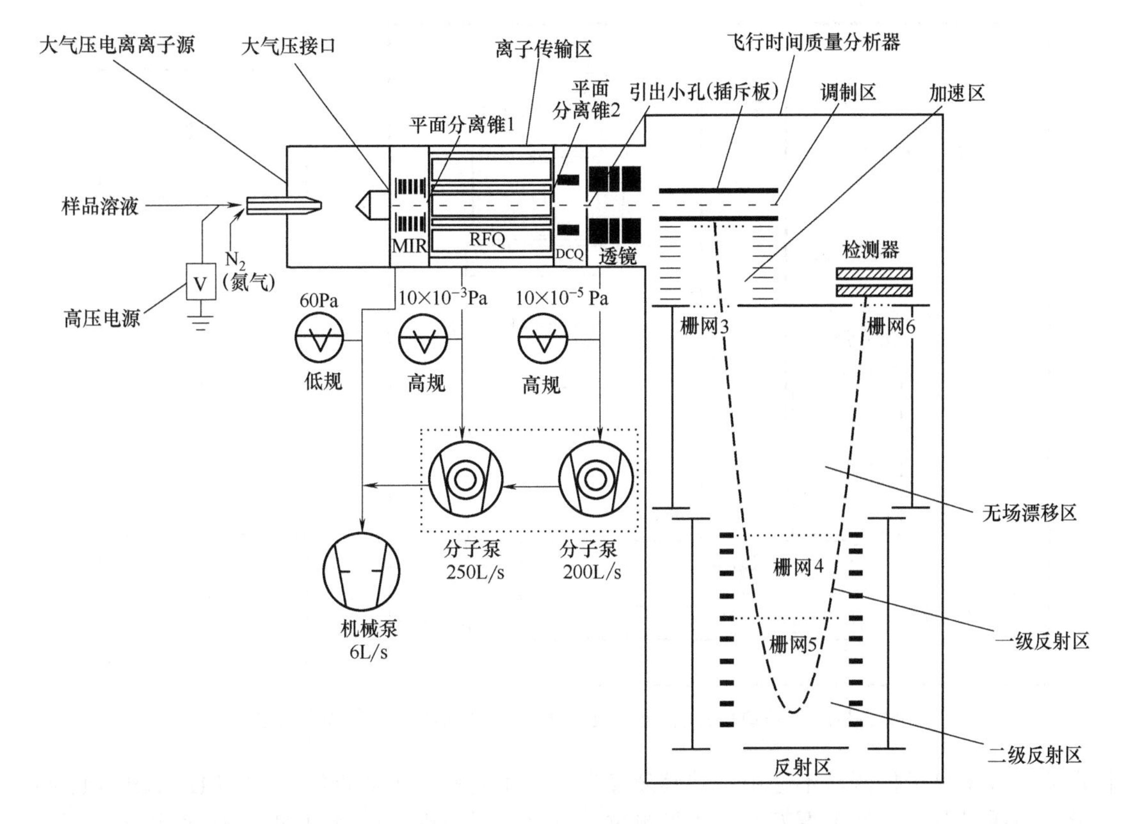

图 5-1-14　大气压电离飞行时间质谱仪的结构示意（广州禾信 API-TOF MS）

MIR—分子离子反应器；RFQ—射频传输四极杆；DCQ—直流静电四极杆

目前多家质谱厂家已成功开发出飞行时间质谱仪，如安捷伦的6230B飞行时间液质联用系统、广州禾信仪器的大气压电离飞行时间质谱仪、日本电子JMS-T100LP液相色谱-飞行时间质谱仪、力可公司的Citius HRT液相色谱高分辨飞行时间质谱；另外如Waters、AB Sciex、岛津等多将飞行时间质谱仪与四极杆、离子阱联用，形成串联质谱仪。将液相色谱（LC）与飞行时间质谱仪联用（LC-TOF MS）的仪器被广泛应用在药物研究、环境和食品安全、毒理学、生物大分子及临床研究等领域。

（2）基质辅助激光解吸电离飞行时间质谱仪

基质辅助激光解吸电离飞行时间质谱仪（MALDI-TOF MS）是近年来发展起来的一种新型的生物软电离质谱技术，能够对生物大分子如蛋白质、核酸等物质进行分析。其特有的高灵敏度和高质量检测范围，使质谱技术在生命科学领域获得广泛的应用和发展。MALDI-TOF MS 基本原理为：激光轰击样品与基质形成共结晶薄膜，共结晶薄膜中的基质通过吸收激光能量并传递给样品，使之解吸附、软电离，样品形成离子之后在电场的加速作用下飞过无场飞行管道，根据不同质量的离子到达检测器的时间差异而被检测，形成不同的质量图谱。MALDI-TOF MS的结构示意如图5-1-15所示。

MALDI-TOF MS技术实际上是MALDI与TOF MS两个核心技术的组合。脉冲式的激光解吸电离方式与采用脉冲式离子提取方式的TOF MS的结合具有独特的优势，不仅加快了分析效率，提高分析的灵敏度，而且具有更高的通量。MALDI-TOF MS有直线式、反射式和TOF-TOF联用三种类型。直线式仪器在结构上最为简单，对于MALDI离子化过程产生的亚

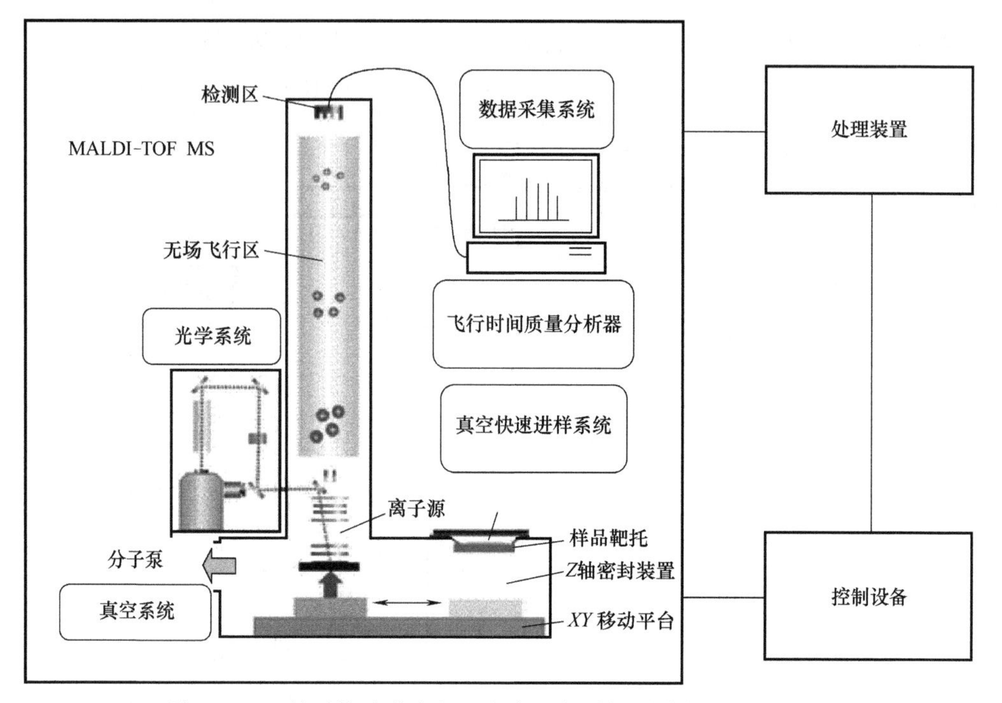

图 5-1-15 基质辅助激光解吸电离飞行时间质谱仪的结构示意

稳态的大分子离子检测，不会由于其碎裂导致分析不完整，因此直线式 MALDI-TOF MS 可以分析的质量范围高达上百万原子质量单位，远远高于反射式以及 TOF-TOF 联用式对于大质量离子的测定能力，因此在大分子检测方面更具优势。

近年来，MALDI-TOF MS 已成为生物科学领域不可或缺的工具之一，基于 MALDI-TOF MS 的微生物鉴定和核酸检测均已在临床领域广泛使用。利用 MALDI-TOF MS 绘制具有保守特征的微生物核糖体蛋白质离子峰图谱并建立标准数据库，再将临床微生物的质谱数据与标准蛋白指纹图谱数据库进行比较，就可以达到微生物鉴定的目的。

相比于表型鉴定、生化法等传统的微生物鉴定技术，MALDI-TOF MS 在鉴定速率、结果准确性、技术成本、人员操作要求等方面具有明显的优势。当前越来越多的医疗机构开始配备微生物质谱分析系统，MALDI-TOF MS 技术也正在引领微生物鉴定技术的变革。目前在微生物鉴定领域，德国布鲁克公司开发的 BioTyper 系统、梅里埃公司开发的 Vitek MS 系统占据了全球 90%以上的市场份额。而在核酸检测领域，美国 Agena 开发的 MassArray 几乎完全垄断了该市场。

随着我国在质谱领域的技术积累，自主化的 MALDI-TOF MS 逐步走向市场，从 2013 年起，国内多家产品获得了医疗器械注册认证并走向临床。代表性的企业包括广州禾信康源、青岛融智、郑州安图、江苏天瑞（和厦门质谱联合研制）、北京毅新博创、北京东西分析、上海复星医药、珠海美华、珠海迪尔等。从实际应用表现来看，国产 MALDI-TOF MS 在性能方面已达到国际上同类仪器水平，相信在不久的将来可以替代进口产品，为国内微生物和核酸质谱检测领域助力。

（3）质子转移反应飞行时间质谱

英国的 Kore 公司将质子转移反应（PTR）电离技术与高分辨飞行时间质量分析器结合，推出了 PTR-TOF MS 商品化仪器，质量分辨率优于 8000。PTR-TOF MS 具有比 PTR-QMS 高的质量分辨率，能够准确测量离子的质量从而区分同位素，但其检测灵敏不如PTR-QMS。

质子转移反应质谱（proton transfer reaction mass spectrometry，PTR-MS）是在选择离子流动管质谱（SIFT-MS）的基础上，结合空心阴极放电和漂移管，开发的一种化学电离源质谱技术。该技术专门用于痕量挥发性有机物（VOCs）的实时在线监测，其装置主要由电离源、漂移管和质量分析器三部分组成。水蒸气经电离源区域，产生母体离子H_3O^+，然后被引入漂移管。漂移管内H_3O^+与待测物在迁移扩散过程中发生碰撞，H_3O^+将质子转移给待测物分子，并使其离子化。漂移管末端连接质量分析器探测系统，用于母体离子、产物离子质荷比的识别和离子流强度的测量。

与国外相比，PTR-MS在我国自主开发起步较晚，但发展迅速。中科院安徽光机所于2008年首次报道了自行开发的PTR-QMS，得到nL/L级的检出限及3个数量级的线性动态范围。2015年，上海大学与昆山禾信质谱技术有限公司合作开发出PTR-TOF MS，该仪器检出限为500pL/L，分辨率优于4500。此外，北京东西分析、北京市计量检测科学研究院等多个团队也相继从事PTR-TOF MS开发应用工作。

（4）单光子电离飞行时间质谱仪

单光子电离飞行时间质谱仪（single photon ionization time-of-flight mass spectrometer，SPI-TOF MS）集成了膜富集、真空紫外光子电离、飞行时间质谱、高速数据采集以及高频高压电源等多个关键性技术。仪器采用硅氧烷薄膜进样系统，利用进样泵（微型真空泵或蠕动泵）抽样，将样品（气态或液态样品）引至膜的表面，样品通过吸附、扩散、解吸附作用渗透到膜另一侧（腔体内），由毛细管将样品引入电离室，真空紫外光子电离离子源将电离能低于10.6eV的样品分子电离成分子离子，离子经过离子传输区聚焦作用到达飞行时间质量分析器，通过数据采集卡对离子飞行时间进行图谱记录，将所得数据进行处理，最终获得样品的组分及含量。

SPI-TOF MS仪器具有响应速度快、灵敏度高、可实时在线检测等优点，主要应用于VOCs气体的实时在线检测，样品无需任何前处理可直接进样，实现VOCs气体的原位、快速定性定量分析，避免了因为离线方法导致样品分析准确率差的现象。除了应用于在线分析VOCs之外，SPI-TOF MS仪器通过连接吹扫捕集或热脱附设备可实现对液体甚至固体中VOCs的快速在线检测。目前，SPI-TOF MS已成功应用于环境监测、工业生产、突发应急监测等领域。在环境监测领域，除了可实时监测空气中VOCs污染情况外，还在VOCs污染源识别、走航监测等应用研究中发挥重要的作用。

国外的SPI-TOF MS主要以科研原理研究为主，SPI-TOF MS科研单位主要有德国国立环境与健康研究中心生态化学研究院、日本东京大学环境科学中心等。国内SPI-TOF MS商品主要有广州禾信仪器的SPI-MS系列产品、聚光科技的TOFMS-100质谱仪。另外，中科院大连化学物理研究所和生态环境研究中心等科研单位也在从事SPI-TOF MS的研究。

（5）二次离子质谱仪

二次离子质谱仪（secondary ion mass spectrometer，SIMS），是一种利用高能离子束轰击样品产生二次离子并进行质谱测定的仪器，可以对固体或薄膜样品进行高精度的微区原位元素和同位素分析。

SIMS以其高灵敏度、宽动态范围和优良的深度分辨已逐步发展成为一种独特的表面分析手段。其中，具代表性的TOF-SIMS具有高分辨率、超高灵敏度（检出限在ng/g量级）、亚微米空间分辨率的离子成像，具备对无机元素和有机物同时分析等功能，逐步解决了传统微区分析技术无法的突破的难题，其原理如图5-1-16所示。

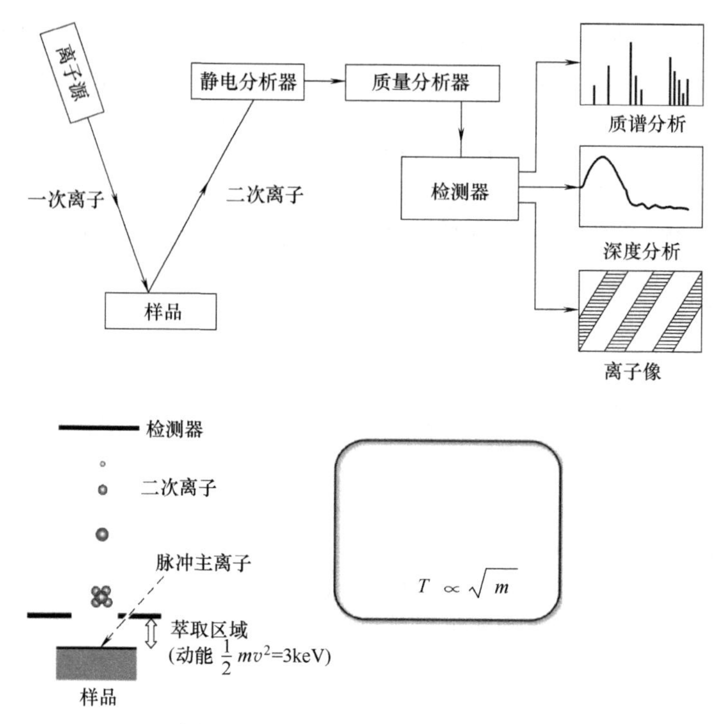

图 5-1-16　TOF-SIMS 原理示意图

T—二次离子飞行时间；m—质量

TOF-SIMS 可得到样品表层的真实信息，并可完成周期表中几乎所有元素的低浓度半定量分析；而传统仪器如俄歇电子能谱（AES）只适用于原子序数 33 以下的轻元素分析，X 射线光电子能谱（XPS）只适用于原子序数大的重元素分析。TOF-SIMS 可检测同位素，可检测不易挥发和热不稳定的有机大分子，可逐层剥离实现各成分的纵向剖析、连续研究，剥离层厚度约为 1 个原子层；而 AES、XPS 等采用溅射方式将样品逐级剥离，对剥离掉的物质不加分析，只分析新生成表面。TOF-SIMS 检测灵敏度最高可优于 ng/g 量级；而 SEM（扫描电子显微镜）、XPS 等由于受检出限限制主要适用于物质形态、结构及物理结构分布状态的分析与表征。TOF-SIMS 可以分析所有的导体、半导体、绝缘材料，对于材料（产品）表面成分及分布、表面添加组分、杂质组分、表面多层结构/镀膜成分、表面异物残留（污染物、颗粒物、腐蚀物等）、表面痕量掺杂、表面改性、表面缺陷（划痕、凸起）等有很好的表征能力。

TOF-SIMS 被广泛应用于各种材料开发、材料剖析、多层薄膜/结构剖析与失效机理的分析和研究，具有不可替代的作用。如半导体器件、纳米器件、生物医药、量子结构、能源电池材料等研发领域，以及高分子材料、金属、半导体、玻璃陶瓷、纳米镀层、纸张、薄膜、纤维等高新技术领域。典型产品主要有：捷克 TESCAN 公司的 FIB-SEM-TOF-SIMS，日本 Physical Electronics Inc 公司的 TRIFT V nano 和 PHI nanoTOF II，英国 Kore 公司的 SurfaceSeer。暂无国产 SIMS 商品仪器。

5.1.4.3　环境监测应用的飞行时间质谱仪典型产品

飞行时间质谱仪具有质量范围宽、分析速度快、离子传输效率高，特别是分辨率高等特点，近年来在环境监测领域已得到广泛应用，特别用于在线 VOCs 检测。由于环境监测 VOCs

检测组分的灵敏度要求很高，往往需要样品富集和降低背景影响，因此典型的在线TOF MS产品多采用膜进样系统。

膜进样系统利用微型真空泵抽气，将气体分子引至膜一侧表面，通过吸附、扩散、解吸附等作用，使VOCs分子渗透到膜另一侧，再进行后续的质谱分析，起到了样品预纯化和预浓缩的作用，提高了检出灵敏度。目前飞行时间在线质谱仪器的研究报道较多，但生产厂家不多，根据仪器分辨率和检出限的不同，有多种型号的产品。

环境监测应用的飞行时间在线质谱仪的部分生产厂及产品参见表5-1-4。

表5-1-4 国内外飞行时间在线质谱仪器部分生产厂及产品

部分生产厂	主要产品及型号
广州禾信仪器股份有限公司	在线挥发性有机物飞行时间质谱仪SPIMS3000、SPIMS2000；单颗粒气溶胶飞行时间质谱仪SPAMS 0515
聚光科技（杭州）股份有限公司	VOCs在线监测质谱系统TOFMS-100
Kore Technology Ltd（英国）（北京雪迪龙科技股份有限公司控股）	INFORMS、便携式MS200-TOFMS、PTR-TOFMS、Surface-Seer
Ionicon Analytik Ges.m.b.H.（奥地利）	PRT-TOF1000、1000ultra、PRT-TOF4000、PRT-TOF6000X2、API-TOF

（1）典型产品1：SPIMS3000在线挥发性有机物飞行时间质谱仪

该产品是广州禾信仪器生产的。仪器采用垂直引入反射式飞行时间质量分析器，配置硅氧烷薄膜进样系统，样品无需前处理，即可实现气体、液体直接进样分析。采用真空紫外光子电离离子源，样品电离为分子离子，依靠飞行时间质量分析器的高分辨能力进行分离，能够检测烃类、苯系物、醛类、酮类、酚类、酯类、恶臭类、有机硫化物等300多种VOCs，检测速度快，秒级响应，实现全谱图分析，达到pg/g级的检出限。主要应用领域：环境空气应急流动监测、大气环境背景在线监测、VOCs相关科学研究、汽车尾气排放检测、流域水环境污染监测等。

（2）典型产品2：MS200-TOFMS便携式飞行时间质谱仪

该产品是北京雪迪龙科技股份有限公司控股的英国Kore Technology Ltd生产的。采用聚环式（converging annular）飞行时间质量分析器。整套仪器置于一套密封装置中，内置离子泵系统。样品经过内置抽样泵从预热的进样器系统抽入，再通过两个半透膜进入分析仪。气体总量不大时，仪器内置的离子泵可充分抽取，从而维持仪器工作所需的高真空。两个半透膜还可实现样品进入质谱仪之前的预浓缩，富集效果可达到10～100倍。配置EI离子源，采用最小二乘法算法对碎片离子和参考数据库进行匹配和对比，实现了不同有机物的分析。便携式的在线质谱仪器可实现户外现场监测或移动监测，在应对突发环境问题时具有突出优势。

5.1.5 离子阱质谱仪的检测技术与典型产品

5.1.5.1 检测技术

离子阱质谱仪（ion trap MS）的质量分析器与四极杆质量分析器有很多类似之处，属于动态质谱，也是利用四极场，因此也称为四极离子阱质量分析器。其区别在于两者控制方式不同。离子阱质量分析器利用电场先将离子“囚禁”在其中，即在一定电压条件下，特定m/z的离子处于稳定区，稳定在四极杆区域中，其他m/z离子飞出四极杆区被抛掉。经过一定时间后，改变施加的电压，“囚禁”的离子被依次选择性抛出，从而依次到达检测器，产生信号，获得质谱图。这种离子“囚禁”称为离子储存技术。

由于离子阱质谱具有这种独特的离子储存技术，除了具有全扫描和选择离子扫描功能外，还可以选择任一质量离子进行碰撞解离，实现二级或多级质谱（MS^n）分析的功能，即串联质谱（MS/MS）功能，这是其他单一质量分析器都不具备的功能。离子阱质谱的MS/MS功能是在时间上实现的，即某一瞬间选择一母离子进行碰撞裂解，扫描获得子离子谱图，另一瞬间从子离子中再选择一个离子进行碰撞裂解，扫描获得下一级的子离子谱图。

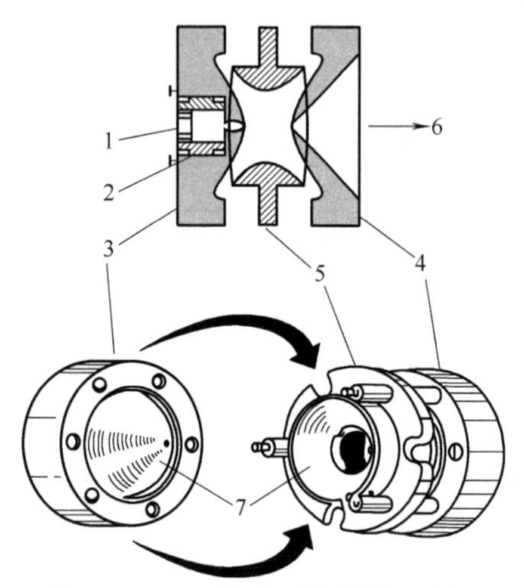

图 5-1-17　三维离子阱结构示意图

1—离子束注入孔；2—离子门；3,4—端电极；5—环电极；6—至检测器出口；7—双曲线表面

最初出现的离子阱为三维（3D）离子阱，由一对环形电极和两个呈双曲面形的端盖电极组成，两个端盖电极顶端开有小孔，作为离子出入的通道，如图5-1-17所示。由于空间电荷效应的影响，这种类型的离子阱储存离子的容量有限，容易导致线性范围窄、分辨率不高、有一定的“质量歧视”等问题。

为克服这些问题，经过多年来质谱研究的不断发展，由四极滤质器和三维离子阱发展形成一系列的离子阱质量分析器，如图5-1-18。目前商品化离子阱质谱仪应用最多的是线型（linear）离子阱质量分析器。相对于三维离子阱，离子被“囚禁”在线型阱中极杆轴向的线段内，而不是聚集在一个点上，有效避免了三维离子阱的固有缺陷，因此捕获效率得以提高，空间电荷效应减弱，质谱的特异性和灵敏性得到了极大提高。

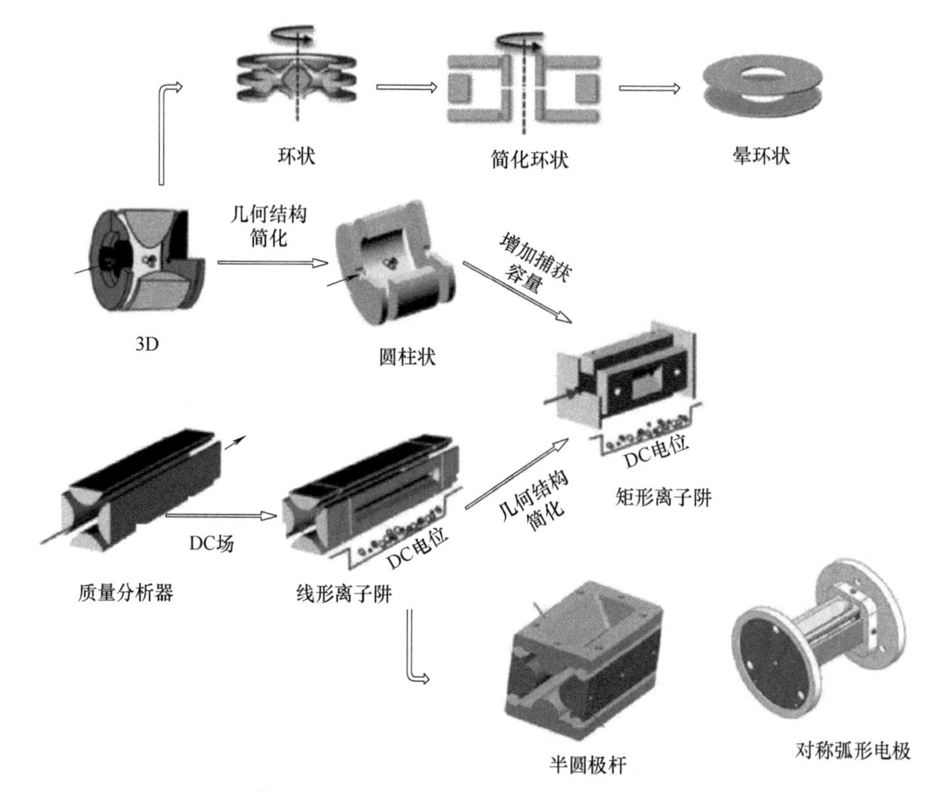

图 5-1-18　离子阱质量分析器的发展历程

与其他类型的质量分析器相比，离子阱的定量线性范围较窄，而在线监测多需要定量分析，因此采用离子阱技术的在线质谱仪产品相对较少。但离子阱质谱仪作为小体积下唯一可实现串联质谱功能的质谱仪，具有特殊优势和应用需求：可使用更小的质量分析器，更低的电压；对真空的要求也不高（约 10^{-1}Pa 级），因此更为省电；同时，固有的 MS/MS 功能可实现更好的检测特异性，减少化学噪声。

5.1.5.2 典型产品

近年来，各种野外环境的现场检测、现场诊断、流程监控、排放物检测与控制、突发事件的处理等诸多现场在线分析的使用需求，对质谱仪小型化和检测特异性提出了迫切要求，便携式离子阱质谱仪逐步获得市场关注，部分离子阱质谱仪生产厂和产品见表 5-1-5。

表 5-1-5 部分离子阱质谱仪器生产厂和产品

厂家	主要产品及型号
PerkinElmer（美国）	便携式气质联用仪 Torion T-9
聚光科技（杭州）股份有限公司（中国）	便携式气质联用仪 Mars-400 Plus
广州禾信仪器股份有限公司（中国）	便携式数字离子阱质谱仪 DT100
北京清谱科技有限公司（中国）	小型质谱分析系统 Mini β
BAYSPEC（美国）	便携式质谱 Portability
Alyxan（法国）	BTrap、SOLYZE

（1）典型产品 1：Torion T-9 便携式气质联用仪

该产品是美国 PerkinElmer 公司的产品，采用了微型环状离子阱，如图 5-1-19。

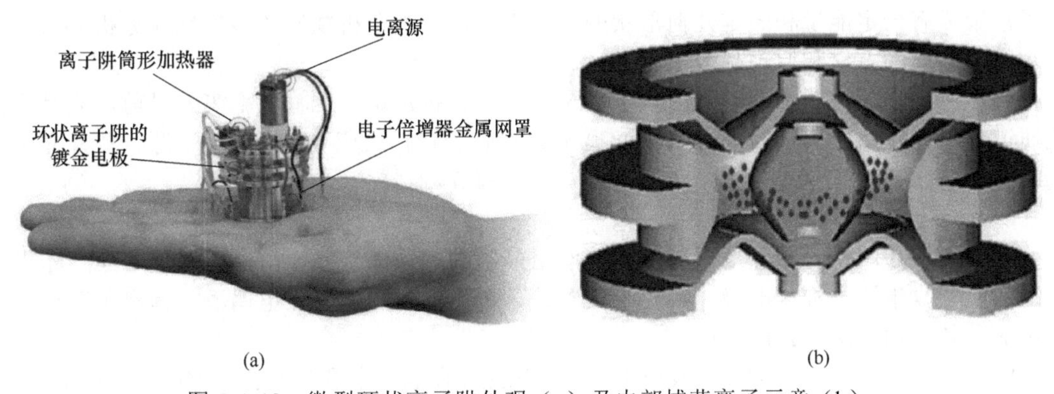

图 5-1-19 微型环状离子阱外观（a）及内部捕获离子示意（b）

该产品可以在较低的真空环境（约 10^{-1}Pa）下工作，在仪器小型化的同时保证充足的离子捕获量。质量分析器工作温度 175℃，可使其保持长期稳定，并提升质谱图的质量和重现性。采用低热质毛细管色谱柱的气相色谱，在样品进入质谱之前进行色谱分离，可以提供与实验室色质联用仪器类似的分析结果。

该产品应用在现场快速检测挥发性和半挥发性有机化合物、爆炸物、化学危险品和有害物质、化学武器等方面。同类产品还有聚光科技的 Mars-400。

（2）典型产品 2：BTrap 高分辨质子传递反应质谱

该产品是法国 Alyxan 公司的产品，采用傅里叶变换离子回旋共振（Fourier transform ion

cyclotron resonance，FT-ICR）质谱技术。

FT-ICR 是一种特殊的离子阱技术，其工作原理是：将离子引入离子回旋共振（ICR）装置中，随后施加一个涵盖了所有离子回旋频率的宽频域射频信号，在此信号的激发下，所有离子开始进行回旋运动。回旋运动在 ICR 装置的接收板上感应出一个像电流，并且被精确记录下来。得到的像电流是包括了所有离子自由感应衰减信息的时域信号，经过傅里叶时频转换以后，就可获得一个完整的频率域谱，而离子的质荷比与其共振频率具有一一对应的关系。FT-ICR 质谱是一种高分辨的质谱技术，需要高真空的支持，通常体积庞大。

BTrap 通过将 FT-ICR 质谱小型化，大大节约了设备成本，减轻重量，并且保留了 FT-ICR 的质量分辨率与稳定性。采用 PTR 软电离技术，产生碎片峰少，分子离子峰较强，质谱图相对比较简单，易于解析。

这两种技术的结合，使得 BTrap 具有高质量分辨率、高精确度与稳定性、低离子碎片量、高灵敏度、低检出限等诸多优势，可用于痕量气体组分在线监测分析，适应各种复杂实验气候与环境分析。

5.2 在线质谱仪器的主要部件

5.2.1 在线质谱仪的离子源及离子检测器

5.2.1.1 离子源

离子源是质谱仪的关键组成部件之一，其作用是使被分析物的分子电离成为离子，并将离子汇聚成有一定能量和一定几何形状的离子束。由于被分析物质的多样性和分析要求的差异，物质电离的方法和原理也各不相同。

离子源的设计需要考虑几大因素：离子化效率、抗污染、传输效率等。目前，商品化在线质谱仪离子源主要有电子轰击（EI）离子源、质子转移反应（PTR）离子源、紫外光子电离（UVPI）离子源以及大气压电离（API）离子源等。

（1）电子轰击离子源

电子轰击（EI）离子源是在线质谱中使用最多的一种离子源，由电离室、灯丝、栅极、狭缝、电子收集器、推斥电极、一对永久磁铁、电离室加热器、热电偶及一套离子透镜等部分组成，其结构如图 5-2-1 所示。

EI 源中，灯丝在一定电压下发射电子，经聚焦并在磁场作用下穿过电离室（也称离子盒或离子化室）到达收集极。进入离子化室的样品分子，在一定能量电子的作用下发生电离，形成离子。离子在电场作用下进入透镜组，被聚焦成离子束，并加速通过离子出口，进入质量分析器。

EI 源的工作压强低于 10^{-2}Pa。离子化是单分子反应过程，最初的产物是具有一定内能的自由基阳离子 $M^{+\cdot}$，进一步裂解产生碎片离子 F^{+}。

一般有机化合物的电离能是 10eV 左右，而 EI 常用的能量是 70eV。样品分子获得较高能量，电离后产生的分子离子会进一步碎裂，产生丰富的碎片离子，故而 EI 被称为硬电离技术。EI 的电离效率和电离能量有关，如图 5-2-2 关系曲线所示。电离能量低于 50eV 时，离子产率随着电离能量增加较快，接近 70eV 时，增加逐渐趋于稳定，以后电子能量再增加，离子产率几乎不变，获得的谱图重复性较好。因此 EI 电离能量常设置为 70eV。

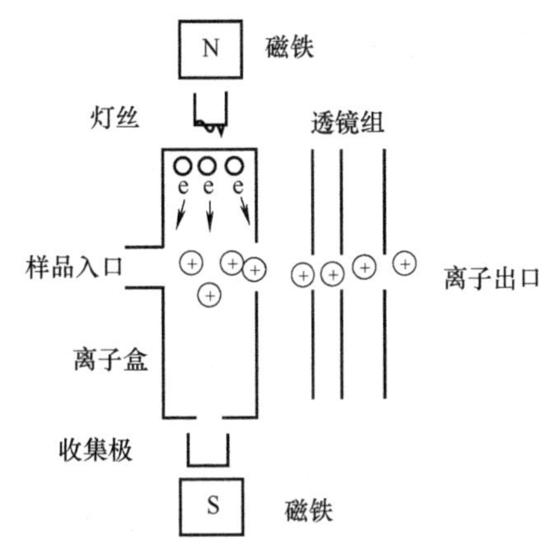

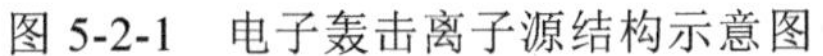
图 5-2-1　电子轰击离子源结构示意图

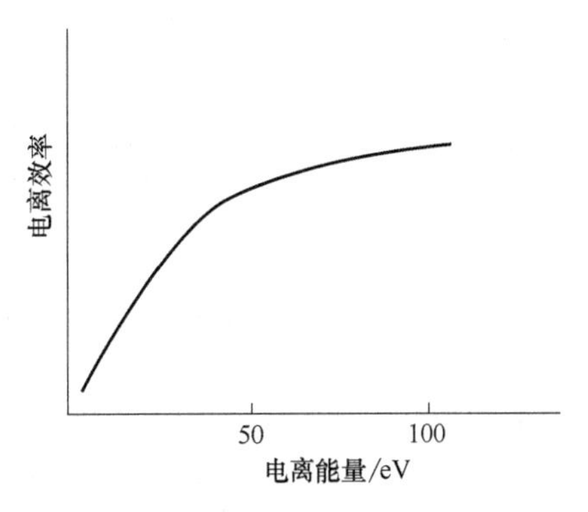

图 5-2-2　电离效率和电离能量关系曲线

EI 源的优点在于是非选择性电离，只要样品能够气化都能够离子化，且离子化效率高，灵敏度高。同时，EI 谱能够提供丰富的结构信息，是化合物的指纹谱，谱图重复性好。虽然各仪器厂家生产的 EI 源结构各不相同，但所产生的碎片离子却是一致的，因此有标准谱库可用于定性分析。

但是 EI 源的缺点也很明显，要求样品必须能够气化才能离子化，不适用于难挥发和热不稳定性的样品。同时，因其硬电离的特性，一些化合物碎裂后得不到分子离子的信息，还有一些化合物碎裂的碎片太小太多，造成谱图太过复杂难以解析。另外，EI 源只能检测正离子，不能检测负离子。

在线质谱仪器中，绝大部分 EI 源为双灯丝设计，可切换使用，并能自动校准，这样在一根灯丝到使用寿命时可切换到另一根灯丝，而不必马上停机，保证在线分析的连续性。灯丝切换一般由软件控制，在一根灯丝出问题时，系统给出反馈，自动切换至另一根灯丝，并在检测样品之前系统进行自动校准，以保证后续分析结果的一致性和可靠性。灯丝的材料大多采用铼、钨、铱、氧化钇，或者这些金属外覆涂层，一般采用钨丝。目前大多公司也提供氧化钍或者氧化钇涂层的铱丝作为标配。EI 源可与所有类型的质量分析器联用，有庞大的标准谱库作为支撑，是应用最为广泛的电离方式。

（2）质子转移反应离子源

质子转移反应质谱仪（PTR-MS）主要有 PTR-QMS 及 PTR-TOF MS。PTR-QMS 是质子转移反应（PTR）离子源与四极杆质量分析器（QMS）的联用技术：PTR-TOF MS 是 PTR 与飞行时间质量分析器（TOF MS）的联用技术。PTR-MS 用的质量分析器不同，PTR 离子源的组成也有所不同。以 PTR-QMS 的离子源为例介绍如下。有关 PTR-TOF MS 的离子源应用可参见 5.3.3 部分有关介绍。

PTR-QMS 的结构示意图如图 5-2-3 所示。

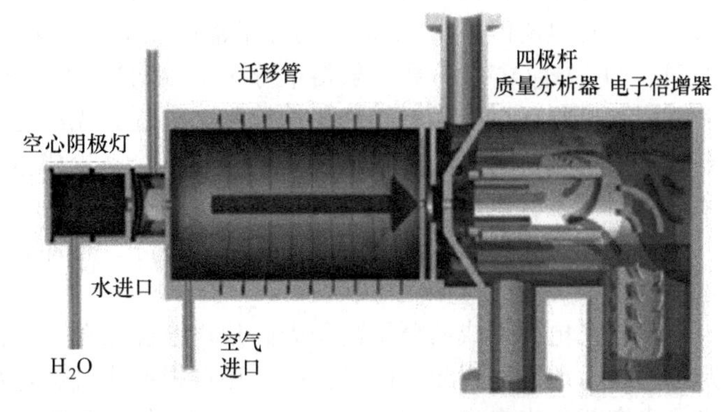

图 5-2-3　PTR-QMS 质子转移反应质谱结构示意图

通常，质子转移反应离子源主要是由电离源和离子反应迁移管两部分构成。质子转移反应源于分子-

离子反应，以 H_3O^+作为试剂离子，主要由试剂离子电离区和分子离子反应区两部分组成。PTR-QMS 的离子源，一般用空心阴极放电作为试剂离子的电离源。试剂离子电离区连续充入水蒸气，空心阴极灯放电产生的电子电离 H_2O 生成 H_3O^+作为反应离子。当 H_3O^+在电场力作用下进入到分子离子反应区（即迁移管）中，当有机气体分子 R 与碰撞质子的亲和势高于水分子与质子的亲合势时，在漂移管中将进行如下的质子转移反应：

$$H_3O^+ + R \longrightarrow RH^+ + H_2O$$

反应产物主要是被分析物的分子离子，反应速度快，反应时间一般在毫秒级，故能够满足样品的在线分析需求。此反应要求有机物 R 的质子亲和势必须大于 H_2O 的，大多数有机物的质子亲和势均大于 H_2O，因此 PTR 作为离子源可以测量大部分有机物。

在电离区，空心阴极灯放电产生的高能电子在阴极空间来回振荡，阴极温度和电流密度比一般的辉光放电强数十倍。强烈的阴极区溅射产生高密度的 H_3O^+，并均集中在以中心线为对称轴分布的负辉区，可以很容易将其引出，使水合氢离子能与样品充分反应电离，从而保证了 PTR 的灵敏度。放射源是产生 H_3O^+的另一种选择，虽然其产生的强度远不如空心阴极灯，但 Robert 等利用 Am 作为电离区电离源，采用垂直加速离子引入 TOF-MS，在 1 min 分析时间内的检出限可达到：苯 6nmol/mol、甲苯 10nmol/mol、甲醇 29nmol/mol。

离子迁移管，即分子离子反应区，是 PTR 电离过程的主要场所，由被绝缘环间隔的金属环电极组成，电极之间形成均匀的静电场。迁移管中充满含待测有机物的空气。影响迁移管性能的技术参数主要是 E/N（E 为迁移管中的电场强度，N 为迁移管中气体分子数量）。据文献报道，E/N 值在 100～140Td 之间性能好（$1\text{Td}=10^{-17}\text{V}\cdot\text{cm}^2$），既避免了形成复合离子 $H_3O^+(H_2O)$，又避免了产物的解离，可仅得到样品的分子离子，简化了谱图结果。

PTR 离子源质谱仪已经在痕量物质监测中得到了广泛应用。PTR-QMS、PTR-TOF MS 已经成功地应用于医学、食品和大气中痕量可挥发性有机物的检测。但由于 PTR 质谱只能给出被分析物的分子离子，因此不能够区分具有相同分子量的有机物，故发展 PTR 质谱和预分离技术（如 GC）联用，来实现相同分子量的有机物的分离，是 PTR 质谱的一个发展趋势。

（3）单光子紫外光电离源

单光子紫外光电离（single photon ultraviolet photon ionization，SPUVPI）属于软电离技术，电离反应原理如下：

$$R \xrightarrow{hv} R^+$$

真空紫外灯是最常见的一种单光子电离源。灯内充以不同的惰性气体，在灯的前端采用氟化镁玻璃过滤，得到的发光能量在 8～12eV 之间。如充氩气，灯能够发射能量为 10.6eV 的光子，对电离能小于 10.6eV 的分子都可以实现电离；而对于电离能大于 10.6eV 气体分子如 N_2、O_2、H_2O、CO_2 和一般溶剂分子 CH_3OH、H_2O 和 CH_3CN 等则不能电离。这对于痕量的被测有机物可以实现一种选择性检测。利用激光经过光学系统的转化，同样可以得到真空紫外光的单光子电离，但相对于真空紫外灯，不论成本还是体积，都不具有优势，但因其不会随时间发生能量衰变，故稳定性高。

常见的单光子紫外光电离源由真空紫外灯、电离室、三级小孔极片及单透镜（透镜上级、透镜下级）等组成，如图 5-2-4 所示。

紫外光电离生成的分子离子无碎片，谱图简单，因此可以根据分子量快速进行化合物的定量分析。如果采用光子能量扫描，还可根据化合物电离能不同来区分同分异构体。目前单光子真空紫外光电离，主要应用于空气中有机物的检测，灵敏度可以达到 pg/g 级。

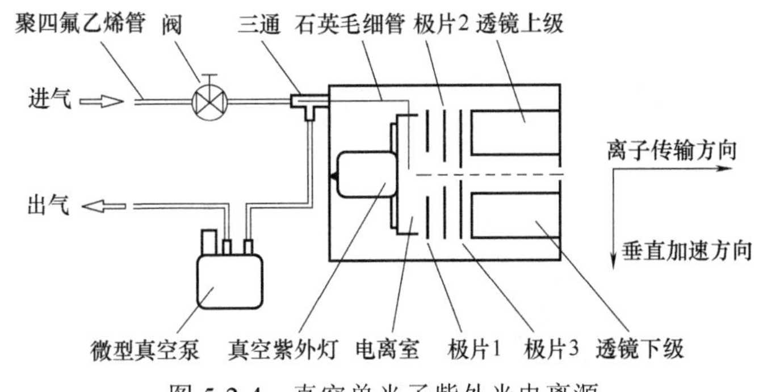

图 5-2-4　真空单光子紫外光电离源

紫外灯光束照射方向与离子传输方向同向，大多采用横向照射。由毛细管引入的有机物气体在电离室被紫外光电离形成离子，被电离室与小孔极片形成的凸型电场吸引进行传输。单透镜的聚焦作用，可以将离子的初始能量分散转换为空间分散，以提高质量分析器分辨率。

制约 SPUVPI 更加广泛应用的一个重要因素，是真空紫外灯单位时间内生成的光子数量比较少（10^{10} 光子/s），因此使用真空紫外灯电离实现高灵敏度检测，必须与分离或者富集技术联用，如色谱预分离、膜样品富集和离子阱离子富集等。对此 Muhlberger 等采用电子共振增强了光子的密度，光子数量已经可以达到 2.6×10^{18} 光子/s，在没有富集的情况下检出限达到了 10μg/g，在仪器经改进后已经成功应用于香烟烟气中 VOCs 的测量。

5.2.1.2　离子检测器

在质谱仪中，离子源生成的离子经过质量分析器后，由离子检测器接收和检测。理想的离子检测器需要具有灵敏度高、线性好、响应快、定量响应等特点，检测器低噪声要求有利于检测的灵敏度、准确度和精密度的提高。使用较多的离子检测器有：法拉第杯、电子倍增器、隧道式电子倍增器、微通道板以及闪烁光电子倍增器等，如图 5-2-5 所示。

目前，尚没有一种探测器能同时满足所有的理想特性。存在多种噪声源，可通过电子设计和屏蔽、检测阵列、信号滤波和积分平均等减少噪声，但不能完全消除。多数在线质谱仪的离子检测系统中，会同时配置两种或更多的离子检测器，且之间可相互切换，提高检测的信号强度范围或长期稳定性。

一般在离子信号强时，常常使用法拉第杯进行检测，当离子信号强度$<10^{-15}$ A 时，使用电子倍增器。如在单聚焦磁扇式质谱仪检测系统中，有单检测器和多检测器两种配置。在单检测器配置中，离子加速电压固定时，可通过扫描磁场强度来测定 m/z，用这个方法使特定的离子从离子源出发穿过一个固定半径的路径到达同一个检测器。在多检测器配置中，当磁场和加速电压固定时，不同 m/z 的离子都有特定的运动轨道半径，并都有各自的离子聚焦点，形成聚焦平面，将离子检测器配置在需要测定的质荷比的聚焦位置上从而获得检测结果。

（1）法拉第杯检测器

法拉第杯（Faraday cup detector，FD）是一种设计成杯形状的离子检测器［如图 5-2-5（b）所示］，离子进入法拉第杯后产生的电流信号经一个高精度、高阻值的电阻（$10^{10}\,\Omega$、$10^{11}\Omega$ 或 $10^{12}\Omega$）及一个前置放大器，转换为与之信号强度相对应的模拟电压信号，此信号再通过电压频率转换器（UFC）或模/数转换器（ADC）转换成数字信号，然后由计算机进行信号的数据采集和计算。

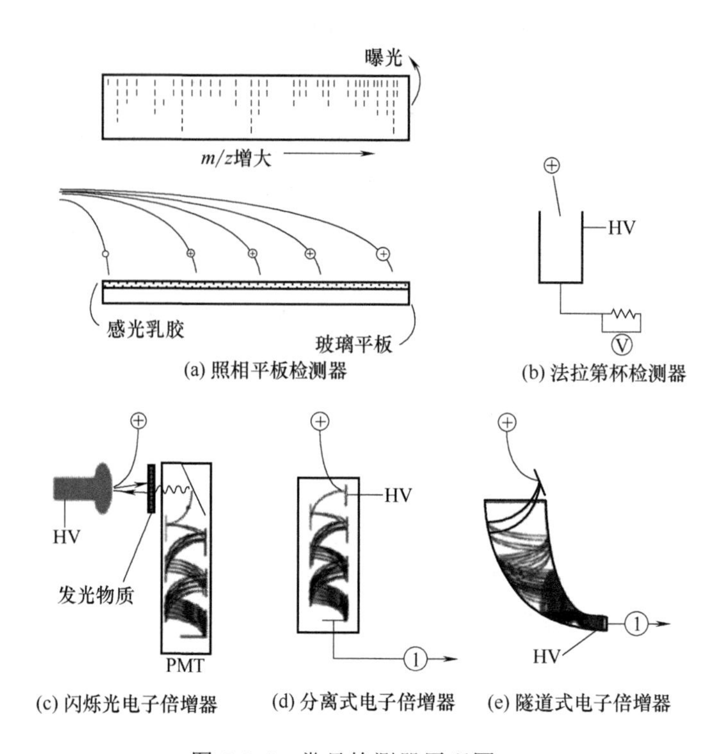

图 5-2-5　常见检测器原理图

FD 检测器不存在固有噪声，无“质量歧视”效应且使用寿命很长，但无放大作用，故灵敏度不高。采用的输入电阻越大，检测灵敏度越高，时间常数也越大，无法进行快信号检测。FD 主要用于气体检测的在线质谱仪。

（2）电子倍增器

电子倍增器（EM）具有灵敏度高、噪声低、响应快、对空气稳定、能直接接收离子等优点，是应用最为广泛的一种质谱检测器。

EM 分为分离式和隧道式两种类型，如图 5-2-5（d）、（e）所示。这两种类型的电子倍增器的检测原理相似：当具有较高动能的正离子打在特制材料制作的打拿极上时，能够使打拿极释放出具有一定初动能的二次电子。由于电子倍增器通道中存在着持续的电势梯度，使得电子被不断加速，依次撞击其他打拿极，释放出更多二次电子，最终产生电子脉冲信号被放大检测器接收放大的增益主要取决于通道长度与内径之比、电极材料、电极系统的聚焦性能（取决于电极形状、倾斜角度与电位分布等）、二次电子的加速电压、入射离子的能量等。通常一个电子倍增器可将离子信号放大 10^4～10^8 倍。

（3）闪烁光电子倍增器

闪烁光电子倍增器是离子和光子探测装置的组合，原理与 EM 类似，如图 5-2-5（c）所示。样品离子打到发光物质上（通常是磷类物质），发射出光子，然后光子再打到阴极上，产生二次电子，再经过逐级放大。与 EM 相比，这种检测器具有相对较快的响应速度（单个离子的窄脉冲宽度），能够提供良好的时间分辨率和质量分辨率，在 TOF MS 中应用较多。其另一个显著优点是因发光物质可以通过真空窗口，这使得检测器可以放置在质谱真空腔外。

5.2.2　在线质谱仪的样品处理与进样系统

5.2.2.1　样品处理

在线质谱仪针对的主要是气体样品，因在线检测的特性，需要在线进样实时检测。实际上待测样品是处于不同状态的，不能直接进入质谱仪器测试，需进行必要的前处理，对样品进行分离或纯化。在线质谱仪的在线使用，必须具有前处理装置，应具有快速、实时的特点。在线质谱仪具有多点采样、多路进样的功能，可实现一台仪器完成多点监控，不但便利数据采集处理，还可降低监控成本。因此，样品处理也要具备多路处理的功能。

样品处理系统是将一台或多台在线仪器与采样点（实际测试样品）、排放点连接起来的系统，其作用是保证在线质谱仪在最短的滞后时间内得到有代表性的样品，并保证样品的状态（温度、压力、流量和清洁程度）符合仪器进样条件。系统包括：样品采集、样品传输、样品处理和样品排放，另外，样品处理系统还具有样品流路切换和样品性能监测功能。

进入在线质谱仪的样品，应与采样点的样品组成和含量一致，进样系统应具有样品消耗量少、易于操作和维护、能长期可靠工作、系统构成简单等特点，并采用适当手段减少样品传输滞后。样气进入装置后，通过一个精细过滤器滤除样气中携载的颗粒物。过滤后的样气通过一个反馈式高精度减压稳压装置，在减压同时稳压，从而在前端压力变化情况下保持质谱采样端压力稳定，使进样量稳定，提高定量检测精度。样气在减压稳压后，加装限流安全装置，防止实际应用时发生前端减压失控，从而产生意外高压情况，保证仪器和人身安全。经过处理后样气采用伴热装置保持温度，防止易冷凝物质在传输过程中冷凝，保持样气温度稳定。在前端设计装有电磁阀选择结构，可任意指定选择样气通道，减小了顺序选择的时间和样品消耗。

环境监测的待测物质含量往往偏低，前处理装置需要具有富集的功能。吸附浓缩/热解吸常与气相色谱和质谱联用，已成为大气 VOCs 测定常用的方法。美国国家环保局（EPA）环境空气标准 TO-17、我国国家标准《室内空气质量标准》（GB/T 18883—2002）明确规定采用“热解吸”法检测大气中挥发性有机物。国内外与气相色谱在线联用测定 VOCs 的热解吸仪，多采用液氮或干冰或半导体作为冷阱，在大气中挥发性有机物快速分析中有广泛应用。

5.2.2.2　进样系统

在线质谱仪的进样系统要求在既不破坏离子源的真空状态，也不破坏试样的结构与组成的情况下，将样品定时、自动地导入离子源。

在线质谱仪针对不同应用领域，在实际应用中有各种各样不同的条件和状态，如有气体压力的不同、有的气体可能会在管道中冷凝。因此，对不同情况下对进样系统有不同的要求。如，某些应用中需要对毛细管进行加热；痕量分析中进样阀必须由进样孔代替，以避免阀本身可能引入的污染；有些气体具有腐蚀性或含有很多固体颗粒，要考虑到进样口和管道的材质，并附加过滤装置；在某些应用中要求气体经分子束进样口直接进入离子源。因此，即便是同样的在线质谱仪器，进样系统也是千差万别的。质谱生产商通常会给客户提供进样系统的定制服务，针对应用领域的不同，优化最适用的进样装置，以达到在线分析的最佳结果。

进样系统的形式繁多，其基本进样结构说明如下。

（1）毛细管进样口装置（直接进样）

毛细管进样装置由一根毛细管直接连接到质谱仪离子源，通过质谱仪真空系统与外界的压差实现进样，如图 5-2-6 所示。根据样品的压力来选择管子的长度和内径，实现定量进样。

但此进样装置对于压力大于10kPa的样品，由于管子的长度影响，响应时间会变得很长，通常需要几分钟，分析结果显著滞后。这种进样系统结构简单，维护方便，适用于连续的气体样品，压力范围在10^{-2}～10^{5}Pa下均可使用。

（2）具旁路的毛细管进样装置

进样装置结构采用了一个T型区，三个接口的两端连接取样毛细管和旋片泵，第三端连接泄漏阀或分子漏孔进入质谱仪，如图5-2-7所示。

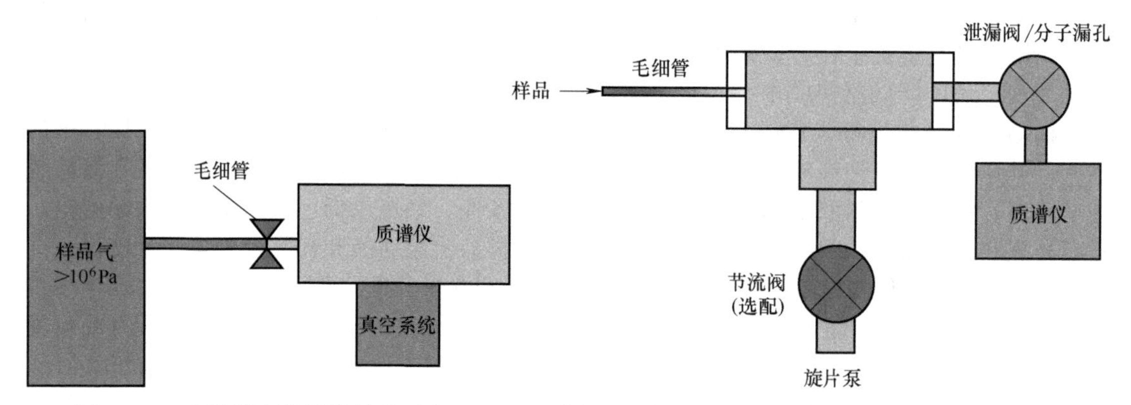

图5-2-6　毛细管直接进样结构示意　　图5-2-7　具旁路的毛细管进样装置结构示意图

气体样品由旋片泵被抽入，其中一小部分气体样品通过T型区分流，另一部分经泄漏阀进入质谱仪。分流进样量由进样样品压力、旋片泵产生的真空和泄漏阀或分子泄漏孔真空度共同决定。对一般质谱仪器，流速大约20mL/min的气体样品可达到优于100ms的响应时间。

具旁路结构中的取样毛细管也可使用加热装置以提高响应时间。在旋片泵前增加节流阀，通过设置旁路流量，可在较小的样品流速下保持良好的进样量和响应时间。并当阀门完全关闭时，本装置结构转化为毛细管直接进样装置。此进样装置用于连续的气体样品，更适用于压力范围在10kPa到一个大气压的样品进样，由于旁路控制，样品更新速度快，检测响应时间短，并进样量可调节，对样品气体压力波动有一定程度的耐受性。

（3）分子泄漏进样装置

分子泄漏进样装置是一种改良的具旁路的毛细管进样装置，在商品化仪器中常用，可在较宽的样品气体压力下工作，典型的应用压力为60～200kPa。

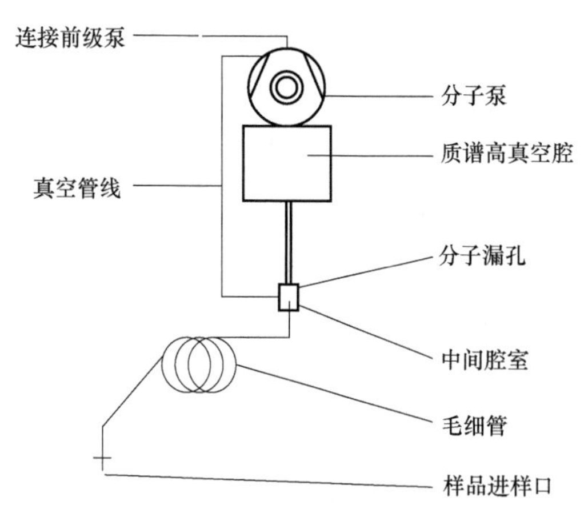

图5-2-8　分子泄漏进样装置结构示意图

此装置结构如图5-2-8所示，将具旁路的毛细管进样装置中的T型区简化为一个中间腔室，腔室分别连接进样毛细管、分子漏孔和真空管线，真空管线通过辅助孔连接质谱的分子泵，替代了独立的旋片泵。被监测的气体样品通过涡轮分子泵的辅助孔作用，经由毛细管被引入。如果样品流中含有易冷凝的组分，可选配加热装置。气体样品经过毛细管，通过复合涡轮泵的辅助孔真空作用流入中间腔室。这部分系统经过精心设计，保证样品气体以薄片状或者黏性流形式实现分子泄漏；同时，控制样品流速很快，确保进样的快速响应和精确。由于样品流是分子流形式，中间腔室的气体组成与毛细管口保持一样。中间腔室中的样品气体通过分子漏孔进入质谱中时，由于样品也是以分子流形式进入，故进样口没有质量歧视，质谱仪的检测结果反映了气体样品的真实组成。

气体流可用泊肃叶（Poiseuille）方程来描述，流速是由管路的长度、直径以及压降和气体黏性决定的。摩擦力造成了气体流速的放射性，表现为中心的流速快，靠壁的流速慢。由于气体流的摩擦力主要由气体成分决定，气体成分的改变不会快速准确地被质谱仪检测到，因此必须将气体流状态转变到分子流进行成分检测。黏性流是由于样品流通道的尺寸（即毛细管的直径）大于气体分子的平均自由程而形成的，当克努森数大于等于 1 时即形成分子流。这时流速由流路的长度、直径以及通过管路的压降、气体分子的速率或平均自由程决定，气体黏性不再影响气体流，因此气体流速不像黏性流那样受到分子间碰撞的影响，而气体分子与室壁间的碰撞影响较大。

在具旁路的毛细管进样装置中使用了较大的 T 型腔体，进入质谱仪端口的分子流设计保证检测结果和腔体内成分一致，无歧视效应。但在腔体中，气体会充分混合，故通过旁路泵的快速更新，使腔体中的气体样品快速更新，保证检测结果的实时性。而分子泄漏进样装置，虽然只是将 T 型腔体缩小，但对设计要求却完全不同，需要整体都是分子流状态，而这是分子泄漏进样装置得以正确工作的关键。

（4）批进样装置

批进样装置的结构示意如图 5-2-9，主要用于低含量组分的检测。在管道中放置多个阀，并增加一个气体样品暂存的扩展气室，通过计算机控制阀，可以在气体样品超过 20MPa 的高压力下准确分析气体。

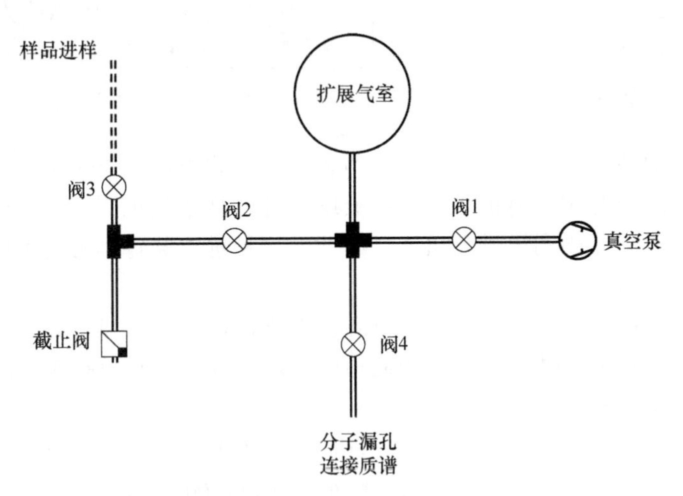

图 5-2-9　批进样装置结构示意

批进样装置选配件包括：提供清洗容器用惰性气体的装置；减少背景噪声的可加热样品室，可减小样品与样品之间的干扰，特别是测量物中含水时；压力计，可监测过程中的压力。

批进样装置可以根据特殊的应用需要设计出定制的装置和适当的控制次序，但通常都包含连接真空系统和阀的容器，即扩展气室，这是批进样装置的特征。也因此，这一进样装置不是连续进样，是间断式的批次进样，适用于样品成分变化平缓的工控，不适合组分快速变化的监测。

（5）隔膜进样装置

隔膜进样装置结构如图 5-2-10 所示。系统含有一根带特殊半透膜的管子。当样品为气体时，使用带孔的不锈钢盲管，孔外包隔膜，直接连接质谱的真空进样，如图 5-2-10（a）。当样品为液体时，使用流通管道，管道内运行的是载气，外面是检测的样品。样品通过这一半透隔膜扩散到管道内，被载气携带入质谱进行检测，如图 5-2-10（b）。

不同的隔膜具有不同的选择性，可根据样品及目标化合物的性质选择合适的隔膜。一般常用的隔膜材质为特氟龙和硅树脂橡胶。特氟龙材质一般用于不含溶质的高含水量样品中的气体检测。硅树脂对氧有很好的透过性，可用于有机物的监测。

此类进样装置主要应用于样品富集，尤其当样品中目标化合物的含量低于质谱的检出限时。当样品实现 200 倍的富集时，可使检出限低于 ng/g 级。

（6）双路进样装置

双路进样装置结构如图 5-2-11 所示。

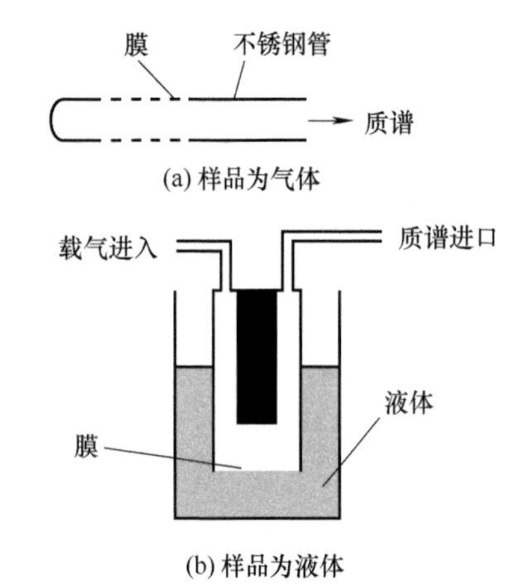

图 5-2-10 隔膜进样装置结构示意

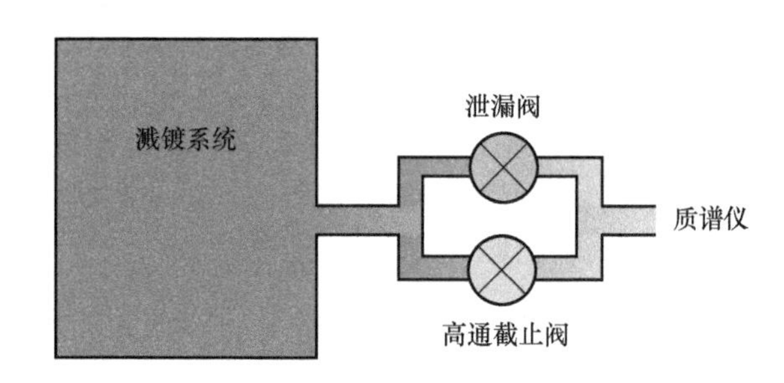

图 5-2-11 双路进样装置结构示意图

包含了一个高通截止阀和一个泄漏阀，两者平行安装于进样流路中。高压力时，高通截止阀关闭，样气通过泄漏阀通道进入质谱；低压力时，高通截止阀打开，由于其气阻远小于泄漏阀，故样气通过高通阀通道进入质谱。故此，这种进样装置具有宽范围的进样通量。

（7）多流路气体进样装置

这种进样装置，所有的样品流路都具有各自的进样口和排出口，并通过电程序控制器切换，选择样品通道或校准气体通道，每个通道的延迟时间由计算机控制。根据切换阀选择方式不同，又分为以下两种：

① 多路进样阀系统　采用多路选择联通阀，由气动电机或步进电机驱动阀芯，选择不同流路的样品接入，样品流选择可实现 4 条、8 条、16 条、64 条流路。进样阀切换到指定流路时，样品以一定流量通过进样装置的进样管道进入，由阀的出气管道进入质谱分析器。阀的内通道容积很小并采取全阀系统加热，可确保样品不失真和降低系统响应时间。

② 电磁阀进样系统　采用电磁阀进行多流路切换，每一路气体通道上放置一个两位三通切换阀，选择气体直接排放还是进入质谱系统。流路切换和进样过程由程序控制。

（8）固体探针进样装置

固体样品分析可利用探针进样装置，用具有加热器的探针顶端加热固体样品，使样品缓慢蒸发，探针通常经由真空锁插入真空室内。高温度的探针通常使用水冷。探针进样装置通常与交叉传送离子源配合使用。

这种进样装置用于固体样品分析，在在线质谱仪器中使用较少，并自动化程度较低。

（9）程序升温进样装置

对于液体样品，如果目标物与样品基质性质类似，隔膜进样器就不适用了，如测定乙醇中的甲苯。这时可以采用程序升温进样装置，如图5-2-12所示。

将样品液体注入加热管中，程序升温加热，依据不同沸点按次序将样品不同组分进行汽化，使之成为适合过程质谱分析的气体。对不需要分析的气体成分，通过吹扫出口和分流口用氮气将其吹出。对需要分析的气体成分，关闭吹扫出口，用氮气控制加热管内稳定的压力，经过进样毛细管进入质谱仪。此时，进样毛细管需加热，以防止冷凝。分流口是否打开，依据样品的浓度而定。

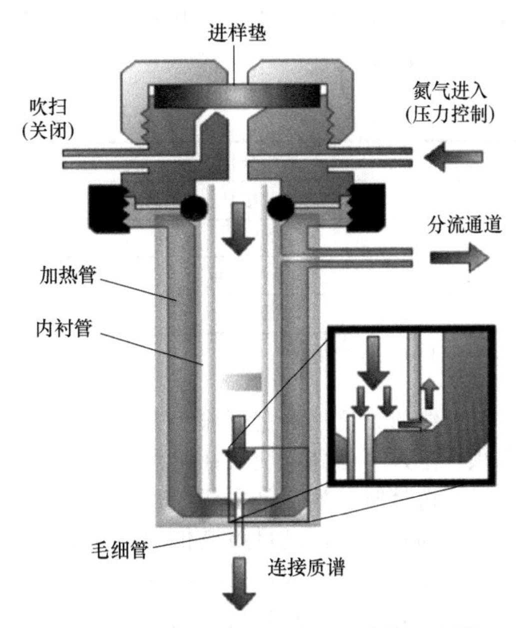

图5-2-12　程序升温进样装置结构示意图

（10）进样过滤装置

质谱仪器是在高真空环境中工作的，不论是真空泵、检测器，还是真空腔体，对固体颗粒物耐受性均差。大量的固体颗粒不但影响分析结果的准确性，而且有可能对仪器造成不可逆的损坏。因此，当有粉尘等颗粒物存在的工况下，进样装置必须配备过滤装置。

在高温高压环境下的高粉尘气体监测，如增压流化床燃烧（PFBC）和整体煤气化联合循环（IGCC）过程中产生的气体，单纯在采样过程中去除粉尘是不够的，还需要在进样装置中增加过滤步骤，去掉气体样品中的小颗粒。一般方法是在进样管道中使用多孔陶瓷过滤器。

由于在线质谱仪连接采样点的管道往往是金属管线，不能保证在样品输运过程中不携载金属氧化物等小颗粒物，因此建议在各类进样装置中均加装过滤器，以防意外发生，并可延长仪器的使用寿命。

5.2.3　在线质谱仪的真空系统与真空泵

5.2.3.1　真空系统

在线质谱仪检测的是气态离子，离子从离子源到达检测器必须在控制轨道中运行，不能发生自由碰撞而偏离，更不能因碰撞发生电荷转移而改变了其离子状态或电荷数。同时，为了精确控制离子的运动轨迹，要保证离子束有良好的聚焦，得到应有的分辨率和灵敏度。因此，需要限制影响离子运动的各种因素，尤其是降低碰撞的发生。

离子运动除了受电、磁场力作用外，还和温度、压强有关。当压强较高时，气体密度大，离子间、离子与气体分子间发生碰撞概率升高。只有在较低气压下，离子才拥有足够长的平均自由程，相互之间发生碰撞的概率较小。因此，质谱仪离子源、质量分析器及检测器工作时，必须处于高真空状态。若真空度差，则会发生以下现象：本底增高，基线增高，干扰质谱图；引起额外的离子-分子反应，改变裂解模型，使质谱解析复杂化；干扰离子源中电子束的正常调节；大量氧会烧坏离子源的灯丝；用于加速离子的几千伏高压会引起放电等。

由于离子源需要有大量离子生成，故需要一定的气体密度，一般正常工作的真空度在

<10^{-3}Pa。而质量分析器正常工作的工作压强与仪器类型相关，不同质量分析器所需的真空度如表 5-2-1 所示。

表 5-2-1　不同质量分析器所需真空度

质量分析器	真空度/Torr①
四极杆	10^{-5}
离子阱	10^{-3}
飞行时间	10^{-6}
磁扇式	10^{-6}

① 1Torr=133.322Pa。

在线质谱仪的真空度属于高真空范围，故通常由两级真空泵组成。首先由前级真空泵获得预真空，再由高真空泵抽至需要的真空度。前级真空泵多采用旋片泵、隔膜泵等。对前级泵进行选择时，抽速是主要考察指标。高真空泵常选用涡轮分子泵或溅射离子泵等，以获得清洁的高真空度，满足质谱仪的工作条件。实际使用中，溅射离子泵获得的极限真空度高，但涡轮分子泵启动快，有时不到 10min 就能进入稳定工作状态，故目前在商品化仪器中采用后者的越来越多。对高真空泵进行选择时，主要需要考察指标是极限真空度，以满足不同质谱仪器的需要。

5.2.3.2　真空泵

质谱仪必须在良好的真空条件下才能正常操作。质量分析器对真空要求最高；离子源对氧的分压要求比较苛刻，但对总压的要求则比质量分析器低几个数量级。所以真空系统的配置要视实际情况而定。

（1）低真空泵

低真空泵有两个用途：一是作为高真空泵——扩散泵或分子泵的前级泵，提供高真空泵正常工作所需要的前级真空；二是用作预抽真空，为直接进样系统、间接进样系统，以及离子源或整个仪器暴露于大气后预抽真空，色质联用时可用于分子分离器抽低真空。由于机械泵的运用范围是从大气压开始，所以适合于作质谱仪低真空泵，要求抽速在 120～360L/min，极限真空 0.1Pa。最常用的机械泵是旋转式油封泵。

（2）高真空泵

① 扩散泵　许多质谱仪的高真空系统使用扩散泵——油扩散泵或汞扩散泵。扩散泵的原理示意如图 5-2-13 所示。其工作原理是泵的底部为蒸发器，泵液由加热电炉加热而蒸发。泵液蒸气（分压约 10Pa）沿烟囱状的泵芯上升，并从伞形喷口以高速黏性蒸气流向下喷射。由于喷嘴外气压较低（1～0.1Pa），油蒸气可形成一个向出气口方向运动的射流，气体分子一旦落入射流范围，便获得与射流方向相同的动量，迅速向下飞去，在泵下部出气口被前级泵带走。泵液蒸气射流在碰到泵壁时被水冷壁冷却，冷凝液流回蒸发器中连续循环使用。

扩散泵在密闭系统中可以达到 10^{-5}Pa 的真空度。扩散泵无旋转部件，因此无磨损，使用寿命长。使用一段时间后。如极限真空下降，只需更换泵液。扩散泵用作质谱仪真空抽气的最大缺点是泵液蒸气会造成较高本底，以及仪器突然暴露大气时，泵液可能倒流到质谱仪主机内造成严重污染和危害。

② 涡轮分子泵　涡轮分子泵是利用高速旋转的涡轮叶片不断对被抽气体施以定向的动

量和压缩作用将气体排走。涡轮分子泵的基本结构如图 5-2-14 所示。它有四个基本组成部分：带进气口法兰的泵壳；装有 15～20 对动轮叶和静轮叶的涡轮排；中频电动机和润滑油循环系统构成的驱动装置；用于安装涡轮排和电动机的底座。

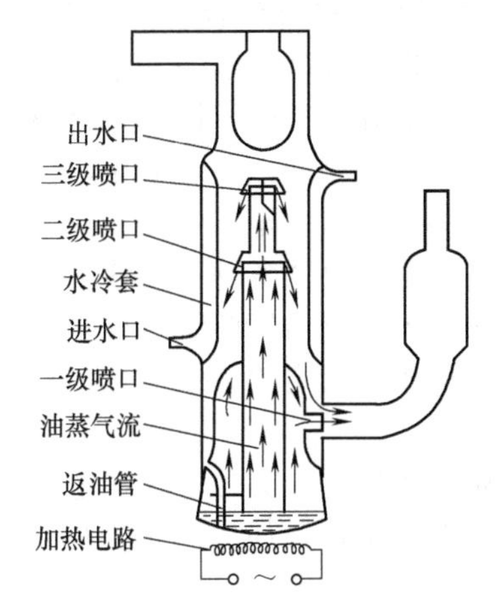

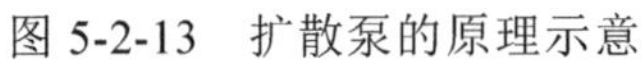
图 5-2-13　扩散泵的原理示意

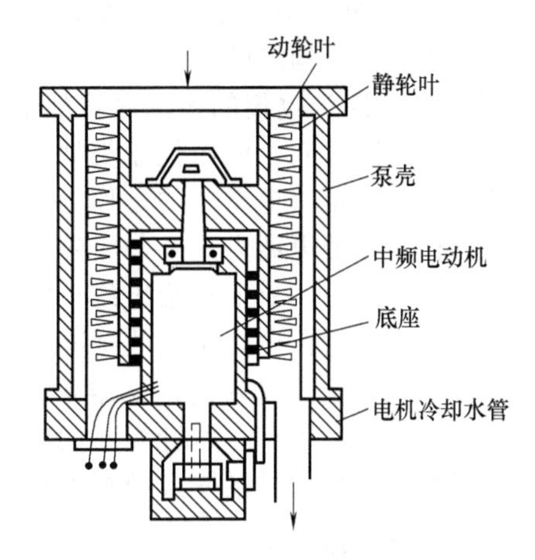

图 5-2-14　涡轮分子泵的结构示意

涡轮分子泵所能达到的极限真空度主要与涡轮排上动、静轮叶的个数有关，一般 15～20 级的泵可达到 10^{-5}～10^{-6}Pa。其抽速主要与动轮叶的转速有关，可以从 160L/s 到 1600L/s。

涡轮分子泵对质谱仪来说有许多优点：它除有大的抽速和可以达到高的极限真空外，还因没有泵液而无本底污染；对所有气体有近似的抽速，偶尔暴露于大气不会受损伤等。

5.2.3.3　在线质谱仪器的真空计

部分在线质谱会配备真空计对体系的真空度情况进行实时监测，当真空度达不到规定要求时，系统会切断电源，仪器停止运行，以保证处于真空体系中各器件的安全和寿命。每一种真空计都只能适用于一定的压力范围，所以质谱真空系统的两级真空通常需要使用不同的真空计测量。

真空计一般分为四类：与气体种类无关，是绝对真空计；与气体种类关系甚小，近似为绝对真空计；与气体种类有关，是相对真空计；非理想气体的压强测量受到限制。真空计一般安装在高真空泵与离子源或质量分析器腔体的真空旁路中。

5.2.4　在线质谱仪的数据库与数据处理系统

5.2.4.1　数据库

质谱技术作为国际通用的检测与定性手段，被广泛用于未知物质的检测与确证领域中。在科学研究领域，未知物往往是新化合物，一般可通过高分辨质谱和质谱多级碎裂规律，解析获得未知物的分子结构和分子量。但在在线质谱仪器的检测中，往往遇到的未知物并非是科学研究领域中的新化合物，故更多是直接利用待测物质的质谱图谱与标准物质质谱图谱进行比对，实现待测物质检测结果的确证。

当以电子轰击（EI）方式获取化合物碎片离子的质谱图时，其数据采集条件相对固定，干扰因素少，谱图信息相对稳定（参见 5.2.1.1），因此可建立谱图数据库。其中美国国家科学技术研究院（NIST）颁布的质谱谱图库即是基于 EI 离子源在标准条件下获得的质谱图，是质谱仪器最为常用的谱图数据库，目前也是GC-MS的通用数据库。其最新版的NIST14收录了242466个化合物的276248张EI质谱图。此外，常用来进行检索确证的还有Wiley谱库、日本SDBS等标准谱库。

NIST质谱数据库是由采用70eV EI离子源在一定条件下获得的纯化合物的质谱图，结合对应化合物相关信息构成的数据库。习惯上称数据库中的谱图为“标准谱图”，实际上称作“参考谱图”更确切。因为收集的谱图尽管都是纯化合物的正常EI图谱，并经过一定评估和筛选，但由于谱图的来源不同，所用仪器类型、操作条件也不可能完全相同，不可避免地会产生一定的差异。因此数据库更重要的是作为一种参考手段，而不能要求完全一致。

除EI源外，其他电离方式及二级碎裂方式所产生的质谱图受仪器各项参数的影响相对较大，谱图信息稳定差，故很难给出统一的数据库。近年来，各大仪器厂商纷纷推出基于自身仪器的专用数据库，在自行定义的标准操作条件下，可获得相对稳定的谱图信息，故也具有较好的参考作用。这已成为提升仪器竞争力的一种手段。

除上述情况外，还有一些针对不同应用领域的专用质谱数据库，另外，一些用户还会根据需要将试验中得到的质谱图及数据保存在用户自建的数据库里，以便加以充分利用。

5.2.4.2　数据处理系统

完整的在线质谱仪的数据处理系统可分为接续的两部分：一是对仪器本身的信号进行处理；二是针对实际应用的数据处理，不仅包括对实测数据进行分析和计算，也包括对采样和前处理系统的控制，以及与其他在线仪器数据进行统筹，给出对生产过程或环境监测起到指导作用的结论。

在线质谱仪器中，经离子检测器检测到的是不同质量的离子流信号，由放大电路输出的是电压-时间的模拟量，需要通过数模转换将其转换成数字信号，再经过计算机的数据处理系统基于一定算法获得质谱图（离子质量和强度曲线），根据不同需求对谱图数据做进一步解析和处理，最后以客户需要的形式输出。

目前商品化仪器中常见的数据处理系统主要有两类：一类是由仪器厂商随仪器硬件提供的数据处理系统，如Agilent公司的Mass Hunter化学工作站，岛津公司的GCMS Solution等；另一类是独立于仪器的数据处理系统，如NIST的MS Search、AMDIS等。前一类系统在功能上不仅包含了数据分析模块，还可以完成对质谱仪器的控制和数据采集工作，这一类软件通常和硬件直接相关联，只适用固定型号的仪器，并且一般采用厂商自定义的质谱数据存储结构，往往无法对其他仪器所采集的质谱数据进行处理和解析。后一类数据处理系统是与硬件无关的，一般没有数据采集功能，但是对数据的存储格式兼容性非常强，可以读取多种仪器的数据存储文件，完成数据分析处理。这两种数据处理系统各有侧重，相辅相成。

一个完善的数据处理系统应该同时包括定量和定性分析。定量分析关键是对原始数据进行预处理，定性分析则主要是进行谱库检索。数据预处理是对原始数据进行处理的关键步骤，主要任务是去除各类噪声所带来的影响，尤其是电子噪声、化学噪声等占比较大。但是在去除带来检测误差的噪声同时，又不能破坏化合物的特征峰，这是一个棘手的问题。常见的算法是降低噪声，而不是完全去除，平滑降噪是最常用的方法。小波变换、移动窗口拟合和多项式平滑等是最常见的算法，在此不进行详述，具体内容可参考相关文献或书籍。

谱库检索是将经过预处理后获得的低噪声的质谱数据作为未知谱图，同标准谱库中的参考谱图进行对比检索。检索的算法大多是基于相似性计算原理：一方面是点积相似性度量；

另一方面是基于连续多个质谱峰丰度值的占比大小。综合这两方面因素，对谱图的相似性进行判定，获得最类似的标准谱对应的化合物信息，作为定性分析结果。同样，具体的算法可参考相关文献，以及NIST网站提供的算法说明。

在线质谱仪器的数据处理系统具有对采样系统的监控，将质谱信号转化为应用需求的数据形式，对生产过程或环境监测起到指导作用。针对不同的应用领域，各种在线质谱仪器均配备相应的定制开发的数据处理软件，可兼容多种工业PLC、数据采集装置等，方便接入生产流程等系统，对数据进行统一处理。数据系统对工业现场的数据进行逻辑运算和数字运算等处理，并将结果返回给控制系统，并对从控制系统得到的以及自身产生的数据进行实时的记录存储。在系统发生事故和故障的时候，利用记录的运行工况数据和历史数据，可以对系统故障原因等进行分析定位，责任追查等。通过对数据的质量统计分析，还可以提高自动化系统的运行效率，提升产品质量。可将工程运行的状况、实时数据、历史数据、警告和外部数据库中的数据以及统计运算结果制作成报表，供运行和管理人员参考。

组态软件是常见的一种在线仪器定制化开发数据处理系统的工具，能够直接读取在线质谱及其他在线仪器的信号，加入适当算法后，对工业现场进行可视化监控；不但直观显示控制流程，也可以直接对控制系统发出指令、设置参数等干预工业现场的控制流程。还可将控制系统中的紧急工况（如报警等）通过软件界面、电子邮件、手机短信、即时消息软件、声音和计算机自动语音等多种手段及时通知给相关人员，及时掌控自动化系统的运行状况。

5.3　在线质谱仪的技术应用

5.3.1　在线质谱仪技术应用概述

5.3.1.1　在环境监测领域的应用

在线质谱仪器是环境监测领域VOCs及颗粒物分析最常用在线分析仪器之一，可实时、在线分析环境空气中VOCs、SVOCs（半挥发性有机物），及对颗粒物进行源解析等，为环境监测提供实时、精准的空气有机成分信息。仪器可安装在现场分析室、固定站房或车载，操作简单，维护方便，用于定性、定量分析，是环境监测中最受关注的检测技术之一。

环境监测领域的在线质谱仪器部分产品及生产厂家参见表5-3-1。

表5-3-1　环境监测领域在线质谱的部分产品及生产厂家

厂家	主要产品及型号	主要应用领域
赛默飞世尔科技公司	在线质谱仪 Prima Pro	天然气处理，VOCs
广州禾信仪器股份有限公司	在线挥发性有机物飞行时间质谱仪 SPIMS 2000、SPIMS3000 大气VOCs吸附浓缩在线监测系统 挥发性有机物自动监测仪	VOCs
	$PM_{2.5}$在线源解析质谱监测系统	$PM_{2.5}$
法国Alyxan公司	BTrap高分辨质子传递反应质谱	VOCs，危险化学品检测
聚光科技（杭州）股份有限公司	VOCs在线监测质谱系统 TOFMS-100	VOCs
	LAMPAS-3.0大气细颗粒物在线质谱监测系统	大气颗粒物

续表

厂家	主要产品及型号	主要应用领域
北京东西分析仪器有限公司	PTR-QMS3500 型质子转移反应质谱	VOCs、机动车尾气监测
珀金埃尔默仪器有限公司	Torion T-9 便携式气质联用仪	VOCs，爆炸物、危险化学品检测

5.3.1.2 在工业生产领域的应用

在线质谱仪用于工业流程中的气体和蒸气进行定性、定量实时检测，可以对几十个气路，每路多达8～40种成分进行分析，通过自动气路切换、自动校准和自动数据采集处理，连续不断地给出各种气路中各种成分的含量，分析速度极快，仅用1s或几秒就能对一路气体进行全面分析。在线质谱仪已经广泛应用于石油化工、钢铁、食品加工、生物过程控制、医药等行业，如在乙烯裂解炉的裂解气分析、钢铁转炉炼钢炉气分析、合成氨工艺、环氧乙烷（EO）/乙二醇（EG）工艺等领域获得成功应用。

工业生产领域主要的在线质谱仪器产品及生产厂家参见表5-3-2。

表5-3-2 工业生产领域主要在线质谱部分产品及生产厂家

厂家	主要产品及型号	主要应用领域
Extrel 公司	气体分析系统 MAX300 系列	生物过程、化工生产
赛默飞世尔科技公司	Prima Pro Prima BT	工业生产
In-Process Instrument 公司	GAM 300 ATEX	工业生产
上海舜宇恒平科学仪器有限公司	过程气体质谱分析仪 SHP8400PMS 系列	生物过程、石油化工
聚光科技（杭州）股份有限公司	过程质谱仪 Mars-550	石油化工
阿美特克有限公司	ProLine Process Mass Spectrometer	生物过程、工业生产
德国普发真空技术有限公司	Omnistar/Thermostar 系列四极杆气体质谱仪	生物过程、冶金

5.3.1.3 在科学研究领域的应用

在基础学科研究中，在线质谱仪器常用于热分析、催化反应、反应动力学等过程中气体变化的连续监测。在线质谱仪一般配置带保温功能的化学惰性毛细管接口。

如热重（TG）分析仪与质谱仪联用可以检测到非常低含量的杂质。热重仪加热样品时，样品会因挥发物的存在或者燃烧分解出气体，这些气体被传输到质谱仪中加以识别。TG-MS联用是研究过程质量监控和科学研究过程气体检测的重要性设备。在污染物监测、催化剂研究、反应动力学研究、高纯气体分析、燃料电池、地震等诸多科学研究领域，均应用到在线质谱仪。科学研究领域的在线质谱仪部分产品及生产厂家参见表5-3-3。

表5-3-3 科学研究领域的在线质谱部分产品及生产厂家

厂家	主要产品及型号	应用领域
英国英格海德分析技术有限公司	HPR20 研究级在线质谱仪	污染物研究、催化剂研究、反应动力学
赛默飞世尔科技公司	Prima BT 过程开发质谱仪	实验室过程监测
上海舜宇恒平科学仪器有限公司	SHP8400PMS-L 在线质谱仪	催化剂快速筛选、反应动力学研究、反应器系统评价、气体纯度分析、其他逸出气体分析
Extrel 公司	MAX300-EGA	反应动力学
阿美特克有限公司	ProLine Process Mass Spectrometer	燃料电池研发、实验室过程监测
法国 Alyxan 公司	BTrap 高分辨质子传递反应质谱	实验过程监测

5.3.2　在线磁扇式质谱仪在钢铁行业及环境监测领域的典型应用

在线磁扇式质谱仪已经在多个行业得到推广应用，例如：石化行业的乙烯裂解、乙烯氧化、烯烃合成；煤化工行业的煤气化、煤制烯烃、煤制甲醇、煤制乙二醇和煤制合成氨；钢铁行业中的转炉、二次精炼、电弧炉和直接还原脱碳；生物制药中的微生物发酵、细胞培养和溶剂干燥等。在环保行业中，用于 VOCs 监测应用，如特定生产装置中的空气中特定污染物（污染因子）的监控、工业园区不同企业无组织排放溯源等。

以下主要介绍在线磁扇式质谱仪在钢铁行业的典型应用以及在环境监测领域的应用。

5.3.2.1　在钢铁行业的典型应用

以 Thermo 在线磁扇式质谱仪在钢铁精炼过程中真空吹氧脱碳法炉的过程检测应用为例。

（1）工艺测量要求

在线质谱仪应适用于真空吹氧脱碳法（VOD）炉的工艺测量要求，可快速（在线、实时）而精确地测量 VOD 炉排出的废气成分。在线质谱仪使用工业级别的校准气体（O_2、CO、CO_2、N_2、Ar、H_2、He），按需要实现自动校准（使校准气体消耗最小化），能在非常短的时间内（<25s）完成对表 5-3-4 中列出的需要分析的组分的分析。在线质谱分析仪与 VOD 炉的控制系统通过 Profibus DP 实现通信连接。

（2）系统配置方案

在线质谱仪的取样系统具有双探头，一用一备；一体化电伴热管缆，样品全程高温输送；实现样品低流量联锁探头切换和自动全程反吹；采用的变压进样单元，确保常压至真空状态下的全过程连续进样分析。在线磁扇式质谱仪的多组分气体分析测量曲线参见图 5-3-1。

表 5-3-4　需要分析的组分与测量范围

序号	组分	含量范围（体积分数）/%
1	CO	0～90
2	CO_2	0～60
3	O_2	0～30
4	N_2	0～90
5	Ar	0～80
6	H_2	0～5
7	He	0～0.2

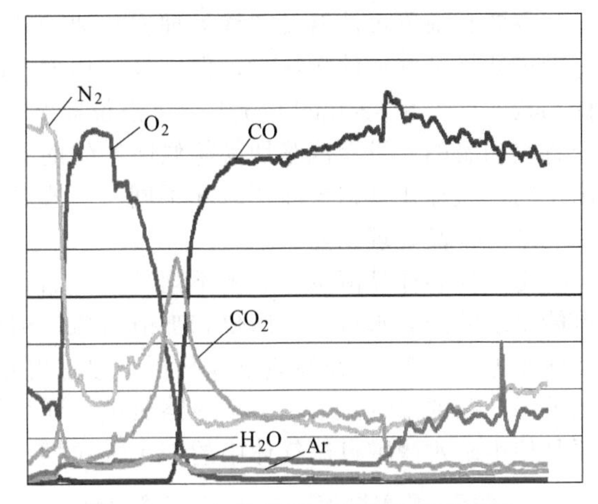

图 5-3-1　在线磁扇式质谱仪的多组分气体分析测量曲线图

（3）主要性能指标

在线磁扇式质谱仪用于 VOD 炉排出的废气成分分析的主要性能指标参见表 5-3-5。

表 5-3-5　在线质谱仪用于 VOD 炉废气多组分的主要性能指标

组分	浓度（摩尔分数）/%	标准偏差/%	精度/%
H_2	2	0.002	0.01
CO	40	0.03	0.1
N_2	10	0.03	0.1

续表

组分	浓度（摩尔分数）/%	标准偏差/%	精度/%
O_2	1	0.002	0.01
Ar	41	0.03	0.1
CO_2	5	0.01	0.05
He	1	0.002	0.01

5.3.2.2　在环境监测领域的典型应用

（1）环境监测在线质谱的监测方案

以 Thermo Scientific™ Sentinel PRO 质谱仪用于环境中 VOC_S 的无组织排放监测为例。该产品可以用于环境中的无组织排放监测，在形成任何废气排放的毒害前检测和泄漏纠正，以确保园区安全，防止工人和周围环境暴露于危险中。该仪器可提供快速、精确和可靠测量，能够在较快的时间以内，监测重点污染源排放企业及园区内 100 个以上的取样点，并在 0.01～1μmol/mol 精度范围内检测特定物质；可监测所有关键区域的短时泄漏，并提供准确的 8h、时间加权平均接触数据。

由于具有大量可用的取样点，许多取样点可位于靠近潜在泄漏点的地方，以便在有毒危害发生之前进行泄漏检测和修复。耐用的容错设计可以确保质谱仪的可用性达到 99.7%以上，简化的维护程序使其具有成本效益。单台 Sentinel PRO 质谱仪可以替代整套灵敏度更低的分离式分析仪，提升了检测能力，并显著降低了维护和运行成本。

（2）取样处理部件

主要有前置过滤器及取样处理安装架　其中样品气前置过滤器处于探头处，使用褶皱式滤纸过滤样品气中的颗粒物，保护样品传输管路。样品传输管线使用特氟龙裸露管线，保持样品状态。因为 Sentinel Pro 用于多点位监测，所以，每一路都有不同长度。由于采样回路是一直流动着的，没有流路切换等候所产生的滞后，保证了样品的新鲜和及时。根据采样点距离不同，气体在管路中滞留时间不同，一般时间从 10s 到 600s。

（3）样品处理功能

用于控制样品流量，平衡不同长度样品管路之间的流速差异；并进行样品精过滤，防止可能出现的冷凝水进入质谱仪。Thermo Scientific™ Sentinel PRO 在线质谱仪的进样取样处理系统参见图 5-3-2。在线质谱仪分析小屋室内布置图参见图 5-3-3。在分析小屋内部有流量计调节每一路的采气流量，平衡各路负载。样品气在进入分析仪之前，还会经过一级过滤，主要是使用疏水滤膜过滤气体中的细小颗粒物，并防止气路中有冷凝水。

图 5-3-2　在线质谱仪进样及处理系统

图 5-3-3　在线质谱仪分析小屋室内布置

5.3.3 质子转移反应质谱仪及其在大气环境监测等领域的应用

质子转移反应质谱仪（PTR-MS）具有检测时间短、灵敏度高、有机物电离为单一离子、极少碎片离子、易于质谱识别、无需样品预处理、分辨率超高、可区分分子量极其接近的化合物等优势，已广泛应用于大气环境污染监测等领域中的痕量 VOCs 等气体的检测。质子转移反应质谱仪的技术与应用，以 PTR-TOF MS 为例介绍如下。

5.3.3.1 PTR-TOF MS 的技术特点

（1）PTR-TOF MS 的结构组成与离子源

PTR-TOF MS 结构示意如图 5-3-4 所示。

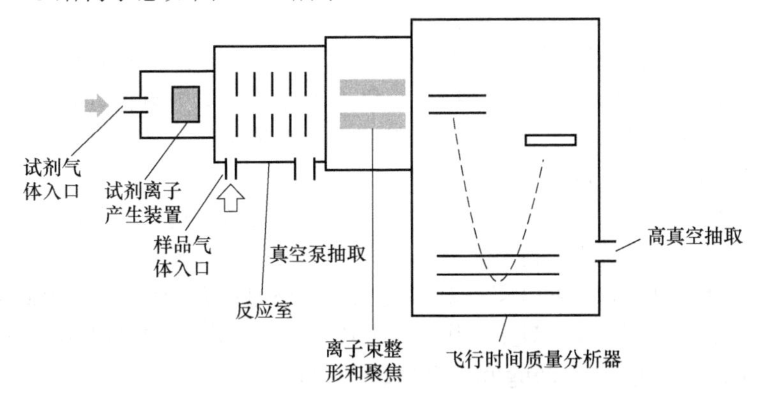

图 5-3-4 PTR-TOF MS 结构示意

PTR-TOF MS 的离子源与前文介绍的 PTR-QMS 离子源有所不同。为了满足飞行时间质量分析器的检测要求，PTR-TOF MS 的离子源由试剂离子产生装置、反应室、离子束整形聚焦部件等组成。

PTR-TOF MS 的检测过程：试剂气体从离子产生装置的前部进入，经过离子产生装置后变成试剂离子；再经过差分孔进入反应室，与样品气体混合并发生电离反应；从反应室出来的离子都被送入离子束整形和聚焦部件；整形后的离子进入飞行时间质量分析器内进行分析，最终得到每种离子的质量数和数量。

离子产生装置提供电离用的离子试剂，试剂分子的量通常比被测物分子的量大若干个数量级，以保证在一定浓度范围内样品离子和样品浓度呈线性关系。通过使用不同的试剂气体，仪器可以获得不同类型的试剂离子，从而实现特定的分析效果。水试剂电离能较低，生成的谱图碎片少，易识别；O_2^+试剂的电离能较高，可用来电离一些 H_3O^+试剂无法电离的样品；NO 试剂具有特殊的电离模式，可用于区分部分同分异构体。

离子试剂与被测物分子在反应室内混合，发生质子转移或其他类型的电离反应。反应室提供反应所需的电场、压力、温度等条件。为了得到足够的电离效率，反应室压力一般控制在 100～1000Pa 的真空条件下。通常情况下，为提高灵敏度，反应室还包括离子漏斗组件，以提高离子的利用率。离子束整形和聚焦部件可以是静电透镜或多极杆组件，实现离子束的整形和聚焦作用，以使进入飞行时间质量分析器的离子束具有较高的聚集性，从而在分析过程中得到良好的性能。

（2）PTR-TOF MS 反应条件的控制

由于电荷或者质子的转移过程都是通过分子间的碰撞实现的，所以在反应室内，样品分子和试剂离子的碰撞强度决定了电离效果。碰撞强度越高，信号越强，水团簇越少，但同时碎片也会越多；反之信号越弱，水团簇越多，但碎片越少。

用 H_3O^+作为试剂离子时，在水蒸气试剂环境下容易产生水团簇离子 $H_3O^+(H_2O)_n$，也会与被测物发生质子转移反应，使质谱图复杂化，进而难以计算目标物浓度。合适的碰撞强度有助于抑制水团簇的产生。

为了定量描述碰撞强度，引入电场强度和粒子密度的比值 E/N。它的含义是反应室电场场强与反应室内分子数量的比值。E/N 值是 PTR-MS 离子源的主要工作参数，虽无法完全代替温度、压力、电场强度等具体参数描述，但可以宏观表征 PTR-MS 离子源的反应条件。

5.3.3.2 PTR-TOF MS 在大气环境监测等领域的应用

（1）在大气环境监测领域的应用简介

PTR-TOFMS 已广泛应用于大气环境污染监测等领域中的痕量 VOCs 的检测。

用于在线分析大气中还原性硫化合物，避免了采样罐方法中硫化合物与空气中自由基、O_3 以及 NO_x 等发生反应导致损失的风险。该技术由于时间分辨率高，可以捕捉活性还原性含硫化合物（RSCs）浓度的快速变化。

用于乙烯臭氧分解实验时，可对大气边界层条件下乙烯与臭氧的反应进行详细研究，利用 PTR-TOF MS 进行连续观测，得到乙烯和臭氧的衰减轨迹。

采用高分辨 PTR-TOF MS 可以实现对环境空气中还原性含硫化合物（RSCs）进行高时间分辨率在线测量，其中对硫化氢（H_2S）、甲硫醇（MeSH）、二甲硫（DMS）和二甲二硫（DMDS）的检测限已分别达到 25ng/m^3、26ng/m^3、22ng/m^3、80ng/m^3。

（2）在其他领域的应用简介

在植物排放 VOCs 领域，PTR-TOF MS 被用来测试植物损伤诱导后释放的绿叶挥发物（GLVs），用来进行生物源挥发性有机化合物（BVOCs）的分析；除了测量 GLVs 的校准曲线外，还考察了气体湿度的影响和还原场（E/N）的影响。

另外，PTR-TOF MS 用于 TNT 炸药的成分检测研究，发现了 2,4,6-三硝基甲苯（TNT）的一种特征，由此开发出快速、高选择性的分析方法，以减少 TNT 检测的假阳性结果。该方法可用于安全检测，同时可降低检测成本。

5.3.4 四极杆质谱仪在生物发酵过程气体监测领域的应用

5.3.4.1 概述

生物药物、食品等工业发酵过程中，通过对尾气氧和二氧化碳的测定，可在线计算出细胞重要生理代谢特征参数氧消耗速率（OUR）、二氧化碳生产速率（CER）和呼吸商（RQ），进而对生产工艺参数进行实时调节，实现对发酵过程的有效调控。

对工业发酵过程排出尾气中氧和二氧化碳测定，尤其是氧浓度测定的难度较大，发酵进气与排气之间浓度差较小（最大差值在 4%左右），对检测设备的要求较高。另外，工业发酵过程往往历时 5～10 天，对过程在线检测设备的连续漂移误差要求也较高。

四极杆质谱仪（QMS）的测量精度高、漂移小，可以同时测量多种发酵尾气组分，响应快，可实现多通道和多罐尾气循环的连续测量。四极杆质谱仪已广泛应用于好氧以及兼性厌氧微生物的发酵过程，包括细菌、放线菌、丝状真菌、酵母、植物细胞以及动物细胞等。

如上海舜宇恒平公司 SHP8400PMS 四极杆质谱仪（QMS）系列产品，可提供整套系统解决方案，已用于生物发酵、催化工业等领域内。

5.3.4.2 总体方案

生物发酵尾气的湿度通常很高，而且常常携带有液滴、颗粒、泡沫等。同时，随着反应进程的变化，生物反应器中的温度和压力也会存在一定波动。这样的气体如果直接送入质谱仪器，不但将导致测量结果准确度差，并且有损坏设备的危险。因此用于生物发酵过程分析的仪器，在使用上必须有针对性地配置气体预处理环节。

针对发酵过程的在线监控及工艺分析软件，可对实际应用领域和应用对象进行相适应的独特计算、校正、显示等，为工业生物发酵提供最适宜的监测。如图 5-3-5 所示为某企业实际采用的监控离子表，可通过该表格对发酵尾气中的氮气、氧气、氩气和二氧化碳进行检测、矩阵计算和在线校正，从而获得这些组分的浓度值，实现长期的连续实时监测。

i	化合物	灵敏度	m/z 28	32	40	44	删
	氮气	1.000	100				
	氧气	0.707		100			
	氩	1.184			100		
	二氧化碳	0.843	20			100	
	背景噪声		0.4179	0.1457	0.0383	0.0312	

图 5-3-5 监控离子表

将质谱分析结果与其他工艺参数集成，质谱仪数据传输到工艺分析软件，在线计算 CER、OUR、RQ 等代谢参数，为工艺优化提供线索，形成完整的系统解决方案，如图 5-3-6 所示。

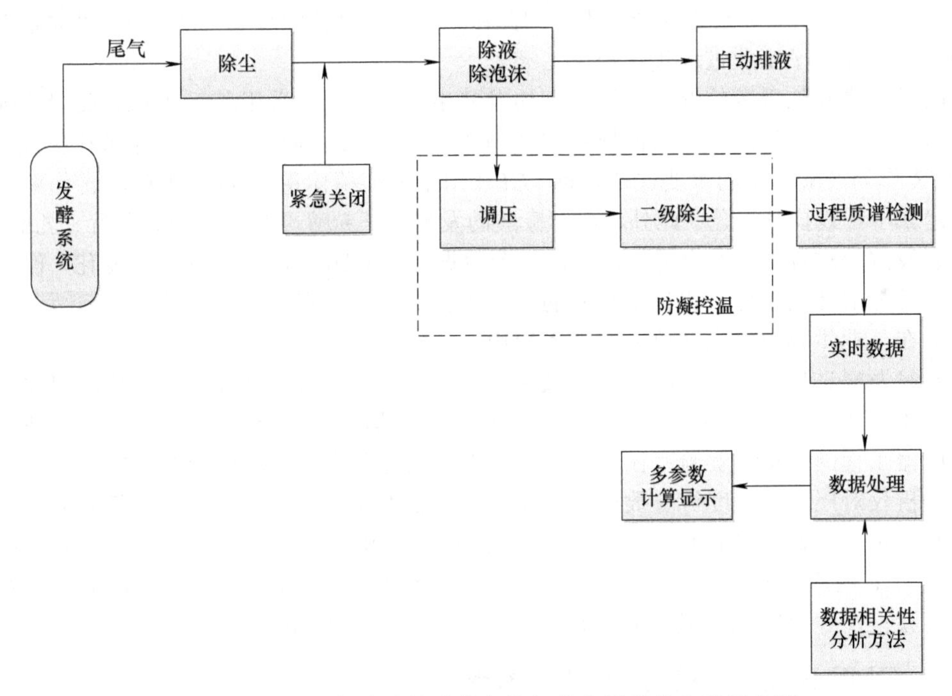

图 5-3-6 生物发酵过程质谱在线气体分析系统方案示意图

图 5-3-7 为多路发酵尾气在线检测系统示意图。

考虑到减小发酵生产过程成本，SHP8400PMS 过程质谱仪采用了多通道连续监测技术。实际应用中将一台过程质谱仪与多台发酵罐在线连接进行循环分析，将分析结果直接输入数据分析软件及中心控制系统，进行相关计算或实施联锁控制，以满足工业大规模生产的要求，

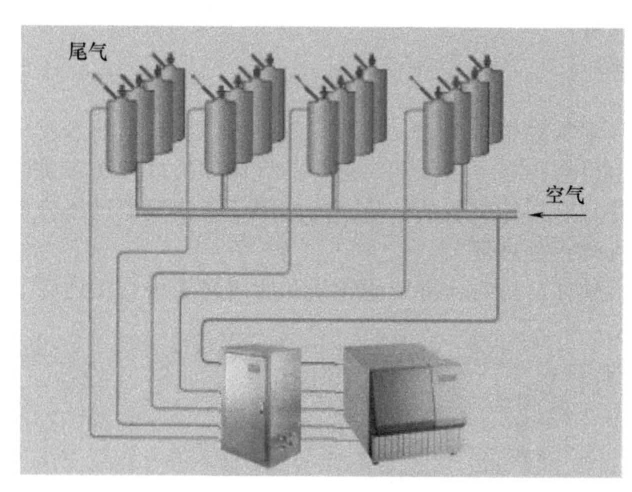

图5-3-7　多路发酵尾气在线检测系统示意图

实现工业发酵过程优化与放大。

5.3.4.3　在线质谱仪在生物发酵过程气体监测领域中的应用案例

（1）在工业生物发酵过程优化中的应用

在某企业的50L实验发酵罐研究过程中，用SHP8400PMS过程气体质谱分析仪对尾气氧和二氧化碳浓度等参数进行检测，通过Biostar软件计算出OUR、CER和RQ值，通过以上参数的变化确定了替代碳源的补加时机，同时把RQ值作为碳源补加的依据，通过补加速率的调整将RQ值控制在一定的范围。最终产品效价提高10%以上，发酵周期缩短20%，放罐发酵液的残油浓度也达到了要求的控制范围，实现了廉价的碳源替代。

在维生素B_{12}工业发酵生产过程中，利用过程质谱仪对发酵过程尾气成分进行测定和相关参数处理，得到反映细胞生理代谢状态的OUR、CER和RQ等参数。结合多参数相关性分析，观察到生产菌对氧有很强的亲和力，因此在工艺优化过程中基于OUR为氧供应水平的重要控制指标，建立了工业过程优化控制工艺。

在阿维菌素和红霉素的低还原糖控制的发酵生产过程中，采用基于OUR反馈的碳源补加工艺有效防止由于碳源浓度过低导致的产物生产停滞。在黑曲霉生产葡萄糖酸钠的过程中，采用OUR作为产酸速率的重要评估指标，CER用于表征菌体量，RQ用于糖酸转化率的定量评估，建立了在线控制工艺。此外，在柠檬酸的发酵、毕赤酵母菌甲醇诱导发酵、乳酸发酵、头孢菌素发酵等过程中，均应用过程质谱仪器数据计算OUR、CER和RQ的变化，作为设备混合传递性能的评估指标，优化了相应的生产工艺流程，获得了产量提升。

（2）在工业生物发酵生产放大的技术应用

在好氧发酵过程中，氧气的供应是微生物生长及代谢的重要基础。在发酵过程控制和放大中，OUR已经作为一个重要的参数，用于生物反应器的选择、设计和放大。华东理工大学生物反应器工程国家重点实验室在利用阿维链霉菌工业菌生产阿维菌素B1a时，采用过程气体质谱分析仪对尾气氧浓度等参数进行检测，计算获得OUR为主要参数进行放大，从实验室一步到$2m^3$生产罐，通过控制在菌体生长时期的OUR值，不但实现了放大，并使得罐上阿维菌素B1a的产率提高了约21.8%。同样，在红霉素发酵过程中，利用OUR作为主要参数，从实验室发酵规模50L成功放大到生产规模$132m^3$和$372m^3$。

5.3.4.4　QMS在发酵过程优化应用的展望

在线QMS监测计算的过程参数OUR、CER和RQ，对于发酵过程的优化具有很好的指导作用。在发酵放大过程中，参数之间的相关性分析更是离不开在线的尾氧、尾碳等参数。QMS过程质谱仪在工业发酵过程优化与放大中的应用，可实时在线监测发酵尾气化合物的丰富信息，检测灵敏度高，对尾气中多组分气体的检测可在秒级的时间内完成，即使对变化较为激烈的反应过程亦能提供准确的数据，实时反映动态过程。在发酵行业推广QMS过程质谱仪对发酵过程控制有重要意义。

5.3.5 在线质谱仪在环氧乙烷/乙二醇过程检测领域的应用

环氧乙烷（EO）/乙二醇（EG）工艺，通常是在银催化剂作用下，乙烯和氧气反应生成环氧乙烷，环氧乙烷水解生成乙二醇。在反应过程中，需要监测反应器中气体组分的浓度，通过调节气体组成浓度比例，使催化剂充分激活。环氧反应工艺过程必须依靠在线质谱仪进行对反应过程的快速分析，及多参数操作和闭环控制，以确保反应过程安全、高效。

采用质谱仪在线分析，可以保障催化剂在设定的生产周期内的高活性和高的选择性；可以确保延长催化剂的使用寿命，防止催化剂出现中毒、尾烧等恶劣事件。必须及时、严格监测反应过程，充分抑制衍生物的产生，以生产出经济效益好的产品。由于环氧反应是化工生产过程中最剧烈的化学反应之一，分析周期过长的色谱分析等仪器都无法使用，必须选用快速、高效、精确、多组分可同时测量的在线质谱分析仪。

（1）乙二醇生产工艺监测点

乙二醇装置主要由环氧乙烷（EO）和乙二醇（EG）两个部分组成。环氧乙烷反应器是全装置的关键部分，反应器、循环气中主要的介质是 C_2H_4、O_2、EO 以及制稳剂 CH_4、N_2 和反应生成的 CO_2。氧化反应生成 EO 的过程，乙烯和氧气的混合物易燃易爆。催化剂的选择，既要谋求 EO 的产品最大化，又要控制在爆炸下限之下。因此，控制 C_2H_4、O_2、EO 的含量是反应器安全和性能的关键。

在线过程质谱仪用于分析 EO 反应器进、出口混合气体中多种组分的含量，响应时间 1s，分析结果送远程 DCS，进行环氧乙烷选择性、乙烯转化率和爆炸极限等的计算和闭环控制。乙二醇工艺流程的主要监测点如图 5-3-8 所示，乙二醇生产中的环氧乙烷工艺需要进行动态监测及参与闭环控制主要有五个工艺测点。

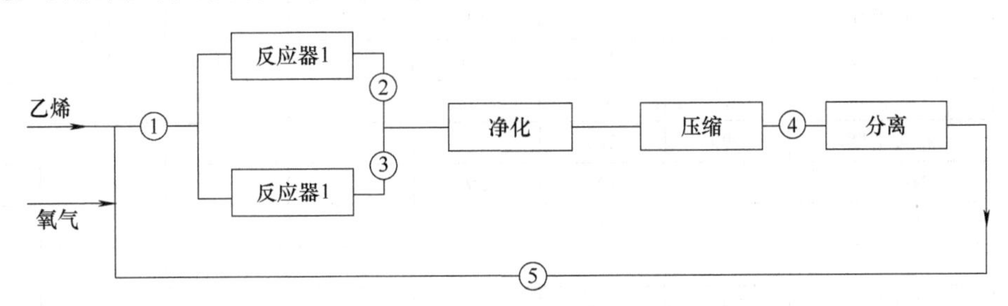

图 5-3-8 乙二醇工艺流程的主要监测点

以 1 号检测点为例，其主要样品组分及典型浓度参见表 5-3-6 所示。

表 5-3-6 1 号检测点主要样品组分及典型浓度

样品编号	样品组分	典型浓度	样品编号	样品组分	典型浓度
1	C_2H_4	26.5%	5	N_2	0.52%
2	C_2H_6	0.34%	6	O_2	5.5%
3	CO_2	1.37%	7	Ar	1.53%
4	CH_4	62%	8	EO	2.24%

（2）在线质谱仪的现场应用

① 现场工艺：可以最多同时监测 128 个工艺点。

② 样品预处理系统：对各监测流路进行预处理，如减压、过滤、稳流、流量报警、流路切换等，使其满足质谱分析需求。

③ 质谱仪：分析流路样品组分，并把相应信号实时送入远程数据站进行分析计算。

④ 远程数据站：是整套分析系统的核心，主要计算并处理接收到的质谱仪分析信号，发出各种控制信号到质谱仪，反馈计算结果给数字输入/输出单元，同时可以被远程 DCS 实施远程监控。

⑤ 数字输入/输出单元：接收来自数据站的数据并传递给远程 DCS 系统，同时把接收到的外部数据传送给远程数据站。

⑥ 远程 DCS：接收来自数字输入/输出单元的分析数据，同时可以远程监控远程数据站，方便用户对系统进行应急操作。

（3）样品组分浓度计算分析

对样品中各组分的定量分析，主要依靠检测每个组分特定的碎片离子峰强度来完成，表 5-3-7 所示为各组分分解的碎片离子质量数、相对峰强度及其在定量计算中选择的定量碎片离子（加*号的）。

表 5-3-7　样品组分碎片离子相对强度表

编号	样品组分	数据						
1	C_2H_4 碎片质量数	28	27	26	25	24*	29	14
	相对丰度	999	623	529	78	23	23	21
2	C_2H_6 碎片质量数	28	27	30*	26	29	15	25
	相对丰度	999	332	262	232	215	44	35
3	CO_2 碎片质量数	44*	28	16	12	22	45	46
	相对丰度	999	98	96	87	19	12	4
4	CH_4 碎片	16	15*	14	13	12	17	
	相对丰度	999	887	204	106	38	16	
5	O_2 碎片	32*	16					
	相对丰度	999	218					
6	N_2 碎片	28	14*	29				
	相对丰度	999	137	7				
7	Ar 碎片	40*	20	36	38			
	相对丰度	999	146	3	1			

注：*表示定量碎片离子。

利用扇式质谱仪磁场扫描方式分别测得各定量离子的离子流强度，采用定量软件扣除不同组分间重叠碎片离子峰强度，得到单一组分定量离子峰强度 $I_{(g,m)}$。采用内部归一法作为定量算法。由于质荷比为 40 的碎片离子无交叉干扰离子，所以选用 Ar 作为归一化物质，利用下式分别计算其他组分的相对标校因子 $S_{(g,m)}$。

$$S_{(g,m)} = \frac{I_{(g,m)} / C_g}{I_{(i,m)} / C_i}$$

式中，$S_{(g,m)}$为测量组分 g 在碎片离子 m 处的标校因子；$I_{(g,m)}$为测量组分 g 在碎片离子 m 处的离子峰强度；C_g 为测量组分 g 的实际浓度；$I_{(i,m)}$为内标组分 i（即 Ar）在碎片离子 m 处的离子峰强度；C_i为测量组分 i 的实际浓度。

连续测量被测气体，利用质谱仪检测其信号强度$I_{(g,m)}$，代入下式即可计算出样品中各组分的实际浓度。

$$C_{(g,m)}=\frac{I_{(g,m)}/S_{(g,m)}}{\sum I_{(g,m)}/S_{(g,m)}}$$

（4）测试结果分析

以聚光科技生产的 Mars-550 工业过程质谱分析仪的检测数据为例。仪器测量数据送入 DCS 当中，与磁氧分析仪（主要测样O_2）和红外分析仪（主要测量乙烯）测量数据进行实时对比分析，可以看出三者分析结果基本一致。在线质谱仪连续稳定运行 3 个月以上，取各组分的测量值计算平均值及与实际浓度的相对偏差，数据结果如表 5-3-8 所示。

表 5-3-8 质谱仪测量数据

编号	样品组分	实际浓度	仪器测定浓度	相对偏差
1	C_2H_4	26.5%	26.9%	−1.5%
2	C_2H_6	0.34%	0.335%	1.47%
3	CO_2	1.37%	1.38%	−0.73%
4	CH_4	62%	61.58%	0.66%
5	N_2	0.52%	0.53%	−1.92%
6	O_2	5.5%	5.48%	0.36%
7	Ar	1.53%	1.52%	0.65%
8	EO	2.24%	2.26%	−0.89%

由表 5-3-8 可知，在定量碎片离子中无交叉干扰离子的测量相对偏差较小，如CH_4、CO_2、EO、Ar，存在交叉干扰碎片离子的测量相对偏差稍大，如C_2H_4、N_2。但是整体相对偏差都在 5%以内，能满足工艺要求的控制需求。利用在线质谱仪在线监测环氧乙烷/乙二醇催化剂活化及驯化过程，充分发挥了其快速、多流路、多组分、高精度、高稳定性分析的优势。

5.3.6 在线质谱仪在科学研究过程中的典型应用

5.3.6.1 在催化研究中的应用

在线质谱仪能适应催化反应研究的快速、灵敏监测需求，研究其过程中的逸出气体对于催化剂表征、制备条件、反应机理研究以及反应器评价等有着重要意义。催化反应的逸出气体不同于工业现场的工艺气体，有其特殊性，具有以下特点：

① 组分多样：有的气体有活泼性、腐蚀性，要求取样系统和质谱检测系统惰性、耐腐蚀。

② 温度范围宽：催化反应温度较高，为防止气体冷凝，在传输过程要求保温 200℃以上。

③ 浓度范围宽：检测范围的要求一般从 100%到10^{-9}级。

④ 响应速度快：对于某些反应剧烈的过程研究，需要毫秒级的采样速率，以捕捉完整的气体浓度变化信息。为保证取样气体实时性，需要在取样系统中增加一个辅助旁路泵。

以上海舜宇恒平 SHP8400PMS-L 在线质谱仪在催化反应逸出气体监测中的应用为例，典型的采样进样系统配置如图 5-3-9 所示。气体样品经惰性石英毛细管引入在线质谱仪，管路具有温度控制功能，可根据反应气体分析需求加热至设定温度。取样管路的温度和压力实现

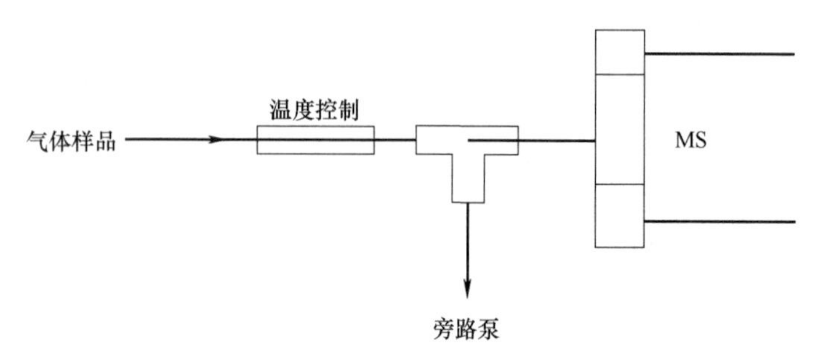

图 5-3-9 典型的旁路辅助进样系统示意图

精密控制，以达到测量响应的稳定性要求。应用旁路泵辅助传输，管道中的气体快速更新，保证在线质谱气体监测结果的实时性。

在催化剂评价中，采用在线质谱仪监测前后的气体浓度变化过程。例如，在低浓度甲烷催化燃烧的催化剂研究中，通过测定甲烷催化燃烧前后的浓度变化，评价其转化效率，快速筛选催化剂合适的掺杂比例和焙烧温度。在丙烯气相一步氧化制环氧丙烷（PO）的催化剂研究中，采用在线质谱仪对反应产物进行在线跟踪，记录反应温度和气体浓度变化的相关曲线，进行催化剂改性研究，判断氯化银（AgCl）的引入可显著提高环氧丙烷（PO）的生成速率，并提高了催化剂的低温活性。

在微型流化床多阶段原位反应分析检测快速气-固反应逸出气体的研究中，也是采用在线质谱仪。通过对在线质谱仪的取样毛细管精密温控（±0.2℃）和取样点压力的绝对压力精密控制（±0.05kPa），可实现 30s 内的快速稳定气体检测，显示了高度重复性。

5.3.6.2 在燃料电池研究中的应用

燃料电池的工艺气体具有如下特点：浓度范围宽，从痕量到接近 100%，对在线质谱仪的灵敏度和检测动态范围要求较高；气体压力不稳定，含有大量水分：在工作的同时产生水，影响质谱仪的检测精度，同时大量水对仪器寿命也会产生不良影响，故需要气体预处理。

下面以上海舜宇恒平公司 SHP8400PMS-L 在线质谱仪在燃料电池工艺气体分析中的应用为例进行说明。典型的燃料电池工艺尾气分析系统的结构示意如图 5-3-10 所示（以两路气体为例）。在线质谱仪分析系统包括抽气泵、冷阱和稳压装置，各气路独立配置，避免样气之间的交叉污染。抽气泵保证管路气体的实时性，冷阱进行温度调节和除水过滤，之后气体通过稳压装置保证质谱仪进样气体量的一致性。整套系统实现了定量分析，并同时监测燃料电池中可逆正反应产生的高浓度气体，以及不可逆副反应所产生的痕量气体。

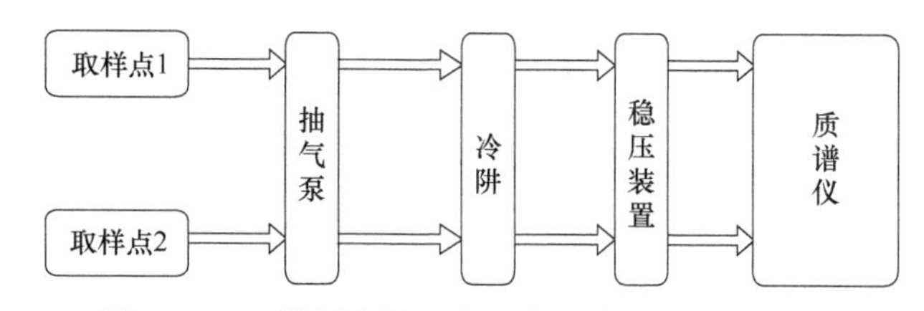

图 5-3-10 燃料电池工艺尾气分析系统结构示意

因同时检测高浓度和痕量气体，要求仪器检测范围较宽，检出限需要达到 10^{-9} 级，在线质谱仪配置了法拉第杯和电子倍增器双检测器，可满足高浓度和低浓度化合物检测需求。

5.3.6.3 在植物排放 VOCs 监测中的应用

在线质谱仪可实现植物排放 VOCs 的连续在线监测，可通过 VOCs 的趋势变化，反映出敞开环境中植物受到环境因子影响，而产生的生理特性变化趋势，例如，植物受到机械损伤后，合成并释放出特异性物质己烯醛，这是采用离线检测方法难以监测的。质子传递反应质谱（PTR-MS）由于不受空气中常规组分干扰，具有灵敏度高、响应速度快的特点，是痕量气体在线检测的重要手段，在个体尺度植物排放 VOCs 释放研究和生态尺度植物 VOCs 检测中均有应用。常见的植物排放 VOCs 在线检测流程如图 5-3-11 所示。

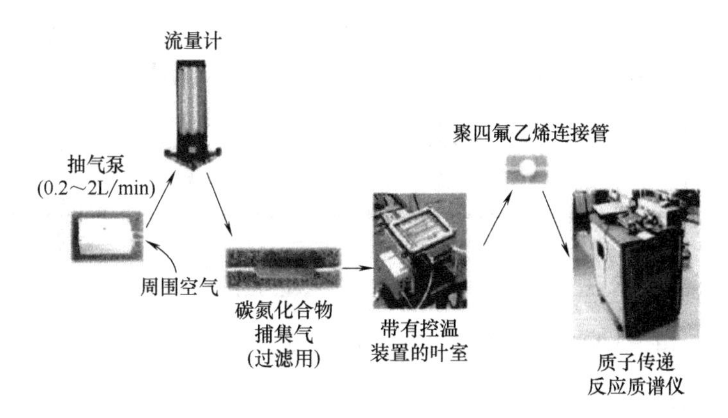

图 5-3-11　植物排放 VOCs 在线检测流程图

植物排放 VOCs 的研究具有重要价值。植物排放 VOCs 的种类繁多，现已知超过 10000 种。Guenther 将全球植物释放的 VOCs 分为 4 类：44%的异戊二烯、11%的单萜烯、22.5%的其他活性 VOCs 和 22.5%的非活性 VOCs。通常采用 GC-MS 或 GC×GC-MS 进行离线分析，一个样品的分析时间在 30min 以上。离线方法存在滞后、变质的风险，而在线监测避免了样品采集、运输可能造成的组分变化，为研究植物排放 VOCs 提供了更有价值的检测方案。

碳氢化合物捕集器将抽气泵抽入的空气过滤，以除去空气中本身的 VOCs，进入采样室，然后携带植物释放的 VOCs 进入 PTR-MS 进行分析测定。整个流程中，通过流量计对空气流速进行控制。采用这种方法，PTR-MS 检测单萜烯和异戊二烯的检出限可达 0.05×10^{-9}，与离线的 GC-FID 相比，能获得更多的数据信息，数据采集连续性更好，能更精确绘制植物 VOCs 的变化曲线，如图 5-3-12 所示。

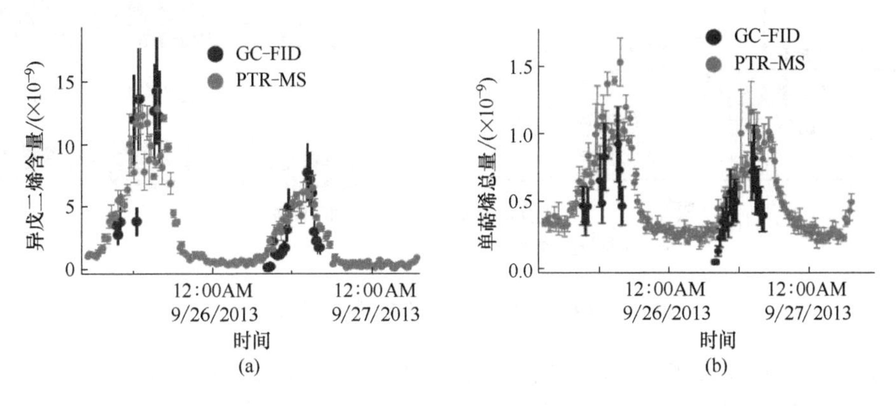

图 5-3-12　PTR-MS 与 GC-FID 连续 24h 监测异戊二烯（a）与单萜烯（b）

采用膜进样系统、单光子电离源、飞行时间质量分析器的仪器配置，如图 5-3-13 所示，实现了高分辨检测能力，并通过对目标组分的富集，进一步提高目标分子的检测灵敏度，对于常见 VOCs 检测可达到 $\mu g/m^3$ 级检出限。

5.3.7　在线质谱仪在大气颗粒物 $PM_{2.5}$ 源解析技术中的应用

5.3.7.1　$PM_{2.5}$ 的源解析技术概述

大气颗粒物的来源解析（简称源解析）具有导向性，能够直接为环保部门指明污染防治

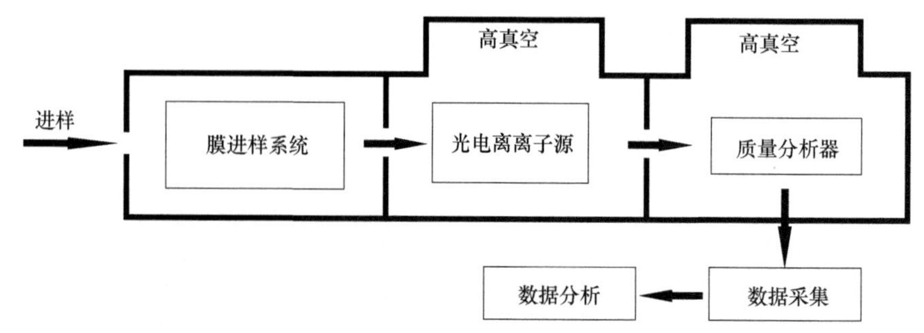

图 5-3-13　膜进样-光电离 VOCs 在线质谱仪系统示意框图

重点，从而采取相应有效的治理措施。传统源解析方法多为离线方法，难以满足大气污染治理的需求。近年来随着科学技术的进步，多种在线仪器的出现使得实现 $PM_{2.5}$ 的快速源解析成为可能，特别是单颗粒气溶胶质谱（SPAMS）仪的应用。其检测原理参见图 5-3-14。

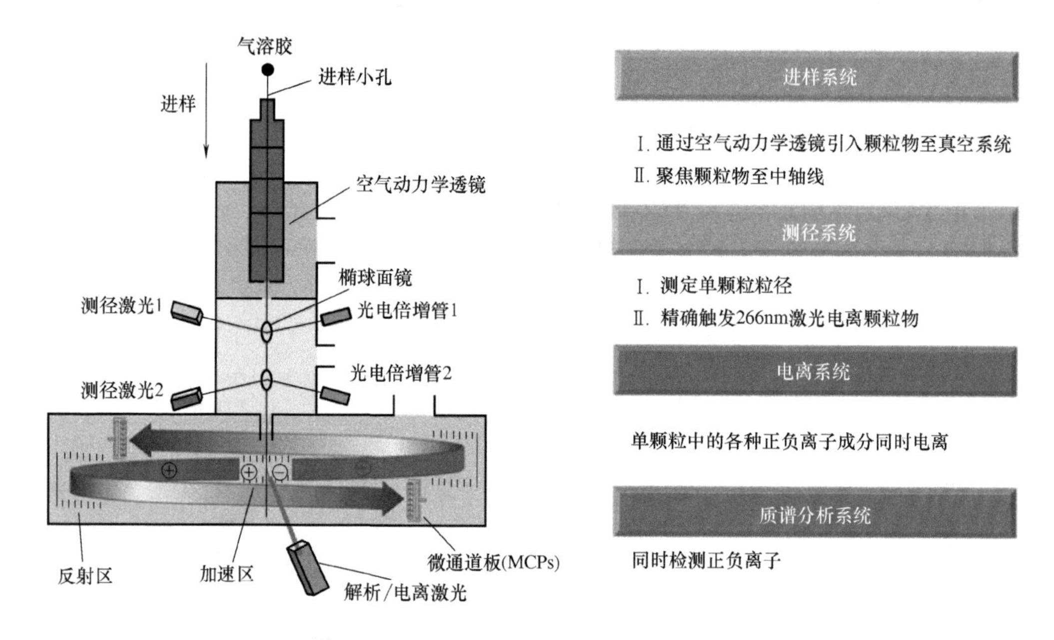

图 5-3-14　单颗粒气溶胶质谱仪检测原理

TOF-MS 的单颗粒质谱技术，可同时提供无机元素和有机物种的信息，能够发现单个颗粒物上各化学物种之间的联系，其快速、高时间分辨率的特点使其在颗粒物源解析上极有优势，得到进一步发展和关注。

5.3.7.2　基于 TOF-MS 的颗粒物源解析技术原理

$PM_{2.5}$ 全组分的在线源解析主要利用受体颗粒和源谱特征的对比识别污染来源，其流程和基本原理如下：首先，确定主要污染源种类，并对各污染源样品进行采集，获取各类污染源排放的颗粒物质谱特征；然后借助自适应共振神经网络分类方法（ART-2a 算法）等大数据算法，对采集到的各源颗粒进行分类、筛选，得到各源的特征谱图，建立特征源谱库；最后，利用 SPAMS 进行受体颗粒物连续监测。将实时测到的每个受体颗粒质谱图，与源谱库中的特征谱图进行相似度比对，当受体颗粒与某类污染源的相似度高于某一阈值，该颗粒物将被归到对应源中，通过该实时计算模型，可及时判断出测得的每一个颗粒物的来源。通过一定时间（如 1h）的统计，即可得到实时的源解析结果。利用 SPAMS 对颗粒物进行离线源解析，一般是基于其获取的环境颗粒物类别特征，结合其时间变化趋势及污染源分布状况，进行来源判别。颗粒物在线源解析原理示意参见图 5-3-15。

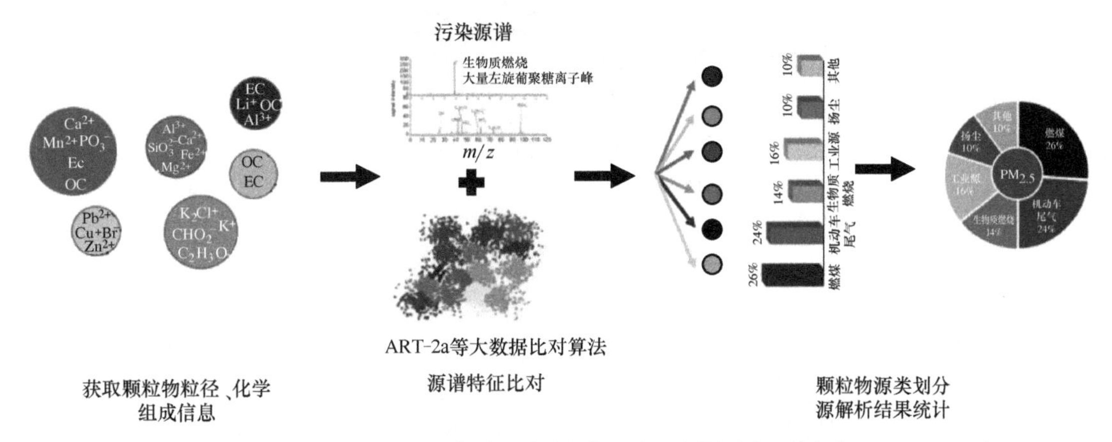

图 5-3-15　颗粒物在线源解析原理图（彩图见文后插页）

5.3.7.3　针对 $PM_{2.5}$ 全组分的源解析研究的典型案例

采用 SPAMS 在线源解析对不同季节不同地点的 $PM_{2.5}$ 污染物组分和来源进行解析，一般能够获取常见的几大类污染源如汽车尾气、燃煤、工业、扬尘、生物质燃烧等的贡献比例、高时间分辨率的时间变化规律以及粒径分布规律，据此可提供污染主控源类，以及不同污染过程的成因，此外还可对大型管控措施是否有效进行评估。

对某市的 $PM_{2.5}$ 监测的典型案例参见图 5-3-16。结果表明：颗粒物主要以有机碳（52.5%）、富钾颗粒（27.6%）和单质碳（15%）为主，主要来源为燃煤（33.2%）、生物质燃烧（25.7%）和机动车尾气（17.5%）。通过对灰霾过程中细颗粒物组分及来源的典型案例研究，发现灰霾过程的 5 个阶段中，占比最大的化学组分均为有机碳、单质碳和混合碳；在雾霾生长阶段，富钾钠颗粒物及富铵颗粒物增长明显，其主要来源为机动车和燃煤，二次合成对灰霾生长和消退起重要作用。

基于 SPAMS 数据，针对颗粒物来源的详细解析，对某市 $PM_{2.5}$ 全组分的源解析研究，将采样期分成晴朗、灰霾和沙尘期，并借助气团后向轨迹分析了可能的污染物来源。研究发现在停滞气象条件下，地方和区域尾气排放是灰霾形成的关键因素。在灰霾期，工业金属颗粒物有较高贡献，为 23%或 29%，主要来源于生物质燃烧排放、煤燃烧和机动车辆排放气。

5.3.7.4　大气含重金属颗粒物的源解析研究

利用单颗粒气溶胶质谱（SPAMS）对大气颗粒物中的重金属来源进行了解析。对某市含铅细颗粒物的化学组分和来源的研究表明：基于颗粒物的质谱特征，含 Pb 颗粒物分为富钾、含碳、富铁、沙尘、富铅和富氯六大类型；含 Pb 颗粒的化学成分和其受气象条件以及自然和人为源排放的影响有关；富钾和含碳的铅颗粒物主要来自煤的燃烧排放，其他类的铅颗粒物可能与冶金过程、煤炭燃烧、沙尘和垃圾焚烧等有关。利用 SPAMS 在线分析并且结合电感耦合等离子体质谱法离线分析了含铅颗粒的化学组分和其可能来源。研究结果表明燃烧过程、钢铁业和高度老化的含铅颗粒是某市含铅 Pb 颗粒物中铅的主要来源。

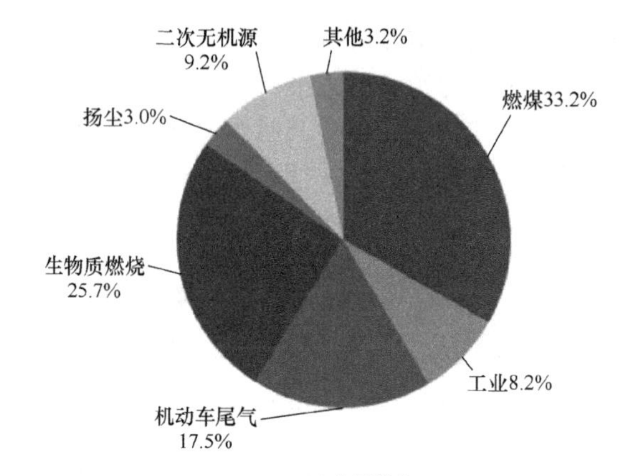

(a) 来源组成

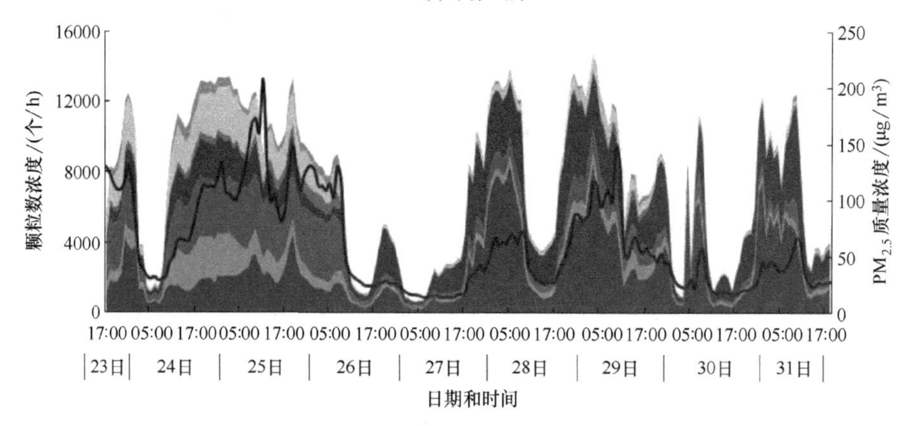

(b) 来源组成时间变化

其他 二次无机源 扬尘 生物质燃烧 机动车尾气 工业 燃煤 $PM_{2.5}$质量浓度

图 5-3-16 典型案例：某市 $PM_{2.5}$ 来源解析结果图

典型案例：对某市含有 Cu、As、Pb、Cd、V、Co、Cr、Zn、Ni、Ba 和 Hg 的重金属气溶胶粒子进行连续监测。研究结果表明，重金属气溶胶粒子来源按照化学组成特征可分为工业排放（35.7%）、生物质燃烧（34.45%）、交通排放（13.6%）、化石燃料燃烧（11.03%）、矿尘（4.07%）、其他（1.15%）。其中，含 Pb、Cd 和 Cr 的气溶胶粒子主要来源于工业排放；含 Cu、Co 和 Hg 气溶胶粒子主要来源于生物质燃烧；含 V、Zn 和 Ba 的气溶胶粒子主要来源于交通排放；含 As 和 Ni 的气溶胶粒子主要来源于化石燃料燃烧。

5.4 在线质谱仪的联用技术

5.4.1 在线色谱-质谱联用技术及其应用

5.4.1.1 在线 GC-MS 联用的技术特点

（1）提高了对混合物的分析能力

GC 作为在线质谱进样系统的一部分，可在样品导入质谱检测之前对其进行分离。在线

GC-MS 兼具了 GC 和 MS 的双重分离和检测能力，因此极大提高了分离效率。经过 GC 分离得到的单一性组分，通过质谱检测分析，可以获得更为“纯净”的质谱信息，进一步加强了仪器的定性能力和定量准确度。因此，在线 GC-MS 特别适合复杂混合物的分析。

（2）提高了检测的专属性和灵敏度

联用技术可以获得质量、保留时间、强度三维信息，如图 5-4-1 所示。

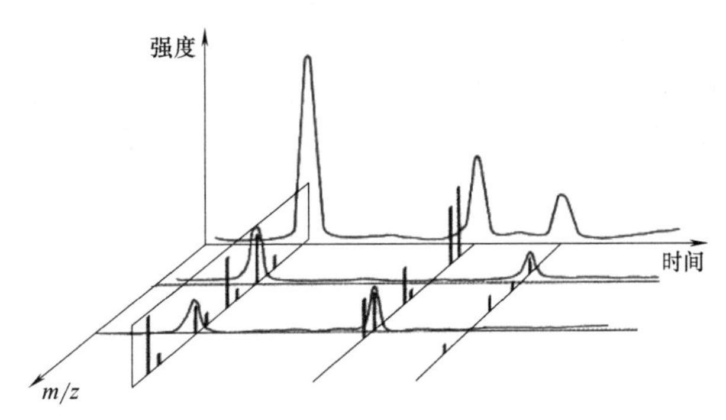

图 5-4-1　GC-MS 三维谱图

化合物的质谱特征加上气相色谱保留时间双重定性信息，使其检测专属性更强。尤其是对于质谱特征相似的同分异构体，仅靠质谱信息难以区分时，色谱保留时间可以作为鉴别的依据。此外，样品经分离后再进入质谱检测，排除了基质和杂质峰的干扰，对提高检测灵敏度也十分有利。

（3）扩展了对未知物的分析能力

在线 GC-MS 先通过 GC 分离，得到单一性的组分再进入质谱分析，这种分析模式将组分信息损失降至最小，扩展了对未知物的分析能力。质谱作为通用型检测器，能捕捉经 GC 分离后的全组分信息。即使在面对未知物时，也可通过质谱图的解析或与标准谱库对比来进行定性分析。

在线 GC-MS 与单一的在线质谱技术相比，由于引入了 GC 分离，增加了分析时间，实时性下降。典型的 GC 分析时间在几分钟到几十分钟，远不能与在线质谱的秒级检测速度相比。对于需要快速响应的混合物分析应用场景，在线质谱依然是不可替代的分析工具。同时，因需要使用色谱柱、载气等消耗品，系统变得复杂，维护频次也会增加。因此，需要根据应用需求，从适用性、成本、效率等方面综合考虑在线 GC-MS 的配置与应用。

5.4.1.2　在线 GC-MS 联用的典型配置

目前在线 GC-MS 仪器主要有两类：一类是基于已成熟的实验室 GC-MS 产品进行开发，采用 EI 离子源和单四极杆质量分析器的配置，最为普遍；另一类是便携式的在线 GC-MS。

在线 GC-MS 的优势在于复杂混合物的高灵敏分析，目前主要是用于环境中挥发性有机物及半挥发性有机物的监测。为实现在线监测的目标，除了在线质谱仪通用的数据采集、传输、控制、反馈等功能要求之外，在线 GC-MS 与单一在线质谱仪的主要配置差异在进样系统上，即如何有效地将目标分析物从样品采样点自动转运至 GC 的进样口。

在线 GC-MS 主要有以下两种进样系统，分别应对气体和液体样品。

（1）在线热脱附

热脱附是一种气相色谱常用的样品前处理技术，利用加热和惰性气流作用，使挥发性和半挥发性有机物从吸附剂或样品基体中萃取/解吸出来，可实现对气体样品的在线采样、分析物浓缩的功能。在线热脱附基本结构如图 5-4-2 所示。

流程如下：通过连续气体采样泵采集气体样品，经过一定的预处理，如过滤颗粒杂质、除水等，目标组分被吸附于捕集管中。经过一定的采集时间，停止采样，升高捕集管的温度，将吸附的目标组分在加热情况下由惰性气流（通常为氮气）脱附，进入 GC-MS 进行分析。上述流程只有一次捕集-脱附的过程，因此也称为一级热脱附，容易造成峰展宽问题，样品浓缩富集的效果也较差。为解决这些问题，需进行二次聚焦。即样品从捕集管中脱附后，再次被聚焦管吸附，然后迅速升温脱附进入 GC。二次聚焦起到了进一步浓缩的作用，改善峰展宽，提高灵敏度，这一过程也称为二级热脱附。

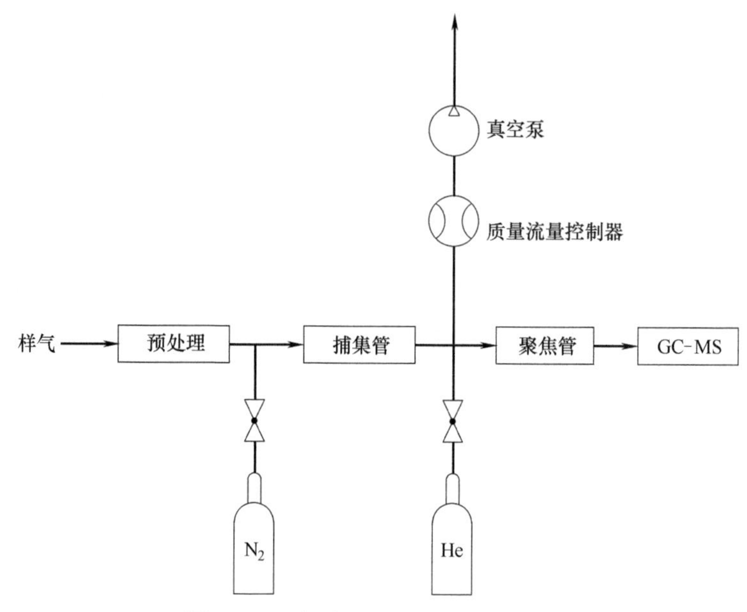

图 5-4-2　在线二级热脱附基本结构

在热脱附技术中，吸附剂的选择对测试结果具有重要影响。原则上，吸附剂应当既能从采样气体中完整吸附目标组分，又能通过热脱附将其完整解吸出来。目前常用的吸附材料包括多孔聚合物、碳分子筛及石墨化炭黑等。不同吸附材料的吸附能力不同，应针对不同目标组分选择合适的吸附剂。有时也会采用混合型吸附剂，当填充时，从采样入口向出口，吸附剂由弱吸附能力向强吸附能力分布。另外，还需考虑吸附剂的热稳定性、惰性、疏水性等。热脱附技术中另一关键是对于聚焦管的温度控制。需要在低温状态吸附目标组分，一般采用电子制冷技术达到−30℃的低温；再快速升温，升温速率可达 40℃/s，以保证峰形，获得较高的灵敏度。采用上述方法，在环境空气中进行臭氧前驱物的在线监测，56 种组分的检出限均低于 0.15×10^{-9}mol/mol。

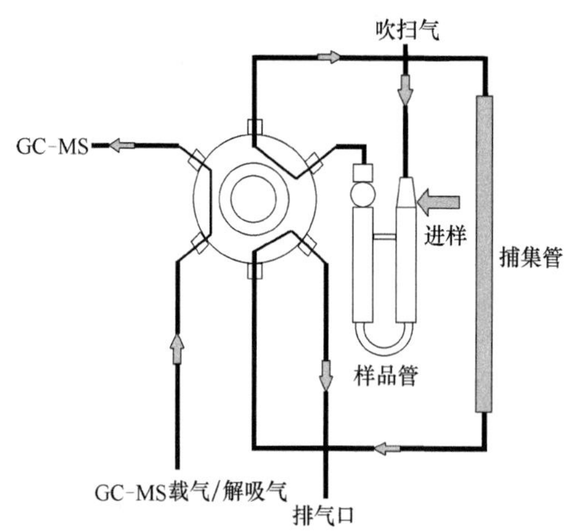

图 5-4-3　吹扫捕集进样装置示意图

（2）在线吹扫捕集

在线吹扫捕集是针对液态样品中的挥发性/半挥发性有机物的检测。用流动的气体将液体样品中的挥发性/半挥发性组分“吹扫”出，再用一个捕集器将吹扫出来的物质吸附浓缩，然后经过热解吸将样品送入 GC，实际是包含了吹扫和捕集两个步骤，故称为吹扫捕集（purge and trap）进样。

在线吹扫捕集装置如图 5-4-3 所示，基本流程如下：液体样品自动泵入样品管中，用量为 5～20mL，然后打开吹扫气阀，吹扫气（一般为惰性气体）将液体样品中的挥发性组分带入捕集管中。吹扫过程结束，关闭吹扫气阀，同时转动六通阀，让 GC-MS 载气通过捕集管，并加热捕集管，使其迅速升温达到解吸温度，从而将检测目标样品注入 GC 进样口。

可以看出，吹扫捕集中也应用到一部分的热脱附技术。吹扫捕集中同样也有采用冷阱富集来获得较高的灵敏度，两者的主要区别就在于液体样品采用“吹扫”的过程，实现挥发性组分的转移。

在线吹扫捕集技术能够实现水中有机物在线分析。采用蠕动泵自动进样、气动/电动六通阀、电子流量控制等自动化技术，实现流程自动化控制、数据自动采集与传输等功能。采用工控机及软件对系统流程进行自动化控制。可采用水样多次清洗进样管，实现不更换进样管完成不同样品检测，不仅能够使得仪器连续运行，节省人工成本，避免样品转运的风险，还可减少残留的干扰，保证结果的准确。

5.4.1.3　在线 GC-MS 在环境监测的典型应用

在线色谱-质谱（GC-MS）方法是我国多项环境标准规定采用的检测方法，如 HJ 639—2012《水质　挥发性有机物的测定　吹扫捕集/气相色谱-质谱法》、HJ 644—2013《环境空气　挥发性有机物的测定　吸附管采样-热脱附/气相色谱-质谱法》等。在线 GC-MS 仪器不但能获得与标准方法相匹配的数据，且能获得实时信息。在空气质量监控、水质监控和现场应急检测等领域已经取得广泛应用。

（1）用于空气质量监测

① 用于监测环境大气系统　在线 GC-MS 可用于需要连续监测空气质量的场所，如用于区域环境的大气质量监测站，用以获得同一监测点位的大气环境质量和时空变化特征。我国生态环境部制定的《2019 年地级及以上城市环境空气挥发性有机物监测方案》中，将 GC-MS 方法作为规定检测方法之一。在线 GC-MS 监测环境大气系统组成如图 5-4-4 所示。

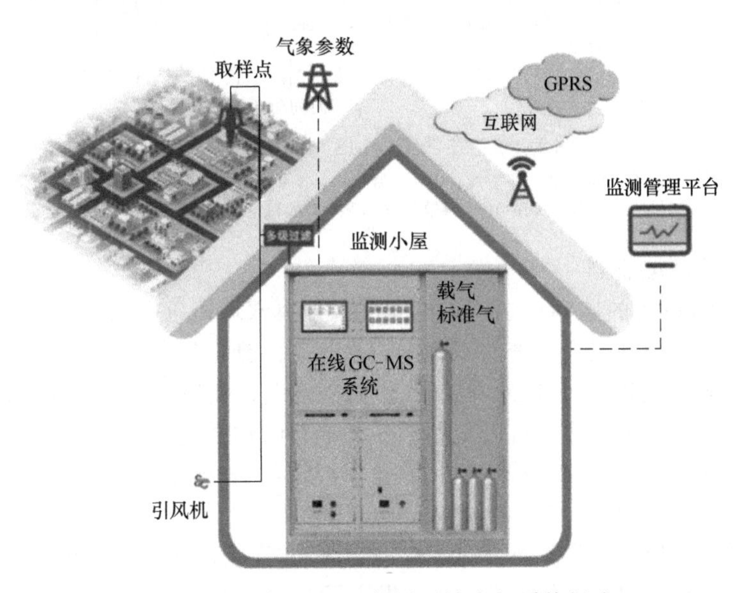

图 5-4-4　在线 GC-MS 监测环境大气系统组成

环境空气在采样点经采样泵取样，通过控制流速和时间，保证取样量的一致性。经过滤、除水等一定的气体前处理后，进入集成了二级热脱附的 GC 单元，经富集浓缩后开始色谱分离。色谱部分和质谱部分的参数使用可参考相应的国家/行业标准，以便于与常规实验室GC-MS方法的数据比对，也可根据实际情况适当调整。整套系统能同时实现24h×7d的不间断检测，可跟踪数十个甚至100多个VOCs组分，对标准中列出的有机组分可进行定性定量分析。具备在线添加内标和定时设置校准功能，可通过软件监控管理平台对分析结果进行自动化统计分析。在需要时，还可将数据上传到环境监测单位。

在VOCs特征及O_3生成潜势的相关性分析研究中，运用在线GC-MS系统对VOCs体积分数水平及组成特征进行监控，从而分析研究臭氧生成敏感性的控制因素。该在线GC-MS系统一次采样可以检测98种VOCs，检出限范围$(0.008\sim0.05)\times10^{-9}$。

② 用于工业园区边界的环境空气污染物监测　采用在线热脱附的在线GC-MS对某工业园区边界的环境空气污染物进行连续监测，每6h进行一次全质谱扫描，利用标准谱库对未列入监测项目的有机物进行定性识别，发现了氯甲烷、乙醇、二氧化硫和甲醛等11种组分，如图5-4-5。分析数据协助园区发现排放有机物的企业，并进行管理。与在线气相色谱仪相比，在线GC-MS具备对复杂组分进行实时监控功能的同时，还具有强大的有机物定性功能。

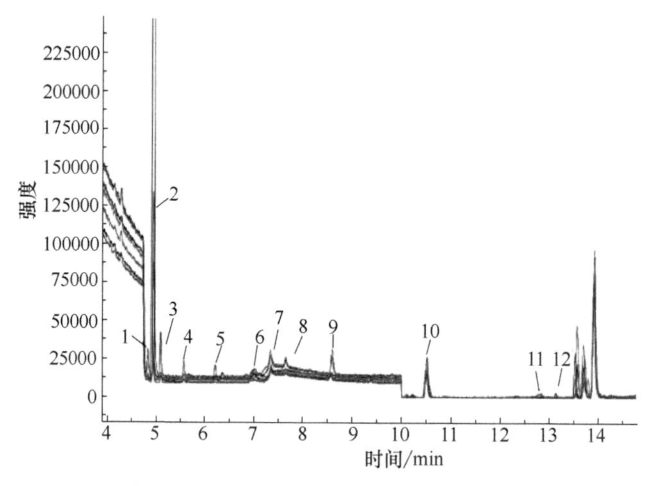

图5-4-5　在线GC-MS质谱全扫描结果

1—异丁烷；2—氯甲烷；3—正丁烷；4—二氧化硫；5—溴甲烷；6—甲醛；7—2-甲基丁烷；8—正戊烷；9—二氯甲烷；10—溴氯甲烷（内标）；11—3,4-二甲基己烷；12—正庚烷

（2）用于水体环境监测

① 地表水中VOCs的监测　GB 3838—2002《地表水环境质量标准》中要求对54种VOCs进行监控。使用水质自动采样系统将水样通过水管引入到定量的采样杯中，多余的水通过溢流口排出。整个采水过程通过PLC控制各电磁阀开关，实现自动进水和排水，采样频次为2h。水样采集完毕后，系统自动打开气路系统，运行吹扫捕集程序，将吹扫出来的VOCs富集后再经高温解吸进入GC-MS分离分析，获得了要求的54种VOCs混合物的总离子流（TIC）图和重建离子流色谱（RIC）图，参见图5-4-6。

同样，在线GC-MS可发挥强大的有机物定性功能，除了要求的VOCs定量监测外，还能够对未知污染物进行快速定性监测。文献报道了在地表水检测中，选择54种VOCs以外的响应最大的3种物质，不但给出定性结果，还可根据其与内标物的比例关系，给出参考的半定量结果。

② 水中VOCs监测系统结构　在线GC-MS用于水中VOCs监测的系统结构示意如图

5-4-7 所示。例如舜宇恒平 MSQ8100 VOCs 在线监测系统，基于 GC-MS 技术，将取样、富集、分析整个流程自动化，采用连续自动取样的吹扫捕集装置，同时可加入内标物、替代物，可进行准确的定量分析。

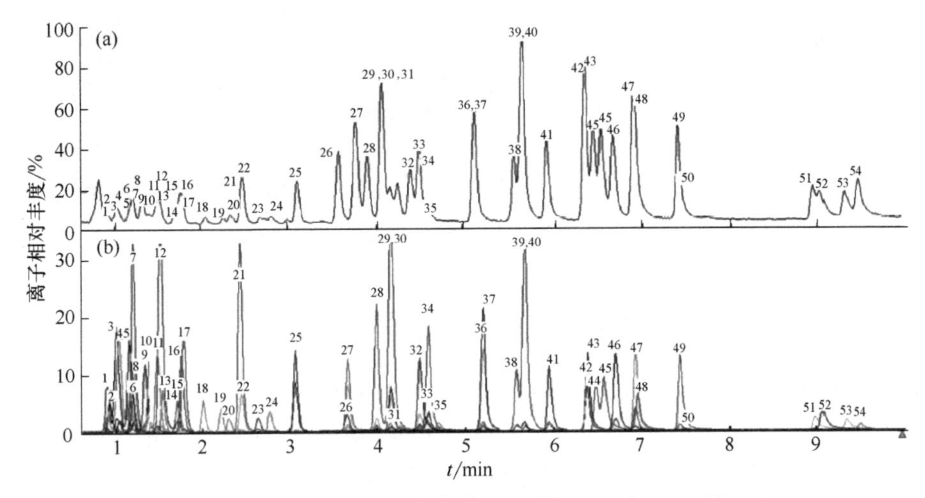

图 5-4-6 54 种 VOCs 混合物的 TIC 图（a）和 RIC 图（b）

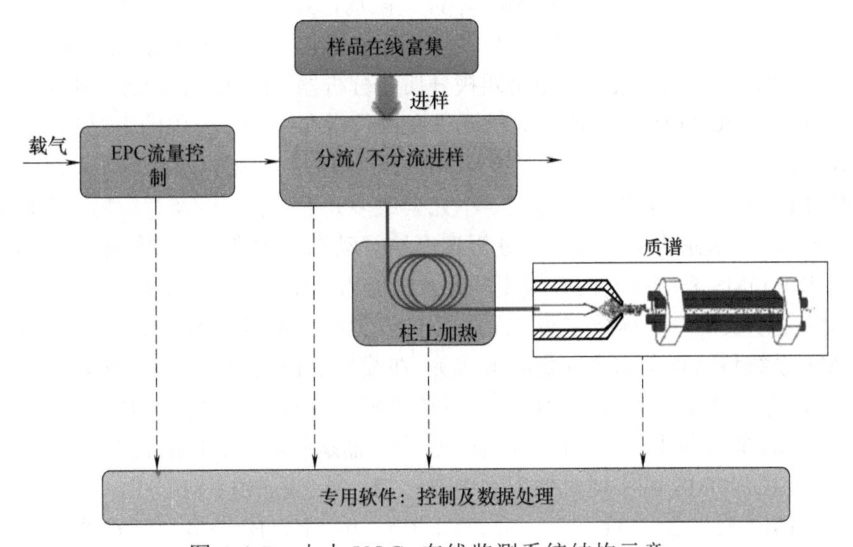

图 5-4-7 水中 VOCs 在线监测系统结构示意

（3）用于环境污染现场应急监测

环境污染事故中，可能形成种类繁多的有毒有害 VOCs，迅速对污染物进行有效应急监测是进行后续处置的前提。在应急事故检测中，便携式 GC-MS 可现场直接采样分析，解决了应急监测 VOCs 需要，快速定性定量检测，为环境污染事故及时处理争取时间。便携式 GC-MS 和现场工作情况如图 5-4-8 所示。

便携式 GC-MS 仪器无需外接电源，仅使用附件箱中载气和电池工作，分离、鉴别和测量通过进样管进入气流中的有机化合物，快速分析并得出定性定量分析结果。可直接快速扫描现场，跟踪检测确定污染边界。

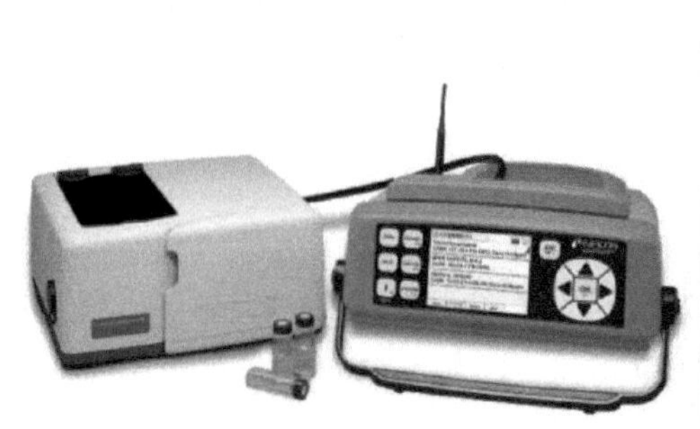

图 5-4-8 便携式 GC-MS 和现场工作情况

5.4.2 电感耦合等离子体与四极杆质谱联用技术

电感耦合等离子体（ICP）是针对无机元素和同位素离子化分析需求发展起来的。ICP 离子源产生超高温度，理论上能使所有的金属元素和一些非金属元素电离。电感耦合等离子体质谱（ICP-MS）是将 ICP 作为质谱仪器离子源的一种联用技术。其以独特的接口技术，将 ICP 的高温电离特性与质谱仪的灵敏快速扫描的优点相结合，形成一种高灵敏度的无机分析技术。

四极杆质谱仪由于仅利用纯电场工作，不涉及磁场，具有结构简单、重量较轻、体积小、扫描速度快、对真空的要求不苛刻等特点，广泛应用于在线监测设备和便携式质谱仪。同时，由于 ICP 产生的离子初始能量低，很适合使用四极杆质量分析器，因此，将两者联用形成电感耦合等离子体四极杆质谱（ICP-QMS），成为无机元素和同位素在线监控应用的主要联用技术方案。

ICP-QMS 有以下优点：在大气压下进样，便于同多种在线采样技术联用，适合现场监控和大多数工业应用场景；可进行同位素分析、单元素或多元素分析，以及有机物中金属元素的形态分析，或根据应用需求完成多种分析；分析速度快，动态范围宽；谱图简单，检出限低，可达 pg/mL 级别。ICP-QMS 系统技术同时检测多元素的能力，在环境分析中得到充分的发挥和应用。目前，ICP-MS 是水质检测的标准方法，而在线 ICP-QMS 可以实现水中重金属含量的实时监测。在线 ICP-QMS 系统包括自动取样（定时取水）、在线样品前处理（包括多级颗粒过滤、在线消解等）等装置，并具备在线实时内标功能。系统可根据取水动作触发点火、测量、清洗、熄火等动作，并结合地理、时间等信息上传数据，进行仪器运行状态、样品状态监控等，如图 5-4-9 所示。使用在线 ICP-QMS 可实现对地表水中 Be、B、Ti、V、Cr、Mn、Co、Ni、Cu、Zn、As、Se、Mo、Ag、Cd、Sb、Ba、Tl、Pb、Ge、Y、Rh、In、Ir、Bi 等多种元素进行监测。

5.4.3 低热容色谱与双曲面三维离子阱质谱联用技术

低热容技术（LMT）是将标准熔融石英毛细管气相色谱柱与独立加热、温度传感和绝热元件结合起来，加热丝和温度传感器直接绕在石英毛细管外。低热容技术（LMT）与气相色谱（GC）组成模块式系统，与传统柱温箱技术相比，其加热和冷却速率快、色谱柱的效率更高、分析周期更短、能耗更低，是便携仪器和在线仪器的理想选择。

采用低热容气相色谱（LMTGC）技术和离子阱质谱相结合的方式，能够使分析周期缩短到常规色谱的 20%以下，从而使分析效率较之常规气相色谱技术有了 5 倍以上的提高。采用三维离子阱作为质量分析器，能够提高系统对低浓度组分的响应，满足现场对于痕量样品的高灵敏度检测要求。同时，不论是 LMTGC，还是离子阱质谱（TrapMS），都是小型化仪器，故两者联用的仪器体积小、重量轻，是便携式质谱仪的首选技术方案。

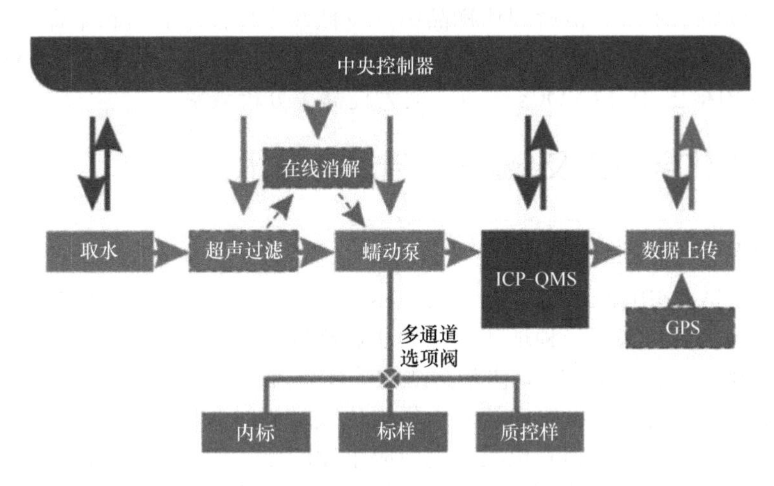

图 5-4-9　水质在线检测系统（ICP-QMS）

现场检测的便携式低热容气相色谱-三维离子阱质谱（LMTGC-TrapMS）联用系统，还配置有气体采样探头、顶空进样系统，能够实现气、液、固三种形态的环境样品检测。LMTGC-TrapMS 便携式质谱仪测试空气中与水中 VOCs 的谱图参见图 5-4-10。

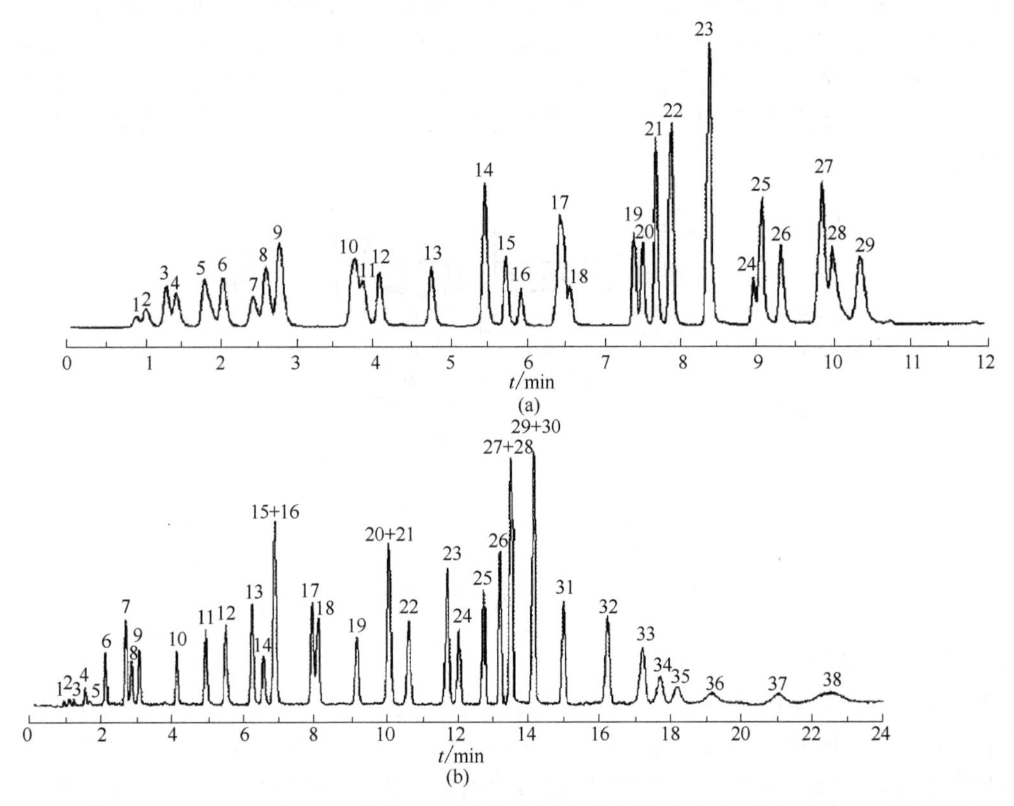

图 5-4-10　LMTGC-TrapMS 便携式质谱仪测试空气中（a）与水中（b）VOCs 的谱图

其中，手持气体采样探头用于现场气体样品的采样；顶空进样系统用于现场水体、土壤中挥发性有机物分析，具有静态顶空和动态吹扫两种采样模式。通过分流进样口可以实现固相微萃取进样，可用于水体、溶解固体样品中挥发性和半挥发性有机物采样与进样，并能够富集目标物质，去除基质干扰，有效提高检测灵敏度，快速获得分析结果。LMTGC-TrapMS技术可在25 min内检出38种VOCs物质，大大提高了分析效率。

5.4.4 微分电化学质谱及热重-质谱联用技术

5.4.4.1 微分电化学质谱技术

微分电化学质谱（differential electrochemical mass spectrometry，DEMS）是将电化学和质谱技术相结合而发展起来的一种现代电化学现场测试手段。它可现场检测电化学反应中的挥发性气体产物及动力学参数、中间体及其结构的性质等。当电极反应产物共析出时，DEMS技术可同时确定每种产物的法拉第电流随电极电位或时间的变化。

在线电化学质谱技术在 Li-O_2 电池研究中应用较广泛，通过原位监测电池工作时所涉及的各种气体的量或浓度随时间的变化，结合施加在原位电池上的伏安研究方法，得到质谱循环伏安图（mass spectrometric cyclic voltammogram，MSCV）。这对理解 Li-O_2 电池体系中，电解液和电极材料的稳定性、催化剂的功能，以及反应机理的确立起到了重要作用。

测定时按照设计的电池结构将阳极锂片放入集流体凹槽内，覆盖两片隔膜，浸润40 mL电解液，依次放入阴极碳片与不锈钢网集流体，用弹簧压紧正负极，并保证气密性。电池反应产生的气体由毛细管漏阀直接导入电离室（约 10^{-4} Pa），如图5-4-11所示。毛细管漏阀有很低的漏率和快速的响应时间，相对比于单级减压进样和差分减压进样，漏阀由于 Knudsen 扩散作用，将样品气体以一定的漏率从高压端向低压端输送，使电池产生的气体导入质谱仪内进行检测，实现了在线实时分析。通过实时监测电解过程中 O_2、CO_2 含量的变化趋势对电解液的稳定性进行研究。

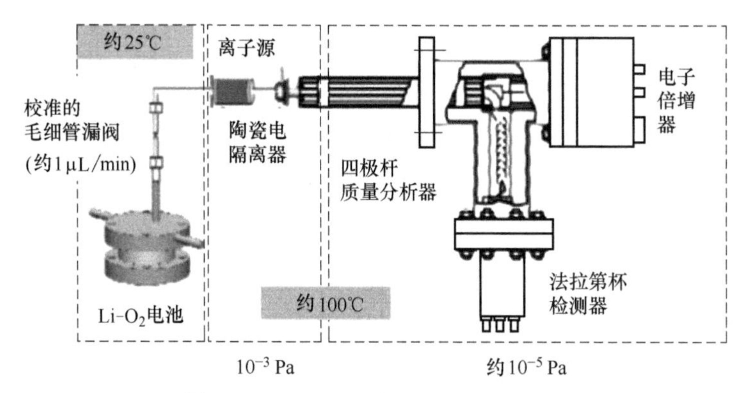

图5-4-11 DEMS与Li-O_2电池系统

5.4.4.2 热重-质谱（TG-MS）联用技术

热重（TG）分析法是应用热天平在程序控制温度下，测量物质质量与温度关系的一种热分析技术，具有操作简便、准确度高、灵敏快速以及试样微量化等优点。

热重法与质谱仪的连接接口是TG-MS联用的重点。热天平可以在不同的气氛和压力下工作，质谱仪则要在高真空状态进行测定，二者连接的困难在于如何在降低TG与MS间压差的同时将热重炉的逸出气体均匀、稳定而有效地引入质谱离子源内，这也成了评价连接技术水平的关键，还必须考虑二次反应和交叉污染等问题。

一般选择在连接部位将管线加热，以避免挥发性物质冷凝，并尽量缩短热重系统与质谱仪之间的距离。理想的接口应满足如下条件：可进行有效、可靠的样品传递；样品通过接口进入质谱离子源前不发生任何变化；样品的传递应该有良好的重现性；接口应建立允许随意选择热重分析仪和质谱仪的操作方式；能够快速、可靠、连续操作。

TG-MS联用在科研和生产领域有广泛应用。反应动力学是热分析方法的传统应用领域之一，TG-MS可对反应产物进行定性定量分析，有助于更好地建立反应模型，阐述反应机理。在环保领域，TG-MS联用技术可在线监测化学转化过程，有助于分析污染性气体生成机理，从而为污染性气体的防治和可控转化提供指导。

[本章编写：上海舜宇恒平　李钧、王世立、黎路、董小鲁；广州禾信仪器　高伟、麦泽彬、谭国斌、黄勃、张莉；赛默飞世尔（中国）　彭永强；北京雪迪龙　郜武、魏文；聚光科技　程军]

第6章 在线电化学、热导、顺磁氧分析仪及气体传感器

6.1 在线电化学气体分析仪器

6.1.1 在线电化学气体分析技术概述

6.1.1.1 在线电化学分析技术简介

电化学分析技术是根据电化学基本原理和物质在溶液中的电化学性质，对物质进行定性和定量分析的技术。电化学分析所检测的电参量，通常是电阻（或电导）、电位（电极电位或电动势）、电流、电量等。电化学分析技术的检测原理主要有：电位分析法（包括直接电位法和电位滴定法）、电解与库仑分析法、极谱分析与伏安分析法、电导分析法等。

在线电化学分析技术主要分为在线电化学气体分析和在线电化学液体分析两大类。在线电化学液体分析主要用于在线水质分析。在线电化学分析仪主要分为在线电化学气体分析仪和在线电化学水质分析仪。

常用的在线电化学气体分析仪主要有：燃料电池式氧分析仪、固体电解质氧化锆氧分析仪、定电位电解式有毒有害气体分析仪及其他应用的电化学微量氧分析仪等。在线电化学气体分析仪大多是以电化学气体传感器为检测核心。电化学气体传感器可用于检测 O_2、CO、SO_2、NO、NO_2、NH_3、HCl、HF、H_2S、H_2、CH_4、Cl_2、CH_2O、PH_3、O_3等几十种气体。

在线水质分析仪器最常用的分析技术是在线电化学分析法，主要包括电位法、电导法、电解法、极谱法、离子选择性电极法等。有关在线电化学水质分析仪技术与应用，请参见本书第8章及第9章的有关介绍。

6.1.1.2 在线电化学气体分析仪的组成

在线电化学气体分析仪的组成，通常包括气体采样处理部件、电化学气体传感器、电子控制/信号处理器及显示器等。在线电化学气体分析仪按使用方式，主要分为固定式、壁挂式、便携式及手持式等多种形式，其组成方式有所不同。

气体采样处理部件对被测样气进行取样处理的部件，以备后序送入电化学气体传感器进行检测。气体采样处理部件应根据不同的仪器要求进行设计。固定式仪器大多采用固定式取

样探头，及气体过滤器、采样泵等气体采样处理部件，样气如在正压下测量则无需采用泵。便携式仪器大多采用可拆卸气体取样探头，内置采样泵及预处理部件。壁挂式、手持式等气体检测仪一般采用扩散式采样，也有的采用内置微型泵采样。

电化学气体传感器是电化学气体分析仪的核心部件。在线电化学气体分析仪应用最多的电化学气体传感器，主要有燃料电池电化学氧传感器、固体电解质氧化锆氧传感器，以及定电位电解式的各种有毒、有害气体传感器（简称有毒气体传感器）等。

电子控制/信号处理器及显示器，用于传感器输出信号的放大、处理、控制、显示、信号输出等。不同电化学气体分析仪器选择的气体传感器不同，应根据传感器的特性设计输出信号放大电路，信号处理及抗干扰、补偿电路，以保证气体检测数据的准确要求。现代电化学传感器已带有信号输出放大电路，传感器可直接输出检测信号，大多具有各种干扰补偿、数据显示与智能化等功能。

在线电化学气体分析仪常用的气体传感器中，有关固体电解质氧化锆氧传感器及氧分析仪的介绍参见本书第 11.1 节有关内容。本节只介绍常用的燃料电池式氧传感器及燃料电池氧分析仪，定电位电解式气体传感器及定电位电解式气体分析仪，及其他应用的电化学微量氧分析仪。

6.1.1.3 在线电化学气体分析仪的应用

在线电化学气体分析仪在工业过程分析中已经有广泛的应用，例如用于锅炉燃烧监测的氧化锆氧分析仪、用于工业过程的常量及微量氧分析仪、便携式电化学多组分气体分析仪，以及用于工业过程安全监测的有毒有害气体分析仪等，在节能燃烧、安全监测发挥了重要作用。

在线电化学气体分析仪在环境监测领域也有很多的应用，例如电化学气体分析仪几乎可用于检测所有的大气中气态污染物，如碳氢化合物、羰基化合物、硫化物、硫氧化物、氮氧化物、氮的还原物等，检出限可低至 10^{-9} 级。

便携式电化学多组分气体分析仪不仅用于烟气燃烧效率监测，也可用于环境污染应急监测，污染源气体无组织排放监测和泄漏监测，室内环境空气中微量有毒、有害气体监测等。新型的阵列式电化学气体传感器技术，已用于区域环境监测的微型空气站的气体检测模块、无人机的机载气体检测盒等，可监测 CO、SO_2、NO_2、O_3 及其他有毒有害气体。

电化学气体分析仪及电化学气体传感器应用的主要特点与注意事项如下：

（1）主要特点

① 在线电化学气体分析仪适用于各类气体的常量、微量和痕量分析。电化学气体传感器技术简单，可靠，可检测气体种类多，可根据目标气体及其浓度检测特定气体组分。

② 电化学气体传感器具有检测灵敏度高、精度高、低功耗、结构简单、使用方便、检测成本低等特点，已成熟用于节能安全与环境监测预警。

③ 电化学气体分析仪的检测气体用量少。电化学气体传感器大多采用扩散式或泵吸式，适用于固定式、便携式或手持式仪器的气体监测，特别是有毒有害气体的微量检测。

④ 现代电化学气体分析仪已实现小型化、模块化、智能化，传感器已实现泵吸一体化，直接输出检测信号，并可实现物联网连接，成为智慧工厂重要的前端感知层设备。

（2）注意事项

① 电化学气体传感器在测量中易受其他气体交叉干扰，因此，应采取必要的抗干扰措施。

② 电化学气体传感器大多对温度敏感，应对气体传感器应采取温度补偿或保持温度稳定的措施。

③ 在测量中，由于气体传感器输出存在零点及量程漂移，需要定期标定电化学气体分析仪。便携式仪器在现场测量时要先标定调整，再检测分析，可减小漂移引起的测量误差。

④ 电化学传感器使用寿命较短，在目标气体中暴露时间越长，寿命就越短。一般使用寿命可达3年，最长可达5年。仪器在长期使用中，应按照传感器使用状况定期更换。

6.1.1.4　在线电化学气体分析仪器的发展

20世纪60—70年代，国内已开发出电化学氧分析仪及氧传感器、氧化锆氧分析仪及氧化锆传感器。由于制造工艺技术水平不高，氧化锆氧传感器的使用寿命较短。

改革开放以来，国内许多厂商通过引进国外先进技术，实现了电化学气体分析仪的更新换代。如南京分析仪器厂（简称南分厂）引进了英国肯特公司的氧化锆氧分析仪制造技术，实现了氧化锆分析仪及传感器的国产化。同期，国内生产氧化锆氧分析仪的厂家很多，代表厂家主要有南分厂、武汉华敏测控技术股份有限公司（简称武汉华敏）、深圳市朗弘科技有限公司等。南分厂还引进了英国凯美公司的燃烧效率测定仪，并开发了便携式DH-9086型多组分气体分析仪。该仪器可配置多个电化学气体传感器（如用于检测O_2、CO、CO_2、SO_2、NO、NO_2等的传感器），广泛用于测量锅炉烟气多组分及燃烧效率监测。

近二十多年来，国内已涌现了一大批从事电化学气体分析及气体传感器生产的专业厂商，如汉威科技集团股份有限公司、深圳市新世联科技有限公司、深圳市富安达智能科技有限公司、深圳市深国安电子科技有限公司、上海迪勤环境科技有限公司、四方光电股份有限公司、青岛明华电子仪器有限公司等。国内专业厂商的主产品大多是有毒有害气体分析器及传感器、可燃气体检测报警器等，已经在国内环境监测及安全监测领域得到广泛应用。

国内专业气体传感器厂商，大多采取集成国外先进的气体传感器或与国外厂商合作开发的模式，为用户提供各种固定式、便携式的电化学气体分析仪、气体检测报警器，以及为用户提供有毒气体安全监测系统解决方案。目前，国内用于微量有毒气体检测的电化学传感器，大多是集成国外产品。国外知名的电化学等气体传感器厂商很多，如英国的CITY、科尔康，德国的德尔格，法国的欧德姆，美国的英思科、梅思安、FIGARO、华瑞，日本的理研等。

国内有关研究院所和专业厂商已经开发出智能型气体传感器模块，如已开发的阵列式气体传感器模块，可同时检测SO_2、NO_2、CO、O_3等气体，参见图6-1-1。

图6-1-1　四组分检测的阵列式电化学气体传感器

电化学气体传感器的最新发展是采用微机电系统（MEMS）技术的微型电化学气体传感器，通过采用纳米技术以提高电化学气体传感器灵敏度，采用碳纳米管和石墨烯传感器的制备技术和产业化已成为国内外研究热点。电化学气体传感器技术的发展，将进一步提高电化学分析仪的检测灵敏度、抗干扰、可靠性和准确性，将在工业生产、环境监测、生命科学、食品安全等领域得到更多应用。

6.1.2　燃料电池氧传感器及燃料电池式电化学氧分析仪

6.1.2.1　燃料电池氧传感器技术简介

燃料电池氧传感器的组成主要有：电极、电解质和容器。当含有氧气的样气进入容器后，氧气在阳极产生氧化反应并生成阳极材料的氧化物，同时产生和氧的浓度相关的电势。燃料电池的电解质分为液体与固体两类，液体燃料电池又分为碱性液体燃料电池和酸性液体燃料电池。

（1）碱性液体燃料电池氧传感器

典型的碱性液体燃料电池氧传感器的原理结构示意参见图 6-1-2。氧传感器由银阴极、铅阳极和 KOH 电解液组成，既可测微量氧，也可测常量氧。被测气体通过气体渗透膜（如 PTFE 膜）进入薄电解质层，样气中的氧气在电池中进行的电化学反应如下：

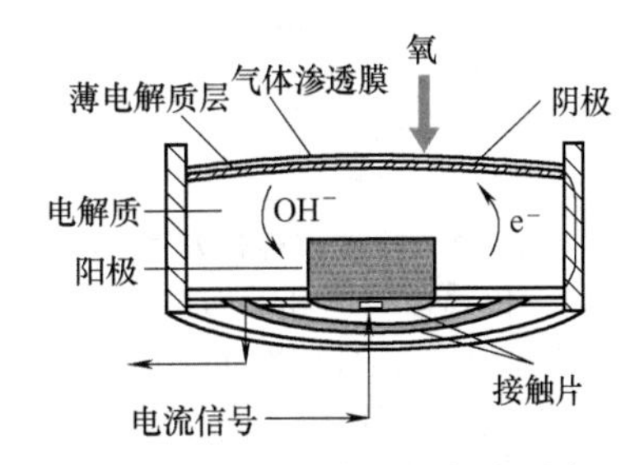

图 6-1-2　碱性液体燃料电池氧传感器的原理结构示意

银阴极　　$O_2+2H_2O+4e^- \longrightarrow 4OH^-$

铅阳极　　$2Pb+4OH^- \longrightarrow 2PbO+2H_2O+4e^-$

电池的综合反应：$O_2+2Pb \longrightarrow 2PbO$

OH^-离子流产生的电流与样气中的氧气含量成比例。当被测气体中含有酸性成分（如 CO_2、H_2S、Cl_2、SO_2、NO_x）时，会与碱性电解液起中和反应并对银电极有腐蚀作用，造成电解液性能衰变，出现响应时间变慢、灵敏度降低等现象。因此，碱性液体燃料电池氧传感器不适用于含有酸性成分的气体测量。

碱性液体燃料电池氧传感器的碱性电解质溶液中，氧在银阴极还原为OH^-的过程，可用下式表述：

$$I = K\frac{[O_2]}{[OH^-]}e^{-\frac{3}{2}\times\frac{\varphi F}{RT}}$$

式中，I 为通过原电池电极的电流；K 为常数；$[O_2]$为被测气样中氧的浓度；$[OH^-]$为电解液中 OH^-的活度（有效浓度）；e 为自然对数的底；φ 为银电极的极化反应电位；F 为法拉第常数；R 为摩尔气体常数；T 为热力学温度。

上式并未包括碱性燃料电池氧传感器的全部反应，但可用于对燃料电池氧传感器的特性作定性分析。碱性燃料电池氧传感器的技术特性简要分析如下：

a．待测气体中氧浓度越高，非线性关系越明显。

b．温度特性：燃料电池氧传感器的放电电流与热力学温度 T 呈指数关系，温度升高时，放电电流也将显著增加。目前，大多采用负温度系数热敏电阻进行温度补偿。

c．KOH 溶液对燃料电池式氧传感器的影响：$[OH^-]$与传感器输出的电流信号呈负指数关系。当 KOH 溶液的浓度在 6mol/L（质量分数 26.8%）左右时，电导率有一极大值，也就是 OH^-活度有极大值。当 KOH 溶液浓度保持在 5.5～6.9mol/L 之间时，由溶液浓度及温度引起的电导率变化最小，也就是 OH^-的活度变化最小，因此，配制传感器中 KOH 溶液时应注意控制其浓度在适当范围内。

d．气样流量的影响：一般无显著影响。原因是传感器输出的电流信号和被测气体中氧气分压有关。样气流量改变，样气中氧含量未发生改变，从而氧气分压也不会发生改变。

（2）酸性液体燃料电池式氧传感器

典型的酸性液体燃料电池式氧传感器由石墨电极或铅阳极、金阴极、醋酸电解液等部分组成，适用于被测气体中含有酸性成分的场合，主要用于测量常量氧，一般不适用于测量微量氧。典型的酸性液体燃料电池氧传感器原理结构示意参见图 6-1-3。

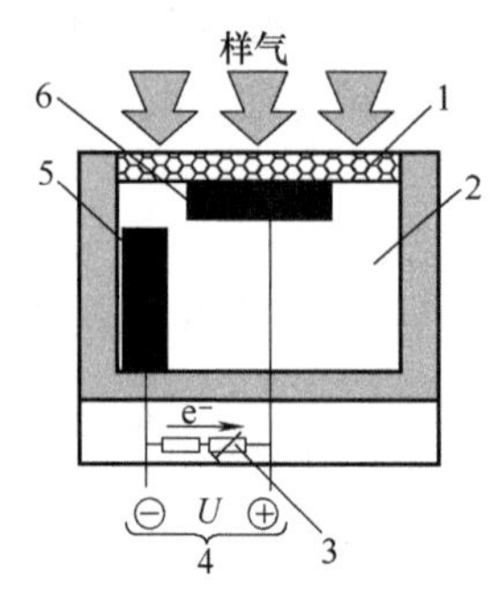

图 6-1-3 酸性液体燃料电池氧传感器的原理结构示意

1—氟化乙烯-丙烯共聚物（FEP）制成的氧扩散膜；2—电解液；3—用于温度补偿的负载电阻和热敏电阻；4—外部电路的输出；5—石墨阳极；6—金阴极

该类传感器的阴极是金（Au）电极，阳极是石墨（C）电极，电解液为醋酸（乙酸，CH_3COOH）溶液。燃料电池可表示为：

Au 阴极 | CH_3COOH | C 阳极

当被测气体中的氧气通过氧扩散膜进入燃料电池时，在电极上发生如下电化学反应：

金阴极反应 $O_2+4H^++4e^- \longrightarrow 2H_2O$

石墨阳极反应 $C+2H_2O \longrightarrow CO_2+4H^++4e^-$

电池的综合反应： $O_2+C \longrightarrow CO_2$

对外电路来说，金电极是正极，获得电子；但金电极对燃料电池内部来说，金电极是阴极，发生还原反应放出电子。同样，石墨电极在燃料电池内部是阳极，发生氧化反应，得到电子；对于外电路来说是负极，供给电子。

燃料电池输出的电流与氧的浓度成正比。此电流信号通过测量电阻和热敏电阻转换为电压信号。温度补偿是由热敏电阻实现的。热敏电阻装在传感器组件里面，用以监视电池内的温度并改变电阻值。因此，传感器的输出不随温度而变化，只与氧浓度有关。

6.1.2.2 燃料电池式氧传感器的典型产品

以英国 City（城市技术）公司的燃料电池氧传感器为例，其原理结构参见图 6-1-4。CITY 5 系列氧传感器外形如图 6-1-5 所示，是一种碱性燃料电池氧传感器，用于 0～25%氧检测。氧传感器由带毛细孔的顶板、工作电极（银电极）、糊状电解质、铅阳极及集电极等组成。气体中的氧到达银电极时，立刻反应生成 OH^-，并穿过 KOH 糊状电解质到达铅阳极。由集电极收集电流信号（电势差），电池电势差与氧含量有关。

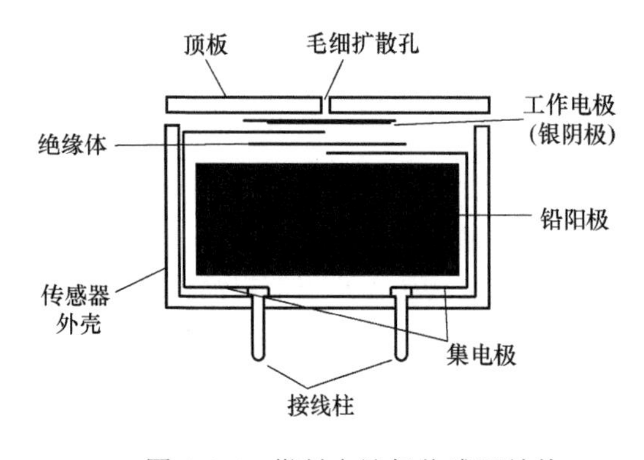

图 6-1-4 燃料电池氧传感器结构

图 6-1-5 CITY 5 系列氧传感器

用于微量氧检测时，在传感器的顶部加一层薄的聚四氟乙烯渗透膜，用一个大面积的孔代替毛细孔。

6.1.2.3 燃料电池式电化学氧分析仪及典型产品

燃料电池式氧分析仪是以燃料电池氧传感器为核心的氧分析仪，通常用于常量氧及微量氧气体分析。燃料电池氧分析仪大多由气体取样处理部件、氧传感器及电子控制器等组成。

燃料电池式氧分析仪的应用很广：固定安装式氧分析仪可用于工业过程气体的氧分析；便携式氧分析仪可用于任何现场的氧检测；模块化的氧检测报警器常用于密闭场所监测室内氧浓度变化，如分析小屋内氧检测报警器用于低氧报警。另外氧传感器模块，常用于与其他气体分析仪组合应用，增加氧组分的测量。

燃料电池式氧分析仪的典型产品简介如下：

（1）美国 Teledyne 公司 300T/300P 型电化学氧分析仪

该仪器采用的氧传感器为碱性液体燃料电池氧传感器。其主要性能指标如下：

测量量程：常量，0～1%、0～5%、0～25%；微量，0～5μmol/mol、0～10μmol/mol、0～100μmol/mol、0～1000μmol/mol。

检测灵敏度：0.01μmol/mol。

重复性误差：±1%FS 或±0.1μmol/mol。

工作压力：≤0.1MPa。

工作温度：0～50℃。

（2）上海昶艾电子科技有限公司（简称上海昶艾电子）的 CI-PC90 系列微量氧分析仪

该仪器是一种基于微处理器的微量氧分析仪，使用的传感器为碱性燃料电池氧传感器，具有良好的响应时间、重复性和精度。仪器采用液晶显示屏显示氧浓度和各种设置参数。

测量范围：0～10μL/L、0～100μL/L、0～1000μL/L，0～25%（体积分数，量程自动切换）。

测量精度：0～9.99μL/L 时为±5% FS，10～99.9μL/L 时为±3% FS，100～1000μL/L、0～25%时为±2% FS。

重复性及稳定性：0～9.99μL/L 时为±2.5% FS/7d，10～99.9μL/L 时为±1.5% FS/7d，100～1000μL/L 时为±1% FS/7d。

响应时间：t_{90}<60s（25℃）。

信号输出：4～20mA（标准配置）。

开关量输出：2 路报警。

通信方式：RS485/RS232。

该系列产品还有 CI-PC91/96/99 等型号产品，具有各种补偿及保护功能，可实现自诊断、自标定。其中 CI-PC99 微量氧分析仪具有智能性、精度高、稳定好、响应快等特点，气源为正压时可配置针型阀，气源为负压或微正压时配置抽气泵。

6.1.3 定电位电解式气体传感器及定电位电解式气体分析仪

6.1.3.1 定电位电解式气体传感器技术简介

定电位电解式气体传感器主要用于各种有毒、有害气体检测（以下也简称有毒气体检测），如 CO、SO_2、NH_3、H_2S、HCl 等的检测。定电位电解式气体传感器，依据电极形式可分为两电极、三电极、四电极式传感器。定电位电解式气体传感器，是在筒状塑料池体内，装有几种电极，电极间充满电解液，由多孔四氟乙烯做成的隔膜在顶部封装。电极间加电位且与前置放大器连接。气体与电解质内的工作电极发生氧化还原反应，电极平衡电位发生变化，其变化值与气体浓度成正比。

（1）两电极传感器

两电极传感器是一个两电极系统，由敏感电极（也称感应电极）及负电极组成。由一层电解质薄膜将两电极隔开，并由一个很小的电阻连通外电路。当气体扩散进入传感器后，在感应电极表面发生氧化或还原反应，在两电极间产生一个内部电流。电流值对应于氧气浓度，在外部电路中接入一只负载电阻就可以对其进行检测。

为了反应过程能够发生，感应电极的电位必须保持在一个特定范围内。当气体浓度增加时产生感应电流，引起负电极上的电动势变化（极化），用一只负载电阻将两电极连通。当气体浓度持续增加时，感应电极电动势超过允许范围，传感器输出变成非线性，这就限制了高浓度气体的测量，两电极传感器检测上限受到限制。

（2）三电极传感器

由于二电极极化所受的限制，所以研制了三电极传感器。大部分有毒有害气体传感器都采用三电极系统。

该装置接入一个外部电路，增加参考电极，可以稳定感应电极电动势。在参考电极中无电流流过，保持了各自电压的稳定。这样即使负电极持续极化，也不会对感应电极有任何影响。所以三电极传感器具有更广的测量范围。

（3）四电极传感器

比三电极设计更为先进的是四电极传感器。三电极可能存在交叉干扰气体或温度引起的零点偏移。引入辅助电极能帮助排除其他气体造成的干扰，还可以同时测量两种气体。

例如，一氧化碳传感器对氢气有很大的反应，氢气存在会对一氧化碳的测量造成干扰。使用一个有辅助电极的传感器，就能使一氧化碳和氢气在感应电极发生反应，一氧化碳反应完全，而氢气只是部分反应，剩余氢气分流至辅助电极，这样感应电极上产生的信号反映的是两种气体浓度，而辅助电极上产生的信号只反映了氢气的浓度。两电极测量结果相减就可得出一氧化碳浓度。这个过程由一个模拟电路或一个微处理软件来完成。

四电极传感器与其他的传感器工作方式相同，包括两个传感电极：一个供一氧化碳检测用，一个供硫化氢检测用。当第一个传感电极完全地将硫化氢氧化时，一氧化碳扩散进来并被第二个电极氧化。四电极设计使得一个传感器能够同时测量两种气体并且输出两种不同的信号。

6.1.3.2 定电位电解式气体分析仪的组成

定电位电解式气体分析仪的核心是定电位电解式气体传感器。定电位电解式气体分析仪主要由气体取样预处理装置、气路系统、气体传感器和电子控制系统等组成。定电位电解式气体分析仪主要用于有毒气体的检测报警，又称为有毒气体检测报警仪，按使用方法可分为固定式、便携式、袖珍式。

固定式仪器固定安装在现场，能连续自动检测相应有毒气体（蒸气），超限时自动报警。固定式有毒气体检测报警仪分为一体式和分体式两种。一体式安装在现场，可实现连续自动检测报警，大多采用扩散式采样。分体式的传感器和信号变送电路组装在一个防爆壳体内，俗称探头，安装在现场（危险场所），按照现场要求可采用扩散式和采样泵采样；控制器包括数据处理、显示、报警控制和电源等，安装在控制室（安全场所），实现显示、报警。

典型的电解式多组分气体分析仪的气路结构示意参见图 6-1-6。

便携式仪器是将传感器、测量电路、显示器、报警器、充电电池、抽气泵等组装在一个壳体内，成为一体式仪器，小巧轻便，便于携带。泵吸式采样，可随时随地进行检测。袖珍式仪器是便携式仪器的一种，可用于手持或戴在衣物上，非常方便，一般无抽气泵，大多是扩散式采样，干电池供电。

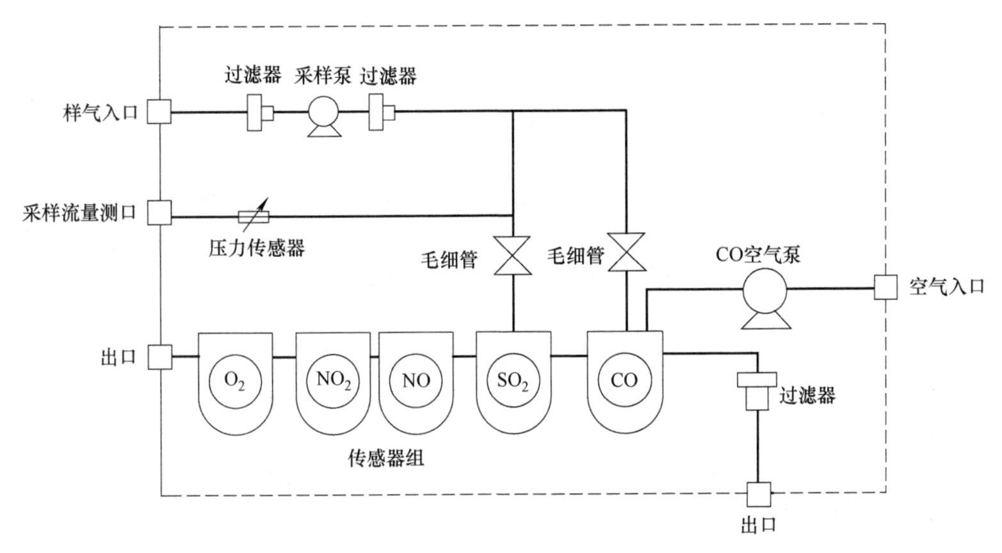

图 6-1-6　电解式多组分气体分析仪的气路结构示意

有毒气体检测技术已经从便携式、固定式，发展为多台（套）固定式气体检测仪组成的自动监测报警平台系统，实现集中管理、多点检测，并能通过应用软件程序，提供趋势图、功能指标及智能化预警等。

6.1.3.3　定电位电解式分析仪的校准与注意事项

（1）校准

定电位电解式有毒气体检测仪必须注意经常性的校准，采用相对比较的方法进行校准。校准时，先用零气样和标准浓度气样对仪器进行标定，得到标准曲线后储存于仪器之中。测定时，仪器将待测气体浓度产生的电信号同标准浓度的电信号进行比较，计算得到准确的气体浓度值。

随时对仪器进行校零、经常性对仪器进行校准，才能保证仪器测量准确。气体检测仪一般需要定期更换传感器。在更换传感器时，除了需要一定的传感器活化时间外，还必须对仪器进行重新校准。

（2）注意事项

不同的有毒气体检测仪都有其固定的检测范围，只有在其适用测定范围内完成测量，才能测量准确性。长时间超出测定范围进行测量，就可能对传感器造成永久性的破坏。

在传感器的线性范围内，灵敏度高时，与被测量变化对应的输出信号比较大，有利于信号处理。当传感器灵敏度太高，则被测量无关的外界噪声也容易混入，也会被放大，产生测量误差。因此，要求传感器应具有较高信噪比，尽量减少从外界引入的干扰信号。

随着时间、温度、湿度的变化，电化学传感器会发生零点漂移，脱离原来的理论曲线规律，引起误差。因此固定式仪器必须按照仪器说明书规定定期校准仪器，便携式仪器要求在现场检测前进行标定，以减小漂移影响。

6.1.3.4　定电位电解式分析仪的典型产品

（1）霍尼韦尔（Honeywell）公司的 4NH3-100 型电化学气体检测仪

采用三电极传感器技术，主要用于检测 NH_3 浓度。

仪器量程：0～100μL/L。

灵敏度：(0.135±0.035)μA/(μL/L)

分辨率：0.5μL/L

基线漂移（−20～40℃）：相当于 0～2μL/L

响应时间（t_{90}）：≤90s。

（2）英国阿尔法 Alphasense 公司的 COH-A2 型一氧化碳/硫化氢检测器

可以同时检测一氧化碳和硫化氢。COH-A2 型传感器在一氧化碳的工作电极上使用一个高容量的过滤器，可以完全消除通道对硫化氢、酸气和类似于二氧化硫和氧化氮交叉的灵敏度。

COH-A2 型传感器的一氧化碳通道，主要技术指标：测量范围 0～2000μL/L；分辨率 0.5μL/L；在满量程 400μL/L CO 线性范围内，灵敏度为 50～95nA/(μL/L)，误差为 10～40μL/L；响应时间 t_{90}<20s。

COH-A2 型传感器的硫化氢通道，主要技术指标：测量范围 200μL/L；分辨率<0.05μL/L；在满量程 20μL/L H_2S 线性范围内，灵敏度为 700～1000nA/(μL/L)，误差为 0～3μL/L；响应时间 t_{90}<30s。

（3）美国梅思安（MSA）公司的 Altair Pro 气体检测仪

采用高精度的电化学传感器检测环境中的有毒气体浓度和氧气的体积分数。

仪器可分别检测 CO、H_2S、SO_2、NH_3 等 13 种有毒气体，广泛应用于一般工业，采矿业，石油和天然气，公共设施等领域。仪器测量范围广，如 CO 0～1500μL/L，H_2S 0～200μL/L，分辨率 1μL/L。仪器具有声光振动报警、低电量报警、传感器失效或缺失报警、浓度报警等。防护等级 IP67。

仪器性能特点是：机身小巧，可插在安全帽上、系于皮带或放置于口袋中，完全释放双手；配置强韧的橡胶护套，具有防跌落、抗冲击性能；具有严密的设计和优异的防护等级，防水、防尘达到 IP67，更适合于恶劣环境下使用；具有带背光的 LCD 显示屏，方便用户在光线不足时或夜间操作；具有长效耐用的锂电池，典型设计寿命超过 9000h；具有声光振动三重报警。

6.1.4 其他应用的电化学微量氧分析仪

6.1.4.1 其他应用的电化学微量氧分析仪技术简介

燃料电池式电化学氧分析仪已在 6.1.2 节介绍，燃料电池式氧传感器技术主要用于常量氧分析仪。采用碱性液体燃料电池氧传感器技术可以用于微量氧分析仪，常见的酸性液体燃料电池氧传感器只能用于常量氧分析。

其他应用的电化学微量氧分析仪技术，主要指消耗型和非消耗型的电化学微量氧分析仪。消耗型仪器采用的电化学氧传感器与酸性液体燃料电池氧传感器基本相同，可用于微量氧检测。非消耗型电化学微量氧分析仪的传感器是基于库仑电解法原理，主要用于测量微量氧，其检测下限可以达到 10^{-9} 极，一般的电化学微量氧分析采用的燃料电池氧传感器只能达到 10^{-6} 级。

（1）消耗型电化学微量氧分析仪

消耗型电化学氧分析仪传感器的结构如图 6-1-7 所示。由于在测量过程中氧分子对电极的消耗，传感器需定期更换电极。消耗型电化学氧分析仪传感器的氧浓度测量范围宽，检测氧的范围可以从 10^{-6} 到 10^{-2} 级别。

消耗型电化学氧分析仪传感器的原理：样气中的氧分子通过高分子薄膜扩散到电极中进行反应，两极间产生电荷转移，产生电流的大小取决于扩散到氧电极的氧分子数，而氧的扩散速率又正比于样气中的氧含量。传感器输出电流大小只与样气中氧浓度相关，与通过传感器气体总量无关。

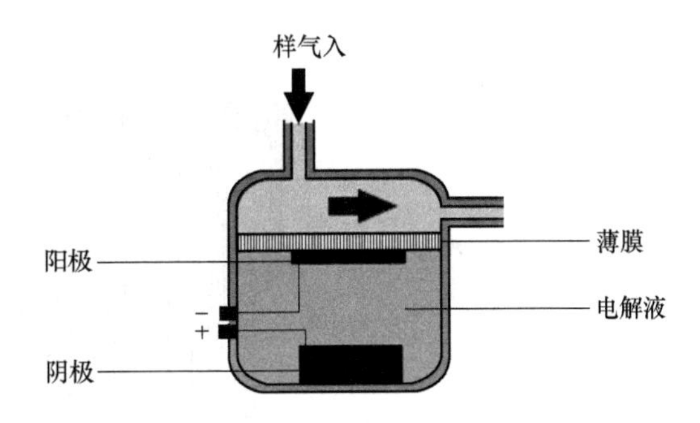

图 6-1-7　消耗型电化学氧分析仪传感器的结构

应注意，消耗型电化学氧分析仪传感器与酸性液体燃料电池氧传感器一样，都不能在含有微量 CO_2、HCl、H_2S、SO_2 等气体工况下测量氧气，酸性物质会使燃料电池氧传感器中毒而无法测量。

（2）非消耗型电化学微量氧分析仪

非消耗型电化学微量氧分析仪的传感器是基于库仑电解法原理，在电解池上加约 1.3V 的直流电压为氧化还原反应提供电能。被测气体所含的微量氧通过渗透膜进入阴极，被还原成 OH^-；然后借助 KOH 电解液，OH^-迁移到阳极，在阳极发生氧化反应，生成 O_2 排出。

阴极还原反应　　$O_2+2H_2O+4e^- \longrightarrow 4OH^-$

阳极氧化反应　　$4OH^- \longrightarrow O_2+2H_2O+4e^-$

上述电极反应过程中电解池和电极没有损耗，在使用中无需更换电极和电解池，只需定期补充蒸馏水和电解液（电解液由于自然挥发而减少）。

非消耗型电化学氧传感器中，电解液采用碱性的 KOH 溶液。为了克服酸性气体造成的干扰和对电极的腐蚀作用，在传感器中设计了一对 Stab-EL 辅助电极。辅助电极的作用是：在带有酸性气体的样气进入电解池后，首先将这些有害气体进行清除，避免对传感器的损害和保证分析仪读数的准确。

6.1.4.2　电化学微量氧分析仪的典型产品

以英国仕富梅公司的 Delta-F 系列微量氧分析仪为例，该仪器是非消耗型电化学微量氧分析仪。

仪器的阴极由碳聚合物基体制成，疏水性，并充当气态样品和电解质之间的屏障。阳极一般为非碳材质。阴极、阳极之间加以直流电压，与电解液组成了一个电压恒定、电流可变的电路。在电极上外接 1.3V 直流电压以驱动阴极的反应。

当样气中含有酸性物质时，会对碱性电解液产生中和，导致失效。仪器配置了二次电极，作用是消除样气通过阴极扩散形成的酸性离子，防止传感器中的酸积聚，从而保证了分析仪在微酸背景气工况下可以正常工作。

英国仕富梅公司的 Delta F 系列的微量氧分析仪的传感器结构原理如图 6-1-8。

仪器测量范围从 10^{-9} 到 10^{-2}。10^{-9} 级别的专用于半导体上超纯气体中的杂质微量氧测量。10^{-6} 级别微量氧监测仪可用于石化聚丙烯（PP）、聚乙烯（PE）等的过程和质量控制，还可用于电子炉、手套箱和焊接等惰性无氧要求高的环境，以及钢厂中退火工序。

Delta F 型微量氧分析仪主要技术指标如下：

测量范围：最小为 0～500×10^{-9}；最大为 0～25%

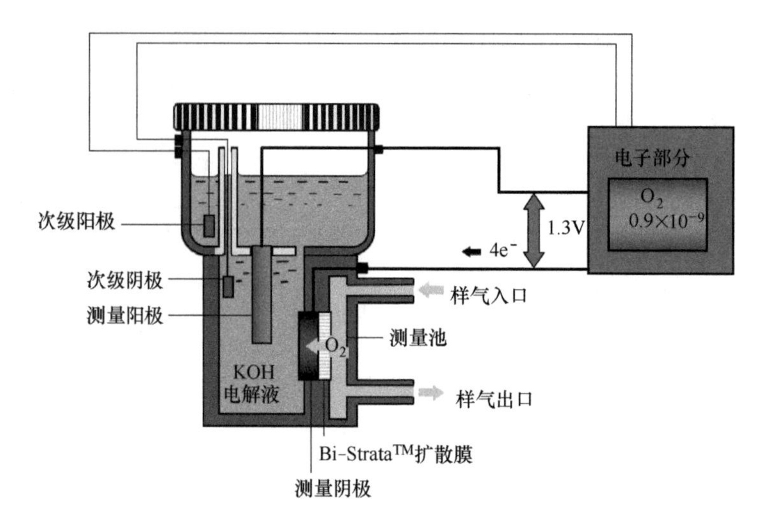

图 6-1-8　非消耗型电化学分析仪结构原理

测量误差：>0～2.5×10^{-6}时为±1%FS；≤0～2.5×10^{-6}时为±5%FS。

进入传感器样品气要求：温度0～49℃；压力<5psi（0.034MPa）；流量为0.5～1.5L/min；样气含油量<18mg/m³；含水量不限制，但要避免出现冷凝现象。

6.2　在线热导气体分析仪器

6.2.1　在线热导气体分析仪概述

6.2.1.1　技术简介

热导式气体分析是基于各种气体热导率不同，通过测定混合气体热导率，间接确定被测组分含量的一种分析方法。适用于测量两元混合气，或者背景组分气体的比例保持恒定的三元混合气体中的被测气体。在多组分混合气中，只要被测气体的背景组分基本保持不变，也可以进行有效分析。热导气体分析法的选择性不高，在测定成分复杂气体中的某一组分，又存在背景组分干扰时，必须采取措施消除干扰的影响。

（1）气体热导率与相对热导率

热导率λ表征物质的导热能力。不同气体的导热能力不同，且受到气体组分、压强、密度、温度和湿度变化的影响。

气体热导率随温度变化而变化的关系如下式：

$$\lambda_t=\lambda_0(1+\beta t)$$

式中，λ_t为t（℃）时气体的热导率；λ_0为0℃时气体的热导率；t为气体的温度，℃；β为热导率温度系数。

气体热导率随气体压力的变化而变化。在常压或压力变化不大时，气体热导率的变化也不大。气体热导率的绝对值很小，而且基本在同一数量级内，彼此相差并不悬殊，因此工程上通常采用“相对热导率”这一概念。

所谓相对热导率，是指各种气体的热导率与相同条件下空气热导率的比值。如果用λ_0、

λ_{A0}分别表示在0℃时某气体和空气的热导率，则λ_0/λ_{A0}就表示该气体在0℃时的相对热导率，$\lambda_{100}/\lambda_{A100}$则表示该气体在100℃时的相对热导率。

常用气体在0℃时热导率λ_0，相对热导率及热导率温度系数β，可参见有关手册介绍。

（2）混合气体的热导率与被测组分的关系

混合气体中除被测组分之外的其他所有组分被称为背景气。设混合气体中各组分的体积分数分别为C_1、C_2、C_3……C_n，热导率分别为λ_1、λ_2、λ_3……λ_n，被测组分的含量和热导率分别为C_1、λ_1。则采用热导分析仪测定被测组分含量C_1，必须满足以下两个条件：

① 背景气各组分的热导率必须近似相等或十分接近，即$\lambda_2 \approx \lambda_3 \approx \cdots \approx \lambda_n$。

② 被测组分热导率与背景气热导率有明显的差异，差异越大越好，即$\lambda_1 \geqslant \lambda_2$。

在满足上述两个条件时，则有：

$$\lambda = \sum(\lambda_i C_i) = \lambda_1 C_1 + \lambda_2 C_2 + \cdots + \lambda_n C_n \approx \lambda_1 C_1 + \lambda_2(1 - C_1)$$

$$C_1 = (\lambda - \lambda_2)/(\lambda_1 - \lambda_2)$$

式中，λ为混合气体的热导率；λ_i为混合气体中第i组分的热导率；C_i为混合组分中第i组分的体积分数。上式说明测得混合气体热导率λ，就可测量待测组分含量C_1。

热导气体分析仪测量气体热导率，通常采用间接测量法，把热导率测量转变为热导检测器热敏元件的温度测量。敏感元件的温度变化与被测气体热导率具有定量关系，而敏感元件的温度变化引起其电阻值的变化，从而间接测量出被测气体的浓度。

热导式气体分析仪中，热导检测器测量池的气体热量传递有热对流、热辐射、热传导三种形式。在分析中要充分利用热传导形成的热量交换，尽可能抑制热对流、热辐射造成的热量损失。

6.2.1.2　国产热导气体分析仪的技术发展

热导式气体分析仪具有结构简单、工作稳定、性能可靠等特点，已经广泛应用于工业过程气体的常量分析。国产热导传感器采取铂丝包玻璃技术的敏感元件，具有耐腐蚀、性能可靠等优点，产品质量可靠、性能优良、使用寿命长，已得到国内广大用户认可。

现代热导气体分析仪的发展趋势主要是小型化、数字化、智能化。由于微电子和计算机技术的应用，热导分析仪的测量控制技术有较大的发展。热导传感器敏感元件除铂丝包玻璃敏感元件外，已发展有微流型传感元件、半导体检测元件等。如在线气相色谱仪的热导检测器应用的微型热导池，已采用珠状热敏元件和微型热丝元件组成高灵敏度热导检测器。

6.2.2　热导气体分析仪的测量原理与基本组成

6.2.2.1　测量原理

热导气体分析仪测量的核心部件是热导检测池及惠斯登测量电桥。

热导检测池（简称热导池）由测量室和敏感元件组成。热导池的敏感元件材料大多用电阻丝，一般选用直径0.02～0.03mm的铂丝（或铂铱丝）。铂丝抗腐蚀力较强，电阻温度系数较大，稳定性好。也可采用电阻率高的钨丝、铼钨丝等。

热导测量气室的结构形式，按照气流通过测量室的方式分为直通式、对流式、扩散式、对流扩散式等多种形式，最常用的是对流扩散式热导测量室。热导池的测量组件由测量电桥和参比桥臂组成，并连接在测量桥路中。

热导检测池的工作原理参见图6-2-1。测量电桥给敏感元件的热丝提供恒定电流，使其被加热。当待测样品气以一定的流速通过热导池的测量室时，敏感元件热丝的热量将会以热传导的方式传给气体；当气体的传热速率与电流在热丝上的发热率相等时（称为热平衡），热丝温度稳定并决定敏感元件阻值。如果混合气体中待测组分浓度发生变化，混合气体的热导率也随之变化，气体导热速率和敏感元件-热丝平衡温度也将随之变化，导致热丝阻值产生相应变化，从而实现了气体热导率和敏感元件热丝阻值之间变化量的转换。

热导气体分析器的测量电桥通常采用惠斯登电桥，用于测量安装在热导池内的敏感元件热丝电阻值变化，从而测量被测组分的浓度。在测量电桥中，为减少桥路电流波动和外界条件变化的影响，通常都设置有测量电桥臂和参比电桥臂。因此，热导检测池体大多采用对称设计的测量气室与参比气室，结构尺寸完全相同。测量电桥臂安装在测量气室，通样品气；参比电桥臂安装在参比气室，封装参比气或流过参比气。

通常选用导热性能良好的金属材料制造热导检测池体，如铜、不锈钢等，大多采用不锈钢材质。测量电桥结构与电桥臂配置方式则有单臂串联型、单臂并联型、双臂串并联型等几种不平衡电桥形式，目前普遍采用双臂串并联型不平衡电桥，其电路图如图6-2-2所示。

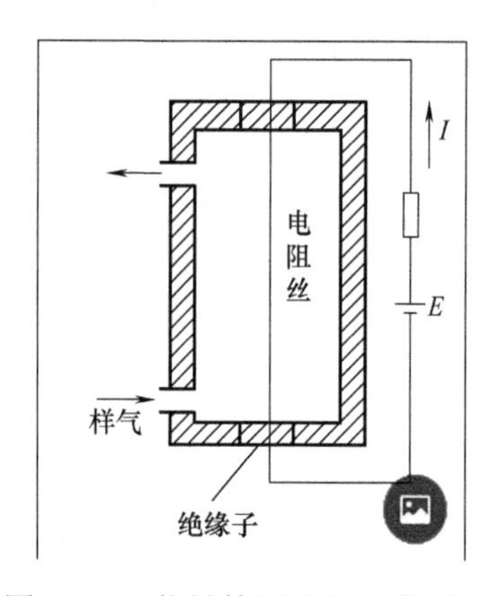

图6-2-1 热导检测池的工作原理

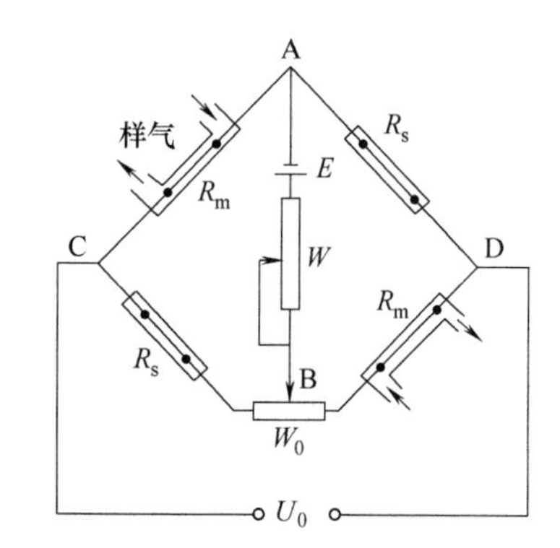

图6-2-2 双臂串并联型不平衡电桥电路示意

双臂串并联型不平衡电桥中的电桥臂电阻相等，即 $R_m=R_s=R$。双臂电桥的测量灵敏度比单臂电桥的灵敏度提高一倍，其表达式为：$\Delta U_0=(\Delta R_m/2R)\times U_{AB}$。

6.2.2.2 基本组成

热导气体分析仪由热导传感器、测量控制器、气路调节系统以及安全防护设施等部件组成。

（1）热导传感器

热导传感器主要由热导敏感元件、热导检测池体、加热恒温控制器及外壳等组成。

① 敏感元件 热导传感器的敏感元件有热丝型、半导体热敏电阻和薄膜电阻敏感元件等类型。

a．热丝型敏感元件 热丝型敏感元件有直杆形、弓形或V形结构型式，主要采用电阻率高、电阻温度系数大的材料拉成细丝来制造。要求材料加工性能好，能拉成直径为0.01～0.05mm的金属细丝，并要求性能稳定、耐腐蚀和防止起催化剂作用。常用的热丝材料有铂丝、钨丝和铼钨丝。铂丝电阻率高、化学稳定性好、耐腐蚀、加工性能好，热导气体分析仪大多选择铂丝做敏感元件，结构型式上多采用防腐型铂丝外包玻璃膜直杆形结构，如原南分、北分、川分等生产的RD型热导传感器的敏感元件。用玻璃拉制很薄的毛细管，将0.02mm

的铂丝穿过其中，烧制后形成铂丝外包玻璃膜，从而提高元件耐腐蚀性。铂丝敏感元件封装前，需对其电阻值采取配对措施，确保其对称性；在配对后需按工艺要求通电老化，以确保其稳定性。在线气相色谱仪的热导检测器（TCD），为提高检测灵敏度大多采用铼钨丝制作热导池敏感元件。铼钨丝的电阻率高，可以提高检测灵敏度，但耐腐蚀性比铂丝元件差。

b．半导体热敏电阻元件　半导体热敏电阻元件由于材料的电阻温度系数很大，可获得很高的测量灵敏度。但制作工艺比较困难，热稳定性较差，国产仪器很少应用。西门子的Maxum Ⅱ在线气相色谱仪，采用8通道TCD，热敏元件用微型珠状半导体热敏电阻元件。

c．薄膜电阻敏感元件　薄膜电阻敏感元件是新开发的热导气体分析仪测量元件。它是由微机械制造的硅片，包含一个薄膜电阻。该薄膜电阻被调节在一个恒定温度。为了抑制环境温度的影响，将传感器安装在一个恒温控制的不锈钢壳体内。薄膜电阻传感器采用扩散型结构，位于一个测量气路中。采用薄膜电阻元件的热导气体分析器测量灵敏度高，但不能用于有腐蚀性气体的组分测量。目前，国内外热导式气体分析仪及气相色谱仪的热导检测器，有不少厂家采用薄膜电阻制成的微型热导池，容积是微升级的，大大提高了检测灵敏度，测量下限可达到10μmol/mol数量级，甚至1μmol/mol数量级。如西门子公司CALOMAT 6型热导分析仪中，其微型热导池就采用薄膜电阻为热敏元件。但薄膜电阻热导传感器不耐腐蚀，只能用于无腐蚀性气体检测。

② 热导检测池体　在不锈钢材质的热导检测池体上有对称设计的测量室和参比室，并安装对称布置的测量电桥臂和参比电桥臂。热导池体外部采用加热线圈加热，热导池体有测温传感器，一般都恒温控制在60℃。热导检测池体的外部安装专用的金属保护罩，既起到保温作用又有电磁防护功能。

（2）测量控制器

仪器的测量控制器包括：惠斯登测量电桥、稳压电源、测量放大器及数据处理电路。为提高测量精度，热导检测器的惠斯登测量电桥大多采用双臂串并联型和采用高精度稳压电源供电。新一代热导气体分析仪的测量控制器，大多采用单片机的智能化控制平台及软件技术，并具有线性化处理、液晶显示屏显示及信号输出等功能；仪器的标准输出信号采用4～20mA输出，并带有通信接口RS485等。以北分麦哈克的QRD-1102C型热导式氢分析器的测量控制电路为例，其整机电路框图参见图6-2-3。

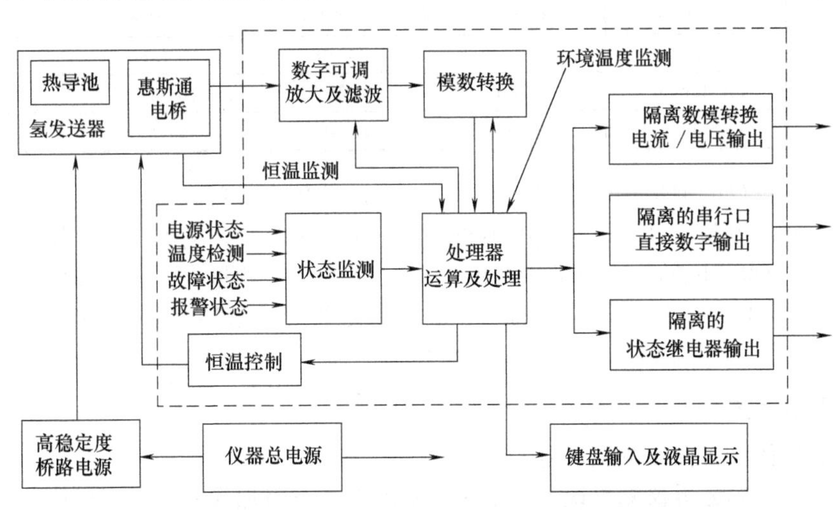

图6-2-3　QRD -1102C型热导式氢分析器的整机电路框图

（3）取样处理部件

热导气体分析仪的取样处理部件，一般包括取样部件、减压阀、稳压器、三通阀、干燥器、针形调节阀及流量计等，以确保被测样品气符合热导气体分析仪测量要求，实现稳定、可靠、准确测量。通常热导气体分析仪配置有简单的样品取样预处理部件。

（4）安全防护结构

热导气体分析仪的安全防护结构分为防爆型与非防爆型两种。防爆型结构是按照防爆产品设计要求设计防爆外壳。防爆外壳的设计分为隔爆型、充气防爆型等。热导气体分析仪的防爆设计大多采用隔爆型设计。隔爆型设计又分为螺纹隔爆型及平面隔爆型设计。非防爆结构大多采用 19in（1in=0.0254m）机箱，可以是嵌入式，也可以是挂壁式。

防爆型结构可用在具有爆炸性混合气体（蒸汽）1 区、2 区的危险场所，在线监测气体中 H_2、CH_4、CO_2、CO、Ar、SO_2、NH_3、Cl_2 等的含量。

6.2.3　在线热导气体分析仪的性能特性及误差分析

6.2.3.1　主要性能特性

热导气体分析仪的性能特性主要包括：测量范围、线性误差、重复性、漂移等。

测量范围包括测量对象及其浓度变化范围。热导气体分析仪几乎可以对任何气体进行测量，只要这种气体与它的背景气的热导率有所差异即可，因此热导气体分析仪可测量的对象很广泛，包括 H_2、CO_2、NH_3、Ar、Cl_2、SO_2、He、D_2，以及 H_2 中 O_2、O_2 中 H_2、N_2 中 H_2 等。国内外热导气体分析仪的性能特性参见表 6-2-1。

表 6-2-1　部分热导气体分析仪性能特性对比

技术指标	北分麦哈克 QRD-1102C	南京南分 RD-1400	重庆川分 RQD-200 (RQD-102)	ABB H&B Caldos 17	SIEMENS Calomat6
零点漂移	±1%FS/7d	±2%FS/7d	±2%FS/3d	<2%FS/7d	<1%FS/月
量程漂移	±1%FS/7d	±2%FS/7d	±2%FS/3d	<0.5%FS/7d	
重复性误差	≤±0.5%FS	≤1%FS	≤1%	≤1%FS	<1%FS
线性误差	≤±1%FS	±2 %FS	±2%FS	≤2%FS	<1%FS
响应时间	≤25s	≤30s	≤30s	≤2s	<5s
气样流量	0.5L/min	12L/h	12L/h	10～90L/h	0.5～1.5L/min
气样温度	0～40℃	5～40℃	5～40℃	5～50℃	0～50℃

热导气体分析仪的测量范围原则上可在 0～100%范围内实现，但实际上由于仪器的检测灵敏度及稳定性等限制，以最小测量范围或最大测量范围表示。例如，热导氢气分析仪的最小测量范围可达 0%～0.5%，最高测量范围为 98%～100%，测量误差（以线性误差代表）一般可达 ±2%FS，高精度检测可达±1%FS，仪器稳定性可实现零点漂移和量程漂移不大于±2%FS/7d、高稳定及低漂移的可达到±2%FS/月。

6.2.3.2　测量误差分析

（1）热导气体分析仪的测量误差

传统的热导气体分析仪测量误差大多采用基本误差及附加误差两部分表达。

气体分析仪的基本误差是指分析仪测量值与标准气约定真值的误差，标准气的不确定度被忽略不计，是分析仪在规定条件下工作时所产生的误差。现代气体分析仪测量误差已经很少采用基本误差表达，大多采用线性误差、零点漂移、量程漂移、重复性误差等表示。

附加误差是由于样品条件及环境条件的干扰影响产生的误差，也称干扰误差，主要是由于被测气体背景组分中的干扰组分、灰尘、液滴的存在，被测气体的压力、流量、温度的变化等外部条件变化，以及仪器的使用调整、标准气校准等可能影响因素产生的误差。

大多数热导气体分析仪的线性误差在±2%以内，漂移每周小于±2%；高精度的热导气体分析仪的线性误差为1%，漂移每周小于±1%。通常，在线色谱仪的热导检测器（TCD）的测量精度高于热导气体分析仪。其原因是被测样品通过色谱柱分离后，进入热导池的仅是单一组分和载气的二元混合气体；而热导气体分析仪的背景气往往是多元气体混合物，背景气干扰组分对被测组分的测量会产生不同程度的干扰误差。

（2）热导气体分析仪的干扰组分的影响误差

当背景气中存在对分析组分有影响的干扰组分时，热导气体分析仪检测会产生较大的附加误差。例如，测量烟气中CO_2时，SO_2就是干扰组分，因为SO_2的热导率是CO_2热导率的一半。因此，在选用热导气体分析仪应特别注意：待测组分的热导率与背景气组分的热导率应有明显的差异，差异越大越好；背景气各组分的热导率必须近似相等，越接近越好。符合这两个条件则选择性好、灵敏度高；不符合这两个条件时，应对背景组分气体的热导率进行分析，根据被测气体热导率的特性差异，确定主要干扰组分并进行干扰组分的误差补偿。

标准气也会对测量精度带来影响。原则上要求标准气的背景气组成、含量，应和被测气体的组分尽量一致，在校准时可以减小背景气的干扰误差，否则要对校准结果进行修正。此外，要保证标准气准确度，通常要求标准气误差应低于仪器测量误差的一半。

（3）热导气体分析仪的温度、压力及流量的影响

样品气温度及环境温度的影响会直接影响到热导传感器的热传导特性。所以热导传感器采用恒温控制来减小温度影响。热导传感器的恒温一般选择在60℃，温控精度为±0.1℃。测量电桥供电电流的变化会引起元件温度的变化而带来分析误差，对热导敏感元件供电的稳压电源应有高度稳定性，应保证电桥桥流稳定性保持在±0.1%左右。

样气压力和流量的变化对于直通型、对流型及对流扩散型热导池的分析仪都有不同程度的影响。从热传导理论分析，在常压下，气体热导率与压力无关，因此，热导气体分析仪在理论上没有压力影响误差，这是热导气体分析仪的一个显著特点。但是气体热导率与温度的关系很复杂，不但要考虑气体热导率不同，还应考虑气体热导率温度系数不同的影响。热导传感器敏感元件的工作电流要尽量小，工作温度一般不超过200℃，以减小气体热导率温度系数对检测灵敏度的影响。热敏元件的温度较低时，辐射热及对流散热均可以忽略，有利于仪器减少测量噪声，提供稳定性。

6.2.4 在线热导气体分析仪的应用与典型产品

6.2.4.1 应用概述

热导气体分析仪主要用于测量H_2，也常用于测量CO_2、SO_2、Ar等气体的含量。热导气体分析仪主要用于常量分析，采用微型热导池可实现高灵敏度的检测要求。

热导气体分析仪的主要技术应用举例如下。

① 氢含量检测主要有：合成氨厂合成气中H_2含量测量；加氢装置中H_2纯度测量；电解水制氢、氧过程中纯H_2中O_2和纯O_2中H_2的测量；氯气生产流程Cl_2中H_2的测量；碳氢化

合物气体中H_2含量测量；氢冷发电机组中H_2、CO_2含量的监测。

② 其他气体检测主要有：炉窑燃烧烟气CO_2测量；硫酸及磷肥生产流程中SO_2测量；空气分离装置中Ar测量，纯气体生产监测，如N_2中的He、O_2中的Ar等。

6.2.4.2　典型产品

（1）国产热导气体分析仪的典型产品

① 产品概述　新型国产热导气体分析仪已实现微机化、数字化，采用单片机进行线性化处理，液晶显示，仪器输出标准信号为4～20mA，具有RS485等通信接口。

国产热导气体分析仪的典型产品，主要分为两类。一类是采用耐腐蚀铂丝包玻璃敏感元件的热导检测池，又分为采用直流单电桥恒温型热导检测池和采用交流双电桥热导检测池两类。采用直流单电桥恒温型热导检测池的代表产品是南分RD1400及重庆川分RQD200系列热导气体分析仪，检测元件是耐腐蚀铂丝包玻璃敏感元件，热导池为不锈钢体，恒温60℃。采用交流双电桥热导检测池的代表产品是北分麦哈克的QRD系列热导气体分析仪。

另一类是采用薄膜电阻传感器元件的热导气体分析仪，国内有多家厂商生产此类产品，采用的薄膜电阻传感器大多是进口器件，仪器数字化水平高，技术性能指标也达到国内外热导仪器的先进水平，但应用场所受限，不能用于有腐蚀性气体的场合。

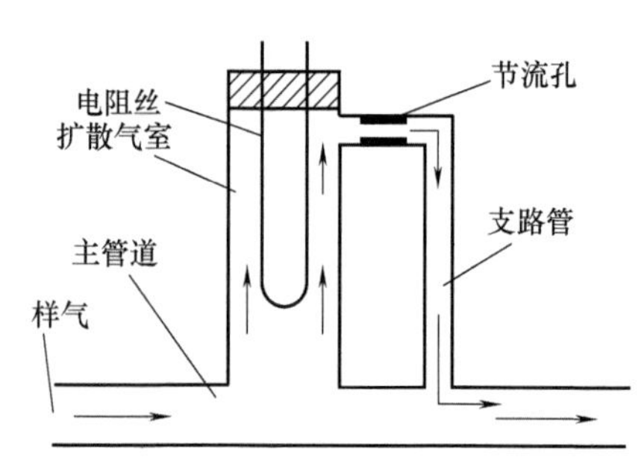

图6-2-4　QRD-1102C氢气分析仪热导池原理示意

② 典型产品　以北分麦哈克QRD-1102C型仪器为例。该仪器可用于H_2、Ar、CO_2、SO_2气体的连续测量，具有自动校准、线性处理、双量程及中间量程等功能。仪器通信包括RS232、RS485、CAN总线及以太网，测量信息等可发送计算机、DCS系统，可实现仪器远程监测。QRD-1102C氢气分析仪热导池的原理示意参见图6-2-4，信号采样板电气工作原理参见图6-2-5。

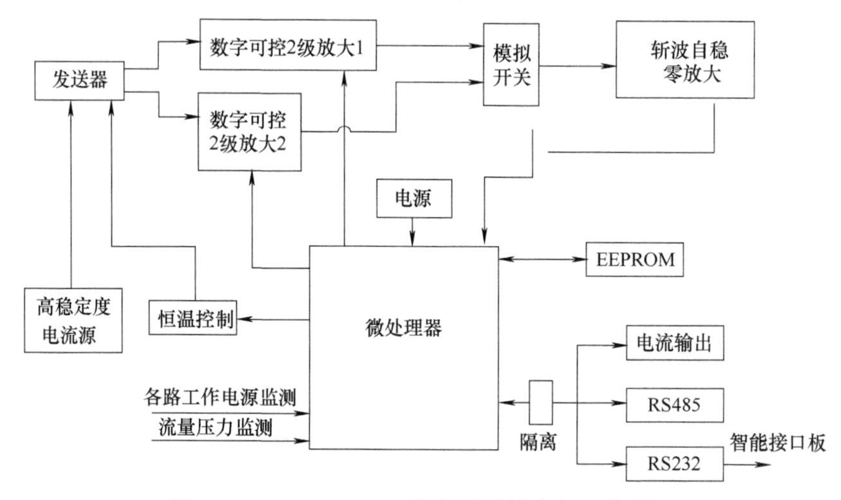

图6-2-5　QRD-1102C信号采样板电气工作原理

热导池的检测信号经处理器的可调放大器放大，再经过斩波自稳零放大器放大，进入微处理器，实现高精度模拟/数字（A/D）转换。微处理器对被测量信号进行线性处理和各种误差影响量计算，测量结果通过RS232送至智能接口板，实现隔离模拟量（电流/电压）输出。

QRD-1102C氢分析仪的智能接口输出，具有电流输出及通信功能，可实时查询计算结果，屏幕显示测量结果，以及显示、发送各种状态信息。智能接口同时具有监视和控制仪器恒温功能，及实时监测各种电源电压及温度等参数。

（2）国外热导气体分析仪的典型产品

① 西门子公司Calomat 6产品　主要用于测量二元气体或类似二元气体混合物中的H_2或者He。Calomat 6的传感器是微机械制造的硅传感器，具有响应时间短和稳定性高等特点。

主要性能指标：测量范围可达1% H_2，带有抑制零点，可测量95%～100% H_2，具有高稳定性，漂移可实现量程的1%/月，重复性＜各自量程的1%，线性偏差＜各自量程的±1%，响应时间＜5s，可参数化自动量程标定，可实现交叉干扰影响的校正。

② ABB公司的AO2020型热导气体分析模块　分析模块包括Caldos25和Caldos27。

Caldos25是专为高腐蚀性气体设计，测量元件采用玻璃覆盖的热敏元件，抗腐蚀性强。适用于检测氯气等腐蚀性气体中的氢，氯气中氢的测量范围：0～0.5%；氮或空气中的SO_2的测量范围：0～1.5%；氮或空气中的H_2的测量范围：0～0.5%。

Caldos27采用硅传感器，具有小量程和快速测量等特点。硅传感器采用微型结构，响应时间短，量程可选择，具有长期稳定性。测量氩气中氢的最小测量范围可达0～0.25%。

6.3 在线顺磁氧分析仪器

6.3.1 在线顺磁氧分析仪器概述

6.3.1.1 分类与应用

（1）分类

任何物质处于外磁场中均会被磁化，呈现出一定的磁特性。气体介质处于磁场被磁化后，根据气体种类不同分别表现出顺磁性或逆磁性，如O_2、NO、NO_2等是顺磁性气体，H_2、N_2、CO_2、CH_4等是逆磁性气体。O_2的顺磁性是最大的，与其他气体相比有显著的差异。

在线顺磁式氧分析仪，就是利用氧的体积磁化率比一般气体高得多，在磁场中具有极高顺磁特性的原理制成的，是用于测量混合气体中氧含量的仪器，也被称为磁效应式氧分析仪或磁性氧分析仪。在线顺磁氧分析仪是利用气体磁性变化引起的物理现象进行间接测量。

按照气体磁性变化引起的物理现象不同，在线顺磁式氧分析仪主要分为三种类型：热磁式、磁力机械式和磁压式。磁力机械式和磁压式氧分析仪是基于非均匀磁场中的物体，当其周围介质磁性变化时，物体就受到吸力或斥力的物理现象设计的；热磁式氧分析仪是基于不均匀磁场中，顺磁性气体受热后由于体积磁化率变化而产生热磁对流设计的。

（2）应用

在线顺磁氧分析仪是工业过程分析应用最广的在线分析仪器，具有性能稳定、测量准确、抗干扰能力强等特点。国内最早的生产厂有南分厂、重庆川分厂、北分厂，分别生产热磁式、磁力机械式及磁压式氧分析仪，并达到国外同类产品技术水平。国外在线顺磁氧分析仪的生产厂商很多，如西门子、ABB、仕富梅、阿美泰克、横河等。国外产品已实现模块化、数字化，性能稳定可靠。其中仕富梅的磁力机械式氧分析仪在国内应用较多。

在线顺磁式氧分析仪主要应用在流程工业生产过程控制中。例如，用于空气制氧设备的氧含量监测，能大大提高产品质量；用于监视燃烧过程，控制最佳的燃料-空气比例，实现低氧燃烧。在各种加热炉、反射炉、均热炉、水泥窑炉、热力锅炉等中测量氧含量，可以实现优化燃烧和节能高效等。

6.3.1.2　检测技术

（1）物质的磁特性及气体的体积磁化率

不同物质受磁化的程度不同，可以用磁化强度 M 来表示：

$$M=kH$$

式中，M 为磁化强度；H 为外磁场强度；k 为物质的体积磁化率。k 是指在单位磁场强度作用下，单位体积物质的磁化强度。$k>0$ 的物质称为顺磁性物质，它们在外磁场中被吸引；$k<0$ 的物质则称为逆磁性物质，它们在外磁场中被排斥。k 值愈大，则受吸引和排斥的力愈大。

氧气是顺磁性物质，其体积磁化率要比其他气体的体积磁化率大得多。某种气体磁化率和氧气磁化率的比值，称为相对磁化率（也称比磁化率）。设定氧气相对磁化率为100，除一氧化氮 NO、二氧化氮 NO_2 和空气相对磁化率较高外，其他气体相对磁化率大多为−1～0。

常见气体的相对磁化率可查阅有关在线分析仪器参考书的技术资料。

（2）混合气体的体积磁化率与顺磁氧测量原理

对于多组分混合气体来说，它的体积磁化率 k，可以粗略地看成是各组分体积磁化率的算术平均值，即：

$$k=\sum_{i=1}^{n} k_i c_i$$

式中，k_i 为混合气体中第 i 组分体积磁化率；c_i 为混合气体中第 i 组分体积分数。

在含氧混合气体中，除氧以外其余各组分体积磁化率都很小，数值上彼此相差不大（含 NO 和 NO_2 情况除外），顺磁性气体和逆磁性气体的体积磁化率可互相抵消，上式可以写成：

$$k=k_1c_1+\sum_{i=2}^{n} k_i c_i \approx k_1c_1$$

式中，k 混合气体的体积磁化率；k_1 氧的体积磁化率；c_1 混合气体中氧气的体积分数（以下称氧含量）；k_2、k_3……是混合气体中除氧以外的其余气体的体积磁化率；c_2、c_3……是混合气体中除氧以外的其余气体的体积分数。上式说明，混合气体的体积磁化率基本上取决于氧的体积磁化率及其体积分数。只要能测得混合气体的体积磁化率，就可得出混合气体中氧的体积分数。

6.3.2　热磁式氧分析仪

6.3.2.1　分类

热磁式氧分析仪按照检测器内的热磁对流的方式不同，主要分为内对流式和外对流式两种形式，它们的工作原理均基于热磁对流产生的热效应。但是由于热磁对流的方式不同，其检测器的结构形式也不同，采用的热敏元件结构形式也不同。其区别主要有以下两点。

① 热磁对流发生的位置不同。内对流式检测器，热磁对流在热敏元件(中间通道管)内部进行；而外对流式检测器，热磁对流在热敏元件外部进行。

② 热敏元件与被测气体之间的热交换形式不同。内对流式检测器的热敏元件与被测气

体之间是隔绝的，通过薄壁石英玻璃管进行热交换；而外对流式检测器的热敏元件与被测气体之间是直接接触换热。

内对流式检测器结构简单，便于制造和调整。其热敏元件不与样气直接接触，因此不会与样气发生任何化学反应，也不会受到样气的沾污和侵蚀，但热量传递受到一定影响，增加了测量滞后时间，灵敏度也相对较低，代表产品有南分的CD-001系列磁氧分析仪。

外对流式检测器由于被测气体与热敏元件直接接触换热，测量滞后小、灵敏度高、输出线性好，由于采用双桥结构，能有效地补偿环境温度、电源电压、样气压力、检测器倾斜等因素的影响；但结构比较复杂。代表产品有北分麦哈克的QZS系列磁氧分析仪。

6.3.2.2 内对流式热磁式氧分析仪

（1）热磁对流简介

如图6-3-1（a）所示，一个T形薄壁石英管，在其水平方向（*X*方向）的管道外壁均匀地绕以加热丝；在水平通道的左端拐角处放置一对小磁极，以形成一恒定的外磁场。在这种设置下，磁场强度曲线和温度场曲线如图6-3-1（b）所示。

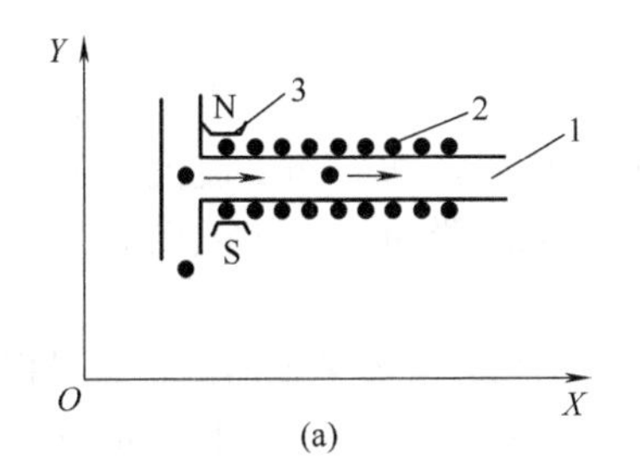

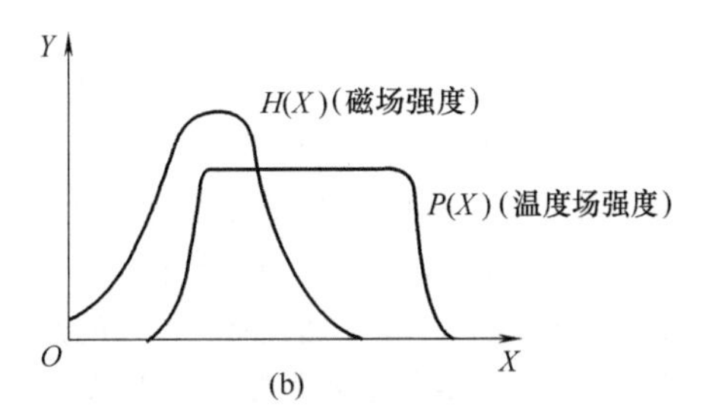

图6-3-1 热磁对流示意图

1—T形薄壁石英管；2—加热丝；3—磁极

磁场强度沿*X*方向按一定的磁场强度梯度衰减，*H*(*X*)是变化的。对于水平通道而言，处于一个不均匀磁场之中，通道左端磁场强度最强，越往右磁场强度越弱，而温度场基本上是均匀的。如图6-3-1（b）所示，在磁场强度最大值区域开始建立均匀的温度场。

当有顺磁性气体在垂直管道内沿*Y*方向自下而上运动到水平管道入口时，由于受到磁场的吸引力而进入水平管道。在其处于磁场强度最大区域的同时，也就置身于加热丝的加热区。在加热区，顺磁性气体与加热丝进行热交换而使自身温度升高，其体积磁化率随之急剧下降，受磁场的吸引力也就随之减弱。其后的处于冷态的顺磁性气体，在磁场的作用下被吸引到水平通道磁场强度最大区域，就会对先前已经受热的顺磁性气体产生向右方向的推力，使其向右运动而脱离磁场强度最大区域。后进入磁场的顺磁性气体同样被热丝加热，体积磁化率下降，又被后面冷态的顺磁性气体向右推出磁场。如此过程连续不断地进行下去，在水平管道就会有气体自左而右地流动，这种气体的流动就称为热磁对流，或称为磁风。

（2）工作原理

内对流式热磁式氧分析仪的工作原理如图6-3-2所示。

① 环形水平通道检测器　是一个中间有通道的环形气室，外面均匀地绕有电阻丝。电阻丝通过电流后，既起到加热作用，同时又起到测量温度变化的感温作用。电阻丝从中间一分为二，作为两个相邻的桥臂电阻r_1、r_2与固定电阻R_1、R_2组成测量电桥。在中间通道的左端设置一对小磁极，以形成恒定的不均匀磁场。

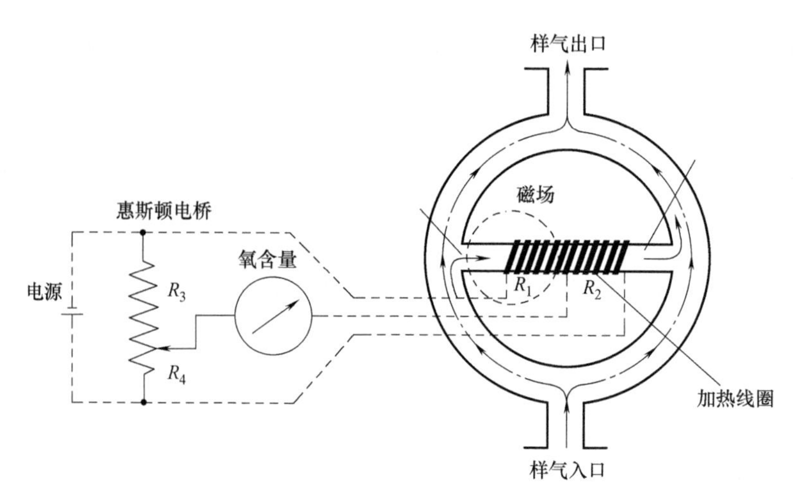

图 6-3-2　内对流式热磁式氧分析仪的工作原理

待测气体从底部入口进入环形气室后，沿两侧流向上端出口。如果被测混合气体中没有顺磁性气体存在，这时中间通道内没有气体流过，电阻丝 r_1、r_2 没有热量损失，电阻丝由于流过恒定电流而保持一定的阻值。当被测气体中含有氧气时，左侧支流中的氧受到磁场吸引而进入中间通道，从而形成热磁对流，然后由通道右侧排出，随右侧支流流向上端出口。环形气室右侧支流中的氧因远离磁场强度最大区域，不受磁场吸引，加之磁风的方向是自左向右的，所以不可能由右端口进入中间通道。

由于热磁对流的结果，左半边电阻丝 r_1 的热量有一部分被气流带走而产生热量损失。流经右半边电阻丝 r_2 的气体已经是受热气体，所以 r_2 没有或略有热量损失。这样就造成电阻丝 r_1 和 r_2 因温度不同而阻值产生差异，从而导致测量电桥失去平衡，有输出信号产生。被测气体中氧含量越高，磁风的流速就越大，r_1 和 r_2 的阻值相差就越大，测量电桥的输出信号就越大。由此可以看出，测量电桥输出信号的大小反映了被测气体中氧含量的多少。其测量上限不能超过 40%。

② 环形垂直通道检测器　环形垂直通道检测器参见图 6-3-3 所示，它在结构上与图 6-3-2 所示的环形水平通道检测器完全一样，区别只在于中间通道的空间角度，也就是把环室沿顺时针方向旋转 90°。这样做的目的是为了提高仪表的测量上限。中间通道成为垂直状态后，在通道中除有自上而下的热磁对流作用力 F_M 外，还有热气体上升而产生的由下而上的自然对流作用力 F_r，两个作用力的方向刚好相反。

在被测气体中没有氧气存在时，也不存在热磁对流，通道中只有自下而上的自然对流，此上升气流先流经桥臂电阻和 r_2，使 r_2 产生热量损失，而 r_1 没有热量损失。为了使仪表刻度始点为零，此时应将电桥调到平衡，测量电桥输出信号为零。

随着被测气体中氧含量的增加，中间通道有自上而下的热磁对流产生，此热磁对流会削弱自然对流。随着热磁对流的逐渐加强，自然对流的作用会越来越小，电阻丝 r_2 的热量损失也越来越小，其阻值逐渐加大，测量电桥失去平衡而有信号输出。氧含量越高，输出信号越大，当氧含量达到某一值时，$F_M=F_r$，热磁对流完全抵消自然对流，此时，中间通道内没有气体流动，检测器的输出特性曲线出现拐点，曲线斜率最大，检测器的灵敏度达到最大值。当氧含量继续增加，$F_M>F_r$，热磁对流大于自然对流，这时，中间通道内的气流方向改为由上而下，之后的情况与水平通道相似。

由此可见，在环形垂直通道检测器的中间通道中，由于自然对流的存在，削弱了热磁对流，以至在氧含量很高的情况下，中间通道内的磁风流速依然不是很大，从而扩展了仪表测量上限值。环形垂直通道检测器，当氧含量达到 100%时，仍能保持较高的灵敏度。但是在对低氧含量气体进行测量时，其测量灵敏度很低，甚至不能测量。应注意，内对流式热磁式氧分析仪安装时，必须保证检测器处于水平位置。

6.3.2.3 外对流式热磁式氧分析仪

（1）工作原理

图 6-3-4 是一种外对流式检测器的工作原理示意。检测器由测量气室和参比气室两部分组成，两个气室在结构上完全一样。其中，测量气室的底部装有一对磁极，以形成非均匀磁场，在参比气室中不设置磁场。两个气室的下部都装有既用来加热又用来测量的热敏元件，两热敏元件的结构参数完全相同。

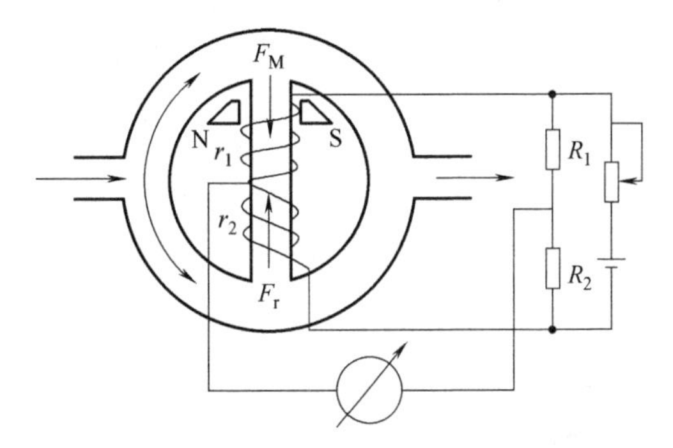

图 6-3-3 环形垂直通道检测器

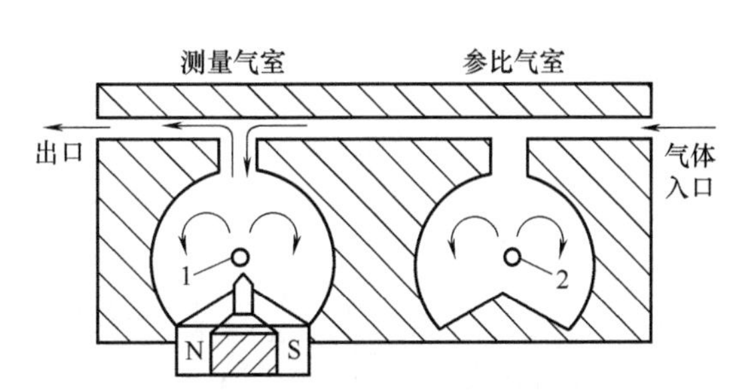

图 6-3-4 外对流式检测器的工作原理示意

1—工作热敏元件；2—参比热敏元件

被测气体由入口进入主气道，依靠分子扩散作用进入两个气室。如果被测气体没有氧的存在，那么两个气室的状况是相同的，扩散进来的气体与热敏元件直接接触进行热交换，气体温度得以升高，温度升高导致气体相对密度下降而向上运动，主气道中较冷的气体向下运动进入气室填充，冷气体在热敏元件上获得能量，温度升高，又向上运动回到主气道，如此循环不断，形成自然对流。由于两个气室的结构参数完全相同，两气室中形成的自然对流的强度也相同，两个热敏元件单位时间的热量损失也相同，其阻值也就相等。

当被测气体有氧存在时，主气道中氧分子在流经测量气室上端时，受到磁场吸引进入测量气室并向磁极方向运动。在磁极上方安装有加热元件（热敏元件），因此，在氧分子向磁极靠近的同时，必然要吸收加热元件的热量而使温度升高，导致其体积磁化率下降，受磁场的吸引力减弱，较冷的氧分子不断地被磁场吸引进测量气室，在向磁极方向运动的同时，把先前温度已升高的氧分子挤出测量气室。于是，在测量气室中形成热磁对流。

这样，在测量气室中便存在有自然对流和热磁对流两种对流形式，测量气室中的热敏元件的热量损失，是由这两种形式对流共同造成的。而参比气室由于不存在磁场，所以只有自然对流，其热敏元件的热量损失，也只是由自然对流造成的，与被测气体的氧含量无关。显然，由于测量气室和参比气室中的热敏元件散热状况的不同，两个热敏元件的温度出现差别，其阻值也就不再相等，两者阻值相差多少取决于被测气体中氧含量的多少。

若把两个热敏元件置于测量电桥中作为相邻的两个桥臂，如图 6-3-5 所示，那么，桥路的输出信号就代表了被测气体中氧含量。

（2）测量电路

为了更好地补偿由于环境温度变化、电源电压波动、检测器倾斜等因素给测量带来的影响，外对流式检测器一般都采用双电桥结构，其气路连接如图 6-3-6 所示。图中四个气室分为两组，分别置于两个电桥中，每组两个气室中各有一个气室底部装有磁极，气室中的热敏元件作为线路中测量电桥和参比电桥的桥臂。测量气室通过被测气体，而参比气室则通过氧含量为定值的参比气，如空气。仪器的电路系统图参见图 6-3-7。

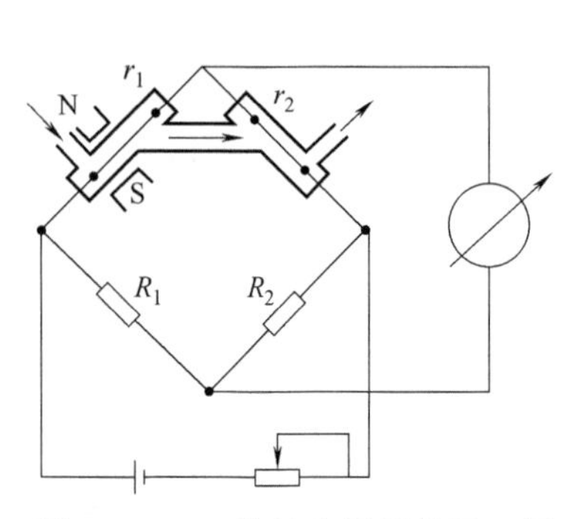

图 6-3-5 双臂单电桥测量原理图

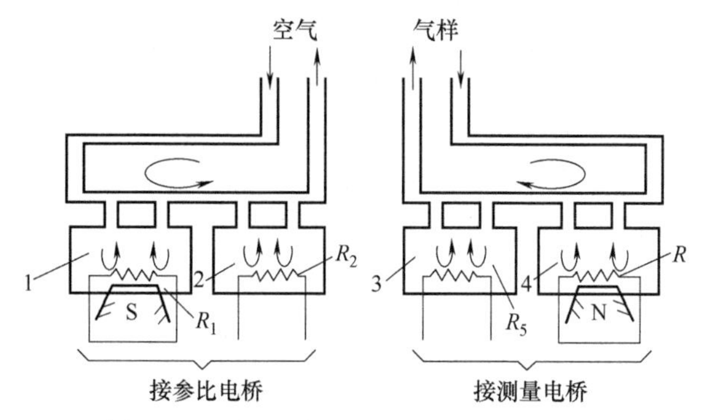

图 6-3-6 外对流式检测器气路连接图

1,2—参比电桥分析室；3,4—测量电桥分析

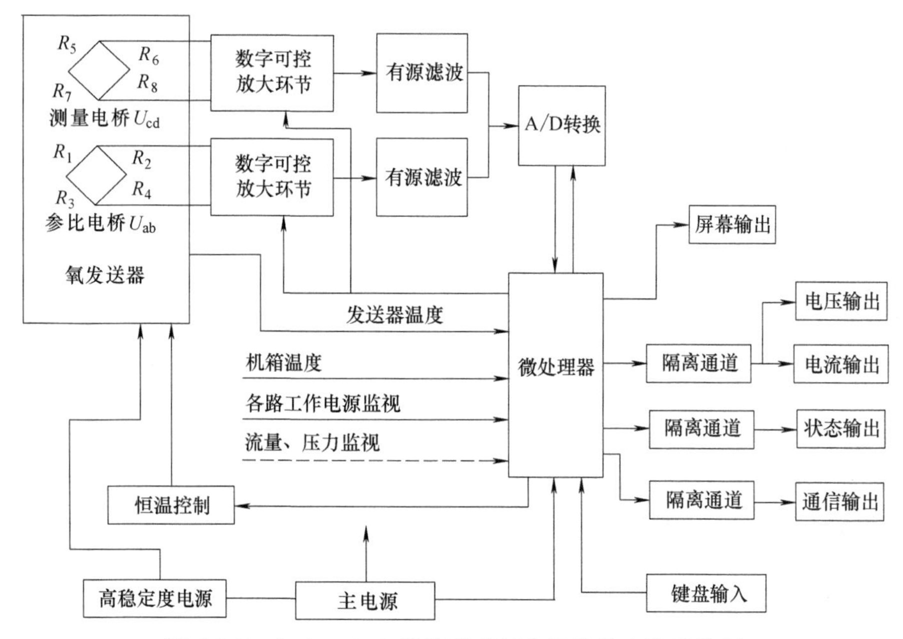

图 6-3-7 QZS-5101C 型热磁式氧分析仪的电路系统图

此种双桥检测电路的仪器的指示值 X，只取决于工作电桥和参比电桥两输出电压的比值，即 $X=K(U_{cd}/U_{ab})$。由此式可看出环境温度、环境大气压力、电源电压等的变化，虽然会使两电桥的输出电压发生变化，但两者比值变化较小，仪器指示受环境因素影响较小，因而测量精度较高。仪器中设计了控温电路及温度补偿算法，最大限度地减少了温漂。

两电桥的输出信号经前置级放大滤波处理后，由微处理器进行信号采集、数字滤波、运算放大及线性化处理，再经 A/D 转换，输出标准测量信号。同时，由微处理器完成参数设置、自动调整、极限报警、数据处理等功能。这种双电桥结构的检测器测量上限，将受到参比气体中氧含量的限制。例如选用空气为参比气，仪表的测量上限就不能超过 21%。

6.3.3　磁压式氧分析仪

6.3.3.1　技术简介

磁压式氧分析仪利用被测气体中的氧分子在磁场作用下压力发生变化来进行测量。被测气体进入磁场后，在磁场作用下气体的压力将发生变化，致使气体在磁场内和无磁场空间存在着压力差。

在同一磁场中，同时引入两种磁化率不同的气体，那么两种气体同样存在压力差，这个压力差同两种气体磁化率的差值也同样存在正比关系。当分析仪结构和参比气体确定后，参数均为已知数值，被测气体中氧的浓度与压差就有线性关系，从而可以准确测量氧含量。

磁压式分析器的测量原理就是基于被测气体中氧的体积分数 c_1 与压差 Δp 有线性关系。这种根据被测气体在磁场作用下压力的变化量来测量氧含量的技术，被称为磁压式氧分析检测技术。

6.3.3.2　磁压式氧检测器

在磁压式氧分析检测技术中，测量室中被测气体的压力变化量被传递到磁场外部的检测器中转换为电信号。使用的检测器主要有薄膜电容检测器和微流量检测器两种。为了便于信号的检测和调制放大，采用一定频率的通断电流，对磁铁线圈反复激励，使之产生交替变化的磁场，则检测器测得的信号就变成交流波动信号。

（1）薄膜电容检测器

其工作原理与红外分析仪中的电容微音器基本相同：将样品气和参比气分别引到薄膜电容器动片两侧，当样品气压力变化时，推动动片产生位移，位移量和电容变化量成比例。电容器中的动片一般采用钛膜制成。

（2）微流量检测器

其检测元件是由两个微型热敏电阻和另外两个辅助电阻组成的惠斯通电桥。当有气体流过时，带走部分热量使热敏元件冷却，电阻变化，通过电桥转变成电压信号。

微流量传感器中的热敏元件有两种，一种是薄膜电阻，在硅片或石英片上用超微技术光刻上很细的铂丝制成。这种薄膜电阻平行装配在气路通道中，微气流从其表面通过。另一种是栅状镍丝电阻，简称镍格栅，它是把很细的镍丝编织成栅栏垂直装配于气路通道中，微气流从格栅中间穿过。微流量检测器体积很小，灵敏度极高，价格也较便宜，因而在分析仪器（如红外、氧分析仪等）中得到越来越广泛的应用。

6.3.3.3　典型产品

（1）采用薄膜电容器检测技术的磁压式氧分析仪

典型产品如重庆川仪的 CY-101 型磁压式氧分析仪，其结构及流程图参见图 6-3-8。仪器说明可参见该产品说明书等资料。

根据测量范围不同，该仪器分别采用 N_2、O_2 和空气作参比气：当测量范围为 0～X% O_2（测量下限为 0% O_2）时，用 N_2 作参比气；当测量范围为 X%～100% O_2（测量上限为 100% O_2）时，用 O_2 作参比气；当测量范围在 20.95% O_2 附近时(如 20%～30% O_2)，用空气作参比气。

（2）采用微流量传感器检测技术的磁压式氧分析仪

典型产品如西门子公司 OXYMAT 61 型磁压式氧分析仪，其测量原理参见图 6-3-9。如图所示，样气经入口 5 进入测量室 6。参比气经入口 1 和两个参比气通道 3（分称 3 左和 3 右）

进入测量室。微流量传感器 4 中有两个被加热到 120℃的镍格栅电阻，它们和两个辅助电阻组成惠斯通电桥，变化的气流导致镍格栅的阻值发生变化，使电桥产生偏移。测量过程可参见其产品说明书。

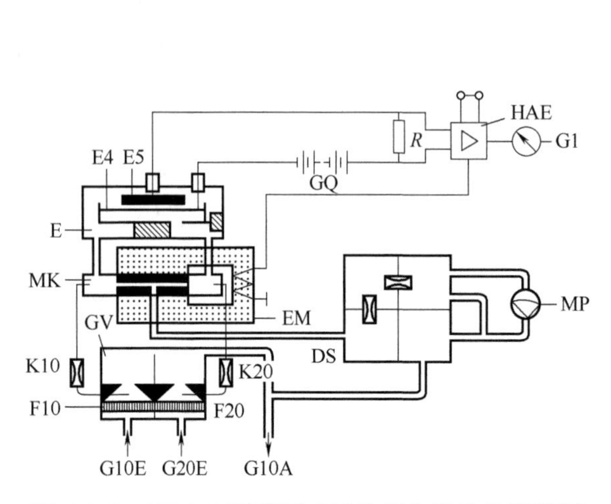

图 6-3-8　CY-101 型磁压式氧分析仪结构及流程图

G10E—参比气入口；G20E—测量气入口；GV—气体分配器；F10,F20—过滤片；K10,K20—毛细管；MK—测量池；EM—电磁铁线圈；E—接收器；E4—钛膜电极；E5—固定电极；HAE—检测电路；GQ—直流电源；R—高阻；G1—机箱内显示表头；DS—缓冲器；MP—膜片泵；G10A—混合气出口

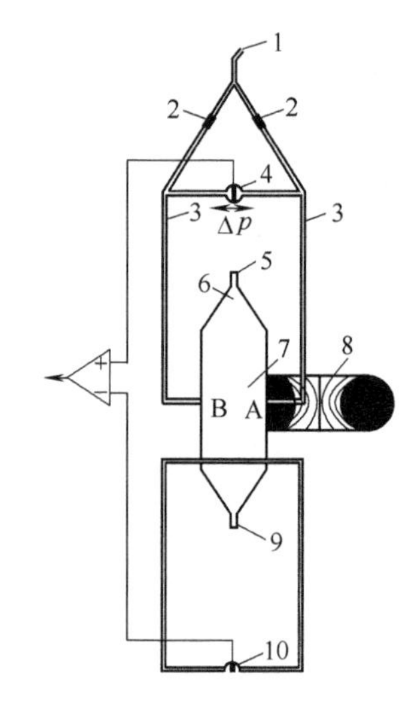

图 6-3-9　OXYMAT 61 型磁压式氧分析仪测量原理图

1—参比气入口；2—限流气阻；3—参比气通道；4—微流量传感器；5—样气入口；6—测量室；7—顺磁效应区；8—电磁铁；9—样气和参比气出口；10—补偿用的振动传感器（无气流）

（3）采用磁压-温度效应式的磁压式氧分析仪

北分麦哈克公司的 Oxyser-6N 型磁压式氧分析仪的工作原理与一般磁压式氧分析仪有所区别，被称为“磁压-温度效应式氧分析仪”。该仪器的测量原理图参见图 6-3-10。

Oxyser-6N 型磁压式氧分析仪的主要特点如下：检测器测量桥路不处于磁场中，故被测气体的背景气对氧测量的影响较小；测量元件采用微流元件，非常灵敏，因而需要的参比气流量很小，低于 0.6L/h，一般容量为 40L、充装压力 10MPa 的高压气瓶，可以使用 10 个月；分析器的灵敏度高，最小量程可到 0～1%O_2，特别适宜差值测量，例如测量 21%～16% O_2 和 100%～97% O_2 等；由于被测气体不流过敏感元件，被测气体中所含腐蚀性组分和脏污颗粒不会影响热敏电阻的工作。测量过程可参见其产品说明书。

6.3.4　磁力机械式氧分析仪

6.3.4.1　技术简介

磁力机械式氧分析仪的检测技术是利用在磁场中被测气体中的氧会对哑铃球结构造成旋转趋势，利用一个精密的光学反馈回路来侦测并抵消此旋转趋势，借此可直接测量氧含量。

磁力机械式氧分析仪的结构如图 6-3-11 所示。在一个密闭的气室中，装有两对不均匀磁场的磁极，它们的磁场强度梯度正好相反。两个空心球（内充纯净的氮气或氩气）置于两对磁极的间隙中，金属带固定在壳体上，这样，哑铃只能以金属带为轴转动而不能上下移动。在哑铃与金属带交点处装一平面反射镜。

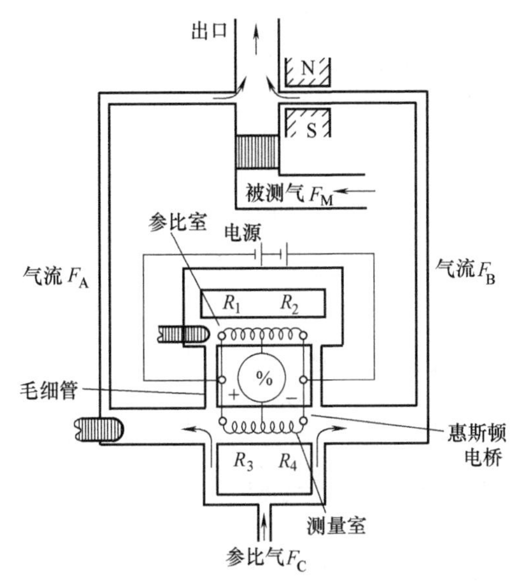

图 6-3-10 Oxyser-6N 型磁压式氧分析仪原理图

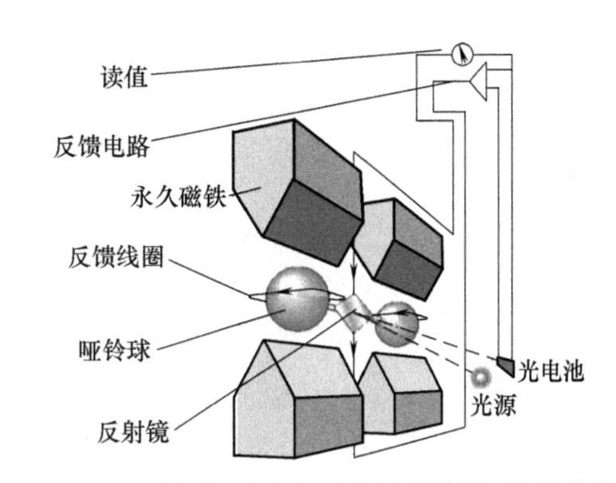

图 6-3-11 磁力机械式氧分析仪检测部件结构图

被测样气由入口进入气室后，它就充满了气室。两个空心球被样气所包围，被测样气的氧含量不同，其体积磁化率 k 值也不同，球体所受到的作用力 F_M 就不同。如果哑铃上的两个空心球体积相同，体积磁化率值相等，两个球体受到的力大小相等、方向相反，对于中心支撑点金属带而言，它受到的是一个力偶 M_M 的作用，这个力偶促使哑铃以金属带为轴心偏转，该力偶矩为

$$M_M = F_M \times 2R_P$$

式中，R_P 为球体中心至金属带的垂直距离(哑铃的力臂)。

在哑铃做角位移的同时，金属带会产生一个抵抗哑铃偏转的复位力矩以平衡 M_M，被测样气中的氧含量不同，旋转力矩和复位力矩的平衡位置不同，也就是哑铃的偏转角度 φ 不同，这样，哑铃偏转角度 φ 的大小，就反映了被测气体中氧含量的多少。

对哑铃偏转角度 φ 的测量，大多是采用光电系统来完成的，由光源发出的光投射在平面反射镜上，反射镜再把光束反射到两个光电元件（如硅光电池）上。在被测样气不含氧时，空心球处于磁场的中间位置，此时，平面反射镜将光源发出的光束均衡地反射在两个光电元件上，两个光电元件接受的光能相等，一般两个光电元件采用差动方式连接，因此，光电组件输出为零，仪表最终输出也为零。当被测样气中有氧存在时，氧分子受磁场吸引，沿磁场强度梯度方向形成氧分压差，其大小随氧含量不同而异，该压力差驱动空心球移出磁场中心位置，于是哑铃偏转一个角度，反射镜随之偏转，反射出的光束也随之偏移，这时，两个光电元件接收的光能量出现差值，光电组件有毫伏电压信号输出。被测气体中氧含量越高，光电组件输出信号越大。该信号经反馈放大后作为仪表输出。

6.3.4.2 典型产品

典型产品如英国仕富梅的 Servomex 2200 型磁力机械式顺磁氧分析仪，在国内外已有广泛应用。

该仪器测量范围为 0～100%O_2，最小量程 0～0.5%O_2；测量精确度<0.02%O_2；重复性

误差<0.02%O_2；线性偏差<0.01%O_2；零点漂移<0.02%O_2/7天；量程漂移<0.05%O_2/7天；输出波动<0.01%O_2/5min；响应时间 4～7s。其测量原理参见图 6-3-12；哑铃传感器参见图 6-3-13。

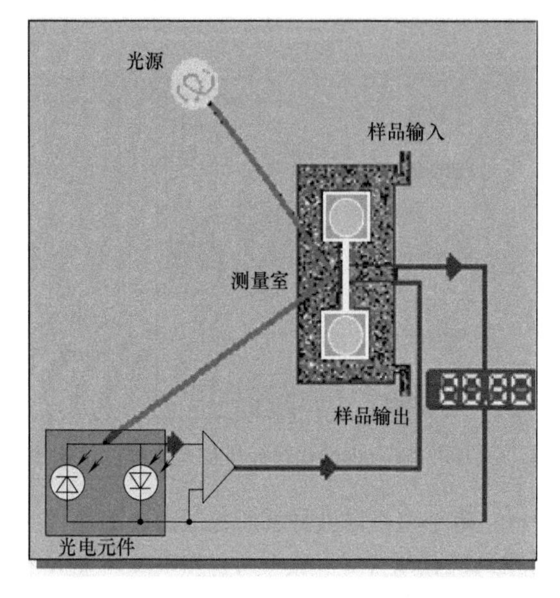

图 6-3-12　顺磁氧分析仪测量原理

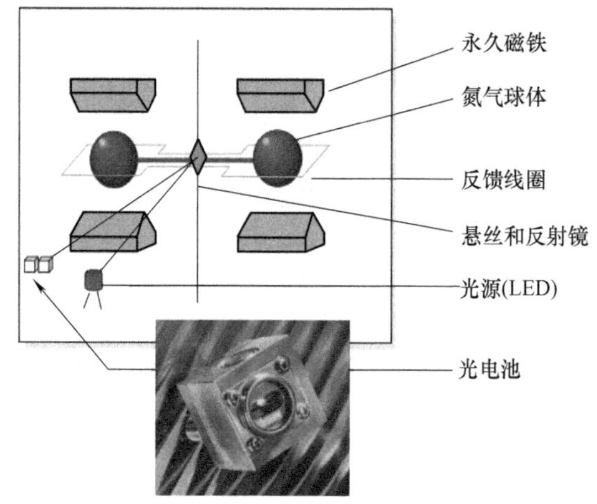

图 6-3-13　磁力机械式顺磁氧哑铃传感器结构图

仕富梅磁力机械式顺磁氧分析仪的检测技术特点是：完全是机械性结构，无任何消耗件；在氧气检测中，哑铃球体实际上并没有产生旋转，哑铃球反馈线圈电流产生的力矩使之保持动态的平衡，是通过测量哑铃球反馈线圈中的电流的大小测量氧浓度，故测量非常稳定。

磁力机械式氧分析仪直接使用氧顺磁性特性对氧浓度进行测量，不受背景气浓度、热导率、密度变化的影响。无需参比气，运行成本低廉。其结构可以选择各种防腐材质，传感器可以最高加热到 110℃高温，适合于不同恶劣的工况条件，常用于对安全过程控制要求高的石油化工等工况。

国外其他的磁力机械式氧分析产品也很多，如 ABB H&B 的 Magnos 16 等。国内的磁力机械式氧分析产品，如重庆分析仪器厂 CJ-200(智能型)等，也有较好的应用。

6.3.4.3　应用注意事项

磁力机械式氧分析产品由于传感器特别是哑铃球结构复杂，制造成本高。必须考虑环境振动以及被测气体中的灰尘、机械杂质及水分对镜面的影响。

在使用中，应注意干扰组分的影响，像氧化氮等一些强顺磁性气体及较强逆磁性气体如氙(Xe)等，应予以清除或对测量结果采取修正措施。

磁力机械式氧分析器须稳定气样的压力，并通过温度控制系统维持检测部件在恒温条件下工作，以克服气样压力、温度的变化以及环境温度的变化对检测的影响。

另外仪器安装位置也应避开振源并采取适当的防振措施，并将检测部件的敏感部分安装在防振装置中。任何电气线路不允许穿过这些敏感部分，以防电磁干扰和振动干扰。

6.4 在线气体传感器

6.4.1 在线气体传感器概述

6.4.1.1 在线气体传感器技术简介

在线气体传感器具有体积小、低功耗、灵敏度高、使用方便、检测成本低等特点，广泛用于氧分析仪、可燃气体检测报警仪、有毒有害气体分析仪的气体检测器等，适用于被测气体组分的常量、微量及痕量检测。

以在线气体传感器为核心的可燃及有毒气体检测器，主要应用于石油化工、煤化工、钢铁冶金、煤矿、天然气、空分及燃气等工业过程的安全与环境监测，以及工业园区的安全环保应急监测系统的可燃/有毒气体检测。例如，一个典型的现代石化乙烯装置，需要配置的可燃/有毒气体检测器就有 163 套。

在线气体传感器可以检测的气体种类非常多，检测量程可根据用户需要选定，可用于气体常量、微量及痕量检测，使用寿命可达到 3 年以上。常用的气体传感器检测气体及主要性能参见表 6-4-1。

表 6-4-1 常用的气体传感器检测气体与主要性能表

检测气体	化学式或英文缩写	检测量程	分辨率	技术原理	寿命
可燃气体	EX	0~100%LEL	0.1%LEL	催化燃烧	3 年
甲烷	CH_4	0～100%LEL	0.1%LEL	红外线	5 年以上
氢气	H_2	0～100%LEL	0.1%LEL	催化燃烧	3 年
氢气	H_2	$0\sim1000\times10^{-6}$	1PPM	电化学	3 年
乙炔	C_2H_2	0～100%LEL	0.1%LEL	催化燃烧	3 年
一氧化碳	CO	$0\sim20\times10^{-6}$	0.01×10^{-6}	电化学	3 年
硫化氢	H_2S	$0\sim10\times10^{-6}$	0.001×10^{-6}	电化学	3 年
氧气	O_2	0～30%（体积分数）	0.1%（体积分数）	电化学	3 年
氨气	NH_3	$0\sim100\times10^{-6}$	1×10^{-6}	电化学	3 年
氯气	Cl_2	$0\sim10\times10^{-6}$	0.01×10^{-6}	电化学	3 年
臭氧	O_3	$0\sim1\times10^{-6}$	0.001×10^{-6}	电化学	3 年
二氧化硫	SO_2	$0\sim1\times10^{-6}$	0.001×10^{-6}	电化学	3 年
一氧化氮	NO	$0\sim10\times10^{-6}$	0.001×10^{-6}	电化学	3 年
二氧化氮	NO_2	$0\sim10\times10^{-6}$	0.001×10^{-6}	电化学	3 年
二氧化碳	CO_2	$0\sim5000\times10^{-6}$	1×10^{-6}	红外线	5 年以上
笑气	N_2O	$0\sim1000\times10^{-6}$	1×10^{-6}	红外线	5 年
光气	$COCl_2$	$0\sim1\times10^{-6}$	0.001×10^{-6}	电化学	3 年
氟气	F_2	$0\sim1\times10^{-6}$	0.001×10^{-6}	电化学	3 年
溴气	Br_2	$0\sim10\times10^{-6}$	0.01×10^{-6}	电化学	3 年
氮气	N_2	0～100%（体积分数）	0.1%（体积分数）	电化学	3 年
氟化氢	HF	$0\sim10\times10^{-6}$	0.01×10^{-6}	电化学	3 年

续表

检测气体	化学式或英文缩写	检测量程	分辨率	技术原理	寿命
氯化氢	HCl	$0\sim50\times10^{-6}$	0.01×10^{-6}	电化学	3年
磷化氢	PH_3	$0\sim50\times10^{-6}$	0.01×10^{-6}	电化学	3年
氰化氢	HCN	$0\sim50\times10^{-6}$	0.01×10^{-6}	电化学	3年
硒化氢	SeH_2	$0\sim5\times10^{-6}$	0.001×10^{-6}	电化学	3年
六氟化硫	SF_6	$0\sim1000\times10^{-6}$	1×10^{-6}	红外线	5年以上
甲醇	CH_4O	0～100%LEL	0.1%LEL	催化燃烧	3年
乙醇	C_2H_6O	0～100%LEL	0.1%LEL	催化燃烧	3年
甲硫醇	CH_4S	$0\sim10\times10^{-6}$	0.01×10^{-6}	电化学	3年
氟里昂	CFCs	$0\sim1000\times10^{-6}$	1×10^{-6}	半导体	5年以上
挥发性有机物	VOCs	$0\sim10\times10^{-6}$	0.001×10^{-6}	PID光电离子	5年以上
甲醛	HCHO	$0\sim10\times10^{-6}$	0.01×10^{-6}	电化学	3年
氟里昂	CFCs	$0\sim1000\times10^{-6}$	1×10^{-6}	PID光电离子	5年以上
航空煤油（JETA）		0～100%LEL	0.1%LEL	光学波导	3年
三氧化硫	SO_3	$0\sim5\times10^{-6}$	0.001×10^{-6}	电化学	3年
甲苯二异氰酸酯	TDI	$0\sim30\times10^{-6}$	0.001×10^{-6}	PID光电离子	5年以上

注：表中LEL（lower explosive limit）指可燃气体爆炸下限。

常用的在线气体传感器，主要有电化学气体传感器、催化燃烧型气体传感器、半导体传感器、光学气体传感器、光离子化检测器等。电化学气体传感器主要有燃料电池式及定电位电解式，电化学气体传感器技术请参见6.1节的有关介绍。本节主要介绍催化燃烧型气体传感器、半导体传感器、光学气体传感器等。

催化燃烧型气体传感器主要用于可燃气体检测报警。

半导体式气体传感器主要用于可燃气体检测报警，也可用于有毒气体检测。

光学气体传感器有红外气体传感器、激光气体传感器等。其中应用较多的是红外气体传感器，主要用于检测CO、CO_2等。

光电离子化检测器（PID）主要用于检测离子化电位小于11.7eV的有机和无机化合物等。

6.4.1.2 在线气体传感器的技术发展

国内气体传感器的专业厂商已具备为广大用户提供各种气体检测报警器（也称检测探头）、各种集成的模块化气体传感器，以及可燃、有毒气体安全监测系统平台技术解决方案。但是，一些难度大、微量及痕量的气体传感器，仍需进口国外产品。国内已有部分专业厂商、大学、科研院所积极从事气体传感器技术的研究开发，并实现了部分气体传感器的国产化。

在线气体传感器是在线气体检测器、报警器的核心。大多数由气体传感器集成的气体检测探头，已经实现传感器与检测电路一体化，并应用微处理控制技术实现数据处理、抗干扰和数据显示；检测探头输出采用0～5V模拟信号、4～20mA电流信号，以及采用RS-485网络信号输出等；气体检测探头的外壳采用标准的铝合金或不锈钢材料，并有防爆和非防爆结构产品。目前，在线气体传感器技术的发展探讨如下。

（1）智能化气体传感器

气体传感器已经实现模块化、小型化、高精度、高灵敏度、一体泵吸式，具有标准输出信号，并向智能化方向发展。智能化气体传感器应具有抗干扰、自诊断、自标定及联网通信等功能。

以深圳深国安电子科技公司生产的智能化气体传感器为例，部分产品简介如表6-4-2。

表6-4-2 深国安电子科技公司智能化气体传感器部分产品简介

项目	SGA-400A	SGA-400B	SGA-700A	SGA-700B	SGA-700C	SGA-700D
图片参考						
上市年份	2015	2018	2015	2018	2015	2018
产品属性	超微型气体传感器模组	新超微型气体传感器模组	高精度型气体传感器模组	新高精度型气体传感器模组	一体泵吸式气体传感器模组（上下通气）	一体泵吸式气体传感器模组（左右通气）
特点	史上最小的智能气体传感器，已标定，即插即用	在SGA-400A基础上直径加大1mm，高度缩小1mm。电路升级，更精准	史上最高精度、最小体积的智能气体传感器，可识别到10^{-9}级	在SGA-700A基础上电路升级、尺寸优化、针脚加粗加长。性能更稳定	一体泵吸式设计，连接紧密不漏气	一体泵吸式设计，连接紧密不漏气
输出信号	5V：0～5V+TTL	5V：0～5V+TTL	5V：0～5V+TTL或24V：4～20mA+TTL	5V：0～5V+TTL	5V：0～5V+TTL或24V：4～20mA+TTL	5V：0～5V+TTL

（2）阵列式气体传感器

阵列式气体传感器模块也是应用发展的方向之一，可根据检测目标气体的不同性质，选取气体传感器阵列个数、型号及类型，实现多组分气体检测；具有体积小、重量轻、多组分、快速分析等特点，可实现在线监测可燃气体、有毒气体及恶臭气体的浓度和变化。

阵列式气体传感器已被用于微型空气监测站的气体在线检测模块、无人机机载的传感器检测盒、恶臭气体在线检测模块等。阵列式气体传感器模块通常有4～6个传感器组合，可检测SO_2、NO、NO_2、NH_3、H_2S、CS_2、恶臭气体等多种气体。

（3）固态电化学气体传感器

固态电化学气体传感器是气体传感器发展的新技术之一。新型固态电化学传感器大多是由固态电解质载体、保护膜、印刷电极、印制导线等组成。传感器使用固态电解液，不易发生渗漏。可用于测量氧气和有毒气体，响应时间t_{90}比传统电化学传感器速度快。

一种新型固态电化学气体传感器采用陶瓷片为载体，将化学电解液固化在陶瓷片上，并引出3个金电极用于输出电信号。当被测气体与传感器上的测量电极发生反应时，其他两个电极不暴露在被测气体中，电位不会改变，与此同时测量电极产生一个电流信号与对电极形成一个电位差，电流大小与气体浓度成正比。

例如，德国固态传感技术公司生产的固态电化学传感器，采取固态电解液、三电极，可检测氧气、有毒气体，响应时间≤15s；电解液不渗漏，耐低温（可耐−40℃），使用寿命可长达5年。

（4）微型MEMS气体传感器

微型MEMS气体传感器是指采用微机电系统（MEMS）技术的微型气体传感器，是当今国内外气体传感器技术的研究热点。MEMS气体传感器典型的芯片结构见图6-4-1。

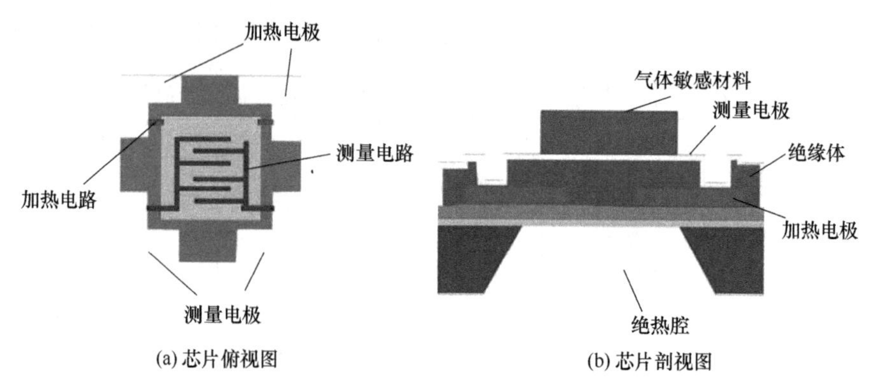

图 6-4-1　MEMS 气体传感器的芯片结构

微型 MEMS 气体传感器采用纳米技术，以提高气体传感器的灵敏度，研究主要集中在碳纳米管和石墨烯传感器的制备和产业化。MEMS 气体传感器具有微型化、多样化、体积小等特点，适宜于智能化技术应用和集成化批量生产。MEMS 气体传感器的制备材料（一般为硅材料）的特殊性，为相关产业的集成化生产和智能化生产提供了便利。在物联网时代，智能化气体传感器与计算机控制系统最便捷的连接方式是无线 MEMS 气体传感器。

6.4.2　有毒气体传感器及有毒气体检测仪

6.4.2.1　有毒气体传感器技术简介

有毒气体传感器技术主要包括：电化学定电位电解式气体传感器、半导体气体传感器及光学气体传感器等。其中电化学定电位电解式气体传感器在 6.1 节已经介绍。这里主要介绍半导体气体传感器及光学气体传感器。

半导体气体传感器是基于金属氧化物半导体表面吸附理论进行检测，即材料表面发生气体的吸附或脱附，材料体内自由电子浓度发生变化，使得传感器的电阻发生变化，从而实现对部分有毒气体的检测。

光学气体传感器是基于气体的光学吸收特性来进行检测，是利用不同种类的气体具有不同的特征吸收光谱的特性。光学型气体传感器主要有红外气体传感器、紫外气体传感器、激光气体传感器、光电离传感器和化学发光气体传感器等。与光学式气体分析仪器不同，光学气体传感器具有体积小、集成度高等特点，常用于便携式仪器。

6.4.2.2　半导体气体传感器

某些金属氧化物半导体（如 SnO_2 等）的表面吸附某种可燃气体组分后，其电阻会发生显著变化，这种变化是由于表面吸附的被测气体与氧起反应，造成电子的得失引起的。利用这些金属氧化物半导体，可制得金属氧化物半导体气体传感器，也称为半导体气敏传感器。

由于电阻的变化是表面反应造成的，因此半导体气体传感器常采用多孔氧化物层，将其印刷或沉积在氧化铝类载体上；电极与氧化物层共面，位于氧化物层与载体的界面处；加热器在其背面，以确保传感器运行在“热”状态。

半导体气敏元件在测量电路中作为平衡电桥的测量臂。当可燃气体通过气敏元件表面时被金属氧化物吸附，测量元件的电阻值随被测气体浓度变化而变化，电桥失去平衡，并输出与被测气体浓度成比例的不平衡电压，经放大处理后输出。

半导体气敏传感器具有使用寿命长（可达10年），测量对象多、灵敏度高、响应快、体积小、重量轻、成本低等特点，常用于有毒有害气体检测及可燃气体检测报警。

6.4.2.3　光学气体传感器

（1）红外气体传感器

红外气体传感器采用非分散红外线（NDIR）吸收法原理，是由红外光源、测量气室与检测器集成的模块化气体传感器，常用光谱范围 1～25μm。红外气体传感器常用于 CO_2、CH_4 等气体的检测，国内已有防爆型微型甲烷传感器及二氧化碳传感器产品。

（2）紫外气体传感器

常用的紫外气体传感器有非分散紫外气体传感器和紫外荧光气体传感器。非分散紫外气体传感器是基于气体对紫外光谱的选择性地吸收，使用的紫外波长范围是 200～400nm。紫外荧光气体传感器常用于 SO_2 检测，是基于 SO_2 分子接受紫外线能量成为激发态的 SO_2^* 分子，在返回稳态时产生特征荧光，其发出的荧光强度与 SO_2 浓度成正比。紫外荧光气体传感器可连续自动测量大气中的微量 SO_2 含量，具有检测灵敏度高、寿命长等特点。

（3）激光气体传感器

激光气体传感器采用可调谐二极管激光吸收光谱（TDLAS）技术，激光气体传感器大多采取原位测量，由发射模块、接收模块与控制器模块集成应用。激光气体传感器具有检测灵敏度高、抗干扰、精度高等显著特点，常用于有毒气体 HCl、HF 等的微量检测。

（4）光离子化检测器

光离子化检测器（PID）是一种高灵敏度、高选择性检测器。它利用光辐射使被测组分电离，产生信号，选择性随光源而异，光电检测器在接收端检测。光离子化检测器是非破坏性的浓度型检测器，已广泛应用于环境保护、商品检验和石油化工等领域的微量及痕量气体分析，是环境污染源排放的挥发性有机物（VOCs）监测的重要技术。

（5）化学发光式气体传感器

化学发光式气体传感器主要应用化学发光原理检测微量的 NO_x 气体，是利用 O_3 的强氧化作用，使 NO 与 O_3 发生化学发光反应来实现对 NO_x 的测量。化学发光原理也用于监测臭氧的气体传感器，是利用 O_3 与 C_2H_4 产生化学发光反应所放出的光子来测定臭氧。

6.4.2.4　有毒气体检测报警仪

有毒气体检测报警仪（简称有毒气体检测仪）的核心是有毒有害气体传感器，除已经介绍的定电位电解式气体传感器外，还主要应用半导体气体传感器和光学气体传感器等。

有毒气体检测仪按安装方式可分为固定式、便携式等；按组合方式可分为单一式、复合式及阵列式等；按取样方法可分为扩散式和泵吸式等；按防护类型可分为防爆与非防爆等。有毒气体检测报警仪是一种简单、可靠的现场气体安全监测报警设备。

固定式有毒气体检测报警仪固定安装在现场，可连续自动检测相应有害气体（蒸气），实现有害气体超限自动报警，有的还可自动控制排风机等。固定式仪器分为一体式和分体式两种。一体式仪器直接安装在现场，当被测气体是微正压、常压或负压时应采取内置抽气泵，以实现监测点的连续自动检测报警。大多采取扩散式采样。分体式仪器，是将仪器组件分为两部分：传感器和信号变送电路组装在一个防爆壳体内，俗称检测探头，安装在现场（危险场所）；控制器部分安装在控制室（安全场所），通常包括数据处理、显示、报警控制等组件。检测探头与控制器采取无线通信或有线网络连接。当用于企业或园区的一个危险区域内时，由十多个检测探头与一个控制器可组成有毒气体监测控制系统。

便携式有毒气体检测报警仪是将传感器、测量电路、显示器、报警器、充电电池、抽气泵等组装在一个壳体内，成为一体化仪器，可随时携带到现场进行检测。便携式仪器小巧轻便，便于携带，一般采取泵吸式采样。手持式等袖珍式检测报警仪是便携式仪器的一种，采用无抽气泵的扩散式采样，干电池供电，体积很小。

有毒气体检测仪是监测所处环境中有毒有害气体的有效手段，适应于不同应用场所内的有毒有害气体的检测报警。在企业及区域安全监测应用中，采用多个气体检测探头与控制器主机集成的有毒气体监测系统，已广泛用于有危险环境的安全监测预警。

6.4.3　可燃气体传感器及可燃气体检测报警仪

6.4.3.1　可燃气体传感器技术简介

可燃气体传感器主要有催化燃烧型、红外吸收型及半导体气敏型等。可燃气体传感器以催化燃烧型应用最为广泛。

（1）催化燃烧型气体传感器

催化燃烧型气体传感器测量元件是将铂金丝绕成线圈，用三氧化二铝多孔材料包覆，表面涂上钯、钍一类的催化氧化催化剂，固定在金属圆筒内制成。参比元件的结构与测量元件相同，只是不涂覆催化材料。两者一起装在粉末冶金烧结金属防护罩内，防护罩起阻火器作用。

催化燃烧传感器的测量元件与参比元件分别作为惠斯通电桥的测量臂和参比臂。传感器工作时，电流通过铂丝元件加热到 500～550℃，电桥处于平衡状态，当有可燃气体与检测元件的催化氧化催化剂接触时，在其表面产生无焰燃烧，使测量元件的铂丝线圈温度升高，其电阻值增大，电桥失去平衡，输出与可燃气体浓度相应的不平衡电压，经测量电路放大后输出。参比元件的作用是补偿环境温度、压力、湿度变化对测量的影响。

催化燃烧型传感器适用范围广，几乎能测所有的可燃性气体，不易受背景气体干扰；测量精度较高，最高可达±3%；检测元件寿命长达 3 年；输出在 0～100%LEL 范围内与可燃气体浓度呈线性关系。

催化燃烧型传感器只能在有氧环境下检测，检测浓度低，测量范围仅限于 0～100%LEL 之内。另外，检测元件易中毒：当被测气体中含有含铅有机物、硅化合物等时，有可能使检测元件表面形成固体隔离物，使检测灵敏度下降，造成不可逆转的中毒；当被测气体中含有硫化氢、卤化氢时，会被催化材料吸收，形成化合物，使检测元件中毒，灵敏度下降，这类中毒是暂时的，可用空气吹扫清洗后恢复。

（2）红外吸收型气体传感器

红外吸收型气体传感器通常采用 NDIR 技术，采用可调制脉冲光源及热电堆检测器。测量滤光片选择在 3.4μm 处，此处是碳氢化合物特征吸收波长的集中点，对所有的碳氢化合物敏感。参比滤光片的通带中心波长选择在样品中可能存在的任何气体组分都不吸收的波长处，其作用是提供参比测量，补偿由光源强度与光学系统等因素变化造成的测量误差。

光源发射的红外线穿过测量室分别由测量及参比热电堆检测，经信号处理后得到被测气体的含量。为提高检测灵敏度，可采取发射光在测量室内多次反射，以增加吸收光程实现提高检测灵敏度。仪器采取了温度、压力补偿措施，并通过微处理器及软件补偿，从而提高检测精度，一般可达±2%。检测元件寿命长。

与催化燃烧型检测器相比，红外吸收型检测器测量范围宽（体积分数 0～100%）测量精度高、检测器寿命长，无中毒发生，检测过程无需氧气参与，特别适合在缺氧环境下测量可燃气体，响应速度快（<5s）。但只能测量碳氢化合物，价格贵。

（3）半导体气敏型传感器

半导体气敏型传感器与前述的半导体气体传感器相同。半导体气敏传感器对可燃气体的检测比较灵敏，可用于氢、一氧化碳、甲烷、丙烷、乙醇等多种气体检测。一般无需维护，很少发生中毒现象，使用寿命长（可达10年）。其缺点是选择性差，通常不能识别不同的被测气体，定量精确度较低（≥±10%），受湿度影响较大。

6.4.3.2 可燃气体检测报警仪

可燃气体检测是指工业场所安装使用的用于检测烃类、醚类、酯类、醇类、一氧化碳、氢气及其他可燃气体、蒸气的点型可燃气体检测器。可燃气体检测也可用于天然气、液化石油气、人工煤气等可燃气体及其不完全燃烧产物的探测。工业用的线型光束可燃气体检测仪，安装于工业场所，采用光谱吸收原理，可检测烃类、醚类、酯类、醇类等可燃性气体、蒸气。

可燃气体检测报警仪，简称测爆仪，可检测多种可燃气体，大多采用催化燃烧式。红外式可燃气体检测报警仪是根据被测气体的特征吸收光谱，确定被测可燃气体种类，如 CO、CH_4。半导体式可燃气体检测报警仪采用半导体气敏型传感器，可检测多种可燃气体。另外，热导式气体检测模块用于检测氢气等，实现氢气检测报警。可燃气体检测报警仪器的设计应符合相关的国家及行业标准或规范。

可燃气体检测报警仪也分为固定式、便携式等，主要由可燃气体传感器、吸入采样装置、指示器和报警显示器等部件组成。

仪器按采样方式可分为扩散式、吸入式。扩散式是指被测气体自然扩散进入检测器内部，应用较多，但反应速度较慢，易受环境条件（风向、风速等）和安装位置的影响。吸入式需要配置吸入采样泵，可连续将被测气体吸入到气体传感器内部，反应速度快，不受环境条件影响，常用于固定安装式可燃气体检测器。

吸入采样装置用于吸入式传感器配套，按照不同使用场合和传感器的检测要求，用于被测气体吸入采样、对样品进行预处理，如除尘过滤、除水、冷却降温、去除有害及干扰组分等。指示器和报警显示器用于被测气体的浓度指示、报警值设定和报警显示，并能输出信号给其他报警器件和执行机构。

6.4.4 可燃、有毒气体检测报警系统

采用多个气体传感器与检测报警控制器的系统集成，已被广泛用于企业或区域的可燃气体检测报警系统和可燃、有毒气体检测报警系统。

企业按照安防设计要求，定制多点监测的可燃气体检测报警系统，用于有可燃气体泄漏危险区域的可燃气体监测预警。对于区域内有可燃和有毒气体同时存在的危险区域，应设置可燃、有毒气体检测报警系统。新一代气体传感器及检测报警系统，除了总线技术应用外，已经实现与物联网技术的联用。

6.4.4.1 可燃气体检测报警系统

可燃气体检测报警系统由一台可燃气体报警控制器、多个可燃气体检测传感器（检测探头）组成，必要时可与火灾警报器系统集成，能够在保护区域内在泄漏可燃气体的浓度低于爆炸下限的条件下提前报警，从而预防由于可燃气体泄漏引发的火灾和爆炸事故的发生。

根据企业安防设计需求，可燃气体检测报警系统采取定制式技术方案。可燃气体检测系统是一个独立的检测网络系统，检测报警器不应直接接入火灾报警控制器回路，必须通过可燃气体报警控制系统处理。可燃气体报警控制器接收到的可燃气体检测器的运行状态信息，应传输给消防控制系统的图形显示装置或火灾报警控制器，但可燃气体检测的显示应与火灾报警信息有区别。可燃气体检测报警系统的报警控制器按工作方式分为总线制和多线制两种。总线控制的可燃气体检测报警系统示意图参见图6-4-2。

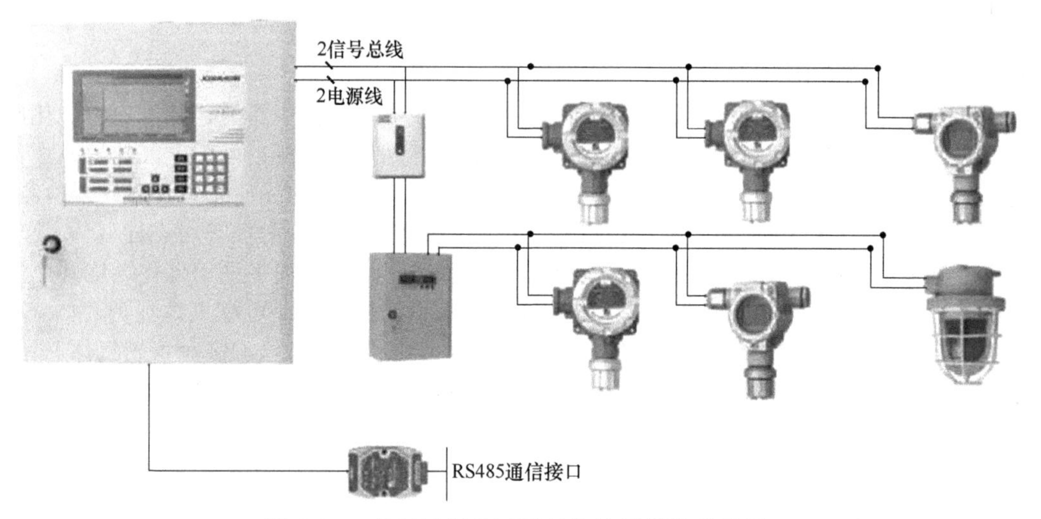

图6-4-2　总线控制的可燃气体检测报警系统图

6.4.4.2　可燃、有毒气体检测报警系统

在企业及园区的区域安全生产管理系统中，通常将可燃气体检测报警与有毒气体检测等各种传感器集成为一套可燃、有毒气体检测报警系统，简称气体检测系统（GDS）。GDS由安装在现场的可燃、有毒气体检测器、各种气体传感器和安装在控制室内的控制单元、数据采集模块、工作站等组成，通过数据采集模块对现场检测报警器实施数据采集，并通过通信模块实现与操作员站或第三方系统（设备）之间的通信，接受相关信息并传递各测点传感器、检测报警器检测的实时数据。

GDS建立的目的是为了保障企业及区域的安全生产。在可能泄漏或聚集可燃气体、有毒有害气体的地方，设置各种气体检测器、气体传感器，并将信号上传至显示报警控制单元，当现场存在危险时及时预警，防止可能产生人身伤害及火灾爆炸事故的发生。

GDS按照设计要求，在监测现场可设置几十个可燃、有毒有害气体检测探头，负责对现场各代表点进行危险气体检测，并将采集的气体浓度转换成模拟信号。数据采集模块将采集到的信号，以串行通信的方式传送至GDS控制单元上，GDS控制单元根据检测值分别与各自的报警上/下限进行比较。典型的GDS组成框图参见图6-4-3。

当某个测点的气体检测探头，检测到气体浓度，超过设定的报警上限或低于下限时，GDS控制单元通过DO模块输出报警信号，开启声光报警器，并开启或关闭相关设备。操作人员可以通过工控机触摸屏、操作员站和工程师站等人机交互界面，实时监视所有检测点的情况。数据信息包括：气体浓度值、报警上限、实时曲线和历史数据等。

GDS具有高可靠性。应遵循技术先进、运行可靠、功能丰富、使用方便、易于维护、合理投资的原则，对系统进行整体设计和实施。GDS的设计应符合国家及行业的有关标准、规范。

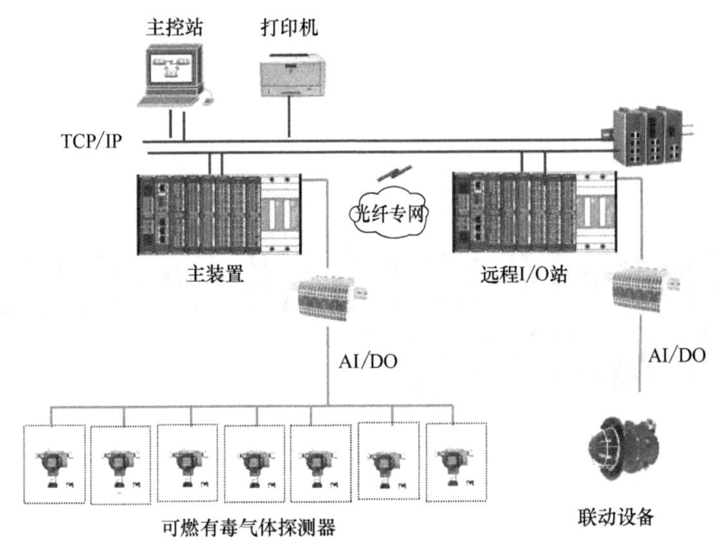

图 6-4-3　典型的 GDS 系统组成框图

I/O—输入/输出；AI/DO—模拟量输入/数字量输出

GDS 具有集中实时监测、预警处理、远程控制、设备管理一体化等功能，可实现对监测区域内的危险气体泄漏的实时监测、智能判断报警，支持声光报警和视频联动报警等多种报警效果，有效预防企业及区域内安全事故的发生，保障企业安全生产。

（本章编写：朱卫东；北分麦哈克　陈淼；英国仕富梅　关惠玉；上海昶艾电子　唐烜东；南京霍普斯　高志强、顾潮春）

第 7 章 在线分析仪器的部分关键部件及气体标准物质

7.1　在线分析仪器的部分关键部件

7.1.1　在线分析仪器的关键部件技术概述

在线分析仪器关键部件的技术发展，对在线分析仪器的技术发展与应用具有重要推进作用。现代在线分析仪器的技术发展大多是由于其关键部件技术的突破。以激光光谱分析为例，近代激光气体分析技术，是由半导体激光器技术的应用推进的。可调谐半导体激光器的发展推进了激光在近红外区域在线气体分析技术的应用，可调谐二极管激光吸收光谱（TDLAS）技术是近代在线分析技术发展的重要标志之一。近几年来，量子级联激光器（QCL）、带间级联激光器（ICL）技术的发展，推进了激光光谱技术在中红外区域的气体分析。激光光谱技术在中红外区应用，比在近红外区应用的分析检测灵敏度高，特别在多组分、微量及痕量气体分析方面有很大发展空间。QCL 和 ICL 应用已成为激光光谱分析发展的新热点技术。

现代在线分析仪器发展的重要趋势之一，是分析仪器从离线走向在线。例如，傅里叶变换红外光谱（FTIR）分析技术，原先主要用于实验室研究物质的分子结构与组成特性等，很少用于气体分析。其原因是 FTIR 实验室仪器的光栅分光仪、干涉仪，不能耐受工业现场振动等恶劣条件，长期以来一直不能用于在线气体分析。由于新型的迈克尔逊干涉仪结构的耐振动性能技术的突破，才使得 FTIR 技术在工业在线的多组分气体分析中得到广泛应用。

在线分析仪器的关键部件技术很多。以在线光谱分析仪器的关键部件为例，除光源、分光仪外，气体吸收测量池与光电检测器也是重要的关键部件。气体吸收测量池直接关系到光谱分析的气体检测灵敏度。在线光谱分析仪用于微量及痕量气体检测时，采用了发射光多次反射技术的长光程气体测量池（也称多通池、多返池），并在激光光谱、傅里叶变换红外光谱等分析仪器中得到广泛采用，实现了从微量检测到痕量检测的突破。

光纤及光电转换接收技术也是在线分析仪器的关键部件技术。光纤技术的应用实现了激光信息的远距离传输；光电转换接收技术是在线分析微弱信号的接收与转换的重要关键技术。光电转换检测器件也非常多，包括各种光电接收器件、光电倍增管（PMT）、阵列式 CCD 等，对在线光谱分析仪器的检测技术发展和应用有很大的推进作用。

在线分析应用的各种传感器、检测器是在线分析仪器的核心部件。例如，在线色谱仪的检测器已经发展到十多种，不同检测器有不同的适用对象。在线气体分析的模块化气体传感器（如红外/紫外气体传感器、热导传感器、磁氧传感器等）、各种电化学传感器，特别是小型化、微型化及阵列式传感器技术的发展，扩大了在线分析技术的应用。

以固体电解质氧化锆氧传感器技术为例，其主要用于锅炉烟气中氧的快速分析，而基于氧化锆技术应用发展的离子流传感器，不仅可用于检测气体中氧含量，还可以用于检测氮氧化物及湿度等。其他专用传感器技术的发展，如各种有毒有害气体传感器、半导体气体传感器、MEMS 传感器等，已经在环境空气质量监测、安全和应急监测等领域发挥了重要作用。

在线分析仪器的关键部件也包括样品取样处理系统的关键部件。目前，在线分析仪器系统应用中，样品处理部件的故障率要大于在线分析仪的故障率。与分析仪相比，样品处理零部件产品更缺乏可靠性验证，对在线分析应用可靠性有重大影响。例如，国产的各种取样器、预处理装置、抽气泵、除湿器等关键零部件的可靠性与国外同类产品仍有较大差距。目前，高精度、高可靠性的在线分析仪器系统，大多仍采用国外产品，如高温泵、防爆除湿器等。

微机电系统（MEMS）的应用，对在线分析关键部件的小型化技术有很大的推进作用，如微流控技术、微型泵、管阀件技术、微型检测器、微光谱器件等，对在线分析仪器及传感器的模块化、小型化、智能化技术的发展发挥了重要作用。

现代在线分析仪器及其关键部件技术正在向小型化、模块化、数字化、智能化方向发展，加快对关键部件的技术开发，将促进现代在线分析仪器技术水平的提升。近十年来，国内不少大学、科研院所及专业厂商承担了国家科学技术发展规划中有关科学仪器及分析仪器的关键技术攻关项目，如中科院大连化学物理研究所、中科院合肥物质研究院、聚光科技（杭州）、北京雪迪龙、河北先河、江苏天瑞等已取得丰硕成果。

另一支从事在线分析关键部件开发的队伍，是国内众多的在线分析仪器制造商、系统集成商的工程技术研发中心，以及从事关键器件的专业厂商。以从事光电器件的专业厂商为例，有徐州旭海光电、深圳唯锐科技、深圳利拓光电、筱晓（上海）光子等十多家公司。这些专业厂商采取与国外合作及自主开发的混合模式，在推介国外关键器件的同时，努力实现国产化并取得显著成果，目前可提供各种国产光电器件、激光器、气体探测器与检测模块等。

另外，国内有一批专业从事气体分析仪及传感器开发的厂商，以模块化红外、紫外、热导等气体传感器为例，主要有深圳市昂为电子有限公司（简称深圳昂为电子）、武汉敢为科技有限公司（简称武汉敢为）、四方光电股份有限公司、江苏舒茨测控设备股份有限公司（简称江苏舒茨）、北京泰和联创科技有限公司（简称北京泰和联创）等十多家公司，提供各种模块化气体传感器，具有体积小、数字化、可定制等特点，为系统集成及智能化感知层提供了各种检测模块。

由于在线分析仪器及分析系统涉及的关键部件产品种类很多，以下主要介绍用于在线光谱分析仪器的关键部件，及模块化红外、紫外、热导、顺磁氧等气体传感器。

7.1.2 光源技术与半导体激光器

7.1.2.1 概述

现代在线分析仪器的光源通常分为普通光源和激光光源，或者分为非相干光源和相干光源。当光源发出的所有的光都平行于同一轴向，形成极细、高度聚焦的光束，这种频率相同、振动方向相同、位相差恒定的光源称为相干光源；相反具有随机性辐射特征、非相干性，不能形成叠加并产生干涉的光源称为非相干光源。

普通光源的原子发光具有瞬时性和间歇性、偶然性和随机性。由于不同原子发光具有独立性，普通光源发出的光波不满足相干条件，不能产生干涉现象。所以普通光源是一种非相干光源，主要包括紫外光源、红外光源和非照明用的可见光源。

激光光源的频率、位相、振动方向、传播方向都相同，属于相干光源，主要包括半导体激光器、光纤激光器、氦氖激光器、飞秒激光器、纳秒脉冲激光器等。现代在线分析仪器所用的激光光源主要为各种不同的半导体激光器。

半导体激光器是现代激光光谱在线分析仪的关键部件之一。半导体激光器主要有：分布反馈式激光器（DFBL）、垂直腔面发射激光器（VCSEL）、量子级联激光器（QCL）、带间级联激光器（ICL）等。其中 QCL、ICL 是在中红外光谱技术应用的新型激光器。

半导体激光器主要应用于差分光学吸收光谱（DOAS）、可调谐二极管激光吸收光谱（TDLAS）、腔衰荡光谱（CRDS）、光声光谱（PAS）、腔增强吸收光谱（CEAS）、集成腔输出光谱（ICOS）、腔泄漏光谱（CALOS）、石英增强光声光谱（QEPAS）、光学频率梳腔增强吸收光谱（OFC-CEAS）、噪声免疫腔增强光外差分子光谱（NICE-OHMS）等。

目前，商用半导体激光器，大多使用近红外 DFBL 和 VCSEL。近红外区域可进行高灵敏度检测的气体并不多，尤其是对大分子量的有机物基本上很难检测。中红外 QCL 和 ICL 技术的发展，可实现室温下工作，性能稳定，寿命长，适用于中红外气体的微量、痕量检测。QCL 及 ICL 应用尚在推广中，售价昂贵，但前景很好。

7.1.2.2　新型半导体激光器

半导体激光器的新技术发展很快，常用的新型激光器简介如下。

（1）垂直腔面发射激光器

垂直腔面发射激光器（vertical-cavity surface-emitting laser，VCSEL），又称垂直共振腔面射型激光器，其激光垂直于顶面射出。在一般的 VCSEL 中，较高和较低的两个透镜分别镀上了 p 型材料和 n 型材料，形成一个接面二极管。在较为复杂的结构中，p 型和 n 型区域可能会埋在透镜中，用作电路的连接。

波长从 650 nm 到 1300 nm 的典型 VCSEL，是以 GaAs 和 $Al_xGa_{1-x}As$ 构成的 DBR 所组成的镓砷芯片为基底。$GaAs/Al_xGa_{1-x}As$ 系列材料，其晶格常数受组成变动的影响较小，且允许多个晶格配对复生层成长于砷化镓的底层，所以非常适合用来制造 VCSEL。

VCSEL 具有低功耗等优点，特别适合短距离、便携式产品使用。常用 VCSEL 的封装结构参见图 7-1-1。

（2）分布反馈式激光器

分布反馈式激光器（distributed feedback laser，DFBL），是一种内置布拉格光栅（Bragg grating）通过侧面发射的半导体激光器。DFBL 主要以半导体材料为介质，一般是由锑化镓（GaSb）、砷化镓（GaAs）、磷化铟（InP）、硫化锌（ZnS）等材料制成的半导体面结型二极管，沿正向偏压注入电流进行激励，在结平面区域产生受激发射。

DFBL 最大的特点是具有非常好的单色性，线宽普遍可以做到 3MHz 以内；以及具有非常高的边模抑制比（SMSR），高达 50dB 以上。DFBL 输出功率高，可以满足各种检测环境要求，原位对射、反射、遥测，甚至漫反射都可以实现检测。DFBL 封装结构具有多种选择，可以选择 C-mount、TO、Butterfly、COS 等封装，可以结合具体应用设计成各式各样的结构。早期 DFBL 只有近红外 1310nm、1550nm 等波长，随着技术发展，实现了更高波长和各种特殊波长的 DFBL。如实现了 2330nm DFBL。可用于高灵敏度 CO 检测；2740nm DFBL，可用于高灵敏度 H_2O 检测。近十年来，已实现 2.9μm、3.5μm DFBL。

DFBL 相比 VCSEL，在功率、波长可选范围等方面优势突出。其发展趋势是实现更高输出功率、更宽谐调范围、更窄线宽。例如，在一个 DFBL 内串联两个甚至多个独立的光栅，可实现更宽的波长谐调范围（或达到 100 nm 谐调范围），以及更窄的光谱线宽（1MHz 以内），最终用一个 DFBL 实现检测多种气体的功能。可实现更高输出功率，能够实现长距离、多路等更广泛应用。常用 DFBL 的封装结构参见图 7-1-2。

图 7-1-1　VCSEL 激光器的封装结构

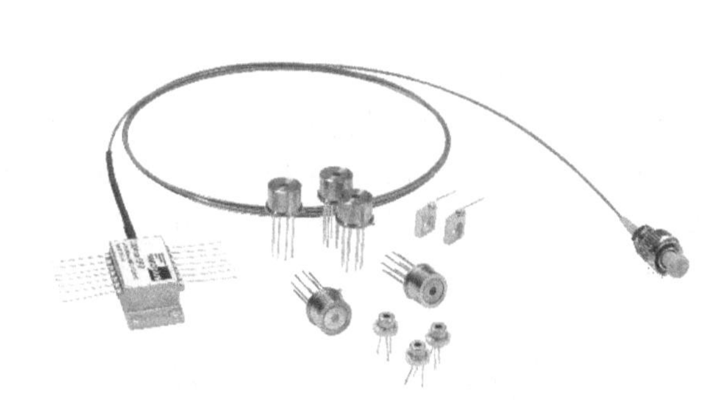

图 7-1-2　DFBL 的各种封装结构

（3）量子级联激光器

量子级联激光器（quantum cascade laser，QCL），是一种发射光谱在中红外和远红外的半导体激光器。QCL 的工作原理与通常的半导体激光器截然不同，打破了传统 p-n 结型半导体激光器的电子-空穴复合受激辐射机制，其发光波长由半导体能隙来决定。QCL 受激辐射过程只有电子参与，其激射方案是利用在半导体异质结薄层内由量子限制效应引起的分离电子态之间产生粒子数反转，从而实现单电子注入的多光子输出，并且可以轻松地通过改变量子阱层的厚度来改变发光波长。QCL 激光器芯片的基本结构形式包括 FP-QCL、DFB-QCL 和 EC-QCL，参见图 7-1-3。

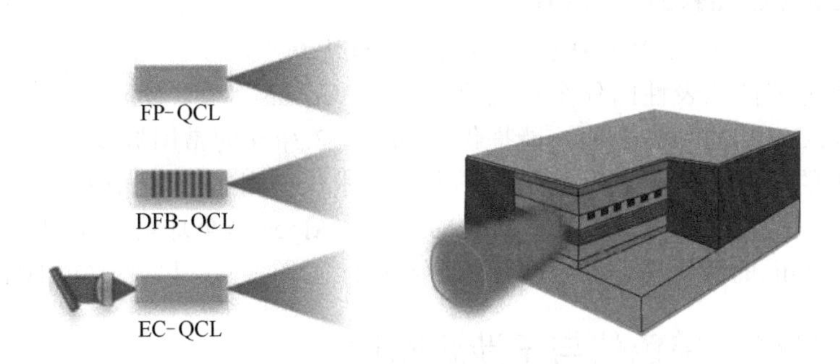

图 7-1-3　QCL 芯片基本结构形式

最简单的结构是法布里-珀罗 QCL（Fabry-Perot QCL，FP-QCL），在 FP 结构中，切割面为激光提供反馈，有时也使用介质膜以优化输出。

第二种结构是在 QCL 芯片上直接刻分布反馈光栅，这种结构（DFB-QCL）可以输出较窄的光谱，但是输出功率却比 FP-QCL 结构低很多。通过最大范围的温度调谐，DFB-QCL 还可以提供有限的波长调谐。

第三种结构是将 QCL 芯片和外腔结合起来，形成外腔 QCL（external cavity QCL，EC-QCL），这种结构既可以提供窄光谱输出，又可以在 QCL 芯片整个增益带宽上（数百 cm^{-1}）提供快调谐（速度超过 10 ms）。

QCL 由于量子效率偏低，大部分功耗都以热量的形式释放，所以对散热要求极高，目前的主要用途是气体检测、红外对抗和太赫兹通信。

（4）带间级联激光器

带间级联激光器（interband cascade lasers，ICL），在中红外波段尤其是 3～6 μm 区域填补了 DFBL 和 QCL 存在的不足。已经推出了 3～6μm 波长范围的 ICL，在这个波长范围内，具有非常多高灵敏度的气体吸收线，比如 CH_4、HCl、CH_2O、HBr、CO、CO_2、NO 和 H_2O 等，将会给激光气体分析带来新的应用。

目前，ICL 性能已经得到了大大提升。与 InP 基和 GaAs 基的 QCL 等半导体激光器技术相比，ICL 的器件制作和分子束外延（molecular beam epitaxy，MBE）生长参量已经获得了最优化。ICL 将在中红外区发挥重要作用，将代替 3～6μm 波长范围的 DFBL 和 QCL。

ICL 芯片结构和封装结构参见图 7-1-4。

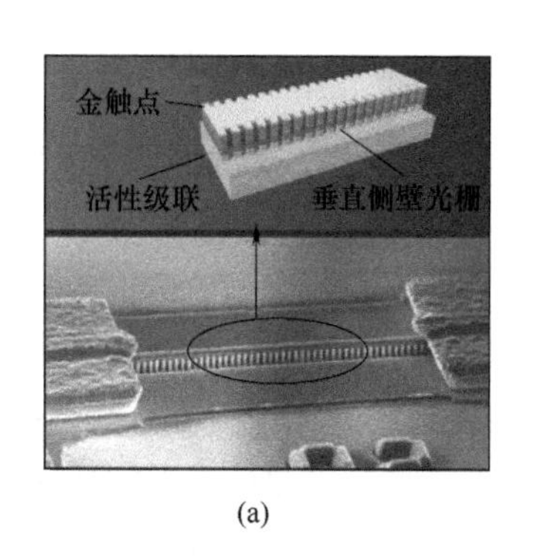

(a)

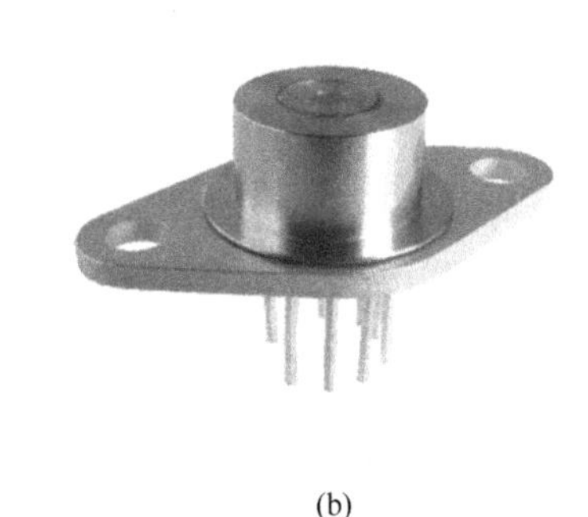

(b)

图 7-1-4　ICL 芯片结构（a）和封装结构（b）

7.1.2.3　半导体激光器的技术应用

VCSEL、DFBL、QCL、ICL 在技术参数上各有优缺点。

生产这类激光器的代表性国外企业主要有德国 Vertilas 公司、Nanoplus GmbH、Alpes 等。Vertilas 是生产 VCSEL 的领先企业，能提供 760nm～2.3μm 的常用波长。Nanoplus 是最早推出用于气体检测的 DFBL 的厂家，其采用了专利技术——侧面金属光栅，是全世界唯一能提供 760～6000nm 任意中心波长 DFBL、ICL 的厂家。Alpes 是全球第一家提供商用 QCL 的厂家，可提供 4～20μm 的激光器，可以选择脉冲和连续工作模式，以及 TO、HHL 等封装结构。

7.1.3　分光部件、单色仪与干涉滤光片

7.1.3.1　分光部件

分光部件是光谱分析仪器的核心关键部件。分光部件主要用于对光进行光波长分离、光功率分离和光偏振态分离等。

（1）光波长分光技术概述

光波长分光技术可以将入射光中不同波长的光进行分离，可进行波长分光的仪器称为单

色仪。早期的光波长分光采用棱镜型分光单色仪，以后发展为光栅单色仪。光栅单色仪又分为平面光栅单色仪和凹面光栅单色仪等。第三代分光技术是采用干涉分光技术。

常用单色仪的主要部件——光栅和棱镜，是典型的角色散元件。当多种波长的混合光通过这些元件时，就会发生衍射，由于衍射角的不同，可使混合波发生分离，从而将不同的波长分开。实际应用时可以根据仪器的设计需求，选择相应的部件。

（2）光功率分光部件

光功率分光部件是对特定波段光的总体功率百分比进行分配的光学部件。功率分光部件分为自由空间型和光纤型。其产品的主要指标为分光比例（95%∶5%、90%∶10%、80%∶20%、70%∶30%、50%∶50%等）和工作波段（紫外、红外、中远红外）。可以根据分光仪器的需求来进行选择。其中自由空间型的功率分光部件，可根据用途选用不同的分光镜衬底（锗、硅、N-BK7、UV 熔融石英、溴化钾等）。光纤型的功率分光部件可分为熔融拉锥型和平面波导型。

（3）光偏振分光部件

光偏振分光部件一般指偏振分光棱镜。通过在直角棱镜的斜面镀制多层膜结构，然后胶合成一个立方体结构，利用光线以布鲁斯特角入射时 P 偏振光透射率为 1 而 S 偏振光透射率小于 1 的性质，在光线以布鲁斯特角多次通过多层膜结构以后，使得 P 偏振分量完全透过，而绝大部分 S 偏振分量反射（至少 90%以上）。

偏振分光棱镜用于将一束光的水平偏振和垂直偏振分开，P 光与 S 光的透过率之比大于 1000，同时保证 P 光透过率在 90%以上。具有应力小、消光比高、成像质量好、光束偏转角小等特点。波长涵盖 420～1600nm 区域。可用作起偏、检偏、光强调节等场合。需要注意的是，偏振分光棱镜的工作效果是受波长限制的。另外，偏振分光棱镜只是粗略地进行偏振选择的元件，如果对于偏振的纯度要求很高，可以使用格兰汤普森棱镜。

7.1.3.2　单色仪

（1）棱镜单色仪

棱镜分光原理如图 7-1-5 所示。含有多个光波长信号的光，经透镜准直后，通过三棱镜而相互分离。不同波长的光在同一种物质中的传播速度是不一样的，也就是说折射率 n（$n=c/V$）随波长而变。若选用 $dn/d\lambda$ 大的材料作棱镜，就可以得到大的角色散和高的色分辨能力。采用棱镜分光的棱镜单色仪，早期用于分光光度计的分光系统，现代仪器的分光系统大多采用光栅分光系统及干涉仪分光系统。

（2）光栅单色仪

① 光栅　光栅是光栅单色仪的分光元件，又分为平面光栅和凹面光栅。

平面衍射光栅的原理图参见图 7-1-6。平面光栅主要采用刻划技术，在光学玻璃平面上采用高精度刻划机，通常每毫米有 1200～1800 条刻线，并采用复制技术得到复制的光栅，用于光栅单色仪的色散元件。现代全息光栅技术已取代刻划光栅技术。全息光栅的杂散光更小，成品率更高。

凹面光栅是在凹球面上刻划的光栅。使用凹面光栅可以简化分光光度计的结构。随着全息技术的应用，全息凹面光栅得到快速发展，已经发展出多种类型。其中，扫描型凹面光栅具有色散和聚焦两项功能；另一种平场型凹面光栅，能使凹面光栅的像面从通常的罗兰圆变成平面，并实现消像散设计。

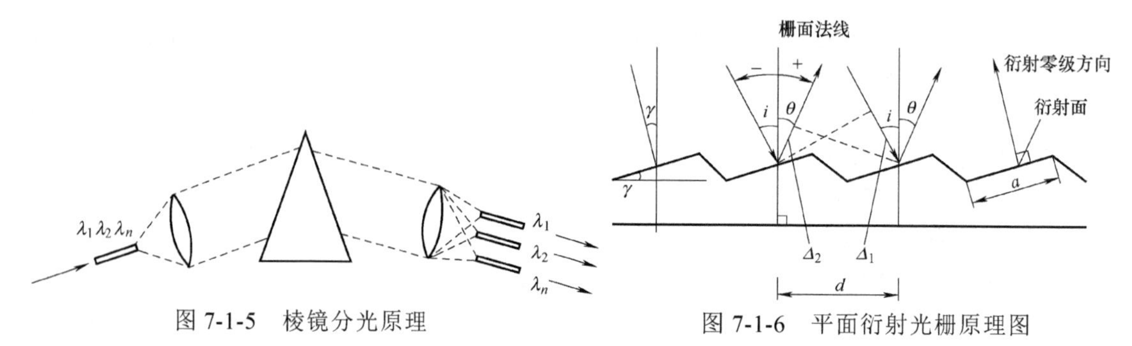

图 7-1-5　棱镜分光原理

图 7-1-6　平面衍射光栅原理图

② 光栅单色仪　光栅单色仪大多是由入射狭缝、准直镜、光栅、物镜和出口狭缝等构成。光栅单色仪主要分为扫描光栅型和固定光栅型两类，主要用于各种分光光度计及在线光谱分析仪。扫描光栅单色仪大多布置在样品室之前，固定光栅单色仪则须置于样品室之后。

扫描光栅单色仪是通过旋转光栅角度，使得某一波长的光经过物镜聚焦到出口狭缝，采用的探测器大多是光电管或光电倍增管等。常用的扫描光栅单色仪结构形式主要有三种：早期用李特洛（Litelou）型，以后发展采用艾伯特-法斯梯（Ebert-Fastic）型和切尔尼-特纳（Czerny-Turner）型。其中切尔尼-特纳型单色仪的成像质量较好。

应用二极管阵列检测器的单色仪，无需出口狭缝，在出口狭缝位置上放置二极管线形阵列，分光后不同波长的单色光即可被同时检测，从而发展为固定光栅单色仪。固定光栅单色仪包括平面光栅型及凹面光栅型，采用全息凹面光栅光谱仪，不需要借助单独的成像系统以形成光谱，不存在色差，也不用聚焦系统。固定光栅型单色仪没有机械运动部件，简化了结构，提高了工作稳定性，已在近红外等光谱在线分析中得到应用。

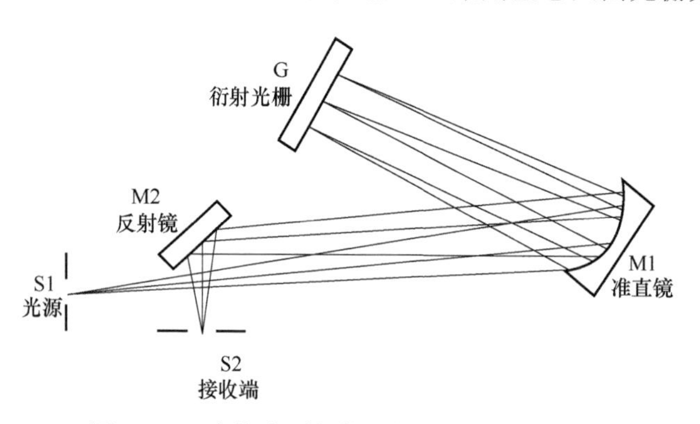

图 7-1-7　李特洛型扫描光栅单色仪光路结构

a．李特洛型扫描光栅单色仪，其光路结构参见图 7-1-7。

b．艾伯特-法斯梯型扫描光栅单色仪，其光路结构参见图 7-1-8。

c．切尔尼-特纳型扫描光栅单色仪，其光路结构参见图 7-1-9。

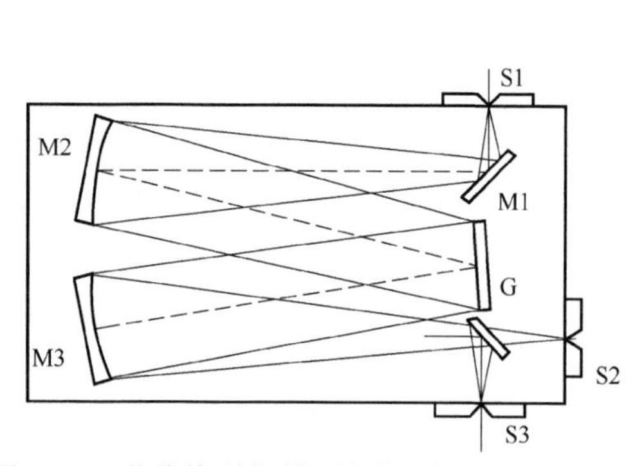

图 7-1-8　艾伯特-法斯梯型扫描光栅单色仪光路结构

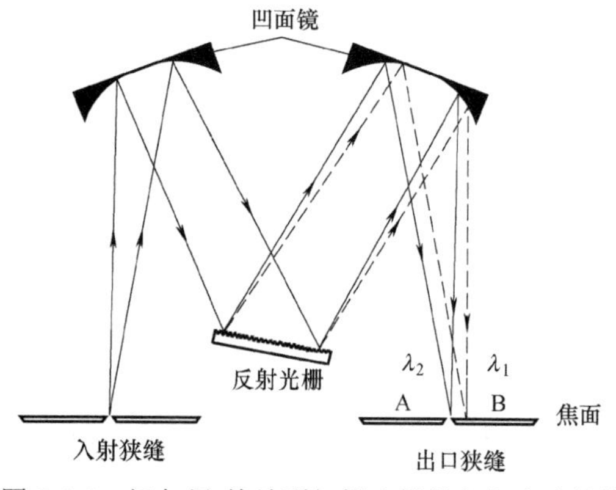

图 7-1-9　切尔尼-特纳型扫描光栅单色仪光路结构

d．典型的固定光栅单色仪的光路结构参见图 7-1-10。

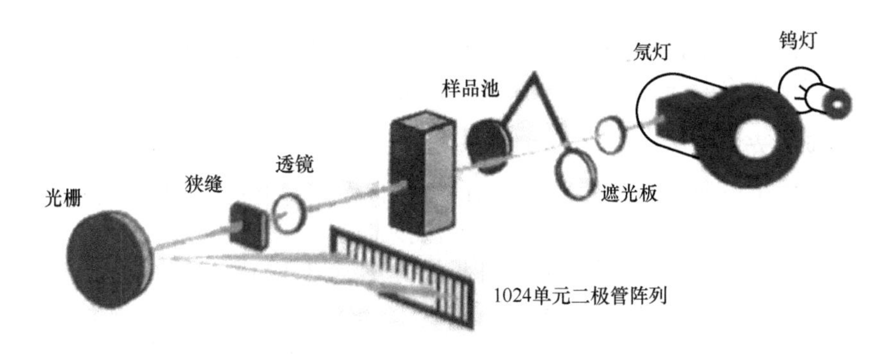

图 7-1-10　典型的固定光栅单色仪光路结构

（3）干涉仪

干涉仪是 FTIR 光谱仪的关键核心部件，光谱仪的最高分辨率和其他性能指标主要取决于干涉仪。干涉仪的类型主要有迈克尔逊干涉仪、卡洛斯干涉仪等，各有特点，其内部结构主要包括动镜、定镜和分束器等。目前，用于在线分析的 FTIR 光谱仪大多采用迈克尔逊干涉仪。

典型的迈克尔逊干涉仪的工作原理参见图 7-1-11。仪器主要包括光源及准直系统、分束器和光程补偿器、动镜及其运动控制与位置反馈电路、固定镜、参考激光发射及探测系统、光信号探测器等。

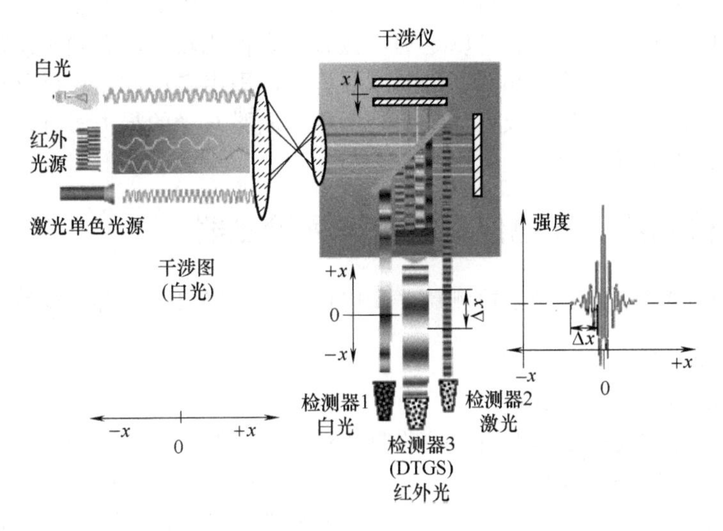

图 7-1-11　典型的迈克尔逊干涉仪的工作原理

光源发出的光经过准直系统入射到分束器，一部分反射并沿反射光路传播至动镜，被动镜反射后再次经分束器透射，经收集透镜聚焦到光信号探测器；另一部分在分束器透射的光束，经固定镜反射返回分束器并反射，经收集透镜聚焦到光信号探测器。分束器的透射和反射光路的光束都到达光信号探测器，由于两者之间存在光程差而产生干涉，干涉图由动镜移动后的位置（即反射和透射光路的光程差和光束的波长）决定。

光谱仪的光谱分辨率 $\Delta\nu$ 由动镜移动产生的光学距离 L 决定：$\Delta\nu=1/L$。若要使仪器到达 1cm^{-1} 的分辨率，动镜的移动范围应≤0.5cm（反射后，光学距离 L 为 1cm）；同时要使干涉仪得到的干涉条纹不产生严重劣化，动镜在移动过程中需要使反射光线的光程差不超过$\frac{\lambda}{10}$。对光束直径为1in（1in=0.0254m）的中红外光干涉仪，即要求反射光线的角度变化不超过2″。在厘米量级的移动范围内保持反射光线的角度变化≤2″，是各种类型干涉仪的核心技术。

7.1.3.3　干涉滤光片

薄膜滤波技术是用于获取特定中心波长的滤波技术，利用光干涉原理设计制得多层介质膜系统，滤波性能良好。干涉滤光片是薄膜滤波技术的应用。

薄膜滤波器是在特定的衬底上蒸镀两种折射率（n）大小不等的介质膜，交替叠加而成。其单层厚度为1/4波长。高折射率层反射的光线，其相位不会偏移；低折射率层反射的光线，其相位偏移180°。光线在每层薄膜界面上进行多次反射和透射，产生线性叠加，当光程差等于光波长时，或是同相位时，多次透射光就会发生干涉，同相加强，形成强的透射光波，而反相光波相互抵消。通过适当设计多层介质膜系统，就可得到滤波性能良好的薄膜滤波器。

干涉滤光片是一种带通滤光片，也是根据光线通过薄膜时发生干涉现象而制成的。最常见的干涉滤光片是法布里-珀罗型滤光片，是由一组厚度为$\frac{\lambda}{4}$的整数倍的间隔层分开的两种反射膜组成的窄带滤光片。其制作方法是以石英或白宝石为基底，在基底上交替地用真空蒸镀的方法，镀上具有高、低折射率的物质层。一般用锗（高折射率）和一氧化硅（低折射率）作镀层，也可用碲化铅和硫化锌作镀层，或用碲和岩盐作镀层。干涉滤光片可以得到较窄的通带，其透过波长可以通过镀层材料的折射率、厚度及层次等加以调整。

干涉滤光片的特点是中心波长可以定制，并且半宽值比较窄，有利于滤除特征波长周边的干扰组分的影响。在气体滤波相关（GFC）分析中，采用多种滤光片可分析多组分气体。干涉滤光片的中心波长的透光率较低，主要是多层介质膜对光的损失影响，但是它的优点是半宽值小，抗干扰能力强。

7.1.4　光电检测器、光电倍增管及阵列检测器

常用光电转换器件主要有光电检测器、光电倍增管（PMT）和阵列检测器等。

7.1.4.1　光电检测器

（1）光电检测器的技术分类

光电检测器的原理是：由辐射引起被照射材料电导率发生改变，从而将光信号转换为电信号（光电效应）。光检测范围覆盖紫外、可见光、近红外、红外以及太赫兹（THz）区域。

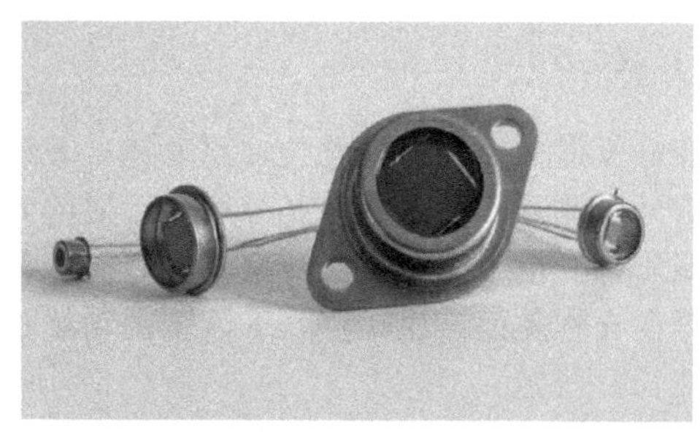

图7-1-12　常见光电二极管实物

常见光电二极管实物如图7-1-12，光电二极管有2个或3个管脚，分别为正极、负极和外壳接地。

光电二极管、光电三极管的感光面只是结附近的一个极小的面积，故一般把透镜作为光的入射窗，要把透镜的焦点与感光的灵敏点对准。一定要使入射通量的变化中心处于检测器件光电特性的线性范围内，以确保获得良好的线性输出。对微弱的光信号，器件必须有合适的灵敏度，以

确保一定的信噪比和输出足够强的电信号。

光电检测器的性能参数主要有：响应波长、响应灵敏度、响应时间、频率响应、线性度、光敏面等。不同光电检测器的性能不同，在光电检测中的应用也略有差别。目前，红外光电探测器发展越来越成熟，由刚开始的液氮制冷，发展到现在小尺寸的TEC制冷。目前制冷型红外探测器，随着制冷温度降低，响应波长向红外波段移动，且探测灵敏度增强。

在微弱光信号的检测电路中，光电检测器常见的噪声类型有：导体中电子的热震动引起的热噪声、电子器件中载流子越过位垒时密度发生变化而产生的随机噪声、$1/f$低频噪声、外部辐射源或者光学系统内部中光阑等的散射光与衍射光引入的背景噪声。因此，选择合适的光电检测器尤为重要，既要考虑器件实用性，还要考虑性能、工艺、价格等。

（2）光电检测器的原理与选择因素

光电检测器的工作原理是基于光电效应，材料吸收了光辐射能量后温度升高，从而改变了它的电学性能。光电检测器与光子探测器的最大区别是对光辐射的波长无选择性。

光电检测器的选择因素主要有：

① 选择合适的响应光谱范围。光电检测器的灵敏度应与被测光光谱范围相匹配。

② 选择合适的响应调制信号频率、频率特性的光电检测器。光电检测器必须和光信号的调制形式、信号频率及波形相匹配，以保证得到没有频率失真的输出波形和良好的时间响应。

③ 选择合适的光敏面。光敏面越小，检测灵敏度越小。对微弱光信号检测来说，高灵敏度、低暗电流是光电检测器的重要指标。光敏面小影响光射入，同时对准光路提出更高的要求。因此器件的感光面要和照射光匹配好，光源必须照到器件的有效位置，如光照位置发生变化，则光电灵敏度将发生变化。

为了提高传输效率并且无畸变地变换光电信号，光电检测器不仅要和被测信号、光学系统相匹配，而且要和后续的电子线路在特性和工作参数上相匹配，使每个相互连接的器件都处于最佳的工作状态。

7.1.4.2 光电倍增管

光电倍增管（PMT）是把微弱入射光信号转换成光电子并获得倍增的一种真空电子器件。光电倍增管的性能由光电阴极、倍增极和极间电压决定。光电阴极负责向真空放出光电子，经极间电场加速；倍增极在高速电子轰击下产生二次电子发射，能够使电子数目增加；如此逐级倍增，使电子数目大量增加。光电倍增管可分成4个主要部分：光电阴极、电子光学输入系统、电子倍增系统、阳极。典型的光电倍增管工作原理参见图7-1-13。

光电倍增管采用了二次发射倍增系统，在检测紫外、可见和近红外区的辐射能量时具有极高的灵敏度和极低的噪声。光电倍增管可检测约100～1000nm范围内的光信号。另外，光电倍增管还具有响应快速、成本低、阴极面积大等优点。光电倍增管主要用于检测微弱发射源的弱光信号。与雪崩光电二极管检测器（APD）相比，光电信增管的有源区域明显较大，非常适合捕捉由于散射或非线性光学效应而发散的信号。

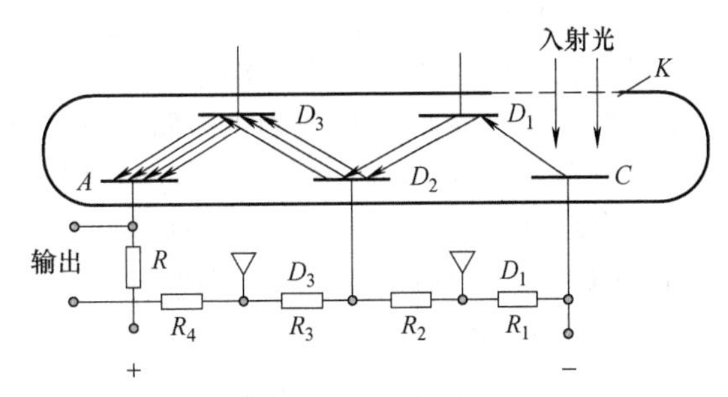

图7-1-13　光电倍增管的工作原理图

光电倍增管按入射光接收方式可分为端

窗式和侧窗式两种类型。国外生产光电倍增管的著名厂商是日本滨松（Hamamatsu），图 7-1-14 是 Hamamatsu 裸光电倍增管的外形，图 7-1-15 为 Hamamatsu 光电倍增管的响应波长。国内在南京、武汉等地，也有几家厂商研制生产光电倍增管。

图 7-1-14 Hamamatsu 裸光电倍增管

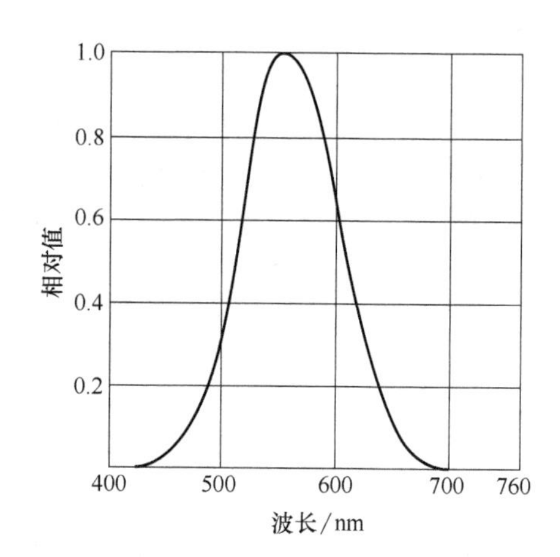

图 7-1-15 Hamamatsu 光电倍增管响应波长

7.1.4.3 阵列检测器

阵列检测器是一种新型的光电检测器件，也称为多通道检测器。线阵检测器是实现高速、高分辨率全光谱扫描的核心光电子器件。阵列检测器是将一组小的光电敏感单元以线性或以二维模式，排列在一只含有电子线路的单片硅半导体芯片上，能将每个光电敏感单元的电信号直接输出。阵列检测器被置于光谱仪的焦面上，来自单色仪的各种光谱单元均能通过该芯片转换成电信号并同时检测。在传统光谱仪中需要逐步扫描得到的整个光谱，在阵列检测器中可一次同时得到。

通常应用的固态阵列检测器主要有光电二极管阵列（PDA）检测器，电荷耦合器件（CCD）阵列检测器等。CCD 阵列检测器的检测灵敏度很高，远超 PDA 检测器，可与光电倍增管媲美。

PDA 检测器的单个光电敏感单元是小的硅光电二极管，每个二极管含有一个反向偏流的 p-n 结，一系列的 p-n 结并行排列在一只芯片上，可排列 64～4096 个。当光入射到这些光电敏感单元上时，能在 p 和 n 两个区产生电荷。大量电荷形成的电流在电路中产生电压信号，该电压信号与光的辐射强度成正比。电压信号经放大后，通过模数转换器送到计算机。测量时，光谱仪的狭缝要调整到使入射狭缝的像正好充满光电二极管阵列的整个表面。

CCD 阵列检测器也以光电效应为基础。与大多数光电器件不同的是，CCD 是以电荷而不是以电流或电压作为信号。构成 CCD 的基本单元是金属-氧化物-半导体（MOS）结构。在一定的偏压下，MOS 结构成为可存储电荷的分立势阱。当光照射到硅片上时，光电效应产生的电荷将存储在 MOS 势阱中，这些势阱构成了 CCD 的探测微元。一个 CCD 芯片由几百甚至上千个这样的微元组成。所谓电荷耦合就是指势阱中的电荷从一个电极移向另一个电极的过程。CCD 阵列检测器除了用于紫外-可见光谱外，还被用作短波近红外光谱、拉曼光谱和原子光谱仪器的检测器。

7.1.4.4 光学成像 CCD 传感器

光学成像 CCD 传感器，是将光学信号转换为模拟电流信号，再经过放大和模数转换，实现图像的获取、存储、传输、处理和复现。光学成像 CCD 传感器的实物外形参见图 7-1-16。

按光学成像 CCD 传感器的感光单元的排列方式，分为线阵 CCD 传感器和面阵 CCD 传感器两类。面阵 CCD 传感器的优点是可以获取二维图像信息，测量图像直观；缺点是像元总数多，而每行的像元数一般较线阵少，帧幅率受到限制。而线阵 CCD 传感器的优点是一维像元数可以做得很多，而总像元数角较面阵 CCD 传感器相机少，而且像元尺寸比较灵活，帧幅数高，特别适用于一维动态目标的测量。随着光学成像 CCD 传感器的相关应用研究，在图像传感和非接触测量领域的发展取得了非常大的进展。

图 7-1-16　光学成像 CCD 传感器实物外形

7.1.5　多返测量池、腔增强池及简波测量池

光谱分析仪器的测量光在样品检测室内的强度衰减遵从朗伯-比尔定律，光透过强度与检测光在样品室内所穿透的光程成指数衰减关系，在弱吸收的情况下，可看作线性关系。光程的长度决定了分析仪器检测的下限。因此，现代光谱分析仪器普遍采用多次反射光学腔体作为测量池（简称多返池或多通池），以在有限的体积内获得尽可能长的光程。

怀特池（White cell）和赫里奥特池（Herriott cell）是两种常用的多通测量池。随着检测下限要求的进一步提升，以及更高的光程体积比，怀特池和赫里奥特池已不能满足要求，近年来发展起来的离轴积分腔、光腔衰荡、简波池等技术也得到应用。

多通池从可调半导体激光、傅里叶变换红外技术平台的应用，向紫外差分光谱、拉曼光谱等技术领域拓展，并从气体拓展到液体。多通池的性能主要有如下几个指标评价：光程、体积、光学损耗、光学噪声、光学稳定性和长期可靠性。

7.1.5.1　怀特池

怀特池的光学系统图参见图 7-1-17。

怀特池的光学腔体由三个焦距（f）相同的凹面反射镜组成：一个主镜和两个副镜。两个副镜位于主镜相对一侧，对称放置，且主镜与副镜的距离为两倍焦距（$2f$）。光线从输入端输入，多次在主镜与副镜间反射，并最终到达输出端。光斑在主镜上的间距取决于两个副镜的光轴与主镜交点的距离。通常为了缩小光斑间距，提高反射次数，两个副镜光轴之间有一个相对倾角。将输入光线位置偏离横向光轴，也可获得两排光斑轨迹，进一步增大光程。

怀特池的光学系统配置属于共焦腔，既可适用于相干光，也可适用于非相干光，因此作为测量池技术已被用于 TDLAS、FTIR 和 UV-DOAS 等仪器设备中，用于获得 3～20m 左右的光程。在 FTIR 应用中，工作波段范围较宽（2～12μm 或更宽）。同时在烟气检测、氨逃逸检测等领域中应用时，需要测量池在高温下工作，并能经受腐蚀性气体，因此通常采用金属镜体，封装采用同种金属，以实现热膨胀系数匹配。镜面需要镀金属膜，如既有高反射率又能耐腐蚀的金膜。测量池封装体内壁镀有抗腐蚀涂层。

需要注意的是，怀特池的副镜通常是倾斜的凹面镜，在非相干光输入情况下，光束发射角大，多次反射后累积像差增大，影响后续到光检测器的耦合效率，这个因素影响在 10m 以上光程的测量池开始显现。对于 10m 以上光程，可采用离轴非球面形式的副镜降低像差。

怀特池的稳定性取决于两个副镜的相对位置和角度，在制造过程中，若将两个副镜一体化加工，将大大提高怀特池的光学稳定性，当然，一体化加工只适合于金属镜的情况，不适合传统的玻璃基板反射镜。

7.1.5.2　赫里奥特池

赫里奥特池的光学系统图参见图 7-1-18。赫里奥特池的反射腔由一对凹面镜组成，光斑在凹面镜上的轨迹呈椭圆形或圆形。通常采用圆形轨迹，并使两个凹面镜具有相同的焦距 f。而两个凹面反射镜的距离设置为 $2f+\Delta$，离焦量 Δ 的大小控制了圆形轨迹光斑的间距，即反射次数及对应的总光程。

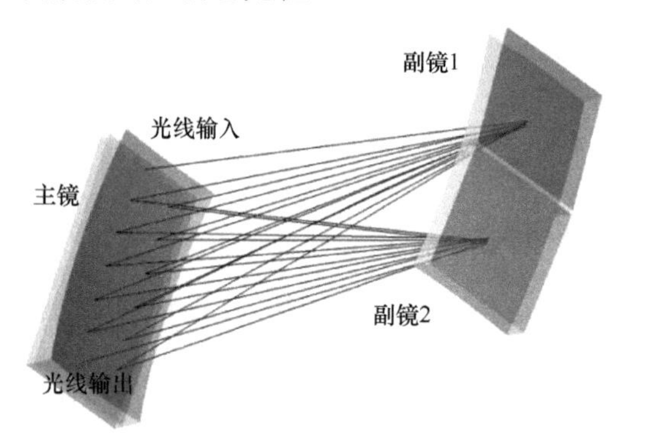

图 7-1-17　怀特池的光学系统图

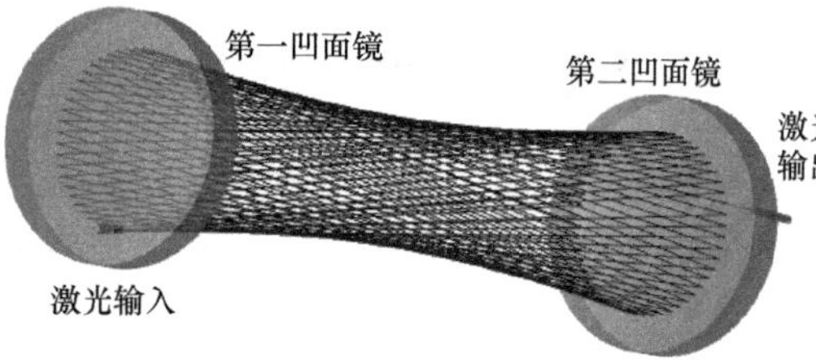

第一凹面镜
第二凹面镜
激光输出
激光输入

图 7-1-18　赫里奥特池光学系统

赫里奥特池属非共焦腔，不适用于具有大发散角的非相干光应用，但可用于小发散角的相干光应用。相比于怀特池，由于少了一个光学镜，装调容易，封装后的稳定性也高于怀特池，因此在 TDLAS 应用中较为普遍，用于获得 3～60m 左右的光程。

7.1.5.3　腔增强池

对于不断提升的检测灵敏度要求，一个直接的选项是增加测量池的光程，但这会大大增加测量池的尺寸和体积，导致仪器设备庞大。近代发展的一系列光学谐振腔（简称光腔）增强技术从另一个途径解决了光程与尺寸、体积之间的矛盾。基本思路是通过高反射率，在光腔中提供一个等效的长光程。与实际物理光程相比，根据反射率及光腔品质因子的不同，其有效光程可提高几十倍到几千倍，从而在几十厘米尺度内获得几百米乃至千米、万米的光程，大大拓展了仪器设备的检测下限。依据测量物理量的不同，主要分为腔衰荡和腔增强两大类。

（1）腔衰荡光谱

腔衰荡光谱（cavity ring down spectroscopy，CRDS）技术原理参见图 7-1-19（a）。腔衰荡光谱技术的实现方式是：将激光注入（脉冲方式或连续工作方式）具有高反射率的光学腔

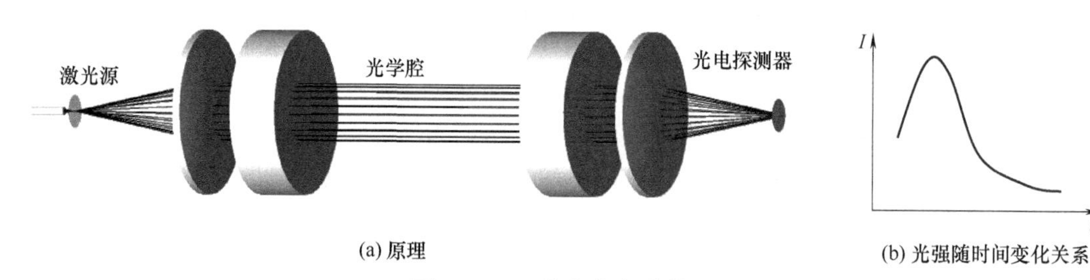

(a) 原理　　(b) 光强随时间变化关系

图 7-1-19　腔衰荡光谱技术

中（通常由两个凹面反射镜组成，中间为待测气体），注入的光子在光腔中不断反射，并在光腔内驻留较长的时间。通过光电检测器和控制电路测量从腔镜泄漏的光强随时间的变化［图 7-1-19（b）］，就可计算出光子在光腔内驻留的时间。

特定频率的光子在腔内的驻留时间可表示为：

$$\tau=\tau_0/(1-R_{\mathrm{eff}}+\alpha nL)$$

式中，L 是光腔的长度；α 是气体吸收系数；n 是气体浓度；τ_0 是光子一次通过光腔所用的时间（$\tau_0=L/c$，c 为光速）；R_{eff} 是综合了腔镜反射率 R 与其他损耗来源（腔镜失配、高阶模损耗、瑞利散射等）后的有效反射率。可以看到，当气体无吸收的情况下，$\tau=\tau_0/(1-R_{\mathrm{eff}})$，若 $R_{\mathrm{eff}}=0.999$，可以得到光子的驻留时间增大了 1000 倍，相当于有效光程增大了 1000 倍。在气体有吸收的情况下，驻留时间 τ 与气体吸收系数和浓度有关，因此可以通过测量得到的 τ 推算出气体浓度信息。

腔衰荡光谱技术对光源强度波动、光学系统干涉噪声免疫，原则上通过提高腔镜反射率和光腔对准精度，可以获得成千上万倍的光程增加，是一种很有前途的技术。另一方面，腔衰荡光谱技术要求较复杂的光学和电学控制系统，如在连续激光工作模式下，需要精确控制激光波长和光腔腔长，使激光波长与腔纵模匹配，以便将激光射入光腔，并使用声光调制等手段实现将输入激光快速斩断，光电信号的采集和处理也需要是高速的。另外，对光腔的品质也提出了很高的要求，除要求高反射率外，也要求极高的温度、振动稳定性，以及镜面的清洁度。这些因素造成的额外损耗的微小变化将导致光程有效倍数的极大变化，导致检测浓度信息失真。因此，高品质的光腔是腔衰荡光谱技术成功的关键。

（2）腔增强吸收光谱

与腔衰荡光谱技术类似，腔增强吸收光谱（cavity enhanced absorption spectroscopy，CEAS）技术也利用了光子在光学腔体内多次反射产生的光程延长效应，不同之处在于该技术直接测量光的强度而获得吸收谱，因此不需要高速的激光控制和光电信号采集和处理电路，但仍需要激光模式与腔模的匹配控制，可以通过控制激光波长或腔体长度实现。其光子驻留时间和有效光程增加倍数与腔衰荡光谱技术相同，因此也需要一个高品质、稳定可靠的光学谐振腔。

（3）离轴积分腔输出光谱

离轴积分腔输出光谱（off-axis integrated cavity output spectroscopy，OA-ICOS）的光路与案例参见图 7-1-20。离轴积分腔输出光谱也属于谐振增强腔一类，为了进一步简化激光模式与腔模的匹配要求，特意将腔模的密度增大，这要求一个单次光程很长（>10m）的谐振腔。此时谐振腔的自由光谱范围（free spectral range，FSR）很小，远远低于激光的谱线宽度，使得激光谱宽内总有许多波长与腔模匹配而进入腔体内，并在腔体内不断反射。

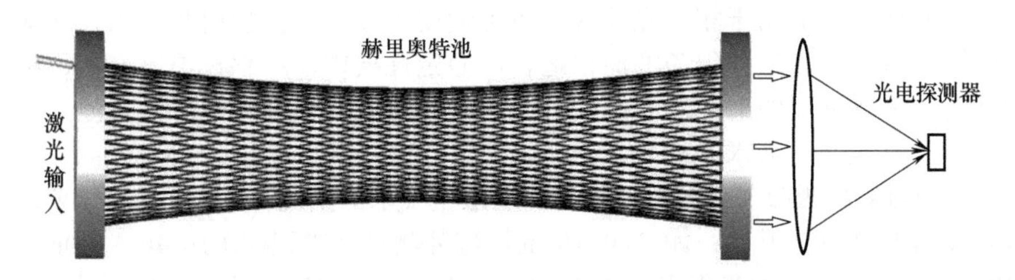

图 7-1-20　应用赫里奥特池的离轴积分腔光路图

赫里奥特池在几十厘米的长度上容易做到10～20m单次循环光程，并且光束在腔镜上走完一个圆周后会不断重复圆周轨迹，这个特征使得赫里奥特池很适合用作离轴积分腔的光学腔体。有别于独立应用时的光学配置，赫里奥特池用作离轴积分腔的光学腔体时，需要作相应的光学处理，以消除在原输入输出处产生的光束中断，使得光束可以在腔体内多次循环。原则上，其他类型的吸收池，如前面提到的怀特池以及后面将要介绍的简波池，通过适当的改造，也可用作离轴积分腔的光学腔体。此外，离轴积分腔的输出不是来自一个点，而是来自于腔镜上的多个点。通过在其中一个腔镜后设置一个大面积收集透镜，可以将透射出腔体的多个点的光能量聚集到光电探测器上，从而得到足够强度的吸收谱线。

7.1.5.4 简波池

简波池是徐州旭海光电科技有限公司近年来开发的一种新型测量池，有别于腔衰荡和腔增强池，简波池直接将物理光程提升几百到上千倍，在获得长光程的同时，避免了复杂的光路和电路控制。

简波池有两种形式——三镜系统和多镜系统，如图7-1-21所示。图7-1-21（a）为简波池三镜系统，由一个平面镜和一个凹面镜（未画出）组成一个共焦腔，在平面镜上引入一个倾斜子镜用于破坏循环条件，使得镜面上光斑轨迹成直线，由于倾斜子镜及其共轭位置的复用，有限光程相当于4排轨迹光斑总光程，可在20cm左右光腔长度上实现100～200次反射，总光程达到20～40m。

图7-1-21（b）所示的是简波池多镜系统。多镜系统通过引入更多平面镜，可在第二个方向上进一步扩展光斑，大大提高反射光斑的密度，即增加了反射次数和总光程。反射次数可达1000次以上，在20cm左右光腔长度上实现200m总光程。

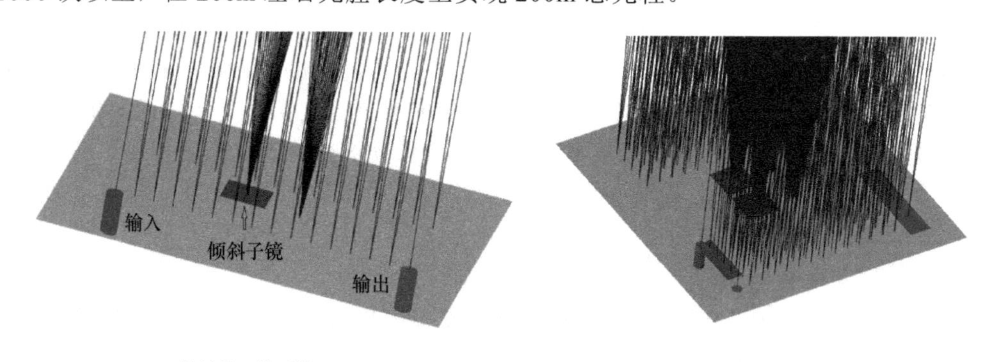

(a) 简波池三镜系统　　(b) 简波池多镜系统

图7-1-21 简波池基本原理

简波池除了有效提高光程和光程/体积比，还具有共焦光学系统的优点，具有良好的光学稳定性、极小的像差，适用于相干光输入，也可适用于非相干大散射角输入，而输入输出端所在光斑轨迹保持不变。这使得简波池很适合高稳定性要求，如存在温度变化、机械振动的应用场合。对于易燃易爆的应用场景以及分布式检测系统，需要纯无源测量池，简波池可以采用光纤进出的方式满足需求。

随着在线分析对弱吸收气体的检测精度和灵敏度要求的提高，对测量池技术要求主要体现在光程和光程/体积比的提升上：如TDLAS的近红外测量池光程需求达40～100m乃至100m以上；FTIR的中红外测量池光程需求从5m发展到10m或更高；紫外差分测量池的光程需求从小于1m发展到3～4m。在同样光程情况下，更小的体积将促进便携式应用的发展，以及检测速度的提升。在拉曼光谱分析应用中，由于拉曼光谱对液体和气体吸收较弱，采用多次激励光学系统可以将拉曼信号的强度提高几十到几百倍，从而拓展拉曼光谱的应用领域。

7.1.6 模块化红外、紫外、热导、磁氧等气体传感器

7.1.6.1 概述

气体传感器/检测器技术是在线气体分析的关键核心技术，气体传感器/检测器具有可靠、灵敏、小型化、模块化、数字化等特点，适用于便携式、手持式及固定式等分析仪器配套或直接用于环境气体监控、空气质量监测、工业过程分析及智能化监控系统。气体传感器主要包括各种电化学气体传感器、催化式可燃气体传感器、固体电解质气体传感器、半导体气体检测器、PID、红外气体传感器、热导气体传感器等，适用监测的气体达到100多种。

现代气体传感器/检测器技术与传统的单一的气体传感器/检测器不同：例如电化学传感器已经开发出阵列式多组分气体传感器，用于微型空气站检测；氧化锆氧传感器已用于离子流检测器，可检测氧、氮氧化物等。许多气体传感器采用MEMS技术并配有检测电路与数字信号输出，抗干扰能力及使用寿命都有较大提高，应用越来越广泛。

模块化红外、紫外、热导、磁氧等气体传感器是气体检测技术中最常用的传感器，新一代模块化的红外、热导等气体传感器，实现了检测器与检测电路一体化和数字信号输出，根据用户不同要求可定制化。可用作分析仪的检测器，也可用于各种监控系统的集成开发。

另外，气相色谱及光谱也有模块化、集成化的检测器技术，适用于各种过程分析要求。

7.1.6.2 红外、紫外气体传感器

（1）典型案例1

武汉敢为的超低型红外气体传感器模块（GW-3000D），是基于非分散红外（NDIR）、长光程气体吸收池、气体滤波相关（GFC）器件、红外探测器及高精度信号处理电路的集成。该传感器采用长寿命脉冲氙灯做光源，具有精度高、稳定性好、响应时间快等特点，可用于污染源及空气质量检测。其外形图参见图7-1-22，工作原理参见图7-1-23。

图7-1-22 红外气体传感器模块

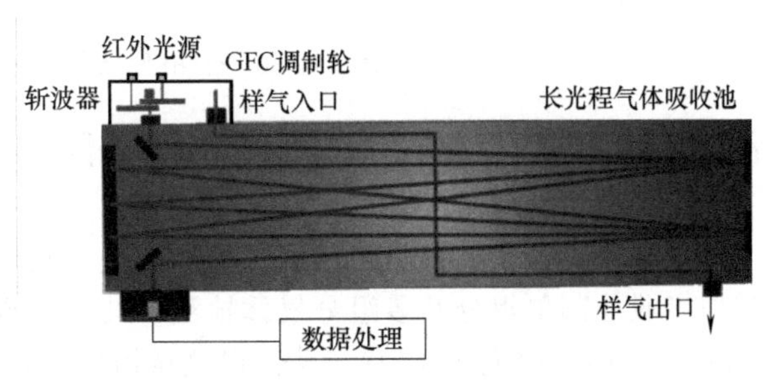

图7-1-23 红外气体传感器模块原理图

武汉敢为的低量程紫外气体传感器模块（GW-3000P），采用DOAS+长光程气体池+紫外光纤光谱仪的技术集成，可用于0～50mg/m^{3}的SO_2、NO（可扩展至NO_2、NH_3、H_2S、Cl_2）等低浓度气体检测。其工作原理图参见图7-1-24。

（2）典型案例2

深圳昂为电子提供微量红外测量模块、双层红外测量模块及紫外气体传感器模块等。其

中，紫外气体传感器模块，采用UV灯做光源，寿命大于20000h，可用于SO_2、NO_2、苯、氯气、臭氧等的监测。其外形参见图7-1-25。

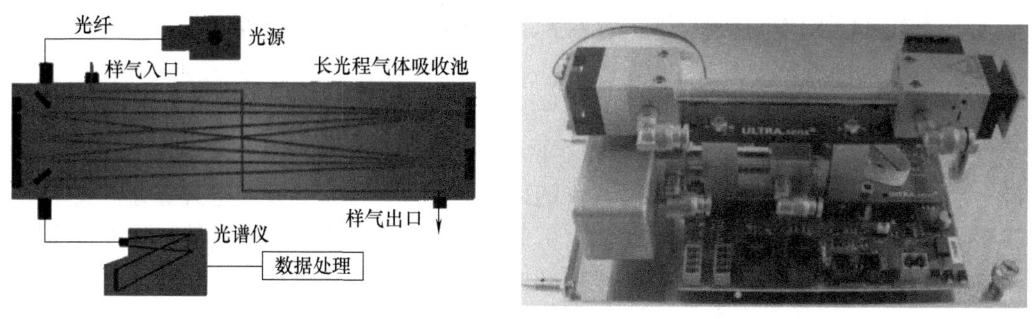

图7-1-24　紫外气体传感器模块（GW-3000P）原理　图7-1-25　紫外气体传感器模块外形（昂为）

（3）典型案例3

江苏舒茨提供各种红外气体检测模块，包括泵吸式、扩散式、多组分气体分析模块。另外有多组分紫外吸收检测模块，采用UV-LED为紫外光源，使用寿命大于3年。该模块采用紫外吸收法原理，能精确测定NO_2、臭氧、硫化氢等气体，检测精度达满量程的0.5%，其外形参见图7-1-26。

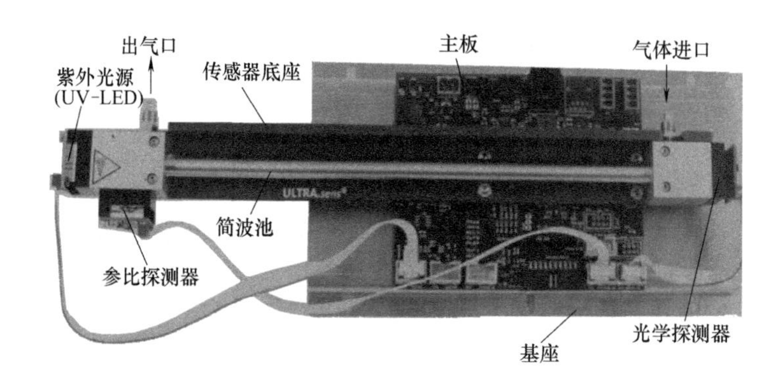

图7-1-26　多组分紫外吸收检测模块（舒茨）

7.1.6.3　模块化热导、磁氧等气体传感器

（1）典型案例1

深圳昂为电子提供热导气体传感器模块，其外形参见图7-1-27，可适用于环境、制药及其他工业控制单组分及多组分气体检测，其中检测氮中氢的最小量程0～0.5%，线性度小于1%量程，响应时间小于1s。其他可测量组分包括O_2、N_2、CO、CO_2、CH_4、NH_3及六氟化硫等。

（2）典型案例2

北京泰和联创提供红外、热导、磁氧等气体分析模块。其中红外分析模块采用MENS脉冲红外光源+双通道红外检测器+热释电检测器，可用于分析CO、CO_2、CH_4、SO_2和NO_x等气体的浓度。

热导气体分析模块采用智能化数字处理技术，低漂移热导电桥设计，具有抗腐蚀性，适用于合成氨、热电厂等场合的氢浓度测定，钢厂的高炉煤气分析，空分测氩等，外形如图7-1-28。

顺磁氧模块采用热磁式传感器具有抗腐蚀，抗 NH_3、CO、CO_2、CH_4 等气体交叉干扰等特点，适用于在线及便携式检测仪，外形如图 7-1-29。

图 7-1-27　热导气体传感器模块外形（昂为）

图 7-1-28　热导传感器模块外形（泰和联创）

图 7-1-29　顺磁氧模块外形（泰和联创）

7.1.6.4　微型化气相色谱分析模块及集成化光谱模块的典型案例

（1）微型化气相色谱模块典型案例

以北京明尼克分析仪器设备中心的 ChromPix 微型多通道快速色谱分析模块为例。该模块包括：集成于硅芯片的带反吹微型进样器，高灵敏度微热导检测器（μTCD），可选择 2～20m 的毛细管柱，具有极低功率和载气消耗量，可在不到 1min 内分离复杂的气体混合物，体积小（27cm×9cm×3cm），重量 900g，易于集成在工业设备中。

（2）集成化光谱模块的典型案例

以特法尔（北京）科技有限公司的 TecSpec 集成化光谱模块为例。该产品系列包含多个光谱仪模块，涵盖紫外-可见和近红外波长范围，基于高级光谱仪传感器，适用于高速、精确的光谱数据采集。模块中包括紧凑的宽光谱光源，覆盖 380～2500nm 的光谱范围，具有标准的 SMA 接口，可连接光纤和工业探头。

7.2　在线分析的气体标准物质

7.2.1　在线分析的气体标准物质概述

标准物质是指具有足够均匀和稳定特性的物质，其特征被证实适用于测量或标称特性检查中的预期用途。标准物质主要用于校准测量仪器和测量过程，评价测量方法的准确度和实验室的检测能力，确定材料或产品的特性量值，进行量值仲裁等。

标准物质按照物质的形态分为气体、液体与固体等，其中气体标准物质主要是是指用于在线气体分析的标准气。在线分析用标准气大多为校准用的混合气体。国内对标准气已制定了很多专业标准及规范，对各类标准气制备技术与使用要求等都有明确规定。

在线气体分析被测组分复杂，常含有有毒、有害及腐蚀性物质，特别是微量、痕量气体检测，对使用的标准气提出了很高要求。在线分析仪器的研发、生产、质量监测、现场校准等都要使用标准气及其他标准物质。在比对检测时，检测仪器要先用标准气校准，才能用于现场比对检测。在线分析仪器技术离不开标准气应用，也促进了标准气的技术发展。

7.2.1.1　标准气体的特性和制备方法

（1）标准气体的特性与分类

标准气体主要有三大特性：均匀性、稳定性和可溯源性。

① 稳定性，是指在规定的时间间隔（有限期限）和环境条件下，标准物质的特性量值保持在规定范围内的特性。标准气体稳定的前提是气体与气瓶和阀门间无吸附和反应，气体组分之间以及与某些杂质之间无化学反应，气体组分自身稳定等。

② 均匀性，标准物质的均匀性表现为在规定的使用条件下，组分不分层、相态不发生变化，在使用过程中，各组分的特性量值可保持在给定的不确定度范围内。

③ 可溯源性，是指标准量值通过连续的比较链与给定的参考标准联系起来，给定的参考标准通常是国家或国际标准，比较链中的每一步都有给定的不确定度。

我国标准物质分为一级标准物质和二级标准物质；标准气体也相应分为一级标气和二级标气。一级标准物质：用绝对测量法或两种以上不同原理的准确可靠的方法定值；在只有一种定值方法的情况下，用多个实验室以同种准确可靠的方法定值；准确度具有国内最高水平，均匀性在不确度范围之内；稳定性在一年以上或达到国际上同类标准物质的先进水平。二级标准物质：用于与一级标准物质进行比较测量或定值确定标准物质；其准确度和均匀性能满足一般测量的需要；稳定性在半年以上。

在线气体分析仪器，通常使用二级标准气体进行仪器校准，常用的瓶装二级标准气体的有效期为1年（参见厂商出厂合格证）。

（2）标准气体的制备方法简介

标准气体制备方法主要分为静态法和动态法，大多有相应的国际、国家标准规定。

① 静态法，主要有称量法、分压法、静态容量法。

② 动态法，主要有流量比混合法、渗透法、扩散法、电化学发生法、容积泵法、连续注射法、毛细管校准器法、临界锐孔法、热式质量控制法和饱和法等。

7.2.1.2　瓶装标准气体制备与量值溯源

瓶装标准气体主要是以称量法和分压法制备。分压法制备的标准气体是通过与一级标准物质比较定值的，而一级标准物质数量有限，所以目前标准气体制备大多采用称量法制备和定值。称量法配制校准混合气的基本原理是：定量转移纯气体、纯液体或由称量法制备的已知组分含量的混合气体到充装容器。

瓶装标准气的量值溯源，可以通过以下方法溯源到SI国际单位：一是测定添加的组分质量，二是由组分纯度和相对原子量和/或分子量，将添加组分的质量转换为物质的量；三是用独立的参考混合气对最终混合气进行分析验证。

组分添加质量，是通过称量添加前后的原料容器或标准气气瓶质量来确定的，两次称量之差就等于净加入质量。称量方法的选择取决于最终混合气质量要求的不确定度。

7.2.1.3　标准气体的稳定性、不确定度及气瓶选择

（1）标准气体的稳定性和不确定度

成品标准气体使用前要保证其均匀性，可将气瓶置于接近水平的方向滚动，也可以通过将气瓶放置较长时间或者其他方法来实现。在稳定性试验过程中，其他参数稳定是保证对比试验结果有效的前提条件，比如，样气流量、压力、采样设备及仪器应保持一致。还要严格

控制环境条件，如室温。

标准气体配置完成后需要对其组分浓度通过实验验证，以确保从气瓶采集的校准混合气成分浓度与用称量法计算得到的混合气成分浓度的一致性。校准混合气成分的浓度验证的目的，是表述某些混合气制备过程、组分间化学反应或组分与气瓶间化学反应引起的偏差。

定值结果的不确定度包括了称量法制备的不确定度以及均匀性和稳定性引入的不确定度。最终标准物质的不确定度通常在标准物质证书中以相对扩展不确定度（百分之几）的形式给出，同时会备注对应的 k 值（包含因子）。k 代表了标准气体的标称值落在给定的不确定范围内的概率，比如，k=2 时概率为 95%，k=3 时概率为 97%。

（2）气瓶选择

标准气体的气瓶主要有碳钢气瓶和铝合金气瓶。碳钢气瓶多用于氢、氮等气体，其他大部分标准气体采用铝合金钢瓶。有些气体不适用铝合金钢瓶，如乙炔、含卤素的有机物等。

对于一些容易吸附的活性组分的制备，如硫化物、氯化氢、氟化氢、氨气、氯气以及某些含氧有机物，包装容器直接影响制备量值的准确性和稳定性。这类气体所使用气瓶的内壁需要特殊处理。气瓶内壁处理方式有多种，如抛光、钝化、涂层、镀膜等；而对于其中任意一种，如涂层，又可以采用多种不同的材料处理。

标准气体的包装容器从体积上划分，目前国内常见的规格有 2L、4L、8L、40L 气瓶，在线分析仪器常用的标准气瓶是 8L 及 40L 气瓶。标准气瓶的公称工作压力通常为 15MPa，但是受气源压力的限制，国内标准气体的最高充装压力一般不超过 10MPa。

7.2.1.4 在线分析标准气体的使用注意事项

（1）订购标准气体确认

在订购标准气体时，应考虑目标组分间是否会发生化学反应，特别要注意不能化学匹配的气体组分，这些标准气体在订购时应予以确认，否则制备出的气体标准物质量值不准确，甚至可能会发生爆炸事故。一些常见的不能化学匹配的气体组分参见表 7-2-1。

表 7-2-1 常见的不能化学匹配的气体组分

序号	组分	不能化学匹配的气体组分
1	氨（NH_3）	HF、HCl、HBr、HI、BF_3、BCl_3、F_2、Cl_2、Br_2、CO_2
2	氟（F_2）	Cl_2、Br_2、I_2、H_2、H_2O、HCl、HBr、HI
3	二氧化碳（CO_2）	NH_3、胺类
4	二氧化氮（NO_2）	F_2、CO_2、Br_2、H_2O、一些有机气体
5	丙炔（C_3H_6）	HF、HCl、HBr、HI、HCN、F_2、Br_2、I_2、BF_3、BCl_3、胺类

用户在对购入的气体标准物质进行验收时，需检查包装及标识的完好性（或密封度）、证书与实物的对应性。使用时，还应检查证书中标明的特性量值、不确定度、基体组成、有效日期、保存条件、安全防护、特殊运输要求等内容，如有必要且可行，可以采用合适的实验手段确认气体标准物质的特性量值、不确定度和基体组成等特性。

（2）标准气瓶运输、贮存注意事项

钢瓶特别是钢瓶阀上不应有润滑油或其他润滑剂。贮存和运输过程中，应关闭钢瓶阀，封闭气瓶阀门出口，并安装阀门防护套。钢瓶应使用防护圈。

气瓶可通过多种方式进行运输。由于温度和安全要求的限制，不是所有的运输方式都适用。如混合气体中含有易冷凝组分时，则钢瓶不可在低于制造商推荐的温度下（通常要求不低于15℃）贮存或运输，否则一些组分可能出现冷凝而改变混合气体组分的浓度。

应防止气瓶在运输过程中过度潮湿。船运可能使钢瓶上溅上水。溅水和/或过度潮湿可能造成钢瓶阀出现腐蚀。要始终防止钢瓶淋水从而防止腐蚀。如果钢瓶在室外贮存并有顶棚保护，则还须使钢瓶座高于地面，从而使其不受地面积水的影响。在钢瓶阀门浸水后，使用前应使阀门干燥，避免对一些易水解或者易与水发生反应的气体组分产生影响。

盛装气体标准物质的气瓶需要储存在阴凉处，避免阳光直射，存放空间内的温度不得超过40℃；存放气体钢瓶的室内应通风，照明应采用防爆照明灯，不同类气瓶应分类存放，各类瓶装气体的存放，应符合国家有关气瓶安全管理标准的规定执行，并有明显标识；存放室内应配备防毒用具和消防器材。

空瓶和实瓶应当分开放置，有毒、有害气体钢瓶应单独存放，防止不同类气体钢瓶（如可燃气体与氧化性气体）的混放。可能会因泄漏等原因，造成气体相互接触引起燃烧、爆炸、产生有毒、有害物质。

气瓶应当整齐放置，横放时，瓶端朝向一致，有效固定防止滚动。气瓶立放时，要妥善固定，严禁抛、滑、滚、碰、撞、敲击气瓶。在实验室或现场使用时，应使用钢瓶架固定，防止钢瓶倾倒。

出于安全考虑，严禁将钢瓶加热至45℃以上。

（3）瓶装标准气体有效期

在标准物质证书里通常会给出气瓶气体适应的最低压力值，低于此压力时气体不能使用。附着在钢瓶壁上的气体分子在钢瓶内压力下降至一定值时会脱离钢瓶，从而使气体摩尔分数上升。

瓶装标气在使用时，应确认生产厂出厂所附的标准物质合格证或标签，查验是否符合使用标气的组分、浓度、精度（或误差）及有效期要求。用于校准的标气有效期一般为1年，超过有效期的瓶装标气应重新计量标定，方可再使用。

7.2.1.5 几个典型标准气体使用举例

（1）易液化标准气体

对于一些浓度较高而饱和蒸气压较低的组分，为保证量值准确性，配制压力很低。如液化气标准气体［甲烷（0.9%）、乙烷（2.0%）、乙烯（4.0%）、丙烷（40%）、丙烯（3%）、异丁烷（30%）、正丁烷（15.1%）、环丙烷（0.5%）、异丁烯（0.50%）、正丁烯（0.50%）、顺丁烯（0.5%）、反丁烯（0.5%）、1,3-丁二烯（0.5%）、异戊烷（1.0%）、正戊烷（1.0%）、氮气（平衡）］，其组成主要为C_3、C_4、C_5的烷烃、烯烃组分，为保证所有组分不液化，其配置压力不足0.1MPa（表压）。这样的压力下标气很快就会被用光；压力过低时加入的组分质量很低，使各组分浓度分析的不确定度增大。

石油液化气国家标准分析方法为校正面积归一法，标准气只是用来获取相对校正因子，所以配制标准气体时可以将浓度降低。通常配制时，将C_3、C_4、C_5的烷烃、烯烃浓度更改为：甲烷（0.9%）、乙烷（2.0%）、乙烯（4.0%）、丙烷（4%）、丙烯（0.3%）、异丁烷（3%）、正丁烷（1%）、环丙烷（0.5%）、异丁烯（0.50%）、正丁烯（0.50%）、顺丁烯（0.5%）、反丁烯（0.5%）、1,3-丁二烯（0.5%）、异戊烷（0.5%）、正戊烷（0.5%）、氮气（平衡）。提高配制压力，可提高配制精度，增加标准气体的使用量。

（2）含活性组分标准气体

对于含有易吸附活性组分的标准气体，如氮气中微量氯化氢标准气体，配制时对平衡气中的水分含量要严格控制：钢瓶要采用钝化处理并配有不锈钢阀门；使用时更是要注意进样系统要选择钝化处理的不锈钢管线或者聚四氟乙烯管线；而且在分析前要使用干燥的氮气对进样系统充分吹扫来降低管路中水含量。这样才能做出准确数据。

（3）空分用标准气体

以高纯氮、超纯氮为例，现行的国家标准 GB/T 8979—2008 对高纯氮中大部分杂质浓度要求在 1×10^{-6} 以下，超纯氮在 0.1×10^{-6} 以下。对于高纯气体分析，可以根据国家标准要求的指标选择相应的标准物质，要求指标在 $<0.1\times10^{-6}$～2×10^{-6} 组分，其标准物质浓度可选在 2×10^{-6} 左右或稍高；要求指标为 2×10^{-6} 及以上组分，应尽量选择浓度相近标准物质，最高也应小于国标要求指标的 5～10 倍。

7.2.2　气体标准物质的定级与制备技术

7.2.2.1　定级

气体标准物质是指以混合气体、纯气或高纯气形式存在和使用的标准物质，是标准物质的重要组成部分。

气体标准物质是有证标准物质（certified reference material，CRM），是附有由权威机构发布的文件，提供使用有效程序获得的具有不确定度和溯源性的一个或多个特性值的标准物质。在我国，有证标准物质必须经过国家计量行政部门的审批、颁布。

气体标准物质应具有高度的均匀性和良好稳定性，已广泛用于石油化工、环境监测、医疗卫生、精密制造、仪器仪表、冶金、地质、气体标准化以及科学研究等各个领域，并在国民经济各个部门发挥着愈来愈重要的作用。

我国《标准物质管理办法》中规定，标准物质分为一级标准物质和二级标准物质。

（1）一级标准物质

① 用绝对测量法或两种以上不同原理的准确可靠的方法定值。在只有一种定值方法的情况下，用多个实验室以同种准确可靠的方法定值。

② 准确度具有国内最高水平，均匀性在准确度范围之内。

③ 稳定性在一年以上或达到国际上同类标准物质的先进水平。

④ 包装形式符合标准物质技术规范的要求。

（2）二级标准物质

① 用与一级标准物质进行比较测量的方法或一级标准物质的定值方法定值。

② 准确度和均匀性未达到一级标准物质的水平，但能满足一般测量的需要。

③ 稳定性在半年以上，或能满足实际测量的需要。

④ 包装形式符合标准物质技术规范的要求。

一级标准物质编号为 GBW ×××××，二级标准物质编号为 GBW（E）××××××。其中，GBW 是国家标准物质汉语拼音的缩写，×代表数字（一级标准物质有 5 位位数，二级为 6 位），分别表示标准物质的分类号和排序号。气体标准物质的定级应符合上述规定。

7.2.2.2　制备方法

气体标准物质的制备方法主要分为静态法和动态法两类。静态法主要有称量法、压力法和静态体积法。校准用标准瓶装气体的制备多采用静态法。

（1）称量法制备气体标准物质

称量法是目前最主要的制备方法，适用于组分之间、组分与气瓶内壁不发生反应的气体，以及在实验条件下完全处于气态的可凝结组分，依据的国家标准为 GB/T 5274.1—2018《气

体分析 校准用混合气体的制备 第1部分：称量法制备一级混合气体》。

称量法的原理是在向气瓶中转移已知浓度的某组分气体（液体），分别称量组分转移前后气瓶（注射器）的质量，由称量之差值确定加入气瓶中组分气体（液体）的质量。根据各组分质量及摩尔质量，可计算出各组分的浓度。标准混合气体中每个组分的质量分数为该组分的质量与所有组分质量总和之比。当标准混合气体中组分浓度用摩尔分数表示时，混合气中每个组分的浓度为该组分的物质的量与所有组分总物质的量之比。称量法制备气体标准物质主要有以下步骤：

① 制备可行性分析 在制备气体标准物质时，需考虑制备的安全性、混合气体之间的反应及与存储气瓶内壁材料的反应等。

② 预计算目标组分质量 按照有关公式计算原料中（液体或气体）中组分的目标质量；在完成组分目标质量计算后，需要选择一种制备程序，计算摩尔分数的不确定度。如果通过这个程序计算的不确定度不能满足要求，则应选择其他制备程序。

③ 定量转移技术 在制备气体标准物质的时候需要根据组分的性质和加入的质量来采用不同的定量转移技术，以保证达到预期的制备精度和制备不确定度。主要有两种方式：一种是用纯气或预混合气制备气体标准物质；另一种是通过小气瓶（或定量环）转移少量组分的制备方法。

④最大充装压力计算 为了保证所制备的气体标准物质中各组分完全气化，需要限制充装压力。气体标准物质的最大充装压力可以根据有关公式估算。

⑤称量过程质量的测定

a. 使用托盘电子天平称重 首先将参比气瓶置于天平上，天平稳定后（一般1min内）记录读数（T_1）；然后，取下参比气瓶放在天平的旁边，将目标气瓶置于天平托盘上，天平稳定后（一般1min内）记录显示值（X_1）；再计算差值 X_1-T_1。

重复以上操作，直到连续三次（X_n-T_n）的值相差均小于20d（d为电子天平最小分度值），三次的平均值就是目标气瓶减去参比气瓶的质量。在制备过程中，每添加一种组分都要重复以上步骤，添加前后两次称重质量之差就是添加组分的质量。

b. 使用托盘天平和天平的“去皮重”功能 先将参比气瓶放在天平上，天平稳定后（一般1min内），去皮重，直到读数为零；然后取下参比气瓶放在天平旁边，将目标气瓶置于天平托盘上，读数稳定后（一般1min内）记录显示值（X_1）；去皮，使显示为0，把目标气瓶放在天平的旁边；放参比皮重气瓶在天平上，当天平稳定后，记录天平读数（X_2）（该读数可被忽略），去皮，使读数显示为0。重复以上操作，直到（X_1、$-X_2$、X_3、$-X_4$、X_5、$-X_6$……）系列读数中连续三次读数值的相差均小于20mg，三次读数的平均值就是目标气瓶减去参比气瓶的质量。在制备过程中，每添加一种组分都要重复以上步骤，添加前后两次称重质量之差就是添加组分的质量。

⑥ 气体标准物质组分含量的计算 称量法配制气体标准物质，最终气体组分含量的摩尔分数通过下式计算：

$$y_k = \frac{\sum_{A=1}^{P}\left(\frac{x_{k,A} m_A}{\sum_{i=1}^{n} x_{i,A} M_i}\right)}{\sum_{A=1}^{P}\left(\frac{m_A}{\sum_{i=1}^{n} x_{i,A} M_i}\right)}$$

式中，y_k为组分k在最终混合气中的摩尔分数，mol/mol；P为原料气总数；n为最终混合气中组分总数；m_A为原料气A称量质量，g，$A=1,\cdots,P$；M_i为组分i的摩尔质量，g/mol，$i=1,\cdots,n$；$x_{i,A}$为原料气A中组分i的摩尔分数，mol/mol，$A=1,\cdots,P$，$i=1,\cdots,n$。

⑦ 定值结果的不确定度评定　根据称量法制备气体标准物质的制备过程、各影响量的分析以及气体标准物质的贮存和使用要求等，其最终定值的不确定度由制备过程、均匀性和稳定性三个方面组成。

（2）压力法制备气体标准物质

压力法又称分压法，适用于制备常温下为气体，含量在1%～50%的标准混合气体。压力法配气依据的国家标准是GB/T 14070—1993《气体分析　校准用混合气体的制备　压力法》。

① 压力法原理　压力法可以大量制备校准气体标准物质。用压力比表示的浓度换算成摩尔比表示时，可以采用不同计算方法，常用的方法有：道尔顿法、阿马格法、凯氏法。根据道尔顿分压定律，在任何容器内的气体混合物中，如果各组分之间不发生化学反应，则每一种气体都均匀地分布在整个容器内，它所产生的压强和它单独占有整个容器时所产生的压强相同。

② 配气装置及操作　图7-2-1为压力法配制气体标准物质的装置图。

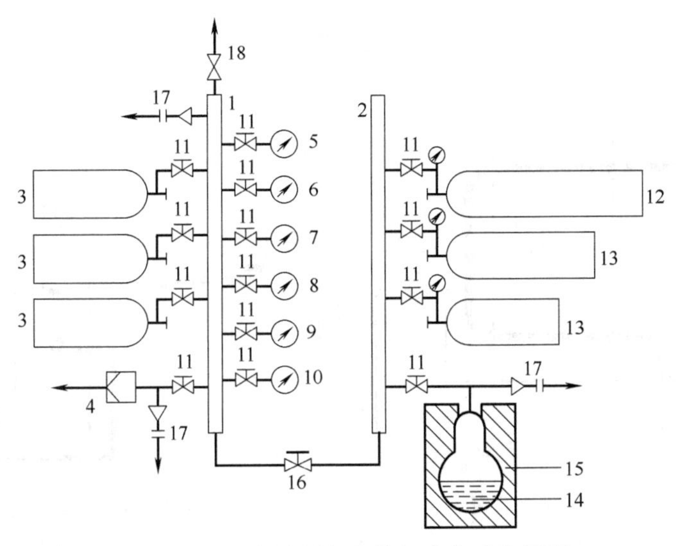

图7-2-1　压力法制备气体标准物质装置图

1—充气汇流排；2—原料气汇流排；3—待配气气瓶；4—真空泵；5～10—压力表；11—阀门；12—稀释气瓶；13—贮存校准组分气瓶；14—液化气瓶；15—冷却装置；16—调节和截止阀；17—安全阀；18—清洗释放阀

其制备过程为：预先清洗过的待配气的气瓶3与汇流排1相连，汇流排上有一套足以包括有关压力量程的压力表（5～10），其中至少有一块是真空压力表（5），用以在充入校准组分前测量被抽空的汇流排和气瓶压力。压力表的相对误差要满足配气准确度的要求。装有待配组分气体的气瓶13与汇流排2相连，经阀16将汇流排1和2连通。

完成之后，待瓶壁温度与室温相近时，测量气瓶内压力，混合气的含量以压力比表示，即各组分的分压与总压之比。但是由于实际气体并非理想气体，因此，现在多采用气相色谱法等来分析。

（3）静态体积法制备气体标准物质

静态体积法制备校准用混合气体适用于制备二元混合气体（即平衡气体中含有一种校准

组分），也适用于制备平衡气体中含有多于一种校准组分的混合气体标准物质。其依据的国家标准是 GB/T 10248—2005《气体分析　校准用混合气体的制备　静态体积法》。

① 配气原理　用注射器移取校准组分，在一个气体混合器中将平衡（稀释）气和一种或多种校准组分混合制备气体标准物质。通常校准组分是存于钢瓶的纯气，或者是能够在气体混合器中蒸发的纯的挥发性液体。已知气态校准组分的体积（每种校准组分的体积按压力约为 1×10^5Pa 时计算），或已知液态校准组分的质量或体积。

将校准组分注入充装有平衡气的混合器中（气体压力约为 1×10^5Pa），然后加入足够的平衡气直至混合气的总压力超过大气压力，精确测量最终压力。通常总压力超过大气压力，便于校准在大气环境下工作的气体分析器。使用适当的滚动装置，保证在制备程序中的每一步混合都是均匀的，并与大气温度平衡。计算校准组分的体积与混合气的总体积的比率，确定校准混合气中的每一种校准组分的体积分数。

② 配气装置及操作　配气装置可分为气体混合装置、计量注射器和注射器充装设备三部分。

气体混合装置见图 7-2-2，包括了容器、真空泵、气体管路、压力表、隔膜、电动气体混合装置、泄压阀和出口气体取样管路。计量注射器充装设备见图 7-2-3，包括了气体储存容器、高压瓶、压力调节阀、隔膜、真空泵、压力表、气体开关阀、泄压阀和合适的导管等。

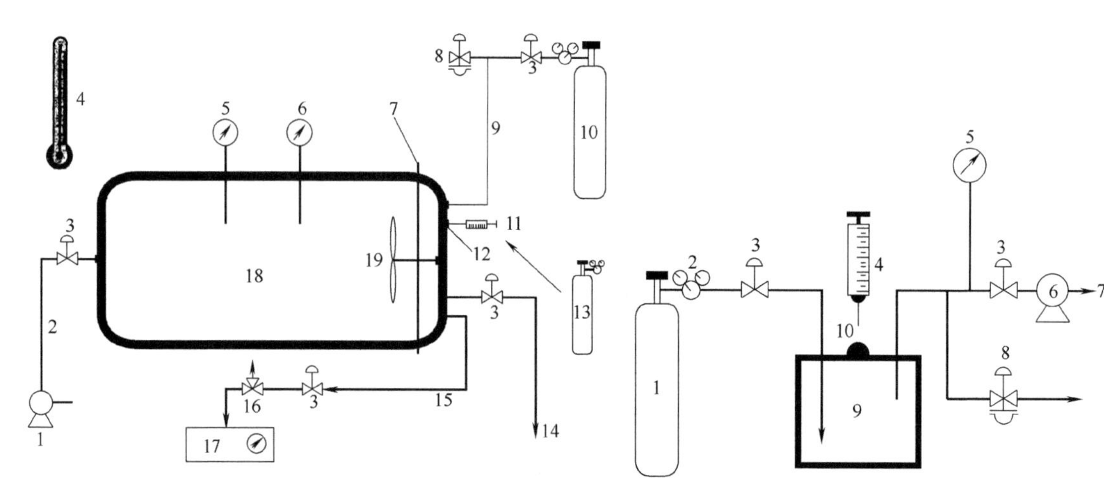

图 7-2-2　气体混合装置

1—真空泵；2—真空泵连接管路；3—开关阀；4—环境温度传感器；5—压力表；6—混合器温度传感器；7—螺纹连接；8—泄压阀；9—平衡气体导入管路；10—平衡气体；11—计量注射器；12—隔膜；13—校准组分；14—安全排放区；15—标准混合气体出口取样管；16—压力平衡装置；17—参比分析仪；18—混合器；19—电动扇叶

图 7-2-3　计量注射器充装设备

1—校准组分；2—双击减压阀；3—开关阀；4—计量注射器；5—压力表；6—真空泵；7—安全排放区；8—泄压阀；9—储存容器；10—隔膜

制备流程：测定气体混合器的体积→清洗气体混合器减少杂质→用平衡气填充混合容器，稳定后记录容器中的温度和压力→校准组分体积的确定→用校准组分填充注射器→在混合容器中加入样品组分→充入平衡气。

7.2.3　气体标准物质的稀释和发生技术

7.2.3.1　概述

气体标准物质稀释技术是针对钢瓶装气体标准物质，使用稀释气将高浓度气体标准物质稀释至较低的目标浓度。对应的稀释装置结构较为简单，便于使用和维护。适用于有相应的质量可靠的高浓度瓶装气体标准物质时。

气体标准物质发生技术是内置动态发生源，通过温度、压力、流量等多参数的精确控制，产生浓度稳定的气体标准物质。相应的发生装置结构较为复杂，对维护和使用有一定的要求。因为不需要购买瓶装气体标准物质，所以运行成本较低。适用于没有合适的高浓度瓶装气体标准物质，或者使用瓶装气体标准物质成本较高时使用。

目前，主流的在线气体标准物质的稀释和发生技术标准，是 ISO 6145 动态法制备校准混合气体（气体标准物质）系列标准（我国国标 GB/T 5275 系列等同采用）。该系列标准一共包括 10 部分，其中第 1 部分是动态法通用技术要求，其余 9 部分是具体技术路线。ISO 6145 系列标准简介参见表 7-2-2。

表 7-2-2　ISO 6145 系列标准简介

序号	ISO 标准名称	对应现行国家标准	备注
1	ISO 6145-1:2019 Gas analysis-Preparation of calibration gas mixtures using dynamic method-Part 1：General aspects	GB/T 5275.1—2014 《气体分析　动态体积法制备校准用混合气体　第 1 部分：校准方法》	1. 通用技术要求 2. GB/T 5275.1—2014 等同采用旧版 ISO 6145-1：2003，即将依据新版 ISO 标准修订
2	ISO 6145-2:2014 Gas analysis-Preparation of calibration gas mixtures using dynamic method-Part 2：piston pump	GB/T 5275.2—2014 《气体分析　动态体积法制备校准用混合气体　第 2 部分：容积泵》	1. 稀释技术 2. GB/T 5275.2—2014 等同采用旧版 ISO 6145-2：2001，即将依据新版 ISO 标准修订
3	ISO 6145-4:2004 Gas analysis-Preparation of calibration gas mixtures using dynamic volumetric method- Part 4：Continuous syringe injection method	GB/T 5275.4—2014 《气体分析　动态体积法制备校准用混合气体　第 4 部分：连续注射法》	1. 稀释技术 2. 等同采用
4	ISO 6145-5:2009 Gas analysis-Preparation of calibration gas mixtures using dynamic volumetric method-Part 5：Capillary calibration devices	GB/T 5275.5—2014 《气体分析　动态体积法制备校准用混合气体　第 5 部分：毛细管校准器》	1. 稀释技术 2. 等同采用
5	ISO 6145-6:2017 Gas analysis-Preparation of calibration gas mixtures using dynamic method-Part 6：critical flow orifice	GB/T 5275.6—2014 《气体分析　动态体积法制备校准用混合气体　第 6 部分：临界锐孔》	1. 稀释技术 2. GB/T 5275.6—2014 等同采用旧版 ISO 6145-6：2003，即将依据新版 ISO 标准修订
6	ISO 6145-7:2018 Gas analysis-Preparation of calibration gas mixtures using dynamic method-Part 7：Thermal mass-flow controllers	GB/T 5275.7—2014 《气体分析　动态体积法制备校准用混合气体　第 7 部分：热式质量流量控制器》	1. 稀释技术 2. GB/T 5275.7—2014 等同采用旧版 ISO 6145-7：2009，即将依据新版 ISO 标准修订
7	ISO 6145-8:2005 Gas analysis-Preparation of calibration gas mixtures using dynamic method-Part 8：Diffusion method	GB/T 5275.8—2014 《气体分析　动态体积法制备校准用混合气体　第 8 部分：扩散法》	1. 发生技术 2. 等同采用
8	ISO 6145-9:2009 Gas analysis-Preparation of calibration gas mixtures using dynamic method-Part 9：Saturation method	GB/T 5275.9-2014 《气体分析　动态体积法制备校准用混合气体　第 9 部分：饱和法》	1. 发生技术 2. 等同采用
9	ISO 6145-10:2002 Gas analysis-Preparation of calibration gas mixtures using dynamic method-Part 10：Permeation method	GB/T 5275.10—2009 《气体分析　动态体积法制备校准用混合气体　第 10 部分：渗透法》	1. 发生技术 2. 等同采用
10	ISO 6145-11:2005 Gas analysis-Preparation of calibration gas mixtures using dynamic method-Part 11：Electrochemical generation	GB/T 5275.11—2014 《气体分析　动态体积法制备校准用混合气体　第 11 部分：电化学发生法》	1. 发生技术 2. 等同采用

7.2.3.2　气体标准物质稀释技术

（1）工作原理

使用目标组分高浓度气体标准物质或纯气作为原料气，使用高纯氮气或其他零点气作为稀释气，将原料气与稀释气混合后得到的混合气体中目标组分的浓度得到降低，通过流量控制器调节原料气和稀释气流量比，可以快速调节最终混合气体中目标组分达到所需的浓度。气体稀释技术工作原理参见图 7-2-4。

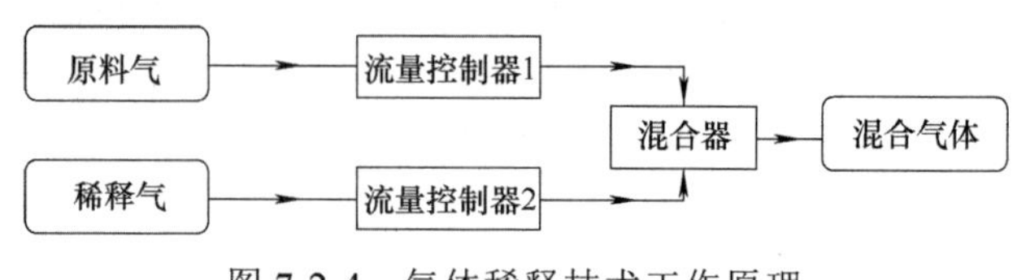

图 7-2-4　气体稀释技术工作原理

由于最终混合气体中含有大量廉价易得的稀释气，气体标准物质的用量得以减小，使用时间延长，成本降低，因此使用气体稀释技术可以获得长时间稳定的气体标准物质来源，特别适用于在线气体分析。

应注意，这里并未考虑稀释过程中原料气和稀释气的损失。通常永久性气体，如氮气、空气、甲烷、一氧化碳等气体不需要考虑该损失；但对于活泼气体，如挥发性有机物气体等应特别注意与气体接触的材料的物理吸附和化学反应。

（2）稀释后浓度计算

因为气体稀释基于流量控制原理，稀释后浓度也取决于原料气和稀释气两路的流量。

目前，流量控制器根据其原理，输出的流量值通常分为质量流量和体积流量。其中质量流量不受环境温度、压力影响，适合量值传递、精密测试和科学研究中流量的准确计量。

日常分析工作中体积流量更为常用，目前大多数气体稀释装置的流量控制器采用体积流量方式，但应注意体积流量本身受温度和压力影响，为确保流量计量的准确性，气体稀释装置应配置精密的压力和温度传感器。稀释后的浓度可以使用质量流量计算，也可以使用体积流量计算，下面分别介绍这两种浓度计算方式。

① 使用质量流量计算稀释后摩尔分数　若原料气和稀释气均为纯气（纯度≥99.99%），忽略杂质的影响，则稀释后目标组分的摩尔分数 y_1 可按下式计算：

$$y_1 = \frac{\dfrac{q_{m,1}}{M_1}}{\dfrac{q_{m,1}}{M_1} + \dfrac{q_{m,2}}{M_2}}$$

若原料气体为气体标准物质，忽略杂质的影响，则稀释后目标组分的摩尔分数 y_1 可按下式计算：

$$y_1 = \frac{\dfrac{q_{m,1}}{\bar{M}_1} \times x}{\dfrac{q_{m,1}}{\bar{M}_1} + \dfrac{q_{m,2}}{M_2}}$$

式中，$q_{m,1}$ 原料气的质量流量；$q_{m,2}$ 稀释气的质量流量；M_1 原料气（纯气）的摩尔质量；$\bar{M}_1$ 原料气（气体标准物质）的摩尔质量；M_2 稀释气的摩尔质量；x 气体标准物质中目标组分摩尔分数。

② 使用体积流量计算稀释后浓度

a．稀释后气体浓度计算 在常规分析测试中，稀释技术涉及的气体压力不高（绝对压力通常不超过 1MPa），温度一般在室温以上，不需要考虑气体压缩影响，稀释过程涉及的气体均可视为理想气体。当原料气和稀释气温度和压力条件相同且稳定，可根据理想气体状态方程计算。此时，体积流量比等于物质的量流量比，可以直接计算稀释后的摩尔分数。实际上，绝大多数商用气体稀释装置均默认使用体积流量单位。

稀释后气体浓度按下式计算：

$$y_1=x_1\varphi$$

$$\varphi=\frac{q_{V,1}}{q_{V,1}+q_{V,2}}$$

式中，y_1 稀释后目标组分摩尔分数；x_1 标准气目标组分摩尔分数；φ 稀释比例，这里等于气体标准物质体积流量除以总体积流量；$q_{V,1}$ 气体标准物质积流量；$q_{V,2}$ 稀释气体积流量。

常用稀释气包括瓶装气（如高纯氮气、合成空气等）以及零点气发生装置。高精度稀释通常会要求稀释气配套相应的目标组分纯化装置。气体纯化技术可参考 GB/T 33360—2016《气体分析 痕量分析用气体纯化技术导则》。经过纯化的稀释气可认为不含有目标组分。

目前部分高端商用稀释装置已将稀释气路纯化装置作为标准配置，确保稀释后混合气体浓度的准确性和稳定性。

b．稀释后气体浓度不确定度 稀释后浓度不确定度来源，主要包括气体标准物质摩尔分数的不确定度，以及原料气和稀释气两路流量的测量不确定度。

气体标准物质摩尔分数的不确定度，可从气体标准物质证书上查到。应注意标准物质证书上的不确定度仅代表该气体标准物质取证时的技术能力，并不能保证所购买的该批次气体标准物质质量水平；应购买质量可靠、信誉较高的标准物质产品并进行确认。

流量测量不确定度与气体稀释装置流量控制技术有关。气体稀释装置质量好，则气体稀释装置引入的不确定度较小，最终稀释后气体浓度的准确性和稳定性更好。因此，气体稀释装置技术关键是流量控制器。

（3）气体稀释的流量控制技术

① 活塞泵 ISO 6145-2 标准给出了活塞泵原理。活塞泵主要由容积固定的气缸和驱动电机组成。通过电机驱动活塞在气缸内做往复运动，活塞每运行一次排出的气体体积固定，单次运行排出体积 $V_{活塞}$按下式计算：

$$V_{活塞}=\frac{\pi}{4}d^2l$$

式中，d 为活塞直径；l 为活塞运动路径长。

活塞泵产生的气体体积等于单次活塞排出体积乘以这段时间内活塞运行次数，改变电机转动速率即可调节活塞泵排出的气体体积流量。

活塞泵基于体积流量控制原理，因而应注意控制气体的温度和平衡气体压力。应特别注意，活塞泵的气体通过活塞往复运动排出，因而生成的气体流量并不平稳，而是以脉动的方式排出。为获得相对稳定的气体流量，活塞泵的排出体积需适应目标气体流量。

② 流动注射法 ISO 6145-4 标准给出了流动注射法原理，即使用由合适的变速电机驱动

的注射器，将气相或液相中的目标组分推入稳定的气流中，从而得到所需浓度的气体标准物质。流动注射法结构原理可见图 7-2-5。

流动注射法结构复杂，稀释过程受到的影响因素较多，最终得到的混合气体浓度不确定度较大。但流动注射法也有其优点：可以直接将易挥发液态组分（如乙醇、苯等低沸点挥发性有机物）稀释为一定浓度的混合气体。该方法曾被广泛应用于挥发性有机物混合气体的配制。现在使用瓶装气体标准物质直接气体稀释的方法，已完全替代流动注射法。

③ 毛细管校准器　典型的毛细管校准器结构如图 7-2-6 所示。

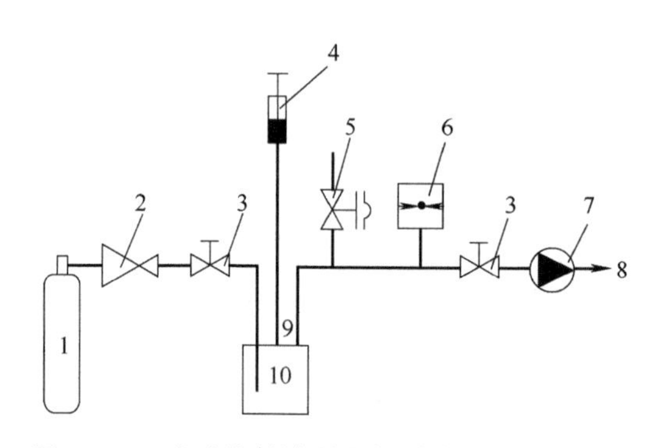

图 7-2-5　流动注射法稀释装置常用结构原理图

1—稀释气；2—减压阀；3—截止阀；4—注射器；5—泄压阀；6—压力计；7—真空泵；8—过滤器；9—隔膜；10—储气池

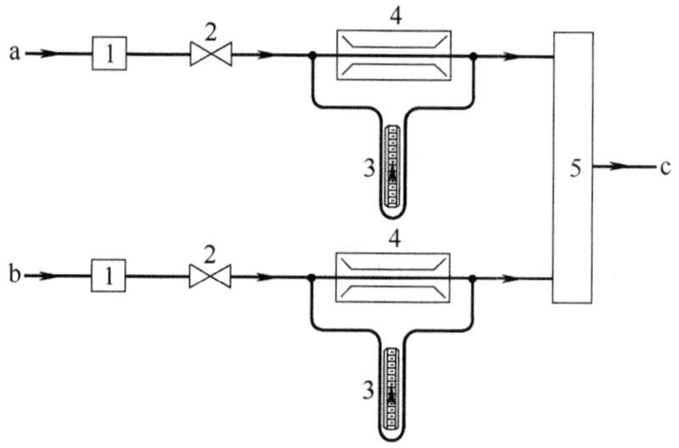

图 7-2-6　毛细管校准器稀释装置常用结构示意图

1—稳压阀；2—调压阀；3—压差计；4—毛细管；5—混合器；a—气体标准物质；b—稀释气；c—稀释后的混合气体

毛细管校准器的基本原理参见 ISO 6145-5 标准，即气体在恒定的压力下降条件下通过毛细管时，气体流速保持一定，通过调节毛细管两端压力变化值来获得所需的流量。

毛细管校准器本身结构简单，为获得稳定的气体流量，必须精确控制毛细管两端的压力差，如果上游或下游气体压力产生波动，极易造成毛细管流量发生变化。因为稀释后的混合气体一般会作为气体标准物质通入分析仪器，可能因为分析仪器入口气体压力的要求导致毛细管校准器下游气体压力变化，从而影响气体流量的精确控制。

④ 热式质量流量控制器　是目前应用最广泛的流量控制技术，也是气体稀释装置流量控制的主流技术，包括恒（电）流控制和恒温控制两种方式。在制备多组分混合气体时，通常每种组分使用一个热式质量流量控制器，两个热式质量流量控制器的组合是最常见的气体稀释装置配置。

a. 恒流控制的热式质量流量控制器　原理如图 7-2-7 所示。

气体流经使用恒定电流加热器时，在加热器上下游分别测量温度。热式质量流量控制器由加热器、温度传感器和相关电路组成，加热器上下游的两个温度传感器构成了电桥回路的两臂，没有气流通过时，读数被平衡为零。气流通过系统时，在两个传感器之间形成了温度差 ΔT，由此热通量 Φ 表示为：

$$\Phi = c_p \Delta T q_m$$

式中，c_p 为恒压下单位质量气体的热容量；q_m 为质量流量。

气体通过时，温度传感器的温差使电桥回路出现电势差并生成信号。将该信号与放大器的参考电压值比较，得到的输出信号用于控制比例阀调节气体流量。

b．恒温控制的热式质量流量控制器　原理如图 7-2-8 所示。

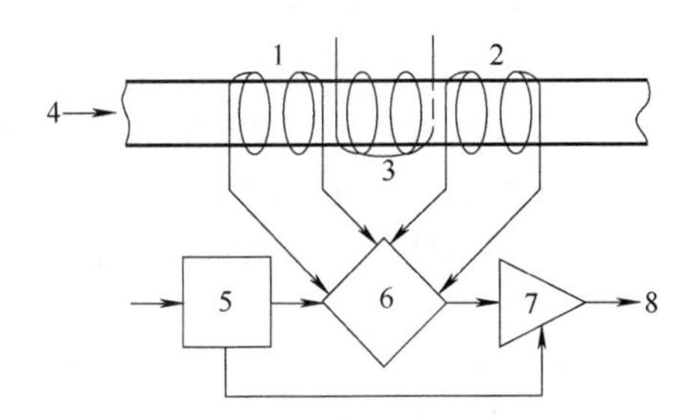

图 7-2-7　恒流控制的热式质量流量控制器原理

1—温度传感器 1；2—温度传感器 2；3—加热装置；4—气源；5—电源；6—电桥；7—放大器；8—输出信号

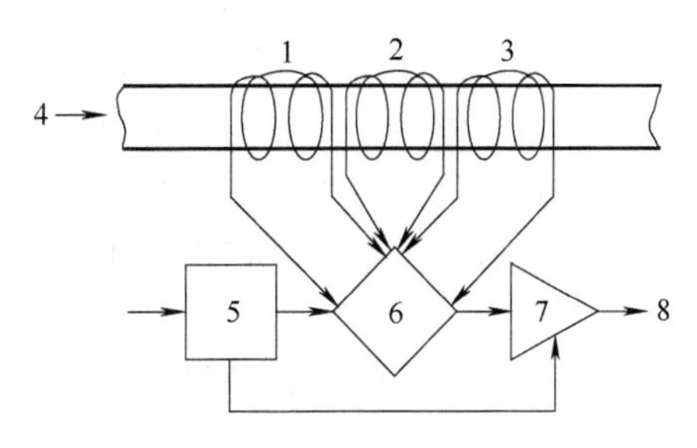

图 7-2-8　恒温控制的热式质量流量控制器原理

1—加热器 1；2—加热器 2；3—加热器 3；4—气源；5—电源；6—电桥；7—放大器；8—输出信号

气体按顺序依次通过 3 个加热器，每个加热器都与电桥相连接。系统不再测量温差，而是控制每个加热器的输入使整个气体流动路径的温度分布保持均匀。电桥的电流与热量损失成比例，因此与气体流量也成比例。输出信号用于控制比例阀以调节气体流量。

热式质量流量控制器不是绝对法测量，必须对其流量进行校准，校准用气体通常是氮气。热式质量流量控制器测得的流量值与流经气体的比热容 c_p 密切相关。经氮气校准过的热式质量流量控制器用来测量其他气体流量时，便存在由于比热容差异导致的流量测量结果偏差。若该气体比热容与氮气差异较大，对流量测量结果的影响将很明显，必须使用响应因子进行修正。

⑤ 临界流锐孔　临界流锐孔结构如图 7-2-9 所示。临界流锐孔工作原理是当增加临界流锐孔的上游压力为 $p_{进}$ 时，通过锐孔的气体体积流量将增加，当锐孔下游气体压力 $p_{出}$ 与锐孔上游气体压力 $p_{进}$ 的比值达到临界值时，气体的体积流量与 $p_{出}$ 无关，与 $p_{进}$ 成正比。

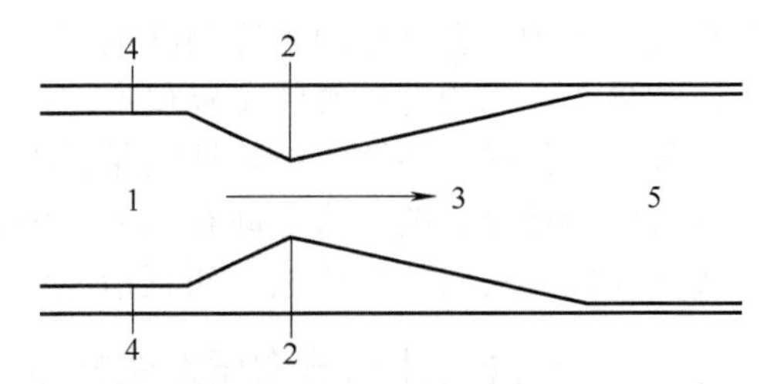

图 7-2-9　临界流锐孔结构

1—入口；2—喉部直径；3—气体流向；4—上游管路直径；5—出口

在恒温条件下对于给定的气体，临界压力比 r^* 按下式计算：

$$r^* = \frac{p_{出}}{p_{进}} = \left(\frac{2}{\gamma+1}\right)^{\frac{\gamma}{\gamma-1}}$$

式中，r^* 为临界压力比；$p_{出}$ 为下游气体压力；$p_{进}$ 为上游气体压力；γ 为等熵系数。

⑥ 热式质量流量控制器与临界流锐孔方法比较　热式质量流量控制器和临界流锐孔，作为气体稀释中最常用的两种方法，有各自的特点。临界流锐孔在流量调节的稳定性和准确性方面，明显优于热式质量流量控制器，更适用于需要准确控制小流量的原料气气路。但临界流锐孔不能连续调节流量是其最大的缺点，每个锐孔制作完成后，尺寸固定，达到临界状态后流量固定，想要得到多种不同的流量就必须用多个不同尺寸的临界流锐孔组合，而且流量无法连续调节，造成使用上的不便。

相比之下，热式质量流量控制器最大的优势就是可以连续调节流量，用于稀释气流量的控制时，可以方便地调节稀释比。通常稀释气流量比原料气流量大得多，不需要像原料气路那样高精度的流量调控，热式质量流量控制器完全可以胜任。恰当的组合临界流锐孔和热式质量流量控制，结合两种流量控制器的优点，可以得到更优异的气体稀释效果。

（4）稀释后混合气体浓度的验证

气体稀释装置的工作原理是流量控制，稀释后混合气体浓度的验证涉及原料气和稀释气的流量准确控制。首先应对原料气和稀释气的流量分别进行校准。原则上应使用被稀释的气体进行校准，但实际工作中通常使用高纯氮气作为校准气体，此时，应注意响应因子的流量修正。

原料气和稀释气的混合效果也是气体稀释仪的重要性能指标。如果混合不均匀，则输出的混合气体浓度将无法稳定。气体稀释装置管线材料的影响同样非常重要。仅校准了气体稀释仪的流量，也无法保证最终输出的混合气体浓度的准确性和稳定性，有必要进行验证。

验证是将气体稀释装置产生的混合气体浓度与气体标准物质的浓度进行比较。应注意所选用的气体标准物质组分浓度应与混合气体组分预期浓度相近。使用合适的气体分析仪分别分析气体稀释装置产生的混合气体和气体标准物质组成，得到相应的测得值和标准不确定度。根据下式计算标准不确定度 D 值：

$$D=\frac{|y_0-y_1|}{\sqrt{u^2(y_0)+u^2(y_1)}}$$

式中，y_0 为气体稀释仪产生的混合气体的浓度；y_1 为气体标准物质的浓度；$u(y_0)$为气体稀释仪产生的混合气体的浓度的标准不确定度；$u(y_1)$为气体标准物质浓度的标准不确定度。

如果 $D\leqslant 2$，则通过气体稀释仪产生的混合气体的量值和气体标准物质的量值之间没有显著差异，气体稀释装置的稳定性满足要求。如果 $D>2$，则通过气体混合系统产生的气体的量值和气体标准物质的量值之间存在显著差异，气体稀释装置的稳定性不满足要求。应调查产生差异原因，采取补救措施、纠正措施和预防适当措施，以避免将来出现同样问题。

7.2.3.3 在线气体标准物质发生技术

活泼性气体标准物质通常使用在线发生技术制备。通过发生源连续动态产生目标气体组分，精确控制发生系统内部气体的温度、压力、流量等条件，最终获得连续稳定的气体标准物质，目标组分浓度可以根据发生系统的各项条件计算得到。

在线气体标准物质发生技术是连续发生且即配即用，不需要长期储存，所以气体组分物理吸附和化学反应对浓度的影响比瓶装气小得多。该技术对发生系统内部的温度、压力、流量等参数的控制水平要求很高，任何一个参数的波动或漂移都会导致最终发生的气体浓度明显变化，而且因为影响因素众多，在线发生的气体标准物质浓度不确定度明显高于瓶装气体。但是，在线气体标准物质发生技术的优点也很明显，技术难度相对较低，可以长时间连续动态发生气体标准物质，使用成本较低。常见的在线气体标准物质发生技术如下。

（1）扩散法

① 扩散法原理　ISO 6145-8 给出了扩散法方法原理。在温度、浓度梯度和扩散管的几何形状保持不变的情况下，气体和蒸气具有以均匀的速率扩散通过管道的特性。这种现象可以用来方便地制备低浓度蒸气。除了可以用来产生甲醛气体，也可以用于产生诸如各类挥发性有机物等其他气体。

扩散装置是扩散法的关键部件，通常由连接有细长扩散管的容器组成，容器内装入已知纯度的固体或液体作为蒸气来源。扩散管垂直安装。例如，三聚甲醛分子经合适的扩散管扩散，与吹入载气流混合，扩散装置须置于恒温槽内，扩散装置示意图参见图7-2-10。

扩散装置最终产生的混合气体的组成由组分的扩散速率（以质量流量表示）和载气流量决定。而组分的扩散速率原则上取决于组分在载气中的扩散系数、组分在恒温槽温度下的蒸气压，以及扩散管尺寸等因素。

通过将扩散管放置在磁悬浮式微量天平上进行连续称重，或通过其他微量天平周期性称重，可精确测定扩散管的质量流量。周期性称重会影响扩散装置发生的气体浓度稳定性，应注意称重结束后的稳定时间。

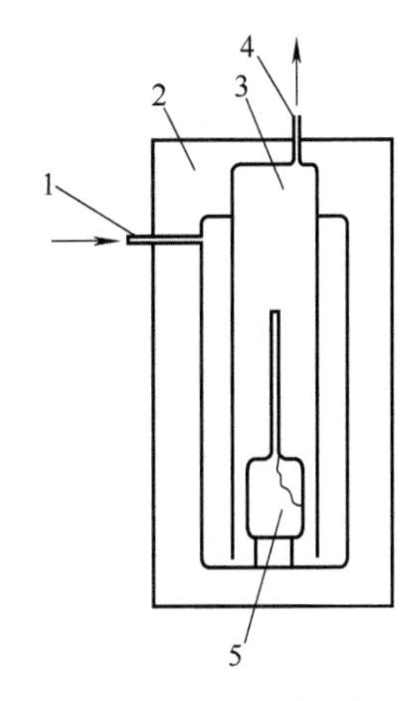

图7-2-10　三聚甲醛扩散装置示意图

1—载气入口；2—恒温槽；3—扩散管；4—混合气体出口；5—三聚甲醛（多聚甲醛）储存容器

扩散装置应选择对组分无物理或化学吸附或解吸效应的材料。组分含量越低，吸附或解吸效应的影响越大。载气和组分的输送管路应选择不易发生化学反应的材料并注意管路连接部分的气密性。载气到达扩散池之前，应控制载气温度，使其与扩散池恒温槽的温度相同。

恒温槽温度波动应控制在±0.15K之内。载气的最低流量应足以带走所有的组分蒸气而不出现饱和，最高流量应确保组分蒸气在扩散管内不出现对流。扩散装置尺寸应保证扩散管中载气流的雷诺数低于100。恒温槽设置的温度取决于扩散池特性及要求的扩散速率。进行温度控制时，扩散池内的热平衡温度值应接近环境温度或略高于环境温度，减少或避免环境温度的影响。选择略高于环境温度的条件便于实现恒温槽和载气的温度控制。为达到最佳性能，扩散管长度应大于0.03m，扩散管长度与直径之比应大于3，直径不应超过0.02m。

② 扩散质量流量计算

a. 间隔称量模式　扩散池质量会随着组分不断扩散出去而逐渐降低，通过测量质量减少量和时间间隔，可以得到这段时间扩散的质量流量。两次称量过程应保持室内的温度和相对湿度相近，应迅速将扩散池从恒温槽中移出、称量，然后放回恒温槽。时间间隔应合适，应保证有足够的减少量以便于微量天平能准确称量，还应确保质量减少量不会过大，因为组分损失过大后可能导致扩散速率发生变化。扩散质量流量应按下式计算。

$$\overline{q}_m(\mathrm{A})=\frac{\Delta m}{\Delta t}$$

式中，$\overline{q}_m(\mathrm{A})$为时间间隔$\Delta t$内，来自扩散池的三聚甲醛的平均质量流量；$\Delta m$为连续两次称量之间的质量差；$\Delta t$为连续两次称量之间的时间间隔。

b. 连续称量模式　将扩散池置于在线称量传感器上连续称量。在线称量传感器通常由磁悬浮天平实现，参见图7-2-11。磁悬浮天平具有独立密封的样品仓，称量时借助磁力将称量信号传输给微量天平，因而不需要将扩散池取出，可以实现实时连续称量。称量得到的数据由计算机进行采集和处理。连续称量的频率应尽量接近扩散速率除以微量天平的最小分辨力得到的值。

（2）饱和法

ISO 6145-9给出了饱和法原理。当物质的蒸发（升华）与凝聚相达成平衡时，纯物质的蒸气压仅取决于温度。在压力接近大气压且气相间没有显著相互作用的情况下，组分x的体积分数近似地等于该组分在此温度时的蒸气压 p_x 除以相同温度下混合气体的总压力 p。饱和装置结构可参考图 7-2-12。应注意图中的饱和器是关键部件，其余部件可根据实际需要配置。

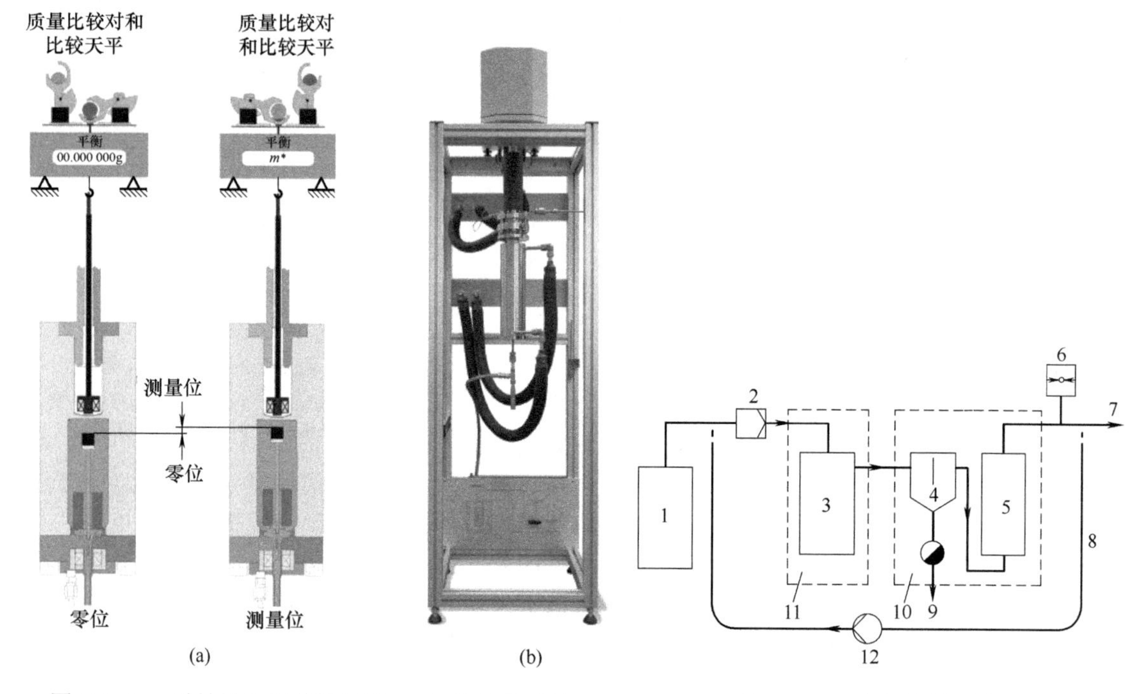

图 7-2-11　磁悬浮天平结构原理（a）和外观（b）

图 7-2-12　饱和装置示意图

1—载气源；2—过滤器；3—饱和器；4—冷凝器；5—压力平衡器；6—压力计；7—混合气体出口；8—循环系统；9—冷凝剂出口；10—恒温控制器（T_2）；11—恒温控制器（T_1）；12—循环泵

如果不需要达到完全饱和，则不需要配置冷凝器，因为在一定的温度和压力条件下，组分的蒸气压一定，保持载气流量不变，此时的混合气浓度稳定。在实际运用中，通常并不需要达到完全饱和状态，因为饱和状态极不稳定，很容易因为饱和发生液化导致混合气体浓度不稳定，达到一个稳定的接近饱和的状态更实用。

饱和器的应用关键是：能否稳定产生饱和蒸气，以及饱和法发生的混合气体浓度是否稳定。常用的饱和器分为鼓泡法、顶空法和渗透法，见图 7-2-13。

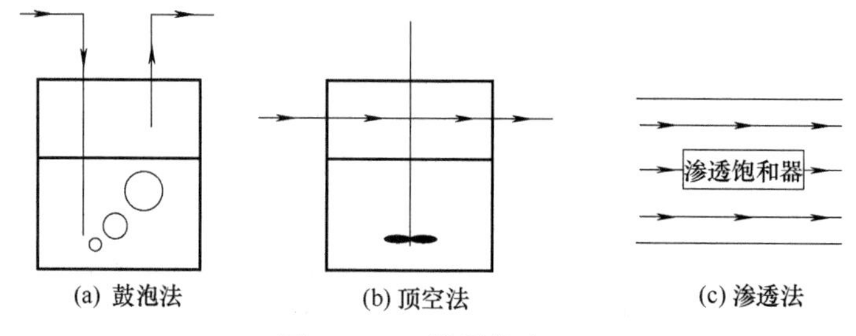

图 7-2-13　常用饱和器

鼓泡法饱和器通过载气气流在液相原料（如高纯度乙醇）中产生的气泡，促使液相中组分大量蒸发进入气相，使得气相中组分达到饱和，同时通过载气不断将饱和气体组分带出饱和器。顶空法饱和器与鼓泡法饱和器原理类似，使用搅拌的方式加速液相组分的蒸发，在气相中的组分达到饱和后，通过载气将饱和的气相组分带走。渗透法饱和器通常适用于饱和蒸气压较低的组分。应注意：渗透法饱和器的渗透率应足够大，以确保能产生足够气相组分并达到饱和状态。

（3）渗透法

ISO 6145-10 给出了渗透法方法原理。将已知纯度的目标组分物质装入渗透管内，组分分子以一定的渗透率通过渗透膜扩散到载气流中，形成一定浓度的目标组分混合气体。载气一般采用高纯氮气。保持渗透管的温度、管内外气体的分压差稳定，则渗透率稳定，通过调控载气流量，从而获得浓度稳定的气体标准物质。

（4）电化学发生法

ISO 6145-11 给出了电化学发生法原理。电化学发生法中，生成的气体组分物质的量与电荷通过量成正比，比例系数为法拉第常数（96485.3415C/mol）的倒数。精确测定通过电解池的电流即可确定产生的气体组分的物质的量。典型的电解池结构参见图 7-2-14。

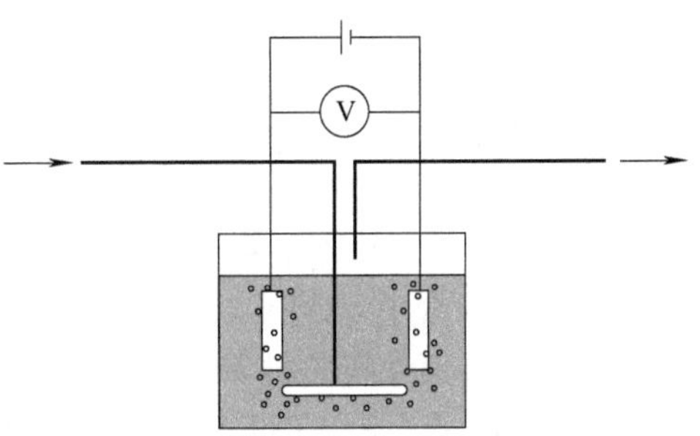

图 7-2-14　典型的电解池结构

电极产生的目标组分气体体积流量 q_V 按下式计算：

$$q_V = \frac{IV_\text{m}}{zF}$$

式中，I 为电流；V_m 为生成气体的摩尔体积；F 为法拉第常数；z 为一个离子带有的电荷数。

（5）比较法量值溯源

由于在线发生方法的影响参数过多，难以逐个准确分析和测量，同时需要测量的参数过多将导致最终测量结果的不确定度偏大，所以，实际上在线发生的气体标准物质浓度通常要使用比较法进行量值溯源。

通过合适的稳定性高的分析仪器（如气相色谱仪）和合适浓度的瓶装有证气体标准物质，依据 ISO 12963 和 ISO 6143（GB/T 10628，IDT）的规定，采用单点或多点比较法校准的方式实现在线发生的气体标准物质浓度的量值溯源。

采用比较法进行量值溯源更为简便，且因为不确定度分量较少，通常仅考虑瓶装气体标准物质不确定度、分析仪器不确定度、测量重复性等，便于对这些不确定度影响因素严格控制，从而获得更佳不确定度水平的经过校准的在线发生气体标准物质。

7.2.4　气体采集及动态配气技术应用

7.2.4.1　气体采集系统技术

气体采集系统技术的关键是确保样品采集不失真。固定式在线分析仪的气体取样处理系统技术已经有成熟的应用，而便携式分析仪的现场检测，以及离线监测都需要在现场采集气体，都要有正确的气体采集系统技术，才能保证样品的不失真分析。

（1）气体采集系统的组成与部件要求

① 气体采集系统的组成　气体采集系统的组成主要有：气体采集探头、气体采集管线、

压力与流量调节器、气体采集泵、连接件等。

根据样品的物化特性、储存或输送方式、组成、气体采集精度要求，以及温度、压力等因素，选择合适的气体采集设备。一般原则是：无渗透、吸附性最小、样品与气体采集设备的材料无反应、不起催化作用，并且能够耐受气体采集的温度和压力，无泄漏连接，不会产生爆破、腐蚀等危险情况。当采集活性组分时，应采用合适方法对气体采集设备进行检验。例如，使气体持续通过气体采集系统，观测连续采集气体浓度的一致性。

② 压力与流量调节器要求　如待采集气体压力远高于大气压时，应通过减压阀、流量调节器调节至安全压力及流量，方可进行采集。选择调节设备时，应根据气体物化性质，确定材料与待采集样品的兼容性，并根据气体流量、输入输出压力等确定调节设备。常用减压阀的材质一般为不锈钢或铜，应同时考虑阀体和膜片的材质。

对于易吸附组分（特别是微量浓度）和微量氧、氮、水等组分气体的采集，所选用的调节设备的死体积应尽可能小。比如，使用控制性能良好的针型微调阀，以降低置换的难度，缩短平衡时间，减少吸附和空气的干扰。

③ 气体采集管线的要求

a. 气体采集管线的材质　气体采集管线可以采用不锈钢管、碳钢管、金属软管、玻璃管、石英管、聚四氟乙烯（PTFE）管、聚乙烯管等，应避免使用黄铜、紫铜、铝等软金属。

当使用非金属气体采集管线时，除考虑其惰性程度外，还应同时考虑到管线材质对该类组分和水分的渗透性。如 PTFE 惰性极强，但对水分的渗透性很高，因此不适用于水溶性气体的采集。聚合物管线通常仅用于短的连接，如需要用于较长的连接，应有实验证明其对待采集样品无渗透、无吸附且不会造成污染。橡胶管线仅用于短的套管连接。应用于微量组分和活性组分采集的管线，应对其内表面进行钝化、涂层、抛光等处理，以减少吸附。

b. 气体采集管线的长度及内径确定　应根据需要确定气体采集管线的长度及内径。从保持流动的线性和快速吹扫角度而言，小管径更适宜。用于微量活性组分及容易与氧气、水发生反应气体的采集时，管径应尽量小，管线应尽可能短。

④ 连接件及密封件　气体采集时应选择合适材质的连接件和密封件。对于高压气体和气密性要求较高的气体采集，以及液化气体的液态采集，应选择金属材质的密封件。当进行痕量活性组分采集时，应对与气体直接接触的连接件和密封件进行特殊处理。

（2）气体采集设备的应用

① 气体采集设备的泄漏　气体采集设备的泄漏不仅会造成系统内气体的损失，还可能会使空气扩散进入采集系统（组分的分压决定扩散的方向）。例如，微量氧采集时，因为空气中的氧分压远高于样品中的氧分压，即使样品的压力很高，空气中的氧也会扩散入样品中，污染样品。应采取有效措施，防止设备泄漏。同时，还应避免气体放空处空气的反扩散，如可采用较长的放空管线。

② 气体采集设备的气密性　气体采集设备连接完成后，应对各连接处、焊接处都进行充分的气密性测试。以后的使用过程中，也应定期进行测试。应根据实际情况选用合适的检漏方法。漏液法可能检测不出极微小的泄漏，但其可方便确定泄漏较大的位置；增压或抽真空保压法和检漏仪法可检出微小的泄漏，但保压法确定泄漏位置相对烦琐；检漏仪法可确定具体的泄漏位置，且灵敏度较高。通常可将这几种方法结合使用。

对于有毒气体采集，对气密性要求很高，检漏时尽量采用抽真空保压法，若无法实现可通入惰性气体按照增压保压法进行测试。当采用检漏液法、增压保压法测试时，若需采用惰性气体增压，所选惰性气体的分子量不应比待采集样品的分子量大，且充入的气体压力应不低于待采集的样品的最高充装压力。常用的惰性气体有氮气、氦气和氩气等。

③ 气体采集设备的置换　为避免上次气体采集残留或残留空气的影响，在气体采集前，应对气体采集设备进行充分置换。气体采集置换不彻底，可能产生错误的测量结果。气体采集常用的置换方法有：连续吹扫置换法、抽真空置换法、充气排空置换法等。应根据气源不同的性状、浓度等，选择置换方法。在气体采集过程中，往往都是几种置换方法相结合。

7.2.4.2 动态体积法配气技术与应用

（1）动态体积法配气技术

动态体积法制备校准用混合气体，主要依据 ISO 6145 和 GB/T 5275 系列标准。这些标准分别规定了采用动态体积法制备校准用混合气体的校准方法，包括容积泵法、连续注射法、毛细管校准器法、临界锐孔法、热式质量流量控制器（MFC）法、扩散法、饱和法、渗透法及电化学发生法。在线分析常用的动态配气技术是动态稀释器技术。大多数动态稀释器都采用热式 MFC 技术。MFC 的制造技术成熟，多数产品具有气体种类、温度、大气压补偿功能。MFC 的流量不确定度可达 1%（k=2）。

（2）动态气体稀释器的应用

尽管 MFC 具有对气体种类进行补偿功能，但大多只针对纯气。而稀释器所稀释的标准气体并非都是纯气，高精度气体稀释装置对不同浓度的各类气体具有软件补偿功能。

腐蚀性气体如 H_2S、SO_2、HCl、HF 等，在选择流量控制元件类型时，应确定其是否适用于该类腐蚀性气体。部分 MFC 可以在短时间内用于低浓度腐蚀性气体，使用后应使用高纯氮气或零空气进行长时间吹扫，以清除 MFC 内残留的腐蚀性气体。有的瓶装标气含细颗粒物或黏性液体，应在稀释器前加装过滤器去除细颗粒物或黏性液体，确保稀释装置性能。

（3）动态气体发生技术的应用

动态气体发生技术以扩散法和渗透法为主，两者工作原理类似，不同之处在于前者采用扩散管，后者采用渗透管。渗透管的原理参见图 7-2-15，扩散管的原理参见图 7-2-16。

采用扩散管的气体发生装置，产生气体的浓度值可达 1000μmol/mol 或更高；采用渗透管的气体发生装置，产生气体的浓度值可达 1nmol/mol 或更低。选购装置时应考察其恒温元件的温度稳定性、扩散率和渗透率不确定度以及流量不确定度等指标；使用时应充分预热恒温，确保扩散率和渗透率稳定。

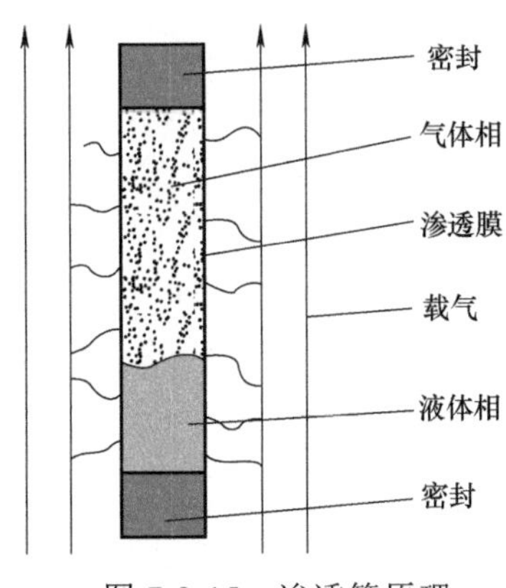

图 7-2-15　渗透管原理

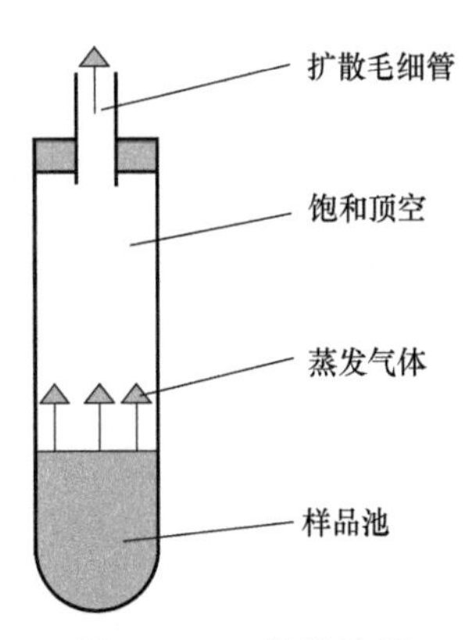

图 7-2-16　扩散管原理

7.2.4.3　动态气体配制技术的发展

高精度流量控制技术已广泛用于动态气体配置装置中，国内外有许多专业厂商生产高精度稀释配气仪。例如，基于MFC的流量不确定度为0.5%（k=2）的稀释装置，基于高精度层流流量技术的流量不确定度为0.2%（k=2）的稀释装置。新型的高精度动态稀释装置和动态气体发生装置也具有RS-232、RS-485等通信接口。另外，动态稀释装置和动态气体发生装置，应注意配置的标准气体的湿度对校准的影响。目前，绝大多数仪器均采用干气进行校准，这与仪器的使用状态是不一致的。事实上，电化学传感器和部分半导体传感器性能均受湿度影响。因此，必要时可对稀释装置的标准气体进行加湿。

动态体积法制备校准用混合气体，已经成为国际国内通行方法。采用动态气体稀释装置能够获得满足校准要求的低浓度气体，采用动态气体发生装置能够产生常温常压下非稳态或呈非气态的气体，便于开展校准。动态气体稀释技术和动态气体发生技术正在快速发展。

（本章编写：徐州旭海光电　陈亮、陈波、吴应发；朱卫东；深圳唯锐　张观凤；中国测试技术研究院　潘义、郑力文、周鑫、王维康；大连大特气体　曲庆、张斌、李福芬）

第3篇

在线水质分析仪器

第 8 章 在线水质分析仪器监测技术

8.1 在线水质分析仪器监测技术概述

8.1.1 在线水质分析监测技术简介与分类

在线水质分析仪器是在线分析仪器的重要组成部分，可在无需人工介入情况下，实现从水样采集到水质指标数据输出的快速分析。许多结构较为复杂的在线水质分析仪器都具有自动诊断、自动校准、自动清洗、故障报警等功能，以保证分析结果的可靠性和仪器长时间无故障运行。

在线水质分析仪器监测技术是涉及现代分析化学、物理学、生物学、电子与信息技术、材料科学、系统控制学、数据处理及智能化等现代科学的跨学科技术。在线水质分析仪器大多具有原位、实时、自动化分析等特点，在水环境监测、饮用水安全保障、工业过程用水、污水处理及科学研究等领域都已经得到了普遍应用。

在线水质分析主要用于表征水的各种不同物理、化学、生物学特性的参数，是指水中除水分子之外的其他物质（杂质）的浓度，或者由杂质所引起的水的物理、化学、生物学特性的综合变化。水质在线分析仪器监测技术是通过物理、化学、生物学等方法来测定水中杂质的组成、相对含量或者水的某种物理、化学、生物特性及其变化。

在线水质分析仪器主要基于在线电化学分析、光学分析、色谱分析等技术原理进行分析。在线水质分析常用的技术方法主要有流动注射法及顺序注射法等。流动注射法是在连续流动分析（CFA）技术基础上发展的一种新技术，顺序注射法是从流动注射法发展而来的。二者已经在水质分析的微定量及快速、自动分析方面得到广泛应用。

对在线水质分析仪器，可以按照测量方法原理、仪器结构形式、应用目的、应用对象进行分类。

（1）按照测量方法原理分类

根据测量方法原理的不同，在线水质分析仪器主要分为：电化学水质分析仪、光学式水质分析仪，以及采用色谱分析和其他分析方法的水质在线分析仪。传统的在线水质分析仪器主要采用电化学和光学分析原理。

（2）按照仪器结构形式分类

根据仪器的结构和构成形式的不同，在线水质分析仪器可以分成两类：在线分析传感器和比较复杂的自动化分析设备或者装置。

按照国际标准化组织（ISO）标准 ISO15839《水质-在线传感器/分析设备的规范及性能检验》的定义："在线分析传感器/设备（on-line sensor/analyzing equipment）是一种自动测量设备，可以连续（或以给定频率）输出与溶液中测量到的一种或多种被测物的数值成比例的信号。"在这两类在线水质分析仪器中，不同结构和形式的仪器，所适用的样品工况条件是不同的，应根据使用技术要求进行选择。

不同水质分析仪器的安装方式有不同的要求，目前，主要有四种方式，分别是：流通式、浸入式（又称沉入式）、管道插入式及抽取式。其中，流通式、浸入式以及管道插入式，主要适用于在线水质分析传感器类；而比较复杂的自动化水质分析设备，大多采取抽取式安装方式，需要采取必要的附属取样装置以满足自动化水质分析仪器要求。

水质测量对象不同，其安装方式也不同。如锅炉水、蒸汽、电子工业用纯水等洁净度较高的水样，由于待测的水质参数往往浓度较低，通常采用流通式或抽取式，以保证水样在密闭隔绝空气的条件下进行测量。同时，所有水样管路必须采用不锈钢等惰性材料，以免空气中的微量污染物质或者管路材料对水样带来污染，影响测量准确度。

在工业过程分析及控制领域，工况条件允许的情况下，要尽可能采取管道插入式安装，目的是快速获得测量数据，同时避免待测样品的外排，减少浪费和对环境的污染；而地表水、污水等水样的测量，在线传感器普遍采取浸入式安装方式，以更快获得水质数据。

（3）按照仪器应用目的分类

按照仪器的应用目的，在线水质分析仪器主要分为监测型和过程型在线分析仪器两类产品。监测型分析仪器对测量数据的准确度要求较高，数据可以作为有关部门进行执法管理的依据，对检测原理和方法的限制较多，多数要求成熟技术。过程型分析仪器对仪器的可靠性和稳定性要求较高，要求仪器能够及时可靠地反映水质变化的趋势，以便为水处理过程控制提供依据；过程型分析仪器对仪器的响应时间要求较高，对仪器的检测方法和原理限制少，允许更多采用新原理、新方法的在线分析仪器应用。

（4）按照仪器应用对象分类

在线水质分析的对象很多，但可以归为几大类，如水质多参数分析［pH、氧化还原电位（ORP）、溶解氧、浊度、电导率］，有机污染物分析（COD、BOD、TOC 等），营养盐分析（氨氮、总氮、总磷等），无机离子分析（水质重金属等）及生物毒性检测等。在线水质分析仪器产品大多按照应用对象命名。

8.1.2 监测型在线水质分析仪器的典型应用

监测型在线水质分析仪器主要用于单纯的水质监测，获取水质参数数据，以判断水质是否达到法规的要求，以及用于环境水质(地表水、地下水、海水等)和饮用水水质安全的预警性监测，不参与水处理工艺过程控制。要求监测的水质参数主要是环保法规或者水质标准规定的主要污染物指标，对应用技术的需求主要是水样预处理技术以及仪器系统集成技术等。

监测型在线水质分析仪器的典型应用主要有：

（1）工业废水及市政污水的污染物自动监测

工业企业废水及市政污水排放的污染物自动监测的主要参数有: COD、氨氮、pH 值、总磷、总氮、重金属(镍、六价铬、总汞、铅、镉、铜等)等。通过水质污染物排放的自动监测及污水处理过程的污染物的监测，可以防止和及时发现废水超标排放，为环保监察部门实时了解企业水污染物排放情况提供依据。

（2）地表水水质自动监测

江、河、湖、库等重要断面以及水源地的水质自动监测的主要参数有：常规5参数（溶解氧、水温、电导率、浊度、pH值）、氨氮、高锰酸盐指数（COD_{Mn}）、总磷、总氮等，湖泊和水库的叶绿素a及蓝绿藻指标。水源地监测涉及饮用水安全，会增加生物毒性、大肠杆菌、氟离子等水质指标，以及具有行业性/地域性特征水质污染指标在线监测。

地表水自动监测水质分析仪器的安装和应用，为全面了解环境水质状况，对可能的水质恶化和突发性水质污染提供预警，以及为水环境和水资源管理部门生态调水及合理使用水资源提供数据支持。

（3）饮用水及二次供水的水质自动监测

饮用水及二次供水的水质自动监测参数，主要有浊度、余氯、pH值、电导率、温度、色度等。饮用水水质在线监测对可能发生的水质超标事件进行预警，防止不合格的自来水进入居民家庭。另外，自来水水厂生产过程的水质监测，特别是出厂的水质监测指标，以及大量管网的水质监测数据，对于自来水厂优化水处理工艺以及管网输水调度决策具有十分重要的意义，直接关系到保障人民的生活饮水质量。

（4）海水监测

海水监测的常规指标是温度、盐度、深度（简称温盐深，英文缩写 CTD），另外还会根据需要增加溶解氧、叶绿素 a、浊度、硝态氮、有色可溶性有机物（CDOM）等综合反映海水质量状况的水质指标。

8.1.3 过程型在线水质分析仪器的典型应用

过程型在线水质分析仪器被广泛应用于以火力发电厂、核电厂、石油化工企业、冶金企业、造纸企业等为代表的传统流程工业企业，以及半导体厂、生物制药厂等新兴工业企业中，为工业水处理过程控制以及锅炉水、蒸汽、电子级超纯水等各类生产用水的品质检测提供了实时可靠的水质数据和水处理过程控制依据。

以石油化工行业为例。作为传统的流程工业企业，石油化工厂有着用水量大、不同用水工艺水质需求差异显著、涉及生产装置多的特点，几乎涵盖了从原水、软化水、高纯水、蒸汽，到废水处理及回用的所有类型的水质特点、水处理技术和工艺，有着最全面和最具有代表性的水质在线分析仪器应用场景。

（1）石化企业的过程型在线水质分析仪器应用举例

不同用水点使用的分析仪器列举如下：

① 新鲜水净化处理：浊度分析仪、pH分析仪、余氯分析仪。

② 软化水及脱盐水处理：硬度分析仪、电导率分析仪、pH 分析仪、二氧化硅（SiO_2）分析仪、钠离子分析仪、淤泥密度指数（SDI）分析仪等。

③ 锅炉水及蒸汽质量监测：二氧化硅（SiO_2）分析仪、钠离子分析仪、微量溶解氧分析仪、磷酸根分析仪、电导率分析仪、pH分析仪。

④ 循环冷却水：总磷/磷酸盐分析仪、pH分析仪、浊度分析仪、电导分析仪、余氯分析仪、总有机碳（TOC）分析仪、在线荧光示踪监测仪、水中油分析仪等。

⑤ 凝结水回用：总有机碳（TOC）分析仪、电导率分析仪等。

⑥ 工业废水处理及回用：溶解氧分析仪、pH/ORP分析仪、悬浮物分析仪、COD分析仪、

氨氮分析仪、水中油分析仪等。

⑦ 厂区雨水监测及排放管理：总有机碳（TOC）分析仪、悬浮物（SS）分析仪、水中油分析仪、水面油膜监测仪等。如果仪器实时监测到雨水的水质指标超过排放标准或者有油品泄漏，就会自动关闭雨水排放口，将超标雨水排入废水处理单元或者事故池储存，以免造成对环境水体的污染，或者对废水处理单元的冲击。

（2）其他行业的过程型在线水质分析仪器应用举例

① 在自来水厂，各种量程的在线浊度分析仪、余氯/总氯分析仪、pH 分析仪、碱度分析仪、游动电流分析仪等都有着广泛的应用，参与水厂的自动加药、加氯消毒等工艺的过程控制。这些在线水质分析仪器的应用，极大地提高了自来水厂的自动化运行水平，保证了自来水出厂水质的安全可靠。

② 在市政污水处理厂，以溶解氧分析仪、污泥浓度分析仪、pH/ORP 分析仪、硝氮分析仪、氨氮分析仪为代表的在线水质分析仪器已经获得广泛应用，为污水厂稳定运行、节能降耗和达标排放提供了可靠的支持。由于用于水处理过程控制，仪器安装的数量较大，这类分析仪器通常以安装维护方便、单价较低的水质传感器形式出现。

8.2　在线水质分析仪器及新技术发展

8.2.1　电化学法在线水质分析仪器

8.2.1.1　概述

电分析化学（electroanalytical chemistry）法，简称电化学法，是建立于物质在溶液中电化学性质基础上的一类分析方法，是仪器分析方法中的一个重要分支，也是在线水质分析仪最常用的分析技术。

电化学法在线水质分析仪，既有较为简单的传感器形式的各种 pH/ORP 分析仪、电导率分析仪（也包括采用电导法原理测量的酸碱盐浓度计，如电导法硫酸浓度计）、极谱法的溶解氧分析仪、余氯分析仪，以及离子选择电极法的氨氮、氯离子、硝酸盐氮、氟离子、亚硝酸盐氮分析仪等；也有结构较复杂的自动分析设备，如基于伏安法的各种重金属分析仪，采用电位滴定法的 COD 分析仪，高锰酸盐指数分析仪，电导分析法的纯水 TOC 分析仪等。

电分析化学测量系统是一个由电解质溶液和电极构成的化学电池，通过测量电池的电位、电流、电导等物理量，实现对待测物质的分析。根据测定参数不同，水质在线分析常用电分析化学法主要分为：电位分析法、伏安分析法、极谱分析法、电导分析法及库仑分析法等。

8.2.1.2　电位分析法在线水质分析仪

在电化学法原理的在线水质分析仪器中，采用电位分析法的在线水质分析仪器是应用范围最为广泛的一类仪器。其中最为普遍的是在线 pH 分析仪和基于离子选择电极法的多种在线离子分析仪，例如分析氟离子、钠离子、氨氮、硝酸盐氮、亚硝酸盐氮、氰化物、氯离子以及各种金属离子等的分析仪。

目前，常用的电位法在线水质分析仪器的测量参数及其应用，参见表 8-2-1。

表 8-2-1 常用的电位法在线水质分析仪器的测量参数及其应用

水质参数	英文缩写或化学式	主要应用范围
pH	pH	水、蒸汽及其他液体
氧化还原电位	ORP	水
氟离子	F^-	工业废水、地下水、饮用水
氯离子	Cl^-	锅炉水、海水
钠离子	Na^+	锅炉水、蒸汽
铵离子（氨氮）	$NH_4^+(NH_3\text{-}N)$	地表水、生活污水
硝酸根离子（硝酸盐氮）	$NO_3^-(NO_3\text{-}N)$	地下水、生活污水
亚硝酸根离子（亚硝酸盐氮）	$NO_2^-(NO_2\text{-}N)$	地下水、生活污水
钙离子	Ca^{2+}	软化水
高锰酸盐指数①	—	地表水、地下水、饮用水

① 高锰酸盐指数也有采用光谱法测量的仪器。

8.2.1.3 伏安法和极谱法在线水质分析仪

伏安法和极谱法也是非常重要的在线水质分析仪器的分析方法。其原理是基于电解：由于待测物质的量和电解过程中的电流强度或者电位差变化有直接的数学关系，通过测定电解过程中得到的电流-电压（或电位-时间）曲线就能确定溶液中待测物质的浓度。不同于其他分析法，这种方法不需要建立待测物质标准物浓度的相关性曲线，属于直接测量法。

和电位分析法不同，伏安法和极谱法使用的是一个极化电极和一个去极化电极。伏安法与极谱法的区别在于极化电极的不同。采用表面静止的液体或固体电极的方法称为伏安法；采用滴汞电极或其表面能够周期性更新或更换液体电极的方法称为极谱法。

基于伏安法的在线水质分析仪器常常用于检测水中的微量或者痕量重金属浓度，其优点是检出限低，可以测量出浓度低至 ng/L 级的物质；还可以同时测量同一水样的多种不同重金属，目前应用最多的是测量地表水或者地下水等洁净程度相对较高的水体中的铅、砷、汞、镉、铜等重金属离子，主要作为监测型仪器应用于水环境监测。

采用极谱法的在线水质分析仪器中，使用较多的有溶解氧分析仪，以及余氯、二氧化氯、臭氧等消毒剂浓度分析仪。消毒剂浓度分析仪常常用于饮用水、循环冷却水、市政污水以及再生水的消毒过程控制及水质安全评估。溶解氧是水质评估的一个重要参数，广泛应用于超纯水、锅炉水、蒸汽、地表水、地下水、海水、污水处理、黑臭水体评估以及水产养殖的充氧控制等方面。不同水样中溶解氧浓度的变化范围很广，可以从每升水几微克（高纯水、蒸汽的微量溶解氧）到几毫克（地表水等的常量溶解氧）乃至几十毫克（纯氧曝气工艺），采用极谱法原理的溶解氧分析仪通过电极材料、电极结构等优化，能满足不同水质条件下的测量要求。

8.2.1.4 电导分析法在线水质分析仪

（1）电导分析法的应用

电导分析法在水质监测和工业过程控制中的应用也非常普遍，该方法是基于电解质在溶液中离解为阴阳离子，溶液的导电能力和离子的有效浓度成正比的原理。水溶液的电导率值常用来评估被测水样的纯净程度，电导率越低的水，就表示水的纯净度越高。

此外，由于溶液的电导率大小与待测的电解质浓度有关，通过测量电导率可得到相应电解质浓度。用于酸碱盐浓度测量时，又称为酸碱盐浓度计。由于水的电导率和另外两个重要的水质参数——总溶解固体（TDS）和盐度有着很强的数学相关性，在线TDS分析仪和在线盐度计也通常是基于电导分析法设计制造的。

用于监测纯水中总有机碳（TOC）的在线TOC分析仪也常常采用电导分析法，其原理是：将水中的有机物氧化为二氧化碳，二氧化碳溶解于水中形成碳酸，水的电导率变化和碳酸浓度成比例关系，这样，测量出电导率的变化值，就能确定二氧化碳的量，从而计算出水中总有机碳的浓度。

（2）接触式与非接触式电导率分析仪

电导率分析仪根据电极结构不同分为电极式（接触式）和电磁感应式（非接触式）两种。

接触式电导率仪的电极与溶液直接接触，容易受到污染或者发生腐蚀、极化等问题，适用于低电导率（一般小于10mS/cm）的样品，如锅炉水、蒸汽、除盐水等。接触式电导率的测量范围和测量准确度由电极常数决定。

电极常数 K 等于电极间离子运动路径的平均长度（L）与电极表面积（A）之比（$K=L/A$）。常用电极常数有：0.01cm^{-1}、0.05cm^{-1}、0.1cm^{-1}、1cm^{-1}等。测量低电导率溶液时，选择较低电极常数的电极；超纯水一般选择0.01cm^{-1}。

非接触式电导率分析仪的传感器结构如图8-2-1所示。电磁感应部分采用耐腐蚀材料（如聚四氟乙烯等）与溶液隔离，没有极化的问题，也不会受到污染，不会发生腐蚀，适用于电导率较高的样品，如酸、碱、盐溶液或者污水等。传感器由两个外部包有耐腐蚀绝缘材料的环形感应线圈组成。电磁感应测量原理如图8-2-2所示。

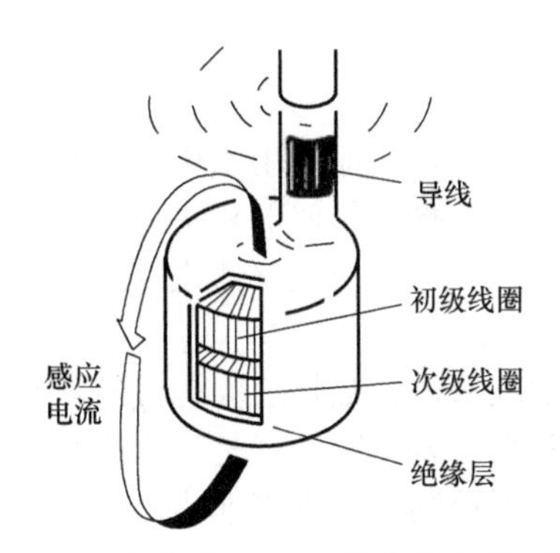

图8-2-1　非接触式电导率分析仪传感器结构

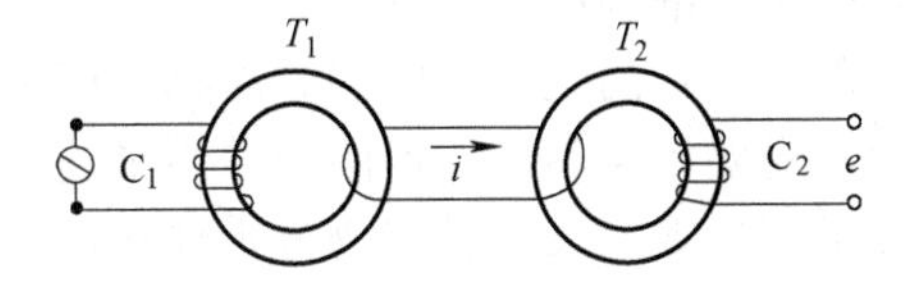

图8-2-2　电磁感应测量原理示意

测量时，传感器浸入待测溶液中。给主线圈 C_1 通入交流电流，则产生相应的交变磁场，根据电磁感应原理，此交变磁场使溶液中产生感应电流 i，在传感器中形成一个电流环。电流环的电流值与溶液电导率成比例关系。同时，此电流环又使副线圈中生成交变磁场，从而使与溶液电流 i 成比例的电压 e 在副线圈 C_2 处形成。这样，电压 e 和溶液电流 i 相关，电流 i 和溶液电导率相关，即电压 e 与溶液电导率有一定比例关系，因此溶液的电导率可通过测量电压 e 得到。这就是非接触式电导率分析仪的工作原理。用于测量酸碱盐浓度时，仪器内置的微处理器根据各种酸碱盐浓度对电导率的相关曲线，将传感器的测量值换算输出为质量分数。

由于安装方便，响应速度快，运行成本低等优点，基于电导分析法原理的酸碱盐浓度在线分析仪在无机化工、石油化工、有色冶金等流程工业中得到了非常普遍的应用。

8.2.2 光学法在线水质分析仪器

8.2.2.1 概述

光学分析法可以分为光谱法和非光谱法两大类。光谱法是以物质发射或吸收电磁辐射以及物质与电磁辐射相互作用(发光、吸收、散射、光电子发射等)来对待测样品进行分析的方法。非光谱分析法是基于物质引起辐射的方向或物理性质的改变，检测被测物质的某种物理光学性质，进行定性、定量分析的方法。非光谱分析法不考虑物质内部能量的变化，包括了折射法、散射光法以及反射光法等。

（1）在线浊度分析仪

在线浊度分析技术是非光谱分析法在水质在线分析应用方面最有价值的技术。浊度（单位为NTU，散射光浊度单位）是水质净化处理最重要的关键性工艺参数，既可反应水中悬浮物的浓度，同时又是人的感官对水质最直接的评价。世界各国的饮用水标准都把浊度作为必测指标。如美国饮用水水质标准中，把浊度和厌氧菌总数、大肠杆菌数、军团菌数、病毒数等微生物指标归属于微生物指标系列中。

浊度的测量原理是利用光的散射原理。当光束接触到水中的悬浮物颗粒表面时，将会散射和吸收通过水样的光线，散射光与入射光成 90°直角时，散射光强度与浊度的大小呈线性关系。通过检测器测量散射光强度，同标准比较，就能获得水样的浊度值。

目前，国内市场上已经有了数十种不同结构、不同量程、不同测试精度、不同安装方式的在线浊度分析仪器产品，可以满足从洁净度极高的膜过滤水到高污染、高悬浮物水样浊度的实时监测要求。

（2）在线悬浮物分析仪

在线悬浮物分析仪也普遍采用基于浊度的散射光测量原理，即利用水中悬浮物含量（单位为 mg/L）和散射光强度变化（浊度，单位为 NTU）两个物理量间的相关性。通过取一定体积水样，经过滤、烘干后称重的方法，获得的悬浮物浓度，对在线仪器进行比对校正，可以获得相对准确的悬浮物监测数据。

需要注意的是：浊度和悬浮物浓度是两个不同的物理量，其数据之间也没有严格的换算关系，需要根据具体仪器的校准结果确定两者之间的关系。悬浮物浓度是污水生物处理法的重要工艺参数，在线悬浮物分析仪在污水处理，工业过程控制方面有着非常广泛的应用，

（3）基于折射法的在线水质分析仪

此类仪器利用了光的折射现象，在一定条件下，光折射率与溶液中待测介质的不同浓度具有高度的数学相关性，通过测量光经过待测水样以后折射率的变化，就能计算出待测物质的浓度数值。

目前，在线折射率仪在食品、尿素以及水基润滑油生产等行业都得到了越来越多的应用。

（4）光谱分析法在线水质分析仪

光谱分析法是利用物质的光谱特征进行定性、定量及结构分析的方法。光谱分析法在水质在线分析中的应用可分为：发光光谱法（包括分子荧光分析法、X 射线荧光分析法等）、吸收光谱法（包括原子吸收光谱法、紫外可见分光光度法、红外分光光度法等）、散射光谱法（如拉曼散射光谱法）等。

8.2.2.2 吸收光谱法在线水质分析仪

传统的在线水质分析仪器中，采用分子吸收光谱法的仪器非常多。水质在线分析的吸

收光谱法仪器，其理论基础是朗伯-比尔定律。在水质分析的测量应用中，公式中的吸收层厚度 L，是指水质分析测量池的溶液吸收的光程长。

目前，水环境保护以及工业过程用水中的许多重要水质参数，都采用分子吸收光谱分析法的水质在线分析仪器进行监测。监测型在线水质分析仪器，为了保证和实验室标准分析方法的结果保持一致性，大多首选分子吸收光谱法。

目前采用分子吸收光谱法的在线水质分析仪器的测量参数及应用参见表 8-2-2。

表 8-2-2　采用分子吸收光谱法的在线水质分析仪器的测量参数及应用

水质参数	英文缩写或化学式	主要应用范围
二氧化硅	SiO_2	锅炉水、蒸汽、超纯水
余氯、总氯	—	自来水、冷却循环水
磷酸根	PO_4^{3-}	锅炉水、污水、蒸汽
总磷	TP	地表水、污水处理、工业废水
氨氮	$NH_4^+(NH_3\text{-}N)$	地表水、污水、工业废水
硝酸盐氮	$NO_3\text{-}N$	地表水、地下水、海水、污水处理
亚硝酸盐氮	$NO_2\text{-}N$	地表水、地下水、污水处理
总氮	TN	地表水、污水处理、工业废水
化学需氧量	COD	地表水、工业及市政污水排放
总有机碳①	TOC	高纯水、制药用水、过程用水、污水
254nm 吸光度	UV254	地表水、污水排放、消毒效率监控
高锰酸盐指数	—	地表水、地下水、饮用水
总镍	Ni	工业废水
总银	Ag	工业废水
总铜、铜离子	Cu、Cu^{2+}	地表水、工业废水
总铬	Cr	工业废水
六价铬	Cr^{6+}	工业废水
总锌、锌离子	Zn、Zn^{2+}	工业废水
硬度	—	软化水
碱度	—	污水处理、饮用水处理

① 在线分析仪测量总有机碳时，是将水中的含碳有机物经过氧化（高温燃烧、紫外、紫外/催化氧化、自由基氧化等）转变为二氧化碳，通过非分散红外（NDIR）检测器检测，测量二氧化碳的浓度，与标准曲线比较，得到含碳有机物的总浓度。

采用传统分子吸收光谱法的在线水质分析仪器，除测量 UV254 的仪器外，要完成测量都需要用到大量的化学试剂。随着绿色分析理念的大力推广，在线水质分析仪器在从设计上应减少使用和产生有毒化学品、降低仪器能耗和分析用水量。以总磷、总氮分析仪为例，在保证测量准确度和响应时间的前提下，最新的仪器的试剂用量可以减少为传统仪器的 1/6。

随着在绿色分析理念及化学计量学在水质分析仪器成功应用，开发了一种新的全光谱扫描在线多参数水质分析仪。仪器采用从 190～900nm 的连续波长测量，获取大量的水样吸收光谱或透光率数据，经过化学计量学方法处理后，可一次性得到硝酸盐、亚硝酸盐、总有机碳、UV254 等十几种不同的水质参数数据，在水环境监测领域发挥了很大的作用。

8.2.2.3 发光光谱法在线水质分析仪

采用发光光谱法的在线水质分析仪器，最具代表性的产品有：基于荧光法原理的荧光化学法溶解氧分析仪、荧光法水中叶绿素分析仪、紫外荧光法水中油（多环芳烃）分析仪等。

荧光化学法在线溶解氧分析仪，其测量原理是利用了氧的荧光猝灭作用。氧分子是一种荧光猝灭剂，会与荧光物质作用产生荧光猝灭现象，是一种动态猝灭过程。其作用机理是：氧分子与处于激发态的荧光物质发生碰撞，激发态的荧光物质将能量转移给氧分子后回到基态，从而造成荧光强度下降；发生碰撞后氧分子就会脱离荧光物质，不会引起荧光分子发生化学变化，这样不会消耗溶解氧探头涂布的荧光物质，实现长时间连续运行。荧光动态猝灭过程符合 Stern-Volmer 方程，溶解氧浓度与荧光强度和荧光淬灭时间都有数学相关性，通过测量荧光强度或者荧光淬灭时间，经过计算就能够得到溶解氧浓度数据。荧光法溶解氧分析仪克服了传统电化学原理电极容易受污染、需要待测水样保持流速等问题，在污水处理过程控制以及水环境自动监测领域得到了成功的应用。

紫外荧光多环芳烃（PAH）在线分析仪，其测量原理是利用了多环芳烃的紫外荧光作用。水中的芳香族碳氢化合物在紫外光作用下会发出荧光，每种化合物的荧光波长范围是特定的，通过测量这种波长下荧光的强度，可以确定碳氢化合物的浓度。由于石油、煤制油等矿物油中都含有芳香族化合物，这种仪器也被用来实时监测水中油含量。此类仪器具有维护量小、灵敏度高等优点，除了在工业废水和地表水监测获得成功应用之外，已经被国际海事组织（IMO）《废气清洗系统导则（2015）》[MEPC.259（68）决议] 列为船舶废气洗涤水排放监测必须配置的设备之一。

其他仪器方面，X 射线荧光分析法重金属分析仪器由于其操作简单、无需化学试剂等优点，也开始在水环境监测和工业废水排放等领域得以应用。

8.2.3 流动注射法在线水质分析仪器

8.2.3.1 概述

流动注射分析（flow injection analysis，FIA），是一种“非平衡态”化学分析技术，是由丹麦化学家鲁齐卡（J. Ruzicka）和汉森（E. H. Hansen）于 1974 年提出的一种连续流动分析技术。这种技术是把一定体积的试样溶液注入到一个连续流动的、无空气间隔的试剂溶液（或水）载流中，被注入的试样溶液在反应管中形成一个反应单元，并与载流中的试剂混合、反应后，再进入到流通检测器进行测定分析及记录。整个分析过程中试样溶液都在严格控制的条件下在试剂载流中分散，因此，只要待测水样和试剂的注入方法、在管道中存留时间、温度和分散过程等条件相同，不要求反应达到平衡状态就能够通过与同样条件下标准溶液所绘制的工作曲线测出试样溶液中被测物质的浓度。

流动注射分析不需要化学反应达到平衡状态就能完成测试的特点，大大提高了分析速度和效率，满足了在线分析仪器对实时快速分析的要求。同时，由于采用微型管路，流动注射分析每次所需的试样、试剂用量，有时可以低至需数十微升，既能节省试剂，降低分析成本，又减少了分析废液的产生，符合绿色分析的发展趋势。流动注射分析技术的出现和大量应用，为提高“结构比较复杂的自动化分析设备或者装置”这类在线水质分析仪器的分析速度，实现仪器快速自动完成水样采集、处理、试剂混合、最终检测，提供了可靠的技术支撑。

8.2.3.2 仪器组成

流动注射法在线水质分析仪器，主要由进样系统、载流驱动及混合反应系统、检测系统、废液排放系统、控制系统、数据处理及显示系统六部分组成。与其他在线水质分析仪器相比，流动注射法在线水质分析仪的独特之处在于它的进样系统、载流驱动及混合反应系统。

流动注射法的进样系统普遍采用注射阀或多通道阀，由于进样量相比其他方法小，要求能够准确计量注入样品的体积，并且重现性好、死体积小，材质为耐腐蚀惰性材料，目前多为聚四氟乙烯。流动注射法的载流驱动及混合反应系统，功能是驱动水样和分析试剂在仪器中流动、混合，进行反应。目前通常采用蠕动泵驱动液体流动，有些仪器也采用压力驱动的方式。水样和化学试剂的混合反应多在管径不超过 1mm 的微型聚四氟乙烯或聚乙烯塑料管中进行，可以很方便地控制液体流动时间及反应扩散。

8.2.3.3 技术应用

流动注射在线水质分析技术提高了在线水质分析的速度。特别是具有耐腐蚀性能的聚乙烯、聚四氟乙烯等材料制成的微型阀及管道系统的出现，仪器对样品以及分析试剂的耐受性大大提高，扩展了仪器对分析方法的适应性，增加了可实现自动分析的水质参数，实现了采用流动注射技术的在线水质分析仪器的小型化。

流动注射分析技术可以把吸收光谱分析法、荧光分析法、比浊法和离子选择电极分析法等诸多分析流程的样品与试剂的反应在管道流动中完成，具有需要的试剂量小、易于自动连续分析等优点，在水质在线分析仪器领域得到了非常普遍的应用，几乎被所有非传感器形式的在线水质分析仪器所采用。

目前，采用流动注射法的在线水质分析仪器中，测量原理为吸收光谱法的仪器最多，表8-2-2 中所列出的大多数水质参数都可以采用流动注射法测量。绝大多数吸收光谱法测量水质参数（如二氧化硅、磷酸根含量等），都需要添加多种化学试剂来实现样品显色，如果采用传统的稳定平衡状态比色，有些参数分析时间过长，达不到在线监测要求。

另外，采用电位法的离子选择电极法在线水质分析仪器（如氟离子分析仪、钠离子分析仪等），很多时候会碰到水质状态比较复杂、干扰离子较多的情况。这时将传感器直接放入待测水样中的方法就不能满足分析要求，需要事先在水样中添加化学试剂来屏蔽干扰物质，这时也常常采用流动注射法来自动完成水样的采集、化学试剂的添加以及混合反应，再将混合反应后的溶液输送至离子选择电极进行检测，通过这种提高仪器结构复杂性的方法来以提高分析精度及可靠性。

8.2.4 在线水质分析仪器的新技术与新应用

8.2.4.1 概述

（1）在线水质分析的技术发展

在线水质分析的技术发展主要包括新产品开发和新技术应用。新产品开发主要涉及对仪器功能、性能的创新或改进，新技术应用主要是为仪器在面对不同应用场合或不同水质条件下的应用及输出测量数据提供技术支持，目的是保证在线水质分析仪器能够长时间可靠测量，稳定输出数据并对数据进行分析处理，以得到更有价值的信息。

第一代的在线水质分析仪器大多是以在线分析传感器+显示控制器的形式出现的，仪器通常结构都比较简单，通过传感器直接与被测水样接触获得水质指标的数据。最初可以测量的水质指标，主要是一些简单的物理指标和成分指标，如水温、电导率、pH、ORP、溶解氧等。接着是浊度、悬浮物浓度等光学原理的传感器。

随着电分析化学技术的发展，氟离子、铵离子、硝酸盐等多种离子选择电极法在线水质分析传感器也开始得到应用。由于传感器和水样直接接触，无法像实验室人工分析时进行样品预处理及去除样品中干扰物质，在面对水质复杂的水样（高温、高压、含油、含硫化物、含重金属、含悬浮物、高盐度、含腐蚀性气体等各种杂质）时的适用性受到很大局限。最初的测量对象主要是地表水、饮用水、市政污水以及工业纯水等水质情况较为简单的水体。

随着样品处理系统与自动控制等技术的应用，结构比较复杂的在线水质分析仪器（如在线水质自动化分析设备）或装置开始出现。在线水分析仪器通过自动控制水质取样处理系统及装置的运行，来完成以前实验室人工分析的步骤，包括过滤、加热、加显色剂、混合、测量等，解决了传感器测量复杂水样的适用性问题。

另外，为了保证长时间连续运行的准确度，需要定时对仪器进行自动校准，以及定期人工维护。结构复杂的自动化在线水质分析仪器，大多用于检测水质成分指标（TOC、SiO_2、总磷、总氮、重金属等）和评估性水质综合指标（COD、碱度、硬度、生物毒性等），已发展为在线水质分析系统、监测平台及水质分析自动工作站。

（2）水质分析标准化的技术进展

国内外在线水质分析仪器标准化技术的进展及新标准的发布，有效促进了现代在线水质分析仪器的技术发展。

国际标准化组织（ISO）在2003年制定的标准ISO 15839：2003的《水质在线传感器/分析设备-水质规范和性能测试》，定义了在线水质分析仪器的性能特征，建立了评估及测定性能特征参数的测试程序，这个通用性标准给在线水质分析仪器的研发、生产及验收提供了依据。

我国原国家环境保护总局于2001年6月4号发布并同日实施的HBC 6—2001《环境保护产品认定技术要求 化学需氧量（COD_{Cr}）水质在线自动监测仪》行业标准，是国内第一部用于废水污染源排放自动监测的在线水质分析仪器标准，现已被生态环境部发布的HJ 377—2019《化学需氧量（COD_{Cr}）水质在线自动监测仪技术要求及检测方法》替代。进入21世纪以来，国内制定和发布了大量有关在线水质分析仪器的国家标准和行业标准，到目前为止，已陆续发布了数十部在线水质分析仪器国家和行业标准，大大促进了在线水质分析技术与应用的发展。

随着全球范围内对环境保护、水资源可持续利用以及水安全的日益重视，为满足世界各国日趋严格的环保法规要求和不断发展的水处理工业市场的需求，作为获取水质信息的源头技术，在线水质分析仪器得到了广泛的应用。国际水协会（IWA）的前身国际水污染研究协会（IAWPR）自1973年就开始组织主题为ICA［instrumentation（仪表），control（控制），automation（自动化）］的专题会议，专门推广和研究水处理领域的在线水质分析仪器及过程控制的应用。

世界卫生组织（WHO）也在其发布的《再生水饮用回用：安全饮用水生产指南》中指出：需要在再生水饮用回用系统全流程的关键控制点实施运行监测，并建议尽量采用在线监测仪器进行数据实时监测和记录。在技术进步和法规的推动下，越来越多的在线水质分析仪器被应用到环境监测、废水排放监测中，以及各种水处理工艺的过程控制中。

8.2.4.2　在线水质分析的新技术应用

随着现代科学技术的发展，特别是分析化学、材料科学、电子科学的发展，以及包括计算机技术和通信技术、自动控制技术在内的系统工程成套自动化技术的发展，再加上水质科学自身的发展与进步，从以下多个维度共同推动了在线水质分析仪器的新技术发展。

（1）仪器测量的新技术应用

① 水质分析应用的新测量技术　除了传统电化学、分子吸收光谱等方法外，现代快速发展的激光诱导击穿光谱（LIBS）、混合多光谱分析、X 射线荧光分析等新技术，已开始应用到在线水质分析当中。近年来，生物技术等新测量技术也被应用到在线水质分析仪器中。

② 水质分析“替代参数”应用技术　现代水质分析方法的发展提出了水质“替代参数”的概念，为在线水质分析仪器的开发和应用开拓了新的空间。水质替代参数是指一类特定的水质参数，可以综合反映水体的某一类别的水污染情况或水处理过程中，某些不能实现在线监测而且实验室分析也非常烦琐的水质参数的变化。对饮用水水质安全来讲，反应有机物总量及某些特定成分变化的综合性指标 UV254，是目前非常重要的水质替代参数。通过 UV254 的实时测量可获得和水中有机物污染相关的其他参数（如 COD、BOD、TOC 等）的信息。

由于能实时反映水质的变化，测量“替代参数”的在线水质分析仪器在水处理工艺过程控制中有着非常重要的价值。目前其他重要的在线水质替代参数分析仪器还有对浊度、颗粒物、SDI 等进行分析的仪器。

③ 新材料的应用技术　随着材料科学的发展，在线水质分析仪器传感器的环境适应性也得到了很大提高，表现为：高温材料的采用，使得传感器的最高工作温度范围不断提高；传感器材质采用惰性的材料，制备出了可以耐受水中硫化物、高盐、重金属、油污染的探头；可以耐受高强度核辐射的溶解氧和溶解氢探头应用于核电厂；采用钛合金材料，可长时间应用于海洋监测的传感器等。

④ 数字电路新技术　在线水质分析仪器中执行数据处理与通信功能的硬件都采用了数字电路等电子新技术。相比模拟电路，数字电路的设计要比模拟电路相对简单、自动化程度高。数字电路技术的采用和普及，使得仪器设计和批量生产的成本得以大幅下降，仪器的可靠性有了很大的提升。

⑤ 仪器设计新技术　伴随 3D 打印技术的成熟应用，在仪器设计阶段，可以快速根据设计，打印出原型机的内部结构部件、机箱等，并进行性能测试，大大提升了仪器的设计速度。同时，还可以根据待测水样的不同水质情况，实现差异化设计、制造。比如针对饮用水、海水、工业废水三种水体，即使是测量同一个水质指标，也可选用不同材质、结构和制造工艺来生产传感器，以满足不同水质条件的要求。

⑥ 控制器与通用控制器的新技术　现代在线水质分析仪器的控制器技术，普遍具有了自动运算、统计、图形显示、趋势分析等数据处理功能，且大多具有自动诊断、故障报警及智能化功能，方便仪器运行及维护人员及时发现和解决仪器的问题。

采用通用控制器技术实现了同一种型号的控制器可以与数十种传感器连接，给仪器生产企业和使用者都带来了好处。仪器制造厂家可以实现控制器的大批量生产，取得规模效益；同时降低了仪器技术服务的复杂程度，也降低了仪器生产厂家的服务成本。通用控制器在保证水处理生产企业的正常运行方面，可以减少水质分析仪器零件备件的库存压力。

通用控制器也让操作者减少了学习的时间，可以更快更熟练地掌握仪器的使用及维护，提高生产效率。同时，新型的数字化传感器可以被通用控制器自动识别，具有“即插即用”功能，极大地减轻了安装维护人员的劳动强度。

（2）物联网、大数据和人工智能的新技术应用

随着现代在线分析技术与物联网、大数据和人工智能的融合发展及进入 5G 时代，在线

水质分析仪及传感器技术已作为物联网感知层的重要组成部分。在线水质分析传感器向低功耗、低成本、低维护量以及高可靠性方向发展，针对低功耗和低成本的在线水质分析传感器的研发和制造正在成为热点。

现代在线水质分析仪的通信及数据传输技术，已经成熟应用RS232、RS485通信接口，Profibus、Modbus等现场总线技术，以及TCP/IP等网络协议，为实现水质监测数据的实时传输及水处理过程的自动控制提供了支持。

工业物联网技术的进步，可以实现对与水样直接接触的水质传感器自身寿命及运行状态进行远程实时监测，在传感器出现异常或者需要校准维护、更换时主动发出信号。对结构复杂的在线水质分析仪器，还可通过在产品硬件上增加电流等微型传感器，在测试流程中，获取过程节点的参数指标及变化曲线，智能判断拐点、斜率、峰值、积分面积等指标，转化为对应的数学模型，形成一套用于描述“仪器行为”的智能化监控系统。可通过“仪器行为”来评估在线水质分析仪器状态，以实现这种精密设备的远程管理和智能诊断，进行有针对性的预维护等操作，降低维护量及维护费用，从而进一步扩大在线水质分析仪器的应用。

（3）数据处理与新算法软件的新技术应用

随着在线水质分析仪的计算能力提升以及各种新算法的不断出现，各种新型在线水质分析仪器的分析功能及数据处理能力都得到了提高，边缘计算开始成为高性能在线水质分析仪器需要配置的功能。这使得在线水质分析仪器可以更快捷地完成分析数据的及时处理，提供更多有价值的水质数据和信息。

现在，不仅是仪器硬件和分析技术，软件和数据处理技术也已经成为在线水质分析仪器的重要组成部分。目前，高性能的在线水质分析仪器及分析系统技术，正在成为“硬件+材料+软件+算法”的组合。

8.2.4.3 在线水质分析系统集成的技术发展

在线水质分析仪器的应用已经向在线水质分析系统集成技术发展。由于不同应用现场的水质取样处理要求不同，已经发展了水质的取样处理系统技术，从单机应用发展为水质在线分析系统集成与监测监控平台的技术应用，以及数据处理和物联网技术的应用。

（1）在线水质分析的样品取样预处理技术

在线水质分析仪器在实际使用过程中，既要面对地表水、地下水、海水等各种不同形态的天然水，也要面对饮用水、软化水、高纯水、锅炉水、蒸汽以及成分非常复杂的废水等不同水质状况及功能的非天然水。为了保证在线水质分析仪器在无人值守、自动运行的前提下，在没有人工调节的情况下能长时间稳定地提供反映真实水质状况的数据，大多需要在待测样品进入仪器分析前，对水样进行预处理。

对在线分析的水质样品进行预处理时，既要考虑经过预处理的水样能够满足仪器的测试条件，又要防止在预处理过程中造成目标水质指标的浓度或者性状发生变化，影响测量的准确度和可靠性。

常用的预处理技术有针对蒸汽或高温高压水样的降温、减压装置，针对高悬浮物水样的过滤装置、破碎装置。为了保证这些装置自身能长时间无人值守自动稳定运行，有时还需要配置自动清洗和管道消毒装置。

（2）在线水质分析的系统集成及监测平台技术

在线分析仪器的系统集成是指多台在线水质分析仪器或单台多参数在线水质分析仪，集成在线水质分析系统、在线水质分析小屋与在线水质分析监控平台技术。

在线水质分析的系统集成主要由取水单元、预处理单元、辅助分析单元、分析监测单元、系统控制单元、通信单元、运行环境支持单元、远程监控中心等构成，可以实现对特定水样同时进行多参数水质的实时分析。

在线水质分析小屋与在线水质分析监控平台技术，还包括安全、防护等技术的应用。特别是用于污水处理及地表水的监测监控平台技术，通常是无人值守、自动分析监测及远程监控，涉及安全防护、防雷击、自动监测报警等技术。

在线水质分析系统集成技术在水环境监测和工业农业的许多领域都有应用，如工业蒸汽及锅炉水质监测、地表水及地下水自动监测、自来水管网及二次供水水质自动监测、城市排水及污水处理厂进排口水质自动监测、工业企业废水排放监测、园区或大型工业企业内部水务管理及水处理费用结算、油田回注水水质自动监测，以及农业面源污染水质自动监测和水产养殖用水水质自动监测等。

在线水质分析技术的样品取样分析的代表性，直接关联到分析数据的代表性和准确性。对江湖河海等地表水的水环境及园区的污染水排放的取样检测，已经发展到采用无人机定点取样分析，以及无人采样分析平台或无人采样船等技术。

（3）在线分析仪器的数据处理与物联网等技术

传统的在线水质分析仪器涉及的数据处理及分析技术，主要是水质数据汇总、展示、超标报警，或者通过设置某些水质指标的阈值（如溶解氧等）对水处理工艺过程进行“机械”方式的控制。现代在线水质分析仪器已经实现连续提供特定水域或者特定水处理工艺过程产生的大量水质数据，并对这些数据进行聚类、分析、深度挖掘以获得更多有价值的信息，成为水质在线分析智能化应用的热点。

现代在线水质分析技术随着工业物联网技术的应用，可通过在集成系统中增加温度、流量、压力、图像，乃至生物量等传感器，在测试流程中，获取系统运行过程的参数指标及变化曲线，转化为相应的数学模型，形成用于描述集成系统运行状态的监控系统，对系统运行进行综合评估，以实现在线水质分析仪器集成系统的远程管理和诊断，进行有针对性的预维护等手段，降低维护量及维护费用，从而进一步保证在线水质分析仪器集成系统长时间稳定运行以及测量数据的可靠性。

特别是随着大数据、云计算、人工智能技术的快速发展，水质监测领域内各种新算法及新的水质模型也不断出现，基于在线水质分析仪器获得的大量水质数据，通过模型建立、机器学习等手段，帮助在线水质分析仪器从简单地提供水质数据向更有价值的水质综合信息提供和水处理智能控制设备转变，发展成具有反应和预测水质综合变化，对突发性水污染事件进行预警、自动判断污染类型、识别污染物种类，对污染物来源进行溯源追踪等诸多功能的智能化系统核心设备。

对于过程型在线水质分析仪器而言，已经通过算法和大量数据建立起水处理工艺专家模型，将以往水处理工艺专家个人经验与智慧与在线分析水质仪器的实时数据结合起来，基于先进的数学模型和智能控制理论，形成水处理过程优化控制策略，实现水处理智能化实时控制，以实现能耗降低和节约水处理药剂。这类技术已经在市政污水处理领域得到了大量应用。

8.2.4.4　现代在线水质分析仪器的热点技术

（1）在线色谱技术用于水质分析

离线分析技术向在线分析技术发展是在线水质分析仪器新产品、新技术创新的突破点，将以前只能用于实验室测量的仪器、方法和原理，通过新材料、新结构、自动控制及算法等技术用于在线水质分析。

为了满足对水中多种微量污染物的实时监测，在线色谱技术应用于在线水质分析的仪器开始出现。如采用在线离子色谱监测系统，可监测水中高氯酸盐和氯酸盐、饮用水中的溴酸盐（臭氧消毒副产物）。另外，在线气相色谱仪用于监测水中 VOCs，也取得了成功的应用。

（2）生物技术应用于在线水质分析

生物技术用于在线水质分析监测，使得在水质分析领域出现了越来越多基于生物技术原理的在线水质分析仪器新产品。生物技术一般通过以下两种方式应用于水质分析领域：一种是以生物材料（鱼类、细菌、藻类、病毒等）、生物体内的特征物质（核酸等）或代谢产物（如酶、吲哚等）为工具进行间接测量；另一种是通过直接测量其对待测水样的反应来获取有关水质指标的数据。如各种生物传感器、发光细菌法在线生物毒性仪，微生物燃料电池在线监测生化需氧量和毒性，以及核酸酶重金属特异性反应应用于在线监测重金属。

① 间接测量

a．发光细菌法测量生物毒性分析技术　该分析技术在国际标准化组织（ISO）和我国都有实验室测量的标准方法，标准代号分别是 ISO11348-3:2007 及 GB/T 15441—1995。

某些自体发光的细菌，如明亮发光杆菌、青海弧菌、费氏弧菌等，在遇到毒性物质时会死亡造成发光强度减弱，其相对发光度与水样毒性组分浓度呈显著负相关（$P \leqslant 0.05$）。因此可以通过以一定量的发光细菌作为测试试剂，测量其在特定水体的相对发光度，以此表征水样的毒性水平。现有的发光细菌法在线生物毒性分析仪，就是把上述实验室分析方法及步骤通过自动控制，完成从水样采集、输送、试剂添加到结果计算的全过程自动分析，从而实现对待测水样综合生物毒性的实时在线监测。

b．核酸重金属特异性反应原理分析技术　采用核酸重金属特异性反应原理的在线重金属分析仪，是一种真正采用生物技术的新产品。其测量原理是：通过体外选择获得在特定的金属污染物存在下催化裂解反应的最佳 DNA 序列，该序列与对应的金属污染物具有特异性反应。预制化的商品试剂在序列中添加了荧光团和猝灭剂两种有机小分子。荧光团可发出荧光；猝灭剂以热的形式消散荧光，并通过 DNA 碱基配对（互补酶和底物 DNA）将荧光团和猝灭剂置于相近的位置，使荧光猝灭。正常情况下试剂不发出荧光。在仪器进行实际测量时，由于待测水样中目标金属离子使得特异性 DNA 酶裂解，使得荧光团和猝灭剂分离，随即出现荧光信号。荧光信号强度通过荧光检测器测量，并通过特定算法计算出待测重金属离子的浓度。该类仪器检测灵敏度可达到 10^{-9} 级，已经成功应用于废水中铅、铀等重金属在线检测。

② 直接测量

生物技术还有一种运用方式是直接测量待测水样中的生物组成和数量，如直接测量藻类浓度或者微生物含量等，如藻类在线分析仪、在线大肠杆菌分析仪、碱性磷酸酶（ALP）法细菌总数分析仪、腺苷三磷酸（ATP）在线分析仪、流式细胞术在线细菌分析仪等。

a．藻类在线分析技术　是利用以叶绿素为代表的光合色素在激发光下会发出荧光，荧光的强度和藻类中叶绿素的含量相关，进而和水中藻类总量相关的技术。同一门类藻类中的光合色素对特定波长激发光具有相近的相应荧光光谱，不同门类藻类的荧光光谱之间具有较显著差异。根据藻类各自的特征光谱及其强度，可对藻类分类，及对不同门类藻的浓度进行定量检测。

b．在线大肠杆菌分析技术　目前有两种方式。一种是酶底物法，原理是利用水中大肠杆菌经过培养在代谢过程中产生的β-葡糖醛酸酶，分解培养基中的特定底物，产生荧光，荧光强度和大肠杆菌的含量有数学相关性，通过测量荧光强度就能够计算出大肠杆菌浓度。另一种是酶活力直接测量法，通过建立酶活力的标准曲线，直接测量水中β-葡糖醛酸酶的活力，酶活力的大小与大肠杆菌的含量高度相关，进而得到水中大肠杆菌的浓度。由于酶活力直接测量法不需要对水样进行培养，分析速度快，可以在15min内完成一次测量，可用于水处理过程控制。而酶底物法的测量时间，通常需要4～18h。

c．碱性磷酸酶（ALP）法细菌总数分析仪技术　是利用细菌碱性磷酸酶活力与细菌总数的相关性，通过直接测量待测水样中的碱性磷酸酶活力，获得水中细菌总数的相对数据，并通过和实验室方法的测量结果进行比对校准，实现对特定水样细菌总数的实时监测。

d．流式细胞术（FCM）在线细菌分析仪技术　是将实验室流式细胞仪用于水质在线的分析技术。仪器通过检测多种散射光和荧光信号，实现在细胞分子水平上对待测对象（细胞、RNA、DNA、蛋白质等）的物理和生物学特征的快速检测，在高级算法和运算能力的支持下，对这些复杂和数量众多的信号加以定量处理。目前流式细胞术在线细菌分析仪，可以测量水中细菌总数，并能对活细菌和死细菌进行区分，获得大量有价值的水中微生物信息。

（3）新型光谱分析技术用于在线水质分析

现代光谱分析技术的发展，进一步推动了新型光谱法在线水质分析仪的发展和应用。最有代表性的是基于三维荧光光谱法的在线水质分析仪。三维荧光光谱法是指同时对激发波长、发射波长以及荧光强度进行测量，得到三维荧光光谱。三维荧光光谱技术不仅能够获得激发波长与发射波长，同时能够获取变化时的荧光强度信息。这些信息和水中能被激发产生荧光的物质组成以及浓度大小相关，经过复杂算法，可得到大量有价值的水质数据。

三维荧光光谱法在线水质分析仪可以同时自动测量水中叶绿素、矿物油、有色可溶性有机物（CDOM）、生化需氧量（BOD）等。由于相同来源工业废水的三维荧光光谱基本相似或相同，可以通过比对被污染水体和沿途各工业企业排放废水的三维荧光图谱，找出最可能造成污染的源头，仪器还被环保部门用于污染物排放的溯源检测。

在线水质分析仪器技术是涉及分析化学、电子与信息技术、材料科学、计算机科学等的综合性跨学科技术。各种新原理、新方法，量子点、石墨烯、碳纳米管、生物芯片、水凝胶等新材料也开始用于水质监测领域，将推进在线水质分析的新产品、新技术发展。

（本章编写：重庆昕晟环保　程立）

第9章 在线水质分析仪器的典型产品

9.1 pH、ORP、溶解氧、浊度、悬浮物、电导率水质在线分析仪

9.1.1 pH、ORP在线分析仪

9.1.1.1 pH在线分析仪

（1）基本原理

在中性环境中，水分子发生电离反应，生成氢离子（H^+）和氢氧根离子（OH^-），二者浓度相等。

$$H_2O \rightleftharpoons H^+ + OH^-$$

该反应是一个可逆反应，根据质量作用定律，纯水的电离平衡可用平衡常数K表示。

$$K = \frac{[H^+][OH^-]}{[H_2O]}$$

式中，$[H^+]$为氢离子浓度，mol/L；$[OH^-]$为氢氧根离子浓度，mol/L；$[H_2O]$为未离解水的浓度，mol/L。因水的电离度很小，常可视为$[H_2O] \approx 55.6$mol/L。

pH是氢离子浓度的测量值，pH有如下定义：pH是水溶液中氢离子浓度的负对数。

$$pH = -\lg[H^+]$$

典型的pH测量范围在0～14之间。pH值与氢离子浓度的关系参见图9-1-1。

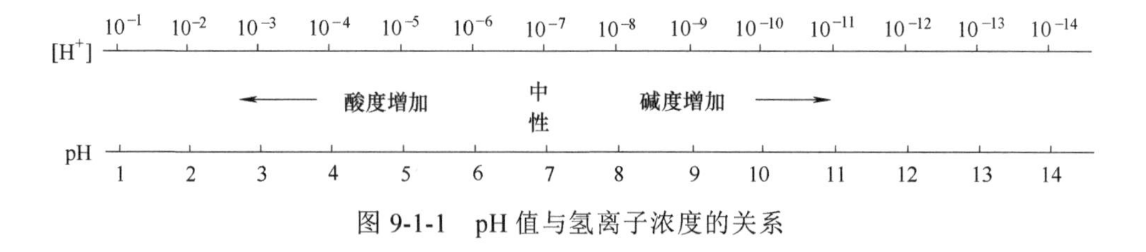

图9-1-1 pH值与氢离子浓度的关系

pH 的测量依据是能斯特方程。电池反应的能斯特（Nernst）方程可以用下式表达：

$$E = E^{\ominus} - \frac{RT}{zF}\ln\prod_{\mathrm{B}} a_{\mathrm{B}}^{v(\mathrm{B})}$$

式中，E 为电动势，mV，指电池的两个电极的电极电位之差；$E^{\ominus}$为标准电动势，mV，指处于标准状态时的电动势；R 为摩尔气体常数，8.314J/(mol・K)；T 为热力学温度，K，与摄氏温度之间的换算关系为 T/K=t/℃+273.15；z 为电极反应中电子的计量系数；F 为法拉第常数，9.6485×10^{4}C/mol；a_{B} 为物质 B（指反应物或生成物）的活度；$v(\mathrm{B})$为电池反应式中 B 的系数，生成物取正值，反应物取负值。

在一般水溶液中，氢离子浓度非常小，其离子活度基本与浓度相等。

（2）pH 在线分析仪的组成

典型的 pH 分析仪由指示电极、参比电极和电流计组成。指示电极与参比电极集成，形成复合电极。电流计测量出指示电极和参比电极在同一溶液里所形成的电位差，在一定温度下得到待测溶液的 pH 值。指示电极一般使用玻璃膜电极，简称玻璃电极。pH 分析仪的测量原理示意及玻璃电极结构如图 9-1-2 所示。

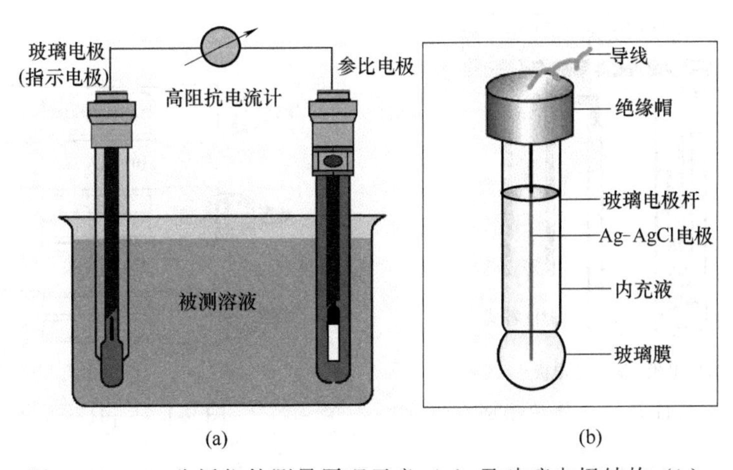

图 9-1-2 pH 分析仪的测量原理示意（a）及玻璃电极结构（b）

各组成部分及辅助装置的作用如下：

① 参比电极 参比电极包含一个浸入参比电解质溶液中的参比单元，这个参比单元与待测溶液中的电解质构成一个电路连接。参比电解质溶液通过一个多孔介质或者隔膜（有时称为“盐桥”）与待测溶液构成电路连接，该多孔介质或盐桥可以从物理上将内部电解质溶液与外部待测溶液隔离开。

最常用的参比电极是表面涂有固体氯化银（AgCl）的银电极（Ag）。选用银作电极的金属材料，原因是：在所有金属中，银的导电性能最佳，电阻最小；氯化银（AgCl）的作用是提供一个稳定的参比电压。

② 多孔介质或盐桥 多孔介质或盐桥为参比电解液和待测溶液接触提供了一个微小的通道，但是不允许参比电解液和待测溶液相互混合。多孔介质或盐桥的作用是为参比电解液和待测溶液创造一个理想的接触条件。

③ 参比电解液 参比电解液的主要作用是连接待测样品和 pH 计，其浓度必须非常高以

减小电极电阻，保证在一定的温度范围内保持一个稳定的参比电极电位，从而不影响待测溶液的 pH 测量。最常用的参比电解液为饱和氯化钾（KCl）溶液。

④ 指示电极　指示电极是由特殊玻璃材料烧结而成，该玻璃材料对氢离子浓度响应敏感，这种玻璃的主要成分为非结晶态的二氧化硅，掺入了一些碱金属氧化物，主要是金属钠（Na）的氧化物，即氧化钠（Na_2O）。

⑤ 温度传感器　为获得准确测量值，通过温度传感器补偿因能斯特方程中温度变化的影响。

有的pH在线分析仪采用差分检测技术，使用三个电极取代传统的pH传感器中的双电极。由指示电极、参比电极以及第三个溶液地电极组成，最终测出的 pH 值是指示电极和参比电极之间电位差值。该技术大大提高了可靠性和准确性，消除了参比电极污染后造成的电位漂移。在线 pH 在线分析仪的组成参见图 9-1-3。

（3）pH 在线监测仪的探头安装

为应对不同工况要求和现场实际条件，pH 探头外壳被设计成多种形式，以满足各种不同的安装方式需求。常见的主要有三类：插入式，探头只有一端有螺纹，靠近电极端没有螺纹；可变式，探头两端均带螺纹；卫生式，探头电极端带法兰连接。见图 9-1-4。

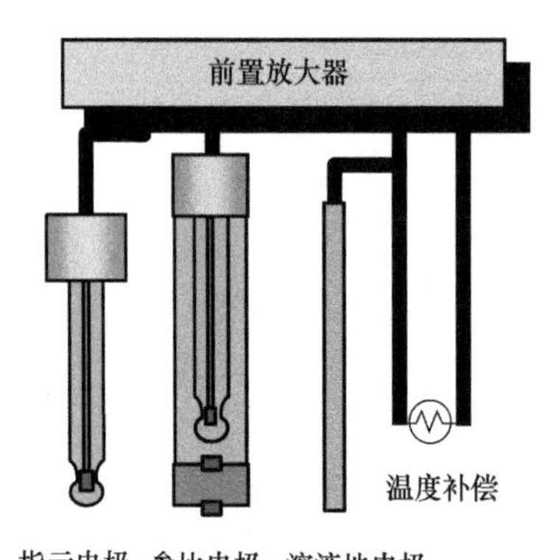

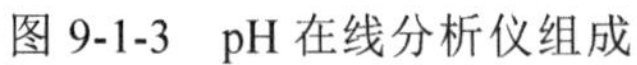

图 9-1-3　pH 在线分析仪组成

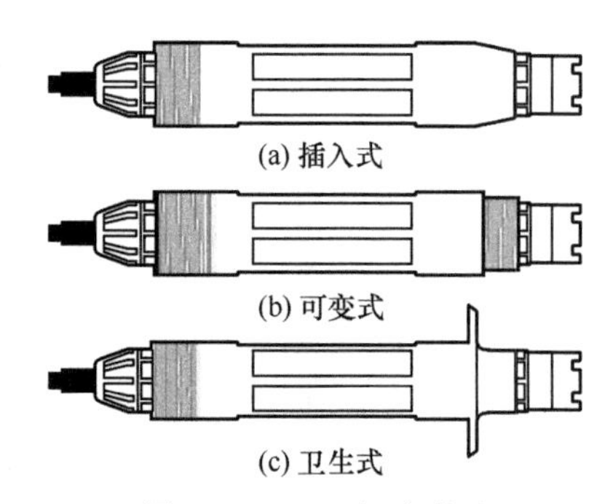

图 9-1-4　pH 探头外壳

在实际使用中，根据不同的工况要求，主要有管道插入式安装和浸入式安装两种方式，分别如下：

① 管道插入式安装　在密闭管道上测量 pH 使用，采用管道插入式安装方式，参见图 9-1-5。

② 浸入式安装　用于敞口池子或容器中测量 pH 使用，采用浸入式安装方式，参见图 9-1-6。

（4）pH 在线分析仪的应用

① 在饮用水厂的应用　在水厂的每一个工艺段都要求测量 pH 值。检测进厂水 pH 值，可以快速发现出水源地发生的人为或非人为因素的水质污染事故；中间阶段的 pH 数据可以帮助水厂运行人员确定工艺过程中的参数调整范围，如混凝沉淀工艺中的参数调整；检测出厂水和给水管网中的 pH，可以监控出水水质。

② 在生物处理工艺的污水处理厂的应用　由于微生物对 pH 变化具有高敏感度，因此 pH 是生物法污水处理厂的关键检测指标之一。

a. 在曝气池中，如果 pH 值过高或者过低，微生物在将“食物”（即水中污染物）转化为能量和“原材料”（即污染物被微生物降解为其生长和繁殖可利用的小分子物质）的过程将受到抑制。

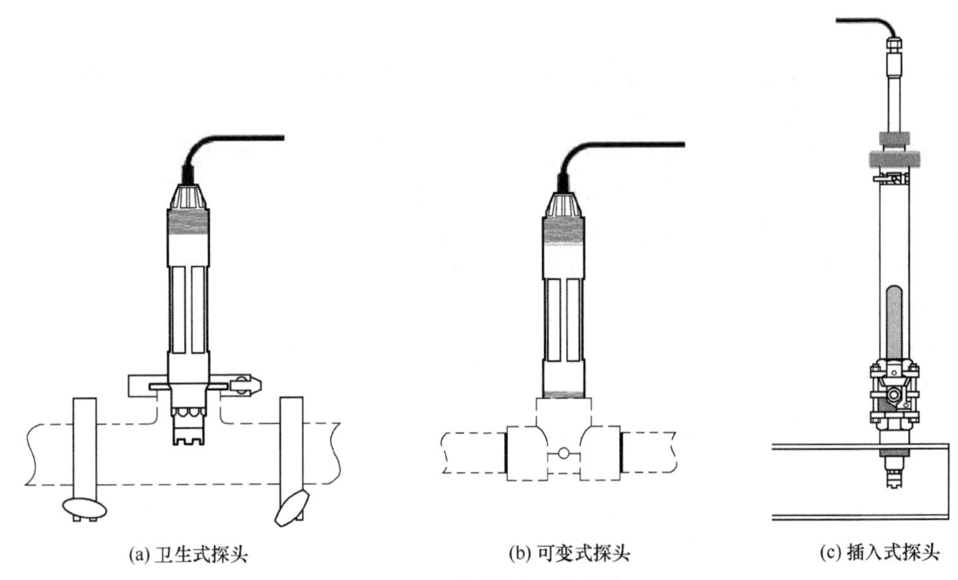

图 9-1-5　管道插入式安装

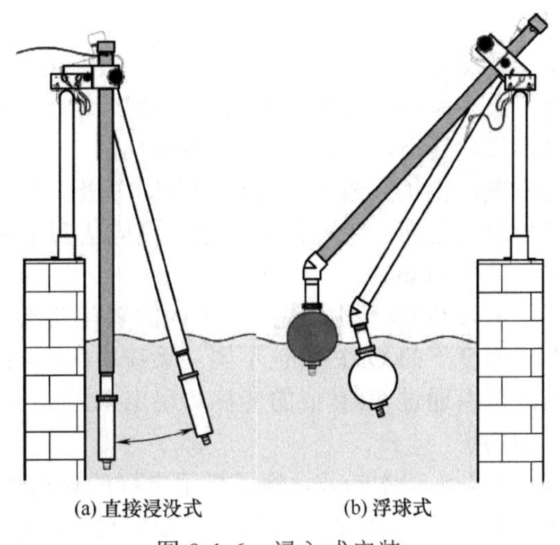

图 9-1-6　浸入式安装

b. 在硝化池中，如果 pH 值下降过快，导致 pH 值偏低，在工艺中起硝化作用的硝化细菌将受到抑制，进而影响硝化反应的效果。

③ 在工业水处理流程中的应用

a. 在厌氧消化过程中，必须维持多个微生物种群数量的平衡。如果 pH 值超过了可接受的范围，将导致甲醇的生成过程停止，进而导致消化系统失效。

b. 对于工业除盐水处理，pH 的监测可以及时反映水质状况，确保工业用水符合要求。

c. 对工业用水原水 pH 检测，可以确定是否符合进水标准和要求。

d. 对超滤及反渗透进出水 pH 监测，可确保来水 pH 符合要求，避免膜受到损坏。

（5）pH 在线分析仪的选型

工业行业 pH 分析仪的应用非常广泛，与市政及水环境监测的 pH 分析仪选型相比更复杂。工业场合选择合适的 pH 在线分析仪，需考虑的因素有：被测量介质的组成及性质特点，被测介质的电导率、压力范围、温度，安装方式等。

选型前首先要清楚被测介质的组成及性质特点。被测介质是否含有对电极有害的离子，如 Br^-、I^-、Pb^{2+}、Hg^{2+}、Ag^+、Cu^+等，及它们各自的浓度范围。被测溶液的电导率同样会影响 pH 测量的精确度，工业除盐水、高纯水等由于电导率极低，$\leqslant 10^2 \mu S/cm$，甚至处于μS/cm 级，电阻非常大且缓冲性能较差，普通 pH 计较难准确、快速地测量，需要选用低阻抗的纯水 pH 电极，并尽量避免或减少影响测量干扰因素。

被测介质的压力范围对选取 pH 计同样非常重要。不论是凝胶型还是补液型的 pH 传感器都有一定的压力适用范围。一方面需考虑电极的机械强度；另一方面是保证参比电极的电解液能以一定的速度向外渗透，防止因外部压力过高导致被测介质倒流进参比电极，造成参比电极污染而导致测量不准确。在高压条件下对 pH 计的安装也有较高要求，对于无法直接测量的高压情况，需要减压预处理后测定 pH。

另外，还应根据被测介质的温度范围选取 pH 计。若被测介质的温度超过电极的耐温范围，也需要对样品进行降温或升温处理后再进行 pH 测定。高温环境下 pH 玻璃电极的玻璃敏感膜的老化，将影响电极使用寿命。

9.1.1.2 ORP 在线分析仪

（1）检测方法及原理

氧化还原电位（ORP）是反映水中化学物质的氧化还原能力相对强弱的参数，是一项综合性指标。氧化还原电位的大小取决于水中氧化态物质和还原态物质的类型和浓度。氧化还原电位越高，氧化性越强；氧化还原电位越低，还原性越强。

氧化还原电位的测定原理：将铂（或金）电极和参比电极放入水溶液中，金属表面便会产生电子转移反应，电极与溶液之间产生电位差，电极反应达到平衡时相对于氢标准电极的电位差即为氧化还原电位，单位为 mV。

参比电极通常采用甘汞电极和银-氯化银电极。不同的氧化还原电对具有不同的 ORP 值，同一电对在不同温度或不同浓度下的 ORP 值也不同。系统中化合物的组成、pH 和温度对系统氧化还原能力的影响度，可以通过 ORP 值的变化体现出来。

（2） ORP 探头结构与应用

ORP 探头在结构上与 pH 探头基本一致，除了指示电极的材料不同。pH 探头一般使用玻璃电极作为指示电极，而 ORP 电极则需要使用惰性贵金属材料，通常为铂电极和金电极。

由于 pH 探头和 ORP 探头的外形结构基本一致，故 pH 探头的各种安装方式也完全适合于 ORP 探头的安装。ORP 探头不用校准，可以用已知的标准 ORP 溶液检查 ORP 探头的测量结果是否准确。在污水处理过程中，通过 ORP 值的监测可以直观了解处理过程进行得是否充分，有利于对整个污水处理流程的实时控制。如在处理工业含氰废水或含铬废水时，实时监测 ORP 值已经成为了处理工艺的常规要求。

近年来，在污泥的硝化工艺中，也要监测 ORP，用来考察工艺中各因素与 ORP 的相关性。在传统的活性污泥法厌氧池，也常用 ORP 值来表征是否处于厌氧状态。ORP 是黑臭水体的重要评价指标，水体 ORP 值小于−200mV 时为重度黑臭。在游泳池、公共浴池等公共场所水质标准中，ORP 作为反映水中消毒剂消毒能力的指标，也得到广泛应用。

9.1.2 溶解氧在线分析仪

氧在自然界的存在形式较为广泛，其中以分子形式存在于溶剂（水、有机溶剂）中的称为溶解氧（dissolved oxygen，DO）。未受污染的水中溶解氧呈饱和状态，在1atm（101325Pa）、20℃时的氧含量约为9mg/L。水中溶解氧含量是常规水质检测项目之一。

溶解氧的测定方法种类繁多，主要有碘量法、电化学法、分光光度法和荧光分析法等。其中碘量法是应用最早的测量溶氧量的国标法之一。碘量法虽然测量结果较为准确，但是程序烦琐，耗时长且只能离线分析。另外分光光度法也是常用的离线分析方法。

目前，常见的在线溶解氧分析方法主要是电化学法和荧光分析法。电化学法（Clark 电极法）也称膜法，主要有原电池法和极谱法两种方式。荧光分析法主要是利用氧分子对某些荧光物质的荧光有猝灭作用，根据荧光强度或者猝灭时间判定氧气浓度的大小。

荧光法克服了碘量法不能在线测量的缺点。与电化学氧传感器相比，荧光法不消耗氧气，只需使氧分子与含有荧光物质的氧敏感膜接触，即可通过荧光强度或荧光寿命的变化来判断水中溶解氧的含量。

9.1.2.1 电化学法溶解氧分析仪

（1）原电池法

测量电极由一个三电极系统组成：阴极、阳极和参比电极。对参比电极采用恒定的电压进行极化以起到稳压作用，这样处理后的电极要比传统的双电极系统中的参比电极具有更加稳定的电势，因为它不会产生足以干扰溶解氧测定的电流。参比电极的稳压设计使其在使用寿命内保持长期的极化稳定性，使得传感器具有更高的精度和稳定性。典型的溶解氧传感器结构如图9-1-7所示。采用金阴极、铅阳极的反应式如下：

阴极：$O_2+2H_2O+4e^- \longrightarrow 4OH^-$

阳极：$2Pb+4OH^- \longrightarrow 2PbO+2H_2O+4e^-$

在阴极消耗氧气，在阳极释放电子，电极产生的扩散电流为

$$I_s=nFAC_sP_m/L$$

式中，I_s为稳定状态下扩散电流；n为电极反应中电子的计量系数；F为法拉第常数；A为阴极的表面积；L为膜厚度；C_s为被测水中溶解氧的浓度；P_m为膜的透过系数。

原电池溶解氧测量法需要消耗被测溶液中的溶解氧。为保证测量的精度和准确性，必须不断有溶液流过传感器，同时对流速也有一定的要求。阳极在测量过程中会发生电化学反应并造成电极表面形成金属氧化物，这层金属氧化物会随反应的进行而逐渐积聚从而影响阳极的性能，即常说的电极响应迟钝。当阳极在使用过程中产生迟钝现象后，就需要对电极进行活化处理，即采用对电极重新打磨抛光的方式使阳极露出新的活性表面，以保证检测过程中的响应灵敏度。

原电池法溶解氧传感器即使在不使用时也会由于大气中氧的浸入而有电流流过，从而导致传感器的使用寿命降低。

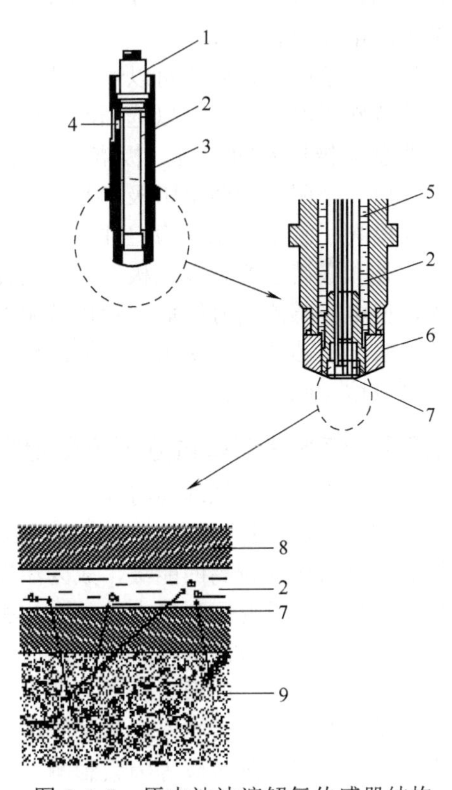

图9-1-7 原电池法溶解氧传感器结构

1—电极主体；2—电解液；3—电极外壳；4—填充孔；5—阳极；6—氧膜帽；7—渗氧膜；8—阴极；9—样水

隔膜的透气性与抗污染能力亦会对溶解氧的测量产生影响。随着温度的升高膜的透过系数（P_m）按指数规律增加，扩散电流（I_s）将随之成比例增加，直接影响溶解氧的测量结果，因此，仪器电路中多有热敏电阻温度补偿环节。

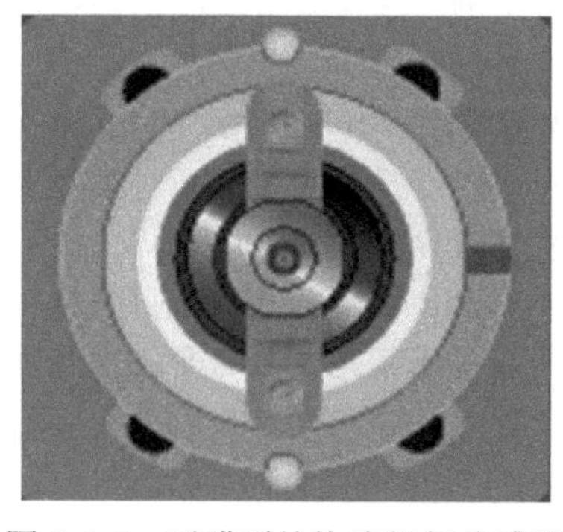

图 9-1-8　无膜型结构溶解氧传感器

原电池法溶解氧传感器还有一种无膜型结构，具有抗污染能力很强的无膜传感器。阴极由铁汞合金制成，阳极由铁或锌制成。其电极组成参见图 9-1-8。

电极制成圆柱状，与旋转的磨石刮刀安装在一根同心轴上，磨石和刮刀切面匀速划过线带状的电极表面以去除结垢物和氧化物，使电极表面各部分都能与工作介质保持一致的接触面积。此外，传感器的颈部还同轴装有一个杯形附件，它能沿轴做上下振动，不断将被测溶液泵入测量腔室。由于氧分子无需通过隔膜进行渗透扩散，因此响应速度要比有膜型溶氧传感器快得多。又由于设计有机械式自动清理机构，因此传感器具有很强的抗污染能力，甚至可以在具有油脂的污水中工作，且维护工作量较小，校准周期也较长。但这种探头结构较复杂，价格也较高。

（2）极谱法

极谱法溶解氧电极的结构与原电池法的基本类似，不同的是在阴极和阳极间外加了一个恒定的偏置电压（一般约为 0.5～0.8V），使阴极和阳极之间产生一个极化电流，电流大小与溶解氧的浓度成正比。

极谱法溶解氧传感器可以通过选择不同的隔膜材质及其厚度，适应不同的介质和高温、高压等特殊工况，甚至可以选择耐油的隔膜用于液态烃中微量溶解氧的监测。

随着电极技术的发展，极谱法溶解氧传感器在两电极结构的基础上开发出了三电极结构，采用一个阴极和两个阳极。其中多出的阳极作为检测系统中的参比电极，参比电极的存在大大提高了测量系统的稳定性。

此外，极谱法溶解氧电极普遍采用先进的表面封装技术，将前置放大器封装在溶解氧探头内，使电极感测信号经放大后以低阻抗输出；或采用数字存储技术，将电极的参数存储在传感器头部的芯片内，采用非接触的感应式信号方式，从而实现了远距离传输不受干扰，传输距离可达 100m 以上。

9.1.2.2　荧光法溶解氧分析仪测定方法

（1）荧光法测量原理与特点

① 荧光分子发光机理　当物质受到光的照射时，物质分子由于获得了光子的能量而从较低的能级跃迁到较高的能级，成为激发态分子。激发态分子是不稳定的，会通过去活化过程损失多余的能量返回到稳定的基态。去活化过程有两种方式：一种过程为非辐射跃迁，多余的能量最终转化成热能释放出来；而另一种过程是激发态分子通过辐射跃迁回到基态，多余的能量以发射光子的形式释放，即表现为荧光或磷光。

斯托克斯位移、荧光寿命和量子产率是荧光物质三个重要的发光参数。斯托克斯位移受荧光分子结构和溶剂效应等因素影响。一般来讲，大的斯托克斯位移有利于发射出强的荧光信号。荧光寿命是指切断激发光源后，分子的荧光强度衰减到原强度的 $1/e$ 时所经历的时间。荧光寿命是荧光分子本身所具有的属性，不易受外界因素干扰。荧光量子产率为荧光分子所发射的荧光光子数与所吸收的激发光光子数的比值。荧光分子的量子产率与荧光物质的结构或者所处的环境有关。

② 荧光猝灭效应　荧光猝灭效应是指猝灭剂与荧光物质作用使荧光分子的荧光强度下降的现象。现发现的猝灭剂主要有卤素化合物、硝基化合物、重金属离子以及氧分子等。其中氧是非常重要的一类猝灭剂。氧对荧光物质的猝灭过程被证明是动态猝灭过程。其原理是氧在扩散过程中，与处于激发态的荧光物质发生碰撞，激发态的荧光物质将能量转移给氧后回到基态，从而造成荧光强度下降。但是，碰撞后两者立即分开，荧光分子并没有发生化学变化，因此氧对荧光分子的猝灭是可逆的。这种动态猝灭过程可用 Stern-Volmer 方程来描述：

$$I_0/I=\tau_0/\tau=1+\mathrm{KSV}[\mathrm{O_2}]$$

式中，I_0 和 I 分别为无氧和有氧时的荧光强度；τ_0 和 τ 为无氧和有氧时的荧光寿命；KSV 为猝灭剂的猝灭常数；$[O_2]$是溶解氧浓度。由上式可知，通过测量荧光强度或者荧光寿命，就可以计算出溶解氧的浓度。荧光寿命是荧光物质的固有属性，不易受外界干扰，但其测量较为复杂。因此常通过测量荧光强度来检测溶解氧的含量。

③ 荧光法溶解氧分析仪的特点　a. 无需标定，测量结果稳定。b. 测量过程中不会消耗任何物质，也不会消耗水中的溶解氧。c. 清洗频率及维护量减少。传统膜法需要经常清洗，否则就严重影响氧气的透过从而影响测量，而荧光法对探头的清洁要求不高，定期擦拭荧光帽即可，每两年需更换一个荧光帽。d. 无干扰。pH 的变化、污水中含有的化学物质、H_2S、重金属等不会对测量造成干扰。e. 响应时间快。荧光法溶解氧探头在与水接触的同时即可响应，时间非常短。f. 无需极化时间。因为不使用电极，所以不存在极化的问题。

（2）荧光法溶解氧的测量过程与探头结构

荧光法溶解氧在线分析仪的测量过程如下：传感器帽内部覆盖一层荧光物质，当传感器的 LED 灯发出一束蓝色光照射在荧光物质上时，荧光物质随机被这束蓝光激发；当被激发的物质恢复到基态时，会发射出红光，此红光被传感器中的光电二极管检测到，传感器同时测量荧光物质从被蓝光激发到发射红光后恢复到基态的时间；传感器上还安装有一个红光 LED 光源，在蓝光 LED 光源的两次发射之间，红光 LED 光源会向传感器发射一束红色光，这束红光被作为一个内部标准（或者参比光），与传感器产生的红色荧光进行比对。荧光法溶解氧传感器的探头结构示意参见图 9-1-9。

荧光法溶解氧探头内的光电二极管测量的不是红颜色光的强度，而是测量激发产生红颜色光直到该颜色光消失的时间，即荧光的释放时间。在有氧气存在的情况下，当氧气与荧光物质接触后，则其产生红光的强度会降低，同时其产生红光的时间也会缩短。氧气的浓度越高，传感器产生红光的强度就会越低，且产生红色荧光的时间也会越短。荧光法波谱图参见图 9-1-10。荧光法溶解氧传感器的组成包括电子部分、光学部分以及传感器部分。其中光学部分是 LED 光源，由蓝光和红光发射光源组成；传感器部分表面有荧光物质，水中氧气就是与这部分直接接触。

9.1.2.3　溶解氧分析仪系统组成及安装

在线溶解氧分析仪系统的组成参见图 9-1-11。常见的系统组成包括：传感器、控制器、安装支架及清新系统（可根据需要选择）。

9.1.2.4　溶解氧分析仪的应用

水中溶解氧的含量是评价水体受污染情况的重要指标之一。水中溶氧量过低时，厌氧细菌

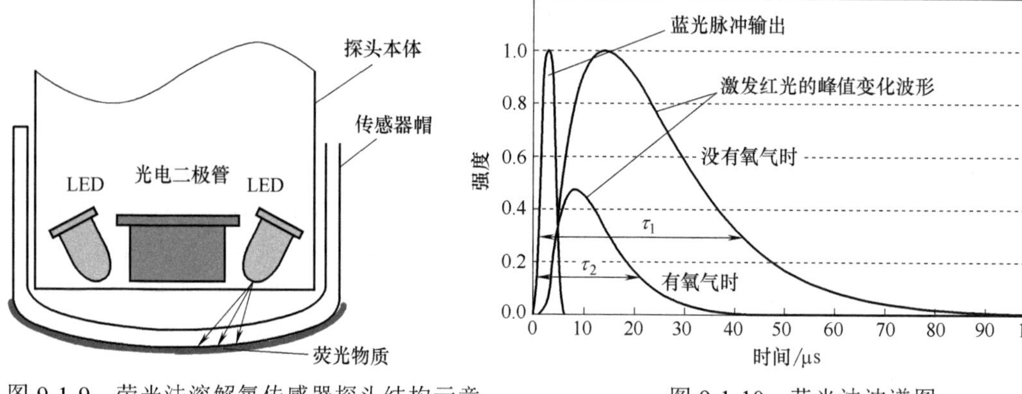

图 9-1-9 荧光法溶解氧传感器探头结构示意

图 9-1-10 荧光法波谱图

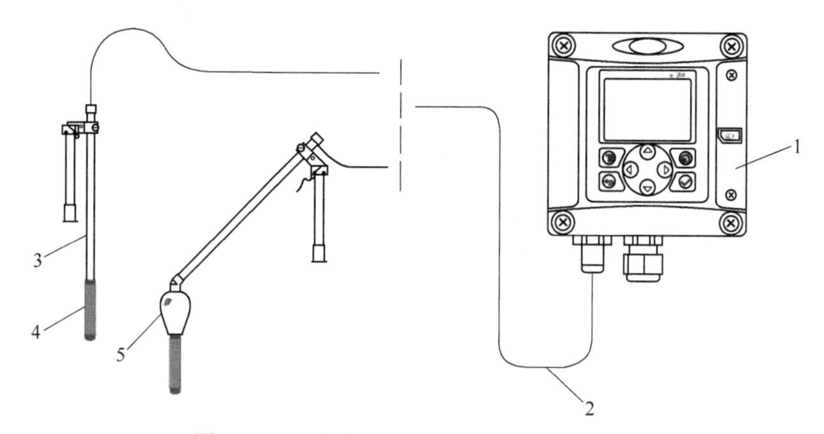

图 9-1-11 在线溶解氧分析仪系统的组成

1—控制器；2—延长电缆；3—浸入式安装支架；4—溶解氧传感器；5—浮球式安装支架

活跃繁殖，造成有机物腐败和水体变质。在污水处理系统中，目前应用最广泛的活性污泥法就是利用细菌把悬浮性固体等物质沉降，而系统中溶解氧含量的高低是细菌存活的关键因素之一。

在生物技术、药物开发、食品与饮料等生产工艺过程中，需要实时监控溶解氧的状况，使溶解氧确保在最合适浓度范围。对溶解氧的监测和控制可确保反应效率和产品质量，降低成本，并使产品合格率达到最高。以啤酒工业为例，麦汁、过滤器出口、脱氧水等工艺点等均有在线溶解氧分析仪的应用。

在锅炉给水，尤其是大型锅炉给水中要严格控制溶解氧的含量，以防止在高温高压工况下造成设备管道发生氧化反应产生腐蚀。一般在锅炉除氧工序后监测微量溶解氧（10^{-9}级）。测量10^{-9}级溶解氧的仪器被称作微量溶解氧分析仪。微量溶解氧分析仪的主要用于电厂、啤酒厂、电子行业过程用水。火力发电厂锅炉给水控制溶解氧的位点主要有除氧器的进/出口、凝结水泵出口等。

在石化工艺过程中，需要对轻烃中溶解氧进行检测，以保证生产加工过程的正常运行。如碳四加工中对原料的溶解氧检测，芳烃抽提过程中对原混合芳烃中微量溶解氧的控制。这些特殊工况条件下，对溶解氧的探头需要选择特殊材质的透氧隔膜，且探头本体材料要耐有机液体腐蚀。在测量过程中，要通过特殊设计的管线配置引入除去氧的氮气，对探头零点进行校正。此测量方法可以参考 UOP678 或 ASTM D2699 的介绍。

9.1.3　浊度、悬浮物浓度在线分析仪

9.1.3.1　浊度分析仪

（1）检测原理

水的浑浊是由于水中含有泥沙、黏土、细微的有机物和无机物、浮游生物和其他微生物等细微的悬浮物造成。这些物质的存在，阻碍了光线在水中的正常通过而引起的浑浊特性，被称为浊度。浊度用以表示水的清澈或浑浊程度，是衡量水质优劣程度的重要指标之一。

多年来，美国 USEPA180.1 方法的浊度标准单位是 NTU，中国生活饮用水标准也采用 NTU 作为浊度标准单位，FNU 是 ISO7027 方法规定的单位。美国酿造化学家协会（ASBC）和欧洲酿造协会（EBC）要求测定酿造过程中水和啤酒的浊度，浊度单位采用 EBC 表示。

目前浊度检测普遍采用 90°散射方法，检测器检测与光源呈 90°方向的散射光。90°方向的检测器，对于悬浮颗粒物散射光的响应灵敏度更高，可以消除不同尺寸颗粒物对于散射光的影响。图 9-1-12 是散射法浊度仪的浊度测量示意。由钨灯光源发射的光线，经过透镜聚焦为一个光束后，通过样品瓶，光线接触样品中的颗粒物后形成散射，光度检测器测定与发射光束呈 90°方向的散射光的强度。浊度仪中的微型处理器，通过比照校准曲线，将散射光强度转化为以 NTU 为计量单位的读数值。

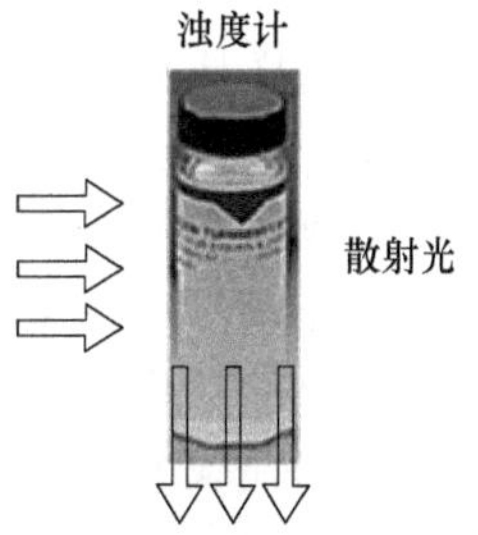

浊度计

散射光

图 9-1-12　散射法浊度仪的浊度测量示意

（2）组成及安装方式

在线浊度分析仪系统包括控制器、传感器、安装支架等部件。根据用户的现场工况，可选择流通式安装、浸入式安装等多种安装方案。

水的浊度较低（小于 5NTU）时，水中的气泡会严重干扰浊度测量。所以在线浊度分析仪需要还配置脱泡装置，在水样进入传感器之前，去除水中的气泡。

（3）浊度分析仪的应用

浊度在饮用水、污水回用、环境水体水质监测、涉及水或液体净化的工业行业中都有着非常广泛的应用。浊度降低意味着杂质的减少，在水或其他液体的净化工艺中，浊度都是非常重要的工艺控制指标。浊度还是饮用水处理工艺中的关键性工艺指标之一，GB 5749—2006《生活饮用水卫生标准》规定饮用水管网末梢（或水龙头）出水的浊度必须小于 3NTU。

9.1.3.2　悬浮物分析仪

悬浮物是最常见的水质检测项目之一，在地表水、工业水处理，特别是污水厂中，对悬浮物的检测涵盖了进水、出水及工艺过程。工艺过程中如活性污泥法污水处理工艺中，通常将悬浮物浓度称之为污泥浓度。两者在检测方法上是一致的，所用的在线检测仪表也相同，主要区别在于浓度的差别。另外在污泥处理领域，如污泥浓缩、污泥消化、污泥脱水等过程中，也需要检测污泥浓度。

（1）检测应用与重要性

① 进水悬浮物浓度，是污水处理厂进水水质指标之一。

② 在曝气池中，污泥浓度的高低在一定程度上反映了反应池中的微生物量。在其他条件相同的情况下，较高的污泥浓度代表了反应池中较低的污染物污泥负荷，对污染物的降解效果也相对较好。

③ 出水悬浮物浓度，是污水处理厂排放标准中的一个重要指标，是水质检测常规指标。

④ 在污泥浓缩和污泥脱水过程中，通过检测浓缩和脱水后的污泥浓度来表征污泥含固率，以确保处理后的污泥含固率达到要求。

⑤ 在污泥消化处理工艺中，对污泥浓度的检测是为了确保反应罐内的污泥浓度在一定的范围内，以保障污泥消化系统的高效运行。

（2）检测方法及原理

在线悬浮物浓度分析仪的检测一般采用光学法。很多悬浮物浓度在线分析仪也具备对浊度的检测功能。

红外光在污泥和悬浮物中透射和散射的衰减与液体中的悬浮物浓度有关。发射器发送的红外光在传输过程中经过被测物的吸收、反射和散射后，仅有一小部分光线能照射到检测器上，光的透射率与被测污水的浓度有一定的关系，因此通过测量透射率就可以计算出污水的浓度。

以典型的污泥浓度在线分析仪为例。在测量探头内部，45°角位置有一个内置的LED光源，可以向样品发射880nm的近红外光，该光束经过样品中悬浮颗粒的散射，检测与入射光成90°角的散射光，经过计算可以得到样品的浊度；检测与入射光成140°角的散射光，计算后可以得到污泥浓度值。由于LED发出的是880nm的近红外光，不是可见光，样品固有的颜色不会影响测量结果。

（3）仪器结构

悬浮物在线分析仪一般由变送器和传感器组成。其检测的核心为传感器，变送器主要用来完成参数设置、校准、观察检测结果、信号输出等。图9-1-13为较为典型的悬浮物在线分析仪传感器探头结构，内含两个检测器，分别与光源呈90°和140°，可完成对浊度或悬浮物浓度的检测。

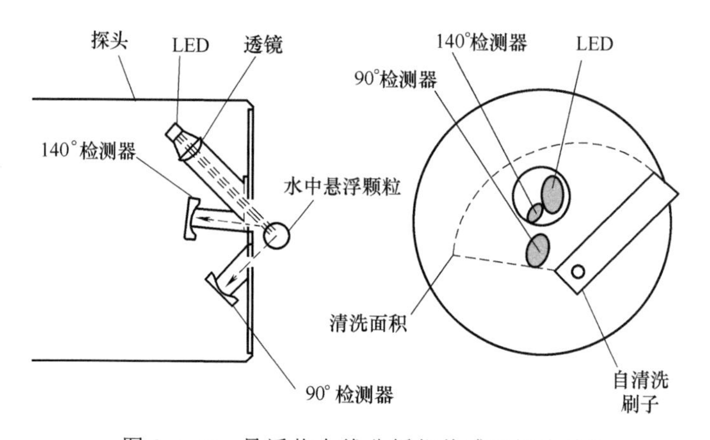

图9-1-13 悬浮物在线分析仪传感器探头结构

分析仪的传感器探头长期浸没在水中，水中的污泥是最大的干扰因素，所以，自动清洗装置非常重要。一般的自动清洗装置包括：自动喷水冲洗装置、自动高压气体吹洗装置、自动机械毛刷和自动塑胶刮片（定期刮擦）。

（4）安装

悬浮物在线分析仪的安装方式主要有管道插入式和浸入式。

① 管道插入式安装 管道插入式安装时，应避免将分析仪探头安装于管道的顶部或底部，应将探头安装于管道的侧面。如图9-1-14所示。

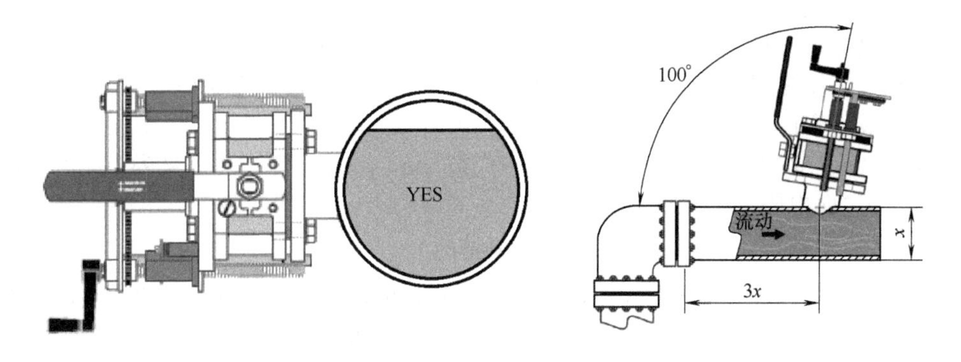

图 9-1-14　管道插入式安装

② 浸没式安装　在大多数情况下，悬浮物在线分析仪均用于敞开式反应池、水渠中，此时浸没式安装即可满足要求，如图 9-1-15 所示。

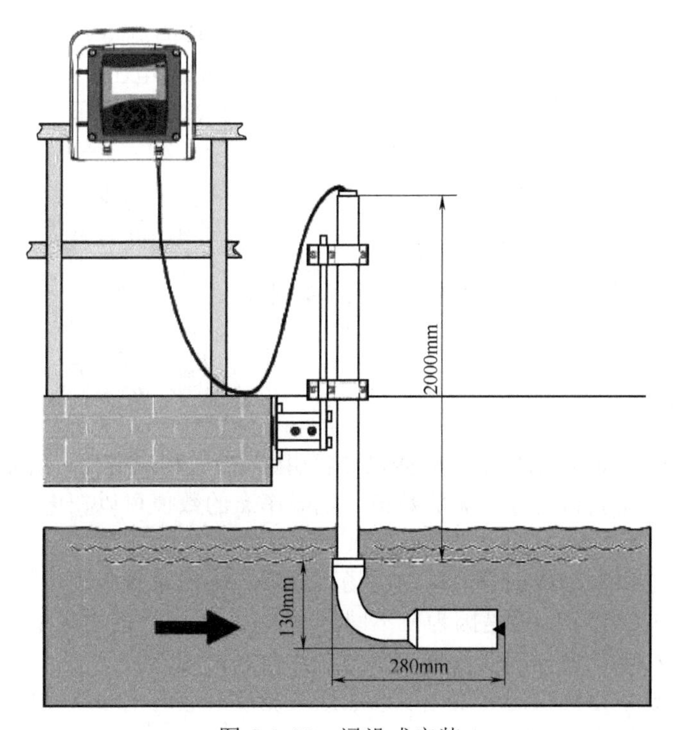

图 9-1-15　浸没式安装

9.1.4　电导率在线分析仪

9.1.4.1　测量原理

电导率分析仪的测量原理有电极法和电磁感应法两种。在生产实际中，除了直接测量水样的电导率，有时还需要测量氢电导率、摩尔电导率及脱气氢电导率等。

（1）电极法电导率分析仪原理

电极法电导率分析仪的核心测量装置是电导池，是在溶液中浸入两块具有相同面积、相距一定距离的金属电极，当在两个电极之间加上电压时，带电离子和电子在溶液中移动而产生电流，形成闭合回路。

电导率（κ，SI 单位为 S/m，导出单位有 mS/cm、μS/cm 等）的定义为电阻率（ρ）的倒数，即 $\kappa=1/\rho$。而电阻率的定义为：

$$\rho=RA/l$$

式中，R 为电阻；A 为导体面积，在测量电导池的电导率时为电极面积；l 为导体长度，在测量电导池的电导率时为电极间距离。则可得电导池的电导率 κ 的计算公式为：

$$\kappa=\frac{1}{\rho}=\frac{l}{RA}=\frac{K}{R}$$

可得

$$R=\frac{K}{\kappa}$$

式中，K 为电导池常数，$K=l/A$。

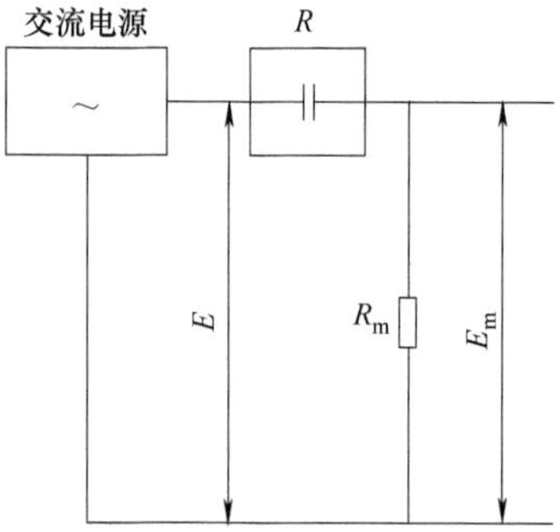

交流电源
R
~
E
R_m
E_m

图 9-1-16　电极法电导率分析仪测量原理

电极法电导率分析仪的测量原理如图 9-1-16 所示。图中，E 为交流电源产生的外电压，R 为电导池的等效电阻，R_m 为分压电阻，E_m 为 R_m 上的分压。

由欧姆定律可得：

$$E_m=\frac{ER_m}{R_m+R}$$

将 $R=K/\kappa$ 带入，则有：

$$E_m=\frac{ER_m}{R_m+\frac{K}{\kappa}}$$

当 E、R_m 和 K 均为常数时，电导率 κ 的变化必将引起 E_m 做相应变化。所以，测量得到 E_m 的数值，就可以通过计算获得电导率 κ 的数值。电导率 κ 的数值可以在电导率分析仪的表头直接读取。

一般情况下，电极常形成部分非均匀电场。此时，电极常数必须用标准溶液进行确定。标准溶液一般采用 KCl 溶液。这是因为在不同温度下，KCl 溶液的电导率数值基本保持不变。

（2）电磁感应法电导率分析仪原理

电磁感应法电导率分析仪是利用电磁感应原理测量溶液的电导率，测量范围一般为 0.1～2000mS/cm，适用于中高电导率的测量。

其工作原理是基于导电液体流过两个环形感应线圈时产生的电磁耦合现象。两个线圈一个是励磁线圈，一个是检测线圈。导电液体从两个线圈中间流过。当在励磁线圈中施加交变电压时，励磁线圈附近产生一个交变磁场，流过励磁线圈的导电液体类似于次级绕组，产生感应电流；在液体流过检测线圈时，液体中的感应电流在检测线圈中产生一个电压，这个电压与液体的电导率成正比。见图 9-1-17。两个感应线圈用耐腐蚀的材料与溶液隔开，为非接触式仪表，可有效避免电极污染和腐蚀对电极的影响。

该仪器多用于检测中高电导率溶液，特别是含有腐蚀性组分的强酸、强碱和高盐溶液，在化工过程中应用很多。

在工业行业，电磁感应式电导率分析仪又称为电磁浓度计，可以检测酸或碱的浓度。单一浓度酸或碱的电导率与其浓度之间存在一定的曲线关系，如图 9-1-18 所示。在某一浓度范围内，可以通过测定酸/碱溶液电导率来获得相应的浓度。

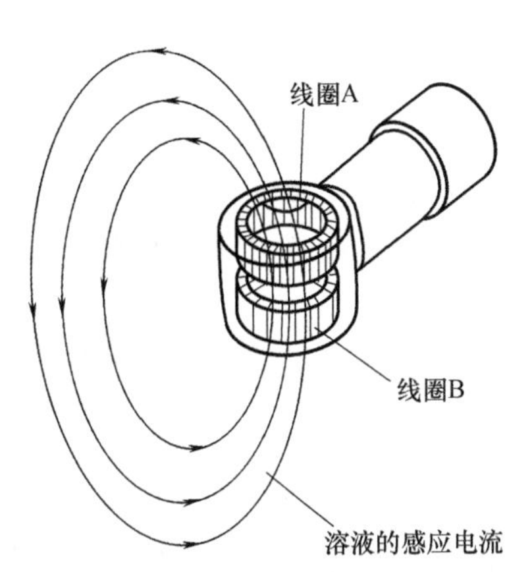

图 9-1-17 电磁感应法电导率分析仪原理

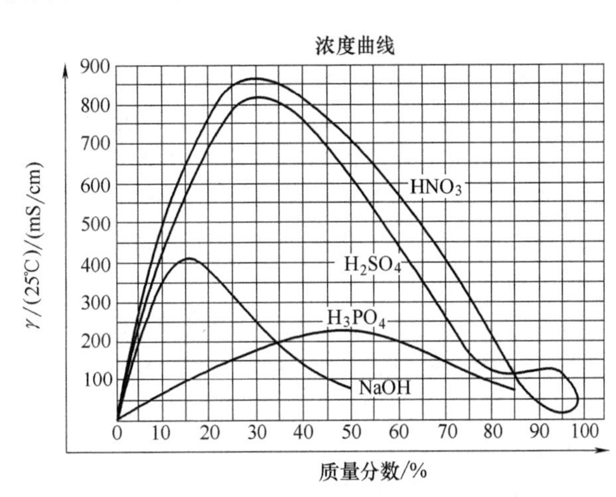

图 9-1-18 H_2SO_4、HNO_3、H_3PO_4、NaOH 的电导率浓度曲线

电磁感应式电导率分析仪为非接触式测量仪，不存在极片腐蚀污染的问题，适用于需要维护少的现场。液接部位材质多为 PVDF（聚偏氟乙烯）、PFA（可溶性聚四氟乙烯）、PEEK（聚醚醚酮）、PP（聚丙烯）等，耐强酸、强碱等的腐蚀，也适用海水的监测，适用范围广。电磁感应式电导率分析仪不适合于纯水和超纯水等的低量程电导率的测量。

（3）氢电导率

在电厂的水质分析监测项目中往往会有氢电导率这一指标。氢电导率是指将水样经过氢离子交换柱交换后，测定得到的电导率。通过氢离子交换柱将铵根除去，可消除电厂给水加氨处理工艺中氨对水汽品质检测的影响，再检测电导率就能准确反映水汽中阴离子的含量，从而能够连续反映热力系统水汽品质的变化。

（4）摩尔电导率

溶液的导电性能与溶质的种类与浓度有关。即使是同一种溶液，浓度不同，其导电的能力也是不同的。若仅知道溶液的性质和电导率，还不能说明其导电能力，更不能对不同浓度溶液的导电能力进行比较区分。因此，在溶液的电导率中引入了浓度的概念，即摩尔电导率。

摩尔电导率是指：将含有 1mol（基本单元以单位电荷计）电解质的溶液置于相距 1m 的两个平行板电极之间时的电导率，用 λ 表示。

$$\kappa=c\lambda$$

式中，κ 为溶液的电导率，S/m；c 为溶液的浓度，mol/m^3；λ 为溶液的摩尔电导率，$S \cdot m^2/mol$。

（5）脱气氢电导率

脱气氢电导率，顾名思义，是水样经过脱气处理后的氢电导率。目前在电厂水汽监测中，脱气氢电导率这一指标应用越来越多。锅炉水系统纯水中溶入二氧化碳会导致氢电导率测量值异常偏高，并造成汽水品质合格率低、机组启动时间延长等问题。脱气氢电导测量的是排除二氧化碳等可溶性气体影响后的氢电导率。

目前，脱气氢电导率测量仪的脱气方法主要有三种：沸腾法、气体吹扫法和膜脱气法。

9.1.4.2　电导率分析仪的系统组成及安装

电导率分析仪由控制器、传感器、安装支架等部件构成。

电导率的传感器可以选择管道插入式安装、流通池式安装或浸入式安装，视不同的工况条件和工艺需求而定。

插入式安装是通过螺纹或法兰与工艺设备/管道相连接，能保证一定的插入深度。插入式安装对电极的要求较高，电极应满足现场工况的温度、压力、介质、环境的相应要求。同时，要考虑电极维护校正时尽量不影响工艺的正常运行。

流通式安装相对较简单，普通、复杂的工况均能适用。当介质温度或压力超过电导率电极耐受的范围时，插入式安装是不可取的，此时可采用降温减压预处理后进行流通式安装检测。此外，流通式安装便于维护和校正，通过采用管路的截断阀可以在不影响主管路的情况下进行电极的维护校正。

电极法电导率分析仪主要应用于检测低电导率的较洁净的溶液，包括地表水、自来水、高纯水等。这类电导率的电极材质一般是 SS316 不锈钢、钛合金、石墨（少数厂家有采用铂作为电极）。电极的绝缘隔离材料经常选用含氟或全氟的耐腐蚀的高分子材料。由于电导率的测量是和温度有关的，因此电极内部一般都会设计一个测量温度的元件，用于对电导率进行温度补偿。

应根据被测溶液介质的电导率范围而选择相应电极常数的电导率分析仪，目前常用的电极常数有 $0.01cm^{-1}$、$0.05cm^{-1}$、$0.1cm^{-1}$、$0.5cm^{-1}$、$1cm^{-1}$、$5cm^{-1}$、$10cm^{-1}$。电极常数小的分析仪适用于电导率低的溶液，电极常数大的分析仪适用于电导率高的溶液。如电极常数为 $0.01cm^{-1}$ 的分析仪可以检测工业纯水、超纯水的电导率。常见的 HACH 接触式电导率分析仪的电导常数与电导率测定范围参见表 9-1-1。

表 9-1-1　HACH 接触式电导率分析仪的电极常数与电导率测定范围

传感器电极常数/cm^{-1}	测量范围	
	电导率/(μS/cm)	电阻率/(MΩ・cm)
0.05	0～100	0.002～20
0.5	0～1000	0.001～20
1	0～2000	—
5	0～10000	—
10	0～20000	—

电极法电导率分析仪探头一般设计成二电极形式，用于高电导率溶液的测量时，有时会设计成四电极形式，以减少因导电离子在电极间定向迁移引起的极化作用而带来的测量误差。四电极形式的电导率分析仪的内部结构可能会较为复杂，一旦被污染物沾污，难以清洗去除，容易造成电极的故障。

9.2　水中有机污染物在线分析仪

9.2.1　化学需氧量在线分析仪

9.2.1.1　化学需氧量简介

化学需氧量（chemical oxygen demand，COD），又称化学耗氧量，是指在一定条件下，使用氧化剂氧化水中的还原性物质，所消耗的氧化剂的量，折算成的氧（以 O_2 计）的量，以 mg/L 表示。还原性物质包括各种有机物、亚硝酸盐、亚铁盐和硫化物等，其中最主要的是有机物。作为水质分析中最常测定的项目之一，COD 是衡量水体有机污染的一项重要指标，能够反映出水体的污染程度。化学需氧量越大，说明水体受有机物的污染越严重。

COD 的测量方法根据氧化剂种类的不同，可以分为重铬酸钾法和高锰酸钾法。以重铬酸钾作为氧化剂所测定的 COD 值称为 COD_{Cr}，而以高锰酸钾作为氧化剂所测定的 COD 值称为 COD_{Mn}。这两种方法从建立至今已有 100 多年的历史。

从 20 世纪 80 年代开始，重铬酸钾法成为水环境监测的主要指标。该方法氧化率高，适用于测定水样中有机物的总量，多用于工业废水及市政污水排放的 COD 监测。

高锰酸钾法测得的 COD 值，又称为高锰酸盐指数。该方法适用于饮用水、水源水和地表水、海水的 COD 测定。高锰酸盐指数细分下来又有酸性和碱性的两种，在氯离子含量较低时，使用前者；在氯离子含量较高（如海水、盐湖水等）时，使用后者。

9.2.1.2　在线 COD_{Cr} 分析仪

在线 COD_{Cr} 一般采用分光光度比色法。在强酸性溶液中，以重铬酸钾作为氧化剂，在催化剂作用下，于一定温度加热消解水样，使水样中的还原性物质被氧化剂氧化，而重铬酸钾中的铬离子由六价被还原为三价。在一定波长下，用分光光度计测定三价铬或六价铬的含量，换算为消耗氧的质量浓度，即为 COD_{Cr} 的值。

在线 COD_{Cr} 分析仪的分析系统主要由消解系统、取样系统、光学定量系统和安全防护系统等组成。

消解系统：采用强氧化剂在 175℃进行高温消解，为短时间消解创造可能；根据实际水质可调整反应时间设置以保证 100%氧化，确保测量的可靠性；可靠的设计使消解和测量共用测量池，从而避免因消解与测量分开进行操作时带来的误差。

取样系统：因接触的试剂和样品均具有强腐蚀性，对取样系统的设计要求很高，一般不会采用传统的蠕动泵，而采用活塞泵。活塞泵与样品和试剂没有直接接触，减少了被腐蚀的可能性，既提高了可靠性，又减少了维护量。另外，活塞泵由于不挤压泵管，不需经常更换泵管，能够降低运行成本。

光学定量系统：利用光学原理，定量水样和试剂，提高了水样和试剂的定量精度，在关键因素上保证了测试的准确性。

安全防护系统：为了防止有毒液体发生泄漏，对人员造成伤害、破坏环境，仪器配置了湿度传感器，用于安全防护，全天候工作。当湿度传感器检测到系统管路出现泄漏时，将发出信号使仪器立即停止工作并报警。只有当泄漏消除且报警信息得到确认后，仪器才能重新开始测量，从而保证了人员和环境的安全。

9.2.1.3　在线 COD_{Mn} 分析仪

在线 COD_{Mn} 分析仪的测量方法为高锰酸钾法，主要由操作单元、分析单元以及试剂贮藏单元等组成。其分析过程是：样品中加入已知量的高锰酸钾和硫酸，在沸水浴中加热 30min，高锰酸钾将样品中的某些有机物和无机还原性物质氧化，氧化反应完成后加入过量的草酸钠还原剩余的高锰酸钾，再用高锰酸钾标准溶液回滴过量的草酸钠。通过计算得到样品的 COD_{Mn}。

通常情况下，COD_{Mn} 分析仪测量终点的检测法是氧化还原电位法。氧化还原电位（ORP）法，是测量金属铂电极在氧化过程中对比参考电极的电位（氧化还原电位）。一定量的高锰酸钾溶液有特定的滴定曲线，在这条滴定曲线上，先找到平衡电位（mV）；把这个平衡电位点作为检测滴定终点。

当测量像海水这样含有大量氯离子的水样时，可以使用碱性法测量。在水样中加入氢氧化钠溶液使溶液为碱性，再加入氧化剂高锰酸钾，在沸腾水浴中反应 30min。求得此时高锰酸钾消耗的量，换算为耗氧量（以 O_2 计，mg/L）。高锰酸钾的消耗量用与酸性法一样的反向滴定法求得。

高锰酸盐指数不能作为理论需氧量或总有机物含量的指标，因为在规定的条件下，许多有机物只能部分被氧化，易挥发有机物也不包含在测定值之内。一般用于地表水检测。

9.2.1.4　在线 COD 分析仪的系统组成与安装

（1）在线 COD_{Cr} 分析仪的组成与安装

典型的重铬酸钾-比色法在线 COD_{Cr} 分析仪主要由两大部分组成：电气单元、分析单元。电气单元与分析单元完全分开，防止分析单元的药剂等物质腐蚀电气单元的元件。在线 COD_{Cr} 分析仪的结构参见图 9-2-1。

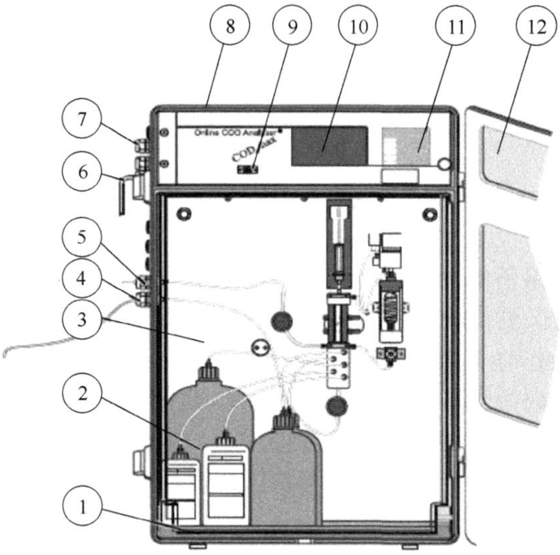

图 9-2-1　在线 COO_{Cr} 分析仪的结构

1—托盘；2—试剂；3—安全面板；4—废液排放管；5—进样管；6—电源线；7—屏蔽电缆口；8—仪器外壳；9—RS232 接口；10—显示屏；11—键盘；12—仪器门

分析单元内有强酸和剧毒液体，并且在测量过程中会产生高温、高压环境，可能会危及对人身安全。所以从安全考虑，设计安装安全面板非常重要。

当仪器进行测量时，安全面板无法打开，只有在仪器处于初始状态（消解池清空、常温、常压）时才可以开启面板。

在线 COD 分析仪大多在室内运行。理想条件是干燥、通风、易于进行温度控制的分析房。应选择尽可能靠近样品源的位置安装分析仪，尽可能地减少分析延迟。仪器的实际安装可以根据现场情况确定。

为使该检测过程顺利完成，同时保证一定的准确度和重复性，可选择采用预处理系统对待测水样进行前期预处理。预处理系统采集待测水样，然后对该水样进行破碎均质处理，同时还需要将泥沙等硬质颗粒从水样中分离，并且具备定期自动清洗维护的功能。

（2）高锰酸盐指数分析仪的系统组成与安装

COD_{Mn} 分析仪的分析单元主要由试样计量器、试剂计量器、反应槽、油浴加热槽、滴定泵、空气泵、管路及管夹阀组成。由计量器控制水样和试剂的进液量。电气单元控制气泵和电磁阀等的启动和停止，从而实现提取试剂，将其送入反应池，然后控制加热温度及时间，使氧化还原反应充分进行。再控制滴定泵进行高锰酸钾的反滴定，由反应槽中的 ORP 电极监控反应的平衡电位。最后通过计算得出 COD 数据。

整个反应槽结构参见图 9-2-2 所示，主要由搅拌器、铂电极、反应槽、反应槽盖、加热槽、加热槽盖、基座等部分组成。

加热槽参见图 9-2-3 所示。向加热槽内注入硅油至上下两条油位线之间。采用油浴加热控制反应槽的温度在 100℃，保证加热均匀及保持恒温。外围设有防护罩，防止与加热槽直接接触，以免烫伤。

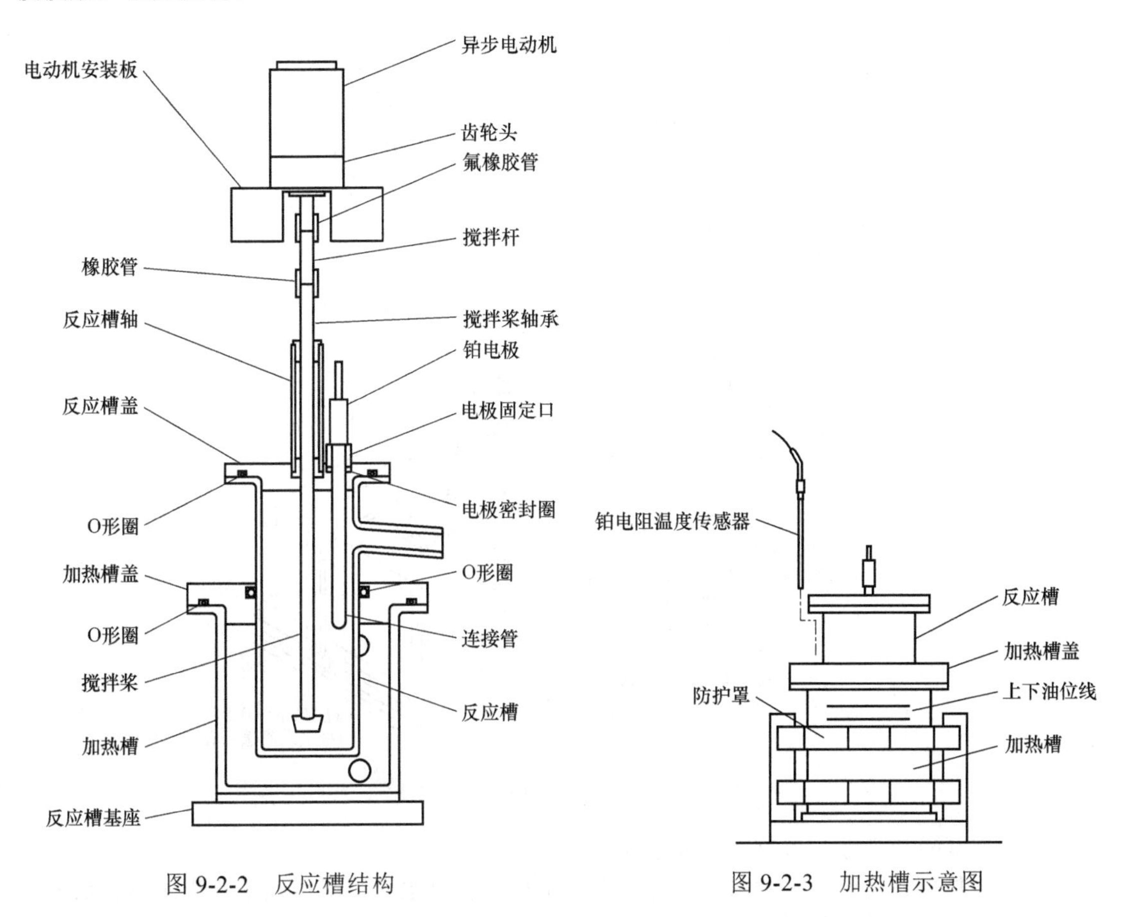

图 9-2-2　反应槽结构　　　　图 9-2-3　加热槽示意图

典型的高锰酸盐指数分析系统如图 9-2-4 所示。

9.2.1.5　COD 分析仪的应用

COD_{Cr} 在线分析仪广泛应用于污染源水排口、市政污水进排口和工业废水排口。COD_{Mn} 分析仪主要应用于地表水、饮用水以及海水中的 COD_{Mn} 的测定。

（1）市政污水处理厂的监测应用

市政污水处理厂在进、出水口都需要测量 COD 值。出水口的 COD 检测是为了检测经污水处理厂处理后的出水水质情况；进水口的 COD 检测是要了解污水负荷，调整工艺运行参数。比较进、出水口的 COD 值，可以知道污水处理厂的 COD 处理效率。

（2）工业废水排口的监测应用

工业废水由于污染物浓度较高，不能直接排放，表现在 COD 值高，含有一定的重金属，且可能含有毒物质。不同工业废水由于所含有机物不同，其降解的难易程度也不一样，所以针对不同的工业废水可以采用不同的消解时间。按照规定，工业废水必须经过处理，满足排放标准后才能排放。如为实时监测某焦化厂废水排放，在废水排放口安装 COD 在线分析仪，并通过数据采集仪器把数据传送到监测中心，监测中心就可以实时了解该焦化厂的排污情况。

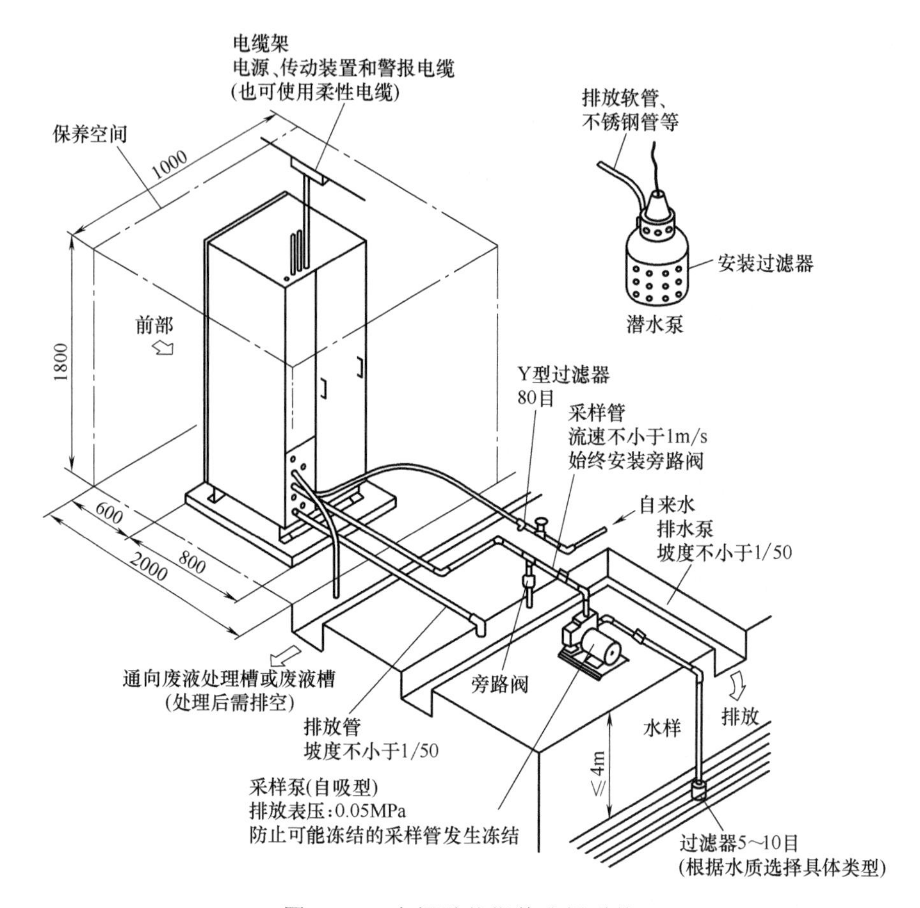

图 9-2-4　高锰酸盐指数分析系统

（3）高锰酸盐指数分析仪在地表水的应用案例

高锰酸盐指数是地表水站水质评价的重要指标，监测水质情况可以了解我国地表水水质的时空变化规律，系统分析水污染程度和地表水资源质量状况等。如某市区水文站，采用高锰酸盐指数分析仪，用于主要骨干河道的水质有机污染物的监测，该应用点的地表水属于Ⅳ类水，高锰酸盐指数限值是 20mg/L。

9.2.2　生化需氧量在线分析仪

9.2.2.1　生化需氧量简介

生化需氧量（biochemical oxygen demand，BOD）是在一定条件下，微生物分解存在于水中的可生化降解有机物所进行的生物化学反应过程消耗的溶解氧（以 O_2 计）的量，单位为 mg/L 或 mg/kg。生化需氧量是重要的水质污染参数，废水、废水处理厂出水和受污染的水中，微生物利用有机物生长繁殖时需要的氧量，是可降解（可以为微生物利用的）有机物的氧当量。因此，BOD 间接反映了水中可生物降解的有机物量。

污水中各种有机物完会氧化分解的时间很长，如在 20℃培养完成时，完成此过程需要 100 天。为了缩短检测时间，目前国内外普遍规定在 20℃±1℃下，培养 5 天，分别测定样品培养前后的溶解氧含量（以 O_2 计），二者之差记为 BOD_5，称为五日生化需氧量，以 mg/L 表示。

同样作为水体有机污染物的测量指标，BOD_5和COD的区别是：BOD_5是以生物化学方法测量水样中可降解有机物的量，反映了水体受可生化降解有机物污染的程度；COD是以化学方法测量水样中能够被氧化的还原性物质的量，反映了水体受还原性物质污染的程度。BOD_5与COD的比值能说明水中的有机污染物能被微生物分解的可能性（可生化性）。

9.2.2.2 BOD分析方法

常用的BOD分析方法有两种：稀释接种法和压差法。

（1）稀释接种法

HJ 505—2009中规定：稀释接种法是将用接种稀释水稀释后的水样充满完全密闭的培养瓶，将瓶置于恒温条件下（20℃±1℃）在暗处培养5d+4h。分别测定培养前后溶解氧的质量浓度，由两者的差值可算出每升水样消耗的溶解氧量（以O_2计），即BOD_5值（mg/L）。

一般水质检验所测BOD_5只包括含碳物质的需氧量和无机还原性物质的需氧量。有时需要分别测定含碳物质需氧量和硝化作用需氧量。常用的避免硝化作用影响测量结果的方法是向培养瓶中投加硝化抑制剂。加入适量硝化抑制剂后，所测出的需氧量即为含碳物质的需氧量。

传统的溶氧监测采用的是滴定法，比较麻烦，且只能在测量结束时检测。现在越来越多的厂家开始采用LDO或者LBOD探头来测溶解氧。如哈希水质分析仪器（上海）有限公司[简称哈希（上海）]的稀释接种法BOD_5测定仪，是采用溶解氧探头来代替滴定法测量溶氧。

（2）压差法

压差法模拟了自然界有机物的生物降解过程。密闭测试瓶中，液面上方空气中的氧气不断补充水中消耗的溶解氧，有机物降解产生的CO_2则被密封盖中的氢氧化钾吸收，导致系统的压力发生变化。使用压力传感器连续测量培养瓶中液面上方的压力变化，获得测试瓶中消耗的氧气量与气体压力之间的压差曲线，并由内置计算公式获得BOD值。

压差法相对于稀释接种法有很多优势：一方面过程消耗的氧气为待测水体中和液面上方空气中的氧气，所以测量范围更宽，样品不需稀释，使BOD测量更符合样品生化过程的实际情况；另一方面可以根据压力的实时变化了解BOD的变化趋势。因此压差法被越来越多的厂家采用。

由于BOD_5需要培养5天才能出结果，因此并不适合在线测量，目前市面上也缺少真正意义上的在线BOD分析仪，一般仍旧是采用实验室方法监测。如哈希（上海）的BODTrak Ⅱ分析仪就是采用压差法测量原理设计而成的。

9.2.2.3 在线BOD分析仪的检测技术与应用

BOD_5表示的是五日生化需氧量，需要生化培养5天后再进行检测，因此，从原理上来讲，并不适合在线测量。现在所有的在线BOD分析仪都是采用间接测量方法，用其他方法的测量结果换算。但无论采用哪种方法，都会存在一定的局限性，测量准确性不高，且水质波动时，换算系数也会随之波动。

目前，常用的在线BOD检测技术有紫外吸收法、COD转换法。另外，也有厂家采用微生物电极法等。

（1）紫外吸收法

紫外吸收法是目前在线测BOD最常用的方法，其原理是水中的某些有机物，如木质素、丹宁、腐殖质和各种含有芳香烃、双键或羟基的有机化合物，对254nm的紫外光有很好的特征吸收作用。根据朗伯-比尔定律（Lambert-Beer law），可以通过测量特征吸收值SAC254，然后利用SAC254与有机物浓度之间的相关性，转换成有机物浓度。根据该原理，可以将实验室所测得的 BOD 值和 SAC254 之间建立一个系数关系，进而通过 SAC254 计算出 BOD 值。

该方法可以快速连续地测量水体中 BOD 浓度的变化，且安装维护简单，使用时仅需根据水样的测量的结果对仪器进行校准。其缺点是当有机物组分发生变化时，仪器校准系数也会随之变化，故只能用于趋势性测量，且不适合水质波动较大的工况。

（2）COD 换算法

在水质变化不大的情况下，BOD 和 COD 之间有一定的系数关系。对于水质稳定，变化幅度不大的污染源、污水处理厂、地表水等，可以通过测量 COD_{Cr} 的值，根据适当的系数换算成 BOD 值。其优点是，相对于实验室方法，不需要 5 天生化培养，测量周期短；且相对于紫外吸收法，线性关系更稳定。但是其缺点是需要取排水单元和预处理，集成配套复杂，会产生危险废物，且当水质成分波动时，系数也会随之变化。

另外，在污水处理工艺中，BOD 与 COD 的比值常用于衡量污水水质可生化性，采用同一方法测量难以有效监测该比值的变化。

（3）微生物电极法

是一种将微生物技术与电化学技术相结合的分析方法。微生物传感器由氧电极和微生物菌膜构成。其原理是：当将传感电极插入温度恒定、含饱和溶解氧的底液时，由于微生物的呼吸活性是一定的，底液中的溶解氧分子通过微生物膜扩散进入氧电极的速率也会保持一定，此时微生物电极输出一稳态电流；如果底液中加入了有机物，有机物分子会与氧分子一起扩散进入微生物膜，膜中的微生物分解有机物而消耗一定量的氧，使扩散到氧电极表面的氧分子减少，扩散速率降低，使电极输出的电流减少，并在几分钟内降低至新的稳态值。在一定的 BOD 范围内，输出电流降低值与 BOD 浓度之间有线性关系。

相对于其他几种方法，微生物电极法具有测量数据更可靠，维护简单等优点，适合于测定地表水及浓度较低、组成成分比较简单的污水（如经过一级或二级处理后的水）中的生化需氧量。但是其缺点是需要定期更换微生物膜，且仪器对工作环境温度要求比较严格，不适合污染物组成复杂且浓度较高的污水。

（4）BOD 分析仪的应用

生化需氧量广泛应用于衡量废水的污染强度和废水处理构筑物的负荷与效率，也用于研究水体的氧平衡，用于了解水体自我修复能力。

BOD 最常用于污水生物处理过程中对水样的监测。在污水处理厂，BOD_5/COD 的值可综合评定待处理污水的可生化性。比值高，表示该种污水易于被生物降解；反之则不易。

生活污水的 BOD_5/COD 约为 0.4～0.65，一般可生化性较好。工业废水的 BOD_5/COD 取决于行业性质，变化极大。监测污水可生化性，对于调节后续处理工艺，确保达标排放有很重要的指导意义。

9.2.3　总有机碳在线分析仪

9.2.3.1　概述

总有机碳（total organic carbon，TOC）是样品中有机物所含碳元素的量，是以含碳量表示水体中有机物总量的综合指标，比 COD 更能真实反映水体中有机物的含量。

TOC 分析仪的分析过程都可以分为三个主要步骤：酸化、氧化、定量检测。常见的氧化方法有燃烧氧化、紫外/过硫酸盐催化氧化、羟基自由基二阶氧化等。定量检测目前采用非色散红外检测（NDIR）和电导率检测两种技术。其中NDIR的应用最成熟、最方便，是探测技术的主流，我国目前国标推荐的就是非色散红外吸收法，电导率检测技术主要应用于纯水的TOC检测。

我国在2009年正式颁布《水质 总有机碳的测定 燃烧氧化-非分散红外吸收法》（HJ 501—2009），作为地表水、地下水、生活污水和工业废水中TOC测定的环境行业标准。这一标准是对《水质 总有机碳（TOC）的测定 非色散红外线吸收法》（GB 13193—1991）和《水质 总有机碳的测定 燃烧氧化-非分散红外吸收法》（HJ/T 71—2001）的整合修订。值得注意的是，虽然燃烧氧化法具有氧化完全的特点，但在一些工业废水和存在海水倒灌现象的地表水等工况中，燃烧氧化法可能会遇到油、高盐、高悬浮物的挑战。

对于污染源监测，国家生态环境部2019年12月25日发布新版HJ 353～356—2019系列水污染源在线监测系统标准，对在线TOC分析仪的安装、验收、运行等提供了标准支撑。污染源在线有机物监测指标有COD或TOC两种选择方案。根据污染源现场排放水样的不同，有机物参数测定可灵活选择。如果选择了TOC参数，TOC分析仪将通过转换系数上报COD测量值，并按照COD水质自动分析仪标准要求进行安装、调试、试运行和运维等。

9.2.3.2 TOC在线分析仪

（1）燃烧氧化-NDIR法TOC分析仪

高温法测量TOC有燃烧法和高温催化氧化法。高温燃烧法是使样品在1350℃高温条件下进行燃烧，样品中所有的碳转化成二氧化碳，气体通过洗涤管去除干扰气体，如氯气和水蒸气等，二氧化碳通过强碱进行吸收称重，或者使用红外检测器进行检测。目前TOC分析仪常用非分散红外（NDIR）检测器进行二氧化碳检测，此种方法常见于实验室分析。高温催化氧化法是使样品进入铂催化剂，在680℃高温条件下进行氧化，通过非色散红外（NDIR）检测器进行二氧化碳检测。

高温燃烧法适用于较难氧化的有机物或者高分子有机物，可以对有机物，以及粒径较小、可以被输送到燃烧炉的固体和颗粒物质进行彻底氧化。而高温法主要的缺点是燃烧管中会累积不可吹出的残渣，造成测量基线不稳定。这些残渣会连续改变TOC的背景值，需要连续的本底修正。燃烧水样直接注射进入一个非常热的燃烧管（通常是石英管），燃烧的水样的量很少（小于2mL，通常小于400μL），影响检测灵敏度。而化学氧化法进样量在高温法的10倍以上，具有更高的测量灵敏度。同时，样品中盐分的燃烧残渣也会逐渐累积在燃烧管内，最终会堵塞催化剂表面，造成较低测量峰形状，降低测准确度和精密度。

（2）UV/过硫酸盐氧化-NDIR法TOC分析仪

整个过程分为酸化、除TIC（总无机碳）、氧化、气液分离和测量5个步骤：①样品通过多通道进样阀进入分析仪，加入磷酸试剂，将水中的无机碳转化成CO_2；②利用气液分离器分离出CO_2，随载气排出，从而除去样品中的TIC；③样品与过硫酸钠试剂混合后，进入紫外光消解装置进行氧化反应，将有机物氧化成CO_2和水；④生成的CO_2和水被气液分离器分离；⑤分离出的CO_2气体被送进非色散红外检测器。

红外检测器对CO_2的检测有良好的检测灵敏度和线性度。分析得到CO_2的浓度，并换算成TOC。

（3）羟基自由基二阶氧化-NDIR法TOC分析仪

很多用来作为强氧化剂的反应物，如臭氧和双氧水，在特定条件下可以再产生氧化性更强的羟基自由基。因此，可以利用这一手段得到更高氧化效率的TOC分析仪。这种分析仪的氧化通常是分为两段，有单纯的氧化剂氧化阶段，以及产生的羟基自由基的第二级氧化，成为二阶高级氧化（two stage advanced oxidation，TSAO）。

TOC 分析仪通常被用来测定不容易氧化的有机物。相比较其他的氧化技术，二阶氧化技术具有一定的优势，参见表 9-2-1。

表 9-2-1　几种氧化技术情况对比

项目	羟基自由基二阶氧化法	高温法	紫外/过硫酸法
氧化能力	强	强	弱
挥发性有机物	可以测量	可以测量	无法测量
进样体积	毫升级别（强）	微升级别（弱）	微升级别（弱）
盐耐受性	可耐受氯离子浓度最高30%和钙浓度最高 12%	可耐受氯离子浓度有限；盐含量不能过高；不能氧化的无机盐类易积聚在高温炉内，屏蔽催化剂作用，降低高温消解作用；部分盐类会造成催化剂中毒	耐受盐浓度最低，一般不超过 0.5%，否则会降低过硫酸盐氧化能力
测量稳定性	具有长期稳定性，可以允许 6 个月的校正间隔	高温炉内氧化灰烬或者其他影响，氧化效率降低，需频繁校正	由于紫外灯管的衰减，氧化效率降低，需要频繁校正

羟基自由基二阶氧化-NDIR 法 TOC 分析仪的分析流程为：

① 采样，分析仪采集具有代表性未经过滤的样品。

② TIC 测量，在水样中加入酸试剂，无机碳和酸试剂混合转化为二氧化碳并被载气吹出。检测总无机碳的目的是确保其没有被带入 TOC 测量过程。

③ 碱性氧化阶段，碱试剂加入反应器中，并通入臭氧（分析仪自带臭氧发生器生成），臭氧在碱性条件下产生羟基自由基，对水样进行彻底和全面的氧化。

④ TOC 测量阶段，再次加入酸以降低水样的 pH，载气把所有有机物转化成的 CO_2 吹扫出来，并由 NDIR 检测器进行测量，结果显示为总有机碳。

（4）其他类型 TOC 分析仪

其他类型的 TOC 分析仪主要采用电导率检测二氧化碳浓度，并换算成 TOC 数值，此类仪器主要采用紫外灯消解和电解技术进行有机物氧化；主要应用于纯水中 μg/L 级的 TOC 测量，以电子行业、制药行业等为主。在使用中不需要使用载气和试剂，维护量相对较低。同时相对 NDIR 方法的 TOC 分析仪而言，结构尺寸更为小巧，采用电导率测量的 TOC 分析仪还有便携式型号，可以方便现场应用。

9.2.3.3　TOC 分析仪的系统构成

典型的在线 TOC 分析系统包括样品预处理系统、在线 TOC 分析仪、载气（现场仪表风或空气压缩机）、试剂、样品回收系统，参见图 9-2-5。

9.2.3.4　TOC 分析仪的应用

水体中的 TOC 的来源主要是工业过程中的泄漏或事故，或是高浓度有机物的排放。在线 TOC 分析仪，被广泛地应用于环境监测分析、工业过程控制以及设备保护。

（1）在环境监测分析中的应用

水源中的 TOC 主要来自于天然有机物和人工合成有机物。如腐殖酸、黄腐酸、胺类、尿素等是常见的天然有机物；而洗涤剂、农药、肥料、除草剂、工业化学品和含氯化有机物等是常见的人工合成有机物。

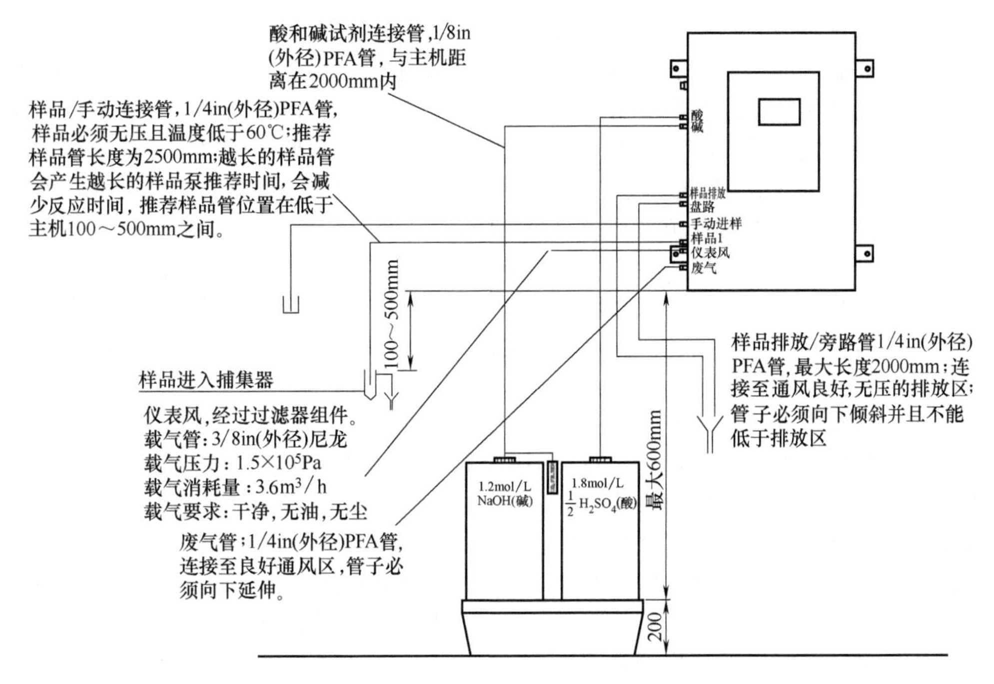

图 9-2-5　在线 TOC 分析系统

（1in=0.0254m）

在给水消毒处理中，TOC 有着重要作用，用于量化原水中天然有机物的含量。在给水处理中，在原水中加入含氯消毒剂，活性氯（Cl_2、HOCl、ClO^-）会与天然有机物反应产生消毒副产物（DBP）。许多研究人员发现，原水中较高水平的天然有机物含量，在给水处理过程中会增加水中致癌物质的含量。

（2）在循环冷却用水分析中的应用

在工业生产中，如石油化工生产中，从原料到产品，包括工艺过程中的半成品、中间体、溶剂、添加剂、催化剂、试剂等，具有高温、深冷、高压、真空等特点，在工艺过程中需要通过热量交换进行冷却或加热，需要使用大量的循环冷却水，而且这些介质又多以气体和液体状态存在，具有腐蚀性，极易泄漏和挥发。如果生产工艺热交换过程中发生介质泄漏：一方面由于这些介质具有易燃、易爆的特点，容易形成爆炸环境，会造成生产设备运行的重大安全隐患；另一方面，循环冷却水受到泄漏介质的污染后，会影响后续水处理设备的运行安全和处理效果，降低循环冷却水的使用频率和效率，增加用水量，以及降低热交换的效率。

在电厂中，汽轮机油是用油量最大的润滑油。润滑油在发电机组中，主要起润滑、冷却散热、调速和氢冷发电机的密封等作用。润滑油冷却过程主要在冷油器中实现热量交换，通常冷油器采用的是循环水冷却。由于润滑油等都是有机物，通过在线监测循环水的 TOC 数值：首先可以连续监测循环水是否受到介质泄漏污染，并及时反馈，及早发现安全隐患；其次，监测了解循环水的水质，可以自动控制补水或加药等处理措施，提高循环水利用率，有利于节能降耗，减少排放。

在石化等特殊行业应用中，有些生产环境比较特殊，有些区域为防爆Ⅰ区或Ⅱ区；要求仪器具有防爆的性能，需要采用防爆 TOC 分析仪或将仪器放置于隔爆箱或防爆分析小屋中进行现场监测。

（3）在热力（锅炉）和工艺用水分析中的应用

高压锅炉对给水水质要求非常高，因此补水的成本也很昂贵，如果热交换后产生的高温冷凝水汽中有机物含量、油含量等水质指标低于允许值，就可以将高温冷凝水汽直接送回高压锅炉作为补水，这可以节约大量水资源和热能，从而可以降低高压锅炉的运行成本。在线TOC分析仪就可以实现在线TOC分析或TC（总碳）痕迹检测。冷凝水回收项目的经济效益极高，是石油、化工、电力等领域节能、减排的优选项目。

工艺用水，往往以蒸汽形式参与生产反应，因此工艺用水（蒸汽）的品质影响了生产反应的过程、生产产品（中间体、成品等）的品质，同时也会影响生产设备的运行安全。在线测量工艺水（蒸汽）的水质指标，如TC、TOC等水质参数，对于产品的生产过程控制有着重要影响作用。

（4）在工业废水及雨水监测中的应用

总有机碳分析与生物需氧量（BOD）和化学需氧量（COD）分析等传统方法相比较，TOC测量中将有机物全部氧化，更为快速，可以准确地反应水中有机物的含量。工业行业中，生产或者使用有机化学品，工业废水和厂区初期雨水中往往含有大量有机污染物，如果不经过处理直接排放进入环境，将会引起严重的环境问题。在处理过程中，通过在线TOC测量，可以及时了解水质状况，优化污水处理工艺；在排放口可以监控污水达标排放，有利于减少企业的污染排放量，降低环境污染和危害。

（5）在制药行业中的应用

进入供水系统的有机物不仅包括活的生物体和腐烂的有机物，还有可能从净化和管路系统的材料中带入有机物。可以确认TOC浓度和制药管路系统中的内毒素及微生物浓度水平之间存在相关性。维持低水平的TOC有利于控制内毒素和微生物浓度水平。美国药典（USP）、欧洲药典（EP）和日本药典（JP）规定TOC需要作为纯水和注射水（WFI）的一个测试指标。基于以上原因，TOC现已在生物制药行业包括净化过程和管路系统的过程控制中成为一个重要的指标。药厂为了保证不同药物生产中不产生交叉污染，需要进行多种清洗过程，TOC还用来验证清洗过程的有效性，特别是原位清洗（CIP）过程。

（6）典型的在线TOC分析仪应用案例

国内某大型炼化企业，在其烯烃部某化工装置的冷凝液回水处进行TOC监测。该点位的在线TOC分析仪将决定冷凝水是再循环使用，还是应排放处理，对于实时把握工艺生产过程，控制冷凝液回用有重要意义。

该应用现场的冷凝液水质洁净度较高，部分回水中可能含有来自生产装置的环氧乙烷、芳烃类物质。客户现场原先所使用的UV法TOC分析仪，对于含有苯环结构的碳氢化合物氧化能力差，有机物污染物无法被完全氧化。对于凝结水中可能会带来的一些挥发性有机物，受原理的限制，传统UV法也不能检测出来。二阶高级氧化法（TSAO）利用生成的羟基自由基作氧化剂，能够将有机污染物中的苯环结构完全破坏和彻底氧化。

9.2.4　水中油在线分析仪

9.2.4.1　水中油的来源及检测方法

水中油，特别是石油类物质会严重污染水体、空气、土壤。石油类物质进入水环境后，其含量超过0.1～0.4mg/L即可在水面形成油膜，油膜会阻碍水体与空气的气体交换，影响水体的复氧过程，造成水体缺氧，危害水生生物的生活和有机污染物的好氧降解。当含量超过

3mg/L 时，会严重抑制水体自净过程。

生产生活中的水中油主要来源于以下几种情况：居民日常生活、石油加工过程、机械运行润滑泄漏、机械操作维修、金属加工、采油、输油等。水中油依据含油成分不同主要分为生物油、矿物油、合成油脂三大类。油在水体中有 5 种存在形式：漂浮油、分散油、乳化油、溶解油和油-固体物。

漂浮油以连续相漂浮于水面，形成油膜或油层，其油滴粒径较大，一般大于 100μm。分散油是以微小油滴悬浮于水中，静置一定时间后往往变成浮油，其油滴粒径为 10～100μm。乳化油是水中含有表面活性剂使油成为稳定的乳化液，油滴粒径一般小于 10μm，大部分为 0.1～2μm。溶解油是一种以化学方式溶解的微粒分散油，油粒直径比乳化油还要细，有时可小到几纳米。油在纯水中溶解能力极差，水中存在有机溶剂或表面活性剂时会增强矿物油溶解性。油-固体物是水中油附着于固体颗粒上形成的。

水中石油类污染物检测的标准方法是红外分光光度法（HJ 637—2018）和紫外分光光度法（HJ 970—2018）。此外国家海洋监测规范 GB 17378.4—2007 中也明确规定了适宜海水水质的油类检测方法：荧光分光光度法和重量法。另外，间接表征水中油的检测方法还有 TOC 法、浊度换算法以及气体吹出/FID 法。

目前，水中油在线分析仪主要有折射光测量法和紫外荧光法两种，尤以后者应用较多。折射光测量法使用三个不同波长的灯源及许多不同角度的固态式光接收器来监测颗粒及油滴所产生的不同折射光及穿透光强度。光能经由放大器及信号转换器转成数字信号，再经由微处理器分别计算出油分含量及颗粒含量。该方法对水中痕量油的灵敏度较差。国际上比较流行和应用较多的在线分析方法是紫外荧光法。紫外荧光法可以直接对样品进行测量，无需任何试剂或溶剂，无需人工操作，响应时间快（通常<1s），通过校准后可以获得很好的相关性以及测量精度。

9.2.4.2 紫外荧光法水中油在线分析仪

紫外荧光法是一种非常灵敏的方法，可以用来测量水中的油类化合物。其原理是水中某些碳氢化合物在紫外光照射下，会激发出特定波长的荧光，通过测量这种波长下荧光的强度，可以确定碳氢化合物的浓度。

水中油传感器通过直接测量给定样品体积中的荧光物质发射量的方法，来在线监测多环芳烃的浓度。多环芳烃荧光主要是由高效的氙气闪光灯所激发，激发所需的波长是通过使用 254nm 干扰过滤器进行选择的。小部分激发光会被双重的光束分裂器反射，并被用做参比信号来评估激发能量的变化。激发光束会由一个小棱镜在视窗前约 2mm 处聚光。荧光也会由同样的棱镜来收集，被光束分裂器反射，主要是由于荧光物质更长的波长以及被更大面积的光电二极管检测到。在光电二极管前面使用了干扰过滤器（CWL 360nm）来消除散射光，并用来选择荧光。利用特制线路可以消除环境光的干扰，环境光在地表水中是很常见的。

9.2.4.3 水中油在线分析仪系统组成

完整的水中油在线分析仪测量系统包括：水中油传感器、通用型控制器以及相应的安装支架。其传感器既可以浸没式安装，又可以插入式安装，还可选择流通式安装用于特种工况，没有复杂的接线和安装设置步骤。水中油分析仪测量系统参见图 9-2-6。

9.2.4.4 水中油分析仪的应用

在线水中油分析仪是为了监测水中的痕量矿物油而设计的，可应用于工业循环水、凝结水、废水处理、地表水站等水质监测。

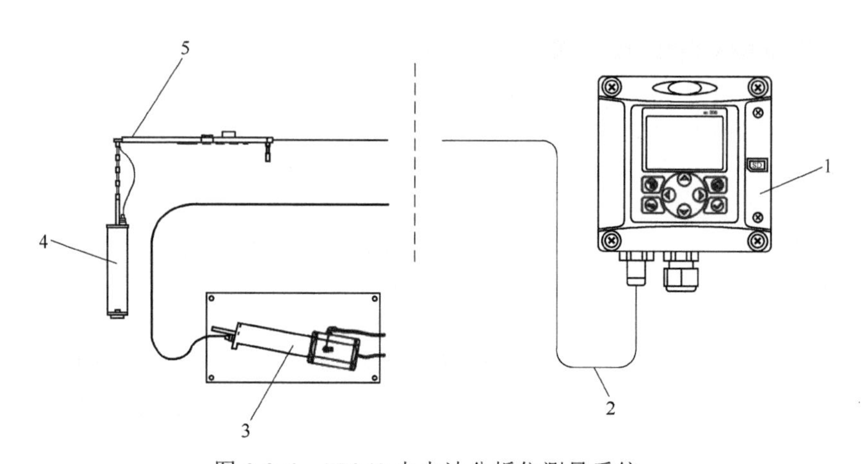

图 9-2-6 FP360 水中油分析仪测量系统

1—控制器；2—延长电缆；3—流通式安装支架；4—水中油传感器；5—链式安装支架

① 地表水水中油监测 石油类物质是地表水必测项目之一。国内不少地区环监部门对河流、湖泊、排污河渠都采取在线监测的方式来监控油类污染物。工业的矿物油污染是地表水油类污染的来源之一，紫外荧光法水中油分析仪可以有效监测矿物油的污染。如某地环境监测中心将石油类污染指标纳入了地表水在线监测系统，在不同地表水水质自动监测站均采用荧光法在线水中油分析仪。现场用户主要用于趋势测量，在没有做校准的情况下水中油含量在 10^2μg/L 量级，能够达到监测水中油含量的变化趋势的要求。随着环保监测要求的日益提升，地表水石油类在线监测会被越来越多地区的环保局所采纳。

② 荧光法水中油分析仪在石化废水处理过程中的应用 石化行业产生的废水中，最重要的一类是含油废水，废水量大、含油量高，一般单独处理达标后排放或深度处理回用。GB 31570—2015《石油炼制工业污染物排放标准》和 GB 31571—2015《石油化学工业污染物排放标准》都明确规定石油类的直接排放标准为 5 mg/L。石化行业的废水处理过程一般在隔油池之后均设有二级气浮装置进行除油。高浓度的含油废水对后续生化工艺会有比较大的负荷冲击，监测废水中水中油含量不仅可以衡量气浮工艺的性能，亦能对后续生化废水处理工艺起到预警的作用。

紫外荧光法对多数矿物油有非常灵敏的响应（可达 μg/L 级），不受水中大部分水处理剂背景的影响，无需样品处理，水的透明度、浊度对测量无影响，响应速度快，适用范围广，灵敏度高。

国内某石化公司为监测气浮池的除油效果，并保障后续生化工艺进水的负荷，在线监测二级气浮池出水的水中油含量，采用的是 DP360 sc 荧光法在线水中油分析仪。其水中油传感器采用探头式结构，小巧简单、 便于安装和维护，可浸入式、流通式和管道式安装。由于石化污水处理现场一般为防爆区域，故水中油分析仪采用流通式安装，且配备正压吹扫防爆柜达到防爆要求。

9.3 水中营养盐在线分析仪

9.3.1 氨氮在线分析仪

9.3.1.1 氨氮检测方法

氨氮是指水中以游离氨（NH_3）和铵离子（NH_4^+）形式存在的氮。当氨溶于水时，其中一部分氨与水反应生成铵离子，一部分形成水合氨，也称非离子氨。非离子氨是引起水生生物毒害的主要因素。氨氮超标将导致水体出现富营养化，藻类水生物疯狂生长，覆盖水体表面，大量藻类死亡后腐烂分解，不仅产生硫化氢等有害气体，同时也会大量消耗水体中的溶解氧，使水体变为缺氧甚至厌氧状态，严重影响水中鱼类的生长。自来水的源水中氨氮含量较高也会导致自来水出水的水质下降，可能导致对人体健康的损害。氨氮超标还会增加给水消毒杀菌处理的氯耗量。

氨氮废水的超标排放是水体富营养化的主要原因，因此，从自来水源水，到地表水，再到污水厂的排放口，都需要氨氮在线监测仪进行监测，严格控制氨氮的排放。

氨氮测定的标准方法主要有两种：水杨酸分光光度法（HJ 536—2009）和纳氏试剂分光光度法（HJ 535—2009）。由于纳氏试剂中所含有的氯化汞（$HgCl_2$）和碘化汞（HgI_2）为剧毒物质，故而一般推荐使用水杨酸分光光度法测定水中的氨氮浓度。

常见的氨氮在线分析仪按照采用的测量原理，可分为比色法、气敏电极法、离子选择电极法。这些氨氮在线分析仪都有各自的特点以及应用领域。一般说来，比色法多用于检测较为干净的水体，而离子选择电极则用于生物反应池中氨氮的过程控制。

9.3.1.2　氨氮在线分析仪检测技术

（1）比色法氨氮在线分析仪

比色法氨氮在线分析仪基于水杨酸分光光度法原理，为防止样品浊度的干扰，一般同时还将测量光与波长为880nm的散色光进行参比。基于这种测量原理的在线氨氮分析仪具有检出限低的优点，在测量较为干净的地表水或饮用水时，是非常适用的。在与预处理器进行配套后，比色法氨氮在线分析仪被广泛用于污染源在线监测。

比色法氨氮在线分析仪一般采用双波长及双光程的专利比色皿设计，确保仪器更宽的测量量程和准确度。通过参比光束的测量，可有效消除样品浊度、 电源波动等因素对测量结果的干扰 ，测量结果可以用图形或数字方式显示。比色法氨氮在线分析仪能安全可靠地应用于氨氮浓度的连续测量，具有响应时间快、测量稳定性好、易于维护等特点，可在无人值守的情况下连续稳定运行4～8周。具有高低量程两种型号，分别适用于不同浓度范围。含有悬浮颗粒物的样品在进入比色法氨氮水质自动分析仪之前，必须经过水样预处理器进行样品预处理。比色法氨氮在线分析仪适用于市政污水、饮用水、地表水及工业等领域的在线氨氮测定。

比色法在测量污水时遇到的挑战是：污水的浊度和色度会对分光光度法的测量产生严重干扰；污水中的某些成分也可能与试剂产生显色反应，影响了测量的准确度。

为了解决污水中浊度和色度对分光光度法的干扰，避免污水中的某些成分与试剂产生显色反应影响测量，市场上出现了一些改良比色法的氨氮分析仪，如“逐出比色法”在线氨氮分析仪。仪器采用“逐出法”对污水样品进行处理，再进行比色测量。测量原理是将少量的浓氢氧化钠溶液（逐出液）加入到被测液体中，当pH值大于11时，将样品中的铵根离子转换成NH_3气而被逐出，再进行测量，便可获得样品中氨氮的含量。而溶解性的氨氮低于氨氮总量的0.1%，是可以忽略不计的。与传统的方法相比，这种方法具有维护量小、量程宽、运行费用低、耐色度和浊度干扰、无需频繁校准等优点。逐出比色法氨氮分析仪适用于工业、市政污水等复杂水样的在线氨氮检测。

（2）气敏电极法氨氮在线分析仪

气敏电极法氨氮在线分析仪由分析仪和数字化控制器两部分共同组成，分析仪通过数字化接口与数字化控制器连接，并通过控制器为分析仪供电。在污水中，氨气敏电极透气膜的工作状态会受到污水的破坏，电极寿命也会大大缩短，常采用“逐出法”对水样进行预处理：样品首先被加入碱性试剂，使得pH在12左右，此时，水中的铵根离子全部转化为氨气逸出。通过活塞泵将逸出的全部气体都转移至氨气敏电极处，在氨气敏电极的一端有一层PTFE材料的选择性渗透膜，只允许氨分子通过进入电极内部。气敏电极内充满了氯化铵电解液，氨分子穿过选择性渗透膜后与电解液发生反应，导致电解液的pH值发生变化，气敏电极内部的pH电极测量出pH值的变化量，即可计算出氨氮的浓度。

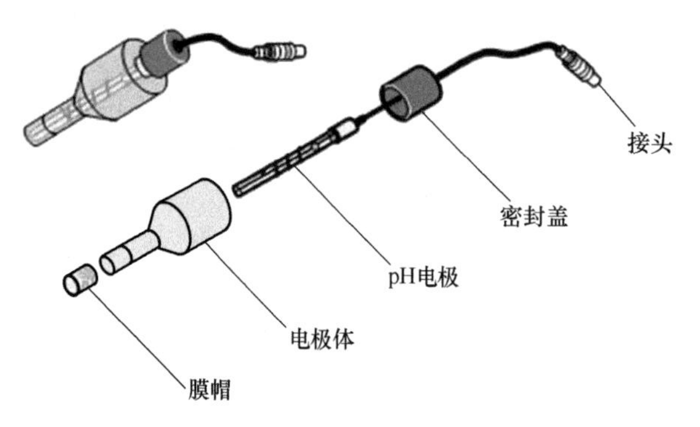

图9-3-1　氨气敏电极的结构

氨气敏电极是分析单元的核心元件，主要有三部分组成，包括最前端的氨分子选择性渗透膜、内装氯化铵的电极体和一根pH电极。氨气敏电极的结构参见图9-3-1。

氨气敏电极法氨氮分析仪可应用于饮用水、地表水、工业生产过程水及污水处理工艺中氨氮浓度的监测。

（3）离子选择电极法氨氮在线分析仪

离子选择法氨氮在线分析仪由探头部分和数字化控制器组成，探头与控制器间通过数字接口传输数据并以此从控制器向探头供电。探头部分主要由探头芯和传感器本体组成。探头芯是测量的核心元件，集成了铵离子选择电极、钾离子选择电极、差分pH参比电极和温度电极。探头芯作为整体可以被拆装，当膜、电极或盐桥的寿命到达期限后，可以整个更换探头芯。

离子选择电极法在线分析仪采用矩阵式的系统校正，即将铵根离子选择电极、钾离子选择电极、pH电极和温度电极的值作为一个系统，实际得出的NH_4^+-N浓度是根据这个系统中四个电极测量的数值作为一个系统互相补偿计算得出的。

离子选择电极法在线分析仪通常在出厂时已经做了校正，但是在实际水样中，各种其他成分对离子选择膜有很大的影响，尤其是污水处理厂的水样。一般还需要进行手动校正。校正时，膜需要在混水中适应数小时才能趋于稳定。

9.3.1.3　氨氮分析仪系统组成

以比色法氨氮在线分析仪为例，完整的氨氮在线测量系统包含：取样系统、预处理系统、氨氮水质在线分析仪。NA8000氨氮在线分析系统的安装图参见图9-3-2。

9.3.1.4　氨氮在线分析仪的应用

（1）污水处理生物脱氮的工艺要求

污水生物脱氮的基本原理是通过活性污泥中的某些特定的微生物群体，在特定的环境下将水中的有机氮和氨氮转换成氮气逸出，最终达到脱氮目的。生物脱氮包括三个阶段：首先氨化细菌将水中的有机氮转化为氨氮，这个过程叫作氨化过程；其次，由硝化细菌在好氧的条件下将氨氮转化为硝氮，称之为硝化过程；最后，在反硝化过程中，反硝化细菌在缺氧的条件将硝氮转化为氮气，使其从水中逸出，达到脱氮目的。

硝化过程由于需要好氧的条件，因此在一般的活性污泥工艺中，都设置了好氧池或好氧区，通过曝气设备向水中充入大量空气或氧气，保证硝化过程的进行。污水厂日常运行管理系统中采用自动化控制，使用了溶解氧在线分析仪在曝气区域对曝气量进行反馈控制，根据

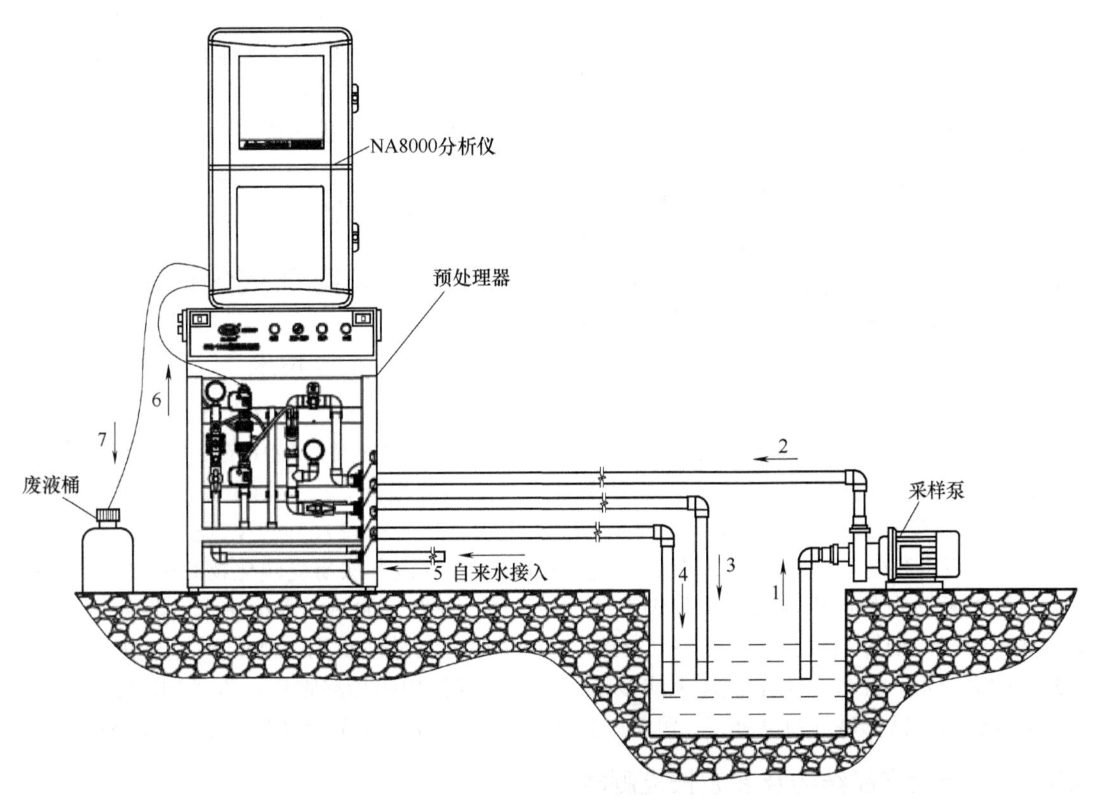

图 9-3-2　NA8000 氨氮在线分析系统

1—采水管路，有压，满管，由采样泵从采水点汲取进入泵体内；2—源水管路，有压，满管，由采样泵泵体内加压进入预处理器；3—有压排水管路，有压，满管，同预处理器内部管路、进水管路一起形成循环水路；4—无压排水管路，无压，非满管，依靠水流自身重力进行排放，安装时需保证此路顺畅；5—自来水路，有压，满管，接自来水，压力要求 0.14～0.3MPa；6—取样管路，有压，满管，待测水样由预处理器供给分析仪；7—排液管路，有压，满管，仪器分析产生的废液经此路排放至废液桶进行收集

经验值一般将水中溶解氧控制在 2mg/L 左右，可以基本保证硝化反应的正常进行。

但是，水中的溶解氧浓度只是保证硝化反应可以正常进行的一个外部条件，影响硝化反应的因素还有很多，包括 pH、温度、有机物浓度、水力停留时间和污泥龄等，只通过溶解氧进行控制还是不能达到非常理想的效果。因此，为了进一步对硝化反应区的曝气量作精细控制，又引入了氨氮在线分析仪与溶解氧在线分析仪进行联合控制。

（2）比色法氨氮分析仪在石化行业废水氨氮监测中的应用

石化行业生产废水来自各个生产装置，其中常减压蒸馏、催化裂化、重整和加氢装置均会产生大量含硫污水。由于含硫污水含有较多的硫化氢、氨、 酚、氰化物和油等污染物，不能直接排至污水处理厂。

一般污水处理厂对进水中硫化氢和氨的浓度要求分别小于 50mg/L 和 100mg/L，因此，该股污水需经过气体装置处理达标后才能排放到污水处理厂。为了监测气体外排净化水的氨氮含量，石化厂常采用在线氨氮分析仪对排放废水氨氮进行内控监测，保障排放废水氨氮不超标，同时通过废水氨氮的含量变化也可反映装置运行的稳定情况。酸性水污染物浓度较高，含油，腐蚀性强，对在线氨氮分析仪的稳定运行有比较高的挑战。

NA8000 比色法在线氨氮分析仪安置（图 9-3-3）在正压防爆柜内，为分析仪的正常稳定

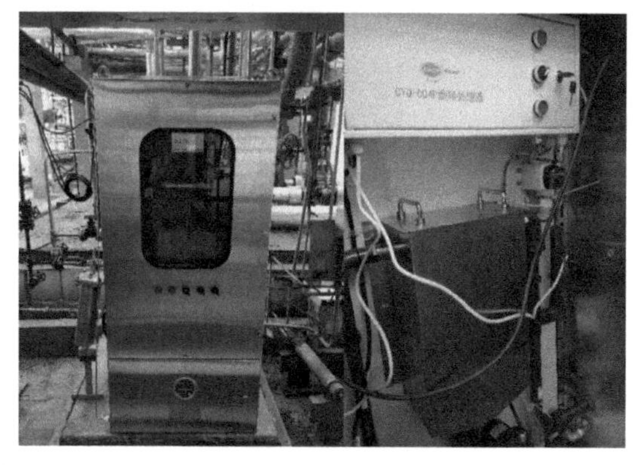

图 9-3-3　NA8000 及 CYQ-004P 预处理现场安装图

运行提供了良好的工作环境，同时满足现场防爆要求。考虑到废水水质较为复杂，水样先经换热器降温处理后再进入 CYQ-004P 预处理系统除去水样中油、悬浮物等易堵塞管路的成分，经膜过滤后再送至 NA8000 分析仪溢流杯供分析仪采样分析。

9.3.2　总氮在线分析仪

9.3.2.1　检测技术

总氮包括溶液中所有含氮化合物，即亚硝酸盐氮、硝酸盐氮、无机盐氮、溶解态氮及大部分有机含氮化合物中的氮的总和。总氮是湖泊富营养化的关键限制因子之一，也是衡量水质的重要指标之一。测量总氮的标准方法为 2012 年颁布的碱性过硫酸钾消解紫外分光光度法（HJ 636—2012），该方法适用于地表水、地下水、工业废水和生活污水中总氮的测定。值得注意的是，该方法易受溴化物和碘化物的干扰。

主要过程是在样品中加入过硫酸钾溶液，在 120℃条件下加热 30min 消解，将氮转变成硝酸根离子，然后把样品放到酸性溶液（pH 值 2～3）中，测量波长为 220nm 时硝酸根离子在紫外光区的吸收值。此外，由于试样中或多或少含有些有机物和悬浮物质，为了扣除干扰因素，利用双波长法对试样进行浊度补偿，测量干扰物质在 275nm 光波下的吸收，计算出总氮的含量。

9.3.2.2　典型产品结构及多波长检测器

以哈希（上海）的 NPW-160 分析仪为例，其内部结构参见图 9-3-4。

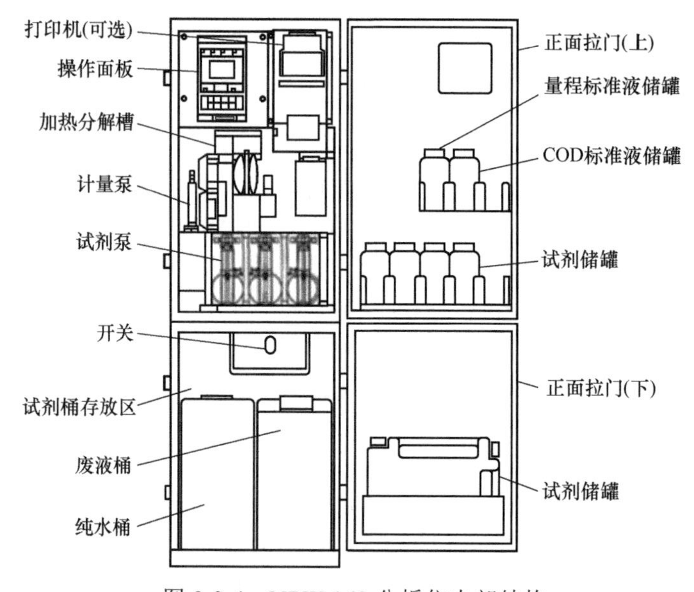

图 9-3-4　NPW-160 分析仪内部结构

NPW-160 总氮在线分析仪内置多波长检测器，由光源、流通池、分光计组成。光源为多光源，包含一个氘灯（D_2灯）和一个钨灯（W 灯）对齐排列在同一光轴上。流通池由石英玻璃制成，常用有两种规格：一种为 10mm 光程的流通池，适合检测高浓度总氮，如污水厂的出入口等；另一种为 20mm 光程流通池，适合检测低浓度总氮，如地表水和自来水等。分光计的受光器采用 2048 的像素的线性阵列检测器，无需有可移动部件，可实现 220～880nm 的分光（其中 700nm 还可用于总磷的检测）。检测器结构参见图 9-3-5。

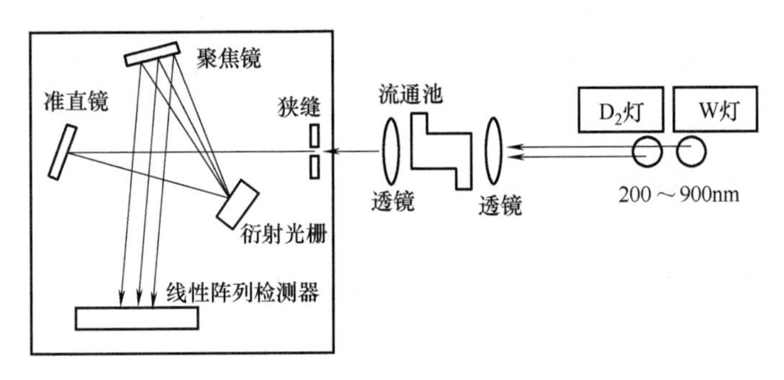

图 9-3-5　NPW-160 检测器结构图

9.3.2.3　典型的系统组成及安装

典型的总氮在线分析仪的系统组成及现场安装，参见图 9-3-6 所示。

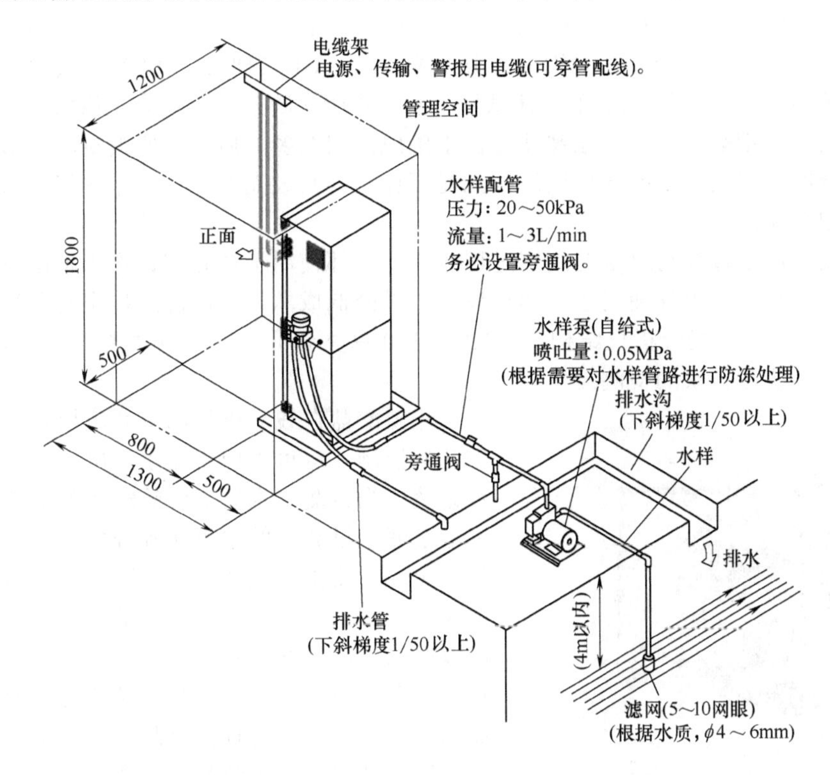

图 9-3-6　总氮在线分析仪系统组成与现场安装

9.3.2.4　总氮在线分析仪的应用

2018 年生态环境部印发了《关于加强固定污染源氮磷污染防治的通知》，文件明确要求：氮磷排放重点行业的重点排污单位应安装含总氮和（或）总磷指标的自动在线监控设备并与环境保护主管部门联网。

总氮在线分析仪主要应用于地表水、自来水、市政污水或其他特殊场合下水质中总氮的自动监测。总氮分析仪能够长期无人值守地自动监测各种水质中的总氮，可广泛应用于水质自动监测站、自来水厂、排污监控点、地区水界点、水质分析室以及各级环境监管机构对水环境的监测。如某地固废综合处置中心项目，在总排口处安装了NPW-160H总氮分析仪监测总氮的浓度，监测点水质成分复杂，包含工业废水废液、医疗废液以及危险废物渗滤液。仪器自带接液槽，水样通过外置采样泵泵入接液槽中，直接供给仪器分析，无需额外加装预处理器。只需定期更换试剂，进行校准及维护即可保证仪表稳定运行。

9.3.3 总磷在线分析仪

9.3.3.1 总磷、正磷酸盐在线分析仪检测技术

总磷是水样经消解后将各种形态的磷转变成正磷酸盐后测定的结果。在水中，磷是主要的营养盐物质之一，其主要来源为生活污水、化肥、农药等。因此必须控制磷的排放，缓解水体富营养化的程度。

在线总磷、正磷酸盐分析仪主要可以应用于地表水、生活污水、工业废水磷含量的监测，还可以用于水工业循环水总磷、正磷、有机磷连续自动监测，不仅在工业过程中能够控制缓蚀阻垢剂自动添加，节省药剂，同时也起到对水体中磷的控制。

现行的总磷测量的标准方法为钼酸铵分光光度法（GB 11893—1989）。其原理为在中性条件下用过硫酸钾（或硝酸-高氯酸）使试样消解，将所含磷全部氧化为正磷酸盐。在酸性介质中，正磷酸盐与钼酸铵反应，在锑盐存在下生成磷钼杂多酸后，立即被抗坏血酸还原，生成蓝色的络合物。将反应后的水样通过分光光度计测得其吸光度，在工作曲线中查取磷的含量，并计算出总磷的含量。

由于总磷的测定过程与总氮的测定过程类似，并都使用了过硫酸钾作为消解剂。许多在线的总氮、总磷在线分析仪使用了一体化设置，以降低成本。其内部结构也与总氮在线分析仪类似，可参照总氮在线分析仪结构。如NPW-160总氮分析仪也可同时测量总磷参数。以下介绍正磷酸盐在线分析仪的检测技术。

图9-3-7 正磷酸盐分析仪（Phosphax sc）分析单元内部结构图

1—双光束LED光度计，使用经过验证的比色法（黄色），两种量程；2—空气泵可以传输液体；3—剂量泵供试剂使用；4—清洗溶液；5—试剂

正磷酸盐在线分析仪的主要应用点是脱氮除磷工艺的控制，也可以应用在水厂出口或者循环冷却水系统。当待测水水质很脏的时候就需要预处理器进行过滤，过滤后的水再送到分析仪进行分析。其分析单元主要由比色池、空气泵、管路及捏阀组成，由仪器控制空气泵、捏阀的启动和停止，从而实现提取样品、试剂并将其送入比色池，然后由仪器控制加热温度及时间对试剂和样品的混合液进行高温加热，反应结束后进行比色测定，读出相应的吸光度并通过计算得出正磷酸盐的数据。

典型的正磷酸盐分析仪分析单元内部结构图参见图9-3-7。

正磷酸盐分析仪的关键部件为消解比色池，由一个比色池和光度计组成，而光度计是此仪器的测量核心部件。正磷酸盐分析仪在测量正磷酸盐时所

有的反应和操作都在这部分进行，包括加温、消解、比色。试剂与水样在比色池中混合后，经过加温反应后，通过冷却后比色计进行比色，从而得出测量数据。

9.3.3.2 总磷、正磷酸盐在线分析仪系统的应用

总磷在线分析系统的构成与总氮分析仪系统的构成基本相同。正磷酸盐分析系统由正磷酸盐分析仪、预处理采样单元和数字化通用控制器等组成。

（1）总磷、正磷酸盐在线分析仪的应用

污水中的磷有很多存在形式，但主要为正磷酸盐 PO_4^{3-}-P、聚磷酸盐和有机磷。进入处理厂的污水中，绝大部分聚磷酸盐和有机磷被水解或者矿化成了 PO_4^{3-}-P。污水中剩余的有机磷和聚磷酸盐在进入生物处理系统后，也将被矿化成 PO_4^{3-}-P。

生物除磷的机理是利用聚磷菌在厌氧情况下将体内贮存的聚磷酸盐以 PO_4^{3-}-P 的形式释放出来，以便获得能量。在好氧状态下“饥饿”的聚磷菌将体内贮存的有机物氧化分解，产生能量，同时将水体中正磷酸盐 PO_4^{3-}-P 超量摄取，以聚磷酸盐的形式贮存起来，这样就将水中的磷转移到聚磷菌体内，然后通过控制排泥，将含磷的剩余污泥排放，也就实现了水中除磷的目的。

生物除磷工艺进行控制除了要控制好溶解氧的多少、回流比、剩余污泥排放量等参数外，更加直接的方式就是在好氧段进行正磷酸盐的含量检测。除了污水的生物除磷过程，在线正磷酸盐分析仪在化学除磷中同样重要，可利用其检测化学除磷出水正磷酸盐浓度，并与出水设定值比较，用来反馈化学除磷药剂投加量；当浓度发生变化时，能够迅速做出响应，特别是出现进水峰值时，也能确保出水不会违反限值规定。同时能够优化化学除磷药剂用量，降低除磷成本以及污泥排放量。

（2）低量程正磷酸盐分析仪在市政污水处理工艺过程中的应用

欧盟水框架指令（WFD）规定了欧盟国家污水厂的污染物浓度排放标准，降低排入地表水的有机物和营养盐浓度是其关键部分。在德国，根据污水厂不同的处理规模，其排放的总磷浓度通常被要求在 0.5～2mg/L 范围内，在部分区域需降低至 0.2mg/L 以下。其他欧盟国家也已执行或即将执行严格的总磷排放浓度标准，如小于 0.3mg/L。

污水厂排口总磷浓度日益降低，过程磷酸盐的浓度也随之降低。为更好地指导化学除磷药剂的投加和控制，在确保排口总磷浓度稳定达标排放的基础上，实现药剂投加量的合理控制，低量程在线磷酸盐分析仪已被应用于污水厂处理过程的实时监测，以便于运行人员根据实时浓度反馈调节药剂投加量。

9.3.4 硝氮在线分析仪

9.3.4.1 硝氮在线分析仪检测技术

硝态氮，简称硝氮，包括硝酸盐氮和亚硝酸盐氮，作为环境污染物而广泛地存在于自然界中，尤其是存在于气态水、地表水和地下水中以及动植物体内。硝酸盐在人体内可被还原为亚硝酸盐，亚硝酸盐还会形成亚硝胺类物质，在人体内达到一定剂量时可致癌；大量亚硝酸盐还会使人直接中毒，严重影响人体健康。

环境中硝酸盐与亚硝酸盐的污染来源很多：化肥施用、污水灌溉、垃圾粪便、工业含氮废弃物、燃料燃烧排放的含氮废气等，在自然条件下，经降水淋溶分解后形成硝酸盐，流入河、湖并渗入地下，从而造成地表水和地下水的硝酸盐污染。在污水处理工艺中，为了实现

生物脱氮，也需要在处理过程中对硝态氮的浓度进行监测和控制。硝氮在线分析仪可以应用于饮用水、地表水、工业过程水和污水的监测，还可以在污水处理工艺中进行反硝化的优化控制。

目前，硝氮实验室测量的主要方法有酚二磺酸分光光度法、紫外分光光度法、电极法、镉柱还原法和戴氏合金法等。标准方法为酚二磺酸分光光度法（GB 7480—1987）和紫外分光光度法（HJ/T 346—2007）。

常见的在线硝氮分析仪根据测量原理主要可以分为两大类：紫外吸收法和离子选择电极法。其中离子选择电极法主要用于市政污水的生物反应池、生物脱氮优化控制；而其他在饮用水、地表水、市政污水、工业生产过程用水中使用的是紫外吸收法。

（1）紫外吸收法硝氮在线分析仪

溶解于水中的硝酸根离子和亚硝酸根离子会吸收波长小于250nm的紫外光。这种光学吸收特性为利用传感器直接浸没于液体中，测量硝酸根离子和亚硝酸根离子浓度提供了可能。基于紫外光来进行测量，待测样品的颜色对测量过程没有干扰。水中浊度会导致透光率降低，因此使用了带有浊度补偿功能的双光束光度计：在较长的波长下再测量一个吸光度值，作为浊度的补偿，以此来计算出硝氮浓度。

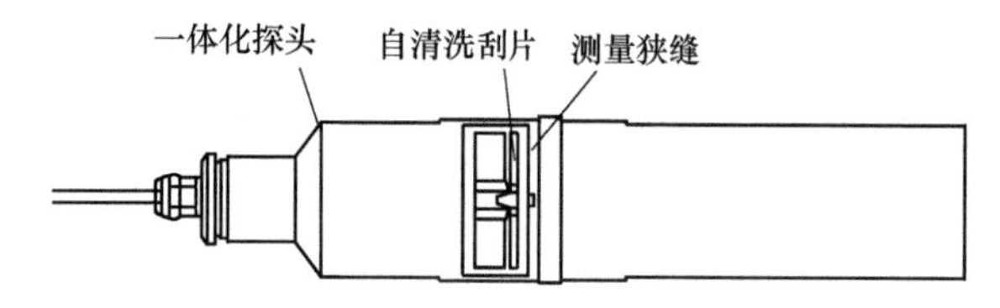

图9-3-8　Nitratrax sc 硝氮在线分析仪探头外部结构示意图

图9-3-8为基于紫外吸收法硝氮在线分析仪探头的外部结构示意图，从仪器外部可以看到测量狭缝和自清洗刮片。水充满测量狭缝，检测的光线透过并计算其吸光值。为了避免在某些水质较差的环境中测量狭缝被悬浮颗粒淤积堵塞，影响测量结果，一般都为狭缝装配了自清洗刮片，可以按照设定每隔一段时间就扫过整个测量狭缝，将淤积的颗粒物从狭缝中清除出去。自清洗刮片是由一根传动轴带动旋转清扫的，当刮片使用一段时间后会逐渐被腐蚀，可以较容易地更换刮片，保证自清洗的效果。

探头内部的测量单元结构参见图9-3-9所示，包括一个宽波长光源、一个光学适配器、一个分光片、两个滤光片和两个检测器。光源发出光线，经过光学适配器整流，穿过测量狭缝中的被测水样，经分光片将光线一分为二，分别透过检测滤光片和参比滤光片，滤去检测波和参比波以外的光线，最后被检测器检测光强，推算出狭缝中水样对这两束光的吸光度，进而计算出硝氮的浓度。

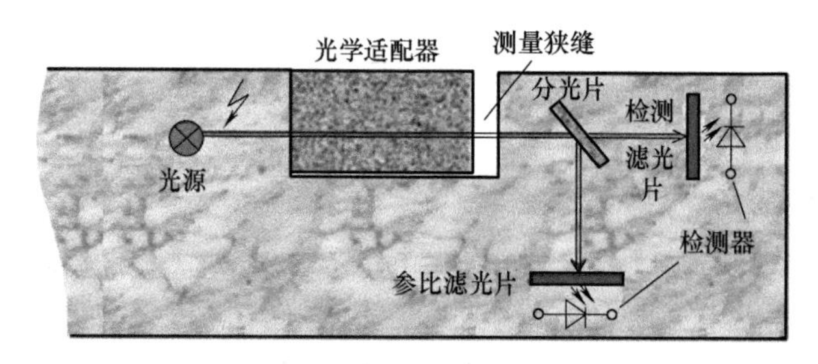

图9-3-9　Nitratrax sc 硝氮在线分析仪探头内部测量单元结构示意图

（2）离子选择电极法硝氮在线分析仪

硝酸根离子选择电极与铵根离子选择电极的原理、结构极为相近，所不同的是探头前端的离子选择性透过膜，能使硝酸根离子得以透过并与电解液发生电化学反应。此外，氯离子的存在及温度的变化，都会对硝酸根离子选择电极的测量结果产生影响和干扰。因此，还使用了氯离子选择电极测量氯离子浓度，温度电极测量温度，并与硝酸根离子选择电极的测量值进行相互补偿和平衡，从而保证硝酸根离子浓度测量的准确性。其他结构部分与铵根离子选择电极类似。

9.3.4.2 硝氮在线分析仪的系统组成与应用

（1）硝氮在线分析仪的系统组成

紫外吸收法或离子选择电极法的硝氮在线分析仪，其测量系统主要由通用型控制器、硝氮传感器和适合安装点位的安装支架组成。其系统组成与安装如图 9-3-10 所示。

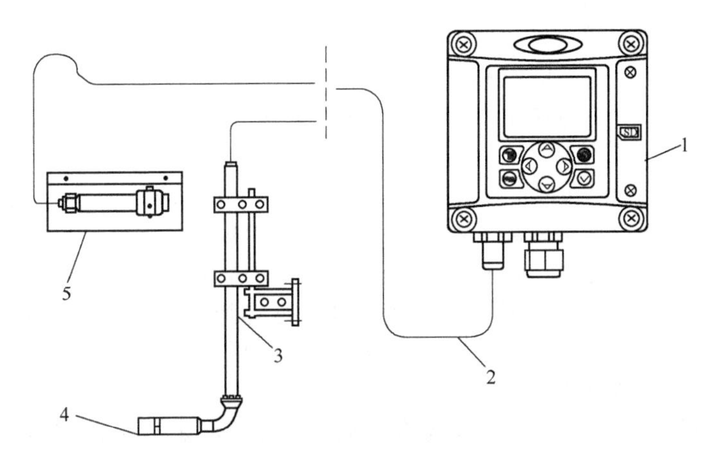

图 9-3-10 硝氮在线分析仪的组成与系统安装

1—通用控制器；2—延长电缆（可选项，根据工况需要增减长度）；3—浸入式安装支架；4—Nitratrax sc/AN-ISE 硝氮传感器；5—流通式安装支架

（2）硝氮在线分析仪的应用

① 硝氮在线分析用于生物脱氮的优化控制　污水处理工艺中生物脱氮的优化控制，是通过活性污泥中的某些特定的微生物群体，在特定的环境下，将水中的有机氮和氨氮转换成氮气逸出，最终达到脱氮的目的。如果只使用溶解氧和 ORP 在线分析仪对反硝化进行监测控制，则只能保证反硝化区域的溶氧环境适宜反硝化反应，无论是人为投加的碳源量，还是回流硝化液的回流比，都无法控制。因此，需要引入硝氮在线分析仪，才能实现对反硝化的优化控制。

② 紫外吸收法硝氮分析仪在化工污水处理中的应用　国内某化工厂的自备废水处理设施采用预处理加生物处理的工艺，生物处理包括缺氧反硝化和好氧曝气池，在生物缺氧反硝化池上安装了紫外法在线硝氮分析仪，以实时调节运行工艺。污水厂生物池为密封结构，池子上方建有屋顶，池顶开孔，仪器的传感器在池顶通过法兰固定，并将安装杆伸入生物池。

紫外吸收法在线硝氮分析仪用于实时监测污水处理过程的硝酸盐浓度，工作人员根据实时的反馈数据，调整外加碳源的投加量，在确保出口硝酸盐浓度符合要求的前提下，可防止外加碳源的过量投加，节省运行费用。经该现场两年多的使用证明，在线硝氮分析仪监测结果准确，维护工作量少，符合用户的工艺控制需求。

9.4　无机离子在线分析仪

9.4.1　分光光度法重金属在线分析仪

9.4.1.1　重金属在线检测方法

重金属是指相对密度在4.5以上的金属元素，如铜、铅、锌、镍、铬、镉、汞等，大约有60种左右，另外非金属元素砷也往往被归到重金属类中。水中重金属污染是水体污染的重要组成之一，对人类生命健康有着严重的威胁。为此，国家对重金属污染防治制定了有关标准、政策，对水中重金属的在线监测也高度重视。

水中重金属的在线分析方法主要有电化学方法及分光光度法。近来，原子吸收光谱原理在线重金属分析仪也开始出现。

电化学方法包括溶出伏安法、极谱法、电位溶出法、库仑滴定法等。其中，阳极溶出伏安法和极谱法是目前水中重金属离子在线分析应用较多的方法。

分光光度法是通过测定被测物质在特定波长处或一定波长范围内光的吸收度，对该物质进行定性和定量分析的方法，其基本原理是朗伯-比尔定律。水样中大部分离子均可用紫外-可见分光光度法进行测定，且检出限可达到很低，是使用最广泛的在线分析手段，具有设备简单、方法可靠、简便快速等优点。

分光光度法直接测量的是以离子形态存在的金属元素，如铜离子、锰离子等。如果辅以消解前处理，将各种形态的金属物质全部转换为离子态再测量，则可得到总金属含量，比如总铜、总锰等。

9.4.1.2　仪器测量原理

重金属分析仪根据所测参数分为金属离子分析仪和金属总量分析仪。常见检测目的包括金属离子（如Al^{3+}、Fe^{2+}、Fe^{3+}、Cu^{2+}、Zn^{2+}、Ni^{2+}、Cr^{6+}等）含量、金属总含量（如总铜、总镍、总锌、总铁、总铬、总锰等）。

含量和相应的总金属含量，如铜离子和总铜，分析方法一样，区别只是总量分析仪需在测量前增加消解装置，将水中各种形态的金属都转化为离子态再进行测量。

（1）消解原理　消解的目的是破坏有机物和溶解悬浮物，并将各种形态的待测元素转化为单一价态的离子进行检测。重金属常用的消解方式有加酸热消解法和微波消解法，分别遵循标准HJ 677—2013《水质　金属总量的消解　硝酸消解法》和HJ 678—2013《水质　金属总量的消解　微波消解法》。这两种方法在实际应用中各有优劣，在线仪器一般采用硝酸热消解法：取一定量的水样，加入硝酸，加热至95℃±5℃，消解至溶液澄清。

标准硝酸热消解法耗时较长，在线仪器一般采用加硝酸后在一定压力下加热至120℃的方式，通过提高温度来提升消解速度。

（2）六价铬测量原理　在酸性溶液中，六价铬与二苯碳酰二肼（DPC）生成紫红色化合物，于波长540nm处进行分光光度测定。根据样品初始的颜色，与加入显色剂之后的颜色不同，利用比色计进行比色法测量，最后计算并得出六价铬的浓度值。

（3）总铬测量原理　在一定的温度及压力下，水样中各种价态铬被氧化成六价铬。其余与六价铬测量相同。

（4）总铜测量原理 仪器采用高温消解水样，将水样中的络合铜、有机铜等转化为二价铜离子。再通过还原剂盐酸羟胺将二价铜转化为亚铜，采用浴铜灵作为显色剂，亚铜离子与浴铜灵反应产生黄棕色络合物。该络合物浓度与水样中的总铜浓度呈正相关。于波长470nm处进行分光光度测定，根据样品初始的颜色，与加入显色剂之后的颜色不同，比较两者之间的差异，分析样品的浓度。

（5）总镍测量原理 仪器采用高温消解水样，样品中的总镍被消解成二价镍离子。二价镍离子在氧化剂（过硫酸铵）作用下，在碱性溶液中与丁二酮肟形成橙棕色络合物。于波长470nm处进行分光光度测定，根据样品初始的颜色，与加入显色剂之后的颜色不同，比较两者之间的差异，分析样品的浓度。

（6）总锰测量原理 样品先被添加消解试剂，然后采用高温消解。样品中的总锰被消解成二价锰离子。二价锰离子在微碱性溶液中与甲醛肟反应，形成褐色的络合物。于波长470nm处进行分光光度测定，根据样品初始的颜色，与加入显色剂之后的颜色变化的不同程度，来确定分析样品的浓度。

上述是常用参数的典型测量原理，各个厂家在具体设计应用时，会有些差异，比如试剂配方和检测波长，但是总体原理基本一致。

9.4.1.3 重金属在线分析仪的测量技术与应用

在线重金属分析系统包括：样品预处理系统、在线重金属分析仪、试剂等几部分。在线重金属分析仪包括：控制模块、消解模块（适用于金属总量测定）、分析模块和试剂模块。

（1）测量技术

以总铜测量技术为例，采用甲醛肟比色法。测量步骤如下：

① 取样：每次测量前仪器会先用待测样水冲洗管路，去除前一次测量时的水样残留，然后提取一定量的新鲜水样。

② 消解：水样中加入硝酸溶液，充分混合后在消解装置里加热至120℃（消解温度最高可设置为150℃）消解10min（消解时间可编程，最长60min），将各种形态的锰转换为Mn^{2+}。

③ 空白测量：消解后的样品经冷却后送至分析单元，在450nm处测量初始吸光度，去除样品空白。

④ 测量：加入缓冲剂和颜色指示剂，混合后再加入EDTA和还原剂，充分混合后在450nm处测量吸光度，并计算总铜测量值。

通常，在线重金属分析仪的所有重金属参数测量是基于同一分析平台；仪器分辨率高，检出限低，可测量10^{-9}级的重金属含量；并具有自动冲洗、自动校准、自动验证功能，保证测量准确性，降低使用维护量；可选多通道测量、多种输出方式。

（2）重金属在线分析仪的应用

主要应用于地表水、自来水、工业废水、工业过程等各个点位的监测。

① 地表水 国家标准GB 3838—2002《地表水环境质量标准》，规定了地表水中铜、锌、砷、汞、铬、镉等多种参数的控制范围。地表水重金属指标测量大多以实验室检测为主，但是在特殊地区，比如矿区、重工业污染区也选择性安装在线重金属分析仪。

② 饮用水 对水源地，尤其是存在重金属超标隐患地区的水源地，检测重金属含量是非常必要的。同地表水站、饮用水水源地的测量一样，大多也采用实验室检测的方法，但在重点地区，会增设在线重金属分析仪。在自来水厂，最常用的在线重金属仪器是总锰分析仪和总铁分析仪。锰和铁元素虽对人体没有明显危害，但自来水中高浓度的锰、铁会产生比较

明显的颜色和味道，因此也是各大自来水厂重点关注的指标。

③ 工业废水　工业废水是自然水体中重金属污染的最主要来源，各个工业行业的污水排放标准，都对典型重金属参数排放指标做出了严格的限值。比如电子类企业排口要求控制总铜、总镍等；电镀企业要求控制总铬、六价铬、总镍等；电池工业要求监测并控制总铅浓度等。

④ 工业过程用水　在石油化工企业生产过程中，由于存在设备泄漏及腐蚀，常造成凝结水含铁量超标。设备和管道腐蚀，也致使凝结水中带有铁的金属腐蚀产物，并沉积在锅炉金属受热面上形成水垢。水垢的形成亦会产生垢下腐蚀，危害锅炉的安全稳定运行。凝结水中的铁化合物的形态主要是 Fe_3O_4 和 Fe_2O_3，呈悬浮物和胶态，此外，也有铁的各种离子。石化企业一般都设有凝结水处理站来净化处理以满足锅炉回用要求。常常在凝结水精处理的进水和出水处对铁进行分析和控制。

（3）典型应用案例

① 典型应用案例1：总锰在线分析仪在自来水厂的应用　国内某自来水厂，因为原水锰含量时有超标的现象，影响出水品质。为了实时监测进水锰含量，指导调整水处理工艺，保证出水自来水品质，该水厂在进水处增加了一套总锰在线分析仪，用于监测原水锰含量。采用的是哈希（上海）的EZ2003总锰分析仪，现场应用参见图9-4-1。

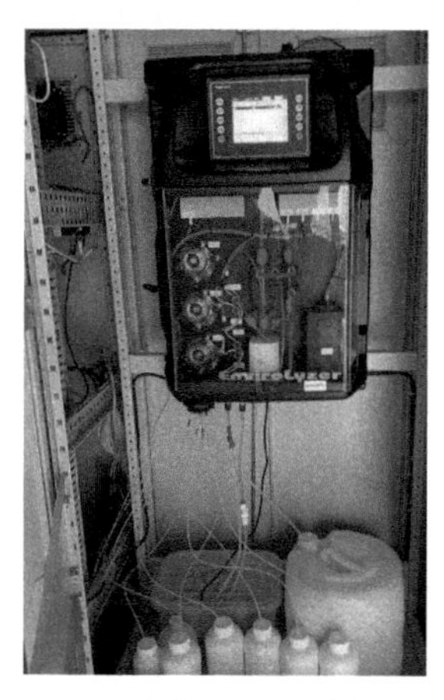

图9-4-1　总锰分析仪现场应用图

现场情况表明EZ2003性能稳定、维护量少，用户只需每月按照试剂配方配置更换试剂，定期更换蠕动泵泵管等，即可保证仪器正常工作。仪器响应速度快，每20min即可提供准确的测量数据，为预警或工艺控制提供依据。

② 典型应用案例2：总铁在线分析仪在工业凝结水处理中的应用　某石化企业凝结水精处理系统进水和出水均采用在线铁分析仪，来分析监控凝结水精处理系统的进/出水的铁含量，以实现凝结水处理过程中铁含量的在线监控。

该仪器具有智能的自动控制系统，实现自动清洗、自动校准等功能，超长光程比色皿保障了仪器具有μg/L级别的检出限，满足现场低铁浓度监测需求，能连续提供准确有效的数据，以指导现场除铁装置的正常运行。

③ 典型应用案例3：总镍在线分析仪在工业废水排口的应用　近几年来，国内电子行业发展迅猛，在生产过程中产生了大量的有毒有害废水，包括酸碱废水、含氟废水、金属废水、有机废水、氰化物废水等。在《电子工业水污染物排放标准》（GB 39731—2020）中除规定了COD、氨氮、总磷、总氮的排放标准外，也规定了重金属类污染物的排放标准。

为了满足环保排放标准要求，某电子厂在污水厂排口安装了在线的总铜和总镍分析仪，用于监测外排污水的总铜和总镍浓度并实时上传环保局。该厂使用了聚光科技HMA型分析仪型总镍分析仪，自投运后，运行状态良好。该厂废水总镍的内控排放标准为 <0.1mg/L，每天取水样送至第三方检测机构检测，与原子吸收测定结果相比，HMA型分析仪总镍的测试结果偏差在允许的偏差范围之内，满足用户在线测量要求。

9.4.2　阳极溶出伏安法重金属在线分析仪

9.4.2.1　检测原理

阳极溶出伏安法和极谱法是目前水中重金属离子在线分析应用较多的电化学方法。阳极溶出伏安法具有灵敏度高、检出限低的特点，常用于水中痕量重金属的检测。

阳极溶出伏安法是指在一定的电位下，使待测金属离子部分地还原成金属并溶入微电极或析出于电极的表面，然后向电极施加反向电压，使微电极上的金属氧化而产生氧化电流，根据氧化过程的电流和电压曲线进行分析的电化学分析法。溶出伏安法包含电解富集和电解溶出两个过程。

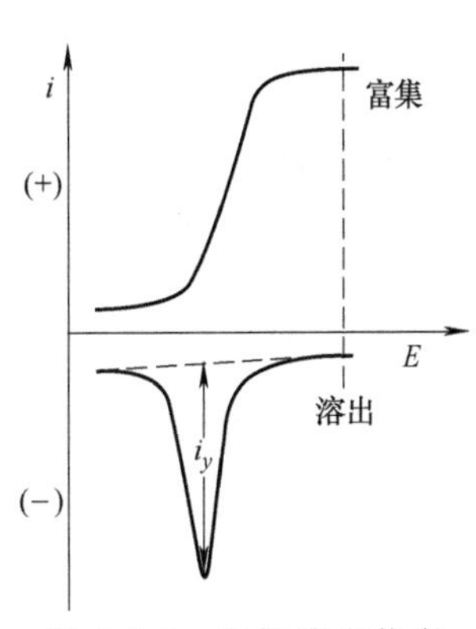

图 9-4-2　阳极溶出伏安法极化曲线

电解富集过程：是给工作电极施加极限电流电位（图 9-4-2）进行电解，使被测物质富集在电极上。为了提高富集效果，可同时使电极旋转或搅拌溶液，以加快被测物质输送到电极表面。富集物质的量则与电极电位、电极面积、电解时间和搅拌速度等因素有关。

电解溶出过程：经过一定时间的富集后，停止搅拌，再逐渐改变工作电极电位，电位变化的方向应使电极反应与上述富集过程电极反应相反。记录所得的电流-电位曲线，称为溶出曲线，呈峰状，峰电流大小与被测物质浓度有关。

9.4.2.2　仪器组成

与比色法重金属在线分析仪一样，阳极溶出伏安法重金属在线分析仪所测参数也分为金属离子和金属总量。阳极溶出伏安法重金属在线分析仪常检测的元素有：铅、砷、汞、镉、铜、锌等。在测总金属含量时，也需要在测量前增加消解步骤，将水中各种形态的待测元素转化为单一离子进行检测。消解方式常用的也是加酸热消解法。

典型的重金属在线分析仪包括控制模块、消解模块（适用于金属总量检测）、分析模块和试剂模块。

分析模块由取样泵、试剂泵、定量单元、管阀件、电极和电解池模块等组成。仪器测量流程如下：经预处理后满足进样要求的样水通过取样泵进入仪器，先润洗管路后定量抽取样品到消解单元，加试剂，加热消解，消解结束并冷却的样水被送至测量模块进行检测。

在线分析仪器所采用的试剂泵主要有蠕动泵和注射泵两类，两者各有其优缺点。注射泵精度更高，且由于泵管和水样不直接接触，因此比较适合用于比较复杂的水样，或者腐蚀性比较强的试剂；但其缺点是活塞部件易磨损，需要定期更换。蠕动泵是利用对泵管的挤压来吸取或排出液体，具有结构简单，维护方便、流通不接触泵体，无污染等优点；其缺点是进样精度稍低，且随着泵管的磨损和老化，会进一步影响定量精度，需要定期更换泵管。

9.4.2.3　典型产品

水中重金属在线分析仪产品大多采用无汞溶出伏安法分析技术。典型产品简介如下。

（1）典型产品 1：美国 HACH 公司的 EZ6000 重金属在线分析仪

美国 HACH 公司 EZ6000 系列重金属/微量金属在线分析仪采用电化学阳极溶出伏安法，

用于银、砷、镉、汞、铅、硒等一种或多种元素的在线测量，适用于地表水、地下水和饮用水等行业。

仪器主要特点如下：典型低检出限<1μg/L；通过微型泵可达到更高的测量范围；内置数据库软件，界面操作和设置非常方便；模拟实验室方法，低试剂和样品消耗量，试剂可自配；内置样品消解用于结构复杂和被吸附的金属测量；使用方便，可自动校准、自动验证、自动清洗、自动测量准备；特定工作电极的选择性高；可选配1～8路测量通道，用于多通道测量。仪器外形参见图9-4-3。

（2）典型产品2：英国现代水务（Modern Water）公司的OVA7000重金属分析仪

OVA7000自配计算机芯片，可通过无线或有线网络与其他计算机联机，远程操作。这种分离的外部控制防止了未经允许的擅自对设置、测量等的改动。仪器为模块设计，分为试剂仓与测量仓，置于轻便、坚固的外壳内，仪器的外形参见图9-4-4。

OVA7000可检测多种元素（如As、Cd、Cr、Cu、Hg、Ni、Pb、Se、Tl、Zn等），检测浓度可低达0.5～5μg/L，颜色及浊度对测量结果没有影响。可监测废水、工业用水、河水及饮用水。水样预处理包括酸、UV消解及过滤。

图9-4-3 EZ6000分析仪

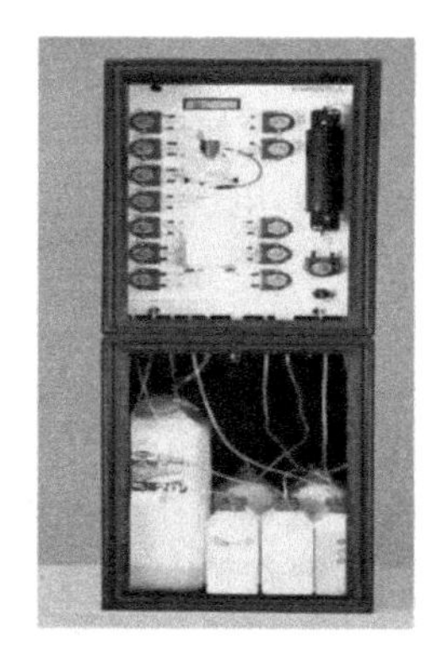

图9-4-4 OVA7000分析仪

图9-4-5 HMA-2000分析仪

（3）典型产品3：聚光科技公司的HMA-2000重金属在线分析仪

HMA-2000系列重金属在线分析仪基于电化学方法对重金属进行在线监测，对环境无害，适用于多种水样的重金属在线监测，可检测组分超过二十种。例如：锑（Sb）、砷（As）、铋（Bi）、镉（Cd）、铬（Cr）、钴（Co）、铜（Cu）、金（Au）、铁（Fe）、铅（Pb）、汞（Hg）、锰（Mn）、银（Ag）、硒（Se）、铊（Tl）、钼（Mo）、镍（Ni）、锌（Zn）等，典型检测项目包括铅（Pb）、镉（Cd）、砷（As）、汞（Hg）等。能够根据用户需求对检测项目进行定制，满足各种应用场合的需求。

HMA-2000通过三个阶段对水中的重金属进行检测。第一阶段预电解富集：水样经过前处理系统进行处理后，通过顺序注射系统流经电解池单元，在电解池中，对工作电极施加一定的电势对被分析组分进行预电解富集，使被测金属富集于工作电极上。第二阶段静止：电解池维持静止，采用一定的方式让重金属稳定存在于工作电极上，并消除水中气态物质对测定过程的干扰。第三阶段溶出：采用特定的方式使富集于工作电极上的被测重金属从电极上溶出，获得被测组分的波形，根据波形（峰位置和峰高）确定被测组分和被测组分的浓度。

9.4.3 硅、钠、磷在线分析仪

9.4.3.1 硅在线分析仪检测技术

在工业用水尤其是锅炉水系统中，若水中含有硅化物（主要是二氧化硅）则会在锅炉内壁、锅炉管道、热交换器上形成硅化物沉积（水垢），降低热交换效率，造成热量和燃料的浪费，甚至会因局部过热或压力不均而产生安全隐患，危害锅炉的安全运行。同时，硅化物还会随蒸汽被带到汽轮机，在汽轮机叶片上沉积，降低汽轮机效率，甚至造成永久性的机械损失。因此，在锅炉水系统中，硅含量必须被严格控制。

另外，纯水/除盐水制取工艺中，阴床或混床离子交换树脂即将失效时，会引起出水硅含量升高，因此在线硅分析仪也被广泛应用于阴床或混床的离子交换树脂失效报警，指导混床或阴床离子交换树脂的再生。高品质的电子工业用水也会要求对二氧化硅含量进行实时监测。

（1）硅在线分析仪的测量原理

国家标准 GB/T 12149—2017《工业循环冷却水和锅炉用水中硅的测定》规定了四种硅的测量方法，分别是分光光度法、微量硅分光光度法、重量法和氢氟酸转化法。

其中分光光度法采用硅钼黄比色法，适用于工业循环冷却水中 0.1～5mg/L 的硅含量测定；微量硅分光光度法采用的是硅钼蓝比色法，适用于除盐水、锅炉给水、蒸汽、蒸汽凝结水等硅含量在 0～50μg/L 范围的测定；重量法适用于循环冷却水及自然水体中硅含量大于 5mg/L 的情况；氢氟酸转化法适用于自然水体全硅含量 0.5～5mg/L 的测定。

目前在线硅测量通常采用硅钼蓝分光光度法和硅钼黄分光光度法。

① 硅钼黄分光光度法的原理　在 pH 约 1.2 时，钼酸铵与硅酸反应生成黄色可溶的硅钼杂多酸络合物$[H_4Si(Mo_3O_{10})_4]$，在一定浓度范围内，其黄色与二氧化硅的浓度成正比，于波长 410nm 处测定其吸光度求得二氧化硅的浓度。

② 硅钼蓝分光光度法的原理　在 pH 值为 1.2 时，钼酸铵与待测水中二氧化硅和磷酸盐起反应，生产硅钼黄（硅钼杂多酸），加入柠檬酸或草酸可破坏磷钼酸，屏蔽磷酸盐的影响，再用 1-氨基-2-萘酚-4-磺酸或硫酸亚铁铵等试剂将硅钼杂多酸还原为硅钼蓝，于波长 815nm 处进行测定，其吸光度与二氧化硅浓度成正比。

由于蓝色络合物的吸光度是黄色络合物吸光度的 7 倍，可大大减少测量信号的放大倍数，降低干扰信号对测量结果的影响，因此，硅钼蓝方法适用于微量硅的测定。

目前在线硅分析仪的典型应用是在工业纯水领域微量硅的测定，故通常采用钼蓝比色法测量，计算结果通常换算成每立升水中所含 SiO_2 的质量（μg）来表示，所以也将其称为二氧化硅分析仪，简称硅分析仪或硅表。

（2）在线硅分析仪的仪器组成与安装环境要求

以国内外广泛应用的某款硅分析仪为例简介如下。

① 仪器组成　仪器分为控制模块、分析模块、试剂模块三大部分，参见图 9-4-6。

a. 试剂模块：在试剂供给系统中，仪器采用了无泵设计的压力试剂进样系统，采用气动驱动试剂，可避免常规蠕动泵和脉冲泵应用过程中频繁更换管路以及管路堵塞的问题，降低维护人员的维护时间和试剂泵的更换成本。

b. 控制模块：控制模块位于仪器上部，与分析模块分开。仪器具有自动诊断系统，既可显示测量结果，也可显示仪器诊断信息，指导用户进行维护操作，避免维护不当或过度维护带来的停机风险和维护成本浪费。

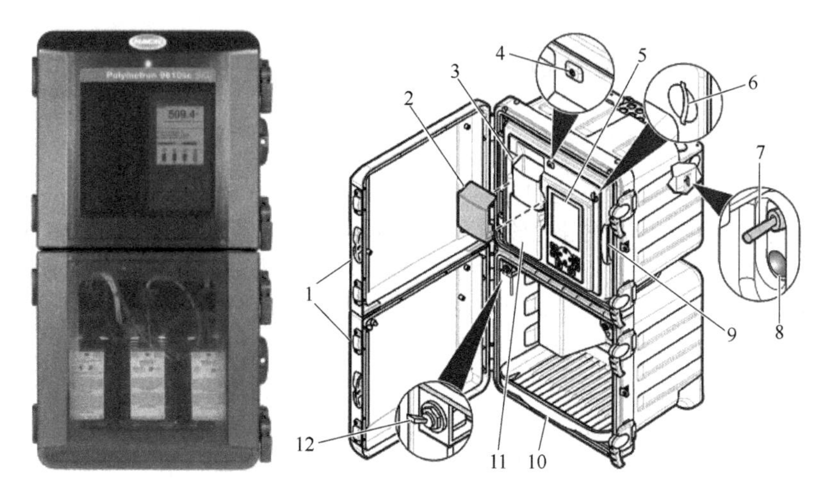

图 9-4-6 9610 硅分析仪

1—上门和下门；2—漏斗盖；3—抓样进液漏斗；4—状态指示灯；5—显示屏和键盘；6—SD 卡槽；7—电源开关；8—电源 LED 指示灯（亮起表示分析仪通电）；9—分析面板；10—试剂瓶托盘；11—比色计盖；12—抓样阀

② 安装环境要求 仪表应尽量靠近取样点，取样距离长会导致样品滞后，且样水温度易受环境温度的影响。环境要求清洁，无腐蚀性气体，湿度低，温度变化小。硅分析仪对环境温度的要求较严格，一般要求在 5～45℃之间。安装地点不应有强烈振动。

（3）在线硅分析仪的应用及典型案例

在线硅分析仪具有准确性好、灵敏度高、可连续监测等优点，被广泛应用于除盐水车间和锅炉汽水取样系统。

① 在工业除盐水车间的应用 采用离子交换法制取除盐水的工艺中，硅酸根离子与阴离子交换树脂的结合力最弱，是最后被置换的离子。当阴离子交换树脂失效时，硅酸根离子最先漏过，从而导致出水硅酸根离子含量升高。因此，通过测量阴床和混床出水中硅含量，可以判断阴床和混床的运行状况，以指导离子交换树脂何时需要再生。

② 在锅炉汽、水监测中的应用 通过监测锅炉给水和蒸汽的硅酸根可以了解水质是否符合锅炉运行标准，防止由于硅在锅炉、汽轮机等重要部件上沉积而导致的传热效率降低、腐蚀等运行问题和安全隐患；通过监测汽包炉炉水硅含量可以知道炉水品质，并以此为依据指导锅炉排污；通过监测凝结水的硅含量可以监测凝结水品质，发现凝汽器泄漏，防止凝汽器管道腐蚀等。

③ 应用案例 某自备电厂除盐水车间有四套混床，为了监测离子交换树脂状态，指导树脂再生，安装了一套四通道的硅表，用于监测混床出水硅酸根含量的监测。仪器投运后运行稳定，数据准确，大大降低了人工采样分析的频度。在 15min 测量周期下，每套试剂可用 3 个月，加上自动校准功能，在保证测量精度的同时，降低人工维护工作量。

同时，该系统可以实时监测仪器健康状态，并以彩色的维护指示栏的形式显示在主显示屏上，使用户清晰地了解到仪器当前的状态，并可以根据提示及时地对仪表进行各种维护，充分保证了仪表的无故障运行时间。

9.4.3.2 钠离子在线分析仪

（1）钠离子在线分析概述

在工业用水过程中，钠离子一般是与一些阴离子共存成盐而存在的，通过对钠离子检测，可以间接了解水中是否存在可能对水质有影响的阴离子，如氯化物、含氧酸根等。

在采用离子交换树脂的工业水处理工艺中，钠的监测能及时反映阳离子交换树脂是否失效，因此钠表也被广泛应用于阳床的树脂失效报警，指导阳离子交换树脂的再生。

在热电行业中，钠离子常用作蒸汽质量检测指标、凝结水污染监测指标。对凝结水泵出口水中钠离子浓度进行连续测定，可以在早期发现给水或冷凝水中的钠离子浓度异常变化，防止冷凝管严重泄漏事故的发生。

（2）钠离子在线分析仪检测原理

水中钠离子的测定，采用电化学法中的钠离子电极法。钠离子电极与 pH 电极一样，都是一种玻璃电极，pH 电极对氢离子浓度的变化比较敏感，而钠离子电极对于钠离子的微小变化非常敏感。钠离子测量系统包括钠离子电极和参比电极，水中钠离子会在玻璃泡内外产生一个相对于参比电位的电位差，该电位差与钠离子浓度之间的关系遵循能斯特方程，通过测量该电位差即可计算出钠离子的浓度。参比电极通常采用甘汞电极或氯化银电极。根据能斯特方程，测量的电位值与温度和被测离子的浓度有关。为了消除温度波动所引起的测量误差，钠表在测定系统中会加入温度检测元件，以实时测定样品温度，对测量值进行温度补偿。

在钠离子测量过程中，检测的水样中钠离子的浓度一般是 mg/L 级甚至是 μg/L 级的，这时水样中的其他阳离子（如 H^+、K^+、NH_4^+）对钠电极会有干扰，其中尤以氢离子的干扰最大。所以检测微量钠离子时，一般会调节 pH 至碱性，降低 H^+浓度的措施，以避免干扰钠离子测量。常用的样品碱化剂主要有：二异丙胺、浓氨水、二乙胺等。

钠离子分析仪主要用于纯水监测，待测水中离子浓度很低，长期使用后，钠玻璃电极的水合硅酸钠凝胶层中的钠离子会逐渐渗出损失，使电极响应变慢，即出现所谓的“钝化”现象。电极钝化后，其响应速度下降，响应时间变长，造成检测滞后，因此必须定期、及时进行“活化”处理，也称电极再生。传统的电极活化方法是用 0.1mol/L 的氢氟酸浸泡，将表面的低钠硅胶层去除，露出钠离子含量正常的硅胶层。还可以采用活化液浸泡的方式对钠离子电极进行活化。

（3）钠离子在线分析仪的组成和安装环境要求

在线钠表都是采用钠离子选择电极法，不同厂家的仪器在功能、碱化方式上会有所不同。现以 NA9600 钠表为例介绍钠分析仪的原理、组成、使用维护等。

① 仪器组成　在线钠表分为控制模块、分析模块、试剂模块三大部分，参见图 9-4-7。

分析模块包括溢流杯、流通池、钠离子电极、参比电极、温度电极，同时，为了保证碱化效果，增加了 pH 测量。

试剂模块包括碱化剂、活化剂、参比电解液和标准溶液等。针对阳床出水，因为待测水样 pH 值很低，采用传统的碱化方式无法保证碱化效果，此时可选阳床钠表，采用 K 泵增加碱化剂的加入量，保证碱化效果。

(a)

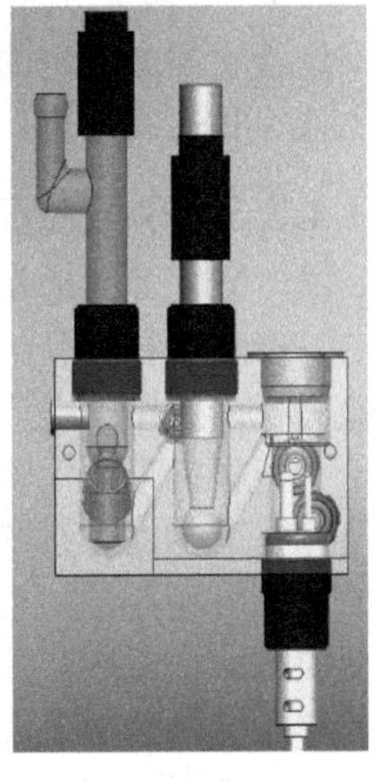

(b)

图 9-4-7　NA9600 钠离子分析仪（a）及流通池（b）结构示意

NA9600 钠表控制模块有自诊断系统，可以实时监测和显示仪器健康状态，并给出维护建议，使用户清晰地了解到仪器当前的状态，现场维护人员可以根据提示及时对仪表进行维护，避免过度维护或因维护不当带来停机的风险。

② 测量原理及测量过程　样水经流量调节后进入仪器溢流杯，多余的水样从溢流口流走，用来测量的一小部分水样向下流入测量槽，同时与碱化剂（虹吸效应）混合调节 pH。碱化后的样水依次通过温度电极、钠离子电极和参比电极，通过钠离子电极和参比电极的电位差和温度电极测量的温度值计算出钠离子浓度。NA9600 带有自动活化功能以应对电极钝化，可以根据设定的周期，利用无腐蚀性的活化液定期活化电极，避免了采用腐蚀性的氢氟酸蚀刻玻璃电极，延长了电极的寿命，降低了维护工作量。

③ 安装建议　仪表应尽量靠近取样点，取样距离过长会导致样品检测滞后，且样水温度易受环境温度的影响；安装环境要求清洁，无腐蚀性气体，湿度低，温度变化小；安装地点不应有强烈振动；水样的温度应该在 5～45℃之间；压力应该在 0.02～0.6MPa 之间，并应该维持相对稳定，如果超出该范围需要做降温减压预处理。

④ 仪器校准　为保证测量精度，需定期用已知浓度的标准溶液对仪器进行校准。每次更换试剂后也需要都进行校准工作。钠表校准可采用一点校准或两点校准，一点校准只校准偏移量，两点校准同时校准偏移量和斜率。一般采用 100×10^{-9} 和 1000×10^{-9} 的标液进行校准。NA9600 钠表还可选配自动校准功能，可以根据设定的周期自动校准仪器，在保证测量精度的同时，避免频繁的校准操作，降低维护工作量。

（4）钠离子在线分析仪的应用

钠离子在线分析仪被广泛应用于电力、工业等行业的除盐水车间、锅炉汽水取样系统和凝结水精处理系统。

① 在工业除盐水车间的应用　采用离子交换法的纯化水工艺中，当阳离子树脂接近失效时，出水的钠离子浓度会升高，同时 H^+浓度降低，pH 值和电导率升高。由于进水水样的 pH 和电导率变化也会导致出水的 pH 和电导率变化，用 pH 和电导率来判断阳床失效是不可靠的。最可靠的方法是监测出水钠离子浓度。钠离子分析仪已广泛用于离子交换法制取除盐水工艺。

② 在锅炉汽水监测中的应用　在热力发电厂中，水汽品质是一项重要指标，通过监测锅炉给水和蒸汽中的钠离子含量可以了解蒸汽和炉水的含盐量，防止盐类在汽轮机叶片上产生盐垢和盐腐蚀。

9.4.3.3 磷酸盐在线分析仪

（1）在线磷酸盐分析概述

磷酸盐在线分析仪是测定水中各种磷酸盐含量的仪器，主要用于两大领域：低浓度磷酸盐分析仪适用于电厂锅炉水的在线监测；高浓度磷酸盐分析仪适用于污水处理工艺的监测，用于指导化学或生物除磷工艺中除磷剂的投加。

在工业锅炉系统，为了防止锅炉结垢和腐蚀，在汽包炉系统中，会向炉水中加入一定量的缓释阻垢剂，如果加入量过大，会造成试剂浪费，影响蒸汽品质，所以需要控制缓释阻垢剂的投加。通过监测炉水磷酸根浓度，可控制含磷阻垢剂的投加量。

（2）磷酸盐在线分析仪测量原理

低浓度磷酸盐在线分析仪通常采用抗坏血酸法测量，高浓度磷酸盐在线分析仪一般采用钼酸盐分光光度法测量。

① 低浓度磷酸盐测量原理　样品中的正磷酸盐会与钼酸盐试剂反应，生成一种杂多酸，

杂多酸会被抗坏血酸还原为颜色较深的磷钼蓝。反应后的颜色与正磷酸盐的浓度相关，通过测量吸光度即可计算出正磷酸盐的浓度。

② 高浓度磷酸盐测量原理　样品中的正磷酸盐会与钒酸盐-钼酸盐试剂反应，生成一种黄色的钒钼磷酸络合物。测定其在 480 nm 处的吸光度，这个吸光度与空白吸光度的差值正比于正磷酸盐的浓度。

（3）正磷酸盐在线分析仪的应用举例

某电厂锅炉安装在线磷酸盐分析仪，用于实时监测汽包炉炉水磷酸根含量，使汽包炉水的钙盐和镁盐形成水渣随排污排掉，避免形成水垢。该仪器不仅大大减轻了维护人员的劳动强度，更可及时获取水质情况，为运行人员保持工艺正常运行提供及时、可靠的数据。

9.4.4　硬度、氯离子、氟离子在线分析仪

9.4.4.1　硬度在线分析仪

（1）硬度在线分析简介

水的硬度最初是指钙、镁离子沉淀肥皂的能力，后来人们又发现天然水中的钙镁离子含量与这些水被加热后造成水垢或沉淀物的含量也有直接关系，因此，测定水的硬度也就成为水质分析中的一项重要指标。国家及行业对不同应用的水硬度制定了相应的标准含量的规定，并制定了相应的标准分析检测方法。不同国家或不同行业对硬度的表示方法不同，我国工业行业一般以每升水中所含的钙镁离子折算成碳酸钙的质量（mg）或物质的量（mmol）来表示，即硬度的单位为 mg/L 或 mmol/L。

不同的工业领域对用水的硬度提出了不同的要求，特别是一些涉及使用化学处理水和高纯水的工艺，对水中的钙、镁离子含量要求更加严格。对于大多数工业用水，限制水中的钙、镁离子含量（总硬度）在一定数值以下，是为了保证工业生产过程的安全稳定。例如：锅炉用水中当钙、镁离子含量超过一定限度，会造成输送水的管线及锅炉的结垢，不仅降低了热效率，也会严重威胁锅炉的安全运行；在循环冷却水中，如果水的硬度较高，不仅会因管线结垢而使水的运行压力上升，导致机泵负荷加大，还会增加阻垢剂的投入量而造成难以预料的水质恶化隐患等。所以，准确、及时地测定用水的硬度可以为水质监测提供信息，为工艺过程提供参考及控制调整的数据。

（2）硬度测量方法

硬度测定一般采用国家标准规定的分析方法，即主要采用 EDTA 滴定法，既可以检测单一离子含量，又可以检测总硬度。对于工业用水的硬度，当水的硬度值不低于 0.1mg/L 时，国内外一般都采用在线滴定仪等仪器进行测定。EDTA 滴定法，在常规的化验室中均可以进行准确分析，最低可以分析到 0.1mg/L 数量级的硬度值。对于一些要求分析较低硬度的用水领域和行业，则需要用灵敏度更高的分析方法，如原子吸收分光光度法和离子色谱法，这些分析方法一般可以分析约 0.01mg/L 数量级的硬度值，甚至更低。

滴定法测定水的硬度，是在一定的酸碱度条件下，用已知浓度的配位剂（滴定剂）与样品中的钙、镁离子进行反应，生成稳定的配位化合物，用特殊的指示剂来指示出滴定终点，通过计量消耗的配位剂的量计算出钙、镁离子的浓度，进而换算出被测水样的硬度。通过调节滴定时不同的酸碱度，可以对总硬度或钙硬度进行分别测定。代表性的配位剂是乙二胺四乙酸（EDTA）。

目前，对于工业用水的硬度，当硬度值不低于 0.1mg/L 时，在线硬度分析仪通常采用 EDTA

滴定比色法进行测量，也有部分在线分析产品采用EDTA电位滴定法。其测量原理基本一致，区别是滴定终点的判定方式不同，前者采用光学法判定，后者采用电化学法判定。还有少量采用钙离子选择电极，直接测量钙离子浓度的硬度分析仪。

（3）硬度在线分析仪的结构组成

在线硬度分析仪从结构上一般分为控制部分、分析部分、试剂和预处理等。

控制部分包括控制电路、显示屏、按键等，用于控制仪器分析流程、计算、显示并传输测量结果，同时提供人机操作界面，用于对仪器进行设置、测试、查阅历史信息等。分析部分包括泵阀件、管路、滴定装置、比色单元等，如图9-4-8所示。

如图9-4-8中，左侧为样水泵和试剂泵，中间为滴定容器和比色单元，右侧为滴定器。仪器采用高精度滴定器，滴定器由玻璃管、活塞和步进电机构成，可以提供μL级的滴定精度，确保滴定的准确性。滴定容器为玻璃容器，外形参见图9-4-9，可以直观地看到内部，方便了解水样反应情况。容器内有磁力搅拌装置，可以快速混合样品；同时，配置清洗管路和溢流管路，可以根据设置自动清洗容器，避免污染对测量带来的影响，降低人工维护频度。

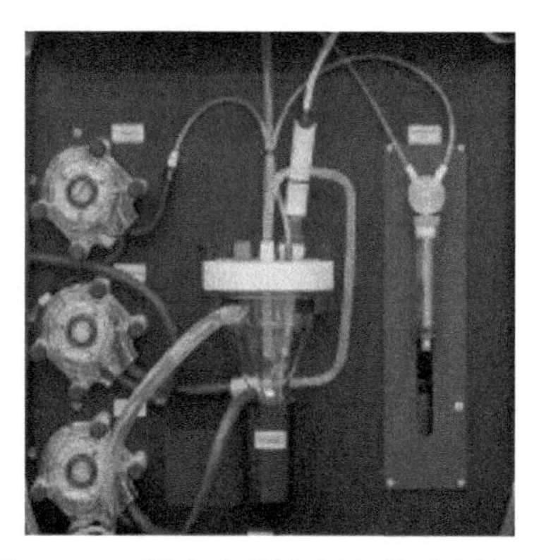

图9-4-8　硬度在线分析仪的分析部分

图9-4-9　滴定容器外形

仪器测量原理如下：先用新鲜样水冲洗管路，洗去前次测量的残留物，然后抽取一定量的样品，在样品中加入酸液以去除样品中的碳酸盐和碳酸氢盐，然后加入缓冲液调整pH，同时加入颜色指示剂，使钙镁离子与指示剂生成特定颜色的化合物，再用EDTA溶液滴定，在610nm处测量颜色的变化并计算出待测水体的硬度值。

（4）硬度在线分析仪的应用

① 工业循环冷却水的硬度监测　循环冷却水在运行过程中不断浓缩蒸发，水中的各盐类浓度会成倍增加，对水的硬度进行准确检测，可指导相关添加剂的使用和新水的补充，以防止循环冷却水因盐浓度升高而与阴离子结合产生水垢。

循环水一般会配置高量程的硬度在线分析仪。用户在循环水回水总管处设立取样点，或各主要回水管汇入总管前设立取样点，以保证在循环冷却水进行再处理前得到准确的硬度检测值，供水处理及控制系统参考。

② 化学水处理过程中水的硬度监测　化学水处理过程是使用各种化学方法对原水进行处理工艺的总称，处理后可以得到澄清水、软化水、脱盐水、离子交换水和蒸汽冷凝水等。许多工业过程中的水处理都是以化学水处理作为最初的重要处理手段之一，具体处理方式与处理程度因用水目的而异。

对于低压锅炉给水、蒸汽凝结水、脱碱软化水及其他一些工艺用水，其硬度指标须控制在 0.1～10mg/L 或以下，使用低量程硬度在线分析仪是非常好的选择。由于这些水的洁净度较高，所以取样后一般不需要进行预处理就可以直接送入分析仪进行分析。但对于少数处于高温和/或高压状态的取样点，需对所取样品进行降温降压处理，然后再进入分析仪分析。

9.4.4.2　氯离子在线分析仪

（1）氯离子在线分析简介

氯离子（Cl^-）是广泛存在于自然界的氯的−1 价离子，是水和废水中一种常见的无机阴离子。几乎所有的天然水中都有氯离子存在，含量范围变化很大。在工业废水和生活污水中的氯化物含量较高，如不加治理直接排入江河，会破坏水体的自然生态平衡，使水质恶化，导致渔业生产、水产养殖和淡水资源的破坏，严重时还会污染地下水和饮用水源。水中氯化物浓度过高会对配水系统有腐蚀作用，会损害金属管道和构筑物；如用于农业灌溉，则会使土壤发生盐化，妨碍植物生长。

水中的氯离子有很高的极性，能促进腐蚀反应；又有很强的穿透性，容易穿透金属表面的保护膜，造成缝隙和空蚀等局部腐蚀。因此，在工业行业，氯离子的监测对锅炉系统、循环水管道系统等都有重要的意义。特别是采用海水作为冷却水的装置，可通过控制氯离子含量，降低锅炉或管道腐蚀的风险。

氯离子能破坏碳钢、不锈钢和铝等金属和合金表面的钝化膜，引起金属的点蚀、缝隙腐蚀和应力腐蚀破裂；在未添加缓蚀剂的淡水中，当氯离子浓度从 0 增加到 200mg/L 时，碳钢单位面积上的蚀孔数随氯离子浓度的增加而增加；当氯离子浓度增加到 500mg/L 时，碳钢表面上除了蚀孔外，将还有溃疡状腐蚀。当投加缓蚀剂进行冷却水处理时，对于含不锈钢换热设备的循环水系统，氯离子浓度不宜大于 300mg/L；对于含碳钢换热设备的循环冷却水系统，氯离子浓度则不宜大于 1000mg/L。加氯或加次氯酸钠去控制微生物生长的同时，会使循环水中的氯离子浓度升高。因此，定期监测氯离子浓度变化，可以保障管路系统正常，避免因氯离子过高造成的管路腐蚀。

在不采用氯消毒的循环水工艺中，氯离子也通常作为计算浓缩倍数的依据，根据原水氯离子和循环水中的氯离子计算浓缩倍率，以指导循环水的排污和补充。

沿海地区的水源地，容易受到海水倒灌的影响，水源水氯离子含量升高，将导致自来水的氯化物含量超过国家生活饮用水卫生标准的规定。需要及时了解水源水的氯离子变化，当某处水源水的氯离子超标时，应切换到合格水源。

（2）氯离子在线监测原理

根据《水和废水监测分析方法》（第四版），氯离子常用的监测方法是离子色谱法、硝酸银滴定法、氯离子选择电极法、分光光度法等。

离子色谱法检测精度高，灵敏度好，可用于多种物质的检测；但是具样品前处理要求较高，测量费时，仪器成本高，不适合在线监测。

硝酸银滴定法是在中性或弱碱性环境中，以铬酸钾为指示剂，用硝酸银滴定氯化物，由于氯化银溶解度小于铬酸银溶解度，氯离子首先被沉淀析出，然后铬酸盐和硝酸银反应生成砖红色铬酸银沉淀析出，根据颜色的突变可以确定滴定终点，确定与氯离子反应的硝酸银的量，进而计算出氯离子的含量。

氯离子选择电极法是利用电化学反应产生一个相对于参比电极的电位差，该电位差与氯离子浓度之间符合能斯特方程式。因此，可以根据测得的电位差计算氯离子的浓度。为了去除常规干扰物的影响，会加入离子强度调节剂和缓冲液进行水样处理。针对工业复杂工况的应用，也可以采用标准物质添加的方法去除背景干扰。

分光光度法：样品中的氯化物与硫氰酸汞反应，生成氯化汞和游离的硫氰酸盐溶液，硫氰酸盐溶液再与三价铁离子反应生成橙色的硫氰酸铁，复合物的浓度与氯离子浓度成正比，通过检测 455nm 下的吸光度可以计算出氯化物的浓度。

在线氯离子分析通常采用氯离子选择电极法，也有部分产品采用硝酸银滴定比色法。

（3）氯离子在线分析仪的检测技术

根据检测方法不同，在线氯离子分析仪分为三类：直接氯离子选择电极法、氯离子选择电极标准添加法、硝酸银比色法。

氯离子在线分析仪有常规量程和低量程两种产品，低量程用于火力发电厂蒸汽、汽包炉炉水、冷凝水等纯水。一体化的仪器集成具有取样分析、显示测量及数据传输等功能。

氯离子在线分析仪一般由以下几个主要部件组成：

① 蠕动泵模块：是输送总离子强度调节缓冲液（TISAB）和标准校准液的关键部件，采用低速高可靠性泵头驱动，使用耐老化的泵管传输液体。蠕动泵结构简单，便于日常维护。

② 分析模块：测量池，用于混合样品、试剂等，并根据测量方法的不同集成光电测量单元或氟离子选择电极。滴定装置，用于带标准加入的版本，根据设定的程序，向样水中精确加入定量的标准物质。如图 9-4-10 所示。

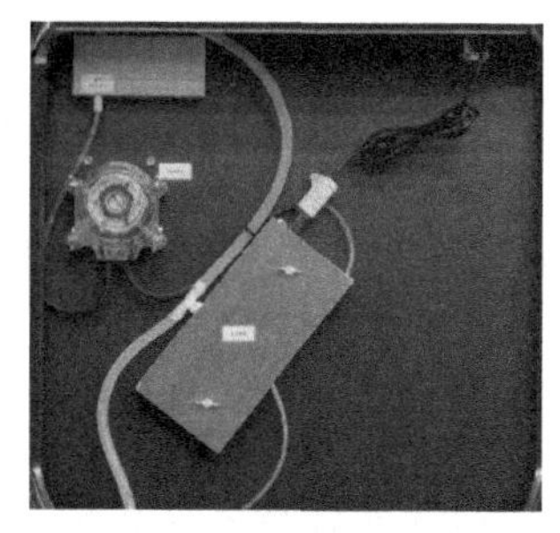
(a) 测量池

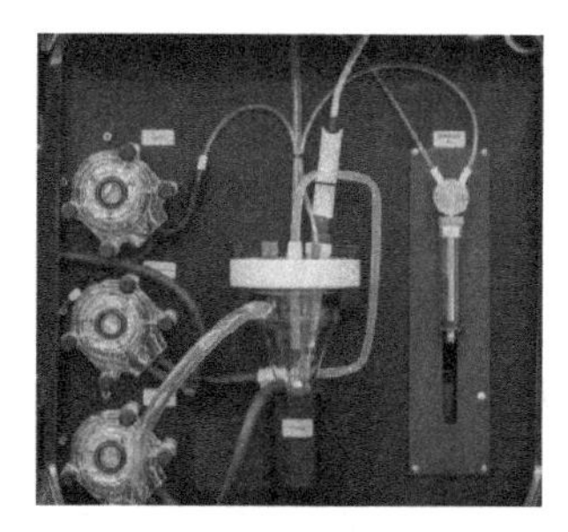
(b) 滴定装置

图 9-4-10 氯离子在线分析仪的分析部分

③ 供电/信号传输模块：该模块中除了常规的电源接线和模拟输出接线端子外，还配置了用于测定值超限报警的接点信号输出端子，可选配的数字通信端子等。所有电气连接端子均安装在电气绝缘保护舱内，以防止对检测池的测量产生干扰。

④ 显示控制面板：可以显示测量值和仪表运行状态信息，操作按键可供用户进行参数设定与调节。

⑤ 辅助设施：分析仪的侧面带有仪表风吹扫口，当仪器需要在潮湿、多尘的环境中运行时，通过空气吹扫，可以保证仪器的正常运行。

氯离子在线分析仪用于地表水、饮用水等样品条件较好、悬浮物含量较低的水样测量时，不需要复杂的预处理系统，只需要简单的过滤装置即可；且由于干扰物质较少，不需要采用相对更复杂的加标法来测定。但对于工业应用，尤其是测量工业废水时，因水样成分复杂，水中可能存在较多的干扰物质和悬浮物，需要配置水样预处理器，过滤掉水中的悬浮物，并保证仪器正常的进样压力和流速，以确保长期工作的稳定性。

（4）氯离子在线分析仪的应用

在线氯离子分析仪常规应用包括：工业废水排口、工业循环冷却水、工业锅炉系统等。

近年来，在大型火力发电厂的应用开始受到重视。

典型应用案例：某电子厂，生产液晶面板，产生的废水经过处理后排入工厂附近的污水处理厂。按照当地环保局要求，该电子厂的排放口需要实时监测氯离子浓度，且排放浓度须小于 600mg/L。该电子厂在排口处安装了一台在线氯离子分析仪，实时监测并上传氯离子浓度。仪器采用氯离子电极法测量排放口的氯离子。该仪表对于悬浮物颗粒直径<1mm且悬浮浓度 <1%的样品，无需单独设置样品过滤器；并在每次测量循环后自动对反应池进行清洗，大大降低了人工维护频度，只需每月进行更换试剂并检查管路即可满足正常运行要求，实现了实时、稳定、准确地监测氯离子浓度情况，为该厂的污水达标排放提供了可靠的数据。

9.4.4.3 氟离子在线分析仪

（1）氟离子在线分析概述

氟是最活泼的非金属元素，水中的氟以氟离子形式存在，其含量与环境因素有很大关系。一般地表水和地下水中的氟含量水平较低，但工业废水，如磷化工、电解铝、电子工业和有机氟化工企业等的废水中氟化物污染比较普遍。

① 氟离子测试方法　对水中的氟离子监测，在许多年前就有较为成熟的比色法应用于饮用水行业。氟离子选择电极的出现为水中氟离子的分析提供了快速、简便的方法，作为标准分析方法推广到不同的行业和领域。

② 氟离子选择电极法　氟离子选择电极用难溶于水的氟化镧晶体膜制成，对水溶液中的氟离子具有选择性并产生电化学反应。当与参比电极组成原电池时，电池电动势与水中氟离子浓度符合能斯特方程式。参比电极一般用银-氯化银电极。

氟离子电极测量的是游离态的氟离子浓度，部分阳离子如 Fe^{3+}、Al^{3+}、Si^{4+}会对测定有严重干扰，因为这些离子可以与氟离子形成稳定的配合物，导致测量量偏低。另外，酸性较强的样水中的 H^+，和碱性较强的样水中的 OH^-等，也会对测定产生干扰。为了消除这些干扰，需要对测定样品的 pH 和总离子强度进行调节，并加入一些可与干扰离子形成稳定螯合物的螯合剂。

测定较干净的水样时，一般直接采用标准曲线法进行分析；测量组分复杂的样品时，可以采用标准加入法，以减少样品背景对测量的影响。

（2）氟离子在线分析仪的分类与组成

氟离子在线分析仪基本都是采用氟离子选择电极法进行氟离子的在线监测。

① 分类　根据结构不同，在线氟离子分析仪可分为两大类：一类是探头式，一类是机柜式。

探头式仪器由控制器和氟离子电极组成，其优点是结构简单，安装方式灵活。缺点是抗干扰能力弱，对水质的适应性稍差，适用于水质较好的工况。根据应用工况，探头式氟离子分析仪安装方式可以选择流通式安装或浸没式安装，参见图 9-4-11。

机柜式仪器是将控制单元、氟离子选择电极集成在一起，同时增设 TISAB 和标准溶液。在测量前，先加入 TISAB 消除干扰并调节样品 pH 值，使测定值稳定性、可靠性得到提高。同时，仪器可以根据设定的周期利用标准溶液自动校准仪器，补偿氟离子选择电极漂移带来的测量偏差，保证了仪器长期工作测量的准确性。因此，该方式更适合氟离子的在线测量，也是在线氟离子分析仪的主流形式。当应用于复杂工况时，也可采用带标准添加方法的版本，可以通过加标法去除水样背景干扰，保证测量结果的准确性。

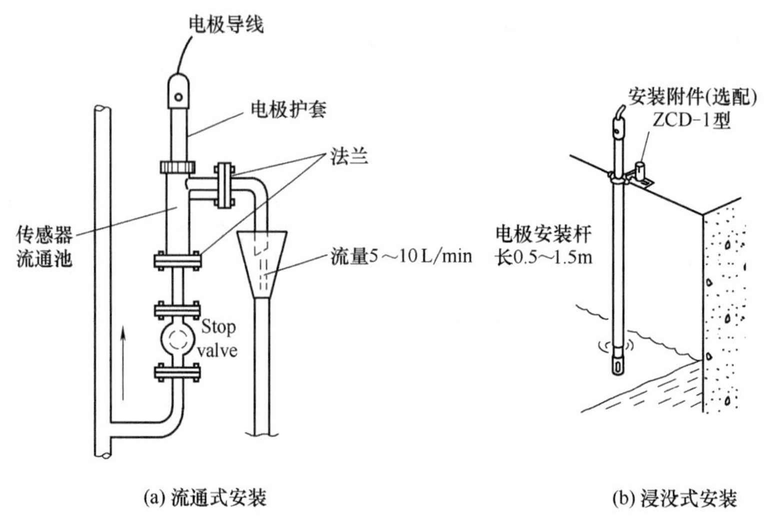

图 9-4-11　探头式氟离子在线分析仪安装方式

② 氟离子在线分析仪的组成

仪器一般由以下几个主要部件组成，并有相应辅助部件作为日常运行和在恶劣环境中运行的保障措施。当应用于复杂水样时可采用带滴定装置的仪器，可以通过加标方法消除水样背景干扰带来的测量偏差。在线氟离子分析仪的组成模块与氯离子分析仪基本相同。

a．蠕动泵模块：是输送 TISAB 和标准校准液的关键部件，采用低速高可靠性泵头驱动，使用耐老化的泵管传输液体。蠕动泵结构简单，便于日常维护

b．分析模块：测量池，用于混合样品、TISAB 试剂等，检测池中配置了装配式氟离子选择电极和参比玻璃电极；滴定装置，用于带标准加入的版本，根据设定的程序，向样水中精确加入定量的标准物质。

c．供电/信号传输模块：该模块中除了常规的电源接线和模拟输出接线端子外，还配置了用于测定值超限报警的接点信号输出端子，可选配的数字通信端子等。所有电气连接端子均安装在电气绝缘保护舱内，以防止对检测池的测量产生干扰。

d．显示控制面板：带有大屏幕液晶显示器，可以显示测量值和仪表运行状态信息，简捷的操作按键可供用户进行参数设定与调节。

e．辅助设施：分析仪的侧面带有仪表风吹扫口，当仪器需要在潮湿、多尘的环境中运行时，通过空气吹扫，可以保证仪器的正常下运行。

氟离子在线分析仪在用于地表水、饮用水等样品条件较好、悬浮物含量较低的水样测量时，不需要复杂的预处理系统，只需要简单的过滤装置即可；且由于干扰物质较少，不需要采用相对更复杂的加标法来测定。但对于工业应用，尤其是测量工业废水时，因水样成分复杂，水中可能存在较多的干扰物质和悬浮物，此时建议选择带标准物质添加的仪器版本，并配置水样预处理器，过滤掉水中的悬浮物，并保证仪器正常的进样压力和流速，以确保长期工作的稳定性。

（3）氟离子在线分析仪的应用

对水中氟离子进行监测与控制，不仅是市政给水的需要，同时也对化工、电子、冶金行业有着重要的意义。氟离子作为对环境有重大影响的物质，会被严格监测与控制。

① 市政给水中氟离子的监测　在市政给水中，氟离子是严格控制的指标。及时准确检

测水中氟离子浓度，可以对给水、配水的控制提供重要的参考数据。不论是原水还是经过处理后的饮用水，水中的氟离子浓度一般在1mg/L以下。如果在处理过程中使用了含铝或含铁的絮凝剂，在测定时，需要注意水中共存的铝离子和铁离子的干扰，这就需要加入合适的TISAB，对样品进行有效调节后再进行测定。

② 磷酸工业/黄磷生产排放水中氟离子的监测　在磷酸和黄磷生产过程中，其主要原料是磷灰石。氟元素经常与磷元素以氟磷酸的形式共存，所以在磷酸及黄磷的生产过程中，用硫酸对磷灰石进行处理时，氟会以氟化氢的形式进入水中，并且随工艺排水进入废水系统，如不及时处理会对环境造成重大污染。国家相关标准规定，磷酸及黄磷制造业中氟的排放限度是10mg/L以下，所以在这些工艺废水处理过程中，要监测处理后排水中的氟离子，以指导上游废水处理工艺采用适当的条件，将水中氟离子降低到排放标准以下。

这类样品一般都是浑浊的，并且可能含有较高浓度的硫酸根及一些易于结垢的盐类，这就需要采用合适的取样方法和合理的样品预处理系统，以便样品的输送和分析。由于样品的复杂性，仪器一般会采用较高频率的校准，以减少分析仪因测定复杂水样后产生的漂移。同时，建议采用带标准添加装置的仪器进行测量以消除背景干扰。

③ 半导体行业中氟离子的监测　半导体行业在生产过程中使用含氟化学试剂，如缓冲氧化物刻蚀液（BOE，是HF与NH_4F以不同比例混合而成的）对其生产的晶圆表面（集成电路）进行蚀刻，然后使用超纯水清洗，去除晶圆表面颗粒物、残余的氢氟酸等杂质。此时氟离子就被带入废水，且浓度较高，一般都需要经过处理达标后才能进行排放。常用沉淀法（投加石灰或氯化钙等）和吸附法进行氟离子去除。

另外，BOE经过多次使用后，有效成分的浓度降低，在生产过程中无法起到相应作用时，也作为废液进行排放，因此也是含氟废水的主要来源。而且蚀刻废液中氟离子的浓度更高，必须先经过预处理。通过在线监测废水进水、出水的氟离子浓度可以控制处理过程中的加药量，优化处理流程，监测处理效果，使出水达标排放。

④ 玻璃行业中氟离子的监测　由于氢氟酸对玻璃有特殊的腐蚀作用，因此在玻璃相关行业，氢氟酸有广泛的应用，如电视机显像管的表面氢氟酸处理、光导纤维生产时石英管的表面氢氟酸处理、玻璃的刻蚀加工、照明材料石英管表面氢氟酸处理，以及各种相关的氢氟酸表面清洗。含氟废水的主要来源是玻璃表面腐蚀后清洗废水、腐蚀液等。由于含有大量的氢氟酸，因此必须经过达标处理后才能排放，此时就需要在线氟离子分析仪实时监测处理效果，确保达标排放。

⑤ 金属冶炼、铝加工业中氟离子的监测　铝厂的酸处理和钝化两个工艺阶段会产生高浓度含氟废水，最高氟离子浓度可达几百毫克每升；钢铁厂在钢铁表面处理时也会使用氢氟酸进行清洗等；电镀行业生产过程中也会使用氢氟酸。因此这些行业也需要监测氟离子排放浓度。

⑥ 氢氟酸及含氟化学品等制备过程中氟离子的监测　在氟化学品生产制备中，氢氟酸是通过萤石（氟石精矿）同硫酸在加热炉或罐中反应而产生的，分无水氢氟酸和有水氢氟酸，是生产各种有机和无机氟化物的关键原料。在制备氟化氢的过程中产生含有氟化氢的尾气，通过碱液（氢氧化钠或石灰水悬浊液等）或者水进行吸收后产生了一定量含氟废水。这些含氟废水需要经过处理达标后才能排放。

⑦ 化肥、农药、化工、石化等行业中氟离子的监测　在这些行业的生产过程中可能使用含氟化学品或生产含氟化工产品，产生的含氟废气通过碱液吸收或水吸收后产生了相应的含氟废水。这些废水都是需要经过处理达标的，同样需要进行氟离子监测和控制。

9.5　其他在线水质分析监测技术与应用

9.5.1　原子荧光法水质重金属在线分析技术

9.5.1.1　原子荧光法技术概述

基于原子荧光分析原理的仪器，主要分为：非色散型原子荧光分析仪与色散型原子荧光分析仪。这两类仪器的结构基本相似，差别在于单色器部分。常见的非色散型原子荧光法分析仪结构参见图9-5-1；色散型分析仪结构参见图9-5-2。

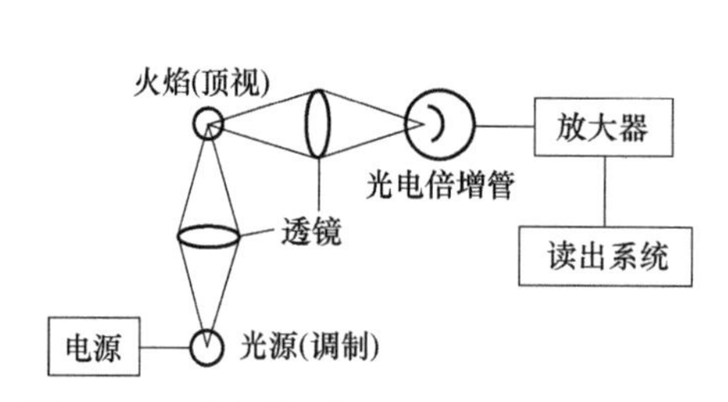

图9-5-1　非色散型原子荧光法分析仪结构

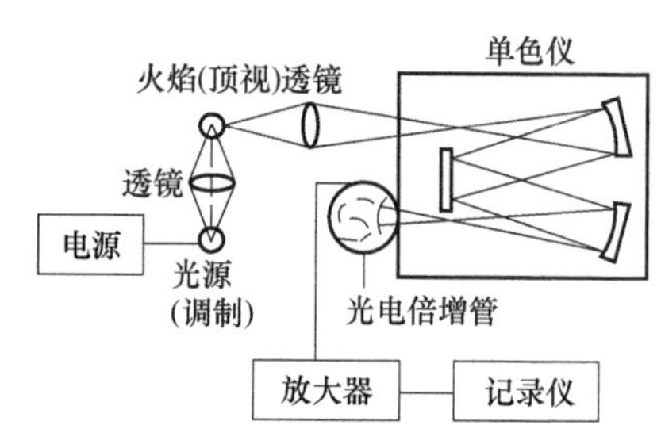

图9-5-2　色散型分析仪结构

原子荧光光谱分析技术已经在地质、冶金、环保、食品、质检等行业得到成熟应用，大多是用于检测土壤、岩石、水系沉积物、煤炭和各类矿石样品所含的As、Sb、Bi、Hg、Se、Ge等元素的含量。

在水质的重金属元素分析应用中，由于水质样品中相关元素的含量较低，检测技术的研究与应用还处于开发推广中。在线水质重金属元素分析的关键技术是水样的前处理与高灵敏度的检测器技术开发，采用原子荧光法进行在线分析是水质重金属在线监测最好的技术解决方案。

9.5.1.2　原子荧光法水质在线分析的测量原理及仪器组成

原子态的元素在共振光的激发下，将由基态跃迁为激发态。不稳定的激发态在恢复为基态或次激发态的过程中，其能量会以荧光的形式释放，其中以与激发光频率相同的共振荧光为主，产生的荧光强度在一定范围内正比于受到激发的原子数目。这是原子荧光光谱分析的定量分析的依据。

原子荧光的分析过程中，测量某一重金属元素含量时由该元素的空心阴极灯提供发射光源。同时，经过酸化的待测样品与还原剂作用生成待测元素的气态氢化物，以及多余的氢气。氢气经过点燃，在原子化器的出口处形成氢火焰。在氢火焰高温的作用下，气态氢化物分解为该元素的原子，即可在光源光线的激发下，发出荧光。原子荧光的波长处于紫外光区，采用非色散光学系统及日盲光电倍增管检测荧光强度，并经过前置放大、带通滤波、移项等信号处理过程，完成信号采集。

原子荧光在线水质分析仪的模块组成参见图9-5-3。

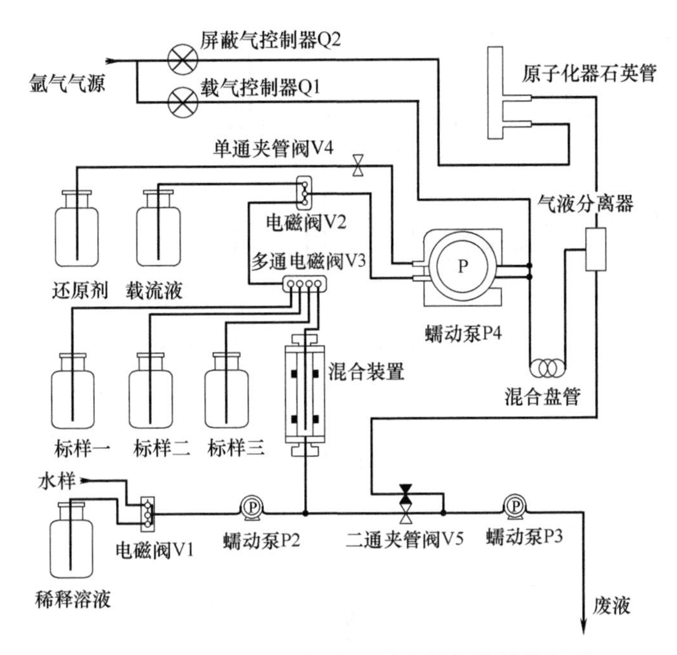

图 9-5-3　原子荧光在线水质分析仪的模块组成

在进入系统之前未经酸化的水样可以在混合装置中进行酸化，由混合装置分别定量地吸入稀释溶液（一定浓度的酸溶液）和水样并混合；为保证定量的准确性，仪器提供了三个浓度标准样品的校正功能，用于计算标准曲线方程，并确定精密度和最低检出限等技术指标。由于仪器在限定的测量范围内具备良好的线性特征，因此在常规的监测任务中，多采用单点校正以提高检测速度。以氩气作为载气和屏蔽气，采用气体流量控制器控制二者的流量增加速率、平均流量等气体操作参数。还原剂和载流液/水样的流量由蠕动泵控制。该蠕动泵的驱动电机采用步进电机，可以实现精确稳定的液体流量控制。

光源（空心阴极灯）的驱动和电流控制、光电转换、微弱信号的放大和调理，通过模拟电路的设计得以实现，模/数转换之后的数据采集由下位机完成，仪器整体的系统运行通过上位机软件控制。此外，为了适合多种情况的在线分析要求，仪器在上位机提供相应的软件操作界面，在硬件上设置 485 通信接口，可外接不同的前处理设备。

以上模块设计，为水中重金属的在线分析提供了一个基于原子荧光光谱法的通用检测平台，具有灵敏度高、光谱干扰小、元素选择性高、环境适应性强和便于维护的特点。

9.5.1.3　原子荧光法在线分析在地表水监测领域的应用

（1）原子荧光分析在地表水监测的前处理

原子荧光在线分析仪在针对不同的水质样品时，需要根据实际情况外接不同的水样前处理设备。在目标元素的含量低于分析仪的定量下限时，如测量水质良好的地表水、饮用水中的某些元素，可以配备自动的固相萃取装置，如图 9-5-4 所示。

通过在线分析仪的设定和控制，可以定时在线对待测水样进行过滤，在取样杯中静置后，取上清部分水样进入固相萃取部分。萃取柱中填充对重金属具有选择吸附能力的固相材料，在水样流过萃取柱的同时，完成对重金属的吸附和累积，此后再以小体积（毫升级）的洗脱液通过萃取柱。在洗脱作用下，重金属元素被淋洗进入洗脱液中，并将洗脱液暂存于混合装置内，等待在线分析仪器校正准备完成后，进行定量检测。

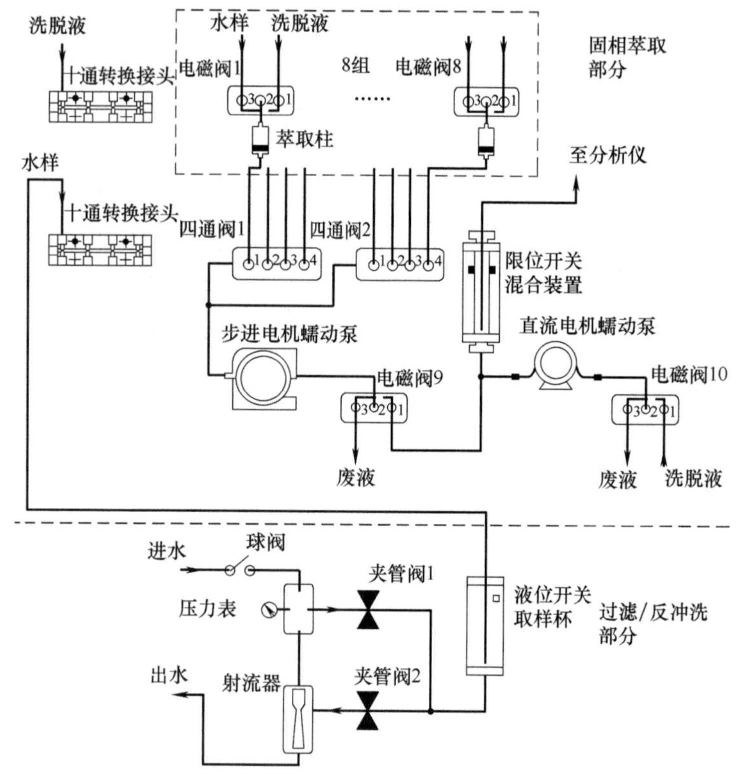

图 9-5-4　固相萃取前处理装置的管路连接及流程

通过上述固相萃取装置，一般可将水样中的重金属浓度富集 10～100 倍，结合在线原子荧光分析仪使用，可以将水中重金属的检测下限降低至 10^{-12} 级。固相萃取操作参数，如萃取流量、萃取时间、洗脱流量、洗脱时间等，在固相萃取装置自身的输入设备上进行设定。整个分析系统的工作启动时间、工作时序等由原子荧光在线分析仪控制，保证采样、过滤、富集、分析、清洗等步骤协调有序进行。已经应用上述由固相萃取前处理装置和原子荧光在线分析仪组成的分析系统进行地表水的在线监测。

（2）典型应用案例

以原子荧光在线分析仪用于监测京杭运河望亭段运河水中的 Cd、As 和 Pb 元素为例。仪器是利用当地已经建设完成的监测站房等基本设施，自行配备 370W 自吸泵采样并作为过滤/反冲洗的动力来源，水样经过格栅过滤和初沉池送至站房，经过前处理装置的三级过滤并静置后，进入水样富集步骤，富集倍数为 10 倍。

使用过程中，为每套监测系统配备半导体制冷的微型冰箱一只，可保证还原剂在 7 天的最小维护周期内有效使用。监测频次为每天一次，每周对仪器维护一次，包括更换萃取柱、更换还原剂等。应用测试期间对比了定量滤纸过滤、0.45μm 滤膜过滤和系统的前处理过滤三种方式，所得结果无显著性差异。长期运行的最终结果表明，使用周期内系统运行稳定，数据正常可靠。

9.5.1.4　原子荧光在线分析设备在废水监测中的应用

（1）原子荧光分析在废水监测的前处理

原子荧光在线分析仪用于废水样品监测时，主要是解决如何将废水水样中的重金属元素全部转化为可以与还原剂发生氢化反应的离子。废水的基体成分复杂，重金属元素存在形式多样，如果不能完全有效地转化为统一价态离子，测量结果将偏低。为解决上述问题，开发出一种可以和在线监测仪器联用的废水前处理设备，其具体结构如图 9-5-5 所示。

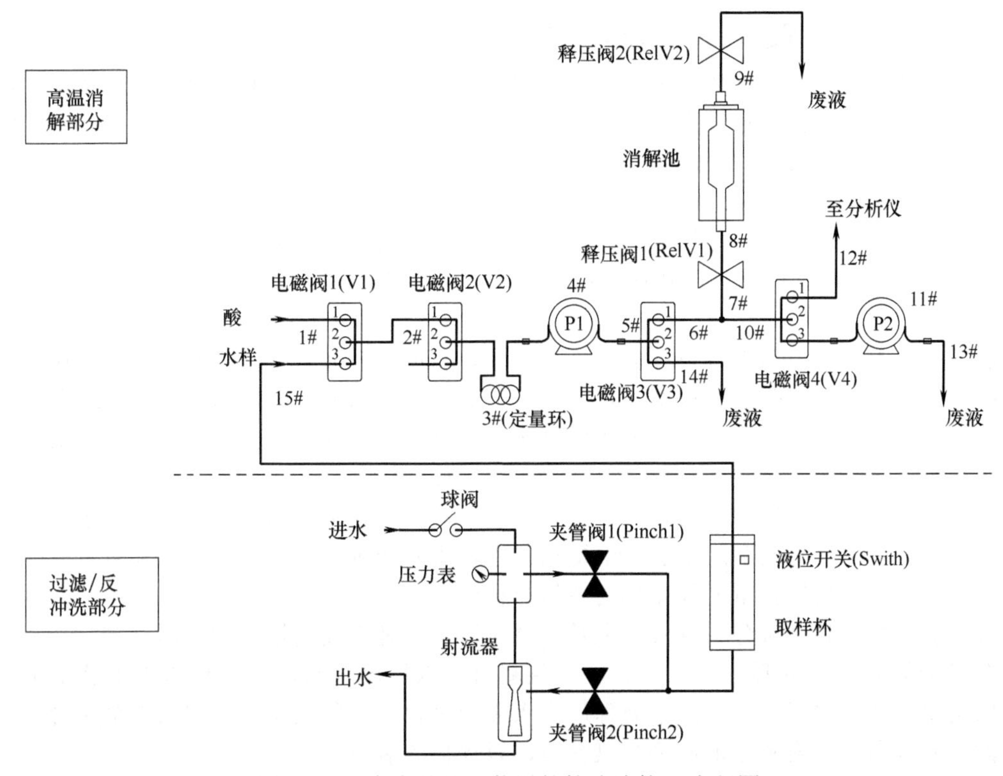

图 9-5-5　废水前处理装置的管路连接及流程图

图 9-5-5 中的过滤/反冲洗部分其工作原理和结构与图 9-5-4 中所示相同，并且以同样方式对待测水样进行过滤，在取样杯中静置后取上清部分水样进入电磁阀 1（V1），通过电磁阀组的切换以定量环的方式，将酸和水样按一定的比例加入到消解池中，在对消解池进行恒温加热的过程中，释压阀 1（RelV1）和释压阀 2（RelV2）置于关闭状态，保持消解池内的高压。在高温、高压以及酸的作用下，重金属元素转化为统一的可溶解的离子状态，此后暂存于消解池内，等待在线分析仪器校正准备完成后，进行定量检测。消解装置的基本操作参数，包括酸的加入量、水样的加入量、消解温度和消解时间等，都可以在消解装置自身的触摸屏上设定。

（2）典型应用案例

典型应用案例是采用消解装置和原子荧光在线分析仪组成的废水重金属监测系统，在株洲市石峰区珊瑚工贸公司的水处理车间出水口处的应用。该系统设置了采样点，开展对 Pb、As、Cd 和 Hg 四种重金属元素的在线监测。经 100 目滤网过滤后，水样与 25%（体积比）的硝酸按照 4∶1 的比例加入至消解池，消解温度为 140℃，消解时间 1h。原子荧光在线分析仪的操作参数依据之前优化的参数进行设定，采样频次为每天 8 次，7 天为一个最小维护周期。系统运行经历了该地区的高温和低温季节，室内环境温度最高时超过 40℃，最低为 15℃，仪器运行稳定，数据正常。配合水处理车间的运行时段对监测数据进行分析，基本与水处理工艺的运行状态吻合。环境监测部门进行了实验室比对验证，证明了数据的可靠性。

9.5.2 水消毒过程的在线余氯分析技术及其应用

9.5.2.1 水消毒过程的在线余氯分析技术与应用简介

水消毒技术是指杀灭外环境中病原微生物的方法，其目的是切断传染病的传播途径，预防传染病的发生或流行。水源水必须经过消毒处理方可作为生活饮用水使用。在工业用水处理过程中，消毒也是防止细菌、微生物对离子交换膜、反渗透膜等的污染的措施，有些工业用水也对水有灭菌、除病毒的要求。

水的消毒方法有很多，包括氯及氯的化合物、臭氧及紫外线消毒，也可采用上述方法的组合。目前氯消毒方法仍是目前普遍采用且经济、有效的消毒方式，水消毒中使用最为广泛、技术最成熟的方法。

氯气在水中生成 HOCl 和 OCl^-，水中单质氯、HOCl 和 OCl^-总称为游离氯。其中，HOCl 对细菌等微生物有很强的杀灭作用，是游离氯中的有效消毒成分，所以也将 HOCl 称为有效游离氯。游离氯与溶液中的铵离子形成单氯胺和二氯胺。游离氯还会与有机化合物反应，形成各种有机氯化合物。氯胺和有机氯化合物一起被称为化合氯。

测量水中游离氯含量的仪器称为游离氯分析仪，测量水中游离氯和化合氯含量之和的仪器称为总氯分析仪。它们多用于加氯消毒工艺中，监视加氯反应进行深度和加氯量的控制。测量出水中剩余游离氯含量的仪器称为余氯分析仪。

游离氯分析仪和余氯分析仪实际上是一种仪器，只是因使用场合和作用不同。

在线余氯分析仪主要应用场合如下：监测自来水厂出厂水以及加氯消毒工艺中余氯含量，以实现自动化加氯；监测污水处理厂出水中余氯含量；监测循环冷却水中余氯含量；在膜过滤单元或离子交换树脂前监测余氯含量，以评估脱氯效果。

以前，在线余氯分析仪均为电化学式，传感器多采用隔膜电解池。随着技术进步，模拟实验室分析方法的吸光度法（比色法）在线余氯分析仪也获得广泛应用。

这两种不同测量原理的余氯分析仪的比较参见表 9-5-1。

表 9-5-1 吸光度法（比色法）和电化学法余氯分析仪的比较表

项目	吸光度法（比色法）	电化学法
校准	采用 DPD 标准方法测量，基本无需校准	采用电极法测量，需要定期校准
受 pH 影响	采用标准缓冲溶液，不受 pH 值变化影响	受 pH 影响，一般配置 pH 电极补偿
测量范围	可测量游离性余氯及总氯	部分产品不能测量总氯
响应速度	较慢	快
维护量	维护量小	维护量较大

根据以上两种仪器的不同特点，推荐的应用场合如下：

① 在自来水出厂水及管网水质监测中，使用吸光度法余氯分析仪，以保证数据的可靠性及低的维护量。

② 在消毒间用于加氯控制时，使用电化学式余氯分析仪，以保证及时反馈和控制。

③ 在水样水质条件复杂或 pH 变化大时，采用吸光度法余氯分析仪。

④ 在原水氨氮含量较高时用吸光度法余氯分析仪测量总氯。

9.5.2.2　电化学式余氯分析仪

电化学式余氯分析仪的传感器大多采用隔膜电解池。这种传感器由金制的测量电极和银制的反电极组成，电极浸入含有氯化物离子的电解质溶液中，电极和电解液由隔膜与被测介质隔离，仅允许气体扩散穿过。隔膜的作用是防止电解液流失及防止被测液体中的污染物渗透进入传感器引起中毒。余氯传感器结构参见图9-5-6。

测量时，电极之间加一个固定的极化电压，电极和电解液便构成了一个电解池。传感器具有选择性，能在电极上发生反应的是次氯酸（HClO），即有效游离氯。

传感器上发生下列电极反应：

测量电极（金阴极）：　　$HOCl+2e^- \longrightarrow OH^-+Cl^-$

反电极（银阳极）：　　$2Ag+2Cl^- \longrightarrow 2AgCl+2e^-$

连续不断的电荷迁移产生电流，电流强度与次氯酸浓度成正比。

上面的电极反应只能测得HOCl（次氯酸），OCl^-（次氯酸根）却无法与电极发生反应而检测不到。根据反应方程式 $HOCl \rightleftharpoons H^++OCl^-$，只需测出 H^+ 的浓度就可以推算出 OCl^- 的浓度。H^+ 的浓度可以通过pH计来测出。所以测量游离氯的时候需要pH补偿。考虑到余氯分析仪测量时需要一定的样品流速，测量结果还需要进行温度补偿和pH值校正。一般是将余氯传感器、铂电阻测温元件、pH电极和浮子流量计组装在一起，成为一个测量系统。

9.5.2.3　吸光度法（比色法）余氯、总氯分析仪

余氯、总氯在线分析仪器一般采用窄带干涉滤光片选择波长，而不采用分光系统，因此称为“吸光度法”比较合适。在自来水厂和水处理行业中，习惯上称为“比色法”。

典型的吸光度法余氯、总氯在线分析仪参见图9-5-7。

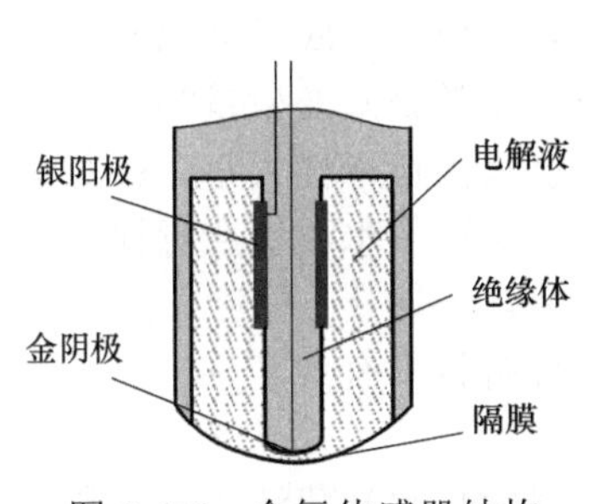

图9-5-6　余氯传感器结构

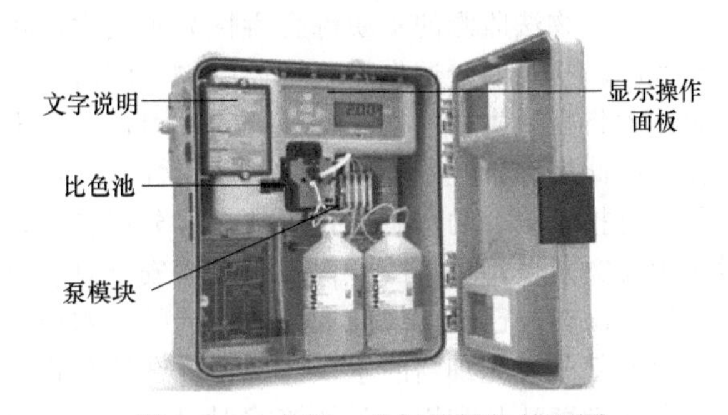

图9-5-7　余氯、总氯分析仪外观图

以 $_{17}Cl$ 采用 *N*,*N*-二乙基对苯二胺（DPD）分光光度法分析仪为例，该仪器用于检测工业用水或废水中余氯（次氯酸和次氯酸根）及总氯（余氯与氯胺之和）的含量。余氯及总氯的测量原理简要介绍如下。

余氯（次氯酸和次氯酸根）：在pH值介于6.3～6.6时，被测水样中的余氯会将DPD指示剂氧化成紫红色化合物，显色的深浅与样品中余氯含量成正比。此时采用针对余氯测量的缓冲溶液，其作用是维持反应在适当的pH值下进行。

总氯（余氯与氯胺之和）：通过在反应中投加碘化钾来测定，样品中的氯胺将碘化钾氧化成碘，并与余氯共同将DPD指示剂氧化，氧化物在pH值为5.1时呈紫红色。此时采用含碘化钾的缓冲液来维持反应的pH值并提供反应所需的碘化钾。

上述化学反应完成后，在510nm波长的光线照射下，测量样品的吸光度，再与未加任何

试剂的样品的吸光度比较，由此可计算出样品中的氯浓度

该分析仪每隔 2.5min 从样品中采集一部分进行分析。所采集的部分引入样品池中，进行空白吸光度测量。样品空白吸光度测量时可以对任何干扰或样品原色进行补偿，并提供一个自动零参考点。试剂在该参考点处加入并逐渐呈现紫红色，随即仪器会对其进行测量并与零参考点进行比较。

在 2.5min 的采样周期中，线性蠕动泵的阀组件将控制样品进样流量和缓冲液及指示剂的注入体积。泵的阀组件使用电动机驱动的凸轮来带动一组夹紧滚轮，这组滚轮通过滚压靠在固定板上特殊的厚壁导管来输送液体。

该仪器的采样和样品处理要求：应选择具有代表性位置采样，如果采样点太靠近加药位置，或混合不充分、化学反应未充分进行的位置，显示的读数将会不稳定。安装采样管线抽头时，应选择在管径相对大的水样流动管道的侧面或中心部位，以防止吸入管道底部的沉积物和顶部的空气。

所有样品都要流经分析仪配套的样品预处理装置，该装置中 40 目的滤网可以去除大的颗粒物。原水进口管线上的球阀用于控制分流到过滤器中的流量。对于污水，采用高的旁通流量有助于长时间保持滤网的洁净，或者调整适当旁流开度以保证旁流不间断。在分析仪进口处，进样压力如果超过 5psi（0.034MPa）会导致水样喷溢出来并损坏仪器，加装样品压力调节装置可防止出现该问题。

9.5.3　生物法水质综合毒性在线分析监测技术与应用

9.5.3.1　水质综合毒性在线分析技术的分类

基于生物法监测的水质综合毒性分析技术，可以反映水中混合污染物对受试生物的综合毒性效应。常用的受试生物包括微生物、浮游生物、溞类、藻类、鱼类、底栖动物等。通过传感技术将受试生物的生理特征、生物习性、形态、运动规律、生长繁殖及数量等特征变化量化，以此来评价其所处环境的水质毒性，并可根据变化的程度来衡量毒性大小。将其进一步与信息技术结合的水质综合毒性在线分析技术，可以实现原位快速的水质综合毒性检测，对于预警突发性污染事故、保障水环境安全具有显著的实用价值。

目前国内外已经实现商业化应用的常见水质综合毒性在线分析技术有：

（1）基于发光细菌的水质综合毒性在线分析技术

发光细菌法是利用一类能够发射可见荧光的细菌，且发光强度与发光菌活体数量和代谢活性相关，而建立的一种水质综合毒性在线分析技术。当水体受到污染时，污染物会导致发光细菌代谢活性受到抑制甚至死亡，因此发光强度减弱。污染越严重，发光细菌代谢活性受抑制越强，死亡数量越多，发光强度也越弱，从而可以定量判断出测试水体综合毒性大小。目前国内外常用的模式发光细菌为：费氏弧菌（*Vibrio fischeri*）、明亮发光杆菌（*Photobacterium phosphoreum* T_3 spp.）、青海弧菌（*Vibrio qinghaiensis* sp. nov, strain Q67）。发光细菌法具有发光细菌繁殖快、对污染物响应灵敏、可响应的污染物范围宽等优点，是一种快速、灵敏、经济的在线监测技术，现已广泛应用于水质综合毒性检测与监测中。

（2）基于藻类的水质综合毒性在线分析技术

藻类广泛存在于各种水体之中，是水生生态系统的初级生产者，其生命活动与外界环境联系紧密。藻类常作为水生态系统的模式生物，反映污染物对生态系统的毒性效应。基于藻类的毒性分析技术主要以水中有毒物质对藻类的各种毒害作用终点为判断依据，如细胞结构

和遗传物质的损伤、酶活性的变化、生长繁殖的抑制等，根据藻类的不同变化，来反映水质的综合毒性。目前采用较多的藻法在线分析技术多采用易于实现、简单快速的荧光分析方法，通过测定藻叶绿素等发光色素的荧光强度，表征有毒物质对藻类光合作用的抑制程度，进而反映水质综合毒性。多选用单细胞微藻为指示藻种，如铜绿微囊藻（*Microcystis aeruginosa*）、斜生栅藻（*Scenedesmus obliquus*）、蛋白核小球藻（*Chlorella pyrenoidesa*）。该技术作为一种方便快捷、灵敏的监测手段，已被应用于多种环境毒性物质的在线监测中。

（3）基于鱼类的水质综合毒性在线分析技术

鱼类处在水生生物食物链顶端，对水环境的变化十分敏感，极易发生污染物的富集效应。随着水体中污染物的不断增多，鱼体内的有毒物质不断富集，当达到一定浓度时，便会影响其生长、发育、繁殖，甚至导致死亡。鱼类为了应对周围环境的变化，会做出一系列行为活动来维持自身平衡。基于鱼类的水质综合毒性分析技术便是通过监测鱼类趋流性、活动规律、呼吸等行为活动的变化，来反映测试水体的水质综合毒性。

目前国内常用的生态毒性测试鱼类模式生物有青鱼、草鱼、鲢鱼、鳙鱼、金鱼、鲤鱼、青鳉鱼等，国际上通用的生态毒性测试鱼类模式生物为斑马鱼。相较于其他生物监测方法，鱼类生命周期长，可进行长期持续监测。由于鱼类处于水生生态系统的食物链顶端，在生态毒性测试中占有重要地位，因此基于鱼类的水质综合毒性在线监测技术得到了广泛应用。

9.5.3.2　发光细菌水质综合毒性在线分析的技术应用

（1）工作原理

发光细菌是一类在正常生理条件下能够发射可见荧光的细菌，主要分布在海洋环境中，也有少数在淡水环境中。对发光细菌的发光机理研究表明，不同种类的发光细菌具有类似的发光机理。发光细菌的发光过程是由细菌荧光素酶（bacterial luciferase，BL）、还原型黄素单核苷酸（$FMNH_2$）、八碳以上长链脂肪醛（RCHO）、氧分子（O_2）所参与的复杂反应。在细菌荧光素酶催化条件下，还原型黄素单核苷酸及长链脂肪醛被氧分子氧化为黄素单核苷酸（FMN）及长链脂肪酸（RCOOH），同时释放出波长为450～490nm的蓝绿光。发光细菌的发光过程可简化为下式：

$$FMNH_2+RCHO+O_2 \xrightarrow{BL} FMN+RCOOH+H_2+\text{光}$$

发光细菌的发光过程极易受到外界环境条件的影响。干扰或损害细菌生理过程的任何因素都能使细菌的发光强度发生变化。当有毒有害物质与发光细菌接触时，发光强度立即改变，并会随着毒物浓度的增加而加剧发光抑制。

目前，许多国家和地区组织已经制定了以发光细菌为毒性测试模式生物的水质综合毒性测试方法和标准。我国在1995年1月4日颁布了GB/T 15441—1995《水质　急性毒性的测定　发光细菌法》，将发光细菌法作为我国水质急性毒性检测的标准方法。

发光细菌法的毒性判定方法主要有两种。一种为GB/T 15441—1995或ISO 11348-3中所规定的方法，以标准毒物$HgCl_2$或$ZnSO_4 \cdot 7H_2O$作为参照化合物，制作针对一系列不同浓度标准毒物溶液的发光强度标准曲线，测定样品的发光强度，对照标准曲线判断其毒性大小，并以对应参照化合物的浓度表征水质综合毒性大小。另一种直接使用发光细菌接触样品前后发光强度的变化作为毒性判定方法，通常将发光强度的变化值与未接触样品时的发光初始值之比定义为发光抑制率，发光抑制率越大，样品毒性越大，反之毒性越小。

与其他水质综合毒性生物检测方法相比，发光细菌法具有操作简单、快速、灵敏等特点，在工业废水毒性检测、生活污水毒性检测、饮用水安全评价、地表水水质监测等方面均有广泛应用。

（2）典型产品

目前国内外市场上基于发光细菌法的水质综合毒性在线检测仪器及设备已经越来越多，例如荷兰 MicroLAN 公司的 Toxcontrol 在线水质综合毒性监测仪、比利时 AppliTek 公司的 RaTox 在线生物毒性分析仪、北京金达清创环境科技有限公司的 JQ TOX-online 水质毒性在线分析仪、无锡中科水质环境技术有限公司的 BioTox 系列发光菌法的生物综合毒性在线监测仪、深圳朗石科学仪器有限公司的 LumiFox8000 在线发光细菌毒性检测仪、力合科技（湖南）股份有限公司 LFTOX-2010 水质生物综合毒性分析仪等。这些公司的仪器都有各自的特点，但都基于发光细菌实现水质毒性的检测分析。

9.5.3.3 藻类水质综合毒性在线分析的技术应用

（1）工作原理

传统的藻类毒性测试是在含有毒污染物的水体中培养藻类不少于 96h，每 24h 取样测定其生长指标（吸光度、细胞密度、叶绿素 a 含量等），并以此评价水体水质综合毒性水平。但这种毒性测试方法的试验周期长，很难做到实时在线分析，因此很难发展成为水质综合毒性的在线分析技术。

目前，使用较为普遍的藻类水质综合毒性在线分析技术基于荧光分析法。藻类是一种可进行光合作用的光能自养型生物，通过捕光天线系统吸收光能，然后直接或间接地传递给叶绿素，叶绿素吸收能量后会从基态跃迁到激发态，而该形态不稳定，会回到基态，期间会释放能量。释放出的能量一般有三种去向：①进行光合作用；②转化为热能散失；③以荧光的形式发射。如图 9-5-8 所示。其中荧光发射仅占一小部分，绝大多数的光能被利用来进行光化学反应。约 90%的活体叶绿素荧光来自光系统Ⅱ（PSⅡ），而 PSⅡ处于光合过程的上游段，可反映整个光合作用的进行情况，故光合作用的变化会影响 PSⅡ进而使叶绿素荧光强度发生变化。

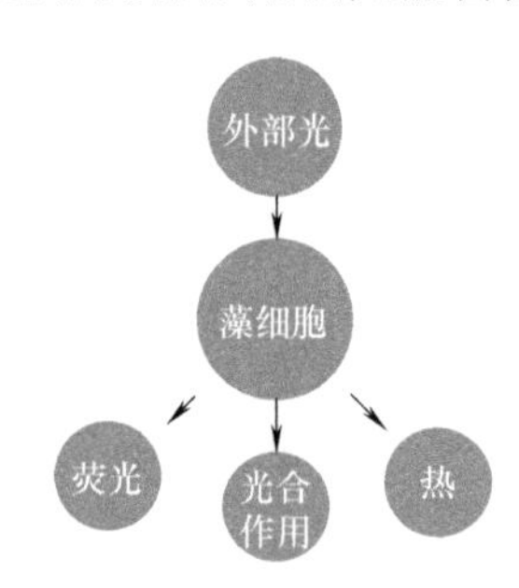

图 9-5-8 藻类光合系统能量转化模式

水体中的有毒物质会阻碍光合作用的电子传递链，光合作用产生变化进而导致叶绿素荧光强度发生变化。故可以叶绿素荧光为探针，通过测定叶绿素荧光强度的变化，反映水质综合毒性的程度。除此以外，常用的用于表征藻类光合作用强弱的发光色素还有类胡萝卜素和藻胆蛋白。

（2）典型产品

基于荧光检测的藻类水质综合毒性检测方法易于实现在线仪器化，操作简便、分析周期短、藻种培养方便，对除草剂、重金属离子等水污染类型响应较为灵敏。

国内外已经研发出多种商业化的实时在线分析仪器。如德国 BBE-ONLINE 在线藻类毒性分析仪，以绿藻为藻类指示生物，通过对藻细胞叶绿素荧光的实时高灵敏检测，实现对藻细胞活性的连续在线监测，进而判断待测水体的水质综合毒性强弱。

随着藻类水质综合毒性在线分析技术的不断成熟及相关仪器设备的不断完善，该技术在未来水质监测领域有望获得更广泛的使用。

9.5.3.4 鱼类水质综合毒性在线分析的技术应用

（1）工作原理

鱼类作为最早被用于水质综合毒性监测的生物，有着稳定性强、可用于长期持续在线监测、管理运行方便等特点。鱼的生理生化特点与人类相近，最接近对人体健康危害的评判，被广泛用于水源地、水库、河流等水体环境的水质在线监测上。且由于鱼类在线分析技术易于观察、灵敏度高的特点，该技术在水质安全预警系统中表现尤为突出。

以鱼类为受试生物进行水质综合毒性的在线分析技术主要通过对鱼类的行为变化进行观测、记录、分析来实现。目前，应用相对广泛的鱼类行为变化评价参数有两种：一是鱼类的运动行为；二是鱼类的呼吸行为。

运动行为主要是指鱼类在环境发生变化时进行的一些应激性行为。鱼类具有趋流性，会根据水流的流向和流速调整其游动方向和速度，使之处于逆水游动或较长时间地停留在逆流中某一位置的状态。如若出现水体污染，鱼类的正趋流能力会遭到破坏，使其不能维持在中上游区域，而向下游游动，从而寻找安全的水域。在此过程中，鱼类的运动行为强度（泳动速度、转弯频率等）便可作为监测指标，通过量化分析其变化来反映污染物所造成的毒性强弱。

呼吸行为主要是指鱼类呼吸系统即鱼鳃的运动行为。鱼类自身发生变化时伴随着呼吸系统的变化，且呼吸系统对外界环境的变化更为敏感，故呼吸行为也可作为重要的监测指标反映水体污染情况。污染物产生的毒性物质借由鱼类的呼吸行为不断积累于鳃组织上，鱼类为了去除有毒物质，便会加快呼吸频率，呼吸也逐渐无序化，此时可通过测定呼吸频率、呼吸深度等可量化指标来达到评价水质毒性的目的。

目前，鱼类水质综合毒性在线分析仪器主要有电信号传感法和视频图像法两种。其中电信号传感法仪器基于电信号生物行为传感技术设计，由水体预处理系统、信号采集系统、信号分析系统、水质生物毒性预警系统与主控系统等部分组成，以标准模式鱼类作为指示生物，通过受试鱼类在传感器电场中游动改变传感器电流信号，连续实时获得受试鱼类行为变化情况。

视频图像法鱼类水质综合毒性在线分析仪器是基于视觉观察法设计而成的，主要分为测试用鱼养殖池、拍摄系统和计算机处理系统三部分。当养殖池中的鱼群感受到污染物的毒性作用后，会产生行为上的变化，拍摄系统对该变化进行捕捉记录，然后上传到计算机系统进行处理，计算机系统根据需求选择合适的参数进行分析，从而评价水质综合毒性。仪器通过数码相机或摄像头记录受试鱼行为实时视频图像，并用集成的计算机仔细分析受试鱼的行为以便发现明显变化，根据分析结果连续计算一个综合参数。

（2）典型产品应用

由中国科学院生态环境研究中心和无锡中科水质环境技术有限公司研制的BEWs水质在线生物安全预警系统，通过低压高频电信号传感器技术连续实时监测生物运动行为变化，结合生物毒性数据模型、环境胁迫阈值模型、生物毒性行为解析模型，对水质变化进行智能监测预警，迅速判断污染爆发时间和污染物综合毒性。

生物法监测选择不同的指示生物，其技术原理、评价方法、实现过程等均有不同。但相较于传统理化分析方法，生物法监测能实现水质综合毒性分析评价要求，通过选用不同指示生物，可灵活地应对不同环境条件下的水质监测需求，作为一种高效、便捷、灵敏的综合毒性分析方法，将不断发展完善，更加广泛地应用于水质综合毒性在线分析领域。

[本章编写：哈希（上海） 邱彤宇、冉新宇、丁达江、雷斌；清华大学 周小红；王建伟]

其他在线分析仪器

第 10 章
核磁共振及其他光谱、能谱分析仪

10.1　在线核磁共振分析仪器

10.1.1　在线核磁共振分析仪器概述

10.1.1.1　核磁共振技术简介

核磁共振（nuclear magnetic resonance，NMR）是恒温静磁场内的样品中磁性核与交变电磁场之间相互作用（共振吸收电磁能）的一种物理现象，是一种用来研究物质的分子结构及物理特性的光谱学方法。核磁共振的方法和技术作为分析物质的手段，可以深入物质内部而不破坏样品，具有快速、准确、分辨率高等优点，已得到迅速发展和广泛应用。

核磁共振技术的理论与应用领域非常广，所涉及的各种磁共振技术的检测原理和分析方法也非常复杂。核磁共振技术的分类如下：根据场强可分为高场、中场、低场、超低场设备；根据磁体类型主要有超导磁体、常导磁体和永磁体设备；根据应用领域可分为工业领域、医疗领域、石化领域、食品农业领域、其他科学研究领域等；根据使用条件分为实验室用和在线分析用，产品形式主要有固定式、移动式（或便携式）等。

核磁共振（NMR）分析仪主要分为实验室核磁共振波谱仪及在线核磁共振分析仪。实验室核磁共振波谱仪分为：医用磁共振成像（MRI）设备，用于化学分子结构的实验室分析的高场强核磁共振波谱仪，用于食品、农业、石油勘探等应用的低场核磁共振分析测试设备等。在线核磁共振分析仪是在实验室仪器基础上发展的，主要分为在线核磁共振波谱仪及在线核磁共振弛豫谱分析仪等。目前，实验室核磁共振波谱仪检测技术，以及医学领域的磁共振成像技术已成熟应用，而用于在线分析的核磁共振检测技术尚在发展之中。

国外核磁共振分析仪的主要生产厂家有：德国布鲁克仪器公司、美国安捷伦公司、美国惠普公司、英国英维思公司、美国过程仪器公司、日本电子株式会社（JEOL）、以色列科伦公司等。国内在线核磁共振技术产品主要是低场核磁共振分析仪，主要生产厂商有苏州纽迈分析仪器股份有限公司（简称苏州纽迈）、中国石油勘探开发研究院等。其中，苏州纽迈应用“低场核磁共振技术”已经开发出多种在线核磁共振产品。生产教学、科研产品的企业有北京斯派克科技发展公司、上海寰彤科教设备有限公司等。另外，国内大学院所也积极从事在线核磁共振技术产品的开发和应用，例如中国石油大学，已经为石化行业研究开发了磁共振多相流在线分析技术等。

10.1.1.2　在线 NMR 检测技术

在线核磁共振分析仪是在线分析仪器中的高端技术产品。在线 NMR 检测技术是近代发展起来的一种全新的检测技术，具备绿色、高效、实时、高环境适应性等诸多优势。在线 NMR 技术弥补了传统 NMR 单次测量时间长、工作环境要求苛刻、被测对象需长时间保持静止，以及尺寸和形状严格受限等制约因素和应用场景的诸多限制，促使 NMR 的应用从实验室走向在线检测。

在线 NMR 检测技术的应用领域主要包括石油勘探、石油化工、建筑材料、食品农业、生物发酵、医药化工等。在线 NMR 检测技术的实现是检测方法及装置的创新。通常，在线核磁共振分析仪的基本组成主要包括探头单元、磁体单元、射频单元、恒温控制单元、系统控制单元，以及用于不同场合的取样处理单元等。在不同的应用领域，其组成结构也不同。

在线 NMR 检测技术区别于传统的实验室 NMR 的静止测量模式。传统的 NMR 仪器的室内检测方法无法直接用于工业现场在线测量。在石化行业等应用的在线 NMR 检测技术、方法、装置及应用，也不同于在其他行业应用的 NMR 检测技术。本书限于篇幅，仅重点介绍在线 NMR 的测量技术及在石油化工行业的应用。

10.1.1.3　石化行业应用的在线 NMR 测量技术

石化行业应用的在线 NMR 测量技术，主要是应用 NMR 探头和被测样品在保持相对运动的条件下进行 NMR 射频脉冲发射和回波信号接收。NMR 用于在线测量包含两种模式：一种模式是样品保持静态而探头运动，例如石油测井（电缆测井和随钻测井）、建筑物表层材料扫描和土壤湿度扫描；另一种模式是探头保持静止而样品运动，例如输送管道中流动流体的检测、流动血液的检测等。

在线测量模式下，运动对 NMR 测量影响的实质是：在 NMR 测量过程中，运动速度本身对样品磁化时间和回波采集时间均会造成限制，带来样品不能完全磁化和采集信号丢失两方面的影响；样品在测量过程中本身赋存状态、流态、流体性质的变化，也对测量结果产生影响。这都导致了在线 NMR 较传统静态测量方法更为复杂。

此外，在线 NMR 检测装置的应用条件与实验室相比较为苛刻，需面对外界风沙雨雪侵蚀、电磁干扰、探测空间受限、温度和压力变化以及复杂探测对象等一系列问题，这也使在线 NMR 装置的研制面对诸多挑战。

（1）基本原理

NMR 以观测回波信号的方式来获取流体信息。传统 NMR 测量方法包括预极化测量、自旋回波测量、CPMG（Carr-Purcell-Meiboom-Gill）脉冲序列、扩散编辑、成像等，但这些方法在应用于在线运动测量时，会受到来自相对运行状态的诸多影响。

在线测量时，探头和被测样品的相对运动对 NMR 测量的极化过程和回波采集过程均会造成影响，分别对应纵向弛豫时间（τ_1）和横向弛豫时间（τ_2）测量的影响。以 NMR 流体分析仪为例，如图 10-1-1（a），流体流动穿过 NMR 探头，NMR 探头在与待测流体保持相对运动的状态下进行 NMR 信号的发射和采集。

测量过程中，随着仪器与流体之间的相对运动，总有一部分从未被极化的样品进入磁体；而另一部分已经被极化的样品会离开磁体，实际造成极化的不完整。回波采集过程中，一部分未被脉冲扳转不会产生 NMR 信号的被测样品进入天线；而另一部分已经被脉冲扳转的磁化矢量离开天线而无法采集到的 NMR 信号，从而实际造成采集信号的不完整。

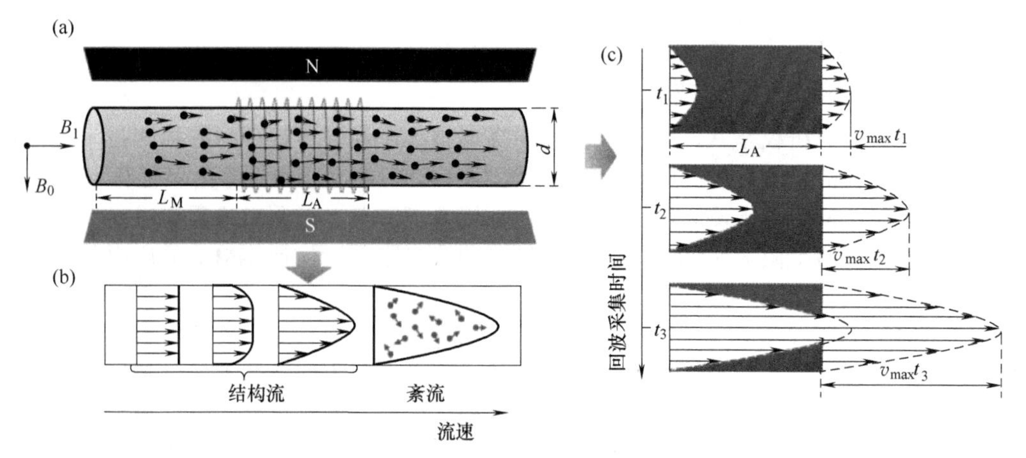

图 10-1-1　流动流体 NMR 测量示意图

这里假设被测对象是多相流（包含多种组分的复杂混合流体），包含 n 种不同的流体，用 CPMG 脉冲序列采集到的回波信号可以通过下式推导：

$$M_i = S_i H_{I,i}\left\{1-\exp\left[-t_{\mathrm{W}}\left(\frac{1}{\tau_{1,i}}+X_v\right)\right]\right\}$$

$$\mathrm{ECHO}(t)=\begin{cases}\sum\limits_{i=1}^{n} M_i \exp[-t(\dfrac{1}{\tau_{2,i}}+Y_v)] & t<\dfrac{L_{\mathrm{A}}}{v}\\ 0 & t\geqslant\dfrac{L_{\mathrm{A}}}{v}\end{cases}$$

式中，M_i 表示不同的流体组分极化后的磁化矢量；S_i、$H_{I,i}$ 表示样品中不同流体的相含率和含氢指数；ECHO(t)是 t 时刻回波信号的幅值；t 是回波串采集时间；L_{A} 是天线敏感区域的长度；$\tau_{1,i}$、$\tau_{2,i}$ 分别表示各组分的纵向弛豫时间和横向弛豫时间；t_{W} 为极化时间；v 是流体的平均流速；X_v、Y_v 分别表示运动速度对极化过程和回波采集过程的影响，静止测量时二者均为 0，流动状态下二者的表达式为：

$$\begin{cases}X_v=\dfrac{L}{vt_{\mathrm{W}}}-\dfrac{1}{\tau_{1,i}}\\ Y_v=-\dfrac{1}{t}\ln\left(1-\dfrac{vt}{L_{\mathrm{A}}}\right)\approx\dfrac{v}{L_{\mathrm{A}}}\end{cases}$$

图 10-1-2 所示是流动状态下应用反转恢复（inversion recovery）脉冲序列测量结果，被测样品是纯水，可以看见，随着流速的增大会造成极化的不完整。

图 10-1-3 所示是 CPMG 脉冲序列测量结果，可以看到，随着流速增大造成信号衰减加速，导致 τ_2 谱向着短弛豫时间方向移动。

（2）在线测量方法

① 速度校正方法　在量化分析了流动对 NMR 测量的影响以后，就可以直接通过数学方法校正回波串数据，以达到控制乃至消除流动影响的目的。磁化过程中，流动的影响主要体现在对回波串首幅值的影响，在进行磁化过程校正（X_v 校正）时，可将采集的回波串数据乘以校正因子 C_x。

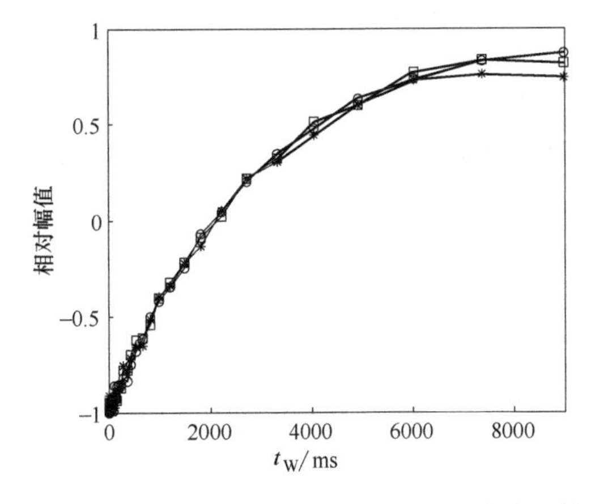

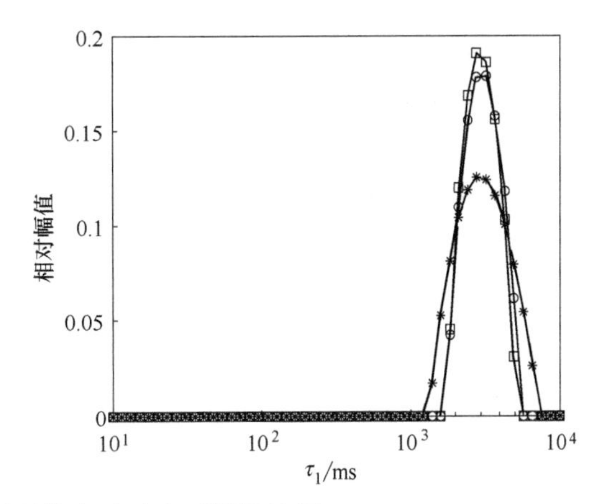

图 10-1-2 不同流速下的反转恢复脉冲序列测量结果

—□— 静止；—○— 1cm/s；—*— 3cm/s

$$C_x = \frac{1-\exp\left(-\frac{t_W}{\tau_1}\right)}{1-\exp\left[-t_W\left(\frac{1}{\tau_1}+X_v\right)\right]}$$

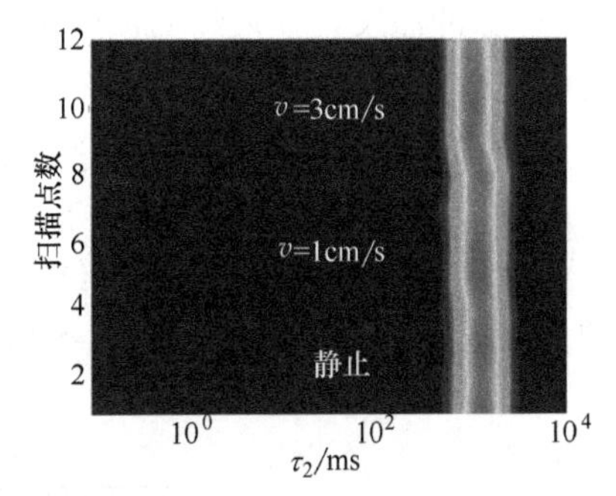

图 10-1-3　不同流速下 CPMG 脉冲序列测量结果

式中，t_W 是极化时间；τ_1 是流体样品的真实 τ_1 分布。τ_1 是需要通过测量获得的，在实际应用中，τ_1 可通过测量自由感应衰减（FID）信号得到。由于一次测量时间短，τ_1 的测量不会受到流动状态的影响，故可在开展 CPMG 脉冲序列测量前，先完成一次 τ_1 分布的测量。

完成对回波串数据的磁化过程校正后，在回波采集过程中 Y_v 的影响也同样可通过数据校正消除。流动对磁化过程的影响是在流体流入天线区域时“一次性”发生的，因此 X_v 的影响主要是针对回波串的首幅值；但流动对回波采集过程的影响是随时间推移而变化的，因此 Y_v 对每个回波的影响各不相同。

这里所采用的回波串数据校正方法包括如下 4 个步骤：

a．对采集到的原始回波串数据进行奇异值分解（SVD）。

b．将 SVD 处理后的回波串数据乘以校正因子 C_y。

$$C_y = \begin{cases} \int_0^R \frac{-t_W}{\ln[1-v(r)t_W/L_A]} \approx \int_0^R \frac{L_A}{v(r)} & v(r)t_W < L_A \\ 0 & v(r)t_W \geqslant L_A \end{cases}$$

c．将乘以校正因子前后的回波串数据做差，得到一组差值数据 E_r。

d．从采集得到的原始回波串数据中除去 E_r，完成回波采集过程中回波串数据的校正。

之所以采用这一数据校正流程，而不直接用原始回波串数据乘以校正因子，是为了防止在校正过程中噪声信号随回波串信号放大的同时被放大。

速度校正方法是采用常规反转恢复脉冲序列、CPMG 脉冲序列测量运动（如电缆测井和随钻测井）或流动流体的方法，但其只适用于慢流动流体。对于快速流动的流体，由于静磁场和射频磁场的非均匀性，受视扩散系数变化的影响，很难有效校正。

② 双天线方法　针对动态测量模式，一种新型的分立式天线结构改变了传统NMR仪器“单发单收”的脉冲发射和回波采集模式。分立式天线结构参见图10-1-4所示，其结构中包含一个较长的用于发射脉冲序列的发射天线，和一个与发射天线尾部对齐的回波信号接收天线，这样设计的目的是抵消一部分流速的影响。

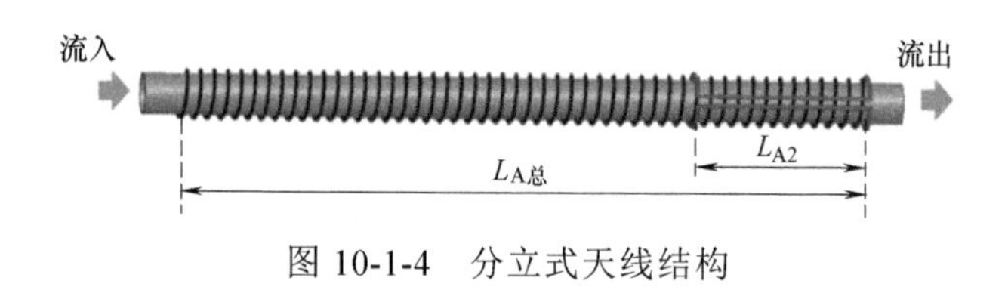

图10-1-4　分立式天线结构

以CPMG脉冲序列为例：CPMG脉冲序列包含一个90°脉冲和一系列的180°脉冲。采用分立式天线结构进行CPMG脉冲序列的测量时，首先整个发射天线区域$L_{A总}$内的流体都被首个90°脉冲激发，在后续回波信号的采集过程中只有接收天线区域L_{A2}内的回波信号被接收，所以在整个CPMG脉冲序列采集期间，只要流体流过的距离$S \leqslant L_{A总}-L_{A2}$的长度，则理论上流速就不会对NMR信号采集造成影响。

另一种新型双天线结构用于检测两相流相含率。该方法利用两相流t_L的差异实现相含率定量评价。不同于分立式天线结构，双天线结构采用两个参数完全相同的螺线管天线，置于均匀磁场区域两端，如图10-1-5所示。

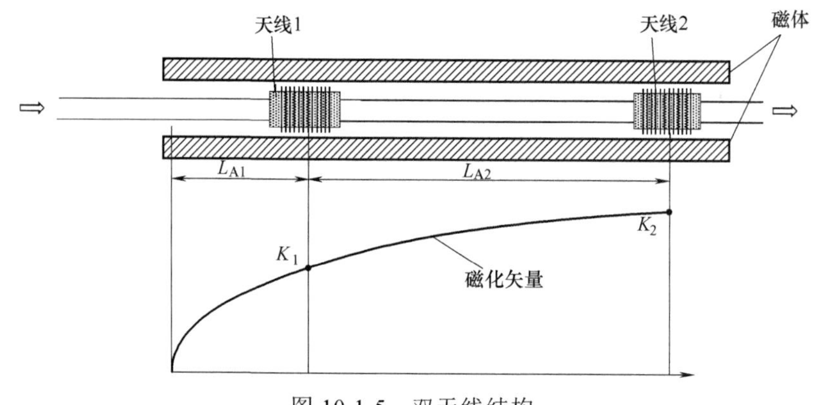

图10-1-5　双天线结构

待测流体先流入天线1，此时磁化矢量为K_1，然后继续极化流入天线2，此时磁化矢量为K_2，K_1和K_2均包含两相流双组分的信息，但由于τ_1的差异，各组分磁化速率存在差异。利用K_1/K_2就可以得到相含率，如图10-1-6所示。

③ 双t_W、双t_E　双t_W、双t_E是石油测井采用的一类利用储层多相流（油气水）弛豫时间差异进行在线相含率定量评价的有效手段。

双t_W观测模式的采集方法示意图参见图10-1-7。

由于水与烃（油气）的纵向弛豫时间τ_1相差很大，它们的纵向恢复速度不相同，水的纵向恢复速度比烃（油气）快。选择不同的等待时间$t_{W,L}$和$t_{W,S}$，可以观测到不同的回波信号，其τ_2分布的差异可以用来识别水与烃（油气）。

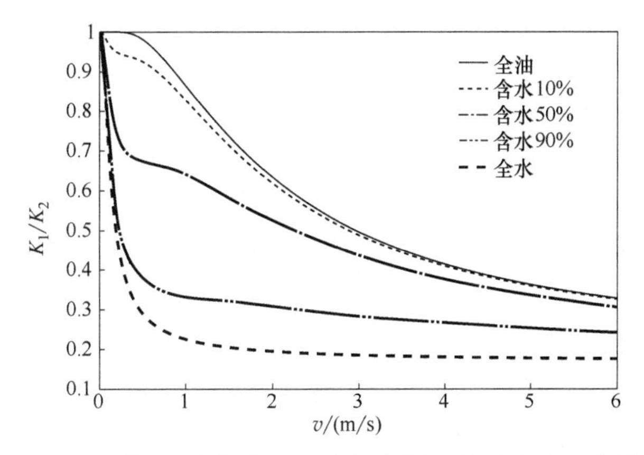

图 10-1-6　不同油水比情况下磁化信号比-流动速度刻度图版

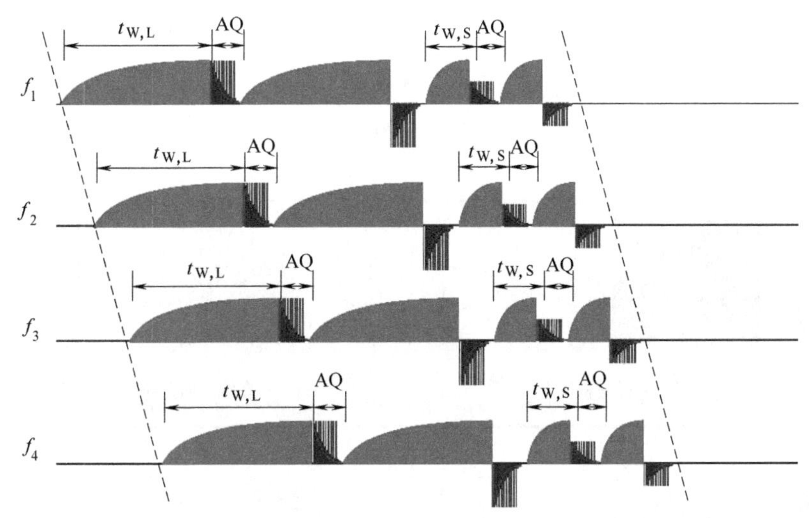

图 10-1-7　双 t_W 观测模式的采集方法示意图

t_W—极化时间；下角标 L—长；下角标 S—短；AQ—回波信号采集阶段；
f—不同探测深度的测量主频率（相位）

双 t_E 观测模式的采集方法示意图参见图 10-1-8。双 t_E 测井要求设计足够长的等待时间，每次测量时使得纵向弛豫达到完全恢复。利用两个不同的回波间隔 $t_{E,L}$ 和 $t_{E,S}$ 测量两个回波串。由于水与气或水与中等黏性油的扩散系数不同，它们会在 τ_2 分布上发生不同的变化，以此识别油、气、水。

10.1.1.4　在线流动流体核磁共振技术的应用

目前，在线流动流体 NMR 检测技术的主要应用包括流体组分在线识别、流量检测、流体性质在线检测、在线成像分析等几个方面，如图 10-1-9 所示。

（1）组分在线识别技术

NMR 技术对流体信号十分敏感，在复杂流体相含率检测方面具有独特优势。传统一维至多维 NMR 技术是采用图谱检测方法，利用不同流体组分弛豫特性或扩散系数特性的差异实现组分定量分析。进一步依靠梯度天线空间编码功能，可实现流体各组分空间分布成像。

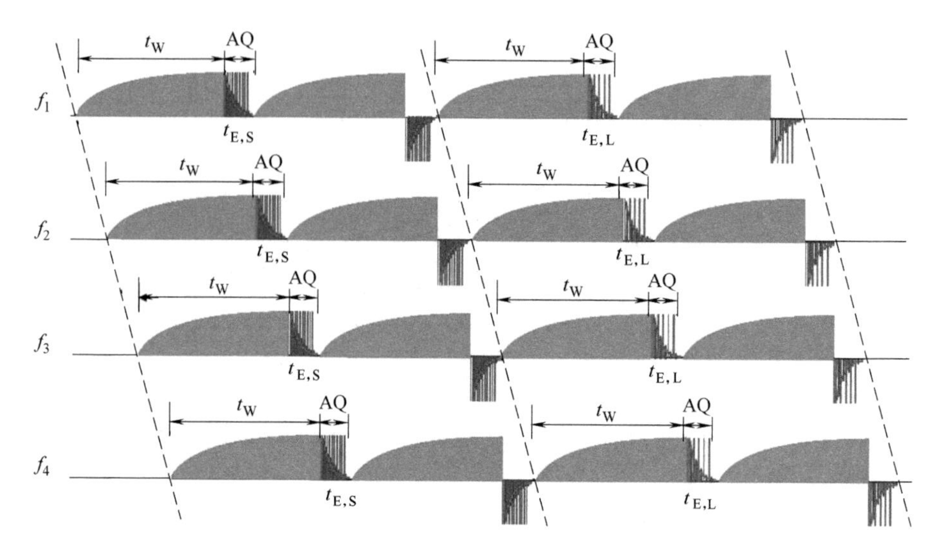

图 10-1-8　双 t_E 观测模式采集方法

t_E—回波时间

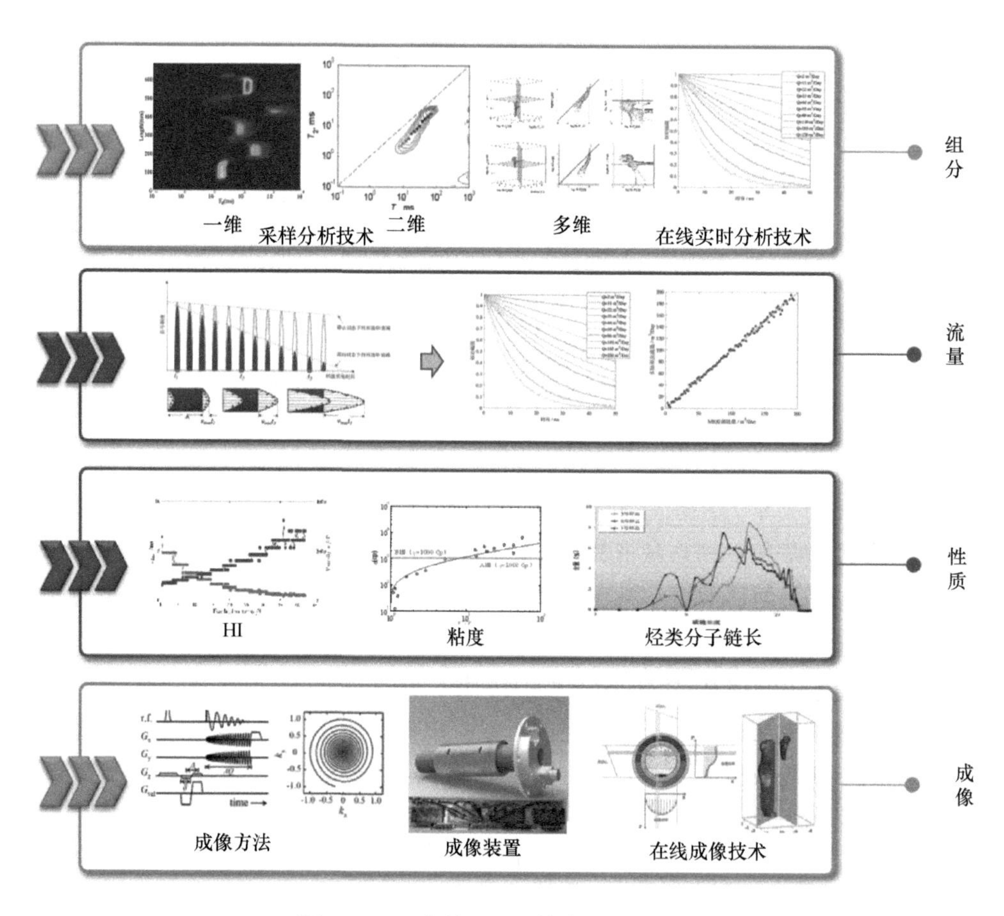

图 10-1-9　在线 NMR 技术的主要应用

由于上述方法单次测量时间较长，且需要多次测量提高信噪比，要实现在线测量，需要依靠原位采样技术，即依靠测试装置自带的采样系统，实现高频原位采样及静态测量。但是，并非所有应用场景都具备原位采样的条件，而又需要实时掌握待测流体组分的变化，这就需要依靠实时在线NMR组分识别技术。

NMR实时在线识别技术摈弃了传统NMR图谱检测的方式，利用流体不同组分弛豫时间和扩散系数的差异性所表现出来的信号幅值的差异，再通过装置的创新，实现流体组分的快速定量评价。

（2）复杂流体流量检测

复杂的在线、定量检测已成为全世界共同关注的目标，长期以来，一直没有可靠测量技术能够在不经相分离的前提下准确测量复杂流体各组分流量。

NMR技术作为一种绿色、高效、准确的油气检测方法，经过多年探索与实践，在复杂流体物性研究中已经得到广泛应用。

NMR技术可通过获取流体分子尺度的信息实现对其定性/定量评价，独特的测量原理及方式决定了其同时具备测量多相流的流量和相含率的能力。流动状态下，通过CPMG脉冲序列激发信号所采集得到的回波串信号衰减速率与平均流速成正比，可量化评价流体流量。再基于相含率测量结果，可得到复杂流体各组分流量数据。

（3）流体性质在线检测技术

流体性质的检测是物理化学实验室常见操作，是依赖采样测量实现了解未知流体内部特性的有效手段。对于工业应用领域，复杂流体组分及性质往往随时间变化而变化，采样至实验室分析的方式已无法满足实际需求。此外，在高温高压的应用场景，采样化验的过程中难免发生流体物性的变化，无法真实还原流体原始赋存环境，造成数据准确性下降。

流体性质在线检测技术正是应对这些应用场景而发展起来的。目前，含氢指数、黏度是NMR用于探测流体的主要性质信息。此外，针对石油类烃类化合物，NMR流体性质在线检测技术还可用于预测分子链长分布情况。

（4）在线成像分析技术

核磁影像学是基于核磁共振技术的一门应用学科，目前，磁共振成像（MRI）主要应用于医学领域，是现代医学中公认的造福人类的尖端技术。

MRI技术于20世纪70年代首次提出，最近20年应用领域逐步从医学扩散到农业、林业、生物、化工、材料、地质、地球物理等领域，其高精细、可视化、无损检测等优势已成为相关领域无可替代的技术。MRI在工业现场的技术应用还处于探索阶段，仍有诸如复杂环境、复杂探测对象、高强度工作频率、在线检测需求等诸多问题待突破。

MRI技术在在线检测领域的应用主要包含两个方面：一个是应用传统MRI技术，实现待测样品的采样静态成像，实现被测孔隙介质或流体的可视化检测；另一个是流动流体流型成像，这是在线MRI技术全新的应用方向，尚处于科学研究阶段。

10.1.2 在线核磁共振分析仪的基本结构与技术特性

过去半个世纪，最具代表性的在线NMR分析仪当属NMR测井仪，先后发展了电缆测井仪、随钻测井仪、井下流体分析仪等几个系列仪器。NMR测井仪深入数千米石油井下，对目标储层进行原位、实时检测，经过多年探索及发展，涌现了一批在线检测新方法和新装置。NMR运动扫描系列仪器以医学成像扫描仪为原型，通过在线扫描待测样品的低场NMR信号，

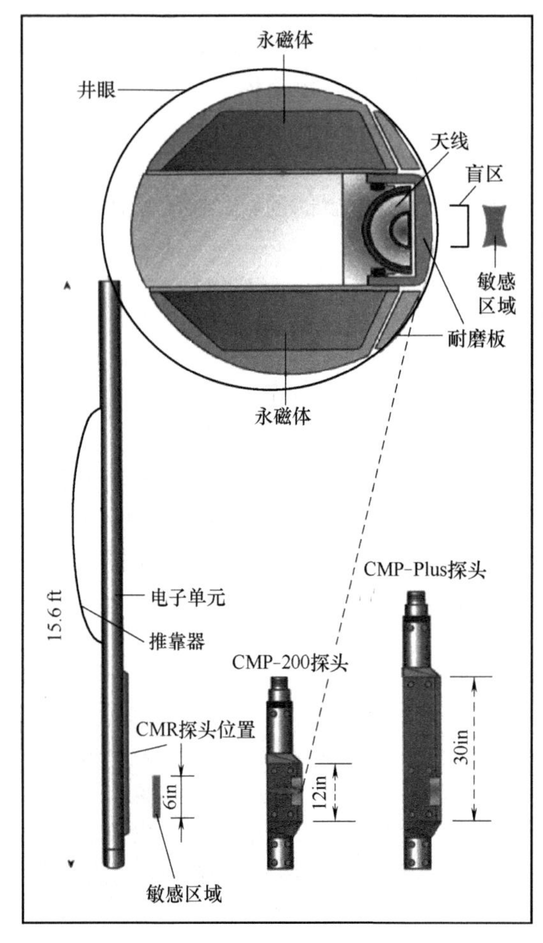

图 10-1-10　CMR 探头结构

（1ft=0.3048m，1in=0.0254m）

突破了传统室内检测仪器对样品体积和形状的限制，实现高效、连续、无损检测。NMR 流体分析仪是针对复杂流体在线检测发展出来的一系列全新的在线 NMR 仪器，可对复杂流动流体组分、性质、流型等进行在线扫描测量。

10.1.2.1　在线核磁共振分析仪的基本结构

（1）NMR 测井仪

斯伦贝谢公司于 20 世纪 90 年代设计研制了一种贴井壁测量的核磁共振测井仪(CMR)，并先后推出了 CMR-A、CMR-200、CMR-Plus 以及 MR Scanner 电缆核磁共振测井仪。CMR 探头结构如图 10-1-10 所示。

CMR 挂接在 Schlumberger 公司的 Maxis-500 系统上，其贴井壁的测量方式进一步消除了井眼泥浆对测量的可能影响。CMR 探头的磁体为长条形。仪器外围是玻璃钢外壳。外壳既要耐高温耐高压，为探头提供保护，同时还不能阻碍射频信号的发射与接收。探头右侧半圆部分是天线，天线的性能对仪器功率的要求以及信号的强度有很大的影响。

MR Scanner 探头采用贴井壁测量，磁体体积相比居中型探头要小，天线缠绕在磁芯外面。磁体整体为圆柱形，磁体中间是贯通孔，方便电子线路穿过。仪器外围是玻璃钢外壳，主天线缠绕在磁芯之上，天线的轴向方向与井轴方向一致；高分辨率天线缠绕在磁芯之上，缠绕方向与井轴方向垂直。天线性能对仪器功率的要求以及信号的强度有很大的影响。MR Scanner 探头示意图参见图 10-1-11，MR Scanner 磁场等值线分布图见图 10-1-12。

Baker Atlas 公司经过多年研发推出 MREx 测井仪器，MREx 探头见图 10-1-13 所示。MREx 探头采用贴井壁测量，磁体体积相比居中型探头要小，结构也比较复杂；天线缠绕在磁芯外面，因此探头的制作工艺与流程相比居中型仪器要复杂。MREx 探头磁体整体为长条形，分为两个部分，即屏蔽磁铁和小磁铁。仪器外围是玻璃钢外壳。主天线缠绕在磁芯外侧，扰流天线缠绕在与主天线相对的一侧，天线的性能对仪器功率的要求以及信号的强度有很大的影响。MREx 探头磁场等值线分布图参见图 10-1-14 所示。

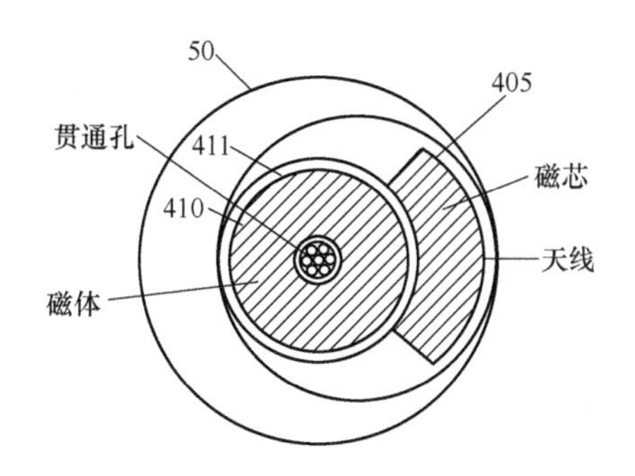

图 10-1-11　MR Scanner 探头示意图

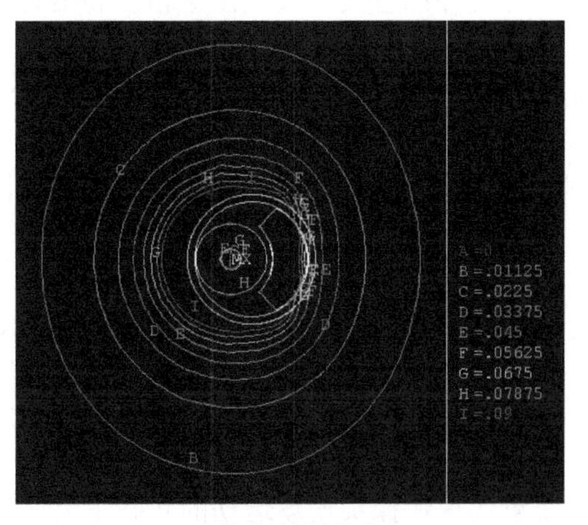

(a) 静磁场等值线分布

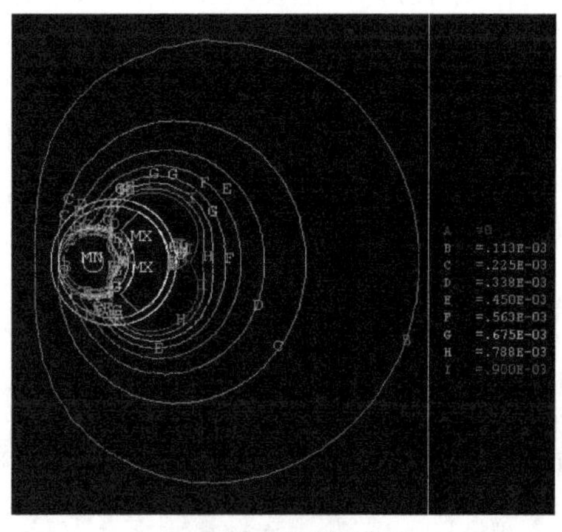

(b) 射频场等值线分布

图 10-1-12　MR Scanner 磁场等值线分布图（彩图见文后插页）

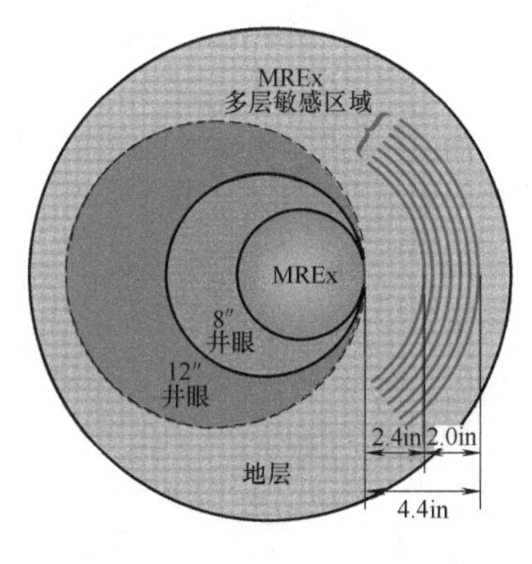

图 10-1-13　MREx 探头示意图

（1in=0.0254m）

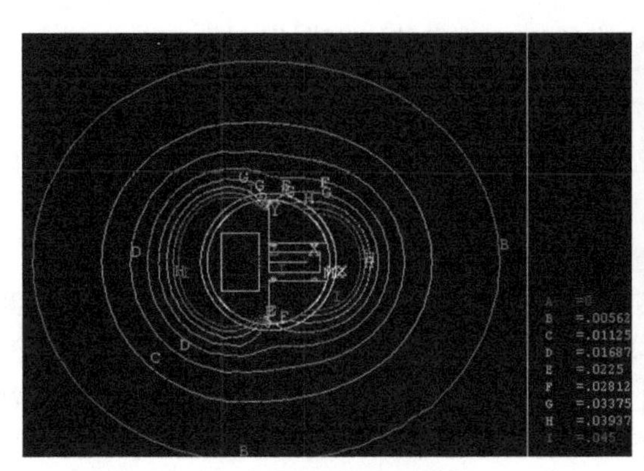

(a) 静磁场等值线分布

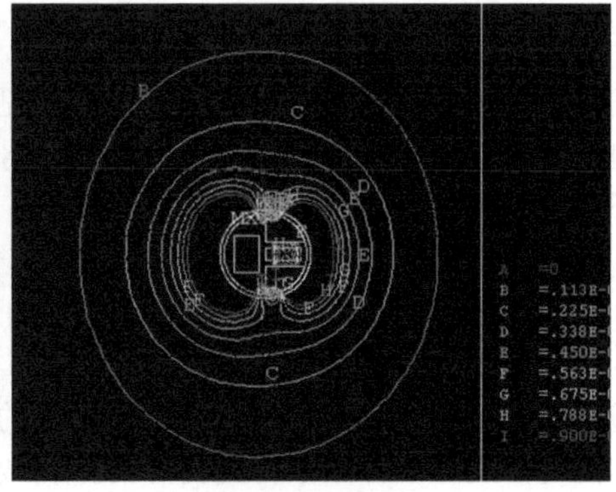

(b) 射频场等值线分布

图 10-1-14　MREx 探头磁场等值线分布图（彩图见文后插页）

随钻测井技术迅速发展和水平井、丛式井和多分支井的普及，仪器测量精度和信息量的增多和安全性、稳定性的提高，NMR 测井应用领域不断扩大。对比电缆测井，随钻测井的数据更加及时、真实，适用范围广，更能满足石油、天然气工业对测井技术的要求。随钻 NMR 测井技术代表了地质导向和地层评价技术的重大进步，将电缆核磁共振测井的优势带入实时钻井作业中，可以在钻井过程中获取孔隙度、渗透率、束缚水及孔径分布等重要参数，同时可以起到优化井眼轨迹的作用。

图 10-1-15　MRSS 系统外形图

（2）运动扫描仪

中国石油大学（北京）研发的 NMR 运动扫描仪（MRSS），首次实现了在实验室内磁共振动态扫描测量，同时为研究运动速度对 NMR 响应的影响创建了实验平台。该系统可实现在探头连续运动的状态下完成被测样品 NMR 响应信号的采集和处理。MRSS 由 NMR 探头、谱仪和丝杠滑台三大部分组成，系统外观如图 10-1-15 所示。

MRSS 探头采用 Halbach 磁体结构，参见图 10-1-16 所示。这种结构可以保证探头具备较大的均匀场区域。探头由 Halbach 磁体和螺线管天线组成。Halbach 磁体用于产生均匀的静磁场，由两组磁场方向相反的磁体单元对称放置构成。

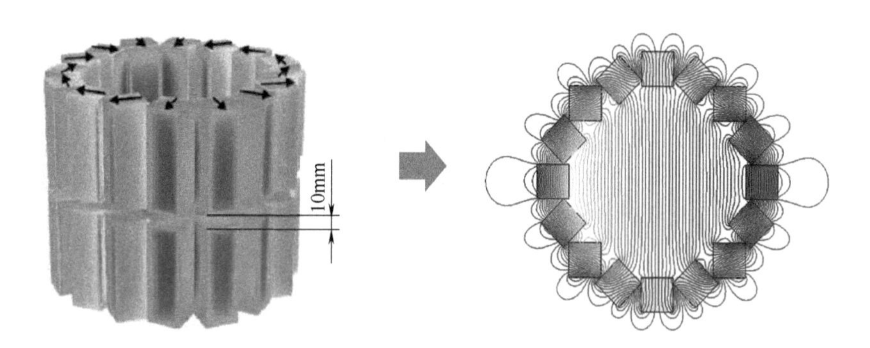

图 10-1-16　由 16 块磁体组成的 Halbach 磁体结构及磁场分布

MRSS 天线采用螺线管线圈结构，参见图 10-1-17 所示。线圈均匀绕在玻璃钢管上，用于向样品发射射频激励脉冲和接收回波信号。整个 Halbach 传感器放置在铝制的屏蔽箱内，用于屏蔽外界的电磁干扰。

（3）流体分析仪

地层流体的 NMR 分析技术应用于石油工业已有半个世纪。传统的地层流体 NMR 探测方法主要有两类：一类是从地层采样至地面实验室进行测量的方式；另一类是通过传统的测井仪器直接对地层及赋存于地层孔隙介质中的流体进行实地测量的方式。在面对复杂油气藏时，上述两类探测方法都难以得到良好的探测效果，主要表现为：第一类探测方法，在对地层流体采样、运输至地面的过程中，由于温度压力的变化，流体的物性参数会发生很大的变化，导致测量结果误差较大；第二类探测方法由于受孔隙大小和骨架的影响，NMR 响应的测量结果很难反映实际地层流体的信息。

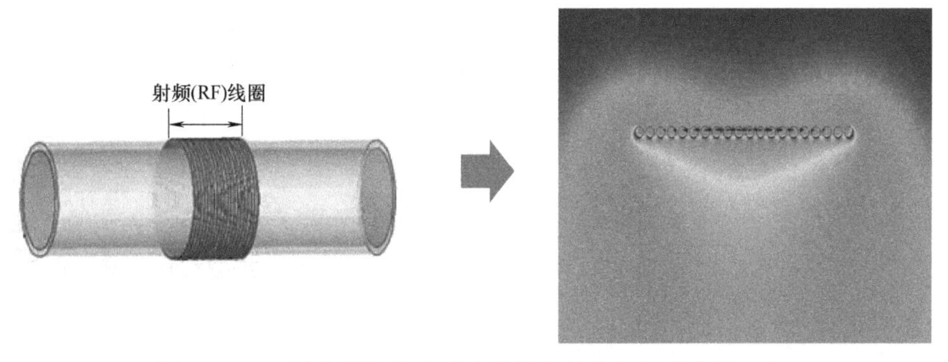

图 10-1-17　通电螺旋线圈组成的天线结构及射频磁场分布

为解决这些问题，中国石油大学（北京）于 2015 年设计制作了一套井下 NMR 流体分析仪，参见图 10-1-18 所示。可实现在数千米井下对原状地层流体进行实地采样在线分析，有效克服了上述两类探测方法的不足。

NMR 井下流体分析仪探头采用多段式磁体结构，如图 10-1-19 所示。磁体包含 2 段预极化磁体和 1 级探测区域磁体。其中预极化磁体的磁场强度略高于探测区域磁体，用于快速极化被测流体，使其流入探测区域时完成磁化。

图 10-1-18　井下 NMR 流体分析仪

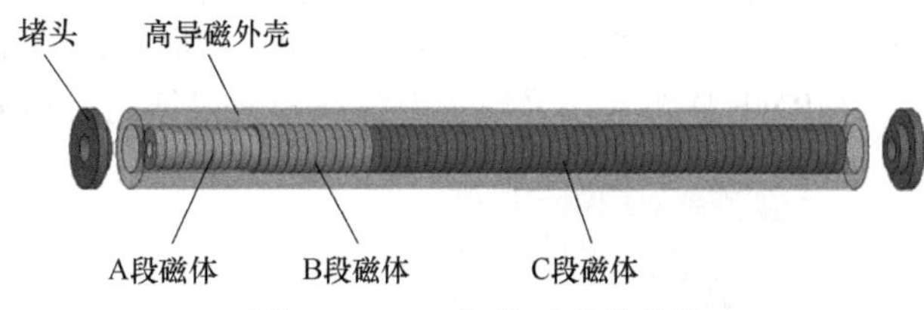

图 10-1-19　多段式磁体结构

油气多相流贯穿石油工业从上游勘探开发至下游炼化的各个环节，对其流量、组分、物性的在线检测，是油田数字化建设、油气井管理、动态分析及优化的基础，具有重大生产需求，但也极富挑战。

目前，油气田现场广泛应用的多相流检测技术仍然以玻璃管量油、翻斗量油为主，普遍存在效率低、精度差、流量计量及相含率检测需进行三相分离等问题。高效、准确、流量计量与相含率检测同时进行的多相流在线检测技术的发展一直是行业研究的热点。

中国石油勘探开发研究院牵头，于 2019 年研制成功的磁共振多相流（MRMF）在线检测系统如图 10-1-20 所示。是国内首台基于磁共振技术的多相流量计和流体性质检测仪器。

MRMF 主体包含 NMR 探头、谱仪、阀门组及管汇几个部分。MRMF 探头的核心组成包含磁体和天线两个部分，分别用于产生静磁场 B_0 和射频场 B_1。在轴向上，MRMF 磁体采用多段式结构，如图 10-1-21 所示。

NMR 探头由铝合金外壳、磁体及骨架、天线、流体管、温控系统、隔热防爆层等组件构成，为 NMR 测量提供必要的静磁场 B_0 和射频场 B_1 环境。谱仪包含电子线路和上位机软件 2 个部分：电子线路主要功能是控制天线射频脉冲的发射和回波信号的接收及处理，此外同时具备磁体温控、阀门控制等功能；上位机软件用于人机交互，主要功能包括逻辑控制参数输入、数据处理及解释、数据及曲线显示等。阀门组及管汇用于实现“静态相含率测量”和“流动流速测量”两个状态的切换。

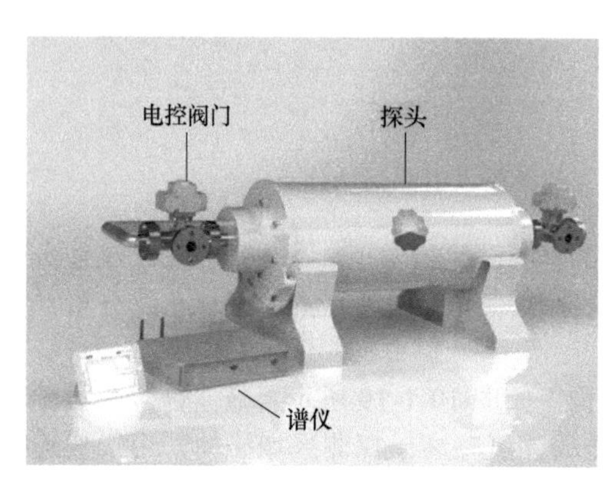

图 10-1-20　MRMF 外观图

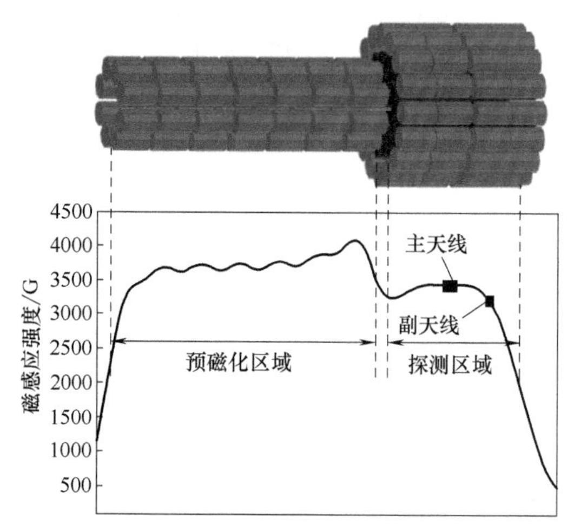

图 10-1-21　MRMF 磁体结构及轴向磁场分布
[1Gs（高斯）=10^{-4}T（特斯拉）]

MRMF 磁体分为预磁化区域磁体和探测区域磁体两部分：其中预磁化磁体由 7 个单环 Halbach 磁体环组成，流体在流过该区域的同时被持续磁化；探测区域磁体由 4 个双环 Halbach 磁体环组成，天线置于该区域内，用于对磁化后的流体进行 NMR 测量。

MRMF 探头天线采用了双螺线管天线结构，参见图 10-1-22 所示。

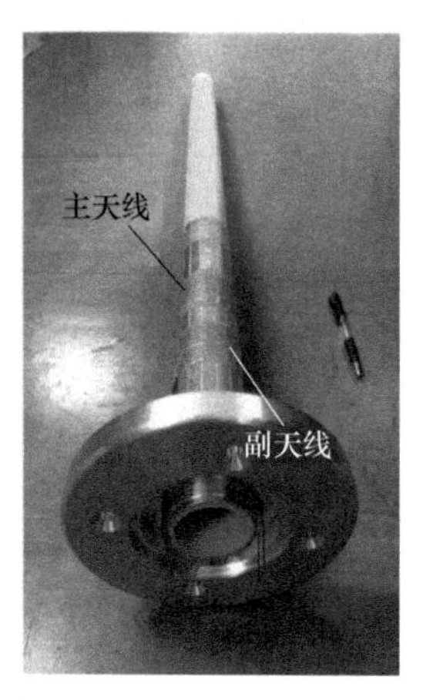

图 10-1-22　天线装配实物

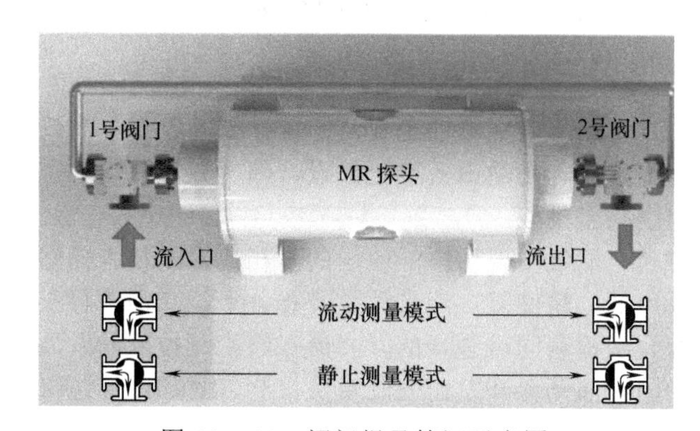

图 10-1-23　阀门组及管汇示意图

MRMF 探头天线用于实现多相流相含率的流动在线测量。其中主天线置于均匀磁场 B_0 区域，用于采集多相流弛豫信息，而副天线置于均匀梯度磁场 B_0 区域，用于采集信息。

“静态测相含率，流动状态测流速”是 MRMF 所采用的流量计量方法，其实现需要依靠可控阀门组及相应管汇，如图 10-1-23 所示。

MRMF 采用了两个 T 形阀门，由谱仪统一控制。实际安装时，两个 T 形阀门的一侧经旁路管线短接，另一侧对接探头内流体管，阀门剩下的一个口作为多相流“流入/流出”口，该口通过软管与井口采油树、输油管、计量间或技术站管汇相连，将待测多相流导入 NMR 流量计。流动测量状态下，多相流全部由探头内流体管流过，进行流速测量。静态测量状态下，多相流全部由支线管道流过，探头内流体静止，进行相含率测量。

动静态测量状态的切换频率根据现场需求确定：对于相含率稳定的井，通常半天至一天进行一次静态测量即可；对于相含率不稳定的井，如含气井，静态测量的频率最大可实现 2min^{-1}。动静切换的测量方法为在线采样测量提供了思路。

10.1.2.2　在线核磁共振分析仪的技术特性

（1）NMR 测井仪

当 NMR 测井仪器经过井眼时，与仪器发生相互作用的质子数量是不断变化的，这一变化以两种方式影响仪器的特性和测井参数。

首先，仪器遇到未极化的质子，向后留下极化过的质子。新的质子在它们进入仪器的探测区之前完全极化所需要的时间由 τ_1 决定。t_W 与磁体长度以及测速直接相关。为了保证仪器以较高的测速工作，NMR 测井仪探头均包含预极化磁体，即被测储层在进入天线探测区域前均经过了一段时间的极化。采用这种设计。可以保证质子在进入仪器探测区域之前就已经被极化。

其次，在 CPMG 脉冲序列期间，磁化矢量已经扳转到横向平面上的质子将离开探测区，而已极化的但未扳转的质子又进入探测区。如果天线太短或测速太快，将使得后面的回波测量幅度偏小。为了保持一个合理的测速，10%的精度损失是可以接受的。即在一个 CPMG 脉冲序列期间，测量体积可以在 10%的范围内变化。由于天线的长度决定着测量体积，所以使用较长的天线可以得到较快的测速，但是这样做又要降低仪器的分辨率。

如果在测量期间仪器不动，纵向分辨率（VR）等于天线长度。如果仪器在测量期间运动，则纵向分辨率降低，其降低程度与仪器测速成正比。

NMR 测井仪永磁铁产生的稳定磁场在径向上随着离井轴距离的加大而逐渐减弱，这是一个沿径向分布的梯度场，如图 10-1-24 所示。

NMR 测井仪具备切片扫描功能，切片的高度近似等于天线的长度，因此增加天线长度可以增大测量区域，但是天线长度的增加带来的磁体长度、仪器长度的增加不仅会增大仪器的成本，提高对电子线路的要求，而且还会降低仪器的纵向分层能力。当仪器静止在井中某一点进行测量时，仪器的分辨率为天线的长度。当仪器进行运动测量时，仪器的分层能力下降。仪器的分层能力与天线的长度成反比。综合考虑，很难获得一种兼具信噪比高、综合分层能力强，而且测井速度快的设计方案，而是需要在三者之间折中取优。

天线结构确定之后，天线的电性参数可以通过测量得到，得到天线电性参数之后就可以计算出天线的性能参数。

信噪比定义式：

$$\text{SNR} = \frac{V_{信}}{V_{噪}}$$

噪声的定义式：

$$V_{噪} = \sqrt{4kTR\Delta f}$$

式中，$V_{信}$ 是信号幅度；$V_{噪}$ 是噪声幅度；k 是玻耳兹曼常数；T 是热力学温度；R 是线圈电阻；Δf 是频带宽度。

由于 Δf 与天线 Q 值有关，因此天线的信噪比与 Q 值有关，如图 10-1-25 所示。信噪比随 Q 值增大而增大，对应于不同的磁场强度，磁场强度越高，信噪比越大。

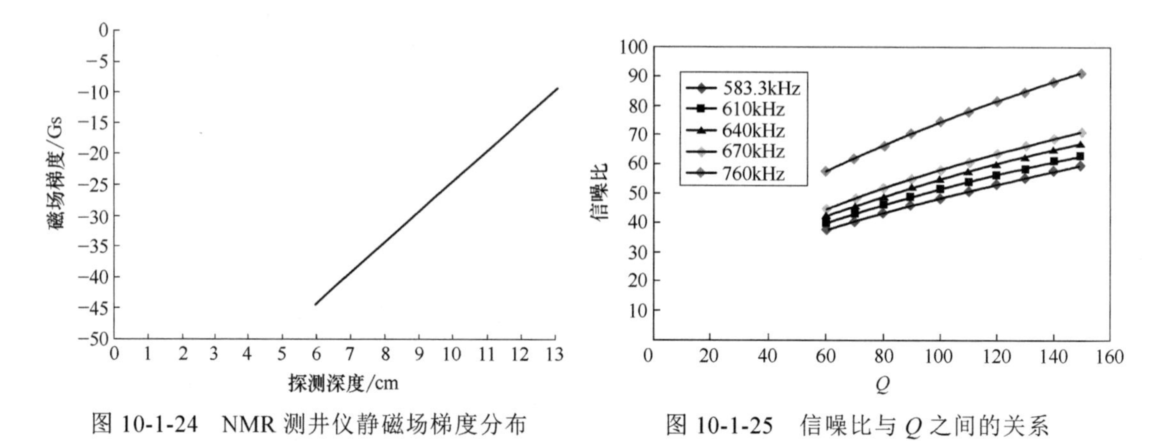

图 10-1-24　NMR 测井仪静磁场梯度分布（1Gs=10^{-4}T）

图 10-1-25　信噪比与 Q 之间的关系

（2）NMR 运动扫描仪

NMR 运动扫描仪与 NMR 测井仪类似，同样存在提高 VR 与有限天线长度的矛盾，需要合理优化磁体、天线的长度和 VR 的关系。除此之外，NMR 运动扫描仪还需面对“夹层扫描”这一独特的问题。大多数情况下，NMR 测井仪扫描的地层厚度远大于探头天线长度，而 NMR 运动扫描仪则往往面对更加复杂的问题，其探测对象单体往往小于天线长度，清晰的界面位置的探测将有利于从时间维度上准确捕捉流体性质及组分的变化。

运动速度会导致仪器 VR 的降低，从而对样品分层界面或夹层，尤其是厚度接近或小于天线长度的薄层的 NMR 响应信号造成影响，使其难以分辨。

VR 是决定界面分辨能力的主要因素，VR 越高，分层界面处 NMR 响应信号在 τ_2 谱上“过渡谱”的长度越短，越有利于确定分界面的准确位置。可由下式表示：

$$vt_S \leqslant \mathrm{VR}$$

$$t_S = t_C R_a - t_W$$

式中，v 是流体的平均流速；t_S 是一次测量时间，即从发射第一个脉冲到采集第二个回波，再加上下一次测量的等待时间；t_C 是完成一个 CPMG 脉冲序列的测量时间加上下一个 CPMG 脉冲序列前的极化时间；R_a 是累加次数。

当探头天线横跨于样品的两个层面时，所测得的 NMR 响应信号实际上是两层信号的一个加权和：

$$\mathrm{ECHO} = \frac{L_A - m}{L_A}\sum_{i=1}^{n1} M_{Z1,i}\exp\left(-\frac{t}{\tau_{2,i}}\right) + \frac{m}{L_A}\sum_{j=1}^{n2} M_{Z2,j}\exp\left(-\frac{t}{\tau_{2,j}}\right)$$

式中，ECHO 是回波串信号；L_A 是天线长度；i、j 分别表示样品两个分层结构各自不同的弛豫组分；m 是天线进入第二层面的长度。由于仪器 VR 的影响，在样品不同层面处会反演出一个“过渡带”。“过渡带”的存在会影响对夹层厚度（h）的准确判断。

对过渡谱的校正分为以下几步：①对样品进行扫描测量，得到校正前的 τ_2 谱及各层面的 NMR 响应信号；②沿运动方向将过渡谱按照 vt_S 的长度划分成 n 个单元；③将每个单元内的加权信号校正成加权系数最大的层面的单层面信号。

校正后的 τ_2 谱可以准确反映分界面位置以及准确识别夹层的厚度，而且，当夹层厚度小于天线长度时，校正后的 τ_2 谱依然能够较为准确地反映出夹层样品的 NMR 响应特性。该方法可用于校正厚度不小于 $2vt_S$ 的薄层。

（3）流体分析仪

NMR 流体分析仪不同于石油测井仪和运动扫描仪，其探测对象是流动流体。流动流体的组分、性质及流型变化是时移的，而不是位移的。NMR 流体分析仪 VR 由测量频率决定，理论上可实现的最大测量频率为平均流速和天线长度的比值。鉴于流动状态同时影响着流体极化效率和采样信号损失率，保证流体最高极化效率和控制信号损失率成为 NMR 流体分析仪的检测特性。

为尽可能提高极化效率，NMR 流体分析仪均采用了预极化磁体（称为 A 段磁体）设计，使流体流入探头探测天线区域时完成极化。预极化磁体通常采用比探测区域磁体更高的磁场强度，为了短时间内快速将流体的磁化矢量提高到一个较高的程度；然后再通过一个弱磁场区域（称为 B 段磁体）拉低流体的磁化矢量使其匹配探测区域目标磁场强度，如图 10-1-26 所示。

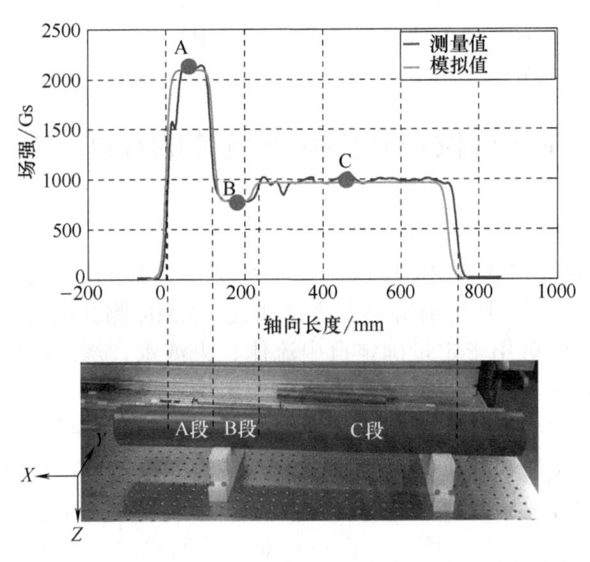

图 10-1-26　NMR 流体分析仪探头中心轴向磁场分布（1Gs=10^{-4}T）

流体流入探头后，预极化磁体 t 时刻磁化矢量 $M(t)$的变化：

$$M(t) = M_A(1-e^{-t_1/\tau_1})e^{-(t-t_1)/\tau_1} + M_B(1-e^{-(t-t_1)/\tau_1})$$

通过对 A 段、B 段磁体长度的匹配设计，满足额定探测流量范围和 τ_1 分布的流体在进入 A 段后均可达到一个较高的磁化效率，如图 10-1-27 所示。

对于信号采集阶段的信号损失问题，分立式天线结构可抵消一部分慢流动状态造成的 τ_2 偏移，但不能消除流动所造成的视扩散系数变化的影响，如图 10-1-28 所示。

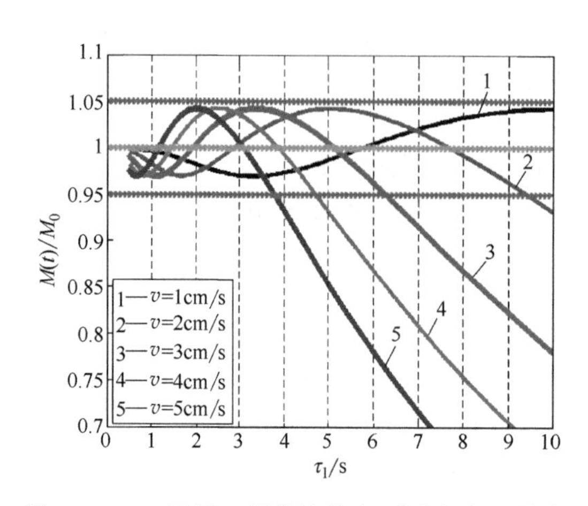

图 10-1-27 不同 τ_1 组分流体在不同流速下通过预极化磁体后的磁化矢量

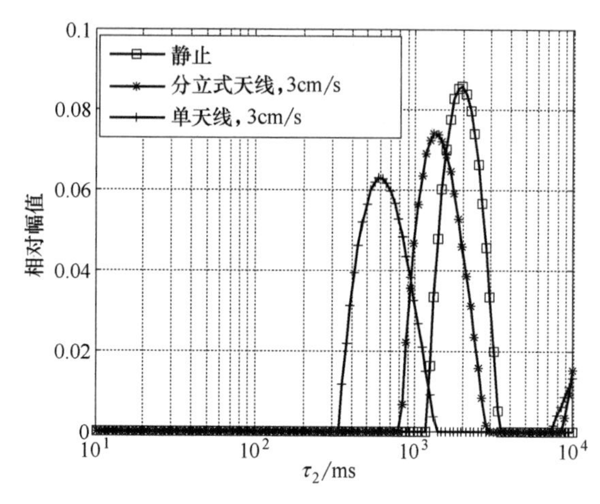

图 10-1-28 流动状态下 CPMG 脉冲序列测量结果

即使采用了分立式天线，依然存在 τ_2 偏移现象。视扩散系数的影响来自于磁体的非均匀性和天线的非均匀性。若要利用 NMR 流体分析仪进行流动状态下的 τ_2 测量，其探测区域磁体及天线的均匀性要求较测井仪及运动扫描仪更为苛刻。

静态采样测量是针对上述问题提出的解决方案，可消除流动的影响，又可以实现原位在线检测的目的，但该方法不可避免地降低了仪器的 VR，因此在实际应用时要根据应用场景的要求选择合适的静态采样频率。

10.1.3 NMR 流体分析仪在石油井下流体的在线分析应用

10.1.3.1 概述

当前，NMR 测井仪是在线 NMR 技术在石油领域的主流应用，其核心目标是勘探地层石油和水资源。与常规电、声、核辐射等测井方法相比，NMR 测井信号来自地层孔隙流体，包含十分丰富的地层信息，可用于定量确定自由流体、束缚水、渗透率以及孔径分布等重要参数，而且，其孔隙度测量不受岩石骨架矿物成分的影响。

在勘探阶段，核磁共振测井仪能为流体性质、储层性质及可采储量等地层评价问题的解决提供有效信息；在开发阶段，能为油层剩余油、采收率以及增产措施效果等问题的评价和分析提供定量数据。NMR 测井仪包含三类：电缆测井仪、随钻测井仪和井下流体分析仪。这三类测井仪均可在 NMR 探头与被测对象保持相对运动的状态下完成 NMR 测量。

NMR 全尺寸岩心运动扫描仪的出现为地面岩心物性的无损、快速评价提供了一个全新的平台，解决了过去由于仪器探测尺寸的限制需要对岩心钻孔取样的不足，实现了井下取芯直接检测的目的。同时，NMR 运动扫描仪为在线 NMR 科学研究提供了实验平台。目前，基于该平台提出了运动校正方法、快速测量方法、提高 VR 方法，以及仪器研发方法等一系列新方法。

由中国石油勘探开发研究院牵头，联合中国石油大学（北京）、北京青檬艾柯科技有限公司、美国哈佛大学、新西兰惠灵顿维多利亚大学，共同研究突破了磁共振多相流在线检测技术瓶颈，并完成智能化装置研制。目前，室内及现场检测效果良好，初步实现了在线 NMR 技术在钻采工程领域的应用。以下将重点介绍上述仪器的典型应用与案例。

10.1.3.2 NMR 用于储层油、气、水识别

NMR 数据可以单独分析也可以结合常规测井数据进行分析。当 NMR 资料单独解释时，可以提供孔隙度、渗透率以及侵入带的流体类型和流体饱和度的全部信息。有两种计算模型可以用于 NMR 数据的独立分析：时域分析（TDA）模型和扩散分析（DIFAN）模型。还有一个模型称为增强扩散法（EDM），它可以在数据采集期间使用，为检测稠油提供有价值的信息。

（1）时域分析（TDA）

TDA 依赖于不同流体的极化率或弛豫时间 τ_1 的不同。气和轻质油（黏度小于 5 mPa・s）的 τ_1 通常比水的 τ_1 要长得多。时域分析可提供：冲洗带流体类型、含气层校正后的 NMR 孔隙度、含轻质油储层的校正后 NMR 孔隙度，以及使用 NMR 数据对冲洗带全部流体饱和度的分析。

TDA 是 DSM（差谱法）的派生。DSM 主要用于定性考察地层中是否含有天然气，在 TDA 方法中，相减的过程不是在 τ_2 域完成的，而是在普通的时间域完成的。与 DSM 相比，TDA 方法主要有两个优点：两个回波串在时间域做差，将差转换为 τ_2 分布，差别更加明显；TDA 方法可以更好地校正氢核的未完全极化以及含氢指数的影响。长短 t_W 的回波串先转换为 τ_2 分布，再将得到的 τ_2 谱相减。TDA 的原理参见图 10-1-29 所示。

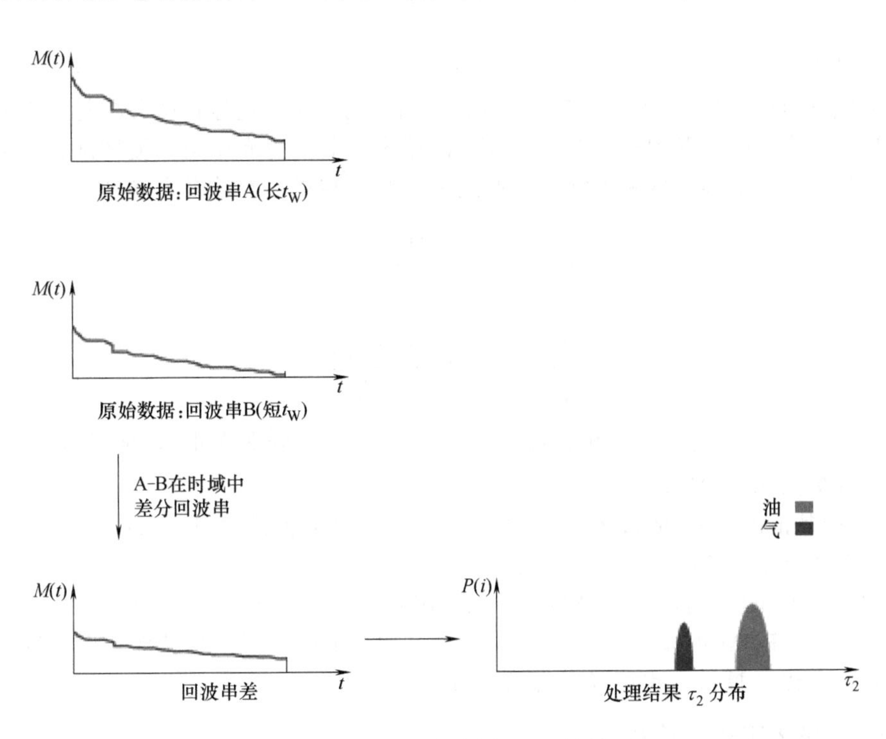

图 10-1-29 时域分析 TDA 的原理

$P(i)$—反演以后的谱峰幅度

（2）扩散分析（DIFAN）

扩散分析取决于流体类型和油之间的扩散差异，油的黏度范围在 0.5～35mPa・s 间，且温度和压力至少为 90℃和 13MPa。扩散弛豫的产生是由于探头梯度磁场。观测的流体的 τ_2

随回波间隔 t_E 的改变而改变。τ_2 数值取决于磁场梯度 G、旋磁比 γ、t_E 以及视扩散系数 D_a，有如下关系：

$$\frac{1}{\tau_2}=\frac{1}{\tau_{固}}+C\frac{D_a(G\gamma t_E)^2}{12}$$

式中，$\tau_{固}$ 是当 G 为零时的固有弛豫时间，$\frac{1}{\tau_{固}}=\frac{1}{\tau_{自由}}+\frac{1}{\tau_{表面}}$；$C$ 反映的是扩散和磁旋动力的组合效应，磁旋动力与梯度磁场中直接回波和受激回波的混合有关，对于 NMR 测井仪器，C=1.08。一个确定的作业中，除 t_E 外，上式中所有参数都是常数。它表明回波间隔从 1.2ms 增大到一个较大数值时将使 τ_2 降低。

（3）移谱法（SSM）

一个定性方法，用来表示不同回波间隔的情况下，各种流体的 τ_2 的变化导致 τ_2 分布的变化。在地层流体由水和中等黏度油组成的情况下，水的扩散系数是中等黏度油的 10 倍，当增加 t_E 时，扩散过程使水的 τ_2 值减小，且比油的 τ_2 值减小程度要大。

因此，选择长、短 τ_2 值（$t_{E,L}$ 和 $t_{E,S}$），使得用 $t_{E,L}$ 测得的水和油的 τ_2 值相对于 $t_{E,S}$ 测量值减小，就可以在 τ_2 分布上区分水和油。比较油 $t_{E,L}$ 和 $t_{E,S}$ 确定的 τ_2 分布，可以证实存在由扩散引起的水和油的 τ_2 值的相对偏移。

（4）定量扩散分析

定量扩散分析的经验模型，在许多油田已得到成功应用。定量扩散分析是利用双 t_E 测井采集的两种回波串，反演得到相应的 τ_2 分布。计算这两个 τ_2 分布中自由流体部分的 τ_2 几何平均值，分别称为 τ_{2L} 和 τ_{2S}。这两个均值又通过下面两式与扩散参数发生联系：

$$\frac{1}{\tau_{2S}}=\frac{1}{\tau_{2固}}+C\frac{D_a(\gamma t_{E,S})^2}{12}$$

$$\frac{1}{\tau_{2L}}=\frac{1}{\tau_{2固}}+C\frac{D_a(\gamma t_{E,L})^2}{12}$$

由于 τ_{2S}、τ_{2L}、$t_{E,S}$、$t_{E,L}$、G、γ 和 C 是已知的，这两个等式联立就可以求解得到 $\tau_{2固}$ 和 D_a。

（5）增强扩散法（EDM）

EDM 可在黏范围 1～50mPa·s 内定性识别并定量计算油的含量。EDM 用扩散差异区分流体，适当选择一个较长的 t_E 值，提高了回波数据采集期间的扩散效应，而且可以在由测井数据产生的 τ_2 分布上区分油和水。EDM 可以使用长 t_E 的标准 τ_2 等测井模式，采集 CPMG 脉冲序列测量数据。EDM 的使用不需要有 τ_1 差异，根据油的核磁共振特性和作业目标，EDM 数据处理既可以在 τ_2 域做，也可以在时间域做。

10.1.3.3　NMR 用于黏度检测

油气多相流黏度受管道温度、压力影响较大，不适合采样至地面实验室测量，这使得原位测量方法的研究颇具意义。此外，现有黏度测量方法关注的是平均黏度，而无法探测复杂多相流各组分的黏度及空间分布。

基于 MRI 技术的黏度分布测量方法，是基于准确的弛豫时间分布测量，需要在多相流静止状态下进行。弛豫时间与流体黏度存在直接对应关系，弛豫时间分布可还原被测多相流的不同组分黏度占比。

实测 20 个原油样品，前期已经过脱水脱气处理。通过 HAAKE RS600 流变仪测量（转子型号 DG41-Ti，剪切速率 $9s^{-1}$，测量温度 30℃）它们的黏度，并依黏度将它们分为两组：其中 A 组样品均是黏度小于 1000mPa • s 的低黏油，B 组则是黏度大于 1000mPa • s 的高黏度油。图 10-1-30 和图 10-1-31 是通过弛豫时间推导得到的黏度数据，与实测数据吻合度高。

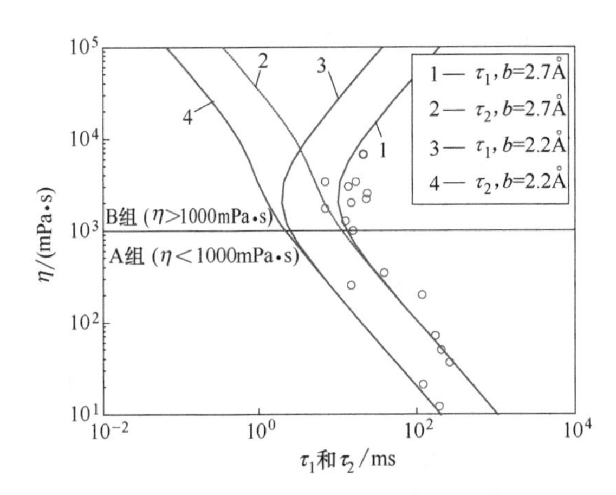

图 10-1-30 通过 τ_1 分布预测原油黏度

b—烷烃分子中两个 H 原子核之间间距的加权

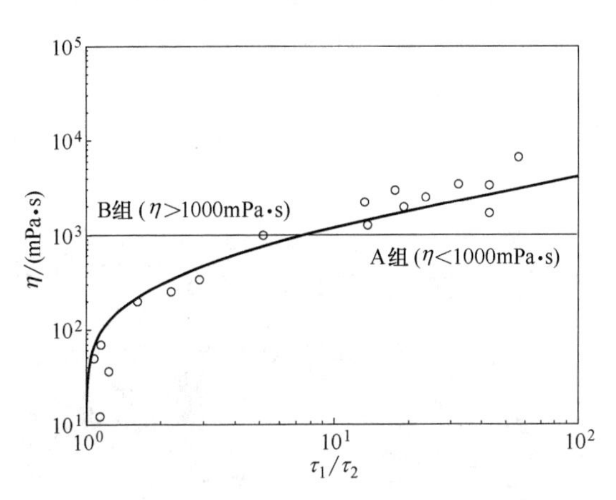

图 10-1-31 通过 τ_1/τ_2 分布预测原油黏度

10.1.3.4 NMR 用于分子链长测量

分子链长分布在线测量方法，主要针对多相流中含有的重质油成分，用第一时间得到重质油的烃类分子组成。与黏度分布测量相同的是分子链长分布测量也需在静止状态下进行。

流体的核磁共振响应由整个流体中分子的纵向弛豫时间 τ_1，横向弛豫时间 τ_2，及由扩散系数 D 决定。烃类化合物中，小分子通常扩散速度快于大分子，因此特定的烃类化合物分子的扩散系数与其分子大小，分子链长以及流体整体宏观环境相关，这说明核磁共振技术用于替代室内气谱、色谱、质谱分析技术，用于检测分子链长分布的潜力巨大。

烃类化合物分子中，其分子尺寸与其扩散系数的关系式为：

$$D_i=A\overline{N}^{-\beta}N_i^{-v}$$

式中，D_i 和 N_i 是烃类化合物分子的扩散系数和链长；A 是相关系数；平均分子链长 $\overline{N}$ 和指数 β 用以描述流体整体宏观环境；指数 v 反映烃类分子链长的权重。

分子的弛豫通常决定于分子间核子的耦合作用。纵向弛豫时间 τ_1 表征自旋系统与原子核的能量交换，横向弛豫时间 τ_2 描述了自旋系统内部的偶极-偶极相关作用。在快扩散运动条件下，两种弛豫测量得到的结果一致，都是随着耦合作用增加而衰减。但是当分子处于慢运动状态下时，由于分子间聚合形成超大分子的缘故，耦合作用越大，则 τ_1 与 τ_2 相差越大。

因此在核磁共振测量重质油的 τ_1-τ_2 图时，出现小的 τ_1/τ_2 比值将对应混合物中的轻质成分，大的 τ_1/τ_2 比值则对应其中的大分子的存在。与扩散系数相似，在分子快扩散条件下弛豫时间也与分子链长 N 和整个流体环境相关联。关系式简化为：

$$\tau_{1i}=\tau_{2i}=B\overline{N}^{-\gamma}N_i^{-\kappa}$$

式中，B 是经验参数，与链长、密度和黏度无关；$\bar{N}$ 代表平均分子链长；γ 表征整体流体环境的分子尺寸信息；κ 反映该分子在所有组分中的权重。

10.1.4 油气井生产中的磁共振多相流在线检测系统及应用案例

中国石油勘探开发研究院牵头于2019年研制成功磁共振多相流（MRMF）在线检测系统。在流量测量方面，MRMF 针对不同的流量范围选取合适的回波串截止时间，可实现高频率（$0.5s^{-1}$）、高精度（R^2=0.974）流量在线计量；在相含率检测方面，油气水三相均可实现全量程检测。两相流体检测精度为：液相相对误差2.2%，气相相对误差3.1%；三相流体检测精度为：油相相对误差2.57%，气相相对误差6.41%，水相相对误差2.86%。

图10-1-32 MRMF在油田现场计量间内应用

图10-1-32所示为MRMF在吉林大老爷府作业区20号计量间开展的现场测试及应用。该计量间管理的24口井均是水驱开采多年的老井，历史数据表明，平均单井产出液含水率达96%，间歇产气。现场采用翻斗流量计和车载流量计与MRMF计量结果进行对比，测量结果吻合度高。

MRMF的进出口法兰通过软管接至计量间油气管线，计量间内通过手动阀门切换的方式实现选井。MRMF测量参数设定如下：

① 静态相含率测量参数：回波间隔 t_E=200μs，回波个数40000，累加次数4次，测量频率 $30min^{-1}$；

② 流动流速测量参数：回拨间隔 t_E=200μs，回波个数250，累加次数4次，测量频率 $7s^{-1}$。

MRMF与翻斗流量计的对比测试结果表明：

① 平均日产液量与翻斗计量结果吻合度高，平均达到95.6%。

② 及时发现异常工况，如井环10-26、8-28、6-028在0.4h时出现的流量异常，实际导致了管道的异常高压（压力表显示），但翻斗计量只出现一个较小的波动。

③ MRMF可计量含气量和含水率。

④ 含气井由于流态复杂，管内流量出现的波动可被及时捕捉。

MRMF的吉林油田实测数据表明，其日均总液量计量结果与现场翻斗计量吻合度达95.6%，同时弥补了油田现场无有效三相计量手段的短板。

10.2 在线近红外光谱分析仪器

10.2.1 在线近红外光谱分析仪器概述

近红外（near infrared spectrum，NIR）光谱在线分析检测技术主要用于液体物料与固体物料的在线分析。

现代在线近红外光谱分析技术快速发展是由于化学计量学、计算机技术在近红外光谱分析的应用。在线近红外光谱的应用从石油化工领域的产品质量控制，已经扩展到制药、烟草、粮油、酿酒、饲料等多个领域。在线近红外光谱分析仪器具有快速、准确、样品前处理少等特点，可以降低质控成本，提高质量稳定和经济效益，已在多个行业获得成功应用。

近红外光谱是由分子振动的非谐振性使分子从基态向高能级跃迁时产生，该光谱记录分子中化学键基频振动的倍频与合频信息，具有丰富的样品结构和组成信息。但该有效信息在 NIR 光谱中非常微弱，且各基团的谱峰重叠度高。因此，从近红外光谱中提取有效信息，需要充分利用化学计量学和计算机技术。

在近红外光谱分析中，被测物质的光谱吸收强度与其组分含量具有一定的函数关系。近红外光谱分析即以样品的光谱信息代入该函数关系获得待测物料理化信息。

在线近红外分析技术，根据检测样品物态不同（如液体、固体颗粒、粉末等），主要有透射、漫反射、透反射等方式；根据分析对象应用性状不同，主要分为透射型和反射型。

在线近红外光谱分析系统主要由硬件和软件两大部分构成。硬件主要包括：取样系统、预处理系统、近红外光谱分析仪、仪器测量附件、数据通信模块，以及根据实际工作环境所需配置的防爆箱和分析小屋等辅助设备。软件主要包括：近红外分析仪器的控制和测量软件、化学计量学软件和数据通信软件等。依据不同的测量对象和测量参数，还需建立专用的软件分析模型。在线近红外光谱分析仪由光源、光谱分析仪、检测附件和软件工具等组成。

在线近红外光谱分析系统的核心部件是近红外光谱分析仪。近红外光谱分析仪的类型繁多，按分光系统技术可分为：滤光片型、光栅色散型、傅里叶变换型、声光可调谐滤波器型等。

其中，光栅色散型又包括扫描型和阵列检测器型。不同厂商的近红外傅里叶变换型光谱分析仪的干涉仪结构有较大差异，可满足用户不同场合的使用要求。

（1）滤光片型

滤光片型分光系统一般用干涉滤光片作为分光器件，参见图 10-2-1 所示。干涉滤光片价格低廉，仪器结构设计简单，适合用于专用在线仪器。

（2）光栅色散型

近红外分析应用的光栅大多使用全息光栅。与平面光栅相比，全息光栅没有“鬼线”，杂散光很低，使光栅分光系统的光学性能有很大的提高。扫描型是采用精密波长编码的扫描技术，通过精密控制光栅转动实现单色光的获取，参见图 10-2-2（a）所示；阵列检测器型是采用固定凹面光栅，同时配上多通道阵列检测器，参见图 10-2-2（b）所示，检测器的不同通道单元接收不同波长的单色光，改变了光谱扫描的方式，使光谱读取的速度大大提高。

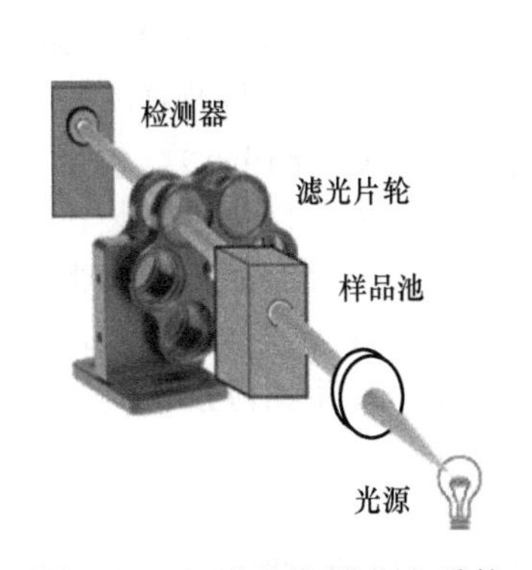

图 10-2-1　滤光片型分光系统

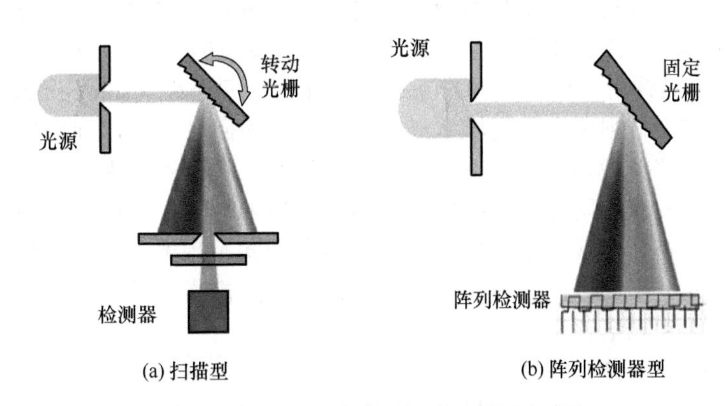

图 10-2-2　光栅色散型分光系统原理图

（3）傅里叶变换型

近红外分析用的傅里叶变换型分光系统的核心部件是迈克尔逊干涉仪，检测的是样本分析全波长的干涉图。由计算机采集此干涉图，经傅里叶变换后计算与空白背景的强度按频率分布的比值，即可得到样本的近红外光谱图。为提高干涉仪系统的稳定性、可靠性和耐久性，通过干涉仪的各种改进，形成了各类应用的傅里叶变换近红外光谱分析仪。

傅里叶变换近红外光谱仪器的主要特点是光谱扫描范围宽、波长精度高、分辨率可调、信噪比高。国内产品大多采用国外进口的迈克尔逊干涉仪，国内研究院所及专业厂商也已研制开发了国产化迈克尔逊干涉仪。

（4）声光可调谐滤波器等其他类型

除了上述几种常见的分光类型，近十多来又开发了应用声光可调谐滤波器分光技术的近红外光谱仪，以及基于微机电系统（MEMS）技术的近红外光谱分析仪等。随着光通信技术的发展，从光通信领域发展出的 FP 干涉腔分光技术在近红外光谱分析仪器中也有应用和发展。

10.2.2　在线近红外光谱分析仪的关键部件

（1）光源系统

最常用的光源是卤钨灯，其光谱覆盖了整个近红外谱区，强度高，性能稳定，寿命长。卤钨灯的外壳通常是石英材质，灯内充入惰性气体（如氙气或氪气）和微量的卤素（通常是溴或碘）。卤钨灯平均无故障使用时间可达 1 年以上。

（2）检测附件

近红外光谱的检测附件主要分为透射和反射两种类型。依据不同的测量对象，又可细分为透（反）射、漫透（反）射、漫反射等类型。

① 透射和透反射检测附件　对于均匀的流动性好的液体样本，如汽油、白酒等，透射是最理想的测量方式。最常用透射测量附件是由石英制成的流通池。依据不同的测量对象和使用的波段，需要选用不同光程和材质结构的流通池。

浸入透（反）射式光纤探头是另一种常用的在线透射检测附件，根据测试的对象，可选择不同材质和光程的探头。一般多用于间歇或批次生产过程监测，例如发酵反应釜中发酵过程的监测等。

② 漫反射检测附件　对于固体颗粒、粉末、纸张和织物等样本，如谷物、饲料、肉类等，漫反射是最常见的近红外光谱测量方式。在线近红外分析仪器上主要由漫反射光纤探头检测附件进行检测。为有效收集样本漫反射的光，漫反射探头多采用光纤束。如 n+m 光纤束：n 根光纤用来传输来自光源的光，称为光源光纤（source fiber），使光线照射到待测样本上；m 根光纤则用来收集样本漫反射光并传输回光谱仪，称为检测光纤（detector fiber）。

该类型检测附件适应于膏状物料的在线检测。为了测量方便，可在光纤探头上安装各种类型的吹扫附件对光纤探头上黏附的粉末等污染物进行自动吹扫。也有一类商品化在线光纤探头将一个或多个（2～4 个）光源与收集反射光的光纤（检测光纤）集成为一体。光源发出的光从不同方向照射到样本上，探头中的检测光纤负责收集与样本作用产生的漫反射光，并传输到光谱仪进行检测。

（3）分析软件

近红外光谱分析与化学计量学应用软件的结合，扩大了在线近红外分析技术的应用。在线近红外光谱仪器的软件功能十分强大，除了传统光谱仪必需的仪器参数设置和光谱处理软件外，化学计量学软件是在线分析应用的关键，用于完成被测对象的定量和定性分析模型的建立，并完成待测样本的监测分析。此外，应用软件技术还包括对在线仪器的控制软件，用于对预处理系统及分析流程的控制。

（4）多路复用器

采用多路复用器可以实现用一套在线近红外光谱分析仪对多个位点进行监测。多路复用器主要有两类：一类是对测量光路进行多路化处理，包括光纤多路转换器进行光路切换和光路拆分两种方式；另一类则是对待测物料的流路进行切换，从而达到多路复用效果。

① 光纤多路转换型多路复用器　光纤多路转换器（光开关）可以实现在线监测光路的切换。光开关的作用是通过机械转动的方式将一条入射光纤和多条出射光纤按顺序依次进行耦合对接，用两个光开关相互配合将光切入不同的测量通道，便可以实现多路测量。这种方式的优点是：光源的光被充分利用，光通量相对较大；由于使用一个检测器，成本也相对便宜。不足之处是通道需要依次测量，存在滞后问题，光开关有机械移动部件等。

② 光拆分型多路复用器　光拆分方式是将光源发出的光或经过调制后的光进行等分，每一份的光分别用于监测对应物质，且采用各自独立的检测器进行光信号接收，从而达到多路监测的目的。这种方式的优点是多路并行测量，实现真正意义上的同时测量，且实时参比可以消除环境因素对监测的影响。不足之处在于光被分成几份后光通量下降，多个检测器的使用也使成本有所增长。

③ 被测物质流路阀切换方式　阀切换方式是通过控制器依次将不同管线物料切换进入分析器来实现多物流分析。这种方式的优点是所有物料共用一个检测池，容易将实验室建立的分析模型直接传输用于在线分析（不需模型传递），可以定期进行仪器背景参比，并可定期验证分析结果的准确性。不足之处在于顺序测量存在滞后，自动切换阀和溶剂罐（包括回收罐）等设备的投资也相对较大。

（5）样品预处理系统

样品预处理系统是近红外光谱在线分析系统的重要组成部分，在实际应用中需要根据被测对象工况条件设计配置不同的取样预处理与近红外光谱分析仪器协调配合。

透射检测方式下的样品预处理，主要包含待测物料的在线取样、匀浆、过滤、恒温、稳压、稳流、留样、清洗、校准等过程。目的是控制在线监测物料的状态，确保在线分析结果的有效性。漫反射检测方式下大多不需要样品预处理，如结果要求精确度比较高，则一般要求增加样品粉碎、混匀等操作过程。

10.2.3　在线近红外光谱分析仪的典型产品

10.2.3.1　产品组成

在线近红外光谱分析仪的生产厂家很多，国产典型产品介绍以聚光科技 SupNIR-4692 型为例，其系统组成参见图 10-2-3 所示。

仪器的工作方式如下：从分析探头接收到的光信号，经过光纤传输到仪表单元内，转化成为光谱信号，该光谱信号传输给在线分析软件后，通过在线模型的演算得到测量值，该测量值回传给分析仪表单元，在仪表单元转化为控制输入信号，通过电缆传送给中控系统，用于智能化控制。

产品组成主要包括：在线近红外仪表单元、分析探头、分析软件以及相关设施等。仪器采用分体式结构，将仪表单元和探头分开，可将仪表单元安装在震动较小的位置，防止光谱仪等精密部件受震动损坏。仪器具备自动参比校准功能，并利用压缩空气进行自我防护，可适应于恶劣现场环境。

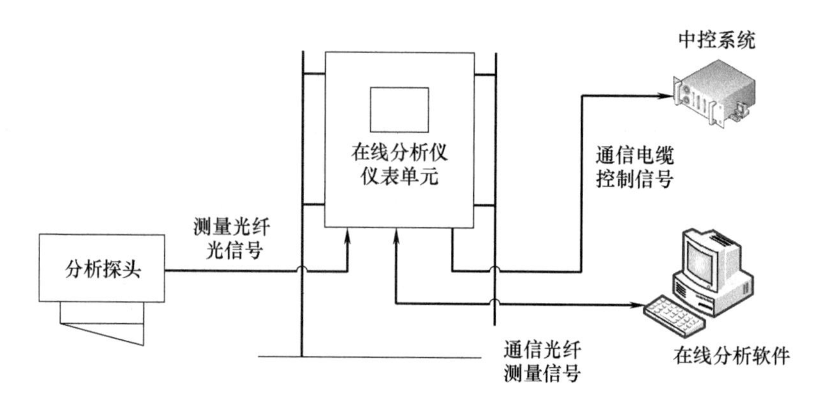

图 10-2-3　在线近红外光谱分析仪的系统组成

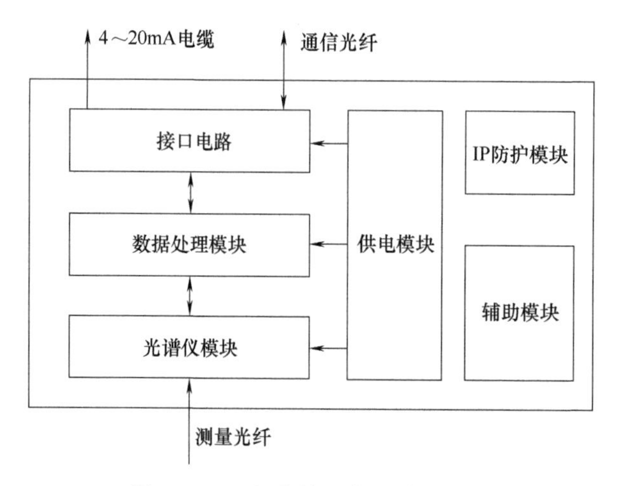

图 10-2-4　仪表单元内部模块组成

分析探头内包含光源、收光模块、自动参比模块以及自动校正模块。若样品含水量比较高，时有水汽蒸发结雾结露情况，因此在探头视窗外配置气体吹扫防护模块，消除水汽影响。

仪表单元内部模块单元组成，参见图 10-2-4。主要包括光谱仪模块、数据处理模块、接口电路、供电模块、IP 防护模块、辅助防护模块等。

光谱仪模块将测量光纤传送过来的光信号转化为电信号。数据处理模块一方面接收来自光谱仪的电信号，将其转变成测量吸收光谱；另一方面与接口电路进行数据交换，对数据进行分析转化。接口电路实现仪表单元与外部设备之间的数据和状态信息的通信。IP 防护模块可保护仪表，免受潮湿和酸雾侵蚀。

在线分析软件主要实现仪器的操控和数据管理，实现光谱采集、参数选择、样品类型判断、性质或组成计算、当前性质或组成结果显示、历史数据和趋势线显示、质量报警、模型报警、模型管理等多种功能。

10.2.3.2　分析模型

在线近红外分析仪器的正常工作依赖良好的分析模型。为了降低工作难度，可采用在线仪器采集的样品光谱，结合该样品对应的台式近红外分析结果，构建在线分析模型。

以酒糟近红外分析模型为例，每个样品均采用经过校准的台式近红外分析仪检测其水分含量、淀粉含量和酸度值。采用在线近红外光谱分析仪采集的光谱及用台式近红外分析仪器检测样品参考值组成数据集后，采用偏最小二乘法（PLS）建立分析模型。光谱预处理方法包括标准正态变量（SNV）变换、去趋势（DT）校正、一阶导数、均值中心化。建模所选择波长段为1125～1750nm段。采用交互检验（CV）方法确定最佳模型主因子个数。所得结果参见图10-2-5及表10-2-1。

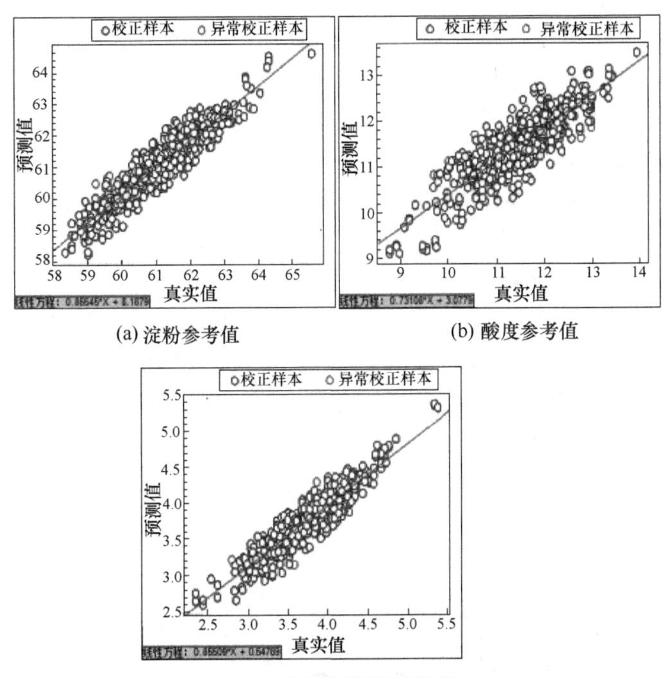

(a) 淀粉参考值

(b) 酸度参考值

(c) 与在线近红外系统预测值相关图

图10-2-5 测量结果分析图（彩图见文后插页）

表10-2-1 在线近红外分析仪的模型参数

性质	相关系数	校正标准差	SDCV（交互检验标准差）	主因子数	样本个数
水分含量/%	0.930	0.431	0.456	8	613
淀粉含量/%	0.855	0.437	0.306	9	598
酸度/(mmol/10g)	0.925	0.167	0.174	10	629

10.2.4 在线近红外光谱分析仪的典型应用

（1）在酒业生产过程中的应用

该仪器用于监测出窖后酒醅在加粮前工艺点的水分含量、淀粉含量和酸度值。监测的淀粉含量数据用于后续精准控制酒醅中加粮的量，并且可提高生产工艺运行的平稳性。当监控数据出现剧烈波动或者超出设定的阈值后会采取相应的控制措施。在后续的控制系统改造中，监测的水分含量数据可用于控制润粮工序加水量，监测到的酸度值可用于控制谷壳添加量。

在线近红外分析仪可实时在线测定出窖酒醅中水分含量、淀粉含量、酸度等指标，具有响应速度快、高效准确等优点，可较好地满足酿造生产工艺在线监控需要，为白酒生产提供了一种先进的技术支撑。

（2）在石化行业的应用

在炼油和石化流程工业中，近红外光谱技术带来的经济效益非常显著。从原油开采、输送，到原油调和，从原油进厂监测、炼油加工（如原油蒸馏、催化裂化、催化重整和烷基化等），到成品油（汽、柴油）调和和成品油管道输送等整个环节，应用在线近红外光谱分析技术，可为实时控制和优化系统提供原料、中间产物和最终产品的物化性质，为工艺装置的平稳操作和优化生产提供准确的分析数据。

石化炼油工业对安全生产要求非常高，一般要求防爆设备，且其工艺为连续生产。以近红外光谱分析在汽油调和工艺段的应用为例简介如下。

汽油调和工艺中，因为需要监控多路原料和最终成品的质量情况，在线近红外光谱分析系统多采用“1 拖 n”的方式，即一套在线近红外光谱分析主机检测多个流通池，用于多路物料在线检测。流通池通过多路复用器与近红外分析仪主机对接。其中一路在线近红外分析系统框图参见如图 10-2-6 所示。管道内物料进入旁路，经过预处理后在流通池处进行近红外光学检测，光学检测信号传给近红外主机仪器，经过分析模型的作用，转化为物料的理化信息用于汽油调和监控。近红外分析用于汽油调合工艺的检测对象有重催油（采脱硫二脱臭后汽油）、轻催油（采脱硫一脱臭后汽油）、脱苯汽油（芳烃装置采）、精制油（重整进料）；所测项目包括研究辛烷值（RON）、马达法辛烷值（MON）、苯含量、烯烃和芳烃含量等。

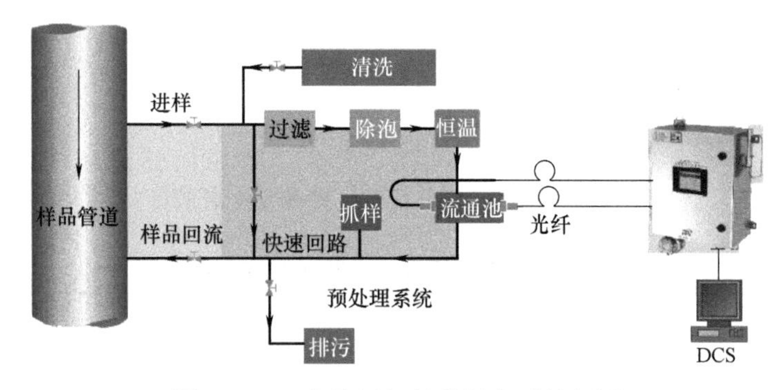

图 10-2-6 在线近红外分析仪系统框图

某用户现场运行在线近红外光谱分析系统多年，根据原料的变化及装置工艺的变化，不断对模型进行更新完善。在线近红外光谱分析系统的模型经过逐步更新优化后准确度大大提高，预测误差越来越小。系统重复性及稳定性也能满足标准方法重复性要求。

采用在线近红外光谱分析系统可以实现炼油汽油优化生产，实现汽油生产的实时检测，通过调和系统进行控制，能最大限度地利用汽油组分资源，提高一次调和合格率。

（3）在粮油产品质量检测的应用前景

由于近红外光谱分析技术具有快速、无损、成本低等优点，不仅可用于粮油产品品质指标的监测，而且可用于快速检测粮油产品中的农药残留和重金属污染监测，是保证粮油产品质量和安全的重要研究方向，可实现原料和产品的在线监测。随着农业和粮食工业的发展、粮油产品中的特异营养成分，如维生素、酚类化合物及植物甾醇等，正在成为衡量优质粮食产品的重要品质参数。采用 NIR 技术对优质粮油产品的特异营养成分的检测，实现从原料到最终产品全过程的质量检测，对粮油产品加工利用具有重要意义。

10.3　其他在线光谱、能谱分析仪器

10.3.1　在线 X 射线荧光分析仪的检测技术与应用

10.3.1.1　概述

X 射线荧光（XRF）分析是一种无需样品前处理就可以对多种元素进行同时快速测定的技术。它是由 X 射线管发出的一次 X 射线激发样品，使样品所含元素辐射出有特征波长的 X 射线荧光，也就是二次 X 射线，根据谱线的波长和强度对被测样品中元素进行定性和定量分析。它可对原子序数在 11（Na）～92（U）之间的大多数元素进行定性分析，同时也可以对元素进行半定量或定量分析。与其他元素分析方法相比，该方法最独特的优势是对试样无损伤，无需进行复杂的样品前处理，十分适合检测珍贵而量少的试样。

根据分光原理不同，X 射线荧光光谱仪可分为波长色散型（WD-XRF）和能量色散型（ED-XRF）两种类型，也就是通常所说的 X 射线波谱仪和 X 射线能谱仪。波长色散型是通过晶体衍射进行分光，能量色散型是通过高分辨率半导体探测器进行能量识别。

波长色散型需要真空室，一般真空度要达到 1Pa，防止空气对射线吸收造成的干扰。仪器架构复杂，体积大。能量色散型 X 射线荧光光谱仪不采用晶体分光系统，而是利用半导体检测器的高分辨率，并配以多道脉冲分析器，直接测量样品试样 X 射线荧光的能量，从而使得仪器的结构小型化，轻便化。仪器操作简便，分析速度快，适合现场分析，也适合做成在线分析系统。本小节重点介绍能量色散型 XRF 的在线检测技术与应用。

能量色散型 X 射线荧光（ED-XRF）光谱用于在线检测，主要优点是：由于无需分光系统，检测器的位置可紧挨样品，检测灵敏度可提高 2～3 个数量级；可以一次同时测定样品中几乎所有的元素；分析元素浓度含量范围广，微量至常量均可进行分析；精密度和准确度也较高；各种形状和大小的试样均可分析，且不破坏试样；可靠性和稳定性好，可实现长时间的免维护在线连续测量等。

X 射线荧光产生的机理是：当元素受到一次 X 射线照射时，原子中的内层（如 K 层）电子被激发，脱离原来壳层，从而出现电子空位，当其他高能级电子跃迁到内层电子空位时就会辐射出 X 射线荧光。每一个轨道上的电子的能量是一定的，因此电子跃迁产生的能量差也是一定的，释放的 X 射线的能量也是一定的。这个特定的能量与元素有关，即每个元素都有其特征谱线。

通过对 X 射线荧光光谱的分析，就可确定被测样品的化学组成和各种元素含量。X 射线荧光的波长与元素的种类有关，据此，可以进行定性分析。X 射线荧光的强度与元素的含量有关，据此，可以进行定量分析。结合自动送样、控制系统，可实现对样品的连续在线自动检测。

10.3.1.2　结构组成与关键部件

（1）结构组成

波长色散型 X 射线荧光光谱仪由 X 射线光源、分光晶体和检测器三个主要部分组成，它们分别起激发、色散、探测和显示作用。波长色散型仪器结构示意见图 10-3-1。由 X 射线管射出的 X 射线照射在试样上，所产生的荧光将向多个方向发射。其中一部分荧光通过准直器

之后得到平行光束，照射到分光晶体（或分析晶体）上，晶体将入射光光束按布拉格（Bragg）方程式进行色散。通常测量的是第一级光谱（$n=1$）。检测器置于角度为 2θ 位置处，正好对准入射角为 θ 的光线。将分光晶体与检测器同步转动，以这种方式扫描，可得到以光强与 2θ 表示的荧光光谱图。

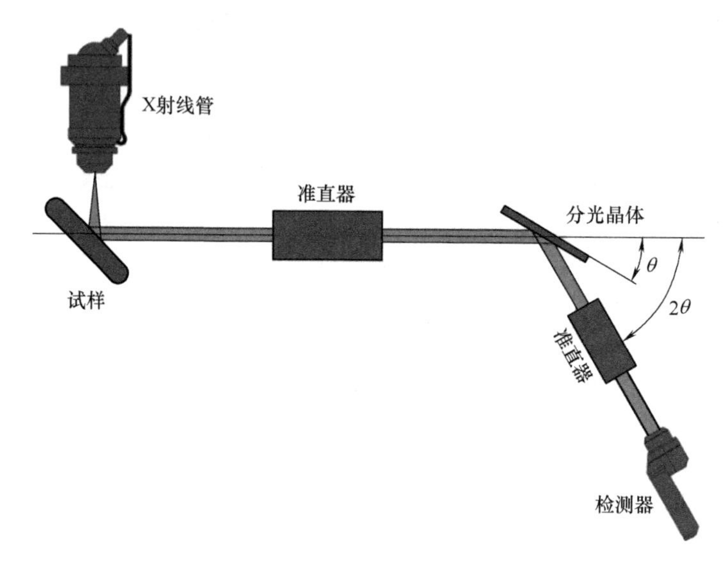

图 10-3-1　波长色散型 X 射线荧光光谱仪结构示意

能量色散型仪器结构示意图见图 10-3-2。由探测器直接对样品发出的特征 X 射线光子的数量及每个光子的能量进行检测，然后由信息处理系统把不同能量的光子分开，并给出各种能量的光子数目。光子的能量与特征谱线的波长相对应，而光子的数量与特征谱线的强度相对应。来自试样的 X 射线荧光依次被半导体检测器检测，得到一系列幅度和光子能量成正比的脉冲，经放大器放大后送到多道脉冲幅度分析器（1000 道以上）。按脉冲幅度的大小分别统计脉冲数，脉冲幅度可以用电子能量来标度，从而得到强度随能量分布的曲线，即能谱图。

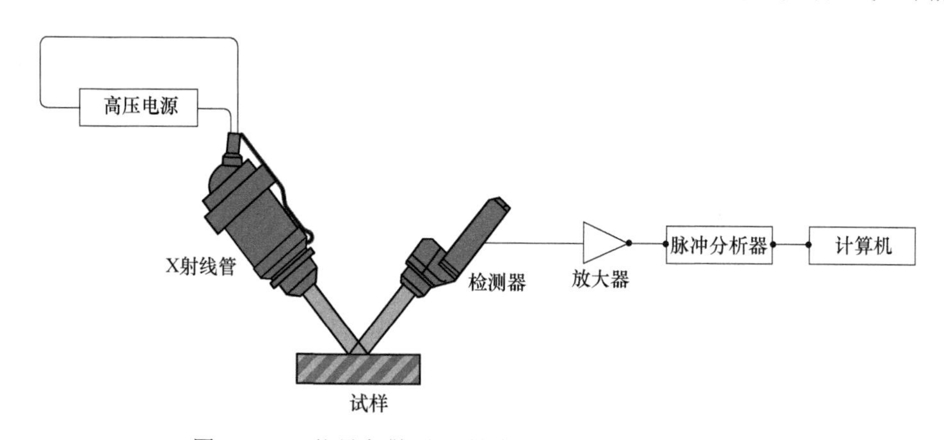

图 10-3-2　能量色散型 X 射线荧光光谱仪原理示意图

XRF 在线分析系统主要由取样（送样）单元、XRF 分析单元、控制单元等组成。XRF 在线分析系统的分析单元大多选择能谱仪。结构示意图见图 10-3-3。

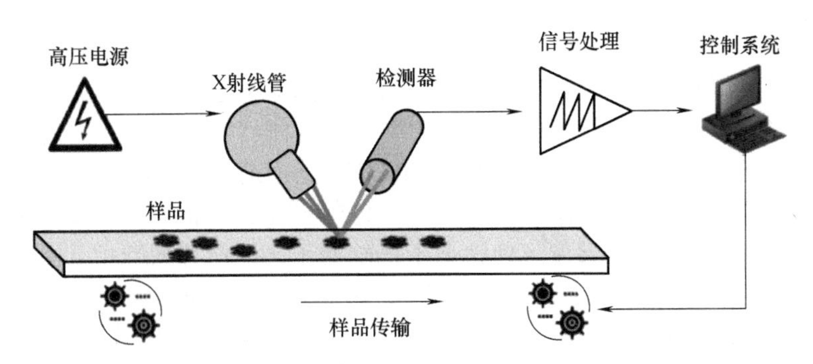

图 10-3-3　X 射线荧光在线分析系统原理示意图

① 取样（送样）单元：包括过滤器或自动取样器，主要实现样品的采集和传输。

② XRF 分析单元：包括高压电源、X 射线管、探测器、信号处理等，用于测量自动传输的样品，并实时给出样品中元素的浓度值。

③ 控制单元：根据系统预设程序，控制 XRF 分析单元的启动、高压设置、安全锁等，同时控制取样（送样）单元的运动，实现自动测量。

（2）关键部件

① X 射线管　管壳内抽真空，灯丝由钨丝制成，在灯丝阴极和金属靶阳极之间施以直流高压。灯丝发射出的热电子在强电场作用下从阴极飞向阳极，在飞行过程中，由聚焦管把电子聚成细束，以极高的速度轰击阳极靶面，从而激发出一次射线。X 射线可从射线管的侧面或端面窗口射出，分别称为侧窗型 X 射线管和端窗型 X 射线管。一次 X 射线的波长应稍短于受激元素的吸收限，使能量最有效地激发待分析元素的特征谱线。靶材的原子序数愈大、X 射线管的管压（一般为 20～100kV）愈高，则连续谱强度愈大。制造阳极靶的金属材料有铬、铜、钼、铑、银、钨、铼、金等。其中最常用的靶材料是钨和铬。一般分析重元素时靶材料选钨靶，分析轻元素用铬靶。

② 晶体分光器　X 射线的分光主要利用晶体的衍射作用，因为晶体质点之间的距离与 X 射线波长同属一个数量级，可使不同波长的 X 射线荧光散射。晶体分光器有平面晶体分光器和弯曲晶体分光器两种。平面晶体分光器的分光晶面是平面的。当一束平行的 X 射线投射到晶体上时，从晶体表面的反射方向可以观察到波长 $\lambda=2d\sin\theta$ 的一级射线，以及波长为 $\lambda/2$、$\lambda/3$……的高级衍射线。为使发散的 X 射线平行地投到平面分光晶体上，常使用准直器。准直器是由一系列间隔很小的金属片或金属板平行地排列而成。弯曲晶体分光器的分光晶体的点阵面被弯成曲率直径为 $2R$ 的圆弧形，它的入射表面研磨成曲率半径为 R 的圆弧。弯曲晶体色散法是一种强聚焦的色散方法。它的曲率能使从试样不同点上或同一点的侧向发散同一波长的谱线，由入射狭缝射向弯晶面上各点时，它们的掠射角都相同。继而这些波长和掠射角均相等的衍射线又重新被会聚于出射狭缝处被检测，从而增强了衍射线的强度。

③ 探测器　最常用的 X 射线探测器是正比计数管和半导体探测器。

a. 正比计数管　是一种脉冲电离室探测器，利用射线在气体介质中产生的电离效应来测量射线的强度。所谓脉冲电离室是记录单个粒子的电离室，每一个入射粒子产生的总电离效应将产生一个输出脉冲，因此它既能记录粒子的数目，又能测量粒子的能量。

正比计数管工作在电离室的正比区，它输出的脉冲幅度与射线的能量成正比。为了得到足够强的电场，正比计数管电极多采用圆柱形结构，中间是一根金属丝，作为阳极，外面是一个金属圆筒，作为阴极，管内充有工作气体。由于铍（Be）对 X 射线的吸收很少，因此窗口材料采用铍。

充气式的正比计数管容易受漏气、振动、温度和电压波动等因素影响，目前XRF在线分析系统中大多采用对现场环境适应能力更强的半导体探测器。

b．半导体探测器　分为Si-PIN探测器、硅（锂）[Si(Li)]探测器和硅漂移探测器（SDD）三类。硅（锂）探测器，也叫硅锂漂移探测器。是在p型硅表面蒸发一层金属锂并扩散形成pn结，然后在反向电压和适当温度下使锂离子在硅原子之间漂移入硅中，由于锂离子很容易吸引一个自由电子而成为施主，从而与硅中的p型（受主）杂质实现补偿而形成高阻的本征层(探测器的灵敏区)。硅(锂)探测器的特点是灵敏层厚度可以做得相当大（3～10mm），因而探测器电容也比较小，探测效率高，但是必须在液氮冷却下保存和工作。

c．硅漂移探测器（SDD）　是在高纯n型硅片的射线入射面制备一大面积均匀的pn突变结，在另外一面的中央制备一个点状的n型阳极，在阳极的周围是许多同心的p型漂移电极。在工作时，器件两面的pn结加上反向电压，从而在器件体内产生一个势阱（对电子）。在漂移电极上加一个电位差会在器件内产生一横向电场，它将使势阱弯曲从而迫使入射辐射产生的信号电子在电场作用下先向阳极漂移，到达阳极（读出电极）附近才产生信号。硅漂移探测器的阳极很小因而电容很小，同时它的漏电流也很小，所以用电荷灵敏前置放大器可低噪声、快速地读出电子信号。

硅漂移探测器的结构要比以前的半导体探测器复杂许多，对设备要求更高，制造难度也很大。但是硅漂移探测器的性能极为优异，不仅探测器的漏电流比硅面垒探测器要小3个数量级，探测器的电容也要比Si-PIN和硅面垒探测器小2个数量级，所以噪声很低，并且可以快速地读出电子信号，其能量分辨本领和高计数率性能是所有半导体探测器中最好的。

目前SDD最佳的能量分辨率已经达到127eV，远远好于Si-PIN探测器，也明显好于传统的硅(锂)[Si(Li)]探测器，能谱采集的速度也比一般硅(锂)探测器快5～10倍，而且不需要液氮，是Si-PIN探测器和硅(锂)探测器的换代产品。

10.3.1.3　应用与典型产品

（1）应用

① 用于工业过程分析控制　例如用于对产品的合金牌号和化学成分进行快速无损验证，可以对任何材料表面的元素，从镁（Mg）到铀（U），以自行定制的方式进行持续的测量。系统可进行7天、24小时不间断的全自动在线分析，可对大批量处理的产品进行质量控制。

② 在环境监测领域应用　XRF在线系统被应用于废水中的重金属含量测量、饮用水过滤中As元素监测、环境空气颗粒物重金属元素含量测定、废气排放重金属元素含量的测定、稀土元素溶剂萃取的控制等领域。

③ 用于能源行业分析控制　在燃煤电厂，XRF在线测量系统可对入炉煤进行实时检测，对煤炭中S、Ca、Fe、Hg、Pb、Cr、Cd等重金属进行在线测量，可反映出煤炭燃烧的情况，对优化煤炭的配比有指导意义。在石油行业，XRF在线分析系统可对油品中多种元素进行检测，尤其是硫（S）元素，大大提高了生产效率。

④ 其他行业应用　通过对电解、电镀等化学反应过程中金属元素含量的在线分析，可对无电极的电镀过程实时监测；在钢铁厂中实时监测铁矿石的等级，该系统考虑了含水量、基体效应以及谱的漂移等的影响。

（2）典型产品

① 典型产品1：以北京雪迪龙的MODEL 2530型环境空气重金属在线监测仪为例。

该仪器主要用于对大气中重金属元素的在线监测。仪器采用精密恒流采样系统进行采样，精确控制采集的空气体积，同时通过滤膜富集空气中的颗粒物，利用β射线吸收法检测富集在滤膜上的颗粒物含量；利用X射线荧光技术检测颗粒物中的元素含量。

该仪器的特点：可同时监测颗粒物浓度和其中重金属元素浓度；可同时监测28种元素，并可根据用户需求定制其他元素模型；元素检出限低，可达 0.01ng/m^3 量级；无损检测，滤膜样品可保存；光管使用寿命长；采样分析时间可编程；兼容气象五参数仪，可结合风速风向分析污染物来源；可结合常规空气站、移动监测车等组成环境空气质量综合监测系统，实现对重金属污染的在线监测。

② 典型产品2：以江苏天瑞基于X射线荧光的烟气重金属在线监测产品为例。

江苏天瑞的CEMS-X100烟气重金属在线监测系统，采用烟气颗粒物稀释采样技术和等速采样技术，将烟气中颗粒物自动富集在卷状滤膜上，采用专利探测器和X射线荧光数字多道分析技术检测重金属颗粒物在X射线激发下产生的X射线荧光强度，并计算烟气颗粒物的重金属的浓度，可实现烟气中铅、汞、镉、砷等二十多种重金属含量及总排量。

江苏天瑞的EXPLOREP 9000手持式X荧光土壤重金属分析仪，全新采用大屏幕液晶显示和多道数据处理器，可实现污染土壤中的铅、汞、镉、砷等十多种重金属的有效检测。

另外，天瑞仪器新推出的WDX-4000顺序式波长色散X射线荧光光谱仪，能检测元素周期表上从 $_{4}Be$ 到 $_{92}U$ 的元素，可用于地质、水泥、钢铁和环保等领域。

③ 典型产品3：以钢研纳克AHMA-1000大气重金属在线监测仪为例。

该仪器是采用恒流采样系统，将颗粒物切割器筛选出的TSP、PM_{10}、$PM_{2.5}$ 或者 PM_1 等特定粒径的颗粒物富集到空白滤膜上，然后用X射线荧光分析系统进行检测分析，通过计算得到环境空气中重金属污染物含量，可监测铅、镉、铬、砷、汞等30余种重金属元素。

10.3.2 在线β射线能谱分析仪的检测技术与应用

10.3.2.1 概述

（1）技术简介

β射线本质上是放射性核素在衰变过程中所释放的高速运行的高能量电子流。β射线穿透力强于α射线而低于γ射线，只需要一张几毫米厚的铝箔就可以屏蔽，安全性高，因此β射线能谱分析用于在线检测领域具有独特优势。β射线能谱仪分为质量检测和厚度检测两大类。

用于质量检测的β射线能谱仪主要应用β射线吸收原理，采用 ^{14}C、^{90}Sr-^{90}Y 或 ^{85}Kr 等放射性核素产生β射线，当它穿过一定厚度的吸收物质时，其强度随吸收层厚度增加而逐渐减弱，在低能条件下吸收程度取决于吸收物质的质量，与吸收物质的粒径、成分、颜色及分散状态无关。采用相应的检测器接受吸收物质通过β射线前后的信号并计算，从而实现对待测吸收物质厚度或质量的分析。

β射线吸收法用于质量分析，主要应用于环境质量的在线监测等领域。如β射线颗粒物监测仪，可用于监测扬尘、细颗粒物（$PM_{2.5}$）、可吸入颗粒物（PM_{10}）等。β射线吸收法用于颗粒物监测，具有很多优点：自动化程度高、测量范围宽、灵敏度高、测量精度高、可靠性和稳定性好，并可实现长时间的免维护在线连续测量等。β射线吸收法颗粒物监测仪是现代环境空气颗粒物在线监测中最常用的监测仪器之一。

（2）检测原理

β 射线吸收原理：当一定能量的 β 射线（即高速电子束）通过物质时，与该物质原子或原子核相互作用，由于能量损失，强度会逐渐减弱，当吸收物质的厚度比 β 射线的射程小很多时，β 射线穿过吸收物质后的强度可按下式近似计算：

$$I = I_0 e^{-\mu_m t_m}$$

式中，I_0 射入吸收物质的 β 粒子初始强度；I 穿过吸收物质后的 β 粒子强度；μ_m 质量吸收系数或质量衰减系数，cm^2/g；t_m 质量厚度，g/cm^2。

对于不同的吸收物质，μ_m 随原子序数的增加而缓慢地增加，对于同一吸收物质，μ_m 与放射能量有关。利用探测器记录 I_0、I，即可计算出已知类别的被测物质的厚度；或根据质量厚度判断物质的吸收系数，进而判断物质的类别。

通常定义通过吸收物质后，射线强度降低到 $I=10^{-4}I_0$ 时，所对应的吸收物质厚度即为 β 射线的射程 R。为了保证读数呈线性关系，在实际使用时，吸收物质的厚度不能超过射程 R。

10.3.2.2 仪器结构组成与关键部件

（1）结构组成

β 射线能谱分析仪大多是由 β 射线辐射源、测量室、检测器及测量控制系统等组成。

其中，采用 β 射线吸收法的测厚仪，主要用于工业过程中分析薄膜、镀层厚度的在线测量。采用 β 射线吸收法的颗粒物监测仪则广泛用于环境监测领域，可用于扬尘、TSP（总悬浮颗粒物）、PM_{10}、$PM_{2.5}$、PM_1 等指标的在线监测。这里着重介绍与颗粒物监测相关的技术。

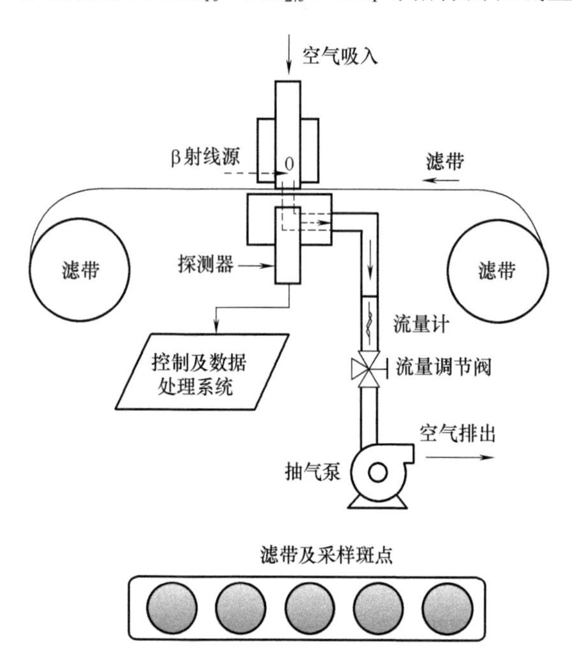

图 10-3-4 β 射线吸收法颗粒物监测仪结构示意图

β 射线吸收法颗粒物在线监测系统主要由取样单元、分析单元、控制单元组成。仪器的结构示意图见图 10-3-4。

① 取样单元 主要由切割器、取样管、滤带、取样泵组成。切割器是基于空气动力学原理将大气中的颗粒物分级，分级后的颗粒物经切割器、取样管截留在滤纸上。切割器分为冲击式、旋风式和虚拟式等。

$PM_{2.5}$ 切割器中，冲击式切割器的切割特性好，但存在颗粒物的反弹和回流等现象，通常在基板上涂一层硅油；过量采集时切割特性变差，正常情况下需每天维护一次，只适合手工取样器使用。旋风式切割器的切割特性能达到冲击式切割器的切割特性水平，不存在颗粒物的反弹和回流现象，使用时不需涂油，能长时间使用（90 天左右），并保持较好的切割特性，维护周期长，常用于连续监测。虚拟式切割器的切割特性与前两种切割器相比略差，但是它可以将 $PM_{2.5}$～PM_{10} 气流与 $PM_{2.5}$ 气流分离，非常适用于同时监测 $PM_{2.5}$～PM_{10} 与 $PM_{2.5}$，双通道 $PM_{2.5}$ 监测仪大多采用这种切割器。

② 分析单元 用于测量滤纸上沉积的颗粒物，并测量环境温度、大气压力、取样流量等参

数，控制取样流量稳定，计算取样体积，根据测量的颗粒物质量和取样体积计算颗粒物浓度值。

③ 控制单元　根据环境温度和压力控制取样泵或流量控制部件，保持取样流量恒定（一般控制在 16.67L/min），同时控制滤纸定时移动、取样泵开启和关闭，实现自动测量。

（2）关键部件

① β 射线源　放射性核素一般采用 ^{14}C，活度小于 100μCi（100μCi=3.7MBq，1μCi=37kBq）。^{14}C 是一种稳定、安全的仪器放射源材料，活度低于 270μCi（9990kBq）的 ^{14}C 在我国属于豁免源，不需政府部门专门监管。射线源广泛使用平面源形式，并采用特殊塑料、不锈钢、粉末冶金等作为防护材料。

② 探测器　目前大多采用闪烁体探测器、盖革管和半导体检测器。闪烁体探测器由高灵敏光电倍增管、塑料闪烁体、屏蔽窗、分压电路、信号处理单元等组成。β 射线通过屏蔽窗进入塑料闪烁体，与之发生相互作用，塑料闪烁体分子被激发；分子退激时，发射荧光光子；荧光光子被光电倍增管转换为电子并放大，输出一个电流脉冲；此脉冲经放大、成形、甄别后输出标准的 TTL（晶体管-晶体管逻辑）信号。闪烁体探测器以其噪声低、寿命长以及探测效率高、动态范围较宽等特点，在颗粒物自动监测仪的质量检测系统中广泛使用。盖革管属于气体探测器，输出脉冲大，对电源的稳定性要求低，容易获得较高的信噪比，价格也相对便宜，但分辨率较低、寿命较短，在早期的监测仪中较常见。半导体检测器是一种新型检测器，优点是探测效率高、稳定性好，但价格昂贵，尚未广泛应用。

10.3.2.3　检测技术与典型产品

（1）检测技术与性能测试

β 射线吸收法颗粒物监测仪已广泛用于颗粒物在线监测，其检测技术是利用射线的衰减量测试取样期间滤纸上增加的颗粒物质量。测量时，先测量放射源经空白滤膜后的射线强度 I_0，经一段时间采样后滤膜上捕集了颗粒物，再测量放射源经滤纸和颗粒物后的射线强度 I。质量吸收系数μ_m与仪器的设计参数相关，是固定的，捕集面积 S 是已知的，根据采样流量和采样时间计算捕集气流体积 V，则颗粒物的质量浓度 C 可以通过以下公式计算：

$$C = S\ln\left(\frac{I_0}{I}\right)/V\mu_m$$

该仪器用于的颗粒物测量范围为 0～1000μg/m^3 或 0～10000μg/m^3（可选），最小显示单位为 0.1μg/m^3，仪器的重复性≤2%。可选择玻璃纤维、石英等材质的滤膜或滤带，在规定膜面流速下，PM_{10}采样要求对 0.3μm 颗粒物的截留效率≥99%，$PM_{2.5}$采样要求对 0.3μm 颗粒物的截留效率≥99.7%。

主要性能测试方法如下：

① 重复性　用校准膜进行重复性测试。仪器运行期间应定期进行标准膜（自动或手动）检查，检查周期不得超过半年。若检查结果与标准膜的标称值误差不在±2%范围内，应对仪器进行校准。标准膜检查不合格时需进行仪器校准或维修。

② 流量稳定性　取下采样入口和切割器，将标准流量计的出气口通过流量测量适配器连接到待测设备的进气口。开启待测设备，预热后进入流量检测界面，待待测设备显示的流量稳定后开始测试。测试连续进行 6h，至少每隔 5min 记录一次标准流量计和待测设备的瞬时流量值（工况）。

③ 检出限　取下颗粒物切割器，安装高效空气过滤器。待仪器运行稳定后，以 1h 间隔

读取仪器的测量均值，连续运行72h，计算标准偏差。以标准偏差的2倍，作为方法检出限。

④ 比对测试 颗粒物自动监测仪最重要的测试指标是采用参比方法进行比对测试，即用手动操作的重量法与自动监测仪同时段测量，得到一定数量的有效数据，计算比对测试的斜率、截距和相关系数。

（2）典型产品

国产β射线吸收法颗粒物监测仪生产厂家很多，如北京雪迪龙公司、南京波瑞自动化公司、北京安荣信科技公司、广州怡文环境科技公司、青岛佳明测控科技公司等。典型产品以北京雪迪龙的MODEL 2230型环境空气颗粒物在线监测仪为例，简介如下：

MODEL 2230颗粒物监测仪器的组成主要包括：进气单元，完成气体取样，颗粒物通过导入管流入并在滤膜上吸附；β源安装单元，取样时安装部分开放利于取样，计数时关闭以允许β探测器计数；探测单元，采用光电倍增管；滤膜传动轮，用于移动滤膜；滤膜滚筒，装有干净未测量的滤膜，或装有测量过的滤膜。

MODEL 2230型环境空气颗粒物在线监测仪特点如下：

① 采用原位采样和测量结构，机械传动部分简单、可靠；无须往复走纸，大大减少了卡纸、断纸等机械故障的出现。

② 具有专利技术的“自动定标”功能，可实现非人工、非机械的自动定标工作；具有专利技术的“滤带误差消除”功能，可消除由于不同滤带引起的测量误差；具有动态除湿及湿度补偿功能，可最大程度地消除湿度对测量的影响，实现全天候全区域高精度测量。

③ 采用高精度流量调节阀和质量流量计的样气流量闭环控制系统，保证了长时间运行的流量准确性。

④ 配置7in（17.78cm，显示器对角线尺寸）触摸液晶显示器，可显示工况浓度、标况浓度、历史数据、校准记录、报警记录、仪器状态等信息；人机界面友好，所有必要的操作都可通过分析仪触摸显示屏进行设置和更改；具备远程重启和断电补数功能。

⑤具有智能动态省纸功能及滤纸更换提醒功能，有效降低滤纸使用量，节省运行成本；可选配旁路气路设计，提供人工比对接口，满足手工及自动留样。

10.3.3 在线等离子发射光谱/质谱的检测技术与应用

10.3.3.1 概述

电感耦合等离子体发射光谱法（inductively coupled plasma-optical emission spectrometry，ICP-OES），简称等离子发射光谱；电感耦合等离子体质谱法（inductively coupled plasma-mass spectrometry，ICP-MS），简称等离子质谱。二者都是利用电感耦合等离子体（ICP）作为激发光源，对试样中包含的元素种类和含量进行测定。二者的不同之处在于：ICP-OES是利用待测元素的气态原子被激发时所发射的特征线状光谱的波长及其强度进行分析测定；而ICP-MS是通过试样中元素被电离为离子的质荷比（m/z）及强度进行分析测定。

等离子发射光谱/质谱（ICP-OES/MS）分析主要分三个过程，即样品激发、元素识别和强度检测。样品激发过程是利用等离子激发光源使分析试样蒸发气化、离解或分解为原子状态，原子也可能进一步电离成离子状态，原子及离子在光源中激发发光。元素识别过程是利用光学系统把试样受激发射的光分解为按波长排列的光谱，或利用质谱系统将各离子质荷比排列为质谱。强度检测过程是利用光电器件对光线或离子进行检测，按分离之后的波长、质荷比和强度对试样中元素进行定性定量分析。

分析时，一般液体样品可以通过雾化器直接进样，高黏液体需稀释或消解。某些元素也可用化学衍生的方法生成氢化物并导入等离子焰进行分析。对于固体样品，可以通过激光烧蚀（剥蚀）法或电子溅射法将样品引入等离子体焰。

ICP-OES/MS 能同时测定多达 70 多种元素。可配备自动进样装置，具有较高的自动化操作性，可用于在线分析。用于在线分析时，具有以下优点：高样品通量，可高效分析大批量样品；分析浓度线性范围广；化学干扰、离子化干扰较少，可以分析高基质样品；高灵敏度，可达到大多数无机元素的最低检测限。

ICP-OES/MS 已经广泛用于地质、环保、化工、生物、医药、食品、冶金、农业等方面样品中多种金属元素和部分非金属元素的定性、定量分析。

10.3.3.2 检测原理

以液体进样为例进行说明。首先样品溶液通过蠕动泵进入雾化器，在氩气流的作用下产生大量样品溶液的气溶胶，通过雾化室后小于 10μm 的气溶胶颗粒随氩气到达炬管，进入处于大气压下的氩等离子体中心区，等离子体的高温使样品气溶胶迅速发生去溶剂化、原子化和离子化。

对 ICP-OES 而言，激发态的原子或离子能量高，不稳定，受到微扰（如电弧或火花的闪动、气态粒子或电子的扰动等）时，可在 10^{-8}s 内跃迁回基态或其他较低的能级，从而将多余的能量释放出来，释放出的能量以一定波长的电磁波形式辐射，形成光谱。不同元素原子发射光谱的特征谱线各不相同。将等离子体中激发的光引入分光系统，通过光栅分光将不同波长特征谱线区分开来，并用检测器接收对应波长的谱线强度，通过识别各种元素特征光谱线的位置（即波长）进行定性分析，通过测量特征光谱线的强度进行定量分析。

对于 ICP-MS 而言，离子束通过采样锥、截取锥进入到真空区的离子聚焦系统。离子聚焦系统将其中的中性粒子和电子排除，实现对正离子的提取、偏转、聚焦和加速。随后离子进入到碰撞/反应池有效去除多原子离子干扰，最后离子进入三级真空区的质量分析器，目标离子根据质荷比（*m*/*z*）被筛选出来，最后到达检测器被检测。检测器将离子转换成电子脉冲计数，电子脉冲的大小与样品中目标分析离子的浓度有关。通过与已知的标准物质对比，实现对未知样品中痕量元素的定性定量分析。

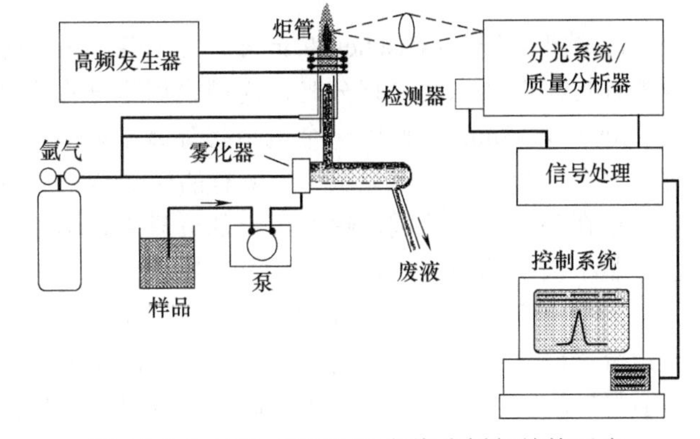

图 10-3-5 ICP-OES/MS 在线分析仪结构示意

10.3.3.3 仪器结构组成与关键部件

（1）结构组成

ICP-OES/MS 在线分析的仪器的结构示意见 10-3-5，主要由自动进样装置、光源、分光系统/质量分析器、检测系统、数据处理以及控制系统等构成的。

① 自动进样装置部分 主要负责样品的自动提取、稀释、清洗、自动配标等功能，主要由蠕动泵或注射泵组成。

② 光源部分 由高频发生器、感应线圈与炬管和供气系统三部分组成。高频发生器的作用是产生高频磁场以供给等离子体能量。当有高频电流通过线圈时，产生轴向磁场，这时用高频点火装置进行放电，形成的离子与电子在电磁场作用下，与原子碰撞并使之电离，形成更多的载流子，当载流子多到足以使气体有足够的电导率时，在垂直于磁场方向的截面上

就会感生出流经闭合圆形路径的涡流，强大的电流产生高热又将气体加热。感应线圈将能量耦合给等离子体，并维持等离子放电所需能量。

③ 分光系统/质量分析器部分 ICP-MS系统使用专用接口将离子导入到等离子体中，这种专用接口由两个小锥孔组成，允许从高温-常压到室温-真空，可根据离子的质量和电荷由质量分析仪对其进行检测。

ICP-OES的分光系统，根据分光部分、检测部分的不同，有多种不同形式的装置，可分为扫描型、中阶梯光栅型和帕邢-龙格型分光系统。

a. 扫描型：分光部分采用了切尔尼-特纳（Czerny-Turner，C-T）型的单色仪，而检测部分采用光电倍增管。扫描型分光系统的结构示意参见图10-3-6。在对多元素进行测量的场合，将光栅绕着单色仪的轴转动，即可进行波长扫描以及选择特定的谱线进行测量。

b. 中阶梯光栅型（多元素同时分析）：通过中阶梯光栅结合棱镜实现光谱的二维交叉色散，给出面积较大、兼有较大波长范围和高分辨率及高色散率的二维光谱，并与CCD检测器组合，能同时测量多个元素。全谱型分光系统的优点在于：无需转动光栅即可快速测量，通常在2min内就能够完成72种元素的测定。中阶梯光栅分光系统示意参见图10-3-7。

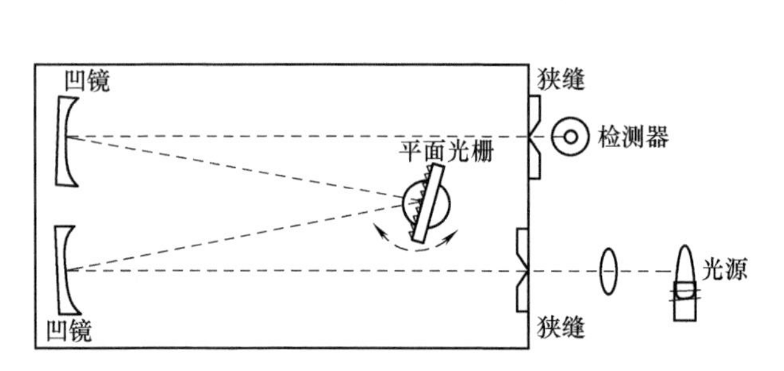

图10-3-6 扫描型分光系统结构示意

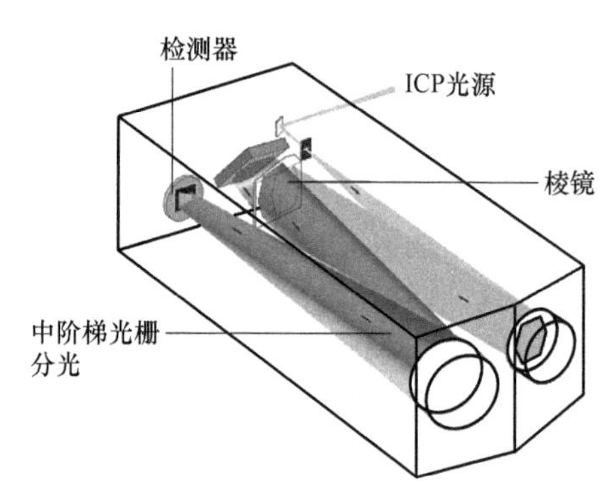

图10-3-7 中阶梯光栅型分光系统示意

c. 帕邢-龙格（Paschen-Runge）型（多元素同时分析）：帕邢-龙格（Paschen-Runge）光学器件使用凹面光栅进行分光，光栅也用作准直系统。这里的光栅为高密度刻线光栅，通常为2400～4343mm^{-1}。使用一个透镜将等离子体中的光收集，然后固定光栅位置对其进行分光，分散光会聚焦到一个罗兰圆中，所有的探测器都放置其中，用于检测信号。帕邢-龙格光学器件可以在整个光谱范围内提供恒定的分辨率，但由于入射狭缝和衍射光的相对位置，使其无法在整个波长范围内提供恒定的分辨率。帕邢-龙格分光系统示意参见图10-3-8。

④检测系统 ICP-OES的检测系统根据分光系统分为单道扫描式、多道固定狭缝式以及全谱分析这三种类型。单道扫描式检测系统是通过用单出射狭缝在光谱仪的焦面上扫描移动（通过转动光栅来扫描），在不同时间分别接收不同波长的光谱线。多道固定狭缝式检测系统是在光谱仪的焦面上按分析线波长位置安装许多固定出射狭缝和相应的检测器，在不同空间位置同时接收检测许多分析信号。而全谱型检测系统则是在短时间内一次性读取所有谱线的光强，分析速度快，是目前技术发展的主流。

（2）关键部件

① ICP光源 电感耦合等离子体（ICP）光源如图10-3-9所示。通常，它是由高频发生器和感应圈、等离子炬管和供气系统、试样引入系统等组成。

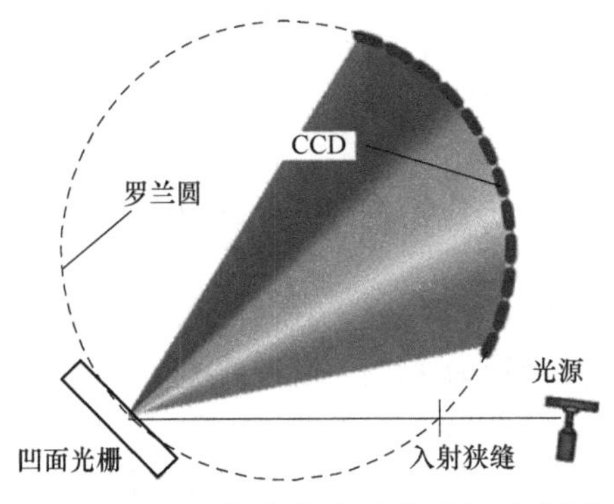

图 10-3-8 帕邢-龙格分光系统示意图

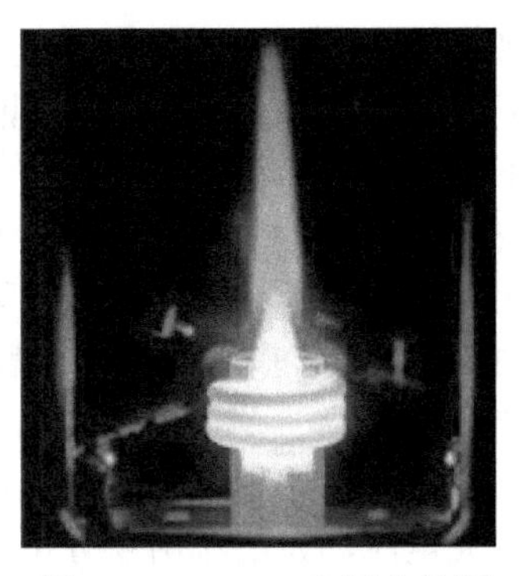
图 10-3-9 ICP 光源实拍图

高频发生器的作用是产生高频磁场，供给等离子体能量。应用最广泛的是利用石英晶体压电效应产生高频振荡的他激式高频发生器，其频率和功率输出稳定性高。频率多为 27～50MHz，最大输出功率通常是 2～4kW。感应线圈一般以圆铜管或方铜管绕成 2～5 匝水冷线圈。

等离子炬管由三层同心石英管构成（图 10-3-10）。外管通 Ar 冷却，采用切向进气，使等离子体离开外层石英管内壁，以避免等离子炬烧坏石英管。利用离心作用在炬管中心产生低气压通道，以利于进样。中层石英管出口做成喇叭形状，通入 Ar 以维持等离子体。内层石英管的内径为 1～2mm，由载气（一般用 Ar 气）将试样气溶胶从内管引入等离子体内。使用单原子的惰性气体 Ar 作载气，源于它的性质稳定，不会像分子那样因解离而消耗能量，不与试样形成难解离的化合物，同时具有良好的激发性能，而且它本身的光谱简单。当高频电源与围绕在等离子管外的负载感应线圈接通时，高频感应电流流过线圈，产生轴向高频磁场。此时向炬管的外管内切线方向通入冷却气 Ar，中层管内轴向（或切向）通入辅助气体 Ar，并用高频点火装置引燃，使气体触发产生载流子（离子和电子）。当载流子多至使气体有足够的电导率时，在垂直于磁场方向的截面上产生环形涡电流。强大感应电流瞬间将气体加热至 10000K，在管口形成一个火炬状稳定的等离子炬。等离子形成后，从内管通入载气，在等离子炬的轴向形成一个通道。由雾化器供给的试样气溶胶经过该通道由载气带入等离子炬中，进行蒸发、原子化和激发。

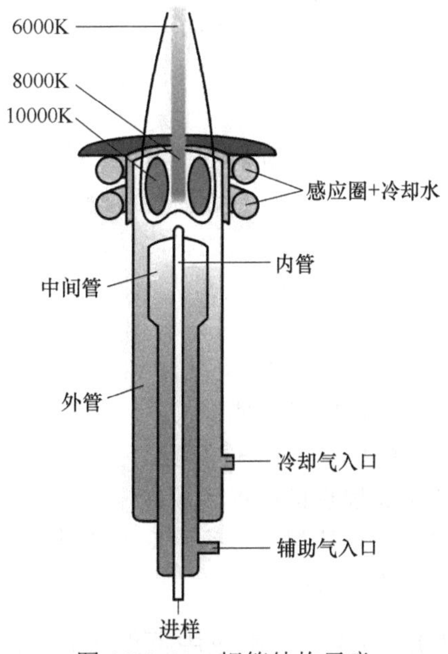

图 10-3-10 炬管结构示意

典型的电感耦合高频等离子体是一个非常强而明亮的白炽不透明的“核”，核心延伸至管口数毫米处，顶部有一个火焰似的尾巴。电感耦合高频等离子炬分为焰心区、内焰区和尾焰区三个部分。焰心区呈白炽状不透明，是高频电流形成的涡流区，等离子体主要通过这一区域与高频感应线圈耦合面获得能量，温度高达 10000K。由于黑体辐射，或其他离子同电子的复合，产生很强的连续背景光谱。试液气溶胶通过该区时被预热和蒸发，又称预热区。内焰区在焰心区上方，在感应线圈以上约 10～20mm，呈淡蓝色半透明，温度约 6000～8000K，试液中原子主要在该区被激发、电离，并产生辐射，故又称测光区。试样在内焰区停留约 1ms，比在电弧光源和高压火花光源中的停留时间（10^{-2}～10^{-3}ms）长。这样，在焰心和内焰区使试样得到充分的原子化和激发，对测定有利。尾焰区在内焰区上方，无色透明，温度约6000K，仅激发低能态的试样。

电感耦合高频等离子体光源具有工作温度高、稳定性好、自吸现象弱、电离干扰很小、无电极污染、背景干扰小、有效消除化学干扰等特点。

② 探测器　目前可应用于光谱仪的光电转换元件有：光电倍增管及固态成像器件。

a. 光电倍增管　当光电倍增管中的光敏材料收到光辐射时，发射的电子进入真空或气体中，并产生电流，这种效应称外光电效应。光电倍增管就是利用外光电效应将待测谱线的光强转换为光电流，光电流由积分电容累积，其电压与入射光的光强成正比，测量积分电容器上的电压，可获得相应谱线的强度信息。

b. 固态成像器件　目前，成功应用于ICP-OES的固态成像器件主要是电荷注入器件（CID）、电荷耦合器件（CCD）。这两种检测器均由以半导体硅片为基材的光敏元件制成，属于多元阵列式焦平面检测器。

CCD检测器和CID检测器不以光电流或光电压为检测信号，而是以电荷为信号。这类检测器由紧密排列的金属-氧化物-半导体（MOS）电容器组成。当原子光谱入射时，光子在其中引发电荷，这些电荷被收集在MOS电容器中。光线越强，电荷也会越多，可以通过测定电荷来判断光谱线的强度。

CCD检测器的最大问题是其溢流现象。当某一光谱线过强时，光子产生的电荷不但使与其波长对应的MOS电容器被充满，多余的电荷还会溢流入相邻波长的MOS电容器，从而导致该MOS电容器及其相邻MOS电容器的电荷数被损坏，无法正确计数，且溢流的电荷需要比较长的时间才能消失。

CID则不存在电荷溢流问题。当光谱线入射生成电荷后，电荷被储存在MOS电容器中。测量过程直接在每个MOS电容器内进行；测量完毕后，电荷仍然保持在每个MOS电容器中，属于非破坏型读出。但CID检测器数据读出速度低于CCD检测器，其读数噪声水平也高于CCD检测器。

10.3.3.4　技术应用与典型产品

ICP-OES和ICP-MS都是多元素分析技术，二者可分析的元素一样多；均使用等离子体用作离子源。区别在于ICP-MS使用质量分析器对元素进行识别，主要优势在于其能够进行同位素分析，同时检测极限很低，能够达到ng/L的水平。而ICP-OES采用分光系统识别元素。

（1）痕量元素的定量分析

ICP-OES/MS是研究元素分布、迁移、转化和富集等规律的有效方法。ICP-OES/MS在线分析系统，广泛应用在食品及环境研究领域。除了在元素分析的常规应用外还可以进行同位素比值分析，与其他色谱分离技术联用后进行元素价态分析。例如，与HPLC联用组成HPLC-ICP-MS，可对砷（As）、汞（Hg）等进行形态分析。同位素比值测定是ICP-MS的一个重要功能，可用于地质学、生物学及中医药学研究上的追踪来源的研究及同位素示踪。

（2）典型产品的性能参数

以电感耦合等离子体-四级杆质谱为例，主要性能参数如下：固态高频发生器，自激式，频率27.12MHz或40.68MHz；功率1500W，连续可调；可测量As、Cd、Pb、Hg等70余种元素；雾化气流量控制调节精度0.01L/min。ICP-OES/MS仪器检出限：ICP-OES，对大多数元素≤1μg/L；ICP-MS，对大多数元素≤0.5ng/L。仪器稳定性：短期稳定性（RSD）≤2%；长期稳定性（RSD）≤3%。

（3）用于水质分析的典型产品

用于水质在线分析的 ICP-OES/MS 结构示意参见图 10-3-11。

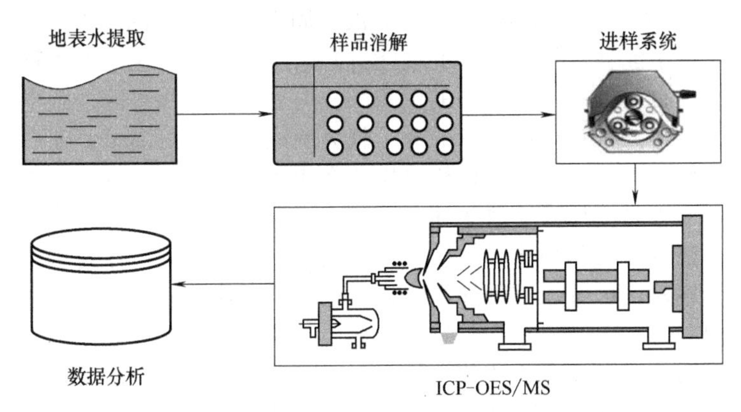

图 10-3-11　水质在线 ICP-OES/MS 结构示意

用于水质在线 ICP-OES/MS 仪器的主要特点如下：

① 仪器具有成熟的分析技术　基于 ICP-MS 及 ICP-OES 成熟的元素分析技术；仪器具有自动点火、自动优化功能，在样品消解过程中，主机自动启动、优化样品，为分析做准备；能实现自动建立标曲、自动质控，标准溶液自动引入，质控包含检出限、标准样品、空白等多种选择，全面保证数据的可靠性。

② 仪器具有自动标液用量判断功能　用超声波传感器探测液体体积，标液用量可智能识别；实验结束自动熄火、保证设备安全，无需人为等待实验结束；传热均匀快速，高精度温控系统，极大地提高消解的平行性；全自动加酸、加标，提供抗腐蚀管路，可用于硝酸、盐酸、氢氟酸、高氯酸的添加，使实验更安全；全自动加盖，让消解更完全；全自动取盖，排走酸雾，整个消解过程一气呵成；精准的超声波传感器，保证定容的准确性，定容范围 5～50mL，定容精度<0.025mL，鼓泡混匀，保证溶液的均一性；定容完毕后，仪器自动进样、自动过滤，节省人力。

10.3.4　介质阻挡放电等离子体发射光谱的检测技术与应用

10.3.4.1　概述

介质阻挡放电（dielectric barrier discharge，DBD）可直接应用于气态组分的激发，利用产生的特征发射光谱进行定量分析，称为介质阻挡放电等离子体发射光谱法（dielectric barrier discharge plasma optical emission spectrometry，DBD-POES）。例如，N_2 在 DBD 等离子体激发下，将在紫外和可见光波段处产生特征发射谱线，通过构建的 DBD-POES 系统可对纯氩气中的氮气杂质进行测定。

DBD-POES 检测技术采用高频高压电源作用于 DBD 电离池的气体，气体（如氦气、氩气）被电离产生自由电子和正离子，形成等离子体环境。正电荷离子、自由电子在电场的作用下分别加速移向负极、正极。由于碰撞，离子和电子将自身能量传递给原子，使得样品气态原子被激发。原子被激发后，其外层电子发生能级跃迁，在返回基态时发射特征光谱。通过对特征光谱的检测，分析出微量杂质气体的浓度。

DBD-POES 检测技术，理论上可以检测除背景气（He 或 Ar）以外的任意一种气体，且因其较高的稳定性和灵敏度，可应用于在线痕量或实验室痕量检测领域，如用于纯氩气中的氮气杂质测定；也可用于其他不易检测的气体领域，例如硫化物、微量氢等气体。

① 等离子体　等离子体（plasma）是气、液和固态之外物质的第四种状态。在高温度条件下，构成分子的原子能够获得足够大的动能，开始彼此分离，这一过程称为离解。如果温度条件进一步升高，将会出现一种全新的现象——电离。此时原子的外层电子将摆脱原子核的束缚而成为自由电子，失去自由电子的原子将会变成带正电的离子。在高温条件下，粒子相互间的碰撞也会使气体产生电离，这样物质就变成了自由运动并且相互作用的正离子和电子组成的混合物，即等离子体。等离子体总体呈电中性。

等离子体具有独特的物理和化学性质：温度高，粒子动能大；作为带电粒子的集合体，具有类似金属的导电性，可看作一种导电流体；化学性质活泼，易发生化学反应；具有发光特性，可用作光源。

产生等离子体的方法主要有气体放电法、射线辐射法、光电离法、热电离法等。

② 介质阻挡放电与等离子体　DBD 装置结构如图 10-3-12 所示。它是在两个金属电极之间插入两块绝缘介质，电极紧贴绝缘介质，无气隙。DBD 装置通常采用两种电极结构，平行平板结构和同轴圆筒结构。通常选用介电常数大的绝缘材料作为绝缘层，如陶瓷、石英玻璃等。

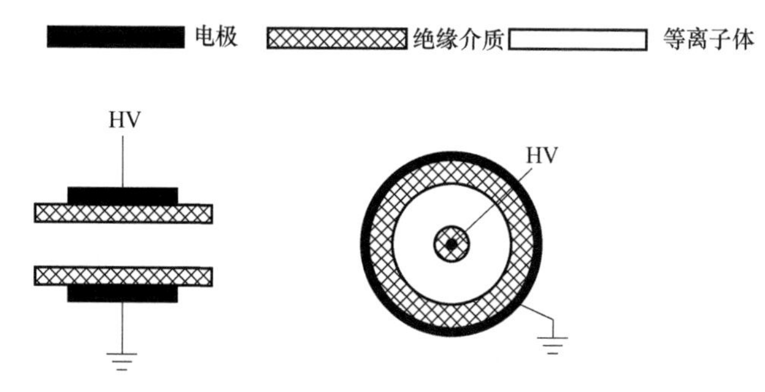

图 10-3-12　典型介质阻挡放电装置结构

介质阻挡放电的激发机理可以用图 10-3-13 来形象地描述。

如图 10-3-13（a）所示，当在两电极间施加高电压时，在两电极间建立外电场 E_{app}，两电极间的气体中会同时建立一个与外电场 E_{app} 方向相同的电场 E_{gap}。由于极化转化，电介质两端产生一个方向相反的电场 E_{diel}，则有 $E_{gap}=E_{app}-2E_{diel}$。如果 E_{gap} 达到气体所允许的击穿电压，则放电开始。通过碰撞电离会产生相当数量的空间电荷，如图 10-3-13（b）所示。空间电荷将在两电极间移动，电子将逐渐累积在阳极介质表面上，而正离子则逐渐积累在阴极介质表面。积累起的电荷产生一个与 E_{gap} 方向相反的电场 E_c，因此会降低 E_{gap}，$E_{gap}=E_{app}-2E_{diel}-E_c$，最终无法维持放电导致放电的终止，如图 10-3-13（c）所示。

在接下来的半个周期中，加在电介质外表面上的电压反向。前半周期结束时介质层上积累的电荷（“记忆电荷”）并未消失，其产生的电场方向与外加电压方向一致，这使得 E_{gap} 被加强，$E_{gap}=E_{app}-2E_{diel}+E_c$，从而使下一次击穿可以在较小的外电压下实现，如图 10-3-13（d）所示。在放电过程中，空间电荷再次开始移动，正离子向阴极移动，电子向阳极移动，当粒子其移动到介质表面后，将与介质上的“记忆电荷”相复合，直到“记忆电荷”被完全复合，如图 10-3-13（e）所示。之后粒子继续移动，在介质表面将再次出现“记忆电荷”，其产生的电场方向将与外加电场方向相反，因此总电场将被削弱，$E_{gap}=E_{app}-2E_{diel}-E_c$，如图 10-3-13（f）所示。最终总电场将再降低到不足以维持放电，一周期放电过程结束。

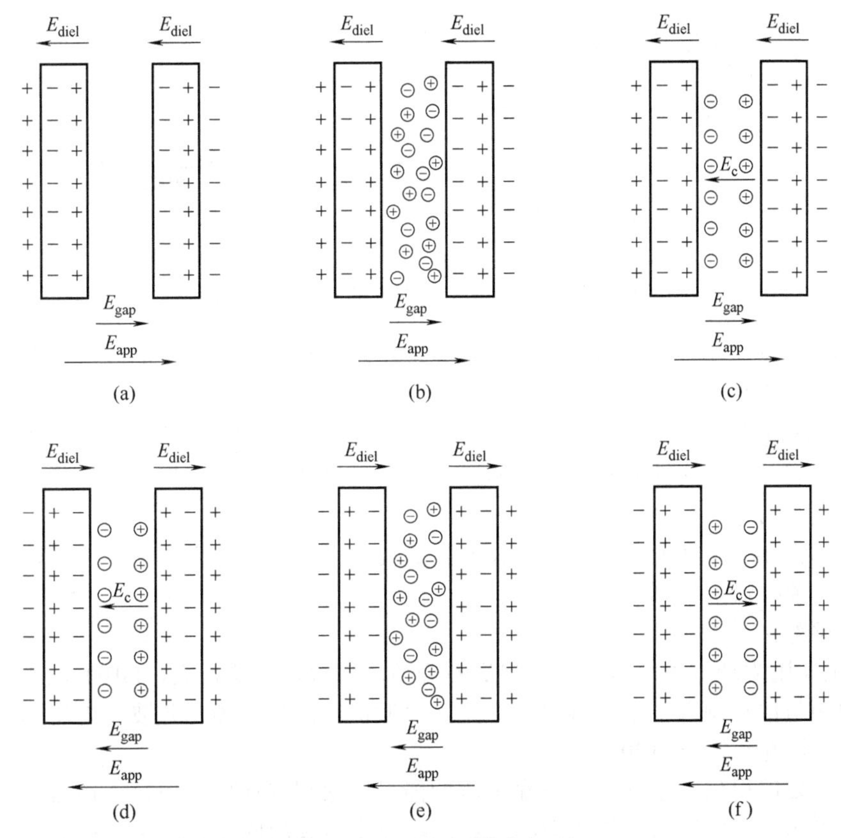

图 10-3-13　DBD 激发机理

绝缘介质上半周期“记忆电荷”的存在，增强了加于放电气体上的有效电场强度，实现了以更低的供电电压来维持气体的击穿，同时下半周期“记忆电荷”的产生又有效限制了放电电流的自由增长，也因此阻止了放电向弧光形式的转换。正是由于介质阻挡这一作用，DBD 可以呈现出稳定、均匀的放电形式，产生稳定的等离子体。

10.3.4.2　DBD-POES 用于在线微量氮的检测技术

（1）仪器结构

在线微量氮检测技术是基于 DBD-POES 原理，典型的 DBD-POES 在线微量氮分析仪的结构示意见图 10-3-14。

该仪器主要由流量控制装置、高频高压驱动电源、DBD 模块、分光/检测模块、数据处理/控制模块等构成。

① 流量控制装置　DBD 对气体的流量比较敏感，气体流量波动会对测量结果产生影响，故采用高精度质量流量控制器稳定气体流量。

② 高频高压驱动电源　将低压直流电源转化成高频高压电源驱动 DBD 模块，为样气稳定激发、电离提供足够的能量。

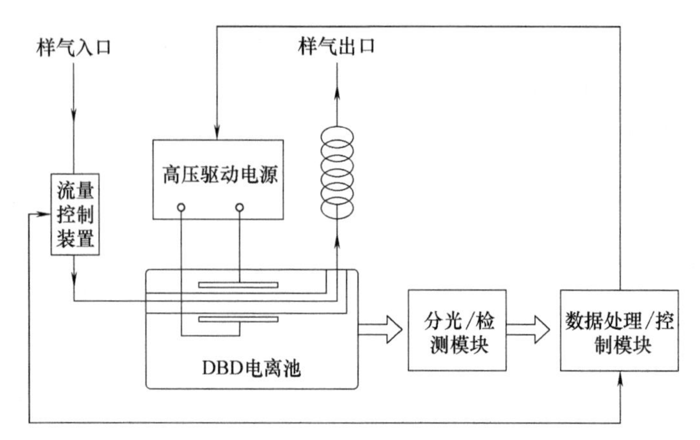

图 10-3-14 DBD-POES 在线微量氮分析仪结构示意

③ DBD 模块 样气电离池，采用平行平板电极结构。一定流量的样气在此完成激发、电离产生等离子体光谱。

④ 分光/检测模块 发射光谱经紫外窄带滤光片，过滤掉载气的背景发射谱线，消除杂谱影响。采用高灵敏度紫外光敏二极管检测氮气特征谱线强度，实现光电转换，再经 *I*/*U* 转换得到对应电压信号。

⑤ 数据处理/控制模块 实现信号放大、滤波、采样处理，完成浓度运算，数据存储与显示，电源开关、流量控制等。

（2）关键部件

① 高频高压驱动电源 电源供电参数对介质阻挡放电影响很大，DBD 电离池内气体的放电强度和均匀性与频率、电压有很大关系。一般供电波形为类正弦波，电压的峰值通常在 1～20kV，供电频率在 1～100kHz。

电源电压要能提供大于样品气击穿电压的能量。根据气体放电理论，在被分析气体种类确定以后，气体击穿电压由样气压力和介质阻挡放电电离池间隙距离决定：$U_b \propto f(Pd)$，即帕邢定律。电源驱动频率与等离子体光谱发射状态直接相关。频率的任何变化都会导致漂移和非线性,所以要保证高频电源输出频率的稳定性。介绍两种电源结构：基于 Royer 式自激推挽多谐振荡器电源电路和基于串联谐振电源电路。

基于 Royer 式自激推挽多谐振荡器电源电路如图 10-3-15 所示。Royer 结构驱动电路，自振荡频率会自动调节到最佳效率，可以避免磁芯的深度饱和，减少电磁干扰（EMI）辐射，通过合理选择功率开关和整流二极管，电路总的输出阻抗就可以足够小，电路输出稳定。

无论是否在放电状态,介质阻挡放电的负载都呈现电容特性，所以相移较大，整机效率较低。通常选用在负载回路串联补偿电感的方法，使得补偿电感和负载电容能够有一个谐振频率，基于锁相环的频率跟踪技术保证电源开关频率与负载谐振频率保持一致，使输出功率达到最佳状态。

基于串联谐振电源电路的整体框架如图 10-3-16 所示。

② DBD 模块 用绝缘材料和金属电极构成的电离池，具有两层绝缘的平行板介质阻挡放电结构，图 10-3-17 为电离池中气体被激发后的发光图片。

大气压下的气体放电分为丝状和辉光两种不同模式。丝状放电持续时间短（ns 量级），且在时空上不均匀；辉光放电在空间上放电比较均匀。平行绝缘介质的间距和高频正弦电压的频率对放电反应产生较大的影响，它们共同决定着气体击穿电压的大小，电子、离子在放

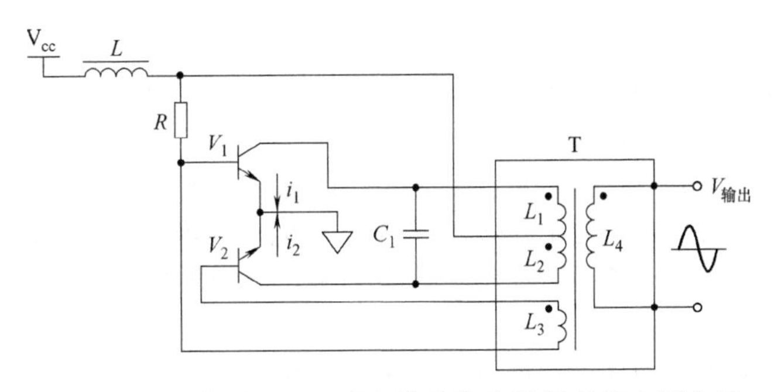

图 10-3-15 基于 Royer 式自激推挽多谐振荡器电源电路

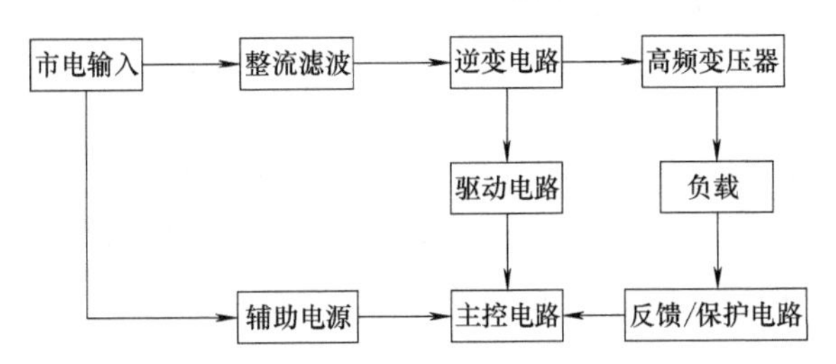

图 10-3-16 基于串联谐振电源电路原理框图

图 10-3-17 DBD 电离池发光

电间隙中的运输，电荷的产生，以及电子雪崩的途径和反应机制。在平行绝缘介质间间距一定时，如果电场频率能够让电子在放电半周期中迁移出等离子体边界达到介质极板而被俘获，则可抑制丝状放电而建立起大气压辉光放电等离子体。均匀气体放电更利于后续信号检测。

样气通过流量控制单元进出电离池，在电离池两个电极之间施加足够高的高频电压来使气体击穿，产生正电荷离子和自由电子。等离子体环境中的气体分子被离解为原子。正电荷离子、自由电子在电场的作用下分别加速移向阴极、阳极，通过碰撞，加速离子与电子将其能量传递给气体原子，气体原子被激发。气态原子被激发以后，其外层电子辐射跃迁将发射特征辐射能，即特征光谱。经过分光系统将氮气的特征光谱滤出，用检测系统进行检测，转化为电流信号，经过 I/V 转换、放大等处理进入信号处理及输出系统，即实现了通过对特征光谱强度的测量定量分析气体含量的目的。

10.3.4.3 在线测量微量氮典型产品

以北京泰和联创的 THA100N 型在线微量氮气体分析仪为例。该仪器采用智能化数字处理技术实现 N_2 气体浓度的分析过程，结构见图 10-3-18。

（1）技术特点

使用原子发射光谱，准确度高；采用高频高压电离源，稳定性好，且无放射性问题；无消耗性部件，仪器使用寿命长；高精度质量流量控制器（MFC）控制样气流量；使用彩色液晶触摸显示屏，显示清晰，触摸操作简便；4～20mA 电流环输出。

（2）主要性能参数

被测气体：微量氮；典型量程：$0\sim10\times10^{-6}$；$0\sim100\times10^{-6}$；稳定性：±1%FS/24h；重复性：0.5%；线性偏差：±1%FS；响应时间（t_{90}）：≤30s。

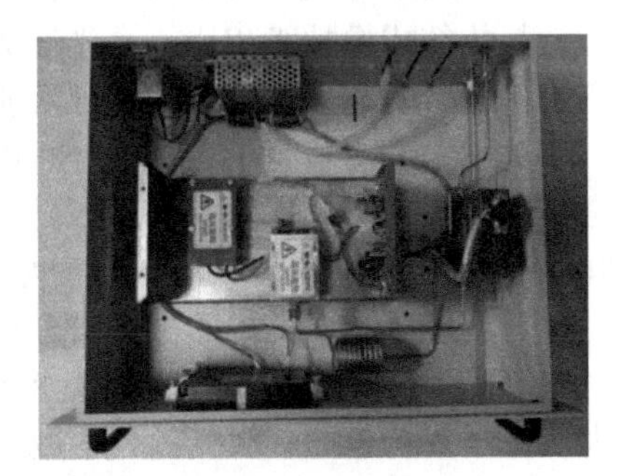

图 10-3-18 THA100N 型在线微量氮气体分析仪结构

（3）应用注意事项

① 系统气路密封性问题。由于大气中 N_2 含量高，任何微小的泄漏都会影响测量的准确性。应尽量减少气路接头数目，避免气路形成死区。使用前要检查系统气路的密封性。

② 传输管材用色谱级不锈钢管，不要用塑料材质。如聚四氟乙烯管，可透过水汽而影响测量。

③ 仪器安装前需要对管路进行冲洗。为了准确地对仪器进行校准，钢瓶减压阀和所有管路都要进行彻底冲洗。采用静态吹扫法（交替对减压阀加压和减压），避免减压阀死区中的空气进入到标气瓶中。

④ 工作时样气流量要和仪器校准时流量保持一致，保证流量稳定。

10.3.5 高光谱成像分析技术及其在环境监测等领域的应用

10.3.5.1 概述

高光谱成像（hyperspectral image）是集探测器技术、精密光学机械、微弱信号分析检测、计算机技术、信息处理技术于一体的综合性技术，是一种将成像技术和光谱分析技术相结合的多维信息获取技术。该技术可同时探测目标的二维几何空间与一维光谱信息，获取高光谱分辨率的连续、窄波段的图像数据。

高光谱技术是指从紫外、可见、近红外、红外的大波段范围内，能够得到既多又窄的光谱波段，有极高光谱分辨率的遥测成像分析技术。高光谱成像技术具有“全光谱”功能，可以得到一个场景中每一个可分辨的空间位置上的光谱信号，即可以得到更多维度的信息。高光谱成像主要用于测量光与物质相互作用后的反射光，因此也是一种表面测量技术。主要是通过线扫描设备（即仪器狭缝）瞄准到感兴趣的区域或使物体移动经过仪器的扫描窗口，进而获取整个场景内的逐点光谱信息。

高光谱成像技术的特点是光谱分辨率高、波段连续，能够在紫外到红外的大范围内获得多而窄的、波段数达上百个的连续光谱，光谱分辨率可达纳米级，具有“图谱合一”特点。高光谱成像技术获取的不仅是图像信息，还包括物体的光谱信息。高光谱的成像信息表现了物体的影像特征、辐射强度及光谱特征，这三个重要特征构成了高光谱数据。高光谱数据是三维的，称为图像块或数据超级立方体（super hypercube）。其中的二维信息是图像像素的横纵坐标（x 和 y），第三维是波长信息（λ）。图像维与一般的图像相似；光谱维是对应高光谱图像的每一个像元，均有一个连续的光谱曲线。高光谱成像分析技术是在对目标的空间特征成像的同时，对每个空间像元经过色散形成几十乃至几百个窄波段以进行连续的光谱覆盖，这样形成的成像数据可以用“图像立方体”来形象地描述，参见图 10-3-19。

与传统成像技术相比，高光谱成像分析技术所获取的图像包含丰富的空间、辐射和光谱三重信息。对高光谱图像的处理实质是对像元光谱曲线的定量化处理与分析。

美国 JPL 实验室于 20 世纪 80 年代初期研制成功第 1 台机载成像光谱仪，被称为 AIS（航空成像光谱仪），这是高光谱成像技术的首次探索。最具代表性的高光谱成像系统包括 Tacsat-3 卫星 ATERMIS、Terra 卫星和 Aqua 卫星 MODIS 等。

近十多年来，国内的高光谱分析技术也已经取得可喜的进展。例如我国近期发射的卫星（如高分五号卫星）已经采用可见短波红外高光谱相机及全谱段光谱成像仪实现对地观测。其大气监测载荷包括：大气的气溶胶多角度偏振探测仪、大气的痕量气体差分吸收光谱仪、大气的主要温室气体监测仪及大气环境红外甚高光谱分辨率探测仪等。高分五号卫星采用的可见短波红外高光谱相机及成像应用扫描谱图参见图 10-3-20。

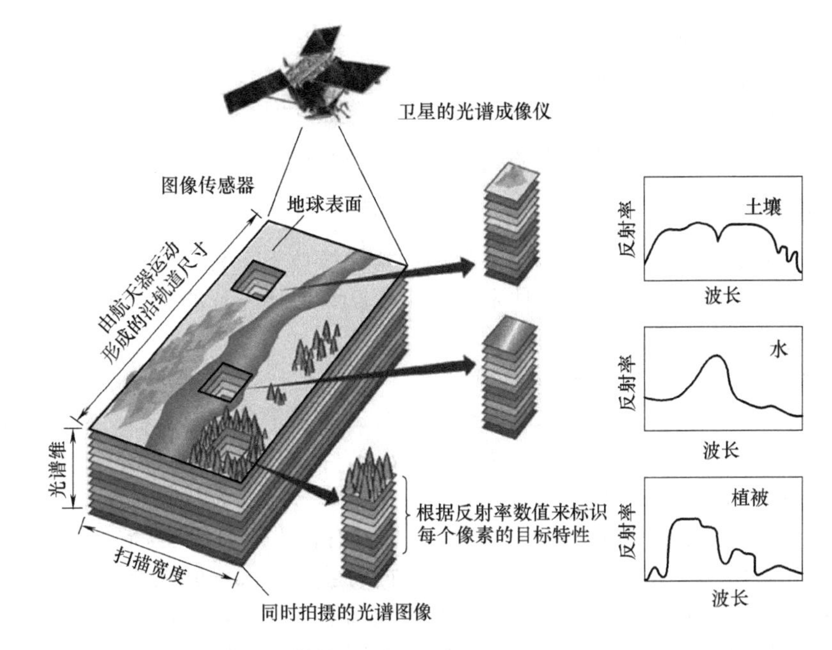

图 10-3-19 高光谱图像立方体

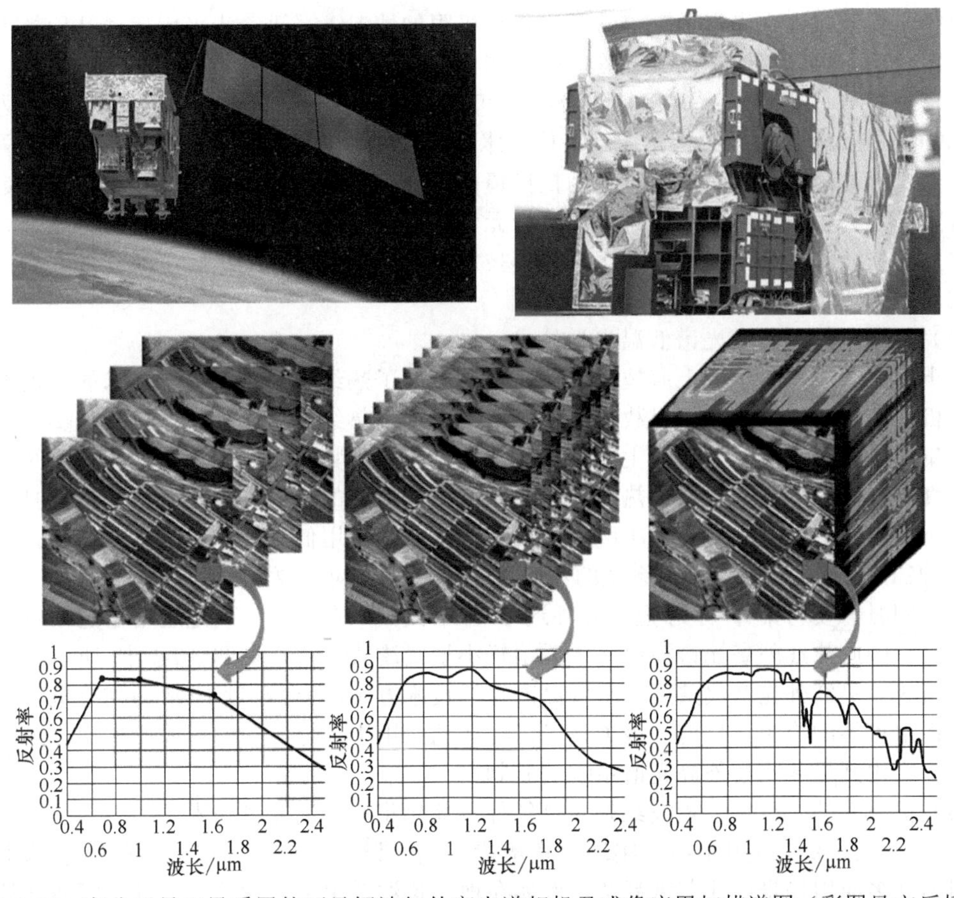

图 10-3-20 高分五号卫星采用的可见短波红外高光谱相机及成像应用扫描谱图（彩图见文后插页）

高光谱成像技术通常用于无人飞行器、航测飞机或星载遥测，以扫描大面积区域，也用于带旋转平台的支架在地面上进行静态扫描。集样本图像信息与光谱信息于一身：图像信息可以反映样本大小、形状、缺陷等外部品质特征；光谱信息能充分反映样品内部物理结构、化学成分的差异。高光谱技术是用于物质的综合品质与成分分析的光谱分析新技术。

10.3.5.2　分类与应用

高光谱成像分析技术主要分为高光谱运动补偿成像技术、紧凑型热红外高光谱低温光学技术、宽谱段一体化集成机载高光谱技术、基于阶跃集成滤光片的高光谱成像技术以及基于AOTF分光的凝视型高光谱成像技术等。

（1）高光谱运动补偿成像技术

高光谱成像技术主要应用于航空航天遥感平台。遥感平台相对观测对象的速高比（v/H）和空间分辨率共同决定了探测的像元驻留时间（t_{int}），与空间分辨率、系统 F 数、光谱分辨率（$\Delta\lambda$）等参数共同决定了探测器接收到的信号大小。

相比较而言，航天遥感平台不像机载平台那样具有很大的灵活性，它的可设计范围极小。色散型高光谱成像仪以狭缝作为光阑，具有图谱同时获取、波段间配准精度高等优点，但同时也限制了系统的能量通量。在空间分辨率要求较高的情况下，即使达到了光子噪声限，色散型高光谱成像仪的信噪比（灵敏度）也因能量限制而受到局限。该技术不同于一般的成像技术，可以通过时间延迟积分（TDI）技术增加信号能量。色散型高光谱成像仪在将光机设计的口径、像元尺寸、光学效率等参数优化到极限的情况下，进一步采用运动补偿技术增加像元驻留时间，可以获取更高灵敏度的高光谱图像。

天宫一号高光谱成像仪采用棱镜分光，可见和短波红外谱段的空间分辨率分别达到了10m和20m的水平，由于采用了运动补偿技术，获取的图像仍然具有很高的信噪比。采用感应同步器进行高速高精度角度测量，为扫描镜的扫描控制提供反馈，采用输出力矩稳定性很好的有限转角力矩电机作为控制系统的执行元件。天宫一号是中国首台高分辨率航天高光谱成像仪，首次验证了基于扫描镜的运动补偿技术的有效性，为后续更高空间分辨率的空间高光谱成像技术奠定了技术基础。

（2）紧凑型热红外高光谱低温光学技术

近十年来，中国科学院上海技术物理研究所开展了热红外高光谱成像技术的原理样机和工程样机研制工作，已经实现机载系统的应用。紧凑型热红外高光谱成像模块是实现宽谱段一体化集成高光谱系统的关键，主要难点体现在具有轻小紧凑的热红外精细分光系统和高效紧凑的真空低温光学技术。由于热红外主要探测常温目标的辐射，因此光学系统自身的热辐射是影响仪器辐射灵敏度和辐射精度的主要因素，必须采用低温光学技术进行抑制。需要工作在100K的低温环境中，光学系统的灵敏度才能够满足应用要求。

系统同时需要与紫外/可见/短波红外这3个谱段集成在一起，满足通用稳定平台的承载能力约束。因此热红外高光谱模块必须采用轻小型紧凑式设计，如图10-3-21所示。热红外模块采用3个热红外光谱仪共用一个低温冷箱的技术方案，两台冷量10W的制冷机为低温冷箱提供稳定可靠的冷源。目前，该项技术已经成功应用于高分专项航空成像光谱仪的研制，并将推广应用到星载热红外高光谱系统的研制。

（3）机载紫外、可见、短波红外、热红外一体化集成的高光谱技术

随着研究深入和应用拓展，实现更宽谱段的高光谱成像信息获取能力的需求越来越迫切，因为许多应用场景往往非常复杂。例如在地质资源遥感中，紫外、可见、短波红外、热

红外可以用于痕量气体探测、植被覆盖及长势、矿物调查等；硅酸盐矿物的特征光谱信息主要集中在热红外谱段。采用宽谱段一体化集成技术，能够满足同时获取目标各谱段光谱图像的应用需求。

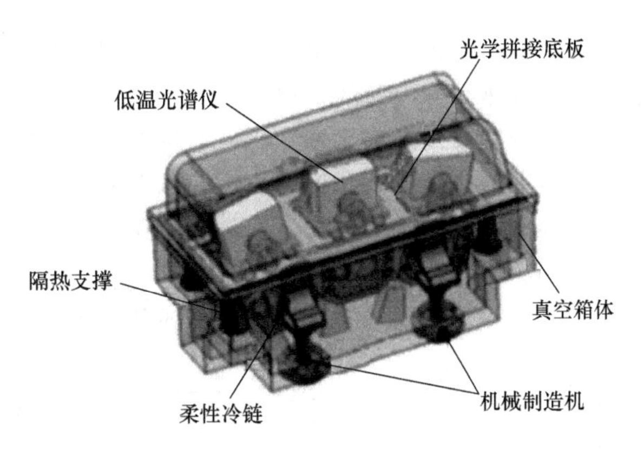

图 10-3-21 紧凑型热红外精细分光低温系统结构示意

机载平台上实现宽谱段一体化集成，除了需要解决各谱段高性能光谱成像等单项关键技术外，还需要解决各模块的轻小型和紧凑设计，因为载机平台姿态的扰动需要通过三轴稳定平台进行抑制，以获得像质优良的光谱图像。通用三轴稳定平台的载重能力是宽谱段高光谱成像系统设计的最强约束。例如重载的PAV80平台的承重极限为100kg。

仪器设计总视场角40°，可见、近红外谱段空间分辨率最高为0.25mrad（紫外和短波红外0.5mrad，热红外 1mrad）。总体上采用推扫成像方式，需要选用的面阵探测器在垂直飞行方向（空间维）至少有2800个像元（短波1400像元、热红外700个像元），每个谱段均采用视场三拼的方式实现大视场。仪器通过立体布局实现与通用PAV8平台的兼容。

（4）基于阶跃集成滤光片的高光谱成像技术

阶跃集成滤光片是指往单一基片上集成了多个微型法布里-珀罗（FP）滤光片。FP滤光片中空谐振腔的厚度、高低折射率介质的厚度以及介质层数，共同决定了其中心波长及带宽。相比于棱镜/光栅型分光系统而言，滤光片式分光系统的优点在于系统设计简单，实现相对容易；缺点是图像的配准和数据的后处理比较复杂，应用于航空平台有一定难度。

基于集成滤光片分光的高光谱成像仪在国内外还比较少见。中科院上海技术物理研究所2015年首次在短波红外2.0～2.5μm波段上实现了基于单基片阶跃集成滤光片分光的、光谱半峰全宽仅为6nm的高光谱成像仪。基于6级TDI的阶跃集成滤光片分光系统在2.0～2.5μm波段上信噪比达到100，灵敏度和系统体积等均优于色散型分光方案。

（5）基于声光可调谐滤波器的高光谱成像技术

声光可调谐滤波器（acousto-optic tunable filter，AOTF）是根据声光衍射原理制成的新型分光器件。器件将射频（RF）驱动信号转换为超声波振动，超声波对互作用介质的折射率产生周期性的调制，被调制的互作用介质如同一块相位光栅，起到衍射分光的作用。

基于AOTF分光技术可以实现凝视型高光谱成像，对二维视场进行同时探测，图像立方体光谱三维信息通过分时扫描获取。这种技术特别适用于静止平台的就位探测。凝视型的高光谱成像仪相对于光机扫描式和推帚式而言，无需运动部件即可实现对二维目标图像和光谱的获取，具备独特优势。但对于运动平台而言，由于其空间维和光谱维数据不是同时获取的，其影像匹配后处理相对复杂，对平台姿态的要求相对较高。通过改变施加在AOTF上的驱动信号的频率来改变衍射光的波长，从而实现对观测目标不同波长的光谱图像和光谱信息的获取。

10.3.5.3 高光谱遥感技术在气体和水质监测中的应用

目前，高光谱遥感技术主要应用于生态、大气、地质、水环境等环境监测及地质勘察领域。对大气污染源分布、热污染的监测、污染源周边扩散条件、污染源扩散影响范围等的调查都可以用高光谱遥感技术实现。例如将遥感仪器放置于卫星上，就能从卫星的影像上清晰地看到具有热红外波段的焚烧点，实现对全国焚烧点的监测。高光谱遥感技术凭借其纳米级的光谱分辨率被应用于生态领域，主要研究方向是植被识别、叶面指数计算、植被指数提取、生物量估算分析方面。在地质领域，人们可以利用高光谱遥感获取岩石和矿物的吸收反射等数据来辨别矿物岩石的种类并对地质环境进行填图勘察。

（1）气体监测

红外遥感高光谱成像分析用于探测和识别场景气体技术应用案例，参见图10-3-22所示。

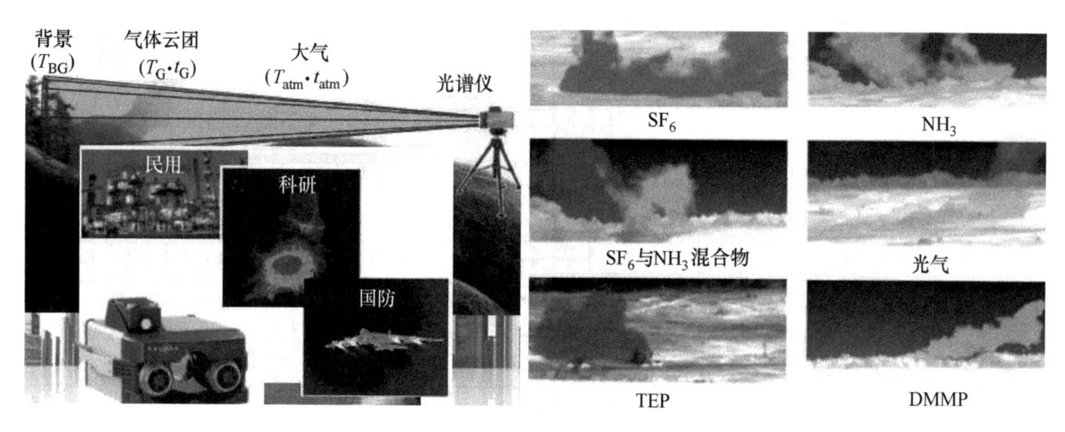

图10-3-22 红外遥感高光谱成像分析用于探测和识别场景气体技术应用案例（彩图见文后插页）

TEP—磷酸三乙酯；DMMP—甲基膦酸二甲酯

加拿大Telops公司生产的 Hyper-Cam^{TM}系列红外遥感高光谱成像设备是国际上目前较为先进的傅里叶红外高光谱成像技术的代表设备。该系列遥感仪器同时具有高空间分辨、高光谱分辨和高瞬时清晰度，是外场测量理想的多功能高光谱遥感仪器设备。通过使用Hyper-Cam^{TM}光谱仪，能够探测和识别在一个场景中的甲烷（CH_4）、氨气（NH_3）、六氟化硫（SF_6）、乙酸（CH_3COOH）、碳酰氯（光气）、磷酸三乙酯（TEP），并且精确逐像素定位位置。

红外成像可以帮助可视化各种环境条件和工业环境下的逃逸排放物和少量气体泄漏。从安全的角度出发，从远程位置进行有效的气体检测是有利的。高分辨率红外高光谱成像带来的选择性可以识别气体的化学性质，同时减少误报的频率。

（2）水质监测应用

推扫式高光谱成像仪（PHI）可以对赤潮生物优势物种进行识别，其所成高光谱图像能够反映悬浮物含量、叶绿素富集度、水体深度等水体的特征。赤潮水体与正常海水之间、不同优势藻类之间的赤潮光谱特征均存在显著差异，成像光谱技术在检测赤潮方面可以大展身手。高光谱技术搭载自动化系统则可以满足实时监测、无人监测的要求，且无污染、效率高。

高光谱遥感技术用于水体环境检测应用研究，具有无需添加化学试剂、不会损坏水样、能在短时间内处理大量数据等优势。例如，上海市青浦区应用 K6 多光谱大面积监测水质的反演案例技术的现场，参见图10-3-23。此案例是采用无人机载高光谱分析仪，基于新一代图形处理器（GPU）并行计算和人工智能（AI）技术进行水质监测。采用的无人机监测的飞行参数：飞行高度400m、飞行速度20 m/s、拍照方式，等距触发，地面采样距离（GSD）10cm、飞行面积达3km^2，波段选取490nm、550nm、615nm、685nm、725nm、940nm。RGB（三原色，红绿蓝）合成图拼接结果参见图10-3-24。

图 10-3-23　案例应用现场图

图 10-3-24　RGB 合成图

在水环境监测中利用高光谱遥感技术收集探测目标的光谱特性后，主要进行以下几方面的分析：根据水体光谱反射率来计算水环境中的泥沙含量；探测水体深度；对波谱数据进行相关性分析，评估内陆水体污染程度；通过水体的光谱特征分析判断水环境的污染类型。回归分析和预测是环境遥感监测中最常用的分析方法。

10.3.5.4　遥感技术的典型应用

（1）“风云三号 D”气象卫星装载了 10 台套先进遥感仪器

我国长征四号运载火箭成功将“风云三号 D”气象卫星发射升空，卫星上装载了 10 台（套）先进的遥感仪器，除了微波温度计、微波湿度计、微波成像仪、空间环境监测仪器包，全球导航卫星掩星探测仪等 5 台继承性仪器之外，还应用了红外大气垂直探测仪、近红外高光谱温室气体监测仪、广角极光成像仪、电离层光度计等，均为国内全新研制、首次上星搭载。主要应用的高光谱分析仪简介如下。

① 中分辨率光谱成像仪　可以每日无缝隙获取全球 250m 分辨率真彩色图像，实现云、气溶胶、水汽、陆地表面特性、海洋水色等大气、陆地、海洋参数的高精度定量反演，为我国生态治理与恢复、环境监测与保护提供科学支持，为全球生态环境、灾害监测和气候评估提供观测方案。

② 红外大气垂直探测仪　采用迈克尔逊干涉分光的方式实现大气红外高光谱探测，光谱覆盖 1370 个通道，谱分辨率最高达 $0.625cm^{-1}$，可以获取高频次区域晴空和云顶以上的大气三维结构。该仪器选择大气混合比稳定的二氧化碳红外吸收带，探测大气的温度廓线，选择水汽红外吸收带探测大气的湿度廓线。不同的二氧化碳吸收通道探测到的红外辐射主要来自于特定的高度层，对该高度的大气温度变化敏感，利用此原理可以获得大气的温度垂直分布信息。同样，不同的水汽吸收通道对不同高度层的大气湿度变化敏感，从而可以获得大气的湿度垂直分布信息。不同高度的大气对不同探测通道的红外辐射贡献存在差异，根据这些差异可以反演出大气温度、湿度的三维结构。

③ 近红外高光谱温室气体监测仪　是可监测全球温室气体浓度的遥感仪器，可以获取二氧化碳、甲烷、一氧化碳等主要温室气体的全球浓度分布和时间变化的信息，提高区域尺度上地表温室气体通量的定量估算，分析和监测全球碳源碳汇，为巴黎气候大会温室气体减排提供科学监测数据。

（2）玉兔二号巡视器携带了近红外成像光谱仪

我国嫦娥四号月球探测器成功着陆在月球背面的冯卡门坑内，玉兔二号巡视器驶抵月背表面，它携带的近红外成像光谱仪成功获取了着陆区探测点高质量光谱数据。在多台科学仪器有效载荷中，近红外成像光谱仪是唯一服务于月球矿物组成探测与研究的科学仪器。

该近红外成像光谱仪采用 AOTF 分光技术，光谱范围为 0.45～2.40μm，光谱分辨率为 2～12nm，具备在轨定标及防尘功能，能在−20～55℃温度范围内工作，以及−50～70℃的存储温度环境，重量小于 6kg，是一台高性能、轻小型、高集成的仪器。近红外成像光谱仪可对月球车前方 0.7m 的月表进行精细光谱信息获取，可以看到 0.1m 分辨率的月表矿物特征，为月面巡视区矿物组成分析提供科学探测数据。

10.3.6　太赫兹光谱分析技术及其在环境监测等领域的应用

10.3.6.1　概述

太赫兹（tera hertz，THz）是指电磁频谱上频率为 0.1～10THz 的辐射，波长范围为 0.03～3mm，被称为太赫兹波段。太赫兹波段在电磁频谱的位置参见图 10-3-25。其中，1THz 对应的波数为 33.3cm^{-1}，光子能量 4.1meV，波长 300μm。

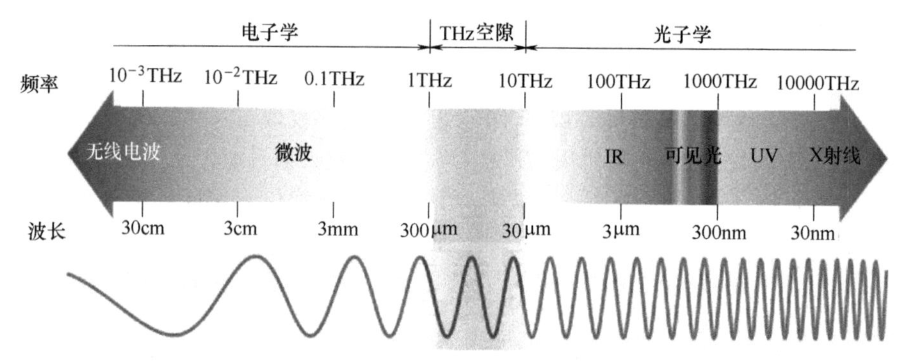

图 10-3-25　电磁频谱的太赫兹波段

“太赫兹”是弗莱明（Fleming）于 1974 年首次提出用于描述迈克尔逊干涉仪的光谱线频率范围。太赫兹波段介于毫米波与红外线之间相当宽范围的电磁辐射区域，又被称为 T 射线，在频域上处于宏观经典理论向微观量子理论的过渡区，在电子学向光子学的过渡区域。长期以来由于缺乏有效的产生和检测 THz 辐射的方法，对于该波段的了解有限，使得 THz 成为电磁波谱中最后一个未被全面研究的频率窗口，被称为电磁波谱中的“太赫兹空隙”（THz gap）。

THz 波具有很多独特的性质：从频谱上看，THz 辐射在电磁波谱中介于微波与红外辐射之间；在电子学领域，THz 辐射被称为毫米波或亚毫米波；在光学领域，它又被称为远红外射线；从能量上看，THz 波段的能量介于电子和光子之间。

THz 的特殊电磁波谱位置赋予它很多优越的特性，有非常重要的学术价值和应用价值，得到了全世界各国研究人员的极大关注，美国、欧洲和日本对其尤为重视。2004 年美国《技术评论》（*Technology Review*）评选“改变未来世界十大技术”时，将 THz 技术作为其中的紧迫技术之一。2005 年日本政府也公布了国家 10 大支柱技术发展战略规划，THz 位列首位。

THz 技术可广泛应用于雷达、遥感、国土安全与反恐、高保密的数据通信与传输、大气与环境监测、农业及实时生物信息提取，以及医学诊断等领域。太赫兹光谱及成像技术是一个非常重要的交叉前沿领域，对国民经济发展和国家安全有着重大价值。

然而，由于缺乏成熟稳定的辐射源和探测器，对太赫兹谱段的物质特性的研究进展缓慢，直到 20 世纪 80 年代，美国 Bell 实验室的 Auston 等发现了砷化镓光电导探测效应，太赫兹辐射源和探测器才相继出现。对于太赫兹的探测方法，20世纪80年代美国AT&T公司的Bell实验室和IBM公司的Watson研究中心研制出了太赫兹时域光谱仪，目前已经得到广泛应用。近十多年来，太赫兹光谱技术的应用已经取得很大的发展。

10.3.6.2 技术特性

THz的特殊电磁波谱位置赋予它很多优越的特性，因此，THz波表现出不同于其他电磁辐射的特殊性质。

① THz 脉冲的典型脉宽在亚皮秒量级，不但可以方便地对各种材料进行亚皮秒、飞秒时间分辨的瞬态光谱研究，而且通过取样测量技术能够有效地抑制背景辐射噪声的干扰，得到具有很高信噪比的THz电磁波时域谱，并具有对黑体辐射或者热背景不敏感的优点。

② THz 脉冲通常只包含若干个周期的电磁振荡，单个脉冲的频带覆盖范围宽，便于在大范围内分析物质的光谱性质；THz波的相干性是由相干电流驱动的偶极子振荡产生，或是由相干的激光脉冲通过非线性光学差频效应产生。

THz波的时域光谱（TDS）技术（THz-TDS）可直接测量THz波的时域电场，通过傅里叶变换给出THz波的振幅和相位。因此，无需使用Kramers-Kronig色散关系，就可以提供介电常数的实部和虚部。这使测得的与THz波相互作用的介质折射率和吸收系数变得更精确。

③ THz波的光子能量较低，1THz频率处的光子能量大约只有4meV，仅为X射线的光子能量的1%，甚至更少。因此，THz 波不会对生物组织产生导致电离和破坏的有害射线，特别适合于对生物组织进行活体检查。

④ THz 波是具有量子特性的电磁波，具有类似微波的穿透能力，同时又具有类似光波的方向性。THz波也可以被特定的准光学器件反射、聚焦和准直，可以在特定的波导材料中传输。THz波对于很多非极性物质具有较强的穿透能力，可以穿透很多对于可见光和红外线不透明的物质（如塑料、陶瓷、有机织物、木材、纸张等），因而可用来对已经包装的物品进行质检或者用于安全检查。

⑤ 自由电子对THz波也有很强的吸收和散射，THz时域光谱技术是研究凝聚态材料中物理过程的很好的工具。特别是许多有机分子在THz波段呈现出强烈的吸收和色散特性，不同分子对于THz波的吸收和色散特性是与分子的振动和转动能级有关偶极跃迁相联系的。

通过光谱分析可以实现物质组分分子的识别，就如同识别人的指纹一样。THz光谱通过介电函数实部和虚部来描述分子的转动和振动。大多数极性分子，如水分子、氨分子等对THz辐射有强烈吸收，可以通过分析它们的特征谱，对该种成分进行定性、定量分析，进行产品质量控制。

10.3.6.3 分类与应用

太赫兹技术主要可分为太赫兹光谱技术和太赫兹成像技术。太赫兹光谱技术又分为太赫兹时域光谱技术和太赫兹频域光谱技术。由于太赫兹的能量很小，不会对物质产生破坏作用，所以与X射线相比更具有优势。太赫兹波段下物质特性的应用研究，已经拓展到生物医学、材料、通信、安检、环境监测分析等领域。

（1）太赫兹时域光谱技术

太赫兹时域光谱技术的基本原理是利用飞秒脉冲产生并探测时间分辨的太赫兹电场，通过傅里叶变换获得被测物品的光谱信息。大分子的振动和转动能级大多在太赫兹波段，可以通过特征频率对其物质结构、物性进行分析和鉴定。针对不同的样品、不同的测试条件、不同的太赫兹波与样品的作用方式，可以采用透射式、反射式、差分式等不同的探测模式。其中，最常见的为透射模式，图10-3-26为其结构装置图。

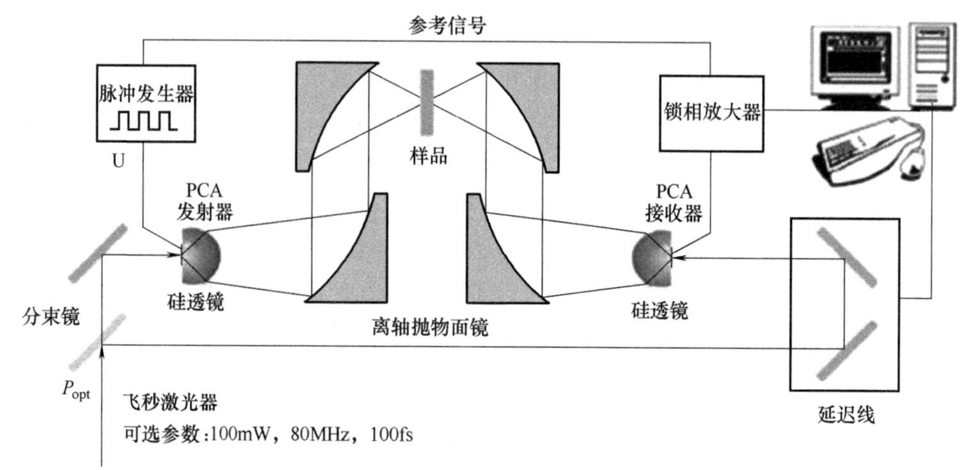

图 10-3-26　典型太赫兹时域光谱仪结构装置图

其工作过程如下：

来自飞秒激光器的脉冲被分束镜分为两束光：泵浦脉冲光和探测脉冲光。泵浦脉冲是通过分束镜的激光透射光束，经反射镜反射进入太赫兹发射器（硅透镜）。在此处，由脉冲发生器发出的工作信号将透射的脉冲光调制成亚皮秒级的太赫兹脉冲。经硅透镜发散的太赫兹脉冲，进入由离轴抛物镜组合的探测器，并以准直光穿透被测样本。

探测脉冲光是分束镜的激光反射光束，经延迟线系统入射到太赫兹接收器（硅透镜）。发射器的太赫兹脉冲经位于探测器的样本吸收后，从离轴抛物镜组合出射到太赫兹接收器（硅透镜），汇聚后的光束与探测脉冲光，进入锁相放大器。锁相放大器接收来自接收器的测量信号和脉冲放大器的参考脉冲信号，送计算机处理。

被测样品置于离轴抛物镜组合的探测器内，位于太赫兹发射器与接收器之间的聚焦位置。被测样本可通过固定平台移动，以实现太赫兹脉冲对被测样本的扫描。太赫兹探测系统是通过时间延迟系统，改变泵浦脉冲和探测脉冲的时间延迟，使得太赫兹的全部时域分布可以被追踪到。

通过控制时间延迟系统，调节泵浦脉冲和探测脉冲之间的时间延迟，扫描这个时间延迟就可以获得脉冲的时域波形，并测量由此产生的太赫兹电场强度随时间的变化。太赫兹脉冲透过样品后，太赫兹接收器获取样品信号的太赫兹时域光谱信息。

锁相放大器的测量信号送入计算机处理，经傅里叶变换之后就可得到被测样品的频谱。通过对比放置样品前后频谱的改变，就可获得样品的透射率、折射率、吸收系数、介电常数等光学参数。

目前，太赫兹时域光谱的一个比较重要的应用案例，是用于药品质量监管。如在制药厂的流水线上安装一台太赫兹时域光谱仪，对生产的每一片药都进行光谱测量，并与标准药物光谱进行对比，合格的将进入下一个环节，否则将被清除，避免不同药片或不同批次药片的品质差异，保证药品的品质。

（2）太赫兹频域光谱技术

太赫兹频域光谱的核心是利用频率可调谐的窄带、相干太赫兹辐射源完成频谱的扫描，用太赫兹波能量（功率）计测量不同频率太赫兹波的能量或功率，直接获得样品在频域上的信息，进而计算获得相关的光学参数。

目前，太赫兹领域中最典型的频域光谱仪，主要以非线性光学混频技术与混频器为结构基础。1995 年 Brown 等通过实验证明了利用 DFB 半导体激光器和低温生长的 GaAs 混频器能够产生连续频率可调的太赫兹辐射，频率可达 5THz，但是功率较低。1998 年他们又利用 DFB 半导体激光器和两片低温 GaAs 混频器实现了连续太赫兹辐射和探测，证明了以 DFB 半导体激光器和 GaAs 混频器为基础的频域太赫兹光谱仪的稳定性。典型的太赫兹频域光谱仪主要由两个 DFB 半导体激光器、GaAs 混频器、装置、加压装置组成，参见图 10-3-27。

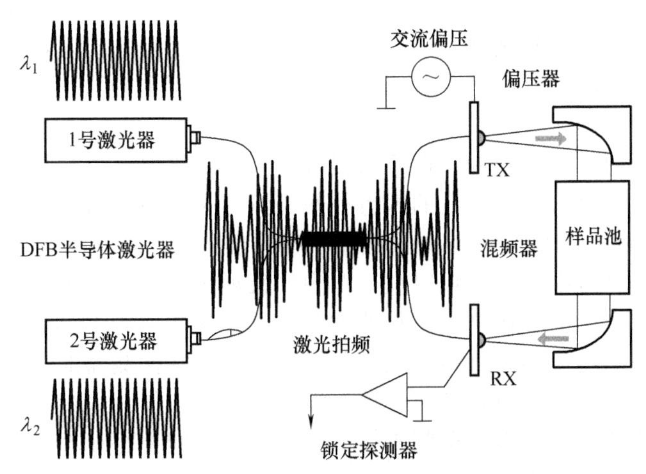

图 10-3-27　典型太赫兹频域光谱仪

来自两个 DFB 半导体激光器的光束先汇合再分束，其中一束辐射到加有偏压装置的混频器（TX）上产生太赫兹波，该波经过样品后到达作为探测器的混频器（RX）上，并与分束的另一束激光汇合，二者混频之后产生出可以探测的电流信号，送锁定探测器处理。由于是相干探测，能同时探测到样品太赫兹频谱的相位和幅度。以这种方式组装的太赫兹频域光谱仪，不仅拥有返波振荡器（BWO）系统所有的优点，并且由于 DFB 半导体激光器、混频器等器件的轻便简单与耐用性强，整个系统更加精简、容易操作。

（3）太赫兹成像

与其他波段的成像技术一样，THz 成像技术也是利用太赫兹射线照射被测物，通过物品的透射或反射获得样品的信息，进而成像。THz 成像技术可以分为脉冲和连续两种方式。前者具有太赫兹时域光谱技术的特点，同时它可以对物质集团进行功能成像，获得物质内部的折射率分布。然而在太赫兹频谱区域，由于缺乏高效的太赫兹辐射源、探测器及功能器件，丰富的太赫兹频谱资源尚未被充分开发利用，成为当前学术界的研究热点。太赫兹技术的研究主要集中在太赫兹辐射、太赫兹探测、太赫兹通信和太赫兹成像等方面。其中，高效的太赫兹辐射源和探测技术是推动太赫兹技术走向应用的关键。

（4）太赫兹辐射源

在太赫兹诸多技术的研究中，太赫兹辐射源的研究占据了很重要的位置。太赫兹辐射的产生主要有三种途径：

① 基于电子学技术的太赫兹辐射源。包括 BWO、耿氏振荡器以及固态倍频源等。这是毫米波技术向高频方向的扩展。这类太赫兹辐射源工作于 1THz 以下，输出功率通常在数十微瓦到毫瓦量级。

② 基于光子学技术的太赫兹辐射源。包括量子级联激光器、自由电子激光器和气体激光器等。这是激光技术向低频方向的延伸。这类太赫兹辐射源输出功率较大，具有很好的应

用潜力。基于太赫兹激光器的光频梳技术在高分辨成像和成谱应用方面的前景广阔。

③ 基于超快激光技术的太赫兹辐射源。这类技术是 1THz 附近向高频和低频方向同时发展的太赫兹辐射源技术，这类太赫兹辐射源具有脉宽窄、峰值功率高等优点，但是存在能量转换效率和平均输出功率低的问题。因此，探索实现室温、高输出功率、连续可调谐和小型化的辐射源，将大大促进太赫兹技术的研究，也是当前太赫兹领域的重要发展目标。

（5）太赫兹探测

太赫兹探测技术也是太赫兹技术研究的一个重要组成部分，涉及物理学、光电子学、材料科学和半导体技术等，是一门综合性很强的技术。按照探测的原理可以分为太赫兹热探测器和太赫兹光子型探测器两大类。

太赫兹热探测器的工作原理为：探测材料吸收太赫兹辐射，引起材料温度、电阻等参数的改变，再将其转换为电信号。常见的太赫兹热探测器主要包括氘化硫酸三甘肽焦热电探测器、微机械硅 bolometer 探测器、钽酸锂焦热电探测器、超导隧道结合热电子混频器等。

在太赫兹光子探测器中，电磁辐射被材料中的束缚电子或自由电子直接吸收，引起电子分布的变化，进而给出电信号输出。常见的太赫兹光子探测器有太赫兹量子阱探测器、肖特基二极管和高迁移率晶体管等离子体波太赫兹探测器等。热探测器的极限探测灵敏度与探测器工作温度成正比，因此高灵敏太赫兹热探测器需要低温工作。太赫兹光子探测器通常有高的损伤阈值和大的线性响应范围，探测灵敏度和响应速度间不存在相互制约，可以同时具备高探测灵敏度和快速响应能力。

10.3.6.4　环境监测的应用

（1）在气体分析中的应用

太赫兹波段覆盖了很多气体分子的纯转动特征光谱，许多大分子在太赫兹辐射段表现出很强的吸收和谐振，构成了相应的太赫兹“指纹”特征谱，这些光谱信息对于物质结构的研究很有价值。太赫兹脉冲的典型脉宽在皮秒量级，通过相干测量技术，可以提取样品的光学参数，如折射率、吸收系数等。

太赫兹时域光谱系统（THz-TDS）可同时测定混合气体中不同成分的吸收、化学分成和浓度。通过对比太赫兹波通过气体样品前后的频谱，就可以得到气体的特征谱线。利用太赫兹光谱来鉴别复杂气体分子要容易得多。太赫兹波对痕量的极性分子敏感，可用于探测低浓度的极化气体，如空气中的主要气态污染物 SO_2 和 NO_x，在环境监测和保护方面发挥重要作用。

美国 2003 年发射的地球毫米波探测器携带了 118GHz～2.5THz 的探测器，用于地球大气研究。通过卫星携带的太赫兹波探测器，可以对大气中这些气体的含量及分布等进行监测，从而为近年来引起广泛关注的全球气候变暖，以及臭氧层破坏等世界性的环境问题，提供大量数据和资料。

（2）典型应用案例

太赫兹光谱仪用于 NO 的案例参见图 10-3-28。

太赫兹频域光谱在气体检测方面典型的应用案例是用于监测煤自燃气体中 CO 浓度的太赫兹频域光谱检测装置参见图 10-2-29。

该系统利用真空泵将装置内部抽空，用净化器净化自燃性测定仪产生的煤自燃气体，安全阀门保持气室内压力的恒定，并通过调节阀、截止阀、闸阀等实现装置中各部分的开与关，采用太赫兹频域光谱仪检测。太赫兹波透过气室时部分会被 CO 吸收，再利用太赫兹探测器接收透过气室的太赫兹波，即可以实现对 CO 浓度的连续监测。

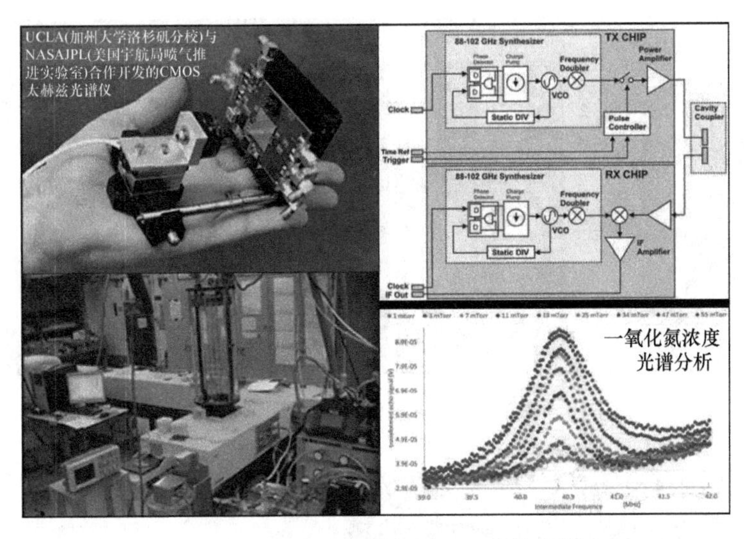

图 10-3-28　太赫兹光谱仪用于 NO 的分析案例

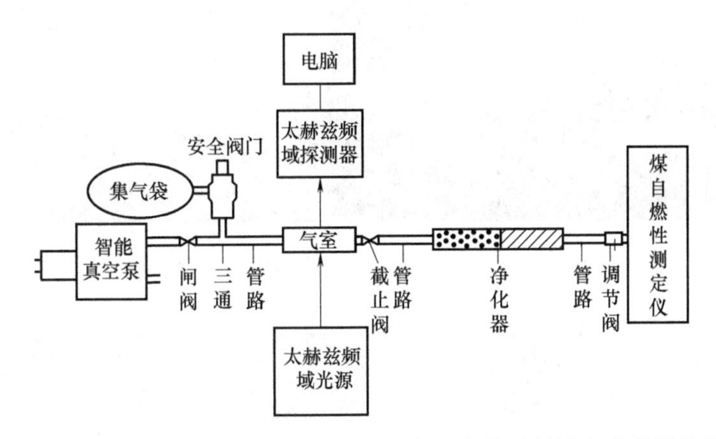

图 10-3-29　监测煤自燃气体中 CO 浓度的太赫兹频域光谱检测装置

10.3.6.5　其他应用

很多生物大分子及 DNA 分子的旋转及振动能级处于太赫兹波段，生物体对太赫兹波具有独特的响应，所以太赫兹辐射可用于疾病诊断、生物体的探测及癌细胞的表皮成像。与其他无损检测技术相比，太赫兹检测在检测非金属材料内部缺陷方面具有独特优势。太赫兹波可以穿过不透明的材料，检测到可见光探测不到的内部缺陷。THz 的强透射能力和低辐射能量使其在公共安全检测方面也有重大需求，比如检测毒品，在要害部门、场所的安全监控等。

太赫兹技术是新一代的信息技术，除在环境监测、医疗检测、安全监测领域的应用外，在生物大分子检测、农产品质量检测、植物生理检测、土壤和大气检测等方面都取得了巨大进展，另外，高分辨太赫兹雷达与成像、高速大容量太赫兹通信系统已成为太赫兹技术空间应用的重要发展方向。

太赫兹成像在安检中的应用举例参见图 10-3-30。太赫兹在无损检测中的应用举例参见图 10-3-31。太赫兹成像在医疗领域的应用举例参见图 10-3-32。

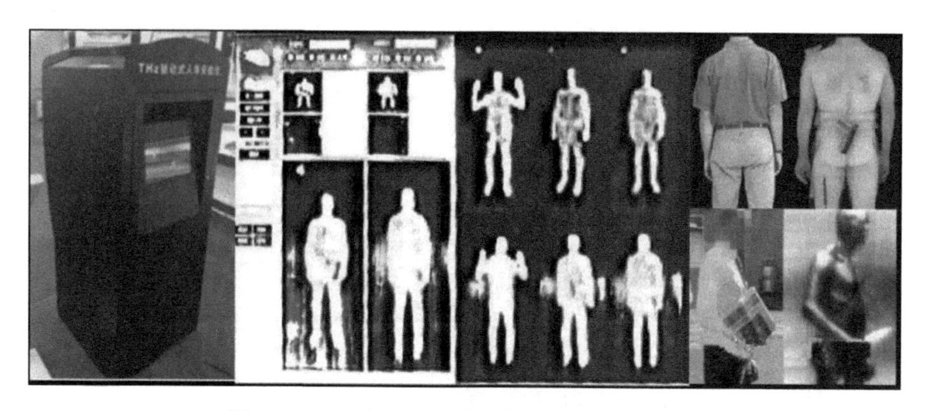

图 10-3-30　太赫兹成像在安检中的应用举例

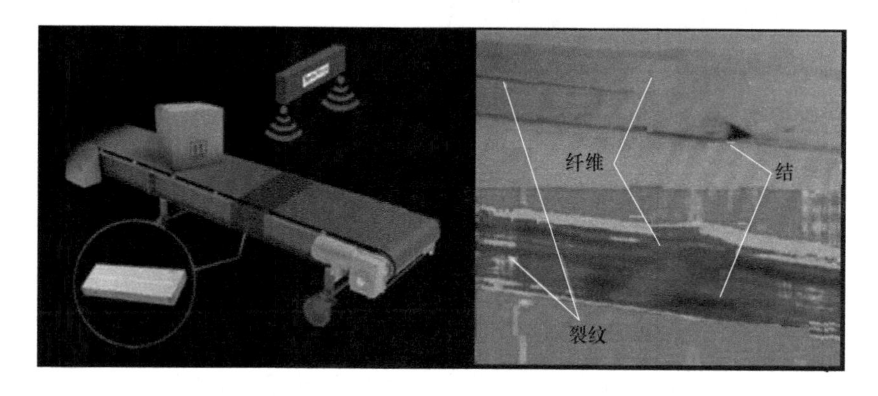

图 10-3-31　太赫兹在无损检测中的应用举例

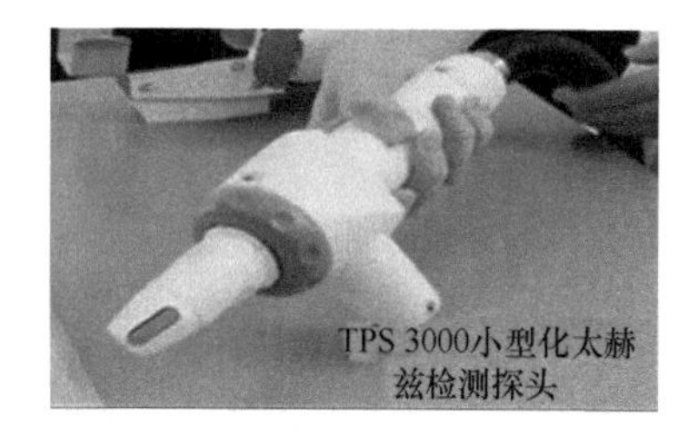

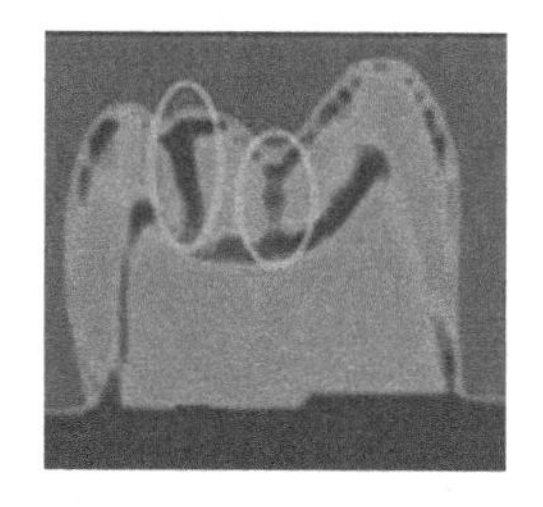

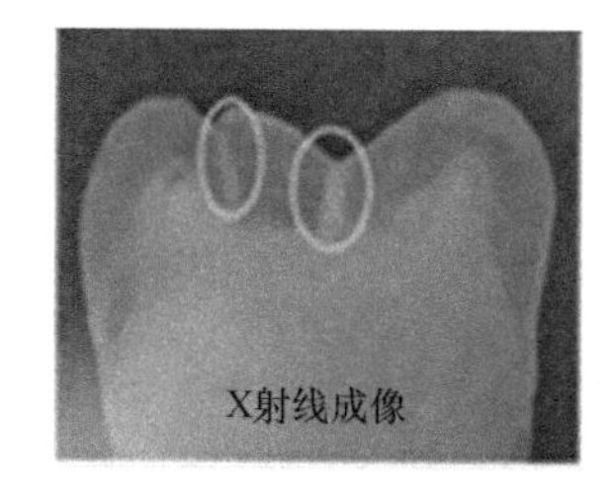

图 10-3-32　太赫兹成像在医疗领域的应用举例

10.3.7　激光诱导击穿光谱分析的在线检测技术与应用

10.3.7.1　概述

激光诱导击穿光谱（laser induced breakdown spectroscopy，LIBS），是光谱分析领域一种新的分析手段。它将一束高瞬时功率的脉冲激光聚焦后轰击待测样品表面，将微量的待测样品加热、烧蚀、解离、激发、电离，从而形成等离子体，等离子体会对外发出光辐射。收集等离子体光辐射并送入光谱仪，获得等离子体光谱。等离子体光谱中特征谱线由等离子体中原子、离子的能级跃迁而形成。根据特征谱线的中心波长可以判断等离子体中包含何种元素，根据特征谱线的强度可以反演出各种元素的含量。

LIBS 技术是由美国 Los Alamos 国家实验室的 David Cremers 研究小组于 1962 年提出和实现的。在该小组最先提出了用红宝石微波激射器来诱导产生等离子体的光谱化学方法之后，激光诱导击穿光谱技术开始被广泛应用于多个领域，如钢铁成分在线分析、宇宙探索、环境和废物的监测、文化遗产鉴定、工业过程控制、医药检测、地球化学分析，以及美国国家航空航天管理局（NASA）的火星探测计划 CHEMCAM 等。之后，开发出许多基于 LIBS 的小型化、携带式的在线检测系统，并向高精度、智能化发展。LIBS 技术在元素测定方面具有广阔应用前景。

LIBS 作为一种新的材料识别及定量分析技术，既可以用于实验室，也可以应用于工业现场的在线检测。其主要特点为：快速直接分析，几乎不需要样品制备；可以检测几乎所有元素；可以同时分析多种元素；可以检测几乎所有固态样品。LIBS 弥补了传统元素分析方法的不足，尤其在微小区域材料分析、镀层/薄膜分析、缺陷检测、珠宝鉴定、法医证据鉴定、粉末材料分析、合金分析等应用领域优势明显，同时，LIBS 还可以广泛适用于地质、煤炭、冶金、制药、环境、科研等不同领域。

LIBS 可实现快速实时在线分析及有毒、强辐射等恶劣环境中的远距离、非接触性测量。LIBS 具有 10^{-6} 量级检测灵敏度，可用于痕量元素检测。对于绝大多数元素，LIBS 检出限可以做到 10×10^{-6}～100×10^{-6}。在定量分析中，相对标准偏差可以达到 3%～5%以内，对于均质材料可到 2%，甚至<1%。LIBS 与化学计量学技术的结合，可降低光谱干扰带来的分析误差。LIBS 可补充 XRF 分析对轻元素测量的不足，能够检出非金属轻元素（如 H、Li、Be、B、C 和 N）。LIBS 已成为在线分析领域不可替代的技术。

10.3.7.2　检测原理

LIBS 的检测原理示意图参见图 10-3-33。LIBS 使用高峰值功率的脉冲激光照射样品，光束聚焦到一个很小的分析点（通常直径为 10～400μm）。在激光照射的光斑区域，样品的材料被烧蚀剥离，并在样品上方形成纳米粒子云团。激光光束的峰值能量相当高，其吸收及多

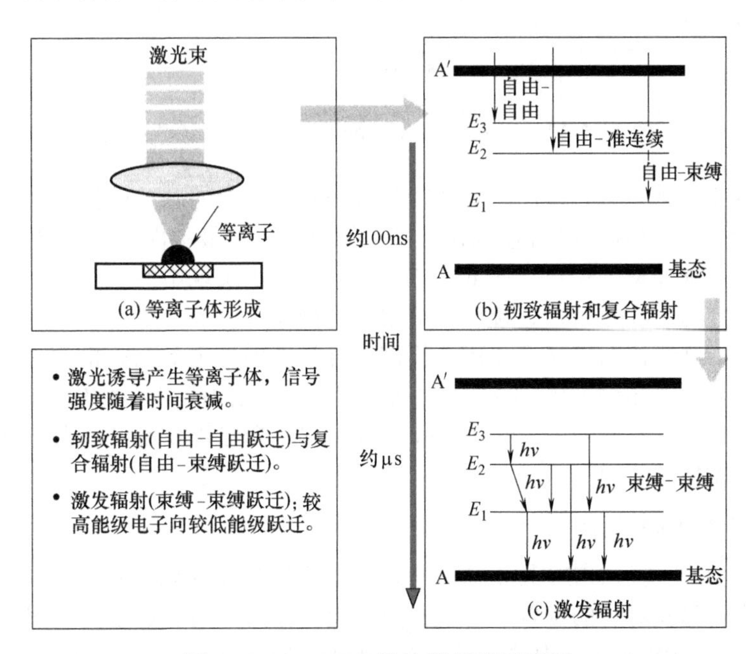

图 10-3-33　LIBS 的检测原理示意图

光子电离效应，增加了样品上方生成的气体和气溶胶云团的不透明性，激光的能量显著地被该云团吸收而形成等离子体。高能量的等离子体使纳米粒子熔化，将其中的原子激发并且发出光。高能态粒子从激发态跃迁到能量较低的基态向外辐射能量，发射出待测样品中各元素的特征发射光谱，发射谱线的强度和其所属各元素的含量之间存在线性关系。LIBS 的发射谱线位于约 200～1000nm 谱带区。原子发出的光可以被检测器捕获并记录为光谱，通过对光谱进行分析，即可获得样品中存在何种元素的信息，通过软件算法可以对光谱进行进一步的定性分析和定量分析。

10.3.7.3　系统结构

激光诱导击穿光谱仪的检测系统结构图参见图 10-3-34。LIBS 系统通常由激光头、聚焦透镜、未知物质平台、收集透镜、输入光纤、光谱仪、控制器和计算机等组成。大多采用钇铝石榴石脉冲激光器，激光头发出的激光脉冲通过聚焦透镜聚焦到被测样品产生等离子体，未知物质载物台可实现空间 *X*、*Y*、*Z* 三个方向的精确运动，再通过收集透镜、输入光纤，将信号送光谱仪，CCD 或 PMT 接收信息送至脉冲延时/探测器控制器，探测控制器进行时间分辨或空间分辨，再通过计算机实现元素定性定量分析。

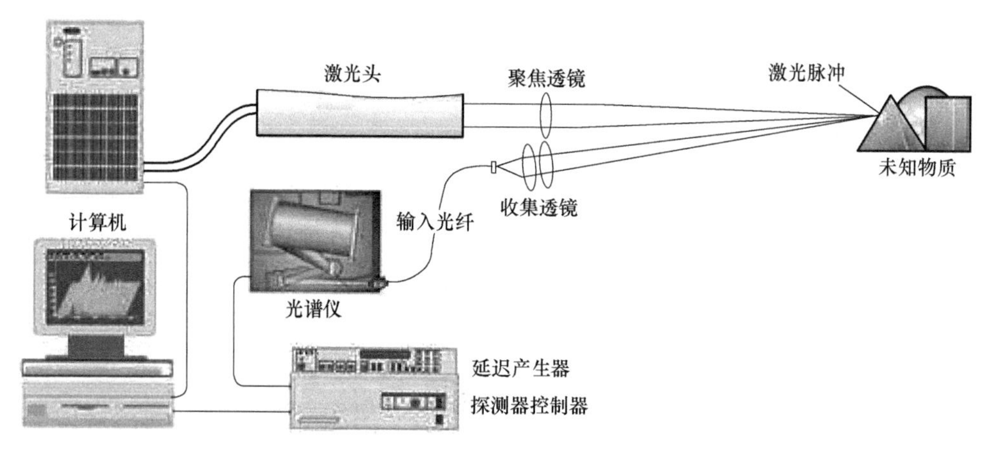

图 10-3-34　激光诱导击穿光谱仪的检测系统结构图

激光诱导击穿光谱的激光器，一般能提供 1000mJ 左右的脉冲能量，瞬时激光功率可以达到 200MW，足以将固体样品直接气化，产生等离子体。最常用的激光器是脉冲调 *Q* 的钇铝石榴石激光器，脉冲宽度大约是在 6～15ns 之间，易于实现小型化。光谱仪一般采用棱镜或衍射光栅，可分为干涉光谱仪、棱镜光谱仪和光栅光谱仪等。主要参量有：谱线范围、分辨率、积分时间。谱线范围定义了 LIBS 检测的度量能力，主要元素相关的原子发射光谱范围在 190～850nm。分辨能力 $R=\lambda/\mathrm{d}\lambda$（$\lambda$ 为波长，$\mathrm{d}\lambda$ 为 λ 处的线宽）。LIBS 成像系统常用的光谱仪为 Paschen-Runge 光谱仪、Czerny-Turner 光谱仪等，光电接收器可采用光电倍增管（PMT）或增强电荷耦合器件（ICCD）等。

10.3.7.4　LIBS 成像技术

LIBS 成像技术是基于 LIBS 技术获取样本表面不同位置的元素光谱强度数据，结合不同波长的光谱强度信息及对应的位置信息进行定性定量分析，最后通过伪彩图呈现出区域间元素分布的差异性。LIBS 成像技术的前端光路工作原理与 LIBS 相似，都是聚焦光束轰击目标样本表面并采集光谱，而 LIBS 成像技术的特点是：激光器与光谱仪、电动位移装置之间高速协同工作，三者按时序协同运转，频率一般在 10～100Hz 之间；对分辨率的要求较高，空间分辨率的提高需要更小的聚焦光斑（小于 50μm）；由于每幅光谱所含的数据较多，且采集频率较高，需要更快的数据存取技术，将采集数据保存并分析。

传统 LIBS 技术对采集光谱数量要求较少、采集速度要求较低，且需要分析的样本表面分布较均匀，以减少测量误差。而 LIBS 成像技术则是需要检测出样本中元素分布的差异性。如果说传统 LIBS 技术分析的是“点”，则 LIBS 成像技术分析的是“面”。与其他成像技术相比，LIBS 成像技术在采集速度、工作环境需求、样本制备、应用范围方面都有一定的优势。

10.3.7.5　LIBS 技术用于工业过程分析的元素检测及典型产品

激光诱导击穿光谱（LIBS）技术已经在工业过程分析中得到应用，如金属冶炼、金属非金属浮选、合金生产过程、电解铝、深海金属和热液探测等样品元素的在线分析。

例如，北京矿冶科技集团研制的基于 LIBS 技术的 PMT-LIBS 光谱分析仪，已用于冶炼过程中的高温熔融产物的在线分析，实现了铜冶炼侧吹炉的检测应用；在浮选工艺矿浆分析中，已用于磷矿浮选工艺过程的在线分析，并可拓展到铁、铜、铅、锌等浮选工艺应用。PMT-LIBS 光谱分析仪采用全息凹面光栅光谱技术，已成熟应用于痕量金属元素的在线检测。

另外，合肥金星机电科技公司开发了用于铜冶炼物料成分及高温熔体的 GC-LIBS 在线激光成分分析仪，可用于炉前快速检测及现场在线检测，样品为块状固体或现场高温熔体，检测距离 1～4m，可实现远程操作。还开发了遥测一体化的激光成分分析仪，面向传送带物料成分的在线监测，可检测粉状、颗粒状固体物料，检测元素浓度大于 0.1%。

国内外已有多家公司生产在线式、便携及手持式的 LIBS 分析仪，可用于现场对样品进行元素分析及现场识别合金型号等。美国海洋光学公司基于 LIBS 技术的 MX2500+多通道光谱仪，可用于合金生产过程的在线分析和质量控制。由 MX2500+组成的激光诱导击穿光谱测量系统，作为一种紫外波段特殊优化的快速成分分析设备，也可以用于实现从煤炭生产到煤炭燃烧各个环节的实时监控。

10.3.7.6　LIBS 技术在土壤及农作物的检测及在其他领域的应用

（1）土壤及农作物的元素检测应用

NASA 于 2011 年 11 月发射的火星科学实验车——“好奇”号火星探测车装载有基于 LIBS 技术的 HR2000 光谱仪，抵达火星表面后，成功探测了土壤中的硅、铁、钾、钙、硫、铯等元素。2020 年中国发射的“天问一号”火星探测器也携带了 LIBS 仪器，用于检测土壤成分。使用 LIBS 技术，可进行土壤和农作物中重金属成分进行研究，结合对应重金属元素的浓度标定，可实现对应元素在土壤和农作物中的含量测量，对农作物生产有很大的指导意义。北京钢研纳克公司开发的 LIBS-OPA（原位分析）在线激光分析仪，已用于土壤等样品中的重金属元素检测，可以获得样品成分及元素分布信息。

（2）在其他领域检测的应用

LIBS 技术在环境监测中，主要用于空气中颗粒物中的重金属检测、土壤及水体中的重金属检测，以及用于水体藻类的在线监测。

LIBS 技术在农产品、食品中有害物质的重金属污染检测，可用于农产品和食品元素成分分析、生产过程有害物质的检测、农产品和食品的原料挑选、产品品质在线检测等。

LIBS 技术能够快速表征药品的质量属性，已经在制药过程的快速检测和定量分析中得到应用。特别是中药生产过程重金属检测具有重要意义，将推进中药制药的智能化生产进程。

LIBS技术在生物医学、地质勘探、爆炸物分析等领域都有广泛的应用前景。

随着激光光谱技术的发展及LIBS技术在算法方法开发的研究探索，LIBS技术已成为在线分析领域不可替代的手段，正在走向小型化、便携化、高性能、高可靠性。目前便携式LIBS仪器也已开发成功，系统性能不断提升，具有更广泛的应用前景。

（本章编写：中国石油大学 邓峰、肖立志；聚光科技 周新奇、齐宇；北京雪迪龙 罗武文、郜武；北京泰和联创 徐华江、姜培刚；南京霍普斯 赵建忠、顾潮春；朱卫东）

第 11 章 氧化锆氧分析仪及在线气体水分测量仪器

11.1 氧化锆氧分析仪及离子流传感器

11.1.1 固体电解质氧化锆氧分析仪

11.1.1.1 概述

氧化锆分析技术是一种固体电解质电化学分析技术，是利用氧化锆的氧离子空位迁移的离子流检测技术。氧化锆氧分析仪主要用于测量混合气体中氧含量。例如用于锅炉燃烧的烟气氧化锆氧分析仪，已直接参与锅炉燃烧节能优化控制，并发挥了重要作用。

随着氧化锆检测技术与应用的发展，分析对象从氧浓度分析，扩展到了氮氧化物浓度分析及湿度分析等；其应用范围也从锅炉烟气氧分析，拓展到汽车尾气排放检测、供暖锅炉控制、工业过程控制、燃烧系统、制氧/氮系统等在线分析监测。

除了高温型、低温型等氧化锆氧分析技术外，应用氧化锆技术原理的新型离子流传感器也得到快速发展和应用。氧化锆离子流传感器已成为在线气体分析广泛应用的气体传感器之一。

11.1.1.2 技术原理

（1）氧化锆氧分析器的测量原理

氧化锆氧分析仪的传感器所使用的材料是一种氧化锆固体电解质，即在纯氧化锆中掺入一定比例的低价金属，如氧化钇（Y_2O_3）或者氧化钙（CaO）作为稳定剂，在高温下烧结成的稳定氧化锆。在 700℃以上的高温条件下，氧化锆是氧离子的良好导体。

在氧化锆电解质（ZrO_2）管的两侧面分别烧结上多孔铂（Pt）电极，在一定温度下，当电解质两侧氧浓度不同时，高浓度侧（空气）的氧分子被吸附在铂电极上与电子（$4e^-$）结合形成氧离子 O^{2-}，使该电极带正电；O^{2-}离子通过电解质中的氧离子空位迁移到低氧浓度侧的铂电极上放出电子，转化成氧分子，使该电极带负电。两个电极的反应式分别为：

参比侧： $O_2 + 4e^- \longrightarrow 2O^{2-}$

测量侧： $2O^{2-} - 4e^- \longrightarrow O_2$

这样在两个电极间便产生了一定的电动势。氧化锆电解质、铂电极及两侧不同氧浓度的气体组成氧化锆传感器，也称氧化锆浓差电池。氧化锆浓差电池测氧的原理参见图 11-1-1。

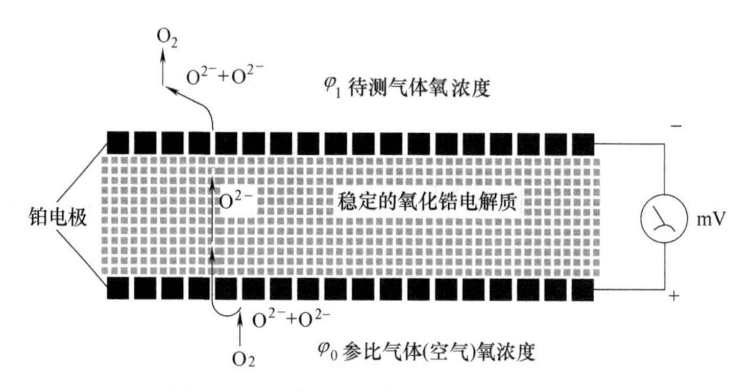

图 11-1-1　氧化锆浓差电池测氧原理

两电极之间的电动势 E 由能斯特公式求得：即

$$E=\frac{RT}{nF}\ln\frac{\varphi_0}{\varphi_1}$$

式中，E 为浓差电池输出，V；R 为摩尔气体常数，8.314J/(mol·K)；T 为热力学温度，K；n 为电子转移数在氧化锆浓差电池的反应中为 4；F 为法拉第常数，一般取 96500C/mol；φ_0 为参比气体氧浓度（体积分数）；φ_1 为待测气体氧浓度。

当氧化锆管的温度被加热到 600～1400℃时，高浓度侧气体用已知氧浓度的气体作为参比气。如用空气，则 φ_0=20.95%。将此值及公式中的常数项合并，加之实际氧化锆电池存在温差电势、接触电势、参比电势、极化电势，从而产生本底电势 C（mV），则电动势 E（mV）的计算公式变为：

$$E=0.496T\ln\left(\frac{0.2095}{\varphi_1}\right)\pm C$$

式中，C 为本底电势，新锆头通常为±1mV。

由上述公式可见，如能测出氧探头的输出电动势 E 和待测气体的热力学温度 T，即可算出待测气体的氧浓度 φ_1，这就是氧化锆分析仪测氧的基本原理。

（2）氧化锆管式氧检测器的测量原理

锅炉烟气氧分析仪的氧化锆管式氧检测器的测量原理参见图 11-1-2。图中，氧化锆管为试管型，参比气使用空气，空气中氧气的体积分数为 20.95%。氧化锆探头采用恒温装置，温度稳定在 750℃。管外侧通空气（即参比气），管内侧通被测烟气。氧化锆管内部和外部电极是多孔的铂（Pt），用烧结和涂敷方法制成，长约 20～30mm，厚度几微米到几十微米。铂电极的引线大多是采用涂层引线，就是在涂敷铂电极时将电极稍微扩展一点，然后将直径为 0.3～0.4mm 的金属丝与涂层连接起来。只要测出氧浓差电池的电势，就可知道被测气体中氧气的体积分数。

（3）氧化锆氧传感器的几种典型结构举例

典型的氧化锆氧传感器（简称氧化锆探头）的结构参见图 11-1-3 所示。所使用的参比气通常采用空气，标准气（也称校正气）通常采用钢瓶气。标准气要输入到氧化锆探头的内部，即测量时样品气进入氧化锆探头的位置。加热炉为电加热式，并恒温在750℃，通过热电偶检测控制。

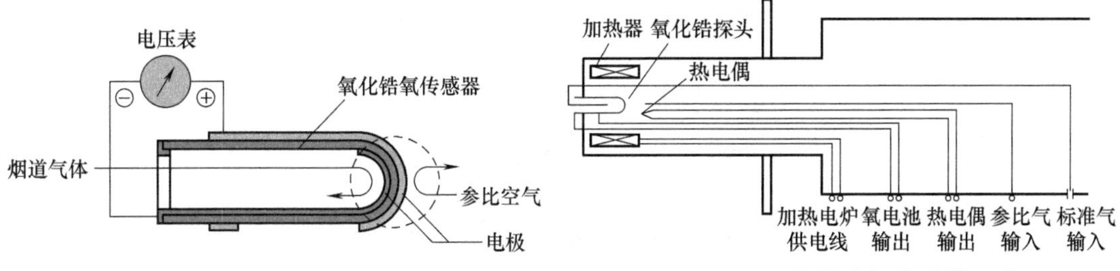

图 11-1-2 氧化锆管式氧检测器测量原理图　　图 11-1-3 氧化锆探头结构示意

常见的氧化锆氧传感器的几种典型结构举例如下：

① 电加热管状氧化锆氧传感器　国内外大多数的氧化锆氧传感器都采用管状氧化锆，并采用电加热炉恒温到750℃左右。管状氧化锆要特别注意锆管的密封，采用金属O形圈密封结构以保证测量的样品气与参比气之间的有效隔离，不允许泄漏。这类加热型传感器的典型产品，如横河公司的氧化锆氧传感器，见图11-1-4所示。

② 高温陶瓷加热器氧传感器　武汉华敏公司的氧化锆氧传感器如图11-1-5所示，采用澳大利亚进口的$SIRO_2$氧化锆氧传感元件，不采用电加热炉，而是采用高温陶瓷加热器加热，加热炉不易损坏，大大延长了使用寿命。

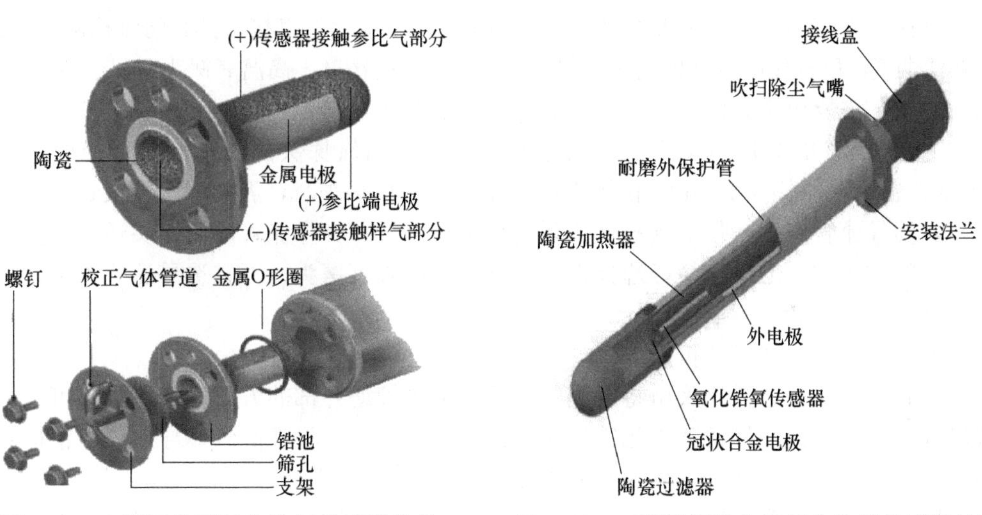

图 11-1-4 横河公司氧化锆氧传感器结构　　图 11-1-5 武汉华敏公司氧化锆氧传感器结构

③ 片状厚膜型高温氧传感器　仕富梅公司的Fluegas 2700氧化锆氧分析仪采用独特的厚膜传感器专利技术，氧化锆元件采用片状，可以同时检测燃气中的O_2和CO，并可适应1500℃高温测量条件。仕富梅公司氧化锆厚膜传感器的原理示意参见图11-1-6。

11.1.1.3 仪器分类

根据氧化锆氧探头的安装方式，主要分为：直插式氧化锆氧分析仪和抽取式氧化锆氧分析仪。按照取样点样品气温度不同，直插式氧化锆氧探头又可分为：中低温氧化锆氧分析仪、高温氧化锆氧分析仪。按照安装方式不同，抽取式氧化锆氧分析仪可分为：壁挂式和台式（机柜嵌入式）等。

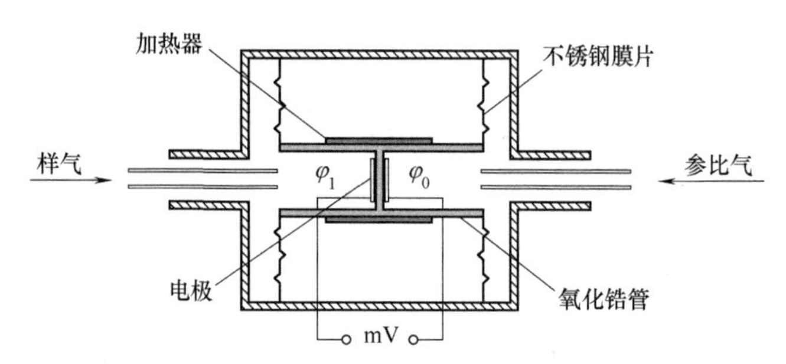

图 11-1-6　仕富梅公司氧化锆厚膜测量原理示意

（1）直插式氧化锆氧分析仪

直插式氧化锆氧分析仪是原位安装的分析仪，氧化锆氧探头直接插入到被测量管道内。响应时间短，结构简单，测量精度高，能实现快速分析烟气氧含量。

① 中低温氧化锆氧分析仪及氧探头　中低温直插式氧化锆氧探头，采用加热炉将氧化锆管恒温控制在 750℃。该探头适用于烟气温度 0～650℃（最佳烟气温度 350～650℃）环境，测量精度高，工作可靠，主要用于锅炉及工业炉窑等烟气含氧量监测。原位式氧分析仪大多采用电加热型氧化锆氧探头。

② 高温氧化锆氧分析仪及高温氧探头　因检测管道样品气的温度高于 700℃，所以高温氧化锆氧探头无需加热。氧探头本身不带加热炉，由高温烟气直接加热，同时检测烟气温度，用于补偿烟气温度变化的氧分析误差，保证氧含量分析的精度。高温氧探头适用于 700～900℃烟气的测量，主要用于石化厂、电厂等高温烟气的分析场合。

③ 带导流管的氧化锆氧探头　由于直插式氧化锆氧探头的长度较短（一般为 500～1000mm，也可以加长到 1.5m），在用于炉壁比较厚的加热炉时，需要采用一根长的导流管伸入炉内，用导流管将烟气吸引到氧探头附近再进行测量。带导流管的氧探头适用于大型、炉壁比较厚的加热炉。燃煤炉最好选择带过滤器的直插式氧探头，不宜选导流式探头，易出现堵灰。燃油炉则两者均可以选用。

（2）抽取式氧化锆氧分析仪

抽取式氧化锆氧分析仪采用将被测的样品气抽出管道外部的方式进行测量，可采用射流泵或膜式泵等，将样品气送到氧化锆检测室。通过导引管，将被测气体导入氧化锆检测室，再通过加热元件把氧化锆氧探头加热到工作温度（750℃以上）。

抽取式氧化锆探头是通过导流管将被测气体经由过滤器过滤后，导入氧化锆检测室。氧化锆氧传感器一般采用管状，电极采用多孔铂电极。在被检测气体温度较低，或被测气体较清洁时，适宜采用抽取式氧化锆氧探头。抽取式氧化锆氧探头示意图参见图 11-1-7 。

抽取式氧化锆氧分析仪主要分为：

① 壁挂式氧化锆氧分析仪　一般是就近安装在炉壁或烟道壁之外，大多采用射流泵在检测器的出口抽气，样品气以一定流速流经氧化锆分析检测室。

② 台式或嵌入式安装的氧化锆氧分析仪　通过膜式泵抽气，提供取样动力，将样品气从取样探头取出，经过传输管道送到台式或安装在分析柜的嵌入式氧化锆氧分析仪分析。

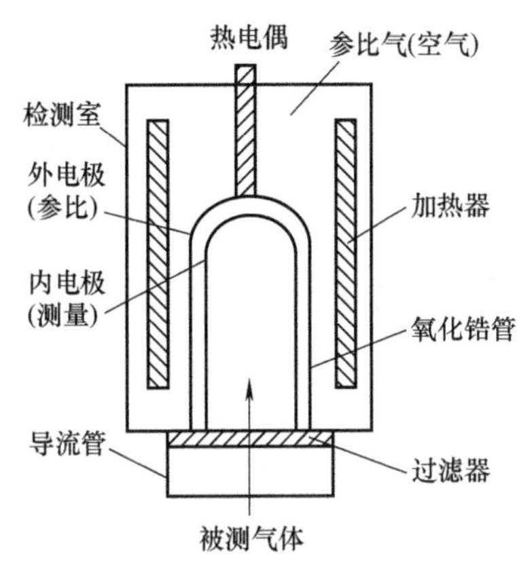

图 11-1-7　抽取式氧化锆氧探头示意图

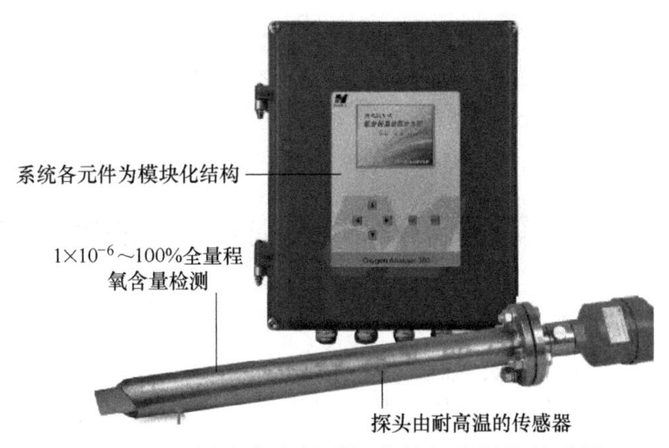

图 11-1-8　导流式直插型氧化锆氧分析仪外形图

11.1.1.4　典型产品

（1）直插式氧化锆氧分析仪

国内外直插式氧化锆产品的生产厂家很多，如日本横河、英国肯特、美国 ABB 等。国内厂家在 20 世纪 80 年代先后引进了国外产品技术，并实现了引进技术的国产化，许多厂家都可以生产直插式氧化锆氧分析仪产品及氧化锆氧传感器，在国内已经广泛应用。

直插式氧化锆氧分析仪的典型产品，仅以武汉华敏的导流式直插型氧化锆氧分析仪为例。该产品是利用一根长导流管将烟气导流到炉壁处，利用一支短氧探头进行测量的方式，适用于低粉尘燃油或燃气型锅炉烟气分析，参见图 11-1-8。

（2）抽取式氧化锆氧分析仪

抽取式氧化锆氧分析仪的典型产品，以 Sick-Maihak 公司的 ZIRKOR302 型氧化锆氧分析仪为例。该产品由控制单元和 GM302 探头单元两部分组成，1 个控制单元可以带 3 个 GM302 探头。与直插式氧化锆探头相比，GM302 探头的突出特点：不需要温度控制；不需要参比气体；校准仪器时，吸入空气就可以求得氧浓度对电流的斜率，不需要标准气体，也无需多点校准。

另一种闭环抽取式氧化锆氧分析仪产品，以 Ametek 公司 WDG-IVC 的闭环抽取式测量氧气及可燃气体仪器为例，其结构参见图 11-1-9。被测样气温度可达 1760℃，可燃气体为 H_2+CO。该类产品可扩大用于烟道氧+甲烷检测仪+可燃气体检测仪的检测，其型号为 WDG-IVCM 型，原理参见图 11-1-10。

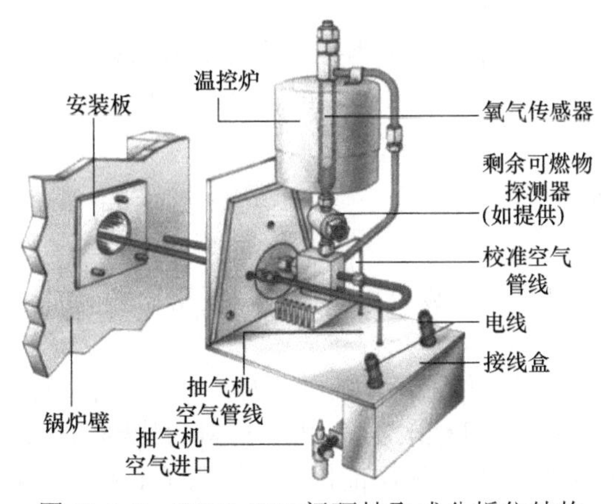

图 11-1-9　WDG-IVC 闭环抽取式分析仪结构

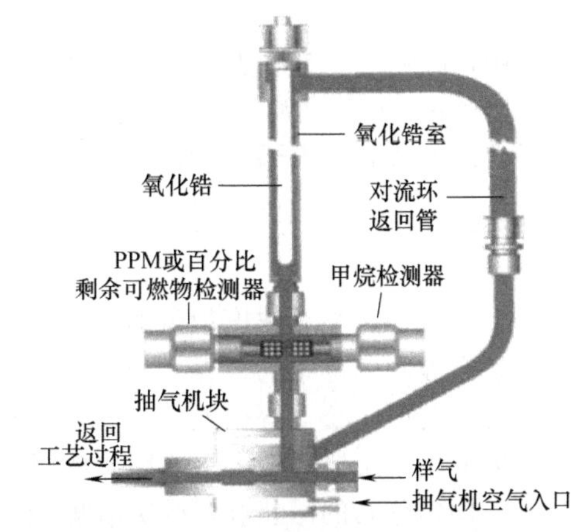

图 11-1-10　WDG-IVCM 闭环抽取式分析仪原理

WDG-IVCM 型是一种三合一分析仪，适用于天然气作燃料的锅炉检测。三合一产品的测量范围：氧 0.1%～10%到 0.1%～100%、可燃气 0～2000 μmol/mol 到 0～10000μmol/mol、甲烷 0～1%到 0～5%。探头检测的样气温度/探头材质分别为：704℃/316SS；1020℃/RA330；1426℃/陶瓷；1760℃/红铝。

11.1.2 氧化锆离子流传感器测氧的检测技术与应用

11.1.2.1 检测技术

固体电解质氧化锆离子流传感器是基于固体电解质氧化锆分析原理的离子流传感器技术。氧化锆离子流传感器在国外大多是采用单一限流孔技术。单一限流孔的离子流传感器的测氧原理参见图 11-1-11。离子流是指氧化锆氧离子的空位迁移流。离子流传感器是在已稳定化（即掺杂一定比例的低价金属如氧化钇作为稳定剂）的氧化锆两侧覆铂（Pt）电极，阴极侧用有气体扩散孔的罩接合，形成阴极空腔。一定温度下，空腔内的氧分子在阴极处铂电极的催化作用下获得电子形成氧离子（O^{2-}），同时在氧化锆电极两侧施加一定电压时，O^{2-}在外加电场作用下通过氧化锆的氧离子空位迁移到阳极产生氧化反应，释放电子结合成氧分子气体释放出来，这种现象被称为电化学泵。

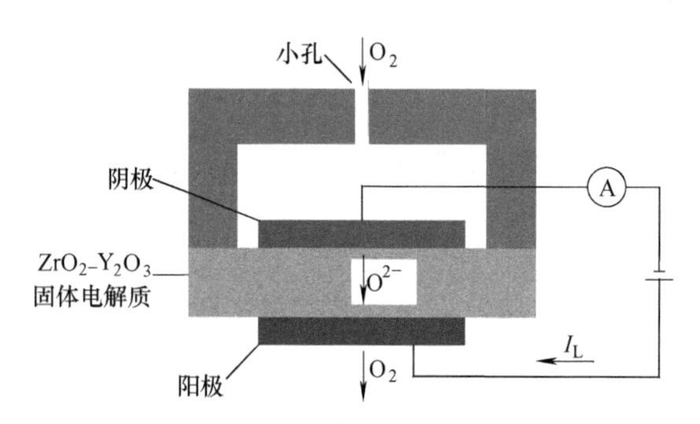

图 11-1-11 氧化锆离子流传感器测氧原理

在电化学泵的作用下，阴极空腔中的氧气就被氧化锆电解质源源不断地泵到空腔外，在回路中形成电流。当氧气摩尔分数一定时，电压增加，电流强度随之增加，当电压超过某一值时，电流强度达到饱和，这是氧气通过小孔向阴极空腔内扩散受小孔限制的结果。这个饱和电流称为极限电流。气体在小孔中的扩散机制决定着传感器的性质。

小孔扩散一般有两种极限情况，即分子扩散和努森扩散。当小孔直径比气体分子的平均自由程大时，分子扩散区极限电流值 I_L 为：

$$I_L = \frac{4FDS}{L}\ln\left(\frac{1}{1-C}\right)$$

式中，F 为法拉第常数；D 为自由空间氧分子扩散系数；S 为扩散小孔的截面积；L 为扩散小孔的长度；C 为传感器周围氧的摩尔分数。当 $C \ll 1$ 时，由上式可知，极限电流值与氧的摩尔分数就变成正比关系，即：

$$I_L = \frac{4FDS}{L}C$$

由上式可知，当氧浓度很低时，极限电流与氧摩尔分数成正比关系，根据输出电流大小就可以确定被测气体中的氧摩尔分数。

上海昶艾电子公司等研发了一种新型的多孔层型氧化锆离子流传感器，采用多孔陶瓷基片作为扩散层，控制供给传感器阴极的氧（代替单孔的机械限制）。由于材料的特殊性，烧结自然形成均匀分布的网状孔，不易堵塞，检测反应时间及质量保证优于单一限流孔技术产品。多孔层型氧化锆离子流传感器的结构参见图 11-1-12。

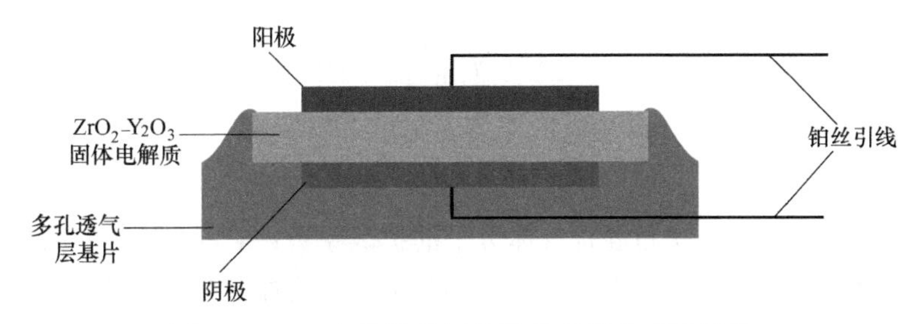

图 11-1-12 多孔层型氧化锆离子流传感器结构

11.1.2.2 离子流传感器测氧的应用与典型产品

氧化锆离子流传感器的应用领域非常广泛，在空分、医疗、汽车尾气、烟气排放、燃气锅炉、钢铁、化工、造纸、印染等行业和领域的氧气浓度检测中有着非常重要的作用。

该类产品的典型应用包括：燃烧过程中烟气氧浓度监测；空分行业产品氧纯度检测；医疗卫生行业中高压氧舱、婴儿培养箱、呼吸机、麻醉机等的氧浓度检测；舰艇、隧道、深井、人防工程、城市坑道中氧浓度测定等。

生产单一限流孔技术离子流传感器测氧产品的厂商，国外有日本藤仓（Fujkura）和奥地利的 Sensore 等，国内有成都康达科技公司等。生产多孔层离子流传感器测氧产品的厂商，国内主要有上海昶艾电子等。上海昶艾电子产品有 CI-PC 系列、CI2000-CY、GNL-2100L、SP-980L 等。

11.1.3 离子流传感器用于湿度及氮氧化合物的检测技术

11.1.3.1 用于高温湿度的检测技术

氧化锆离子流传感器是通过改变施加在传感器阳极和阴极上的电压等方式，完成对湿度的测量，解决了在高温环境下（比如高于 100℃）常规湿度传感器不能适应的问题。

在传感器阳极和阴极两端施加一个工作电压，提供一个电场驱动氧离子从阴极通过氧化锆到阳极形成氧离子电流。当被测气体中氧浓度一定时，输出的电流值不再随外加电压增加而增加，达到某一恒定值，此恒定电流值是该氧浓度的极限电流值，称为第一极限电流值。

当被测气体含有水蒸气后，通过提高外加工作电压，水分子也被催化电离成氧离子。当被测气体中水蒸气浓度一定时，传感器输出相应的恒定电流值，称为第二极限电流值。传感器阴极和阳极的反应如下：

阴极：
$$O_2 + 4e^- \longrightarrow 2O^{2-}$$
$$H_2O + 2e^- \longrightarrow H_2 + O^{2-}$$

阳极：
$$O^{2-} \longrightarrow 1/2O_2 + 2e^-$$

极限电流与外加电压关系曲线参见图 11-1-13；干、湿空气的极限电流关系曲线参见图 11-1-14。

按照传感器的气体扩孔限制 Ficks 法则，在假定氧的扩散系数与水蒸气的扩散系数相等的情况下，第一极限电流 I_1 与第二极限电流 I_2 分别由下式表示：

$$I_1 = -\frac{4FDSp}{RTL}\ln\left(1-\frac{p_{O_2}}{p}\right)$$

$$I_2 = -\frac{4FDSp}{RTL}\ln\left(1+\frac{p_{H_2O}}{2p_{O_2}}\right)$$

$$p_{O_2} = 0.21(p - p_{H_2O})$$

式中，F为法拉第常数；D为混合气体分子的扩散系数；S为扩散孔的面积；p为混合气体总压强；p_{O_2}为氧分压强；p_{H_2O}为水蒸气分压压强；R为摩尔气体常数；T为热力学温度；L为气体扩散孔的长度；0.21为空气中氧气的体积分数。

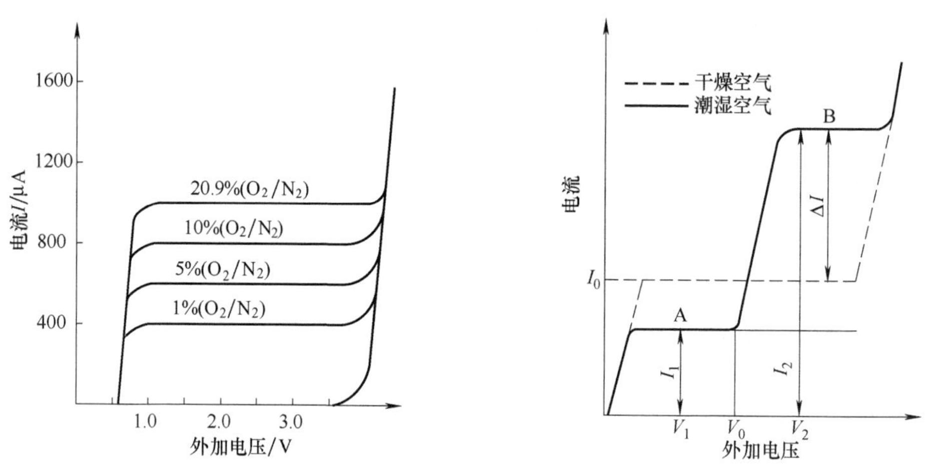

图 11-1-13　极限电流与外加电压关系曲线　　图 11-1-14　干、湿空气的极限电流关系曲线图

11.1.3.2　用于氮氧化物的检测技术

氧化锆离子流传感器用于检测NO_x的原理参见图 11-1-15。

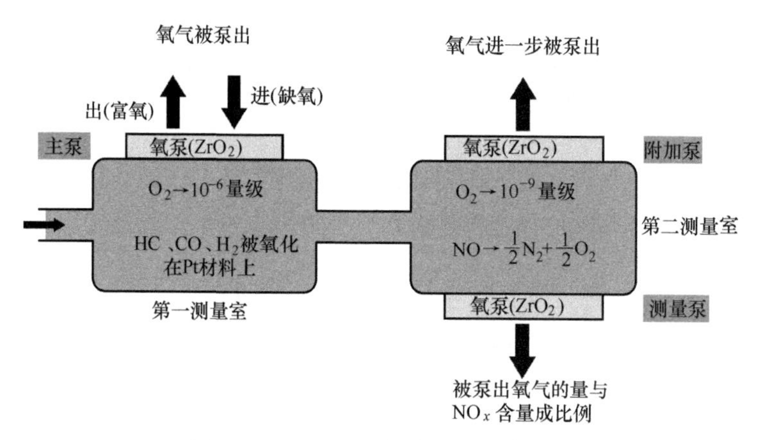

图 11-1-15　NO_x传感器工作原理图

氧化锆传感器检测氮氧化合物的本质是测量氧。传感器核心元件是厚膜氧化锆，两侧面分别烧结上多孔铂（Pt）电极。在图 11-1-15 中第二个测量池壁上覆有铑材料制成的催化电极，一定温度下，在铑电极的催化作用下气体中 NO 分子被催化裂解成氮离子和氧离子，通过检测氧离子形成的电流从而测量氮氧化合物的浓度。氮氧化合物传感器的工作流程分为两个阶

段，依次在两个测量池中完成：第一阶段是被测气体扩散进入传感器第一测量池，在第一测量池内的氧气被“氧泵”排出，产生极限电流，通过测量极限电流来测量被测气体中的氧气浓度。同时，第一测量池内的 NO_2 产生分解 $NO_2 \longrightarrow NO+1/2O_2$，完成 $NO_2 \longrightarrow NO$ 转换。第二阶段是被测气体继续扩散进入传感器第二测量池，在第二测量池内 NO 产生分解：$NO \longrightarrow 1/2N_2+1/2O_2$，分解的氧气被“氧泵”排出，产生极限电流，通过测量极限电流来测量被测气体中 NO_x 的浓度。

11.1.3.3　典型产品：CI-XT682 氮氧化合物分析仪

以上海昶艾电子的 CI-XT682 氮氧化合物气体分析仪为例。该仪器以微处理器为核心，采用双池厚膜氧化锆传感器为测量单元，适用于燃气锅炉氮氧化合物检测，直接分析 NO 和 NO_2，或 NO_x 总量，避免因 NO_2 转化 NO 检测而带来的分析误差。其系统组成参见图 11-1-16。

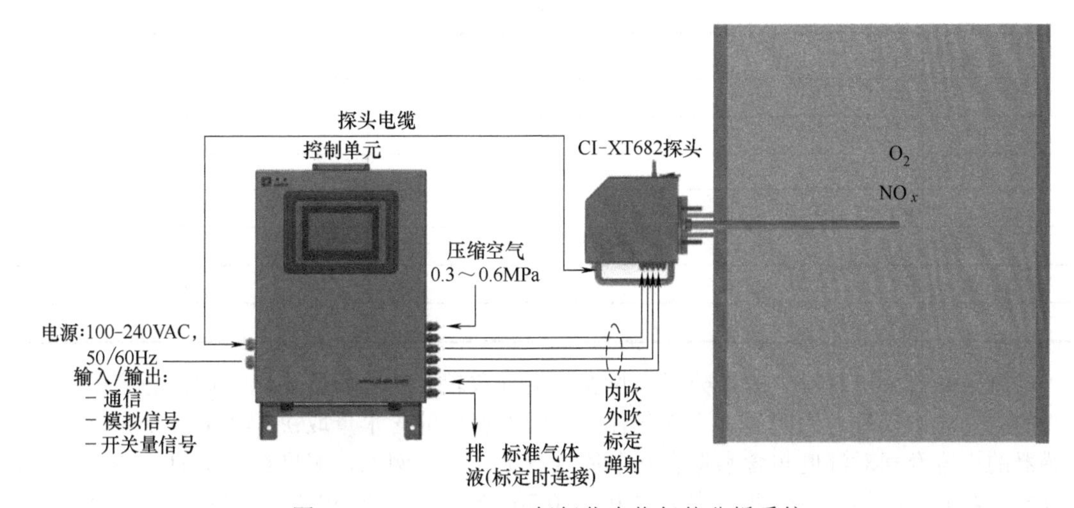

图 11-1-16　CI-XT682 氮氧化合物气体分析系统

① CI-XT682 氮氧化合物分析的主要技术指标　测量量程：NO_x 0～50mg/m^3 或 0～100mg/m^3；O_2 0～25.00%；线性误差：±2%FS；重复性：±1%FS；稳定性：±1%FS/7d。响应时间：NO_x T_{90} 小于 120s（充分预热后）；O_2 T_{90} 小于 60s（充分预热后）。

② 仪器特点　探头直接插入 0～600℃高温烟气中原位测量 NO_x 和 O_2；不受其他干扰气体影响；具备自动标定、自动反吹功能，探头具有压力监测，判断样气采集是否正常；探头采用铸铝加热器，可选择 100～180℃自动控温，不会在探头形成冷凝水。

11.2　在线气体水分测量仪器

11.2.1　电容式在线湿度测量仪

11.2.1.1　工作原理

电容式湿度传感器是一个平行板电容器。在两个电极间的电容大小可用下式表述：

$$C = \varepsilon_0 \varepsilon_r \frac{A}{d}$$

式中，C 为电容；ε_r 为相对介电常数；ε_0 为真空介电常数；A 为电极面积；d 为极板间距离。

由上式可知，要得到一个变化的电容值可以通过改变 ε_r、A、d 三个不同参数来实现。而湿度传感器就是通过测量被测气体中的水蒸气含量的变化导致的 ε_r 的变化来实现的。

电容式湿度传感器大多是以多孔的对水蒸气敏感的物质作为介电材料。其表面随环境湿度变化而吸附或脱附水蒸气，从而引起自身的电容值变化。

由于水分子的极化结构，它具有很大的介电常数（常温下，$\varepsilon_r = 80$）。而通常的材料的介电常数都比较小，如表 11-2-1。

表 11-2-1　常见物质的介电常数

物质名称	温度/℃	介电常数 ε_r
真空		1.000
空气（101325Pa）	20	1.00054
H_2O	20	80
Al_2O_3	20	9.3～11.5
纸张（干燥）		2
酒精	25	24.3
特氟龙		2～2.1

这就意味着介电材料中的水分子含量变化会导致较大的电容值变化。这种趋势在孔隙率较高的电介质中表现尤为明显。平衡条件下，吸湿材料的含水量取决于环境温度和蒸气压。传感器的电容及相对湿度与含水量存在非线性相关关系。例如，湿度在 1%RH 左右变化时，高分子电容式传感器的电容变化也大致 0.2～0.5pF 左右；而在 50%RH 左右时，电容可能在 100～500pF 之间变化。

11.2.1.2　电极结构

电容式湿度传感器的电极结构主要包括平行板和叉指型平面结构两种结构。

典型的平行板结构的电容式传感器包括基板（玻璃或者陶瓷）、下电极、湿敏材料（有机高分子或金属氧化物）、上电极。涂覆的湿敏材料一般都很薄，这样可以得到较大的信号量，更便于水分子的吸附或脱附。一般采用金、铂等惰性贵金属材料作为上下电极。为了水分子比较容易穿透，上电极通常采用真空镀膜的方式镀上 10～20nm 薄膜。典型的平行板结构的电容式传感器结构参见图 11-2-1 所示。

叉指型平面结构电容湿度传感器如图 11-2-2 所示，它是将湿敏材料直接涂覆在叉指电路上面。其工作原理基本跟平行板结构类似，但是只有一面电极跟湿敏材料接触。

图 11-2-3 给出了两种结构的电场线分布，可见平行板的电场线的行程除边缘位置是等距的；而相同的电极板距离，叉指型的电场线行程要远。

客观上，这就导致叉指型比平行板型的电容值要小很多。因此，为得到一个较大的电容值，叉指型结构要设计成较多叉指、较小叉指间距的形态。叉指平面型结构极大地简化了传感器制造工艺的难度。由于没有上电极，水分子在湿敏材料上更容易扩散，提高了传感器的灵敏度。叉指型电路也比较容易集成到标准的 CMOS 工艺里面。

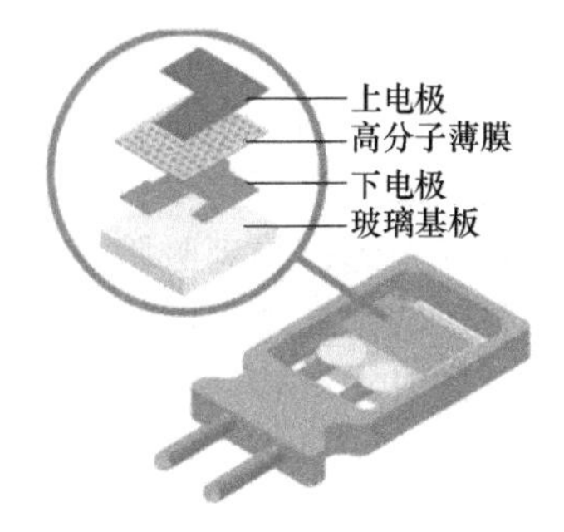

图 11-2-1　平行板电容湿度传感器

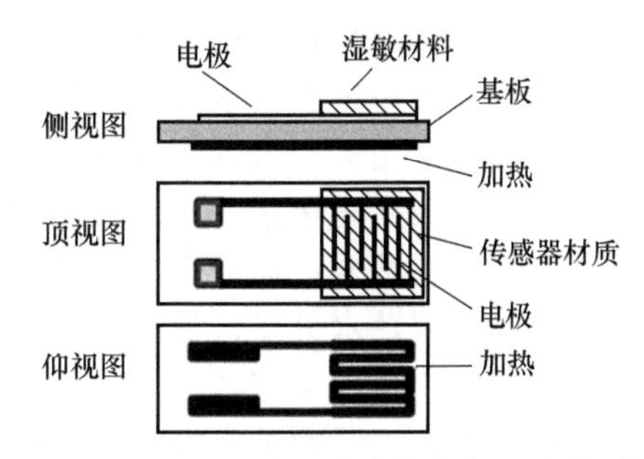

图 11-2-2　叉指型平面结构电容湿度传感器

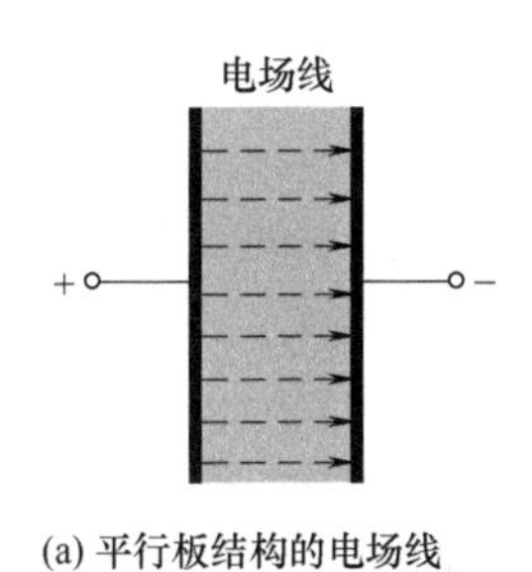

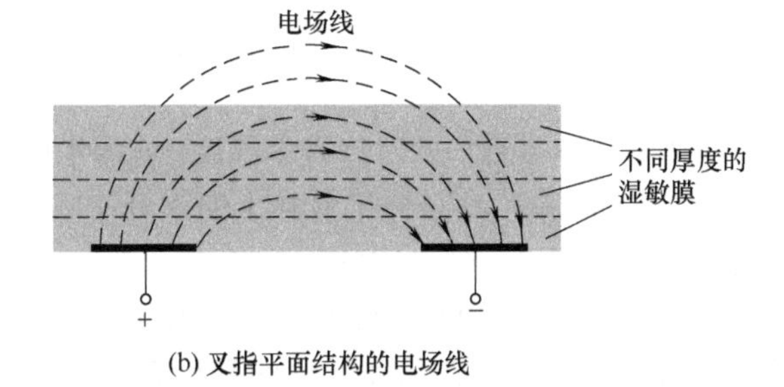

图 11-2-3　两种结构的电场线

11.2.1.3　高分子电容式湿度测量仪

（1）电容式湿度传感器介质的湿敏材料

适合作为传感器介质的湿敏材料要具有以下特征：易吸附水分子（吸水或者亲水材料）；分子结构稳定；有较低的介电常数；对水分子的可渗透性高；具有孔隙率适合的多孔结构；对水分子的选择性高；不与其他气体发生作用等。符合上述要求的材料包括：高分子材料、金属氧化物、多孔硅、多孔碳化硅、沸石、碳基材料等。这些材料都不同程度地在各类湿度传感器中有采用。工业中最主要使用的还是高分子材料和金属氧化物。

（2）高分子感湿材料的感湿机制

由于水分子能在其上快速吸附/脱附，并且易于涂覆成薄膜或者厚膜，高分子材料最适合作为湿敏材料。其感湿机制如图 11-2-4 所示。

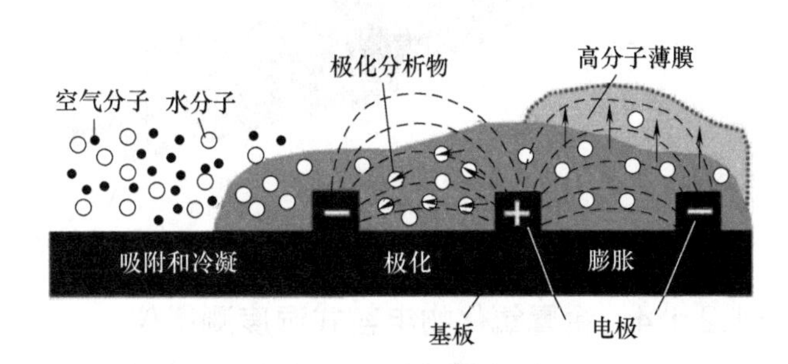

图 11-2-4　高分子材料在叉指平面结构电容式湿度传感器上的感湿机制

高分子材料本体与水分子相互作用，吸附/脱附水分子导致体积膨胀/收缩及介电常数发生变化，从而导致电容值大小发生变化。高分子膜的体积膨胀/收缩会导致大的温度系数，且缺乏长期稳定性和重复性。目前，采用的高分子电容式传感器多选用热固性高分子材料，在测量条件下比一般的热塑性高分子材料（容易发生体积溶胀）要稳定得多。

热固型高分子材料对异丙基苯、甲苯、甲醛、油类、清洗剂等化学溶剂及氨气具有较高的耐受性。热固型高分子湿度传感器具有宽的温度适用范围（最高到 200℃），较低的回滞和温漂，适用于高温高湿环境。

水分子一直在感湿材料与周围环境之间循环，直到达到一种平衡状态。在平衡态下，感湿材料得到的水分子与失去的水分子数量相等。平衡态下，感湿材料的含水量与环境湿度、温度、材料类型密切相关。吸附水在感湿材料中存在几种不同形态，包括化学吸附、物理吸附、凝聚态。化学吸附是指水分子通过化学键跟感湿材料结合在一起；物理吸附是指水分子通过表面张力跟材料结合；而凝聚态是指水分子凝聚在吸湿材料的小孔里。海绵状结构的亲水高分子通过键合俘获水分子，导致其本身的介电常数发生。同时，在较高湿度下，水分子也在高分子的微孔中呈现凝聚状态。

高分子电容式传感器的响应跟空气的相对湿度变化呈线性相关。水分子在高分子上吸附/脱附的驱动力 G 的计算公式为：

$$G = RT\ln\frac{p}{p_s}$$

式中，R 为摩尔气体常数；T 为热力学温度；p 为水的分压；p_s 水的饱和蒸气压。相对湿度（RH）定义为 $\varphi = p / p_s$，与高分子材料上的水分子吸附量直接相关。

（3）电容式湿度测量仪的典型产品

以上海昶艾电子电容式 BM03 系列高分子水分露点仪为例，BM03 外形参见图 11-2-5。当气体中的水分含量过高，会在温度较低的管道表面凝结，从而造成工具、设备和机械内部腐蚀或堵塞。而医用气体或呼吸气体，如果水分含量过高会导致呼吸不舒服甚至产生严重的医疗事故。对于工业气体，水分含量过高影响其纯度及品质。

BM03 系列露点仪已经成功应用于大量压缩空气及工业气体的露点测量。它采用全新材料的高分子薄膜传感器技术，利用独特的加热算法，可在线实时进行自动校准，补偿传感器的漂移，提升了电容式传感器的抗冷凝、抗污染能力。

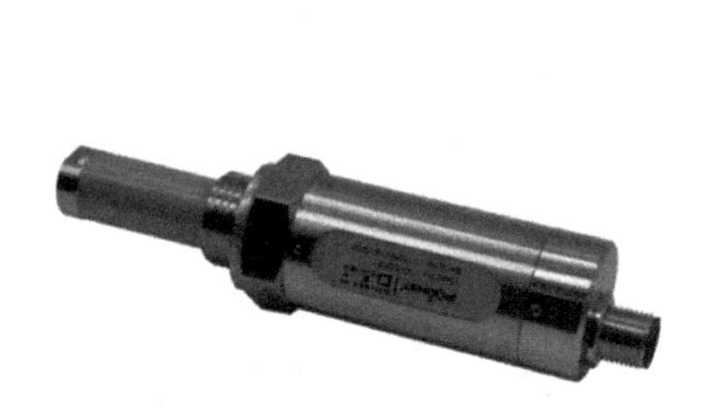

图 11-2-5　BM03 系列高分子水分露点仪

11.2.1.4　金属氧化物电容式湿度测量仪

电容式湿度传感器使用的金属氧化物材料，一般具有高的机械强度和热稳定性，不与其他化合物发生反应。通过制造多孔结构，提高比表面积，金属氧化物具有很高的敏感性。一般来说，金属氧化物比高分子材料具有更高的化学稳定性和热稳定性。

一种氧化铝湿度传感器结构如图 11-2-6 所示，从上到下依次为金电极、多孔氧化铝薄膜、铝基底。这种多孔 Al_2O_3 薄膜的湿敏电性能，是由于氧化膜介电性能的变化而产生的，而不是之前研究认为的厚度效应，并且由于界面极化，氧化铝-水两相表现为一个表观介电常数很高的体系。1998 年有研究者探究了不同电流密度对 Al_2O_3 电容传感器的影响，发现电解液阴离子进入氧化膜影响了表面电导。2000 年有研究者研究了高湿环境下传感器湿敏性能退化机理，分析得到湿度增加时，孔洞周围水分子渗透增强而改变了孔洞结构，影响了传感器电容特性。结合多孔氧化铝薄膜结构和吸附解吸附机理，可以将湿敏薄膜简化为如图 11-2-7 所示的等效电路。

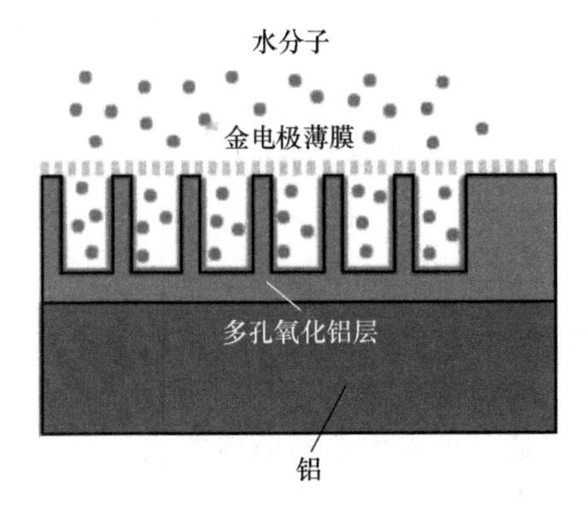

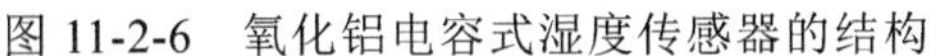

图 11-2-6 氧化铝电容式湿度传感器的结构

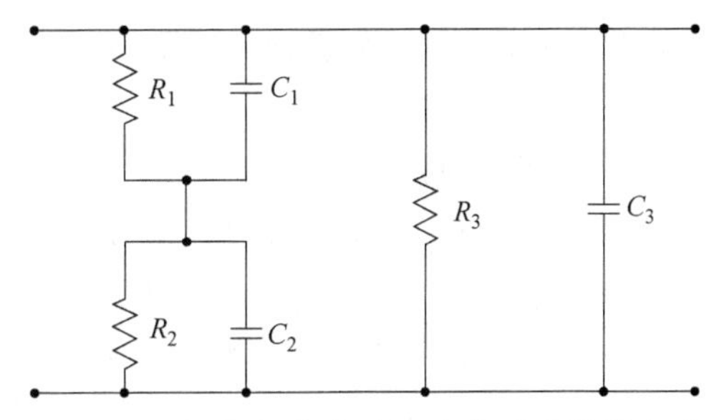

图 11-2-7 氧化铝电容式湿度传感器等效电路

图 11-2-7 中，R_1、C_1 为薄膜小孔的电阻和电容；R_2、C_2 为小孔底部致密氧化铝的电阻和电容；R_3、C_3 为柱状氧化铝的电阻和电容。目前，市面上主流氧化铝电容式露点仪中的多孔 Al_2O_3 薄膜，一般采用二次阳极氧化法制备，其中主要晶相为 γ-Al_2O_3，结构稳定性较差，大部分露点仪均存在较大漂移，需每隔半年就返厂重新校准或者通过计量机构进行校准，从而限制了露点仪的应用。

随着半导体技术和 MEMS 技术的发展，出现了大量半导体传感元件，各类传感器都开始向小型化、集成化发展。对于湿敏传感器产品而言，将湿敏传感器、温度传感器或者气压传感器集成于同一器件内，已成为传感器未来的发展方向。

11.2.1.5 电容式湿度传感器的应用分析

电容式湿度传感器具有很多的优点，同时也存在一系列的缺点。电容式传感器的优点主要有：具有近似线性的电压输出、较宽的测量量程、长期稳定性（较小的时间漂移和回滞）、较高的化学物质腐蚀耐受性；具有较低的温度效应，使得它具有更宽的温度适用范围，而不需要进行温度补偿；具有较低的功耗、较高的信号强度；响应速度较快和低成本。这些优势使得电容式湿度传感器广泛应用于工业、商业、气候监测等行业。

电容式湿度传感器在应用中也存在许多不足。由于整个量程的电容量变化比较小，就需要特别设计传感器结构，以减少寄生电容。有时传感器需要设计得足够大才能避免寄生电容的影响，这就限制了传感器的小型化。因此存在可能的漂移问题，在测量较低湿度时，其精度比较差。

尽管温度跟电容式传感器是弱相关，但是温度是湿度测量误差的主要来源之一。传感器的湿度特性随温度而变化。相对湿度传感器的工作前提是假设湿敏材料的含水量跟相对湿度是恒定的。然而，大部分材料的含水量是随温度变化的。另外，水分子的介电性能也随温度变化。20℃时，水分子的相对介电常数是 80。这个常数在 0℃时会增加 8%，而在 100℃时会减少 30%。大部分介电材料的介电常数随温度增加而减小。高分子材料的介电性能随温度变化一般要比水分子小很多，但它是存在的。因此，湿度传感器要补偿温度导致的误差。

高分子传感器与金属氧化物传感器相比，更容易脱附，响应速度更快。而金属氧化物传感器要通过辅助加热，来加速脱附过程。高分子传感器的温度系数更小，对凝聚态水更稳定。

但低于 5%～10%RH 时，高分子传感器的测量精度会急剧降低，并呈现非线性状态。

金属氧化物传感器与水分子相互作用时，由于其巨大的表面积，金属氧化物除介电常数变化外，晶粒表面的空间电荷区域宽度也发生剧烈变化，因此，金属氧化物存在稳定性和可重复性差的固有缺点。金属氧化物传感器易被灰尘、油烟、溶剂等污染，杂质黏附在表面会造成传感器不可逆漂移，存在非线性、长期稳定性差、响应时间慢等不足。

11.2.2　电解式微量水分析仪

11.2.2.1　测量原理

电解式微量水分析仪，通常又称为库仑法电解湿度计。它是建立在法拉第电解定律基础之上的传感器，被广泛应用于气体中微量水分的测量，测量范围通常为 10^{-6}～10^{-3} 数量级。这种湿度计不仅能达到很低的测量下限，更重要的是它是一种采用绝对测量方法的仪器。电解式微量水分析仪的主要部分是一个特殊的电解池，即水分传感器，如图 11-2-8 所示。

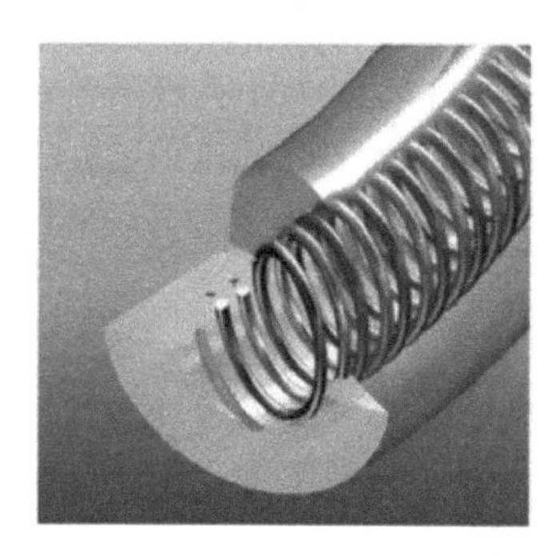
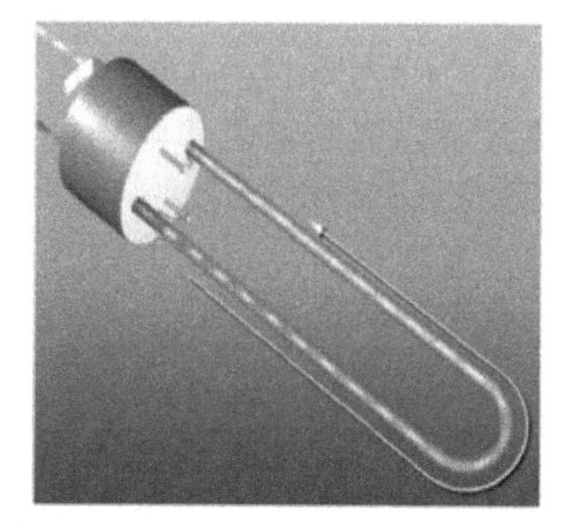

图 11-2-8　电解式水分传感器示意

电解池壁上绕有两根并行的螺旋型铂丝或铑丝，作为电解电极。铂丝间涂有水化的五氧化二磷（P_2O_5）薄层。P_2O_5 具有很强的吸水性，当被分析的纯净或混合样气经过电解池时，其中的水分被完全吸收，产生偏磷酸溶液。偏磷酸被两铂丝间通入的直流电压电解，生成的氢气和氧气随样气排出；P_2O_5 再生以继续吸收气体中的水分。反应如下：

吸湿：　$P_2O_5+H_2O \longrightarrow 2HPO_3$

电解：　$4HPO_3 \longrightarrow 2P_2O_5+2H_2\uparrow+O_2\uparrow$

总反应：　$2H_2O \longrightarrow 2H_2\uparrow+O_2\uparrow$

当 P_2O_5 吸收水分生成偏磷酸的速度与生成的偏磷酸被电解放出氢气和氧气的速度相等而达到动态平衡时，进入电解池的气体携带的水分被不断消耗、分解，而 P_2O_5 仅起到了催化剂的作用。由总反应式也可以看出，反应的本质是气体中水分电解为氢气和氧气。根据法拉第电解定律，电解电流大小与气体中水含量成正比，通过电流就可测出气体中的水含量。

11.2.2.2　电解式微量水传感器的结构

（1）电解池结构组成

电解式微量水传感器的核心检测元件是电解池，主要由芯棒（或芯管）、电极和外套管三个部分组成。

芯棒（或芯管）：其应具有良好的绝缘性。应与磷酸不发生化学作用，亲水但不吸水，温度系数小，不易变形。此外，还应具有良好的加工工艺性能。最常用的材料为聚四氟乙烯、硅玻璃、石英。

电极：其选材的首要条件是不与磷酸发生化学作用，同时要求具有良好的导电性。一般采用铂和铑。如果被测气体中含有大量的氢和氧气，由于铂的催化活性比铑高，为防止再化合现象，最好采用铑丝。

外套管：一般采用强度高耐腐蚀的不锈钢材料，由于它具有憎水特性，因而有利于微量水分测定。同时要保证外套管内壁的光洁度，有利于提高传感器响应速度。

目前国内外通常采用两种结构形式。

一种是内绕式。将两根铂丝电极绕制在直径约 0.5～2mm 的绝缘芯管（硅玻璃）内壁上，两根铂丝电极之间的距离一般控制在 0.1mm，铂丝直径取 0.1～0.3mm。在芯管内壁涂有一定浓度的水化 P_2O_5。为使水化 P_2O_5 薄层黏附牢固，可加入一定量甘油作为润湿剂；同时也能提高吸湿膜内离子的迁移速度，增加响应速度。在低湿测量情况下，响应速度可缩短至原来的 50%～30%。将制成的芯管装入外套管中，接入样气进、出接头和电极引线，见图 11-2-9 所示。

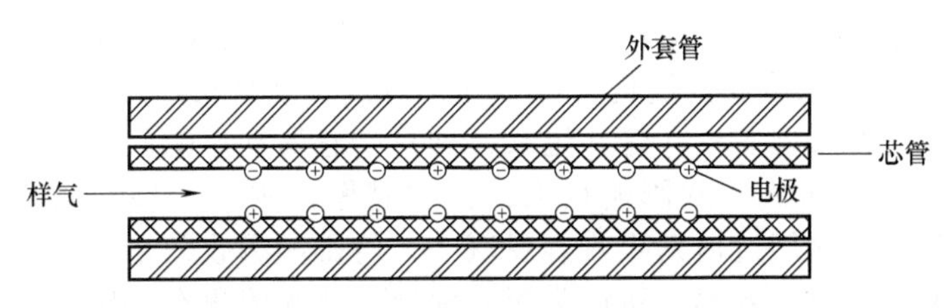

图 11-2-9　内绕式水分传感器结构

另一种为外绕式。在一根绝缘聚四氟乙烯芯棒上加工两条间距为 0.1mm 的螺旋槽，使两根金属电极绕在刻有双线螺纹槽的芯棒上，同样将加入一定量甘油的水化五氧化二磷涂在电极间，将芯棒装入外套管中，如图 11-2-10 所示。

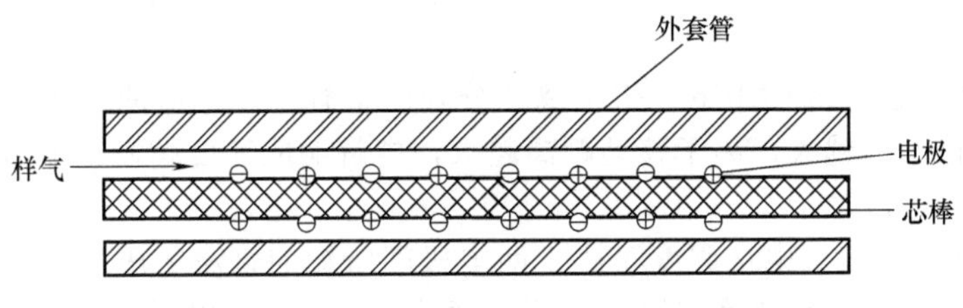

图 11-2-10　外绕式水分传感器结构

（2）气路结构

电解式水分测量仪的气路结构示意参见图 11-2-11。

样气进入气路系统后被分为两路，一路进入电解池供测量分析，其流量通过输入阀严格控制在 100mL/min。另一路通过旁通放空，其流量通过放空阀来调节，一般控制在测量流量的 5～10 倍，目的是为了增大样气进入气路系统的流量，以减小

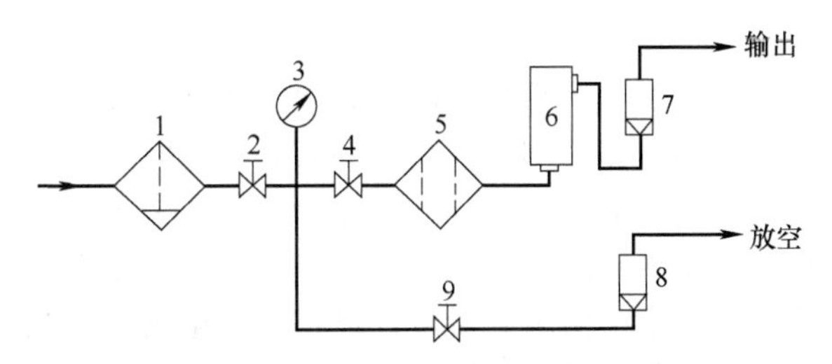

图 11-2-11　电解式水分测量仪的气路结构示意

1—分水过滤器；2—输入阀；3—压力表；4—流量调节阀；5—过滤器；6—电解池；7,8—流量计；9—放空阀

滞后时间，提高传感器的快速响应性能。有关研究表明：旁通流量愈大，测量值愈接近样气的真实水分含量。

11.2.2.3　电解式水分测量仪的技术特性及影响分析

从理论上来说，电解法测定微量水可以达到很高精度，但实际上这种方法受很多因素影响，导致出现误差。在研制水分传感器过程中，结构上必须考虑以下几点影响因素。

（1）电解池本底电流的影响

由于环境湿度的影响，干气不可能绝对干燥，电解池外套管内壁总会是吸附水分，而干燥剂本身也有一定平衡蒸气压。即使电解池处在极其干燥的情况下，也存在残余电流，这一电流称为本底电流。通常电解池本底电流约为 10～20μA。本底电流的存在将影响传感器的零点输出和低湿点测量精度。而本底电流与电极极化时通入干气的干燥程度、芯棒（管）及外套管的材料和光洁度有密切关系。

（2）吸收效率的影响

吸收效率通常被定义为电解池吸收的水分与进入电解池的全部水分的百分比。一个测量性能良好的电解池的吸收效率应该在98%以上。该参数值主要取决于以下几点：

① 芯棒（管）有效长度和涂层均匀度　通常有效长度越长，其有效吸收面积越大，吸收效率越接近百分之百。但芯棒（管）过长，却对传感器动态响应时间有较大影响。吸湿膜厚度及均匀度对响应时间常数影响很大：涂层越厚，水分子移动至两极的距离越长，响应时间也随之变长；涂层过薄则吸收容量减小，将影响吸收效率；涂层不均匀，既会影响响应时间，又会影响吸收效率。所以吸湿膜涂层工艺和流程在传感器的制作过程中尤为重要。

② 芯棒（管）与外套管间距　理想情况下，内绕式传感器的芯管与外套管最好无缝对接，这样通常带来加工工艺难度增加，同时两极短路的机会也会增加。外绕式传感器的芯棒与外套管间距越小，样气通过芯棒时，其所含的水分子越容易被吸湿膜吸附；如果芯棒与外套管间距增大，在一定流速样气流动过程中，所含的水分子可能逃逸，造成吸收效率降低，测量值偏小。

③ 电极距离　在电场作用下，带电离子分别向带有相反电荷的电极方向移动。当电场强度一定时，电极距离越大，离子移动距离越大，电解响应速度越慢。缩短极距是提高响应时间常数最直接的方法。

④ 两极间电场强度　电场强度正比于两电极间所加的直流电压，电压越高，电场强度越大。吸湿膜中离子的迁移速度越快，电解速度越快。随电极电压的增加，响应时间常数急剧减小。理论上当电压超过 70V 时，逐渐趋于稳定，一般电极电压的经验值为 45～55V。

（3）电解池温度的影响

温度对电解电流的影响表现在两个方面。首先是对气体密度的影响。当仪器连续指示水分的体积流量，即气体的瞬间水分浓度时，浓度修正值可以通过气体状态方程计算，在流量为 100mL/min、压力为一个大气压（101325Pa）、温度为 25℃条件下，1μL/L 的水分子约产生 13.3μA 的电流响应。当温度变化时，需要对其电流值进行校正。其次是温度对电解质电导率，管线上的水分解吸、分解，以及本底电流的影响。

（4）气体流速的影响

电解池从原理上要求具有 100%的吸收效率。当气体流速超过某一临界值时，一些水分子穿过电解池时逃逸，没有被吸附电解，此时电解电流不再按线性规律变化。因此，对于任何一个电解池都有一个额定的最大流速。在这个流速下，电解池电流与流量成正比。

（5）电解产生的氢和氧的再化合的影响

电解池将被测气体中的水电解成氢和氧，那么，氢和氧是否会重新化合成水呢？对纯惰性气体中水分进行测量时没有发现影响；而对含氢、氧的气体进行测量时，仪器指示值偏大。这种现象归因于铂电极的催化作用。通过缩短电解池有效长度可以减少再化合。对于氮气，铂电解池与铑电解池与理论值接近；对于氢气、氧气，铂电解池的测量结果大于理论值，铑电解池则与理论值相近。

11.2.2.4　电解式水分测量仪的技术分析

（1）测量精确度

电解电流是温度、压力、流量和含水量的函数，通常在线测量的电解式水分测量仪所要测量的样气不能保证要求的标准状况（101325Pa，恒温为 25℃）。通常采用物理方法调节。如采用稳压阀和压力表来控制样气压力，使它近似维持在标准大气压下；采用温控电路使样气温度恒定；采用针型阀和转子流量计使样气流量维持在 100mL/min。

采用稳压阀和压力表来控制样气压力，控制精度±1%FS～±3%FS。采用温控电路使样气温度恒定，控制精度±1℃。采用针型阀和转子流量计使样气流量，控制精度±1%FS～±3%FS。所以上面三个因素引入的动态误差最小会达到±3%FS。再叠加水分传感器自身的误差，使得整个测量系统的准确度较低，可能达到±5%FS～±10%FS。

（2）系统稳定性

由于受测量原理的影响，传感器的输出不单决定于含水量一个参量。样气温度、流量、压力发生变化时，系统的输出值也会发生变化。即系统对温度、流量、压力存在交叉灵敏度，同时温度、流量、压力之间又存在相互耦合，从而影响系统的鲁棒性和测量准确度。

11.2.3　晶体振荡式微量水分析仪

晶体振荡式微量水分仪是一种基于测量质量变化的传感器，其核心元器件是石英晶体微天平（QCM），所以也通常称为 QCM 湿度传感器。基于测量质量变化的传感器还包括体声波（BAW）器件、声表面波（SAW）器件、微悬臂梁等。这类传感器的特点是具有压电特性，对外界质量变化极度敏感，且本征结构稳定。

11.2.3.1　仪器工作原理

石英晶体微天平把质量、密度和黏度等信息转化为频率信号，通过测量频率的变化来反映质量、密度和黏度等信息的变化。QCM 振荡频率对电极表面的质量负载和反应体系物理性状如密度、黏度、电导率的改变高度敏感，具有纳克级的质量响应灵敏度。

（1）QCM 传感器的压电效应

QCM 传感器的核心元件就是普通石英晶体，利用晶体压电效应来实现传感测量。石英晶体压电效应性能很优异。如果受到外界作用而发生形变，石英晶体表面就会产生电荷，这就是压电效应。相反地，当给晶片上施加电场时晶体会产生机械形变，称作逆压电效应。如果电场是交变电场，那么晶格内会有机械振荡，当频率与石英晶体频率相同时，产生稳定振荡，就出现了共振。通过测量电路输出频率就可以知道晶体此时的振动频率。石英晶体逆压电效应的剪切运动示意如图 11-2-12 所示。

（2）QCM 等效电路

QCM 的等效电路由电阻、电感、电容等串并联而成，参见图 11-2-13 所示。C_0 表示晶体的静态电容，主要是指晶体不振动时两电极间介电电容，其大小决定于晶体的几何尺寸和电极面积的大小，约为几皮法到几十皮法。C_1 表示振动时弹性电容，称为动态电容；L_1 表示振动时的机械振动惯性，称为动态电感；R_1 表示振动时晶振的能量损耗，称为动态电阻。这种等效电路称为 Butterworth van Dyke（BVD）等效电路。

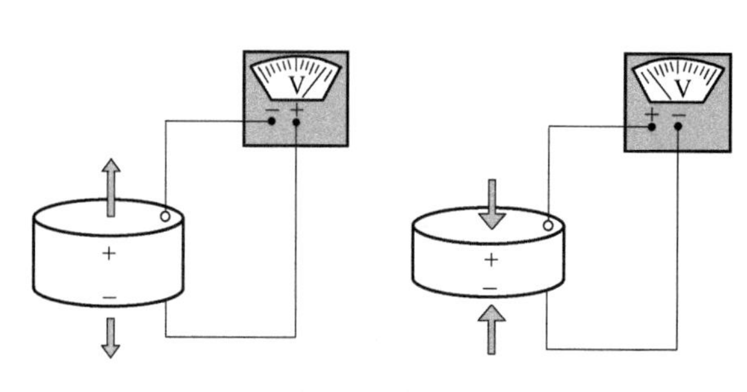

图 11-2-12　石英晶体逆压电效应的剪切运动示意

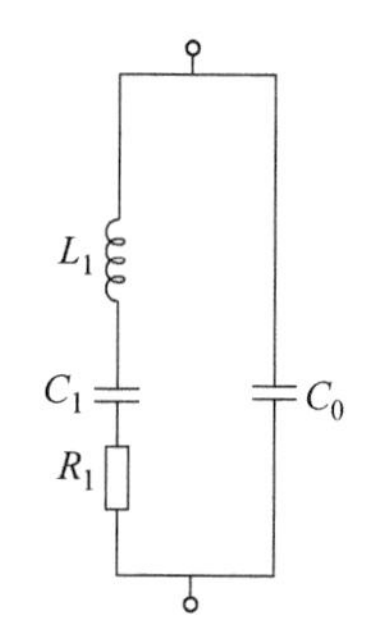

图 11-2-13　QCM 等效电路

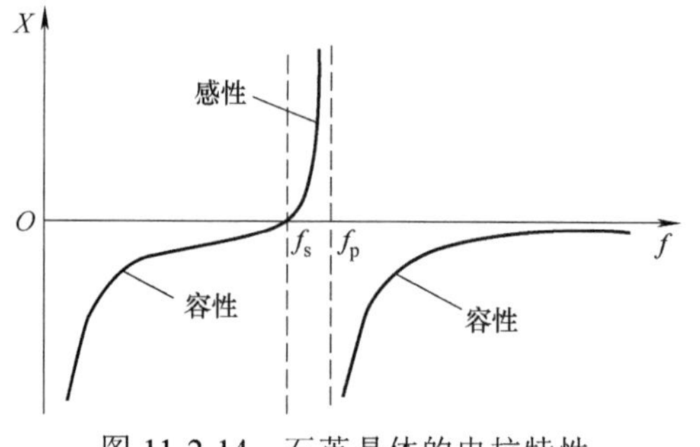

图 11-2-14　石英晶体的电抗特性

石英晶体的电抗特性如图 11-2-14 所示，当 $f = f_s$ 时，石英晶体发生串联谐振，可等效于小阻值纯阻器件；当 $f = f_p$ 时，石英晶体并联谐振，可等效于超大阻值纯阻器件。因为 $C_0 \gg C_s$，所以 f_s 和 f_p 很接近。

QCM 不但可以用于气相中的质量检测，在液相中也有广泛应用。在只有质量负载时，仅改变 QCM 等效电路参数中的动态电感。而在有液体负载时，液体的黏度、浓度等都会对 QCM 的等效电路参数产生影响，不但会改变动态电感，同时会改变动态电阻。

（3）QCM 传感器的测量原理

在特定的条件下，石英晶体上的电极表面吸附待测物质时，它的固有频率就会发生改变，且频率的变化量与吸附质量相关。在石英晶体上的电极表面镀上一层湿敏材料薄膜，当湿敏薄膜吸附待测物质后，通过测量 QCM 的频率变化即可获得待测物质的浓度。

在交变电场的作用下石英晶体产生形变，这样就有机械波传播。这种机械波是一种体波。石英晶体有很多切型，这就决定了其有多种振动模式。常见的模式有伸缩振动模式、弯曲振动模式、面切变振动模式和厚度切变振动模式等。其中厚度切变模式应用最为广泛，QCM 的工作原理也是基于这种振动模式。对特定的 QCM 晶体的基频和电极面积是定值，石英晶体频率的变化与晶体表面电极上附着的质量变化有简单的线性关系。QCM 湿度传感器就是基于这个质量敏感原理。

11.2.3.2　晶体振荡式微量水分仪的测量分析

QCM 输出频率不仅受内在因素影响，也受到外在因素的影响。

（1）石英晶振的频温特性

根据切割晶片方位的不同，可分为 AT 切型、BT 切型、CT 切型和 DT 切型等多种切型。

不同切型晶片的频率-温度特性曲线相差非常大，如图 11-2-15 所示。AT 切型晶体温度漂移比较小，而且具有压电活力高等优点，所以这种切型的晶体是已知晶体中最适合做石英晶振微天平的。通常，QCM 传感器都是采用 AT 切型的晶体。

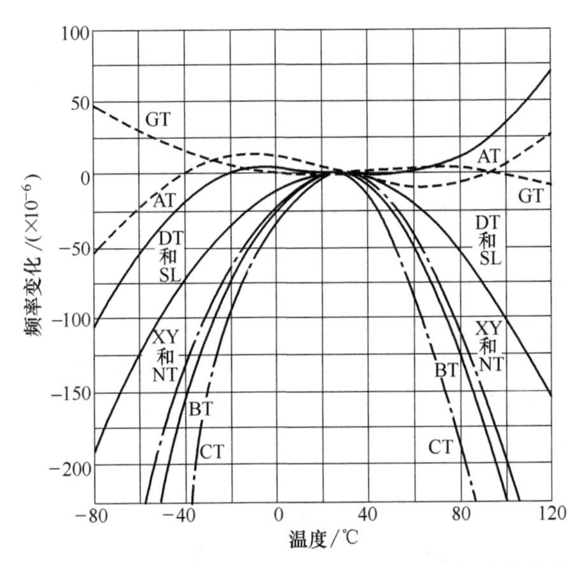

图 11-2-15　不同切型石英晶片的频率-温度特性曲线

AT 切型石英晶振的频温特性：在 20℃左右的温度系数为零；但在−20～+70℃温度范围内，其频率有 50×10^{-6} 的变化。所以为了提高 QCM 传感器的测量精度，需要对 QCM 采用恒温措施或进行温度补偿，可以采用硬件补偿或软件补偿。

（2）压强和老化率对石英晶体的影响

外界压强和石英晶体本身的老化也对石英晶振的频率变化有影响。在气体中的晶体，振动时会扰动空气，从而使晶体能量损失，其效果相当于有额外的质量分布附着在晶体表面而产生阻尼损耗。使用有效质量的概念很容易得出共振频率随压强升高而降低的关系。

另外，石英晶体的谐振频率会随着时间推移而缓慢增加或减小，这种物理现象称为晶体的老化。用于 QCM 的 AT 切型晶体老化主要物理原因有：温度梯度效应、压力释放效应、晶体极板质量的增加或减小、晶格不完善导致的晶体结构变化。一般情况下，压强和老化率对石英晶体的影响会被忽略，但当用 QCM 传感器做高精度测量时，压强和晶体的老化率也需要考虑。

11.2.4　半导体激光微量水分析仪

11.2.4.1　概述

半导体激光微量水分仪是基于半导体激光原理测量气体中微量水的检测方法，目前主要有可调谐激光吸收光谱法、腔衰荡光谱法等。

激光检测气体中微量水分仪的相关标准有：GB/T 5832.3—2011《气体中微量水分的测定　第 3 部分：光腔衰荡光谱法》；HG/T 4376—2012《化工用在线激光微量水分析仪》；SY/T 7379—2017《天然气　水含量的测定　激光吸收光谱法》。

（1）可调谐二极管激光吸收光谱法测量气体中微量水的检测技术

采用可调谐二极管激光吸收光谱（TDLAS）技术检测微量水，是通过选取水分的特征光谱波长，来实现水分的选择性光谱吸收。选取原则是附近无其他气体的吸收光谱，以减少光谱干扰。

采取可发射 1392.53nm 激光的半导体激光器为激光光源，将含水分的被测气体通入气体测量池。在激光照射下水分子在 1392.53nm 会发生光吸收。激发光在测量池的多次回返，延长了水分子的吸收光程。再通过检测器检测激光的吸收信号，从而得到气体中水分含量。

半导体激光器技术不断发展和进步，如 QCL、VCSEL 的技术发展与应用，为 TDLAS 技术在中红外光谱测量气体水分分析，提供了更多的可选波长范围，更强波长调谐能力的半导体激光器。

（2）腔衰荡光谱法测量气体中微量水检测技术

腔衰荡光谱法（cavity ring down spectroscopy，CRDS）是把被测气体通入特定高精度光腔中，由于光在光腔中来回反射，水分在反射过程中被腔体内介质吸收，从而造成光的强度逐渐减弱，测量光在腔体内振荡时间，即可得到被测气体中水分的含量。光腔衰荡装置测量原理示意参见图 11-2-16。

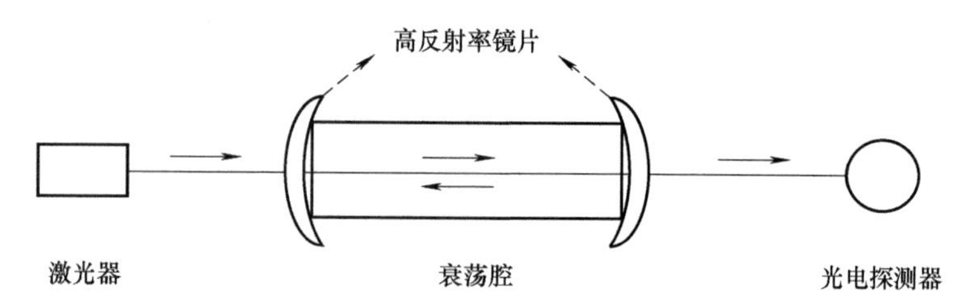

图 11-2-16 光腔衰荡装置测量原理示意

腔体中有两个高反射率（99.999%）镀膜石英介质镜，中间形成光学谐振器。当腔体处于共振状态并充满激光光束时，激光光束就会被迅速关闭。当激光在反射镜之间来回反射时，由于反射镜的透射、散射效应和光腔中的水分对光的吸收，光强会衰减。当腔内的光强衰减时，对透过反射镜的光的一小部分用快速探测器进行测量，产生的信号是一个简单的指数衰减信号，衰减时间常数为 t。由于透射率和散射效应造成的损失是恒定且极低的，因此可以高灵敏度地探测到空腔中水分对光的吸收情况。水分浓度越高，光能量衰减得越快。如果吸光物质被放置在谐振腔内，则腔内光子的平均寿命会因被吸收而减少。腔衰荡光谱装置测量的是光强衰减为之前强度的 $1/e$ 所需要的时间，这个时间被称为“衰荡时间”，可以被用来计算腔内吸光水分的浓度。

水分浓度测量的时间信号与衰减常数呈对应的关系。CRDS 测量的衰减时间一般在几百微秒的范围内，检测速度非常快。CRDS 只对光腔内激光强度的损失敏感，不需要将仪器中的背景水分降到非常低的水平。其他测定方法受探测器灵敏度漂移、光源功率漂移、镜片透明度等因素的影响，而 CRDS 不受这些参数的影响。腔衰荡光谱法检测仪器体积小巧，可以在许多波长范围内检测到多种物质。

CRDS 使用二极管激光器，可以获得比脉冲激光器更高的重复率、灵敏度和光谱分辨率。然而，只有当在特定的波长有特征吸收时，才能使用二极管激光器。此外，光束还必须能够被迅速关闭，以便能够准确地观察信号的衰减。二极管激光光源由于只有一个衰荡速率可以测量，因此可以进行高灵敏度的吸收测量，但同时也使其应用受到了限制。一个光腔只能承受与其长度有特定关系的波长的光，所以长度必须精确调整，以使其中一个光腔的共振模式与特定激光的波长相对应。

CRDS 的灵敏度取决于腔镜的反射率和衰荡时间测量的精度。CRDS 技术依赖于反射镜的工作情况和寿命。长期暴露在反应性样品气体基质中，可能会导致镜面反射性因颗粒沉积或化学侵蚀而恶化，腔衰荡时间减少，准确测量变得更加困难。需要定期清洗或更换镜面。避免镜面损伤的方法是使用棱镜代替普通镜面。棱镜对腐蚀性气体的抵抗力更强，而且反射率不依赖于反射镜的涂层。

光腔衰荡测量过程与光腔内介质的吸收率、反射镜衍射效率、探测器灵敏度等有关系，具有灵敏度高、抗干扰能力强、免疫激光光强波动、速度非常快、可测量腐蚀性气体的特点。典型产品如美国 TIGER 公司光腔衰荡水分仪、内蒙古光能科技光腔衰荡水分仪。

11.2.4.2　半导体激光微量水分仪的应用

半导体激光微量水分仪的选型与使用应注意以下几点。

① 选择光腔。由于测量气体类别不同，需要针对不同测量气体选择适宜的光腔，以免造成仪器腐蚀。

② 测量范围选择：测量前应大致估计被测气体中水分含量，不能超范围使用。

③ 管路：管路应选择内抛光不锈钢管路或聚四氟乙烯等不亲水材料制造的管路，尽量减少死体积，避免管路吸附被测气体中水分，影响测量结果。

④ 进气流量和压力控制：进气口要注意根据不同仪器要求对进气进行压力和流量控制以免对仪器造成损坏，调节后才能在仪器最佳测量流量和压力条件下测得最准确的测量结果。

⑤ 测量完成后使用干燥纯氮气对管路和仪器进行吹扫，延长仪器使用寿命。

TDLAS 和 CRDS 技术要实现高灵敏度检测微量、痕量水的关键是在腔室外进行有效清洗和去除边缘噪声效应。当检测灵敏度将达到极限时，需要研究其他降低检测极限的方法。随着科学技术的进步，对气体中微量、痕量水分的测量灵敏度、准确度的要求将会越来越高，将会更好地实现对气体水分测量中微痕量和腐蚀气体的测量。

（本章编写：上海昶艾电子　陈亚平、陈行柱、刘立、唐烜东、颜怀智；中国测试技术研究院　张雯；朱卫东）

第 12 章 油品质量在线分析仪器及其他专用在线分析仪器

12.1 油品质量在线分析仪器

12.1.1 油品质量在线分析技术概述

油品质量在线分析仪器是指用于石油产品物理性质检测的专用分析仪器，所检测的油品物理性质主要包括：油品的加热蒸发性能（如馏程、干点、蒸气压等）、油品低温流动性能（如倾点、凝点、冰点等）、油品安全性能（如闪点等），以及其他物理性能（如密度、黏度、色度等）等。

油品质量在线分析直接影响到石化行业工艺过程产品的质量控制，关系到石化企业先进过程控制（APC）和实时优化（RTO）技术的推广，以及石化行业炼化企业的智能化。例如，在炼油厂常减压和催化裂化装置生产过程中，为保证分馏塔及减压塔各侧线馏分油的合理分配和产品质量，必须在工艺操作中对分馏塔及减压塔内的温度、压力、回流量等过程参量和油品质量指标进行监测分析，根据制定的工艺目标参量与质量要求，不断进行调整，以保证各参量和质量指标处于合理范围及符合质量要求。

在炼油厂的常减压装置分馏塔和减压塔过程控制中，常用的油品目标参量包括：初顶汽油和常顶汽油终馏点或干点，航煤馏程和密度及冰点，常二线和三线柴油 95%点、凝固点及闪点，减一线柴油 95%点、冷滤点、凝固点，减二线和减三线及减四线柴油黏度、酸值，干气和液态烃等气态分馏 C_3 和 C_5 含量，各侧线馏分油的硫含量等。

在炼油厂的其他装置，如催化裂化装置、焦化装置、汽柴油加氢装置、重整装置、轻烃回收装置、润滑油加氢装置、酮苯脱蜡装置，以及汽柴油管道自动调和系统等，同样需要实现油品目标参量在线监测。这些装置的过程参量将直接参与 APC 与 RTO 的应用，以获取企业最大经济效益。

国外先进的炼化企业已经大量投用油品质量分析及其他过程控制在线分析仪器，工艺过程在线分析仪器的监测数据通过输出信号及通信技术，送到 DCS 控制中心，并通过数据处理与自动化控制技术，以实现炼化企业的 APC 与 RTO。国外现代炼化企业的人工化验分析人员数量很少，仅维持在 20～30 人。目前，国内大部分企业虽已投用 APC，与国外发达国家的先进控制水平相比还有较大差距。只有少部分炼厂开展了油品质量在线分析，所投用的在线分析仪器数量和质量远不如国外同类企业。

现代炼化企业的生产过程已实现高度自动化。通过在线分析与自动化控制技术的融合，在生产装置现场投用必须的在线分析仪，参与过程自动化控制，才能真正实现 APC 卡边技术，以及实时优化等。在线分析技术与物联网、大数据等技术的结合，将为炼化厂等企业的智能化发展，实现企业最优化、最经济、最合理的目标，提供信息和决策依据。

炼油厂或炼油装置的生产任务和目标是尽可能多地产出满足质量要求的各类油品（如汽油、柴油、液化气、润滑油等）和各类化工原料（如石脑油、溶剂油等），同时尽量减少消耗和支出。其途径之一是减少人工化验分析，尽量以在线分析方式自动完成产品质量检验，实现企业的优质高效、安全生产及节能环保目标。

目前，国内常规方法的油品质量在线分析仪器，大多是采用分析原理完全符合或接近国标或国际标准规定的人工化验分析方法而开发出来的。例如炼油厂的各类油品定时检测的全馏程质量分析在线仪器，其设计所依据的标准是 GB/T 6536—2010《石油产品常压蒸馏特性测定法》。这类在线仪器分析与人工化验分析原理相同，因此，在线分析数据最为接近。国内外主要厂商的在线馏程分析仪都采用该技术，如德国 BARTEC、英国 ATAC、日本 DKK、美国 PAC，加拿大 PHASE 及中国武汉华天通力科技有限公司（简称武汉华天通力）等。

国外油品质量在线分析产品已占据国内石化行业炼化企业的大部分市场。国内主要炼化企业，大多投用了国内外知名厂商产品。主要测量的油品性能包括汽油馏程（干点），柴油馏程（95%终馏点），柴油倾点、冷滤点、凝固点，汽油饱和蒸气压、闪点、黏度等。部分炼厂在常减压、催化裂化等装置的分馏塔和吸收稳定塔实现了汽油干点、柴油 95%点、汽油饱和蒸气压、柴油凝固点或倾点的在线分析，并参与 APC。例如湖南长岭石化、武汉石化等。该类在线分析仪投用正常之后，大幅减少或取消了装置馏出口的人工采样化验分析，馏出口的质量考核完全依靠这些在线分析仪的分析数据进行，用户减少了大量的人工费用，获得了十分可观的经济效益。

12.1.2 全馏程在线分析仪器

12.1.2.1 检测技术

全馏程在线分析仪的技术方法与原理，主要是根据 ASTM D86 或 GB/T 6536—2010《石油产品常压蒸馏特性测定法》标准规定。该标准规定了采用人工化验分析的方法，在线分析仪器的设计是参照标准规定的方法实现自动分析。

如石油产品馏程测定，采用 GB/T 6536—2010 规定的恩氏蒸馏法，主要使用仪器有：石油产品蒸馏装置、温度计、秒表和加热器等。其检测过程是：在规定实验条件下，使 100mL 油样在恩氏蒸馏装置上进行蒸馏加热，流出第一滴冷凝液时，油杯中的气相温度值为初馏点；再继续蒸馏，烃类分子按其沸点由低到高的次序逐渐蒸出，油杯中的温度也逐渐升高，按照馏出物体积分数，读出对应的气相温度，作为馏出物温度点；直到最后油品全部蒸发，将最后一滴油品气化瞬间所得到的气相温度定为干点。检测结果应考虑大气压力对馏出温度影响的修正。石油产品馏程测定采用的恩氏蒸馏装置参见图 12-1-1 所示。全馏程在线分析仪的设计参照了该方法的流程规定。

12.1.2.2 典型产品与应用

全馏程在线分析仪主要由采样系统、预处理系统、分析仪主机、回收系统等部分组成。

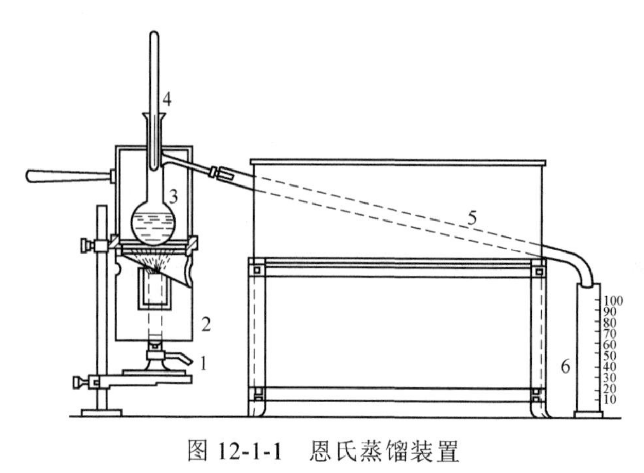

图 12-1-1　恩氏蒸馏装置

1—喷灯；2—挡风板；3—蒸馏瓶；4—温度计；5—冷凝器；6—接收器

典型产品主要有国产武汉华天通力、德国 BARTECH、英国 ATAC 的全馏程在线分析仪，美国 PAC 的微量蒸馏仪，日本 DKK 的干点分析仪等。

（1）典型产品 1：国产武汉华天通力 HTLC-1000 型全馏程在线分析仪

① 工作原理　该仪器是对 GB/T 6536—2010 中的蒸馏装置进行了在线化设计。全馏程在线分析仪蒸馏装置原理如图 12-1-2 所示。

在整个蒸馏过程中，仪器根据油品温度的变化速率，自动调整加热功率，使其符合国标对蒸馏速率的要求，保证分析准确性。通过专用加热器对分馏器中的被测油品进行分馏加热控制。同时，对被测油品在加热分馏全过程中的温度、压力和分馏量等参数实时检测跟踪，并显示分析过程中的工作状况和相关提示信息。分馏过程结束后，微处理器将检测结果如（初馏点、10%点、50%点、90%点、95%点、干点或终馏点）上传 DCS 系统。

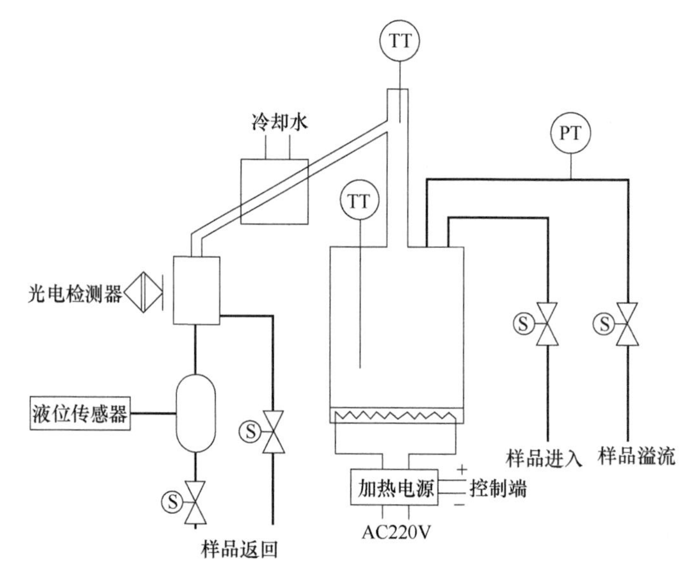

图 12-1-2　全馏程在线分析仪蒸馏装置原理图

② 主要技术参数　仪器分析原理符合 GB/T 6536—2010、ASTM D86；仪器测量精度符合 GB/T 6536—2010 的准确度标准。测量介质：石脑油、溶剂油、汽油、煤油、柴油等；测量范围：0～400℃；重复性：≤±2℃；分析周期：20～30min；油样：10～80℃，压力 0.4～1.0MPa，无明显机械杂质；输出：RS485 或直流 4～20mA。

③ 样品采样及预处理系统　样品先经过快速循环回路，即保证了样品的流通性和实时性，又起到了降压的作用。然后经过粗过滤器，换热器对样品进行降温处理，然后进入三级精过滤器。精过滤器作用是将样品中杂质、水分脱去，并且能够将样品中气泡祛除干净，使

样品满足分析要求。最后经过流量计的定量，进入分析仪内部。

样品预处理系统技术指标：输出压力≤0.8MPa；杂质颗粒≤5μm；液体含量≤0.1%。

④ 回收系统　回收系统收集的油品主要有以下几个来源：分析仪预处理系统脱水脱杂罐排油、分析仪清洗用油、样品分析完毕后排油。回收系统收集的油样通过排油泵排入指定管线。回收系统配备两个防爆离心泵。液位计及压力变送器对回收罐液位和输油泵的出口压力进行监测。随着分析仪排油的进行，回收罐液位上升。当回收罐液位达到上限值时，某个排油泵启动，回收系统进行排油，回收罐液位下降。当回收罐液位达到下限值时，这个排油泵停止运行。当液位再次到达上限值或下限值时，另一个排油泵启动和停止。两个泵轮流启动使用，可有效降低回收系统的故障率，增加回收装置使用寿命。

⑤ 典型应用　以全馏程在线分析仪在武汉石化的应用为例，参见图 12-1-3 所示。

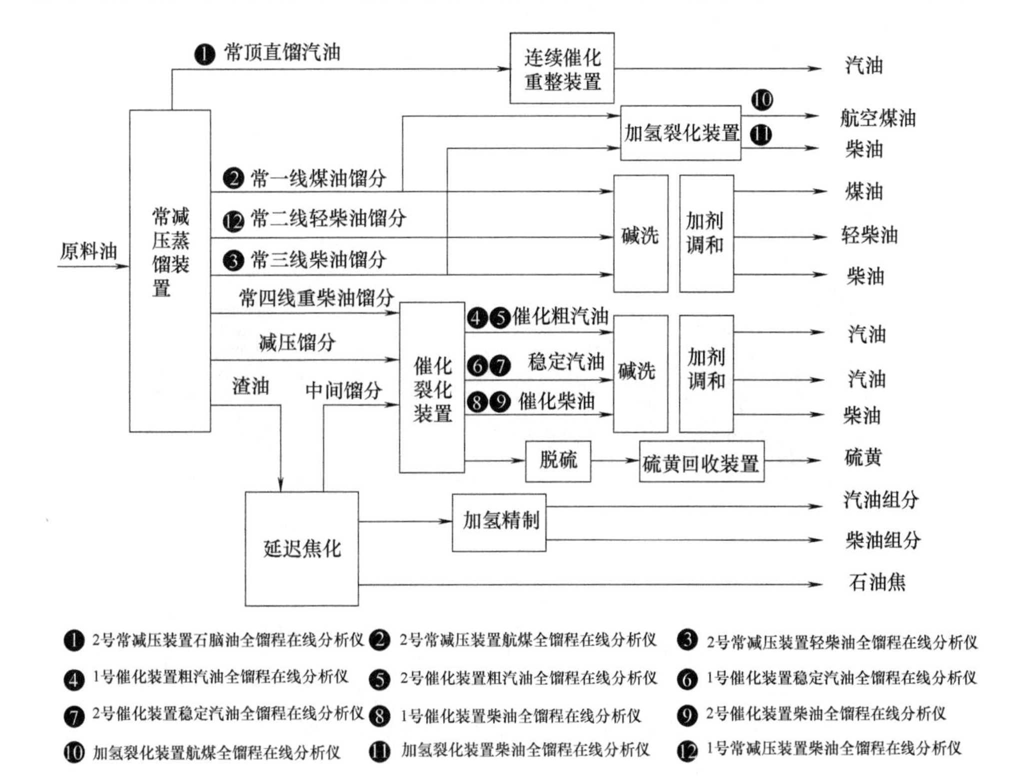

图 12-1-3　全馏程在线分析仪在武汉石化的应用

武汉石化自 2010 年开始，依次在焦化、一二套催化、一二套常减压、加氢等多个主要生产装置，投用了十多套 HTTL-1000 型全馏程在线分析仪。各装置投用的全馏程在线分析仪系统运行与人工化验分析数据吻合。工艺操作室按在线馏程分析仪分析数据对柴油 95%点及汽油干点进行卡边生产，提高了油品质量和轻质油收率，获得了可观的经济效益。

⑥ 无线远程监控系统的应用　武汉石化全馏程在线分析仪远程通信示意见图 12-1-4，武汉石化 2 号常减压装置回收系统在远程计算机上显示的实时监控图，见图 12-1-5 所示。

HTLC-1000 型全馏程在线分析仪的实际投运效果，经过在线分析仪与人工化验分析数据进行数个月的比对，误差在±2℃以内。从 DCS 运行数据分析，仪器测量重复性、跟踪性好，尤其是在工艺参数及产品质量出现大幅度变化和波动时，对工艺操作指导更为显著。

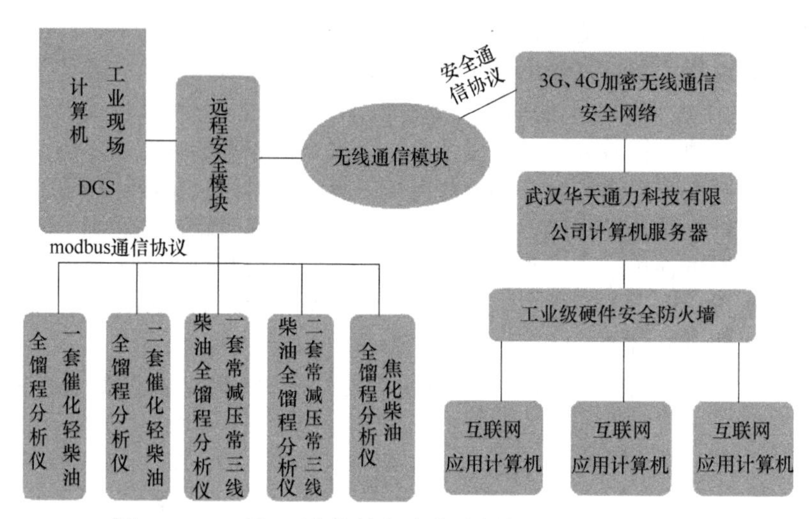

图 12-1-4 武汉石化全馏程在线分析仪远程通信示意图

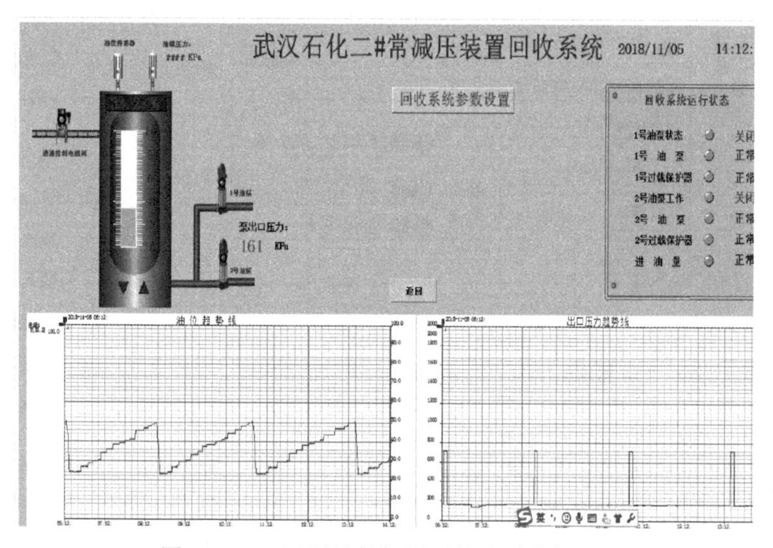

图 12-1-5 远程计算机显示的实时监控图

（2）典型产品 2：德国 BARTECH 馏程在线分析仪

仪器外形结构如图 12-1-6。测量时按照预设加热时间，在通氮气搅拌后，将 100mL 样品置于开口烧杯中蒸馏。整个分析过程控制，监控及其可视化均通过软件实现。分析周期结束，除了标准的直流 4～20mA 模拟信号外，还生成可程序化的数字信号输出。可对多个测量点应用，使用可选的 Modbus 端口传送数据。该端口也可用于从 DCS 直接控制分析仪。如果需要远程控制馏程分析仪，可配远程接入接口（如 Modem、ISDN）来满足服务和维护的需求。分析仪可测量初馏点、终馏点、馏出物体积对应的回收温度及装入试样量与总馏出物体积间差值百分比。分析仪有冷凝器冷却水温度报警、电子箱内高温报警、最高样品进口温度报警、联锁报警等自我监控功能，并能通过本机或远程界面重置报警。

（3）典型产品 3：日本 DKK 公司 BPM 型干点分析仪

BPM 型干点分析仪可测量石油产品的蒸馏点，例如石脑油、煤油和粗柴油，用于炼油工

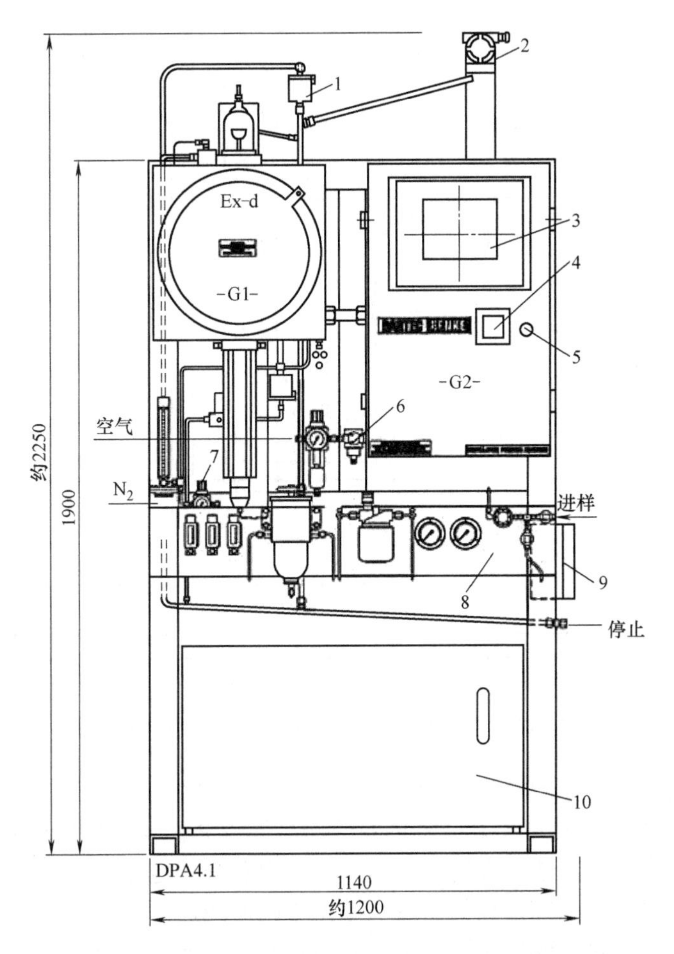

图 12-1-6　德国 BARTECH 馏程分析仪外形结构

1—阻火器；2—差压变送器；3—触摸屏；4—控制单元；5—键形开关；6—数字阀；7—减压阀；8—样品调节系统；9—接线盒；10—循环冷却器

业蒸馏控制和产品质量控制，有助于提高中间馏分产率。仪器系统图参见图 12-1-7。

该仪器实现由微处理器控制全自动测量，保持每个蒸馏点的温度测量直至下一个测量周期完成；最多可测量 8 个蒸馏点。这些点可以通过控制器的操作在初馏点和终馏点之间自由选择。仪器具有坚固的不锈钢烧瓶，可轻松拆卸、清洁，从而防止由于结焦而导致的故障。通过光电感应冷凝水检测蒸馏点，使用图像传感器进行液位的稳定测量；初馏点和终馏点的确定基于蒸馏温度曲线的计算。

（4）典型产品 4：英国 ATAC 公司 Distillar4102 型全自动馏程分析仪

该仪器采用微处理器控制，根据 ASTM D86 标准实验室测试方法进行在线分析。仪器与实验室测试在所有点上具有出色的一致性。该仪器已通过 ATEX 标准认证，并具有 RS232 输入和远程标准 PC/AT，为用户提供了广泛的功能。分析仪能够确定所分析样品的以下特性：初沸点（IBP）、终沸点（FBP）、回收点、蒸馏点、干点、全部回收、持续恢复、连续温度曲线。最多可提供七个 4～20mA 信号输出。可指定列出的属性的任意组合，可通过串行 RS232 连接远程更改分析仪参数。

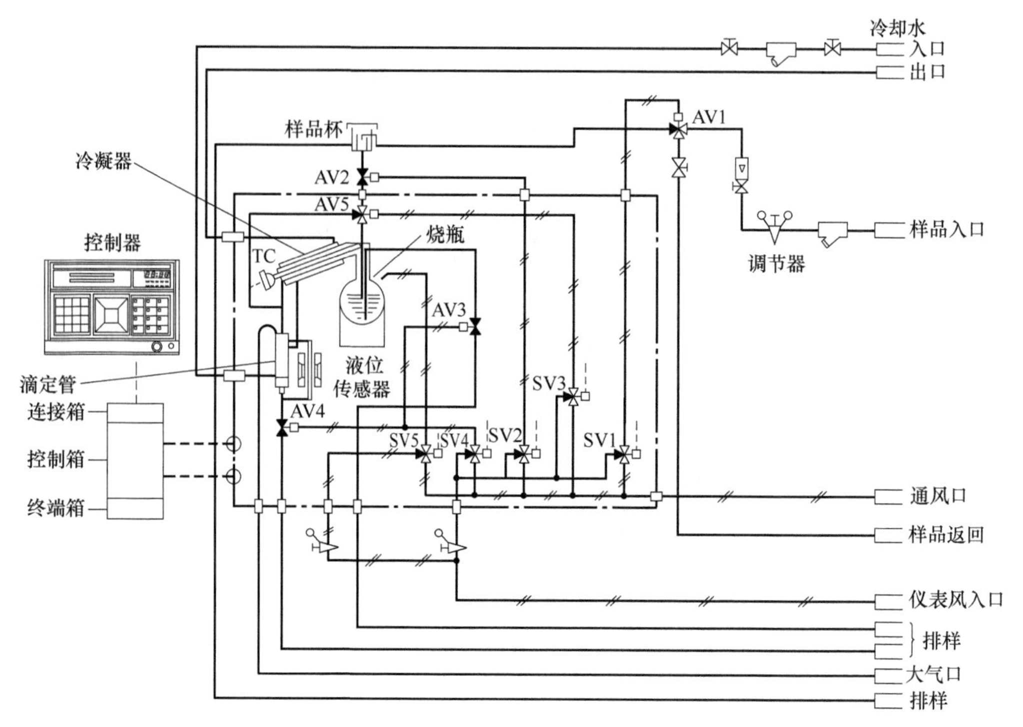

图 12-1-7　日本 DKK 的 BPM 型干点分析仪系统图

（5）典型产品 5：美国 PAC 公司 MicroDist 微量蒸馏仪

MicroDist 在线微量蒸馏仪是新一代的石油产品馏程分析仪。该产品突破了传统的馏程分析仪测量馏出体积的分析方法，采用热力学气态方程和分压定律，通过测量蒸馏过程中的压力关联馏出量，得出整个蒸馏过程的温度与馏出量的曲线。

一个蒸馏过程只需要 10mL 油样，在小于 10min 的时间内完成石油产品在大气压力下的蒸馏全过程（包括 2 次冲洗、进样、数据处理等过程）。PAC 公司的 MicroDist 在线微量快速分析仪符合 ASTM D86、ASTM D 7345、IP 123、ISO 3405 标准分析方法，并且在重复性方面好于 ASTM D86。

仪器分析方法采用 ASTM D7345-17《常压下石油产品和液体燃料蒸馏的标准试验方法（微量蒸馏法）》。其烧瓶自动再生功能可确保仪器运行时间最大化，维护需求小，需求条件少；内置氮气发生器。即使是未知样品，第一次测定就可得到分析结果。完全自动化，包括初始加热、蒸馏速率和最终加热调节等。

12.1.3　在线黏度分析仪器

12.1.3.1　概述

在线黏度计是测量流体黏度的物性分析仪器。黏度是流体物质的一种物理特性，它反映流体受外力作用时分子间呈现的内部摩擦力。物质的黏度与其化学成分密切相关。如在高分子材料的生产过程中，应用黏度计可以监测合成反应生成物的黏度，自动控制反应终点。其他如石油裂化、润滑油掺混、某些食品和药物等的生产过程自动控制，原油管道输送过程监测，各种石油制品和油漆的品质检验等，都需要进行黏度测量。

在石油工业中，减压蒸馏过程，柴油、润滑油、燃料油等的在线自动调和过程，石油的脱蜡脱沥青过程等，都需要进行在线黏度监测来检查原料质量，监视与控制生产、提高产品合格率，实现自动调和及自动切换产品等。

在各种聚合工程中，通过黏度的在线监测来控制反应终点。化纤抽丝线的生产，依靠在线监测仪器监测熔体黏度，保证纤维的粗细适当、均匀，减少废品率及能耗。此外，在油墨生产、印刷、油漆喷涂、洗涤剂与化妆品生产，胶囊生产，以及浇涂、浸渍、滚涂等各类材料的涂布过程中也都要进行在线黏度测量。

在线黏度计的类型很多，根据测量原理不同，主要有以下几种类型。

① 毛细管式　毛细管式在线黏度计基于泊肃叶（Poiseuille）定律。仪器的主体是一段细管，细管与定量泵连接，由定量泵控制流体以恒定的流量进入细管，有压力监测器测量细管两端的压力差，根据泊肃叶公式计算流体的黏度。

② 旋转式　在线黏度测量中，旋转法的应用比其他方法要广些。在线旋转黏度计的测量原理与实验室黏度计相同，根据转子和传感器的连接方式，可分为外旋式和内旋式两种。主要是利用转子在流体中以恒定转速旋转，测量流体的黏性力大小，计算出黏度。

③ 振动式　振动式的在线黏度测量发展较快。振动法传感器为一圆柱体，以恒定的振幅振动，当它剪切流体时，流体的黏度对传感器振动振幅有影响。测量维持恒定振幅所输入的功率，计算得到黏度和密度的乘积。这类在线黏度计的理论测量范围很宽，适合于不同的流体测量。

④ 注塞式　注塞式在线黏度计是利用一个在流体中水平或垂直运动的活塞，测量活塞在固定位置内的运动时间来计算出流体的黏度。此类黏度计是断续式的测量。

石油化工生产中比较常见的流体为成品油、小分子的聚合物溶液，接近于牛顿流体。此类流体黏度较低，一般小于500mPa·s。比较常见的在线测量方法是采用振动式在线黏度计。国内外的同类产品有：日本SEKONIC公司FEM系列、日本AND公司SV型、美国MANSCO公司TOV型、法国SOFRASER公司MIVI系列、我国武汉华天通力公司HTDN型等。

12.1.3.2 振动式在线黏度计的检测技术与典型应用

（1）检测技术　以国产华天通力HTND-1200型振动式在线黏度计为例。

① 工作原理　振动式黏度计是基于剪应力原理工作的。传感器的敏感元件受到力发生器的作用，在流体中做扭摆振动，由于流体黏性阻尼变化的作用，其振动幅度会产生变化。由电路来补充这部分流体黏性阻尼所消耗的能量，使得敏感元件的振动维持在共振频率和恒定的振幅下。此时所补充的能量 E 与被测样品的黏度及密度的乘积有关。

振动式黏度计发出扭转振动波（也称剪切波）的振幅为0.001mm（1μm）。当传感器浸入油样后，剪切波的振幅和频率均有不同程度的衰减。检测线圈检测出振幅衰减，当振幅小于1μm时，控制器给驱动线圈输出更大的电流，调整（增大）扭振幅度，直至振幅达到1μm为止。当油样黏度下降时，传感器的振幅将大于1μm。检测线圈将使控制器减小给驱动器的电流，直至振幅维持1μm。可见检测回路是个反馈调节系统，驱动电流的大小（或功率、能量）构成了对黏度的度量。恒定的微米机械振幅，意味着仪器的高精度。

维持振动频率和介质黏度恒定时，驱动电流通过力发生器作用在扭振机构上，扭振机构通过敏感元件与介质相互作用，在横杆处产生振幅变化，通过振幅测量电路测出振幅数值。当介质黏度发生变化时，会通过黏性阻尼影响横杆。振幅和系统的谐振频率，通过补偿频率和调节激励电流的大小来维持振幅恒定。通过补偿电流大小，即可求得介质黏度。

振动式黏度计系统框图如图 12-1-8 所示。

② 黏度计结构　振动式黏度计主要由传感器和仪表电路两部分组成。它是一个闭环仪表，集测量控制于一体。传感器主要由敏感元件（接触探头）、主轴（传动机构）、电磁机构和驱动电路（扭振机构）、横杆（放大敏感元件在共振频率下的振幅）、弹性扭管、差动变压器（振幅测量机构）等组成。其传感器结构如图 12-1-9 所示。

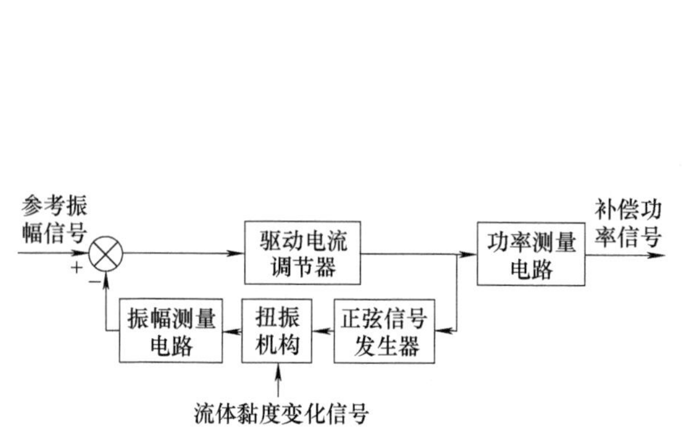

图 12-1-8　振动式黏度计系统框图

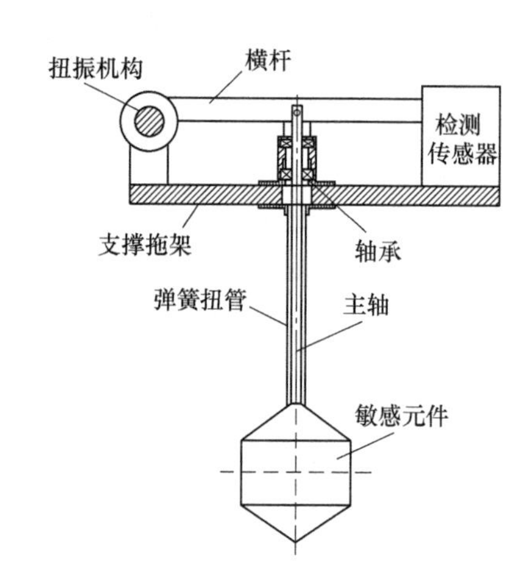

图 12-1-9　振动式黏度计传感器结构示意图

③ 测量控制技术　在共振频率下受迫振动时，其振动幅值最大，方便测量和维持，因此在测量过程中需要逐赫兹改变频率，测量记录振幅，来使系统维持在共振频率下工作。维持振幅恒定是分析系统的关键，采用的控制算法是搜索逼近法。虽然 PID（比例、积分、微分）算法在工业上应用很广，但需要对系统进行精确建模，否则，仪表可能产生等幅振荡现象而不能工作。

因此，利用传感器振幅与驱动电流的关系，仪表中的微处理器不断采集敏感元件在被测介质中的振幅，并与参考液振幅进行比较：当取样时的振幅大于参考振幅时，减少一个驱动电流增量；取样振幅小于参考振幅时，增大一个驱动电流增量。在第一次取样振幅超越参考振幅前，每次比较时电流增量不变。第一次振幅超越之后电流增量按照等比规律递减，使两振幅相等。测量出电流改变量即可测量出所需补偿功率的大小，进而求出液体的黏度。

④主要技术参数　黏度检测范围：0～1000mPa·s；温度检测范围：0～200℃；压力：0～2MPa；重复性：±0.5%；输出方式：电流信号（直流 4～20mA）；RS485/Modbus 协议；探头材质：316L 不锈钢。

（2）典型应用

石化润滑油车间酮苯脱蜡装置馏出口脱蜡油的黏度，是考核该装置油品质量的一项重要指标。由于该原料油是从常减压装置不同的侧线经过糠醛精制、加氢改质，因此，各种原料的脱蜡油的黏度指标各不相同。

酮苯脱蜡装置脱蜡油产品是根据黏度的不同，分别出厂送到润滑油公司不同的成品储油罐。实际工艺操作过程中，脱蜡油产品是在六种不同黏度性质的油品中进行切换。油品黏度不稳定时，把管道中的油品切换到中间罐，待其黏度稳定到另一数值时，再切换到要求的成品储油罐。传统的切换过程要进行多次人工化验分析才能够判断油品黏度是否达到稳定。往往 2～3h 的切换过程，被人工化验分析延长到 4～5h，从而把已经黏度合格的成品油打入了中间罐作为过渡产品，不能作为合格产品，只能降价让步出售，造成很大的效益损失。

为了准确把握产品脱蜡油切换时机，某企业采用了武汉华天通力公司的“HTND型振动插入式智能在线黏度分析仪”。操作人员可根据DCS计算机上显示的黏度数据趋势曲线判断切换时机：一旦黏度数据大幅变化立即将产品切换到过渡产品罐；油品黏度过渡到另一数值并稳定后，立即切换至另一成品罐，从而使切换过程时间大大压缩，有效减少了过渡产品量。

该公司在新建的30万吨高压润滑油加氢装置含蜡油产品线上，投用了多套在线黏度分析仪，分别用于此装置多个馏出口的轻质润滑油、中质润滑油、重质润滑油、含蜡油产品黏度的在线检测，以便更有利于装置工艺参数的调整，更好地保证和提高润滑油的产品质量，显著提高了经济效益。

12.1.4　在线闪点分析仪器

12.1.4.1　概述

闪点是在规定的条件下，物质被加热到其蒸气与空气的混合气接触火焰时，发生瞬间闪火的最低温度。石油产品闪点的测定方法分为开口杯法和闭口杯法两种。使用闭口闪点测定器测得的闪点称为闭口闪点，使用开口闪点测定器测得的闪点称为开口闪点。

闪点是表征油品安全性能的重要指标。闪点是油品出现火灾危险的最低温度。闪点越低，油品越易燃，火灾危险性也就越大。所以按照闪点的高低，就可以确定运输、储存和使用油品时的防火安全措施。从油品的闪点可以判断油品馏分组成的轻重：通常油品蒸气压越高，馏分组成越轻，它的闪点就越低：反之，油品的馏分组成越重，则其闪点越高。在生产过程中，可以根据油品的闪点调整操作，以提出其中所含的轻质馏分。

石油产品闪点测定方法的选择取决于其产品性质和使用条件。通常蒸发性较大的轻质油品多使用闭口杯法测定。多数润滑油和重质油，尤其是在非密闭的机械或温度不高的条件下使用的石油产品，即使有少量轻质馏分混入也会在使用过程中挥发掉，不会造成着火或爆炸的危险，使用开口杯法测定。某些润滑油要同时测定开口闪点和闭口闪点，是以两种闪点的差值检查润滑油馏分的宽窄程度，以及是否含有轻馏分。

GB/T 261—2008《闪点的测定　宾斯基-马丁闭口杯法》规定了闪点高于40℃的样品的测定方法。目前工业在线分析石油产品闪点的仪器，测定的基本上都是闭口闪点。按照工作原理可以分为实验室模拟类和催化反应机理类。

12.1.4.2　闭口闪点分析仪的检测技术

（1）结构组成

仪表设计成框架式隔爆结构，由进样系统、分析仪系统、控制系统三大部分组成。分析仪结构如图12-1-10所示。进样系统的作用是为分析仪提供清洁、无水、定量的油样和空气。分析系统由制冷器组件、分析器、液封、点火模块、吹扫电磁阀等组成。制冷器组件的制冷元件是珀尔帖制冷器，水箱同时对制冷电源、冷堆热端进行冷却，保护开关在停冷却水时对制冷电源和制冷器件进行保护。

分析器是该仪表的核心组件，该组件由闪爆检测器、分析杯盖、分析杯体、防护罩、测温室、铂电阻、加热室、加热棒、打火电极、液封结构、点火模块、吹扫电磁阀等组成。加热棒的额定功率为150W，对加热室内的油气混合物进行程序升温；测温室内安装Pt100铂电阻（0℃时阻值为100Ω，阻值随温度升高匀速增大）测试加热后的油气混合物温度；防护

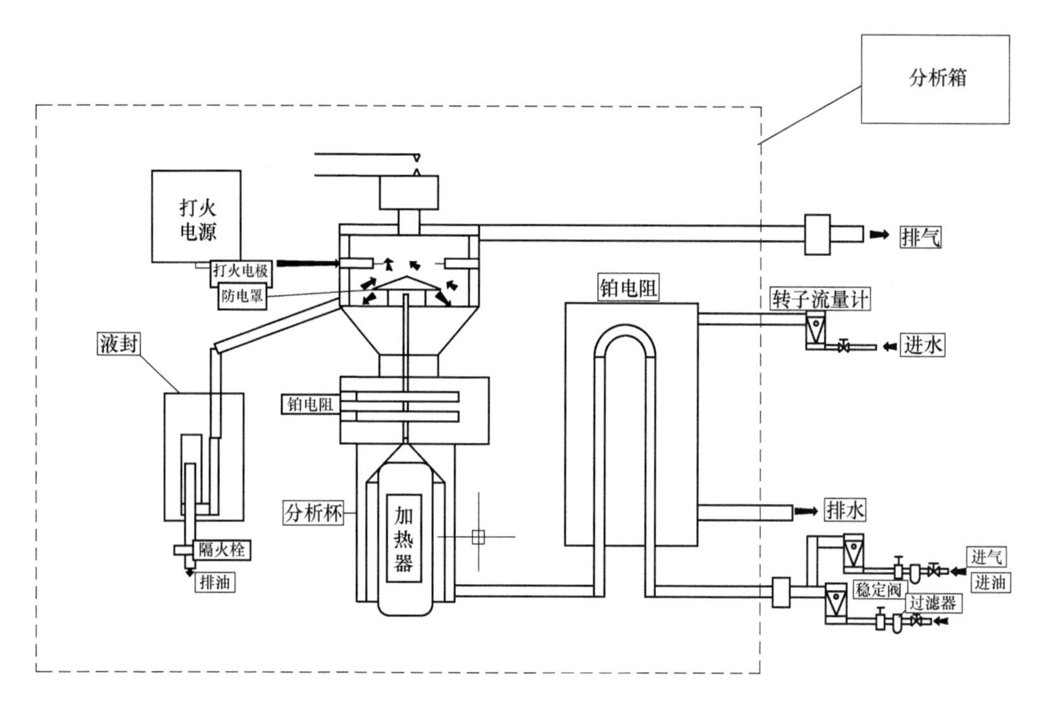

图 12-1-10　闭口闪点分析仪结构

罩对油气混合物进行分离并防止油样飞溅；打火电极在分析检测程序段发出高频高压脉冲电火花，对油蒸气进行点火测试。闪爆检测器在闪爆发生时及时检测到并向控制器发出一个方波信号。液封结构保证油样液体排出仪表，并且阻止气体通过。点火模块是一个黑色的电子模块，固定在分析器右侧的防爆壳内壁上，在升温检测程序段定时提供高频高压的点火电流。吹扫电磁阀是个三通电磁阀，固定在分析箱体正面内壁上，控制仪表风吹入分析器或是直接吹入分析箱体。

控制系统由工业控制计算机、大屏幕液晶显示器（LCD）、多功能数采板、信号调理电路板、电磁兼容模块、功率调整模块、继电器以及集成温度传感器等组成。按照仪表分析方法的要求，控制程序分为 4 个阶段：进油冷却、加热检测、烟气吹扫、冲洗冷却。4 个阶段依次运行一次为一个分析周期，仪表输出一个分析值。4 个阶段周而复始地连续运行，形成循环，使仪表对样品进行连续不断的分析。此外，控制系统还包括两个闭环控制回路：①程序升温控制回路，在加热检测程序段对油样进行程序升温控制；②油样制冷控制回路，对进油温度进行实时判比，将进油温度与上次闪点分析值进行比较，来控制制冷功率大小。

（2）检测过程

一定量的被测油品及相应量的空气分别通过单向阀和隔火栓进入分析箱体。在分析箱体中，油样先进入制冷器组件，按需要对油样进行制冷。制冷强度分为不制冷、弱冷和强冷三种状态，由控制器自动判断。当上次检测的闪点值与进油温度的差值大于 15℃时不制冷，小于 15℃或为负值时制冷。

从制冷组件出来的油样，经三通接头与相应量的空气混合后进入分析器下部。油气混合物在分析器内上行过程中被加热器加热。加热器的升温速率通过参数设定栏中的“初始电压”和“升温速率”进行设定。在每个加热周期开始时，控制系统对分析器内的油气混合物温度进行监控，当温度升到低于上次闪点分析值 15℃的温度时，打火电极开始以 3s 左右（可根据需要任意设定）周期间断打火。起初由于油气温度低于闪点温度，闪蒸后油气混合气体中油蒸气浓度低，虽经打火但不引爆。随着油品被不断升温，油蒸气浓度也不断增加，当加热到闪点温度时，油气混合气体中油蒸气浓度达到了闪爆下限，一经打火马上引爆。这一闪爆压力立刻被分析器上部的闪爆检测组件检测到，并传送到控制器中，由控制器发出如下指令：停止加热；停止打火；开始烟气吹扫；刷新显示和输出信号。

烟气吹扫的时间一般设为 20～30s。吹扫控制由一个三通电磁阀执行。吹扫空气在吹扫程序段中被通入闪蒸室，以吹去爆时产生的烟气，延长分析器的清焦间隔时间。吹扫结束后进入冲洗冷却程序，其时间的长短也是可任意设定的，一般设置为 300～600s，既可使分析器冷却下来，又保证了较好的响应时间。冲洗冷却程序过后又进入了一个新的分析周期。

仪器自动检测过程是一个条件试验，为保证分析精度，对进油量、进气量、升温速率、打火周期等进行定量，并通过参数整定找出一组最佳运行条件，再通过标定与人工化验进行对比找出恒差，在参数设定栏里输入补偿值，从而实现仪表在线自动分析代替人工化验。

（3）主要性能指标

测量范围：25～110℃；常用测量量程：45℃；重复性：同一台仪表对同一种油样分析结果最大偏差≤±2℃；分析周期：5～20min，连续进样，断续输出。

12.1.4.3　典型产品

（1）典型产品 1：武汉华天通力公司 HTSD-1200 在线闪点分析仪

该仪器采用催化反应机理，适应于煤油、轻柴油及其相关产品的闪点连续在线检测；采用微型反应器、恒温系统闪点特征信号采集与反馈控制系统快速连续检测样品闪点；采用高可靠专用智能型自整定、自适应 PID（比例、积分、微分）调节器进行抗积分饱和优化控制；采用组件化、模块化结构，具备自诊断和智能化测控功能，调校简单方便。

① 系统组成　该仪器的系统组成如图 12-1-11 所示。油样经过过滤除去其中的杂质和水分，进入加热器，然后进入混合室。空气经过过滤、稳压、预热，也进入混合室，与油样混合。没有汽化的液体从溢流室通过一个隔火栓排出分析仪。油气和空气的混合气体在催化剂作用下发生反应后，由顶部放空管放空。

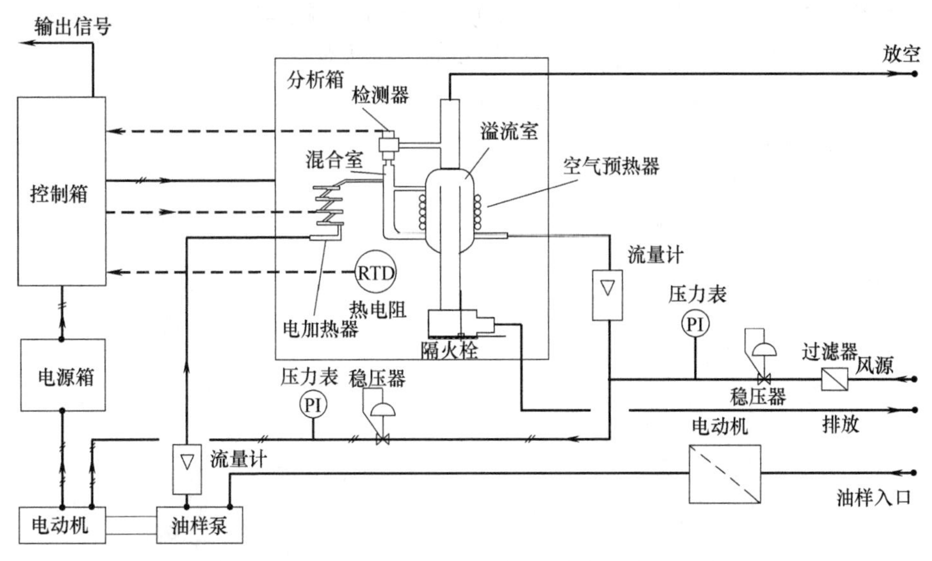

图 12-1-11　HTSD-1200 型闪点分析仪系统组成

② 主要性能指标　检测范围：25～125℃，试验方法与ASTMD56、GB/T 261—2008相对应；准确度：符合GB/T 261—2008的准确度标准；重复性：≤2℃；恒温精度：±0.1℃；温度控制范围：37.5～460℃；输出：RS485/Modbus协议冷却介质；循环水，温度低于35℃，压力＞0.2MPa；防爆标志：Ex d e ib mb pz IIC T4 Gc；试样：压力小于1MPa，温度低于闪点温度30℃，无明显水珠、杂质和气泡。

（2）典型产品2：日本FPA-2型闪点在线分析仪

该仪器用于测量石油产品的闭口闪点，主要用于轻质瓦斯油和航煤燃油燃料，也可应用于炼油厂及油品管理的过程控制与质量控制，以及某些化工产品闭口闪点检测，如乙二醇、油漆、稀料等。当进行特殊管线配置时还可以测量原油闪点。测量方法符合国际通用的权威标准ASTM D56/D93、JIS K2265和我国国家标准GB/T 261。分析仪符合隔爆标准JIS d2G4，相当于Ex d ⅡB T4。分析仪配备微处理控制器，全自动操作。采用陶瓷电极电容放电点火（CDI）方式，火花性能稳定，点火效果可靠。

该仪器可配置样品预处理和样品回收单元，可配置成双流路检测方式，依次对两路样品进行自动检测。控制器内置自诊断功能及系统报警功能；可连接RS232数字通信接口，自动传输分析仪测量数据及设定参数。

12.1.5　在线蒸气压分析仪器

12.1.5.1　概述

蒸气压是描述石油产品加热蒸发性能的指标之一。在一定温度下，气液两相处于平衡状态时的蒸气压力称为饱和蒸气压。石油馏分的蒸气压通常有两种表示方法。一种是汽化率为零时的蒸气压，又称为泡点蒸气压或真实蒸气压。它在工艺计算中常用于计算气液相组成、换算不同压力下烃类的沸点或计算烃类的液化条件。另一种是雷德蒸气压。它是用特定的仪器，在规定条件下测得的油品蒸气压，主要用于评价汽油的汽化性能、启动性能、生成气阻倾向及储存时轻组分损失等指标。饱和蒸气压通常要比雷德蒸气压高。

测定石油产品蒸气压的标准为GB/T 8017—2012《石油产品蒸气压的测定　雷德法》。

试验仪器主要有蒸气压测定器和开口取样器。蒸气压测定器由雷德蒸气压测定器、压力表和水浴组成，如图12-1-12所示。开口取样器的工作状态参见图12-1-13。

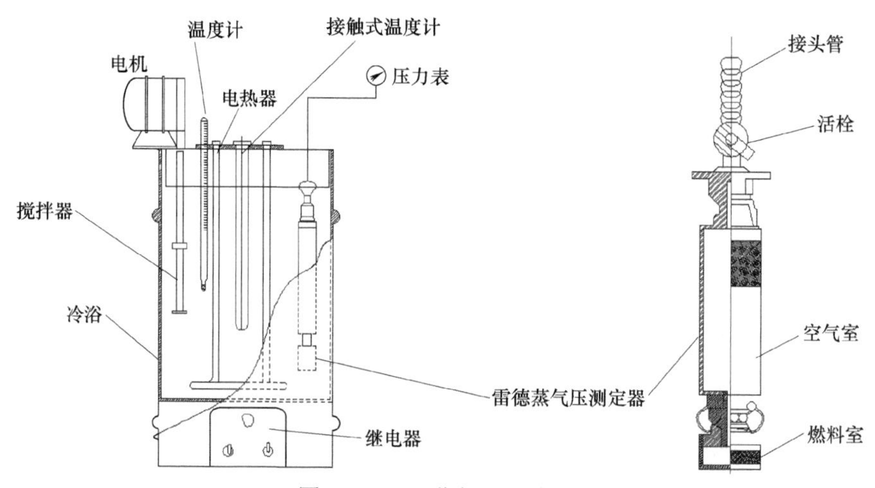

图12-1-12　蒸气压测定器

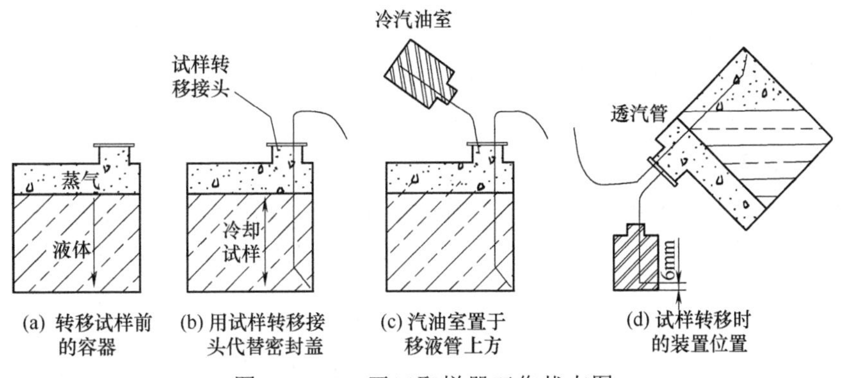

图 12-1-13 开口取样器工作状态图

采用容量为 1.0L 的金属开口取样器。器壁要求有足够的强度，能承受足够的压力，试样应约占容积的 70%～80%。将冷却的试样充入蒸气压测定器的汽油室，并将汽油室与 37.8℃的空气室相连接。将该测定室浸入恒温油浴（37.8℃±0.1℃）中，定期振荡，直至安装在测定器上的压力表的读数稳定。此时的压力表读数经修正后即为雷德蒸气压。

12.1.5.2 蒸气压在线检测技术

国内外常用的在线蒸气压检测仪，基本上都是模拟 GB/T 8017—2012 规定的实验室方法，即实验室方法的在线自动化。其测量原理如图 12-1-14 所示。

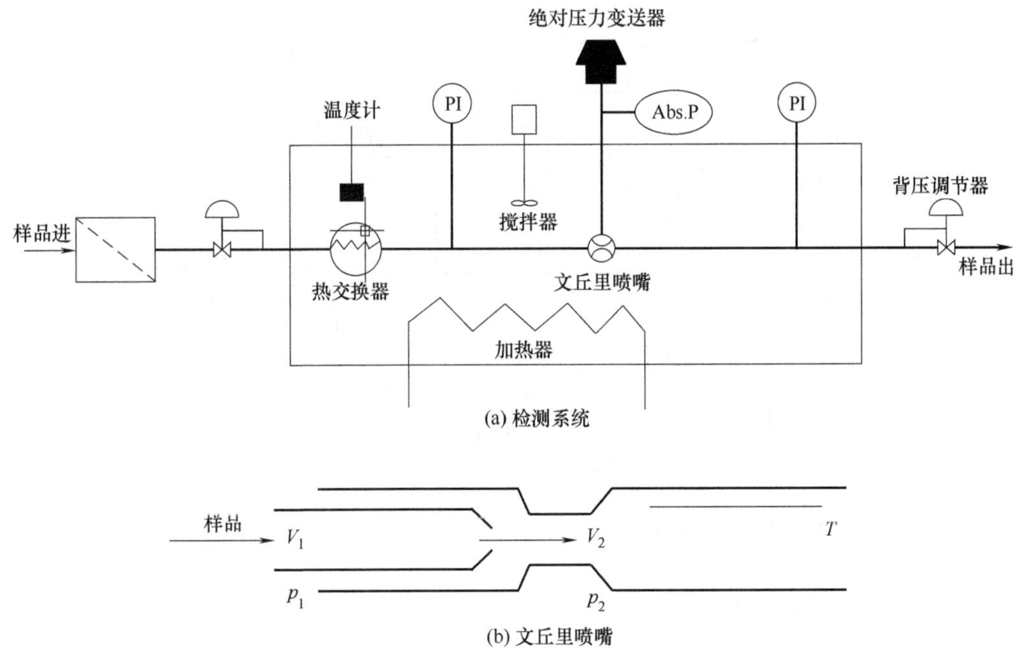

图 12-1-14 蒸气压在线检测原理图

在一定温度和压力下的被测样品流过一个文丘里喷嘴。当被测样品在压力作用下通过喷嘴时，随着流速增加将会产生一个可使样品开始发生汽化的压力降。它由一台绝对压力变送器检测并给出输出信号。

由背压调节器用来防止出口管线的样品物流和汽化物流倒流。由压力调节器来维持喷嘴的入口压力恒定。被测样品管路浸没在油浴中来保持温度恒定。油浴的温度由精密温度控制器控制，还可根据需要使用水冷却盘管来调节温度。温度的监测必须使用符合 ASTM（IP）标准的温度计。也可配装一套以微处理器为基础的绝压变送器将信号直接输送给 DCS。

12.1.5.3　典型产品

（1）典型产品 1：武汉华天通力的 HTZQY-1400 型蒸气压在线分析仪

仪器采用全静态真空法，同时实现产品的绝对蒸气压和雷德蒸气压的快速检测，其测量结果与 ASTM D323 相对应。

采用嵌入式多 CPU 为内核构成测控系统；无机械可动部件，调校维护十分方便；测量分析单元和恒温加热器采用一体化固体部件组成，无需恒温油浴和搅拌电机；彩色液晶屏显示实时分析数据和分析仪当前工作状态；具备故障自诊断及丰富的提示功能，在断油、断水、停气和油压、水压、气压过高或者偏低等状况下，分析仪自动中止当前工作，进入待机状态。可根据用户需求，设置成绝对蒸气压或雷德蒸气压测量；配备远程专用数据处理显示终端，通过 RS485 接口与现场蒸气压在线分析仪连接；数据处理具有数据通信、历史数据浏览、参数修改等功能。

① 系统流程　HTZQY-1400 型蒸气压在线分析仪系统框图参见图 12-1-15。

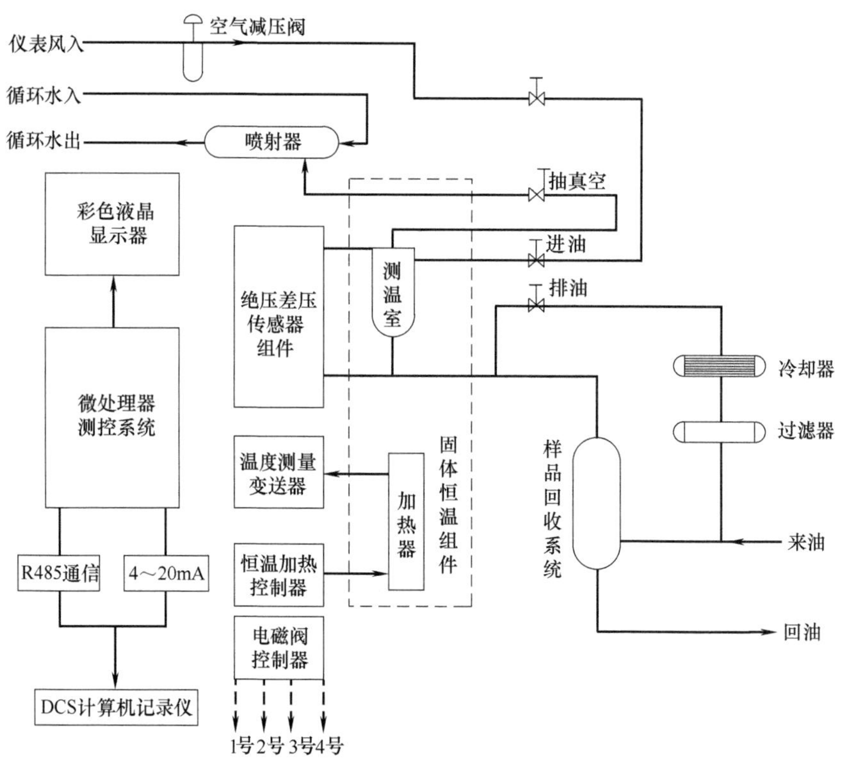

图 12-1-15　HTZQY-1400 型蒸气压在线分析仪系统框图

1 号～4 号—电磁阀编号

规定容积的测量室在固体加热器中被精确控制在一定的温度，用普通生活用水或工业用水通过简易喷射器使测量室内形成真空。来自快速回路循环系统的被测油品，经样品处理系统冷却和过滤等处理后，在测控系统的控制下，通过特别设计的定量组件被准确定量注入测量室。进样完成后，绝对压力传感器测得的测量室的气相压力，经换算即得到被测样品的绝对蒸气压。如需雷德蒸气压则选择与之相对应的换算关系而输出雷德蒸气压值。

② 主要技术指标　测量范围：20～200kPa；准确度：±2kPa；重复性：±1kPa；稳定性：漂移不大于1kPa/a；分析周期：3～5min；输出信号：直流4～20mA或RS232/RS485；防爆等级：Ex dⅡBT4；防护等级：IP54。

（2）典型产品2：日本DVP-3型蒸气压在线分析仪

该仪器可以测量车用汽油、航空燃料油、石脑油及一些液体化工产品的饱和蒸气压，可用于石油炼制过程监测、油品调和过程质量控制及一些化工产品的质量管理检测等。

测量方法基于ASTM D323和GB/T 8017—2012。已恒定温度的样品从喷嘴喷出，通过连续动态绝对压力检测，测得油品的饱和蒸气压。测量范围可达0～150kPa，特殊定制可达0～200kPa，满足一些轻质化工品的饱和蒸气压检测需求。

控制器采用最新电子控制回路，对分析仪的异常情况可自动进行报警，采用稳定的PID自动稳定控制恒温浴的温度准确恒定在37.8℃（100°F）。具有现场防爆结构，相当于Ex dⅡB T4防爆标准，可应用于1级Ⅰ区环境。

分析仪采用与雷德蒸气压力相关的动态蒸气压力进行分析，并以固定的恒温容器内因样品蒸发压力上升的幅度作为检测结果。

12.1.6　冷滤点、凝固点、倾点等的在线分析仪器

12.1.6.1　油品冷滤点、凝固及倾点的试验测定法

（1）冷滤点

油品冷滤点按NB/SH/T 0248—2019《柴油和民用取暖油冷滤点测定法》进行测量。冷滤点测量装置见图12-1-16所示。

将45mL试样注入试杯中，在规定的条件下冷却，当冷却到比预期冷滤点高出5～6℃时，在1.96kPa压力下抽吸，使试样通过60目/cm^{2}的过滤器，达到20mL/min时停止；继续以1～2℃间隔降温，再抽吸。如此反复操作，记录在1min内通过过滤器的试样不足20mL时的最高温度作为试样的冷滤点。

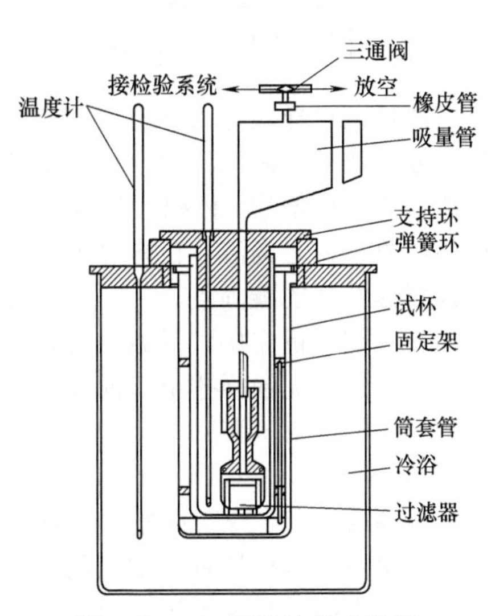

图12-1-16　测定冷滤点装置

（2）凝固点

油品凝点按GB/T 510—2018《石油凝点测定法》进行测定。

将试样装入试管中，按规定条件将试样预热到(50±1)℃，然后放在室内冷却到(35±5)℃。将此试管浸入有冷却剂的容器中，冷却剂温度要比试样的凝点低7～8℃。试管浸入冷却剂的深度应不小于70mm，冷却剂的温度必须精确到1℃。当试样的温度冷却到预期的凝点时，将浸在冷却剂中的仪器倾斜45°，保持1min，观察油的液面是否有移动迹象。如果有移动从套管中取出试管并将试管重新预热到(50±1)℃，然后用比上次试验温度低4℃（或其他更低温度）的冷却剂重新进行测定。多次试验测量，直至油品液面停止移动为止。重新按上步骤，将试样温度提高2℃。记下首次不移

动的温度为凝点。

（3）倾点

油品倾点是根据 GB/T 3535—2006《石油产品倾点测定法》进行测量。倾点测定装置见图 12-1-17。

12.1.6.2　凝固点和冷滤点双功能同期在线分析仪

（1）工作原理

双功能同期在线分析仪是指同期检测凝固点和冷滤点，以凝固点/冷滤点在线分析仪为例，其工作原理参见图 12-1-18。

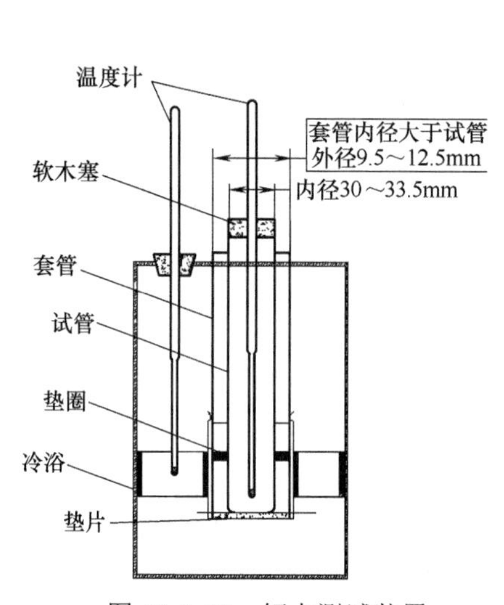

图 12-1-17　倾点测试装置

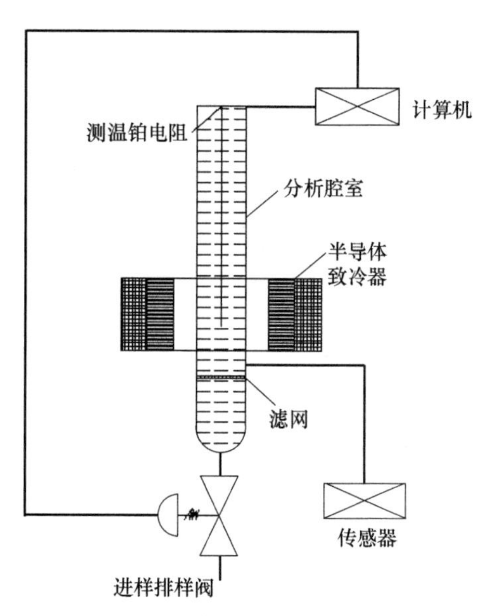

图 12-1-18　凝固点/冷滤点分析仪工作原理

油样经进样阀进入分析室，在分析腔室进行参数分析，分析腔室周边安装半导体制冷器件。分析腔室装满油样后，半导体制冷器件被加电，油样开始被降温。在降温过程中，油样黏滞阻力逐渐增加，体积逐渐减小。由于两者变化速度不相同，分析腔室中有微小空隙产生，这种现象被称之为液柱在降温过程中的腾空现象。通过检测液柱腾空现象的温度，即可准确地判断该油样的凝固点。

凝固点分析完毕，开启分析腔室底部排样阀，半导体制冷器件被断电。由于油样处于凝固状态，此时无油样排出。油样温度逐渐上升，检测到油样刚刚通过过滤网时的温度，即是该油样的冷滤点。

（2）应用

柴油凝固点、冷滤点分析仪由柴油检测装置、冷却系统、氮气系统及油样回收系统组成。某炼油企业常减压装置、延迟焦化装置及加氢精制装置各安装一台双功能在线分析仪。典型的双功能在线分析仪系统流程图如图 12-1-19 所示。

在线分析仪离线标定：柴油在线分析仪现场安装完成后，应对在线分析仪进行离线标定。测试结果凝固点、冷滤点重复精度差值均应在±0.5℃范围之内，符合在线分析仪的检测指标要求。标定测试的结果显示，典型的柴油凝固点、冷滤点双功能同期在线分析仪，重复精度一般在±0.1℃～±0.25℃之间，与化验室测定值比较的平均差值为 0.7～0.8℃，符合性良好。

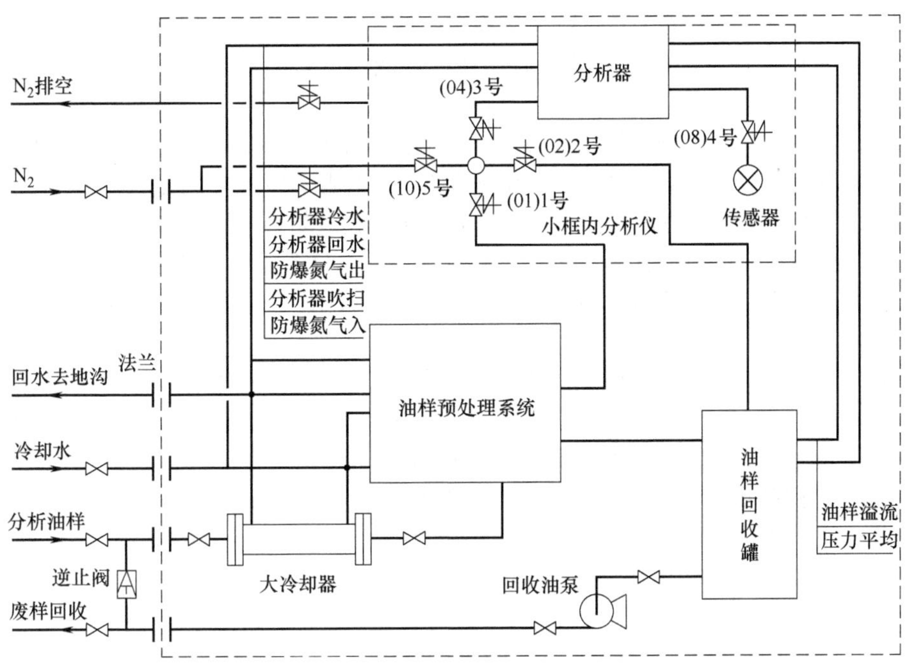

图 12-1-19　双功能在线分析仪流程图

1 号～5 号—电磁阀编号

12.1.6.3　倾点、冷滤点在线分析仪

倾点是反映石化产品低温流动性的一项重要质量指标。尽管凝点的试验方法与倾点的试验方法有所差异，但两者并没有本质的区别，都反映的是石油产品的低温流动性。以武汉华天通力 HTQD-1100 型在线倾点/冷滤点分析仪为例。该产品用于现场自动测量倾点(或冷滤点)，测量结果与实验室方法标准 GB/T 3535—2006、NB/SH/T 0248—2019 测定结果有很好的对应关系。

（1）工作原理

HTQD-1100 型在线倾点、冷滤点分析仪，使用特制的一体化传感器检测液体倾点和冷滤点。一体化倾点传感器，是根据油样低温时黏滞阻力发生变化的性质及低温时油样通过规定目数的滤网时的流通性特点而设计的。其工作原理如图 12-1-20 所示。

一体化倾点（或冷滤点）传感器的探测部分，放置在可冷却环境中，其中充满被测液体。当传感器通入电流时，探测敏感部分会发生位移或压力变化，检测部分感应出与位移成正比的信号。在充满液体的容器中，当液体温度升高时，液体黏滞阻力减小，检测敏感信号增大；当液体温度下降时，液体黏滞阻力增大，检测敏感信号减小。随着液体温度的降低，液体黏滞阻力增大，传感器的感应信号逐渐减小，当信号减小到设定的下限值时，此时的液体温度即为倾点值。这时，制冷器停止制冷，电磁阀打开进油，进入第二个测量周期。下限值的确定与样品的倾点有关，

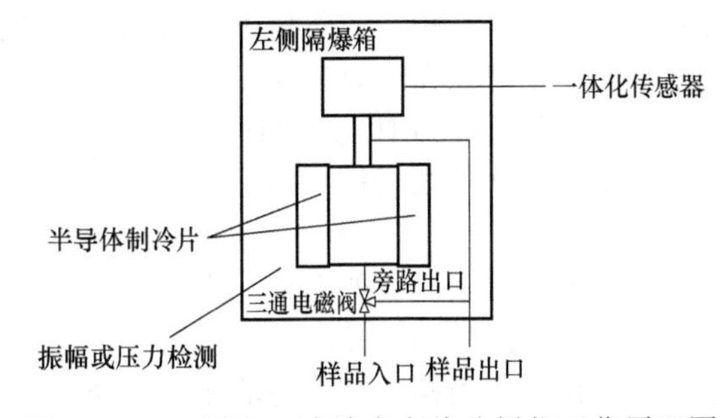

图 12-1-20　倾点、冷滤点在线分析仪工作原理图

样品的倾点可由标准方法（GB/T 3535—2006）获得。根据化验结果调整下限值（检测电压），使分析仪结果与化验重合，达到连续、周期性检测液体倾点的目的。

（2）仪器特点

仪器采用特殊旋转振动或差压特征方式，准确捕捉低温时油品的倾点、冷滤点值，具有快速、准确、可靠性高和维护量小的特点。特制的低功耗低阻半导体制冷组件，效率高，温差大，故障率低。采用低压大电流直流可控大功率电源及可编程逻辑控制器（PLC），对制冷器进行制冷控制，采用彩色液晶触摸屏作为显示及人机对话界面。仪器输出信号采用RS-485/Modbus通信接口或直流4～20mA。防爆标志为Ex dⅡCT4，满足石化行业现场使用的安全要求。

分析仪主要技术指标如下：

应用范围：用于柴油、润滑油及生产过程中相关产品的在线倾点（或冷滤点）自动分析；典型量程：−30～+20℃；准确度：≤±1℃；重复性：≤±1℃；稳定性：≤1℃/kh；测量周期：2～12min；输出信号：直流4～20mA，有保持功能，RS-485通信接口。

样品条件：样品压力小于1MPa，进出口压差大于0.15MPa；温度低于60℃，最低高于被测倾点25℃，无明显水珠、杂质和气泡。分析仪防爆标志：Ex dⅡCT4。安装场所要求无腐蚀气体、无强烈振动、无阳光直射、防风防雨。

12.1.7 在线冰点分析仪器

12.1.7.1 冰点及实验室测定法

冰点是评定航空汽油和喷气燃料低温性能的质量指标。航空汽油和喷气燃料都是在高空低温环境下使用的，如果出现结晶就会堵塞发动机燃料系统的滤清器或导管，使燃料不能顺利泵送，供油不足，甚至中断进油，这对高空飞行来说是十分危险的。冰点温度作为工艺控制参数或待售产品的检测参数，对产品使用用途至关重要。

实验室冰点测定方法的国家标准是GB/T 2430—2008《航空燃料冰点测定法》。该标准是参考国外标准ASTM D2386/IP16修改制定的。标准规定的测定方法是：将25mL试样装入洁净干燥的双壁试管中，装好搅拌器及温度计，将双臂试管放入盛有冷却装置的保温瓶中，不断搅拌试样，使其温度平稳下降，记录结晶出现的温度作为结晶点。然后从冷浴中取出双壁试管，使试样在连续搅拌下缓慢升温，再记录烃类结晶完全消失的最低温度作为冰点。通常，结晶点与冰点值相差不超过3℃。国外大多采用冰点数据，国内习惯采用结晶点数据。

12.1.7.2 在线冰点分析仪的工作原理与技术特性

国内外各厂家生产的在线冰点分析仪大多是模拟实验室分析方法实现自动测量的。仪器基本原理是在不断制冷的条件下，用光散射和光反射检测法，来监视油样变化的状态。

（1）国产冰点在线分析仪

以武汉华天通力HTQD-1100F型在线冰点分析仪为例。该仪器符合GB/T 2430—2008规定。其工作原理与主要技术指标简介如下。

① 工作原理　该仪器工作原理参见图12-1-21。

检测过程如下：被处理过的样品进入样品池后，仪器开始控制半导体制冷器制冷。制冷器紧贴着样品池底部，样品开始降温。光源发出的光线以某种角度照射样品池。样品池底部经过抛光设计，当样品是均匀液体时，光束被反射到密封盒上并且被吸收。当样品温度逐渐降低时，样品中开始出现结晶，固-液相界面分散了反射光束，大量散射光投射到透镜上，而被光学检测器检测到。此后停止制冷，样品温度回升，结晶消失，光学检测器又检测不到反射光了，记录此时的温度即为冰点。

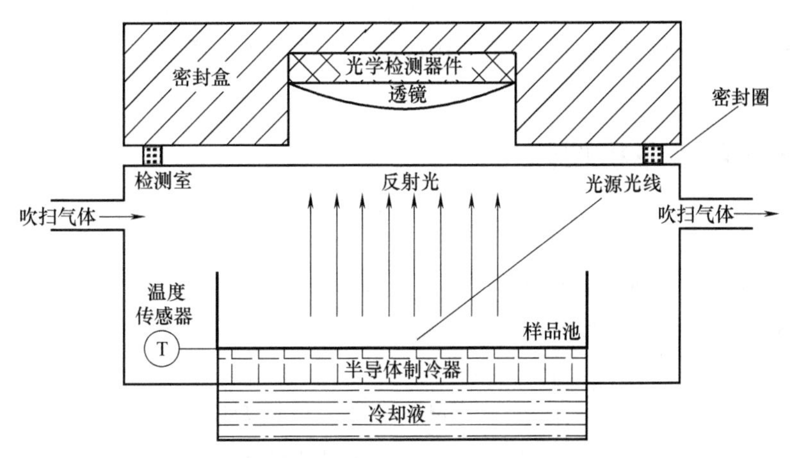

图 12-1-21 在线冰点分析仪原理图

② 主要技术指标 HTQD-1100F 型在线冰点分析仪的分析方法和结果与 GB/T 2430—2008 高度吻合。仪器测量指标符合标准规定。测量介质：航空煤油；测量范围：−70～10℃；分析周期：10～30min；重复性：≤±1℃；输出信号：RS485/Modbus 或 4～20mA；自带冷循环水系统。

（2）国外冰点自动分析仪

以英国 ATAC 公司 Model 4301 在线冰点分析仪为例。该仪器用于航空燃料冰点测量的自动在线分析，符合 ASTM D2386/IP16 标准规定方法。其工作原理与主要技术指标简介如下。

① 工作原理 装满样品的测试箱，在可控的速率下冷却，直到光检测器检测到试样产生蜡状浑浊，这时测试箱又在可控的加热速率下加热到蜡状浑浊消失。此时的测试箱温度就是所要测量的冰点温度。

冰点传感器和温度传感器的输出都会读入微处理器系统。冰点检测是基于冰点传感器输出的变化速率，这样可以确保冰点的检测独立于其他任何初始的反应。冰点检测通过温度变换器，转换成 4～20mA 信号输出。冰点分析仪检测的自动循环时间为 10～20min，每完成一次测量循环后，由程序设定进油时间对测试箱进行冲洗，然后仪器自动进入下一测量周期。

② 主要技术指标 测量范围：−70～10℃；重复性：±0.5℃；测量精度：好于或等于实验室测试准确度；自动循环时间为 10～20min。

12.1.7.3 在线冰点分析仪的影响因素分析

目前，国内使用的在线冰点分析仪，国外产品主要有 ATAC 公司 Model 4301 型及 BARTEC BENKE 公司 FRP-4 冰点分析仪等，国产主要有华天通力 HTQD-1100F 型在线冰点分析仪。在使用中，油品中不同种类、结构烃类及含水量会对检测结果产生影响，应给予重视。

（1）烃类组成的影响

油品中不同种类、结构的烃类，其熔点也不相同。当碳原子数相同时，通常正构烷烃、带对称短侧链的单环芳烃、双环芳烃的熔点最高，含有侧链的环烷烃及异构烷烃则熔点较低。油品中所含大分子正构烷烃和芳烃的量增多时，其浊点、冰点、结晶点就会明显升高，低温性能变差。如石蜡基原油炼制的喷气燃料油的冰点值，比中间基原油炼制的喷气燃料油的冰点值高得多。

（2）油品中含水量的影响

油品中含水可使其冰点值显著升高。轻质油品有一定的溶水性，由于温度的变化，这些水常以悬浮态、乳化态和溶解状态存在。在低温下，油品中的微量水可呈细小冰晶析出，会干扰检测光路的准确度，影响检测值。

12.1.8 在线色度分析仪器

12.1.8.1 检测技术

在线色度检测技术主要采用两种方法：第一种是利用光电色度计进行测量；第二种是利用分光光度计进行测量。这里主要介绍采用分光光度计测量色度，测量原理如图12-1-22所示。

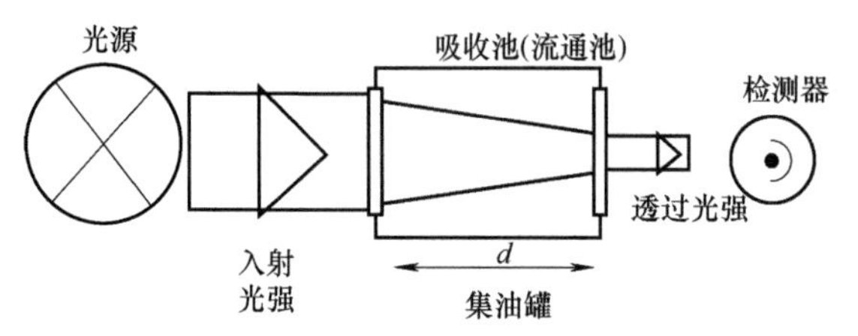

图12-1-22 在线色度的吸光光度法测量原理

仪器流通池中的水路被紫外光照射，紫外光被部分吸收，根据朗伯-比尔定律，以不饱和有机分子在UV350nm的吸收为基础，测量出吸收量。因此色度分析可以通过样品中溶解物或非溶解物对特定波长光的吸收来确定浓度。

典型的在线色度分析仪器一般是由光源、光学系统、流通池、检测器等几部分组成。

12.1.8.2 典型产品：瑞士SIGRIST公司ColorPlus系列在线色度计

仪器光学系统如图12-1-23所示。

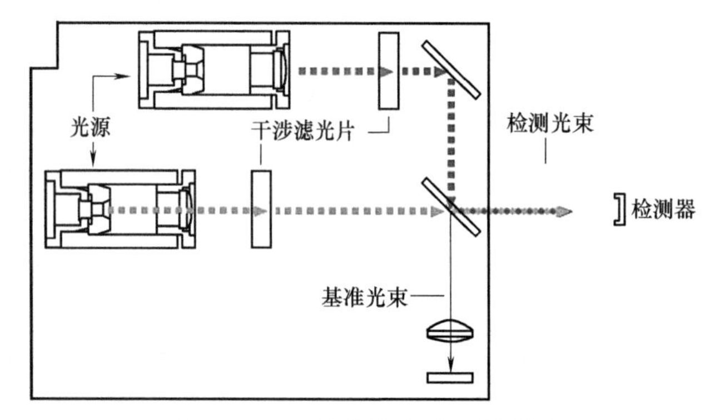

图12-1-23 在线色度计光学系统

ColorPlus在线色度计采用模块化结构，其外形参见图12-1-24。仪器由发生器、流通池、检测器及信号处理、操作显示控制单元组成，采用双光束测量，可对光源老化和温度进行补偿，具有多种测量用途，可用于过程分析的紫外吸光测量、黑曾（Hazen）色度或啤酒色度测量、浓度测量，以及空气或氧气或超纯水中的臭氧量测量。

该仪器分为插入式在线和取样式在线两种方式，根据任务最多可配置3个波长的光源（紫外光和可见光范围），配有多种流通池供选择或由用户定制，色度测量可带浊度补偿。不同色度单位Hazen、EBC、ASTM、Saybolt等可按应用选择并比对校准。额定范围0～3，分辨率0.0001，线性度±0.5%，仪器具有8个测量范围设定。

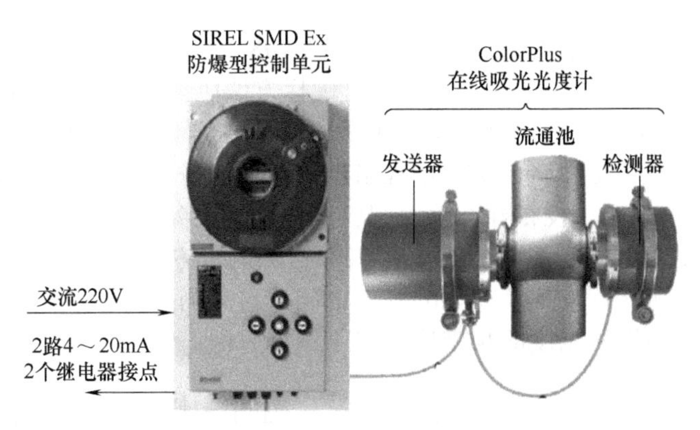

图 12-1-24　ColorPlus Ex 外形

12.1.9　光谱分析在油品质量检测中的应用

12.1.9.1　近红外光谱法在油品检测的应用

（1）概述

近红外光谱的波长范围为 800～2500nm。含氢基团（含有 C—H、O—H、N—H 等）的振动光谱倍频和组合频处于该区，不同基团(如甲基、亚甲基、苯环等)或同一基团在不同化学环境中的近红外吸收波长与强度都有明显差别，具有丰富的结构和组成信息，非常适合用于油品（主要为烃类）的组成与性质测量。近红外光谱测量光程较长，样品不需稀释便可直接测量，操作方便。近红外光谱谱带一般很宽，各基团的谱带交叠现象严重，传统近红外光谱法用于定量分析十分困难。由于计算机技术和化学计量学的应用，现代近红外光谱法在油品检测中已得到广泛应用。

近红外光谱分析中常用的化学计量学多元校正方法有：多元线性回归（MLR）、主成分分析（PCA）、主成分回归（PCR）、偏最小二乘法（PLS）、人工神经网络（ANN）和拓扑（topological）法等。近红外光可通过光纤进行长距离传输，大大拓宽了近红外光谱仪器的测量范围。各种光纤探头或流通池设计可以方便地对液体或固体样品进行离线和在线测量。在线测量时可直接将光纤探头放入装置加工的物流中或让被测物料流过流通检测池，避免离线样品取样存在污染、采样失真等问题。

由于采用光纤传输，可将测量池放在现场，将近红外光谱仪放在控制室内，就可实现对一些复杂、危险环境中的样品进行实时测量。采用多路光切换技术，可以实现一台近红外光谱仪对多点快速测量，具有分析速度快和测量效率高的优点。将近红外光谱仪测量的结果传送到 DCS 系统上，可最终实现实时分析指导控制的目的。

在线近红外光谱分析仪具有现场在线测量、响应速度快、可同时预测多种组分、使用维护方便和维护成本低等优点，较好地满足了过程在线分析的迫切需要。在石化企业的重要应用是在炼厂管道自动调和系统中进行汽油辛烷值或柴油十六烷值等的在线分析，以及测量油品的其他质量参数。目前，投用于各炼油厂自动调和系统的该类分析仪多为国外产品。

（2）油品分析的数据建模技术

例如，在某石化厂现场用于测定重烷基苯的性质获取了 45 个样本数据，随机选取 32 个样本数据建模，并用剩下的 13 个样本进行验证。图 12-1-25 显示了重烷基苯平均分子量的化学值与预测值的相关关系。

校正和验证相关系数分别为 R_c=0.997 和 R_v=0.998，校正标准偏差（SEC）为 2.920，验证标准偏差（SEV）为 2.740。测定平均分子量国标方法所要求的再现性标准偏差为 4.8，重复性标准偏差为 4.0，说明模型预测平均分子量的精密度优于国标方法。

图 12-1-26 显示了重烷基苯的 95%馏程温度的化学值与预测值的关系，校正和验证相关系数分别为 0.998 和 0.998，校正标准偏差和验证标准偏差分别为 2.180 和 1.910。对应的国标手工法测定的重复性标准偏差在 3.3～3.9 之间，自动测定方法的标准偏差在 3.9～4.4 之间；国标法手工测定的再现性标准偏差在 5.6～7.2 之间，自动测定的标准偏差在 7.2～8.9 之间。可见在线分析模型预测馏程温度的精密度也优于国标方法。

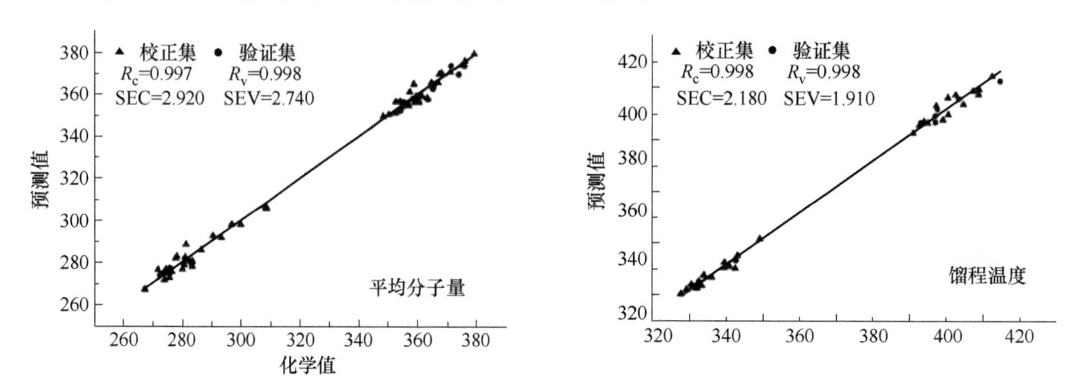

图12-1-25　重烷基苯平均分子量的化学值与预测值关系　图12-1-26　重烷基苯馏程温度的化学值与预测值关系

12.1.9.2　激光拉曼光谱技术在石化及油品分析中的应用

目前，激光拉曼光谱技术在石化及油品分析中的主要用途分为两类。一类用于研究领域，应用于催化剂的研究、油品分子结构的研究方面。另一类用于工业现场，如 PX 装置苯和芳烃类物质的含量分析和油品调和装置中油品综合性质分析。

PX 装置苯和芳烃类物质的含量分析，是拉曼光谱分析仪最早在工业现场的应用实例。因为样品中的水分和杂质对于激光拉曼光谱分析的结果影响很小，同时苯及其衍生物在激光拉曼光谱图中均具有独立的特征峰。红外光谱在苯及其衍生物的吸收谱图上无法独立分辨各个物质的特征峰，因此无法对苯及其衍生物进行定性分析。目前在 PX 装置均使用激光拉曼光谱分析仪进行定量分析。

汽油管道调和装置以催化汽油、重整汽油、MTBE 与少量非芳烃组分为原料，通过调节组分油的比例，可生产市场所需的各种成品。由于组分油已在生产过程中对馏程、蒸气压、硫含量与苯含量进行了控制，对于汽油调和过程而言，辛烷值与抗爆指数、芳烃/烯烃含量、氧含量等成为了关键指标。汽油组成相对简单，经试验表明荧光干扰很少，拉曼光谱分析的特征性使其特别适合上述关键指标的分析。

12.1.10　核磁共振在线分析在油品检测中的应用

在线核磁共振分析仪用于油品在线分析，特点包括：分析速度快；一台在线核磁共振分析仪可同时分析原油、汽、煤、柴等油样；能够同时输出凝固点、闪点、蒸气压、残碳、辛烷值、色度、密度等十几项分析数据等。

（1）NMR 分析物性模型的建立

利用 NMR 技术的特点能够对原油和馏分油的成分和分子结构进行准确分析。在烷烃、烯烃、单环芳烃、多环芳烃、杂环物质、酸、氧化物和水等不同的物质中，H 原子的化学环境以及对电子的屏蔽效应会有所差别，因此这些物质在 NMR 波谱中表现出不同的化学位移。

NMR 是一种高端分析仪器技术，可直接得到样品的微观结构和组成信息。NMR 分析技术主要由 NMR 分析仪和对 NMR 信号的解析两部分组成，必须两者有机结合，才能实现快速分析的目的。信息的解析需要专门的数学工具，以实现对样品物性的量化分析。不同的领域，NMR 信号的数学解析工具不同，炼油工艺领域基于 NMR 信号的物性分析通过化学计量学模型实现。因此，模型是 NMR 分析技术中信号解析的关键。

模型的建立包括以下几个步骤:

① 选择有代表性的样品进行 NMR 扫描，得到 NMR 谱图。

② 采用常规方法对油样的元素含量、密度、黏度、水含量、残炭、馏程等各种物性进行精确地测定,得到较为可靠的物性数据。

③ 采用偏最小二乘法将谱图信息和物性数据进行关联。偏最小二乘法是一种多因变量对多自变量的回归建模方法，很好地解决了以往用普通多元回归无法解决的问题。它对变量 X 和 Y 都进行分解，从变量 X 和 Y 中同时提取成分(通常称为因子)，再将因子按照它们之间的相关性从大到小排列。根据需要选择较为合理的因子数，便可找到一个用线性模型来描述独立变量 Y 与预测变量组 X 之间的关系式：

$$Y = b_0 + b_1x_1 + b_2x_2 + \cdots + b_px_p$$

式中，b_0 是截距；b_p 的值是数据点 1 到 p 的回归系数。

根据此方法，选取谱图中与物性关联度较大的信号区段。将这些点与物性数据进行关联。求出相应的系数，得到宏观物性与微观样品结构有直接对应关系的数据模型。

基于 NMR 技术的物性模型校准后即可使用，模型的准确性与建模过程中所用的数据量有较大的关系。通常，使用的数据量越多，得到的分析模型越精确。

实践中分别对多组原油、柴油加氢原料、催化裂化原料、加氢裂化原料进行了测量。在积累了每种原料油多组实际分析数据和核磁谱图后，建立了相应物性的分析模型，并应用在日常分析工作中。同时，随着各原料油分析数据的增加，对各物性分析模型也不断地进行更新和校正。

（2）NMR 分析仪在催化装置的应用

国内某石化企业催化装置应用了 Invensys 公司的 NMR 在线核磁分析系统，对装置原料、产品等多种物料的多个参数进行分析。催化装置核磁共振分析系统框图如图 12-1-27 所示。

根据催化裂化装置的工艺现状和条件，某公司提供了多物流核磁共振在线分析仪，对原料油、稳定汽油、柴油都安装了取样管线，用于催化裂化装置进料和产品质量测量。催化装置核磁共振分析质量指标参见表 12-1-1。

表 12-1-1　催化装置核磁共振分析物料物性表

产品或原料	检测指标
柴油	干点、闪点
汽油	10%馏分点、RON、烯烃含量、干点
进料	500℃馏出量、密度、残炭、芳烃含量、烷烃含量

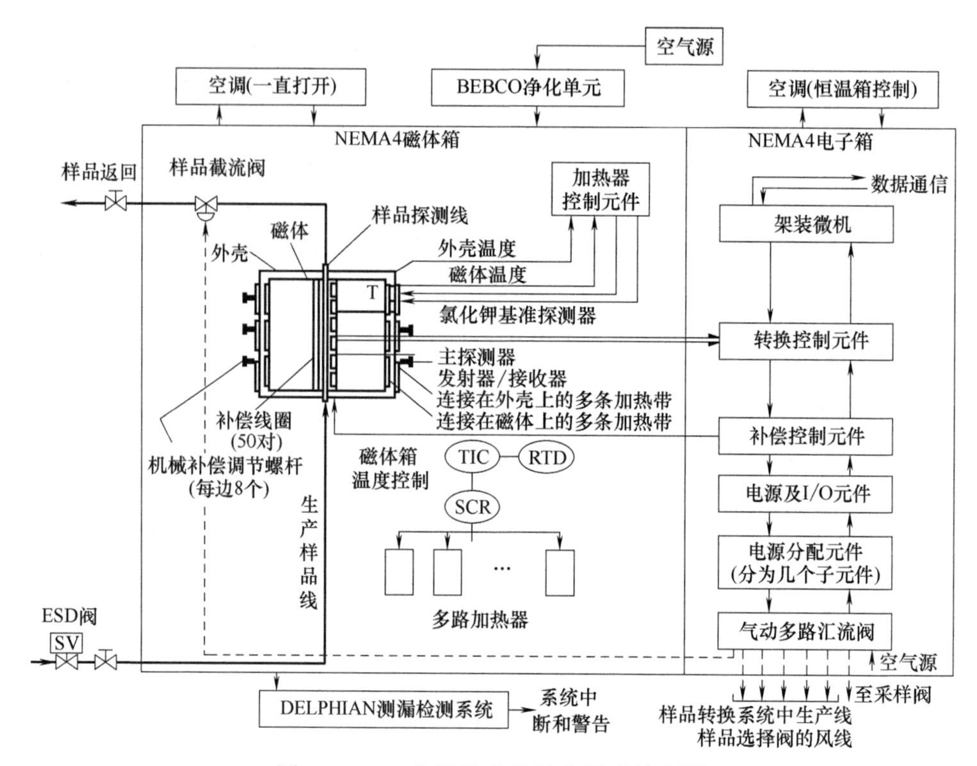

图 12-1-27 在线核磁共振分析系统框图

核磁共振在线分析系统的安装要求是：介质温度要求稳定在60～70℃；取样管线应具有5L/h的流通能力，使分析滞后尽可能小。由于三种物流互相切换用的是气动切换阀，要求风压≤0.38MPa。否则系统不能正常运行。根据上述要求，将取样线进口开在泵后，而将出口开在回炼油罐，同时采用电加热，以保证温度。

在核磁共振分析仪安装完毕，经过一年的运行调试后，将分析仪和化验室的数据进行比对，以馏分油化验室分析与NMR在线分析仪分析数据为例，其对比如表12-1-2所示。

表 12-1-2 馏分油化验室分析与NMR在线分析仪分析数据对比

时间	芳烃含量			烷烃含量			残炭			密度			500℃馏出量		
	化验室	NMR	误差	化验室	NMR	误差	化验室	NMR	误差	化验室	NMR	误差	化验室	NMR	误差
07-14	14.01	16.82	−2.81	82.65	79.5	3.2	0.3	0.36	−0.06	890.9	891.7	−0.78	73	72.2	0.81
07-15	14.92	17.36	−2.44	80.78	78.4	2.4	0.34	0.3	0.04	895.5	893.6	1.92	72	72.8	−0.8
07-17	14.72	16.75	−2.03	81.64	79.6	2.1	0.29	0.38	−0.09	890.9	892.6	−1.68	75	71	4.03
07-22	13.94	16.46	−2.52	81.37	80.4	1	0.32	0.42	−0.1	889.6	892.3	−2.72	72	71.1	0.91
07-24	13.03	16.18	−3.15	82.12	79.7	2.5	0.26	0.38	−0.12	886.4	889.8	−3.39	75	73.1	1.94
允许误差	1.2×4%			1.2×4%			1.2×0.245×2/3			1.2×1			1.2×2		
ASTM	2%			2%			0.2941			1.5			3		

从化验室分析与在线分析仪分析数据对比来看：馏分油的芳烃含量、烷烃含量、密度、残炭、汽油的10%馏分点、干点、烯烃含量等指标做得较准；汽油的辛烷值（RON）仅有个别数据不准；柴油的干点、闪点各有两点数据超标，仍需调整；馏分油的500℃馏出量虽然

超标，但相对误差很小。通过长期验证，NMR 系统分析结果快速、准确、可靠，能够为生产和优化及时提供各物料物性分析数据，进一步提高了企业效益。

12.2　在线硫分析仪器

12.2.1　在线硫分析仪器概述

12.2.1.1　定义与分类

石化行业的原料气、天然气及硫黄回收工艺的流程气中的含硫化合物，主要有 H_2S、SO_2 等无机硫化物，及 COS、CS_2、RSH 等有机硫化物。流程气的组分较为复杂、工况条件较恶劣，对样品取样处理及在线分析仪器的技术要求很高。这一类专用于石化行业流程气的含硫化合物在线分析仪器被称为在线硫分析仪。

在线硫分析仪通常是按照工艺过程的被检测对象或使用目的分类。流程工业常用的硫分析仪有：硫化氢气体分析仪，硫化氢、二氧化硫含量比值分析仪，总硫分析仪等。

在线硫分析仪因工业现场的被测组分、工况条件及工艺流程控制要求的不同，需采取不同的样品处理及在线分析仪器检测技术。常用的在线硫检测技术主要有：在线色谱法、在线光谱法（含比色法）以及电化学传感器等检测技术。

12.2.1.2　常用的硫化氢在线检测技术

在线硫分析最常见的是硫化氢 H_2S 在线分析，其检测技术如下：

① 醋酸铅纸带比色法　由于分析灵敏度高，可以检测硫化氢含量在 10×10^{-9} 以上的样品，价格适中，性价比好，因此使用较为广泛。该类仪器主要用于微量 H_2S 的监测，测量范围较窄。检测 H_2S 含量大于 50μmol/mol 以上的样品时，仪器要增加稀释系统，带来稀释测量误差。另外，醋酸铅纸带是消耗品，需经常更换，运行费用较高。

② 紫外吸收法　采用紫外光谱区的 SO_2、H_2S 等气体的特征光谱吸收原理，检测灵敏度和精确度较高，测量范围宽。紫外吸收法测量 SO_2、H_2S 等气体几乎没有水分干扰，适用于被测气体中湿度高的硫化物在线检测。紫外吸收法特别适用于硫黄回收工艺 H_2S、SO_2 含量的比值分析。

③ 激光光谱法　采用可调谐二极管激光吸收光谱（TDLAS）测量技术，常用于天然气中的 H_2S 监测。激光光谱法测量 H_2S 的工作波长为近红外区的 1577nm，检测下限可达每米光程 5μmol/mol。采用原位安装的激光在线气体分析仪，不存在取样与排放安全问题，具有系统简单、费用低、抗交叉干扰能力强、精度高、维护量小等优点。

④在线气相色谱法　过程气相色谱可根据监测需要配置各种色谱检测器，以适用于不同气体的在线监测，具有测量组分多、测量范围宽、检出限低、重复性好等特点。常量的硫化氢气体检测大多采用热导检测器（TCD），微量硫化氢气体检测大多采用火焰光度检测器（FPD）。

⑤ 电化学传感器法　广泛用于有毒有害气体的检测与报警。电化学传感器有专用于检测 SO_2、H_2S 等含硫气体的传感器，测量精度虽不高，但价格较低，使用方便，大多用于便携式 SO_2、H_2S 等气体检测仪，以及用于有毒有害气体的固定式检测报警系统。

12.2.1.3　硫化氢、二氧化硫含量比值检测

在硫黄回收的工艺过程监测中，需要对尾气中 H_2S、SO_2 含量进行分析，特别是需要实时监测硫化氢、二氧化硫含量比值，此类仪器简称硫比分析仪，最常用的检测技术是紫外吸收法。

在线硫比分析仪的典型产品是美国AMETEK公司880NSL硫比分析仪，采用紫外吸收法。选择的特征吸收波长分别为：H_2S 232nm、SO_2 280nm、含硫蒸气 254nm，采用的参比特征波长为 400nm，可同时测量硫黄回收装置的 H_2S、SO_2 含量比，以及尾气排放的 SO_2 气体。该产品在国内石油化工等行业已有广泛的应用。

12.2.1.4　总硫分析检测

在线硫分析技术中，总硫分析检测是应用最多的测量技术。总硫分析仪是用于测量气体或液体样品中无机硫和有机硫总含量的仪器。常用的检测技术主要有：

① 醋酸铅纸带比色法　是在醋酸铅纸带比色法 H_2S 分析仪基础上，增加一个加氢反应炉构成。被测含硫化物的气体样品通过加氢反应，将所有的硫化物都转化成 H_2S，再通过醋酸铅纸带比色法 H_2S 分析仪测量，只能用于含硫化物的气体样品测量。

② 化学发光法　是灵敏度最高的总硫分析方法。加拿大 CI 公司 2020 型、2010 型总硫分析仪的最小检测限可以达到 10^{-9}。在石化行业的乙烯、丙烯聚合工艺中，要求总硫含量小于 0.1μmol/mol（10^{-6}）甚至小于 0. 03μmol/mol，只有化学发光法可以实现此种在线分析。

③ 气相色谱-火焰光度法　主要采用 FPD 用于气体样品的总硫分析检测。气相色谱法可以测量样品中含有的各种硫化物含量；适合测定含硫量大于 10μmol/mol 的样品。该方法采用外标法校准，定量比较复杂，需要有各种含硫组分的标样；当含硫组分数量在 5 个以上时难以实现定量分析。

④ 紫外荧光法　是目前应用最广的总硫分析法，灵敏度仅次于化学发光法，测量范围宽，选择性好，几乎不受其他物质干扰，没有什么消耗品，对气体、液体（包括废水）样品都适用，适合用于石油化工行业的总硫分析。

⑤ X 射线荧光法　该法有能量色散和波长色散两种类型。能快速同时测定油品的多种元素成分，既能检测硫，也能检测镁、铁、钴、镍等金属元素。既可测液体，也可测固体，测量时不破坏样品。但灵敏度较低，存在对人体有害的射线。

12.2.1.5　应用

在线硫分析仪主要用于石油化工、天然气等行业的脱硫及硫黄回收等装置，对各种气体及液体中的无机硫及有机硫等组分进行在线监测。

石化行业的原料气、天然气、炼厂气和石油产品的工艺过程都需要脱硫监测。例如，合成氨、甲醇装置的原料气中的含硫化合物，对生产过程危害很大，不仅腐蚀设备，而且会使催化剂中毒。天然气中的含硫化合物会在开采、处理和储运过程中造成设备和管道腐蚀。石油炼制过程的含硫化合物，富集于液化气、干气以及加氢装置的循环氢气等炼厂气中，同样会腐蚀设备并影响产品质量、影响下游产品加工以及污染环境，并存在安全隐患。

另外工艺过程气体需要脱除硫化物并采用硫黄回收装置。在硫黄回收及尾气净化的工艺在线分析中，也需要在线监测硫化氢及二氧化硫等气体。硫黄回收装置的在线监测，不仅用于工艺过程分析，也用于安全防护及尾气排放的监测。

典型的应用技术如下：

（1）在合成氨、甲醇装置的应用

合成氨原料气中都含有硫化物，其中大部分是无机硫化物，如 H_2S；还有少量的有机硫化物，如 COS、CS_2、RSH 等。以煤为原料制得的煤气中，一般含硫化氢 1～6g/m^3，有机硫 0.1～0.8g/m^3。用高硫煤作原料时，硫化氢含量高达 20～30g/m^3。天然气、轻油及重油中硫化物含量，因产地不同，差别很大。

原料气中的硫化物，对合成氨、甲醇生产危害很大，不仅能腐蚀设备和管道，而且能使生产过程所用的催化剂中毒。例如，天然气蒸气转化所用镍催化剂，要求原料气中总硫含量小于 0.5μmol/mol；铜锌系低变催化剂要求原料气中总硫含量小于 1 mg/m^3。若硫含量超过上述标准，催化剂将中毒而失去活性，因此，必须对原料气进行脱硫处理。

甲醇装置的主要原料是天然气和煤，炼油厂制氢装置的主要原料是天然气、石脑油、焦化干气、液化石油气、重整抽余油等。原料气制备工艺与合成氨装置基本相同。为了防止腐蚀设备和催化剂中毒，也必须对原料气进行脱硫处理。

脱硫方法和工艺很多，在脱硫后需要采用总硫分析仪对原料气中的总硫含量进行分析、以便指导工艺操作并监测脱硫效果。

（2）硫黄回收装置的在线应用

石化等工艺过程中的硫黄回收装置的酸性气，通常是指天然气处理厂脱硫，合成氨、甲醇、制氢装置的原料气脱硫，炼油厂加氢装置循环氢气脱硫，以及含硫污水汽提脱硫等所产生的含硫气体。从资源利用及环境保护方面考虑，酸性气中的硫均应加以回收。

目前主要采用克劳斯法将硫化氢转化成硫黄予以回收。克劳斯硫黄回收工艺中，需要采用硫比分析仪，对尾气中 H_2S、SO_2 含量进行分析。

通过尾气中的硫比值的分析数据，合理实现酸性气/空气配比控制，优化工艺过程控制；同时可以监测尾气处理装置排放气体中 SO_2 的含量，防止超标排放。

（3）天然气处理和管道输送的监测应用

天然气工业使用的硫分析仪主要是硫化氢分析仪，主要用于天然气处理的脱硫工段，测量脱硫前后天然气中 H_2S 含量，监视脱硫效果，指导工艺操作。

也用于天然气管道输送系统，监视管输天然气中的 H_2S 含量。H_2S 是酸性气体，遇水会生成氢硫酸，腐蚀管道和设备，因此要严格控制管输天然气中的 H_2S 含量，一般要求 H_2S 含量$<$20mg/m^3。

（4）安全防护监测应用

H_2S 的职业中毒限值为 10μmol/mol。在硫黄回收装置的硫黄池，以及各种脱硫装置的泄漏源等处，应设置硫化氢含量检测报警装置，以确保人身安全。

12.2.2 在线气相色谱仪用于硫化物分析

12.2.2.1 用于炼油厂酸性气分析

在线气相色谱仪常用于炼油厂硫黄装置含硫物的酸性气在线检测。炼油厂酸性气主要来源于干气脱硫、加氢装置的循环氢气脱硫和含硫污水汽提装置，含有硫化氢（H_2S）、二氧化碳（CO_2）、烃类（HC）、氨（NH_3）等成分，其大致组成见表 12-2-1。

表 12-2-1　某炼油厂硫黄装置酸性气组成

组分	范围（体积分数）/%	设计值/%	组分	范围（体积分数）/%	设计值/%
H_2S	75～90	80	NH_3	1～2	1.5
CO_2	10～15	12.5	H_2O	3～5	4
HC	1～2	2	总计	100	100

由于 H_2S、HC、NH_3 在克劳斯装置的热反应段——燃烧炉内都会发生氧化反应，它们都是耗氧成分，都会对配风控制产生影响。采用在线色谱分析仪对酸性气进行全组分分析，根据耗氧成分含量计算需要配风量，是十分合理的。由于 H_2S 具有强腐蚀性和毒性，该方案要考虑系统防腐蚀、操作安全和排放安全等问题。

在线气相色谱仪在一个取样分析周期内，通过流路切换与色谱柱分离技术，将样品组分分离并送入不同检测器，可全面检测样品气：氮、二氧化碳、硫化氢、二氧化硫、羰基硫、二硫化碳、烃类及氨的含量。通过在线色谱的全组分分析与计算，可以较为准确地控制配风量，使操作人员及时了解原料气的组成，有利于工艺操作。

该方案对样品处理系统要求高。酸性气中的水分（约 5%）与 H_2S、CO_2 结合会造成腐蚀，且硫化氢有剧毒、吸附性强，要求样品管路系统应严格密封、管道耐腐蚀、内壁光洁；样品取样传输过程应伴热保温，以防水分冷凝析出。当酸性气中同时含有 CO_2 和 NH_3 时，二者化合生成铵盐，会改变样品的组成；更严重的是铵盐结晶析出，将造成管路堵塞。此时要求样品系统应伴热保温在 140℃以上，以防铵盐的产生及结晶的形成。

在线色谱仪也适用于含硫化合物的总硫分析，包括用于检测工艺气、汽油、柴油中的总硫含量。例如，ABB 公司的 PGC 2007 在线色谱法总硫分析仪，是用于检测气体和液体中含硫化合物专用的总硫分析仪。它先用高温氧化的办法将样品中的硫化物转化为二氧化硫，再用色谱柱把燃烧产物中的二氧化硫与二氧化碳分开，然后采用 FPD 检测样品中的二氧化硫含量，从而得到总硫含量。

在线色谱法总硫分析仪的最小测量范围是 $0\sim15\times10^{-6}$，测量下限可达 1×10^{-6}，重复性与精确度可满足 ASTM 7041-04 的要求。

12.2.2.2　用于燃料油硫含量分析

在线气相色谱仪把燃料油（汽油、柴油）中的各种硫化物燃烧转化为二氧化硫，通过测量二氧化硫浓度即可测出总硫含量，3～5min 即可完成一个分析周期。

样品检测过程如下：

（1）样品准备

燃料油中微量的硫和硫化物很容易被接触的管道表面吸附，为保证测量的准确性必须尽可能避免或减少吸附作用的发生。采用液体进样阀，周期性地重复进入少量样品。燃料油沸点范围较宽，汽油沸点为 270℃，柴油沸点高达 400℃，为保证样品完全汽化采用专门的样品汽化器。带压的液体样品经过毛细管喷嘴形成极为细小的液滴，在数百倍氮气稀释和高温作用下完全汽化。样品汽化和转化流程参见图 12-2-1。

（2）样品转化

汽化后的汽油或柴油样品连续进入火焰离子化检测器(FID)的燃烧室，在 1250℃的氢火焰下燃烧，烃类转化成二氧化碳和水，硫元素转化为二氧化硫。燃烧过程中硫不与任何表面接触，以避免发生吸附作用。FID 信号还可以监测样品流量和转化效率。在高温作用下 99.97%以上的硫元素可有效转化为二氧化硫。

（3）分离和检测

样品分离检测系统参见图 12-2-2。FID 出口混合气体中含有空气、二氧化碳、二氧化硫、水。二氧化硫的浓度代表样品中总硫含量。色谱分离系统由一个进样阀、一个柱切阀和两根色谱柱组成。混合气体连续经过气体进样阀，第一根色谱柱初步分离空气、CO_2、SO_2 和水并反吹水至出口，第二根色谱柱彻底从 CO_2 中分离出 SO_2，并在氮气载气的作用下送到火焰光度检测器(FPD)进行检测。分析周期约为 3min。

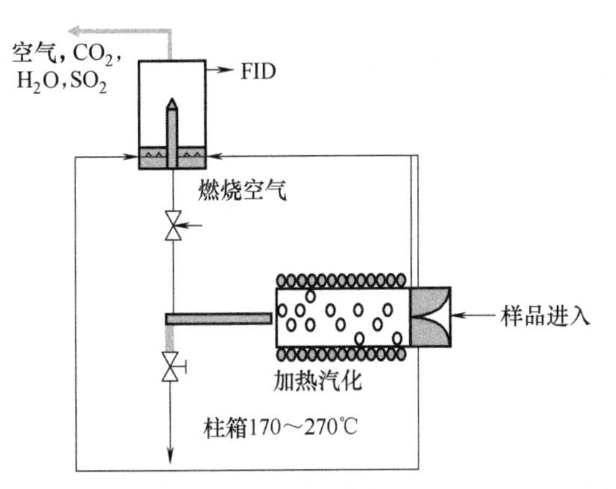

图 12-2-1　样品汽化和转化流程

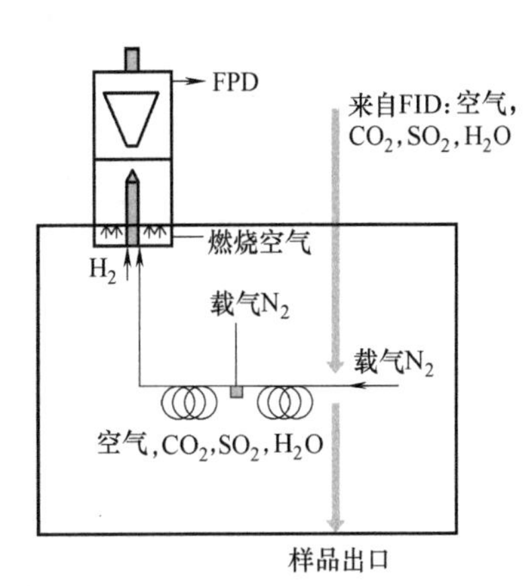

图 12-2-2　样品分离检测系统

12.2.3　紫外吸收法硫化氢与二氧化硫含量比值分析仪

12.2.3.1　概述

紫外线吸收法硫化氢与二氧化硫含量比值分析仪器主要用于克劳斯硫回收装置的在线监测。紫外吸收法主要分析尾气中 H_2S、SO_2 的含量，反馈调节进入酸性气燃烧炉的空气量，以保证过程气中 H_2S、SO_2 含量比为 2∶1，从而使 Claus 反应转化率达到最高，提高硫回收率，减少硫损失。紫外吸收法在线气体分析仪通常安装在捕集器出口的尾气管线上。

根据工艺反应机理，反应后的尾气中硫化氢与二氧化硫含量比值达到 2∶1 时，装置的硫黄回收率高，废气的排放浓度低，对环境污染少。硫化氢与二氧化硫的含量取决于燃烧反应，主要受助燃空气的影响，要控制尾气中的硫化氢与二氧化硫的比值就必须重点控制燃烧空气的流量，形成一个酸性气、空气配比控制系统。在这个系统中，由紫外线分析仪执行硫化氢与二氧化硫的含量测量，实现燃烧空气流量的控制。

12.2.3.2　检测原理与应用

以美国 Ametek 的 880-NSL 紫外吸收法硫化氢、二氧化硫含量比值分析仪为例。该仪器的检测器是一个多波长、无散射紫外分光光谱仪。

880-NSL 紫外吸收法分析仪的检测原理参见图 12-2-3。

在 880-NSL 分析仪中，一束由氙灯发出的紫外闪烁光通过样气室后再进入检测器。仪器完成一系列计算，包括把测量吸收率转换成 H_2S 和 SO_2 的含量。H_2S 和 SO_2 含量的测量值由背景硫蒸气吸收率、样气温度和样气压力修正。该仪器可测量四路互不干涉的紫外光吸收率，其中三路分别测量硫化氢、二氧化硫和硫蒸气，第四路波长作为参比基准，以补偿和修正由于石英窗不干净、光强变化和其他干扰对测量精度的影响。仪器的光电检测器有四个硅光电二极管，每个二极管前都有特定波长的滤光片。四个测量信号中的三个是 232nm、280nm、254nm 的测量信号，分别对应 H_2S、SO_2、硫蒸气的特征吸收波长，另一个是 400nm 的参比信号。

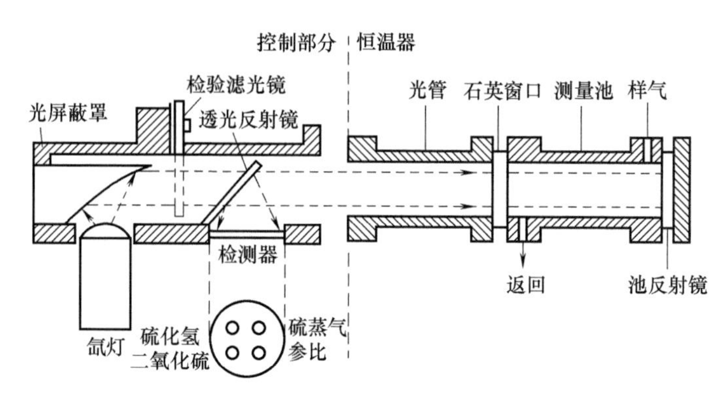

图 12-2-3　880-NSL 分析仪的检测原理图

在硫黄回收工艺流程的尾气中，氮、氧、二氧化碳、一氧化碳、氩和水是不吸收紫外光的，只有羰基硫（COS）、二硫化碳（CS_2）和硫蒸气是影响测量的潜在干扰因素。CS_2 的吸收系数：在 280nm 波长时，是 SO_2 吸收系数的 1/200；在 232nm 波长时，是 H_2S 吸收系数的 1/100。因此，CS_2 的干扰可不考虑。COS 在 280nm 时没有吸收，但在 232nm 波长处吸收系数为 H_2S 吸收系数的 1/2。所以样品中的 COS 会给 H_2S 的测量结果带来正的偏差。如果工艺操作正常，样品中的 COS 含量不会超过 0.05%，对测量结果影响不大。硫蒸气对 H_2S 的干扰是对 SO_2 干扰的 2 倍。当尾气中 H_2S 与 SO_2 含量比值等于 2∶1 时，硫蒸气对比值的干扰可以忽略。但在实际的装置运行中，通常比值会偏离 2∶1，硫蒸气的存在会对测量结果造成影响。在 880-NSL 尾气分析仪中，专门设置了测量硫蒸气的光路，从而解决了硫蒸气的干扰问题。

880-NSL 的取样和样品处理技术较复杂，由于尾气中的硫黄呈雾状存在，一旦进入分析器将污染样品室，甚至堵塞测量管路。有关应用及取样处理介绍，参见本书 16.3.2。

880-NSL 的主要技术指标如下：

测量范围：H_2S 0～2%（可调），SO_2 0～1%（可调）；测量精度：±2%FS；测量灵敏度：±0.5%FS；线性误差：±0.6%FS；重复性误差：±1%FS；响应时间：测量 90%小于 3s，系统 90%小于 10～15s。

880NSL 仪器直接安装在尾气工艺管道上，无须取样管线，响应时间不到 10s。国产仪器主要有聚光科技的 OMA3510。

12.2.4　在线紫外荧光法总硫分析仪

12.2.4.1　检测技术及原理

采用高温燃烧、紫外荧光法检测液态或气态碳氢化合物中的硫含量。碳氢化合物样品经过高温燃烧后，各种含硫化合物（例如 H_2S、COS、甲硫醇、苯并噻吩、二苯并噻吩、硫化物、二硫化物和硫醇）中的硫元素转化为二氧化硫气体，在载气的带动下通过高效膜式干燥器，然后进入紫外荧光检测器进行检测。碳氢化合物样品，如柴油、汽油或其他常见石油馏分（例如石脑油）等，一般为液体。进样系统将要分析的样品定量注入到燃烧管（保持在1000℃高温）中。样品在填有催化剂的燃烧管中汽化并在氧气氛围中充分燃烧，生成含有二氧化碳、水蒸气和二氧化硫等的混合气体，燃烧过程中产生的二氧化硫总量与样品中的总硫含量成正比。

紫外荧光总硫分析方法检测过程，是待测样品首先进入氧化裂解炉（内有石英裂解管，样品从石英裂解管中通过），在富氧环境下样品中的含硫化合物被氧化裂解，生成 SO_2、CO_2、H_2O 等组分，然后经 Nafion 管干燥器除去水分，再进入紫外荧光检测器检测。SO_2 在紫外光（190～230nm，中心波长为 214nm）照射下生成激发态 SO_2^*，激发态 SO_2^*不稳定，会很快衰变到基态。激发态在返回到基态时伴随着光子辐射，发出特征波长荧光（240～420nm），经滤光片过滤后被光电倍增管接收并转化为电信号放大处理。

测量过程中发生的反应有：氧化裂解反应、紫外激发反应、发射荧光反应。根据朗伯-比尔定律，当紫外灯光强不变时，二氧化硫气体荧光强度 $I_{荧}$与其浓度 c 成正比，而二氧化硫浓度和总硫浓度是一致的，这就是总硫定量分析的依据。

12.2.4.2　仪器组成

紫外荧光法总硫分析仪的基本组成，主要包括：样品条件系统、进样阀、氧化裂解炉、Nafion 管干燥器、硫检测器、干燥净化器、吹扫系统以及相应的控制、数据处理电路等。

① 样品条件系统：该方法适用的样品范围很宽（对原油、渣油以及固体样品也能分析），基本不受其他物质干扰，所以在检测气体，液化石油气、汽油、柴油等液体样品时不需要复杂的样品预处理系统，对碱性较强的样品和较高浓度的 HF 样品不太适合。

② 氧化裂解炉：属于管式炉，内部的石英裂解管有两个进气支管，一个支管是载气（氢气或氮气）和样品入口；另一个支管是裂解氧气入口。炉温一般设定在 1000～1100℃，由两个热电偶测温对炉温进行反馈控制，并带有过温保护继电器，样品在这里完成氧化裂解。裂解管出口末端要填充适量的石英棉，用来防止样品燃烧不充分积炭时污染后面的样品流路。

石英裂解管在 1000℃高温工作较长时间后，管内壁会起毛并吸附硫组分，从而引起测量偏差。对于硫含量很低的样品，测量影响尤其大。所以对于硫含量低于 1μmol/mol 的样品，石英裂解管的寿命一般为 1 年；如果样品硫含量在 1μmol/mol 以上，石英裂解管的寿命可延长至 3 年甚至更长。

③ Nafion 管干燥器：在一个聚丙烯外壳中装有多根 Nafion 管，样品气从管内流过，净化气从管外流过。样品气中的水分子穿过 Nafion 管半透膜被净化气带走，从而达到除湿目的。除湿是为了防止样品气进入检测器后水分冷凝为液态而干扰硫的检测，以及水分的存在导致荧光淬灭，影响检测灵敏度。

④ 硫检测器：硫检测器是仪器的核心部件，由紫外灯、干涉滤光片、石英窗、不锈钢反光桶、滤光片、光电倍增管组成，其原理如图 12-2-4 所示。

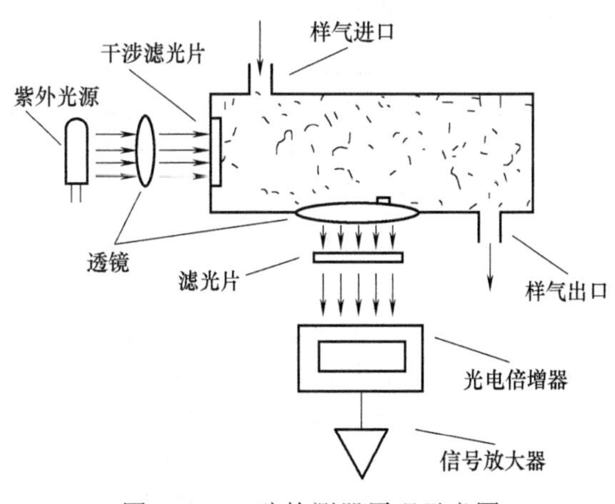

图 12-2-4　硫检测器原理示意图

经 Nafion 管干燥器除水后的样品气体在这里完成荧光反应和测定。紫外光源提供紫外光能量，激发二氧化硫。一般都采用脉冲笔式锌灯（内充氙气），因为锌灯的能量主要集中在214nm附近，与二氧化硫的激发能量相符，可以得到高灵敏度和低背景噪声。干涉滤光片中心透过波长为214nm左右，与二氧化硫的激发能量一致，其作用是提高选择性，减少干扰。不锈钢反光桶的内表面抛光处理成镜面，使二氧化硫激发的荧光集中到光电倍增管，以提高灵敏度。滤光片透过波长为300～350nm，尽可能只使二氧化硫发出的荧光穿过，射至光电倍增管，以减少干扰。光电倍增管中心接收波长为320nm，专门接收二氧化硫发出的荧光，再将光信号转变为电信号，然后放大处理并传输记录。

⑤ 干燥净化器：内装分子筛和活性炭等干燥剂，目的是吸附二氧化硫等反应产物，以免直接排放，造成大气污染。干燥剂需要定期更换。

12.2.4.3 典型产品

以美国Thermo Scientific SOLA Ⅱ紫外荧光分析仪为例。Thermo Scientific SOLA Ⅱ使用脉冲紫外荧光（PUVF）光谱测定法测定总硫。该方法将各种含硫化合物转化为气态的SO_2；用特定波长的紫外光（$h\nu_1$）照射基态SO_2，使其转变为激发态SO_2^*；激发态SO_2^*不稳定，将很快返回基态并释放能量，产生另一波长的辐射荧光（$h\nu_2$）。被测样品中的总硫含量与辐射荧光成正比。

分析时，仪器通过一个自动进样阀，由载气（通常流量为75mL/min）将样品带入加热柱箱。在柱箱内，样品被加热到190℃发生汽化，然后与大量的空气（通常流量为200mL/min）一起进入混合腔。样气经过混合腔后进入裂解炉，在1100℃被充分转化为CO_2、SO_2和少量的水蒸气。混合气体进入PUVF检测器，在测量池内SO_2被特定波长的脉冲紫外荧光（$h\nu_1$）照射，从基态进入激发态，瞬时又返回基态，同时释放出另外一种特定波长的辐射荧光（$h\nu_2$）；所放射出的荧光强度信号被光电倍增管（PMT）放大、转换；经过处理的信号通过数据通信系统传输给过程控制系统。光电二极管作为反馈回路的核心，控制紫外光的强度，使其保持恒定。始终保持恒定的紫外光强度是SOLA II的独到技术，它可以使测量结果保持长周期的稳定。脉冲式紫外荧光光谱测定法检测低限可以达到25×10^{-9}。

12.2.5 在线X射线荧光法总硫分析仪

12.2.5.1 检测技术

X射线荧光（XRF）光谱分析方法主要用于样品中的元素（从钠到铀）分析。随着清洁燃料法规的实施，油品中总含硫量的允许值不断降低，需要自动在线测量油品中的硫含量，以确保符合规定并优化工艺。在线X射线荧光分析仪可用于各种油品的硫含量在线分析，如原油、重油、润滑油、汽油、柴油等。

X射线荧光法总硫在线分析仪的测量原理，是采用X射线管发出的连续X射线照射样品得到样品中各种元素的信息。通过对X射线荧光光谱的分析，就可确定被测样品的化学组成和各种元素含量。通常，能量色散型X射线荧光（ED-XRF）方法局限于分析高硫含量的油品；在分析低硫含量的油品时，可采用波长色散型X射线荧光（WD-XRF）方法。

X射线荧光光谱仪是一种无损检测方法。被测样品在测量前后，无论其化学成分、重量、形态等都保持不变。该仪器用于在线分析速度快，可以预筛选大量样品；检测一个样品中诸元素只需3min左右；仪器分析精度高，准确度好，检出限可达10^{-6}（质量分数）。仪器自动化程度高，可以对元素进行快速定量分析。

12.2.5.2　典型产品

（1）典型产品 1：美国 ASOMA 公司生产的 282T 型硫分析仪

282T 型硫分析仪采用能量色散 X 射线荧光（ED-XRF）技术，主要用于分析柴油硫含量，其性能指标符合标准 ASTM D4294，在 3δ（3 倍标准偏差）精度时的最低测量范围为 20 μg/g。

新推出的 282T-SS 型硫分析仪，直接采用 XRF 强度测量方法，其光学通路根据测量介质及精度要求可采用空气型、氮气型或氦气型。X 射线管的操作参数是可变的，能最有效地激发硫原子，可用于分析汽油、柴油、煤油、航空煤油等油品以及原油的硫含量，并可自动补偿环境压力和温度的变化。

282T-SS 型分析仪用于汽油和柴油的硫含量测定，最低检测限为 5×10^{-6}～6×10^{-6}，重复性（2.7δ）为 5×10^{-6}。该分析仪还可进行汽油铅含量、焦化进料的硫、镍、钒含量等的测定，并适用于多元素分析。

（2）典型产品 2：美国菲斯 XOS 公司的 SINDIE6010 型总硫分析仪

SINDIE6010 型总硫分析仪是采用单波长色散 X 射线荧光（MWD-XRF）光谱测定法。

仪器的测量原理如下：元素原子产生 X 射线荧光的本质在于外层电子向内层电子轨道的跃迁。硫的 K_α 线是硫的 L 层电子向 K 层电子轨道跃迁的结果，硫的 K_β 线是硫的 M 层电子向 K 层电子轨道跃迁的结果。K_α 线和 K_β 线的能量分别为 L 层电子与 K 层电子的能级之差和 M 层电子与 K 层电子的能级之差。六价硫与负二价硫的 K_α 线之间存在 1.44eV 的能量差；K_β 线之间存在 1.56eV 的能量差。根据 X 射线能量与波长的关系及布拉格（Bragg）方程，六价硫与负二价硫的 K_α 线及 K_β 线的衍射角均存在差异。可以利用这种差异对硫化物进行在线监测。

硫化物和硫酸盐的X射线荧光光谱差异参见图 12-2-5。

SINDIE6010 型 X 射线荧光仪主要由 X 射线放射源、聚焦单色器、样品池、反射光栅、探测器及控制系统等组成。SINDIE6010 型 X 射线荧光分析仪检测原理参见图 12-2-6。

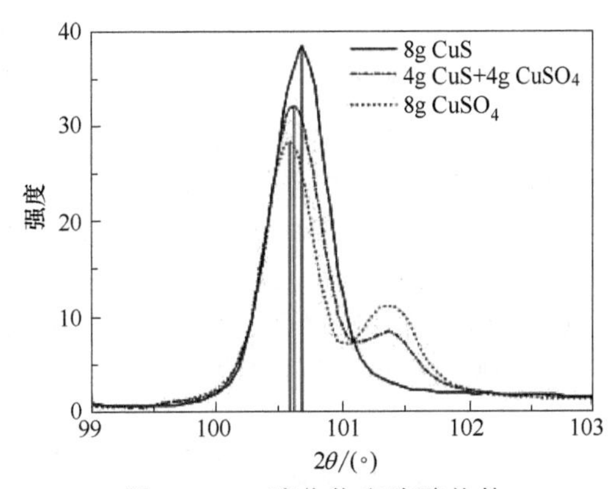

图 12-2-5　硫化物和硫酸盐的 X 射线荧光光谱差异

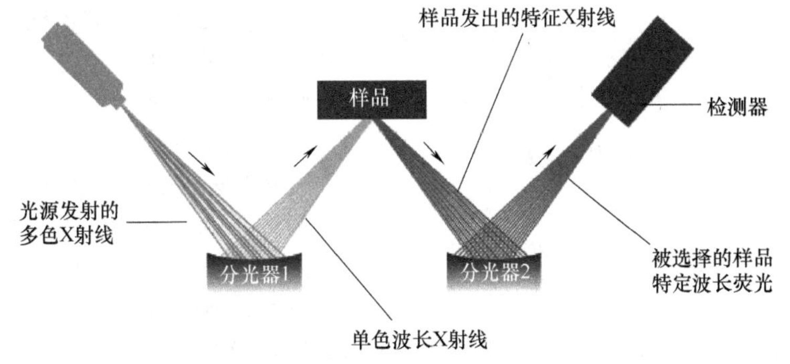

图 12-2-6　SINDIE6010 型 X 射线荧光仪检测原理图

在 X 射线光电管中，电压加速电子，轰击在阳极靶上，发射出多色 X 射线光束，经由聚焦单色器（分光器 1）进行分光，反射出单色波长色散 X 射线光束至样品处。样品中的硫原子经过吸收 X 射线的能量，内层电子被激发，硫原子的 K 层电子离开轨道，留下空穴，此时原子的 L 层电子落入 K 层电子激发后留下的空穴，释放能量。该能量以 K_α 射线的形式辐射出来，波长为 0.5373nm。该荧光通过光室中的特殊反射光栅（分光器 2）反射至检测器上。检测器检测出硫原子反射荧光的光强度，该强度与汽油的硫含量成正比。由于荧光的波长与受激发的元素性质有关，故通过光栅的分光，可以将硫原子反射出来的特定波长荧光分离出来，减少了受油品中其他元素干扰的程度，获得较高的信噪比。

SINDIE6010 型 X 射线荧光分析仪的分析精度高、线性好，对于汽油或柴油仅需一次标定曲线即可进行全量程分析，已广泛用于石化行业炼油厂及输油管线的柴油、汽油、石脑油及煤油的微量总硫分析，其测量范围为 0.6～3000μmol/mol。

12.2.6 在线醋酸铅纸带法硫化氢分析仪器

国内常用的醋酸铅纸带法 H_2S 分析仪主要有：加拿大 Galvanic 公司 903 型、赛默飞世尔 Tracker XP 型等。以 Galvanic 公司的 903 型仪器为例，简介如下。

12.2.6.1 检测技术

当恒定流量的气体样品，从浸有醋酸铅的纸带上面流过时，样气中的硫化氢与醋酸铅发生化学反应生成硫化铅褐色斑点。反应式如下：

$$H_2S + (CH_3COO)_2Pb \longrightarrow PbS + 2CH_3COOH$$

反应速率即纸带颜色变暗的速率，与样气中 H_2S 浓度成正比。利用光电检测系统测得纸带颜色变暗的平均速率，即可得知样品气中 H_2S 的含量。

醋酸铅纸带法总硫分析仪，是在醋酸铅纸带法分析仪上，增加一个加氢反应炉，从而可测量气体中总硫含量。其测量原理是：样品气与 H_2 混合送入加氢反应炉的石英管中，加热至 900℃，所有的含硫化合物都被转化成硫化氢，转化后气体从反应炉流入硫化氢分析仪，分析仪通过测量醋酸铅纸带斑块的明暗程度来确定总硫含量。

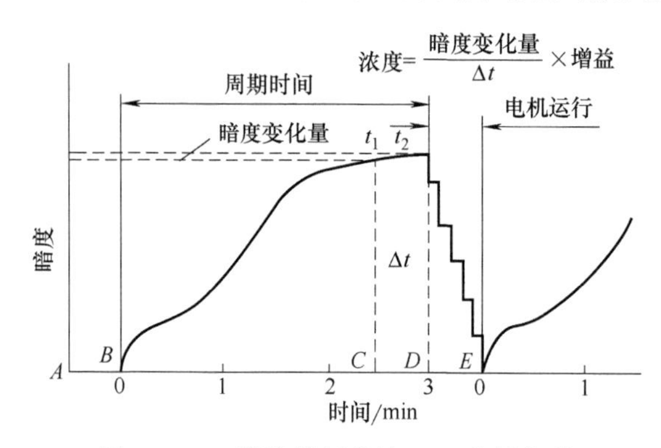

图 12-2-7 醋酸铅纸带法 H_2S 分析仪的光电检测输出信号波形图

分析仪每隔一段时间移动纸带，以便进行连续分析。新鲜纸带暴露在样品气中的这段时间，叫作测量分析周期时间（一般为 3min 左右）。

图 12-2-7 是醋酸铅纸带法 H_2S 分析仪在一个测量分析周期时间内，光电检测系统输出信号的波形。其分析过程如下：

AB 段，电机运转并驱动纸带进纸 1/4in。

BC 段为采样延迟时间（sample delay），一般为 150s。在 BC 段，参加反应的纸带开始慢慢变黑，反应曲线呈现轻微的非线性关系。每隔 4s，仪器计算出该时间段的平均变化率和对应的硫化氢含量。如果含量超过报警限，分析仪将发出报警。发出报警时，分析仪将只显示测量到的最高实时数据。分析仪将一直处于预报警状态，直到硫化氢含量低于报警限。

CD 段为采样时间（sample interval），一般为 30s。纸带变黑速率在 t_1～t_2 时间段（Δt）

内呈现出线性关系。仪器计算出线性开始时刻 t_1 处的纸带黑度读数，30s 后再计算出 t_2 时刻处的黑度读数。系统软件用此两点的数据计算出纸带变黑的速率并换算成硫化氢的浓度。

DE 段，分析仪将纸带卷动进纸，新的一个测量分析周期重新开始。

12.2.6.2　仪器组成

醋酸铅纸带法硫化氢分析仪的结构组成如图 12-2-8 所示，主要由样品处理系统、走纸系统、光电检测系统、数据处理系统等组成。高量程测量时应增加样品稀释系统。

（1）样品处理系统

通常由过滤器、减压阀、流量计、增湿器组成。

减压阀出口压力一般设定在 15psi（0.103MPa），样气流量通常为 100mL/min。增湿器的作用是使样品气通过醋酸溶液加湿，以便与醋酸铅纸带反应。增湿器是一个鼓泡器，将样品气通入醋酸溶液中鼓泡而出。也有采用渗透管结构的，醋酸溶液渗透入管内对样气加湿。醋酸溶液是将 50mL 的冰醋酸（CH_3COOH）加入蒸馏水中制成 1L 的溶液（5%冰醋酸溶液）。

（2）走纸系统

由纸带密封盒、醋酸铅纸带、导纸轮、卷纸电机和压纸器等组成。纸带先用 5%醋酸铅溶液浸泡，并在无 H_2S 条件下干燥。每隔一段时间移动纸带，以便进行连续分析。

（3）样品室与光电检测系统

样品室的结构见图 12-2-9。样品气经过孔隙板上的孔隙与纸带接触。H_2S 分析仪配有一组不同孔隙尺寸的孔隙板。可根据样品气中 H_2S 浓度的不同加以更换。通常，H_2S 含量越高，所需孔隙尺寸越小，这样就可以限制在纸带上反应的 H_2S 气体数量，以调节纸带的变暗速率。H_2S 分析仪的测量范围通常在 0～25μmol/mol 或 0～50μmol/mol（超过上述测量范围时，样气必须经过稀释）。即使在上述测量范围内，不同量程也应采用不同孔隙尺寸的孔隙板。

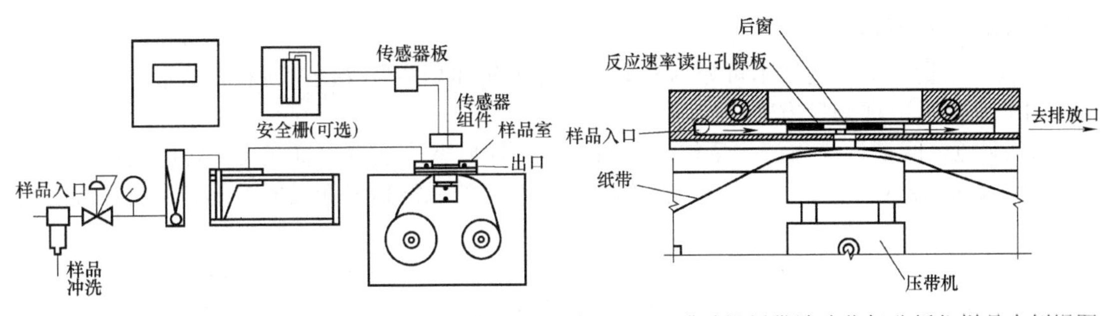

图 12-2-8　醋酸铅纸带法硫化氢分析仪的结构组成　图 12-2-9　醋酸铅纸带法硫化氢分析仪样品室侧视图

光电检测器采用一个红色发光二极管作为光源，照射纸带。光探头是一个硅光敏二极管，可将纸带明暗程度转化成电信号。此电信号经过传感器放大电路放大成 0～25mV 信号。

（4）数据处理系统

由微处理器、数字显示器、打印机等组成。

（5）样品稀释系统

主要有渗透膜稀释系统、进样阀稀释系统、流量计稀释系统三种。稀释后的测量范围达 50μmol/mol～100%。

12.3　燃煤锅炉飞灰含碳量及煤质在线分析仪器

12.3.1　燃煤锅炉飞灰含碳量在线分析仪器

12.3.1.1　概述

燃煤电厂的飞灰含碳量检测对电厂的节能降耗、安全生产及环境保护具有重要意义。

影响燃煤电厂热效率最大的两项因素是排烟热损失（q_2）和固体不完全燃烧热损失（q_4），其中 q_4 是由烟气中飞灰含碳量来衡量的。飞灰含碳量偏高将导致煤耗上升，并影响粉煤灰的利用，以及增加地球表面及大气中炭黑总量。因此，飞灰含碳量检测仪，对实时在线监督飞灰含碳量及时调整锅炉运行非常重要。飞灰含碳量越小，说明锅炉燃烧效率越高。

在实际运行过程中，为了节约发电成本，燃煤电厂一般都会进行配煤掺烧，就使得锅炉燃料偏离原来设计的煤种。为了减少 NO_x 的排放，电厂普遍采用低氮燃烧器，而低氮燃烧与降低飞灰含碳量在原理上就是相对矛盾的。再加上煤粉细度的变化，以及锅炉风粉调整运行不及时等，都会造成锅炉飞灰含碳量偏高。

在锅炉正常运行中，若炉渣中的含碳量只占总灰量的 5%～10%，一般可以忽略。因此 q_4 主要由飞灰含碳量表征。据测算，飞灰含碳量每降低 1%，锅炉效率将提高 0.31%。飞灰含碳量偏高会使锅炉的炉膛出口烟气温度偏高，造成炉膛出口换热器的管壁超温，可能导致受热面的损坏。飞灰中较多的未燃尽碳会沉积在锅炉尾部烟道中，在一定条件下有可能会二次燃烧，影响锅炉运行安全性。另外，如果飞灰含碳量过低则说明过量空气系数比较大，使排烟热损失增加，降低了锅炉效率，也会导致氮氧化物排放增加。为了提高锅炉运行安全性和经济性，减少污染物排放，锅炉飞灰含碳量在线监测是锅炉运行重要的在线监测设备。

12.3.1.2　检测技术

飞灰含碳量在线检测技术可分为非烟道取样测量和烟道取样测量两种方式。

（1）非烟道取样测量方式

① 烟道空间谐振式微波测量技术　国外的一种典型的烟道内置式飞灰含碳量测量系统原理示意如图 12-3-1 所示。微波天线呈锅状，其馈入的微波信号在发射天线和接收天线之间

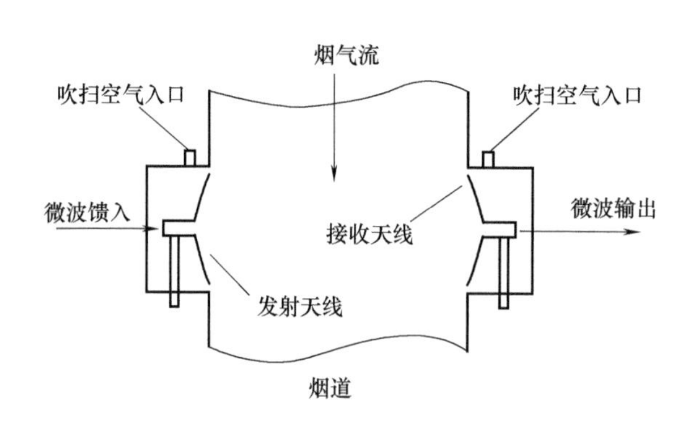

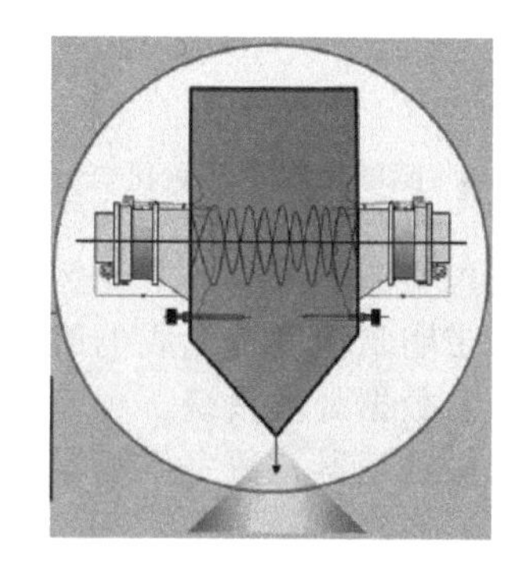

图 12-3-1　空间谐振式测量系统原理示意

振荡，在输出端测量微波信号频率和 Q 值，通过标定确定飞灰含碳量的测量值。该技术是通过测量微波在测量空间的能量衰减或者相位变化来确定飞灰中碳含量的。

② 电除尘器灰斗内微波扫频测量技术　该技术是一种安装在静电除尘器灰斗中的飞灰含碳量在线检测设备。是在灰斗壁上安装螺旋铰刀取样器，利用静电除尘器灰斗中静电吸附掉落的飞灰落在开槽的绞刀上，通过电机带动铰刀取样器旋转从而将飞灰送入微波测试腔体内，通常 5～10min 测量一次，测量过的灰样通过铰刀反向旋转以及空气反吹排出，然后再进入下一测量周期。该产品采用微波扫频检测技术，利用事先标定曲线，根据微波谐振的频率和幅度变化来检测含碳量。由于受制于检测原理性缺陷，同其他微波扫频法在线飞灰测碳仪一样，产品测量精度受煤种变化、灰样湿度变化影响。

（2）烟道取样测量方式

① 红外线测量法　采用抽取法从烟道中抽取烟气，利用旋风分离器分离出飞灰，飞灰落入红外光学测量腔内，一旦落满则进行测量。该方法利用红外线对飞灰中炭粒反射率不同的原理进行测量，按照事先标定的反射率计算出结果。测量过的飞灰用压缩空气吹回烟道，测量周期 3～15min。该产品主要不足是红外线测量为表面测量，对于飞灰颗粒内部的炭粒无法检测。而且当飞灰颗粒大小不一、含碳量不均匀时，反射信号不是严格的按比例变化，同时反射信号还会因为煤种的变化而变化，因此测量精度受飞灰颗粒和煤种的影响较大。

② 微波扫频法　微波扫频法是将从烟道中采集下来飞灰传输到微波谐振腔中，采用微波扫频测量技术，根据飞灰中含碳量不同而引起微波谐振腔谐振频率和功率的改变，通过检测微波频率或者功率的变化计算出含碳量的大小。微波扫频法是一种间接测量方法，需要根据事先标定好的微波参数信号与飞灰含碳量之间的拟合曲线进行检测。这个标定曲线并不固定，需要根据煤种、灰样湿度、灰样堆积密度等变化调整。该类产品尚无法对标定曲线进行及时修正，从而导致测量精度较差。此类产品国内外生产厂家较多，检测精度：含碳量在 0～6%，为 0.5%；含碳量在 6%～15%，为 0.8%。

③ 燃烧法测 CO_2　该方法收集过滤膜上的烟尘并称重，通过高温炉灼烧，测量残炭被氧化生成的 CO_2 的量，再计算含碳量。该方法测量精度不受煤种影响，但过滤膜不适合长期使用。另外，飞灰中的碳酸盐会受热分解出 CO_2，从而会对 CO_2 测量精度有影响。国内外已有此类产品，如美国 Thermo 公司 TEOM 系列 4200 燃烧效率监测仪，每 12min 从烟道内抽取样品 1 次，将飞灰加热到 800℃，残炭被氧化成 CO_2，由非色散红外线传感器测定，自动计算飞灰含碳的质量分数。样品量约 35g，测量周期为 15min，测量精确度约为 ±0.5%。

④ 灼烧称重法　将收集的未完全燃尽灰样放置在规定的高温环境下灼烧（815℃±10℃），由电子天平称量灰样，根据灰样灼烧前后的质量损失量计算出飞灰灰样的含碳量，测量流程与人工化验实验室相似。灼烧称重法是直接测量法，测量精度不受煤种、飞灰颗粒物堆积密度、飞灰粒度等物理改变影响，是目前国际上在线检测飞灰含碳量精度最高的方法之一，已成为在线检测飞灰含碳量的主流技术。

此类产品的生产厂家如：INERCO 公司（西班牙）、南京大得科技有限公司、东北开元科技公司等。该类产品主要参数：测量周期 15～25min，量程 0～15%，测量精度 0.3%（含碳量<5%时）、0.5%（含碳量≥5%时）。南京大得科技有限公司的在线灼烧称重法新产品 FAD-320 型检测仪，具有热气流称重修正等功能，已广泛用于燃煤电厂飞灰含碳量在线检测。

12.3.1.3 灼烧称重法工作原理及工作过程

（1）灼烧称重法工作原理

根据国家电力行业标准中飞灰可燃物测定流程，采用自动控制技术对飞灰进行自动采集、灼烧、称重和排空，通过测量灼烧前后飞灰样品质量的损失来计算飞灰含碳量（质量分数）。

含碳量的计算公式如下：

$$w_C = \frac{m_1 - m_2}{m_1 - m} \times 100\%$$

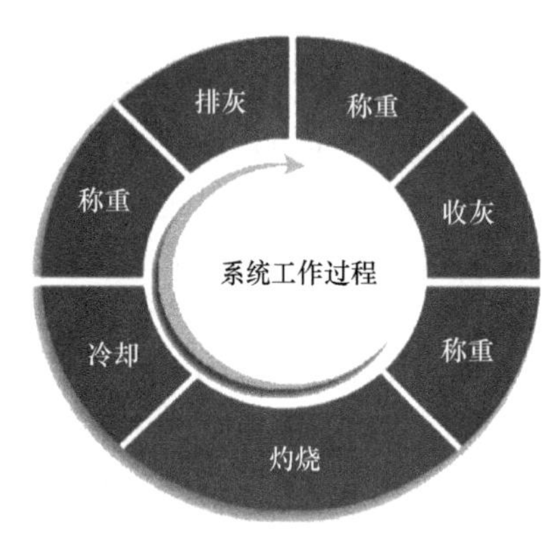

图 12-3-2 系统工作过程示意图

式中，w_C 为灰样中碳的质量分数；m_1 为灼烧前灰样加坩埚的质量，g；m_2 为灼烧后灰样加坩埚的质量，g；m 为灼空坩埚的质量，g。

（2）系统工作过程

以南京大得科技 FAD-320 产品为例，产品测量系统工作过程如图 12-3-2 所示。首先由取样器将烟道中的飞灰收集到装置的定量腔中，然后按照以下工作步骤进行：①排灰，将坩埚中灰样排空；②称重，称取空坩埚的质量 m；③收灰，将取样器收集下来的一定量灰样加入空坩埚中；④称重，称取加样后的坩埚质量 m_1；⑤灼烧，将坩埚送入电炉炉膛中，按照设定的温度和时间进行灼烧；⑥冷却，将坩埚从炉膛中退出，冷却到适当温度；⑦称重，称取灼烧后的坩埚质量 m_2，用上述公式计算出飞灰含碳量。然后程序自动重复上面的过程，从而实现对飞灰含碳量的自动在线测量。

12.3.1.4 典型产品 FAD-320 型飞灰可燃物灼烧称重法系统

（1）结构组成

主要由取样单元、测量分析单元两部分构成。取样单元内部结构如图 12-3-3 所示。测量分析单元内部结构 如图 12-3-4 所示。

飞灰取样测点一般设置于锅炉尾部脱硝喷氨前的烟道上，或者空预器之后除尘器之前的烟道上。取样器的作用是将烟道中的飞灰引出烟道。一般电厂烟道尺寸较大，而为了增加取样代表性，一般在取样枪上增加取样嘴，从而实现多点取样。由于烟气流速较快，对插入烟气的取样枪外部需进行防磨处理，以延长取样枪使用寿命。为防止烟气冷凝，必要时还需要对烟道内的取样管进行伴热保温处理。

（2）系统工作流程

采用烟道取样测量的方式，系统工作流程如图 12-3-5 所示。

系统一般采用无动力自抽式飞灰取样器来采集飞灰样品，飞灰取样器固定安装在除尘器之前的烟道上，其中取样管和拉瓦尔喷嘴扩张段插入烟道中，而旋风分离器和引气器在烟道外。锅炉运行时由于引风机工作使烟道内部为负压状态，一般压力在−1～−4kPa，因此外部空气通过拉瓦尔喷嘴与引气管之间的缝隙向烟道内高速射入，从而在拉瓦尔喷嘴喉部产生真空。该真空压力低于烟道内的负压，从而使烟道中烟气被抽吸到旋风分离器内部。由于惯性作用，飞灰颗粒被分离而落入下部收灰管中，而干净的烟气则通过引气器返回烟道中。为了防止取样时飞灰冷凝堵管，在旋风分离器外部安装有加热保温套。在旋风分离器收灰管上安装有振打器，取样时由程序控制振打频率。在不需要取样时，用加热后的压缩空气对取样管进行反吹扫，从而防止取样管路冷凝堵塞。

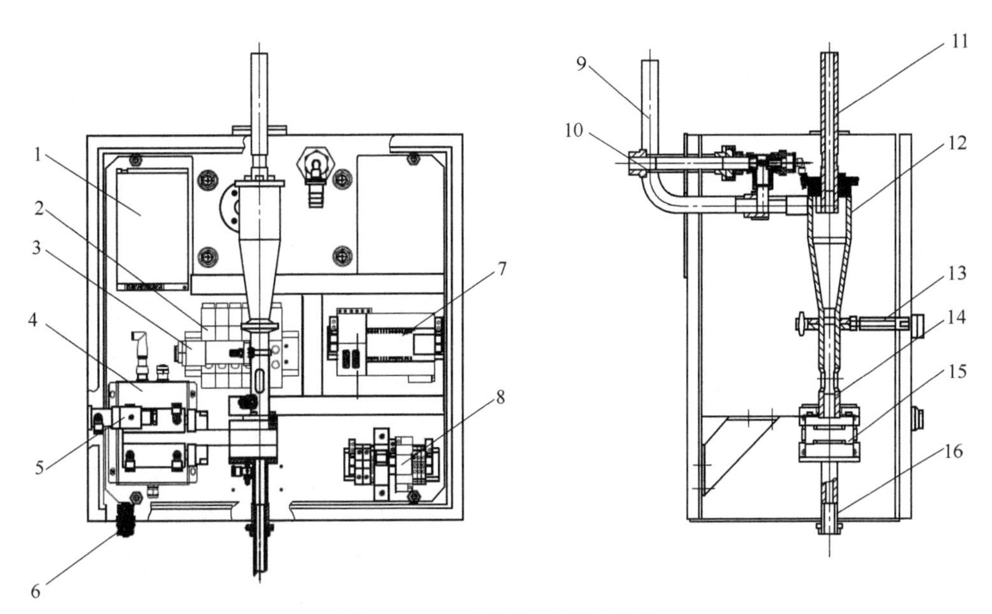

图 12-3-3 取样单元内部结构

1—电源；2—电磁阀组；3—取样频振器；4—恒温加热器；5—反吹电磁阀；6—气源进气接头；7—取样 PLC；8—端子排；9—取样管；10—排灰管；11—引气管；12—气固高效旋风子；13—快速卡盘；14—可视落灰管；15—浮动密封定量阀；16—下灰管

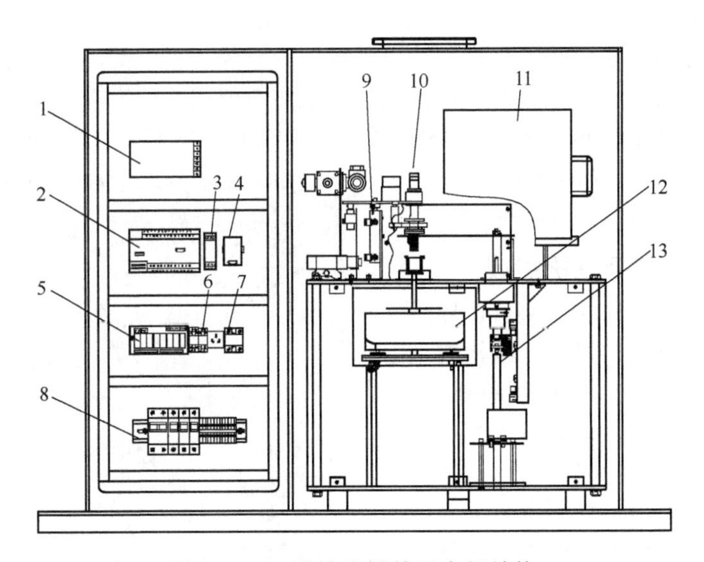

图 12-3-4 测量分析单元内部结构

1—电源；2—PLC；3—温度变送器；4—通信隔离器；5—多功能控制模块；6—继电器；7—固态继电器；8—端子排；9—排灰组件；10—收灰组件；11—电加热炉；12—精密电子天平；13—执行机构

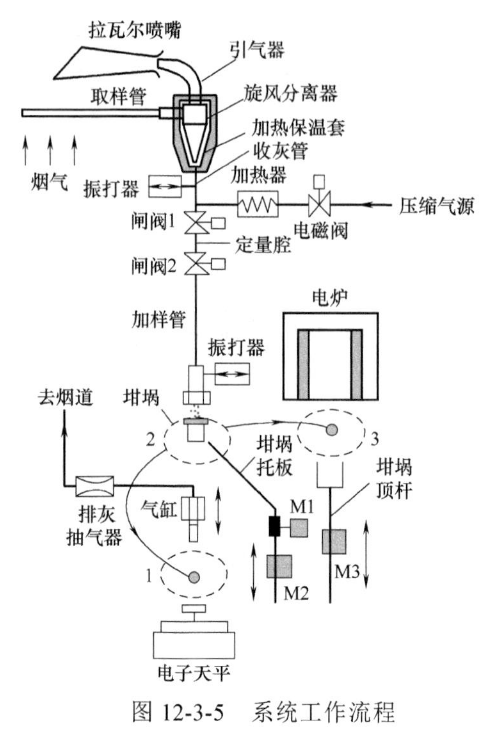

图 12-3-5 系统工作流程

M1—旋转步进电机；M2—升级齿条电机；M3—升降齿条电机

为了避免每次坩埚分析灰样质量的较大波动，装置采用图 12-3-5 中的 2 个闸阀和一个定量腔来实现测量灰样量的一致。方法如下：收灰时打开闸阀 1，关闭闸阀 2；待收到的灰样远远超过闸阀 1 阀板的高度后，关闭闸阀 1，确保每次分析时都是一个定量腔体体积的灰样；加样时打开闸阀 2，灰样经由加样管落到坩埚中。为了防止加样管内壁沾灰，加样时程序控制振打器对管路进行振打，从而使灰样全部落下。

图 12-3-5 中 1、2、3 分别代表同一个圆周上的三个工位（以虚实线表示）。坩埚的埚沿落在坩埚托板孔上，坩埚托板载着坩埚在旋转步进电机（M1）的带动下在这三个工位上往复运动：工位 1 为坩埚称重和排灰位置；工位 2 为坩埚加样位置；工位 3 位坩埚灼烧位置。系统由 PLC 对取样和测量时序进行控制，并通过各种执行机构来完成动作。

12.3.2 热重法煤质成分分析仪器

12.3.2.1 概述

热重分析法是指研究物质在某种特定温度和气氛条件下其质量发生变化而测出其成分含量的方法，简称热重法。基于热重法的自动煤质分析仪，已经能较好地完成对煤质的工业分析。通过自动煤质分析仪测量值与传统分析方法测量值的对比来看，自动煤质分析仪的测量结果能满足国家规定的测量标准。国外典型产品如美国 LECO 的 TGA-601 等；国内典型产品如长沙开元公司的 5E-MAG6700，湖南三德公司的 SDTGA6000、SDTGA8000 等。

12.3.2.2 技术原理与系统组成

以湖南三德公司的 SDTGA8000 煤质工业分析仪为例。仪器主机内部结构参见图 12-3-6。该仪器基于热重法测量原理，采用双炉膛加热，其中低温炉膛进行水分检测，高温炉膛进行灰分和挥发分的检测。其分析流程是采用计算机控制传送机构，对分析煤样进行工位转移，控制不同氛围气体下的炉温，对样品进行自动称重和计算，实现在短时间内分析多批次煤样的水分、灰分、挥发分，并计算其固定碳含量

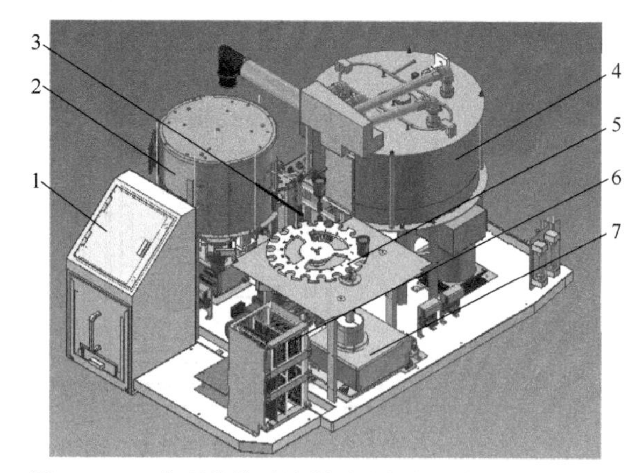

图 12-3-6 典型的热重法煤质分析仪主机的内部结构

1—收样盒；2—恒温腔；3—传送机构；4—高温炉；5—称样盘；6—板卡组件；7—电子分析天平

和发热量。

该仪器主要由主机、供气设备、计算机（含显示器）及打印机组成。主机主要包括：称样盘、恒温腔、高温炉、电子分析天平、样品传送机构等。其中两个电子分析天平分别安装在称样盘和恒温腔下方，用于称量坩埚和样品，其参数为：量程0～124g，感量0.0001g。

12.3.2.3　应用及测试

（1）应用

仪器进行样品的水分、灰分、挥发分测定，主要有两种工作模式：独立模式和组合模式。独立模式用于单一指标的独立测试。组合模式包括：

① 水分、灰分同测（以快速分析18个样全指标为例，其他类似）　系统先提示灰分称样，称量完毕自动启动进样，进样完成提示水分称量，称量完毕自动启动进样，水分、灰分并行测试。水分进样完成提示挥发分称样，待水灰测试完毕启动挥发分实验流程。

② 水分、灰分连测　系统先提示称量水分样品，称量完毕自动启动进样，然后提示称挥发分样品。水分实验称量计算完毕后，系统将已加热完的水分样品送入燃烧炉内进行灰分测定。灰分灼烧时间结束，出样至低温炉保温冷却、称量计算、丢样。灰分实验结束，系统将挥发分样品送入恒温的燃烧炉内进行测定，直到实验结束。

仪器特点如下：采用双炉结构，可进行18个子样全指标测定，前一指标进样完毕，即可称量下一个指标样品。水分、灰分分析并行工作，互不影响。选用快速分析法，1天（8小时）可完成3批次54个样品全指标测定。SDTGA8000仪器测量，符合国家标准GB/T 212—2008《煤的工业分析方法》及电力行业标准DL/T 1030—2006《煤的工业分析　自动仪器法》的要求。

（2）测试

① 水分测试方法

a．空气干燥法：水分测试时默认不通氮气，通常用于分析烟煤和无烟煤，默认加热时间为60min。

b．通氮干燥法：水分测试时默认通氮气，烟煤、无烟煤等默认加热时间为90min，褐煤的默认加热时间为120min。

c．自定义法：按照水分自定义方法中设定的方法对水分进行测试。

② 灰分测试方法

a．慢灰：适用于所有煤样的灰分测试。

b．快灰：选择该方法，灰分测试默认在500℃下进样，并先在500℃下灼烧10min，然后在815℃下灼烧30min。其中进样温度、第一阶段下灼烧温度与时间、815℃下灼烧时间都可手动调整。通常分析烟煤和部分无烟煤、褐煤等。

c．自定义法：按照灰分自定义方法对灰分进行测试。

12.3.3　中子活化分析法煤质成分在线监测系统

12.3.3.1　概述

采用煤质在线实时监测技术，可以快速、准确地对入厂煤、入炉煤进行实时分析测量，达到有效把握和控制煤炭质量的目的，使燃煤过程更具科学性和可靠性，在提高电力生产的安全性和经济性、实现过程控制方面具有极其重要的意义和巨大的经济潜力。电厂入炉煤的关键指标是煤的灰分、水分、硫分、挥发分及热值。煤质成分在线监测系统主要用于分析监测燃煤质量，控制燃料成本；可用于控制混煤特性，能实时掌握入炉混煤的煤质数据，可以根据锅炉设计的燃煤特性合理控制混配的煤种和比例，最大限度地满足锅炉安全运行要求。可用于指导运行，实时调整燃烧工况，优化制粉系统运行，合理调整风煤比，优化锅炉燃烧过程。

目前，煤质成分在线监测技术主要有：红外（IR）光谱法、X射线荧光（XRF）光谱法、瞬发γ中子活化分析（PGNAA）法，脉冲快热中子活化（PFTNA）分析法、激光诱导击穿光谱（LIBS）法等。其中瞬发γ中子活化分析技术可定性、定量地确定被测样品的成分和含量，具有非接触、非破坏、多元素同时分析、快速实时等特点。若中子源采用中子管，产品可以直接测量碳和氧元素。中子活化分析煤质监测仪器的生产厂家有美国 Thermo Scientific、美国 SABIA、澳大利亚 MCI、法国 Sodern 等国外厂家，和丹东东方测控仪器公司等国内厂家。

几种煤质成分在线监测技术比较见表12-3-1。

表12-3-1　几种煤质成分在线分析技术的对比

项目	IR	XRF	PGNAA	PFTNA	LIBS
多元素同时测量	可以	原子序数>12	可以 （除C、O等）	可以	可以
粒度的要求	有	小于6mm	无	无	无
周围环境的影响	有	无	无	无	无
实时在线	可以	可以	不可以	可以	可以
体测量	表面	近表面	体测量	体测量	点测量
精确度	较差	较差	极高	好	较差
定期校正	需要	需要	不需要	不需要	需要
仪器周围放射性	无	安全范围内	安全范围内	安全范围内	无

12.3.3.2　测量原理

（1）脉冲快热中子活化（PFTNA）分析

脉冲快-热中子活化（PFTNA）分析主要是基于中子与煤的核反应，包括弹性散射等6种形式，其中在煤质分析中最重要的有两种：一种是快中子非弹性散射，可测煤中C和O含量；另一种是热中子辐射俘获反应，可测煤中大部分元素含量，如H、Ca、N、Fe等。

（2）瞬发γ中子活化分析（PGNAA）

瞬发γ中子活化分析（PGNAA）是国际上较先进的能够实现在线分析确定煤中灰分主要成分的技术。煤中灰分含量和煤中矿物质元素之间有一定关系。作为放射源的热中子可以激发被测煤样中各元素的原子核，使其处于不稳定的高能激发态，这些激发态原子核跃迁后退激到稳定的基态或较稳定的低能态时放出γ射线，原理示意如图12-3-7。

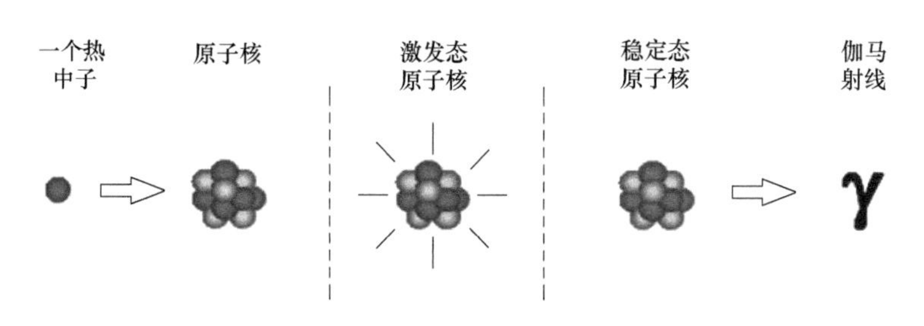

图12-3-7　中子活化技术原理示意

系统采用 NaI 晶体检测器探测 γ 射线，电气控制部分收集所有探测到的 γ 射线，经过确认后建立光谱。分析仪根据 γ 射线能谱检测煤中硫、硅、铝、铁、钙、钛、钾等元素的含量，继而得到煤的灰分。煤中灰分和发热量之间有很好的相关性，可通过回归方程由灰分值及水分计算出煤发热量。测量结构示意如图 12-3-8。

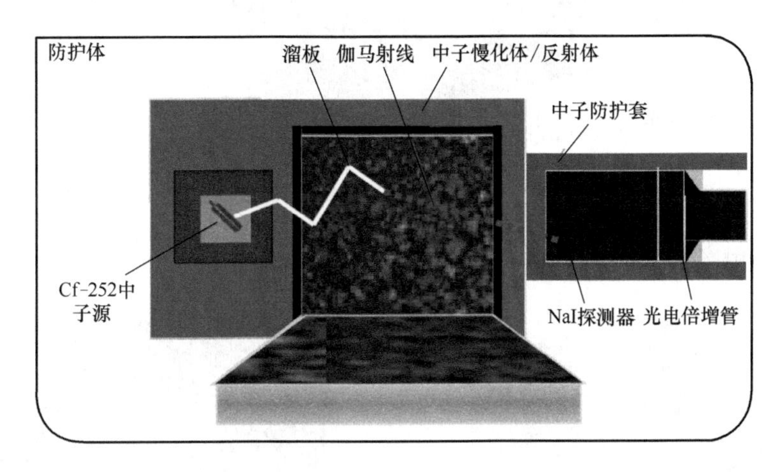

图 12-3-8　中子活化检测结构示意

12.3.3.3　典型产品

以美国赛默飞世尔公司的 CQM FLEX 煤质成分在线检测系统为例介绍。该系统可采用：瞬发 γ 中子活化分析技术，或脉冲快热中子活化分析技术。在线监测系统从采样装置接受反馈，控制通过分析仪的煤流。该仪器系统广泛应用于煤矿洗选加工和装车，电厂入厂煤、入炉煤质检测，煤化工、港口运煤等应用领域的煤质参数分析。

CQM FLEX 可以从传统的同位素 Cf252 放射源或者通过中子管来获得中子。利用中子管，用户可以直接测量碳和氧。该煤质成分在线检测系统可用来控制选煤和配煤，提高选煤厂的效率。对于要求实时检测煤质的煤矿、煤化工、电厂、港口、配煤中心，只需要采用采样系统在卡车、火车、皮带上与之配套使用，即进行检测。

分析系统的操作界面是一个功能齐全且易于操作的 Windows 软件包，具有实时分析、滚动平均、累计平均、产品跟踪、大量数据绘图、报警信息等标准功能，并通过 OPC 数据链路与客户的其他控制系统（如 DCS 系统）相连，从而形成全自动化配煤控制系统。

（1）装置组成

CQM FLEX 检测装置系统组成如图 12-3-9 所示。 整个装置由皮带张紧装置、进料斗、电子控制箱、中子源、卸料口、电机控制箱、支架等组成。当样煤通过采样器进入进料斗时，位于其下部的水平传感器检测到重量，然后整个装置开始工作。

（2）主要功能及指标

① 煤质元素分析　系统可以直接测量煤中的 H、N、S、Si、Al、Ca、Fe、K、Ti 等元素，如果选用中子管配置还可以测量 C、O 元素。

② 灰分测量　包括 SiO_2、Al_2O_3、Fe_2O_3、CaO、K_2O、TiO_2 等。

③ 水分测量　系统采用内置的一套微波水分仪进行水分测量（所测水分为煤中的游离态水，结晶态的水分由使用者提供结晶水常数，输入系统后进行全水分计算）。

④ 热值计算　煤炭热值是根据特定的热值计算公式计算得到。

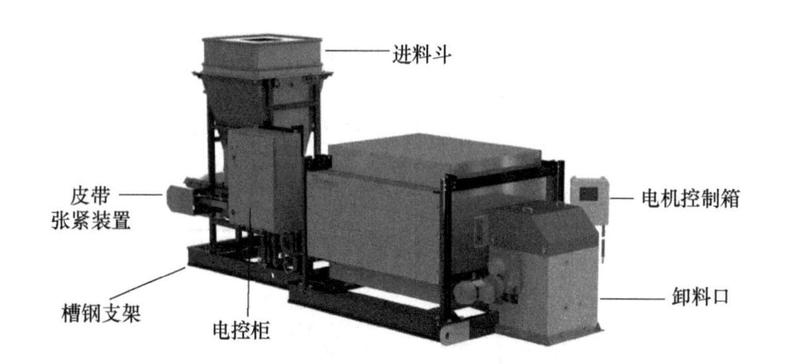

图 12-3-9 CQM FLEX 检测装置系统组成

（3）工程应用案例 参见图 12-3-10 及图 12-3-11。

图 12-3-10 洛阳龙羽宜电汽车来煤检测系统

图 12-3-11 晋煤集团寺河矿 CQM 系统

（本章编写：武汉华天通力 罗海涛；南京大得 梅义忠；朱卫东）

第5篇 在线分析系统

第 13 章 在线气体分析系统

13.1 在线气体分析系统概述

13.1.1 在线气体分析系统的分类与组成

13.1.1.1 在线分析系统分类

在线分析系统（on-line analyzer system），也称为成套分析系统、过程分析系统、在线分析仪系统等，国家标准 GB/T 34042—2017《在线分析仪器系统通用规范》中称为在线分析仪器系统，行业习惯称为在线分析系统。

在线分析系统主要按取样方式、应用领域及分析对象等分类。

（1）按照取样方式分类

按照取样方式分类，主要分为取样式及非取样式在线分析系统，参见图 13-1-1。

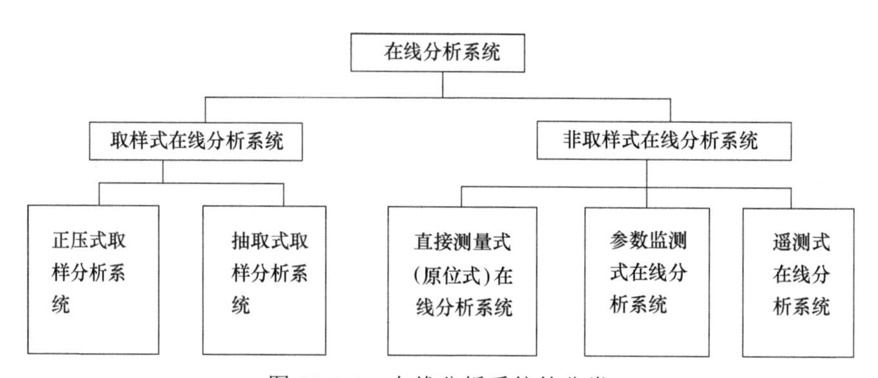

图 13-1-1 在线分析系统的分类

取样式在线分析系统按测量流程压力分为正压式取样及抽取式取样分析系统。

非取样式在线分析系统按照测量方式分为直接测量式（原位式）、参数监测式和遥测式在线分析系统。

（2）按照应用领域分类

按照应用领域主要分为流程工业在线分析系统、环境监测在线分析系统、产品质量过程监测系统及其他应用领域的连续在线分析系统等。

（3）按照分析对象分类

按照分析对象主要分为在线气体分析系统、在线液体分析系统、在线固体分析系统及其他专用分析系统等。在线液体分析系统主要包括在线水质分析系统，也包括硫酸浓度计等液态物质分析系统。在线固体分析系统是指分析固态物质的系统，如颗粒物在线分析监测系统、重金属分析系统、煤质在线分析系统等。其他专用在线分析系统，主要指物理性质的分析系统，如油品质量在线分析系统等。以下主要介绍在线气体分析系统分类。

13.1.1.2 在线气体分析系统分类

在线气体分析系统通常按照取样方式、应用领域、测量技术、测量对象等分类。

（1）按照取样方式分类

主要分为取样式和非取样式在线气体分析系统。

① 取样式气体分析系统　主要分为正压式及抽取式两大类。正压式取样分析系统适用于流程管道内的样气压力是正压的生产体系，需要通过减压取样，再经压力、流量调节和样品处理后，才能进入在线分析仪分析。抽取式取样分析系统，适用于流程管道的样气压力处于微正压或负压状态的生产体系，被测样品需要通过抽气泵抽取，经样品处理再进入在线分析仪分析。抽取式分析系统又分为完全抽取式（也称直接抽取式）和稀释抽取式分析系统。

完全抽取式分析系统按照取样处理方式不同，又细分为冷干法抽取式和热湿法抽取式。稀释抽取法分析系统又细分为内稀释法和外稀释法抽取式分析系统。此外还有一种原位抽取分析系统，也称为紧密耦合式分析系统，其本质上还是抽取式：是将取样探头与分析检测模块一体化，类似于智能变送器形式；或者是分析模块在管壁外安装，探头管插入管道内，无需样品气传输管线。原位抽取式也可以设计成冷干法或热湿法取样分析。

② 非取样式气体分析系统　主要指原位安装的直接测量式，也称原位式气体分析系统。检测传感器插入管道内；或检测探头气室插入管道内；或直接采用工艺管道作为测量气室，发射和接收部件安装在工艺管道两侧，检测控制器安装在管壁或工艺管道附近，信号通过光缆或电缆连接。原位式气体分析系统的特点是无需样品传输及样品处理部件。

非取样式也包括遥测式、参数式非接触式及非接触式等。遥测式气体分析系统，是通过向远方的样品气体发射电磁波辐射，或通过样品气体“热”分子的电磁波辐射，检测样品中被测组分的浓度。参数监测式在线分析是指不使用在线分析仪测量，而是采用温度、压力、流量等传感器的测量数据，通过虚拟仪器分析或预测分析模型等间接测量被测气体组分的浓度。非接触式是指与被测样品不接触的分析技术，遥测及遥感分析都属于非接触式分析。

（2）按应用领域分类

主要分为流程工业在线气体分析系统、环境监测在线气体分析系统及其他领域的在线气体分析系统。

① 流程工业在线气体分析系统　按照应用服务行业主要分为：石油化工、化工、冶金、电力、建材等在线气体分析系统，以及其他的工业炉窑气体分析系统等。

流程工业在线气体分析主要用于工业生产的安全、节能、高效、优质、低耗及环保等方面。流程工业的在线气体分析技术已发展为数字化、智能化系统，并与物联网、互联网、大数据技术相融合，实现在线分析网络化管理，正在成为工业企业智慧管理最重要的感知层技术。

② 环境监测在线气体分析系统　主要分为大气环境在线监测系统、污染源气体在线监测系统以及其他环境气体监测设备等。大气环境在线监测包括大气质量监测中心站、微型站、

移动监测及机载等遥测气体监测系统，以实现“空-天-地”的立体环境监测。

环境监测在线气体分析仪器，主要是为环境污染治理及生态环境保护提供监测数据，为行政执法和环保决策提供依据。目前热点有烟气超低排放监测、污染源及园区的VOCs监测、垃圾焚烧烟气监测、区域环境的网格化监测、有组织排放监测、无组织排放监测、大气环境质量监测、固定源污染监测、移动监测、溯源监测、智能化环境监测系统平台等。

③ 其他领域的在线气体分析系统　主要指用于其他过程产品质量监测及科研等领域的连续自动分析系统，如用于农业粮食、生物发酵过程的气体监测分析设备等。

（3）按照测量原理分类

按照测量原理分类，主要指采用单一测量原理在线分析仪系统，如红外光谱气体分析系统、激光气体分析系统、在线色谱分析系统、在线质谱分析系统等。

在线气体分析系统的分析柜或分析小屋，大多安装有多种检测原理的在线气体分析仪，如一套石化企业的在线分析小屋系统可安装多台（套）红外气体分析仪、紫外气体分析仪、气相色谱仪等。因此，在线气体分析小屋系统很少按照测量原理分类。

（4）按照测量对象分类

按照测量气体对象分类，可分为大气环境在线监测系统、烟气连续排放监测系统（CEMS）、垃圾焚烧烟气分析系统、VOCs废气在线分析系统等。也可按照被测气体的名称命名，如氧气分析系统、二氧化硫分析系统、硫化氢分析系统、总硫在线分析系统等。

（5）按照气体测量状态分类

国家环保标准规定排放的烟气、废气测量值是干烟气值，以干烟气计算污染物实时排放及排放总量。环境监测在线气体分析按照气体测量状态可分为“干基测量”和“湿基测量”。

“干基测量”是指样品气取样后须经除湿处理，进入分析仪的气体是干气。若同时需要降低样气的温度，如烟气CEMS要求进入分析仪的样气露点≤4℃，则可称为“冷干法测量”。

“湿基测量”是指取样的样品气保持原有含湿状态，未经除湿处理，直接进入分析仪测量。若同时需要升高样品气的温度，则可称为“热湿法测量”。

稀释法气体分析，样品气通过稀释（如稀释比1∶100）后，虽然到达分析仪时的露点已很低，但仍属于“湿基测量”。因稀释前的样品气未经除湿。

原位式气体分析，是以工艺管道内气体直接测量的，未经除湿处理，是“湿基测量”。遥测式及非接触式测量的样品气在远方，未经除湿处理，也属于“湿基测量”。

国外烟气CEMS，在欧美大多采用湿烟气测量，日本和我国环保标准规定烟气CEMS要折算到标准状态下的干烟气测量。国内烟气CEMS大多采用冷干法测量。采用“湿基测量”时，需要测量烟气湿度等参数，并将湿烟气测量值折算为干烟气测量值。国内通过环保适用性监测取证的烟气CEMS产品大多采用冷干法测量技术。

（6）其他

在线分析仪器根据在线分析项目现场监测的环境要求，如现场是否存在爆炸危险气体、是否存在有毒有害气体、是否存在腐蚀性气体等，应采取适宜的安全防护措施。按照现场环境是否要求防爆，分为防爆型在线分析系统或防爆分析小屋、非防爆型分析系统或分析小屋。按机箱外壳的防护方式不同，又分为防尘型、防溅型、防腐型等。按照分析系统集成的类型不同，又分为气体分析系统机柜、在线分析小屋、气体分析工作站等。

13.1.1.3　在线气体分析系统的组成与技术方案

在线气体分析系统主要由在线分析仪器、样品处理系统、数据管理系统及辅助系统等组成，其中辅助系统包括公用工程和环境防护设施等。参见图13-1-2。

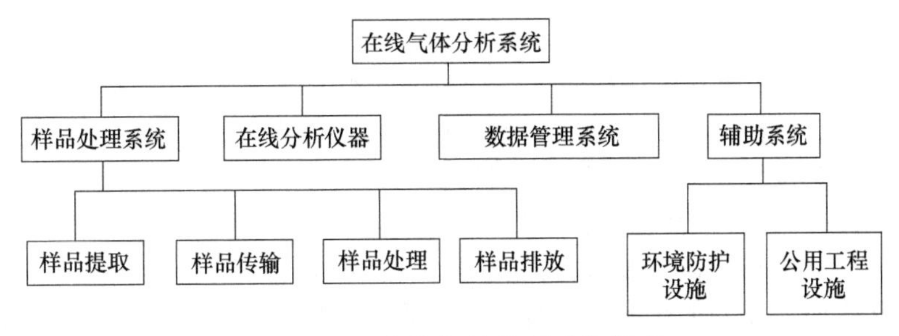

图13-1-2 在线气体分析系统组成

在线气体分析系统组成中，在线气体分析仪器是核心技术，样品取样处理系统是关键技术。在线气体分析系统技术为工业过程在线气体分析实现可靠、稳定提供了保证。样品取样处理系统技术的发展，解决了在线分析应用中的各种技术难点，使在线分析逐步发展为现在的在线分析系统。在线分析系统集成技术为用户提供了技术解决方案，实现了定制设计、系统集成制造、工程技术等完善的服务体系。

在线气体分析系统技术方案，要根据在线分析项目需求进行定制设计。首先是选取适宜的在线分析仪器，并按照在线分析仪工作原理和样品源的工艺参数，设计样品取样处理和分析流程、系统集成配置、项目交付验收方案等，为用户提供全生命周期服务。

在线气体分析的安全防护等辅助系统，为样品处理部件与在线分析仪器等提供必须的工作环境条件，包括为分析仪器提供辅助气体、标准气，供电、供水等公用工程设施，以及废气处置和回收系统等。在线分析的数据管理系统，包括数据采集处理及通信，可实现远程监视系统的运行状态和系统预警，以及实现物联网的应用。

13.1.1.4 取样式在线气体分析系统的组成

取样式在线气体分析系统的组成，通常包括：在线气体分析仪器，样品处理系统，数据管理系统，安全防护、废流处理回收等辅助系统。在线气体分析系统大多采取分析机柜及分析小屋集成方式，可以集成多套在线分析仪及取样处理系统。

典型的取样式在线分析系统框图参见图13-1-3。取样式在线分析系统包括以下子系统：

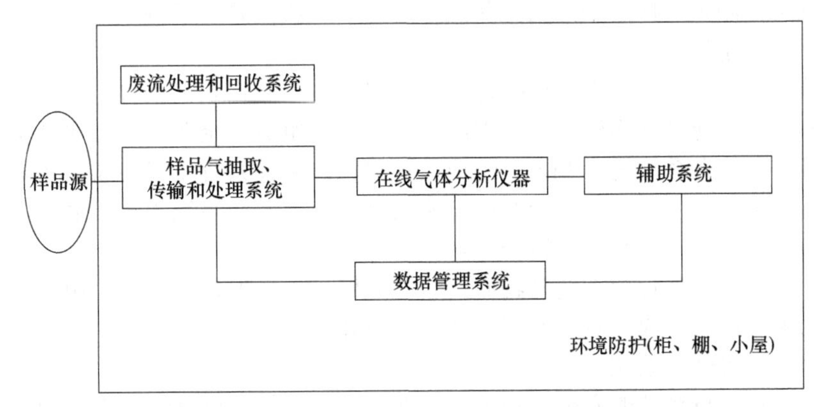

图13-1-3 取样式在线气体分析系统框图

（1）样品处理系统

主要包括样品取样、传输和处理等部件，通常由取样探头、输送管线、样品处理部件、废气处理部件等组成。

取样探头种类很多，通常根据被测气体管道内的组分及工艺条件，选择不同的取样探头。取样探头及过滤器、温控、反吹等前处理装置的组合又称为取样探头系统。取样探头系统有正压式直管取样探头系统、加热保温过滤取样探头系统以及其他特殊取样探头系统。通常，加热保温过滤取样探头具有初级过滤除尘功能，为防止探头堵塞需要采用反吹防堵措施。正压式取样探头包括前级减压调节装置，必要时要设前级处理站。

样品传输管线通常分为加热保温的样品传输管线，以及无需加热的样品传输管线。样品传输管线除考虑加热保温外，还需要考虑管线材质对样品的吸附、耐腐蚀等问题，通常采用不锈钢或聚四氟乙烯等材质。传输管线大多包括样气管、标准气管及反吹气管等。

样品处理一般包括除尘、除湿、除干扰物、压力与流量调节等，主要器件包括各种除尘器、除湿器、转换器、抽气泵、切换阀、压力表（变送器）、流量计（变送器），以及流路控制、报警等功能部件。根据样品处理要求不同，需要设计不同的分析流程，以适应不同分析处理的需要，确保被测样品的真实性，并保证样品的洁净度符合在线气体分析仪器检测要求。

按照环保要求，在线分析废气一般不能直接排入大气，可排回工艺装置或集中废气处理。废气回收装置要保持分析测试的恒压，并将废气加压排入下游处理装置。

在环境大气监测及环境污染的微量及痕量气体分析中，取样处理技术也包括对样品的富集、解析等技术。

（2）在线气体分析仪器

应根据用户在线分析项目的不同要求，选择合适的在线气体分析仪器。在线气体分析仪器选择后，才可以按照分析仪的特性要求，设计适宜的样品处理系统及分析流程方案。

要从分析对象、测量范围、测量灵敏度或检测下限、检测精度或测量误差，仪器的稳定性、可靠性及动态特性等性能指标，选择适宜的在线分析仪器，特别要注意样气可能存在的干扰组分对分析的影响。在满足项目要求时，稳定性、可靠性是最重要的特性。在线分析系统的稳定性、可靠性是由在线分析仪与样品处理系统的优化集成保证的。在选择在线分析仪器及关键部件时也要从经济性考虑，选择性价比高、应用成熟的产品。

在线分析仪器本身大多具备4～20mA信号输出及通信接口，可直接与工厂DCS连接，用于生产过程控制。也可以由在线分析系统的数据采集系统（DAS），通过网络通信、物联网等技术，将分析仪测量数据及状态信息传送给企业和上级的管理系统。

（3）数据管理系统

在线气体分析系统大多采用DAS或配套数采仪。许多石化企业已将企业内配置的各种在线分析仪器和系统，通过联网管理实现网络数据共享，组成了企业级的在线分析仪数据管理系统。企业级数据管理系统是由PLC、工业级计算机软硬件系统及网络通信传输等集成的数据管理系统。用于系统内几百台（套）的分析仪器及其他监测系统的数据输出、状态分析、故障预判、综合报警及本地和远程监控管理。

在线分析仪器的数据管理系统与物联网、互联网、大数据、云计算等相结合，将使得在线分析仪器的测量信息，成为企业及区域建设智能化、智慧化管理重要的感知层信息源。

（4）安全防护等辅助系统

辅助系统包括分析系统的安全防护系统以及供水、供电、供气等公用工程设施。分析系统的防护，主要采用分析机柜、分析棚架、分析小屋及分析工作站房等方式。在线气体分析仪器及其附属装置和数据管理系统通常集成在分析机柜、分析小屋内，样品处理箱大多安装在分析小屋的外壁，可参见分析小屋的设计要求及相关标准规定。

分析系统的安全主要指防雷、接地等，分析小屋内部的安全包括可燃、有毒及缺氧报警等，可参见有关分析小屋的安全标准要求。

分析系统的供水、供电及供气设施是辅助系统的重要组成，是保证分析仪器及样品处理系统正常工作的基本条件。

13.1.2　正压取样式在线气体分析系统

13.1.2.1　概述

正压式取样在线气体分析系统是由流程管道内正压提供气体取样分析。一般情况下，样品压力≥0.02MPa 时，就可以实现正压取样。但考虑到系统要求稳压、稳流，而稳压、稳流阀有入口压力要求，因此样品压力应≥0.1MPa。因此正压取样大多应用在流程管道压力≥0.1MPa 的场所，更多应用在管道压力较高的场所，如≥6MPa。

正压式取样处理需要关注取样点压力、温度、样品被测组分、背景组分、颗粒物含量、含水量以及是否含有其他干扰物等工况条件。含尘量<10mg/m^3 的气体样品取样可采用直通式探头，对含有少量易堵塞物（黏稠物、冷凝物）的气体样品则可采用可拆探管式取样探头。

高压取样应设置根部减压阀，就地减压后，需要再进行前级减压、稳压、冷却、除水、除尘等处理。可采用前置减压箱（也称前处理工作站）完成减压、稳压和调节处理。正压式取样处理要特别注意系统泄漏和扩散、管路吸附与解析以及防腐蚀。

管输天然气压力最高可达 10MPa，应采取多级减压。当其减压到 0.1MPa 以下时，要注意在减压时的气体降温。样品减压时应采取加热处理，然后伴热输送。

13.1.2.2　基本组成

正压式取样分析系统又分为中低压系统及高压系统两大类，行业内一般认为被测样品管道取样点压力≥6MPa 时属于高压取样，＜6MPa 时属于中低压取样。正压取样压力≥1MPa 时需要在取样点设置根部减压阀，就地减压；高压取样在线分析系统必须在取样点根部设置特别措施，如采用双截止阀进行系统级减压。为防止减压过快产生焦耳-汤姆孙（Joule-Thomson）效应，根部减压阀要求带加热保温。除采用根部减压阀就地减压外，还要设置前级减压站，将样气压力调节到 0.1MPa，以满足后级样品稳压、稳流阀的入口压力要求。

正压式取样在线分析系统的基本组成，参见图 13-1-4。正压式取样在线气体分析系统的

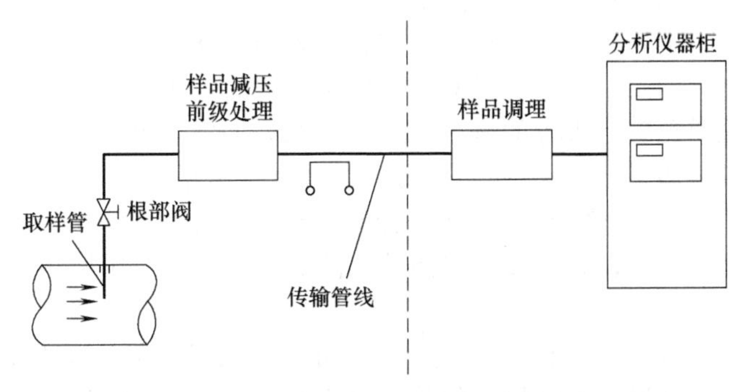

图 13-1-4　正压式取样在线分析系统基本组成

取样探头大多采用直通式取样探头，一般采用316不锈钢管材质，采用带法兰的T形短管接头固定，探头管道常采用外径6mm或1/4in（6.4mm）Tube管。探头长度取决于插入长度，一般要求插入长度至少大于等于管道内径的1/3。取样根部减压阀(即截止阀)常采用球阀或闸阀，高压时可采用双截止阀系统。前级减压箱（或前级减压站）包括减压、粗过滤除尘、稳压调节等装置，后级样品处理根据需要配置除水、除尘等部件，再送入气体分析仪器测量。

13.1.2.3 系统应用

（1）应用范围

正压式在线气体分析系统大多应用在流程工业的工艺管道取样分析。通常在石油化工、化工化肥等领域，工艺管道的样品压力都比较高，被测样品的组分比较复杂，样品气处于（或部分处于）高温、高压、高尘、高湿、高腐蚀、高黏附等恶劣工况条件，因此，应选用正压取样的在线气体分析系统。除了正确选取核心的在线分析仪器外，关键是样品取样处理及分析流程的设计。

正压式在线气体分析系统技术的应用中，在线分析仪要求的工作条件大多是常温、常压，有些在线分析仪的测量池或传感器可以在高温、高湿下测量，样品气的压力、温度必须调节在设定的范围。因此，正压取样分析的关键是取样探头、样品前处理等技术。还满足用户的其他测量要求，例如多点取样分析、快速检测分析等。另外样品的回收与排放处理也必须满足用户设计要求。

（2）取样处理要求

在线分析技术的重点是取样分析的样品气不失真。正压取样分析的取样探头设计应适应高温、高压、高尘、高湿等要求，通常采取加热过滤及保温取样探头。样品在高压取样时，要采用根部阀就地减压，并采取保温措施防止在减压过程出现冷凝。高压气体取样经根部阀减压后，需要经样品前处理器，进行多级减压以满足样品稳压、稳流的技术要求，必要时可对探头和前级粗过滤器等部件进行反吹防堵。

对取样探头、反吹气及样品传输管线的加热保温，应根据工艺管道样品气的露点选取。电加热保温一般可达到120～180℃，需要更高的加热温度应采取蒸汽保温技术。

对于高尘样品可采取多级除尘技术，对于高湿样品的除湿可采取多级除湿技术。如在线气相色谱仪的样品处理的要求很高，通常采取Nafion管除湿及精细过滤器除细颗粒物。

（3）特殊流路举例

① 快速循环回路设计　正压式取样可以利用工艺管线中的压差，采取快速循环回路设计。在工艺管线中的上、下游之间并联一条管路，形成一条快速循环回路，分析仪所需样品从回路上接近分析仪的某一点引出，如图13-1-5所示。应确保使用最少的样品损耗，以减少取样系统的滞后时间。由管线尺寸、样品黏度和压力的下降来确定样品流速及滞后时间；或为了满足样品滞后时间的限制，通过已知压降确定合适的管线尺寸。

快速循环回路应避免下列来源的压差：a. 控制阀，通常可产生可变压差，对控制功能产生不利影响；b. 节流孔板，会造成高能量损失，产生相对低的压差，影响流量测量的准确性；c. 取样点和返流点分离较远时，应注意确保没有流量测量仪表或应急隔离阀旁路。由快速循环回路进入分析仪的样品流，宜经过有自净功能的旁路过滤器。在循环回路中应提供指示和足够调整流量的设备。

② 快速旁通回路设计　为加快在线分析系统的分析速度，可采取快速旁通回路设计。从工艺管道取样的样品气经过靠近分析仪的三通分流，一路进入分析回路，另一路分流到样品

排放口，成为分析回路的“旁通回路”，参见图 13-1-6。

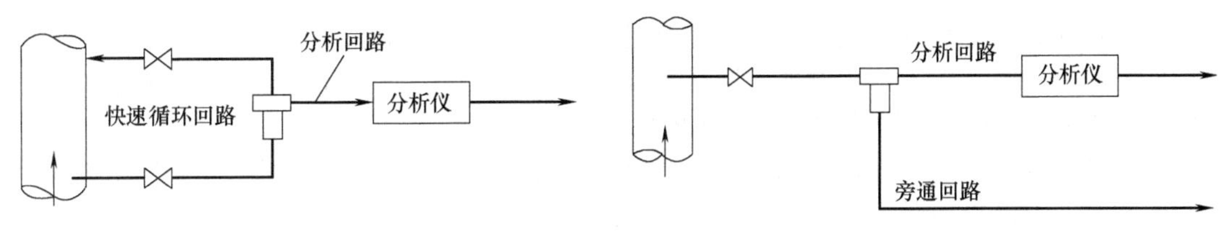

图 13-1-5　快速循环回路示意　　　　图 13-1-6　快速旁通回路示意图

快速旁通回路可减少取样系统的滞后时间，下列情况下使用：不产生返流，如低压下的气体和/或蒸气；由于回收费用高于产品价值，样品返流不经济；样品返流可引起污染或降解；为了提高样品系统的性能（如多流路采样系统）。

特别注意处理有毒和易燃物质，排气口或排水口的位置可使用不同的、有低压返流的封闭管道（阻火帽）或泄放系统，减小压力对分析过程的影响。流速应尽可能小，使风险最小化。

快速旁通回路应注意以下事项：a．当跨接段压差较小时，可增设输送泵，泵的选型应避免对样品造成污染或降解。b．通往分析仪的分析回路可以经自清洗式（也称自洁式）旁通过滤器引出。c．快速旁通回路内应提供流量指示和调节仪表。

快速旁通回路的样品一般作为废气、废液处理，有时也返送到工艺低压点。抽取式分析系统通常在取样泵后、分析回路前设置快速旁通回路，要求设定的放散流量是分析流量的 2 倍以上，通过调节阀和放散流量计调节监控。

③ 多点取样及废流（废液、废气）排放设计　石化行业的在线色谱分析系统，通常采取多点取样及废流（废液、废气）排放设计，其应用示例参见图 13-1-7。

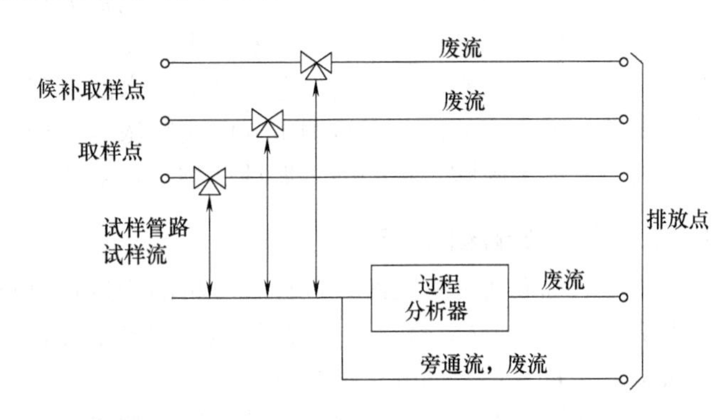

图 13-1-7　分析系统多点取样及废流排放的应用示例图

13.1.3　抽取式在线气体分析系统

抽取式在线气体分析系统适用于流程管道的样气压力处于微正压或负压状态。微正压一般是指样品压力≤0.02MPa。微正压或负压时，样品不能自主流入分析仪器，需要通过抽气增压，才能满足分析系统的样品流动。抽取式取样分析主要有冷干法和热湿法。

13.1.3.1　冷干法抽取式

冷干法抽取式在线气体分析系统，通常采用抽气泵抽取样品。将样品传输送到分析仪器机柜，并进行除尘、除有害物质、除湿处理。样品气以干净、干燥状态送到分析仪分析。样品除湿大多采用冷却除湿器除湿，也可采用渗透干燥管除湿。采用冷却除湿方式是冷干法样品气除湿的主流方法。

冷干法抽取式分析的样品处理系统，通常由样品取样、传输、处理、回收等部件组成。样品取样一般采用加热过滤取样探头，并采取脉冲反吹防止取样探头的过滤器堵塞。取样探头大多采用电伴热加热，温度控制要求高于样品气露点20℃以上。探头反吹气应预热，防止反吹时探头除尘过滤器可能降温产生凝结水。

样品输送管线应加热保温。样品输送全过程必须保温在样品露点之上，将样品气输送到分析柜内的冷却除湿器入口。例如，脱硫原烟气约为110℃，烟气露点约90℃，取样探头加热保温在150℃左右，输送管线保温在120℃左右。

样品处理也称样品调理，其功能主要是除尘、除水、除有害干扰杂质。主要部件包括气溶胶过滤器、除湿冷却器(压缩机式或电子除湿器)、隔膜抽气泵、精细过滤器及湿度报警器、流量计及各种阀件等。取样泵通常放置在冷却除湿器后，或者在两级除湿器之间。将处理后的常温、干燥、洁净的样品送分析仪器，确保了在线气体分析仪长期稳定运行。

冷干法抽取式系统的另一种方式，是采用带有除尘除湿处理一体化功能的取样探头系统。样品气在取样探头处除尘、除湿后，含湿量大为降低，因此，传输管线无需加热保温。通常，具有除尘、除湿功能的取样探头系统，大多在取样探头处采用渗透干燥管除湿法。适用于样品气含水量较高及含有易溶于的组分时。

例如，法国ESA公司的SEC取样系统，采用渗透干燥管处理露点70℃的湿样品气，输出的干样品气的露点可达−20℃。美国博纯公司在国内也推出这类采用渗透干燥管的取样探头系统。此类带除湿功能的取样探头系统，要求提供露点为−20℃的干燥仪表空气源。

样品取样处理要确保样品气不失真，并满足分析仪器对样品分析的要求。样品取样传输过程的加热保温至关重要，关键是不能出现冷点。当样品气温度低于其露点时，样品中的气态水就会变为液态水，若样品中存在易溶于水的被测气体如SO_2、HCl、NH_3、NO_2等，就会被水溶解、吸收，从而改变被测组分的实际浓度，造成较大分析误差。同时，酸性气体被水分吸收后形成稀硫酸、稀硝酸等腐蚀性物质，对系统各部件将产生严重腐蚀，导致损坏。

13.1.3.2 热湿法抽取式

热湿法抽取式分析系统在取样、分析的全过程要求保持样品气原有的“热湿”状态，即要求从取样探头取样、传输、样品处理，到测量分析的全过程内，保持样品气原有的高温高湿状态。其特点是样品分析不失真。

热湿法分析系统的样品处理系统主要由加热过滤取样探头、加热输送管线、高温抽气泵、高温预处理单元及高温分析仪器等组成。采用加热过滤式取样探头和传输管线。加热保温在200℃以下时，一般采用电加热恒温管线；高温加热可采用蒸汽伴热。各连接部位都必须保温在样品露点之上。样品处理除尘等部件，以及分析仪器的传感器气室应安装在恒温箱内。其中抽气泵采用高温型隔膜抽气泵或喷射泵。热湿法大多采用喷射泵，以及采用各种耐高温的调节阀、电磁阀、流量计等。

样品在热湿状态下送入分析仪器高温测量室。样品气排出仪器时应防止气体急冷后析出水分，造成冷凝水在排放口堵塞，影响废气排放，在北方寒冷季节应特别注意。

在工业流程在线气体分析中，当样品气在高温、高压、高尘状态，特别是石化行业的样品气含有高黏度油类，大多采用高温热湿法气体取样分析法，以及采取特殊的高温取样探头系统。环境监测污染源废气分析中，当样品气处于高湿、高尘、高腐蚀性气体状态时，一般也采用高温热湿法气体分析，如对垃圾焚烧烟气的分析。

13.1.4 非取样式在线气体分析系统

非取样式在线气体分析系统主要是直接测量式，也称原位式，也包括遥测分析等。

13.1.4.1 原位式系统的基本组成

原位式在线气体分析系统的基本组成如图 13-1-8 所示。

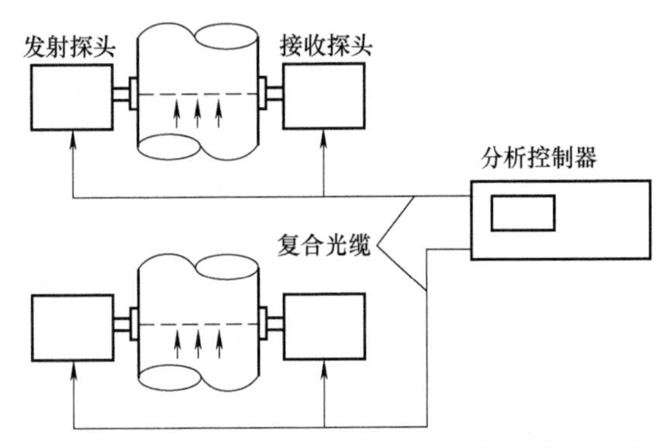

图 13-1-8 直接测量式（原位式）在线气体分析系统

一般是由多个安装在被测管道上的分析测量探头或发射、接收探头传感器，与一个现场安装的测量控制装置组成，并通过光纤或传输电缆连接。如原位式激光光谱在线气体分析系统，通常是一个测量控制器，通过光纤或电缆可以连接多个原位分析测量探头或传感器，组成原位式在线气体分析系统。

原位式在线气体分析系统大多不能直接用标准气体进行现场在线标定。常见的原位式仪器的现场标定是采用零点反射镜或内部气室进行校准。大多数原位在线分析仪需要采用离线校准方法，或将探头通过滑道移出被测烟道或管道，采用密封式圆筒放在测量管路中，圆筒中通入标准气进行标定。

13.1.4.2 原位式系统的应用

原位式在线气体分析系统的应用与原位式气体分析仪基本相同，如原位式氧化锆氧分析仪、原位式激光气体分析仪、原位式紫外差分气体分析仪等都是直接安装在工艺管线上。原位式在线气体分析系统应用的不同之处，主要是一台中心控制单元可以带有多套原位式气体分析仪。例如一台原位式氧化锆氧分析控制器，可以带 8 个氧化锆氧探头，从而组成一套原位式锅炉烟气氧分析系统，用于锅炉燃烧的节能降耗、优化控制。原位式激光气体分析系统。如西门子 LDS 6 光纤传输原位式激光气体分析系统，采取一个控制器可以带 3 套原位安装的激光发射与接收探头，组成原位式激光气体分析系统。其基本结构参见图 13-1-9。

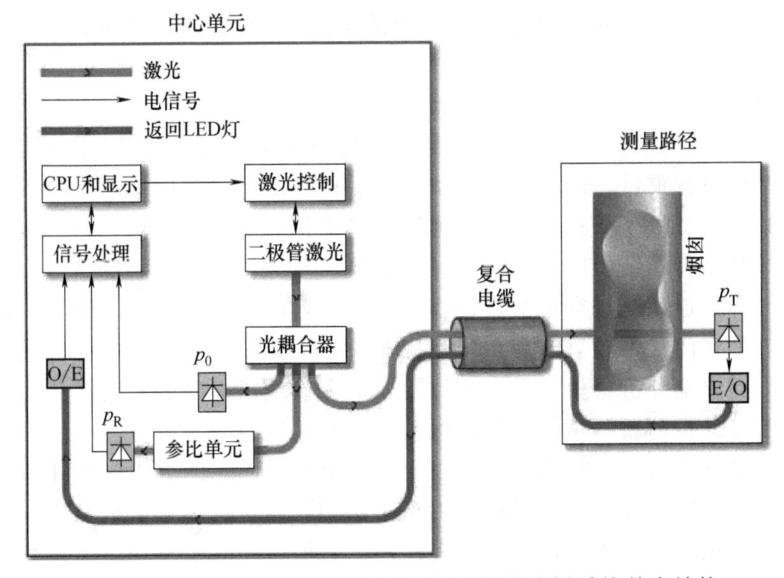

图 13-1-9 西门子 LDS 6 原位式激光气体分析系统基本结构

13.1.4.3　遥测分析系统的应用

遥测式分析系统是非取样式在线分析系统，属于不接触样品分析。例如开放光路的遥测分析仪测量光程可以达到几百米，遥测仪器从发射端发射光束，经开放环境到接收端，测定该光束光程上平均空气污染物浓度。开放光程遥测分析仪应用的检测技术主要有傅里叶红外光谱（FTIR）、紫外差分光谱（UV-DOAS）、可调谐激光光谱（TDLAS）等。

环境监测激光雷达是大气环境探测中一种有效的主动遥感技术装备。激光雷达的发射系统发射特定的激光波长，与大气环境中的气溶胶及各种被测组分作用后，产生后向散射信号，接收系统中的探测器接收回波信号，通过数据采集与计算机系统处理分析，得到大气环境被测组分的浓度与分布。

遥测遥感分析技术，还包括移动监测、机载及星载的监测设备，用于对指定区域的环境监测。非取样分析技术在环境监测领域已经有广泛的应用。

13.1.5　在线气体分析系统防护设计技术要点

13.1.5.1　防护设计技术要点

在线气体分析系统的防护设计，应依据分析仪的类型、工况条件和现场环境条件，以及用户要求，选择相应的防护等级及相应配置。当分析仪的防护条件与工作环境不匹配时，对分析仪及分析系统应提供附加的防护，并确保在线分析仪和系统的正常运行和维护。

在线分析系统的防护设计应按照国家及行业的有关标准、规范执行。

（1）防护设计应考虑的因素

① 用户对安装分析仪的现场区域分级，以及有关的安全机构或用户提出的特殊要求，如通风防爆性能要求等。

② 分析仪的现场环境条件（如温度、湿度、风、雨、雪、粉尘、沙尘、阳光辐射、腐蚀性气体、地震活度等）及分析仪的供应方对可靠性、准确性和/或安全操作的环境要求。

③ 运维要求，操作期间对设备和维护人员的防护；系统组件的可维修性要求，以及运维的经济性要求。

（2）系统防护主要形式

① 分析机柜　分析机柜简称分析柜，是指安装分析仪、样品处理及附属装置的小型密闭柜。对分析仪系统进行调试、维护时，可从分析机柜外部打开柜门操作。分析机柜的缺点是只对分析仪及其系统提供了防护，没有对维修人员提供防护。

分析仪、样品处理系统及附属装置等安装集成在分析机柜内。应依据是否在分析机柜内有毒害及可燃气体释放源等进行配套设计，并安装符合相应危险等级的附属设备。

分析机柜分为密闭式、通风式和正压吹扫式。密闭式分析机柜采用密封设计，隔断柜内外的气体流通。通风式分析机柜在适当的位置有换气设施，柜内柜外气体是流通的。正压吹扫式分析机柜通过外接的新鲜空气或其他保护气体充入柜内，并保持柜内压力高于柜外的压力，以防止任何易燃物质进入柜内聚集，以及与分析仪器内在的火源接触。如果分析仪有引起易燃物质内部释放的风险，则需考虑采用正压吹扫防爆设计的分析机柜。

按照用户需要设计分析机柜，也可以设计为二联柜、三联柜及联排机柜系统，各分析机柜均应有独立的铭牌标识。

② 分析棚架　分析棚架通常是指一面或多面可以开放的防护工作棚架，空气可无障碍地自然流通。工作棚架的内部可安装一台或多台分析仪及附属装置。这种结构可用于安装位置符合危险区域分级的分析仪，同时环境条件也应符合分析仪制造商的规定。

设备只需最低限度防护时，使用分析仪棚架是很方便的。优点是便于对分析仪进行维修，也能提供持久的自然通风。缺点是不能提供设施来改变危险区域分级，仅能对设备提供最低限度的环境保护；无法为维修人员提供防护。

③ 分析小屋　分析小屋一般是指操作人员可以进入，对分析仪器和系统进行操作、维护、检修的大型分析机柜。分析小屋一般按用户要求集成分析系统，可采用不锈钢、碳钢、玻璃钢等材质构建。分析小屋可以安装在现场取样点附近，也可以是用于分析仪安装的建筑小屋或是建筑物的一部分。通常，分析小屋是由供应商定制的金属分析小屋。分析小屋改善了在线分析仪的工作环境条件，一般具有通风及安全系统，基本具备现场分析室条件，具备“交钥匙”功能。

一套分析小屋内，可以安装有一台或多台在线分析仪及辅助设备；分析系统的除尘、除湿、取样泵等预处理装置，可独立安装在分析小屋外部的样品处理箱内，而将流量、压力调节及分析回路、标定回路等安装在分析仪的下部或小屋外部的处理箱内，并由有资质的专业人员进行定期的流程巡检和维护保养。

分析小屋的通风系统有自然通风系统和强制通风系统两种选择。自然通风系统受限于环境和区域分级，与周围气相通，优点是安装简单和价格低廉。强制通风系统能严格控制分析小屋的室内环境，提供的通风空气应来自安全区域，并配有完善的强制通风报警系统。

（3）在线分析小屋分类与要求

① 分类　根据 GB/T 25844—2010《工业用现场分析小屋成套系统》和 GB 29812—2013《工业过程控制　分析小屋的安全》，通常分为三种类型：A 类型（基本型）、B 类型（增强保温型）、C 类型（增强防爆型）。

A 类型（基本型）是指可适用于累计年最冷月平均温度高于 0℃、最热月平均温度低于 25℃的温和地区和累计年最冷月平均温度高于-10℃的寒冷地区的分析小屋系统类型。

B 类型（增强保温型）是指可适用于累计年最冷月平均温度低于或等于-10℃的严寒地区和累计年最热月平均温度高于 25℃的夏热地区的分析小屋系统类型。

C 类型（增强防爆型）是指通过采取正压通风等特殊安全措施，提高其整体防爆性能的分析小屋系统类型。

② 对化工分析小屋组成的要求　GB/T 25844—2010 对分析小屋系统组成的要求如下：

a．金属结构小屋本体：应具有工业现场仪表运行所需的基本气候防护措施、安装空间、现场安装和运输附件。

b．公用工程：小屋内应具有采光及照明、通风（引风机、排风机）、防爆空调、采暖、配电箱、接线箱、电源插座等防爆电气设备。

c．分析系统工程：应按现场工艺要求合理安装分析仪表及样品处理系统，并规范化配管布线。

d．联锁报警系统：联锁报警系统的选用应符合用户设计规格书和 GB/T 50493 的要求，当可燃气体浓度达到爆炸下限值（LEL）或当有毒气体浓度达到长期接触限值（TLV）时，发出报警信号，启动换气风扇。

③ 分析小屋和分析系统的标识　每个分析小屋都应在主门上方或侧面显眼位置设单独

的不锈钢铭牌，标明小屋编号和其中分析仪的位号。每台分析仪及分析系统机柜都应有单独的铭牌，标明其位号和用途。分析仪及系统的关键部件也应标注制造厂名称、型号和系列号，以便辨识和追溯。样品处理箱也应有单独的铭牌，标明其相对应的分析仪位号和流路识别号，箱内部件标识要求见样品处理系统的安装要求。管线进出小屋的穿板接头处，进出分析仪和样品处理箱的接管口处，均应标明其流路号或介质名称，并应标注流动方向。

主要电气设备和每个接线箱、配电箱均应有单独的铭牌，标明其编号和/或用途。电线、电缆应打印线号，接线端子应加识别标记。高温高压源、有毒或窒息性气体应有警告牌。

室外铭牌应采用不锈钢材质，一般用途刻蚀黑字，示警用途刻蚀红字，用铆接方式固定。室内铭牌可采用层压塑料，一般用途白底黑字，示警用途红底白字，用不锈钢螺丝固定。主要仪表、设备应采用不锈钢铭牌。

13.1.5.2 防护设计原则与要求

防护材料应阻燃、耐油和耐化学腐蚀。也应考虑其他的环境因素，如高湿、霜冻、日晒和地震活动等。制造施工应关注材料的性能指标，将静电荷积累的可能性降到最低，尤其是使用玻璃纤维增强塑料(玻璃钢)等材料和屏蔽接地时。

制造施工应尽量减少腐蚀的影响，在必要的地方应采用适合的防腐涂料，并注意避免因采用不同金属（如不锈钢与低碳钢）直接连接而引起的电蚀。

穿板孔应减至最小并符合制造和安全要求。如果空间有限，则使用转换件可提供更紧凑的布局。

外壳用来承载设备时，应保证有足够的刚性使振动最小。设备安装在墙上时，要求有合适的加固措施。如有必要，采用抗震结构和柔性管路把对震动敏感的分析仪与管路系统分开。

照明设施应为操作和维修提供充足的照明。照明灯或应急灯要随时保持工作状态，并且至少适用于危险区域 2 区的安装或处理危险样品的照明。

当超过极限温度和(或)高湿条件下时，应考虑使用供暖和空调。加热器表面温度应不超过区域分级允许的温度范围。加热器外壳应有防护，以免工作人员意外接触。

应考虑控制环境温度的各种形式。设计房屋内墙、房顶材料及结构时应尽量减少热量损失，这也有利于最大限度地减少由于阳光辐射产生的房屋内热量的增加。采用夹心墙时应确保易燃物质不在墙内聚集。

13.1.5.3 防护设计

（1）分析机柜的防护设计

非防爆区域采用的分析机柜大多为 19in（48.26cm）标准系列。防爆区域使用的分析机柜外形尺寸一般为 2000mm×800mm×600mm，一般采用不锈钢或镀锌钢板制作，使用镀锌钢板等制作时需喷漆保护。机柜正面门有玻璃视窗，尺寸大小根据需要选定。在线分析仪通常安装在柜内上部，样品处理系统的各部件（如取样泵、降温除湿器、过滤器、压力和流量调节器等）安装在分析仪下部，有利于观测调节。分析机柜的电源供电开关及 PLC 等电气部件应按照系统电气接线图安装并正确连接。

典型的分析机柜外形见图 13-1-10；正压通风防爆型分析机柜外形见图 13-1-11。

（2）分析小屋外形设计要点

分析小屋可分为金属结构(含玻璃钢)分析小屋和在现场土建分析小屋两大类。常见的不锈钢分析小屋见图 13-1-12，玻璃钢分析小屋见图 13-1-13。

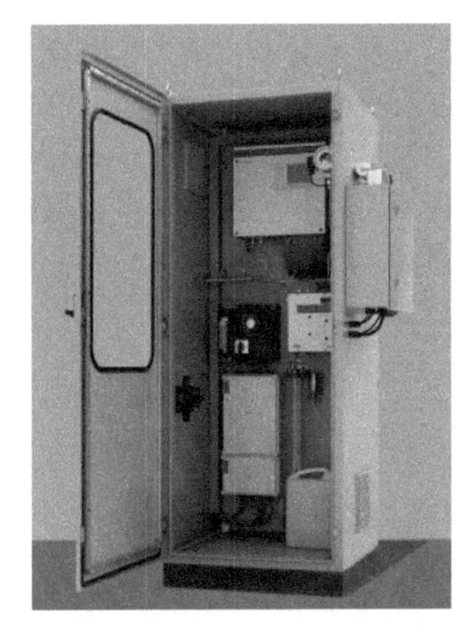

图 13-1-10　典型的分析机柜

图 13-1-11　正压通风防爆型分析机柜

图 13-1-12　不锈钢分析小屋

图 13-1-13　玻璃钢分析小屋

流程工业用在线气体分析系统的分析小屋大多采用金属结构，由系统集成商完成分析小屋的集成组装后，整体发货到现场吊装。现场土建分析小屋大多用于环境监测，是在现场建造的在线分析工作站，如水质自动监测站以及部分锅炉烟气 CEMS 的分析小屋。

分析小屋属于定制产品，其大小可根据分析仪的数量、类型、系统复杂程度和操作维护空间确定，并应留有适当余地。外形尺寸受长途运输条件限制。

长度：室外小屋长度一般为 2.5～6m，最长不应超过 13m。考虑到标准钢材定尺和吊装、运输结构强度问题，单个分析小屋长度不宜超过 6m。宽度：室外小屋宽度为 2.0～2.5m，最宽不应超过 3m（受公路运输的宽度限制）。高度：室外主体高度为 2.5～2.7m（通过立交桥、隧道时的高度限制），室内净高 2.3～2.5m，无障碍最小净高大于 2.0m。

分析小屋外形尺寸也可根据分析系统项目要求进行特殊设计，大型不锈钢分析小屋可采用拼装结构，可以沿长度方向或宽度方向拼接。分析小屋机械结构的有关设计，应按照相关的国家及行业设计标准要求执行。

（3）接地设计

小屋本体外应设置电气总接地端子，与小屋本体底座联结在一起。接地端子材质一般为黄铜。接地线线径不应小于 4mm。工厂接地线应接入总接地端子，线径不应小于 6mm。仪表系统的接地电阻不应大于 3Ω。小屋系统接地须符合 HG/T 20513 的要求。

小屋内安装的分析仪、用电设备、接线箱、配电箱、穿线管、桥架、汇线槽、预处理箱以及小屋本体（包括门），均应做保护接地，接地支线经汇流排接入小屋接地干线。

接地支线采用绿黄相间标记的铜芯绝缘多股软线，线芯截面积为2.5～4mm^2。接地干线采用铜芯绝缘电线，线芯截面积为16～25mm^2。使用中不得以任何方式断开仪器内外的保护接地线（黄绿线），否则仪器可能带电，导致设备严重故障和触电。只有在仪器正确接地之后才能启动仪器。

（4）配电设计

① 电源接线箱要求

a．仪表电源和公用电源分别由单独的接线箱供电。

b．电源接线箱安装于室外，安装高度便于接线和维护。

c．电源接线箱防爆等级应满足用户设计规格书现场防爆等级要求。

d．电源接线箱应预留20%的空接线端子。

e．布管穿线及电线电缆的选用应符合HG/T 20512的要求。

f．供电负荷类别及供电要求应符合HG/T 20509的要求。

g．密封防爆应符合GB 3836.1的要求。

② 信号接线箱要求

a．按仪表规格书的要求确定信号接线箱的数量及类别。

b．信号接线箱安装于室外，安装高度与电源接线箱相同，并与电源接线箱等距排放。

c．信号接线箱防爆等级应满足用户设计规格书现场防爆等级要求。

d．信号接线箱应预留20%的空接线端子。

e．布管穿线及电线电缆的选用应符合HG/T 20512的要求。

f．密封防爆应符合GB 3836.1的要求。

（5）照明、空调、采暖及通风要求

① 照明要求

a．灯具的选用应符合用户规格书的要求，一般选用节能灯。

b．灯具防爆等级应高于用户设计规格书现场防爆等级的要求。

c．灯具布置、照明光强度及事故应急照明光强度应符合HG/T 20508的要求。采用带逆变器或蓄电池的照明灯具，停电备用时间不少于30min。

② 空调、采暖及通风要求

a．分析小屋的通风　非危险区或危险2区场所，分析小屋应配备通风机，一般采用防爆轴流风机。当室内可能存在的有害气体相对密度<1时，风机应装在小屋上部；相对密度>1时，装在小屋下部。风机开关一般装在室外主门旁，采用防爆电源开关。

b．分析小屋的采暖　小屋内温度一般控制在15～30℃范围内。冬季可使用蒸汽采暖，暖气散热面的表面温度应不超过区域危险等级允许的温度，并用护罩加以屏蔽，以防人体直接接触造成烫伤。室内暖气管线连接均应焊接，以防蒸汽泄漏损坏分析仪。蒸汽进出管线截止阀装在室外，采用法兰连接。必要时可加装自动控温阀，用于调节蒸汽流量和室温。

c．分析小屋的空调　环境条件和设备散热可能在分析小屋内造成不可接受的高温时，应配备空调装置，以满足分析仪运行环境温度要求。如分析仪要求环境温度应≤45℃，带LCD液晶显示屏的分析仪要求环境温度应≤40℃。防爆空调有窗式、壁挂式和柜式三种，可根据需要选用。

13.1.5.4 分析小屋的正压通风系统

分析小屋的正压通风系统设计技术参见 13.3.5 节介绍。分析小屋的正压通风系统是指强制通风，当排风口以外的所有通道关闭时，应保持室内外压差不低于 25Pa。正压通风使分析小屋处于微正压状态，防止室外可燃性气体、腐蚀性气体和灰尘进入室内。同时将室内可能泄漏的危险气体稀释并排出。

正压通风降低了小屋内部的区域危险等级。例如，当分析小屋位于 1 区，采取正压通风措施后，小屋内部环境可降至 2 区甚至非危险区要求。不仅改善了维护人员工作环境，也降低了对电气设备防爆性能要求。位于 1 区分析小屋内，安装正压通风系统后可以安装适用于 2 区的仪表和设备。正压通风只能改善分析小屋内部的区域危险等级，并不能改变电气设备的防爆性能。

13.1.6 在线气体分析系统安全设计技术要点

13.1.6.1 在线分析的区域分级和有毒危险

（1）电气区域分级

分析小屋、分析仪机柜或分析器棚的区域划分应按照 GB 3836.14—2014 和石化行业相关安全操作规范标准的规定来分级。在 IEC 标准和 IP 电气安全规范中，分析小屋是“密闭或开放的处所”。室内所有设备和防护措施的使用都应符合区域分级。

应注意与分析小屋有关的危险物质（例如氢气作载气分析的样品、校准样品），也可影响分析小屋、分析器棚或分析机柜所处位置的区域分级。适用的区域分级，可参照 IEC 标准定义的 0 区、1 区和 2 区。除非提及具体的可燃气体/蒸气或易燃粉尘，危险区域的分级都参照采用 0 区、1 区和 2 区形式。

（2）毒性危险

分析毒性物质时，分析小屋的通风要求是：应确保在正常或任何可能失灵的条件下毒性物质不超过职业暴露极限（OEL）。禁止进入没有监督、探测和防护装置，且有毒物质超过 OEL 的操作间。室内、柜内可能存在较高浓度的有毒气体时，应在门或外壳上给出警告标识。OEL 的等级应由国家和相关组织规定，例如相关的国家标准或行业标准规定的健康、安全和环境的职业暴露极限。

13.1.6.2 系统安全设计

在线气体分析系统的安全功能，要求其不仅用于过程的工艺参数检测，对过程的节能环保、质量提高起到重要作用，对生产过程的安全和设备的安全保护起到重要作用，也要对操作和维护人员起安全保护作用。

在线分析系统的功能安全，就是要确保设备、仪表安全运行，保障在线分析系统本身的安全，更要保障操作和维护人员的人身安全。在线分析仪系统的电气安全、防爆安全、网络安全等，要根据相关的安全设计标准进行设计，并经相关部门的认证。

常用的安全设计技术如下：

（1）通风故障的安全设计

强制通风的分析小屋一般应有通风故障的安全预防设计措施。应使用低流量开关，监测室内的通风气流故障，应确保过滤单元无泄漏、并联风扇的循环气路能正常工作。该开关应设置为：在气流降低到 60%设计流量以下时，显示通风流量故障。可用长达 1min 的延时，防止受短期干扰的误报警。在室内或室外，低流量检测器应可发出声、光报警信号，由在线分析管理系统收集并联网共享。

（2）可燃气体检测

如果使用可燃气体检测器，应依据通过分析系统或通风系统在室内释放的气体性质来校准和定位。在室内和有人操作的场所，气体检测器应发出声、光报警信号。气体检测器应在室外安装有可见信号的报警器，一般为明显的或独特颜色的闪光灯。建议使用的颜色是黄色。如果同时存在可燃气体和毒气体检测，可组合为气体报警器。

气体检测器应具备两个等级的切断功能的报警器：在检测值达到爆炸下限（LEL）的20%时，立即关闭室内外电源，隔离低等级电器和分析设备；在检测值达到LEL的60%时，立即启动强制吹扫装置，若吹扫失败，立即隔离认证设备。待测出的危险条件消失（20%LEL以下），室内空气至少置换10倍分析小屋体积的空气后，设备的电源才能接通，气流恢复并由延时器自动控制通风。手动复位设备，重新接通电源。

（3）有毒气体检测

有毒气体检测器的配置，应依据预期释放的有毒气体成分的性质，位置也应考虑接近可能发生泄漏的点位。有毒气体含量高于预置的报警阈值（TLV）时，检测器应在室内及任何有人操作的场所发出声、光报警信号。应在室外安装有可见信号的报警器，如采用黄色的闪光灯。

（4）低氧检测

如果有潜在的氧气不足的可能，如可能大量释放可用作吹扫气、载气、灭火剂等的氮气或二氧化碳时，应提供低氧检测器。在氧气含量低于预置的报警极限（标准条件下，一般浓度为18%）时，检测器应在室内及任何有人操作的场所发出声、光报警信号。应在室外安装可见信号的报警器，如采用蓝色的闪光灯。

（5）火灾探测和防火措施

火灾探测可感应的是烟雾、火焰或热。检测到火灾发生时，应可提供自动或手动启动灭火装置。注意因环境原因不能使用卤代烃灭火剂，目前多使用二氧化碳。虽然，要求火灾探测器控制启动自动灭火，但必须提供人工灭火装置。对于自动灭火最好有表决系统以防止灭火系统误操作。

火灾探测器应在室内及任何有人操作的位置上发出声、光报警信号。应在室外安装可见报警器，如采用红色的闪光灯。

（6）吹扫设备

在危险区域内，内部若有释放可燃物质的非认证设备，吹扫是必要的。如果分析小屋是按2区要求设计的，除了辅助的通风系统和/或可燃气体检测器关闭外，不要求在吹扫故障时设备关闭。

内部有易燃物质释放设备时，吹扫装置应具有附加的防护功能，利用稀释或惰性物质来防止泄漏的可燃气体在设备内聚集。吹扫故障关闭功能由分析仪附件的设备类型决定（参考GB/T 3836.15—2017），这是对所述通风故障和/或可燃气体检测器的补充。所有吹扫的设备应具有防爆认证证书和标识。吹扫设备应有发出声、光报警器信号的功能。

13.1.6.3　在线分析小屋的安全监测与报警要求

分析小屋安装的安全监测装置是按照国标GB/T 50493—2019的要求（如1区和2区）进行设计的。可燃气体、有毒气体和缺氧的监测探头应分布在分析小屋、机柜或工作棚的关键位点上。较复杂的分析仪安全监测和报警系统包括气体检测器、火灾检测器和通风监测器系统检测并相互作用，将信息输入控制系统，启动报警、自动关闭程序，释放灭火剂并实现对联动通风系统的控制等动作。

在使用没有经安全认证（1 区或 2 区）的分析仪时，应按有关国标或对应的欧洲标准 EN50016 设计空气吹扫系统，采用正压吹扫的防爆分析机柜和防爆分析小屋。

13.1.6.4 防爆分析小屋安全设计要点

防爆分析小屋的安全设计应符合 GB 29812—2013《工业过程控制 分析小屋的安全》及有关防爆设计的标准要求。防爆分析小屋应采用防爆型正压通风设计和防爆冷暖空调设备。分析小屋的室内，应处于微正压状态，室内外压差为 25～50Pa，可用于石油化工等行业的 1 区、2 区等危险场所。典型的防爆分析小屋的系统构架，由分析小屋的房体、防爆正压系统、防爆配电系统、防爆照明系统、防爆暖通系统、防爆报警系统、分析仪器、取样处理及辅助设备等组成。

防爆分析小屋内部的电气设备应按照防爆等级要求设计配置。防爆分析小屋内部的电气设备防爆性能，取决于其中防爆等级最低的设备。如果其中 1 台设备是Ⅱ BT3 级，其余均为Ⅱ CT4 级，那么，整套电气设备的综合防爆性能就是Ⅱ BT3 级。要提高综合防爆性能，只有将全部设备均提升到Ⅱ CT4 级。

防爆分析小屋的房体，其内外墙采用不锈钢板结构，保温层为防火保温岩棉（厚度大于 50mm），一般设计有两个门，门上安装按压逃生锁。防爆正压系统采用单片机控制及液晶显示，具有灵敏可靠的压力检测装置，可实现高压报警、低压报警、温度报警、灯报警等功能。防爆配电系统的供电包括：照明、空调、监控、通信及不间断电源（UPS）等，采用防爆配电箱设计。防爆照明系统的灯具全部为防爆灯具。防爆暖通应采用防爆型正压通风及冷暖空调功能设备。分析仪器应采用防爆式分析仪，如采用非防爆分析仪，应采用正压型防爆仪表分析柜设计，以满足防爆分析要求。防爆分析小屋应具备室内危险气体浓度监测系统及声光报警联锁系统。

13.2 在线气体分析的样品处理系统

13.2.1 在线气体分析样品处理系统概述

13.2.1.1 样品处理系统简介

样品处理系统技术是在线气体分析系统技术的重要组成部分。样品处理系统技术是研究和解决在线分析在各种复杂工况条件下的样品取样、样品传输、样品处理、样品排放以及相关公用工程等的技术。

在线分析仪能否长期可靠运行，不仅取决于分析仪表本身，在很大程度上是由样品处理系统决定的。复杂的样品条件是在线分析面对的最大困难，如高温（最高 1400℃）或低温、高粉尘含量（最高 2000g/m^3）、高水分含量（特殊样品，如甲醇气化炉水洗塔出口，样品含水量高达 60%）或液滴（雾）、高压（最高大于 50MPa）或负压、腐蚀性和爆炸性危险等。样品处理系统技术就是要针对性地解决复杂样品条件下的取样、传输、样品处理，使得样品在最大程度不失真条件下，快速传送到分析仪器，从而保证在线分析仪器稳定、可靠运行。

样品处理系统具有“量身定制”的技术特征，根据使用的在线分析仪器的技术要求，结合工艺特征，针对性地定制技术解决方案，保证处理后的样品在不失真状况下满足在线分析仪的要求。

在样品处理过程中，一般要求被测样品不能产生相变，不能产生对被分析组分的吸收、吸附等，并满足在线分析仪器对样品分析的要求。例如，烟气分析中，样品中水分不能从气态变为液态。若样品出现凝结水，会与样品中易溶于水的组分反应，造成样品流失及样品组成改变，并产生腐蚀性物质。如样品中二氧化硫、三氧化硫与凝结水结合生成稀硫酸，对系统管路及分析仪都可能产生严重腐蚀。烟气微量氨分析，出现凝结水吸收后，分析结果几乎为零，从而造成分析数据的严重失真。

样品取样传输过程采取加热保温措施，使样品气温度保持在露点之上，可防止出现冷凝水。然后进入样品调理阶段，包括除尘、除有害物及除湿，其中除湿是样品处理的技术关键。高温、通过冷凝、除湿等处理去除样品气所含的水分，并通过精细过滤器进一步去除细颗粒物，可使样品气以洁净、干燥状态进入在线分析仪。

样品除湿大多是通过冷凝及膜分离等技术。常用冷凝除湿设备降低样品气的露点，通过凝结过滤或膜过滤技术除去样品中微细液滴，以满足在线分析仪对样品干燥的要求。样品干燥程度由分析仪器的要求确定。例如烟气 CEMS 的冷干法分析，要求进入在线分析仪前的样品气露点≤4℃，有的在线分析仪要求样品气的露点更低。

13.2.1.2　基本功能与组成

样品处理系统基本功能包括：样品取样、样品传输、样品处理、样品排放等。除基本功能部件外，只要是为保证样品处理预定功能的部件，或方便其维修的辅助装置等，都是样品处理系统的组成部分，如流路切换、标定控制回路、回收装置等。

样品取样处理系统的基本功能与组成参见图 13-2-1。

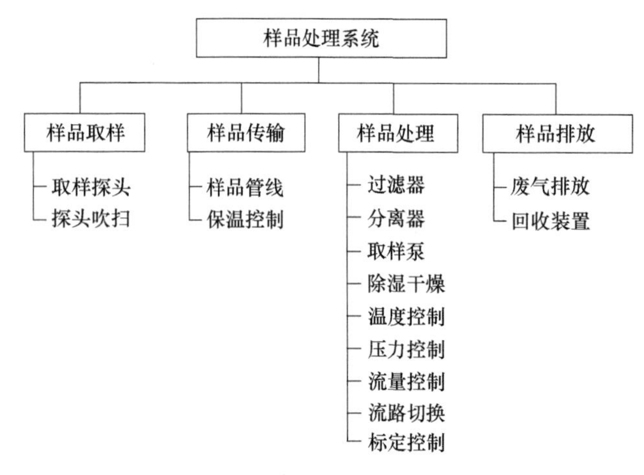

图 13-2-1　样品取样处理系统的基本功能与组成

（1）样品取样

从流程工艺源流体的样品取样点提取所需样品气的功能称为样品取样，又称提取或采样。所提取的样品气，应具有代表性，能真实地体现源流体的组成及性质。根据样品气的工艺参数设计相应的取样探头。取样探头在不改变源流体的化学组分和流动状态的情况下提取含有各种化学组分的过程气体，有的取样探头在取样时有初步的物理分离功能。

流程工艺的样品大多含有水分及颗粒物等。被测样品中可能含有易溶于水的组分，样品中水分的凝结可能会造成对这些气体的吸收与化学反应，不仅会产生腐蚀性物质，还会影响分析准确性。因此，这类样品的取样过程应采取加热保温措施，以保证样品温度在其露点之上，在全过程中不会产生气态水的凝结。通常设计要求的加热保温温度，应高于样气露点 20℃。

流程工艺过程源流体取样点的工况条件不同，样品提取的要求也不同。按照源流体样品取样点的压力不同，取样大致分为正压取样（含高压及中低压取样）和负压（含微正压）取样。取样探头通常附有反吹扫防堵塞装置。正压取样无需配置取样泵，但需要注意合理调节样品压力，以符合样品处理要求。负压及微正压取样必须配置取样泵，来抽取样品流以提供分析仪样品流动的驱动力。

（2）样品传输

将样品流从取样点输送到样品处理装置前的过程称为样品传输。根据样品流特性，应选择合适的样品传输管线及对传输管线采取合理伴热和温度控制措施。样品传输管线根据样品要求分为伴热管线及非伴热管线等。样品传输的基本要求如下。

① 传输滞后时间，工业流程在线分析系统一般要求不超过60s。要求分析仪至取样点的距离应尽可能短（小于15m为佳）；容积要尽可能小；样品流速尽可能快，以6.0～15.0m/s为宜。在分析仪许可流量下，如果滞后时间超过60s，应采用快速回路系统。

② 从探头到样品处理箱的布管应尽量少弯曲，弯头和转角应尽量减少，死体积尽可能小。

③ 对含有冷凝液的气体样品，传输管线应保持一定坡度（大于5°）向下倾斜，最低点靠近样品处理箱，并设有凝结液收集设施。在传输过程中，要防止相变。气体样品应保持气态，液体样品应保持液态。

④ 样品管线避免通过极端的温度变化区，以免引起样品条件失控。样品传输管线不得有泄漏，以免样品外泄或环境空气渗入。伴热的样品管线的加热温度与取样探头基本相同。

（3）样品处理

样品处理是除去或改变样品流中的障碍组分和干扰组分，并适当改变样品流的物理特性，使样品符合在线分析仪的测试要求。

样品处理的基本功能是保证样品干净、干燥、稳压、稳流，即通常所说的除尘、除湿、压力与流量调节。应根据不同的样品流的工艺组分条件设计合适的样品处理方案。对样品中高含量的尘及水进行处理，必要时应采取多级除尘、除湿的处理方案。

对样品流中特殊的障碍组分、干扰组分，如焦油、萘等高黏组分，需要采取特殊处理措施。对于易溶于水或相互影响的组分、干扰组分的处理也要特别注意。样品处理各部件具有各自的功能特性。样品处理系统设计者应根据客户需求，合理配置各部件。样品处理系统的技术方案是在线分析系统技术解决方案的重点。

（4）样品排放

样品排放包括了样品处理系统的旁路样品、在线分析仪出口端排放的测量废气和快速回路样品等。为了保护环境和减少工艺样品的损失，通常旁路样品和快速回路样品要排回相应的工艺管道。分析仪出口的废气在无毒无害的情况下可以向大气排放。

将分析系统排放的废气集中到排放总管，然后排放到大气环境中，称为集管排放。当在线分析仪对废气排放点的压力波动有要求时，应采取压力补偿或加装等压回收装置等必要的措施，保证排放点的压力波动不影响仪器的分析结果。

有毒、有害、易燃、易爆的废气排放要特别注意排放安全，必要时要进行环保及安全处理后再排放。有回收利用价值的样品废气要返回到流程工艺管道中。

为了减小样品排放或回收时的压力波动对测量造成影响，回收橇技术快速发展，越来越多地被化工流程所采用。其主要功能是既保持排放或回收样品气时压力稳定或“零压”，又能为需要回收的气体增加压力，使其顺利排到回收系统或相应的工艺管道中。

废液（如烟气经气溶胶过滤器去除的液滴及冷凝除湿器等排出的废液）要通过废液排放总管及时排到分析小屋的外部。在寒冷地区，废液排放管路应采取保温措施，防止废液结冰堵塞排放管路。

（5）流路切换

在线分析系统外部的流路切换，是指能自动或手动将在线分析仪选择性地按需要连接到不同取样点进行多点取样分析。多点取样是多个取样点的样品流通过多点进样阀或各流路的电磁阀控制选择进样，共用一套在线分析系统进行样品处理及分析仪的检测分析。

多点取样分析由于共用一套在线分析系统，设备投资成本减少，但是每个取样点的分析时间和有效分析数据减少，仅适用于工业流程工艺组分比较稳定的工况条件和实时性要求不强的场合。

（6）标定控制回路

在线分析系统的分析仪的标定需要多路不同标准气，特别是系统内分析仪配置多于一台时，更需要设计多路标定控制回路。

标定回路是对在线分析仪进行定期标定的回路。采用标准气或其他标准物质通过流路控制，按照分析程序要求对分析仪进行自动或手动标定。

分析回路是在样品除尘、除湿处理后，将样品送给一台或多台分析仪分析的样品流路。样品流路可以按照分析要求采取并行分析或串联分析回路设计。快速回路是指为加快样品流动以缩短样品传输滞后时间的管路，包括返回到工艺装置的快速循环回路和通往样品排放点的快速旁通回路。

对分析系统内部的各种流路控制，称为内部的流路切换或流路控制。分析系统内部的流路切换、控制，属于系统流程设计范围，按照分析流程的程序设计，大多由PLC实现流路切换自动控制功能。标定控制回路与分析回路和快速回路同属于分析系统的内部流路。

13.2.1.3　样品处理系统的性能指标

（1）样品传送滞后时间

样品传送滞后时间是指样品气从取样点传送到在线分析仪所经过的时间。样品传送滞后时间与分析仪的响应时间之和称为分析系统滞后时间，即样品从取样点取出到得出分析结果的整段时间。过程分析通常要求系统滞后时间≤60s；环境监测系统滞后时间可参照有关标准执行，如CEMS要求≤120s。

（2）样品处理系统气密性

气密性（也称泄漏率、渗透率）是在规定工作压力范围内，单位时间渗入（如大气）或漏出样品处理系统的气体的量。一般要求样品处理系统的管路及部件应能承受不小于额定工作压力1.5倍的压力试验，5min内压力降不超过试验压力的1%。

（3）系统组成误差

在样品处理过程中，样品组成或含量可能会发生变化，这些变化会影响到测量结果，如由样品处理过程的吸附、稀释、渗透工序或样品流中被测组分的相互作用所引起的误差。系统组成误差是指仪器对样品直接测量示值，与仪器对经过样品处理系统处理后样品测量的示值之差，用量程的百分比表示。这种影响可以通过计算、补偿或适当的校准得到修正，但样品处理系统的固有影响误差仍然存在。

系统组成误差用于考察样品经过处理后是否失真及失真的程度。其试验方法是：在规定条件下校准在线分析仪，在取样点处引入与源流体相似且被测组分浓度已知的试验流体，通过样品处理系统后记录在线分析仪的示值，再将该试验流体不经样品处理系统直接通入在线分析仪记录示值。关于样品处理的“系统组成误差”的具体组成与技术分析，请参见GB/T 34042—2017《在线分析仪器系统通用规范》的有关规定。

13.2.2 样品取样探头及样品传输管线

13.2.2.1 样品取样探头

样品取样探头是取样式在线分析仪的样品处理系统中重要的部件之一，取样探头技术也是样品处理系统技术重要的技术之一。其中特殊复杂的取样探头本身就是一个技术系统，也称为取样探头系统。取样探头用于在不改变被测组分组成特性的情况下，完成对样品流的分离和提取。针对不同的流程应用采用的取样探头不同。取样探头主要分类如下。

（1）“等动力取样”探头与“非等动力取样”探头

按照取样时对被测样品物理稳定性的影响不同，取样探头分为“等动力取样探头”及“非等动力取样探头”。

“等动力取样探头”是指探头分离取样的速度同取样管道内的样品流速相等，广泛应用于两相取样（颗粒状物和气体、颗粒状物和液体、非溶性液体和液体以及气体中的悬浮液滴）。在不改变样品成分组成和比例的情况下，此类探头对样品中会影响检测准确性的其他污染物进行初级的物理分离，其分离作用较弱。

“非等动力取样探头”可能会改变样品流的物理成分，通过取样管“探针”的设计或探针的定向来完成对源流体部分的初步物理分离（称惰性分离），是将取样探头周围的固体颗粒从气态或液态样品中分离出来。这种分离有时会改变样品流速，分离作用较强。

（2）直通式取样探头与过滤式取样探头

按照取样时是否有过滤，取样探头分为直通式取样探头（探头不加过滤器）及过滤式取样探头（探头加装过滤器）。

直通式取样探头也称为直插式取样探头。在正压取样中，大多采用直通式取样探头的取样管（探针）直接插入工艺管道取样。安装时，探针上的取样口或其他开口应尽量背对气流方向，以加大惰性分离效果。带截止阀的直通式取样探头是在取样点安装法兰后装有截止阀（闸阀或球阀），可方便取样管的更换。

过滤式取样探头是指带有过滤器的探头，适用于含尘量较高（>10mg/m^3）的气体样品。过滤元件视样品温度分别采用烧结金属或陶瓷（<800℃）、碳化硅（>800℃）、钢玉 Al_2O_3（>1000℃）。探头设计应考虑利用流体冲刷达到自清扫的目的。脏污的液样不得采用过滤式探头，因为湿性污物附着力强，难以靠流体的冲刷达到自清洗目的。一般是采用口径较大的直通式探头，将液样取出后再加以除污。

过滤式取样探头按照探头加装过滤器的位置不同，分为内置式及外置式取样探头。内置过滤器式探头的缺点是不便于将过滤器取出清洗及更换，只能靠反吹方式进行吹洗，过滤器的孔径也不能过小，以防微尘频繁堵塞。这种探头适用于粉尘含量较低的样品条件。外置过滤器式探头的过滤器安装在取样探头管的尾部，位于工艺管道安装法兰外部。通常外置过滤器采用不锈钢滤芯，并根据样品气的工况条件对外置过滤器进行加热恒温，通过温控器设定到规定温度。加热恒温的目的是保证过滤器工作在样品气的露点之上。外置过滤器需要通过脉冲反吹技术防止滤芯堵塞。反吹气需要预热，以防止滤芯在反吹时保温的温度降低，如低于样气露点会产生冷凝水。外置过滤器滤芯的更换比较方便，因此外置过滤器式探头是常用的取样探头，见图 13-2-2。

还有一种内置过滤器加外置过滤器式的取样探头，在探头上同时具有内置过滤器及外置过滤器，实现二级过滤。这种探头的过滤精度及效率较好，适用于高尘的工况条件应用。在

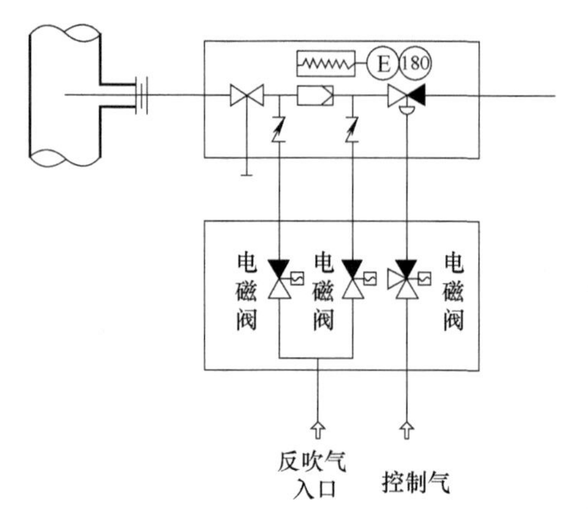

图 13-2-2　外置过滤器式的取样探头示意

高湿条件下，应对内置的探管及探头过滤器进行加热保温。

过滤式取样探头有多种形式，按照除尘过滤的要求不同，采用过滤器的材质不同，可以达到不同过滤效果。过滤器常采用不锈钢烧结或多孔陶瓷材料组成，材料的选取取决于对探头过滤器除尘精度的要求。常规采用的不锈钢烧结过滤器的过滤精度为2～5μm，气流阻力约为100～500Pa。

过滤式取样探头按照过滤器是否加热保温，分为不加热过滤取样探头和加热过滤取样探头。加热过滤取样探头是在样品的露点高于环境温度时，通过对过滤器及探头加热保温，使样品温度保持在其露点之上，保证在取样过程中不出现冷凝。按照加热方式不同又分为电加热过滤取样探头和蒸汽加热过滤取样探头。加热过滤取样探头为了防堵塞，一般带有探头反吹功能，具有对过滤器内、外表面反吹的设计，能确保过滤器的清洁与过滤性能。

普遍使用的是加热外置过滤器式取样探头。用于烟道气取样时，由于过滤器置于烟道之外，为防止高温烟气中的水分冷凝对滤芯造成堵塞，对过滤部件一般采用电加热方式保温，使取样烟气温度保持在其露点温度以上。取样传输常用的电加热方式，一般适用于加热保温在120～200℃，最高可达250℃。加热保温要求高于250℃时可采用蒸汽加热保温方式。石化行业中因样气可能存在高黏度杂质，需要保持在更高温度，大多采用蒸汽加热方式。

（3）取样探头的其他分类

① 按照取样的样品流是否返回到工艺管道分类　主要分为回流式取样探头及非回流取样探头。回流式取样是指样品经取样分析后返回到流程管道内。非回流取样指样品取样分析后无需返回原流程管道，直接排放或处理后排放。

② 按照取样点的工况条件分类　按照取样点样品工作温度分为常温取样探头(不加热)、加热过滤中低温取样探头以及加热过滤高温取样探头。高温取样探头又分为：陶瓷取样探头（可耐 1900℃）和热管式（金属夹套）取样探头。热管取样又细分为：水冷式取样探头（可耐1350℃）及油冷式取样探头（可耐1400℃）。

按照取样点压力分为微正压及负压取样探头、正压式取样探头和高压取样探头。微正压及负压取样探头是指取样压力≤0.02MPa，需要采用抽气泵；正压取样探头是指取样压力＞0.02MPa，实际应用中要求＞0.1MPa，不采用抽气泵；中高压取样探头是指取样压力＞1MPa；高压取样是指取样压力＞6MPa。应分别配置探头减压阀或高压减压根部阀。

③ 按照负压取样探头的抽取方式分类　主要分为直接抽取法取样探头（也称完全抽取法）及稀释抽取法取样探头。

直接抽取法取样探头又分为：采用隔膜抽气泵的取样探头（称为干法取样）及采用喷射法的取样探头。喷射法取样探头的动力可采用水流喷射泵、蒸汽喷射泵、压缩空气喷射泵等来获取。采用零空气的稀释法取样探头也属喷射法取样探头。

采用水流喷射泵和蒸汽喷射泵取样时，在取样流程中将样品与水、蒸汽混合实现水洗涤的称为湿法取样。湿法取样不适用于被测样品组分中有溶于水组分的分析。压缩空气喷射泵大多设置于分析仪之后，也可以用于干法取样。

④ 按照取样分析场所是否有爆炸危险气体分类　分为防爆式取样探头及非防爆取样探头。在有爆炸危险场所的取样分析必须采用防爆式取样探头，要求采用的部件具有防爆功能。直插式取样探头、蒸汽喷射取样探头、蒸汽加热过滤取样探头等属于防爆取样探头。

（4）采用特殊取样技术的取样探头系统

在工况条件特别复杂的情况下，需要采用特殊的取样技术。采用特殊取样技术的取样探头系统本身就是一套复杂的设备。例如，水泥窑尾的高温（达到 1500℃左右）高粉尘取样探头系统、乙烯裂解取样探头系统（取样压力高，含高黏度油脂，又称回流式取样探头）以及烟气汞的取样探头系统（有特殊要求）。

特殊取样探头系统也包括带除湿除尘一体化的取样探头系统。是指取样探头具有取样、除尘、除湿功能。除湿是采用 Nafion 膜气体干燥器（也称渗透干燥管）除去烟气中的水分。烟气经过取样探头的除尘、除湿处理后是洁净、干燥的，无需采用加热的管线输送。适用于脱硫后及垃圾焚烧炉的烟气取样处理。

13.2.2.2　样品传输管线

样品传输管线是指将样品气从取样探头传输到在线分析仪器入口或样品预处理部件入口的管线。为满足样品传输的基本要求，样品传输管线应尽量选用加热/伴热一体化，中间无连接接头的管线或管缆。

保持一段很长的样品传输管线的加热温度相同是困难的。烟气中水分或酸性气体特别容易在管道连接处冷凝，造成系统的腐蚀。细小的颗粒物如果没能在探头充分滤除，与水汽结合形成结垢，也可能造成管线堵塞。加热样品管线的金属伴热带被折或烧断，找出断裂点也是困难的。样品管线还可能被烟气中的冷凝物以及与之起化学反应的酸性成分污染，被严重腐蚀而损坏。

加热样品管线的长度不宜超过 76m（250ft），从探头到分析柜的样品传输管线应尽量短，并至少要倾斜 5°安装。样品传输管线的蒸汽伴热，多用在样品管线需要加热温度较高的场合，但由于蒸汽压力的变化造成加热温度难以控制。相比之下，电伴热的温度易于控制，热损失小，使用寿命长，安装、维护方便。电伴热管线的加热温度可分为：低温（120℃）、高温（200℃）、超高温（可达 250℃）。电伴热管大多采用 PTFE 采样管或不锈钢采样管等管材。当加热管线的温度高于 250℃时，需采用蒸汽伴热管线，蒸汽加热保温温度最高可达 450℃。

一般情况下，样品传输管线大多采用电伴热一体化管缆。一体化管缆样品管材可选用 316 不锈钢、PTFE（聚四氟乙烯）或 PFA（全氟烷氧基树脂，perfluoroalkoxy）。PFA 具有优良的抗腐蚀性能，管壁吸附效应很小，在 250℃时比 PTFE 有更好的机械强度（约 2～3 倍），且耐应力开裂性能优良，因而使用更为广泛。主要缺点是当温度接近 250℃时会变软，即耐温性能较差。

通过提高样品管线温度以避免冷凝和吸附的操作，有时会导致管线和伴热带的加速老化。此外，一些气体（如 CO）能渗透聚合物材料的管壁，特别是在较高温度下其渗透力更强。目前，一种能将挥发性有机化合物的吸附效应降至最低的玻璃涂层挠性不锈钢 Tube 管新技术已经成熟，这种熔融硅和不锈钢的结合物管材，有效避免了管壁吸附（350℃时，气体可从 Tube 管表面脱附）。

13.2.3　样品除尘器、除湿器和压力、流量调节控制器

13.2.3.1　样品除尘器

样品除尘器主要用于除去样品中的颗粒物，包括结晶物等。烟尘及粉尘统称为颗粒物，样品中颗粒物含量也称为含尘量。颗粒物的粒度在100～10μm的称为粉尘，10～1μm的称为细粉尘，小于1μm的称为特细粉尘。

工艺样品流体送入分析仪之前，需要对样品流进行过滤除尘，以除去样品中的残留颗粒物及冷却结晶物，以达到分析仪对样品的洁净要求。采用各种物理方法除去样品中的颗粒物的技术称为样品的除尘技术。常用的除尘器主要有过滤器、旋风分离器、水洗除尘器等。过滤除尘器用于过滤样品中的颗粒物，其中凝结过滤器用于过滤样品中的气溶胶状颗粒物。

（1）过滤器

过滤器又称过滤除尘器，通过不同的滤芯材料和结构实现样品的过滤。滤芯材料主要有不锈钢丝网、不锈钢粉末烧结体、碳化硅及陶瓷粉末烧结体、光学玻璃纤维或聚丙烯纤维材料等，结构上主要分为表面过滤器、筒式过滤器及其他过滤器。

① 表面过滤器　按照结构形式不同分为直通型及旁通型，旁通型又称为自洁式、自清扫过滤器。按照过滤精度不同分为粗过滤器、细过滤器及精细过滤器。孔径大于100μm的称为粗过滤器，孔径小于100μm的称为细过滤器，孔径小于0.5μm的称为精细过滤器。过滤除尘器的特性通常用过滤精度、过滤比、过滤效率等表示。如过滤精度为5μm，表示通过滤芯的最大坚硬球状颗粒的尺寸为5μm。表面过滤器的滤芯可采用金属滤网滤芯、金属或陶瓷烧结的薄片型滤芯、化学纤维材质或纸质薄膜滤芯等。直通过滤器又称在线过滤器，是典型的表面过滤器，用作在线粗过滤器、细过滤。过滤器采用单面金属滤网型及金属或陶瓷烧结的薄片型过滤芯。过滤器芯在表面颗粒物堆积影响到正常过滤时，可拆下清洗后再用。

旁通过滤器又称为自清扫表面过滤器，其结构为在原来单出口的基础上增加一个旁路出口。一部分气流通过过滤器滤芯，另一部分气流不通过滤芯，而由旁路排出。采用旁通气流对聚集在滤芯表面上的颗粒物进行连续吹洗，滤芯表面的颗粒物随旁路气流带出过滤器。可控制旁路气流的流动方式，使旁路气流形成适当的湍流，以增强自清洗的效果。自清扫表面过滤器只有在样品压力较高的正压下，旁路流量较大时，才会有较好的自清洗效果。

膜式过滤器参见图13-2-3，是采用滤膜作为滤芯进行过滤。滤芯采用化学纤维制成的微孔塑料滤膜，或采用化学定量过滤用的滤纸。滤膜的过滤精度很高，可以达到0.1～0.05μm，因此膜式过滤器主要用于样品进入分析仪前的精细过滤。

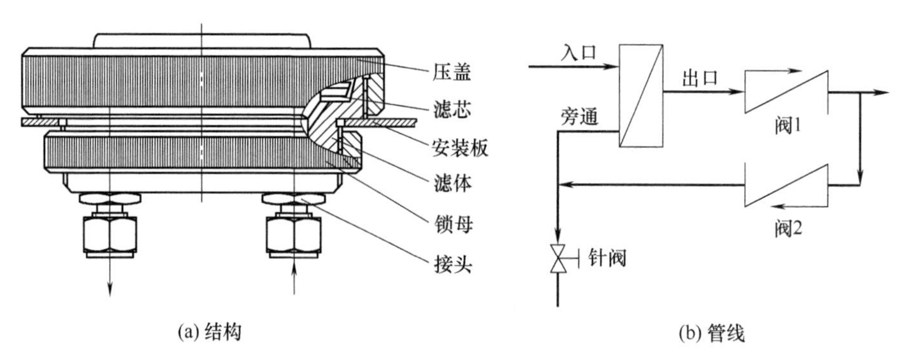

(a) 结构　　(b) 管线

图13-2-3　膜式过滤器

② 筒式过滤器 筒式过滤器参见图13-2-4，其滤芯通常采用圆筒状设计。

筒式过滤器的过滤效率大大高于单面过滤器的过滤效率。这种过滤器在吹扫清洗时，不仅要对滤芯表面吹扫，还要对滤芯内部吹扫清洗。筒式过滤器的外壳常采用不锈钢材质或其他透明材料制成（塑料、硼硅酸耐热玻璃等）。

筒式过滤器的结构设计要求滤芯更换简便。滤芯采用烧结陶瓷粉末（石英粉末、刚玉粉末等）、烧结金属粉末、不锈钢纤维、光学玻璃纤维或聚丙烯纤维等不同材料制成。金属粉末和陶瓷粉末微粒的间隙，使其在烧结后形成了轮廓分明的筛孔型不间断网格，制成的滤芯的孔径和分布受制造方法的严格限制，形成0.5～100μm的多种规格。

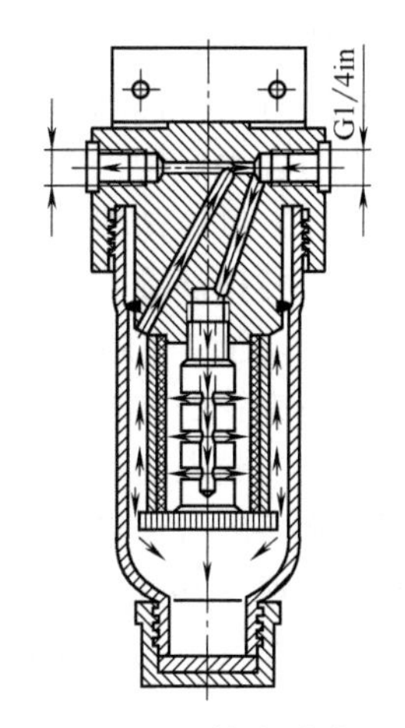

图13-2-4 筒式过滤器
（1in=0.0254m）

③ 其他过滤器 其他过滤器主要指聚集过滤器，又称气溶胶过滤器或凝结过滤器。过滤元件采用筒形结构。样品先进入过滤器内部，悬浮雾状粒子通过过滤元件时被拦截，在过滤元件表面聚结成大的液滴。液滴在重力作用下滴落到过滤器的底部，通过排液装置排出。

这种过滤器不仅可以过滤悬浮雾滴，还可以过滤气溶胶。所谓气溶胶（aerosol）是指固体或液体微粒（μm 级）均分散在气体中，形成较为稳定的分散体系。采用一般的过滤方法很难将气溶胶中的液体或固体微粒滤除。气溶胶过滤器不仅能去除液态的悬浮液体微粒，也同时能除去微细的颗粒物。气溶胶过滤器只能除去液态水，不能除气态水。

（2）旋风分离除尘器

旋风分离除尘器是一种惯性分离器，利用离心作用来分离颗粒物，适宜分离的颗粒物粒径范围在5～100μm，通常用作粗过滤器。其局限是不能完全分离，大于20μm的尘粒分离效果较好，需要高流速，样品消耗较大。

（3）水洗除尘器

在某些特定场合可以用水洗涤气体样品中含有的粉尘、干扰物质以及黏性物质。此法适用于高温、高含尘量的气体样品处理。水洗除尘对样品中的烟尘具有一定的洗涤作用。含有可溶性气体的样品不宜采用。可溶性气体溶于水或与水分发生化学反应，会产生很大的分析误差。当样品中有水溶性组分（如CO_2、SO_2等）时，水洗除尘会破坏样品组成。另外，水中溶解氧析出会造成样品氧含量的变化。经水洗后的样品湿度较大，甚至会夹带一部分微小液滴，后端须采取除水、降湿等措施。

13.2.3.2 除湿器

样品除湿包括样品除水及样品除湿。样品除水是指采用冷却措施（如采用水冷却器等），将气体样品露点降至常温（25℃左右）除水。样品除湿是指将气体样品露点降至室温以下，也称为脱湿，多采用压缩机冷凝器、半导体冷凝器等设备。样品的除水器及除湿器统称为除湿器。

样品除水及除湿的目的是降低样品水分含量，满足分析仪对样品检测的要求。样品除水除湿常用的方法是冷却和冷凝除湿。常用的除湿器有冷却器（如水冷、风冷）、冷凝除湿器（如压缩机冷凝器、半导体冷凝器）和Nafion管气体干燥除湿器等。

（1）水冷却器

一般可工业循环水或自来水冷却样品，使其露点降至25℃左右，即环境温度。常用的水冷却器有列管式、盘管式、套管式几种结构类型，样品通过与冷却水换热实现降温。采用水冷却器对气体样品降温除水效果有限，因为水冷却器只能将样品温度降至常温。常温常压气体中的含水量约为3%，水冷却器只适用于对除水要求不太高的场合。

（2）风冷却器（涡旋管冷却器）

主要指涡旋管冷却器，使用压缩空气为动力，用涡旋管产生冷空气冷却样品，可以使样品露点降至3～5℃。适用于防爆场所。

涡旋管的结构和工作原理如图13-2-5所示。高压的压缩空气（或其他高压惰性气体）沿切线方向进入涡旋管发生室，由于切向喷嘴的作用，在圆周方向形成高速旋转前进的气流。高速旋转的气体进入涡旋管内，在涡旋管内沿内壁顺涡旋管向涡旋管尾部（热端）的控制阀方向高速（1000000r/min）旋转、移动。当气流到达热端时，外圈气流从控制阀阀芯周边排出，内圈气流受到阀芯的阻挡，反向折转沿涡旋管向反方向运动，由冷端出口排出。

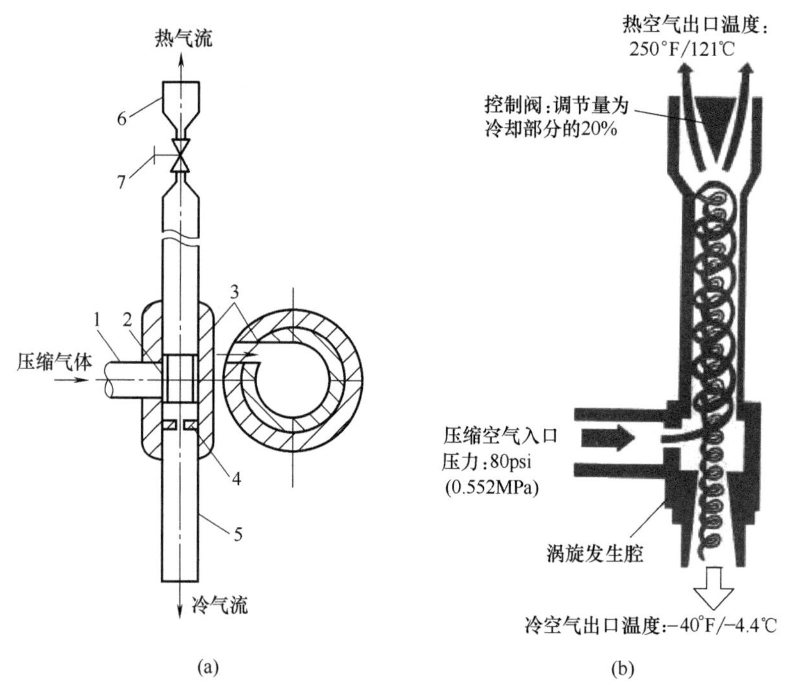

图13-2-5 涡旋管的结构（a）和工作原理（b）

1—进气管；2—喷嘴；3—涡旋管；4—孔板；5—冷气流管；6—热气流管；7—控制阀

在涡旋管中，外圈气流和反向移动的内圈气流以相同的角速度沿同一方向旋转。虽然两者角速度相同，但外圈气流线速度高，内圈气流线速度低，即两者的动能是不同的。这样，在两股气流的交界面上就会发生能量交换，以维持两者以相同的角速度高速运行。外圈气流的动能大、温度高，从热端出口经过控制阀排向大气时带出较多的热量，形成热气的来源。内圈气流的动能小、温度低，经过孔板排出时又会产生绝热膨胀，使其温度进一步下降，形成冷气的来源。

涡流管两端产生的冷气流和热气流既可用来冷却除湿，也可以用来保温伴热。冷却过程通过涡旋管的冷气流与气体样品的热交换完成。冷却后部分样气进入旁路，既可将冷凝下的水雾水滴及时带走，还可达到自清扫的目的。运行时必须将涡旋管的控制阀调节适当，才能达到制冷目的。当控制阀全关时，气体全部从孔板排出，无制冷效应产生。当控制阀全开时，少许气体反而从冷端吸入，这时涡旋管就变成了一个气体喷射器。当控制阀调节到一定位置时，压缩气体从冷端和热端各流出一定的量，制冷温度确定。用铂电阻检测冷却温度，通过简单电子线路来控制压缩空气加入量（调节压缩空气的入口压力），即可实现制冷温度的自动控制，既可任意设定制冷温度，又可节约气源。

涡旋管冷凝器的结构简单，启动快，维护方便，但耗气量较大，可达 50～100L/min。采用较高气压时，气样的温度可降至-40℃。在实际使用中，温度设定不能太低，一般设定在 5～10℃，使气样含水量降至 0.6%～0.8%左右即可。若低于 0℃，冷凝出的水冻结会堵塞管道。

（3）压缩机冷凝器

使用压缩机制冷，用制冷剂冷却样品。压缩机冷却器主要用于湿度高、含水量较大的气体样品降温除湿。压缩机冷凝器允许入口样品温度最高 180℃，样品流量达 250L/h，输出样品温度 3～5℃，输出样品露点为 4～5℃。压缩机冷凝器的制冷原理如图 13-2-6 所示。制冷剂蒸气经压缩机压缩后，在冷凝器中液化并放出热量。毛细管的作用是产生一定的节流压差，保持入口前制冷剂的受压液化状态，并使其在出口释放压力而膨胀汽化。制冷剂在冷凝块中充分汽化并大量吸热，使与之发生热交换的样品冷却降温。

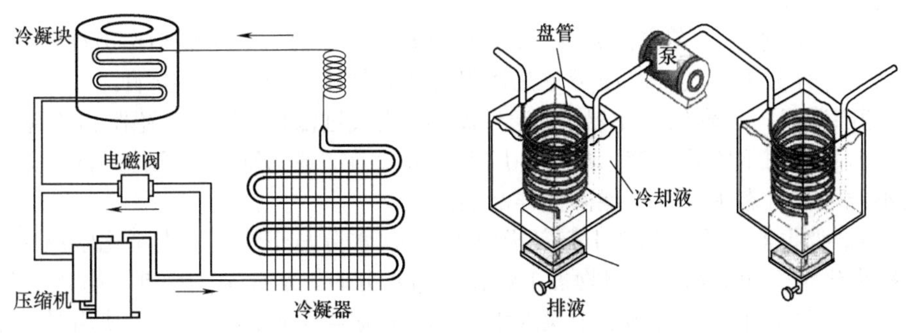

图 13-2-6　压缩机冷凝器的制冷原理

（4）半导体冷凝器　半导体冷凝器又称热电冷却器，根据珀耳帖（Peltier）热电效应原理工作，除湿效果比较好，结构简单，价格适中，适用于除湿要求不高、入口样品温度不高的场合。半导体冷凝器一般不能用在防爆场所。半导体冷凝器的除湿装置原理见图 13-2-7。

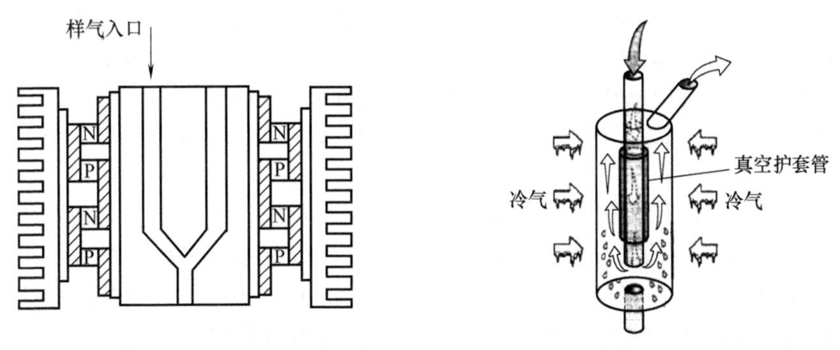

图 13-2-7　半导体冷凝器的除湿装置原理

半导体冷凝器的除湿装置是将一个撞击器（又称射流热交换器）装在吸热块中，吸热块与珀耳帖元件的冷端连接，珀耳帖元件的热端由一组散热片散热或用风扇将热量驱散。样品气从中心管中流出，中心管被一圈真空护套管所环绕。样品气到达撞击器底部之前，温度保持在露点以上（真空护套管起绝热作用），在撞击器底部被迅速冷却。水蒸气在撞击器底部冷凝析出并被排出。气体折转向上流动，在到达出口之前被撞击器的冷壁进一步冷却。这种设计的独特之处在于气体在到达上部的出口（通往分析仪）之前，被置于护套管之外的中心管部分再度加热。

半导体冷凝器的制冷效率取决于撞击器的表面积和长度、气体的流速、结构材料、环境空气温度和冷却面的温度。珀耳帖冷却器、撞击器冷凝系统的额定制冷量，可根据样品处理系统的实际需求选型。半导体冷凝器的优点是外形尺寸较小，使用寿命长，工作可靠，维护方便，控制灵活方便，且容易实现较低的制冷温度；缺点是制冷效率较低，适用于样品入口温度不高、除湿要求不高的场合。

（5）Nafion管膜式气体干燥器

Nafion管膜式气体干燥器是一种除湿干燥装置，以水合作用的吸收为基础进行工作，具有除湿能力强、速度快、选择性好、耐腐蚀等优点，但它只能除去气态水而不能除去液态水。Nafion管干燥器除湿技术的详细介绍，参见本书13.3.2。

（6）其他除水除湿器

① 惯性分离除水器　有旋液分离器、气液分离罐等。前者利用离心作用进行分离，后者利用重力作用进行分离。设计时应考虑其体积对样品传输时间滞后的影响。

② 过滤除湿器　有聚结过滤器、旁通过滤器、膜式过滤器、纸质过滤器和监视（脱脂棉）过滤器等。前三种用于脱除液滴，后两种用于分析仪前的最后除湿。这些过滤器只能除去液态水，而不能除去气态水，即不能降低样品的露点。

③ 干燥剂吸收器　采用化学干燥剂吸收水分时，水分与干燥剂发生了化学反应变成另一种物质，称为化学干燥除水。采用物理干燥器吸附水分时，水分被干燥剂（如分子筛）吸附，水分本身并未发生变化，称为物理干燥除水。应注意这类干燥剂吸收器在使用时，随着温度不同，干燥剂吸湿能力是变化的。

13.2.3.3　样品压力、流量调节控制器

不同的工艺流程样品的压力不同，需要进行增压稳压调节和减压稳压调节，使样品快速安全传输，样品预处理系统安全和高效，以满足分析仪的入口压力和流量的要求，保证分析快速、准确、安全、稳定、可靠。

减压稳压调节：正压式取样分析需根据流程管道压力的大小设置减压阀。流程管道样品压力大于1MPa时必须在取样点处设置根部阀减压，样品压力大于6MPa的高压气体必须采用带加热的根部减压阀。样品压力大于0.02MPa，或样品压力能保证分析系统所需的流量时，也可直接取样。为保证样品处理的稳压阀入口压力要求，样品压力选择大于0.1MPa才采取直接取样方式。

增压稳压调节：样品压力低于0.02MPa的微正压及负压，需采用加泵抽取采样方式；实际应用中也有到0.01MPa的微正压时，才采用取样泵。带泵抽取采样在线分析中，取样泵入口的流路是负压或微正压，取样泵的出口压力是正压，可保证分析回路及快速放散回路的流量调节和分析仪流量、压力要求。某些分析仪要求仪器出口排放压力稳定，需要对仪器出口压力采取控制措施，以满足仪器排放要求。

（1）样品压力调节控制器

样品压力调节的目的是保证样品的压力满足分析仪的要求，样品处理系统内要根据分析系统的流程设计适当的压力调节部件。高温分析系统所配置的压力调节部件应选择高温型部件；防爆分析系统所选用各种阀件（如电磁阀、电动球阀等）应采用防爆型部件。为安全需要应设计相应的流量、压力、湿度等报警器。

样品压力调节阀是取样和样品处理系统中广泛使用的减压和压力调节部件。气体减压阀如包括普通减压阀、高压减压阀、背压调节阀、双级减压阀、带蒸汽或电加热的减压阀等，以及气瓶专用的减压阀。压力调节阀有稳压、稳流阀等，其他还有安全泄压阀等。

（2）样品压力测量及样品泵

样品压力测量主要用于样品流及辅助气体的压力测量，大多采用压力表测量。对一些需要精确测量的场合，可用压力传感器测量控制。为保护取样泵的正常工作，在泵的入口前，用带电接点的真空压力表监测负压，设置报警点以保护泵。

气体的压力测量，包括对仪表空气气源的压力测量、蒸汽压力的测量等，都需要采用压力表测量。压力显示方式有：绝对压力、表压及差压。其中，绝对压力=表压+101325Pa。测量氨气、氧气等气体压力应采用氨气、氧气压力表等专用压力表。测量强腐蚀性气体压力时，可选用隔膜压力表。

当样品气的压力低于0.01MPa时，需要采用泵（包括隔膜泵、喷射泵和蠕动泵等）来增加样品压力，以便于样品传输和满足分析仪的压力要求。

样品泵选用的基本原则是：与样品接触的泵的部件材料不能污染样品，不能影响分析仪对样品的准确分析；泵送流量和泵送压力应符合分析仪的要求；旋转轴密封处无环境空气渗入泵体；样品不受润滑油脂等污染。常用的样品泵为隔膜泵和喷射泵。另外对于液体排放及输送常采用蠕动泵。

（3）样品流量调节控制器

样品的流量调节是保证动态特性的关键。样品处理系统的滞后时间取决于样品的压力、流速及取样系统、传输管线和处理系统的死体积大小。足够快的流速才能使样品通过样品处理系统到达分析仪入口的滞后时间在允许范围内。如果取样分析的流速不能满足样品处理系统的滞后时间要求，应增加旁通快速放散回路。

① 样品流量调节阀　常用的部件有调节阀、隔离阀、方向选择阀以及安全保护阀、稳流阀等。

② 样品流量测量装置　在线分析常用的流量测量装置是转子流量计及电子质量流量计。转子流量计是通过观察浮子在流量计所对应的刻度位置，来对体积流量进行直观测量。电子质量流量计通过流量传感器来测量流量。

电子质量流量从本质上不取决于压力，是由气体的热传导决定的。任何气体都有其不同的热导率，具有唯一性。

13.2.4　样品转换器、干扰组分处理和样品排放处理

13.2.4.1　样品转换器

当复杂样品组分的某一被测组分用常规分析方法难以测定时，可以采取已知转换方式将该组分转换成可测量组分。常见转化器有氮氧化物转化器、甲烷转化器和催化反应转化器。

（1）氮氧化物转化炉

气态污染物中NO_x通常包括NO及NO_2。非色散红外光谱法或化学发光分析法可测定微

量 NO，用于测定 NO_2 时要先转换为 NO 再测定，因此，必须采用氮氧化物转换炉。

氮氧化物转换炉较多用金属钼作催化剂，在高温下将 NO_2 催化还原为 NO，其反应式为：

$$3NO_2 + Mo \longrightarrow 3NO + MoO_3$$

钼转化炉的反应温度为 375℃±50℃，反应转化率>96%。钼在反应过程中会逐步消耗，转化率会逐步下降。在钼将耗尽时，转化率将急剧下降，这时钼催化剂需要再生或更换。钼催化剂经再生可反复使用。再生反应为：

$$3H_2 + MoO_3 \longrightarrow Mo + 3H_2O$$

也可采用不锈钢转换炉。不锈钢转换炉的工作温度为650℃，其转化效率也可以达到95%。当烟气中有 NH_3 时，也会将其转化为 NO，干扰测定结果。钼转化炉不会转化 NH_3。

另外还有采用碳或玻璃碳作催化剂的转换炉，其转换效率也能达到95%～98%。

（2）甲烷化转化器

在线色谱仪分析系统中，气体样品中微量 CO 及 CO_2 采用热导检测器难以测定时，通常采用氢火焰检测器测定。氢火焰检测器只对碳氢化合物有反应，对 CO 及 CO_2 没有响应，因此需要采用甲烷化转换器，将微量 CO 及 CO_2 转换为碳氢化合物，再用氢火焰检测器测定。这种方法适用于测定采用其他方法无法检测的 10^{-6} 级的 CO 及 CO_2。

甲烷化转换器的工作原理是通过加氢催化反应，将 CO 及 CO_2 转换为 CH_4 和 H_2O 再送往氢火焰检测器，通过测量 CH_4，间接计算出 CO 及 CO_2 含量。甲烷化转换器使用镍催化剂，转化炉的反应温度一般为350～380℃。镍催化剂必须密封保存，防止与空气接触，降低催化剂的活性。新装的镍催化剂要先活化，活化温度为380～400℃，氢的流量为20～30mL/min，活化时间 6h。

（3）催化反应转化器

测定脱硝装置出口的微量氨时，常采用直接法或间接法两种测量方式。直接法是采用激光光谱法原位测量，或采用原位紫外差分光谱法、高温型红外光谱法测定。由于被测样品含水量及含尘量高，而微量氨检测含量仅有 2×10^{-6}～3×10^{-6}，很容易被样品冷凝水吸收，分析难度较大。

间接法测量微量氨技术，就是在样品取样探头处，通过催化反应转换管，将样品中的微量氨定量氧化或还原，然后通过测定反应前后的 NO_x 浓度差值求出 NH_3 浓度的方法。

氧化法适用于样品中的氨浓度大于氮氧化物浓度时，将氨转换为氮氧化物测定。其化学反应为：

$$4NH_3 + 5O_2 \longrightarrow 4NO + 6H_2O$$

还原法适用于样品中的氮氧化物浓度大于氨浓度时，将氨还原为氮和水。其化学反应为：

$$4NO + 4NH_3 + O_2 \longrightarrow 4N_2 + 6H_2O$$

催化反应转换器的催化剂常采用活性二氧化钛（TiO_2）和活性金属元素材料构成。在用于脱硝烟气测微量氨时，采用还原法原理。因含有硫氧化物共存，催化剂添加了钒系化合物（V_2O_5）等材料，为防止催化剂活性下降，催化剂被制成蜂窝状，装填在催化反应管内。其加热温度控制在350℃。催化反应器的转化效率一般可达到95%以上。

催化剂反应器安装在取样探头的探管后端，探管将样品分为两路，其中一部分样品通过催化反应器（NO_x-NH_3），一部分不通过反应器（NO_x），这两路气分别通过高灵敏度的化学发光法仪器测量 NO_x 含量，计算其差值就能准确获得微量氨含量（同时还可测定 NO_x）。此种取样探头加催化反应器的处理方式被称为前处理转换器。

除上述转换炉技术外，还有其他的转换炉技术用于在线分析。例如，将CO转换成CO_2的一氧化碳转换器，可以用于分别测定CO、CO_2及其总量。

13.2.4.2 干扰组分处理技术

排放源的烟气中含有害物质时，会影响分析系统的正常运转。当被测烟气中含有腐蚀性物质时，会腐蚀分析系统部件及管路，甚至会腐蚀、损坏分析仪； 当被测烟气中含有焦油、萘等易结晶物时，易堵塞分析系统管道；当被测烟气的背景气中含有干扰气体时，会引起分析仪检测误差增大。必要时需要采取特殊的过滤或处理措施，除去有害物质。

可采用过滤器去除有害物质，常用过滤器有吸附过滤器、硫过滤器、水洗过滤器等。

（1）吸附过滤　低含量有害组分及干扰组分可用吸附、吸收方法去除。可用的吸附材料见表13-2-1。

表13-2-1　可用的吸附材料

吸附材料	可吸附的有害物质组分	对吸附材料有害的组分
活性炭	SO_2、CO_2、Cl_2、NH_3	溶剂或油品蒸气
硅胶	SO_2、CO_2、HCl、NH_3、C_nH_m、H_2O	水蒸气
氢氧化钙	SO_2、H_2O、Cl_2	CO_2
钠-钙	H_2O、Cl_2	CO_2、SO_2

吸附过滤器的容积根据样品流量及有害组分和干扰组分的含量确定，小型的高度为100～200mm。样品由入口进入后，先沿狭窄流路向下流动，再转向上流动，样品与吸附材料充分接触，增强吸附效果，同时冷凝液滴直接滴落到过滤器底部。过滤器工作情况可通过透明玻璃外壳观察。

（2）硫过滤　样品中含有有机含硫化合物（如硫醇、硫酯、二硫化物、多硫化物等）时可采用专用硫过滤器脱除。如被分析样品需要脱除微量硫化氢（含量小于3.0×10^{-4}）等气体时，可在脱硫器中装入浸渍硫酸铜（$CuSO_4$）的浮石管或无水硫酸铜脱硫剂（96% $CuSO_4$，2% MgO，2%石墨粉）。

（3）水洗过滤　样品中含有易溶于水的微量氨、萘、焦油等有害气体时，在不影响被分析组分的情况下，可以采用水或其他溶剂进行洗脱。

13.2.4.3 除氨技术

无论是选择性非催化剂还原（SNCR）还是选择性催化剂还原（SCR）烟气脱硝工艺，都会有氨逃逸发生。逃逸氨会生成铵盐结晶，堵塞管路，干扰SO_2测试，造成垢下腐蚀。铵盐结晶对SO_2的吸收，导致系统全程标定时间T_{90}延长。另外Nafion管干燥器预处理器需要通过除氨器除去样气中的氨气，再进入Nafion管干燥器除湿。烟气处理系统的除氨技术一般采用以下方法。

（1）全系统滴加液态磷酸法除氨

全系统滴加液态磷酸法除氨的示意参见图13-2-8。在探头后的伴热管处滴加液态磷酸，磷酸会和氨气发生化学反应，生成磷酸铵盐，从而避免氨气和烟气中的酸性目标气体（例如SO_2）反应。应用于实际超低排放烟气监测系统，有效解决了SO_2损失问题，可实现SO_2浓度的准确监测，同时减少了铵盐结晶导致的管路堵塞，缩短了系统全程标定时间。原位滴加液态磷酸法的除氨技术简单，运行成本低，得到了广泛应用。

（2）高温固态填料反应法除氨

采用固态磷硅酸盐化合物（即除氨剂），在高温、有水汽的情况下与气态的氨气反应，去除烟气中的碱性气体——氨气。

除氨器内部填充了除氨剂，专门用于烟气除氨，目的是将氨气从样气中去除，而不影响烟气中 SO_2、NO_x、O_2 的浓度及湿度，同时防止采样管线等因铵盐结晶而生产堵塞。典型的除氨器结构参见图 13-2-9。

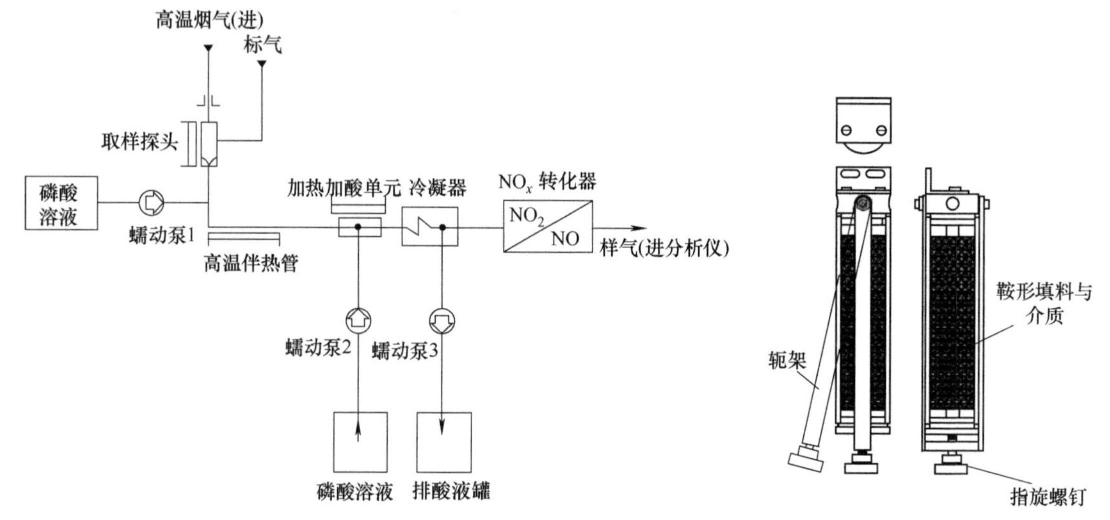

图 13-2-8　全系统滴加液态磷酸法示意图　　图 13-2-9　除氨器结构示意图

除氨器内含磷硅酸盐化合物，经活化后可与氨气反应生成磷酸铵，并立即在除氨器内沉积，在整个除氨器更换时除去。这一反应具有高度选择性，不会影响样气中其他待测酸性气体的浓度。除氨器内填的特殊磷硅酸盐是烧结在陶瓷环上的，保证了气流通过时的压降很低。除氨器最高使用温度为 200℃。将多个除氨器放置在高温机柜内，并联分时处理烟气中的逃逸氨，就可以作为原位烟气除氨的独立预处理系统。

13.2.4.4　样品排放处理技术

样品排放主要包括废气排放和废液排放。废气排放主要指分析仪后废气的排放、分析流程中的旁通回路的样品气排放。气体排放方式主要有排入大气、返回工艺及排入火炬等。废液排放主要指分析流程中的冷凝水排放及样品液体需要返回流程等。样品排放的技术要点如下：

① 废气排放　不应对环境带来危险和造成污染。对环境无污染废气可通过废气排放总管直接排放到大气中。有毒、有害气体，特别是对环境有污染的气体必须经过处理达到排放标准要求，才能排放到大气中，以免产生环境污染及发生爆炸危险。易燃、易爆、易对环境产生高浓度污染以及腐蚀性严重的气体，应通过火炬排放或返回工艺管道。

② 废液排放　不含易燃、有毒、腐蚀性成分的废液，可以就地排放到化学排水沟或污水沟，送到污水处理厂处理。应注意废液的排放口保持排放通畅，特别是在室外环境温度低于零度时，应采取措施防止排出的废液结冰，堵塞排放口。

当流程样品具有产品、中间产品或原料价值时，液体样品应返回流程。可采用泵提供传动动力，如采用收集罐的泵送方案。液体烃类样品最好直接返回流程或排入工业废水系统。

根据实际的环境，烃类样品处理应避免排入含油下水道或敞开的污水系统中。

冷却器或气液分离器都存在将冷凝液或分离出的液体排出的问题。样品处理系统中常用的排液方法主要有：

① 采用自动浮子排液阀排液。当液位升高时，引起浮子上升，打开阀门，使液体排出。样品压力较高或样品压力为负压时不适用。

② 采用手动排液装置排液。将手动阀改成电动或气动阀，并由程序进行控制，则成为自动排液装置。

③ 采用蠕动泵自动排液。适合烟气监测样品处理系统中少量冷凝液的连续自动排放。例如，用于冷凝除湿器及气溶胶过滤器的冷凝液自动排放装置，是在隔离状态下的负压力连续排液，既能连续排液，又能阻止样品气的排出，可靠又安全。蠕动泵需要定期维护，泵管需要每60天左右进行预防性更换。

13.2.5　高温、高尘、高黏附等特殊样品取样处理部件

13.2.5.1　脱硝装置取样探头

使用选择性催化剂还原（SCR）脱硝工艺的烟气工况条件是高温、高尘、强腐蚀性。取样点的样品温度约为350℃，烟气的粉尘含量约为20～30g/m^3。SCR脱硝后的取样及样品传输，如果温度低于180℃，NH_3和SO_2、SO_3等气体会发生化学反应生成铵盐。铵盐是黏性物质，会和粉尘一起堵塞过滤芯和传输管线。因此脱硝取样探头加热保温的温度控制在300℃左右。探头的内部取样腔体以及取样探管材质为316L不锈钢，滤芯过滤精度为2μm，内部配有脱硝除氨罐和蠕动泵排液。

13.2.5.2　特殊取样探头系统

特殊取样探头系统主要是指高温、高尘取样探头，典型案例是专用于水泥旋转窑尾烟室及分解炉的高温、高尘特殊取样探头系统。窑尾烟气温度可达1350℃，相对湿度达到65%，粉尘含量达到2000g/m^3，分析对象为CO、NO_x、O_2。由于旋转窑结构特殊，取样探头长度达3.5～4m才能伸进窑内达到合理取样处。窑尾取样处不仅是高温，还经常有物料结块掉落，会砸向探头取样管。当探头外表面结垢较多时，应通过机械驱动方式取出探头进行清理。

高温取样探头的高温探管如采用陶瓷材料，虽然能耐高达1900℃的温度，但是机械强度不高、易碎，无法用于有落料冲击的场合。采用特种耐高温不锈钢材料制成探管，机械强度高，但价格太高。

此种特殊探头，通常采取陶瓷材料取样管做成可拆的分体式，外用不锈钢材质制成带水冷或其他冷却方式的隔热防护层，既保证了陶瓷探管不受冲击损坏，也能避免对探头管的直接冷却而引起焦耳-汤姆孙（Joule-Thomson）热衰减效应的产生。另外，也可以采用耐高温的不锈钢材料制成循环水冷或其他冷却液的夹套式探头，也能耐受高温及物料的冲击。

高温取样探头冷却介质可以采用水或油，采用内循环结构设计，冷却介质热交换采用外部风冷或水冷设计。冷却液内循环大多是在探头外部增加一个循环套，液冷套对取样探头起隔热冷却作用，还避免了落料对取样探头的直接冲击。在取样探头和液冷套之间，设计有一层气体隔热缓冲层，避免了冷却液直接作用在取样探管上，取样探管与水冷套的分离设计，使得取样探管更换更加方便，并可使通过取样探管的样品气保持在200℃左右，使得样品气

中的水分不会由于取样探管表面温度降低而出现冷凝。

13.2.5.3　高温裂解取样探头系统

石油化工过程大多样品组分复杂，取样及样品处理系统应用难度很大。特别是乙烯裂解气取样，其样品温度最高达到 650℃，压力 0.14MPa，内含高碳烃组分，黏度大。针对此类样品特别设计“回流式取样”探头系统，基本设计思路是“回流”，即在取样探头处，采用冷却的办法把裂解气冷却下来，样品中的冷凝液（水和重烃等）在重力作用下流回工艺管道，同时洗涤样品气中的颗粒物和其他杂质，从而实现系统的自清洗并使样品气得到净化。石化行业采用的“回流式取样器”的详细介绍及具体应用，可参见 16.1.2 节介绍。

13.2.5.4　电捕焦取样探头系统

电捕焦后的样品气中含有黏附性物质——焦油和萘等，易对取样探头和传输管缆产生堵塞，取样的难度很大。目前较可靠的取样方式为采取高温蒸汽作为喷射流体喷射泵取样，加上连续水洗，再冷凝干燥样品。蒸汽喷射取样参见图 13-2-10。

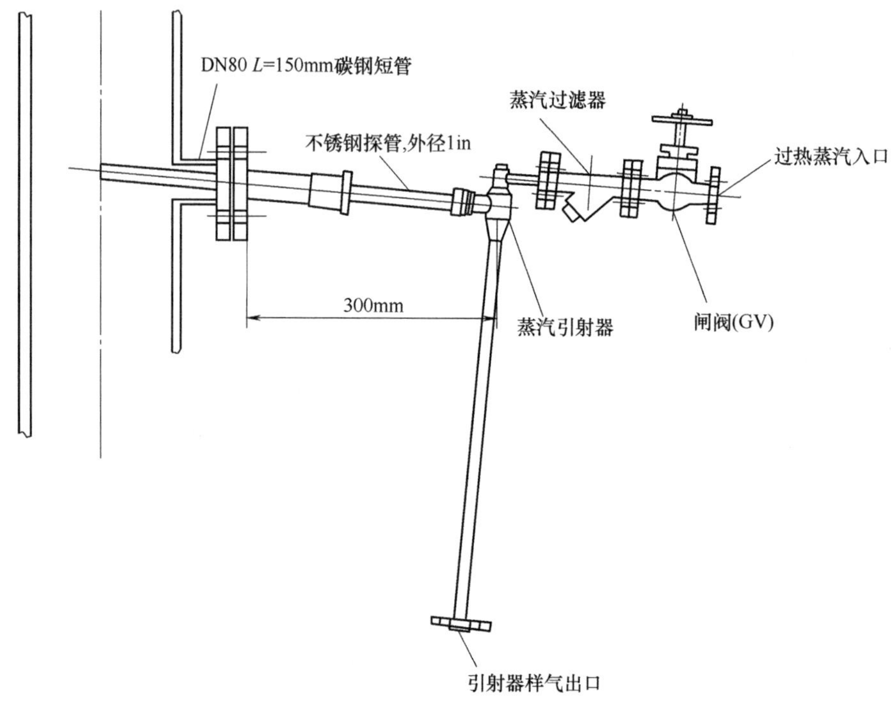

图 13-2-10　蒸汽喷射取样探头系统

（1in=0.0254m）

13.2.5.5　烟气汞取样探头系统

流程工业烟气汞的取样探头结构较为复杂，按照不同的检测原理有不同的设计方案。例如，采用冷蒸气原子吸收光谱法（CVAAS）检测总气态汞时，大多是取样处理和转换一体化的取样探头；CVAAS 总气态汞分析系统，通常采用射流泵连续抽取烟气进入稀释单元，并通过加热的颗粒物过滤器；部分稀释的样气通过催化剂将样品体中的二价 Hg 还原为元素态 Hg；经处理后的样品由加热的 PFA（全氟烷氧基树脂）管输送进入汞检测器，所有探头部件加热到>200℃。烟气汞取样探头技术可参见 17.4 节有关介绍。

13.2.5.6　除湿除尘一体化取样探头系统

除湿除尘一体化取样探头系统是指取样探头具有取样、除尘、除湿功能。经过取样探头除尘、除湿处理后的样品气是洁净、干燥的气体，无需采用加热传输管线送分析仪。

除湿除尘一体化取样探头系统大多采用 Nafion 膜气体干燥器（也称渗透干燥管）除去烟气中的水分。渗透干燥管法没有水溶性气体（如 SO_2、HCl、HF、NO_2 等）的损失问题，干燥后的烟气露点低于 20℃，含水量小于 0.1%，可满足分析检测的要求。但应注意在烟气中含有碱性气体时，需将碱性气体去除，如在除湿前增加除氨器。具体应用可参见 13.3.2 部分。

13.3　典型的样品取样处理技术及分析小屋的正压通风

13.3.1　脱硫、脱硝的烟气样品取样处理技术

13.3.1.1　烟气脱硫 CEMS 的样品取样处理技术

烟气脱硫 CEMS 通常分为脱硫前的原烟气监测和脱硫后的净烟气监测，因此，取样处理系统的设计，要根据不同的烟气脱硫工艺特点及其工况条件进行设计，如脱硫前、后烟气的温度、含湿量、颗粒物含量及烟气污染物的浓度等。

通常，脱硫前的原烟气的取样处理技术比较成熟，而脱硫后的烟气处理的要求要根据脱硫方式和超低排放的要求进行设计。目前烟气脱硫大多采用湿法脱硫，脱硫效率高，烟气含湿量高、烟气温度低，烟气污染物的浓度低；而采用干法及半干法脱硫效率较低，烟气温度比湿法脱硫要高，含湿量相对要低些，但颗粒物及气态污染物的浓度要高些。对脱硫后的高湿、低温的净烟气，应采用特别的取样处理技术。

脱硫前、后的烟气含尘量及含湿量不同，对样品处理系统的要求也不同。对脱硫前原烟气的取样点一般在除尘设备及风机之后，如果除尘设备是三电场的静电除尘器，其除尘出口的烟尘浓度一般在 200mg/m^3 左右，如果采用了布袋除尘器，则烟尘浓度只有 20mg/m^3 左右，原烟气的 SO_2 浓度受燃煤煤种（高硫煤、低硫煤或混合煤）及负荷的影响，一般在 2000～4000mg/m^3 左右。湿法脱硫后的烟尘浓度可下降至 5～10mg/m^3。超低排放的湿法脱硫效率高达 95%以上，最高可达 98%，超低排放规定的限值为 SO_2 浓度≤35mg/m^3。

湿法脱硫的烟气经过洗涤塔后处于水汽饱和状态，烟温在 45℃左右；通过烟气换热器（GGH）后温度可升到 80℃，但仍存在液滴，含水量很高。应通过气溶胶过滤器去除烟气中的液滴，并进一步除尘，通过两级除湿器将烟气露点降低到 4℃左右，再通过膜式过滤器进行精过滤，确保进入分析仪器前的烟气干燥，满足分析仪器要求。重要的是样品处理应快速除水，减少样品与冷凝水接触时间，减少在冷凝除湿过程中 SO_2 等气体被冷凝水吸收。超低排放烟气处理的关键要防止 SO_2 被冷凝水吸收，会造成严重的分析误差。

13.3.1.2　烟气脱硝 CEMS 的样品取样处理技术

烟气脱硝 CEMS 主要用于监测脱硝设备的效率，以及监测烟气中的脱硝后的氮氧化物含量。对不同的污染源，其高温燃烧后产生的氮氧化物浓度主要取决于燃料及燃烧温度控制等。一般情况下，脱硝前氮氧化物浓度大多在 2000mg/m^3 左右；采用 SCR 法脱硝后氮氧化物的浓度大多在几十毫克每立方米，《火电厂大气污染物排放标准》（GB 13223—2011）规定的排放

限值为100mg/m^3，超低排放要求为50mg/m^3。通过对脱硝效率的监测，既要保证烟气脱硝后符合烟气排放要求，又要保证脱硝设备运行的技术经济性。脱硝后CEMS除监测氮氧化物之外，还监测脱硝出口氨的逃逸量。按照国家有关规定氨逃逸量要控制在≤3μmol/mol。

脱硝入口取样点的烟气温度达到350℃左右，其烟尘含量最大达到30g/m^{3}左右；氮氧化物的含量与燃煤锅炉燃烧的煤种有关，一般大于400mg/m^3。对SCR入口侧检测NO_x，主要难点在于除尘技术。可通过多级除尘，以保证分析仪器的洁净要求。

脱硝出口取样点依然存在高温、高尘。同时由于SCR所用催化剂是在高温下工作（最高达450℃），烟气与氨的混合物在催化反应后生成N_2和H_2O，因此脱硝出口烟气中的含水量较高，腐蚀性也较高。脱硝出口的烟气中存在SO_2、SO_3、NO、NO_2等酸性成分，与逃逸氨会发生反应，并产生复杂的铵盐化合物，因此，对抽取法取样处理系统提出了严格要求。

由于脱硝取样点的含尘量高达20～25g/m^3，可以设置多级过滤。在直接伸入烟道的探杆前端设一级前置过滤器，滤除烟气中的大部分粉尘颗粒，反吹时将粉尘颗粒直接吹进工艺管道，不会堵塞探头；在取样探头后部设外置的加热保温陶瓷过滤器进行二级过滤，保证其过滤精度达到小于2μm。还要经过气溶胶过滤器及精细过滤器进一步除去烟气中的细小颗粒物及液滴。在进入分析器前经精细过滤器，样气颗粒物粒度将达到0.2～0.3μm。

由于脱硝烟气的含水量较高，必须采取两级除湿。样气的加热保温管线最好直接接到分析柜的第一级除湿器入口。经过快速制冷除湿，样气从高温快速降温除水。经过二级除湿后，烟气温度控制在4℃左右。应注意使用的与烟气接触的管线、接头、阀件及其他部件的材质应采用耐腐蚀的SS 316L不锈钢，或玻璃、陶瓷、PTFE、PVDF等材质。

13.3.1.3 超低排放CEMS及其样品取样处理技术

超净排放是指火电厂燃煤锅炉在发电运行、末端治理等过程中，采用多种污染物高效协同脱除集成系统技术，使其大气污染物排放浓度达到天然气燃气轮机组标准的排放限值，即烟尘不超过5mg/m^3、二氧化硫不超过35mg/m^3、氮氧化物不超过50mg/m^3。

（1）烟气超低排放监测的技术方案

烟气超低排放的主要特点是样气高湿、低温，SO_2、NO_x含量较低，烟气参数不稳定。超净排放监测的技术方案主要有：

① 冷干法加热取样探头+加磷酸处理+高灵敏度低量程红外或紫外分析仪。

② 采用Nafion管干燥器气态除湿预处理器+紫外等低量程气体分析仪。

③ 稀释抽取法采样+紫外荧光法测低浓度SO_2+化学发光法测低浓度NO_x。

④ 采用热湿法加热取样处理+FTIR多组分气体分析。

根据不同的技术方案采用的取样处理技术也不同。由于国内烟气CEMS大多是采用冷干法加热取样处理技术，因此对大多数烟气超低排放的技术改造是采用冷干法加热取样+磷酸处理技术。分析仪器大多采用高灵敏度、低量程范围的红外分析仪及紫外分析仪。

（2）超低排放样气处理技术要点

超低排放样气处理的技术难点是湿法脱硫后的烟气处于高湿、低温、低浓度状态，要防止烟气冷凝水对低浓度SO_2等的溶解、吸附等。温度越低，SO_2气体在水中的溶解度越高，溶解度最高的区域是在0～5℃范围，而3～5℃恰恰是冷凝器冷腔的温度。在冷凝器冷腔内，45～50℃的烟气被快速降温至3～5℃，大量冷凝水析出并通过蠕动泵排出，不可避免地会发生低浓度SO_2溶入冷凝水。湿度越高，冷凝水析出得越多；SO_2浓度越低，流失比率也会越高。在高湿度（45～50℃超饱和水汽）、低浓度SO_2（SO_2≤35mg/m^3）情况下，SO_2的流失率会非常高，甚至发生测不出的现象。

采取措施主要有以下几点：

① 取样探头系统采取高温加热措施，以确保烟气采样过程不会有水分析出，避免造成SO_2的损失。其中对插入烟道的采样探管应采取加热措施，防止烟气中产生冷凝水而使探头过滤器及采样管线的加热温度下降，导致冷凝水对烟气SO_2吸收，在低浓度检测情况下严重时甚至会导致分析仪的SO_2分析值为零。

对探头的反吹气也必须采取预热措施，防止反吹后过滤器温度骤然降低，重新接触烟气后产生冷凝水、凝结颗粒物，导致低浓度工况下SO_2测量值的波动。为适应超低排放监测要求，超低排放监测的取样探头应采用加热型采样探杆，采样单元整体加热从120℃提高至180℃，以防止产生冷凝水；内置储气罐，提高反吹气压力等。

② 加磷酸处理防止冷凝水对SO_2的吸收。在烟气进入冷凝除湿器时产生的冷凝水也会吸收SO_2气体，造成严重的分析误差。冷凝除湿器通常采用两级冷凝除湿。按照有关标准要求：经除湿器的样品气露点设为4～5℃，对SO_2气体的损失率应小于2%。

为防止烟气冷凝水对SO_2的吸收，目前，主要采取的技术方案是在冷凝器前加注液态磷酸，以避免SO_2在冷凝水中的溶解损失，或采用Nafion管干燥气态除湿预处理技术。

在冷凝器前加注液态磷酸有两种方式：一种是在取样探头处加注液态磷酸，与烟气混合后防止对SO_2的吸收；另一种是在冷凝除湿器的烟气入口处加注液态磷酸，重点防止除湿器的冷凝水吸收烟气SO_2。目前大多采用专用的加酸除湿器，采用蠕动泵将液态磷酸在除湿器前注入烟气管道。此方案容易实现对现有设备的改造，但应注意对冷凝除湿器及时排水。

③ 加大采样流量减少管路吸附。除对除湿前的样气全程高温伴热以外，同时在系统中增加旁路，加大采样流量，使气路吸附快速达到平衡状态，减小气路吸附带来的负面影响。

④ 零点气的处理。超低排放CEMS采用低量程分析仪，如SO_2分析仪的测量范围为0～75mg/m^3，零点漂移只允许在1mg/m^{3}左右，因此对零点气处理和稳定性显得尤为重要。零点气处理除需要除尘外，还要增加除湿、除烃等处理环节。若环境空气中含有的被测污染物含量较高，还需要对其进行除SO_2、NO_x等处理。应保证分析仪标定的零点气源符合使用要求。可以采用零空气发生器，或者采用纯净的零点气钢瓶气做零点气标定用。

（3）超低排放监测冷凝器加磷酸技术的应用案例

超低排放应用的冷凝器加磷酸技术是减少烟气中SO_2溶入冷凝水的主要方法之一。典型的冷凝器加注磷酸法的应用案例如下：采用在冷凝器中入口处加注0.5%磷酸水溶液的方法，可以解决在1000mg/m^{3}范围内SO_2，在不同湿度（≤30%）冷凝水中的流失问题。其机理是通过磷酸在水中电离出的H^+离子，阻止SO_2与水生成H_2SO_3的反应，尽量减少SO_2溶入冷凝水。加酸冷凝器可以满足超低排放SO_2损失率的要求。

另一种新技术方法是采用可溶性气体酸化还原器，将饱和吸附磷酸的膨体聚四氟乙烯毡放置进入其特制的预处理系统，其目的也在于防止SO_2在除湿系统冷凝水中的溶解损失。使用固体毡的目的在于避免加注液体磷酸带来的诸多不便。

13.3.2 Nafion管除湿器及其干燥器预处理系统

13.3.2.1 Nafion管除湿技术

Nafion管干燥器除湿技术是一种能保持大多数待测样气组分不流失的除湿技术，样气处理后的露点可达到0℃，最低可实现-20℃，在超低排放烟气分析中有较多的应用。

（1）Nafion 管及 Nafion 管干燥器

Nafion 管干燥器（Nafion dryer）是美国博纯公司（Perma Pure LLC）的一种除湿干燥装置。

Nafion 是一种全氟磺酸离子交换树脂，是聚四氟乙烯和全氟-3,6-二氧杂-4-甲基-7-辛烯磺酸的共聚物。将 Nafion 树脂做成管状膜，就称为 Nafion 管。多根 Nafion 管集束起来组成 Nafion 干燥器，结构类似于管式换热器。样气在管内流过，反吹气体逆向在管外流出。如图 13-3-1 所示，在 Nafion 管干燥器中，高温高湿样气和常温干燥反吹气在 Nafion 管内外发生传热和传质，即样气和反吹气之间发生换热和换湿，从而达到干燥样气的目的。

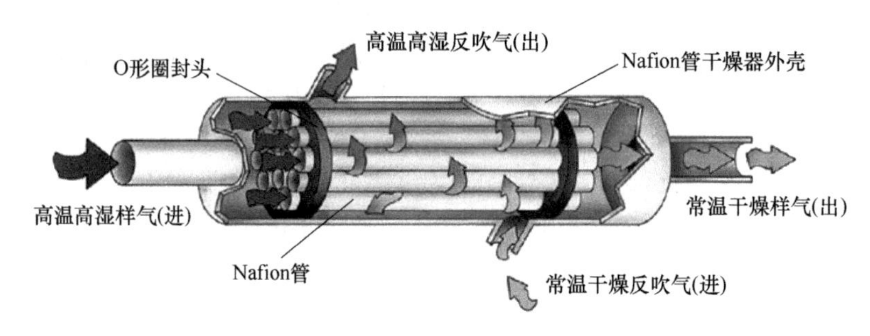

图 13-3-1　Nafion 管干燥器示意

（2）Nafion 管干燥器除湿机理

Nafion 管膜分子结构中的磺酸基具有很高的亲水性。在 Nafion 膜两边的气体湿度不同时，在气体湿度较高一侧，Nafion 管壁的磺酸基会吸收气体中的水分，从一个磺酸基向另一个磺酸基传递，直到最终到达另外一侧的管壁，蒸发到另外一侧相对干燥的气体中被带走。这一现象称为过蒸发，这就是 Nafion 管除湿的机理。水汽渗透过 Nafion 干燥管通过如下三个步骤完成（假设管内的气体湿度高于管外的湿度）：

① 气态水结合到 Nafion 管内壁上的一个活性点上，即结合到尚未吸附水或其他分子的磺酸基上；

② 水汽通过 Nafion 管壁中由磺酸基形成的离子通道，由内壁向外壁快速转移；

③ 水汽脱离磺酸基渗透至周围相对干燥的气体中。

所以水汽在 Nafion 管中转移是一个吸附-渗透-脱附的过程。

Nafion 管除湿的驱动力是管内外气体的湿度差，而非压力差或温度差。即使 Nafion 管内气体压力低于其管外气体压力，Nafion 管依然能对气体进行干燥。只要管内外湿度差存在，水蒸气的迁移就始终进行。因此，需要干燥、洁净、无油的反吹气（空气或氮气）在 Nafion 管的另一侧连续反吹，通常反吹气流速为湿样气流速的 2～3 倍。

（3）Nafion 管除湿技术分析

影响 Nafion 管除湿效果的主要因素是压力和温度。

① 压力影响　Nafion 管既比较坚硬，又有韧性。当承受较大正压力时，有较高的爆裂点（1MPa 左右）。正压会使 Nafion 管稍微膨胀，使表面积增大，从而稍微提高除湿性能。承受的压力限度与干燥器外管的材料有关。而负压则会使 Nafion 管塌陷变形，阻塞样品的流动，减小有效除湿的比表面积，降低干燥或除湿效率。因此 Nafion 干燥管内外样气和反吹气的压差最好控制在±50kPa，并同时保持正压或负压。

② 温度影响　升高温度会提高水分子迁移的初始速率，即使除湿速度提高。对 Nafion 干燥管来说，在工作温度范围内，每升高 10℃，吸水的初始速率会提高一倍。也就是说，温

度越高，管内水蒸气就会越迅速地与管外水蒸气的达到平衡，气体干燥就越快。但磺酸基基团具有极强的亲水性，不会释放出所有水分子，Nafion 管内总会存在一部分残留水。残余的水量取决于温度，温度越高，Nafion 管内的残余水越多，其处理完的样气含水量就越高。总而言之，温度越高，Nafion 管除湿速率越快，但是除湿效率越低。

对高温、高湿的样气的除湿，如要求样气露点低于 0℃（设反吹气露点低于−40℃），需要设计一个确保高温样气降温的温度梯度，管式换热器设计可满足换热及温度梯度要求。

（4）Nafion 管干燥器使用注意事项

经 Nafion 管后，除了 H_2O 和 NH_3 能渗透过 Nafion 管外，其他无机气体全部保留，包括 SO_2、CO_2、O_2、HCl、NO、NO_2、Cl_2、HF、H_2 等，也就是说，这些无机气体是完全不能渗透过 Nafion 管的。

室温（20℃）下，Nafion 管内残水量所对应的露点约为−45℃（残水量约为 75μmol/mol），这已是 Nafion 管出口样气露点可达的最低处理湿度极限。通常，如果干燥后的压缩空气或仪表风露点为−40℃的话，Nafion 管出口处的样气露点可控制在−20～0℃范围内。

Nafion 材料的热分解温度在 280℃附近，此时 Nafion 会失去磺酸基，从而失去其除湿作用。实际上，在 200℃时，Nafion 管的除湿效率就已经受到很大影响。所以，Nafion 干燥管的最高工作温度以 150℃为宜。在为 VOCs 等除湿时，工作温度应控制在 110℃或更低。因为 Nafion 是一种强酸性催化剂，当工作温度高于 110℃时，会催化某些有机气体发生副反应。针对脱硫高湿烟气，Nafion 管的操作温度范围应为 75～95℃。

在 Nafion 树脂生产过程中，磺酸基基团首先以盐的形式存在。这时材料具有热塑性，但没有化学活性。这时的 Nafion 是类似聚四氟乙烯的半透明塑料，但更清晰、更透明。Nafion 材料在被挤压成材（通常是膜或管）时，需要经历由盐到酸的转化过程（即活化或酸化过程），因此具有了化学活性。一旦被活化，Nafion 会迅速与周围环境发生作用。Nafion 的酸性催化活性作用，使空气中难以反应的有机成分开始缓慢发生反应。有机气体会逐渐形成大量液态或固态化合物，在 Nafion 管内形成沉淀，Nafion 管会从半透明状态逐渐变黄、变褐，甚至变黑，但 Nafion 管对水的渗透性、离子交换性能、酸催化性能不会受到直接影响。

Nafion 管在使用中需注意的是：

① 不能有大量颗粒污染物或油类聚集。建议 Nafion 管前的过滤滤径<1μm，否则颗粒物会聚集在 Nafion 管的表面，影响其除湿效果；另外，不能有油或酸雾，否则一样会污染 Nafion 管表面。

② 干燥过程中不能有液态水。否则 Nafion 发生的自催化反应会导致 Nafion 管变冷，从而失去干燥能力。

③ Nafion 管应避免和含湿氨气接触。因为铵根离子会和磺酸基发生化学反应，导致 Nafion 管受到不可逆的破坏。

④ Nafion 管的贮存。在一般贮存或者工作条件下，随着时间的延长，Nafion 管会变色，在 1 年内变成黄色，3～5 年内变成褐色。Nafion 管暴露于空气中时，因受光照或加热发生化学反应，会加快变色过程。密封保存在黑暗处，能延缓 Nafion 管变色的速度。

⑤ Nafion 管的清洗。通过清洗可以使受到污染的 Nafion 管复原，有多种清洗剂可以选择，通常使用非极性溶剂，如正己烷等。最有效的清洗方法是用强酸煮。在清洗过程中，Nafion 管并不会受到损害，清除有机残渣，可以恢复 Nafion 管的除湿性能。

Nafion 管中如出现液态水，可以用干燥的反吹气持续反吹 2～3h，或在 105℃的烘箱中烘烤 1～2h，即可恢复其除湿性能。

为了保证 Nafion 管的平稳高效除湿，必须保证：对样气和反吹气体进行除油、除尘；提高 Nafion 管的运行温度，使其高于样气露点温度，确保无液态水析出；采用除氨器去除样气中的氨气，确保 Nafion 不与高湿的氨气接触而受到不可逆的破坏。

13.3.2.2　Nafion 管干燥器预处理系统技术及应用

以 Nafion 管干燥器为核心的气态除湿预处理技术已经应用在超低排放 CEMS 取样处理。

（1）固定式 Nafion 管干燥器预处理系统技术

以美国博纯开发的 CEMS 样气预处理 GASS 系统为例。其中，GASS 2040 样气预处理系统的外观图及系统剖面图参见图 13-3-2。

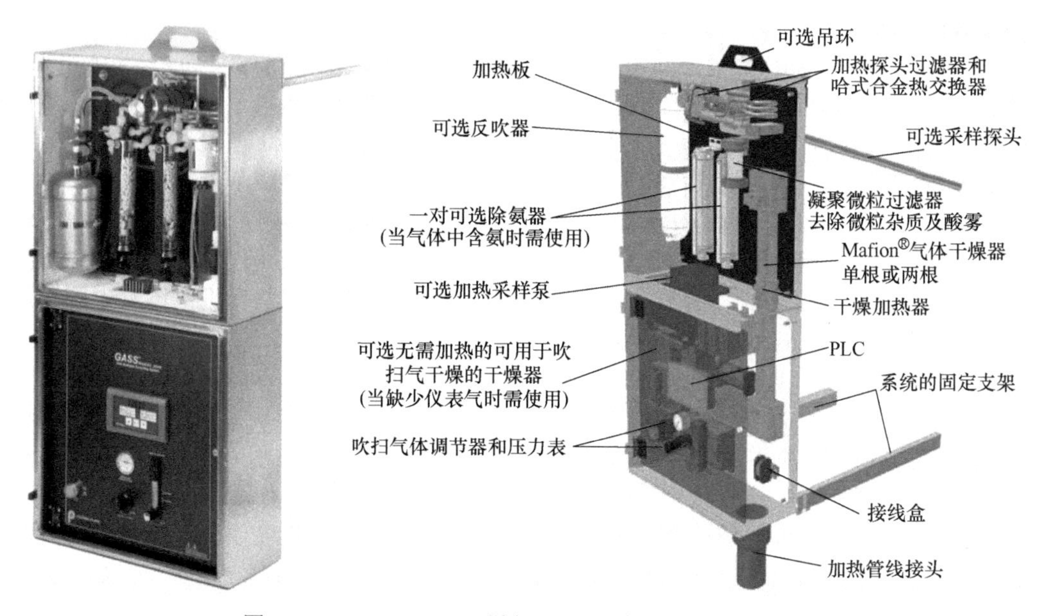

图 13-3-2　GASS 2040 样气预处理系统外观及剖面图

GASS 2040 样气处理系统的烟气处理流量可达 25L/min，湿度可超过 30%，可同时去除样气中的酸雾和氨。该系统包括整体式烟气取样探头，样气从探头出来先进入第一温区——热交换器，高温烟气（如 180℃或 400℃）经热交换器降温到第二温区所需控制的温度。然后烟气通过凝聚式过滤器（过滤精度 0.1μm），通过除氨器除去样气中的氨气。第二温区是 Nafion 管干燥器，其头部被动加热到样气露点以上，以避免样气出现液态水而引起 Nafion 管干燥器故障，例如控制到 90℃，防止烟气中的水分冷凝。样气最后进入处于周围大气温度的第三温区，在通过 Nafion 管干燥器其余部分后，样气露点进一步降低到 0℃以下。

加装整体式取样探头后，整套装置可直接安装在烟道壁上。系统还包括探头过滤器、内置抽气泵、反吹扫组件以及温度控制器等。包括整体式取样探头的 GASS 2040 型样气处理系统采用原位处理法设计，样品传输管线无需伴热。GASS 2040 需要 220V、7.5A 电源，需要提供压力范围为 0.4～0.8MPa 除油、除尘、除液态水及干燥的压缩空气。其技术特点是气态除湿，除湿效率高于 95%；SO_2 及 NO_x 的损失率非常低（<5%）；处理后烟气露点低于 0℃。

另外，对采用低 SO_2 量程的非色散吸收红外分析仪，将样气含水量降低到 0℃以下，水分的干扰就会非常有限。如烟气露点为-20℃时，就可以完全消除水分的干扰。

（2）便携式 Nafion 管干燥器预处理系统技术

以美国博纯开发的基于 Nafion 管干燥器技术的便携式样气预处理系统 GASS-35 系统为例。采用了双 Nafion 管干燥器自回流技术：先通过一根 Nafion 管干燥器干燥空气，干燥后的空气露点大约在−20℃；干燥后的空气用来对样气 Nafion 管干燥器进行反吹，从而达到预期的除湿效果。GASS-35 能处理 2.0L/min，最高相对湿度 70%的烟气，处理后烟气露点低于 4℃，操作温度范围−20～+50℃。便携式 Nafion 管干燥器预处理系统的简单气路图参见图 13-3-3。

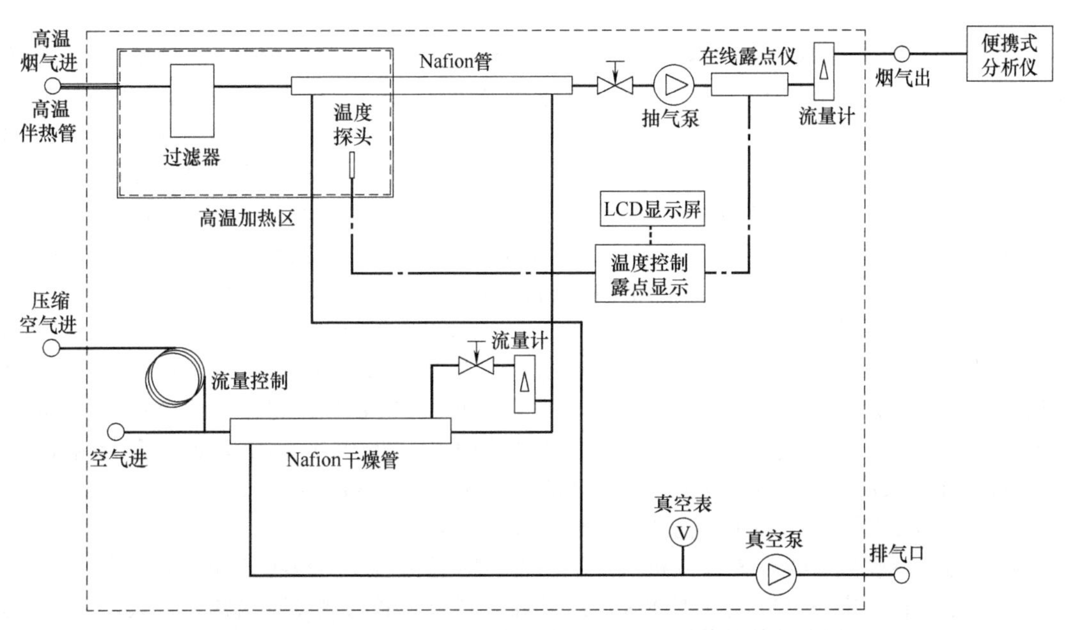

图 13-3-3　便携式 Nafion 管干燥器预处理系统简单气路图

13.3.2.3　Nafion 管除湿技术在 VOC 分析预处理中的应用

（1）Nafion 管除湿技术的适用范围

Nafion 管已广泛应用于 VOC 监测方面。Nafion 管可以保留大部分无机气体（水和氨气除外）、烷烃、卤代烃、全氟酸和氟化物、大部分酯类和水不溶醚类，但是，醇类、胺类、大部分酮类和水溶性的醚类容易被去除。

根据研究，有三类化合物能够直接渗透过 Nafion 干燥管：一类是气态水（H_2O）；另一类是 NH_3（与水生成 $NH_3 \cdot H_2O$）；第三类是醇类（ROH）。这三类化合物有一个共同的官能团——羟基（—OH），其能渗透出 Nafion 干燥管是因为羟基和 Nafion 膜内的磺酸基发生了反应。

除了以上三类带羟基的气态化合物能直接渗透出 Nafion 干燥管，其他能够转化为醇类的有机化合物也可以渗透出 Nafion 干燥管。例如醛类（$\mathrm{R{-}\overset{\overset{\displaystyle O}{\|}}{C}{-}H}$）和酮类（$\mathrm{R_1{-}\overset{\overset{\displaystyle O}{\|}}{C}{-}R_2}$），均可以发生烯醇化反应：

$$\mathrm{R_1(H){-}C(=O){-}CH_2{-}R_2'} \longleftrightarrow \mathrm{R_1(H){-}C(OH){=}CH{-}R_2'}$$

这就解释了为什么醛类和酮类同样能够渗透出 Nafion 干燥管，此时 Nafion 的作用是酸性催化剂。如果气态化合物本身还含有 C═C 键和 C≡C 键，在高温、高湿的情况下还会被催化成为相应的醇类，也会渗透出 Nafion 干燥管。

另外，胺类化合物中氨基上的 H、水溶性醚中的 O，能够与磺酸基上的 O 和 H 形成氢键，也容易透过 Nafion 管。

（2）Nafion 管除湿技术用于大气环境 VOC 监测

在大气 VOC 监测中，Nafion 干燥管除湿技术可以应用于监测非极性物质，如监测烷烃、氯代烃芳烃和低碳烯烃。

美国 EPA 颁布的 TO-14A 标准，推荐采用 Nafion 干燥管作为 VOC 分析仪前的样气除湿技术，主要是用来分析 39 种有毒有害挥发性有机物气体，该 39 种物质全部为非极性有机物；ASTM D5466 标准也推荐了 Nafion 干燥管和冷阱吸附后升温热解析的方法。但 TO-14A 标准也指出：某些和水分子类似的极性有机气态化合物能如同水汽一样，渗透过 Nafion 干燥管，如果是这样的话，可采用 TO-15 的替代方法进行样气除湿处理。TO-15 可分析的目标化合物多达 97 种，包括极性化合物。EPA 专门对 TO-14A 和 TO-15 的差异进行了详细的说明，无论是选择 TO-14A，还是 TO-15，必须考虑被检测化合物的极性及检测精度。

美国 EPA 颁布的关于臭氧前驱体取样技术支持文件详细说明了 Nafion 干燥管的除湿机理、效果及使用方法，也详细说明了 Nafion 干燥管对部分极性 VOC 物质造成的损失。这些极性物质的损失会导致在监测大气中 TNMOC（总非甲烷有机碳）时产生约 20%～30%的负误差。Nafion 干燥管还会造成单萜的分子结构异构重组（例如 α-蒎烯），但不会影响异戊二烯。Perkins Elmer 的自动 GC 系统在线 PAMS 中使用了 Nafion 干燥管。

（3）Nafion 管除湿技术用于污染源在线 VOC 监测

固定污染源废气 VOCs 采样分析的环境条件相对恶劣，仪器设备长期在高污染、高负荷条件下运行。且污染源排放废气 VOCs 浓度较高，要求仪器的测量范围覆盖更大。因此，固定污染源废气 VOCs 在线监测系统，需要专业配置符合污染源监测需求的采样处理系统。

固定污染源排放废气 VOCs 通常伴随着大量的气态水分。常用的冷凝除水技术在去除水分的同时，也会除掉一部分高沸点的 VOCs，造成测试样品气体的失真。Nafion 干燥管气态除水技术，能去除废气中的气态水，并在去除过程中尽可能保留样气中待测气体组分，适用于涂装行业、化工行业等排放废气湿度较大且废气腐蚀性非常强的情况。但是务必注意 Nafion 干燥管的适用边界条件，和其对极性 VOCs 物质反应的催化作用造成的损失，以及在高温、高湿条件下对某些惰性 VOCs 物质的酸性催化重整等作用。

13.3.2.4　Nafion 管除湿技术在低浓度颗粒物监测的应用

采用耐高温（100～120℃）的大管径 Nafion 单管探枪，可以在等速采样时高效去除烟气中的水分，同时保烟样气中的颗粒物（$PM_{2.5}$等）。考虑到 Nafion 管干燥器成本较高，用于在线低量程烟尘监测经济性和稳定性尚存在问题。

针对超低排放手工比对监测，根据国家 HJ 836—2017《固定污染源废气　低浓度颗粒物的测定　重量法》的要求，除了质控方面要求很高之外，测试结果需要超过 24h 后才能通过称重得到，且非常容易发生滤筒失重的问题，无法进行现场快速比对执法监测。

博纯的便携式耐高温（100～120℃）大管径 Nafion 单管探枪，可以在等速采样时高效去除烟气中的水分，同时保留烟样气中的颗粒物。后续无论采用便携式的光学法、β 射线吸收法、震荡天平法等颗粒物分析仪，都可以较容易地对低量程颗粒物进行准确测试。但是便携式的高温大管径 Nafion 单管探枪需要现场提供反吹气源，从而限制了其使用。

13.3.3　稀释式取样探头、NO_x转换器及深冷冷凝器

13.3.3.1　稀释式取样探头

稀释式取样探头主要用于稀释抽取法 CEMS 中烟气样品的取样。其优点是样品含水量被稀释，露点温度已经降至零下，且烟尘含量也等比例稀释，所以无需除湿或其他处理，稀释后的样品可直接送往分析仪进行分析。由于取样量很小，大大减轻了探头过滤器的负担和样品的腐蚀作用。

稀释采样的原理是：采用文丘里喷射泵抽吸烟气，用干燥、清洁的压缩空气作为喷射源及稀释气，压缩空气在喷射泵的一级喷嘴和二级喷嘴之间的空间内产生一个负压，此负压将烟道内的烟气经节流小孔抽入，并与压缩空气混合稀释后经管线送往分析仪。

节流小孔也称为声速孔、临界孔。经理论分析，当节流小孔满足临界条件，即小孔上游压力 $p_{上}$ 与下游压力 $p_{下}$ 满足 $p_{下} \leqslant 0.53p_{上}$ 时，小孔达到临界状态。在临界状态下，流体通过小孔的流量被限制在声速，此时流过小孔的流量不再与小孔两侧的压差有关，体积流量保持为恒定值。稀释后气体的流量与流过小孔的烟气流量之比就是稀释采样的稀释比。设流过小孔的烟气流量为 Q_2，稀释空气流量为 Q_1，则稀释比 r 为：

$$r = \frac{Q_1 + Q_2}{Q_2}$$

通过调节稀释空气的压力（即调节其流量）可以调整稀释比 r，选用不同孔径的节流小孔也可以调整稀释比 r。r 的范围可以从 10∶1 到 500∶1，通常多选择在 100∶1。

图 13-3-4 是德国 M&C SP190-H/DIL-EX2 系列电加热稀释式取样探头的外形图。

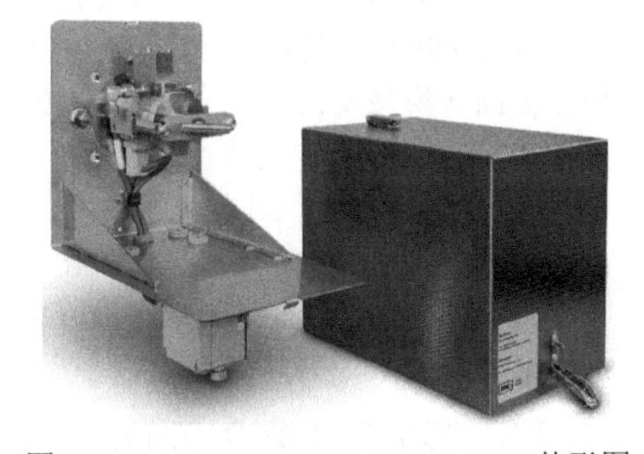

图 13-3-4　M&C SP190-H/DIL-EX2 外形图

超低排放烟气的高含水量，以及被测微量组分易溶于水等特殊性，对冷干法 CEMS 烟气预处理提出了严格的要求，而采用稀释探头采样具有一定的优势。图 13-3-4 中的防爆稀释采样探头可满足防爆 2 区，温度组别 T2、T3 或 T4，气体 C 组别要求。

13.3.3.2　NO_x转换器

污染物固定排放源中，气态污染物中的 NO_x 通常包括 NO、NO_2。早期标准对于 NO_2 是采用系数折算方式换算为总 NO_x 含量。HJ 76—2017 标准要求测量 NO_x 总量，不容许只测烟气中的 NO，必须同时检测 NO 和 NO_2；对 NO_2 可采取直接测量法，或通过转化炉将 NO_2 转化为 NO 后一并测量，并要求 NO_2 转换为 NO 的效率应≥95%。

不同行业污染物排放源的 NO_2 含量，以及其他影响 NO_x 转换器效率、寿命的因素众多，以下仅简介常见的 NO_x 转换器技术，及排放源气体组分对于 NO_x 转换器的影响。

NO_x 转换器大多采用钼转换炉。NO_x 转换器是基于在高温下的 $2NO_2 \longrightarrow 2NO+O_2$ 反应。通常转换炉温度在 620～680℃之间，NO_2 无需催化剂即可以转换为 NO，使用催化剂时可大

大降低该反应进行所需要的能量，并提高转换效率。钼转换炉的催化剂采用金属钼，在高温下将NO_2催化还原为NO。使用经过特殊处理的碳化钼催化剂转换炉时，NO_2在320～380℃之间，几乎可以100%转化为NO。其反应式为：$3NO_2+Mo \longrightarrow 3NO+MoO_3$。

以德国 M&C Type-C 型钼转换器为例：钼转换炉的反应温度为320～380℃，转换率＞99%。钼在反应过程中会逐步消耗，转换率会逐步下降。受材料影响，对CO和O_2的测量也会有误差，需要单独一路测量。当样品气中含5%（体积分数）左右的O_2时，不同流量、不同含量的NO_2流经钼转换器后对钼寿命的影响，参见图13-3-5所示。当样品气中含10%左右O_2时对钼寿命的影响参见图13-3-6。对比可以看出，钼催化剂寿命受氧气含量、样品气流速、NO_2浓度影响，并与这些参数成反比。

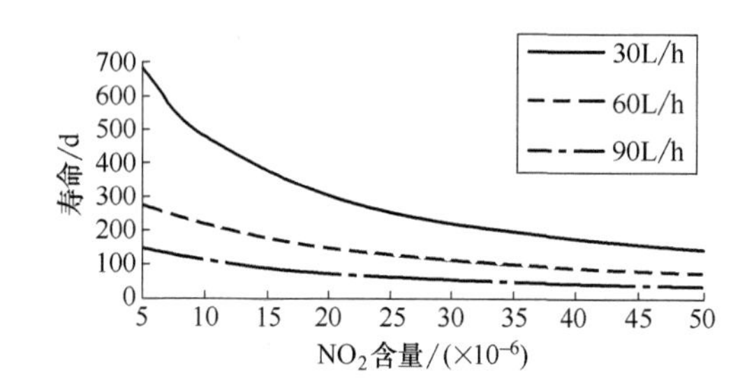

图13-3-5 含5%左右的O_2时NO_2经钼转换器后对钼寿命的影响

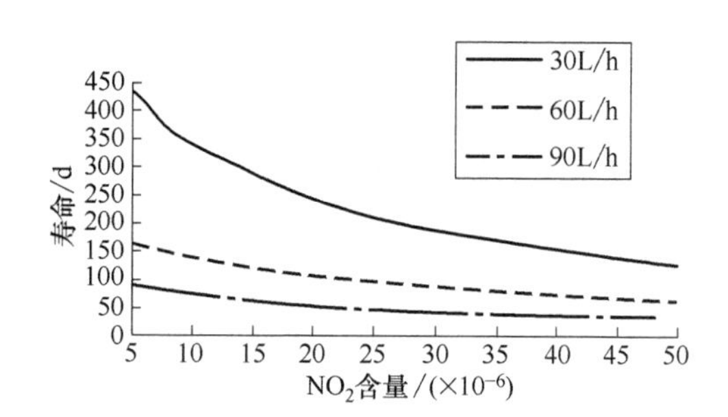

图13-3-6 含10%左右的O_2时NO_2经钼转换器后对钼寿命的影响

另一种常见的不锈钢转换炉，也是基于高温下的$2NO_2 \longrightarrow 2NO+O_2$基本原理，反应的工作温度为650℃。其转化效率可以达到95%以上。不锈钢在其中起增加样品气与高温接触面积，提高转换效率的功能。不锈钢转换器理论上为无限寿命。但是，样品气体中存在氧气和无机物等时会影响转换效率：

① 氧气、腐蚀性气体对不锈钢的氧化和腐蚀，影响高温接触面积，导致转换率下降。

② 无机物、高碳组分高温后碳化等在不锈钢表面沉积的影响，也会导致转换率下降。

③ 当样品气中含有NH_3时，如O_2含量足够参与反应，NH_3将全部转化为NO，因此会干扰NO测定结果。另外在高温状态下，样品气中的SO_2也有破坏（氧化）性。

13.3.3.3 样品气体深冷冷凝器

深冷冷凝器适用于除去酸雾。深冷冷凝器的冷却温度为-30℃。直接将水蒸气在分子层面以结霜的形式去除，同时，水蒸气结晶可以吸收酸雾，或可称之为“抓住”酸雾。一般商业量产的深冷冷凝器多为双极深冷通道。一个通道工作，另一个通道进行除冰及干燥。

当烟气中含有高于100×10^{-6}的SO_2时，若同时烟气中含有足够的氧气（指的是超过与SO_2反应所需量），那么烟气中的SO_2就会和氧气发生反应形成SO_3。反应方程式如下：

$$2SO_2 + O_2 = 2SO_3$$

当烟囱中烟气温度降低到400℃以下时，SO_3迅速与水蒸气反应形成硫酸雾。

$$SO_3 + H_2O = H_2SO_4$$

当温度继续降低，H_2SO_4开始液化，凝结成非常细小的气溶胶酸雾。在一些工业烟囱中，这种酸雾沉积的情况一般出现在120～150℃，即人们常说的酸露点。甚至在有些以含硫物为燃料的工厂，烟囱中的酸露点可以高达200℃。酸雾通常非常细小，密度低，不也能靠重力分离。会同烟气一起进入采样预处理分析系统。酸雾易溶于水。在预处理系统中的冷凝器热交换管在设计上尽力避免了样品气和冷凝液的接触，从而导致虽然降温后有水析出，但是酸雾仍会流过热交换管，继续向预处理后序部件流动。

常规冷凝器的设定温度为4～5℃，但其中仍存在0.9%的水蒸气，存在与酸性气体形成气溶胶的可能性。在常规冷凝器后设置Nafion管，虽然可以马上带走大部分的水蒸气，但是酸雾已经形成；而采用达到冰点的深冷冷凝器，则在去除水蒸气同时，也可以去除酸雾。

图13-3-7 深冷冷凝器

德国M&C的深冷冷凝器EC30C，参见图13-3-7。其制冷温度为-30℃。配置一个制冷温度为2℃的预冷通道，和2个各-30℃的深冷通道，深冷通道每3小时轮流切换。EC30C还可配置避免切换通道后热交换管内死体积的置换蠕动泵。

13.3.4 便携式仪器采样处理及其除湿器应用技术

13.3.4.1 便携式烟气分析仪的采样处理技术要点

便携式烟气分析仪在现场应用时，必须配置便携式采样预处理系统，通过过滤除尘、冷凝、气态除水等部件对样气进行预处理，并控制最低待测气体损失率，以满足便携式烟气分析仪对烟气分析的要求。便携式采样预处理系统通常包括采样探枪（含探杆及探头）、伴热软管、预处理部件等。烟气超低排放CEMS比对检测对便携式烟气采样处理系统的要求更高。

在超低排放的烟气比对监测过程中，便携式烟气分析仪对SO_2的测试数据偏低或为零的主要原因，大多是来自于便携式烟气分析仪的采样及预处理。主要原因分析如下：

① 采样探头或探针没有加热，因此造成冷凝水吸附在探头、探针的内壁，SO_2溶入冷凝水，产生溶解损失。

② 探头/预处理器/分析仪的接口处存在冷点，有冷凝水析出，从而造成SO_2的溶解损失。

③ 采用的电子/压缩机冷凝器中有冷凝水析出，SO_2溶入冷凝水，造成溶解损失。

在HJ 76—2017《固定污染源烟气（SO_2、NO_x、颗粒物）排放连续监测系统技术要求及检测方法》中，对烟气预处理系统的除湿器提出了以下技术要求：

① 在烟气含湿率≤15%（体积分数）时，除湿效率≥90%；当烟气含湿率>15%时，要求除湿效率≥95%。

② 除湿后烟气露点低于4℃（水分体积分数约为0.8%）。

③ SO_2损失率≤5%（与浓度有关）。

因此，用于烟气超低排放现场比对监测时，所使用的便携式烟气分析仪采样处理系统的技术要点是：烟气在采样探头、伴热管线及预处理过程中，不产生冷凝水、无吸附，确保烟气取样处理过程不失真，才能保证比对测量结果准确。

13.3.4.2 便携式烟气分析仪采样探头

便携式烟气分析仪的采样探头（也称探枪），有全高温探枪及小内径高流速不加温探枪。连接探枪和预处理系统及烟气分析仪的是伴热管。通常伴热管温度与高温探枪一致。例如设置伴热温度为120～180℃可调，或固定在120℃范围，以确保没有冷凝水析出。

（1）全高温探头

全高温探头对探杆、探头进行全加温，加热温度范围控制在120～180℃可调。这样就完全避免了烟气中SO_2在探杆及探头的附着及溶解损失。图13-3-8为德国M&C的PSP4000-H的全高温探枪，图13-3-9为南京埃森的EHP200型全高温探枪。

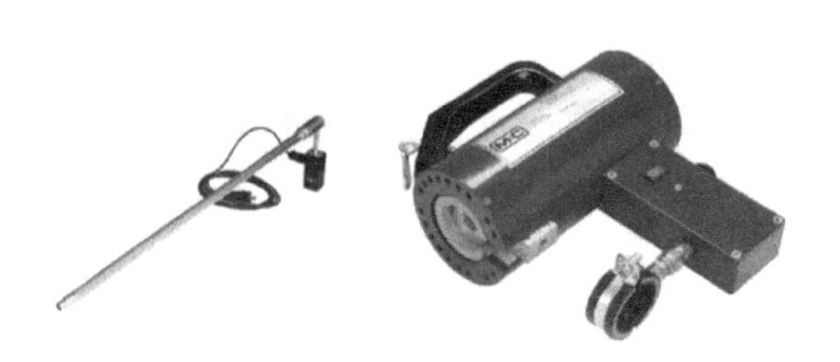

图13-3-8 M&C PSP4000-H全高温探枪

图13-3-9 南京埃森 EHP200型全高温探枪

（2）小内径高流速不加温探枪

另外一种技术，采用不加温探杆，但探杆内部放置了一根ϕ3mm或1/8in（约3.2mm）的PTFE管。烟气高速流经该管时，因为其内壁非常好的表面光洁度和憎水性，液态水不会发生吸附和析出，因此也可以有效避免SO_2的吸附及溶解损失。采用这种技术的代表公司为德国Testo，北京雪迪龙公司的Model 3080便携式烟气分析仪也采用了这样的探头。

在烟气超低排放监测应用中，便携式烟气分析仪大多采用全高温探枪，并确保高温探枪、高温伴热软管和预处理系统或烟气分析仪之间的连接部分没有冷点。如果在以上部件的连接处析出冷凝水，将可能会造成3.0～5.0μL/L（8.6～14.3mg/m^3）SO_2的溶解损失。

13.3.4.3 便携式烟气分析仪的预处理系统

便携式烟气分析仪大多采用冷干抽取法技术，也有采用热湿抽取法技术。两种技术的采样处理系统不同，对取样处理要求也不同。

便携式烟气分析可采用定电位电解、NDIR、NDUV及部分DOAS测量技术的分析仪，大多是采用冷干抽取法，以及采用除湿预处理系统，以确保进入烟气分析仪的烟气露点≤4℃（含H_2O约0.8%），符合干基测量要求，无需进行湿度折算。冷干抽取法的取样预处理系统的关键是除湿器，其中除湿器的除湿效率及SO_2损失率至关重要。

便携式烟气分析仪的除湿器大多采用半导体冷凝器，其工作原理基于珀耳帖效应。半导体冷凝器的优点是：外形尺寸小，使用寿命长，维护简单，控制灵活方便，且容易实现较低的制冷温度。有些采用双撞击器（射流热交换器）的半导体冷凝器，可以将烟气露点处理到−7℃，甚至更低。半导体冷凝器的缺点是：制冷效率较低，烟气入口温度不能高，除湿效果也不高。在超低排放烟气的含湿量超过10%（体积分数）的场合，需要采用双级半导体冷凝器技术。半导体冷凝器的制冷效果由散热性能决定，在环境温度超过35℃且散热不好的情况下，其制冷除湿效果不能保障。另外，在温度低于0℃的情况下冷凝水会发生结冰。

便携式烟气分析仪的除湿也可采用压缩机冷凝器。与半导体冷凝器相比，压缩机冷凝器的制冷效率较高，其允许入口烟气温度最高可达180℃，入口烟气露点高，出口烟气温度可控制在3～5℃。但压缩机冷凝器的体积和重量较半导体冷凝器为大，从便携角度看不如半导体冷凝器。另外，用于超低排放烟气监测时，存在冷凝水对SO_2的溶解损失问题。

在超低排放烟气的比对监测中，便携式烟气分析仪也采用热湿抽取法的GFC、FTIR和部分DOAS测量。从采样探枪到分析仪全程，烟气保持原有热湿状态，从而彻底避免了冷凝

水析出而导致的 SO_2 溶解损失。但是热湿法测试结果须将湿烟气测量值折算为干烟气值。便携式烟气分析仪需增加烟气湿度测量，并将测试结果折算成干基浓度。

13.3.4.4 便携式采样处理的 Nafion 管干燥器应用要点

Nafion 管干燥器除湿技术介绍参见 13.3.2 部分。Nafion 管除湿技术有诸多优点，如反应快速（<0.1s）、耐温（可耐 120℃）、耐压、选择性好、过程简单、体积小巧，一般维护量小，以及不耗能等。但是，Nafion 管在使用中也存在局限，主要有如下几点：

① 不能有大量颗粒污染物或油类聚集。通常建议 Nafion 管前的过滤滤径<1μm，否则颗粒物会聚集在 Nafion 管表面，影响其除湿效果；另外，不能有油，否则一样会污染 Nafion 管表面。

② 干燥过程中不能有液态水，否则 Nafion 发生的自催化反应会导致 Nafion 管变冷，从而失去干燥功能。

③ Nafion 管应避免和氨气接触，因为氨气会导致 Nafion 管不可逆的破坏。

为了保证便携式仪器 Nafion 管高效除湿，必须对样气和反吹气体进行除油、除尘；提高 Nafion 管运行温度，确保无液态水析出；采用除氨器去除烟气中的氨气，确保 Nafion 不和氨气接触。美国博纯公司的便携式烟气处理系统 GASS-25/35，采用了双管自回流的反吹除湿技术，无需任何外接反吹气源。

13.3.5 分析小屋正压通风及 BHVAC 系统技术应用

13.3.5.1 概述

根据 GB 51283—2020《精细化工企业工程设计防火标准》的规定，设置在爆炸危险区内的分析小屋（或分析仪器室）应配置正压通风系统，当分析小屋除泄压口外的所有通道关闭时，小屋送风正压值应为 25～50Pa，换气频率最少不小于 6 次/h。正压通风系统的作用是使分析小屋内保持微正压状态，避免外部可燃性气体、腐蚀性气体和灰尘进入分析小屋内，且通过连续不断地将新风引入，将室内可能泄漏的危险气体浓度降低，并经过分析小屋内安装的泄压窗迅速将其排出屋外。

分析小屋的通风系统有 HVAC 及 BHVAC 两种。HVAC 系统是指加热（H）、通风（V）和空气调节（AC）系统，具有正压通风和冷暖空调功能。分析小屋内环境条件应符合 GBZ 1—2010《工业企业设计卫生标准》要求。BHVAC 即防爆加热通风空调机组，是 HVAC 系统的防爆型设计，其中“B”表示“防爆”。BHVAC 系统用于在爆炸危险区内的正压通风型防爆分析小屋，可以有效解决正压通风和新风换气要求，可在现场全天候不间断地可靠运行。

按照 HG/T 20516—2014《自动分析器室设计规范》的规定，设置在爆炸危险区内的在线分析小屋的通风系统有两种，分别是机械通风（防爆空调+防爆风机）和正压通风（BHVAC）。其规定为：设置在爆炸危险场所的自动分析器室，当分析仪表及其他电气设备采用合适的防爆形式时，自动分析器室可采用机械通风；当分析仪表不能满足防爆要求时，应采用正压通风设施。

机械通风设计简单、造价低，缺点是分析室温湿度控制难以满足规范要求的分析室内无空气冷凝水。机械通风与防爆空调系统配合的温度场分布参见图 13-3-10。

正压通风系统要求从非危险场所引入洁净的新鲜空气，使得分析室内成为 2 区危险区域或安全区域，降低了室内分析仪器防爆等级要求，节约了仪器投入成本。BHVAC 设置了送风口和回风口，通过调节回风口的风阀，调节室内正压及新风量，很好地解决了室内温、湿度的稳定性和均匀性，保证了室内分析仪器的精确运行，并且保障了室内人员的职业健康，实现了节能安全等目标。正压通风系统温度场分布参见图13-3-11。

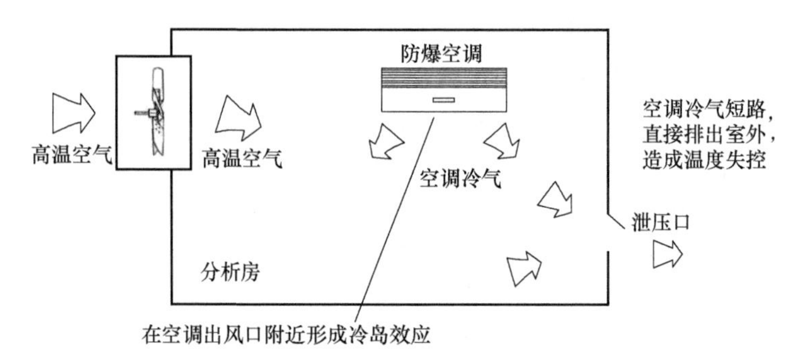

图13-3-10 机械通风与防爆空调系统配合的温度场分布

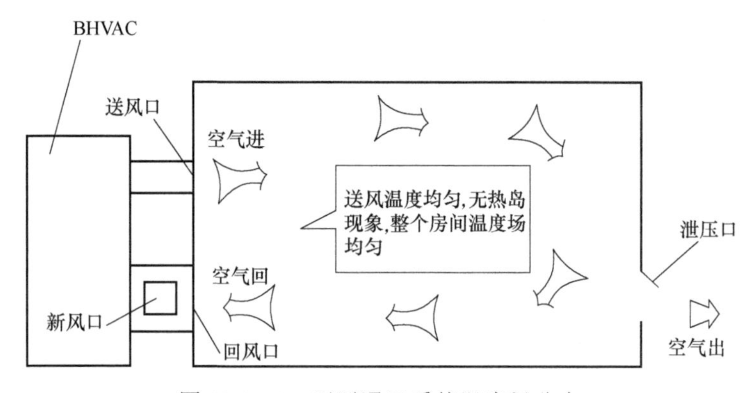

图13-3-11 正压通风系统温度场分布

13.3.5.2 BHVAC系统的组成与功能

以无锡康宁防爆电器公司BHVAC系统为例。BHVAC系统由以下部件组成：冷凝器、蒸发器、节流元件、压缩机、电（蒸汽）加热器、送风机、冷凝风机、电动调节阀、温度传感器、操作显示装置、电气控制箱、外壳（不锈钢板或镀锌钢板喷塑）等。

（1）温湿度调节系统的组成与功能

标准配置的温湿度调节系统由蒸发器、冷凝器、节流元件、压缩机、制冷管路、冷凝风机、电（蒸汽）加热器等组成。当用户设定了分析室内的湿度、温度值后，BHVAC机组自动运行，室内空气经回风口与新风口进来的新鲜空气混合后进入机组，通过机组的蒸发器、加热器进行（除湿、加热、冷却）处理后，通过送风口再次进入室内，使分析室内的温、湿度保持在设定值。

① 温湿度调节系统　标准配置的BHVAC温湿度调节系统适用于GB/T 17758—2010《单元式空气调节机》规定的工况条件下运行，最大运行环境温度≤43℃，环境相对湿度≤70%，分析房内相对湿度要求不高于60%，温度要求25℃±1℃。能满足国内低湿度环境用户及分析房湿度控制要求不高用户的需求，在满足使用要求的同时也兼顾了经济性。分析室内的湿度控制，不同的行业工艺有不同的要求值。在相对湿度控制要求在55%以下、高温高湿地区、低温高湿工况环境相对湿度大于70%的情况下，标准配置的BHVAC温湿度调节系统需另行选配加装新风预处理系统，确保进入分析室内的空气湿度符合要求。

② 新风预处理的配置方案

a．方案一需在新风管道内增配独立的除湿系统，由压缩机、蒸发器、冷凝器组成。电气控制系统根据湿度传感器及温度传感器反馈的数据信号，经BHVAC电气控制系统的DDC（直接数字控制器）或PLC接收后判断，控制新风管道内增配除湿系统与原标配BHVAC温湿度调节系统内的电加热器、制冷除湿系统交替或同时运行，精准控制分析室内的湿度值。

b. 方案二需增配与机组制冷量功率相接近的电功率电加热器，制冷系统增配旁通流量调节阀及旁通管路防爆电磁阀。电气控制系统根据湿度传感器及温度传感器反馈的数据信号，经BHVAC电气控制系统的DDC或PLC接收后判断，控制电加热器、制冷系统旁通防爆电磁阀实现BHVAC除湿、温控运行，精准控制分析室内的湿度值。

③ 系统的制热方式　一是采用全不锈钢翅片式电热管加热，表面温度采用温度传感器监控，通过双重措施使电热管达到GB 3836.1—2010《爆炸性环境　第1部分：设备　通用要求》中规定的温度。二是采用蒸汽翅片式换热器，使用防爆电动调节阀控制蒸汽流量，从而达到调节温度的目的。采用蒸汽加热方式的缺点是：用户需要经常清洗管阀件内积存的水垢，防止结垢、堵塞等原因造成加热效率降低，并且要特别注意蒸汽管道的防冻保护。制冷（热）量根据气候参数、分析室的围护结构（墙厚的保温材料）、内部尺寸、新风换气次数、回风量及仪器仪表的发热量等进行计算。

（2）正压通风系统的组成与功能

① 正压通风系统的组成与要求　由防爆离心风机（2台，一用一备，互为备用）、新风阀、回风阀、差压开关、重锤式泄压阀（用户自备）等组成。室内正压按照HG/T 20516—2014规定，当所有开口（门、窗）关闭时，应能保持室内送风正压值为25～50Pa。HG/T 20516—2014规定分析室的通风流量应保证室内部空气置换频率为6次/h以上或更多次。应注意，空气置换量是指将室内部的空气完全置换更新一遍所需要的空气量。

在进行分析室的空气置换时，可以把分析室看成是一个阻容环节，即一阶滞后环节。新鲜空气将原有空气逐步置换完毕需要一段时间，置换所需空气量远比小屋的空气容纳量要大。按一阶滞后环节计算，置换完成至95%时所需空气量为室容积的3倍，置换完成至99%时所需空气量为室容积的5倍。通常取小屋容积的3倍为置换一遍所需空气量。分析室的通风流量可按下式计算：

最小通风流量=室容积×3（倍）×6（次/h）

②室内正压及新风换气要求　室内正压是靠持续不断地输入新风来维持的，调节BHVAC机组回风阀的开度可改变新风的输入量，从而达到调节室内正压值及室内换气次数的目的。调节机组回风阀的开度及泄压窗重锤配重微调，可使室内正压值及换气次数满足要求。送风机运转实时监测保护，当压差开关感应到送风机流量减少或室内正压低于设定值时，由控制器发出故障报警信息并启动备用送风机。两台送风机可定时切换，可延长送风机的使用寿命。正压通风系统配置的新风阀、回风阀，根据用户的要求，有手动、电动执行器和气动执行器可选配。标准配置的BHVAC正压通风系统配置为电动执行器新风阀和手动回风阀，可根据用户要求在回风阀、新风阀加装气动执行器。根据用户的需求也可在新风口加装风量流量检测装置，当新风量减少到设定值以下时，发出报警，在正压报警之前提醒用户及时对空气过滤系统进行维保，确保正压通风系统正常运行。

（3）BHVAC控制系统组成与功能

BHVAC机组的电气控制系统由操作器（带液晶屏的操作器或触摸屏）、控制器（DDC或PLC）、防爆电气控制箱以及防爆温湿度传感器组成，通过防爆数据总线和分析室外的机组主机相连。主要功能如下：

① 控制功能　带液晶屏的操作器或触摸屏可设定参数，切换运行模式，并显示参数、运

行状态、故障状态等信息。控制器（DDC或PLC）处理传感器传回的信号，发出控制及报警信号。由温湿度传感器检测室内温湿度，通过控制器（DDC或PLC）控制制冷（热）及除湿系统运行，从而保证室内的温湿度在设定范围内。

② 保护功能　系统具有以下自动保护功能：

a．具有相序、缺相保护功能。如果电源相序错误或缺相，则防爆电气控制箱内相序保护器正常指示灯不亮，并且操作器液晶屏无显示，空调机组不能启动，需调整相序或排除电源缺相才可投入使用。

b．机组加热温度保护。采用温度开关和温度控制器双重保护，保证机组电加热器表面温度低于125℃。

c．压缩机、送风机电动机、冷凝风机电动机及防爆电加热器均采用热继电器与交流接触器配合进行过载保护。热继电器整定值为各电动机、电加热器的最大负荷电流。电流超过整定值时，热继电器动作使控制回路断开，从而使交流接触器失电、主回路断开，实现电动机等保护性停机。过载故障排除后，按热继电器上复位键可恢复正常工作。

d．制冷系统压力保护。当排气压力高于高低压压力控制器设定高压侧压力，或吸气压力低于高低压压力控制器设定的低压侧压力时，高低压压力控制器触点断开，控制器很快使压缩机保护性停机。

e．室内正压状态。送风机运转实时监测保护。室内压差开关感应到室内正压低于设定值时，控制器延时（防止开门误动作）发出报警；送风机压差开关感应到送风机流量减少时，控制器发出故障报警信息并启动备用送风机。

③ 报警功能　控制器可对BHVAC机组常见故障进行分析判断，在操作器液晶屏显示故障信息，并将规定的报警信号传输到分析室的DCS。可判断并显示的故障包括：主送风机故障、备用送风机故障、室内正压故障、防爆电加热温度过高故障、冷凝风机故障、压缩机故障、制冷系统高压故障、制冷系统低压故障。加装新风流量开关后可显示新风滤网堵塞故障。

系统预留数据通信RS-485或RJ-45网线接口，可实现和分析室DCS的数据通信、故障报警、远程控制等多种功能。

13.3.5.3　典型产品及应用

国产BHVAC空调机组有多家生产企业，主要有无锡康宁防爆电器有限公司、南阳市一通防爆电气有限公司等。BHVAC系统主要用于正压通风防爆型在线分析小屋以及有正压通风要求的自动分析室等。以无锡康宁防爆电器有限公司的BHVAC产品为例，该产品取得了国内CCC防爆认证、国际电工委员会IECEx防爆认证、欧盟ATEX防爆认证以及海关联盟EAC防爆认证，整机防爆标志Ex dⅡCT4 Gb。

康宁BHVAC机组目前已有几千套应用于世界各地的石油化工、煤化工等行业，最早出厂的机组已经运行了超过15年。国内的典型用户如独山子石化、中沙天津、镇海石化、中海壳牌、上海赛科、巴斯夫等，海外应用国家有越南、泰国、伊朗、俄罗斯、阿联酋、阿根廷等。

现场应用的无锡康宁BHVAC机组系统参见图13-3-12。

图13-3-12　现场应用的无锡康宁BHVAC机组系统

13.4 在线分析系统的PLC、DAS、数据通信及监控平台技术

13.4.1 在线分析系统的PLC控制技术

在线分析系统的PLC的控制功能主要包括：运行状态控制，取样、反吹、分析、标定等程序控制，各种数据信号采集，报警及预警等。

13.4.1.1 技术简介

可编程逻辑控制器（PLC）是以微处理器为核心，把自动化技术、通信技术融为一体的自动控制装置。在线分析系统常用规模较小的整体式PLC，其I/O点数比较少（几十点），如西门子S7-200。

（1）PLC硬件设计

① 分析被控对象并提出控制要求　详细分析被控对象工艺过程及工作特点，了解被控对象之间配合，提出被控对象的控制要求，确定控制方案，拟定设计任务书。

② 确定输入/输出设备　根据系统的控制要求，确定系统所需的全部输入设备（如按钮、位置开关、转换开关及各种传感器等）和输出设备（如接触器、电磁阀、信号指示灯及其他执行器等），从而确定与PLC有关的输入/输出设备，以确定PLC的I/O点数。统计I/O数量：数字量输入（DI）、数字量输出（DO）、模拟量输入（AI）和模拟量输出（AO）。确定必须完成的动作及完成的步序，归纳出工作顺序和状态流程图。

③ PLC选型　PLC选择包括对PLC的机型、容量、I/O模块、电源等的选择，根据系统要求的I/O数量，编制I/O清单。配置PLC的I/O模块时，I/O点数应在实际基础上留有10%的余量，作为备用。适当对所需内存、存储器和电源进行估计。根据I/O点数、内存要求、通信要求选择PLC类型。

④ PLC硬件设计　主要包括：分配I/O点、画出PLC的I/O点与输入/输出设备的连接图或对应关系表；设计PLC外围硬件线路；画出系统其他部分的电气线路图，包括主电路和未进入PLC的控制电路等。系统电气原理图由PLC的I/O连接图和PLC外围电气线路图组成。设计图至少包括：电气控制图、PLC接线图、端子接线图、设备接线图等。

（2）PLC软件设计

根据系统的控制要求设计PLC程序。以系统控制要求为主线，编写实现各控制功能或各项子任务程序及指定功能。系统设计与调试的流程参见图13-4-1。

程序应包括以下内容：

① 初始化程序：在PLC上电后，进行初始化操作，为启动做必要准备，避免系统发生误动作。初始化程序主要内容有：对某些数据区、计数器等进行清零，对某些数据区所需数据进行恢复，对某些继电器进行置位或复位，对某些初始状态进行显示和调整等。

② 检测、故障诊断和显示等程序：这些程序相对独立，在程序设计基本完成时再添加。

③ 保护和联锁程序：保护和联锁是程序中不可缺少的部分，它可以避免由于非法操作而引起的控制逻辑混乱。

④ 在专用的计算机上安装与PLC匹配的编程软件和驱动程序。

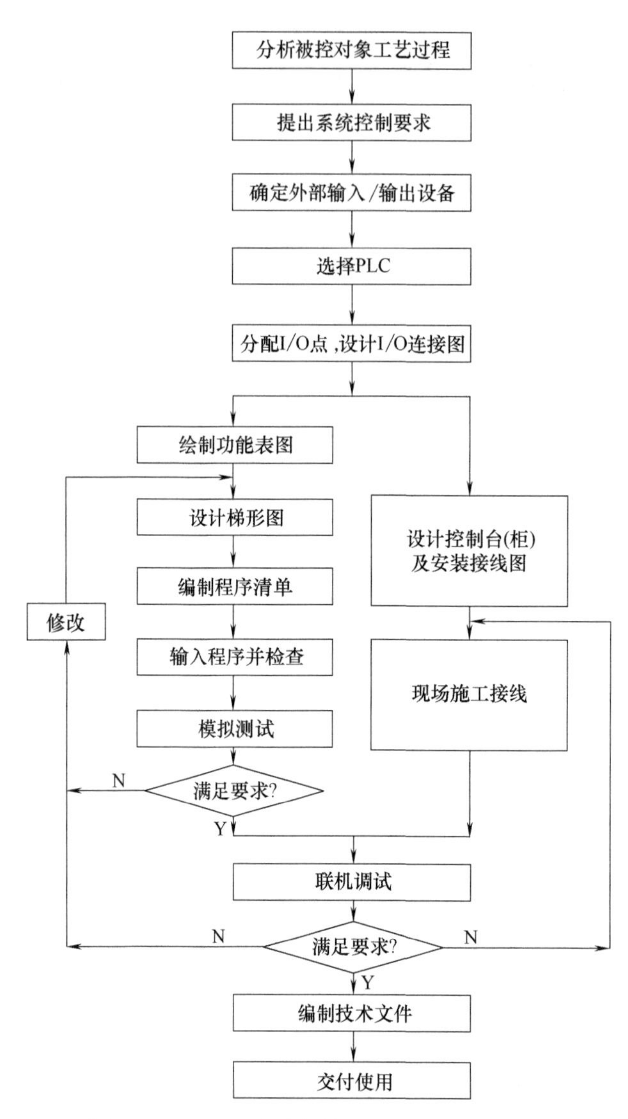

图 13-4-1 PLC 控制系统设计与调试的流程

硬件组态：根据 PLC 硬件配置情况，在编程软件环境中配置 PLC 框架，包括机架、电源、CPU、I/O 模块、通信模块等。标签数据库组态：根据系统 I/O 点，定义 I/O，包括名称（符号）、实际地址、数据格式、注释等；定义中间变量，包括名称、内部地址、数据格式、注释等；定义功能块，包括名称（符号）、管脚地址符号、数据格式、注释等。

编程阶段根据系统控制要求的步序编制程序段，包括数字量的逻辑控制，模拟量的数据转换和逻辑控制。通用设备也可以编制功能块（子程序）并调用功能块，达到提高效率的目的。

13.4.1.2 CEMS 的 PLC 技术应用实例

烟气 CEMS 的自动控制功能主要包括：状态控制、流程控制、报警功能及信号采集等。CEMS 通常都采用 PLC 实现分析系统的逻辑控制、数据采集、数据通信等功能，并通过 PLC 对样品处理系统实现自动控制，以及对分析系统的状态监控和信号采集传输等。

（1）系统状态监控

主要包括：取样分析状态、探头反吹状态、系统标定状态及系统故障状态的自动控制。

① 系统处于取样分析工作状态时：抽气泵正常工作，取样阀打开，从探头抽取烟气，经过传输管线、除尘处理、除湿处理及压力流量调节后送分析仪分析。

② 系统处于探头反吹状态时：抽气泵停止工作，接通反吹电磁阀，压缩空气对探头实施脉冲反吹；反吹结束，抽气泵恢复工作，系统进入正常分析工作状态。反吹包括对探头的自动反吹或手动反吹控制等。按照用户工况条件，PLC 可以设定自动定时反吹周期及脉冲反吹时间。在出厂时，一般预设定反吹周期为 8h，每次脉冲反吹周期 1min 左右，采取循环 5×2s（10s）间断吹扫，再连续吹扫 5s。探头反吹按照流程要求，进行探头过滤器内部及外部反吹，确保将附着在探头过滤器内部及外表面的烟尘，从探头管道吹回烟道内。

③ 系统处于标定状态时：按照手动或自动标定的要求，打开标准气瓶压力调节阀，切换阀门到标定位置。此时烟气经放散回路排出，标准气按照标定要求先后接通零气或量程气，按照标定回路要求进入分析仪进行标定，标定数据输入 PLC 保存。

④ 系统处于故障状态报警时：按照报警的类别不同对系统流程进行不同的处理：如由于

探头堵塞、流量下降报警，将停止泵抽气，防止泵损坏；如由于样品气含水量增加报警，可能引起分析仪造成损坏，也必须停止泵工作。

系统报警包括：温度报警、压力报警、湿度报警、流量报警等系统故障报警，以及设定的分析测量值的报警。对故障报警：PLC 将报警传感器的开关量信号采集后送 DAS 进行处理，并控制各电磁阀及泵的工作状态。温度报警主要是对取样探头及传输管线的保温或恒温控制是否正常进行判定；压力报警主要是对泵前的负压是否正常进行判定；湿度报警可对系统的冷却除湿是否正常进行判定。PLC 在接受 DAS 指令后，会采取相应的保护措施。

PLC 采集的模拟信号包括：颗粒物检测仪输出的模拟信号、气体分析仪检测模拟信号（如 SO_2、NO_x、O_2 含量等）及烟气参数检测模拟信号（烟气温度、压力、流速、含湿量）等。

（2）PLC 编程模块举例

① 通信模块　PLC 用于通信的以太网模块如图 13-4-2 所示。

SM0.0 为 RUN 监控，PLC 在 RUN 状态时，SM0.0 总为 1；ETHI-CTRL 为以太网模块，在调试之前必须进行以太网的 IP 设置。

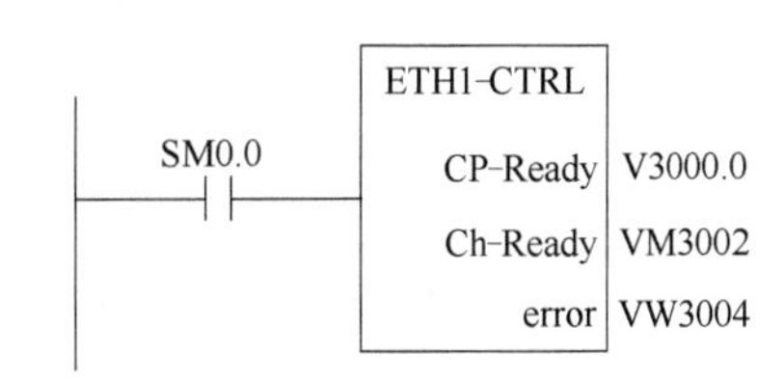

图 13-4-2　以太网模块图

如本机 IP 为 192.168.0.1，1 号机组 PLC 的 IP 地址为 192.168.0.2，2 号机组 PLC 的 IP 地址为 192.168.0.3。

②负压报警模块　需要采集负压表信号，判断是否有连续的负压报警信号，如果在 50min 内有连续 3 次负压报警则必须停泵关机，进行故障诊断。如果 50min 内负压报警未超过 3 次，则认为是偶然现象，下一个 50min 开始时，负压报警记数清零，重新开始记数。

本模块中，计数器 TI02 主要用于判断负压报警信号是否是有效的报警信号，规定只有在 2s 内持续有负压报警信号后才认为是有效的报警信号，否则认为是干扰信号。计数器 TI0l 是 50min 计时器，C23 为 3 次计数器，用于判断 50min 是否有 3 次报警信号，连续次报警则设置停泵标志位 M2.2，没有 3 次报警，清除 M2.2。负压报警模块如图 13-4-3 所示。

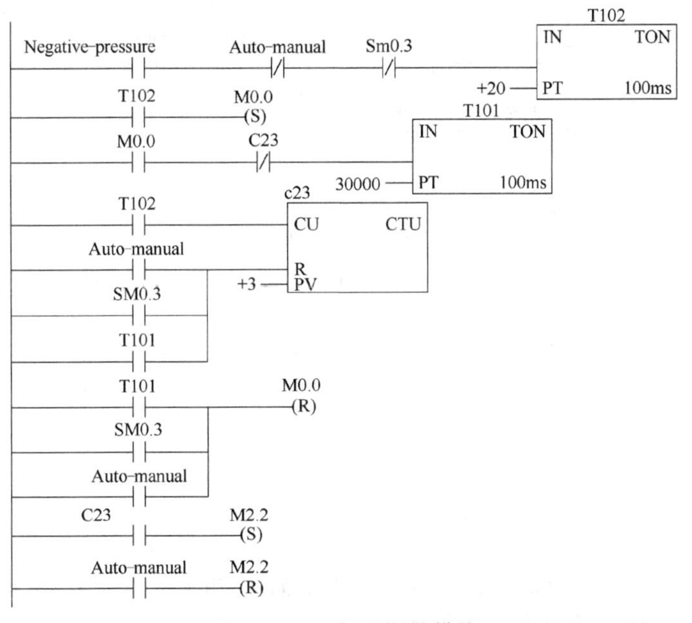

图 13-4-3　负压报警模块

负压报警系统的程序流程如图 13-4-4 所示。

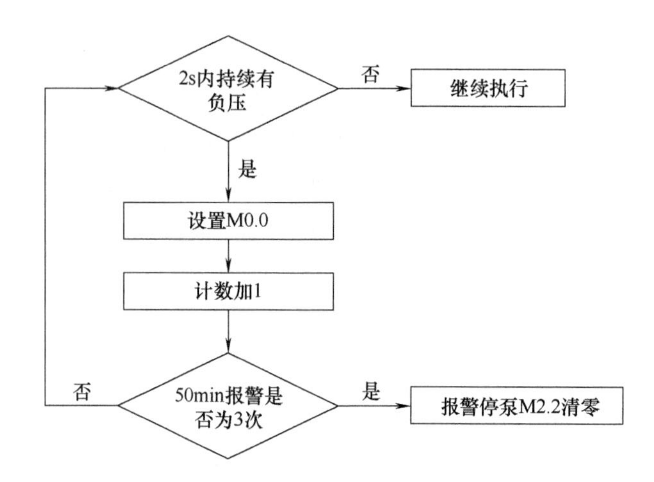

图 13-4-4 负压报警系统的程序流程

③ 采样抽气模块 采样抽气模块如图 13-4-5 所示。主要功能是按照系统流程进行采样。需要延迟 10s 再次采样，因为管道内有烟尘等杂质，要气体吹扫后延迟采样。采样状态必须要考虑到开关球阀处于开启状态；同样的，在反吹环节必须考虑球阀要关闭。这些形成了互锁条件，不然会引起错误。采样条件满足后，抽气泵运作。在抽样当中，T6 从 0.1～1800s 循环计数，当其一直计数时，将取样值传通过 MOV-W，送到 WinCC 环境进行实时处理。具体流程读者可自行分析。

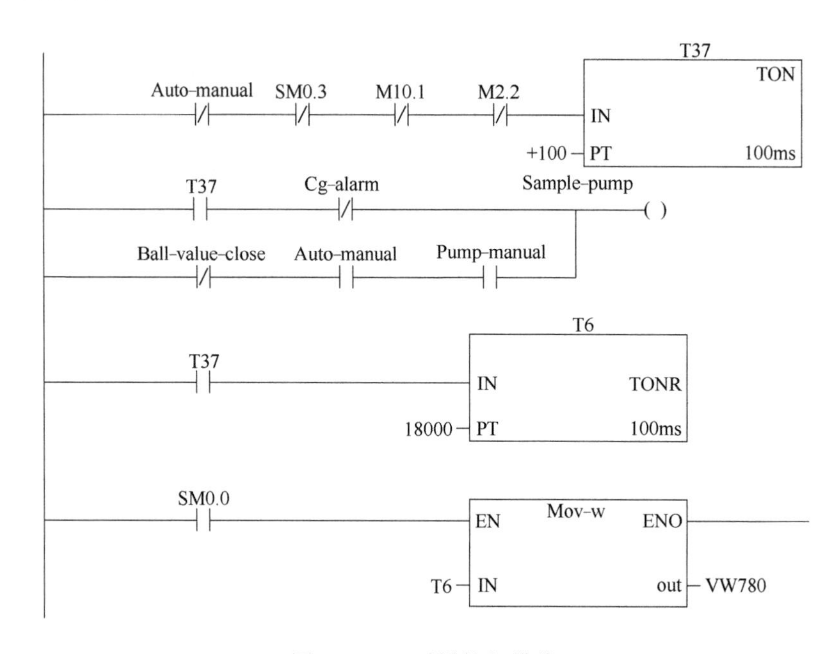

图 13-4-5 采样抽气模块

这里 M10.1 为采样 8h 标志位，因为系统规定抽样 8h 后，自动吹扫一次。M2.2 为停泵标志位，即 50min 内连续 3 次负压报警置位。

④ 反吹模块　反吹模块的程序流程如图 13-4-6 所示。当采样到 8h，就开始反吹模块的运行。为了更好地达到反吹效果，反吹模块采用吹扫 10s 后停 2s 的策略，不同项目可自行设计吹扫时序。

⑤ 故障报警模块　故障报警模块的 PLC 程序比较简单，直接读入报警输入信号，控制相应报警输出即可。系统考虑的报警信号包括在线分析仪故障、除湿器故障、抽样泵故障等。要注意故障信号的判断，只有一定时间间隔内持续的报警信号才是有效的故障报警信号。

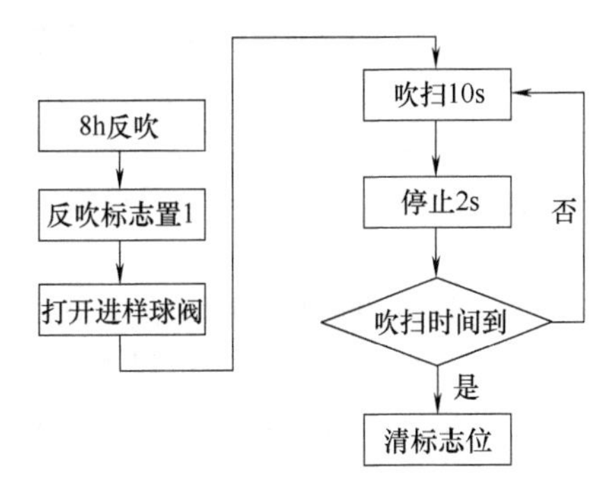

图 13-4-6　反吹模块程序流程

13.4.1.3　CEMS 的 PLC 程序模拟调试及联机调试

（1）PLC 程序模拟调试的形式

PLC 程序模拟调试的基本思路是以方便的形式模拟现场实际状态，为程序运行创造必要的环境条件。根据现场信号方式不同，模拟调试有硬件模拟法和软件模拟法两种形式。

硬件模拟法是使用一些硬件设备（如用另一台 PLC 或一些输入器件等）模拟现场的信号，并将这些信号以硬接线的方式连到 PLC 系统的输入端，其时效性较强。软件模拟法是在 PLC 中另外编写一套模拟程序，或在编程软件界面实施强制的方法，修改 I/O 输入及中间变量的值，模拟提供现场信号，其简单易行，但时效性不易保证。模拟调试过程中，可采用分段调试的方法，并利用编程器的监控功能。

（2）联机调试

联机调试是将通过模拟调试的程序进一步进行在线统调。联机调试过程应循序渐进，逐步调试：开始时 PLC 只连接输入设备，然后连接输出设备，再接上实际负载等。如不符合要求，则对硬件和程序作调整。通常只需修改部分程序即可。全部调试完毕后交付试运行。经过一段时间运行，如果工作正常、程序不需要修改，应将程序固化到 EPROM（可擦除可编程只读存储器）中，以防程序丢失。

（3）PLC 与 DAS 通信

PLC 具有通信联网功能，S7-200 系列 CPU 自身具备 RS-232、RS-485 串行通信方式，增加通信模块（CP243-1）可以实现以太网通信。PLC 和上位机之间的通信，根据传输距离要求选择双绞线或光缆方式。这两种通信方式都是开放式标准协议，应用最广泛。

CEMS 的上位机，根据 PLC 通信配置安装串行通信卡或以太网通信卡，即可以方便与 PLC 进行通信。上位机监控软件通常选用 Wince、Ifix 或组态王。安装相应的通信驱动软件，即可实现与 PLC 数据传送。

13.4.2　在线分析系统的数据采集系统

13.4.2.1　数据采集系统概述

数据采集系统（DAS）主要用于采集和处理系统内的各分析、测试模块输出的模拟信号和数字信号，也包括采集系统的其他检测参数，如流速、温度、压力、含湿量的输出信号，通过数据处理，生成符合客户要求的实时成分量等信息，以及符合国家标准及上级管理机构要求的信息。DAS 应具备在线分析仪或分析系统规定的系统设置，系统控制，安全管理，数据采集、处理、记录和显示，报表打印，历史数据查询，远程通信等功能。

数据采集处理系统主要负责分析系统内各个分析仪输出数据的实时采集，系统自动控制，将其他传感器、控制器、执行器输出的模拟量和开关量信号送到计算机进行数据处理，以及数据存储、信号传输、通信等功能，并能实现与工艺过程自动化控制 DCS 及管理部门的网络连接。

在线分析的远程监控系统、污染源监控信息平台或分析系统的管理网络中，广泛应用数据采集处理和传输系统，可以实现中心主站对各个在线分析仪、在线分析系统或监测子站的输出信号采集、远程监控及网络管理等。监控系统的技术基础是各个分析系统和监测子站必须有可靠的数据采集、处理、传输或通信系统。

数据采集处理系统主要由硬件部分和软件部分组成。典型的硬件包括：数据接口、I/O 模块、PLC、专用的控制系统（控制平台）或采用通用的 PC 机、工控机，也有专业设计的数据采集仪器。数据采集处理系统的软件是根据不同分析系统的不同功能设计要求进行专业设计编程，各个供应商大多有本公司特色的专用设计软件和操作系统。在线分析系统通常应用成熟的组态监控软件，方便地进行专业设计编程。

在线分析系统应用数据采集处理技术的典型是 CEMS，该系统有规范的设计要求，具有数据采集、处理、存储、通信、传输等功能。在线分析的监控信息平台和分析仪的网络管理平台是复杂的计算机应用系统，有关 CEMS 数据采集处理系统的功能要求，参见 HJ 76—2017 的有关规定。数据通信接口应配置 RS232、RS485 中任一种和 RJ45 以太网接口，用于对外数据输出和通信，并可根据使用要求，实现单路或双路或多路配置。

数据通信应具有远程数据通信功能，应符合《污染物在线监控（监测）系统数据传输标准》（HJ 212—2017）。数据输出系统应具有对外部设备输出监测数据的功能。外部设备是指企业的 DCS、治理设施的控制系统、另行配置的数据采集传输仪。

数据采集根据硬件组成和体系结构的不同，主要分为：①基于单片机的数据采集；②以计算机为核心的数据采集；③集散控制系统。

13.4.2.2　基于单片机的数据采集

在线分析系统的数据采集基本是基于单片机的数据采集，结构如图 13-4-7 所示，由传感器、信号调理电路、多路模拟开关、采样/保持器、A/D 转换器、单片机、人机接口等部分组成。

传感器：常用传感器包括各种光学传感器、电化学传感器、热学和顺磁式等传感器。

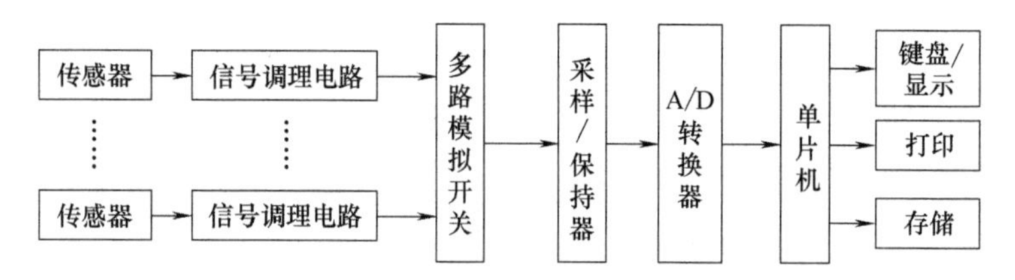

图 13-4-7　基于单片机的数据采集

信号调理电路：传感器的输出多为微弱的电信号，同时干扰较多，需要用信号调理电路进行信号放大和滤波处理，以便与 A/D 转换器的输入量程匹配。

多路模拟开关：实现多路信号的采集，在非高速采样场合，可用多路模拟开关分时选通各模拟量与 A/D 转换器之间的通道，而采样/保持器和 A/D 转换器共用一套。

采样/保持器：用于读取多路模拟开关的输出信号，并保持其幅值，以满足 A/D 转换的要求，保证其转换精度。

A/D 转换器：实现了模拟信号到数字信号的转换功能，普遍采用集成电路。高精度 A/D 转换器需要设计高精度参考电压源，要综合考虑精度、采样速度、成本、接口电路类型等。

单片机：是整个系统的控制核心，实现接口逻辑的控制、数据分析和处理、数据存储、数据传输等功能。目前单片机从 MCU 向 SOC 过渡，基于 51 单片机内核的数、模混合集成单片机应用较为广泛。8 位单片机主要有美国模拟器件（ADD）公司的 ADuC8XX 系列和 Cygnal 公司的 C8051F 系列。在功能较为复杂的系统中，32 位单片机应用较多，主要是基于 ARM 内核的单片机。

人机接口：主要包括键盘、显示器、打印机等用于人机交互的接口装置。

13.4.2.3 以计算机为核心的数据采集

以计算机为核心的数据采集，包括基于计算机的数据采集系统、基于专用机的数据采集仪和以微型计算机（微处理器）为核心的可编程逻辑控制器（PLC）。数据采集仪及 PLC，可以实现数据的采集和简单的数据处理与通信，常用于现场的分析系统的模拟量及开关量的采集，并可以实现与基于计算机的数据采集系统（DAS）进行数据通信。基于通用计算机的数据采集系统，可充分利用计算机的各种软件、硬件资源，系统开发较为方便，利用各种接口板（A/D、D/A、通信等）和功能强大的组态软件，可以非常方便地构建数据采集平台，应用广泛。通用计算机可以选用个人电脑、工业个人计算机、服务器等。工业个人计算机主要针对工业现场复杂的工作环境，其可靠性较高。个人计算机和服务器主要用在监控中心，服务器适合于系统需要长时间连续运行要求的场合。

13.4.2.4 集散控制系统

集散控制系统是 20 世纪 70 年代中期发展起来的以微处理器为基础的计算机控制系统，其核心思想是集中管理、分散控制。集散控制系统由多个数据采集与控制单元构成，多机并行处理，系统规模较大，实时响应性好，安全可靠性高。集散控制系统是集控制技术、计算机技术、通信技术、图形显示技术和网络技术为一体的控制系统，是一种操作显示集中、控制功能分散，并采用分级分层体系结构的计算机控制系统。集散控制系统包括操作员站、工程师站、监控计算机、现场控制站、数据采集站和通信系统等基本部分。

13.4.2.5 数据处理的任务

数据采集系统采集到数据后，一般需要根据实际要求对原始数据进行预处理和再处理，从而得到所关心的各种数据信息。经处理的数据需要按照一定的格式进行存储，通过显示系统进行显示，并可以用表格和图形的形式打印输出。数据处理的主要任务包括以下内容：

（1）标度变换

数据采集系统所得到的数字信号并没有明确的物理意义，处理单元必须根据被测物理量的量程和变化规律转换为实际的待测物理量，即完成标度变换的过程。标度变换是指通过一个关系式，将 A/D 转换得到的数字量转换为具有量纲表示的被测物理量的客观值，包括线性标度变换和非线性标度变换两种。

线性标度变换的参数值 A_x 与 A/D 转换后的数字量为线性关系，其转换公式如下式所示：

$$A_x = A_0 + (A_m - A_0)\frac{N_x - N_0}{N_m - N_0}$$

式中，A_m代表被测物理量的量程上限；A_0代表量程下限；N_m为量程上限所对应的A/D转换值；N_0代表量程下限所对应的A/D转换值；N_x为实际待测物理量对应的A/D 转换值。

非线性标度变换中，非线性参数的变化规律各不相同，当被测物理量参数间具有一定的公式关系（如乘方、指数等）时，可用公式法来确定标度变换公式。当被测物理量参数间不具有明显公式关系时，可先对传感器进行标定，再对标定数据采用多项式插值法、线性插值法或查表法等处理，以完成标度变换。查表法包括顺序查表法、计算查表法、二分查表法等。

（2）去除噪声

在信号的采集与传输过程中，所测电信号不可避免地会受到内部和外部的各种噪声干扰，甚至有些场合有用信号非常微弱，被噪声信号所淹没。为了保证测量精度，必须在时域或频域对信号进行分析和处理，以滤去干扰信号。

（3）数据存储

根据数据采集系统的需要，定时将采集到的数据或处理过的数据保存到外部非易失性存储器中。常用非易失性存储器包括ROM、EPROM、闪存、硬盘、磁带等。

（4）数据显示

数据显示即利用数码管、液晶显示屏、LED灯等显示装置将各种数据直观地显示出来，方便操作者观察。基于PC机的数据采集系统往往有多个监控画面，包括登录画面、实时监控画面、数据查询画面、报表打印画面、参数设置画面等。

（5）数据打印

数据打印就是按照系统规定的格式规范，将所需的各种数据及其统计量以报表或图形的形式从打印机打印出来。例如，烟气排放连续监测系统的日报表、月报表、季报表、年报表在国家标准中都有对应的格式，需要定期打印输出。

13.4.3 在线分析系统的数据传输及数据通信系统

13.4.3.1 在线分析系统的数据传输

（1）在线监测的数据传输标准

在线监测数据传输标准规定的数据传输通信协议对应于ISO/OSI定义的7层协议的应用层，在基于不同传输网络的现场设备与上位机之间提供交互通信。标准规定，所有的通信包都由ACSII码字符组成（CRC校验码除外），其数据格式如表13-4-1所示。数据采集传输仪与监控中心的通信协议由在线监测数据传输标准规定。基础传输层依据不同的传输网络可有两类连接方式：有线传输和无线传输。

表13-4-1 通信协议数据结构

包头	数据长度	数据内容	CRC校验	包尾
固定为“##”	数据段的ASCII字符数	包括编号、命令等	十六进制整数	固定为“<CR><LF>”（回车，换行）

（2）数据采集传输仪的有线传输

数据采集传输仪与CEMS之间的通信方式可以采用有线传输方式。其通信协议可以自行定义，但在线监测数据传输标准推荐使用Modbus标准实现。常用的有线传输：非对称数字用户环路（asymmetrical digital subscriber loop，ADSL）和公共交换电话网（public switched telephone network，PSTN）。由于电话网络分布广泛，在偏远地区也有覆盖而且价格便宜，因此在污染源在线监测的初始阶段得到广泛应用；但拨号时间长和运行不稳定的缺点使得这种通信平台适用于数据传输量小、实时性要求不高的污染源监测数据传输。

（3）数据采集传输仪的无线传输

常用的无线传输：4G（TD-LTE、FDD-LTE）数字蜂窝移动通信、3G+4G数字蜂窝通信、通用无线分组业务（general packet radio service，GPRS）、码分多址（code division multiple access，CDMA）等方式进行数据传输。目前应用较多的方式为GPRS和3G+4G无线传输方式。随着移动通信技术的发展，网速更快，稳定性更好的5G等无线通信技术将发挥更大的作用。CEMS的通信传输标准，参见HJ 212—2017。

13.4.3.2 数据通信系统技术

数据通信是指利用某种类型的通信介质（光纤、电话线等）从一个位置向另一个位置传送数据，从而实现计算机之间、终端之间或终端与计算机之间的信息交互。

数据通信一般借助电信号进行传输，为保证数据正确地到达远端位置，还需要信道来传输信号、接收器来恢复信息、差错控制来降低误码率，因此数据通信包括数据传输和数据传输前后的数据处理（数据的集中、交换、控制等）。数据传输是数据通信的基础，而数据传输前后的处理使数据的远距离交换得以实现。

数据通信系统是通过数据电路将分布在远端的数据终端设备与计算机系统连接起来，实现数据传输、交换、存储和处理的系统。典型的数据通信系统主要由数据终端设备、数据电路等构成。数据终端设备由信源、信宿和传输控制器组成。信源和信宿一般由数据输入/输出设备构成，分别是信息的提供者和接受者，包括键盘、打印机、显示器等。传输控制部分主要执行与通信网络之间的通信过程控制，包括差错控制和通信协议实现等。数据电路包括信道和转换器等。信道指的是信号传输的通道，用于传输信号，包括电话线、空间、同轴电缆、光导纤维等。转换器指的是把消息转换为电信号或者反过来把电信号还原成消息的装置。发送设备用于将输入数据变换为适合于信道传播的信号波形，即调制功能；接收设备完成解调制功能。

不同的数据通信方式采用的通信介质也不尽相同，目前常用的有光纤电缆，双绞屏蔽线和无线传输等方式。数据通信按模式有不同的分类，可分为并行传输和串行传输；异步传输和同步传输；单工、半双工和全双工方式。

在线分析系统通常采用小型PLC作为测量数据的采集控制器，PLC作为下位机进行现场控制，PC机作为上位机进行数据处理和流程监测。二者之间通信功能的实现也成为系统设计的关键。目前PLC和PC机之间的通信方式主要有以下几种：

① 使用通用的组态软件，如组态王、WinCC、IFIX、MCGS和力控等来实现PLC与PC机的通信。组态软件功能强大、界面友好、开发简洁，借助专用的设备驱动程序可实现组态软件与PLC或其他智能仪表等设备的信息交互。

② 通过使用PLC开发商提供的系统协议和网络适配器来实现PLC与PC机通信。由于其通信协议是不公开的，因此必须使用PLC开发商提供的上位机软件，采用支持相应协议的外设。例如，S7-200 PLC支持的PPI通信协议，其协议格式不公开。

③ 利用PLC厂商所提供的标准通信端口和由用户自定义的自由口通信方式来实现PLC与PC机的通信。这种方式由用户定义通信协议，不需要增加投资，灵活性好，特别适合于小规模的控制系统。

④ 利用专业厂商提供的OPC服务器基于OPC方式实现PC机与PLC的通信。在上位机

开发的 OPC 客户端程序可以调用 OPC 服务器提供的接口函数，实现 PLC 中存储器区数据和状态数据的读写。

除了在线分析系统的数据管理系统使用 PLC 与上位 PC 机进行数据通信和传输外，环境件的污染源在线自动监测监控系统，如水质在线监测系统大多使用数据采集传输仪（简称数采仪），将测量数据采集和传输到相关的环境监测管理部门。自动监控和采集设备安装在污染源排放现场，用于监测监控污染源排污状况，及完成与上位机的数据通信传输，包括污染物排放监控（监测）仪器、流量（速）计、污染治理设施运行记录仪和数据采集传输仪等。

数据采集传输仪，是指用于采集各种类型的监控仪器仪表输出的数据、完成数据存储及与上位机数据通信传输功能的单片机、工控机、嵌入式计算机、嵌入式可编程自动控制器（PAC）或 PLC 等。数据采集传输仪可以通过 4G/WIFI/GPRS/CDMA/WLAN/PSTN/ADSL 等多种传输网络将数据实时传送到控制室的通信服务器，从而监控中心可以进行远距离监控、监测。

13.4.4　在线分析系统的远程监控及监控平台技术

13.4.4.1　在线分析系统的远程监控

在线分析系统的远程监控是指实现远程维护、远程故障诊断、远程数据查询等功能。远程监控一般采用分布式监测技术，通过一定的通信方式将总控制中心计算机和各监测点设备连接起来，按照一定的通信协议进行数据传输。以烟气 CEMS 为例，简要介绍基于 PSTN 和基于 GPRS 方式实现远程监控的基本设计思路和方案如下。

（1）基于 PSTN 方式的 CEMS 远程监控

基于 PSTN 方式的 CEMS 远程监控的总体方案如图 13-4-8 所示。远程监控由前端数据采集及控制系统和远端监控系统两部分组成。前端数据采集及控制系统由进样探头、进样阀、反吹阀、采样泵、除湿器、在线气体分析仪、PLC 以及现场采集计算机组成。现场采集计算机利用调制解调器拨号响应远端计算机的监控指令，通过公共电话网将现场数据传送至远程监控计算机。远程监控客户端可以方便地设置、管理和控制现场，完成数据显示、参数设定、报表打印、远程控制等功能。

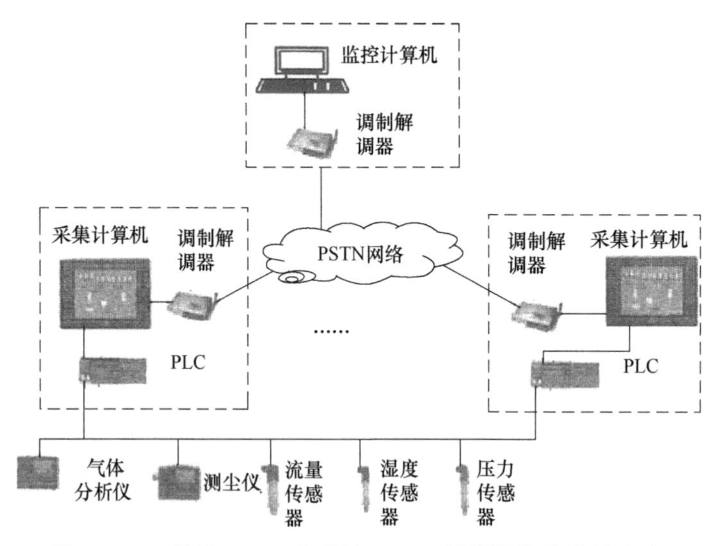

图 13-4-8　基于 PSTN 方式的 CEMS 远程监控的总体方案

远端监控系统与前端数据采集系统采用应答方式进行通信：远端监控系统作为主叫方，发送一系列指令给前端数据采集系统，控制其完成实时数据传输、系统参数设置、手动切换等工作；前端数据采集与处理系统作为被叫方，无远端控制指令到达时不断地按照预设的功能要求，进行数据采集、结果显示、故障报警等操作，一旦接收到特定控制指令，便会按照远端发送的指令要求进行相应的实时数据传输、自动控制等操作。

远程监控系统采用自定义的不定长度帧来约定所有的通信命令，通信命令格式为：

起始位　字符数　控制指令编码　数据区　校验码　结束符

首次拨号连接时需设定调制解调器的端口号及远端电话号码，点击“连接”，即可进行远程通信的拨号连接。总共有3种连接状态：断开、正在连接、连接成功。如果连接不成功可以点击“挂断”按钮后重新连接；或直接退出软件再重新进入软件，然后可以再尝试重新拨号连接。在连接成功后，可以在主页面下直接看到实时的数据。如果要查看分钟数据（小时报表），可以点击“取分钟数据”按钮，在弹出的如图13-4-9所示的界面中，输入要查询的时间段，点击“查询”按钮即可进行分钟数据的查询，查询结果将以Excel表格的形式打开，同时保存到远程计算机端，方便在断开连接状态下进行历史数据查看。

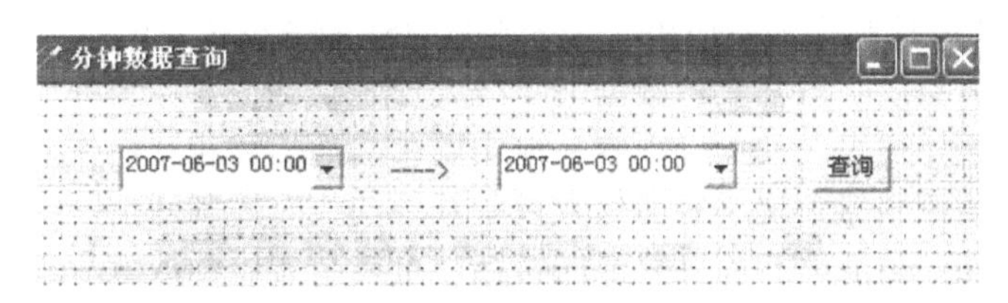

图13-4-9　分钟数据查询界面

（2）基于GPRS方式的CEMS远程监控

基于GPRS的CEMS远程监控的结构见图13-4-10。

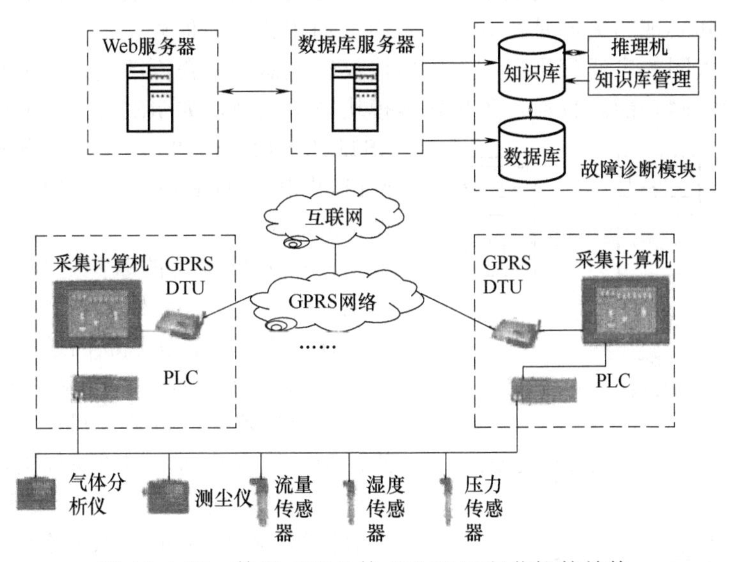

图13-4-10　基于GPRS的CEMS远程监控的结构

系统由现场数据采集及控制单元和远程数据中心两部分组成。远程数据中心由数据库服务器和Web服务器构成，可以方便地设置、管理和控制现场，完成数据监视、故障诊断、参数设定等功能。设备运行状态和烟气排放数据通过 GPRS 模块传入 GPRS 网络，再由 GPRS 网络通过路由器连接至因特网上的远程数据中心，由远程数据中心对烟气排放的数据进行归档。故障时，远程数据中心响应用户请求对系统故障状态进行分析，通过调用相应的知识库、数据库进行故障诊断并给出解决方案。用户根据诊断结果做出相应的处理，使故障得到迅速解除。现场数据采集及控制单元还能够响应远程数据中心的控制命令完成参数设置、自动切换等功能。

远程数据中心能接收来自现场的数据，进行相关的处理后存档，同时对外提供采集数据 Web 访问服务。由于有多台数据采集终端，远程数据中心采用“线程池”技术和 TCP/IP Socket 接口进行数据传输。数据库服务器启动监听线程响应采集终端的数据连接，当客户 端请求连接时新建“数据接受线程”进行端口绑定和数据处理，客户端断开连接后关闭线程，利用多线程技术解决了数据的实时、高效传输的问题。

13.4.4.2　在线分析系统的总线应用及联网技术

目前各种传统类型的分析仪器所提供的接口多为 RS232 或 RS485 等串行传输接口以及 4～20mA 的模拟量传输信号接口，以实现和计算机连接，达到信息交换的目的。随着石油化工行业 DCS+常规仪表控制方式的应用，基于现场总线的分析仪表的应用越来越广。

现场的智能分析系统一般都具备数据采集与处理、控制运算和数据输出等功能。通过现场总线接口，各种现场仪表之间可以很容易地实现相互通信和相互操作。现场总线是将自动化系统最底层的现场控制器和现场智能仪表设备互连的实时控制通信网络。现场总线技术具有开放性、互操作性、智能化和高度分散的特点，可以节省硬件数量与投资，节省安装费用和节省费用，提高了系统的准确性与可靠性。

目前，用于过程控制的现场总线包括基金会现场总线、Profibus 现场总线、ControlNet 现场总线、CAN 总线、DeviceNet 总线、HART 总线、Modbus 总线等。由于分析仪器大多提供串行通信接口，在此基础上实现 Modbus 总线协议功能，方便仪器互联和操作也是可行的总线应用技术。其实现的关键是在分析仪器中增加相关的通信协议，实现功能模块。

由于工业以太网的广泛应用，利用串口协议转换器可以在不改变在线分析仪表的基础上实现分析系统的联网功能。目前，各种转换模块技术成熟，如 RS232 转 TCP/IP 等，可以将 RS232/RS422/RS485 的串口设备转换成一个网络接口，再利用 TCP/IP 协议实现数据的传输和仪器设备的联网。

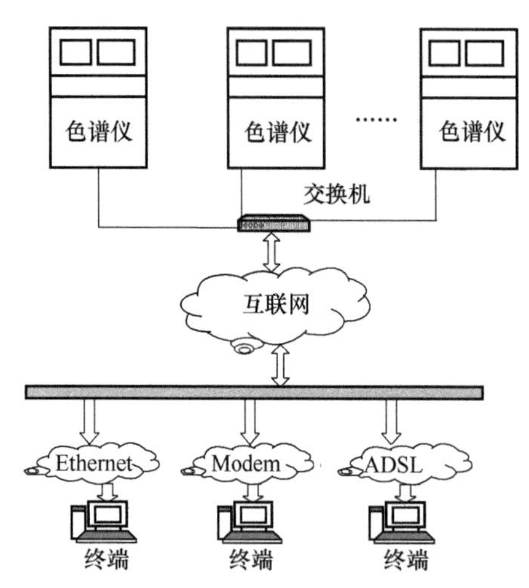

图 13-4-11　在线色谱仪网络化的联网结构

在线分析系统的联网通信也成为在线分析系统的发展趋势。我国新建大型石油化工装置中的在线分析仪器已实现联网通信。例如，上海赛科年产 90 万吨乙烯装置组建了在线分析仪器+实验室分析仪器的分析系统网，与 DCS+常规仪表的控制系统网并列，构成现代工业装置中的两大自动化网络系统。而大型分析仪器如在线色谱仪、质谱仪等，都具有可与 DCS 系统连接的接口，便于进行数据监控。

例如，在线色谱仪网络化的联网结构参见图 13-4-11。图中，气相色谱仪为远端设备，采用以太网网络基于互联网与远端的PC机连接，能够与PC端的远程控制软件协同工作，通过以太网网络收发数据，接收远程操控命令，并返回测量结果。

目前常用的在线色谱仪如西门子、ABB、横河和AGC等在线色谱仪都具有较强的通信功能，可以和PC机、不同生产装置点的其他色谱仪或者其他过程控制系统进行高层次通信，可以进行远程在线操作和维护。通过以太网的技术实现多台气相色谱仪的互联，从而实现实时数据的自动采集和共享以及系统的远程维护，可以大大提高工业生产的效率，有利于工业自动化过程控制系统网络化的实施。

通信网络为广义通信网络，包括各种有线、无线通信网络、内部网络和公共网络。远程操控终端为用户端设备，可以是计算机，也可以是任何智能终端，如PDA或智能手机等，这样用户可以在任何有网络的地方，使用固定或移动终端，对远程设备进行操控。

13.4.4.3 在线分析的监控平台技术简介

在线分析的监控平台技术是在数据通信和远程监控技术基础上应用的监控中心平台系统。大型石化企业已经建立企业级的在线分析仪数据管理系统平台，将企业应用的几十到几百台（套）的各类在线分析仪器设备联网，建立企业的数据共享平台，并实现在线分析与物联网、大数据、云计算的技术应用。目前，石化行业应用的AMADA数据管理系统，以及在线分析仪管理系统、分析仪器与物联网等新技术应用的有关介绍，参见本书第20.3节。

在环境监测领域的环境监测监管中心平台已经有成熟应用，各级政府、各地区的环保监管部门对本地区的环境质量监测及环境污染的监管平台系统，已经实现“环境监测与应急管理一张图”。目前，各工业园区的智慧环境监测监控系统建设已经形成新的热点，区域智慧环境监测监管平台及安环应急监控技术的有关介绍，参见本书第20.1节。

（本章编写：朱卫东；北京凯隆　张文富、邢德立；北京雪迪龙　吴娟、宋婷珊；上海淳禧　李峰；无锡康宁　张品莹；上海埃目斯　肖伟）

第 14 章 在线水质监测系统

14.1 在线水质自动监测系统及水质监测工作站

14.1.1 在线水质监测系统概述

14.1.1.1 技术简介

在线水质监测系统是以在线水质分析仪器为核心技术，以水质采集处理系统为关键技术，与相关技术系统集成的在线分析系统，是一种自动采集测试点的水样、自动分析水质组分、自动对测试数据采集、处理，传输到用户及监管部门的自动化在线水质监测设备。

在线水质自动监测系统集成了水样处理系统、在线水质分析仪、数据采集传输系统，以及安全防护等辅助设施，应用方式包括水质监测工作站和定制的在线水质监测分析小屋等。

水质监测工作站除具有水质自动监测设备外，还包括监测站房、水质采样处理设备、样品排放系统、辅助参数监测（如水样流量、温度等）及自动控制系统、数据采集处理通信与安全监控系统等。

监测站房主要包括固定站及移动站等。固定式监测站一般包括大型站、岸边站、微型站等；移动式监测站主要指浮标站、无人船监测、车载集装箱站等。大型固定站房具备一定规模的建筑形式，除水质监测分析室外，有的还设有质控室等。

在线水质自动监测系统的应用应根据不同要求集成不同的水质采样处理系统及在线水质分析仪，以适应不同现场应用。按应用对象可分为：火电厂等工业过程的水汽自动监测系统、生活饮用水生产过程的水质自动监测系统、各类地表水的在线水质自动监测系统，以及污水处理的废水排放监测系统等。不同在线水质分析应用现场的采样技术、水质处理、进样技术，以及配置的水质分析仪器等都有不同的要求。

现代在线水质自动监测系统实现了水质自动连续监测、数据处理、数据显示、故障预警报警、数据传输通信与远距离监控等功能，实现了模块化、数字化，并向智能化及与物联网、大数据、云计算的综合应用方向发展，为水环境监测及水环境保护作出了重要贡献。

14.1.1.2 在线水质自动监测系统

在线水质自动监测系统主要是指采用分析机柜式及分析小屋式集成的在线水质分析系

统，包括水样采集处理装置（采水单元、配水单元等）、多台（套）在线水质分析仪、数据采集处理系统（PLC、数采仪或工控机等），以及与中心站的通信设备等。典型的在线水质自动监测系统的结构框图如图14-1-1所示。

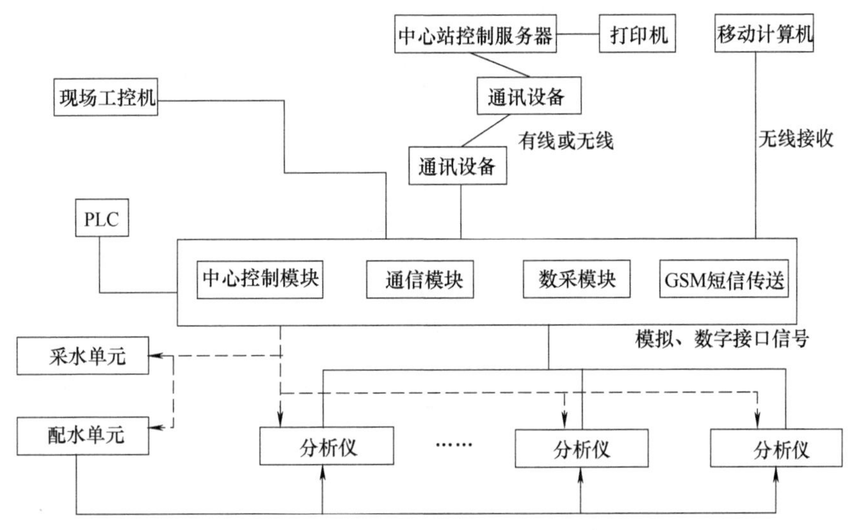

图14-1-1 典型的在线水质自动监测系统框图

水质在线分析系统应用的关键技术是水样采集处理技术，要求水质样品在采集处理过程中被测组分不失真，尽量减小干扰组分的影响，并满足水质分析仪器对样品检测的要求。应根据被测组分的工况条件进行水质在线分析仪器选型。各类在线水质分析仪器检测技术与应用请参见第9章。

14.1.1.3 在线水质监测工作站

在线水质监测工作站（也简称水质监测站）主要用于水环境及污染水排放的系统集成监测。水环境监测是指对江、河、湖、海等自然水体环境进行监测。污染水排放监测主要指对污水处理后的废水排放口的现场监测。两种工作站的区别主要是配置的仪器设备不同，检测对象的测量指标不同，应根据环保及水利等不同需求，适当配置。在线水质分析监测工作站的类型，可分为固定站及移动站，或分为大型站、小型站、微型站，还可按设置位置分为岸边站、浮标站等。

例如，地表水质自动监测工作站，是指采用水质自动监测系统对地表水环境质量进行自动监测，包括样品采集、处理、分析及数据远程传输设备，及配套的水质监测站房。地表水监测站常见监测项目包括在线水质五参数（pH、ORP、溶解氧、浊度、电导率）、高锰酸盐指数（COD_{Mn}）、氨氮（NH_3-N）等。地表水质自动监测工作站系统框图参见图14-1-2。

在线水质监测工作站可设置为水质自动监测中心站+水质自动监测子站模式。

水质自动监测子站通常包括：采水单元、配水单元、预处理单元、仪表分析单元、通信控制单元、辅助单元及监测站房等。各类水质监测站的站房设计要求可参见有关标准和本章有关介绍。

水质自动监测中心站由各种功能模块组成，可对监测子站的采水、配水、分析仪动作等进行远程控制。通信模块可实现与现场站工控机的通信，数采模块可完成对各分析仪分析数据及系统工作状态等参数的采集与传输。中心控制室计算机配备数据采集、处理和各类报表生成于一体的操作软件。中心控制室系统可以同时控制多个监测现场。系统预留多台水质分析仪表接口，方便今后监测项目的扩展。

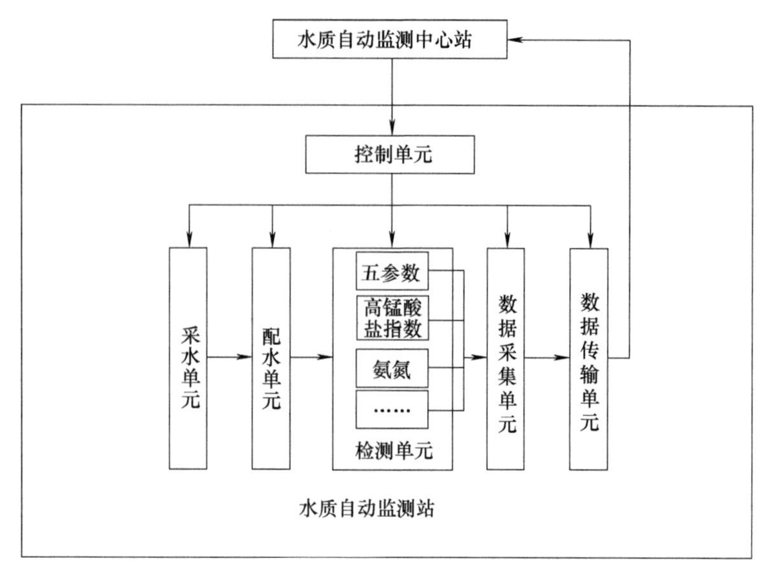

图 14-1-2 地表水质自动监测工作站系统框图

14.1.2 地表水水质监测工作站的自动监测技术

14.1.2.1 水质监测工作站技术概述

水质自动监测工作是指在自动控制系统下，有序地开展对预定水质参数、污染物及水文参数连续自动监测工作，无人值守，并通过有线或无线通信设备将监测数据和相关信息传输到远程监控中心，接受远程监控中心的监控。

水质自动监测站主要适用于地表水的自动监测，也适用于污染源排放的废水在线监测，主要区别是水样的取样处理技术及水质监测的对象和仪器选型不同。以下主要介绍地表水监测站自动检测技术。

地表水自动监测工作站，一般是由现场水质自动监测站和远程监控中心组成。地表水自动监测工作站主要是指用于现场水质监测分析的自动监测站，主要包括水质固定工作站及移动工作站两大类，也简称监测水站。远程监控中心是对现场监测水站集中管理的中心站，设有计算机及其外围设备，实施对各水质自动监测站的状态信息及监测数据的收集和监控，根据需要完成各种数据的处理，报表、图件制作及输出工作，向现场水质自动监测站发布指令等。远程监控中心通常是设置在污染源重点监控企业或区域的水环境监测中心站。

现场固定工作站，包括哨兵站、岸边站、小型（或微型）监测站及大型地表水监测站等，设立在湖泊、河流等附近，以固定站形式存在，可实现无人值守的水质自动监测设施。其中哨兵站、岸边站、小型（或微型）监测站，都属于小型固定站，是为适应不同用户、不同现场的水质监测要求设定的，所集成的水质参数监测仪表也是根据不同要求配置的。固定水站可实现水质监测分析，数据存储、传输等实时监测监控，以达到掌握水质和污染物通量，防治水污染事故，为环境保护等管理部门提供技术服务的目的。

移动工作站主要有浮标站（船）、车载集装箱监测站等用于可移动的现场监测站，在某些场合也可采用无人机采样监测技术，实现远程采样及污染的应急采样监测。浮标站本身形态小巧，易于移动，可在不同监测地点之间进行移动式测量，方便客户选择布点。车载集装箱监测站以车载集装箱为系统的集成载体，也可采用系统集成的可移动分析小屋，集成水样采集、预处理、分析、控制、数据采集与传输等模块，在需要移动时，可整体迁移至其他监测点位进行就地监测，或用于现场巡回监测。

14.1.2.2 固定式地表水站的自动监测技术

（1）哨兵站检测技术及应用

哨兵站设立在具有代表性水质测点的岸边，立杆安装监测模块，采用太阳能供电，使用探头式传感器监测常规五参数水质情况。哨兵站采用绿色能源供电，运用现代传感器技术，集成自动控制、无线通信，进行水质在线预警和监测，实现无人值守，适用于区域生态环境的水质监测网络布点。哨兵站的水质监测参数一般为五参数（pH、温度、溶氧、浊度、电导率）+叶绿素+氨氮，多采用光学法和离子选择电极法。采用的太阳能供电系统，由太阳能电池组件、太阳能控制器、蓄电池（组）组成，输出电源为交流 24V 或 12V。

哨兵站监测系统可投放于任何有无线网络覆盖的地方，系统中配置有数传模块，可实现数据远程传输。在管理中心接收数据后，可以利用电脑、手机或其他通信工具，实时查看在线数据。可根据需要定时提供短信服务或数据异常短信报警功能。哨兵站的检测系统仅包括水质参数监测的传感器和数采仪，硬件结构少，高度集成化，系统功耗低，安装调试简单方便。水质参数监测大多采用一体化的多参数水质监测仪，测量数据准确快捷，无需试剂，实现连续自动测量。直接进行原位监测，实时反映所在水体的真实情况，对于水体进行无干扰测量，保证数据真实性。

哨兵站通常由主体单元、检测单元、数据采集与通信单元等组成。主体单元用以安装悬挂各类监测仪器、数据采集传输装置支架及太阳能供电系统；检测单元由各种分析仪器设备组成，以原位监测仪为主；数据采集与通信单元 对分析仪器的输出信号以规定方式进行采集、处理，并应用各种通信方式将监测数据和运行参数实时或定期传输到中心站的有关设备。哨兵站结构、实物及安装示意参见图 14-1-3。

（2）岸边站检测技术及案例

① 岸边站的检测技术与组成 岸边站大多是根据水环境监测规划布局设计用于需要监测的江、湖、河、海等地表水的监测点岸边设置的小（微）监测站。岸边站大多采用预制的分析机柜式或分析小屋，其水质监测参数多于哨兵站。

岸边站主要由采水单元、水样预处理单元、控制单元、检测单元、数据采集和通信单元及主体单元组成。岸边站系统组成单元框图参见图 14-1-4。

岸边站采水单元包括采水构筑物、采水泵、采水管道、清洗配套装置、防堵塞装置和保温配套装置、航道安全设施、采水管道反冲洗装置及自动采样设备等。

水样预处理单元，主要是对样品水进行过滤，去除水中的固体杂质。一方面起到保护作用，防止杂质损坏仪器设备；另一方面，减少杂质对测量产生影响。预处理单元管路采用优质硬质 PVC 或 ABS 管材，整个单元具有远程采水、多级过滤等多种功能，能提供不同分析仪器所需要的预处理水样，同时能为超标采样预留水样。预处理单元还具有分级流量、压力调节功能，采样器状态监控和报警输出功能。整个单元由 PLC 控制，能与数据采集系统通信，实现远程监测和反控，保证整个系统的稳定运行。

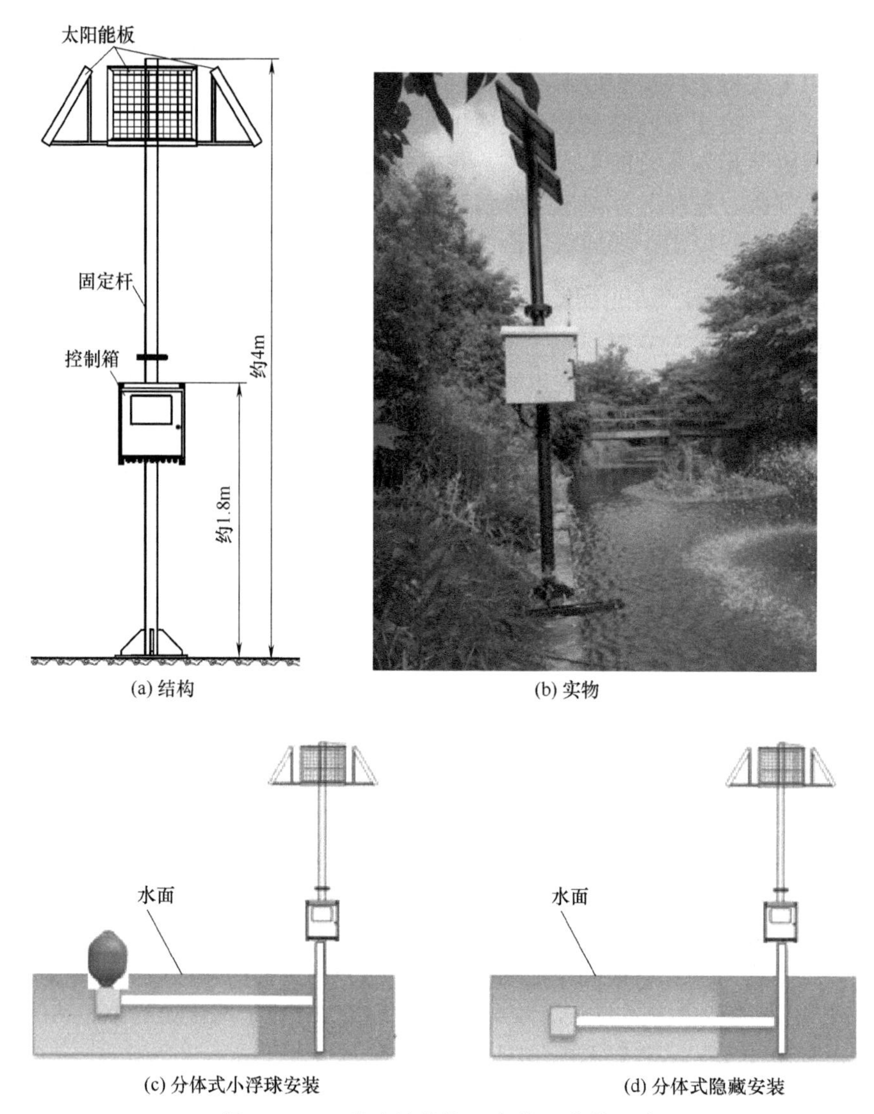

图 14-1-3　哨兵站结构、实物及安装示意

岸边站控制单元主要由工业计算机、PLC、传感器、执行器件组成，所有执行器件的时序动作均可在软件中进行展示，用于对自动监测系统的运行进行集中控制和监视。检测单元由对水样中各种物理与化学指标进行在线分析的仪器设备组成。数据采集与通信单元对分析仪器的输出信号以规定方式进行采集、处理，并应用各种通信方式将监测数据和运行参数实时或定期采集、传输到中心站的有关设备。

岸边站主体单元是分析机柜或分析小屋，安装有供水设备、供电设备、热量管理器、防雷设备、站房环境控制设备、防盗设施，为现场操作提供安装和运行环境。典型的岸边站安装参见图 14-1-5。

岸边站的分析机箱（柜）或分析小屋具有安全、防护功能，直接安装在现场。岸边站的监测参数主要为：常规五参数（pH、温度、溶氧、浊度、电导率）+COD_{Mn}+氨氮等。岸边站的安装调试简单可靠，满足户外无人值守安装要求，因地制宜，就近取样特点，保证了待测水样的实时性和代表性。仪表全部采用探头式安装，便于运行人员操作、维护。

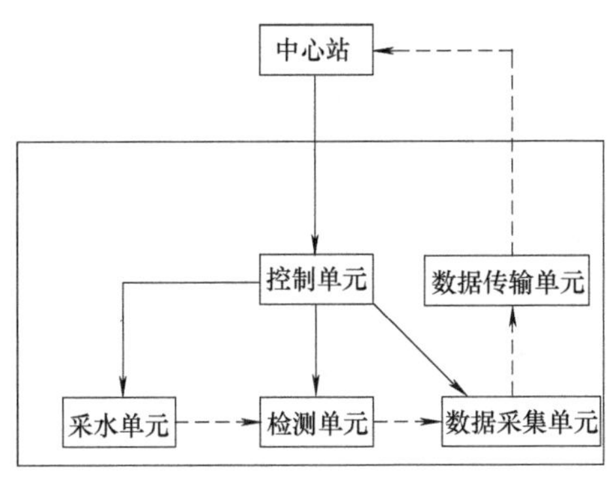

图 14-1-4 岸边站系统构成示意图

——→ 控制流程　- - -→ 样品信息流程

图 14-1-5 典型的岸边站安装图

② 典型应用　典型的岸边站房采用机柜式安装方式，把所有设备、仪器都高度集成在一个占地不足 $5m^2$，高约 2m 的机柜内，同时机柜整体可移动。

系统采用双泵双管路进样，主进水管路串联，仪器并联取样的方式；并且在系统中可增加清洗、曝气过程，每次分析过程结束后都清洗一次所有管路。

取水点用浮球固定采水泵采水，在采水浮球上安装警示灯，防止过往船只撞上采水装置。采水浮船固定在采水构筑物（如栈桥）上，中间的固定杆是上下活动的，两侧采用钢丝绳固定。

水样的预处理可保证分析系统的连续长时间可靠运行。采用初级过滤和精密过滤相结合的方法：水样经初级过滤后，消除其中较大的杂物，再进一步进行自然沉降（经过滤沉淀的泥沙定期排放），然后经精密过滤进入分析仪表。精密过滤采用旁路设计，根据不同仪表的具体要求选定，与分析仪表共同组成分析单元。具备自动反清（吹）洗功能。预处理单元的自动运行及定时反清（吹）洗由控制系统控制，并能够在中心站计算机的控制画面中通过指令来切换状态。

高效低维护过滤系统采用大流量旁通式管状过滤设计。过滤器设有电磁阀、三通阀等，并与压缩空气连接，在控制系统的指令下，定时从径向导入压缩空气，过量的水样经轴向冲刷滤芯并带走污物，起到空气反吹和自清洗的作用，以满足分析仪对水样的预处理要求。在过滤器的出样端加装有溢流杯，溢流杯的容积以所供仪器 5min 的采集量为标准，保证系统不会有延迟。预处理单元能在系统停电恢复并自动启动后，按照采集控制器的控制时序自动启动。

（3）小型（或微型）地表水监测站技术要点

小型（或微型）地表水监测站（简称小型站）适用于水量较少、水位较低、周围建站用地少的河流断面的水质在线监测。小型（或微型）站的重点是按照有关水质监测标准要求，选用适用的水质在线监测仪器，以满足水质监测业务和管理需求，实现远程诊断和远程控制开发，保障系统稳定运行，降低维护工作强度，具备一定的通用性。

小型（或微型）站的设备组成及各单元功能基本与岸边站相同。小型站监测单元的配置仪器比岸边站多，监测参数包括 pH、溶解氧、电导率、浊度、水温、高锰酸盐指数（COD_{Mn}）、氨氮、总磷、总氮等，还可根据需求增加。

小型（或微型）站系统，安装于规范的监测现场，并将测试数据、仪器运行状态通过数据采集传输模块接入选定的网络系统，以 TCP/IP 的形式与信息中心服务器进行交互，对现场仪器采集的监测数据进行质量控制和分析，并将合格数据通过网络报送相关管理部门和企业，将在线自动监测仪器的异常运行情况通报监测设备维护单位。

小型（或微型）站与管理中心站的网络通信系统图参见图 14-1-6。

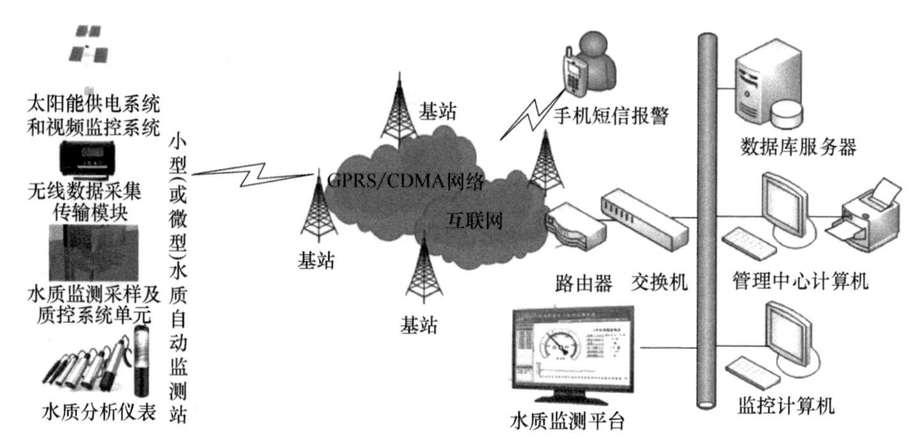

图 14-1-6　小型站与管理中心站的网络通信系统图

小型（或微型）站的监测站房，根据需要采用固定式金属结构的分析站房，或按照小型站的建筑站房设计建造。站房应能抵抗恶劣环境影响。应根据现场水位、水量、地理环境等实际情况选择合适的安装方式。在无交流供电单元时，可采用其他供电模式（如太阳能供电模式）。小型站通过无线（GPRS/CDMA 等）网络自动把采集到的监测数据实时上传至监测中心。小型站组网简单、扩容方便、功能较全，是地表水质监测常用的监测站类型。

分析机柜式小型地表水监测站的检测单元布置参见图 14-1-7。

图 14-1-7　分析机柜式小型地表水监测站的检测单元布置

（4）大型地表水监测站

大型地表水监测站（简称大型站）以固定式建筑站房为集成载体，将水样采集、预处理、分析、控制、数据采集与传输等功能集成在一起，形成大型水质自动监测系统，不仅监测参数多，还具有质控等功能。

① 大型站的主要监测参数　一般包括常规五参数（pH、温度、溶解氧、浊度、电导率）、高锰酸盐指数、氨氮、总磷、总氮、重金属（总镉、镉、总铅、铅、总砷、砷、总铬、六价铬、总铜、铜、总镍等）、蓝绿藻、叶绿素 a 等。

② 大型站的系统组成　大型站主要由水质监测系统、监测站房、通信网络及信息中心等组成。

水质监测系统主要由各种水质在线监测仪器及系统集成。采用以分析仪为主的分析机柜式结构，采用模块化设计，仪器机柜集成水质分析仪、样品处理系统、控制显示系统等。水质监测仪器分析稳定可靠，并可添加其他参数监测设备。

监测站房主要由现场站房主体建筑组成，包括取水口装置设备和其他硬件设施等。监测站房设计应符合有关标准规范要求。站房选址可因地制宜，便于就近取样，保证待测水样的代表性。现场监测站应合理配置水质分析设备，以满足不同用户需求，符合无人值守要求。

通信网络是指联系着现场站与信息中心之间的网络线路、通信设备等集成的计算机网络。信息中心即远程中心站，包含服务器、网络组件、存储系统、数据备份系统、平台软件、系统软件等。经授权的系统用户通过互联网登录，以网页的形式浏览数据。

典型的大型固定式水质监测站的系统架构参见图 14-1-8。典型的大型固定式水站的站房、取水栈桥及站房内机柜的外形如图 14-1-9 所示。

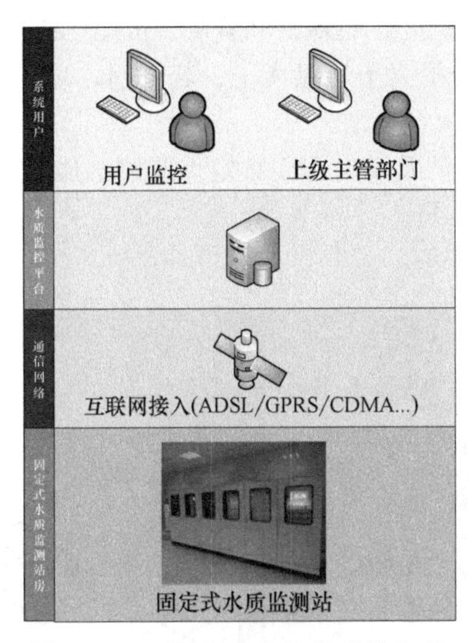

图 14-1-8　固定式水站的系统架构

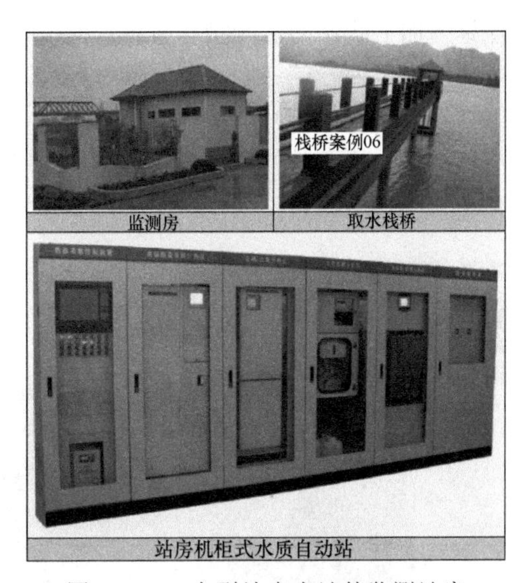

图 14-1-9　大型地表水站的监测站房

大型站的内部组成与小型（或微型）站基本一致，但操作空间更大。大型站的站房设计有多种功能单元，包括采水单元、配水单元、控制单元、辅助单元、检测单元、数据处理和通信单元等。

14.1.2.3　移动式地表水监测站的监测技术

（1）浮标（船）式站

以浮体为载体的水质自动监测系统，简称浮标（船）式水站。水站建设在湖（库）中且无法满足供电要求时，采用浮标（船）式水站。浮标站易于移动，可在不同监测地点之间进行水质监测，组网简单、扩容方便、标准开放、功能全面，适用于大中型的多点、远程、实时、集中监控系统，实现集散式监控和报警、智能化检索、系统管理及设备在线维护等诸多功能。

浮标（船）式站由测量单元（水质、水文、气象等）、供电单元（太阳能板、控制器、蓄电池等）、数据采集传输单元（数采仪、无线传输模块）、辅助单元（浮体、支架、防撞及阻浪装置、防雷设备、卫星定位装置、雷达反射器、航标灯、平衡舵、配重）等组成。浮标（船）式水站外形参见图 14-1-10。

图 14-1-10　浮标（船）式水站外形

浮体上主要安装有安装平台、防水箱、仪表舱、安装支架等。仪表舱内安装水质监测仪表；防水箱内装有数据采集器、远程传输仪、太阳能供电系统等。浮体下系结锚碇设备。

供电系统：一般采用太阳能电池组及蓄电池组搭配使用。太阳能电池组件使用寿命较长，具有充电能力；蓄电池容量能满足设备负载半个月连续阴雨天供电。

无线传输模块：数字采集传输设备按照工业级标准设计，具备数据采样控制、报警控制输出、实时在线数据远传功能。支持 GPRS/GSM 等网络，具备 RS232、RS485 端口，支持标准 Modbus。可与水质分析仪表等对接。

浮标（船）式站的监测指标包括：温度、电导率、盐度、TDS、溶解氧、pH、浊度、水深、氧化还原电位、叶绿素、蓝绿藻、铵/氨离子、硝酸根离子、氯离子、若丹明、环境光、总溶解气体、风速、风向、湿度等。

浮标（船）式站是一种现代化的水质监测手段，可全天候、连续、定点监测水质，并实时将数据传输到岸上站。浮标站系统的架构参见图 14-1-11。

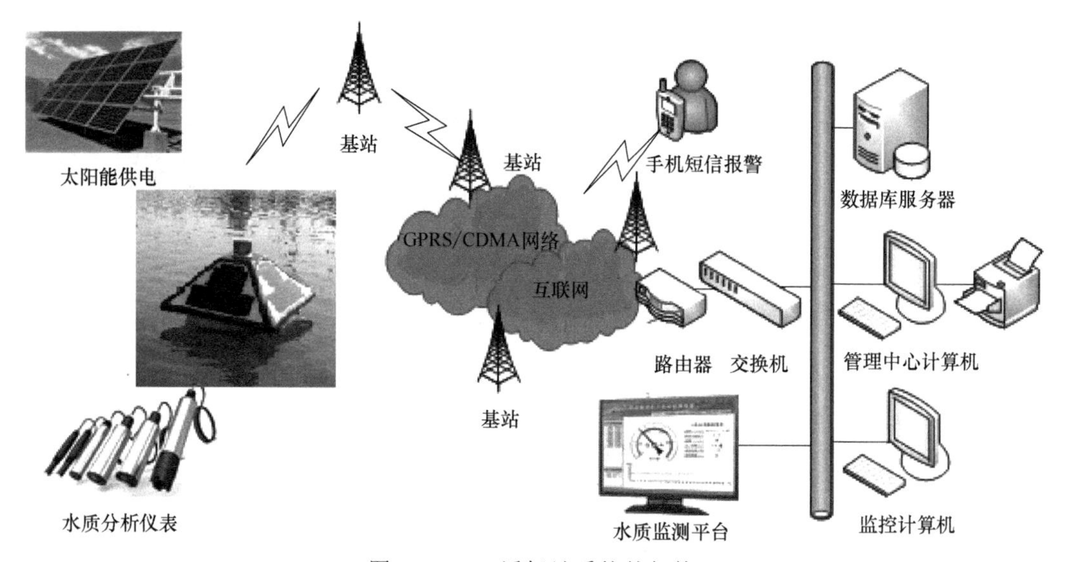

图 14-1-11 浮标站系统的架构

浮标站监测系统建立在无线通信平台上，设备具备在恶劣环境（狂风、暴雨、冰雪）下持续正常工作的能力，整机可长时间连续工作。产品设计符合工业级标准，内嵌 PPP、TCP/IP、DDP 等多种协议，可实现用户设备到数据中心远程数据通信。

（2）车载集装箱式地表水监测站

为车载集装箱式地表水监测站（简称车载式站）是将水样采集、预处理、分析、控制、数据采集与传输等功能集成于车载集装箱中的水质自动监测系统。需要移动时可利用汽车等交通工具将集装箱整体迁移至其他监测点位。车载式站示意图参见图 14-1-12。

车载式站由采水单元、配水单元、控制单元、辅助单元、检测单元、数据处理、通信单元及车载集装箱主体组成。车载式站与小型（微型）水站一样，也可接入质控系统，随时进行系统数据质量控制。

车载集站的主要监测参数为：常规五参数（pH、温度、溶解氧、浊度、电导率）、高锰酸盐指数、氨氮、总磷、总氮、流量、重金属等。

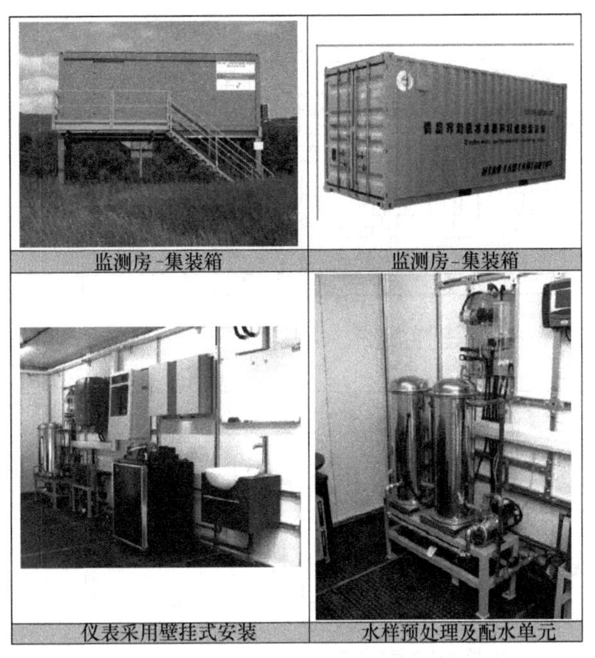

图 14-1-12　车载式站示意图

车载集装箱主体需要安装供水、供电、热量管理器、通信、防雷、站房环境控制、防盗等设施，为现场操作提供安装和运行环境。与大型地表水监测站相比，车载式站更便于移动和维护。

14.1.3　地表水固定式监测工作站的站房设计

14.1.3.1　固定式大型水质自动监测站房设计

（1）固定式大型水质自动监测站站房设计要点

固定式大型监测站房包括用于承载系统仪器和设备的主体建筑物和外部配套设施两部分。监测站房的主体建筑物是固定永久性建筑一般为砖混结构。站房设计可参见有关技术标准、规范的规定。单层标准版固定式站房设计图参见图 14-1-13。双层标准版固定式站房设计图参见图 14-1-14。

通常水质监测站房设计需要注意以下几个方面：

① 站房选址：站点位置应具有代表性，能够反映所需测量环境的水质变化情况；应选取能保证供水（自来水）、供电的合理距离，方便供水、供电。

② 站房配置：典型的大型监测站房，一般要配置分析仪器间、质控室及值班室等。仪器间基本配置为 40m^2（其中净宽度大于 4.0m）；质控室不小于 30m^2；值班室不小于 30m^2。分单层或双层建设。站房内净空高度不低于 2.8m。应根据用户要求配置。

③ 大型监测站房结构：砖混结构或框架结构。耐久年限不少于 50 年，可以建成平房或者二层楼房，以防滑瓷砖铺地。站房地面的高度应根据当地水位变化情况而定，站房地面标高（±0.00）应高于 50 年一遇洪水的洪峰水位。易受洪水浸入的地方可以考虑采用高架式站房。

④ 辅助设施：站房的避雷系统、地线系统、采样设施、给排水系统等也与站房建设同步进行。站房废水应排入采水点的下游，排水点与采水点间的距离大于 20m。

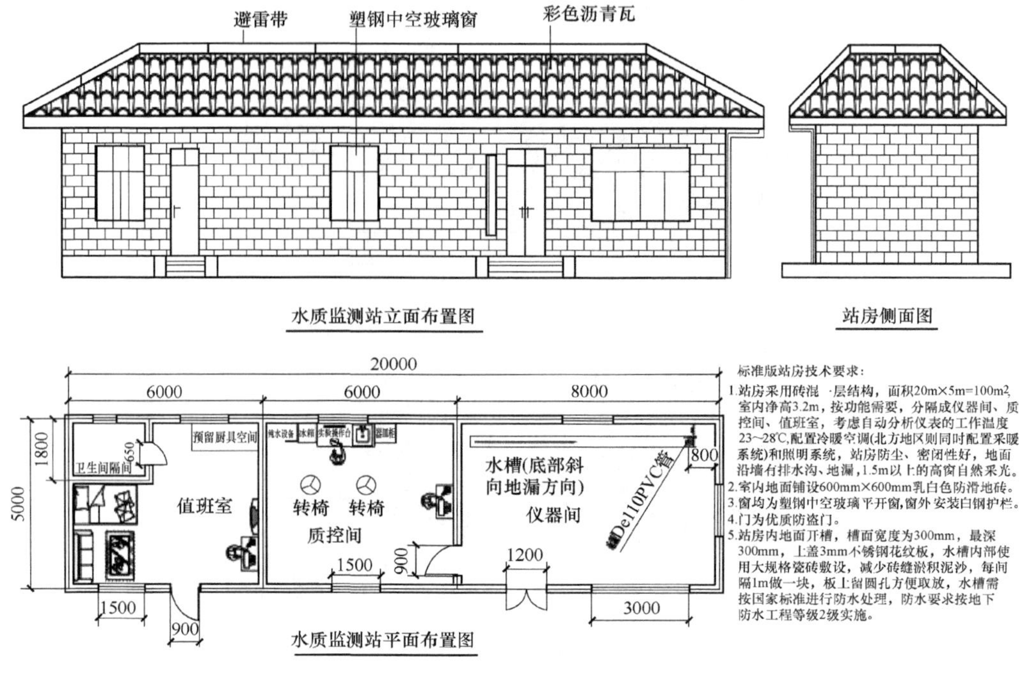

图 14-1-13　单层标准版固定式站房设计图

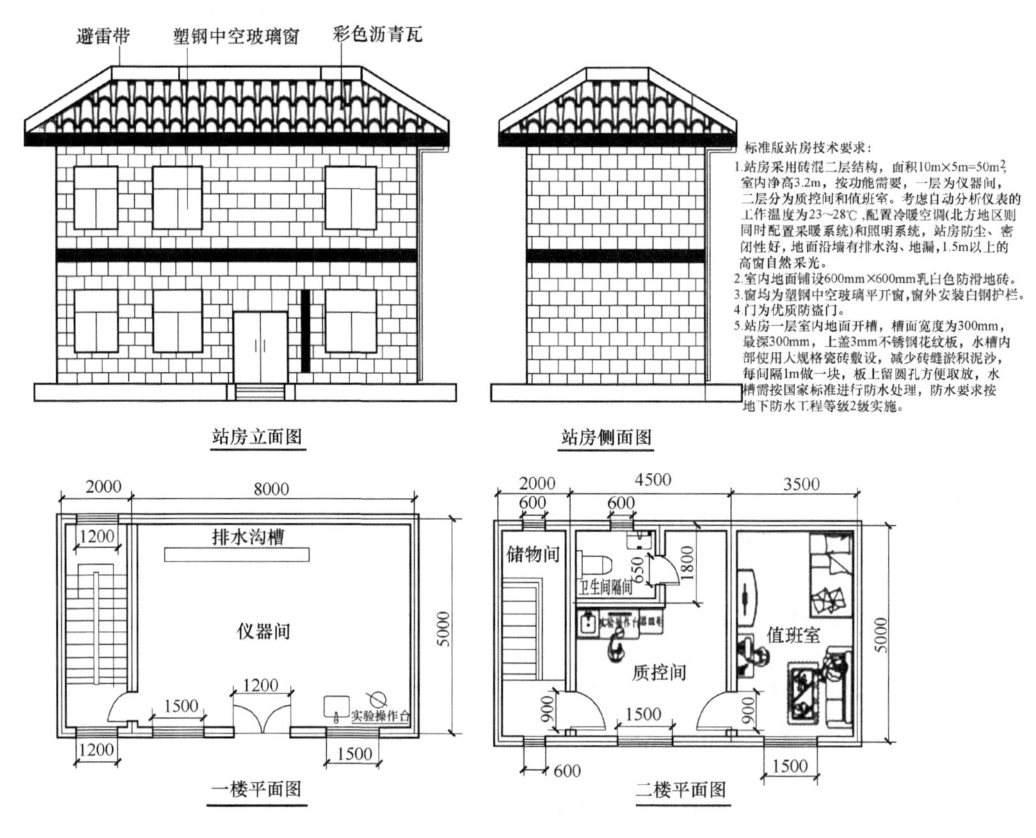

图 14-1-14　双层标准版固定式站房设计图

⑤ 站房暖通：仪器间内应配置冷暖空调设备，室内温度应保持在 18～28℃湿度在 60% 以内，符合 GB/T 17214.1—1998 的要求。

各种类型的水质监测站的监测任务、仪器配置、站房建设要求都不相同。固定站可充分利用站房内有效空间，合理布局水质分析仪器系统，一般采用标准机柜的方式并排布置。典型的固定站房室内监测系统机柜的正面效果如图 14-1-15 所示，背面效果如图 14-1-16 所示。

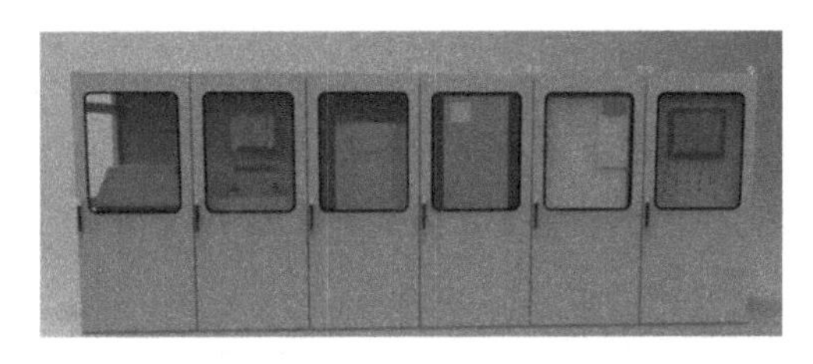

图 14-1-15　固定站房内监测系统机柜正面图

图 14-1-16　固定站房内监测系统机柜背面

（2）固定式大型水站的监测项目的选取

常规地表水水质监测项目按照《地表水环境质量标准》（GB 3838—2002）所提出的项目选取。应优先选择：标准中要求控制的，在环境中难以降解的，对人和生物危害大、毒性大、影响范围广泛的，出现频率高的，有可靠检测方法的。

根据水质在线自动监测仪表的发展现状及监测参数的重要性，监测参数应至少包括：pH、电导率、温度、溶解氧、浊度、高锰酸盐指数、氨氮、总氮、总磷等 9 个参数，对湖泊、水库需增加藻密度和叶绿素 a，其他参数根据水体情况增补。

（3）简易式水质监测站简介

简易式水质监测站（简称简易式站）是指自动监测站站房内部只有仪器室和质控室功能区，或将仪器室和质控室合并建设的水站。监测站选址受建设条件影响时，如受当地规范限制、河道影响等，可采用简易式站。简易式站的仪器选取可按照有关标准规范设计。

14.1.3.2　固定式小型（或微型）水质自动监测站及站房设计

小型（微型）水站属于一体化站房，具有用地面积更小，安装方便等特点。小型式站房需满足水质自动监测系统所需主体设施和外部配套设施要求，外部配套设施是指引入清洁水、通电、通信和通路，以及周边土地的平整、绿化等。

14.1.3.3　水上固定平台式水质自动监测站

在水上利用砖混或者钢结构搭建平台，在平台上搭建建筑物，并在其中安装一套地表水水质在线监测系统，就建成了一座水上固定平台式水质自动监测站。根据建设要求，在河、湖（库）中水深 10m 以内的合适位置，可建设水上固定平台站。

根据自动站建设要求，平台使用面积应不小于 50m^2，根据实际使用需求选择合适的方形或圆形台面。支撑结构：桩基采用直径大于 40cm 的钢筋混凝土预制管桩或浇筑桩，数量不小于 9 根，通过机械打桩或现场浇筑的形式固定竖立于水中。桩基应深入硬质地层以下至少 2m。水上平台应可抗 12 级台风，使用寿命不小于 10 年。

水上固定平台站房属于一体化站房，具有用地面积更小，安装方便等特点。水上固定平台站房须满足水质自动监测系统所需主体建筑物和外部配套设施要求。

水上固定平台站监测指标的选取可参考固定站的配置。

14.1.3.4 水质监测站的采水、配水及预处理单元设计要点

水质监测站的采水、配水及预处理单元的设计，需在实地考察后，结合用户需求及现场情况，才能确定具体方案。各单元设计要点简介如下。

（1）采水单元

采水单元从监测的水体采集所需的水样，供测试单元分析使用，一般包括采水构筑物、采水泵、采水管道、清洗配套装置、防堵塞装置和保温配套装置、航道安全设施、采水管道反冲洗装置及自动采样设备等。

取水点用浮球固定采水泵采水，在采水浮球上安装警示灯，防止过往船碰撞。采水浮筒连接在采水构筑物（如栈桥）上，中间的固定杆是上下活动的，两侧采用钢丝绳固定。固定站常用的采水方式包括：栈桥式采水、悬臂式采水、浮桥式采水、拉索式采水等。栈桥式采水构筑物结构示意见图 14-1-17，实例参见图 14-1-18。

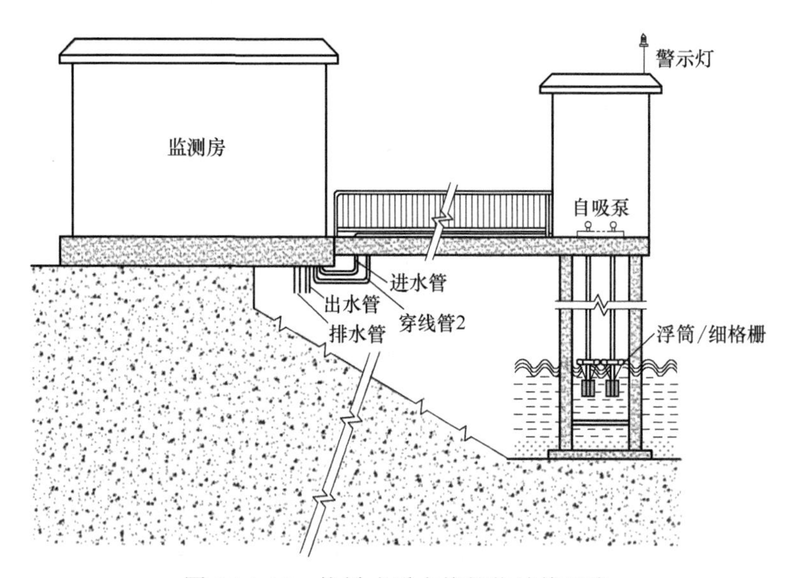

图 14-1-17 栈桥式采水构筑物结构示意

图 14-1-18 栈桥式采水构筑物实例

以栈桥式采水构筑物为例，就采水单元的要点说明如下：

① 保证取水口能够随水位变化，保证取水水管的进水孔始终位于水表面以下 0.5～1m 的位置，并与河（湖、海）底保持一定距离，保证采集到具有代表性的符合监测需要的水样，还要保证取样吸头的连续正常使用。

② 取水口下方加设不锈钢丝网，防止进水口淤积和杂物堵塞。采水系统要方便采样泵的提升与安装，以便进行人工日常清洗和维护。

③ 常用的采水系统工作方式分为连续式或间歇式。两种取水方式可由用户自行选择。为减少设备运行时间，建议系统采用间歇式取水方式。间歇取水方式既可以达到水质监控的目的，又可以节约能源，并延长水泵等设备的使用寿命。应保证停电后重新上电时，采水系统、控制系统、监控软件能自动恢复工作，达到无人值守的目的。

（2）配水及预处理单元

固定站的配水系统的主要功能是：提供满足各种仪器要求的压力、流量、水质条件的水样。预处理单元的主要功能是对样品水过滤，去除水中的固体杂质：一方面起到保护作用，防止杂质损坏仪器设备；另一方面，减少杂质对测量产生影响。预处理单元管路采用优质硬质 PVC 或 ABS 管材，整个单元具有远程采水、多级过滤等功能，能提供不同分析仪器所需要的预处理水样，同时能为超标采样预留水样。具有分级流量、压力调节、采样器状态监控和报警输出功能。整个单元由 PLC 控制，能与 DAS 通信，实现远程控制，保证整个系统的稳定运行。

① 系统采用取样泵汲取进样，主进水管路串联，仪器并联取样的方式，某一仪器出现故障不会影响其他仪器的工作；并且在系统中可增加清洗、曝气过程，每次分析过程结束后都清洗一次所有管路（包括采水管路和配水管路）。

② 主管路进样由电动球阀控制，而仪器进样则通过进样管处的阀门来控制。所有控制指令都由中心控制单元根据程序自动发出。

③ 为方便系统进行维护，在各分流管路上，通过手动球阀来进行调节。当某台仪器、控制阀损坏或者需要维护时，可以关闭分流管路，不影响其他仪器的正常工作。

（3）岸边站取样处理的关键技术

① 非拦截式的逆水流质量分离技术　非拦截式的逆水流质量分离技术（专利号为 ZL 02 2 16723.4）主要是利用流体速度和质量惯性的原理，使流体中质量较大的固体杂质与流体分离。该技术用于流体处理过程的初级处理，能将主流体回路和后级的流体回路分离，使主流体回路保持高流速、大流量，保证管路的畅通和水样快速送达，保证水样的实时有效性。后级流体回路的小流量也保证了后级处理的可靠性和充分性。

② 精密膜式过滤技术　精密双层叠片膜式过滤技术（专利号：ZL 2005200131536）主要利用膜式过滤的原理，将样品中的悬浮物、颗粒等不溶性杂质过滤去除。过滤器由有机玻璃壳体和不锈钢过滤膜组成。样品经过初级处理后进入膜式精密过滤器。过滤器有上下两层过滤膜，中间的有机玻璃可以观察样品的过滤效果，也可以观察膜片的污染状况。两层膜可以选择不同过滤精度的膜片，使过滤效果和自清洗效果达到最佳。过滤膜精度可在 1～100μm 范围选择。该处理技术主要用于对样品的后级处理过程，能为氨氮、铜离子、氰化物等可溶性参数的分析仪器提供干净的测量样品。

③ 超声波匀化技术　超声波在液体介质中传播产生特殊的“空化效应”：不断产生无数内部压力达到 GPa 级的微气穴并不断“爆破”，产生微观上的强大冲击波，作用在水样中的颗粒物上使其结构被“轰击”逸出，并使得颗粒物不断细化，从而达到大颗粒物变成小型或微型颗粒物的效果。

14.1.4　地表水移动式监测工作站的站房设计

移动式水质监测工作站主要指采用集装箱、碳钢分析小屋等可移动式站房的水质监测站，以及浮标（船）式监测站。

14.1.4.1　集装箱移动式水质监测站房的设计要点

典型的集装箱移动式水质监测站设计示意参见图 14-1-19。

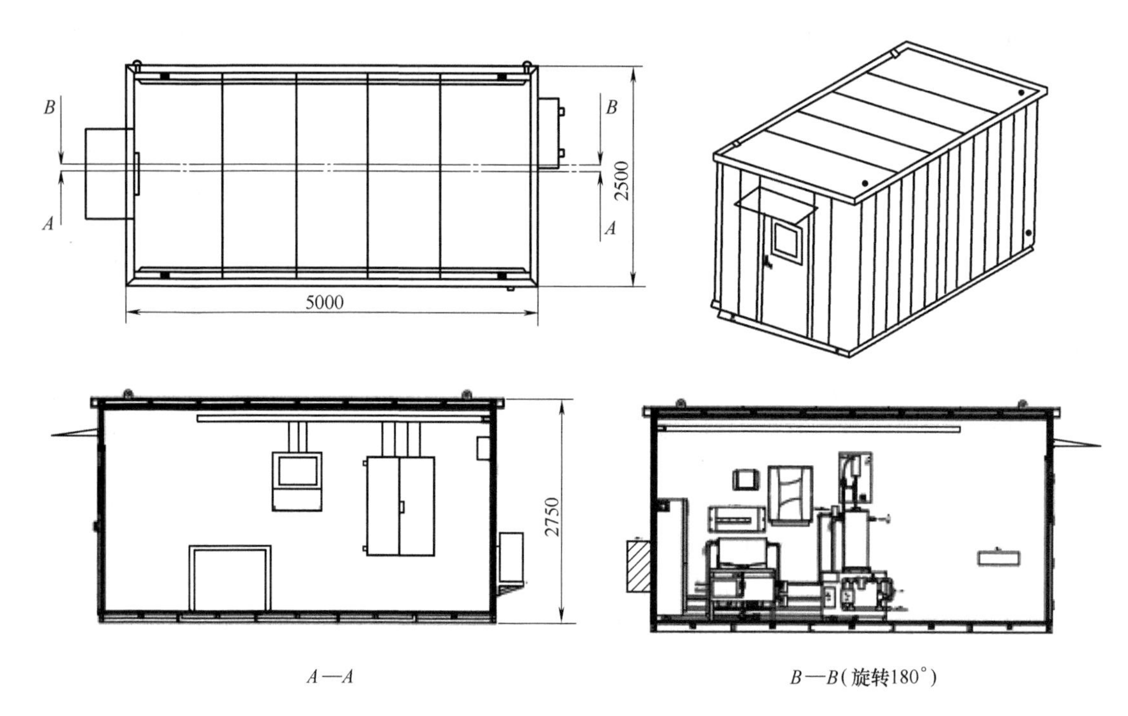

图 14-1-19　典型的集装箱移动式水质监测站设计示意

集装箱、碳钢小屋等可移动站房体积相对较小，面积多在 10～15m^{2}之间，室内净高不低于 2.8m。与分析机柜式系统相比，仪表可采用壁挂式安装，便于运行人员操作、维护。

碳钢分析小屋可移动式站房的设计与普通的在线分析小屋的设计相同。

14.1.4.2　浮标（船）站监测站的设计要点

浮标站典型结构图，参见图 14-1-20。

浮体应采用直径不小于 1.4m 的圆柱浮体或 2m×3m 的方形浮台。浮体材质应耐高温、耐强阳光照射、抗冻裂；低表面能，抗腐蚀性强，抗海洋生物黏附。浮体平台上部安装不锈钢支承架，用于安装太阳能板、数据传输天线、警示灯标、雷达反射器等。整体防护等级不低于 IP68，抗风能力不小于 13 级。标体应保持平衡，倾斜度不大于 10°。仪表舱置于浮标体的正中位置，受到浮体本身充分的保护。

浮标体是整个浮标系统的载体。主舱体用于放置数采仪、蓄电池等，翻盖式开口设计便于拆卸、维护。用于安装仪表的探头井设计在浮标体的侧面，这样的结构便于传感器的维护和校准。主舱门不需要打开，维护工作可以通过一艘小船完成。浮标体上部装有太阳能板。主支架中下部装有卫星定位天线、数采仪天线及其他专用设备；主支架中上部装有雷达反射器，可提醒装有海事雷达的船舶避开浮标体航行；主支架顶部提供与小型气象站、航标灯等设备配套专用的安装支架和平台。航标灯能在夜晚和雾天警示迎面驶来船舶绕道航行。

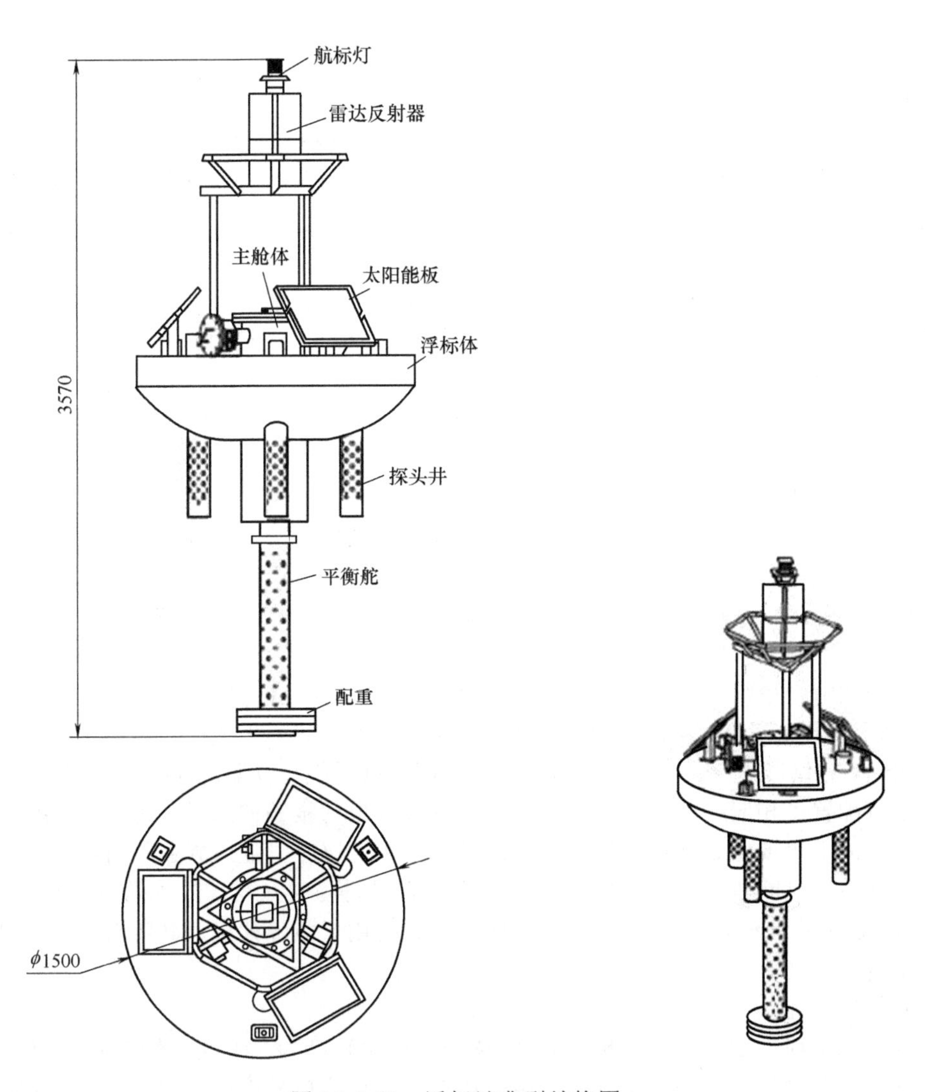

图 14-1-20　浮标站典型结构图

仪表舱通过板盖上的水密接头与外界联系，包括一整套传感器、太阳板及天线的接头，确保仪表舱的水密性及便于所有外接设备装卸和维护，可方便地进行板盖密封性检查。仪表舱温度应能保持在适当的水平，防止夏天高温或冬天低温损坏仪器设备。水质监测浮标应具备防雷电、风浪袭击能力。

水质监测浮标需采用 ABS 材料，应符合 GB 4806.7—2016 要求，具有抗氧化、耐腐蚀、无污染、不破坏环境等特性；适用于强阳光、淡（海）水浸渍等自然环境下。另外还需具有良好的抗恶劣气候性能，以及抗冲击、破坏性能。采用太阳能电池板为浮标体上的设备供电。配有蓄电池组。

14.1.5　水质监测站的数据采集处理、通信及辅助系统

14.1.5.1　水质监测站的数据采集处理及通信系统

水质监测站的数据采集处理与通信系统主要由 PLC、嵌入式中心单元、供电单元和 VPN

等组成。

（1）PLC

水质工作站房通常选用基于 PCBased 的 PLC，可实现对采水、配水、清洗、反冲洗等的控制；能够采集并且存储分析仪器的输出信号；能够与部分智能仪器通信；能够将现场的控制器工作状态、智能仪器的参数设置等信息传递给现场或远程的监控系统，实现远程监视和控制，以及参数设置和数据下载等功能。

控制单元与继电器驱动单元、接触器组共同完成采水、配水控制，输出、仪器同步，输入、清洗、反冲洗等控制。所有仪器设备都可通过 4～20mA 模拟量，把测量结果传输至数据采集单元。通过站房环境数据传感器（电压、室温、湿度）对站房内的环境条件进行监测，实现远程监控站房内的环境参数。所有支持 MODBUS 标准通信协议的设备，都可通过 4 串口通信模块与分析单元进行智能通信。

（2）嵌入式中心单元

嵌入式中心单元包括：嵌入式系统硬件、嵌入式操作系统和现场监控软件。用户可以在现场或者远程完成所有系统的控制工作。嵌入式系统是以应用为中心，软硬件可缩扩的专用计算机系统，包括嵌入式处理器、相关支撑硬件、嵌入式操作系统及应用软件等。

嵌入式中心单元可实现用于历史数据存储和显示；记录系统操作日志、异常情况日志（如停电、系统故障、系统重新引导等）。可进行系统控制、参数设置。可用 PSTN（标准的电话线和调制解调器）、GSM 设备、GPRS 设备、卫星通信设备、无线电台等实现与上位机及下位机的通信。对仪器本身具备自动校准功能时，可通过系统与仪器的通信实现远程自动校准。若控制系统配置了相应的硬件，则在每次测量完成或出现报警信息时，可通过 GSM 发送短消息至预设的手机或中心站计算机。当系统发生断水情况时，嵌入式系统可根据管路上的传感器的测量数值判断故障，然后停止所有控制过程，切换到初始状态，并发出 SMS 报警信号（在用户已配置了相应硬件的基础上）。若嵌入式系统由于故障死机，其特有的“软件狗”功能将系统自动复位。

（3）供电单元

UPS 电源提供的 220V 交流电，通过隔离开关电源转换为 24V/5A 的直流电，为控制和中心单元供电，同时为系统的直流后备电源模块充电。直流后备电源模块中有两个 60AH 免维护蓄电池，为中心单元和通信单元提供后备电源。由于系统采取了低功耗设计（正常情况下直流功耗小于 50W），可以保证系统断电后控制设备工作时间大于 24h。在此期间远程可下载历史数据和监控系统状态。

（4）VPN 通信设备

虚拟专用网络（virtual private network，VPN）是指利用加密技术在公用网络上建立专用数据通信通道，与企业内网相连，并且拥有与企业内网相同的安全、管理及功能等特点。它替代了传统的拨号访问，利用互联网公网资源作为企业专网的替代和补充。VPN 提供了安全、可靠的互联网访问通道，用户可以实现远程网络通信，安全简化网络设计，可与合作伙伴实现外联网。VPN 具备稳定性、安装保障性、可管理性、可扩展性和支持移动用户等特点。

（5）数据传输通信

水质监测工作站的数据传输通信主要分为无线通信和有线通信。使用的通道可分为公共通道和自建通道；优先使用成熟的公共通信通道进行数据传输。

① 无线通信方式　主要有 GPRS、CDMA 等。

GPRS 是一种分组交换系统，CDMA 1X 是扩频无线通信技术，适用于间断、突发性的或频繁、少量的数据传输，也适用于偶尔的大数据量传输。通信距离不受地形地域的限制，不同站点的传输信号之间不易产生相互干扰，组网灵活，是有效的公共无线网络信道。

GSM-SMS、CDMA-SMS 手机短信通道：GSM-SMS、CDMA-SMS 短消息采用了高效调制器、信道编码、交织、均衡和语音编码技术，容量效率高，具有不需拨号、随时在线、覆盖范围广等特点，特别适合于需传送小流量数据的应用。波特率 300～19200Bd（波特），宜使用波特率 4800～9600Bd。开放给用户区最长字节数为 140 字节，在使用时要注意字节数的控制，必要时采用报文拆分发送。

卫星通道通信：北斗卫星通信系统是遥测系统常用的卫星通道，具备定位与通信功能，全天候服务，无通信盲区，适合大范围及无其他通信条件地区的监控数据传输与管理。固定用户响应时间最长不超过 10s，定位信息时延 1s，数据传输时延 5s。

超短波通道通信：超短波是指 30～300MHz 频段在对流层内的视距与绕射传播无线电波，技术成熟，实时性好，但通信距离有限。通信条件差的站点，需建中继站。用户将数字信号调制后送模拟收发机发送，接收端接收后再解调为数字信号处理，也可直接通过 RS-232 串行口向数字收发机收发数据。

微波通道通信：微波通信是使用波长在 0.1～1mm 之间的电磁波通信，具有带宽高、抗干扰性强、直线传播的特点。开放给用户区最长字节数不限。可以用于数据通信和图像通信。

② 有线通信方式　主要有 PSTN 通道通信等。

PSTN 通信是中心站利用电话拨号方法，通过公用电话线路进行数据通信。数据传输标准速率、调制解调、接口标准及数据流控制应符合 ITU-T 标准。

ADSL 通道通信：ADSL 具有高速传输、频带宽、性能优、上网和打电话互不干扰、安装快捷方便等特点，特别适合传输多媒体数据、大量数据信息检索和其他交互式业务。常用于中心站之间的网络通信。

E1 通道通信：E1 是采用 PCM 编码技术，带宽为 2.048Mbit 的链路，网络适应性强，运行稳定性好。适用中心站之间的网络通信。其他有线通道还有 DDN、SDH、帧中继等。

环保数据接入：监测站房的数据需要传送给环保局数据平台，需预留接口。接口形式可为数据经监控系统转发，及使用硬接线方式将仪表模拟量信号直接接入环保数据硬件平台。

14.1.5.2　水质监测工作站房的辅助单元系统

（1）站房供电系统

水质自动监测站的供电电源采用：380V（三相四线制）或 220V 交流电，频率 50Hz，容量 10kW。电源线引入方式应符合相关的国家标准，施工参考《建筑电气工程施工质量验收规范》（GB 50303—2015）。电源引入线应采用经过国家检定的合格产品。

用电量：仪器设备及控制用电为单相（220V），5kW；仪器间空调及站房照明、生活用电为单相（220V），3kW；水泵用电一般也为单相（220V），1～2kW。如有其他用电需求，可适量考虑增加供电能力。电源动力线和通信线、信号线应相互屏蔽，以免产生电磁干扰。

（2）站房防火系统

选用七氟丙烷自动灭火装置。火灾探测部分采用传统的烟感报警方式。仅有感烟探测器报警时只提供预警；只有感烟和感温同时报警后，才提供真正的火灾报警，并提供灭火信号的输出。气体灭火采用无管网的七氟丙烷，灭火剂浓度按一般计算机电气火灾设计，为 8%，灭火时间≤7s。自动灭火系统控制盘装配在室外，并在控制盘外部安装防雨、防尘、保温的保护箱。钢瓶灭火控制盘内配有备用装置，当外部供电切断时，在无火灾情况下，可坚持工作 8h，有火灾情况下坚持工作 0.5h。

（3）门禁系统

门禁系统（access control system，ACS）是新型现代化安全管理系统，集微机自动识别技术和现代安全管理措施为一体，涉及电子、机械、光学、计算机技术、通信技术、生物技术等领域。

14.2　其他在线水质自动监测系统的检测技术与应用

14.2.1　火电厂等工业过程在线水质自动监测系统

14.2.1.1　火电厂等工业过程水质自动监测系统概述

火电厂等工业过程水质自动监测，是通过在线监测工艺过程中水质的主要物理化学参数，实现水质监督、加药监控、污染监控、反馈和控制工艺反应工况。可以有效防止工艺过程设备的积盐、腐蚀、结垢，保障安全经济运行，延长设备检修周期和使用寿命。

火电厂等工业过程水质监测，主要是对热力系统用水、循环冷却系统用水、废水等三类工业过程水质进行监测。热力系统用水，主要包括给水、凝水、炉水等，基本上是以纯水和超纯水为主。循环冷却系统用水，是火电厂耗水大项，提高循环冷却水系统的浓缩倍率是减少循环水耗损的技术途径。废水，主要来源于锅炉补给水处理系统酸碱废液和机组事故或启动时排放的锅炉酸洗废水，以及脱硫系统的废水。

火电厂工业过程水质自动监测的主要监测项目包括电导率、pH、溶解氧、钠离子，被称为火电厂水质四大关口指标。其他还包括二氧化硅等。与常规的水质监测相比，工业过程水质自动监测技术有较多特殊性。例如，需要考虑水的电离常数、静电堆积干扰等因素。其中，最难处理和监测难度较大的是脱硫废水，因其中包含众多的重金属离子以及氯离子等酸根离子。

火电厂水质自动监测系统的组成主要包括火电厂汽水取样系统、在线水质仪器系统等。

14.2.1.2　火电厂汽水取样系统

火电厂汽水取样系统主要用于采集和处理火电厂生产过程中具有代表性的汽、水样品，其性能直接影响在线水质监测仪表的准确性和可靠性。

火电厂的汽水取样系统主要由高温冷却架和仪表采样架组成。

高温冷却架的作用，主要是把从热力系统中采集、输送来的各种高温、高压状态下的样水或蒸汽，通过表面式冷却器与伸缩式减压阀进行降温、降压。样水从取样点，通过一次进样阀和二次进样阀进入汽水取样系统冷凝器，进行冷凝降温。高温样水进行两次冷凝，低温样水进行一次冷凝。样水经过减压阀后压力会降至 0.2MPa 以下。

仪表采样架包括手工取样和恒温过滤两部分。样水经过降温降压后进入低温仪表屏，在仪表屏中，样水先进入电磁阀再分为两路。一路样水进入手工取样门，方便维护人员进行手工取样、实验室比对；另一路样水进入恒温装置，以便减少测量时温度的影响。恒温装置出水进入过滤器，这是为了避免杂质进入仪表造成堵塞并破坏仪表。最后样水进入在线水质监测仪表进行分析测试。

14.2.1.3　火电厂汽水监测系统的仪表配置

水样经前处理后进入监测不同参数的在线监测仪表，得到各参数的监测数据，上传至DCS 系统，实现集控中心数据实时监控、历史数据查询等，来指导机组运行。

典型的火电厂汽水监测系统典型在线监测仪表配置参见表 14-2-1。

表 14-2-1　汽水监测系统典型在线监测仪表配置

水样	湿冷机组在线监测仪配置	空冷机组在线监测仪配置
凝结水	氢电导率监测仪、pH 监测仪、Na^+监测仪、溶解氧监测仪	氢电导率监测仪、pH 监测仪、溶解氧监测仪
除氧器入口	电导率监测仪、pH 监测仪	电导率监测仪
除氧器出口	溶解氧监测仪	溶解氧监测仪
省煤器入口	电导率监测仪、氢电导率监测仪、pH 监测仪、N_2H_4 监测仪	电导率监测仪、氢电导率监测仪、pH 监测仪、SiO_2 监测仪、N_2H_4 监测仪
炉水	电导率监测仪、氢电导率监测仪、pH 监测仪、SiO_2 监测仪	电导率监测仪、氢电导率监测仪、pH 监测仪、SiO_2 监测仪
饱和蒸汽	氢电导率监测仪、SiO_2 监测仪	氢电导率监测仪
过热蒸汽	氢电导率监测仪、Na^+监测仪、SiO_2 监测仪	氢电导率监测仪、Na^+监测仪、SiO_2 监测仪
发电机内冷水	无	电导率监测仪、pH 监测仪
循环水	电导率监测仪	无
凝结水补水	电导率监测仪	无

14.2.1.4　火电厂汽水监测系统的仪器应用技术

火电厂通过对汽水指标进行准确有效的监测来指导运行过程中的化学控制，掌握水汽系统运行状态，有效防止锅炉系统腐蚀、积盐等，达到提高能效比和节能降耗目的。火电厂锅炉和汽水系统常用的水质在线监测仪器应用简介如下。

（1）在线电导率监测仪

在线电导率监测是火电厂水质过程监测“四大关口仪表”之一。可反映出火电厂汽水系统总体可溶性含盐量和水质整体运行工况，但不能分辨出某一种离子的浓度。在使用中结构简单，维护方便，可靠性高。对电导率的监测必须经过有效的非线性温度补偿，才能避免监测过程中温度的影响，得到准确的测量数据。由于超纯水的特殊性，在接近理论纯水时，水的电离常数对温度补偿影响很大。超纯水的温度补偿，需要针对不同的水质（含中性盐、铵离子、氢离子等）建立不同的补偿模型，还要针对不同的电导率范围（0.055μS/cm、0.1μS/cm、0.2μS/cm……）拟合不同的补偿曲线，最终形成一个三维的多层网的补偿模型。这样就可以对不同温度下的电导率进行有效补偿。在电厂水质电导率的监测中，常出现表观电导率测量准确，但由于温度补偿不适用，而导致水质电导率监测的实际误差超过 50%的现象。因此必须做好电导率的有效温度补偿。

火电厂水处理系统出水或锅炉汽水系统的水，电导率往往都低于 0.2μS/cm，无法采用常规离线标准溶液进行标定。一方面是由于标准溶液电导率比电厂样品水电导率高出 1000 倍；另一方面是由于空气中 CO_2 溶入水样，会使样品电导率上升至 1～2 μS/cm，导致出现较大误差。

样品水经过氢型离子交换柱后，被氢离子置换阳离子后的水样的电导率称为氢电导率。氢电导率反应的是样品水中阴离子含量。在机组启动初期，往往会由于 CO_2 或者其他气体进入汽水循环系统，造成氢电导率监测数值偏高、汽水样品合格率低，导致机组启动时间延长。

采用沸腾法去除样品中的CO_2：把样品水加热并控制至临界沸腾状态使CO_2溢出，把蒸发气体有效去除后，可有效去除CO_2。除去CO_2后测得的氢电导率称为脱气氢电导率。

脱气氢电导率在线监测仪可以同时测量比电导率、氢电导率、脱气氢电导率、pH（德国VGB导则）等参数。采用脱气氢电导率对样品进行监测可以有效屏蔽掉水样中溶解CO_2对氢电导率测量值造成的影响，更加准确地反映样水电导率真实值。脱气氢电导率在线监测仪在缩短机组启动时间、监测凝汽器泄漏等诸多方面发挥重要作用。

（2）在线pH监测仪

在线pH监测仪也是火电厂水质过程监测“四大关口仪表”之一。火电厂监测汽水系统中pH的主要目的，是控制pH在一个特定范围内，防止系统中金属管路、炉壁被腐蚀，防止积盐和结垢。在线pH监测是保证机组汽水系统安全且经济、可靠运行的重要手段。

火电厂汽水系统中水质pH的监测，主要受样品流量、压力、污染物种类和含量、温度、静电等几方面因素影响。流动的水样不但会使参比电极的液接电位产生漂移，而且会使玻璃电极产生流动电位。压力的影响主要发生在内冷水监测时，当样品水有压力时，会阻碍参比电极填充液的渗出，对液接电位影响显著。

火电厂汽水属于超纯水，其缓冲能力差，易被污染，典型污染物是空气中的CO_2以及管路中氧化铁。样品温度偏离25℃时，需要对测量值进行补偿，水质不同，补偿系数往往也不同。超纯水的低导电性，会导致在流动过程中存在静电堆积现象，对高阻抗的pH电极影响很大，导致测量数据出现偏差。

对于凝结水、给水和蒸汽等纯度较高的水样，可根据实际需求选取计算法对pH进行监测。比电导率和氢电导率与pH有一定的对应关系，因此可以通过监测特定样品的比电导率和氢电导率来计算样品的pH。适用pH范围为7.5～10.5，能够解决纯水pH测量困难的问题，有效避免pH电极法在超纯水工况下测量的多种弊端。

（3）在线溶解氧监测仪

火电厂汽水系统中，氧腐蚀是最常见和严重的腐蚀，对溶解氧含量的控制可有效防止氧腐蚀。早期的机组，给水溶解氧的指标往往会控制在7μg/L以下，都属于除氧机组。后期出现加氧机组，需要把汽水系统中的溶解氧含量控制在一定范围内，才能实现防腐目的。在线溶解氧监测仪是火电厂水质过程监测“四大关口仪表”之一。火电厂汽水样品溶解氧监测一般采用极谱法。样品中溶解氧通过电极表面的覆膜渗入电极，电极电流大小与溶解氧含量成正比。溶解氧的监测会受电极膜、水样流速、水样温度等因素影响。

（4）在线钠离子监测仪

在线钠离子监测仪测量的是钠离子活度，主要用于监测发电厂凝结水和蒸汽品质。同pH监测仪类似，也受输入阻抗、液接电位、温度等因素影响。钠离子选择电极对氢离子也会充分响应。氢离子活度高时，如果水样不经过任何处理直接测量，对测量会产生严重的干扰。因此，在测量钠离子时，需要对水样进行碱化处理，将样品pH提高以降低氢离子活度，减少氢离子对钠离子测量的影响。在线钠离子监测仪具有响应速度快、信号反应灵敏等优点，可以及时发现凝汽器泄漏（尤其是沿海电厂）、精处理系统漏钠、蒸汽品质恶化等情况，对减少汽水系统腐蚀、结垢以及蒸汽系统积盐等有重要意义。

（5）在线硅酸根监测仪

在线硅酸根监测仪主要用于监测水处理和汽水系统的硅酸根含量。防止由于硅酸根含量过高导致锅炉系统出现积盐和结垢。适用于阴床、混床、精处理、蒸汽、炉水等过程水质监测。仪器主要包含光学检测、精密计量、数据传输等功能模块，是光机电一体化分析仪器。

火电厂锅炉汽水系统中，炉水硅酸根含量较大，其他样品水中的硅酸根含量均较低，浓度大多在 1～2μg/L。在配置硅酸根监测仪时，除需要考虑仪器检测下限是否满足现场监测的需求外，还需考虑仪器的干扰补偿能力是否满足需求，尤其是仪器对标液的本底补偿能力。

14.2.1.5　火电厂水质在线自动监测系统应用案例

（1）热力系统用水的在线自动监测

火电厂典型的热力系统用水流程图及流程中监测仪配置如图 14-2-1 所示。

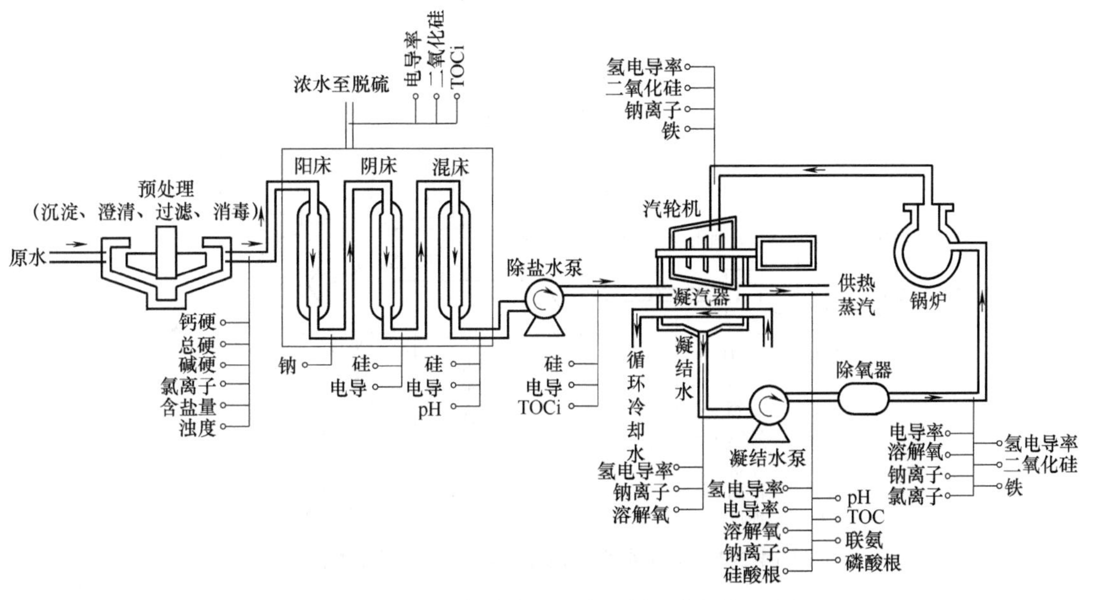

图 14-2-1　热力系统用水流程图及监测仪配置

原水需要经过化学制水，成为除盐水，才能补入机组锅炉汽水系统。该过程中应配置钙硬、总硬、碱度、氯离子、含盐量、浊度等参数的在线监测仪，对水质进行监测。并且应在阳床制水出口配置钠离子在线监测仪，阴床制水出口配置电导率、二氧化硅在线监测仪，混床制水出口配置二氧化硅、电导率、pH 在线监测仪。

水处理设备制水时所产生的浓水，排至脱硫系统再次利用，此处应配置电导率、二氧化硅、TOCi 在线监测仪。除盐水泵将水处理设备制得的除盐水输送至汽轮机的凝汽器内，作为热力系统补水，此处应配置电导率、二氧化硅、TOCi 在线监测仪。凝结水泵将热力系统补水和凝结水输送至除氧器，此处应配置电导率、溶解氧、氢电导率、钠离子、氯离子、二氧化硅、铁等监测仪。

经过除氧器除氧后的凝结水和热力系统补水被输送至锅炉，在锅炉内将该部分工业过程水加热为高温、高压蒸汽，利用蒸汽轮推动汽轮机做功发电。此处应配置钠离子、氢电导率、二氧化硅、铁等监测仪。蒸汽在汽轮机内做功后，一部分在凝汽器形成凝结水，形成连续循环；另一部分可作为工业或民用供热热源，该部分不回收。凝结水处应配置钠离子、溶解氧、氢电导率等监测仪；用于供热的蒸汽处应配置测 pH、电导率、氢电导率、溶解氧、钠离子、硅酸根、磷酸根、联氨等参数的在线监测仪。

（2）循环水系统在线自动监测应用

火电厂典型的循环水系统用水流程及监测仪表配置，参见图 14-2-2 所示。进入电厂的原水由于含有各类杂质，不能直接补给循环水系统，在经过水处理后由冷却水补给泵将其补入循环水系统，此处应配置电导率、氯离子、pH、浊度等监测仪。

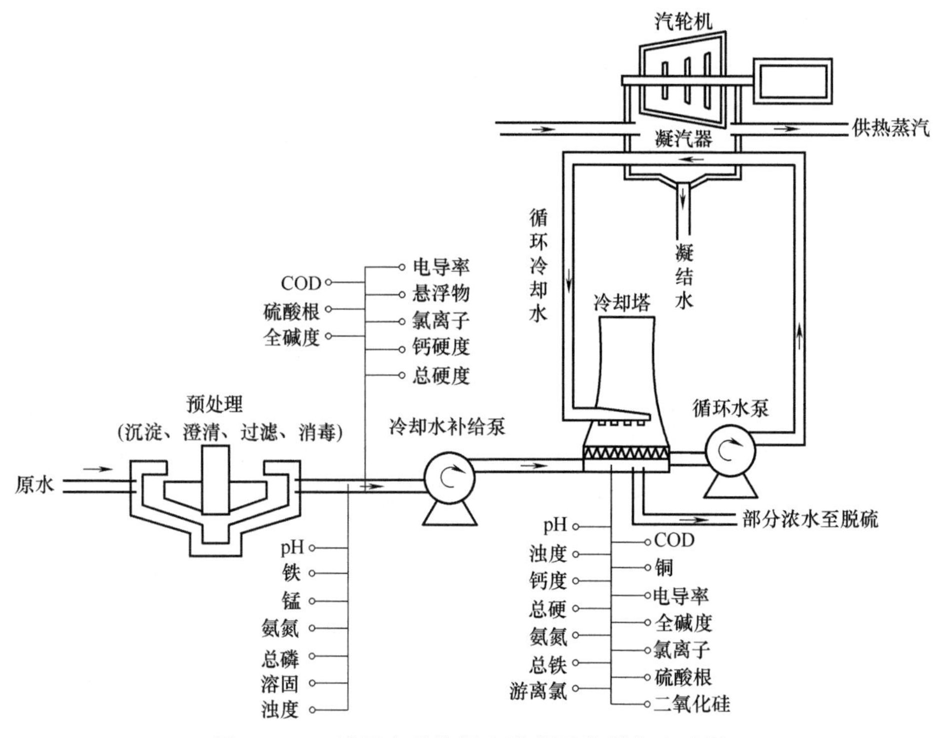

图 14-2-2　循环水系统用水流程及监测仪表配置

循环水泵将进入冷却塔内的循环冷却水输送至凝汽器内进行换热，对做功后的蒸汽进行冷却，此后循环冷却水进入冷却塔。此处应配置 pH、浊度、电导率、二氧化硅等监测仪。

（3）湿法脱硫系统用水在线自动监测应用

典型的湿法脱硫系统用水流程及监测仪表配置，参见图 14-2-3。

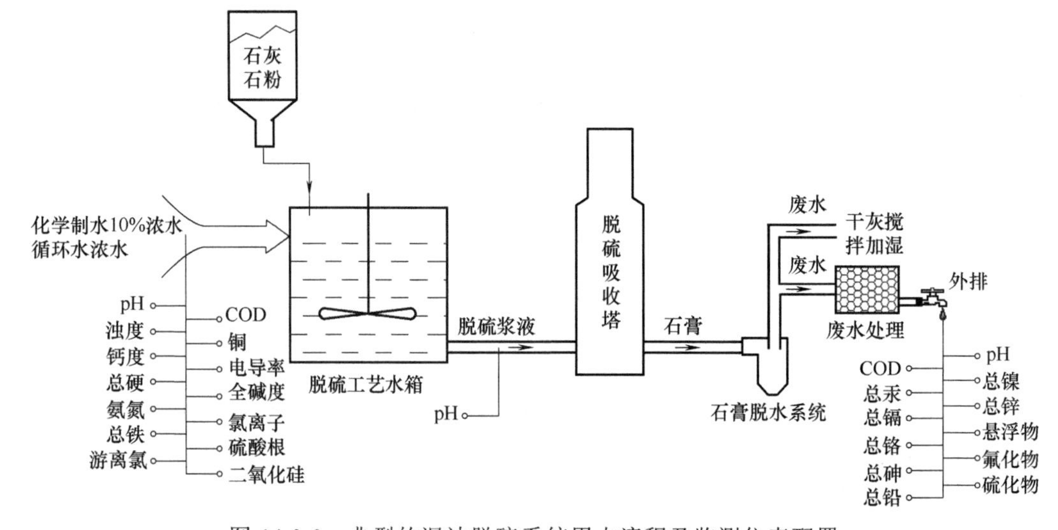

图 14-2-3　典型的湿法脱硫系统用水流程及监测仪表配置

湿法脱硫系统用水来自化学制水产生的浓水及循环水系统浓水。脱硫工艺处应配置 pH、钙硬、硫酸根、亚硫酸根、悬浮物、总硬度、氯离子、等参数的监测仪。脱硫浆液在脱硫吸收塔内吸收烟气中的二氧化硫进行反应。此工艺段应配置脱硫浆液 pH 在线监测仪。

14.2.1.6　火电厂废水零排放及监测项目的应用

（1）火电厂废水主要来源、零排放定义及监测项目

火电厂废水来源主要包括循环水排污水、灰渣废水、工业冷却水排水、机组杂排水、含煤废水、油库冲洗水、化学水处理工艺废水、生活污水等，见图 14-2-4。

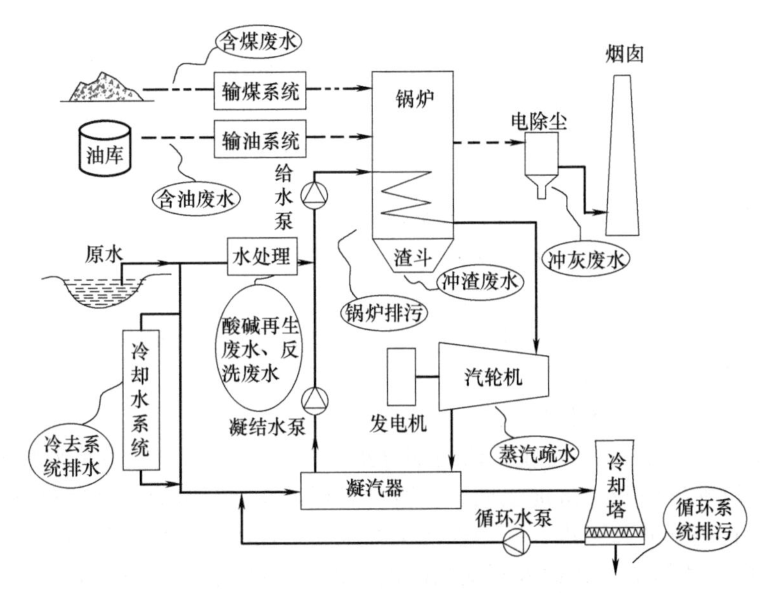

图 14-2-4　火电厂废水主要来源示意图

火电厂废水零排放的定义为：电厂不向地面水域排放任何形式的水（排除或渗出），所有离开电厂的水都是以湿气的形式排放或是固化在灰或渣中。火电厂废水零排放工程会对废水进行盐和水的分离。分离出来的低盐水进一步综合利用；分离出来的盐和固体无害物质，至少能作为一般固体废物进行处置或资源化利用。如此即可不向外界排出对环境有任何不良影响的水。

火电厂废水具有种类多、来源广、成分复杂等特点。各类废水经过处理后可以实现“一水多用，梯级利用”、废水不外排。对各类废水的监测项目进行自动检测，及时对末端废水进行处理并且实现全部回收利用，是实现废水零排放的关键。火电厂废水的水质监测项目参见表 14-2-2。

表 14-2-2　火电厂废水的水质监测项目

废水种类	监测项目
脱硫废水	pH、悬浮物、COD_{Cr}、氟化物、砷、硫化物、重金属、氯
灰场排水	pH、悬浮物、COD_{Cr}、氟化物、砷、硫化物、重金属、挥发酚
厂区工业废水	pH、悬浮物、COD_{Cr}、氟化物、砷、硫化物、石油
化学酸碱废水	pH
生活污水	pH、悬浮物、COD_{Cr}、BOD_5、动植物油、LAS、氨氮、硝酸盐
煤系统排水	pH、悬浮物、COD_{Cr}、石油、挥发酚

（2）脱硫废水

火电厂最终产生的无法消耗的末端废水为高含盐量、成分复杂的脱硫废水。火电厂全厂所有用水中的盐分全部通过各种形式转移进入该部分废水。这类废水工况条件复杂。末端废水属于硫酸钙的饱和溶液，结垢倾向大，腐蚀性强，因此监测难度大、监测项目多，需要的监测仪器设备多。

脱硫废水作为火电厂末端废水，水体中既含有一类污染物，又含有二类污染物。所含一类污染物有镉、汞、铅、镍等重金属离子，直接外排会对环境造成很强的污染；所含二类污染物质有氟化物、硫化物等。而且废水中COD、悬浮物含量等也都较高。

脱硫废水特点：

① 含盐量高。火电厂脱硫废水中含有较高盐量，并且随着机组负荷变化含盐量也会发生很大变化，变化范围一般在30000～60000mg/L。

② 悬浮物含量高。脱硫废水是由石灰石-石膏湿法脱硫产生的，悬浮物含量有时可高达50000mg/L。

③ 成分复杂，水质变化大。含有各种金属和非金属污染物离子，成分较多，并且随着机组负荷变化水质成分也会发生较大变化。

④ 腐蚀性强。含有酸性物质，具有较强的腐蚀性。

⑤ 硬度强，易结垢。由于废水中含有大量钙镁等离子，并且硫酸钙基本呈饱和状态，很容易产生结垢现象。

（3）脱硫废水零排放技术处理工艺

主要由预处理工艺和深度处理工艺两部分组成。预处理工艺段首先对废水进行化学软化，使污染物经过酸碱中和、沉淀反应、絮凝剂处理，与水分分离。深度处理工艺通过蒸发结晶单元和对产物进行分离干燥包装，使污染物或为干燥固体，实现废水零排放。

① 中和　向中和箱中不断加入石灰乳碱液并进行搅拌，将废水pH从5.5左右调节至9.0以上，在此条件下废水中Fe^{3+}、Zn^{2+}、Cu^{2+}、Ni^{2+}等重金属离子生成氢氧化物沉淀。石灰乳中Ca^{2+}可与F^-反应生成难溶于水的CaF_2，除去废水中氟离子。Ca^{2+}可与As^{3+}络合生成$Ca_3(AsO_3)_2$等难溶物质。此工艺段建议配置pH、SS、重金属等监测仪。

② 沉淀　经过中和工艺段后，Ca^{2+}、Hg^{2+}、Pb^{2+}等以离子形态存留在废水中并且含量较高，可向沉淀箱加入有机硫化物（TMT-15），使其与Ca^{2+}、Hg^{2+}、Pb^{2+}等离子反应生成难溶的硫化物沉淀下来。此工艺段建议配置SS、泥水界面等监测仪。

③ 絮凝　向絮凝箱中加入絮凝剂、助凝剂可将石膏颗粒、SiO_2以及Fe和Al的氢氧化物等悬浮物小颗粒絮凝成大颗粒沉积下来。此工艺段建议配置SS、泥水界面等监测仪。

④ 浓缩和澄清　经絮凝工艺处理后的废水进入浓缩和澄清工艺段，底部大部分污泥经泵输送至脱水机进行脱水，小部分污泥输送至中和反应池进行回用，为沉淀工艺提供晶核。上部清水通过溢流口送至净水箱。此工艺段最好配置pH、重金属、悬浮物、COD等监测仪对净水进行检测。如果监测指标不达标，则将其送回到中和反应池继续进行处理。水样取样位置应该设置在水处理系统出口位置，样品应在2h内采集完毕并混匀进行检测，可连续采样或间隔采样。间隔采样时至少等量采集5个样品，最小采样间隔不得小于5min。如表14-2-3所示为脱硫废水处理系统澄清池或出口监测项目和污染物最高排放浓度。

⑤ 回用　净水在中间水池经pH调节后，进入废水深度处理工艺。深度处理工艺将水分和盐分进行分离。分离的水分进入回水池进行回用，盐分外运进行重复利用。回用水可作为循环冷却水补水进行循环使用。建议配置pH、COD、氨氮、全盐量、Cl^-、SO_4^{2-}、Ca^{2+}、Mg^{2+}

等监测仪对回用水进行水质指标监测。

表 14-2-3　脱硫废水处理系统的监测项目及污染物最高排放浓度

序号	监测项目	控制值或最高排放值	序号	监测项目	控制值或最高排放值
1	总汞/(mg/L)	0.05	7	总锌/(mg/L)	2.0
2	总镉/(mg/L)	0.1	8	悬浮物/(mg/L)	70
3	总铬/(mg/L)	1.5	9	化学需氧量/(mg/L)	150
4	总砷/(mg/L)	0.5	10	氟化物/(mg/L)	30
5	总铅/(mg/L)	1.0	11	硫化物/(mg/L)	1.0
6	总镍/(mg/L)	1.0	12	pH	6～9

14.2.2　生活饮用水生产工艺过程水质在线监测技术

生活饮用水的水质指标监测，包括生产过程工艺监测和卫生安全指标监测两大类。生产过程工艺监测指标也包括一部分卫生安全指标，如 COD_{Mn}、浊度、pH 等。浊度、污泥浓度等是生产过程中工艺控制的监测指标，COD、氨氮、硝氮等是饮用水卫生安全监测指标。

对自来水厂各工艺环节水质指标参数进行监测，可以提高净水工艺管理水平，节能降耗，为饮用水水质提供安全保障。随着仪器自动化、智能化的发展，各类在线分析仪在检测速度、准确性、连续分析等方面都得到了提高，并且也得到了越来越广泛的应用和重视。

（1）净水处理工艺流程

自来水厂在生产过程中通过取水泵站汲取江、河、湖、库中的水以及地下水等作为原水。所汲取的原水水体中不可避免地会含有悬浮物、胶体、溶解物三大类杂质，不能直接饮用或用于生产、生活。必须按照 GB 5749—2006《生活饮用水卫生标准》和 CJ/T 206—2005《城市供水水质标准》的要求对原水进行净化处理，才能生产出满足生活、饮用卫生要求或工业生产需求的水。

通常工艺处理有常规处理方法和特殊处理方法。其中，常规处理方法包括混凝、沉淀（澄清）、过滤、消毒等；特殊处理方法包括除臭、除味、除铁、除锰、除氟、除盐等。水厂净水处理工艺流程示意参见图 14-2-5 所示。

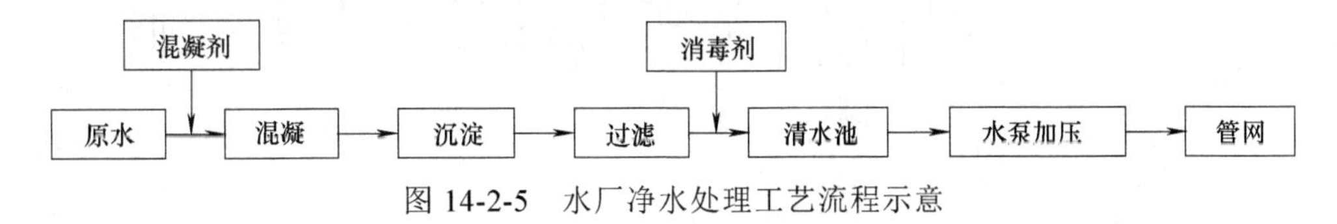

图 14-2-5　水厂净水处理工艺流程示意

（2）生活饮用水生产过程的水质在线监测技术

在生活饮用水生产过程中，水质在线监测的主要作用表现在水处理前原水污染预警、水处理中工艺调整、水处理后供水安全保障。

① 水厂原水水质监测　进入水厂的水源地原水水质必须符合或优于 GB 3838—2002《地表水环境质量标准》中Ⅲ类水的要求，或者符合 CJ 3020—1993《生活饮用水水源水质标准》、CJ/T 206—2005《城市供水水质标准》中关于水源地水质指标的要求。应对原水水源取水点及其上游河段 1000m、水库取水点等进行 COD_{Mn}、氨氮、总磷、总氮等参数的监

测。各地区可按当地水源水质特点配置其他特殊的水质监测仪，如果水源地水质为氟含量高的苦咸水，建议配置在线氟监测仪；如果水源地有受盐潮影响的可能，需配置海水浓度分析仪（氯离子）；如果水源地为有藻类污染风险的湖泊、水库等，需配置蓝绿藻、叶绿素分析仪。

② 预处理工艺段水质监测　对于含铁、锰、氟的原水，以及苦咸水和藻类水源水，需要进行相应工艺的预处理。在预处理工艺段建议配置氨氮、COD_{Mn}、TOC、pH、温度、浊度、余氯、总氯、二氧化氯、臭氧等在线监测仪。加装曝气工艺除铁、锰等的预处理工艺段，建议加装荧光法溶解氧在线监测仪对溶解氧进行监测。对于采用化学药剂除藻的工艺，建议加装如余氯、总氯、二氧化氯、臭氧等监测仪，对臭氧或二氧化氯加药量进行调节。

③ 混凝沉淀工艺段水质监测　混凝沉淀工艺段以混合池进水浊度、pH、流量等为反馈参数调节混凝剂和助凝剂的投加量，以沉淀池出口水质浊度为依据判断混凝沉淀工艺运行效果。沉淀池或澄清池通过对污泥浓度和泥水界面的在线监测对排泥周期进行优化调整，确保工艺稳定、可靠运行。建议配置：浊度、pH、碱度、污泥浓度、泥水界面等参数的在线监测仪。

④ 过滤工艺段水质监测　过滤工艺可以将沉淀池出水中悬浮杂质、颗粒物和微生物等有效去除。GB 5749—2006 要求管网水质浊度低于 1NTU。此工艺段建议配置浊度在线监测仪，对反冲洗排水和滤池出水进行监测。

⑤ 消毒工艺段水质监测　在消毒工艺段既需要保证对出水中微生物（如细菌、病原体等）的灭活效果，还得保持供水管网水中消毒剂余量不超标，确保供水管网水质稳定。建议配置余氯、总氯、一氯胺、二氧化氯等参数的在线监测仪，对消毒剂投加量进行反馈和控制。

⑥ 自来水厂出水水质监测　滤后出厂水进入管网前的水质在线监测是安全供水的重要保障。一般配置：浊度、余氯、总氯（采用 DPD 法）、一氯胺、二氧化氯、氨氮、pH、COD_{Mn}、TOC 等参数的在线监测仪。

⑦ 管网水质监测　通过管网水质的监测，可以及时掌握给水在管网输送过程中二次污染情况，也可供水厂根据监测数据及时调整净水处理工艺，保证供水品质。建议配置：浊度、余氯（建议采用 DPD 法）、二氧化氯、pH、温度、TOC 等参数的在线监测仪。

城镇供水水处理流程中各水处理工艺段水质在线监测仪的配置情况参见图 14-2-6。

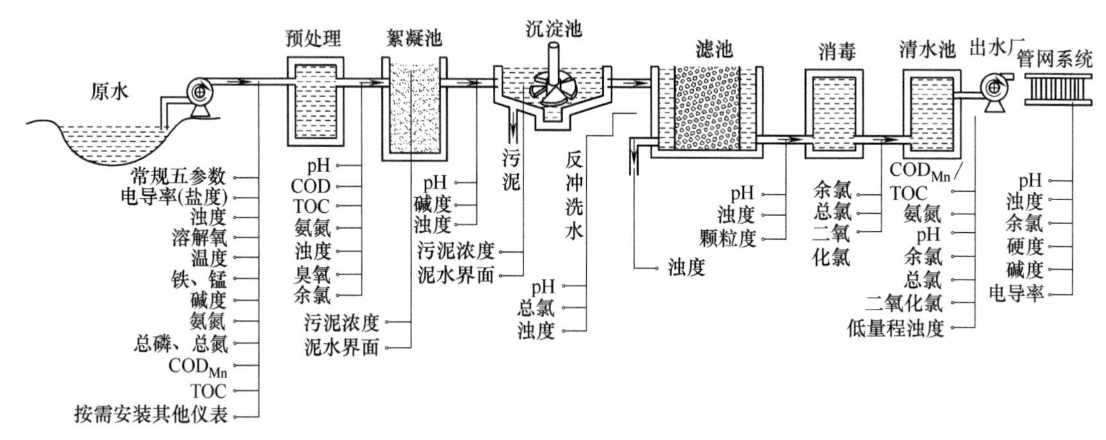

图 14-2-6　城镇供水水处理流程中各水处理工艺段水质在线监测仪的配置

（3）生活饮用水水质安全卫生指标及检测

生活饮用水水质安全卫生指标的检测，应选择适合当地水质实际情况、具有代表意义的水质指标。在 GB 5749—2006 中规定的常规检测指标有 38 项，关于集中式供水出厂水中消毒剂限制、出厂水和管网末梢水中消毒剂余量的检测指标 4 项，非常规检测指标 64 项，共 106 项。

14.2.3　城镇生活污水处理及污染源废水自动监测技术

城镇生活污水处理工艺技术的选择，主要是根据其水质特点及排放要求而确定。城镇生活污水的主要污染物为悬浮物、有机物、氮、磷这几类。按它们在水中的存在状态可分为悬浮物、胶体和溶解物三大类；按照它们的化学特性可分为无机物和有机物。

污染源废水在线监测系统的组成框图参见图 14-2-7 所示。

污染源废水在线监测系统主要包括流量监测单元、自动采样单元、在线监测仪器、数据控制单元以及相应的建筑设施等。

（1）流量监测单元

需测定流量的排污单位，要根据地形和排水方式及排水量大小，在排放口上游修建一段特殊渠（管）道的测流段，以满足测量流量、流速要求。可选择明渠流量计或管道流量计，明渠流量计一般可安装三角形薄壁堰、矩形薄壁堰、巴歇尔槽等标准化计量堰（槽）。标准化计量堰（槽）的建设应能够清除堰板附近堆积物，能够进行明渠流量计比对工作。管道及周围应留有足够的长度及空间，以满足管道流量计的计量检定和手工比对。

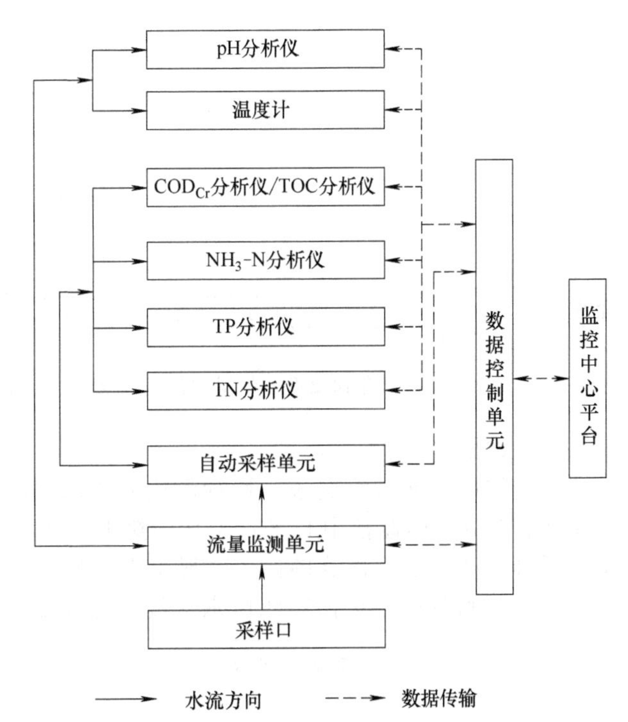

图 14-2-7　污染源废水在线监测系统组成框图

（2）监测站房

典型的监测站房平面布局示意参见图 14-2-8。

污染源废水在线监测现场应建有专用监测站房。监测站房应能保证污染源废水在线监测系统机柜的安装、运行和维护，使用面积应不小于 $15m^2$，站房高度不低于 2.8m。监测站房应安装空调和冬季采暖设备，保证室内清洁，环境温度、相对湿度和大气压等应符合 GB/T 17214.1—1998 的要求。

（3）自动采样单元

自动采样单元具有采集瞬时水样、混合水样、混匀及暂存水样、自动清洗及排空混匀桶以及留样功能。自动采样单元的构造应保证将水样不变质地输送到各分析仪，应有必要的防冻和防腐设施。自动采样单元应设置混合水样的人工比对采样口，管路宜设置为明管，并标注水流方向。

pH 分析仪和温度计应原位测量或测量瞬时水样；COD_{Cr}、TOC、NH_3-N、TP、TN 分析仪应测量混合水样。

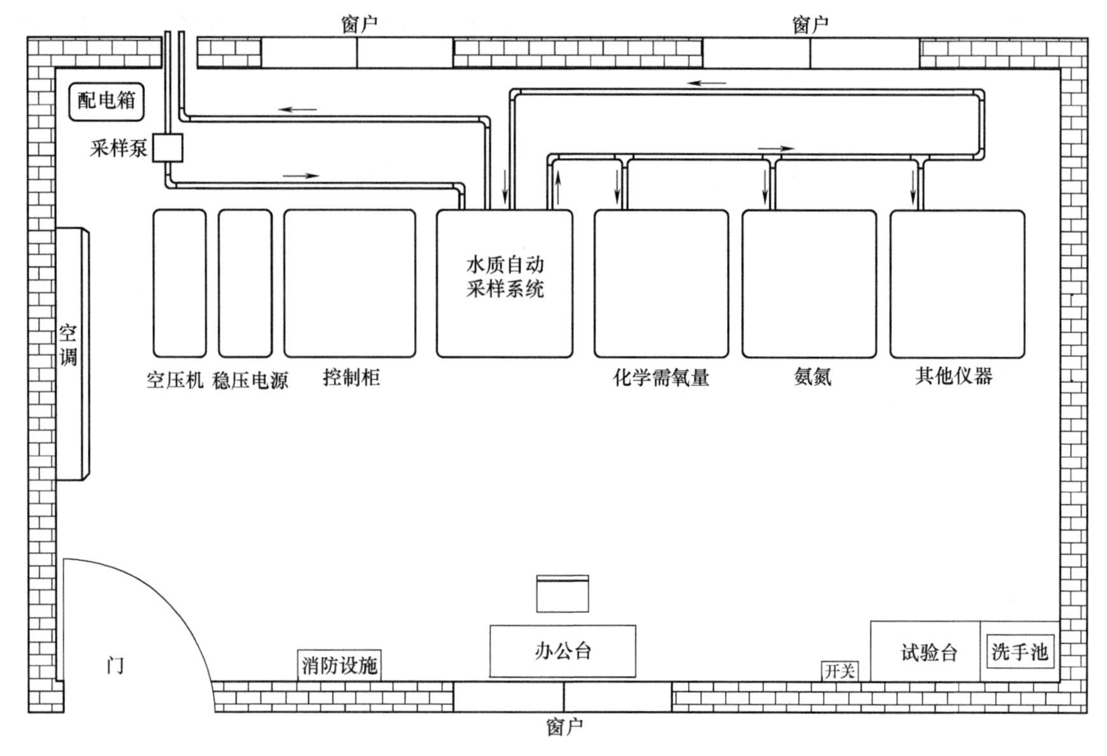

图 14-2-8 典型的污染源废水在线监测站房平面布局示意

（4）数据控制单元

数据控制单元可协调统一运行污染源废水在线监测系统，采集、储存、显示监测数据，记录运行日志，向监控中心平台上传污染源废水监测数据。数据控制单元可控制自动采样单元采样、送样及留样等操作，控制在线监测仪器进行测量、标液核查和校准等操作。数据控制单元可读取各个污染源废水在线监测仪器的测量数据，并实现实时数据、小时均值和日均值等项目的查询与显示，并通过数据采集传输仪上传至监控中心平台。数据控制单元应记录并上传污染源废水监测的数据，上报监测数据应带有时间和数据状态标识，数据控制单元可生成、显示各污染源废水在线监测数据的日统计表、月统计表和年统计表。

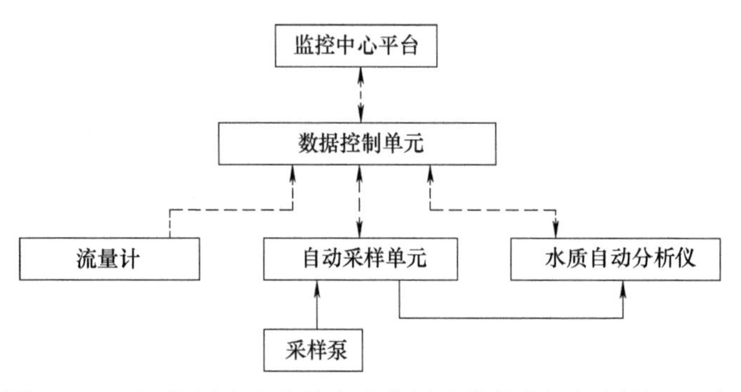

图 14-2-9 污染源废水在线自动监测系统的数据控制单元示意

——→ 水流方向；- - -→ 数据信息

污染源废水在线自动监测系统的数据控制单元示意参见图 14-2-9。

14.2.4 新一代水环境一体化监测监管技术解决方案

目前，国内的水环境质量与污染源废水的监控网络覆盖范围窄，监测指标不全，尚不能完全满足水环境质量评估、考核、预警、溯源的需求，尚未能实现可视化表征水环境现状和污染问题。对重点管控的区域、时段、因素独立监测及预警功能弱，对污染监管缺少预见性、时效性；无法精准溯源，对水环境污染的处置缺少定责依据，尚不能靶向施策和有效管控。

为实现水环境质量的达标改善，需要在现有的各种水环境监测系统、水环境监测工作站、水环境监测网络平台基础上，建立全域感知系统，通过分析预警、污染溯源，以及采用大数据分析和综合管理平台的应用，实现对水环境的精准管控。

以聚光科技公司提出的水环境“查、测、溯、控”一体化监管解决方案为例，简介如下。

（1）方案框架 建立水环境监测的感知体系和应用支撑平台，通过“查、测、溯、控”等手段，实现水环境质量达标改善。方案框架参见图14-2-10。

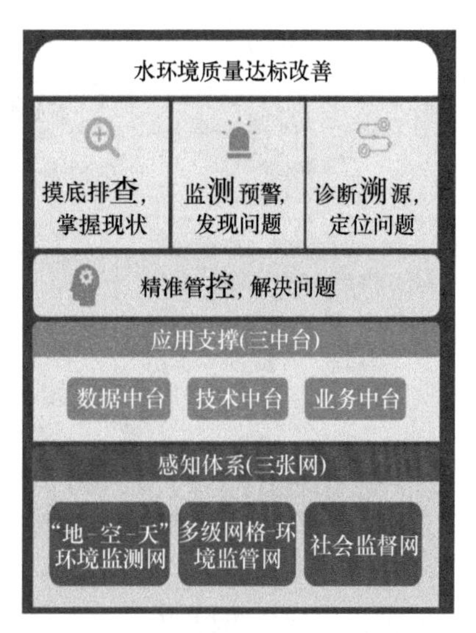

图14-2-10 水环境监测方案框架

（2）全域感知

①构建水环境“空-天-地”一体化监测网，包括近地面水域工作站监测、无人机航拍监测及卫星遥感全域监测等，参见图14-2-11。

图14-2-11 全域感知的一体化监测

② 构建“源网厂河”全过程监控系统，完成水源地、管网、水厂、入河口等水质信息的全覆盖收集。采取移动式+固定式多种水质监测技术支撑，全面感知水源环境的各类水质指标，通过物联网平台稳定接入监测的大量数据，做好数据质量控制，实现大数据共享与综合应用。“源网厂河”全过程监控系统参见图14-2-12。

（3）分析预警

通过多元分析、多维预警，实现长效管控。面向河流、黑臭水体、饮用水源、近海水域、地下水，进行全方位、有针对性的分析评估，对水环境的过去、现在、未来进行长效评估分析，结合水质、水文、污染排放等数据，构建基于水质大数据的预测预警模型，提升水环境风险防控能力。多元分析案例参见图14-2-13。多维预警案例参见图14-2-14。

（4）污染溯源

基于环境资源数据中心，结合上游来水、本地污染贡献、客观因素等影响，追溯污染源至河流区段。针对目标区段，精准识别污染的主要影响因素和可疑来源，辅助管理部门精准决策。污染溯源框图参见图14-2-15。

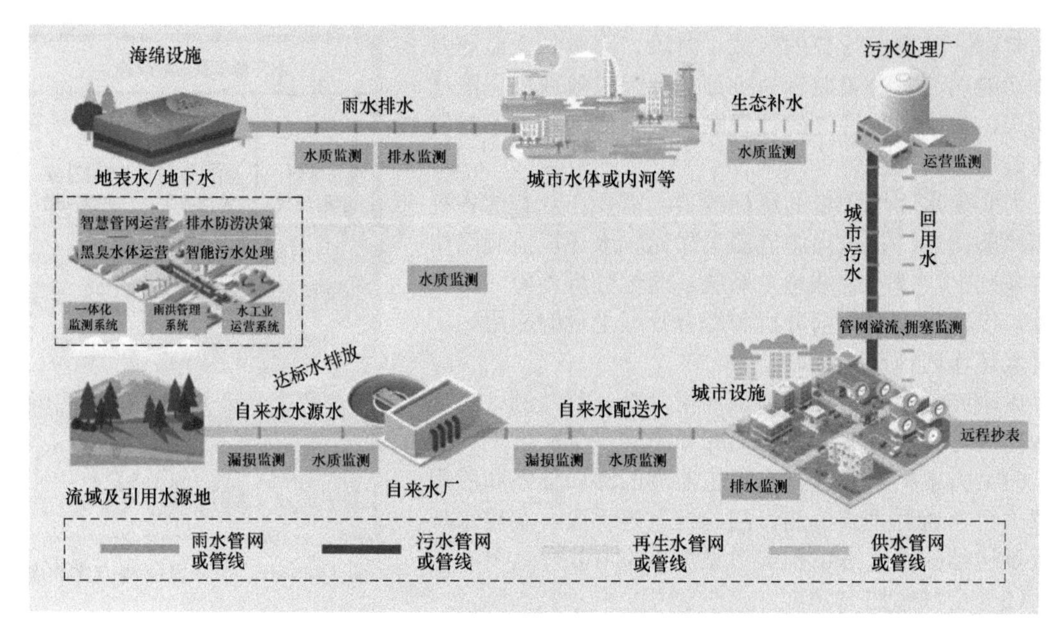

图 14-2-12　“源网厂河”全过程监控系统

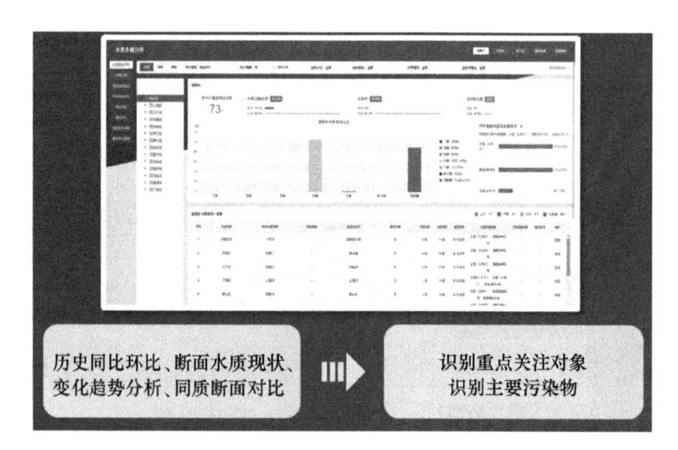

图 14-2-13　多元分析案例

图 14-2-14　多维预警案例

（5）协同管控

构建多级网格化“定人-定责-履责-问责”环境监管责任体系，形成全面覆盖、重点突出，网格到底、责任到人，属地管理、层层履职，上下联动、部门协同管控的精细化水环境监管模式。协同管控的网格化管理包括五大类网格：空间网格、责任网格、业务网格、考核网格和决策网格等，协同管控框图参见图 14-2-16。

图 14-2-15　污染溯源框图

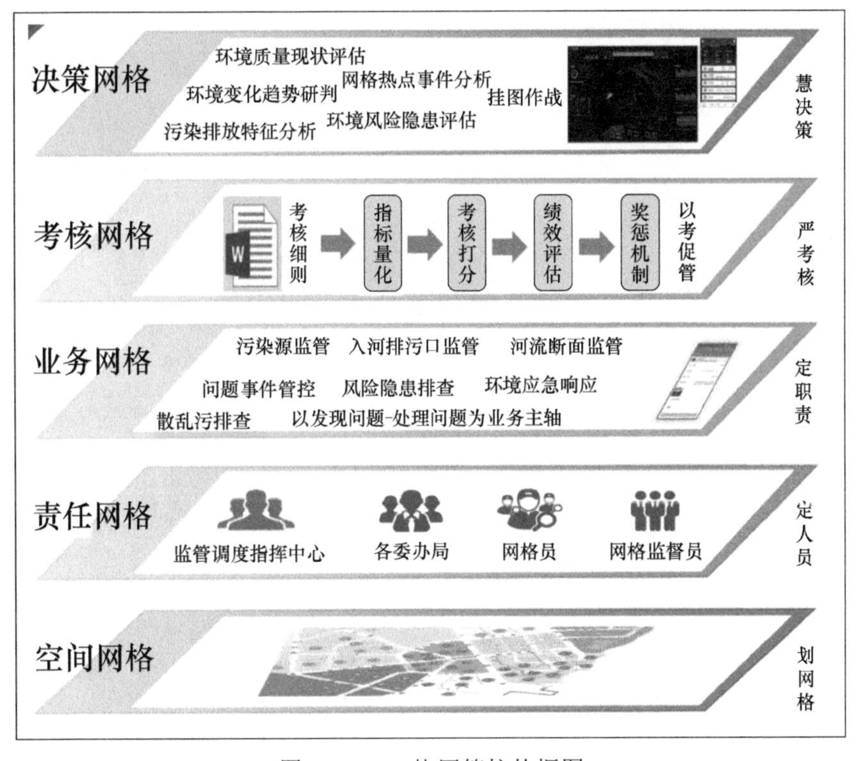

图 14-2-16　协同管控的框图

［本章编写：北京华科仪　陈云龙、丁瑞峰；哈希（上海）　郝琪、雷斌、曲磊；朱卫东］

在线分析仪器在流程工业中的应用

第 15 章 在线分析仪器在流程工业中的应用技术

15.1 在线分析仪器在石化等流程工业中的应用技术

15.1.1 在石油炼制工业主要工艺过程中的应用

15.1.1.1 石油炼制工艺过程

石油炼制工艺过程可分为原油初加工、原油深加工、产品精制和炼厂气加工等四部分。

（1）原油初加工

通常指常压蒸馏和减压蒸馏：根据原油各组分沸点的不同在常压和减压条件下加热蒸馏，将其“切割”成不同沸点范围的馏分，获得直馏汽油、煤油、柴油等轻质馏分和重质油馏分及渣油。

（2）原油深加工

原油初加工产品进行深度加工的过程，主要有催化裂化、加氢裂化、催化重整、芳烃抽提以及延迟焦化等。

① 催化裂化　以常压重柴油、减压馏分油为主要原料（添入少量减压渣油），在 500℃和催化剂作用下使重质油发生裂化反应，转化成催化汽油、催化柴油等轻质油和以 C_3、C_4为主的炼厂气。

② 加氢裂化　加氢裂化实质上是加氢和催化裂化过程的有机结合，是将重质油在 380～420℃和 16～18MPa 下进行加氢和催化裂化反应，使其转化成汽油、煤油、柴油、炼厂气和加氢裂化尾油。

③催化重整、芳烃抽提　以常压直馏汽油为原料，在催化剂作用下，对汽油馏分中的烃类分子结构进行重新排列，形成新的分子结构。催化重整可提高汽油的辛烷值并副产氢气，再通过芳烃抽提提取出重整汽油中的苯、甲苯、二甲苯。

④ 延迟焦化　以减压渣油为主要原料，在高温（500～550℃）下进行热裂化反应。其特点是在加热炉中加热，延迟到焦炭塔里去焦化。主要产品是焦化汽油、焦化柴油和石油焦。

（3）产品精制

主要有加氢精制、制氢、脱硫以及硫黄回收等工艺过程。

① 加氢精制　在氢气存在和一定温度（340～360℃）压力（8MPa）下脱除油品中的硫、氮、氧和重金属杂质，并使烯烃饱和。石油产品需要加氢精制的主要是催化汽油、催化柴油和焦化汽油、焦化柴油，以及含硫原油生产的直馏汽油、煤油、柴油。

② 制氢　催化重整副产的氢气往往不能满足加氢精制和加氢裂化对氢气的需求，所以多数炼油厂设有制氢装置，采用以轻烃为原料的蒸汽转化法制取氢气。其工艺流程为：原料脱硫—蒸汽转化—一氧化碳变换—脱除二氧化碳—甲烷化。

③ 脱硫和硫黄回收　炼油厂加氢装置循环氢气脱硫以及含硫污水汽提脱硫等产生的含硫气体通常称为酸性气。利用克劳斯（Claus）硫黄回收工艺将其中绝大部分硫化氢转化为硫黄，然后采用尾气处理工艺，如斯科特（Scot）工艺，对尾气中的硫化物加以处理，以达到排放标准。

（4）炼厂气加工

主要有气体分馏、生产MTBE和烷基化等工艺过程。

① 气体分馏　对以C_3、C_4为主的液化石油气进行精馏分离。

② 生产甲基叔丁基醚（MTBE）　MTBE是高辛烷值汽油调和的主要材料，它是由气体分馏装置产出的异丁烯和甲醇，在催化剂（强酸性阳离子交换树脂）作用下进行合成醚化反应生成的。

③ 烷基化　烷基化油主要用于高辛烷值汽油调和，其组成主要是异辛烷。气体分馏装置产出的异丁烷和各种丁烯组分在酸性催化剂（硫酸、氢氟酸）作用下进行加成反应，使油品烷基化。

15.1.1.2　在线分析仪器在炼油工业中的应用

在炼油工业过程中应用在线分析仪器，主要目的是保障装置安全、生产过程优化、产品质量控制，以及环境保护监测等。常用的在线分析仪主要有气体分析仪、水质分析仪、油品质量分析仪、环境监测分析仪等。

现代化大型炼油企业的生产过程离不开在线分析仪器的应用，如用于气体分馏装置C_3和C_4组分分析、催化重整装置C_6～C_8组分分析、芳烃抽提装置三苯产品分析、对二甲苯装置产品分析和过程控制、汽柴油产品总硫含量分析等。

炼油企业使用的在线分析仪器主要有：

① 气体分析仪：顺磁氧分析仪、红外分析仪、近红外分析仪、激光气体分析仪、氧化锆氧分析仪、电化学氧分析仪、在线色谱仪、拉曼光谱仪等。

② 水质分析仪：pH计，电导率分析仪，浊度计，硅、钠、磷分析仪，溶解氧及COD分析仪等。

③ 油品分析仪：对倾点、闪点、冰点、蒸气压、密度、黏度、馏程、总硫、辛烷值等进行分析测量的仪器。

④ 环境监测分析仪：对SO_2、NO_x、颗粒度、VOC等进行分析测量的仪器。

炼油工业部分工艺过程中的在线分析仪器应用，举例如下。

（1）加热炉设备中在线分析仪器的应用

炼油过程大量使用加热炉，主要涉及节能环保和提高燃烧效率。为优化燃烧，需要测量加热炉辐射段和烟气出口含氧量和CO，用于燃烧优化控制。由于该段的烟气温度高达900℃，宜采用抽取式高温氧化锆或使用对穿式激光分析仪测量氧和 CO。

（2）催化裂化（FCC）装置再生烟气的在线分析应用

测量再生烟气中的 O_2、CO、CO_2 含量，主要用于优化控制反应-再生系统的热平衡、烧焦强度和催化剂的循环量，有助于催化剂最大程度地再生和发挥其活性。

图 15-1-1 为催化裂化装置反应-再生系统工艺流程示意图。

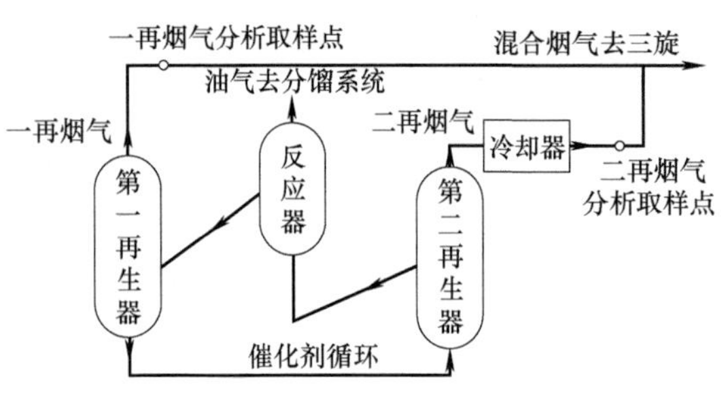

图 15-1-1　催化裂化装置反应-再生系统工艺流程

测量一再烟气和二再烟气的重点是不一样的：第一再生器内的再生反应是缺氧反应，要求测量 CO 和 CO_2；第二再生器内的再生反应为富氧反应，要求测量 O_2 和 CO_2。测量一再烟气的 CO 与二再烟气的 CO_2 的目的有两个：一是在操作中均衡分配一再与二再的烧焦负荷；二是推算出催化剂表面的焦炭含量，达到优化操作的目的。测量二再的 O_2 是为了将过量的氧含量控制在一定的范围内。若氧含量太少，催化剂表面的焦炭没有完全燃烧，活性没有恢复； 若氧含量太多，不仅造成浪费，还会引起两个再生器的烟气混合后形成燃烧的条件，发生二次燃烧，损坏设备，造成重大事故。

催化裂化再生烟气的温度高达 650℃以上，压力约为 0.2～0.4MPa，烟气中含大量细的催化剂粉尘、水蒸气和酸性气体（SO_2、CO_2 等），使样品输送和处理相当困难。粉尘和水易板结，会堵塞样品输送管；酸性气体与水混合后会对样品输送系统造成腐蚀；样品的高温也加剧了样品输送管道的腐蚀和磨损。再生烟气取样点的样品组成和工艺条件参见表 15-1-1。

表 15-1-1　催化裂化再生烟气取样点样品组成和工艺条件

组成	一再取样点	二再取样点
CO	5%	0.005%（50μmol/mol）
CO_2	12%	15%
O_2	<0.5%	2%～5%
SO_2	<0.04%（400μmol/mol）	0.025%（250μmol/mol）
NO	<0.001%（10μmol/mol）	<0.001%（10μmol/mol）
N_2	60%	70%
H_2O	<15%	<15%
粉尘含量	500mg/m^3	1150mg/m^3
压力	0.2MPa	0.2MPa
温度	650～700℃	350～400℃

再生烟气分析通常采用取样式在线分析系统及原位式在线分析系统两种方法。

再生烟气的取样式分析系统大多采用在线红外分析仪测量 CO 和 CO_2，磁氧分析仪测量 O_2。取样分析的难点是样品条件恶劣，需要设计特殊的取样处理系统，采用高温蒸汽喷射取样处理系统或特殊的回流式取样器，回流式取样器可参见 16.1.2.2 节的介绍。

原位式在线分析系统大多采用半导体激光气体分析仪，无需取样处理，可直接安装在 FCC 烟气管道上，近几年已经得到推广应用。但由于样品条件恶劣，同样存在光学部分易污染以及仪器难以现场标定等应用难点。

（3）催化裂化再生烟气脱硫装置中在线分析仪器的应用

洗涤吸收系统是烟气脱硫系统的核心，主要包括洗涤塔、急冷喷嘴、喷淋喷嘴、滤清模块、气液分离器、浆液循环泵、滤清模块泵和烟囱等。脱硫后的烟气上升进入气液分离器。气液分离后，液体经气液分离器底部落入脱硫塔底，脱水后的净烟气经上部烟囱（塔底至烟囱顶部约60m高）排入大气。

采用30% NaOH溶液作吸收剂的脱硫机理是：二氧化硫溶于水生成亚硫酸溶液，与NaOH进行酸碱中和反应生成亚硫酸钠和硫酸钠。为保持洗涤塔中吸收液的pH值满足吸收二氧化硫的要求，需连续不断地将30% NaOH溶液补充到吸收液中。浆液循环泵和滤清模块循环泵入口总管上分别装有pH计，DCS通过调节进入洗涤塔的碱液量，使吸收塔中浆液的pH值控制在7左右。吸收剂溶液在循环使用中，为防止催化剂积累，装置运行中需排出部分吸收液进入排出液处理系统。由洗涤塔浆液循环泵送来的废水先送入胀鼓式过滤器（两台切换使用）过滤，污泥从过滤器底部排到过滤箱。

胀鼓式过滤器排出的上清液自流进入3台氧化罐，在氧化罐内用空气对废液进行氧化（氧化罐内设有搅拌器），降低其COD。经过氧化处理后的废水pH值会降低，用pH在线分析仪监测氧化罐出水的pH值，通过碱液管道上的调节阀控制加碱量，使出装置的废水pH值维持在6～9范围内。

烟气脱硫装置通常配置7台pH计、1台密度计、2套CEMS系统、1套COD分析系统。

（4）催化重整装置中在线色谱仪的应用

① 催化重整流程及分析要求　催化重整是在催化剂和氢气存在下将常压蒸馏所得轻汽油转化成含芳烃较高的重整汽油的过程。重整的反应条件是：反应温度为490～525℃，反应压力为1～2MPa。重整工艺过程可分为原料预处理、重整和芳烃分离（包含芳香短溶剂抽提、混合芳香烃精馏分离等单元）三部分。

催化重整简易流程参见图15-1-2。催化重整就是利用催化剂对烃类分子结构进行重新排列。在线色谱仪通过实时分析原料和重整生成油的组成为优化控制提供可靠的参考依据。

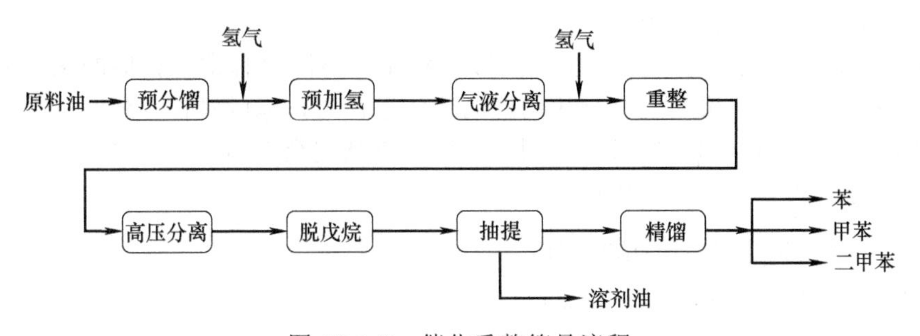

图15-1-2　催化重整简易流程

催化重整和芳烃抽提装置生产流程及在线分析测量点参见图15-1-3。

抽提产生的三苯产品——苯、甲苯、二甲苯分别进入3个产品储罐。传统方法是在产品进储罐前化验室人工取样分析三苯产品的组成，如果质量合格则进入产品罐，如果质量不合格则打入废品罐。而人工取样分析有滞后，当产品质量剧烈波动时很可能来不及将不合格产品打进废品罐，造成产品污染的严重后果。应用3台在线色谱仪分别测量苯、甲苯、二甲苯产品罐入口产品的组成，每间隔5～6min即可发送一个分析结果至DCS，可确保产品质量可控。

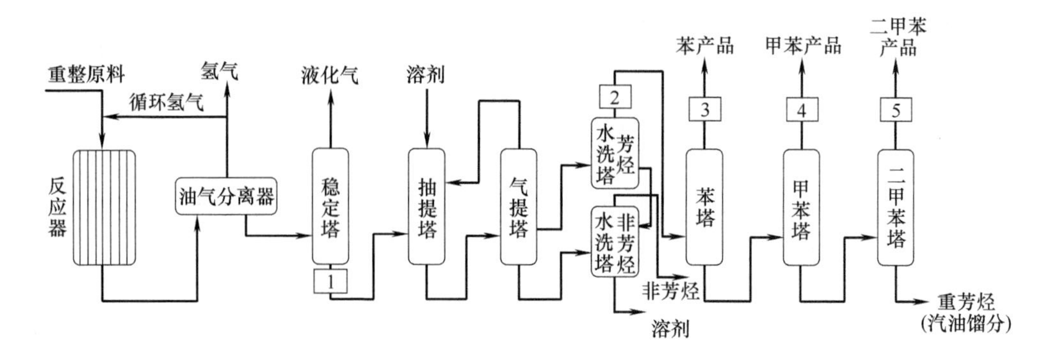

图 15-1-3　催化重整和芳烃抽提在线分析测点（1～5 号）

催化重整和芳烃抽提装置主要测量点如表 15-1-2 所示。

表 15-1-2　催化重整和芳烃抽提装置主要测量点

测量点		测量组分	测量目的
1	重整分离	苯、甲苯、二甲苯、乙苯、非芳烃	过程优化和控制
2	混合芳烃	苯、甲苯、C_8芳烃、二甲基环己烷	过程控制
3	苯产品	苯	产品质量控制
4	甲苯产品	甲苯	产品质量控制
5	二甲苯产品	二甲苯	产品质量控制

② 在线色谱分析系统的组成　用于重整生成油组成的在线色谱分析系统包括两部分。

a．取样处理系统　重整生成油温度高，压力大，组成复杂，包含 C_6～C_{10} 重组分，取样和样品传输过程中应避免样品汽化。为了满足优化控制的需要，应尽量缩短样品传输时间，最好把分析仪靠近取样点安装。在实际应用中通常将在线色谱仪、样品处理系统安装在机柜或分析小屋内，并置于取样点附近。

b．在线色谱分析仪　针对重整生成油液体样品不易汽化且结构相似的化学成分较多、不易分离等特点，色谱仪采用带有预热功能的液体进样阀，靠闪蒸作用瞬时汽化样品；采用 0.53mm 的金属毛细管柱，保证 C_8 芳烃同分异构体得到完全分离；采用多通道热导检测器进行分析，缩短分析周期，以满足优化控制需要。

15.1.1.3　在硫黄回收装置中的应用

（1）硫黄回收装置和斯科特还原-吸收尾气处理工艺

硫黄回收装置大多采用克劳斯（Claus）硫黄回收工艺。通过对常规克劳斯工艺的不断改进，超级克劳斯装置的硫回收率已经达到 98%以上。近年来，炼油和冶金企业新建的硫黄回收装置通常都采用两级克劳斯硫黄回收和串级斯科特（Scot）还原-吸收尾气处理工艺，使硫回收率达到 99.9%以上。单套硫回收装置的年处理能力已经超过 7 万吨。

两级克劳斯硫黄回收工艺流程如图 15-1-4 所示。

克劳斯系统由 H_2S 与空气部分燃烧的热反应段及两级常规催化反应段组成。在热反应段，烃类和 NH_3 完全燃烧，70%以上的 H_2S 转化成硫黄，余下的 H_2S 有 1/3 生成 SO_2，还有 2/3 未发生反应。从热反应段出来的过程气经过两级常规催化反应段后，95%左右的硫化氢转化成硫黄。NH_3 不完全燃烧会使常规催化剂中毒、并产生$(NH_4)HS$ 和 NO_x。$(NH_4)HS$ 阻塞管道，烃类燃烧不充分会产生黑硫黄，这两种杂质必须在热反应段完成转化。燃烧炉温度是重要的控制参数，通常控制在 1200～1250℃。在这个温度下残留氨体积分数小于 1000μL/L，并且含 80%H_2S 的酸性气燃烧后的硫黄转化率可达最高的 73.4%。

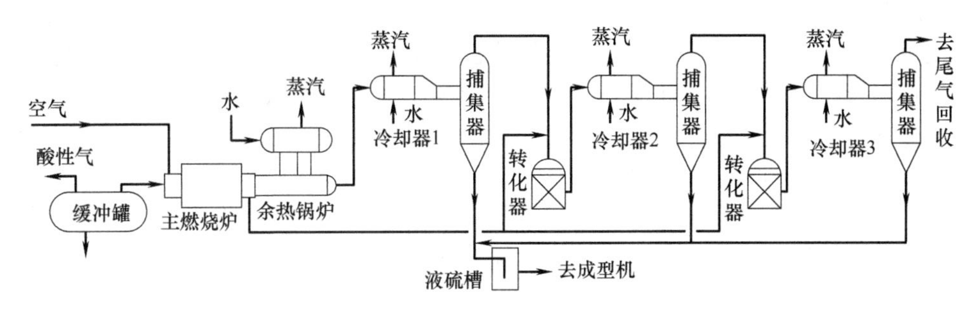

图 15-1-4 两级克劳斯硫黄回收工艺流程

燃烧炉温度受到空气量、原料气中 H_2S 浓度及燃料气、酸性气、空气流量的影响。原料酸性气燃烧是一个不完全燃烧的过程，配风量按烃类与氨完全燃烧、1/3 硫化氢生成二氧化硫来控制 80%的风量，按克劳斯尾气中 H_2S 与 SO_2 比值为 2 的比例来控制 20%的风量。所以，除了选择性能优良的燃烧器等设备外，设置在线分析系统，可及时监测酸性原料气成分变化与尾气中 H_2S 与 SO_2 比值变化，从而正确确定配风量装置能否稳定操作。

克劳斯装置的尾气净化和尾气脱硫方法很多，我国炼油厂多数采用将尾气中的硫化物首先还原生成 H_2S，然后进行液相吸收或固相反应的斯科特工艺。斯科特还原-吸收尾气处理工艺图参见图 15-1-5。

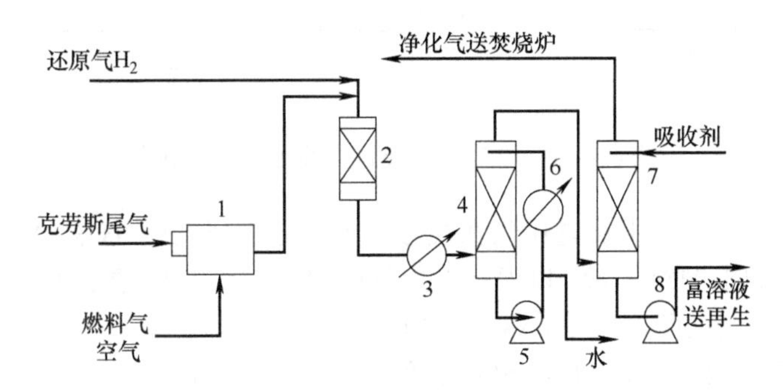

图 15-1-5 斯科特还原-吸收尾气处理工艺图

1—加热炉；2—加氢反应器；3—冷却器；4—急冷塔；5—循环泵；6—冷却器；7—吸收塔；8—泵

（2）硫黄回收装置的在线分析技术应用要点

在尾气处理系统的还原段，硫黄尾气与过量的氢气混合，在钴钼催化剂作用下，尾气中的二氧化硫、硫黄在加氢反应器中被加氢还原成硫化氢。有机硫被水解转化成硫化氢，因而反应气中富余氢的监测是十分重要的。在尾气处理系统的吸收段，高温反应气在急冷塔中冷却到常温后进入吸收塔，尾气中的 H_2S 及部分 CO_2 被甲基二乙醇胺吸收。为了防止酸性水对设备的腐蚀，须向急冷水中注氨，操作中根据 pH 值大小，确定注入的氨量。在急冷水返塔管线上要设置 pH 值在线分析仪。

吸收后的净化尾气采用热焚烧法将剩余的硫化合物转化为 SO_2，经由烟囱排放到大气中，吸收硫化氢的富液经再生转变为贫液，返回尾气吸收塔循环使用。再生脱出的 H_2S 与 CO_2 返回克劳斯系统。经尾气处理后，总的硫回收率可达99.9%以上，净化后的尾气中H_2S含量很少，焚烧炉烟气中SO_2含量约200μL/L，可达排放标准。

在进酸性气分液罐前的管线上需设置酸性气在线分析仪，分析酸性气组成，前馈调节进燃烧炉80%的空气量。酸性气分析通常有两种方案：一种是将酸性气组成中H_2S、烃类、NH_3等用在线色谱分析仪全部分析出来，然后据分析结果计算需要的配风量；另一种是用紫外或其他分析仪器在线分析H_2S浓度，从而确定配风量。通常H_2S占总量的80%，烃类和NH_3仅占总量的3.5%左右，占16%左右的CO_2与H_2O对配风不产生影响。因此，控制80%的配风量没有必要对烃类和NH_3作精确的分析，仅分析H_2S浓度就已经足够。

硫黄回收装置在线分析系统的正确配置是优化操作控制、提高硫黄收率和确保烟气中排放的污染物浓度达到环保标准的必要手段。硫黄回收装置在线分析系统配置参见图15-1-6。

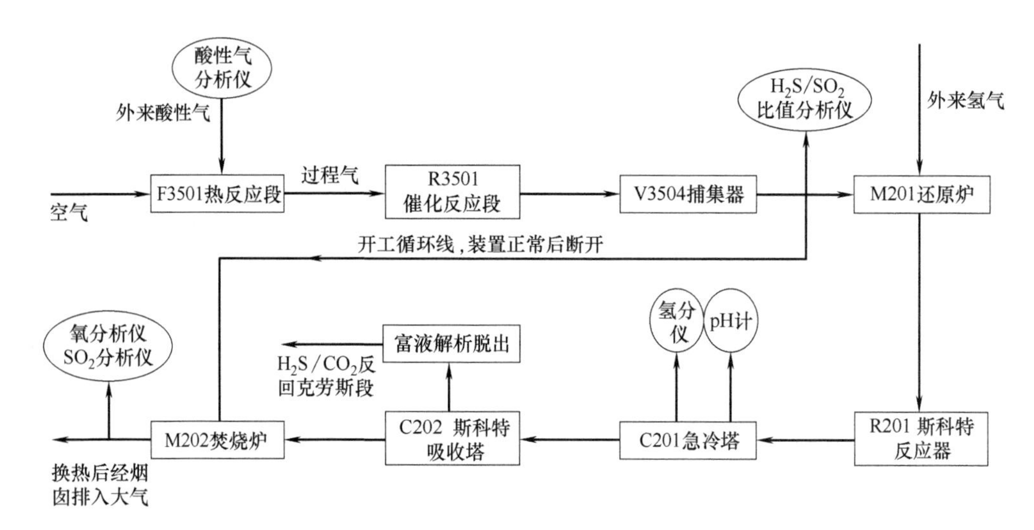

图15-1-6　硫黄回收装置在线分析系统配置

在捕集器出口尾气管线上设置尾气在线分析仪，分析尾气中H_2S、SO_2的含量，反馈调节进酸性气燃烧炉20%的空气量，以保证过程气中H_2S与SO_2的摩尔比为2∶1，使克劳斯反应转化率达到最高，提高硫回收率，减少硫损失。急冷塔顶设H_2浓度分析仪，用于调节还原反应中H_2的加入量。这样可做到S、SO_2尽可能多地转化为H_2S，又不浪费H_2资源。在这个检测点，多数制硫装置都采用气相色谱分析系统，应用情况较好。也有部分装置采用热导式H_z分析仪，但因样气组成比较复杂，通常使用效果都不太好。急冷水pH值应控制在6～7之间，以保证硫化氢可被充分吸收。在急冷塔上部急冷水返塔管线上设pH值分析仪，当pH值偏低时增加注氨量。

尾气焚烧炉的一次空气量，应根据燃料气流量进行比例控制；二次空气量由烟气中的氧含量控制，通常烟气氧含量在1.8%～2%之间。氧含量的监测点可设置在焚烧炉烟气排放管道上，采用性能稳定的直插式氧化锆氧分析仪。在烟囱设置一套SO_2在线分析仪作为尾气排放环保在线监测手段，常见方法是抽取采样后用红外分析仪进行测量。早期的系统因样品处理系统不成熟，故障较多。目前大部分企业已采用抽取法CEMS对烟气进行分析，采用红外分析仪，取得了较好效果。主焚烧炉和尾气焚烧炉均采用余热锅炉回收热量，有些企业采用在线pH计和磷酸根分析仪测量废热锅炉炉水品质，控制给水的加药量，防止设备腐蚀。

15.1.2　在石油化工主要装置工艺过程中的应用

石油化工主要装置的工艺过程分析应用了大量的在线分析仪器及系统集成设备。以乙烯装置为例，典型的乙烯装置应用的在线分析仪器及系统集成有 300 多台（套），其中分析仪器系统集成 20 多台（套）、预处理及取样系统 60 多套、在线色谱仪近 40 套，各种氧分析仪近 30 套，有毒有害气体报警仪有 160 多台，其他分析仪有：质谱仪、近红外/红外分析仪、电导仪、pH 计、黏度计、微量水分析仪、TOC 分析仪、VOCs 分析仪、烟气 CEMS 等。在线分析仪主要用于石油化工各主要装置的安全生产、产品质量控制和环保监测等，并参与先进控制与实时优化。

15.1.2.1　在乙烯裂解装置中的应用

乙烯裂解装置从轻烃原料进料开始，到裂解炉馏出物、碱洗塔进出口、加氢反应器进出口，脱甲烷塔、脱乙烷塔、脱丙烷塔、脱丁烷塔，C_2 分离塔、C_3 分离塔，乙烯和丙烯产品纯度分析以及下游的三聚产品流程等，都大量使用在线分析仪器。

（1）乙烯裂解装置工艺流程

乙烯生产工艺流程示例参见图 15-1-7。乙烯（C_2H_4），无色易燃气体，是最轻的烯烃。通常由石油基原料在稀释蒸汽作用下以热裂解方式生产乙烯。乙烯可作为中间原料直接聚合生产聚乙烯，聚乙烯是最常见的塑料；乙烯可与氯结合生产聚氯乙烯，或者与苯结合生产苯乙烯和聚苯乙烯。乙烯还可通过氧化生产环氧乙烷、乙二醇等其他化工产品。乙烯裂解的主要原料是石脑油，是沸点从 30℃到 200℃的混合烃类。也有厂家用天然气、乙烷、丙烷等轻烃作为裂解原料。乙烯生产流程分为裂解、急冷、压缩、分离等。主要的裂解炉生产企业有鲁姆斯（Lummus）、林德（Linde）、斯-韦（S & W）、国际动力学技术公司（KTI）、凯洛格-布朗鲁特（KBL）等。

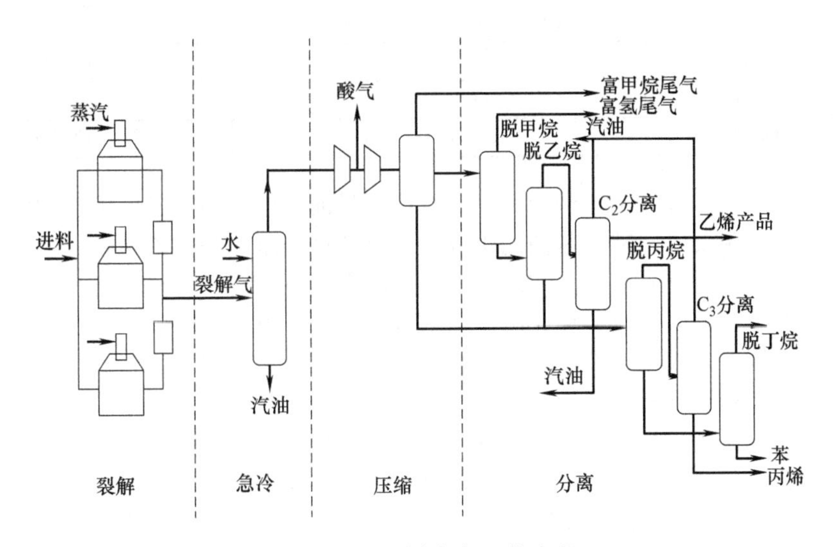

图 15-1-7　乙烯生产工艺流程

原料油（石脑油、轻柴油、加 H_2 尾油等）在对流段预热，在辐射段裂解。乙烯裂解炉有多组炉管。原料油分多股在各自流量控制下进原料预热器加热，稀释蒸汽分多股在各自流量控制下进稀释蒸汽过热器过热。原料油、蒸汽在混合器中按一定比例进行混合，然后进混合过热器进一步过热到工艺要求的温度，通常为500～700℃。经文丘里管流量分配器使油汽混合物均匀分配到裂解炉管中进行裂解反应，反应温度通常为800～850℃。

（2）乙烯裂解工段流程及主要测量点

乙烯裂解工段流程参见图15-1-8。裂解工段主要测量点如表15-1-3所示。

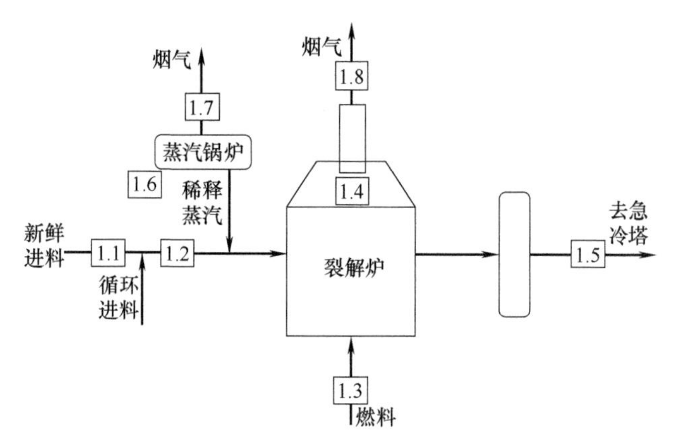

图15-1-8　乙烯裂解工段流程

表15-1-3　裂解工段主要测量点

测量点		测量组分	测量目的
1.1	新鲜进料	C_1、C_2、C_3、C_4	掌握裂解原料组成
1.2	混合进料	C_1、C_2、C_3、C_4	掌握裂解原料组成
1.3	燃料气	混合烃	掌握燃料气热值，控制燃烧
1.4	炉膛气	O_2	控制裂解炉
1.5	裂解气	H_2、CH_4、C_2H_4、C_2H_6、C_3H_6、C_3H_8	掌握裂解气组成，控制裂解
1.6	锅炉燃气	O_2	控制锅炉燃烧
1.7	锅炉烟气	CO、NO_x、O_2	控制排放
1.8	裂解炉烟气	CO、NO_x、SO_2、O_2	控制排放

通常一套乙烯装置有8～12台裂解炉，裂解原料油在催化和高温作用下发生裂解。稀释蒸汽的作用是减少副反应，减少焦油的生成，并降低烃分压，提高乙烯、丙烯的生成率。在不同的生产工艺下在线分析测量点和过程控制目的有所不同。在裂解炉所有在线分析测量参数中，最典型的是裂解气组成分析。测量裂解气中氢气、甲烷、乙烯、乙烷、丙烯、丙烷等组分的浓度，可为工艺人员对裂解炉的控制提供重要的参考依据。

（3）裂解气在线色谱分析

裂解气的在线色谱仪系统主要包括取样装置、样品处理、在线色谱仪等。

① 取样装置　裂解气温度较高，正常操作温度达400℃，最大设计温度达576℃，而且组成复杂。水和C_5以上的重组分较难汽化，一旦进入色谱会对进样阀和色谱分离系统造成不良影响，需要在取样系统中除掉。取样采用专门设计的“回流式”（如Py-Gas，旋冷仪，动态回流取样器等）取样器。

② 样品处理　系统采用两流路并行样品前处理系统。样品处理系统通常安装在分析小屋外墙上并靠近色谱仪，对裂解气样品进行进一步处理，包括过滤、压力调节和指示、流路调

节和指示、多流路切换、色谱仪标定流路等。

③ 在线色谱仪　每台裂解炉有两组炉管，每组炉管的出口有一个取样点，即每台裂解炉有两个取样点，共用一台在线色谱仪。为了提高分析取样频率，这两个点可进行并行进样、并行分析。在线色谱仪采用多通道热导检测器（TCD），配合应用并行技术，分析周期短至2min，从而满足裂解炉先进控制的需要。

（4）压缩工段工艺流程及主要测量点应用

裂解气经过急冷处理后，分馏出其中的重组分，较轻组分进压缩工段。通常分为5段压缩，以达到低温分离所需要的压力。压缩过程中需通过碱洗过程除去裂解气中的酸性气体（H_2S 和 CO_2）。压缩工段流程见图15-1-9，主要测量点见表15-1-4。

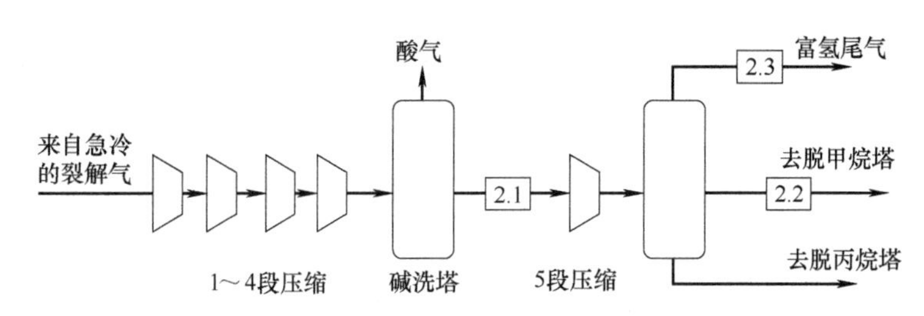

图15-1-9　压缩工段流程（图中数字为测点编号）

表15-1-4　压缩工段主要测量点

测量点		测量组分	测量目的
2.1	碱洗塔出口	CO、CO_2、H_2S	监控酸性气体浓度
2.2	干燥塔塔顶	CO、C_2H_2	过程控制
2.3	干燥塔出口	H_2、CH_4、C_2H_4、C_2H_6、C_3H_6、C_3H_8	过程控制

碱洗的目的是除去裂解气中酸性气体，防止腐蚀设备和在下游装置中引起催化剂中毒。典型应用举例：碱洗塔出口裂解气的在线色谱分析系统应用如下。

① 取样及前处理系统　通常采用可插拔式取样探头。典型的样品传输管线为6.4mm（1/4in）硅钢管，以防止微量 H_2S 吸附。样品管线采用电（或蒸汽）伴热并保温，伴热温度必须高于样品露点温度。样品前处理系统尽可能安装在取样点附近，以减少取样滞后时间。主要功能是对样品减压汽化，并确保不出现凝液，要求采用带有加热功能的减压汽化器。

② 样品处理系统　通常安装在分析小屋外墙并靠近色谱仪，包括过滤、压力指示、流量指示和调节、色谱仪标定等。需要注意的是，所有与样品接触的管线必须采用硅钢管，以避免微量 H_2S 吸附。

③ 色谱分析　在线色谱仪配置FID（火焰离子化检测器）和FPD（火焰光度检测器）两个检测器。FID用于测量微量CO（0～2000μmol/mol）和 CO_2（0～10μmol/mol）；FPD用于测量微量 H_2S（0～1μmol/mol）。需要特别注意的是，与微量 H_2S 相关的样品管线、定量管等均为硅钢管，以防止微量 H_2S 吸附。标气管线也需要使用硅钢管。标气钢瓶需要经过内抛光特殊处理，以尽可能减少 H_2S 吸附。所配标气中的 H_2S 浓度应略高于工艺正常值，以2～3μmol/mol为宜，这样即使有少量吸附仍可确保正常标定。

（5）分离工段工艺流程和主要测量点应用

裂解气经压缩和制冷过程为深冷分离创造了条件——高压、低温。深冷分离的任务就是根据裂解气中各低碳烃相对挥发度的不同用精馏的方法逐一进行分离，并通过加氢等过程尽可能将乙炔转化为乙烯、将丙炔和丙二烯转化为丙烯，最后获得纯度符合要求的乙烯和丙烯产品。分离工段工艺流程和分析测量点见图 15-1-10。分离工段主要测量点如表 15-1-5。

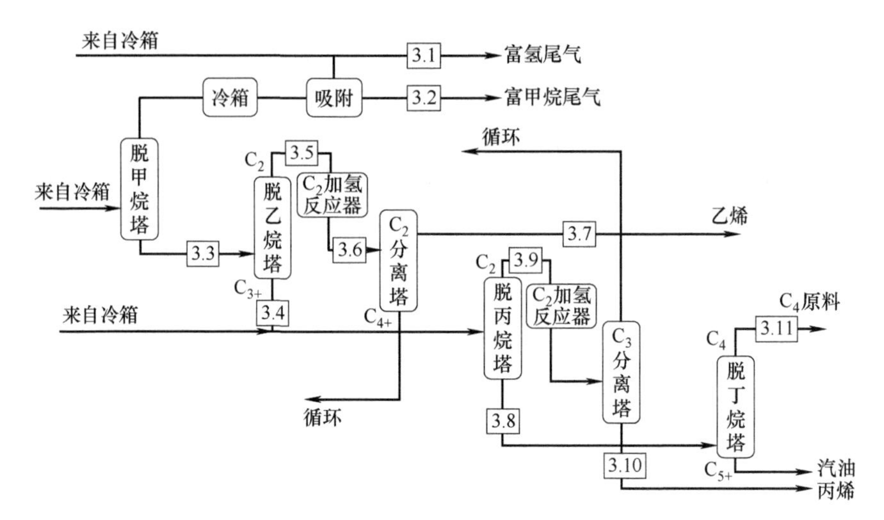

图 15-1-10　分离工段工艺流程和分析测量点

表 15-1-5　分离工段主要测量点

测量点		测量组分	测量目的
3.1	富氢尾气	H_2、CH_4、C_2H_4、C_2H_6、CO、N_2	产品质量控制
3.2	富甲烷尾气	H_2、CH_4、C_2H_4、C_2H_6、CO、N_2	产品质量控制
3.3	脱甲烷塔塔底出料	C_2H_4、C_2H_6、C_2H_2	过程控制
3.4	脱乙烷塔塔底出料	C_3H_6、C_3H_8	过程控制
3.5	脱乙烷塔塔顶气	C_2H_4、C_2H_6、C_2H_2	过程控制
3.6	C_2加氢反应器出口气	CH_4、C_2H_2、C_2H_6	产品质量/过程控制
3.7	乙烯产品	CH_4、C_2H_4、C_2H_6、CO、CO_2、CH_3OH	产品质量控制
3.8	脱丙烷塔塔底出料	CH_4、C_2H_4、C_2H_6、C_2H_2、CO、CO_2	过程控制
3.9	脱丙烷塔塔顶气	C_3H_6、C_3H_8、MAPD①	过程控制
3.10	丙烯产品	C_3H_8、MAPD	产品质量控制
3.11	1-丁烯产品	C_2H_4、C_2H_6、C_4H_{10}、C_4H_8、C_4H_6	产品质量控制

① 丙二烯。

深冷分离工艺比较复杂，目前具有代表性的 3 种分离流程是顺序分离流程、前脱乙烷分离流程和前脱丙烷分离流程。

C_2加氢又称为乙炔加氢，即在脱乙烷塔塔顶气中加入氢气，在催化作用下使物料中的乙炔转化为乙烯。C_2加氢反应器出口的乙炔浓度量在整个乙烯分离过程中极为重要，乙炔浓度通常控制在 5μmol/mol 以下。

以C_2加氢反应器出口气体在线色谱分析系统为例，系统组成如下：

① 取样及前处理系统　通常采用可插拔式取样探头。样品前处理系统集成在一个带伴热的不锈钢保温箱内，就近安装在取样点附近。由开关球阀、电加热减压汽化器、压力表等部件构成，主要功能是对样品减压，并确保不出现凝液。

② 样品处理系统　通常安装在分析小屋外墙并靠近色谱仪。主要功能是对样品进行进一

步处理，包括过滤、压力指示、流量指示和调节、色谱仪标定等。

③ 在线色谱仪　配置 1 个 FID 和 1 个 TCD、1 个十通进样阀、1 个六通柱切阀、2 根微填充色谱柱，用于测量微量 CH_4（0～500μmol/mol）、C_2H_6（0～500μmol/mol）、C_2H_2（0～5μmol/mol）。

乙烯裂解装置大约会使用近 40 台在线色谱仪。乙烯裂解装置工艺复杂，自动化控制水平较高，除了在线色谱仪外，还会用到热值仪、氧化锆氧分析仪、微量水分析仪、红外分析仪等其他种类的在线气体分析仪。

15.1.2.2　在环氧乙烷、乙二醇装置中的应用

（1）环氧乙烷、乙二醇装置的在线测量应用

乙烯联合装置中，以乙烯为原料的下游装置主要有两种：聚乙烯和环氧乙烷（EO）、乙二醇装置（EG）。 环氧乙烷（C_2H_4O），无色易燃气体，沸点 11℃，是乙烯工业中仅次于聚乙烯而占第二位的重要有机化工产品。

环氧乙烷装置生产流程和分析测量点参见图 15-1-11，环氧乙烷装置主要测量点见表 15-1-6。

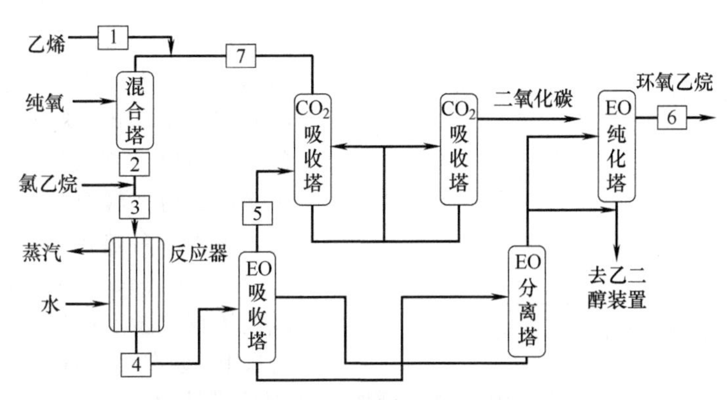

图 15-1-11　环氧乙烷装置生产流程和测量点

表 15-1-6　环氧乙烷装置主要测量点

测量点		测量组分	测量目的
1	乙烯进料	C_2H_2、CO_2	质量控制
2	混合塔出口	N_2、CH_4、C_2H_4、C_2H_6、$Ar+O_2$、CO_2、C_2H_4O	过程控制
3	反应器入口	O_2、氯代烃、N_2、CH_4、C_2H_4、C_2H_6、C_2H_4O	过程、安全控制
4	反应器出口	N_2、CH_4、C_2H_4、C_2H_6、O_2、CO_2、C_2H_4O	过程、安全控制
5	EO 吸收塔顶	C_2H_4、C_2H_6、$Ar+O_2$、CO_2、C_2H_4O	过程控制
6	EO 产品	C_2H_4、CO_2、H_2O	产品质量控制
7	CO_2 吸收塔顶	C_2H_4、C_2H_6、$Ar+O_2$、CO_2、C_2H_4O	过程控制

（2）环氧乙烷装置的在线测量应用

直接氧化法生产环氧乙烷的过程中，纯氧和乙烯直接反应：当氧含量超过一定浓度时会发生剧烈反应，导致爆炸；而氧浓度太低则会使反应不充分，环氧乙烷转化率不足。

为了抑制过度反应，需要在循环气中加入大量甲烷；另外为了提高催化剂的选择性，还需要在循环气中加入适量的氯乙烷。通常会同时使用氧分析仪和色谱仪。

① 反应器入口分析　在反应器入口采取的循环气，温度为42.7℃，压力为1.7MPa。需要测量的组分和测量范围如表15-1-7。

表15-1-7　循环气测量的组分和测量范围

样品组成	含量（摩尔分数，正常值）/%	测量范围（摩尔分数）/%	样品组成	含量（摩尔分数，正常值）/%	测量范围（摩尔分数）/%
H_2O	0.4	0～2	C_2H_4	25	0～04
N_2	0.13		C_2H_6	0.98	0～2
Ar	2.38		CO_2	1.5	0～5
O_2	8.15	0～10	EO	0.6	0～3
CH_4	61.46	0～80	氯代烃	0.4	0～0.001（0～10μmol/mol）

② 样品处理系统　通常安装在分析小屋外墙。样品被分为3路，分别进入2台色谱仪和氧表。主要功能是对样品进行进一步处理，包括过滤、压力指示、流量指示和调节、色谱仪标定等。因样品中水含量较大，需确保伴热的温度在样品露点以上。

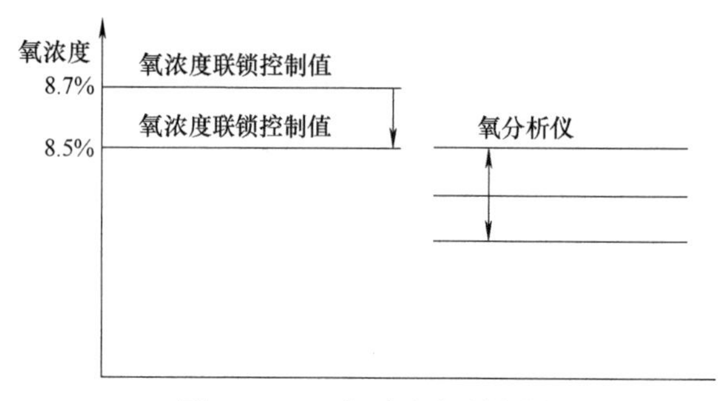

图15-1-12　氧浓度控制范围

③ 氧分析仪配置　氧浓度控制范围参见图15-1-12。通常氧浓度正常值控制为8.2%，达到8.5%则报警，达到8.7%则联锁停车。超过8.7%装置就有爆炸的危险，所以该测点是重中之重，甚至使用多达3台在线氧分析仪，两台正常使用，另外一台热备。

④ 色谱仪分析　通常使用两台在线色谱仪测量反应器入口气体组成，互为备用。通常配置TCD，测量CH_4、C_2H_4、C_2H_6、CO_2、EO、H_2O；分离系统由2个进样阀和4根色谱柱组成。

（3）乙二醇装置的在线测量应用

乙二醇装置生产流程和在线分析测量点参见图15-1-13；主要测量点如表15-1-8。

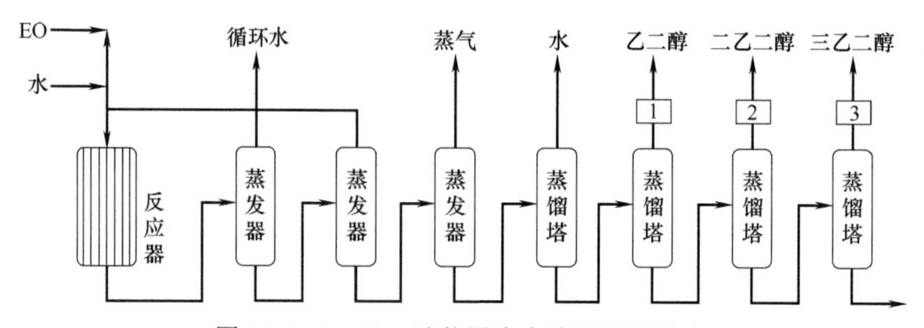

图15-1-13　乙二醇装置生产流程和测量点

表15-1-8　乙二醇装置主要测量点

测量点		测量组分	测量目的
1	乙二醇蒸馏塔塔顶	DEG、TEG、H_2O	产品质量控制
2	二乙二醇蒸馏塔塔顶	MEG、TEG、H_2O	产品质量控制
3	三乙二醇蒸馏塔塔顶	DEG、MEG、H_2O	产品质量控制

几乎所有的环氧乙烷都与乙二醇生产结合在一起，大部分或全部环氧乙烷用于生产乙二醇（MEG）。环氧乙烷与水按 10∶1 的比例发生反应生产乙二醇，并可同时生产副产品二乙二醇（DEG）和三乙二醇（TEG）。反应器来的水、乙二醇、二乙二醇、三乙二醇的混合物经过多级蒸发和连续精馏除去水和杂质，最后生产出高纯度的乙二醇、二乙二醇、三乙二醇产品。

① 乙二醇产品质量分析　乙二醇蒸馏塔塔顶的乙二醇含量（质量分数）达 99.98%以上，其余杂质为二乙二醇。在乙二醇产品进入储罐前需对产品质量进行实时监控，通过测量其杂质的含量进行相应的工艺操作。

乙二醇蒸馏塔出口工况、组成、需要测量的组分和测量范围如表 15-1-9。

表 15-1-9　乙二醇蒸馏塔出口测量的组分和测量范围

介质名称	乙二醇产品	
取样点位置	蒸馏塔塔顶	
样品状态	液态	
操作温度/℃	45	
操作压力（表压）/MPa	0.45	
样品组成	含量（质量分数，正常值）/%	测量范围（质量分数）/%
MEG	98.99	
DEG	0.02	0～0.08（0～800μg/g）
TEG	0	
H_2O	0	

② 取样和样品处理系统　乙二醇产品在工况条件下为液态，取样方式不同于前面提到的气态样品。为了尽可能减少压力损失，通常采用大口径样品管线［19.1mm（3/4in）不锈钢管］构成样品循环回路，在分析小屋附近引出样品，经过滤、流量调节后进入色谱仪。

③ 色谱分析　乙二醇的沸点高达 194℃，为保证完全汽化，色谱仪配置带有加热器和温控系统的液体采样阀（LSV），加热温度 200℃。另外配置 1 个柱切阀（CRV）、2 根金属毛细管色谱柱 C1 和 C2，用于中心切割二乙二醇。配置 TCD 作为柱间检测器，监测乙二醇切割峰，并据此设置中心切割时间即 CRV 的动作时间；配置 FID，用于测量二乙二醇。

15.1.2.3　在聚乙烯装置中的应用

（1）聚乙烯装置工艺过程

聚乙烯（PE）装置是乙烯联合装置中最重要的下游装置，除了少量乙烯用于生产环氧乙烷外，绝大部分乙烯产品作为生产聚乙烯的原料。聚乙烯按生产方不同可分为低压法聚乙烯、中压法聚乙烯和高压法聚乙烯。聚乙烯生产简易流程参见图 15-1-14。

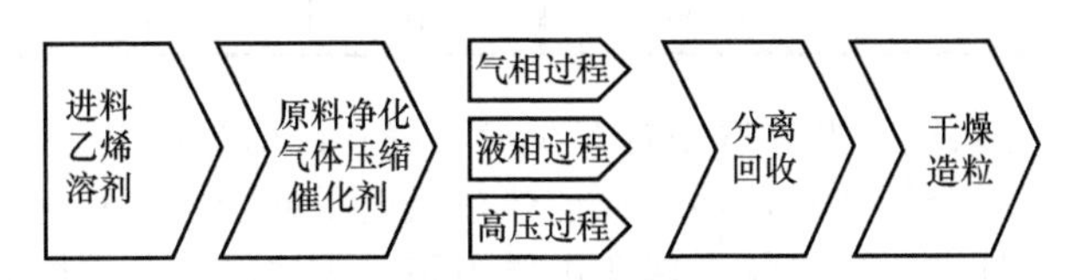

图 15-1-14　聚乙烯生产流程

国内比较常见的低压法气相流化床工艺高密度聚乙烯工艺，常用的在线分析仪包括色谱仪，测常量氧、微量氧、微量水等的仪器。装置生产流程和在线分析测量点参见图 15-1-15。

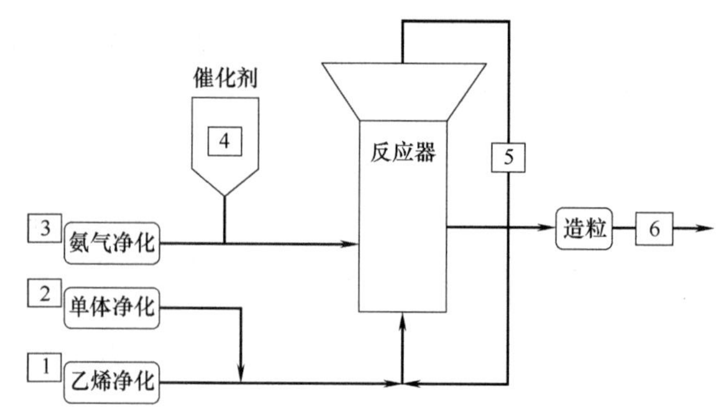

图 15-1-15　装置生产流程和测量点

装置主要测量点如表 15-1-10。

表 15-1-10　装置主要测量点

测量点		测量组分	测量目的
1	乙烯原料	CO、CO_2、CH_3OH、C_2H_2、微量 H_2O、微量 O_2	过程控制
2	单体净化	微量 H_2O	过程控制
3	氮气净化	微量 H_2O、微量 O_2	过程控制
4	催化剂进料	O_2	过程控制
5	循环气	H_2、N_2、C_2H_2、C_2H_4、C_2H_6、1-C_4H_8、1-C_6H_{12}、C_6H_{14} 等	过程控制
6	产品	微量 H_2O	产品质量控制

（2）聚乙烯循环气及在线色谱应用

聚乙烯循环气组成复杂，聚乙烯循环气在线分析采用两台色谱仪，互为备用，用于一个测量点；分析周期不能大于 3min。

① 聚乙烯循环气需要测量的组分和测量范围　自聚乙烯合成反应器顶采样，循环气温度 80℃、压力 0.035MPa。测量组分参见表 15-1-11。

表 15-1-11　聚乙烯循环气测量组分和测量范围

样品组成	含量（摩尔分数，正常）/%	测量范围（摩尔分数）/%	样品组成	含量（摩尔分数，正常）/%	测量范围（摩尔分数）/%
N_2	0.1	0～5	1-C_4H_8	0	0～2
H_2	0～1.4	0～0.05/0～3	C_6H_{14}	0.45	0～3
CH_4	0.1～0.3	0～1	1-C_6H_{12}	0～0.8	0～3/0～12
C_2H_6	1.0～2.0	0～5/0～10	*i*-C_4H_{10}	88～94	
C_2H_4	3～9.0	0～20	C_5H_8	0.4～1.0	

② 取样和样品处理系统　循环气中含有少量己烷和己烯等重组分，并含有大量 C_4，取样管线和样品处理系统应全程伴热，而且保证伴热温度不低于 110℃。另外，循环气中会含有少量聚乙烯粉末，一旦进入色谱仪会堵塞进样阀和色谱柱，应在进样前对样品进行多级过滤。考虑聚乙烯粉末极其细密，宜在预处理前端使用有自清洗功能的过滤器，以减少维护量，并在样品进色谱前使用 1μm 以下的保护过滤器，进一步保证有效阻止粉尘。

③ 在线色谱分析　色谱仪可配双柱箱、多通道检测器、并行进样等技术，在确保全部组

分完全分离的情况下分析周期不超过 3min。

举例：色谱仪可配置两个不同温度的柱箱，用于部分组分的监测。左侧柱箱温度设置为 80℃，安装 2 个十通进样阀、4 根色谱柱、1 个八通道 TCD，可用于测 N_2、CH_4、C_2H_6、C_2H_4、1-C_4H_8 五个组分；右侧柱箱为低温柱箱，温度设置为 25℃，安装 2 个十通进样阀、4 根色谱柱、1 个八通道 TCD 检测器，可用于测 H_2、C_6H_{14}、1-C_6H_{12} 三个组分。这样的配置最大限度地提高了分析速度，4 个进样阀同时进样， 4 套色谱柱并行分析。

15.1.2.4　在聚丙烯装置中的应用

（1）聚丙烯装置工艺过程

聚丙烯（PP）是丙烯单体在一定温度和压力下通过特殊催化剂作用聚合而成的热塑性物质，广泛用于化工、化纤、建筑、轻工、汽车制造、家电、包装材料等领域，并且还在不断拓展新的应用领域。聚丙烯装置分 3 种基本类型：本体工艺、气相法工艺、浆液法工艺。

气相流化床聚丙烯生产工艺常用在线分析仪包括色谱仪，测常量氧、微量氧、微量水等的仪器，主要用于过程控制。聚丙烯装置生产流程和在线分析测量点图 15-1-16。

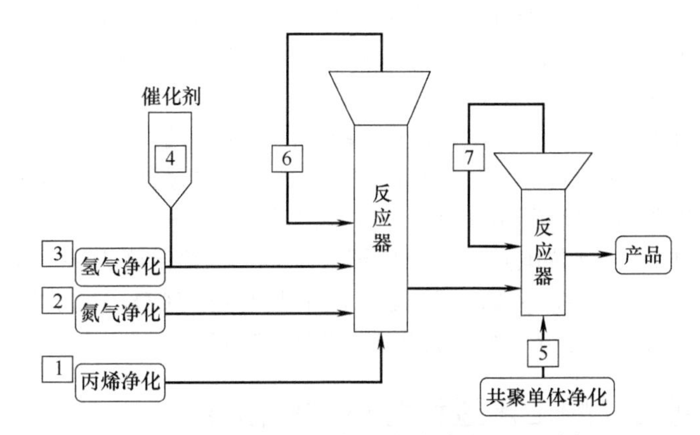

图 15-1-16　聚丙烯装置生产流程和测量点

聚丙烯装置主要测量点参见表 15-1-12。聚丙烯装置在线分析仪器系统配置与应用案例的介绍参见第 16-1-5。

表 15-1-12　聚丙烯装置主要测量点

测量点		测量组分	测量目的
1	丙烯原料净化	CO、CO_2、CH_3OH、H_2S、H_2O、O_2	过程控制
2	氮气净化	微量 H_2O、微量 O_2	过程控制
3	氢气净化	微量 H_2O、微量 O_2	过程控制
4	催化剂进料	O_2	过程控制
5	共聚单体净化	微量 H_2O、微量 O_2	
6	循环气	H_2、C_2H_4、C_2H_6、C_3H_6、C_3H_8、1-C_4H_8	过程控制
7	循环气	H_2、C_2H_4、C_2H_6、C_3H_6、C_3H_8、1-C_4H_8	过程控制

（2）聚丙烯循环气的在线色谱应用

气相法流化床聚丙烯循环气分析也是最为关键的分析，以丙烯为聚合原料，1-丁烯为共聚单体，异戊烷为冷剂。氢气和丙烯浓度比值是调节熔融指数的主要依据，决定聚丙烯产品的牌号和质量，对工艺控制极为重要。

① 聚丙烯循环气需要测量的组分和测量范围　反应器出口位置采样，循环气温度 60～82℃、压力为 3.48MPa。需要测量的组分和测量范围参见表 15-1-13。

表 15-1-13　聚丙烯循环气需要测量的组分和测量范围

样品组成	含量（摩尔分数，正常值）/%	测量范围（摩尔分数）/%
N_2	0.1	
H_2	5.3	0～30
C_2H_6	0.4	0～5
C_2H_4	5.7	0～20
C_3H_8	7.0	0～30
C_3H_6	80	0～100
1-C_4H_8	7.8	0～20

② 取样和样品处理系统　循环气中含有大量 C_3 和 C_4 组分，压力高达 3MPa 以上，应采用带加热功能的前级减压气化器确保样品在减压过程中不出现凝液。取样管线和样品处理系统应全程伴热，而且保证伴热温度不低于 70℃。

循环气中会含有少量催化剂粉末和聚丙烯粉末，为防止堵塞进样阀和色谱柱，应在进样前级处理中对样品进行充分过滤。推荐使用有自清洗功能的过滤器，最好冗余配置，以减少维护量。并在样品进色谱前使用 1μm 以下的保护过滤器，进一步保证有效阻止粉尘。

③ 在线色谱分析　色谱仪配置恒温空气浴大柱箱，柱箱温度为 60℃，安装 3 个十通进样阀、3 个进样阀同时进样。6 根色谱柱、1 个八通道 TCD，用于快速测量 H_2/C_2H_6 / $C_2H_4/C_3H_8/C_3H_6$/1-C_4H_8 6 个组分。分别使用 N_2 和 H_2 作为载气。

15.1.3　在煤制乙二醇工艺过程分析中的应用

15.1.3.1　乙二醇生产工艺路线

乙二醇（ethylene glycol，EG），分子式为$(CH_2OH)_2$，是最简单的二元醇。乙二醇是无色无臭、有甜味的黏稠液体，是一种重要的石油化工基础原料。

乙二醇的生产工艺分为石油路线和非石油生产路线，参见图 15-1-17。

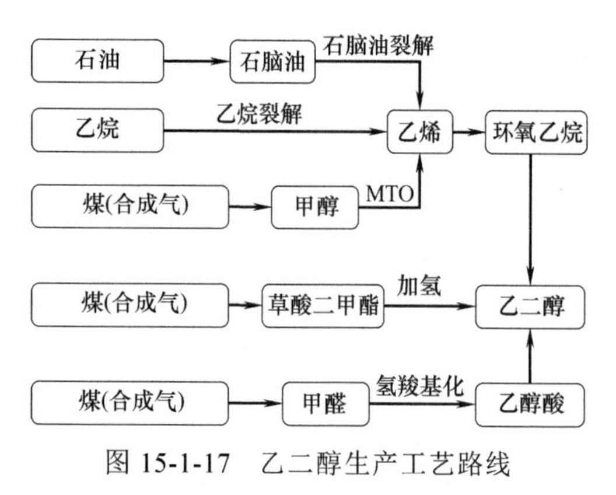

图 15-1-17　乙二醇生产工艺路线

（1）石油路线

石油制乙二醇是成熟的技术路线，是先通过乙烯制取环氧乙烷（EO），然后通过环氧乙烷制备乙二醇。

（2）非石油路线

以煤或天然气为原料先制得合成气（CO、H_2）再通过直接和间接法制成乙二醇。目前国内以煤为原料制备乙二醇，主要有三条工艺路线：

① 甲醛法　以煤气化制取合成气（$CO+H_2$），由合成气制得甲醛，由甲醛经氢羧基化制得乙醇酸，再由乙醇酸制得乙二醇。

② 烯烃法　以煤为原料，通过气化、变换、净化后得到合成气，由合成气制得甲醇，由甲醇经甲醇制烯烃（MTO）得到乙烯，再经乙烯经环氧化、环氧乙烷水合及产品精致最终得到乙二醇。

③ 草酸酯法　以煤为原料，通过气化、变换、净化及分离提纯后分别得到 CO 和 H_2，由 CO 通过催化偶联合成及精制制得草酸二甲酯（DMO），再经与 H_2 进行加氢反应并通过精制后获得聚酯级乙二醇。该工艺流程是目前国内受关注度最高的煤制乙二醇技术。

草酸酯法制乙二醇工艺流程，参见图 15-1-18。

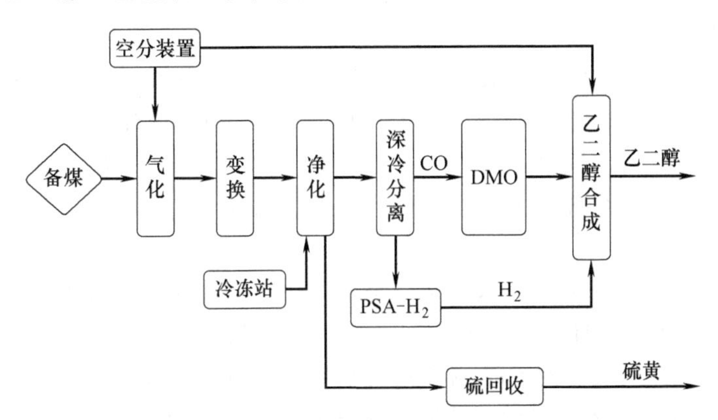

图 15-1-18　草酸酯法制乙二醇工艺流程

PSA-H_2—变压吸附制 H_2

15.1.3.2　草酸酯法煤制乙二醇生产过程的在线分析

煤制乙二醇的生产过程离不开在线分析。如煤气化过程中对 CO、CO_2、CH_4、H_2 的分析，对变换过程中 CO 的分析，对净化过程中 CO_2、TS 的分析，对深冷分离中 CO、CO_2、H_2、露点的分析，对羰化、酯化反应中 NO、MN（亚硝酸甲酯）CO、CO_2 的分析，对空分装置中氧纯度的分析，对变压吸附装置中氢纯度的分析等。

常用分析仪有红外、热导、色谱、顺磁氧、激光氧、傅里叶红外等。

（1）德士古炉水煤浆气化合成气的在线分析应用

① 德士古水煤浆气化炉气化　典型的德士古水煤浆气化工艺过程流程参见图 15-1-19。

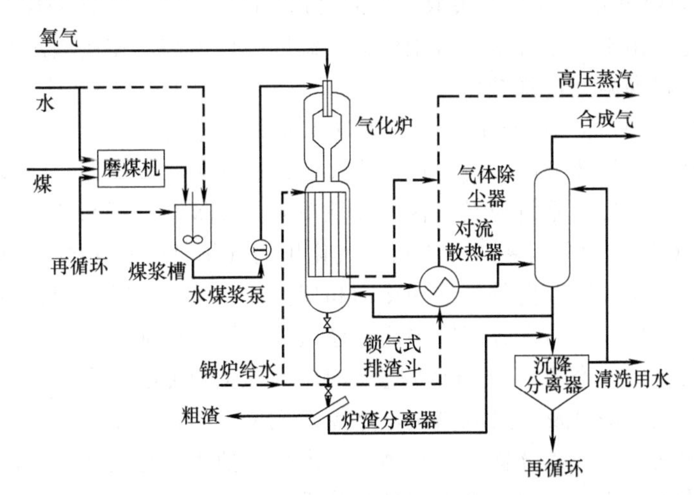

图 15-1-19　水煤浆气化工艺过程流程图

德士古气化炉水煤浆经高压煤浆泵加压后，与空分系统提供的高压氧气经烧嘴混合呈雾状喷入气化炉燃烧室，在燃烧室中进行复杂的物理、化学反应，生成合成气。合成气主要含有 CO、CO_2、H_2 及水蒸气，还包括少量的 CH_4、硫化物。合成气经对流散热器冷却，再经气体除尘器除尘后输出合成气成品。汽化炉排出的炉渣经炉渣分离器到沉降分离器，定期排出。

② 在线分析仪应用的技术方案　合成气在线分析取样点在洗涤塔出口，分析 CO、CO_2、CH_4、H_2 等气体含量，用于气化炉运行监测，指导气化炉及下游工序操作。如通过测量 CH_4 可计算气化炉炉内温度。

a. 红外分析仪+热导分析仪技术方案　可采用三台单组分红外气体分析仪分别测量 CO、CO_2、CH_4，用一台热导气体分析仪测量 H_2，即每台气化炉气体分析需要采用 4 台分析仪。也可采用 1 台多组分分析仪同时测量 CO、CO_2、CH_4、H_2。采用单组分分析的优点是响应时间快，可连续可靠分析各组分。采用热导气体分析仪测量氢气时，二氧化碳对氢气测量有较大干扰。

b. 色谱分析仪+红外分析仪技术方案　每台气化炉气体使用一台工业色谱仪进行分析，分析组分包括 CO、CO_2、CH_4、H_2、N_2 等。由于色谱分析周期较长，每台气化炉气体分析需再单独配置一台红外分析仪，对 CH_4 含量进行连续快速分析、监测。

c. 工业质谱仪技术方案　采用工业质谱仪分析洗涤塔出口合成气，可以对合成气进行全组分分析，包括对合成气中 CO、CO_2、CH_4、H_2 含量的分析，还可以同时分析 H_2S、COS、N_2 等成分，分析速度快，但价格昂贵、仪器复杂。

每台气化炉还需配置一台红外分析仪，用于实时监测合成气中 CH_4 的含量，便于及时对气化炉温度进行判断，及时指导生产。

③ 合成气分析系统取样预处理技术方案　德士古气化炉洗涤塔出口工况条件比较恶劣，压力大、温度高、湿度大，并含有一定量的煤灰、粉尘等。如某公司气化炉洗涤塔出口气体压力为 6.36MPa，温度为 243℃，含水量为 59.97%，并含有煤灰、粉尘。重点是降压、降温、除尘、除水处理后，样品气体应满足分析仪要求。

气化炉洗涤塔出口气体分析系统样品处理的技术要点如下：

a. 取样及前处理单元　取样探头取出样品气后，送入高温型针阀降压，然后样气进入过滤器进行初步过滤。由于样品含水、含尘量大，温度、压力高，使用减压阀易于损坏，需要使用石墨密封面的耐高温型针阀减压。

b. 预处理单元　样品气经过取样及前处理单元后，进入列管式水冷却器冷却降温、实现样品气除水、降温、气液分离，再经过聚集过滤器、涡旋管冷却器、脱硫剂、精细过滤器进一步除水、除尘。预处理系统应具有快速放散单元，以提高分析系统响应时间。

④ 烧嘴冷却 CO 在线分析系统　水煤浆气化炉的气化温度在 1350～1500℃。在气化炉烧嘴运行时，冷却水能为烧嘴提供足够的冷却和保护。为了能及时监测管内的冷却水是否含有泄漏的气体，向烧嘴冷却回水分离罐中连续通入少量氮气以加快气体的流速。烧嘴冷却管局部烧穿时气化气会进入冷却水，CO 含量会增加。在线监测 CO 的含量可以间接判断烧嘴的完好情况，一旦发生泄漏可及时采取措施，避免造成重大的设备事故。

对 CO 的监测采用红外线分析仪，具体方案为采用抽气泵将气体抽出，经过过滤器、涡旋管冷却器进行除尘、除水，然后进入红外线分析仪。

（2）变换在线分析系统

在一定的温度条件下，合成气中的一氧化碳和水蒸气在催化剂的作用，会发生变换反应，生成氢气和二氧化碳：

$$CO + H_2O \longrightarrow H_2 + CO_2$$

要想满足后续乙二醇工艺的要求，就需要对一氧化碳变换工段出口气体中的氢气和一氧化碳物的比例进行控制。变换气中一氧化碳的测量采用红外线分析仪。

（3）气体净化（低温甲醇洗）在线分析系统

① 低温甲醇洗脱碳、脱硫工艺　低温甲醇洗工艺以冷甲醇为吸收溶剂，利用甲醇在低温下对酸性气体（CO_2、H_2S、COS等）溶解度极大的优良特性，脱除原料气中的酸性气体，是一种物理吸收法。低温甲醇洗工艺是目前国内外所公认的最为经济且净化度高的气体净化技术，具有其他脱硫、脱碳技术不能取代的特点：净化气质量好，净化度高，具有选择性吸收H_2S、COS和CO_2的特性，溶剂价廉易得，能耗低，运转费用低，生产运行稳定、可靠等。

② 甲醇洗在线分析仪　甲醇洗工艺需对甲醇洗涤塔出口对总硫含量进行分析，监测脱硫效果；对CO_2含量进行分析，监测脱碳效果。

a. 总硫分析仪　采用气相色谱仪，通过色谱柱将工艺气中的H_2S、COS、CS_2等硫化物分离，进入火焰光度检测器（FPD）进行检测。然后通过计算得到总硫的含量。

b. 紫外荧光总硫分析仪　采用紫外荧光分析仪，样品中的含硫化合物（如H_2S、COS、CS_2等）在精确的温度和流量控制下进入火焰燃烧转化器，完全转换为SO_2。二氧化硫被紫外光照射后，产生激发态SO_2^*分子，当SO_2^*回到基态时，会有荧光产生，而荧光的强度与样品中总硫含量有直接的比例关系。

c. 醋酸铅纸带法总硫分析仪　采用醋酸铅纸带法的总硫分析仪，是在醋酸铅纸带法硫化氢分析仪上增加一个加氢反应炉，用于测量气体中的总硫含量。样品气与氢气混合送入加氢反应炉中并加热到900℃，此时所有的硫化物都被转换成硫化氢，转换后气体从反应炉流入硫化氢分析仪测定总硫含量。

d. CO_2分析仪　甲醇洗涤塔出口CO_2分析，采用红外CO_2分析仪。

（4）深冷分离与变压吸附在线分析系统

① 深冷分离在线分析系统　深冷分离装置是对上游低温甲醇洗装置产品净化气进行深度冷却，分离出纯度达标的一氧化碳供草酸二甲酯合成使用。其间产生的富氢气送变压吸附装置提纯后供乙二醇装置合成使用。经深冷分离后一氧化碳纯度大于99%，氢气含量小于100μL/L，可采用气相色谱仪分析一氧化碳中的微量氢等。

② 变压吸附（PSA）在线分析系统　变压吸附氢气提浓是采用变压吸附的原理：在分离过程中，气体组分在升压时吸附，降压时解吸，不同组分由于其吸附和解吸特性不同，在压力周期性的变化过程中实现分离。经深冷分离装置产生的富氢气经变压吸附装置提纯后，氢气浓度大于99%。采用热导分析仪分析氢气纯度，采用色谱仪分析氢气中的微量一氧化碳、二氧化碳、甲烷等。

（5）羰化反应与酯化反应在线分析系统

在煤化工行业煤制乙二醇过程在线气体监测中，羰化反应工序和酯化反应工序的在线气体监测非常重要，直接关系到乙二醇安全生产和产品质量。测量点为酯化反应循环气和羰化进料气，被测组分主要有CO、MN（亚硝酸甲酯）、NO、CO_2等。采用的在线分析技术，主要有高温傅里叶红外（FTIR）在线气体分析、在线质谱分析、在线色谱分析及非色散红外气体分析等。

在线质谱仪可用于 MN、NO、CO 等多组分分析，但防爆在线质谱仪价格昂贵，技术复杂。在线色谱分析的色谱分离周期较长，MN 色谱峰分离约需几十分钟。在线质谱与在线色谱仪很少用于 MN 等气体的在线检测。

非色散红外气体分析易受水分、温度、压力影响，用于测量 MN 时，存在背景气干扰组分（如甲醇、水分等）分析误差较大，较少用于 MN 等多组分气体检测。

高温 FTIR 技术具有广谱分析、检测动态范围宽、抗干扰能力强、分析不失真等特点，适用于多组分气体测量，目前，已较多用于煤制乙二醇中 MN 等多组分气体的在线测量。高温 FTIR 用于煤制乙二醇 MN 等多组分气体在线测量的应用案例，参见 16.3.3 节。

15.1.4 在煤气化合成氨及协同处置危险废物中的应用

15.1.4.1 煤气化合成氨工艺气的在线分析

新型煤化工工艺的核心技术是煤气化技术。煤气化技术是在气化剂作用下将固体煤炭完全转化为清洁的气体燃料煤气的技术。煤气化生产合成气可用于生产合成氨、甲醇等。

合成氨生产工艺，首先是制备含氢和氮的粗原料气，然后将粗原料气变换、脱硫、脱碳、净化，将纯净的氢、氮混合气压缩到高压状态，在催化剂作用下合成氨。合成氨生产中以煤为原料的大型氨厂多数采用德士古（Texaco）水煤浆加压气化法制气工艺。德士古水煤浆加压气化法制合成氨工艺气分析的主要测量项目包括：炭黑水洗塔出口水煤气成分分析和喷嘴冷却水中一氧化碳含量监测报警；水洗塔出口气化气在线分析；气化炉喷嘴烧损泄漏在线监测；一氧化碳变换工艺在线分析；以及甲醇洗、液氮洗、合成工段在线分析等。

合成氨生产工艺气常用的在线分析仪器主要有红外、热导、色谱、顺磁氧、激光氧、傅里叶红外及拉曼光谱分析等分析仪。红外、热导等气体分析技术是合成氨在线分析应用的成熟技术，用于分析各测点的 H_2、CO、CO_2、CH_4 等气体含量。红外可实现多组分气体分析，热导主要用于 H_2 在线分析。

合成氨工艺气在线分析应用较多的是在线气相色谱技术，已经成熟用于合成氨工艺气各测点的多组分气体测量，主要用于测量 H_2、CO、CO_2、CH_4、N_2、Ar 等。适当增加检测附件可分析 H_2S、COS 等组分，但一个分析周期需要几分钟。

采用在线质谱仪可同时对多台气化炉轮流进行快速分析。一台在线质谱仪可以替代多台在线色谱仪，用于测量 H_2、CO、CO_2、CH_4、H_2S、COS、N_2、Ar 等组分的含量。在线质谱仪由于售价高、技术复杂，目前，在合成氨工艺气分析中尚处于推广应用阶段。另外，激光拉曼光谱分析也在合成氨工艺气的在线分析中得到推广应用，可分析 CO、CO_2、N_2、H_2、O_2、H_2S、CH_4、CH_3OH、C_2H_6、C_3H_8、NH_3 等。

合成氨生产工艺的应用在线分析仪器及分析系统技术，除按照工艺测点的要求，选用适宜的在线分析仪外，关键技术是根据各测点的工况条件，选用适宜的取样处理技术。

15.1.4.2 在德士古气化炉协同处置危险废物中的应用

德士古水煤浆气化炉在合成氨及甲醇生产等化工领域应用广泛，其内部的高温环境及其对原料的极强适应性，使其从原理上具备了协同处置危险废物的能力。以下重点介绍德士古气化炉协同处置危险废物的在线监测技术应用。

（1）德士古气化炉协同处置危险废物的工艺过程

德士古水煤浆气化炉协同处置危险废物的工艺过程，是将危险废物掺入原料水煤浆中进行混磨制浆，其实质为危险废物与煤的共气化过程。德士古水煤浆气化炉较适用于处置高浓度废液、污泥等高含水率废物及煤液化残渣等高热值废物，不宜处理重金属类废物。

德士古水煤浆气化过程以水煤浆（由 60%～70%的煤和 30%～40%的水以及少量添加剂组成）为原料在高温（1350～1500℃）、高压（1.3MPa）下与高纯 O_2 一起经烧嘴喷入气化炉内。当煤浆进入气化炉被雾化后，在气化炉内经历预热、水分蒸发、挥发分的裂解燃烧、煤的干馏以及碳的气化等反应过程，生成以 CO、H_2、CO_2 和水蒸气为主要成分的湿煤气。

德士古水煤浆气化炉协同处置危险废物过程，应严格控制掺加危废后的水煤浆含固率，且德士古水煤浆气化炉不适用于处置热值过低的危险废物。水煤浆是一种分散的悬浮体系，它的稳定性与煤粒粒度分布和煤的亲水性有关，因此，应关注适用于德士古水煤浆气化炉协同处置的危险废物的破碎特性及亲疏水性等。此外，水煤浆的 pH 值对制浆系统及运输管道影响较大：酸性过大时对管道设备具有严重的腐蚀作用；碱性过大时则会在管道中结垢引起堵塞。因此德士古水煤浆气化炉不适用于处置废酸、废碱类废物及高氯含量废物。

合成氨生产及协同处置危险废物工艺流程图如图 15-1-20 所示。固态废物与煤粉通过棒磨机的煤粉通道进入棒磨机；液态和半固态废物首先经混合调配后制成黏度适合的制浆水，再由棒磨机的制浆水通道进入棒磨机。热值高的液态废物也可直接从气化炉的四通道水煤浆喷嘴的中心废液通道直接喷入气化炉。危险废物经过特定的预处理后投入到制浆系统，与原料共磨制浆并保证水煤浆始终保持正常生产状态。气化炉反应生成的合成气经分离、洗涤、脱硫合成等过程生成化工厂氮肥产品。在气化炉下部激冷室内经清水急速冷却后，除去大量的煤灰和炭黑，然后经分离去除灰分，再经文丘里洗涤塔进一步洗涤后送往后续的脱硫、合成氨等工序。

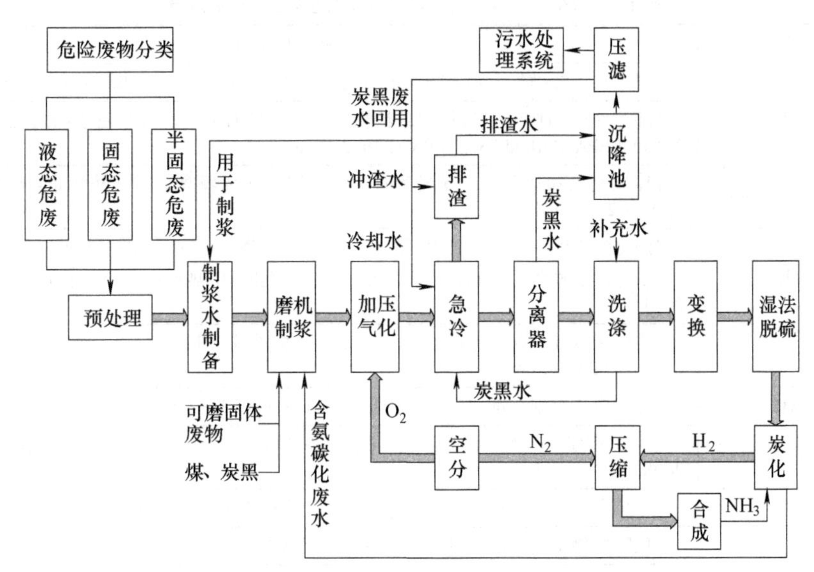

图 15-1-20　合成氨生产及协同处置危险废物工艺流程图

（2）协同处置过程主要污染物排放特征

德士古水煤浆气化炉系统处理过程的污染物主要来源于废气、废水及固体废物，废气排放源有三个，分别为高温黑水闪蒸气、脱硫液再生槽排气和合成氨贮存槽排气。其中高温黑水闪蒸气和脱硫液再生槽排气为连续排放源，合成氨贮存槽排气为间歇排放源。其主要特征污染物为多环芳烃（polycyclic aromatic hydrocarbons，PAHs）、挥发性有机物（volatile organic compounds，VOCs）、多氯代二苯并对二噁英（polychlorinated dibenzo-*p*-dioxins，PCDDs）及多氯代二苯并呋喃（polychlorinated dibenzofurans，PCDFs）

① 多环芳烃是指由两个或两个以上苯环以稠环形式相连的半挥发性有机污染物，具有极强的致癌、致畸和致突变性，美国环保署已将 16 种 PAHs 确定为优先控制污染物。我国原环保总局第一批公布的 68 种环境优先监测污染物名单中有 7 种 PAHs。

② 挥发性有机污染物是光化学烟雾的主要贡献物质，挥发性极强，可以在光的作用下产生二次污染，随着降水及飘移扩散等过程进入水和土壤，污染环境。主要来源于燃料燃烧及建筑装饰等过程。

③ 二噁英类包括多氯代二苯并对二噁英和多氯代二苯并呋喃。二噁英类是一类持久性有机污染物，具有高毒、持久、生物累积性和远距离迁移性，主要来源于垃圾焚烧、化工冶金等过程。在常温下，二噁英类为固相，具有强的热稳定性（分解温度在 700℃以上）、低挥发性、脂溶性等特点，可以广泛地存在于环境土壤、大气、水体和动植物脂肪中。国际癌症研究中心已将其列为一级致癌物质。

④ 重金属一般指密度大于 $4.5\times10^3\ kg/m^3$ 的金属，在环境污染方面一般是指对生物有显著毒性的重金属元素，如 Hg、Cd、Pb、Zn、Cr、Cu、Co、Ni 等。从毒性角度，通常把 As、Se、B、Al 等元素也包括在内。我国危险废物中含量较多、危害较大的重金属元素主要是挥发性和半挥发性的 As、Cd、Pb、Zn、Hg 等。

（3）污染物采集及检测的有关标准方法

污染物采集及检测的有关标准方法如表 15-1-14 所示。

表 15-1-14　污染物采集及检测的有关标准方法

样品	污染物	采样及检测方法
废气	PAHs	《固定污染源排气中颗粒物测定与气态污染物采样方法》（GB/T 16157—1996）
		《环境空气和废气　气相和颗粒物中多环芳烃的测定　气相色谱-质谱法》（HJ 646—2013）（EPA Method 23 和 EPA Method 1613）
	PCDDs/PCDFs	《环境空气和废气　二噁英类的测定　同位素稀释高分辨气相色谱-高分辨质谱法》（HJ 77.2—2008）
	VOCs	《固定污染源废气　挥发性有机物的采样　气袋法》（HJ 732—2014） 《固定污染源废气　挥发性有机物的测定　固相吸附-热脱附/气相色谱-质谱法》（HJ 734—2014）
	金属元素	《空气和废气　颗粒物中金属元素的测定　电感耦合等离子体原子发射光谱法》（HJ 777—2015）（EPA Method 29）
固废	PAHs	《危险废物鉴别标准　浸出毒性鉴别》（GB 5085.3—2007）
	PCDDs/PCDFs	《固体废物　二噁英类的测定　同位素稀释高分辨气相色谱-高分辨质谱法》（HJ 77.3—2008）
	VOCs	《土壤和沉积物　挥发性有机物的测定　吹扫捕集/气相色谱-质谱法》（HJ 605—2011）
	金属元素	《危险废物鉴别标准　浸出毒性鉴别》（GB 5085.3—2007）
废水	PAHs	《水和废水监测分析方法》（第四版）
	PCDDs/PCDFs	《水质　二噁英类的测定　同位素稀释高分辨气相色谱-高分辨质谱法》（HJ 77.1—2008）
	VOCs	《水质　挥发性有机物的测定　吹扫捕集/气相色谱-质谱法》（HJ 639—2012）
	金属元素	《水和废水中金属与痕量元素的测定　电感耦合等离子体原子发射光谱法》（EPA Method 200.7）

15.1.5 在水泥窑及协同处置固体废物中的应用

15.1.5.1 新型干法水泥生产工艺流程及主要测点

新型干法水泥生产工艺流程如图 15-1-21 所示；主要测点及分析参数见表 15-1-15。

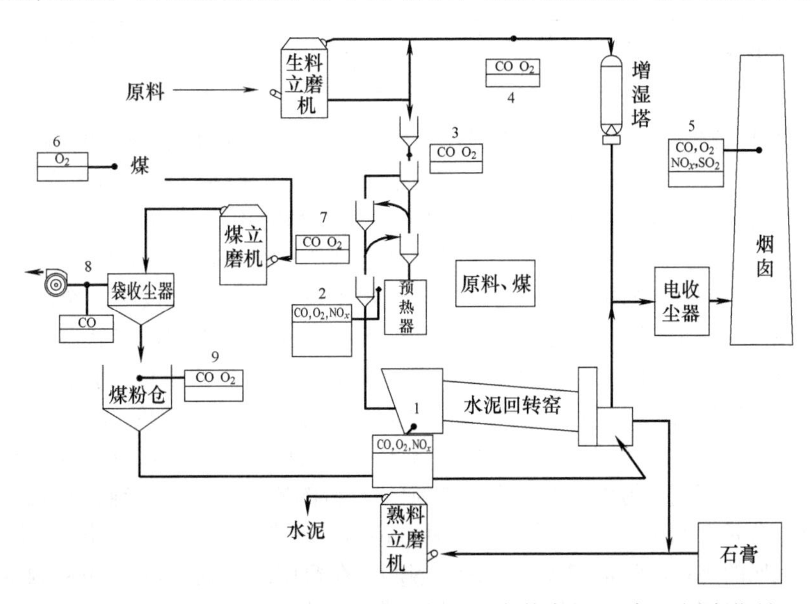

图 15-1-21 新型干法水泥生产工艺流程（图中数字 1～9 标识测点位号）

表 15-1-15 水泥窑工艺过程的主要测点及分析参数

位号	安装位置	测量组分及范围	测量目的	仪器选型
1	窑尾入口	CO 0～2% O_2 0～10% NO_x 0～2000mg/m^3	控制炉窑温度，优化燃烧状态	模块式气体分析器（NDIR+电化学）
2	预分解炉前	CO 0～2% O_2 0～10% NO_x 0～2000mg/m^3	工艺优化，节能减排	模块式气体分析器（NDIR+电化学）
3	前级旋风预热器前	CO 0～2% O_2 0～10%	燃烧控制，工艺优化	模块式气体分析器（NDIR+电化学）
4	预热器后、电收尘器前	CO 0～2% O_2 0～10%	燃烧控制，工艺优化，防尘器保护，安全生产	模块式气体分析器（NDIR+电化学）
5	烟囱或烟囱入口烟道	CO 0～2% O_2 0～25% NO_x 0～400mg/m^3 SO_2 0～200mg/m^3 氟化物、氨气 烟尘 0～30mg/m^3 温度、压力、流量	烟气排放监测	红外线气体分析器 紫外差分气体分析器 激光气体分析器
6	原煤仓	O_2 0～10%	漏风进入控制，安全生产	热磁、电化学氧分析器

续表

位号	安装位置	测量组分及范围	测量目的	仪器选型
7	磨煤机入口	CO　0～2% O_2　0～10%	暗燃控制，安全生产	模块式气体分析器（NDIR+电化学）
8	袋式收尘器出口	CO　0～2%	漏风进入控制，安全生产	红外线气体分析器
9	煤粉仓	CO　0～2% O_2　0～10%	漏风进入控制，安全生产	模块式气体分析器（NDIR+电化学）

新型干法水泥工艺过程实际上是物料流、燃料流和气流综合的煅烧和控制过程。在气流中又包括冷风、热风、一次风、二次风、三次风；物料流中包括原料流和半成品及成品流等。为此在工艺过程中要监控温度、压力、气体成分、浓度和粉尘等参数。在线气体分析仪技术，可以对水泥生产工艺过程进行控制及对废气污染物排放进行监测，实现安全生产和节能减排。

水泥窑在线气体分析是通过在线连续抽取、处理和分析水泥窑设备各个测点的CO、O_2、NO_x和SO_2的含量，实时监测水泥窑的设备运行状况及回转窑内的煅烧状况。以窑内燃烧产生的窑尾烟气中含有的CO、O_2、NO_x、SO_2等主要成分为例，其生成与控制如下：

CO的氧化反应是燃烧过程不完全生成的，CO氧化速度取决于温度。为控制CO最低含量，应通过增加风量使燃料完全燃烧，减少CO含量；为避免过度通风，也可以降低喂煤量。O_2含量取决于具体操作条件，确定O_2含量的原则是熟料的质量、耐火材料保护及回转窑壳体温度。为控制O_2含量，可通过调节燃料量、风量调节，或者只调节风机，控制窑尾温度。NO_x含量组成为：94%的NO，5%的NO_2，1%的N_2O。在窑中产生的NO_x与下列因素有关：火焰温度、火焰形状、燃料类型、O_2过剩系数、烧成带气体停留时间、物料温度、烧成带物料停留时间等。SO_2生成主要取决于燃料中硫的含量、生料中的黄铁矿含量、燃烧区域中的O_2含量等。

CO、NO_x、SO_2这三种气体浓度分析，通常选择红外线气体分析器，O_2分析可以选择热磁式或电化学式氧气体分析器，也可以选择模块式（多组分）气体分析器。在超低排放监测过程中，可选择紫外差分式气体分析器同时分析SO_2和NO_x，氟化物及氨气的分析可以选用激光气体分析器来完成。

通过窑尾气体分析提供的分析数据，可以帮助操作人员实时了解窑内的煅烧状况和燃煤的完全燃烧状况，实现优化控制，提高水泥生产装置的操作、控制水平，真正达到节能高效的目的。

15.1.5.2　水泥窑协同处置固体废物的新应用

水泥窑协同处置固体废弃物的应用，是指将满足或经过预处理后满足入窑要求的固体废物投入水泥窑，在进行水泥熟料生产的同时实现对固体废物的无害化处置过程。

水泥窑协同处置固体废弃物主要有五个途径：将废弃物以二次原料或二次燃料的形式在水泥窑上煅烧熟料；将废弃物以混合材的形式掺到熟料中磨制成水泥；作为配制混凝土的集料和细粉填充料修建建筑物；利用水泥回转窑焚烧危险废弃物；用水泥封固危险废弃物，特别是有放射性的废弃物。这里主要介绍新型干法水泥窑，将城市固体废物用作二次原料、燃料，用于水泥生产的系统方案，以及在线分析仪器技术在其过程中的应用。

（1）水泥回转窑处理固体废物生产流程

水泥回转窑协同处理固体废物生产系统流程参见图15-1-22，主要由四个子系统构成，包括：前处理系统、回转窑煅烧系统、烟气净化系统和余热利用系统。

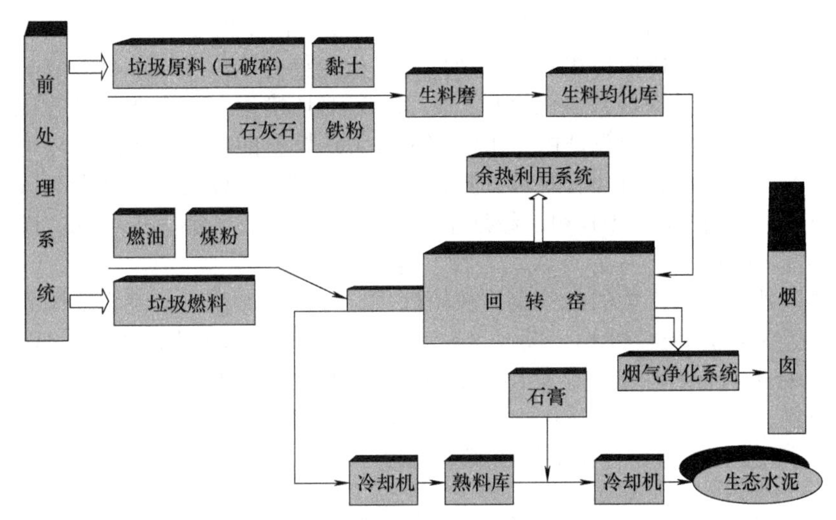

图 15-1-22　回转窑处理废弃物生产流程

常规的垃圾预处理是采用人工或机械方法把固体废弃物中能直接回收利用的物料和不适合进入处理工艺的物料分离出来，并对其余物料进行粗加工；同时用垃圾代替部分原料、燃料烧制水泥。回转窑属低速回转高温设备，通常由回转部分、支承装置、传动装置、喂料设备、喷煤管（燃烧器）、热烟室、冷烟室等部分构成。回转窑筒体是一倾斜的内衬耐火砖的钢制圆筒，垃圾的干燥、着火、燃烧、燃尽过程均在筒体内完成。经前处理后的垃圾由高端窑尾（冷端）入窑，随着筒体的旋转沿圆周内翻滚，沿轴向向低端窑头（热端）移动，同时吸收热量逐渐升温，在烧成带1450℃下烧成熟料，经冷却带进入冷却机继续冷却。

燃料经喷煤管由窑头喷入，与冷却机来的预热二次空气反应燃烧，产生温度高达1700℃以上的烟气，向窑尾移动的同时向物料传热，由窑尾进入预热系统和收尘系统排放至大气。针对利用回转窑煅烧城市固体废物过程控制中的主要监测点可以参考表15-1-15。具体气体组分分析根据水泥窑协同处置生活垃圾的技术路线不同，有所区别。

水泥窑及窑尾余热利用系统排气筒配备粉尘、NO_x、SO_2浓度在线监测设备，连续监测装置需满足HJ 76—2017的要求。配备窑灰返窑装置，将除尘器等烟气处理装置收集的窑灰返回送往生料入窑系统。窑尾余热利用，引入水泥窑尾废气，利用废气预热进行物料干燥、发电等，并对余热利用后的废气进行净化处理。

（2）水泥窑协同处置固体废物的影响分析

① 氯化物循环富集对水泥窑系统稳定性的影响　固体废物进入水泥窑协同处置时，对水泥生产有害的物质主要是氯化物。以氯化钠和氯化钾为例：氯化钠的熔点为801℃，沸点为1465℃；氯化钾的熔点为770℃，沸点为1420℃。这两种物质会在温度为1400℃以上的烧成带挥发出来进入气相，极大地促进了硅方解石的生成。硅方解石被气流送至预热分解系统，当温度降低至 800℃时即会变为液相，随后冷凝至生料颗粒上，增加其黏性。经多次循环富集，冷凝下的物料会黏附在预热器的连接管道内形成结皮，最终则会导致系统堵塞。可在窑尾烟室部位设抽取口，抽出含高浓度有害物质的气体，鼓入冷风对其进行快速冷却，使其产生结晶体，经过滤袋收尘收集下来，将有害物排出系统，打破有害物质在水泥窑系统的循环。同时在窑尾烟囱处装配在线氯离子分析仪，实时监测氯离子含量，从而使水泥窑协同处置固废顺利进行。

② 水泥窑协同处置固体废物对环境的影响　新型干法水泥窑协同处置固体废物技术主要是影响大气污染物废气排放。水泥窑排放的废气中主要有 N_2、CO_2、O_2、H_2O、NO_x、CO 和气态的含硫化合物以及少量有机化合物。N_2 和 O_2 对环境无害；H_2O 无法控制；CO_2 受生产工艺条件影响较大；CO 一般是由于水泥窑和分解炉燃料的不完全燃烧，还可能由原料中的有机化合物产生。一些有机化合物可在低温区分解，产生 CO_2、CO 和少量气态烃类。垃圾焚烧后排出物，含有 HCl、HF 和一级烟尘中所含的 Cd、Pb、Sb、Se、Sn、Hg 等重金属，PCDDs、PCDFs、PACs（多环芳香族化合物）等。

水泥窑协同处置固体废物的污染物排放浓度规定限值可参照《水泥窑协同处置固体废物污染控制标准》（GB 30485—2013）以及《水泥窑协同处置固体废物环境保护技术规范》（HJ 662—2013）等标准执行。利用水泥窑协同处置固体废物时，水泥窑及窑尾余热利用系统排入大气中的颗粒物、二氧化硫、氮氧化物和氨的排放限值按 GB 4915—2013 中的要求执行。其他污染物执行表 15-1-16 规定的最高允许排放浓度。

表 15-1-16　协同处置固体废物水泥窑大气污染物最高允许排放浓度

序号	污染物	最高允许排放浓度限值
1	氯化氢（HCl）	10mg/m^3
2	氟化氢（HF）	1mg/m^3
3	汞及其化合物（以 Hg 计）	0.05mg/m^3
4	铊、镉、铅、砷及其化合物（以 Tl+Cd+Pb+As 计）	1mg/m^3
5	铍、铬、锡、锑、铜、钴、锰、镍、钒及其化合物（以 Be+Cr+Sn+Sb+Cu+Co+Mn+Ni+V 计）	0.5mg/m^3
6	二噁英类（毒性当量，以 2,3,7,8-TCDD 计）	0.1ng/m^3
7	总有机碳（TOC）	10mg/m^3

当水泥窑协同处理生活垃圾时，若掺加生活垃圾的质量超过窑（炉）物料总质量的 30%，应执行《生活垃圾焚烧污染控制标准》（GB 18485—2014）。

（3）水泥窑协同处置固体废物在线分析仪器技术应用

① 傅里叶变换红外（FTIR）分析法　高温型 FTIR 分析系统在高温、热湿的烟气分析过程中能确保分析真实、准确。适用于对废物焚烧排放的 SO_2、NO_x、CO、CO_2、HCl、HF、NH_3、TOC、H_2O、O_2 等组分进行分析。

② 气体滤波相关（GFC）红外法　气体滤波相关红外法大多是采用抽取式、高温型多组分相关红外分析技术，与 FTIR 法同为高温法，取样分析的全过程是在高温条件下进行。该方法能实现多组分气体的准确检测，并确保不失真分析。采用高温型多组分相关红外分析检测垃圾焚烧炉排放烟气也是常见的技术解决方案之一。

③ 二极管激光吸收光谱法（DLAS）　用于焚烧排放烟气的各个组分监测，需配多台原位激光气体分析仪。目前，DLAS 技术在焚烧炉的烟气检测中，大多只用于测定微量 HCl、HF、NH_3。

④ 共振增强多光子电离-飞行时间质谱法（REMPI-TOF MS）　共振增强多光子电离（REMPI）是指处于基态的原子或分子先吸收 m 个光子与某一中间激发态发生共振，然后处于激发态的原子或分子又继续吸收 n 个光子向更高的激发态跃迁，直至超过电离阈值并发生电离的多光子过程，也被称为（m+n）REMPI。飞行时间质谱（TOF MS）是质谱分析有效的方式之一。REMPI-TOE MS 具有快速（毫秒量级）、高灵敏度（可达 10^{-12} 量级）、高选择性

（光谱、质谱两维选择）及多组分测量等特点，国外已用于垃圾焚烧二噁英类物质在线监测。

15.1.6　在钢铁行业炼铁、炼钢等工艺过程中的应用

15.1.6.1　钢铁行业的在线气体分析应用

（1）概述

钢铁行业的在线分析技术应用，主要指炼铁、炼钢等黑色金属冶炼过程的在线气体分析。例如，在炼铁过程中的应用主要有高炉煤气成分的在线分析，包括高炉炉顶煤气分析、高炉喷煤在线分析等，在炼钢过程中的应用主要有转炉煤气回收分析等，另外也包括炼焦工艺过程的焦炉煤气分析，以及煤气热值分析、煤气硫化氢分析技术等。

目前，钢铁行业的在线分析技术应用的重点是对各类设备的污染物的废气排放监测，包括超低排放监测技术的应用。钢铁行业的废气排放监测主要包括污染源的有组织排放监测、无组织排放监测。钢铁行业排放的污染物超低排放监测是钢铁行业在线分析的热点，钢铁行业超低排放监测技术参见 17.2.2 的介绍。

钢铁行业应用的过程在线气体分析仪器及分析系统技术，主要是红外、热导、顺磁氧、电化学分析仪和激光气体分析仪等，在线色谱及质谱技术也开始在钢铁行业得到运用。钢铁行业在线分析系统的取样处理技术难点主要是被测组分存在高温、高尘、高湿及含有各种有毒有害物质，特别是焦炉煤气含焦油、苯、萘等高黏度易结晶物质，需要采用特殊的取样处理技术。目前为止，焦炉煤气在线分析系统的取样处理仍然存在较大技术难度。

钢铁行业的在线气体分析系统大多已实现国产化应用。例如，激光在线分析技术的快速监测应用，在转炉煤气回收领域已经产生重要经济效益。在煤气热值分析、总硫及 H_2S 的监测方面，除专用分析仪应用外，在线色谱仪的技术应用已实现对煤气成分的全分析和计算热值。国外在线质谱仪已经在高炉炼铁和炼钢过程的优化控制中推广使用。例如，采用赛默飞世尔的 Prima PRO 在线质谱仪对高炉炉顶气分析、对转炉废气分析等，对产品质量、运行安全等发挥了重大技术经济效益。

（2）在高炉炼铁过程中的应用

实时检测高炉炼铁过程中煤气组分的含量，可以及时反应出炉内状况，指导高炉的操作，保证高炉稳定运行，提高产品质量和产能。例如，在线检测高炉煤气中的 N_2、CO、CO_2、H_2 的含量，通过计算 CO_2 与（$CO+CO_2$）含量的比值，可以判断煤气利用率，控制焦煤比；通过观察 H_2 的含量可判断设备冷却水管是否存在漏水；通过对 N_2 含量的检测可推断出高炉的泄漏率。

通过测量热风炉出口的氧含量可以优化高炉燃烧，提高产品质量。在高炉喷煤在线分析技术应用中，同时要测量磨煤机前热风管道及磨煤机后布袋除尘器后的氧含量，氧含量过高则需要报警。煤粉仓中要检测 CO 含量，若 CO 含量过高需要及时充氮，防止事故发生。

（3）在转炉炼钢过程中的应用

转炉炼钢过程中，铁水中的碳在高温下和吹入的氧生成一氧化碳和二氧化碳的混合气体。回收的顶吹氧转炉的炉气含一氧化碳 60%～80%，二氧化碳 15%～20%。回收的转炉煤气是钢铁企业内部中等热值的气体燃料，可以单独作为工业窑炉的燃料使用，也可和焦炉煤气、高炉煤气、发生炉煤气配合成各种不同热值的混合煤气使用。充分利用其显热、回收其潜热具有重要意义，不但可降低生产能耗，而且可减少气体排放，保护环境。

转炉炼钢过程中产生大量烟气，其主要成分是煤气，CO 含量约占 60%～70%，是一种

有毒、有害、易燃、易爆的危险性气体，也是很好的化工原料和再生能源。转炉炼钢过程中监测所得 CO 与 CO_2 含量的比值，可以反映转炉炼钢的脱碳信息，还可以作为煤气回收的判别依据。通常采用在二次除尘后、烟道排放前及煤气柜出口、电除尘前等工艺测点测量煤气中 CO/CO_2 含量比值和 O_2 含量。检测 CO/CO_2 含量比值可保证回收最有价值的煤气，CO 回收量大于 35%。

检测煤气中的 O_2 含量是避免因煤气中的氧气含量过高导致回收或使用过程中发生爆炸事故。O_2 含量应严格控制在 2%以下。测量煤气 CO、CO_2 含量及比值通常采用红外气体分析仪，测量 O_2 采用磁氧分析仪。转炉炼钢过程中对煤气回收分析必须准确及快速，抽取法分析大约需要 20s 反应时间，可以满足分析要求。采用原位激光分析可在几秒内得到测量值，具有快速测量优点，在煤气回收检测中也得到了很好应用。但在某些测点如磨煤机出口及煤粉仓等，由于含尘量很大，激光测量效果变差，光窗易污染、维护量大，采用抽取法分析比较适宜。

（4）在炼焦工艺过程中的应用

炼焦工艺是煤在焦炉中干馏生产焦炭的过程。煤在焦炉的炭化室中在 1100～1300℃左右生成焦炭，并伴有大量荒煤气产生。焦炭是高炉炼铁的主要原料，而荒煤气经过净化处理可以作为生活燃料为城市供气，同时回收生成粗笨等副产品。产生的荒煤气中含有大量的焦油和 H_2S，要经过化产回收的各个工段，对煤气进行净化。其中，电捕焦油器用于从初冷器出来的煤气中进一步去除含有的少量焦油。要求电气绝缘箱的温度要控制在一定的范围内，超过范围要联锁停鼓风机；电捕焦后的煤气含氧量如果过高，也要联锁停鼓风机。

焦炉煤气的过程检测，主要是检测电捕焦油器前后煤气含氧量。焦炉煤气的检测，根据需要还可检测煤气净化后 H_2S 含量，以及检测高焦混合气（高炉煤气和焦炉煤气混合）热值。

（5）在其他工艺设备的应用

钢铁行业的煤气回收包括高炉煤气、COREX 炉煤气、焦炉煤气等，除对煤气成分的检测外，还需要检测煤气中 H_2S 及总硫含量，对煤气热值测量也有要求。

对 H_2S、总硫以及热值测量可以采用专用分析仪器，也可以采用工业色谱仪测量煤气成分并计算热值。

钢铁行业的其他很多工艺设备，如热风炉、石灰窑、炉喉高温等，应针对不同工艺、工况要求，采用烟气连续排放检测系统（CEMS）进行排放监测。

15.1.6.2　高炉炉顶煤气的在线分析

（1）在线分析方式及工况条件

高炉炉顶煤气的分析方式主要有两种。一种方式是仅对煤气中最重要的成分 CO、CO_2、H_2 进行分析，氮含量通过计算得出，这种方式适合于大部分的应用，投入成本低。另一种方式是全组分分析，分析高炉炉顶煤气中 CO、CO_2、CH_4、H_2、CH_4、O_2 等气体成分含量，适用于对高炉物料平衡及热平衡计算有较高要求的应用。

高炉煤气常规检测成分及量程范围选择是：CO 0～30%、CO_2 0～30%、H_2 0～5%、CH_4 0～5%。高炉煤气在线分析的工况条件参见表 15-1-17，取样点位置在重力除尘器前后煤气管道上，烟道直径＜1.5m。

（2）取样式高炉炉顶煤气在线分析系统的应用

高炉炉顶煤气在线分析系统的组成主要包括取样探头系统、样品处理系统、分析仪等。分析系统大多采用双探头、双流路分析控制技术，用以连续监测高炉炉顶烟气中的 CO、CO_2、H_2 等气体浓度。在自动状态下，当流路一进行分析时，流路二进行反吹置换并排水；当流路二进行分析时，流路一进行反吹置换及排水。如此不断循环，以保证烟气在线分析的连续性。为防止反吹气对分析值的影响，在探头安装时应采用径向、垂直方式，双探头并排安装。

表 15-1-17 高炉煤气在线分析工况条件

项目	内容
被测气体含量	CO ＜30%，H_2 ＜5%，CO_2 ＜30%，CH_4 ＜5%，N_2 ＜60%
工艺条件	煤气含尘量＜50g/m³，样气温度＜300℃，取样点压力＜0.3MPa，样气湿度 5%
环境条件	分析机柜安装在仪表房内；保护地线接地电阻＜4Ω；环境温度+5～45℃
公共设施	电源：20V±10%、50Hz±1Hz，容量 5kV·A；反吹气源：N_2，压力 0.5～0.7MPa

分析系统过滤除尘采用一种专用“海绵合金过滤器”。该过滤器是采用一种耐高温、耐腐蚀合金材料，通过特定方式层叠定型，形成像海绵一样的滤芯，具有较大孔隙和吸附表面。高炉煤气通过过滤器，其中的粉尘、水汽等杂质被滤芯的表面吸附，使得荒煤气得以净化。通过高压气体吹扫及水洗，可使得吸附在滤芯上的杂质被清除。这种“海绵合金过滤器”采用“疏导、吸附、清除”的过滤方式，具有很好的过滤效果。

分析系统的每一流路，在分析 20min 后探头过滤器反吹 4min。反吹方式为内、外反吹相结合，直吹和脉冲反吹相结合的方式。首先为内直吹 20s，然后 10s 自动排液。之后为外脉冲反吹。反吹气的起、停，根据现场探头与分析柜的距离不同而时间不同。反吹气源由反吹电磁阀控制。

（3）原位式激光分析仪在高炉炉顶煤气分析的应用

原位式激光气体分析仪在冶金行业有广泛的应用。原位式激光气体分析仪的特点是安装简单，维护工作少，抗干扰能力强，反应快，对煤气的快速回收具有重要的技术经济效益。

通常，一套激光分析探头只能用于一种气体分析，对于多组分气体分析则需要多个激光分析探头。因此，激光分析仪一般只适用于单组分分析，如 CO、CO_2 的分析。

在高炉炉顶煤气检测分析中，需要进行 CO、CO_2、H_2 等多组分分析。高炉炉顶煤气的含尘量大，易污染视窗，长期将影响激光分析仪的准确性。采用激光分析仪时，必须再上一套取样式热导分析仪来检测氢含量，CO_2 对氢干扰很大需做干扰补偿。

15.1.6.3 高炉喷煤 CO、O_2 分析系统的方案

（1）高炉喷煤在线分析检测点参数

高炉喷煤在线分析检测点参数见表 15-1-18。高炉喷煤在线分析系统主要应用于制粉系统的球磨机废烟气入口、布袋除尘器废烟气出口、煤粉仓入口等测点，可采用单点检测或多点切换巡检。

表 15-1-18 高炉喷煤在线分析检测点参数

检测点	检测成分	量程	其他成分
煤粉布袋出口	O_2	0～21%	N_2
	CO	0～3000μmol/mol	
磨煤机入口	O_2	0～21%	N_2、CO
球磨机出口	O_2	0～21%	N_2、CO
煤粉仓	CO	0～3000μmol/mol	N_2、O_2
热风炉	O_2	0～15%	N_2、CO

（2）高炉喷煤在线分析的方案

针对在高炉烟煤制粉的危险场所和恶劣的工况条件，高炉喷煤气体分析系统可设计为单点单套检测或多点巡检。大多采用多点巡检，常采用三点式巡检方案。

检测成分要求：CO（0～5000μmol/mol）、O_2（0～21%）。在多点巡检情况下，一套系统可将袋除尘器、磨机、煤粉仓等检测点串联起来。每点分析检测时间根据用户需要可任意设定。一般每点分析设定为5～10min。在系统指示流路板上，分析到某一点时对应流路指示灯亮起，同时输出对应的成分含量信号。系统的分析、切换由PLC程序设定自动进行，自动吹扫、自动排液，系统输出信号4～20mA，可与总控室的稀释系统联锁。也可转换到手动状态进行仪表的校对、设备的检修，手动排液、手动吹扫清灰。

（3）原位式激光气体分析仪的应用

采用单点单套的原位式激光分析仪，安装简单，维护工作少，反应快。煤粉仓取样点的灰尘大，仍需采用加预处理装置的抽取式分析系统；如果采用抽取式在线分析系统，应设计为双探头、双泵的采样分析方式，这样更能准确提供分析数据，保证喷煤系统的安全。

15.1.6.4　转炉煤气回收在线分析系统的方案

转炉煤气回收主要分析气体的要求：CO 0～100%、O_2 0～5%。一般设定CO含量大于30%开始回收，用于提高转炉煤气回收效益。国家标准规定O_2应控制在2%以下，以确保转炉煤气回收安全。转炉煤气回收分析系统，适用于15t以上转炉，用于分析转炉风机后，煤气柜出、入口，电除尘器入口的煤气管道中的CO、O_2含量。检测点工况参数参见表15-1-19。

表15-1-19　转炉煤气回收的检测点工况参数

检测点	检测组分	量程	其他组分
转炉风机后	CO	60%～80%	CO_2 ＜20%，H_2 ＜1.5%，N_2 ＜20%
	O_2	＜2%	
煤气柜入口	O_2	＜2%	CO_2 ＜20%，CO 60%～80%，H_2 ＜1.5%，N_2 ＜20%
煤气柜出口	O_2	＜2%	CO_2 ＜20%，CO 60%～80%，H_2 ＜1.5%，N_2 ＜20%
电收尘入口	O_2	＜2%	CO_2 ＜20%，CO 60%～80%，H_2 ＜1.5%，N_2 ＜20%

（1）抽取式转炉煤气分析系统

根据转炉炼钢的特点（一炉一炉间歇炼钢）设计为单流路、单探头，系统的反吹利用钢水置换时间进行。系统接受转炉吹炼（或降罩）信号控制，当接收到吹炼开始信号时，系统进行吸气分析，延时20s作为上炉气置换时间，20s后为本炉气的连续成分信号。当接收到吹炼结束信号时，系统停止吸气，并自动进行反吹清灰（时间3～5min），反吹完后处于等待状态。系统可转换到内控状态下进行分析仪的校对、手动反吹、手动分析和设备检修。在内控时，操纵功能按钮“反吹”“校对”“分析”可分别处于手动反吹、校对及分析状态。系统若有备用风机可另加1套取样探头，以备风机检修时切换使用。

（2）煤气柜出（入）口、电除尘器入口的煤气分析系统方案

煤气总管分析的是各转炉送来的煤气中氧含量，以保证煤气柜或电收尘的安全。采取实时在线，采用双探头双流路设计，两个探头交替工作取样分析。双探头安装参见图15-1-23。

探头A取样分析时，探头B进行吹扫清灰、排水，完成后处于待机状态；探头A设定分析时间到后切换到探头B进行取样分析，探头A进行吹扫清灰、排水，完成后处于待机状态。取样、切换、清灰、排水由系统内PLC程序设定控制自动完成。系统也可转换到内控状

态下进行分析仪的校对、手动反吹、手动分析和设备检修；在内控时，操纵功能按钮“反吹”“校对”“分析”可分别处于手动反吹、校对及分析状态。分析数据 4～20mA 输出，可通过信号线输送到总控室并与回收、放散系统联锁。

该系统在气柜前后检测混合煤气氧含量，且工况条件较好，含量比较稳定，所以气柜前后的分析系统采取的措施基本与转炉风机后相同，但除水措施更简单。

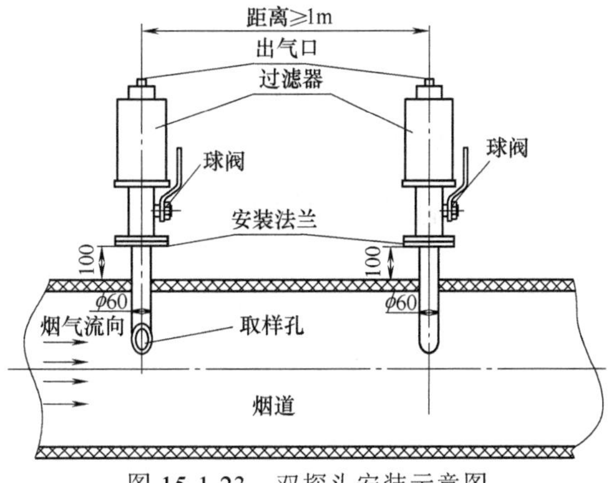

图 15-1-23　双探头安装示意图

（3）原位式激光气体分析仪在转炉煤气回收的应用

原位式激光气体分析仪响应速度快（响应时间仅为几秒钟），在转炉炼钢风机后测点进行快速分析，有利于转炉煤气的回收效率提高。原位式激光气体分析仪用于转炉风机后的煤气回收分析，一般要采用 2 套激光分析仪，一套用于分析 CO，另一套用于分析 O_2。

在湿法除尘转炉煤气回收中，煤气中含饱和水汽，易污染激光分析仪的视窗，影响分析值的准确性，须加预处理装置，其反应快、滞后时间短的优势并不明显，因此只在气柜前后使用比较多。在干法除尘的应用中，激光分析仪的优势就比较明显了，应用也越来越多。检测多组分时需上多套激光分析仪，增加了采购成本，但运行成本降低。

15.1.6.5　钢铁行业的焦炉煤气在线分析的方案

（1）焦炉煤气氧在线分析系统的检测要求

焦炉煤气检测系统用于检测电捕焦油器前后煤气含氧量，如果含氧量过高的话要联锁停鼓风机。在焦炉煤气的检测中，不同监测点有不同的检测要求，其检测点主要有：电捕焦油器前、后检测 O_2，干熄焦循环风机出口检测 CO、H_2、CO_2，煤气净化总管检测 H_2S 含量，高焦混合气（高炉煤气和焦炉煤气混合）检测热值等。

焦炉煤气的主要检测位置如表 15-1-20 所示。

表 15-1-20　焦炉煤气的主要检测位置

检测位置	检测成分和量程	目的
电捕焦油器前、后	O_2　0～5%	生产安全
干熄焦循环风机出口	CO 0～10%，H_2 0～3%，CO_2 0～20%	余热利用，节约能源
煤气加压站	CO 0～30%，CH_4 0～20%，H_2　0～80%	节能降耗
脱硫塔前后	SO_2，O_2	环保及工艺控制
净煤气总管	H_2S	环保及质量控制

（2）焦炉煤气氧分析系统的分析流程

焦炉煤气氧分析是为了保护电捕焦油器的安全。当 O_2 含量超标时，连锁控制风机的运转，防止过高浓度的含 O_2 煤气进入电捕焦油器引起爆炸。由于焦炉煤气中焦油含量多，抽取式取样处理系统除焦油的技术难度很大，目前应用较好的是蒸汽射流取样式的焦炉煤气氧分析系统，其基本流程如图 15-1-24。

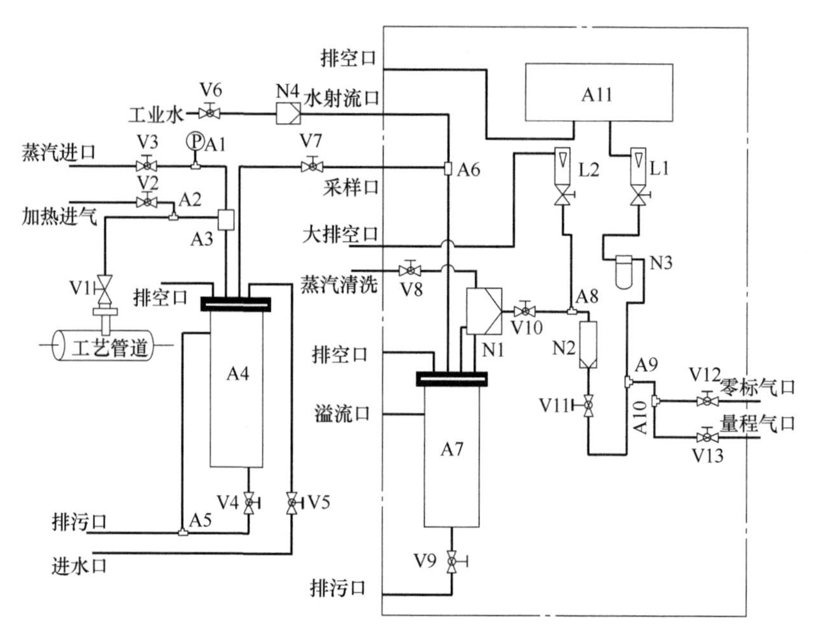

图 15-1-24　焦炉煤气氧分析系统流程图

A1—压力表；A2，A5，A8～A10—三通；A3—蒸汽射流泵；A4—清洗罐；A6—水射流泵；A7—稳压罐；A11—分析仪表；N1—焦油精过滤器；N2—硫过滤器；N3—监视过滤器；N4—水过滤器；L1，L2—流量计；V1～V13—手动球阀

焦炉煤气抽取法氧分析系统，一般采用蒸汽喷射泵吸入样品，再经水洗等方法除去杂质，或采取专用的除焦油的取样处理系统除去杂质，保证得到干净样品气进入分析仪器，分析仪大多采用磁压式氧分析仪。焦炉煤气中焦油含量多，即使经过电捕焦油器捕焦后，含量仍很高。如预处理方案设计不好，极易堵塞过滤器和管路。国内焦炉煤气在线分析系统使用得好的不多，取样处理维护周期短、维护频繁。

15.1.7　天然气热值分析及可调滤波红外光谱法的应用

2019 年国家颁布的《油气管网设施公平开放监管办法》中明确了建立天然气能量计量计价体系的要求，天然气能量计量已逐步成为标准计量方法。天然气流量计量的有关标准包括《天然气能量的测定》（GB/T 22723—2008）、《天然气计量系统技术要求》（GB/T 18603—2014）和《天然气　分析系统性能评价》（GB/T 28766—2018）等核心标准。目前国内已有 30 多个标准和规范支持天然气能量计量，并且正在由单一标准向多重标准发展。

15.1.7.1　天然气热值的测定方法

天然气单位热值测定方法，主要有直接测定法和间接测定法两种。直接测定法主要是体积计量。测量天然气体流量所用到的流量计主要有孔板流量计、气体涡轮流量计、旋进旋涡流量计、超声波流量计、涡街流量计、腰轮流量计等。体积计量是通过流量计检测一定体积的天然气，并进行发热量检测，从而得到单位体积的天然气发热量，即天然气的热值。体积计量是天然气常规的计量方法。

间接测定法主要是能量计量。天然气热值的能量计量是建立在体积计量基础上，基于天然气中每个组分对热值所做出贡献不同的原理进行测试的。通过适当的分析方法测定不同气体组分的摩尔分数，通过加权不同摩尔分数的气体成分和其相应组分气体的摩尔热值计算获得天然气热值。

随着天然气贸易的需要和贸易结算中公平交易的原则，天然气能量计量已成为测量天然气热值的主流方法。

15.1.7.2　天然气成分测量的热值分析方法

目前，测量天然气成分的热值分析方法主要有：在线气相色谱法、热导式热量仪、非分光红外光谱法、多传感器集成式热值分析仪、激光拉曼光谱法和可调滤波红外光谱法等。

（1）在线气相色谱法

基于气相色谱法的仪器，分析精度高，但气相色谱仪对载气要求严格，检测结果存在滞后性，该方法以前多用于实验室。现在，用于天然气的在线色谱仪，已经用于天然气计量监测，特别是微型在线色谱仪在天然气热值计量方面已得到广泛应用，具体介绍参见 4.4.4。

（2）热导式热量仪

热导式热量仪是基于气体成分的热导率不同进行测量的。通过热导探头测量被测组分，采用铂丝敏感元件组成不平衡电桥，输出信号强度与天然气体积百分含量相对应，通过信号处理输出正比于天然气浓度的信号。热量仪采取向量回归法，提前在不同温度下测得天然气热导率推出特性公式，再测得过程热导率值计算热值。该仪器流程如图 15-1-25。

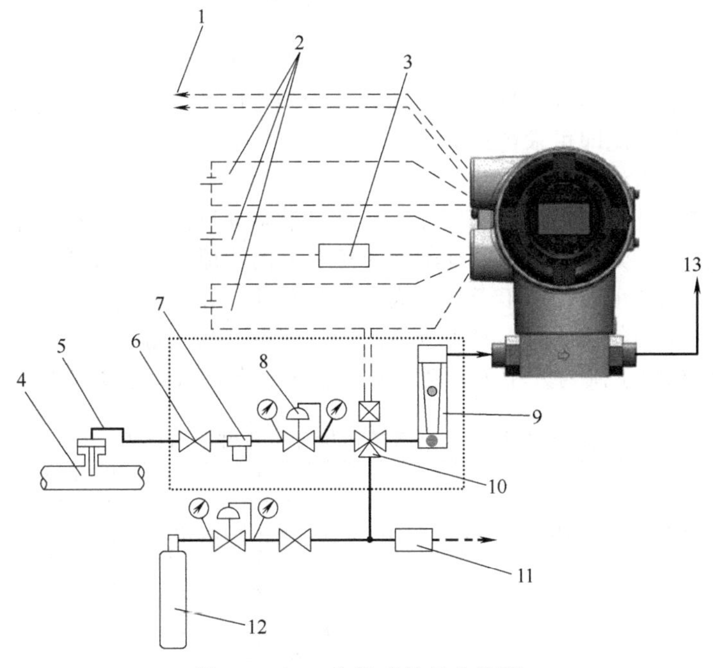

图 15-1-25　热导式热量仪流程

1—输出；2—DC 24V 电源；3—继电器；4—管道；5—取样探针；6—阀门；7—过滤器；8—减压阀；9—流量计；10—电磁阀；11—压力开关；12—校准气瓶；13—气体输出

热导式热量仪的测量是通过两个探头来实现的，探头上安装两个热敏元件，一个热敏元件上的温度作为参比温度，一个热敏元件测量流体介质被带走热量后的表面温度。根据气体与热敏元件间的热传导关系，通过热导式热量分析仪测量待测组分含量。根据表 15-1-21 常见可燃气体热值表，可以得到特定体积下的气体热值数，通过与所得体积相比即可求得热值。

表 15-1-21　常见可燃气体热值表

气体	氢	硫化氢	甲烷	乙烷	丙烷
热值/(MJ/m^3)	12.74	25.35	39.82	70.3	101.2
热值/($kcal/m^3$)	3044	6054	9510	16792	24172

（3）非分光红外光谱法（NDIR）

非分光红外光谱法是通过微型红外传感器模块，实现不同浓度的混合气体组分的高精度测量。其结构如图 15-1-26 所示。

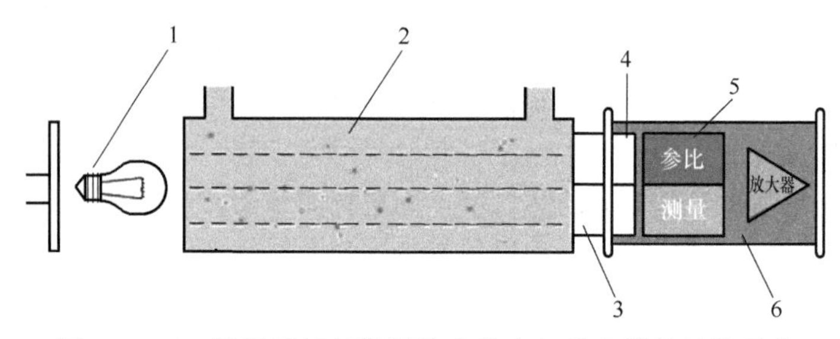

图 15-1-26　用于天然气检测的非分光红外光谱仪结构示意

1—红外光源；2—吸收气室；3—滤光片；4—检测双通道；5—检测器；6—NDIR 红外传感器

典型仪器的测量精度可达 1%FS 左右，可同时准确测量 CH_4 和 C_nH_m 气体浓度，并自动计算、显示燃气热值。根据气体热值表（参见表 15-1-21），可以得到特定体积下的气体热值数，通过与所得体积相比即可求得热值。

（4）激光拉曼光谱法

激光拉曼光谱法是以拉曼散射为原理的一种光谱学分析方法。拉曼光谱分析法具有多组分气体成分检测能力，尤其是能够精确测量天然气中的双原子分子和微量水，也可用于天然气热值测量。在实际使用中，由于天然气成分的复杂性，导致拉曼光谱分析会产生组分之间的干扰，所以常常采用与实际天然气组分接近的气体标准物质进行仪器标定。

表 15-1-22 中列出了国内外相关天然气热值检测设备的详细参数信息。从表中数据可以

表 15-1-22　天然气热值检测设备性能对比表

设备型号	技术方法	量程	检测成分	精度	响应时间	维护方式
湖北锐意自控系统有限公司 Gasboard-3110P	非分光红外气体传感器技术	CH_4：0～100%；C_nH_m：0～10%	CH_4 与 C_nH_m 热值检测	CH_4、C_nH_m：1%FS	t_{90}<10s（NDIR）	每一个测量周期进行后需要吹扫
Agilent 490 微型气相色谱天然气分析仪	气相色谱法	—	C_1～C_9 烃类分析，热值测定需要相应的软件计算	<0.5%	100s（至 C_7）400s（至 C_9）	需定期进行读数标定，然后更换载气瓶
Azbil CVM400	利用测得的过程热导率计算热值	t_1/t_2（0℃/0℃）37～47MJ/m^3	天然气成分检测	读数：±1.5%	30s（样品流速 50mL/min）	使用纯甲烷进行自动校准
SMC EnCal 3000	气相色谱法	—	天然气成分检测	<0.1%	C_{6+}为 3min C_{6+}为 5min	需定期进行读数标定，然后更换载气瓶
UNION INCA 系列	非分光红外气体传感器技术	体积分数：烃类 40～100%，C_{2+} 0～20%	甲烷，二氧化碳，氧气，硫化氢，氢气，C_{2+}	CH_4±1%FS C_{2+}±2.5%	测量周期为 15min	每一个测量周期结束需要对仪器进行一次吹扫

看出，传统的热值分析技术均存在一定的局限性，全面实现天然气热值计量需要开发分析速度快、维护量少、操作更为简便的分析仪器。

（5）可调滤波红外光谱法

可调滤波式红外光谱仪是基于可调滤镜扫描光谱法，其核心技术是采用了旋转滤镜，使得仪器具有光谱扫描能力，其结构如图 15-1-27 所示。可调滤波光谱（TFS）具有类似傅里叶红外的扫描性能，光谱范围覆盖紫外到红外，具有极强的扩展性能。可调滤波红外光谱技术具备了全碳氢气体分析技术，对于复杂的混合气体，该技术有着独特的优势。

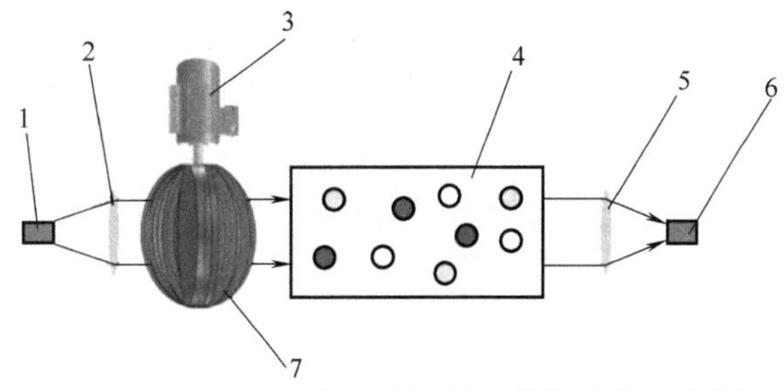

图 15-1-27　可调滤波式红外光谱仪结构示意图

1—红外光源；2—聚光镜；3—旋转马达；4—吸收气室；5—聚光镜；6—检测器；7—滤镜

可调谐滤波技术原理在于入射光波入射角度的改变，会引起出射光波波长的改变：

$$\frac{1}{\lambda}=\frac{Mc}{2nh\cos\theta}$$

式中，λ 为出射光波波长；n 为介质折射率；h 为介质厚度；M 为介质摩尔质量；θ 为入射角度；c 为光波在真空中的传播速度。

从上式可知，当入射角度 θ 改变时，出射光波波长会随之发生改变。当一束光穿过混合气体时，被旋转滤镜折射分成几束不同波长的光束，而每种波长的光束对应一种气体，此为可调谐波长原理。可调谐红外光谱融合了红外光谱和可调滤波技术，从红外光谱原理出发，利用可调谐滤波器形成干涉光束，改进单光束多波长形成可调谐模型，对预选的光谱区域进行高精度、连续扫描，通过化学计量学软件对混合气体进行宽频匹配与选取，进而形成气体浓度非线性模型。

基于红外光谱法的可调谐光谱分析仪，可同时检测多种组分，且无需消耗样气，在天然气热值分析中具有很大发展前景。由重庆重科大分析仪器公司开发的 CKA-101 型可调谐红外光谱检测仪专用于天然气热值在线监测。CKA-101 型天然气多组分在线热值分析系统，如图 15-1-28 所示。该仪器能够实现对甲烷、乙烷、丙烷、硫化氢等多组分在线检测，该热值仪能满足对于含量大于 0.1%的组分测量重复性。

图 15-1-28　CKA-101 型天然气多组分在线分析系统

15.1.8　在 PTA 工艺过程中的气体分析及顺磁氧分析仪的应用

15.1.8.1　概述

纯对苯二甲酸（pure terephthalic acid，PTA）和乙二醇一起被用来制造聚对苯二甲酸乙二醇酯（简称聚酯，PET）。聚酯产品包括聚酯纤维、瓶用切片和薄膜切片。PTA 是石化行业重要的有机原料之一，广泛用于化学纤维、轻工、电子、建筑等各行业。

PTA 的生产工艺过程，是采用对二甲苯（PX）为原料，加入催化剂，以乙酸为溶剂，在高温高压下，在反应器中与空气进行氧化反应。反应尾气经过换热吸收净化脱水，对溶剂等进行回收再生。反应生成的对苯二甲酸（TA）浆料，通过多级结晶过滤和干燥进行固液分离，分离的母液大部分返回氧化反应器，少部分进行净化；干燥后的粗对苯二甲酸（CTA）经过加氢精制结晶后生成 PTA。在 PTA 过程控制中，在线气体分析有两个重要应用：一个在氧化反应器，另一个在结晶器。根据不同的工艺，还有其他的储罐，乙酸溶剂回收、排放，氢气回收等应用。

（1）氧化反应器过程气体分析

对二甲苯、乙酸溶剂和催化剂混合，与空气一同进入氧化反应器，反应产生对苯二甲酸，同时释放出大量热能。根据 O_2 含量来调节空气和液相进料的比例，可以更好地控制反应过程。一般反应后尾气中残 O_2 浓度基本控制在 4%～5%范围内。

从安全的角度，如果氧浓度过高，反应器中气相可燃物质会失控燃烧，从而造成爆炸。从效率控制的角度，氧浓度太低的话，对二甲苯氧化反应不充分，副产物和未完成反应的对二甲苯增多，导致产品生产效率低，也会给后期装置造成负荷增加。若氧浓度过高，会过度消耗乙酸，不但产品色度变差，还对后续生产造成影响。所以精准快速测量氧化反应尾气中 O_2 浓度尤为重要。同时，许多工艺中还通过测量氧化尾气中的 CO 和 CO_2 浓度来监测氧化过程中的副反应过程，以确保氧化反应处于高效状态。

采取的反应尾气样品一般为经过换热后的高压、高温反应尾气，成分含有腐蚀性物质（如乙酸、溴离子等）和微量催化剂颗粒。典型的 PTA 的工况条件如下：

采样压力：1.2～2.0MPa；采样温度：180～230℃；采样背景气：N_2 >90%，O_2 3%～5%；仪器测量量程：O_2 0～10%；CO 0～0.5%、0～1%、0～2%，CO_2 1%～2%、0～5%、0～10%，H_2O 0～1%，乙酸甲酯 $C_3H_6O_2$ 0～1%，乙酸 CH_3COOH 0～0.2%，溴甲烷 CH_3Br 微量，对二甲苯及有机物微量。

氧化反应尾气中的氧气连续在线测量，通常作为安全联锁系统（safety interlocking system，SIS）的关键参数参与控制系统中的报警和联锁。为确保最低故障率，减少由于仪表故障引起生产装置停车而造成的巨大经济损失，每个反应器会有三套独立的氧气测量仪作为三选二的安全联锁来保证氧化反应的安全性，要求的测量量程为 0～10% O_2。

任意一台 O_2 分析仪报警/故障，不会触发联锁停车，提醒检修人员及时检查处理报警和故障。当两台分析仪同时报警/故障，才会触发联锁停车。 有些专利要求同时测量尾气中一氧化碳和二氧化碳的浓度，并作为安全联锁系统的参数之一，参与三选二联锁，要求测量量程为 CO 0～1%、0～2%和 CO_2 0～5%、0～10%。

（2）结晶器过程中的气体分析

在结晶器中，当 PTA 产品从溶剂溶液中结晶时，乙酸蒸气被排出。由于乙酸蒸气是可燃气体，因此测量其中的残氧浓度可以防止爆炸，这是安全联锁的关键控制点。一些工艺也会对结晶器尾气中的二氧化碳进行监测，以避免后氧化反应引起爆炸的危险。

结晶器尾气的压力较高，成分含有腐蚀性物质（如乙酸、溴离子）等。由于各种 PTA 专利的工况都有所差异，以下工况条件仅供参考：

采样压力：1.2～2.5MPa；采样温度：50～200℃；采样背景气：氮气 N_2 >80%，氧气 O_2 5%～6%；仪器测量量程：O_2 0～10%；一氧化碳 CO 0～1%，二氧化碳 CO_2 0～5%、0～10%，水 H_2O 0～1%，乙酸甲酯 $C_3H_6O_2$ 0～1%，乙酸 CH_3COOH 0～0.8%，溴甲烷 CH_3Br 微量，对二甲苯及有机物 微量。

结晶器尾气中的氧气测量作为安全连锁系统（SIS）的关键参数参与控制系统中的报警和

联锁。每个结晶器尾气有三套独立的氧气测量仪作为三选二的安全联锁来，满足结晶过程的安全性，要求的测量量程为 0～10% O_2。有些专利中尾气中的二氧化碳也需要监测，但是不进入安全联锁系统，要求测量量程为 0～10%CO_2。

（3）其他过程分析

① 乙酸溶剂回收再循环液态水分析

在乙酸溶剂回收部分，需要测量乙酸溶剂中含水量，根据不同工艺，测量量程（质量分数）分别为 0～100%、0～50%、0～10%。可以使用非分光红外分析仪对乙酸中的液态水进行分析。由于乙酸溶剂在高压高温下的强腐蚀性，样品接触部分的材质需考虑采用高耐腐性材质（如哈氏合金、钛材等）。

②干燥过滤及储罐中惰化检测

惰化工艺就是在储存容器与干燥过滤的密闭空间填充惰性气体，用于保护内部成分，使其不因存在氧气而发生爆炸、降解或者聚合，以及防止设备腐蚀。氮气是常用的惰性气体，通常也会称为氮封。氧气测量是对于惰化工艺的重要监测指标，一般测量量程为 0～10%、0～21%。在 PTA 干燥过滤及储罐的惰化背景气含有腐蚀性物质时，样品接触部分的材质需要采用耐腐性材质。

③ 氢气再生气体监测

PTA 装置对运行能耗要求越来越高，精制尾气中的氢气回收不光能降低氢气的消耗，还可以提高装置的安全性，越来越受到重视。精制反应的尾气经过换热，气液分离后，需对其中的二氧化碳、一氧化碳和氧气进行监测。测量量程为：CO_2 0～20%，CO 0～1%，O_2 0～4%。背景气工况为高压气体，并含有大量易燃氢气时，需注意其安全性。

④ 尾气排放监测

PTA 装置主要排放气体包括为对二甲苯、乙酸、乙酸酯类有机废气，以及分离设备、过滤设备、干燥设备、料仓等排放的放空尾气，其中一氧化碳、可挥发有机物以及溴化物等对周围环境会造成严重污染。废气必须治理后才能排放，尾气排放监测为 CO 0～200μmol/mol；VOCs 0～700mg/kg。

15.1.8.2 顺磁氧检测技术在 PTA 过程中的应用

（1）顺磁氧分析仪在 PTA 装置的技术应用

无论在氧化反应器和结晶器的安全联锁控制还是惰化等过程控制中，氧气浓度监测在线分析都是最关键的参数。准确、快速和稳定的测量为装置的长期稳定运行提供了保障。PTA 装置通常选用顺磁氧分析仪来测量氧气浓度。顺磁氧分析仪一般分为磁力机械式（哑铃球）、热磁式和磁压式三种。

热磁式氧分析仪虽然结构简单，但易受背景气中气体的热传导、黏度等因素影响，造成测量误差，响应时间长，不适合使用在对过程控制严苛的氧化/结晶装置。磁压式分析仪有响应速度快、微流量传感器不与样品接触的优点，但流量的微小波动对测量准确性影响大，参比气的使用也增大了故障可能性，在安全联锁过程中较少使用。相比于以上两种分析原理，磁力机械（哑铃球）式氧分析仪具有精度高、稳定性好、快速响应、无需消耗参比气的优点，在 PTA 行业应用最广泛。

顺磁氧分析仪传感器采用耐腐蚀性传感器，适用于防爆 1 区，保证了在腐蚀性溶剂和易燃背景气下准确测量，精度小于 0.02%，响应时间 t_{90} 小于 4s，使用寿命长和维护量低，大大减少由于分析仪故障联锁跳车的概率，在各类 PTA 工艺中得到广泛使用。

（2）PTA装置在线分析的取样预处理

对于PTA装置这种特殊工况和现场恶劣的环境条件，大部分的分析仪和预处理系统集成在分析小屋中，保证了分析仪的长期运行，也给现场操作和维护带来了便利。

PTA的氧化反应及结晶器尾气的工况大多为高温高压，腐蚀性强并带催化剂颗粒等。因此，预处理设计为现场减压、现场水洗降温、小屋气液分离、小屋内稳流测量等四部分。将样气降压、冷却，除去样品中的腐蚀性乙酸，加入催化剂处理成适合在线分析仪测量的气体。高温高压部分考虑使用高耐腐性材质（如钛材），系统响应时间t_{90}需小于60s。

在乙酸溶剂中水测量的预处理设计中，需考虑乙酸在高压高温下的强腐蚀性，样品接触部分的材质，需考虑采用高耐腐性材质（如哈氏合金、钛材等），液态样气还需考虑气泡去除部分以保证稳定准确的液态测量。干燥过滤及储罐的惰化背景气含有大量腐蚀性强的溶剂，预处理设计时需考虑将此类溶剂去除后再进入分析仪进行测量。

15.2　在线分析仪器在精细化工及制药工业中的应用

15.2.1　在过程合成中的应用

15.2.1.1　概述

在线分析仪器在精细化工和制药工业中的应用，主要包括上游的化学产品合成，中游以结晶为主的固液分离过程，下游过滤、洗涤、干燥、混合、造粒等操作在内的全流程结晶过程参数的监测。检测指标主要有溶液浓度、多晶型纯度及颗粒尺寸、形状等。

在精细化工产品合成过程中不仅需要灵活应用各种化学、生物原理，还需要结合在线分析技术监测关键中间体的浓度，探究反应机理，调控反应过程，提高化工产品的功能和质量。在过程合成中，在线分析仪器的应用具有重要作用，可用于实时跟踪反应物、中间物和产物的瞬时变化，准确提供反应趋势、机理、路线、终点及各个过程的转化率、选择性等信息。

在线分析技术通过及时测量并提取关键参数和基础信息来设计、分析和控制生产过程系统，以确保过程高效以及最终产品高质量，是过程合成中的小试、中试不可或缺的监测手段。通过在线光谱分析技术、激光技术与基于大数据的图线识别分析系统等联用技术，掌握粒度、粒型和溶液浓度信息，通过端口信息集成与多元信息分析方法实现信息统一输出，以便进一步设计与控制。对于强腐蚀性体系和极端工况体系，可通过非入侵式光谱学探头获取颗粒和溶液信息，也是提高在线分析设备迁移应用能力的关键。

近年来，现代过程分析技术（PAT）仪器设备不断被开发，例如衰减全反射傅里叶变换红外光谱（ATR-FTIR）、衰减全反射紫外/可见光谱（ATR-UV/Vis）、聚焦光束反射测量（FBRM）、拉曼光谱（Raman）和颗粒录影显微镜（PVM）等技术，这些原位在线分析仪器设备应用到生产过程的监测和控制中，提高了数据质量与监测灵活性，同时保证了过程的可靠性。

PAT技术是“质量源于设计”的基础，其开发以应用为导向。在线分析硬件设备的小型化、微型化、集成化有助于多设备联用并降低使用环境限制，是全流程检测的重要保障。在线信息分析软件用于实现在线数据解码与挖掘，将对简化在线分析流程、提高检测准确性以及提高在线操作裕度产生显著影响。

15.2.1.2 过程合成中的在线分析技术应用

（1）原位监测在线分析仪器的应用

在精细化工和制药过程合成中，各种能适用于过程合成的苛刻环境条件下原位监测的在线分析仪器、传感器，以及红外光谱分析与拉曼光谱等分析技术有广泛的应用。原位监测的在线分析仪器和传感器，如用于苛刻的化学环境及无菌过程应用的 pH 电极、ORP（氧化还原）电极，在线溶解氧、二氧化碳和臭氧传感器，用于监测化学制药过程的电导率传感器和电阻率传感器，提供生物制药过程中微生物污染瞬时检测的 TOC 分析仪，用于气相氧检测的电化学传感器，检测生物质生长和结晶的浊度仪；检测痕量级离子浓度的氯离子分析仪、硫酸根分析仪、钠分析仪、硅分析仪等。

（2）红外光谱分析技术的应用

近红外在线光谱仪可借用光纤探头直接监测化学反应过程，从而进行快速、实时控制。该仪器主要有三个方面的应用：提供自动、多功能的快速测量常规样品的红外光谱谱图；显示在线测量样品体系的反应机理、反应过程，以及反应动力行为；研究测定催化材料、新能源材料、纳米功能材料、生物材料、半导体材料、复合材料等样品在不同谱段下的透射吸收特性。

在线红外分析系统 ReactIR TM 采用傅里叶变换红外技术，通过测量物质在红外区域的特征指纹光谱，监测分析反应体系中有关物质浓度随时间的变化，从而得到有关机理、路径和反应动力学的完整信息。它适用的广泛化学体系具有以下特点：分子具有红外活性；化学反应在溶液或废气中发生；浓度大于 0.1%。常见应用领域包括聚合反应、高压反应、氢化反应、加氢甲酰化或含氧的合成过程、放热反应过程控制、卤化反应、生物催化及流动化学等。

（3）拉曼光谱分析技术的应用

拉曼光谱提供的信息源自于光散射过程，红外光谱则依靠的是光吸收。拉曼光谱可提供关于分子内和分子间振动的信息，从而增强对反应的了解。拉曼光谱与 FTIR 光谱均可提供体现分子特定振动特点的光谱（“分子指纹”），可用于识别物质。不同的是，拉曼光谱可提供晶格与分子主链结构的较低频率模式与振动的更多信息。因此在线拉曼光谱可以与在线红外光谱相互补充。

现代化紧凑型拉曼光谱仪由多个基本组件构成，其中包括一台用作诱发拉曼散射的激发源的激光器。在现代化拉曼光谱仪中通常使用固态激光器，常见波长为 532 nm、785 nm、830 nm 和 1064 nm。较短波长的激光器具有较高的拉曼散射横截面，产生的信号较强，不过随着波长变短，荧光的影响也会增加。因此，许多拉曼系统采用 785 nm 激光器，使用光纤电缆向样品传送和从样品采集激光能量。由于拉曼散射信号较弱，因此在拉曼光谱仪中使用高质量、光学完美匹配的组件极为重要。在线拉曼光谱用于监测结晶过程以及揭示反应机理与动力学信息。这些数据与分析工具相结合，有助于明确了解以及合理优化反应。

（4）选择在线红外和拉曼分析的原则

对于荧光反应，C═O、O—H、N═O 等偶极变化强的键很重要。

具有以下特点的反应选择红外光谱法：试剂与反应物浓度低；溶剂光谱带在拉曼中强并且可覆盖关键物种信号；形成的中间体具有红外活性等。

当重点研究脂肪族和芳香族环中的碳键时，在 FTIR 的谱图中难以发现 O—O、S—H、C═S、N═N、C═C 等键的特征峰；在研究水介质中的高压催化、聚合等反应时只有通过反应窗才能较为容易且安全地观察的情况。选择在线拉曼光谱法，可以很好地解决这些问题。研究双相与胶体反应的开始、终点与产物稳定性时，可选择在线拉曼光谱法。

15.2.2　在产品精制中的应用

15.2.2.1　概述

精细化工产品，如化学原料药、日用化学品、染料、涂料、催化剂、各种助剂以及高分子材料等，在合成之后都要经过精制过程才能进一步加以利用。精制过程中在线分析仪器的应用可以促进对生产过程和药品特性的理解，为产品生产提供指导，进而提高药品生产效率，强化对产品质量的控制。

美国食品药品监督管理局（FDA）在 2002 年发布了《面向 21 世纪的基于科学知识和风险管理的良好生产规范》，指出制药行业可以通过过程分析技术来促进医药制造的现代化。在医药领域，原料药的质量将直接影响制剂的质量。例如原料药的晶型会对制剂功效产生重要的影响，颗粒粒度分布会严重影响制剂溶出速率。因此，严格控制药物产品的精制过程十分关键。

在产品精制过程中，基于监测相的不同，应用的在线仪器分析技术主要分为两类：基于溶液浓度信息的在线仪器分析技术和基于固相信息的在线仪器分析技术。

15.2.2.2　基于溶液浓度信息的在线仪器分析技术应用

（1）衰减全反射傅里叶变换红外光谱（ATR-FTIR）

ATR-FTIR 主要通过监测样品反射出的红外衰减波信号并将该信号转化为红外光谱，实现样品表层化学成分结构信息的表征。其可根据不同组分的特征吸收峰，对溶液中样品实现定性和定量分析。ATR-FTIR 技术在溶液实时在线表征中具有明显优势：与普通红外光谱比较，制样简单，几乎无需对样品进行特殊处理；监测高效灵敏，监测点可达数微米；原位监测，实时跟踪；环境友好，污染小。

（2）衰减全反射紫外/可见光谱（ATR-UV/Vis）

ATR-UV/Vis 是由价电子跃迁产生的一种电子光谱，该技术通过检测物质对紫外/可见光的吸收程度，得出该物质的组成、含量以及结构信息。其获取信息便捷且精确。由于药物的大多数活性成分具有紫外吸收，所以 ATR-UV/Vis 的适用范围很广泛，可在药物的结晶精制过程中同时实现对晶体成核、多晶型转变与过饱和度变化的原位监测。

15.2.2.3　基于固相信息的在线分析技术应用

（1）拉曼光谱（RS）技术

RS 属于一种散射光谱，主要用于研究晶格和分子的振动模式、转动模式以及在某一系统中的其他低频模式。RS 与 IR 在分子结构分析上的互补性也是其获得广泛应用的原因之一。

在药品精制过程中，在线拉曼技术可以监测晶型转变过程，能对晶型转变的起点和终点进行判别，并获取晶型转变动力学信息，从而有助于更深层次地理解该晶型的转变工艺。在线拉曼技术还可对结晶过程中的晶体和溶液进行同时监测，用以定性和定量跟踪溶液浓度和固相晶型产品浓度的变化趋势，得到析晶趋势图，从而可以直观判断析晶点、析晶速率和析晶平衡等数据；还可建立定量标准模型，得到体系的实时过饱和度数据，直接从源头控制结晶过程。RS 尤其适用于多晶型的工艺开发，达到直观快速地优化工艺参数的目的。

（2）近红外光谱（NIR）技术

NIR光谱主要记录的是含氢基团（C—H、O—H、N—H等）的倍频和合频吸收峰，往往用于反映待测物的整体信息，可用于定性定量分析。监测过程高效无损，应用范围广，环境友好，污染小。在药物精制过程中主要用于结晶度、晶型、晶体粒度的监测和调控。

（3）聚焦光束反射测量（FBRM）技术

FBRM是一种基于探针监测的高效准确的在线分析技术。其通过测定激光束在与粒子接触前后光的反射时长，测定出粒子的弦长分布，从而确定粒子粒度，并通过反射数量确定晶体数量。在制药领域，药物产品粒度分布直接影响了药品堆密度、流动性，进而影响之后的造粒和制剂过程。采用FBRM进行原位实时粒度监测，可以更好地理解晶体生长及粒度的变化，为制备符合粒度要求的产品提供直观清晰的指导。

（4）X射线衍射（XRD）技术

XRD主要是根据X射线入射到晶体时，晶体中规则排列的晶胞中的原子间距离与入射X射线波长有相同数量级，故由不同原子散射的X射线相互干涉，在某些特殊方向上产生强X射线衍射。衍射线在空间分布的方位和强度与晶体结构密切相关。原位XRD技术可以实现对固体相态实时变化的监测，直观地展示药物晶体产品在升降温或者其他条件变化过程中晶型的转变过程，为高效快速地控制产品质量提供支持。

（5）颗粒录影显微镜（PVM）技术

PVM是一种基于探针的高分辨率原位视频显微镜。其可提供粒子基本形态的实时可视化信息，如晶体形状和大小等信息，一般与FBRM联用。此外，它也可以鉴定结晶过程中的一系列现象，即成核、生长、多形转变、结块、破损和油析等。通过测定结果对结晶精制过程参数进行合理调节，制备出符合要求的药物产品。

（6）热态偏光显微镜（HSPM）技术

HSPM技术主要通过内置数码摄像头记录每一时刻的样品状态，然后根据晶体状态信息对结晶过程进行反馈并调节，使其按照预期方向发展，主要用于微量级的结晶过程监测。

除了上述广泛使用的监测方法之外，用于产品精制的在线分析技术还包括：电导率测量、折射率测量、浊度测量和声学光谱。需要根据产品体系和实际情况确定不同的分析策略。然而，这些在线分析工具在应用中仍存在一些不可忽视的局限性。

从理论上讲，光源的强度、探测器的灵敏度、分析仪器（如单色仪、探针、光纤）的传光函数以及截面限制了许多分析物的检测极限。例如，在线近红外光谱分析方法显示出可靠性低和对最终产品水分含量敏感性高的局限性。FBRM是检测弦长重要的在线分析工具，然而，与其他粒径测量工具（如单频超声技术、三维光学反射率测量）相比，药物颗粒的可测量浓度需要受到严格限制，药物颗粒的形状也会影响测量结果的准确性。此外，随着晶浆密度的增大，侵入式探头易结垢也是导致探针类在线监测手段失败的重要原因。

15.2.3　在反馈过程控制中的应用

15.2.3.1　概述

在精细化工和药物生产工艺中，结晶过程作为固液分离的关键步骤，决定了固态产品的纯度、形貌、晶型、粒度及粒度分布等诸多特性，而这些特性又对产品的性能（如溶解度和生物利用度）以及后续加工工艺（如过滤和干燥）的效率有着显著影响。

过去的二十年里，溶液结晶过程控制的工业应用和学术研究取得了重大进展，这些进展主要是由工业需求驱动的，并为过程分析技术（PAT）的发展所推动。PAT 是一个跨多个行业发展的领域，包括化学计量学、化学工程、过程分析、过程自动化和控制、知识和风险管理，也包括一系列加强对制造过程理解和控制的原则和工具。PAT 的应用是实现设计质量（QbD）、控制质量（QbC）和先进结晶控制方法的关键驱动力。

15.2.3.2　过饱和度控制（SSC）/浓度反馈控制（CFC）策略

在大多数工业结晶系统中，经典的反馈回路控制策略旨在遵循简单的启发式操作策略。采取不同的在线监测设备，通过建立一系列反馈控制策略，可实现产品精制。基于 ATR-FTIR 和 ATR-UV/Vis 的精确原位浓度测量方法的发展，开发出过饱和度控制（SSC）/浓度反馈控制（CFC）策略，可以应用于实验室和工业规模的结晶操作。

对于典型的间歇冷却或者半间歇溶析结晶，SSC 中的控制器根据实时测量的浓度、温度与溶解度数据计算当前溶液的过饱和度，并根据得到的过饱和度及时调整温度以保持目标过饱和度。该方法的优点在于可以通过在结晶相图中指定操作路径自动确定最佳运行轨迹，并且该轨迹可以在工业规模上实现。

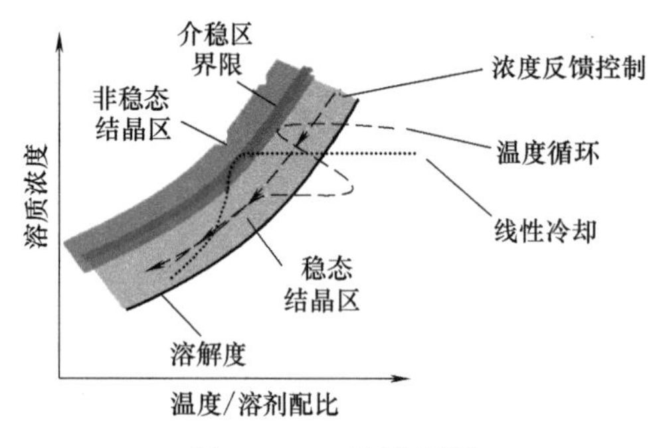

图 15-2-1　结晶相图

如图 15-2-1 所示，在结晶相图中通常期望结晶的操作路径控制在成核介稳区内，以避免非必要的成核。SSC 可以通过控制降温速率或者溶剂流加速率保持恒定的过饱和度，将操作路径控制在成核介稳区内。与非受控结晶相比，SSC 的主要优点是操作曲线可以直接保持在一个“稳健操作区”内，该操作区可以是成核亚稳区或目标多晶成核/生长区。通过这种方式，SSC 可以避免不希望的成核和多晶型转变，并获得最佳结晶性能，而无需进行大量实验来研究工艺条件的影响机理。

15.2.3.3　直接成核控制（DNC）策略

结晶过程中的晶体破碎、杂质等可能会引起介稳区的变化。针对该扰动可使用一种新的反馈控制策略——直接成核控制（DNC）。DNC 策略基于这样一个理念——系统中的粒子数越少，产品的粒度越大。通过对溶液中粒子数的实时监控，实现了对结晶过程的控制。DNC 方法是通过控制温度循环（或抗溶剂、溶剂交替添加）直接改善固体产物的晶体粒度分布（CSD），该循环允许反复穿过结晶亚稳区边界。

FBRM 测量的每秒晶体计数保持为设定值，然后可通过连续溶解（通过加热或添加溶剂）和产生过饱和度（通过冷却或添加抗溶剂）来控制。DNC 策略在结晶生产中有许多优点：更好的 CSD 和更大的产品平均尺寸，提高晶体表面质量，减少溶剂包藏等。此外，直接成核控制可以反复实现晶体表面溶解和再生长，减少杂质分子在晶格中的嵌入，提高产品纯度，还可以修复晶体表面缺陷。

15.2.3.4　基于图像分析的直接成核控制（IA-DNC）

随着图像处理技术的迅速普及，基于图像分析（IA）的直接成核控制（IA-DNC）就是在 PVM 的基础上发展起来的。对 PVM 采集到的图像进行实时处理，提取 IA-DNC 的粒径、形状和相对粒子数（s^{-1}）等信息进行粒子分析。当 FBRM 用于高长径比晶体的结晶监测时，会导致粒子数量统计不准确。IA-DNC 的主要优点是粒子数的测量完全不受晶体形状的影响，是成核或溶解的真实反映。IA-DNC 也有一定的局限性，晶浆浓度过高会导致晶体重叠，从而降低捕获单晶的机会。当团聚体中的颗粒尺寸低于物体可检测尺寸的极限时，PVM 将无法检测这些细晶。

15.2.3.5　基于精确多晶型晶体浓度的结晶反馈控制

在线拉曼可以实时监测溶液中多晶型现象。为生产所需的多晶型晶体，基于拉曼光谱开发出了一种新的、易于执行的基于精确多晶型晶体浓度（多晶型晶体与溶剂的质量比）的结晶反馈控制。通过拉曼光谱实时监测溶液中的多晶型晶体，UV/Vis 在这一过程中也起到了辅助作用。根据 UV/Vis 数据计算当前晶浆浓度，得到多晶型晶体浓度，然后该值与不同多晶型晶体的拉曼光谱浓度成正比。计算出的多晶型晶体浓度后，使用可编程逻辑控制器来控制晶体的冷却和加热循环。升温促进晶体溶解，降温有利于晶体的成核和生长。

检测到非目标晶型晶体浓度大于设定值并持续一定时间时，开始加热循环溶解。当目标晶型晶体浓度大于设定值，非目标晶型晶体浓度低于设定值一定时间后，控制策略继续冷却进行结晶。

此外拉曼光谱和 ATR-UV/Vis 的结合也可以进行主动多晶型反馈控制（APFC），进行分级控制以实现晶体细化。在反馈控制策略中，拉曼信号用于检测非目标晶型晶体的存在并发出升温溶解命令，APFC 方法将自动确定消除非目标晶型晶体所需的溶解时间。在基于拉曼信号的纯度校正后，采用过饱和度控制，在相图中遵循稳定晶型和亚稳晶型晶体的溶解度曲线之间的工作曲线，以避免进一步产生介稳晶型。此外，该方法还可以用于生产不同比例的混合晶型晶体。

15.2.3.6　基于 AR-FTIR 和 FBRM 联用质量计数（MC）框架的反馈控制策略

基于 AR-FTIR 和 FBRM 联用的质量计数（MC）框架而建立的反馈控制策略，有两个主要作用：控制溶液结晶（生产所需尺寸的晶体）和控制胶体组装（以产生完美的胶体晶体）。使用 MC 框架时，结晶和溶解动力学可视为空间运动：成核导致晶体数量增加，而晶体质量没有显著增加；生长导致晶体质量增加，而晶体数量没有明显变化；最后，溶解导致质量和数量减少。根据在线设备测量的溶液浓度、晶浆浓度与粒子数量，自行确定温度程序。使用 MC 框架反馈控制策略，即便存在干扰情况下也可以提高控制晶体平均尺寸的鲁棒性。

15.2.4　在药品制剂过程中的应用

药剂学是将原料药制备成药物制剂的一门科学。药物在临床应用前，都必须制成适合于医疗、预防应用，并与一定给药途径相对应的形式，这种形式称之为药物剂型，简称药剂。药剂是患者应用并获得有效剂量的药物实体，因此必须在线监测药剂的研发和生产过程。

15.2.4.1　联合 FBRM 的颗粒物跟踪技术

联合 FBRM 的颗粒物跟踪（particle track）技术是一种高精度和高灵敏度的技术，利用这项技术能实时跟踪片剂溶出的颗粒粒径、颗粒形状和粒数分布，从而为片剂的设计提供一定的指导意义。该项技术可以检测 0.5～2000μm 的颗粒粒径分布，并且可以实时获得形成颗粒期间的测量值，使得可以在可修改范围内对片剂制造过程加以优化和控制。无须采样或制备样品，在高浓度（70%或更高）和不透明的悬浮液中也可以进行操作。

它的原理如图 15-2-2 所示：将颗粒物跟踪探头浸入稀释或浓缩的流动浆体、液滴、乳液或流化颗粒系统中，然后将激光聚焦在蓝宝石窗口界面中的细点上。放大视图显示单个颗粒结构再将激光反向散射到探头中。检测这些反向散射光的脉冲并转换为弦长，弦长通过扫描速度乘以脉冲宽度获得。因为弦长可以简单定义为从颗粒的一个边缘到另一边缘的直线距离。通常该项技术每秒可以测量几千个单独的弦长，从而生成弦长分布（CLD）。CLD 是颗粒系统的“指纹”，提供统计数据以实时监测颗粒粒径和粒数的变化。不同于其他颗粒分析技术，颗粒物跟踪可用于片剂溶出过程中直接跟踪颗粒粒径、形状和粒数的变化。

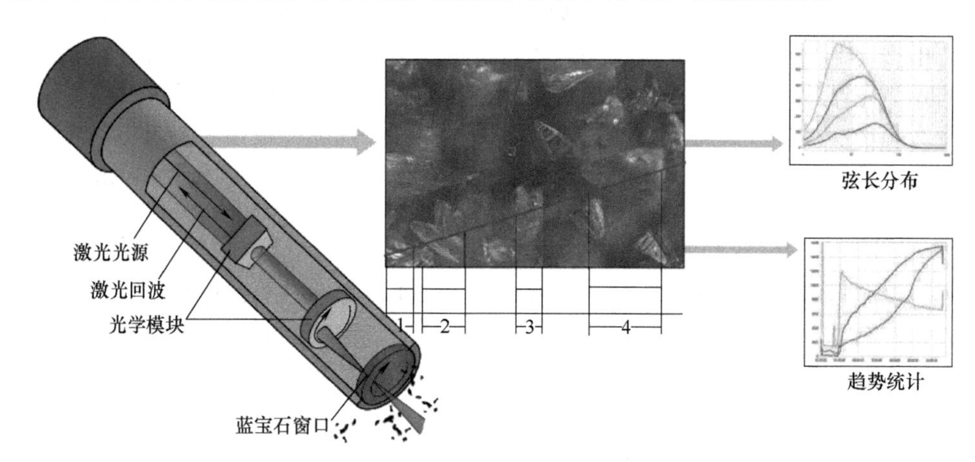

图 15-2-2　联合 FBRM 的颗粒物跟踪技术原理图

15.2.4.2　近红外光谱法

由于近红外光谱的高度专属性，在药品检验中，近红外光谱法常与其他理化方法联合使用，作为有机药品重要的鉴别方法。鉴于有机药品品种不断增加，特别是许多药品化学结构比较复杂或相互之间化学结构差异较小，当用颜色反应、沉淀、结晶形成或紫外光谱法等常用方法不足以相互区分时，近红外光谱法更是行之有效的鉴别手段。近红外光谱法与其他鉴别方法相比，有应用范围广，特征性强，突出整体性，提供信息多，制备方法多样，仪器普及率高和操作简单等优点。图 15-2-3 是近红外在线测量多晶型的示意图。

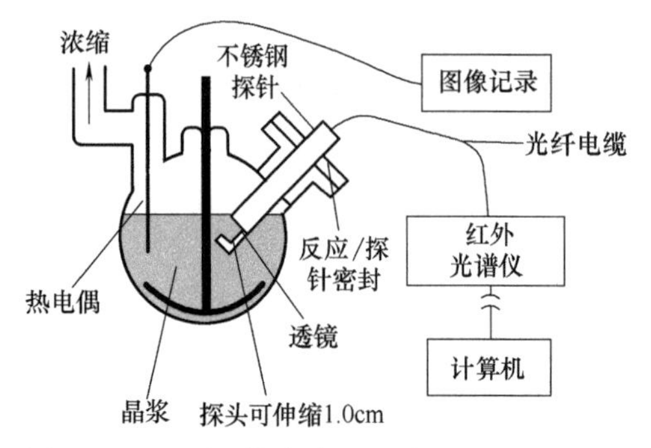

图 15-2-3　近红外在线测量多晶型的示意图

药物活性成分（API）晶形的不同会影响其物理化学性质和功能特性，进而影响该药物的生物利用度和药效，并最终影响药物的用途和附加值。利用近红外光谱可以定量监测出制剂过程中的晶型转变，具有重要价值。

15.2.4.3　在线拉曼光谱法

在药物研究领域，在线拉曼光谱可用于单一组分的化合物的定性鉴别，也可用于中药材或药物制剂等复杂成分的定性或定量研究。

在线拉曼光谱结合多种化学计量法可用于表征未知化合物，确定其成分并获得有关其结构的信息，也可实现定量分析目的。此外，在线拉曼光谱在药物动态过程变化的研究中也有较多应用。如利用在线拉曼光谱了解药物溶出过程中早期变化；作为过程分析技术的研究工具，用于在线测定药物活性成分的浓度和聚合物-药物在药物热熔出过程中的变化。

15.3　在线分析仪器在其他过程控制中的应用

15.3.1　在燃烧优化控制过程中的应用

15.3.1.1　概述

连续气体分析（CGA）技术是在线气体仪器分析技术的组成部分。连续气体分析技术是常用的在线气体分析技术的简称。

在各种燃烧优化控制中，CGA 发挥了重要作用。各种燃烧过程控制中燃料与空气的混合比控制，是确保燃烧优化控制的首要条件。燃料与空气的混合比例失衡会导致燃烧不充分。燃料富余导致燃烧不充分，烟气中可燃物增加，燃料成本损失，使得锅炉处于不安全的燃烧状态。空气过量会导致 NO_x 和 SO_x 等有害物质增加、热量损耗和浪费燃料。

如图 15-3-1 所示，燃烧效率的优化可以大幅度降低燃料成本，通过选择最佳的控制参数使得燃烧过程达到最佳状态。如对 O_2 控制，每 1.5%的剩余 O_2 会带来大约 1%的额外燃料费用。如对可燃物（COe）控制，每 0.2%的多余 CO 会带来大约 1%的额外燃料费用。同时良好的燃烧控制可以减少 NO_x 和 CO 的排放，做到减少污染排放。

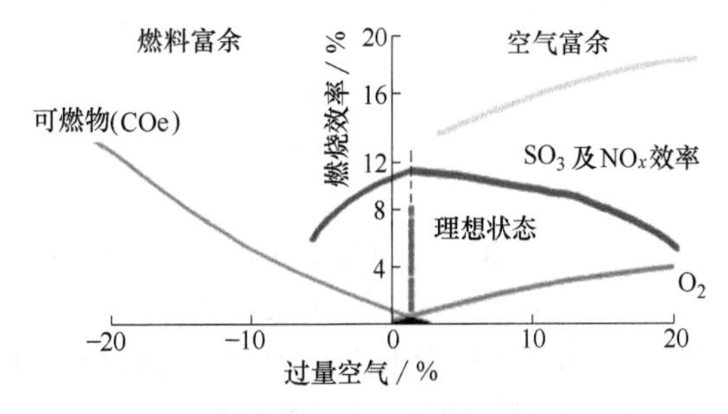

图 15-3-1　燃料与空气比例对燃烧效率的影响

在各种燃烧优化控制中，采用 CGA 技术对燃烧过程的气体进行在线分析控制，可以提高燃烧效率的优化，实现节能降耗的目标。典型 CGA 仪器的应用举例如下。

（1）氧化锆氧分析仪的应用

用于燃烧优化控制的在线监测中，最常用的是氧化锆氧分析仪，主要分为直插式和抽取式两类，适用于各种锅炉、窑炉、加热炉、热处理炉等，用于监测烟气中的氧含量，从而参与锅炉的燃烧效率监控。

直插式氧化锆分析仪，以其低成本的优势占据市场绝大多数份额。直插式氧化锆分析仪探头分为中低温、高温及带导流管的氧化锆探头三种：中低温氧化锆探头适用于烟气温度 0～650℃（最佳适用于 350～650℃）的环境；高温氧化锆探头适用于烟气温度 700～900℃的环境；带导流管的氧化锆探头适用于大型或炉壁较厚的加热炉。直插式氧化锆分析仪由于受烟气温度的限制，以及不能用于混有 CO、H_2、CH_4 等的燃气炉，而限制了应用范围。抽取式氧化锆分析仪，采用压缩空气为动力的射流泵抽取烟气，使其应用范围扩大到可在 700～1400℃的高温环境使用；利用其特有的氧化锆厚膜传感器技术，可实现 CO 和 O_2 同时测量。

氧化锆氧分析仪的测量是点式测量，而烟道内的气流分布不均匀，采用一套仪器测烟道的含氧量一般不具有代表性。另外，高烟尘环境对过滤器或是取样管造成堵塞问题也影响了氧化锆氧分析仪的应用。为准确测量烟道的含氧量，可采用一台控制器控制多个氧化锆探头，对锅炉烟道做多点测量，计算其氧含量平均值，作为燃烧控制优化的指标，用以确保烟道氧含量监测的准确性和可靠性。国内锅炉大多采用两套氧化锆氧分析仪用于锅炉两侧的原位测量，来确保测量的可靠性。

（2）激光分析技术的应用

针对用户不断提高的燃烧优化控制需求，在一些特定的锅炉烟道环境下，激光分析仪的使用可有效弥补氧化锆分析仪的不足。如轧钢的加热炉或平板炉，使用高炉煤气、转炉煤气及焦炉煤气等不同燃料，加热炉的燃烧状态受煤气热值波动（选择不同的煤气）、进气流量误差、阀门开度误差、气体泄漏及烟气排放速度等影响。整个炉体巨大，分为三段，分别是预热段、加热段和均热段，炉体内部温度在 950～1350℃之间。传统的氧化锆氧分析仪只能安装在尾部的烟气排放口，是点式测量，一般不具代表性。

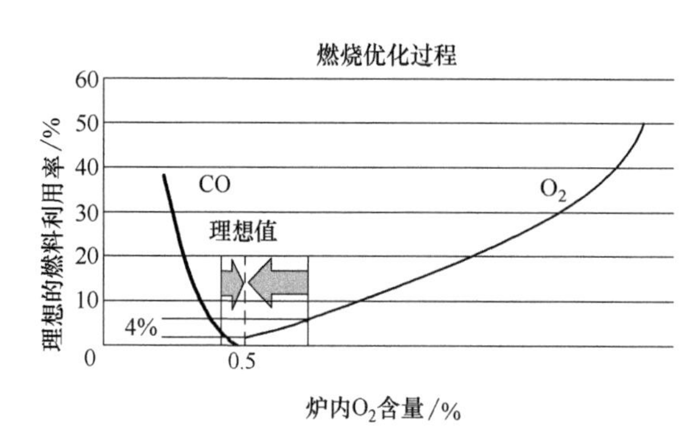

图 15-3-2　加热炉的燃烧优化利用率

目前，国内的加热炉燃烧多采用温度控制方式，炉内氧含量在 2%～3%范围内，波动很大。如图 15-3-2 所示，氧含量每减少 1%，可带来 4%的燃料节约。应用举例：使用高炉煤气，年加热能力在 100 万吨的蓄热式加热炉，如节约 4%的燃料，可节省成本(220～300)×100×4%×0.097=85.36 万～116.4 万元。

在加热炉中，高温下炉气中的氧化性气体，如 O_2、CO_2、H_2O、SO_2，会与炉体内的钢材料发生氧化反应，生成氧化铁皮，导致加热炉设备氧化烧损，其中 O_2 的影响最大。目前，国内钢铁企业加热炉的氧化烧损达到 0.8%～1.5%，而国外钢铁企业加热炉的氧化烧损不到 0.5%。如图 15-3-3 所示，O_2 浓度从 3%降至 1%，氧化烧损的降幅可达 78.89%。

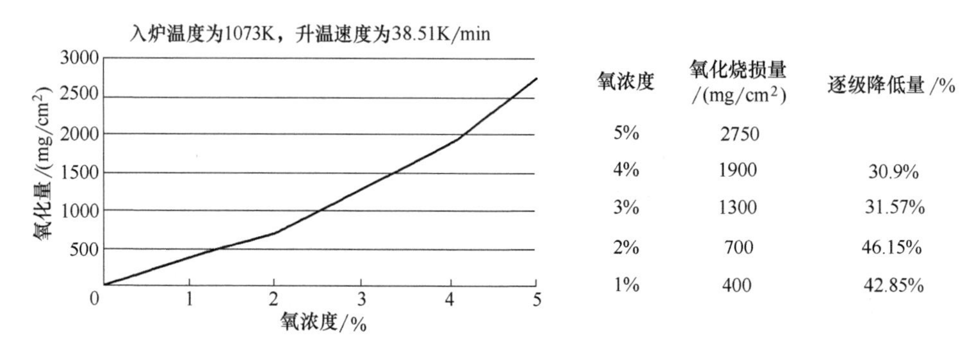

氧浓度	氧化烧损量/(mg/cm²)	逐级降低量/%
5%	2750	
4%	1900	30.9%
3%	1300	31.57%
2%	700	46.15%
1%	400	42.85%

图 15-3-3　氧浓度与氧化烧损量的关系

如图 15-3-4 所示，使用激光分析仪后，通过对燃烧过程中的氧含量消耗的实时准确监测，可以动态优化调整最佳燃烧状态，节约煤气，降低氧化烧损量。

激光分析仪通过三段式分布测量点，快速准确测量炉膛内部平均氧浓度，准确反应炉膛内真实环境，动态的测量值可直接参与工艺联锁控制。目前已有厂家实现用激光分析仪同时测量 O_2 和 CO 浓度，通过 O_2 过量，减小空气流量；CO 过量，降低燃料流量，对燃烧状态予以优化。

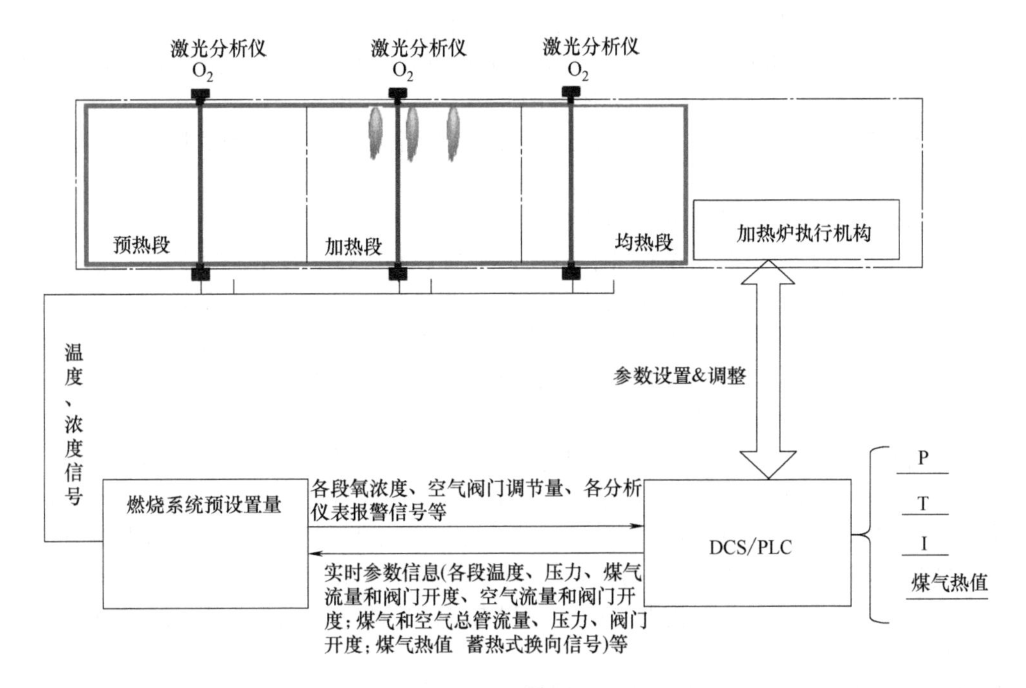

图 15-3-4 加热炉燃烧优化控制系统

（3）红外分析仪及顺磁氧分析仪的应用

采用红外分析仪及顺磁氧分析仪来测量烟气，并配置取样预处理系统，仪器的测量技术已经在锅炉燃烧优化控制中得到成熟应用，对取样探头及过滤器的维护及滤芯更换，可确保低廉的运营成本投入。燃烧尾气经除尘后还有一些低热值应用的原料气，因此，用户对 CO、CH_4 等气体的监测也比较重视，使得传统的连续气体分析仪技术依旧会被应用。

15.3.1.2 CGA 在其他燃烧优化控制中的应用

（1）在航空发动机及远洋发动机系统中的应用

对航空燃气发动机系统的气体检测应用技术，原航空工业部早在 1987 年就已专门制定了标准《航空燃气涡轮发动机气态污染物的连续取样及测量程序规范》。标准里详细描述了对燃烧后的尾气中的 CO、NO、NO_2、THC（总烃）以及 CO_2 的测量要求及规范。定义了燃烧室下游排气喷管的多点位取样点及数量，用于确保取样的真实及平均性，确保了从液膜监测液态燃油的雾化状态，从而实现了对液滴-燃气-燃烧的完整理化过程的监测。

其中对 CO 和 CO_2 指定了非分散红外原理的测量方法及技术指标，对 NO 和 NO_2 指定了化学发光法及技术指标，而对于 THC（总烃）则要求采用火焰离子化检测器（FID）作为测量方法。标准对采用光谱分析原理时干扰物及干扰量的修正也做了明确的描述。通过气体分析得到的测量数据，可以计算得出燃油（C_mH_n）的排放指数 EI：

$$EI=P\times10^3\times M/(mM_C+nM_H)$$

式中，P 为排气样气中每摩尔燃油对应的 CO 的物质的量，M 为 CO 的摩尔质量；M_C 为 C 原子的摩尔质量；M_H 为 H 原子的摩尔质量。

通过 EI 可以得到油气比 F/A（即燃油流量和相应空气流量之比），从而参与航空燃机发动机的燃烧优化控制。另外测量还可用于模拟极端环境的燃烧控制。

在远洋发动机系统中，使用发动机燃油喷射技术、燃油的乳化技术等，都可以通过监测尾气 NO_x、HC（烃类）和 O_2 等指标，以及其他间接测量参数，如发动机转速、燃油流量等，监控发动机的应用效率。另外 SO_2/CO_2 比率的监测，除了应用于船舶废气清洗系统（EGC）系统监测，还可用于使用低硫油（LS-HFO）的船舶尾气排放监测，用于监控燃料中的硫含量是否满足要求。

（2）在新燃料研究及其他行业燃烧中的应用

在新燃料研究中，使用的新燃料各有不同，监测 CO、CO_2、NO_x、C_{6+}等组分的浓度，有助于提高新燃料燃烧效率及减少污染物排放，为工业化应用提供燃料能效数据建模。

在某些加工厂房或化工装置的 VOCs 减排中，会采用催化燃烧治理设备，总烃（THC）和氧（O_2）含量的测量可以有效地确保对催化燃烧治理设备性能的监控。而在一些报警仪生产厂家的产品出厂测试中，使用在线分析仪进行产品质量监测更具有可靠意义。

在阻燃材料实验及生产中，监测阻燃材料性能需要控制极限氧指数。氧指数（OI）是指在规定的条件下，材料在氧氮混合气流中进行有焰燃烧所需的最低氧浓度，以氧所占的体积分数来表示。氧指数高表示材料不易燃烧，氧指数低表示材料容易燃烧，需要测量氧含量（O_2）。传统的氧指数测量是在不同氧浓度下，不同流速下，观察阻燃材料点燃的状况，实验步骤烦琐。实时测量氧含量，仅需要控制流速和点燃前后的氧浓度变化值，通过查询 K 值可以快速计算氧指数。

在燃气炉具及热水器检测实验中，民用燃气用具生产企业，在产品出厂测试中引入污染物排放监测，通过测量 CO、NO、THC 含量等指标，来确保民用燃气具能耗等级及燃烧效率可控，为产品符合环保要求提供验证手段，实现产品质量控制。

15.3.2　在锅炉燃烧过程煤粉浓度与流速在线监测中的应用

15.3.2.1　概述

燃煤发电厂锅炉燃烧的稳定性、经济性与一次风进入炉膛的风速和煤粉浓度的大小及均匀性关系密切，煤粉浓度的高低以及各个煤粉燃烧器的风粉均匀性直接影响到炉内燃烧工况的稳定和锅炉的燃烧效率。目前，国内外在煤粉浓度和速度等参数测量方面，主要检测技术有：电容法、光学法、超声法、热学法、放射法以及电荷法等。由于风粉混合物的流动情形非常复杂，大多存在检测不准、代表性不好等问题。由于静电检测技术具有结构简单、实施便捷，性能稳定等特点，目前已较好应用于煤粉气固两相流参数测量的工业过程在线分析。例如，国外有 ABB（环状电极）、芬兰 TR-TECH（插入式电极），国内有南京大得公司（插入式电极）、西安科瑞公司（插入式电极）、华清茵蓝（环状电极）公司等厂家生产在线煤粉浓度与流速监测系统。

在线煤粉浓度与流速监测系统一般安装在锅炉磨煤机出口的一次风煤粉管道上，可实时在线监测各个一次风管道中煤粉的分配情况，直观获取煤粉气固两相流的煤粉浓度、速度信号。测量信号可以作为磨煤机风粉调节反馈信号，控制均衡燃烧调节阀开度，也可作为优化燃烧控制的预判参数，根据系统检测信号及时发现制粉系统的堵粉、断粉及分配不均问题，保持设备良好运行，从而提升机组的经济性、安全性，通过合理配风，减少 NO_x 排放。

15.3.2.2　测量原理

煤块在磨煤机中被研磨、碾压成煤粉颗粒。在研磨和气力输送过程中，粉体颗粒总是要和管壁发生碰撞、摩擦和分离，粉体颗粒与颗粒之间，也要发生碰撞、摩擦和分离。这样大量的紧密接触和分离的过程，能够使粉体带上相当数量的电荷。在煤粉管道的上下游分别安装静电感应传感器探针，这两个探针在煤粉管道内相互平行，且与管道绝缘，两个探针之间距离为 L。煤粉流速的测量示意参见图 15-3-5。当煤粉流经这两个传感器探针时，煤粉粒子所带电荷在两处传感器探针上形成静电感应电信号 $x(t)$和 $y(t)$。这两个信号经过变送器前置处理后进行相关运算得到延迟时间 τ_m，从而得到煤粉的流速 $v=L/\tau_m$，其信号波形及相关函数的运算示意如图 15-3-6。

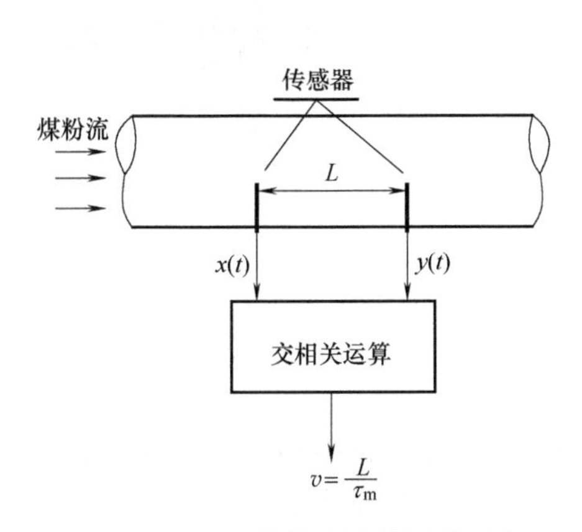

图 15-3-5　煤粉流速的测量示意

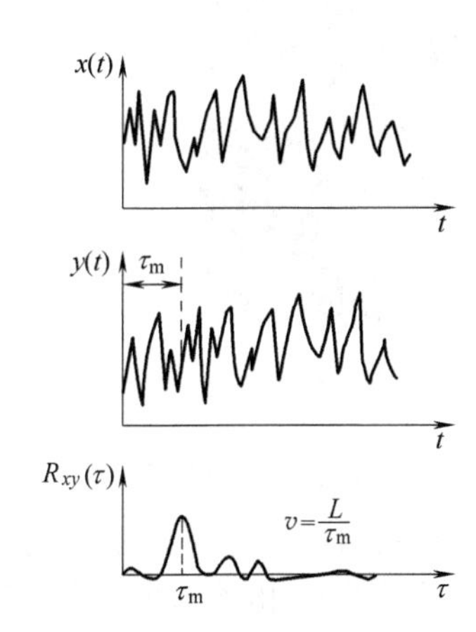

图 15-3-6　信号波形及相关函数的运算示意

同时，通过对探头感应的电荷信号进行滤波放大等处理后，其电压的 RMS 值与粉体的浓度呈正相关性，通过数据处理能够反映煤粉浓度大小。

15.3.2.3　系统构成

系统一般由电荷传感器、传输电缆、电荷感应信号测量仪、工业控制计算机以及应用软件构成。静电检测传感器分为侵入式和非侵入式。侵入式使用耐磨材质的金属探棒或者带有耐磨陶瓷护套的金属棒插入到被测煤粉管道中，且测量金属探棒与管道壁绝缘。非浸入式传感器一般采用环形窄条金属电极，电极嵌入安装在煤粉管道内壁，传感器与内壁齐平，电极与管道壁之间采用绝缘层进行电气绝缘。

如图 15-3-7 所示为环状电极，图 15-3-8 所示为插入式棒状电极。无论是侵入式传感器还是非侵入式传感器，其检测原理都相同，都是将金属探棒或者环状电极用导线连接到电荷测量电路，通过对静电信号的分析从而获得需要的测量参数数据。

侵入式棒状电极优点是可以在管道横截面上均匀布置多个电极，对管道中心和贴壁煤粉电荷都能够产生感应，信号代表性较强；而且传感器安装方便，施工周期短，成本低。缺点是探头长期使用有磨损，需要做耐磨处理；电极感应范围有限，如果煤粉在管道内分布不均匀，容易造成测量误差。

非侵入式环状电极优点是磨损小，寿命长。缺点是传感器电极由于嵌入在管道壁内，只能对贴近管道壁的煤粉信号有感应，对管道中部的煤粉电荷不敏感。另外传感器体积大，改造时需要切割更换原来的煤粉管道，施工周期长，施工复杂，成本高。

电荷感应式风粉信号测量仪如图 15-3-9 所示，该测量仪采用数字信号处理器（DSP），具有程控增益放大功能、采用同步高速模数转换器，利用独特的快速相关算法，对测管道内粉体的流速和浓度进行计算。每个信号测量仪都具有液晶显示和参数设置输入功能，因此可以用于对单根煤粉管道风粉参数的在线测量。测量仪具有同时处理3路静电探头信号的能力，分析结果可以4～20mA电流信号输出或者通过RS-485总线通信输出。

图15-3-7　环状电极

图15-3-8　插入式棒状电极

图15-3-9　电荷感应式测量仪

15.3.2.4　典型应用案例

以一台机组配置6台磨煤机，24根一次风管道为例。系统的检测信号为风粉速度和浓度，因此该系统共计有48个被测信号，每台机组独立构成一个测量系统。该系统总线输出形式的现场配置参见图15-3-10。配置如下：每个一次风管由一个信号测量仪、一组浓度静电传感器和一组速度静电传感器构成。每个测量仪将检测测量结果通过RS-485送至主控计算机。一台机组总共需要24个信号测量仪，同时挂接到RS-485总线网络上，主控计算机接收来自现场测量仪的通信信号，并在主控计算机上实现系统所有测点的棒图、线、历史曲线、参数设置等功能。主控计算机可以是电厂的DCS，也可以是独立的计算机。

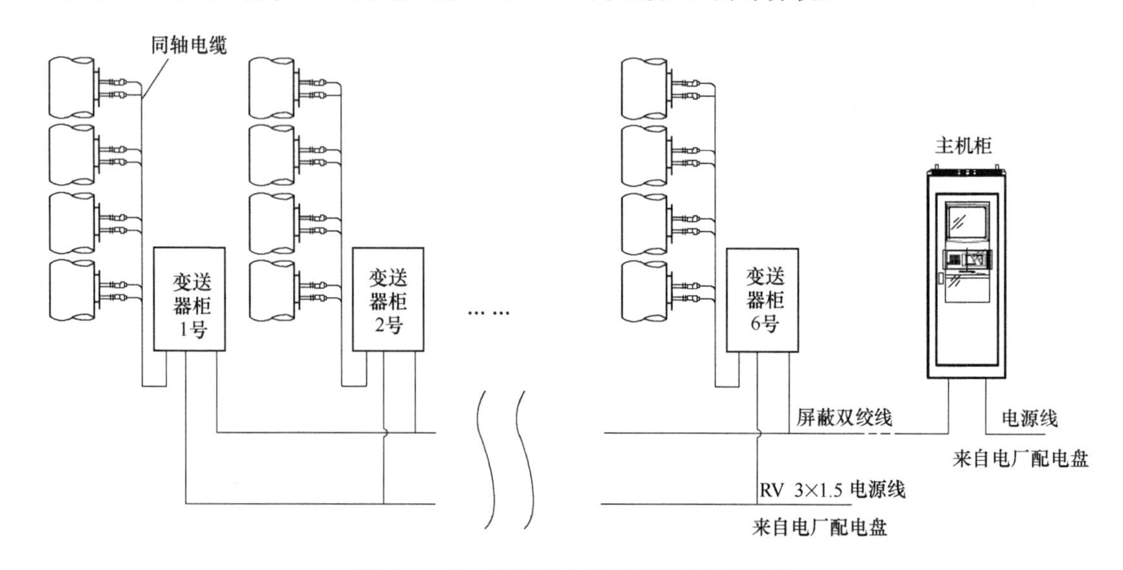

图15-3-10　总线输出形式的现场配置图

传感器探头采用插入式安装方式，只需要开设传感器的安装法兰孔，并焊装定制法兰。电荷感应传感器可安装于垂直管道或水平管道。速度传感器需要2支传感器探头，间隔一定距离平行安装在被测管道轴线上，2 支传感器之间的间距一般在 10～30cm。

速度传感器也可以测量煤粉浓度。如测点煤粉分布基本均匀，可直接采用速度传感器来测量煤粉浓度。但是有时为了增加煤粉浓度测量的代表性，可以采用多支（比如 3 支）传感器布置在被测管道的同一个横截面上，3 支传感器采用并联连接形式，共同检测整个煤粉管道横截面上的电荷信号。

图 15-3-11 为传感器在管道上的布置示意图。

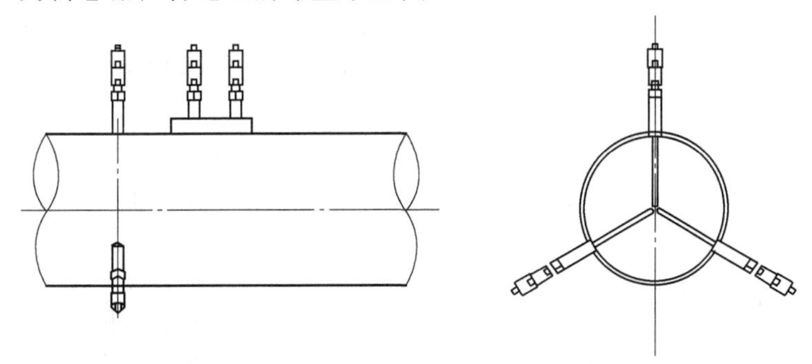

图 15-3-11　传感器布置示意图

一组电荷感应传感器安装在被测一次风管道上，如图 15-3-12 所示。信号测量仪集中布置在测点附近的信号测量机柜内，如图 15-3-13 所示

图 15-3-12　传感器安装于煤粉管道上

图 15-3-13　信号测量机柜

主控计算机布置在电子间或者工程师站内。传感器与信号测量仪之间采用同轴电缆连接，每个信号测量仪都采用 RS-485 总线连接，通信电缆采用屏蔽双绞线，所有信号测量仪都通过 RS-485 双绞线与主控计算机连接。

15.3.3　在磨煤机设备中 CO 气体在线监测中的应用

15.3.3.1　概述

入炉煤的煤种与设计煤种相差较大时，供给煤种的挥发分含量常远高于设计标准，会导致制粉系统的爆炸事故频发，严重影响机组的安全运行。制粉系统达到爆炸极限是一个渐进过程。首先煤粉与空气接触氧化产生 CO 气体；或者摩擦产生的热量引起煤粉的不完全燃烧，产生大量的 CO 气体。其次 CO 气体浓度在磨煤机内部有限空间的增加，降低了磨煤机内可燃混合物的着火点，增加了磨煤机着火或爆炸的危险性。

通过实时在线检测 CO 气体的浓度，可以检测到煤粉着火（阴燃、冒烟）发生前的征兆。在磨煤机内部 CO 气体的分布相对均匀，而温度分布是不均匀的，CO 气体的浓度变化比温度更能真实、快速和全面反应磨煤机内部的燃烧情况。CO 气体浓度的增加往往发生在可视烟火前的 1.5h 左右，如图 15-3-14 所示，即局部温度开始发生明显变化的状态。

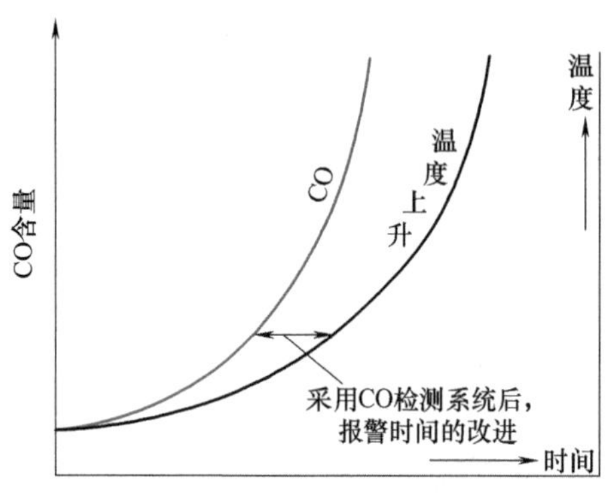

图 15-3-14　温度梯度检测与 CO 检测对比

磨煤机的 CO 气体检测是防止磨煤机着火或爆炸的有效手段。按照 DL/T 5203—2005《火力发电厂煤和制粉系统防爆设计技术规程》要求：对爆炸感度高（挥发分高）和自燃倾向性高的烟煤和褐煤，采用中速磨煤机或双进双出钢球磨煤机直吹式制粉系统时，宜设置 CO 监测、测量装置。CO 气体检测系统在大型燃煤发电机组的磨煤机上已得到广泛应用，其检测方法以电化学和红外线检测法为主。

15.3.3.2　磨煤机 CO 气体分析技术

磨煤机 CO 气体分析主要有电化学传感器和红外气体分析。磨煤机 CO 气体分析系统大多采用红外 CO 监测系统。采用红外吸收气体传感器技术，光源采用 MEMS 红外脉冲光源，发射调制频率辐射光，辐射光通过气室被固态检测器接收。检测器分为测量和参比通道。整个模块采用高精度恒温，减少了环境温度对仪器测量的影响。

红外 CO 监测系统流程如图 15-3-15 所示。图中 A 路线是烟气取样分析路线，B 路线是探头防堵反吹路线；C 路线是分析仪标定路线。

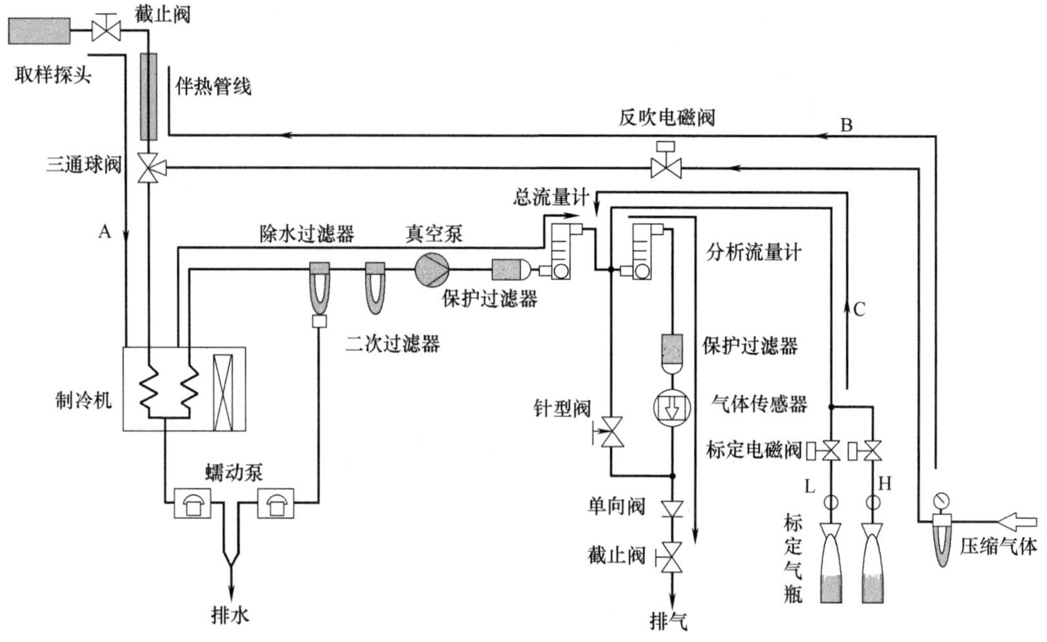

图 15-3-15　磨煤机红外 CO 监测系统流程

15.3.3.3 系统组成

系统由取样探头、采样管线、控制单元、气体分析仪等部分组成。

（1）取样探头

取样探头采用陶瓷或者粉末冶金过滤器，过滤孔径 2～5μm，可有效防止煤粉颗粒煤粉进入测量管线。取样探头保护管采用厚壁无缝不锈钢钢管，可有效抵御烟气对探头的冲刷磨损。取样探头拆卸方便，使用配套法兰固定。

（2）采样管线

取样探头至分析仪机柜之间的采样管采用优质特氟龙管。为保证系统的反应速度采样管的长度不宜超过 15m，即从分析仪至采样点的最长距离不超过 15m。

（3）控制单元

包括 PLC 和 7in（1in=0.0254m）彩色触摸屏单元，通过对泵、阀的逻辑程序控制，实现烟气的抽取、探头反吹、仪器标定等流程。CO 浓度检测数据通过 4～20mA 电流或者 RS-485 通信信号送给用户，实时工作状态在触摸屏显示界面上进行显示。

（4）气体分析仪

气体分析仪采用红外吸收传感器模块，CO 传感器浓度量程 0～2000μmol/mol，重复性 1%，线性偏差±2%FS，响应时间（t_{90}）≤25s。分析仪完成对取样气体流量的分配、检测以及标定电磁阀的控制，可输出 4～20mA 的 CO 浓度电流信号。

15.3.4 在半导体电子气分析中的应用

15.3.4.1 概述

半导体行业对电子气的市场需求仅次于硅片和硅基材料。电子气在电子产品制造中广泛应用于薄膜、蚀刻、掺杂等工艺，被称为半导体、平面显示等材料的“粮食”和“源”。在半导体行业中应用的有 110 余种特种气体，其中常用的有 30 多种。常用的电子气种类与用途参见表 15-3-1。

表 15-3-1 常用电子气种类与用途

类别	主要气体	主要用途
大宗气	N_2、 O_2、Ar、H_2、He 等	环境气，保护气，载体，稀释
外延用气	SiH_4、SiH_2、Cl_2、$SiHCl_3$、$SiCl_4$、GeH_4 等	外延沉积
刻蚀气	SF_6、CF_4、NF_3、SiF_4、C_3F_8、C_2F_6、HCl、HF、Cl_2、HBr 等	刻蚀
掺杂气	AsH_3、PH_3、B_2H_6、$AsCl_3$、AsF_3、BCl_3、PCl_3、SbH_3 等	掺杂相应元素
离子注入气	AsF_5、PF_5、SiF_4 等	离子注入元素

随着半导体集成电路技术的发展，对电子气体的纯度和质量要求越来越高。电子气体涉及集成电路制造多个环节，对终产品质量和性能影响重大，电子气的纯化和质量控制显得尤为重要，常规大宗气体连续质量控制（CQC）指标要求参见表 15-3-2。

15.3.4.2 电子气痕量分析的特点及在线色谱的技术应用

半导体行业的痕量气体分析，是指对浓度为 100～10^{-3}μmol/mol 甚至更低组分的检测分析。电子气的纯度与总杂质含量范围的要求参见表 15-3-3。电子气痕量气体分析最常用的是在线气相色谱仪。

表 15-3-2　常规大宗气体连续质量控制指标要求

杂质	N_2	O_2	Ar	H_2	He
$O_2/(\times10^{-9})$	<0.1	N/A	<0.1	<0.1	<0.1
$H_2O/(\times10^{-9})$	<0.1	<0.1	<0.1	<0.1	<0.1
$H_2/(\times10^{-9})$	<1	<1	<1	N/A	<1
$CO/(\times10^{-9})$	<1	<1	<1	<1	<1
$CO_2/(\times10^{-9})$	<1	<1	<1	<1	<1
$CH_4/(\times10^{-9})$	<1	<1	<1	<1	<1
$NMHC/(\times10^{-9})$	<1	<1	<1	<1	<1
$N_2/(\times10^{-9})$	N/A	<1	<1	<1	<1
$Ar/(\times10^{-9})$	<1	<1	N/A	<1	<1
颗粒物/$(\times10^{-9})$	<1	<1	<1	<1	<1

表 15-3-3　气体纯度与总杂质含量范围

气体纯度	总杂质含量	气体纯度	总杂质含量
>99.99%	<100μmol/mol	>99.9999%	<1μmol/mol
>99.999%	<10μmol/mol	>99.99999%	<0.1μmol/mol

（1）电子气痕量分析的特点

① 被测组分浓度很低　需要提高进样体积保证一定数量的分子数，通常情况，直接进样分析的进样量为1～10mL，进样压力为10～30psi（67～207kPa）。

② 存在着一个系统本底空白值　由于是极低浓度检测，要求分析系统必须洁净，降低系统本底空白干扰，例如载气、载气管道、各种构件以及垫片等都必须严格处理。任何接头、阀件，尤其是取样阀件，气密性必须绝对可靠，不能有任何渗漏，否则将造成很大的本底值。

③ 背景基体效应十分严重　在痕量气体分析中，主组分和所要测定的痕量组分，浓度差别很大，背景基体干扰很大。除了选择合适的检测技术，基体干扰的消除也很重要。

④ 被检测的电信号十分微弱　在痕量气体分析中，所测定的组分含量很低，响应信号十分微弱。应选择高灵敏度检测技术，提高待测组分响应灵敏度，即增强信号响应，降低基线噪声。

（2）电子气痕量气体分析的在线色谱技术应用

① 采用高效色谱柱，保证了复杂样品的分离，填充柱的柱效可达30000理论塔板数，而毛细管柱可取得上百万的理论塔板数。

② 采用灵敏度高的检测器。如火焰离子化检测器（FID）、等离子发射检测器（PED）、氦离子化检测器（HID）等，检出限都可达到10^{-9}级。

③ 采用先进的色谱数据处理技术，能够处理淹没在各种噪声中的有用微弱信号，从而达到痕量样品分析。

15.3.4.3　半导体行业在线色谱仪的自动进样

（1）自动进样阀与柱切系统

半导体行业用于电子气分析的在线气相色谱仪，采用全自动连续分析技术，特别是自动进样阀和柱切系统，是连续在线分析色谱的关键部件。样品气经由自动进样阀的定量环采集，被载气带入色谱柱中，如果图 15-3-16 所示。

柱切系统是由柱切阀和色谱柱配合组成，用于不同色谱柱之间的气路切换，完成不同成分的分离。常用的柱切阀有平面阀、滑块阀、柱塞阀和膜片阀。驱动方式主要是气体驱动和电驱动。由于用于 10^{-9} 级的痕量分析，因此，对阀的气密性和寿命要求比较高，常用的阀主要是吹扫模式的膜片阀，驱动方式为气体驱动，如图 15-3-17 所示。

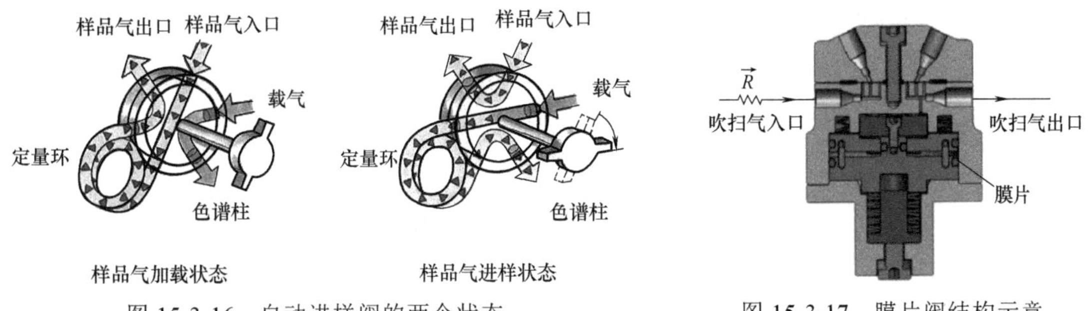

图 15-3-16 自动进样阀的两个状态

图 15-3-17 膜片阀结构示意

（2）中心切割技术

中心切割技术的连接示意参见图 15-3-18。样品气背景主组分对杂质组分的分析存在严重干扰，中心切割技术主要用于主组分的去除。样品气经由 LV1 进样阀，进入预柱进行预先分离，经过 LV2 切割阀把大部分的背景主组分排空后，选择待测组分进入分离柱继续分离，最后进入检测器检测。

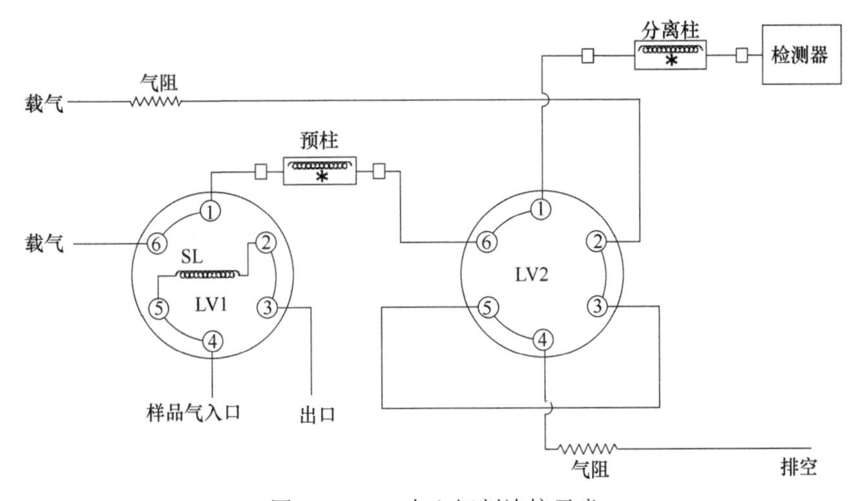

图 15-3-18 中心切割连接示意

（3）进样反吹选择技术

进样反吹选择技术是综合了进样反吹、中心切割与选择阀的配合切换，实现电子气的复杂样品组分分离。反吹阀 LV1 主要用于重组分反吹，LV2 切割阀主要去除主组分干扰，选择阀 LV3 主要用于气路选择，可以选择是否允许样品流经检测器分析。进样反吹选择技术参见图 15-3-19。

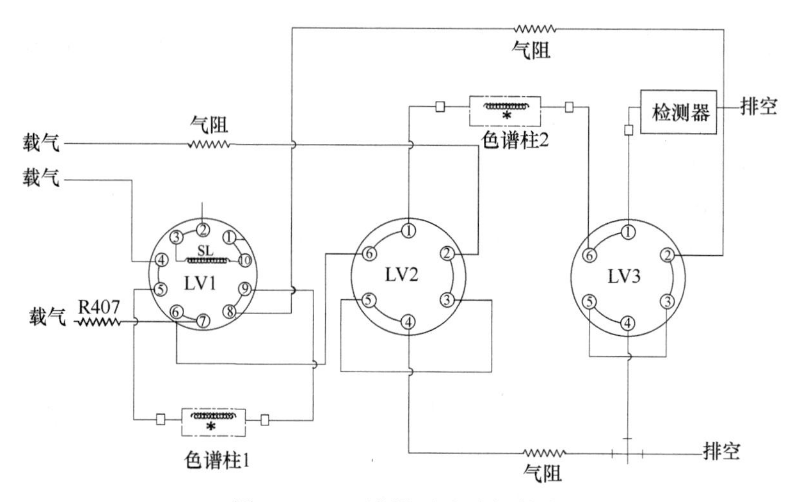

图 15-3-19 进样反吹选择技术

[本章编写：北京凯隆 张文富、邢德立；南京霍普斯 熊春鹏；北分麦哈克 陈淼；天津大学 龚俊波、韩丹丹；西门子（中国） 沈毅；南京大得 梅义忠；英国仕富梅 关惠玉、郑彩虹；重庆科技学院 唐德东；朱卫东]

第 16 章 在线分析仪器在流程工业中的应用案例

16.1 在线分析仪器在石油化工行业中的应用案例

16.1.1 常减压蒸馏装置的应用案例

16.1.1.1 概述

（1）常减压蒸馏装置简介

常减压蒸馏装置按流程可分为脱盐脱水、常压蒸馏、减压蒸馏，其任务是根据石油各组分沸点的不同，将其“切割”成不同沸点范围的馏分，获得轻质馏分（直馏汽油、煤油、柴油等）、重质油馏分及渣油。

常压蒸馏是指将脱盐脱水后的原油在常压下进行加热使之汽化，各种不同沸点的组分先后分别冷凝下来，达到使原油连续分馏成各种馏分的目的。减压蒸馏也称真空蒸馏，是把在常压下难以蒸馏的重油在抽真空的条件下降低其沸点进行蒸馏。

（2）常减压蒸馏装置的在线分析仪器配置

常减压蒸馏装置可配置的在线分析仪见图 16-1-1。

在实际炼油装置中，不同企业配置在线仪表的数量和种类会有差别。表 16-1-1 为常减压蒸馏装置在线分析仪器典型配置清单。

表 16-1-1　常减压蒸馏装置在线分析仪器典型配置清单

序号	介质名称	在线分析仪器名称
1	汽油馏分（石脑油）	干点分析仪（馏程分析仪），近红外分析仪［PNA（链烷烃、环烷烃、芳烃）组成分析］
2	煤油	干点分析仪（馏程分析仪），冰点分析仪，闪点分析仪
3	柴油	95%点分析仪（馏程分析仪），凝固点（倾点）分析仪，闪点分析仪
4	减压馏分油	黏度分析仪
5	原油	核磁分析仪（水含量、硫含量、密度、蒸馏数据）
6	常顶污水、初顶污水	pH 计

续表

序号	介质名称	在线分析仪器名称
7	常压炉、减压炉烟气	氧化锆分析仪，CEMS，VOCs分析仪
8	电脱盐排水	TOC分析仪

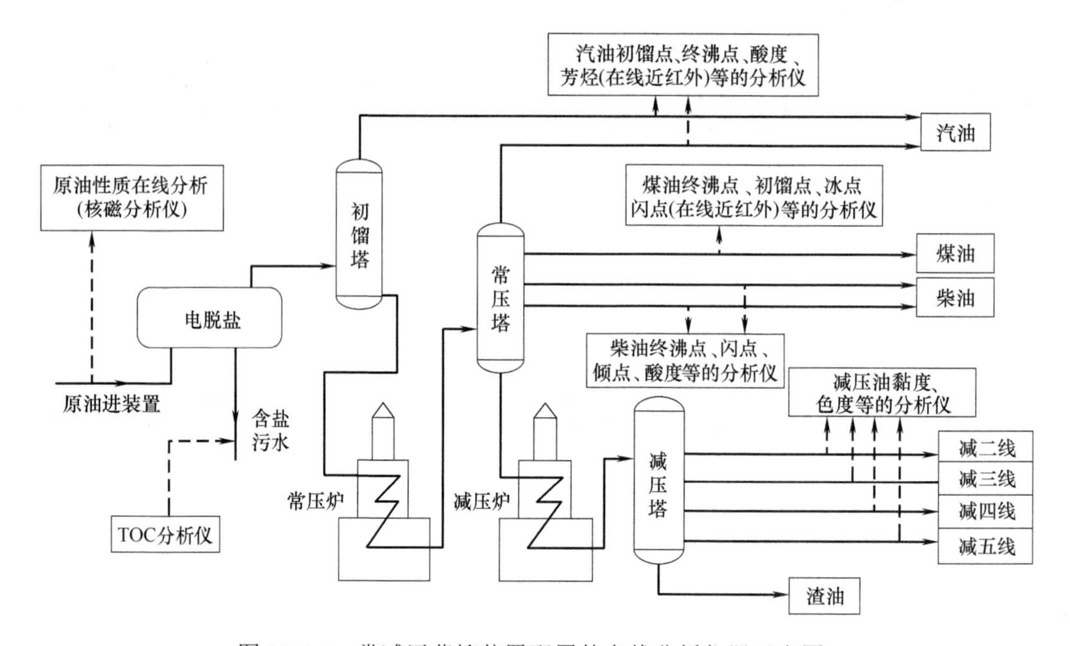

图 16-1-1　常减压蒸馏装置配置的在线分析仪器示意图

（3）常减压蒸馏装置应用的在线分析仪器

① 馏程分析仪：常减压蒸馏装置是把原油按沸点切割成各种馏分油。馏分油是混合物，沸点不是一个固定温度，而是一个温度范围，可以用馏程表示。馏程是与馏出量对应的一组温度，包括初馏点、干点、10%点、50%点、90%点等。为做好不同馏分之间的精确切割，并控制各馏分的质量，避免人工分析带来的数据滞后，装置可使用多台在线馏程分析仪分别分析不同馏分油的初馏点温度、50%点温度、干点温度等。

② 其他油品分析仪：煤油、柴油的重要质量指标——闪点、冰点、倾点等均可用油品质量分析仪在线分析；对于减压渣油，黏度、色度是重要质量指标，也可用在线油品分析仪实时分析。装置可根据实时得到的质量分析数据及时调整操作，避免不合格品的产生。油品质量分析数据也可与先进控制系统配合，实现产品质量的卡边控制，从而得到更好的经济效益。

③ 在线核磁分析仪：不同性质的原油有几百种，为了追求经济效益，国内炼厂原油来源通常多达几十种。为及时获得原油性质数据，以便针对性地调整操作，保证装置平稳生产、产品质量合格，有些炼厂开始安装原油性质在线质量分析仪。如用核磁分析系统对原油的含水量、含硫量、密度、酸值、PONA（链烷烃、烯烃、环烷烃、芳烃）组成等进行在线分析，取得了良好的效果。

④ 常减压装置配置的其他分析仪：常压炉和减压炉烟气中配置氧化锆氧分析仪，起到节能、减少环境污染的作用；安装pH计检测初馏塔和常压塔冷凝罐排出污水的pH值，为防止设备腐蚀提供参考；用在线TOC分析仪监测电脱盐罐排出的含盐污水含油量，为企业污水

系统操作提供依据；在烟囱安装CEMS监测气态污染物、颗粒物，以满足环保排放要求。

（4）在线分析仪器的取样点和样品条件

① 氧化锆分析仪的安装位置与取样点工艺条件　在炼油厂几乎每个装置都有加热炉，加热炉承担了给反应物料提供能量的重任，是炼油厂的耗能大户。氧化锆分析仪是加热炉操作必须配置的在线仪表。加热炉结构示意见图16-1-2。

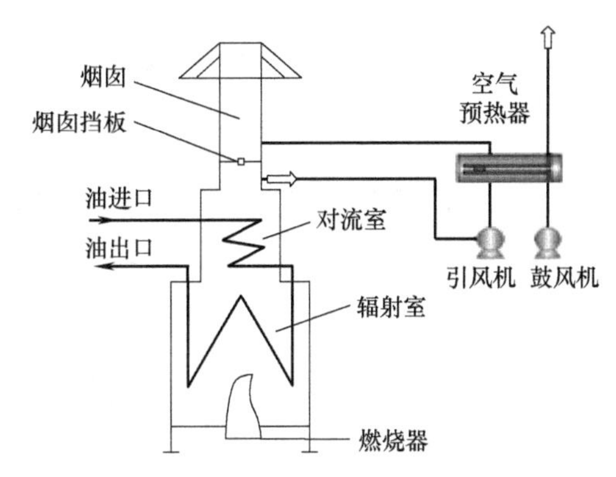

图16-1-2　加热炉结构示意图

加热炉通常分成辐射段、对流段、烟道三部分。为了回收烟气的能量，加热炉通常会设置空气预热器。氧化锆分析仪可安装于辐射段顶部、对流段、烟囱下部、空气预热器等处，烟气成分及工艺条件见表16-1-2。

表16-1-2　烟气主要成分及不同取样点工艺条件

测点名称	温度范围/℃	压力（参考值）/Pa	烟气主要成分/%
辐射顶	600～900	−1200	N_2 72 CO_2 9 H_2O 16 O_2 3 CO、SO_2、尘等，微量
对流段	400～700	−2500	
烟囱下部	300～500	−3000	
空预器前	300～500	−4000	
空预器后	100～300	−2000	

不同位置安装氧化锆分析仪作用不一样，比如安装在辐射段时分析数据能及时反应炉内燃料的燃烧状况，以便控制加风量；如需要用氧含量数据来计算炉子热效率，通常将分析仪安装在烟囱下部。在空气预热器前、后安装氧化锆分析仪可监测空气预热器的泄漏。

② 油品质量分析仪的取样与回样　常压塔系统主要由分馏塔、中部循环系统、塔顶冷凝系统、侧线产品汽提冷却系统等组成。常压塔的产品石脑油、煤油、轻柴油、重柴油等，分别从常顶罐、常一线、常二线、常三线汽提塔底流出。

从流程看出，汽油产品从回流泵流出，煤油与柴油产品从汽提塔底流出，取样点最理想的位置是在油品冷却后出装置之前的管线上。这里的样品温度较低，取出后可不用降温直接送入分析仪样品处理系统。泵出口压力较高，将回样点设置在产品泵入口很容易形成快速回路的循环，在线分析系统无需配置取样泵，简化分析系统的同时也减少了分析系统的故障发生率。如图16-1-3，各油品均可从S点取样，通过快速回路后返回到R点。

（5）油品质量分析仪的样品预处理与回收系统

蒸馏装置是在线油品质量分析仪使用较多的装置。在线分析石脑油、煤油、柴油的馏程及其他性质（如航煤冰点、柴油闪点）可为控制产品质量、优化产品结构提供及时的质量数据。不同油品分析仪的取样与样品回收等大同小异。典型的取样快速回路流程参见图16-1-4。

图16-1-4中油品取样阀和回样阀是一次阀门，由工艺专业管理，取样管线与切断阀后的部件由仪表专业管理。快速回路设置压力与温度指示，方便巡检与维护。旁通过滤器（自清洗过滤器）用于过滤掉大的颗粒杂质。排污阀的设置，方便系统维护时排出系统内介质及污垢。

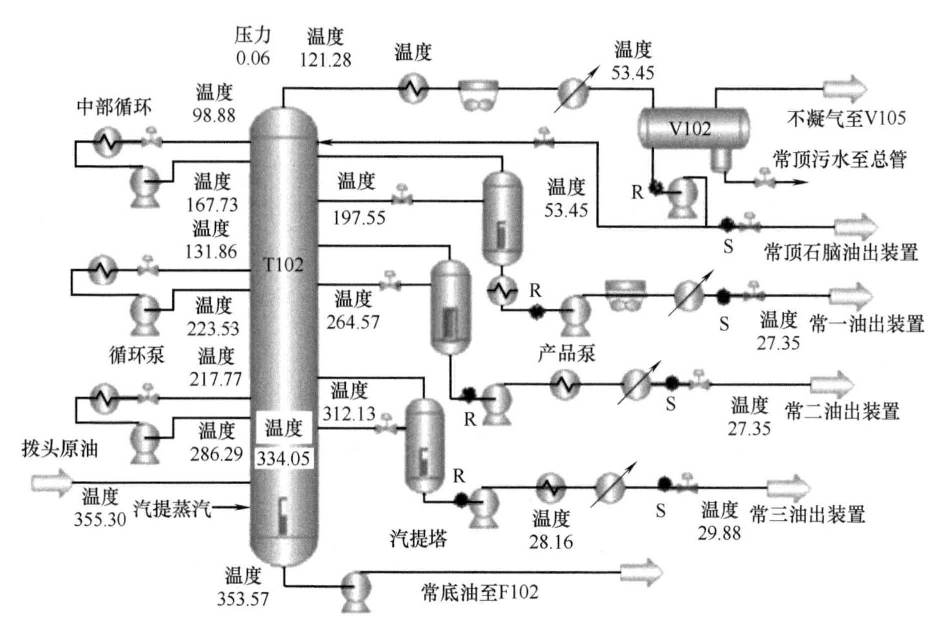

图 16-1-3 常压塔流程及取样/回样点示意图
（温度单位℃；压力单位 MPa）

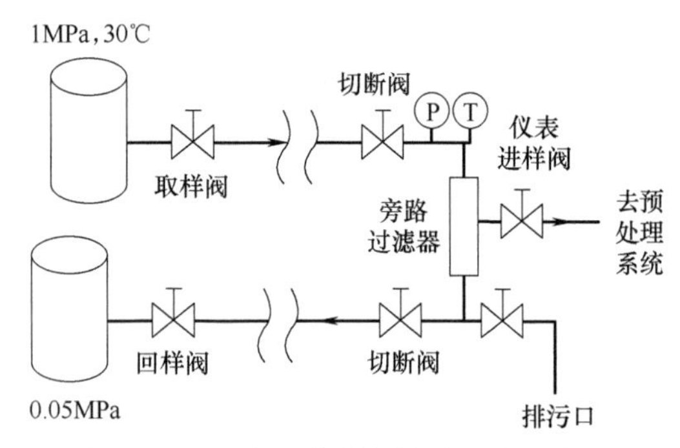

图 16-1-4 油品分析仪快速回路示意图

预处理系统通常需要配置稳压、稳流、恒温、过滤、脱水等部件，也可根据需要配置自动标定、自动留样、自动吹扫等功能，须根据仪器要求进行定制。

样品回收系统：部分油品分析仪要求常压排放，此时必须配置样品回收系统。图 16-1-5 是典型的回收系统配置图。

回收系统主要由回收罐、液位控制系统、回收泵等组成。系统中的排气孔也叫呼吸孔，在回收罐进油时排气，在泵将油抽走时进气，在排气口应加阻火器。为了维护方便，设置了简易液位计观察液位。为防止液位控制失灵导致跑油事故，系统设置了事故溢油口用于控制系统失灵液位超高时排出多余的油品。

液位控制系统由三个液位开关和液位控制器组成。其基本的动作逻辑是：当回收罐液位上升达到高液位时，回收泵启动；当液位下降到低于低液位时，回收泵停止排油；当液位达到超高液位时，关闭仪器的进油电磁阀，并向 DCS 发送报警信号。

16.1.1.2 油品质量在线分析的发展方向

① 尽快实现用新技术替代传统的油品分析技术。传统的馏程分析仪要在恒定蒸馏速率下对 100mL 样品进行蒸馏并精确计量流出量、记录对应温度值，整套系统结构复杂，很难无维护地长期稳定运行。采用近红外分析仪、在线核磁分析仪等无损在线分析技术，样品在常温下流过测量池就能得到分析数据；采用色谱模拟蒸馏技术，每次分析只需微升级的样品进入分析系统，维护量将大大减小，分析系统投用率将大为改善。

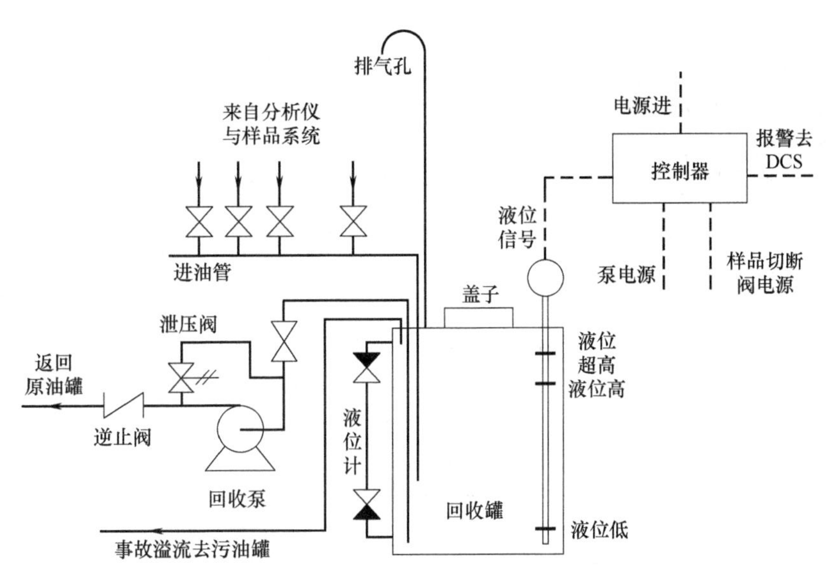

图 16-1-5 样品回收系统配置图

② 加强对油品在线分析仪的升级换代，提供维护量更少的仪器和有效的技术支持。有些国产仪器厂家对现场产品已实现远程监控，对仪器的现场运行可及时发现问题、提醒用户，或到现场服务，减少仪器应用中对用户维护水平的依赖，从而保证仪器长周期运行。

16.1.2 催化裂化装置的应用案例

16.1.2.1 概述

（1）催化裂化装置简介

催化裂化装置的任务是以重质油为原料，生产价值较高的轻质油品与液化气。我国普遍采用的是流化床催化裂化（fluid catalyst cracking，FCC）工艺，它的原料主要是来自常减压的减压馏分油以及延迟焦化的焦化馏分油等重质馏分油，并掺入少量的减压渣油。催化裂化装置产品以汽油、柴油为主，轻质油收率可达70%以上。催化裂化副产10%～20%的气体，大部分是C_3、C_4，即液化石油气，其中含有大量烯烃，主要组分丙烯是重要化工原料。

催化裂化装置由三部分组成：反应-再生系统、分馏系统、吸收稳定系统。另外，由于对环境保护污染排放治理的需要，再生烟气净化系统也成为催化裂化装置的必备辅助系统。目前，催化装置烟气脱硫多采用效率高、占地少的碱液吸收湿法脱硫技术，脱硝可采用SCR技术。根据GB 31571—2015《石油化学工业污染物排放标准》，催化烟气中SO_2、NO_x、颗粒物排放指标分别是：50mg/m^3、100mg/m^3、20mg/m^3。

（2）催化裂化装置的在线分析系统配置

催化裂化装置在线分析配置示意图参见图16-1-6。催化裂化装置在线分析仪器典型配置清单参见表16-1-3。

（3）催化裂化装置的在线分析仪器的应用

① 用于汽油、柴油、液化气等样品的馏程分析仪、闪点分析仪、蒸气压分析仪、色谱分析仪等装置，可根据实时质量分析数据及时调整，或与先进控制系统配合及时优化操作，实现装置平稳生产和产品质量卡边控制，以得到更好的经济效益，避免不合格品产生。

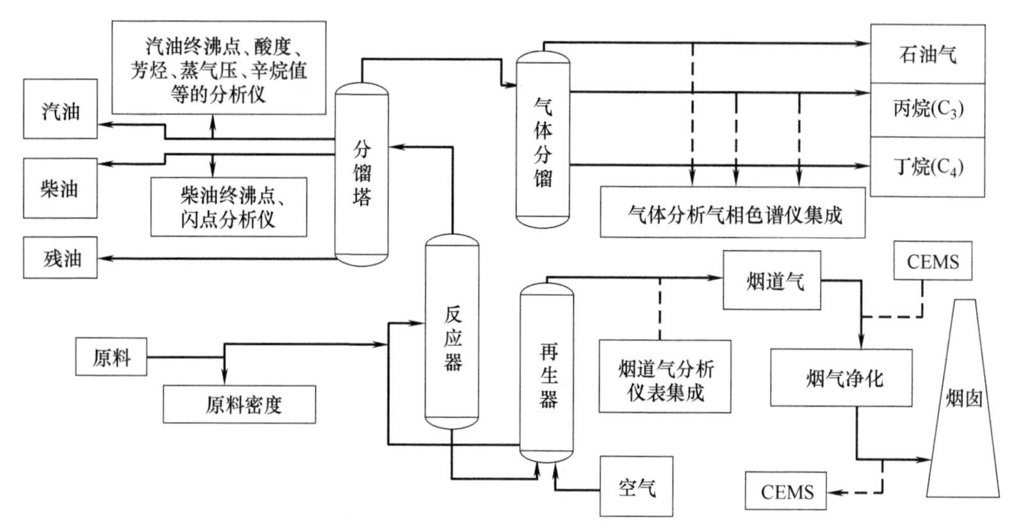

图 16-1-6 催化裂化装置在线分析配置示意图

表 16-1-3 催化裂化装置在线分析仪器典型配置清单

序号	介质名称	在线分析仪器名称	分析数据作用
1	原料重油	密度计	配合装置 APC 系统，提供及时质量数据，提高装置稳定操作水平、在保证产品质量前提下提高收率，提高经济效益
2	粗汽油	馏程分析仪	
	稳定汽油	蒸气压分析仪	
3	柴油	馏程分析仪 闪点分析仪	
4	液化气、干气	色谱分析仪	
5	再生烟气	激光粒度仪、磁氧分析仪、红外分析仪	检测烟气中颗粒物浓度，确保烟机安全运行 检测再生烟气中氧含量与 CO_2 含量，监测催化剂再生效果
6	炉水	磷酸根分析仪、pH 计	满足锅炉系统安全运行监控要求
7	外排烟气	CEMS	满足环保要求
8	脱硫废水	COD 分析仪、pH 计	满足环保要求
9	脱硫系统循环浆液	pH 计	为脱硫系统操作提供依据
10	脱硝配套臭氧制备过程气、冷却水	磁氧分析仪、臭氧浓度分析仪、电导率分析仪	为确保烟气脱硝需要的臭氧制备装置正常运行提供质量分析数据

② 磁氧分析仪、红外分析仪的应用。催化裂化装置在正常运行过程中，需要对催化剂连续不断进行再生以保证催化剂活性，从而保证装置连续长周期生产。催化剂的活性无法直接用仪表检测，可通过对再生烟气组分中 O_2、CO、CO_2 的测量，来判断和衡量催化剂再生活化程度。磁氧分析仪、红外分析仪可为装置催化剂再生操作提供及时的在线分析数据。

③ 激光粒度仪的应用。再生烟气从再生器出来时携带有大量的催化剂粉尘，为减少催化剂损耗，并保证下游能量回收设备的安全运行，必须用旋风分离器对烟气中的颗粒物进行分离。颗粒物分离的效果可用激光粒度仪进行在线监测。通常在烟气进入分离器之前和分离器出口分别安装粒度仪，对烟气中的颗粒物浓度与粒径分布进行监测，掌握旋风分离器的分离效果并及时进行调整。

④ CEMS、COD 分析仪、pH 计，应符合环保要求，按照环保操作规范执行。

16.1.2.2　重油催化裂化装置再生烟气的取样分析

再生烟气在线分析中大多采用红外分析仪测量 CO 和 CO_2，用磁氧分析仪测量 O_2。再生烟气样品取样系统应根据样品本身的复杂性进行适用性设计，以满足可靠分析要求。这里重点介绍再生烟气分析的特点及“回流式取样器”技术。

（1）再生烟气的特点

催化再生烟气有以下特点：烟气温度高达 700℃；烟气中含大量细小的催化剂粉尘；烟气中含水和酸性气体（SO_2、CO_2 等）。粉尘和水混合易发生板结，会堵塞样品输送管；酸性气体与水混合后极易对样品输送系统造成腐蚀；样品的高温加剧了样品输送管的腐蚀和磨损。因此，催化再生烟气取样、样品输送和处理相当困难，常规样品系统很难做到长周期无故障运行。

（2）回流式取样器的结构与工作过程

再生烟气取样常采用动态回流式取样器，典型的产品如 PY-GAS、旋冷仪、KDRS 等。取样器由五部分组成，参见图 16-1-7。

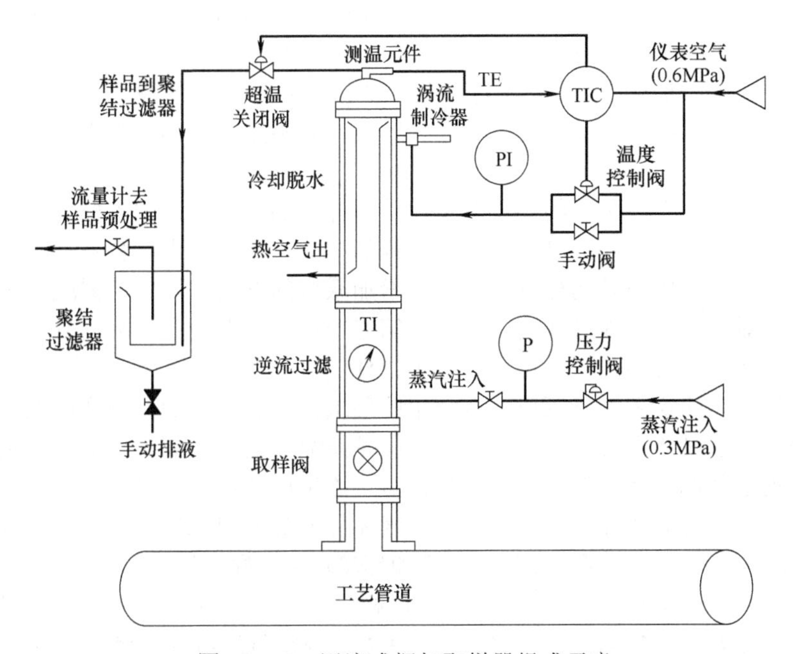

图 16-1-7　回流式烟气取样器组成示意

① 根部取样阀　由用户自行安装，使用 DN50mm 的高温不锈钢闸阀或球阀，用于取样器维护时切断取样通道。

② 过滤逆流段　填充了耐腐蚀的过滤网。滤网分两层，上部滤网的目数比下部滤网的目数大。作用就是分级过滤样气中固体颗粒杂质。该段有一个蒸汽注入口，使用中要接入低压蒸汽，以增加样气中的含水量。配置了一个温度计用于指示该位置样气的温度。

③ 冷却脱水段　是一个列管式换热器，热的样品从下向上从管程通过，冷的空气从上向下从壳程通过，冷却介质采用涡街致冷器出来的冷空气。冷却过程中，样气中的水逐步冷凝，聚集后向过滤段回流。

④ 温度控制系统　包括温包-毛细管测温元件、气动温度控制器、空气涡旋管致冷部件和样气超温切断阀等。通过控制致冷空气的流量来控制冷却段顶部温度。使用中通常使取样器出口温度低于环境温度或样品输送管保温温度 5℃以上。当样气温度超过设定温度约 10℃

时，超温切断阀动作，关断样品出口通道。

⑤ 样品的监视与流量调节元件　包括可视观察罐和样品流量计等，便于维护人员观察出口样气的流量和被处理的情况。

再生烟气在取样器中的处理过程如下：烟气进入取样器后，因速度变慢，大量的固体杂质并不进入取样器。样品慢速向上流动，首先经过逆流过滤部分，烟气中剩下的固体粉尘等颗粒物都被过滤下来。样品与蒸汽混合后上升到冷却段。在冷却段，通过控制冷却空气量在柱中形成受控制的温度梯度，样气中的水逐步冷凝，向下流动并聚集在逆流过滤段。当液态水足够多时就会继续向下流并把过滤段的粉尘冲回工艺管道。样品出取样器后温度升高到环境温度，不会再有水析出。经流量调节后，样品输送到在线仪表样品预处理部分和分析仪。取样器出口的样气超温切断阀在冷却器工作不正常时切断通道，避免未处理的样品进入后续的样品输送管道与部件。

（3）取样器的使用和维护

用于再生烟气取样时，出口样气流量最大应控制在 500mL/min 之内。此时，在直径为 50mm 的取样器内，样气的流速约 1cm/s，而催化再生烟气在烟道中的流速至少为 2m/s。根据斯托克斯（Stokes）定律，当含有悬浮颗粒物的流体移动速度变慢时，重力将使粒子加速沉降不再悬浮，样气中绝大多数的粉尘等固体颗粒物并不进入取样器，大大减小了样气中粉尘处理的难度。

使用时注入少量蒸汽。蒸汽的第一个作用是给样气加热保温，因为样气流量较小，高温的样气很快就会被降温，如果温度下降过快，样品中的水过早析出，将不利于过滤段的回流自清洗。蒸汽的第二个作用是向样气中注水，增加系统的自清洗能力，催化再生烟气中自身的含水量不足以对逆流段形成反冲洗。蒸汽的第三个作用是洗涤一部分样气中的 SO_2，使尽量少的腐蚀性气体进入后面的样品输送与分析部件。

取样器对致冷用的仪表空气源压力有一定的要求，只有足够的压力才能保证足够的致冷量，确保在冷却脱水段建立合理的温度平衡，确保逆流过滤段得到足够的回流水冲洗，并保证样品在出口处达到低于环境温度的温度设定点，连续向在线仪表供气。

建立系统温度平衡需要经过较长时间的摸索才能找到规律。过滤段温度受到四个主要因素影响：样气流量、冷却空气量、蒸汽注入量和环境温度。样气流量和冷却空气量基本不变，主要干扰因素是蒸汽流量和环境温度的变化。因样气与空气热容小，而取样器壳体热容很大，要达到温度稳定需要较长时间，应多次、反复观察，调整蒸汽流量，使过滤段温度接近 60℃的控制点。此外，温度平衡点会随环境温度的波动而波动。经验证明，做好冷却段、过滤段的保温，可减小环境温度波动的影响，通常允许过滤段温度在 50～75℃的范围内波动。在北方气温变化较大的地方，更应注意对取样器与样品输送系统的保温。

因第一再生器中再生反应是不完全燃烧，故烟气中存在硫蒸气。使用中发现，硫黄会在过滤段上部、冷却段下部出现。建议每半年用 150℃左右的蒸汽冲洗取样器约 30min（冲洗时关闭样品出口阀），让硫黄熔化流回工艺管道。

16.1.3　连续重整装置的应用案例

16.1.3.1　概述

（1）催化重整联合装置简介

催化重整联合装置以石脑油为原料，主要生产高辛烷值汽油调合组分（C_7 和 C_9 以上馏分油）、苯和混合二甲苯，副产重整氢气和液化石油气等。联合装置由催化重整、芳烃抽提和氢提浓（变压吸附法）单元组成。以催化重整的脱戊烷重整汽油作为芳烃抽提的原料，以重整氢气作为变压吸附（PSA）阶段的原料。连续重整装置由预处理、重整反应及再接触、催化剂再生等阶段组成。重整反应及再接触部分主要操作条件：重整反应器入口温度 530℃；重整平均反应压力（表压，下同）0.35MPa，重整气液分离器压力 0.25MPa。重整生成油 C_5 以上组分的辛烷值为 104RON。

催化剂再生是将重整催化剂（简称待生剂）进行再生，恢复其活性，然后再送回反应器。主要操作条件：烧焦温度 420～520℃，压力 0.55MPa；氯化温度 530℃，压力 0.55MPa；焙烧温度 565℃，压力 0.55MPa；还原温度 540℃，压力 0.55MPa。

苯抽提装置由分馏部分与抽提部分组成，主要任务是把连续重整装置来的脱戊烷重整汽油分成混合二甲苯产品、高辛烷值汽油调合组分和纯苯。

PSA 是对气体混合物进行提纯的工艺过程。PSA 装置对重整 H_2 进行提纯，得到纯度大于 99.9%、压力为 2.4MPa 的氢气，送全厂氢气管网。PSA 的工作原理：吸附剂对混合气体中杂质组分在高压下具有较大的吸附能力，在低压下具有较小的吸附能力，而氢气组分则无论高压、低压吸附能力都很低。在高压下，增加杂质分压以便将尽量多的杂质吸附在吸附剂上，从而达到较高的产品纯度。

连续重整装置的工艺过程比较复杂，相互影响和制约的因素较多，在装置设置必要的在线分析系统，是保证装置安全运行、监控产品质量的重要手段。

（2）催化重整装置的在线分析仪器配置

典型的催化重整装置在线分析仪器配置参见表 16-1-4。

表 16-1-4　典型的催化重整装置的在线分析仪器配置

序号	仪表名称	位号	测量物料及参数	作用
1	氧化锆分析仪（8 台）	AT11101 等	F101 等烟气氧含量	提高热效率
2	氧含量分析仪	AT30602	再生烟气氧含量	控制催化剂再生
3	热导氢分析仪	AT20501	循环氢纯度	监控氢纯度
4	微量水分仪	AT20502	循环氢水分	保护催化剂
5	氢/烃、氧分析仪	AT30901 AT30902	再生氮气氢/烃、氧含量	再生与反应系统的隔离安全监控
6	色谱分析仪	AT70601A/B/C	苯产品中非芳、甲苯、二甲苯	苯产品质量分析
7	氢纯度分析仪	ARA50301	PSA 产品氢纯度	氢气质量分析
8	近红外分析仪		重整原料 PNA 组成，重整汽油 PNA 组成、辛烷值	为装置先进控制系统提供及时的质量分析数据，提高目标产品收率

有关催化重整装置中在线色谱仪的应用参见第 15.1.1.2（4）介绍，以下介绍其他案例。

16.1.3.2　连续重整装置的再生烟气氧含量分析系统应用案例

（1）再生烟气工艺条件

目前国内炼厂连续重整装置多采用 UOP 工艺技术，其再生烟气工艺条件见表 16-1-5。

连续重整再生烟气中含有水、氯化氢和氯气。重整装置再生烟气的氧含量在线测量，多选用 AMETEK 公司专用于 UOP 工艺的 WDG-Ⅳ UOP/RP 型氧化锆分析仪。该仪表的特点是直接安装在工艺管道上，采用对流回路采样，核心测量元件是特殊处理的氧化锆管，测量精度高，反应灵敏，且测量室保持在 200℃以上，能防止测量室部件的腐蚀，仪表在重整装置

表 16-1-5　再生烟气工艺条件

序号	仪表名称与位号	样品名称及测量范围	取样点温度、压力（表压）	主要背景组分
1	氧量分析仪 AT30602	再生烟气测量范围：0～2% O_2	压力：0.241MPa；温度：477℃。（可能有25μm或更小的催化剂颗粒）	N_2：72%；CO_2：16%；H_2O：11%；HCl：0.22%；Cl：0.002%

使用中表现出经久耐用与测量准确的特点。WDG-Ⅳ UOP/RP 型氧化锆分析仪最高使用压力0.42MPa，而催化重整联合装置再生器压力0.55MPa，在应用期间常出现以下问题：

① 为保证样品连续流入到测量室，仪表采用氮气引流方式，引流气排回到再生烟气中。原设计引流气体采用低压氮，压力小于再生器操作压力，样品无法正常进入分析系统。

② 没有使用高压型氧表专用的密封型锆头，而是普通的参比端与大气连通的锆头，仪器数据不稳定，不能正常工作；参比气体气源压力不稳，影响了仪表正常工作。

针对以上问题改进如下：装置重新提供引流氮气源，新引流气源压力为0.9MPa，工作压力设定为0.7MPa；要求厂家将常压型锆头更换成高压密封型的锆头，正确配置参比气系统，确保氧化锆测量端与参比端压力平衡；装置重新提供参比空气源，确保压力稳定。

（2）高压型氧化锆测量系统参比气的配置

再生烟气氧表参比气供气流程图如图16-1-8所示。

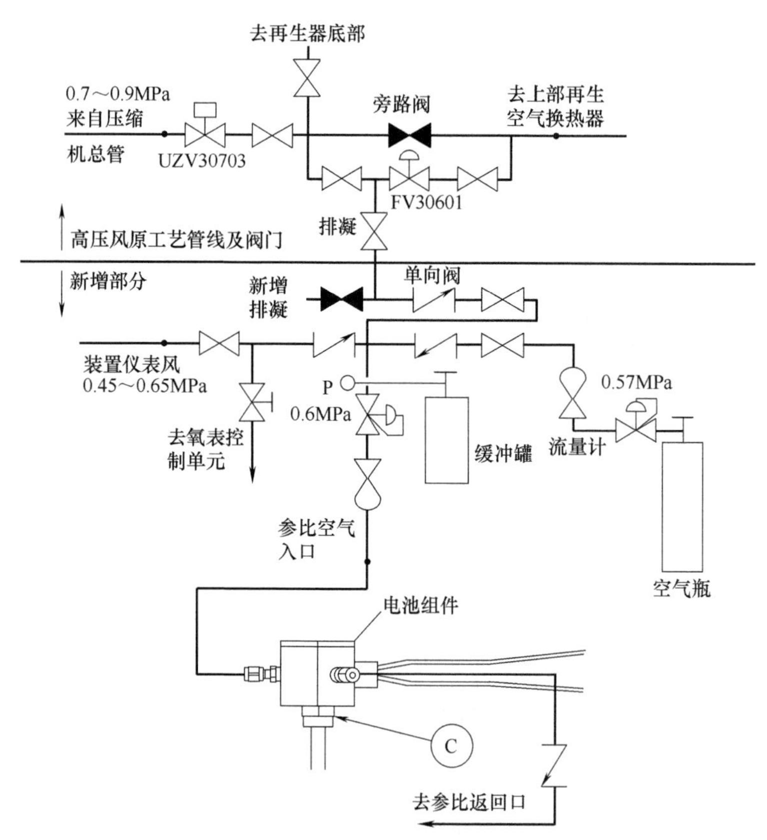

图 16-1-8　高压型氧化锆氧含量分析仪参比气路图

去锆头的参比气由三路气源组成：一是来自再生气供风系统排凝阀的再生风；二是来自装置的仪表风；三是来自钢瓶的空气。参比气经锆头参比侧返回到再生气中，实现氧化锆测量元件参比侧与测量侧的压力平衡。

WDG-Ⅳ UOP标准型氧传感器的参比侧无需配置管线，直接与外界空气连通，工艺压力与参比气压力不同引起的测量误差，可通过在控制器内手动设置操作压力加以补偿。锆头输出的氧电势符合能斯特方程。高压型氧化锆传感器采用了密封型参比室，将参比室与工艺气连通，以达到氧化锆测量元件参比侧与测量侧压力相同的目的。

原参比气采用装置的仪表风，压力正常为0.64MPa。装置开工期间有时仪表风压力波动，导致参比气压力小于再生烟气压力，仪表不能正常工作。初次改进之后装置提供再生风作为参比气源，正常情况下气源压力高于再生器操作压力，能满足参比气需要，但再生风在再生器因故停用时会被关断，导致仪表工作不正常。这两种情况在装置开工过程中曾出现过。为了保证在工艺供气不正常情况下仪表仍可正常工作，二次改进采用了备用空气钢瓶、再生风与仪表风三重供气作为参比端供气的方案。

如图16-1-8，三个气源之间用单向阀隔离，自动选择压力较高的气源供气。当再生风正常时，仪表风流路与钢瓶气流路截止。当再生风压力降低时，如仪表风压力高于气瓶输出压力，由仪表风供气；如仪表风压低于气瓶输出压力，由气瓶供气保证参比气正常。参比气排出口用单向阀与工艺过程气连接，保证高温腐蚀性工艺气不会反串到参比系统中。

（3）再生烟气氧分析系统操作条件

仪表的操作条件设置如下：引流气调整，开大引流氮气进口阀门，将引流氮气稳压阀压力调至0.62MPa以上，且至少大于工艺气压力0.07MPa。仪表对分析样气流量的检测是用温度元件实现的：当没有样气流入检测系统时，检测温度为传感器箱的温度200℃；当样气流量增加时，检测到的温度也逐渐增加；当检测到的温度达到300℃时，样气流量达到仪表技术要求。仪表设定的流量低报警点为250℃。当温度低于报警点时，仪表输出“样气流量低”的信号到装置的安全联锁系统。

参比气调整，调节稳压阀，使稳压阀输出为0.6MPa（大于工艺烧焦压力0.05MPa），将钢瓶气输出压力调节为0.6MPa（正常仪表风压力为0.64MPa），调节参比气流量为100～300mL/min。仪表校准时标准气调整，校验时先关仪表引流气，打开标气减压阀，调整标气压力稳定在0.62MPa（比工艺压力高0.07MPa）；开校验气针阀，调节流量为1L/min。

经过改进再生烟气氧分析仪参比气系统，摸索与优化仪器操作条件，可使仪表正常投用，确保装置正常生产。

16.1.3.3 连续重整装置的在线近红外分析系统的应用

为配套APC项目实施，可配套安装在线近红外分析系统，对重整原料与重整汽油组成与性质进行在线分析。重整进料的分析项目包括：密度、初馏点、10%点、50%点、90%点、终馏点等5个数据，从C_3到C_{12}的链烷烃（P）、C_5到C_{12}的环烷烃（N）、C_6到C_{12}的芳烃（A）共39种物质的含量数据。重整汽油除分析以上数据外，还分析研究法辛烷值（RON）。

① 样品工艺条件　流路1重整进料工艺条件：取样点温度83℃，取样点压力（表压，下同）0.85MPa，回样点压力0.52MPa。流路2重整汽油工艺条件：取样点温度94℃，取样点压力0.85MPa，回样点压力0.6MPa（g）。

② 样品预处理系统　在线近红外分析的样品预处理系统如图16-1-9所示。

③ 重整进料预处理流程　样品从工艺管线引至分析小屋，经过旁路自清洗过滤器过滤机械杂质，旁路流体快速返回工艺管线。过滤后样品经膜式过滤器脱水脱气泡，气泡与水进入回收系统；过滤样品通过水浴冷却恒温至25℃以下，再通过分离罐脱水脱气，旁路去

回收系统。过滤样品进入高压样品池保温箱，恒温在25℃进行光谱扫描，分析废液进入回收系统。

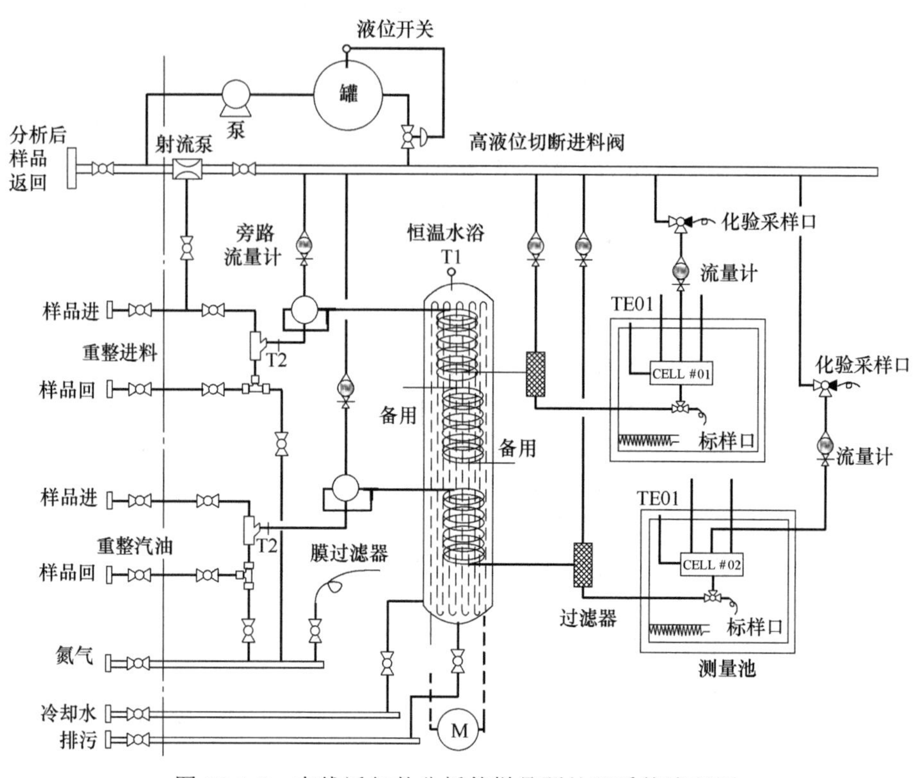

图16-1-9　在线近红外分析的样品预处理系统流程图

④ 重整汽油预处理流程　样品温度较高，在样品进入模式过滤器前设置了换热器，其他处理过程与重整进料一致。光纤测量流通池出入口设置三通球阀，进行样品切换，用于离线样品添加，流量计后面设置三通出口留给人工采样。预处理的前后设置压力表，与样品接触的材质均为316L不锈钢。预处理旁边设置1/4in（1in=0.0254m）氮气接口，用于样品管路吹扫；样品池设置的三通球阀可接1/8in氮气接口，用于吹扫样品池及扫描背景光谱。

⑤ 回收系统设置两种回收方式　一是进样阀的样品及其他样品进入样品回收罐，然后经涡流泵加压后重新返回工艺管线。样品回收系统由PLC、回收罐、液位计、涡流泵等主要部件组成，整体安装在同一底板上，安放在分析小屋外侧。回收罐配置氮气密封，带单向阀，废气排至火炬系统，实现了废气的密闭回收，回收罐带低点排污阀。二是设置射流泵样品回收装置作为主要回收措施，动力为重整进料。该回收方式工作时无运动部件，密封点少，维护量少。实际运行中优先使用该回收方式，而将回收罐作为备用措施。

16.1.4　乙烯装置的应用案例

16.1.4.1　概述

石化行业的裂解制乙烯装置的生产工艺流程、裂解工段主要测量点、裂解气在线色谱分析应用及分离工段工艺流程和分析测量点等在线分析应用介绍参见15.1.2.1。

以下简介乙烯装置、在线分析技术应用以及裂解气样品处理应用案例等。

（1）裂解制乙烯装置简介

石油化工中间产品的有机化工原料和最终产品的三大合成材料——合成树脂、合成橡胶、合成纤维，均以三烯（乙烯、丙烯、丁二烯）、三苯（苯、甲苯、二甲苯）为主要原料，其总量的65%以上来自乙烯装置。

① 原料 石脑油（NAP），占45.74%；轻柴油［常压柴油（AGO）、减压柴油（VGO）］，占30.05%；重质加氢尾油（HVGO），占10.87%；其余为乙烷、丙烷、油田气、炼厂气等。

② 产品 主产品：乙烯，送聚乙烯、乙二醇等装置；丙烯，送聚丙烯、丙烯腈等装置。副产品：H_2，本装置加氢，外送全厂氢气管网；CH_4，裂解炉燃料气，合成氨、甲醇原料；C_4，送丁二烯抽提、异丁烯抽提装置；裂解汽油，送芳烃抽提装置，提取苯、甲苯、二甲苯；重质燃料油，裂解炉燃料。

乙烯装置主要分为裂解、压缩、分离三个工段。其工艺特点是：高温裂解、分段压缩、深冷分离。

裂解制乙烯工艺绝大多数采用管式炉裂解法，裂解气分离流程组织方案的工艺类型较多，常采用顺序分离工艺流程。

（2）乙烯装置在线分析仪器技术的应用举例

① 氧化锆分析仪测量裂解炉烟气中氧含量，计算过剩空气系数，调节风门挡板开度，控制空燃比，提高热效率。

② 燃料气热值分析仪测量燃料气热值，参与燃烧控制和裂解出口物料温度控制，参与裂解深度控制。

③ 色谱分析仪分析裂解气中氢气、甲烷、乙烯、丙烯等含量，参与裂解深度控制，提高乙烯、丙烯产品收率，调整产品分布，延长裂解炉烧焦周期，降低原料消耗。

④ 急冷废热锅炉给水需监测电导率、硅酸根含量；除氧后给水需监测溶解氧、联胺含量；炉水需监测pH值、电导率、磷酸根含量等。指导废热锅炉蒸汽系统操作，使特种设备锅炉的操作符合技术规范要求，确保安全。

⑤ 干燥器出口的微量水分析仪检测水含量，确保裂解气进入深冷分离前水含量小于2μL/L，确保下游设备不结冰、管道通畅。

⑥ 在线色谱仪检测碱洗塔入口H_2S、CO_2含量，检测碱洗塔出口微量CO_2含量，指导碱洗塔操作，确保裂解气中酸性气含量不超过工艺指标要求。

⑦ 分离工段的工业色谱仪，分析各塔进料，塔顶、塔釜流出物，灵敏点塔板物料组成，为分离操作提供参考数据或直接参与闭环控制。

⑧ 在线色谱分析仪测量分离物料中微量CO含量，指导脱碳操作，确保乙烯、丙烯产品质量。

⑨ 在线色谱分析仪测量碳二加氢反应器进、出口物料炔烃含量，确保乙烯中乙炔含量小于5μL/L；测量碳三加氢反应器进、出口物料含量，确保丙烯中甲基乙炔与丙二烯含量小于10μL/L，满足产品质量要求。

⑩ 乙烯、丙烯精馏塔设置在线色谱分析仪，分析产品乙烯、丙烯中杂质含量，指导调整操作，确保产品质量合格。乙烯塔底、丙烯塔底红外分析仪，分析乙烷中乙烯、丙烷中丙烯含量，参与闭环控制优化操作，减少乙烯、丙烯损失。

（3）乙烯装置在线分析仪配置

根据《中国石化化工装置质量控制在线分析仪表配置指导意见》，顺序分离工艺在线分析仪配置建议案例见表16-1-6。各装置需根据自身特点综合考虑实际配置方案。

表 16-1-6　乙烯装置在线分析仪配置建议案例

序号	单元名称	分析介质	分析项目	配置仪表名称
1	裂解炉	原料分析：石脑油	烃族组成（PIONA值[①]）、20℃密度、15℃相对密度、初馏点、馏程（10%、30%、50%、70%、90%、95%）、终馏点、C_2～C_{12}含量（根据实际优化需要确定）	傅里叶近红外分析仪
2	裂解炉	原料分析：C_5	正戊烷、异戊烷、环戊烷、正丁烷、异丁烷、正己烷、异己烷、丙烷等	色谱分析仪、近红外分析仪
3	裂解炉	原料分析：加氢尾油	馏程、密度、芳构性指数	傅里叶近红外分析仪
4	裂解炉	原料分析：柴油	馏程、密度、芳构性指数	傅里叶近红外分析仪
5	裂解炉	原料分析：液化石油气（LPG）	组成	色谱分析仪
6	裂解炉	原料分析：富乙烷气	组成、微量氧	色谱分析仪、微量氧分析仪
7	裂解炉	原料分析：富乙烯气	组成、微量氧	色谱分析仪、微量氧分析仪
8	裂解炉	裂解气	H_2、CH_4、C_2H_4、C_2H_6、C_3H_6、C_3H_8	色谱或质谱分析仪
9	裂解炉	燃料气	热值	热值分析仪
10	裂解炉	炉膛烟气	氧含量	氧化锆分析仪
11	裂解炉	锅炉给水	pH值、电导率、溶解氧	pH计、电导率、微量氧分析仪
12	裂解炉	汽包排污水	pH值、电导率、磷酸根	pH计、电导率、磷酸根分析仪
13	急冷	急冷油	黏度	黏度计
14	急冷	工艺水	pH值	pH计
15	急冷	急冷水	pH值	pH计
16	急冷	稀释蒸汽排污水	pH值	pH计
17	压缩单元	凝液汽提塔塔釜	C_2H_4、C_2H_6	色谱分析仪
18	压缩单元	裂解气进碱洗塔前	H_2S、CO_2	色谱分析仪
19	压缩单元	碱洗塔顶	CO_2	色谱、红外分析仪
20	压缩单元	裂解气干燥器	微量水	微量水分析仪
21	压缩单元	低压甲烷	C_2H_4	色谱、红外分析仪
22	压缩单元	中压甲烷	C_2H_4	色谱、红外分析仪
23	压缩单元	脱甲烷塔顶	C_2H_4	色谱、红外分析仪
24	压缩单元	脱甲烷塔底	CH_4	色谱、红外分析仪
25	压缩单元	甲烷化反应器入口	C_2H_4、CO	色谱分析仪
26	压缩单元	甲烷化反应器出口	CH_4、CO	色谱分析仪
27	压缩单元	氢气干燥器出口	微量水	微量水分析仪
28	压缩单元	氢气干燥器出口	CH_4、CO、CO_2	色谱分析仪
29	分离单元	脱乙烷塔底	C_2H_4、C_2H_6	色谱分析仪
30	分离单元	脱乙烷塔流出罐顶	甲基乙炔（MA）、丙二烯（PD）、C_3H_6、C_3H_8	色谱分析仪
31	分离单元	C_2加氢反应器各段床层入口	H_2、CO、CH_4、C_2H_2、C_2H_4、C_2H_6	色谱分析仪
32	分离单元	C_2加氢反应器床层出口	H_2、CO、CH_4、C_2H_2、C_2H_4、C_2H_6	色谱分析仪
33	分离单元	C_2加氢反应器床层出口	C_2H_2	色谱、红外分析仪

续表

序号	单元名称	分析介质	分析项目	配置仪表名称
34	分离单元	乙烯干燥器	微量水	微量水分析仪
35	分离单元	乙烯精馏塔底	C_2H_4、C_2H_6	色谱分析仪
36	分离单元	乙烯精馏塔灵敏塔板层	C_2H_4	红外分析仪
37	分离单元	乙烯产品	H_2、CH_4、C_2H_2、C_2H_6、MA、PD、C_3H_6、C_3H_8、CO、CO_2	色谱分析仪
38	分离单元	低压脱丙烷塔釜	碳三组分	色谱分析仪
39	分离单元	高压脱丙烷塔底	MA、PD、C_3H_6、C_3H_8	色谱分析仪
40	分离单元	高压脱丙烷塔顶	MA、PD、C_3H_6、C_3H_8、1,3-丁二烯（1,3-BD）、C_4H_8、C_4H_{10}	色谱分析仪
41	分离单元	C_3加氢反应器入口	MA、PD、C_3H_6、C_3H_8、1,3-BD、C_4H_8、C_4H_{10}	色谱分析仪
42	分离单元	C_3加氢反应器出口	MA、PD、C_3H_6、C_3H_8、1,3-BD、C_4H_8、C_4H_{10}	色谱分析仪
43	分离单元	丙烯精馏塔底	C_3H_6、MA、PD	色谱分析仪
44	分离单元	丙烯精馏塔灵敏塔板层	C_3H_6	色谱分析仪
45	分离单元	丙烯产品	H_2、CH_4、C_2H_4、C_2H_6、MA、PD、C_3H_8、甲醇	色谱分析仪
46	分离单元	丙烯干燥器	微量水	微量水分析仪
47	分离单元	脱丁烷塔顶	C_3H_6、C_3H_8、MA、PD、C_5组分	色谱分析仪
48	分离单元	脱丁烷塔底	1,3-BD、C_4H_8、C_4H_{10}	色谱分析仪
49	分离单元	裂解汽油总管	C_4组分	色谱分析仪
50	压缩单元	裂解气压缩机、制冷压缩机透平凝结水	电导率	电导率分析仪
51	公用工程	出装置凝液	TOC	TOC分析仪
52	公用工程	循环水回水总管	TOC	TOC分析仪

① 指链烷烃（P）、异构烷烃（I）、烯烃（O）、环烷烃（N）、芳烃（A）的含量。

16.1.4.2 裂解气取样和样品处理系统

裂解气组成的在线分析数据用于裂解深度控制，可优化乙烯生产、提高乙烯收率，为企业创造可观的经济效益。

裂解气在线分析的取样和样品处理系统比较复杂，应用难度较大。主要是由于：裂解气属于高温、高含水、高油尘样品，处理难度很大，加之裂解原料上的差别、工艺和设备上的差异、多变的工况、频繁清焦、分析系统配置上的欠缺、使用维护上的不当，即使采用动态回流式裂解气专用取样器，裂解气在线分析系统仍是在线分析中的难点。

以下主要介绍裂解气在线分析系统的应用和优化。乙烯裂解气采用动态回流式专用取样装置，其结构原理参见16.1.2.2节介绍。

大多数乙烯裂解取样装置并未发挥出其应有作用。产生问题的原因主要有三个方面：

一是气动温度控制器控制精度受到限制比较多，不容易做到精确控制；二是取样系统没有后续的处理措施，一旦有样品带油就会直接污染色谱分析系统；三是工艺装置除焦时不能及时关闭取样阀，会对取样系统造成污染，清理起来很困难。其应用优化的技术要点如下。

（1）根据取样点条件优化取样器配置

根据工艺要求的不同，裂解气的取样点一般有两处：一处在废热锅炉出口管道上，另一处在急冷器出口管道上。

废热锅炉出口管道中的物料温度约500℃，含水量约30%，压力约91kPa，不含急冷油。此处的主要问题是防止结焦，可考虑选用带除焦阀的Py-Gas取样器。

急冷器出口管道中的物料温度在200℃以上，含水量约6%，压力约91kPa，含有约85%的大量急冷油。此处的主要问题是除油，无需采用除焦阀。

（2）增加除焦时物料自动切断阀

装置在进行清焦操作时未及时关闭取样器的根部截止阀，是造成取样器结焦和其他故障的重要原因之一。

建议将根部手动阀改为气动或电动阀门，其开关动作由清焦程序自动控制。清焦开始时关闭阀门，清焦结束时打开阀门，阀位状态可在DCS上显示。采用自动切断取样阀的办法可有效保护取样器及分析系统，减少结焦等故障，也可提高自动化程度，减轻维护人员的工作量。当取样点选在急冷器出口管道上时，应在取样器之后的样品预处理系统中配置油气分离器和自动排油阀，将样品气体中可能夹带的油分除去，并加强巡检维护，及时排除故障。无论考虑如何周全，样品带油现象还是难以避免的，及时发现并采取相应措施，避免带油样气进入色谱柱中是十分必要的。

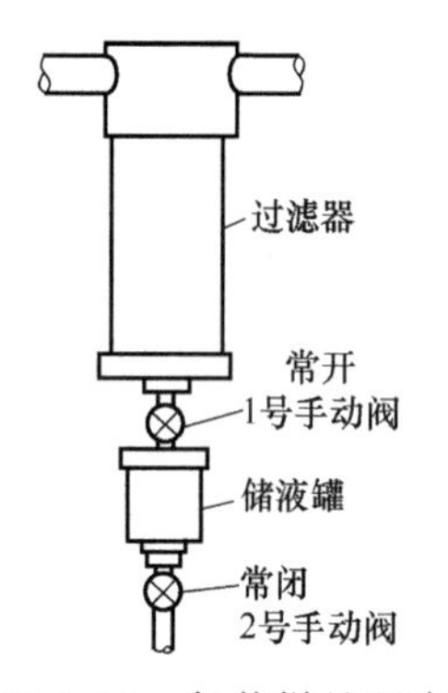

图16-1-10　气体样品观察罐

（3）其他建议要点

① 建议在分析小屋的样品预处理系统中加装一个观察罐。观察罐结构是一个焊接连接的T形管路，如图16-1-10。观察罐可及时观察到样品带油现象，且样品只流经T形管路，并未进入观察罐中，避免了因增加样品处理器件带来的传输滞后。带观察罐的乙烯裂解气样品处理系统参见图16-1-11。

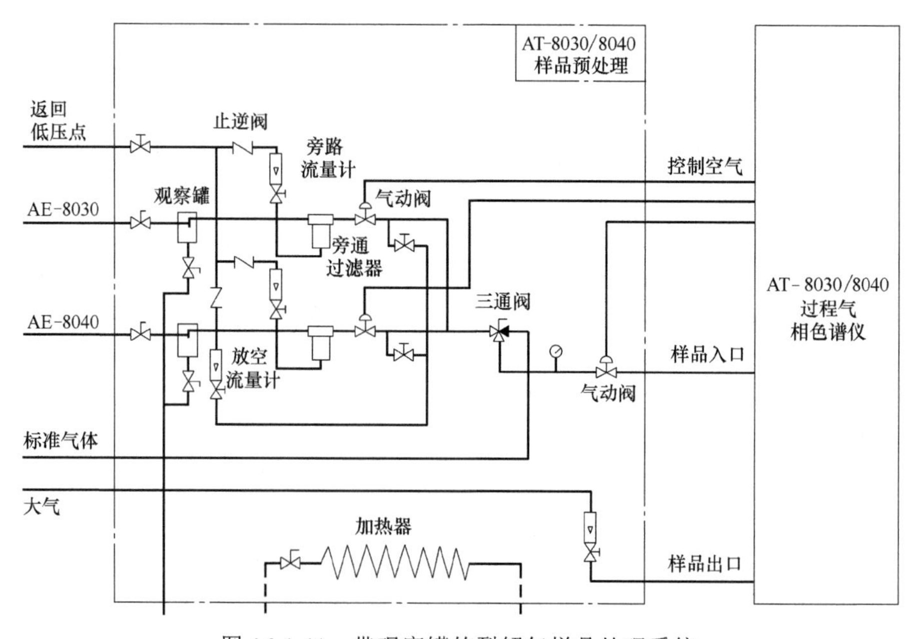

图16-1-11　带观察罐的裂解气样品处理系统

② 取样器到分析仪之间的样品传输管线应采用3/8in或ϕ10mm的不锈钢管，并应采取伴热保温措施，最好配备蒸汽吹扫系统。

③ 采用防爆型的电子温度控制器，对样品温度进行精密控制。

一般来说，保持取样器的长期稳定运行绝非轻而易举，往往需要经历一个观察、摸索、积累经验、逐步熟悉的过程，并应根据现场具体情况对系统配置加以改进和完善。

16.1.5 聚丙烯装置的应用案例

16.1.5.1 概述

（1）聚丙烯装置简介

日本JPP公司HORIZONE气相法聚丙烯装置，由丙烯精制单元、催化剂配制与进料、第一聚合反应、反应器粉料输送、第二聚合反应、粉料脱活、挤压造粒单元、产品掺混及其他配套设施组成。以下仅简介：丙烯精制单元、第一聚合反应和第二聚合反应工艺过程。

① 丙烯精制单元　精制单元用于脱除原料丙烯单体中的毒性杂质。来自炼厂的丙烯经过丙烯缓冲罐脱除自由水后，从罐顶溢流到丙烯固碱塔脱除部分水、硫化氢、二氧化碳。经固碱塔初步脱水后的丙烯先后进入脱COS塔和脱硫化氢塔脱除COS和硫化氢，然后进入汽提塔脱除氢气、一氧化碳、氧等轻组分。汽提塔输出的丙烯经泵输送到脱水、脱甲醇塔脱除水、甲醇、二氧化碳及甲基乙基酮。脱水塔需要再生时，氮气经加热器后引入塔内，排出的气体视烃含量送入火炬或排入大气。丙烯进一步经脱砷后作为精制丙烯送入到聚合系统。裂解来的丙烯在脱硫化氢塔入口进入丙烯精制系统。精制后的丙烯也可送入精制丙烯罐。

② 第一聚合反应器　催化剂自催化剂进料罐中送入第一反应器，操作条件为：压力（表压）2.45MPa，温度70℃。一小股液相冲洗丙烯加入，以提高进料速度并防止催化剂颗粒沉积。助催化剂、改性剂各自从进料罐中经计量后汇合，与另一股液相冲洗丙烯混合后输送到第一反应器。

③ 第二反应器　第二聚合反应器与第一聚合反应器流程基本相同，自第一反应器排出的聚丙烯粉料通过气锁器进入反应器上游区域，催化剂只加入第一反应器。

（2）聚丙烯装置在线分析系统的配置

典型的聚丙烯装置在原料、反应器循环气、产品等处共配置了14套在线分析仪，用于分析原料杂质、产品质量，监控反应过程等，详见表16-1-7。

表16-1-7 典型的聚丙烯装置在线分析仪配置清单

序号	在线分析仪名称	工艺介质名称	分析项目和测量范围	分析数据作用
1	水分仪 AT-60001A	精制丙烯	微量水分，0～10μmol/mol	监控精制原料丙烯中水含量，确保丙烯质量满足聚合要求
2	水分仪 AT-60001B	原料丙烯	微量水分，0～400μmol/mol	
3	水分仪 AT-61001	裂解制得的丙烯	微量水分，0～5μmol/mol	
4	水分仪 AT-20061	第一反应器循环气	微量水分，0～10μmol/mol	监控反应器循环气水含量，控制产品质量
5	水分仪 AT-25061	第二反应器循环气	微量水分，0～10μmol/mol	

续表

序号	在线分析仪名称	工艺介质名称	分析项目和测量范围	分析数据作用
6	氧分析仪 AT-60004	精制丙烯	微量氧含量，0～50μmol/mol	监控精制原料丙烯中的杂质含量，确保丙烯质量满足聚合要求
7	色谱分析仪 AT-60002	精制丙烯	硫化氢含量，0～10μmol/mol	
8	色谱分析仪 AT-60003	精制丙烯	甲醇含量，0～10μmol/mol	
9	色谱分析仪 AT-60005	精制丙烯	CO，0～1μmol/mol；CO_2，0～10μmol/mol	
10	色谱分析仪 AT-20062	一反循环气	气相组成：乙烯、丙烯、丙烷、己烷	监控反应器气相组成，及时调整产品质量
11	色谱分析仪 AT-20063	一反循环气 二反循环气	氢气含量	
12	色谱分析仪 AT-25062	二反循环气	气相组成：乙烯、丙烯、丙烷、己烷	
13	氧含量分析仪 AT-31301	粉料输送系统氮气	氧含量，0～5%	安全监控，氧含量过高时停止输送
14	在线流变仪 AT-MFR	挤出机出口	熔融指数	减少牌号转换时间，减少过渡料，减少损失

（3）在线分析仪取样点的工艺条件

以下重点介绍精制丙烯、第一反应器循环气、第二反应器循环气等三个主要在线分析取样点工艺条件。

① 精制丙烯 装置设置了3台色谱分析仪、2台水分仪、1台氧分析仪，分析精制丙烯杂质。精制丙烯在线分析取样点，工艺条件为温度40℃、压力3.125MPa，样气组成见表16-1-8。

表 16-1-8 精制丙烯在线分析取样点样气组成

序号	组分	正常值（摩尔分数）/%	测量范围/(μmol/mol)	分析仪位号
1	丙烯	99.5213		
2	丙烷	0.47348		
3	乙烯	0.00240		
4	水	0.00005	0～10	AT-60001
5	甲醇	0.00004	0～10	AT-60003
6	氧		0～10	AT-60004
7	一氧化碳	0.00000	0～1	AT-60005
8	二氧化碳	0.00004	0～10	
9	硫化氢	0.00002	总硫	AT-60002
10	羰基硫	0.00001	0～5	

② 第一反应器循环气 取样点工艺条件为温度53.9～66.4℃、压力2.1～2.35MPa，样气组成见表16-1-9。

③ 第二反应器循环气 取样点工艺条件为温度48.5～66.4℃、压力2.1～2.35MPa，样气组成见表16-1-10。

表 16-1-9 第一反应器循环气在线分析取样点样气组成

序号	组分	正常值（摩尔分数）/%	测量范围/%	分析仪位号
1	丙烯	65.27	0～100	AT-20062
2	丙烷	15	0～30	
3	乙烯	Trace	0～20	
4	己烷	1.26	0～3	
5	氢气	18.47	0～2/0～30	AT-20063

表 16-1-10 第二反应器循环气在线分析取样点样气组成

序号	组分	正常值（摩尔分数）/%	测量范围/%	分析仪位号
1	丙烯	58.99	0～100	AT-25062
2	丙烷	4.51	0～20	
3	乙烯	30.67	0～60	
4	己烷	1.17	0～2	
5	氢气	4.66	0～1/0～20	AT-25063

16.1.5.2 反应器循环气的在线分析系统案例

反应器循环气组成分析是聚丙烯装置在线分析的重点和难点。装置产品牌号的调整需要精确控制循环气中氢气与丙烯的比例，必须使用在线色谱分析仪进行快速准确分析。针对反应器循环气的在线色谱仪，在使用过程中要特别注意两点：一是防止样品气聚合，堵塞取样管线，以及防止粉料对在线色谱分析系统的破坏；二是要防止样品中丙烯组分冷凝，对测量数据准确性的干扰。典型的反应器循环气组成色谱分析的样品预处理系统简介如下。

反应器循环气组成色谱分析的样品预处理系统，主要包括前处理单元和预处理单元。前处理单元对取出的样品进行初步处理，包括减压、过滤等；预处理单元对样品做最后处理，为色谱分析仪提供合格样品。聚丙烯循环气预处理单元流程见图 16-1-12。

样品从根部阀引出后伴热传输到前处理站，前处理箱采用蒸汽伴热保温到 70℃。前处理单元设置一备一用聚结过滤器用于捕获聚丙烯固体颗粒，并从底部由维护人员每天巡检时手动排出。为避免减压过程中丙烯组分吸热冷凝，设置两个减压阀对样品逐步减压，第二级压力调节器出口压力设定为 0.2MPa。减压后的样品经过蒸汽伴热套管传送到预处理单元。

反应器循环气预处理单元见图 16-1-13。预处理箱用蒸汽保温到 70℃，在样品入口处设置切断阀和安全阀，安全阀压力设定为 0.22MPa，防止样品压力过大损坏下游的部件与分析仪。样品先经过聚结过滤器并把捕获的聚丙烯固体颗粒和大部分的样品从过滤器的底部排入快速回路。过滤器后设置稳压阀，将样品压力设定在 0.1MPa。然后样品进入硅胶管吸附特细粉尘，吸附罐用仪表风降温加强吸附效果。取出的清洁样品进入色谱分析仪。为确保色谱分析仪与取样时压力一致，预处理箱内设置了进样阀和大气平衡阀，由色谱分析仪控制。

16.1.6 丁二烯抽提装置的应用案例

16.1.6.1 丁二烯抽提工艺流程简介

丁二烯抽提装置以乙烯装置的 C_4 馏分为原料，采用 *N*,*N*-二甲基甲酰胺（DMF）或乙腈

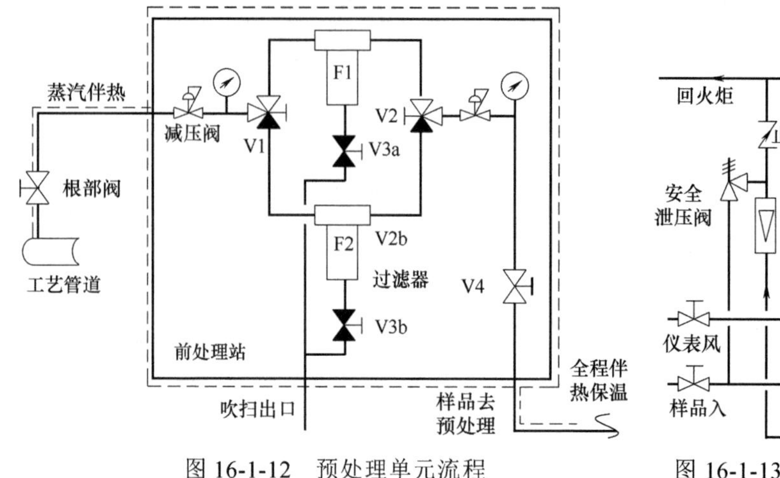

图 16-1-12　预处理单元流程

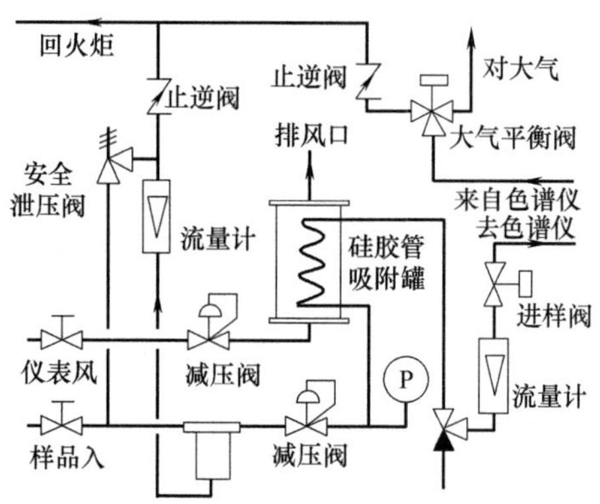

图 16-1-13　反应器循环气预处理单元

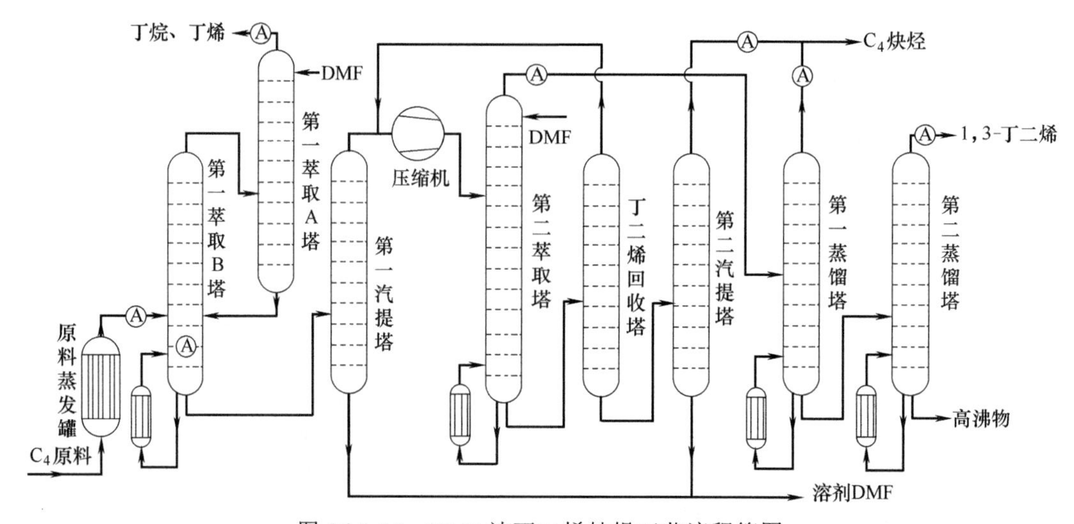

图 16-1-14　DMF 法丁二烯抽提工艺流程简图

（ACN）为溶剂，通过两级萃取和两级精馏，从混合 C_4 馏分中提取高纯度的1,3-丁二烯产品。DMF 法丁二烯抽提工艺流程见图 16-1-14。

（1）第一萃取蒸馏工段

在 DMF 存在的情况下，凡是与丁二烯相比相对挥发度高于 10 的组分，都在该工段除去。该工段设备包括：原料汽化罐、将 238 块塔板分为 A/B 两个塔的第一萃取蒸馏塔、装有 14 层塔板的第一汽提塔。C_4 原料从乙烯装置进入原料罐后用泵送入原料汽化罐。

汽化的 C_4 原料送至第一萃取蒸馏塔中部第 104 层、114 层、125 层塔板。DMF 溶剂进入第一萃取蒸馏塔 A 塔顶部第 230 层塔板，溶剂进料温度约 40℃、蒸气压约 12kPa。在第一萃取蒸馏塔，含有丁二烯和易溶组分的溶剂被逐渐加热到 130℃，塔底操作温度保持恒定在低于 145℃，以避免丁二烯聚合而引起结垢。

第一汽提塔在常压下操作，塔底压力比塔顶压力稍有增加，塔釜温度升高到 163℃，这是溶剂的沸点。来自第一萃取蒸馏塔底的富溶剂靠压差送入第一汽提塔，将主要组分为丁二烯和较易溶组分的烃类从溶剂中汽提出来。被冷却的烃类经丁二烯气体压缩机压缩，送到第二萃取蒸馏塔。为了使压缩气温度低于80℃，防止丁二烯聚合，使用一台二段螺杆压缩机，出口压力保持低于0.6MPa。

（2）第二萃取蒸馏工段

该工段由64层塔板的第二萃取蒸馏塔、10层塔板的丁二烯回收塔、20层塔板的第二汽提塔组成。在第二萃取塔的进料气体中，主要含有丁二烯和比丁二烯更易溶于DMF的组分，如乙烯基乙炔、乙基乙炔、C_5及甲基乙炔。在DMF溶剂中，甲基乙炔的相对挥发度与1,3-丁二烯相近，大部分甲基乙炔不能在这部分脱除。乙烯基乙炔在直接蒸馏部分与顺-2-丁烯形成共沸物，因此应在直接蒸馏前全部脱除。

第二萃取蒸馏塔底的热溶剂，靠与丁二烯回收塔之间的压差输送。丁二烯回收塔塔顶气体主要含有1,3-丁二烯和部分烃类，返回压缩机入口。来自丁二烯回收塔底的溶剂用泵送至第二汽提塔第11层塔板，在塔里汽提出溶剂中的烃类。

（3）二甲胺脱除

为了保证产品中DMF含量低于1mg/kg，第二萃取蒸馏塔的馏出物通过二甲胺抽提塔，然后送至丁二烯分离罐，完全除去该物流中的悬浮水。

（4）直接蒸馏工段

通过第一、第二萃取蒸馏，大部分杂质被脱除，剩下与1,3-丁二烯的相对挥发度接近的杂质。这些杂质在70层塔板的第一分馏塔和有85层塔板的第二分馏塔中脱除。

（5）溶剂净化工段

萃取蒸馏部分的循环溶剂在此进行精制，也可从工艺排液中收集起的污溶剂中提纯出DMF。有40层塔板的溶剂精制塔在常压下操作，以脱除丁二烯二聚物及随粗原料带入的水。脱除高沸物时，DMF在减压下回收，含焦油的DMF在一定时间内随着再生釜的定量进料而被逐渐提浓，停止溶剂进料后用间歇的方法进一步回收DMF。回收的溶剂送至精制溶剂受槽，用于机械密封或输送至溶剂储槽作为循环溶剂。焦油状物质排放至焦油槽中做燃料使用。

16.1.6.2 在线分析的作用与工艺条件

（1）在线分析数据的作用

流程图16-1-14中标A的位置是丁二烯装置几个主要在线色谱分析的取样点，各点在线分析数据的作用如下：

① 原料蒸发罐出口，分析原料的组成，特别是1,3-丁二烯的含量，为计算产品收率、优化操作提供参考。

② 第一萃取塔B塔109块塔板处，通过检测反-2-丁烯的残余量，监测第一萃取蒸馏塔萃取效果，为优化操作提供质量数据。

③ 第一萃取塔A塔顶部出口，检测排放气中各种丁烯成分含量和1,3-丁二烯含量，监测丁烯成分脱除效果，减少丁二烯的损失。

④ 第二萃取塔顶出口，检测中间产品物流中剩余的乙烯基乙炔和反-2-丁烯含量，为优化操作提供质量数据。

⑤ 第二汽提塔顶部出口，检测排放物成分和含量，判断炔烃杂质被脱除的数量，减少丁二烯损失。

⑥ 第一蒸馏塔出口，检测甲基乙炔被脱除的数量，减少丁二烯损失。

⑦ 第二蒸馏塔顶部出口，检测1,3-丁二烯产品纯度。控制指标为：1,3-丁二烯摩尔分数≥99.5%，乙烯基乙炔≤5μL/L，总炔烃含量≤20μL/L。

（2）丁二烯色谱分析取样点工艺条件与色谱分析量程

各取样点工艺条件、样品组分与色谱仪测量范围见表16-1-11。

表16-1-11　丁二烯色谱分析取样点条件及分析量程（括号内为该组分的测量范围）

项目	①	②	③	④	⑤	⑥	⑦
样品名称	原料	一萃B	一萃顶	二萃顶	二汽顶	一蒸顶	产品
温度/℃	50～80	84～160	43.5	41～160	41～190	39	44
压力/MPa	0.75	0.56～0.75	0.38	0.34～0.6	0.35	0.41	0.39
1,3-丁二烯/%	52.41（0～70）		0.2（0～1）	96.89	28.9（0～50）	57.34（0～100）	99.8
1,2-丁二烯/%	0.35	0.6		0.53	2.13		10μL/L（0～50μL/L）
顺-2-丁烯/%	3.09（0～10）	7（0～10）	4.46（0～10）	2.11（0～10）	0.89		0.15
反-2-丁烯/%	4.26（0～10）	0.2（0～1）	9.54（0～20）	0.05（0～1）	1.92		0.05
甲基乙炔/%	0.12（0～0.5）			0.23（0～1）		42.66（0～100）	（0～10μL/L）
乙基乙炔/%	0.25（0～1）			0.1（0～0.5）	6.08（0～50）		10μL/L（0～50μL/L）
乙烯基乙炔/%	1.36（0～2）			0.1	40（0～100）		（0～20μL/L）
丙烯丙烷/%	0.06		0.15		0.03		
丙二烯/%	0.02		0.03				
正、异丁烷/%	1.31		2.95		0.59		
1-丁烯、异丁烯/%	36.66		82.67		16.58		
C_{5+}组分/%	0.11	0.18			1.64		
DMF含量	无	多	微量	微量	多	微量	无

16.1.6.3　丁二烯抽提装置样品处理系统的技术应用案例

（1）丁二烯抽提装置样品中各组分的部分物理性质　参见表16-1-12。

表16-1-12　丁二烯抽提装置样品中各组分物理性质

序号	组分名称	沸点/℃	饱和蒸气压/kPa	水溶性
1	丙烷	−42.1		微溶
2	丙烯	−47.7		微溶
3	甲基乙炔（丙炔）	−23.2		微微溶
4	正丁烷	−0.5	213.7（21℃）	不溶
5	异丁烷	−11.7	160.09（0℃）	微溶
6	异丁烯	−69.0	131.52（0℃）	微微溶
7	1-丁烯	−6.3	189.48（10℃）	不溶
8	反丁烯	0.9		不溶
9	顺丁烯	3.7		不溶

续表

序号	组分名称	沸点/℃	饱和蒸气压/kPa	水溶性
10	1,3-丁二烯	−4.4	245.27（21℃）	不溶
11	1,2-丁二烯	10.3		不溶
12	乙基乙炔	8.7		不溶
13	乙烯基乙炔	5.1		微溶
14	正戊烷	36.1	53.3（18.5℃）	微溶
15	*N,N*-二甲基甲酰胺（溶剂DMF）	153.0		溶
16	亚硝酸钠（阻聚剂）			易溶
17	二聚物			不溶

（2）丁二烯抽提装置在线分析的样品处理系统设计要点

丁二烯抽提装置的样品处理是乙烯工业在线分析的难点之一，它比裂解制乙烯时的裂解气样品处理还要复杂，难度还要大。丁二烯抽提装置样品处理系统的设计要点如下：

① 取样与前处理　采用不停车带压插拔式取样探头取样，以便发生堵塞时可拆卸清理。前处理系统中液体样品减压汽化应特别注意：如样品中带有少量的二聚物和其他杂质，当工艺发生波动时，二聚物和杂质的含量会随之变化，采用一般的过滤器很容易造成堵塞，并且难以清理。通常，应采用两级过滤的办法，先用以丝网、玻璃球为滤料的粗过滤器进行拦截捕获，再经烧结金属过滤器后送汽化减压阀。为除去粗过滤器中的黏附物，可定期用蒸汽对其进行吹扫清理。对于丁二烯液体样品减压汽化，不宜采用蒸汽加热减压汽化阀，应采用电加热减压汽化阀。加热温度控制在60℃以内，避免蒸汽温度过高丁二烯自聚堵塞减压阀。

② 样品伴热保温传输　从表16-1-11、表16-1-12中可以看出，丁二烯装置工艺样品的特点是以C_4为主，冷凝温度接近常温且饱和蒸气压低，在温度、压力变化时容易液化，导致样品失真，需采用伴热保温传输。1,3-丁二烯在70℃以上易自聚，生成双向缩聚物，简称二聚物。工艺样品中约含0.2%～0.3%的二聚物，样品伴热传输中，如温度过高会生成更多的自聚物。自聚物黏度高，易堵塞传输管线、色谱仪进样阀及色谱柱。因此，伴热应使样品温度保持在40℃左右，最高不超过60℃。样品传输应选用自控温型的一体化电伴热管缆。

③ DMF的水洗脱除　采用水洗法可有效除去样品中的DMF等有害物质，且不影响样品的基本组成。洗涤水的温度应>10℃。水洗后的样品经聚结器、膜式过滤器除水后送色谱仪。保证水洗系统压力平衡、水洗后样品进色谱仪压力稳定并不容易。对于不含DMF等物质的原料组成分析和产品纯度分析等样品，无需进行水洗处理。

④ 避免标准气体冷凝或液化　丁二烯样品组分沸点低，在冬天易冷凝，必须做好保温确保进入色谱仪的标样组分浓度不发生变化。丁二烯样品组分常温下饱和蒸气压低，如能在较高温度下使用，标气配置压力可相应提高，因此也必须做好保温，提高标气使用温度，延长标气使用时间。建议将丁二烯标准气体保温到50℃使用。

⑤ 对分析后样品进行密闭回收处理　为保证样品充分汽化，丁二烯样品取样压力低；为保证水洗系统压力平衡，水洗后样品压力更低。所以仪器分析后的样品不能靠自身压力直接返回工艺装置。为避免样品组分直排大气污染环境，降低火灾爆炸风险，必须使用密闭回收系统对分析后尾气进行低压密闭回收。

16.1.6.4　丁二烯装置在线色谱仪样品处理系统案例

（1）样品处理系统组成　丁二烯抽提装置取样和样品处理系统见图16-1-15。

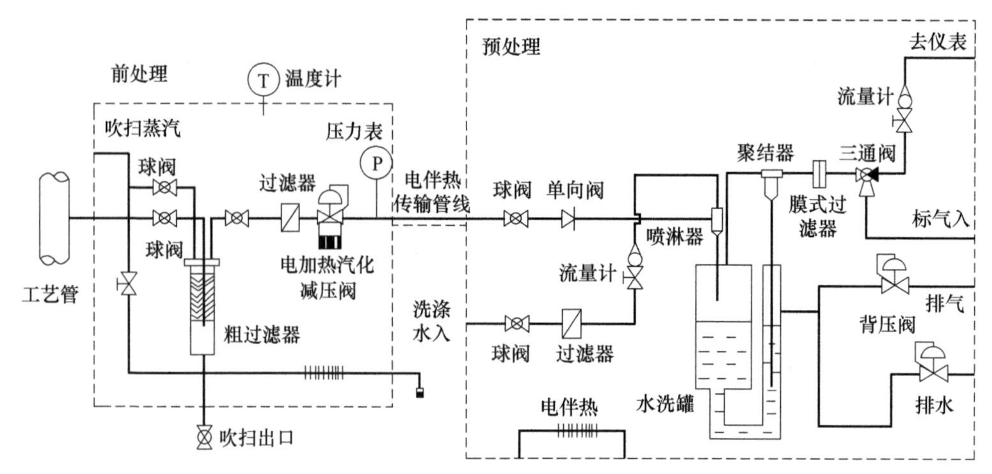

图 16-1-15　丁二烯抽提装置取样和样品处理系统图

如图 16-1-15 所示，该系统由前处理与预处理两部分组成。前处理包括样品切断阀、粗过滤器、细过滤器、气化减压阀、吹扫蒸汽管线与阀门等。样品传输采用电伴热管缆。

预处理主要由水洗罐与脱水隔水部件组成，单向阀用来阻止异常情况下水进入取样管线，喷淋器可使样品与水充分混合，聚结器用来脱除样品中的饱和水，隔膜式过滤器可阻止明水进入色谱系统，排气背压阀设定压力约 50kPa，以确保样品气压力满足色谱仪进样要求。

（2）在线分析系统的操作要点

① 前处理箱采用蒸汽伴热，温度不宜过高，应调节蒸汽流量控制针阀，使温度计显示在 30～40℃之间。

② 前处理汽化减压阀输出压力不宜过大，建议设定为 0.08～0.12MPa。

③ 预处理箱应采用电伴热，控制温度为 40℃左右。

④ 洗涤水流量不应控制太大，否则会导致水洗罐液位控制不稳，从而把水带入样品中。

⑤ 预处理出来到色谱仪之间的样品管线要采取伴热保温措施，伴热温度应稍高于样品预处理箱温度。保证样品气中的水不会冷凝，保护色谱仪。

⑥ 排气背压阀压力设定满足样品进色谱仪的要求即可，不应过高。

16.2　在线分析仪器在精细化工及制药过程中的应用案例

16.2.1　原料药合成中的应用案例

16.2.1.1　在线红外光谱技术在连续流动反应过程中的应用

采用衰减全反射傅里叶变换红外光谱（ATR-FTIR）应用于流动化学时，可以实现对化学反应的快速分析，优化和放大生产。当使用 ATR-FTIR 分析流动化学时，特定物质的每一个官能团具有一个独特指纹，通过不断跟踪其趋势连续测量组分浓度或工艺条件。通过这种方式，可对达到和保持稳定状态所需的时间和条件进行跟踪。

如图 16-2-1，使用在线 FTIR 技术来分析一个高放热反应的连续流动反应，该反应为乙醇胺（EA）和二乙烯基砜（DVS）反应生成二氧化硫吗啡啉。在连续工艺开发和以更大规模进行的化学品监控中，都使用了在线 FTIR。在小规模批次测试中，此反应放热非常强，如果以更大规模运行可能存在问题。研究指出 DVS 是一种有毒化合物，应避免接触。为了开发连续工艺，EA 与 DVS 的反应是在一个 12mL 反应釜中进行的，使用一个带有流通池的反应 IR 来监控 DVS（$1390cm^{-1}$波段）的消失和目标产物（$1195cm^{-1}$波段）的出现。此反应使用水作为溶剂，水不会与针对 DVS 和产物进行跟踪的 IR 波段发生干扰。后采用反应 IR 流动技术监控用于千克规模生产的更大设备，实时调节连续流动反应。

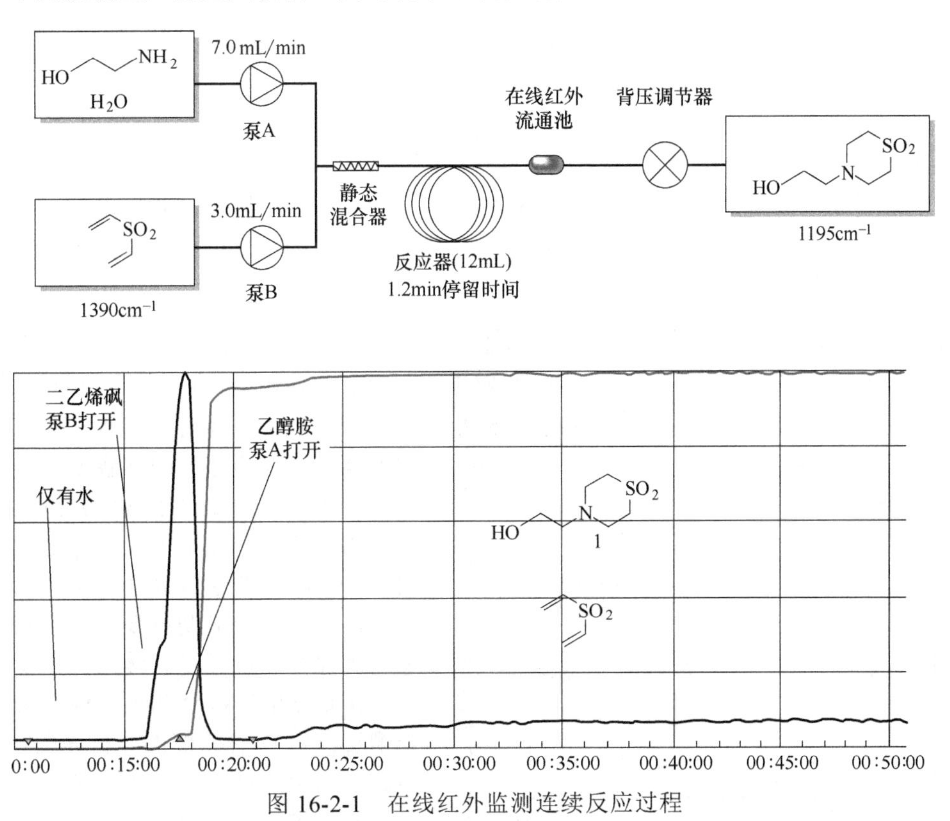

图 16-2-1 在线红外监测连续反应过程

原位 FTIR 光谱仪可连续监控关键的反应物种，并可连续测量离线取样和分析难以测量的动力学、机理和路径。在生物催化领域，原位 FTIR 监控生物催化转换过程的进展，以确定反应终点、了解反应机理、监控中间体的形成，并进行反应动力学分析，从而优化反应条件，提高产品产量和纯度。

16.2.1.2 拉曼光谱仪在药品制备过程质量控制中的应用

拉曼光谱仪在制药生产的混料过程终点判断、冷冻干燥在线监测、含水化合物干燥、制粒过程监测、含量均一性的在线检验，以及局部用凝胶体和乳剂制备过程的质量控制等方面，均有应用。专门为随时间变化的反应分析而设计的在线拉曼光谱，将峰值拾取算法与官能团智能算法相结合，大大缩短了分析时间。拉曼光谱与多变量建模相结合，允许对连续流动反应器进行定量化学监测，并展示了对当前需要在线或离线分析的方法的巨大改进。

在苯甲酸的酯化连续反应中，通过在线拉曼光谱和多变量建模结合使用，提供实时有效的氯氟化碳定量监测。该酯化反应高度依赖于停留时间和温度，使用在线拉曼光谱和软件，可以轻松控制工艺参数，如流量、温度和循环流化床中的化学计量，充分理解每个过程参数对系统转换的影响。使用以平均值为中心的背景校正光谱进行主成分分析，以监测反应进程。建立偏最小二乘模型，通过拉曼信号和离线高效液相色谱数据之间的相关性来预测化学转化。在线拉曼取样只需要 30s 来确定产品转化率。相比之下，高效液相色谱的样品收集、制备和运行时间为 30min。在线拉曼光谱的检测所消耗的时间仅为离线检测的 1/60。结合鲁棒模型，该反应器系统可用于实时预测和控制产品生产。通过使用在线分析和多元建模对产品转换进行优化和控制，也为产品质量至关重要的高度监管行业的实时发布测试提供了基础。

16.2.2　产品多晶型调控中的应用案例

在医药生产领域，约 85%的产品在生产过程中包含结晶操作。实际生产过程中，同一药物的晶体可能具有两种或两种以上的晶胞参数和空间结构，这种现象被称为多晶型现象。多晶型现象的调控涉及固相和液相两相，常规的监测手段无法满足固液两相同时监测。在多晶型调控中应用联用在线分析仪器技术，可用于多晶型溶解度的测定、多晶型成核监测以及多晶型转晶过程研究。

16.2.2.1　在多晶型溶解度测定中的应用

传统静态法或动态法分析在多晶型的溶解度测定中是不适用的。例如，对于介稳晶型溶解度数据的测定，采用静态法耗时比较长，测量过程中很可能会发生转晶过程，从而导致无法准确获得介稳晶型的溶解度。采用联用在线分析仪器，如采用聚焦光束反射测量（FBRM）和拉曼光谱可以很好地解决这个问题：一方面利用 FBRM 信号检测溶解饱和点，另一方面借助拉曼光谱监测固相晶型，确保测定过程没有转晶现象发生，保证测量数据的准确性和可靠性。采用拉曼光谱法测定 D-甘露醇的介稳晶型 α 和 δ 的溶解度的反应过程如图 16-2-2。

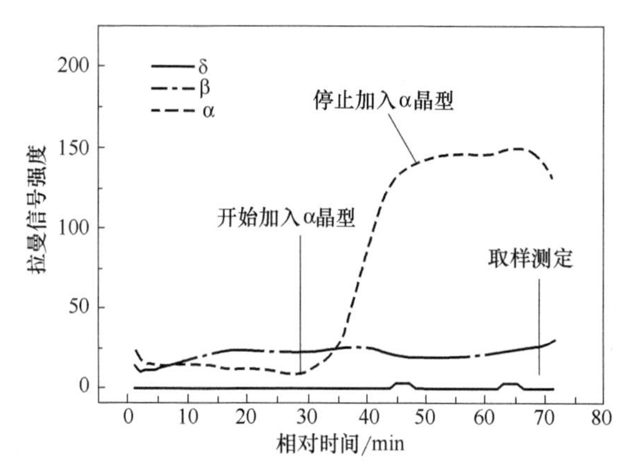

图 16-2-2　20℃下在线拉曼光谱测定的 D-甘露醇在水中的溶解度

测量过程中采用在线拉曼光谱实时监测固相的晶型，监测到介稳晶型的转晶点处即刻取样进行溶解度的测定，从而得到介稳晶型的溶解度曲线。拉曼光谱辅助法测定介稳晶型溶解度避免了测量过程中介稳晶型向稳定晶型的转变，可以准确得到介稳晶型的溶解度数据，

16.2.2.2　在多晶型成核调控中的应用

多晶型的成核过程复杂，晶型多样，对其过程监测需要采用在线分析技术。例如，利用在线分析仪器 ATR-FTIR 和 FBRM 研究了硫酸氢氯吡格雷（CHS）在 9 种纯溶剂中的结晶和多晶型现象。结果表明，CHS 在溶解度较高的溶剂中倾向于获得热力学稳定的多晶型,溶剂的氢键供体能力是决定溶剂对 CHS 溶解度和多晶型影响强弱的关键因素。

采用 ATR-FTIR 和 FBRM 在线监测 CHS 在不同过饱和度下在 2-丙醇和 2-丁醇中的结晶

现象，参见图16-2-3，结果表明，成核诱导期是CHS的动力学决定阶段，过饱和度是决定CHS多晶型形成的直接因素，相对过饱和度 s 在18以下时形成Ⅱ晶型，s 在21以上时形成Ⅰ型。

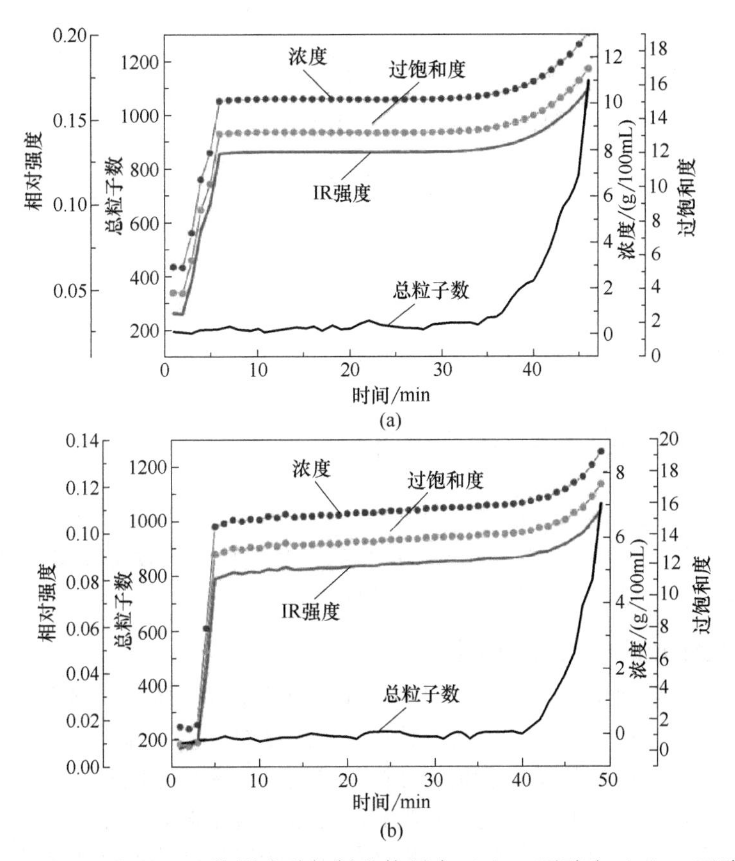

图16-2-3 ATR-FTIR及FBRM监测硫酸氢氯吡格雷在（a）2-丙醇和（b）2-丁醇中的多晶型

16.2.2.3 在多晶型转晶过程调控中的应用

多晶型制备过程中，在特定条件下，介稳晶型会向稳定晶型转变。转化机理一般分为固-固相转晶和溶剂介导转晶两类。影响多晶型转变的因素有很多，如温度、浓度、溶剂类别，溶液pH值、环境湿度等。拉曼光谱因其可实时监测并可以定性及定量分析固相晶型的特性，被广泛应用于多晶型转晶过程的研究。

在研究阿加曲班一水合物（介稳晶型）和乙醇溶剂化物（稳定晶型）转晶过程中采用拉曼光谱和ATR-FTIR联用分析技术，分别监测固相晶型和液相浓度，如图16-2-4所示。

一般来说，如果介稳晶型的溶解过程为控速步骤，那么在线红外曲线第一个平台期浓度应该与稳定晶型的溶解度相近；如果第一平台期浓度和介稳晶型溶解度接近，那么控速步骤则为稳定晶型的成核和生长。在阿加曲班一水合物向乙醇溶剂化物转晶过程中，在浓度第一平台期（即在线红外曲线第一平台期），由对应一水合物拉曼信号强度变化可知，介稳晶型的溶解速率是非常快的，所以转晶初期，控速步骤为乙醇溶剂化物的生长；然而，在转晶后期，红外信号显示溶液中浓度明显下降，说明在转晶后期，介稳晶型的溶解为控速步骤。拉曼光谱和ATR-FTIR联用可方便准确地解释转晶机理，可为目标晶型制备提供有力指导。

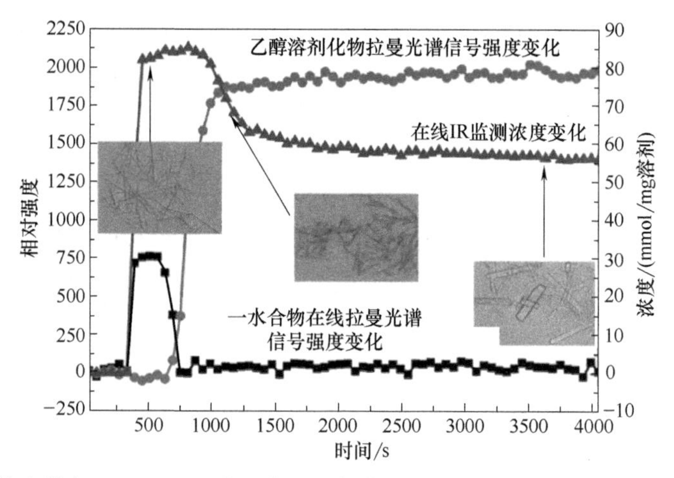

图 16-2-4 拉曼光谱和 ATR-FTIR 联用监测阿加曲班一水合物向其乙醇溶剂化物的转晶过程

16.2.3 药品制剂过程中的应用案例

药品制剂过程在线分析仪器技术主要包括近红外光谱、在线拉曼光谱等。近红外光谱用于在线定量监测药物活性成分（API，又称原料药）与辅料的混合均匀度以及 API 中水分的定量分析；在线拉曼光谱用于监测药物混合过程。

16.2.3.1 近红外光谱分析应用案例

药物原辅料混合是制备固体口服制剂生产过程中的重要步骤，其混合均匀度是药物生产中的关键控制指标。近红外光谱分析技术具有分析速度快、效率高、安全、环保等优势，现在已成为目前医药领域最具有发展前景的分析技术之一。采用近红外光谱分析技术，用于硫酸羟氯喹原辅料混合均匀度的在线定量监测和颗粒水分含量测定应用案例如下。

模型药物硫酸羟氯喹的原辅料混合过程是保证硫酸羟氯喹终产品质量的重要生产阶段。通过应用相关计算软件（SPSS）及化学计量学中的偏最小二乘法（PLS），建立了监测其原辅料混合过程中硫酸羟氯喹标示百分含量的定量分析模型，以达到准确、快速判断混合终点的目的。测量步骤如下：首先制备硫酸羟氯喹标示百分含量为 70%～130%的原辅料混合物，采集它们的近红外光谱，对原始光谱进行标准正则变换、一阶导数和 Norris 平滑处理，建模的波段为 372～9045cm^{-1}、5616～6058cm^{-1}，再运用偏最小二乘回归建立定量分析模型。运用建立的定量分析模型预测硫酸羟氯喹在原辅料混合过程中的标示百分含量，以高效液相色谱法（HPLC）作为参考方法对混合终点进行验证。结果表明建立的近红外模型的预测结果与 HPLC 测定结果相符。

原料药中水分含量是片剂成型的一个重要影响因素。适量的水分在片剂压缩时使颗粒易于变形并结合成形，过量的水分易造成黏冲。采用微型近红外光谱仪测定硫酸羟氯喹颗粒水分含量，建立定量分析模型的步骤如下：首先通过真空干燥和加湿实验改变硫酸羟氯喹颗粒的含水量范围，采用标准正则变换（SNV）、二阶导数和 Norris 对平滑的光谱进行预处理，然后选择 617～1068nm 波段，运用偏最小二乘法（PLS）建立近红外定量分析模型。结果表明所建立的模型的吻合效果很好。采用微型近红外光谱仪应用于测定硫酸羟氯喹颗粒的含水量是可行的，微型近红外光谱仪可应用于药物的在线干燥过程监测。

16.2.3.2　FBRM 联合颗粒物跟踪的应用案例

药剂学通常通过调节药物溶出方法来加速或减缓溶出动力学，从而减缓或加剧药物释放。因此了解 API 的性能对于建立药物释放的基本机制是非常关键的。药物的释放受配方成分控制，并且很大程度上还受给定配方的加工条件控制。如果 API 的溶解度低，粒径将是药物吸收的控制因素。

使用 FBRM 技术的颗粒物跟踪是进行 API 配方设计和工艺开发过程中必用的工具。使用 FBRM 联合颗粒物跟踪技术来跟踪 API 体外溶出过程中颗粒粒径、形状和粒数的变化过程简介如下。

BSC Ⅰ类：图 16-2-5（a）给出了 API 增溶和片剂崩解速率的动力学（pH=1），使用颗粒物跟踪测量每秒粒数趋势跟踪片剂和颗粒崩解的速率。它遵循与光纤溶出测试探头测量释放的 API 百分含量类似的规律。在此情况下，药物溶出曲线主要受到片剂崩解的限制。图 16-2-5（b）给出了 API 增溶和片剂崩解速率 j 具有不同动力学的情况（pH=6.8），使用颗粒物跟踪测量崩解动力学，但此时 API 释放速率慢很多。这表明在此条件下 API 的增溶是主要的限制步骤。

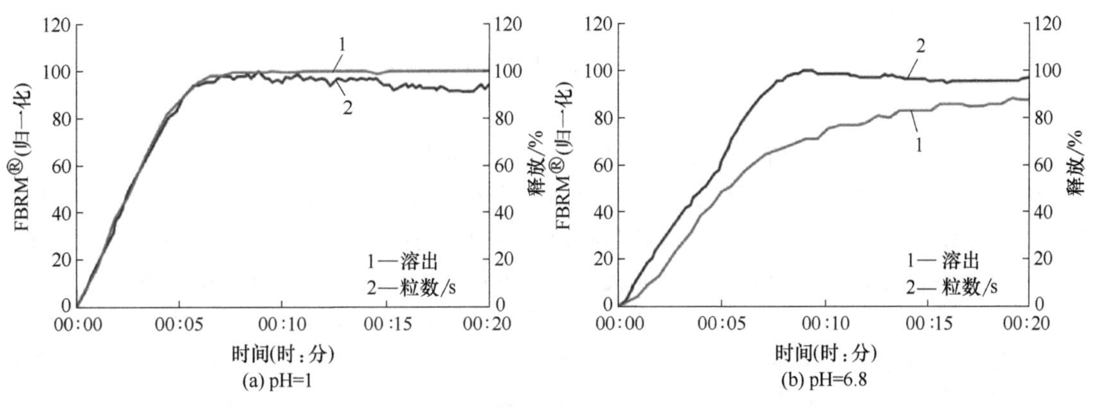

图 16-2-5　BCS Ⅰ类化合物粒数、溶出度及时间图

BSC Ⅱ类：在速释 BCS Ⅱ类化合物的开发过程中，在一些片剂批次中观察到延长的体外溶出释放时间。用颗粒物跟踪监测了片剂的溶出过程。图 16-2-6（a）显示了好批次和差批

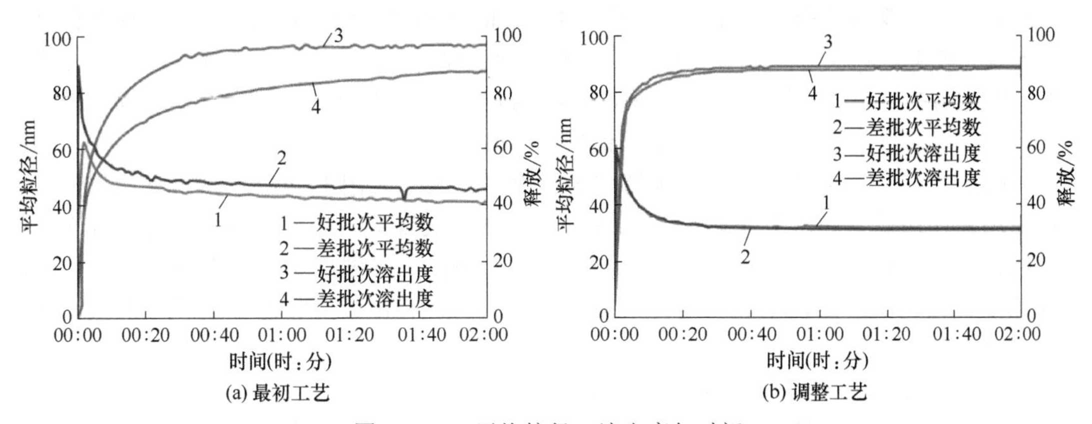

图 16-2-6　平均粒径、溶出度与时间

次片剂的溶出和崩解动力学。通过颗粒物跟踪测量显示，差片剂开始时分解为不易崩解的较大颗粒。这种崩解机制与明显较慢的药物释放曲线有关。差片剂更脆，更易分解为较大颗粒。因此研究崩解问题的根本原因是用新填料重新配制片剂，从而消除了药物释放的不一致性［图 16-2-6（b）］。

16.2.4　精细化学品及药物产品集成化生产的应用案例

16.2.4.1　概述

在精细化学品及药物产品的生产过程中，上下游不同单元操作单独进行简单易行，但由于涉及储存转移等复杂操作，存在某些步骤出现问题最终导致产品质量下降的可能性。目标化合物的连续集成化生产，使上游合成、中段分离提纯和下游过滤、干燥、造粒和润滑等多段单元操作连续串联，可实现目标产品的连续生产。

尽管目前相关报道数量较少，但这种集成化制造的思路已被证明具有较高的生产价值及市场应用前景。作为集成过程关键节点的判断依据，在线分析仪器在稳定性判断、故障诊断和实时分析等方面都有显著作用。

16.2.4.2　1-溴-2-碘苯过程连续集成化生产的应用案例

针对生产 1-溴-2-碘苯的连续合成工艺流程，Gouveia 等研究了在线拉曼光谱、傅里叶变换红外光谱（FTIR）和近红外光谱（NIR）对实时过程监控的适用性。该合成过程包括三个连续的反应步骤，其中对于不稳定的重氮盐中间体的控制，是确保高收率和避免副产物形成的关键。应用的所有光谱方法均能够以较高且相似的精度捕获与中间体积累相关的关键信息。近红外光谱性能稳定、安装简便，且在极端工艺条件下的具有较高的测试稳定性，因此，可以用于监视连续的全面生产。由于无法实现离线参考分析的代表性采样，因此针对中间体的理论浓度值开发了相应定量方法。同时，他们提出了一种采用近红外光谱的连续工业规模反应的监测策略，能够监测中间生产的趋势，并识别异常情况，例如管堵塞和流量中断。这种方法相对于由于系统热力学和其他特性（例如非理想多相系统、中间体稳定性差、高腐蚀性介质流等）而难以进行离线采样的过程分析具有明显的优势。

（1）上游部分——合成

PAT 工具经常被使用于连续结晶过程。Acevedo 等对卡马西平连续结晶过程的亚稳晶型控制展开了研究，通过在线拉曼光谱实现了对连续过程的监测。为了消除操作条件对光谱的影响，他们首先确定了不同温度和溶质浓度下的拉曼光谱校准曲线，进而在单级混合悬浮混合产物去除（MSMPR）进行了校准曲线的方法学验证。

如图 16-2-7，Yang 等研究了连续结晶-湿磨集成过程，利用 FBRM 实现自动成核控制对过程稳态和产品质量的影响。通过 FBRM 对连续结晶装置中产品粒数进行检测，研究了在自动成核控制下连续过程启动时间的差异。基于对外接连续湿磨釜中适当的升降温操作，控制体系粒数更快达到设定点，并通过调整湿磨釜位置和粒数设定值实现了体系弦长分布的定制化。

（2）下游部分——过滤、干燥、造粒和润滑等

如图 16-2-8，对于精细化学品和药物生产的下游过程，Singh 等重点关注了连续片剂生

产过程的基于模型的控制系统设计和评估。在这份工作中，先进的模型预测——PID 耦合控制系统已应用于闭环中试级别，利用直接压片生产产品的连续供料器和混合器单元操作中。近红外传感器，PAT 数据管理工具，OPC 通信协议和标准控制平台已用于实时反馈控制。在这项工作中，将微型近红外传感器放置在搅拌机出口处，通过合适的采样接口以及通过操作软件与计算机进行活性药物成分监测。微型近红外依靠线性可变滤波器（LVF）作为分散元素，并使用先进的涂层设计和制造技术，基础测量时间为 0.5s，保证全部生产流程都在在线检测范围内。此外，料斗高度由网络摄像头监控，网络摄像头实时获取粉末水平图像，并将其传递到 MATLAB 软件的图像分析工具箱。MATLAB 将图像转换为单变量信号，然后将其与两个校准点进行比较。通过结合在线分析工具和先进控制技术，研究者构建了集成化药物片剂生产技术并成功制备了中试级别的片剂产品。

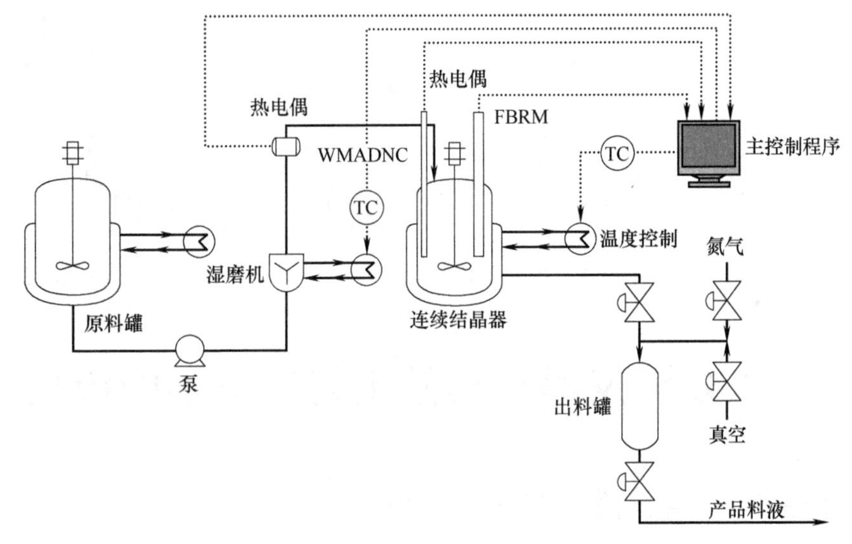

图 16-2-7　Yang 等构建的基于自动成核控制的连续结晶-湿磨工艺流程

MIT-诺华联合实验室构建了一个端到端的在 1.0m×0.7m×1.8m 大小的冰箱中进行连续合成、分离纯化和制剂的集成化制造平台，如图 16-2-9，并成功制造出了足够量符合美国药典标准的口服或局部口服的盐酸苯海拉明、盐酸利多卡因、地西泮和盐酸氟西汀。上游装置装有泵、反应器、分离器和压力调节器等过程控制设备。温度、压力、流量和液位的传感器在关键位置配套，并与数据采集单元配合使用，以方便操作监控并支持实时生产控制。

（3）中段部分——分离提纯

分离纯化模块由沉淀、过滤、再溶解、结晶、过滤和配制单元组成。下游固体制剂需要大量空间来容纳干燥、粉末运输、固体混合和制粒等单位操作，而所有这些过程都以 g/h 的规模执行，最终该系统能达到 810～4500 片每天的生产能力。其中，在线衰减全反射（ATR）-傅立叶变换红外（FTIR）系统提供了对所合成药物活性成分的实时监控，并通过实施 LabVIEW 程序，对多个过程参数（即压力、反应器温度和流速）进行实时决策和高效控制。另外，还使用了在线超声系统，实时监测体系温度和超声波速度，用于进一步确定溶液中溶质浓度。最终，基于集成设计与质量控制，实现了上述四类产品的高质量、高效制备。

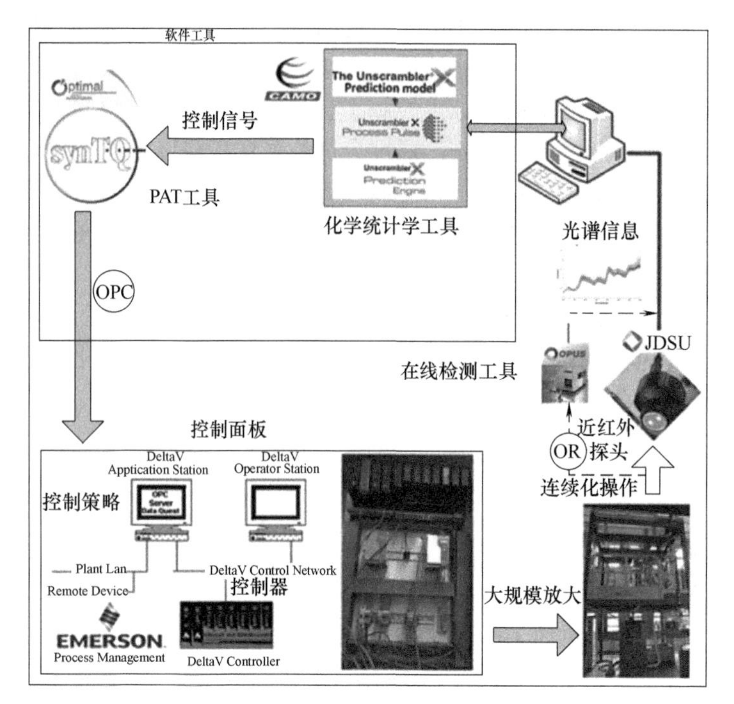

图 16-2-8　连续片剂生产的基于模型的控制系统

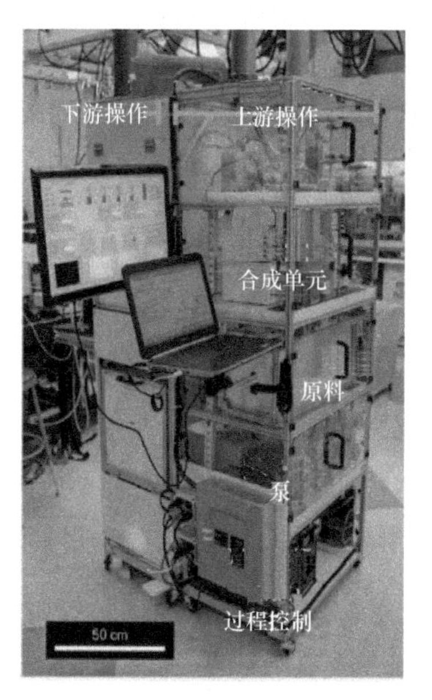

图 16-2-9　集成化连续生产装置

16.3　在线分析仪器在其他工艺装置中的应用案例

16.3.1　在空气分离装置中的应用案例

（1）空分装置的典型工艺流程

空气分离装置大多是采用深度冷冻法，将空气分离成高纯度的 O_2、N_2 和 Ar 等气体。典型的空分装置工艺流程和在线分析取样点位置参见图 16-3-1。

（2）空分装置的在线分析应用

① 净化空气中 CO_2 分析　空气是制造 O_2、N_2、Ar 等气体的原料，空气中大约有 0.03% 的 CO_2，CO_2 在低于−78.5℃时就会结成固体，而分馏塔操作温度在−180℃左右，若大量 CO_2 进入分馏塔内，将会堵塞气路使设备无法工作，必须除掉空气中的 CO_2。目前均采用分子筛吸附脱除 CO_2，脱除效果采用非分光红外 CO_2 分析仪检测。工艺要求 CO_2 含量在 1μL/L 以下，仪器量程：0～5μL/L，0～10μL/L。

② 再生污 N_2 中微量水分析　分子筛吸附 CO_2 后，必须加温使污 N_2 气再生。当蒸汽加温时，用微量水分析仪来监视蒸汽加热器是否有泄漏。一般要求含 H_2O 量小于 10μL/L。仪器量程：0～10μL/L，0～100μL/L。

③ 增压膨胀空气中微量水分析　经膨胀机后的空气，一部分经水冷却器后，进入主分馏塔上塔，此点分析用来检查水冷却器是否有泄漏。一般要求 H_2O<10μL/L。仪器量程：0～10μL/L，0～100μL/L。

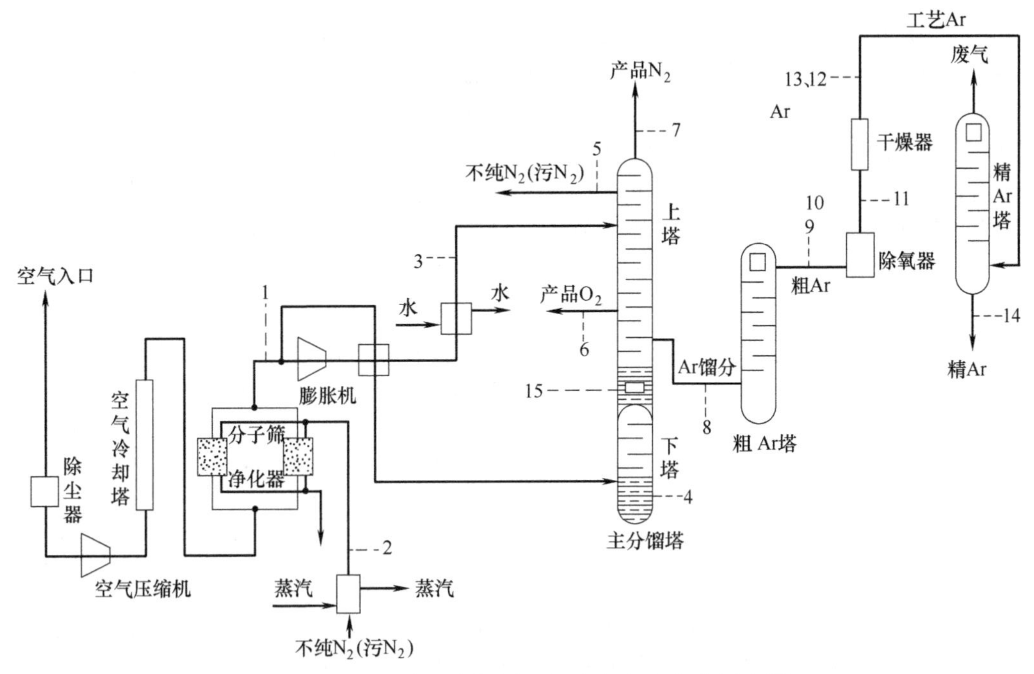

图 16-3-1　典型空分装置工艺流程和在线分析配置

1—净化空气中 CO_2；2—再生污氮中微量水；3—增压膨胀空气中微量水；4—液空中富氧；5—N_2 中 O_2；6—产品 O_2 纯度；7—产品 N_2 中微量 O_2；8—Ar 馏分纯度；9—粗氩纯度；10—粗氩中 O_2；11—工艺 Ar 中微量 O_2；12—工艺 Ar 中 H_2；13—工艺 Ar 中微量水；14—精 Ar 中杂质；15—主冷凝器 O_2 中的 C_2H_2 及其他烃化合物

④ 液空中的富氧分析　净化空气获得足够的冷量后，变成液态空气，液态空气是供分馏塔精馏 O_2、N_2、Ar 的原料。O_2 含量在 37%左右，常选用磁力机械式氧分析仪，量程：0～50%或 20%～45%。

⑤ 污 N_2 中氧分析　不纯 N_2 俗称污 N_2，是空分生产过程中的辅助气体，用来预冷、再生等。污 N_2 分析取样点有两处：一是下塔污 N_2 中 O_2 分析，二是出过冷器污 N_2 中 O_2 分析。污 N_2 中 O_2 含量会影响到产品 O_2 产量，一般控制在 3%～4%。常选用磁力机械式氧分析器，量程：0～5%或 0～10%。

⑥ 产品 O_2 纯度分析　除特殊要求外，一般要求产品 O_2 纯度>99.6%，其分析目的是产品 O_2 质量控制和检验，因为纯度很高。一般均选用 98%～100% O_2 的磁氧分析器。

⑦ 产品 N_2 中微量 O_2 分析　产品 N_2 纯度一般要求>99.99%，也有要求> 99.999%的，一般通过分析其杂质含量来确定 N_2 的纯度。产品 N_2 中的杂质主要是 O_2，另外还有微量的 Ar、H_2、烃类等。在线分析一般只分析 O_2 杂质，去除 O_2 含量，即认为是 N_2 的纯度。除分析产品 N_2 中微量 O_2 外，也要求分析下塔纯液 N_2 中 O_2。可选用库仑电量法微量氧分析器，量程：0～10μL/L，0～100μL/L。

⑧ Ar 馏分纯度分析　Ar 馏分是制造粗 Ar 的原料气，组成：Ar 为 10%左右；O_2 为 90%左右；N_2 <0.06%。因为 N_2 很少，所以可忽略不计。只要分析 Ar、O_2 中的任何一个含量，即可知其成分组成。从分析仪器的角度来看，分析 Ar 更为合理。一般可选用热导式 Ar 分析器，量程：0～15%。

⑨ 粗 Ar 纯度分析　粗 Ar 是制造高纯 Ar 的原料气，粗 Ar 的组成：Ar>96%；O_2<2.5%；N_2<1.5%。一般选用热导式 Ar 分析器，为了提高分析精度，选用量程 90%～100%。

⑩ 粗 Ar 中 O_2 分析 要求粗 Ar 中 O_2 低于 2.5%，当 O_2 含量>2.5%时实现联锁报警。可选用磁力机械式氧分析器，量程 0～5%。要求 O_2 分析仪具有多挡量程，如 0～5%、0～10%、0～25%、0～100%。开车调试设备时要用到高量程。

⑪ 工艺 Ar 中微量 O_2 分析 粗 Ar 需要测量其 O_2 含量来检验。如果让含 O_2 量超标的工艺 Ar 进入精 Ar 塔，将会严重破坏精 Ar 塔的正常运行，必须对氧含量进行严格监控。一般要求 O_2 含量不大于 2μL/L。氧含量值不但用于报警，还要参与联锁控制。氧含量的监测常选用库仑电量法微量氧分析仪。量程 0～10μL/L、0～100μL/L。

⑫ 工艺 Ar 中微量水分析 粗 Ar 进入−180℃左右的精 Ar 塔前，必须经干燥器除 H_2O。该分析点就是检测出干燥器后气体中的含 H_2O 量，工艺要求含 H_2O 量应小于 10μL/L。可选用电化学式微量水分析仪，量程：0～10μL/L、0～100μL/L、0～1000μL/L。

⑬ 精 Ar 中杂质分析 精 Ar 纯度一般要求为>99.999%，也有的要求>99.99%，其杂质主要是 O_2 和 N_2，其余则为极微量的烃类等。该点通常用库仑电量法测微量 O_2，量程：0～10μL/L、0～100μL/L。用 DID 或等离子光谱等法测量 Ar 中微量 N_2，量程：0～10μL/L。

⑭ 主冷凝器液 O_2 中 C_2H_2 及其他烃类化合物分析 在石油化工厂区，空气中含有微量烃类，如乙炔、甲烷等。这些物质在主冷凝器液氧中积聚过量时，特别是乙炔过量时，会引起爆炸。连续监视乙炔等烃类化合物含量，通常采用在线气相色谱仪进行在线分析。检测器采用氢火焰离子化检测器（FID），测量组分和测量范围见表 16-3-1。

表 16-3-1 在线色谱（FID 检测器）测量组分和范围

组分	浓度范围	测量范围/(μL/L)	组分	浓度范围	测量范围/(μL/L)
甲烷	微量	0～400	丙烷	微量	0～40
乙烷	微量	0～20	C_{4+}	微量	0～10
乙烯	微量	0～40	总烃	加和	0～500
乙炔	微量	0～2	氧	平衡	
丙烯	微量	0～10			

16.3.2 在硫黄回收装置中的应用案例

硫黄回收装置的工艺流程介绍及硫黄回收装置在线分析系统介绍参见 15.1.1.3。

以下重点介绍硫黄回收装置在线分析仪器配置的典型应用案例，重点介绍 H_2S、SO_2 比值分析仪的技术应用。

16.3.2.1 仪器典型配置

新建的硫黄回收装置通常都采用两级克劳斯（Claus）硫黄回收串级斯科特（Scot）还原-吸收尾气处理工艺，使硫回收率达到 99.9%以上。克劳斯系统是由 H_2S 与空气部分燃烧的热反应段及两级常规 Claus 催化反应段组成。硫黄回收装置在线分析仪器的正确配置，是优化操作控制、提高硫黄收率和确保烟气中排放的污染物浓度达到环保标准的必要手段。硫黄回收装置的在线分析仪主要有比值分析仪、氢分析仪、烟气分析仪、酸性气组成分析仪、pH 计、氧分析仪等。

硫黄回收装置的在线分析仪器典型配置举例如下。

① 酸性气组成分析 在进酸性气分液罐前的管线上设置在线分析仪分析酸性气组成，可

前馈调节进燃烧炉80%的空气量。酸性气分析通常有两种方案：一种是将酸性气中H_2S、HC（烃类）、NH_3等用在线色谱分析仪全部分析出来，然后据分析结果计算需要的配风量；一种是用紫外或激光分析仪器在线分析H_2S浓度，从而确定配风量。

硫黄回收装置酸性气组成见表16-3-2。从表中可以看出，H_2S占总量的80%，HC和NH_3占总量的3.5%左右，其他16%左右为CO_2与H_2O。因此，控制80%的配风量仅分析H_2S浓度已经能满足控制要求，HC和NH_3含量较小、组成比较稳定。

表16-3-2　某石化厂硫黄回收装置酸性气组成（摩尔分数）

组分	范围/%	设计值/%	组分	范围/%	设计值/%
H_2S	75～90	80	NH_3	1～2	1.5
CO_2	10～15	12.5	H_2O	3～5	4
HC	1～2	2	总计	100	100

因酸性气中硫化氢浓度高，发生泄漏时容易发生中毒事故，目前，配置酸性气组成在线分析的装置不多。如装置操作控制需要，建议使用直接插入式激光气体分析仪。为确保分析系统维护与使用人员安全，系统设计时要配置好隔离阀、吹扫装置、安全排放口、止回阀等。

② H_2S、SO_2比值分析仪　在捕集器出口尾气管线上设置在线比值分析仪，分析尾气中H_2S、SO_2的含量，反馈调节进酸性气燃烧炉20%的空气量，以保证过程气中H_2S与SO_2的摩尔比为2∶1，使克劳斯反应转化率达到最高，提高硫回收率。国内，多数硫黄回收装置均采用AMETEK公司的880NSL比值分析仪。过程气工艺条件为压力（表压）0.03MPa、温度160℃，样品组成见表16-3-3。

表16-3-3　捕集器出口尾气样品组成

组分	摩尔分数/%	组分	摩尔分数/%
H_2S	0.9	H_2O	29.57
SO_2	0.544	CO	0.154
COS	0.0149	S_x	0.037
CS_2	0.078	H_2	1.56
CO_2	8.47	Ar	0.687
N_2	57.56	其他（CH_4等）	—

③ 氢气浓度分析仪　急冷塔顶设H_2浓度分析仪，用于调节还原反应中H_2的加入量，使尾气中的S、SO_2尽可能地转化为H_2S，且不浪费H_2资源。国内，多数硫黄回收装置都采用气相色谱分析系统，应用情况较好；部分装置采用热导式H_2分析仪，因样气组成比较复杂，且含有硫化氢有毒气体，使用效果不佳。H_2分析仪可用于测量吸收塔后的净化尾气，其工艺条件为压力（表压）0.01MPa、温度40℃，样品组成见表16-3-4。

表16-3-4　氢分析仪样品组成

组成	摩尔分数/%	组成	摩尔分数/%
H_2S	0.03	H_2	2.3
N_2	50.68	CO	0.165
CO_2	39.63	H_2O	6.62

④ pH 计　为防止硫化物的腐蚀，急冷塔底温度控制在 60～65℃，顶部 35℃；急冷水 pH 值控制在 6～7 之间，以保证硫化氢可被充分吸收。在急冷塔上部急冷水返塔管线上设 pH 值分析仪，用于指导注氨操作。

⑤ 氧含量分析仪　尾气焚烧炉的主要空气量根据流量进行比例控制，剩余空气量由烟气中的氧含量串级控制，通常烟气氧含量在 1.8%～2%之间，需在焚烧炉烟气排放管道上设置在线氧含量分析仪。

⑥ 烟气分析仪　取样点设置在烟囱上，应符合环保标准规范的位置上，采用完全抽取法 CEMS、稀释抽取法 CEMS 均可满足环保监控要求。

硫黄回收装置属于防爆区域，需选用防爆型的烟气 CEMS，如采用正压通风机柜可实现 CEMS 防爆要求。PLC、分析仪器等应放置在防爆分析机柜中。样品处理系统中的泵、电磁阀、NO_2-NO 转化器等发热部件放置在样品处理机柜中，或采用防爆型的样品处理部件直接盘装在分析小屋内，避免部件发热影响分析仪器正常运行，且方便样品系统维护。

⑦ 磷酸根分析仪　主焚烧炉和尾气焚烧炉均采用余热锅炉回收热量，为锅炉安全监控与操作需要，应设置炉水 pH 计和磷酸根在线分析仪。

⑧ 炉水在线分析系统　配置时要注意，锅炉操作压力 4MPa、温度 250℃，需对炉水进行降温减压后才能测量。应在分析仪器进样管道上设置限流阀，且分析流通池或取样杯出口不能再设置节流设备（如流量计、阀门等），否则可能导致分析仪器超压损坏。

16.3.2.2　H_2S、SO_2比值分析仪的结构组成与维护要点

硫黄回收装置最重要的在线分析系统是 H_2S/SO_2 比值分析仪，国内大多采用 Ametek（阿美特克）公司的紫外吸收法 H_2S/SO_2 比值分析仪。

（1）系统组成与光路结构

880-NSL 型 H_2S/SO_2 比值分析仪的系统外形图参见图 16-3-2。

紫外吸收法 H_2S/SO_2 比值分析仪可直接安装在工艺管道上，能长周期稳定运行，使硫黄回收装置风量串级控制成为可能。硫化氢/二氧化硫比值分析仪的核心部分是一个多波长、无散射的紫外可见光光谱仪，其光路结构见图 16-3-3。

（2）取样和样品处理系统

尾气中的硫黄呈雾状存在，一旦进入分析器，将堵塞测量管路，甚至污染样品室。仪器采取的预防措施包括：把取样点设在工艺管道顶部，取样阀尽量靠近取样点；取样管路和阀门采用蒸汽加热保温；在样品室前设置除雾器。图 16-3-4 是 880-NSL 型 H_2S/SO_2 比值分析仪气路图。仪器直接插在工艺管道上，工作状态分为正常测量和吹扫两种。

① 正常采样测量时，在仪表空气驱动的抽吸器作用下，样气经进样阀、除雾器到测量室，然后从抽吸器经样品返回阀返回工艺管道。除雾器设置在样品进入测量室前的气路上。原理是利用温度较低的仪表空气对除雾器局部降温冷却到约 129℃，使饱和硫蒸气冷凝成液态硫，在重力作用下自行返回工艺管道，然后样品离开除雾器后升温至检测器室的恒温温度 143～160℃。如此，样品气送入后续测量室等部件时会大大减少硫的冷凝现象，确保后续的样品管路通畅，减少分析系统故障率和维护量。

② 当仪器调零、校验或自动吹扫时，三通电磁阀 SV1 切断抽吸器的动力气源，吹扫空气在进入测量室前分成两路：一路经除雾器、样品进口阀反吹进样管路；另一路吹扫测量室、抽吸器和样品返回阀。吹扫期间仪器停止进样，测量数据输出保持不变。反吹介质有空气和蒸汽两种，一般情况下用空气反吹。反吹是自动进行的。

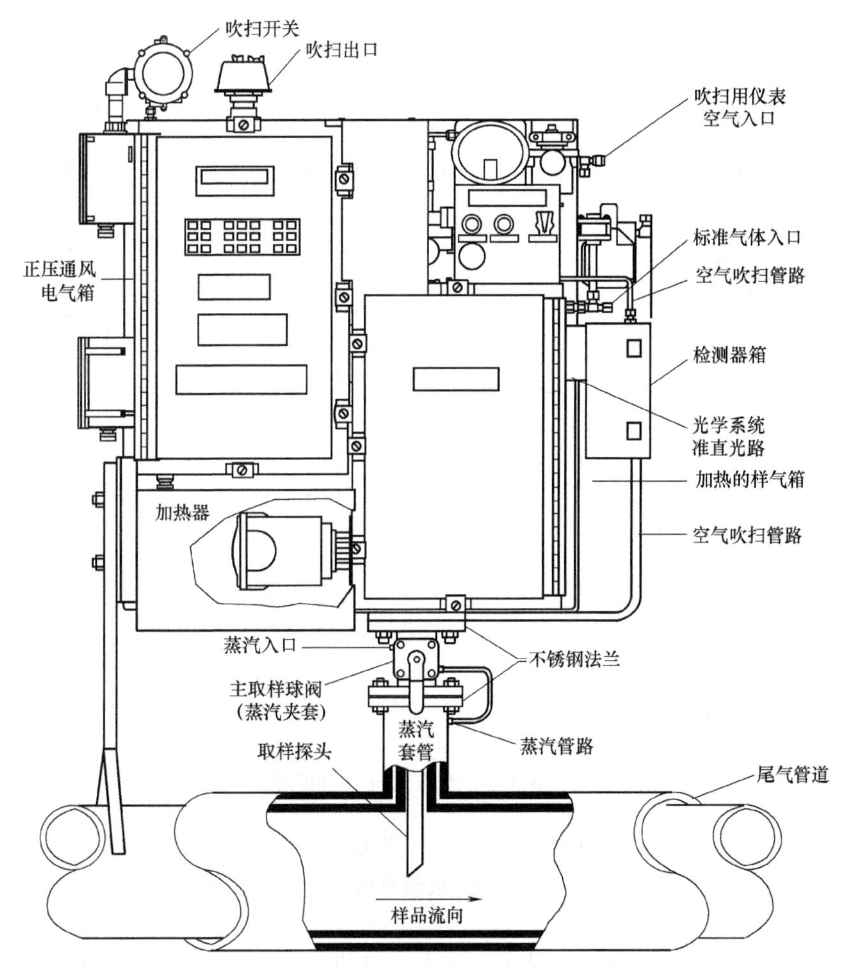

图 16-3-2 880-NSL 型 H_2S/SO_2 比值分析仪外形图

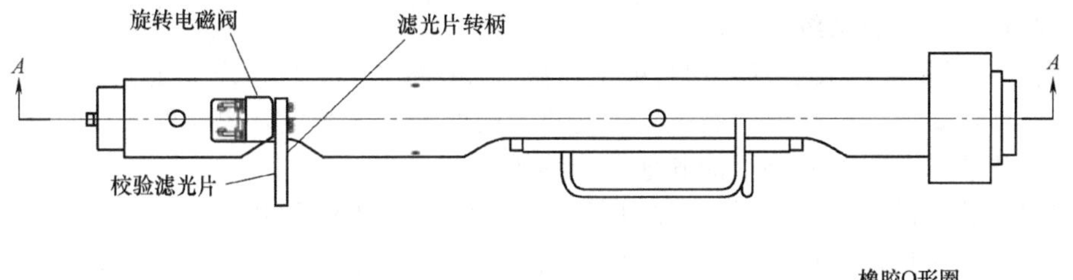

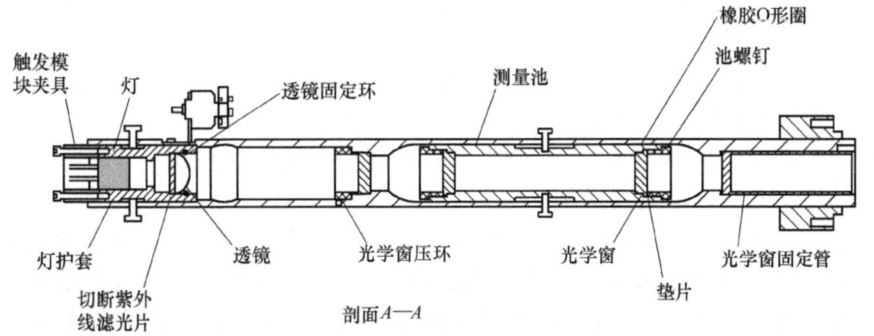

图 16-3-3 比值分析仪光路结构图

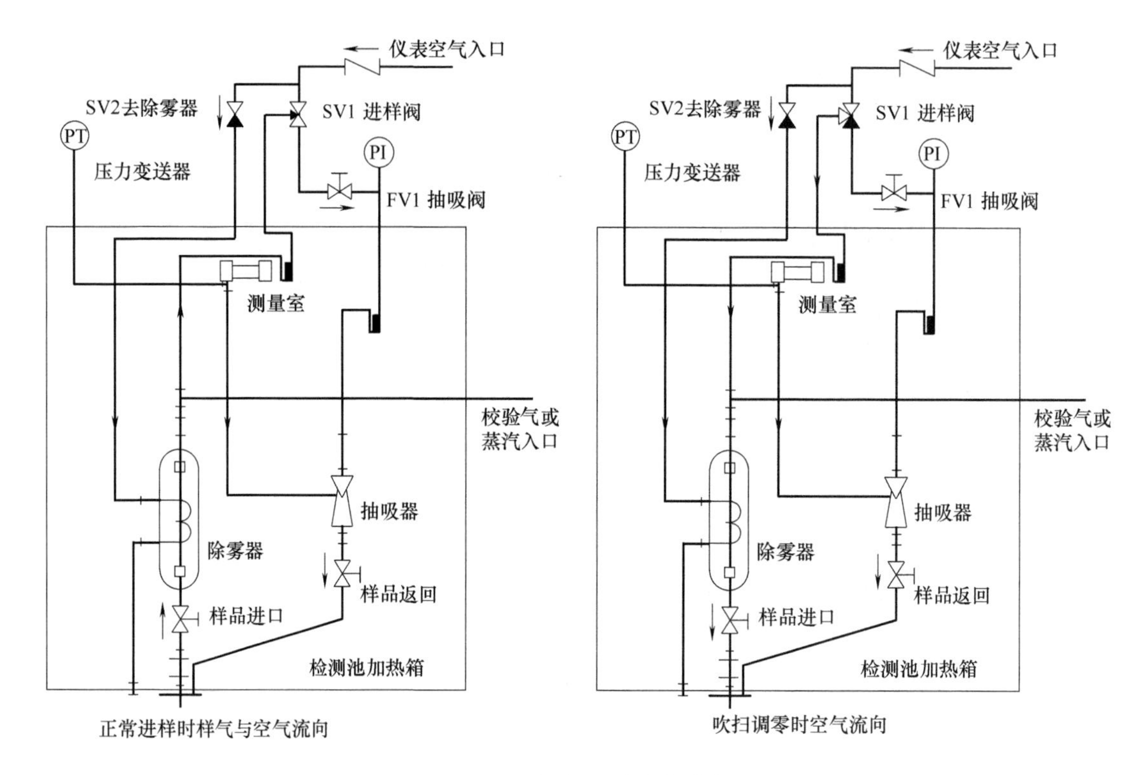

图 16-3-4　比值分析仪气路图

当气样中有氨气存在时，会和二氧化碳反应生成铵盐，铵盐会堵塞反吹回路，再用空气反吹不起作用，只能采用蒸汽反吹。蒸汽的水解作用可以清除氨盐。

（3）维护要点

① 因接触样品的管道和阀门都是采用夹套保温的，所以要保持蒸汽的畅通。要经常检查蒸汽压力与温度是否符合规定，保证样品气体的温度不低于 129℃，否则会引起硫蒸气冷凝而堵塞工艺管道，中断系统工作。

② 进入喷射器的仪表空气要保持畅通，并具有足够压力，以便产生足够的真空度，保证样品正常循环。要保证样品室的石英窗、光路上的滤光片、光电管等元件吹扫空气质量，保持光学表面清洁，并驱除光路上的其他吸光物质。

③ 在装置正常操作时，样品部件中存在致命浓度的 H_2S 和其他混合气体，因此维修前必须用零位气体吹扫样品管，然后关断样品阀门切断与工艺设备的联系。必要时使用空气呼吸器等个体安全防护设备。

④ 因紫外线对眼睛有害，维修时应避免直接注视光源灯末端窗口发出的光线，必要时戴上防护眼镜。如果维修时要接触电子电路板，注意避免静电对电子线路的危害。接触光源灯及透光窗时，不要触摸光学表面，以免手指上的油污染镜面，造成测量误差。样品室内部件温度高，维护时注意做好防烫伤措施。

⑤ H_2S、SO_2 比值分析仪长时间使用后，会出现除雾器、抽吸器、取样管或回样管路被硫黄结晶堵塞现象。完全堵塞时，仪器长期处于吹扫状态，会保持吹扫前的数据不变；部分堵塞时样品流量变小，DCS 上看到的测量数据会在吹扫结束时因工艺样品来不及更新而回零，过段时间才会恢复到正常值。如分析数据长时间保持不变或出现周期性回零现象，说明

测量系统出现了堵塞。

H_2S、SO_2比值分析仪出现测量系统堵塞时，首先应确认工艺操作温度是否大于129℃，如工艺温度低，应等工艺温度正常后再投用分析仪；其次要确认蒸汽夹套保温温度是否大于140℃；对堵塞部件可用压力大于0.4MPa的蒸汽进行吹扫，通常30min左右可疏通堵塞部件。

16.3.3 在煤制乙二醇装置中的应用案例

16.3.3.1 煤制乙二醇装置应用的高温FTIR分析技术

高温 FTIR 技术主要用中红外光谱分析，凡在中红外光谱区有特征吸收光谱的气体都可以采用在线FTIR技术进行测量。

煤制乙二醇过程常规检测气体有MN（亚硝酸甲酯）、NO、CO、CO_2等，其特征吸收光谱如图16-3-5。由图中可见采用FTIR技术非常适用于煤制乙二醇过程中MN等多组分气体的在线检测。

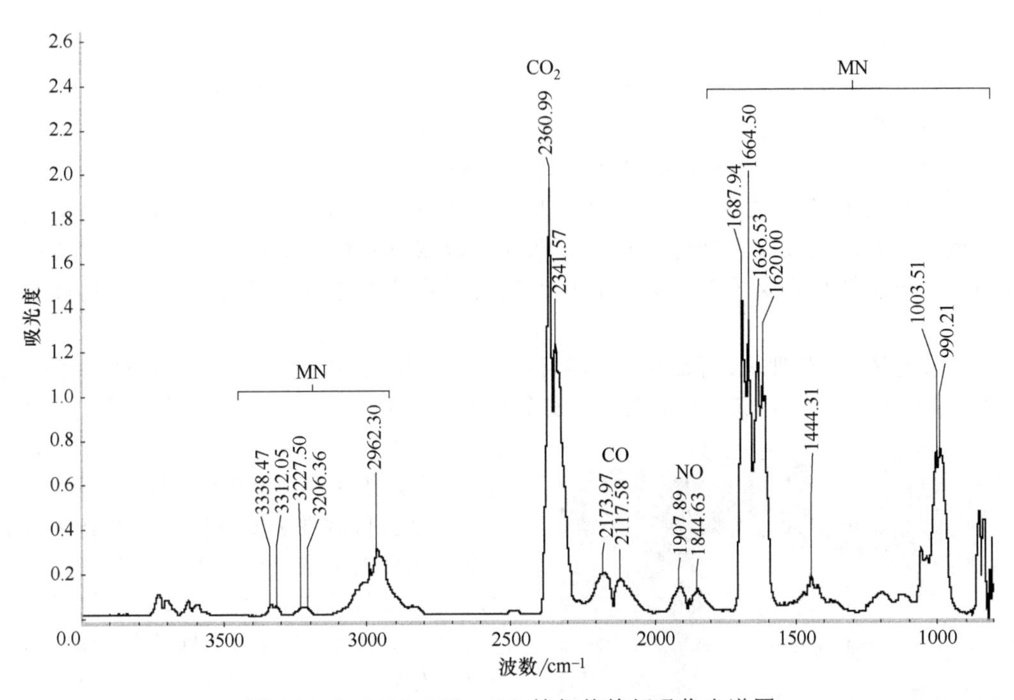

图16-3-5 MN、NO、CO等气体特征吸收光谱图

高温FTIR在线气体分析系统，适用于煤制乙二醇羰化、酯化反应工艺测点的气体分析。系统包括正压取样、高温样品气传输、高温预处理及高温 FTIR 分析。全程保温，被测样品无相态变化，无液体析出，组分间无吸收反应，分析不失真。

16.3.3.2 煤制乙二醇应用的高温FTIR在线气体分析系统

以南京霍普斯的高温FTIR在线气体分析系统在煤制乙二醇过程中的应用为例，简介如下。

① 系统组成 主要包括：高温取样预处理单元、高温FTIR分析单元、光谱分析及数据采集系统（DAS）及正压通风型分析小屋等。

高温取样预处理单元包括正压取样探针、前级处理箱（减压、过滤）、高温样品传输单元、高温预处理箱。系统设有校准和吹扫单元。高温 FTIR 分析单元，包括 FTIR 分析仪、高温测量气室，以及采用正压通风技术的防爆分析机柜。光谱分析和数据采集系统（DAS）包括 FTIR 分析仪的光谱分析软件、数据采集系统软件、PLC 及工控机、显示屏等。

一套典型的煤制乙二醇装置的在线气体分析小屋，可安装 2 台高温型 FTIR 在线气体分析系统，适用于煤制乙二醇两个测点的分析要求。

② 分析系统的主要技术性能特点

a．正压取样及高温传输 通过采样探针正压取样，通过前级处理箱过滤、减压。前级处理箱及样品传输均采用防爆的电加热伴热；样品传输管道采用一体化伴热管线，伴热采用双铂电阻温控。

b．系统流程控制及高温预处理箱 系统流程采用 PLC 控制，可实现自动/手动切换，实现自动分析、自动标定、自动吹扫、安全联锁等功能。高温预处理箱内装精细过滤器、流量计、流路调节阀等部件。高温箱采用电加热恒温，双铂电阻温控。吹扫单元包括安全维护吹扫、FTIR 分析仪吹扫及分析柜的正压吹扫等功能。

c．分析仪防爆柜及高温气体测量气室 FTIR 分析仪安装在分析防爆柜内，分析防爆柜采取正压通风防爆设计；高温气体测量气室，安装在 FTIR 分析仪的样品室内，是根据用户被测组分及其测量灵敏度要求进行设计。该系统高温测量气室光程短、容积小，适宜于气体的常量检测和快速分析。高温测量气室采取电加热伴热。

d．高温 FTIR 系统防爆设计及光谱分析软件设计 煤制乙二醇现场环境有易爆气体，分析系统安装在现场要采用防爆设计。该系统采取双重防爆安全设计，分析仪安装在分析防爆柜内，分析防爆柜又安装在采取正压通风防爆设计的分析小屋内，确保满足现场防爆要求。

分析系统取样前处理箱、样品高温传输管线等均采用防爆电加热设计。所有电器部件均采用隔爆型防爆标准，并设置 LEL 探测器进行安全联锁。分析小屋安装有毒气体报警器、可燃气体报警器、氧气报警器，并采用 PLC、联锁盒、警笛、报警灯等实现安全联锁及报警功能。

图 16-3-6 典型的煤制乙二醇在线分析小屋系统

光谱分析软件主要包括：分析测量结果与光谱数据库的标准气体光谱进行对比分析，并采取抗干扰气体的软件设计技术，保证分析的准确度。系统 DAS 的组态软件包含数据采集、处理、传输、显示、安全联锁等功能。

南京霍普斯的高温 FTIR 在线气体分析系统产品已经成熟用于煤制乙二醇在线监测，该系统在现场的煤制乙二醇在线分析小屋系统参见图 16-3-6。

16.3.4 在合成氨装置中的应用案例

16.3.4.1 合成氨生产工艺的典型流程

由于原料和净化方法的不同，合成氨生产工艺也不相同，可分为以煤为原料生产合成氨工艺流程和以天然气为原料生产合成氨工艺流程。

（1）以煤为原料生产合成氨工艺流程

以无烟煤或焦炭为原料的中型氨厂，生产流程如图16-3-7所示。

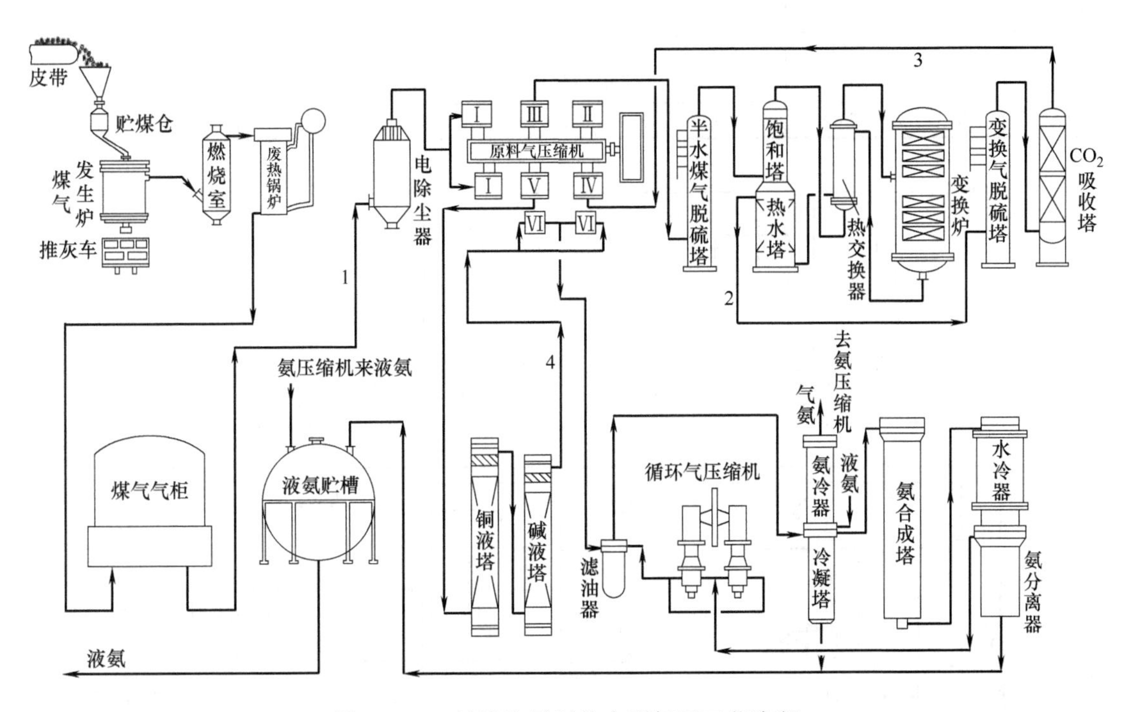

图16-3-7　以煤为原料的中型氨厂工艺流程

将粒度为25～75mm的无烟煤或焦炭加到固定层煤气发生炉中，交替地向炉内通入空气和蒸汽，气化所产生的半水煤气经燃烧室、废热锅炉回收热量后，送到气柜储存。半水煤气经电除尘器除去其中固体小颗粒后，依次进入原料气压缩机的第Ⅰ、Ⅱ、Ⅲ段，加压到1.9～2MPa，送到半水煤气脱硫塔中，除去气体中硫化氢。

然后，气体进入饱和塔，用热水使气体含有饱和水蒸气，经热交换器被变换炉来的变换气加热后，进入变换炉，用蒸汽使气体中一氧化碳变换为氢气。变换后的气体返回热交换器与半水煤气换热后，再经热水塔使气体冷却，进入变换气脱硫塔中，用脱硫溶液洗涤，以脱除变换时有机硫转化而成的硫化氢。此后，气体进入二氧化碳吸收塔，用含胺热钾碱溶液除去气体中绝大部分二氧化碳。脱碳后的原料气进入原料气压缩机的第Ⅳ、Ⅴ段，加压到12～13MPa，依次进入铜洗塔和碱洗塔中，使气体中一氧化碳和二氧化碳含量降至20μL/L以下。

净化后的氢、氮混合气进入原料气压缩机第Ⅵ段，加压到30～32MPa，进入滤油器，在此与循环压缩机来的循环气混合并除去其中油分。然后经过冷凝塔和氨冷器的管程，进入冷凝塔下部分离出液氨。分离液氨后的气体进入冷凝塔上部的壳程，与管程内的气体换热后，进入氨合成塔，在高温、高压和有催化剂存在的条件下，氢、氮气合成为氨。从塔中出来的气体中含氨10%～16%，经水冷器与氨分离器分离出液氨后，进入循环气压缩机循环使用。分离出来的液氨进入液氨贮槽。以煤为原料的中型氨厂的工艺气组成参见表16-3-5。

（2）以天然气为原料生产合成氨工艺流程

天然气制氨普遍采用蒸气转化法，其典型流程如图16-3-8。以轻油、油田气、炼厂气为原料生产合成氨与图16-3-8所示流程基本相同。

表 16-3-5　以煤为原料的中型氨厂工艺气的组成（摩尔分数/%）

项目	半水煤气	变换气	脱碳气	精炼气	项目	半水煤气	变换气	脱碳气	精炼气
物料位号	1	2	3	4	CO_2	10.16	29.60	0.30	
H_2	38.5	50.12	70.99	73.98	O_2	0.40	0.11	0.14	
N_2	21.19	16.61	23.53	24.60	CH_4+Ar	1.21	0.96	1.35	1.42
CO	28.54	2.60	3.69		H_2S	2g/m^3			

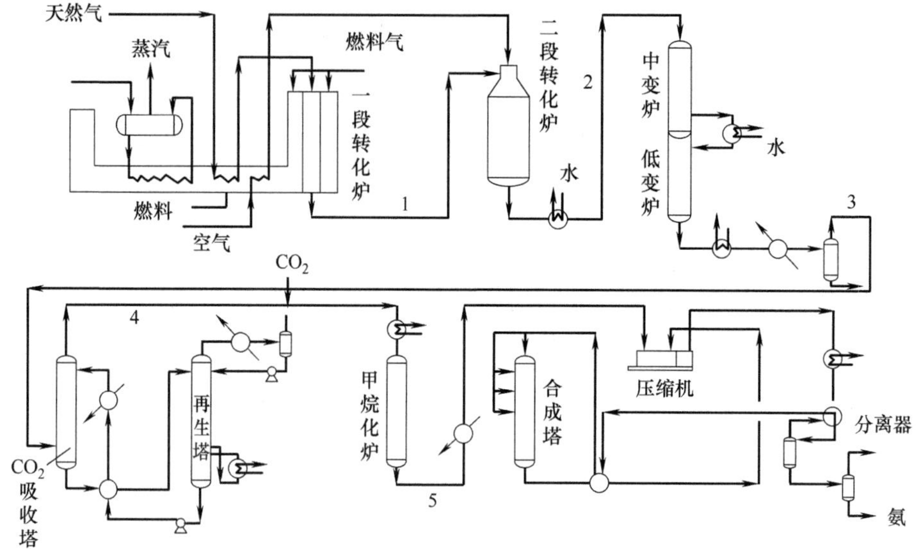

图 16-3-8　以天然气为原料的大型氨厂工艺流程

经脱硫后的天然气，与水蒸气混合，在一段转化炉的反应管内进行转化反应，在反应管外用燃料燃烧供给转化反应所需热量。一段转化气进入二段转化炉，在此通入空气，燃烧掉一部分氢和其他可燃性气体，放出热量，以供剩余的气态烃进一步转化，同时又把合成氨所用的氮气引入系统。

二段转化气依次进入中温变换和低温变换，在不同的温度下使气体中的一氧化碳与水蒸气反应，生成等量的氢和二氧化碳。经过以上几个工序，制出了合成氨所用的粗原料气，主要成分是氢、氮和二氧化碳。粗原料气进入脱碳工序，用含二乙醇胺或氨基乙酸的碳酸钾溶液除去二氧化碳，再经甲烷化工序除去气体中残余的少量一氧化碳和二氧化碳，得到纯净的氢、氮混合气。

氢、氮混合气经合成气压缩机升压，送入合成塔进行合成反应。由于气体一次通过合成塔后只能有10%～20%的氢、氮气完成反应，因此需要将出塔气体冷却，使产品氨冷凝分离，未反应的气体重新返回合成塔。

以天然气为原料合成氨工艺气组成见表 16-3-6。

表 16-3-6　以天然气为原料的大型氨厂各位号物料工艺气的组成（摩尔分数/%）

组成	1	2	3	4	5	组成	1	2	3	4	5
H_2	67.5	56.2	60.9	74.5	74.0	CO	9.8	12.6	0.3	0.4	—
N_2	2.2	22.3	19.9	24.2	24.7	CH_4	9.6	0.3	0.3	0.4	0.9
CO_2	10.9	8.3	18.3	0.1	—	Ar	0	0.3	0.3	0.4	0.4

16.3.4.2 合成氨生产工艺的取样点条件和红外分析仪应用案例

在合成氨生产中，采用多台红外分析仪检测工艺气中CO、CO_2、CH_4等组分的含量，对生产过程控制和工艺操作起着重要作用。图16-3-9是烃类蒸汽转化法大型合成氨装置工艺流程示意图，图中①～⑥是红外分析仪取样点的位置，各取样点的工艺条件和红外分析有关参数见表16-3-7。

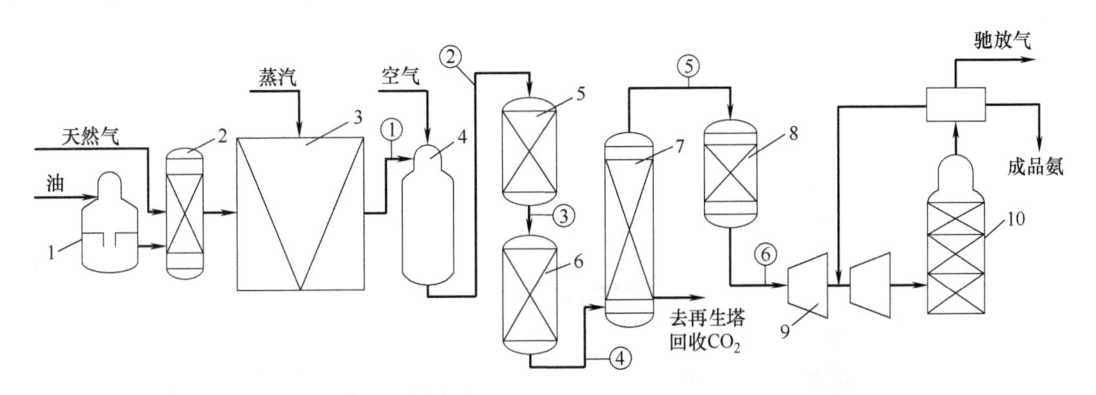

图16-3-9　烃类蒸汽转化法大型氨厂工艺流程和红外分析仪取样点位置

1—汽化炉；2—脱硫塔；3—一段转化炉；4—二段转化炉；5—高温变换炉；6—低温变换炉；7—CO_2吸收塔；8—甲烷转化炉；9—多段离心压缩机；10—氨合成塔

表16-3-7　各取样点的工艺条件和红外分析仪有关参数

序号	取样点位置	分析对象	量程（摩尔分数）/%	控制值（摩尔分数）/%	工艺条件		含水量（摩尔分数）/%
					温度/℃	压力/MPa	
①	一段转化炉出口	CH_4	0～15	8.85	790	3.1	41.18
②	二段转化炉出口	CH_4	0～1	0.3	360	2.9	39.89
③	高温变换炉出口	CO	0～5	3.1	423	2.9	32.20
④	低温变换炉出口	CO	0～1.5	0.41	237	2.7	1.96
⑤	脱碳吸收塔出口	CO_2	0～1	<0.1	316	2.6	0.9
⑥-1	甲烷化炉出口	CO_2	0～50μL/L	<3μL/L	38	2.6	0.25
⑥-2	甲烷化炉出口	CO	0～50μL/L	<3μL/L	38	2.6	0.25

从表16-3-7中可以看出，转化、变换、脱碳出口气体高温、中压，其中转化、变换出口气体含水量达30%以上，最高时可达60%，属于高含水的气体。甲烷化炉精制出口气体温度仅38℃，含水量2500μL/L，在常温下远未达到饱和状态，应不会有水析出。但在运行中，特别是工艺不稳定或环境温度较低时，样品处理系统带水，严重威胁红外分析仪的正常运行。

16.3.4.3 合成氨装置高温高含水的样品处理系统应用的技术要点

（1）样品带水对分析仪的危害

在合成氨生产中，当样气含水且湿度较大时，对分析仪的主要危害有以下几点：

① 当水分冷凝在红外检测气室的晶片上时，会产生较大的测量误差。

② 样气中存在水分，会给红外气体分析仪测量造成干扰。水分在1～9μm波长范围内有

连续吸收波长，而且其吸收波谱和许多组分特征吸收波谱往往是完全重叠的，使用滤波气室和滤光片也不能把这种干扰消除。在进行微量分析时，这种干扰是不容忽视的。

③ 水分存在会增强样气中腐蚀性气体的腐蚀作用。

对于合成氨装置的在线红外分析仪来说，样品处理系统要解决的主要问题是除水脱湿。

（2）合成氨装置红外分析仪样品处理系统方案

图 16-3-10 是合成氨装置红外分析仪样品处理系统的一种典型方案，适用于转化、变换、脱碳出口样气的处理。

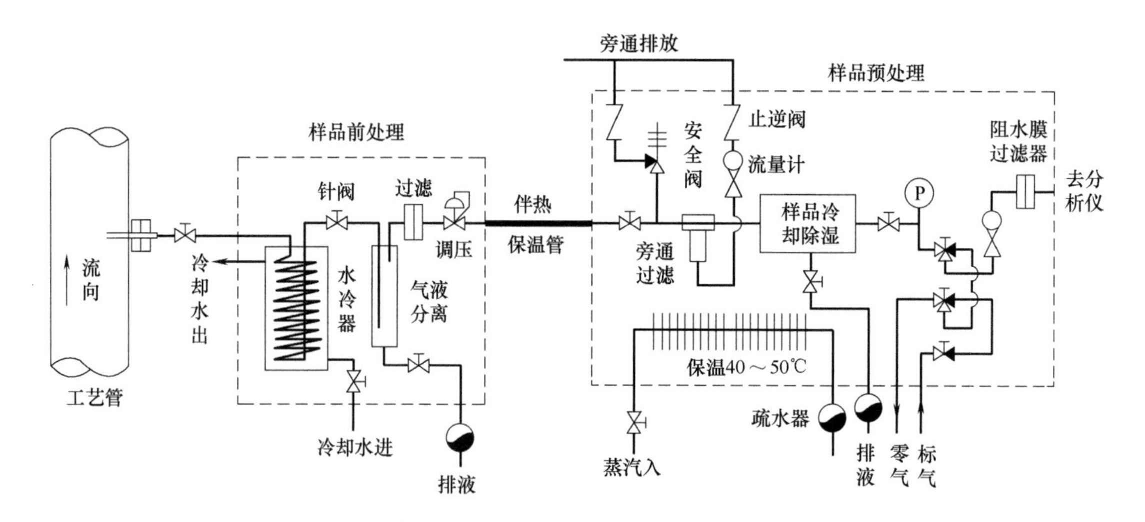

图 16-3-10　典型的合成氨装置红外分析仪样品处理系统图

该系统的样品处理过程如下：

① 样气取出后，首先由水冷器降温除水，样气流经水冷器后的温度一般可降至 30℃左右。在 30℃状态下水的饱和蒸气压为 4.25kPa，而样气压力为 3MPa，样气含水量为 0.14%。

应将减压阀安装在气液分离器之后，而不应置于其前，这样可使样气在带压状态下进行冷凝，以增强除水效果。如将样品减压到 0.3MPa 再冷凝脱水，同样降温到 30℃脱水，样品中水含量变为 1.4%，脱水效果明显变差。气液分离器后接自动疏水阀，将明水排出系统。

可采用 1/4in（6.35mm）的取样探头取样，用 1/4in 仪表专用不锈钢管传输样品，并将减压阀置于前处理中，减少高压样品体积，减少分析响应时间。

② 样气由伴热保温管线传送至预处理系统，样品温度保持在 40～50℃为宜。

③ 样气在预处理系统中旁通分流后，分析流路的样品经冷却器进一步降温除湿，然后送红外分析仪进行检测。冷却器可采用压缩机式、半导体式或涡旋管式，一般将样品温度降至 5℃左右，此时样品的含水量约为 0.85%。降温后的样品在预处理箱中再加热升温，使其温度高于除湿后的样品气露点温度至少 10℃，进入红外分析气室不会产生冷凝。红外分析仪都恒温在 40～50℃工作，高于样气露点温度。冷却水通过自动疏水阀或蠕动泵排走。

微量分析时应采用带温控系统的冷却器，将样品温度及其含水量控制在某一恒定值，使它对待测组分产生的干扰恒定，造成的附加误差属于系统误差，可以从分析结果中扣除。不宜采用干燥剂吸湿除湿，在微量分析或重要的分析场合，均应采用冷却器降温除湿。

甲烷化炉出口样气的处理，也可采用该方案，但其中的水冷环节可以省去。

16.3.5　在炼厂污水处理装置中的应用案例

16.3.5.1　简介

为优化污水处理装置操作，提高污水处理能力，炼厂对污水采取了按水质分级处理措施。炼油厂高浓度污水来自汽提净化水、电脱盐排水、炼油碱渣废水、循环水装置旁滤排污水、脱硫废胺液、化工碱渣废水、罐区污水等，它们通过有压污水专管进入污水处理场调节罐后再进入污水处理装置，保证污水水质及处理量稳定。

高浓度污水处理装置设计进水、出水的水质指标见表 16-3-8。

表 16-3-8　高浓度污水设计水质指标

序号	项目	进水水质	出水水质	序号	项目	进水水质	出水水质
1	pH 值	6～9	6～9	6	石油类/(mg/L)	≤500	≤1
2	COD_{Cr}/(mg/L)	≤1500	≤60	7	挥发酚/(mg/L)	≤60	≤0.1
3	SS/(mg/L)	≤150	≤15	8	硫化物/(mg/L)	≤35	≤0.5
4	NH_3-N/(mg/L)	≤60	≤5	9	BOD_5/(mg/L)		≤10
5	总氮/(mg/L)	≤70	≤35				

低浓度污水处理装置污水设计的进水、出水水质指标参见表 16-3-9。

表 16-3-9　低浓度污水设计进水、出水水质指标

序号	项目	进水水质	出水水质	序号	项目	进水水质	出水水质
1	pH 值	6～9	7.0～8.5	6	石油类/(mg/L)	≤200	≤2
2	COD_{Cr}/(mg/L)	≤500	≤50	7	电导率/(μS/cm)	≤1000	≤1200
3	SS/(mg/L)	≤150	≤10	8	BOD_5/(mg/L)		≤5
4	NH_3-N/(mg/L)	≤30	≤5	9	挥发酚/(mg/L)		≤0.5
5	总氮/(mg/L)	≤40	≤25	10	硫化物/(mg/L)		≤0.1

16.3.5.2　应用案例

炼厂污水处理装置的进水水质、出水水质均采用在线分析仪监测，缺氧池、好氧池氧含量采用溶氧分析仪监测，采用 pH 计监测 pH 值。高浓度污水处理装置配置的在线分析仪见表 16-3-10，装置共配置 25 台在线分析仪。低浓度污水处理装置在线分析仪配置基本相同。

表 16-3-10　高浓度污水处理装置在线分析仪配置清单

序号	仪表名称	测量介质	测量参数	测量范围
1	pH 计	隔油池进水	pH 值	2～12
2	氨氮分析仪	隔油池进水	氨氮	0～100mg/L
3	总氮分析仪	隔油池进水	总氮	0～100mg/L
4	COD 分析仪	隔油池进水	COD_{Cr}	0～5000mg/L
5	油含量分析仪	二级气浮池出水	石油类	0～150mg/L

续表

序号	仪表名称	测量介质	测量参数	测量范围
6	溶氧分析仪（2 台）	水解池	DO	0～10mg/L
7	溶氧分析仪（2 台）	好氧池	DO	0～10mg/L
8	溶氧分析仪（2 台）	缺氧池	DO	0～10mg/L
9	pH 计	出水监测池	pH	2～12
10	氨氮分析仪	出水监测池	氨氮	0～50mg/L
11	石油类分析仪	出水监测池	石油类	0～10mg/L
12	总氮分析仪	出水监测池	总氮	0～100mg/L
13	污泥浓度分析仪	出水监测池	SS	0～50mg/L
14	COD 分析仪	出水监测池	COD	0～300mg/L
15	pH 计（4 台）	EM-BAF 池第一级	pH 值	2～12
16	溶氧分析仪（4 台）	EM-BAF 池第二级	DO	0～10mg/L

16.3.5.3　样品处理系统

（1）高浓度进水取样与样品预处理系统

高浓度污水含油污、杂质多，压力不稳定，含有气泡，取样系统容易出现堵塞等问题。图 16-3-11 是典型设计的高浓度进水取样预处理系统流程。

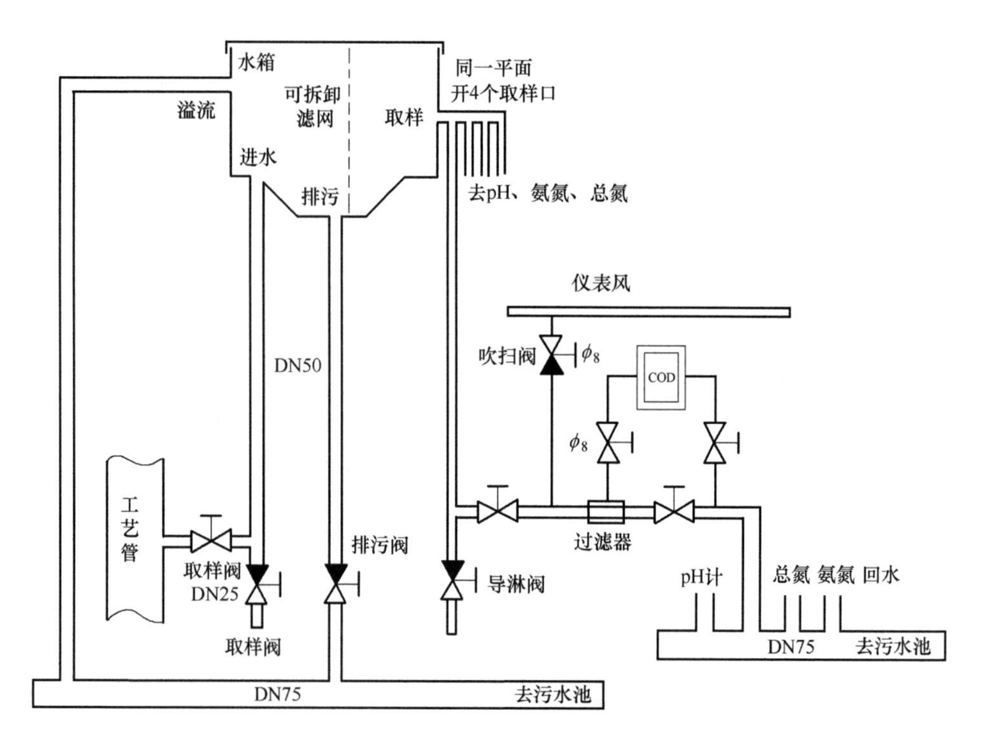

图 16-3-11　高浓度进水取样预处理系统流程

该系统一个工艺取样口可为COD分析仪、氨氮分析仪、总氮分析仪、pH计等4台分析仪提供水样，每台分析仪得到的样品压力稳定，不会互相影响。水箱具有颗粒物沉积作用与隔油作用，通过定时清洗水箱，减少单独清洗每台仪表样品部件的维护工作量。排污阀设置在水箱底部，利于将箱内污染物彻底清洗干净。水箱上部与空气联通，脱除了水样中的气泡，减少了气泡对仪表取样分析的影响。

（2）外排废水取样与预处理系统

典型的外排废水取样系统示意图参见图16-3-12。

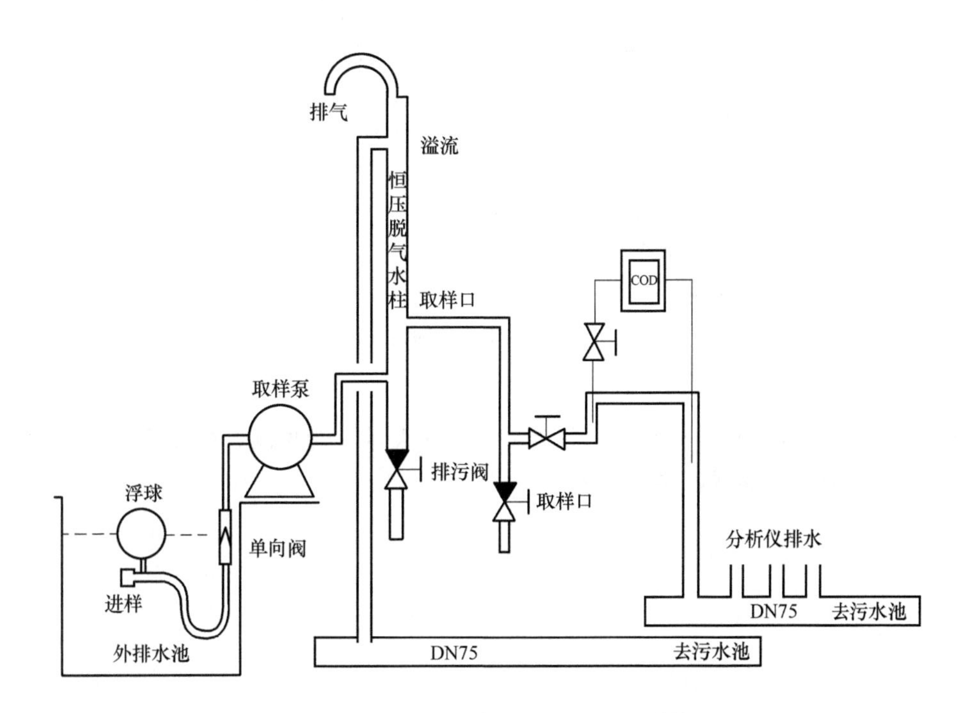

图16-3-12　外排废水取样预处理系统

污水处理装置出口的外排废水水质较好，外排废水取样预处理系统主要是避免水位变化导致不能取样和确保进入分析仪的水样压力稳定、无气泡。

（3）光学式分析仪器的取样系统

浊度计、石油类分析仪等光学式分析仪器对样品的要求是流量稳定、无气泡，可采用图16-3-13所示的取样预处理系统。该系统有如下特点：进样口比分析仪的取样口位置高，气泡上升从旁路排走，确保无气泡进入分析仪。旁路出口与分析仪出口分开设置，避免互相影响且方便观察样品流量。

（4）废水取样预处理注意事项

废水水质COD、氨氮、总氮、TOC分析仪通常设定为按固定周期取样分析，如每2h分析一次；取样系统应采取连续取样方式工作，样品连续流动，对样品管路冲洗效果好，管路不容易产生沉积物，有利于分析仪表长期稳定运行。取样泵应采用一备一用的设计，泵的切换采用手动切换。换下来的泵要及时更换，确保备用泵随时处于完好状态。

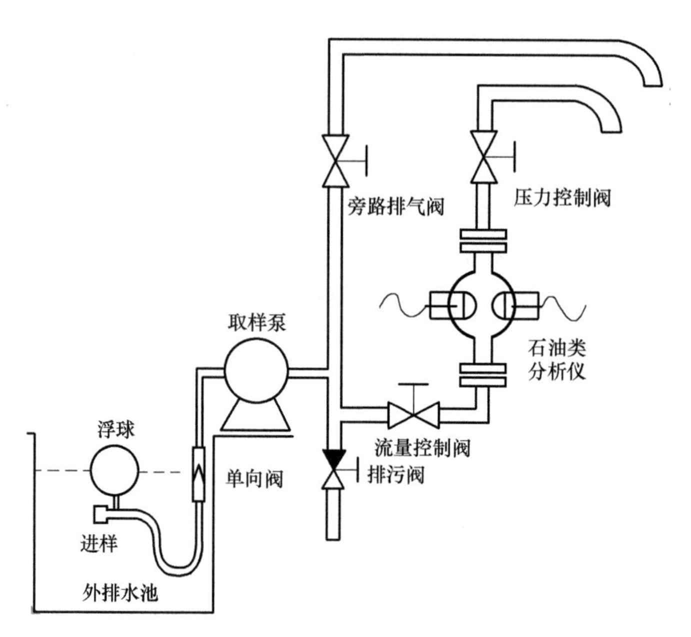

图 16-3-13　光学式分析仪器取样预处理系统

（本章编写：中石化广州分公司　符青灵；天津大学　龚俊波、韩丹丹；北京凯隆　张文富；南京霍普斯　熊春鹏；朱卫东）

第7篇

在线分析仪器在环境监测中的应用

第17章 固定污染源烟气CEMS技术应用

17.1 燃煤电厂烟气CEMS监测技术

17.1.1 CEMS监测技术概述

17.1.1.1 技术简介

连续排放监测系统（continuous emission monitoring system，CEMS）是指用于固定污染源废气或烟气污染物连续排放监测的在线分析设备，例如用于烟气污染物监测的烟气CEMS、烟尘CEMS，垃圾焚烧烟气CEMS，以及用于污染源废气监测的VOCs-CEMS等。

烟气CEMS监测设备通常是样品取样处理系统、在线分析仪器、数据采集处理通信系统及辅助设备（或部分）的系统集成。烟气CEMS主要用于连续监测燃煤电厂锅炉烟气排放的气态污染物等，也用于非电行业各种加热炉、窑炉的烟气污染物排放监测，监测对象包括烟气气态污染物浓度、颗粒物浓度，也包括对温度、流速、压力、湿度、含氧量等烟气参数的连续监测。经过环保部门验收的CEMS设备所监测的污染物实时排放浓度及排放总量数据，是污染源企业对污染物排放自主公示及环保部门执法的依据。

早在20世纪80年代，美国、欧盟、日本等国家和地区已经将CEMS作为一种成熟、可靠的重要设备进行推广，并对污染源排放状况进行连续、实时的监控和管理。我国于1996年发布GB 13223—1996《火电厂大气污染物排放标准》，提出了对火电厂锅炉烟气的污染物排放限值及安装连续排放监测系统的规定，并对CEMS监测技术开展了一系列研究和仪器设备开发工作。2000年以后，国内CEMS技术研究和仪器设备开发已趋于成熟，并在燃煤电厂锅炉烟气中的气态污染物监测和监管方面得以广泛应用。

2011年7月国家发布了新的《火电厂大气污染物排放标准》（GB 13223—2011），其中重点地区的排放标准规定为：烟尘≤20mg/m^3、SO_2≤50mg/m^3、NO_x≤100mg/m^3。2015年河北省率先出台了《燃煤电厂大气污染物排放标准》，提出燃煤机组大气污染物排放应基本符合燃气机组排放限值，明确超低排放要求为：烟尘≤5mg/m^3、SO_2≤35mg/m^3、NO_x≤50mg/m^3。目前，国家对电力行业又提出了深度减排要求，对非电行业的固定源污染物排放提出了超低排放要求，进一步推进了CEMS监测技术的发展。

近几年来，随着国家对生态环境保护的高度重视，国家提出“打好污染防治攻坚战”的要求，提出了“大气十条”的政策要求，加快促进了燃煤电厂等污染源企业的除尘、脱硫、脱硝等工艺改造，烟气排放工况条件有了较大变化，由于烟气排放限值要求实现超低排放，原先用于湿法脱硫后的净烟气 CEMS 监测等设备已经不能适应新的要求，对超低排放烟气 CEMS 样品取样处理及烟尘、SO_2、NO_x 监测技术都提出了更高的要求。

2017 年，国家生态环境保护部发布了更全面和严格的 CEMS 技术规范标准：HJ 76—2017《固定污染源烟气（SO_2、NO_x、颗粒物）排放连续监测系统技术要求及检测方法》和 HJ 75—2017《固定污染源烟气（SO_2、NO_x、颗粒物）排放连续监测技术规范》。进一步规范、促进了国内烟气超低排放 CEMS 技术与应用的发展。

国内燃煤电厂锅炉烟气超低排放的除尘、脱硫、脱硝设备的工艺改造，以及烟气超低排放监测技术已经成熟应用。据有关部门统计，至 2018 年我国实现超低排放的煤电机组已经达到全部机组的 75%以上。近期，燃煤电厂锅炉烟气排放已从对 SO_2、NO_x、颗粒物的超低排放监测进入深度减排阶段，并开始关注烟气逃逸氨、烟气可凝结颗粒物、SO_3 以及烟气重金属等监测技术的应用。国内燃煤电厂锅炉烟气超低排放监测技术已经普及，而非电行业，特别是钢铁、水泥、石化等行业的超低排放，已经成为新的应用热点。

国家环保政策及新排放限值标准，推动了烟气 CEMS 巨大的市场需求。国内燃煤电厂的烟气 CEMS，为燃煤电厂烟气污染物排放的监督执法、排污费征收和减排总量核查核算，提供了大量的基础数据和参考依据。国家对非电行业超低排放监测的政策，以及非电行业超低排放治理和监测技术的应用，也进一步促进了国内 CEMS 技术新的应用和需求。

国内已有近百家厂商从事 CEMS 的系统集成制造。至 2020 年 6 月，国家环境监测部门发布通过环保产品适用性监测，符合 HJ 76 标准的企业烟尘烟气 CEMS 及生活垃圾焚烧固定源烟气（HCl、CO）CEMS 的合格名录共有 163 个产品型号。至 2021 年 6 月，符合 HJ 76—2017 标准的、通过适用性检测的烟尘、烟气 CEMS 的产品型号有 33 个，便携式有 11 个。

国内燃煤电厂烟气 SO_2、NO_x 监测技术，主要是以国产冷干法抽取型 CEMS 为主。冷干法抽取型 CEMS 属于“干基分析”，符合国家环保标准规定的烟气分析结果要折算到在标准状态下的干烟气排放值，并计算排放总量的规定。冷干法仪器的分析值符合干烟气分析要求，而原位法、热湿法、稀释法的测量结果都需要从湿基状态转换为干烟气测量值。

国内燃煤电厂烟气 CEMS 技术已成熟用于锅炉烟气的脱硫、脱硝及烟气排放监测，其中用于原烟气的监测技术已经很成熟。由于湿法脱硫技术的烟气排放具有低温、高湿、低浓度等特点，对超低排放监测的预处理及分析仪有新的要求：要实现低量程监测，取样处理不允许有水冷凝液对 SO_2 吸收等。近几年来，燃煤电厂的烟气超低排放监测。

目前，国内烟气排放监测的重点是非电行业烟气 CEMS 的超低排放监测，如钢铁、水泥、石化及各种加热炉、窑炉等烟气超低排放 CEMS。非电行业烟气 CEMS 超低排放监测具有各自的技术难度。另外，燃煤电厂的烟气排放进入深度减排阶段，其中对脱硝烟气逃逸氨的监测、烟气可凝结颗粒物的监测等问题，还需要进一步解决。其他如垃圾焚烧烟气 CEMS、烟气汞及重金属在线监测等也是烟气 CEMS 技术关注的重点。

污染源的废气、烟气排放污染物需要折算到标准状态下的质量浓度和总量排放值，因此，在污染物监测的同时，还需要监测烟气参数，如烟气温度、压力、流量、水分（湿度）及含氧量（或含 CO_2 量）。目前烟气参数的在线监测也需要进一步提升，特别是烟气流量的监测以及烟气湿度的在线监测大部分是点检测，而烟道内的流场分布并不均匀，需要解决监测的代表性和准确性。烟气污染物的排放总量直接与烟气流量和水分监测的准确度相关，而目前流量及水分监测准确度不高。因此，对烟气参数在线监测技术的研究也十分重要。

17.1.1.2　烟气 CEMS 组成与气体监测技术

一套完整的 CEMS 是由气态污染物监测单元、颗粒物监测单元、烟气参数监测单元、数据采集与处理单元组成，通过连续监测分析测定烟气中的气态物浓度、颗粒物浓度、烟气温度、烟气流速、烟气压力、烟气湿度、烟气含氧量等，同时通过计算得到污染物的浓度和排放总量。

气态污染物监测单元主要对烟气排放中以气态方式存在的污染物进行监测。烟气中气态污染物主要包括二氧化硫（SO_2）、氮氧化物（NO_x）、一氧化碳（CO）、二氧化碳（CO_2）、氯化氢（HCl）、氟化氢（HF）、氨气（NH_3）、汞（Hg）以及挥发性有机物（VOCs）等。安装在燃煤电厂锅炉烟气的常规 CEMS 监测的气态污染物通常为 SO_2、NO_x。

颗粒物监测单元主要对烟气排放中的烟尘浓度进行实时测量，含颗粒物监测仪（或称烟尘仪）及反吹、数据传输等辅助部件。烟气中颗粒物又称烟尘或粉尘，一般是指颗粒粒径为 0.01～200μm 的固态物质。

烟气参数监测单元主要对烟气排放过程中的烟气温度、湿度、压力、流速（流量）以及含氧量等参数进行连续自动监测。烟气参数测量主要用于对污染物浓度状态的转换计算和排放速率以及排放总量的计算。同时有些烟气参数测量数值的变化往往与污染物排放浓度之间也具有一定的相关性，可以构建数学模型进行模拟测量。

数据采集与处理单元负责采集现场的各种污染物监测数据、仪器工作状态，并将监测数据整理储存，通过某种通信手段，将数据传输到环保监控管理部门。对 CEMS 采样和分析单元测量的监测数据和系统状态参数进行采集和存储记录；其主要功能包括采集颗粒物监测单元、气态污染物监测单元、烟气参数监测单元等的一次测量数据，并记录仪器的各种工作状态，例如反吹、校准、保障、维护、停机等。

根据采样方式 CEMS 可以分为两大类：直接测量系统和抽取测量系统，直接测量系统是将测量分析单元安装在烟囱或烟道上直接对排放烟气进行测试分析；抽取测量系统是将烟气从烟囱或烟道中抽取出来进行测试分析，依据其采样单元的不同又分为完全抽取系统和稀释抽取系统两种。由于采样方式不同，对应的测量分析方法和原理也不同，常规的 CEMS 分类和工作原理参见表 17-1-1。

表 17-1-1　CEMS 分类和工作原理

监测参数	采样分析方式和工作原理		
	抽取测量方式		直接测量方式
	完全抽取式	稀释抽取式	
颗粒物	β 射线法、振荡天平法、光散射法		浊度法、光散射法、光闪烁法
二氧化硫	非分散红外、非分散紫外、气体过滤相关法、紫外差分吸收法、傅里叶变换红外法	紫外荧光法	紫外差分吸收法、非分散红外、气体过滤相关法
氮氧化物	非分散红外、非分散紫外、气体过滤相关法、紫外差分吸收法、傅里叶变换红外法、双池厚膜氧化锆传感器法	化学发光法	紫外差分吸收法、非分散红外、气体过滤相关法
氧气	电化学法、氧化锆法、顺磁法		氧化锆法

续表

监测参数	采样分析方式和工作原理		
	抽取测量方式		直接测量方式
	完全抽取式	稀释抽取式	
流速			压差法、热平衡法、超声波法
温度			铂电阻法、热电偶法
湿度	高温电容法、干湿氧法、红外法		干湿氧法、红外法、高温电容法

常规烟气CEMS的二氧化硫、氮氧化物检测，主要采用非分散红外气体分析仪和紫外气体分析仪。

烟气分析应用最广泛的是各类红外气体分析仪，主要是基于非色散红外吸收光谱（NDIR）的原理。红外气体分析仪测量组分多，其工程应用最为广泛，应注意在红外光谱区气体分析中，被测组分易受到水分的干扰。代表厂家主要有：西门子、ABB、西克麦哈克、横河、雪迪龙等。

紫外气体分析仪是基于被测气体对紫外光选择性地辐射吸收原理，可以测量二氧化硫、氮氧化物、氯化氢、氨气等气体，包括非分散紫外吸收原理和非分散紫外差分光谱原理等。在紫外光谱区的气体分析，由于几乎没有水分的干扰，因此适用于含水分高的被测组分的气体分析，很适用于高湿、低量程的烟气中二氧化硫（SO_2）等气体分析。代表厂家主要有阿美泰克、聚光科技、杭州泽天等。

烟气稀释法CEMS取样分析需要采用零空气稀释烟气，稀释比大多为50∶1，稀释后的样品气无需加热传输，分析仪器需采用低量程分析。通常，二氧化硫采用紫外荧光法测量，氮氧化物采用化学发光法测量，并可以满足超低排放的分析检测要求。稀释法的代表厂家有赛默飞世尔、美国Environmental Supply公司（ESC）等，国内有河北先河、航天益来等。

生活垃圾、固废、危废等焚烧烟气排放的气态污染物，是烟气CEMS重点监测对象。如垃圾焚烧烟气需要监测的组分多，包括HCl、HF、CO、SO_x、NO_x等十多种气体。因此，垃圾焚烧烟气CEMS的监测技术，大多采用高温热湿法的相关红外气体多组分分析法，或热湿法高温傅里叶变换红外（FTIR）多组分气体分析技术。应用相关红外气体多组分分析仪的代表厂家有：西克麦哈克、福德世、美国ESA等。应用傅里叶变换红外光谱分析仪的代表厂家国外有ABB、Gasmet、西克麦哈克、布鲁克等，国内有厦门格瑞斯特、南京霍普斯等。

17.1.2 烟气SO_2、NO_x的超低排放监测技术

17.1.2.1 技术解决方案

随着超低排放改造，要求在6%含氧量情况下，燃煤电厂锅炉尾部烟气污染物排放浓度实现：NO_x≤50mg/m^3、SO_2≤35mg/m^3、烟尘≤10mg/m^3（有些地方标准要求5mg/m^3）。烟气超低排放标准对CEMS监测技术提出了更高的要求。

锅炉烟气脱硫（FGD）技术大多采用湿法脱硫，以实现烟气SO_2超低排放。湿法脱硫排放烟气具有高湿（湿度约20%～30%）、低温（45℃左右）等特点。湿法脱硫烟气即使通过烟气换热器（GGH），其排放烟气温度也只有80℃。湿法脱硫后的实际SO_2排放浓度约在20～30mg/m^3，有的低到10mg/m^3，极易受水分吸收影响。因此，超低排放的烟气SO_2在线监测

系统，要解决分析仪低浓度 SO_2 测量，以及高湿、低温烟气 SO_2 容易被水气、冷凝水吸收等问题。

常见的烟气超低排放 CEMS 技术解决方案主要有：

（1）采用稀释法取样探头配用高灵敏度的 SO_2 分析仪的技术方案

例如：稀释法取样探头采用稀释比 1∶100，再采用紫外荧光 SO_2 分析仪测量低浓度 SO_2。该技术方案的供应商主要是以赛默飞世尔为代表，其中稀释取样探头及稀释气的处理净化技术是关键，稀释比必须稳定，稀释气不能含有被测气体组分。

国内采用稀释法取样探头技术用于超低排放 CEMS 监测的生产厂家很少，国产稀释采样探头也很少，超低排放应用的稀释法取样探头大多采用 M&C 的超低排放稀释探头。

（2）采用 Nafion 管除湿器预处理系统加低量程分析仪的技术方案

采用 Nafion 管除湿器除去烟气水分，并采用高灵敏度、低量程的红外分析仪或紫外 SO_2 分析仪，低量程测量范围为 0～75mg/m^3 或 0～100mg/m^3。

Nafion 管除湿器技术是以渗透干燥膜的方式除湿，不影响被测组分 SO_2 等。Nafian 管除湿器无机械部件，采用分子渗透原理，气态除湿无冷凝水，除湿后样品露点可达−20℃；Nafion 管除湿器需要对烟气除氨，以确保 Nafion 管除湿器正常工作。

Nafion 管除湿器的代表厂家主要是美国博纯（上海）。

（3）采用在烟气中增加磷酸滴定和低量程分析仪的技术方案

在冷凝器前在烟气中增加磷酸滴定的目的，是减少烟气中水分对微量易溶解组分的吸收，如减少烟气对 SO_2 的吸收溶解，加磷酸可在取样探头处或在冷凝器前加入，确保减少冷凝水对 SO_2 的吸收（小于 2%），同时还可以吸收烟气中的逃逸氨，采用的 SO_2 分析仪应选用低量程监测技术，并符合超低排放标准的规定限值。

该技术方案的代表厂家主要有雪迪龙、ABB 等采用冷干法 CEMS 的厂家；国内通过环保认证的超低排放 CEMS 的生产厂家已经很多，大多采用加磷酸滴定处理的冷干法抽取型 CEMS 技术方案，并得到较好的应用。该方案可以对原有的烟气 CEMS 进行改造，主要是采用加磷酸除湿器以及采用低量程气体分析仪即可，原有的 CEMS 改造或更新较为方便。

SO_2、NO_x 分析仪的低量程检测问题，应根据不同的工况和被测组分的实际输出浓度确定最小测量范围，可选择最低量程的红外气体分析仪或紫外气体分析仪，如低浓度 SO_2 的检测采用高灵敏度的红外分析仪或紫外分析仪及紫外荧光分析仪，低浓度 NO_x 的检测可采用非分光红外分析仪、紫外分析仪及化学发光分析仪等。

17.1.2.2　冷干法抽取式超低排放技术方案

冷干法抽取式 CEMS 的取样处理系统主要包括：加热过滤取样探头、样品加热传输管线、样品除尘、除湿、取样泵以及压力、流量调节等基本功能部件。冷干法抽取式取样处理系统的基本要求是样品在取样处理过程中烟气不失真，被测样品气洁净、干燥，满足在线分析仪对样品的要求：颗粒物粒径小于 0.3μm，除湿器出口样品气露点温度应≤4℃。

典型的冷干法抽取式烟气超低排放监测系统分析流程见图 17-1-1。

该方案采用高温抽取+冷凝加酸预处理单元+非分散红外分析仪技术。气体分析仪采用高灵敏度多组分红外气体分析仪方案时，测量 NO_x 需加氮氧化物转换器，将 NO_2 转换为 NO，测量 SO_2 时样品处理可在采样管线入口处或冷凝器入口处加磷酸滴定，抑制冷凝水对烟气 SO_2 的吸收。

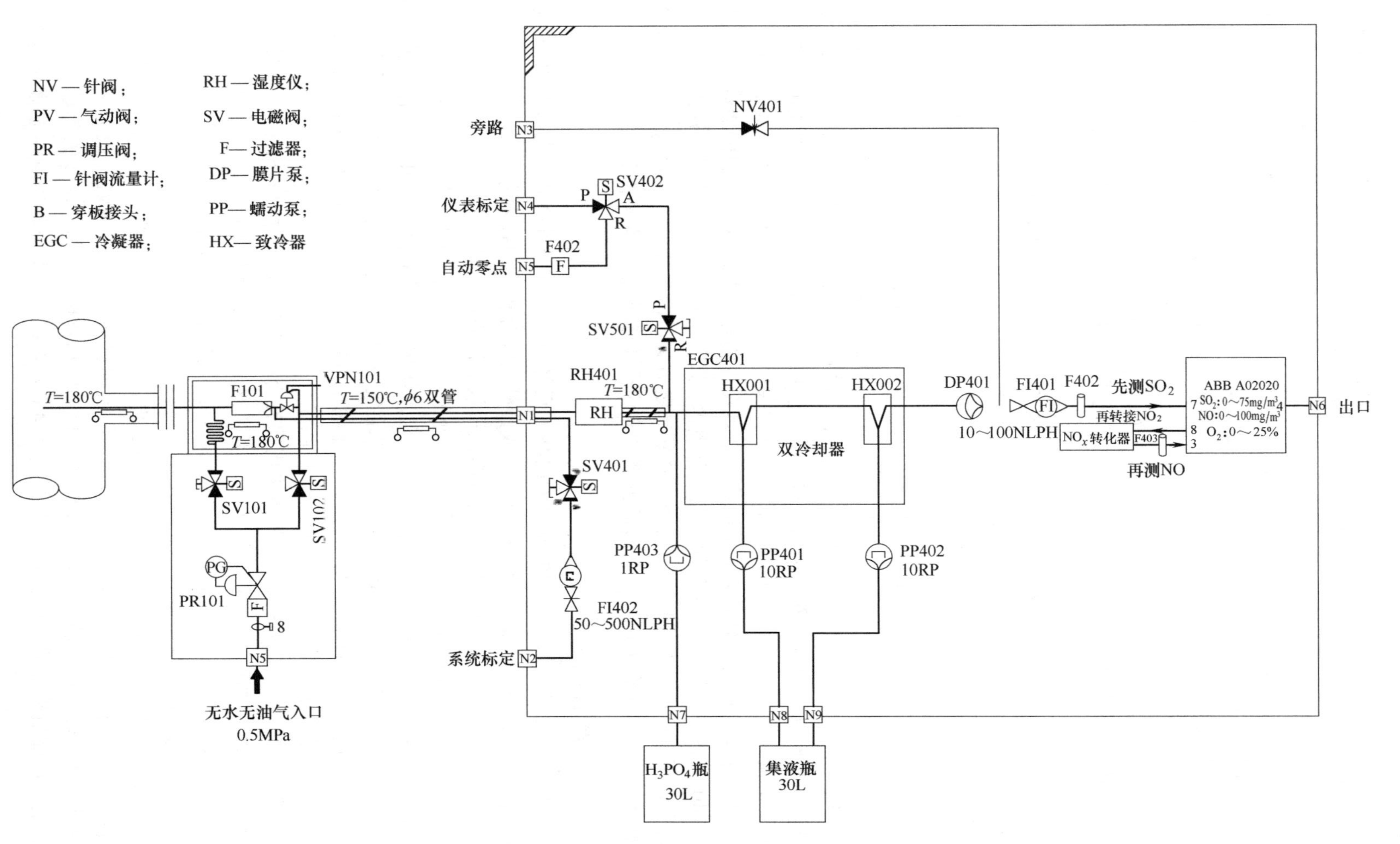

图 17-1-1　典型的冷干法抽取式烟气超低排放监测系统分析流程

图中的采样探头采用加热过滤采样技术，采样探杆、采样探头、伴热管线温度均保持在180℃，可有效防止样气在传输过程中SO_2的损失；样气和磷酸一起进入到冷凝器内，抑制在此过程中SO_2的损失，采用机械式抽气泵抽气，并采用氮氧化物转换器测量NO_x。该案例的分析仪器采用低量程仪表（如ABB的AO2020型红外分析仪），其SO_2测量范围最小为0～75mg/m^3，满足烟气SO_2的超低排放限值≤35mg/m^{3}的检测要求。

燃煤电厂烟气超低排放CEMS的技术难点，主要是由于湿法脱硫后烟气是低温、高湿状态，低浓度SO_2可能由于烟气传输中的冷凝水及冷凝除湿器的冷凝水吸收，造成低浓度SO_2分析仪（排放限值为35mg/m^3）出现较大分析误差，甚至SO_2指示值为零。

为解决烟气冷凝水对低浓度SO_2的吸收，超低排放CEMS通常采取以渗透干燥膜的预处理系统，或在冷凝除湿器前加入磷酸滴定，减少烟气水分对低浓度SO_2的吸收。Nafion除湿取样处理器通常安装在取样探头出口处，渗透干燥管只处理水的干燥，不影响其他气体组分分析。Nafion渗透干燥管除水可达到−45℃露点，在0.1s内完成。但是烟气中不能有氨，需要在渗透干燥管前，增加除氨器等除去微量氨，以保证Nafion渗透干燥管的正常工作。

国内超低排放CEMS大多采用加磷酸滴定处理的冷干法抽取型CEMS。烟气分析系统不仅会出现冷凝水会对SO_2的吸收，而且脱硝烟气的NH_3逃逸会出现周期性的峰值，可从10mg/m^{3}级到10^2～10^3mg/m^{3}级，逃逸氨会产生铵盐腐蚀下游设备。通过选择磷酸浓度及滴定的速率，不仅可以有效抑制烟气中水分对SO_2的吸收，还可以吸收逃逸NH_3，减小对设备的腐蚀。

加入磷酸滴定方法有两种方案：一是在取样探头出口处加磷酸滴定，可解决烟气传输过程及冷凝除湿过程中水气冷凝对SO_2的吸收；二是在冷凝除湿器的入口处加磷酸滴定。通常采用5%～40%的磷酸液，用蠕动泵加入烟气管道内。采用加磷酸滴定方案，应注意在氨浓度较高的场合，不宜采用从取样探头出口处加磷酸滴定方案，应先除氨、再除水，在除氨器后加磷酸滴定。在高湿场合下，建议两级除湿器的两个通道都应加装磷酸滴定。

17.1.2.3　典型产品与应用

目前，国内通过环保认证的超低排放CEMS，已经有几十种型号产品，大多采用冷干抽取法+冷凝加酸预处理单元+非分散红外分析仪或紫外吸收分析仪的技术方案。

（1）典型产品：雪迪龙SCS-900C烟气超低排放监测系统

SCS-900C烟气超低排放连续监测系统采用冷干法抽取式及NDIR检测技术对气态污染物进行分析，同时监测氧、温度、压力、流量、湿度等参数。该CEMS采用在冷凝器前在烟气中增加磷酸滴定的方式。在冷凝除湿器前的样品气中加入磷酸，样品气中含有大量的H^+，一方面可以抑制烟气SO_2的溶解，另一方面与溶液中的OH^-发生反应，可吸收NH_3。SCS-900C烟气超低排放监测系统的组成部分及其特点如下：

① 气体取样单元。取样探头滤芯材质采用镍钛合金材料，过滤精度＜5μm；采用高压、高频吹扫方式对滤芯进行自动吹扫，探头滤芯更换方便，大大减少了维护时间；采样单元整体加热到120～160℃，防止产生冷凝水；加热单元自动温控，具有温度失控报警功能；所有与烟气接触部分均采用防腐材质。

② 烟气预处理单元。烟气预处理单元的各部件，按照分析流程要求固定安装在机柜内，方便进行维护和使用。机柜内的分析气路均选用防腐的材料（PTFE、PVDF或玻璃器件等），减少了测量气体对部件造成腐蚀；机柜中配置了自动吹扫及校准装置，减少人工维护量。预处理单元采用压缩机冷凝器，确保样品露点降至4℃左右；并在第一级冷凝除湿器前增加磷

酸滴定装置。

③ 气体分析单元。采用雪迪龙公司 Model 1080 多组分红外分析仪，可测量多种组分气体，如：SO_2、NO、CO、CO_2、CH_4、R22（氟里昂，$CHClF_2$），附带电化学原理传感器测量 O_2。仪器具有优良稳定性、选择性和高灵敏度，主要特点包括：使用空气自标定，经济，高效；自动大气压修正，测量精度高；可清洗样品池，维护简单；内置安全过滤器和凝液罐；测量单位或数量级可根据需求设定（mg/m^3、%、10^{-6}）；具有自诊断，报警维护记录等功能；仪器具有测试功能，通空气，就可实现仪器本身各种功能的测试和诊断。

（2）典型应用：石化等非电行业的超低排放 CEMS 技术应用

石化等非电行业的燃气电厂、加热炉和裂解炉中都存在甲烷及碳氢化合物。采用红外原理测量二氧化硫时，甲烷对二氧化硫干扰比较大；在中红外光谱区域，甲烷和二氧化硫有重合的吸收光谱；而在紫外区域，CH_4 没有吸收光谱，对于 SO_2 测量值没有任何影响，且紫外分析仪能分别测量出 NO 和 NO_2 的浓度，无需在系统中增加 NO_x 转换器，不用考虑 NO_2 转换效率的问题。因此，石化等非电行业的超低排放 CEMS，采用的气体分析仪大多是高灵敏度的多组分紫外气体分析仪。

该系统的主要技术特点：采样探杆、采样探头、伴热管线温度均保持在 180℃，可有效防止样气在传输过程中 SO_2 的损失；样气和磷酸一起进入到冷凝器内，也可以从取样探头处加入磷酸，用以抑制在取样传输过程中 SO_2 的损失；冷凝器之后加露点仪，检验冷凝效果，并可保护分析仪；采用高灵敏度的紫外气体分析仪可同时检测 SO_2、NO、NO_2。

该系统的分析流程与采用非分光红外仪器分析流程（参见图 17-1-1）的不同之处，主要是烟气分析仪采用紫外气体分析仪，无需加 NO_x 转换器。另外，紫外光谱区无水分及其他气体干扰，测量准确可靠。

17.1.3 烟气颗粒物超低排放 CEMS 监测技术

17.1.3.1 概述

烟气颗粒物连续监测技术，按照检测原理分类，主要分为透射法、散射法、电荷法、闪烁法、β 射线法等；按照测量分析方式分类，主要分为抽取法、原位法。

抽取法是将烟气从烟囱或烟道中抽取进行分析；原位法也称直接测量法，是将测量单元安装在烟囱或烟道上，直接对排放烟气进行测试分析。在用于布袋除尘器的检漏报警，常采用电荷法。原位法烟气颗粒物监测仪（简称烟尘仪）主要以光学检测原理为主，包括透射法、后散射法、前散射法等。

透射法是测试光束经过含有颗粒物的烟气时，光强因颗粒物的吸收和散射作用而减弱，通过测定光束通过烟气前后的光强比值来定量颗粒物浓度，其技术特点是可以连续监测颗粒物浓度，但因振动等因素易发生光路偏移，易受烟气污染，不适合低浓度监测。

散射法是基于颗粒物的背向散射原理，用于对固定污染源颗粒物进行在线连续测量。其原理是经过调制的激光或红外平行光束射向烟气时，烟气中的粉尘对光向所有方向散射，经烟尘散射的光强在一定范围内与颗粒物浓度成比例，通过测量散射光光强来定量粉尘浓度，其技术特点是易安装、方便维护。后散射粉尘仪的检出限相对较高。当颗粒物浓度低于 $30mg/m^3$ 时，后散射粉尘仪检测比较困难。前散射粉尘仪检测灵敏度相对较好，但是使用条件较高，维护比较困难。

在颗粒物超低排放监测中，国内大多采取前散射法测量抽取的烟气中低浓度颗粒物。代表厂家有：安荣信科技（北京）、南京波瑞自动化、广州怡文环境、北京雪迪龙等。

17.1.3.2 主要测量技术

（1）散射法

光照射在颗粒物上时，会被颗粒物吸收和散射，散射光偏离了光入射的路径，散射光强度与颗粒物粒径以及入射光波长有关。按照颗粒物粒径（r）和光的波长（λ）的大小关系，散射分为瑞利散射（$r/\lambda<1$）、Mie 散射（$r/\lambda=1$）和几何光学散射（$r/\lambda>1$），烟气中颗粒物粒径范围一般在 0.1～10μm 或更大，当入射光的波长范围为 400～600nm 时，瑞利散射、Mie 散射和几何光学散射都会发生。散射光在各个方向均有分布，且不同方向的散射光强度不同（见图 17-1-2）。

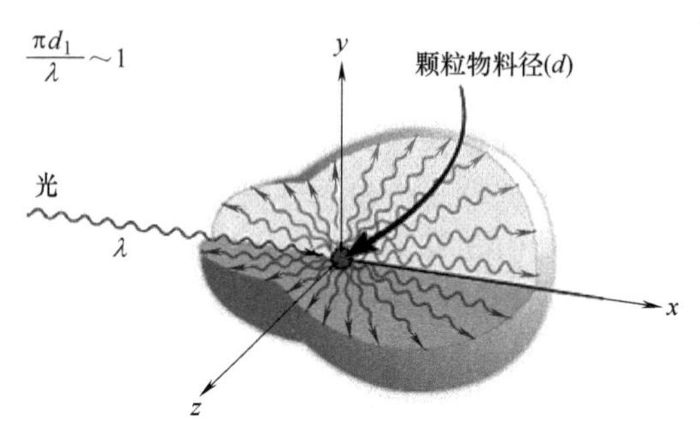

图 17-1-2 不同方向的散射光强度

高稳定激光信号源穿越测量池，照射烟尘粒子，被照射的烟尘粒子将散射激光信号，散射的信号强度与烟尘浓度成正变化。检测烟尘散射的微弱激光信号，通过特定的算法即可计算出烟道中烟尘的浓度。

散射法按照其检测散射光位置的不同可分为前向散射、后向散射和侧向散射三种类型。前散射法对颗粒物粒径的变化或折射率不敏感，测定颗粒物的灵敏度很高，能够测量低至 $0.1mg/m^3$ 的颗粒物浓度，与其他两种方法相比检测下限更低、精度更高。激光前散射法广泛应用于超低排放颗粒物监测。

（2）电荷法和闪烁法

用于布袋除尘器后检漏报警的电荷法，是烟气和烟尘在与探头、探杆摩擦时所产生的电荷传递，由此所产生的电荷差被监测仪监测到，通过计算电荷差得到烟气浓度。此方法颗粒物粒径变化、组分变化、水滴对测量有较大影响，在使用前需要对这些因素进行校正，颗粒物带电对测量有影响，流速变化对测量有较大影响。

电荷法主要用于定性检测，测量准确度差，不能用于湿度较高场所。电荷法适合湿度小、粉尘粒径和组分变化小、流速变化不大、颗粒物不带电的场所；主要用于布袋除尘的泄漏监测和报警。其技术特点是仅为定性判断，极少用于定量判定的颗粒物浓度监测。

基于闪烁原理的粉尘仪从仪器组成上类似对穿法，包括发射探头和接收探头。发射探头中安装有高功率的发光二极管，二极管发射出固定波长、固定频率的光脉冲，穿过烟气到达接收探头。烟气中的粉尘会引起光的闪烁，闪烁的幅度与粉尘浓度成正比，因此可得到烟尘浓度，这种原理的烟尘仪应用较少。

（3）β 射线法

β 射线法是利用颗粒物在纸带上堆积使纸带产生的密度变化，从而造成 β 射线的衰减，测量颗粒物的浓度。由于 β 射线法维护复杂、不能实时监测，目前在烟尘 CEMS 监测应用较少，大多用于大气颗粒物监测。

17.1.3.3 典型产品应用

颗粒物浓度低时，常规后散射原理的测量方式不能满足要求，大多采用等速抽取与激光前散射的原理检测颗粒物浓度。

抽取式颗粒物浓度监测系统将烟气等速抽取到全程高温伴热的光学测量模块中进行测

量，检测下限低，能满足超低排放粉尘限值的要求，量程可以达到 0～10mg/m³，适用于超低排放、湿法脱硫后的低温高湿的烟气监测。代表厂家有杜拉格、阿美泰克、福德世、PCME、北京雪迪龙、安荣信科技（北京）、南京波瑞科技、西克麦哈克（中国）等。

（1）典型案例 1：雪迪龙与福德世合作的 PFM06ED 烟尘监测系统

PFM06ED 烟尘监测系统采用等速抽取与激光前散射的原理检测颗粒物浓度。从烟囱里或由烟囱导出的烟道中抽取样气，在输入测量仪的途中进行加热。测量系统中颗粒物测量可在 140℃的温度条件下进行，样气在测量点被以烟气在烟道中流动的速度抽取，实现等速采样。该系统的探头包括几个部分，取样嘴由双层管构成，带加热及稀释功能。稀释功能由取样嘴完成。烟气的抽取以及测量由探头完成，探头置于防雨保护壳内，并直接安装在法兰上。

抽取式颗粒物监测系统基于激光前散射法原理，前散射法测量单元原理见图 17-1-3。

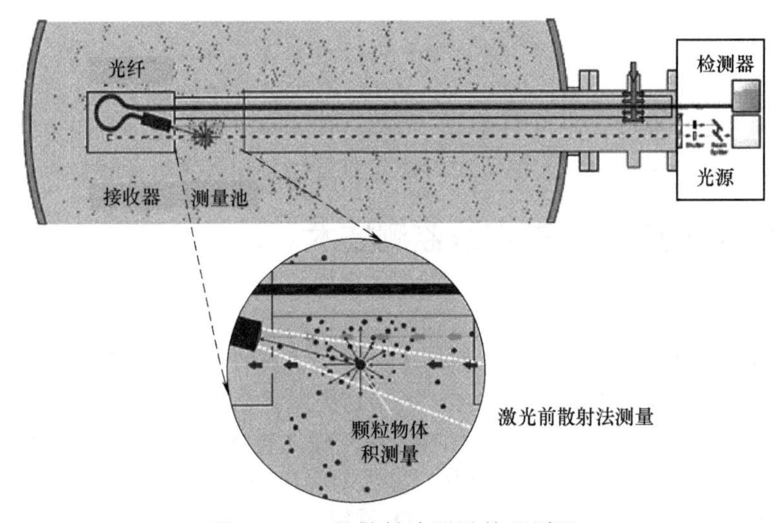

图 17-1-3　前散射法测量单元原理

采用抽取采样法对颗粒物浓度进行测量。它从烟道中抽取一定量气体，在探杆入口处与预设并加热的稀释气，以设定比例稀释后，持续加热进入测量池，在测量池内通过激光前散射测量单元测量颗粒物浓度，产生的测量信号强弱取决于排放烟气中颗粒物浓度；是高灵敏度和连续抽取烟气测量颗粒物的装置，可以用于湿度较大的烟气中颗粒物在线监测。

PFM06ED 烟尘监测系统的主要特点如下：测量范围 0～15～45mg/m³；双量程配置，适用于变化工况；零点及量程自动校正技术，运行稳定可靠；检测部件使用仪表空气自动清理，维护量低；防护等级高，可室外安装。

（2）典型案例 2：安荣信科技（北京）有限公司的 LFS1000-MO 烟尘浓度连续监测仪

LFS1000-MO 烟尘浓度连续监测仪的工作流程参见图 17-1-4。

该产品采用激光前散射技术、亚微瓦功率稳定技术、微弱相干光检测技术，以实现超低浓度颗粒物在线监测。该仪器由激光分析模组、采样探头、烟气预处理模块组成，通过对恒温测量池内烟气的测量测得烟气中颗粒物浓度。烟气预处理模块完成等速取样、烟气伴热、加热、恒温等功能，处理后的烟气进入恒温测量池，由激光分析模块进行颗粒物浓度测量。所需射流气、洁净吹扫气均由风机单元产生，吹扫气用于清洁烟尘仪的光学部件，确保系统长期可靠工作。

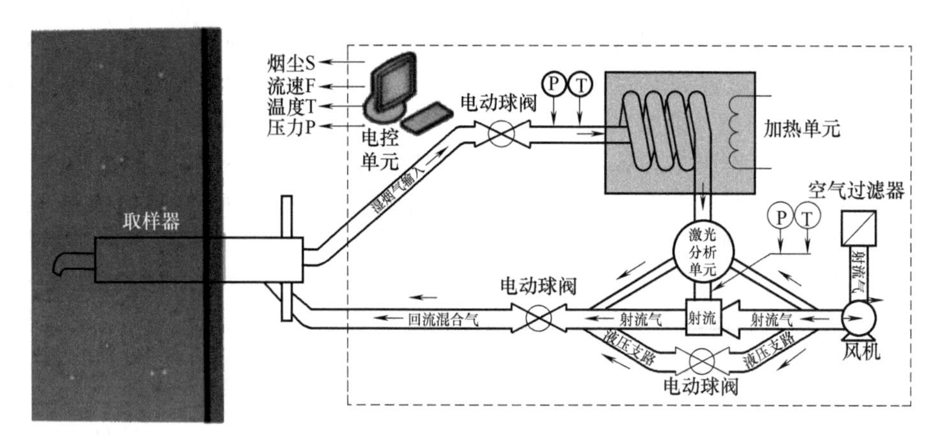

图 17-1-4 LFS1000-MO 烟尘浓度连续监测仪的工作流程

LFS1000-MO 烟尘浓度连续监测仪的主要特点如下：采取等速采样，最大流量可达 250L/min；具有超低量程，最小量程 0～5mg/m^3，最大 0～200mg/m^3，支持双量程；一体化探头，同时输出烟尘、温度、压力、流速；气路全程伴热，防止传输过程湿烟气冷凝产生的测量偏差；实现零点和量程自动校准，实时显示测量结果和系统运行状态参数。

17.1.4 烟气脱硝的逃逸氨在线监测技术

17.1.4.1 概述

烟气脱硝技术主要有选择性催化还原法（SCR）、选择性非催化还原法（SNCR）、等离子体法、液体吸收法和活性炭吸附法等，SCR 脱硝是国内外烟气脱硝最常用的技术。SCR 是在固体催化剂存在下，利用各种还原气体与 NO_x 反应使之转化为 N_2 的方法，以 NH_3 作为还原剂是最常用的脱硝技术。在 SCR 脱硝过程中，氨的消耗量与 NO_x 总量的化学计量比达到 0.8～1.2；氨的注入量既要保证有足够的 NH_3 与 NO_x 反应，以降低 NO_x 排放量满足环境质量要求；又要避免向烟气中注入过量的 NH_3。注入过量的氨不仅会增加腐蚀，缩短 SCR 催化剂寿命，还会污染颗粒物，增加在空气预热器中的铵盐沉积，以及增加向大气的 NH_3 排放。HJ 562—2010《火电厂烟气脱硝工程技术规范 选择性催化还原法》规定 SCR 法的氨逃逸量应控制在 2.5mg/m^3。

SCR 脱硝过程中，由于喷氨不均、流场不均等原因不可避免地会出现氨逃逸。氨与 SO_3 和水可生成硫酸氢铵（ABS），其熔点约 146.9℃，沉积温度为 150～200℃；氨也会与 SO_2 反应生成亚硫酸氢铵，其熔点为 150℃。当温度低于 185℃时，气态硫酸氢铵会大量凝结。氨逃逸过量产生的铵盐将腐蚀催化剂模块，造成催化剂失活和堵塞，缩短催化剂寿命；并在脱硝装置反应器下游的设备及管路上附着，造成淤积不畅、腐蚀及压力降低等危害，还同时会腐蚀催化剂支撑体。还可能造成空气预热器堵塞、效率下降，电除尘器极线、极板污染，布袋除尘器污染、引风机能耗增加，飞灰氨含量增加；并有可能促进大气环境中细颗粒物的生成，或者吸附在烟灰中，造成环境污染。因此，检测氨逃逸量非常重要。

很多电厂在超低排放改造后，脱硝系统出口氨逃逸质量浓度控制指标为小于 3μmol/mol（2.28mg/m^3），实际氨逃逸浓度大多会高于控制指标。脱硝时加入过量的氨，可以确保氮氧化物排放限值降低，但逃逸氨浓度可能会增加。有关资料表明：当氨逃逸量为 2μmol/mol 左右时，经过半年运行后，空气预热器运行阻力会上升 30%左右；当氨逃逸量升至 3μmol/mol 左右时，经过半年运行后，空气预热器运行阻力会上升 50%左右。

氨在催化剂和高温下也会生成 NO_2，对 NO 的分析结果产生影响。SCR 脱硝过程控制中，CEMS 主要用于监测脱硝反应器入口及出口的 NO_x、O_2，以及反应器出口的氨逃逸量。在 SCR 反应器出口检测氨逃逸量，存在烟气高温（300～400℃），高湿（水汽达饱和）、高粉尘（20～25g/m^3），以及 ABS 易结露等问题，使氨的微量分析难度增大。另外由于目前 CEMS 是点式取样，而在脱硝反应器内的逃逸氨的流场分布并不均匀。因此，如何确保取样检测的氨逃逸量是真实的，具有代表性，是非常重要的问题。

17.1.4.2　用于逃逸氨监测的激光光谱技术

目前常用的逃逸氨测量方式有原位测量和抽取测量两种，最常用的检测技术是激光光谱分析法。采用可调谐二极管激光吸收光谱（TDLAS）技术，是通过控制输入电流和温度变化将激光器的特征波长调谐至 NH_3 的特征吸收处，由于半导体激光器具有很好的单色性，对于 NH_3 的红外吸收线识别能力极高。

利用 TDLAS 技术测量 NH_3 有两种实现方法：一是直接吸收法；另一种实现方法是采用（双通道）谐波调制技术，在其中一个通道内加入样气标定，另一个通道探测大气吸收信号，通过参比可以得到实际测量的浓度值，这种方法可以降低探测限。

TDLAS 技术在原位测量方式和抽取测量方式中都有应用。国外产品有西门子的 LDS6、ABB 的 2000-LS25、SICK 的 GM-700 以及 NEO、仁富梅、横河、优胜光分等公司的相关产品；国内产品有聚光科技、钢研纳克、国电环保所等十多家企业的产品。

原位测量式一般安装在锅炉省煤器与空气预热器之间 （即除尘器之前），烟气含尘量很高，大量灰尘会严重影响激光投射光程，造成分析精度的下降，同时大量高速飞灰严重磨损激光探头，容易造成检测系统损坏与失效。安装时激光发射端与激光接收端要求中心严格完全对称。锅炉在运行过程中，风机运行产生震动也会造成发射探头与接收探头相互错位，严重影响吸收光谱信息的捕捉。随着锅炉负荷变化，烟气温度也有较大波动，造成分析检测环境变化会影响分析准确度。使用中应选择在烟道的工况条件较好的取样点，以及适合激光分析仪的光程长度内，才会有利于激光分析仪的正常运行。

抽取式测量的原理与原位式测量的原理相同。抽取式测量是使高温烟气通过高温取样探头，全程伴热（一般 200℃以上），在高温下对抽取的烟气进行多级粉尘过滤，尽量保证烟气无吸附结晶不失真，再送分析机柜内的高温测量池进行激光检测分析。这样避免了原位激光测量存在的高尘、震动、温度变化等影响；同时激光抽取测量法能方便实现校准，减少维护，有效地保证测量准确度，是超低排放监测微量逃逸氨的有效手段。

17.1.4.3　用于氨监测的其他分析技术

（1）化学比色分析法

采集脱硝处理后的烟气，经过滤、高温伴热，送至测量模块的吸收池。吸收池中稀硫酸吸收液将烟气中逃逸氨完全溶解吸收，与纳氏试剂作用生成黄色显色液。根据着色深浅于 425nm 处比色定量测得吸收液中氨浓度，通过计算氨与样气体积比得到烟气中逃逸氨浓度。国内生产厂有北京华科仪科技股份有限公司。

（2）紫外光谱分析法

利用在一定波长的紫外光照射下，引起分子中电子能级的跃迁，从而产生分子的电子吸收光谱原理进行氨逃逸浓度的测量。紫外吸收光谱技术大多用于大气环境微量氨测量，很少用于烟气逃逸氨测量。

（3）化学发光法

化学发光法差是利用转化器将烟气中 NH_3 转化为 NO，利用化学荧光法检测微量 NO，再转换成氨的值。化学发光法监测仪器主要的生产公司有日本 HORIBA 公司等。此方法的优点是传输速度快，分析仪器工作环境较好，测量精度较高；不足之处是在抽样过程中氨的损耗不易控制，在高温炉中的转化效率不稳定，当转换器效率降低时测量不准确，响应速度也变低。

（4）傅里叶红外分析法

傅里叶红外分析法可同时测量 NO、NO_2、O_2、NH_3 等。FTIR 相对技术复杂、售价高，目前在脱硝烟气分析中应用很少，在用于脱硝烟气多组分测量时，可同时监测微量 NH_3。

17.1.4.4　新的监测技术方案

（1）分布式激光测量技术

由于脱硝过程中，在烟道内喷氨不均、流场不均等原因，使得氨逃逸流场的分布也不均匀，逃逸氨在流场不同点位的浓度不同。激光原位法对穿式测量是线测量，激光原位单端插入式测量及抽取激光法是点测量，点测量及线测量的氨逃逸测量值不能代表脱硝烟道流场内实际逃逸氨浓度，从而导致对脱硝的喷氨量及氨逃逸实际值无法准确控制。

国内已有研究部门采取网格法测定氨的场分布，然后根据脱硝区域后部的高温、高尘环境下氨的流场分布，采用分布式激光原位法多点测量方法，或采用多点采样的抽取法测量氨，可以取得对逃逸氨的准确测量与控制。

典型的分布式激光测量逃逸氨的技术方案参见图 17-1-5。

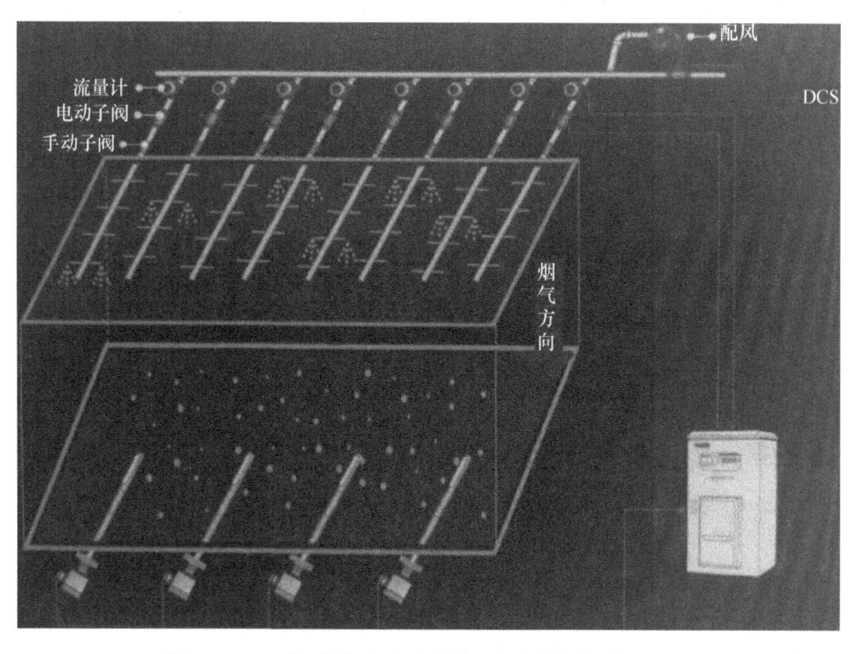

图 17-1-5　典型的分布式激光测量逃逸氨技术方案

分布式激光测量逃逸氨技术是采用单端式激光原位插入测量，对脱硝后部的测量烟道的不同位置进行网格化等分，选取对逃逸氨流场分布具有代表性的点位进行同步测量，将逃逸氨的平均监测数据用于控制喷氨阀门，通过合理优化控制喷氨量及氨逃逸量的准确监测，可以实现对脱硝工艺的优化和节能控制。

采用单端式激光原位插入测量，其测量气室随探管插入烟道内部，插入烟道的长度按照分布式控制点位要求，测量气室的进气窗口安装有耐高温过滤装置，解决了烟尘对激光散射的测量误差；采用的封闭式测量结构可以实现在线通标气校准。

（2）测量逃逸氨的 QCL-中红外激光技术

采用近红外的 TDLAS 技术测微量氨，由于烟道宽度在 5～8m，在采用对穿式激光测量时，激光光源的发射光受到烟道内烟尘、水滴的影响，激光光强严重减弱时，可能会造成激光测量失效。逃逸氨检测要求控制在 3μmol/mol 左右，在实际应用中检测难度较大。

由于氨在中红外光谱区的特征吸收光谱比近红外高 2 个数量级，氨气的检测灵敏度在中红外区比近红外区高得多。因此，采用中红外吸收光谱技术测量微量逃逸氨有很好的应用前景。采用量子级联激光器（QCL）在中红外光谱区的原位法测量微量逃逸氨技术在国外已经有应用，由于量子级联激光器技术复杂、售价高，目前在国内尚未有应用。

17.1.5 可凝结颗粒物、有色烟羽和 SO_3 的检测

17.1.5.1 烟气中可凝结颗粒物

（1）烟气中颗粒物类型与可凝结颗粒物

国内有关烟气超低排放监测的标准或规范，对颗粒物排放限值已经提出很严格的要求，颗粒物的超低排放监测技术也取得了显著成效，目前国内大部分燃煤电厂的烟气颗粒物排放已经实现小于 5mg/m^3。现有颗粒物在线监测主要是指可过滤颗粒物。国内现有的标准如《固定污染源排气中颗粒物测定与气态污染物采样方法》（GB/T 16157—1996）和《固定污染源废气 低浓度颗粒物的测定 重量法》（HJ 836—2017）等测试标准，是基于对烟气中的颗粒物采用滤膜（筒）进行过滤、捕集、烘干、称重的原理，都用于可过滤颗粒物的测量。

燃煤电厂排放烟气中的颗粒物中，一类是燃煤产生的烟尘、脱硫脱硝过程中烟气雾滴中携带的未溶硫酸盐、亚硫酸盐及未反应吸收剂等可被滤膜过滤的颗粒物，称为可过滤颗粒物（filterable particulate matter，FPM）。还有一类因粒径小于采样滤膜截留直径，可穿透滤膜逃逸到大气中，并因温度、压力、水分等物理状态改变而形成的颗粒物（不包括 SO_2、NO_x 在大气环境中发生复杂化学反应生成的二次颗粒物）。这类颗粒物又包括两种：一种是美国 EPA 定义的可凝结颗粒物（condensable particulate matter，CPM），指在烟道采样位置处为气相，穿透滤膜后在大气中降温凝结成为液态或固态的颗粒物，主要为 SO_3、H_2SO_4 等的分子态或亚微米级气溶胶态污染物；另一种是溶于穿透滤膜的细微雾滴中的离子态硫酸盐、亚硫酸盐、氯盐等物质，离开烟道后在大气中经稀释、干燥、降温、凝结等作用，失去水分后变成细颗粒物，称为溶解性固形物。

国内现行标准 GB/T 16157—1996 和 HJ 836—2017 规定的颗粒物测量方法，尚未考虑到 CPM 的测量，也没有强制要求颗粒物采样时需要加热烟气。

目前，国内燃煤电厂对烟气颗粒物的测试结果，均未包括可凝结颗粒物及溶解性固形物。根据相关文献报道的燃煤电厂、供热锅炉、工业锅炉等净烟气中的颗粒物排放浓度测试结果表明，烟气中可凝结颗粒物与溶解性固形物的排放浓度值，可达到滤膜法检测的可过滤颗粒物排放浓度的 0.7～5.7 倍。据有关资料介绍，我国北京、上海 17 个超低排放机组的测试结果显示，CPM 的平均值达到 13.93mg/m^3，已超过颗粒物超低排放标准规定的 5mg/m^3。由此可见，烟气中可凝结颗粒物等非常规污染物的排放对环境大气污染的影响是不可忽视的。

（2）烟气中可凝结颗粒物的形态

可凝结颗粒物在烟囱内是以气相或雾状颗粒形式存在，但排入大气环境后，由于温度下降会在很短的时间内凝结成颗粒物，主要由SO_3气溶胶、挥发性有机物、SCR装置逃逸的微量NH_3以及雾状液态水携带的溶解性总固体等污染物组成。其中溶解性总固体主要由SO_4^{2-}、SO_3^{2-}、Cl^-、F^-、NO_3^-、Ca^{2+}、Mg^{2+}等离子组成。

燃煤电厂超低排放改造完成后溶解盐的质量浓度在0.15～2mg/m^3，挥发性有机物主要由燃烧过程产生的酯类、烷烃类以及少量苯环类物质组成。有机物组分在可凝结颗粒物中所占的比重在 4.6%～27.7%之间。SO_3在脱硫后的烟气中主要以硫酸雾形式存在，超低排放改造后质量浓度均值从23mg/m^{3}降低到8.9mg/m^3。有关测试结果指出湿法烟气脱硫工艺和湿式电除尘器对CPM的脱除效率分别达到57.59%、69.92%。采用低低温电除尘技术对CPM也有较高的脱除效率。

烟气中的常规污染物主要是可过滤颗粒物、SO_2、NO_x，非常规污染物主要是NH_3、SO_3及酸雾、可溶盐、重金属Hg等。尽管非常规污染物浓度比常规污染物浓度低很多，但少量的非常规污染物对环境的影响也不容忽视，如酸雾、Hg及其化合物的污染当量值分别为0.6、0.0001。因此，需要重视Hg、可凝结颗粒物等非常规污染物对环境的影响，应当进行深度减排。

17.1.5.2 有色烟羽

（1）有色烟羽的概念

当烟气从烟囱或其他装置排入大气后，由于它具有一定的动量和浮力，在向下风向传输过程中，其中心线会上升，同时烟体向四周扩散。烟气在扩散过程中其外形有时像羽毛状，因此被称为“烟羽”。烟羽颜色与烟气成分及环境条件密切相关，在光线充足的条件下，烟气中的不同成分显示出不同的颜色，带有颜色的烟羽被称为有色烟羽，颜色深浅可显示其浓度高低，在浓度很低时一般均呈现为无色。湿法脱硫的烟气排放时常出现有色烟羽，如石膏色、灰黑色、黄色、白色、蓝色等。

超低排放的烟气成分主要是氮气、二氧化碳、氧以及微量二氧化硫、氮氧化物等气体时，烟气的颜色应是无色的。白色烟羽主要含有水雾（1μm细小液滴），黄色烟羽中含有硝酸雾（NO_2气溶胶），蓝色烟羽主要含有硫酸雾（SO_3气溶胶浓度5×10^{-6}～10×10^{-6}时）。满足超低排放的电厂的有色烟羽只可能是白色、蓝色。白色烟羽是烟气中水汽冷凝物形成的，烟气加热可以消除白色烟羽，但能耗加大。蓝色烟羽是烟气中的硫酸雾滴形成的，烟气加热不能消除蓝色烟羽。

当烟气中的硫酸气溶胶体积浓度在$(5\sim10)\times10^{-6}$时（10×10^{-6}的SO_3相当于质量浓度为36mg/m^3），就可能出现蓝色烟羽。烟气中SO_3在200℃以下时全部以硫酸气溶胶（雾滴）形式存在，只有当烟温大于500℃时才以SO_3气态存在，而电厂的超低排放烟温一般在80℃以下。采取低温电除尘器运行在酸露点以下时，SO_3脱除效率可达80%，实现协同脱除SO_3，可实现烟气SO_3浓度小于5mg/m^3。

（2）有色烟羽的形成及其对环境的影响

锅炉燃烧会使燃料中的硫生成SO_2和少量SO_3，国内燃煤电厂普遍采用SCR烟气脱硝工艺和石灰石-石膏法等湿法烟气脱硫工艺，SCR脱硝中的钒钛系催化剂又会使烟气中一小部分的SO_2氧化成为SO_3，后者在湿法烟气脱硫系统中因浆液喷淋急剧降温会冷凝形成SO_3/H_2SO_4气溶胶，它们因粒径微小（主要在0.1μm以下）不易被浆液洗涤脱除。这些脱硫后的饱和湿烟气（约50℃）中还含有大量的气态水及微小雾滴，在烟囱口排入大气环境的过程中由于温度降低会继续发生凝结，形成含有更多雾状水和SO_3气溶胶的烟羽，其会因天空背景色和天空光照、观察角度等原因发生颜色的细微变化，形成“蓝色烟羽”。

蓝色烟羽因其含有较高的 SO_3 等 CPM 更具有污染性：一是其在大气中停留时间长，污染扩散距离远；二是其环境毒性大，是酸雨的主要成分；三是其具有强酸性，极易与大气中 NH_3 等发生反应形成硫酸盐，这是 $PM_{2.5}$ 的重要组分。

目前，国内经过超低排放改造后燃煤电厂的烟气中 SO_2、NO_x 和可过滤颗粒物的排放控制已经达到国际先进水平。但是所测试的烟气颗粒物不包括对大气环境影响较大的可凝结颗粒物，对形成可凝结颗粒物及蓝色烟羽的 SO_3 尚无排放限值要求。目前燃煤电厂烟气超低排放正在向深度减排推进，消除燃煤电厂有色烟羽是关键。

燃煤电厂治理有色烟羽的关键就是控制 SO_3 为代表的 CPM，现有的超低排放技术的有关数据表明，SO_3 排放浓度仍可达到 $10mg/m^3$ 以上。对烟气中 SO_3 的控制主要有两条途径：一是控制燃煤含硫量和 SCR 烟气脱硝过程中 SO_2/SO_3 的转化率；二是利用烟气治理中的低低温电除尘器（LL-ESP）、湿式电除尘器（WESP）、湿法烟气脱硫工艺（WFGD）、相变凝聚器等对烟气中的硫酸雾进行协同脱除。通过控制 SO_3 可实现降低可凝结颗粒物浓度。

17.1.5.3　烟气 SO_3 检测技术及典型产品

（1）烟气 SO_3 在线监测的重要性及其难点

烟气中 SO_3 参与的主要反应如下：

$$SO_3+H_2O = H_2SO_4$$

$$SO_3+CaO = CaSO_4$$

$$NH_3+SO_3+H_2O = NH_4HSO_4$$

$$2NH_3+SO_3+H_2O = (NH_4)_2SO_4$$

烟气中 SO_3 与水形成 H_2SO_4，会提高烟气酸露点；在高温下（1000℃左右）与 CaO 形成 $CaSO_4$；在 150℃左右及 204～260℃时，与氨及水反应生成 NH_4HSO_4 及 $(NH_4)_2SO_4$。硫酸氢铵是一种黏附性极强的腐蚀性粉末状晶体，会造成下游设备的腐蚀，特别是下游设备空气预热器的严重堵塞及降低热效率，同时也会使 SCR 的催化剂堵塞气孔，降低催化效率及使用寿命。

烟气 SO_3 的在线监测难度很大，目前国内尚未开展烟气 SO_3 在线监测，主要采取离线监测方式。

国内已有地方及行业标准提出对烟气中 SO_3 排放限值小于 $5mg/m^3$ 的要求。对烟气中 SO_3 的监测是采用离线的离子色谱法测定硫酸雾，参见标准 HJ 544—2016《固定污染源废气　硫酸雾的测定　离子色谱法》。另外，在 GB/T 21508—2008《燃煤烟气脱硫设备性能测试方法》的“附录 C　烟气中 SO_3 浓度的测定”也有相关规定。其中采样方法规定：采样管和石英过滤器加热温度 260℃，采用玻璃蛇形管收集、捕集和分离 SO_3。国外已有机构采用量子级联激光器-中红外光谱的高温红外分析仪在线监测 SO_3。

从分析技术的可行性分析，FTIR 可用于在线监测脱硝烟气中的 SO_3 及其他气体组分。由于 FTIR 检测成本高，FTIR 检测技术在国内烟气脱硝在线气体分析应用很少。FTIR 用于在线烟气监测中，还存在烟气 SO_2 会对测量 SO_3 产生干扰，脱硝原烟气的 SO_2 浓度比脱硝过程中的 SO_3 高 1～2 个数量级，一般情况下 SCR 脱硝原烟气 SO_2 浓度在 $2000mg/m^3$ 左右，而脱硝过程中的 SO_3 浓度大多小于 $100mg/m^3$，检测干扰较大。

另外，脱硝原烟气还含有高浓度烟尘和高含量水分，烟尘和雾滴对光源发射光造成严重散射，也会影响到 FTIR 检测微量 SO_3 的准确性，因此 FTIR 很少用于检测 SO_3。研究 QCL

在中红外在线监测 SO_3 已成为国内外科研院所和厂商开发的热点。

（2）国外烟气 SO_3 在线监测的典型产品

目前已有国内厂家代理并推介美国 IMACC（Industrial Monitor and Control Corporation）公司开发的基于 QCL 原位测量 SO_3 分析仪产品，并在国内试点应用。美国 IMACC 开发的基于 QCL 原位测量 SO_3 分析仪产品，是基于 DFB-QCL 的中红外光谱分析仪。该分析仪采用单侧原位安装方式，QCL 分析仪的检测探头（含测量气室）插入烟道的标准长度 1.5m（插入长度根据要求可定制），烟气是在负压下测量，该产品的 QCL 选用 SO_3 特征吸收谱线的激光频率约为 $1398cm^{-1}$，分析仪采用 DFB-QCL 的峰值输出功率高达 80mW，输出光束在通过高粉尘、高含水的烟气后，在检测器上可获得较高的信噪比。QCL 激光器的激光扫描区间约 $3cm^{-1}$，两分钟内光谱扫描 5000 次，取均值作为光谱信号。

该系统检测探头的发射单元与接收单元布置在同一密封箱内，采用温度控制并用干燥空气吹扫，内置一个 7cm 长密封气室作为激光扫描波长校准。从发射单元发出的红外激光束穿过一个插入烟道内的原位高温测量气室，光束到达气室顶端反射部件后，被反射再次穿过气室内的被测气体，经分束器汇聚到接收单元检测器。检测器的输出信号，通过同轴电缆传送到分析小屋的数字转换器及光谱测量系统。原位高温测量气室取样入口有不锈钢烧结过滤器过滤烟尘。该系统采用加热喷射泵抽取烟气，使高温原位测量气室内保持稳定的负压和中等流速（2 L/min）状态。

QCL 分析系统通过专用的数据采集软件对数字转换器扫描的激光信号进行处理，将激光透射光谱转换成二次谐波信号，透射光谱的二次谐波与浓度具有线性关系，测量的光谱信号通过与参比数据库的 SO_3/SO_2 谱线参比值进行对比检测，并计算其定量浓度。参比数据库的 SO_3/SO_2 谱线测量，是通过一个实验平台并生成 SO_3/SO_2 量化的参比光谱实现的。

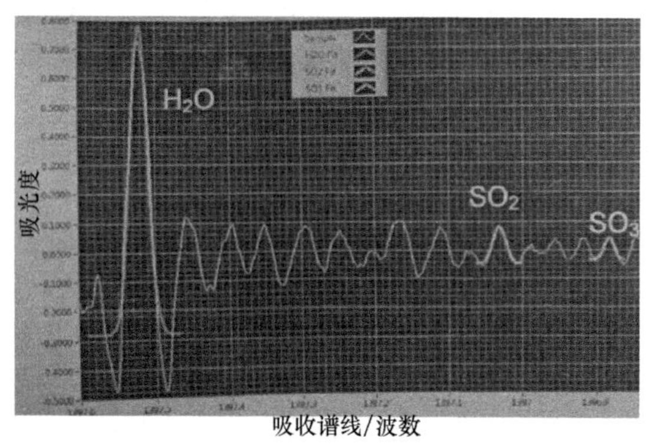

图 17-1-6　SO_3/SO_2 谱线图

仪器校准的标准气混合气体制备，是将 SO_2 标气和零气混合气预热后通过高温催化床，催化床将 SO_2 转换成 SO_3，转换率大于 90%。标准气混合气体进入检测平台的高温检测气室，标准气混合气体采用 FTIR 分析仪测量。通过先测量未通过催化床的混合气 SO_2 浓度，作为标准 SO_2 参比光谱，再测量催化混合气高温检测气室出口未转换的 SO_2 浓度，以及转换后混合气中的 SO_3 浓度，从而制取 SO_3/SO_2 量化的参比光谱，参见图 17-1-6。

用于原位测量的 QCL 分析仪安装在 SCR 反应器正下方，空气预热器上方。该系统的 QCL 分析仪在接近多普勒展宽负压条件下，成功实现了 SO_3、SO_2 及 H_2O 的选择性测量，SO_3 的最低检出限低于 0.5×10^{-6}。

17.2　非电行业污染源烟气超低排放监测技术

17.2.1　非电行业烟气排放监测技术概述

近几年来，非电行业的烟气超低排放已成为国家对大气环境污染防治的重点，通过在非电行业推行脱硫、脱硝、除尘等工业治理设施，实现烟气污染物的超低排放。非电行业主要指钢铁、水泥、石化及玻璃、陶瓷、铸造、电解铝、砖瓦窑、耐火材料等行业，重点是针对各种炉窑排放烟气的治理和监测，其中钢铁、水泥等行业已开始实施超低排放要求及污染物减排的深度治理。部分省市地区已经针对钢铁、水泥、焦化、玻璃等行业的污染源烟气排放出台新的排放限值标准，非电行业及重点区域烟气污染物深度减排与监测成为新的热点。

（1）非电行业烟气超低排放的特点与难点

非电行业各种工业用炉窑的烟气污染物（烟尘、SO_2、NO_x）排放量大面广，具有不同特点，相对于电力行业煤电机组的锅炉烟气排放治理难度大，各个行业烟气排放除了有组织排放（烟囱、排气管等）外，还存在无组织排放（如管阀等泄漏现场）等。有的设备烟气排气量较小，生产设施启停频繁，污染物浓度相对较低；有的设备污染物排放浓度较高。

现阶段，非电行业的烟气污染物排放治理设施相对简单，控制方式粗放，专业人员缺失，企业管理水平相对较差；工艺工况波动较大，现有的治理设施无法实时有效控制排放污染物浓度；另外，也存在对烟气CEMS在线监测的设计选型不合理，监测数据不能为治理设施及排放提供有效数据参考等，造成非电行业烟气排放及烟气CEMS运行存在较多问题。

非电行业的污染治理设施一般为脱硝+除尘+脱硫方式，个别行业加装湿式电除尘和烟气-烟气换热器（GGH）。湿法脱硫的净烟气温度低到45℃左右，即使加装GGH，净烟气温度约在80℃，湿法脱硫、除尘的净烟气处于低温、高湿、低浓度检测，难度较大。另外，不同行业、不同污染治理工艺的烟气CEMS监测的难度也不同。有的治理设施在运行中会形成高浓度二次污染物，如SO_3、气溶胶、氨气、盐类、脱硫废水；有的治理设施运行的排放烟气成分复杂，相互干扰，待测污染物浓度不易稳定准确监测；有的设备排放的烟气中水分含量高，烟气温度偏高，腐蚀性强；有的治理设施采用低氮燃烧，设备改造后排放出高浓度CO和碳氢化合物等，直接影响烟气监测、预处理和环保治理设施的正常运行。

目前，非电行业烟气排放治理已得到高度重视，各级政府出台了达标排放政策及指导规范，各行业烟气超低排放治理及监测正在大力推进中。特别是钢铁、水泥等行业的烟气污染物治理与监测有不同的解决方案；常规污染物（SO_2、NO_x、烟尘）可做到达标排放。

（2）非电行业超低排放监测的有关标准与法规要求

非电行业的超低排放主要是针对钢铁、石化、焦化、水泥和玻璃等行业的超低排放监测，目前各非电行业，以及各地区政府对超低排放监测，都已经制定或正在制定行业或地方的法规要求，对各个行业污染源的源头减排、有组织排放监测及无组织排放监测等制定了具体的法规和指南，提出了非常明确的要求。

以钢铁行业的有关标准法规要求为例，其有组织排放监测及无组织排放监测简介如下。

对有组织排放监测主要是对固定源的监测监控，例如：烧结机机头、烧结机机尾、球团焙烧、焦炉烟囱、装煤地面站、推焦地面站、干熄焦地面站、高炉矿槽、高炉出铁场、铁水预处理、转炉二次烟气、电炉烟气、石灰窑、白云石窑、燃用发生炉煤气的轧钢热处理炉、自备电厂等排气筒等都需安装烟气排放连续监测系统。

对无组织排放监测要求建立有效的监控体系，对无组织排放过程、治理设施运行状态和重点区域颗粒物浓度等进行全方位监控。厂区应按照有关标准要求，至少设置1套标准方法的环境空气质量监测站。厂界、道路、污染重点区域应设置监测微站。并要求建立全厂集中管控平台，对厂内所有监测、治理设备进行集中管控，并逐步实现运用物联网、大数据、机器学习等技术手段，实现对企业无组织排放的智能化自动管控和治理。

由上述钢铁行业的有关要求可见，非电行业的超低排放监测要求与电力行业有不同的要求，非电行业的CEMS在各行业的应用中有不同的难点及技术解决方案。

17.2.2 钢铁行业超低排放监测技术

17.2.2.1 概述

（1）钢铁行业废气有组织排放监测技术

① 钢铁行业的固定污染源的在线监测要求 钢铁行业废气排放的工艺设备主要有：烧结机机头、烧结机机尾、球团焙烧、焦炉烟囱、装煤地面站、推焦地面站、干熄焦地面站、高炉矿槽、高炉出铁场、铁水预处理、转炉二次烟气、电炉烟气、石灰窑、白云石窑、燃用发生炉煤气的轧钢热处理炉、自备电厂等。

凡集中排放废气设备在排放口，按照标准要求需要安装烟气排放连续监测系统，同时要安装相关废气治理设施配套的分布式控制系统（DCS）。

② 钢铁企业的工艺设备的超低排放限值要求 参见表17-2-1。

表17-2-1 钢铁企业的工艺设备的超低排放限值

工艺设备	取样点	基准氧含量/%	颗粒物/(mg/m³)	SO_2/(mg/m³)	NO_x/(mg/m³)
烧结（球团）	机头、球团竖炉	16	10	35	50
	回转室、球团焙烧机	18	10	35	50
炼焦	焦炉烟囱	8	10	30	150
	干熄焦	8	10	50	150
炼铁	热风炉	8	10	50	200
轧钢	热处理炉	8	10	50	200

（2）钢铁行业废气无组织排放监测技术

① 无组织排放过程监控要求 应监控记录无组织排放源相关生产设备的启停数据，如配料开启/关闭、上料皮带开/停机等；无法监控设备启停数据的，需安装具备自动抓拍扬尘功能的视频监控装置。对作业和扬尘过程进行监控记录，如：料场出入口、烧结环冷区域、高炉矿槽和炉顶区域、炼钢车间顶部、焦炉炉顶、钢渣处理车间等易产尘点安装高清视频监控装置。

② 治理设施运行状态监控 应监控记录风机、干雾抑尘、车辆清洗装置等无组织排放治理设施启停状态和运行参数，如电流、风量、风压、阀门开闭、水量、水压。

③ 安装产尘点TSP监测设施 对含水率小于6%的物料转运、混合、破碎、筛分，及烧结机尾、球团焙烧设备、高炉矿槽、高炉出铁场、混铁炉、铁水预处理、精炼炉、石灰窑等主要产尘点，可在收尘罩或抑尘设施上方设置TSP浓度监测仪。

④ 布设厂区环境空气质量监测点 厂区应按照《环境空气质量监测点位布设技术规范（试行）》（HJ 664—2013）要求，至少设置1套标准方法的环境空气质量监测站；对厂界、道路、污染重点区域应设置监测微站。

监测微站的设置条件尽可能一致，使获得的数据具有代表性和可比性。监测微站周围环境状况应相对稳定，无电磁干扰，在监测设备周边20m范围内设置2～3个控制点，定期开展监测微站的设备校准。

监测微站的布点要求：厂界东、南、西、北、东南、东北、西南、西北八个方位分别布设监测微站，监测PM_{10}、温度、湿度、风向和气压；厂界单边长度超过1km的，可适当增设监测微站。厂区主要货运道路路口应在行车道的下风侧布设监测微站，监测PM_{10}、温度、湿度、风向和气压，采样口距道路边缘距离不得超过 20m；路口间道路超过 1km 的，可适当增设监测微站。

原料大棚、烧结车间、高炉车间、炼钢车间、石灰车间、钢渣处理车间等污染重点区域，应在主导风向及第二主导风向的下风向最大落地浓度区内布设监测微站，监测 PM_{10}、温度、湿度、风向和气压；特殊情况可酌情增加布点。

⑤ 建设全厂集中管控平台 全厂集中管控平台，主要对厂内无组织排放源清单中所有监测、治理设备进行集中管控，并记录各无组织排放源点相关生产设施运行状况、收尘、抑尘、清洗等治理设施运行数据、颗粒物监测数据和视频监控历史数据。所有数据保存一年。鼓励根据生产设施运行情况和产尘点无组织排放监测数据，运用物联网、大数据、机器学习等技术手段，实现对无组织排放的智能化自动管控和治理。

17.2.2.2 烧结烟气 CEMS 技术应用要点

钢铁行业超低排放监测中，烧结烟气是钢铁行业排放的重点，也是治理和监测的难点。

烧结机在生产中由于受烧结料的成分和水分不同，以及烧结机机速和布料情况影响，烧结烟气中 SO_2、NO_x、烟尘初始浓度波动较大，同时烟气中含有高浓度的 CO 背景气和 HF、HCl 及二噁英类成分，烟气流量较大，基准氧含量较高，对治理设施和监测设备形成较大的影响。烧结烟气主要治理工艺路线参见图 17-2-1 所示。

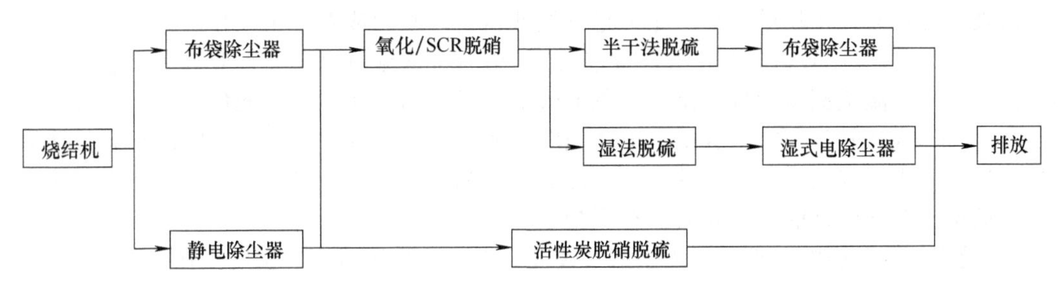

图 17-2-1 烧结烟气主要治理工艺路线

（1）湿法脱硫工况下气态污染物的监测要点

钢铁行业超低排放的 SO_2 标准限值为 35mg/m³，湿法脱硫的烟气 CEMS 监测要点如下。

① 采用冷干法 CEMS，应注意冷凝器和采样探杆内的液态水产生对二氧化硫的吸附，造成测量数据偏低，或者示值误差、响应时间超出标准允许范围，因此对采样探杆要进行加热，冷凝器进行磷酸滴定或者采用 Nafion 除水技术，可以有效避免水对二氧化硫的吸附影响。

② 采用热湿法 CEMS，应注意采样探杆和接头处的加热冷点，可能会形成液态水对二氧化硫的吸附，以及造成氮氧化物转化器和管路堵塞，因此也应对采样探杆进行加热，采样管路接口处要进行保温伴热，减少冷点是降低水对二氧化硫吸附和管路堵塞的有效方法。

（2）脱硝工况下的气态污染物的监测要点

在氧化脱硝工况下，采用湿法脱硫进行吸收的，由于吸收液中同离子效应的影响，NO_2 的吸收效率较差，烟气中 NO_2 及强氧化剂（如臭氧）浓度较高，采用氮氧化物转换器进行 NO_2 转换测量 NO 的场合，催化剂易被氧化失效。因此，在运行中应定期测试氮氧化物转换器的效率，或者采用对 NO_2 直接测量的分析仪。

SCR 脱硝的场合，应在脱硝反应器出口对治理后的 NO_x 进行监测，监测采样点位宜采用多点采样方式。受烟气中颗粒物浓度和硫酸铵盐的影响，采样探头应进行定时反吹，对探头滤芯上的盐类和颗粒物进行吹扫，由于烟气温度较高，吹扫气宜先进行预热或者经伴热管线后进行吹扫，防止吹扫后探头、探杆内降温，形成温度梯度差，产生结晶沉积，影响采样和样品组分浓度。监测组分为NO、O_2，同时应对排放的氨逃逸浓度进行监测。

NO分析仪采用紫外差分原理的，应定期测试烟气中碳氢化合物对检测数据的影响，可通过管路中加装除烃器，以及用特征碳氢化合物标气进行测试；对影响较大的，可采用软件算法补偿或者硬件除烃消除的方式予以缓解。NO采用热湿法进行监测时，由于颗粒物和铵盐等因素影响，采样系统易形成堵塞，应对采样系统流量进行检测，以保证测量流量持续稳定在设计要求范围内；同时烟气进入测量气室后体积膨胀，流速降低，易于二次颗粒物的形成和沉降附着，需对分析仪测量气室光谱强度进行实时监控，以保证测量数据的准确。

（3）半干法脱硫下的原位式测量含湿量的要点

半干法脱硫多采用循环流化床或者旋转喷雾方法，运行过程中水吸收烟气中的 SO_2 和 NO_2，再与碱性物质反应，达到最终脱除气态污染物的作用。实际运行中CEMS测量的烟气含湿量对系统的稳定可靠运行起到关键作用，通过测定含湿量控制循环流化床内投加脱硫剂的含水量，保证脱硫效率达到最佳状态，同时为避免后端布袋除尘器糊袋堵塞，系统阻力变大，形成循环流化床床压不稳，塌床的情况，因此，烟气含湿量和温度控制至关重要。

对于不能持续稳定实现超低排放的场合，采用原位式测量含湿量时应注意以下几点：

① 颗粒物排放浓度达到超低排放的，为保证含湿量测量元件（阻容元件、光学镜片等）不受污染，应加装颗粒物过滤器，定期进行过滤器自动吹扫或者手工吹扫。

② 对于烟气温度较低、饱和水含量较高的工况下，含湿量测量装置应具备测量传感器加热功能，防止含湿量测量元件（阻容元件）表面形成结露，腐蚀测量元件。

③ 由于烧结烟气中含有 SO_3、HCl、HF 和氨等腐蚀性气体，含湿量的测量属于接触式测量原理，采用阻容式测量方法的，需要注意接触测量元件的防腐性，运行中要定期检查元件腐蚀情况，对被腐蚀的元件及时进行更换。

④ 受烧结工艺影响，烟气中CO浓度较高，半干法脱硫后烟气温度多在100℃左右，烟气中饱和液态水含量较低。由于CO对氧化锆测量含氧量具有一定的影响，所以烧结烟气不建议采用原位式氧化锆测量湿氧，根据干湿氧计算含湿量进行含湿量测量的方式。

⑤ 采用TDLAS进行含湿量测量的，使用前需要对烧结烟气中碳氢化合物的含量进行测定分析，防止碳氢化合物对TDLAS形成测量干扰，造成测量数据的偏差。

（4）抽取式含湿量检测的技术与应用

① 超低排放后烟气中含湿量较高，完全抽取式冷干法CEMS为抑制水对二氧化硫的吸附，在冷凝器或采样管线进口增加了磷酸滴定装置，滴定磷酸浓度在5%～20%之间。在磷酸滴定装置后采用抽取式测量含湿量的，含湿量测量数据比实际烟气中含湿量偏高，同时对含湿量测量元件形成腐蚀，影响测量精度和使用寿命。所以，抽取式含湿量测量应安装于磷酸滴定装置前端，并保证吹扫、校准及维护期间，滴定磷酸不能进入含湿量测量装置内。

② 超低排放的完全抽取式冷干法CEMS，其预处理系统采用原位式渗透除湿的，不宜采用抽取式含湿量测量。对已安装完全抽取式冷干法CEMS预处理进行渗透除湿改造的，原抽取式含湿量测量装置应安装在渗透除湿装置前端，并保证抽取采样过程无冷凝水产生。

③ 采用一体化抽取式干湿氧测量含湿量的，应注意全程标气测试及停复产时含氧量的变化引起的含湿量的剧烈波动，以及含湿量变化对完全抽取式热湿法CEMS中污染物浓度的影响，同时需定期对含湿量测量装置进行含湿量准确性验证，含湿量数据偏差较大或者监测数据不符合工艺逻辑时，应检查氧化锆仪器的漂移及水裂解催化剂的有效性；对烟气中水溶性

离子浓度较高的工况下，应定期对抽取式含湿量测量装置堵塞情况进行检查和清理。

17.2.2.3　半干法脱硫CEMS颗粒物浓度和压力监测注意事项

半干法脱硫后端一般配置有布袋除尘器，布袋除尘器的运行直接关系到颗粒物排放浓度及循环流化床的稳定性，对布袋除尘器出口颗粒物浓度与工艺变化情况进行监测尤为重要，半干法脱硫后的布袋除尘器会经常出现泄漏、破袋和糊袋，以及风机震动加大等问题。

半干法脱硫CEMS颗粒物浓度和压力监测注意事项如下：

① 半干法脱硫布袋除尘器后CEMS颗粒物浓度排放浓度较低，烟气温度相对较高，一般情况下在90～150℃，烟气中湿度在9%～20%，排放颗粒物一般为脱硫产物或脱硫剂，颗粒物颜色较浅，粒径较小，颗粒物浓度具有一定的变化规律，其规律与布袋除尘器除灰情况具有一定相关性，颗粒物浓度变化反映了布袋除尘器泄漏、破损、糊袋及除灰情况。烟气压力监测数据反映出脱硫除尘系统内压损情况，正常运行时布袋除尘器压力相对稳定，在布袋发生糊袋时，CEMS监测压力数据较正常情况下会有明显降低或者升高（升高和降低取决于压力监测安装位置），同时糊袋严重时，风机出力加大，震动加大；当布袋发生破损或脱落时脱硫进出口压力差明显较低，颗粒物浓度数据较正常情况下升高；布袋除尘器进行反吹除灰时，颗粒物浓度监测数据应有明显变化，反应除灰时瞬间颗粒物浓度的增加。

② 超低排放后颗粒物浓度监测装置，普遍采用抽取式激光前散射法进行测量，半干法脱硫布袋除尘后排放颗粒物浓度较低，烟温较高，烧结烟气排放风量、管径和烟气含湿量相对较大。抽取式颗粒物浓度测量采样探杆受机械强度限制，长度大多在1～2m之间，安装在直管段不满足6倍当量直径场合，烟道内流场分布不均匀，采样位置的颗粒物浓度不能完全代表实际排放浓度。环境监测相关文件中对直管段不满足要求的场合，要求采用多点采样，但是对于多点采样布点方式和数量，未进行明确说明，实际应用中多点采样方式实施难度较大，很多场合尚未得到应用，大管径排放场合不建议使用点抽取式颗粒物测量方式。

部分抽取式激光前散射法颗粒物监测装置，有的在输送管路未进行保温，样品在传输过程中形成冷凝水，冷凝水与颗粒物结合，在管路内沉降附着，其沉降和附着对样品颗粒物浓度的影响取决于样气的含湿量、样品输送管路的长度和材质，以及采样流量等，以上因素造成多数超低排放半干法脱硫后颗粒物浓度监测数据，长期数据低，波动小；在运行人员发现布袋有损坏或泄漏后，颗粒物监测数据无明显变化，监测数据不能为工艺控制提供参考。

半干法脱硫颗粒物排放正常情况下浓度较低，颗粒物浓度与工艺具有一定相关性，非正常情况下，颗粒物排放浓度较低（糊袋）或者排放浓度较高（泄漏或者破袋）。颗粒物浓度监测装置应具备高灵敏度、高响应性，兼备高低量程自动切换，满足正常和不正常工况下的监测。激光前散射法具有高灵敏度和低量程测量的优点，但是散射光受颗粒物颜色、成分、粒径、测量光波长和检测光角度等因素影响，颗粒物监测设备选型时应充分考虑脱硫物料成分、颜色和粒径的影响，厂家在设计生产时应积累不同工艺下影响因素数据，并对影响因素在软件算法和硬件上进行补偿。考虑到抽取过程中颗粒物浓度影响因素较多，在高温、高含湿量的工况下，可采用原位式激光前散射法进行测量，加装自动吹扫装置，同时具备光学镜头污染报警和自动校准功能。

电荷法具有灵敏度高、测量范围广、测量传感器不受污染影响等特点，采用原位式场测量原理，对测量位置直管段要求较低，但待测烟气中不能有液态水，广泛应用于布袋除尘器的泄漏监测和袋漏定位。半干法脱硫排放颗粒物浓度监测在无液态水的情况下，应配置电荷法颗粒物浓度监测设备，结合CEMS的温度、含湿量、压力等数据对半干法脱硫设施进行科学合理控制，确保安全生产和达标排放。

17.2.2.4　活性炭脱硫脱硝系统CEMS运行中常见问题

活性炭（焦）脱硫脱硝一体化装置是钢铁行业超低排放实施过程中新兴的治理设施，该设施可实现脱硫脱硝功能，运行中活性炭可再生循环使用，脱硫产物为硫酸或者硫酸铵，具有脱硫产物附加值高、运行成本低的优点。活性炭脱硫脱硝系统中SO_2、NO、氨及颗粒物的控制是关键因素，结合CEMS在活性炭脱硫脱硝系统运行中常见问题分析如下：

① 一般情况下，活性炭脱硫脱硝装置先对烟气中SO_2进行吸收脱除，在设施设计合理和运行正常情况下，脱硫效率相对较高，排放浓度多在35mg/m^{3}以下，装置出口CEMS监测的SO_2数据是控制活性炭投加的依据；实际运行中CEMS监测SO_2数据经常性为零，活性炭以定量投加，造成活性炭的磨损和流失较多。

分析CEMS中SO_2低值或零值的主要原因有：初始浓度较低，活性炭吸收效率高，实际排放低，同时烟气中水分在完全抽取式冷干法CEMS预处理内水对氨和SO_2产生吸收，造成监测数据偏低或为零。

活性炭脱硫脱硝CEMS选型时应注意：完全抽取式冷干法设备预处理应采用磷酸滴定或者原位式渗透除水方式，同时应注意除水前先对烟气中逃逸的氨进行脱除；完全抽取式热湿法设备，应注意加热盲点的处理以及逃逸含碳微细颗粒物对光学器件的污染；由于处理后的烟气在工艺控制不佳状态时，烟气中颗粒物浓度较高，采用抽取式烟道内稀释的CEMS，采样探头易被堵塞，应加密清理维护频次和周期；采用烟道外稀释的CEMS，应注意采样探头滤芯的气密性，并定期对稀释比进行测试验证。

② 活性炭脱硝过程中为达到NO_x的排放限值50mg/m^{3}以下，需要向装置内喷射一定量的氨气，对烟气中的NO进行还原，受烟气温度等因素影响，NO的脱除效率不稳定时，存在过量喷氨、氨逃逸浓度较高的情况。CEMS在对NO进行监测的同时，还应对NO_2进行监测。采用完全抽取式热湿法的，应注意烟气中细颗粒物对NO_x转换器的堵塞，并对排放烟气中氨逃逸进行监测，运行中对治理设施的控制应参照NO_x浓度和氨逃逸浓度的检测数据。

③ 活性炭脱硫脱硝装置内，颗粒物超标的主要原因为活性炭粉逃逸造成。部分抽取式前散射法颗粒物监测设备监测数据经常性无规律跳变，在测量气室内白色和黑色浮尘较多，主要为粒径较小的炭粉和铵盐，造成前散射光强，致使监测数据偏高或者波动跳变。

对于活性炭（焦）脱硫脱硝一体化工艺过程的在线颗粒物浓度的监测，宜采用原位式激光前散射法或者电荷法颗粒物监测设备进行监测，根据监测数据实时调整相关工艺，以确保颗粒物浓度达标排放。对活性炭脱硫脱硝后颗粒物浓度实际排放浓度较高的场合，应对设施进行改造，加装布袋除尘器，监测布袋除尘器处理后的烟气污染物浓度。

17.2.3　焦化行业超低排放监测技术

焦化行业主要排污节点为焦炉烟气和装煤、推焦及干熄焦烟气。其中焦炉烟气为不间断排放，主要排放污染物为二氧化硫、氮氧化物和颗粒物。烟气治理设施包括脱硫、脱硝和除尘等。装煤、推焦和干熄焦烟气为间断性排放，排放特征与生产工艺有关联，主要排放污染物为颗粒物，治理主要为布袋除尘器。焦炉烟气污染治理设施工艺路线参见图17-2-2。

焦化行业对CEMS监测的影响因素有水、氨逃逸、碳氢化合物等。由于焦炉生产过程中存在不同程度的炭化室串漏，尤其是在重污染限产或者延长结焦时间后，造成炉况不稳定，炭化室串漏更加严重，造成后端污染治理设施更不好控制，造成CEMS监测中问题较多。

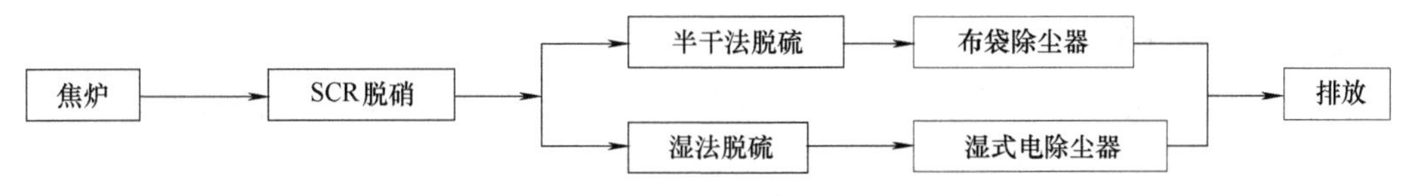

图 17-2-2 焦炉烟气污染治理设施工艺路线

17.2.3.1 技术分析

（1）焦炉烟气的在线监测

焦炉烟气治理设施主要脱硝和脱硫，为保证治理设施高效稳定运行，应在脱硫、脱硝设施进出口处安装 CEMS，并根据 CEMS 监测的污染物浓度数据对治理设施进行控制调整，部分场合脱硝出口和脱硫进口可共用一套烟气 CEMS 在线监测。焦炉生产过程中需要定期进行炭化室加热换向，换向时焦炉烟囱排放烟气温度变化明显，对烟气污染物排放有一定影响，脱硝进出口、半干法脱硫进出口的 CEMS 监测数据，应能反映焦炉换向情况。

（2）焦炉烟气 CEMS 的预处理与分析仪选型

焦炉烟气受工艺因素影响，烟气中含有碳氢化合物及氨逃逸，在预处理及分析仪选型上应注意碳氢化合物的影响。预处理及分析仪的设计选型上应充分考虑以下要点：

① 完全抽取式冷干法 CEMS　由于烟气中含有浓度不定的碳氢化合物，应在除尘、除氨、除水的同时对样气中的烃进行去除。在除水后加装除烃器，可以一定程度上去除烃对红外分析仪的干扰。

冷干法 CEMS 预处理，采用原位式预处理系统的，预处理系统应具备除尘、除氨、除水、除烃的基本功能，并能将预处理系统内各个模块工作状态传送至 DAS 及分析仪，以确保测量样气满足分析仪的监测要求。原位式预处理工作流程可选择以下方式：

采样探头探杆加热（湿法脱硫场合，半干法脱硫烟温>100℃的场合可不采用）→加热采样探头（过滤颗粒物）→高温絮凝过滤器（0.2μm）→除烃器（高温加热分解烃）→除氨器（固态除氨）→渗透除水（Nafion 管除水）→常温管线→采样泵→流量压力控制→分析仪。其中渗透除水前全部为高温区域，加热温度应大于烟气露点温度 10℃以上，预处理应具备加热温度、露点、压力等参数监测，DAS 具备预处理工作状态，展示联动控制功能。

② 完全抽取式热湿法 CEMS　在焦炉烟气应用时，采用半干法脱硫的，烟气中饱和水含量相对较低，整个采样过程中应注意加热盲点对待测组成的吸附损失。湿法脱硫中由于烟气饱和水中含有水溶性离子，且浓度随工艺调整的变化而变化，选型时应充分考虑现场脱硫脱硝治理设施采用的工艺，如：采用双碱法脱硫，往往水中硫酸根离子和钠离子浓度较高，易堵塞采样管路；采用 SCR+石灰石-石膏法脱硫，则应注意高浓度氨逃逸形成的水溶性铵盐经加热后形成的堵塞，及二次颗粒物对测量气室的污染；对于烟气中水溶性离子浓度较高的场合，为防止管路堵塞，建议不使用 NO_x 转换器对 NO_2 进行测量，应对烟气中 NO_2 进行直接测量；对炉龄较长，串漏问题突出的焦炉，焦炉烟气中难免含有高浓度的碳氢化合物，测量时应在二级过滤后，加装除烃装置去除烟气中烃对光谱仪气室的污染和干扰。

半干法脱硫时烟气中含湿量较高，易对红外分析仪形成干扰，选型时应注意分析仪与预处理的适用性；超低排放后烟气中污染浓度较低，要求分析仪量程较低，采用红外分析仪进行测量时，分析仪要定期进行零点校准，采用空气为零气进行自动校准零点的，应注意零气的纯净度和露点，防止空气中待测组分的浓度和水分对分析仪零点形成干扰。采用紫外分析仪时，由于气体浓度低，测量光程要加长，对测量样气纯净度要求高。另外，紫外差分分析仪的信号处理算法直接影响分析仪的测量性能和运行稳定性。

17.2.3.2 注意事项

焦化行业颗粒物是主要排放污染物，不同工艺段颗粒物排放具有各自的特点。

（1）焦化行业颗粒物排放在线监测

焦炉烟气正常情况下排放颗粒物浓度较低，焦炉烟气采用湿法脱硫的场合，烟气中水溶性离子浓度和水分含量较高。一般湿法脱硫配套有湿式电除尘器，烟气温度在 50～70℃，烟气中颗粒物浓度较低，采用激光后散射法进行测量颗粒物浓度，由于烟气中水汽含量增大，监测数据较大，不能反映实际排放情况。

实现超低排放的湿法脱硫颗粒物监测，多采用抽取式激光前散射法颗粒物浓度监测仪，湿法脱硫后应用时，加热采样探杆易形成堵塞，非加热采样探杆易形成沉降吸附，测量气室内易形成结晶污染，无法反映工艺变化及排放情况。鉴于焦炉烟气中一次颗粒物浓度较低，且湿法脱硫和湿电对一次颗粒物均有捕获作用，应注重对二次颗粒物监测，监测排放烟气含湿量和水汽中水溶性离子浓度来表征排放的二次颗粒物。半干法脱硫后使用点采样和受颗粒物颜色等因素影响，监测数据无法反映布袋除尘器运行情况，宜采用原位式激光前散射法对排放进行监测。

（2）其他工序除尘的颗粒物监测

装煤、推焦及干熄焦地面除尘站排放的颗粒物浓度较低，且为间歇性排放，治理设施多采用布袋除尘器进行颗粒物捕集。

正常情况下，颗粒物排放浓度较低，颗粒物浓度数据与工艺生产情况一致，采用激光后散射法进行颗粒物浓度测量时，测量数据相对稳定。当监测数据明显升高时，布袋除尘器已泄漏比较严重。因此，选型时应尽量选择小量程、长光程、检测灵敏度高的设备。从工艺控制考虑，颗粒物监测设备应选用原位式激光前散射法或电荷法颗粒物监测设备，不宜采用抽取式颗粒物浓度监测设备。

17.2.4 水泥行业超低排放监测技术

继钢铁行业实施超低排放后，水泥行业实施超低排放已成为当前的重点。现行水泥行业排放标准相对较高，水泥窑尾烟气污染治理大多采用 SNCR+布袋除尘方式，窑尾烟气主要污染物为氮氧化物；窑头和其他工艺段主要排放的污染物为颗粒物。

水泥行业的超低排放主要针对窑尾烟气治理，测量重点为氮氧化物，超低排放后窑尾烟气排放标准为：颗粒物 $10mg/m^3$，二氧化硫 $35mg/m^3$，氮氧化物 $50mg/m^3$ 或 $100mg/m^3$。水泥企业超低排放治理的典型工艺路线参见图 17-2-3。

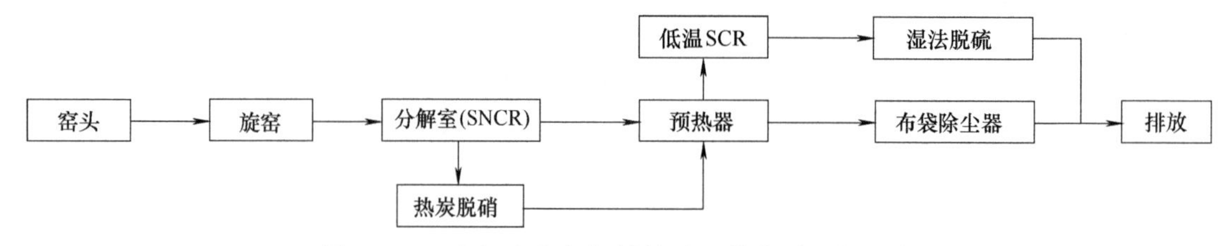

图 17-2-3 水泥企业超低排放治理的典型工艺路线

17.2.4.1 技术分析

水泥窑在生产过程中具有干法脱硫功能，正常情况下，水泥窑尾烟气中二氧化硫浓度较低，不需要增加脱硫设施，即可以做到达标排放，排放数据经常性为零值。水泥窑炉炉温较高，产生的NO浓度较高。水泥窑尾烟气大多采用在分解炉内喷氨水，在高温条件下对NO进行还原，达到脱硝作用。实际上在不同治理设施应用中，污染物排放监测存在不同的问题。

（1）水泥炉窑的烟气监测

分解炉内喷氨的SNCR脱硝中，由于SNCR脱硝效率较低，一般情况下，不易达到超低排放要求，普遍采用过量喷氨的方式来降低NO浓度，烟气中逃逸的氨浓度较高，加上水泥预热器内碱性物质的干法脱硫作用，排放烟气中SO_2浓度经常为零。此工艺下，冷干CEMS大多存在烟气中SO_2数据为零、全程SO_2标气测试数据也是为零的情况，其原因在于过量的氨与烟气中的水在采样及预处理中对SO_2进行吸收，造成CEMS示值误差和响应时间测试不符合要求的情况。通过预处理添加磷酸滴定，或者原位式预处理，可以缓解以上问题。

热湿法CEMS在SNCR脱硝中应用时，由于多数水泥窑尾烟气进行生料烘干，烟气中的含湿量受生料磨的启停影响较大，因此采用热湿法CEMS，全程保温测量，不受含湿量变化影响，可以有效缓解管路堵塞、气室污染的情况。

（2）水泥炉窑烟气中氨逃逸监测

采用SNCR+热炭还原脱硝工艺中，在分解炉前端，喷入一定量的氨降低NO，在分解炉后端，添加热炭产生高浓度的CO，利用CO在催化剂作用下对NO进行还原。此工艺运行中，由于窑炉内密封阀密闭性问题，易造成高浓度CO逃逸，形成排放NO不易控制的情况，一般会通过SNCR加大喷氨来控制NO，氨逃逸增大，该工艺下CEMS应对烟气中CO和氨进行监测，并应用于相关工艺的调整控制。冷干法设备的预处理应进行磷酸滴定或者原位式预处理改造，热湿法设备应加装除氨装置。

采用SNCR+SCR或者SNCR+SCR+湿法脱硫工艺的场合，大多用于产能较大的水泥生产线，或者进行垃圾及危废协同处理的生产线。由于垃圾及危废处理过程中烟气成分复杂，含湿量波动较大，烟气中氨逃逸及烃浓度变化较大，同时具备湿法脱硫的特点。该工艺下CEMS应用中应该进行全影响因素考虑，CEMS测量样气要做到高效除烃、除水、除氨，水溶性离子的去除可用高温结晶方式。运行中定期对易损器件进行更换，定期测试相关器件的效率和使用寿命。

17.2.4.2 注意事项

颗粒物是水泥行业排放量最大的污染物，针对水泥工艺的窑头、窑尾、各种无组织收集处理后的颗粒物浓度监测，应根据不同工艺段的温度、风量、颗粒物成分等方面进行考虑，不同工艺段颗粒物浓度监测的注意事项如下。

（1）窑头颗粒物监测

窑头颗粒物主要来源于熟料降温中产生的颗粒物，经过布袋除尘器进行捕集后排放。窑头监测颗粒物浓度、温度、压力、流速和含湿量，正常情况下，排放颗粒物浓度较低，多在$10mg/m^3$以下，烟气温度在40～60℃。颗粒物监测一般情况下采用激光后散射法测量，测量数据相对稳定，受颗粒物监测仪测量精度和测量光程因素影响，多数设备不能及时反映除尘器除灰情况。宜安装原位式激光前散射法和电荷法颗粒物监测设备，并与布袋除尘器除灰脉冲信号进行联动，实现布袋除尘器袋漏报警及袋漏定位功能，便于对除尘器的维护和管理。

（2）窑尾烟气颗粒物监测

窑尾烟气颗粒物主要为水泥窑内的生料，加装脱硫设施的颗粒物主要为二次颗粒物，同时颗粒物中含有铵盐等气溶胶类物质。颗粒物浓度监测应考虑水的干扰及水溶性离子的堵塞问题，采用抽取式加热前散射法测量，普遍存在测量数据偏低问题，主要原因为采样探杆内的水对颗粒物形成的沉降损失，应对采样探杆进行加热，并定时吹扫，防止堵塞。

（3）布袋除尘及无组织排放的颗粒物监测

仓顶布袋除尘器及无组织排放收集后布袋除尘器的监测一般具有周期性，即生产时存在颗粒物排放，除尘装置开启运行，无排放时停止运行。该工艺段除尘器的管理及颗粒物的监测一直是水泥企业疏忽的地方，形成的环保事故较多。

鉴于以上颗粒物排放点位多、排放量小的特点，水泥企业大多未安装在线颗粒物监测设备。为便于管理，宜安装布袋泄漏报警装置，对布袋破损情况进行监测。应将监测数据与风机、脉冲阀、温度、流速等信息进行采集处理，形成布袋除尘器运行监测系统，便于管理和环保执法检查。

17.2.5 玻璃行业超低排放监测技术

玻璃行业已经开始推进超低排放标准，对玻璃熔窑烟气开始进行深度治理。目前，玻璃行业排放标准规定：颗粒物、二氧化硫、氮氧化物分别为 $30mg/m^3$、$250mg/m^3$、$500mg/m^3$ 。玻璃熔窑排放的污染物主要为 NO_x，NO_x 的初始浓度较高，同时存在多种特征污染物，如 HCl、HF、SO_3、NH_3 等。深度治理后的新要求：颗粒物、SO_2、NO_x 的排放标准分别不超过 $10mg/m^3$、$35mg/m^3$、$400mg/m^3$（部分省为 $200mg/m^3$）。典型的玻璃熔窑治理设施工艺流程参见图 17-2-4。

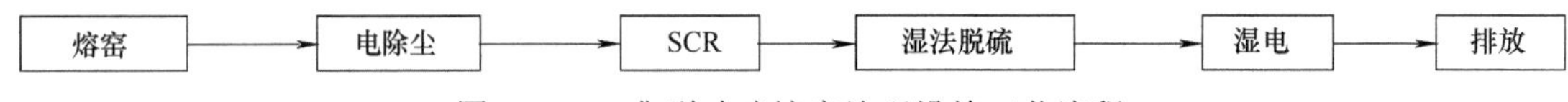

图 17-2-4　典型玻璃熔窑治理设施工艺流程

17.2.5.1 技术分析

经过深度治理后的玻璃熔窑烟气，在正常情况下可以做到达标排放，但由于 NO_x 初始浓度高，部分场合脱硝催化剂堵塞、老化严重，脱硝效率较差，通过过量喷氨来降低 NO 浓度的情况经常发生。过量的氨逃逸对后端余热锅炉、脱硫、湿电等设施的正常运行形成严重影响，普遍不能做到长期稳定达标排放。CEMS 在应用中产生问题也较多，应注意以下事项。

（1）玻璃熔窑烟气及治理设施的烟气监测

CEMS 的选型要充分考虑治理设施工艺流程与处理能力、污染物排放量的匹配性、治理设施辅助工艺工程的完整可用度，治理设施的运行情况直接影响 CEMS 的运行性能。正常情况下，玻璃企业治理设施在脱硝进出口和脱硫进出口均应安装在线监测设备，考虑脱硝出口经降温后为脱硫入口，此处可用一套 CEMS 进行监测。在选型中应注意以下几点：

① 脱硝入口 CEMS　主要监测污染物为 NO 和颗粒物，一般情况下，脱硝入口烟气温度在 300～400℃之间，烟气中颗粒物浓度在 30～$100mg/m^3$，NO 浓度在 1500～$3000mg/m^3$，烟气湿度在 5%～8%左右，烟气压力为负压，NO 的监测宜选用完全抽取式热湿法进行测量，并保证采样、传输和分析过程中无冷点。由于烟气中含有 HCl、HF 等特征污染物，浓度一般$<30mg/m^3$，且 HCl 和 HF 极易溶于水形成酸，具有强腐蚀性，易对管路和样气接触器件形成腐蚀，不建议使用完全抽取式冷干法 CEMS。颗粒物测量大多采用激光后散射法设备。

脱硝入口的颗粒物浓度直接关系催化剂吹灰频次及催化剂活性，脱硝入口颗粒物监测数据的准确性关系到脱硝设施是否可以稳定达标运行。针对脱硝进口颗粒物的监测建议采用激光后散射法的烟尘仪，可采取加长法兰管长度，降低烟气温度辐射对烟尘仪的影响，以保证催化剂吹灰的正常运行。

② 脱硝出口/脱硫进口 CEMS　主要监测 SO_2、NO 和颗粒物，监测 NO 浓度用于控制 SCR 的喷氨量及去除效率计算，监测 SO_2 是为了脱硫系统控制效率计算，颗粒物浓度用于控制烟气中颗粒物浓度是否满足脱硫设计要求。一般情况下，脱硝后烟气经余热锅炉再次降温至 100～200℃，然后再进入湿法或者半干法脱硫。气态污染物监测宜使用完全抽取式热湿法设备，脱硝出口应对氨浓度进行监测，以反馈至运行人员，控制喷氨量。实际使用中，脱硝后余热锅炉经常性的腐蚀故障主要为铵盐对交换器形成的腐蚀，除对氨逃逸进行监测外，还应对烟气含湿量进行监测，以最大程度判断交换器的腐蚀情况，降低运行中的故障率。

③ 脱硫出口（总排放口）CEMS　监测参数为常规八参数，其中 SO_2 数据用于脱硫控制和去除率计算。对于 SO_2 的测定，由于经过湿法脱硫后烟气中含湿量增加，采用完全抽取式冷干法测量时，要注意 SO_2 在预处理内的吸附损失。采用完全抽取式热湿法测量的，应注意水溶性盐类在采样探头、NO_x 转换器内的堵塞，以及二次颗粒物对测量气室的污染，造成测量数据偏低情况。玻璃企业总排口排放具有烟气含湿量大、水溶性盐类浓度高、常规污染物排放浓度低的特点，同时由于工艺控制粗放，气态污染物的测量存在较多问题。

（2）系统流路设计要点

① 采用完全抽取式冷干法测量　系统流路设计可参考以下方案。

方案一：加热探杆—采样探头（内置过滤器）—磷酸滴定—冷凝器（压缩机制冷）—伴热管线（40℃）—采样泵—流量压力调节—渗透干燥器—NO_x 转换器—紫外/红外分析仪。

方案二：加热探杆—采样探头（内置过滤器）—固态除氨—Nafion 除水—伴热管线（40℃）—采样泵—流量压力调节—渗透干燥器—NO_x 转换器—紫外/红外分析仪。

考虑到烟气中水溶性盐类浓度较高，加热探杆加热温度高于烟气温度 10℃，加热探杆具有定时吹扫功能，采用压缩空气喷射水进行吹扫，以除去探杆内部盐的结晶。对磷酸滴定后的含磷酸冷凝水及固态除氨材料要进行收集，按照危险废物委托有资质单位处理。

② 采用完全抽取式热湿法测量　系统流路设计可参考以下方案：

加热探杆（具备水汽吹扫功能）—采样探头（内置过滤器）—伴热管线—高温室（二级过滤器—NO_x 转换器—精细过滤器—测量室）—紫外差分分析仪。

加热探杆具有水汽自动反吹功能，定时启动吹扫，吹扫时先使用去离子水冲洗，然后使用压缩空气吹扫，主要去除水溶性盐类，避免水溶性盐类在探杆内结晶。

17.2.5.2　注意事项

（1）玻璃熔窑烟气颗粒物监测的问题分析

玻璃熔窑要实现超低排放，在治理设施运行正常情况下，二氧化硫和氮氧化物可以做到稳定达标排放，但是颗粒物浓度大多不能做到稳定持续达标排放。

分析原因主要是：采用激光后散射法颗粒物浓度监测设备，灵敏度较差。玻璃企业排放烟气中主要为以气溶胶形式存在的二次颗粒物，且溶解于水中，激光后散射法散射信号弱，无法表征排放变化情况。若采用抽取式激光前散射法颗粒物浓度监测设备，由于采样或者测量气室要加热，玻璃行业烟气中的水溶性盐经加热后结晶，造成堵塞或者测量数据偏高，监测数据也不能表征工艺变化情况。

（2）二次颗粒物与水溶性盐类的监测

鉴于玻璃行业超低排放口颗粒物主要为二次颗粒物，多为水溶性盐类，采用称重法测量的颗粒物浓度相对较低，且水溶性离子随水排放后，转化为细颗粒物，是 $PM_{2.5}$ 的主要贡献者。探索采用烟气中水溶性离子浓度来表征排放的颗粒物浓度或者 PM2.5 的贡献率，是玻璃行业及环境管理部门研究和大气治理控制的方向。

17.2.6 船舶设备废气排放监测技术

17.2.6.1 概述

（1）船舶设备污染源废气排放与法规

现有的环境保护法律法规，主要是针对基于陆地上产生的烟气污染物；从长远看，陆地的空气污染物随着节能减排将会越来越少，而与陆地的空气污染物排放量相比，海洋将成为一个更大的空气污染源。

2008 年 IMO（国际海事组织）预计来自海洋的 SO_2 的排放将会增长 45%，而 NO_x 将会增长约 67%。在这种增长速度下，海洋 SO_2 和 NO_x 的排放在未来将会超过陆地上烟气排放的总量。据统计，近年来全球每天约有 10 万艘的各类船只在航行，全球航运业每天会使用 300 万桶的高硫燃料油，年消耗约 3.5 亿吨的燃料。从有关数据分析，仅 15 艘最大的船只排放的 SO_2 和 NO_x 就超过了世界上所有汽车排放的总和，而 100 万辆汽车的颗粒物排放量仅与一艘邮轮相同。

2008 年 10 月，IMO 修订了针对防止船运烟气污染的条例和 NO_x 技术规范，提出下述要求：用更有约束力的条例来定义“排放控制区域”（ECA 区）；设置船用燃料油中的硫含量限制；在新的船运发动机上设置 NO_x 的排放限制。2010 年起，欧美各国（主要集中于波罗的海沿岸国家）率先设置了 ECA 区，并在 2015 年率先将进入其排放控制区域的所有船舶控制使用硫含量低于 0.1%（质量分数）的燃油。

中国环境保护部和海事局也相继出台了替代 GB/T 15097—2008《船用柴油机排气排放污染物测量方法》的新标准。交通运输部也发布了关于《船舶大气污染物排放控制区实施方案》的通知，规定了对船舶烟气的硫氧化物和颗粒物排放控制要求，以及氮氧化物的控制要求。2016 年，中国海事局也正式宣布 12 个核心港口区域（广州、深圳、珠海、宁波、舟山、上海、苏州、南通、天津、秦皇岛、唐山和黄骅）进入 ECA 区，进入这些排放控制区域的所有船舶控制使用硫含量低于 0.5%（质量分数）的燃油。中国沿海的全部水域在 2020 年 1 月 1 日限硫令生效起，全部进入 ECA 区。

目前，国内外的船舶为应对“限硫令”的规定，船舶设备基本都安装了脱硫、脱硝设施及船舶烟气 CEMS，重点监测烟气排放 SO_x 和 NO_x 等组分，从而满足 IMO 对船舶烟气污染物排放法规要求。按照 IMO 的规定，自 2020 年 1 月 1 日起，所有船舶燃料均需要满足限硫令，由现行的不超过 3.5%（质量分数）的燃油降为不超过 0.5%（质量分数）的燃油。按照 IMO 于 2009 年制定的 MEPC.184（59）决议，SO_x 减排的首要合规手段是使用船用轻柴油（MGO）、船用柴油（MDO）、低硫重质燃油（LS-HFO）、甲醇和生物燃料、LNG 或 LPG 等。

依据 IMO 通过的《废气清洗系统导则（2015）》[MEPC.259（68）决议]，之前使用的是 MEPC.184（59）决议，对于船舶废气清洗系统（EGC），对于馏分油或渣油等碳氢燃料而言，燃油硫含量与废气排放中 SO_2/CO_2 的比值存在着对应的关系。

不同燃油硫含量限值所对应的 SO_2/CO_2 比值见表 17-2-2。

针对 NO_x 的全球减排控制而言，目前被广泛接受的是“分层方法”，通过对船用柴油发动机有效功率大于 130KWh 的船舶（全球大约 40000 艘）发动机（主要）及后级处理（次要，一般为 SCR）使用降低 NO_x 排放的技术，来实现 NO_x 的减排，并对发动机有安装的规定日期要求。目前主要采用废气再循环（EGR）引擎技术，使得部分的废气再循环，通常为废气的 20%～40%，使其返回燃烧室。在美国，其国内的 NO_x 减排控制标准更为严格，如 Tier Ⅲ，并要求同步控制颗粒物和碳氢化合物排放。

表 17-2-2　燃油硫含量限值与 SO_2/CO_2 比值的对应关系

SO_2 摩尔分数×10^4/CO_2 体积分数	燃油硫含量限值（质量分数）/%	备注
195.0	4.50	MARPOL 附则Ⅵ第 14.1.1
151.7	3.50	MARPOL 附则Ⅵ第 14.1.2
65.0	1.50	MARPOL 附则Ⅵ第 14.4.1
43.3	1.00	MARPOL 附则Ⅵ第 14.4.2
21.7	0.50	MARPOL 附则Ⅵ第 14.1.3
4.3	0.10	MARPOL 附则Ⅵ第 14.4.3

（2）船舶设备污染的 NO_x 减排与监测技术

按照 IMO 于 2011 年制定的 MEPC.198（62）决议，NO_x 减排技术的首要合规手段是采用废气再循环（EGR）引擎技术、发动机燃油喷射技术、燃油的乳化技术或是直接使用 LNG、LPG 等。在上述方法效果不佳时，需要在发动机后端加装催化还原处理系统（SCR）作为辅助手段来实现 NO_x 的减排，这使得减少 95%的 NO_x 排放量成为可能。

为了确保符合 NO_x 减排监管控制要求，船舶废气清洗系统（EGC）被要求对 NO_x 的作用忽略不计，同样应用于发动机后的后级处理选择性催化还原处理系统（SCR）也应对 SO_2 的作用忽略不计。在 IMO 的相关决议中，同时提到了温室气体 CO_2 的减排控制。

在有关规范中，IMO 推荐了下列的测量原理，如表 17-2-3 所示。当然也可以使用其他的分析仪表，只要它们符合规范要求“如果它们的测量与参考设备得到相同的检测结果”。

表 17-2-3　NO_x 技术规范的推荐测量原理

组分	根据 NO_x 技术规范的测量原理（参比方法）
NO_x	化学发光
O_2	顺磁氧或氧化锆
CO_2	非分光红外
CO	非分光红外
烃	氢火焰离子化检测

自 2020 年 1 月 1 日起，国际海事组织（IMO）正式开始实施在全球范围内船用燃料硫含量不超过 0.5%（质量分数）的规定。为了应对这个“限硫令”，安装脱硫洗涤塔成为船东及船运公司的选项之一，相关的船舶废气清洁系统法令 MEPC.184（59）和 MEPC.259（68）都明确要求对船舶的 SO_2/CO_2 排放进行在线连续监测。此外，为了满足 NO_x 排放控制区（NECAs）Tier Ⅲ的排放限值要求，SCR（选择性催化还原脱硝装置）也越来越多地应用于船舶上。

船舶设备污染源的废气排放监测技术最早在欧美等先行设立 ECA 的区域执行，SIEMENS、SICK 和 ABB 成为第一批进入该市场的公司，此外还有 EMERSON、Fuji Electric、Em-sys、PROCAL、OPSIS、Danfuss、Parker 及 Thermo Fisher 也在进入这个市场。截至 2020 年 3 月，全球有超过 4000 艘船舶正在使用或完成船运 CEMS 的采购。

船舶设备污染源的废气的硫排放气体清洗系统（EGCS）如图 17-2-5 所示。经过抽取并处理的海水采用喷淋的方式进入脱硫塔，用于脱除废气中 SO_2，脱硫塔废液经过再处理可回收反复利用，残渣进入固体垃圾回收装置。在脱硫塔顶部的大气排放口，依据 MEPC.259（68）决议中提供的燃油硫含量限值与 SO_2/CO_2 比值的对应关系，通过测量 SO_2 和 CO_2 的数值比例关系，即可确认脱硫塔的工作效率及符合对应的 ECA 排放要求。

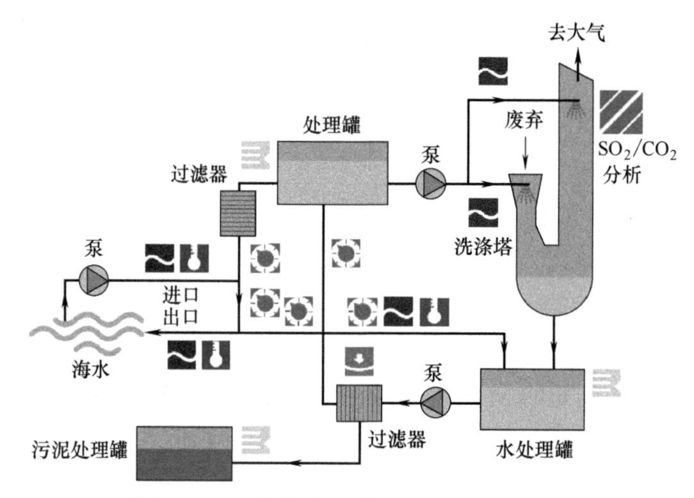

图 17-2-5　船舶废气清洗系统（EGCS）

针对 SO_2/CO_2 比值的测量，各个船级社一般会按照 MEPC.259（68）决议要求，对分析仪、系统以及脱硫塔制造商做相关型式批准认证，以确保从分析仪到脱硫塔都符合 MEPC.259（68）决议的相关要求。目前通用的做法是 CEMS 集成商会使用分析仪、取样探头、主要预处理部件（冷凝器及泵等）、机柜空调（可选）、EGCS 控制单元集成做型批取证。脱硫塔采用符合性批准测试或型批取证。这使得一些关键部件供货商、CEMS 集成商和脱硫塔制造商都具备独自的符合性声明或是型批认证。 SIEMENS 提出的从分析仪到最终用户的流程应用参见图 17-2-6。

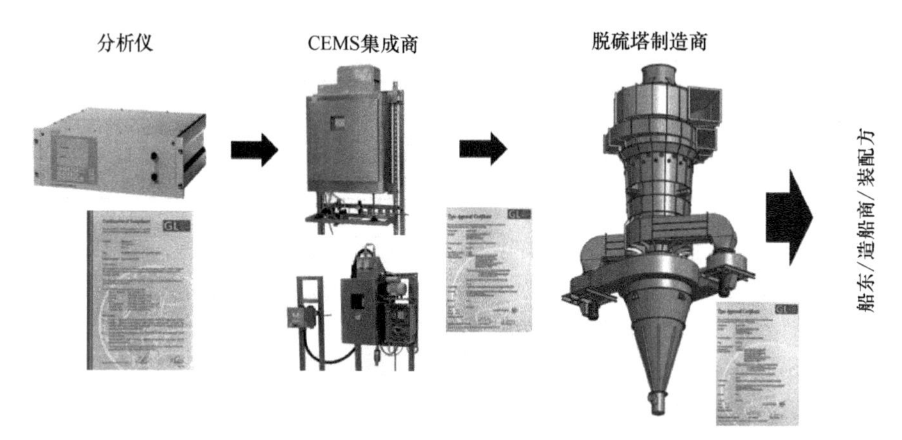

图 17-2-6　SIEMENS 从分析仪到最终用户的流程应用

经过发动机排出的气体，如果使用废气再循环引擎技术需要在发动机出口监测 NO_x 来判定排放值是否符合要求。在发动机后使用选择性催化还原（SCR）处理系统的，应在排放口监测 NO_x 指标，因 SCR 使用了 NH_3 作为脱硝反应物，在 SCR 出口应测量 NH_3。在催化还原

处理系统测量 NO_x 时，需要考虑使用的燃料不同，决定是否分别测量 NO 和 NO_2。而其他的排放指标，CO_2、CO、烃类和 O_2 的测量应遵循不同国家的法规要求或是相关船级社对分析方法的考量来作为可选项予以测量。SCR 处理系统如图 17-2-7 所示。

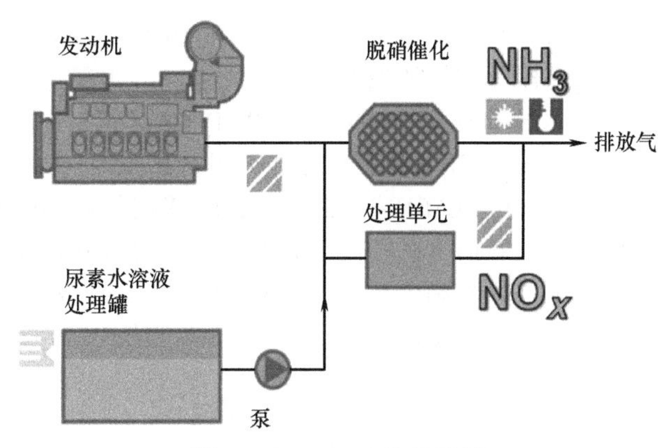

图 17-2-7　SCR 处理系统

17.2.6.2　技术要点

船舶设备污染源废气排放的 CEMS 监测技术应用，主要是基于原位（In-situ）、非分光红外、非分散紫外吸收、紫外差分吸收光谱和量子级联激光分析等分析测量方法。

采用原位分析可实现分析响应快，无需样品处理系统。但生产厂家在设计及安装时，须考虑现场烟道的振动、高湿、高热等恶劣的环境条件，须确保光窗防止凝露，须确保在这个不易维护的安装点分析仪尽可能做到免维护、免校准。其获取相关船级社认证时须做更为严格的测试。

取样探头目前主要以 M&C 的 SP180-H/MA 型和 Bühler 的 GAS 222.15-MA 型探头为主，它们都已经完成了相关船级社的型式符合性认可，并在船舶脱硫塔应用中经过实际的测试及验证。对于取样分析的供货商而言，在获取船级社认证时，仅需提交探头使用的型号及相关文件，无需与系统合并在一起做测试取证。目前也有厂家正在使用稀释法探头，这就需要对探头做相关的合规认证，以确保取样稳定及安全。

与陆地应用的 CEMS 一样，船舶设备污染源废气排放也分为冷干法和热湿法。由于船舶设备处于湿热、震动等恶劣环境，以及 IMO 在 MEPC.259（68）决议中对 SO_2 排放值的限定，使得冷干法中对冷凝器的选择及安装使用要求极为严格，目前使用的冷凝方法有压缩机制冷、半导体制冷以及 Nafion 管等。热湿法则是将通过取样探头高温取出的样气，利用置于分析仪出口的射流泵抽吸，直接将样气送入分析仪高温高湿下直接分析。

由于船运 CEMS 的应用环境与陆地上截然不同，无论采取何种分析方法，船运 CEMS 应具有最低维护、模块化可更换、对恶劣环境的适应性及可靠运行。在做船级社型式符合性批准认证时，相关的环境测试要求，如震动、倾斜、电磁兼容性 EMC、高低温、高压、绝缘阻燃等测试都极为严格，使得认证成本变得很高。对于国内生产厂商而言，由于需要做多个不同的海运认证实体的合规认证，使得前期的投入成本增加。

目前各主要船级社在中国都设有代表处，使得认证的沟通及取证具备了操作可能，中国船级社（CCS）目前是最具认证难度的海运认证实体。随着这个市场的逐步放开，目前全球 80%的脱硫塔制造商都在中国，使得船运 CEMS 的客户群体将以中国为主。

除船舶设备污染源废气排放的 CEMS 监测技术外，对于废水以及固废再循环及处理过程中，相关水质分析仪也有广泛的应用，如 pH 计、电导仪、浊度分析仪等。另外在使用 LNG 燃料的船舶上，涉及仓储及转运过程中会使用到天然气色谱做相关的热值及计量分析。

17.2.6.3　典型产品

在船运 CEMS 市场中，主流应用是以国外 SIEMENS、SICK、ABB 等采用的 NDIR 分析仪为基础的冷干法和以 SICK MARSIC 300 的热湿法为代表产品。

SIEMENS 用于船运 CEMS 的分析仪是 ULTRAMAT 6，ULTRAMAT 23 以及 ULTRAMAT

7 Module，可测量 SO_2、CO_2、NO、NO_2、CH_4 和 O_2。分析仪具备检测下限低、样气室可清洗、远程操作维护和空气标定的特点，可实现自动标定、量程切换等功能。目前全球最大的船运 CEMS 集成商 VIMEX 的 SHIP CEMS 使用的就是 SIEMENS 分析仪。SIEMENS 代表产品 SHIP CEMS by VIMEX 的外形图参见图 17-2-8。

ABB 的 GAA610-M 船运 CEMS 采用的是 AO2020 分析仪，可测量 SO_2、CO_2 和 O_2。分析仪采用创新的内置校准单元和空气标定方式，无需配置标气钢瓶。通过一个紧凑设计的箱体整合了预处理和分析仪，针对 SCR 装置的 NO_x 测量，采用 NDUV 的紫外分析模块。ABB 的代表产品 GAA610-M 船运 CEMS 外形图参见图 17-2-9。

图 17-2-8　SHIP CEMS by VIMEX 外形图

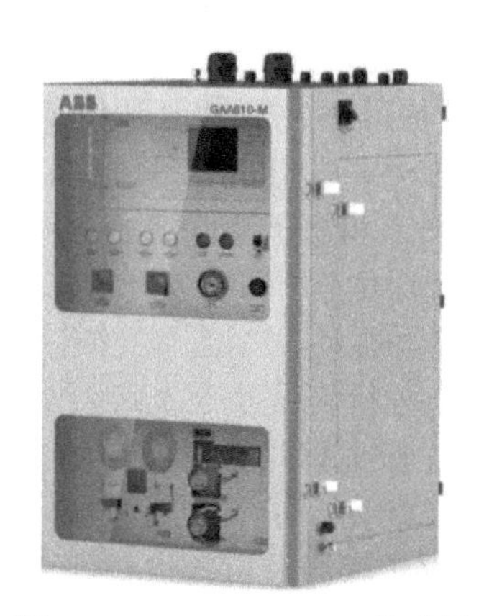

图 17-2-9　GAA610-M 外形图

SICK 公司用于船舶烟气 SO_x/NO_x 监测技术的典型产品有 MARSIC200 /MARSIC300 两款船舶废气在线监测系统。MARSIC200 基于冷干法采样技术，采用 NDIR/UV 分析原理，可测量 SO_2、CO_2、NO、NO_2 和 O_2，单台分析仪最多支持 4 个测量点。MARSIC300 基于热湿法采样技术，采用高温红外测量原理，可测量 SO_2、CO_2、NO、NO_2、O_2、CH_4、NH_3 和 H_2O。MARSIC300 具有支持四路取样切换，量程选择范围宽等特点。SICK 的船用分析仪 MARSIC200/MARSIC300 产品外形参见图 17-2-10。

国内唐旗（上海）实业有限公司的 SHIMADZU 船运 CEMS 异军突起，迅速完成了 DNV.GL、LR、ABS、BV 和 NK 的认证，采用 SHIMADZU 的 URA 209 NDIR 分析仪，可测量 SO_2 和 CO_2。低量程 SO_2 分析仪的测量具备高稳定性，具有自动标定、量程切换等功能。SHIMADZ 的 UTMC-7100 船运 CEMS 外形图参见图 17-2-11。

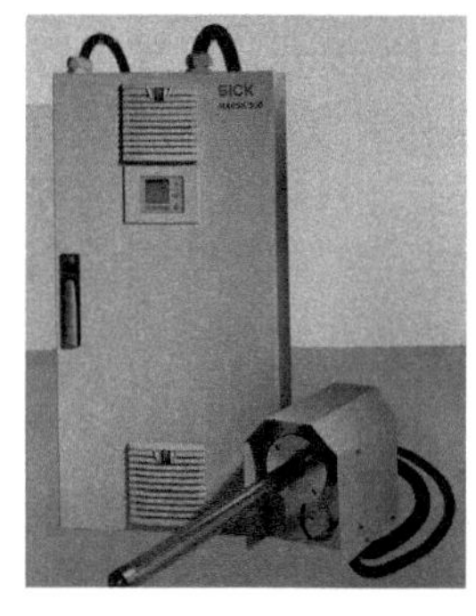

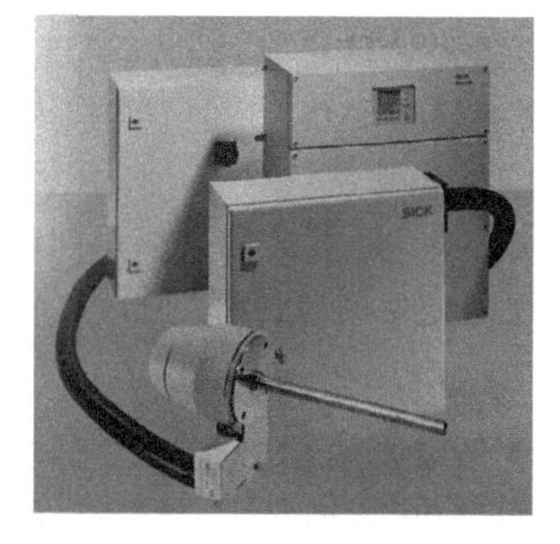

图 17-2-10　MARSIC200/MARSIC300 产品外形图

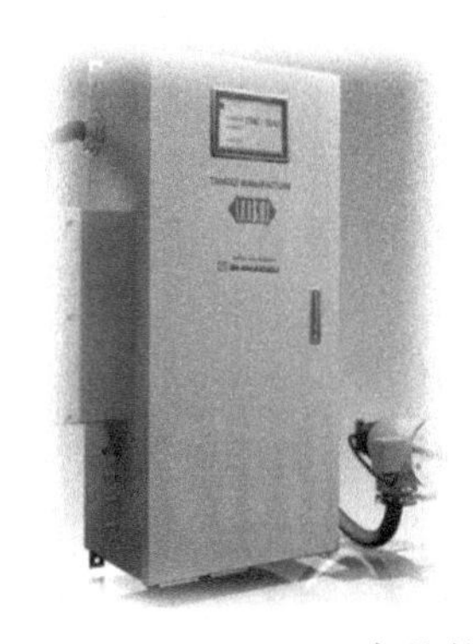

图 17-2-11 UTMC-7100 产品外形图

17.3　固废与生活垃圾焚烧烟气监测技术

17.3.1　固废与垃圾焚烧烟气监测技术概述

17.3.1.1　监测标准要求

世界各国对于垃圾焚烧烟气排放污染物的种类和排放限值均有了明确规定，我国环保部于 2014 年发布了生活垃圾焚烧污染控制标准 GB 18485—2014，与当时的欧盟垃圾焚烧污染控制标准（Directive 2000/76/EC）比较参见表 17-3-1。

表 17-3-1　垃圾焚烧烟气主要污染物排放的中国标准与欧盟标准比较

类别	欧盟	中国（修订后）
颗粒物	10mg/m^3（日均值）	20mg/m^3（日均值）
	30mg/m^3（半小时均值）	30mg/m^3（小时均值）
汞	0.05mg/m^3（测定均值）	0.1mg/m^3（测定均值）
镉+铊	0.05mg/m^3（测定均值）	0.1mg/m^3（测定均值）
铅及其他	0.5mg/m^3（测定均值）	1.0mg/m^3（测定均值）
HCl	10mg/m^3（日均值）	50mg/m^3（日均值）
	60mg/m^3（半小时均值）	60mg/m^3（小时均值）
SO_2	50mg/m^3（日均值）	80mg/m^3（日均值）
	200mg/m^3（半小时均值）	100mg/m^3（小时均值）
NO_x	200mg/m^3（日均值，规模>6t/h 的焚烧炉）	250mg/m^3（日均值）
	400mg/m^3（日均值，规模≤6t/h 的焚烧炉）	
	400mg/m^3（半小时均值）	300mg/m^3（小时均值）
二噁英类	0.1ngTEQ/m^3（测定均值）	0.1ngTEQ/m^3（测定均值）

注：1. 中国标准的排放限值均以标态下含 11%O_2 的干气为标准。

2. 二噁英类的排放限值单位为 ng TEQ/m^3；其中 TEQ 为毒性当量。

固废与生活垃圾燃烧产生的酸性废气中，主要有 HCl、CO、HF、SO_2、NO_x 气态污染物以及颗粒物、汞和铅、镉等金属及其化合物，特别是烟气中二噁英类污染物的对生态环境及对人的危害很大。近几年来随着世界各国对生态环境要求不断提高，对垃圾焚烧烟气排放的污染物种类要求测量不断增多，对排放限值的要求也不断严格，烟气排放连续监测的气体种类也在增加。例如欧盟理事会在 2019 年 12 月通过的关于垃圾焚烧行业 BAT 决议（EU）2019/2010 文件要求的各种污染物新排放限值，均比欧盟原排放标准（Directive 2000/76/EC）要求更加严格，并增加对垃圾焚烧排放烟气中的总有机碳、氨、氟化氢等污染物的在线连续监测要求。

我国发布的有关生活垃圾焚烧设施的大气污染物排放限值标准，参见表 17-3-2；危险废物处置设施的大气污染物排放限值标准，参见表 17-3-3。从新的各类垃圾焚烧排放限值排放标准，尤其是有关地方发布的对各类垃圾焚烧排放限值的新规定可以看到：在线监测的气体污染物组分在不断增加，允许排放限值的小时均值和年均值也在不断降低。因此，对垃圾焚烧设备的污染治理及污染物的在线监测也提出了更高要求。

表 17-3-2 生活垃圾焚烧设施的大气污染物排放限值标准

序号	污染物项目	限值/(mg/m³)	取值时间
1	颗粒物	8	24h 均值
		10	1h 均值
2	一氧化碳	30	24h 均值
		50	1h 均值
3	氮氧化物	120	24h 均值
		150	1h 均值
4	二氧化硫	20	24h 均值
		30	1h 均值
5	氯化氢	8	24h 均值
		10	1h 均值
6	氟化氢	1	24h 均值
		2	1h 均值
7	总有机碳	10	24h 均值
		20	1h 均值
8	汞及其化合物（以 Hg 计）	0.02	测定均值
9	镉、铊及其化合物（以 Cd+Tl 计）	0.03	测定均值
10	锑、砷、铅、铬、钴、铜、锰、镍及其化合物（以 Sb+As+Pb+Cr+Co+Cu+Mn+Ni 计）	0.3	测定均值
11	二噁英类/(ngTEQ/m³)	0.05ngTEQ/m³	测定均值

表 17-3-3 危险废物处置设施排放的大气污染物限值标准

序号	污染物项目	限值/(mg/m³)	取值时间
1	烟尘	30	测定均值
2	二氧化硫	200	1h 均值
3	氟化氢	2.0	1h 均值
4	氯化氢	50	1h 均值
5	氮氧化物（以 NO_2 计）	400	1h 均值
6	汞及其化合物（以 Hg 计）	0.05	测定均值
7	铊、镉及其化合物（以 Tl+Cd 计）	0.05	测定均值
8	砷及其化合物（以 As 计）	0.05	测定均值
9	铅及其化合物（以 Pb 计）	0.5	测定均值
10	铬、锡、锑、铜、锰、镍及其化合物（以 Cr+Sn+Sb+Cu+Mn+Ni 计）	2.0	测定均值
11	二噁英类	0.1ngTEQ/m³	测定均值

2019 年国家生态环境部印发了《生活垃圾焚烧发电厂自动监测数据应用管理规定》（生态环境部令第 10 号，简称管理规定）并于 2020 年 1 月 1 日起施行，管理规定明确提出：以颗粒物、NO_x、SO_2、HCl、CO 5 项常规污染物自动监测日均值为考核指标，通过对全国垃圾焚烧电厂自动监测数据开展大数据分析、飞行检查等，确保垃圾焚烧电厂自动监测设备数据的真实准确，完整有效。

17.3.1.2 垃圾焚烧炉工艺流程及排放烟气特性

（1）典型的垃圾焚烧炉的工艺流程

典型的垃圾焚烧炉的工艺流程参见图 17-3-1。

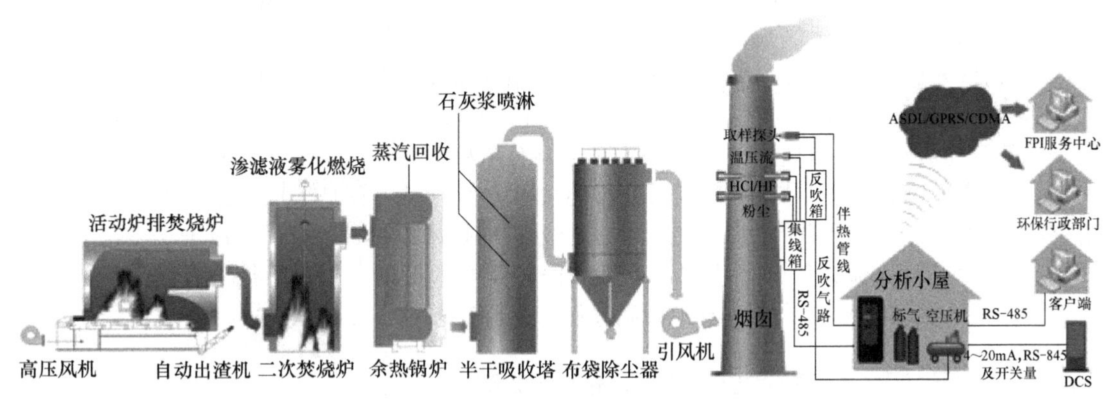

图 17-3-1 典型的垃圾焚烧炉的工艺过程示意图

垃圾经二次焚烧炉焚烧后，通过余热锅炉排放的烟气发电，先通过半干吸收塔除去 SO_2、HCl、HF 等酸性气体，再通过布袋除尘器除尘，然后送烟囱排放。垃圾焚烧炉烟气的净化处理还需要增加脱硝及活性炭吸收等，用以除去氮氧化物、VOCs、二噁英类等有害物质。垃圾焚烧炉排放烟气在线分析主要用于在线监测烟气有毒有害气体，如 SO_2、NO、N_2O、NO_2、CO、CO_2、HCl、HF 及 H_2O 等；也包括烟气 VOCs 在线监测等，对于烟气中二噁英类等通常采取定期取样监测和离线分析，采用高灵敏度的色谱、光谱、质谱及其联用技术检测。

（2）排放烟气特性

垃圾焚烧炉排放的烟气组成，取决于燃烧物的化学成分和燃烧过程的控制和净化。目前国内已经开始实施垃圾分类，但是垃圾焚烧的前处理，以及垃圾焚烧炉的烟气净化处理设备与工艺不同，使得各类垃圾焚烧烟气的组成很复杂，其主要特性如下：

① 烟气含水浓度很高，一般在 20%～40%（体积分数），烟气中气态水很容易发生冷凝。

② 烟气组分很复杂，除了上述要求的被检测组分外，尚检测到 CH_4、HCN、NH_3、TOC（总有机碳）；此外，还含有许多未知成分的高沸点化合物。

③ 烟气中被测组分浓度差异极大，CO 高达 20%（体积分数），而 HF 等浓度在 $10mg/m^3$ 以下。

④ 烟气成分中含有毒、有害和腐蚀性的组分多，并大多易溶于水，如 SO_2、HCl、HF、HCN、NH_3 等，腐蚀性极强。

17.3.1.3 垃圾焚烧烟气在线监测的技术方案

垃圾焚烧烟气由于监测的组分多，主要有 SO_2、HCl、NO_x、CO、CO_2、H_2O、O_2、HF、NH_3 以及 VOCs 等，垃圾焚烧烟气工况特殊，烟气湿度大，酸的种类多，酸含量高，需要监测的组分中 HF、HCl、NH_3 等极易溶于水，因此在垃圾焚烧厂烟气监测中极易造成分析系统腐蚀、堵塞等问题。根据焚烧烟气排放的特点，焚烧烟气在线监测的典型技术方案一般要求如下：

① 采用热湿法高温分析法。焚烧烟气的温度高、含水分高、被测组分易溶于水；要求高温取样处理系统应可靠工作，高温取样处理系统及分析检测的全过程要求在 180℃以上的高

温下运行。

② 采用多组分分析仪，检测动态范围宽。烟气监测组分至少有 SO_2、NO、N_2O、NO_2、CO、CO_2、HCl、HF、H_2O 等，分析仪应选用多组分分析，单台单组分测量已很少采用。

③ 测量结果需要转换成标准状况下的干烟气浓度。热湿法分析是湿基分析，需通过在线测量烟气水分浓度，用于湿烟气测量值向干烟气测量值的转换，以及水分干扰的修正。

④ 系统要稳定、可靠、实时、准确。要求分析仪稳定性好，零点和量程漂移小，系统具备自动标定和报警等功能。分析软件应适应现场监测要求，系统校准应减少标准气用量。

垃圾焚烧烟气分析的技术方案有多种，主要有两种，一种是采取高温热湿法取样处理系统+高温傅里叶变换红外（FTIR）光谱分析的技术方案，另一种是采取高温热湿法取样处理系统+高温型气体过滤相关（GFC）红外多组分分析的技术方案。也有采用冷干法多组分红外气体多组分分析仪+激光气体分析仪，或紫外差分光谱多组分分析仪等技术方案。目前，在国内垃圾焚烧烟气分析中，较多采用高温热湿法 FTIR 技术方案。

17.3.2　生活垃圾焚烧烟气在线监测技术

17.3.2.1　概述

（1）生活垃圾焚烧炉烟气 CEMS 技术

国家标准 GB 18485—2014 规定，对生活垃圾焚烧固定源烟气排放的主要检测项目是 HCl、CO 及烟气参数。2019 年生态环境部令第 10 号“管理规定”，明确了生活垃圾焚烧固定源烟气排放的 5 项常规检测项目，包括颗粒物、NO_x、SO_2、HCl、CO 等。

按照有关标准，生活垃圾焚烧烟气 CEMS，一般是由颗粒物监测单元、气态污染物（HCl、CO、HF、SO_2、NO_x）监测单元、烟气参数（温度、压力、流速、湿度、含氧量等）监测单元、数据采集与处理单元等组成。数据采集处理用于计算烟气中污染物排放速率、实时监测浓度及排放总量、显示和记录各种数据和参数、形成相关图表。监测数据、图文通过数据传输及互联网等方式传输至污染源企业及环境保护管理等部门。

垃圾焚烧烟气 CEMS 的核心技术是气态污染物监测单元。目前，气态污染物监测大多数采用高温热湿法分析技术，其核心技术产品主要是高温气体过滤相关（GFC）红外多组分分析仪以及高温傅里叶变换红外（FTIR）分析仪。高温热湿法分析要求在线分析仪器或分析仪的高温测量气室应能在高温 180℃以上工作，与烟气接触的部件材质应耐腐蚀。

垃圾焚烧烟气 CEMS 的关键技术是样品取样处理技术。垃圾焚烧烟气通常含水量较高，气体成分也比较复杂，有的污染物气体含量很低，而且易被冷凝水吸收。例如：HF 的排放限值只有 1.0mg/m^3 或 2.0mg/m^3，因此，对取样预处理的技术要求高，大多采取从取样到分析全过程的高温热湿法分析技术。如采用冷干法取样分析技术，应避免在除湿过程中 HF、HCl 和 SO_2 溶解到冷凝液，而产生较大的影响误差。

样品取样装置的材质应选用耐高温、防腐蚀、不吸附、不与气态污染物发生反应的材料（如 Teflon PFA 氟材料）。采样探头应具备加热、保温和自动反吹净化，颗粒物初级过滤等功能；在气体样品进入分析仪之前，设置精细过滤器；过滤器滤料的材质应不易吸附且不与气态污染物发生反应，过滤器应能过滤（5～10）μm 粒径以上的颗粒物。为提高系统响应时间，减少吸附记忆效应，垃圾焚烧烟气采样流量通常较大，系统采样速率通常应在 5L/min 左右。

样品传输管线内传输管应至少为两根，一根用于样品气采集传输，另一根用于标准气体的全系统校准。

（2）垃圾焚烧烟气 CEMS 的技术要求

垃圾焚烧烟气 CEMS 技术要求部分引用了 HJ 76—2017 标准中对 SO_2、NO_x、颗粒物和烟气参数（温度、压力、流速、湿度、含氧量等）的技术要求。根据生态环境部颁布的“垃圾焚烧固定源烟气（颗粒物、SO_2、NO_x、HCl、CO）排放连续监测系统技术要求及检测方法”的作业指导书 HJC-ZY80-2017 中的要求，增加了对 HCl 和 CO 测量的技术指标，尤其对 HCl 测量的准确度和系统响应时间的技术参数，有别于其他组分 SO_2、NO_x、CO 的技术要求。关于垃圾焚烧固定源烟气（HCl、CO）排放连续监测系统的检测项目参见表 17-3-4。

表 17-3-4　垃圾焚烧固定源烟气（HCl、CO）排放连续监测系统检测项目表

检测项目			技术要求
氯化氢 CEMS	初检期间	示值误差	当满量程≥100μmol/mol（163mg/m^3）时，±5%（标称值）； 当满量程<100μmol/mol（163mg/m^3）时，±2.5%FS
		系统响应时间	≤400s
		24h 零点漂移和量程漂移	±2.5%FS
		准确度	排放浓度平均值： ≥250μmol/mol（408mg/m^3）时，相对准确度≤30% ≥50μmol/mol（82mg/m^3）～<250μmol/mol（408mg/m^3）时，相对误差≤30% <50μmol/mol（82mg/m^3）时，绝对误差≤15μmol/mol（24mg/m^3）
	复检期间	24h 零点漂移和量程漂移	±2.5%FS
		准确度	排放浓度平均值： ≥250μmol/mol（408mg/m^3）时，相对准确度≤30% ≥50μmol/mol（82mg/m^3）～<250μmol/mol（408mg/m^3）时，相对误差≤30% <50μmol/mol（82mg/m^3）时，绝对误差≤15μmol/mol（24mg/m^3）
一氧化碳 CEMS	初检期间	示值误差	当满量程≥200μmol/mol（250mg/m^3）时，±5%（标称值）； 当满量程<200μmol/mol（250mg/m^3）时，±2.5%FS
		系统响应时间	≤200s
		24h 零点漂移和量程漂移	±2.5%FS
		准确度	排放浓度平均值： ≥250μmol/mol（313mg/m^3）时，相对准确度≤15% ≥50μmol/mol（63mg/m^3）～<250μmol/mol（313mg/m^3）时，绝对误差≤20μmol/mol（25mg/m^3） ≥20μmol/mol（25mg/m^3）～<50μmol/mol（63mg/m^3）时，相对误差≤30% <20μmol/mol（25mg/m^3）时，绝对误差≤6μmol/mol（8mg/m^3）
	复检期间	24h 零点漂移和量程漂移	±2.5%FS
		准确度	排放浓度平均值： ≥250μmol/mol（313mg/m^3）时，相对准确度≤15% ≥50μmol/mol（63mg/m^3）～<250μmol/mol（313mg/m^3）时，绝对误差≤20μmol/mol（25mg/m^3） ≥20μmol/mol（25mg/m^3）～<50μmol/mol（63mg/m^3）时，相对误差≤30% <20μmol/mol（25mg/m^3）时，绝对误差≤6μmol/mol（8mg/m^3）

表 17-3-4 中的数据显示，垃圾焚烧烟气系统测量 HCl 的系统响应时间 t_{90} 为 400s，比其他气体污染物的系统响应时间（t_{90} 为 200s）增加了一倍，主要根据大量的在现场测试的实际

数据，也参考了欧盟固定污染源 CEMS 系统技术要求和测试方法标准“EN 15267-3”中对 NH_3、HCl、HF 等极性大、吸附性强污染物的系统响应时间规定为400s。对于HCl的准确度，也参考到EU2000 76 EC标准中对各种气体污染物排放限值95%置信区间的不确定度要求：HCl、HF 的不确定度指标不超过 40%，而 NO_x、SO_2的不确定度指标不超过 20%，CO 的不确定度指标不超过 10%。在有关标准中，对低浓度范围的 HCl 准确度要求为绝对误差小于15μmol/mol。

17.3.2.2　垃圾焚烧炉烟气的在线监测技术

（1）高温热湿法气体过滤相关红外分析法

气体过滤相关（GFC）红外法，用于多组分气体分析时，是采用旋转滤光气室轮或滤光片轮，按照被分析组分配置多个滤光气室或滤光片，分别对应与被测组分的特征吸收波长进行测量。如：SICK 的 MCS100E 高温红外多组分分析仪可测量 8 组分，另加氧的测量；北京雪迪龙的 SCS-900L，采用德国 Fodisch 公司的高温多组分分析仪也可测量 8 组分，另可选氧化锆测氧及采用 FID 测量 TOC。

GFC 的取样分析有两种类型，一种是抽取高温热湿法，取样分析的全过程是在烟气原有的高温、热湿状态下工作，与高温 FTIR 法相同。另一种为抽取冷干法分析，抽取冷干法通常采用高温采样探头及传输管线，再通过除尘、除湿后进入常温 GFC 红外分析仪进行多组分监测。也可采用除湿探头取样（带 Nafion 膜干燥器除水的取样探头），传输过程无需保温。

（2）高温热湿法傅里叶变换红外分析法

FTIR 分析法是利用干涉仪对光源发出的红外光进行分光，测定各种被检测组分对特征光频率的吸收所引起入射光强度的变化，用傅里叶函数处理检测到的数据，解析出被测组分和浓度。高分辨率干涉仪和傅里叶函数解析使得该方法具有分析组分多、动态范围宽、分析速度快等特点，属于广谱分析技术，可分析烟气中 10 多个组分，最多可测 50 多个组分。

高温傅里叶变换红外光谱仪已成熟应用于垃圾焚烧烟气分析，国外 ABB、SICK、Bruker、GASMET 等公司的 FTIR 产品，已得到较多应用。国内如南京霍普斯、厦门格瑞斯特、杭州聚光、深圳宇星、安徽蓝盾等，大多采取抽取热湿法高温 FTIR 系统集成技术，其核心产品技术大多采取与国外合作模式，并在国内垃圾焚烧电厂取得了较好应用业绩。

（3）非分散红外光谱、紫外差分吸收光谱及激光光谱检测技术

冷干法 NDIR 技术关键在取样处理及传输过程中要严格控制温度在烟气露点之上，以免水分析出。样品在除湿过程中，应减少易溶于水的气体与析出水的接触，确保烟气分析不失真，多组分红外分析仪大多选用西门子 U23/U6、ABB 的 EL/AO 系列产品等。

DOAS 技术的优点是不受水分干扰，可采用原位法或抽取热湿法，实现多组分测量，如 SICK 的 GM32 可原位测量 SO_2、NO、NO_2、NH_3；聚光科技 OMA-2000 采用抽取热湿法可同时测量 SO_2、NO、NO_2 等多组分。TDLAS 技术大多采用原位法检测，一台 TDLAS 仪器一般只能分析一个气体组分，主要用于检测烟气中微量 HCl、HF、NH_3。

（4）多种电化学传感器的组合测量技术

电流型电位电解法传感器可分别用于测量烟气中 SO_2、NO_2、CO 等微量有害气体，检测浓度大多在 0～500mg/m^3，最低浓度可检测几毫克每立方米。早期垃圾焚烧烟气多组分在线监测可采用多种电化学传感器组合，测量焚烧烟气的各种微量成分。多组分检测系统结构简单、价格低廉，但寿命较短、误差大，大多用于便携式垃圾焚烧烟气排放监测。

17.3.2.3　垃圾焚烧烟气监测的技术方案

（1）技术分析

应用多种电化学传感器的组合测量方式测量焚烧烟气，测量误差大，相互有干扰，使用寿命短，不适用于日处理量较大（600～1200t/d）的垃圾焚烧炉烟气排放在线连续监测。

NDIR 或 DOAS，外加 TDLAS 的组合测量技术已在脱硝烟气监测中应用，在垃圾焚烧烟气监测也有应用；由于焚烧烟气测量组分多、高腐蚀、高含水、要求测量动态范围大，一般需配置多台 NDIR 或 DOAS 及 TDLAS 分析仪，维护工作量较大，此方案应用已较少。

常用的垃圾焚烧烟气监测技术主要是：热湿法高温 GFC 分析及高温 FTIR 分析的技术方案，可确保烟气分析不失真。一台高温 GFC 分析仪能实现 8 组分分析，但分析速度较慢、分析组分不够多；如需测量 HCl、HF、NH_3 等，还需增加原位法 TDLAS，或抽取热湿法的 TDLAS 串联使用。一台高温 FTIR 分析仪可满足垃圾焚烧炉烟气 10 多个组分分析，具有分析组分多、动态范围宽、分析速度快、测量准确等优点。目前抽取热湿法高温 FTIR 技术与热湿法高温 GFC 分析技术，是垃圾焚烧烟气分析的主流技术。

（2）烟气氧检测技术

垃圾焚烧烟气分析排放标准规定污染物排放数据是在含氧量 11%的干烟气下计算的，因此在烟气监测中要增加氧含量监测。通常垃圾焚烧烟气测氧是采用氧化锆氧分析仪或电化学氧传感器测氧技术。氧化锆氧分析仪是热湿法测量，垃圾焚烧烟气在热湿状态的腐蚀性强，当存在某些有毒的强腐蚀气体时易损坏氧化锆传感器，影响氧化锆氧分析仪的寿命。

采用电化学氧传感器测氧时，将高温分析仪测量气室出口的样气经除湿、除尘处理后，再进入电化学氧传感器测量室。电化学氧传感器测氧是冷干法测量，烟气经处理后处于干燥、洁净状态，可保证氧传感器长期使用，除湿冷凝水收集储液罐中并定时处理。

（3）热湿法高温取样系统技术方案

热湿法高温取样处理系统采用高温取样技术，取样、传输、处理、分析全过程保持样气在原有热湿状态，通常由高温取样探头、传输管缆和高温预处理箱等部件组成。

典型的高温取样探头是由取样探头管、探头过滤器、加热器、温控器、反吹控制和探头防护箱等组成。探头过滤器通常采用 SiC 过滤器，过滤精度约为 2μm，用于烟尘一次过滤，取样探头恒温大多在 180～185℃，也可设定恒温在 200℃。

高温伴热传输管缆是采用电加热的耐腐蚀聚四氟材质的一体化加热管缆，温度控制在 180℃或 185℃；高温预处理箱包括高温抽气泵、高温切换阀、高温过滤器和高温流量计等，所有部件均在 180 或 185℃的恒温下工作，可保证远高于烟气中 HCl 和 SO_2 的酸露点（150℃左右）。

高温样品取样处理系统中，反吹/测量状态的切换使用常闭的气动阀控制。只有在主阀打开时，进样阀才能够取样。反吹气在进入探头过滤器部件前，必须先通过预热升温，以免在脉冲气反吹过程中引起取样探头过滤器的局部降温。脉冲反吹气预热可采取探头前处理柜预热，也可采用探头过滤器加热套外装盘管将压缩空气加热。

高温预处理箱加热到 180℃，并保持恒温，高温除尘处理后的样气进入分析仪的高温测量气室，高温抽气泵提供取样动力，高温流量计控制流量为 5L/min 左右，以保证分析系统滞后时间尽量短。高温抽气泵可选用膜式泵或气体喷射泵抽取样气，喷射泵通常置于高温箱内，在分析仪测量气室出口抽气；喷射泵需要大量压缩空气，从取样到测量气室出口前是处于负压状态工作。高温型膜式抽气泵的泵头置于高温箱内，电机在高温箱外部，抽气比较稳定。

高温处理后的样气直接进入分析仪的高温测量气室分析，高温测量气室出口要求连接较粗的聚四氟乙烯管排气。

高温热湿法分析系统在标定校准时，标准气要通过预热保温，系统标定要求标气经取样探头的烟气入口处进入分析流路，是通过抽气泵及分析处理部件进入分析仪的高温测量气室入口标定。

17.3.3　高温热湿法 GFC 技术在垃圾焚烧烟气监测中的应用

17.3.3.1　概述

（1）高温热湿 GFC 技术

高温热湿相关红外多组分气体分析技术主要是利用非分散红外（NDIR）分析法结合气体过滤相关（GFC）和干涉滤波相关（IFC）技术来实现对不同种类气体及浓度的测量。一般来说，常量分析或被测气体吸收峰附近没有干扰气体的吸收（非深度干扰）时，可采用 IFC 技术；微量分析或被气体吸收峰附近存在干扰气体的吸收（深度干扰）时，则须采用 GFC 技术。垃圾焚烧烟气的 CEMS 监测的大多是多组分微量分析，须采用 GFC 技术。

GFC 技术可以实现对红外波段的选择。具体做法是在滤光轮上配备两种类型的充气气室，实现对某一种气体成分的检测。其中一种为测量气室，充入不与待测组分发生反应的气体；另一种为参比气室，充入高浓度的待测气体，参比信号与待测气体浓度无关。如图 17-3-2 所示，测量时通过旋转滤光轮，使得测量气室和参比气室依次进入光路，获得相应信号。利用测量气室和参比气室浓度差得出待测气体的浓度。

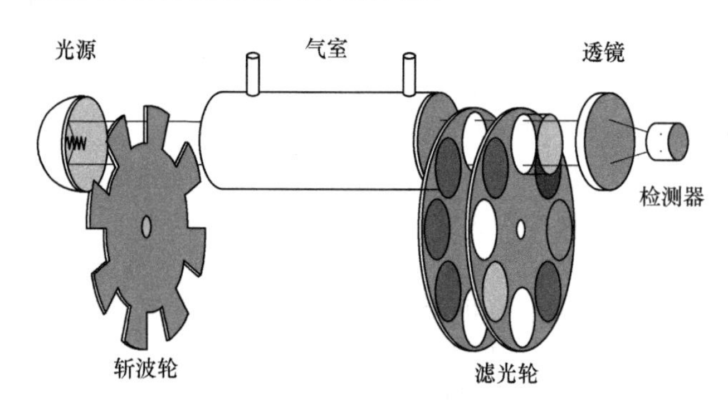

图 17-3-2　GFC 光学系统图

干涉滤波相关技术可选用窄带滤光片，结合单光束双波长的分析思路，选择出合适的光谱范围，减少杂散光，去除不必要的光阶，实现对待测组分的检测。

图中配备 2 个滤光轮，每个滤光轮上可以安装 8 块干涉滤光片或是滤波气室，可以完成 8 个气体成分的测量。仪器的数据处理通过内置微处理机进行。检测器接收到的信号经过放大后通过 A/D 转换进入微处理机，微处理机通过吸光度转换成浓度值。干扰组分的吸收值通过两种方式进行自动补偿：加法和乘法干扰补偿方法。干扰组分产生信号叠加的采用加法补偿，干扰组分产生的信号使吸收灵敏度衰减的采用乘法补偿。校正程序软件最多可以输入 4 个干扰组分。

（2）高温热湿 GFC 技术在垃圾焚烧烟气监测的应用

高温热湿 GFC 红外多组分气体分析技术，在垃圾焚烧烟气等酸性气体存在的监测应用中具有一定优势。高温热湿法的特点是能对包括水在内的 HCl、NH_3 等多种气态污染物同时进行测量。在高温状态下进行颗粒物过滤、样品取样和反吹工作，提高了效率。一般温度控制在 180℃，具体温度需参考混合烟气的酸露点，至少高于烟气酸露点 20℃以上。

垃圾焚烧烟气 CEMS 大多采用高温膜片泵或高温射流取样泵的烟气抽取式系统，结合高温取样探头、伴热管线、高温分析系统组成完整的高温热湿系统，再结合相关红外光谱分析手段，实现多个组分的同时测量。

该系统的技术关键在于全程不能存在冷凝点，必须有效避免酸性气体冷凝析出。

17.3.3.2 典型应用案例

MCS100E 高温红外多组分分析仪是德国 SICK 公司的产品。对于不能够用冷干法测量的组分，如 HCl、NH_3 和烟气湿度，该分析系统能够进行高精度检测。

（1）MCS100E 分析系统的结构组成

MCS100E 多组分排放烟气连续监测系统由取样系统和系统机柜组成。取样系统包括带加热过滤器的高温取样探头，高温条件下运行的测量/反吹/校准阀组和伴热取样管线。系统机柜内组装有高温测量系统，包括使用高温测量气室（高达 200℃）的多组分红外光度计、高温取样泵、高温流量计和加热样气传输管线。MCS100E 烟气连续监测系统，集成氧化锆模块，可实现对于 O_2 的测量。系统设计中有多级除尘结构，即在取样探头的前端、后端及分析气室的入口设计除尘过滤器，有效隔绝粉尘对整个系统的影响及污染。

（2）MCS100E 多组分红外分析仪的测量原理

MCS100E 是单光束双波长红外光度计，采用干涉滤光及气体滤波两种相关技术。其内部部件图及光路示意图参见图 17-3-3。

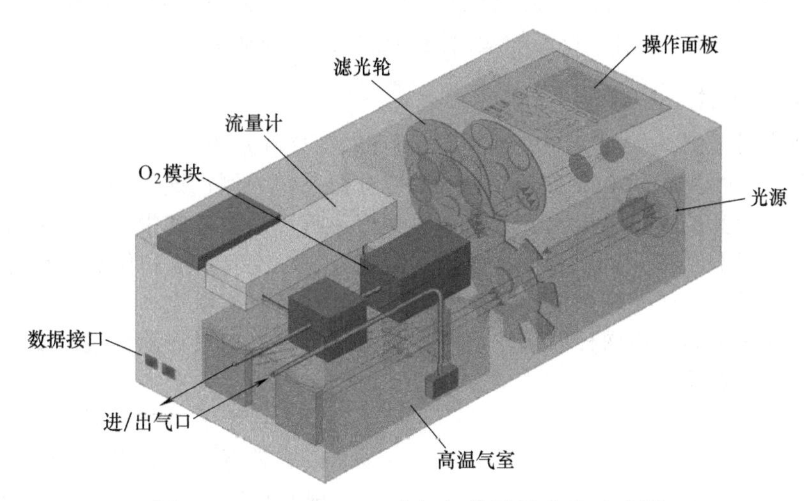

图 17-3-3 MCS100E 内部部件图及光路示意图

单光束双波长技术是从光源发出一束红光，依次通过光调制器和测量气室后，检测器接收到通过干涉过滤相关技术处理后的两种不同波长的红外光束，只是到达检测器的时间不同而已。干涉过滤相关技术主要采用干涉滤光片，对于每个测量组分都包含一个测量滤光片和一个参比滤光片。气体过滤相关技术主要采用滤波气室技术。滤波气室是一个充有高浓度待测气体的小型气室。光源中产生光通过时，待测气体的相关光谱被滤波气室吸收消除后作为参比信号。测量信号与待测气体的浓度相关，由在光路中旋入一个空的滤光轮光圈或选择一个与待测气体不相关的红外吸收波长滤光片产生。

分析数据的处理过程主要是对测量结果进行处理，对每个气体组分的测量信号和参比信号经过模数转换和对数运算处理可以得到每个组分的消光度系数，并测量可能的干扰组分消光系数，然后可通过相加干扰和相乘干扰的运算予以补偿，经过校正处理的气体组分的消光系数在气体浓度与消光度的线性曲线中得到原始数据，原始测量数据经过仪器标定校正因子进一步处理，最终得到测量的显示值。这样每个测量组分都经过了多步骤、多算法和多干扰组分的数学处理。

为了测量低浓度气体组分，设计了多次反射怀特气室。等效光路长度 3～15m，最小测量范围可达 10^{-9} 数量级。气室可以加热至 200℃，防止测量中污染物冷凝腐蚀气室。多组分测量系统将单光束双波长组合和气体滤波相关技术相结合，只需要一个高温气室和数据处理系统，具有很高的光度计精度和稳定性，实现多组分同时测量以及有效消除干扰组分的影响，与单组分测量技术比较极大地提高了测量精度。在热湿的气室条件下，可以测得烟气中的含水量，用于各测量气体组分的水分干扰补偿和干基数值的换算。

17.3.4　高温热湿 FTIR 技术在垃圾焚烧烟气监测中的应用

17.3.4.1　概述

高温热湿 FTIR 技术用于垃圾焚烧烟气 CEMS 的优点如下：

① 宽谱分析、扫描速度快，测量组分多，可以分析 SO_2、NO、NO_2、N_2O、CO、CO_2、HCl、HF、NH_3、CH_4、H_2O 等气体组分；

② 可用于实时在线的高温热湿法分析，适用于酸性气体较多的应用环境；

③ 较宽的动态测量范围、较低的检出限和更快的响应速率。

17.3.4.2　典型应用

（1）典型应用案例 1：MCS100FT 高温热湿 FTIR 分析系统

以西克麦哈克的 MCS100FT 高温热湿 FTIR 分析系统为例，该系统由高温气体取样及预处理系统、傅里叶变换红外分析仪、数据采集处理系统等组成。其中，气体取样系统包括带加热过滤器的高温取样探头，高温条件运行的测量/反吹/校准阀组和伴热取样管线。在垃圾焚烧厂应用的热湿法取样处理系统的加热温度一般都在 180℃以上。系统设计中有多级除尘结构，即在取样探头的加热探杆前端、后端及分析气室的入口设计除尘过滤器，有效隔绝粉尘对整个系统的影响及污染。

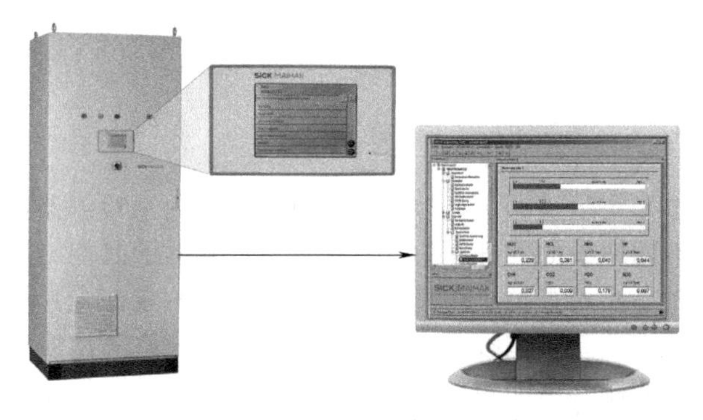

图 17-3-4　MCS100FT 的远程连接功能

系统采用射流泵，大流量取样，保证测量更为精准和快速响应。系统可集成氧化锆模块，可实现对于 O_2 的在线测量。系统还可集成 FID 氢火焰离子化模块，实现对总碳氢和 NMHC 的测量。MCS100FT 傅里叶变换红外分析仪具有远程连接功能，通过远程数据连接，可实现远程诊断、远程维护、远程操作等功能。远程连接功能参见图 17-3-4。

MCS100FT 样气分析系统，包括带

加热取样探杆（180～220℃）、加热取样探头过滤器、带加热过滤器的样品测量气室和耐高温电子压力控制器等，可实现自动控制样气流量和射流取样泵工作压力。取样探头加热模块中，嵌有耐高温的取样探头过滤器的反吹逆止阀、耐高温探头系统标气逆止阀、耐高温样气系统保护波纹管阀等。阀组合运行逻辑由 FTIR 分析系统的工控机判断操作条件或定时自动进行。

（2）典型应用案例 2：FGC-2000 高温热湿 FTIR 分析系统

南京霍普斯的 FGC-2000 高温热湿由高温取样处理系统、FTIR 分析仪及专用数据采集处理系统软硬件等组成，用于分析垃圾焚烧烟气中 SO_2、NO_x（$NO+NO_2+N_2O$）、CO、CO_2、HCl、HF、HCN、NH_3、CH_4、H_2O 及 O_2 和其他烟气参数。FGC-2000 型 FTIR 的高温取样处理系统及数据采集处理系统测量软件是国产的自主设计技术，其中分析仪集成 ABB 公司的 MBGAS-3000 型 FTIR 分析仪。FGC-2000 的分析系统流程图参见图 17-3-5。

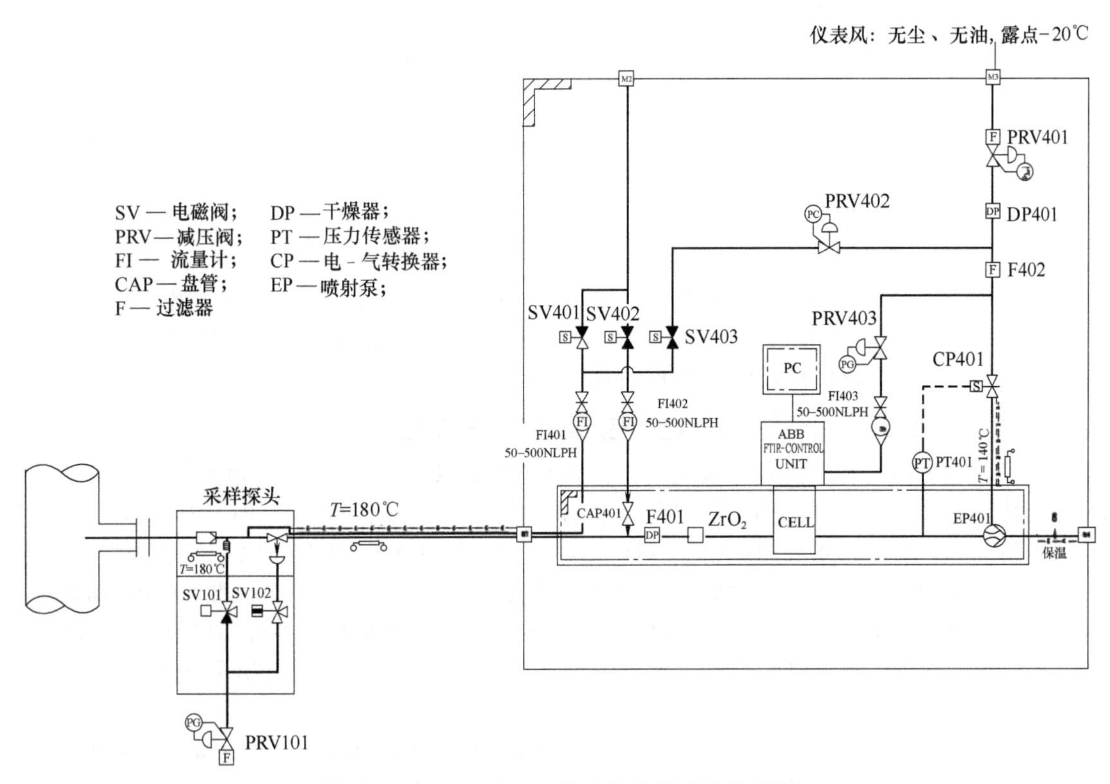

图 17-3-5 FGC-2000 的高温分析系统流程图

FGC-2000 型分析系统的主要技术特点如下：

① 采用高温热湿法，取样、传输、处理、分析全程保温 180℃，其中取样探头、传输管线加热最高 200℃，高温测量气室恒温 180℃；具有空气净化单元用于保护 FTIR 分析仪。

② FTIR 分析仪的光谱扫描范围为 400～4000cm^{-1}；干涉仪采用立方角-双轴迈克尔逊干涉仪专利技术，抗震动、无驱动机械磨损，无需准直；分辨率 1cm^{-1}；高温测量气室多次反射，光程 5m，铝合金镀镍腔体，镀金光学镜片。氧采用冷干法电化学氧传感器测量。

③ 分析系统自动化程度高，适应各种恶劣工况条件；采用自动控制技术实现取样处理的全程保护模式；具有取样、标定、反吹、掉电保护等控制和报警功能及远程诊断功能。

④ 分析系统线性误差：≤2%FS；零点及量程漂移：≤2%FS/7d；响应时间：120s。

17.3.5 垃圾焚烧烟气排放的二噁英类物质分析技术的探讨

17.3.5.1 二噁英类物质的危害及其排放限值要求

二噁英类物质是指一类氯代含氧三环芳烃类化合物，为 75 种多氯代二苯并对二噁英（PCDDs）、135 种多氯代二苯并呋喃（PCDFs）和 209 种多氯联苯（PCBs）的总称。环境中的二噁英类物质是以各种同系物、异构体的混合形式存在的，其毒性与结构有很大关系，2、3、7、8 四个共平面取代位置的氢均为氯原子取代的 17 种二噁英类物质毒性较大，其中 2,3,7,8-四氯代二苯并二噁英（TCDD）的毒性最大，国际上规定其毒性当量因子 TEF 值为 1，其他同类物质都各有对应的 TEF 值。国际通用的毒性当量因子有三套分别是 WHO 公布的 TEF（1998）、TEF（2005）和 EPA 公布的 I-TEF，目前均可使用。二噁英类物质的毒性通常是以二噁英类物质总的毒性当量浓度 TEQ 表示：

$$TEQ = \sum (\text{二噁英类物质浓度} \times TEF)$$

二噁英类物质主要来源于垃圾焚烧，而垃圾焚烧现场环境恶劣，燃烧产物中二噁英类物质的种类繁多且浓度极低。目前国际上通用的二噁英类物质检测方法是高分辨色谱/高分辨质谱（HRGC/HRMS）方法。该方法需要对样品提纯、净化，代价昂贵且非常耗时，无法实现对焚烧烟气中 17 种具有毒二噁英类物质的连续快速检测。我国目前采用的焚烧设备规模小、结构简单，而且对于焚烧和废气净化处理不彻底，造成大量的二噁英类物质排放。

目前，发达国家对二噁英类物质排放标准一般控制为 0.1ngTEQ/m^3。我国规定焚烧炉大气污染物中二噁英类物质排放限值为 0.1ngTEQ/m^3。

17.3.5.2 垃圾焚烧烟气的二噁英类物质及其分解过程

为了控制对环境和人体危害极大的二噁英类物质在废旧塑料焚烧过程中的生成，通常采用控制焚烧温度和加热时间的方法。因为二噁英类物质在低温下很稳定，但当温度超过 705°C 时很容易分解，因此在欧盟的垃圾焚烧标准规范（DIRECTIVE 2000/76/EC）和我国的《生活垃圾焚烧污染控制标准》（GB 18485—2014）、《危险废物焚烧污染控制标准》（GB 18484—2020）中均规定了焚烧炉膛内焚烧温度要达到 850℃以上，危废垃圾焚烧温度要达到 1100°C 以上，且烟气在高温炉膛内的停留时间要达到 2s 以上。以保证二噁英类物质及其他有害有机物的完全分解，又不至于过量增加燃料消耗和烟气中的氮氧化物含量。

为了达到充分燃烧，要求烟气排放控制 CO 的浓度小时均值低于 100mg/m^3，以间接监测二噁英类物质生成的工况条件。排放烟气处理要缩短烟气在低温区（200～500℃）的时间，以防止二噁英类物质在此适宜温度下重新合成。应控制烟气停留时间在 1s 以内，通常采用急冷装置的方法使得烟气温度迅速降低到 200℃以下。

垃圾焚烧已成为各类垃圾处理的新方式，但垃圾焚烧带来的尾气排放污染问题突出，其中危害最严重的是二噁英类物质，其他还有 SO_2、NO_x、HCl、HF、NH_3、CO、粉尘等有害物质。我国在 2002 年颁布了《中华人民共和国固体废物污染环境防治法》，规定所有垃圾发电厂都必须安装相应的废气排放监测设备。由于二噁英类物质的在线监测难度很大，目前垃圾焚烧企业主要采用定期取样方式监测。按照国家有关法规要求，必须定期取样并送国家授权的检测试验室检测，出具有效的检测报告。

17.3.5.3 二噁英类物质的检测技术

测量二噁英类物质的国际标准 EN1948 主要有 5 部分：EN1948.1，取样；EN1948.2，抽取和净化；EN1948.3，分析和统计；EN1948.4，PCBs 的测量；EN1948.5，连续取样（用于制备，可能的样本）。从烟囱排放的二噁英类物质取样，有 3 种原理方法：过滤冷凝方法、稀释法、冷却探头法。二噁英类物质的在线监测技术在国外也尚未成熟应用。

2020 年 12 月中国环境保护产业协会发布了团体标准《生活垃圾焚烧烟气二噁英激光电离飞行时间质谱在线监测系统技术要求》（T/CAEPI 28—2020），适用于二噁英类物质毒性当量浓度的在线监测。目前，国外主要采取二噁英类物质替代物进行在线监测，以下介绍的连续取样技术及共振增强多光子电离-飞行时间质谱技术（REMPI-TOF MS）仅供参考。如与 T/CAEPI 28—2020 表述有异，请按标准要求执行。

（1）用于连续取样的二噁英类物质检测技术

① 采取等动能取样，即等速取样，参见图 17-3-6。要得到代表性测量结果，抽取的流速必须等于烟气流速。取样探头必须有一套取样流速的控制系统，参见图 17-3-7。

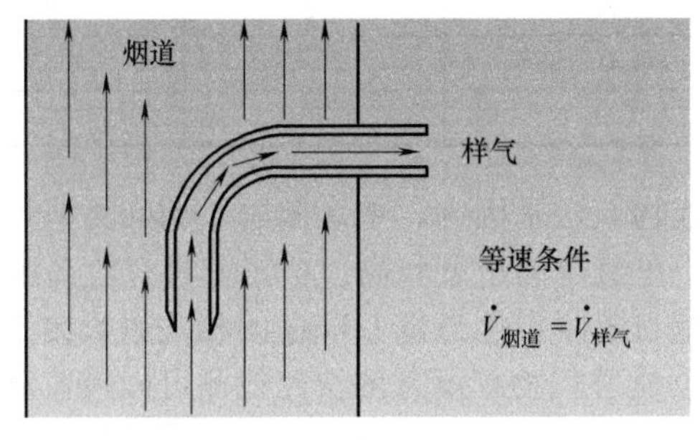

图 17-3-6 等动能取样图

图 17-3-7 取样探头及控制系统

② 测量处理过程如下：自动地、连续地取样，取样周期 1 个月，每年 12 次；由工厂操作人员交换取样盘；将取样盘送至试验室；在授权的试验室中用 GC-MC 完成检测；处理并取得测试结果；制备新的取样盘。

（2）用于二噁英类物质快速检测的共振增强多光子电离-飞行时间质谱技术

共振增强多光子电离-飞行时间质谱技术是一种二维分析方法，包括紫外光谱和飞行时间质谱。紫外光谱分析和质谱分析技术都是仪器化学分析的常用设备，REMPI 作为中间环节，很好地把两者结合在一起。该技术在二噁英类物质替代物在线监测方面具有较好的应用前景。

① REMPI-TOF MS 的基本原理及特点。垃圾焚烧现场环境恶劣，燃烧产物众多，而且其中二噁英类物质的种类繁多且浓度极低。国际通用的 HRGC/HRMS 检测方法需要较长的样品预处理期，不适合用于垃圾焚烧过程中二噁英类物质的实时在线监测。共振增强多光子电离-飞行时间质谱技术具有快速、高灵敏度、高选择性的特点，在二噁英类物质快速监测方面具有很好的应用前景。

应用 REMPI-TOF MS 进行检测时，其检测样品分子的激光电离产生于两个电极板之间，通过在两个电极板之间加一直流电场，使离子在某一个确定的起始时间被同时引出。因为离子都是在很小的空间内产生出来，它们在电场中具有相当确定的势能，在它们被引出到无场区后，这一势能被转化为相当确定的动能，从而使具有不同质量的离子具有不同的速度，并以不同的飞行时间到达探测器，最后由数字示波器或瞬态记录仪记录下来。TOF MS 没有扫描过程，单个激光脉冲激发就可以获得一幅完整的质谱图，具有实时检测的特性。

② REMPI-TOF MS 技术在垃圾焚烧二噁英类物质在线监测中的应用。基于 REMPI-TOF MS 技术的二噁英类物质快速监测研究已在世界范围内广泛展开。德国慕尼黑技术大学采用

REMPI 方法，建立了一套可移动式激光质谱仪，采用单氯苯作为二噁英类物质替代物，对垃圾焚烧现场的二噁英类物质进行现场监测。

研究表明，垃圾焚烧烟气中与二噁英类物质相关性较好的二噁英类物质替代物有氯代苯、氯代酚及氯代烯烃等物质。这些二噁英类物质替代物的浓度相对二噁英类物质要高许多，如氯代苯的浓度比二噁英类物质高千倍以上，这对于研究和检测都十分有利。表 17-3-5 给出了垃圾焚烧烟气中氯代苯与 I-TEQ 的相关性及相对浓度。利用对这些二噁英类物质替代物的快速检测，可以间接得知二噁英类物质的信息，从而实现对二噁英类物质的实时在线监控。

表 17-3-5　各种氯苯类物质的平均浓度及其与 I-TEQ 的相关系数/%

350℃的烟气样品中	平均浓度 $/10^{-12}$	与 I-TEQ 的相关系数	350℃的烟气样品中	平均浓度 $/10^{-12}$	与 I-TEQ 的相关系数
1,2,3,4-四氯苯	26.98	0.91	1,2,3-三氯苯	19.51	0.76
单氯苯	292.84	0.85	六氯苯	7.21	0.74
五氯苯	12.23	0.79	1,4-二氯苯	29.43	0.65
1,2-二氯苯	48.43	0.78			

单氯苯是目前研究最多的二噁英类物质替代物。这是因为，单氯苯与二噁英类物质的相关性较好；与氯苯类物质相比，垃圾焚烧烟气中单氯苯的浓度较高；单氯苯具有较高的挥发性，比较易于探测研究。垃圾焚烧烟气中单氯苯与国际毒性当量 I-TEQ 的相关系数比较高，探测极限可以达到 10^{-12} 量级。通过对二噁英类物质替代物单氯苯的快速检测可间接监测二噁英类物质。

17.3.5.4　案例：一种二噁英类物质在线监测装置

图 17-3-8 所示的 REMPI-TOF MS 装置，适用于燃烧过程中高温烟气中的二噁英类物质替代物快速检测。该实验装置采用快速、无接触测量的可加热采样/进样系统，待测样品通过可

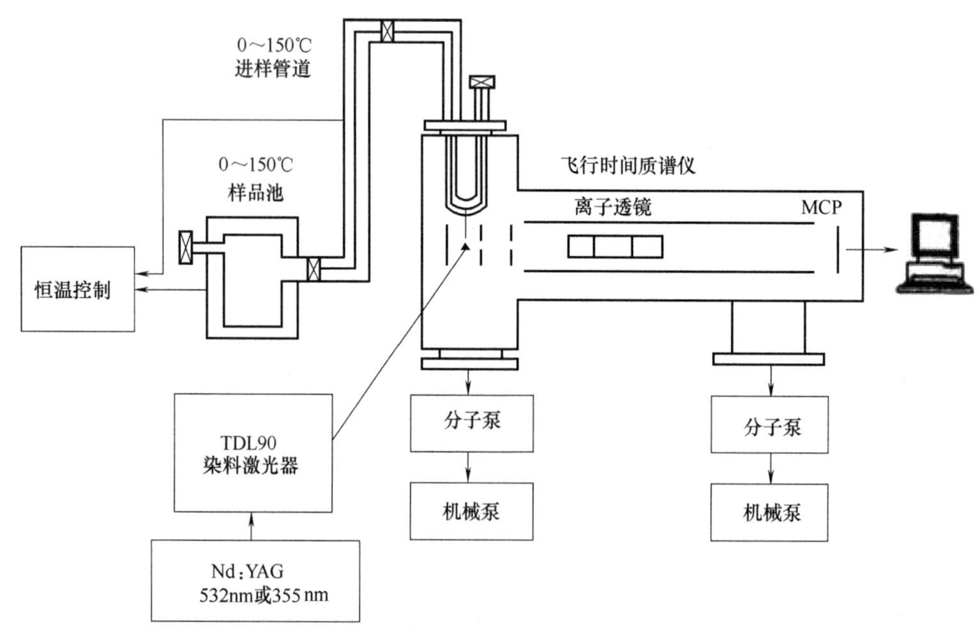

图 17-3-8　REMPI-TOF MS 装置示意图

加热的毛细管连续喷入质谱仪的离子提取电场中间，两束激光在喷口下方 2mm 处与气体作用。为了提高探测灵敏度，激光激发光源采用可调谐的染料激光（Nd∶YAG 三倍频输出的 355nm 激光泵浦），倍频（或倍频后和频）的输出波长为 220～320nm，激光脉冲宽度为 6ns，谱线宽度为 $0.06cm^{-1}$。产生的离子被提取后加速，进入无场区（飞行管长约 1m）自由飞行约数 10μs，到达位于飞行管末端的微通道板（MCP）离子接收器，MCP 输出的电信号由瞬态记录仪采集，送计算机进行存储和处理。质荷比不同的离子到达 MCP 的时间（飞行时间）不同，形成了质荷比对时间的谱图——质谱图。即使为了获得较好的信噪比而多次平均，获得一幅质谱图的时间也仅为毫秒级。

该装置通过对二噁英类物质替代物中的三氯乙烯、四氯乙烯、氯苯等进行光谱特性及激光质谱快速探测方面的研究，根据该类物质的光谱学特性，实现对这些物质的低浓度检测。

17.4 烟气汞及重金属的在线监测技术

17.4.1 烟气汞连续监测系统技术概述

17.4.1.1 概述

汞的排放源主要是工业排放源，如化石燃料燃烧、汞的冶炼、工业炉窑及废物燃烧等排放源废气中的汞。燃煤烟气排放到大气中的汞以汞单质蒸气（Hg^0）、气态氧化态汞（Hg^{2+}）和颗粒态汞（Hg^p）三种形态存在，煤燃烧过程中汞的形态参见图 17-4-1。

不同形态的汞在大气中的物理和化学特性差别很大。Hg^p 绝大部分可被除尘、湿法脱硫等烟气净化装置捕集去除。Hg^0、Hg^{2+}以气态形式存在于烟气中。Hg^{2+}可溶于水，也易于被颗粒物所吸附；Hg^{2+}加热至 800℃以上可还原为 Hg^0。Hg^0 不溶于水且极易挥发，传输距离很远，对环境影响大。若烟气中的汞排入大气，Hg^{2+}和 Hg^p 在大气中停留时间只有几天，而 Hg^0 则可停留 1 年以上。颗粒态汞可通过热解装置（＞900℃）转化为气态汞，经化学消解后分析。

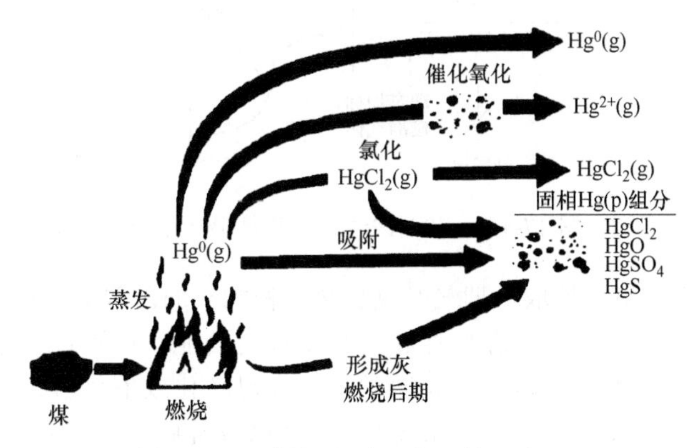

图 17-4-1 煤燃烧过程中汞的形态

通常烟气汞的在线监测系统均包括颗粒物过滤器，因此，烟气汞连续监测系统主要是气态汞的总量连续监测。固定污染源排放废气中总气态汞的质量浓度通常用 Hg^0 和 Hg^{2+}的和表示，单位为μg/m³。总气态汞按规定要折算到干基浓度（校准到20℃和7%O_2）。

随着对生态环境保护的重视和对大气环境要求的提高，各国先后对污染源废气的汞排放限值及监测方法制定许多法规，对汞排放限值的规定也越来越严格。2000年欧盟EU2000/76垃圾焚烧标准中规定水泥窑排放汞的日均值（连续监测）为0.05mg/m³；德国2004年颁布的《大型燃烧装置法（GFAVO）》规定燃煤电厂汞排放限值的日平均限值为0.03mg/m³。

我国于2011年发布GB 13223—2011《火电厂大气污染物排放标准》，对燃煤电厂烟气汞污染物排放设定了限值为0.03mg/m³。其他如GB 16297—1996《大气污染物综合排放标准》、GB 18485—2014《生活垃圾焚烧污染控制标准》、GB 18484—2020《危险废物焚烧污染控制标准》以及GB 9078—1996《工业炉窑大气污染物排放标准》等均规定了相应的汞排放限值。其中GB 18485规定汞最高允许排放浓度限值为0.1mg/m³，GB 16297规定为0.012mg/m³。

17.4.1.2 监测方法

为达到污染源汞的控制排放及实现排放限值的要求，美国早已开展污染源的汞排放监测，并制定相应的监测技术规范，其方法主要有三种，即安大略法（Ontario Hydro Method，OHM）、EPA Method 30A法、EPA Method 30B法。其中安大略法为湿法取样分析法，EPA Method 30B法为干法取样分析法，这两种方法是离线监测方法，EPA Method 30A法为自动连续检测方法。

其他国家对烟气汞的在线测量技术也制定了相应的技术规范，欧盟制定了EN14884等一系列标准。我国也在GB/T 16157—1996《固定污染源排气中颗粒物测定与气态污染物采样方法》中提出了颗粒态汞采集方法，在HJ 543—2009《固定污染源废气 汞的测定 冷原子吸收分光光度法》中规定了污染源废气中汞的检测方法，当采样体积为10L时检出限为0.0025mg/m³。

30A法是美国EPA推荐的燃煤电厂烟气汞连续测量分析的标准方法，如图17-4-2所示。

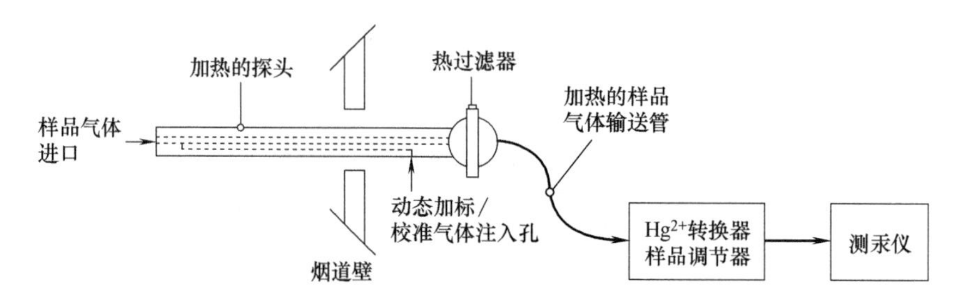

图17-4-2 30A法气态汞连续分析示意图

采样系统从烟道中恒速抽取，烟气经过加热取样探头的前置加热颗粒物过滤器后，进入原子汞转换器。取样探头具有动态加标和全系统标定功能，前置过滤器和取样管线全程加热并保持在烟气酸露点以上，转换单元通常采用高温转化或催化转化法将烟气中的氧化态汞转化为元素汞后，送汞分析仪实现在线测量，30A法测量结果为价态总汞数值并能够实时输出。

一般情况下，烟气汞分析仪只能用于分析Hg^0；对烟气中大量存在的Hg^{2+}，必须将Hg^{2+}转化成Hg^0后再进行测量，从而实现测量烟气中总气态汞（Hg^T）的测量。

17.4.1.3　烟气汞连续排放监测系统技术

烟气汞连续排放监测系统（Hg-CEMS）是指连续采集和测试烟气汞污染物排放浓度和排放量所需的全部设备，Hg-CEMS 一般包括采样探头系统、转换装置、传输系统、汞分析仪、校准单元、数据采集处理与通信单元等。采样系统包括采样探头、加热过滤器等。

（1）采样探头系统

采样探头根据采样方式不同，可采用惯性分离探头或稀释法采样探头。探头内部的部件加热按照需要设置，可加热到 250℃；探头内部过滤器可有效除去烟气中颗粒物，探头部件与烟气接触的材质采用不锈钢或涂覆石英的镍基合金 C276 等。

（2）转换装置

由于采用冷原子吸收和冷原子荧光法只能分析元素汞，因此测样品中的总汞时，要采用热转换炉将氧化态汞转化为元素汞。转换方法有高温裂解法和化学法。

（3）传输系统

用采样管线连接采样探头、转换器、样品处理器及汞分析仪。

采样管线采用电加热伴热管线，通常按设计需要加热恒温 180℃；一般采用特氟龙材质，内含样气管、反吹气管及校准气管。

（4）汞分析仪

汞分析方法主要有：冷蒸气原子吸收光谱法（CVAAS）、塞曼调制原子吸收光谱法（ZAAS）、冷蒸气原子荧光法（CVAFS）、紫外差分吸收光谱法（UV-DOAS）等。其中 CVAAS 法与 CVAFS 法常采用稀释法采样和金汞齐富集技术，或者与稀释法采样、催化转换/高温转换技术结合使用。

（5）校准单元

汞分析仪校准主要采用分析系统自带的内置汞蒸气发生校准装置，也可采用购买汞标准钢瓶气，但价格太贵，使用成本高，很少采用。对测汞仪的校准一般采用内置的 Hg^0 发生器/校准器、$HgCl_2$ 校准气体发生器/校准器，或渗透法进行 Hg-CEMS 的系统校准。

（6）数据采集处理与通信单元

用于实现 Hg-CEMS 的数据采集、处理、存储、打印报表及数据传输与通信，为排污单位及政府环保部门提供监测数据。

17.4.1.4　国内外烟气汞连续排放监测技术

Hg-CEMS 通常是根据用户需要以及采用的汞分析测试原理不同，有不同的系统组成结构，表 17-4-1 介绍了国内外部分 Hg-CEMS 的典型产品，仅供读者参考比较。

表 17-4-1　国内外部分 Hg-CEMS 的典型产品应用原理与结构特点

序号	产品型号	系统工作原理	采样单元	传输单元	处理单元	分析测试单元	校准单元	其他辅助单元
1	德国 MI 公司 SM-4 型 Hg-CEMS	采用稀释法采样，金汞齐富集与CVAAS技术，测总汞及元素态汞	稀释法，采样稀释比为（40∶1）～（100∶1），加热 250℃，材料用涂覆石英镍基合金	采用电加热管线，加热 180℃，含有反吹气管及校准气管	催化反应器在探头控制单元，采用固态催化剂，加热温度 275℃	CVAAS 加金汞齐富集器技术。汞分析仪的检测量程：0.004～1200 μg/m³，检测限 0.01μg/m³	采用汞蒸气发生器技术	探头控制单元用于控制探头和样气处理系统

续表

序号	产品型号	系统工作原理	采样单元	传输单元	处理单元	分析测试单元	校准单元	其他辅助单元
2	德国DURAG公司 HM-1400TRX 型	有直接抽取法和稀释抽取法两种系统。总汞分析仪通过热转化和干法化学处理器相结合使采样气体被转化为汞蒸气，采用 CVAAS 技术	采样探头包括过滤器，加热180℃，最高320℃。探头具有自动校准测试、反吹、安全保护等功能	采用电加热伴热管线，材料用 PFA，加热至少 180℃	热催化剂还原氧化态汞为元素态汞。还原剂为含碳化合物，高温 270～300℃	采用紫外光度计原理，采用光电二极管测量汞。测量范围：0～45/0～500μg/m^3；检测限：<1μg/m^3	元素汞标准源用 $SnCl_2$ 溶液，提供过量的 Sn^{2+}时，Hg^{2+}可被计量	配有隔膜泵，用来抽取样气送测量仪控制阀，用于修正采样流量
3	芬兰Gasmet公司 CMMS 型	采用 CVAFS 原理，系统组成由稀释采样探头、加热采样管线、高温转换器、CVAFS 汞分析仪、校准单元等	探头稀释比为 1∶50，稀释气为氮气，加热 180℃，最大 250℃	电加热采样管，采用 PFA 管加热恒温 180～200℃	高温还原在 750℃高温条件下转化为Hg，无需催化剂，转换效率95%	CVAFS 法。用光电倍增管检测荧光强度，其与 Hg^0 浓度成正比	采用汞蒸气发生器技术，Hg^{2+}校准单元，采用氯化汞蒸气源	配有空气预处理净化空气及氮气发生器
4	日本HORIBA公司 ENDA-Hg5200 型	直接抽取式交流调制 CVAAS。在探头处通过催化剂将二价汞转换为零价汞，经前处理后样气及参比气交替导入检测气室测量	316 不锈钢材质过滤器孔径 2μm；探头有 HCl 净化装置，探头具有加热恒温功能	伴热管线 180℃，特氟龙材质。样气经风冷及经冷凝器过滤器后用隔膜泵送分析单元	样气经探头后用催化剂将二价汞转换为元素汞，催化剂采用 K_2SO_3，380℃催化转化	采用CVAAS。样气一路经汞洗涤器为参比气，一路为采样气，交替导入检测气室。光电二极管进行吸光测定	用汞标气发生装置；二价汞采用二价汞标气校准	采用交流调制可有效消除 SO_2 气体对测量的干扰
5	美国 Lumex 公司 IRM-915 型	采用热催化转化和塞曼原子吸收原理、稀释法取样、干法转换	采用全程加热稀释法，稀释比 1∶100，滤芯使用钛合金	二价汞转换器并入采样器，样品传输只涉及零价汞传输	700℃高温催化转换法，采用硅涂层不锈钢材质	采用 ZAAS 法多光程样品池，光电倍增管接收信息送微处理器	元素汞用标气，二价汞发生器用氯化汞溶液	无需金汞齐富集
6	瑞典 OPSIS 公司 Hg-CEMS 型	采用 DOAS 法，通过汞转换器，紫外光谱分析仪发射/接收测量	直接安装在烟囱上，采用发射/接收测量	采用传输光纤连接	总汞转换器催化剂 200℃加热，转换效率 99%	DOAS 法，通过光纤接收多路光，通过光栅分光，紫外差分检测	校准池插入校准光路进行等效校准	对高浓度 SO_2无交叉干扰
7	德国 SICK 公司 MERCEM-300Z 型	采用 ZAAS 法，全程高温测量射流泵输送到高温测量气室（1000℃）夹层转换为元素汞并完成测量	高温取样探头配有前置过滤器、高温过滤器、动态加标口等	高温管线材质 FPA 加热功率 100W/M	高温射流泵 200℃2μm 过滤器，测量气室压力用 EPC	具有转化和测量功能一体化的高温气室和 ZAAS 光谱仪组成	采用氯化汞标气发生器	高温汞转换器（1000℃），转换效率98%
8	Tekran 公司 3300 型	稀释采样法加原子荧光分析以及纯金汞齐富集结合方法测定烟气汞	稀释采样 M&CSP2006，200℃加热，2μm 过滤器	具有伴热管线与非伴热管线	高温裂解氯化汞 700～850℃	CVAFS 法，金汞齐富集，700～800℃加热。氩气将汞送分析仪	采用元素汞校准器及离子汞校准器	富集/释放氩气做载气，避免干扰

续表

序号	产品型号	系统工作原理	采样单元	传输单元	处理单元	分析测试单元	校准单元	其他辅助单元
9	赛默飞世尔 Mercury-Freedom 型	基于稀释采样及 CVAFS 技术系统包括冷原子荧光汞分析仪、标准元素汞发生器、稀释探头控制器、稀释探头等	稀释探头内置总汞发生器和氧化态汞转化发生器，材质采用 316L		转化炉设置在稀释探头内，高温 760℃	采用 CVAFS	元素汞校准器，汞饱和汞蒸气离子汞，校准用氯化汞标准物	无须金汞齐富集
10	聚光 CEMS-2000BHg 型	CVAFS 法，稀释法采样、高温传输、汞价态转换、荧光分析仪等组成	惯性分离稀释探头采样，全程保温在 180℃	伴热管线 180℃，特氟龙材质内有 6 根管线	高温裂解，汞价态转换器，无催化剂，材质为石英管	CVAFS 原理，用 PMT 检测	包括零气、元素汞和氯化汞校正单元	零气用于提供射流泵动力气
11	天虹 TH-7000 型	CVAFS 法；惯性稀释采样探头、高温管线、在离子还原/不还原两路分别切换分析	探头过滤器用不锈钢烧结微孔管真空射流泵稀释样气	采用聚四氟乙烯伴热 180℃	采用催化还原法，镀金管包裹的还原物加热 600℃	采用 CVAFS，光源用紫外汞灯，经 254nm 滤光片，进入测量通道	扩散法制备 Hg^0 气源，渗透管置于恒温容器中	无须金汞齐富集

17.4.2　烟气汞连续排放监测的分析仪器技术

烟气汞（Hg^T、Hg^0、Hg^{2+}）连续在线监测分析应用的技术，主要包括烟气汞在线连续分析技术、氧化态汞还原转化元素汞技术、气态汞标准物质制备技术、烟气气态汞富集与热解吸技术、动态加标回收率校准技术等，简要介绍如下。

17.4.2.1　汞分析仪器技术

（1）冷蒸气原子吸收光谱法（CVAAS）

用于汞分析的 CVAAS 测量，是基于汞原子对 253.7nm 波长光有选择性吸收，在一定浓度范围内吸光度与汞浓度成正比。被测样品经消解后，将各种价态汞转变成二价汞，再用氯化亚锡将二价汞还原为元素汞测量。

（2）塞曼调制原子吸收光谱法（ZAAS）

用于汞分析的 ZAAS 测量是基于塞曼冷原子吸收技术，汞的 253.7nm 共振线被分裂成三个塞曼组分（π，$σ^-$，$σ^+$）。当样品池中存在汞蒸气时，σ 组分光强度的差值随汞蒸气浓度的增加而增加，读取 σ 组分光强度的差值可直接扣除背景干扰。塞曼调制原子吸收光谱技术已经成熟用于烟气汞的在线连续测量分析系统。

（3）冷蒸气原子荧光法（CVAFS）

用于汞分析的 CVAFS 测量是基于原子荧光分析技术与常温下的汞蒸气发生进样技术相结合，将待测样品中的含汞化合物用强还原剂转化成单质气态汞原子，接受由低压汞灯发出波长 253.7nm 的激发光照射，基态汞原子被激发到高能态，当返回基态时辐射出共振荧光，由光电倍增管测量产生的荧光强度。由于只有汞原子会发荧光，因而提高了汞的选择性。

（4）原子发射光谱法（AES）

原子发射光谱法测汞是基于等离子体引起汞原子发射出 253.7nm 特征波长进行测定，原子发射光谱法可以测定任何形态的汞。由于各个成分被检测器前的等离子体激发源解离成单质形态，因而受其他成分干扰较少。原子发射光谱法还能测量多种重金属元素。

（5）紫外差分吸收光谱法（UV-DOAS）

紫外差分吸收光谱法测汞是基于元素汞在 253.7nm 有很强的吸收谱线，UV-DOAS 采用分子的窄波段吸收技术，将吸收截面分成随波长“快速”变化的窄带吸收截面和随波长“慢速”变化的窄带吸收截面两部分。当仅考虑随波长“快速”变化部分时，可有效消除气体分子及烟尘颗粒物的瑞利散射、Mie 散射及光强衰减等随波长缓慢变化部分的影响。紫外差分吸收光谱法适用于大气中痕量气体的检测，包括用于微量汞的监测。

另外，X 射线荧光（X ray fluorescence，XRF）光谱法也适用于大气中微量汞的监测。

17.4.2.2 气态氧化态汞还原转化元素汞技术

测量烟气的 Hg^{2+}时，须将 Hg^{2+}转化成 Hg^0 才能进行测量。转换器技术主要有三种。

（1）湿化学还原法

湿化学还原法是在酸性介质条件下将 Hg^{2+}转化为 Hg^0：

$$HgCl_2 + SnCl_2 \longrightarrow Hg + SnCl_4$$

为测量含低浓度汞的样品气，通常与形成金汞齐的富集方法协同使用。通过湿化学还原法得到气态汞，使其得以与烟气中的其他污染物分离，避免了对分析装置的污染和其他组分的交叉干扰。此外，也可通过采取不同的富集时间来调整测量的检测下限。

（2）热催化还原法

加热含汞样品气到 200～400℃，在催化剂作用下将烟气中的 Hg^{2+}转化为 Hg^0。此方法比较简单易行，但存在转化效率对测量结果影响较大和催化剂的运行寿命问题。

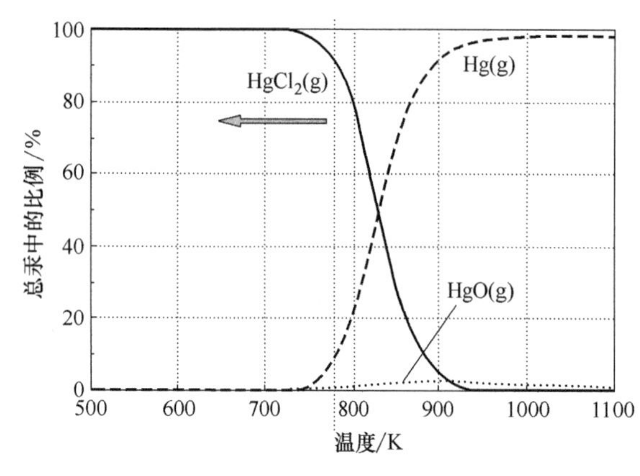

图 17-4-3 汞价态与温度的关系

（3）高温氧化还原法

加热样品至 800～1000℃，使 Hg^{2+}转化为 Hg^0。汞价态与温度的关系参见图 17-4-3，由图可见在 900℃以上，Hg^0 占比大于 96%。

以上方法比较如下：湿化学还原法是用于实验室的经典标准方法，但要不断消耗和处理使用到的化学试剂，过程烦琐复杂。热催化还原法优点是简单易行，但催化剂会受到烟气中酸性物质 SO_2、HCl 等腐蚀而减少使用寿命。高温氧化还原法，要求设备制造和材料性能高，但长期转化效率高且稳定，没有任何试剂和材料消耗，使用方法长期可靠。

目前，高温氧化还原法转化技术已广泛用于烟气汞在线分析系统，在高温下，热解吸汞化合物，并将 Hg^{2+}还原为 Hg^0，再进入测量吸收池进行定量测量。

17.4.2.3 气态汞标准物质制备技术

对测汞仪校准采用 Hg^0 发生器/校准器，对 Hg-CEMS 的系统校准采用 $HgCl_2$ 校准气体发生器/校准器；也可以采用鉴定合格的钢瓶装 Hg 校准气，或利用渗透法进行 Hg-CEMS 的系统校准。不同的分析技术可采用不同的仪器校准方法。

目前，系统内置和外置的汞标准物质的制备方法主要有两种。

一种是基于渗透管法设计的汞标气发生器，它包括由载气管路依次连通的汞源、恒温冷凝装置和混气室；恒温冷凝装置包括恒温控制器控制的水槽、若干个串联的洗气瓶和气体温度传感器；汞源产生的汞蒸气沿载气管路进入洗气瓶，冷凝成一定温度的汞饱和蒸气，汞饱和蒸气进入混气室与稀释气按比例混合成汞标气。

另一种汞标气发生器是由质量流量计分别控制氯化汞标液和稀释气体的配比，并由汽化器产生控制一定浓度的高温氯化汞标气，通过高温伴热气路输送到探头过滤器，最终进入高温汞还原气室转化为 Hg^0 进行仪器校准。如果在分析仪内部可与装有渗透管的 Hg^0 发生器同时使用。系统即可通过电子控制自动进行量程校准，从而无需通入标气即可完成零点和量程的校准，通过两组不同标气源的结果差值监测氯化汞还原为 Hg^0 的转化效率。

为了保证测量结果的长期可靠性和真实性，测量仪器可内置标准气室（或标准滤光片）的自动校准装置，同样达到了对仪器漂移控制和确保测量结果准确的目的。

17.4.2.4　烟气气态汞的富集与热解吸技术

固定污染源烟气中气态汞浓度通常为微克级别，单位μg/m³。常见的在线测量技术采用先富集、后测量、计算得出总汞浓度。烟气汞分析的典型应用是采用汞富集热解吸技术与冷原子吸收光谱法相结合，其中，汞富集解吸装置单元是系统设计的关键之一。

通常烟气中氧化态汞还原为元素汞，再与金形成“金汞齐”并进行富集浓缩，再加热解吸出来采用冷原子吸收法测量。典型的汞分析系统取样与富集解吸过程如下：取样部分包括加热过滤器、加热取样泵、加热流量计和管线加热 180℃以上，以防止汞吸附在样气处理系统各个部件而产生“记忆效应”。然后进入汞还原（$SnCl_2$ 还原试剂）装置，样气再进入温度设定为 5℃的冷却除湿器除水。Hg^0 不溶于水，随样气再进入汞富集装置形成“金汞齐”。定时加热“金汞齐”装置到 750℃，使元素汞解吸出来，由 N_2 载气带入冷蒸气原子吸收分析仪，监测总汞（Hg^T）浓度。

典型的测量方法通常采用 N_2 或洁净空气作为载气，并在 Hg^0 进行热解吸前作为基线和测量的参比信号，整个汞浓度测量分析循环周期为 3min。仪器自动控制的时序如下：烟气冷却和汞还原 30s→Hg 富集（金汞齐）10s→基线测试 50s→分析结果 90s，总循环时间 180s。

17.4.2.5　动态加标回收率校准技术

为了监控烟气复杂工况条件下气态汞测量的准确度和进行测量质量控制，测量技术上需要考核气态汞的动态加标回收率的指标。经典的测试过程是在汞分析系统取样的烟气中加入汞含量为样气汞含量 0.5～2.0 倍的汞标准气体进行测定，将其测定结果扣除样品的测定值，以计算回收率。

HJ 917—2017 中要求：动态加标样品的回收率应在 85%～115%之间。计算公式为：

$$\text{动态加标回收率}=\frac{\text{加标试样测定值}-\text{原试样测定值}}{\text{加标量}}\times 100\%$$

在美国 EPA 发布的汞监测方法 30B 中，活性炭吸附法测定燃煤排放污染源中气态总汞的技术规范要求的动态加标回收率也是在 85%～115%之间。

我国烟气排放汞在线监测还处于试点阶段，低浓度汞的监测测量精度、汞转化器单元的转化方法和效率等都需要重点关注。

17.4.3　冷蒸气原子吸收光谱法的烟气汞在线监测技术

17.4.3.1　概述

冷蒸气原子吸收光谱法（CVAAS）是基于原子吸收光辐射的一种元素定量分析方法。被测元素的基态原子对由光源发出的该原子的特征性窄频辐射产生的共振吸收。其吸光度在一定浓度范围内与被测元素的基态原子浓度成正比，符合朗伯-比尔定律。CVAAS 只能对烟气中的 Hg^0 含量进行分析，在波长 253.7nm 处用原子吸收光谱法测定瞬间吸光度值。CVAAS 法测量 Hg^0 的原理参见图 17-4-4。

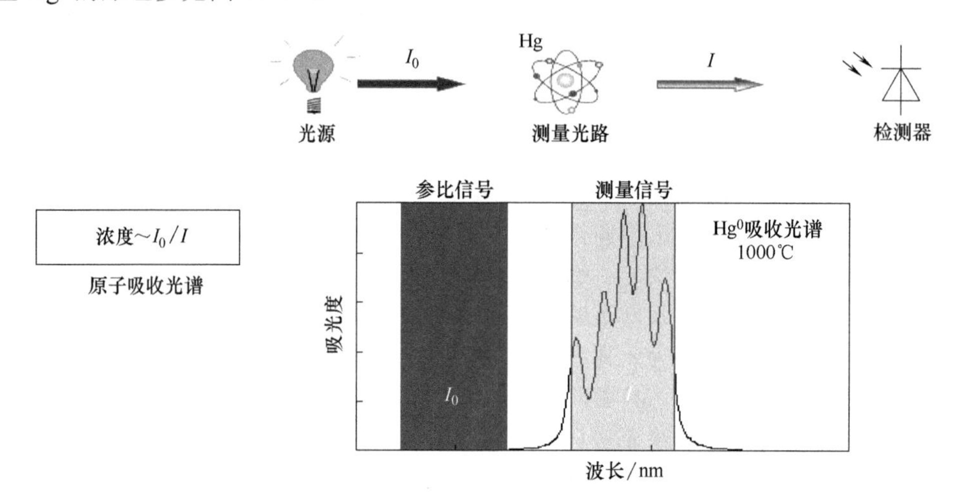

图 17-4-4　CVAAS 法测量元素汞的原理图

CVAAS 技术测量总汞，是基于烟气大多数汞化合物在>356.6℃汽化，以及在>800℃时转化成 Hg^0，汞蒸气可在较低温度下送到 CVAAS 分析仪分析，从而实现总气态汞的测量。

CVAAS 是利用汞蒸气对波长为 253.7nm 紫外光有选择性吸收对烟气汞进行在线监测。光源采用低压汞灯发出的在波长 253.7nm 附近的光。在检测气室，Hg^0 会吸收这一波长的光，从而测得测量信号 I，选用波长在 Hg^0 吸收以外的信号测得参比信号 I_0，根据朗伯-比尔定律得到 Hg^0 的浓度，CVAAS 在一定浓度范围内，吸光度与汞浓度成正比。典型的 CVAAS 汞分析仪测量原理参见图 17-4-5。

图 17-4-5 中，光源为低压汞灯。样气中的 Hg^{2+} 首先要还原成 Hg^0，在 253.7nm 波长处发生选择性吸收，使得入射光经过吸收池后强度减弱。利用光电倍增管监测透射光强，信号经放大、线性化等处理后输出 Hg^0 浓度。

17.4.3.2　CVAAS 法的汞分析仪

一种测定总气态汞的 CVAAS 仪器的测量光路图，参见图 17-4-6。测汞仪的 UV 光源采用无极放电灯，发射紫外线。样品气体中的 Hg^0 通过测量池时选择性吸收 253.7nm 处的紫外线，再通过滤光片（253.7nm）及固体 UV 检测器，测量光强衰减的大小，就可以检测样品气体中的汞浓度。

17.4.3.3　CVAAS 烟气汞分析系统的基本组成

CVAAS 烟气汞分析系统主要包括采样单元、转换单元、传输系统、校准单元、汞分析单元数据采集处理单元等。CVAAS 烟气汞分析系统有直接抽取法和稀释抽取法两种，不同的 CVAAS 分析系统采用的技术路线也不同，各有其特点。

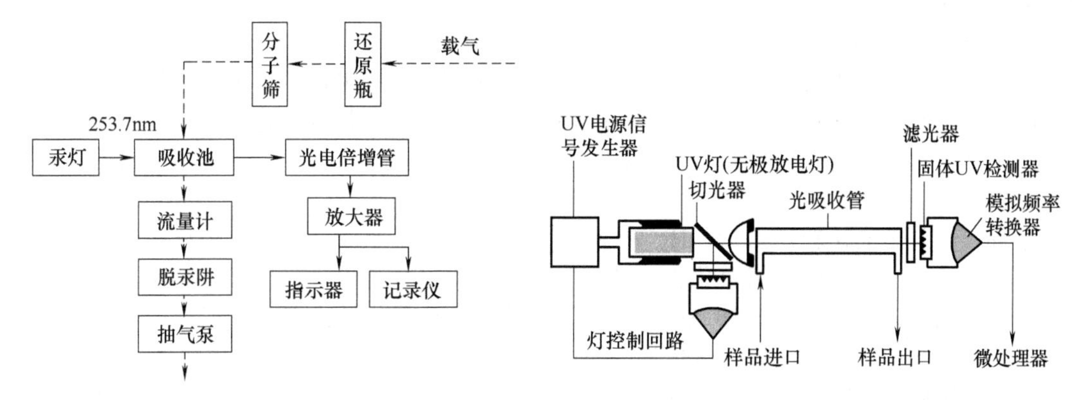

图 17-4-5　CVAAS 测量原理

图 17-4-6　一种测汞仪的测量光路

如采样单元的直接抽取法的采样探头及过滤器，一般加热 180℃，最高可为 320℃，探头具有自动校准测试、反吹、安全保护等功能；稀释抽取法采样探头稀释比为（40∶1）～（100∶1），加热 250℃，材料用涂覆石英镍基合金。传输单元采用电加热伴热管线，材料用 PFA，加热至少 180℃；转换单元一般都采用热催化剂还原氧化态汞为元素态汞，还原剂为含碳化合物，在高温下完成（如 270～300℃）；有的催化反应是在探头控制单元采用固态催化剂完成。汞分析单元的样气，一路经汞洗涤器为参比气，一路为采样气，交替导入检测气室，采用光电倍增管或光电二极管进行吸光测定。系统的校准单元、数据采集处理单元等基本相同。

17.4.3.4　烟气背景气体对 CVAAS 汞分析的干扰分析

烟气中的其他气体如 SO_2、HCl、Cl_2、NO_x 等会干扰 CVAAS 的测汞精度并腐蚀测量装置。样气在进入检测器前要进行处理，以除去烟气中对测量有干扰的其他气体。SO_2 在 254nm 谱线处有吸收，是干扰 CVAAS 测量汞的最主要气体。可采用金汞齐富集法、参比法、双光路法等方法，消除干扰气体的干扰。

金汞齐富集法，是将样气通过一个金制的过滤器，元素态汞能在金的表面形成金汞齐（金汞合金），当金汞齐将汞蒸气富集后，再加热至（750°C）解吸由载气带入检测器中测量。这一过程可以对样品中的汞进行浓缩，提高测量的灵敏度，而且干净的载气背景也消除了原样气背景中其他干扰气体的影响。

参比法是将通过参比气室的光透过一个饱和汞蒸气室吸收后作为参比信号，而没有透过饱和汞蒸气室吸收的光强作为测量信号，利用这两个信号比值得出烟气汞浓度。

双光路测量法，是将进入测汞仪的样品气分为两路：一路样品气通过工作测量池检测信号的衰减；另一路样品气先通过一个除汞管除去气态汞，然后进入参比测量池监测干扰组分引起的光衰减。两个测量信号差值就等于被测排放汞的浓度。

在使用冷原子吸收光谱法测定汞时，各个操作环节都有可能影响测量结果。例如，由于苯、甲苯、二甲苯、丙酮等有机化合物分子在 253.7nm 也有较强的吸收，在使用冷原子吸收光谱法测定烟气中气态汞时，需要采取措施消除这些干扰物质的影响。使用加热催化还原法将 Hg^{2+}还原为 Hg^0 时，催化剂会受到烟气中的酸性气体影响。例如不同浓度的 HCl、SO_2 等可不同程度减少催化剂的寿命，造成催化器老化，中毒和失效，应定期检测汞氧化还原的转化效率。 在设计冷蒸气汞原子吸收光谱仪器系统时，还应考虑到 Hg^0 也可以重新被氧化，应在整个气路系统中避免吸附并保持较高的流速、温度，不应有冷凝点。

17.4.3.5　CVAAS烟气汞监测的典型产品

（1）Durag HM-1400TR

采用双光路非富集的（UV）CVAAS连续监测 Hg^0，并应用化学处理及热催化转换相结合的技术，将所有形态的汞还原为 Hg^0。采样系统采用内衬聚四氟乙烯的钛材质的采样探头，并加热保温至180℃。样品气的输送采用加热保温在180℃的聚四氟乙烯采样管，仪器的采样流量为2L/min。

样品气进入热催化转换器后，Hg^{2+}在热催化转换器中还原成 Hg^0。热催化转换器内部填满了含碳的材料，其表面用氢氧化物和碳酸盐的混合物进行特殊处理，并加热至350℃，碱性表面吸收烟气中的酸性组分如 SO_2、NO_x。样品气经热催化转换器后进行除湿。系统除湿器的温度控制在2℃。除湿后的气体进入汞分析器。样气先进入第一个工作测量池测量样品气中的汞，然后进入除汞器；再进入第二个参比测量池测量各种干扰物的信号。取两个信号差值得到汞浓度。该系统较好地消除了样品气中 SO_2、NO_x、水分及颗粒物等各种干扰物质的影响。

（2）SICK UPA GmbH MERCEM

采用金汞齐预富集的（UV）CVAAS连续监测 Hg^0，并采用湿化学还原方法将 Hg^{2+}还原为 Hg^0。装有金属过滤器的采样探头除去烟气中颗粒物，用加热的样品管输送样品气到系统和分析器，加热温度为185℃。采用蠕动泵，将 $SnCl_2$ 溶液从仪器的贮存容器中抽出，注入样品管路，与样品气一起到达反应器，将 Hg^{2+}还原为 Hg^0。

转换后的样品气经过珀耳帖（Peltier）电子冷却器除湿后，进入金膜富集器，Hg^0 与金膜形成汞齐。富集阶段结束后，电加热金膜释放出汞，Hg^0 被惰性气体输送到测汞仪的测量池进行检测。随后富集器开始净化，金膜冷却，准备下一次采样分析。改变采样时间，就能够改变测量范围和检出限，仪器能够在较宽的范围内测量危险废物焚烧炉、燃煤电厂排放源的气态汞。仪器测量范围：0～100μg/m³，检出限$<0.5\mu g/m^3$。

仪器采用形成汞齐富集法的优点是分析仪不直接与烟气接触，烟气中的其他组分的干扰被消除。但是与其他CVAAS比较，响应时间较长，约180s。该仪器由样品气体采样探头、样品气输送管以及仪器机柜组成。仪器机柜包括配置样品气体的准备组件、分析单元、控制单元等。机柜内有贮存还原剂的容器，并具有自检功能。

17.4.4　塞曼调制原子吸收光谱法的烟气汞监测技术

17.4.4.1　概述

塞曼调制冷原子吸收法（ZAAS）是根据荷兰物理学家塞曼发现的光在磁场中产生光谱分裂形成左旋和右旋两束偏振光的原理。

塞曼冷原子吸收法采取光源（汞灯）放置在恒磁体内，在强磁场作用下，将汞的共振线 λ=253.7nm 分裂成三个极化的塞曼组分（π、σ^-、σ^+）。当光线沿磁场方向传播时，只有σ组分到达检测器。其中只有 σ^-落入汞的吸收线轮廓内，σ^+落在吸收轮廓外。当样品池中不存在汞蒸气时，到达检测器的σ组分光强度相等。当样品池中存在汞蒸气时，σ组分光强度的差值随汞蒸气浓度的增加而增加。σ组分被偏振调制器分离，σ组分的光谱位移显著小于分子吸收带和光谱散射的宽度，背景吸收在σ组分上的吸收是等量的，分析仪读取σ组分的差值，直接扣除背景干扰。ZAAS 采用了光谱分裂的 σ^-，σ^+几乎是相同波长（波长差约 0.004nm），由此产生的测量和参比信号可很好地消除其他气体的干扰，无需采取汞富集技术。塞曼调制汞冷蒸气原子吸收光谱测量原理和信号处理原理如图 17-4-7 所示。

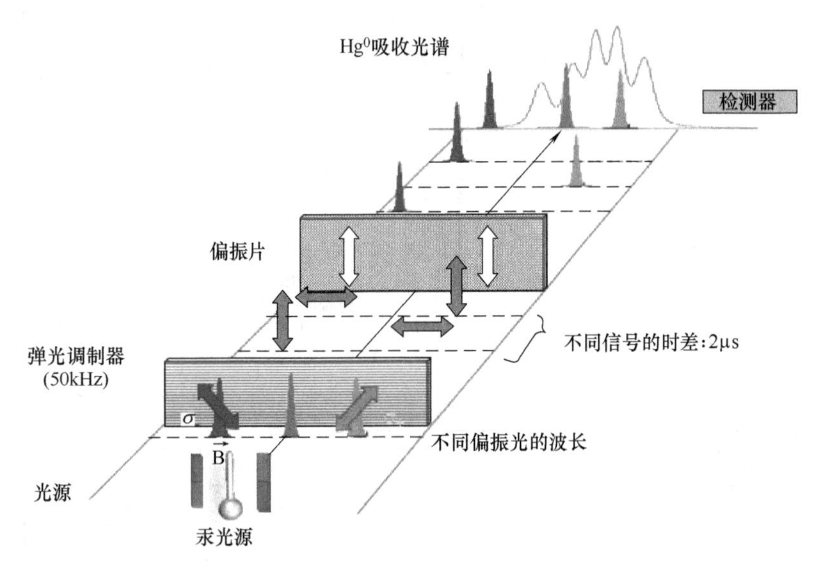

图 17-4-7　塞曼调制汞冷蒸气原子吸收光谱测量原理图

ZAAS 根据朗伯-比尔定律由汞光谱吸收的测量波长和参比波长之比计算测得汞的浓度，由于塞曼原理的光调制器为电子调制，无机械磨损并能做到长期稳定。参比信号和测量信号的时间差（2μs）消除了其他组分的交叉灵敏度干扰。仪器内置的自动光源灵敏度漂移校准装置可补偿光源强度和光学镜片表面污染所带来的影响。仪器利用光调制器和偏振片产生有时间差（2μs）的两个相近波长的紫外光落在汞的精细吸收峰的内外，分别作为测量和参比信号。由于采用了几乎相同波长的测量和参比信号，从而消除了其他气体组分（如 SO_2、H_2O、CO、CO_2、NO_x）光谱重叠的交叉干扰；表 17-4-2 中的实验结果表明，采用塞曼原理的原子吸收分析技术，在烟气背景中，浓度为 1000mg/m^3 的 SO_2 对汞的测量干扰为零。

表 17-4-2　塞曼冷蒸气原子吸收原理测量汞分析仪消除干扰的效果表

组分	浓度	对汞的交叉干扰
SO_2	1000mg/m^3	0.00μg
H_2O	30%（体积分数）	<0.02μg
CO	300mg/m^3	0.09μg/m^3
NO	300mg/m^3	0.05μg/m^3
CO_2	15%（体积分数）	0.00μg/m^3

原子吸收光谱不会存在像发射荧光的淬灭干扰，在不使用金汞齐富集技术而造成测量周期较长的情况下，就可实现很小的测量量程（0～10μg/m^3）。

17.4.4.2　ZAAS 法汞分析系统的典型产品

SICK 公司 MERCEM300 型 ZAAS 冷原子吸收法的系统流程如图 17-4-8 所示，部件构成见图 17-4-9。

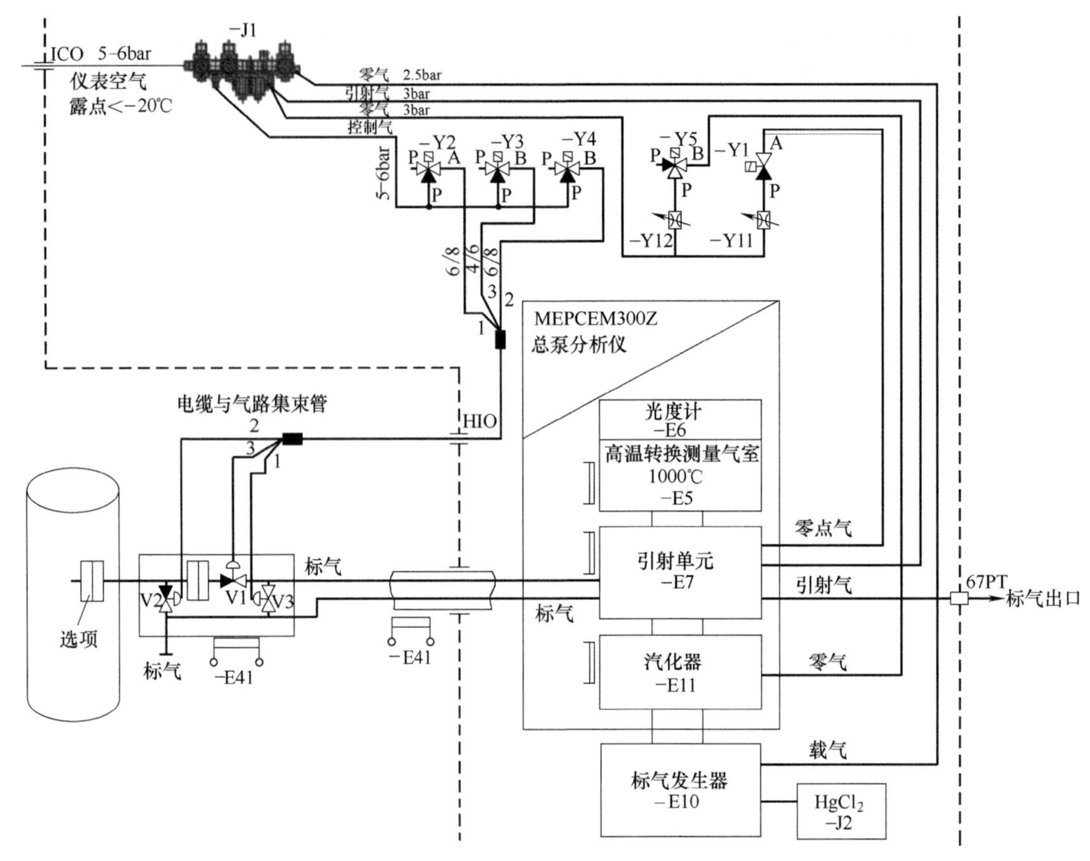

图 17-4-8　MERCEM300 型 ZAAS 冷原子吸收法的系统流程图

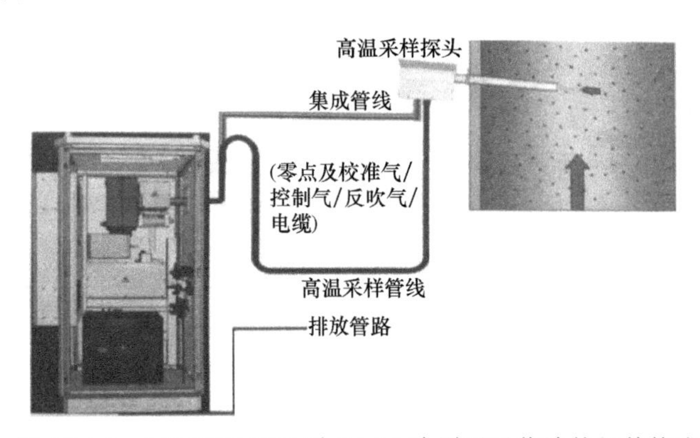

图 17-4-9　MERCEM300 型 ZAAS 冷原子吸收法的部件构成

（1）系统组成

系统采用塞曼冷原子吸收光谱技术及高温还原测量方法，经高温采样管线由高温射流泵将样气送到高温测量气室（1000℃）夹壁层内，将 Hg^{2+}转换为 Hg^0 并同时在测量气室内完成测量。仪器柜配有汞标气发生器，分析仪也可配置标准汞气室，标定和检测过程由计算机控制，系统功能操作由电子部件自动完成。

（2）主要部件

系统采用模块化设计，主要由高温采样探头、高温采样管线及机柜组成。机柜主要包括高温气室、射流泵、光学部件、电子控制系统和标气发生器。机柜组成参见图 17-4-10。

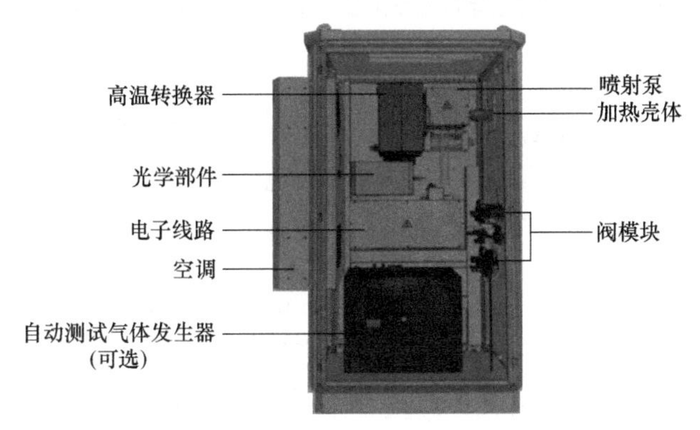

图 17-4-10　MERCEM300 型机柜组成示意图

系统的分析测试单元由具有转化及测量功能的一体化高温气室和塞曼原子吸收光谱仪组成。高温气室的工作图像参见图 17-4-11。校准单元使用氯化汞标气发生器；系统通过电子控制可自动进行量程校准。

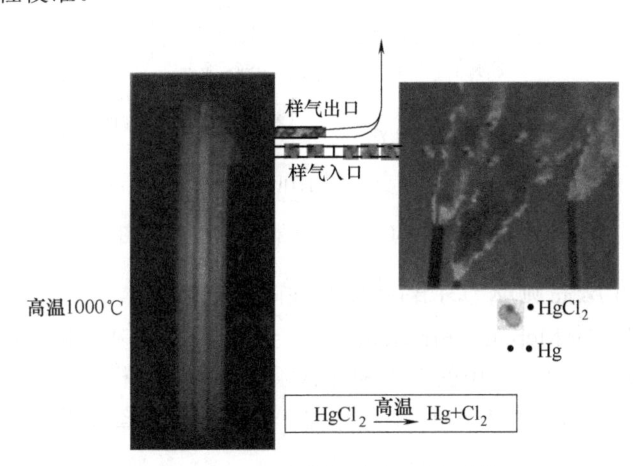

图 17-4-11　高温气室的工作图像

（3）主要特点与应用

① 采用塞曼冷原子吸收原理，具有高灵敏度、采用光电子调制器，无机械磨损。

② 高温汞氧化物转换和测量一体化技术，高温转换器实现氧化态汞转化率达 98%以上。

③ 内置式标准气室自动校准装置，具有自动校准功能，实现对仪器漂移控制，测量准确。

④ 采用高温射流采样泵以及电子真空压力控制系统，控制测量气室压力并保持恒定；系统采用模块化及免维护设计，实现长期可靠运行。

该系统的测量组分为 Hg 及其化合物；测量范围为 0～10μg/m^3、0～45μg/m^3、0～100μg/m^3；最高测量温度为 200℃；测量压力为 85～110kPa；通过 CE、TUV、USEPA 认证，符合环保技术规范。漂移自动检查及校准，可内置标准气室进行漂移检测，可提供一体化的标气发生器。取样距离推荐为 5m，最大 70m。广泛适用于垃圾焚烧厂、水泥厂及火力发电厂的烟气汞在线测量。

17.4.5　冷蒸气原子荧光光谱法的烟气汞在线监测技术

17.4.5.1　概述

冷蒸气原子荧光光谱法（CVAFS）测汞仪采用金汞齐预富集汞，加热释放汞后，用氩气吹扫气态汞，进入测量池。采用脉冲调制的无极放电灯发出 253.7nm 辐射，测量池中的汞原子受激发，发出与原激发波长相同的原子荧光，通过光电倍增管测量原子荧光的发光强度来测量汞的浓度。

测量池中只有汞原子受激发，发出原子荧光，因此选择性提高。需要注意的是激发态汞原子与无关质点如 O_2、CO_2、CO 和 N_2 等碰撞会产生荧光猝灭，可能导致汞的检测灵敏度降低。CVAFS 的检测灵敏度比 CVAAS 要高得多。CVAFS 仪器的工作原理参见图 17-4-12。

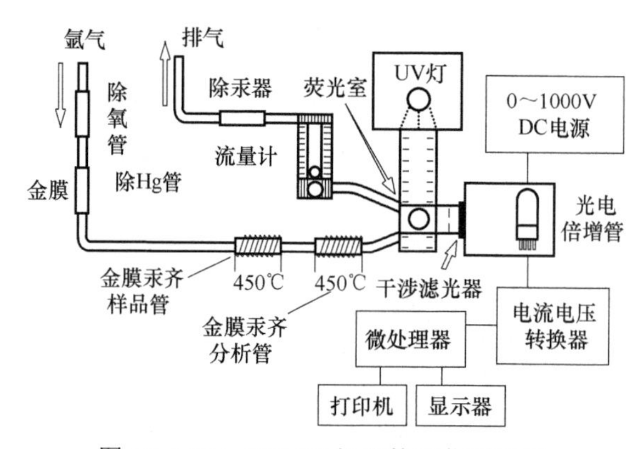

图 17-4-12　CVAFS 仪器的工作原理图

17.4.5.2　CVAFS 法监测烟气汞的典型产品

以赛默飞世尔科技的 Mercury Freedom 系统为例，该系统基于稀释法采样探头技术及冷蒸气原子荧光分析技术，对样品中的总汞和元素汞进行同时采样、转化和测量，并得到氧化汞浓度，可实时提供 Hg^T、Hg^0 和 Hg^{2+}湿基浓度。该系统流程图参见图 17-4-13。

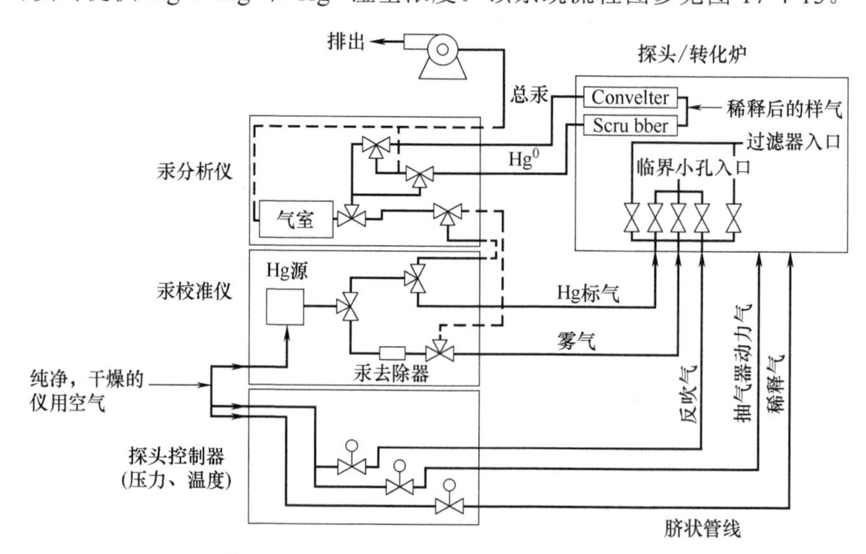

图 17-4-13　Mercury Freedom 系统流程图

该系统采用稀释法采样探头，稀释法探头与专利的干式转换器/净化器、$HgCl_2$ 发生器组合为一体，用于连续监测燃煤锅炉和废物焚烧炉排放废气中 Hg^0、Hg^{2+}和 Hg^T。

分析测试单元原理图参见图 17-4-14。系统由采样探头、探头控制器、Hg 分析仪和 Hg 校准器等组成。稀释采样探头组件的稀释比采用 100∶1，大大降低了样品气含湿量、温度和干扰物的浓度。采样探头与干式转换器/净化器组合在隔热箱内，所有与样品气接触部件的内表面均涂覆玻璃。所有关键部件被密封在隔热箱内的一个加热铝盒内，防止样品气体的冷却。

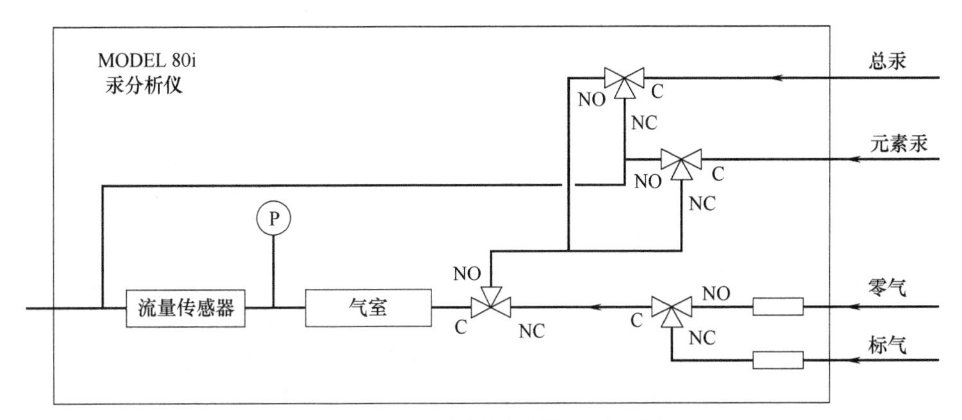

图 17-4-14　分析测试单元原理图

样品气在稀释探头内进行稀释和校准，校准气可从探头的惯性过滤器、临界限流孔或直接从分析仪导入。可采用自动反吹清洁探头过滤器，保证对样品气颗粒物的过滤效果。隔热箱内的干式转换器/净化器，将样品气中氧化态汞转换为元素汞。探头控制器由微处理器驱动，通过组合管与采样探头和汞转换器相连，自动控制探头校准、动态加标和确定自动稀释。

Hg 校准器采用气态 Hg 发生器，在探头惯性过滤器上游校准，并将气态汞动态加入抽取探头。$HgCl_2$ 发生器是利用氯气与元素汞反应生成氯化亚汞提供离子汞源，满足每周检查系统完整性的要求。从采样探头导入用干法提供的离子汞，不需要溶液、泵和加热的样品气管路。校准器适用于日常的零点/量程检查、日常的转换器效率和线性检测，直接对分析仪和限流孔进行诊断校准。校准范围宽为 0.3～50μg/m^3，能够按照稀释后的浓度直接校准分析仪。

该系统的主要测量参数如下：

元素 Hg 测量范围：0～50μg/m^3（稀释前的有效范围）；仪器检出限：<1ng/m^3（60s 平均值）（标准系统检出限：0.04μg/m^3）；零点漂移：24h 漂移 2ng/m^3；线性：±1%FS；样气流量：0.5L/min；响应时间：90s。

17.4.6 X 射线荧光光谱法的烟气重金属监测技术

17.4.6.1 技术介绍

烟气重金属的连续在线监测的设备主要有基于滤膜采样 X 射线荧光光谱法（XRF）、电感耦合等离子体发射光谱法（ICP-OES）、阳极溶出伏安法（ASV）、激光诱导击穿光谱法（LIBS）及原子吸收光谱法（AAS）等。这些方法的比较见表 17-4-3。

表 17-4-3　烟气重金属检测方法对比

方法	检出限/(μg/m³)	主要优点	主要缺点
XRF	0.1	实时无损检测，可同时测定 20 多种金属元素，测量周期短且可调	使用的低功率 X 射线需进行简单防护
ICP-OES	0.1～20	实时；可检测气态、液态及颗粒物；测量周期短；元素种类多	维护费用高；受 N_2 和 NO_x 影响大；某些元素之间存在干扰
ASV	0.01ng/m³	检测限低	消耗试剂，测定元素受电极限制，复杂样品的残留影响显著，系统维护工作量大
LIBS	14	实时在线检测；测量周期短	不具有足够代表性；受烟气成分影响较大
AAS	Cd:40 Pb:260	实时在线检测；测量周期短	颗粒直径受限；检出限差

LIBS、ICP-OES、AAS、ASV 等在线检测技术，应用于工况复杂恶劣的烟气重金属检测领域困难重重，这几种方法在烟气重金属连续监测领域还处于研究推广阶段。基于 X 射线荧光光谱法，通过采用科学的分离-富集技术，可以实现烟气重金属在线、无损、快速分析，无试剂损耗和二次污染，是目前国内外烟气重金属连续在线监测较成熟的技术。

X 射线荧光分析是一种无损的检测技术，能精准实现几十种元素的定性与定量分析，还具有无需样品预处理、分析速度快、多元素同时检测、分析结果准确等特点，已广泛应用于现代科学实验、冶金、地质、环境监测等领域。基于滤膜采样的 X 射线荧光光谱法固定污染源烟气重金属连续自动监测系统，是通过烟气等动力采样、滤膜均匀收集、XRF 分析及薄膜 XRF 分析算法等技术，能科学准确地实现污染源烟气重金属污染物的连续在线监测。

该系统的基本流程是通过一定时间和等动力跟踪流量的抽取采样，在滤膜上收集并均匀覆盖一定量的废气颗粒物样品，再采用 XRF 分析仪对采集的样品进行重金属含量的检测，经过分析计算后得出颗粒物样品中各种重金属元素的质量，结合采样体积就可以得到污染源排放重金属的质量浓度值。

该技术是样品收集后检测，存在一定的检测滞后，且不是单粒子检测；采用 XRF 技术能实现样品连续采集，能同时检测多种重金属元素，已成为在固定污染源排放重金属连续自动在线监测领域首选技术。

17.4.6.2　烟气重金属连续监测技术的难点

固定污染源烟气重金属连续监测技术需要实现对烟气中颗粒物采样，重金属成分分析等多个较复杂的过程，准确完成对烟气重金属的连续自动监测仍存在一些难点，简介如下。

首先是烟气重金属 CEMS 要求采样过程需要采取等动力采样（等速跟踪采样），才能保证采样具有代表性。采样探头除要满足等动力采样要求外，还需要适应高温、高湿、含腐蚀性气体等复杂工况条件。烟气采样和传输的加热保温，需要根据烟气的工况条件，将采样探头和流路进行合理伴热。经过采样滤膜后的尾气往往还含有大量气体污染物，需要将尾气进行处理，再排放到空气中，或者直接将尾气排放回烟囱或烟道。

另外，需要对烟气重金属在线监测设备的准确性进行有效验证和校准。将常规采样器与在线设备同步采样时，需要对采样点、采样时间、采样滤膜的选择等进行全面的考虑，设计可行的比对和校准校验方案。

最后是烟气重金属检测的灵敏度和准确性。采用 XRF 技术的烟气重金属 CEMS 仪器是利用滤膜对烟气中的颗粒物进行收集后，采用 XRF 技术进行检测的。因此，样品的采集流量和时间对测量的灵敏度和准确度影响较大；在确定采样参数的前提下，应开发出精确的薄膜 XRF 分析算法，提高检测灵敏度；同时需要精确的解谱过程来消除各测量元素之间以及非测量污染物对测量元素的干扰，保证测量准确性。

17.4.6.3　技术原理

XRF 分析仪主要由 X 射线管、探测器、控制及分析系统组成。该技术利用 X 射线照射待测物质，使待测物发出特征荧光 X 射线，利用探测器检测物质发出的特征荧光 X 射线就可得到待测物的元素含量信息。XRF 方法如图 17-4-15 所示。

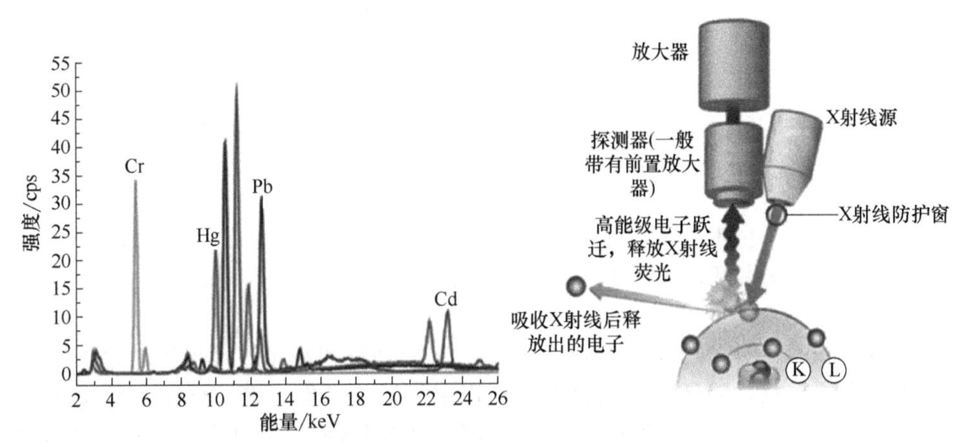

图 17-4-15　XRF 方法测量原理图

XRF 分析系统测量时，抽气泵以一定的流量抽取被测空气，用粉尘切割器筛选出空气动力学粒径小于 100μm、10μm 或者 2.5μm 的颗粒进入仪器，并将污染物沉积在滤膜上，将采样斑点移动到 XRF 分析窗口下，利用 XRF 原理检测颗粒物中重金属元素的浓度；可检测二十多种重金属元素体积浓度以及重金属元素质量浓度。仪器监测的某种金属污染物的含量与滤膜采样的流速、时间等相关参数的关系如下式所示。

$$C_{\mathrm{HM}}=\frac{AX_{\mathrm{HM}}}{Q\Delta t}$$

式中　C_{HM}——仪器监测到大气中某种金属污染物的含量，$\mathrm{ng/m^3}$；

A——滤膜上污染物沉积区域的面积，$\mathrm{cm^2}$；

X_{HM}——XRF 检测到滤膜上某种污染物的含量，$\mathrm{ng/cm^2}$；

Q——采样流速，$\mathrm{m^3/h}$；

Δt——采样时间，h。

采用 XRF 分析原理及气体滤膜采集颗粒物中金属元素的含量，是美国 EPA 推荐的方法。采用 XRF 技术分析烟气中重金属污染物的系统原理参见图 17-4-16。

采用 XRF 技术可实现快速、无损地分析滤膜上收集的金属元素含量，并计算得到烟气中金属污染物的质量。同时用质量流量计测量滤膜样品采集时间内的累积气体体积，将两者相除即可得到烟气中金属污染物的质量浓度。

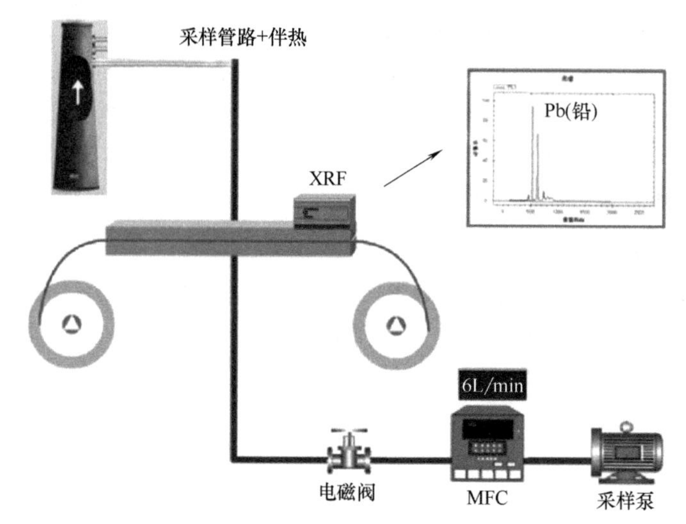

图 17-4-16　应用 XRF 技术分析烟气中重金属污染物系统原理示意图

17.4.6.4　典型产品

国内外基于 XRF 技术的烟气重金属连续监测产品，主要有美国 Cooper Environmental Service 有限公司研发生产的颗粒物重金属连续自动监测仪器及聚光科技的 CEMS-2000B XRF 型烟气重金属连续监测系统等产品。

以 CEMS-2000B XRF 为例，该产品分为平台直接抽取和小屋等几种等动力采样式。平台直接抽取式采集颗粒物，降低了颗粒物传输过程中损耗的风险，将一小部分烟气颗粒物直接抽取到分析仪中，通过滤膜进行收集分析，同时剩余的烟气回流到烟囱或通过过滤净化排空。

图 17-4-17 所示的 CEMS-2000B XRF 型烟气重金属 CEMS 应用的采用模式，是采用两次等动力采样来收集颗粒物。第一次是用采样探头将烟气颗粒物等动力抽取到主流路中，第二次是在主流路中进行分流，将一小部分烟气颗粒物分流抽取到分析仪中，通过滤膜进行收集，剩余的大部分烟气回流到烟囱或烟道中。

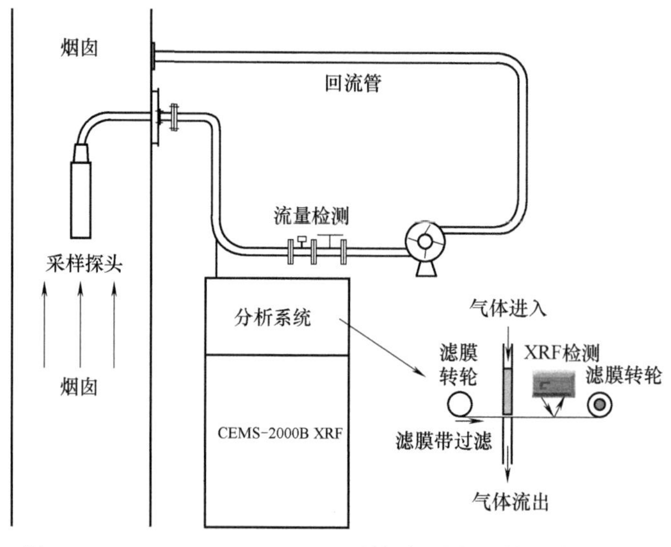

图 17-4-17　CEMS-2000B XRF 型烟气重金属等动力采样式

CEMS-2000B XRF 型烟气重金属 CEMS 主要包括烟气颗粒物等动力采样模块或直接抽取采样模块、滤膜采集模块、XRF 测量模块、流量控制测量模块、尾气处理模块、控制模块以及数据采集与处理模块等。各个模块的主要功能如下。

① 烟气颗粒物采样模块：直接抽取式为探头通过射流泵直接抽取采样；等动力采样由射流泵提供抽气动力，通过等动力采样探头抽取烟道或烟囱内的烟气颗粒物，经过伴热管路输送到分析仪器内部的滤膜采集模块。

② 滤膜采集模块：抽取的烟气经分流一部分到达滤膜并被滤膜收集。

③ XRF 测量模块：通过 XRF 分析仪分析滤膜上的颗粒物样品，利用 XRF 薄膜分析算法，获得重金属物质的质量厚度，结合采样面积（颗粒物覆盖面积），即可得到该采样点重金属质量。该模块是烟气颗粒物中重金属智能化在线预警设备的核心模块。

④ 流量控制测量模块：通过质量流量计控制并测量流入仪器的气体流量，累计抽取一定时间段内的烟气体积总量。

⑤ 尾气处理模块：去除烟气中的部分污染物质。

⑥ 控制模块：控制仪器各部分正常工作，并具有运行控制、参数控制等功能。

⑦ 数据采集与处理模块：实现光谱采集、定量分析功能，根据 XRF 测量模块检测到的样品中重金属质量，结合流量控制模块累积的采样体积，即可得出一定采样时间段内烟气颗粒物中重金属的质量浓度。

系统应用领域：CEMS-2000B XRF 型烟气重金属 CEMS 主要针对各种锅炉、工业窑炉和垃圾焚烧等固定污染源排放烟气中铅、汞、铬、镉、砷等多种重金属污染物进行连续自动监测，已经成功应用于铅蓄电池行业、金属冶炼行业以及垃圾焚烧行业等。具体应用领域包括铅蓄电池回收厂、铅蓄电池厂、燃煤电厂、垃圾焚烧厂、各种工业窑炉/锅炉、水泥厂、钢铁厂、危险废弃物焚烧炉、再生有色金属工业及其他工业过程具有固定排放源的行业。

17.5　烟气参数在线监测技术的应用

17.5.1　烟气参数在线监测技术概述

17.5.1.1　监测目的与要求

烟气参数在线监测是指在烟气污染物排放的连续监测过程中，同时连续实时监测烟气温度、压力、流速、湿度及含氧量等参数。烟气参数实时监测的目的，不仅是实时监测工艺流程的运行及烟气工况条件是否正常，同时实测的烟气参数值应用于 CEMS 监测的气态污染物的实时排放浓度和总量计算，计算气态污染物在标准状态下的干烟气浓度，以及在“干基”排放的实时质量浓度和排放总量。标准状态下的干烟气是指在温度 273K、压力 101325Pa 条件下不含水气的烟气，不含水气是指烟气在冷凝除湿后的露点为(4±2)℃。

按照国内标准，不同类型的 CEMS 所监测的污染物浓度都必须折算到标准状态下干烟气测量的排放数据。采用冷干法 CEMS 测量时，气态污染物的监测数据符合干烟气要求，在计算其标准状态下的实时质量浓度时，也需要温度、压力修正；另外，颗粒物、流量监测基本都是湿烟气监测，应折算成干烟气计量，才能参与排放总量计算。其他方法如稀释法、原位法 CEMS 测量，都是“湿基”测量，更需要监测烟气温度、压力、流量、湿度等。

烟气含氧量（或二氧化碳含量）的在线监测，是用于实测烟气排放过程的空气过量系数，不同的排放源由于设备的漏风量不同而烟气的含氧量也不同，为统一排放标准，需要按照环保排放标准规定空气过量系数下，计算污染物排放的质量浓度。不同行业和燃烧工艺规定的空气过量系数也不同，因此必须实测烟气的氧含量。

由上述介绍可见，烟气参数的实时监测对于污染物监测的数据折算到标准状态下干烟气测量的实时质量浓度和排放总量是非常重要的。污染物排放数据的准确性不仅决定于污染物监测的分析仪器及分析系统的测量准确度，也同样取决于烟气参数测量的准确性。

HJ 76—2017 标准对烟气参数在线监测的测量方法及技术要求已经有明确的规定。烟气参数监测的要求摘要介绍如下。

① 烟气温度测量：烟气温度的在线测量可采用铠装热电偶或铠装热电阻。

测量范围：0～300℃，示值偏差：≤±3℃。

② 烟气压力测量：烟气静压和大气压力测量采用压力变送器测量。

烟气静压测量范围：0～±4kPa（G），测量精度：≤±3%。

大气压力测量范围：0～120kPa（A），测量精度：≤±2%，

大气压力也可采用当地气象站给出的上月或上年平均值。

③ 烟气流速测量：烟气流速测量可采用压差法、热传感法、超声波法等。

测量范围：上限应不低于 30m/s；速度场系数精密度：≤5%。

速度相对误差：当流速>10m/s 时，速度相对误差≤±10%。

当流速≤10m/s 时，速度相对误差≤±12%。

④ 烟气含水分量（湿度）测量：烟气湿度在线测量可采用干湿氧计算湿度法或湿度传感器测量法等。

测量范围：0～20% V；仪器测量精度：≤±15%。

当烟气湿度≤5.0%时，绝对误差应≤±1.5%；>5.0%时，相对误差应≤±25%。

⑤ 烟气氧（或二氧化碳）含量测量：烟气氧含量检测可采用氧化锆测氧、电化学氧传感器或磁式氧检测器测氧。

测量范围：0～25% O_2，线性误差：≤±1.5%；响应时间：≤200s。

零点漂移和量程漂移≤±2.5%FS；相对准确度≤±15%。

17.5.1.2 测量技术

（1）烟气流量测量技术

烟气流量在线监测的实质是测量烟气流速，然后根据实测的烟气平均流速与所测量的烟道横截面积相乘，计算得出湿烟气流量，再根据其他参数计算出标准状态下的干烟气流量。烟气流量测量仪（以下称烟气流速仪），通常包括烟气流速、烟气温度、烟气压力（含烟气动压、静压和大气压力等）测量的一体化，可直接计算、显示烟气流量。

烟气流速仪的安装，要求取样点选择在具有代表性的烟道断面，且不影响污染物的测定。对被测烟道选择应优先选择垂直管段和烟道负压区域，避开烟道弯头和断面急剧变化的部位，尽量选择在气流稳定断面，要求安装位置的前直管段长度必须大于后直管段的长度。采用皮托管法测量时，烟气流速应不小于 5m/s。

CEMS 中常用的流速测量分为皮托管式测量、超声波法测量、热式测量等。

皮托管式测量主要是测量烟气的总压和静压，计算烟气差压，依照伯努利方程，得出烟

气流速。通常使用的皮托管式测量有 S 型和 L 型两种。其优点是结构简单，安装方便，易于维护，运行可靠。缺点是容易产生堵塞，并且对流速低于 5m/s 的烟气流速监测精度不高。目前国内烟气在线监测系统，大量使用的是皮托管式一体化流速仪。

超声波法测量包括传播时间法和多普勒频移两种类型，目前主要采用传播时间法中的时间差法测量方式。超声波在流体中的传播速度，在顺流方向和逆流方向是不一样的，其传播的时间差与流速成正比，测得发射器和接收器在两个方向的传播时间差即可求得流速。

热式质量流量计利用热传感原理测量质量流速，流速传感器的热量被流动的烟气带走，流动烟气从流速传感器带走的热量越多，流速传感器的温度降低越大，反映出被测量的烟气流速越大，反之烟气流速就越小。

常见的流速检测技术比较表 17-5-1。

表 17-5-1　常见的流速检测技术比较

序号	项目	主要流速监测技术		
1	类型	皮托管	超声波	热式
2	原理	差压	时间差	温度差
3	测量方式	在线-点测量	在线-线测量	在线-点测量
4	安装	单侧	双侧（极少单侧）	单侧
5	测量最低流速	2～3m/s	0.03m/s	0.05m/s
6	测量范围	(0～40)m/s（低于 5m/s 不推荐使用）	(0～40)m/s	(0～90)m/s

（2）烟气温度测量技术

烟气温度在烟道内横断面分布通常是均匀的，即使有偏差，也在环保标准允许的±3℃范围内，对最终结果影响可忽略不计，因此烟气温度是在靠近烟道中心的一点测量。

在线测量烟气温度通常用热电偶或热电阻。常用的热电偶温度计有：镍铬-康铜，用于 800℃以下烟气；镍铬-镍铝，用于 1300℃以下烟气；铂-铂铑，用于 1600℃以下烟气。热电阻温度测量常采用铂电阻温度计，通常用于测量 500℃以下烟气。

（3）烟气压力测量技术

烟气压力测定包括测量烟气的静压、动压和全压。静压为作用于管道壁单位面积上的压力，这一压力表明烟道内部压力与大气压力之差。

动压是气体所具有的动能，是使气体流动的压力，它与管道气体流速的平方成正比。由于动压仅作用于气体流动方向，动压恒为正值。静压和动压的代数和称为全压。全压是气体在管道中流动时具有的总能量，全压和静压一样为相对压力，有正负之分。烟气压力的测量一般由皮托管流速测量仪的差压变送器给出，也可单独配套压力变送器测量。

标准规定的手工测量方法是采用连接压力计的测压管测定。烟气压力大多是微正压或负压，常用标准皮托管或 S 型皮托管测量烟气压力。标准型皮托管结构参见图 17-5-1。标准型皮托管测孔较小，测量烟气易被烟尘堵塞。

S 型皮托管的结构参见图 17-5-2。它是由两根相同的金属管并联组成，测量端有方向相反的两个开口，面向气流的开口测全压，背向气流的开口测得的压力小于静压，S 型皮托管的测压孔较大，不易被烟尘堵塞，其修正系数为 K_p=0.84±0.01。

常用 U 形管压力计测量排气的全压和静压，用斜管微压计测定烟气的动压。斜管微压计结构参见图 17-5-3。

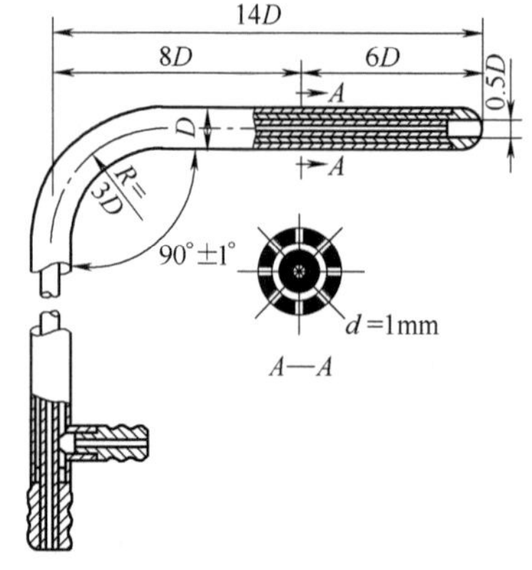

图 17-5-1 标准型皮托管结构

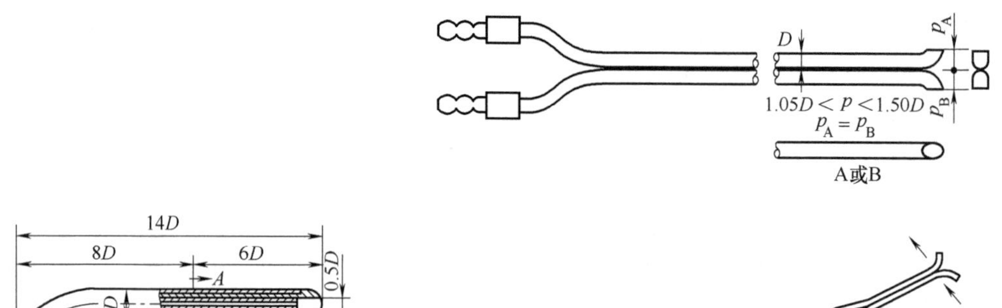

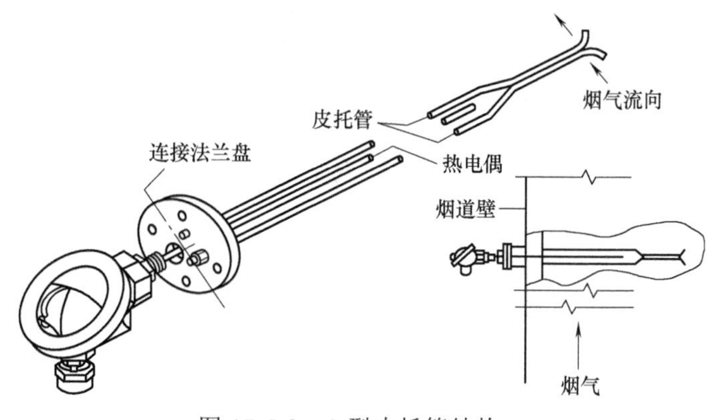

图 17-5-2 S型皮托管结构

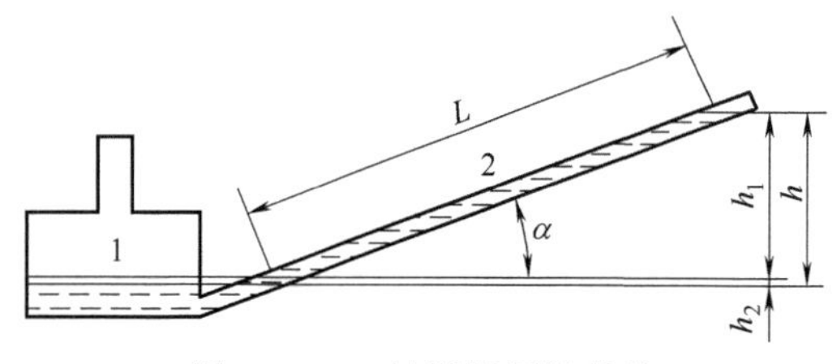

图 17-5-3 斜管微压计结构

1—容器；2—斜玻璃管

17.5.1.3 烟气湿度监测技术

按照国家计量技术规范规定，把固体或液体中水的含量定义为水分，把气体中水蒸气的含量定义为湿度。当气体中水蒸气的含量低于−20℃露点时（在标准大气压下为1020×10^{-6}），工程中习惯称为微量水，而不称为湿度。

（1）工程测量常用的湿度表示方法

① 绝对湿度 在一定温度和压力条件下，每单位体积混合气体中所含水蒸气质量，单位为g/m^3或mg/m^3。

② 体积分数 水蒸气在混合气体中所占的体积分数，以百分数形式表示。在微量情况下，以$\times10^{-6}$形式表示。

③ 质量分数 水分在液体或气体中所占的质量分数，以百分数形式表示，在微量情况下，以$\times10^{-6}$形式表示。

④ 水蒸气分压 是指在湿气体的压力一定时，湿气体中的水蒸气分压力，单位为Pa。

⑤ 露点温度 是指在一个大气压下气体中的水蒸气含量达到饱和时的温度，简称露点。露点温度和饱和水蒸气含量是一一对应的。

⑥ 相对湿度（RH） 是指在一定温度和压力条件下，湿空气中水蒸气的摩尔分数与同一温度和压力条件下饱和水蒸气的摩尔分数之比。

（2）烟气湿度在线测量技术

烟气湿度在线测量的难度主要是烟气温度较高、含尘量较大、含有腐蚀性气体（如SO_2等易溶解于水，腐蚀性强）、含水量大（一般为5%～15%）。如湿法脱硫后的烟气露点约为55℃，水蒸气含量为14%～16%。采用一般湿度传感器，不能直接用于烟气湿度监测。

烟气湿度在线监测主要有干湿氧测定法、湿度传感器测定法、激光光谱法、红外吸收光谱法等。其他由人工取样用于参比测定烟气水分方法有重量法、冷凝法、干湿球法。烟气湿度的在线监测常用的方法是干湿氧测定法和湿度传感器测定法。

干湿氧测定法是通过氧传感器测定湿烟气及干烟气的含氧量，计算出烟气中水分含量。湿度传感器测定法是通过阻容式等湿度传感器测定烟气中水分含量。激光光谱法是利用半导体激光器发出的特征光谱被水气吸收的原理测量水分含量。红外吸收光谱法也是利用水气对红外光源发出的特征谱线吸收测量水分含量。

17.5.1.4　烟气含氧量在线监测技术

烟气污染物排放监测中，为统一污染物排放监测的要求，对实际空气过剩系数进行修正。例如，烟气 CEMS 排放规定的干烟气，如燃煤电厂大型锅炉是按照基准含氧量为 6%进行折算。由于锅炉设备的漏风在脱硫前的含氧量有的已达到 6%～8%。脱硫后监测含氧量是对脱硫设备泄漏率的监测，防止设备泄漏对烟气污染物排放浓度的稀释，确保测量的真实性。

烟气氧含量监测技术主要有氧化锆分析仪（原位插入法及抽取法），顺磁氧分析法、燃料电池氧传感器及激光光谱氧分析等。在抽取式 CEMS 的多组分分析仪中可增加电化学氧传感器模块测量烟气氧含量。烟气氧含量在线监测技术请参阅第 6 章及第 11 章介绍。

17.5.2　烟气流量在线监测技术应用

17.5.2.1　概述

对烟气温度、压力及流量等参数的在线测量，大多采用一体化测量技术。

烟气流量测量仪是基于烟气流速测量，再通过计算测量烟气流量。烟气流量测量仪也称烟气流速测量仪。烟气流速测量仪的主要测量方法有压差法、热传感法、超声波法等。国内燃煤电厂烟气 CEMS 配套的烟气流速仪，主要是皮托管或均速管流量计，也有少量配套热式质量流量计或超声波流量计。流速测量仪通常可测量烟气流速、烟气温度、烟气压力（含烟气动压、静压和大气压力）。

烟气流量测量分为点测量和线测量。皮托管及热式流量计是点测量，超声波流量计是线测量。为保证测量准确，在流速仪安装调试运行后，要按标准对所在烟道的速度场系数进行检测。由于烟气测量管道内的流场分布不均，流速测量位置的选择应尽量具有代表性。

17.5.2.2　皮托管烟气流量计

（1）测量原理

皮托管烟气流量计是利用压差法原理。通过皮托管探头检测烟气的全压和静压。例如：S 型皮托管探头的一个开口面向气流接受气流的全压，另一开口背向气流接受气流的静压，经微差压变送器测量，得到烟气动压（动压=全压-静压），烟气动压的平方根和流速成正比。

皮托管测速法的烟气流速计算如下：

$$v_s=K_p\times(2p_d/\rho)^{1/2}$$

式中　v_s——烟气流速，m/s；

K_p——皮托管的速度场校正系数；

p_d——烟气动压，Pa；

ρ——烟气密度，kg/m^3。

国内 CEMS 大多配套皮托管流速仪，主要采用 S 型皮托管法。其不足之处是测量精度不高，测量孔易受烟尘堵塞，仅适用于在烟气流速大于 5m/s 以上的场合。

典型的国产皮托管流速仪内部结构参见图 17-5-4。

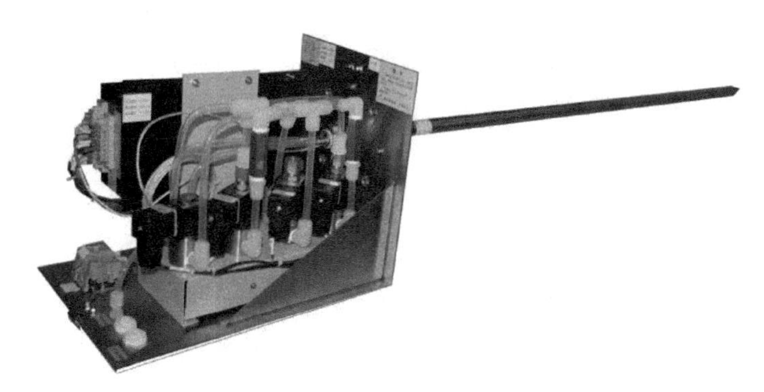

图 17-5-4　国产皮托管流速仪内部结构

国产皮托管流速仪产品类型较多，大多采用紧凑型组合式设计，能同时测量烟气流速、压力、温度。皮托管流速仪产品包括各类 S 型皮托管，以及均速管流速仪，如靠背管流速仪、阿牛巴管流速计等。

（2）典型产品

① S 型皮托管流速仪。安荣信科技（北京）的系列产品，可提供三参数（流速、压力、温度）、四参数（流速、压力、温度、湿度）及防爆型产品。主要技术参数如下。

湿度：0～40%；流速：1～15m/s，2～30m/s，2～40m/s；差压：0～300Pa，0～1000Pa，0～2000Pa；温度：0～300℃；压力：±2kPa，±5kPa，±10kPa；示值误差：±2%，适用于流速 >3m/s 时；响应时间：≤30s。

② 阿牛巴管流速仪。阿牛巴管是 S 型皮托管的变形，测量流速的原理参见图 17-5-5。管上开有 4 个或 4 个以上的孔，该测孔位置与圆形烟道截面同心圆中心线与直径线的焦点一致，或与矩形烟道截面上设置的手工方法测定（一个测孔）流速的测点一致。该测量技术在国外应用较多，能测定烟道一条直径线上烟气的平均流速。若在烟道断面上安装相互垂直的两个皮托管，更能准确地测量烟气的流速。

③ 双支路多测点皮托管。美国热电生产的 VOLU-probe/SS 的产品，采用多侦测点并平均化的形式，源自皮托-菲克亥尔摩系差压原理来侦测气流总压和静压，图 17-5-6 为 VOLU-probe/SS 的外观图。

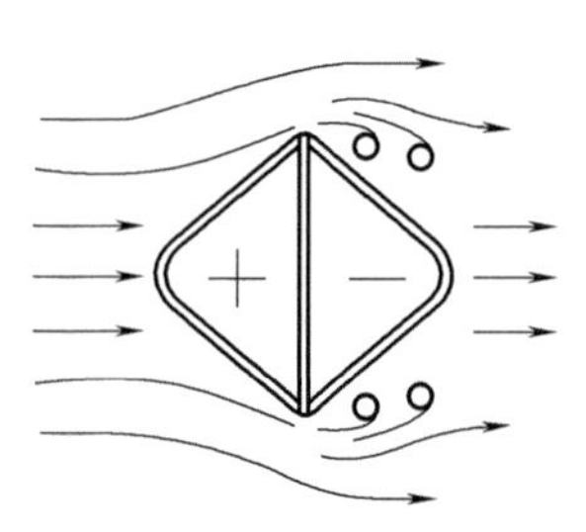

图 17-5-5　阿牛巴管流速测量原理图

图 17-5-6　VOLU-probe/SS 的外观图

17.5.2.3　热式气体质量流量计

（1）测量原理

热式气体质量流量计是利用热传感法原理。图 17-5-7 为热式传感器的结构示意图。

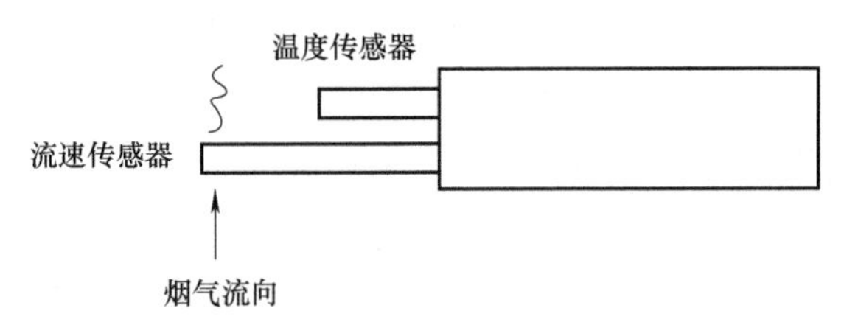

图 17-5-7　热式传感器的结构原理示意图

仪器通常采用两个被加热的热传感元件：烟气流速传感器，传感器的阻抗与烟气流速成比例关系；烟气温度传感器，传感器的阻抗与烟气温度成比例关系。利用惠斯通电桥反馈电路控制电阻的加热功率，保持烟速传感器和烟温传感器之间的温差恒定，则耗散功率（电压或电流）与烟气的质量流速成函数关系。也有利用烟气流速与带走热量、温度降低的函数关系测量烟气流速的产品。

热式气体质量流量计的探头为插入式，探头分为单点式和多点式。单点式为只有一组速度与温度传感器；多点式（又称热均速管）采用多点测量法，探头上排列有多组传感器，可测量平均流速，多点式测量精度高。国外产品大多为多点式，采用多阵列、双传感器测量方式，测量精度高、量程范围宽，并具备自动定时热清洗元件功能，保证传感器寿命和精度。传感器采用特殊材料和结构，具有极强耐腐蚀能力。最低流速测量至 0.05m/s。

（2）典型产品

美国 KURZ 公司生产的 SDH2-454FT 热式气体质量流量计的外形参见图 17-5-8，测量的流速为点流速，在实际使用中采用多点安装的方式。

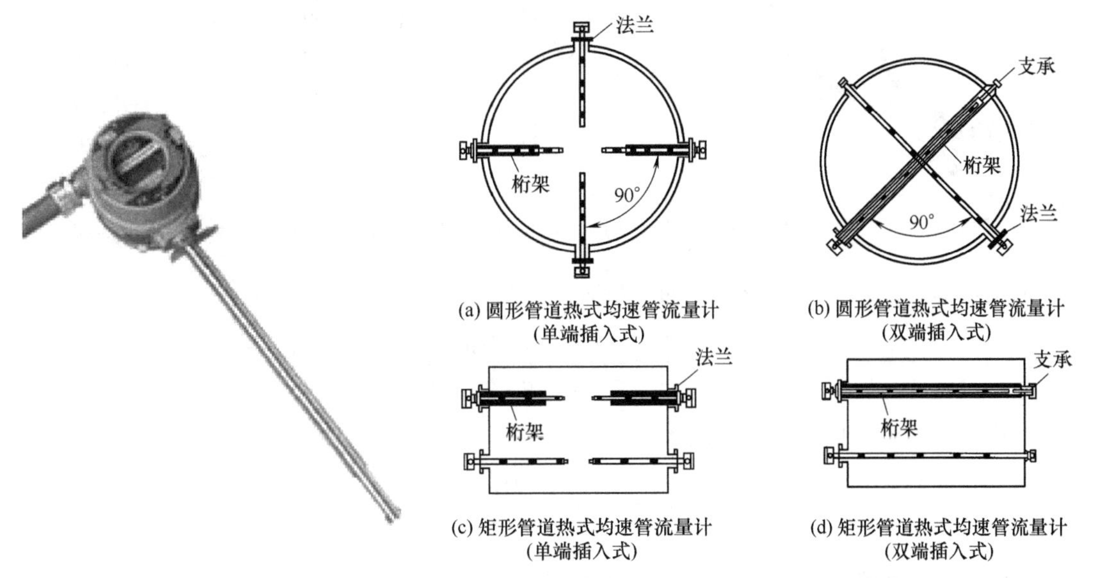

图 17-5-8　KURZ 公司生产的热式气体质量流量计外观及安装方式

热式气体质量流量计的主要技术参数如下：

测量量程：0～60m/s；测量精度：0～10%量程为±0.5%；10%～100%量程为±2%；重复性：±0.2%量程。

热平衡法相对于压差法、超声波法应用较少，主要是由于脱硫后烟气湿度大、含尘量高，而烟气中的水汽冷凝易形成水滴，会引起热传感系统的测量误差。因为附着在传感器上的水滴蒸发会带走热量，水蒸气造成的热损失被认为是气流带走的热损失，结果导致测量烟气流量偏高的误差。另外热传感系统会受到腐蚀和黏附微粒，酸液会腐蚀探头金属结合处并造成灾难性的故障，黏附的微粒在探头的温度传感器上形成绝缘层，使仪器响应时间变慢，不能实时跟踪测量变化的烟气流速，因此热平衡法不适用于湿法脱硫工况下使用。

17.5.2.4　超声波气体流量计

通过检测流体流动时对超声波脉冲的作用，以测量流体体积流量的仪表称为超声波流量计。按测量原理分，它有传播时间法和多普勒频移法两种类型，其中传播时间法又分为时间差法、相位差法、频率差法三种。

目前，绝大多数采用时间差法，相位差法已不使用，频率差法用得也很少。烟气流量测量中使用的超声波流量计均采用时间差法。

（1）测量原理

时差法超声波气体流量计的测量原理是：超声波在流体中的传播速度、顺流方向和逆流方向是不一样的，其传播的时间差与流速成正比。测得发射器和接收器在两个方向的传播时间差即可求得流速。图 17-5-9 是时差法超声波流量计测量原理示意图。

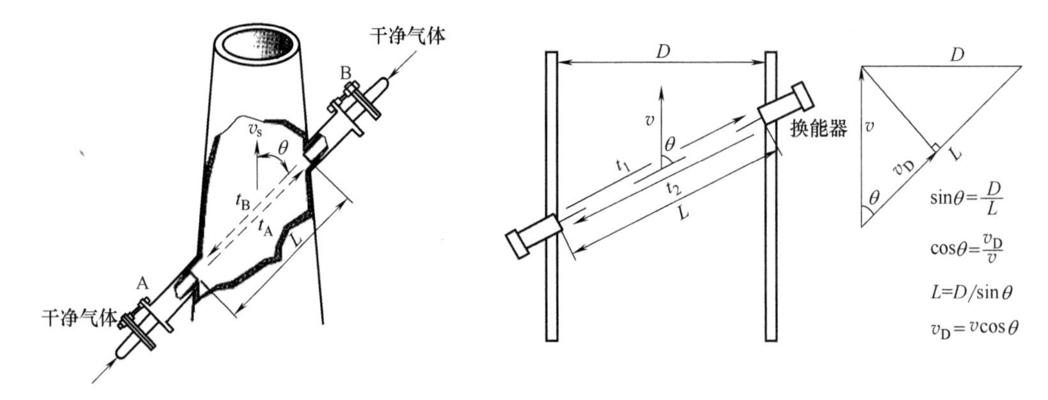

图 17-5-9　时差法超声波流量计测量原理示意图

如图所示，超声波在顺流方向的传播时间 t_1 为

$$t_1=\frac{L}{c+v_P}=\frac{D/\sin\theta}{c+v\cos\theta}$$

超声波在逆流方向的传播时间 t_2 为

$$t_2=\frac{L}{c-v_P}=\frac{D/\sin\theta}{c-v\cos\theta}$$

式中，D 为管道内径，m；L 为超声波声程，m，$L=D/\sin\theta$；c 为静止流体中的声速，m/s；v 为管道内流体流速，m/s；v_P 为流体流速在声道方向上的速度分量，m/s，$v_P=v\cos\theta$；θ 为超声波传播方向和流体流动方向的夹角，（°）。

由上式可得：

顺流方向
$$c=\frac{D/\sin\theta}{t_1}-v\cos\theta$$

逆流方向

$$c = \frac{D/\sin\theta}{t_2} + v\cos\theta$$

当θ=45°，2θ=90°，则上式经过运算后烟气流速的计算公式，可简化为：

$$v = \frac{D(t_2 - t_1)}{t_1 t_2}$$

此式是时差法超声波流量计测量流体流速的公式。声音在被测介质中的传播速度和被测介质的温度、压力有关。温度越高，压力越大，声音传播得越快，反之则越慢。其中声速受温度的影响较大，且声速的温度系数不是常数。目前的超声波流量计产品都具有实时温度、压力自动补偿功能，当被测流体的温度、压力变化时，对流量计的指示影响很小。主要由于现在采用的超声波时间差法，数据算法中不包含声速项，故可看作对测量示值不起影响。

（2）超声波流量计的传感器-超声换能器

超声波流量计的传感器称为超声换能器。它主要由传感元件、声楔等组成。换能器有两种，一种是发射换能器，另一种是接收换能器。发射换能器利用压电材料的逆压电效应，将电路产生的发射信号加到压电晶片上，使其产生振动，发出超声波，所以是电能和声能的转换器件。接收换能器利用的是压电效应，将接收到的声波，经压电晶片转换为电能，所以是声能和电能的转换器件。同一换能器，既可以作发射用，也可以作接收用，由控制系统的开关脉冲来实现。

（3）探头式超声波流量计的结构

在烟气流量的测量中，经典的超声波流量计需要在烟道上按 45°角开两个孔；内置探头式超声波流量计，只需在烟道上按 45°角开一个孔。其结构和安装见图 17-5-10 及图 17-5-11。

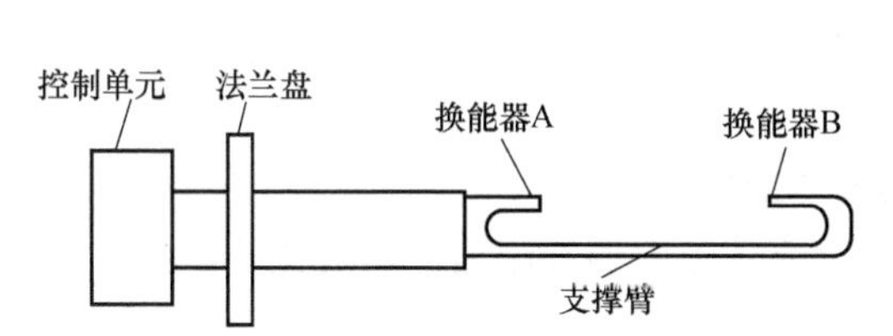

图 17-5-10　探头式超声波流量计结构图

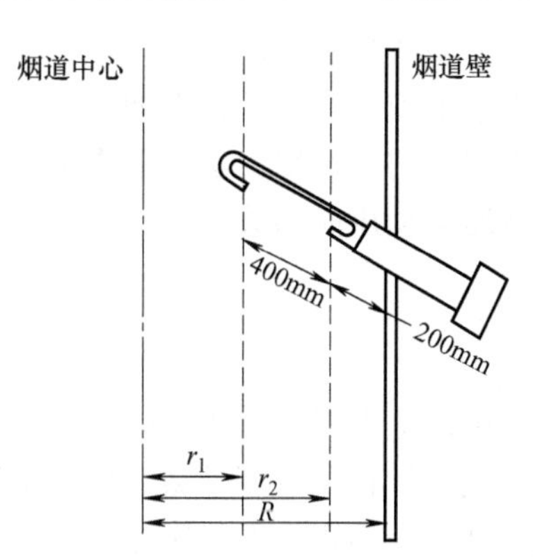

图 17-5-11　探头式超声波流量计安装示意图

R—烟道半径；r_1—烟道中心至第一个换能器的距离；r_2—烟道中心至第二个换能器的距离

探头式超声波流量计的两个超声换能器固定在一个支撑臂上，此支撑臂不阻挡检测气流，与烟道气流成 45°角。

（4）典型产品与应用

以西克麦哈克公司 FLOWSIC107 内置探头式超声波流量计为例，超声波流量计安装在烟道或烟囱两侧，应保证发射器和接收器在同一直线上，安装角度偏差将影响测量准确性。

主要性能指标如下：

流速测量范围：0～40m/s；测量精度：<±0.2m/s；烟气温度：0～220℃；烟气压力：-90～+200kPa；声程长度：0.3m；探头安装角度：45°。

超声波流量计运行稳定精度较高、维护量小，具有自动校准及保护传感器免受烟气腐蚀等功能，允许被测烟气温度达 350℃，特殊可达 450℃。在国外烟气流速测量有较多应用。

17.5.2.5　其他烟气流速测量方法

其他烟气流速测量方法主要有声波法、靶式流量计法、光闪烁法及红外法等。

（1）声波法测量流速

声波法测量流速技术与超声波法测量流速技术非常相似。已经开发出声波技术和皮托管技术相结合测定大管道和大烟道体积流量的系统。含有声学、皮托管和温度传感器的综合探头见图 17-5-12。

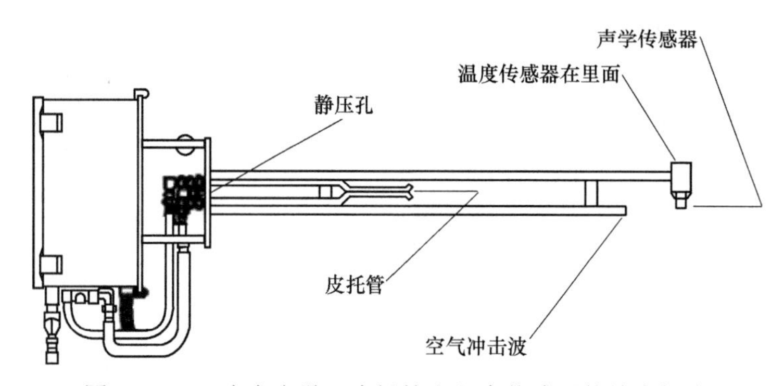

图 17-5-12　含有声学、皮托管和温度传感器的综合探头

（2）靶式流量计法

在烟道或管道中垂直于烟气流动的方向上安装一个圆形的靶，烟气经过时由于受阻必然要冲击圆形的靶，靶上所受的作用力与烟气流速之间存在一定关系，便能够求出烟气流速。烟气流速与动压能的关系式：

$$v_s = \sqrt{\frac{2E}{\rho}}$$

式中，v_s 为烟气流速；ρ 为烟气密度；E 为烟气动压能。

靶式流量计流速测量系统适用于测量水平烟道或管道内烟气流速。与皮托管一样，应防止插入烟气中的靶被烟气腐蚀。

（3）红外法测流速

测量烟气流速的红外线法，是基于测量由热烟气的分子发射的红外辐射热。该方法应用两个宽带红外检测器，检测器安装在烟道或管道的一侧，距离等于或小于烟道直径，测量并计算出由热烟气的分子发射的红外辐射热。烟气通过烟道或管道的运动是紊乱的，将形成紊乱的气体涡流。涡流能产生较高水平范围的红外辐射热，当涡流在烟道或管道向上移动时能够用仪器跟踪产生的红外辐射热。为测定涡流传输的速度，用两个红外传感器测定波动的红外辐射热在传感器之间移动的时间。红外线测速法也称“交叉-相关”测速法，该方法由于受多种因素影响实际应用很少。

17.5.3　烟气湿度的在线监测技术应用

17.5.3.1　概述

国家标准及监测规范提出的烟气湿度在线监测方法主要有干湿氧测定法和湿度传感器测定法。另外，还有激光吸收光谱法、红外吸收光谱法等。《固定污染源排气中颗粒物测定与气态污染物采样方法》（GB/T 16157—1996）规定了三种烟气湿度测定方法：干湿球法、冷凝法、重量法，这三种方法主要是作为烟气湿度测量的参比方法。采用湿度发生器校准，湿度发生器在一定的温度、压力下可以产生恒定湿气。

目前国内工业用气体湿度的测量方法主要有恒流喷射法（干湿球）、阻容法、离子流（极限电流）氧化锆原理法、激光吸收光谱法、红外光谱吸收法等。国内烟气 CEMS 应用最多的烟气湿度在线测量是湿度传感器测定法和氧化锆原理为主的干湿氧测定法。

17.5.3.2　气体湿度测量方法

（1）干湿球法自动测量气体湿度

干湿球法是依据干湿球温度差效应来测量气体相对湿度。污染源烟气监测的干湿球法通常采用两支完全相同的热电偶作为感温元件，一支测量干球温度，一支测量湿球温度。干球温度感温元件处于烟气气流主体中。湿球温度感温元件用棉纱布包裹，棉纱布与盛水容器相连。由湿球表面温度导出该温度下的饱和水蒸气压力，结合输入的大气压，根据公式自动计算出烟气含湿量。

采用干湿球法的自动测量湿度的典型方法是恒流喷射法，其测量原理示意图参见图 17-5-13。

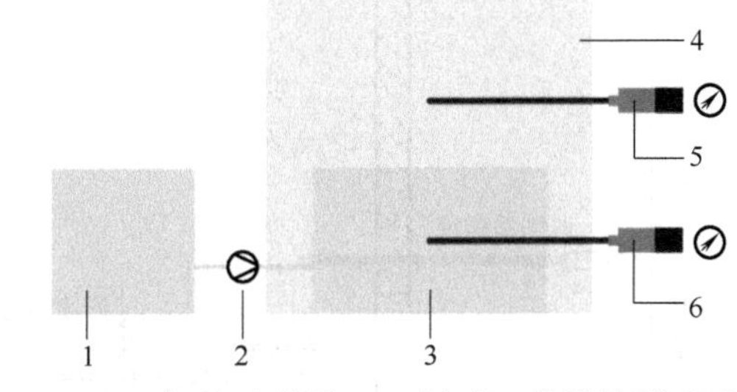

图 17-5-13　恒流喷射法（干湿球）的测量原理示意图

1—水箱；2—水泵；3—湿温测量池；4—气流；5—Pt100；干球温度（DB）；6—Pt100；湿球温度（WB）

以上海昶艾电子科技有限公司（简称上海昶艾电子）的恒流喷射法高温湿度仪 CI-PC39 为例，该产品采用恒流喷射法测量烟气中的湿度，是通过间接测量烟气温度的方法来实现的。CI-PC39 是一款过程气体湿度计，其现场应用参见图 17-5-14。

该产品适用于如垃圾焚烧厂、硫酸、氢氟酸或王水等恶劣介质中，测量气体湿度，测量数据准确可靠，温度适应范围宽，维护量小，使用寿命长。已应用于高温高湿测量工艺，以及存在腐蚀性和含尘工业气体工艺的检测。缺点是价格高，体积较大，需要定期加水。

（2）冷凝法自动测量气体湿度

冷凝法自动测湿系统参见图 17-5-15。

冷凝法的原理是由烟道中抽取一定体积的排气使之通过冷凝器，根据冷凝出来的水量，加上从冷凝器排出的饱和气体含有的水蒸气量，计算排气中的水分含量。冷凝法测量湿度仪由烟气采样装置和冷凝器等组成，烟尘采样装置由烟尘采样器、采样管、抽气泵组成。

（3）重量法自动测量气体湿度

重量法测量气体湿度的原理是：由烟道中抽取一定体积的排气，使之通过装有吸湿剂的吸湿管，排气中的水分被吸湿剂吸收，吸湿管的增重即为已知体积排气中含有的水分量。是目前常用的烟气湿度在线测量参比方法。

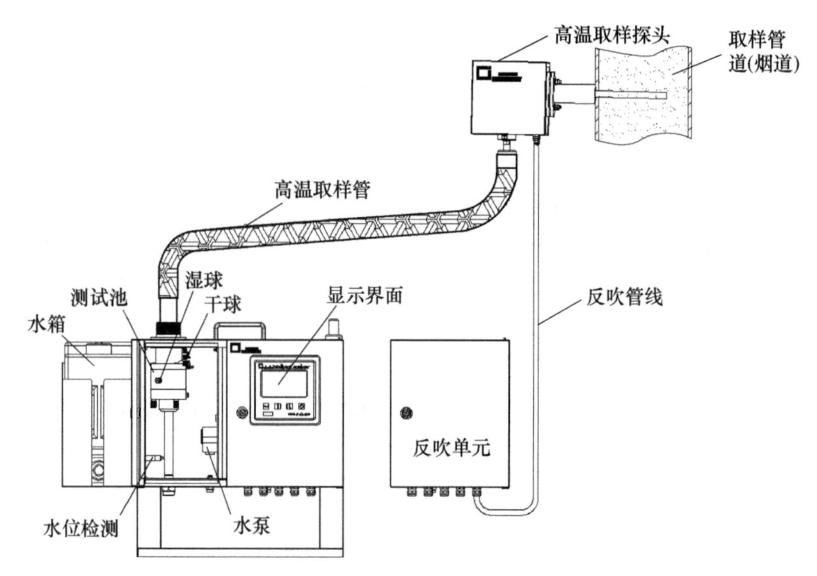

图 17-5-14　CI-PC39 现场应用示意图

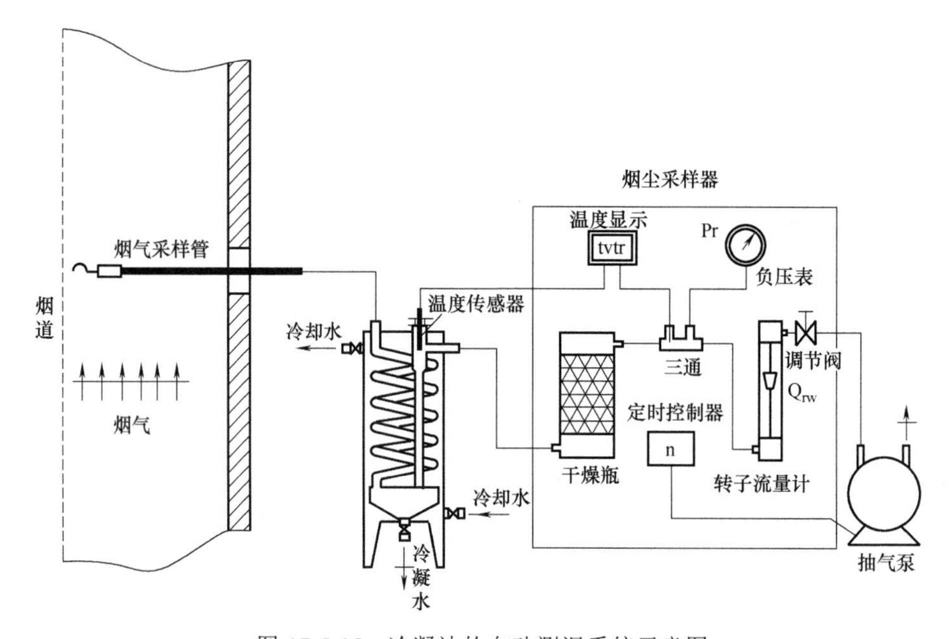

图 17-5-15　冷凝法的自动测湿系统示意图

（4）阻容法测量气体湿度的原理

国内用于烟气高温湿度测量的阻容法其实质是电容法，所采用的传感器大多采用聚酰亚胺作为感湿材料，这种高分子湿敏电容普遍电气性能良好、介电常数和介质损耗很小。高分子湿敏电容吸附环境中气态水分子后，使得材料的介电常数发生改变从而引起电容值发生变化，通过测量变化的电容值从而计算出对应的环境湿度值。

烟气高温湿度测量所用电容传感器——高分子湿敏电容器，采用平行板电容器结构，主要由玻璃衬底基片、下电极、高分子感湿膜、上电极等构成，参见图 17-5-16。

图 17-5-16（a）是由含水介质构成平行板电容器，其等效电路图为图 17-5-16（b）所示。

当电容器尺寸确定之后，传感电容 C 大小取决于介质的相对介电常数 ε_r，湿敏电容的水分子吸附量与水蒸气平衡相对压力的关系应符合 Herry 型吸附等温线，即电容容值与相对湿度之间呈线性关系，阻容式水分仪就是依据这一原理工作的。高分子湿敏电容结构图参见图 17-5-17。

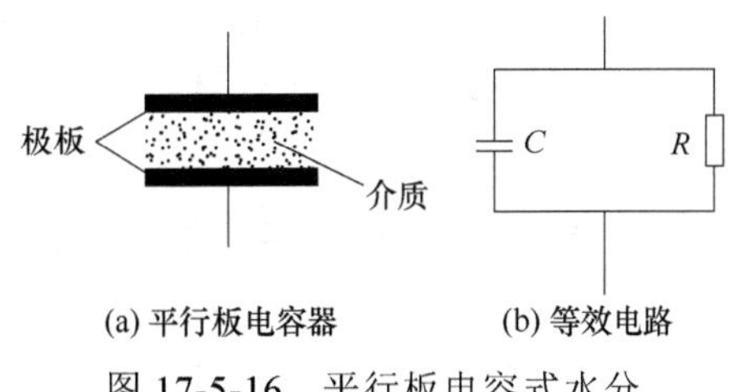

图 17-5-16　平行板电容式水分传感器及其等效电路

国内烟气 CEMS 的气体湿度连续测量技术，大多采用湿度电容传感器测量烟气含湿量，其应用的技术关键是在高温、高尘、高腐蚀工况条件下，电容传感器的使用寿命。目前，国内厂家对电容传感器采取耐腐蚀及耐烟尘磨损的防护技术，延长了使用寿命。

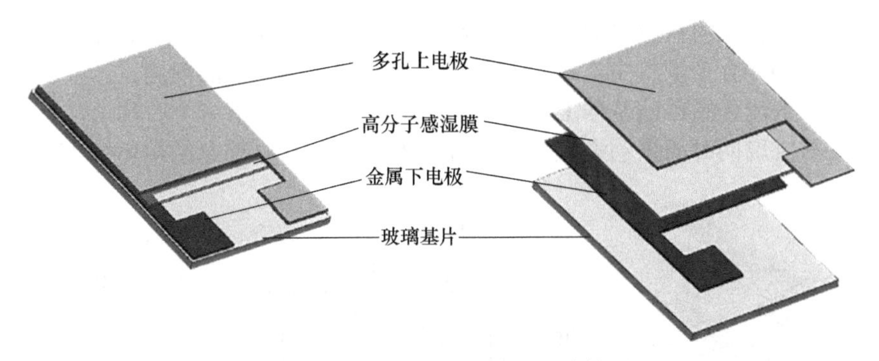

图 17-5-17　高分子湿敏电容结构图

17.5.3.3　阻容法烟气在线湿度仪的典型产品

阻容法烟气在线湿度仪具有响应时间快、体积小、遇冷凝水不易坏的特点，但是烟气温度不能超过 170℃，温度越高数据越容易波动。当湿度小于 6%时，也不容易测量准确，原因是随着温度升高（超过 100℃）对应的饱和水气压就越大，相对湿度越来越小，所对应电容量变化也必然减小，电路采集的电容变化量有限，测量误差就会加大。阻容法烟气在线湿度仪用于燃煤锅炉烟气、垃圾焚烧烟气及冶金烟气等检测时，在烟气高湿、高尘、高腐蚀工况下，阻容电极也容易失效，适用寿命受到影响。

一种新型电容式湿敏元件的介质膜，采用了高分子薄膜新材料技术，使其具备高分子薄膜传感器的高湿响应优点。例如，上海昶艾电子的 CI-PC338 高温湿度检测模块，其外形参见图 17-5-18。CI-PC338 系列电容式水分仪，采用全新的复合材料，相比传统单一材料，湿滞小、非线性误差小、温度系数小，重复性和长期稳定性有显著改善。

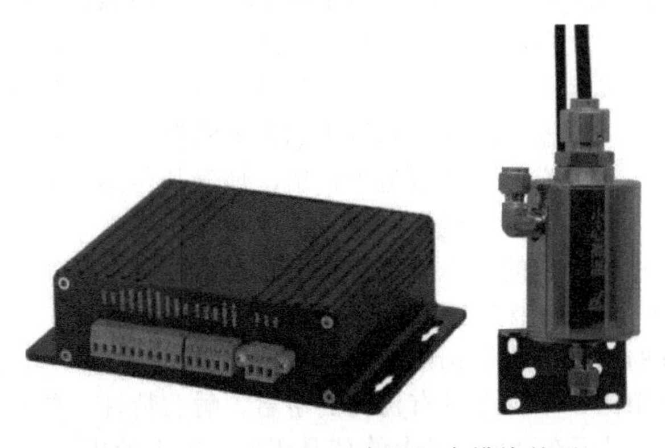

图 17-5-18　CI-PC338 高温湿度模块外形

CI-PC338 系列电容式水分仪主要性能指标如下：

湿度测量范围 ：绝对湿度（水分体积分数）0～40%（H_2O）（体积分数）；湿度测量精度：≤5%时绝对误差≤±1.5%，>5%时相对误差≤±20%；温度：0～190℃，测温误差<3℃；响应时间：在流量 1L/min 和 0.1MPa 压力下，从高湿到低湿 t_{90}<150s，从低湿到高湿 t_{90}<10s；检测仪工作环境温度：-10～55℃，相对湿度＜90%；探头工作环境温度：0～180℃。

17.5.3.4　烟气湿度离子流（极限电流法）测量方法

一种新型的应用离子流传感器技术测量烟气湿度的测量方法，其原理是通过改变施加在氧化锆传感器阴极和阳极上的电压等方式，可以完成对高温烟气湿度的测量，从而解决了高温环境下（比如高于 100℃）普通湿度传感器不能适应的问题。离子流传感器测量湿度原理参见第 11.1.3 节介绍。

（1）抽吸式 3D 离子流湿度分析仪

为解决腐蚀性气氛对传感器电极的影响，将氧化锆铂金催化电极材料进行了改进，采用纳米化学制备技术合成的新型电解质材料，解决了在垃圾焚烧厂、矿石煅烧厂、陶瓷厂、电厂等产生的较高 SO_2 含量烟气中，传感器电极易被腐蚀及寿命短的问题。

在基于极限电流传感器的基础上，实现了双氧传感器共烧于一个芯片上，从而解决了单只氧传感器无法实现同时测量动态氧与电解湿氧的难题，其原理及结构如图 17-5-19 所示。

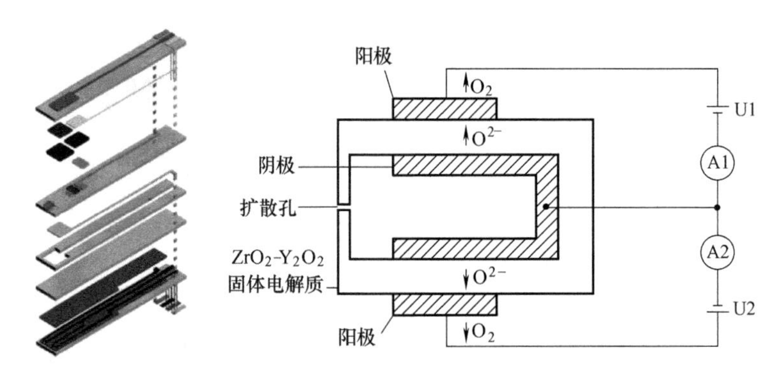

图 17-5-19　3D 离子流湿度传感器原理示意图

3D 离子流为双离子流传感单元,其中一个测量水蒸气和氧的含量,另一个测纯氧的含量。其利用施加不同的电压使氧离子电离并与水蒸气混合，通过测量电流值则可得氧离子与水蒸气的含量。该传感器具有耐高温抗污染等特点，可在恶劣的气体环境中正常工作，

（2）典型产品

以上海昶艾电子的 CI-PC196 型 3D 离子流湿度分析仪为例。CI-PC196 仪器由高温取样探头和仪控单元两部分组成，如图 17-5-20 所示。仪控单元具有控制自动反吹、自动标定功能。探头具备伴热功能，解决了探头内容易形成冷凝水的问题，其端部设计有不锈钢烧结或陶瓷过滤器。测量探头包括插入烟道中的前级过滤器、取样管和置于烟道外常温端的吹扫执行单元、传感器等。高温烟气由压缩空气作动力的弹射泵从烟道中抽出，烟气从传感器的入口吸入，从空气出口排出，控制压缩空气的压力、流量就能控制吸入的流量。

测量探头的传感器是一种电流型的氧传感器，它的工作原理不同于浓差直插式氧化锆探头。在高温条件下，氧化锆 ZrO_2 材料由于氧离子的迁移成为导体，当温度高于 650℃时，氧离子迁移，当氧浓度增加时，电流随离子流的增加而成比例的增加。

与高分子、电解质以及陶瓷湿度传感器相比，该仪器具有优良的耐温、耐腐特性，传感器工作时自身的工作温度在 600℃以上，该仪器可在 200℃以上的高温环境气氛下使用。

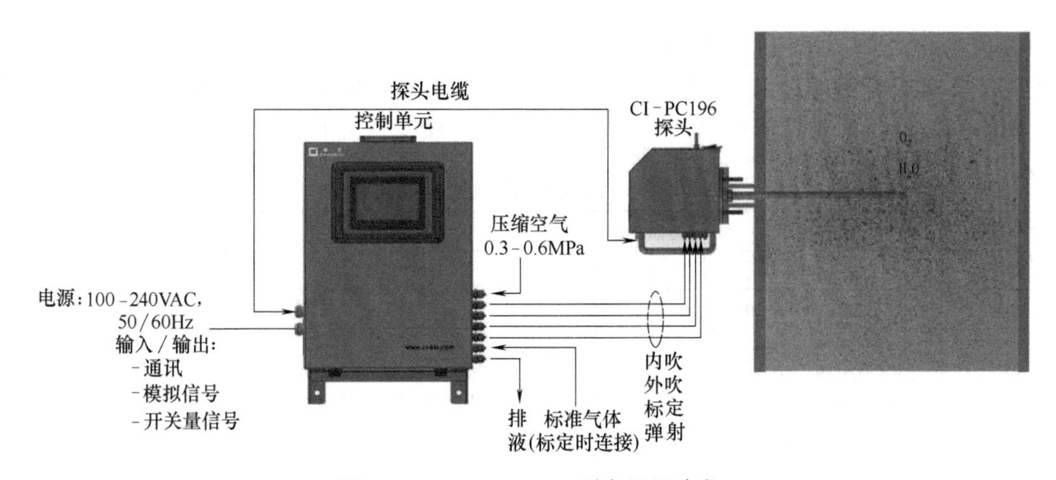

图 17-5-20　CI-PC196 型高温湿度仪

17.5.3.5　干湿氧法测量烟气湿度技术

干湿氧法测量烟气湿度是 CEMS 标准规定的湿度在线监测方法之一。测量烟气的氧含量是采用氧化锆的氧离子迁移测量技术，氧化锆氧传感器用于测定烟气除湿前的湿氧量 X'_{O_2}、及除湿后的干氧量 X_{O_2}，通过下式计算出烟气湿度 X_{sw}。

$$X_{sw}=100\%-X'_{O_2}/X_{O_2}$$

式中，X'_{O_2} 为湿烟气中氧的体积分数；X_{O_2} 为干烟气中氧的体积分数。

例如，湿烟气的浓度值为 6.8% O_2，除湿后干烟气的读数为 7.4% O_2，设烟气的含水量 X_{sw}，则

$$X_{sw}=100\%-6.8\%/7.4\%\approx8.1\%$$

国内 CEMS 采用干湿氧法测量烟气湿度时，用户反应误差较大，严重时出现烟气湿度是负值。其主要原因是烟气 CEMS 系统配置中，测量湿烟气氧与干烟气氧采用了两种分析仪分别测量干氧和湿氧；如采用插入式氧化锆氧分析仪测湿烟气氧，采用红外分析仪配套的电化学氧传感器测干氧。此种测量，干湿氧的测量点不一致、时间点不同、两种检测仪的标准传递不同，漂移不同，这些问题都给烟气干湿氧测量计算湿度带来很大测量误差。

国外烟气 CEMS 大多采用干湿氧法测量烟气湿度，采用一台抽取法氧化锆氧分析仪完成干湿氧的测量。氧化锆氧分析仪安装在分析柜内，采用烟气除湿器前的热湿烟气和除湿器后的冷干烟气，分时通入氧化锆氧分析仪分时检测，分别测量湿氧和干氧，再通过干湿氧测量值计算出烟气湿度。分时检测的时间间隔是每隔 3min，轮流测一次干氧和湿氧。氧化锆氧分析仪测量，一般在 3min 时间内已达到稳定值。干湿氧法的测湿精度应高于阻容法。同一台仪器测干湿氧，避免了两台仪表的测量误差，提高了烟气湿度测量精度和可靠性。

17.5.3.6　红外光谱与激光光谱测量湿度技术

基于红外吸收光谱的气体水分分析仪，是利用水分子在红外光谱有许多吸收谱线，通过选择较强的水吸收谱线就可以测定气体中的水分含量。激光光谱法测量水分也是同样的原理，基于近红外吸收光谱的湿度测量方法主要有两种：激光二极管谐振衰减光谱法 CRDS 和可调谐激光二极管吸收光谱法（TDLAS）。

采用 TDLAS 技术开发的烟气高温湿度分析仪测量烟气时属于非接触式测量，不会受背

景气体的干扰，响应时间快，测量数据准确度高。采用红外吸收法用于烟气湿度测量时，需要避开CO_2/SO_2/NO_x等对水分测量的干扰。红外光谱法与激光光谱法很少应用于烟气湿度测量，只有在特殊工况条件下应用。湿度测量技术的比较参见表17-5-2。

表17-5-2　各种湿度测量技术的比较表

对比类别	恒流喷射法	双池离子流	氧化锆法	阻容式	TDLAS
量程	0～100%	0～100%	0～100%	0～100%	0～100%
响应时间	t_{90}＜90s（10～190g/kg）	t_{90}＜30s	t_{90}＜30s	t_{90}＜30s	t_{90}＜10s
显示	露点温度20～100℃；体积比2%～100%；绝对湿度15～1000g/kg；水分压10～1000hPa	氧浓度0～100%；体积比（H_2O）0～100%	体积比（H_2O）0～100%	相对湿度（体积分数）0～100%	相对湿度（体积分数）0～100%
显示值	绝对值	绝对值	绝对值	相对值	相对值
温度	0～300℃	0～700℃	0～700℃	0～180℃	0～240℃
精度	±2%FS	±2%FS	±3%FS	±2%FS	±1.0%FS
化学耐受性	抗	抗	一般	不抗	抗
适用性	任意混合气	烟气、一般性混合气	空气与水蒸气混合气体	烟气、一般性混合气	烟气、一般性混合气
测量方式	连续采样	原位/连续采样	原位	原位/连续采样	原位/连续采样
寿命	10年	1～2年	1～2年	0.6～2年	≥2年
调校	无需调校、不漂移	需要（标定氧）	需要（标定氧）	现场无法调校（需专业湿度发生器）	现场无法调校（需专业湿度发生器）

17.5.4　烟气参数在线监测的新技术应用

17.5.4.1　烟气参数监测存在问题分析

烟气参数监测技术中，烟气流量监测采用的皮托管及热传感器测量流速是点测量，超声波等测量流速是线测量。烟气流量测量是根据所测量烟道横截面流速的平均值与横截面面积相乘的计算结果，并按照标准状态进行修正计算。因此烟气流速的测量均值是否具有代表性将直接影响烟气流量测量的准确性。

在被测的烟道内，气体的流场分布是不均匀的，烟气流动具有复杂性和多变性，在同一截面内的烟气流速分布是不均匀的。现有的点式及线式测量流速的烟气流量监测仪所测量的烟气流速，并不能代表所测量烟道横截面流速的平均值。

为提高烟气流量测量的准确性，通常要采取在烟气流速仪所在的横截面，采用人工多点测量流速计算的烟气流速的平均值进行校准，然后采用相关系数进行流速测量的修正。人工多点测量流速需要按照规定的取样点进行多点测量，比较麻烦，耗时费力，并存在不能同步测量等问题，因此所测得的相关修正系数也存在时段性的误差。

烟气参数在线监测的新技术主要关注如何能准确地测量所在的烟道横截面流速的平均值。目前已有采用矩阵式烟气流速在线监测技术，以及以皮托管法为测量原理的MGVS多点测量系统等技术应用，较好地解决烟气流速的准确测量。

另外烟气参数监测涉及温、压、流、湿及氧测量，常见的温压流一体化监测是以皮托管测流速为主的一体化监测。由于同时采用了氧化锆离子流传感器技术，目前已实现将温、压、流、湿及氧测量一体化新技术应用。

17.5.4.2　矩阵式烟气流量在线监测技术

（1）技术原理

矩阵式烟气流速在线监测技术原理是利用“压差法”的面测量原理，采用了在被测风道截面上布置多个测点的测量方式。依据上述测量原理，根据各风道截面尺寸的大小、直管段长短等其他因素来确定测量的点数，然后将许多个测量点等面积有机地组装在一起，正压侧与正压侧相连，负压侧与负压侧相连，正、负压侧各引出一根总的引压管，分别与差压变送器的正、负端相连，从而测得在被测风道截面的平均速度，较好地解决了管道内部的速度场分布不均匀（尤其是大尺寸管道），截面不同位置速度差别大的问题。

（2）全截面矩阵式烟气测量装置的布点方式及其优点

全截面矩阵式烟气测量装置的布点方式参见图 17-5-21 所示。

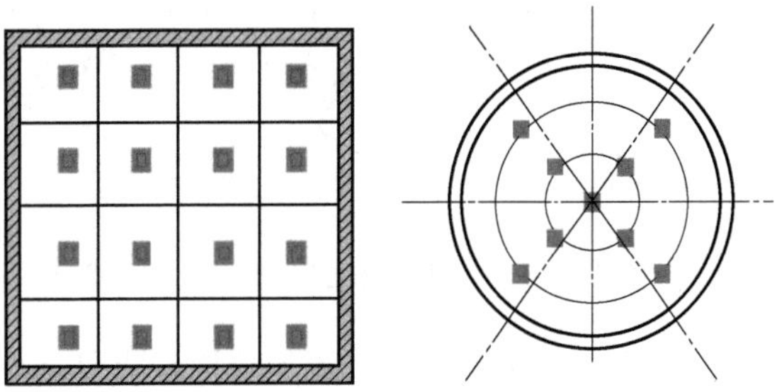

图 17-5-21　矩阵流量计布点方式示意图

全截面矩阵式烟气测量装置的优点：

① 矩阵式烟气测量装置采用设置多点取压力的方式，获得流道内流体的平均流速（量），其测量结果比较准确可靠。

② 矩阵式烟气测量装置可采用垂直或水平布置方式，对测量点前后直管道长度没有过多要求，一般满足直管段长度不小于管道当量直径即可，其安装方式灵活，可以适用于不同尺寸流道测量。

③ 全截面矩阵式烟气测量装置利用流体本身动能推动清灰棒自动清灰，不需要外加气体吹扫，免停机维护，可以做到长期免维护稳定运行。

17.5.4.3　在线多点网格法流速测量系统的技术应用

（1）系统组成

在线多点网格法流速测量系统是由流速测量单元、湿度测量单元和主机端组成。流速测量单元是以皮托管法为测量原理的多点流速测量系统。该系统可用于测量固定污染源中的烟气流速、烟气压力、烟气温度、湿度。特别适用于带液态水、泥浆等低温高湿环境下使用。

多点流速测量系统由 X+2 套烟气流速仪组成，根据烟道工况环境可选用多孔流速仪和单点流速仪。烟气流速仪基于差压测量原理，烟气流速仪的外观、结构尺寸及多孔流速仪和单孔流速仪的外形及尺寸示意参见图 17-5-22。

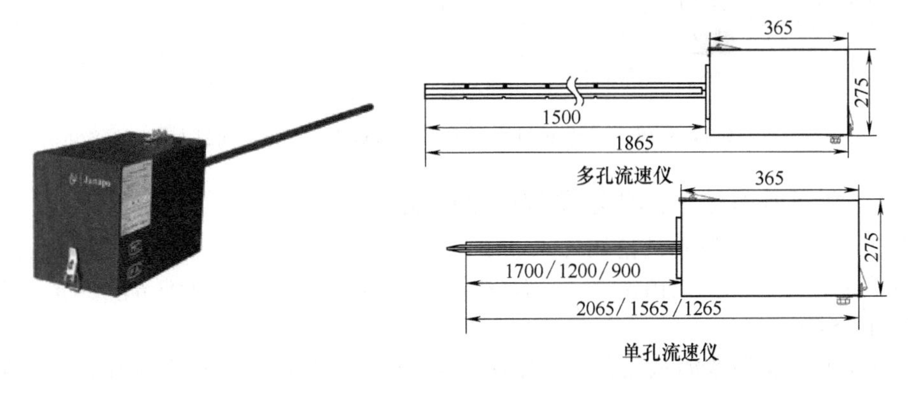

图 17-5-22　单孔及多孔烟气流速仪外形及尺寸示意（单位：mm）

取样点在烟道上开孔应当位于烟道一个截面上以形成一个取样网格。如图 17-5-23 所示。烟道宽度或内径超过 6m 的大烟道，需要安装 6 根或 6 根以上流速仪取样管，可以采取图 17-5-24 的模式进行开孔。

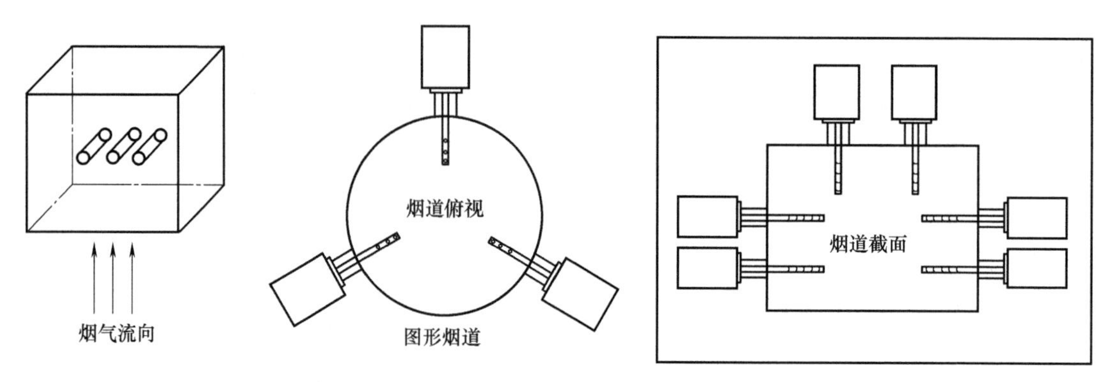

图 17-5-23　烟气流速仪的取样点设置图　　　图 17-5-24　大烟道烟气流速仪布点图

在脱硫 FGD 流程中，流速仪取样点可选取以下几个位置：增压风机后、FGD 后。样本取点越多，则测量到的流速值越能代表烟道的实际流速。用户可根据实际情况适当削减配置。最少应当保留一个完整取样截面，每个截面最少保留 2 个取样点，以形成完整的网格。在烟道同一截面中，多点安装流速仪，独立测量流速，通过 4～20mA 送至主机端进行均值计算，最终反映为烟道截面平均流速输出。每个流速传感器提供在位式就地反吹接口。

（2）多点测量系统在脱硫 FGD 出口烟道的应用及电控解决方案

在线式多点网格法流速测量系统在脱硫 FGD 出口烟道的应用参见图 17-5-25。图中各个取样点数据最终汇总到主机端，通过主机端软件进行均值计算得到代表性流速值并输出。

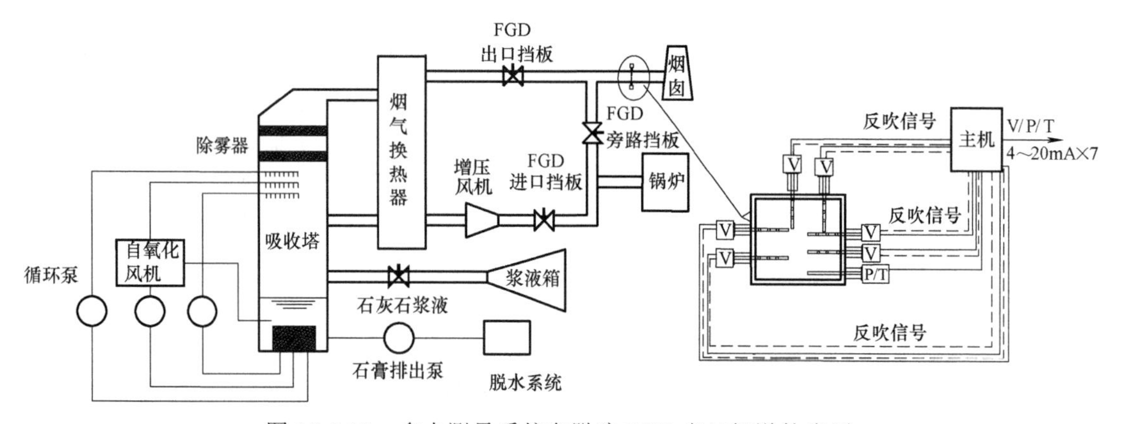

图 17-5-25　多点测量系统在脱硫 FGD 出口烟道的应用

17.5.4.4　烟气五参数一体化监测仪的新产品

烟气五参数一体化监测是指烟气的温度、压力、流速、湿度、氧量五个参数实现一体化监测的新产品，该产品主要由温、压、流测量单元与湿、氧测量单元两部分组成。其原理框图参见图 17-5-26。

其中温、压、流参数测量是利用皮托管、压力传感器和温度传感器测出烟气动压、静压、温度，这些参数与烟气流速呈一定比例关系，从而通过内部程序计算得出烟气流速。

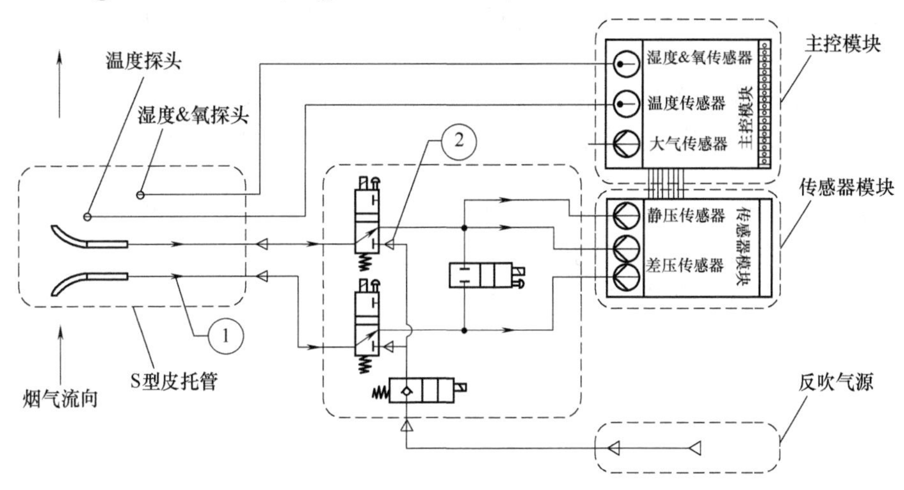

图 17-5-26　在线温、压、流、湿、氧一体化监测仪工作原理框图

湿度、氧含量参数测量是采用离子流湿度传感器为测量单元，控制传感器的工作电压来分别测量氧含量、氧和水（气）混合气的含量，根据氧含量、氧和水（气）混合气的含量与传感器输出信号之间的函数关系计算出湿度值和氧浓度值。

RHD-400-W 温压流湿氧五参数一体化监测仪是南京康测自动化公司开发的新产品，产品外形及结构组成参见图 17-5-27。

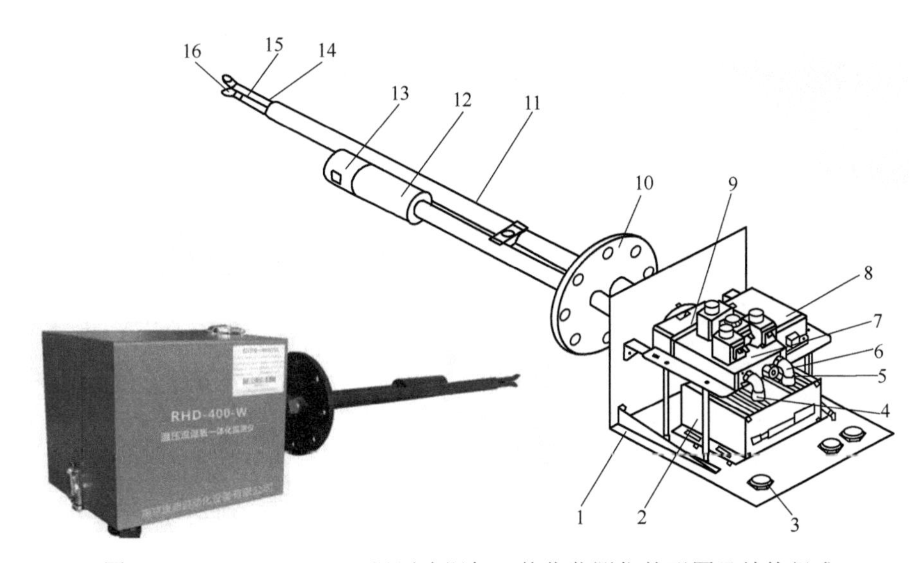

图 17-5-27　RHD-400-W 温压流湿氧一体化监测仪外形图及结构组成

1—箱体底座；2—电控盒；3—电缆座；4—静压接口；5—反吹接口；6—全压接口；7—阀组；8—电源模块；9—传感器模块；10—安装法兰；11—皮托管；12—湿氧监测单元；13—过滤盖；14—静压管；15—温度保护管；16—全压管

RHD-400-W 温压流湿氧一体化监测仪具有如下特点：产品可以同时替代温、压、流监测仪与湿度、氧分析仪两个产品，烟囱上只需要开一个孔即可，提高安装效率。湿氧含量测量采用了离子流传感器（氧化锆法）为测量单元，可以实现在 150℃以上高温环境中测量。传

感器自身具备伴热功能并且在结构上增加了阻水过滤膜，解决了探头内容易形成冷凝水从而损坏传感器的问题。采用专利技术，进行模块化设计，产品具备结构简单、安装方便、稳定性高等优点。

该产品主要用于烟气脱硫、超低排放、VOC等在线连续监测场合的测量烟气参数，亦可用于木材、建材、造纸、化工、制药、烟草、印染、石油等领域中，测量准确且使用方便。

［本章编写：北京雪迪龙　郜武、张倩暄、吴娟、宋婷珊；邢台环保技术中心　赵红伟；西克麦哈克　方培基、林勇；西门子（中国）　沈毅；聚光科技　谢耀、齐宇；上海昶艾电子　陈亚平；南京康测自动化　陈生龙；朱卫东］

第 18 章 环境空气VOCs及恶臭气体在线监测技术与应用

18.1 环境空气 VOCs 在线监测技术与应用

18.1.1 环境空气 VOCs 在线监测技术概述

18.1.1.1 VOCs 在线监测技术简介

VOCs 是环境空气中常见的挥发性有机污染物。VOCs 排放源主要分为人为排放源（包括固定源与移动源）和自然排放源（包括生物源与非生物源）两类，以人为排放源为主，多半为石油化工相关产业的生产过程、产品消费行为，以及机动车尾气造成的。

VOCs 按其化学结构可以分为烃类（烷烃、烯烃和芳烃）、酮类、酯类、醇类、酚类、醛类、胺类、腈（氰）类等。根据 2017 年 9 月，生态环境保护部等六部委联合印发《“十三五”挥发性有机物污染防治工作方案》，涉及环境空气中 117 种挥发性有机物质（57 种原 PAMS 物质、47 种 TO15 物质及 13 种醛、酮类物质）。

VOCs 在线监测主要包括环境污染 VOCs 监测及环境空气 VOCs 监测等。环境污染 VOCs 监测主要有固定污染源有组织排放和无组织排放的 VOCs 监测，以及工业园区的环境污染 VOCs 监测等；环境空气 VOCs 监测主要是对大气环境空气中的微量及痕量 VOCs 监测。目的是为保护生态环境，防治雾霾，为 VOCs 污染治理和对排污企业管理提供决策依据。

环境污染 VOCs 在线监测的对象主要分为两类：一类是 VOCs 总量监测，如总有机碳（TOC）、总碳氢化合物（THC）、非甲烷总烃（NMHC）、总挥发性有机物（TVOC）等；另一类是 VOCs 特殊因子及其他挥发性有机污染物的监测。环境空气 VOCs 在线监测技术主要分为气相色谱、质谱、光谱和气体传感器四大类。

气相色谱分析是最主要的 VOCs 在线监测技术，并可实现与其他检测技术如光谱、质谱分析技术的联用检测；气相色谱分析可根据不同物质的性质，选择不同的检测器进行检测，色谱检测器主要包括 FID、TCD、ECD、FPD、PID 等，最常用的是 GC-FID。

质谱分析常用于大气环境质量的多组分分析，在 VOCs 在线监测中，大多作为色谱分析的检测器联用，如便携式仪器采用 GC-FID/MSD，其中 MSD 是质谱检测器。另外，固定源采用在线色谱-质谱联用仪（GC-MS）可以实现环境空气中 VOCs 的微量及痕量分析。

光谱分析技术在 VOCs 的在线监测应用以 FTIR 技术为主，也包括 DOAS、TDLAS 及催化氧化红外分析法等。随着大气环境检测标准提高，其他光谱分析技术也得到应用。

气体传感器技术应用主要是各种阵列式电化学传感器、电子鼻，也包括 PID 光离子化传感器及 FID 氢火焰传感器等，大多用于便携式 VOCs 的在线监测。

VOCs 在线监测常用技术参见表 18-1-1。

表 18-1-1　VOCs 在线监测常用技术

序号	方法	优点	应用范围	典型应用技术
1	气体传感器	分析速度快，实时响应，检测成本低	应急监测、危险气体报警、VOCs 定性监测等	电子鼻、阵列式传感器、PID 等
2	光谱	原位无损分析、代表性强、响应速度快	苯系物和少数低分子量 VOCs	DOAS、FTIR
3	色谱	可分辨大多数的 VOCs，灵敏度高	烷烃、烯烃、芳香烃	在线气相色谱仪及联用技术
4	质谱	响应速度快（几秒钟）、不需要样品预浓缩、检测限低	芳香烃、卤代烃、含氧有机物	四级质谱、磁质谱、飞行时间质谱等
5	色质联用	定性全面，定量准确	烷烃、烯烃、芳香烃、卤代烃、含氧有机物	GC-MS、GC-TOF 等

18.1.1.2　在线色谱技术在 VOCs 的在线监测中的应用

VOCs 在线监测最常用的是在线气相色谱（GC-FID）检测技术，不仅可监测非甲烷总烃，也可同时监测 VOCs 的其他特征组分。在线气相色谱仪用于固定源排放的废气 VOCs 监测技术，已经发展为 VOCs 在线色谱分析系统或专用的 VOCs 在线分析系统。

VOCs 在线色谱分析系统主要包括样品取样系统、色谱分析气路系统、进样系统、分离系统、色谱检测器、数据处理和控制系统以及其他辅助设备。其中最核心的技术是在线色谱仪的色谱分离系统与检测器技术。

在气相色谱系统中，色谱分离检测效果主要依赖于对色谱柱系统、分离条件及检测器的合理选择。不同的分析对象与检测要求需要采用不同色谱分离系统，对选用色谱柱及分离条件可以在色谱分析手册查找。在线色谱仪的检测器主要有：热导检测器（TCD）、火焰离子化检测器（FID）、火焰光度检测器（FPD）、电子俘获检测器（ECD）、光离子化检测器（PID）和质谱检测器（MSD）等，不同检测对象需要采取不同检测器。

在 VOCs 在线色谱监测中，常用的检测器有 FID、PID、FPD，其中最常用的 FID，不仅能够用于 NMHC 的检测，也能用于其他 VOCs 特征组分的检测。可用于对非甲烷总烃、苯系物、57 种臭氧前体物质 PAMS 的在线监测。PID 主要用于芳烃类组分或某些无机物组分分析，特别是在检测芳烃类组分时灵敏度比 FID 高。而且 PID 不仅能够监测苯系物也能对氨、硫化砷（砷烷）、磷化氢（磷烷）、硫化氢、氮氧化物、溴和碘等无机组分进行检测。FPD 主要用于含硫化合物的高灵敏度检测，如恶臭气体类物质的在线监测。

在选择检测器时要考虑使用场合，PID 不仅能对 VOCs 总量和某些组分进行监测，当作为传感器监测使用时也能监测某种特定物质。由于 PID 检测响应的 VOCs 种类和所使用的紫外灯能量有关，不同化合物响应系数不同，所以对一些短链烷烃响应极低甚至无法检测。

18.1.1.3　在线质谱分析在VOCs的在线监测中的应用

在线质谱分析要求被测化合物转化为气相，所以常与气相色谱联用，在用于VOCs的多组分在线监测时，在许多场合需要采用GC-MS。

GC-MS分析原理是采用气相色谱柱使被测的VOCs组分进行分离，经过分子分离器接口，除去载气后，被分离的样品气进入质谱仪的离子化器中发生电离，生成不同荷质比的带正电荷离子，经加速电场的作用形成离子束，进入质量分析器。在质量分析器中，再利用电场或磁场使不同质荷比的离子在空间上或时间上分离，或是通过过滤方式，将它们分别聚焦到探测器而得到质谱图，从而获得质量与浓度（或分压）相关的图谱。

分析比较复杂的VOCs样品，大多以四极质谱仪和飞行时间质谱仪为主。GC-MS几乎能够对所有物质进行监测，如使用GC-MS检测国家环保部门发布的《2018年重点地区环境空气挥发性有机物监测方案》中，规定的117种组分或其中的某些组分。在GC-MS中，质谱检测器（MSD）是GC的一种检测器，是一台小型的MS，一般配置电子轰击（EI）和化学电离（CI）源，MSD的分子质量检测范围通常为800～1000Da，检测灵敏度和线性范围与FID接近，选择单离子检测模式（SIM）时灵敏度更高；不仅能够给出一般GC检测器所能获得的色谱图（叫总离子流色谱图TIC或重建离子流色谱图RIC），而且能够给出每个色谱峰所对应的质谱图。通过计算机对标准谱库自动检索，可提供化合物分子结构信息。

18.1.1.4　在线光谱分析在VOCs的在线监测中的应用

在线光谱分析在VOCs监测的应用主要包括：催化氧化红外分析法、傅里叶变换红外光谱（FTIR）、差分光学吸收光谱（DOAS）等。

（1）催化氧化红外分析技术

催化氧化红外分析法是测定总碳的方法。其原理是检测时，含有VOCs的样品进入含有催化剂的燃烧室，在燃烧室内VOCs中的碳被氧化生成CO_2，然后用红外气体分析仪测量CO_2的浓度。该方法的不足之处是气流中的某些组分可能使催化剂中毒，如硫化物、磷化物、卤素化合物能强烈吸附在催化剂上，降低催化剂活性，造成“催化剂中毒”失效。另外，催化燃烧法与环境中的氧气含量有关，在缺氧环境中，碳转化为CO_2并不完全有效。传感器使用寿命短，大概使用2年就需要更换；校准周期短，1个月左右就需要校准。

（2）傅里叶变换红外光谱分析技术

FTIR技术是大气污染物监测领域应用最广泛的技术之一，适用于大气中的挥发性有机物，如丙烯醛、苯、甲醇和氯仿等，是美国环保署推荐的VOCs在线测量方法。其优势在于同时连续监测多种成分，而且长光程比单点监测的信息更为全面。

FTIR技术的应用发展很快，已发展为固定式、开放式、便携式FTIR仪器，在固定污染源排放的VOCs在线监测技术标准中已被列入标准方法之一。开放式FTIR仪器在区域环境监测中，已被用于厂界的开放式遥测，及无组织排放的VOCs监测。便携式FTIR分析仪，也用于现场气体泄漏检测及无组织排放现场的苯系物、丁二烯、甲醛等多种气体高灵敏度监测。

（3）差分光学吸收光谱技术

DOAS技术特点主要是能够连续测量特定的化合物，在紫外-可见光谱范围内，用差分吸收技术能够测量卤素（例如氯和氟）、芳香族化合物（例如苯、二甲苯和甲苯）、无机物（例如氨、二氧化氯、硫化氢、硝酸和光气）以及羟基化合物。该仪器主要用于无机气体的测量，如SO_2、NO、NH_3、HF和H_2S。紫外差分吸收仪也能连续测量苯、二甲苯和甲苯。DOAS技术其不足之处是检测低浓度的灵敏度不高，测定有机化合物种类有限。

18.1.1.5　气体传感器在 VOCs 的在线监测中的应用

用于 VOCs 在线检测的气体传感器主要有光离子化气体传感器（PID）、催化燃烧气体传感器、红外线气体传感器及电化学气体传感器。其中 PID 在 VOCs 检测应用较广。

PID 光源采用紫外灯，有 9.8eV、10.6eV、11.7eV 三种。其中 11.7eV 的 UV 灯所发出的光的电离能最高，故 PID 检测范围最宽，采用氟化锂材料作为高能紫外线输出窗口，由于氟化锂晶体材料会因为 UV 照射而逐渐老化，导致 11.7eV 灯寿命的缩短，11.7eV 的灯只能持续使用 2～6 个月，而 10.6eV 的紫外灯可持续使用 12～24 个月。只有当化合物（如二氯甲烷，四氯化碳）的电离电位超过 10.6eV 时才使用 11.7eV 的紫外灯。采用 9.8eV 和 10.6eV 的 PID 有更强的针对特性，低电离能意味着能检测到较少的化学物质。大多选择 10.6eV 的紫外灯作为 PID 光源。PID 在多组分监测时，需要使用校正系数进行气体浓度换算。

大气污染物及 VOCs 在线监测中常用的气体传感器检测技术，大多采用阵列式气体传感器，可以实现多组分气体检测，采用扩散式或抽取式。气体传感器检测器可由电化学气体传感器、PID 传感器、半导体传感器等组成。在便携式及手持式多组分气体检测仪中应用了各种电化学气体传感器，也根据检测要求采用 PID 传感器、FID 检测器及 MSD 质谱检测器等。气体传感器技术常用于大气污染物的微型空气站及 VOCs 的现场检测与泄漏检测。

18.1.2　GC-FID 在 VOCs 在线监测中的应用

18.1.2.1　概述

GC-FID 是 VOCs 在线监测最常用的技术。GC-FID 是一台在线气相色谱仪，样品气通过色谱分离后送 FID 检测分析。GC-FID 对碳氢化合物有良好的响应，适用于对总碳氢（THC）、甲烷（CH_4），非甲烷总烃（NMHC）及苯系物等特征因子的在线监测。HJ 38—2017《固定污染源废气　总烃、甲烷和非甲烷总烃的测定　气相色谱法》、HJ 604—2017《环境空气　总烃、甲烷和非甲烷总烃的测定　直接进样-气相色谱法》、HJ 584—2010《环境空气　苯系物的测定　活性炭吸附/二硫化碳解吸-气相色谱法》等规定了挥发有机物 VOCs 检测方法。GC-FID 检测技术是标准规定的 VOCs 在线监测方法之一。GC-FID 色谱仪也与 PID、MSD 等联用后，用于分析 VOCs 的多种组分。

GC-FID 用于 VOCs 监测主要分为污染源废气 VOCs 在线监测及空气中 VOCs 在线监测。污染源废气 VOCs 在线监测系统的核心技术是 GC-FID，该系统主要包括样品采集与传输系统、色谱分离系统、FID 检测器及其控制系统、数据采集传输系统与物联网应用等。当监测现场环境有易燃易爆气体时，可按照用户要求选用防爆式 VOCs 在线分析系统。在大气环境空气中的 VOCs 在线监测系统，对气体检测灵敏度的要求比污染源检测高得多。

18.1.2.2　在污染源废气 VOCs 监测中的应用

采用 GC-FID 技术的固定污染源废气 VOCs 在线监测系统，依据标准主要有 HJ 38—2017《固定污染源废气　总烃、甲烷和非甲烷总烃的测定　气相色谱法》、HJ 1013—2018《固定污染源废气非甲烷总烃连续监测系统技术要求及检测方法》和 GB/T 16157—1996《固定污染源排气中颗粒物测定与气态污染物采样方法》，涉及系统样品取样和检测方法等规定。

固定污染源废气 VOCs 具有高温、高湿、高粉尘、强腐蚀性等特点，大多含有各种固态、液态杂质，并带有黏性，且待测样品组分复杂，试样气中粉尘、焦油、湿度、腐蚀性气体等含量较高，某些组分易吸附部分污染物具有易燃易爆的特点。为确保分析不失真，VOCs 在线监测大多采用高温型 GC-FID 技术，现场环境有防爆要求时，VOCs 监测系统可选用防爆分析机柜或正压通风防爆分析小屋。

（1）高温型 VOCs 在线监测系统的取样处理技术

高温型 VOCs 在线监测系统对样品取样、传输、处理全过程加热保温；保温温度根据样品的工况条件，选择应高于样气露点 20℃以上，一般选择在 120～180℃，以保证样品气在进入分析仪前，保持原有热湿状态。被测试样组分在取样处理过程中无相态变化，无液体析出，组分间无吸收，从而保证样品送 FID 检测不失真分析。

高温 GC-FID 在线监测系统的组成，主要包括：采样/预处理子系统、VOCs 气态污染物监测系统、烟气参数监测系统、数据采集与处理系统等。系统采样由电伴热过滤取样探头取样点位置的选取及开安装孔位尺寸要求，参照 HJ 75—2017 标准有关规定执行。采样探头内置金属烧结过滤器，样品气过滤后的颗粒物≤2μm，探头有反吹控制装置。定期对采样探管和采样探头过滤器反吹，防止烟尘堵塞采样探头的探管及过滤器，导致采样气路堵塞。废气排口 VOCs 在线监测按标准规定应采用全程伴热法。

针对 VOCs 在线监测的特殊性，要求取样管采用内抛光或者洁净的不锈钢 316L 材质，避免在高温加热过程中因材料本底的烃类释放带来的干扰，含量越低的现场数值影响越大。标定管采用高纯度 PTFE 管，PTFE 管在超过 100℃具有一定的烃类物质释放，应做内部隔离隔热方式进行生产预装，保证其温度低于释放温度，以确保现场标定数据的准确性。保证采样和标定数据准确性的同时，兼顾了安装铺设方便性。在特殊强腐蚀场合下，则建议使用钝化锈钢 316L 材质，如果一定要使用高纯度 PTFE 等软性管材，则需要进行长时间高温老化去除本底后再使用。

（2）非甲烷总烃加苯系物分离检测系统技术

① 非甲烷总烃分析应用　基于 GC-FID 的总量监测技术，国标推荐差减法进行检测的参考标准是 HJ 1013—2018。非甲烷总烃测量是将气体样品直接进入 GC-FID 气相色谱仪，分别在总烃柱和甲烷柱上测定总烃和甲烷的含量，两者之差即为非甲烷总烃的含量。同时以除烃空气代替样品，测定氧在总烃柱上的响应值，以扣除样品中的氧对总烃测定的干扰。

常用的分离法、差减法测非甲烷总烃，这两种分析流程参见图 18-1-1。一般采用两个阀组，两根色谱柱，两个 FID 检测器，一个六通阀进样分析总烃，一个六通阀进样分析甲烷，通过软件计算两者的差值，即得到非甲烷总烃的值。在实际现场应用中，许多厂商进行了方案优化，采用十通阀反吹进样，代替六通阀进样，增加反吹功能，不仅加快了分析速度缩短分析周期，而且还方便现场维护。

② 非甲烷总烃加苯系物的技术应用　是在非甲烷总烃应用上的拓展。苯系物，即芳香族有机化合物（monoaromatic hydrocarbons，MACHs），为苯及衍生物的总称，一般意义上的苯系物主要包括苯、甲苯、乙苯、二甲苯、三甲苯、苯乙烯、苯酚、苯胺、氯苯、硝基苯等，其中，由于苯（benzene），甲苯（toluene）、乙苯（ethylbenzene）、二甲苯（xylene）四类为其中的代表性物质，也简称苯系物为 BTEX。苯系物分析一般采用毛细管保证苯系物的分离，原理如图 18-1-2 所示。

关于苯的检测标准主要有 GB 16297—1996《大气污染物综合排放标准》、GB 21902—2008《合成革与人造革工业污染物排放标准》以及 GB 31570—2015《石油炼制工业污染物排放标准》等。此类系统仪器配置采用双通道分析，通道一为非甲烷总烃的分析，通道二为三苯的分析。环保监测对三苯分析周期有一定的要求，采用十通阀反吹设计是必要的，且柱子的选择及柱温都有一定要求。

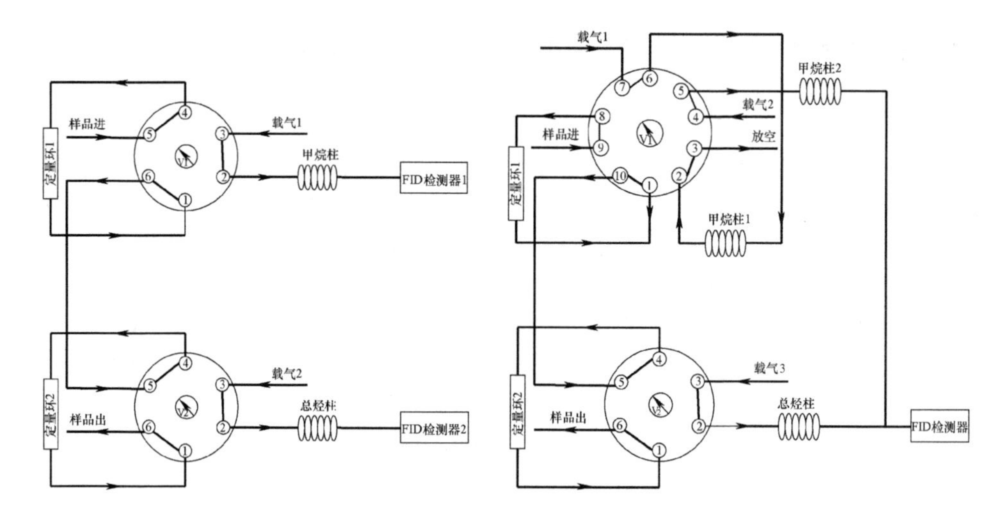

(a) 双阀、双柱、双检测器流程　　(b) 十通阀进样，双柱、单检测器流程

图 18-1-1　非甲烷总烃分离法流程图

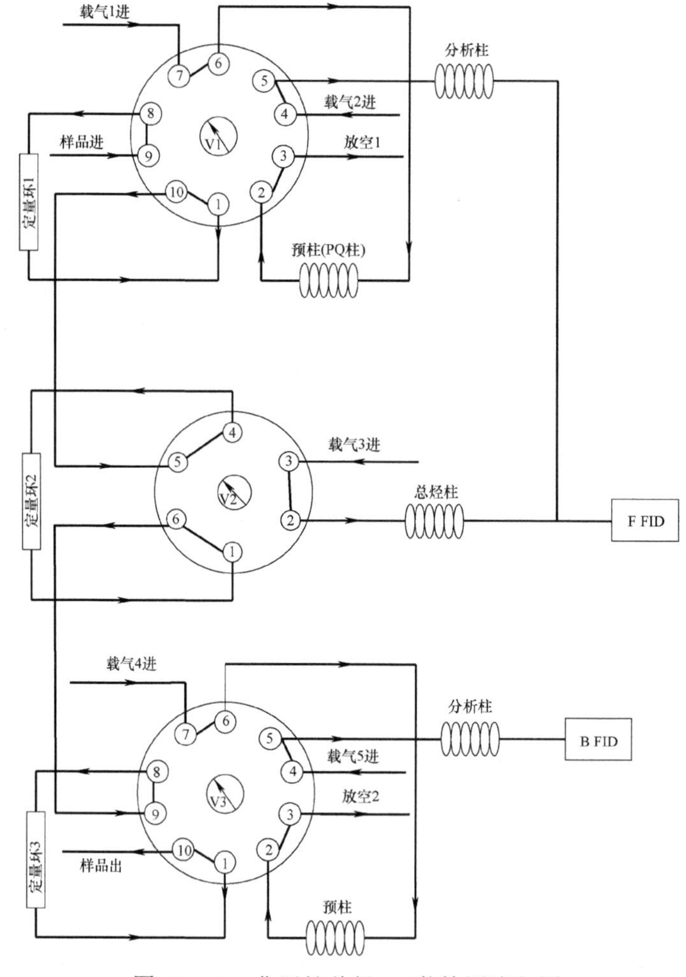

图 18-1-2　非甲烷总烃+三苯检测流程图

该流程图处于初始状态，当进行非甲烷总烃分析时，样品经阀 V1 进入定量管 1，经阀 V2 进入定量管 2，吹扫干净后，阀 V1 从状态 OFF 切换到 ON，载气 1 将样品带入分析柱 PQ 柱中，在 CH_4 组分流出之后将阀 V1 从状态 ON 切换到 OFF，载气 1 反吹 CH_4 以后的组分经阀 V1 的放空 1 放空。空气、CH_4 组分进入 PQ 柱中再次分离，由 FID 检测得到甲烷。 V1 打开的同时把 V2 打开，载气 3 会将样品直接带入总烃柱中，然后进入 FID 检测得到总烃（总烃分析速度快，先出峰，甲烷后出）。当进行苯系物分析时，样品从进样口进入，切换阀 V3 从状态 OFF 切换到 ON，载气 4 带着定量环中的气体样品进入预柱分离，待目标化合物进入分析柱中后，关闭 V1，载气 4 将预柱进行反吹，目标化合物在分析柱中继续分离。在 FID 检测器检测得到目标化合物的含量。

此方案检测时，非甲烷总烃和苯系物在两个单独加热箱，分前后两个 FID 检测器检测。非甲烷总烃色谱条件为进样口温度 120℃，柱温恒温 80℃，色谱柱为 60～80 目填充柱，检测器温度为 250℃；苯系物采用进样口温度 120℃，柱温为恒温 90℃，色谱柱为毛细柱，预柱 5m×0.32mm×1μm，分析柱 25m×0.32mm×1μm，检测器温度 250℃。检测图谱参见图 18-1-3 和图 18-1-4。

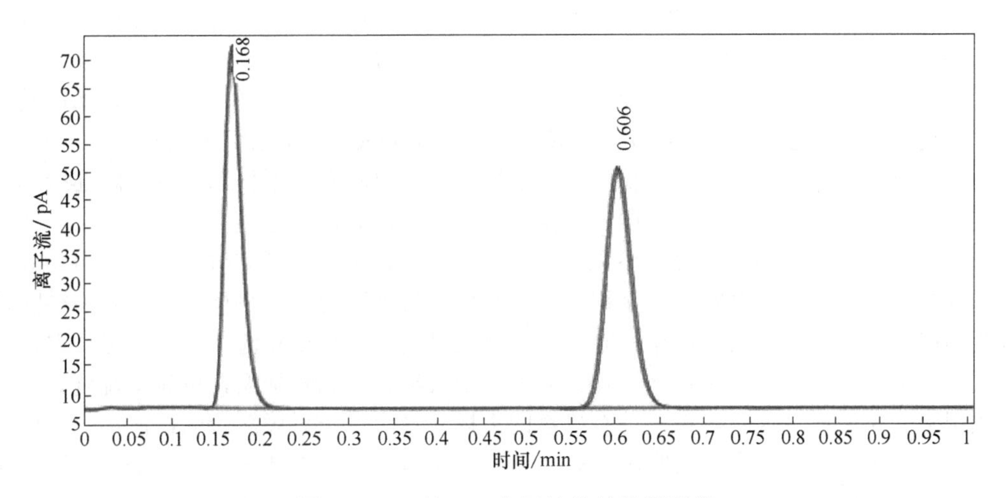

图 18-1-3　前 FID 非甲烷总烃检测图谱

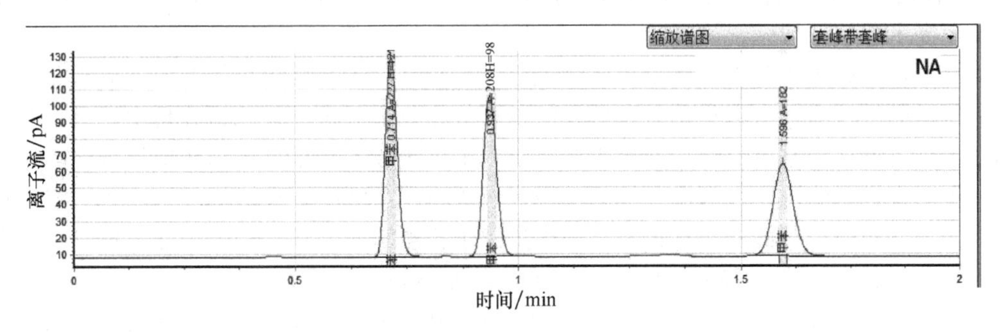

图 18-1-4　后 FID 苯系物检测谱图

技术指标参数如表 18-1-2。

表 18-1-2　非甲烷总烃加苯系物技术参数

项目	非甲烷总烃	苯系物（三苯）
分析时长	≤1min	三苯≤2min
量程	$(0.05\sim10000)\times10^{-6}$	$(0.03\sim10000)\times10^{-6}$
示值误差	±2%	±2%
量程漂移	±2%	±2%
检测限	$\leqslant50\times10^{-9}$	30×10^{-9}
重复性 RSD	≤2%	≤2%

（3）在线 VOCs 监测系统的其他参数监测技术

VOCs 在线监测系统除监测 VOCs 被测组分外，需要同时监测废气排放的温度、压力、流速、湿度和氧含量，用于计算规定条件下的排放总量和实时浓度。采用设备包括温度、压力、流速、湿度和氧监测仪，通常采用温压流一体机及湿氧一体机。废气排放的辅助参数监测技术与 CEMS 烟气参数监测技术及仪器设备相同，可参见第 17.5 节介绍。

18.1.2.3　在环境空气 VOCs 在线监测中的应用

GC-FID 用于在环境空气 VOCs 多组分监测的系统组成，主要由采样与预处理系统、色谱分离系统，GC-FID 分析仪和数据记录传输系统等组成。环境空气分析只需监测大气中 VOCs 的质量浓度，取样处理比较简单，常用大气采样总管进行采样，并通过过滤以满足分析仪样品进样要求。为满足分析仪使用环境，环境空气 VOCs 分析仪大多安装在分析站房内。采样总管应竖直安装，采样总管与屋顶法兰连接部分密封防水；采样总管各支路连接部分密闭不漏气；固定管孔与风机孔要在同一垂面上，其水平距离以不超过 0.5m 为宜。

采样总管组成可分为 6 部分，参见图 18-1-5。防尘、防水帽具有防雨雪和防尘功能，较大颗粒灰尘不会直接落入总管中；采样上管具有保温防吸附功能；采样下管具有加热除露和防吸附功能，加热电压是安全电压；限流孔和引风机使采样流量和流速符合规范要求；连接管将采样主管、支架和引风机连成一体。温度控制仪给采样总管加温，可调节温度。

采用多支路采样总管时，挥发性有机物的采样支管应位于采样总管的最前部。采样管路应尽量短以减少对目标化合物的吸附。采样管路应加装加热装置，加热温度一般控制在（30～50℃），避免采样管路内壁结露。应安装孔径≤5μm 的聚四氟乙烯滤膜，以去除空气中的颗粒物。采样总管支撑部件与房顶和采样总管的连接应牢固。采样口离地面的高度应在 3～15m 范围内，高于建筑物墙壁、屋顶等大于 1m 距离。

大气环境的有机污染物分析中，被测组分含量较低，大多属于微量及痕量分析。通常需要对大气样品进行提取与富集预处理后才能进行气相色谱分析。在色谱分析中，吸附解吸预处理技术是色谱分析常用的预处理技术。冷阱分离色谱技术是根据美国环保局制定的《环境空气非甲烷有机物的测定　低温预浓缩/直接火焰离子化检测法》（Method TO-12），美国材料与试验协会颁布的《用低温预富集和直接火焰离子检测法测定环境空气中非甲烷有机化合物（NMOC）的试验方法》[D5953M-96（2009）] 的基本技术路线设计的。

吸附浓缩-热解吸整个分析过程可分为两部分。第一步是吸附浓缩，利用选择性吸附剂将待测物富集到吸附剂上，这个过程可以通过大气采样器和固相萃取来完成，通常在常温下进行，对于特殊的物质，可以在低温下进行吸附。第二部分是热解吸，利用加热（可高达 400℃）的方式将待测物从吸附剂上脱附下来，然后用惰性气体吹到色谱系统进行分析。

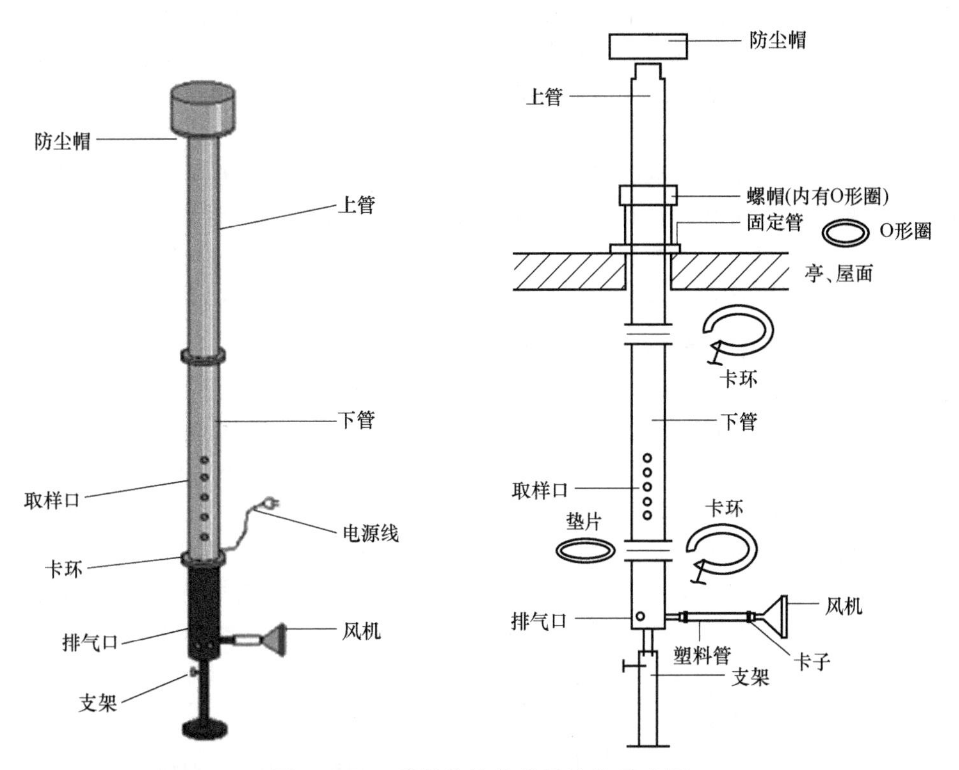

图 18-1-5 采样总管外观及结构示意图

在吸附浓缩-热解吸时应注意：吸附管与热解吸装置连接时，应和采样时气流的方向相反；吸附管的洁净程度会影响分析的准确度，应对每次同批处理未采集样品的吸附管做空白实验。该系统大多由一个六通阀、一个冷阱浓缩管、一个检测器和一根色谱柱构成。图 18-1-6 是单冷阱富集装置原理图。

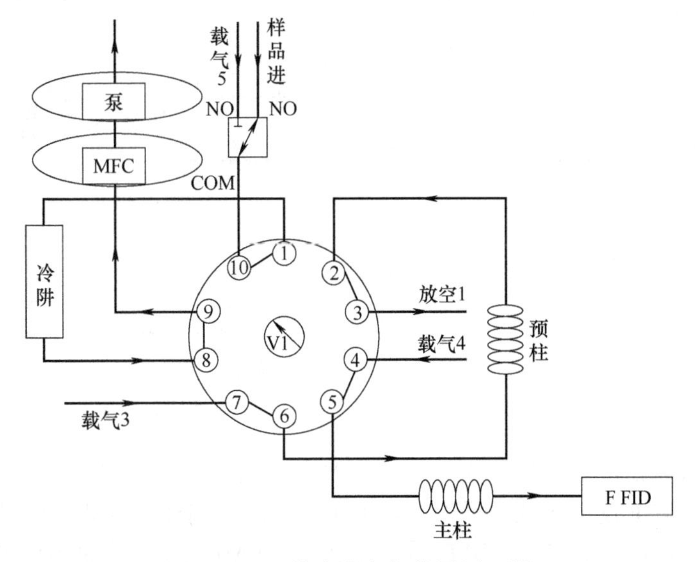

图 18-1-6 单冷阱富集装置原理图

其中，色谱柱通常采用不锈钢柱（1m×4mm），柱内填充玻璃微球；吸附管采用 GDX102 及 TDX01 填充管，市售有 Tenax 管可选。根据实验结果分析，浓缩苯系物选择 Tenax-TA；浓缩高碳用 Tenax-GR；浓缩低碳用 Carbosieve™ S-Ⅲ；浓缩硫化物用 Carbosieve™ S-Ⅲ；浓缩特征因子优先选择 GR。

此外，还有双冷阱模式，双冷阱模式优点是能够全程不间断进样分析。在安装使用时需要注意解吸管填料是否正常。查看解吸管使用时间，如果使用时间超过 4 个月，或者填料明显变色，应及时更换新的。还要看制冷片是否正常工作，通电后能否正常制冷。制冷片损坏后，会造成填料对物质吸附不完全，吸附效率降低，造成面积偏小、重复性不好等现象。

18.1.2.4　环境空气中苯系物的分离检测方法

由于空气中苯系物（苯、甲苯、二甲苯、邻/间二甲苯、对二甲苯）组分含量较低，常需要在检测前对样品进行富集浓缩。参考标准主要是 HJ 583—2010《环境空气　苯系物的测定　固体吸附/热脱附-气相色谱法》，其他空气中 VOCs 组分如 57 种 PAMS、13 种醛酮类物质和 47 种 TO-15，在进样分析前，也需要对样品进行富集浓缩。

另外，还可根据监测组分和要求选择不同的设计配置，如双冷阱或双 FID。市面上环境空气在线监测系统使用的富集浓缩设备已有成熟产品，而且根据需求已开发出单冷阱和双冷阱同时在线富集，以便能够持续不间断进样分析。图 18-1-7 是单冷阱苯系物分析流程图。

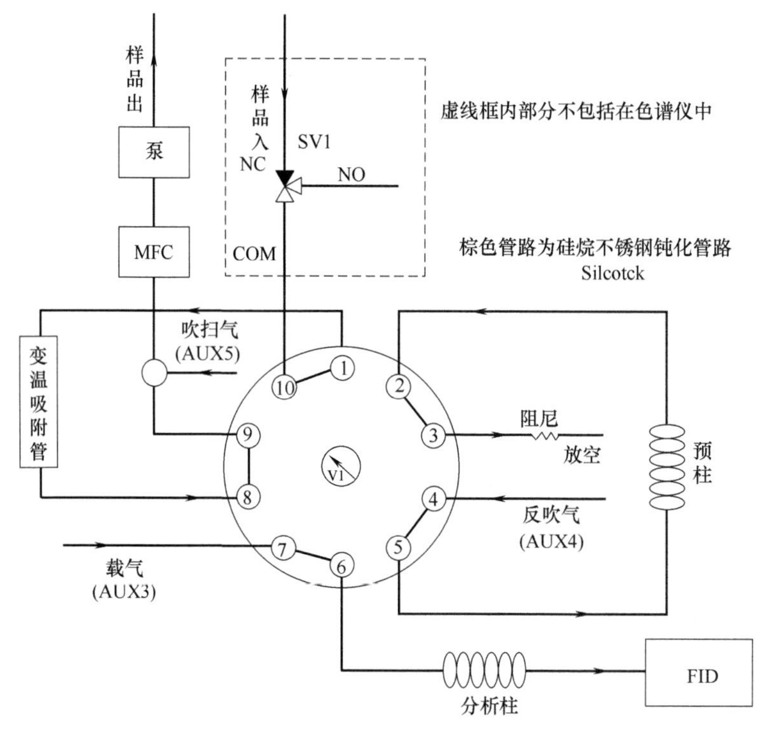

图 18-1-7　单冷阱苯系物分析流程图

此分析流程首先是进行采样预吹扫。打开 V1 至 ON，开启 SV1、泵和 MFC，至设定流量，将外部样品抽取通过色谱仪采样旁路，使采样管路充满样品气体。同时开启吸附管控温装置。大约数分钟后，关闭 V1 至 OFF，样品气体按照 MFC 设定流速通过吸附管，被吸附在吸附管中。到达设定采样时间后，关闭 SV1、泵和 MFC，打开 V1 至 ON，同时开启热解吸进样，柱温程序启动，AUX3载气将解吸出化合物带入色谱柱进行分离。

当目标组分洗脱出预柱，进入分析柱后，关闭V1至OFF，目标组分继续在分析柱分离，在FID检测器得到检测信号。高沸点物质在预柱由AUX4反吹除去。同时打开AUX5，加热吸附管，进行吸附管反吹和采样管路吹扫消除残留，5min后关闭准备下一次进样。

其色谱条件与固定污染源苯系物检测方法基本一致，采用进样口温度120℃，柱温为恒温90℃，色谱柱为DB-WAX毛细柱，预柱5m×0.32mm×1μm，分析柱25m×0.32mm×1μm，检测器温度250℃。由于需要对样品的富集，所以总的分析时长：三苯≤15min。

GC-FID分析的性能参数如下。示值误差：±2%；零点漂移：±2%；量程漂移：±2%；检测限≤0.03×10^{-9}；重复性RSD≤2%（时间和面积）。苯系组分色谱检测图谱参见图18-1-8。

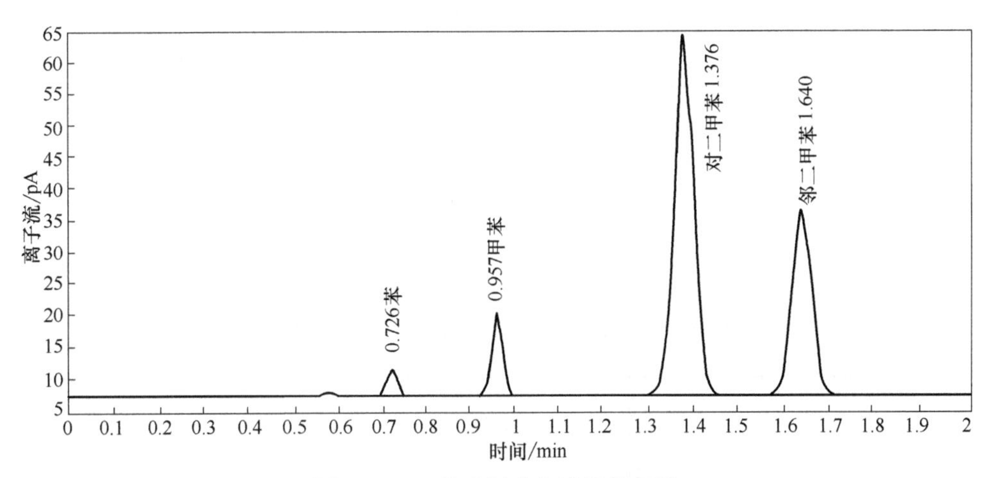

图18-1-8　苯系组分色谱检测图谱

18.1.2.5　环境空气中含硫类有机化合物的检测方法

在线气相色谱法（GC-FPD）也用于环境空气中恶臭气体及硫化物等测定，有关恶臭气体监测参见本书18.2节有关介绍。以常州磐诺仪器有限公司的PGC-80在线色谱分析监测设备为例，该仪器采用固相吸附剂富集/气相色谱法，其监测原理见图18-1-9。

PGC-80在线色谱检测流程是：大气环境样品经除尘、除水和除油后，通过温度为−10℃的低温冷阱进行捕集，然后快速升温至250℃，在载气-氮气的吹扫下进入色谱柱进行分离，之后进入FPD检测器进行检测分析。该仪器能够对环境空气中的恶臭气体成分进行实时监测。色谱柱使用HP-1，30m×0.25mm×0.5μm。色谱柱程序升温条件：50℃（保持1min），10℃/min升温至100℃（保持3min）；阀箱温度：100℃；检测器温度：250℃；氢气流量：70mL/min；空气流量：100mL/min；载气流量：3 mL/min；尾吹流量：10mL/min。

该仪器能实现甲硫醇、乙硫醇、甲硫醚、二硫化碳、乙硫醚和二甲二硫醚等组分的分离与检测，在$(1\sim20)\times10^{-9}$内，方法相关性系数>0.9957，仪器噪声最低可以达到0.05×10^{-9}，方法检出限最低可以达到0.048×10^{-9}，重复性最低可以达到0.87%，24h漂移≤±2.51%。

根据相关实验表明采用加湿空气做稀释气的标气，测试结果明显高于零气加标和空气加标的结果，说明湿度对测试结果有影响，使用中要做好除水。组分色谱图如图18-1-10所示。

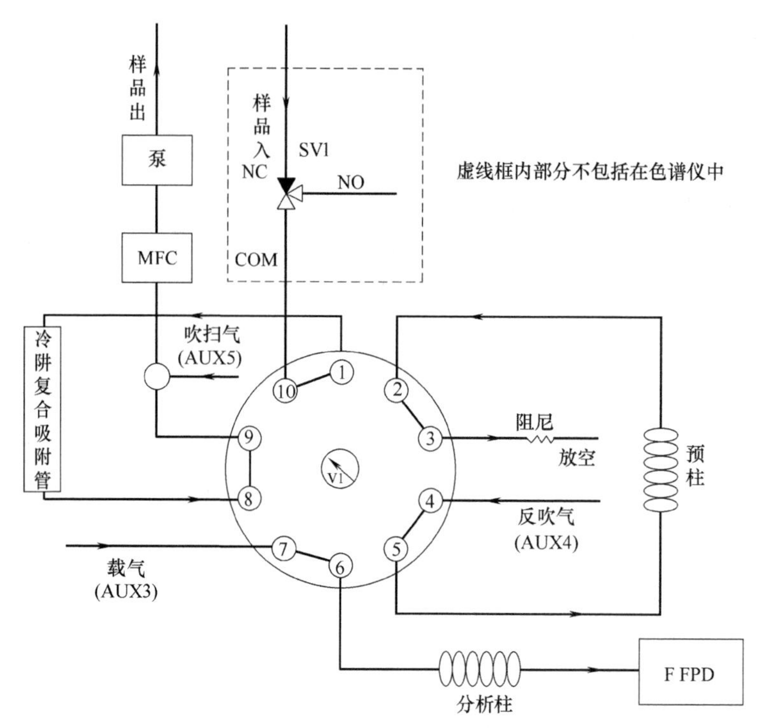

图 18-1-9 GC-FPD 法硫化物监测分析原理图

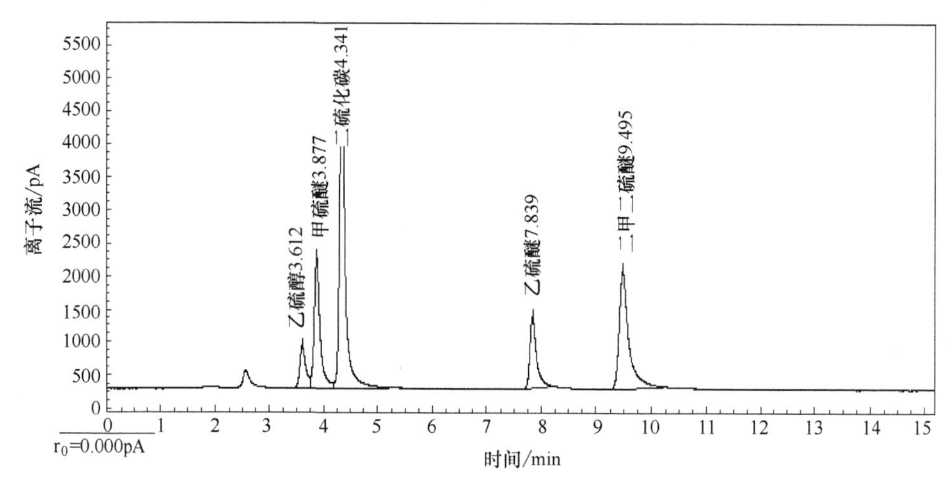

图 18-1-10 含硫类有机化合物检测色谱图

18.1.2.6 PAMS 检测方法

“光化学评估监测”简称 PAMS，用于全面监测臭氧、臭氧前体物及部分含氧挥发性有机物。2017 年我国生态环保部等六部委联合印发《“十三五”挥发性有机物污染防治工作方案》，环保部印发了《2018 年重点地区环境空气挥发性有机物监测方案》要求。其中，规定了大气环境空气中的 117 种 VOCs 组分的技术方法要求，具体可参见本书 4.4.2 介绍。这里主要介绍 GC-FID 分析仪对 57 种 PAMS 组分的检测方法。

57 种 PAMS 组分是指非甲烷总烃类 57 种挥发性有机物，从沸点最低的乙烯（−104℃）到沸点最高的十二烷（217℃），常用检测方法是采用两台 GC-FID 进行检测分析。一台做低碳分析，一台做高碳分析。

高碳（C_6～C_{12}）监测仪配置常温吸附管富集高碳 VOCs；低碳（C_2～C_5）监测仪配置半导体低温冷阱富集低碳 VOCs，冷阱温度可低至−20℃。

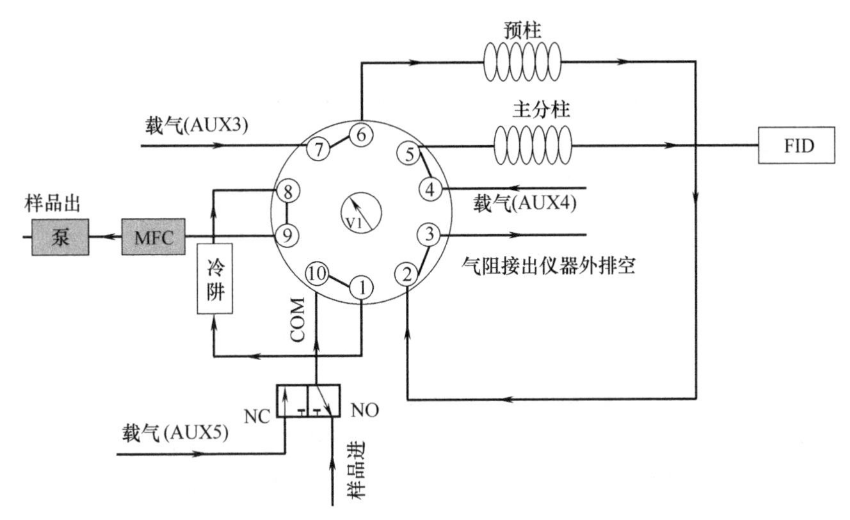

图 18-1-11　低碳分析原理图

低碳分析原理图如图 18-1-11。低碳分析流程如下：首先进行采样预吹扫，打开 V1 至 ON，两位三通电磁阀至 NO 口，开启泵和 MFC，至设定流量，将外部样品抽取通过色谱仪采样旁路，使采样管路充满样品气体，同时开启吸附管控温装置。大约数分钟后，关闭 V1 至 OFF，样品气体按照 MFC 设定流速通过吸附管，被吸附在吸附管中。到达设定采样时间后，关闭 SV1、泵和 MFC，打开 V1 至 ON，同时开启热解吸进样，柱温程序启动，AUX3 载气将解吸出化合物带入色谱柱进行分离。当目标组分洗脱出预柱，进入分析柱后，关闭 V1 至 OFF，目标组分继续在分析柱分离，在 FID 检测器得到检测信号。高沸点物质在预柱由 AUX4 反吹除去。同时打开 AUX5、两位三通电磁阀切换到 NC 口，加热吸附管，进行吸附管反吹和采样管路吹扫，消除残留，5min 后关闭，准备下一次进样。

高碳分析原理如图 18-1-12。与低碳分析流程类似，首先进行采样预吹扫。打开 V1 至 ON，两位三通电磁阀至 NO 口，开启泵和 MFC，至设定流量，将外部样品抽取通过色谱仪采样旁路，使采样管路充满样品气体，同时开启吸附管控温装置。大约数分钟后，关闭 V1 至 OFF，样品气体按照 MFC 设定流速通过吸附管，被吸附在吸附管中。到达设定采样时间后，关闭 SV1、泵和 MFC，打开 V1 至 ON，同时开启热解吸进样，柱温程序启动，AUX4 载气将解吸出化合物带入色谱柱进行分离，最终在 FID 检测器得到检测信号。打开 AUX5、两位三通电磁阀切换到 NC 口，加热吸附管，进行吸附管反吹和采样管路吹扫，消除残留，5min 后关闭，准备下一次进样。

典型的 GC-FID 色谱分析条件：

低碳使用 HP-1（60m×0.32mm×1.0μm）或 PLOT（30m×0.32mm×20μm）；升温程序：40℃保持 6min，以 5℃/min 的速率升温至 180℃，保持 8min。高碳使用 DB-1（60m×0.32mm×1.5μm）；升温程序：在 35℃下保持 5min，以 5℃/min 的速率升至 150℃，然后以 5℃/min 的速率升至 220℃并保持 7min。

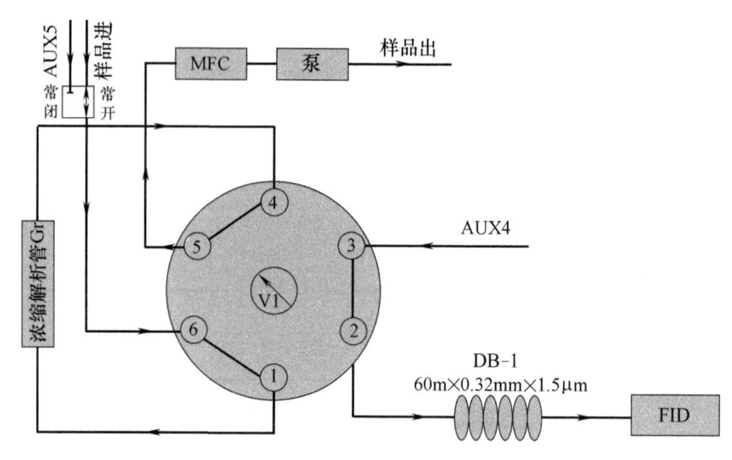

图 18-1-12 高碳分析原理图

18.1.2.7 防爆型 VOCs 在线监测系统组成及典型产品

防爆型 VOCs 在线监测系统，通常采取正压通风防爆型控制机柜。在防爆要求高的区域，可采取在正压防爆分析小屋内设置防爆型分析机柜，以保证现场防爆要求。以南京康测自动化公司的防爆型 CEMS-8000VOCs-Ex 污染源挥发性有机物在线监测系统为例，其系统组成见图 18-1-13。该产品采用 GC-FID 及 PID 检测技术。

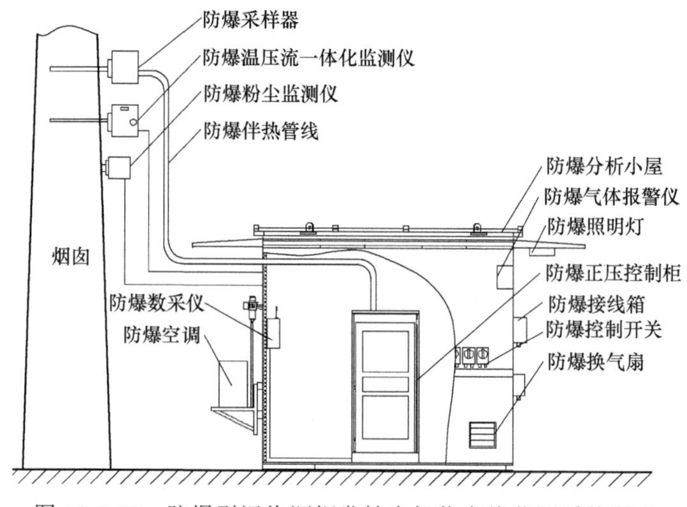

图 18-1-13 防爆型污染源挥发性有机物在线监测系统组成

防爆型 VOCs 监测系统通常由防爆烟气参数监测设备、防爆烟尘浓度监测仪、防爆 VOCs 分析监测单元、数据传输等单元组成。防爆烟气参数监测单元主要有防爆温压流一体化监测仪、防爆湿度/氧分析仪。防爆烟气参数监测单元及烟尘浓度监测仪外形参见图 18-1-14。

防爆 VOCs 分析监测单元主要包括：隔爆采样探头、防爆伴热管线及正压型防爆控制柜等部件，应具有防爆合格证书。隔爆采样探头是采用隔爆形式对电加热器和温度控制元件进行防护，探头前端探杆穿过法兰伸入烟道内，其外形参见图 18-1-15。防爆型伴热管线外形参见图 18-1-16。正压型防爆控制柜外形参见图 18-1-17。正压通风型防爆分析小屋的外形图参见图 18-1-18。防爆型数采仪外形参见图 18-1-19。

(a) 防爆温压流一体化监测仪

(b) 防爆湿度/氧分析仪

(c) 防爆烟尘浓度监测仪

图 18-1-14 防爆烟气参数监测单元及烟尘浓度监测仪的外形图

图 18-1-15 隔爆采样探头

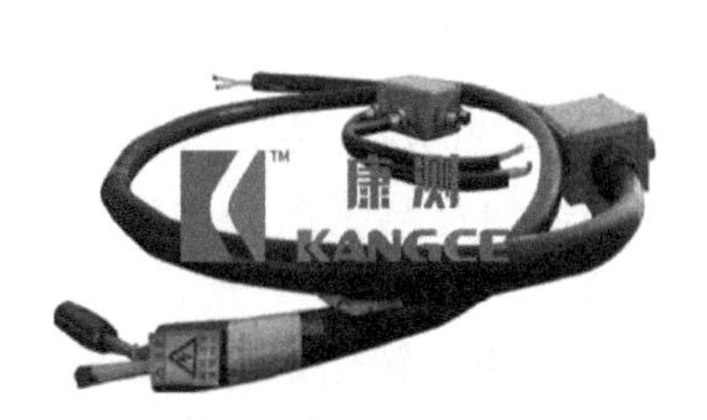

图 18-1-16 防爆型伴热管线

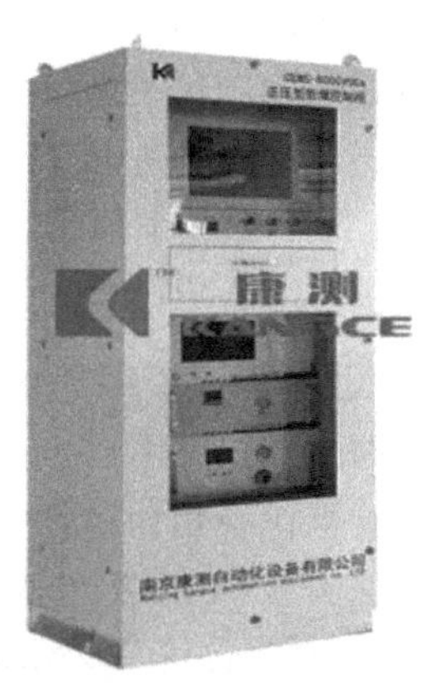

图 18-1-17 正压型防爆控制柜

图 18-1-18 正压通风型防爆分析小屋

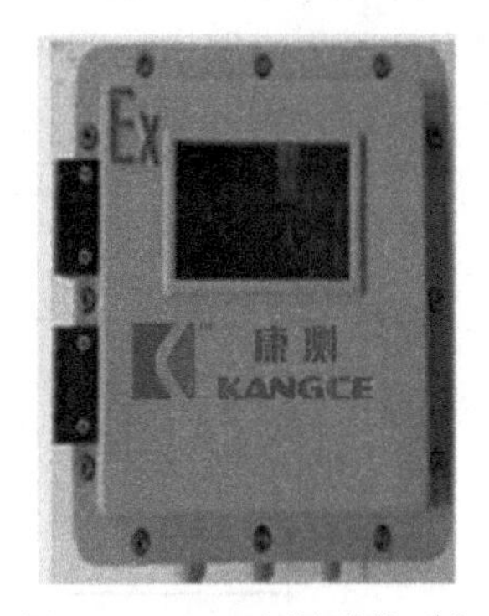

图 18-1-19 防爆型数采仪

18.1.3 催化燃烧法用于 VOCs 在线监测的技术应用

18.1.3.1 概述

燃烧法是指在一定的条件下将 VOCs 废气完全燃烧氧化为 CO_2 和 H_2O 的过程。燃烧法分为非催化燃烧和催化燃烧。催化燃烧是一种典型的气-固相催化反应，其实质是活性氧参与深度氧化。在催化氧化反应过程中，催化剂起到降低活化能作用，同时促使 VOCs 富集于催化剂表面，提高催化剂催化氧化反应速率，使 VOCs 在较低的起燃温度条件下发生无焰燃烧，氧化分解为 CO_2 和 H_2O，同时释放出大量热量，化学反应式如下：

$$C_nH_m+(n+\frac{m}{4})O_2 \xrightarrow{\text{催化剂}} nCO_2(g)+\frac{m}{2}H_2O+\text{能量}$$

催化燃烧法借助催化剂的催化氧化作用，可促使 VOCs 在较低反应温度（＜500℃）下进行完全燃烧，其去除率可达 90%，且该方法具有运行稳定、能耗低、无二次污染等特点，被广泛应用于工业 VOCs 的处理中，如化工、喷漆、绝缘材料、涂装生产等行业。典型装置为 RCO 废气处理装置。催化燃烧法在 VOCs 在线监测应用主要集中在环境空气和水中 VOCs 总有机碳，环境空气中非甲烷总烃及 CO_2 的测定。催化燃烧法在 VOCs 在线监测的检测技术包括 GC-FID 和 NDIR。

催化燃烧法应用技术在国外应用较多，如国际标准化组织对固定源排放规定用 FID 检测器自动测定甲烷浓度，ISO 方法检测总量浓度时，将排气中的其他非甲烷有机物氧化成 CO_2 后再还原为甲烷进入 FID，总量结果以甲烷计。相关的标准有美国 EPA 方法 25B 中规定了 NDIR 测定空气中总气态有机物浓度方法，GB/T 32116—2015《循环水中总有机碳（TOC）的测定》、HJ 501—2009《水质 总有机碳的测定 燃烧氧化非分散红外吸收法》等。

18.1.3.2 在非甲烷总烃和 CO_2 的监测应用

催化法测非甲烷总烃法大多为进口产品采用。产品采用高催化效率的催化剂，将甲烷之外的有机化合物均转化为 CO_2 和水。

法国 ESA 的 HC51M 系列产品，通过转化炉将“非甲烷烃”氧化，从而区分“总烃”和“非甲烷烃”含量。该系统有两种型号，可分析烃和总 VOCs（其中一个型号可以对 THC/CH_4/NMHC 分别测定，另外一个型号只测定 THC）。该系列仪器使用 FID 检测器，最低检测限 0.05μL/L。该系列可以应用到环境空气质量监测和污染源 VOCs 排放监测。

此类方法采用一路六通阀进样分析甲烷，另一路采用直烧法测总烃或者六通阀进样测总烃，两者差值则得到非甲烷总烃值。非甲烷总烃催化法原理参见图 18-1-20。

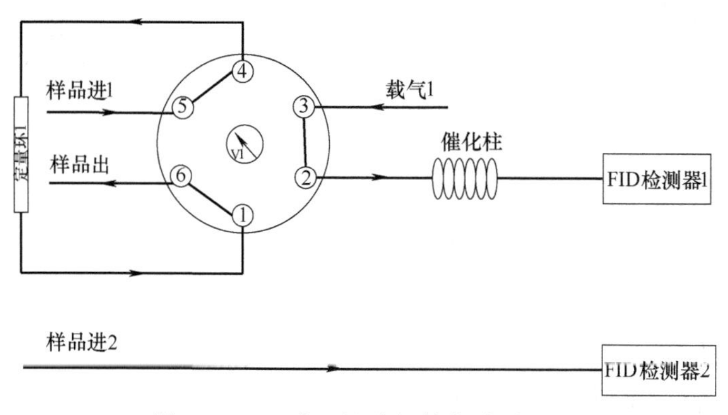

图 18-1-20 非甲烷总烃催化法原理图

该方法对催化剂要求较高，在现场应用中，某些特征物会使催化剂中毒。长期使用存在催化不完全的隐患。该方法在国内的在线分析领域常用于便携式 VOCs 分析。

18.1.3.3 在空气中总有机碳的监测应用

催化燃烧法与 NDIR 结合也用于检测环境空气中总有机碳。高温催化燃烧氧化-非色散红外吸收法是总有机碳常见的一种检测方法，在国内外有广泛采用。

美国 EPA 方法 25B 专门对 NDIR 测定空气中总气态有机物浓度的方法进行了介绍。该法采用检测器“综合响应值”测得有机物，将试样连同净化空气分别导入高温燃烧管和低温反应管中，经高温燃烧管的试样受高温催化氧化，其中的有机碳和无机碳均转化成为二氧化碳，经低温反应管的试样被酸化后，其中的无机碳分解二氧化碳，两种反应管中所生成的二氧化碳分别被导入 NDIR 仪器检测。

采用非色散红外吸收法对试样的总碳和无机碳进行定量测定。总碳与无机碳的差值，即为总有机碳。采用抽取式取样送 NDIR 检测。可以测定许多种有机化合物，仪器需设定为作用于特定的预测物，另外应注意水和其他物质会造成重叠光谱的干扰。

ISO 13199 规定运用 NDIR 测定非燃烧过程中产生的总挥发性有机化合（TVOC），目前，我国尚没有针对固定源废气中总挥发性有机物采用 NDIR 测定的标准。通过转化成 CO_2 进行监测，不易出现成分不同的差异。NDIR 在测定固定源废气的 TVOC 时，如果混入卤素等组分的 VOCs 气体，可能使催化剂中毒。

英国 SIGNAL-7400 FM NDIR R22 同时采用窄带滤光片和气体过滤相关法非色散光谱分析技术，适合于气体不同的测量范围要求，过滤相关法能够测量过程气体并有效避免交叉干扰，这种技术能消除弱吸收气体如 CO 和高吸收气体 CO_2 的交叉干扰。

18.1.4　FTIR 用于 VOCs 在线监测的技术应用

18.1.4.1　概述

FTIR 用于在线监测 VOCs 的分析方法具有多组分气体分析、动态范围宽，检测灵敏度高、响应速度快等特点，已被列入有关标准规定的 VOCs 在线监测技术方法。

FTIR 光谱检测技术成熟，监测 VOCs 可达 400 种以上，一台仪器可同时分析几十个组分，在环境污染及大气监测 VOCs 已有广泛的应用。国内外已经制定了 FTIR 在线监测及便携式监测废气 VOCs 的技术标准。例如，国外有美国环保署标准《抽取式傅里叶变换红外法测定气态有机物和无机化合物》《固定污染源抽取式 FTIR 连续监测系统规范及试验规范技术》《汇编方法 TO-16：长光程开放光路傅里叶变换红外监测环境空气》。

国内有环保行业标准：《环境空气和废气挥发性有机物组分便携式傅里叶红外监测仪技术要求及检测方法》（HJ 1011—2018）等。

FTIR 用于固定污染源在线监测 VOCs 的分析系统，大多采取抽取式系统，国内主要产品有聚光科技的抽取式 CEMS-2000FT 型；武汉天虹的 TH-850 型；国信聚远的抽取式 GXFTIR-C301；光生环境的 GS-FTIR-1000 型环境空气 FTIR 气体分析仪，以及南京霍普斯科技的抽取式 HPFT-1000 型等。国外产品主要有 Protea 的 FTIR 抽取式 CEMS，FLIR 的 GF320，Gasmet 的 FTIR-VOCs，Bruker 的 MG 系列，及 MKS 的 6030 FTIR 光谱仪等。

采用 FTIR 技术在线监测废气 VOCs，是利用主动光源或被动光源发出的光，分别照射背景气和样品气，扣除背景气成分的干扰，FTIR 分析仪即可得到样品气的特征红外光谱图。通过计算机与 VOCs 中特定组分的标准红外光谱图进行对比及算法拟合，从而测定样气中 VOCs 特定组分的浓度。常见 VOCs 气体组分的红外特征峰位置参见表 18-1-3。

表 18-1-3　常见 VOCs 红外特征峰位置

官能团	典型化合物	IR 区域/cm^{-1}
烷烃	甲烷、丙烷	3000～3099；2799～2949
C_{7+}烷烃	癸烷、壬烷	2828～3017
炔烃	乙炔	3200～3379

续表

官能团	典型化合物	IR区域/cm^{-1}
烯烃	乙烯、正丁烯	2860～2930；879～1022
二烯烃	丁二烯	864～1078
醛类	乙醛、苯、甲醛	2675～2845；1679～1780；1080～1220
芳香族	苯、甲苯	3000～3149；2799～2914
醇类	甲醇、丙醇	960～1190
羧酸	乙酸、甲酸	1740～1840；1145～1220
PAH	萘	3041～3096

FTIR光谱监测技术主要包括主动监测技术和被动监测技术。主动监测技术包括开放光路FTIR遥测技术、抽取式FTIR分析仪和便携式FTIR分析仪；被动监测技术包括：地基太阳光谱遥测、热烟羽和火炬气遥测以及机载、星载、球载遥测技术。

典型的主动型FTIR分析仪的系统组成参见图18-1-21。

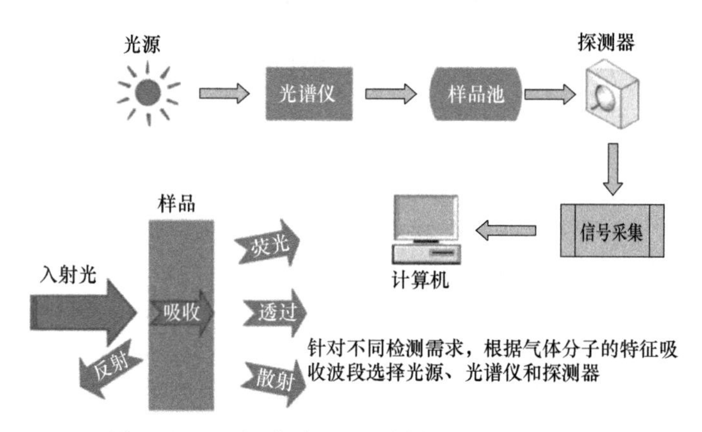

图18-1-21　主动型FTIR分析仪的系统组成图

18.1.4.2　用于VOCs监测的抽取式FTIR典型产品

典型产品以南京霍普斯的HPFT-1000型高温型傅里叶变换红外光谱分析系统及MKS 6030型FTIR光谱仪为例，简介如下。

（1）HPFT-1000型高温型FTIR分析系统

主要由高温取样处理单元及FTIR分析仪、氧分析仪及数据采集处理系统等组成。其中FTIR分析仪采用MKS 6030型FTIR光谱仪。HPFT-1000型分析系统可监测SO_2、SO_3、H_2SO_4、NO、NO_2、N_2O、NH_3等无机组分和CH_4、HCHO、C_2H_6、C_2H_4、C_2H_2、C_3H_8、C_3H_6等有机组分，已经用于脱硝催化剂过程气中部分有机物和无机物监测，并用于评价脱硝催化剂性能。HPFT-1000型烟气排放连续在线监测系统由高温取样传输、高温多点采样切换、高温预处理、FTIR分析仪、氧气分析仪、数据采集处理等单元组成。HPFT-1000型分析系统的机柜及现场应用参见图18-1-22。

① 高温取样传输单元：在取样出口处安装盘管，自然缓慢降温，进伴热管线前配有7μm在线过滤器，避免堵塞伴热管线。伴热管线采用电加热方式，温度采用双端控制，温度设置在0～250℃可调，伴热管线采用Restek带有硅涂层不锈钢管，高温设置为大于190℃。

② 预处理系统：样气被高温抽气泵抽取，进入分析机柜内的高温预处理箱（温度设定

190℃)，在高温预处理箱内完成样品气净化、稳压、稳流，预处理系统中留有取样反吹口，可对取样管线、高温取样切换单元进行定期吹扫。预处理系统流程：取样切换气动阀→反吹切断气动阀→过滤器（精度 0.5μm）→高温抽气泵→维护/标定气动阀→针阀流量计→温度探头→FTIR 分析仪。

③ FTIR 分析仪：参见 MKS 6030 FTIR 光谱仪的介绍。

系统的辅助单元包括气体净化单元，保护光路无干扰，同时启停时干净气体自动吹扫保护气路，防止样气腐蚀测量池和预处理部件。在进入 FTIR 测量池之前配有温度探头，保证进样温度与 FTIR 测量池温度一致。

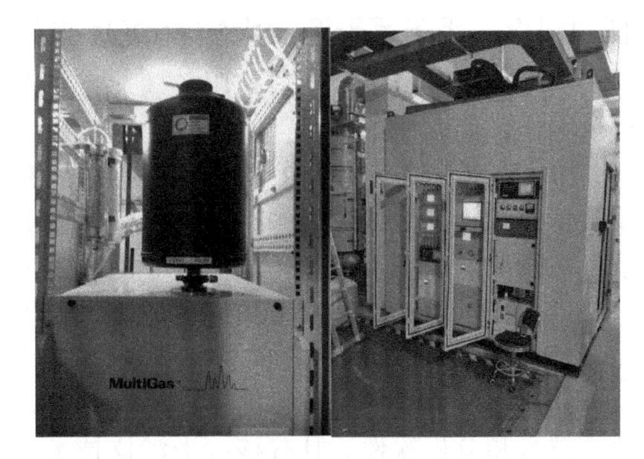

图 18-1-22　HPFT-1000 型 FTIR 分析系统机柜外形及现场应用

HPFT-1000 型的应用特点如下，由于被测样品组分中含有 NH_3、SO_2、SO_3 等腐蚀性气体，且 NH_3 需要通过 FTIR 分析仪测量，为保证 NH_3 测量，采用从取样到分析全过程高温测量技术，测量温度不低于 190℃，从而保证样品气不冷凝结晶，分析测量数据准确。

（2）MKS 6030 FTIR 光谱仪

MKS 6030 FTIR 光谱仪用于 VOCs 等气体的多组分监测，具有 10^{-9}～10^{-6} 的检测灵敏度，对绝大多数有毒有害气体（VOCs、酸性和碱性气体、氢化物和全氟化合物）达到 10^{-9} 级别的灵敏度，可应用于高达 40%含水量的样品介质，广泛用于半导体生产工艺控制和监控、气体纯度和组成分析，环境有毒有害气体监测和工业尾气监测。

MKS 6030 FTIR 分析仪包括：碳化硅红外光源；激光器采用氦氖激光器，15798.2cm^{-1}；FTIR 测量池的光程为 5.11m，采用铝衬底镍板镀金反射镜，ZnSe 窗口；压力传感器为 MKS Baratron 电容式薄膜压力传感器；检测器采用专利的线性液氮制冷 MCT（汞-镉-碲化合物）；FTIR 分析仪的分辨率为 0.5～128cm^{-1}，扫描速度 1 次/s（0.5cm^{-1}）；并具有专业分析软件及独立于仪器的定量标准光谱库。MKS 6030FTIR 分析仪的技术特点如下。

① 采用了专利的光学反射镜，5.11m 长光程测量池体积仅 200mL。

② 提供自动温度和压力补偿以确保分析精度。

③ 分析仪储存了永久性的标定光谱，自带的光谱模型可以永久性使用，无须在现场进行定期标定，节省了昂贵的标气成本；仪器具有双量程自动切换功能。

MKS 6030 典型 VOCs 组分及量程范围参见表 18-1-4。

表 18-1-4　MKS 6030 典型 VOCs 组分及量程范围

组分	量程/×10^{-6}	组分	量程/×10^{-6}
乙炔	1000	甲酸	10
甲烷	250/3000	甲醇	10
乙烷	1000	乙醛	1000
乙烯	100/3000	苯	932
甲醛	70	甲苯	932
丙烷	1000	间二甲苯	932
丙烯	200/1000	邻二甲苯	932
丁烷	200	对二甲苯（150℃）	3684

18.1.4.3　用于污染源及大气VOCs监测的典型产品

典型产品以国信聚远科技服务（北京）有限公司GXFTIR-C301抽取式多组分VOCs分析仪为例，简介如下。

该产品采用国产FTIR光谱仪及抽取式在线自动监测系统，可用于实时监测重点污染源排放情况、化工厂区大气的有毒有害气体监测、车载移动应急及监督性监测、垃圾填埋焚烧烟气在线监测，以及喷涂、印刷行业的VOCs排放在线监测。

国信聚远的GXFTIR-C301抽取式多组分VOCs分析仪，是依托中科院安徽光机所环境光学中心FTIR团队的研究成果的产业化。安徽光机所在国内率先建立了覆盖400多种VOCs组分的超高分辨红外光谱数据库；具有复杂背景、多干扰因子条件下的光谱定性识别与精准解析技术和分析软件，具有核心干涉仪技术及基于FTIR的点线面立体化VOCs监测体系。

GXFTIR-C301抽取式FTIR光谱分析仪用于固定源废气排放监测的系统流程参见图18-1-23。高温测量系统主要由高温取样探头、吹扫系统及伴热管线等组成，样品气送FTIR分析仪监测。抽取式FTIR分析仪主要由FTIR分析仪主机、多返测量气室及计算机系统等组成，FTIR分析仪的工作流程参见图18-1-24。

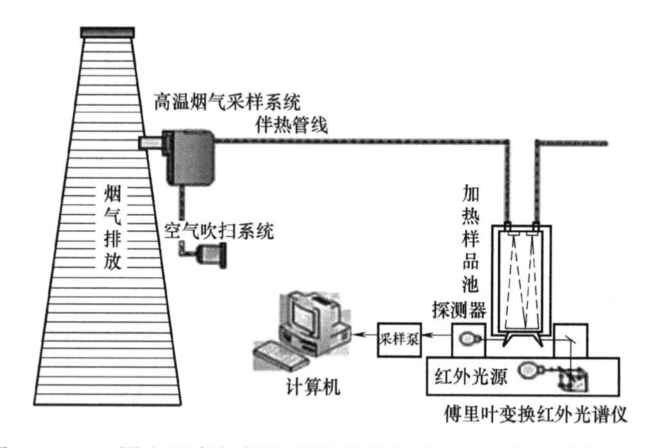

图18-1-23　固定源废气排放监测的抽取式FTIR分析系统流程图

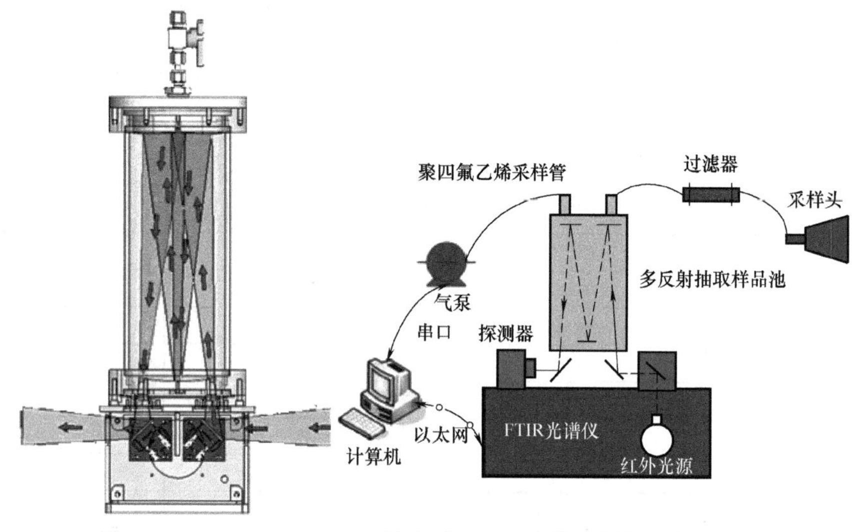

图18-1-24　GXFTIR-C301抽取式FTIR光谱分析仪工作流程图

GXFTIR-C301 分析仪的主要技术参数如下。

测量组分：VOCs、有毒有害气体、氮化物、硫化物等；测量范围：10^{-9}～100%量级；检出限：10^{-9} 量级；示值误差：不超过实测值的±10%；重复性：≤5%；分辨率：$1cm^{-1}$；样品池光程：6m、8m、24m、32m 等多光程；波段范围：700～$5000cm^{-1}$；测量方式：连续自动运行，测量结果自动显示，存储；探测器：液氮制冷或斯特林制冷 MCT。

GXFTIR-C301 分析仪在 64m 光程样品池测量条件下，部分大气 VOCs 和无机物检测限，参见表 18-1-5。

表 18-1-5　64m 光程样品池部分大气 VOCs 和无机物检测限

组分	LOD/$\times10^{-9}$	组分	LOD/$\times10^{-9}$	组分	LOD/$\times10^{-9}$
甲烷	23.72	硝基苯	32.32	异丙胺	45.89
乙炔	33.03	亚硝基苯	16.73	三甲胺	32.4
乙烯	38.45	苯	51.02	二硫化碳	6.46
四氯乙烯	22.21	甲苯	53.06	一氧化氮	251.59
异丁烯	44.83	间二甲苯	80.63	二氧化碳	16.03
环己烷	12.81	邻二甲苯	27.34	二氧化硫	37.43
丁烷	39.68	对二甲苯	78.2	水汽	18.52
1,1-二氯乙烷	73.56	苯乙烯	47.18	硫化氢	1932.1
1,2-二氯乙烷	53.11	甲酸甲酯	15.01	溴化氢	279.59
环氧乙烷	32.99	乙酸乙酯	17.56	氯化氢	121.46
三氯甲烷	10.9	乙酸己酯	15.89	氟化氢	188.76
正辛烷	35.9	异丙醇	63.74	臭氧	92.92

国信聚远的 FTIR 开发的用于 VOCs 监测产品主要有：开发光路面源排放 VOCs 分析仪（GXFTIR-K101）、抽取式多组分 VOCs 分析仪（GXFTIR-K101）、便携式多组分 VOCs 气体分析仪，傅里叶红外多组分 VOCs 遥测系统（GXFTIR-Y401），车载 VOCs 排放通量遥测系统（GXFTIR-X501）等一系列基于 FTIR 技术的 VOCs 气体监测设备。

18.1.4.4　开放光路 FTIR 用于环境监测的典型产品

（1）典型产品 1：国信聚远 GXFTIR-K101 开放光程 FTIR 分析仪

开放光路 FTIR 的基本原理，是红外光源置于红外辐射信号发射望远镜的焦点位置，发射望远镜将红外辐射信号准直后发出，接收望远镜将发射望远镜发出的平行光束汇聚后导入 FTIR 光谱仪内；红外辐射信号经 FTIR 光谱仪干涉调制后，汇聚到探测器上；控制和分析软件系统通过 FFT 将探测器获取的干涉图转换为光谱图，由此得到整个测量区域内包含有光学路径上待测污染气体红外吸收特征的吸收光谱。

利用高分辨率红外光谱库，建立符合设备测量参数（光谱分辨率、视场角、切趾函数）并可进行温度、气压修正的红外光谱数据库，输入光学路径长度以及预设的气体组分和浓度，生成定量分析校准光谱，应用非线性最小二乘拟合定量反演算法，将合成校准光谱与测量光谱进行多次迭代拟合，得到待测气体浓度最优值。

GXFTIR-K101 系统主要组成：FTIR 主机，发射接收端，反射端，光谱数据库及定量模型，控制和分析软件系统。FTIR 主机用极短的扫描时间得到高质量的光谱，大通光量保证高灵敏度，具有很高的波数准确度，很宽的光谱范围和较高的谱分辨能力。

该系统根据不同监测需求，可以满足化工园区固定源 VOCs 气体监测、周界无组织排放监测、火炬气排放遥测、便携式应急监测、车载流动监测平台等不同层面的监测需求，通过点、线、面层次的连续监测，可以构建整个化工园区立体化、全方位的日常和预警监测体系。相比进口设备，解决了阵列角镜在重雾霾天气条件下极易被污染的问题，使用寿命长，运行维护成本低。

该产品用于京博石化，采用 2km 左右的傅里叶变换红外开放光路面源监测系统设置，在下风向及敏感区布置监测线面，达到实时在线监测和区分排放源效果。京博石化开放光路面源监测系统布置技术参数见表 18-1-6。

表 18-1-6　京博石化开放光路面源监测系统布置技术参数

序号	监测因子	分辨率/$\times10^{-9}$	精度	响应时间
边界 1#	氯甲酸甲酯	≤10	≤±10%FS	≤5min
	三乙胺、乙酸乙酯	≤20		
	二氯甲烷、二甲亚砜酯	≤30		
	甲醇、甲苯、丙酮、二氯乙烷、乙醇、石油醚、乙酸、环丙酮、氯化氢、氨、乙酸甲酯	≤50		
边界 2#	氯甲酸甲酯、二硫化碳	≤10	≤±10%FS	≤5min
	三乙胺、乙酸乙酯、甲醛	≤20		
	甲基叔丁基醚、二氯甲烷、二甲亚砜、三甲胺	≤30		
	甲醇、丙酮、二氯乙烷、乙醇、石油醚、胺、乙酸、环丙酮、氯化氢、氨、乙酸乙酯、甲硫醇、甲硫醚、二甲二硫、苯系物、烷烃类、烯烃类等	≤50		
边界 3#	二硫化碳	≤10	≤±10%FS	≤5min
	甲醛	≤20		
	三甲胺、甲基叔丁基醚	≤30		
	氨、甲硫醇、甲硫醚、二甲二硫、乙醇、氯化氢、苯系物、烷烃类、烯烃类	≤50		

（2）典型产品 2：Air Sentry 开放光程傅里叶开放光路 FTIR 多组分分析仪

主要包括主机、望远镜、反射镜阵列、重型三脚架、气体谱库等，可监测 385 种气体，100 多种有害气体污染物。监测气体包括酸类、醇类、醛类、氟利昂、芳香族化合物、碳氢化合物等；检出限可达到 10^{-9} 级别。分析仪采用 Stirling 制冷的 MCT 检测器；安装简易，三脚架安装或固定安装；Windows 系统集成计算机，集成 WiFi/LAN，用户可配置多级报警设置，用户可设置采样周期，用户可设置自动背景采样，自动报告数据，自动报警，可远程控制。可选配：气象监测仪；平行颗粒物监测仪，具有 Modbus RTU，Modbus TCP/IP，4-20mA，0-5VDC，RS232，RS422，RS485 输出；USB 蜂窝式调制解调器或射频调制解调器；内置 QA 校准池，外置 QA 校准池，可扩展温度范围，报警驱动控制输出，具有防爆功能，自动多通道扫描器。

图 18-1-25　开放光路 FTIR 检测系统

开放光路 FTIR 检测系统的外形图参见图 18-1-25。系统应用范围：环境气体监测；火灾、毒灾应急监测；垃圾场、废弃物释放气体监测；石化、半导体等工业区气体逸散监测；汽车尾气监测；电厂、废弃物焚烧厂、水泥厂等排放源监测，有害气体重要设施周边化学物质危害预警系统等。

（3）典型产品 3：Air Sentry 的其他 FTIR 分析技术产品

有闭路流通池式、开路主动式、开路被动式、RPM 工作模式。

① 闭路流通池式：主动式红外光源，被测气体采集到测量池中分析，闭路流通池式外形参见图 18-1-26。

图 18-1-26　闭路流通池式外形图

图 18-1-27　开路主动式外形图

② 开路主动式：主动式红外光源，被测气体在发射接收端和反射镜之间，参见图 18-1-27。

③ 开路被动式：利用太阳的红外辐射作为光源，参见图 18-1-28。

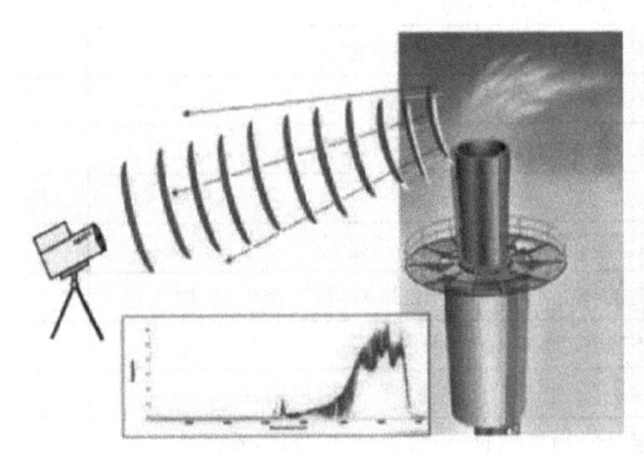

图 18-1-28　开路被动式原理及实测图

④ 径向羽流模式：主动式，需配置风速仪等相关设备，可用于研究污染物扩散模型。

（4）典型产品 4：其他公司的开放光路 FTIR 典型产品

① Bruker SIGIS2 可以远距离对有毒气体和云团进行定性、定量、定位、成像分析，最远可达 20km。基于被动 FTIR，可实现大多数有毒气体和化学战剂的检测。通过光学和红外成像系统，可对锁定目标区域进行扫描，并实时分析入射光线，显示定性定量结果，可以对毒气的扩散范围、区域、浓度、浓度梯度进行直观分析。

② ABB OP-MR 是一台开放光路 FTIR 分析系统。该系统光谱范围很广（1.5～13.5μm），可以提供完整的大气透射光谱，监测近 400 种 VOCs 及 SVOCs。该系统适用于工业区的大范围监测、工业区与居民区的污染纠纷界定、厂区的监测等。

18.2 恶臭气体的在线监测技术应用

18.2.1 恶臭气体在线监测技术概述

18.2.1.1 技术简介

根据我国《恶臭污染物排放标准》(GB 14554—1993)定义，恶臭气体是指一切刺激嗅觉器官引起人们不愉快及损坏生活环境的气体物质，简称恶臭。标准给出了8种受控的恶臭气体污染物，分别是氨、三甲胺、甲硫醚、甲硫醇、二甲二硫、苯乙烯、硫化氢、二硫化碳。表18-2-1给出了这8种物质的检测方法和执行标准。

表18-2-1 8种受控恶臭气体物质的检测方法和执行标准

序号	控制项目	方法标准名称	标准编号
1	氨	环境空气和废气 氨的测定 纳氏试剂分光光度法	HJ 533
		环境空气 氨的测定 次氯酸钠-水杨酸分光光度法	HJ 534
2	三甲胺	空气质量 三甲胺的测定 气相色谱法	GB/T 14676
3	硫化氢	空气质量 硫化氢、甲硫醇、甲硫醚和二甲二硫的测定 气相色谱法	GB/T 14678
4	甲硫醇	空气质量 硫化氢、甲硫醇、甲硫醚和二甲二硫的测定 气相色谱法	GB/T 14678
		环境空气 挥发性有机物的测定 罐采样/气相色谱-质谱法	HJ 759
5	甲硫醚	空气质量 硫化氢、甲硫醇、甲硫醚和二甲二硫的测定 气相色谱法	GB/T 14678
		环境空气 挥发性有机物的测定 罐采样/气相色谱-质谱法	HJ 759
6	二甲二硫	空气质量 硫化氢、甲硫醇、甲硫醚和二甲二硫的测定 气相色谱法	GB/T 14678
		环境空气 挥发性有机物的测定 罐采样/气相色谱-质谱法	HJ 759
7	二硫化碳	空气质量 二硫化碳的测定 二乙胺分光光度法	GB/T 14680
		环境空气 挥发性有机物的测定 罐采样/气相色谱-质谱法	HJ 759
8	苯乙烯	固定污染源废气 挥发性有机物的测定 固体吸附-热脱附/气相色谱-质谱法	HJ 734
		环境空气 苯系物的测定 固体吸附/热脱附-气相色谱法	HJ 583
		环境空气 苯系物的测定 活性炭吸附/二硫化碳解吸-气相色谱法	HJ 584
		环境空气 挥发性有机物的测定 吸附管采样-热脱附/气相色谱-质谱法	HJ 644
		环境空气 挥发性有机物的测定 罐采样/气相色谱-质谱法	HJ 759
9	臭气浓度	空气质量 恶臭气体的测定 三点比较式臭袋法	GB/T 14675

18.2.1.2 恶臭气体污染的特点与检测方法

(1)恶臭气体污染的特点

① 来源广泛。构成恶臭气体排放源的既有化工、石油炼制、制药、涂装、造纸、食品加工、香精香料等工厂企业的点源，又有污水处理厂、垃圾填埋场等市政设施的面源、体源。

② 成分复杂。不同的排放源排放的恶臭气体物质各不相同，且组分复杂，少则十几种，多达几十种甚至上百种，有些物质具有嗅觉阈值低的特点，在较低浓度下就可以被人感知。

③ 监测困难。由于恶臭气体污染具有阵发性、瞬时性的特点，因此往往很难捕捉到真实有效的样品，需要多次往返甚至蹲点查守才能捕捉到真实有效的样品，耗费了大量的人力、

物力。在一些工厂企业集中、排放源较多的工业园区，还面临着无法识别恶臭气体污染来源的问题，给环境管理部门造成严重困扰。

（2）恶臭气体检测方法

恶臭气体往往是多组分、低浓度、低沸点多种气体物质的混合物，恶臭气体物质具有嗅阈值低、感觉强度与污染物浓度对数相关的特点，因而其检测方法、扩散规律乃至控制技术选择等方面将不同于常规的大气污染。

恶臭气体的检测主要有两种方法，一种是以检测恶臭气体的化学成分或组成、物质浓度等物理化学参数为主要测定目标的“仪器分析法”；另一种是利用人体本身的嗅觉作为测定手段进行恶臭气体的量化分析的“人工测定法”。

① 人工测定法。在我国人工测定恶臭气体标准中采用的是以静态稀释法为基础的三点比较式臭袋法。这种嗅辨方法以3个气袋为一组，其中一个气袋是将被测臭气与洁净空气按比例稀释的气体，另外两个气袋为洁净空气。多名嗅辨员通过对三个气袋的比较，选出含有被测气体的气袋，之后继续对被测气体进行稀释，逐级进行嗅辨，直到所有的嗅辨员都不能分辨含样本气体的气袋为止。最后通过统计学方法将每名嗅辨员对于各个稀释倍数等级气袋的嗅辨正确率进行计算，得到最终的稀释倍数，并以此作为对气味浓度大小的评价。

② 仪器分析法。欧洲及大多数国家地区的气味测定标准中采用的方法为动态稀释测定法，与静态稀释法不同的是，这种方法通过专用仪器对被测臭气进行稀释，且稀释倍数由高到低，以嗅辨员能够准确识别含臭气气袋为检测终止，并以此时的稀释倍数表示气味浓度的大小。总体来说，人工嗅辨法受嗅辨员个人因素影响较大，具有较高的不确定性，并且样本气体需要多次稀释，嗅辨流程过于复杂。同时多数恶臭气体是有害的，长期嗅辨工作会对嗅辨员身体健康造成不利影响。

③ 检测方法比较。仪器分析方法主要有气相色谱法、紫外-可见分光光度法、高效液相色谱法、红外激光差分吸收法及电子鼻法。仪器分析法具有很好的客观性和可重复性，适于实现恶臭气体的在线检测。而人工测定法则具有很大的主观性，受嗅辨人员的个体差异影响因素较大，不可能实现自动在线监测，但是，如果排除主观造成的判断误差，人工测定法更能体现恶臭气体的定义。

18.2.1.3　恶臭气体在线监测仪器技术

用于恶臭气体检测的自动化检测仪器受到环境保护、仪器科学等领域学者的广泛重视，常见的有气体传感器阵列（电子鼻）、气相色谱仪、激光光谱分析仪等。

（1）电子鼻检测技术

电子鼻也被称为气体传感器阵列，基本原理是模仿人的嗅觉器官， 研制出可测定不同恶臭气体的检测仪器。电子鼻在恶臭气体气味感官评价以及恶臭气体气味来源鉴别上均具有明显的优势，而且电子鼻还具有经济、快速、重现性好、能分析低浓度的恶臭气体和有毒有害恶臭气体的优点。对不同的恶臭气体物质可以针对性地进行检测，操作简便、快速，易于携带，可进行连续测定，有的感应器的最低检出值可达10^{-9}水平。

（2）激光光谱分析技术

激光光谱分析技术是痕量气体在线监测的有效手段，尤其是中红外光谱区间具有非常丰富的分子吸收特性，几乎恶臭气体的大部分物质在这个区间都具有强的特征吸收。采用可调谐激光吸收光谱（TDLAS）技术具有很高灵敏度和高分辨率，在很大程度上避免光谱干扰。

（3）GC 及 GC-MS 等分析技术

用于恶臭气体的分析仪器主要有试验室气相色谱仪（GC）、气相色谱/质谱联用仪（GC/MS）、高效液相色谱仪（HPLC）等检测设备。这类仪器只能对恶臭气体进行实验室检测，不能用于在线分析，因此，在污染事故评价和环境监管中具有较大的局限性。

为实现恶臭气体在线检测，除电子鼻技术外，已经在激光光谱检测、微气相色谱检测和基于微流控芯片检测技术等方面开展研究工作，并结合网络技术和大数据分析技术开展应用。目前，国内已研发出现代化的恶臭气体在线监测仪器及便携式小型气相色谱仪等用于恶臭气体监测。

18.2.1.4　恶臭气体在线监测仪器的应用案例

（1）国外仪器应用案例

① 案例 1：法国研发的一种用于恶臭气体在线监测的电子鼻仪器，包括两个电化学传感器，一个光离子化传感器（PID）和三个金属氧化物传感器，通过六个传感器信号，经过数学模拟得到一个恶臭气体模型，并对空气中的恶臭气体进行检测和预判，其中电化学传感器和光离子化传感器以 10^{-6} 级浓度来衡量。可监测范围包括 NH_3，H_2S 和 VOCs 等物质及恶臭气体值。

② 案例 2：韩国研发的一种恶臭气体在线监测系统，该系统能够对恶臭气体的浓度进行稀释测量，对 H_2S、NH_3、二甲基硫及 VOCs 等气体浓度进行实时在线监测，并给出恶臭气体数值，能够记录和显示监测气体的数据，根据各传感器的检测数据以及风速风向等因素综合分析，快速判断恶臭气体来源。可实现数据远程传输，也可通过网络对系统进行远程控制。

③ 案例 3：德国研发一款气味分析仪器，如图 18-2-1 所示。它含有 10 个金属氧化物传感器，是国际上最早的商业化电子鼻。它是由传感器阵列、气路控制系统和分析软件三部分组成，通过传感器阵列来得到气味的指纹信号，利用多种现代算法对气味进行分辨并检测。这种仪器本身可以单独进行各种分析，对某一种气味分析后，可以建立指纹特征图库，来分辨不同地点或厂家排放的恶臭气体气味。几种国外恶臭气体在线监测仪的性能对比，参见表 18-2-2。

图 18-2-1　德国的电子鼻产品

表 18-2-2　国外恶臭气体在线监测仪器的性能比对

仪器国别	德国	法国	韩国
传感器类型	金属氧化物传感器	光电离检测器 金属氧化物传感器 电化学传感器	光电离检测器 半导体传感器 电化学传感器
传感器数量	10 个	6 个	7 个
传感器检测灵敏度	10^{-9}～10^{-6}	30×10^{-9}～1×10^{-6}	10×10^{-9}～20×10^{-6}
分子特异性检测	否	否	否
臭气浓度检测	是	是	是
臭气浓度检测范围（OU 值）	2～20000	5～20000	1～15000
污染事故预警	否	否	否

续表

仪器国别	德国	法国	韩国
样品自动采集	否	否	否
气象自动监测	有	有	有
溯源功能	是	否	否

（2）国内恶臭气体在线检测仪器现状

国内的恶臭气体嗅辨实验，基本都是按照三点比较式臭袋法的试验标准进行人工配气的。为促进恶臭气体在线检测方法与技术研究，国家科技部在2012年的国家重大科学仪器设备开发专项中，设立了“恶臭气体自动在线监测预警仪器开发及应用示范”项目。该项目承担单位有天津大学、河北工业大学、天津市环境保护科学研究院等，分别完成了恶臭气体分子检测的激光光谱传感器研制；复合恶臭气体嗅辨传感器研制；恶臭气体物质浓度与嗅觉感官评价的定量模型研究；恶臭气体连续自动在线监测预警仪器集成及产业化和恶臭气体自动在线监测预警应用示范等成果。

该项目研究面向大气恶臭气体自动在线监测及预警的技术和科学仪器，建立了恶臭气体组分、浓度与气味感官关系的定量模型，研制了先进的超高灵敏激光恶臭气体传感器和复合恶臭气体嗅辨传感器，并开发出多信息融合的恶臭气体自动在线监测预警仪器。同时形成了国内恶臭气体在线自动监测仪器的标准规范。

该项目的恶臭气体自动在线监测仪，已在某化工园区进行了典型应用，实现了在污染源和环境敏感区对恶臭气体的连续自动监测和远程监控应用，并对示范园区重点恶臭气体污染状况，构建区域恶臭气体污染源解析及扩散模型，运用和集成先进的物联网技术，结合环境地理信息系统，构建恶臭气体监控、管理及监控预警系统平台和对恶臭气体事件进行快速、准确判断，提高了环境恶臭气体监察的预警和快速反应能力。该项目的国产恶臭气体自动在线监测仪系统的外形参见图18-2-2。

图18-2-2　国产恶臭气体监测仪

目前，国内浙江大学、复旦大学、天津大学、重庆大学、天津环保研究院及深圳安鑫宝科技公司等也先后研究开发了检测恶臭气体的阵列式传感器、电子鼻和便携式恶臭气体检测仪等。

18.2.2　激光光谱及微色谱在恶臭气体在线监测的技术应用

18.2.2.1　激光光谱用于恶臭气体的监测技术

基于中红外宽谱调谐激光吸收光谱的超高灵敏特性，超高灵敏激光光谱传感器可用于恶臭气体的痕量在线监测，对恶臭气体排放源的排放进行客观评价。

典型的用于恶臭气体超高灵敏监测的激光传感器工作原理参见图18-2-3。

该仪器采用了宽谱可调谐的外腔量子级联激光器（external-cavity quantum cascade laser，EC-QCL），EC-QCL的宽谱调谐（超过1000nm）可以覆盖多种气体成分（5种以上恶臭气体分子）的多个吸收谱线。EC-QCL的窄线宽（小于50MHz）可以实现“单线光谱”检测技术，具有强的抗干扰能力和高检测灵敏度。测量池采用了长光程的空芯光波导（中空光纤），既可以实现光线的传输，又兼作气体吸收池，对激光的传输损耗低，而等效吸收光程长，并可以解决传统光程池的干涉效应，从而保证超高的测量灵敏度。在带状光谱特征气体的检测中，采用化学计量学方法对气体的带状特征光谱进行处理，消除谱线重叠、共存干扰等对检测精度的影响。

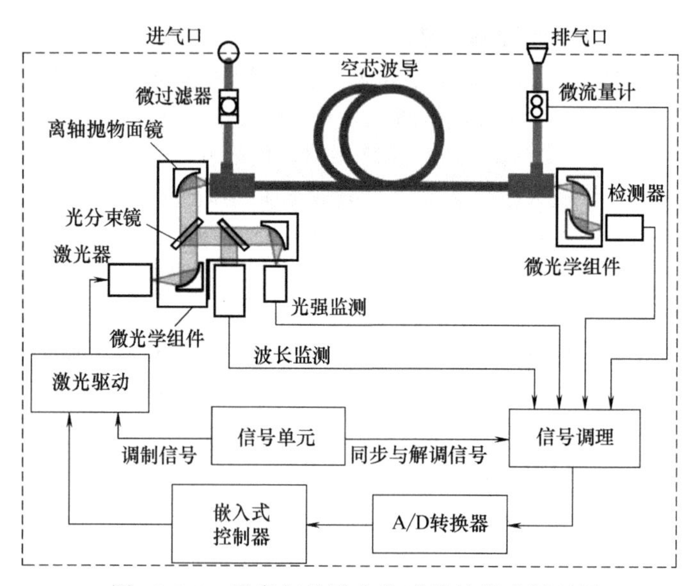

图 18-2-3 恶臭气体激光传感器的组成原理图

仪器采用了微光学器件技术对传感器进行优化设计，提高了仪器的稳定性、可靠性和小型化，进而解决目前实验室分析方法对恶臭气体物质分析的时效性差、费用高等问题，实现对恶臭气体源的快速、准确、客观评价。

18.2.2.2 用于恶臭气体监测微气相色谱技术

由于微机电系统、微流控芯片、微制造技术等新技术应用，将微气体分离器件、微检测器以及微控制器应用到微型气相色谱仪技术，已成为微气相色谱仪的研究热点。微型气相色谱仪有两种方案：一种是小型化，做成便携式、在线式微气相色谱仪；另一种是微型化，如将检测器、色谱柱微刻在一块硅片上，做成类似于集成电路的微型色谱仪。

（1）微型气相色谱检测的核心技术

微型气相色谱的核心技术在于色谱柱的微型化，微型气相色谱柱是基于传统色谱柱的分离原理，在传统色谱柱的基础上，利用 MEMS（micro electro mechanical systems）工艺对色谱柱进行小型化设计制造，并且可以根据系统的需求进一步进行集成化的设计。

微型气相色谱柱的研究是为了得到分离效率高、能耗低、体积小的色谱柱。通过微机电技术与精密机械加工技术相结合，使色谱分析系统的分离效率更高，实现恶臭气体的快速检测，能够让仪器适应不同的检测环境，满足快速准确的分析要求。

早期，斯坦福大学研制的微型气相色谱系统如图 18-2-4 所示，这套系统包括一个热导检测器，总长度为 1.5m 的微型色谱柱以及样品检测进样接口。整套系统刻蚀集成在一个直径为 5cm 的单晶硅片上，能够分离 8 种烷烃类气体，只需要 10s 分析时间。为更好地利用圆形结构，早期的微柱结构以螺旋式进行分布，沟槽截面为矩形，选取了 OV-01 为分离固定相，在分离中虽然分离效率不是很高，但对微型气相色谱产品的应用做出了示范。

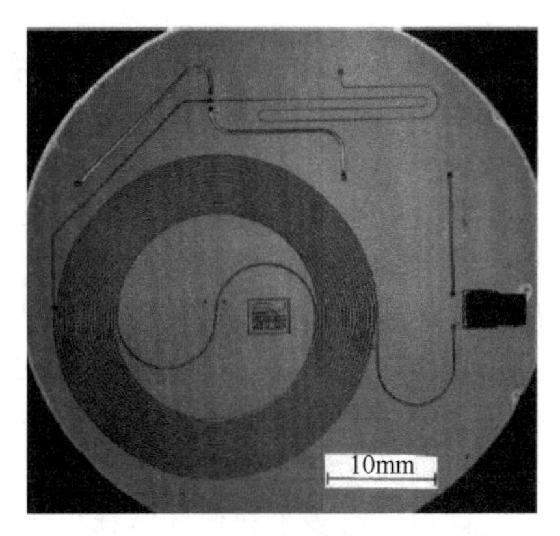

图 18-2-4　斯坦福大学研制的微型气相色谱系统

（2）国内外微型气相色谱仪的典型产品

① 国外微型在线防爆气相色谱仪产品（如西门子）用于对天然气计量的快速分析和实时监测。它包括一个微型色谱柱，采用化学和等离子腐蚀技术，加工出长度约 7cm、直径只有 60μm 的微型色谱柱，安装在 $2cm^2$ 的硅晶片上，能达到快速升温/制冷，使分析时间大大缩减。

国外小型便携式气相色谱仪产品种类较多，大多采用独特的 PID 传感器，具有高灵敏度、低检测限、低功耗和快速检测等特点。该仪器最低检测限可以达到几个 10^{-9} 级，双模块可同时或单独完成分离和检测工作，更换模块方法简单，无需拆卸任何气路。

② 国内微型气相色谱检测仪技术进展与典型产品。1996 年大连化学物理研究所就研制成功国内首台微型气相色谱，与传统气相色谱分析仪相比，其所占面积、仪器重量和工作功耗等指标都有大幅减少。国内大连化学物理研究所、中国科学院电子学研究所等，已研发出多款微型气相色谱柱，并开发了微型微型气相检测系统；中国电子科技大学、清华大学、浙江大学、河北工业大学等高校也有许多关于微型气相色谱柱的研究报道，见图 18-2-5。国内有多个厂家研究并生产了便携式气相色谱仪，如上海精密科学仪器有限公司的微型便携式气相色谱仪、北京东西电子分析仪器有限公司的 GC-4400 型便携式光离子化气相色谱仪等。图 18-2-6 为国产的一款便携式光离子化气相色谱仪。

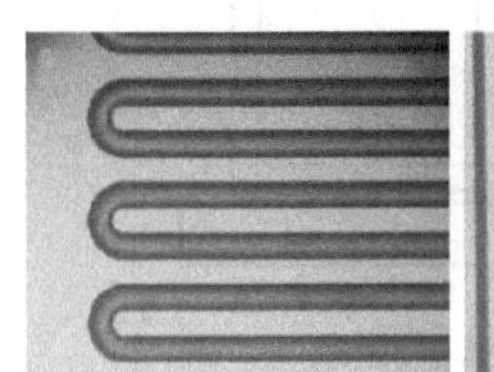

(a) 中国电子科技大学开发的单通道色谱柱

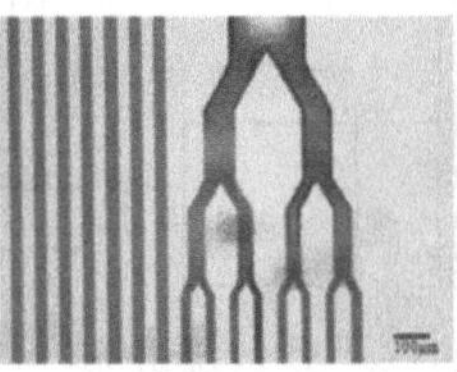

(b) 中国电子科技大学开发的多通道色谱柱

(c) 浙江大学开发的微型色谱柱

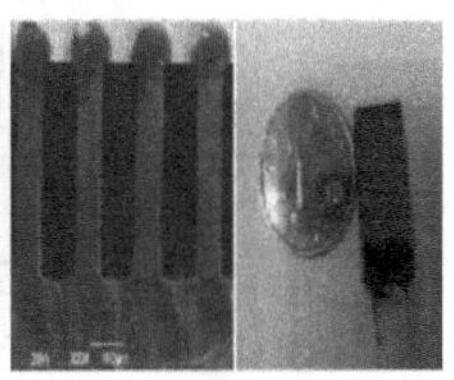

(d) 中国科学院开发的微型色谱柱

图 18-2-5　国内开发的微型气相色谱柱

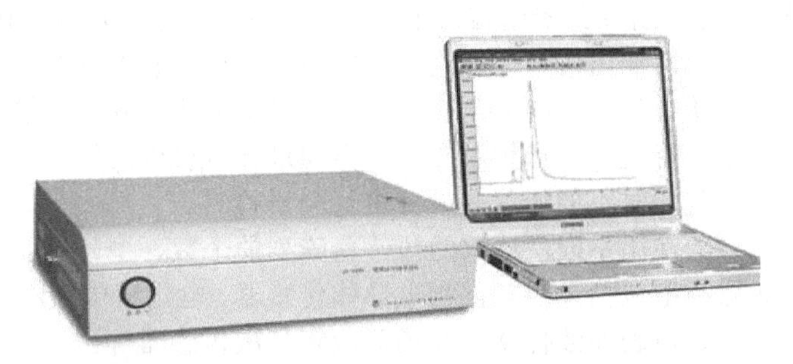

图 18-2-6　国产便携式光离子化气相色谱仪

18.2.3　电子鼻在恶臭气体在线监测的技术应用

18.2.3.1　概述

国外已有多家环保制造商开发了恶臭气体污染的电子鼻产品。例如，法国产的一种电子鼻产品分为两个传感器仓，其中传感器仓 1 内置光离子化传感器、电化学传感器和温湿度传感器；传感器仓 2 内置金属氧化物传感器与温度传感器，仓内温度控制在 65℃。仪器内部设有可调阀，使空气以 400mL/min 的稳定速度进入采样口，并且可根据用户要求启动报警。该恶臭气体监测仪可应用于特殊的毒害气体与可引起嗅觉公害污染的监测，能够实现定性或定量分析以及污染源的确定。

国内已有多个科研团队在电子鼻产品的研制中取得了一定的进展。如西北师范大学研制的电子鼻采用四个金属氧化物传感器组成传感器阵列，可以对室内常见的苯系污染物进行检测。复旦大学研制的电子鼻加入了模糊神经网络算法，实现了对甲醛气体的现场精确检测。浙江大学研制了一种便携式电子鼻系统，能够实现多种室内毒害气体的快速识别。香港理工大学使用电子鼻对垃圾填埋场的恶臭气体样品进行检测，通过对其气味指纹图谱的分析，得到了填埋场厂恶臭气体和城市垃圾挥发的气体具有相近性质的结论。

18.2.3.2　电子鼻监测系统的组成与应用

电子鼻监测系统是基于传感器阵列的系统集成检测技术，是指选取具有不同选择性的传感器组成阵列，集成取样及数据处理技术，根据传感器分析的信息，结合一定的算法对混合气体的成分浓度进行测定。电子鼻监测系统采取模拟人们嗅觉器官，而研制开发的一种气体检测系统，包括采样、检测及数据处理等部件，典型的电子鼻结构参见图 18-2-7。

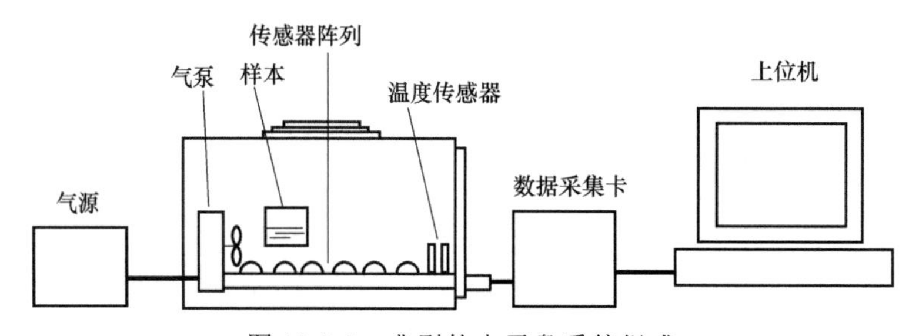

图 18-2-7　典型的电子鼻系统组成

其中检测单元相当于人的嗅觉感受细胞，数据处理模块相当于人的二级嗅觉神经元，计算机的数据分析和模式识别系统相当于人的大脑。用于气味鉴别的电子鼻系统检测时，被测气体通过动力装置（气泵）引入到密闭容器中，被测气体组分进入阵列传感器，并发生物理、化学反应，从而产生传感器输出信号。在检测系统中，每个传感器都对应着一个输出信号，一般为电压信号输出。所有传感器的输出信号组合起来就形成了阵列的输出谱图或标记图，而这个输出谱图是与某一特定的气味相对应的。再通过计算机内的特定模式识别算法，并根据输出谱图或标记图，就能对不同的气味成分进行分辨检测。

根据目标检测气体的性质不同，选取的传感器阵列的个数、型号以及类型都有所不同。气体检测常用的传感器类型包括金属氧化物半导体传感器、电化学传感器、光离子化传感器、导电聚合物气敏传感器、声表面波传感器和场效应管气敏传感器等。

用于电子鼻的传感器阵列法，其优点在于不需要分离步骤，也无需增加分离装置，在气室内就能完成混合气体的检测。检测速度快，结构简单，操作方便，应用范围广，受外界环境影响较小，比较适合便携监测的要求。

18.2.4　微流控芯片技术在恶臭气体在线监测的技术应用

18.2.4.1　概述

微流控芯片技术是在半导体制造技术的基础上应用现代的 MEMS 技术，通过微细加工工艺，在约为几平方厘米的芯片上刻蚀形成网络的微通道，构建储液池、微反应室、微管道、微检测等微功能元件，从而形成具有微流通路控制的分析系统，使可控流体贯穿整个系统，用来代替传统的化学或生物实验室的各种分析功能。所以，也称为微全分析系统（micro total analysis system）、芯片上的实验室（lab-on-a-chip）等。

微流控芯片具有微型化、集成化、便携化、自动化、低成本和低损耗等诸多优点，这些优点也确保了其在众多领域的广阔的应用前景，被广泛应用于化学、医学、电子、机械以及多种交叉学科的研究领域等。随着微流控芯片技术的发展，特别是检测灵敏度的日臻提高，基于微流控芯片技术的恶臭气体在线监测技术正日益受到重视，该技术适用于对污染源中恶臭气体进行的多组分气体分离监测。

利用微流控芯片实现色谱分析，这一技术最初起源于采用 MEMS 技术制作气相色谱柱，并用于气相色谱分析。国外研究的微型气相色谱系统是由气体传感器、微型色谱分离柱、微型阀门和气泵组成。例如：一种微型色谱柱是在 960μm 厚的硅片表面上，用氧化硅和光刻胶的混合物作为掩模，刻蚀出具有螺旋形状的沟槽，其横截面积为 $0.8mm^2$，刻蚀深度为 620μm，其总长为 75cm，检测器是一个 SnO_2 传感器。该微型气相色谱系统具有分离苯、甲苯、对二甲苯混合样品的能力。

我国在 MEMS 技术领域的发展是从 21 世纪才开始起步。中国科学院大连化学物理研究所和浙江大学的科研团队最早在国内建立了微流控芯片实验室。经过了十几年的研究，我国在微流控领域，为生物、化学等技术领域开发了多个基于微流控芯片的分析和检测技术。基于微流控芯片的检测仪器，特别是微型化在线色谱仪研究已成分析行业关注的焦点。

18.2.4.2　基于微流控芯片的气相色谱检测技术

基于微流控芯片技术的气相色谱检测仪器，具有体积小、快速分离、分析等性能优点，例如：基于微流控芯片的分析系统具有极高的分析效率，很多微流控芯片分析系统可以在十几秒甚至是几秒就可以自动完成分离、测定等分析过程，而这种快速分离、分析等方法是因为微流控芯片的微米级通道的高导热性能和较高的传质速率，当然也是由于基于微流控芯片的分析系统缩小了结构尺寸，大幅度地降低了待分析物的分析量。

利用微机电加工技术制作的微流控芯片部件，因其微小的尺寸便于集成多个部件与功能于同一芯片上，所以，在这一点的基础上使得集成多种功能小型仪器更加容易。微流控芯片由于其微小的尺寸使其加工材料消耗甚微，如果能够实现批量生产，则芯片的成本可以大幅度地降低，同时也降低了分析仪器的加工成本，有利于推广实现商品化。

微流控芯片色谱技术与其他气相色谱技术一样首先是一种针对多组分混合物的分离技术，混合物的分离主要是利用其通过特定的物理介质时各个组分的沸点、极性、吸附与脱附的物理化学性质的差异来实现。这种特定的物理介质就是气相色谱中的固定相，它是由被涂覆了一层固定液的多孔颗粒物质组成。根据被分析物的性质选择不同特性的固定相，填充在具有一定长度和直径的微流控芯片管路里形成气体分离核心器件——色谱柱。

被分析的多组分混合气体被载气带入微流控芯片管路里形成流动相，经过一定时间在微流控芯片色谱柱管内，不同性质的气体组分就形成了分离。被分离后的单组分气体在色谱柱出口处依次流出并被气体检测器记录形成气体色谱峰曲线，从而实现对待分析物的定量、定性分析。这一进样、分离、检测的过程就形成了微流控芯片气相色谱的工作原理。

18.2.4.3　典型的微流控芯片气体检测系统

（1）结构组成

基于微流控芯片的恶臭气体检测系统的结构参见图 18-2-8。

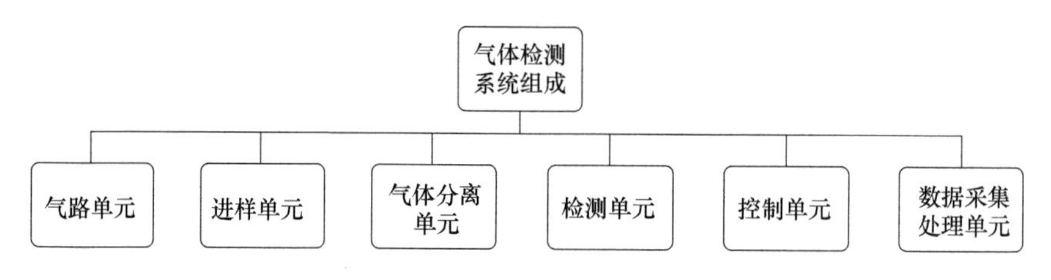

图 18-2-8　恶臭气体检测系统结构

系统由六个部分组成，分别为气路单元、进样单元、气体分离单元、检测单元、控制单元、数据采集和处理单元。恶臭气体在线检测系统各单元功能，参见图 18-2-9。

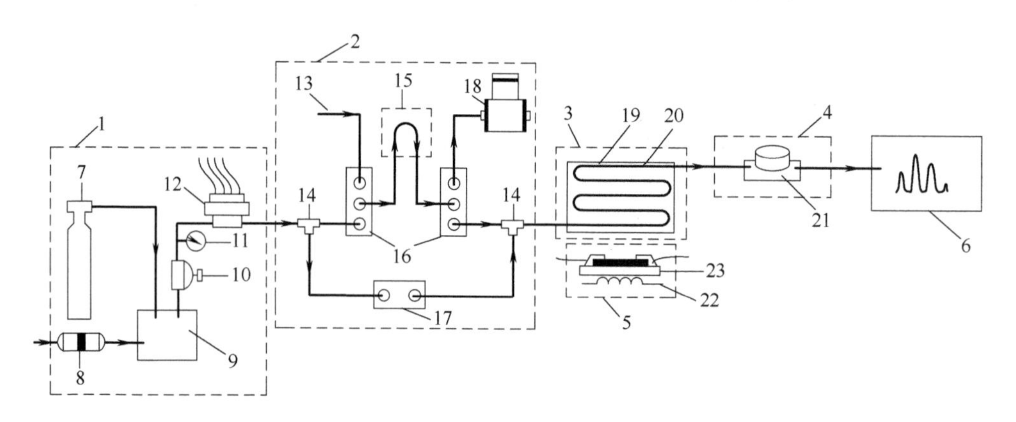

图 18-2-9　恶臭气体在线检测系统结构示意图

1—气路单元；2—进样单元；3—分离单元；4—检测单元；5—控制单元；6—数据采集处理单元；7—高压载气瓶；8—净化干燥管；9—载气三通阀；10—针型阀；11—压力表；12—质量流量控制器；13—样气入口；14—连接件；15—定量管；16—三通阀；17—两通阀；18—隔膜泵；19—微流控芯片；20—沟道；21—PID 检测器；22—加热片；23—温度传感器

气路单元主要由载气源、流量控制部分组成，作用是为系统提供一个稳定流量的载气。为实现系统进样的自动功能，系统采用自动进样器构成自动进样单元。分离单元是由用于分离恶臭气体组分的微流控芯片色谱柱组成。检测单元是基于 PID 检测技术对恶臭气体敏感的检测单元。控制单元实现对整个在线检测系统的时序动作控制，保证了各单元的协同运行，并包括温度控制、压力控制、进样控制、触摸液晶屏显示与通信控制等一系列的控制功能。数据采集和处理单元是由单片机系统和上位机 PC 计算机组成。

（2）关键部件

① 气路系统：为系统提供一个稳定流量的载气。其中包含了载气气源、净化干燥器、质量流量控制器、减压阀和压力瓶。为了减少载气流量不稳定造成色谱保留时间的误差就要求载气的流量恒定。系统通过使用减压阀、质量流量控制器来控制载气的稳定性。

② 载气源：氮气、氢气、氦气等惰性气体常用于气相色谱系统的载气，大多选用氮气作为载气，利用减压阀减压后为质量流量控制器提供合适的压力差。选用气体过滤、干燥装置放于载气气路的进气口和样气气路的进气口。应注意在空气中存在少量的可挥发性有机物（VOCs）或是粉尘颗粒时，会对检测结果造成影响，甚至阻塞微流控芯片毛细色谱柱。

③ 流量控制：色谱分析要求载气流量严格恒定。系统采用针型阀与压力控制表配合，压力控制表工作范围是 0～0.5MPa，并将高压载气减小到 0.1～0.4MPa，流出的载气经质量流量控制器保持流量稳定。压力表具有报警功能。

④ 自动进样：图 18-2-10 所示为系统的自动进样的示意图。等待进样时：三通阀 A、三通阀 B、常闭阀对载气处于关闭状态，两通阀处于接通状态，载气通过两通阀流入色谱柱。自动采样时：隔膜泵工作，待测气体在隔膜泵的作用下经过滤干燥器、三通阀 A、定量管、三通阀 B、隔膜泵形成样气的通路，隔膜泵关闭后在定量管里保留了待测的样气。隔膜泵停止工作的同时，三通阀 A、三通阀 B、两通阀同时动作，使两通阀对载气形成闭路，三通阀 A、三通阀 B 对载气形成通路，载气经过三通阀 A 推动样气经过三通阀 B 流入色谱柱。

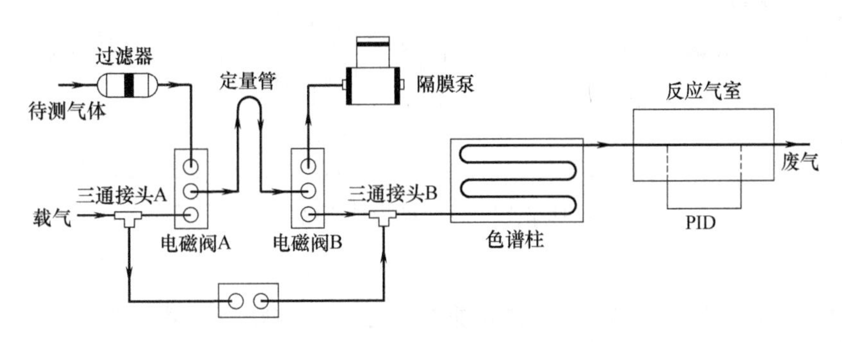

图 18-2-10 自动进样单元示意图

⑤ 分离单元：微流控芯片气相色谱柱与其上面的加热膜、管路连接件等构成了分离单元。微流控芯片色谱柱分为两种类型：一种是微流控芯片填充柱，另一种是微流控芯片毛细柱。如图 18-2-11 所示为微流控芯片色谱柱实物图。

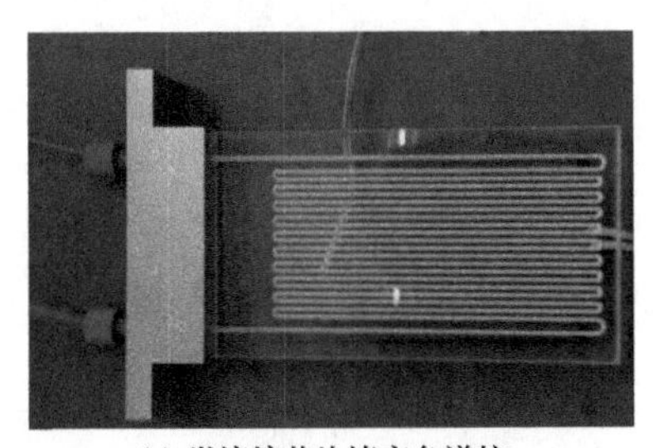

(a) 微流控芯片填充色谱柱

(b) 微流控芯片毛细柱

图 18-2-11 微流控芯片色谱柱实物图

⑥ 检测系统：混合样气经过分离系统由微流控芯片色谱柱分离出各个组分后，依次从色谱柱的出口经过连接管路进入检测单元，检测单元主要是有PID检测器和电路组成。

光离子化传感器输出电流为nA级别，通常小于1μA。系统使用ADC的单片机系统进行采集，采集电压为 0～3.3V。为使传感器输出信号能够被采集，需要将传感器输出进行 I-V 变换和放大等处理。图18-2-12给出了 PID检测系统电路图。

⑦ 控制单元：控制单元具有对温度控制、压力流量控制、动作时序控制等功能。这里的动作时序控制主要是指对三通阀A、三通阀B、两通阀、隔膜泵、质量流量器、温控仪等部件的动作顺序或设定命令等控制。

控制单元是由单片机输入接口、输出接口、驱动隔离电路构成的。硬件控制电路主要由MCU 控制电路板和功率放大电路板组成。MCU 电路板主要完成系统数据采集运算、RS232串口通信、输入输出量控制与采集和人机交互等工作。

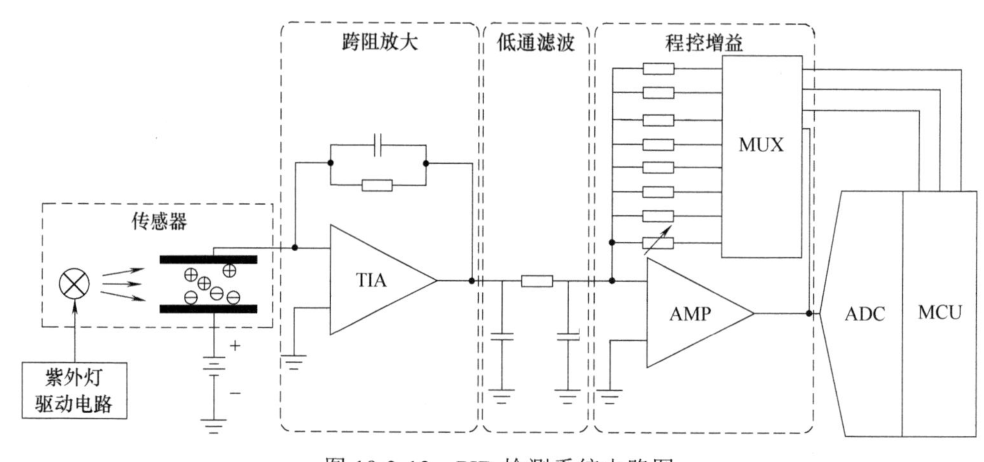

图18-2-12 PID检测系统电路图

（本章编写：常州磐诺 杨任；南京霍普斯 谢兆明、顾潮春；南京康测自动化 陈生龙；天津职业技术师范大学 张旭；河北工业大学 张思祥）

第8篇 区域环境监测及智慧环境监测的新技术应用

第 19 章 区域环境监测及生态环境监测的技术方法与应用

19.1 环境空气特征污染物在线监测的技术方法与应用

19.1.1 大气非甲烷总烃在线监测的技术方法与应用

19.1.1.1 概述

非甲烷总烃（NMHC）超过一定浓度，在一定条件下经太阳光辐射，会反应生成 PAN、SOA 和 O_3 等二次污染物，对环境和人体健康造成直接和间接的危害。当甲烷在空气中达到25%～30%浓度时，会使人头昏、呼吸加速、运动失调。另外，大气中的甲烷也是主要的温室气体，会引发全球变暖等气候变化。

《中华人民共和国大气污染防治法》要求对颗粒物、二氧化硫、氮氧化物、挥发性有机物、氨等大气污染物和温室气体实施协同控制，国家已提出碳达峰和碳中和的愿景，因此对温室气体 CH_4 和 NMHC 的监测很重要。目前，非甲烷总烃（NMHC）是国家、行业及地区 VOCs 排放标准规范中应用最多、最重要的有机污染物综合性评价因子。例如《大气污染物综合排放标准》（GB 16297—1996）规定环境空气非甲烷总烃排放限值为 120mg/m^3，上海市《大气污染物综合排放标准》（DB 31/933—2015）规定厂界 NMHC 排放限值为 4mg/m^3。此外，在涉及轧钢、石油炼制、石油化工、合成树脂、炼焦化学等行业的排放标准，以及地方制定的船舶工业、印刷行业、涂料油墨、恶臭排放等标准规范中，都将非甲烷总烃列为需要评估和监测的对象。目前，国内大部分地区、行业及污染源都已开展非甲烷总烃监测。

19.1.1.2 非甲烷总烃监测及有关方法与标准

非甲烷总烃在线监测的技术方法，大多是基于在线气相色谱仪氢火焰离子化检测器技术（GC-FID）。采用 GC-FID 技术的非甲烷总烃在线分析仪的基本组成部件主要包括色谱分析流路、色谱柱、检测器等组成。

典型的非甲烷总烃在线分析仪的分析流程参见图 19-1-1 所示。

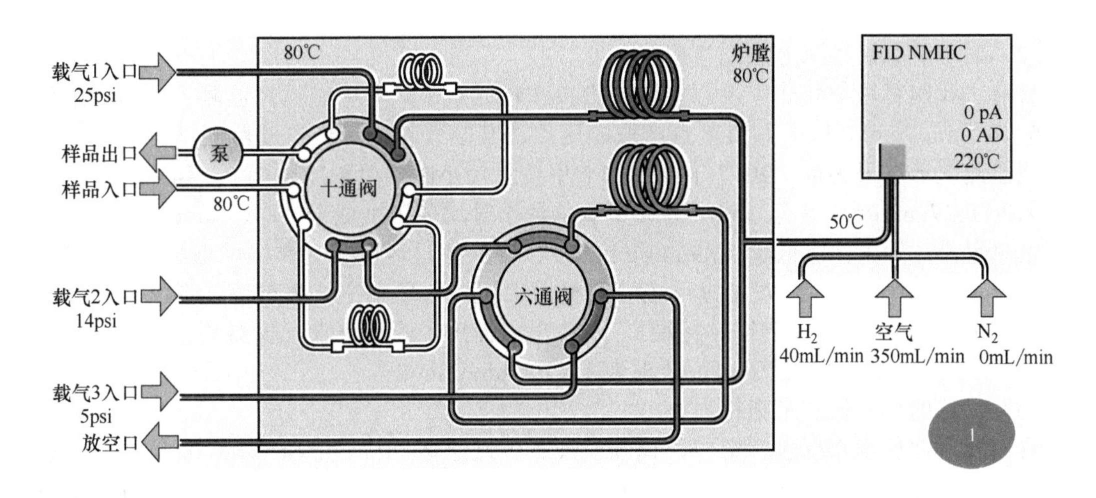

图 19-1-1　典型的非甲烷总烃在线分析仪分析流程原理框图

（1psi=6894.76Pa）

非甲烷总烃的监测方法，在国内外已有不同的检测方法标准规定，例如：美国环境保护局 EPA TO-12 方法，基于低温预浓缩一氢火焰离子化检测器方法测定环境空气中非甲烷总烃，样品经填充玻璃微球的冷阱在−186℃下富集后加热到 90℃解吸，反吹进入 FID 检测器测定，无需色谱柱对样品进行分离，可用于在线分析。

美国环境保护局 EPA 方法 25，以碳形式计量气态非甲烷有机物排放总量，采用火焰离子化检测器（FID）测定排气中非甲烷气态挥发性有机物，适合于测定 VOCs 浓度不低于 $30mg/m^3$ 的废气。该方法利用催化氧化和催化还原路线消除了 FID 对不同基团响应系数不一致的问题。

我国生态环境保护部已制定关于非甲烷总烃测定的方法标准，如 HJ 38—2017《固定污染源废气　总烃、甲烷和非甲烷总烃的测定　气相色谱法》、HJ 1013—2018《固定污染源废气非甲烷总烃连续监测系统技术要求及检测方法》等，各地区、各行业也对非甲烷总烃测定制定了排放限值标准及检测方法。目前，国内企业已开发了多种非甲烷总烃在线分析仪器。

19.1.1.3　非甲烷总烃在线监测技术应用的关键

由于非甲烷在线监测仪器的检测原理（直接法、减量法）、关键组件类型（色谱柱、检测器）及技术参数（分析周期、柱箱温度等）差别较大，监测数据往往差异性也较大。工业园区的非甲烷总烃在线监测技术方法，应从在线监测系统的站房设施、仪器分析周期、采样系统、分析系统、数据采集和传输系统、校准系统和辅助设施功能及质量控制的性能指标等关键方面，做好设计和控制。例如，在上海市工业园区开展非甲烷总烃在线监测，依托在用的数十套非甲烷总烃监测仪开展了基础性研究，对工业园区非甲烷总烃监测技术方法的应用关键，提出如下要求。

（1）非甲烷总烃监测的分析周期

单个分析循环时间（分析周期）应小于等于 5min，从检测结果的有效性以及样品的代表性出发，分析周期必须尽可能短；从可行性角度出发，5min 是目前可以达到的较为理想的指标。此外，5min 的分析周期可满足工业园区非甲烷总烃在线监测工作的需要。

（2）非甲烷总烃监测方法的检出限

目前，我国环境空气非甲烷总烃浓度维持在较低水平，非甲烷总烃监测方法的检出限要求≤5×10^{-2}μmol/mol。以上海市重点产业园区周边某空气特征污染自动监测站点的非甲烷总烃在线监测统计结果为例，2017年全年的非甲烷总烃小时均值浓度范围0～14.42μmol/mol，平均浓度0.27μmol/mol，有36.7%的非甲烷总烃小时均值浓度低于5×10^{-2}μmol/mol，90%的非甲烷总烃小时均值浓度低于3.89μmol/mol，仅10次超过环境空气非甲烷总烃排放限值（约7.5μmol/mol）。因此，为有效支撑环境综合整治工作，为环境空气质量评估提供准确数据，参考DB31/933《大气污染物综排标准》，对检出限提出了较高要求，仪器测量量程则至少要求在0～8μmol/mol，最小显示单位要求为1×10^{-3}μmol/mol。

（3）仪器的普适性技术指标

仪器普适性技术指标包括空白、校准曲线、零点漂移、24h量程漂移、重复性、相对示值误差、高浓度残留等均应满足相关要求。其中空白样品非甲烷总烃浓度≤5×10^{-2}μmol/mol；校准曲线的相关系数R^2≥0.999，校准曲线上各点残差与理论浓度的比值应在±10%以内。校准曲线可分为两段，各段应同时满足上述相关系数要求，且定量时根据样气浓度能自动切换所用校准曲线。

仪器连续运行分析一般应满足：零气，24h零点漂移≤±5×10^{-2}μmol/mol；24h 20%量程漂移≤±3%；24h 80%量程漂移≤±3%；重复性要求连续6次非甲烷总烃测量结果的相对标准偏差≤5%。相对示值误差要求连续6次非甲烷总烃测量结果平均值与理论值偏差≤±10%；高浓度残留应满足浓度≤1%标准气体浓度，用以表征每个分析周期过后仪器内部管路的清洁程度；响应时间≤5min，用于监测系统对大气样品处理能力的评估。

（4）多组分测定示值误差

非甲烷总烃在线监测要求对甲苯（芳香烃）、乙酸乙酯（含氧衍生物）及三氯乙烯（卤代烃）的测定值与理论浓度的比值，应在一定范围：甲苯90%～105%，乙酸乙酯≥70%，三氯乙烯95%～110%；同浓度丙烷与甲烷响应的比值应在2.7～3.3。规定多组分测定示值误差的目的，在于统一各FID检测器对不同类物质（烃及各类含氧及卤素衍生物）的响应，以保证各设备间数据的可比性。

在实际应用中，不同非甲烷总烃在线监测设备对环境空气的实测值具有较大差别，同一品牌的FID对不同类物种的监测响应也存在一定差异。这表明卤代烃和含氧衍生物等有机物在不同FID检测器上的响应不一致。因此，仅用甲烷丙烷混合标准气体，无法准确代表实际环境中更为复杂的非甲烷总烃组成，造成监测数据无法反映实际的污染情况。而选取三种物质（甲苯、乙酸乙酯、三氯乙烯），分别作为芳香烃（高碳物种）、含氧衍生物、卤代烃的代表，规定各FID对此三种物质标气的测定值与其理论浓度的偏差应在给定范围，可以大大提升不同仪器之间的一致性和数据可比性。

19.1.1.4　非甲烷总烃在线监测的技术方法探讨

目前，我国不同地区在用的非甲烷总烃在线监测设备差异较大，同一地方不同非甲烷总烃在线监测设备对环境空气的实测值具有较大差别。采用选取三种物质（甲苯、乙酸乙酯、三氯乙烯），分别作为芳香烃（高碳物种）、含氧衍生物、卤代烃的代表，规定各FID对此三种物质标气的测定值与其理论浓度的偏差应在给定范围，可提升不同仪器之间的一致性和数据可比性。调整多组分测定示值误差后，对E、F、H三套设备进行工业区现场实测非甲烷总烃浓度，统一响应范围后，工业区现场实测非甲烷总烃浓度时序图如图19-1-2所示。

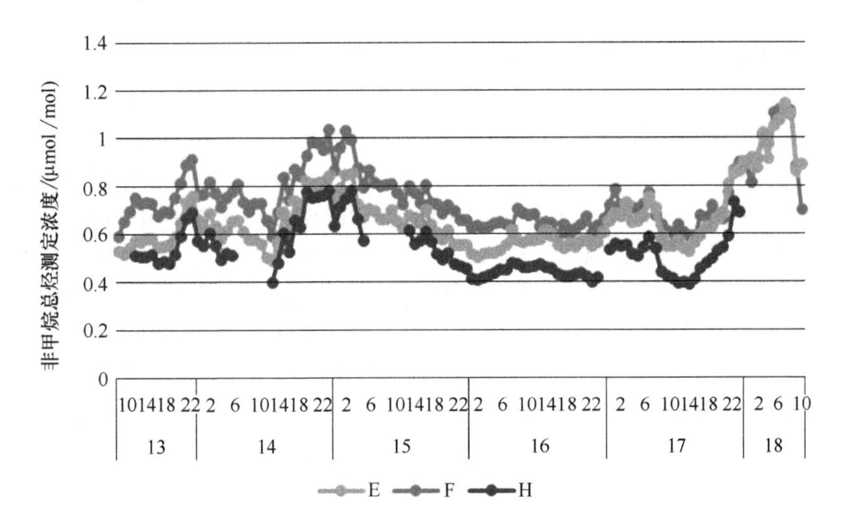

图 19-1-2 统一响应范围后工业区现场实测非甲烷总烃浓度时序图

图中示例的浓度范围 0.40～1.16μmol/mol，E、F、H 的非甲烷总烃平均浓度分别为0.63μmol/mol、0.74μmol/mol、0.54μmol/mol，可见三套设备非甲烷总烃浓度变化高度趋势一致，测量值接近，相比之前的监测数据有大幅改善。

多组分测定示值误差调整前后三个时段，E/F/H 三套设备工业区现场实测非甲烷总烃浓度的偏差范围，在调整前两个时段，三套设备实测值的平均标准偏差分别为55%及 77%，偏差范围 4%～108%；在调整后，平均标准偏差仅为 16%，且偏差范围缩小为 6%～22%。这表明多组分测定示值误差调节后，各设备对非甲烷总烃浓度的测量值一致性有大幅提高。

综上所述，非甲烷总烃监测在线监测系统具有差异性大，难控制的特点，在工业园区连续监测过程中，应严格控制分析条件和辅助设施，并对检出限、线性、空白、残留等关键技术指标做具体要求，尤其对甲苯（芳香烃）、乙酸乙酯（含氧衍生物）及三氯乙烯（卤代烃）的测定值与理论浓度的比值应在一定范围做统一要求，才能保障非甲烷总烃在线监测数据稳定可靠、可比性强。

19.1.2 环境空气有机硫在线监测的技术方法与应用

19.1.2.1 有机硫在线监测技术概述

有机硫如羰基硫、二硫化碳、甲硫醇、乙硫醇等除对人体感官具有强烈的刺激作用，多数还具有神经毒性，可作用于中枢神经系统，严重中毒时可引起抽搐甚至发生呼吸麻痹而死亡。在《恶臭污染物排放标准》（GB 14554—1993） 限制排放的 8 种物质中，有机硫恶臭污染物占了 4 种，分别为甲硫醇、甲硫醚、二甲二硫醚、二硫化碳。此外，《城镇污水处理厂大气污染物排放标准》（DB 31/982—2016）也规定了甲硫醇的排放限值。

我国已建立了恶臭污染物排放的检测方法标准、技术规范，包括《空气质量 硫化氢、甲硫醇、甲硫醚和二甲二硫的测定 气相色谱法》（GB/T 14678—1993），《气体分析 硫化物的测定 火焰光度气相色谱法》（GB/T 28727—2012）。但是这些标准都是限于实验室的仪器采用离线方法检测，不能实时监测，因此，推行有机硫的在线监测是监控和防控恶臭扰民的重要措施。

19.1.2.2　有机硫在线监测的技术方法

有机硫特别是甲硫醇、乙硫醇、甲硫醚、乙硫醚、二甲二硫醚，嗅阈值很低，环境空气样品需经过富集、浓缩才能达到所需的检出限。由于大多数有机硫气态寿命较短，极性强，活性高易氧化，富集难度较高。目前，EPATO-15 和 TO-14A 方法中采用气相色谱或气相色谱质谱法来分析空气中痕量挥发性有机硫。我国国家标准中，甲硫醇、甲硫醚、二甲二硫醚的检测方法为气相色谱法。而在线监测中主要应用的监测技术包括 GC-FID、GC-PID 和 GC-MS 方法，常用的有机硫在线监测方法主要是在线气相色谱法，常用的检测器有光离子化检测器（PID）和火焰光度检测器（FPD）。PID 检测器灵敏度较高，但是选择性较差，易受其他组分的干扰；FPD 是一种对硫化物具有高选择性和高灵敏度的检测器，可用于硫化物的痕量检测。

有机硫在线监测系统的主要构成单元为一台带有自动采样装置的气相色谱仪、一套校准设备、一台控制气相色谱仪的工控机和一套主导数据传输的数采系统。有机硫在线监测气相色谱仪的系统组成主要包括样品采集单元、样品富集单元、样品分离单元和样品检测单元。样品采集单元由采样入口、采样管、采样泵和流量控制部件等组成。

样品富集单元由一个富集模块与一个切割器组成，富集模块是通过一些有特异性吸附能力的填料在室温或者低温情况下对样品进行富集，富集完成后再通过迅速升温的办法将样品解吸下来，再由切割器直接输送至样品分离单元。样品分离单元由色谱柱与可控温度的柱温箱构成，色谱柱对样品中不同有机硫进行分离；分离后的样气在样品检测单元被硫化物选择性检测器测定，进行定性定量分析并输出谱图。

19.1.2.3　有机硫在线监测技术的应用关键

有机硫物种特性呈现黏附性大，不稳定和浓度低的特点，在线监测有机硫，需要从系统角度全面考虑，在采样、气路、分析等环节均要做充分考虑。通过一系列性能测试和工业园区长时间运行考核，以下对有机硫在线监测技术方法的应用关键提出几点要求。

（1）有机硫在线监测的分析周期

单个分析循环时间（分析周期）应≤30min，有效采样时间不低于 50%分析周期。从检测结果的有效性以及样品的代表性出发，有机硫的分析周期应尽可能缩短，采样时间占比应尽可能提高，30 min 与 50 %的采样时间占比是目前可达到的较为理想的指标。

（2）有机硫在线监测的采样系统

采样系统在满足 HJ 654—2013《环境空气气态污染物（SO_2、NO_2、O_3、CO）连续自动监测系统技术要求及检测方法》基础上，需满足以下要求：采样管单独设置（不加热）；采样量可准确计量，并可调节；采样总管应是玻璃等材质；采样支管应选择 PTFE 材质管路，外径为 0.635cm 的管路并短于 0.5m，其余部分均使用外径为 0.3175cm 的管路，且控制在 2m 以内；如果材质是不锈钢，内壁应惰性化处理，避免对有机硫测定产生影响。

（3）有机硫在线监测的分析系统（气相色谱）组成与控制

① 富集模块：填充对有机硫具有吸附能力的填料，要求吸附过程温度低于−10℃。

② 色谱柱：具有良好的柱效及分离效果（推荐使用预分离柱和分析柱）。

③ 柱温箱：不管是恒温阶段还是程序升温阶段都要有良好的重复性，确保保留时间的稳定，另外由最高柱温降至初始柱温所需时间不能超过 10min。

④ 检测器：采用硫化物选择性检测器，对有机硫具有良好的响应，且在目标化合物保留时间内不存在干扰物质；若配备 FPD 检测器，需具有自动点火装置及自动灭火检测功能。

⑤ 载气流量控制：能根据温度和压力的变化对载气流量进行精确控制，保证分析物质

保留时间稳定。

此外，还应重点关注仪器状态的控制、辅助系统的质量和标准气体的选择。

仪器状态的控制应包括柱前压：确定仪器载气压力控制是否正常，影响色谱保留时间（峰漂）；氢气流量：确定PFPD检测器是否正常工作，影响检测器响应；空气流量：确定PFPD检测器是否正常工作，影响检测器响应；冷阱温度：冷阱富集管是否处于设定温度，影响目标化合物富集效率、仪器响应；除水管温度：除水管是否处于设定温度，影响目标空气除水效率，影响重复性。

辅助系统主要指动态校准仪，其内部所有金属管路以及管路接头处均需要惰性化处理（包括流量控制器内部管路）。考虑到校准的准确性、可靠性、高效性，动态校准仪必须具备质量流量控制器的流量校准以及序列设置功能，实现不同配气浓度的时间设置与自动化切换。标准气体则应满足国家或国际要求，使用高压钢瓶保存，钢瓶压力不低于1.0MPa，应至少可保存半年。

19.1.2.4　有机硫在线监测的应用与管理机制

有机硫是工业园区产生异味扰民最主要的污染物之一，有机硫在线监测的应用与管理机制以在上海市工业园区有机硫在线监测技术应用为例，简介如下。

（1）超标分级报警机制

依据空气特征污染物小时浓度，结合24h累积超标时间和24h累积超标自动站数量，设计3个报警级别，其中24h累计超标自动站数量分别按照工业区汇总，由轻到重依次为三级报警、二级报警、一级报警，分别用黄、橙、红表示，红色为最高报警级别。

以甲硫醇为例，边界站超标报警分级见表19-1-1。

表19-1-1　上海某工业区域空气自动站甲硫醇超标报警分级

报警级别	小时浓度/($\mu g/m^3$)	24小时累计超标时间/h	24小时累计超标站数/个
一级报警（重度）	70（10倍限值）	3	3
二级报警（中度）	14（2倍限值）	2	2
三级报警（轻度）	7（标准限值）	1	1

（2）工业园区污染溯源机制

通过超标数据确认、启动溯源响应、溯源方位初步判定、溯源现场排摸、采样及结果跟踪情况、快报等环节，建立多级污染溯源响应机制，参见图19-1-3。通过有效污染溯源机制，

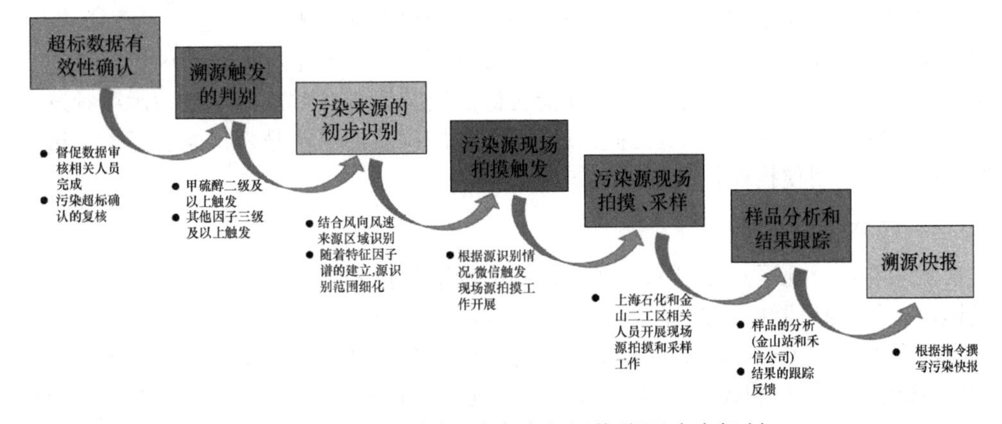

图19-1-3　工业园区建立多级污染溯源响应机制

以上海某两个工业园区为例，基于源排放的基础上，初步识别A园区和B园区6个站点每个方位的涉硫等恶臭拟来源某企业装置。基于多站点源方位识别，依托园区各自动站特征因子和气象实时观测数据，利用污染物玫瑰图、风向玫瑰图等方法开展对污染物来源方位大致判断识别，建立针对某种特征污染物快速锁定污染来源和大致方位的溯源方法和机制。

19.1.3　环境空气中无机恶臭气体在线监测的技术方法与应用

19.1.3.1　概述

环境空气中无机恶臭污染一般指氨气和硫化氢的恶臭污染。在工业园区，氨和硫化氢是最典型的无机恶臭污染物；主要是化工行业排放的大气污染物，其排放并无特定规律，以无组织形式排放为主，开展连续自动监测是锁定污染的最佳方式。

根据国内外对$PM_{2.5}$化学组分的研究成果，铵根是其最为重要组分之一，超过$PM_{2.5}$质量浓度的10%的来源指向环境空气中高含量的NH_3。硫化氢也是常见的污染物，石化、垃圾填埋、下水道等区域常伴有硫化氢存在和产生，其嗅阈值较低，带来严重影响。二者同时具有嗅阈值低、来源广、排放浓度高、集中排放频繁、铵根离子是主要前体物等物理化学特征，无论对社会环境、大气环境还是居民生活，都存在较大威胁。

工业园区环境监测对污染源排放的氨气和硫化氢等无机恶臭气体，提出了新的排放限值要求，并要求实现对恶臭气体的连续监测、监测数据准确、响应更快速，要求污染源企业对恶臭监测自我公布并报送环保，恶臭监测数据能支撑管理决策和应对民众疑虑等。

19.1.3.2　技术方法

目前，国内许多工业园区已配置了相关恶臭污染在线监测仪，建立了大气中恶臭气体的实时监测和污染风险评估的自动在线监控体系。但是由于检测设备的分散管理，所发挥作用有限，对恶臭污染的实时监测和突发事件应急处理是恶臭污染监管中亟须解决的问题。

国内许多园区，如上海地区的大型工业园区都已经开展对大气中氨和硫化氢气体的自动监测，并建成一批新的工业园区自动检测站，配置氨和硫化氢自动监测仪近70台套，涉及多种方法和品牌。另外，国内在浙江、广东等其他地区也开展了氨和硫化氢的自动监测。

大气环境及工业园区涉及使用的氨气分析仪和硫化氢分析仪类型较多，监测原理包含直测法/间接测法、化学发光法、紫外荧光法、紫外差分法、激光光谱法等；包括采用点式仪器/开放式仪器等多种类型。国内外有众多厂家生产各种型号的氨气和硫化氢分析仪，应根据仪器特点和应用范围，在不同应用领域选择不同的检测仪器和技术方法。

在线氨气分析仪主要分为直接监测法和间接监测法。浓度相对稳定的区域，宜选择化学发光法、激光光谱法等稳定性强、持续性能良好的监测手段。对监测场景为污染频发、接近厂界位置时，宜采用DOAS等响应速度快、可大范围同步的监测技术。需要深入至污染厂区开展监测时，宜选用便携性仪器。

19.1.3.3　技术指标分析

依据国家和部分地区对无机恶臭在线监测的标准和技术规范，硫化氢/氨气在线监测仪的性能指标，一般包括线性、准确度、精密度、检出限、稳定性、漂移等。考虑氨气和硫化氢两种恶臭污染物的黏附性、溶解性和受干扰等特性，在仪器比对测试时，增加了仪器响应时间/高浓度残留、采样口和校准口浓度偏差、系统响应时间/系统回降时间、干扰实验和环境温度影响等控制指标。

在线监测运行质量控制，请参照有关标准和规范的要求。具体的质量控制中，在开展 H_2S、NH_3 点检时，应注意当超出调节控制限而未超出漂移控制限时，应对仪器做相应调整，超出漂移控制限时应作仪器维护，并参照 HJ 654—2013 的相关要求执行。

例如，氨气/硫化氢分析仪的零点及跨度漂移要求参见表 19-1-2。

表 19-1-2　氨气/硫化氢零点及跨度漂移要求

项目	硫化氢	氨气	调节和漂移控制限
零点漂移	$\leqslant \pm 0.5\times10^{-9}$	$\leqslant \pm 2\times10^{-9}$	未超出调节控制限
	$\pm 0.5\times10^{-9} \leqslant \pm 1\times10^{-9}$	$\pm 2\times10^{-9} \leqslant \pm 3\times10^{-9}$	未超出漂移控制限
	$> \pm 1\times10^{-9}$	$> \pm 3\times10^{-9}$	超出漂移控制限
跨度漂移	$\leqslant \pm 3\%$	$\leqslant \pm 2\%$	未超出调节控制限
	$\pm 3\% \leqslant \pm 5\%$	$\pm 2\% \leqslant \pm 3\%$	未超出漂移控制限
	$> \pm 5\%$	$> \pm 3\%$	超出漂移控制限

19.1.3.4　技术应用

无机恶臭污染的在线监测，主要为大气环境、工业园区等技术应用，一方面通过高分辨率的在线监测数据，进行园区的恶臭污染报警，并结合溯源、企业排摸等定位恶臭污染源，防控因无机恶臭造成的民众投诉问题；另一方面，通过连续在线监测，评估大区域范围内氨气和硫化氢的污染水平、变化趋势和污染特征。无机恶臭在线监测是解决化工园区周边地区居民对恶臭投诉和对生态环境影响的重要举措。

19.1.4　空气特征污染物的在线光学监测技术方法与应用

19.1.4.1　概述

在线光学监测技术用于空气特征污染物的快速监测，是近十多年来在大气探测中发展迅速、应用广泛的在线监测技术。例如，在工业园区应用较多的有傅里叶变换红外光谱技术、紫外差分光谱分析技术和激光光谱分析等。

基于光学分析的在线仪器，依据光源使用的不同分为主动式和被动式两类，主动式又可分为长光程监测技术和抽取式监测技术。由于大气监测中大多数是微量及痕量气体，这些气体在光谱分析均有其特征吸收光谱，因而，在线红外光谱分析技术能应用于大气中大部分气体的监测。目前，已在气体污染点源、突发污染事故应急监测、城区特征区域得到广泛应用。

开放式长光程的光学监测技术能实现工业园区厂界、区域大气环境的面/线等大范围连续在线监测，可实现痕量物种的定性、定量在线监测预警；另外，通过抽取式的在线光学分析监测技术，可以实现对固定源排放的其他特征污染物进行在线监测；采用便携式光学分析仪器可以用于无组织排放监测及对突发事故现场的应急监测，与在线气相色谱类的监测技术互补，并形成完整的区域污染排放气体的环境监测体系。

19.1.4.2　光学监测应用与技术关键

用于区域环境大气监测的环境光学监测仪器种类很多，用于厂界及区域环境大气监测技术，主要有开放式长光程的光学监测等技术。

开放式长光程的光学监测技术是基于大气对特征污染物的吸收，采用光路直接透过大气的监测模式，对环境空气中痕量和高浓度的气体进行实时监测。开放式遥测的光学仪器无需采样过程，即能对长距离范围内所有的特征污染物进行实时监控。该仪器的时间分辨率可达分钟级、无盲区、测定简单和维护量小，是一种适用的环境大气监测技术。

开放式光学监测技术已在工业区较多地用于厂区的预警监测、周边大气环境的连续监测等。探索和开发光学监测技术应从应急监测、源谱建立、溯源、污染事件评估和特征规律解析等多方面进行方法体系的开发。光学技术在监测时间分辨率、采样代表性和机动性等方面具有一定的优势和适用性。

环境大气光学在线监测与气相色谱类监测技术相比，尚存在被测组分干扰、自动解析不足、易受环境干扰、数据应用欠缺、技术要求高等问题。在工业园区实际应用中，应同步考虑其技术优势和技术限制，建立适宜的监测应用体系。

目前，开放式光学监测技术的应用关键包括适用性研究、质保质控体系和技术方法体系等几个方面。特别是在质保质控体系上，从仪器、光谱质量、光谱解析和质量核查等四方面搭建。硬件质量控制需考虑光学仪器主机的平稳、外部温度湿度条件的长期适应性，检测光路的光程合理性设计和通畅性，光路反射端或接收端的支撑稳定性、防尘防水和清洁便利性，所处点位的风向传输性和点位距离的实用性等。

在光谱质量控制上，应全面掌握监测仪器的信号均方根噪声、光强度、检出限信噪比和质量验证等质量指标，从而有效评估光谱信号稳定性、光谱信号强度、噪声大小、检测能力和仪器监测准确性等技术关键。技术方法上，需根据工业区实际情况和技术适用性，做针对性的监测评价，如基于突发高污染评价方法、基于浓度水平评价方法和应急监测评价方法等。

19.1.4.3　光学监测技术应用体系的建设

光学监测技术具有稳定、快速、便携等技术特点，在园区应用中，与传统点式气相色谱技术互为补充、配合。具体监测应用体系的建设包括以下方面。

（1）获取连续数据，发现长期规律

光学监测技术通常具有较高的稳定性，部分仪器甚至可连续监测 1 年以上时间，技术维护量极少，从而能够获取高时间分辨率的连续数据，掌握时间变化规律。如在上海某工业区，通过开放式傅里叶红外光谱分析（OP-FTIR）一年的观测，可有效测定区域内特征污染物，建立特征因子库，支持观测区域监测事件的快速响应和数据评估。如表 19-1-3 所示。

表 19-1-3　上海某工业园的区域特征因子库

物种项	物质名称	年检出率/%	来源方向
特征因子库	氨	100	西北
	乙烯	95	东南方
	甲醇	96	东南方
	乙酸乙酯	90	东南方
	汽油（低碳烷烃）	85	南方、东南方
	甲基叔丁基醚	10	南方
	煤油（高碳烷烃）	30	南方
	丁烷	45	南方、东南方
	丙烯	10	东南方
	1,3-丁二烯	6.50	东南方
	二氯甲烷	5.10	东南方
	一氯二氟甲烷	4.70	东南方
	二氯氟乙烷	5.10	东南方

监测点区域主要的特征污染物除大气中长存因子如氨、臭氧等以外，企业的污染物排放主要以乙烯、甲醇、乙酸乙酯、汽油类低碳烷烃、煤油类高碳烷烃和部分卤代烷烃等12种特征因子为主，并间隔性地监测出苯类、六氟化硫、四氢呋喃等30多种污染危害较大但检出率低的特征污染物。在实际的监督管控中，针对企业情况、物种危害性等特点，设置相应的警戒值，便可依据OP-FTIR建立的当地主要的毒害污染物因子库进行有效监控，结合原辅料相匹配的生产企业信息，实现实时预警。

（2）突发污染监测、溯源

光学监测技术分析速度快，响应时间只有分钟级，甚至秒级的监测时间分辨率，同时具有被动遥测、固定连续监测和移动式监测等多种模式，可以捕捉特定方位区域内突发性的污染排放。高分辨率的监测数据匹配气象数据和模型反演，可快速锁定污染来源的大致方位，结合特征装置的移动监测和被动式遥测，能够精准定位污染排放源。

某工业园区应用光学监测技术，在2018年上半年捕获30余次高浓度瞬时污染，年度累计近百次突发污染排放，因持续时间短，多数污染点式仪器未能及时响应。通过光学监测技术，可实现污染排放的长时间连续捕获，开展针对性管控，如图19-1-4。

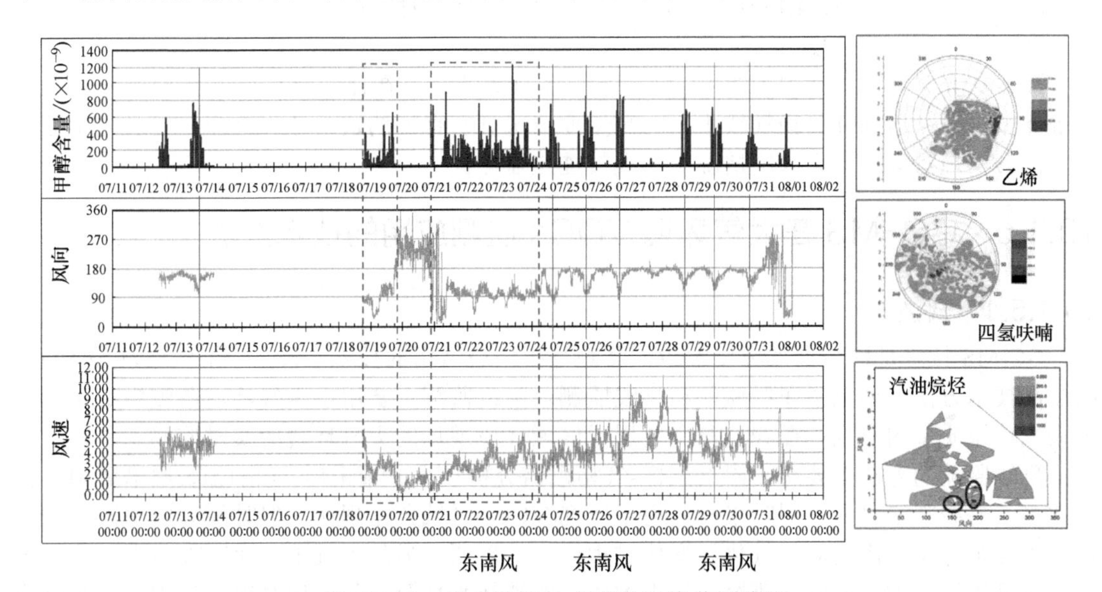

图19-1-4 光学监测技术突发污染监测溯源

利用光学监测技术对某工业区开展连续监测，多次突发污染来源指向一致，结合源谱、装置和光学技术实地排查，掌握瞬时污染来源，实现了有效管控。

（3）区域大范围同步监测

点式在线监测技术无法实现较大范围的同步监测，也无法捕捉特定区域瞬时发生的大气污染。采用长光程光学监测技术，可以在保持分钟甚至秒级的监测时间分辨率的前提下，将光路拉长至数百米甚至公里级，从而实现一条测线内大范围的同步监测。

被动式的光学遥测技术则可以在数公里之外通过排放源泄漏的污染物特征吸收进行高浓度下的定性定量监测，实现特定污染源的范围性连续监测。

（4）监测特有光学特性和感度的污染物

工业园区在线监测的污染因子，包括PAMS、TO15及醛酮类等100多项因子，标准方法均参照 EPA 的相关要求。这些有机物种因子，基本采用在线气相色谱方法进行监测。但在复杂的工业区环境的污染源排放，特别是无组织排放监测中，泄漏代表点排放的污染物的种类多达 100 多种，不可能都采用在线气相色谱法进行有效监测。

环境光学监测技术是在线分析最常用的分析技术，如 FTIR 既可以监测有机物，也可以对无机物开展监测。环境光学监测可以用于监测特有光学特性和感度的污染物，包括对工业园区的可能会发生的高浓度排放的污染物，如汽油类烷烃、异丁烷、对二甲苯、一氯二氟乙烷、二甲醚、甲醛、乙酸甲酯、乙酸乙酯、甲醇、环氧乙烷、四氢呋喃、乙酸、丙酸、二甲基甲酰胺、光气、乙酸乙烯酯等数十种工业园区常见的污染物。

（5）走航监测，评估区域分布

抽取式光学监测仪器因其监测稳定性、可蓄电和便携的特点，可用于工业园区的走航监测，用于评估园区污染的区域分布，定位高污染区域或异常泄漏区域，从而重点监管。例如，2018 年，上海某工业区应用便携式 FTIR 和便携式 DOAS 对垃圾填埋场进行走航监测，评估氨气无组织排放浓度水平及分布。结果表明，垃圾填埋场氨气的分布主要集中在渗滤液池、渗滤液处理厂、污泥填埋区域。其中渗滤液处理池出现氨气浓度最高值，冬天最高浓度 1.1×10^{-6}，夏天最高浓度 4.1×10^{-6}，夏季利于氨气的生成和扩散。

（6）污染源、高浓度下连续监测

开放式光学监测技术具有非接 触式采样监测的特点，在监测过程中不会产生样品预处理等环节，对仪器部件的损耗较小，对高浓度情况具有良好的适用性。因而，此类光学监测技术能够实现污染源或高浓度情况下的大气连续监测。

19.1.5　GC-MS 在大气环境 VOCs 监测应用的技术方法

19.1.5.1　概述

GC-MS 技术是区域大气环境 VOCs 监测分析中最常用的技术手段之一。大气环境 VOCs 的监测技术方法主要包括在线监测和离线监测。离线监测主要用于大气环境监测中心站，用于大气环境质量的研究；在线监测主要用于区域环境现场的大气环境的实时监测。

离线监测的方法主要有吸附剂采样-气相色谱分析技术、罐采样-气相色谱/质谱联用分析技术等。离线方法可多点同时采样，用于研究 VOCs 区域分布规律，但时间分辨率较低，采样过程复杂，难以满足对大气化学变化过程研究的需要；另外大气中 VOCs 参与大气化学过程生成臭氧等二次污染物，研究大气中 VOCs 的消耗水平及变化过程对深入认识二次污染物的生成过程意义重大，因此实时在线采样分析是研究大气环境的重要手段。

大气环境中 VOCs 种类众多，与污染源废气排放的 VOCs 相比，检测组分多、检测浓度普遍较低，且具有较强的活性，直接进样的 GC-MS 测量通常无法实现高灵敏度精准分析，必须预先进行 VOCs 浓缩处理。常见的浓缩方法是采用吸附剂进行富集，但该方法存在效率低且对部分组分吸附脱附效率差的问题。

近年来发展起来一种超低温空管富集技术，即采用低于−150℃的超低温环境直接进行 VOCs 捕集浓缩，无需使用任何吸附剂，可实现空气 VOCs 的全组分高效浓缩，较吸附剂富集技术具有明显的优势。

采用预浓缩系统与气质联用仪联用，对环境空气中的痕量挥发性有机硫进行分析，包括甲硫醇、乙硫醇、甲硫醚、乙硫醚等，6 次重复测定，相对标准偏差小于 9%。气相色谱法对有机化合物具有高效的分离能力，质谱法对纯化合物具有准确的定性能力，两者完美地结合，使 GC-MS 检测分析方法既可有效地分离化合物，又可准确鉴定化合物的结构，对复杂多组分混合有机物分析的检测限可达 10^{-11}g。

气相色谱-质谱法可选择不同类型色谱柱分离不同类型的化合物，有些色谱柱可分离超过 100 种的有机化合物，分离的化合物依次进入质谱，可根据不同质荷比的碎片离子来定性化合物，弥补了气相色谱定性的局限性。根据需要，可选择全扫描方式或离子扫描方式，选择离子扫描可去除其他离子的干扰，极大提高检测灵敏度。

大气环境空气的在线监测，也包括采用苏玛罐采集大气样品及预浓缩系统富集，实现现场实验室的 GC-MS 监测，在线 GC-MS 可测定区域大气环境空气中挥发性有机物，能有效分离 65 种挥发性有机物。

19.1.5.2　采用预浓缩系统与气质联用仪的技术方法

超低温空管富集浓缩技术是利用超低温下的空管对 VOCs 富集的技术，无须吸附剂，避免了吸附剂对待测组分的干扰，测量结果更加准确。

例如，一种新型的大气挥发性有机物在线监测系统，将超低温冷阱捕集热解吸装置与气相色谱质谱联用，通过-10℃左右低温除水后，再通过-150 ℃的超低温捕集，热解吸后进入气相色谱质谱联用仪分析。经过与认证的 VOCs 在线监测仪器对比，对于相同目标化合物进行分析，其相关系数在 0.7412～0.9620。超低温空管富集浓缩技术具有富集效率高、不易受干扰、取样量少、时间分辨高等优点，与质谱、色谱联用，可得到良好的监测效果。

又如，一种搭载质谱仪和氢火焰离子化检测器的气相色谱仪（GC-MS/FID）的 VOCs 在线监测系统，搭载了一个可创建-165℃超低温的冷却装置，用来富集 VOCs。与质子转移质谱、在线搭载氢火焰离子化检测器和光电离子化检测器的气相色谱仪（GC-FID/PID）进行对比，烷烃，乙炔、C_2～C_3 烯烃、C_6～C_8 芳香烃和卤代烃表现出良好的一致性。采用低温空管冷冻浓缩技术对环境空气中多组分 VOCs 复杂样品进行自动监测，应注意超低温空管冷冻浓缩技术的采样流量、采样时间、冷冻温度等条件对环境空气中 VOCs 的测定的影响。

将大气 VOCs 吸附浓缩在线采样装置与 GC-MS/FID 相结合，用于对 C_2～C_{12} 烃类、含氧有机物及卤代烃等在内的 100 多种 VOCs 进行在线分析，大大提高了对大气中 VOCs 的检出限。其中 VOCs 吸附浓缩在线采样系统，通过双级深冷富集将样品中 VOCs 全组分高效捕集并浓缩于捕集管中。其中一级深冷实现对 VOCs 的捕集及脱水，二级深冷实现 VOCs 二次浓缩。样品经过快速加热汽化后进入 GC-FID/MS 双通道检测系统完成分析。该套系统直接通过深冷环境对 VOCs 实现捕集与浓缩，无须填充任何吸附剂。

① 双通道在线采样气路系统的应用

双通道采样气路系统提供多个可切换的进样口，供空气、外标气、内标气等样品自动切换进样，其中第一通道连接 GC-FID 检测器，主要用于低碳组分检测，第二通道连接 GC-MS 检测器，主要用于高碳组分检测。每个通道含有一根第一级捕集管和一根第二级聚焦管；第一级捕集管与第二级聚焦管之间通过冷阱外部的十二通阀连接，并通过十二通阀与气路系统及 GC-MS/FID 分析系统连接。双通道采样气路系统如图 19-1-5 所示。

② 超低温冷阱系统的应用

超低温冷阱系统采用多元混合工质的自然复叠制冷原理，使用单台压缩机，通过多级复叠、自然分离的方法，在低沸点组分和高沸点组分之间实现了复叠，达到制取低温的目的，可代替液氮实现持续超低温制冷。冷阱模块提供了四根超低温冷阱管，冷阱管内部均达到

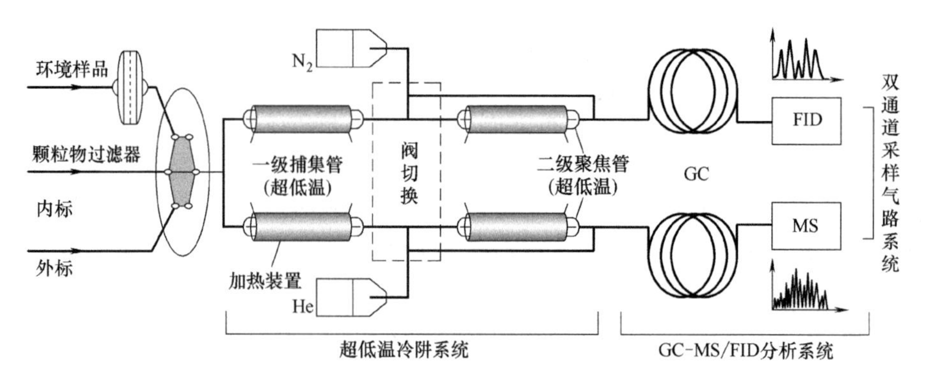

图 19-1-5　双通道采样气路系统示意图

−150℃环境，使样品捕集过程中捕集管和聚焦管都能达到超低温。

四根冷阱管外覆盖超快速加热装置，能将管内的 VOCs 快速解吸，使聚焦过程达到聚焦和除水的目的，以及解吸过程快速升温。加热装置中的热电偶温度传感器能实时反馈温度。第一通道的第一级捕集管采用内径为 2mm 的石英玻璃管，第二级聚焦管为了提高对低碳 VOCs 组分的捕集能力，采用含有固定相的 PLOT 毛细管；第二通道的第一级捕集管同样采用内径为 2mm 的石英玻璃管，确保 VOCs 无吸附且稳定耐用，第二级聚焦管采用内径为 0.53mm 的空毛细管。

19.1.5.3　在线吸附浓缩-气相色谱质谱联用仪分析环境空气成分的应用案例

应用在线吸附浓缩-气相色谱质谱联用仪，对某生产车间室内环境空气成分进行分析，在该车间室内空气中检出 83 种 VOCs。其中，FID 检测器主要检出烷烃、烯烃类物质，包括乙烷、乙烯、丙烷、丙烯、异丁烷、正丁烷、乙炔、正丁烯 8 种组分，总浓度为 14nmol/mol，其中乙烷、丙烷、正丁烷、异丁烷和乙炔浓度较高，均超过 1nmol/mol，GC-FID 检测结果参见图 19-1-6（a）。MS 检测器检出酮类、醇类、卤代有机物等 75 种 VOCs 组分，其中丙酮、乙醇、甲苯、二氯甲烷、2-丁酮浓度较高，均超过 1nmol/mol。由此可见，同时采用 FID 和 MS 检测器，可以更全面地表征空气中 VOCs 组分，GC-MS 检测结果参见图 19-1-6（b）。

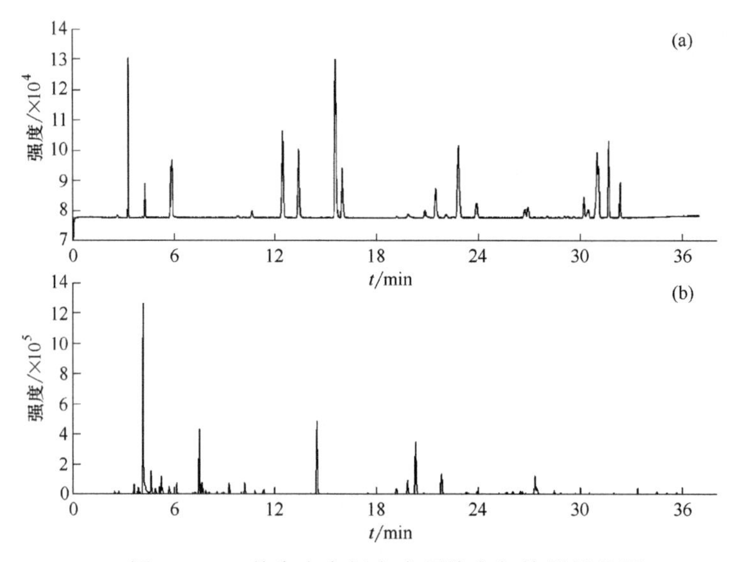

图 19-1-6　某生产车间室内环境空气检测组分图

VOCs 吸附浓缩在线监测系统能在 60min 内给出约 108 种 VOCs 的准确浓度，每天会产生 23 个样品浓度和 1 个质量控制浓度。部分烷烃的日变化趋势如图 19-1-7 所示。

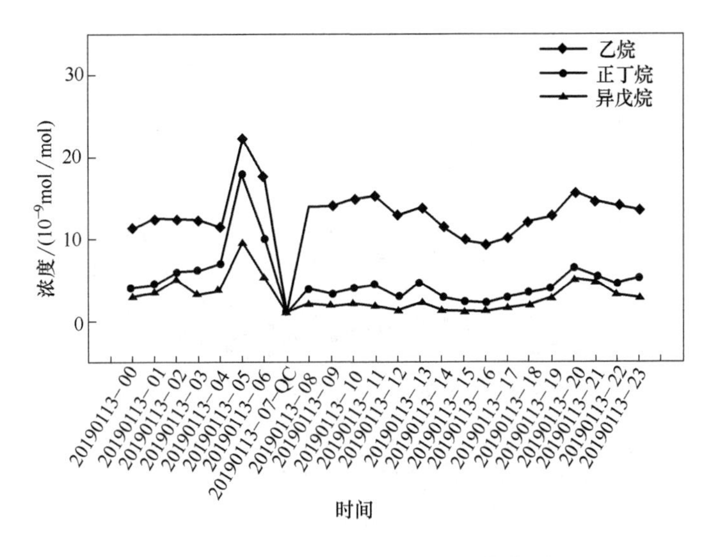

图 19-1-7　部分烷烃的日变化趋势图

由图中可以看出，乙烷、正丁烷、异戊烷的浓度变化趋势基本一致，在 5:00、13:00、20:00 会出现峰值，且凌晨 5:00 这几种烷烃浓度最高，异戊烷是汽油挥发的指示剂，峰值出现可能与汽车出行相关，且峰值多出现在中午及上下班时刻。部分卤代烃的日变化趋势如图 19-1-8 所示，可以看出卤代烃变化趋势不明显，尤其是 1,2,2-三氟-1,1,2-三氯乙烷（氟利昂 113）基本没有变化，浓度始终维持在 8×10^{-11}mol/mol 左右，VOCs 吸附浓缩在线监测系统在测量卤代烃等 VOCs 时与其他仪器可保持高度一致性。

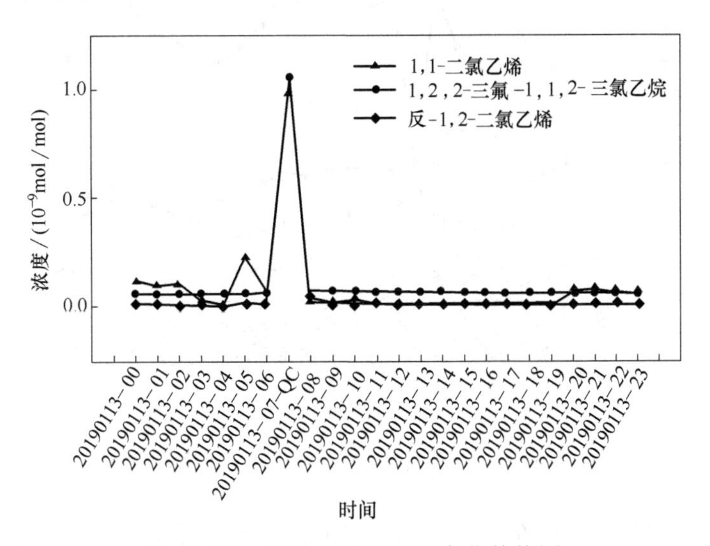

图 19-1-8　部分卤代烃的日变化趋势图

部分苯系物的日变化趋势如图 19-1-9 所示，苯、甲苯、间/对二甲苯日变化趋势基本一致，在 5:00、11:00、13:00、20:00 出现峰值，有可能和机动车排放有关，也符合上下班交通高峰情况，且在 5:00 甲苯浓度非常高，可能是某处排放和泄漏造成。整体上，苯系物与烷烃变化趋势基本一致。

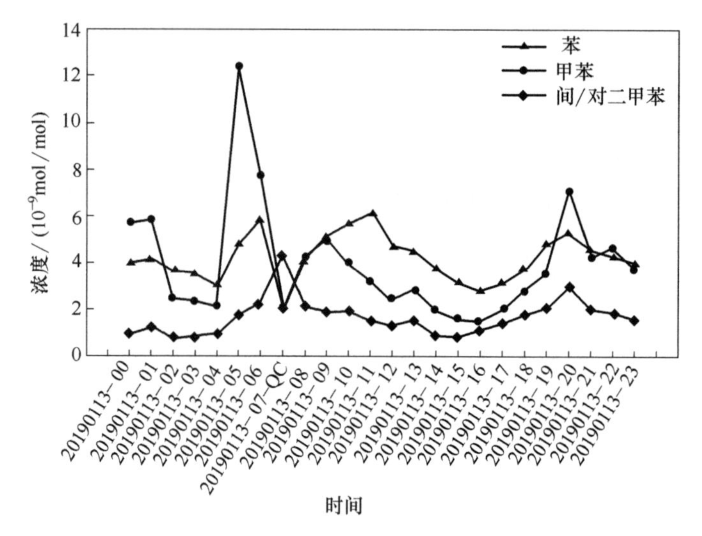

图 19-1-9 部分苯系物的日变化趋势图

部分含氧类 VOCs 的日变化趋势如图 19-1-10 所示，丙烯醛、丙酮、2-丁酮的日浓度变化趋势基本一致，在 5:00、13:00、20:00 出现峰值，在 5:00 时浓度最高，14:00～16:00 浓度呈下降趋势，且丙酮的浓度一直高于丙烯醛、2-丁酮的浓度。

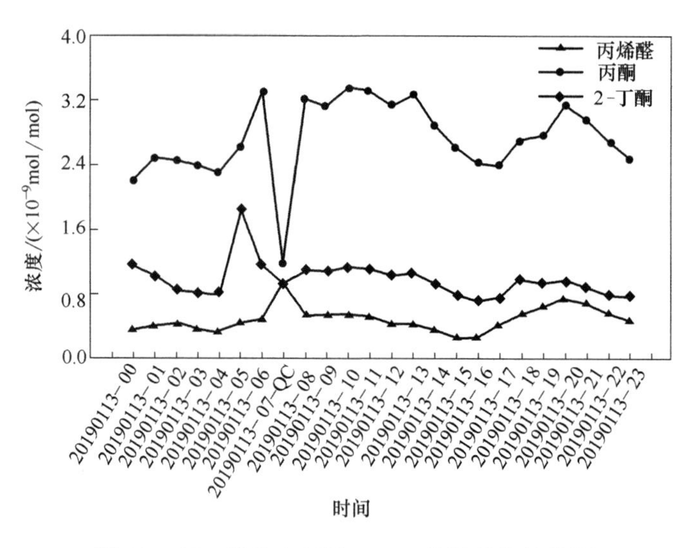

图 19-1-10 部分含氧类 VOCs 的日变化趋势图

TVOC 的日变化趋势如图 19-1-11 所示，4 天的 TVOC 变化趋势基本一致，在 10:00、20:00 出现峰值，尤其是 20:00 浓度最高，在 14:00 左右浓度最低，符合上下班交通高峰状态，也有可能是有某地点定时排放等情况。且在后面两天 VOCs 浓度有所下降。

异戊二烯以植物排放为主，异戊二烯的日变化趋势如图 19-1-12 所示。

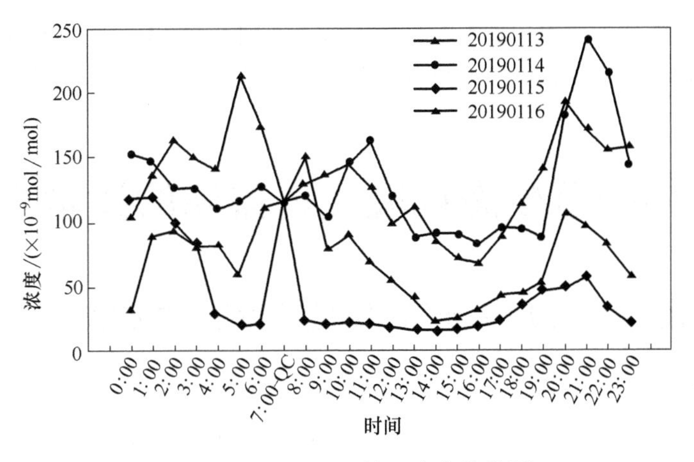

图 19-1-11 TVOC 的日变化趋势图

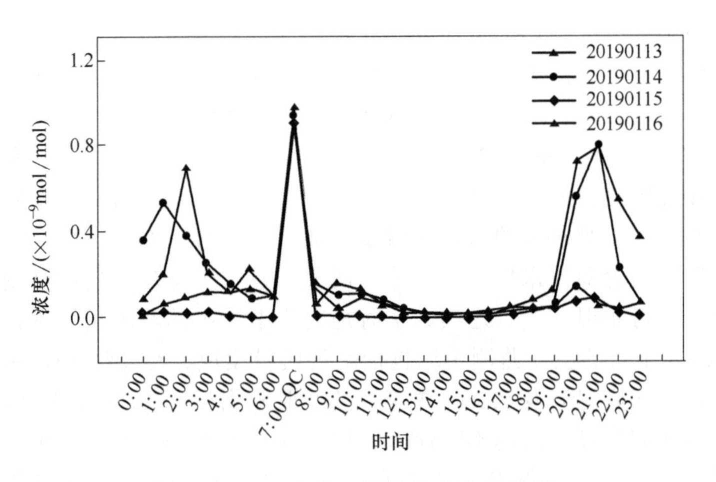

图 19-1-12 异戊二烯的日变化趋势图

从图中可以看出，在2:00、5:00、9:00、20:00出现峰值，与TVOC的峰值有相似之处。烷烃、烯烃、卤代烃、含氧VOCs、苯系物等各类VOCs多日均值占比图如图19-1-13所示。

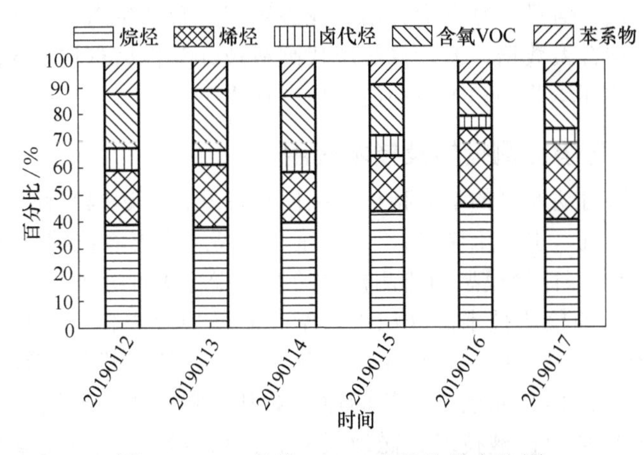

图 19-1-13 各类 VOCs 多日均值占比图

可以发现，除卤代烃外，其他各类 VOCs 每天占比不同，在 13 日含氧 VOCs 浓度占比较高；在 14 日苯系物浓度占比较高；在 16 日烷烃和烯烃浓度占比较高。这受每天的环境条件和人为活动的共同影响。

19.2　区域智慧生态环境质量监测的技术方法与应用

19.2.1　区域智慧生态环境质量自动监测的技术方法

19.2.1.1　概述

对于区域生态系统环境质量（大气、水、土壤等）的调查及监测，主要聚焦于生态环境背景值，是由国家及地方环保、水利、林业等部门协同进行的。区域生态环境监测的重点、监测指标等要求与工业园区环境污染监测不完全相同，监测技术方法也不完全相同。

区域生态环境监测采用的方式主要是由在线监测仪器设备和人工监测相结合。区域生态环境监测的重点是大气环境、水环境及土壤环境质量的监测，例如，大气环境监测组分主要有 VOCs、H_2S、NH_3、Cl_2、SO_2、NO_2、CO、$PM_{2.5}$ 等环境污染物与有毒有害气体。目前，国内的区域生态环境监测技术已经开始与物联网、大数据、云平台等技术相结合。

国内从事生态环境监测研究的科研院所及企业，于 2015 年首次将“生态物联+云平台+信息发布与共享”等概念和技术集成于一体，研究开发了生态功能自动监测系统平台（以下简称 EAMS 平台），可实现在线、连续、实时地对生态系统的环境指标进行监测，并进行生态功能评价。EAMS 平台的主要监测模块包括空气质量模块、大气要素模块、光合作用模块、土壤理化模块、水质（底泥）及水文模块等，涉及监测指标有 42 项生态环境指标。

随着国家生态文明建设步伐的不断深入，以及基于大数据云平台的生态环境监测网络的建设，我国区域生态环境自动监测需要在互联网+、大数据、云平台等高科技技术研发方面得到加强，并将研究成果应用于生态环境领域，为我国生态环境本底调查、监控、监察，以及不同类型生态系统的保护发挥更加重要的作用。

EAMS 平台主要用于实现生态环境监测指标的实时连续在线监测、数据采集传输及分析、生态功能评价模型研发、信息实时查询、站内业务管理、智慧生态管理等功能。EAMS 平台面向各类生态系统，结合大数据、云计算等现代高科技计算机信息技术应用，从而提升区域内各种类型生态系统的环境监测和生态功能价值评估水平。

19.2.1.2　区域生态环境监测指标及技术应用

区域生态环境能够自动监测的基础指标和拓展指标共计可达 42 种。依据各监测指标所属的环境子系统（如空气、水、土壤等），或者某一类特殊生态系统综合评价需求（如湖泊、湿地），或者在使用的生态评价模型的监测模块的基本指标进行分类。

各监测指标所应用的检测技术简介如下。空气质量模块中包含的监测指标，主要是各类气体污染物，属于某单一物质，均可采用电化学或光学原理进行监测。光合作用模块中采用了电化学或红外传感器、光敏二极管的原理对几种指标进行监测；大气要素模块各传感器采用的技术原理包括微机械技术、磁敏反应、热敏反应、湿敏反应等；在土壤基础模块中采用热敏电阻监测温度，电极监测土壤中的湿度和电导率。在拓展模块中，各监测指标监测过程均采用成熟、可靠、应用广泛的传感器，其传感器原理主要包括电化学、红外、光电式等。

EAMS 平台监测模块及指标、原理、分辨率及适用类型详见表 19-2-1（基础监测模块及指标）和表 19-2-2（可拓展监测模块及指标）。

表 19-2-1　EAMS 平台基础监测模块及指标

EAMS 平台基础监测模块及指标							
序号	监测模块	监测指标	测量原理	传感器	测量范围	分辨率	适用生态系统类型
1	空气质量	$PM_{2.5}$	激光散射	$PM_{2.5}/PM_{10}$ 传感器	0～$1mg/m^3$	$1mg/m^3$	基础监测模块及监测指标适用于所有类型生态系统（森林、草原、湖泊、湿地、沙漠等）
2		PM_{10}	激光散射	$PM_{2.5}/PM_{10}$ 传感器	0～$1mg/m^3$	$1mg/m^3$	
3		SO_2	兼容红外、电化学	SO_2 传感器	$(0\sim2)\times10^{-6}$	$\leqslant10\times10^{-9}$	
4		NO_2		NO_2 传感器	$(0\sim2)\times10^{-6}$	$\leqslant10\times10^{-9}$	
5		CO		CO 传感器	$(0\sim12.5)\times10^{-6}$	$\leqslant10\times10^{-9}$	
6		O_3		O_3 传感器	$(0\sim2)\times10^{-6}$	$\leqslant10\times10^{-9}$	
7	光合作用	CO_2	红外	CO_2 传感器	$(0\sim2000)\times10^{-6}$	1×10^{-6}	
8		O_2	兼容红外、电化学	O_2 传感器	0～25%（体积分数）	0.1%（体积分数）	
9		光照度	光敏二极管	光照度传感器	0～200000Lux		
10		太阳总辐射	光敏二极管	太阳总辐射传感器	0～$2000W/m^2$		
11	大气要素	大气压力	微机械技术	大气压力传感器	10～1100hPa	0.1hPa	
12		风速	接触式	风速传感器	0～70m/s	0.1m/s	
13		风向	磁敏感应	风向传感器	0～360°		
14		大气温度	热敏感应	大气温度传感器	-50～100℃	0.1℃	
15		大气湿度	湿敏感应	大气湿度传感器	0～100%RH	0.1%RH	
16		降雨	翻斗式	降雨量传感器	≤4mm/min（降水强度）	0.2mm/min（6.28ml）	
17		蒸发	称重式	蒸发量传感器	0～1000mm	0.1mm	
18	土壤基础	pH	电极	pH 值传感器	0～14		
19		温度（表层、浅层、壤中）	热敏电阻	土壤温度传感器	-50～100℃		
20		湿度（表层、浅层、壤中）	电极	土壤湿度传感器	0～100%	0.10%	
21		电导率	电极	土壤电导率/盐分一体化传感器	0～20mS/cm	0.01mS/cm	

由表 19-2-1 及表 19-2-2 可知，每种监测指标采用的方法原理与国家标准方法有差异。采用上述方法原理的原因主要在于监测成本和系统部署成本较低、适宜大规模应用，便于实现真正的大规模网格化管理。通过大数据相关技术，在占用大量数据的基础上，进行生态环境质量及功能的趋势分析。此外，对监测数据可通过与采用国家标准方法建设的国控监测数据进行差分分析，以确保 EAMS 平台监测数据的准确性和精确性。

在应用传感器技术时，需要经过长期深入对比研究，掌握各种类型传感器在不同生态系统中的实际使用寿命、有效使用周期、灵敏度、准确度等重要内部参数，为各类型生态系统自动监测应用提供重要的技术支撑。

表 19-2-2　EAMS 平台可拓展监测模块及指标

EAMS 平台拓展监测模块及指标							
序号	拓展模块	监测指标	监测原理	传感器	测量范围	分辨率	适用生态系统类型
1	水体监测（底泥监测）	pH 值	电极	pH 传感器	0～14	0.01	适用于各种类型地表水体（湖泊、湿地、河流等）
2		水位	静压投入式	水位传感器	0～1000cm	1cm	
3		水深	压力	水深传感器	0～3MPa	300Pa	
4		水体透明度	光电	透明度传感器	0～100 不透明度单位	1.0 不透明度单位	
5		水温	接触式	水温传感器	−50～200℃	0.1℃	
6		溶解氧	电极	溶解氧传感器	0～20.00mg/L	0.01mg/L	
7		氧化还原电位	电极	ORP 传感器	−500～1500mV	1mV	
8		浊度	光电	浊度传感器	0～3000 NTU	0.1 NTU	
9		叶绿素 a	光电	叶绿素 a 传感器	0～500 μg/L	0.02μg/L	
10		蓝绿藻指标	光电	蓝绿藻传感器	0～500μg/L	0.02μg/l	
11		铜	电化学	铜离子传感器	10^{-7}～10^{-1}mol/L	0.5%	
12		铅	电化学	铅离子传感器	10^{-8}～10^{-1}mol/L	0.5%	
13		镉	电化学	镉离子传感器	5×10^{-6}～10^{-1}mol/L	0.5%	
14	温室气体	CH_4	红外	甲烷传感器	$(0～2000)\times10^{-6}$	10^{-6}	所有类型
15		NO	红外	一氧化氮传感器	$(0～5000)\times10^{-6}$	10^{-6}	
16		H_2S	电化学	硫化氢传感器	$(0～2000)\times10^{-6}$	10^{-6}	
17	水文过程	地表径流	电极	明渠流量计			除水域外所有类型
18		壤中径流	电极	电磁流量计	0.32～6.3m^3/h		
19		树干径流	电极	涡轮流量计	0.04～0.25m^3/h		
20	植被生长	LAI	光电	叶面积指数仪	0～2700μmol·m^2/s	1μmol·m^2/s	森林、草原、湿地、农田等
21		负氧离子	电容法	负氧离子检测仪		$(0～500)\times10^4m^{-3}$	森林、草原、湿地、绿地等

19.2.1.3　区域生态环境监测的大数据、云计算技术

（1）大数据

区域生态环境监测平台的运营具有很典型的数据周期性，平台建立后，便会形成一个数据逐渐接入、数据节点全国扩张的过程。在最初的规模量级数据节点接入完成后，经过一段时间的运行，数据呈几何级数规模增长，大数据的特征就可以得到初步显现，展现出行业特色的数据图景。汇聚平台的海量运行数据，平台需要解决海量数据如何实现基于同一协议的数据共享与交换，从而实现多源异构数据的复合、关联，并挖掘数据的派生价值。

系统采用基于 Hadoop 大数据平台架构设计，Hadoop 是一个开源的可运行于大规模集群上的分布式文件系统和运行处理基础框架，进行海量数据（结构化与非结构化）的存储与离线处理。可以使用户在不了解分布式底层细节的情况下，开发分布式程序。

Hadoop 的四层架构如下。

① 存储层，HDFS 已经成为了大数据磁盘存储的事实标准，用于海量日志类大文件的在线存储。

② 管控层，又分为数据管控和资源管控。随着 Hadoop 集群规模的增大以及对外服务的

扩展，如何有效可靠地共享利用资源是管控层需要解决的问题。YARN 成为了 Hadoop 通用资源管理平台。Hadoop 依靠且仅依靠 Kerberos 来实现安全机制，但每一个组件都将进行自己的验证和授权策略。

③ 计算引擎层，Hadoop 生态和其他生态最大的不同之一就是“单一平台多种应用”理念。传统的数据库底层只有一个引擎，只处理关系型应用，所以是“单一平台单一应用”。Hadoop 在底层共用一份 HDFS 存储，上层有很多个组件分别服务多种应用场景。

④服务层，基于 MapReduce、Spark 等计算引擎的高级封装及工具，如 Hive、Pig、Mahout 等。服务层是包装底层引擎的编程 API 细节，对业务人员提供更高抽象的访问模型。

（2）云计算

关键技术包括虚拟化技术、云计算平台管理技术、海量数据分布存储技术及数据管理技术。其特点如下。

① 按需自助式服务：用户可以根据自身实际需求扩展和使用云计算资源，具有快速提供资源和服务的能力，可以及时进行资源的分配和回收。

② 广泛的网络访问：使用者不需要部署相关的复杂硬件设施和应用软件，也不需要了解所使用资源的物理位置和配置等信息，可以直接通过互联网或内部网透明访问即可获取云中的计算资源。

③ 资源池：将计算资源汇集在一起，通过使用多租户模式将不同的物理和虚拟资源动态分配多个消费者，并根据消费者的需求重新分配资源而不需要任何控制或知道所提供资源的确切位置。

④ 快速弹性使用：快速部署资源或获得服务，根据用户需求变化能够快速而弹性地实现资源供应。云计算平台可以按客户需求快速部署和提供资源。

⑤ 可度量的服务：云服务系统可以根据服务类型提供相应的计量方式，还可以监测、控制和管理资源使用程序。

（3）生态环境监测大数据高度可靠的云安全保障

云计算具有虚拟化、可伸缩的架构，可以低廉的价格取代传统的企业信息化硬件建设投入，满足在全生命周期内自适应计算基础设施的需求。诸如这些好处，也带来了用户广泛关注的云计算的安全问题。云安全包括安全性、隐私性、可靠性等。

EAMS 平台采用了拥有自主知识产权的“复凌云计算平台通用权限管理中间件系统应用软件 V1.0（2015SR077928）”技术来解决安全问题。

① 安全性：通过数据汇聚服务器与 EAMS 平台之间建立数据链路级安全编码，对于高附加值数据采用 RSA 加密规范，对于低附加值的数据采用 DES 加密规范，保护客户的数据安全；数据汇聚服务器与云平台间通信，如果不遵守链路协议，数据将不会被云平台接收，确保信息不会被非法用户获取。

② 隐私性：在云平台管理中，企业客户的信息以分区的方式进行存储，在没有得到授权的情况下，客户间不存在通信通道。同时对客户重要隐私信息，通过 MD5 不可逆算法进行存储，即使是云平台开发人员也无法获得客户的隐私。

③ 可靠性：通过 EAMS 系统云服务器与云关系数据自动异地备份技术，将云平台数据至少同步镜像于 3 个异地存储空间，数据采用高可用设计以及采用合理备份策略，确保信息不会丢失；其次，通过负载均衡和集群容错技术确保系统能够提供高可靠、高可用的全时在线服务；采取离线续传和本地存储技术保障在断电断网时生态数据的连续无损、完备充分。

19.2.2　生态环境监测站设计方案与监测装备的技术应用

19.2.2.1　生态环境监测的设计与监测装备技术

（1）分布式设计和模块化设计方案

以上海复凌生态监测科技公司的分布式设计和模块化设计方案为例，其主要模块如下。

① 中控核心模块：提供电源管理、配置管理、异常处理、前置终端和上位机通信等功能。

② 感知（前置）模块：支持多路传感器数据采集，支持兼容模拟信号与数字信号等多种传输协议，提供传感器电源管理。

③ 空气感知模块：在一个模块中高度集成多个空气质量传感器，完成指标采集。

④ 通讯模块：支持 GPRS/3G/4G、ZigBee、HART、NBIoT 等多种通信协议。

（2）数据汇聚传输设备

主要技术参数为输入电压：12V DC；输入电流：1.0A；接入数据通道：48 路模拟量/8 路 RS485；上行通道支持：3G/4G/GPRS/CDMA；感知敏感度：0.025%变化量；最大断电续航时间：6h；最大数据缓存量：30 天；最小报警间隔：3s；数据传输频率：秒级/分钟级自定义。

（3）针对负氧离子的微环境控制技术装备

负氧离子传感器为适应高湿度、大温差的恶劣环境，采用传感器微环境控制技术予以保护。可适应高/低温、高湿等恶劣环境，全天候、全地域自动正常运行；采用特殊超强抗潮材质，模块化结构，便于扩展、更换部件及维护；整体构件性能符合防雷和安全要求。

微环境控制装备包括环境感知接口、自反馈控制模块、伺服行动机构及环境保护装置。

① 环境感知接口：基于通用的 RS485 信号将环境指标大气温/湿度等环境数据送入自反馈控制模块。

② 自反馈控制模块：自动工作模式，无需人工处理，可按指令执行“1-4-25”分时微环境控制逻辑。通过对大气温/湿度的变化及波动，自动在超过域值的情况下启动伺服行动机构控制环境保护装置，并根据温、湿度情况自动进行加热，有效防止结霜结露。

③ 伺服行动机构：包括结构闭锁机构、负压除尘机构、通风除湿机构、热源烘干机构。

④ 环境保护装置：电磁屏蔽外壳、负压风扇、低功耗热源、进口防虫网、材料绝缘等。

19.2.2.2　各类生态环境监测站及设备组成

（1）EAMS 基站

基站提供指标汇聚，为子站提供数据通信中继及差分的功能。基站可自动连续监测包含空气质量、光合作用、大气要素、土壤基础等生态环境指标，并且可以增加拓展指标，包括水体监测、温室气体、水文过程、植被生长指标。生态基站指标结构参见图 19-2-1。

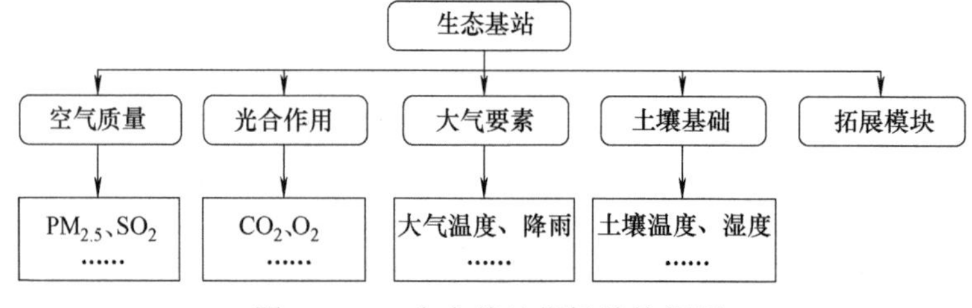

图 19-2-1　生态基站指标结构框图

EAMS平台能够监测的基础指标和拓展指标共计可达42种，依据各监测指标所属的环境子系统（如空气、土壤、水等），或者某一类特殊生态系统综合评价需求（如湖泊、湿地），或者在使用生态评价模型时需要的某些基本指标（如大气要素）等原则进行分类。

基础模块主要包括空气质量、光合作用、大气环境要素、土壤基础等。涉及监测指标有$PM_{2.5}$、PM_{10}、SO_2、NO_2、CO、O_3、CO_2、O_2、光照度、太阳总辐射、大气压力、大气温/湿度、风速、风向、降雨量、蒸发量、土壤温/湿度、土壤电导率等21项。

拓展模块包括：水体监测（底泥监测）、温室气体、水文过程、植被生长等。涉及监测指标有pH值、水位、水深、水体透明度、水温、溶解氧、氧化还原电位、浊度、叶绿素a、蓝绿藻指标、铜、铅、镉、负氧离子、CH_4、H_2S、NO、地表径流、壤中径流、树干径流、LAI 21项。

基站结构参见图19-2-2，基站内部结构主要由不同的感知模块以及中控核心模块组成。基站内部结构参见图19-2-3。

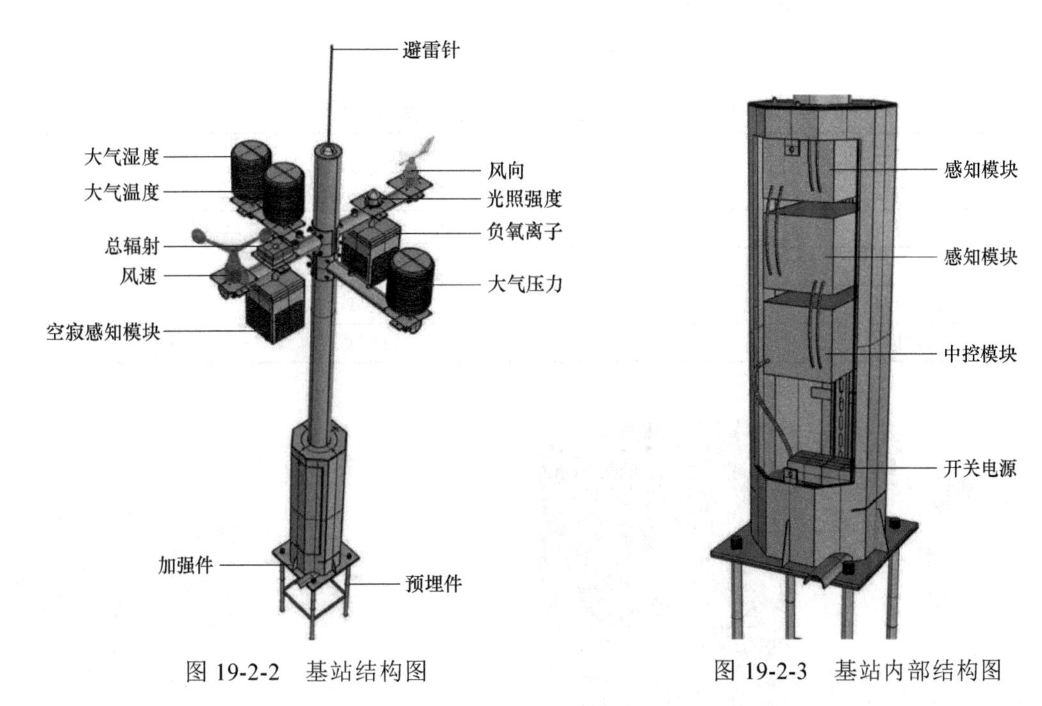

图19-2-2 基站结构图

图19-2-3 基站内部结构图

（2）EAMS迷你站

EAMS迷你站是基站的小型化，监测指标较少，具有小型化、低成本、低能耗、安装便捷、外观亲民的特点。其内部结构主要由3个模块和电源构成。该生态监测设备主要适用于城市公园、城市绿带、景观小品。实时监测包含空气质量、光合作用、大气要素、土壤基础的14项生态环境指标，监测指标可拓展。迷你站结构参见图19-2-4。

19.2.2.3 生态环境监测设备的组成

（1）生态监测综合站

生态监测综合站的外形参见图19-2-5所示，其监测模块及指标参见表19-2-3。

（2）生态监测标准站及生态监测微型站

生态监测标准站外形参见图19-2-6所示，其监测模块及指标参见表19-2-4。生态监测微型站的监测模块及指标参见表19-2-5。

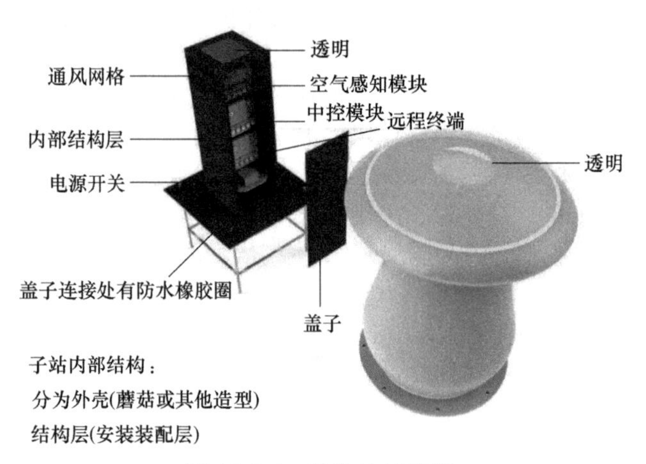

图 19-2-4　迷你站结构图

表 19-2-3　生态监测综合站监测模块及指标

监测模块	监测指标
空气质量	$PM_{2.5}$、PM_{10}、NO_2、CO、SO_2、O_3
大气要素	大气温度、大气湿度、大气压力、风力、风向、降雨量
土壤模块	土壤湿度、土壤温度
特征模块	负氧离子
总计	15 项

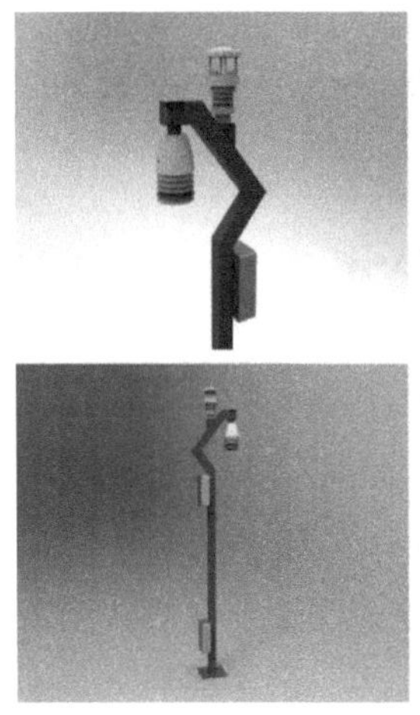

图 19-2-5　生态监测综合站

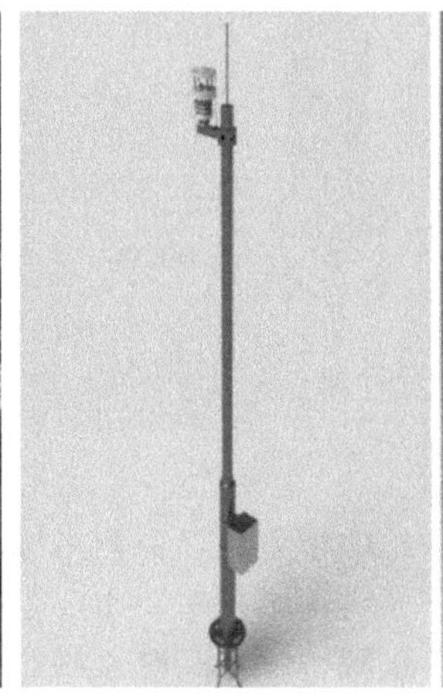

图 19-2-6　生态监测标准站

表 19-2-4　生态监测标准站监测模块及指标

监测模块	监测指标
大气要素	大气温度、大气湿度、大气压力、风力、风向、降雨量
土壤模块	土壤湿度、土壤温度
总计	8 项

表 19-2-5　生态监测微型站监测模块及指标

监测模块	监测指标
空气质量	$PM_{2.5}$、PM_{10}
大气要素	大气温度、大气湿度
总计	4 项

（3）生态环境监测设备主要技术参数

设备主要技术参数如表 19-2-6 所示。

表 19-2-6　监测设备主要技术参数

监测指标	测量原理	量程	分辨率	准确度	使用环境温度	使用环境相对湿度
$PM_{2.5}$	激光散射	0～500μg/m³	1μg/m³	≤±10%	−40～60℃	0～99%
PM_{10}	激光散射	0～500μg/m³	1μg/m³	≤±10%	−40～60℃	0～99%
SO_2	电化学	$(0\sim100)\times10^{-6}$	$<5\times10^{-9}$	≤±15%	−30～50℃	0～99%
NO_2		$(0\sim20)\times10^{-6}$	$<5\times10^{-9}$	≤±15%	−30～50℃	0～99%
CO		$(0\sim1000)\times10^{-6}$	$<5\times10^{-9}$	≤±10%	−30～50℃	0～99%
O_3		$(0\sim20)\times10^{-6}$	$<5\times10^{-9}$	≤±15%	−30～50℃	0～99%
大气温度	热敏感应	−50～100℃	0.1℃	±0.5℃	−50～100℃	0～100%
大气湿度	湿敏感应	0～100%	0.1%	±5%（RH）	−40～50℃	0～100%
大气压力	电压阻效应	10～1100hPa	0.1hpa	±0.3hPa	−50～80℃	0～100%
风力	三风杯式结构	0～70m/s	0.1m/s	±(0.3+0.03)m/s	−40～50℃	0～100%
风向	电磁学原理	0～360°	0.1	±3°	−40～50℃	0～100%
降雨量	翻斗式	0～500mm	0.01mm	±4%	−40～80℃	0～100%
土壤温度	高精度热敏电阻感应	−50～100℃	0.1℃	±0.5℃	−50～80℃	0～100%
土壤湿度	电磁脉冲	0～100%	0.1%	±3%	−50～80℃	0～100%
负氧离子	电容法	量程一：$0\sim9.99\times10^{3}$ 量程二：$0\sim9.99\times10^{4}$ 量程三：$0\sim9.99\times10^{5}$ 自动切换量程	10 个/cm³	≤±15%	−30～60℃	0～95%

19.2.2.4　生态环境监测站的布设原则

（1）布点原则

① 点位配套条件。监测站应位于接电便利的区域，如周围有市政供电或居民用电处，通电要求为 220V 交流稳压电源，能够保证 24h 不间断稳定供电；监测站应位于 3G/4G 信号充足的地带，保证监测数据顺利实时上传；监测站布设位置应远离道路、河流及人类活动密集区域；监测站周围应有 270°采样捕集空间，确保空气流通。

② 监测点位特征。具有统筹性，尽量统筹兼顾风景区的服务定位以及建设规划，使选择的监测点尽量能兼顾未来风景区空间格局变化趋势；全面性，结合风景区服务类型、空间布局，覆盖风景区的典型群落结构，全面地反映风景区的生态环境质量；特殊性，反映风景区群落的特殊生态环境状况，支持监测网络中不同群落结构之间生态环境状况的横向对比；客观性，监测点位应结合风景区的整体用地及群落情况，客观反映风景区生态环境情况。

③ 设备覆盖范围要求。生态环境监测超级站代表范围一般为 1000～2000m；地势相对平坦，土壤中没有产流，植被分布均匀；避开土壤剖面有隔层、土表层极粗糙的位置；局地小气候的监测场应为连续林分、不应跨越两个林分；反映风景区内森林或湿地地区的人类活动和生态状况的典型特点，监测点位要为具有乔木的群落。

（2）布点方法

① 建立风景区空间地图。基于 Google 高分辨率遥感影像空间地图数据为数据源，在 ArcGIS 中进行空间分析操作。

② 划定缓冲区。风景区内，在人为干扰频繁的区域划定 10m 缓冲区，缓冲区以外区域为有效布点区域。

③ 识别典型群落。在有效布点区域内，结合风景区群落结构分布，识别出有乔木的典型群落。

④ 确定监测点位数。在典型群落中，设置样地（5m×5m），样地中放置设备，须注意点位要在疏林区，林下位置，空间模拟布点。

⑤ 监测点位现场确认。保证所选择监测点位具有能源供应，且信号覆盖良好；如果不满足，可以在群落样地（5m×5m）中进行微调。

19.2.3　生态环境监测网络的系统架构与大数据、云计算应用

19.2.3.1　生态环境监测网络的系统架构与大数据平台系统

（1）生态环境监测网络的系统架构

针对监测地区的生态环境的自然地理特点，在监测区域构建“大气环境+空气环境质量+土壤环境+负氧离子浓度”的综合在线监测系统，构建监测地区的空气、土壤、物种资源等多维度自动监测网络，结合遥感监测，建成天地一体化的生态环境监测。一体化的生态环境监测 EAMS 平台系统架构分为感知层、网络层、数据层、平台层和应用层五大层次。

① 感知层是整个架构的基础，是数据信息获取和传输的主要途径，可通过航测、遥感、GPS 卫星定位及数字地图等技术来采集城市运行中的各种数据。

② 网络层是信息通道，承担着传输采集到的数据的重要任务。

③ 数据层和平台层是核心，它能够存储并分析海量的数据，做出智能决策，实现数据高度整合与实时共享。

④ 应用层是最终外化的表现形式，是生态系统建设的最终目标。

EAMS 平台的工业级数据汇聚服务器，在大数据平台上实现生态数据和生态敏感数据获取，建设面向风景名胜区、森林、湿地草原及湖泊等生态系统的云管理平台，应用云计算架构实现平台的弹性伸缩；应用聚合分类原则面向用户定制与提供多元服务；全面支持移动互联接入实现环境大数据实时监测监控；结合最新的生态系统的研究模型和研究成果提供面向不同管理层级、不同人群需求的大数据深度分析与挖掘。

（2）大数据和云计算的技术架构

大数据平台系统架构参见图 19-2-7。

生态环境要素自动监测及功能评价系统平台是一个典型的基于云计算与大数据技术实现的平台。云计算提供强有力的高可靠性和高可用性，借助商业化的云体系架构，构建面向生态应用领域的行业应用云服务。面向云计算与大数据架构参见图 19-2-8。

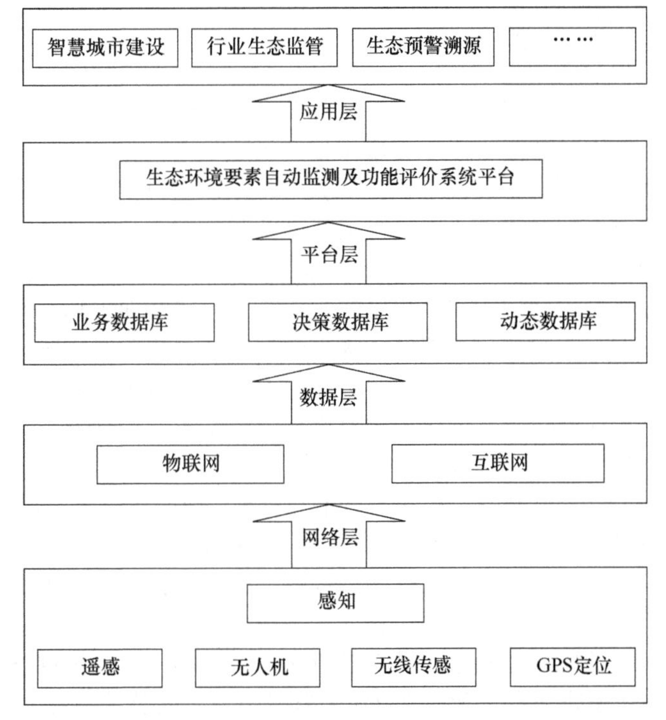

图 19-2-7　大数据平台系统架构

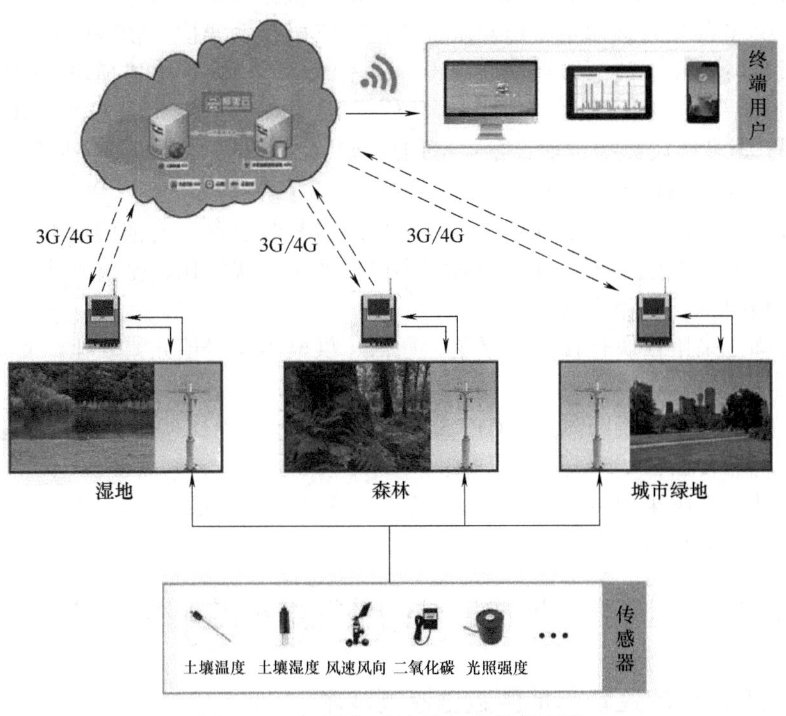

图 19-2-8　面向云计算与大数据架构

19.2.3.2 生态应用的云计算技术

（1）基于混合云架构的构建

基于混合云架构的构建实现了应用的快速开发，版本快速发布、资源自动弹性伸缩、维护自动化，降低了运维人员的工作成本和应用投产风险。

首先，在平台建设层面，借助商业化云计算平台，以虚拟化技术为支撑，对平台软硬件及虚拟机等各类资源进行服务管理，以满足灵活管理和高效利用的需要。应用资源统一管理可以实现云服务器和云数据库服务器在 CPU 性能、内存容量、接入带宽上自主配置增强。

其次，应用模板化技术面向用户提供定制化混合云门户，即根据不同用户群的需求定制不同的虚拟机模板，实现应用与硬件资源、虚拟资源的映射管理。同时，各级用户应根据用户行业特性，区别化地建设基于私有云有限开放的混合云；应用云计算平台，建设技术运维架构，一体化监控平台能够以分布式的方式对数据中心主机、操作系统、数据库、应用服务器和应用的性能数据进行自定义监控和展示。

以应用可靠为核心，采用事前预警和事后报警机制，帮助运维人员快速发现、定位问题，并将应用从失效状态进行恢复，为应用健康运行提供多方位可靠性保证。通过主动的大数据分析技术，全面维护平台各种级别和层次的软硬件资源，在云平台上根据资源的动态使用情况，按评价周期时间阶段分配进行性能分析，动态调配资源，做到资源利用效率最大化。

最终，能够在统一的服务门户下，结合商业化的云基础平台上提供 SaaS、PaaS 与大数据服务，扩展性地将环境政务私有云、商业化公有云整合为完整的混合多云管理平台。这样，平台具有高利用率的服务资源、高等级的服务水平、快速的服务提供，为合理利用资源 、改善生态环境和自然保护提供决策依据。

EAMS2.0 平台将物联网、云计算、移动互联和大数据有机结合起来，从物联网的角度可以将 EAMS2.0 平台分为感知层、传输层、应用层三层体系架构。物联网感知层包括针对生态环境数据采集特点和安装部署环境要求设计研发的空气模块、中控模块、组成智能数据采集设备，还包括温度、湿度、风力、风险等各种传感器；传输层包括提供 GPRS/3G/4G、ZigBee、HART、NBIoT 等多协议数据传输设备；应用层包括平台端各种数据服务应用功能。

（2）智能采集传输设备的特点

智能化程度高：监测现场远程管理，包括传感器参数设置、通信信道配置、系统工作模式、远程更新、断网断电续传、远程诊断等实现自动化、智能化、全天候化。使该系统可以在无人值守的情况下长期稳定地工作。

可扩展性强：采用模块化设计，采集、通信、供电等功能单元模块化，支持多种协议传感器，扩展信道和协议。

自由组网：支持多种组网方式，GPRS/3G/4G、ZigBee、HART、NBIoT 等多协议于一体将数据高速、可靠传回云端。

标准化设计：系统采用 Modbus 总线协议，支持污染源在线自动监控（监测）系统数据传输标准（HJ 212—2017）。

19.2.4 生态环境监管及管控区域的地面数据监测技术应用

19.2.4.1 生态环境的监管与地面数据监测技术

当前的生态环境监测是指通过对影响环境质量因素代表值的测定，确定环境质量（或污染程度）及其变化趋势。国务院办公厅2015年8月12日印发《生态环境监测网络建设方案》（以下简称“《方案》”），提出到2020年初步建成陆海统筹、天地一体、上下协同、信息共享的生态环境监测网络。《方案》明确，生态环保部负责建设并运行国家环境质量监测网，掌握全国生态环境质量总体状况。

生态环境的红线监管是宏观大尺度的系统工程。红线监管是指对生态环境保护的红线区域监管，是通过高分遥感、实时监控、无人机航拍、移动端APP等多种技术手段构建生态保护红线区域空天地一体化动态监管，实现对生态保护红线区域全覆盖、多类型监管。

基于卫星遥感技术的应用是重要的技术手段。由于卫星的轨道及重访条件制约，重点生态功能区等红线管控区域范围内的卫星影像需要编程实现，经济代价高昂。因此，廉价有效的地面监测作为整个国家生态环境监测网络“天地一体”体系中重要一环，提供一种地面数据的监测方法，使得获得的地面监测数据更为准确，实现简便，利于推广应用。

19.2.4.2 多层次精度传递的地面数据的监测方法原理

提供一种地面数据的监测方法，包括待监测土地上设有以第一密度分布的第一类监控站；并设置第二类监控站；其中，所述第二类监控站以第二密度分布，所述第二密度大于所述第一密度，所述第二类监控站的精度小于所述第一类监控站的精度；至少一个第二类监控站作为第一校准站与一个第一类监控站对应，所述第一校准站距离所对应的第一类监控站小于第一预设距离；利用一类监控站和二类监控站的精度关系校准二类监控站的监测数据。

该实施方式相对于现有技术而言，主要区别及其效果在于：以一类监控站的数据为基准，建立多层监控体系，设置低精度但高密度的二类监控站，其中，不同精度的监控站之间通过设立的校准站获得两者的精度关系，并利用该精度关系对低精度的监控站进行数据校准，这样，即使应用低精度的监控站，也可以获得更高的输出精度。

另一方面，由于低精度监控硬件的成本会大大低于高精度设备，所以将低精度监控设备做高密度设置，可以在保证监控精度的前提下，降低硬件成本。再者，本方案适应性广，可以用于和位置相关的地面监测，还可以应用于环境监测。

二类监控站均匀分布在所述待监测土地上，限定低精度监控站在待监测土地上均匀分布，保证待监测土地的各个位置都能获得尽量准确的监测数据。具体包括：根据第一网格划分所述待监测土地，获得多个第一类土地块；其中，每个第一类土地块中最多有一个第一类监控站；分别在每个第一类土地块上设立第二类监控站。进一步限定在设置第二类监控站时，采用网格式分布，不仅使得第二类监控站的分布更为均匀，还能更易计算出第二类监控站的位置，在具有大量低精度监控站需要设置时，节省设置时间。

当第一校准站有多个时，利用差分算法计算出所述第一类监控站和所述第二类监控站的精度关系。利用差分算法使得精度关系的计算简单准确。作为进一步改进，在所述待监测土地上设置第二类监控站后，还包括：在所述待监测土地上设置第三类监控站；其中，所述第三类监控站以第三密度分布，所述第三密度大于所述第二密度，所述第三类监控站的精度小于所述第二类监控站的精度，至少一个第三类监控站作为第二校准站与一个第二类监控站对应，所述第二校准站距离所对应的第二类监控站小于第二预设距离；利用所述第二类监控站和所述第三类监控站的精度关系，校准所述第三类监控站的监测数据。进一步限定还可以继续设置更低精度的监控站，增加监控体系层级，进一步提升监控站的覆盖密度，覆盖密度越高，所需监测的地点距离监控站的距离就越近，从而在低成本的前提下，使得获得的地面监测数据更为准确。

19.2.4.3　多层次精度传递的地面数据的监测方法实施方案

该方法的第一实施方式涉及一种地面数据的监测方法。本实施方式中的待监测土地上设有以第一密度分布的第一类监控站（即国控站），其流程如图 19-2-9 所示。

举例：划分后的土地形态可以参考图 19-2-10。其中，实线围成的区域为待监测土地，虚线形成的网格为第一网格，实心圆形标识 11、12 和 13 分别表示一个第一类监控站，空心方块标识（21、22、23 和 24）分别表示一个第二类监控站，其中的 21、22 和 23 分别是与第一类监控站对应的第一校准站。

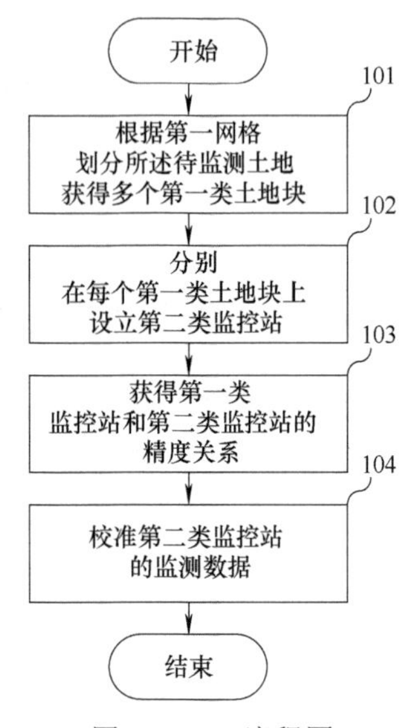

图 19-2-9　流程图

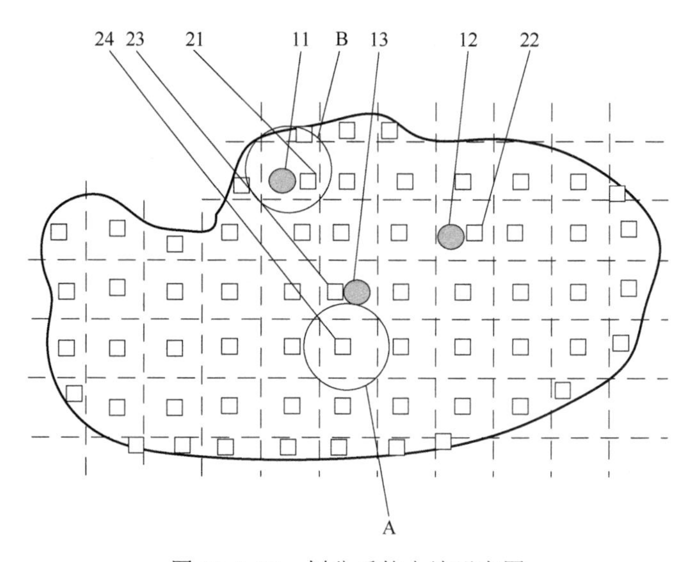

图 19-2-10　划分后的土地形态图

从图 19-2-11 中可见，第二类监控站的密度要大于第一类监控站，第一类监控站只集中在待监测土地的一个区域，本实施方式中利用更高密度的第二类监控站覆盖整个待监测土地，这样，可以基本保证在整个待监测土地上，所有的区域都能选取附近的监控站的数据。从图 19-2-12 中可以看出，第一校准站和所对应第一类监控站的中心点最近距离为 D_1，也就是说，D_1<第一预设距离。在确定第一监控站和第二类监控站所采用的硬件型号后，可以根据其监测指标，获得第一预设距离的范围，该第一预设距离可以根据经验确定。

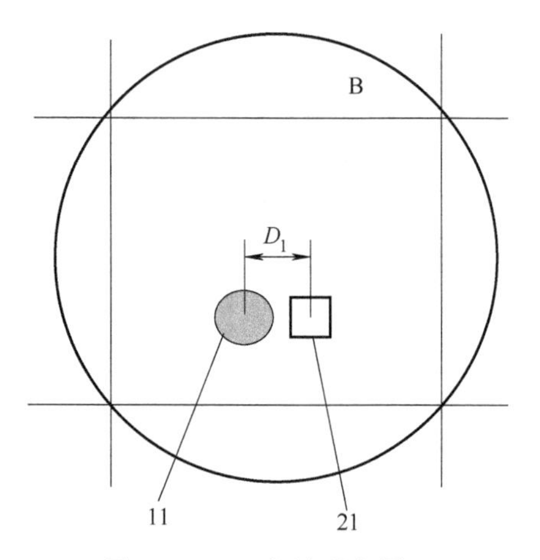

图 19-2-11　土地形态图 B

获得第一类监控站和第二类监控站的精度关系，在第一校准站有多个（如 3 个）时，利用差分算法计算出第一类监控站和第二类监控站的精度关系。

校准第二类监控站的监测数据。利用步骤 103 中获得的精度关系，校准第二类监控站的监测数据。本实施方式中第二类监控站有多个，各第二类监控站的精度差小于预设值，预设值可以由用户根据经验设定。

该实施方式中的地面数据的监测方法如图 19-2-13 所示。该实施方式中的步骤 301 至步骤 304 和第一实施方式中的步骤 101 至步骤 104 相类似，在此不再赘述。步骤 305，分别根据第二网格划分每个第一类土地块，获得多个第二类土地块。步骤 306，分别在每个第二类土地块上设立第三类监控站。

上述步骤 305 和步骤 306 即执行了在待监测土地上设置第三类监控站过程。

第三类监控站以第三密度分布，第三密度大于第二密度，第三类监控站精度小于第二类监控站精度。

举例：对图 19-2-13 中区域 A 中的第一类土地块划分后的土地形态可以参考图 19-2-14。

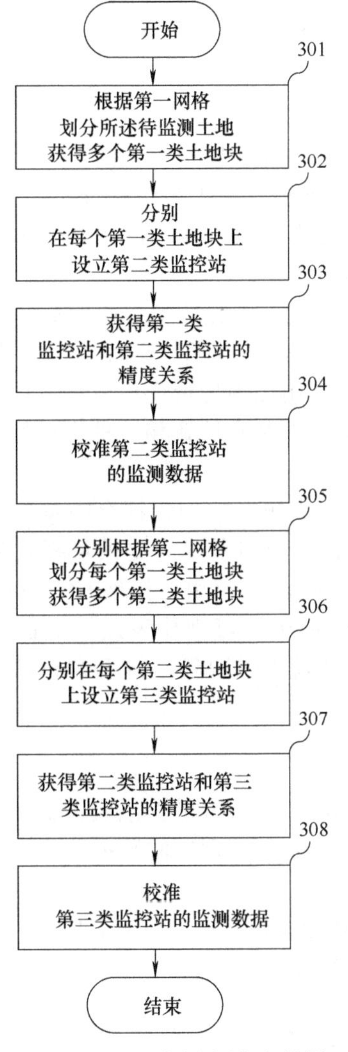

图 19-2-12　监测方法流程图

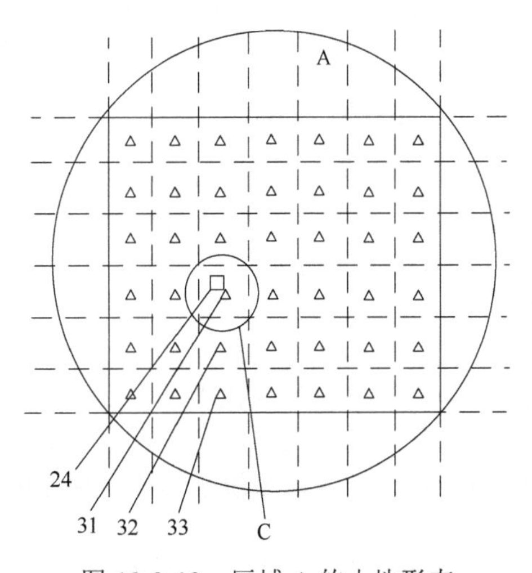

图 19-2-13　区域 A 的土地形态

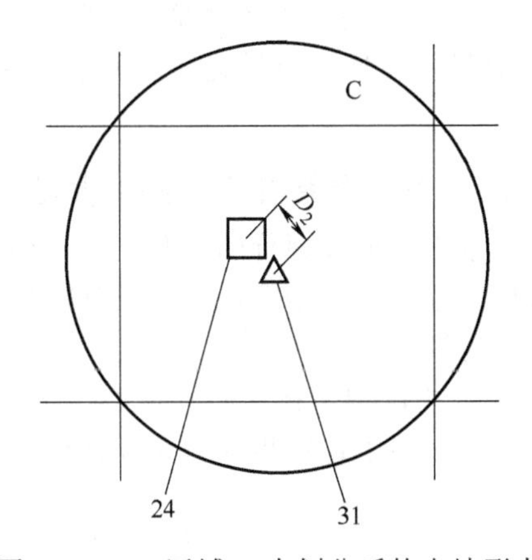

图 19-2-14　区域 A 中划分后的土地形态

其中，虚线形成的网格为第二网格，方块标识 24 表示一个第二类监控站，三角标识 31、32 和 33 分别表示一个第三类监控站，其中的 31 是与第二类监控站 24 对应的第二校准站。从图中可见，第三类监控站的密度要大于第二类监控站，这样，使得监控站在待监测土地上的分布密度更高，尽量保证待监测土地上各区域获得更为接近的监控站，使得土地监控密度更高，监控数据更为准确。

步骤 307 获得第二类监控站和第三类监控站的精度关系。第二类监控站和第三类监控站的精度关系根据第二校准站与其对应的第二类监控站的监测数据获得。步骤 308 校准第三类监控站的监测数据。利用步骤 307 中获得的精度关系，校准第三类监控站的监测数据。

该实施方案利用一类监控站（国控站）为基准，对待监测土地划分了三级网络，构建“三级平顶金字塔”形态模型，使得低精度监控设备在经过多层校准后，能达到监测高精度要求，同时，所设置更大密度的监控站，采用精度更低的监控设备，进一步控制了检测成本。

19.2.5　基于大数据平台的生态环境模型及环境评价方法

19.2.5.1　生态环境模型

生态环境模型的主要技术基础来源于《基于“源-流-汇”环境模型驱动的流域面源污染生态调控研究》（2014 年）、“环保部‘生态十年’数据遥感解译与土地转移分析”（2014～2015 年）等积累的大量生态调查、生态服务功能计算、生态评估领域内的大量专业知识及模型。

在大数据架构平台支持下，通过历史数据分析和挖掘开发了生态环境专业模型 EAMS 平台系统。基于该生态环境模型开发了：用于生态监测网格“星-机-地”一体化的基于遥感解译的土地利用识别方法；用于水土流失重要性评价的土地利用山地地形变更方法；用于面源污染的管控的湿地生态系统规划的一种土地利用面积估算方法及其装置和一种土地选择方法及其装置。

此模型是平台在数据可信占有基础上，通过引入生态领域专业知识结合数据并行分析算法，结合生态环保领域的评价体系，通过专题数据挖掘和析取算法，提供可视化生态环境功能重要性评价趋势图，加强生态环境监测数据资源开发与应用，拓展社会化监测信息采集和融合应用，支撑生态环境质量现状精细化分析和实时可视化表达，提高源解析精度，增强生态环境质量趋势分析和预警能力，为生态环境保护决策、管理和执法提供数据支持。

19.2.5.2　生态服务价值与评价模型

用于生态重要性评价的监测指标可由监测站自动监测，在 EAMS 中以集成模块的形式实现。依据国家生态红线管控指南，基础指标结合卫星遥感、基础地理空间数据即可实现生态服务价值与评价。

2008 年中国国家林业局发布了《森林生态系统服务功能评估范围》（LY/T 1721—2008）明确规范且完善了评估指标体系及评估方法，参见表 19-2-7。

表 19-2-7　生态服务价值方法及模型

编号	生态服务和功能	评估方法	指标清单
1	涵养水源	影子工程法	林地面积、降水量、蒸发量、地表径流
2	固持土壤	影子工程法	土壤侵蚀模数、土壤容重
3	固碳释氧	碳税法 工业制氧影子法	单位面积林带年固碳量 单位面积林带年释氧量

续表

编号	生态服务和功能	评估方法	指标清单
4	净化大气	替代成本法 市场价值法	林带高度及面积、负氧离子浓度、负氧离子寿命、污染物浓度（CO、SO_2、NO_2、PM_{10}、$PM_{2.5}$等）、单位面积林带滞尘量、林带抑菌效果折合耗电能
5	降噪	影子工程法	噪声等效声级、林带面积折合成噪声墙的公里数
6	调节温度	替代成本法	气温
7	生物多样性保护	市场价值法	单位面积物种的机会成本
8	森林游憩	市场价值法	按公园游客量换算出门票收入用于价值评估

19.2.6　卫星遥感监测与地面定点监测技术的应用案例

19.2.6.1　应用案例 1：黄山风景名胜区的应用

EAMS 系统平台目前已服务于国家级风景名胜区、农业生态基地、城市公园等领域。

通过基础资料及现场踏勘等方式可知，黄山风景区东部和西部侧重强调自然生态系统的保持，以林地和风景游赏用地为主，主要用于开展生态旅游。考虑景区用地布局，东部和西部利用程度较低，南部、北部利用程度较高，中部利用程度一般，故目前监测点位主要设计集中布设在南部、北部和中部。

基于正在建设的“黄山风景区生态环境监测体系基础数据库”以及遥感监测数据分析，识别出区域生态环境监测关键要素与重要节点，规划建成由 9 个监测站点（云谷寺、松谷、西海、西大门、五里桥、浮溪、温泉、天海及汤泉）组成的生态环境监测网络，为实现黄山全域的空间插值和区域环境拟合趋势面评价提供基础依据。

当前，黄山风景区已有 2 个空气质量自动监测站和 1 个空气质量微型站。在此基础上，另规划布设 6 套生态环境监测设备，其中，云谷寺、松谷、西海、西大门、五里桥及浮溪等站点均为不同典型群落结构，依次为常绿阔叶林（竹林）、落叶阔叶林、高山沼泽地、以甜槠为建群种的常绿阔叶林、以小叶青为主的常绿阔叶林、以甜槠/红楠/枫香/锥栗为主的常绿落叶混交林，同时考虑用地布局及土地利用程度，在浮溪站布设生态监测综合站，在云谷寺、松谷、西海、西大门、五里桥等地点布设生态监测超级站。

根据以上监测指标及布点设计，规划布设的监测设备主要是生态监测超级站和生态监测综合站，黄山风景区现有监测设备及指标具体如下表 19-2-8 所示。

表 19-2-8　监测设备及指标汇总

序号	类别	模块	具体指标	监测点位
1	生态监测超级站	空气	$PM_{2.5}$、PM_{10}、CO、O_3、NO_2、SO_2、CO_2、O_2	云谷寺、松谷、西海、西大门、五里桥
		气象	大气温度、大气湿度、大气压力、风速、风向、降雨量、光照度、太阳辐射	
		土壤	土壤温度、土壤湿度、pH、盐分、电导率	
		特征	负氧离子、噪声	
2	生态监测综合站	空气	$PM_{2.5}$、PM_{10}	浮溪
		气象	大气温度、大气湿度、大气压力、风速、风向、降雨量	
		土壤	土壤温度、土壤湿度	
		特征	负氧离子、噪声	

续表

序号	类别	模块	具体指标	监测点位
3	生态监测标准站	空气	$PM_{2.5}$、PM_{10}、CO、O_3、NO_2、SO_2	温泉、天海
4	生态监测微型站	空气	$PM_{2.5}$、PM_{10}	汤泉
		气象	大气温度、大气湿度	

图 19-2-15　松谷站

2015 年在黄山风景区云谷寺站建立国内首个集成生态环境自动、生态功能实时监测的监测站。实时采集监测包含空气质量、气象要素、土壤理化、生态效益等模块的 42 项生态指标。完成黄山风景区温泉、北海现有的两个大气自动监测站监测数据的实时接入，采集的数据实时传输至黄山生态自动监测站云平台。2016 年完成了黄山风景区松谷站和西海站的生态功能自动监测站的建设。实现黄山景区范围内的生态环境质量监测全覆盖。松谷站参见图 19-2-15，生态功能自动监测站系统界面图——多指标分析图参见图 19-2-16。

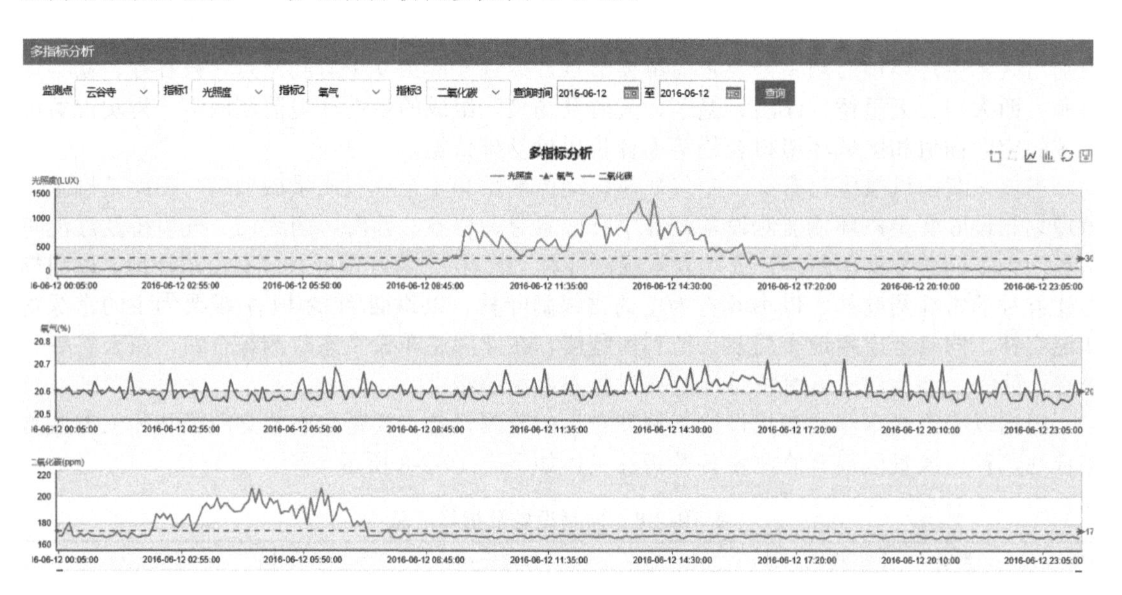

图 19-2-16　生态功能自动监测站系统界面图——多指标分析图

19.2.6.2　应用案例 2：有机农业生态基地的应用

有机农业生态农场总部位于安徽省黄山市黟县屏山村，拥有屏山基地、碧山基地、宏村基地和塔川基地等多个生态基地，流转土地近 6000 亩。上海复凌环境的自动监测及生态功能评价系统平台，部署于黄山黟县碧山村，采集包含空气质量、气象要素、土壤理化等模块的 13 项生态指标。

数据实时采集、实时传输，生成各种数据曲线，能准确反映有农生态基地碧山村站点样地范围内的各种环境指标及生态效益状况，通过实时数据分析，可以很好地指导农场工作人员的农业种植生产工作。

生态功能自动监测系统界面参见图 19-2-17，实时监测数据变化趋势参见图 19-2-18。

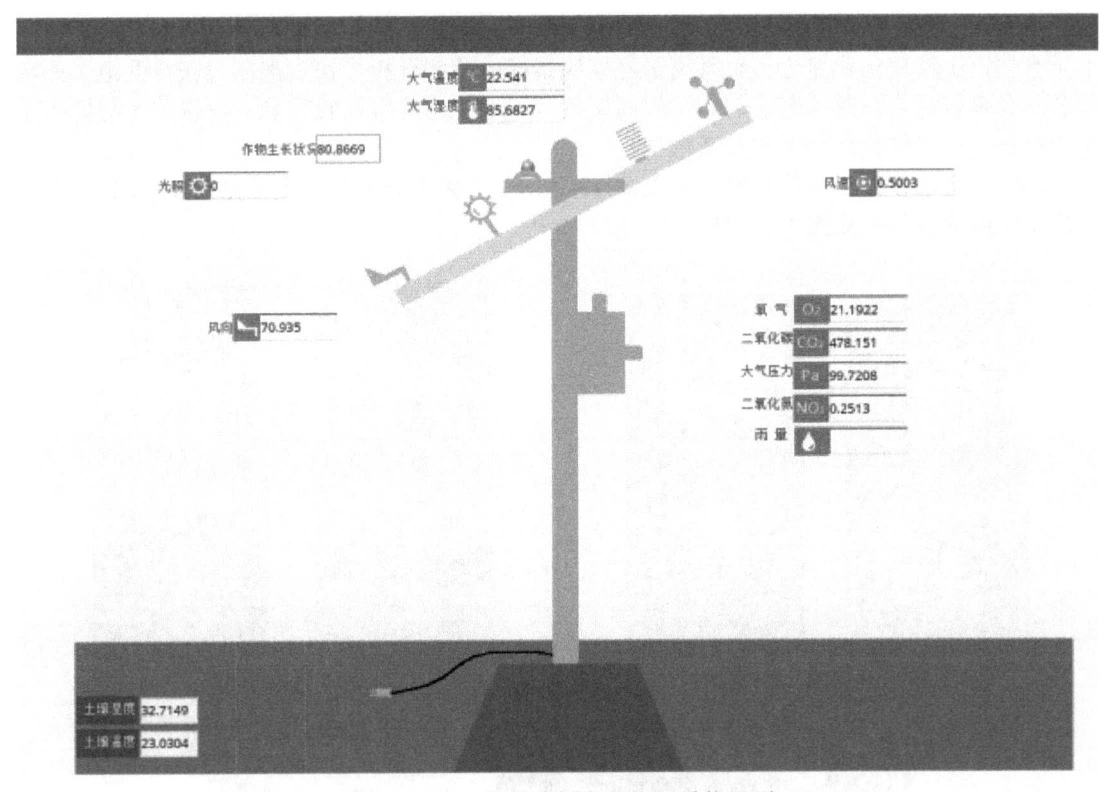

图 19-2-17　生态功能自动监测系统界面

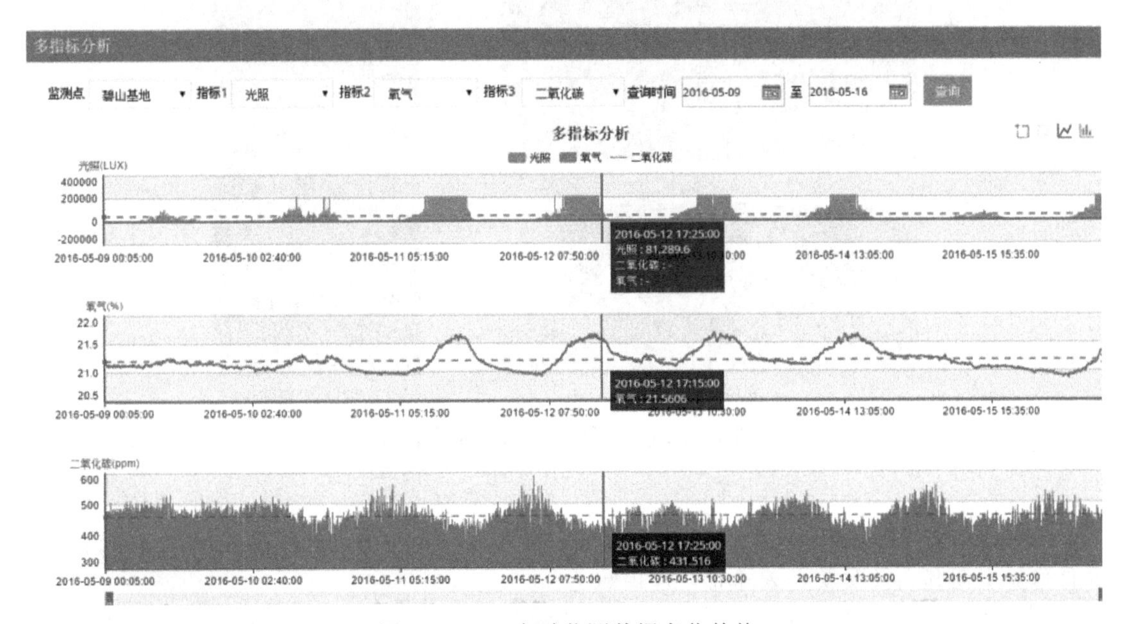

图 19-2-18　实时监测数据变化趋势

19.2.6.3　应用案例 3：大丰麋鹿国家级自然保护区湿地保护与恢复的项目

根据大丰麋鹿国家级自然保护区国际重要湿地保护与恢复的项目要求，本项目依托物联网、互联网+、云计算、大数据等新一代信息化技术手段，在保护区湿地构建集“监测、分析、统计、告警预警、公众交互”于一体的保护区湿地综合信息监管平台，实现对气象条件、水质水文、土壤理化及养分、负氧离子等模块指标的监测分析，快速准确地获得湿地生态环境及水文等监测数据及其变化趋势，提高保护区湿地生态环境监管效能，为保护区湿地生态环境保护工作提供数据基础和参考依据。

其中一区水杉林生态监测设备参见图 19-2-19。二区生态监测设备参见图 19-2-20。二区水质水文监测设备参见图 19-2-21。

现场图(侧面)

现场图(正面)

图 19-2-19　一区水杉林生态监测设备

现场图(侧面)

现场图(正面)

图 19-2-20　二区生态监测设备

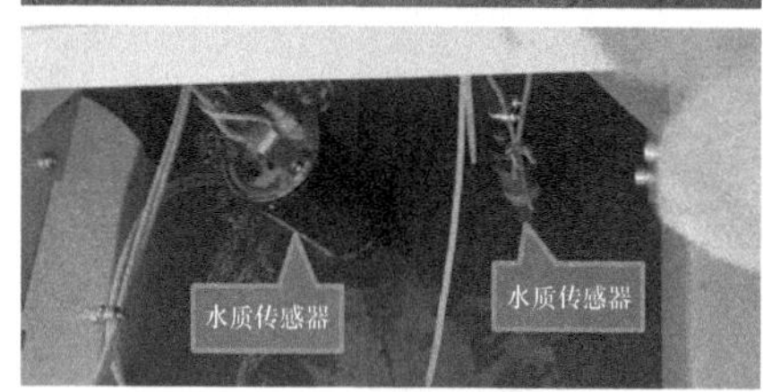

安装(现场组装)

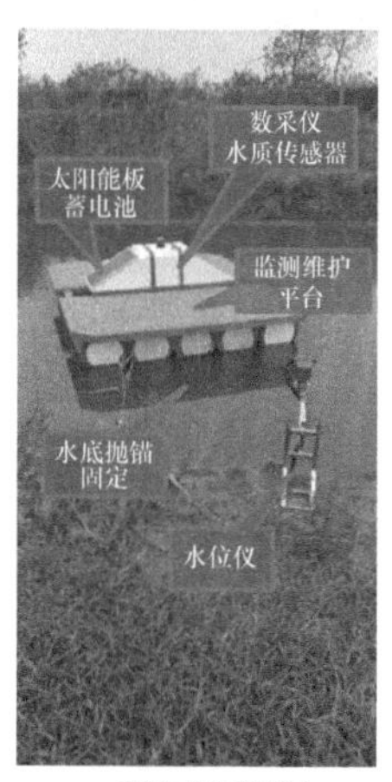

现场图(整体)

图 19-2-21　二区水质水文监测设备

（本章编写：上海市环境监测中心　高松、李跃武，合肥先进产业研究院　王伟；广州禾信仪器　高伟、吴曼曼、麦泽彬、谭国斌）

第 20 章 环境监测新技术及在线分析仪器与物联网等应用的探讨

20.1 智慧环境监测与智能化监测监管平台

20.1.1 智慧环境监测技术概述

20.1.1.1 智慧环境监测简介

（1）智慧环境与智慧环境监测

智慧环境是基于智慧环境监测与物联网、大数据、云计算等新技术的应用，是为实现区域环境安全环保、应急监测及管理服务的一体化。智慧环境建设的重点是智慧环境监测，包括应急预警、安全防护、环境治理及环保管理、决策、执法与公众服务等。智慧环境监测由环境感知、信息传输、智慧决策组成，并完成环境监测的数据采集、分析、处理和决策。

智慧环境建设的技术解决方案，是在智慧环境监测平台基础上，实现物联网等技术的应用，建设一个集信息共享、业务协同、应急指挥、科学决策、公众服务于一体化、专业化、智能化、多维度的区域智慧化环境感知管理平台，实现区域环境监测监控与管理的一体化，以保持区域生态环境的可持续发展。

区域智慧环境监测平台建设，首先要实现区域内环境污染源的废气、废水排放的监测监控、大气环境与水环境质量的监测，以及实现区域环境的网格化监测管理，实现“空-天-地”一体化的环境监测监控体系的建设，实现环境应急监测、安全防护管理和区域交通、能源监测的综合管理等。智慧环境监测感知平台的基础是智能化在线分析仪器技术的应用。

智慧环境监测感知平台是把各种智能化在线分析的监测设备、检测器、传感器等嵌入到各种环境监控对象中，其分析监测数据通过环境监测监控平台与物联网、大数据、云计算进行信息融合管理，实现环境监测监控、预警、执法、管理的系统整合，以更加精细和动态方式实现区域环境监测、预警、治理与管理决策的智慧化。

智慧环境监测感知平台技术，一般包括各种智能化在线分析监测设备、检测器与传感器技术；环境监测感知的成分量等信息的传输与信息通信技术；监控中心平台技术等。通过计算机应用、仪器虚拟化、大数据、云计算等，将环境监测分析信息与物联网整合，并用于智慧决策管理。环境感知的智慧决策是一个集强大感知、智能处理和综合管理能力于一体的智慧环保平台，为园区智慧环保决策提供动态和精准支撑。例如，典型的化工园区智慧环保平台包括环境监控、智慧安监、能源管理和应急响应平台等。

（2）智慧环境技术的应用

智慧环境技术除环境感知外，主要应用物联网、移动互联网、大数据与智慧环保等技术，实现“云、物、移、大、智”的综合应用技术，参见图 20-1-1。

图 20-1-1　智慧环境技术的应用框图

智慧环境应用的物联网技术是指将硬件设备联入软件平台，打破网络虚拟世界与物理现实世界的隔阂。硬件设备主要指在线分析的智能感知、无线传感器与计算机等硬件设备，通过网络技术与软件平台实现互联互通、数据融合；并利用云计算支持异构的特点，整合各项服务与资源分配实现运算资源最大化，利用移动互联网加速人机信息交换扩展信息交换途径实现信息的实时传递。利用大数据分析是指从数据海洋中过滤冗余、提炼精华形成数学模拟，将静态历史转化为灵动思维，通过环境在线监测设备的自动化、数字化，信息化、网络化和智能化环境监测监控平台，应用计算机智能辅助决策，实现智慧环境的智能环保。

20.1.1.2　智慧环境建设与智慧环境监测平台

（1）智慧环境建设

智慧环境建设包含感知、智能、智慧三个层次，典型案例参见图 20-1-2。

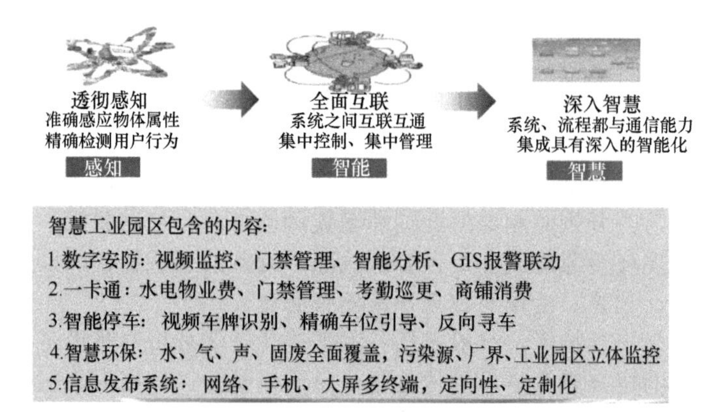

图 20-1-2　典型的智慧工业园区建设内容

感知：是要准确感应物体的属性，精确检测用户行为，实现透彻感知，包括应用自动化、数字化、智能化的环境感知设备，环境感知设备是指各种在线分析设备、传感器等。

智能：是指系统之间实现互联互通、集中控制与管理，实现全面互联。

智慧：是指系统、流程都与通行能力集成具有深入的智能化。典型的智慧工业园区的建设内容主要包括数字安防、一卡通、智能停车、智慧环保和信息发布系统等，其中智慧环保包括水、气、声、固废全面覆盖，污染源、厂界和园区的立体监控。

区域的智慧环保主要指区域环境监测管理，由智慧环境监测感知平台、智慧环境大数据平台、智慧环境应用平台等组成。

（2）智慧环境监测感知平台

智慧环境监测感知平台是指由区域环境及企业的污染源、大气、水、土壤、噪声、辐射等各种在线分析监测的智能感知设备等集成的区域智能化环境监测管理平台。智慧环境感知技术正在由“末端监控”向“全过程监控”发展，由“点源污染防治”向“点-面-区三位一体化污染联防”转变，由“单一环境预警”向“环境安全一体化立体预警”转变。

区域环境感知系统的应用案例参见图20-1-3。

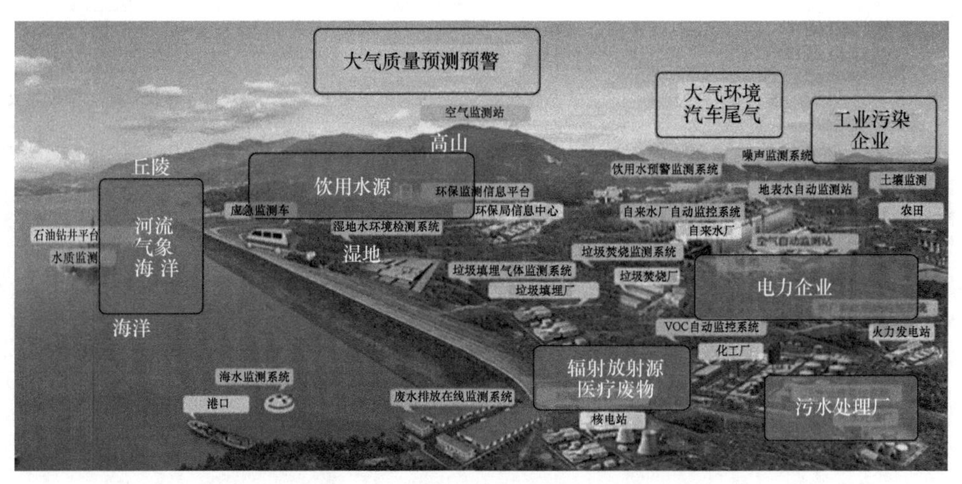

图20-1-3 区域环境感知系统的应用案例

智慧环境监测管理平台主要由智能监控、数据共享、核心平台及服务决策等组成。

其中，智能监控包括区域空气环境、水环境及污染源废气、废水的监测监控，以及企业环境监测的自检系统、厂界监测报警系统、区域视频监控和区域应急监测系统等；数据共享包括数据中心系统、地理信息系统；核心平台包括环境污染监测平台、环境安全预警平台及环境应急响应平台；服务决策包括环境监测预警与应急决策、事故应急决策、环境安全信息发布等。

园区智慧环境，除区域环境监测监控管理平台技术外，还包括区域智慧环境监测的数据融合和环境监测管理、互动服务、信息公开、管理决策等智慧环境管理。智慧环境监测的数据融合包括环境数据资源的交流、融合、共享，以及数据产品和环境数据银行，以实现环境大数据分析、协调。

环境监测管理包括咨询、治理、环境监测、数据服务、可视化；互动服务是通过物联网、移动互联、实现环境信息公开，提供互动服务；环境监测管理决策包括污染源监测设备的全生命周期管理、大气环境监测、水环境监测的智慧管理、风险防控与应急指挥管理、园区的精细化与网格化管理、生态环境与综合业务协同的智慧管理等。

（3）智慧环境感知的监测对象

智慧环境感知的主要监测对象包括空气、水体、固废、噪声等监测监控平台技术。空气监测平台包括污染源、厂界大气、工业园区大气监测等；水体监测平台包括污染源、地表水、地下水及管网水监测等；固废监测包括医疗废弃物、工业废料等监测；噪声等监测包括交通设施和生活环境的监测等。

（4）智慧环保决策支持体系与环境管理一张图

区域智慧环保的决策支持体系主要包括空气质量综合保障体系和水质监测预警体系，由监测预警体系、应急指挥体系、管理业务体系和监察执法体系等组成。

典型的智慧环境管理一张图技术介绍参见图 20-1-4。

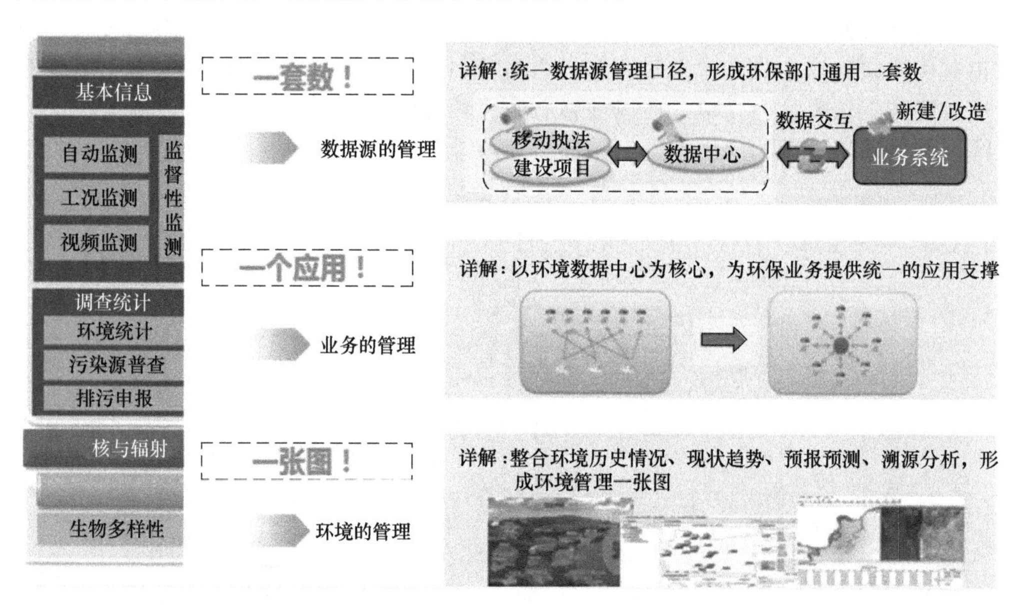

图 20-1-4　智慧环境管理一张图技术

20.1.1.3　在线分析智能感知系统的应用

在线分析智能感知系统技术应用，主要是指智慧环境监测的智能感知系统技术的应用，主要包括空气环境监测、水环境监测、污染源监测、安全防护与应急监测系统等环境智能感知技术的应用。

（1）空气环境监测系统

空气环境监测系统是通过对区域大气的实时动态监测，评价区域环境空气质量总体水平、空气质量变化趋势、污染源与空气质量的关联，为科学制定大气污染防治规划和对策提供有效依据。

① 常规空气质量在线监测。主要参数包括：SO_2、NO_x、O_3、CO、PM_{10}、$PM_{2.5}$、TSP 及气象参数，在常规监测基础上可以增加特殊因子监测如 VOCs、H_2S、NH_3、大气重金属等。一般是按照区域环境检测需求，由常规站、微型站、中心站及超级站等组成，分别用于对环境空气质量、气象参数进行连续自动监测。采用的在线分析技术包括电化学，红外、紫外、FTIR、激光等光谱分析技术和在线色谱、色谱-质谱等联用技术。

② VOCs 在线监测。用于污染源废气、园区空气、城市大气的挥发性有机物监测，包括

甲烷/非甲烷总烃在线监测，苯、甲苯、二甲苯等苯系物在线监测，芳香烃、烷烃、烯烃等在线监测，C_2～C_{12}臭氧前体物（POCP）在线监测，C_2～C_{12}有毒有害有机物在线监测及恶臭类有机硫化物在线监测等。主要采用电化学传感器、PID、FID、GC/FID、GC/MSD 等在线监测技术。

③ 颗粒物在线监测。区域大气颗粒物在线监测及大气复合污染（灰霾）在线监测系统，主要包括颗粒物浓度与组分在线监测，颗粒物源解析监测，大气化学成分、能见度与大气光学监测、气象参数等监测模块。根据需求实现基本站、标准站和超级站等多级配置，并配有大气复合污染软件平台，实现灰霾在线监测。

④ 大气重金属监测。主要是对环境空气中的PM_{10}、$PM_{2.5}$，及其颗粒物所含铅、镉、铬、汞、砷等几十种重金属污染物进行监测。重金属元素监测大多采用原子光谱分析技术，痕量检测采取 X 射线荧光检测技术，可实现痕量（ng/m^{3}级）检测浓度分析。

⑤ 区域立体监测。主要用于大气气溶胶粒子、挥发性有机物、SO_2、NO_2、O_3等物质的柱浓度、垂直廓线监测，揭示污染的形成、来源与发展趋势，实现区域内污染物排放总量及关键断面的污染通量监控。包括区域空气质量立体监测、污染源排放远程监测、区域污染输送监测（组网）及区域大气污染物总量监控（车载）等监测。采用的检测技术主要有激光雷达（LIDAR）、多轴差分吸收光谱（MAX-DOAS）、风廓线雷达等立体监测设备组成。

⑥ 区域大气监测。主要是实现全方位的“点-面-区”三位一体化监测监控，通过重点污染源排口和厂界监测实现重点污染源在线监管；通过对大气污染物进行连续在线监测及移动监测，评估区域大气质量情况。区域内特征气体的监测可采用遥感监测设备建设空气质量遥测系统，实现区域内环境空气质量整体监测；根据配置方案，实时监测数据的上传中心段软件分析，结合大气扩散模型，实现区域大气污染和质量评估、分析、溯源。

⑦ 大气移动监测。主要用于应急监测和流动监测。应急监测是在突发性环境污染事故现场，使用小型、便携、简易、快速监测仪器，在尽可能短的时间内对污染物质种类、浓度和污染范围，以及可能的危害做出判断。采用移动监测技术对主要的泄漏或代表点进行环境污染或空气质量监测，移动监测包括环境应急监测车、环境空气流动监测车及大气雷达探测车等设备。车载监测设备包括自动采样器、分析设备、图像采集和移动通信设备等，也包括样品采集贮存、车载实验室平台、辅助功能设备和便携式应急监测设备等。

⑧ 大气遥感监测。主要是利用激光雷达、机载、星载等遥测遥感监测数据，结合实时大气监测数据和气象数据等大气环境参数，通过气溶胶光学厚度等指标的反演模型，对大气质量进行成像分析与遥感监测，包括对区域的气溶胶、颗粒物、沙尘、灰霾和二氧化硫、二氧化氮、一氧化碳、甲烷等气体的地区污染源的分析和定位。

（2）水环境监测系统

主要指地表水水质检测系统，可以实时监测河流断面、饮用水源、江湖、水库、海洋及其他重要水域的水质，掌握水体水质情况，预警重大或流域水质污染事故及水质监督总量控制等。采用检测技术主要有流动注射、电化学、荧光等分析技术。

监测对象主要有常规五参数、COD、氨氮、总磷、总氮及水中 VOCs、重金属、生物毒性等。按照需要可设置不同水质监测平台，包括小型站、固定站、超级站及浮标站等。

（3）污染源监测系统

污染源监测主要包括污染源排放气体及水质污染源的在线监测等。

① 污染源排放气体在线监测主要包括烟气 CEMS、垃圾焚烧烟气 CEMS、污染源废气排放 VOCs 在线监测及恶臭气体在线监测等。燃煤锅炉及各种炉窑排放的废气主要是 SO_2、

NO_x。目前，国内电力行业已经实现了烟气超低排放监测，非电行业也正在实施烟气超低排放监测目标。国内烟气CEMS监测大多采用冷干法抽取式在线分析技术，或热湿法在线分析技术，分析仪器大多采用非分光红外或紫外气体分析仪等。

② 垃圾焚烧烟气监测的主要对象是HCl、HF、NH_3、CO、SO_2、NO_x、H_2S等废气排放的在线监测，垃圾焚烧烟气排放监测大多采用热湿法高温相关红外多组分气体分析技术或傅里叶红外光谱分析技术。

③ 工业园区污染源排放的重点是挥发性有机物VOCs的在线监测，包括有组织排放监测及无组织排放监测等，采用的监测技术是PID、FID、GC/FID等。园区污染源的废气排放监测已经实现网格化在线监测，包括园区内企业的污染排放监测、厂界污染监测、园区大气环境质量检测及园区周边敏感点的污染监测。如，化工园区大多已经建立"智慧环保"监测监控系统平台。

④ 园区污染源排放的恶臭气体在线监测，其监测重点对象是H_2S、NH_3及其他恶臭气体，可实现复合恶臭强度监测，实现对恶臭污染源（恶臭防治设施的前后端）、厂界及周边敏感点恶臭气体的快速、动态监测，结合大气扩散模型实现恶性气体分析、监测与溯源。

⑤ 移动污染源监测，主要指交通污染源监测等，包括机动车尾气排放污染监测及区域环境主要道路的空气污染监测等。主要监测设备包括：机动车尾气排放环保检测线、移动监测车与便携式监测、路边空气监测站、机动车尾气遥感监测等。交通污染监测对象主要有排放气体中SO_2、NO_x、O_3、HC、PM_{10}、$PM_{2.5}$、TSP等。交通污染监测也包括船舶设备的污染源排放监测技术等。

⑥其他污染源在线监测。环境污染监测也包括噪声、辐射、扬尘的污染监测。扬尘污染监测主要是建筑工地施工过程中无组织排放的颗粒物污染，包括建筑施工内部各施工环节造成的一次扬尘，以及施工运输过程在外部道路上逸散的建筑材料等造成的二次扬尘。扬尘及污染源排放的废气等是大气污染物灰霾的重要来源。监测技术主要有光散射法、β射线法颗粒物监测以及扬尘在线监控系统，可实现污染的立体监控、多维度展示现场的污染情况。

⑦ 水污染源排放的在线监测主要是对污染源排放的废水中的各类污染物因子进行连续在线监测，为环境管理部门提供污染废水的监控预警和总量控制等数据支持。水污染源监测系统包括污染水采样及处理、水质监测分析仪、数采仪及通信设备等，采用各种水质监测平台、监测工作站等技术实现对污染源废水排放的各类因子的实时监测，重点监测对象是COD、氨氮，以及水中重金属、VOCs等。

⑧ 污染源治理过程的运行监控，主要用于对污染源的污染治理，建立相关模型，对污染排放全过程的监测数据进行监测、采集、应用。方案构成涉及污染生产环节、污染治理环节、污染排放环节、企业DCS及监测子系统等，通过工业信息管理模块与运行控制柜连接，并发送到污染源过程运行监控平台，可实现对污染源排放数据进行智能核查，快速溯源治理过程运行问题，保障治理设施最佳运行效果，确保污染达标排放。

（4）安全防护与应急监测系统

① 企业安全防护，为企业提供智能化、网络化、信息化安全监测解决方案，主要构成包括在企业的泄漏及排放的代表点设置各种气体报警仪、智能无线气体检测报警仪、智能气体远程监测终端、激光气体遥测仪，以及采用便携式气体检测报警仪，视频监控及报警控制器等为企业提供安全监控数据及应急指挥数据等，建设企业安全数据中心。

② 应急监测系统，主要针对突发性环境污染事故进行数据监测，主要检测技术是采用智能化移动终端快速确定风险源对象，分析危险品类型、危险品的理化特性；与便携式应急监

测设备相辅助，获取现场监测的污染物类型及浓度，通过模型分析影响范围及程度，与应急指挥中心实现数据同步，为环境应急现场指挥、救援提供支持。

应急监测设备主要包括应急监测仪器设备、应急监测车载系统、无人机遥测遥感系统。应急监测仪器主要有便携式气体监测仪、重金属监测仪及VOCs监测仪等；应急监测车载系统主要有大气应急监测车、水质应急监测车、应急通信指挥车等；无人机遥测遥感系统主要有固定翼无人机、多旋翼无人机、无人直升机等。无人机遥测主要是采用电化学传感器、PID传感器等进行空中采样分析及传送检测数据，也可以用于采样送实验室监测分析。

（5）区域环境监测中心实验室

在区域环境监测分析中存在各种微量及痕量的有机物和无机元素的监测分析，为确保微量及痕量监测分析，需要采用大型精密实验室分析仪器如AAS、GC、MS、GC-MS、LC-MS、ICP-OES等，以及采取高效前处理设备。为此，在智慧环境监测中通常设有环境监测中心实验室，配置大型精密试验室分析仪器设备，用于在环境监测中的微量及痕量的有机物和无机元素的监测分析。

20.1.2　智慧园区管理平台与智慧环境总体框架

20.1.2.1　智慧园区管理平台

智慧园区管理平台组成与应用技术主要包括智慧园区大数据资源中心、智慧环境的数据共享平台、智慧环境大数据平台，以及智慧园区环境各种应用管理平台技术等。国内已具有实施智慧园区管理平台的技术解决方案能力。

（1）智慧园区大数据资源中心

智慧园区的大数据资源中心主要是由区域的环境质量监测数据、污染源自动监测数据、生态环境监测数据、生态环境基础数据和基础地理数据等组成的数据库，通过梳理、接收、存贮按照标准规范将多源异构数据进行整理、加工、整合成一个统一的数据库，形成覆盖多类型、多尺度、多时态的综合性生态环保的大数据资源中心。

大数据资源中心包括数据整合、数据管理、数据检索、数据分析等功能，并建立了数据分发、数据更新与数据管理维护体系，为区域的生态环境保护的日常管理与决策提供可靠、全面、准确的数据支持。

（2）智慧园区的数据共享平台

智慧园区的数据共享平台是基于智慧环境的数据共享和数据交换工作机制与生态环境信息资源共享目录建立的，实现各级环保部门（省厅、地市、区县）在横向和纵向的生态环境监测数据的共性和交换，经过清洗、转换、加载、整合，汇集到智慧环境监测大数据平台，实现生态环境监测数据的统一集成管理。

数据共享服务技术平台具有目录管理、元数据查询、数据集导航定位、数据查询、浏览和发布等功能，提供多层次、多目标的数据资源分析、处理、共享与应用服务，按照用户的权限提供具有综合性、全面性、权威性和实时性的环境数据共享服务。

数据交换的服务内容包括对数据格式的统一控制、数据处理流程监控、数据交换日志管理等，可提供日志、审核、查询、监控等辅助功能，增加数据交换过程的透明度，提供数据交换过程可管理性。

（3）智慧园区大数据平台的技术架构

智慧园区大数据平台的技术架构主要包括数据管控、数据服务、数据标准及管理平台。

其中数据源包括大气、水、噪声、污染源、辐射、土壤及生态状况等结构化数据及非结构化数据，数据源通过云计算平台（包括计算池、存贮池、网络池、灾变云等），构成智慧环境大数据平台（包括数据集成、关系数据库、内存计算、流式处理等），并通过大数据分析、挖掘（包括环境综合评价模型、环境预警预报模型、环境风险防控模型、环境责任考核模型及污染追踪模型等），进行数据共享与交换，提供生态环境大数据应用门户的业务服务（包括污染诊断分析、风险防控、环境容量评估、环境政策制定等）。

智慧环境大数据平台从政府、企业、公众和环境大数据产业化需求出发，整合各方资源和力量、充分探索和挖掘生态环境监测网络数据的应用价值，为环境业务、环境管理、环境服务和环境决策提供数据支撑、协同管理，实现生态环境保护的量化管理和科学决策。

（4）智慧园区管理平台的应用技术

智慧园区管理平台的应用技术主要包括：大气环境智慧管理平台、流域水环境智慧管理平台、污染源智慧管理平台、园区安环智慧管理平台、环境风险防控与应急智慧平台、环保综合业务协同办公平台、信息发布与公众服务平台等。

① 大气环境智慧管理平台。是以大气质量监控为基础，演变趋势和污染成因的科学分析、实现实时或准实时的源解析为污染协同控制和科学治理提供技术支撑，实现绿色发展。大气环境智慧管理平台包括空气质量在线监测与评价系统、大气污染源清单系统、空气质量多模式集合预报系统、大气污染诊断分析系统、大气重污染应急调控系统、大气环境达标规划系统等。

② 流域水环境智慧管理平台。用于实现重点流域水质状况的监测预警与诊断评估，结合水文水质模型，开展常规性水质预测与突发污染事件的水质预警，对水质变化趋势分析与风险预警，为水质服务提供辅助决策支持。

流域水环境智慧管理平台包括水环境质量在线监测与评价系统、水环境诊断评估系统、水质预警及动态调控系统、突发环境事故应急指挥系统及网络化智慧监管系统等。

③ 污染源智慧管理平台。通过对污染排放数据、排放企业的生产数据、治理运行状态数据的采集，利用智能模型分析实时核对治理设施的运行情况，实时掌握污染排放情况、治理设施的运行状况，为企业提供自我监测污染减排和总量控制的数据支撑，为环保部门提供检查、执法依据。

污染源智慧管理平台主要包括：建设项目源头控制（审批管理），治理过程监管（污染源废气排放过程监控及污水处理排放过程监控等），日常监管管理（污染源信息管理系统、环境监察执法系统、环境信访投诉系统、环境行政处罚系统、环境许可审批系统、企业环境违法预警系统等），排污末端监控（污染源在线监控系统、视频监控、刷卡排污监控系统）。

④ 园区安环智慧管理平台。是基于“点-面-区”三位一体监控预警、突发环境事故应急管理及污染源溯源分析，打造园区安全与环境一体化物联网的综合解决方案 提供园区环境风险预警、环境质量评估、污染溯源分析、事故应急决策、环境预警信息发布等，服务于绿色智慧园区建设。园区安环智慧管理平台包括环境质量智慧管理体系（空气/水环境质量在线监控系统、环境预警溯源系统）、污染源综合管理体系（企业特征污染在线监控系统、治理设施工况监控系统、刷卡排污监控系统、网格化移动执法系统）和应急指挥调度体系、精细管理与服务体系。其中涉及智慧环境监控的系统主要有企业特征污染在线监控系统，厂界、区域环境质量监测监控，园区环境溯源分析系统等。

⑤ 环境风险防控与应急智慧平台。主要是面向政府职能部门，主要是环保行政主管部门应对突发环境事件的综合管理平台。平台构成包括应急门户、环境风险动态管理、应急业务

基础信息库管理、应急响应处置管理与应急监测。环境应急的全过程管理包括环境大数据、风险防控、应急准备、应急处置、事后回复，及由政府、企业、公众共同参与的门户管理等模块。

⑥ 环保综合业务协同办公平台。是将环保部门所有核心业务融为一体，通过工作流平台规范业务处理流程，加强业务流转，实现各部门的业务协同和数据共享，提高环保部门业务办公效率与能力。平台构成包括环境信息综合门户、办公 OA、建设项目审批、排污许可证管理、环境信访管理、行政审批管理、行政处罚管理、限期治理、总量控制、固废管理、核与辐射管理、机动车尾气管理、环境实验室管理等。

⑦ 信息发布与公众服务平台。用于实现空气质量数据、地表水监测数据、污染源监测信息、环境应急信息、环境预报预警信息、生态状况监测信息的统一发布，包括环保外网门户、环境信息发布系统、污染源信息公开系统、企业环境信息发布系统等，发布渠道包括网站、手机 APP、微信、微博、户外大屏等，让公众了解企业及园区的生态环境状况，发挥群众监督作用和公众对环境的知情权。

20.1.2.2　典型的智慧园区管理总体框架

（1）智慧园区管理的总体框架设计

智慧园区管理的总体框架设计是在区域环境监测及其他监测管理的数字化、信息化条件下，综合利用互联网+、物联网、大数据等先进技术整合各种信息资源，从而实现智慧环保管理的先进技术，对提升区域环境监测水平和生态环境保护具有重要意义。

不同区域环境条件及管理要求有不同的智慧环境监测监控的技术解决方案，智慧环境监测监控技术具有个性化和定制化特点。不同区域的智慧环保总体框架设计各有具体的设计要求，典型框架主要包括感知层、传输层、生态大数据层、智慧层以及服务层等层次。

① 感知层。智慧环保的感知层主要是指各种智能化现代在线分析仪器及在线分析无线传感器等前端感知设备，是智慧环保的最基础的数据源。

② 传输层。要实现生态环境监测信息的集成与共享，解决数据孤岛问题，数据传输是智慧环保在线分析仪器物联网的重要组成部分。目前，在线分析仪器的物联设备分为两类：一类是其自身支持 TCP/IP 而能直接接入物联网，如 WIFI/GPRS/3G/4G/5G 等设备；另一类是其未能支持 IP 协议，而需要网关（协议转换）来接入物联网。现阶段环保在线分析监测设备，多数还是需要借助网关来实现联网及协议转换。

目前环保监测领域采用较多的有 HJ 212—2017 污染物在线监控（监测）系统数据传输标准、REST/HTTP、COAP（constrained application protocol）协议、MQTT（message queuing telemetry transport）、DDS（data distribution service for real-time systems）、AMQP（advanced message queuing protocol）、XMPP（extensible messaging and presence protocol）等。

③ 生态大数据层。大数据建设总体架构参见图 20-1-5。

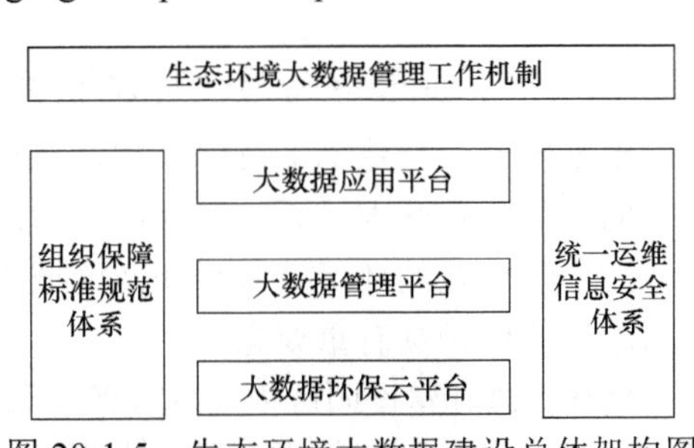

图 20-1-5　生态环境大数据建设总体架构图

为大数据应用提供统一数据采集、存储、分析和处理等支撑服务。《生态环境大数据建设总体方案》（环办厅〔2016〕23 号）提出了生态环境总体架构要求，总体架构为“一个机制、两套体系、三个平台”。一个机制即生态环境大数据管理工作机制；两套体系即组织保障和标准规范体系、统一运维和信息安全体系；三个平台即大数据环保云平台、大数据管理平台和大数据应用平台。

④ 智慧层。利用云计算、虚拟化、模糊识别、污染溯源算法、三维技术等智能计算技术，整合和分析海量环境信息，建设具有高速计算能力、海量存储能力、实时处理能力、深度挖掘能力的智能环境信息处理平台，为实现真正的智能化提供信息服务与平台支撑。

⑤ 服务层。随着环保政策的不断推出，各级环保部门、工业园区、企业等也在加大环保投入。为满足自身的业务发展需要，需借助智慧化手段来为其提供支撑。如现状评估、风险预警、污染溯源、应急指挥、移动执法、安全监管等。

（2）典型的智慧园区技术方案及应用案例

典型的智慧园区总体技术方案大多是从园区的“安全、环保、能源”等各层面，提出的“测、管、治”的技术方案，参见图 20-1-6，该技术方案实现了园区从“监控、预警”到“诊断、治理、评估、决策”的智慧园区管治。

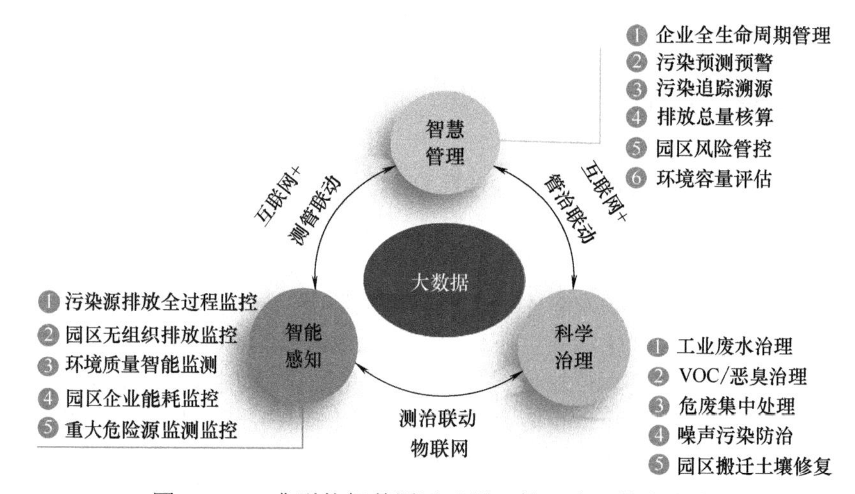

图 20-1-6　典型的智慧园区“测、管、治”技术方案

典型案例：以某地工业园区安环一体化平台建设平台为例。系统架构参见图 20-1-7。该方案是基于园区管委会一体化协同管理目标和管理需求，重点围绕安监、环保、能源等部门协同管理，实现园区管理“安环能一体化”，由“单一闭塞”向“联防联控”转变，并在同一平台框架下建设“环保监测预警、安全监管、应急响应、视频监控”四大平台及园区以应急联动和数据资源共享为重点的公共平台，打造互联互通、协同共治园区空间治理体系。

20.1.3　工业园区智慧化环境监管体系及环境监测应用

20.1.3.1　工业园区智慧化环境监管体系概述

根据国家、行业标准及地方规范要求，对工业园区与重点污染源排放企业，应建设环境污染的监测监控管理体系，包括区域内网格化监测、有组织排放和无组织排放监测等，区域内各污染源企业的环境监测系统及区域内的大气质量监测系统等环境监测监控体系，对区域生态环境的保护具有重要意义。

例如：通过建设园区内 VOCs 等空气特征污染物监测站，实现多种在线监测技术的集成，可全面覆盖大气污染监测因子，构建园区空气特征污染监控网络。同时，集合园区内企业污

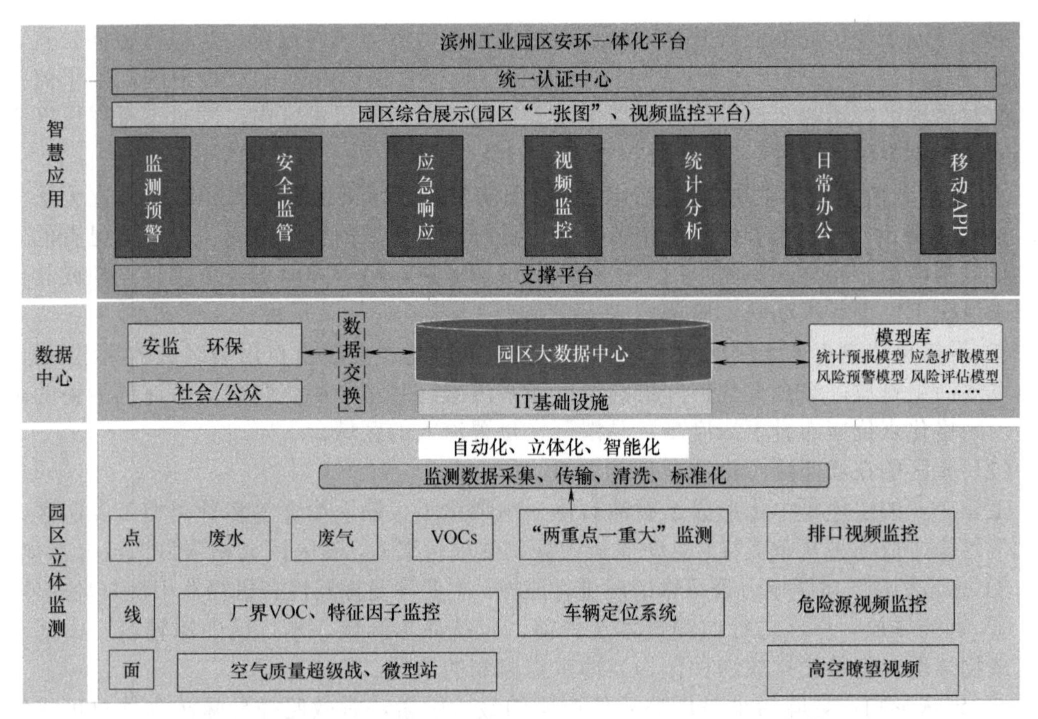

图 20-1-7　典型的工业园区的安环一体化平台的系统架构

染源信息、污染源在线数据、气象条件、空气质量实时数据等，搭建工业园区大气污染预警监测信息平台，可实现工业园区大气污染的智慧化监管应用体系。

通过园区内实现网格化监测管理，建设智能化的监测监控系统。除了企业固定源的自动监测系统建设和园区的大气质量监测中心站建设外，还需要建设区域内的厂界、区域周边代表点的在线监测，包括采用开放式长光程的光学检测技术等。规范搭建园区的在线监测网和监测监控平台，从而实现高效集成监测，以及统一数据审核、统一质量管理、统一信息系统，服务于智慧环保管理。

通过园区内环境监测的网络和监控平台建设，提升区域内环境空气特征气体污染物的监控能力，跟踪评估大气质量变化和污染减排效果，包括采用开放式长光程的光学检测技术，可以实现园区内的污染物的线、面的监测；采用移动监测、走航监测及无人机等监测技术，可实现工业园区“空、天、地”一体化监测。通过园区智慧环境监测监控平台的建设，将实现园区的污染物排放监测、大数据分析、溯源减排和减少污染投诉等，从而实现园区环境监测的智慧监管体系。

20.1.3.2　工业园区环境污染监测的应用要点

（1）工业园区自动监测点位的设置

工业园区及园区内污染源企业，应履行应有的社会责任，承担工业园区内监测点、边界点和受排放源污染严重影响的敏感区域监测点位建设。工业园区监测点位应包含园区监测点、厂界监测点、敏感区监测点、移动式监测点和网格化监测点五类。

① 园区监测点位于污染园区内或厂区内，用于掌握污染排放状况，包括排放量、排放规律等。该点位应侧重于生产装置集中区域、储罐集中区域等。

② 厂界监测点位于园区或厂区的外围边界，用于监测污染排放对外界的影响。该点位

应根据长时间主导风向的调研统计，设置于污染源扩散的下风向位置、居民区方向位置。

③ 敏感区监测点位于污染扩散路径上居民区及受扩散影响的民众集中区，用于监控污染扩散对居民区的影响。该点位应设置于污染扩散下风向的居民区内，同时不受居民区人为活动产生污染影响的位置。

④ 移动式监测点位则用于补充固定点位无法覆盖的污染区域监测和固定点位无法分析的污染物监测。一方面既可作为固定监测点位进行特定区域的日常监测，也可与已有的监测点进行数据印证，移动式监测也用于敏感点的现场监测。另一方面可在应急、严控或其他特殊要求情况下，进行机动驻点监测。

⑤ 网格化监测点位于园区重点区域或重点企业周边，监控重点污染区域的无组织排放，快速发现污染排放，结合大数据分析高浓度泄漏污染，并基于密集网格动态评估污染的扩散轨迹。网格化点位应布设于浓度高、易泄漏、位置深入的区域。

（2）园区的在线监测污染物项目选取

工业企业的快速集中化形成了石油石化、精细化工、钢铁冶金等多种类型工业园区。园区大气污染排放物种复杂多样，自动监测污染物的项目繁多，园区污染物项目选取要点如下。

① 总量控制。对区域污染总体情况进行监控，主要涉及挥发性有机物非甲烷总烃的监控。

② 特征排放。厂区进行监测技术选择前，应统计本区域、本厂区的原辅料、中间产物和排放物情况，将特征排放物种作为当地重点监测的项目。

③ 异味影响。异味污染是厂群矛盾产生的最大因素，有效监控异味污染项目可支持居民投诉等问题的解决。异味物种应作为重点优先监控的污染物。

④ 光化学活性影响。园区排放多种高活性污染物，这些污染物往往具有较强的臭氧生成能力，在近地面造成较大污染。

⑤ 人体健康影响。包括致癌、致畸、急性/慢性影响等人体毒害作用的污染物应作为监控和预警评估的项目。

⑥ 国家其他规定的污染物，破坏臭氧层类污染物。

全面监控和评估工业园区对环境空气、人体健康的影响，监测物种应在化学种类、特性、活性、毒性和异味等方面具有较广的覆盖性。

（3）可具体实施和明确的监测物种项目

现阶段可具体实施和明确的监测物种项目逾 150 种，主要如下。

① 常规污染物：涉及国家环境评估相关的 NO、NO_2、CO、SO_2、$PM_{2.5}$、O_3 等污染物。

② 非甲烷总烃：涉及甲烷、非甲烷总烃项目，主要关联环境空气、工业企业、污染区域污染排放总量的监测和控制。

③ 挥发性有机物（VOCs）：包括烷烃、烯烃、炔烃、芳香烃、卤代烃和含氧 VOCs 等类型污染物。具体污染物监测方法包括在用的 PAMS 方法（57 种）和 TO15 方法（65 种）。

④ 异味污染物种：包括常见的有机硫化物（6 种）、无机恶臭污染物（硫化氢、氨气等）、酸类、胺类及部分含氧化合物、卤代化合物。

⑤ 其他特征化合物：如重金属、光气、药类复杂化合物及部分光学特定测量的污染物种。

20.1.3.3 工业园区空气特征污染物自动监测体系

基于不同园区的空气特征污染物种和现有自动监测技术的适用性、限制性，各园区应依据自身实际情况，精细筛选和明确需重点监控的污染因子，对园区污染物优控筛选，配置适用的监测仪器设备，并建立工业园区的自动监测体系，典型应用体系参见图 20-1-8。

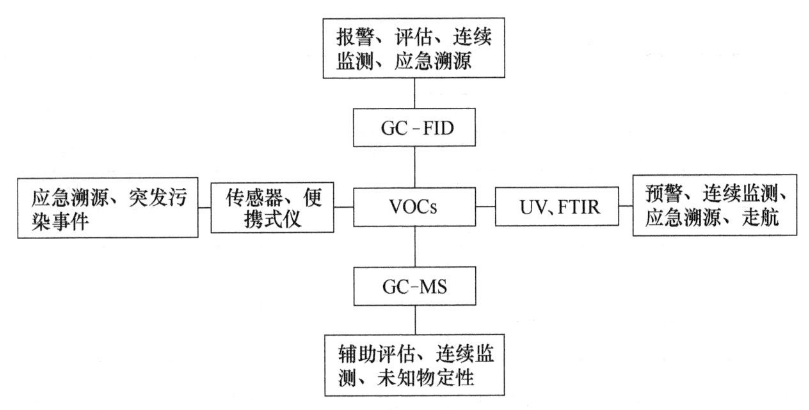

图 20-1-8 工业园区空气特征污染物自动监测体系

工业园区的空气特征污染自动监测技术体系，应以色谱、质谱、光谱、传感器为基础方法，对各项监测技术进行优化整合，形成适用于自身的技术体系。并根据不同监测技术的特点，建设工业园区的日常监测评估、应急、溯源，合理分配、整合各监测技术，协同监测突发污染事件为一体的多功能工业区监测体系。

20.1.3.4 园区智慧化监管的应用要点

在建立针对性强、覆盖面广的监测网络基础上，实现工业园区智慧化管控，不仅需要实时收集和汇总监测数据，还需要从污染物浓度的限值报警、园区大气质量管控评价、突发污染事件的报警响应、污染溯源等方面应用出发，建立可靠、适用的智慧化管控体系。

（1）污染限值报警及管控评价

建立工业园区污染限值报警，开展统一化的质量评价，提升化工园区大气污染监测能力，实施污染限值报警，应遵循以下原则。

① 科学性和合理性。应从国家标准和地方标准出发，同时结合本地区域统计分析的结果，选取污染高值和站点数量作为分级制定的基础，体现科学性和合理性。

② 物种的全面性和重点突出性。自动监测污染限值既要体现污染现状，又须兼顾报警数量和监察工作量，突出高浓度、长时间和多站点报警等重点问题。

③ 可操作性。参考国家标准限值，以数倍于标准限值作为分级方案设计依据；围绕管理，由轻到重，设计分级报警方式，体现排放的不同程度；结合排放标准和管理需求，优先开展测定分析准确度高的污染物，以恶臭气体和毒害类污染物为重点，兼顾其他污染物。

根据已有的厂区、厂界国家/地方排放标准，可选取 12 种污染物作为污染排放警示和评估的污染物项目，如表 20-1-1 所示。其中总 VOCs 及组分报警数据以 GC-FID /FPD 仪器分析浓度为准，在站点缺少 GC-FID/ FPD 仪器的情况下，可选用 GC-FID/MS 仪器监测的浓度。

表 20-1-1 污染排放、评价项目及其限值

序号	项目	浓度限值/(μg/m^3)
1	TVOC	1000
2	苯	100
3	甲苯	200
4	二甲苯	200
5	硫化氢	60

续表

序号	项目	浓度限值/(μg/m³)
6	氯甲烷	2400
7	氯苯类	400
8	氨气	1500
9	甲硫醚	70
10	二甲二硫醚	60
11	二硫化碳	3000
12	甲硫醇	7

管控评价层面，从监测技术分析精准性、常检出和浓度水平、毒性、光化学活性以及特定工业区特征污染物等几方面统一评价物种因子，强化数据质量，开展空气质量的统计评价。科学统一质量评价因子时，考虑其整体检出率 60%以上，常态浓度高于$\times10^{-9}$，且在园区的多个方位均能检出的排名靠前的高浓度物种。

另外，在其检测技术能实现准确分析的前提下，甄选工业园区内毒性强、光化学活性强和本地特征的污染物作为特征评价因子纳入园区的空气质量评价体系内。从而实现和建立用于评价的物种数据为精准定性定量，评价因子覆盖常态存在的污染物和园区内可能发生重大威胁的特征污染物的管控评价体系。推荐工业园区大气质量评价因子参照表 20-1-2 所示。

表 20-1-2　工业园区大气质量评价因子

序号	物种项目	序号	物种项目
1	乙烯	19	反-2-丁烯
2	乙炔	20	顺-2-丁烯
3	乙烷	21	邻二甲苯
4	丙烯	22	乙丙苯
5	丙烷	23	正丙苯
6	异丁烷	24	1,2,4-三甲苯
7	正丁烷	25	1,3,5-三甲苯
8	异戊烷	26	1,2,3-三甲苯
9	正戊烷	27	1,3-二丁烯
10	异戊二烯	28	二氯甲烷
11	正己烷	29	1,1-二氯乙烷
12	苯	30	1,2-二氯乙烷
13	正庚烷	31	氯苯
14	正辛烷	32	四氯乙烯
15	甲苯	33	三氯乙烯
16	乙苯	34	1,2,4-三氯苯
17	间对二甲苯	35	2,2,4-三甲基戊烷
18	苯乙烯	36	2,3,4-三甲基戊烷

（2）实时报警，精准溯源

工业园区大气污染监测的技术提升和实时管控的精细化，要求对园区污染组成和污染水平的监测技术不断完善；并能应对突发污染事故，及时发现和管控，找到污染来源加以控制。

为实现工园区大气污染排放智慧化管控，应当建立完善的预警、报警响应机制和精准溯源模式，实现“早发现、早报告”快速响应，在第一时间启动污染溯源，定位并控制污染排放。

典型工业园区报警响应机制参见图 20-1-9。

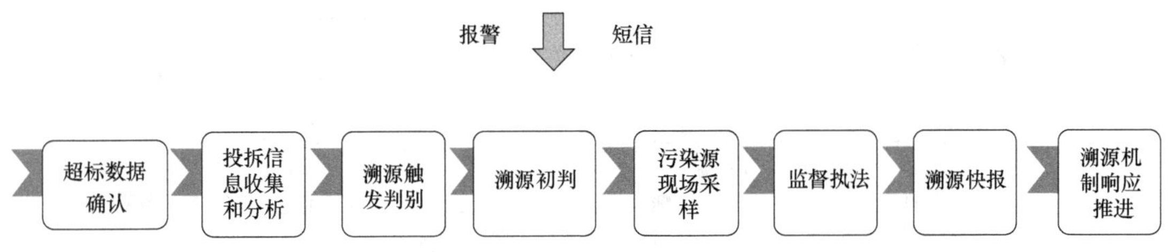

图 20-1-9　典型工业园区报警响应机制

实现典型工业园区大气污染的精准溯源，需基于历史监测数据、实时监测数据和工业园区以往污染源调查的基础上，选择园区内重点企业的 VOCs 进行采样分析，利用源成分谱数据同化和归一化的方法，建立园区重点企业的 VOCs 排放源成分谱。通过气象条件锁定方位，结合物理扩散模型、化学组分受体模型等进一步验证和缩小污染排放源，同时快速开展实地监测溯源，最终精准锁定企业排放装置。园区污染报警精准溯源机制案例参见图 20-1-10。

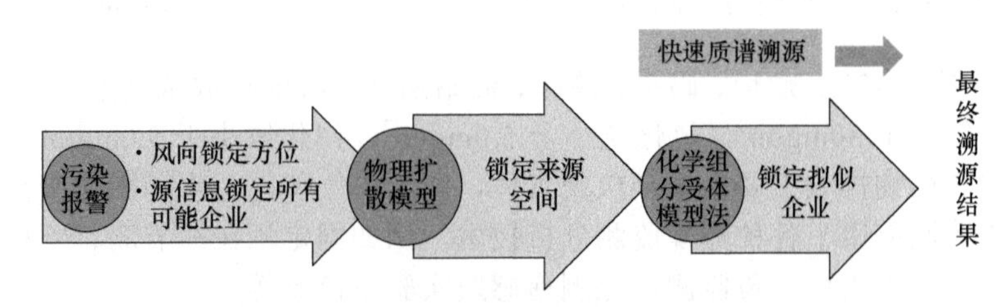

图 20-1-10　园区污染报警精准溯源机制案例

20.1.4　工业园区环境污染的有组织与无组织排放监测

20.1.4.1　概述

工业园区内的环境质量监测，重点是区域内的大气环境质量监测及水环境质量监测等。工业园区内环境污染源监测主要包括园区内固定污染源的污染物有组织排放监测及园区企业的泄漏排放等无组织排放监测等。园区环境污染物排放监测主要包括固定污染源的废气、废水的排放监测，移动污染源排放监测以及污染源的泄漏排放监测等。固定污染源等废气集中排放的代表点的污染物排放监测，称为有组织排放监测；移动的污染源及企业内的设备泄漏等造成的大气环境污染的监测，称为无组织排放监测。典型的园区有组织排放与无组织排放示例参见图 20-1-11。由图中可见，企业无组织排放的代表点很多，监测难度大。

不同工业园区的排放有各自特点，以化工园区的污染物排放监测为例简介如下。

化工园区是石化企业的聚集区域，国家、行业及地方已经制定了对化工园区大气污染等各种排放标准及管理规范，对化工园区的污染物排放提出了严格的排放限值要求。例如，GB 31570—2015《石油炼制工业污染物排放标准》及 GB 31571—2015《石油化学工业污染物排放标准》规定主要污染物排放限值如下：非甲烷总烃（NMHC）排放限值小于 $120mg/m^3$；

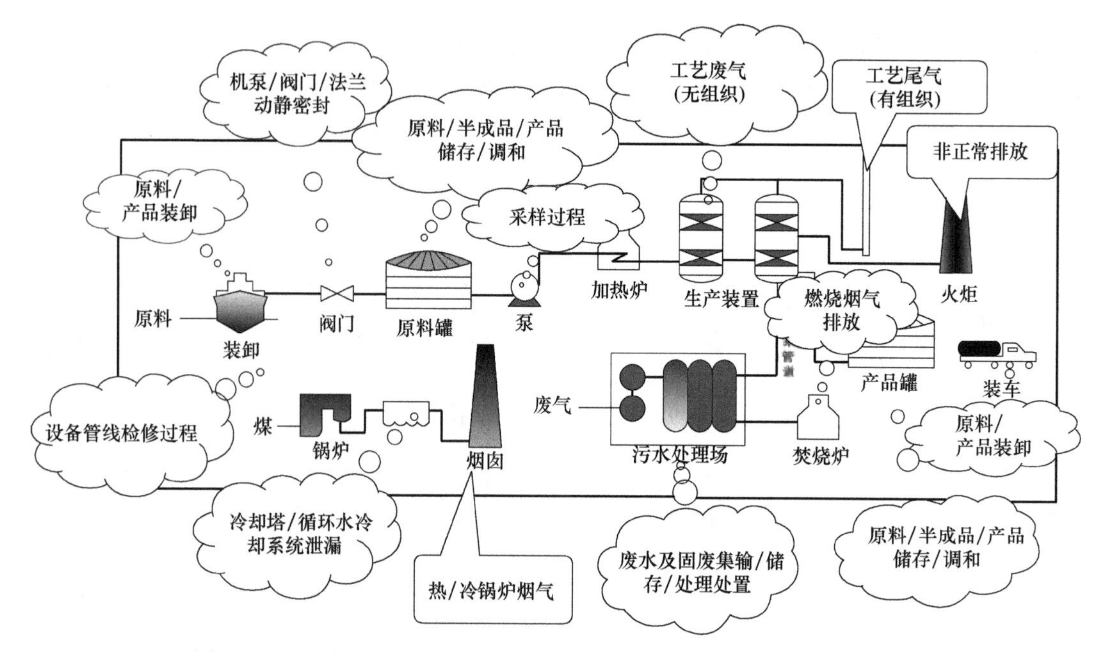

图 20-1-11　典型的工业园区内企业有组织排放与无组织排放示例图

NMHC 去除率不低于 95%；贮运、码头、油库、油站油气回收的排放浓度限值小于 25mg/m^3；其他废气，氯化氢小于 30mg/m^3，氟化氢小于 5.0mg/m^3，溴化氢小于 5.0mg/m^3 等。

化工园区的污染物排放主要涉及排放类气体，泄漏类气体，污水和固体废弃物等。化工园区的环境污染监测应用了各种环境监测分析技术，例如固定源在线监测、便携式监测、移动监测、走航监测、无人机应急监测、遥测遥感及实验室监测等。

污染物监测技术主要有烟气超低排放的颗粒物、SO_2、NO_x 的 CEMS，挥发性有机物 VOCs 的在线监测，固废垃圾焚烧废气监测，恶臭异味监测，水质污染排放监测，厂界 VOCs 监测，园区内各种微型站及园区内大气环境自动监测中心站等。也包括园区外围敏感点的在线监测，以及环境监控的视频监测，涵盖各污染排口、园区物流及道路安全监控等。

20.1.4.2　园区环境的有组织排放监测技术要点

（1）园区内企业的污染源排放监测体系

园区企业污染源的有组织排放监测应用主要包括各种锅炉、窑炉、加热炉等炉窑的烟气 CEMS，固定污染源的污染物排放集中收集的各种排气筒、石化企业的高架源排放的废气及 VOCs 的在线监测，园区内各企业排放废水的 COD、氨氮等污染物监测。

园区的无组织排放监测主要是指各企业及园区内各代表点的废气泄漏排放监测，包括企业的废气泄漏监测与修复（LDAR），园区的厂界及周边的大气污染监测等。目前，化工园区污染物在线监测的重点是挥发性有机物 VOCs。

化工园区内的石化企业执行的废气监测指标，按行业排放标准要求主要是非甲烷总烃（NMHC）、三苯（苯、甲苯、二甲苯）及其他 VOCs 特征因子。

化工园区环境监测的大气监测组分主要有：常规因子如 SO_2、NO_2、CO、O_3、$PM_{2.5}$、PM_{10}；特征因子是指特征污染物及大气环境风险物质，如无机因子——氯气、HCl、HF、H_2S、NH_3、CS_2，有机因子——TVOC、苯、甲苯、二甲苯、二氯甲烷、三氯甲苯、四氢呋喃、草酰氯、DMF 和胺类等。

同时兼顾化工园区企业对区域环境质量的影响，防范异味扰民问题，将《恶臭污染物排放标准》（GB 14554—1993）中规定的有机恶臭气体，也列为在线监测监控因子；大气质量监测除在线分析外，也包括气象参数监测等。

园区的环境监测一体化，要求实现“点线面”立体监控及网格化监控管理。园区内企业有组织排放，主要指各种工艺设备的烟囱排放、高架源排放及集中排放的排气筒污染物排放。例如，污染源废气 VOCs 有组织排放主要指重点源排污口的集中排放。企业无组织排放主要是各种设备的泄漏排放、原料装卸、阀门、储存罐及工艺废气的无组织排放。

（2）园区的有组织排放监测

有组织排放包括固定污染源排放的废气、废水等。废气排放包括有机组分及无机组分；废水排放主要有 COD、氨氮及重金属等。

其中，固定源废气排放监测主要包括烟气 CEMS 及废气 VOCs 等。烟气 CEMS 主要指园区的自备电厂等各种燃煤锅炉、窑炉烟气排放的颗粒物、SO_2、NO_x等。废气 VOCs 监测内容主要包括被测的废气组分及废气监测浓度、设备对 VOCs 的去除率、排放速率、排放总量（单位产品 VOCs 排放量）等。有组织排放的固定污染源废气排放监测依照环保部批准的 HJ/T 397—2007《固定源废气监测技术规范》及有关行业、地方的排放标准执行。

目前，化工园区最重要的污染物监测是 VOCs 在线监测，对区域内已建重点企业特征污染物排放量大的排气筒、废气处理设备设施（如焚烧炉、洗涤塔、光催化装置等）进行在线监控。对排放烟道或排气筒具有代表性的采样点，定时采样或连续采样，样品送实验室离线监测或在现场在线实时监测。

一般规定废气 VOCs 排气筒高度在 15m 以上的列为有组织排放源，低于 15m 高的排气筒纳入无组织排放源。园区的有组织排放监测应明确高架源及排气筒的数量、位置，污染物种类、排放量、浓度、排放规律和估算方法、达标排放情况等基本信息。用于 VOCs 检测的技术，各有其应用特点和适用场所，可参见本书有关章节的技术应用介绍。

20.1.4.3 园区环境的无组织排放技术

园区无组织排放监测的实施，依照环保部批准的 HJ/T 55—2000《大气污染物无组织排放监测技术导则》执行。

无组织排放主要指园区内各企业内的各种工艺设备/管道/阀件泄漏，以及储罐、运输装卸、火炬、污水处理等废气、废水排放。无组织排放监测技术包括企业泄漏监测与修复（LDAR）、厂界及路边污染空气监测技术等。无组织排放监测应明确排放位置、排放规律、排放量估算方法、厂界监测数据及达标排放情况等基本信息，无组织排放监测内容包括现场设备泄漏监测、代表测点无组织排放浓度，厂界监控与逸散率等。

无组织废气排放监控的目的，是在了解园区整体无组织排放水平的同时，及时发现废气超标排放区域，对超标区域进行溯源，以锁定超标区域的主要排污企业。基于成本和精度要求，自动监测设备仅需要测定区域内有机污染物总体排放情况（TVOC），在发现超标区域时，通常可通过对代表点定期采用便携式巡回监测、厂界开放式遥测技术等进行。

园区污染物溯源监测大多通过移动监测、走航监测的高灵敏、高精度仪器监测，也可通过无人机巡回监测，锁定污染源超标区域及排污超标企业，再通过对排放的有机污染物组分进行来源解析，以此确定超标的具体污染物。

无组织排放实时监测的固定式或便携式设备是直接抽取大气样品进行检测分析的，相对于有组织排放的 VOCs 的监测浓度而言，大气泄漏的污染物测量组分的检测浓度更低（可达

到 10^{-9} 级），测量组分种类更多，因此，通常用于无组织排放的在线分析设备的灵敏度要求更高，应采取高灵敏度在线或移动监测仪器。

化工园区内无组织排放废气的污染物主要有：HCl、Cl_2、H_2S、NH_3、VOCs 类、恶臭气体及其他有毒有害气体，要求开展园区边界、厂界大气环境质量在线监测。另外，园区及周边环境保护敏感目标的大气环境质量在监测，应在直接受园区排污影响的居民点、学校等人群聚集地设置监测点位；并开展环境应急流动监测。

20.1.4.4　固定污染源废气排放的 VOCs 常用的监测技术

① 人工采样实验室监测。主要用于园区污染源代表点的现场人工采样，通过加热采样管及抽气泵等将样品收集到金属采样罐/吸附管/气袋/注射器等，通过样品运输、保存及富集等，送园区中心监测站的实验室分析。大多采用高灵敏度的实验室 GC 或 GC-MS 等检测技术，适用于污染物的微量及痕量分析监测。

② 现场代表点排放监测。主要用于园区及周边环境的无组织排放监测，也包括园区外围敏感点的污染监测。常采用便携式仪器如 GC-PID/FID、GC-MS 等，以及采用代表点固定式微型空气检测站等检测。必要时，采用移动监测车、走航监测车及无人机巡回在线监测等技术，用于园区无组织排放的应急监测及溯源监测。其中移动监测车是到代表点污染物进行全面监测，车载仪器设备较全；走航监测车主要对主要污染物如 VOCs 排放进行巡回监测，边走边检测；无人机监测通常是机载电化学及 PID 等传感器进行指定区域的采样分析。

③ 企业重点污染源的源监测。主要用于污染物有组织排放点的源监测。监测对象为园区内企业的高架源及排气筒等有机废气排口。常规监测因子主要为挥发性有机物 VOCs，如非甲烷总烃、甲苯、二甲苯等；无机气体成分，如 SO_x、NO_x、CO、HCl、NH_3、H_2S 等以及颗粒物、重金属等。采用在线分析技术主要有 FID、PID、GC（FID/PID/MSD）、FTIR、NDIR、DOAS（差分吸收光谱）、PTR-MS（离子迁移谱仪）、TDLAS（可调谐激光吸收光谱）等。在线自动监测设备具有长期稳定运行，测试准确可靠等特点，可对被测组分进行实时浓度监测及排放总量监测，具有数据处理通信功能，检测数据送智慧环境监测平台。

固定源常规因子在线监测设备示例参见图 20-1-12。

④ 企业边界及园区周边线源监测属于园区无组织排放监测。监测对象为园区企业边界（厂界）及园区周边的污染监测。主要监测因子：大气污染物的 VOCs 成分，有机物主要有非甲烷总烃、甲苯、二甲苯及其他特征污染物等；无机气体成分如 HCl、NH_3、HF 等及臭物监测。

厂界代表点及路边站点可采用小型空气质量站或微型站，或采取便携式仪器定时巡回流动监测；或在厂界或园区边界采用开放式、光学式（DOAS/FTIR 等）遥测分析设备进行特征因子在线监测；或采用移动监测及走航监测（TOF-MS）技术进行园区的实时监测及对污染物溯源；或采用无人机对园区指定地区污染物进行实时监测或采样等。

20.1.4.5　工业园区的泄漏检测与修复

工业园区的泄漏检测与修复（LDAR）主要是对园区内各企业的工艺设备/管道/阀件的泄漏，以及储罐、运输装卸等无组织排放的废气进行定期检测；并及时做好泄漏修复，减少设备的废气泄漏。

企业实施泄漏检测与修复的意义，主要包括可实现企业减少废气排放及减少 $PM_{2.5}$ 对环境的污染；利用 LDAR 数据库可实现系统细化管理，减少产品损耗，提高企业经济效益等。

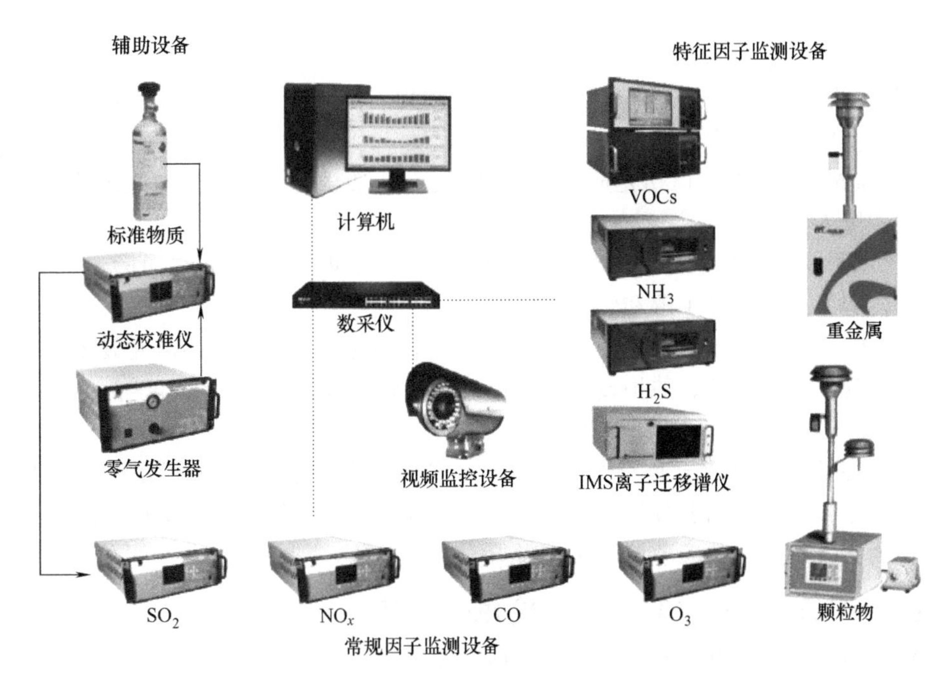

图 20-1-12　固定源常规因子在线监测设备示例图

工业园区 LDAR 是对园区无组织排放的控制，据美国报道数据，实施 LDAR 可以减少 VOCs 的排放，石油精炼可减少 63%，化工泄漏可减少 56%。

工业园区实施 LDAR 的分工主要是排污企业自查、环保部门实施管理与抽查、专业检测公司定期检测。LDAR 解决方案的内容应包括排查建档、制定内部检测标准、实施监测、提供泄漏源信息、出具报告、提供 LDAR 软件、提出修复建议、提供检测仪器设备等。国内有关地方及行业已制定相关实施 LDAR 的规程。

20.1.5　区域安全环保应急监测监管平台的技术体系

20.1.5.1　概述

（1）安环应急监控平台技术

安环应急监控平台是智慧园区安全环保一体化应急监管平台的简称。该平台融合园区日常安全管理、监测监控、预测预警、应急联动等功能，并满足安全生产监管、风险分级管控和隐患排查治理、调度指挥和应急救援决策需要。

运用安环应急监控技术建立园区的应急救援指挥平台，包括区内企业及危险源信息数据库、区内危险源全覆盖的可视化监控系统等。通过信息化网络，将园区内企业危险化学品储存和使用量等危险源信息动态以及相应的应急预案采集并建立数据库，结合网络化的地理信息系统（GIS）技术，在电子地图上方便、快捷地显示危险源、重大事故隐患的地理分布总体概况以及发生事故时的抢险、应急救援预案等信息。

若发生重特大安全生产事故，系统自动调出事先制定的应急预案，并在 GIS 地图上显示出事故现场环境信息、周边应急救援设施、消防救护等应急救援力量及最佳救援路径；根据危险品性质、周边环境等信息对事故后果进行模拟分析，确定疏散范围，为事故应急救援指挥提供辅助决策支持。

（2）安环应急监控技术要点

① 应急监测预案。预案应当确保具有科学合理性、较好可用性和可操作性，一定要避免应急预案高于实际监测能力的情况。

② 应急监测队伍。监测队伍是应急监控的核心，一般由应急专家及专业人员、协调联络人员和后勤保障人员构成。

③ 应急监测技术。要对应急监控涉及的资料（法律法规、地区规范、风险源、应急技术、监测方法等内容）进行充分了解和学习。

④ 应急物资准备。在日常工作中需要准备并保养好应急物资，包括监测设备和工具（例如采样工具、现场分析仪器、防护设备等）以及其他辅助设备（例如照明设备、通信设备、运输车辆等）。

⑤ 应急监测演练。定期开展演练活动，由专家制定演练的内容，并对演练的结果进行评价，如果演练水平较低，则要分析具体的原因，采取适合的优化及完善措施，实现对应急预案的优化，为突发环境事件应急监测工作做好充足的准备。

20.1.5.2 智慧园区安环应急监控平台的技术体系

突发应急事件往往具有事态发生急、发展迅速等特点，因此需要以合理、高效快速的思路来处理突发应急事件，这样才能将事件对于环境、安全以及企业的影响降到最低。

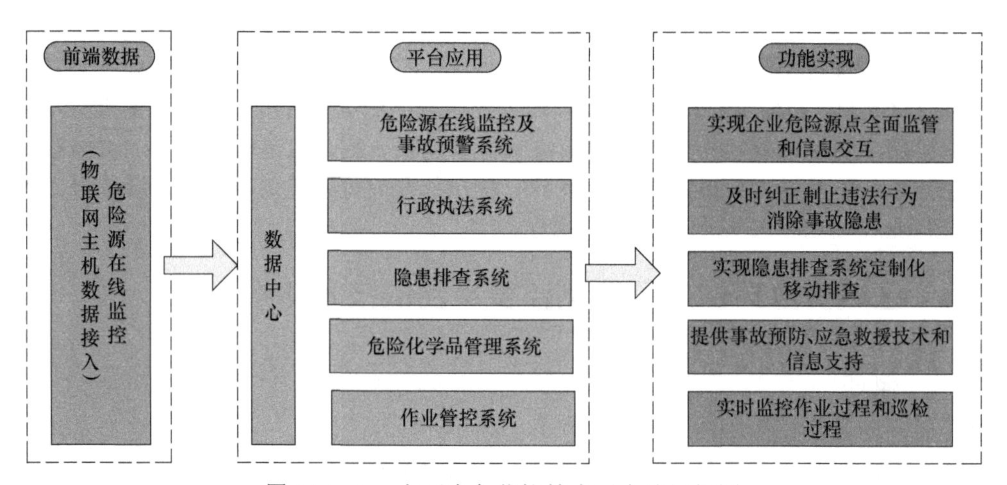

图 20-1-13 安环应急监控技术平台建设框图

安环应急监控技术平台建设参见图 20-1-13。安环应急监控的技术体系要求如下。

① 园区应急基础信息库的统一规划。应急基础信息库的系统建设应考虑对应急信息数据的定义、来源、加工整理、存储和应用进行统一认识，实现园区内安监、环保、能源、消防、医疗等政府部门和各企业采用统一的应急数据标准和格式，实现发生事故时应急信息联动共享，应急物资统一调配。应急基础信息库的标准规范体系参见图 20-1-14 所示。

② 充分利用各部门的监测数据为应急服务。在应急联动平台设计中，应充分考虑利用监测网建设的监测数据资源，包括重大危险源的视频监控、综合参数监测、危险化学品运输车辆动态监管、生产工艺监控参数、环境质量站监测数据、环境风险源企业监控数据等，为应急决策指挥提供数据支撑。

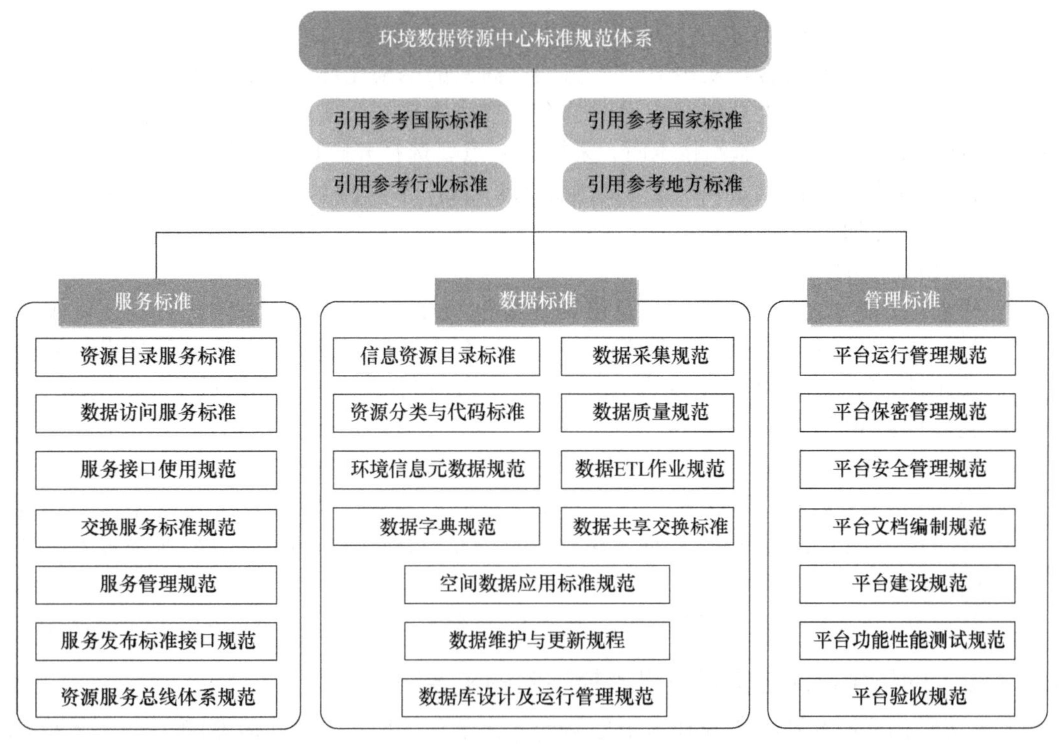

图 20-1-14　应急基础信息库的标准规范体系图

③ 各部门的业务联动设计合理连贯。应用软件设计应充分考虑安监、环保、能源、消防、医疗等各部门在应急联动业务中的职能定位与互联互通，实现信息共享，通信顺畅，交互便利，切实为园区应急事件的接警、响应、处置工作提供便利，提高效率，降低园区事故发生。

网格化监测是安环应急监控的基础，安环应急监控是网格化监测的深度应用。安环应急监控中的许多功能都是依附于网格化监测。比如应急响应中需要不断感知污染物的分布情况，对于重大危险源的与安全相关的生产参数也需要进行监控，这些功能都需要通过区域的网格化监测来实现。

20.1.6　区域网格化监测与安环监控平台的新技术应用

20.1.6.1　区域网格化监测技术

区域网格化监测是指根据污染源类型将监测区域划分为相应的网格进行布点，对布点处污染物的组分进行监测，从而构建横向到边，纵向到底的监测监控体系。智慧园区的网格化监测，一般都遵循网定格、格定责、责定人的原则。

（1）网格化监测技术的特点

① 灵活的布点方式，在对被监测区域进行网格划分时，可根据区域地形环境及污染分布情况，选择不同监测设备或者传感器，既保证了监测组分的准确性也节约了相应的成本。

② 高效的统一管理，不仅实现了污染物的监测，而且提供了设备管理、用户管理、存储管理、网络管理等基础设备管控的功能。

③ 开放的体系架构。各个网格化的监测点均与智慧园区安环一体化平台对接，该平台通过 Web Service 提供基础服务，提供其他应用功能也方便与政府平台等第三方平台对接。

④ 数字化与智能化。可以在卫星定位基础上实现远距离无线数据传输，而且可通过与地理环境区域化的划分相融合，实现灵活、精细、高密的网格化环境监测；并以网络化传输、数字化处理为基础，以各类功能与应用的整合与集成为核心，实现数字化与智能化更广泛的扩展与延伸。在运用网格化监测技术时，采用的布点要选择开阔地带，要选择风向的上风口。采样点的高度由监测目的而定，一般为离地面1.5～2m，常规监测采样口高度应距离地面3～15m，或设置于屋顶。

（2）网格化监测的布点要求

① 代表性。能客观反映一定空间范围内环境空气质量水平和变化规律，客观评价园区环境空气状况，污染源对环境空气质量影响，满足为公众提供环境空气状况健康指引的需求。

② 可比性。同类型监测点设置条件尽可能一致，使各个监测点获取的数据具有可比性。

③ 整体性。应尽可能考虑园区自然地理、气象等综合环境因素，以及工业布局、人口分布等社会经济特点，在布局上应反映园区主要功能区和主要大气污染源的空气质量现状及变化趋势，从整体出发合理布局，监测点之间相互协调。如果园区规模不大可忽略这一要素。

④ 前瞻性。应结合园区建设规划考虑监测点的布设，使确定的监测点能兼顾未来园区空间格局变化趋势。

⑤ 稳定性。监测点位置一经确定，原则上不应变更，以保证监测资料的连续性和可比性。

20.1.6.2　网格化监测与安环环境监控平台的主要功能

运用网格化监测和环境监控技术搭建的一体化平台，通常具有实时监测、数据查询、统计报表、预案管理、风险管理及应急指挥演练等功能。

（1）实时监测

该功能主要体现在平台展示通过网络传输的监控点各组分的实时数据，一般采用HJ 212协议解析。根据分级报警机制，如果实时数据触发报警，则通过多种手段（例如短信通知、APP推送、邮件通知等）告知相关负责人，由负责人决定之后事项（消除报警或者触发应急响应）。

（2）数据查询

该功能主要体现在平台提供各个监控点各组分的历史数据查询功能，可以根据时间跨度、监控点等多条件进行筛选，查询到的数据可以通过表格、图标等不同的方式进行展示，也可以支持Excel文件导出方便下载保存。

（3）统计报表

该功能主要体现在可根据配置自动选取相应的数据生成日报表、月报表、季度报表和年报表等，通过邮件等形式发送给相关责任人。不同报表的形式和样式可根据责任人的需求进行相应的定制化操作。

（4）预案管理

该功能主要体现在各个企业结合自身的情况制定合理的预案，通过平台上传，园区组织专家审核；园区也需指定与园区实际相符合的预案，审核后上传平台。所有预案都为应急演练和应急响应时调用。

（5）风险管理

该功能主要体现在园区针对涉及“两重点一重大”的安全管理，建立风险分级管控和隐患排查制度，其中隐患排查制度应当包括企业自查隐患情况、监督检查隐患情况、交办隐患情况、隐患挂牌督办汇总、隐患核查情况、隐患移交记录、隐患综合查询和日常检查管理。

（6）应急指挥演练

该功能主要体现在建立应急综合分析和调度指挥决策系统，综合分析系统应急管控模块的事件态势功能可进行大气模型分析和态势标绘，能实时对事件情况进行综合分析。

指挥调度系统应急管控模块的指挥调度功能在应急过程中可将指令、任务发送给相关人员，实现全局的指挥调度。与此同时可通过平台进行应急演练，事故仿真模拟等。

20.1.6.3　网格化监测和安环应急监控的新技术应用

基于网格化监测和安环应急监控技术来搭建的智慧园区安环一体化平台，离不开大数据、3D 可视化以及多终端技术的不断成熟和快速发展与运用。

（1）大数据技术

无论是网格化监测还是安环应急监控都需要将监控点的实时数据通过网络传输至平台。假设数据采样传输间隔为 1s，共有 20 个组分 50 个监控点，每天的数据量将轻松达到亿级。如果没有大数据技术的支撑仅仅是数据存储都将是困难的，更不用谈对于历史数据的查询和数据挖掘分析了。

平台将依托 Hadoop 体系，运用 HBase 大数据库进行海量存储、MapReduce 进行数据挖掘和分析。有了大数据技术作为数据层的支撑，海量数据存储和运用将会变得简单。

（2）实景 3D 建模技术及 WebGL 技术

近几年随着无人机技术的高速发展和不断成熟，基于无人机倾斜摄影建设 3D 模型的技术也得到更加广泛的发展和运用。人们可以通过该项技术对园区进行大规模、高效、低成本的 3D 实景建模，建好的 3D 模型可以结合相应功能对园区进行 360° 无死角的展示和智能管理。2017 年，随着 WebGL2 的发布，完美地解决了现有的 Web 交互式三维动画的问题，它通过 HTML 脚本本身实现 Web 交互式三维动画的制作，无需任何浏览器插件支持；它利用底层的图形硬件加速功能进行的图形渲染，是通过统一的、标准的、跨平台的 OpenGL 接口实现的。3D 模型可以被高效快速应用于 B/S 架构的程序。

（3）基于多终端的软件平台技术

安环应急一体化平台软件部分不仅拥有 PC 端，而且还包含 APP 端，可通过多种途径访问平台获取信息。APP 端还负责消息推送以及与现场相关的部分操作，包括现场视频照片回传、巡检登记等。除此之外，应急监测走航车的软件部分也是基于 APP 端来实现定位和数据上传。

20.2　环境监测仪器设备的新技术与应用

20.2.1　环境空气质量监测站及其自动监测系统

20.2.1.1　概述

环境空气质量监测主要是指定期或连续地测定大气环境中污染物的浓度、来源和分布，研究和分析大气污染现状和变化趋势的环境监测工作。环境空气质量监测的技术体系主要包括环境空气质量监测站、大气质量监测中心站及微型空气质量监测站，以及区域环境的开放式遥测分析、移动和应急监测、走航监测、机载及星载监测技术等，通过“空-天-地”立体化的大气质量环境监测，实现对区域环境空气质量的评价，实现区域环境污染的预警，制定区域环境保护政策及大气环境污染的治理措施。

大气自动监测中心站的建设是重点环境监测污染地区及工业园区环境监测的重要任务。区域大气自动监测中心站应实现对大气的环境质量和空气的特征污染物进行 24h 连续自动监测。建设大气自动监测中心站及环境空气质量监测站，其主要目的是监测区域内的空气污染常规因子（6 参数）及特征因子（无机气体及有机气体污染物等）。环境空气质量监测站主要监测常规因子，中心站需要配置常规因子及特征因子等。

环境空气质量监测站常用的在线监测技术方法是根据国家标准 HJ 654—2013《环境空气气态污染物（SO_2、NO_2、O_3、CO）连续自动检测系统技术要求及检测方法》及 HJ 653—2013《环境空气颗粒物（PM_{10} 和 $PM_{2.5}$）连续自动检测系统技术要求及检测方法》的规定，明确大气中气态污染物监测分析仪及颗粒物分析仪应符合以下方法标准。

大气质量监测站常规的污染物分析仪监测项目与方法参见表 20-2-1。

表 20-2-1　大气质量监测站常规污染物分析仪监测项目与方法

常规监测项目	点式分析仪器	开放光程分析仪器
NO_2	化学发光法	差分吸收光谱法
SO_2	紫外荧光法	差分吸收光谱法
O_3	紫外吸收法	差分吸收光谱法
CO	非分散红外吸收法、气体滤波相关红外吸收法	
PM_{10}、$PM_{2.5}$	β 射线法	

20.2.1.2　常规环境空气质量监测站的组成

常规环境空气质量监测站的固定站房的核心设备主要是在线气体分析自动监测系统，系统的组成参见图 20-2-1（不含颗粒物流路）。

自动监测系统主要由采样系统、分析仪表、辅助标定设备，标气和数据采集系统五部分组成。其中，气态污染物分析仪主要包括二氧化硫分析仪，氮氧化物分析仪，臭氧分析仪，一氧化碳分析仪等，分别测量大气中各气态污染物含量。颗粒物分析由 $PM_{2.5}$ 分析仪和 PM_{10} 分析仪组成。标气和动态校准仪用于校准分析仪表。空压机产生压缩空气，对零气发生器提供零气。数据采集系统用于信息采集，上传中心站或数据平台，对监测数据进行分析。

20.2.1.3　环境空气监测站应用的常规分析仪技术

环境空气质量监测站的常规分析仪大多采用检测灵敏度高、低量程气体分析仪。目前，环境空气监测站的分析仪大多已采用国产仪器。所采用的国产分析仪技术特点简介如下。

（1）紫外荧光法分析二氧化硫

采用锌灯光源发出紫外光，经 214nm 波长滤光片和光学准直系统后进入荧光反应室，穿过荧光室的被测气体进入消光锥，消光锥用来减小杂散光，降低 PMT 背景噪声，由参考传感器接收作为参考光强信号；在垂直入射光的方向上，由 PMT 检测 SO_2 产生的荧光信号，在 PMT 的感光面由双凸透镜进行聚焦收集，并经过 330nm 波长滤光片接收。紫外荧光法二氧化硫的检测灵敏度高，无水分干扰。

（2）化学发光法分析氮氧化物

其特点是仪器自动控制三通阀实现样气或标气的切换，样气或标气进入分析仪后，气路

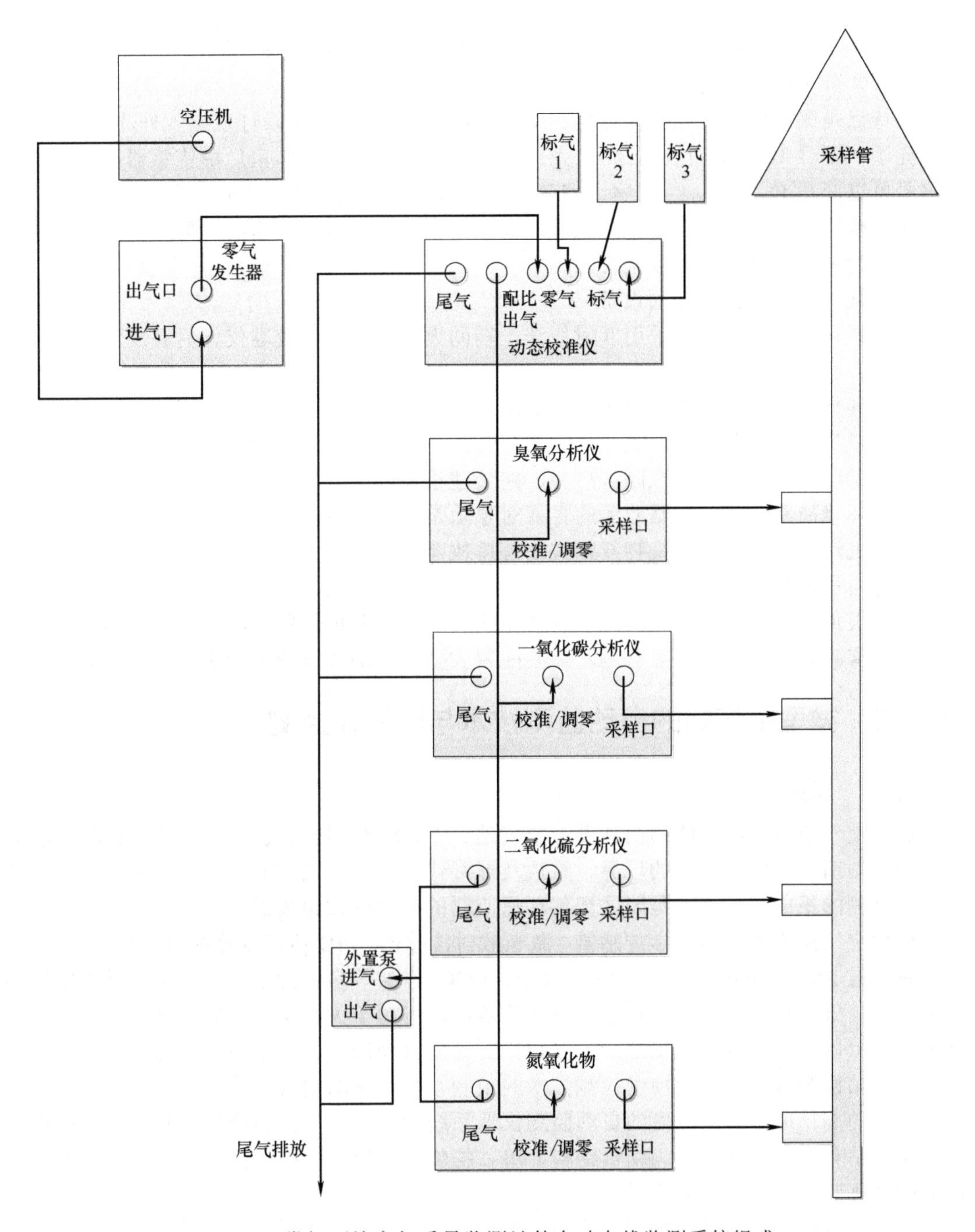

图 20-2-1　常规环境空气质量监测站的自动在线监测系统组成

分为两路，一路经过钼转化炉将 NO_2 转化为 NO 后进入反应室，另一路不经过转化炉直接进入反应室；在反应室中 O_3 和 NO 产生化学发光反应，所发出的光由 PMT 检测，PMT 前有 650nm 波长的滤光片。仪器可以同时检测 NO、NO_2、NO_x。

（3）非分光红外分析仪分析一氧化碳

其特点是为实现低浓度检测，采用的气体监测室装有 5 个反射镜，其中 3 个凹面反射镜组成怀特池形式的光路。红外辐射在这 3 个凹面镜之间反射数十次，实现 5m 长的吸收光程。

气体室上装有压力计和温度计，以补偿这些参数变化对测量产生的影响。

（4）紫外分析仪分析臭氧

其特点是采用紫外臭氧光度计检测 O_3 浓度，紫外光源采用汞灯发出紫外光包含 254 nm 特征光谱（不含 185 nm 特征光谱）。汞灯发出的紫外光穿过气体室后由传感器接收，根据吸收信号可以获得 O_3 浓度。气体室上安装一个热敏电阻，用于 O_3 测量补偿。仪器控制三通阀自动实现样气或标气的切换，一路气源经过未经臭氧去除器，一路经过臭氧去除器过滤，两路气源作为一组数据，每组数据时间为 3s。

（5）其他检测仪器及辅助设备

大气颗粒物在线监测仪采用 β 射线法，辅助设备包括动态校准仪、臭氧发生器及零气发生器等。

（6）其他环境气质量监测固定站的监测技术

环境空气质量监测固定站大量应用的是常规环境空气质量监测站。在重点区域要建设大气环境质量监测中心站，及在园区厂界、路边建设微型空气站等。

大气环境质量监测中心站监测的主要对象除常规空气站监测对象外，主要包括区域内大气中的有机污染物、无机污染物及颗粒物等排放监测，以及大气环境的质量的溯源监测等。大气环境质量监测中心站监测技术包括固定站点的在线监测、移动监测及中心实验室监测技术等，是根据中心站的监测需要配置各种在线及实验室分析仪器等，特别是在用于大气中痕量气体、雾霾、光化学污染等监测，需要配置大型精密的在线分析和实验室仪器。

20.2.2　微型空气站的自动监测技术与网格化监测

20.2.2.1　概述

微型空气质量在线监测站简称微型空气站、微型站等，是大气质量监测的重要组成部分。微型空气站适用于区域环境的厂界、路边及泄漏代表点的空气污染的在线监测，是区域环境网格化监测的组成部分，也是园区智慧环保监测的前端感知组成部分。

微型空气站集成了电化学传感器、激光散射传感器、PID 传感器等多种检测传感器技术，可同时测量 $PM_{2.5}$、PM_{10}、SO_2、NO_2、CO、VOCs、O_3 等多种污染物的浓度。微型空气站主要采用各种气体传感器技术进行空气质量的监测，可用于大量布设形成监测网络，微型站功耗很低，可以通过与太阳能电池和无线数据通信配合使用，扩展了应用范围。

微型站检测数据的准确性受检测技术的限制，与常规的空气质量检测站和大气监测中心站的使用的高精度、高灵敏度的自动监测仪器系统相比，微型站的测量误差大，准确性差，但是微型站具有建设成本低、仪器结构简单、售价低、使用维护方便等优势，在区域大气环境的网格化监管中有广泛的应用。

电化学等传感器技术的发展，特别是新型固态传感器、阵列式传感器、微型传感器及智能化传感器技术的应用，促进了微型空气站的技术应用与推广。新一代电化学传感器技术提高了测量选择性、准确性，具有较高检测灵敏度，延长了使用寿命。例如，SO_2、NO_2、O_3 等传感器的测量范围可实现$(0\sim1)\times10^{-6}$，使用寿命 2 年以上，因此在微型站得到大量的应用。

微型站应用的电化学传感器大多采用阵列式传感器技术，通过滤膜技术滤除非目标气体，以减少交叉气体干扰的影响；通过微型计算机技术的应用，对传感器检测 SO_2、NO_2、CO 和 O_3 之间的交叉干扰，采取交叉算法扣除相互之间干扰；通过增加温度、湿度和压力传感器，检测环境温度、湿度和压力，然后在算法中加入相应的补偿功能校正温度对检测结果的影响。通过小型温控器控制环境温度，保障检测站连续运行的可靠性。

20.2.2.2　微型空气站配置的典型设备参数

常规微型空气站主要用于大气环境六参数（SO_2、NO_x、O_3、CO、PM_{10}、$PM_{2.5}$）监测。用于石油化工及化工园区环境空气的路边监测站，需要检测各监控点的特征污染物，包括二氧化硫、氮氧化物（NO、NO_2、NO_x）、臭氧、一氧化碳、颗粒物（PM_{10}、$PM_{2.5}$）、BTX（苯/甲苯/二甲苯）、TVOC、H_2S 等；以及噪声、温度、湿度和风速、风向、气压等气象参数。微型站的工作环境温度：−5～50℃；采样方式：泵吸式；气体采样流量：0～5L/min（电子调节）；粉尘采样流量：0～20L/min。并可通过园区布控的路边监测站的监测数据实现联网监控。微型站的 NO_2、CO、SO_2、O_3 监测设备参数参见表 20-2-2。微型站的 $PM_{2.5}$、PM_{10} 监测设备参数参见表 20-2-3。

表 20-2-2　微型站的 NO_2、CO、SO_2、O_3 监测设备参数

项目	数值	项目	数值
工作电压	DC5V±1%/24V±1%	波特率	9600
响应时间	＜30s	检测原理	电化学
NO_2 测量范围（分辨率）	0～1（0.001×10^{-6}）	SO_2 测量范围（分辨率）	0～1（0.001×10^{-6}）
CO 测量范围（分辨率）	0～200（0.1×10^{-6}）	O_3 测量范围（分辨率）	0～1（0.001×10^{-6}）
采样精度	±2%FS	工作湿度	10%～95%RH
重复性	±1%FS	长期漂移	≤1%FS/年
工作温度	−20～70℃	预热时间	30s
存贮温度	−40～70℃	工作气压	86～106kPa
工作电流	≤50mA	质保期	一年
使用寿命	2 年	外壳材质	铝合金
输出信号	4～20mA	数字信号格式	支持 232/485 传输格式

表 20-2-3　$PM_{2.5}$、PM_{10} 监测设备参数

测定原理	光散射原理（光学粒径切割，无需物理粒径切割器）
监测粒径	$PM_{2.5}$，PM_{10}
采样流量	1L/min
浓度范围	0～40mg/m^3
监测精度	1μg/m^3
重现性	≤±2%
准确性	≤±10%
采样周期	1min（1～999s 可设）

20.2.2.3　典型产品案例

国内微型空气站的生产厂家很多，部分生产厂家如深国安、上海迪勤、北京伟瑞迪、天津智易、杭州春来等都生产微型空气站产品。

（1）典型产品案例 1：杭州春来 AM-6 微型环境空气监测系统

AM-6 微型环境空气监测系统的内部结构如图 20-2-2 所示。

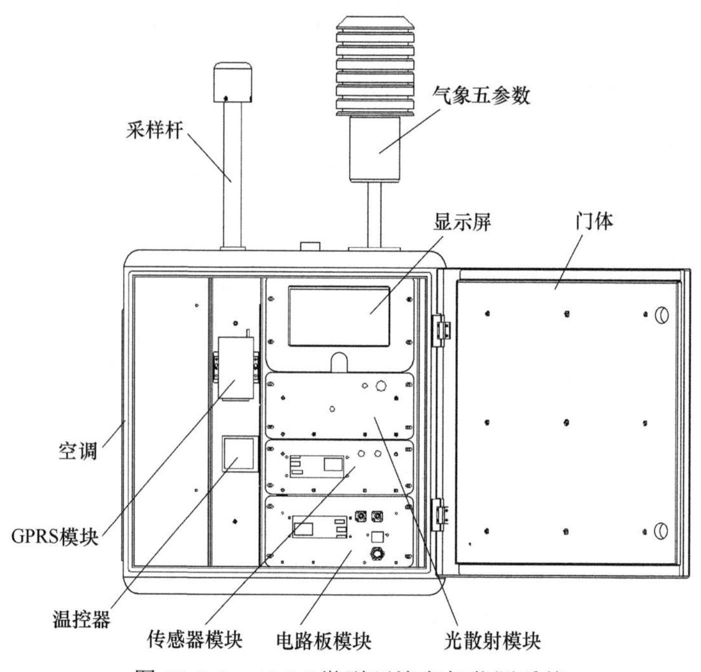

图 20-2-2　AM-6 微型环境空气监测系统

系统采用模块化设计，紧凑地集成在仪表外壳内。气象五参数测量探头和显示屏为可选配项。传感器模块内集成了 SO_2、NO_2、CO、O_3 电化学传感器，也可额外配置 VOCs 传感器（采用 PID 光离子化检测技术）、H_2S、NH_3 电化学传感器等，集成于光散射模块内集成了 $PM_{2.5}$ 和 PM_{10} 传感器。

仪器内置抽气泵将环境空气经过采样杆、过滤器抽入传感器内。仪器外壳内层装有保温材料，配合温控器和空调使仪器内部保持恒温。检测数据自动储存于 SD 卡内，可通过 GPRS 模块无线通信自动上传数据，及进行远程控制、诊断等操作。

（2）典型产品案例 2：上海迪勤的 AQM65 空气质量监测系统

微型空气站的技术应用场景参见图 20-2-3 所示。

AQM65 空气质量监测系统可实时测量多参数污染物，采用一体化设计，安装、架设简单，具有远程数据传输系统，内置板载系统存储；通信网络模式适合各类监测环境；模组化设计，随时更改监测项目；可根据国控站标准进行现场溯源；远程自动标定系统；选配即插即用的气象、噪声传感器等。

20.2.2.4　微型空气站的网格化监测技术与软件平台功能

（1）区域微型空气站的应用与网格化监控技术

微型空气站因价格低廉，使用方便，占地面积小，成本低，安装简单，维护少，对安装环境要求较低等特点，可大面积布设，在区域大气质量网格化监测中具有重要的应用。其网格化监测数据可利用云计算、大数据建设空气质量分布式监测系统，作为大气质量监测中心站和常规环境空气监测站的技术补充，通过大数据挖掘与分析，为环境管理、污染源控制、环境规划等提供科学依据。

大气污染防治网格化监控预警及决策支持系统，主要针对敏感区域，通过大密度监测网格布点，实时监控区域内主要污染物动态变化，快速捕捉污染源的异常排放行为，做到实时

图 20-2-3　微型站的各种应用场景

预警，为精准治霾提供科学的大数据评估，以提升大气污染防治的监管能力和水平。网格化监控技术是一项严谨、科学的综合监测技术，对覆盖整个区域网格化监控系统所生成的海量数据，通过大数据批量甄别、处理并进行综合分析、应用，最终起到精准监测、实时源分析、及时管理、靶向治理、预警预报、减排评估等作用。

大气网格化监测通过大量应用微型空气质量在线监测站，突破了传统中心站测量时间长、测量点位有限的时间和空间局限，建设并融合环境质量监控网络、重点污染源监控网格等不同监测网格，实现对监测区域的全覆盖精准监控，消灭监测盲区，实时掌握区域内环境污染分布状况及空气质量变化趋势，为实现区域环境空气质量精细化管理提供支撑。

（2）区域微型站与环境监测中心的软件平台功能

区域内的微型空气质量在线监测站均与中心站的监测监控平台联网。通过监测中心的软件平台可以及时、准确获取区域内微型空气质量在线监测站的监测数据，通过对监测数据的统计、分析、判断各地区的环境空气质量状况、发布空气质量日报。

通过网格化的微型站的监测空气污染，用于建立区域内周边的环境空气质量大数据库，对多种大气污染物进行综合分析，全面掌握大气污染物的实时分布的浓度、形成的原因、传播过程及演化规律，通过构建污染物传播过程实施演化与污染源追踪数学模型，提供突发排放污染追踪、污染源在线源解析和长期达标规划等服务。环境监测中心端软件平台功能如下。

① 实时监测。实时了解区域内各种污染物的浓度和分布，掌握整个区域的空气质量状况及变化趋势，反映区域之间的污染状况及影响关系；实时动态显示监测值及数据的标识，对非正常数据用不同颜色及标识进行突出显示。可通过实时曲线、数据列表、仿真图、虚拟仪表盘等进行动态展示。可自动实时判断污染状况，并能够对污染物浓度实现历史回溯。

② 污染溯源。通过高密度的传感监测点位的布设，可以基于 Web-GIS 绘制高时空分辨率的空气质量空间分布图，能够精准地定位污染来源以及污染物的传输变化趋势。与此同时，通过叠加气象场、交通流量等信息，还可以分析出污染过程受气象和交通灯排放源因素影响的情况，从而直观且全面地掌握污染从累积到消散的全过程。

③ 数据查询。数据查询包括均值数据查询和原始数据查询，可根据时间段、监测点位、监测因子等查询条件，查询均值数据与原始数据，查询结果可导出到 Excel。

④ 报警管理。根据用户当地空气质量本底值和污染特征，设定污染报警规则，利用事件捕获技术分析每个点位的报警事件，用于向用户实时推送报警消息，以短信、邮件、网页弹窗等方式通知相关人员，进行处理快速定位和解决污染事件。

⑤ 污染评价与质量日报。依据数据有效性规定、AQI 评价技术规范等进行数据审核、审核处理，做出各子站的空气质量数据评价，利用监测结果向公众发布环境空气质量日报、预报和定期的质量报告，加强公众的监督作用。

⑥ 决策支持。采用大数据技术，科学确定不同污染源的年、季、月污染物对污染程度的贡献率；对不同地区、不同时段、不同气象条件下采取的减排调控政策、措施的实施效果进行定量分析评估，并指导行业、企业根据评估结果和既定的减排目标，以最小的减排代价达到最优的治污效果，保障减排调控措施的可持续性。

20.2.3　区域环境开放式遥测分析的在线监测技术

20.2.3.1　概述

大气质量监测主要包括中心站及厂界、路边的微型站，中心站及微型站都是点式测量；对化工园区的厂界及园区周边，配置开放式遥测仪器，可以实现对园区的面线监测。

典型的开放式遥测的应用场景参见图 20-2-4 所示。园区的环境空气污染物的分布通过开放式遥测分析，再结合环境监测中心站、微型站的监测数据，就可以实现对区域的环境空气质量的评价，开放式遥测监测技术是区域环境监测的重要监测技术之一。

图 20-2-4　园区厂界的开放式遥测的典型应用场景

在区域内的厂界及污染源区的周边，仅采用点式测量无法有效表征区域环境内的污染物变化情况；开放光路的遥测分析仪是线测量，测量光程可以达到几百米，遥测仪器通过从发射端发射光束经开放环境到接收端的方法测定该光束光程上平均空气污染物浓度，通过合理的布点设置，可以较好地应用在化工园区边界等场合，有效地监测区域内排放的污染物对周边环境造成的影响。

开放光程遥测分析技术是 HJ 654—2013《环境空气气态污染物（SO_2、NO_2、O_3、CO）连续自动检测系统技术要求及检测方法》规定方法之一。开放光程遥测分析仪的检测技术应用主要有傅里叶红外光谱（FTIR）、紫外差分光谱（UV-DOAS）、可调谐激光光谱（TDLAS）等。开放式遥测分析仪的发射端和接收端（或收发端和反射端）固定在待测空间的两端，距离通常可达数百米。仪器的检测下限和测量精密度与测量光程即发射端和接收端（或收发端和反射端）之间的距离相关。

在化工园区环境监测中，已经在厂界或园区边界采用固定光学式遥测分析设备进行特征因子在线监测，遥测设备主要有开放式 FTIR 分析系统、开放式紫外差分光谱仪及多轴差分吸收光谱仪、开放式激光光谱分析仪等。遥测技术还包括激光雷达，如大气颗粒物激光雷达、大气臭氧探测激光雷达等。

20.2.3.2　开放式遥测气体分析技术

（1）开放式傅里叶红外光谱分析仪

大气环境中的气体在 2～14μm 中红外波段范围内大多具有其红外特征光谱，这个区域也被称为大气光谱分析的“指纹区”。FTIR 在中红外光谱的多组分气体分析技术，特别适用于大气环境的微量与痕量气体监测。FTIR 在线分析仪的检测技术请参见本书 3.2.4 介绍。

大气环境气体监测，特别是用于厂界、园区内的气体监测，大多采用开放式 FTIR 技术。开放式 FTIR 分析仪有两种：双端式和单端式分析仪，其光路系统参见图 20-2-5。

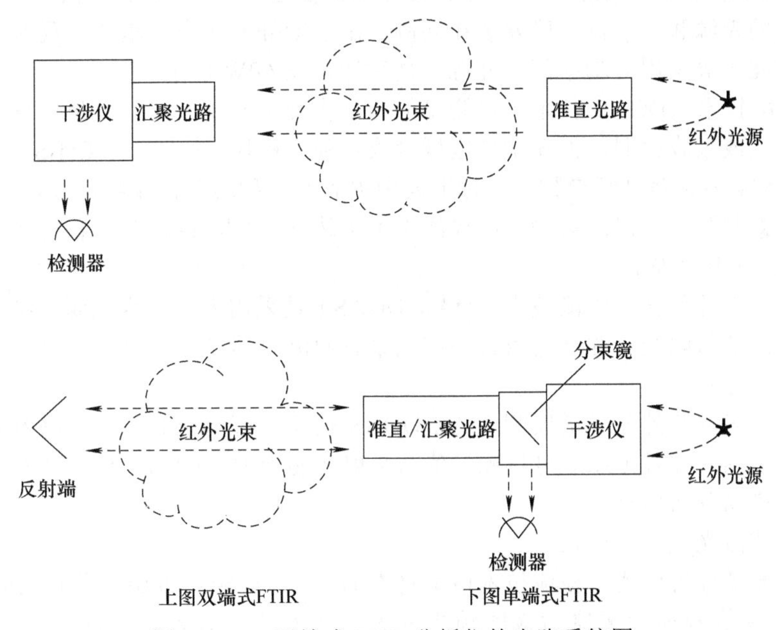

图 20-2-5　开放式 FTIR 分析仪的光路系统图

① 双端式 FTIR 分析仪主要包括发射端和接收端两部分，发射端包含一个红外热辐射光源和准直望远镜光路，光源发出的红外辐射被望远镜汇聚成平行光束。由于测量光程需达到数百米，望远镜口径通常需要达到 250mm 左右，以保证光束的准直性。光束穿过数百米的光程后被接收端接收。接收端包含：汇聚望远镜光路、干涉仪和检测器。光束直径被汇聚望远镜光路缩小至 25cm 左右，然后经过干涉仪调制后被检测器接收。

② 单端式 FTIR 分析仪主要包括收发端和反射端两部分。在收发端内，望远镜光路兼具了准直和汇聚的功能，光源发出的红外辐射经过准直后进入干涉仪，经过干涉仪调制后的光束通过分束镜，其中 50%的光束被分束镜反射并经过望远镜准直形成平行光射出收发端。之后光束经过待测区域到达远端的反射端，反射端由数十个角反射镜拼接而成。角反射镜是由三面互相垂直的反射镜构成，其特性是能将任何射在其表面的光束按照原方向反射回去。光束经过反射端原路返回后经望远镜汇聚再次经过分束镜，其中 50%的光束通过分束镜到达检测器。分束镜使得从干涉仪出射的光束和原路返回并最终到达检测器的光束能够共用一套准直抛物面镜，光束两次经过分束镜后约损失 75%的能量。

由于空气中存在大量水蒸气和二氧化碳，而水在 4000～3500cm^{-1} 和 2000～1300cm^{-1} 波段存在吸收谱线，二氧化碳在 2500～2150cm^{-1} 波段存在吸收谱线，因此，实际使用的测量光谱包含 3 个波段 700～1300cm^{-1}，2000～2150cm^{-1}，2500～3000cm^{-1}（低于 700cm^{-1} 的红外辐射由于检测器限制无法测量）。这几个波段中覆盖了大量气体的特征吸收段，包括 SO_2、CO_2、NO_2、CO 以及多种 VOCs 气体等，这些特征吸收有的互相重叠，需要采用经典最小二乘法（CLS）、偏最小二乘法（PLS）等算法，对测量光谱进行回归分析反演出各组分的浓度。对于大多数的污染物，开放式 FTIR 分析仪的检测下限可达到 10×10^{-6}，因此当光程达到 100m 时，其检测下限可达 0.1×10^{-6} 左右。

（2）开放式紫外差分光谱分析仪

在线紫外差分光谱（DOAS）分析仪的检测技术，请参见本书 3.5.2 介绍。由于紫外差分光谱的氙灯光源是脉冲式光源，测量时需要与光谱仪进行信号通信实现同步，因此开放式 DOAS 分析仪的光源和光谱仪一般安装在同侧。由于紫外光在光束耦合、反射等过程中能量损失很大，因此一般采用大功率氙灯光源，功率通常在 60W 以上。

相比 FTIR 技术，DOAS 技术可以测量的污染物种类要少一些，但是也有一些气体在红外区域没有吸收或吸收很弱，但在紫外区域吸收较强，例如 O_3、H_2S、CH_4S（甲硫醇）等。对于《GB 14554—93 恶臭污染物排放标准》中提到的八种恶臭污染物，开放 DOAS 分析仪都可以实现有效监测。仪器污染物浓度检测下限可达 5×10^{-6}，因此当光程达到 100m 时，其检测下限可达 50×10^{-9} 左右。

另一种多轴紫外差光谱监测技术（MAX-DOAS）是采用太阳作为光源。仪器监测从多个观测方向接收的散射阳光，并通过组合不同观察方向测得的光谱信息来得出靠近仪器的各种痕量气体的空间分布。

基于地面的多轴紫外差光谱监测 MAX-DOAS 仪器，可用于对几千米以内的低空污染物光谱吸收高度敏感，并且可以通过将测量值与辐射传递模型（RTM）相结合进行计算以获取垂直剖面的污染物分布信息。

（3）开放式激光光谱分析仪

在线激光光谱分析仪器的检测技术请参见本书 3.3 节介绍。可调谐激光光谱（TDLAS）技术的光源调制信号和检测器后级的锁相放大器参考信号必须保持同步，因此，开放式 TDLAS 分析仪的激光光源和检测器一般安装在同侧。半导体激光器可以近似看做是点光源，因此比较容易进行光束准直，实现较小的光束直径和较高的准直性。一种典型的开放式 TDLAS 分析仪光路设计参见图 20-2-6。

激光器发出的近红外激光，经过透镜后成为准直光束；光束穿过抛物面反射镜中心的小孔出射，穿过环境空气后在远端的角反射镜处反射。角反射镜是由三面互相垂直的反射镜构成，其特性是能将任何射在其表面的光束按照原方向反射回去且反射的光线和原光线的位置

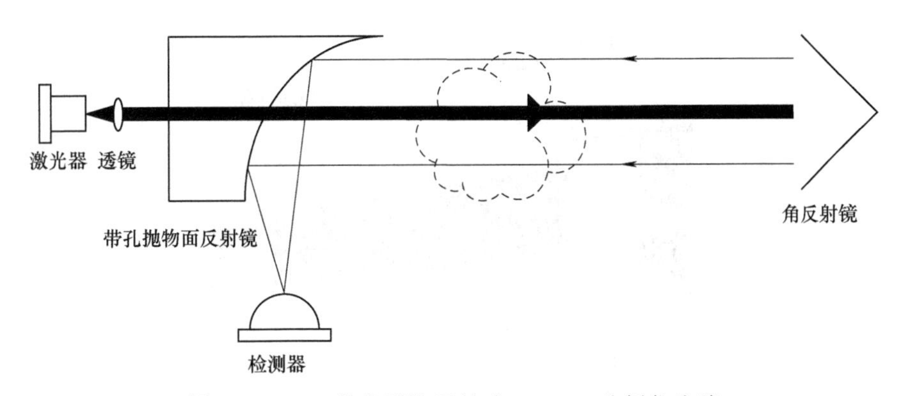

图 20-2-6　一种典型的开放式 TDLAS 分析仪光路

关于角反射镜中心点对称。因此从角反射返回的反射光线会与原光线有一定距离（原光线不能正好射在角反射镜的中心点上），穿过环境空气返回至带孔抛物面反射镜的抛物面上，经反射汇聚到抛物面的焦点处。将检测器固定在焦点处即可接收到全部返回的近红外激光。

由于 TDLAS 技术的局限性，一种激光器只能测量一种气体（或近红外吸收谱线非常靠近的两种气体），因此开放式 TDLAS 的应用也存在局限性。通常需要搭配开放式 DOAS 分析仪以弥补两种技术测量污染物组分的限制。开放式 TDLAS 分析仪可以有效地测量 CO、CO_2、CH_4、HCl、HF 等通过 DOAS 技术无法实现测量的污染物组分。

几种开放式遥测分析的技术特点对比参见表 20-2-4

表 20-2-4　开放式遥测分析的技术特点对比表

项目	FTIR	DOAS	TDLAS
测量光谱范围	红外光谱	紫外光谱	近红外光谱
检测组分	SO_2、NO_2、CO、HCl、CH_4、HF、VOCs 气体等；可同时测量多组分	SO_2、NO_2、O_3、恶臭气体等；可同时测量多组分	CO、CH_4、HCl、HF 等；一台仪器只能测量一种组分
测量距离	0～1km	0～1km	0～1km
检出限	较低	低	较低
仪表成本	高	较高	较低

20.2.3.3　典型的开放式遥测分析仪的组成

（1）开放式 FTIR 分析仪

国内外开放式 FTIR 分析仪的主要产品生产商有美国 Kassay、美国 Cerex、美国 Midac、安徽蓝盾光电、杭州泽天科技等。开放式 FTIR 分析仪的产品原理结构基本相同，以双端式开放光路 FTIR 分析仪为例介绍仪器的内部结构与组成为例，典型的 FTIR 分析仪发射端剖面图参见图 20-2-7，接收端剖面图参见图 20-2-8，各单元组成如下。

① 红外光源。采用大功率碳硅棒作为红外光源，光源通电后加热至 1375°C，辐射红外光线。光源寿命长达 3 年。红外光源辐射的能量满足普朗克黑体辐射公式，温度越高，辐射能量密度越大。光源背后安装有反射罩使朝后发射的辐射被反射回来从正面射出。

② 望远镜系统。由主镜和副镜组成。红外辐射从光源发出后，在副镜反射。主镜为抛物面反射镜，将发散的红外辐射准直为近似平行的光束。

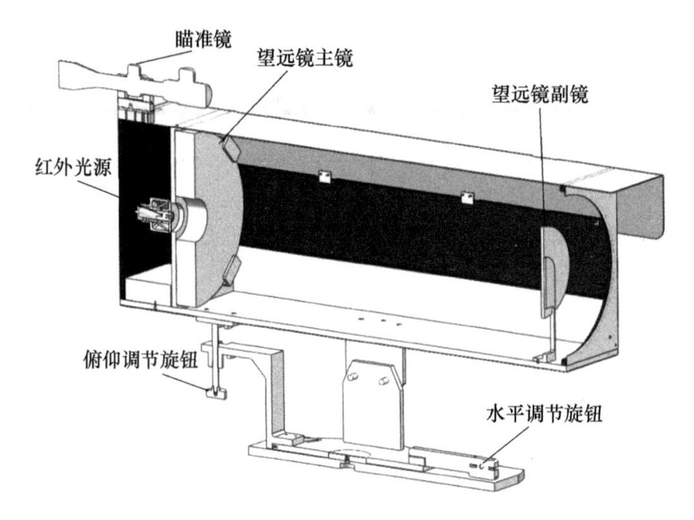

图 20-2-7　FTIR 发射端剖面图

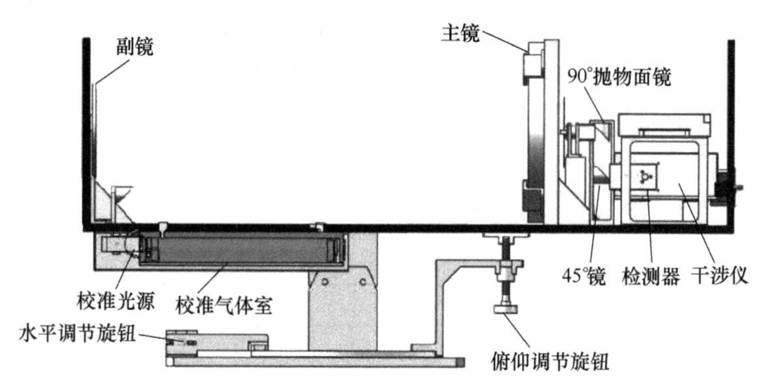

图 20-2-8　FTIR 接收端剖面图

③ 瞄准镜。在现场安装时调整光路时使用。通过瞄准镜瞄准对面接收端即完成光路调节。

④ 光路系统。由主镜、副镜、90°抛物面镜和 45°镜组成。红外辐射光束从正面射入接收端。主镜为抛物面反射镜，将光束汇聚。光束在副镜反射后汇聚至主镜中间小孔处的焦点位置，之后重新扩散并被 90°抛物面镜反射并准直为平行光，经过 45°镜反射后进入干涉仪。

⑤ 干涉仪。干涉仪是红外光谱分析的核心部件，干涉模块的主要功能是使光源发出的光经过分束镜分为两束后形成一定的光程差，再使之重合使其发生干涉。发生干涉后的红外光被汇聚到检测器上。根据采集的干涉信号即可通过傅里叶变换反演出红外光谱。干涉仪采用双悬臂角反射镜扭摆式设计，具有体积小、速度快、精度高、抗震动的优点；定位激光器选用 DFB 近红外激光器，波长精度高。干涉仪的波数分辨率为 $1cm^{-1}$，检测时间 1s。

⑥ 检测器。检测器选用碲镉汞（MCT）检测器。碲镉汞是一种三元半导体化合物，其截止波长与合金成分相关。实际的检测器由碲镉汞薄层（10～20μm）和其附着的金属垫组成。能量大于半导体带隙能量的光子将电子激发到导带中，从而增加了材料的电导率。峰值响应的波长取决于材料的带隙能量，可以通过改变合金成分轻松改变。通过测量检测器电导率变化即可知道红外辐射的强度。运行温度越低时，材料对红外辐射的响应越大。仪器使用了三级制冷 MCT 检测器，制冷温度可控制在−60℃。为了达到更好的检测效果，也可选用液氮制冷型 MCT 检测器。检测器和储存液氮的杜瓦罐连接在一起，温度可达−209.86℃，极大地抑

制了检测器的噪声。但是根据杜瓦罐的容量不同，每隔 2～5 天就需要补充液氮。

⑦ 校准光源。在调零、校准时使用的光源，光源性能与发射端光源一致。

⑧ 校准气体室。在校准时将标气通入校准气体室内，校准光源发出的红外辐射经过校准气体室后被干涉仪、检测器检测得到红外光谱，并据此进行校准。开放光程仪器调零有等效浓度的概念：测量光程与校准气体室光程长度的比例将标准气体浓度值转化为实际校准浓度值，该浓度为等效浓度。仪器所采用的校准气体室光程长度为 5m。若测量光程达到 1000m 时，其比例为 200 倍。若测量气体的实际校准浓度为 5×10^{-6}，则所需标气的浓度为 1000×10^{-6}。

（2）开放式 DOAS 分析仪

国内外开放式 DOAS 分析仪产品的主要生产商有瑞典 Opsis、美国 Cerex、安徽蓝盾光电、杭州泽天科技、青岛博睿光电科技等，开放式 DOAS 分析仪的产品原理结构基本相同。开放式 DOAS 分析仪的紫外光源辐射紫外光线，凹面反射镜收集紫外光源反向发射的紫外光线并从正面反射出去，增强紫外光线能量。在外光线部分穿透分束镜。双曲面反射镜和抛物面反射镜组成卡塞格林望远镜系统，使紫外光准直射出收发端。紫外光经过开放光程后经过角反射镜反射回到抛物面反射镜。部分光线经分束镜反射，耦合经过狭缝后进入光谱仪。经光谱仪检测得到紫外光谱。获得光谱信号后经过软件相应的处理得到气体的浓度值。

典型的开放式 DOAS 分析仪光学系统图参见图 20-2-9 所示。

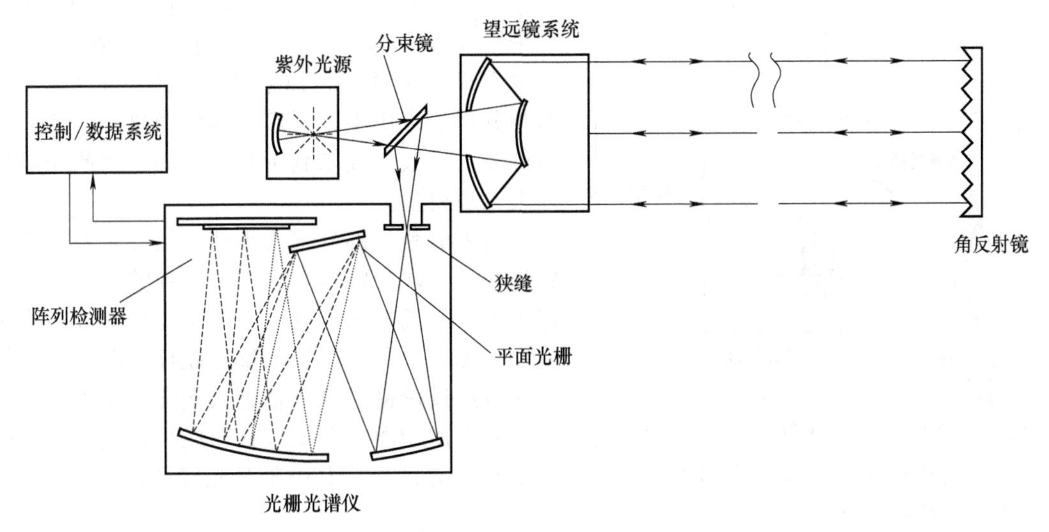

图 20-2-9　典型的开放式 DOAS 分析仪光学系统图

开放光路 DOAS 分析仪主要由紫外光源、分束镜、望远镜系统、角反射镜、狭缝、光栅光谱仪等组成。

① 紫外光源　采用大功率氙灯光源，功率达到 100W，搭配有风冷散热系统。氙灯发出的光谱波长范围为 160nm～2μm，在该应用中实际仅用到 180～400nm 波段的光能量。

② 分束镜　为一层铝箔，可以实现反射约 50%的紫外光线，透过约 50%的紫外光线。

③ 望远镜系统　由一片中间开孔的抛物面反射镜和一片双曲面反射镜组成。望远镜直径 305mm，焦距 1525mm。

④ 角反射镜　放置在开放光路远端的角反射镜阵列，反射镜表面镀紫外增强铝反射膜以提升反射率。

⑤ 狭缝　调节光路使狭缝位于望远镜系统焦点位置，汇聚的紫外光束耦合经过狭缝进入

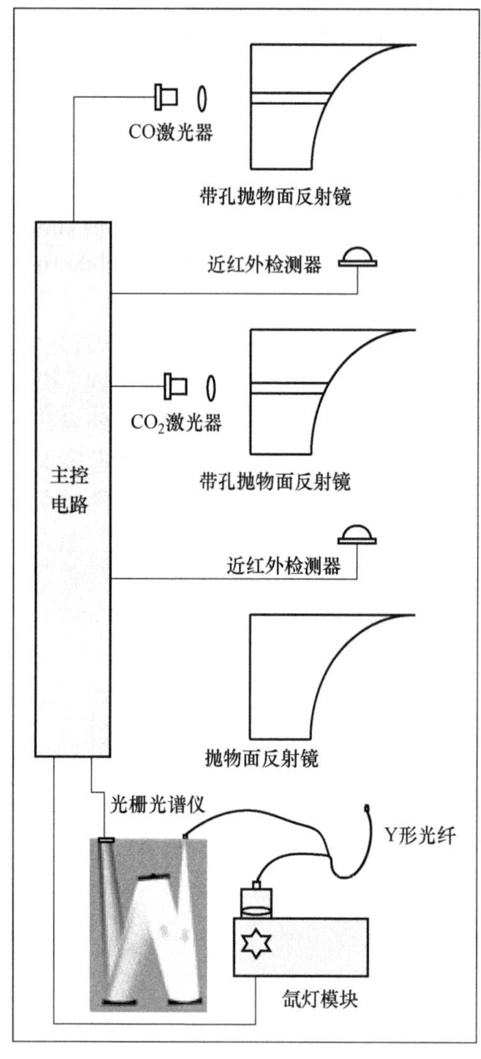

图 20-2-10　机动车尾气遥测分析原理

光栅光谱仪。

⑥ 光栅光谱仪　光谱仪为制冷型背照式 CCD 光谱仪，减少了零点漂移，无需使用汞灯校准。光谱仪波长范围 180～400nm，分辨率达到 0.25nm。

20.2.3.4　应用案例：机动车尾气遥测分析系统

开放式激光分析仪的典型应用以机动车尾气遥测分析系统为例，参见图 20-2-10。

机动车尾气遥测分析仪可实现对行驶机动车的尾气排放，进行实时在线监测，并将机动车尾气排放监测数据上传至环保及车管部门。机动车尾气遥测分析仪在使用时，遥测主机和反射单元安装在道路两侧。

机动车尾气遥测分析仪用于现场监测 CO、CO_2、碳氢化合物（以丙烷或丁二烯表征）、NO 和尾气不透光烟度 5 种参数。其中 CO、CO_2 和丙烷采用开放式 TDLAS 技术进行监测，NO 和丁二烯采用开放式 DOAS 技术进行监测。机动车尾气遥测分析仪应用中，开放光程的距离比其他应用小得多，一般在几米到十几米之间，因此光能量损失也小得多。

仪表的紫外部分采用小功率氙灯光源，通过 Y 形光纤实现光路耦合。Y 形光纤的主光纤端固定于抛物面镜的焦点处，两个副光纤端分别连接氙灯光源模块和光栅光谱仪。氙灯光源发出的紫外光线经过透镜汇聚耦合进入光纤，从主光纤头射出并被抛物面反射镜准直形成平行光束。光束经过开放光程后在反射单元反射回来，并被汇聚进主光纤端。其中部分光线经光纤引导至光栅光谱仪，检测得到紫外光谱。

机动车尾气遥测分析仪包括两套开放式 TDLAS 测量模块，分别测量 CO 和 CO_2 的浓度。仪表有外部触发功能，可搭配车牌识别装置使用。在车辆驶过后，仪表识别车辆信息，并且在车辆驶过的瞬间进行尾气测量，将数据关联并保存。

机动车尾气遥测分析仪的主要部件包括 CO 和 CO_2 的激光器、带孔抛物面反射镜、近红外检测器、Y 形光纤、光栅光谱仪、主控电路等。

① CO 激光器　DFB 激光器，波长约为 1567nm，检测汽车尾气中 CO 的浓度。

② CO_2 激光器　DFB 激光器，波长约为 1581nm，检测汽车尾气中 CO_2 的浓度。

③ 带孔抛物面反射镜　出射的近红外光束从中间小孔穿过。返回的近红外光束被反射在焦点处。

④ 近红外检测器　铟镓砷（InGaAs）检测器，可检测约 0.9～1.7μm 的近红外辐射。

⑤ Y 形光纤　将一根光纤在中部熔融拉锥分为两根光纤。未分开一端为主光纤端，拉锥

分开形成的两端为两个副光纤端。从主光纤端射入的光束将从两个副光纤端分别射出 50%的能量。从副光纤端射入的光束将从主光纤端射出。

⑥ 光栅光谱仪　采用线阵式 CMOS 检测器，光谱仪波长范围 200～260nm，波长分辨率 0.25nm。选取 NO 在 226nm 附近的紫外吸收峰作为测量波段，丁二烯在 217nm 附近的紫外吸收峰作为测量波段。

⑦ 主控电路　控制两路激光器的驱动电流调制及温控，两路近红外检测器的信号处理，控制氙灯闪烁触发以及光谱仪信号采集。

20.2.4　区域大气环境质量的移动监测与应急监测

20.2.4.1　区域大气环境移动与应急监测技术概述

区域大气环境的移动监测技术主要包括大气空气质量的移动监测、环境污染源应急监测、污染气体溯源监测、水质污染的移动监测技术等。移动监测是利用车载技术将各种分析仪器安装在车载检测室内，车载检测室接近于实验室条件，可移动到现场进行实时监测。移动监测从广义上可包括走航监测、机载监测、无人机及无人船监测等。移动监测是指移动到不同现场进行监测；而走航监测及机载监测是可以实现在约定范围内，边移动边监测，以查找污染源。环境污染的移动监测技术是现代环境监测分析技术应用的新发展。

由于车载的检测室条件基本具备移动实验室条件，使得原先只能在实验室分析的各种高精度分析仪如色谱-质谱、色谱-光谱等联用技术，可以应用到大气环境监测分析，从而实现了大气中微量及痕量气体的监测分析。车载移动分析技术除应用各种分析仪器技术外，还包括现场采样技术、样品储存技术、样品富集解析技术、现场供电等辅助环节。

环境空气流动监测体系主要包括各种移动监测车，如大气环境质量及环境污染的移动监测、单颗粒物气溶胶质谱仪移动监测、大气颗粒物源解析监测等。其中大气颗粒物源解析监测包括大气颗粒物 $PM_{2.5}$ 的监测、大气中水溶性离子成分监测以及大气碳组分的监测等；大气环境污染监测主要包括 VOCs 等污染物监测，以及近地面空气质量监测等。

国内有不少厂商生产各种环境污染的移动监测车，移动监测分析仪器技术大多已实现国产化，也有的集成国外同类的高档分析仪。国内从事环境污染移动监测车技术的代表厂家主要有杭州聚光科技、广州禾信仪器、北京雪迪龙、无锡中科光电、河北先河等。国产环境污染移动监测技术已经在国内许多工业园区及城市的环境监测中得到广泛应用。

20.2.4.2　大气 VOCs 移动监测车及典型产品

当前我国大气污染具有复合型污染特征，大气灰霾污染和大气光化学污染是困扰空气质量综合治理评估的两大首要问题。其中，挥发性有机物（VOCs）是造成污染的主要因素。部分 VOCs 可以在大气中通过化学反应生成二次有机气溶胶，加重大气灰霾污染；还有部分 VOCs 是 O_3 的前体物，参与复杂的光化学反应过程，致使 O_3 超标，发生光化学污染。另外，大部分 VOCs 具有生物毒性，有些具有致癌、致畸、致突变效应，并且异味严重，直接危害人体健康。由于环境大气中的 VOCs 成分复杂、分布范围广、浓度梯度大、并且随气象因素变化快，这对 VOCs 监测技术提出新的挑战：多物种同时监测、准确地定性识别、高灵敏度以及移动快速监测等要求。

TOFMS 监测技术正是针对环境 VOCs 的上述监测需求而开发，其搭载了高分辨率、高灵敏度、高分析速度、全谱同时测量的在线监测质谱系统，可以实现环境空气中数百种 VOCs

秒级、在线、原位分析。此外，监测车集成了 H_2S、NH_3 等恶臭气体分析仪，气象 5 参数（温度、湿度、风速、风向、压力）气象站，可以实现恶臭气体、气象参数等的实时监测。

以聚光科技公司的 TOFMS-100 为例，该产品基于飞行时间质谱技术（TOFMS）与真空紫外灯软电离技术相结合的原理。空气样品由毛细管直接引进电离区实现电离，离子在组合传输下，高效率传输至飞行时间质量分析器实现分离和检测。TOFMS-100 突破了大流量无歧视进样技术，冷却聚焦、微调、整形，离子高效率传输技术，MCP 检测器阳极阻抗匹配技术等技术难点；并基于车载需求开发了车载系统和软件操作系统。其主要特点如下：

① 毛细管直接进样，无需样品前处理，相比于膜进样，无样品丢失；

② 检出限优于 0.1×10^{-9}，灵敏度高；

③ 离子源基于单光子紫外软电离技术，相比于 EI 源，离子碎片少；

④ 分析速度快，秒级出数，并能实现实时定性定量分析；

⑤ 分析器采用飞行时间质谱技术，全谱同时测量，可同时检测 300 余种 VOCs；

⑥ 仪器动态范围宽，可监测 10^{-12}～10^{-6} 水平的 VOCs；

⑦ 集成 GIS，将监测点污染信息与地理位置关联，实现区域污染情况摸底画像，建立污染变化规律直读模式。

TOFMS 走航监测车主要应用于环境空气中 VOCs、恶臭气体的秒级在线、定性定量分析，满足但不限于以下领域的应用：化工园区、城市空气等的走航监测；突发事件、临时任务等的应急监测；恶臭问题引起的公民投诉、责任划分等的溯源排查。

20.2.4.3　近地面空气质量移动监测车的检测

空气质量指数（air quality index，AQI）描述了空气清洁或者污染的程度，以及对健康的影响。空气质量指数的重点是评估呼吸几小时或者几天污染空气对健康的影响。国家空气质量评价标准中，空气质量指数规定污染物监测为 6 项：二氧化硫、二氧化氮、PM_{10}、$PM_{2.5}$、一氧化碳和臭氧，数据每小时更新一次。AQI 将这 6 项污染物用统一评价标准呈现。

（1）近地面空气质量移动监测车的仪器配置

近地面空气质量移动监测车主要配备这 6 项污染物监测分析仪器，以聚光科技 AQMS 系列产品为例，配置仪器主要有：AQMS-600 氮氧化物分析仪是基于化学发光技术，用于测量 10^{-9}～10^{-6} 级 NO_x 的分析仪；AQMS-300 臭氧分析仪采用紫外检测技术；AQMS-400 一氧化碳分析仪是基于气体过滤相关非色散红外法测量 10^{-6} 级 CO 的分析仪；AQMS-500 二氧化硫分析仪是基于紫外荧光技术测量 10^{-9}～10^{-6} 级 SO_2 的分析仪；BPM-200 系列大气粉尘监测仪采用了 β 射线技术，用于测量大气中 PM_{10} 与 $PM_{2.5}$ 及其他切割粒径的粉尘颗粒物。

（2）大气移动质控校准车应用案例

大气移动质控校准车是一套简洁灵活的模块化多参数空气质量连续自动监测系统。移动监测车采用的空气质量分析仪器的监测方法符合国家环境监测标准的要求，所采用的空气中的二氧化硫、氮氧化物（包括二氧化氮）、颗粒物（PM_{10}、$PM_{2.5}$）、一氧化碳和臭氧的检测技术和仪器的测量要求均符合现场在线分析仪器的比对技术要求。大气移动质控校准车既可进行区域现场的环境污染的常规参数的移动监测，也可以作为现场的空气质量监测站及微型空气站的比对监测，从而为环境执法提供数据支撑，为突发事件进行应急监测。聚光科技的大气移动质控校准车，是对以上介绍的几种在线分析仪器的有机整合和车载集成。

大气移动质控校准车已经广泛应用于重点区域的走航监测巡查；敏感点位溯源巡查；突发事件应急监测、评估；已建站点的环境监测仪器的比对等。

20.2.4.4　车载移动的大气颗粒物源解析监测技术

车载移动的大气颗粒物源解析技术是环境空气流动监测体系的重要组成部分。大气颗粒物源解析技术能够为大气污染防治工作提供关键的污染来源组成信息，是大气污染防治工作的关键检测技术。由于 $PM_{2.5}$ 源解析的固定式在线监测设备技术复杂、价格较高，因此，开发移动式监测设备势在必行。

大气颗粒物源解析系统需要对大气颗粒物中的元素成分、有机碳/元素碳、阴阳离子进行测量，采用其中的数据作为原始数据，利用这些原始数据，进行 PMF 或者 CMB 解析计算，得出当前地区的污染物来源解析。大气颗粒物源解析系统是由大气颗粒物元素成分在线分析仪提供元素成分，由大气水溶性离子成分在线分析仪提供阴阳离子成分，由大气碳质组分在线分析仪提供有机碳无机碳成分。

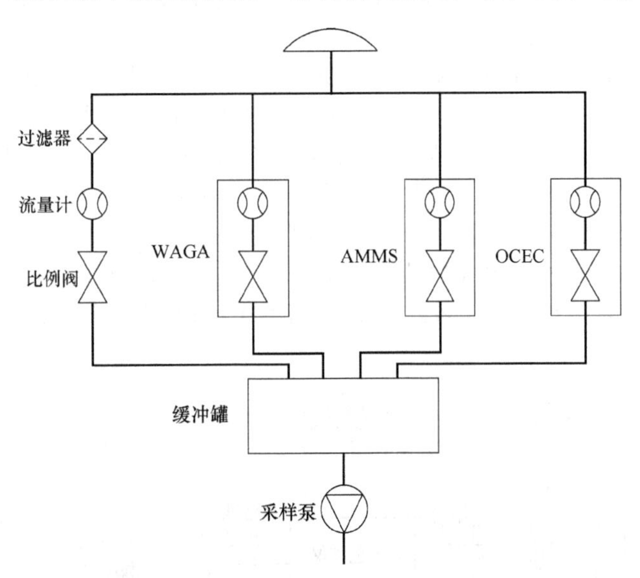

图 20-2-11　大气颗粒物源解析系统流路图

以聚光科技开发的大气颗粒物源解析系统为例，该系统分为采样系统、颗粒物分析系统、阴阳离子分析系统、碳组分分析系统、供电系统等。系统流路图参见图 20-2-11。

（1）采样分析模块

采样分析模块采用独特的多通道采样系统，整个系统采用同一个切割头，保证样品同源，避免不同切割头之间带来的采样差异。由大气颗粒物元素成分在线分析仪（AMMS）提供元素成分，由大气水溶性离子成分在线分析仪提供阴阳离子成分（WAGA），由大气碳质组分在线分析仪提供有机碳无机碳成分（OCEC）。所有的数据传输到数据平台，通过 PMF 模型进行计算获得因子表，进行来源判别。

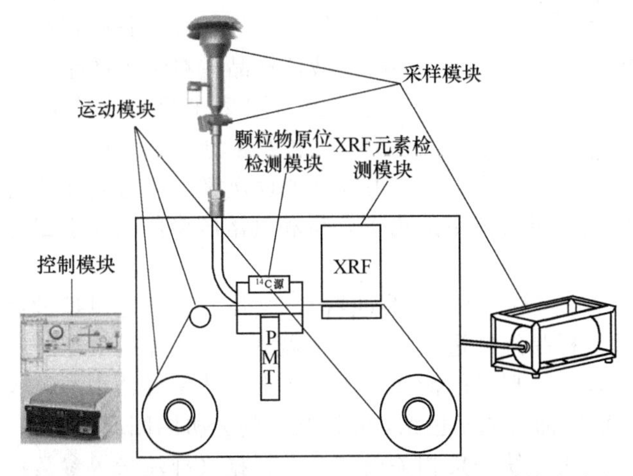

图 20-2-12　大气颗粒物元素成分在线分析仪系统构成图

（2）大气颗粒物元素成分在线分析仪

大气颗粒物元素成分在线分析仪（AMMS）基于自动采样和 XRF 检测原理，对大气颗粒物进行富集并进行元素成分的在线监测。大气颗粒物元素成分在线分析仪构成示意参见图 20-2-12。

该系统在原大气颗粒物元素成分在线监测设备基础上，增加了基于 β 射线吸收法的颗粒物原位检测模块，实现了大气颗粒物浓度和其中元素浓度的同时测量，不仅可以在线监测单位体积空气中的颗粒物浓度和元素浓度，还可以在线监测颗粒物中元素成分的占比。

大气颗粒物元素成分在线分析仪在测量时，抽气泵以一定的流量抽取被测空气，经切割器筛选出的空气动力学粒径小于 2.5μm 的颗粒进入仪器，并将富积在滤膜上，然后颗粒物原位检测模块利用 β 射线吸收法检测富集在滤膜上的 $PM_{2.5}$ 质量浓度，完成质量浓度检测后利用 XRF 元素检测模块对颗粒物中的元素含量进行测量。由空气中的 $PM_{2.5}$ 质量浓度和元素质量浓度数据，可以得到 $PM_{2.5}$ 中的元素相对浓度占比。

AMMS 系统的采样模块主要包括切割头、采样管路、采样滤膜、抽气泵以及流量控制和测量器件；颗粒物原位检测模块主要包括 ^{14}C 放射源、PMT 探测器等；XRF 元素检测模块主要包括 X 光管、Si 漂移（SDD）探测器、滤光片、准直器等；运动模块主要包括走纸结构、器件和控制电路；控制模块主要指工控机和操作软件。

典型的 X 射线荧光（XRF）仪器是由激发源（X 射线管）和探测系统构成。X 射线管产生入射 X 射线，激发被测样品。受激发的样品中的每一种元素会放射出 X 射线荧光，并且不同的元素所放射出的二次 X 射线具有特定的能量特性或波长特性；探测系统用于测量这些放射出来的二次 X 射线的能量及数量。仪器软件将探测系统所收集到的信息转换成样品中各种元素的种类及含量。XRF 使用 SDD 探测器对信号进行检测，利用多通道脉冲分析技术实现对不同元素信号进行甄别分析。SDD 探测器主要优点是信噪比高、计数率高、能在较低温度下运行等。

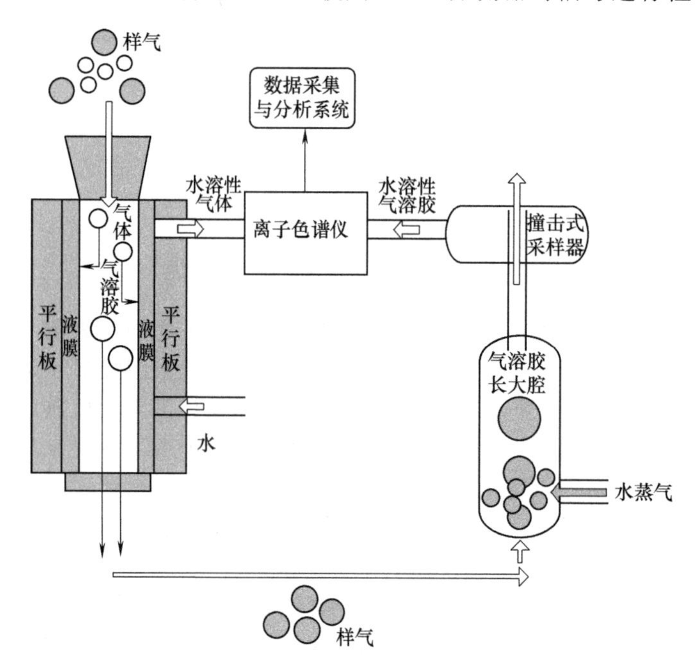

图 20-2-13　大气水溶性离子成分在线分析仪原理图

（3）大气水溶性离子成分在线分析仪

大气水溶性离子成分在线分析仪（WAGA）一般由采样系统、前处理系统、阴阳离子色谱、数据分析系统组成；大气水溶性离子成分在线分析仪原理图参见图 20-2-13。

仪器是通过采样系统和前处理系统将大气中气溶胶捕获并溶解为液体样品，将液体样品自动进样到阴阳离子色谱中进行分析，通过数据分析系统将分析结果进行处理换算，得出大气颗粒物中的阴阳离子成分质量浓度。分析仪可同时对气体中的离子含量和气溶胶中的离子含量进行分析。

大气样品进入系统后，首先经过一个平行板扩散管（溶蚀器），气体分子在这里扩散并被收集下来，气溶胶不受影响并通过；大气样品继续进入一个连接着蒸气发生器的气溶胶长大腔，气溶胶在长大腔内和水蒸气混合并长大，形成的液滴进入一个撞击式采样器中并被收集下来。收集下来的气体和气溶胶样品分别被抽入离子色谱，分析其中的无机阴阳离子含量。上位机软件实现对采样过程的控制，数据采集系统采集相关信号，并根据采样流量等参数反算出大气中水溶性气体和气溶胶的质量浓度。

平行板溶蚀器由平行板和滤膜组成，采样期间吸收液在泵的作用下以一定流速流过溶蚀器使平行板膜保持湿润状态，当平行板与膜之间缝隙通过气流时，气态组分由于气液两相扩散系数的差异容易溶解到湿润的膜上，而气溶胶组分则由于惯性作用随气流通过平行板，从而有效地分离气态和气溶胶污染物。由平行板溶蚀器收集到的气态组分和撞击式采样器中收集到的气溶胶组分被进样到阴阳离子色谱中进行分析，得到对应的数据结果。

（4）大气碳质组分在线分析仪

大气含碳气溶胶分析方法主要有热学法、光学法和热光法三类。含碳气溶胶主要分有机碳（OC）和元素碳（EC）。其中热学法的固有缺陷是不能解决热分解过程中部分 OC 炭化成 EC 的问题，从而导致无法准确分割 OC 和 EC。光学法则粗略地认为相对于 EC 的光吸收，颗粒物的其他成分对可见光的吸收忽略不计，其测量实际上是 EC 和吸光性 OC 的总和。热光法是在热学法测量 OC 和 EC 的基础上引入光学校正法，以热分解过程中滤膜的激光强度变化为依据，准确判断 OC 和 EC 分割点，是目前国际上公认较成熟，使用最广泛的含碳气溶胶分析法。

热光法又可以分为热光透射法（TOT）和热光反射法（TOR）。二者基本原理相同，都是采用一束激光垂直入射到滤膜上，TOT 测量的是透过滤膜的激光强度变化，TOR 测量的是从滤膜表面后向散射回来的激光强度变化。

大气碳质组分在线分析仪（OCEC）的原理图，参见图 20-2-14。

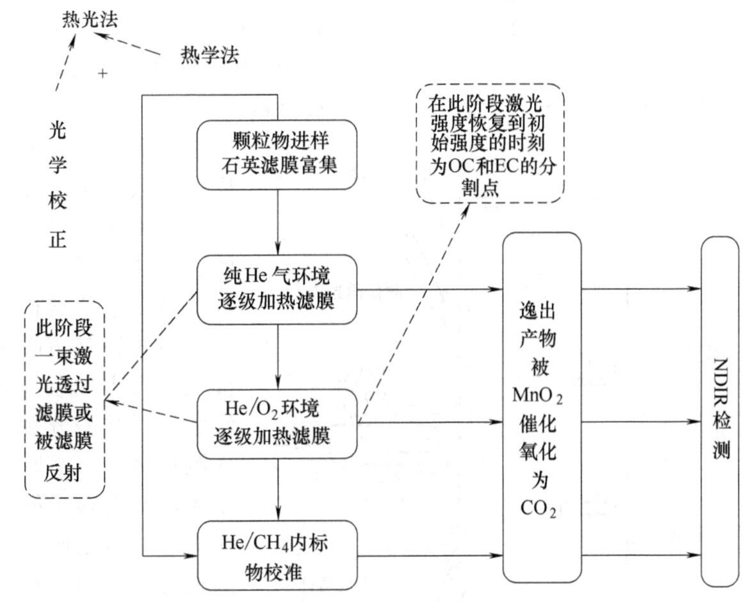

图 20-2-14　大气碳质组分在线分析仪原理图

系统工作时主要分为两个阶段：采样阶段和分析阶段。

采样阶段。大气中的颗粒物通过 $PM_{2.5}$ 切割头进入流路，被样品炉中的石英滤膜富集，采样结束后，开始热光法分割 OC/EC 的过程。

分析阶段。第一阶段，在纯 Hc 载气的非氧化环境下，对待测滤膜逐级加热，使 OC 挥发逸出（其中一部分 OC 会发生炭化转化为 EC）；第二阶段，在 He/O_2 载气的氧化环境下，再次对滤膜逐级加热，使 EC 氧化分解并逸出。两个阶段的逸出产物，都催化氧化成 CO_2，然后进入 NDIR 检测器进行检测。

整个过程都有一束激光垂直透过滤膜（TOT）或者被滤膜反射（TOR），在第一阶段 OC 炭化时透过滤膜或者被滤膜反射的激光强度逐渐减弱，而在第二阶段随着 EC 的氧化分解，激光强度又会逐渐增强。认为激光强度恢复到初始值的时刻即为 OC 和 EC 的分割点。即此时刻之前检出的碳为 OC，之后检出的碳为 EC。

NDIR 是大气碳质组分在线分析仪的信号监测器件，仪器采用双通道红外气体分析模块，参考通道选择无吸收性质的背景气体，从两室出来的光能量由红外探测器（双探测器）接收，经由电路处理转化为相应的电压差，进而得到浓度和电压的关系。由于 NDIR 通常使用的探测器对光强变化敏感，对光的绝对强度不敏感，因此需要使用一个调制红外光源，使其发生不连续的光。

（5）供电系统

车载的大气颗粒物源解析系统与站房式采样系统相比，供电电源部分增加了逆变器以及一定数量的电池组，以便保证短时间的断电不会影响设备的正常测量采样；大气颗粒物源解析车可以更加方便地更换采样地点，进行多区域的数据测量。

20.2.4.5　单颗粒气溶胶质谱仪移动监测车

（1）单颗粒气溶胶质谱仪的组成与基本原理

采用飞行时间质谱仪作为颗粒物化学组分分析不仅可以全面获得颗粒物组分，还可以实现毫秒级的快速分析，特别是使用双极飞行时间质谱的单颗粒质谱仪能够同时对电离产生的所有正负离子组分进行检测，组分分析极为全面。

单颗粒气溶胶质谱技术能够检测大气中单颗粒物的粒径分布、浓度变化及化学组成信息，并具有高时间分辨率和高灵敏度，可快速捕捉大气颗粒物的组成类别和来源比例，了解区域气溶胶的特性，进行大气颗粒物源解析。

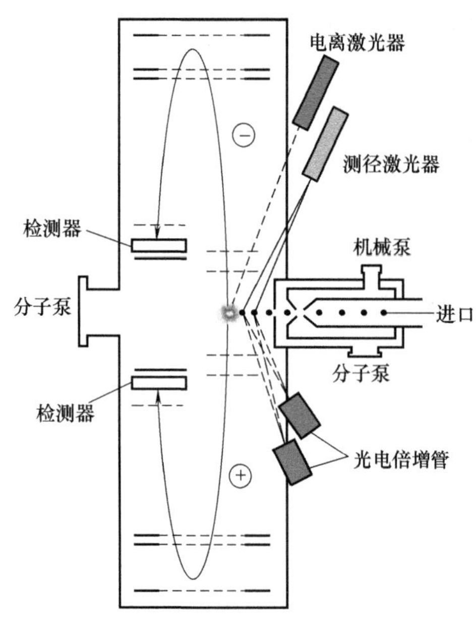

图 20-2-15　单颗粒气溶胶质谱仪原理

单颗粒气溶胶质谱仪由单颗粒气溶胶进样模块、双光束测径模块、粒子离子化模块、双极飞行时间质谱模块、数据采集分析系统以及相应的真空和电子控制系统组成。典型的在线单颗粒气溶胶质谱仪结构参见图 20-2-15 所示。

单颗粒气溶胶质谱仪基本原理为：真空泵直接从大气中抽取气体进入仪器内，采集得到的气溶胶粒子被差分真空透镜准直且聚焦成束后，进入测径区；气溶胶粒子通过两束固定间距的连续激光，测定粒子的飞行速度，进而得到粒子的粒径大小；气溶胶粒子经测径系统后，飞行一段距离抵达电离点，被外部触发的脉冲紫外激光电离，产生的正负离子分别被双极飞行时间质谱接收；微通道板质谱检测器输出电信号由高速数据采集卡记录/输出，得到检测结果；采集到的质谱数据通过源解析算法软件，对粒子的化学成分、粒径大小等分类，输出源解析结果。

（2）单颗粒气溶胶质谱监测车的应用与特点

单颗粒气溶胶质谱仪主要应用于环境空气中颗粒物的在线监测，小时级别输出颗粒物污染来源解析结果主要应用于城市颗粒物污染快速溯源分析。

基于飞行时间质谱仪的单颗粒气溶胶质谱仪在环境颗粒物监测应用具有以下几个特点：

① 实现单颗粒气溶胶直接进样及测量；

② 可同时获得颗粒物的空气动力学直径和化学成分；

③ 正负离子同时检测快速得到源解析分类结果；

④ 定性分析 EC/OC、重金属、硫酸盐、二次酸盐等物质。

20.2.5　区域大气环境质量及空气污染的走航监测

20.2.5.1　概述

走航监测车监测技术是指检测设备固定在移动车辆上，借由车辆的行驶实现时空上在线连续监测，实时获取不同物种的浓度。移动监测车以前主要用于应急监测，自从开展网格化以及园区 VOCs 监测后，移动监测车实现了边走边测，被称为走航监测车。

走航监测车必备的组件为检测仪器、数据处理分析系统、车载式大气采样系统、废气排放系统、电池及电源稳压系统、卫星定位系统、减震底盘、防雷系统和应急防护设施等，另外，可选加质控系统及气象监测系统。

走航监测车一般具有独立的供电系统和完整的实验室装备，具有强大的通信功能，能够为现场的仪器操作提供全面的实验室平台（供电、供水、样品储存、空调、通风、照明、通信等），并能在现场完成样品多样化指标的检测。个别监测车还会配备大功率空调系统和暖风系统，增强环境适应性，可适用于恶劣环境。

目前的走航监测车分为两种，一种用于监测常规污染物（如 NO、NO_2、SO_2、O_3、CO 等气态污染物），采用的多为常规在线监测设备、激光雷达等；一种用于监测 VOCs，采用的多为质谱技术、光学技术或气质联用技术。

走航监测可以实现对任意区域开展即时随机监测，明确大气污染的污染特征及污染趋势，判别区域内污染源的地理位置、排放强度、排放时间及扩散趋势。走航监测车可用于突发性大气环境污染事故的在线应急监测，可快速处理气质污染事故，现场分析部分污染物，可连续自动监测环境空气质量。

高时空分辨率 VOCs 走航监测在道路上，就可移动监测大气中挥发性有机物种类和含量，快速、深入了解区域内污染物分布情况，锁定关键物种，实时追溯污染物种来源，精确判定污染区域、行业，甚至是污染企业，具有快速高效、可到达、不受时间限制等特点，有利于开展精准排查和执法整治行动，为实现大气 VOCs 污染精细化管理提供技术支撑。

国内 VOCs 走航监测技术，以广州禾信仪器公司产品为例，已经在全国 200 多个城市有应用案例。国内有多家公司如聚光科技、北京雪迪龙、无锡中科光电、河北先河等都有 VOCs 走航监测技术产品，为国内市场提供了各种环境空气污染精准化解决方案。

20.2.5.2　走航监测车的检测仪器

走航监测车主要以检测大气中常规六参数（PM_{10}、$PM_{2.5}$、NO_2、SO_2、CO 和 O_3）和 VOCs 为主。另外，使用车载传感器可监测特殊气体如硫化氢、氨气、甲醛等。应用最广的是常规参数和 VOCs 走航监测，VOCs 走航监测通常采用在线质谱和光谱分析技术。

在线质谱技术是用于 VOCs 的快速监测技术，优点是监测组分多，时间分辨率高，对大量未知气体检测起到筛分缩小范围作用，缺点是不能区分同分异构体。

在线质谱技术按照应用原理，主要分为三类：在线四级杆质谱，如 PTR-MS、SIFT-MS、IMR-MS 等；在线线型离子阱质谱，如 DLIT，可进行化学结构分析，区分同分异构体进行时间串级；在线飞行时间质谱，如单光子电离飞行时间质谱（SPI-TOF MS），可进行全谱快速分析，得到全谱特征指纹谱。

光谱分析技术主要有傅里叶红外光谱法（FTIR）和紫外差分吸收光谱技术（UV-DOAS）。采用 FTIR 技术测量大气中污染气体的柱密度，并结合气象数据获取污染源排放通量，优点是监测的组分多，高时间分辨率，开发光程可以进行面源在线监测；缺点是潮湿天气、雾霾天气对仪器影响大，VOCs 解析难度大，仪器价格昂贵。UV-DOAS 优点是监测的组分多，高时间分辨率，开发光程可以进行面源在线监测，比较适合于厂界周边监测；缺点是监测组分相对偏少，潮湿天气、雾霾天气对仪器影响大。

其他如便携式气相色谱/质谱仪 GC-MS、GC-FID、在线 GC/FID/PID 等方法可进行移动监测。气相色谱-质谱联用技术，因为需要色谱分离检测，时间分辨率低，1 个小时最多得到几组数据，而且不是连续监测数据。

走航监测常用的检测技术，如 SPI-TOF MS、常规六参数、光谱法等，简介如下。

（1）SPI-TOF MS 检测技术

单光子电离飞行时间质谱仪（SPI-TOF MS），集成了膜富集、真空紫外光电离、飞行时间质谱、高速数据采集以及高频高压电源等多个关键性技术，单光子电离飞行时间质谱仪的结构原理如图 20-2-16 所示。

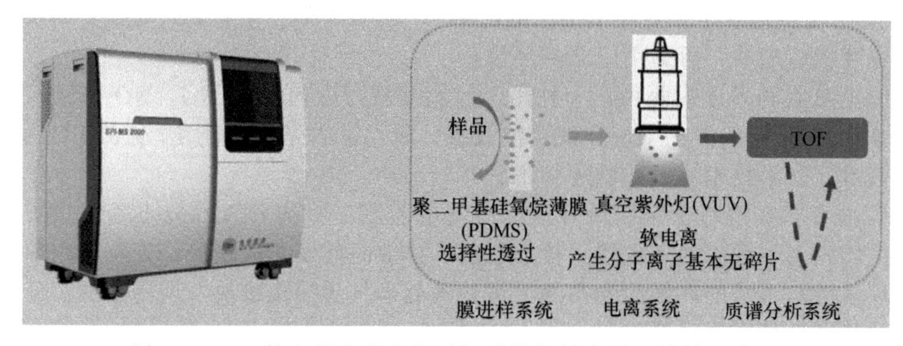

图 20-2-16　单光子电离飞行时间质谱仪的产品及结构示意图

仪器采用硅氧烷薄膜进样系统，利用进样泵（微型真空泵或蠕动泵）抽样，将样品（气态或液态样品）引至膜的表面，样品通过吸附、扩散、解吸附作用渗透到膜另一侧（腔体内），由毛细管将样品引入电离室，真空紫外光将电离能低于 10.6eV 的样品分子电离成分子离子，离子经过离子传输区的聚焦作用到达飞行时间质谱。在相同的动能以及相同飞行距离的情况下，由于离子的质荷比不同，质荷比小的离子比质荷比大的离子具有更高的速度，因此能较早到达检测器，通过数据采集卡对离子的飞行时间刻度进行图谱记录，将所得数据进行处理，最终获得样品的组分及含量，具有响应速度快、高灵敏度、实时在线检测等优点。

SPI-TOF MS 仪器主要应用于挥发性有机物 VOCs 气体的实时监测，样品无须任何前处理可直接进样，实现 VOCs 气体的原位、快速定性定量分析，避免了因为离线方法导致样品分析准确率差的现象，已在 VOCs 污染源识别、走航监测等应用研究中发挥重要的作用。

SPI-TOF MS 质谱仪走航监测车正常集成部件及功能参见图 20-2-17。

（2）常规六参数及光谱法检测技术

常规六参数检测一般采用国家标准方法直接进行检测，也可采用便携式传感器方法进行走航监测。以禾信质谱的 XHAQMS3000 空气质量连续监测系统为例，该系统集成 SO_2、NO_x、CO、O_3 及颗粒物等多种分析监测模块，采用国家标准方法，颗粒物使用 β 射线吸收法；二硫化碳使用紫外荧光法；氮氧化物使用化学发光法；一氧化碳使用气体滤波相关红外吸收法；臭氧使用紫外光度法。通过工控机同时显示六种参数的浓度值，监测数据可通过有线或无线传输方式，自动发送到中心站或系统平台软件。

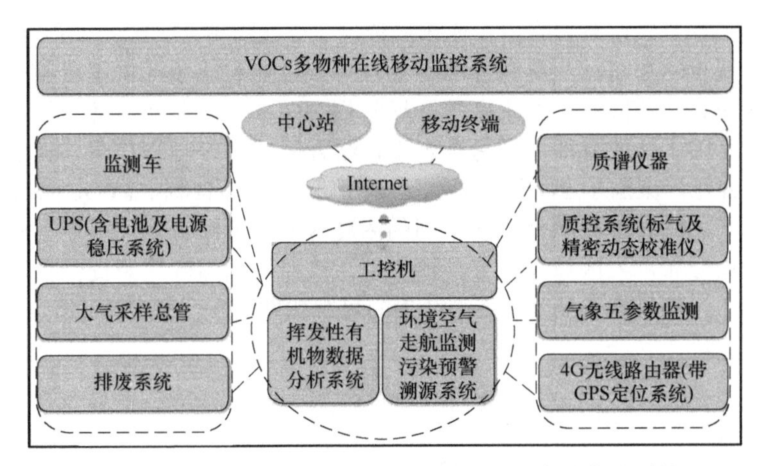

图 20-2-17　SPI-TOF MS 质谱仪走航监测车的集成系统

六参数传感器法大多是集成国外传感器产品。例如，采用以英国 Alphasense、Dynamen 气体传感器为基础改造的系列产品，如特质传感器电路板（ISB）Alphasense B4 四电极气体传感器，可以同时测量氧化（CO、H_2S、SO_2 和 NO）和还原（O_3 和 NO_2）气体，以及 4～20Ma 数字变送器，可测量除常规六参数外的其他气体，如氯气、磷化氢、硫化氢、氰化氢、氯化氢和氨气等。目前，应用产品如 Sniffer 4D 灵嗅系列大气移动监测系统。

光学监测技术主要是基于光谱学原理的车载环境监测技术，主要包括气溶胶激光雷达和差分光学吸收光谱技术（DOAS）。颗粒物激光雷达走航检测系统通常包括的组件有：光学发射装置、光学接收装置、扫描装置、信号采集与处理装置和拍照模块。光学接收装置设置在光学发射装置的正前方，扫描装置设置在光学接收装置的前方，信号采集与处理装置连接在光学接收装置上，拍照模块连接在信号采集与处理装置上。

激光雷达能够定点垂直观测、扫描观测和斜程观测，能够走航垂直观测和斜程观测，能够获得大气颗粒物的立体分布廓线，结合地理信息模块区域扫描时能够快速溯源，找到污染源位置。走航观测能够跟踪污染团变化，监测扩散趋势，结合风场信息能够计算输送通量，为环保、气象等部门进行业务支撑。

DOAS 是一种光谱监测技术，已成功应用于 SO_2 和 NO_2 等污染气体监测，甲醛由于其光学吸收强度相对较弱，反演波段内其他气体交叉干扰强，实际监测应用相对较少。国内某石化企业运用被动 DOAS 方法实现了甲醛柱浓度的精确反演，实现了其他气体对甲醛的 DOAS 反演交叉干扰最小的波段的获取；同时选取外场实际采集的光谱，选择不同起始波段和截止波段做迭代 DOAS 反演，通过拟合残差来评估甲醛在不同波段的实际反演效果；在截面间交叉干扰小，拟合残差低的波段范围内，选择尽量宽的波段作为最佳的拟合波段，实现了甲醛的精确 DOAS 反演。

其他以探测气象的遥感监测设备，如风廓线雷达，微波辐射计、多普勒测风雷达等，可探测气象要素的垂直时空分布特征。在走航的基础上，如联合风廓线雷达和气溶胶激光雷达可计算污染物的输送通量，定量评估外来输送影响。

20.2.5.3　VOCs 走航监测车的技术应用

采用在线质谱法的 VOCs 走航监测车，由于具有快速、高效、可到达、不受时间限制等特点，可以获得多物种实时变化趋势，快速得到区域 VOCs 污染水平及分布，并可以直接对区域内污染企业进行走航监测，监控企业排放浓度、特征物种，厂界分布和时间变化等特征，从而实现排查区域 VOCs 超标、臭味异味、重点排放企业和典型污染工段整治等监管。

如对重点区域、工业园区、背景区等开展常规 VOCs 走航监测任务，短时间内全面掌握区域内 VOCs 污染因子排放特征以及污染水平，结合区域 GIS 地理信息，建立 VOCs 浓度与 GIS 相关联的可视化污染因子 3D 显示界面。即在每一个位置绘制 TVOC 高度的柱子，柱子越高代表浓度越高，同时不同颜色代表不同的浓度区间，能够直观和客观了解城市及周边区域 VOCs 区域污染分布，为区域 VOCs 环境空气污染监管和治理决策提供参考依据。区域网格化的走航监测、污染排查、VOCs 监测结果的可视化案例参见图 20-2-18。

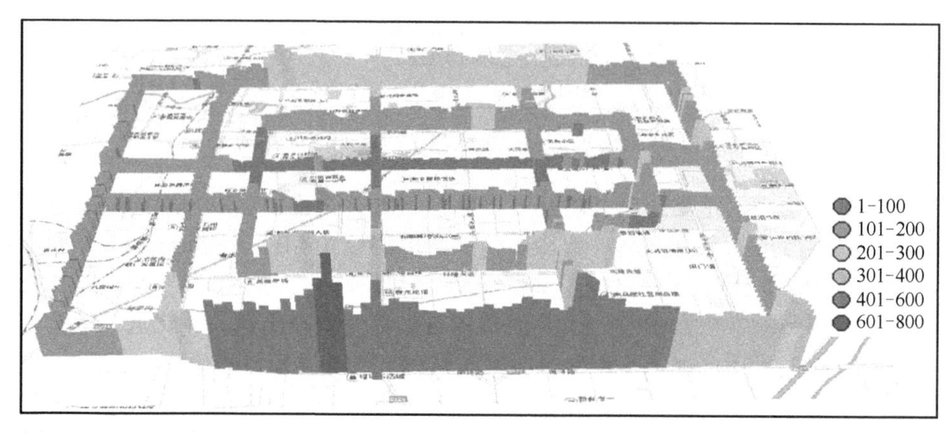

图 20-2-18　网格化走航监测、污染排查、VOCs 监测结果可视化（彩图见文后插页）

在线质谱法 VOCs 走航监测针对企业内进行的监督性巡查走航，依据排查企业名单定期对企业进行厂区内、外部的监督性巡查走航，排查企业偷排、漏排情况，联合执法走航，联合监察执法部门对待定区域、企业进行动态排查式走航，为执法部门提供数据参考依据。某石化企业内部进行 VOCs 走航监测的案例，参见图 20-2-19。由图中可见厂区内的污染主要集中在储运部、橡胶部、有机部等区域。

图 20-2-19　企业内走航监测排查（彩图见文后插页）

在线质谱法 VOCs 走航监测已经广泛应用在区域的快速监测，如某地为了快速掌握本区域 VOCs 污染水平及分布，对区域进行快速检测，如 VOCs 浓度、特征物种、高值分布及时间变化等。采用在线质谱法 VOCs 走航监测，可以根据区域 VOCs 摸底排查，锁定问题区域，进而锁定问题点位。

工业园区经常存在异味排放，是周边居民投诉多的现实问题。由于企业排放节点较多、排放隐蔽，相互推诿等原因，园区环保部门对企业监管存在较大困难。基于飞行时间质谱法（SPI-TOF MS）对工业园区挥发性有机物（VOCs）进行走航监测，结合人工现场排查，可识别园区内重点污染企业、企业内重点污染车间、排污节点及企业特征污染因子，为园区环保部门对污染物及异味排放监管提供了有效依据，对企业污染排放治理更有针对性。

20.2.5.4　常规六参数和气象信息走航监测车的应用

常规六参数走航监测车较早就有实际应用，通常使用常规在线监测仪器设备、传感器法和基于光谱学原理的车载环境监测技术，如 DOAS 系统和气溶胶激光雷达系统。

使用传感器方法对常规六参数走航监测是最简便的方法。例如，某区域利用车载传感器监测技术成功排查出区域内多处 CO 污染源。在没有使用车载仪器前，由于没有数据可作参考，拉网式的污染源排查方式较低效；使用车载仪器后，可以形成超细网格化的数据参考，如图 20-2-20 所示。污染源巡查则变得精准、高效，降低了巡查成本。

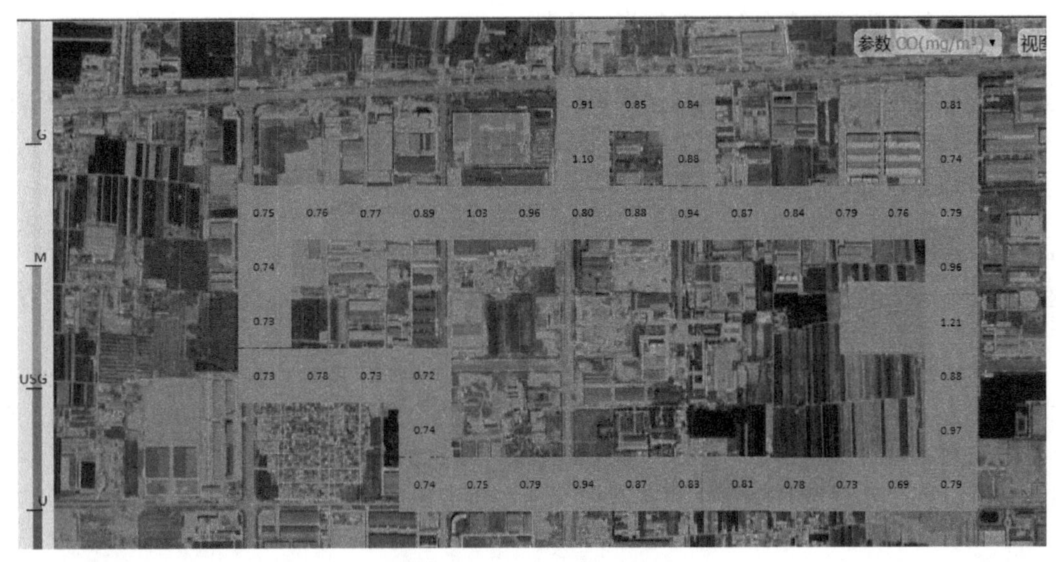

图 20-2-20　CO 走航监测结果

基于光谱学原理的车载环境监测技术有较多应用，如使用车载 DOAS 系统来进行 SO_2、NO_2 等参数的走航监测。又如，采用便携式 DOAS 系统对某工业园区的 SO_2、NO_2 和苯等污染成分开展了走航观测。该便携式 DOAS 系统可为工业园区气体泄漏、无组织排放等气态污染物的应急性及监督性监测和评估提供便捷、有效的技术手段。

基于利用车载多轴 DOAS 遥测系统，观测测量区域内的 SO_2、NO_2 通量具有很大的优势。车载激光雷达用于观测区域内大气的颗粒物通量和总量，在应用案例中，对测量区域的东北部监测，出现了 NO_2 柱浓度高值，说明监测区域内，在此风场影响下，监测区域对该城市主城区有 NO_2 输送过程。

其他大气污染走航遥感监测技术还包括：监测质量和环境气象信息的大气污染走航遥感监测车，采用仪器如扫描气溶胶激光雷达、3D 可视型激光雷达、拉曼温廓线激光雷达、多普勒风廓线激光雷达等，主要用于流动监测大气环境质量、大气气溶胶（飘尘）、大气边界层、云高及多层云结构时空演变及特征、水平区域内污染因子的时空追踪等。

大气污染走航遥感监测车的应用技术具有如下特点：可在行驶过程中对大气气溶胶进行水平、垂直的连续探测；可识别污染类型，分布，追踪污染物无组织排放，定位污染源位置；可对监测区域内近地面大气气溶胶污染扩散状况进行实时在线监测及准确预判；对于区域内重污染情况提供预警预报，给政府部门决策提供技术支持。集合多台功能各异的雷达，多方位协同分析，可获取区域内全面性的大气环境探测。

20.2.6　大气颗粒物源解析技术方法与源解析系统

20.2.6.1　概述

2013 年，国家颁布了《大气颗粒物来源解析技术指南（试行）》，要求重点地区城市开展污染物来源解析工作，《清洁空气研究计划》正式启动，明确提出以“空气质量改善”为目标，围绕空气质量监测与污染来源解析、大气污染源排放清单与综合减排等方面开展研究工作，加快京津冀及周边、长三角、珠三角等区域实施工程示范。此后，生态环境保护部又发布了一系列有关大气颗粒物来源解析的指南与规范。

大气颗粒物来源解析是指通过化学、物理学、数学等方法定性或定量识别环境受体中大气颗粒物污染的来源。大气颗粒物来源解析技术能够为相关防治工作提供关键的污染来源组成信息，能够评估防治工作的有效性，使防治“有的放矢”。目前研究颗粒物 $PM_{2.5}$ 来源解析方法，主要有三种：源清单法、源模型法及受体模型法。

源清单法是指根据活动水平和排放因子计算污染物排放量，根据排放量简单识别对大气中颗粒物有贡献的排放源。缺点是排放源的排放量与其对受体的贡献一般不是线性关系，仅能定性或半定量识别有组织污染源；无法进行二次 $PM_{2.5}$ 粒子溯源；本地化清单数据调查工作量大，大量地级城市清单数据严重缺乏；另外，排放因子的确定具有很大不确定性。

源模型法（也称扩散模型法）指从排放源出发，根据各种排放源源强资料、气象数据和化学过程，估算各类排放源对环境受体中颗粒物的贡献，需要源排放清单相关信息。能够定量识别本地污染物排放源以及外来源贡献，可开展预报预警工作以及减排效果评估。缺点是难以解析开放源贡献，地市级高时空分辨率的源清单特别是开放源清单和移动源清单不完善，结果不确定性较大，需要应用地面及空中实测数据对模型进行验证和改进参数化方案。

受体模型法指从环境受体出发，根据大气颗粒物物理和化学特征等信息，运用模型计算，定量解析各排放源对大气颗粒物的贡献，包括化学质量平衡受体模型法（CMB）、正矩阵因子分解（PMF）、主因子分析（PCA）和 UNMIX 模型等。与扩散模型法相比，受体模型法不依懒于污染源的排放条件、气象等因素的限制，不需要考虑颗粒物在大气中的行为特征，避开了应用扩散模型法所遇到的困难。与源清单法相比，受体模型能够定量给出各源类（包括开放源）的贡献值和分担率，可以根据诊断指标对结果进行优化。另外，受体模型法原理清晰，易操作，因此在研究中得到了广泛应用。

大气颗粒物源解析系统需要对大气颗粒物中的元素成分、有机碳元素、阴阳离子进行测量，采用其中的数据作为原始数据，利用这些原始数据，进行 PMF 或者 CMB 解析计算，得出当前地区污染物来源解析。

高时间分辨率的颗粒物化学成分分析仪器的出现，令快速解析颗粒物来源成为可能，可以实现颗粒物质量及关键化学成分（水溶性离子、OCEC、重金属元素等）分析，以及定量颗粒物的质量和成分浓度。因此，利用在线仪器的颗粒物化学成分分析的观测数据与受体模型（如 PMF 或 CMB）联用的方法，是大气颗粒物在线源解析的主要手段。

20.2.6.2　大气颗粒物源解析系统受体模型原理

大气颗粒物源解析系统的受体模型是从受体出发，根据环境空气颗粒物的化学、物理特征等信息估算各类污染源对受体的贡献。受体模型的种类很多，但主要分为两大类：源已知类受体模型和源未知类受体模型。这两类模型的算法不尽相同，有着各自的优缺点。

其中，源已知受体模型需要同时将源类和受体的信息纳入模型，通过在受体和源类之间建立平衡关系，估算源类对受体的贡献值。源未知模型只需要将受体信息纳入模型，通过对受体分析，提取出多个因子，将这些因子一一对应识别为不同污染源类型，并估算出这些污染源类对受体的贡献值。

化学质量平衡受体模型（CMB）模型和正定矩阵因子分解（PMF）模型是目前应用最为广泛的两种受体模型，CMB 模型为源已知的受体模型，而 PMF 为源未知的受体模型。以下为两种模型的介绍。

（1）CMB 模型

化学质量平衡受体模型是由一组线性方程构成的，表示每种化学组分的受体浓度等于各种排放源类的成分谱中这种化学组分的含量值和各种排放源类对受体的贡献浓度值乘积的线性和。由于该模型原理简单、物理意义明确，能够定量给出主要源类的贡献，成为目前最重要、最实用的受体模型。

CMB 模型的基本原理如下：假设存在着对受体中大气颗粒物有贡献的若干源类（j），并具备以下条件：各源类所排放的颗粒物的化学组成有明显的差别；各源类所排放的颗粒物的化学组成相对稳定；各源类所排放的颗粒物之间没有相互作用，在传输过程中的变化可以被忽略。那么在受体上测量的总颗粒物浓度 C 就是每一源类贡献浓度值的线性加和。

其基本原理如式（20-2-1）所示。

$$C=\sum_{j=1}^{J}S_j \tag{20-2-1}$$

式中　C——受体大气颗粒物的总质量浓度，μg/m^3；

S_j——每种源类贡献的质量浓度，μg/m^3；

J——源类的数目。

如果受体颗粒物上的化学组分 i 的浓度为 C_i，那么式（20-2-1）可以写成：

$$C_i=\sum_{j=1}^{J}F_{ij}S_j \tag{20-2-2}$$

式中　C_i——受体大气颗粒物中化学组分 i 的浓度测量值，μg/m^3；

F_{ij}——第 j 类源的颗粒物中化学组分 i 的含量测量值，g/g；

S_j——第 j 类源贡献的浓度计算值，μg/m^3；

J——源类的数目。

当 $i \geqslant j$ 时，式（20-2-2）的解为正。可以得到各源类的贡献值 S_j，源类 j 的分担率为：

$$\eta=S_j/C\times100\% \tag{20-2-3}$$

典型的化学质量平衡模型技术流程参见图 20-2-21。

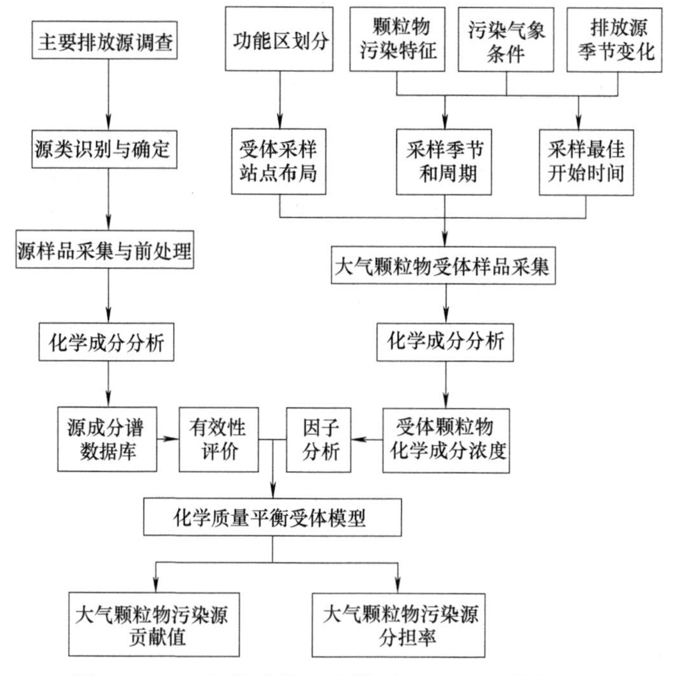

图 20-2-21　化学质量平衡模型（CMB）技术流程

（2）PMF 模型

PMF 模型是源未知类受体模型的一种，源未知类受体模型不需要事先知道源的数量和成分谱的信息，它根据在同一受体上测得大量的数据，对这些数据进行解析，提取出多个因子，将这些因子一一对应识别为不同的污染源类型，从而得到源的数目和源的成分谱，并估算出这些污染源类对受体的贡献值。

PMF 模型的基本原理如下：将原始矩阵 $\boldsymbol{X}(n\times m)$因子化，分解为两个因子矩阵，$\boldsymbol{F}(p\times m)$和 $\boldsymbol{G}(n\times p)$，以及一个“残差矩阵”$\boldsymbol{E}(p\times m)$，如式（20-2-4）表示：

$$\boldsymbol{E} = X_{nm} - \sum_{j=1}^{P} \boldsymbol{G}_{np}\boldsymbol{F}_{pm} \tag{20-2-4}$$

式中　X_{nm}——第 n 个样品中的 m 个化学成分的浓度；

P——解析出来的源的数目；

$\boldsymbol{G}_{np}$——源贡献矩阵；

$\boldsymbol{F}_{pm}$——源成分谱矩阵。

矩阵 $\boldsymbol{G}$ 和 $\boldsymbol{F}$ 中的元素都是正值，即都是非负限制的。

为得到最优的因子解析结果，PMF 定义了一个“目标函数”（object function）Q，最终解析得到使这个目标函数 Q 的值最小的 $\boldsymbol{E}$ 矩阵：

$$Q(\boldsymbol{E}) = \sum_{i=1}^{m}\sum_{j=1}^{n}(\boldsymbol{E}_{ij} / \sigma_{ij})^2 \tag{20-2-5}$$

式中，σ_{ij} 是第 j 个样品中第 i 个化学成分的标准偏差或者不确定性（uncertainty），是人为定义的。

PMF 模型利用最小二乘法进行迭代计算，按照式（20-2-4）和式（20-2-5）的限制条件，不断地分解原始矩阵 $\boldsymbol{X}$，最终收敛，计算得到正值的矩阵 $\boldsymbol{G}$ 和 $\boldsymbol{F}$。如果模型拟合成功的话，Q 的值应当近似于矩阵 $\boldsymbol{X}(n\times m)$中的数据数目，即 $(n\times m)$。

典型的正定矩阵因子分解（PMF）模型法技术流程参见图 20-2-22。

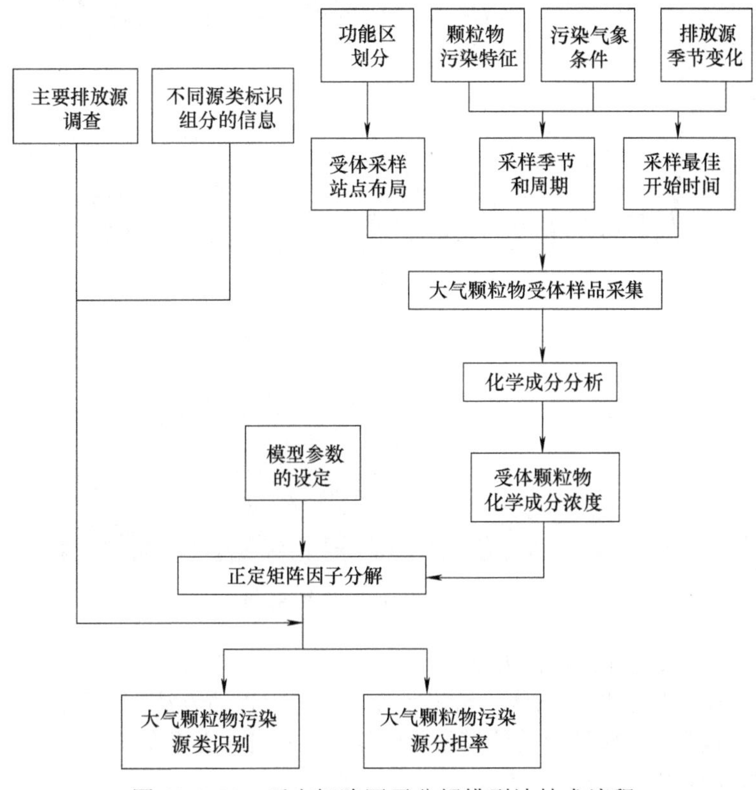

图 20-2-22　正定矩阵因子分解模型法技术流程

（3）两种模型的对比

CMB 模型和 PMF 模型由于自身原理不同，其适用范围以及自身的优缺点也不一样。CMB 模型和 PMF 模型优缺点见下表 20-2-5。

表 20-2-5　不同受体模型优缺点

项目	CMB	PMF
是否 USEPA 适用模型	是	是
是否需要源信息	是	否
是否定量解析	是	是
优点	使用简单，污染源的成分谱中包含了误差的信息	可以客观分析出污染源的类型以及贡献值；可以解析出采样时段，每天污染源的贡献值；模型的输入数据考虑了浓度不确定性的影响；并且考虑了非负限制
缺点	源成分谱的有效性、共线性源类	需要基于大量受体数据；所解析出的污染源需要有标识元素为其标识；模型使用复杂

20.2.6.3　大气颗粒物源解析系统的应用案例

大气颗粒物源解析系统源解析结果一般会以图形形式展示，一般会给出源解析的来源序列，以及这一段时间之内的来源饼图。以聚光科技公司的在线源解析应用典型源解析结果应用界面为例，参见图 20-2-23。

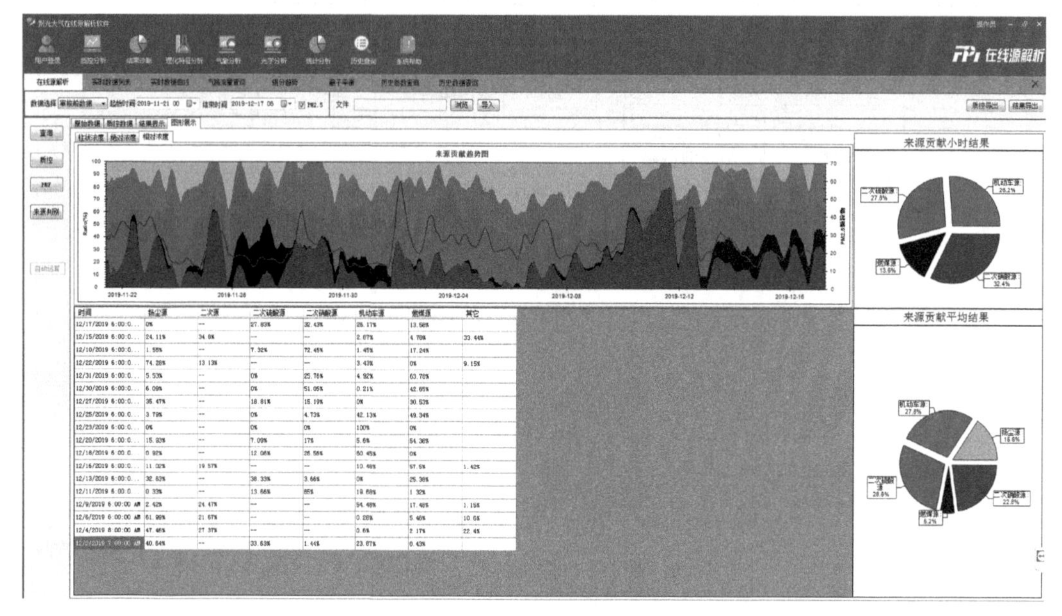

图 20-2-23　源解析结果图

（1）对源解析结果进行评估的方法

《大气颗粒物来源解析技术指南》给出了评估方法，评估方法的主要要求如下。

① 使用受体模型、源模型或受体模型与源模型联用方法进行颗粒物来源解析，解析结果需满足相应模型要求的各项诊断指标。

② 采用多种模型进行解析，不同模型解析结果中各源类贡献的相对关系应一致，结果能相互印证。

③ 颗粒物来源解析结果应能够反映当地颗粒物污染的时空变化规律，利用例行监测结果，评估不同季节颗粒物来源解析结果的合理性。

④ 应对解析结果进行不确定性分析，给出每种源贡献的范围和平均贡献的相对偏差。

对已开展颗粒物来源解析工作的城市或地区，可成立包括环保、气象等专家委员会对源解析工作关键技术环节的科学性和规范性进行评估，并与管理部门会商源解析结果。

（2）源解析结果的功能分析

① 对源的重要性进行排序，明确防控重点，为制定本地化的颗粒物污染防治方案提供依据，避免出现各地防治措施雷同的现象。

② 对重污染过程进行在线解析，实时判断重污染过程颗粒物的来源及变化，为重污染应急提供决策依据。

③ 能够不受气象因素影响，根据颗粒物化学组成和源贡献率变化，客观跟踪评估已有防治措施效果，为筛选技术经济可行、环境效益最佳的防控措施，及时调整防控战略提供依据。

20.2.7　无人机监测及在区域大气环境监测的应用

20.2.7.1　概述

无人机用于环境监测，主要是以遥测、遥感技术作为航空遥感（UAVRS）手段，具有续航时间长、影像实时传输、高危地区探测、成本低、高分辨率、机动灵活等优点，是卫星遥感与有人机航空遥感的有力补充，在国内外已得到广泛应用。

无人机对一些重污染区域进行高空排查是利用高分辨 CCD 相机及气体监测模块系统，获取设定监测地区的遥感影像及大气成分分析数据，可为各级环境监测部门及环境信息化建设提供一体化的解决方案，并可满足环境应急响应的需求。

无人机在线监测系统对大气环境指数进行监测，并实时将采集到的数据发送至云端服务器计算并存储。监测仪采集到的数据经后台分析，通过大屏显示，PC 端和手机 APP 等媒介将数据进行展示，并实现一系列交互活动，可达到对环境质量安全的实时监控，在安全生产和环保监测中具有重要作用。

无人机环境监测系统是由无人机机载环境检测系统、集成化软件监控平台及无人机等组成。无人机遥测监测新技术为大气环境监测提供了一种新的选择，是传统在线监测手段的补充，并具有明显的优势。无人机监测技术可用于大气环境调查、监测、预警、救援的全过程，如大气环境质量监测、水环境质量监测、区域环境监测及应急监测、污染源追溯、巡检以及区域扬尘监测、输气管线巡检等。

无人机遥测监测是区域环境监测“空天地”一体化监测技术的重要组成部分，不仅用于区域的巡回监测，在区域大气环境污染可进行溯源，在巡检中对污染气体浓度高的地点，通过红外相机取证，可协助查找区域污染源的重点排放源。

无人机监测技术除用于区域环境的在线气体监测外，还可用于区域环境的气体采集，特别是对危险区域及应急监测的微量、复杂组分气体采集，送实验室分析检测。采集技术包括在区域上空的指定地区的样本点采集，可采用机载的隔膜泵采集或采用苏玛罐实现气体现场采集，可采用多通道独立的隔膜泵（4L/min）实现快速充气（15s），通常无人机每航次可采集 5 个样本点，采集的样本可及时送检测中心站检测分析。

无人机监测还可用于水质取样与分析监测，可以进行指定区域的污染水源的水质采样，及水质监测分析。水质监测的参数可包括 pH、ORP、溶氧、电导率、浊度、水中油、氨氮等多参数监测，可配合专业的物联网平台实现实时监控。

无人机监测技术的应用已经在安全环保、应急监测等领域的大气环境及水环境的在线监测中发挥了重要的作用。无人机遥测技术能提供区域上空的危险环境监测、区域环境的巡回监测及江海河海的水环境监测等技术支撑，具有广阔的技术发展空间和市场应用前景。

20.2.7.2　无人机机载环境监测系统

无人机机载环境监测系统主要是由气体监测模块、超清红外相机等组成。气体监测模块是由传感器组合的检测器盒。无人机载的智能传感器检测盒，在监测大气环境作业中效率高、机动灵活、使用方便、续航时间长、受环境影响小和精度高等优点，可以承担高风险的飞行任务。机载检测器盒主要采用以下几种传感器技术，通常是按照需要进行组合。

（1）PID 传感器

光离子气体传感器（PID）是一种高灵敏度气体检测器，可以检测从极低浓度 5×10^{-9} 到

图 20-2-24　PID 传感器检测器

较高浓度 6000×10^{-6} 内的挥发性有机物 VOCs 和其他有毒气体；具有便携式、体积小、精度高（10^{-6} 级）高分辨、响应快及实时、安全、连续监测等优点，可以提供实时信息反馈；对于潜在泄漏事故防范、自动监控报警、事故区域确认等具有广阔的应用前景。

PID 是一种非破坏性检测器，它不会改变待测气体分子，经过 PID 检测气体仍可被收集做进一步的测定。PID 传感器检测器参见图 20-2-24。

（2）颗粒物激光散射传感器

$PM_{2.5}$ 和 PM_{10} 传感器为光散射原理进行监测，采用激光散射原理。激光照射在空气中的悬浮颗粒物上产生散射，同时在某一特定角度收集散射光，得到散射光强随时间变化的曲线。进而微处理器利用基于米氏（MIE）理论的算法，得出颗粒物的等效粒径及单位体积内不同粒径的颗粒物数量。

（3）电化学有毒气体传感器及超清红外相机

无人机监测携带的电化学传感器模块主要用于有毒有害气体的实时监测。电化学传感器具有选择性好、灵敏度高、响应时间短、性能稳定、耗电低、线性和重复性较好等优点，电化学传感器模块大多采用阵列式传感器组合。

无人机监测携带的超清红外相机，是通过红外热成像实时测绘出场景温度信息，给指挥人员提供信息决策支撑可调节温度检测，可以实现对灾害事故现场的高清视频信息采集，实现对现场信息实时拍照录像。

20.2.7.3　无人机在线监测的集成化软件监控平台技术

通过无人机搭载的智能气体传感器对现场环境大气污染进行实时监测，监测器盒监测的模拟信号转换成数字信号，通过网络传输到在地面监控中心的集成化软件监控平台。

无人机的集成化软件监控平台，集飞行控制、巡检数据、视频一体化，可显示出无人机的飞行轨迹，以及所测飞行点区域的大气环境参数，结合区域内所对应点环境监测信息的综合分析，可确定所监测区域的大气环境状况，从而实现对大气环境质量的实时监测。无人机可在设定的区域环境监测的点位进行巡回监测和应急监测，通过各种智能传感器组合的检测盒完成遥测任务。无人机数据监控平台参见图 20-2-25。飞行轨迹与时间数据显示参见图 20-2-26。无人机的集成化软件监控平台（无人机地面站），可实现对飞行任务、航路规划、飞行控制、实时显示，通过无线传输接收视频图像距离可达 10km。

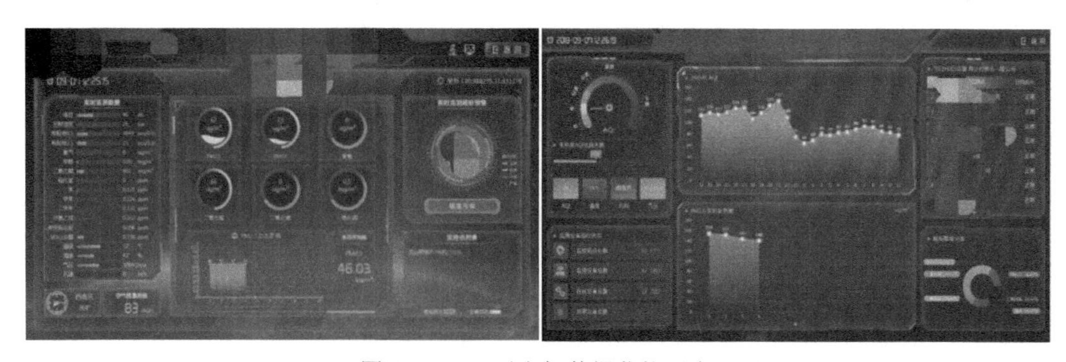

图 20-2-25　无人机数据监控平台

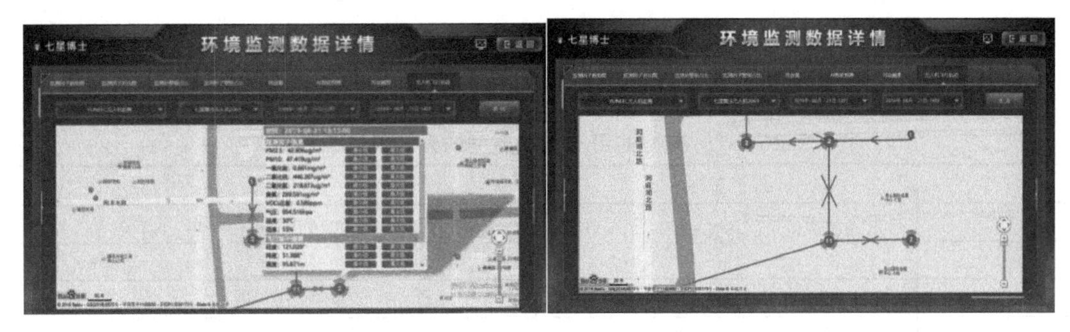

图 20-2-26　飞行轨迹与时间数据

20.2.7.4　无人机在线监测系统的技术性能

（1）无人机在线监测系统的性能指标与主要技术参数

无人机机载的在线监测系统是一种用于指定区域的空中遥测监测系统，使用方便，适用于快速监测区域环境空气的各项环境参数，如 $PM_{2.5}$、PM_{10}、臭氧、一氧化碳、二氧化硫、二氧化氮、TVOC、经度、纬度、高度、速度、气压、温度、湿度等监测，可扩展监测因子包括核辐射、H_2S、HCl、HF、NH_3、Cl_2、苯、甲苯、二甲苯、有机气体和无机气体等。

无人机监测盒所携带的传感器组合，可以按照现场监测的需求进行组合。由于机载的监测设备携带的重量有限，通常会有多种组合的传感器检测盒供选择使用。无人机遥监的监测数据可通过数据监控平台，实现数据采集、存储与数据显示、分析。

无人机监测系统所携带的电化学气体传感器和 PID 传感器，其性能指标是在环境温度 25℃，相对湿度 50%，一个大气压（100kPa 或环境压力）下，用零气与目标气体进行标定检测，以确保在线监测的准确性。应注意气体传感器长时间在超出最大量程的饱和气体浓度下使用，会使得传感器短期失效，或一定概率下长期失效。无人机在线监测的 TVOC 总量重复性≤3%，TVOC 测量范围为$(0\sim40)\times10^{-6}$，适用于大气环境无组织排放在线监测，其最低检出限≤5×10^{-9}。无人机在线监测系统的主要技术参数参见表 20-2-6。

表 20-2-6　无人机在线监测系统的主要技术参数

序号	检测对象	测量范围	分辨率	响应时间	示值误差
1	$PM_{2.5}$	0～1000μg/m^3	1μg/m^3		±20%FS
2	PM_{10}	0～1000μg/m^3	1μg/m^3		±20%FS
3	SO_2	$(0\sim10)\times10^{-6}$	10^{-9}	≤30s	±10%FS
4	NO_2	$(0\sim10)\times10^{-6}$	10^{-9}	≤30s	±10%FS
5	O_3	$(0\sim10)\times10^{-6}$	10^{-9}	≤30s	±10%FS
6	CO	$(0\sim5)\times10^{-6}$	25×10^{-9}	≤30s	±10%FS
7	TVOC	$(0\sim40)\times10^{-6}$	10^{-9}	≤20s	±10%FS
8	温度	−20～60℃	1℃		±1℃
9	湿度	0～100%	1%		±3%（RH）

上表列出的性能参数是在环境温度 25℃，相对湿度 50%RH，一个大气压（100kPa 或环境压力）下用零气与目标气体进行标定测得。其中，TVOC 重复性≤3%，TVOC 测量范围$(0\sim40)\times10^{-6}$适用于大气环境无组织排放，最低检出限≤5×10^{-9}。长时间在超出最大量程的饱和气体浓度下使用，会使得传感器短期失效，或一定概率下长期失效。另外，监测仪在用于飞行监测前应提前 4h 上电预热，以确保数据监测更精准。

（2）无人机功能参数

典型的用于在线监测的无人机功能参数参见表 20-2-7。

表 20-2-7　典型的用于在线监测的无人机功能参数

序号	规格名称	参数
1	尺寸	978mm×978mm×400mm（展开：长×宽×高）
2		415mm×510mm×400mm（折叠：长×宽×高）
3	重量	4.4kg（含电池）
4	对角线轴距（不含桨叶）	920mm
5	桨叶直径	440mm
6	桨叶类型	非折叠快拆桨叶
7	飞行时长	60min（空载）
8	最大负载	3kg
9	最远飞行距离	7km
10	最大飞行海拔	4000m
11	最大水平飞行速度	50km/h
12	抗风等级	5 级

20.2.7.5　无人机用于大气环监测技术及典型应用

（1）无人机在线监测系统的技术优点

① 预警响应能力快。可以快速到达工业生产监测区域，保证在污染气体扩散事故发生时进行实时监测。可迅速地开始遥测任务，在短时间内快速而且准确地获取遥感数据。

② 安全作业保障能力强。无人机遥测系统可以降低地面检测人员的风险，监测时间长、区城广。

③ 机动性强。在无人机上搭载清晰的摄像装备，利用实时传回的视频信号清晰地辨识现场情况，能对应急救援指挥工作提供实时的帮助。

无人机用于快速分析监测的案例参见图 20-2-27。

图 20-2-27　无人机快速分析监测案例图

（2）无人机在线监测应用的典型应用

无人机可分为固定翼型无人机、无人驾驶直升机两大类。固定翼型无人机通过动力系统和机翼的滑行实现起降和飞行，遥控飞行和程控飞行均容易实现，抗风能力也比较强，类型较多，能同时搭载多种遥感传感器。固定翼型无人机的起降需要比较空旷的场地，多应用于矿山资源监测、林业和草场监测、海洋环境监测、污染源及扩散态势监测、土地利用监测以及水利、电力等领域。

无人机在线监测系统整体采用阵列式多组分传感器，具有体积小、重量轻、风阻小的特点，进行实时在线空气质量监测，完成区域环境污染排查、交通道路污染物的采集分析、环境污染突发事件应急监测、科研分析等，从而指导政策的制定，降低城市交通对空气污染的贡献率。无人机用于环境污染的排查参见图 20-2-28；用于环境污染突发事件应急监测参见图 20-2-29。

图 20-2-28　用于环境污染排查

无人机在线监测系统极大地扩展了大气监测的空间，丰富了大气污染物监管的手段。无人机遥测技术比较适合疑似污染点源的排查、不定时抽查及应急监测。例如：对烟囱的高空排放口和周边空域进行大气污染物信息采集时，车载监测设备和手持监测设备均无法抵达，常规监测方法也无法核查工厂烟囱排放口的污染物浓度信息，而利用无人机移动监测的方式可实现监测。

图 20-2-29　用于环境污染突发事件应急监测

无人机可绕烟囱盘旋飞行，根据实时显示污染物数据可判断烟囱主要排放气体成分，沿污染区域上风口和下风口分别飞行，可确认排出烟气对周边环境的影响。在对污染物监测的同时，可拍摄可见光视频，高空查看厂区周边环境，并留下影像资料。无人机用于固定污染源高空排放的在线监测示意图参见图 20-2-30。

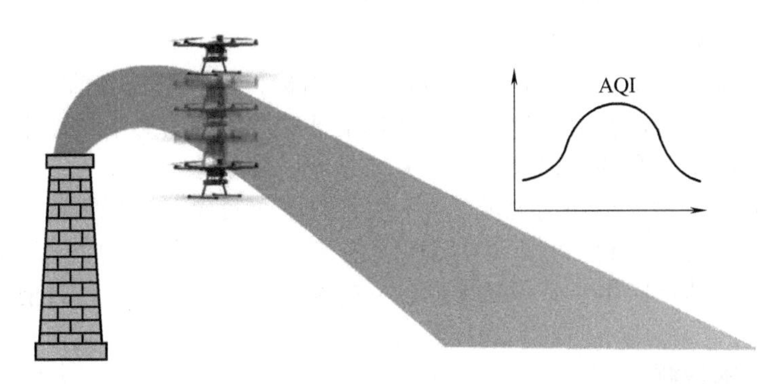

图 20-2-30　无人机用于固定污染源高空排放的监测分析

无人机载智能传感器在监测大气环境作业中效率高、机动灵活、使用方便、续航时间长、受环境影响小和精度高等优点，可以承担高风险的飞行任务。为大气环境监测提供了一种新的选择，无人机遥测监测技术的高机动性和实时性是传统方法无法比拟的，可用于大气环境调查、监测、预警、救援的全过程。在工业安全保护领域中，无人机遥测技术能够为其提供更完善的技术支撑和更强的安全保障。它具有广阔的发展空间和应用前景。

20.2.8 环境监测激光雷达与大气环境光化学污染监测

20.2.8.1 环境监测激光雷达技术

环境监测激光雷达是传统雷达技术（以微波和毫米波段的电磁波作为载波的雷达）与现代激光技术相结合的产物，它是以激光器为辐射源，以光电探测器为接收器件，以光学望远镜为天线，用于大气环境监测的一种激光雷达，简称为环境监测激光雷达。

环境监测激光雷达是大气环境探测中一种有效的主动遥感技术装备，激光雷达的发射系统发射特定的激光波长，与大气环境中的气溶胶及各种被测组分作用后，产生后向散射信号，接收系统中的探测器接收回波信号，通过数据采集与计算机系统处理分析后，从而得到大气环境被测组分的浓度与分布。

环境监测激光雷达系统在大气环境监测领域，如大气环境的气溶胶、云和臭氧空间垂直分布的测量、大气环境的污染物的成分分析，以及“雾霾”的溯源分析和区域大气环境的监测已经取得广泛应用。

根据激光雷达工作原理的不同，可以把当前探测大气的激光雷达分为Mie散射激光雷达、Rayleigh散射激光雷达、Raman散射激光雷达、差分吸收激光雷达和共振荧光激光雷达等若干种类。其中，Mie散射激光雷达主要用于探测30km以下低空大气中气溶胶和云雾的辐射特性；Rayleigh散射激光雷达主要用于探测30～70km高空的大气密度和温度分布；Raman散射激光雷达一般用于对大气温度、湿度，以及一些污染物的测量；差分吸收激光雷达一般用于测量大气中臭氧，以及其他微量气体；共振荧光激光雷达一般用于80～110km高空的一些金属原子测量，比如钠原子等。

国内，环境监测激光雷达技术已经开发出多种产品，如高能扫描颗粒物激光雷达、多波长颗粒物激光雷达、便携式颗粒物激光雷达、大气臭氧探测激光雷达、拉曼激光雷达、风廓线激光雷达、紫外多组分气体遥测仪等高端装备产品。

20.2.8.2 大气环境监测激光雷达技术的应用

（1）大气颗粒物和臭氧的监测

大气颗粒物和臭氧是衡量大气污染程度的重要指标。大气颗粒物的主要成分是 $PM_{2.5}$。臭氧在对流层浓度的增加，会对人体健康、地球植被等产生有害影响。近十多年来，我国在大气细粒子和臭氧时空分布的快速在线监测系统领域成效显著。

2011年，中科院安徽光机所研究成功“大气细粒子与臭氧时空探测激光雷达系统研制与应用示范”项目。可实时监测10km高空范围内的雾霾分布并分析其成分。2013年起，大气细粒子和臭氧激光雷达已应用于京津冀地区建立的大气立体监测网络，目前已在国内多个区域组网观测。

（2）大气成分的探测

差分吸收激光雷达是最早用于测量大气成分的仪器，它可以重复测量大气痕量气体（CH_4、

CO_2、NO_2、SO_2、O_3 等），差分吸收激光雷达是监测大气二氧化碳浓度的有效手段，对研究大气环境的温室效应具有重要意义。目前，国内大气监测网中大部分 NO_2、SO_2、O_3 的监测设备均为基点式仪器，而基点式仪器设备无法监测大气中相关气体的空间分布信息；也可采用高空气球载探测仪来探测 NO_2、SO_2、O_3 的空间分布数据，但此方式获得的数据的空间和时间分辨率都不高。

近年来，中科院合肥物质科学研究院研制成功第三代移动式大气环境激光雷达系统，该系统具有多组分污染气体测量、空间距离分辨率高、数据可靠、灵敏度高等特点。该系统通过驱动单元能进行空间三维探测，能监测四种大气污染物：大气气溶胶、NO_2、SO_2、O_3。大气 NO_2、SO_2、O_3 的最高探测灵敏度分别为 $0.01mg/m^3$、$0.04mg/m^3$、$0.01mg/m^3$，最高探测空间分辨力为 7.5m，最大探测距离为 3～10km。

（3）测风激光雷达

借助激光多普勒效应，通过对散射频率相对于发射激光频率的多普勒频移动，对大气风速进行测量，获得风场时空变化情况。

多普勒激光雷达可以分成相干探测和直接探测两种体制。其中，相干探测是对回波与激光信号间的差频信号进行探测，而直接探测使对接收和发射激光能量信号变化情况进行探测。该项技术可以对目标进行探测和跟踪，获得准确的目标方位、速度等各类信息，分辨率高、测速范围广、抗干扰性强。

国内已经成功研制多种车载测风激光雷达，如基于碘分子滤波器的车载测风激光雷达和基于瑞利散射的测风激光雷达。

（4）温度探测激光雷达

激光雷达对大气温度的探测主要有瑞利散射激光雷达、拉曼激光雷达和高光谱分辨率激光雷达。瑞利散射激光雷达具有空间分辨率高、探测灵敏度高和探测无盲区等优点，广泛应用于大气温度探测中。拉曼激光雷达可分为转动型和振动型。转动拉曼散射激光雷达可以实现对底层大气温度分布的测量，其探测主要是通过利用温度与分子的转动谱线强度的关系实现的，而探测对流层中上部的大气温度分布则可以通过振动拉曼散射激光雷达接收到的回波信号获得。

20.2.8.3　移动式大气环境激光雷达监测技术

（1）大气环境激光雷达监测系统的结构组成

激光雷达是主动式现代光学遥测设备，使用工作频率较高的多光束，在监测大气污染物时空分布及扩散规律有很大的优势。大气环境激光雷达采用差分法对大气污染物进行垂直测量，在紫外光谱范围内，适用于微量气体 NO_2、NO、SO_2、O_3 等气体监测。

典型的大气环境激光雷达监测系统参见图 20-2-31。该系统由激光发射系统、光学接收和信号检测系统、数据采集系统和控制系统等组成。

① 发射系统　由激光光源、扩束镜和导光镜等组成，采用四波长激光器（1064nm、532nm、355nm、266nm），可实现波长自动切换及切换至拉曼激光光源，最大重复频率为 20Hz。发射系统经扩束镜准直后，由导光镜和扫描镜导向大气。发射系统除用来改善激光发射角外，还用于保证发射激光光束与接收光学系统的光轴平行或同轴。

② 光学接收和信号检测系统　包括接收望远镜、小孔光阑、光纤、输出光准直器、滤光片、光电倍增管（PMT）、前置放大器等电子学部件。作为接收单元的接收望远镜在其焦平面上设置不同直径的小孔光阑，起限制视场角的作用。

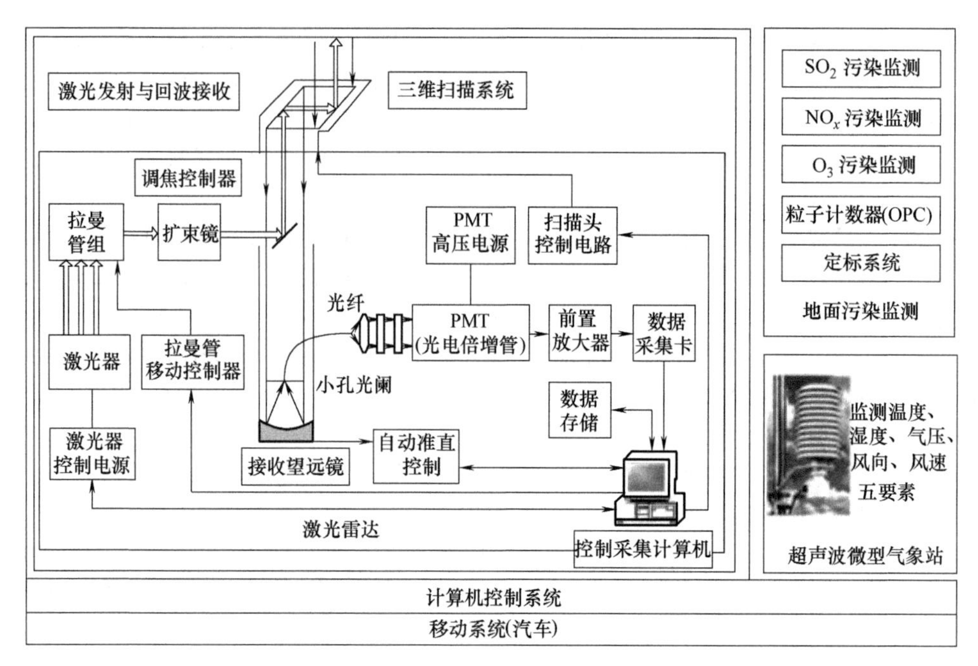

图 20-2-31　典型的大气环境激光雷达监测系统

③ 数据采集系统和控制系统　数据采集系统由数据采集卡和数据采集计算机（工控机）组成；控制系统由计算机、控制软件和相应的控制电路等组成。控制系统用于保证扫描方向、激光发射对光、回波信号、接收、数据采集、传送和存储协调一致性。

（2）车载系统的大气气溶胶检测技术

① 气溶胶和云探测简介　气溶胶是指液体或固体微粒均匀散布在大气中形成的相对稳定的悬浮体系。用于探测大气气溶胶和云的激光雷达技术主要是米散射探测技术，使用这种技术的激光雷达被称为米散射激光雷达。

Mie 散射的特点是散射粒子的尺寸与入射激光波长相近或比入射激光波长更大，其散射光波长和入射光相同，散射过程中没有光能量的交换，是弹性散射。Mie 散射激光雷达的回波信号通常较强。当一个激光脉冲发射到大气中时，在传播路径上激光脉冲被大气气溶胶粒子和云粒子散射和消光，不同高度（距离）的后向散射光的强弱与此高度（距离）的大气气溶胶粒子和云粒子的散射特性有关，其后向散射光可由激光雷达探测到，通过求解米散射激光雷达方程就能够反演相对应高度（距离）的大气气溶胶粒子和云粒子的消光系数。

② 大气气溶胶监测技术　国内已成功研制拉曼-米-瑞利散射多参数大气测量激光雷达系统，并利用其拉曼-米散射通道采集数据，对边界层内 532nm 大气气溶胶后向散射系数、消光系数以及激光雷达比（即消光后向散射比）进行定量测量。激光光束经扩束镜，由导光镜导向大气，接收望远镜采用近牛顿型望远镜，在其焦平面上设置一小孔光阑，接收望远镜会聚光束经光纤到凸透镜准直后，再经高精度窄带滤光片、衰减片到达光电倍增管、前置放大器、A/D 转换和计算机采样，累加平均和存储，实现对大气气溶胶的监测。

（3）车载系统的污染气体监测技术

车载激光雷达对大气中 NO_2、SO_2、O_3 进行测量的基本原理是利用待测气体的光谱吸收特性来监测该气体浓度。激光雷达系统选择波长相近的两束脉冲激光，一束为待测气体的吸收谱线，另一束为吸收线边翼上或吸收线外的谱线，根据两束波的回波强度差即可确定待测气体分子浓度。该系统测量气体的谱线简介如下。

① 大气 SO_2 监测　选择 288.38nm 及 289.04nm 分别对应 SO_2 的弱吸收谱线和强吸收谱线进行 SO_2 监测。采用四波长激光器的基频波 1064nm 光束的四倍频产生 266nm 光束，分别泵浦甲烷和氘气，产生拉曼光谱频移的一级斯托克斯线 288.38nm 及 289.04nm，用于大气 SO_2 浓度测定。

② 大气 NO_2 监测　NO_2 在 0.25～0.70μm 都有吸收谱线，采用激光器的基频波 1064nm 光束的三倍频产生 355nm 光束，分别泵浦甲烷和氘气，产生拉曼光谱频移的一级斯托克斯线 395.60nm 强吸收谱线和 396.82nm 的弱吸收谱线，用于大气 NO_2 浓度测定。

③ 大气 O_3 监测　采用激光器的基频波 1064nm 光束的四倍频产生 266nm 光束，分别泵浦氢气和甲烷，产生拉曼光谱频移的一级斯托克斯线 299.05nm 弱吸收谱线和 288.38nm 的强吸收谱线，用于大气浓度 O_3 测定。

（4）环境监测激光雷达的典型产品

近十年来，国产环境监测激光雷达技术及产业化已经有较快的发展，现代环境监测激光雷达产品的技术水平也有新的突破，国内已有多家公司生产激光雷达产品。

① 大气颗粒物激光雷达的典型产品。大气颗粒物激光雷达采用双望远镜通道设计，雷达发射出 532nm 激光，两个接收望远镜收集气溶胶和云等对激光的后向反射信号，通过接收 532nm 的垂直和水平偏振信号以及盲区内信号，分析其回波强度和粒子的消偏振特性，从而实现零盲区探测，分辨颗粒物的分布和颗粒物的类别。其工作原理图参见图 20-2-32。

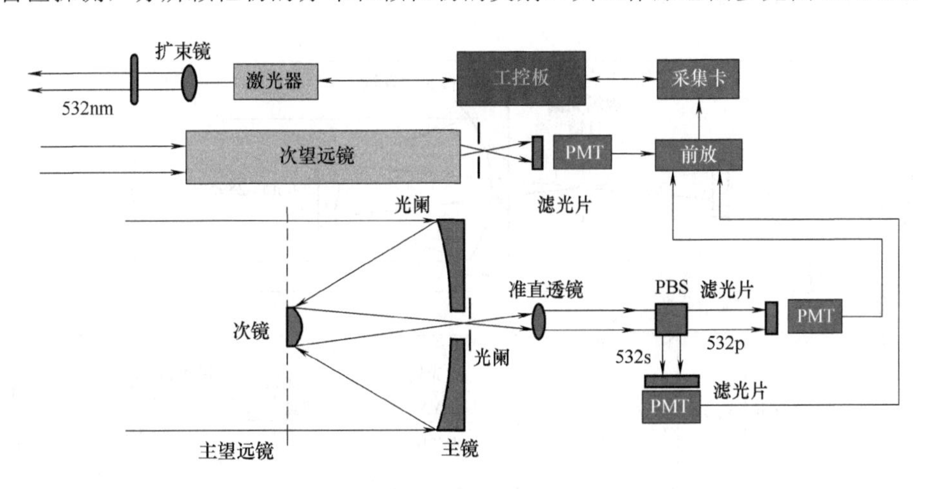

图 20-2-32　颗粒物激光雷达工作原理图

该产品的发射单元的激光器采用风冷的二极管泵浦 Nd: YAG 激光器，发出 532nm 波长；接收单元的通道为双视场、带偏振、可同步影像。主要性能指标：时间分辨率≥3s，空间分辨率为 3.75m 及其倍数可调，探测盲区≤30m，最大探测距离≥15km。

该产品的应用模式可实现垂直观测颗粒物的空间演变，可扫描观测，快速精准定位定量污染源，可实现走航观测，动态评估区域的污染分布，也可实现组网观测，实时监测区域污染物传输和不同区域间的关联性。

软件界面举例：垂直监测用于监测气溶胶垂直时空分布、污染判别、边界层高度、云信息等，参见图 20-2-33。水平扫描能够实时监控突发源快速定位，精准溯源，偷排漏取证及专项监测管控等。

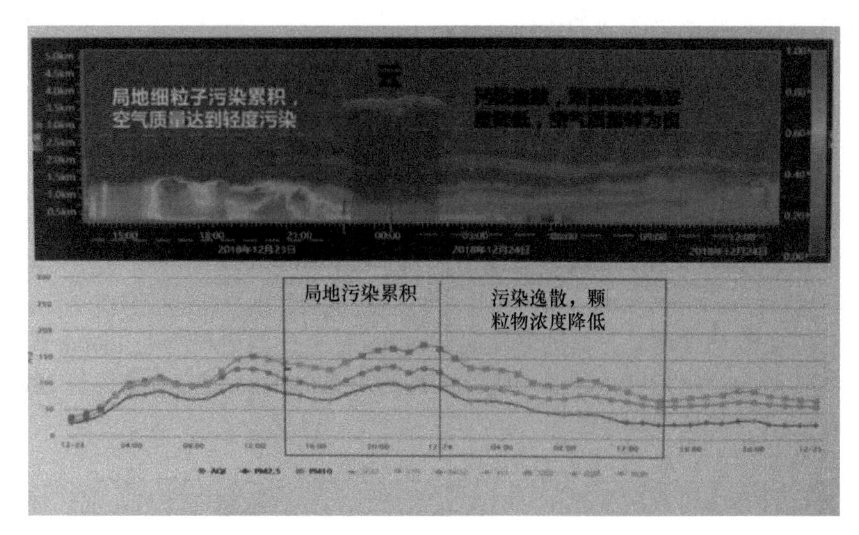

图 20-2-33　监测气溶胶垂直时空分布

② 大气臭氧探测激光雷达的典型产品。臭氧（O_3）是光化学污染中最重要的反应产物和特征物，臭氧浓度升高是光化学污染的标志，臭氧是判断大气质量的标准之一。大气臭氧探测激光雷达原理示意参见图 20-2-34。

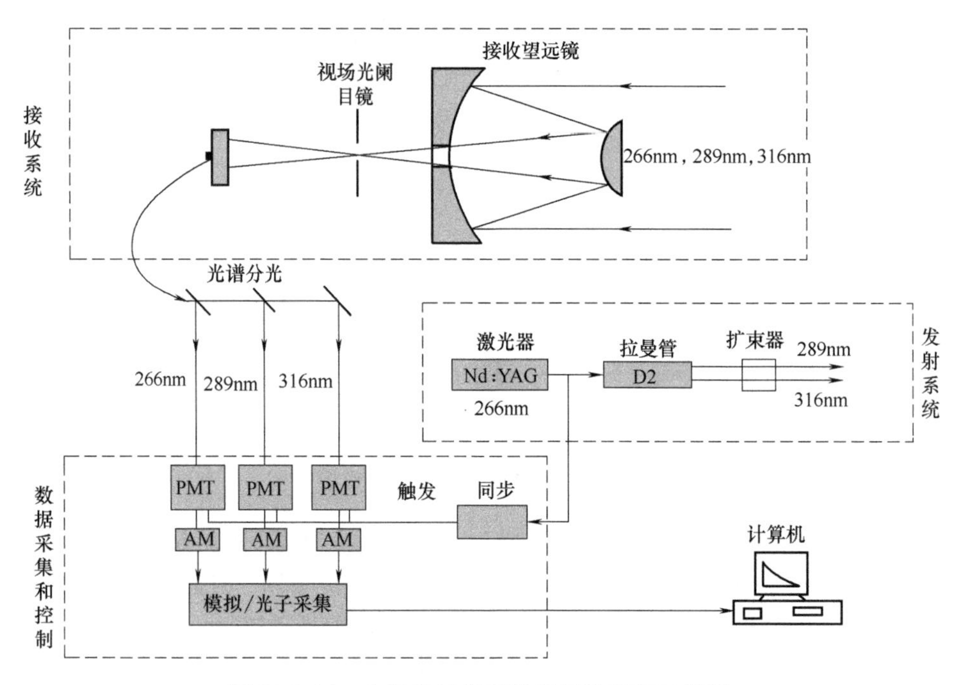

图 20-2-34　大气臭氧探测激光雷达原理示意图

大气臭氧探测激光雷达是基于差分吸收原理，是利用大气臭氧分子的截面“指纹”吸收特性，测量污染物的浓度分布。该系统向大气发射波长接近的两束激光，一束为臭氧的强吸收谱线，另一束为该吸收谱线边翼弱吸收线，根据两束激光的回波强度差即可确定待测臭氧的分子浓度，从而实现对大气臭氧的时空分布的探测。

典型的大气臭氧探测激光雷达的发射系统，是采用固态激光器，其激光波长包含：266nm、289nm、316nm；重复频率≥10Hz，光学接收系统的主镜直径≥250mm。探测器采用 PMT，主要性能参数为：空间分辨率优于 30m，时间分辨率为 5～30min 可调，其探测灵敏度优于 3×10^{-9}（体积），探测高度优于 3km。该系统采用光栅分光，激光器系统采用水冷方式，光学设计抗干扰能力强。

20.2.8.4　大气环境光化学污染监测技术

大气环境光化学污染监测一般包含：光化学前体物监测系统、光解速率监测系统和特征产物监测系统。大气环境光化学污染监测的数据采集与应用分析平台界面参见图 20-2-35。

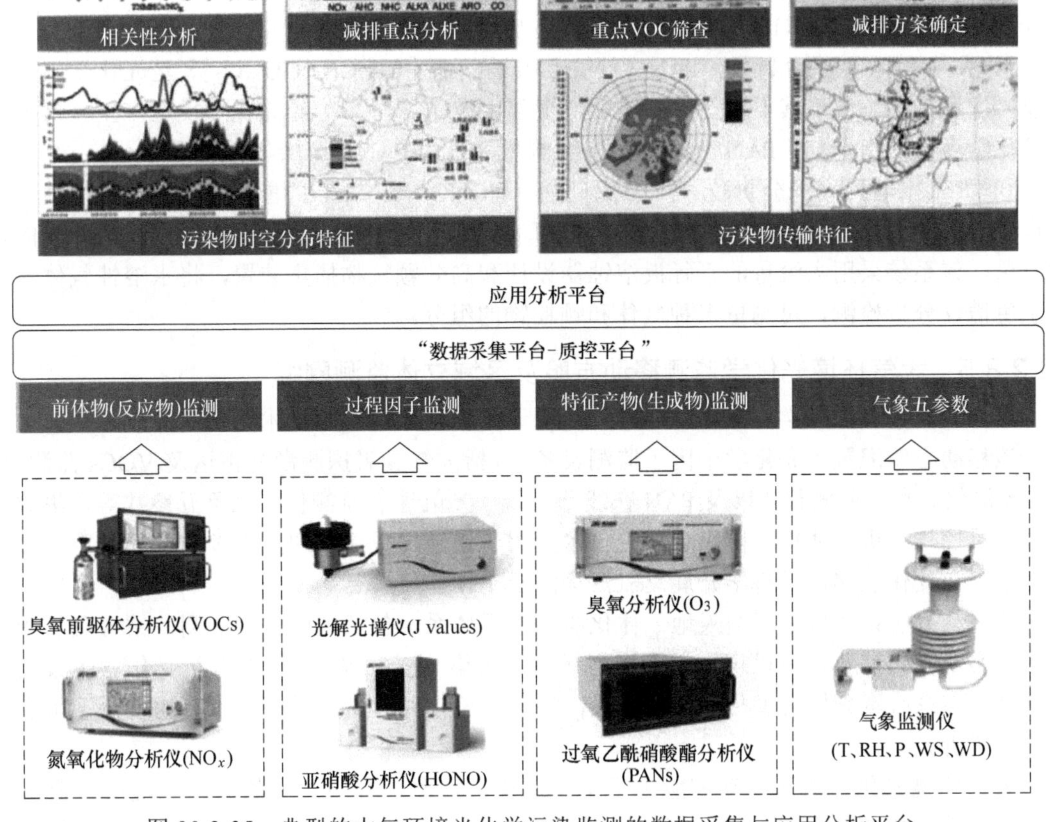

图 20-2-35　典型的大气环境光化学污染监测的数据采集与应用分析平台

大气环境光化学污染主要是人类活动排放的 NO_x 及 VOCs，在光照和一定气象条件因素的影响下，经过一系列复杂的光化学反应，产生臭氧（O_3）和过氧乙烯硝酸酯（PAN）等特征产物引起的。对光化学反应前体物、过程条件以及特征产物进行全方位监测，是科学协同控制光化学污染的重要技术支持。大气环境光化学污染监测可以实现光化学污染因子全面覆盖监测，以满足研究机构和环保局、监测站等对光化学污染物的监测、预警预报、污染形成原因、机理及过程分析的需要，为光化学污染管理手段提供数据支撑和效果评估。

大气环境光化学污染监测系统配置的检测仪器，以聚光科技的相关产品为例，简介如下。

① 臭氧前驱体（VOCs）分析仪。臭氧前驱体分析系统由低碳（C_2～C_5）分析仪和高碳（C_6～C_{12}）分析仪两套仪器组成；分析仪采用FID+PID双检测器组合，确保分析的高灵敏度和高选择性。

② 氮氧化物分析仪。氮氧化物分析仪是基于化学发光技术，可测量10^{-9}～10^{-6}级NO_x，用于检测和评价环境空气质量参数中NO_x的浓度水平。

③ 臭氧分析仪。臭氧分析仪采用紫外监测技术，臭氧含量检测仪可广泛应用于环境和污染源气体质量监测中臭氧浓度的监测，也可应用于气象、消毒、视频安全等其他需要进行臭氧浓度监测的领域。

④光解光谱仪。光解光谱仪是基于光谱测量来计算大气中不同物质光解速率的仪器，可以实现在线连续测量大气中多种物质的光解速率，如部分光化学反应关键物质及自由基（如NO_2、OH、HONO、HCHO等）的光解速率，应用于大气光化学污染状况分析。

⑤ 大气PAN在线分析仪。PAN｛过氧乙酰硝酸酯［$CH_3C(O)OONO_2$］｝是光化学污染的重要二次污染物，由于其不存在天然排放，全部由VOCs与NO_x经光化学反应产生，常被当作光化学污染的指示剂。PAN分析仪可连续测量大气中PAN，分析周期小于5min。

⑥ 大气水溶性离子分析仪。气态亚硝酸（HONO）是大气中重要的痕量含氮物种，是OH自由基的来源之一。水溶性离子分析仪可实现对大气中多种水溶性离子（HONO）的自动测量，该系统采用大流量的平行板溶蚀器设计和高效颗粒物捕集装置，将水溶性气体送入离子色谱仪分析检测，可测量多种气体和颗粒物的组分。

20.2.8.5 大气环境光化学监测移动方舱及区域立体监测网络

国产大气环境光化学监测移动方舱产品以无锡中科光电产品技术为例，简介如下。

该移动方舱配置了光化学全因子监测设备，包括大气臭氧探测激光雷达及VOCs监测仪、NO_x监测仪、臭氧监测仪，以及PAN在线分析仪、光解速率监测仪、气象五参数等，集数据集成、质控与分析一体化分析平台系统技术，用于摸清生成臭氧的重点VOCs的种类，掌握浓度水平和变化规律，以科学开展臭氧污染防治工作。

该移动方舱系统构建了空天地一体化监测分析体系，包括地面常规监测，结合臭氧激光雷达，实现立体监测，可以识别污染类型（本地污染/外来污染），综合分析光化学污染过程及成因。该系统可分析臭氧与前体物关系，指导决策，并具备高时间分辨率的特点，可实时在线源解析。

大气环境光化学监测移动方舱可用于走航移动观测，并与区域的大气环境质量监测中心站、国控点大气监测站以及卫星平台等构建大气光化学立体监测网络，完成对区域大气环境光化学污染的实时定量评估。系统配备了光化学综合分析平台，建立了数据质控体系，提高了数据挖掘深度，可缩短数据分析时间，实现准确、深入、快速提供环境管理决策意见。

典型的区域光化学立体监测网络参见图20-2-36。

图 20-2-36　典型的区域光化学立体监测网络示意图

20.3　在线分析仪与物联网等新技术应用的探讨

20.3.1　在线分析仪器与物联网技术应用的探讨

20.3.1.1　概述

（1）物联网的概念

物联网的概念是指把感应器嵌入和装备到电网、铁路、公路、建筑、供水系统、油气管道等各种物体中通过普遍连接形成物联网。国内专家学者经多次会议对物联网概念、体系架构以及相关内涵和外延进行了研究讨论，定义物联网就是通过互联网把物连接在一起，并使它们之间能相互传递信息。这里“物”的概念非常广泛，即可以是实际存在的东西，也可以是信息等虚拟物体，并归纳出物联网的三个关键环节为感知、传输和处理。

在物联网应用中，国内最早关注并应用物联网的领域是工业过程物联网，2017 年我国颁布了一系列关于仪表和智能传感器的国家标准，同时对工业物联网的仪表协议和智能传感器的应用等进行了规范，为工业过程物联网络的发展建定了技术标准体系。在工业过程物联网的三个关键环节中，“感知”主要通过智能仪表和传感器，“传输”主要基于互联网络，而“处理”发展了工业云平台。

（2）分析仪器物联规范

2019 年 10 月国家标准委正式发布 GB/T 38113—2019《分析仪器物联规范》（以下简称为《规范》），并于 2020 年 2 月 1 日起实施。该标准是国际上首个关于分析仪器物联的技术标准。《规范》制定时，充分调研了分析仪器各个领域应用 IT 技术的现状与趋势，结合现代分析仪器在大数据、智能化的技术应用与发展状况，分析提炼了各类分析仪器在研发、生产、管理、使用、运维和相关智能化服务等全生命周期过程的共性和个性，建立了面向共性信息的分析仪器物联基础模型和定义支持个性化的扩展机制，从而保证了分析仪器物联的基础模型和扩展模型的一致性。

《规范》不限定实现所用的平台，以及设计、开发等所用的具体技术细节，主要致力于以下物联目标：

① 更方便地实现不同分析仪器之间的联动、数据交互和共享；

② 提高分析仪器开发、生产、管理和使用中 IT 部分的复用度，提高产品智能化水平；

③ 减少分析仪器相关 IT 应用系统或平台的开发、运维和服务成本，降低项目实施风险；

④ 提高分析仪器相关的大数据应用的建设效率、数据质量和大数据分析应用水平。

20.3.1.2 分析仪器物联技术

分析仪器物联的目标是分析仪器在物联网络中应用，《规范》采用了 IT 表述方式以代码和模型为主。有关分析仪器物联技术简介如下。

（1）采用数据导向和目标导向结合方式

国家已经颁布的仪表相关物联技术标准基本都是协议层面的，对通信接口和交换协议进行了规范或约定。国内分析仪器行业规模不大，核心技术处于发展阶段，尚不具备形成自有网络的条件。目前的方式是采用或兼容现有仪表相关的物联网络构架和协议。现有的与仪表物联相关的数据交换、分析和数据服务等应用模式的基础是数据交换，而不是交换采用的接口和协议。因此，《规范》制定时放弃了协议层面的规约，而采用数据导向和目标导向结合的方式制定分析仪器物联技术规范。

由于对分析仪器物理上采用的通信接口和协议没有限定，《规范》可以兼容现有的各种其他物联技术标准，可在现有的工业物联网络中使用，可实施性好。

（2）分析仪器物联的核心技术

① 数字虚拟仪器　分析仪器物联的核心技术是在网络空间中建立一个全数字化描述的“数字虚拟仪器”。

它同当前广泛使用的“虚拟仪器”概念不同，通常“虚拟仪器”是指由软件和数据采集等板卡硬件结合，一套硬件实现多种仪器功能，是一种高灵活性的软硬件结合、可完成实际测量工作的系统，它包含了硬件部分。

而分析仪器物联技术应用的“数字虚拟仪器”概念，是完全数字描述的实体仪器的映射，是一个被实体仪器限定、不包含硬件的数字描述。它包含多种状态和结果，并且本身不产生结果，即不能完成实际测量，而是从实体仪器上获取结果。这一数字描述同实体仪器间形成映射关系，即实体仪器的任何变化和状态都直接反映在这个数字描述中，数字描述中的特定状态也能同步到实体仪器状态上。实体仪器是任何真实工作并产生数据结果的仪器，例如气相、液相、光谱、质谱等分析仪器，也可以是软硬件结合的“虚拟仪器”，甚至可以是完全软件化的仿真仪器。

标准化是传感器或仪表作为物联感知节点进行数据交换的特征要求，而分析仪器由于和配置、方法、条件等多参数相关，不符合数据交换的标准化要求。但如果将分析仪器检测结果同全部相关参数打包，将全部可变信息转化为整体的内容，这一个整体包成为了一个同参数无关的数据信息，相当于完成了标准化，从而使其具备了成为数据交换的物联感知节点的基本特征。将检测结果同全部相关参数数字化并打包，就是一个完全数字描述的实体仪器的映射，即“虚拟分析仪器”。可见，这种数字虚拟仪器就是符合物联感知的标准化节点，可兼容并被当前已有的物联网络和标准应用。

② 分析仪器物联技术总体框架与物联模型 基于虚拟仪器实现的分析仪器物联技术总体框架如图 20-3-1 所示。

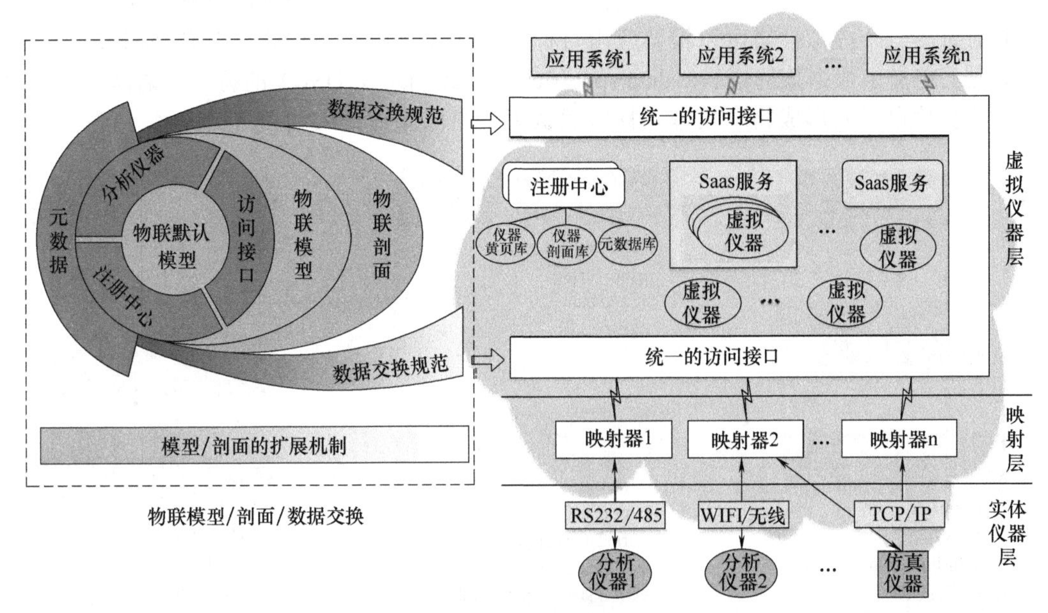

图 20-3-1 分析仪器物联技术总体框架

图中右侧部分，显示了分析仪器物联实现的 4 个层次：实体仪器层、映射层、虚拟仪器层和应用系统层，核心技术是虚拟仪器层。这一虚拟仪器可以在软件服务 SaaS（software-as-a-service 的缩写名称，意为软件即服务，即通过网络提供软件服务）中，也可独立存在。它通过映射层的映射器将实体仪器映射为符合《规范》的虚拟仪器，这就可将实体仪器与虚拟仪器解耦，使分析仪器物联仅关注分析仪器物联的逻辑架构，而不限定具体实现，从而给予仪器厂商最大的自由度。由于可通过映射层的转换，故实体仪器可以通过任意通信技术，如 485、WIFI、TCP/IP 等实现物联网络。应用系统和虚拟仪器的交互，使用与实体仪器映射到虚拟仪器同样的访问接口，因此从应用系统角度看，相当于其与实体仪器形成了交互，即物联化。

图左侧部分显示了带有统一访问接口的虚拟仪器结构。数字化的虚拟仪器全部用元数据进行描述，建立了物联的默认模型，这一模型包含了分析仪器的基础特征、注册中心的基本要求和访问接口。这三者确立了数据交换规范，由于全部的虚拟仪器都从这个默认模型衍生，所以数据交换规范提供了统一的访问接口。通过扩展机制从这一默认模型获得各种仪器的物联模型。仪器同全部相关参数打包后形成了虚拟仪器，但并非打包的全部参数必须一致才能进行数据间的交互，即标准化的物联仪器。只要针对应用目标的数据交换需求，对应的核心参数一致即可成为标准化物联仪器。

例如，两台气相色谱仪器的谱图，同仪器配置、分析方法、样品条件打包后，如应用目标是同一样品平行分析，则必须全部配置和方法都一致，两台虚拟仪器才是标准化的，才能进行数据比较和交换；如应用目标是同一样品的不同检测方法下响应对比，则检测器配置和相关参数不需要一致，其他条件参数一致时，两台虚拟仪器即为标准化的，可进行数据比较和交换。如应用目标是样品中不同沸点或者不同极性成分比较，需要不同类型柱互补，甚至不同检测器，则只需要样品和进样参数等一致即为标准化。

所以对打包了全部参数的一个虚拟仪器，可以根据应用形成多种不同需求的标准化物联仪器，这在《规范》中使用了“物联剖面”这一概念来表征。一个应用目标对应的一套参数为一个剖面，一个虚拟仪器可以根据应用目标，形成多个剖面。物联模型是采用参数自声明方式实现。定义了数据规约语言（data specification language，DSL）的符号、语法和关键字，用来通过参数自声明形成物联模型。物联默认模型组成如图 20-3-2 所示。

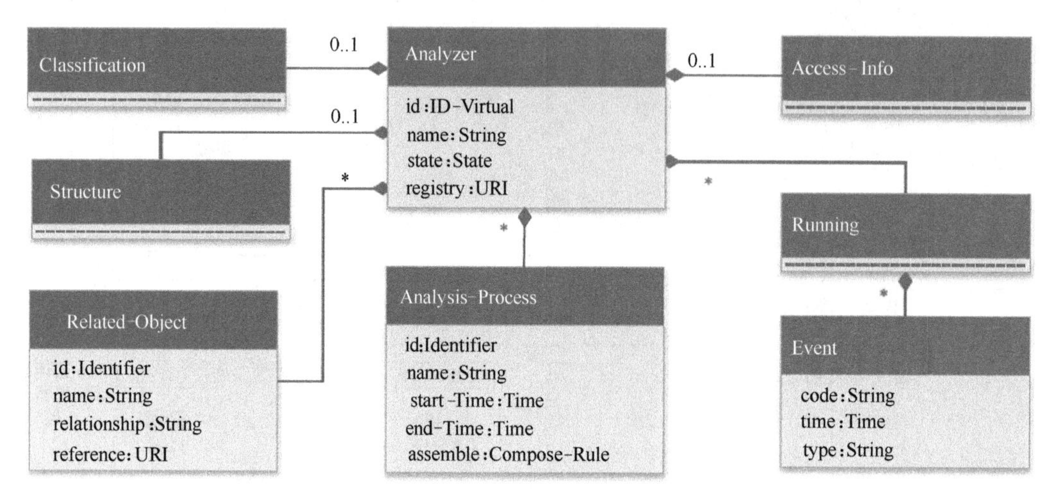

图 20-3-2　仪器默认模型的主要组成

全部仪器的物联模型都从这个默认模型衍生而来。默认模型包含 1 个主类 Analyzer（仪器）类，由以下 6 个子类组成。

① Classification（分类描述）类，用于描述实体仪器的分类和功能。

② Structure（组成结构）类，用于描述实体仪器的组成结构、部件及其之间的关系。

③ Analysis-Process（分析过程）类，用于描述使用仪器进行测量分析的具体过程。

④ Related-Object（相关对象）类，用于描述分析仪器的相关对象。

⑤ Running（运行信息）类，用于描述仪器的运行相关信息。其下必包含 1 个 Event（事件）子类，用于描述仪器的运行相关事件信息。

⑥ Access-Info（访问信息）类，用于描述外部访问者应如何访问虚拟仪器。

20.3.1.3　分析仪器物联规范介绍

（1）《规范》的核心技术理念

《规范》的核心技术理念是关注物联需要的逻辑架构，形成了一个逻辑上完整的技术体系，涵盖所有类型分析仪器物联的需要，包括在线分析仪器物联的需要。

在《规范》中并不限定实现的具体细节，可以采用任何 IT 手段实现这一构架，从而获得大的兼容性和扩展性。随着各种技术发展，尤其是 IT 技术发展，实现的具体技术将不断发展更新，但仪器物联的逻辑不会快速变化。因此，不限定具体实现细节，分析仪器物联技术可得到最新 IT 技术支持。该技术体系主要内容包括分析仪器的物联架构、物联过程、物联模型、物联模型/剖面的扩展机制、数据交换接口、形式化方法等。

（2）《规范》的 IT 实现

《规范》的 IT 实现是采用统一的 DSL 语言，建立了基础的默认模型和扩展机制，全部物联的分析仪器都是从默认模型，用 DSL 语言按扩展机制扩展获得，从而使物联框架具有一致性、可扩展性并实现了自描述。

《规范》定义了一种 DSL 语言，用其表达物联模型/剖面、访问接口和数据包等物联模型的 IT 元素和功能，这种物联模型称为标准件。定义了统一扩展机制，直接或间接扩展自一个物联默认模型/剖面，并分析仪器物联数据交换中所涉及的各种元素和功能也都是由相应的已定义的元数据来规约的。

这一技术特点满足了特定分析仪器物联的个性化目的，各种分析仪器及各不同厂商可以依据约定的扩展机制，建立自己的个性化分析仪器物联方案，获得最大的自由度和可操作性。

（3）分析仪器实现物联的核心能力

《规范》中规约了一台分析仪器成为网络化、智能化的数据交互标准件时应具备的条件或能力，这是分析仪器实现物联的核心。应具备的能力如下。

① 自描述能力。网络用户可通过该标准件的默认访问接口，在线获知该标准件可对外交换的数据数量和种类、其具体结构类型和语义，与外部数据交换的方式、接口和交互数据包的描述。即使用者可获知该分析仪器相关的全部方法条件和数据信息以及获取方式。

② 动态发现能力。通过仪器注册中心的默认访问接口，网络用户可动态地发现该标准件，该标准件也可动态地对外发布自己。使分析仪器成为可被感知、被物联的节点。

（4）数据交换过程

外部应用系统与物联标准件的数据交换过程主要如下。

① 建立网络连接。访问者与该标准件建立网络连接，连接端口由其访问接口信息类确定。如连接成功，进行下一步；如连接不成功，则可再尝试建立连接，或反馈连接失败。

② 通过默认访问接口，获取该标准件特定的物联剖面、访问接口、元数据等信息。

③ 采用该标准件的访问接口进行数据交互。

④ 数据交换完成，关闭网络连接。

20.3.1.4　在线分析仪器的特点和数据特征

在线分析仪器在工业过程分析控制中已经被广泛使用，但在工业过程物联网络的各种标准制定与发展中，分析仪器迟迟未成为物联网络中的感知环节，其主要原因是分析仪器的特点和形成的数据，与当前物联网使用的传感器和仪表有显著区别，无法直接采用当前的物联网技术标准。目前，在工业物联网应用的传感器或仪表，如温度、压力、流速、流量、电压、电流等的传感器或仪表，以及电子鼻类气体浓度监测仪表等，均具有很高的标准化程度，即基本不受方法、样品、环境条件等因素影响，数据间可直接进行比较、交换或计算，同时其生成的是较简单的“点”数据，每一个数据即为完整的信息。

在线分析仪器数据特征，其监测结果与检测方法条件、仪器参数、仪器配置、样品处理和状态等许多因素相关，任一条件的不同都影响数据间的比较模式或计算方式，生成的是“图”数据，即单一的一个数据不是完整信息，必须是一组有序数据才是完整的，而且往往需要对数据进行解析，才能获得需要的信息，不同信息目标需要不同解析方式。因此，在线分析仪器与常规仪表不同，数据间难以进行直接比较、交换或计算；在错误信息上，传感器或仪表只有数据传输异常和工作状态异常，但分析仪器却有数据异常和多种工作状态异常。

例如，某时刻在 A 位点和 B 位点的温度传感器各产生一个数据，这两个数据都是完整的温度信息，两者可比较、可计算。但某时刻在 A 位点和 B 位点的气相色谱完成进样，并各产生一个数据，这两个数据就都不是完整的信息，只有进样后一个时间片段内产生的全部顺序数据在一起，才构成完整的色谱数据，而且需要进行解析才能获得需要的信息，并且需要获得浓度信息和获得组成信息需要的解析方法也是不相同的。同时，即便获得了 A 位点和 B 位点的两个完整色谱数据，如果没有仪器各种参数、色谱柱和检测器类型、样品进样量等信息，两个色谱数据间也无法进行比较和运算。可见，对分析仪器信息的应用具有很高的复杂度，不是单纯的结果数据传递即可完成“感知”过程。

在线分析仪器的复杂性，更进一步地表现为在线分析的采样方式、样品状态、环境条件等因素也同最终结果相关，是数据处理分析的必需条件。因此，在线分析仪器物联并不是简单地进行结果数据标准化，现有的物联技术标准不适合直接应用。随着大数据和智能化技术应用的不断深入，分析仪器的应用条件、应用范围、应用模式等正发生着快速变化。

在线分析仪器对成分量的监测信息是过程智能化和实现智慧化监管重要的前端感知技术。因此实现各类分析仪器的网络化测控、分析、共享、协同、运维、管理和数据服务等，需要建立一个能与当前的工业物联网兼容的、开放的分析仪器物联技术标准，使在线分析仪器成为物联网络重要的“感知”环节。

20.3.1.5 在线分析仪器与物联网技术应用的探讨

在线分析仪器在工业过程及环境监测应用的重要作用，在线分析仪器的物联技术在某些领域中已有实际应用。例如，石化企业的在线分析仪器已经实现联网，并建设“分析仪器数据管理系统”，实现分析仪器的数据共享，参与先进控制与实时优化。在区域环境监测的网络化管理中，在线分析仪器的监测信息已经通过无线网等通信技术，成为区域环境监测监控管理网络及生态环境监控系统的感知层信息。但是目前在线分析仪器的检测信息主要还是“点对点”的数据信息，尚未包括各种复杂的状态信息，未能发挥更重要的作用。

在线分析仪器物联技术的核心问题，依然是分析仪器如何标准化。在现有工作中，采用的技术方案是通过本地数据处理，计算获得与仪器工作参数无关或关系很小的数据，将仪器复杂的谱图结果转化为点数据，使在线分析仪器成为一种特定数据的传感器，从而实现在线分析仪器的物联。由于在线分析仪器可获得的丰富信息是一般传感器或仪表无法比拟的，因此这种方式只截取了一个或几个简单信息，丢弃了大量其他信息。

虽然采用上述转化技术丢失了大量信息，但其依然显示了在线分析仪器物联后的重要作用。例如，在生物发酵过程控制中，使用过程气体质谱仪器检测发酵过程的氧气和二氧化碳浓度变化，计算使用呼吸熵、氧消耗率等变化率数据作为物联交换数据，结合相关性分析等大数据分析技术，实现了实验室水平到生产水平的快速放大、生产工艺流程优化、精细化控制和节能减排提高生产效率等一系列成果，显示了过程分析仪器物联后，在精细化控制和产业效率提升转型中的巨大潜力。

在线分析仪器的物联技术应用，将使得在线分析仪器真正成为物联感知节点，完整丰富的在线分析数据等信息结合大数据技术应用，可产生更多的相关信息，实现更为精细的控制，在线分析仪器物联化必将成为工业过程控制领域新的创新技术趋势。

20.3.2 在线分析仪器与大数据技术应用的探讨

20.3.2.1 大数据分析技术概述

“大数据”（big data）是一个体量特别大、数据类别特别大的数据集，且无法用传统数据库工具在合理时间内对其内容进行抓取、管理和处理。按照 EMC 的界定，特指的大数据是指大型数据集，规模大概在 10TB（trillion byte，太字节），通过多用户将多个数据集集合在一起，能构成 PB（petbyte，拍字节，1PB 约为 1000TB）的数据量。

IBM 公司概括大数据有三个特点，就是大量化（volume）、多样化（variety）和快速化（velocity），强调了大数据不单纯只是大，还有数据类型的改变和高速数据处理。传统的数据库使用二维表结构储存数据，这称为结构化数据。随着多媒体应用的出现，如声音、图片和视频等数据信息所占的比重在日益增多，这些称为非结构化的数据。当前全世界非结构化数据的增加率是 63%，而结构化数据增长率只有 32%，数据类型的多样化变化显著。由此可见“大数据”的概念就是海量数据加上其他复杂类型的数据。

大数据应用的重点是大数据分析和采取的业务改进，海量数据是大数据的基础，使用数据要比起它的容量更为重要，如果数据不投入环境或是付诸使用，大数据的意义就不存在了。因此，大数据的定义也可以表述为：大数据是一种基于新的处理模式而产生的具有强大的决策力、洞察力以及流程优化能力的多样性的、海量的且增长率高的信息资产。

彼此关联的数据价值要远大于孤立的数据，处理分析大数据的一个核心是寻找相关性。大数据处理有 3 个特点：要全体不要抽样；要效率不要绝对精确；要相关不要因果。当前成功的大数据应用，或者将大数据成功转化为一种信息资产，都是遵循了全面、不精确的相关性分析这一思想。

20.3.2.2　在线分析仪器的智能化与大数据技术应用的探讨

智能化在线分析仪器的数据信息是大数据分析的基础。过程特性参数的分析数据是过程智能化前端感知层的重要数据信息；过程特性参数前端感知层数据信息包括各种智能化传感器、检测器等物理、化学的各种数据信息，前端感知层信息的重点和难点是各种过程控制或监测的在线分析仪器的成分量数据信息。因此，智能化在线分析仪器的成分量感知信息和物联网技术的应用是实现过程智能化感知层的重点和难点，是大数据分析的重要组成部分。

在流程工业生产的智能化过程中，应用了大量的在线分析仪器，为工业过程的实时优化和先进控制提供大量的有效分析数据。以大型石化企业为例，一套大型乙烯设备配置有几百到上千台在线分析仪，用于过程的各个工艺控制点。在企业过程自动化、智能化建设中，已经将这些孤立的分析数据通过在线分析的智能数据输出与通信，实现了企业级在线分析的网络化集中管理和数据共享（如石化行业的在线分析数据管理系统 AMADS），为石化企业的智能化工艺控制管理积累了海量的过程分析数据。

在重点污染企业及工业园区等环境监测的智慧化管理中，对所在企业、园区的污染源在线监测、大气环境质量、水环境质量等智能化在线监测分析，通过设置固定监测站点、移动及走航监测等，实现了污染源监测的网格化、污染物的溯源监测、特发事故的应急监测，以及重点地区的生态环境监测，形成“空-天-地”一体化的立体环境监测网络，为重点污染源、工业园区及重点地区的环境污染监测和环保决策管理提供了海量监测数据。在获得海量的过程参数变化信息后，建立过程参数的海量数据库，为后续的大数据分析奠定基础。同时，对过程大数据进行深度学习、数据挖掘等算法，实现实时过程的智能分析、诊断与精确控制，进而构建全环节、全流程和产业全生命周期的数据链，从而实现基于数据分析的系统级过程智能化。

这一智能化过程中，过程特性参数的在线检测，特别是在线分析仪器实现智能化分析、诊断与精确控制是和大数据分析密不可分的。目前，在线分析仪器智能化技术关注的重点，是如何有效为大数据分析提供过程感知需要的特性参数的在线检测方法、可视化和系统反馈控制，以及在线分析仪器的物联技术的应用，而大数据关注的主要是海量数据、数据分析和诊断应用。

20.3.2.3　在线分析仪器智能化与大数据应用分析

以生物医药行业的智能化项目为例，其中第一步是在线分析仪器智能化技术开发。生物反应器是生物医药产品制造的核心部件，提升生物反应器的智能化水平是实现生物医药智能制造的关键。上海舜宇恒平等公司在为某国内制药企业的智能化制造示范项目建设中，将整个系统分解为状态感知、分布式控制系统（DCS）、MES 和人工智能（AI）四个子系统分步开展。

在状态感知子系统中，主要进行同生物过程参数相关的各种在线传感器和仪器的建立。生物过程传感器有热工传感器（如温度、流量等），化学传感器（如 pH、DO 等）。此外，引入过程质谱仪、在线显微观察仪、活细胞量检测仪、电子嗅、中低场核磁、在线 UPLC 等高级在线分析仪器，实现对培养环境状态和细胞代谢活性的充分感知。由上述在线仪器获得的数据转化为各种直接参数和间接参数，用来实现过程环境控制及过程状态分析。

DCS 子系统用于对生物反应器实施控制，实时采集培养环境状态数据，具有 A/D 和 D/A 转换、数据采集与可视化功能。其中过程控制有各种直接参数单回路控制（如温度控制回路、流量、转速、等控制），分程控制（pH 的酸碱调节），串级调节控制（如通过转速或气体流量控制 DO）或其他连接全自动化或智能化高级控制。

MES 子系统跟踪和记录生产过程中物料处理过程和设备操作过程，实现对物料流、能量流、物性的全流程监控与集成，用于过程优化的操作方式。可以采用不同的反应器操作手段，其中主要有批培养、补料流加批培养、连续培养和灌注培养等。选择的方式主要根据细胞生长动力学特征，采用如某基质营养或比生长速率控制等。

AI 系统通过识图谱法与多级深度学习，采用三元系统的 HCPS，进一步采用新一代的 HSPC 系统，把从细胞到过程的研究形成有向图。这个生物过程高度复杂系统的生物过程大数据，不是概率论或统计学所能解决的，而是高度复杂系统的连锁反应。并且其因果关系不能超界（如基因、转录、蛋白表达之间），其规律只能在一定范围内有效。新一代的 HCPS 系统有三个基本功能单元，感知控制单元、智能管理单元和认知环境，可实现“自感知-自记忆-自认知-自决策-自重构”的核心能力，实现认知能力的提升，智能化决策，用于指导过程工艺优化与操作，实现了真正的智能化。

20.3.2.4　生物发酵过程的在线分析与大数据应用的案例

以生物发酵过程的工艺优化为典型案例，对在线分析仪器基于大数据分析智能化思路进行了探讨，体现了大数据“要相关不要因果”特点，并在工艺过程优化中发挥了重要作用。

生物发酵过程的在线质谱等分析技术及计算机控制的应用，获得了各种发酵过程大量的检测数据，提出发酵过程参数曲线的多样性、时变性、相关耦合性与不确定性是发酵过程数据的基本特征。面对这种繁复的数据特性，如果采用动力学模型计算获得理论分析结果，进一步实现过程优化是极端困难的。

如果采用大数据观念，用数据驱动型的相关分析，则能较好地解决过程优化控制问题。随着细胞内分子水平生理特性的深入认识，可进一步结合基因、细胞、反应器等从科学研究到工程技术多尺度参数数据进行相关分析，不但为工业过程优化提供了更准确的依据，而且为相关科学理论研究提供了思路和方向。

要真正进行反应器的多参数数据相关分析，实现生物过程细胞代谢途径的全局优化，以及整个生物过程的高效优化与放大，除了获取如温度、通气流量、搅拌速度、pH、溶解氧浓度（DO）等生物反应器配置的传感器实时参数外，还需要下列关键科学数据的采集。

① 细胞培养过程中微观代谢尺度的代谢特性的获取：主要是不同条件下细胞内微观代谢流的分布，需研究细胞微观代谢特性的仪器测定方法，从而获得实时数据。

② 细胞培养过程中代谢的宏观生理代谢参数的获取与分析：包括菌体氧消耗速率、呼吸强度、活菌量等信息数据的仪器测定和获取。

③ 反应器内流场特性与细胞生理代谢特性之间的耦合分析：生物过程的限制性因素不仅体现在细胞本身生理代谢特性，还取决于反应器内的混合与传质限制，随着反应器规模增加导致的反应器内混匀度、传质性能的差异，必须在放大过程中进行分析和考虑，还要将细胞的生理代谢特性与反应器流场特性结合起来进行分析。

因此可见，生物过程大数据的基本特征为数据量大、种类多、时变性和相关耦合性，涉及了过程中基因、细胞、反应器不同尺度下的性能特性的混杂性，这也是生物过程的本体特性，对这一过程进行相关性分析也不单纯是数据间关系，需要结合基因、细胞、反应器等相关领域的理论进行分析。强调数据的相关性，注意相关关系的寻求和应用，才能从生物过程的海量数据中找到与生产过程优化与放大相关的关键参数，通过这些参数控制，实现发酵过程的智能控制。在数据分析时，不再依赖于传统的样本数据，而是要收集相关的所有数据，这些数据可能不是精确的信息，但大部分是正确的，它反映了生物过程不同尺度下的真实特性，通过相关分析，可以更清楚地看到样本无法揭示的细节信息，并富有延展性。

20.3.2.5　智能化在线分析仪器及大数据技术的应用探讨

工业控制领域已经开始应用工业云平台，但大数据在智能化的控制能力并未充分利用，因为在线分析仪器的大量信息在这些应用中都被抛弃了。上述发酵过程的大数据分析案例中，虽然使用了过程质谱仪器进行检测，但并未应用质谱图，而是将谱图信息转化为反映氧气和二氧化碳浓度变化的数字，即模拟成“点”数据传感器！这主要是因为在线分析仪器的物联技术尚无法真正实现，仪器分析数据的标准化及其他信息尚未充分得到应用。

在线分析仪器物联技术的实现，在线分析仪器获得的完整数据和丰富化学信息将被充分利用，更多的相关性将会被挖掘，如在生产过程中是否有其他组分浓度发生变化、是否有新组分生成等，则控制的智能化程度必将进一步提高，并可以给“为什么”研究提供更多线索。因此，实现在线分析仪器物联技术应用是当前大数据分析时代的迫切需求。

在线分析仪器物联技术应用尚处于推广阶段，其关键技术首先在于发展在线分析仪器的智能化技术与应用。智能化在线分析仪器的物联信息将成为大数据的数据源，会有更多的相关性数据信息被挖掘。当前，在大数据应用中，在线分析仪器的数据类型过于单一，还是以结构化数据为主，图像、视频、音频等非结构化数据还没有获得广泛应用。随着图像识别、视频抓取和声音分辨等技术的应用，例如采用在线热成像仪监控发现异常热源或热点、通过视频抓取监控人工或自动化的关键操作、通过声音监控设备异常噪声等，在过程的安全控制中大有可为；对生物工程、化学工程等反应体系过程及环境监测过程，实时图像和热分布等数据将被高度重视。

在线分析仪器的物联技术和非结构化数据应用，将获取到更完整的过程大数据。例如在工艺过程仿真领域，就可产生大量的畅想空间！设想如果可数字化重现48h的生产全过程，就完全可以准确预测下10min的生产过程及估计后8h的生产状况。通过在线实时的数据反馈和自学习技术，生产过程智能化过程控制和仿真预测的实现就不再仅是想象，不但对各种工艺优化可通过仿真计算完成，而且可以实现真正的具有自主、智能化的过程控制技术。在线分析仪器物联技术结合大数据分析将在智能化过程控制具有广阔的应用前景。

20.3.3　在线分析仪器与区块链技术的应用探讨

20.3.3.1　区块链技术的特征

区块链作为新技术，通过运用数据加密、时间戳、分布式共识和经济激励等手段，实现公开透明、去中心化、信用的点对点数据共享、协调与协作和数据不可篡改，为现代在线分析仪器的发展提供了新思路。区块链的主要技术特点参见图 20-3-3

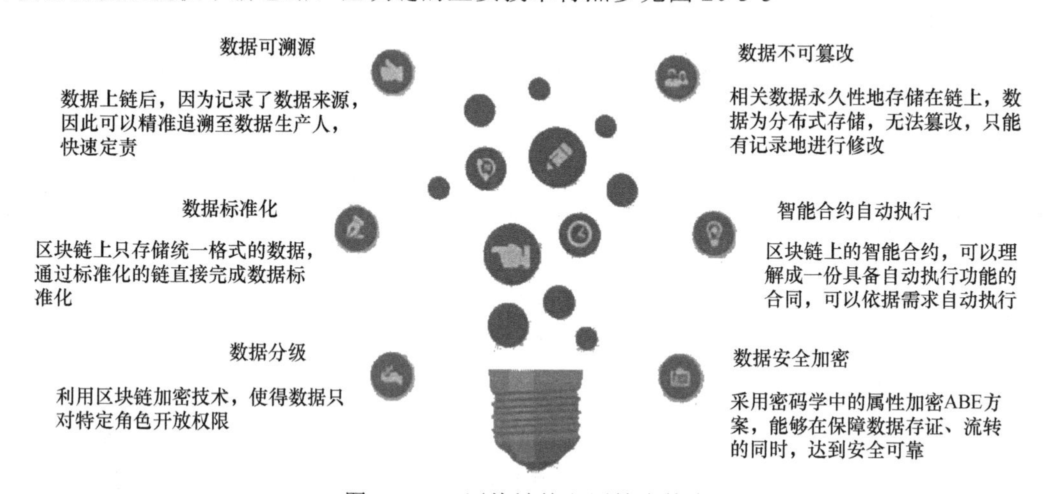

图 20-3-3　区块链的主要技术特点

区块链本质是一个去中心化的分布式数据库，该数据库由一串使用密码学方法产生的数据区块有序链接而成，区块链中包含一定时间内产生的无法被篡改的数据信息，具有去中心化、透明开放性、智能合约和信息不可篡改等特征。

（1）去中心化

由每个参与者共同管理和维护，每个节点都可提供数据并存储，实现了完全分布式的多方信息共享，而非传统数据库的中央处理节点。例如，各种在线监测仪器设备现场使用的情况和仪器的状态数据通过 5G 网络可实现高速互联互通，实现用户与供应商共享。

（2）透明开放

区块链系统的数据对全网节点是透明开放的，除了数据直接相关各方的私有信息可被加密外，数据记录和运行规则对全网公开，任何节点都可通过查询或者更新区块链的数据记录。在线监测仪器原始数据可以选择保密或者有价值公开，仪器运行数量和状态是透明开放的，区块链系统内的厂家可通过接口查询在线监测仪器运行状态、量值溯源等。

（3）智能合约

区块链采用协商一致的规范和协议，依据完备、强大的脚本系统，把对个人和机构的信任改成对体系和规则的信任，所有节点交换、记录和更新数据完全依据智能合约而触发。基于区块链构建的在线监测数据共享智能合约，通过多方用户共同参与的智能合约，在数据共享机制和触发条件上达成一致，明确参与者权利和义务等要素；并将合约通过 P2P 网络公布并存入区块链，智能合约自动执行流程，直到处理完毕，全程自动、透明。

（4）不可篡改

区块链系统的信息一旦经过验证并上传后，就会永久存储而无法更改。因为利用时间戳技术，给数据印上时间标签，使区块通过时间线有序相连而形成区块链，链条越长越难修改。即使控制系统中超过 51%的节点，随时间的推移，因经济成本和技术难度将指数级上升而无法进行攻击和篡改。结合区块链不可篡改的特性，在线监测设备状态属性、运行维护事件及检定校准证书、计量比对报告等量值溯源状态，以及交易状况都将以时间戳的形式传播到区块链中，延伸仪器设备区块链条长度，保证数据参与共享的可靠性和可信性。

20.3.3.2 在线分析行业发展与区块链技术的应用前景

目前，在线分析仪器行业技术研发投入不足，核心技术“卡脖子”，存在产品质量良莠不齐、市场销售低价竞争、用户信息不对称等问题，直接影响行业今后的发展。因此，构建基于区块链技术在线分析行业的应用模型，探索区块链与在线分析应用模式是发展的关注点。

区块链技术在金融领域的应用如比特币等数字货币、BitPay 等支付汇兑业务、Overstock 的登记结算业务，都已经实现了全新的金融服务。基于区块链的不可篡改特性，在数据存证领域应用前景明朗，知识产权保护、供应链的溯源防伪、身份认证、医疗等领域都开始结合区块链技术应用发展相应的项目。物联网和区块链技术的结合也越来越多，如 IBM 联合三星推出了基于区块链的物联网项目 ADEPT 等。在线下应用场景中，也正在尝试着同区块链技术的结合，包括电网数据的存储和交易、煤炭供应链的动态管理、采样机器人的数据管理和交易等研究。

区块链用于在线监测仪器等方面研究很少，在环境监测的应用中可借助物联网技术，把环境监测传感器嵌入到各种环境监控对象（介质）中，采集环境信息，通过大数据和云计算技术将采集的信息整合起来，利用区块链技术将所有数据上链、共享，实现社会经济与环境保护系统的融合，以更加精细化、动态化的方式实现生态环境数据分布的存储、溯源及分析决策。区块链与环境监测相结合的应用构想参见图 20-3-4。

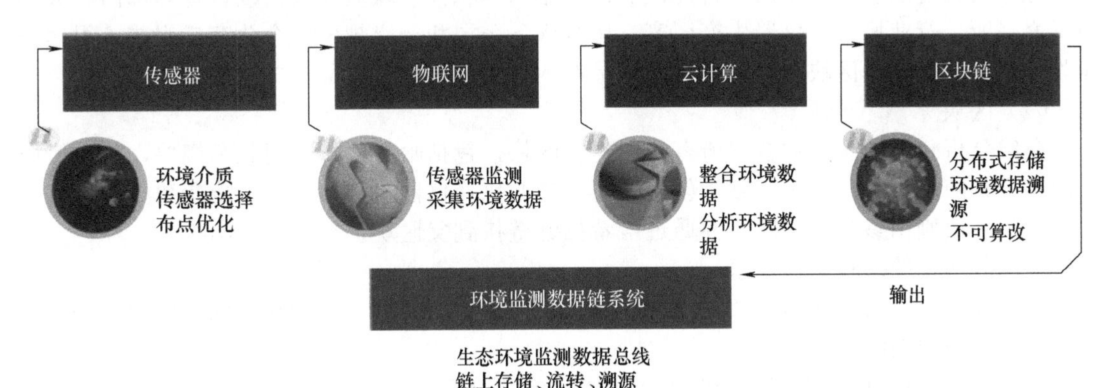

图 20-3-4 区块链与环境监测相结合的应用构想

20.3.3.3 在线分析仪器行业与区块链的应用架构设计探讨

区块链的技术特性完全符合在线分析仪器设备厂家对于客户现场长期运行的数据技术需求，满足政府职能部门和工厂对于数据准确性和可靠性技术需求。预期，今后将通过模型的框架设计和关键技术的研究，开拓新型的在线监测仪器设备数据的共享应用，可实现区块链技术与在线监测仪器设备行业发展的结合。通过模型框架设计和关键技术研究，开拓新型的在线分析仪器设备的数据共享应用，实现区块链技术与在线分析仪器行业发展的结合。以下仅是对区块链技术在仪器行业应用的初步模型设计探讨，初步模型参见图 20-3-5。

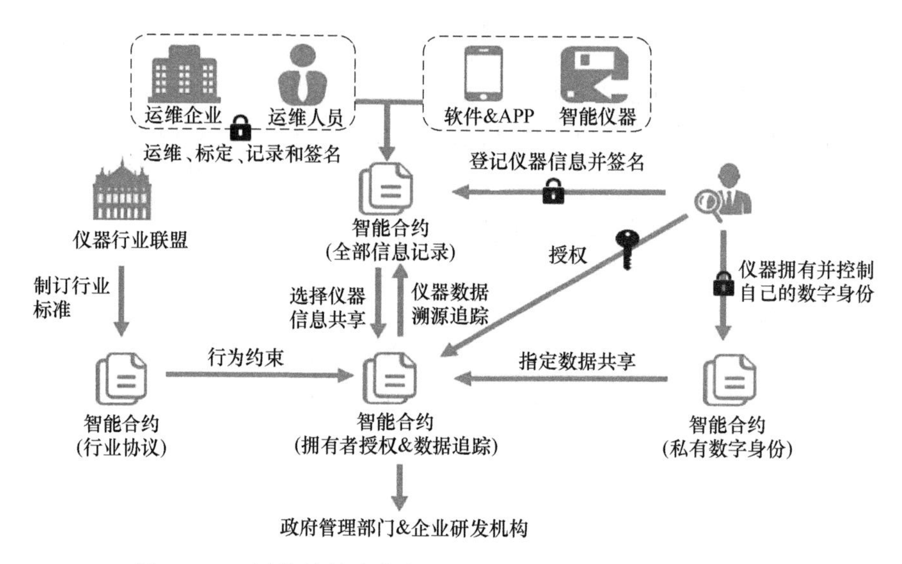

图 20-3-5　区块链技术在仪器行业应用探讨的初步模型构想

（1）区块链类型

在线分析仪器行业的专业性强且品类众多，各管理部门、行业协会、研究机构、生产厂家和企业客户需要符合一定资质才能参与交易，并不要求匿名性，仪器行业联盟链是最适合的区块链类型，私有链过于封闭而不合适，公共链因其全网运行则数据量和运行成本过高而难以实现。本文框架中各个在线监测仪器设备区块链采取的仪器行业联盟链形式，采用轻节点运行，具有速度快、成本低的特征，保证数据的隐私性。联盟成员由政府管理部门、大学和研究院所、行业协会、仪器生产厂家、运维服务公司和一定规模的企业客户组成，组建在线监测仪器数据共享区块链联盟，在新成员准入、智能合约等方面达成共识。

（2）区块

在线分析仪器设备企业客户所有者创建父区块，包括哈希值、时间戳和摘要，哈希值由仪器编号和随机数组成，时间戳为创建时间，摘要包括仪器名称、关键性能参数、价格、时间等。子区块则由参与者创建，并通过哈希指针链接到父区块上形成链状结构。

（3）区块链的运行流程要求

① 注册。用户必须在联盟链上注册，并获得公钥和私钥，公钥为区块链上的账户地址，私钥为操作账户的唯一钥匙。

② 创建区块。仪器所有者企业生成区块，包括哈希值、摘要信息和时间戳。

③ 验证区块。仪器运行维护服务企业生成区块，验证仪器设备的运行状态和精度是否正常，包括第三方检测证书、出厂报告、自校/比测等报告、仪器连续运行生成的数据等资料。摘要为验证内容和结果的描述，哈希值由父区块哈希值和证书编号组成，链接到父区块，并加以时间戳。

④ 发布。将生成的区块链进行全网广播。

⑤ 所有节点接收和验证区块后，仪器生产厂家和政府管理部门等交易客户在缓冲区内创建交易区块，包括客户信息、数据需求等内容。

⑥ 在缓冲区内，根据智能合约自动匹配交易客户，若客户唯一则自动生成合同；若不唯一，则由仪器所有者企业确定客户，生成合同。

⑦ 构建新区块并发布。新区块哈希值由父区块哈希值和合同编号组成，摘要包括合同双方、数据期限和费用等内容，时间戳为新区块创建时间。

⑧ 循环。合同完成后，转至步骤③。

20.3.3.4　区块链的智能合约与激励与共赢机制

（1）智能合约

智能合约是建立在整个在线分析仪器设备共享联盟达成共识和充分信任的基础上，通过资产抵押、第三方担保、商业保险和企业品牌信用等形式约定事前预防，而非传统合约上的事后惩罚。智能合约将复杂的承诺数字化、程序化地处理，并按照参与者的意志设置触发条件，使能够自动地、准确地执行。其构建和执行步骤大致如下。

① 制定智能合约。联盟链上的多方用户共同制定智能合约的模板，约定在线监测仪器设备数据共享的相关事宜，提供数据和购买数据双方的权利和义务等。

② 智能合约识别仪器所有者企业创建的区块，即按照参与者的意志设定触发条件。

③ 缓冲区内识别交易客户创建的区块，判断条件是否能够触发合约。

④ 将所有达成共识的合约打包发至仪器所有者企业，经确认后生成合同。

⑤ 将合同创建成区块，经过 P2P 网络发布，并存入区块链。

⑥ 智能合约定期检查合同状态，当合约双方中出现违约行为，则自动依据约定的触发惩罚手段，并全网广播黑名单，当合约所有事务都执行完成后，标记合同完成。

（2）激励与共赢机制

目前，国家正逐层推进信用体系和数据共享激励机制体系建设，从监管考核到实施奖惩等多方面去激发在线监测仪器的数据共享的积极性和长久性，为保证在线分析仪器行业联盟以区块链长期运行的数据准确性和可靠性，可通过市场化购买数据的运作方式，进行仪器仪表行业的优胜劣汰，并作为企业客户选择在线监测设备品牌的重要依据，作为企业客户选择优质运行维护服务公司的重要依据，作为政府职能部门规范市场和指定法规的重要依据，作为仪器仪表生产企业研发和改进新产品的重要依据。

区块链数据准确性和可靠性作为在线监测仪器数据共享模型内部的奖励依据。仪器共享中，模型利用智能合约根据设定条件自动匹配客户，生成合约并执行。共享模型中将客户已有的区块链长度和数量作为重要匹配指标，在智能合约中提升区块链的影响权重。设备长期运行数据稳定可靠，企业客户其需要购买在线监测仪器设备时，相同条件下更容易触发合约并形成口碑品牌。区块链数据准确性和可靠性作为政府机构奖励考核和仪器采购的重要指标。目前财政部、科技部和上海市等都出台了相应的数据共享服务评估与奖励办法管理办法等，但考核指标仍需要进一步完善。区块链因其不可篡改和透明化等特征，更适合作为考核指标，便于政府部门查证和监管，做到公平、公正、公开。

20.3.4　在线分析仪器数据管理系统与工程应用

20.3.4.1　概述

现代在线分析仪器数字化、智能化发展目标是实现与物联网、大数据等技术的融合应用。目前，在线分析仪器有关标准已提出并实施“在线分析仪器管理系统”的要求；石化行业的大型石化企业已经应用“在线分析仪器管理和数据采集系统”（AMDAS）技术，西门子公司对工厂的过程分析仪管理也开始实施“过程分析仪管理系统”（ASM）技术。

上述的在线分析仪器数据管理系统的技术应用，将为在线分析仪器与物联网、大数据技术的工程应用提供很好的技术基础。以下简要介绍在线分析仪器管理系统的技术要求，并以西门子的过程分析仪管理系统（ASM）为例，介绍其 ASM 技术及其工程应用。

（1）在线分析仪器管理系统的要求

GB/T 34042—2017《在线分析仪系统通用规范》对在线分析仪器管理系统提出如下要求。

① 使用在线分析器较多的大型石油化工装置和环境监测系统，宜采用在线分析仪器管理系统。实现在线分析数据采集、数据分析、在线分析仪工作状态记录、自动校验及报警。

② 在线分析仪管理系统可将在线分析数据通信到控制系统或工厂信息管理系统。

③ 在线分析仪管理系统可将在线分析仪集成在同一网络上，集中监视、管理和维护。

④ 在线分析仪管理系统宜采用冗余通信。对传输距离较远的系统，宜采用光缆传输。

⑤ 在线分析仪管理系统宜采用 RS485 MODBUS RTU 或 TCP/IP 协议与 DCS 通信。

对单台套的在线分析仪器及成套分析系统配置的数据采集处理通信系统（DAS)，主要用于对单台套的在线分析成套设备配置，主要具有数据采集、数据处理、数据显示及通信等功能。目前，大型石化企业已经将企业内的所有在线分析仪器通过网络及监控中心平台实现信息共享。

（2）在线分析仪器管理及数据采集系统

SH/T 3174—2013《石油化工在线分析仪系统设计规范》规定了石化行业在线分析仪管理系统的定义：是指将多台在线分析仪集成在同一网络上，用于集中监视、管理和维护的分析仪管理系统。提出的一般要求与《在线分析仪系统通用规范》的要求内容基本相同，并提出系统硬件包括服务器、终端机、交换机、光电转换器等，软件包括 PC 软件及分析仪管理软件。

石化大型乙烯项目已应用在线分析仪器管理和数据采集系统。大型石化企业的各种装置所配置的在线分析仪表，从十几台套到几百台套。在线分析仪表通过联网管理，可提高在线分析仪的可用性和减少设备的生命周期成本，实现大数据、云计算等新技术的应用。

（3）过程分析仪管理系统

西门子公司提出的过程分析仪管理系统（ASM)，是对工厂内所有的过程分析仪及过程分析系统设备的监测管理工具，用于日常维护、标定、故障处理、实现预防性维护，形成分析仪性能评价报告等，从而提供更加透明的质量管理能力。

20.3.4.2　在线分析仪器管理和数据采集系统的工程应用

（1）AMDAS 的目标与功能

在线分析仪器管理和数据采集系统的目标主要是实现企业级的在线分析仪的集中管理，通过监控中心平台实现远程监控，校验和维护分析仪，采集分析仪测量数据、验证分析结果的可信度，实现在线标定、减少维护人员工作负荷，提高在线分析仪的可用性、重复性和减少生命周期成本等。通过各工艺装置的在线分析数据信息，积累大量的历史数据，实现数据信息共享，参与企业的安全、高效、优质、环保管理，参与企业先进控制和实时优化控制，产生巨大的技术经济效益。

AMDAS 的主要功能包括：数据采集，友好的人机界面，支持客户端访问，设定访问和操作权限；数据统计分析，分析结果趋势图，分析仪校验，支持报警日志和维护日记；分析仪维护支持，分析仪校验和维护归档，分析仪性能分析，自动生成报表等。

（2）AMDAS 的网络图　参见图 20-3-6。

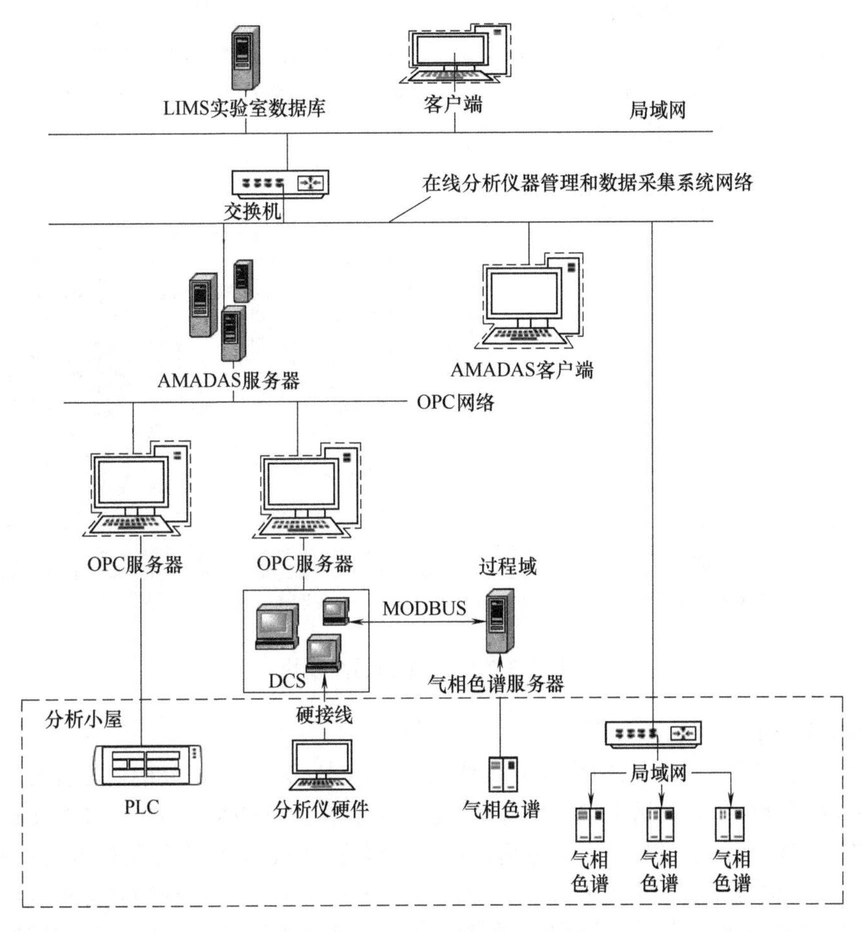

图 20-3-6　AMDAS 的网络图

20.3.4.3　过程分析仪管理系统的工程应用

过程分析仪管理系统是基于西门子 Simatic 组件的模块化可扩展的系统，其结构和功能模块可以满足客户的定制化需求，既可以集成于客户已有的 Simatic PCS7 系统，也可以单独作为客户端使用。

ASM 中央服务器收集和保存各种数据，经处理后提供给客户端。ASM 通过基于以太网的 OPC 或者 Modbus 通信采集实时分析仪数据以及分析仪性能指标，也可获得实验室数据进行比对。ASM 的一个核心功能是检查分析仪测量值的可靠性，有两种不同的验证方法：标准样品法和过程样品法，分析结果也可以采用不同的评估方法（基于 ASTM D3764 或 Deviation）。验证的目的是发现相对于一个比较值的波动和偏差，从而允许对测量的可靠性和漂移作出评价。ASM 的架构体系、功能特性、系统配置及系统工程项目应用介绍如下。

（1）ASM 的系统架构体系

ASM 架构共分五层，底层为数据产生层，包括各种分析仪的组分量程信息、验证标定信息、诊断报警信息、样品处理系统的温度、压力、流量信息、分析小屋的报警信息等；第一层为数据接口，包括硬线接口（模拟量、开关量），数字通信（MODBUS RTU），以太网（TCP/IP）等各种形式；第二层为数据传输层，通过西门子 SCALANCE 交换机组成网络；第三层为数据管理层，包括 S7-1200 高级控制器和服务器，用于收集和存储数据；第四层为数据使用层，包括分析仪维护支持、验证/标定、性能指标（KPIs）等三个标准功能模块，也可以定制其他功能模块。ASM 的功能模块参见图 20-3-7。

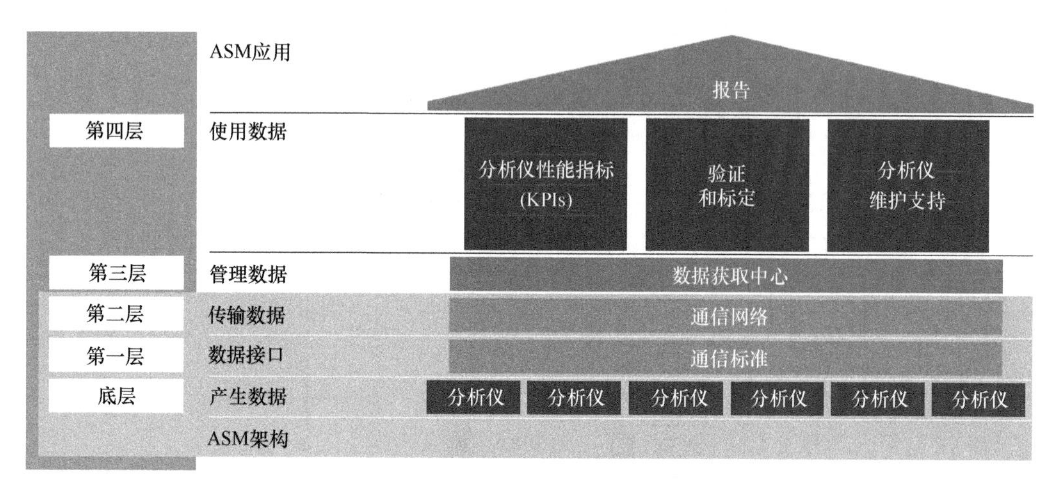

图 20-3-7　ASM 的功能模块

（2）ASM 的主要特性和界面

ASM 的主要特性包括：监控所有分析仪的运行状态；对每一台分析仪进行可靠性检查和性能评估；验证分析仪，包括手动、半自动、自动等，符合 ASTM D 3764—09、D6299、E178 等行业标准；对验证结果进行统计、分析，并生成报告；统计关键性能指标 KPIs，如可用性、故障率等；高效的维护管理和文档记录；公用工程和标气管理；管理所有分析仪维护相关活动。ASM 应用程序收集分析仪数据，提供信息并访问分析系统，专门设计的视窗化界面清晰透明，计划中的维护活动、分析报告等一览无余，同时可以集成样品处理系统和分析小屋的信息并显示于诊断界面。ASM 的界面和主要功能参见图 20-3-8。

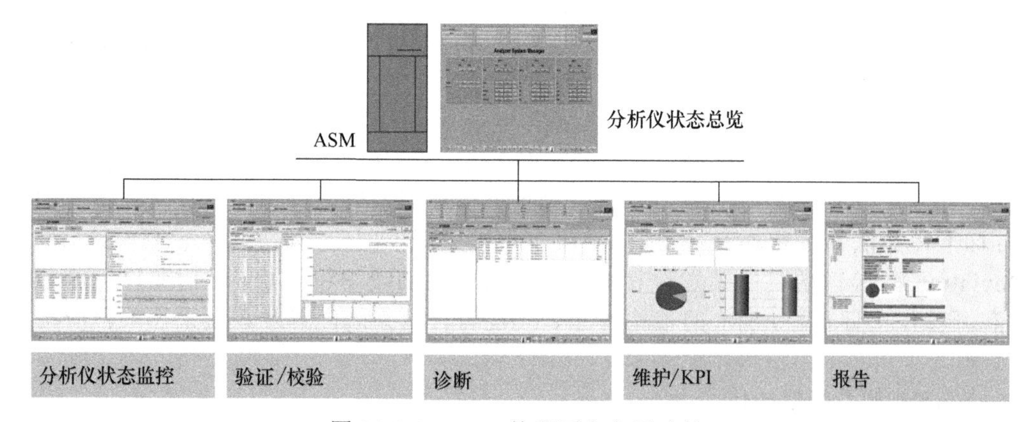

图 20-3-8　ASM 的界面和主要功能

（3）ASM的工程应用举例

以某工厂的ASM系统工程应用为例，该工厂配置多达200台不同类型的分析仪，既可直接从分析仪采集数据，也可以通过OPC从DCS采集数据。西门子建立的功能设计规格书（FDS）对ASM涵盖的分析仪的具体需求有详细说明，主要条款如下：使用的标准程序和方法；分析仪操作状态和性能计算的定义；分析仪适用的验证程序；总体网络概念、系统设计和数据流程；每台分析仪的接口和网络连接；每台分析仪，样品系统，分析小屋的详细I/O清单；数据采集和监控系统（SCADA）的详细布局；信息系统中需要的报警信号清单；DCS系统的接口；数据备份概念；为保护系统功能访问预先配置的访问权限；每台分析仪的验证方法和设置等。为了完成功能设计规格书，用户应该指定一个联系人，负责提供需要的信息，每台分析仪的接口和验证过程的描述都需要提供。系统的实现和配置只有在FDS发布后才能启动，其后如果需要更改则应通过相应的变更请求流程。主要包括以下的标准工程和配置开发工作。

① 分析仪连接/集成系统工程　所有ASM客户端可以同时用于分析仪监控和维护功能，所有数据通过ASM中央数据库存储和访问，数据可以存档和备份。ASM系统配置参见图20-3-9。

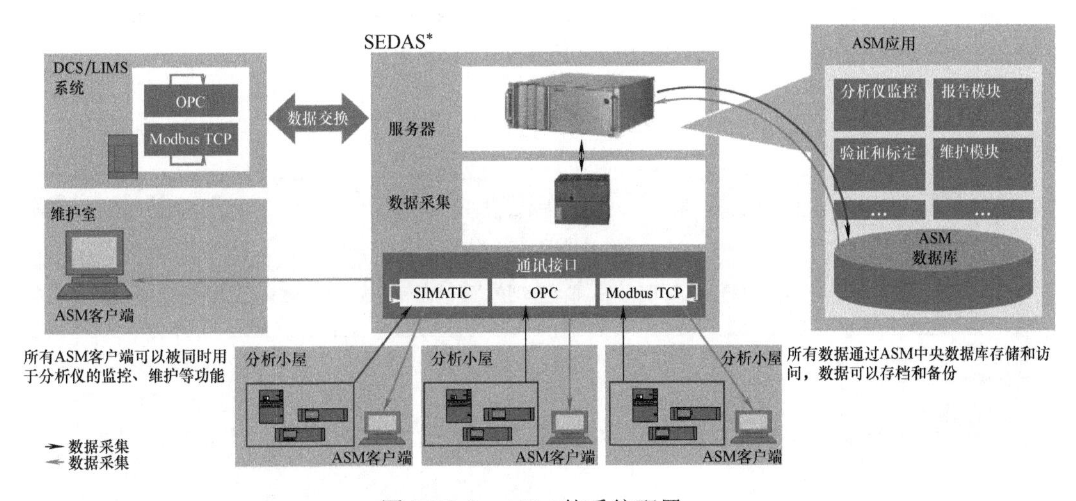

图20-3-9　ASM的系统配置

ASM通过OPC或MODBUS TCP直接从DCS获取数据；通过OPC或MODBUS TCP从LIMS系统获取数据；分析仪连接/接口配置，通过SIMATIC到DAU；分析仪连接/接口配置，通过OPC到DAU；分析仪连接/接口配置，通过MODBUS TCP到DAU。

② 分析仪监控系统工程（过程视图）　分析仪监控模块工程需要以下工作：总览和细节显示配置；警告和报警信息配置。分析仪总览表参见图20-3-10。

③ 分析仪验证系统工程（验证/标定视图）　验证系统工程需以下工作：a. 每种分析仪验证方法配置；b. 每台分析仪验证/标定配置。分析仪验证图参见图20-3-11。

④ 分析仪维护系统工程（维护视图）　维护系统工程需以下工作：每台分析仪状态信号的配置；基本维护流程和类型配置。分析仪维护视图参见图20-3-12。

⑤ 分析仪报告系统工程（报告视图）　根据项目具体要求预定义报告的内容，参见图20-3-13。

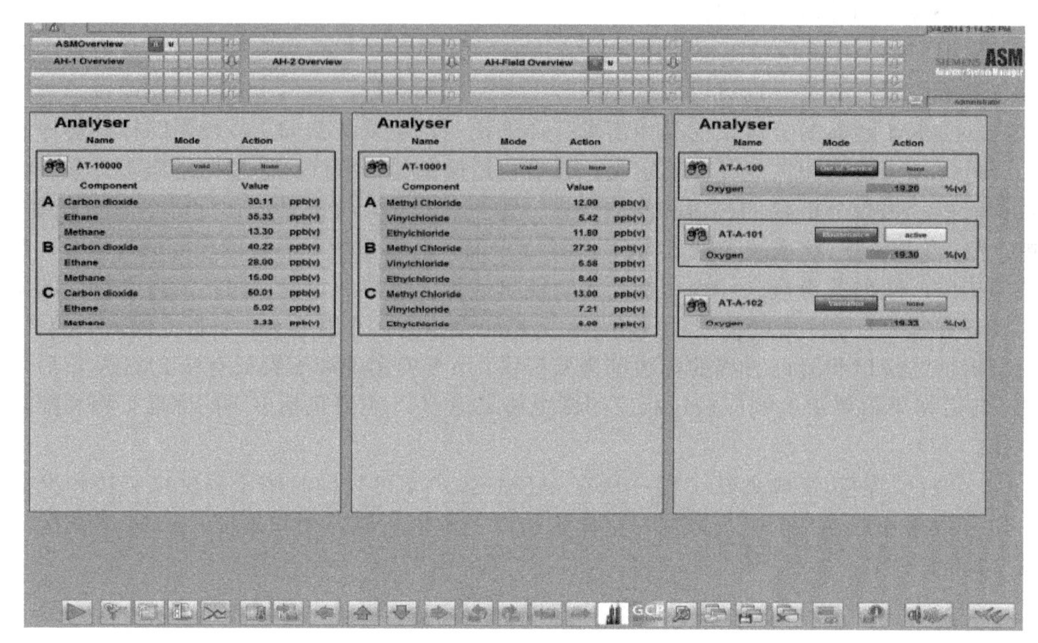

图 20-3-10　分析仪总览表

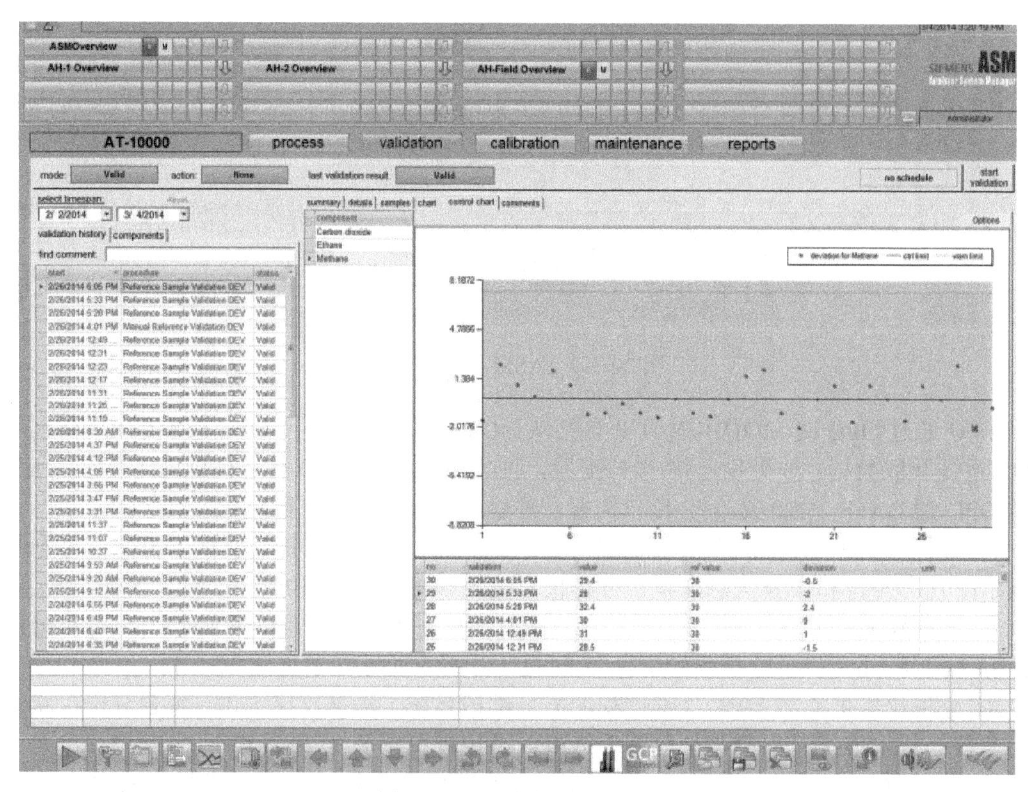

图 20-3-11　分析仪验证图

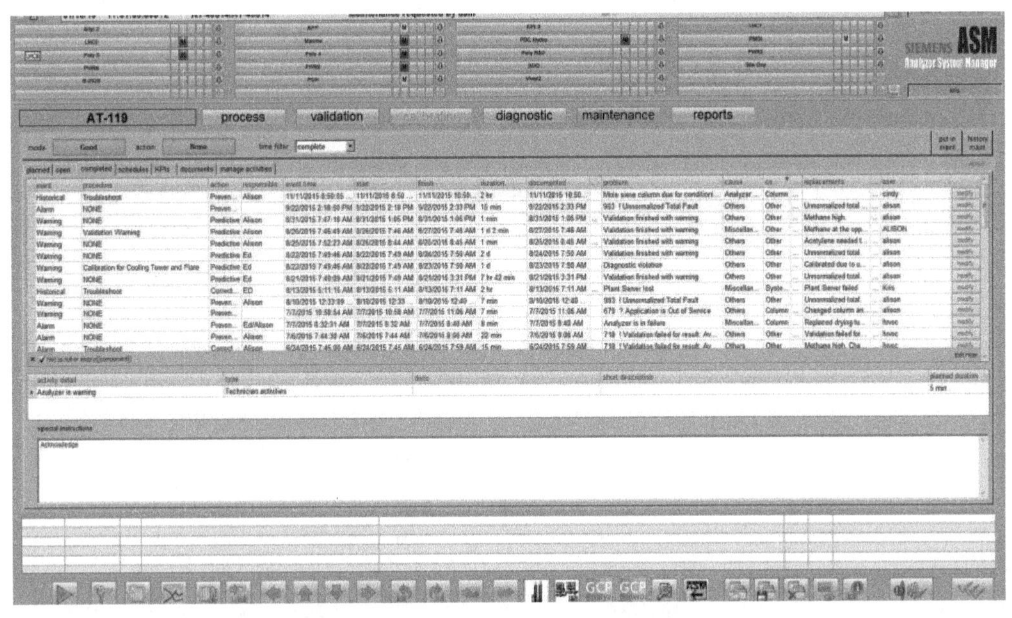

图 20-3-12　分析仪维护视图

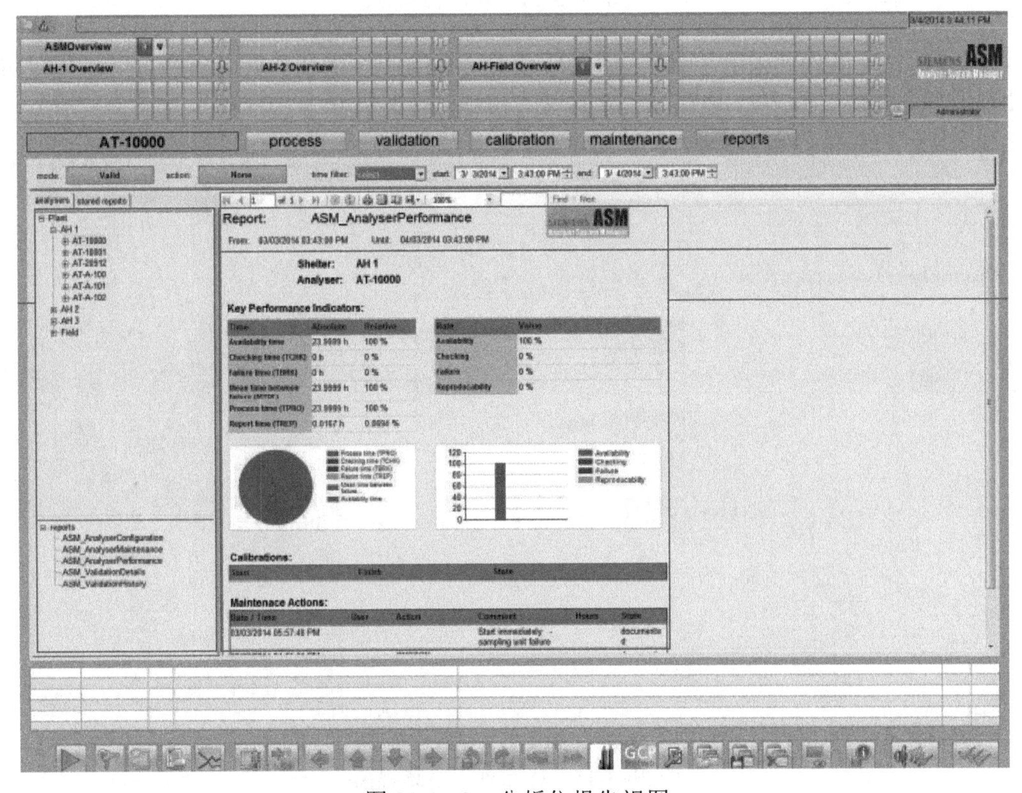

图 20-3-13　分析仪报告视图

⑥ 分析仪诊断工程（诊断视图）　分析仪、样品处理系统、分析小屋的诊断值和报告满足特定需求，参见图 20-3-14。

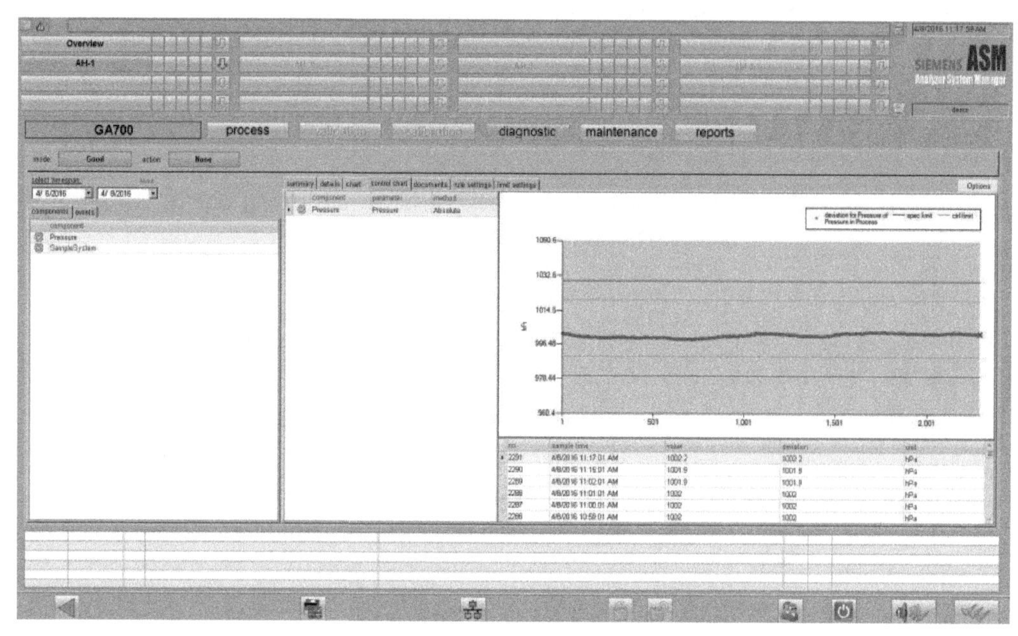

图 20-3-14　诊断视图

⑦ 分析仪样品处理系统工程（样品处理系统视图）　样品系统工程需如下工作：将样品处理信息图形化，将客户图纸转化成简单的视图。样品处理系统视图参见图 20-3-15。

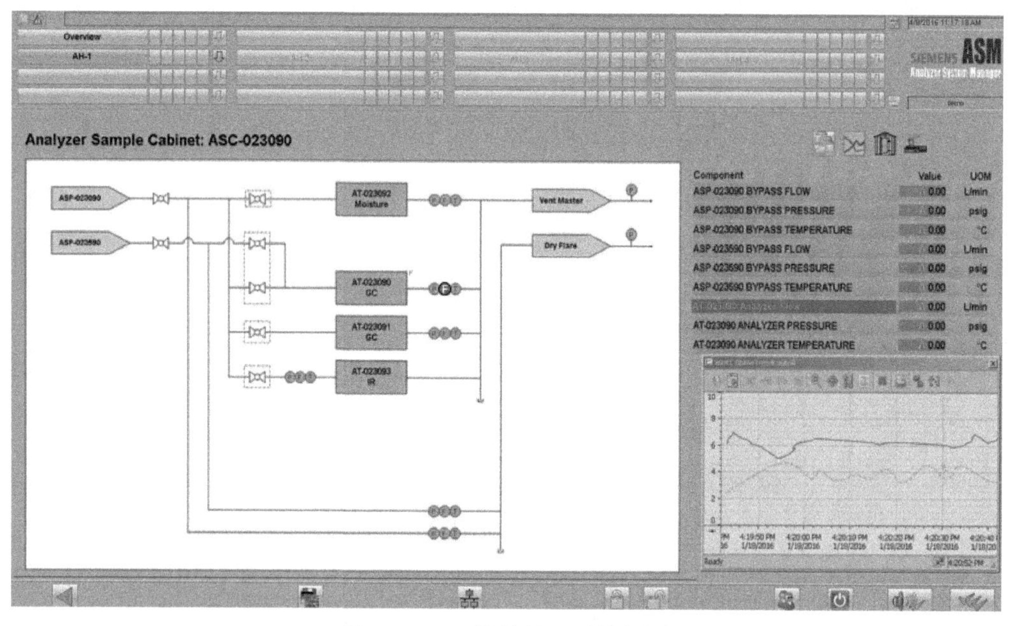

图 20-3-15　样品处理系统视图

⑧ 分析小屋系统工程（分析小屋视图）　分析小屋系统工程需如下工作：将分析小屋信息图形化；将客户图转化成简单视图。分析小屋视图参见图 20-3-16。

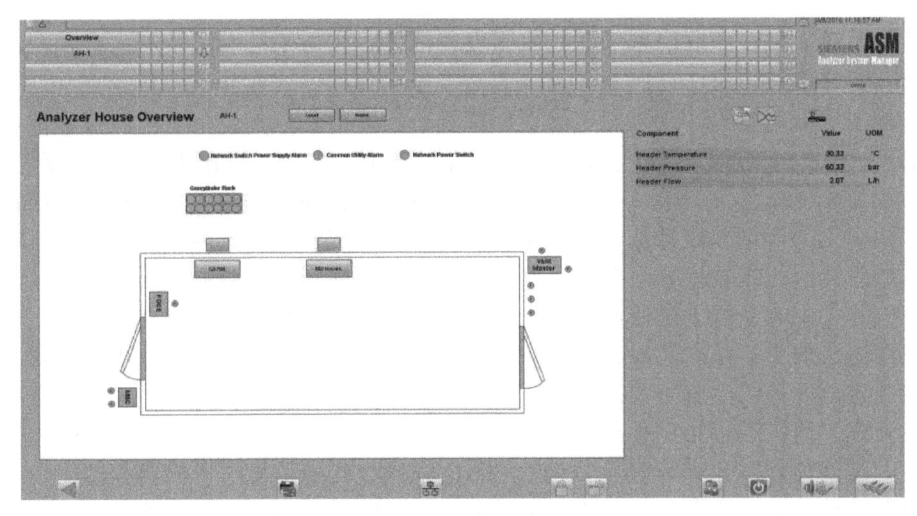

图 20-3-16　分析小屋视图

20.4　环境温室气体及碳排放监测的技术应用与探讨

20.4.1　环境温室气体监测概述

20.4.1.1　“碳达峰”与“碳中和”目标

人类活动导致的以碳元素为主的温室气体排放是全球气候变暖的主要原因。全球气候变暖问题是人类面临的最重大环境问题，是 21 世纪人类面临的最复杂挑战之一，已成为影响世界经济和政治的一个重要因素。联合国关于全球气候变化的《巴黎气候变化协定》中，提出了全球温室气体减排要在 2065—2070 年实现“碳中和（carbon neutral）”。联合国政府间气候变化专门委员会（IPCC）将“碳中和”定义为“由人类活动造成的 CO_2 排放，通过 CO_2 去除技术的应用与 CO_2 吸收量达到平衡”。为此，世界各国对温室气体的排放都纷纷制定了实现“碳中和”的目标。

中国是最早一批《联合国气候变化框架公约》的缔约国。2020 年 9 月 22 日，中国政府在第七十五届联合国大会上提出：“中国将提高国家自主贡献力度，采取更加有力的政策和措施，二氧化碳排放力争于 2030 年前达到峰值，努力争取 2060 年前实现碳中和。”这就是我国提出的“碳达峰”与“碳中和”目标，简称为“双碳目标”。

在双碳目标指引下，我国将大力推进温室气体减排及绿色低碳发展，强化“减污降碳”协同推进，实现生产和生活方式的绿色变革。我国将从能源供应、消费及固碳等多方面，通过采取人为减碳固碳措施（如木材蓄积、转化为土壤有机碳、工程封存等）逐步实现碳排放与吸收的平衡。

20.4.1.2　环境温室气体与碳排放监测

环境温室气体的碳排放是源头，是“加”的过程；生态系统碳汇是消解，是“减”的过程；环境中的温室气体浓度是加减后的存量。环境中温室气体的监测是环境温室气体与气候变化间关系的量化体现。环境温室气体排放监测简称为碳监测，是指通过综合观测、数值模拟、统计分析等手段，获取温室气体排放强度、浓度、生态系统碳汇及对生态系统影响等碳源状况及其变化趋势信息，以服务、支撑应对气候变化的研究和管理工作。

碳监测的主要对象为《联合国气候变化框架公约》的《京都议定书》和《京都议定书多哈修正案》中规定控制的、7 种人为活动排放的温室气体，包括二氧化碳（CO_2）、甲烷（CH_4）、一氧化二氮（N_2O）、氢氟碳化合物（HFCs）、全氟碳化合物（PFCs）、六氟化硫（SF_6）和三氟化氮（NF_3）。为实现双碳目标，国家生态环境监测部门已成立碳减排工作组，对环境温室气体碳排放监测进行规划指导。有关专家提出，温室气体碳排放监测主要包括排放源监测、环境浓度监测、生态系统碳汇监测以及标准方法和质量控制技术保障等几个方面。

排放源监测的重点是高能耗、高排放企业碳排放源的点源排放及逸散排放监测。点源监测主要是碳排放源的浓度监测及碳排放总量监测，碳排放总量的准确性是关键。点源监测的重点是对火电、钢铁等行业开展 CO_2 排放监测，对石油、天然气、煤炭开采行业开展 CH_4 排放监测，对废弃物处理行业统筹开展 CO_2、CH_4 和 N_2O 排放监测。国内在线监测企业已开始对火电企业的碳排放监测布局，开始实施对火电厂集中排口的碳排放点源监测及火电厂其他设备和企业环境内温室气体逸散排放等无组织排放进行监测。

环境浓度监测的重点是大气环境的温室气体浓度监测，主要是区域环境大气温室气体浓度的背景监测、重点城市的环境温室气体监测等，包括建立国家级、区域级大气温室气体监测的背景站，开展重点城市尺度的环境温室气体监测。我国自 2008 年起陆续建成 16 个国家级背景监测站，重点监测大气中 CO_2 和 CH_4，部分背景站还开展 N_2O 监测，其中 CO_2、CH_4 监测精度已达到世界气象组织全球大气监测计划（WMO/GAW）对本底观测的要求。

生态系统碳汇监测的重点是在现有生态环境监测体系中，建立土地等生态类型及变化的监测体系，包括生态地面生物量监测、生态系统的通量观测、陆域范围内土地利用现状监测、土地动态变化对生态系统影响监测以及生物固碳监测等。可以利用卫星遥感辅助地面校验技术等手段，深入开展生态系统的碳汇监测。目前已探索开展生态地面监测，在典型生态系统布设监测样地，开展生物量、植物群落物种组成、结构与功能监测等。

标准方法和质量控制技术保障的措施涉及标准制定、检测技术、质量控制与溯源等。温室气体监测技术主要有：非色散红外光谱法、腔衰荡光谱法、离轴积分腔输出光谱法、气相色谱法和色质联用技术等。环境空气温室气体测量要求准确度高，仪器校准的标准气体精度要求高。标准方法涉及点源取样（如高架取样）、测量技术及质量控制等。环境温室气体监测的碳排放强度、气体浓度等有关的监测数据，将通过数值模拟、统计分析等软件平台技术处理，转化为环境温室气体排放总量。

20.4.1.3 碳排放权交易与碳排放核算

为落实双碳目标，我国已于 2021 年 7 月 16 日正式启动全国碳排放权交易市场。碳排放权交易是利用市场机制控制和减少温室气体排放、推进绿色低碳发展的制度创新，是推动双碳目标的重要政策工具。2017 年我国已在电力行业开展碳排放权交易试点。为保证碳排放权交易市场的可持续运行，正在建立可监测、可报告、可核查体系（moniter reporting and verification，MRV），以确保对碳排放数据监控。

碳排放权交易的基础是碳排放核算。碳排放核算在国际上主要有两种方法：一种是基于排放因子的理论核算法，另一种是直接测量法。理论核算法是根据各种耗能设备相关的碳排放因子进行理论计算；直接测量法是对耗能设备碳排放的集中排放口，使用碳排放测量系统，连续或间断监测温室气体排放的实时浓度和排放总量。欧盟是同时采用核算法和直接测量法，美国优先采用直接测量法。我国目前主要是采用核算法，并试点采用直接测量法。碳排放监测是碳排放核算体系的重要基础，碳排放监测已经成为生态环境监测技术的新热点。

与碳排放核算相关的碳排放监测，目前的重点是电力、钢铁等高能耗、高排放企业的 CO_2 等温室气体的监测。"十四五"期间，电力行业是实现双碳目标的重点，明确将年碳排放 26000t 及以上的电力企业纳入碳排放权交易体系，火电厂的碳排放监测将成为生态环境监测新热点。

我国碳排放权交易和碳排放核算的推进，将带动国内碳排放在线监测技术的发展。碳排放在线监测技术的不断发展和完善，将推进碳排放核算的实时化、精准化和自动化，从而将推进我国碳排放权交易市场的发展，推进双碳目标的实现。

20.4.1.4　碳排放监测的相关政策措施

我国实现"碳中和"目标，是要通过能源结构调整、生物降碳（如植树造林），碳捕集利用与封存技术（CCUS）等多种节能降碳、减污降碳方式，最终实现碳排放与碳吸收的平衡目标。

2021 年初我国生态环境部发布的《关于统筹和加强应对气候变化与生态环境保护相关工作的指导意见》（以下简称《指导意见》）指出：要突出协同增效，协同控制温室气体与污染物排放；推动监测体系的统筹融合；加强温室气体监测，逐步纳入生态环境监测体系的统筹实施。《指导意见》还指出：当前温室气体排放监测的重点是电力、钢铁等行业的"高能耗、高排放"企业排放的二氧化碳；要在重点排放点源层面，试点开展石油天然气、煤炭开采等重点行业的甲烷排放监测；在区域层面，探索大尺度区域甲烷、氢氟碳化合物、六氟化硫、全氟碳化合物等非二氧化碳温室气体的排放监测；在国家层面，探索通过卫星遥感等手段，监测土地利用类型、分布与变化情况和土地覆盖（植被）类型与分布，用以支撑国家温室气体减排。

有关政策意见指出：碳排放温室气体与污染源废气排放具有同根、同源、同过程等特点，对"减污降碳"将实现协同管理、一体化推进。当前，一是要开展排放源监测，重点在电力、钢铁等行业，对耗能大户的温室气体排放进行监测，并探索实测结果在企业排放量核算与交易、减排监管等方面的应用。二是结合现有城市空气质量监测基础，开展 CO_2、CH_4 等温室气体浓度监测，组建城市温室气体监测网，探索自上而下的碳排放反演。三是推进区域监测试点，结合卫星、无人机遥感监测，提升区域和背景尺度温室气体检测能力；实现在线监测与物联网、大数据、云计算的应用，为区域大气温室气体排放状况及总量统计提供决策依据。

我国已制定对电力行业实现碳中和目标的措施，以节能降碳为引领、以低碳发展为关键、以电能替代为方向、以储能储氢为补充。并提出火电行业减污降碳的路径是：以煤电全面清洁发展为支撑，改善生态环境质量；以节能与掺烧为引领，发挥煤电机组的兜底保供作用；以碳捕集与利用技术突破为重点，引领煤电发展。电力行业的碳排放权交易及实现碳中和的举措，将推进国内的碳排放在线监测技术的应用发展。

国内针对碳排放气体核算已发布了温室气体排放核算有关标准，如：GB/T 32151.1～GB/T 32151.12《温室气体排放核算与报告要求》系列标准、GB/T 32150—2015《工业企业温室气体排放核算和报告通则》等。针对碳排放气体监测技术正在积极制定国家及行业标准。2020 年国内有关单位已经联合发布了团体标准 T/CAS 454—2020《火力发电企业二氧化碳排放在线监测技术要求》。国内有关行业尚需进一步加强制定和完善碳排放监测的技术标准体系。

20.4.2　碳排放温室气体在线监测的检测技术与应用

20.4.2.1　温室气体监测技术概述

我国在 20 世纪 80 年代，已开始对大气温室气体监测，先后建立了 7 个大气本底站，观测气体包括二氧化碳、甲烷、一氧化二氮、六氟化硫和其他卤代温室气体，监测重点是二氧化碳（CO_2）、甲烷（CH_4）、一氧化二氮（N_2O）等。2008年起，又陆续建成16个大气背景监测站，部分省市也开展了城市尺度的大气环境温室气体的试点监测。2016年，我国首颗碳卫星发射成功，可用于监测全球大气二氧化碳含量，成为全球第三颗具有高精度温室气体探测能力的卫星。

在国家生态环境部的统筹规划下，国内环境温室气体监测将与生态环境空气质量监测实现兼顾，可在已经建立的各种大气环境空气监测超级站、基准站的系统中，增加环境温室气体监测模块；或按照需求独立设置环境温室气体监测基准站等。目前，重点是对高排放源企业实现碳排放监测，包括集中排口和无组织排放监测；企业碳排放监测可在企业污染源排放监测及无组织排放监测基础上，增加温室气体监测模块；或设置独立的企业碳排放监测系统和企业内温室气体监测网络。总之，我国碳排放温室气体在线监测，将与污染源气体排放监测统筹兼顾，实现“减污降碳”协同控制和一体化管控，纳入国家生态环境监测体系。

随着国家对重点行业与高排放企业温室气体在线监测技术的重视，国内已有一批大学研究院所和企业等单位合作，从事碳排放温室气体监测技术的开发研究，并在环境温室气体在线监测、企业碳排放在线监测，及碳排放监测的软件管理平台等技术研究取得显著成果。目前，国内已有多家企业布局环境温室气体及碳排放监测，如北京雪迪龙、先河环保、聚光科技、常州磐诺、汉威电子、蓝盾光电、上海麦越环境等，并已有产品进入市场。

环境温室气体及碳排放在线监测的监测技术，主要有在线光谱分析、在线气相色谱分析及其他在线监测技术；监测对象主要有二氧化碳（CO_2）、甲烷（CH_4）、氧化亚氮（N_2O）、卤代烃化合物（CFCs、HFCs、HCFCs）、全氟碳化物（PFCS）、六氟化硫（SF_6）、三氟化氮（NF_3）等，现阶段的碳排放监测重点是 CO_2 和 CH_4。

20.4.2.2 在线光谱分析的检测技术简介

环境温室气体的在线光谱分析技术，主要包括NDIR，FTIR、TDLAS、光腔衰荡法（CRDS）及光声光谱法等。

（1）非分光红外分析法（NDIR）

NDIR是世界气象组织全球大气观测网(WMO/GAW) 推荐的 CO_2 本底浓度在线监测方法之一。NDIR可用于监测CO、CO_2、NO、NO_2、SO_2、NH_3 等无机物，及 CH_4、C_2H_4 等烷烃、烯烃和其他烃类有机物。

NDIR是利用被测气体在红外区域的特征光谱吸收原理，可用于单组分及多组分气体测量，测量技术成熟、分析精度高；NDIR由于易受被测气体中的水分干扰，在应用中应注意背景气中湿度的影响。

NDIR已成熟用于工业过程及环境监测的多组分气体分析，适用于常量及微量CO、CO_2 等气体分析，包括用于环境空气、汽车尾气、垃圾填埋气体中的 CO_2 的监测等。燃煤电厂排放的 CO_2 在线监测，可应用常规NDIR监测常量 CO_2 的排放；采用相关红外分析技术（GFC或IFC）与长光程气室相结合，可以用于大气环境的微量及痕量温室气体检测。

（2）傅里叶变换红外光谱法（FTIR）

FTIR是基于傅里叶变换的红外吸收光谱技术，在中红外光谱区域，具有检测对象多，动态范围宽、检测灵敏度高，适用于多组分气体检测。FTIR在线监测采用干涉仪测量技术，可同时测量 CO_2、CH_4、N_2O 等十多种气体。FTIR常用于固定站点及厂界开放式的多组分气体测量，采用开放式长光程测量的FTIR，可用于区域的大气环境温室气体实时测量。

典型的FTIR监测系统可测量：CO_2、CH_4、N_2O等，测量范围：0～2000mg/m^3，CO_2检出限为4mg/m^3，CH_4、N_2O的检出限分别为7μg/m^3、10μg/m^3，示值误差为≤±2%FS，漂移≤±2%FS/7d，响应时间（上升/下降）≤180s。国内已经开发出用于固定站点排口及大气温室气体的FTIR监测系统，被测气体有CO_2、CH_4、N_2O及HFC-23等。

（3）可调谐半导体激光吸收光谱法（TDLAS）

TDLAS是基于可调谐二极管激光器作光源的“单线激光光谱”技术，TDLAS具有高分辨率、高灵敏度和抗干扰能力强等特点，可用于原位法、抽取法及开放式的多组分气体监测，TDLAS通过调制技术和长光程吸收结合，可实现对大气中CO_2、CH_4等温室气体进行高精度测量，检测灵敏度高，干扰小；已用于非接触式直接连续测量，以实现开放光程区域内的温室气体在线监测。TDLAS大多用于单组分检测，采用阵列式技术也可实现多组分检测。

典型的开放式CO_2激光监测系统，可选择CO_2特征波长为1578nm，开放光程长约为700m，利用波长调制，可以快速检测在6.1m和12.64m两个不同高度层面的CO_2气体浓度，进而可以获得CO_2气体通量的数据信息，可测量CO_2气体浓度为0.03%～6%。

（4）光腔衰荡法（CRDS）

CRDS是基于光在含有气体样品的气体池中的两端腔镜间的多次反射，通过测量光的衰减时间来衡量吸收，可实现高灵敏度检测。CRDS测量的是光能在光腔中的衰荡时间，该时间仅与衰荡腔反射镜的反射率和衰荡腔内介质吸收有关，而与入射光强大小无关。

监测CO_2/CH_4的CRDS系统，选用两种分布反馈式(DFB)激光器（一种用于在1603nm波长处检测CO_2光谱特征，另一种用于在1651nm波长处测量CH_4和H_2O的光谱特征），两种激光器发出的激光交替进入光腔，在三面高反射镜面间循环反射，使有效光程达到约20km。由于激光强度在空光腔（波长调节到目标气体不吸收的波段）和非空光腔（波长调节到目标气体的特征吸收波段）中衰减到0所需时间不同，衰荡时间差与样品气浓度呈线性相关关系，时间信号经计算机分析处理，即可获得样品气中CO_2和CH_4的浓度值。

光腔衰荡法具有灵敏度高、信噪比高、抗干扰能力强等优点，适应用于本底大气中CO_2、CH_4、N_2O等温室气体的在线监测。CRDS技术是用于背景站和区域站温室气体高精度监测的一个重要发展方向。

（5）光声光谱法

光声光谱法可用于环境大气中温室气体通量的痕量级多组分气体监测。温室气体的通量监测是研究温室气体浓度的变化趋势，确定源、汇的基础，对环境大气的温室气体分布评估和应对气候变化具有重要意义。

以北京杜克泰克的温室气体通量观察系统为例，该系统是基于光声光谱技术的测量仪器，采用在线或移动观测的技术方案，如DKG-ONE系统由光声光谱多组分气体分析仪主机及多点采样器、采样气室、专用分析软件等组成，仪器主机采用脉冲红外光源，通过窄带光学滤光片，形成中红外区的十个光谱波段，采用增强悬臂梁麦克风技术，具有超高灵敏度，可去除背景气体干扰，实现同时监测最多十种气体。

光声光谱仪器大多采用便携式，配用多点取样器，适用于现场微小流量及高温气体检测，也可以采用台式光声光谱仪，主要测量气体组分如CO_2、CH_4、N_2O、SF_6、HFCs、PFCs、H_2O、TOC、SO_2、H_2S等。

（6）其他光谱分析技术

环境温室气体监测技术也包括差分吸收光谱及激光雷达技术等，差分吸收光谱技术如采用WFM-DOAS及DIAL技术。

WFM-DOAS 即加权函数修正差分光学吸收光谱技术，可用于 CO_2 和 CH_4 的分析。

DIAL 可用于温室气体检测，采用 2μm 激光雷达探测系统测量 CO_2 浓度和通量，能有效监测大气中 CO_2 气体的时空分布。

20.4.2.3　在线气相色谱分析及其他检测技术

（1）在线气相色谱检测技术

在线气相色谱技术是监测环境空气中的甲烷、二氧化碳、氧化亚氮等气体最常用的技术，也是 WMO/GAW 推荐的 CO_2 和 CH_4 等温室气体经典监测方法。采用专业设计的环境空气中温室气体在线色谱仪监测系统，可用于环境大气中的温室气体（甲烷、二氧化碳、一氧化二氮、六氟化硫等）的连续在线监测，以及用于厂界的大气中温室气体监测。

用于环境空气温室气体监测的在线气相色谱仪，常用的检测器主要有氢火焰离子化检测器（FID）、微池电子俘获检测器（μ-ECD）、固态 EPD 增强型等离子检测器等。例如，常州磐诺仪器的温室气体监测技术方案采用 GC-FID 及 μ-ECD 检测器，有关技术介绍参见本章 20.4.3。加拿大 ASD 的在线色谱仪，采用固态 EPD 增强型等离子检测器用于环境温室气体监测，可分析 CO_2、CH_4、N_2O、SF_6，无需采用转化炉，采用氮载气，分析检测极限可达 10×10^{-9}。

（2）其他检测技术简介

① 气相色谱-质谱联用技术（GC-MS）。主要用于对环境温室气体中特殊组分的在线监测。例如，采用双捕集阱超低温预浓缩进样系统，以气相色谱-质谱联用仪（GC-MS）为分析仪器，配合全自动化控制系统和软件平台，可实现大气中约 50 种 ODS（消耗臭氧层物质）和含氟温室气体的高精度自动化观测，有关技术介绍参见本章 20.4.3。

② 环境稳定同位素分析技术。在用于野外的温室气体实时分析系统中，^{2}H 和 ^{13}C 是用于示踪水、碳循环最理想的环境稳定同位素，可确定温室气体的源与汇，能清晰反映出水、碳、氮在自然界的循环。

③ 气体传感器检测技术。各种类型的气体传感器技术，也适用于环境大气温室气体监测，用于微量气体检测的电化学气体传感器、半导体传感器等，具有体积小、检测灵敏度高、干扰少等特点。采用阵列式传感器的多组分气体检测技术，已广泛用于便携式仪器、微型空气站及无组织排放气体监测等，也包括用于无人机的气体监测模块等。

区域环境温室气体排放监测，包括区域内的有组织排放及无组织排放监测两大类，有组织排放监测采用固定排口的碳排放连续排放监测系统（如 CO_2-CEMS），无组织排放监测可采取：网格化的微型站监测、开放式光学监测、移动监测、无人机监测及卫星遥测等。

企业碳排放及环境温室气体排放监测，需要通过温室气体排放监控管理软件技术才能实现对碳排放的实时监测及总量排放评估，温室气体排放的监测数据与物联网、大数据、云计算等结合，可实现对区域及企业碳排放温室气体的总量统计与评估，以提供决策参考。

20.4.3　环境温室气体监测技术方案及 CCUS 过程检测简介

20.4.3.1　环境温室气体监测的技术方案

以常州磐诺仪器的环境空气中温室气体监测技术方案为例，该方案主要用于环境空气中的温室气体（甲烷、二氧化碳、一氧化二氮、六氟化硫等）的连续在线监测。系统组成主要包括采样及预处理单元、温室气体监测单元及其他组成（工控机系统、分析机柜或分析小屋等），以下主要介绍采样及预处理单元及温室气体监测单元。

（1）采样及预处理单元

① 采集单元。主要由大气采样管组成，大气采样管的作用是将大气中的样气取出并输送到预处理单元，采样期间不能发生尘埃堵塞和形成酸雾。

典型的采样管采用聚四氟乙烯加热型厂界空气采样总管。其特点是聚四氟乙烯内层，适用于各种污染物监测，尤其是易产生吸附的臭氧等新的监测需要。具有加热功能，可在52°C空气温度、98%湿度以下范围工作，不会在管壁上结露，耗电省，使用安全；采用限流控技术，使气流稳定层流 *Re* 小于 3000，有效采样管段压力特别小，小于 5Pa。采样管采用分体结构，安装、拆洗变得十分方便，组装便捷、不漏气。

② 预处理单元。预处理单元用于保证在最短时间内，将有代表性的样气输送到分析仪，干净程度必须满足分析仪的操作条件。主要功能如下。

（a）样品抽取：用取样泵将厂界空气中气体抽取送分析仪器测量。

（b）精密过滤：进一步除尘，保证整个过滤精度在 2μm 以下。

（c）流量调节：保证仪器的进样流量在 0.2～0.5L/min 等。

（d）典型的预处理单元，包括耐腐抽气泵、疏水过滤器、精细过滤器、切换阀等，实现净化、除尘、除湿、过滤；符合分析仪对样气的分析要求，以确保分析仪的准确性和可靠性。

（2）温室气体监测单元

采用在线气相色谱分析仪，被测温室气体样品气通过色谱分离系统送色谱检测器检测，典型的环境空气中温室气体的分析流程如图 20-4-1。

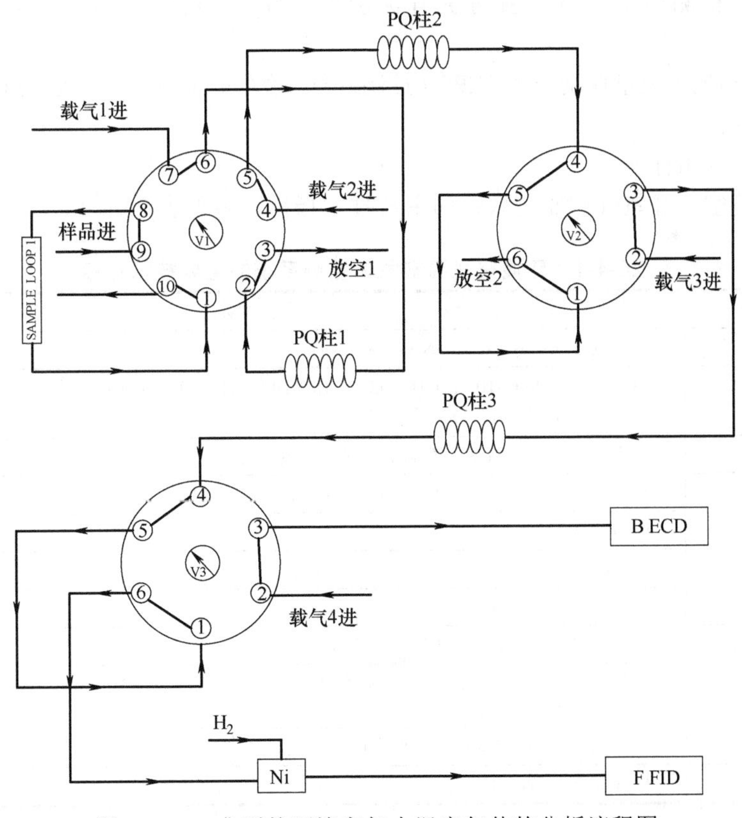

图 20-4-1　典型的环境空气中温室气体的分析流程图

分析流程如下：初始状态时，样品经阀 V1 吹扫定量环 1，吹扫干净后，阀 V1 状态由 OFF 切换为 ON，载气 1 带着定量环 1 中的样品进入色谱柱 PQ 柱 1 中预分离，待 N_2O 和 SF_6 组分流出 PQ 柱 1 后，阀 V1 状态由 ON 切换为 OFF，N_2O 和 SF_6 后组分从放空 1 口放空，空气、CH_4、CO_2、N_2O 和 SF_6 进入 PQ 柱 2 中进一步分离，空气（特别是 O_2）从放空 2 口放空，阀 V2 从状态 OFF 切换为 ON，CH_4、CO_2、N_2O 和 SF_6 进入 PQ 柱 3 中进一步分离，阀 V2 由 ON 切换为 OFF，载气 3 带着 CH_4 和 CO_2 经镍转化炉，CH_4 由 FID 检出，CO_2 被转化为 CH_4 进入检测器 FID 中检测，阀 V3 状态由 OFF 切换为 ON，N_2O 和 SF_6 组分进入 ECD 中被检测到。

（3）方案特点

① 通过阀切的方式将 O_2 和重组分切出系统放空，避免影响系统，减少干扰；一次进样全分析，操作简单方便，一键启动，无需其他操作。

② 自动电子流量控制系统，能够一次进样分析得到所有组分的含量，可以在线分析，网络化气相色谱仪，自动无人值守，重复性好。

③ 配有在线色谱仪工作站，具有自动反控功能，采用高速网络化国际通用标准的 LAN 接口，可实现序列自动运行，可 24h 无人值守；仪器具有开机自检功能，断气保护功能，断电自动重启功能和报警功能，保证系统安全和稳定性。

④ FID 检测器具有自动点火功能和宽量程输出，线性范围 10^{-7}；镍催化转化炉和氢火焰离子化检测器的组合用于检测 CH_4 和 CO_2，检出限＜0.05×10^{-6}。

⑤ μ-ECD 检测器加特殊装置可提升灵敏度，N_2O 检出限＜1×10^{-9}，SF_6 检出限＜0.5×10^{-12}。

⑥ 使用自动电子流量控制技术（EPC）控制载气、空气和氢气，高精度（0.001psi，6.9Pa），重复性和再现好。

（4）主要技术指标

典型的环境空气温室气体监测系统的主要技术指标，参见表 20-4-1。

表 20-4-1 环境空气温室气体监测系统的主要技术指标

项目	指标参数
检测能力	温室气体（CO_2、CH_4、N_2O，SF_6）
量程	CO_2 $(0.1\sim1000)\times10^{-6}$；$CH_4$ $(0.05\sim10)\times10^{-6}$；$N_2O$ $(1\sim1000)\times10^{-9}$ SF_6（$0.5\times10^{-12}\sim10^{-6}$）
检测器	氢火焰离子化检测器；微池电子俘获检测器
检出限	≤0.05×10^{-6}（CH_4）；≤0.1×10^{-6}（CO_2）；≤10^{-9}（N_2O）；≤0.5×10^{-12}（SF_6）
重复性	RSD≤3%
分析周期	≤10min
功率电源	＜300W，220V AC/50Hz
工作环境	温度：-10～50℃；相对湿度：10%～90%
气源要求	载气：高纯氮气或零级空气（≥99.999%）；燃烧气：高纯氢气（≥99.999%）助燃气：零级空气（烃类＜50×10^{-9}）
输出	4～20mA、RS232/RS485、以太网可选输出
尺寸	19in 标准机箱，5U

注：1in=0.0254m。

20.4.3.2　环境空气中的 ODS 及含氟温室气体检测技术

（1）环境空气中的 ODS 及含氟温室气体的概念

消耗臭氧层物质（ozone-depleting substances，ODS）包含 6 大类卤代烃，如氟氯碳化合物（CFCs）、氢氯氟碳化合物（HCFCs）、哈龙（Halon）、四氯化碳（CCl_4）、甲基氯仿（CH_3CCl_3）和甲基溴（CH_3Br）等。这些化合物主要用于工业生产的制冷、清洗和发泡等领域。它们能在平流层释放出卤素原子，催化臭氧光解反应，使平流层臭氧量减少，形成南极臭氧空洞，导致过量紫外线辐射到达地球表面，危及人类和地球生物圈的安全。为了保护人类生存环境，1987 年世界各国共同签订《蒙特利尔破坏臭氧层物质管制议定书》（简称《蒙特利尔议定书》），在全球范围内限制 ODS 的使用和排放。

含氟温室气体（F-gas），包括《京都议定书》所指的 7 类温室气体中的 4 类，即氢氟碳化合物（HFCs）、全氟碳化合物（PFCs）、六氟化硫（SF_6）和三氟化氮（NF_3）。含氟温室气体具有极高的全球增温潜势（GWP），如 NF_3 的 GWP100 高达 15750，而 SF_6 的 GWP100 高达 23500。因此，尽管大气中的含氟温室气体浓度极低，但含氟温室气体和 ODS 占长寿命温室气体辐射强迫的 11%，对全球变暖起着重要作用。

为证明"蒙特利尔议定书"等国际公约的履约成效，需要对大气环境中的 ODS 和含氟温室气体浓度进行长期监测。这些物种在环境空气中的含量在 10^{-12} 级别，部分物种浓度甚至低于 10^{-12}。因此，对检测限和精度的要求远超常规 VOC 监测要求。

（2）环境空气中 ODS 及含氟温室气体的在线检测技术简介

高精度环境空气 ODS 和温室气体监测系统，具有监测物种数量多、检测限低、精度高、可监测气体浓度范围宽、自动化程度高等优点。适用于背景站的洁净大气 ODS 和含氟温室气体高精度监测；城市大气 ODS 和含氟温室气体高精度监测；大气监测中心站点空气样品 ODS 和含氟温室气体的自动分析；工业园区空气 ODS 和含氟温室气体全要素监测等。

典型的高精度环境空气 ODS 和含氟温室气体监测系统的组成参见图 20-4-2。该系统采用双捕集阱超低温预浓缩进样系统，采用色谱-质谱联用仪（GC-MS）检测技术，配合全自动化控制和软件平台，可实现大气中约 50 种 ODS 和含氟温室气体的高精度自动化观测。

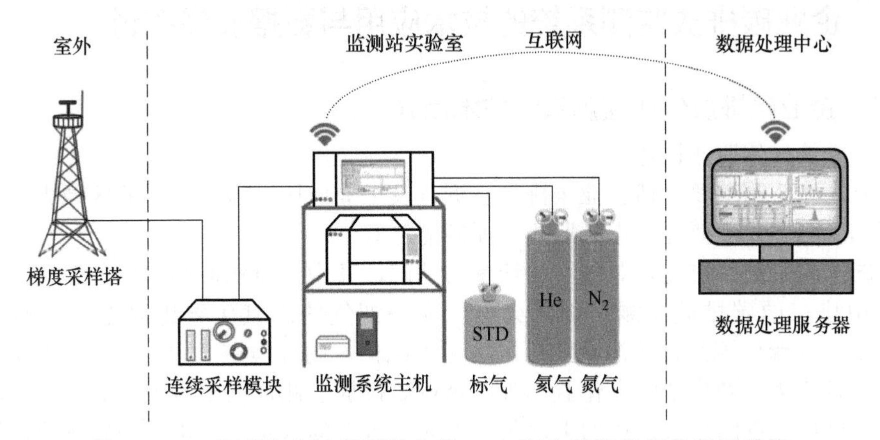

图 20-4-2　典型的高精度环境空气 ODS 和含氟温室气体监测系统

典型的环境空气 ODS 和温室气体监测系统的主要特点如下。

① 大体积进样。采用高精度质量流控制器控制进样体积，样品量可达 2L 甚至更高，极大提高分析精度。

② 双捕集阱设计。采用具有宽线性温度范围的双捕集阱，多次进行热解吸和浓缩，可使目标物从干扰组分中得到进一步分离和纯化，从而保证样品分析的高灵敏度和重现性。

③ 超低温捕集与急速变温系统。系统内置超级制冷系统，最低温度达-180℃，可以冷凝大气中绝大多数含卤气体组分，包括沸点极低的含氟气体，以扩大检测气体范围。急速变温可实现从-180℃至100℃，以及从100℃至-160℃的急速变温，极大提高吸附解吸效率。

④ 智能化控制，全自动结果解析。系统配有流程控制软件和数据处理软件，智能控制可实现自动运行、远程操作、监控，并具备阈值报警功能，保障硬件和实验室安全。数据处理软件可完成谱图积分、浓度标定，并可实现分析结果解析、数据质量控制等功能。

20.4.3.3 CCUS（碳捕集利用与封存技术）过程的在线检测技术

CCU是指碳捕集利用与封存技术，是把生产过程中排放的CO_2提纯，继而投入到新的生产过程中进行循环再利用或封存。以火电厂CCUS过程及其监测技术为例，简介如下。

① 燃烧前捕集模式。主要运用于IGCC（整体煤气化联合循环）系统中，将煤高压富氧气化变成煤气，再经过水煤气变换后将产生CO_2和H_2，气体压力和CO_2浓度都很高，将很容易对CO_2进行捕集，剩下的H_2可以被当作燃料使用。

主要过程检测应用包括空分装置测氧、氮及杂质；测水煤气中的CO、CO_2、CH_4、H_2；测变换后的燃气：H_2、CH_4、CO；测捕集后的CO_2。

② 富氧燃烧模式。采用传统燃煤电站的技术流程，但通过制氧技术，将空气中大比例的N_2脱除，直接采用高浓度的O_2与抽回的部分烟气的混合气体来替代空气，这种模式燃烧得到的烟气，含有高浓度的CO_2气体，可以直接进行处理和封存。

主要过程检测应用包括空分装置测O_2浓度，锅炉富氧燃烧的高浓度CO_2气体检测。

③ 燃烧后捕集模式。在燃烧排放的烟气中捕集CO_2，通过碱液吸收塔吸收CO_2，然后在解吸塔中，加热加压将CO_2提纯，并运输到封存地。碱液可循环利用。

主要过程检测应用包括测量锅炉烟气CO_2，测量碱液吸收塔的CO_2吸收效率，测量捕集的CO_2浓度。

20.4.4 企业碳排放监测系统的技术应用与数据质量探讨

20.4.4.1 企业碳排放气体监测系统技术简介

（1）碳排放气体监测概述

碳排放气体监测主要包括企业碳排放监测，及工业园区、城市集群的区域大气环境温室气体监测，监测方式主要包括点源监测、面源监测等。

企业碳排放监测系统是企业碳排放计量的基础，其中，点源监测主要是企业温室气体排放源的集中排口的碳排放监测。如，火电厂锅炉烟气的二氧化碳排放连续监测系统（如CO_2-CEMS）。面源监测是排放源企业厂区内无组织排放的环境空气中温室气体监测，通常采取开放式厂界监测、微型站网格化监测等。企业碳排放监测，要求实现工业过程全流程各环节的监测，包括以不同形式存在的碳含量、工业全流程的碳足迹分析，为碳排放核算提供实时碳排放值及排放总量等统计数据。

工业园区、城市集群的区域大气环境温室气体监测，也采取固定站的点源监测及环境大气的面源监测相结合。固定站点源监测包括区域内的环境空气超级站、中心站、微型站、大气环境本底站等，其他如采取开放式的面源监测、移动监测（包括走航监测、无人机监测）

及卫星等遥感遥测等，组成“空-天-地”一体化的碳排放温室气体监测体系。

（2）企业碳排放气体监测系统的组成

固定污染源排口的碳排放气体监测系统与烟气 CEMS 的组成基本相同，取样法系统主要包括取样探头系统、样品传输及预处理系统、在线分析仪、数据采样处理系统等；也包括烟气流速、温度、压力、水分等参数监测。碳排放在线监测系统的组成参见图 20-4-3。

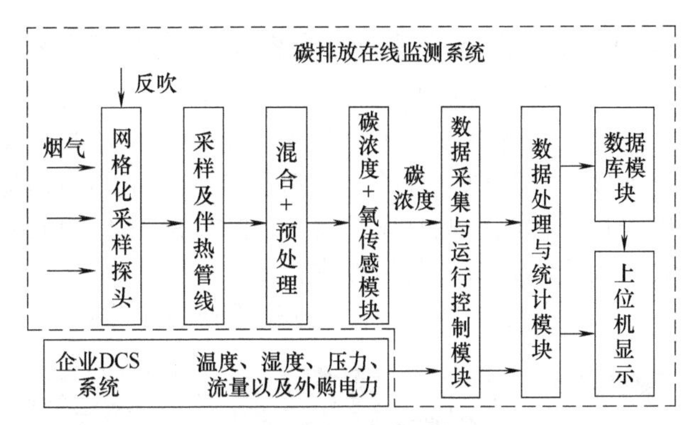

图 20-4-3 典型的碳排放在线监测系统组成框图

目前，国产用于碳排放气体监测的监测技术，基本可以满足国内碳排放气体的常量及微量气体监测要求，用于温室气体分析仪的测量误差，一般均可达到≤±2%。存在的主要问题是配套的样品的气体流速测量仪器的准确性，直接影响碳排放气体监测的总量评估及碳排放计量核算的准确性。

（3）碳排放气体的网格化监测技术

厂界碳排放气体监测主要是用于监测厂区内无组织排放的温室气体监测，并参与企业碳排放气体的总量核算。企业碳排放监测系统主要是固定排口的碳排放监测，及厂区内无组织排放的温室气体监测，厂区及区域内的无组织排放监测常采取网格化监测，在区域内的代表点设置温室气体微型站或开放式监测，用以计量企业法人边界内的碳排放总量。

区域内无组织的碳排放温室气体监测，可在各主要代表点设置微型碳排放监测站点，通过碳排放微型监测站、开放式监测系统、气体传感器监测模块等，组成区域内的监测网络，其监测数据发送至碳排放数据采集及数据管理系统，提供区域环境内排放的温室气体监测数据，采用开放式在线分析监测，常用对企业厂界及园区边界的温室气体浓度进行监测。

国内，安徽蓝盾光公司开发了“大气温室气体 FTIR 监测系统”，可用于监测企业厂界及区域的环境温室气体监测，采取开放式监测，系统包括光源及发射望远镜、接收望远镜、FTIR 光谱仪及软件处理系统，可监测气体有 CO_2、CH_4、N_2O 等。测量范围可达 0～2000mg/m^3。检出限：CO_2 为 4mg/m^3，CH_4 为 7μg/m^3，N_2O 为 10μg/m^3，示值误差≤±2%FS。

（4）碳排放监测的监控管理平台

企业碳排放的总量核算，除集中排口直接监测、区域内无组织排放监测数据外，还包括采用核算法对企业其他设施排放的数据，需要通过符合碳排放规约的软件管理平台处理。企业碳排放监测数据管理平台，包括企业碳排放监测数据的采集、处理，碳排放数据统计，以及采用碳足迹分析应用技术，完整地监测和记录碳化合物气体的转化历程，形成全流程的碳足迹，为碳排放核算提供“可计量、可监测、可评估 ”的全流程碳足迹核算体系。

企业碳排放在线监测，包括基于直接监测法和核算法的监测数据和软件处理系统及软件信息平台架构开发，从而可实现碳排放核算的实时化、精准化和自动化。系统利用实时监测数据、微尺度空气质量模型、人工智能和大数据分析等技术手段，可提升碳排放核算数据的准确性和实时性。目前，国内许多大学院所及企业结合碳排放交易和碳排放监测的技术应用，已开发出“碳排放在线监测与应用平台”“节能低碳在线监测监管平台”“碳排放监测管理与能耗在线监测平台”等多项技术。

20.4.4.2　企业碳排放监测系统的典型应用案例

（1）北京雪迪龙的“二氧化碳排放在线监测系统”（CO_2-CEMS）

北京雪迪龙参与了国家工业锅炉质量监督检验中心（广东）、华南理工大学、广东省特种设备检测研究院等多家单位联合起草的中国标准化协会团体标准《火力发电企业二氧化碳排放在线监测技术要求》（T/CAS 454—2020）的现场验证，该标准填补了我国碳排放在线监测领域相关标准空白。

雪迪龙提供的“二氧化碳排放在线监测系统”，集成至广东省特种设备检测研究院和华南理工大学联合研制的“火力发电企业二氧化碳排放在线监测系统”中，并在广东某火电企业安装运行，为火力发电企业二氧化碳排放量采用监测法与核算法的比对提供了重要数据支持，所研制的碳排放监测设备现场运行参见图 20-4-4。

图 20-4-4　火力发电企业二氧化碳排放在线监测系统

（2）河北先河环保的“大气碳排放监测系统”

河北先河环保在石家庄诚峰热电厂实施安装了“大气碳排放监测系统”，该系统包括 1 套智慧管控平台、3 套固定污染源排口二氧化碳监测系统（CO_2-CEMS）、4 套厂界二氧化碳监测仪。通过对电厂碳排放数据进行监测，研究开发了针对发电行业的基于监测数据的碳排放计算方法和软硬件系统，以及温室气体软件信息平台的架构开发。

该系统可实现碳排放核算的实时化、精准化和自动化；系统利用实时监测数据、微尺度空气质量模型、人工智能和大数据分析等技术手段，建立了基于监测数据的碳排放核算方法体系，可提升碳排放核算数据的准确性和实时性。

（3）聚光科技的“企业环境碳排放监测计量综合管控平台”

聚光科技（杭州）与江苏省计量鉴定测试中心联合开发了“企业环境碳排放监测计量综合管控平台”。该项目开发了针对企业基于监测数据的碳排放计算方法和软硬件系统，可用于监测工业全流程各个环节的不同形式存在的碳含量，可完整监测和记录碳化合物气体的转化历程，形成工业全流程的碳足迹，为碳排放核算体系提供“可计量、可监测、可评估 ”的基于工序的全流程碳足迹核算体系。该项目在成熟的生态环境监测网和“生态环境大脑”整体解决方案基础上，进一步融合生态环境监测与大数据平台分析能力，构建一套数据支撑体系，实现精准精测与计量协同，协助企业和地方政府建设碳排放的监测能力和平台。

典型的企业碳排放计量监管示范平台系统的组成参见图 20-4-5。

该项目的企业碳排放计量监管示范平台系统由感知层、支撑层和应用层组成。

（a）感知层。主要由安装在企业气源排口的 CO_2 连续在线监测设备、厂界厂区内的 CO_2 监测设备、企业内网格化报警设备、气体流量监测设备、动态管控监测设备等组成。其中，气源排口 CO_2 监测，可以在已有的 CEMS 设备上增加 CO_2 的监测。企业的碳排放气体监测也可根据用户要求采用基于 NDIR、FTIR 及 TDLAS 等技术路线的连续在线监测设备。

（b）支撑层。采用有线或无线网络，实现前端设备与应用层的数据传输。在信息化中心，配置相关大屏、路由器、数据服务器等设备。

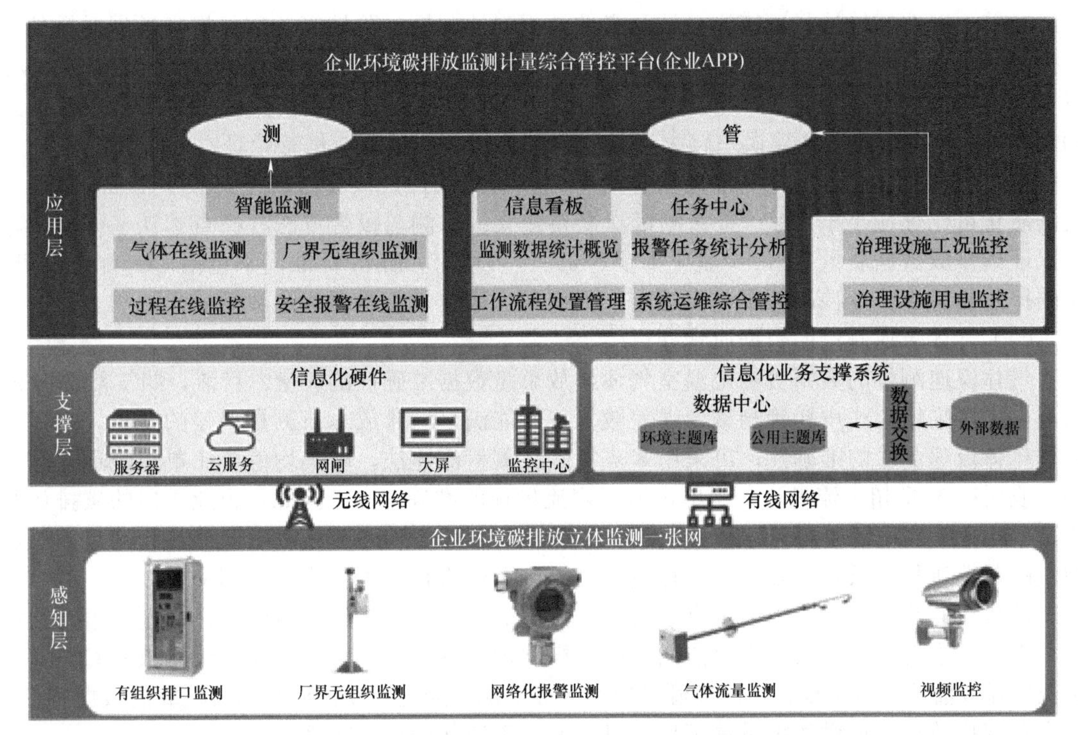

图 20-4-5　企业碳排放计量监管示范平台系统的组成

（c）应用层。即企业碳排放监测计量综合管控平台。运用计算机系统构建数据库、数据处理，实时了解企业 CO_2 排放情况及设施运行情况，平台将数据报表进行大屏显示，以供用户进行管理和决策。

平台体系建成后，可实现碳排放核算的实时化、精准化和自动化，协助政府进一步明确区域内的碳排放总量，服务于各地政府的碳排放管理，提升温室气体和碳排放监测能力。

20.4.4.3　碳排放在线监测的数据质量探讨

（1）碳排放监测与碳排放核算的数据质量

我国对碳排放计量主要采取核算法，并试点直接测量法。基于排放因子的理论核算法及直接测量法，国内外已经比较成熟。碳排放交易平台的数据质量要求较高，据有关介绍，以燃气锅炉的碳排放核算为例，其数据不确定度小于 1%，对燃气锅炉采用直接测量法的不确定度约为 4%，两种方法对碳排放总量计算具有良好的一致性。

对燃煤锅炉而言，由于原料煤的煤种不同，元素碳的含量也不同，有的燃煤电厂的煤种来源不同，混煤燃烧对碳排放的核算将带来显著误差。采用直接测量法可以从锅炉烟气排口监测计算提高了碳排放监测的数据质量，但是碳排放监测不能完全代替核算法。许多涉及电力和热力消耗所导致的间接排放量只能用核算法。为量化企业层面的碳排放量，目前对集中排放设备的排口的直接测量可采用 CEMS（如 CO_2-CEMS），其他间接排放仍采用核算法。

核算法的数据质量是按照燃料燃烧的燃烧量和燃料的排放因子计算的，由于燃料的变化，如锅炉燃烧的煤种变化，排放因子也发生变化，如不能及时调整核算因子，将造成核算法的误差。对燃煤电厂，建议将原先的每月检测原料煤碳含量的测量频率改为每天，可以通过对炉渣及飞灰含碳量的实时监测，测量确定碳氧化率，以提高核算法准确度和数据质量。

目前，存在核算法与直接测量法两者的数据对比问题，除核算法需要提高数据质量外，直接测量法也存在数据质量问题。以火电厂锅炉烟气排口碳排放监测系统为例，对 CO_2-CEMS 而言，在线分析仪测量误差≤±2%FS，而烟气流速仪的测量误差较大，有的不确定度达到10%，因此碳排放总量计算误差较大，其监测结果仍需要核算法进行论证。

碳排放直接测量法与核算法的数据质量应具有可比性，核算法误差一般小于 2%，两者数据质量可比性应小于 5%，直接测量法需要建立：监测与报告方法、核查和认证体系，才能保证碳排放数据质量要求（一般应小于 5%）。国内现有 CEMS 标准尚不包括 CO_2 测量要求，对碳排放测量误差及控制体系尚无规定，但应符合碳排放交易对测量数据质量要求。

（2）气体流速测量的数据质量探讨

气体流速测量的数据质量是温室气体排放总量数据准确性的关键。目前，烟气 CEMS 流速测量大多采用点式皮托管测量，误差较大，不能满足碳排放总量测量误差的要求。为提供碳排气体流速测量的准确性，可采用多点矩阵式测量流速法，取其均值要比单点流速检测准确；或采用 X 型超声流量计，比单声道超声流量计的准确度高。因此，企业排口的碳排放监测，不能简单地只增加 CO_2 分析模块，应考虑现有烟气 CEMS 流速测量误差是否满足碳排放测量的数据质量要求。必要时应进行改进，否则不能直接用于碳排放数据交易。

碳排放监测系统主要用于重点耗能企业排放的 CO_2，CH_4 等在线监测，特别是电力、钢铁、石化、水泥等企业的碳排放监测，如燃煤锅炉、各种加热炉、各种窑炉排放的 CO_2 等。企业碳排放监测点位主要包括污染源排口及区域监测，应重视碳排放监测与核算的数据质量，为企业碳排放核算提供数据质量可靠、可计量、可评估的核算体系。

［本章编写：朱卫东；南京霍普斯　顾潮春、刘春龙、席凯、巫雨翔；广州禾信仪器　高伟、刘明、张莉；聚光科技　华道柱、齐宇；杭州泽天科技　张涵；上海舜宇恒平　王世立、李钧；七星瓢虫（苏州）　王雨池、韩业明；常州磐诺　杨任；西门子（中国）　杨飞］

参 考 文 献

[1] 朱良漪，等．分析仪器手册[M]．北京：化学工业出版社，1997.

[2] 钱学森．创建系统学[M]．太原：山西科学技术出版社，2001.

[3] 国家环境保护总局．水和废水监测分析方法[M]. 4 版．北京：中国环境科学出版社，2002.

[4] 方肇伦．流动注射分析法[M]．北京：科学出版社，2003.

[5] 全浩，韩永志，等．标准物质及其应用技术[M]．北京：中国标准出版社，2003.

[6] 谢尔曼，著．过程分析仪样品处理系统技术[M]．冯秉耘，等译．北京：化学工业出版社，2004.

[7] 武杰，庞增义，等．气相色谱仪器系统[M]．北京：化学工业出版社，2005.

[8] 刘虎威．气相色谱方法及应用[M]．北京：化学工业出版社，2005.

[9] 汪正范，杨树民，等．色谱联用技术[M]．北京：化学工业出版社，2005.

[10] 浦瑞良，宫鹏．高光谱遥感及其应用[M]．武汉：武汉大学出版社，2005.

[11] 唐孝炎，张远航，邵敏．大气环境化学[M]. 2 版．北京：高等教育出版社，2006.

[12] 杨宝红，汪德良，等．火力发电厂废水处理与回用[M]．北京：化学工业出版社，2006.

[13] 罗珀，等著．标准物质及其在分析化学中的应用[M]．李红梅，刘菲，李孟婉，译．北京：中国计量出版社，2006.

[14] 陆婉珍，等．现代近红外光谱分析技术[M]. 2 版．北京：中国石化出版社，2007.

[15] 孙福生．环境监测[M]．北京：化学工业出版社，2007.

[16] 国家环境保护总局．空气和废气监测分析方法[M]. 4 版增补版．北京：中国环境科学出版社，2008.

[17] 王森，等．在线分析仪器手册[M]．北京：化学工业出版社，2008.

[18] 施汉昌，柯细勇，刘辉．污水处理在线监测仪器原理与应用[M]．北京：化学工业出版社，2008.

[19] 刘明钟，汤志勇，刘霁欣．原子荧光光谱分析[M]．北京：化学工业出版社，2008.

[20] 张贵杰，李运刚，等．现代冶金分析测试技术[M]．北京：冶金工业出版社，2009.

[21] 易江，等．固定源排放废气连续自动监测[M]. 2 版．北京：中国标准出版社，2010.

[22] 《石油化工仪表自动化培训教材》编写组．在线分析仪表(上下册)[M]．北京：中国石化出版社，2010.

[23] 翁诗甫．傅里叶变换红外光谱分析[M]．北京：化学工业出版社，2010.

[24] 巴德，福克纳，著．电化学方法原理和应用[M]．邵元华，等译. 2 版．北京：化学工业出版社，2010.

[25] 胡晓军．数据采集与分析技术[M]. 2 版．西安：西安电子科技大学出版社，2010.

[26] 褚小立．化学计量学方法与分子光谱分析技术[M]．北京：化学工业出版社，2011.

[27] 魏福祥，等．现代仪器分析技术及应用[M]．北京：中国石化出版社，2011.

[28] 辛仁轩．等离子体发射光谱分析[M]. 2 版．北京：化学工业出版社，2011.

[29] 康瑞清．仪器与系统可靠性[M]．北京：机械工业出版社，2011.

[30] 袁存光，祝优珍，等．现代仪器分析[M]．北京：化学工业出版社，2012.

[31] 杨凯，王强．固定污染源烟气汞监测技术与设备[M]．北京：中国电力出版社，2012.

[32] 包景岭，邹克华，李伟芳．恶臭污染防治研究进展[M]．天津：天津科学出版社，2013.

[33] 曾声奎．可靠性设计与分析[M]．北京：国防工业出版社，2013.

[34] 符青灵，王森．在线分析仪表工工作手册[M]．北京：化学工业出版社，2013.

[35] 高喜奎，朱卫东，程明霄．在线分析系统工程技术[M]．北京：化学工业出版社，2014.

[36] 王强，杨凯．烟气排放连续检测系统(CEMS)监测技术及应用[M]．北京：化学工业出版社，2014.

[37] 王森. 烟气排放连续检测系统[M]. 北京: 化学工业出版社, 2014.
[38] 席劲瑛, 王灿, 等. 工业源挥发性有机物(VOCs)排放特征与控制技术[M]. 北京: 中国环境出版社, 2014.
[39] 郦建国. 燃煤电厂烟气超低排放技术[M]. 北京: 中国电力出版社, 2015.
[40] 褚小立, 张莉, 燕泽程. 现代过程分析技术交叉学科发展前沿与展望[M]. 北京: 机械工业出版社, 2016.
[41] 肖立志. 井下极端环境核磁共振科学仪器[M]. 北京: 科学出版社, 2016.
[42] 金义忠. 在线分析技术工程教育[M]. 北京: 科学出版社, 2016.
[43] 褚小立, 等. 现代过程分析技术新进展[M]. 北京: 化学工业出版社, 2021.
[44] 朱良漪. 分析仪器进入在线是信息与控制技术的一大阶跃[C]//中国仪器仪表学会分析仪器分会. 北京 97 过程分析仪器及应用技术研讨会论文集. 北京, 1997.
[45] 黄步余. 在线分析仪器与先进过程控制[C]//中国仪器仪表学会分析仪器分会. 北京 97 过程分析仪器及应用技术研讨会论文集. 北京, 1997.
[46] 范忠琪. 工业在线水分的测量与控制[C]//中国仪器仪表学会分析仪器分会. 北京 97 过程分析仪器及应用技术研讨会论文集. 北京, 1997.
[47] 王复兴. 在线分析仪器技术的发展趋势[C]//中国仪器仪表学会分析仪器分会. 北京 97 过程分析仪器及应用技术研讨会论文集. 北京, 1997.
[48] 范世福. 论我国分析仪器事业的振兴和发展[J]. 仪器仪表学报, 1997, 18 (5): 128-131.
[49] 朱良漪. 过程分析仪器的发展[J]. 世界仪表与自动化, 1998, 2(6): 8-10.
[50] 胡满江. 过程分析技术与仪器的发展动向[J]. 世界仪表与自动化, 1998, 2(6): 12-14.
[51] 齐文启等. 分析仪器和环境监测仪器的发展[J]. 世界仪表与自动化, 1998, 2(6): 20-22.
[52] 朱卫东. 分析仪器智能化技术的发展趋势[J]. 世界仪表与自动化, 1998, 2(2): 8-14.
[53] 朱良漪. 21 世纪的前沿技术"分析技术"与"自动化"的系统集成[C]//中国仪器仪表学会分析仪器分会. 第二届在线分析仪器应用及发展国际论坛论文集. 北京, 2007.
[54] 陆婉珍. 近红外光谱用于过程分析[C]//中国仪器仪表学会分析仪器分会. 第二届在线分析仪器应用及发展国际论坛论文集. 北京, 2007.
[55] 敖小强, 郜武, 等. "CEMS"十年的历程与发展[C]//中国仪器仪表学会分析仪器分会. 第二届在线分析仪器应用及发展国际论坛论文集. 北京, 2007.
[56] 王健, 等. 半导体激光吸收光谱技术及应用[C]//中国仪器仪表学会分析仪器分会. 第二届在线分析仪器应用及发展国际论坛论文集. 北京, 2007.
[57] 金义忠, 曹以刚, 等. 在线分析工程技术导论[J]. 分析仪器, 2008(5): 39-44.
[58] 吕勇哉. 信息时代在线分析技术与产业发展的探讨[C]//中国仪器仪表学会分析仪器分会. 第三届在线分析仪器应用及发展国际论坛论文集. 北京, 2010.
[59] 朱卫东. 在线分析仪器与分析系统集成应用技术的探讨[C]//中国仪器仪表学会分析仪器分会. 第三届在线分析仪器应用及发展国际论坛论文集. 北京, 2010.
[60] 林爽, 黄晓晶. 过程质谱仪在石化行业的应用[C]//中国仪器仪表学会分析仪器分会. 第三届在线分析仪器应用及发展国际论坛论文集. 北京, 2010.
[61] 袁洪福. 在线近红外光谱分析技术及其应用[C]//中国仪器仪表学会分析仪器分会. 第三届在线分析仪器应用及发展国际论坛论文集. 北京, 2010.
[62] 褚小立, 陆婉珍. 在线近红外光谱分析技术在混合生产过程中的应用[C]//中国仪器仪表学会分析仪器分会. 第四届在线分析仪器应用及发展国际论坛论文集. 北京, 2011.
[63] 孙磊. 石油化工在线分析仪的现状与发展[C]//中国仪器仪表学会分析仪器分会. 第四届在线分析仪器应用及发展国际论坛论文集. 北京, 2011.
[64] 朱卫东, 等. 在线分析产品的可靠性技术研究与探讨[C]//中国仪器仪表学会分析仪器分会. 第五

届在线分析仪器应用及发展国际论坛论文集. 北京, 2012.

[65] 李峰. 一种创新的冷干直抽法CEMS样气预处理技术的研究[C]//中国仪器仪表学会分析仪器分会. 第五届在线分析仪器应用及发展国际论坛论文集. 北京, 2012.

[66] 齐文启. 现场仪器在环境监测中应用[C]//中国仪器仪表学会分析仪器分会. 第六届中国在线分析仪器应用与发展国际论坛论文集. 北京, 2012.

[67] 褚小立, 陆婉珍. 我国现代过程分析技术现状与发展趋势[C]//中国仪器仪表学会分析仪器分会. 第六届在线分析仪器应用与发展国际论坛论文集. 北京, 2013.

[68] 孙海林. 我国水污染源在线监测现状与发展[C]//中国仪器仪表学会分析仪器分会. 第七届在线分析仪器应用与发展国际论坛论文集. 北京, 2014.

[69] 魏福盛. 建设全国生态环境监测网络的机遇与挑战[C]//中国仪器仪表学会分析仪器分会. 第八届在线分析仪器应用与发展国际论坛论文集. 北京, 2015.

[70] 孙磊. 石油化工在线分析仪系统与智能管理[C]//中国仪器仪表学会分析仪器分会. 第八届在线分析仪器应用及发展国际论坛论文集. 北京, 2016.

[71] 褚小立. 在线近红外分析技术进展与展望[C]//中国仪器仪表学会分析仪器分会. 第八届中国在线分析仪器应用与发展国际论坛论文集. 北京, 2015.

[72] 刘文清. 大气环境污染立体监测技术与应用[C]//中国仪器仪表学会分析仪器分会. 第九届在线分析仪器应用与发展国际论坛论文集. 北京, 2016.

[73] 杨凯. 空气与废气连续监测系统的质量控制与质量保证[C]//中国仪器仪表学会分析仪器分会. 第九届在线分析仪器应用与发展国际论坛论文集. 北京, 2016.

[74] 黄步余. 石油化工在线分析仪系统和智慧工厂[C]//中国仪器仪表学会分析仪器分会. 第十届在线分析仪器应用与发展国际论坛论文集. 北京, 2017.

[75] 刘文清. 环境监测中的光谱学技术进展[C]//中国仪器仪表学会分析仪器分会. 第十一届在线分析仪器应用与发展国际论坛论文集. 北京, 2018.

[76] 孙磊. 石油化工在线分析仪的现状与发展[C]//中国仪器仪表学会分析仪器分会. 第十一届在线分析仪器应用及发展国际论坛论文集. 北京, 2018.

[77] 黄步余. 乙烯装置在线分析仪系统设计应用[C]//中国仪器仪表学会分析仪器分会. 第十二届在线分析仪器应用与发展国际论坛论文集. 北京, 2019.

[78] 朱卫东. 烟气超低排放监测技术研讨[C]//中国仪器仪表学会分析仪器分会. 第十二届在线分析仪器应用与发展国际论坛论文集. 北京, 2019.

[79] 朱卫东, 谢兆明, 赵建忠. 在线光谱分析新技术在环境监测的应用[C]//中国仪器仪表学会分析仪器分会. 第十三届在线分析仪器应用与发展国际论坛论文集. 北京, 2020.

[80] 刘文青, 崔志成, 董凤忠. 环境污染监测的光学和光谱学技术[J]. 光电子技术与信息, 2002, 15(5): 1-12.

[81] 黄青. 光谱在生物研究中的应用[J]. 安徽大学学报(自然科学版), 2012, 36(1): 6-17.

[82] 陈淼, 黄政伟. 基于 NDIR 原理单光源单光路实现多组分测量的技术廾发[C]//中国仪器仪表学会分析仪器分会. 第九届在线分析仪器应用与发展国际论坛论文集. 北京, 2016.

[83] 朱卫东, 顾潮春, 谢兆明, 等. 傅里叶变换红外光谱分析在煤制乙二醇过程气体监测的应用[C]//中国仪器仪表学会分析仪器分会. 第八届在线分析仪器应用及发展国际论坛论文集. 北京, 2015.

[84] 张帅, 钱江, 李传新, 等. 傅里叶变换红外光谱技术在多组分烟气在线监测中的应用[J]. 大气与环境光学学报, 2016, 11(1): 31-36.

[85] 聂伟, 阚瑞峰, 刘文清, 等. 可调谐二极管激光吸收光谱技术的应用研究进展[J]. 中国激光, 2018, 45(09): 9-29.

[86] 邱梦春. 激光光谱技术在多组分气体原位监测研究[C]//中国仪器仪表学会分析仪器分会. 第十二届在线分析仪器应用及发展国际论坛论文集. 北京, 2019.

[87] 王玲芳. 基于量子级联激光器的气体光谱检测关键技术[D]. 重庆: 重庆大学, 2012.
[88] 朱卫东. 量子级联激光器及其在中红外光谱在线气体分析的应用[C]//中国仪器仪表学会分析仪器分会. 第十一届在线分析仪器应用与发展国际论坛论文集. 北京, 2018.
[89] 王如宝. 基于激光光声光谱的痕量光气分析[C]//中国仪器仪表学会分析仪器分会. 第十三届在线分析仪器应用与发展国际论坛论文集. 北京, 2020.
[90] 鲁平. 光声传感技术[C]//中国仪器仪表学会分析仪器分会. 第十三届在线分析仪器应用与发展国际论坛论文集. 北京, 2020.
[91] 戴连奎. 在线拉曼光谱分析技术及其在石化工业中的应用[C]//中国仪器仪表学会分析仪器分会. 第七届中国在线分析仪器应用与发展国际论坛论文集. 北京, 2014.
[92] 戴连奎. 气体拉曼光谱在天然气在线分析中的应用[C]//中国仪器仪表学会分析仪器分会. 第十届在线分析仪器应用与发展国际论坛论文集. 北京, 2017.
[93] 朱卫东. 化学发光氮氧化物分析器的结构特点与应用[J]. 分析仪器, 2002(2): 40-43.
[94] 程军. 国产过程质谱仪在环氧乙烷/乙二醇银催化剂活化及驯化过程中的应用[J]. 分析仪器, 2015(3): 5-9.
[95] 杨海鹰. 气相色谱技术在石油和石化分析中的应用进展[J]. 石油化工, 2005, 35(12): 4-9.
[96] 宋栋梁. 气体纯化器在高纯气体检验中的运用[J]. 计量与测试技术, 2011, 38(1): 49-50.
[97] 杨印蹼, 范军, 黄涛宏. GC-FID/MS中心切割法全在线监测环境空气中108种污染物[J]. 环境化学, 2018, 37(8): 1876-1879.
[98] 杨金城. 国产质谱仪在乙二醇装置的应用[C]//中国仪器仪表学会分析仪器分会. 第七届在线分析仪器应用及发展国际论坛论文集. 北京, 2014.
[99] 彭永强. Prima Pro在线质谱仪在煤气化的应用[C]//中国仪器仪表学会分析仪器分会. 第七届在线分析仪器应用及发展国际论坛论文集. 北京, 2014.
[100] 杜汇川. 工业质谱仪在 EO/EG 装置应用[C]//中国仪器仪表学会分析仪器分会. 第八届在线分析仪器应用及发展国际论坛论文集. 北京, 2016.
[101] 王甫华, 吴曼曼, 高伟, 等. 新型挥发性有机物吸附浓缩在线监测系统的研制[J]. 质谱学报, 2019, 40(02): 177-188.
[102] 陈平, 侯可勇, 花磊, 等. 高分辨SPI/TOFMS的研制及VOCs分子式确定[J]. 现代科学仪器, 2011, 5(5): 55-58.
[103] 李海洋. 高分辨质谱技术在VOCs快速测量中的应用[C]//中国仪器仪表学会分析仪器分会. 第十三届在线分析仪器应用与发展国际论坛论文集. 北京, 2020.
[104] 冯云霞, 褚小立, 许育鹏, 田松柏. 在线核磁共振过程分析技术及其应用[J]. 现代科学仪器, 2013(6): 5-19.
[105] 肖立志. 井下极端条件核磁共振探测系统研制[J]. 中国石油大学学报(自然科学版), 2013, 37(05): 44-56.
[106] 邓峰, 肖立志, 陶冶, 等. 流动速度对核磁共振在线测量的影响及校正[J]. 波谱学杂志, 2017, 34(1): 78-86.
[107] 邓峰. 磁共振多相流在线分析方法及装置[C]//中国仪器仪表学会分析仪器分会. 第十三届在线分析仪器应用与发展国际论坛论文集. 北京, 2020.
[108] 吴保松, 肖立志, 刘洛夫, 等. 井下在线核磁共振流体分析实验方法[J]. 测井技术, 2016, 40(05): 537-540.
[109] 赵南京, 谷艳红, 孟德硕, 等. 激光诱导击穿光谱技术研究进展[J]. 大气与环境光学学报, 2016, 11(5): 367-382.
[110] 史烨弘. 工业过程在线激光诱导击穿光谱分析技术的应用[C]//中国仪器仪表学会分析仪器分会. 第十三届在线分析仪器应用与发展国际论坛论文集. 北京, 2020.

[111] 朱卫东, 谢兆明, 赵建忠. 高光谱成像分析及太赫兹技术在环境监测等领域的应用[C]//中国仪器仪表学会分析仪器分会. 第十三届在线分析仪器应用与发展国际论坛论文集. 北京, 2020.
[112] 王少宏, 许景周, 汪力, 张希成. THz 技术的应用及展望[J]. 物理, 2001, 30(10): 612-615.
[113] 周泽魁, 张同军, 张光新. 太赫兹波科学与技术[J]. 自动化仪表, 2006, 27(3): 1-6.
[114] 金飚兵, 单文磊, 郭旭光, 等. 太赫兹检测技术[J]. 物理, 2013, 42(11): 770-780.
[115] 曹灿, 张朝晖, 等. 太赫兹时域光谱与频域光谱研究综述[J]. 光谱学与光谱分析, 2018, 38(9): 2688-2699.
[116] 潘义. 在线仪表在气体标准物质中的应用[C]//中国仪器仪表学会分析仪器分会. 第七届在线分析仪器应用及发展国际论坛论文集. 北京, 2014.
[117] 曲庆. 标准加入法在气体杂质分析中的应用[C]//中国仪器仪表学会分析仪器分会. 第十二届在线分析仪器应用及发展国际论坛论文集. 北京, 2019.
[118] 赵文锦. 光电倍增管的技术发展状态[J]. 光电子技术, 2011, 31(3): 145-148.
[119] 徐正安. 基于 FPGA 的线阵 CCD 测量系统的设计[D]. 重庆: 重庆大学, 2012.
[120] 陈波. 简波超小气室和超长气室在环保、安全领域中的应用[C]//中国仪器仪表学会分析仪器分会. 第十三届在线分析仪器应用与发展国际论坛论文集. 北京, 2020.
[121] 朱卫东, 等. 火电厂烟气连续排放自动监测系统[J]. 自动化仪表, 2003, 24(5): 5-9.
[122] 朱卫东, 顾潮春, 等. 工业固定污染源连续排放在线监测技术[J]. 石油化工自动化, 2016, 52(5): 1-6.
[123] 汤光华. 火电厂烟气脱硝氨逃逸与超低排放监测技术[C]//中国仪器仪表学会分析仪器分会. 第八届在线分析仪器应用与发展国际论坛论文集. 北京, 2015.
[124] 朱卫东, 顾潮春. 烟气脱硝微量逃逸氨监测知多少[J]. 流程工业, 2014(9): 47-50.
[125] 杨凯. 烟尘烟气连续自动监测系统技术现状和发展趋势[C]//中国环保产业协会环境监测仪器委员会. 2008 年度中国环保产业协会环境监测仪器年会论文集. 北京, 2008.
[126] 朱卫东, 徐淮明, 范黎峰. 烟气排放连续监测系统的烟气参数在线监测技术[J]. 分析仪器, 2011(1): 83-88.
[127] 朱法华, 等. 固定污染源排放可凝结颗粒物采样方法综述[J]. 环境监控与预警, 2019, 11(3): 1-5.
[128] 齐宇, 俞大海, 张进伟, 叶华俊. 基于激光吸收光谱技术的 NH_3 在线分析系统在燃煤电厂烟气脱硝的应用[C]//中国环保产业协会环境监测仪器委员会. 2014 年度中国环保产业协会环境监测仪器委员会年会论文集. 北京, 2014.
[129] 李峰. Nafion 管除湿技术在样气分析中的应用研究[C]//中国环保产业协会环境监测仪器委员会. 2014 年度中国环保产业协会环境监测仪器委员会年会论文集. 北京, 2014.
[130] 周鸿斌, 方培基, 等. 垃圾焚烧排放连续监测系统的设计[J]. 分析仪器, 2012(6): 7-13.
[131] 顾潮春, 朱卫东. 固体废物及垃圾焚烧烟气排放的在线监测技术[J]. 现代科学仪器, 2015(2): 21-29.
[132] 方培基. 在线热湿法 CEMS 技术与应用[C]//中国仪器仪表学会分析仪器分会. 第十三届在线分析仪器应用与发展国际论坛论文集. 北京, 2020.
[133] 程立. 在线水质分析仪器应用技术的发展[C]//中国仪器仪表学会分析仪器分会. 第三届在线分析仪器应用及发展国际论坛论文集. 北京, 2010.
[134] 尹洧. 水质在线监测系统及其应用[C]//中国仪器仪表学会分析仪器分会. 第四届在线分析仪器应用及发展国际论坛论文集. 北京, 2011.
[135] 张迪生. 物联网时代水质在线仪器新技术及智能运维[C]//中国仪器仪表学会分析仪器分会. 第十一届在线分析仪器应用与发展国际论坛论文集. 北京, 2018.
[136] 宋宇清, 水质监测过程控制及监测质量分析[J]. 资源节约与环保, 2019, 209(4): 79-80.
[137] 施汉昌. 水环境应急监测与生物传感技术的发展[C]//中国仪器仪表学会分析仪器分会. 第十三

届在线分析仪器应用与发展国际论坛论文集. 北京, 2020.
[138] 周小红. 水中微量有毒污染物检测的生物传感器[C]//中国仪器仪表学会分析仪器分会. 第十届在线分析仪器应用与发展国际论坛论文集. 北京, 2017.
[139] 李刚, 胡斯宪, 陈琳玲. 原子荧光光谱分析技术的创新与发展[J]. 岩矿测试, 2013, 32(3): 358-376.
[140] 王建伟. 一种基于原子荧光光谱法的水中重金属在线监测仪: CN201220731943. 8[P]. 2013-07-24.
[141] 赵友全. 基于光谱法的在线水质监测技术及仪器研究[C]//中国仪器仪表学会分析仪器分会. 第十届在线分析仪器应用与发展国际论坛论文集. 北京, 2017.
[142] 李盛红, 关亚风. 水中 VOCs 样品前处理技术[C]//中国仪器仪表学会分析仪器分会. 第十届在线分析仪器应用与发展国际论坛论文集. 北京, 2017.
[143] 尹洧. 地表水水质自动监测系统[C]//中国仪器仪表学会分析仪器分会. 第十一届在线分析仪器应用及发展国际论坛论文集. 北京, 2018.
[144] 赵友全. 原位在线光谱水质监测技术浅析[C]//中国仪器仪表学会分析仪器分会. 第十二届在线分析仪器应用及发展国际论坛论文集. 北京, 2019.
[145] 冉新宇. 浊度分析仪在工业生产控制中的应用[C]//中国仪器仪表学会分析仪器分会. 第十二届在线分析仪器应用及发展国际论坛论文集. 北京, 2019.
[146] 张江涛, 曹红梅, 等. 火电厂废水零排放技术路线比较及影响因素分析[J]. 中国电力, 2017, 50(6): 120-124.
[147] 刘文清, 陈臻懿, 刘建国, 等. 环境污染与环境安全在线监测技术进展[J]. 大气与环境光学学报, 2015, 10(2): 82-92.
[148] Peter J Traynor. 大气中有毒有害气体污染物的多点监测方案[C]//中国仪器仪表学会分析仪器分会. 第六届在线分析仪器应用与发展国际论坛论文集. 北京, 2013.
[149] 高松, 杨勇, 林长青, 等. 非甲烷总烃在线监测技术研究与应用[C]//中国仪器仪表学会分析仪器分会. 第十二届在线分析仪器应用与发展国际论坛论文集. 北京, 2019.
[150] 杨勇. 环境空气非甲烷总烃连续监测技术研究及进展[C]//中国仪器仪表学会分析仪器分会. 第十三届在线分析仪器应用与发展国际论坛论文集. 北京, 2020.
[151] 王清华. LDAR(泄漏检测与修复)解决方案[C]//中国仪器仪表学会分析仪器分会. 第七届在线分析仪器应用与发展国际论坛论文集. 北京, 2014.
[152] 刘锦泽. 固定污染源 VOCs 在线监测系统技术特征及发展需求研究[J]. 环境与发展, 2019, 31(02): 202-204.
[153] 杨勇. VOCs 在线监测技术的发展和应用[C]//中国仪器仪表学会分析仪器分会. 第十二届在线分析仪器应用与发展国际论坛论文集. 北京, 2019.
[154] 张庆华, 陈昭品, 江桂斌, 等. 我国大气污染的健康效应, 主要成分及其检测方法[J]. 现代科学仪器, 2014(3): 7-12.
[155] 刘文清, 陈臻懿, 刘建国, 等. 我国大气环境立体监测技术及应用[J]. 科学通报, 2016, 61(30): 3196-3207.
[156] 郑永超, 王玉诏, 岳春宇. 天基大气环境观测激光雷达技术和应用发展研究[J]. 红外与激光工程, 2018, 47(03): 17-30.
[157] 刘文清, 陈臻懿, 刘建国, 等. 大气污染光学遥感技术及发展趋势[J]. 中国环境监测, 2018, 34(02): 1-9.
[158] 田晓敏, 刘东, 徐继伟, 等. 大气探测激光雷达技术综述[J]. 大气与环境光学学报, 2018, 13(05): 321-341.
[159] 刘兴隆, 曾立民, 陆思华, 等. 大气中挥发性有机物在线监测系统[J]. 环境科学学报, 2009, 29(12): 2471-2477.

[160] 张思祥. 基于 PID 的 VOCs 在线监测仪的研发[C]//中国仪器仪表学会分析仪器分会. 第十届在线分析仪器应用与发展国际论坛论文集. 北京, 2017.

[161] 方向生, 施汉昌, 何苗, 等. 电子鼻在环境监测中的应用和进展[J]. 环境科学与技术, 2011(10): 112-117.

[162] 张思祥. 基于多传感器阵列的气体在线监测系统的研发[C]//中国仪器仪表学会分析仪器分会. 第十一届在线分析仪器应用与发展国际论坛论文集. 北京, 2018.

[163] 张思祥. PID 传感器开发与在恶臭监测中的应用[C]//中国仪器仪表学会分析仪器分会. 第十二届在线分析仪器应用与发展国际论坛论文集. 北京, 2019.

[164] 王跃思, 孙扬, 徐新, 等. 大气中痕量挥发性有机物分析方法研究[J]. 环境科学, 2005, 26(4): 18-23.

[165] 江梅, 邹兰, 等. 我国挥发性有机物定义和控制指标的探讨［J］. 环境科学, 2015, 36(9): 3522-3532.

[166] 庄义成, 彭永强, 王清华, 等. 工业区 VOCs 控制与空气监测[C]//中国仪器仪表学会分析仪器分会. 第六届在线分析仪器应用与发展国际论坛论文集. 北京, 2013.

[167] 刘文清, 陈臻懿, 刘建国, 等. 区域大气环境污染光学探测技术进展[J]. 环境科学研究, 2019, 32(10): 1645-1650.

[168] 李晓华, 陆思华, 邵敏. 大气中含氧挥发性有机物(OVOCs)的测量技术[J]. 北京大学学报(自然科学版), 2006, 42(4): 548-554.

[169] 李海洋. VOCs 及其大气污染物的移动测量和高通量分析新技术及进展[C]//中国仪器仪表学会分析仪器分会. 第十届在线分析仪器应用与发展国际论坛论文集. 北京, 2017.

[170] 王铁宇, 李奇峰, 吕永龙. 我国 VOCs 的排放特征及控制研究［J］. 环境科学, 2013, 34(12): 4756-4764.

[171] 王帆, 刘焕武, 等. 基于单颗粒气溶胶质谱法的雾霾过程中细颗粒物组分分析及来源研究[J]. 环境污染与防治, 2017, 39(3): 263-267.

[172] 秦鑫, 张泽锋, 等. 南京北郊重金属气溶胶粒子来源分析[J]. 环境科学, 2016, 37(12): 4468-4474.

[173] 郑仙珏, 王梅, 陶士康, 等. 某重大活动期间杭州市$PM_{2.5}$组分及来源变化研究[J]. 环境污染与防治, 2017, 39(9): 936-942.

[174] 汪巍, 等. 大气温室气体浓度在线监测方法研究进展[J]. 环境工程, 2015(6): 130-133.

[175] 唐德东. 天然气热值在线计量及测定方法研究[C]//中国仪器仪表学会分析仪器分会. 第十三届在线分析仪器应用与发展国际论坛论文集. 北京, 2020.

[176] 曾贤臣. ABB 傅立叶近红外在石油化工行业的应用[C]//中国仪器仪表学会分析仪器分会. 第十二届在线分析仪器应用与发展国际论坛论文集. 北京, 2019.

[177] 褚小立. 现代过程分析技术在我国石油化工行业中的应用现状及发展[C]//中国仪器仪表学会分析仪器分会. 第七届中国在线分析仪器应用与发展国际论坛论文集. 北京, 2014.

[178] 张文富. 近红外分析技术在轻烃(C1-C5)分析中的应用[C]//中国仪器仪表学会分析仪器分会. 第七届中国在线分析仪器应用与发展国际论坛论文集. 北京, 2013.

[179] 段宝军. NMR 分析系统用于原油在线快速评价[C]//中国仪器仪表学会分析仪器分会. 第五届在线分析仪器应用及发展国际论坛论文集. 北京, 2012.

[180] 张文富. 近红外光度分析在石化过程的应用[C]//中国仪器仪表学会分析仪器分会. 第六届在线分析仪器应用与发展国际论坛论文集. 北京, 2013.

[181] 李沙沙, 陈辉, 赵云丽, 等. 硫酸羟氯喹颗粒水分含量测定近红外定量模型的建立[J]. 沈阳药科大学学报, 2019, 036(007): 593-599.

[182] 陈颖, 叶代启, 刘秀珍, 等. 我国工业源 VOCs 排放的源头追踪和行业特征研究［J］. 中国环境科学, 2012, 32(1): 48-55.

[183] 高松. VOCs 快速走航监测技术研究及标准制定[C]//中国仪器仪表学会分析仪器分会. 第十三届在线分析仪器应用与发展国际论坛论文集. 北京, 2020.

[184] 邱梦春. 移动污染源遥感检测技术[C]//中国仪器仪表学会分析仪器分会. 第十一届在线分析仪器应用与发展国际论坛论文集. 北京, 2018.

[185] 李海洋. 大气污染物移动测量新技术[C]//中国仪器仪表学会分析仪器分会. 第十一届在线分析仪器应用与发展国际论坛论文集. 北京, 2018.

[186] 詹雪芳, 段忆翔. 质子转移反应质谱用于痕量挥发性有机化合物的在线分析[J]. 分析化学, 2011, 39(10): 1611-1618.

[187] 储焰南. VOCs 走航监测质谱仪研发与应用(PTR-MS)[C]//中国仪器仪表学会分析仪器分会. 第十二届在线分析仪器应用与发展国际论坛论文集. 北京, 2019.

[188] 尹洧. 遥感技术在水环境监测的中应用[C]//中国仪器仪表学会分析仪器分会. 第十三届在线分析仪器应用与发展国际论坛论文集. 北京, 2020.

[189] 曾振宇. 在线分析仪器在环保物联网中的应用[C]//中国仪器仪表学会分析仪器分会. 第五届在线分析仪器应用与发展国际论坛论文集. 北京, 2012.

[190] 顾潮春, 朱卫东, 等. 化工园区智慧环保及环境监测在线分析仪器应用技术探讨[C]//中国仪器仪表学会分析仪器分会. 第六届中国分析仪器学术年会会议资料. 北京, 2019.

[191] 徐伟利. 化工园区智慧环保监控系统建设方案[C]//中国仪器仪表学会分析仪器分会. 第十届在线分析仪器应用与发展国际论坛论文集. 北京, 2017.

[192] 朱卫东, 顾潮春, 等. 园区智慧环保、监控平台及环境监测在线技术探讨[C]//中国仪器仪表学会分析仪器分会. 第十二届在线分析仪器应用与发展国际论坛论文集. 北京, 2019.

[193] 荆立明. 化工园区有毒有害气体环境风险预警体系介绍[C]//中国仪器仪表学会分析仪器分会. 第十三届在线分析仪器应用与发展国际论坛论文集. 北京, 2020.

[194] 杨飞. Analyzer System Manager-ASM-CIOAE[C]//中国仪器仪表学会分析仪器分会. 第十三届在线分析仪器应用与发展国际论坛论文集. 北京, 2020.

[195] 朱卫东, 徐淮明. 在线分析系统工程技术的应用发展与前景展望[C]//中国仪器仪表学会. 第 6 届中国在线分析仪器应用及发展国际论坛论文集. 北京, 2013.

[196] 关亚风. 关键器件-系统设计-整机集成分析仪器创新之路[C]//中国仪器仪表学会分析仪器分会. 第六届中国分析仪器分会学术年会论文集. 北京, 2019.

[197] 刘长宽, 等. 风雨四十年——中国仪器仪表学会分析仪器分会四十周年庆纪念册[M]. 北京: 中国仪器仪表学会分析仪器分会, 2019.

[198] 朱卫东, 等, 在线分析仪器技术发展与应用综述[C]//中国仪器仪表学会分析仪器分会. 中国仪器仪表学分分析仪器分会四十周年庆纪念分册. 北京, 2019.

[199] 鲍雷, 徐丽萍. 几种温室气体在线监测仪介绍及其使用[J]. 中国仪器仪表, 2014(11): 41-44.

[200] 林明廷, 李世明, 卢建刚, 丁伟. 燃煤电厂碳排放在线监测和管理系统设计[J]. 自动化技术与应用, 2018, 37(4): 139-141.

[201] 饶雨舟, 李越胜, 姚顺春, 等. 碳排放在线检测技术的研究进展[J]. 广东电力, 2015, 28(8): 1-8.

[202] 沈鑫, 裴庆祺, 刘雪峰. 区块链技术综述[J]. 网络与信息安全学报, 2016, 2(11): 11-19.

[203] 何蒲, 于戈, 张岩峰, 鲍玉斌. 区块链技术与应用前瞻综述[J]. 计算机科学, 2017, 44(4): 1-15.

[204] 邵奇峰, 金澈清, 张召, 等. 区块链技术: 架构及进展[J]. 计算机学报, 2018, 41(5): 969-988.

[205] 生态环境部环境规划院. 2020 中国环保产业分析报告[R]. 北京: 中国环保产业协会, 2020.

[206] 李鹏, 吴文昊, 郭伟. 连续监测方法在全国碳市场应用的挑战与对策[J]. 环境经济研究, 2021, 6(1): 77-92.

[207] Su W, Hao H, Glennon B, et al. Spontaneous polymorphic nucleation of D-mannitol in aqueous solution monitored with Raman spectroscopy and FBRM [J]. Crystal Growth & Design, 2013, 13(12):

5179-5187.
[208] Zhang T, Liu Y, Du S, et al. Polymorph control by investigating the effects of solvent and supersaturation on clopidogrel hydrogen sulfate in reactive crystallization [J]. Crystal Growth & Design, 2017, 17(11): 6123-6131.
[209] Wang Y P, Sun P P, Xu S C, et al. Solution-mediated phase transformation of argatroban: ternary phase diagram, rate-determining step, and transformation kinetics [J]. Industry Engineering Chemistry Research, 2017, 56 (15): 4539-4548.
[210] Yang Y, Pal K, Koswara A, et al. Application of feedback control and in situ milling to improve particle size and shape in the crystallization of a slow growing needle-like active pharmaceutical ingredient[J]. International Journal of Pharmaceutics, 2017, 533(1): 49-61.
[211] Saleemi A N, Rielly C D, Nagy Z K. Comparative investigation of supersaturation and automated direct nucleation control of crystal size distributions using ATR-UV/vis spectroscopy and FBRM [J]. Crystal Growth & Design, 2012, 12(4): 1792-1807.
[212] Simone E, Saleemi A N, Tonnon N, et al. Active polymorphic feedback control of crystallization processes using a combined Raman and ATR-UV/Vis spectroscopy approach[J]. Crystal Growth & Design, 2014, 14(4): 1839-1850.
[213] Aprea E, Biasioli F, Carlin S, et al. Monitoring benzene formation from benzoate in model systems by proton transfer reaction-mass spectrometry [J]. International Journal of Mass Spectrometry, 2008, 275(1-3): 117-121.
[214] Wang M, Zeng L, Lu S, et al. Development and validation of a cryogen-free automatic gas chromatograph system (GC-MS/FID) for online measurements of volatile organic compounds [J]. Analytical Methods, 2014, 6(23): 9424-9434.
[215] Woolfenden E. Sorbent-based sampling methods for volatile and semi-volatile organic compounds in air: Part 1: Sorbent-based air monitoring options [J]. Journal of Chromatography A, 2010, 1217: 2674-2684.
[216] Lindinger W, Hansel A, Jordan A. On-line monitoring of volatile organic compounds at pptv levels by means of proton-transfer-reaction mass spectrometry (PTR-MS) medical applications, food control and environmental research [J]. International Journal of Mass Spectrometry and Ion Processes, 1998, 173(3): 191-241.
[217] Sulzer P, Petersson F, Agarwal B, et al. Proton transfer reaction mass spectrometry and the unambiguous real-time detection of 2, 4, 6-trinitrotoluene[J]. Analytical Chemistry, 2012, 84(9): 4161-4166.
[218] Pang X. Biogenic volatile organic compound analyses by PTR-TOF-MS: Calibration, humidity effect and reduced electric field dependency[J]. Journal of Environmental Sciences, 2015(06): 198-208.
[219] Sinha S N, Kulkarni P K, Desai N M, et al. Gas chromatographic-mass spectroscopic determination of benzene in indoor air during the use of biomass fuels in cooking time[J]. Journal of Chromatography A, 2005, 1065(2): 315.
[220] Massonnet P, Heeren R M A. A concise tutorial review of TOF-SIMS based molecular and cellular imaging [J]. J Anal Ato Spectrom, 2019, 34(11): 2217-2228.
[221] Trevisan M G, Poppi R J. Direct determination of ephedrine intermediate in a biotransformation reaction using infrared spectroscopy and PLS [J]. Talanta, 2008, 75(4): 1021-1027.
[222] Roberto M F, Dearing T I, Martin S, Marquardt B J. Integration of continuous flow reactors and online raman spectroscopy for process optimization [J]. Journal of Pharmaceutical Innovation, 2012, 7(2): 69-75.

[223] Singh R, Sahay A, Karry K M, et al. Implementation of an advanced hybrid MPC-PID control system using PAT tools into a direct compaction continuous pharmaceutical tablet manufacturing pilot plant[J]. Int J Pharm, 2014, 473(1-2): 38-54.

[224] Adamo A, Beingessner R L, Behnam M, et al. On-demand continuous-flow production of pharmaceuticals in a compact, reconfigurable system[J]. Science, 2016, 352(6281): 61.

[225] Gao W, Tan G, Hong Y, et al. Development of portable single photon ionization time-of-flight mass spectrometer combined with membrane inlet [J]. International Journal of Mass Spectrometry, 2013, 334: 8-12.

[226] Hou K, Dong C, Zhang N, et al. Development and performance of a miniature vacuum ultraviolet ionization/orthogonal acceleration time of flight mass spectrometer [J]. Chinese Journal of Analytical Chemistry, 2006, 34(12): 1807-1812.

[227] Ma L , Li M , Zhang H F, et al. Comparative analysis of chemical composition and sources of aerosol particles in urban Beijing during clear, hazy, and dusty days using single particle aerosol mass spectrometry[J]. Journal of Cleaner Production, 2016, 112(Part 2): 1319-1329.

[228] Chen Y, Wenger J C, Yang F, et al. Source characterization of urban particles from meat smoking activities in Chongqing, China using single particle aerosol mass spectrometry [J]. Environ Pollut, 2017, 228: 92-101.

[229] Zhao S H, Chen L Q, Yan J H, Chen, H Y. Characterization of lead-containing aerosol particles in Xiamen during and after Spring Festival by single-particle aerosol mass spectrometry [J]. Sci Total Environ, 2017, 580: 1257-1267.

[230] Ma L, Li M, Huang Z, et al. Real time analysis of lead-containing atmospheric particles in Beijing during springtime by single particle aerosol mass spectrometry [J]. Chemosphere, 2016, 154(jul.): 454-462.

[231] Gao R, Choi N, Chang S I, et al. Real-time analysis of diaquat dibromide monohydrate in water with a SERS-based integrated microdroplet sensor [J]. Nanoscale, 2014, 6(15): 8781-8786.

[232] Sun K, Huang Q, Meng G, et al. Highly sensitive and selective surface-enhanced Raman spectroscopy label-free detection of 3,3′,4,4′-tetrachlorobiphenyl using DNA aptamer-modified Ag-nanorod arrays[J]. ACS applied materials & interfaces, 2016, 8(8): 5723-5728.

[233] Liu Huabing, Xiao Lizhi, Deng Feng, et al. Emerging NMR approaches for characterizing rock heterogeneity[J]. Microporous & Mesoporous Materials, 2018, 269: 118-121.

[234] Abdullahi Mohammed Evuti. A synopsis on biogenic and anthropogenic volatile organic compounds emissions: hazards and control [J]. International Journal of Engineering Sciences, 2013, 2(5): 145-153

[235] Fonollosa J, Rubio R, Hartwig S, et al. Design and fabrication of silicon-based mid infrared multi-lenses for gas sensing applications[J]. Sensors and Actuators B: Chemical, 2008, 132(2): 498-507.

[236] Ding S Y, Yi J, Li J F, et al. Nanostructure-based plasmon-enhanced Raman spectroscopy for surface analysis of materials[J]. Nature Reviews Materials, 2016, 1(6): 16021.

[237] Jian R S, Huang Y S, Lai S L, et al. Compact instrumentation of a μ-GC for real time analysis of sub-ppb VOC mixtures[J]. Microchemical Journal, 2013, 108: 161-167.

[238] Lu Y, Zhong J, Yao G, et al. A label-free SERS approach to quantitative and selective detection of mercury (II) based on DNA aptamer-modified SiO_2@Au core/shell nanoparticles[J]. Sensors and Actuators B: Chemical, 2018, 258: 365-372.

缩略语对照表

英文简称	全称	中文名
AAS	atomic absorption spectroscopy	原子吸收光谱
AES	atomic emission spectroscopy	原子发射光谱
	Auger electron spectroscopy	俄歇电子能谱
AID	argon ionization detector	氩电离检测器
AMDAS	analyzer management and data systems	分析仪器管理及数据系统
AOTF	acousto-optic tunable filter	声光可调谐滤波器
APC	advanced process control	先进过程控制
API	atmospheric ionization	大气压电离
ASM	analysis system management	分析系统管理
BOD	biochemical oxygen demand	生化需氧量
CCD	charge-coupled device	电荷耦合器件
CDMA	code division multiple access	码分多址
CEMS	continuous emission monitoring system	连续排放监测系统
CFA	continuous flow analysis	连续流动分析
CFC	concentration feedback control	浓度反馈控制
CGA	continuous gas analysis	连续气体分析
CI	chemical ionization	化学电离
CL	chemiluminescence	化学发光
CMB	chemical mass balance	化学质量平衡
CMOS	complementary metal-oxide-semiconductor	互补型金属氧化物半导体
COD	chemical oxygen demand	化学需氧量
CRM	certified reference materials	有证标准物质
CRDS	cavity ring-down spectroscopy	腔衰荡光谱
CEAS	cavity enhanced absorption spectroscopy	腔增强吸收光谱
CPM	condensable particulate matter	可凝结颗粒物
CVAAS	cold-vapor atomic absorption spectrometry	冷蒸气原子吸收光谱法
CVAFS	cold-vapor atomic fluorescence spectrometry	冷蒸气原子荧光光谱法
DAS	data acquisition system	数据采集系统
DBD	dielectric barrier discharge	介质阻挡放电

续表

英文简称	全称	中文名
DBD-OES	dielectric barrier discharge-optical emission spectrometry	介质阻挡放电发射光谱法
DCS	distributed control system	分布式控制系统
DEMS	differential electrochemical mass spectrometry	微分电化学质谱
DFB	distributed feedback	分布式反馈
DID	discharge ionization detector	放电离子化检测器
DOAS	differential optical absorption spectroscopy	差分光学吸收光谱法
DO	dissolved oxygen	溶解氧
DSL	data specification language	数据规约语言
DLAS	diode laser absorption spectroscopy	二极管激光吸收光谱
DIFAN	diffusion analysis	扩散分析
EI	electron impact	电子轰击
EM	electron multiplier	电子倍增器
ECD	electron capture detector	电子捕获检测器
EDM	enhanced diffusion method	增强扩散法
EG	ethylene glycol	乙二醇
EO	ethylene oxide	环氧乙烷
EPC	electronic pressure control	电子压力控制
EPD	enhanced plasma detector	增强型等离子体检测器
ESI	electrospray ionization	电喷雾电离
ESI-TOF MS	electrospray ionization time-of-flight mass spectrometry	电喷雾电离飞行时间质谱
FAT	factory acceptance test	工厂验收试验
FBRM	focused beam reflectance measurement	聚焦光束反射测量
FD	Faraday detector	法拉第杯
FTIR	fourier transform infrared spectroscopy	傅里叶变换红外光谱仪
FPD	flame photometric detector	火焰光度检测器
FID	flame ionization detector	火焰离子化检测器
FIA	flow injection analysis	流动注射分析
FPM	filterable particulate matter	可过滤颗粒物
FT-ICR	Fourier transform-ion cyclotron resonance	傅里叶变换离子回旋共振
GC	gas chromatography	气相色谱
GFC	gas filter correlation	气体滤波相关
GIS	geographic information system	地理信息系统
GPRS	general packet radio service	通用无线分组业务

续表

英文简称	全称	中文名
HTTP	hypertext transfer protocol	超文本传输协议
HPLC	high performance liquid chromatography	高效液相色谱法
HVAC	heating,ventilation and air conditioning	供暖、通风与空气调节
ICCD	intensified charge coupled device	增强电荷耦合器件
ICP-OES	inductively coupled plasma-optical emission spectrometer	电感耦合等离子体发射光谱仪
ICP-MS	inductively coupled plasma-mass spectrometry	电感耦合等离子体质谱
IFC	interference filter correlation	干涉滤波相关
IMR-MS	ion-molecule reactions mass spectrometer	离子-分子反应质谱仪
ICL	interband cascade laser	带间级联激光器
LAN	local area network	局域网
LC	liquid chromatography	液相色谱
LC-MS	liquid chromatograph-mass spectrometer	液相色谱-质谱联用
LDAR	leak detection and repair	泄漏检测与修复
LED	light emitting diode	发光二极管
LEL	lower explosive limit	爆炸下限
LIBS	laser-induced breakdown spectroscopy	激光诱导击穿光谱
MEG	ethylene glycol	乙二醇
MS	mass spectrometer	质谱
MSD	mass spectrometer detector	质谱检测器
MSCV	mass spectroscopic cyclic voltammetry	质谱循环伏安
MEMS	micro electro mechanical system	微机电系统
MIS	management information system	管理信息系统
MRI	magnetic resonance imaging	磁共振成像
MRMF	multiphase flow nuclear magnetic resonance	磁共振多相流
NIR	near infrared spectrum	近红外光谱
NPD	nitrogen phosphorus detector	氮磷检测器
NMR	nuclear magnetic resonance	核磁共振
NMHC	non-methane hydrocarbon	非甲烷总烃
NDIR	non-dispersive infrared	非色散红外
NCD	nitrogen chemiluminescence detector	氮化学发光检测器
OA-ICOS	off-axis integrating cavity output sepctroscopy	离轴积分腔输出光谱
ORP	oxidation-reduction potential	氧化还原电位
PAT	process analytical technologies	过程分析技术
PAH	polycyclic aromatic hydrocarbons	多环芳烃

续表

英文简称	全称	中文名
PCDDs	polychlorinated dibenzo-*p*-dioxins	多氯代二苯并对二噁英
PCDFs	polychlorinated dibenzofurans	多氯代二苯并呋喃
PDA	photodiode array	光电二极管阵列
PLC	programmable logic controller	可编程逻辑控制器
PID	photoionization detector	光离子化检测器
PED	plasma emission detector	等离子发射检测器
PSTN	public switched telephone network	公共电话交换网
PTA	pure terephthalic acid	纯对苯二甲酸
PTR-MS	proton transfer reaction mass spectrometry	质子转移反应质谱
PDHID	pulsed discharge helium ionization detector	脉冲放电氦离子化检测器
PTR	proton transfer reaction	质子转移反应
PMT	photomultiplier tube	光电倍增管
PSA	pressure swing adsorption	变压吸附法
QCL	quantum cascade laser	量子级联激光器
QCM	quartz crystal microbalance	石英晶体微天平
QMS	quadrupole mass-spectrometer	四极杆质谱仪
QTF	quartz tuning fork	石英音叉
RGD	reduction gas detector	还原气体检测器
REST	representational state transfer	代表性状态传输
REMPI-TOF MS	resonance enhanced multiphoton ionization-time of flight mass spectrometry	共振增强多光子电离-飞行时间质谱法
RS	remote sensing	遥感
RTO	real time optimization	实时优化
RTM	radiative transfer model	辐射传递模型
SCD	sulfur chemiluminescence detector	硫化学发光检测器
SERS	surface-enhanced raman scattering	表面增强拉曼散射
SDI	silting density index	淤泥密度指数/污染指数
SIS	safety interlocking system	安全联锁系统
SIFT-MS	selected ion flow tube mass spectrometry	选择离子流动管质谱仪
SFC	supercritical fluid chromatography	超临界流体色谱
SSM	spectral shift method	移谱法
SSC	supersaturation control	过饱和控制
SAW	surface acoustic wave	表面声波
SIMS	secondary ion mass spectrometry	二次离子质谱仪
SPUVPI	single-photon ultravioletphoton ionization	单光子紫外光电离源

续表

英文简称	全称	中文名
SPI-TOF MS	single-photon ionization time of flight mass spectrometer	单光子电离飞行时间质谱仪
SVOCs	semi-volatile organic compounds	半挥发性有机物
THz	terahertz	太赫兹
THz-TDS	terahertz time domain spectroscopy	太赫兹时域光谱
TDLAS	tunable diode laser absorption spectroscopy	可调谐二极管激光吸收光谱
TDS	total dissolved solids	总溶解固体
TDA	time domain analysis	时域分析
TCD	thermal conductivity detector	热导检测器
TOC	total organic carbon	总有机碳
TOF MS	time of flight mass spectrometer	飞行时间质谱仪
TOF-SI MS	time of flight secondary ion mass spectrometry	飞行时间二次离子质谱仪
TMFC	thermal mass flow controller	热式质量流量控制器
TSAO	two-stage advanced oxidation	二段高级氧化
TSP	total suspended particulate	总悬浮微粒
TVOC	total volatile organic compounds	总挥发性有机物
UEL	upper explosive limit	爆炸上限
VCSEL	vertical-cavity surface-emitting laser	垂直腔面发射激光器
VOCs	volatile organic compounds	挥发性有机物
VUV	vacuum ultraviolet photoionization	真空紫外光电离
VPN	virtual private network	虚拟专用网
XPS	X-ray photoelectron spectroscopy	X 射线光电子能谱
XRF	X-ray fluorescence spectroscopy	X 射线荧光光谱
XMPP	extensible messaging and presence protocol	可扩展消息处理和现场协议
ZAAS	Zeeman modulated atomic absorption spectroscopy	塞曼调制原子吸收光谱

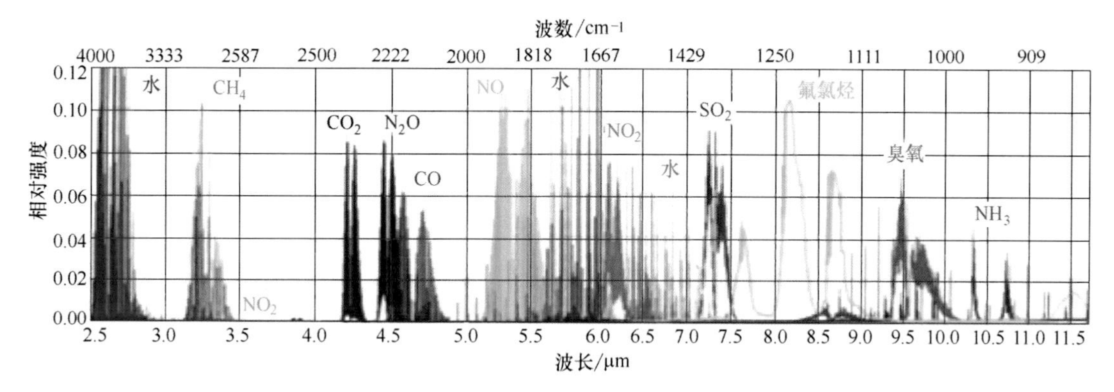

图 3-2-1　部分红外波段的气体特征吸收谱线图

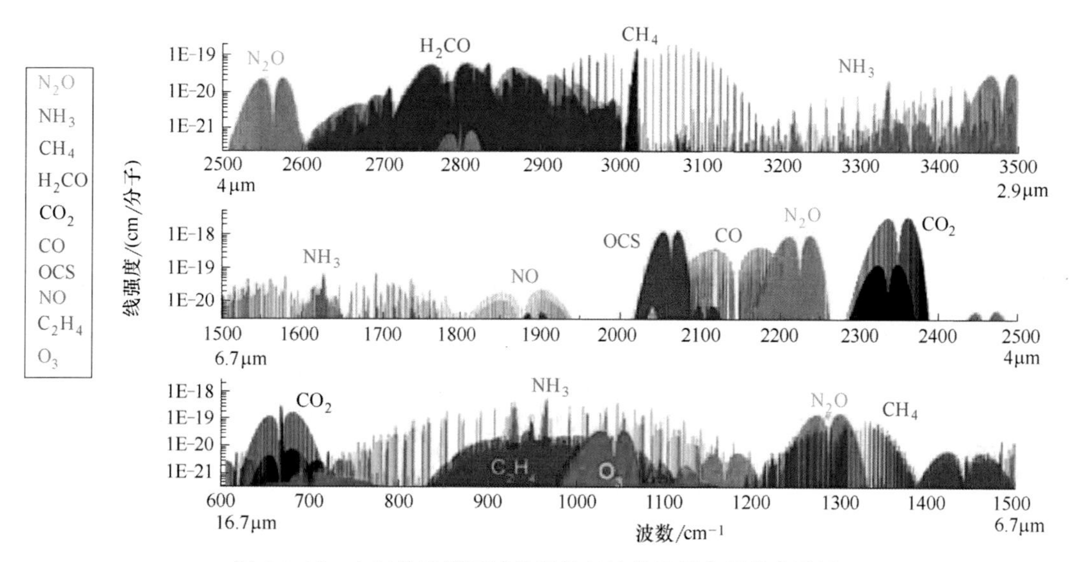

图 3-3-14　中红外光谱区域常见的气体分子吸收指纹光谱图

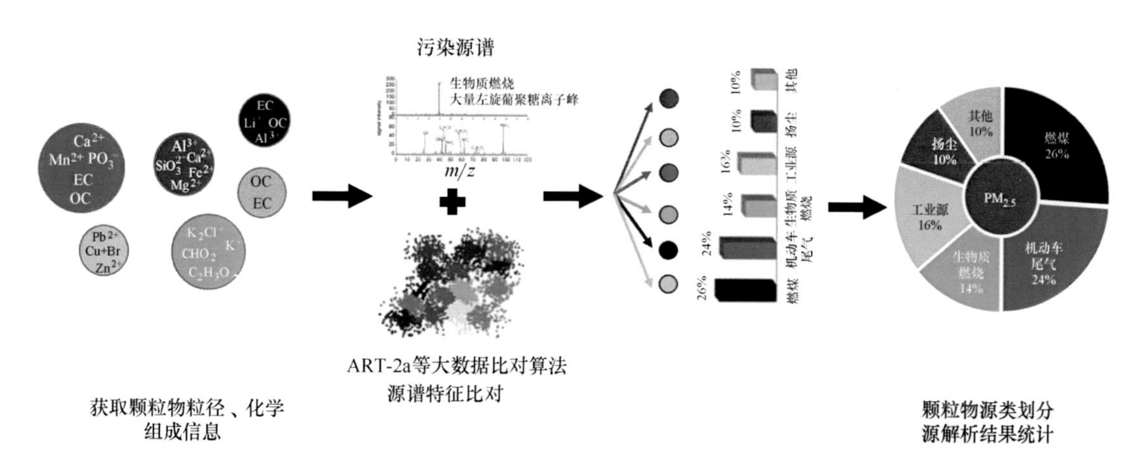

图 5-3-15　颗粒物在线源解析原理图

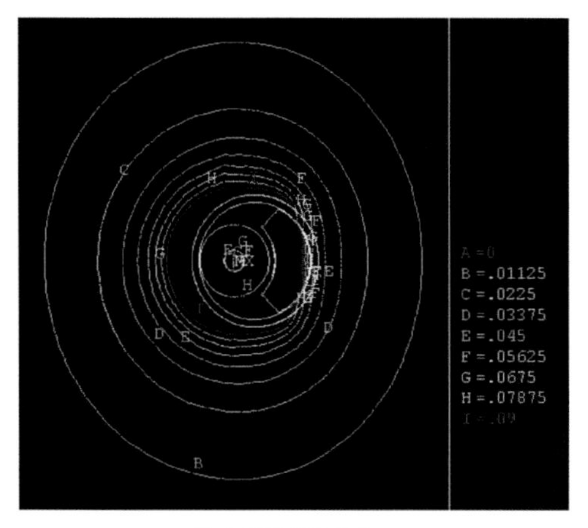

(a) 静磁场等值线分布

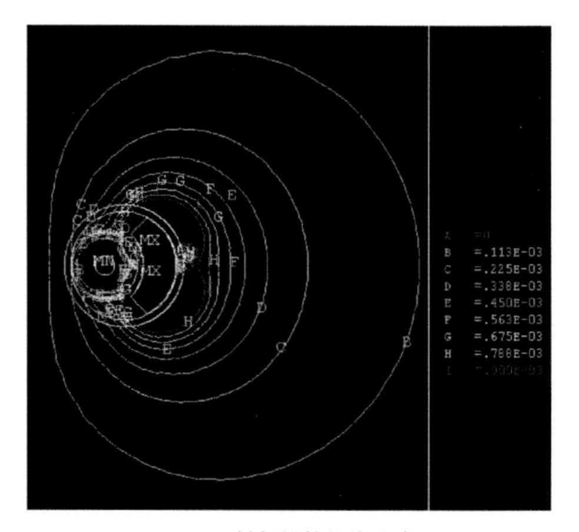

(b) 射频场等值线分布

图 10-1-12 MR Scanner 磁场等值线分布图

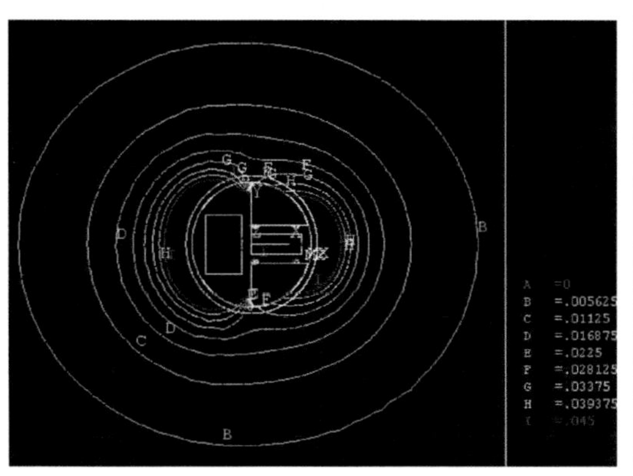

(a) 静磁场等值线分布

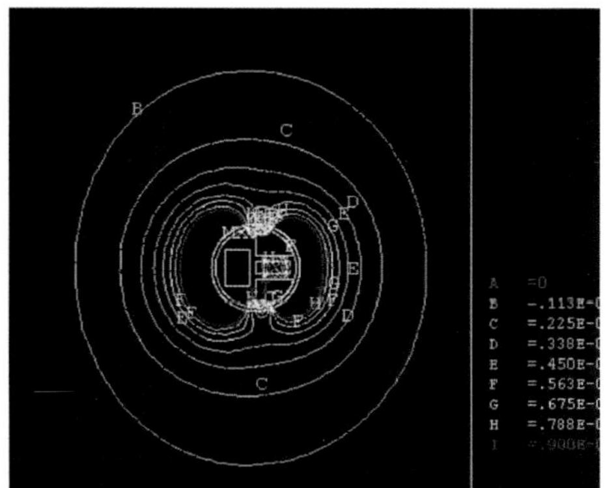

(b) 射频场等值线分布

图 10-1-14 MREx 探头磁场等值线分布图

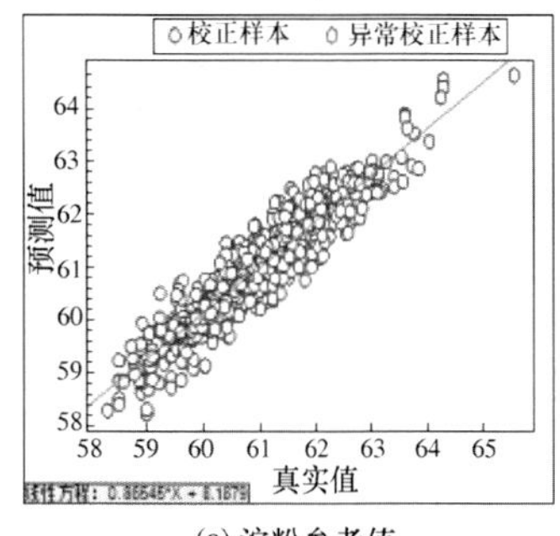

(a) 淀粉参考值

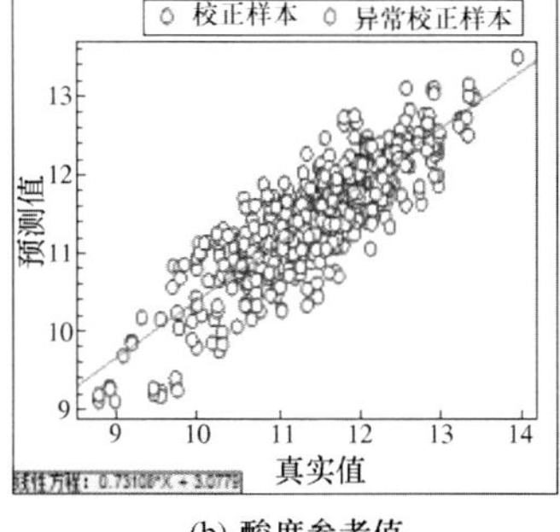

(b) 酸度参考值

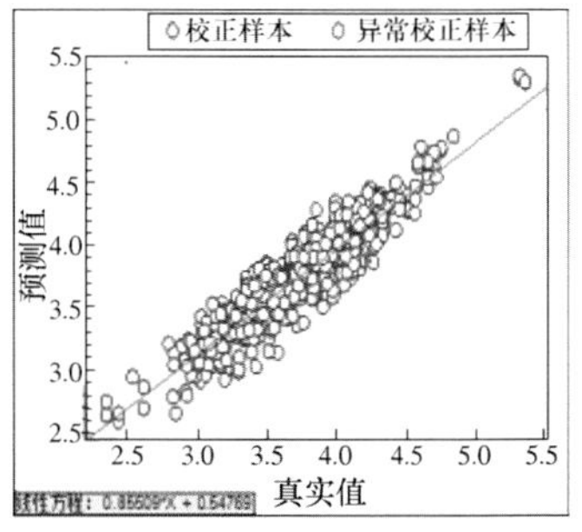

(c) 与在线近红外系统预测值相关图

图 10-2-5 测量结果分析图

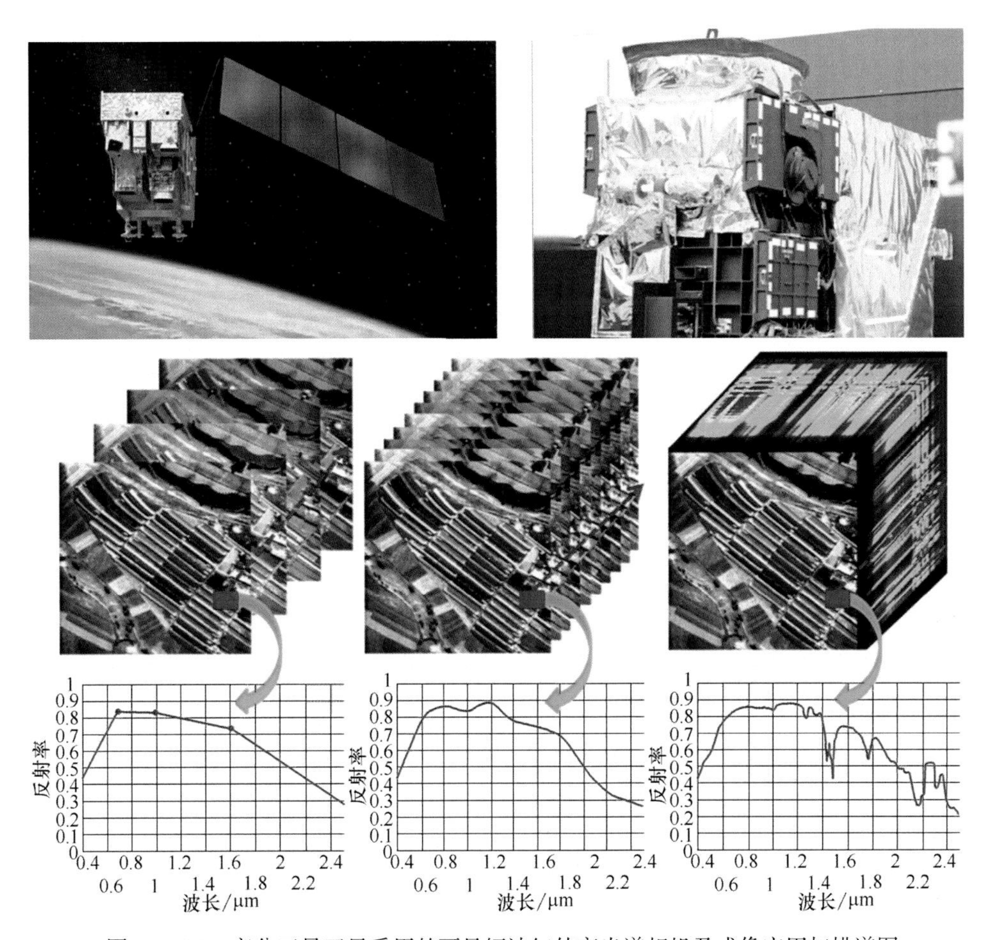

图 10-3-20　高分五号卫星采用的可见短波红外高光谱相机及成像应用扫描谱图

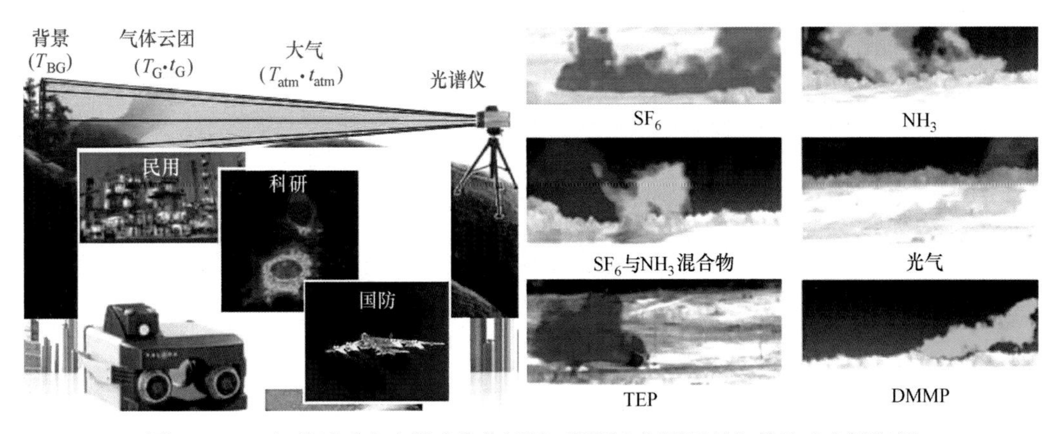

图 10-3-22　红外遥感高光谱成像分析用于探测和识别场景气体技术应用案例

TEP— 磷酸三乙酯；DMMP— 甲基膦酸二甲酯

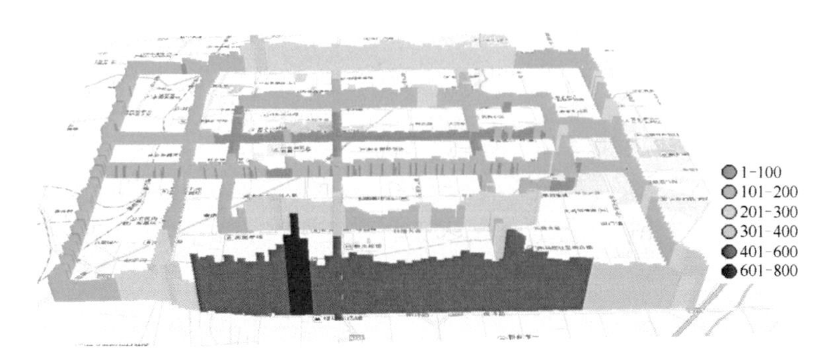

图 20-2-18　网格化走航监测、污染排查、VOCs 监测结果可视化

图 20-2-19 企业内走航监测排查